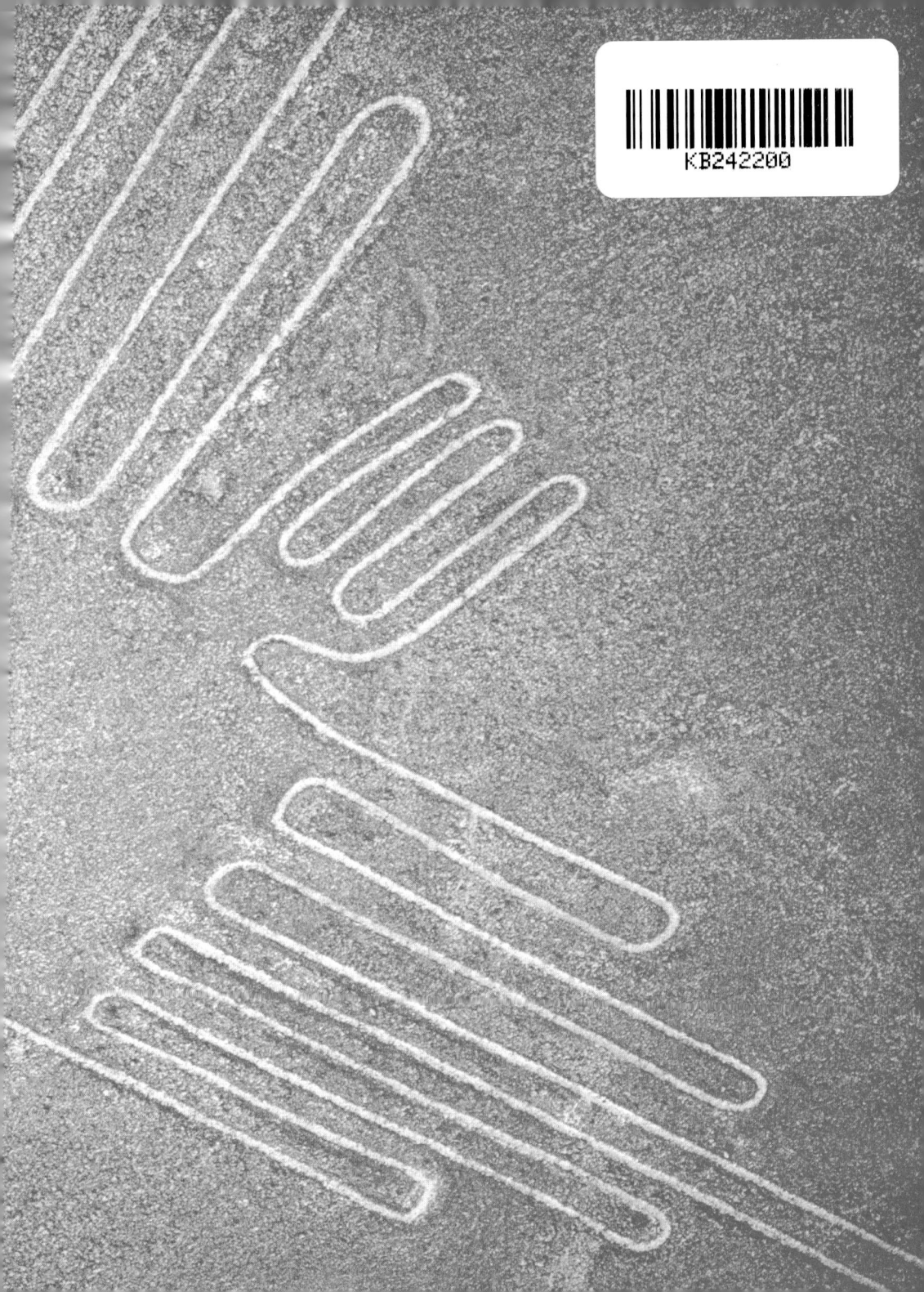

1001 HISTORIC SITES

죽기 전에 꼭 봐야 할 세계 역사 유적 1001

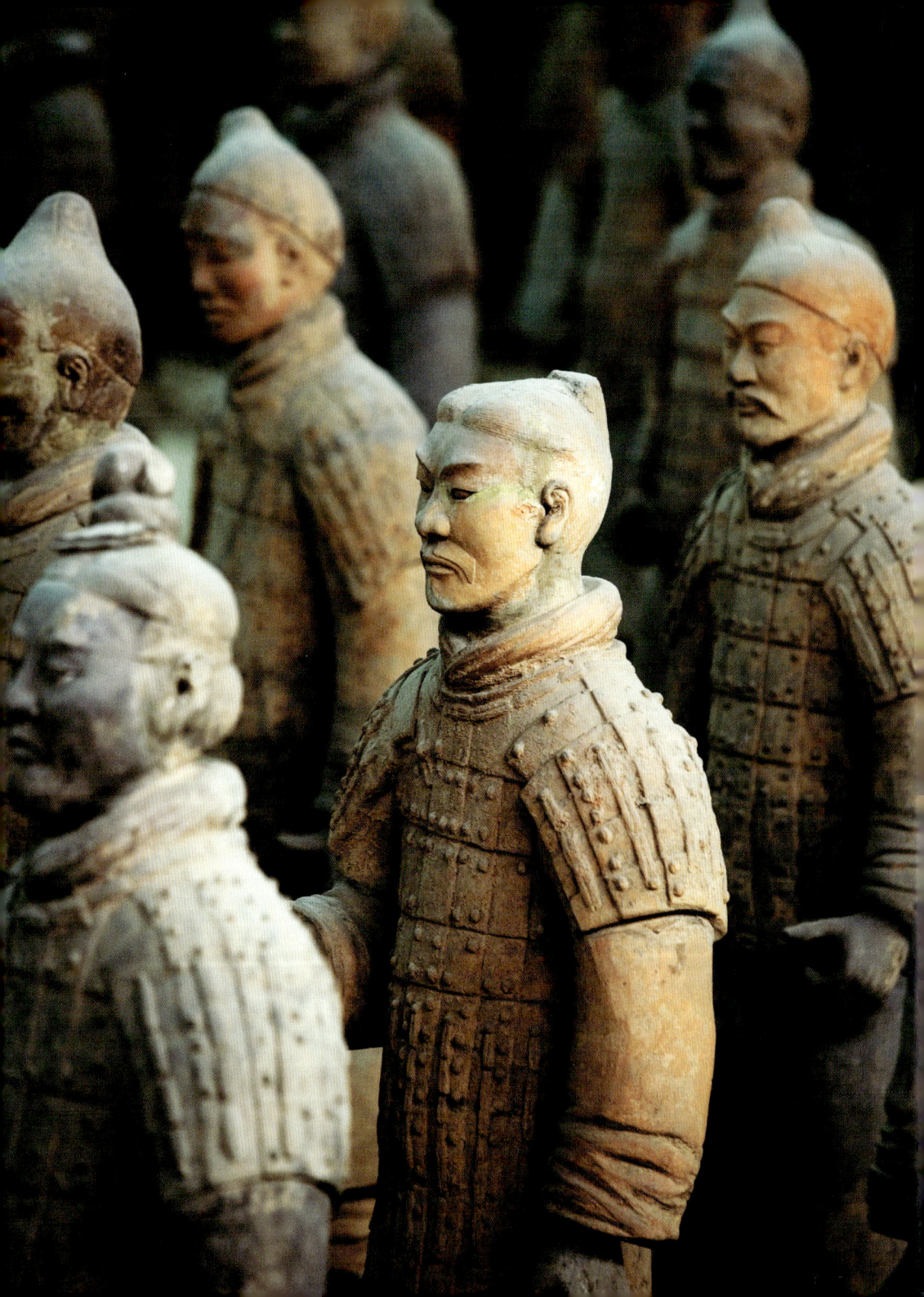

1001 HISTORIC SITES
죽기 전에 꼭 봐야 할 세계 역사 유적 1001

리처드 카벤디쉬 책임편집

코이치로 마츠무라 유네스코 사무총장 서문편집

김희진 옮김

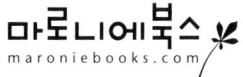
마로니에북스
maroniebooks.com

1001 HISTORIC SITES
YOU MUST SEE BEFORE YOU DIE

Copyright © 2008 Quintessence.

죽기 전에 꼭 봐야 할 세계 역사 유적 1001

책임 편집자 리처드 카벤디쉬
서문 편집자 코이치로 마츠무라 유네스코 사무총장
옮긴이   김희진

초판 1쇄   2009년 1월 20일
초판 2쇄   2010년 8월 15일

펴낸이 이상만
펴낸곳 마로니에북스
등 록 2003년 4월 14일 제2003-71호
주 소 (413-756) 경기도 파주시 교하읍 문발리 파주출판도시 521-2
전 화 02-741-9191(대)
편집부 031-955-4919
팩 스 031-955-4921
홈페이지 www.maroniebooks.com

* 책값은 뒤표지에 있습니다.

ISBN 978-89-6053-163-5
      978-89-91449-83-1(set)

Manufactured in Singapore by Pica Digital Pte Ltd.
Printed in China by Midas Printing International Ltd.

Contents

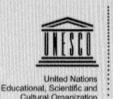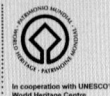

United Nations
Educational, Scientific and
Cultural Organization

In cooperation with UNESCO's
World Heritage Centre

서문
유네스코 사무총장, 코이치로 마츠무라

이집트의 거대 피라미드, 프랑스 베르사유 왕궁의 거울의 방, 베냉의 아보메이 왕궁, 캄보디아 앙코르 유적지의 크메르 왕국 수도 등을 직접 방문해 본이라면, 누구든지 수백 년의 세월을 거쳐 온 무엇과도 바꿀 수 없는 이러한보배들이 지닌 독특한 아우라에 감동받지 않을 수 없을 것이다.

유네스코(국제 연합 교육 과학 문화 기구)의 주요한 목적 중 하나는 현재, 그리고 미래의 세대들이 감상할 수 있도록 이러한 훌륭한 문화 유적들을 보전하는 것이다. '세계유산협약', 공식 명칭 '유네스코 세계 문화 및 자연유산 보호협약'에 가입한 185개 국가가 이 고귀한 목적에 함께하고 있다.

1972년 이 협약이 제정된 이후로, 세계 곳곳의 국가들의 참여로, 세계문화유산의 보호에 노력을 기울이는 나라의 숫자는 점점 많아져 왔다. 이러한 노력의 배경에는 모든 사회에 부여하고 있는 문화유산과 자연 자원의 보전이 모든 이에게 공통으로 부여된 책임이라는 굳은 신념이 자리 잡고 있다. 유네스코는 우리의 유산들을 보호하고 연구함으로써, 인류는 우리 자신이 누구이고, 우리가 어디에서 왔으며 지속 가능한 미래를 만들어 나가기 위해서어떻게 함께 노력해 나갈 것인지를 이해할 준비를 갖출 수 있다고 믿는다.

현재 세계문화유산 목록에는 총 851건이 등록되어 있으며, 이 목록은해마다 늘어나고 있다. 『죽기 전에 꼭 봐야 할 세계 역사 유적 1001』의 발행인이 전 세계의 독자들을 위해 이러한 유적들을 선별하여 소개하기로 했다는사실에 대해 유네스코는 매우 기뻐하는 바이다.

세계문화유산 목록에 유명한 장소들이 대다수 포함되어 있지만, 이보다 덜 알려진 장소들도 그냥 넘어가서는 안 될 것이다. 프랑스 카르카손의 중세 요새 도시며, 아이슬란드의 거대한 야외 의회장인 팅벨리르, 중국의 공자사원과 무덤 등이 그렇다. 그리고 어떤 장소들은 인류 역사의 어두운 장면들과 연관되어 있기도 하다. 독일 나치의 유태인 강제 수용과 학살이 이루어졌던 폴란드의 아우슈비츠-비르케나우 수용소, 남아프리카 공화국의 로벤 섬교도소, 그리고 세네갈의 고레 섬은 미래 세대가 결코 잊어서는 안 될 끔찍한사건의 기억을 간직하고 있다.

이 멋진 책에 실려 있는 세계유산들을 감상하는 동안, 이 유산들을 보호하기 위해 필요한 엄청난 지속적인 노력을 염두에 둔다면 가치 있는 일이될 것이다. 일단 한 장소가 목록에 등재되면, 그 장소는 이중으로 관리를 받는다. 일단 유적이 위치한 나라의 정부가 보호를 책임지게 되고, 그 윗선에서는 국제 사회가 해당 정부와 지역 주민들이 세계유산을 보호하기 위해 기울이는 노력에 도움을 줄 책임을 맡게 된다.

관광 산업은 이제 세계에서 가장 커다란 규모의 산업 중 하나가 되었으며, 전문가들의 말에 따르면 앞으로도 폭발적으로 성장해 나갈 전망이라고한다. 이러한 이유로 세계유산의 관리에 있어서 관광 산업과 관련된 이슈의중요성은 점차 커져 왔다. 특히, 한 장소가 세계문화유산 목록에 오르면 관광객의 수가 급격히 늘어나기 때문에 더욱 그렇다.

관광 산업이 주는 장점들은 분명하다. 입장료 수익, 정부에서 내려 주는 특권, 기부금 등으로 유적을 복원하고 보호하는 데 드는 비용을 충당할 수 있다. 여행 기획사나 호텔 체인에서는 고객들이 책임 있는 관광을 즐기도록 안내할 수 있고, 방문객들은 지역 축제에 참가하거나 토산품을 구매하는 등 사라져 가는 문화적 가치를 지원해 줄 수 있다.

그러나 관광 산업의 규모가 점점 커짐에 따라 사회적, 경제적, 환경적인 측면의 부정적인 결과들 또한 발생할 수 있다. 이러한 어려움들을 해결하기 위해 지속 가능한 관광 산업을 위한 노력은 환경 보호에 힘쓰고 지역 사회에 끼칠 수 있는 부정적인 사회-경제적인 영향을 최소화하는 방향으로 초점을 맞추어야 한다. 한 마디로, 세계유산이 보전되기 위해서는 '지속 가능성'이 핵심이라 할 수 있다.

많은 세계유산의 미래가 해일, 지진 등의 자연 재해뿐 아니라 약탈, 전쟁, 공해, 무분별한 도시화, 채굴, 혹은 그저 무관심이라는 인간의 행위에 의해 위협받고 있다. 현재 서른 건의 유적이 '위험에 처한 세계문화유산 목록'에 올라 있다. 이는 국가적인 차원과 국제적인 지원을 통해 보호를 강화하기 위해 세계적인 관심을 필요로 하는 유산들의 목록이다. 『죽기 전에 꼭 봐야 할 세계 역사 유적 1001』에는 이렇게 위험에 처한 장소들도 포함되어 있는데, 도시화가 진행되면서 위험에 처해 있는 파키스탄 라호르의 샬라마르 대리석 궁전과 아름다운 계단식 정원, 자연적인 침식 작용으로 생존 가능성이 위협받고 있는 페루 찬찬의 콜롬비아 이전 시대의 손상되기 쉬운 고고 유적지 등이 그러한 예이다.

가맹 국가들의 협력과 참여를 통해 세계문화협약은 여러 차례의 국제적인 문화재 보호 캠페인을 성공으로 이끌어 온 원동력을 제시해 왔다. 크로아티아의 두브로브니크 구 시가지가 1990년대 전쟁으로 인해 입었던 피해를 복구하고, 황폐해져 가는 폴란드의 비엘리츠카 소금 광산을 보호하려 노력해 온 것은 이 책에서 설명하는 유네스코의 성공 사례 중 고작 두 가지 예에 불과할 것이다.

『죽기 전에 꼭 봐야 할 세계 역사 유적 1001』이 당신에게 새로운 세계, 인류 공통의 유산이 가득한 세계를 열어 주기를 진심으로 소망하는 바이다. 소중한 유적들을 보호하기 위한 당신의 참여가 변화를 이룩해 낼 수 있다.

소개

책임 편집자, 리처드 카벤디쉬

역사는 기록에 남은 인간의 행위들로 이루어지며, 이러한 행위의 배경에는 그 것이 일어난 장소가 있다. 이러한 장소들 중 대부분이 현재는 사라져 버렸거 나 전혀 알아볼 수 없도록 변모해 버렸거나, 관심의 대상이 되지 못한 채 묻 혀 있었다. 이 책에서 우리는 과거에 중요하고 대단한 사건들이 일어났으며, 현재에도 여전히 방문할 만한 가치가 있는 1001곳의 유적을 선별하여 실었다. 이 유적들은 아메리카 대륙의 동쪽에서 지구를 가로질러 태평양까지 전 세계 곳곳에 걸쳐 분포하며, 관련된 역사 또한 수백만 년 전 최초 인류의 발생 시 기부터, '역사적인'이라는 꼬리표를 붙이기에는 상당히 최근의 일처럼 느껴지 는 20세기 중반에 이르는 광범위한 시대에 걸쳐 있다.

이 책에서는 풍경이 아름답고 경치가 좋은 곳을 다루지는 않기로 하였 다. 산, 바다, 강, 호수 등은 이 책에서 다루고자 하는 바가 아니다. '역사적인 유적'이라는 말이 의미하는 바는 그러한 것이 아니기 때문이다. 그러나 마그 나 카르타가 서명되었던 잉글랜드의 러니미드, 알렉산더 셀커크가 표류되었 던 칠레의 로빈슨 크루소 섬, 청교도들이 신세계에 첫발을 내디뎠던 플리머 스 록, 쿡 선장이 오스트레일리아에 처음으로 정박했던 곳인 보타니 베이 등 은 자연 그대로의 장소이면서도 역사 유적에 포함될 만한 가치가 충분하다고 할 수 있다.

우리는 또한 전통적인 의미의 박물관이나 미술관도 배제했다. 이 책에 대영 박물관이나 스미소니언 박물관, 루브르 박물관 등은 실려 있지 않다. 그 러한 박물관이나 미술관에 역사적인 유물들이 다수 소장되어 있는 것은 사 실이지만, 그 자체가 역사적인 사건이 일어난 배경은 아니기 때문이다. 역사적 인 사건이 일어났던 경우, 그러한 박물관이나 미술관은 이 책에 포함되어 있 다. 예를 들어 위대한 예술가나 작가, 종교 지도자, 혹은 다른 역사적 인물이 살았으며 개인적인 흔적을 남겼던 장소가 현재 그 인물에 대한 박물관처럼 보 전되고 있을 경우, 그러한 장소는 역사적이라고 판단할 이유가 충분하다.

반드시 방문해 보아야 할 가치가 있는 1001곳의 유적을 추천해 달라 는 질문을 받은 사람들 중 어떤 두 사람도 똑같은 답을 내놓을 수는 없을 것 이다. 물론 세상에는 누구에게 물어 보아도 당연할 만큼 분명히 역사적이면 서 생생한 흥미를 자아내는 장소들이 존재하기는 하지만 말이다. 로마, 아테 네나 예루살렘 같은 도시를 빼놓는다거나, 자유의 여신상, 리우데자네이루의 구세주 그리스도상, 피사의 사탑, 폼페이 유적 등을 잊어버린다거나, 인도의 타지마할, 중국의 만리장성, 이집트의 피라미드, 가자의 스핑크스와 투탕카 멘의 무덤, 페트라와 페르세폴리스, 마추픽추, 멕시코와 중앙아메리카의 마 야 사원 등을 배제한다는 것은 있을 수 없는 일이다. 유네스코의 세계문화유 산 목록은 큰 도움이 되었으며, 이 책에는 거의 400건의 세계문화유산이 포 함되어 있다.

우리는 선정된 장소들이 가능한 한 다양한 종류의 유적지에 해당하면

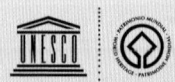

서도 인류 역사의 여러 가지 면모를 반영할 수 있도록 노력을 기울였다. 사원과 성당에서 강제 수용소에 이르기까지, 이스터 섬의 거상들에서 전투지와 묘지에 이르기까지, 링컨 대통령이 저격당했던 포드 극장부터 넬슨 제독이 숨을 거두었던 군함 HMS 빅토리에 이르기까지 다양한 장소들이 수록되어 있다. 궁전과 저택, 성과 요새, 성벽, 감독, 동굴, 광산, 다리, 선박, 등대, 기념비며 기념관, 극장과 오페라 하우스, 우아한 온천, 도박장, 매우 예외적인 경우지만 싱가포르의 래플스 호텔처럼 한두 군데의 역사적인 호텔까지도 포함되어 있다. 심지어 서점도 있다. 1950년대에 세워졌으며 비트족의 흔적이 어려 있는 샌프란시스코의 시티 라이트가 그 예이다.

유적들의 역사로 말할 것 같으면, 거의 3백만 년 전으로 거슬러 올라가는, 인류의 요람이라 불리는 남아프리카 공화국의 스테르크폰테인 동굴로부터 시작한다. 5만 년도 더 전에 베이징 원인이 남긴 흔적이 발견되었던 중국의 유적, 1만 5천 년 전에 그려진 벽화로 유명한 프랑스 라스코 동굴, 스톤헨지도 포함되어 있으며 세계에서 가장 오래된 도시 중 하나인 예리코, 리비아의 제벨 아카쿠스의 사하라 암각예술 유적, 카르나크 열석(列石), 트로이 유적, 전설 속의 미노타우루스가 살았던 크레타 섬의 크노소스 궁, 아일랜드의 왕들이 대관식을 거행했던 타라의 언덕, 캐나다 초기 주민들이 버펄로 무리를 몰아 죽였던(그리고 레스토랑에서 버펄로 소시지를 맛볼 수 있는) 와누스케이윈 역사 공원 등이 이 책에 실려 있다.

선사 시대를 벗어나 다음 시대로 나아가 보면, 종교적인 역사 유적들이 전 시대에 걸쳐 세계 곳곳에 남아 있다. 고대 이집트와 그리스와 로마 시대의 신전들에서 기독교의 성당, 교회, 수도원과 선교원, 이슬람교의 모스크와 유태교의 시나고그, 힌두교와 불교의 예배지, 중국의 유교와 도교 사원, 일본의 신도와 선종 사찰과 사당에 이르기까지 그 종류는 다양하다. 이러한 종교 유적으로는 예루살렘의 성묘 교회, 로마의 산 피에트로 성당, 베네치아의 산 마르코 성당, 파리의 노트르담 성당, 모스크바의 성 바실리 대성당, 가우디의 작품인 바르셀로나의 라 사그라다 파밀리아, 이스탄불의 푸른 모스크와 '화려한 황제' 쉴레이만의 대(大)모스크, 스페인 코르도바의 대 모스크 등이 있다. 스리랑카의 아누라다푸라에는 붓다의 성스러운 보리수나무가 있다. 인도 아우랑가바드 근처의 엘로라 석굴에는 힌두교, 불교, 자이나교 사원이 사이좋게 함께 있다. 루르드에는 성녀 베르나데트가 성모 마리아를 목격했던 동굴이 있고, 에티오피아 악숨의 교회에는 성스러운 '계약의 궤'가 모셔져 있다고 하며, 아르메니아의 에크미아신 대성당은 노아의 방주를 이루었던 나무를 소유하고 있다고 한다. 유적들을 선택하면서 우리는 어떤 특정한 종교의 신도들에게만 공개되어 있는 장소는 포함시키지 않기로 했다. 우리가 선택한 장소들이 모든 독자 여러분이 방문할 수 있는 곳이 되기를 바랐기 때문이다.

한편, 독일의 다하우와 부헨발트, 오스트리아, 폴란드, 옛 체코슬로바키아 등에 위치한 수용소와 강제 노동소는 비극적인 울림을 지닌 유적이다. 캄보디아에는 폴 포트에 의해 많은 희생자들이 매장되었던 묘지가 있고, 북 베트남의 '하노이 힐튼(호아 로)' 감옥에서는 재소자들이 고문을 당했다. 세계에서 가장 유명한 감옥은 아마 프랑스령 가이아나 해안의 '악마의 섬'이겠지만, 샌프란시스코 만의 알카트라즈 감옥도 이에 만만치 않으며, 프랑스는 '철가면을 쓴 남자'가 유폐되어 있었던 생트—마르그리트 섬의 요새와 마리 앙투아네트와 다른 귀족들이 기요틴으로 끌려가기 전까지 갇혀 있었던 라 콩시에르주리가 있는 곳이기도 하다.

전투지와 군사 유적지 또한 마라톤, 시리아에 있는 십자군 성채인 크락데 슈발리에, 알라모 선교원, 게티즈버그, 갈리폴리, 벨기에 이프르 부근에 있는 제1차 세계대전 때의 참호와 베르덩 요새 서킷, 하와이의 진주만과 1944년의 노르망디 해변 등 다양하게 수록되어 있다. 미국의 알링턴 국립묘지, 이집트의 엘 알라메인 전쟁 묘지, 필리핀 코레히도르 섬에 있는 맥아더 장군의 사령부 등도 있다. 태국의 칸차나부리에는 콰이 강의 다리가 원래 모습대로 남아 있으며 일본군의 '죽음의 철도'를 건설하는 동안 죽어 갔던 전쟁 포로들의 무덤이 있다. 히로시마의 원자 폭탄 돔은 1945년 원자 폭탄이 투하된 직후의 모습 그대로 보존되어 있으며, 일본의 전사자 추모 사당인 도쿄의 야스쿠니 신사는 여전히 논란이 많은 곳이다.

토목 공학의 역사를 장식한 역사적인 위업으로는 퐁 뒤 가르(프로방스에 있는 아름다운 로마 시대 수도교), 영국의 하드리아누스 성벽, 에펠탑, 샌프란시스코의 금문교, 파나마 운하의 미라플로레스 수문, 독일의 메르세데스 벤츠와 폴크스바겐 공장, 히말라야 산맥을 누비는 인도의 다르질링 산악 철도를 들 수 있다. 과학사 속의 중요한 유적지로는 그리니치 평균시의 기준점이 된 그리니치 천문대, 캐나다에 있는, 굴리엘모 마르코니가 1901년 최초로 대서양을 건너 온 무선 신호를 수신했던 지점(이 신호는 모르스 부호로 이루어진 's'라는 글자 하나였다), 케이프 커내버럴의 케네디 우주 센터 등이 있다.

과거의 유명한 인물들과 관련된 수많은 유적 중에는 우선 셰익스피어, 모차르트, 마오쩌둥, 마리 퀴리, 마틴 루터 킹 등의 출생지를 꼽아볼 수 있다. 빈에 있는 지그문트 프로이트의 집, 아르헨티나의 체 게바라 소년 시절의 집, 영국의 처칠 별장(그가 전시 업무를 수행했던 런던의 전쟁 내각실도 수록되어 있다), 마운트 버넌에 있는 조지 워싱턴의 아름다운 집, 몬티첼로의 토머스 제퍼슨의 집, 제인 오스틴이 거주했고 작품을 썼던 집, 코르시카에 있는 나폴레옹 보나파르트가 태어났고 유년 시절을 보냈던 집, 멕시코의 판초 비야의 본부 등 유명인의 생가도 있다. 베르히테스가덴의 히틀러의 휴양지, 그루지아 고리에 있는 스탈린의 유년 시절과 관련 있는 장소들, 트로츠키가 살해당했던 멕시코시티의 저택, 암스테르담의 안네 프랑크의 집, 스페인에 있는 살바도르 달리의 과장되게 호화로운 초현실주의적 거처, 그리고 케네디 대통령이 암살당했던 댈러스의 창고 건물 등도 빼놓을 수 없다.

위대한 인물들에게 바치는 수많은 기념비와 기념관 중에는 러시모어 산에 조각된 미국 대통령들의 거대한 두상과 사우스다코타 주 블랙 힐즈에 있는 위대한 아메리카 원주민 추장 크레이지 호스 기념상이 포함되어 있다. 위인들이 잠들어 있는 장소로는 파리의 페르 라셰즈 공동묘지, 칼 마르크스의 무덤이 있는 런던의 하이게이트 묘지, 모스크바의 레닌 마우솔레움, 에바 페론의 무덤이 있는 부에노스아이레스의 라 레콜레타 공동묘지 등이 있다.

배움의 전당이라는 세계를 들춰 보자면, 카이로에 있는 10세기에 설립된 현존하는 세계에서 가장 오래된 대학부터, 갈릴레오가 수업을 했던 이탈리아의 파도바 대학 해부학 강당, 옥스퍼드의 보들리 도서관, 캐나다 기마경찰대 아카데미에 이르는 다양한 유적들이 있다. 스포츠의 역사에서 중요한 지위를 차지한 장소로는 고대 올림픽 경기가 개최되었던 그리스 올림피아의 경기장은 물론이거니와, 1896년 최초의 근대 올림픽 경기를 위해 아테네에 지어진 경기장과 베를린의 1936년 경기장도 빼놓을 수 없다. 게다가 고대 세계 최고의 전차 경주 경기장인 이스탄불의 히포드롬과 스페인 론다에 있는 유서 깊은 투우장, 론 테니스 경기가 열리는 윔블던, 스코틀랜드의 로열 앤드 애인션트 골프 클럽, 시카고의 리글리 필드 야구장, 패서디나의 로즈 볼 역시 결코 잊을 수 없는 스포츠 관련 유적이다.

이 책에 수록된 몇몇 유적은 기이하고 별나며 이따금 오싹하기조차 한 매력을 지니고 있다. 소금 성당이 있는 콜롬비아 고대 시파키라의 소금 광산, 쿠바 아바나의 파르타가스 시가 공장, 혹은 모스크바 지하철의 호화로운 역들이 그러한 좋은 예이다. 스페인 부르시아 카지노의 여성용 파우너 룸은 놀라운 장소라는 평을 받는다. 이탈리아 캄포산토 묘지의 흙은 그리스도가 십자가에 못박힌 장소에서 특별히 가져온 것이며, 로마의 산타 마리아 마조레 성당이 자랑하는 성물 중 하나는 베들레헴에서 가져왔다고 하는 구유이다. 포르투갈 에보라의 프란시스코 수도회 교회에는 인간의 뼈로 지어진 예배당이 있으며, 세르비아 니시에는 인간 두개골로 쌓은 탑이 있다. 루마니아에 있는 유적들은 '드라큘라'의 모델이 되었던 것이 분명한 '찔러 죽이는 자' 블라드 공과 관련이 있으며, 터키의 데린쿠유에는 지하 도시가 있다. 페루에 있는, 땅 위에 그려진 이상한 나스카 라인 유적은 여전히 깊고도 흥미로운 신비 속에 잠겨 있다.

본 책은 지금도 여전히 역사를 체험해 볼 수 있는 장소에 대한 여러분의 호기심을 돋우기 위해 기획되었으며, 우리가 바라는 이 책의 역할도 바로 그것이다.

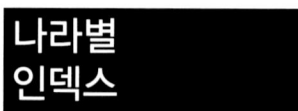

나라별
인덱스

Temple of Aphaia 643
Temple-Sanctuary of the Great
    Gods 628
Theater of Dionysus 641
Tomb of Philip of Macedon 632
Tower of the Winds 641

Guatemala
Casa Popenoe 127
Church of Our Lady of La Merced 128
Quiriguá Archeological Park 125
Tikal 126

Haiti
Citadelle Laferrière 142

Honduras
Basilica de Suyapa 130
Comayagua Cathedral 130
Copán 129

Hungary
Early Christian Necropolis 618
Fisherman's Bastion 616
Parliament Buildings 617

Iceland
Thingvellir 186-187

India
Agra Fort 837
Ajanta Caves 848
Brihadisvara Temple 856
Cellular Jail, Andaman Islands 857
Charminar 852
Chhatrapati Shivaji Terminus 851
Church of Bom Jesus 853
Dakshineswar Kali Temple 846
Daria Daulat Bagh 855
Ellora Caves 849
Emperor Akbar's Mausoleum 840
Fatehpur Sikri 841
Gateway of India 850
Golden Temple, Amritsar 826
Himalayan Mountain Railway 845
Jaisalmer Fort 830
Jama Masjid 827
Khajuraho Temples 835
Lucknow Residency 843
Mahabodhi Temple 844
Man Singh Palace 836
Meenakshi Amman Temple 857
Meherangarh Fort 833

Palace of Mysore 855
Palace of the Winds 832
Qutb Minar Complex 829
Qutb Shahi Tombs 852
Red Fort 828
Sabarmati Ashram 834
Sun Temple 847
Taj Mahal 838-839
Tiger Fort 831
Udaipur City Palace 834
Victoria Memorial, Kolkata 846
Vijayanagara 854
Vishwanath Temple 842

Indonesia
Borobudur 915

Iran
Imam Mosque 787
Naqsh-e Rostam 788
Persepolis 786

Iraq
Assur 783

Ireland
Blarney Castle 227
Clonmacnoise 219
Dublin Castle 225
Dublin General Post Office 225
Grave of W.B. Yeats 216
Guinness Brewery 222
Hill of Tara 217
Jerpoint Abbey 226
Kilmainham Jail 223
Newgrange 218
Old Jameson 219
Oscar Wilde's House 220
Prospect Cemetery 224
Rock of Cashel 228
Trinity College 221

Ireland, Northern
Derry Town Walls 229

Israel
Acre Crusader Capital 765
Bahai Shrine 768
Ben-Gurion House 771
Caesarea 769
Church of the Annunciation,
    Nazareth 766
Elijah's Cave 768

Masada 770
Megiddo 767
Sepphoris 766

Italy
Anatomical Theater, Padua
    University 469
Aosta Roman Remains 460
Arch of Constantine 505
Arch of Titus 507
Arturo Toscanini's Birthplace 481
Basilica of the Holy Cross,
    Florence 488
Basilica of St. John Lateran 512
Basilica San Marco 474
Basilica of San Vitale 482
Baths of Caracalla 506
Bridge of Sighs 473
Caffè Pedrocchi 470
Camposanto 485
Castello di San Michele 480
Castello di Sarre 460
Castello Sforzesco 462
Castel Nuovo 527
Castel Sant'Angelo 510
Castelvecchio and Ponte
    Scaligero 465
Catacombs, Rome 509
Church of the Gesù 511
Church of St. Francis of Assissi 503
Church of Sant'Apollinare 483
Colosseum 518
Doge's Palace 478
Ducal Palace 464
Etruscan Sites at Tarquinia 504
Florence Baptistery Bronze
    Doors 490
Florence Cathedral 489
Fontana de Trevi 521
Fontana Maggiore 501
Forte Michelangelo 502
Fountain of the Four Rivers 508
Jewish Ghetto, Venice 472
Juliet's House 467
Leaning Tower of Pisa 486-487
Medici Palace 493
Medici Tombs 496
Milan Cathedral 462
Monastery of St. Mark 492
Monreale Cathedral 530
Monte Cassino Abbey 525
Neptune Fountain,
    Bologna 481

Hattusha Archeological Site 808
Hippodrome 805
Kayseri Citadel 812
Mevlana Tekke 813
Nemrut Dağ Statues 814
Ruins of Troy 800
Süleymaniye Mosque 801
Topkapı Sarayı 806

Turkmenistan
Merv 819

Uganda
Buganda Royal Tombs 738

Ukraine
Cathedral of St. Sophia 688
Livadia Palace 689
Monastery of the Caves 687
Potemkin Steps 689

United States
Alamo Mission 93
Alcatraz Prison 72
Antietam Battlefield 46
Arlington National
    Cemetery 55
Beehive House 86
Biograph Theater 41
Brooklyn Bridge 62
Cahokia Mounds 42
Canyon de Chelly 89
Capitol 50
Carnegie Hall 64
City Lights Bookstore 74
Crazy Horse Memorial 37
Deadwood Historic Trail 39
Dealey Plaza, Dallas 92
Disneyland 78
Eastern State Penitentiary 57
Ellis Island 65
Empire State Building 60-61
Ernest Hemingway
    Home 100
Flag House 47
Ford's Theater 52
Forest Lawn Memorial
    Parks 79
Fort Laramie 35
Fort Sill Military Reservation 94
Fort Sumter 100
Frank Lloyd Wright's
    House 41

Gateway Arch 87
Gettysburg Battlefield 57
Golden Gate Bridge 73
Golden Spike Historic
    Site 85
Governor's Palace,, Santa Fe 91
Graceland 96
Grand Central Terminal,
    New York 63
Graumann's Chinese
    Theater 80
Hancock Shaker Village 69
Harper's Ferry 43
Hoover Dam 82-83
Iglesia de San José,
    Puerto Rico 144
Japanese Internment
    Camps 75
Kalaupapa Historical
    Park 104
Kawaiahao Church 105
Kennedy Space Center 101
Kit Carson's Home 91
Klondike Gold Rush Historical
    Park 34
Liberty Bell 56
Library of Congress 53
Lincoln Memorial 54
Little Bighorn Battlefield 35
Martin Luther King Jr.'s
    Birthplace 97
Mesa Verde 88
Mission Dolores 75
Monticello 44
Mormon Temple, Salt
    Lake City 86
Mount Rushmore 36
Mount Vernon 45
National Baseball Hall
    of Fame 58
New York Public Library 66
O.K. Corral 90
Old North Bridge 71
Pearl Harbor 102-103
Plymouth Rock 70
Rose Bowl 77
St Patrick's Cathedral,
    New York 67
Shiloh Battlefield 95
Statue of Liberty 68
Stonewall Inn 59
Sutter's Fort 71
Union Station, Los Angeles 81

United States Supreme
    Court 48
Universal Studios 76
USS Constellation 47
Virginia City 84
Washington Monument 51
West Point Military Academy 58
White House 49
Wounded Knee
    Monument 38
Wright Brothers National
    Memorial 98-99
Wrigley Field 40

Uruguay
Colonia del Sacramento 174
Old Government House 175

Uzbekistan
Gur-Emir 820

Venezuela
Iglesia de San Francisco 151
National Pantheon 151

Vietnam
Hoa Lo Prison 909
Imperial Tombs 911
Mausoleum of Ho Chi Minh 910

Wales
Big Pit 257
Caerleon Roman Site 256
Caernarfon Castle 253
Cardiff Castle 255
Dinorwic Slate Quarries 254
Menai Suspension Bridge 252
National Library of Wales 256

West Bank
Basilica of the Nativity 780
Hisham's Palace 782
Jericho 782
Qumran 781

Yemen
Aden Tanks 797
Old Marib 796
Shibam 795

Zimbabwe
Great Zimbabwe 740
Livingstone Statue 739

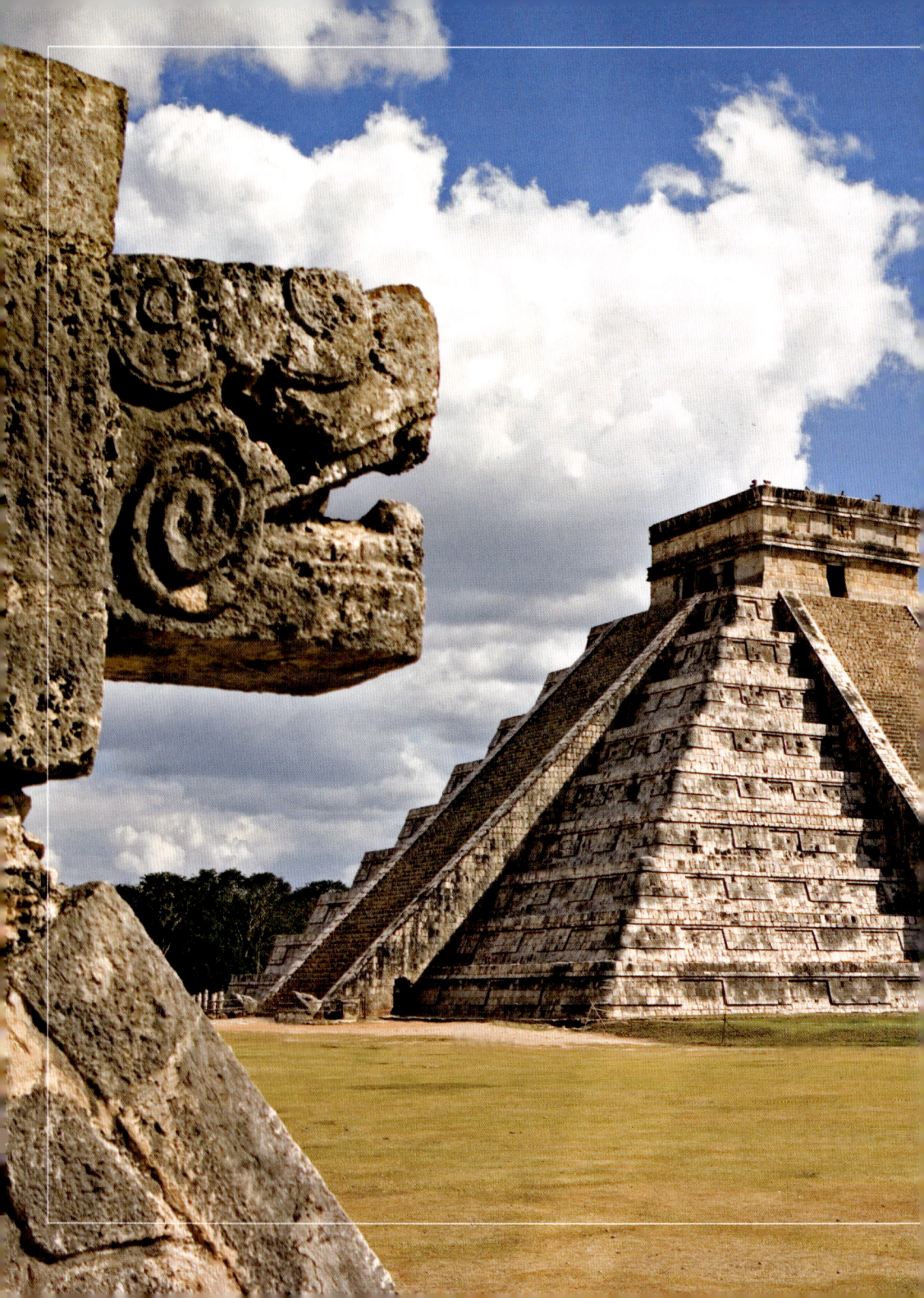

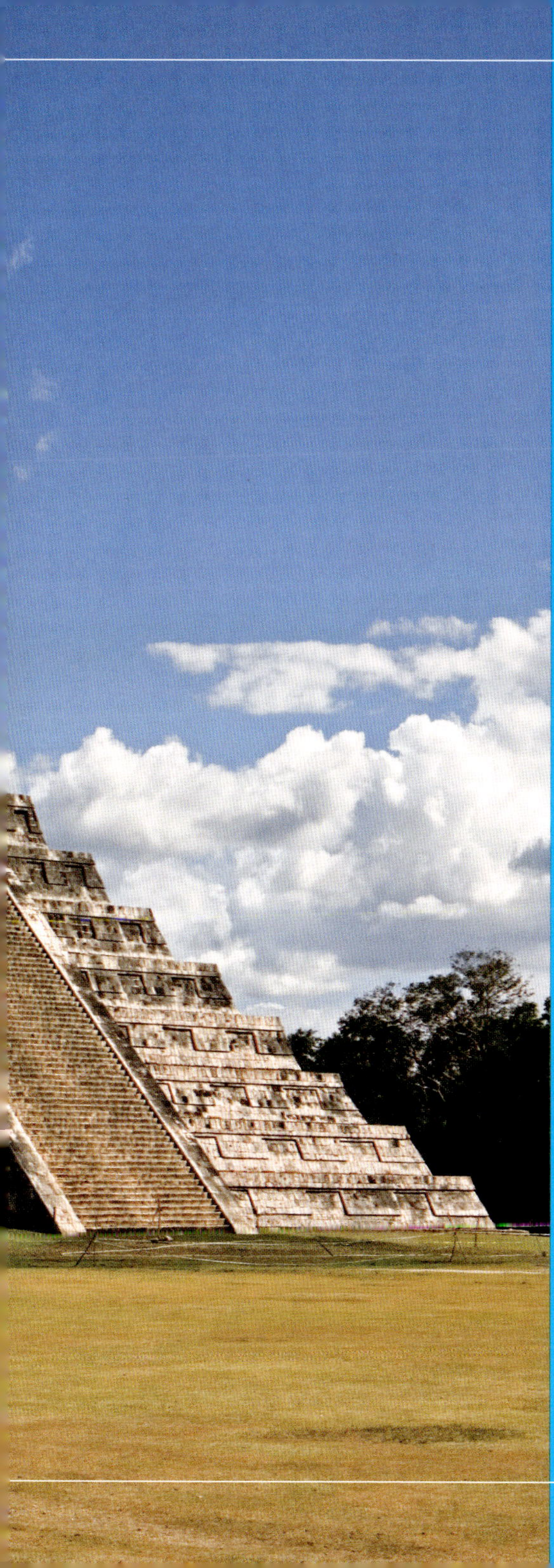

유럽의 모험가들이 아메리카 대륙의 해안을
탐험하기 훨씬 전부터, 잉카, 마야, 아즈텍과
같은 아메리카 원주민들은 고도로 발전한
문명을 이룩했다. 이는 마추픽추며
치첸 이트사와 같은 유적들에서 볼 수 있다.
유럽의 식민 지배로 아메리카 대륙에는
오늘날까지도 숭상 받고 있는 훌륭한
건축물이 많이 들어서게 되었으나,
식민 지배는 또한 피비린내 나는 분쟁을 불러
일으켰다. 운디드 니 기념관과 실로 전투지와
같은 장소가 그러한 역사를 증언한다.

멕시코 유카탄의
치첸 이트사에 남아 있는
웅장한 마야 문명의 흔적

아메리카

도슨 시티

캐나다, 도슨 시티 | Dawson City

전 세계에 열풍을 불러 일으켰던 클론다이크 골드러시가 시작된 곳

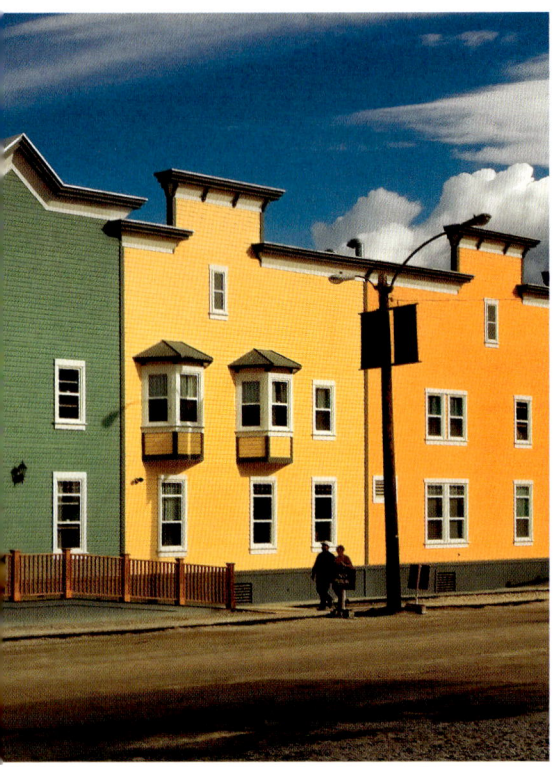

"한밤중의 태양 아래에선 이상한 일들
이 벌어진다네 / 금을 찾아 악착같이
달려드는 사나이들이…"

로버트 서비스, 『샘 맥기의 화장(火葬)』(1903)

⬆ 다양한 색으로 칠해진 오늘날 도슨 시티의 거리. 관광객들은 지금도
시금 채취를 경험할 수 있다.
⬇ 골드러시 시절, 도슨 시티의 분주한 프론트 스트리트에 채광꾼들과
주민들이 모여들고 있다.

클론다이크 골드러시(금광 붐)가 태동하기 시작할 무렵 건설된 도슨 시티는 급격하게 발달한 전형적인 신흥 도시였다. 1896년에 세워진 이후, 1898년에는 거주민이 4만 명에 달했으나 몇 년이 지나자 이 숫자는 고작 5천 명으로 줄어들었다. 철저하게 보존되고 복원되어 지금까지 남아 있는 건물들은 전 세계의 모험가들이 황금에 들떠 모여들었던 과거의 열띤 나날들을 생생하게 보여 준다.

1896년 8월, 조지 카맥과 도슨 찰리, 스쿠컴 짐이 래빗 크리크(이후에는 보난자 크리크라는 새 이름을 얻었다)에서 황금을 발견하면서 사람들이 몰려들기 시작했다. 수많은 채광꾼들이 유콘 강과 클론다이크 강이 합류하는 부근에 위치한 이 머나먼 곳으로 몰려들게 되었다. 대부분의 사람들이 사금을 채취하여 한몫 잡아 보려고 애썼던 반면, 금광을 찾는 이들보다는 장사꾼들이 부유해지는 일이 더 많다는 사실을 잘 알고 있었던 조 라두(1885~1990)라는 영악한 사나이는 신도시 건설 부지를 자기 것으로 만들었다. 이 지역을 처음으로 조사했던 지질학자인 조지 도슨의 이름을 따서, 그는 도시에 도슨 시티라는 이름을 붙였다.

1898년, 도슨 시티는 최대의 호황을 누리게 되었다. 당시의 한 인물은 이를 '굉장한 흥분, 비참, 부유한 이들, 환락, 가슴이 찢어진 이들, 괴혈병, 동상, 자살'이라고 요약하고 있다. 짧은 기간 동안 무법이 횡행했다. 부자가 된 이들도 있었지만, 많은 사람들이 술집과 도박장, 유곽 주인들에게 돈을 털리거나 간단한 일상 용품에 터무니없는 가격을 부르는 공급업자들에게 뜯겼다. 나무와 캔버스 천으로 된 건물이 다수였기에 항상 화재의 위험이 도사리고 있었다. 술집 아가씨를 차지하고 싶은 이는 라이벌에게 석유램프를 집어던지곤 했다. 전염병이 만연했다. 작품 속에 클론다이크 골드러시를 그려낸 작가 잭 런던(1876~1916) 또한 괴혈병에 걸린 이들 중 하나였다. 이후 시 당국이 질서를 유지할 수 있게 되자마자 알래스카에서 금이 나왔다는 소식이 도달했고, 채굴꾼들은 도착했을 때만큼이나 급하게 떠나 버렸다. **IZ**

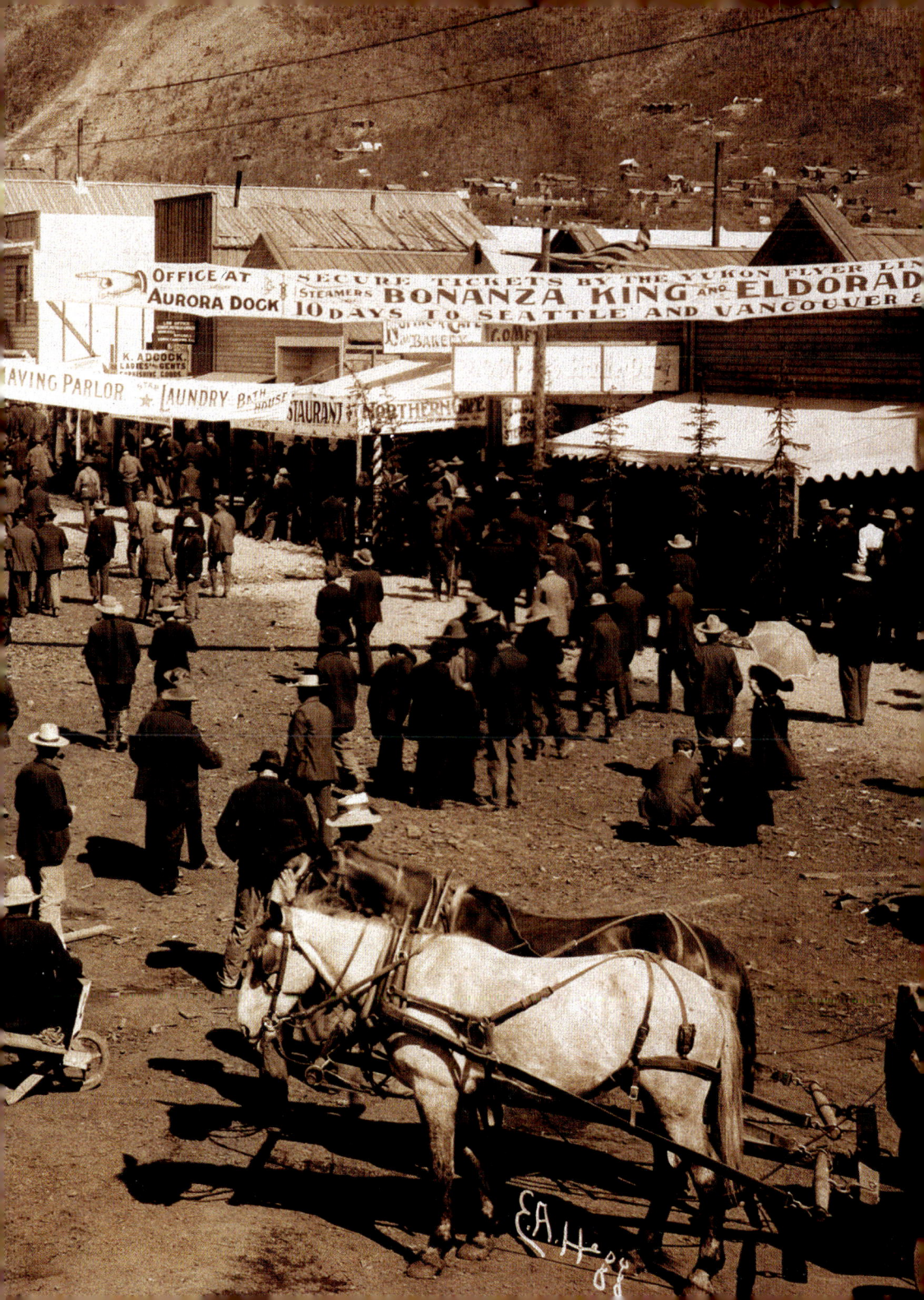

밴프 스프링스 호텔

캐나다, 밴프 | Banff Springs Hotel

스코틀랜드 귀족풍의 호텔

캐나다의 모든 것은 거대하다. 캐나다 태평양 철도(CPR)는 로키 산맥 철도 부근의 관광산업을 활성화시키기 위하여(그리하여 기차의 침대 차량이 손님으로 가득하도록) 그 엄청난 규모에 걸맞은 대형 호텔 체인을 건설 했다. 철도는 1885년에 완공되었으며, 거의 3년 후인 1888년 6월 1일에는 스코틀랜드 귀족풍을 모방한 웅장한 호텔 중에서도 가장 커다란 밴프 스프링스 호텔이 문을 열었다. 250개의 객실과 원형 홀을 갖춘, 당시로서는 세계 최대의 호텔이었다.

오늘날, 페어먼트 밴프 스프링스 호텔과 스파의 객실 수는 처음에 비해 세 배로 늘어났다. 1,700명에 가까운 손님들을 수용할 수 있으며, 종종 백파이프 음악의 선율이 라이브로 울려 퍼진다. 900캐나다 달러라는 숙박료가 망설여진다면, 그 대신 가이드 투어를 해 볼 수도 있다. 이 커다란 호텔은 거대한 터미널 같기도 하다. 오늘날에 보기에는 상당히 구식이지만, 호텔 건물은 보우 강과 스프레이 강이 만나는 웅장한 봉우리 아래, 포플러 나무 사이에서 우두머리 수사슴처럼 자랑스럽게 버티고 서 있다.

캐나다 태평양 철도의 총책임자 윌리엄 코넬리우스 반 호른의 사명 선언을 빌자면, 그들은 '경치를 수출할 수는 없는 노릇이기에 대신 관광객들을 수입해 와야만' 했다. 뉴욕의 건축가 브루스 프라이스가 지은 엄청난 건축물은 원래의 건물에서 180도 어긋나 있었다(그는 이렇게 말했다고 전해진다. "내 호텔을 거꾸로 지었잖소!"). 이 호텔에는 늘 어딘지 '연출된 듯한' 분위기가 어려 있다. 프라이스의 건물은 고전적인 빅토리아 후기풍 건축물로서, 장황하고, 견고하며, 엄숙하고, 웅장하고, 무척 당당하여 제2차 세계대전 전까지 캐나다 건축물의 기초를 이루었다.

오늘날 페어먼트 밴프 스프링스 호텔은 여전히 그 완고한 고딕식 웅장함을 뽐내며 빅토리아 후기풍의 건축학적 인 대담함을 보여 주는 기념물로 우뚝 서 있다. **JH**

에드먼턴 요새 공원

캐나다, 에드먼턴 | Fort Edmonton Park

역사적인 교역의 장소

허드슨즈 베이 컴퍼니가 무역의 교역소로 삼았던 에드먼턴 요새는, 영국의 통치하에 있던 북아메리카 전역으로 가는 모피 무역을 전담했던 장소이다. 캐나다에서 가장 커다란 '살아 있는 역사의 공원'에 위치한 이곳에서, 방문자들은 구경할 수 있도록 역사를 재현해 놓은 네 곳의 '거리'를 걸어 초소에 입장하게 된다. 거리들은 각각 에드먼턴 역사 속의 백인 정착 지역을 보여 준다. 64헥타르에 달하는 부지에 들어선 75채의 건물들(이중 많은 것들이 진품인데) 사이를 거닐면서 짐마차며 역마차, 전차와 같은 다양한 시대의 탈것들을 체험해 볼 수 있다.

"통째로 구운 어린 버펄로는 내부의 미식가들이 최고로 치던 요리 중 하나였다."

폴 케인. 예술가. 요새에서 가진 크리스마스 저녁식사 자리에서.

최초의 요새는 1794년 허드슨즈 베이 컴퍼니의 모피 무역 사업을 확장하기 위한 일환으로 스터전 강과 노스 서스캐처원 강이 합류하는 곳에 세워졌다. 3년이 지난 후, 12,500장 이상의 비버 털가죽이 거래되었다. 나무로 된 높은 울타리 안에 위치한 이 요새는, 군사적인 목적이라기보다는 상업적인 방책(防柵)에 더 가까웠다.

목조 부분이 세심하게 재건축된 주 건물이 로완드 하우스로, 3층에 전망 좋은 발코니를 갖추고 있는 당당한 4층짜리 주거 건물이다. 상사(商事) 대리인인 존 로완드의 책임 아래에서, 요새는 나중에 앨버타 주로 불리게 되는 지역에서 가장 중요한 지점 중 하나가 되었다. 이 요새에서는 또한 다른 교역소들과 버펄로 고기며 다른 식료품 들의 거래가 이루어지기도 했다. 사무원, 장인, 노동자들을 비롯한 130명의 거주자들이 이곳에 머물렀다. 교역소의 다른 부분에는 대장간, 마구간, 그리고 가로돛을 단 요크 보트가 제작 되던 보트 저장소가 있다. **JH**

와누스케이원 역사 공원

캐나다, 새스커툰 | Wanuskewin Heritage Park

캐나다에 거주한 최초의 민족들이 남긴 성스러운 초원의 발자취

'와누스케이원'이라 발음되는 이 신성한 장소는 상징과 균형, 영혼이 가득한 곳이다. 와누스케이원 역사 공원에 있는 인상적인 방문자센터. 그 꼭대기에서 마치 '서명'과도 같은 야영장의 티피(모피 혹은 천으로 된 북미 원주민의 원뿔형 천막집)는 돛, 혹은 상어 지느러미를 닮은 시드니 오페라 하우스의 모티프처럼, 초원이 펼쳐진 지평선 위에서 눈에 띄는 표지물 역할을 한다.

방문객들이 차를 타고 와누스케이원에 접근하다 보면 눈에 잘 띄는, 네 군데가 뾰족한 지붕을 볼 수 있는데, 이는 숫자 4가 생명을 강력하게 해 준다고 생각했던 캐나다의 원주민들을 향한 경의의 표현이다. 또한 이들이 원형을 성스럽게 여겼다는 점도 두드러지게 드러난다. 실내에 놓인 원형의 버펄로 우리 모형이며, 소통 가능한 거대한 티피 모양의 전시 공간, 오늘날에도 사람들이 '빙빙 돌고 원을 그리는' 춤을 추는 링 모양의 원형 극장 등이 그 예이다. '마음의 평화를 찾는다'는 의미를 지닌 와누스케이원은 캐나다 원주민들이 숭배를 올리거나 축하의 식을 거행하는 매우 성스러운 장소였다.

6천 년 이상의 역사를 간직한 이곳은, 북부 평원의 대여섯 개 인디언 부족들이 1870년대에 인디언 보호 거주 구역으로 이주당하기 전까지 사냥을 하고 이따금 겨울을 나던 땅이었다. 이들 부족이 버펄로 고기와 가죽에 의존해 생활했다는 사실을 반영하여, 방문자센터는 사냥꾼들이 짐승을 벼랑에서 뛰어내릴 때까지 몰아가던 장소인 '버펄로 점프'와 '몰이길'의 꼭대기에 자리 잡고 있다. 입구의 바깥에는 송아지로 가장하고 소들을 유인하며 달리는 인디언을 향해 전속력으로 몰려가는 버펄로 조각상들이 방문객을 맞이한다(레스토랑의 메뉴에는 버펄로 소시지도 포함되어 있다). 와누스케이원 유적지의 발굴은 1930년대 초에 시작되었다. 고학적 유물로는 신기하게 줄지어 서 있는 동그란 돌들(주술의 원이라는 이름으로 더욱 잘 알려져 있다), 원형으로 배열된 티피, 석총 등이 발견되었다. **JH**

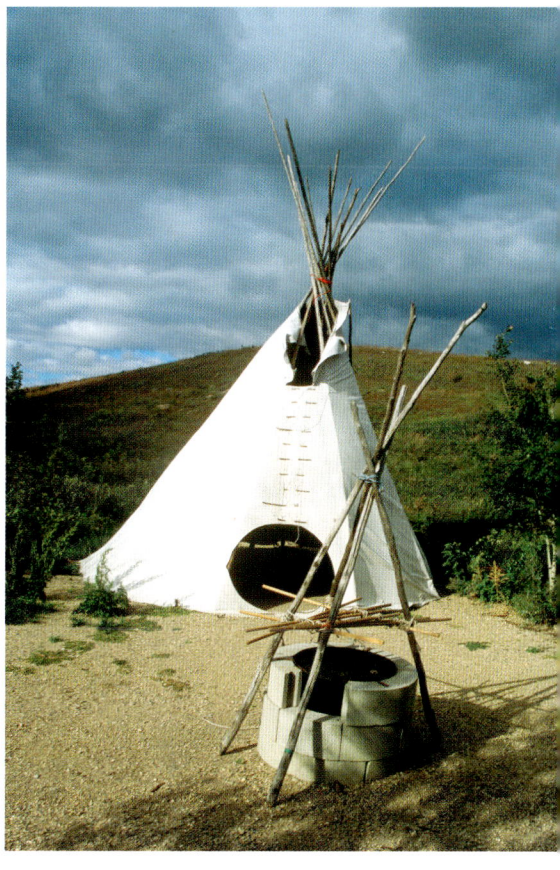

"이 매리칸 인디언은 대지의 일부이다 … 버펄로가 토양에 속해 있듯이 그들 또한 속해 있는 것이다."

오글랄라 수 족 추장, 루터 스탠딩 베어

캐나다 기마경찰대 아카데미

캐나다, 리자이나 | Royal Canadian Mounted Police Academy

가장 확실한 캐나다의 상징을 교육시키는 아카데미

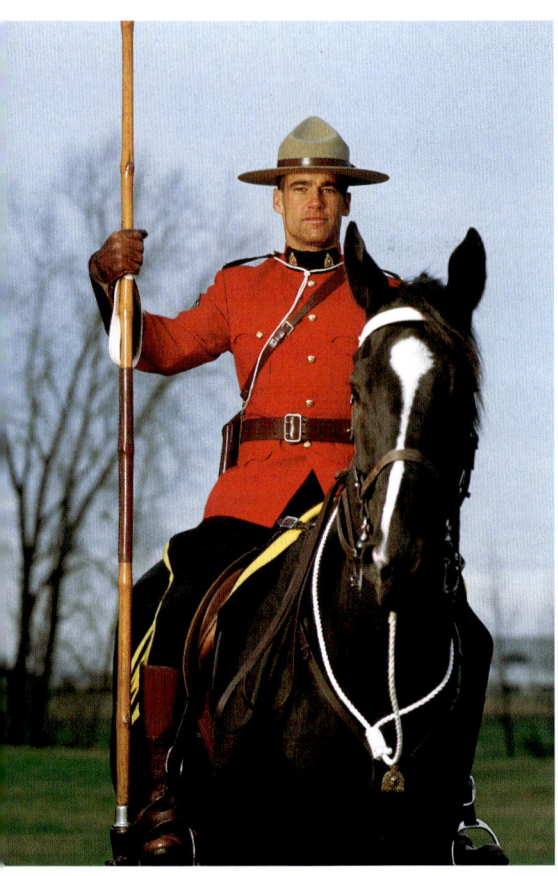

"진홍색, 금색, 푸른색과 같은 힘은 세
상엔 없다네."

버트램 부툴리어, 「신병」(1945)

각진 턱에 빨간 외투를 입고, 승마 바지에 테가 넓은 스
테트슨 모자를 쓴 기마경관은 메이플 시럽이 그러하듯
캐나다를 상징하는 존재이다. 캐나다 기마경찰대(Royal
Canadian Mounted Police : RCMP)가 그 형태와 기
능을 갖추게 된 것은 초원 지역인 서스캐처원의 주도(州
都) 리자이나의 서쪽 구석에서였다. 캐나다 기마경찰대
는 의식을 거행하는 기병대, 국가 경찰력, 그리고 FBI를
섞어 놓은 듯한 형태이다.

이 장소는 원래 '데포 디비전'(보충 대사단)이라 알
려져 있었지만, 훈련시설이라는 그 주된 목적을 잘 보여
주기 위하여 나중에 'RCMP 아카데미'라는 이름이 새로
붙게 되었다(1885년부터 훈련시설이 됐고 4만 6천 명의
기마경찰대 생도들이 졸업했다). 이곳을 방문하면 생도
들이 대열을 이루어 행진하거나 조깅하는 모습을 볼 수
있다. 5헥타르의 매우 넓은 부지에는 웅장한 붉은 지붕
의 본부, 식당, 군사 훈련실, 법의학 연구소, 총기 단지,
가상의 치안 유지 시나리오를 실습해 볼 수 있는 '도시
계획도', 호신술을 위한 체육관, 피트니스 센터, 묘지(이
곳에는 반란군을 이끄는 정치가였던 루이스 리엘이 잠
들어 있다), 그리고 '슬레이 스퀘어' 앞에 위치한 예배당
등 거의 50여 채에 달하는 건물이 들어서 있다.

예배당은 리자이나에 남아 있는 건물 중 가장 오래
된 역사를 지니고 있으며, 대초원 지대에서도 가장 오래
된 예배당 중 하나이다. 원래 온타리오에 식당으로 지었
는데, 무개화차와 증기선, 그리고 황소에 실려 이곳으로
옮겨졌다. 노스웨스트 기마경찰대의 목수들이 직접 제단
과 예배용 좌석을 만들어 덧붙이면서 이 건물은 예배당
이 되었고, 1895년 12월에 개관했다.

2007년, 4천만 캐나다 달러가 소요되어 돌과 유리
로 지어진 초현대적 건물인 RCMP 헤리티지 센터가 들
어섰다. 이곳의 전시 갤러리는 개들을 부려 얼어붙은 북
부에서 유콘 골드러시의 치안을 관리하던 시절부터 최신
식 DNA 기술로 사건을 해결하는 현대에 이르기까지 경
찰력의 역사가 남겨 온 자취를 보여 준다. **JH**

유니언 스테이션

캐나다, 토론토 | Union Station

캐나다 최고의 철도역

무엇을 봐도 시시하게 느껴지는 21세기 사람들의 눈에도 훌륭한 균형미를 갖추고 있으며, 고급스럽고 장식적인 석재와 보자르 양식의 윤곽으로 세련된 모습을 드러내는 토론토의 유니언 스테이션은 여전히 광대하고 격조 높게 느껴진다. 이 역은 사촌뻘인 뉴욕의 그랜드 센트럴 스테이션만큼 유명하지 않을지도 모르지만, 토론토 시민들에게 도시로 향하는 커다란 관문 역할을 했다. 이 역은 요크 거리와 베이 거리 사이, 프론트 거리의 남쪽에서 도시 블록 하나를 완전히 차지하고 있어서 확실히 기념비적이라 할 만하다. 또한 승객들이 역 안의 이발소나 심지어는 목욕탕까지 들르곤 했던, 지나가 버린 기차여행 시대를 상기시키는 곳이기도 하다.

이 거대한 프로젝트를 이끌었던 네 명의 건축가들은 서로 친구였으며, 보자르 양식을 구성하는 주요 특징인 당당한 균형미, 극적인 감각, 합리적인 계획을 찬양하는 이들이었다. 건축 자재는 엄청난 주의를 기울여 선택했다. 260m의 웅장한 정면은 인디애나와 퀸스턴의 석회석으로 표면이 덮여 있으며, 입구의 중앙 통로는 베드포드 석회석으로 된 널따란 주랑으로 이루어져 있는데, 기둥 하나씩의 무게가 75t, 길이는 12m에 달한다. 이 거대한 기둥들 사이를 걷다 보면 80m 길이의 로비에 들어가게 된다. 로비의 대리석 바닥은 헤링본 무늬 모양을 이루고 있는데, 이는 내부 벽과 서로 잘 어울리면서 타일로 이루어진 훌륭한 천정에 소리를 울려 퍼지게 한다. 천장은 평평하게 하면 어두운 그림자가 드리워질 것을 우려하여 아치 형으로 작업했다.

북쪽과 남쪽 벽의 가운데쯤을 올려다보면, 캐나다 대평양 철도와 예진의 그랜드 드링크 철도(이 두 철도를 합쳐 '유니언'이라 했다)가 지나가던 도시 이름들을 볼 수 있다. 이 리스트에는 동부부터 서부까지의 도시 이름이 좌우로 교차해 가며 실려 있다. '캐나다적인' 이 부분은 캐나다를 표현해 주는 장식물을 창조해 내기 원했던 건축가 존 라일의 바람에서 생겨난 것이다. **JH**

카사 로마

캐나다, 토론토 | Casa Loma

장중한 키치 기념물

헨리 밀 펠랫 경은 당대의 도널드 트럼프였다. 그러나 이 캐나다의 기업가는 트럼프처럼 자신의 이름을 붙인 타워를 짓는 대신, 카사 로마라는 이름의 중세풍 아방궁을 지었다. 사암으로 된, 쌍둥이 탑 모양의 7층짜리 카 멜롯 성이다. 키치에 대해 어떻게 생각하느냐에 따라, 당신의 반응은 이 건물을 사랑하거나 혐오하거나 둘 중 하나가 될 것이다. 그렇지만 이 건물은 한 남자에게(그리고 그의 아내에게) '재력을 보여 주는' 꼭 보아야 할 기념물이라 할 수 있다. 펠랫은 건축가 에드워드 레녹스를 고용했는데, 그는 고객이 그려 보이는 성의 이미지를 웅장한 중세풍 혼합물과 뒤섞어 놓았다. 모든 면에서 완벽하게 캐나다적이면서도, 스코틀랜드와 놀랍도록 연관을 맺고 있다. 바다 건너 스코틀랜드로부터 석공들을 데려와 작업했던 것이다.

> "토요일 밤의 댄스가 벌어지는 모조 성곽을 수상하게 여길 사람은 아무도 없을 것이다. 실제로 그랬다."
>
> 작가, 메리 M. 앨위드

3년 남짓한 세월에 3백만 캐나다 달러라는 비용을 들이고 3백 명의 인부들을 고용한 결과, 그는 무엇을 얻었던가? 스물두 개의 벽난로, 중앙집중식 진공청소 시스템, 59군데의 전화 교환설비, 황소 한 마리도 요리할 수 있을 정도로 커다란 오븐은 말할 것도 없고, 셀 수 없이 많은 다른 특징들 중에서 무엇보다도 18m 높이의 천장에 깃발과 샹들리에, 깁옷들이 걸려 있는 어딘가 우울해 보이는 느낌의 거대한 홀, 멋진 마차 보관소, 마구간과 저택을 연결하는 250m 길이의 비밀 터널을 꼽을 수 있을 것이다. 바로 이곳에서 제2차 세계대전 기간 동안 U 보트의 수중 음파 탐지기가 개발되었으며, 그 동안 저택 안에서는 빅 밴드가 연주하는 댄스파티가 열리고 있었다. **JH**

캐나다 국회 의사당

캐나다, 오타와 | Parliament Buildings

캐나다의 역사적인 정부 의석

1858년, 오타와는 토론토, 몬트리올, 퀘벡 같은 쟁쟁한 경쟁 상대를 제치고 캐나다 연방의 수도로 선정되었다. 미국 국경으로부터 안전거리를 유지하고 있으며, 퀘벡과 온타리오 주 사이의 경계에 위치하고 있기 때문이었다. 새로운 국회 의사당을 짓기 위하여 선정된 장소는 오타와 강 상류의 석회암 절벽 꼭대기의 약간 경사진 평면이었는데, 이곳은 수천 년 동안 내륙 사람들에게 뱃길의 이정표가 되어 주곤 했다.

국회 의사당은 질서정연한 잔디밭에 둘러싸여 있으며, 커다란 빅토리아 풍 타워가 눈길을 사로잡는다. 고딕 양식의 건물들은 독일과 프랑스의 영향도 확실히 보이고 있지만, 전반적으로 영국적인 건축 양식에 가깝다. 완공된 지 1년이 지나, 이 건물들은 온타리오, 퀘벡, 뉴브런즈윅, 노바스코샤 주가 이룬 연방 정부, 그와 함께 탄생한 새로운 캐나다 자치령의 정부 의석으로 선정되었다. 캐나다가 성장하면서 서쪽의 광대한 영토들도 이에 편입되었으며, 이에 따라 국회도 성장했다. 1916년과 1952년에 일어난 화재로 인해 어떤 부분은 재건축해야만 했다. 1920년대에는 새로이 고딕/보자르 양식의 '피스 타워'가 추가되었으며, 1980년에는 방문자들을 종 근처까지 실어 나르기 위하여 세계 최초로 비스듬하게 올라가는 엘리베이터를 갖추게 되었다. 다른 건물들과 마찬가지로 피스 타워도 가고일(고딕 건축 양식에서 지붕 위에 놓인 괴물 형태의 돌, '이무깃돌'이라고도 한다)과 그로테스크 풍, 프리즈(벽의 높은 곳에 띠처럼 두른 장식) 등으로 화려하게 장식되어 있다.

오랜 시간 동안, 이곳은 다양한 국가적 중대사의 배경이 되어 왔다. 정치인들의 장례식, 대관식이 열렸고 영국의 군주들이 방문하기도 했으며, 전쟁과 평화가 이곳에서 선포되었다. 이곳에 정식으로 안치된 캐나다 인사들 중에는 전 수상인 피에르 트뤼도가 있으며, 캐나다의 무명용사들도 이곳에 안장되었다. **AP**

오텔-디외 드 몬트리올

캐나다, 몬트리올 | Hôtel-Dieu de Montrél

이름 높은 캐나다 의료기관

오텔-디외 드 몬트리올은 몬트리올 최초로 설립된 병원이자 북아메리카에서도 가장 오래된 병원 중 하나이다. 이 병원은 캐나다에서 가장 중요한 대학병원이며, 여러 중요한 의학적인 발전이 이루어졌던 장소이다.

오텔-디외 드 몬트리올의 설립은 몬트리올이라는 도시의 생성과 밀접한 연관을 맺고 있다. 1642년 5월 17일, 폴 쇼메디 드 메종뇌브가 지금의 몬트리올 자리에 자그마한 정착촌을 세우고 빌-마리라는 이름의 종교적인 빈민 구제시설을 만들었다. 그와 함께 했던 이들 가운데 헌신적인 선교 간호사이자 프랑스에서 온 정착민인 잔느 망스라는 여인이 있었다. 1642년 가을, 그녀는 이 정착촌에 원주민들과 정착민들 모두를 동등하게 돌보아 주는 작은 병원을 세웠다.

> "잔느 망스가 내린 결단은 몬트리올 섬 뿐만 아니라 캐나다 전체를 살렸다."

『애플턴 미국 일대기 백과사전』

1645년 10월 8일, 오텔-디외 드 몬트리올이 정식으로 태어나게 되었다. '생 조제프의 자선 수녀회'라는 이름의 수녀 단체가 이 병원에서 일하게 되었다. 1688년, 선교사인 기욤 바이가 새로이 석조로 된 병원 건물을 짓기 위한 계획을 구상했다. 1695년에서 1734년에 이르기까지, 이 건물은 세 차례 화재로 피해를 입었다. 1861년에 오텔-디외 드 몬트리올은 처음 자리에서 옮겨 현재의 위치로 오게 되었으며, 계속해서 확장하고 번창해 갔다. 1868년, 이 병원에서 세계 최초로 신장 적출수술이 이루어졌으며, 1959년에는 최초로 대퇴부 이식수술이 이루어졌다. 오텔-디외 드 몬트리올에는 병원이 설립되기까지 역사를 자세히 보여 주는 박물관도 있다. **JF**

샤토 람제이

캐나다, 몬트리올 | Château Ramezay

샤토 람제이가 겪은 흥망은 몬트리올 자체의 흥망을 반영한다

샤토 람제이는 몬트리올에서 가장 오래된 건물 중 하나로 그 역사가 프랑스가 퀘벡을 통치하고 있던 시대까지 거슬러 올라 간다. 또한 프랑스 통치자가 거주했던 장소 중 여전히 도시에 남아 있는 곳이기도 하다.

클로드 드 람제이는 1704년 몬트리올 총독으로 부임했다. 이듬해, 그는 지방 건축가와 석공에게 자신이 살 집의 건축 을 맡겼다. 1724년 클로드 드 람제이가 사망하고 나자 샤토 람제이는 그의 미망인 소유가 되었다. 람제이 가족이 1745년에 부채 때문에 이 집을 팔 수밖에 없는 상황에 놓이자 이를 구입한 것은 프랑스 서인도 회사였는데, 이들은 집을 본사이자 모피 보관창고로 사용했다. 1755년, 샤토 람제이는 하얗게 새로 회칠되었으며, 규모가 커졌고 지하실이 생겼다. 영국군 사령관인 제임스 울프 대령이 1759년에 몬트리올을 정복한 이후부터 샤토 람제이는 이 도시의 영국인 총독이 거주하는 장소가 되었다. 1775년부터 1776년까지, 몬트리올이 미국의 점령하에 들어가게 되자, 벤자민 프랭클린을 비롯한 미국 측 대표단이 퀘벡 주에 미국 연방에 들어오도록 이 집에서 설득했는데, 결국 이러한 시도는 실패로 돌아갔다. 이 이후로 샤토 람제이는 다시 영국인 총독이 거주하는 장소가 되었고, 이는 1854년까지 이어졌다. 그 이후로는 학교, 칼리지, 재판소 등으로 이용되어 오다가 1895년 박물관으로 대중에게 개방되었다.

1929년, 샤토 람제이는 퀘벡 정부에 의해 역사적인 유적으로 분류된 최초의 건물이 되었다. 이 집은 당시 그대로 의 가구와 회화 작품들을 전시했으며, 넓은 정원을 갖추고 있 고, 배우들이 분장을 하고 18세기 몬트리올의 생활을 재연해 보인다.

샤토 람제이가 겪어 온 역사는 몬트리올의 역사가 지녀 온 다양한 시기를 정확하게 구분해 준다. 프랑스 무역 회사가 머무르던 시대부터 대영제국의 일부였던 시기까지 말이다. 오늘날 이 건물은 몬트리올의 300년 역사와 긴밀한 관계를 맺고 있는 기념관으로 우뚝 서 있다. **JF**

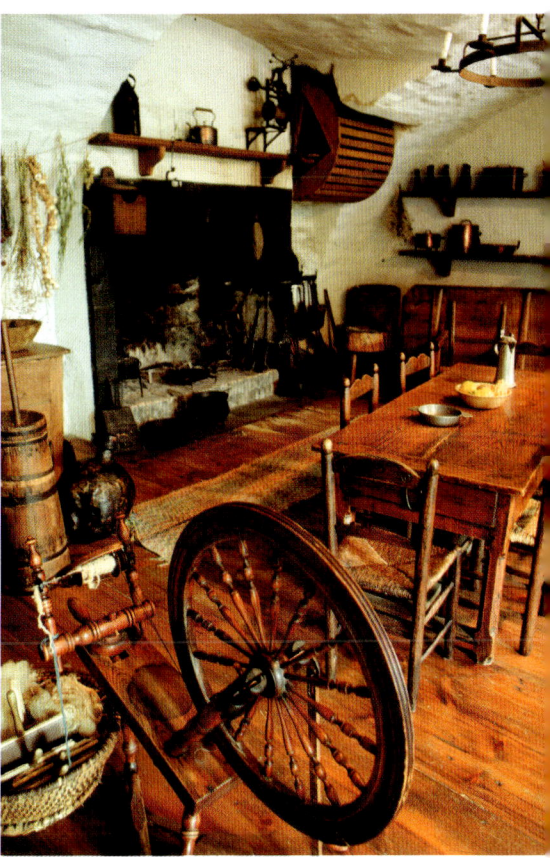

"우리의 형제가 되어 영국에 반대합시다. 그렇지 않으면 영국에 협조하는 도구가 되어 버릴 위험을 무릅쓰게 될 거요."

퀘벡 주민들을 향한 미국 측의 선언서, 1775

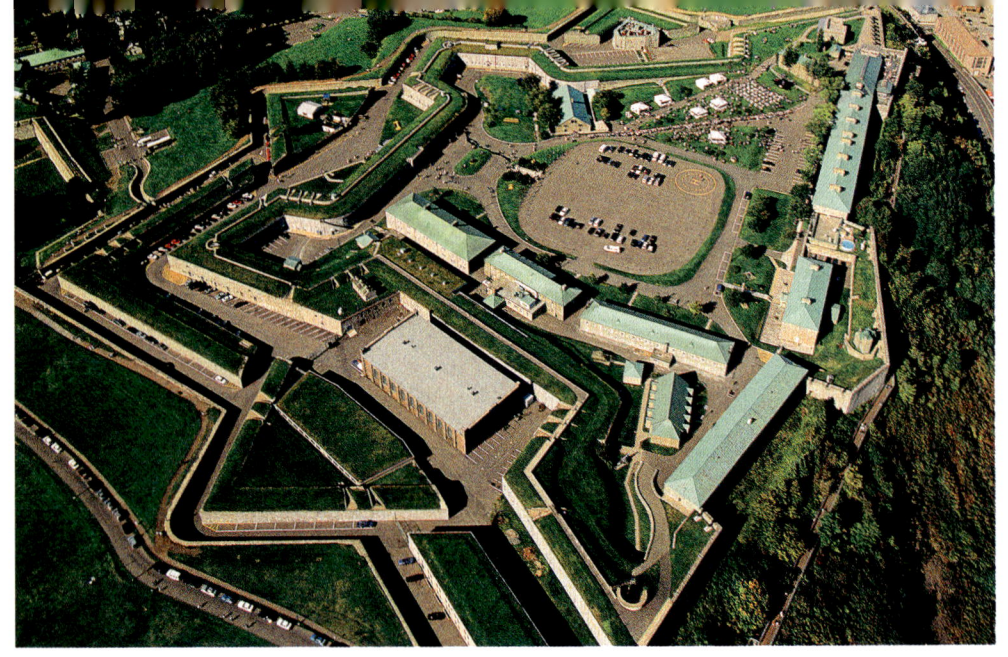

🏛 ◎ 라 시타델 캐나다, 퀘벡 시티 | La Citadelle

아메리카 대륙이 식민 통치를 받던 과거에 세워진 훌륭한 요새

퀘벡 시티는 캐나다에 있는 모든 프랑스적인 것들의 보루일 것이다('멈춤'이라는 교통 표지판이 프랑스어인 'Arret'이라고 되어 있는 것만 보아도 알 수 있다). 그러나 캅 디아망 꼭대기, 세인트 로렌스 강 상류 약 120m에 위치한 절벽 꼭대기의 놀랍도록 훌륭한 요새인 라 시타델은 대영제국이 통치하던 시대를 되살리게 해 주는 명확한 상징물이라 할 수 있다. 이곳 요새의 수비대는 여전히 진홍색 튜닉과 곰 가죽 모자를 착용하고 있으며, 이 건물은 영국이 통치하던 시절에 캐나다에서 건설된 가장 중요한 성채로 남아 있다. 지역 주민들은 이를 '아메리카의 지브롤터'라 지칭하며 여전히 군사적인 목적으로 제 몫을 다하고 있는 북아메리카 최대의 요새라 일컫는다.

라 시타델(영어로도 프랑스어로도 프랑스식 이 이름을 사용한다)은 프랑스 군사 기술자인 생-레제-보방이 개발한 방어시스템에 따라 설계되었는데, 그는 별 모양의 이 요새가 그 당시의 접근전용 무기로부터 철통같은 수비를 해낼 수 있도록 개량했다. 처음 프랑스가 지은

요새는 1693년에 지은 사각형 보루와 1750년에 지은 화약고(지금은 박물관이 되었다)를 제외하면 거의 남아 있지 않다. 오늘날, 시타델을 포함한 구퀘벡의 역사구역은 식민시대의 성채 도시가 어떠했는지를 보여 주며, 근현대 시대의 아메리카 대륙의 거주 형태와 성장의 주요한 단계들을 설명해 주는 생생한 예시가 되고 있다. 유네스코 세계유산으로 지정되어 있다.

라 시타델은 네 개의 뿔을 가진 다각형 모양으로 배치 되어 있으며, 각각의 꼭짓점은 보루를 형성하고 있다. 15헥타르 넓이의 부지에 위치한 스물다섯 개의 건물 중 대부분은 웰링턴 공작의 명에 따라 영국에서 건립한 것이다. 그는 1812년 전쟁 이후에 미국 측의 공격이 다시 한 번 있을 것이라 예상했으나, 공격은 일어나지 않았다. 사실 침략자와 사격전을 벌인 적은 한 번도 없었으며, 덕분에 '황태자의 요새'를 보호하고 있는, 거의 5km 가까이 포탄을 쏘아 보낼 수 있는 대포는 사용해 볼 기회도 없었던 것이다. **JH**

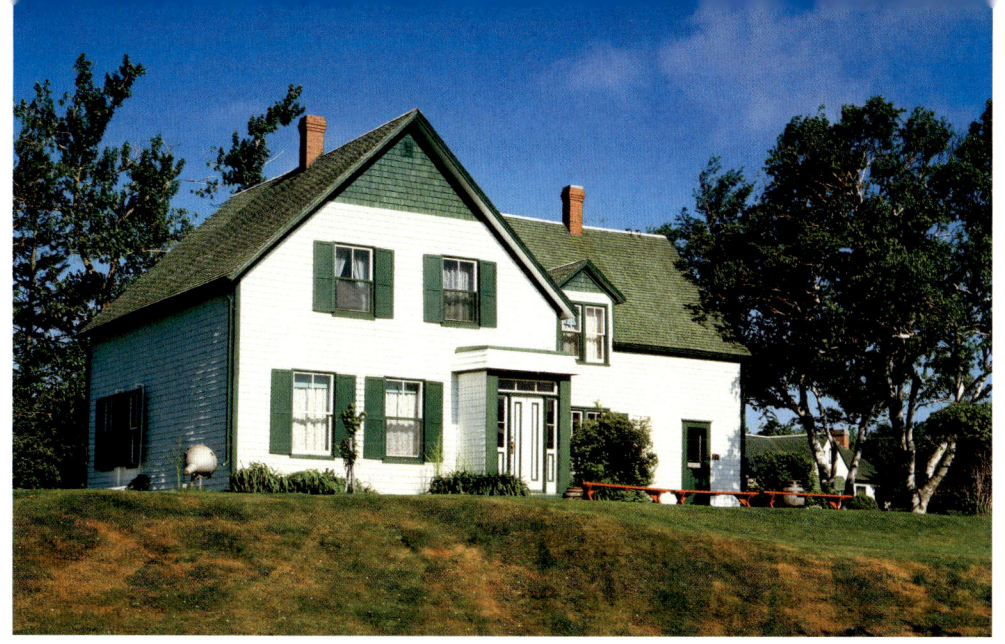

그린 게이블즈 하우스 캐나다, 캐번디시 | Green Gables House

문학의 고전 작품에 영감이 되어 준 빅토리아 풍 농장

캐나다의 프린스 에드워드 섬 국립공원에 위치한 그린 게이블즈 하우스는 캐나다에서도 방문객이 가장 많은 유적 중 하나이며, 작가인 루시 모드 몽고메리(1874~1942)의 베스트셀러 소설인 『그린 게이블즈의 앤』과 그 시리즈의 배경이 되는 장소 이기도 하다. 몽고메리가 창조해 낸 기억에 남을 만한 인물인, 상상력이 풍부하고 솔직한 빨강머리 소녀 앤 셜리가 바로 그 주인공이다.

19세기 중반에 건축된 그린 게이블즈 하우스는 전형적인 빅토리아 중기풍의 농장으로, 그 이름은 지붕 위의 삼각형 박공(게이블)이 강렬하고 진한 녹색으로 칠해져 있기 때문에 얻은 것이다. 몽고메리는 프린스 에드워드 섬의 시골에서 주로 조부모님의 보살핌 속에서 성장했다. 사촌인 맥닐 가족이 그린 게이블즈 하우스 가까이에 살고 있었으며, 몽고메리는 사촌 집의 정원에서 놀면서 외로운 어린 시절을 보냈다. 1904년, 몽고메리는 오래된 노트를 뒤적이다가 한 노부부가 고아 소년을 입양하려고 하는데 실수로 소녀가 왔다는 이야기를 발견하게 된다. 이 발견으로 몽고메리는 자신의 여주인공에 대한 아이디어를 얻게 되고, 1908년에는 유명한 앤 시리즈의 첫 권인 『그린 게이블즈의 앤』이 출간되었다.

프린스 에드워드 섬은 1930년대에 자연의 아름다움이 살아 있는 곳으로 알려졌으며 관광객들을 불러들이게 되었다. 그린 게이블즈 하우스 옆에는 건축가 스탠리 톰슨이 설계한 골프 코스가 있다. 소설 속에서 앤이 자주 가곤 하는 장소인 '연인의 오솔길'과 '유령이 나오는 숲'을 방문할 수도 있다. **LaL**

"내 안에는 여러 모습의 서로 다른 앤
들이 살고 있어요. 아마 그래서 내가
이렇게 골치 아픈 아이인가 봐요."

루시 모드 몽고메리, 『그린 게이블즈의 앤』(1908)

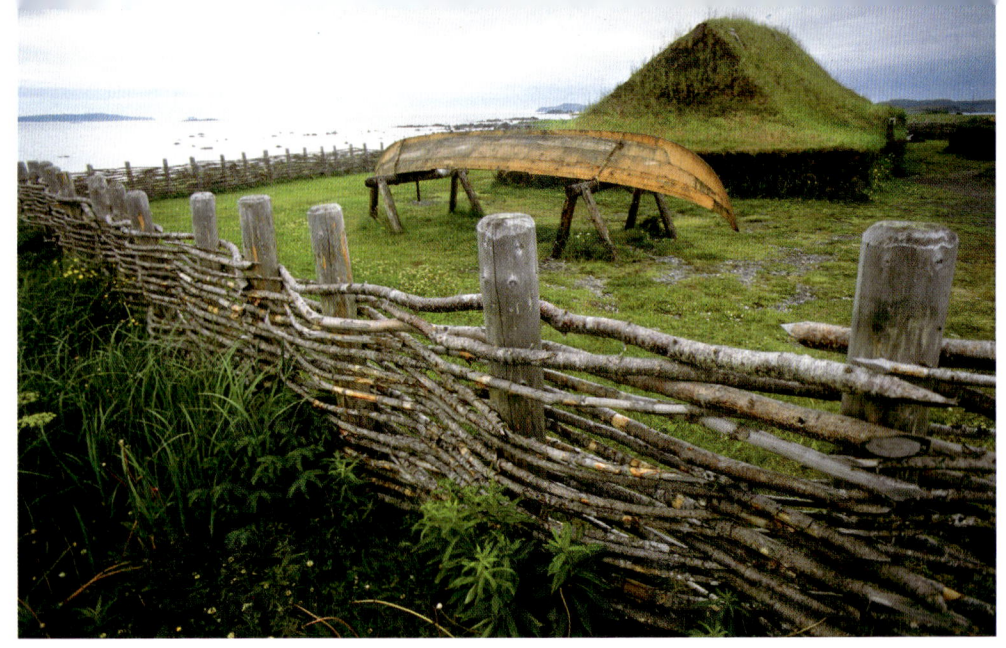

🏛 ◉ 랑즈 오 메도우즈 캐나다, 뉴펀들랜드 | L'Anse aux Meadows

아메리카 유일의 진짜 바이킹 정착지

랑즈 오 메도우즈의 북극에 가까운 해안선은 겉으로만 스칸디나비아의 전설 속에서 튀어나온 것처럼 보이는 것이 아니라, 실제로도 그렇다. 고고학적인 발굴 작업과 방사성 탄소 연대 측정의 결과, 멀리 떨어진 이곳이 미국 대륙에서 이제껏 알려진 유일한 바이킹 거주지였으며, 신세계에 유럽인이 살았던 최초의 기록이라는 사실이 확인되었다. 바이킹들은 그린란드에서 아이슬란드로 가던 길에 폭풍을 만나 항로에서 벗어난 것으로 추정된다. 그러나 그들은 이곳을 배를 수리하고 항해를 준비할 수 있는 기회로 삼았으며(이 지방의 목재는 매우 쓸모가 있었다), 결국 원래 거주하던 이뉴잇 족과 충돌, 모진 겨울 때문에 떠나가기 전까지 대략 세 번의 겨울을 이곳에서 보냈다.

랑즈 오 메도우즈, 혹은 메도우 코우브라 불리는 이곳은, 275km 길이로 뻗어 있는 뉴펀들랜드 섬의 그레이트 노던 퍼닌슐라 북동쪽 끄트머리에 위치하고 있다. 1960년에는 노르웨이의 작가이자 탐험가인 헬게 잉스타드와 고고학자인 그의 아내 안네 스티네가 이곳에서 줄

지어 서 있는 엄청난 크기의 흙무더기들을 발견했다. 잉스타드 부부의 감독 아래 국제적인 규모의 발굴 작업이 이루어졌고, 마침내 흙에 뒤덮여 있던 것들은 여덟 채의 목재 골격 건물의 벽 아랫부분으로, 11세기에 아이슬란드와 그린란드에서 사용되었던 것과 동일한 방식으로 뗏장이 입혀져 있었다는 사실이 밝혀졌다. 여기에 남아 있는 철로 된 자그마한 대장장이 용품은 아마도 최초로 북아메리카에서 철을 제련했던 흔적일 것이다.

랑즈 오 메도우즈에서 발굴된 공예품 중에는 오래된 '걸쇠', 즉 고대 노르웨이적인 디자인을 보여주는 머리 쪽이 둥그런 망토 여밈용 핀을 비롯해, 의복이나 배의 돛을 수리하는 데 쓰였던 가락바퀴(플라이휠) 등의 물건이 있다. 초원 바깥쪽에는 잔디로 뒤덮인 재건 현장이 나타나고 재건하는 것 중에는 롱하우스(일자로 늘어선 공동 주택)도 있다. 흙바닥의 중간 중간에는 불을 피우기 위해 좁게 피 놓은 구덩이가 있는데 집 안을 따뜻하고 밝게 했으며, 요리하는 데에도 쓰였다. **JH**

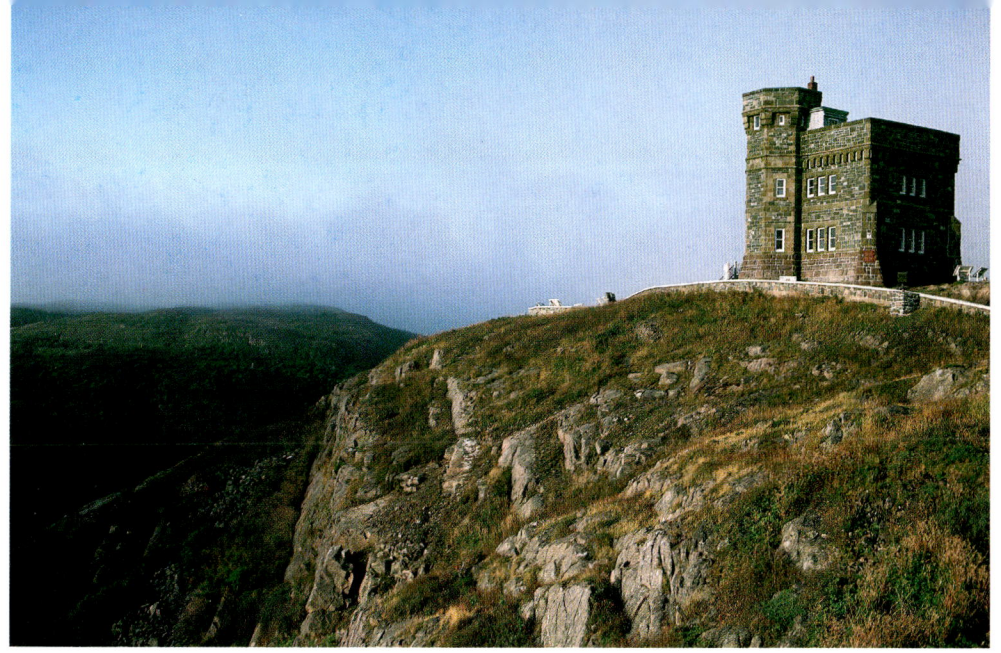

시그널 힐 캐나다, 세인트 존스 | Signal Hill

최초로 대서양을 건너는 무선 신호를 수신했던 역사적인 망루

시그널 힐 꼭대기의 카봇 타워 꼭대기에 서 보면, 왜 이곳이 세인트 존스에서 가장 눈에 띄는 이정표인지 확실하게 알 수 있을 것이다. 전략적으로 숭요한 이 장소는 너비가 고작 207m인 항구 지형의 입구를 지키고 있으며 시야를 방해하는 것이라고는 없는 파노라마 같은 경관을 제공한다. 1704년부터, 이 꼭대기에서는 세인트 존스를 향하여 우호적이거나 혹은 적대적인 목적을 지닌 배들이 접근한다는 것을 알리기 위한 깃발 신호가 나부꼈다. 적대적일 경우가 더 많았는데, 네덜란드와 프랑스, 영국 군대 모두가 이 전략적인 지점을 노리고 경쟁했기 때문이다. 영국과 프랑스 군대가 1762년에 이 언덕에서 벌인 전투는 7년 전쟁 중 북아메리카에서 마지막으로 일어난 전투였다. 행군 연습과 머스켓 총 시범을 보여 주고 역사적인 전투를 재연하는 시그널 힐의 귀영(歸營) 나팔행사는 1967년부터 계속해서 많은 관광객들을 유치해 온 주요 행사였다.

카봇 타워는 존 카봇의 뉴펀들랜드 발견 400주년을 기념하기 위하여 1898년에서 1900년까지 건설되었다. 현재는 캐나다에서 두 번째로 큰 역사 유적 공원의 중심지이다. 시그널 힐이 제대로 요새화된 것은 나폴레옹 전쟁(1803~1815)에 이르러서였다. 1830년대에 새로운 병영을 지었고, 미국 남북전쟁 중에 다시 한 번 방어공사를 했다. 뉴펀들랜드 정부는 1870년에 이곳의 병영들을 병원으로 바꿨다. 이곳은 굴리엘모 마르코니가 3,468km도 더 떨어진 콘월의 폴듀로부터 전자기파를 타고 온 라디오 신호-모스 부호로 이루어진 s라는 글자였다-를 수신했던 곳 중 하나이기도 하다. **JH**

> "매일매일 인류는 공간과 시간과의 싸움에서 점점 더 많은 승리를 거둬가는 모습을 보인다."
>
> 발명가, 굴리엘모 마르코니

클론다이크 골드러시 역사공원

미국, 아칸소 주 스캐그웨이, 워싱턴 주 시애틀 | Klondike Gold Rush Historical Park

황금을 찾는 이들이 좇았던 길을 보존하기 위하여 역사공원으로 보존한 장소

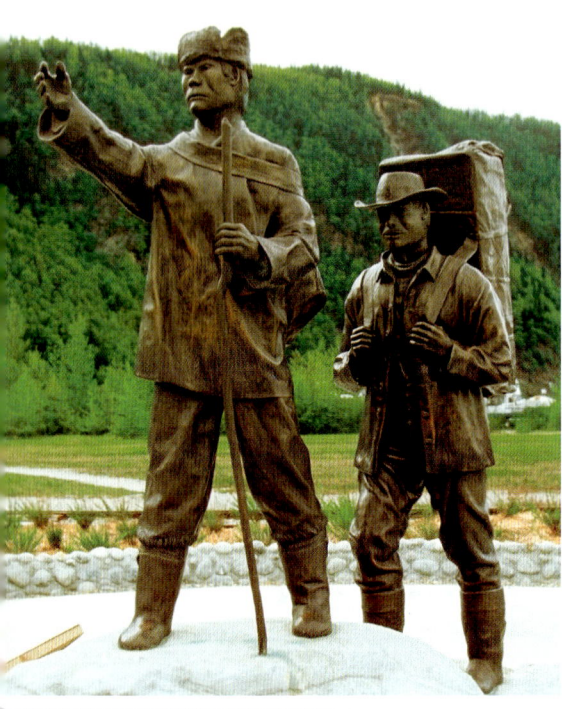

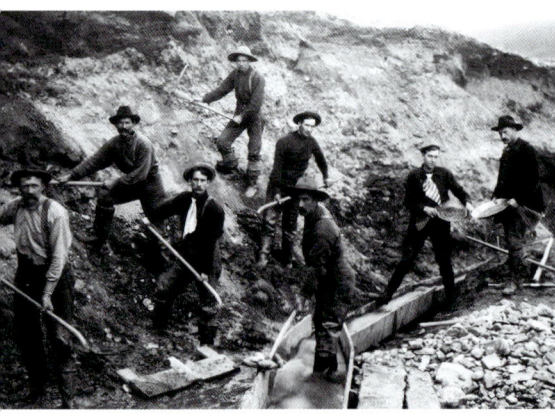

국립 클론다이크 골드러시 역사공원은 미국과 캐나다에 걸쳐 엄청난 넓이를 차지하고 있는 공원으로, 정부가 운영하는 공원 중에서도 상당히 독특한 존재이다. 골드러시로 인해 금 채굴꾼들은 1897년부터 1898년까지 캐나다의 클론다이크 강과 유콘 강 유역의 금광으로 몰려들었다.

1896년에 자그마한 채굴꾼 모임(이중에는 케이트 카맥이라는 여성도 끼어 있었다)이 황금을 발견했다는 소문은 유콘 골짜기의 다른 채굴꾼 캠프로 빠르게 퍼져나갔다. 금을 발견했다는 소식이 처음 미국에 도달한 것은 캐나다에서 금을 발견하는데 성공한 채굴꾼들이 남쪽의 시애틀과 샌프란시스코로 내려갔을 때였다. 소식으로 인해 사람들은 화이트 패스와 칠쿠트 트레일과 같은 다양한 경로를 통해 유콘 지역과 클론다이크로 우르르 몰려들었다. 시애틀은 길고 힘든 여행을 앞두고 여장을 꾸리는 많은 여행자들에게 여행을 준비하는 기지 구실을 했으며, 수입이 늘어남에 따라 번영을 누리게 되었다. 1896년에서 1897년에 걸쳐 시애틀의 총 거래 수입은 30만 달러에서 2천 5백만 달러로 늘어났다. 이 공원은 현재까지 보존되는 역사적으로 중요한 장소들로 이루어졌는데, 스캐그웨이에 세 군데, 시애틀에 한 군데, 그리고 좀 떨어진 캐나다에 세 군데가 있다. 각각의 장소에는 건물, 사람들이 밟았던 자취의 흔적이 남아 있으며, 스캐그웨이의 도심 구역은 대부분 그대로 보존되어 있고, 열다섯 채의 역사적인 건물들도 고스란히 남아 있다.

클론다이크 골드러시 역사공원에는 수려한 자연미가 돋보이는 지역들이 포함되어 있을 뿐만 아니라, 골드러시 무렵에 세워진 원래 모습을 그대로 갖춘 마을들이 남아 있다. 공원은 수많은 이들이 행운을 거머쥐기도 하고 잃어버리기도 했던, 미국과 캐나다 역사의 중요한 부분을 담고 있는 것이다. **TP**

◀ 틀린깃 족(캐나다의 한 토착민 부족) 안내원이 채굴꾼들에게 길을 이끌어 주는 모습의 청동 조각상이 국립공원을 찾는 방문자들을 맞이한다.

◀ 대박을 터뜨려 한몫 잡아 보려 열광적으로 노력하던 중, 채굴꾼들이 잠시 휴식을 취하고 있다.

리틀 빅혼 전투지

미국, 몬태나, 빅혼 | Little Bighorn Battlefield

이 전투는 인디언의 커다란 승리로 끝났다.

리틀 빅혼 전투지는 와이오밍 주와 몬태나 주의 경계선 바로 너머까지 펼쳐진 땅덩이이다. 이곳은 간간히 돋아난 짙은 색의 나무들과 풀을 뜯는 소떼들이 점 찍힌 것처럼 수놓고 있는 '커다란 하늘'의 땅으로, 광활한 공간을 향하여 뻗어 있는 탁 트인 시골 땅이다. 그 유명한 리틀 빅혼 전투가 벌어졌던 곳이 이 장소로, 이 전투에서 조지 암스트롱 커스터 대령과 그가 이끄는 제7기병대가 죽음을 맞이했고, 라코타, 샤이엔, 아라파호 족 인디언은 자신의 고향을 수호하려는 전투에서 승리를 차지했다.

리틀 빅혼 전투는 1876년 6월 25일과 26일에 리틀 빅혼 강과 멀지 않은 곳에서 일어났다. 이 전투는 각기 다른 부대가 네 차례의 공격을 감행하기로 계획되어 있었다. 커스터가 이끄는 부대가 공격을 이끌고, 마커스 레노 소령, 프레드릭 벤틴 대위, 토머스 맥두걸 대위가 이끄는 부대가 그 뒤를 맡기로 되어 있었다. 그러나 이곳의 지형과 인디언 전사들의 숫자를 잘못 판단한 커스터는 자신의 기병대를 이 불운한 공격을 향해 돌진시켰다. 그와 그의 부하들은 즉각 포위당했으며 전멸했고, 승리자들은 그들의 머리 가죽을 벗기고 사지를 절단했다(커스터의 시신만은 예외였다). 대학살이 일어난 이 장소는 1879년 1월 29일 전쟁 장관에 의해 국립묘지로 지정되었고, 1881년에는 제7기병대의 병사들이 묻혀 있는 공동묘지 위편의 라스트 스탠드 힐에 기념관이 세워졌다. 1991년 미국 의회는 땅을 지키려는 인디언들의 역할을 반영하여 이 장소의 이름을 바꿀 것을 요청했고, 1996년에는 인디언들을 기리기 위한 기념관을 짓는 공모전이 열렸다. 시간이 흐르면서 기병대 대원들이 사망한 자리에는 하얀 대리석 표석이 들어섰고, 현재는 붉은 화강암 표석이 인디언 전사들이 죽음을 맞이한 자리도 똑같이 알려 주고 있다. 리틀 빅혼 전투지라는 이 광대한 장소는 지금, 자신들의 고향 땅을 지키기 위한 인디언들의 가장 커다란 최후의 노력을 기념하고 있으며 소규모 부대에 불과했던 용감한 기병대의 영웅적인 노고도 칭송하고 있다. **TP**

래러미 요새

미국, 와이오밍 주, 고센 카운티 | Fort Laramie

서쪽으로 이동하는 민족의 교차점

래러미 요새는 미국 서부 지역이 팽창해 나가고 정착하는 데 중추적인 역할을 했으며, 1,287km 떨어져 있는 네브래스카 주의 키어니 요새와 와이오밍의 브리저 요새 사이에서 유일하게 제대로 갖춰진 공급소이자 중간 휴게소였다.

래러미 요새는 래러미 강과 노스 플래트 강이 합류하는 지점에 자리 잡고 있으며, 1834년경 샤이엔 족과 아라파호 족 미국 원주민들의 여행을 돕는 모피 교역소로 처음 세워졌다. 이 교역소는 황금에 이끌려 서쪽으로 여행하는 사람들에게 중요한 거점이 되었다. 무역이 점차 활발해지면서, 중요한 여로들이 모여드는 곳이었던 래러미 요새는 짐마차들이 멈춰 서는 필수적인 중간다리 구실을 하게 되었다.

> "…아메리칸 퍼 컴퍼니는 이 지역 전체에서 인디언 무역을 거의 독점하다시피 했다."
>
> 역사가이자 작가, 프랜시스 파크맨

1849년에 정부가 요새를 매입함에 따라 래러미 요새는 급격하게 서부 최대의 군사기지로 성장했다. 이후에는 포니 익스프레스(개척 시대 미국의 조랑말 속달우편)와 대륙 횡단 전보가 이 지점을 거쳐 갔으며, 도시 거주 장려정책이 확산되면서 이 지역은 목장주들의 교역소가 되었다. 군사력을 갖추고 있었기 때문에 요새는 수차례의 전투가 계획되는 기지 역할을 하게 되었는데, 이 전투 중 대부분은 자신들이 고향 땅을 지키려고 애쓰는 북부 평원 부족들을 겨냥한 것이었다. 두 종족 간에 평화를 가져오기 위해 미국 원주민들과 백인 사이에서 수많은 협정을 맺은 곳도 바로 여기였다. 전쟁이 잦아들면서 요새의 중요성 또한 감소했으며, 이 장소를 국립공원으로 보호하자는 노력이 계속되어 왔다. **TP**

러시모어 산 미국, 사우스다코타 주, 키스톤 | Mount Rushmore

세계에서 가장 거대하고 가장 유명한 조각 기념물

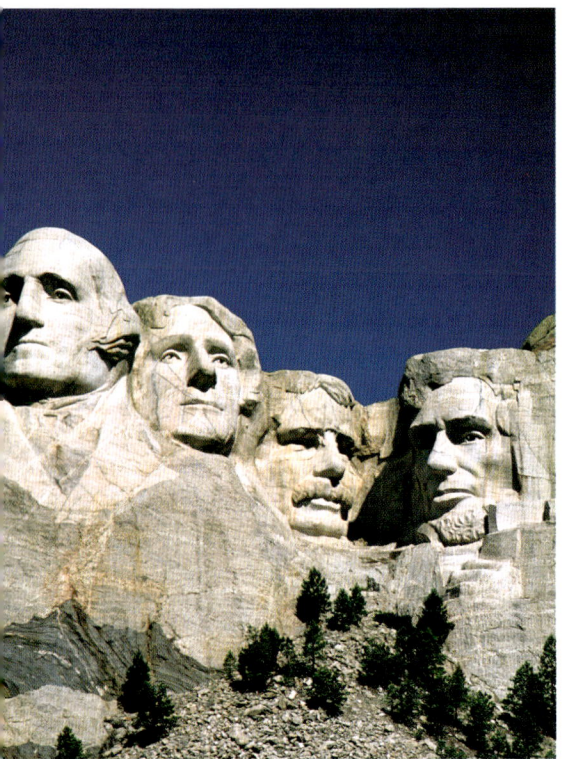

러시모어 산은 미국 초대 대통령 중 가장 위대한 4인에게 헌정되었다. 화강암 언덕에 새겨진 조지 워싱턴(1732~1799), 토머스 제퍼슨(1743~1826), 에이브러햄 링컨(1809~1865), 시어도어 루즈벨트(1858~1919)의 두상은 아름다운 사우스다 코타 블랙 힐 너머를 응시하고 있다.

원래는 관광산업을 증대하려는 목적에서, 이 지역의 역사가인 도안 로빈슨이 이러한 기념물에 대한 착상을 떠올렸다. 현재 2백만 명 이상의 관광객이 이 역사적인 기념물을 보기 위하여 몰려오고 있으므로, 이는 성공적인 계획이었다고 하겠다. 의회의 승인이 떨어지자 조각가인 거촌 보글럼은 적절한 장소를 물색하기 시작했다. 그가 러시모어 산으로 낙찰을 본 것은 우선 이 산의 높이가 대단히 높았으며, 화강암의 질이 좋았기 때문이었다. 작업은 1927년에 시작되어 400명에 가까운 조각가들이 동원되었고 1941년까지 진행되었으나, 이때 보글럼이 갑작스럽게 사망해 버렸다. 이 무렵 네 명의 머리 부분은 완성되었으나 자금은 거의 바닥난 지경이었다. 보글럼의 원래 생각은 네 명의 대통령의 상반신을 모두 나타내려는 것이었으나, 작업은 중단되었다.

러시모어 산을 선정한 데에는 상당히 논란의 여지가 있었다. 라코타 인디언들에게 '6명의 할아버지들'이라고 알려진 이 산은 성스러운 장소였던 것이다. 미합중국은 1868년 래러미 요새 협약을 어기며 이 땅을 징발해 갔고, 많은 미국 원주민들은 이러한 행동과 이 산이 미국 대통령을 조각한 기념물이 된다는 사실을 모욕으로 간주했다. 러시모어 산 근처의 산 중턱에 거대한 크레이지 호스 조각이 자리 잡고 있는 것은 우연의 일치가 아니며, 완성되고 나면 이것은 보글럼의 작품을 추월할 것이다. **TP**

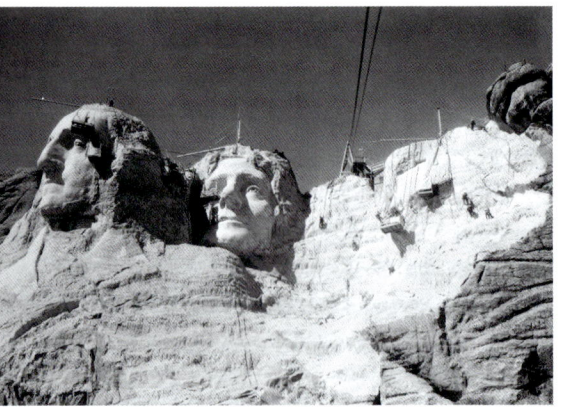

▣ 왼쪽부터 오른쪽으로. 조지 워싱턴. 토머스 제퍼슨. 시어도어 루즈벨트. 에이브러햄 링컨.

▣ 처음으로 완성된 것은 조지 워싱턴과 토머스 제퍼슨의 두상이었다.

크레이지 호스 기념물 미국, 사우스다코타 주, 블랙 힐즈 | Crazy Horse Memorial

이 기념물이 완성되고 나면 러시모어 산의 조각은 상대적으로 하잘것없어 보이게 될 것이다

아직 미완성 상태인 크레이지 호스 기념물은 사우스다코타 주의 블랙 힐즈의 일부인 선더헤드 산, 많은 미국 원주민들이 신성하게 여기는 장소에 조각되고 있는 중이다. 길게 굽이치는 길을 따라가다 이 장소에 이르면 갑자기 웅장한 경관이 펼쳐진다. 산의 옆쪽에 조각이 새겨지고 있는 것이다.

1939년 추장 헨리 스탠딩 베어(앉아 있는 곰)는 폴란드의 조각가 코자크 지올코브스키에게 편지를 써 미국 원주민들을 기리는 기념물을 만들어 줄 수 있느냐고 부탁했다. 이 요청으로 인해 가장 큰 규모의, 그리고 최대의 논란을 불러 일으킨 기념 프로젝트가 시작되었다. 지올코브스키의 계획은 이후에도 그의 가족이 계속 이어가게 되었는데, 바로 크레이지 호스(성난 말)를 조각하려는 것이었다. 크레이지 호스는 리틀 빅혼 전투(1876)에서 자신의 부족을 이끌었던 라코타 족 전사로, 이 전투에서 조지 암스트롱 커스터 대령과 그의 부하들이 학살당했다. 지올코브스키와 몇몇 라코타 족 사람들은 선더헤드 산을 선택했는데, 많은 라코타 족 사람들이 이 성스러운 땅이 파괴된다는 사실에 매우 분노하고 있기 때문에 논쟁적인 곳이라 할 수 있다. 완성되고 나면 세계 최대의 크기를 자랑하게 될 이 조각은 몇 차례 조심스럽게 폭파작업을 거친 이후 산 중턱에 새겨지고 있다. 종합적인 방문자 센터, 미국 원주민의 역사에 대한 자료를 갖춘 박물관, 북아메리카 인디언들을 위한 조직적인 종합대학과 의료 교육 센터의 설립 또한 이 프로젝트의 일환이다.

비영리의 크레이지 호스 기념재단이 이 기념단지를 소유하고 있으며, 이들은 프로젝트를 위해 연방의 자금은 전혀 받지 않기로 결정했다. 크레이지 호스 기념물은 현재 진행중인 거대한 업적이자, 아메리카 원주민의 문화와 역사에 관한 중요한 자료라 할 수 있다. **TP**

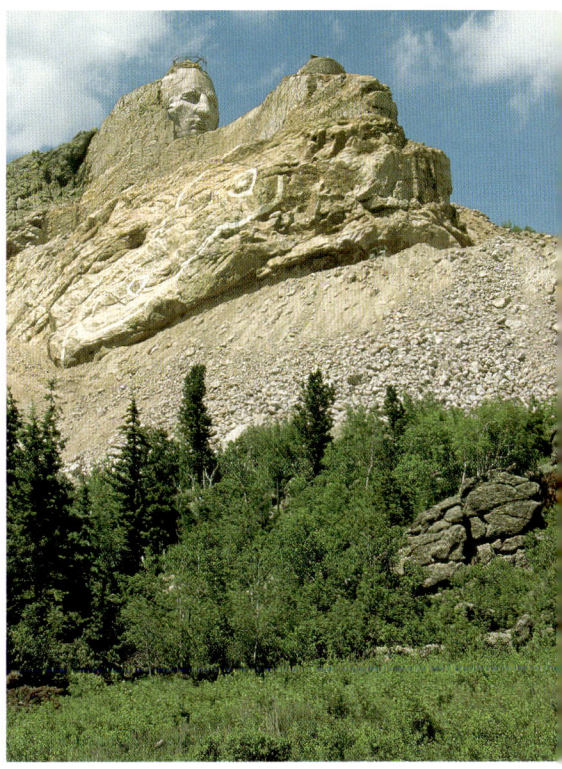

↗ 아메리카 원주민들이 신성하게 여기는 산을 잘라내어 만든 굉장한 조각품이 윤곽을 드러내고 있다.

↘ 지올코브스키의 크레이지 호스 조각상. 나중에 자신의 모습을 드러내게 될 산을 배경으로 하고 있다.

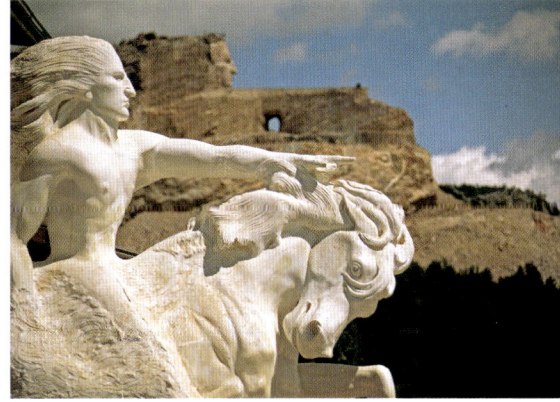

운디드 니 기념관 미국, 사우스다코타 주, 파인 릿지 | Wounded Knee Monument

많은 피를 흘린 인디언 전쟁을 상기시키는 불멸의 기념물

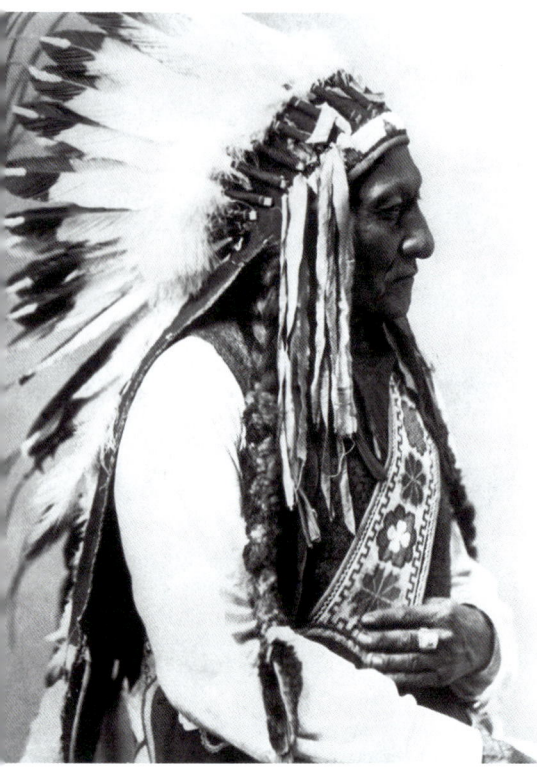

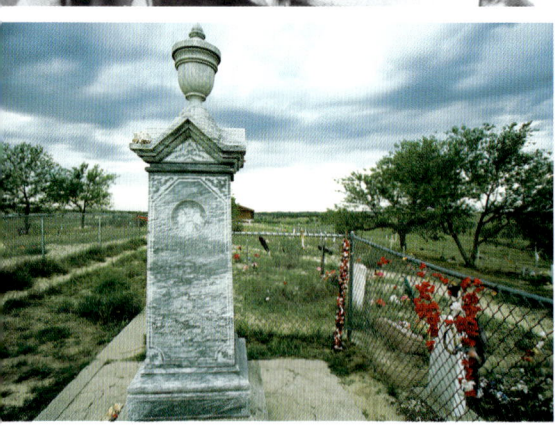

사우스다코타 주 파인 리지 보호구역의 황량한 하늘을 배경에 두고 돌로 된 소박한 기념비가 서 있다. 이곳은 거칠고 사나운 야생의 아름다움을 간직한 장소이다. 운디드 니 기념관이 서 있는 장소는 남자, 여자, 어린아이 할 것 없이 대략 300명의 수 족 인디언들이 학살당한 곳이며, 이는 인디언과 백인 사이에서 마지막으로 이루어진 물리적인 충돌을 나타내는 에피소드의 현장이다.

1890년 12월, 500명 이상의 미국 기병대가 미니콘주 수 족과 훙크파파 수 족의 요새를 포위했다. 이들은 인디언들의 무기를 압수하고, 그들을 네브래스카 주 오마하로 이주시켜 그 자리에 더 많은 정착민들을 받아들일 수 있도록 하라는 명령을 받고 있었다. 스탠딩 록 보호구역에서 추장인 시팅 불(앉아 있는 황소)이 살해당한 지 며칠 지나지 않은 때였으므로 긴장이 평소보다 고조되고 있던 터였다. 그리고 이번에 미국 군대에 포위당한 것은 시팅 불의 의형제인 빅 풋 추장이었다. 무기를 찾기 위한 수색이 이루어졌지만 막상 찾아낸 무기의 수는 적었고, 이 수색 과정에서 누군가가 발포했다.

누가, 그리고 왜 첫 번째로 발포했는지에 대한 설명은 서로 엇갈리지만, 이로 인해 대부분이 여자와 어린아이였고, 호치키스 총이라는 경량 총기로 무장하고 있던 미국 기병대에 비해 수적으로 열세였던 많은 인디언들이 살육당하게 되었다(이 전투에서 스물다섯 명의 미국 병사들도 사망했는데, 이들 중 몇몇은 '아군에 의한 오발'의 희생자였던 것 같다). 넬슨 마일즈 대장은 후에 이 사건을 '대학살'이라 묘사했으며, 당시 군대를 이끌었던 제임스 포시스 대령은 직위 해제되었으나 이후에 면제되었다. 피비린내 나는 이 싸움은 결국 인디언 전쟁에 종지부를 찍었으나, 적개심은 계속되었다. **TP**

◪ 시팅 불 추장. 그의 죽음은 결국 운디드 니 대학살에 대한 비극적인 서두가 되었다.

◩ 고적한 사우스다코타 주 땅에서 운디드 니 기념비는 오랫동안 남아 이 피비린내 나는 사건을 상기시킨다.

데드우드 히스토릭 트레일 미국, 사우스다코타 주, 데드우드 | Deadwood Historic Trail

중요한 무역 중심지이자 미국 서부시대의 가장 악명 높은 도시 중 하나

1875년 금 채굴꾼인 존 피어슨은 사우스다코타 주 블랙 힐즈의 좁은 협곡에서 금을 발견했다. 이는 그 전 해에 조지 암스 트롱 커스터 대령이 오늘날의 커스터라는 도시 근처 프렌치 크리크에서 금을 발견한 일과 더불어 엄청난 규모의 블랙 힐즈 골드러시를 불러 일으켰다. 피어슨이 금을 찾아낸 협곡에는 죽은 나무들이 줄지어 서 있었고, 따라서 이 지역은 데드우드라고 불리게 되었다.

금을 찾는 이들, 총잡이 악당들, 법망을 피해 도주 중인 범죄자들이 데드우드로 내려왔고 도시는 뼛속부터 무법지대가 되었다. 1876년, 와일드 빌 히콕과 칼라미티 제인을 비롯하여 노름꾼과 매춘부들을 가득 실은 역마차가 도착하면서 문제는 악화되었다. 이 커플은 현재, 도시 바로 외곽의 마운트 모리아 묘지에 포테이토 크리크 조니, 프리처 스미스, 세스 벌록 같은 다른 전설적인 인물들과 함께 잠들어 있다. 그 엄청난 악명에도 데드우드 타운은 황금에 대한 최초의 열기가 지나가자 점잖은 빅토리아 풍의 마을이 되었으며, 메인 스트리트는 전통적인 소박한 나무 건물과 보도, 웅장한 벽돌 주택을 자랑하게 되었다. 1878년에 이곳은 사우스 다코타 주 최초로 전화 연락을 주고받은 도시가 되었으며, 1879년에는 데드우드 중앙 철도가 개통되었다.

데드우드는 블랙 힐즈 내에서도 중요한 무역 중심지로 성장했으나, 금이 사라지자 채굴꾼들은 새로운 땅을 찾아 옮겨갔고 도시는 서서히 침체되었다. 1898년, 제한된 금액의 도박이 합법화되면서, 데드우드는 미국에서 도박을 허용하는 단 세 곳 중의 하나가 되었다. 이는 즉각적인 효과를 거두었으며, 거친 서부시대의 역사적인 도시인 이곳은 현재 관광산업으로 호황을 누리고 있다. **TP**

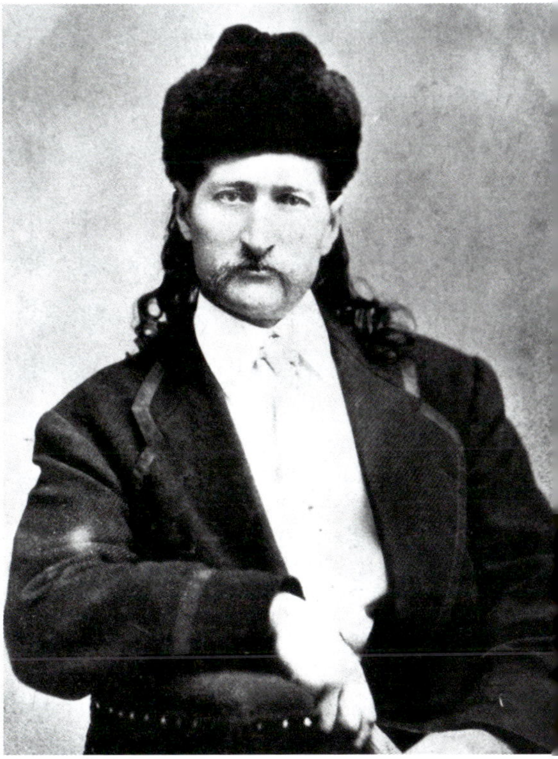

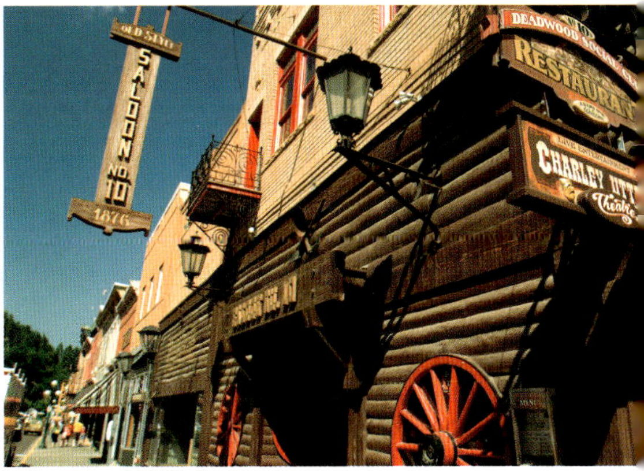

↗ 데드우드에서 가장 유명한 주민이었던 와일드 빌 히콕은 대담무쌍한 총잡이이자 척후병, 보안관이었다.

→ 살룬 넘버 10은 와일드 빅 히콕이 포커를 치던 중 뒤통수를 저격당해 죽은 장소이다.

리글리 필드

미국, 일리노이 주, 시카고 | Wrigley Field

야구 역사의 고전인 경기장

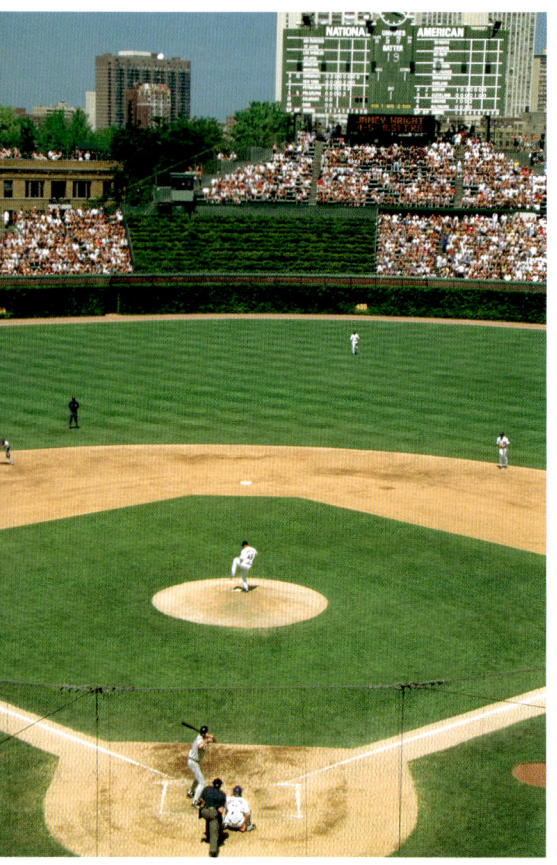

"위글리 필드에 조명을 켠다는 것은 시스티나 예배당에 알루미늄 슬라이딩 문을 다는 짓이나 마찬가지이다."

저널리스트, 로저 사이먼

일리노이 주 시카고의 중심부, 리글리 구장을 이루는 넓은 초록색 공간은 사실 야구 경기장치고는 상당히 작은 편이며, 이 역사유적은 실제로 경기가 치러지는 미국의 야구장 중에서 네 번째로 작은 곳이다. 이 유명한 경기장이 위치하고 있는 곳은 주택 지역이 대부분인 레이크뷰인데, 이 주변지역은 보통 '리글리빌'이라고 일컬어진다.

리글리 필드는 미국의 야구장 중에서도 가장 소중히 여겨지는 구장 중 하나이며, 스포츠 열혈 팬들에게 막연한 동경을 불러 일으킨다. 1914년 자카리 테일러 데이비스가 이 구장을 설계했는데, 그는 루이스 설리반과 프랭크 로이드 라이트와 함께 작업했다. 원래는 연방 리그 야구팀인 시카고 웨일스를 위해 지어졌다가, 구단주인 찰스 위그먼의 이름을 따 위그먼 파크라고 불렸다. 이듬해에 연방 리그가 사라지자 위그먼과 그 외의 아홉 명(이 중에는 윌리엄 리글리 주니어가 있었다)이 시카고 컵스를 사들였다. 1920년에 리글리 가(家)에서 컵스를 완전히 매입했고, 구장에는 컵스 파크라는 새로운 이름이 붙었다. 리글리 필드라는 이름이 붙은 것은 1926년에 이르러서였다. 시간이 경과함에 따라 스탠드와 필드의 배치에는 상당 부분이 새로 추가되었지만, 1937년에 추가된 부분이 이 가운데서도 가장 눈에 띄는 변화라 할 수 있다. 1937년은 컵스의 회계 담당인 빌 빅이 외야 벽에 유명한 담쟁이덩굴을 심은 해였다. 빽빽하게 자라난 담쟁이덩굴이 벽을 덮고 있어 볼이 여기에 맞아 사라지면, '그라운드-룰 더블(공이 사라지거나 진로 방해를 받았을 때, 심판의 재량에 따라 처리하는 일)이 된다. 빅은 또한 외야에 수동 스코어보드를 세웠는데, 놀랍게도 이 보드는 한 번도 볼에 맞은 적이 없다.

리글리 필드에서 야구의 수많은 전통이 시작되었는데, 경기가 시작하기 전에 국가와 〈나를 야구장으로 데려가 주오〉라는 노래를 부르는 전통도 포함된다. 스포츠 역사의 여러 중요한 순간들이 이곳에서 펼쳐졌으며, 이 장소는 국가적인 보물로 자리 잡고 있다. **TP**

바이오그래프 극장

미국, 일리노이 주, 시카고 | Biograph Theater

존 딜린저가 사살당한 현장

바이오그래프 극장은 시카고의 초창기 극장 중 가장 오랜 역사를 지니고 있으며, 초기 영화 극장의 설계를 보여주는 훌륭한 건물이다. 1914년 건축가 새뮤얼 N. 크로웬이 설계를 맡아 고전적인 울림을 지니는 단순한 외관을 고안해 냈고, 세월이 흘렀음에도 이러한 외관은 대부분 변화하지 않은 채 그대로 남아 있다. 당시의 전형적인 대다수 소극장처럼 입구 로비는 상점 정면 정도의 너비였고, 이와는 따로 티켓 부스가 서 있었으며 캐노피 차양이 드리워져 있었는데 이것은 원형에 가깝게 복원되었다.

아마 건축방식보다 더 이목을 끄는 것은 범죄사 속에서 이 극장이 차지하고 있는 중요성일 것이다. FBI가 '공공의 적 제1호'라고 칭한 존 딜린저(1903~1934)는 날뛰며 돌아다녔던 은행 강도로, 그가 지나간 자리마다 시체가 나뒹굴곤 했다. 그는 여러 차례 FBI의 손아귀를 벗어났고 감옥에서 두 차례 탈옥했으며, 그러는 동안 전국적인 민중 영웅이 되었다. 만연하던 대공황 시대의 빈곤함에 힘입어, 그가 부유한 자들에게서 훔쳐 가난한 이들에게 준다는 이야기가 나돌았다. 그러나 FBI 요원 멜빈 퍼비스 입장에서 딜린저는 눈엣가시 같은 존재였는데, 그는 1934년 7월 22일 저녁 마침내 '자신의 적수를 붙들게' 된다. 퍼비스는 딜린저가 바이오그래프 극장을 나올 때(그는 두 명의 여자 친구와 맨해튼 멜로드라마라는 영화를 관람한 후였다) 다가가 그를 쏘았다. 딜린저의 여자 친구 중 하나인 애너 세이지가 그를 함정에 빠트렸으며, 영국으로 자신을 추방하지 않는다고 보장한 FBI와 계약을 맺었던 것이라고들 한다. 그러나 저격당해 쓰러진 이는 사실 딜린저가 아닌 다른 하류 범죄자 지미 로렌스였고, 딜린저는 자신에게 복수의 여신이 될 뻔했던 인물을 향해 마지막 웃음을 터뜨렸을 거라는 음침한 설도 많다.

커다란 역사가 깃들어 있는 이 조그마한 극장은 2001년 시카고 랜드 마크로 지정되었으며, 여전히 영화를 상영하고 있다. 이 극장은 윈디 시티(시카고의 별명)에서 '꼭 보아야 할' 장소 중 하나이다. **TP**

프랭크 로이드 라이트의 집

미국, 일리노이 주, 오크 파크 | Frank Lloyd Wright's House

미국이 낳은 위대한 건축가의 집

프랭크 로이드 라이트(1867~1959)가 오크 파크 저택과 스튜디오를 짓기 위해 부지를 사들인 것은 캐서린 토빈과 결혼한 직후, 겨우 스물두 살일 때였다. 그는 고용주인 루이스 설리반에게 빌린 5천 달러로 대금을 지불했으며, 1909년까지 그곳에 살면서 집을 대규모로 개조하고 수리하고 증축했다. 이후에 그가 발전시키게 되는 디자인 컨셉과 실험적 양식 대부분이 이 집에 나타나 있다.

건물은 라이트가 아내와 더불어 여섯 명의 자녀를 키우는 가족 거주공간이면서 작업장이기도 했다. 그가 최초로 '프레리 양식'이라는 외부적으로는 길고 낮은 수평선을 이루고 내부 거주공간은 오픈 플랜(다양한 용도를 위해 칸막이를 최소한으로 줄인 건축 평면)으로 된 양식을 발전시킨 곳도 바로 여기다. 그는 이 스타일을 시카고 지역의 많은 주택을 설계하는 데 자주 사용했으며, 그가 오크 파크의 집을 떠난 해인 1909년에 완공된 로비

> "단순함과 안정은 모든 예술작품의 진정한 가치를 측정하는 특성이다."
>
> 건축가, 프랭크 로이드 라이트

레지던스에서 최고의 효과를 거두었다. 1895년에 그는 이 집을 대대적으로 리모델링하여 부엌과 식당, 육아실을 개조하고, 남쪽에 2층짜리 다각형 별실을 추가했다.

20세기의 가장 영향력 있고 유망한 건축가 중 하나로 꼽히는 프랭크 로이드 라이트는 오랜 경력을 통해 자신만의 스타일을 훌륭하게 발전시켜 왔다. 그의 오크 파크 주택은 나중에 화려하게 꽃핀 초기의 칭의적인 아이디어들을 잠재적으로 반영하고 있다는 이유로, 건축을 사랑하는 이들에게는 계속 중요한 장소로 남아 있다. **TP**

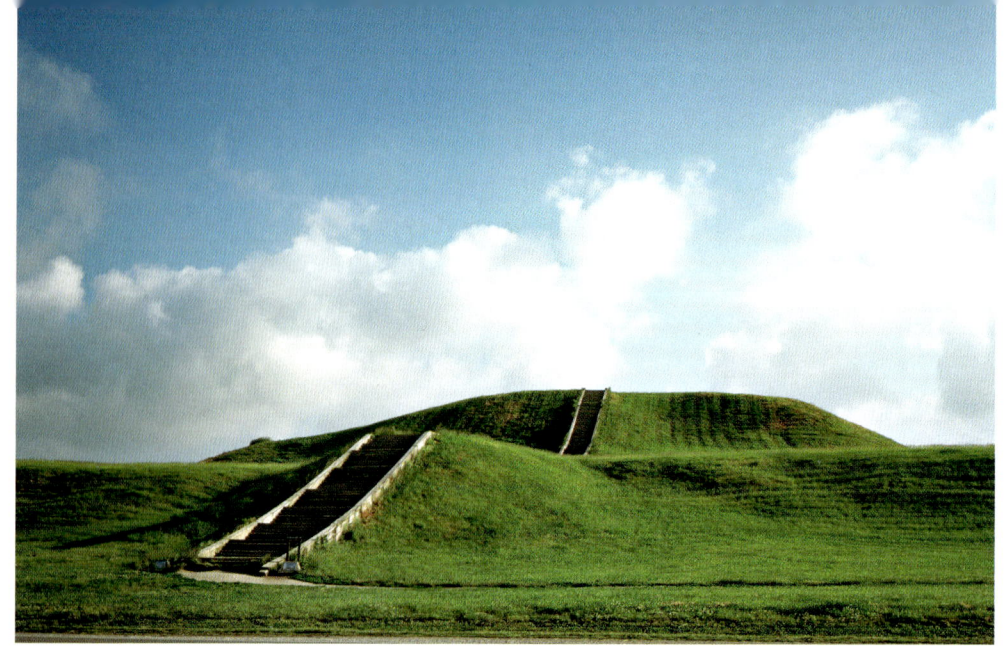

🏛 ◎ 카호키아 마운드 미국, 일리노이 주, 콜린스빌 | Cahokia Mounds

몽크스 마운드는 도시의 구심점이자 의식이 거행되는 중요한 장소였다

카호키아 마운드 역사유적은 일리노이 주 콜린스빌, 미시시피 강 범람원의 광활한 지대에 자리하고 있다. 이곳은 멕시코 북쪽에서는 최대 규모의 콜럼버스 이전 시대 주거지로 서기 700년경부터 사람이 거주해 왔다. 이 '도시'는 대략 1050년부터 1150년 사이에 급격하게 확장되었으며, 이 무렵의 인구는 1만 명에서 2만 명이라는 엄청난 숫자에 달했을 것으로 추산 된다. 그러나 1200년 무렵 인구가 줄어들기 시작했고, 1400년경 이 지역은 버림받아 황폐해졌다.

절정기일 때에 카호키아 마운드는 미시시피 유역 문화에서 중요한 지역 중심지였으며, 중앙 부지를 둘러싸고 많은 위성 촌락과 농장이 건설되었다. 도시의 원래 이름은 알려져 있지 않으며 거주민들은 문자로 된 기록이라고는 전혀 남기지 않았다. 대신 그들은 독특한 건물 형태의 업적을 남겼다. 그들은 흙으로 된 둔덕들을 120개 이상 지었는데, 이중 68개가 보존되어 있으며 거대한 몽크스 마운드도 이중 하나이다. 높이가 30m에 달하는 이 둔덕은 북아메리카에서 인간이 만든 흙 둔덕 중 최대의 규모다. 발굴 작업을 통해 원래 둔덕 꼭대기에 서 있던 거대한 건축물의 잔해를 발견했는데, 아마 사원이거나 부족 우두머리가 거주하는 장소였을 것이다. 이 둔덕의 서쪽에는 점성학적 징조를 읽고 시간을 관측하는 데 사용되던 건물이었으리라 추측되는, 원형으로 늘어선 기둥들인 우드헨지가 있다. 또 남쪽으로는 중앙에 사람들이 모이는 장소를 만들기 위해 평평하게 다진 공간인 넓은 광장이 있다. 몽크스 마운드와 더불어 이것들은 감시탑이 서 있는 나무 방책에 둘러싸여 있다. 방책은 도시의 나머지 구역들로부터 이 지역을 분리했으리라 추측되며, 이 지역이 얼마나 중요했는지 사람들에게 알려 주고 있다.

오늘날 카호키아 마운드는 미시시피 문화의 놀라운 토목 기술과 그 정교함을 증언해 주는 잊을 수 없는 유적으로 남아 있으며, 계속되는 고고학 발굴 작업에 힘입어 앞으로도 북아메리카 토착민들의 과거가 밝혀질 것이다. **TP**

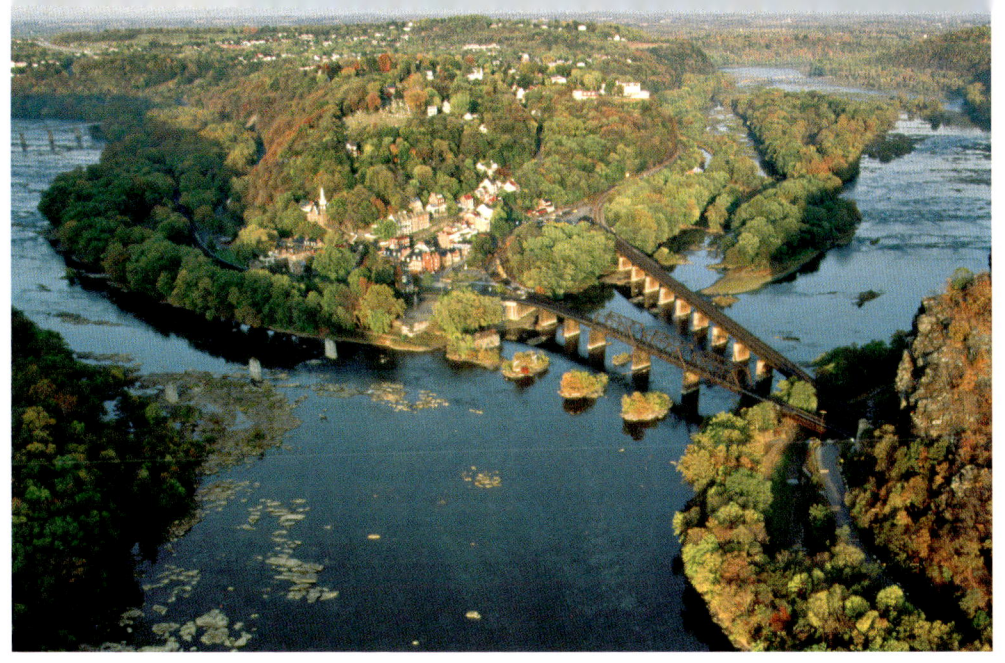

하퍼스 페리 미국, 웨스트버지니아 주, 제퍼슨 카운티 | Harpers Ferry

이 지역은 산업적, 정치적, 군사적으로 중요한 사건들을 목격해 왔다

현재는 하퍼스 페리 국립 역사공원의 일부를 이루는 하퍼스 페리는 포토맥 강과 셰난도아 강 사이 골짜기, 세 개의 주가 만나는 지점에 위치하고 있다. 버지니아, 웨스트버지니아, 메릴랜드 주가 바로 그것이다. 이곳은 도시가 기반을 잡고 번성하며, 이어서 실질적으로 파괴되는 모든 광경을 지켜보아 온 지리적인 장소였다.

이 지역에 최초로 사람이 거주하게 된 것은 1734년 경이었으나, 번영을 누리게 된 것은 1751년에 이르러서였다. 1751년에 기업가인 로버트 하퍼가 골짜기의 토지 한 구역을 사 들였고 그 이후 포토맥 강을 건너는 페리 서비스를 시작했다. 그 결과 정착민들이 이 지역에 접근할 수 있었고, 재빠르게 이주해 왔다. 1783년 이곳을 방문한 토머스 제퍼슨은 아름다운 자연과 풍부한 자원에 깊은 인상을 받았고, 1785년에는 조지 워싱턴이 이곳을 여행했다. 미합중국 대통령으로 선출된 워싱턴은 이 지역에 국가 무기고와 병기창을 세우자는 제안을 했다. 많은 이들이 이 산업에 구미가 당겼고, 워싱턴 DC와 이어지는 체서픽, 오하이오 운하가 새로 건설된 덕택에 하퍼스 페리는 호황을 맞이했다. 1859년, 노예 폐지론자인 존 브라운이 자신이 이끄는 이들을 무장시켜 남부의 노예 해방을 도우려고 무기고와 병기창을 습격하면서 이 도시는 역사에 이름을 남기게 되었다. 그의 시도는 실패로 돌아갔지만 이는 남북 전쟁이 한 발 가까워졌다는 것을 보여주는 움직임이었다. 남북전쟁 동안 이 도시는 집중공격을 받았는데, 뛰어난 수송망과 무기고가 표적이 되었던 것이다. 전쟁 동안 하퍼스 페리는 대부분 파괴되었으나, 1906년 인권 운동가들이 최초로 나이아가라 운동(1905년에 시작된 미국의 흑인차별제도 철폐운동. 제1차 회의기 나이아가라 폭포 부근에서 개최되었기 때문에 이러한 이름이 붙었다)의 미국 회담을 개최하여 다시 한 번 역사에 이름을 남겼다.

이 역사적인 도시는 1944년 국립공원의 일부가 되었다. 비교적 개발이 적게 이루어졌고, 당시에 세워진 건물 중 대다수는 현재 역사유적으로 지정되어 있다. **TP**

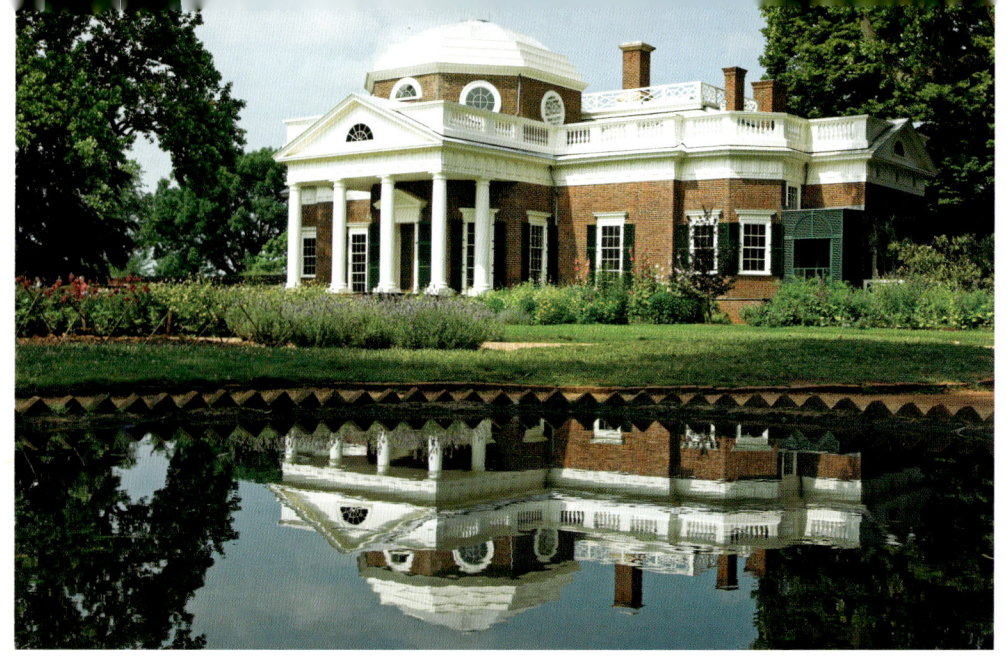

몬티첼로 미국, 버지니아 주, 샬러츠빌 | Monticello

토머스 제퍼슨이 설계하고 가구를 들여 수십 년에 걸쳐 살았던 장소

이탈리아 어로 '작은 언덕'이라는 뜻의 몬티첼로는 미국에서 가장 중요한 사저(私邸) 중 하나이다. 이는 독립 선언문을 집필하고 버지니아 대학을 설립한 대통령 토머스 제퍼슨의 집이었다. 제퍼슨은 정치가인 동시에 건축가이자 디자이너, 철학자, 발명가, 원예가였으며, 몬티첼로는 이러한 면모를 모두 보여 준다.

저택은 아름답게 굽이치는 버지니아의 정경이 멀리 내려다보이는 249m 높이의 언덕 위에 위치하고 있다. 제퍼슨은 이 땅을 아버지로부터 물려받았고, 1768년에 고전적인 팔라디오 양식으로 이 집을 건축하기 시작했다. 1784년 저택은 대부분 완공되었고, 그는 유럽으로 떠나 5년간 여행을 즐기며 유럽 건축술의 요소를 마음껏 배웠다. 돌아와서 그는 몬티첼로를 철저하게 개조했고, 무엇보다도 집에 돔형 지붕을 디자인했다. 이러한 종류로서는 버지니아에서 첫 선을 보이는 셈이었다. 집은 실제로는 3층이었지만 위층의 창문을 교묘하게 배치한 덕분에 외부에서 보기에는 한 층짜리 건물처럼 보였다. 따라서 실제보다 작아 보이면서 정면의 고전적인 아름다움이 한층 돋보이게 되었다. 균형 잡힌 외관과 달리 서로 모양과 크기, 높이가 다른 방이 들어서 있다는 점이 내부의 특징이며, 집 전체가 제퍼슨이 고안해 낸 독창적인 발명품이다. 몬티첼로가 언덕에 위치해 있었던 덕분에, 제퍼슨은 시야를 방해받지 않고 훌륭한 경치를 즐길 수 있도록 저택보다 낮은 위치의 언덕바지에 업무용 건물들을 지을 수 있었다.

제퍼슨은 1826년 사망할 때까지 몬티첼로에 계속해서 조금씩 변화를 더했다. 현재 이 건물은 대중에게 개방되며, 미국의 초대 대통령 중 한 명이 몹시 사랑했던 집의 매혹적인 경관을 그대로 보여 준다. **TP**

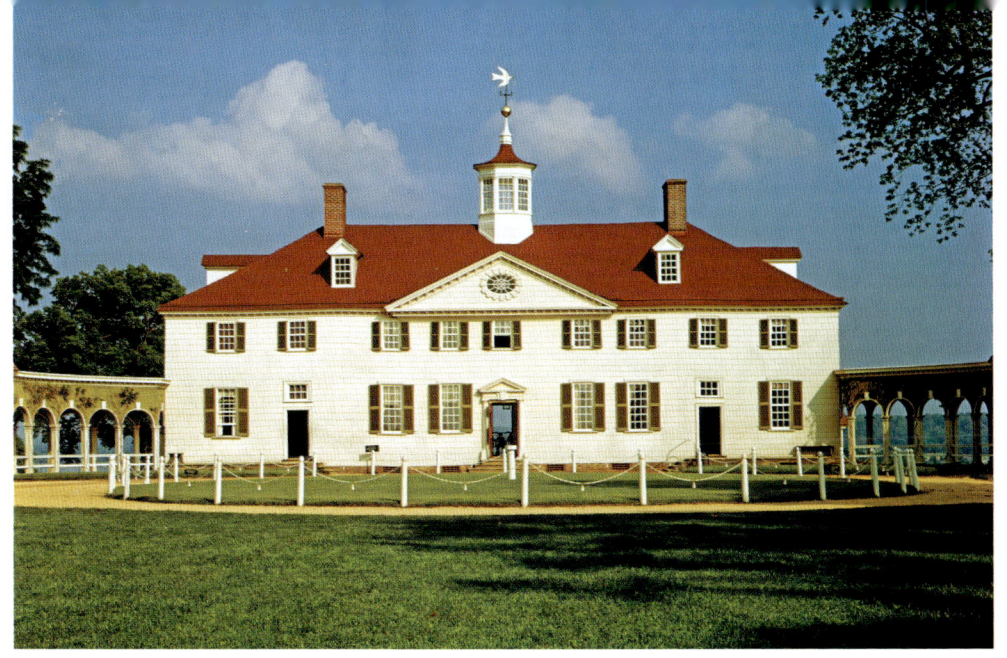

마운트 버넌 미국, 버지니아 주, 마운트 버넌 | Mount Vernon

아름다운 농원이자 조지 워싱턴 최후의 휴식처

마운트 버넌은 초록으로 물결치는 버지니아 주 교외 한복판, 포토맥 강가를 따라 자리 잡고 있다. 현재 호화로운 저택이 서 있는 장소에 조지 워싱턴의 아버지가 1741년부터 1742년까지 집을 지었다. 조지의 큰형인 로렌스 워싱턴은 로열 브리티시 아미에서 자신의 상관이었던 해군 중장 에드워드 버넌의 이름을 따서 이 집을 마운트 버넌이라 명명했다. 형이 사망한 이후 조지는 1757년 토지를 임대하고 변화를 불어넣기 시작했다. 이 무렵 거대한 농원은 실질적으로 자급자족할 정도였으며, 다섯 개의 서로 다른 농장으로 분할되어 있었다. 그는 기존의 토대 위에서 건물을 재건축하고 증축하여 집을 확장하기 시작했다. 그는 정원 일을 열정적으로 좋아했으며 뜰이 배치를 생각하고 토지를 관리하는 데에 많은 시간을 바쳤다. 조지 워싱턴의 사망 이후 토지는 팔렸고 슬프게도 황폐해져 갔으나, 마운트 버넌 부인회가 이곳을 사들여 복원작업을 시작했다. 부인회는 계속해서 워싱턴이 남긴 땅을 운영하고 관리해 갔으며, 역사 속의 인물이 된 원래

주인에게 되돌려 주었다.

마운트 버넌이 위치한 버지니아 주의 모퉁이는 조지 워싱턴과 그의 삶, 그가 살았던 시대, 그리고 농원생활과 문화에 비추어 보았을 때 역사적으로 굉장히 중요한 곳이다. 한편 미국을 이끌어 영국으로부터 승리를 얻어낸 대통령이 살았던 집의 이름이 영국에서 가장 유명한 군인 중 하나인 버넌의 이름을 따서 지어졌다는 사실은 사뭇 아이러니하다. **TP**

> "모든 국가들을 향하여 건전한 믿음과 정의를 고수하라. 모든 것에서 평화와 조화를 꽃피워 내라."
>
> 전 미국 대통령, 조지 워싱턴

앤티텀 전투지

미국, 메릴랜드 주, 샤프스버그 부근 | Antietam Battlefield

이곳에서 하루 동안 벌어진 남북전쟁의 피비린내 나는 전투가 역사의 흐름을 바꿔 놓았다

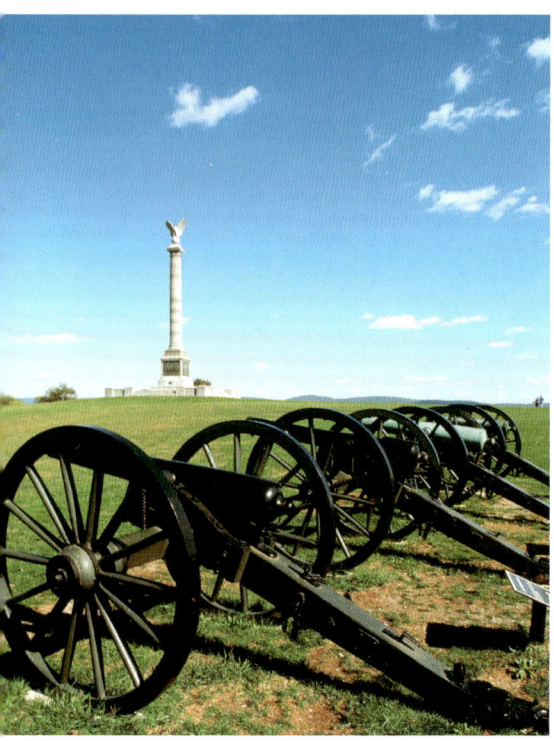

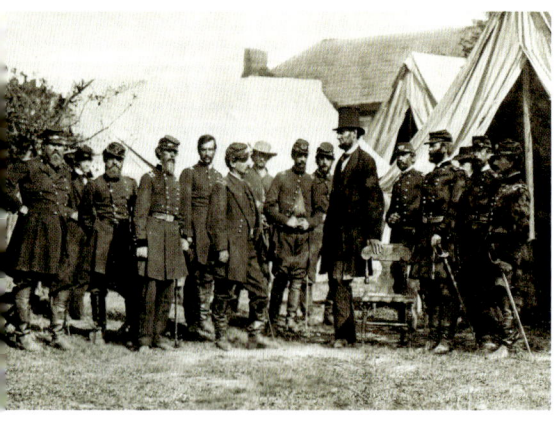

샤프스버그 근교, 메릴랜드의 시골 풍경은 목가적이지만, 이렇게 평온한 풍경은 피투성이의 과거를 감추고 있다. 앤티텀 전투는 1862년 9월 17일에 일어났으며, 미국 북부의 주 안에서 벌어진 최초의 전투였다.

남부 연방의 총사령관이었던 로버트 E. 리는 병사들을 이끌고 메릴랜드로 행군해 들어갔다. 이전의 승리에 힘입은 그들은 메릴랜드 사람들에게도 승리를 얻으리라 기대하고 있었다. 에이브러햄 링컨은 역습을 위해 조지 B. 맥클래런 소장을 파견하여 남부 연방을 저지했다. 전투는 9월 17일 새벽에 시작되었다. 국가 연방의 군사력이 남부 연방보다 수적으로 우세였지만, 제대로 정비되어 있지 않았다. 남부 연방은 공격하는 군인들의 취약한 전술과 맞서 굳건하게 버티었으나, 여덟 시간이 흘러 수천 명의 사망자가 발생한 이후에도 이렇다 할 승리를 거둬들이지 못했다. 전투는 계속되었고, 앰브로즈 번사이드 소장은 지금 그의 이름이 붙어 있는 돌로 된 다리를 사수하도록 병력을 배치했다. 해가 졌지만 양쪽 군대는 둘 다 물러서지 않았고, 리는 포토맥 강을 건너 버지니아로 퇴각했다. 사망자의 수는 엄청났고, 남부 연방의 전진을 막기는 했지만 맥클래런의 지휘력은 상당히 부족했다. 그는 리를 뒤쫓아 버지니아로 가라는 명령을 거절했고 이후에 군 지휘권을 박탈당했다.

이 전투가 중요한 까닭은 북부를 점령하려는 남부 연방의 첫 번째 시도를 무력화했기 때문이다. 앤티텀 전투는 링컨에게 노예 해방 선언을 발표할 기회를 주었고, 따라서 연방제를 복구한다는 목적과 더불어 남북전쟁이 지닌 또 하나의 의미에 초점을 맞추도록 해 준다. **TP**

🖼 앤티텀 전투에서는 2만 3천 명에 가까운 사망자가 발생했으며, 로버트 E. 리 장군의 첫 번째 북부 공격은 무위로 끝났다.

🖼 전투에 참여한 참모들과 찍은 이 사진에서 에이브러햄 링컨의 큰 키가 돋보인다. 맥클래런 소장이 그와 마주보고 서 있다.

플래그 하우스

미국, 메릴랜드 주, 볼티모어 | Flag House

이 깃발은 미국의 국가(國歌)에 영감을 주었다

플래그 하우스는 메릴랜드 주 볼티모어에서 가장 오래된 건물 중 하나로, 1793년경 도시가 성장하던 시기에 세워졌다. 건물이 원래 갖추고 있던 특징과 가구들이 세심하게 보존되어 있으나, 이 집이 그렇게 중요한 이유는 건축 자체에 있는 것이 아니다. 중요한 것은 이 집의 소박한 벽 안에서 일어났던 사건들이다.

깃발 제작자이며 과부였던 메리 피커스길은 1812년에 일어난 미국-영국 간 전쟁이 한창이던 1814년, 맥켄리 요새에 펄럭이고 있던 성조기를 바로 이곳에서 꿰매어 만들었다. 이 거대한 깃발은 나중에 미국 국가가 된 프랜시스 스코트키의 시에 영감을 불어넣었던 것으로 잘 알려져 있다. 메리는 어머니로부터 깃발 만드는 법을 배웠고, 1807년 어머니와 딸과 함께 플래그 하우스로 이사와 깃발 제작하는 일을 시작했다. 실크를 염색하고 깃발을 디자인하고 그것들을 꿰매어 붙이는 일이었다. 그녀는 이 일로 가족을 먹여 살렸으며, 1820년에는 임대하고 있을 뿐이었던 플래그 하우스를 구 입하기에 충분할 만큼 돈을 벌었다.

플래그 하우스에서 역사적인 깃발을 만들어낸 일이 아니더라도, 메리는 모든 점에서 뛰어난 여성이자 19세기 초반의 선구자라 할 만했다. 훌륭한 깃발을 만든다는 명성 덕분에 메리는 1813년 거대한 성조기를 제작하는 일을 맡게 되었다. 크기가 9×12m에 달하는 이 성조기는 지금 스미소니언 재단의 국립 미국 역사박물관에 걸려 있다. 메리 피커스길은 1857년 죽을 때까지 플래그 하우스에서 살았으며, 이 집은 1927년에 대중에 공개되었다. 성조기의 집 협회가 이 집을 피커스길이 살던 당시와 똑같이 복원했으며, 관리와 운영을 맡고 있다. 현재 플래그 하우스는 19세기의 생활상을 구경할 수 있는 매력적인 장소이자, 세계적으로 유명한 성조기의 소박한 기원을 보여주고 있다. **TP**

USS 컨스텔레이션

미국, 메릴랜드 주, 볼티모어 | USS Constellation

유일하게 현존하는 남북전쟁 시대의 군함

100년 넘는 세월 동안 미 해군을 위해 봉사해 온 이 용맹한 슬루프형 군함은 복원하는 데에 9백만 달러가 들었으며, 지금은 원형 그대로의 모습을 갖추고 있다.

USS 컨스텔레이션이라는 이름이 붙은 배는 이전에도 한 대 더 있었으므로 혼란스러울 만한 여지가 있다. 게다가 이 선박이, 부서져 버린 첫 번째 배와 같은 시기에 같은 곳에서 건조되었기 때문에 더욱 그러할 것이다. 이러한 사실 때문에 두 번째 USS 컨스텔레이션이 새로운 군함이 아니라 단순히 예전 배를 다시 만들어 낸 것이라고 잘못 생각할 수 있다. 슬루프형 군함(포형 갑판이 하나만 있는 소형 군함)은 1855년에 취역되 으며, 1859년에 미국 아프리카 함대의 기함(旗艦)이 되었다. 이 일에서 아

> **"비용을 줄이기 위해서 일반인들도 알아챌 수 있을 만큼 일반적인 점만 고려해서 복원하도록 하시오."**
>
> 복원 과정 중, 루즈벨트 대통령

프리카 해안의 노예무역을 감시하는 목적으로 사 용되었고, 세 명의 노예무역상인을 붙잡았다. 남북전쟁 동안에 크게 활약했고, 전쟁이 끝난 뒤에는 기아에 허덕이는 아일랜드 땅에 물자를, 1878년의 만국 박람회를 위해서는 파리에 예술 전시품들을 실어 날랐다. 나중에는 연습용 선박이 되어 제1차 세계대전을 앞두고 수천 명의 해군 사관생도들의 훈련을 맡았다. USS 컨스텔레이션은 1933년에 처음으로 취역 해제되었으나, 이후에 프랭클린 D. 루즈벨트 대통령이 다시 임무를 부여하여 제2차 세계대전 기간에 미국 대서양 함대가 사용했다. 1955년, 오랜 기간에 걸친 활약 끝에 USS 컨스텔레이션은 마침내 다시 취역 해제되며, 대규모 복원 작업을 거친 이후 대중에게 공개되고 있다. **TP**

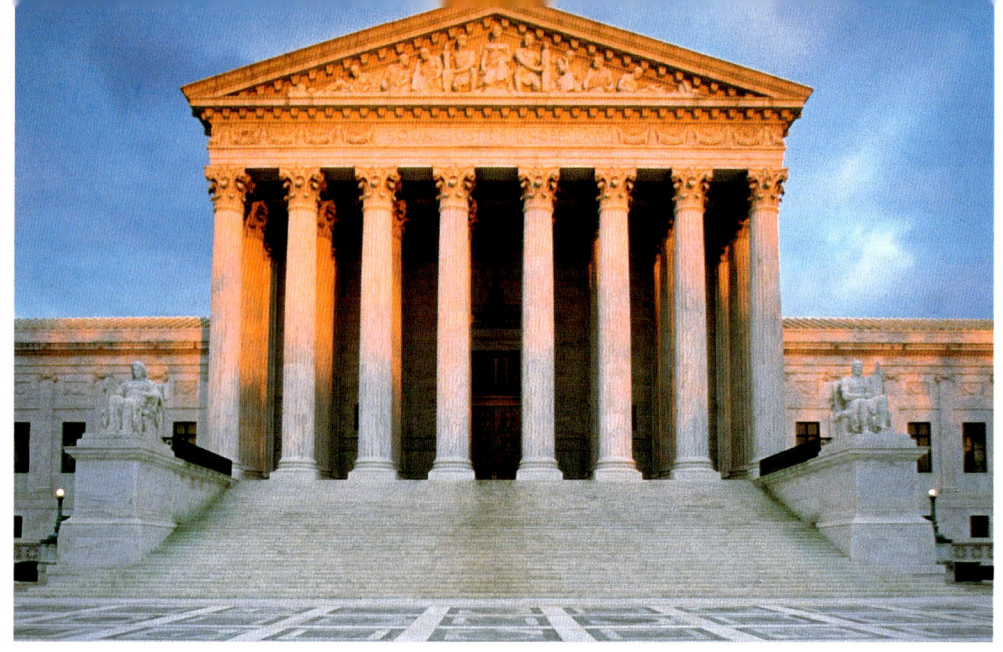

미국 대법원 미국, 워싱턴 DC | United States Supreme Court

역사적인 기관이자 미국을 조직하는 일부

높이 4층의 이 장중한 건물은 하얀 대리석으로 빛나며 위엄 있게 서 있다. 대법원은 권력의 중심지인 워싱턴 DC를 이루는 데 없어서는 안 될 부분이며, 사법적인 평등의 중추신경이다. 최고의 법 기관이라는 지위를 확립했음에도 단독 건물을 차지하기까지는 오랜 기간이 걸렸다. 법원은 처음에 뉴욕에 있었으며, 1790년에 필라델피아로 이전했다. 이후 주(州) 의회 의사당 안에, 나중에는 시청 안에 들어서게 되었다. 1800년에 워싱턴 DC는 수도가 되었으며 대법원은 다시 이전했다. 마침내 1929년, 전 대통령이자 연방 대법원장인 윌리엄 하워드 태프트가 의회를 설득하여 법원이 들어설 건물을 짓도록 했다.

건축은 1932년에 시작되었고, 주로 대리석을 사용하여 장중하고 새하얀 코린트식으로 지어졌다. 중앙 출입구의 아름다움은 특히 빼어나며, 세부적인 장식은 자연스럽게 정의라는 테마를 반영한다. 정면의 계단을 올라가면 측면에 두 개의 조각상이 위지한 커다란 타원형 광장이 나온다. 제임스 얼프 레이저가 조각한 〈정의의 명상〉과 〈법의 수호자〉라는 작품이다. 열여섯 개의 기둥이 삼각형 박공지붕을 떠받치고 있으며, 그 위의 아키트레이브(기둥 위에 걸쳐진 수평면 중 맨 아랫부분을 일컫는 건축 용어)에는 '법 아래 평등한 정의'라고 새겨져 있다. 이 건물의 장엄함은 건물 전체로부터 풍겨 나오며, 값비싼 자재를 사용했지만 놀랍게도 예산을 초과하지 않고 완공되었다. 대법원은 미국을 구성하는 부분 중 역사적으로 가장 커다란 중요성을 띄고 있는 기관의 하나이며, 힘을 발산하는 건물 안에 들어서 있다. **TP**

"공화국은 버텨내고 있으며 이것은 그 믿음의 상징이다."

전 연방 대법원장, 찰스 에반스 유스

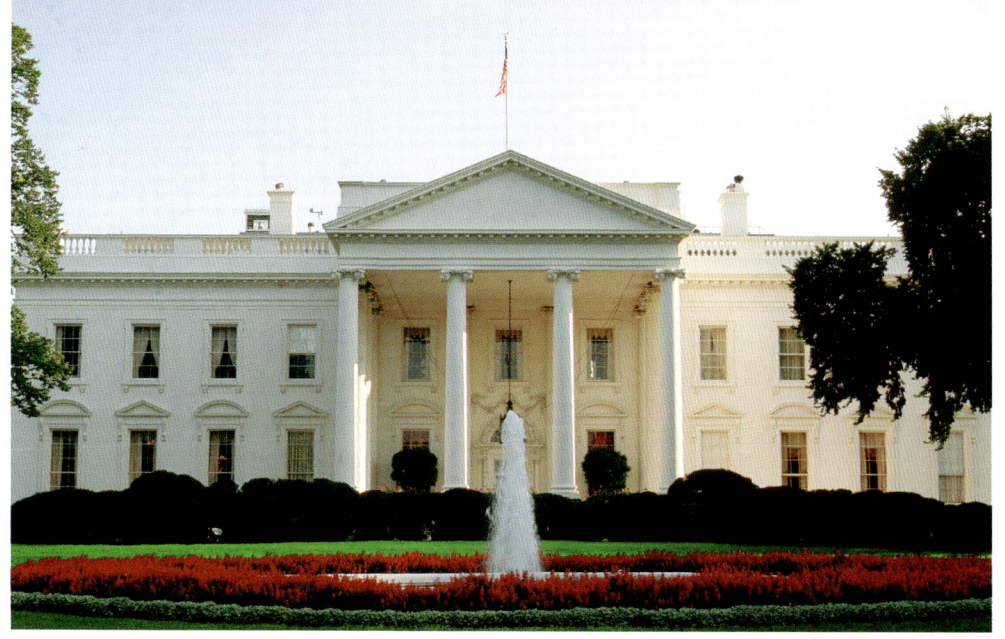

백악관 미국, 워싱턴 DC | White House

콜럼버스의 나라에서 가장 역사 깊은 공공건물 구역이며 미국 권력의 상징

백악관을 소개하는 데 긴 말은 필요 없을 것이다. 백악관은 세계에서 가장 유명하고, 한눈에 알아볼 수 있는 집이자 미국 대통령이 거주하고 업무를 보는 곳이다.

1792년, 백악관의 설계를 맡을 이를 선발하는 공모전이 열렸고 조지 워싱턴 대통령(1732~1799)이 직접 선정한 수상자는 제임스 호번이었다. 아일랜드 건축가인 호번의 설계는 대부분 현재 아일랜드 의회가 있는 건물인 더블린의 렌스터 하우스를 모델로 삼고 있었는데, 워싱턴은 플랜을 더 확장할 것을 요청했다. 1792년 가을에 건축이 시작되었고, 1800년 무렵에는 마무리 작업이 남아 있었지만 거주할 만한 상태까지 완성되었다. 최초로 백악관에서 생활한 대통령은 존 애덤스였다. 다음 몇 해 동안 건축가 벤자민 헨리 라트로브가 토머스 제퍼슨 대통령의 지시에 따라 마구간과 설비들이 들어설 두 개의 작은 윙을 증축했다. 1812년 전쟁 중에 영국군은 백악관에 불을 질렀고, 전쟁이 끝나고 이루어진 재건축에는 라트로브와 호번이 참여했는데, 이때 추가된 부분 중 가장

눈에 띄는 것은 호번이 1824년과 1829년에 북쪽과 남쪽에 만든 포티코이다. 세월이 흐름에 따라 백악관은 계속해서 증축되고 변화되었지만, 관리가 그다지 제대로 이루어지지 않아 점차 상태가 나빠졌다. 백악관 복원작업 중 가장 큰 규모로 이루어진 것은 존 F. 케네디의 영부인인 재클린 케네디가 주도한 사업이 있었는데, 재클린은 프랑스 풍 장식을 아낌없이 여기저기 사용했다. 그녀는 백악관 복원의 선례가 되었고, 현재는 영부인과 긴밀한 협조를 유지하며 건물의 역사적인 총체성을 유지하려는 목적을 지닌 복원 위원회가 백악관의 보존작업을 관장하고 있다.

미국에서 가장 많이 사진 찍히는 건물 중의 하나인 백악관은, 미국의 실제적인 아이콘이 되었다. 그리고 백악관의 대통령 집무실은 셀 수 없이 많은 역사적인 결정이 내려지고 정치적인 사건이 일어나는 장소가 되어 왔다. **TP**

미국 국회 의사당 미국, 워싱턴 DC | Capitol

미국 정부의 상징이 된, 대담한 실험적 건축물

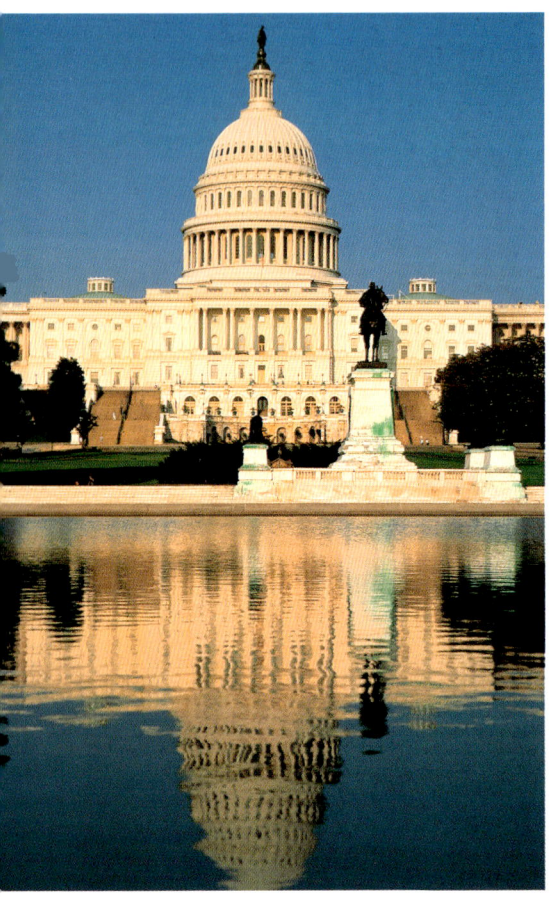

"이 나라의 영혼은 거대한 군사력에 전적으로 적대적이다."

전 미국 대통령, 토머스 제퍼슨

워싱턴 DC의 거의 한가운데에는 동쪽으로 펼쳐진 캐피틀 힐이라는 언덕이 솟아 있으며, 이 언덕 너머에는 미국에서 역사적·문화적으로 가장 중요한 건물이라 할 수 있는 국회 의사당이 자리하고 있다. 이 건물은 1800년 이래로 미국 연방 의회의 본거지였으며, 1801년 토머스 제퍼슨이 첫 번째 의장으로 선서를 거행했던 역사를 지니고 있다.

프랑스에서 태어난 건축가이자 설계가인 피에르 랑팡이 이 부지를 선정했으며, 이곳을(당시에는 젠킨즈 힐이라는 이름이었다) '사건이 일어나기를 기다리고 있는 무대'라고 묘사 했다. 1792년에 의회가 입주할 건물을 설계한다는 공모전이 개최되었고, 파리의 루브르 궁전에서 영감을 얻은 설계를 선보였던 닥터 윌리엄 손턴이 뽑혔다. 국회 의사당 건물은 여러 해에 걸쳐 조금씩 변화해 왔으며, 현재는 여러 명의 다양한 건축가들의 손을 거쳐 그 절정에 달한 작품이다. 그러나 건물의 전체적인 형태는 처음보다 상당히 증축되기는 했지만, 본래 중앙에 돔형 지붕의 입방체형 건물이 있고, 그 양옆에 두 개의 윙이 배치되는 손턴의 원래 설계 그대로이다. 가장 눈에 띠는 특징 중 하나는 토머스 U. 월터가 건축한 거대한 주철 돔으로, 이는 처음에 만들어진 돔보다 세 배나 되는 크기이다. 윙의 증축 또한 월터가 맡았다. 북쪽 윙에는 상원이, 남쪽 윙에는 하원이 들어서 있다. 20세기에 들어서는 건물의 동쪽 측면이 변화를 겪었는데, 이는 건물의 균형 잡힌 외관을 바로잡기 위해서였다. 국회 의사당의 순수한 신고전주의적 아름다움과 균형은 런던의 세인트 폴 대성당과 로마의 성 베드로 바실리카의 영향을 반영한 것이기도 하다.

조경 건축가 프레드릭 로올름스테드가 조성한 내셔널 몰의 공원 지역이 언덕 꼭대기의 이 건물을 둘러싸고 있다. 이 모두가 한데 모여 미국이 지닌 권력과 위신을 상징하는 동시에, 미학적인 승리를 자랑하고 있다. **TP**

워싱턴 기념탑 미국, 워싱턴 DC | Washington Monument

세계 최고의 높이를 자랑하는 독립 구조물 중 하나

워싱턴 기념탑은 워싱턴 DC의 내셔널 몰 서쪽 끝에 위치하고 있다. 내셔널 몰은 도시 한가운데에 위치한 조경된 공원 부지로, 미국 국회 의사당을 비롯하여 수많은 역사적 기념물과 중요한 박물관이 여기에 있으며, 도시 안에 조성된 가장 아름다운 공간 중 하나이다. 인상적인 새하얀 이집트 오벨리스크 형상으로 우뚝 솟아 있는 워싱턴 기념탑은, 자신의 모습이 반사되는 길쭉한 호수의 한쪽 끝, 링컨 기념관 반대편에 서 있다. 이 구역 전체에는 커다란 역사적 중요성이 깃들어 있다.

조지 워싱턴은 미국의 첫 번째 대통령이자 대단히 높은 수준의 도덕심을 소유한 인물이었다. 그는 영국의 통치에서 조국을 자유로 이끌었을 뿐 아니라, 전 세계적인 명성을 얻을 만한 여러 가지 선례를 세웠다. 이러한 점에서 워싱턴 기념탑은 이러한 종류의 기념물 중에서도 가장 중요하며, 가장 위대한 지도자 중의 한 명이자 미국을 세운 진정한 아버지에게 감사를 표하고 기린다는 의미를 지니고 있다. 1833년에 존 마셜과 전 대통령인 제임스 매디슨이 국립 워싱턴 기념탑 협회를 창설했다. 그로부터 3년 후에 기념탑의 설계 공모전이 열렸고, 둥근 도리스식 주랑 위에 오벨리스크와 말을 탄 워싱턴의 조각상이 올라간 로버트 밀스의 공들인 신고전주의풍 설계가 선정되었다. 그의 설계안은 오늘날 볼 수 있는 우아하고 역동적인 기념탑과는 거의 관계가 없다. 그의 디자인에는 비용이 많이 소요되었고, 오벨리스크를 세우는 작업이 먼저 진행됐다. 남북전쟁이 일어나 자금이 부족하자 건축은 연기되었고, 30년이 흘러 밀스가 사망할 때까지 기념탑은 완공되지 못했다.

원래 의도되었던 부분들이 덧붙여지지 못한 채 오늘날에도 이 기념탑은 단순한 오벨리스크로 남아 있지만, 바로 그 점 때문에 더욱 인상적이다. 169m의 높이는 워싱턴 DC 최고를 자랑하며, 기념탑 안에 있는 엘리베이터와 계단을 이용해 올라가면 도시 저편의 먼 곳까지 보이는 전경을 감상할 수 있는 관람대가 있다. **TP**

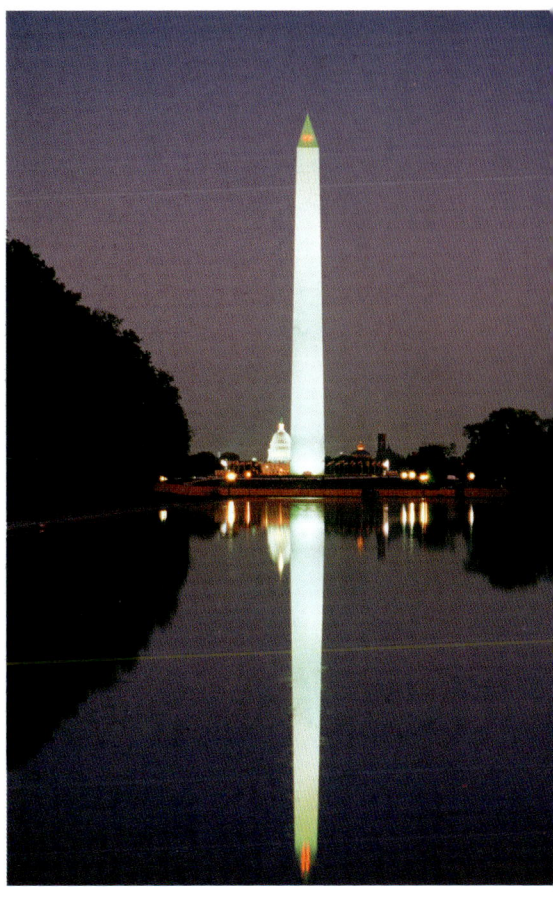

"나의 첫 번째 소원은 인류의 역병인 전쟁이 지구상에서 사라지는 것이다."

전 미국 대통령, 조지 워싱턴

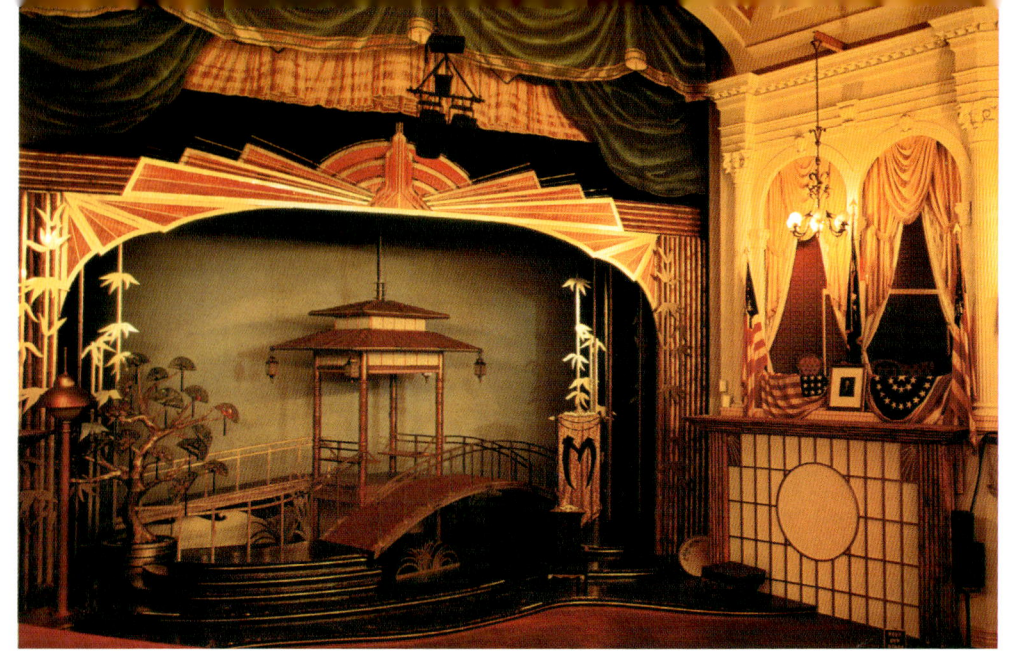

포드 극장 미국, 워싱턴 DC | Ford's Theater

링컨 대통령이 배우인 존 윌크스 부스에게 피격당해 암살된 장소

오래된 침례교 교회 자리에 문을 연 포드 극장은 파란만장 하고도 끔찍한 역사를 겪게 될 운명이었다. 이 극장은 개관한 지 얼마 되지 않아 1862년에 화재로 전소되었고, 1년 후에 완전히 개조되어 문을 열어 영화 팬들이 즐겨 찾는 유명한 장소가 되었다.

그 당시, 일류 배우이던 존 윌크스 부스는 무대 활동에서 은퇴하여 남부 연방을 지지하는 데에 열성을 쏟고 있었다. 부스와, 혁명을 꿈꾸던 그의 동지들은 대통령이던 에이브러햄 링컨을 납치하여 남부 연방 죄수들과 교환할 계획을 갖고 있었다. 그러나 이것은 좌절되었고, 1865년 남부 연방은 두 차례의 큰 패배를 맛보았다. 부스는 이에 격분했으며 대통령과 링컨 정부의 여러 인사들을 암살하기로 결심했다. 1865년 4월 14일, 그는 포드 극장의 링컨 전용석으로 다가가 데린저식 권총을 겨누고 단 한 발로 그를 쏘았다. 부스는 도주하면서 다리가 부러지는 부상을 입었으나 기다리고 있던 말에 올라타고 사라져 버렸다. 12일이 지나 그는 체포되었고 총상으로 사

망했다. 한편 링컨은 근처의 피터슨 하우스로 옮겨졌으나 다음날 새벽 사망했다. 연방 정부는 포드에게서 극장을 몰수하고(그에게는 10만 달러를 보상해 주었다) 다시는 여흥의 장소로 사용되는 일이 없을 것이라 말했다. 그 대신 건물은 행정용으로 사용되었는데, 1893년 건물 앞쪽의 반이 무너져 내리면서 스물두 명의 직원이 죽고 많은 부상자가 생겼다. 수리를 거쳤음에도 건물은 쇠락해 갔고, 제대로 복원되지 않던 이 건물은 1960년대에 들어 지하실에 링컨에게 헌정된 박물관을 갖춘 극장으로 탈바꿈했다.

포드 극장의 폭풍우치는 듯한 과거는 휴식 속에 묻혔지만, 이 웅장한 벽돌 건물은 오늘날에도 미국이 낳은 위대한 대통령을 기념하는 역사적인 장소로 남아 있다. **TP**

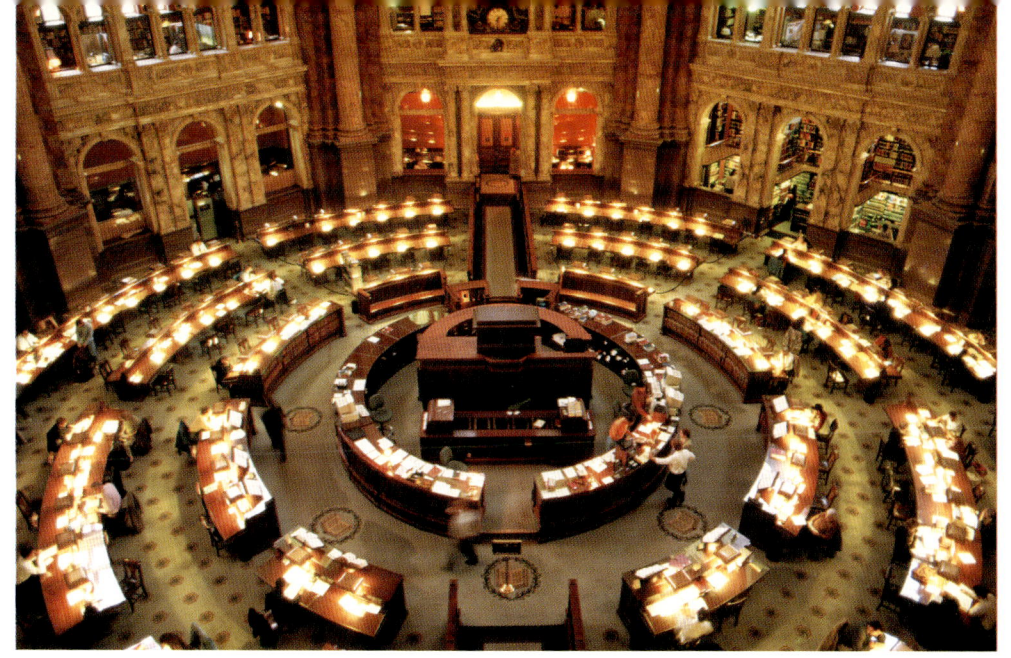

미국 의회 도서관 미국, 워싱턴 DC | Library of Congress

미국의 국립 도서관이자 세계 최대의 규모와 중요성을 지닌 도서관 중 하나

의회 도서관은 특히 그 장서의 다양함으로 이름이 높은데, 이는 무엇보다도 토머스 제퍼슨 덕택이다. 도서관이 설립된 것은 1800년, 존 애덤스 대통령이 정부 의석을 필라델피아에서 워싱턴 DC로 옮긴다는 내용의 의회법을 가결한 이후였다. 이 법령은 의회의 독자적인 참고 도서관을 설립할 것을 요청했으며, 장서를 보유하기 위해 5천 달러가 주어졌다. 1814년 영국 군대의 침입으로 건물이 파괴되기 이전까지 도서관은 국회 의사당에 자리 잡고 있었다.

토머스 제퍼슨(그 무렵에는 대통령직에서 물러났을 때였다)은 상당한 양과 수준에 달하는 자신의 개인 장서를 도서관에 기증하면서 도서관에 밝은 빛을 비추었다. 철학, 과학, 문학 분야에 걸친 그의 방대하고 다양한 장서를 시작으로 도서관은 연이어 도서를 들여올 수 있었다. 도서관의 장서가 늘어나는 데에 중대한 공헌을 한 다른 이름은 1864년부터 1897년까지 의회 도서관 사서였던 앤스워스 랜드 스포퍼드이다. 그는 1870년 저작권

을 신청하는 모든 이들이 자신의 작품 두 부를 도서관에 제출해야 한다는 내용의 저작권 법을 도입했다. 그 결과 장서는 그 규모와 다양성이라는 면에서 엄청나게 늘어났고, 결국 늘어난 책들을 소장하기 위해 새로운 건물이 필요하게 되었다. 1886년 새로운 도서관의 건축이 승인되었다. 이탈리아 르네상스 풍의 설계는 당대의 가장 웅장하고 가장 값비싼 건물 중 하나가 되었다. 마침내 1897년 도서관이 개관했고, 즉시 유명하고 사랑받는 국가적 기념물이 되었다.

현재 의회 도서관은 세 개의 건물로 구성되어 있다. 최초로 건립된 토머스 제퍼슨관, 1938년에 개관한 존 애덤스관, 그리고 1981년에 개관하여 도서관 본부가 된 제임스 메디슨 기념관이 그것이다. **TP**

링컨 기념관 미국, 워싱턴 DC | Lincoln Memorial

미국 초기 대통령 가운데 가장 위대한 인물 중 하나인 링컨을 기리는 당당한 신고전주의풍 기념관

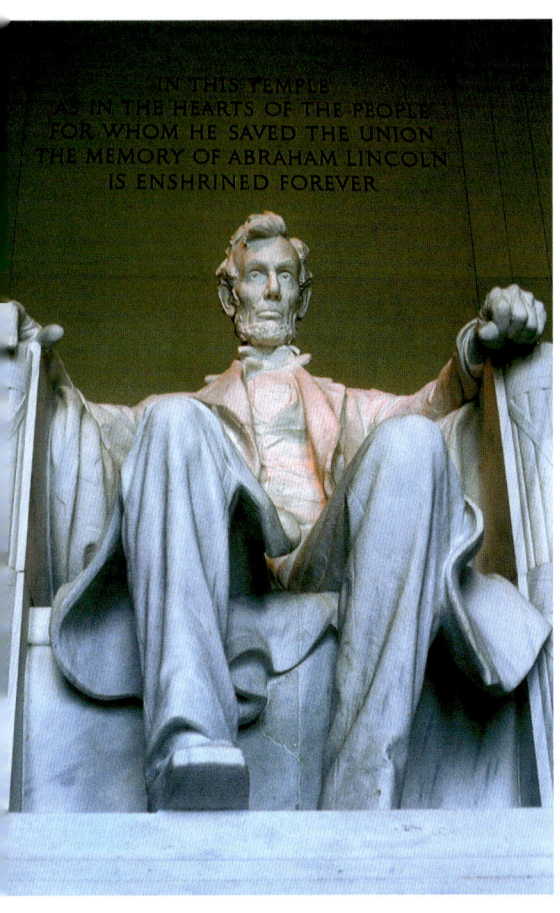

IN THIS TEMPLE
AS IN THE HEARTS OF THE PEOPLE
FOR WHOM HE SAVED THE UNION
THE MEMORY OF ABRAHAM LINCOLN
IS ENSHRINED FOREVER

"성공하고자 하는 당신 스스로의 결심
이 다른 어떤 것보다도 중요하다는 사
실을 항상 마음속에 간직하라."

전 미국 대통령, 에이브러햄 링컨

워싱턴 DC 한복판에는 넓은 공원지역인 내셔널 몰이 있다. 링컨 기념관은 이곳의 서쪽 끝을 내려다보며 서 있다. 이 기념관의 계단 위에서 보면, 주변의 풍경을 반사하는 긴 호수 맞은편으로 워싱턴 기념탑의 오벨리스크와 제2차 세계대전 기념관, 저 멀리 국회 의사당 건물까지 눈에 들어온다.

많은 건물을 지은 건축가인 헨리 베이컨이 자신의 마지막 프로젝트로 링컨 기념관을 설계했는데, 그리스의 고대 사원에서 그 모델을 따 왔다. 빛나는 하얀 건물은 중앙 '켈라(고대 그리스·로마 신전 안쪽의 신상(神像) 안치소)'와 그 양쪽으로 두 개의 작은 켈라를 포함해 길이 57m, 너비 36m, 높이 30m의 당당한 크기이다. 세로로 홈 장식이 난 서른여섯 개의 육중한 도리스식 기둥(주랑 뒤의 입구에 두 개의 기둥이 더 서 있다)이 건물을 둘러싸고 있다. 이 웅장한 기둥들은 그 당시 연방의 일부였던 서른여섯 개의 주에 해당하며, 기둥 위에는 저마다 주의 이름이 새겨져 있다. 중앙의 켈라에는 기념비적인 링컨 조각상이 안치되어 있는데, 이는 다니엘 체스터 프렌치의 감독하에 4년이라는 세월에 걸쳐 만들어진 것이다. 조각상은 호수 너머 국회 의사당 쪽을 응시하고 있다. 기념관 건물은 인디애나 산(産) 석회석과 콜로라도 산 대리석으로 지어진 반면, 조각상은 조지아 산 대리석에 새겨졌다. 두 개의 작은 셀라 벽에는 각각 게티즈버그 연설문과 링컨의 두 번째 취임 연설문이 새겨져 있다. 그 위편에는 프랑스 화가 쥘 게랭의 작품인 〈재결합〉과 〈해방〉이라는 커다란 벽화 두 점이 있다.

링컨 기념관은 많은 집회와 항의 운동이 일어나는 장소가 되었는데, 그중 가장 유명한 것은 마틴 루터 킹이 1963년에 한 "나에게는 꿈이 있습니다"라는 연설일 것이다. 이 기념관은 매우 감동적인 장소이며, 민주주의의 선언이자 자유를 향한 첫 번째 긍정적인 발걸음으로 미국에서 가장 중요한 유적지 중 하나이다. **TP**

알링턴 국립묘지 미국, 버지니아 주, 알링턴 | Arlington National Cemetery

이 묘지는 패배한 자들을 기리는 국가적인 장소로 인정받고 있다

알링턴 국립묘지의 본부인 알링턴 하우스는 포토맥 강을 내려다보는 버지니아 주의 푸른 언덕 지형 꼭대기에 있으며, 여기서 떨어진 곳에는 하얗게 빛나는 묘석들이 깔끔하게 정렬되어 줄지어 늘어서 있다. 넓이 445헥타르 이상인 땅에는 오늘날 보이는 고요하고 영적이기까지 한 자연의 모습과는 날카로운 대조를 이루는 격전의 과거가 숨겨져 있다. 이 호화로운 저택은 원래 조지 워싱턴이 입양한 손자인 조지 워싱턴 파크 커티스가 조부를 기념하기 위해 지은 것이다. 커티스의 딸인 메리와 그의 남편인 로버트 E. 리가 이를 물려받았는데, 리는 나중에 남부 연방의 총사령 관이 되는 인물이다. 1861년 미국 남북전쟁이 일어나자 그는 버지니아 주와 남부 연방에 충성을 다할 것을 맹세했으며, 아내의 안전을 걱정하는 마음에서 집을 떠나 피난하도록 설득했다. 곧 국가 연방의 군대가 이 저택을 차지했고, 1864년 몽고메리 C. 메익스 준장이 저택 주변의 땅을 전쟁묘지로 사용하도록 지시했다. 아이러니하게도 이 저택은 리와 관련이 있다는 사실 때문에 욕을 먹었고, 이전에는 워싱턴 기념관 이었던 곳이 공화주의자들에게는 몹시 거슬리는 존재가 되었다. 전쟁이 끝나갈 무렵인 1865년에는 5천 구 이상의 시체가 매장되었고, 그중 많은 이들은 신원 불명이었으며, 흑인 병사와 남부인들은 서로 분리된 공간에 매장되어 있었다.

1900년대에 이르자 남부와 북부 간의 반목도 부분적으로 사그라졌다. 장례식이나 의식을 손쉽게 거행할 수 있도록 1915년에 알링턴 메모리얼 원형극장이 세워졌으며, 1932년에는 '무명용사의 비' 제막식이 열렸다. 알링턴에서는 추도식을 거행하는 오래된 전통이 있는데, 이오지마에 성조기를 올리고 있는 미군 병사들을 찍은 유명한 사진에서 비롯한 미국 해병대 추도식이 그렇다. 최근에는 2001년 9월 11일 테러리스트의 공격으로 목숨을 잃은 184인을 기리기 위한 펜타곤 추도식이 열렸다. **TP**

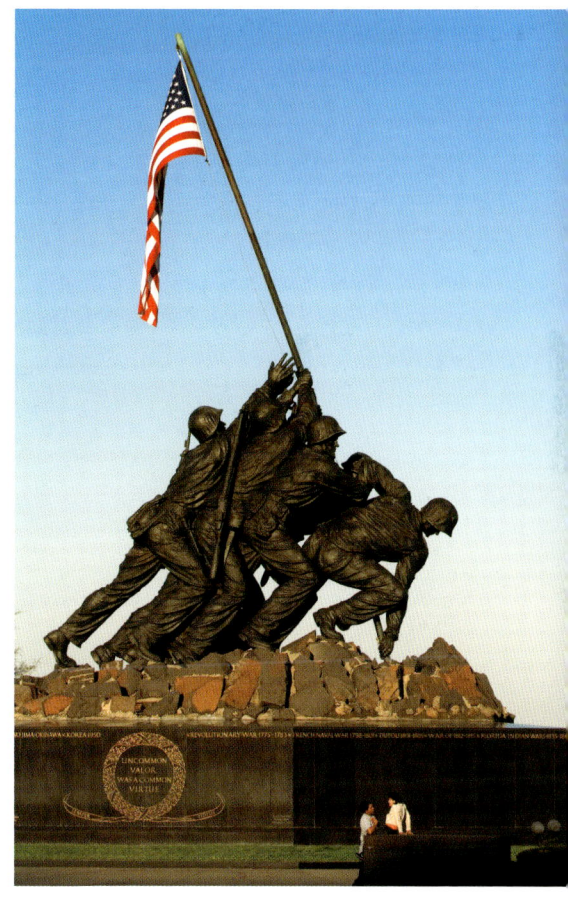

"…언덕 위에 묻힌 자가 정확히 누구나 하는 문제는, 그들이 그 자리에 있다는 사실만큼 중요한 것이 아니다."

관리자, 존 C. 메츨러

자유의 종

미국, 펜실베이니아 주, 필라델피아 | Liberty Bell

독립선언을 알린 종이라는 상징적인 지위를 얻은 종

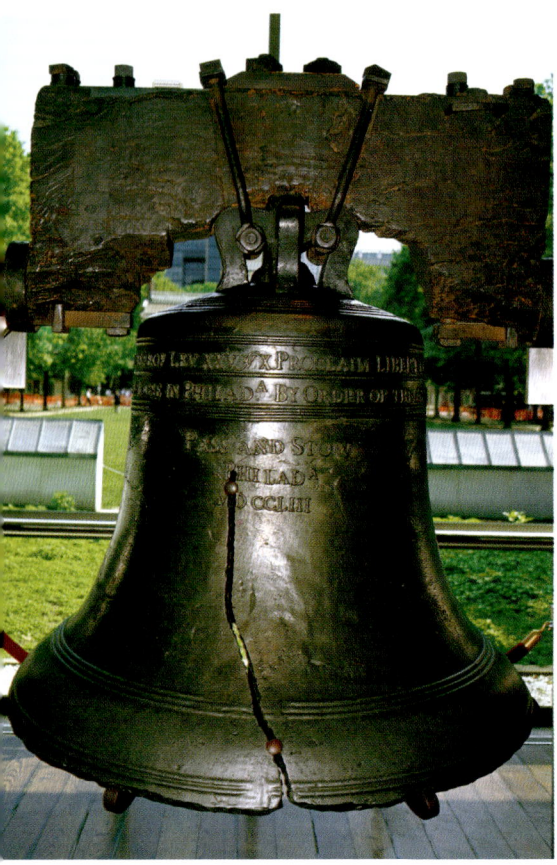

"자유의 종은 모든 민주주의 세계의 매우 중요한 상징이다."

전 남아프리카 공화국 대통령, 넬슨 만델라

자유의 종은 세계에서 가장 유명한 종이며 전 세계적으로 널리 알려진 자유의 상징이다. 자유의 종이라는 이름은 노예 제도로부터 해방을 얻어내기 위해 오랫동안 노력하면서 이를 자신들의 상징으로 삼았던 노예폐지론자들에게서 유래된 것으로, 이 종은 그들이 발행하는 정기 간행물인 자유 지(誌) 1837년 호에도 나타난다. 그전에는 종이 걸려 있는 곳의 이름을 따서 의회 의사당 종이라 불렸다(지금 이곳은 인디펜던스 홀이라 불린다). 자유의 종은 또한 1775년에서 1783년까지 계속된 미국 독립전쟁의 상징이기도 하며, 미국이 대영제국으로부터 얻어낸 독립과 연관되어 가장 잘 알려져 있다.

이 종은 펜실베이니아 지방 의회가 의회 의사당에 걸기 위해 제작을 요청한 것이었다. 처음 것은 런던의 화이트채플 주조소에서 만들어져 1752년에 조심스럽게 필라델피아까지 운송되었다. 1753년에야 비로소 쳐 보았는데, 종은 깨져버렸고 모든 이들이 실망을 금치 못했다. 다시 주조하기 위하여 종을 두 명의 필라델피아 주조소 직원인 존 스토우와 존 패스에게 보냈고, 이들은 종을 두 차례 다시 주조했다. 결국 화이트 채플 주조소에 이를 대신할 종을 제작해 달라고 요청했지만, 별로 인기를 얻지 못해 의회 의사당의 꼭대기 탑으로 쫓겨났다. 스토우와 패스가 만든 마지막 종은 의회 의사당 뾰족탑을 지키고 있었는데, 이것이 오늘날 알려진 자유의 종이다. 역사적으로 중요한 사건이 있을 때마다 종을 울렸으며, 아마 가장 유명한 것은 시민들에게 최초로 독립 선언문이 낭독되었음을 알리기 위해 종을 쳤던 1776년 7월 8일일 것이다.

세월이 흐르면서 종에는 여러 차례 금이 갔으며 계속해서 이를 고쳐 왔다. 마침내 1846년 2월, 조지 워싱턴의 탄생을 기념하여 울리는 자리에서 자유의 종은 도저히 수리가 불가능할 정도로 심각하게 깨졌고, 1852년 뾰족탑에서 완전히 치워졌다. 지금 파빌리온에서 볼 수 있는 자유의 종은, 100년이 넘는 세월 동안 종소리로 알려 왔던 역사적인 사건들을 떠올리게 하는 연결 고리로 남아 있다. **TP**

이스턴 주립 교도소

미국, 펜실베이니아 주, 필라델피아 | Eastern State Penitentiary

감옥 설계에서 혁명으로 남은 곳

전 세계에 걸쳐 대략 300개의 교도소가 이스턴 주립 교도소를 모델로 삼고 있다. 142년이라는 역사 동안, 은행 강도인 윌리 서턴과 알 카포네를 포함해 미국에서 가장 악명 높은 죄수들이 이 이스턴 주립 교도소에 수감되었다.

이 교도소는 죄수들을 단순히 처벌하기보다 퀘이커 교도적인 '교정' 시스템에 기초하여, 자신들이 저지른 범죄를 반성하고 그 결과 행동을 고칠 수 있도록 독려하는 데에 목적을 두고 있었다. 죄수들의 교정을 위해서 독방에 수감했는데, 원칙적으로는 이렇게 하면 마음 깊은 곳으로부터 반성하는 데에 도움이 될 거라고 여겼기 때문이었다. 모든 죄수들은 각자 독실에 수감되었으며 절대로 서로 섞일 수 없었다. 독방에서 다른 구역으로 이동할 때에는 후드를 씌워 다른 재소자 들과 서로 얼굴을 보지 못하도록 막았다. 죄수들의 수가 늘어나고 그에 따라 들어가는 비용도 늘어났기 때문에 이런 시스템은 차차 실용성이 떨어지게 되었을 뿐 아니라, 수감자들에게 심각한 정신적 질병을 가져오는 것으로 밝혀졌다. 이 교도소는 전통적인 감독 설계를 벗어난 상당히 급진적인 평면 설계에 따라 지어졌다. 1822년에 건축이 시작되었으며, 교도소는 1829년 10월 23일에 문을 열었다. 대규모 독방 수감이 비실용적이라는 사실이 드러나자 이러한 시스템은 공식적으로는 1913년에 집단수용 방식으로 바뀌었으며 이는 1970년 문을 닫을 때까지 계속되었다(1971년 홀름버그 교도소에서 폭동이 일어난 다음에 잠시 사용되기는 했다).

1980년에 필라델피아 시는 문을 닫은 후에 아무도 돌보지 않아 황폐해진 이스턴 주립 교도소를 펜실베이니아 주로부터 사들였다. 1988년 특별 위원회가 조직되었고 이 건물을 보존하여 복원하거나 현대화시키자는 결정이 내려졌다. 1944년부터 교도소는 하루 코스의 역사 관광지로 문을 열어 다양한 이벤트를 개최하는 데 사용되고 있으며, 공상과학 영화나 호러 영화의 촬영지로도 자주 이용된다. **TP**

게티즈버그 전투지

미국, 펜실베이니아 주, 게티즈버그 | Gettysburg Battlefield

남북전쟁 최대의 유혈 충돌이 일어난 곳

게티즈버그를 둘러싼 지역의 아름다움 속에는 끔찍한 과거가 숨어 있다. 이곳은 1863년, 수천 명의 남부 연방과 국가 연방 군인, 그들이 탔던 말들이 죽음을 맞이했던 게티즈버그 전투가 벌어진 곳이다. 게티즈버그 전투는 희생당한 사람과 동물의 수라는 면에서 보았을 때 단일 전투로 가장 파괴적인 전투였으며, 남북전쟁의 전환점이 되었다. 남부 연방은 이 전투의 패배로부터 회복할 수 없었으며, 이후로도 전쟁은 2년간 격렬하게 지속되었지만, 형세가 바뀌기 시작한 것은 바로 게티즈버그에서였다.

> "오늘 우리가 여기서 말한 바에 대해 세계는 거의 주의를 기울이지 않고, 오래토록 기억하지도 않을 것이나, 우리가 한 일만은 잊히지 않을 것이다."
>
> 전 미국 대통령, 에이브러햄 링컨

게티즈버그는 펜실베이니아 주와 메릴랜드 주의 다른 많은 중요한 도시들 틈에서도 한가운데에 위치하고 있었기 때문에 군사적으로 매우 중요한 지점이었다. 널리 내려다볼 수 있는 도시 주변의 높은 언덕과 확 트인 지형, 그리고 도시 그 자체가 맹렬한 전투의 배경이 되었던 것이다. 도시 남쪽에는 민간인들이 매장된 묘지가 있는 '묘지 언덕'이 있었는데, 전투가 끝난 후 에이브러햄 링컨은 이곳을 군사 묘지로 바쳤다. 남부 연방 군사들은 큰 돌들이 이곳저곳에 박혀 있는 이곳의 독특한 지형을 결정적인 방어선으로 이용했다. 게티즈버그 전투 이후, 지역 변호사인 데이비드 맥커너기는 243헥타르에 달하는 토지를 사들여 기념지로 보존했으며, 1864년에는 게티즈버그 전투지 기념 협회가 창설되었다. 그 이후로 도시 개발을 저지하여 미국 역사에 커다란 중요성을 지닌 이 땅을 보호하려는 노력이 계속 이어지고 있다. **TP**

내셔널 베이스볼 홀 오브 페임

미국, 뉴욕 주, 쿠퍼스타운 | National Baseball Hall of Fame

야구의 기원이 시작된 곳, 아마도 그럴 것이다

그림 같은 작은 도시인 쿠퍼스타운은 뉴욕 주 한복판, 제임스 페니모어 쿠퍼의 초기 작품들을 통해 유명해진 옷세고 호수의 남쪽 끝과 맞닿아 있다. 이곳은 아름다운 배경으로, 길고 굽이치는 여정을 거쳐 뉴욕 주와 펜실베이니아 주를 지나 메릴랜드 주의 체사피크 만에서 바다로 흘러 들어가는 서스키 해너 강이 시작되는 곳이기도 하다.

쿠퍼스타운은 유서 깊은 장소이며, 유명한 농장 박물관과 글리머글래스 오페라가 위치한 곳이기도 하지만, 아마 이곳 최고의 명물은 내셔널 베이스볼 홀 오브 페임과 박물관일 것이다. 여기에 영구 보존된 야구의 역사는 다른 곳과 비교할 수 없는 깊이와 놀라울 정도의 상세함을 갖추고 있다. 1939년에 스티븐 칼턴 클라크가 박물관을 설립했는데, 애초 목적은 대공황과 금주법 실행 이후 심각하게 타격을 입은 쿠퍼스타운의 무역과 관광산업을 활성화하려는 것이었다. 박물관이 성공을 거둔 큰 이유는 쿠퍼스타운이 실제로 야구의 탄생지였으며, 남북전쟁의 영웅인 애버너 더블데이가 엘리후 피니의 소유였던 소 목초지에서 야구 경기를 고안해 냈다는 유명한 일화에서 기인한다. 쿠퍼스타운의 명성에 커다란 기여를 한 이 전설에는 상당한 의문이 제기되어 왔다. 그러나 쿠퍼스타운은 야구 경기가 처음으로 시작되었다고 믿어지는 땅을 사들여 인상적인 야구구장으로 탈바꿈시켰고, 이곳이 매년 명예의 전당 경기가 진행되는 배경인 더블데이 필드이다.

야구가 이 도시에 의심할 나위 없이 중요한 역할을 맡고 있기 때문에, 쿠퍼스타운이 실제로 야구가 탄생한 장소인지 여부는 그다지 중요하지 않다. 쿠퍼스타운은 글자 그대로 야구가 숨 쉬고 있다. 거대한 명예의 전당과 야구 박물관이 있는 이곳은, 아마 미국에서 가장 중요한 야구의 도시일 것이다. **TP**

웨스트포인트 육군 사관학교

미국, 뉴욕 주, 웨스트포인트 | West Point Military Academy

이곳의 군사적인 역사는 1778년까지 거슬러 올라간다

유명한 미국 육군 사관학교는 뉴욕 시에서 80km가량 북쪽, 허드슨 강을 내려다보는 고지대에 자리 잡고 있다. 아름다운 장소이기도 하지만, 이 장소가 중요한 것은 군사적으로 필수적인 망루가 되어 강 맞은편을 지켜볼 수 있기 때문이다. 조지 워싱턴은 허드슨 강을 영국군으로부터 지켜내기 위하여 이 지역에 처음으로 군사 요새를 세웠다.

토머스 제퍼슨이 1802년 육군 사관학교를 열었으며, 같은 해 뒤이어 학교가 병설되었다. 6,475헥타르라는 엄청난 넓이의 부지를 차지하고 있으며, 일반 종합대학 캠퍼스에서 볼 수 있는 시설은 물론 그 이상을 갖추고 있는 웨스트포인트 캠퍼스는 세계에서 가장 넓은 캠퍼스

> **"전투에 임했을 때 믿을 만한, 자유로운 국가의 군인을 양성하는 규율은 가혹한 취급을 통해 얻어지는 것이 아니다."**
>
> 존 M. 스코필드 육군 소장

중 하나이다. 초기에 교장을 맡았던 이들 중에는 '사관학교의 아버지'라 할 수 있는 실바너스 세이어가 있었다. 세이어는 교육의 많은 부분을 토목 공학에 기초하여 아카데믹한 기준을 세웠고, 존중과 규율, 명예를 기반으로 하는 군사적 행동규범을 도입했다. 제1차 세계대전 중에는 더글러스 맥아더 교장이 군대 절차에 원칙을 둔 체력과 훈련의 중요성을 증가시키면서 학교에 커다란 변화를 가져왔다. 오늘날 웨스트포인트는 이러한 면에서 어디에도 견줄 바 없는 명성을 지니고 있다.

웨스트포인트에는 그 지역의 군사적인 역사를 알려 주는 박물관과 방문자 센터가 있다. 이 박물관은 방대한 양의 무기를 소장하고 있으며, 미국에서도 가장 오래되고 커다란 군사 박물관이다. **TP**

스톤월 인

미국, 뉴욕 주, 뉴욕 | Stonewall Inn

동성애자 해방의 역사에 전환점을 기록한 장소

스톤월 인은 뉴욕 시의 한복판에 있으며, 줄줄이 늘어선 고층 건물 사이에 끼어 있어 눈에 잘 띄지 않는다. 이 건물의 소박한 외관만 보아서는 이곳이 동성애자의 인권을 위한 운동이 태동한 장소이며, 따라서 동성애 역사에서 매우 중요한 곳이라는 사실이 드러나지 않는다.

1960년대 후반, 이 지역은 건전한 것과는 거리가 멀었으며, 마약 거래상이며 드래그 퀸(여자 옷차림을 좋아하는 남자 동성애자), 쓰러져 가는 게이 바가 가득한 곳이었다. 1960년대 이전에는 경찰이 게이 바를 급습하는 일이 종종, 그것도 난폭하게 일어났으나, 스톤월 항쟁이 일어났던 무렵에는 이러한 관행이 줄어들어 게이 바와 나이트클럽의 숫자도 늘어났다. 1969년 6월 28일, 경찰은 스톤월 인을 급습했으며, 여덟 명의 경관이 새벽 1시 20분에 바를 습격했다. 이러한 습격이 일반적으로 이른 저녁 시간에 이루어지는 데 비해 이 날의 급습은 유난히 늦었으며, 과도한 폭력이 사용되었다. 본질적으로 거칠지 않은 동성애자 모임은 보통 이러한 습격을 받으면 흩어지기 마련이었다. 그러나 그날 밤은 몇 년에 걸쳐 반복되어 온 학대와 모욕이 극치에 달한 때였다. 그날 동성애자 모임이 느꼈던 감정이 강렬했던 데에는 게이의 우상인 주디 갈란드가 얼마 전에 사망한 것도 한 원인이었을 거라고 추측된다. 스톤월 인과 그 주변 지역에서는 폭동이 일어났으며, 경찰은 일단 퇴각했다. 많은 이들이 부상을 입었으며 뒤이어 일어난 소동에서 열세 명이 체포되었다. 그 자리에서 7월 3일까지 폭동이 계속되었으며, 그 달 끝 무렵에는 동성애자 해방운동이 조직되었다. 심한 편견과 차별로 고통받아 왔던 이들이 이러한 반란을 통해 하나로 결집되었던 것이다. 그리고 그 결과로 전 세계에 동성애자의 권리를 향한 운동의 물결이 형성되었다.

오늘날, 복원되어 다시 문을 연 스톤월 인은 '동성애자의 자존심' 행진과 행사가 많이 열리는 현장이며, 6월이라는 달과 스톤월이라는 이름은 동성애자 인권운동과 동의어가 되었다. **TP**

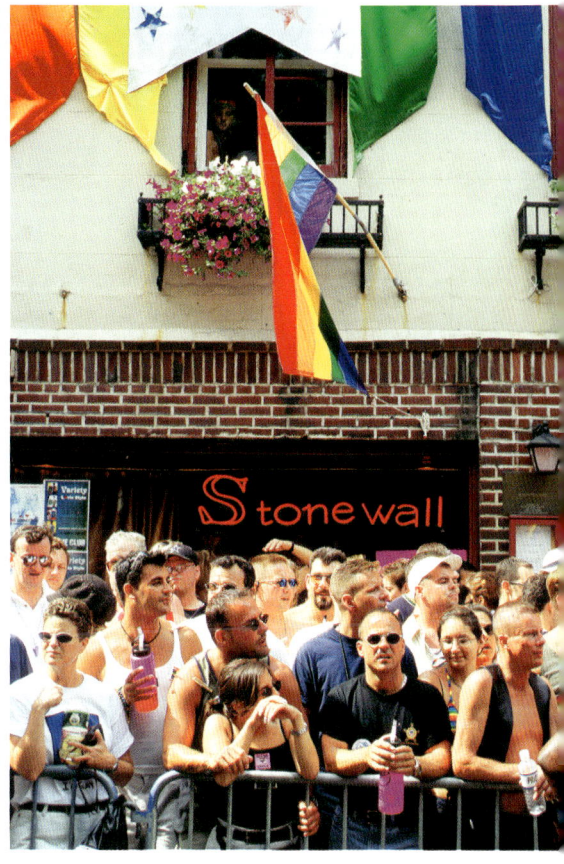

"경찰은 물 한 주전자를 끓어오르도록 한 거나 마찬가지였다. 그들은 그 물이 끓어 넘치리라는 사실을 알고 있어야만 했다."

정치 과학자, 메레디스 베이컨 교수

엠파이어 스테이트 빌딩 미국, 뉴욕 주, 뉴욕 | Empire State Building

건축계의 아이콘이자 20세기 공학이 이루어 낸 업적

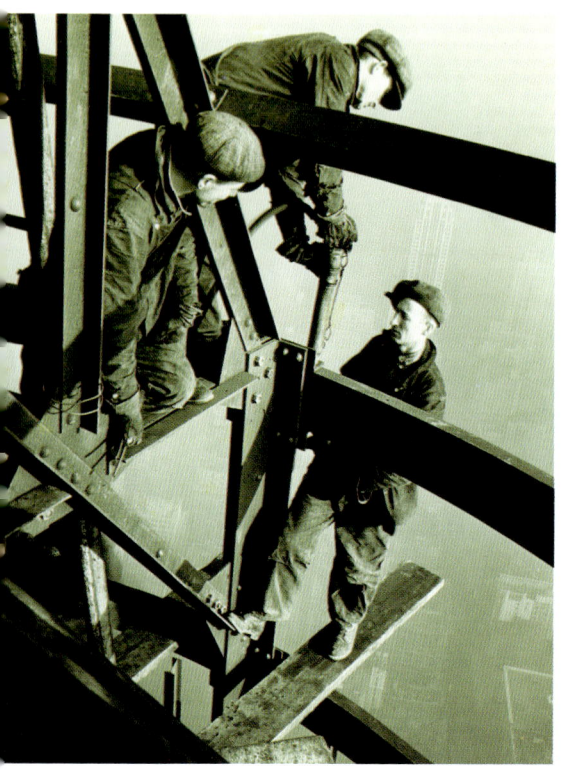

"이 건물은 수정처럼 투명하고 늘씬하며, 파르테논 신전이 그러했듯 영광을 내보이기 위하여 건축되었다."

건축사(史)가이자 비평가, 빈센트 스컬리

⊞ 안전장치를 벗어던진 일꾼들이 건물 꼭대기의 계류탑을 조립하고 있다.

▣ 마천루 그 자체에서 발생하는 상승 기류 때문에, 첨탑을 비행선 계류탑으로 삼는다는 계획을 곧 포기하게 되었다.

40년 이상 세계에서 가장 높은 건물의 자리를 지켜 왔던 엠파이어 스테이트 빌딩은 미국의 국보이다. 슈리브, 램 앤드 하먼이라는 건축회사가 설계를 맡았는데, 설계도는 단 2주일이라는 시간 내에 제작되었다.

이 무렵 뉴욕에서는 세계 최고 높이의 건물을 세우려는 경쟁이 치열했으며, 엠파이어 스테이트 빌딩이 완공되기 전까지는 크라이슬러 빌딩이 이 영예를 차지하고 있었다. 엠파이어 스테이트 빌딩은 1972년 세계무역센터의 북쪽 탑 건물에 '가장 높은 건물'이라는 왕관을 빼앗기기까지 이 자리를 유지했다. 2001년 9월 11일 이후로 102층의 엠파이어 스테이트 빌딩은 다시 뉴욕에서 가장 높은 건물이 되었으며, 미국 전체에서는 시어스 타워 다음으로 두 번째 높은 건물이 되었다. 건물이 개관한 1931년 5월 1일은 대공황 시기와 맞물려 있었기 때문에 건물 내의 사무 공간 대부분은 임대되지 못하고 텅 빈 상태였다. 건물에 '엠프티 스테이트 빌딩'이라는 별명이 붙을 지경이었다. 86층의 전망대는 개관 즉시 사람들을 끌어 처음에는 임대료보다 더욱 많은 수익을 내게 되었지만, 건설에 막대한 비용이 들었기 때문에 손익 분기점을 넘어서기까지 거의 이십 년이라는 세월이 걸렸다. 원래의 계획은 시선을 끄는 우아한 아르데코 형식의 첨탑을 비행선 계류탑으로 삼고, 꼭대기 층에 착륙한 승객들이 엘리베이터를 타고 86층까지 내려와 체크인하도록 할 예정이었다. 그러나 이러한 계획이 실행 불가능한 것으로 드러나면서, 첨탑은 그 대신 뉴욕에 있는 대부분의 텔레비전과 라디오 방송국이 사용하는 방송 안테나 구실을 하게 되었다.

엠파이어 스테이트 빌딩은 여전히 미국에서 가장 독특하고 유명한 건물 중 하나로 남아 있으며, 모더니스트 아르데코 디자인을 보여 주는 최상의 예 중 하나이다. 밤이 되면 색깔있는 투광 조명이 건물 꼭대기를 환히 밝히며(색깔은 계절과 특별한 행사에 따라 다양하게 변한다), 건물이 주는 시각적인 효과는 밤에도 낮과 마찬가지로 휘황찬란하다. **TP**

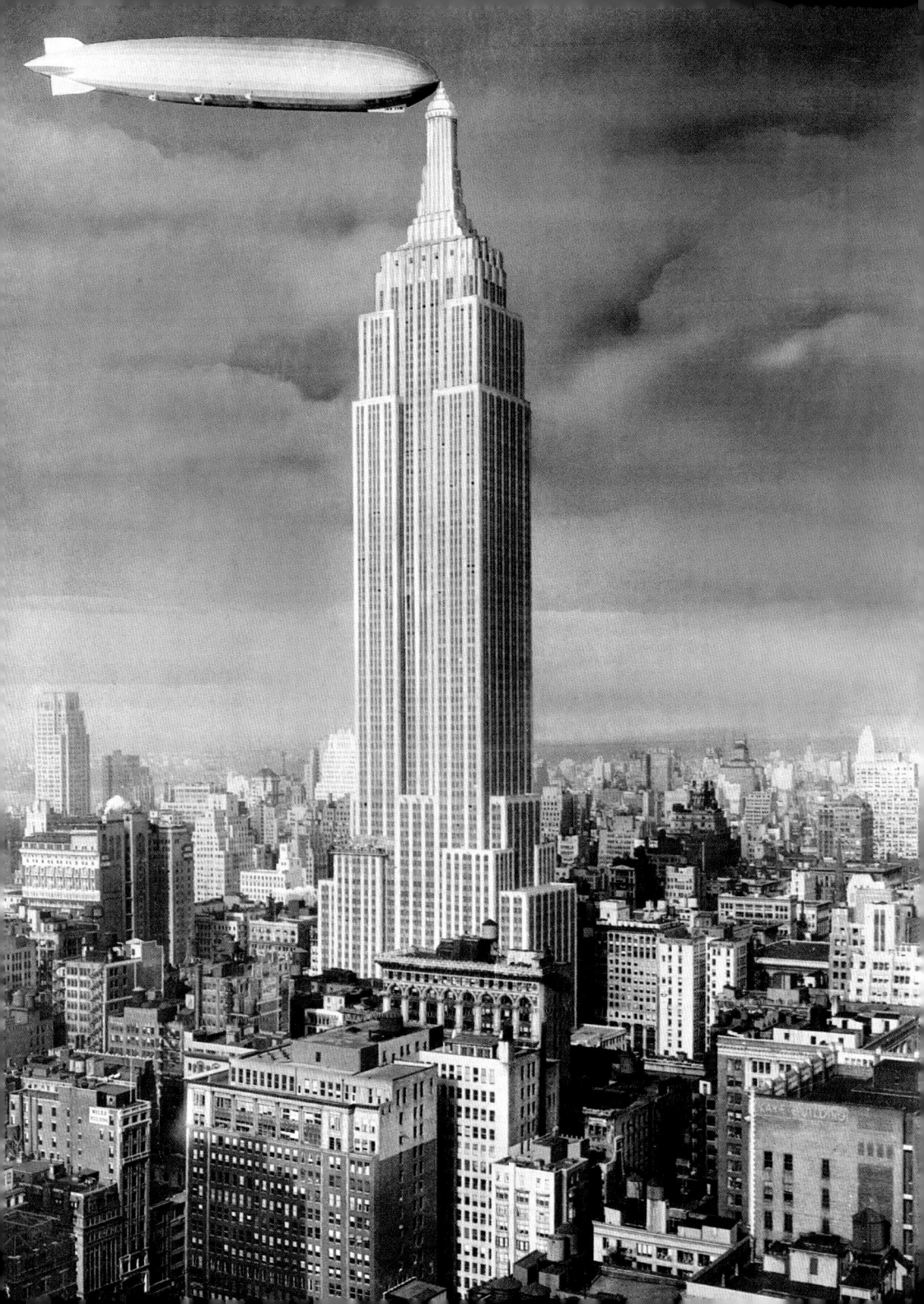

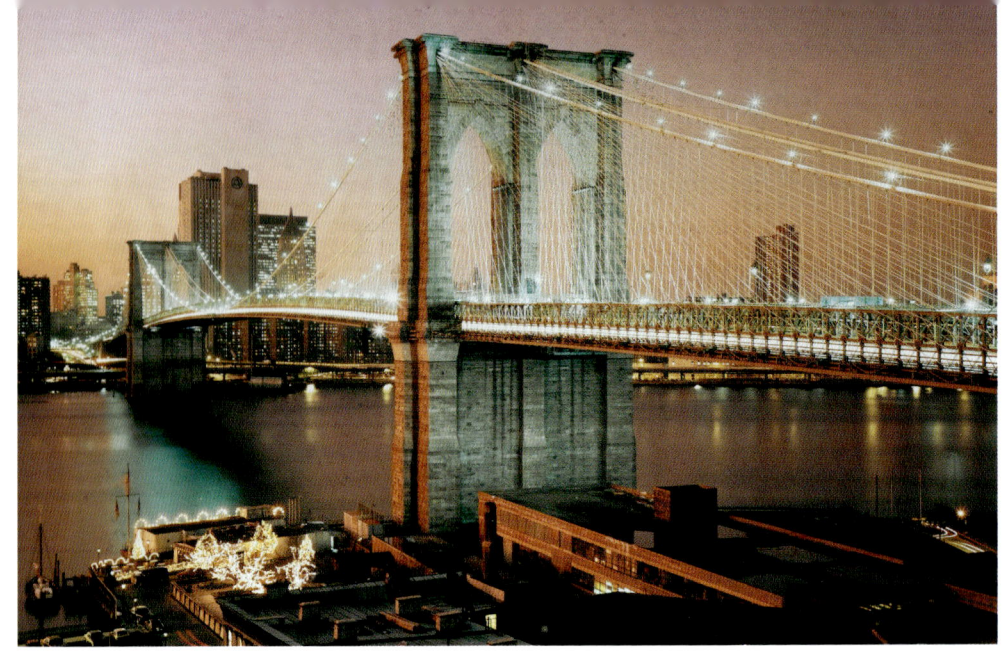

브루클린 브리지 미국, 뉴욕 주, 뉴욕 | Brooklyn Bridge

뉴욕의 아이콘이 된 이미지이자 건축적 진보와 그 힘의 표명

1866년, 맨해튼과 브루클린에 밀려들던 많은 이들이 처음으로 두 도시를 연결하는 교량을 이스트 강에 건설하자는 결정을 내렸다. 곧 존 로블링이 이 프로젝트를 맡게 되었다. 엔지니어였던 로블링은 1841년 강철을 꼬아 만든 케이블을 고안해 냈는데, 이는 그의 교량 디자인에서 주요한 건축요소 중 하나가 되었다. 그는 계속해서 여러 개의 현수교를 건설해 왔는데, 그중 하나인 신시내티-코빙턴 교는 나중에 '존 A. 로블링 현수교'라는 새로운 이름을 얻게 되었다.

브루클린 브리지는 486m에 걸쳐 있으며, 1883년 개통했을 당시에는 세계에서 가장 긴 현수교였다. 하늘 높이 솟은 고딕 양식의 석재 탑은 이 다리에 독특한 실루엣을 부여해 주는 요소이며, 오랜 세월 동안 서반구에서 가장 높은 건축물이었다. 로블링은 당시에 필요했던 것보다 브루클린 브리지를 여섯 배나 더 튼튼하게 설계했는데, 21세기의 엄청난 교통량을 지탱해 나갈 수 있는 것노바로 그 때문이다. 그러나 이 훌륭한 다리의 과거는 파란

만장했다. 로블링은 프로젝트를 맡은 지 얼마 안 되어 사망했고, 그의 아들 워싱턴이 일을 이어받았다. 그 역시, 다리의 토대부분 굴착 상태를 감독하기 위해 특별히 디자인한 장비 안에 들어가 물 밑 깊은 곳에서 일하다가 케이슨병(잠수병)을 얻게 되었다. 그는 거의 마비된 채 집에 머물러야 했지만, 아내를 통해 메시지를 주고받으면서 건설 과정을 감독했다. 노동자들 중에는 같은 병으로 괴로워하는 이들이 많았으며, 다른 사고들도 여러 차례 일어나 사망자 수는 27명에 이르렀다.

브루클린 브리지는 19세기 말 뉴욕의 진보한 모습을 반영하게 되었다. 건설 이래 브루클린 브리지는 지금까지도 전 세계에서 우러러보는 뛰어난 건축적 성과로서 중요한 랜드 마크가 되어 왔으며, 생기발랄하고 기운찬 뉴욕이라는 도시의 중요한 상징물이다. **TP**

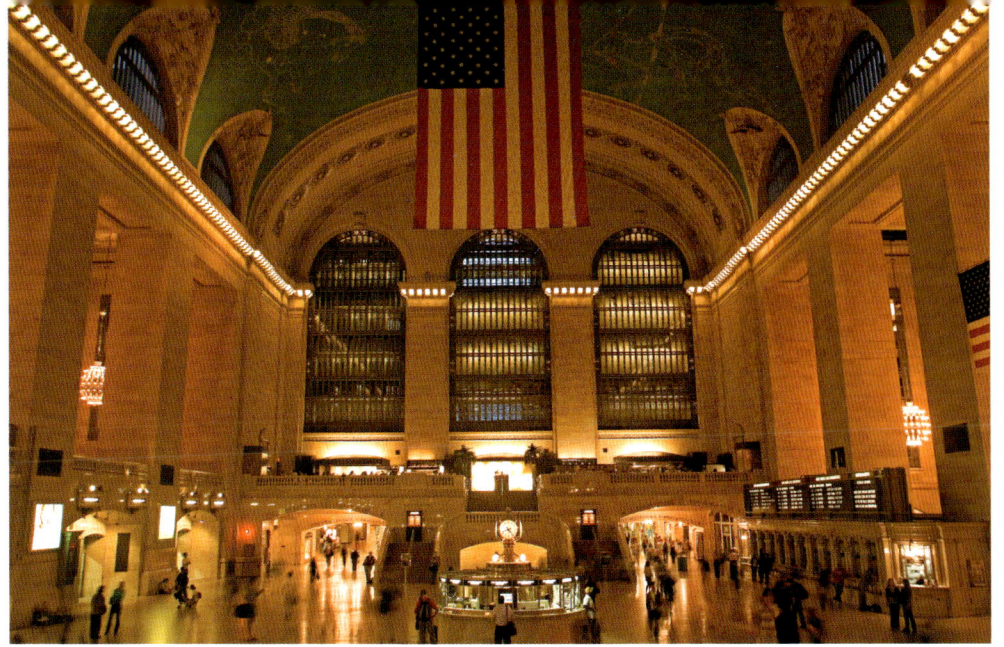

그랜드 센트럴 터미널 미국, 뉴욕 주, 뉴욕 | Grand Central Terminal

이 혁신적인 디자인은 이후의 철도역 설계에 영향을 끼쳤다

보는 이를 숨 막힐 정도로 압도하는 건축 양식을 접어두더라도, 그랜드 센트럴 터미널(종종 그랜드 센트럴 스테이션이라 불리기도 한다)은 그 규모만으로도 극적이고 인상적인, 공학 기술이 이룬 위업이라 할 만하다. 그러나 이 건물의 설계가 지닌 훌륭함도 이 땅이 지닌 커다란 문화적·역사적 중요성을 더욱 돋보이게 해 주는 역할일 뿐이다.

그랜드 센트럴 터미널이 서 있는 자리에는 역사(驛舍) 두 채가 서 있었는데, 첫 번째는 1871년에, 두 번째는 1899년에서 1900년 사이에 세워진 것이다. 1903년에 현재의 건물을 짓기 시작했는데, 첫 단계는 이전에 있던 역사를 허물어 버리는 것이었다. 리드&스턴 사(社)가 전체적인 설계를 감독했고, 아름다운 보자르 양식의 스타일링과 세부적인 건축사항을 담당했던 것은 워렌 앤드 웨트모어 사였다. 새로운 역사를 지으며 고려했던 주요사항 중 한 가지는 철도를 진화(電化)하는 일이었는데, 이렇게 함으로써 역사로 들어오는 철도 대부분을 땅 속에 파묻을 수 있었다. 역은 2층 높이이며, 열차들은 파크 애브뉴 아래에 해당하는 지하로 진입하게 되어 있다. 결과적으로 지상 층의 상당한 공간을 개발할 수 있었고, 철도 회사의 수입을 늘려 주었다. 그랜드 센트럴 터미널의 유명한 볼거리 중 하나는 미네르바, 헤라클레스, 머큐리 조각상에 둘러쌓인 티파니 유리로 만든 시계로, 쥘-알렉시스 쿠탕이 디자인했다. 완공되었을 당시 높이가 14m에 달하는 이 시계는 세계에서 가장 큰 조각 군상이 되었다. 1998년에 복원 공사를 했던 천정도 역시 특별하다. 1912년 폴 세자르 엘뢰우가 그린 천문학적인 하늘은 실제에 가깝다기보다는 상당히 장식적이다.

1950년내에 들어서자 자동차 이용이 보편화되면서 철도의 지위를 빼앗아갔고, 그랜드 센트럴 터미널도 쇠락하게 되었다. 그럼에도, 이 훌륭한 건물을 보호하기 위한 혁신 프로젝트가 1980년대부터 계속해서 이어져 오고 있다. **TP**

카네기 홀 미국, 뉴욕 주, 뉴욕 | Carnegie Hall

세계 일류의 음악회장이자 음향기술의 결정체

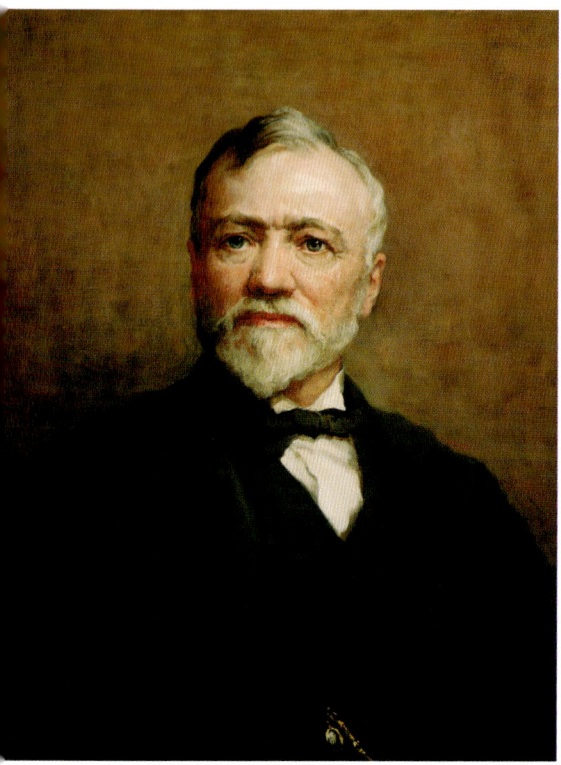

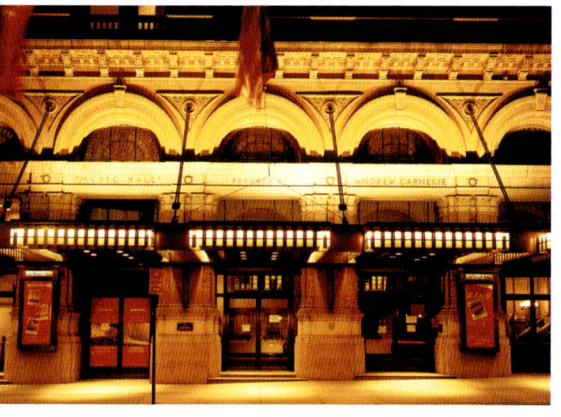

카네기 홀은 막대한 힘을 가진 산업계의 리더이자 자선 사업가인 앤드루 카네기(1835~1919)가 자신이 위원을 맡고 있던 뉴욕 오라토리오 협회와 뉴욕 교향악단을 위한 공간을 마련하려는 목적으로 1890년 건설을 명한 것이다. 카네기 홀은 건립 이후 음악계에서 가장 유명한 공연장의 하나가 되었고, 세계 일류급 공연을 비롯한 고전 음악과 대중음악 양쪽에 걸친 음악 행사를 주관해 왔다.

거의 알려지지 않은 미국 건축가 윌리엄 터실이 붉은 벽돌과 갈색 사암으로 이루어진, 이탈리아 르네상스 풍을 부활시킨 거대한 이 건물을 설계했는데 이 건물의 음향효과를 필적할 만한 건물은 어디에도 없다고 알려져 있다. 터실이 이러한 설계를 하고 음향학을 이해할 수 있었던 것은 그가 지닌 음악적 지식 덕분이었다. 그는 아마추어 첼리스트에 민감한 음악가로, 이따금 오라토리오 협회와 더불어 첼로를 연주하곤 했다. 처음에는 단지 '뮤직 홀'이라고만 불렸던 이 홀은 뉴욕의 대형 건물 중 강철 프레임을 사용하지 않고 지어진 마지막 건물 중 하나였다. 터실이 이탈리아 르네상스 양식을 인상적으로 재해석했다는 사실도 특히 주목할 만하다. 당시 주도적이었던 바로크 영향을 받은 극장 디자인과는 달리 터실은 필리포 브루넬레스키가 지은 건물들을 모델로 삼았으며, 내부는 단순한 흰색과 금색으로 설계했다. 외부는 부드러운 황토색 벽돌을 입혔고 여기에 테라코타와 갈색 사암이 세부적인 장식을 더했다.

1893년, 홀에는 카네기의 이름이 덧붙었으며 건물은 1925년 팔리기 전까지 그의 가족의 손에 남아 있었다. 1960년에 뉴욕 시가 카네기 홀을 사들였으며, 2년이 지난 후 국립 역사 기념물로 지정되면서 그 중요성은 공식적으로 인정받게 되었다. **TP**

◪ 앤드루 카네기는 자신이 소유한 막대한 부의 많은 부분을 전 세계적인 자선 사업에 바쳤다.

◩ 건물에는 세 개의 공연장이 있다. 메인 홀, 리사이틀 홀, 챔버 뮤직 홀이 그것이다.

엘리스 아일랜드 미국, 뉴욕 주, 뉴욕 | Ellis Island

오늘날에는 최초의 연방 이민국이 있던 곳으로 유명하다

엘리스 아일랜드는 뉴욕 항, 자유의 여신상이 지켜보는 시선 아래 위치하고 있다. 흔히 신세계로 통하는 관문이라 비유되는 이 섬은, 처음에는 겨우 1.2헥타르 남짓한 넓이였으나 대규모 토지 개간 사업을 통해 거의 11헥타르에 달할 정도로 넓어졌다.

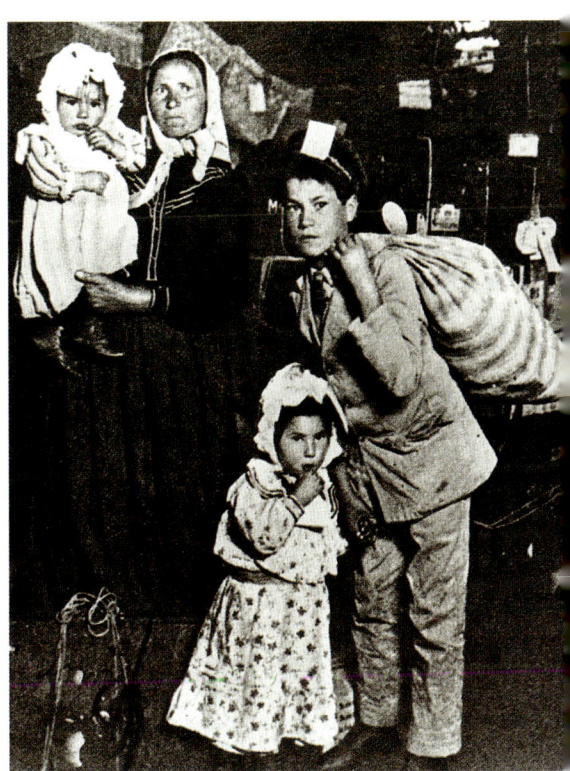

엘리스 섬이 연방 이민국으로 문을 열기 전, 1855년부터 1890년까지 뉴욕 시에 들어오는 이민자들은 맨해튼에 있는 작은 캐슬 가든 이민국에서 수속을 밟았다. 그러나 캐슬 가든에서는 점점 늘어나는 이민자를 전부 처리할 수 없게 되었다. 연방 정부가 개입에 나섰고, 엘리스 아일랜드에 이민 수속 처리를 떠맡을 수 있는 건물이 들어섰다. 1892년 목조 건물에서 업무가 시작되었으나, 5년 후 화재로 건물들이 전소되었고 기록도 모두 사라져 버렸다. 미국 재무부는 불연성 자재를 사용해 완전히 재건축할 것을 명했고 1900년 새로운 본관이 문을 열었다. 의미심장한 사실은, 항해를 거쳐 도착한 1등석과 2등석 승객 대부분은 배 위에서 그저 간략한 검사만을 받고 곧바로 도시로 들어갈 수 있었다는 점이다. 이들이 사회적으로 성가신 존재로 전락하지 않을 만큼 재산이 충분할 거라는 가정 덕택이었다. 건강 진단과 법적인 조사를 받는 것은 주로 3등석 승객들이었다. 조사 과정은 세 시간에서 다섯 시간까지 걸렸으며, 그레이트 홀에서 진행되었다. 이 섬은 또한 구치소로도 사용되었다.

1924년 이후 이 섬의 이민국과 구치소는 간간히 사용될 뿐이었고, 1954년에는 공식적으로 문을 닫았다. 1976년부터 엘리스 아일랜드는 대중에게 개방되었으며, 1984년 대규모 복원 사업이 시작되어 1990년에는 본관이 대중을 향해 새롭게 문을 열었다. **TP**

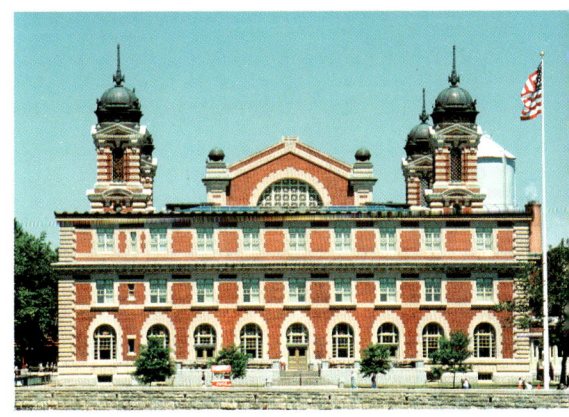

☑ 거의 1천 2백만 명에 이르는 가난한 이민자들이 미국으로 들어오기 위해 엘리스 아일랜드에서 수속을 밟았다.

➡ 1900년에 지어졌다가 1954년부터 사용되지 않은 이 건물은 이후 엘리스 아일랜드 이민 박물관으로 재개장했다.

뉴욕 공공 도서관 미국, 뉴욕 주, 뉴욕 | New York Public Library

역사적, 금전적으로 엄청난 가치를 지닌 폭넓은 장서 컬렉션

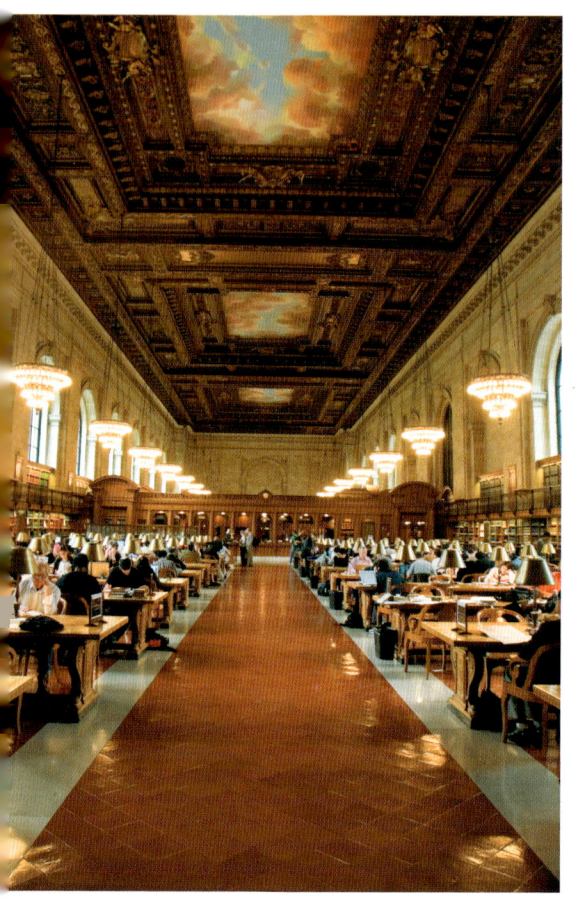

"공공 도서관의 디지털 갤러리는 사랑스럽고, 어둡고, 깊숙한 장소이다. 상당히 별나기까지 하다."

저널리스트, 사라 박서

맨해튼 도심부, 유리와 강철로 된 번쩍이는 마천루가 둘러싸고 있는 가운데, 두 개의 사자 조각상이 '호위하고' 있는 웅장한 석재건물이 바로 뉴욕 공공 도서관의 중앙 연구시설이다. 이 건물은 보자르 양식의 건축회사 카레르 앤드 헤이스팅이 이루어 낸 최고의 업적이라는 평가를 받으며, 그들이 건축이라는 분야의 최전선으로 나갈 수 있도록 해 주었다.

뉴욕에 새로운 공공 도서관을 건립하자는 움직임은 1886년에 지도적인 민주당 인사였던 새뮤얼 존스 틸덴이 남긴 상당한 유산 덕분이었다. 뉴욕에는 이미 애스터 도서관과 레녹스 도서관이라는 두 개의 도서관이 있었지만, 새로 짓게 될 계획안에 이 두 도서관을 통합하고 사설 재단을 만들자는 결정이 내려졌으며, 재단은 1895년에 창설되었다. 1901년 자선사업가인 앤드루 카네기가 부설 도서관을 짓는 데에 필요한 금액을 기부하면서 뉴욕 시가 건물의 관리 책임을 맡아야 한다고 주장했기 때문에, 도서관은 개인 자금 지원과 국가 운영이 결합된 형태가 되었다. 1897년 새 도서관을 짓기 위한 공모전에서 카레르 앤드 헤이스팅 사가 우승했고, 1911년 5월 24일 도서관 본관이 개관했다. 도서관의 중앙 열람실은 너비가 23m에 길이는 90m에 달하는 동굴 같은 곳으로, 수천 권에 달하는 참고 서적을 둘 서가를 더 많이 들여놓기 위해 발코니 층을 갖추고 있다. 의미심장하게도 1930년대의 대공황 동안 도서관은 직업을 잃은 사람들이 더 나은 자격 조건을 갖추기 위해 공부하는 자리가 되었으며, 경기가 좋아지자 그들은 그 지식을 유용하게 쓸 수 있었다. 입구 양쪽에 위치한 위엄 있는 돌사자상이 '인내'(남쪽에 있는 것)와 '꿋꿋함'(북쪽에 있는 것)이라는 별명을 얻은 것도 역시 대공황 시대였다.

오늘날 뉴욕 공공 도서관은 세계에서 가장 중요한 도서관 중 하나이며, 여기에 소장된 저서 중 많은 것은 온라인으로도 열람이 가능하다. 도서관은 또한 20세기 초 뉴욕 시의 역사에서 빼놓을 수 없이 중요한 부분이기도 하다. **TP**

세인트 패트릭 대성당 미국, 뉴욕 주, 뉴욕 | St. Patrick's Cathedral

미국 최대의 고딕 양식 가톨릭 성당

위엄 있는 신고딕 양식의 세인트 패트릭 대성당은 뉴욕 시 맨해튼의 한가운데, 번쩍이는 초현대식 마천루에 둘러싸인 채 록펠러 센터 맞은편에 당당하게 자리 잡고 있다. 멀리 떨어진 곳에 더 작고 단순한 교회가 있는데, 이는 올드 세인트 패트릭 교회로 원래 뉴욕 로마 가톨릭 대주교 관구가 있던 자리이다.

1850년 교황 피오 9세가 뉴욕 관구를 대주교 관구로 삼았으며, 주교 존 조제프 휴즈가 첫 번째 대주교가 되었다. 1853년 그는 올드 세인트 패트릭 교회를 대신할 새로운 성당, 뉴욕에서 점차 성장해 가는 가톨릭교회의 부와 힘을 반영하는 건물을 세우자는 계획을 발표했다. 새로운 세인트 패트릭 성당을 지을 인물로는 뉴욕 시내에 여러 채의 교회를 지었던 경력이 있는 뛰어난 건축가 제임스 렌윅 주니어가 선정되었다. 휴즈 대주교는 당시로서는 도시 중심부에서 상당히 떨어져 있는 부지를 선정했는데, 맨해튼이 성장하면서 이 결정은 빛을 발하게 되었다. 고딕 양식의 이 대성당은 거대한 라틴 십자가 형상에 기초하고 있는데, 네이브가 동쪽에서 서쪽으로 놓여 있고 트랜셉트(袖廊)(십자형으로 지은 교회당에서 좌우로 뻗은 부분을 가리킴)가 북쪽에서 남쪽으로 뻗어 있다. 성당의 길이는 120m, 너비는 53m이며 좌석 규모는 약 2,200명이 앉을 수 있는 정도로, 뉴욕 시에서 가장 화려하고 경외심을 불러일으키는 종교 건물 중 하나이다. 건축은 1858년에 시작되었고, 남북전쟁 동안(1861~1865) 중단되었다가, 1865년 공사가 재개되어 1879년 헌당되었다. 그러나 서쪽 끝에 레이디 채플이라는 탑을 세우고, 대주교 관저와 사제관을 짓기 위해 건설 작업은 계속 진행되었다.

하얀 대리석으로 지어진 매혹적인 대성당은 19세기에 지어진 가장 훌륭한 종교 건물 중 하나이다. 이 성당은 휴즈 대주교의 광대한 비전이 표명된 것이며, 가톨릭교회가 뉴욕의 문화와 뉴욕 시민들 사이에서 맡고 있는 중요한 역할을 반영하고 있다. **TP**

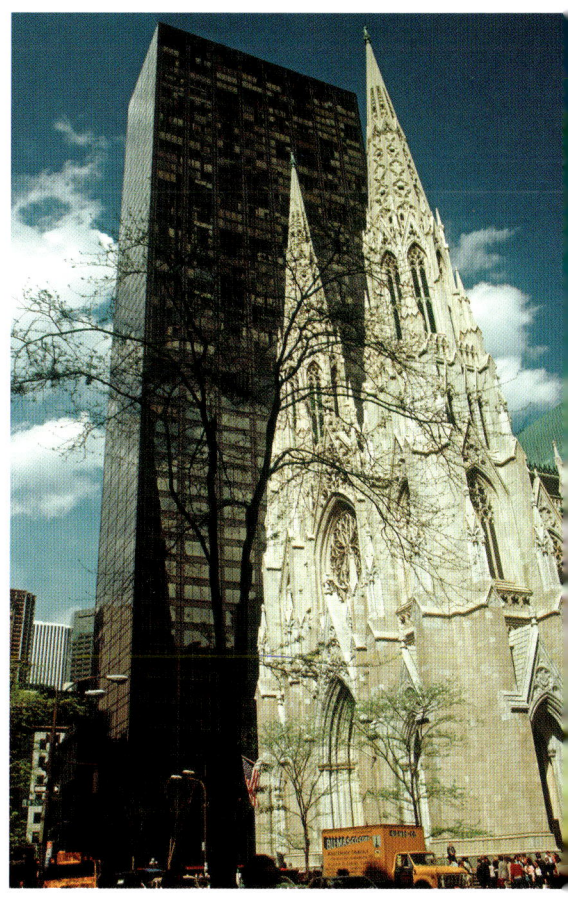

"대성당은 많은 이에게 평화와 고요함의 장소를 상징하게 되었다…"

주임 신부, 몬시뇨르 리처 신부

뉴욕 항을 방문하는 모든 이들을 맞이하는 아이콘이자 랜드 마크

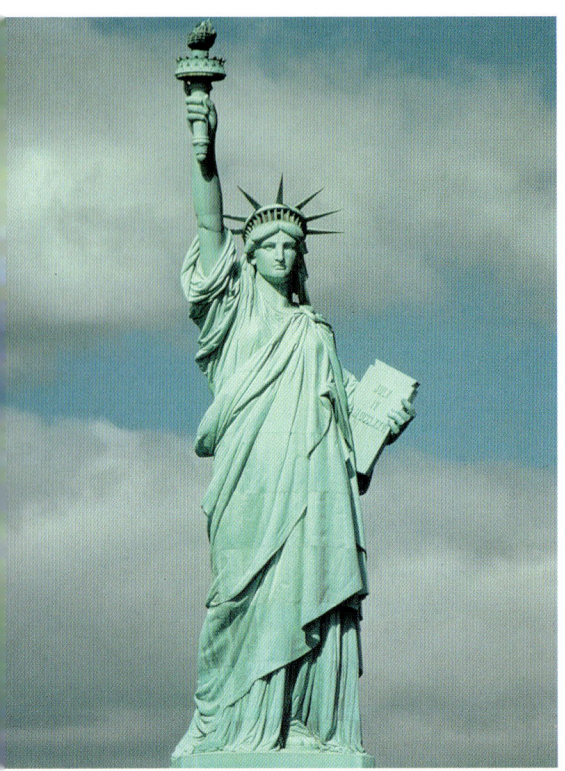

지구상의 어느 곳에서나 자유를 의미하는, 가장 널리 알려진 자유의 상징인 자유의 여신상은 본질적으로 미국을 이루는 조직의 일부분이다. 이 거대한 조각상은 뉴욕 항 입구, 리버티 섬에 당당한 대좌석을 딛고 우뚝 서 있다.

동판으로 된 이 조각상은 프랑스가 1876년 미국의 독립선언(1776년 7월 4일의 일이었다) 100주년을 기념하고, 양국 간 우정의 손길을 내민다는 의미에서 선물한 것이다. 이는 미국의 공화주의자 연합과 제휴를 맺어, 당시 자국의 불안정한 정치적 입장에 영향을 줄 수 있기를 열망했던 프랑스 측의 정치적인 움직임이기도 했다. 프랑스 조각가인 프레데릭 오귀스트 바르톨디가 동상의 디자인을 맡았다. 동상은 350개의 조각 상태로 프랑스에서 뉴욕까지 수송되었으며, 재조립하는 데에 넉 달이 걸렸다. 몸체는 강철 프레임 위에 구리를 씌웠으며, 횃불에는 금박이 입혀졌다. 엔지니어링에 도움을 주기 위해 에펠 탑을 설계한 귀스타브 에펠과 그의 조수가 급히 파견되었다. 자유의 여신상이 올라가 있는 10층짜리 대좌석은 미국인인 리처드 모리스 헌트가 설계했는데, 이 안에는 박물관이 있다. 자유의 여신상은 상징으로 가득하다. 발치에 있는 부서진 족쇄는 억압으로부터 얻은 자유, 횃불은 계몽을 상징한다. 손에 들고 있는 판에는 미국이 독립을 얻은 날짜가 새겨져 있고, 일곱 군데가 뾰족한 왕관은 7대양을 상징한다. 대좌석 안에는 엠마 라자러스의 「뉴 콜로서스」라는 시가 청동판에 새겨져 있다.

9.11 테러 사건 이후 자유의 여신상 내부는 방문이 금지되었으나 대좌석과 그 내부의 박물관은 여전히 열려 있고, 유리로 된 천장을 통해 여신상의 내부 구조를 올려다볼 수 있다. **TP**

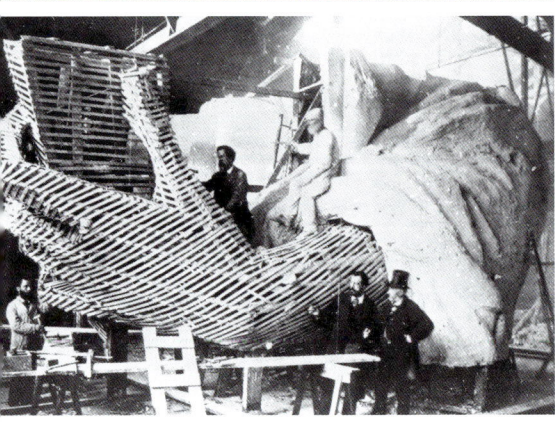

🖼 자유의 여신상은 수십 년 동안 뉴욕으로 들어오는 이민자들의 가슴을 뛰게 했다.

🖼 프레데릭 오귀스트 바르톨디의 작업실에서 여신상의 왼손을 이루는 강철 프레임이 차차 형태를 갖춰 가고 있다.

핸콕 셰이커 교도 마을 미국, 매사추세츠 주, 피츠필드 | Hancock Shaker Village

과거 독특한 종교적 공동체가 있었던 곳

매사추세츠 주의 아름다운 시골 풍경 안에 깊숙이 자리한 작은 도시 핸콕. 이곳에 처음으로 거주자들이 생긴 것은 1767년 무렵이었다. 대략 1783년쯤 한 무리의 셰이커 교도가 이곳에 도착했으며, 점차 마을을 세워 나갔다. 셰이커교란 영국에서 기원하여 미국으로 전파된 독실하고 엄격한 프로테스탄트의 한 종파로, 이들은 1774년에 뉴욕에 상륙했다. 그곳에서 셰이커 교도들은 뉴욕 주를 거쳐 매사추세츠 주와 코네티컷 주로 퍼져나갔다. 핸콕 셰이커 교도 마을은 침체되기 전까지 약 한 세기 동안 번영을 누렸다. 1960년 셰이커교 중앙 지부에서 이 공동체를 닫기로 결정하고 건물과 토지를 사립단체에 팔았다. 그 단체는 비영리의 핸콕 셰이커 빌리지 주식회사를 세웠다. 셰이커 빌리지 주식회사 덕분에 우리는 대부분 사라져 버린 문화의 매혹적인 일면을 들여다볼 수 있다.

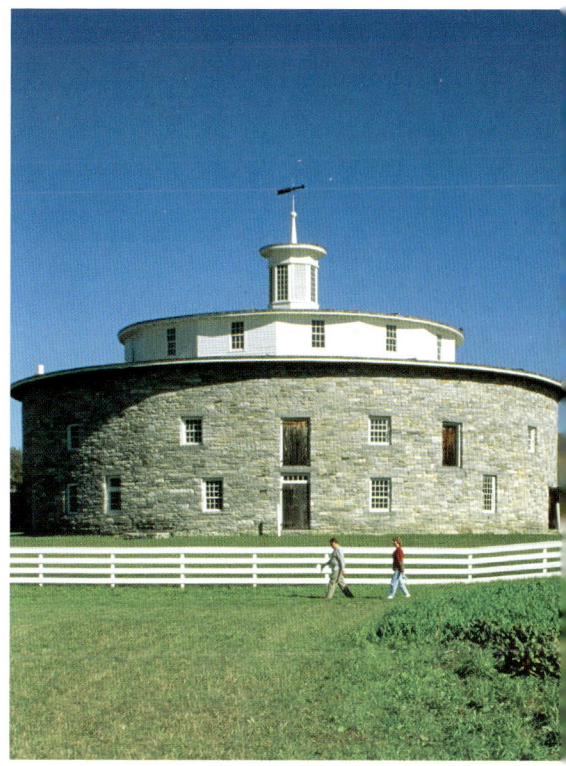

셰이커 교도의 건축이 특히 흥미로운 이유는 명확하고 단순한 선의 아름다움을 유지하는 가운데 효율성과 혁신을 극도로 발산하고 있기 때문이다. 1826년에 지어진 원형 석재 외양간은 셰이커 건축물 중에서도 가장 매력적인 것 중 하나로, 이러한 종류로는 유일한 것이기도 하다. 건물 꼭대기의 중앙 부분에는 건초 저장고가 있고, 그 아래층은 중앙의 여물통에서 먹이를 먹는 오십 마리의 소가 칸막이 기둥으로 나뉜 채 들어 있다. 이 아래층에는 거름 구멍이 있는데, 이는 청소할 때면 손수레로 쉽게 접근할 수 있도록 되어 있다.

핸콕은 미국 동해안에서 가장 커다란 셰이커 교도 박물관이자 마을로, 아름다운 전원에 훌륭하게 보존되어 있는 스무 채의 건물이 있다. 현대 사회에서 셰이커 교도가 거의 완전히 사라져 버렸다는 점에 비추어 볼 때, 이 마을이 지닌 문화적인 중요성은 매우 특별하다. **TP**

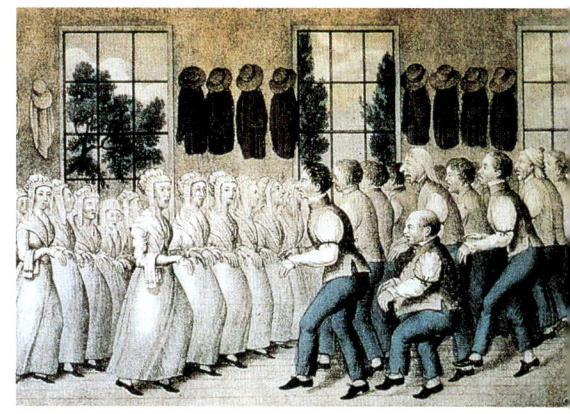

▱ 소들은 곧바로 위층으로 이어지는 뒤편의 경사로를 따라 둥근 석재 외양간으로 들어갔다.

▱ 셰이커 교도라는 이름이 붙은 것은, 그들이 집단적인 춤을 비롯해 신을 숭배하는 의식을 온몸으로 거행해야 한다고 믿었기 때문이었다.

플리머스 록

미국, 매사추세츠 주, 필그림 메모리얼 주립공원 | Plymouth Rock

최초의 필그림들이 '신세계'에 첫발을 디딘 장소

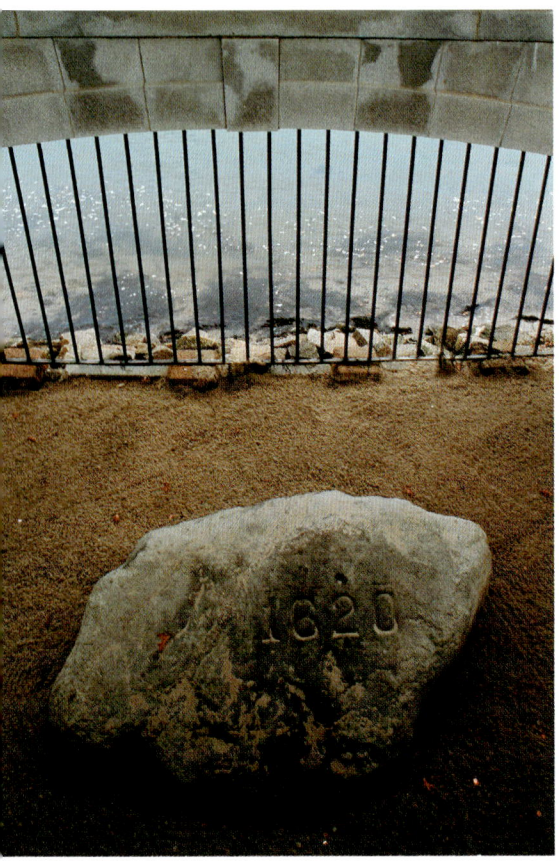

"작은 촛불 하나가 몇 천 명을 비출 수 있듯이, 이곳에서 타오른 빛도 여럿에게 비추었도다."

필그림 지도자, 윌리엄 브래드포드

해안선 뒤편으로 콜 언덕이 솟아 있는 굽이진 플리머스 만은 미국에서 가장 역사적인 장소 중 하나이다. 이곳은 1620년, 윌리엄 브래드포드가 이끄는 필그림들이 메이플라워 호에서 상륙하여 신세계의 땅에 발을 내딛고, 플리머스 식민지를 건설한 장소이다. 오늘날 매사추세츠 주에서 가장 작지만 방문객이 가장 많은 주립공원인 이곳에는 전설적인 플리머스 락과 포어파더스 기념관, 메이플라워 호의 복제품이 있다. 필그림의 상륙에 관한 당시의 설명에서는 이 바위에 대한 아무런 언급도 없지만, 수백 년이라는 세월이 지난 후 이곳이 그들이 밟았던 첫 번째 땅, 그들이 상륙한 곳이라는 보고가 있으며, 이후 계속해서 추앙받는 장소로 남아 있다.

오늘날 이 바위는 예전에 비해 크기가 상당히 줄어들었다. 이곳저곳으로 옮겨지는 도중에 손상을 입었고, 기념품을 찾는 사람들이 조각을 떼어내 가져갔기 때문이다. 1774년 이 바위를 옮기려는 시도가 있었는데, 도중에 바위는 둘로 조각났고 아래쪽 반은 있던 자리에 그대로 남겨졌다. 위쪽 반은 마을 광장으로 옮겨졌으며 거기서 다시 필그림 홀로 옮겨졌다. 1876년 플리머스 록은 원래 있던 곳으로 돌아가 아래쪽 반과 다시 합쳐졌다. 건축가 찰스 해맷 빌링스가 플리머스 록을 두기 위해 화려한 캐노피를 지었지만 크기가 너무 작았기 때문에 바위는 다시 현재의 부둣가로 옮겨졌고, 맥킴, 미드 앤드 화이트라는 건축회사가 설계한 새로운 캐노피 아래 자리 잡았다.

작고 낡은 화강암 덩어리에 불과한 이 바위는 물질적인 실재 그 이상을 의미한다. 이는 미국 건국의 아이콘인 것이다. 플리머스 록은 미국의 초기 정착민들이 보였던 용기와 담력을 잠재적으로, 하지만 명백하게 상징한다. 이토록 평범해 보이는 사물이 미국 역사에서 그토록 중요한 지위를 차지하고 있다는 것은 단순한 아이러니가 아니다. **TP**

올드 노스 브리지

미국, 매사추세츠 주, 콩코드 | Old North Bridge

중요하고 결정적인 전투의 현장

작은 마을인 콩코드는, 1635년 이곳에 마을을 세웠던 최초의 영국인 이주민들까지 거슬러 올라가는 길고 중요한 역사를 지니고 있다. 마을은 아름다운 시골 한가운데에 있으며, 콩코드 강이 뱀처럼 꿈틀거리면서 마을을 가로질러 워체스터 카운티로 흘러간다. 평범한 나무다리인 올드 노스 브리지는 강에 걸쳐져 있는데, 이곳이야말로 미국 독립전쟁(1775~1783) 최초의 전투 중 하나가 치러진 역사적인 장소이다. 아이러니하게도, 이 중요한 전투는 고작 몇 분 만에 끝났다. 보스턴에 있던 영국군대는 지역 주민들이 숨겨둔 탄약과 무기를 찾아 파괴해 버리라는 명을 받고 콩코드로 파병됐다. 영국군의 움직임은 민병대 정보병의 눈에 띄었고, 폴 리비어와 윌리엄 도스는 한밤중에 보스턴에서 렉싱턴까지 말을 달려 식민지 주민들에게 경고를 전하러 갔다.

영국군대가 콩코드에 집결하는 동안, 수많은 식민지 주민들(항상 언제라도 전투에 나설 준비를 하고 살았기 때문에 미닛 먼(minute men)이라는 별칭이 있다)이 그곳으로 향하고 있었다. 마을에서 연기가 솟아오르는 것을 본 미닛 먼은, 사실 불타고 있던 것은 포차였지만 영국군이 마을에 불을 지르고 있다고 생각하고 올드 노스 브리지로 행진해 갔다. 한 발의 총성이 울리고, 그것을 필두로 일제 사격이 시작되어 훨씬 수가 많았던 영국군대는 퇴각하여 정오에는 콩코드를 떠나 보스턴으로 돌아갔다. 이는 애국자들이 거둔 전례 없고 놀라운 승리였으며, 상징적인 의미에서 몇 년이 지난 후 같은 승리로 끝난ー그리고 훨씬 더 많은 피를 흘린ー독립전쟁의 시작이었다고 볼 수 있다.

여러 차례 다시 지어진 다리를 포함한 근처 지역과, 8km에 달하는 배틀 로드 트레일, 그리고 대니얼 체스터 프렌치가 조각한 '미닛 먼' 조각상은 지금 미닛 먼 국립역사공원이 되었다. **TP**

서터 요새

미국, 캘리포니아 주, 새크라멘토 | Sutter's Fort

도시가 된 요새

새크라멘토의 상업 지구 한복판에는 높고 히얀 방어벽 뒤에 커다란 건물 단지가 서 있다. 이것이 서터 요새로, 원래는 뉴 헬베티아(뉴 스위스)라는 이름이었으며, 우연하게도 새크라멘토 시를 태어나게 하고 캘리포니아 주에 농업을 성하게 한 역사적인 장소이다.

요새를 세운 것은 존 서터라는 스위스 이민자로, 그는 멕시코 정부로부터 새크라멘토 골짜기의 비옥한 토지 20,230헥타르를 불하받았다. 그는 땅을 일구고, 농작물을 키우고 소 떼를 키웠다. 그는 토착민이 아닌 사람 중 최초로 이 지역에서 이러한 일을 한 인물이었다.

> "우리에게는 이 기회 하나밖에 없었고, 기회를 날려 버려야 한다면 그것은 선한 목적을 위해서일 것이다."
>
> 이주자, 존 서터

서터는 1840년에 주택 단지를 시작했다. 성공의 정점에 오른 그는 풍요롭고 잘 개간된 토지를 60,700헥타르나 소유하고 있었다. 1847년 그가 폭풍우 속에 갇힌 이주자 집단인 '도너 파티'에 도움을 주었던 일은 유명하다. 이 일로 인해 그의 요새는 여행자들이 잠시 쉬어갈 수 있는 곳으로 알려지게 되었다. 1848년, 제임스 마샬이라는 목수가 금을 발견했다. 소문은 급속하게 퍼졌고 서터가 고용한 이들은 캘리포니아 금광으로 행운을 찾아 떠나갔다. 이 지역으로 사람들이 몰려들면서 서터가 개간한 땅은 엉망이 되었다. 절망에 빠진 그는 자신에게 남아 있는 땅을 아들인 어거스터스 서터에게 물려주었는데, 그가 세운 건물들은 나중에 새크라멘토 시가 되었다. 오래된 요새 단지는 사진에 기초하여 1847년의 모습대로 복원되었고, 지금은 캘리포니아 주의 역사 유적이 되었다. **TP**

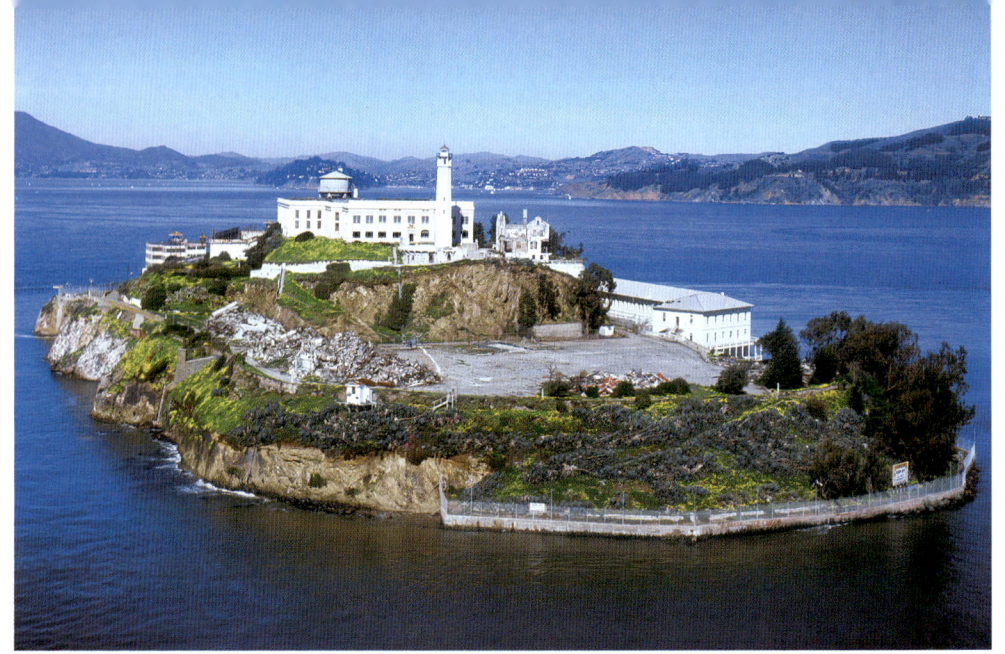

알카트라즈 감옥 미국, 캘리포니아 주, 샌프란시스코 만 | Alcatraz Prison

세계에서 가장 악명 높고 불길한 감옥 중 하나

샌프란시스코 만 가운데에 '더 록'이라고도 불리는 알카트라즈가 솟아 있다. 스페인 탐험가인 후안 데 아얄라가 1775년에 이 자그마한 섬에 '라 이슬라 데 로스 알카트라세스', 즉 '가마우지의 섬'이라는 이름을 붙였다. 메마르고 돌투성이인 이곳은 1850년대에 등대가 세워지기 전까지는 인적이 없었다.

그 무렵, 미국군대가 이 섬이 지닌 요새로서의 가치를 깨달았다. 곧 이 섬은 군사 요새가 되었으며, 나중에는 포로들을 수용하는 데에 사용되었다. 1912년 독방으로 분리된 커다란 건물이 들어섰고, 1920년대가 되자 이 음침한 3층 건물이 꽉 차게 되었다. 1933년 10월 12일, 미국 법무부가 군대로부터 이 섬을 인수했다. 그리고 1934년 8월, 건물은 악명 높고 잔혹한 연방 감옥이 되었다.

29년에 걸친 세월 동안, 알카트라즈 감옥은 알 카포네, 조지 '기관총' 켈리, 그리고 '알카트라즈의 버드맨'이라는 별명을 얻은 로버트 스트라우드 등을 비롯해 가장 강력한 범죄자들을 수감해 왔다. 아마 이 감옥이 유명한 가장 큰 이유는 열네 차례의 탈주가 시도되었고, 그 중 단 한 건도 '공식적으로는' 성공을 거두지 못했다는 사실일 것이다. 이중에서도 1962년 프랭크 모리스와 존 앵글린, 클래런스 앵글린이 가장 대담한 시도를 했는데, 이 일화는 할리우드 영화 〈알카트라즈 탈출〉을 통해 유명해졌다. 이 세 명은 끝내 잡히지 않았고, 익사했을 것이라고 결론을 내렸지만 시체는 찾을 수 없었다. 오늘날까지도 그들의 운명은 미스터리로 남아 있다. **TP**

"알카트라즈는 … 이 나라 감옥 체계의 턱뼈에 붙어 있는 시커먼 어금니이다."

작가, 토머스 E. 글래디스

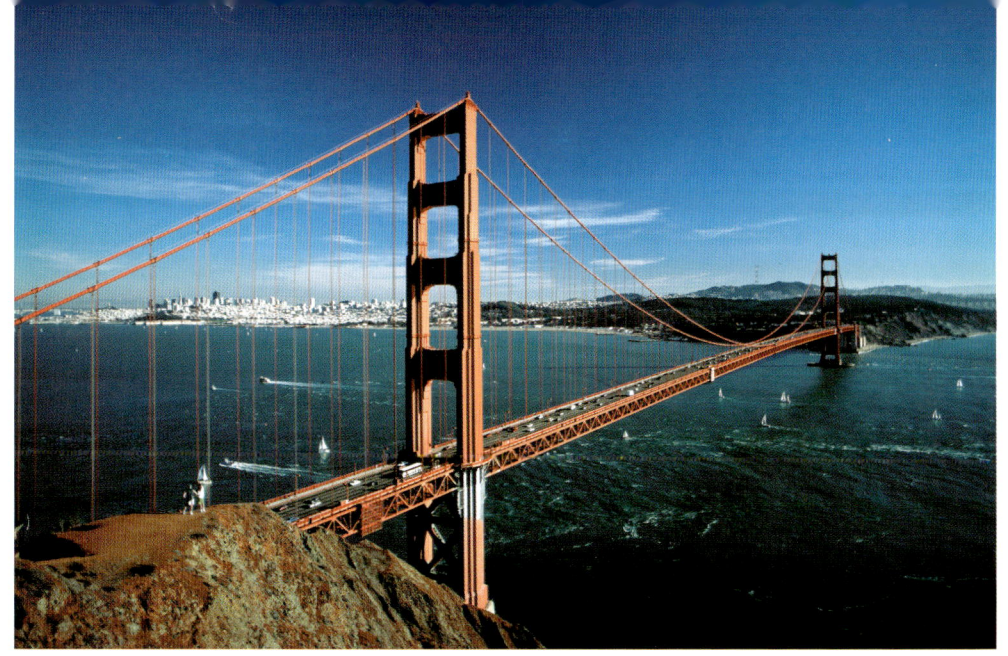

금문교 미국, 캘리포니아 주, 샌프란시스코 | Golden Gate Bridge

한때는 불가능할 것 같았던, 공학 기술이 이루어낸 위업

세계에서 가장 아름다운 현수교 중 하나인 금문교는 샌프란시스코 만의 입구(이곳이 바로 '골든 게이트'이다)에 걸쳐 있다. 이 다리는 샌프란시스코와 마린 카운티를 이어 주며, 샌프란시스코에서 북쪽으로 빠져 나가는 유일한 길로, 그 유명한 미국 고속도로 '루트 101'의 일부이기도 하다.

원래 골든 게이트를 건너기 위해서는 페리 서비스를 이용해야 했는데, 이 엄청나게 멀리 떨어진 간격에 다리를 놓는다는 것이 불가능하다고 여겨졌기 때문이다. 마침내 다리가 놓이게 된 것은 조셉 스트라우스의 불굴의 끈기 덕분이었다. 스트라우스는 1921년에 처음으로 계획안을 내놓 았으나 이 계획안은 거절당했고, 그는 그후로 10년이라는 세월을 자신의 설계를 다듬는 데 쏟았다. 1933년에 건설이 시작되었고 4년 후에 다리가 완공되었다. 스트라우스는 금문교가 공식적으로 개통된 바로 다음 해에 사망했으며, 현재 다리 근처에는 건설 초기에 그가 맡았던 중요한 역할을 기리기 위한 그의 동상이 서 있다. 주 케이블 사이의 간격은 1,280m로, 227m 높이로 솟아 있는 두 개의 우아한 탑이 케이블을 지탱하고 있는데, 이 탑들은 금문교가 완공되었을 당시 세계에서 가장 높은 현수교 탑이었다. 미학적인 면에서 금문교는 비길 데 없을 정도인데, 특히 오렌지빛 주홍색이 아름다움을 한층 더해 준다. 다리의 색채를 제안한 것은 자문 건축가인 어빙 모로우로, 이 주홍색은 주변의 자연 경관과 조화를 이루는 동시에 안개가 낀 날에도 선박에서 눈에 잘 띄도록 하는 이중의 효과가 있다. 밤이 되면 금문교는 투광 조명을 받아 금빛으로 빛나고, 이 빛이 샌프란시스코 만의 물에 반사되어 마술 같은 효과를 자아낸다.

금문교는 완공된 이후 미국의 힘과 진보를 상징하는 존재로 알려지게 되었으며, 전 세계 현수교 설계의 본보기가 되었다. 또한 가장 자주 사진 촬영되는 다리 중 하나이며, 미국에서도 가장 웅장한 경관을 자랑하는 곳 중 하나이다. **TP**

시티 라이트 서점

미국, 캘리포니아 주, 샌프란시스코 | City Lights Bookstore

법의 역사에 이름을 남긴 전설적인 독립 서점

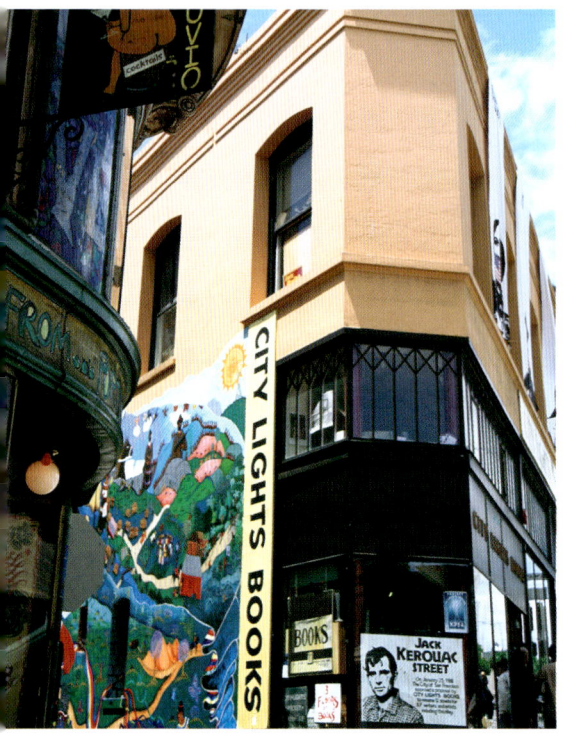

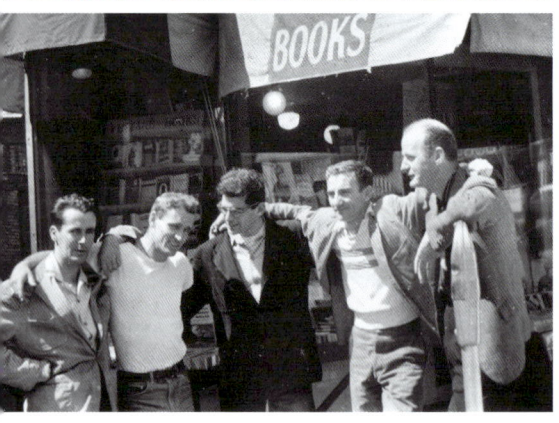

시티 라이트 서점은 1953년 시인인 로렌스 펄링게티와 사회 학자 피터 D. 마틴에 의해 설립되었다. 미국에 남아 있는 몇 안 되는 독립 서점 중 하나인 시티 라이트 서점은 세 개의 층이 모두 책으로 가득한데, 이중에는 익숙한 책과 함께 잘 알려지지 않은 책도 있다. 이곳에서는 사상의 자유와 발언, 글로 쓰인 말들이 신성하게 숭배 받으며 전 세계에서 끊임없이 찾아오는 문학에 관심이 있는 사람들을 맞이한다. 몇 년 동안이나 이곳은 '비트족의 문학적인 안식처'였으며, 오늘날에도 자유, 반(反)권위적인 정치, 반항적 사고라는 정신과 긴밀한 연대를 맺고 있다.

1950년대에, 펄링게티의 시는 현대적인 표현을 대변하는 목소리가 되었다. 그의 시집인 『마음의 코니아일랜드』는 미국에서 가장 인기 있는 시집의 자리를 지키고 있다. 1955년 그는 포켓판 시 시리즈를 출판하는 시티 라이트 출판사를 열었다. 이 시리즈의 네 번째 책인 앨런 긴즈버그의 『울부짖음, 이외 다른 시들』이 나오자 펄링게티와 서점 매니저인 시게요시 무라오는 외설죄로 투옥되었고, 재판을 받는 과정에서 비트 제너레이션은 언론의 주목을 받게 되었다. 두 사람은 미국 자유인권 협회의 도움과 문인들의 지지를 받아 무죄로 방면되었다. 이 재판은 헌법 수정 제1항(언론·신문·종교의 자유를 보장한 조항)과 관련하여 역사적으로 길이 남을 사건이 되었으며, '물의를 일으킬 문학 작품'을 출판할 권리에 대한 법적인 선례를 제공했다.

서점과 출판사는 둘 다 계속해서 현대적인 생각을 발전시켜 나가는 데에 공헌하고 있다. 시티 라이트 서점은 시집 『울부짖음』 재판을 통하여 법의 역사에 전환점을 나타내며, 앞으로도 문화사의 중요한 아이콘으로 남아 있을 것이다. **TP**

⊠ 샌프란시스코의 노스 비치 동네에 있는 시티 라이트 서점. 이곳은 자유로운 사고를 지닌 독자들의 메카다.

⊡ 비트족 예술가들인 밥 돈린, 닐 캐서디, 앨런 긴즈버그, 로버트 라빈지, 그리고 로렌스 펄링게티.

돌로레스 선교원

미국, 캘리포니아 주, 샌프란시스코 | Mission Dolores

샌프란시스코에서 가장 오래된 건물

돌로레스 선교원–정식 명칭은 미션 샌프란시스코 드 아시스–은 예쁘게 손질된 샌프란시스코의 거리, 재건축된 바실리카 성당의 그늘 안에 서 있다. 최초의 선교원이 세워진 자리는 이곳에서 그리 멀지 않은 돌로레스 호수 근처였으며, 1782년 현재의 위치에 다시 건축되었다. 돌로레스 선교원은 샌프란시스코에서 가장 오래 남아 있는 건물 중 하나로, 1906년 바실리카를 비롯하여 도시의 나머지 대부분을 파괴해 버린 대지진을 견뎌내고 살아남았다.

　　18세기 말부터, 여전히 원시적인 아메리카 원주민의 땅에 기독교를 전파하기 위해 캘리포니아 주 전역에 선교원이 설립되었다. 처음에 세워졌던 돌로레스 선교원은 항상 호수 때문에 발생하는 악천후와 차가운 안개에

> "많은 이교도 인디언들이 친근한 태도를 보이고 우리가 왔다는 데에 대하여 기뻐하는 것처럼 보였다."
>
> 돌로레스 선교원의 창립자, 팔로우 신부, 1776년 6월 27일

시달렸고, 따라서 토착민들은 선교원을 멀리했다. 이러한 이유는 선교원을 현재의 위치로 옮기자는 결정을 내리는 데에 한몫 했다. 작고 탄탄한 건물을 지은 것은 기독교를 받아들인 올런 족 인디언들이었는데, 그들은 1.2m의 바위 기반 위에 어도비 벽돌을 3m 두께의 블록으로 배열하여 이 엄청나게 두껍고 튼튼한 벽을 세웠다. 눈부시게 새하얀 어도비 벽돌로 지은 외관은 놀라우리만치 단순하며, 장식된 아메리카삼나무 서까래와 이탈리아 대리석처럼 보이도록 칠한 나무 기둥으로 이루어진 실내는 거의 변하지 않은 채 그대로 남아 있다.

　　돌로레스 선교원은 오늘도 활발하게 활동하고 있다. 이 자그마한 건물은 도시 최초의 공공건물이자 도시가 성장하는 중심점 역할을 했다는 점 때문에, 샌프란시스코 역사에서 기념비적인 위치를 차지하고 있다. **TP**

일본인 강제 수용소

미국, 캘리포니아주, 만자나르 | Japanese Internment Camps

수백의 일본인 가족이 이곳에 수용되었다

1941년 12월 7일의 진주만 미 해군 기지 공격으로, 미국 전역에는 공포의 물결이 밀어닥쳤으며 앞으로도 있을지 모를 일본의 공격에 대한 두려움이 엄습했다. 그 결과 프랭클린 D.루즈벨트는 '대통령령 제9066'을 내려 12만 명 이상의 민간 일본인들이 집을 떠나 서부 해안주로 가도록 강제 이주시켰다 (캐나다에서도 비슷한 명령이 내려졌다). 대통령령은 또한 태평양 해안가와 다른 지역을 군사 구역으로 설정하고, 필요하다고 생각하면 누구든 추방할 수 있는 권한을 군대에 부여했다. 강제 수용소에 감금된 일본인들은 3분의 2 이상이 미국 시민권을 지니고 있으며, 이들 중 많은 수는 어린이였다. 수용소가 제대로 지어지기도 전에 이주 명령이 떨어 졌기 때문에 생활환경은 끔찍할 지경이었다. 긴 병영처럼 지어진 건물 대부분에 수도나 난방, 취사 시설이 갖춰지지 않았다. 수용자들은 철저하게 감금되어 살았으며, 몇몇 가족들은 강제로 서로 떨어져야만 했다. 악조건과 스트레스로 인한 병으로 많은 이들이 사망했다.

　　이와는 다른 종류의 수용소도 있었는데, 그중 캘리포니아의 툴리 호수에 있는 수용소는 위험인물로 간주된 이들을 감금하는 데 사용되었다. 대통령령은 1945년 1월에 폐지되어 일본인들은 집으로 돌아갈 수 있게 되었지만, 대부분은 미국을 떠나는 편을 선택했다. 연방 정부의 공식 사과가 있기까지는 오랜 시간이 걸렸다. 1988년 로널드 레이건 대통령은 수용자 중 살아 남은 이들– 그들 중 대다수가 모든 것을 잃었다–에게 각각 고작 2만 달러를 보상해 주겠다는 법령에 서명했다.

　　오늘날까지 남아 있는 수용소 중에는 만자나르의 수용소가 가장 잘 보존되어 있다. 일본인 강제 수용소는 미국과 일본의 역사에서 결코 잊혀서는 안 될 부분을 상기시키는 중요하고도 논쟁적인 장소이다. **TP**

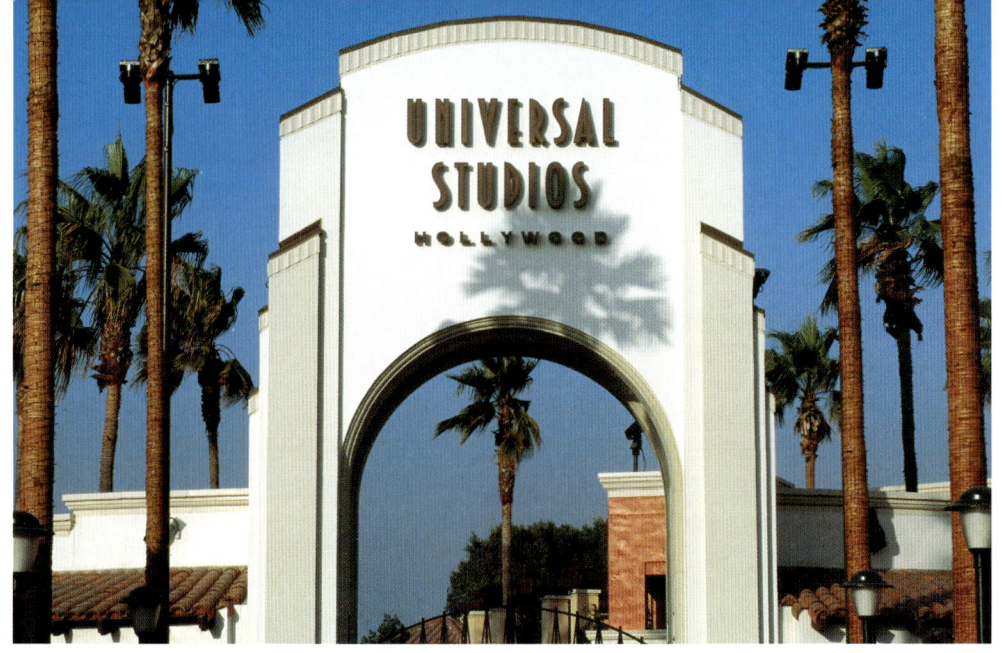

유니버설 스튜디오 미국, 캘리포니아 주, 할리우드 | Universal Studios

대중에게 공개된 최초의 영화 스튜디오

유니버설 스튜디오 안으로 걸어 들어가면 방문자는 매혹적인 영화의 세계로 이동하게 된다. 이 스튜디오는 할리우드와, 과거로부터 시작하여 지금도 계속 만들어지는 영화의 역사를 이루는 한 부분이다.

유니버설 스튜디오가 설립된 것은 칼 래믈이 1900년대 초 영화 회사를 세우고 난 이후였다. 래믈은 자기 회사의 스튜디오를 대중에게 공개하면 수입을 늘릴 수 있겠다고 생각했는데, 이런 식으로 공개한 영화사는 처음이었다. 그러나 1915년경 시작한 그의 관광 계획은 잠시 중단되었다. 무성 영화 대신 유성 영화가 등장하면서 영화감독들이 세트가 군중의 소음 없이 조용하기를 바랐기 때문이다.

지금은 주요 영화사 중 하나이지만, 유니버설 스튜디오 영화사의 운명은 세월의 흐름에 따라 급변해 왔다. 1962년 일반인들의 관광이 본격적으로 시작되었는데, 뮤직 코퍼레이션 오브 아메리카(MCA)사가 유니버설 스튜디오를 인수하면서 규모가 확장되었다. 1964년 무렵,

분장실과 다양한 영화 세트를 구경할 수 있는 여행이 관광 계획의 일부가 될 정도로 성장했고 오늘날 볼 수 있는 거대한 테마 파크의 모습을 갖출 때까지 계속해서 발전했다. 오리지널 테마 파크가 있는 할리우드의 부지는 '위쪽 지구'와 '아래쪽 지구'라는 두 개의 큰 구역으로 나뉘어 있다. 오늘날에는 세 군데의 유니버설 스튜디오 공원이 더 생겼다. 플로리다, 일본, 그리고 현재 싱가포르에서 건설 중인 공원이 그것이다. **TP**

"할리우드는 당신의 키스 한 번에 천 달러를 내고 영혼을 위해서는 50센트를 낼 그런 곳이에요."

영화배우, 마릴린 먼로

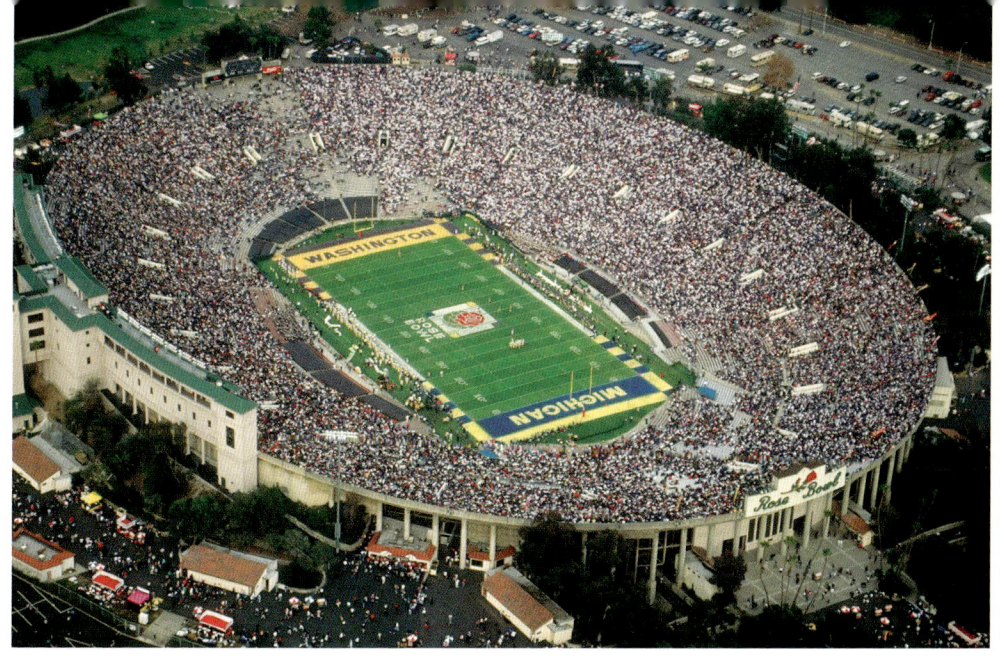

로즈 볼 미국, 캘리포니아 주, 패서디나 | Rose Bowl

유명한 경기장이자 모든 대학 풋볼 경기 중 최고의 전통을 지닌 경기를 개최하는 곳

패서디나는 로스앤젤레스의 중심부에서 북동쪽으로 16km 정도 떨어진 곳에, 산 가브리엘 산의 언덕지대를 배경으로 툭 튀어나와 있는 도시이다. 패서디나란 '골짜기의'라는 의미이다. 성수기면 관광객이 가득한 아름다운 지역이지만, 아마 매년 열리는 로즈 퍼레이드 토너먼트와 로즈 볼 경기장이 가장 유명할 것이다.

퍼레이드는 패서디나 골짜기 사냥 모임의 주관으로 1890년 새해 첫날에 처음 열렸다. 사람과 말 모두 꽃으로 치장했으며, 말이 끄는 마차가 장중한 걸음으로 동네의 거리를 누비며 행진했다. 퍼레이드에 이어 줄다리기와 폴로 경기, 다른 축제가 이어졌는데, 이 모든 것이 이 지역의 온화한 겨울 날씨를 축하하는 의미였다. 로즈 볼 경기장은 1921년 건축가 마이런 헌트가 설계한 건물로 1922년에 세워졌으며, 1923년 새해 첫날 개장 기념 경기가 열렸다. 처음에 경기장은 말발굽 모양이었지만, 해가 지남에 따라 조금씩 증축되어서 지금은 완전히 둥근 '볼' 모양이다. 퍼레이드가 끝난 후 연례 로즈 볼 대학 풋볼

경기를 여는 전통은 1923년에 시작했다. 이는 볼 게임 (bowl game, 대학 미식축구 선발 경기) 중에서도 가장 유명하고 역사적인 경기로, 흔히 '모든 경기 중 최고'로 일컬어진다. 역사적인 로즈 볼 대학 풋볼 경기를 제외하고도 이 경기장에서는 슈퍼 볼(미국 프로 미식축구의 왕좌 결정전) 다섯 차례를 비롯해 커다란 스포츠 경기가 여러 차례 열렸다. 1994년과 1999년의 월드컵 남자 축구와 여자 축구 결승전, 1932년과 1984년 올림픽 축구 경기가 열린 것도 이곳이었다.

로즈 볼 경기장의 좌석 규모는 92,542명의 관중이 앉을 수 있을 정도이며, 이곳에서는 앞으로도 계속해서 유명한 스포츠 행사가 개최될 것이다. 로즈 볼은 미국의 유명한 경기장 중에서도 가장 유서 깊은 경기장 중 하나이며, 상당히 오래 된 건물임에도 가장 우아한 건물 중 하나로 남아 있을 것이다. **TP**

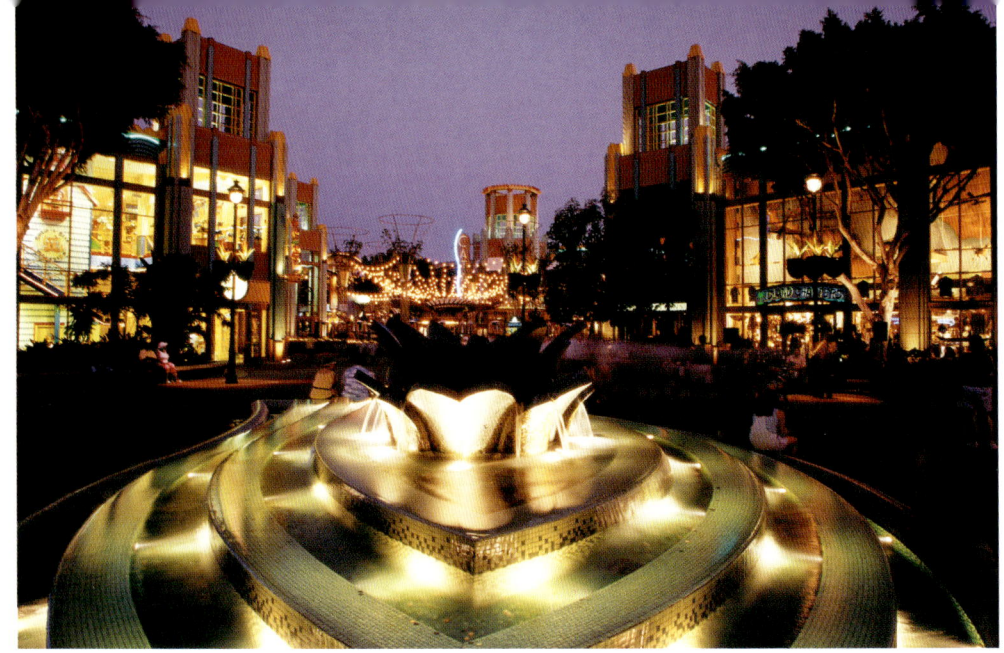

디즈니랜드 미국, 캘리포니아 주, 애너하임 | Disneyland

전 세계로 퍼져나간 가족 놀이 공원

월트 디즈니의 믿을 수 없는 상상력은 영화 속에 동화의 나라를 창조했고, 그는 이것을 현실로 옮겨놓기를 바랐다. 테마 파크를 세우자는 그의 생각은 캘리포니아 주 오클랜드의 작은 공원을 방문한 후 떠오른 것이었다. 그는 공원의 놀이 기구에 실망했던 것이다. 그는 자신의 딸들과 직원들의 자녀를 위해 자신이 직접 공원을 짓기로 결정했다. 처음에는 버뱅크 영화 스튜디오 근처에 지을 계획이었는데, 이 계획서는 거절당했다. 다음으로 그는 스탠퍼드 리서치 기관에 적당한 장소를 찾아 달라고 문의했다. 그들이 물색해 낸 장소는 애너하임 교외의 오렌지 과수원으로, 산타애나 고속도로와 하버 대로를 통하여 접근하기 수월한 곳이었다. 이는 더없이 이상적이었고, 1954년 7월 21일에 건설 작업이 시작되었다. 개관 일정을 고작 1년 후로 잡아 둔 터였다.

디즈니랜드는 건축술과 상상력, 막대한 자금이 결합하여 달성해 낸 결과물로, 월트 디즈니는 건설의 모든 단계를 감독했다. 그럼에도 개장일인 1955년 7월 17일은 감당 못할 재난의 날이었는데, 이날은 나중에 '검은 일요일'이라 불리게 되었다. 6천 장의 정식 초대장 이외에도 위조된 표가 나돌아 2만 8천 명 이상의 인파가 몰려들었으며, 근처의 도로는 주차장을 방불케 했다. 놀이 기구들 중 많은 것은 완공되지 않은 상태였거나 인파를 감당해 내지 못했다. 게다가 엄청난 더위로 인해 아스팔트가 녹고, 가스가 샜으며 분수에서는 고장이 발생했다.

세워진 이후로, 디즈니랜드는 국가적이고 전 세계적인 하나의 현상으로 자리 잡음과 동시에, 미국 문화의 때려야 뗄 수 없는 중요한 일부가 되었다. **TP**

"우리의 모든 꿈은 이루어질 수 있다. 만일 우리에게 그 꿈을 밀고 나갈 용기가 있다면 말이다."

애니메이션계의 선구자, 월트 디즈니

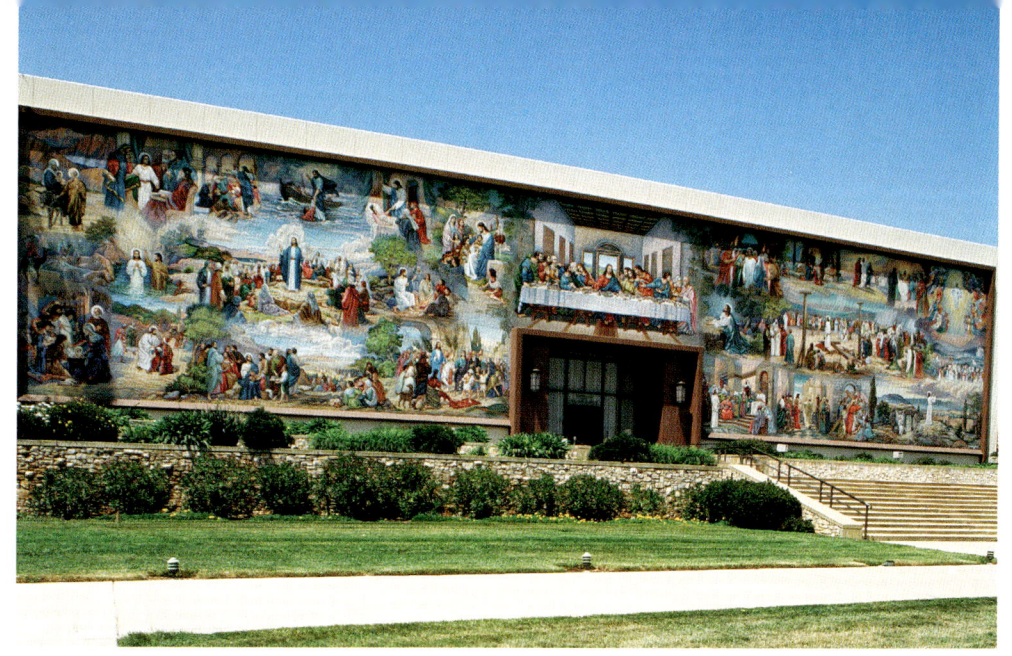

포레스트 론 공원묘지 미국, 캘리포니아 주, 로스앤젤레스 | Forest Lawn Memorial Parks

'명랑한' 분위기의 묘지를 창조해 낸 선구적인 디자인

포레스트 론 공원묘지는 기분을 고양시키고 즐거운 추억에 잠길 수 있도록 설계된 새로운 형태의 묘지의 시초이다. 각 구역을 테마별로 꾸미고 주변에 나무를 심어 조경했으며, 조각품과 기념 건축물을 곁들인 이곳은 묘지 디자인의 새로운 본보기가 되었다.

원래 포레스트 론 공원묘지는 캘리포니아 주 그랜데일에 있었는데, 1906년에 여러 명의 사업가들이 모인 비영리 단체가 세웠다. 1917년 허버트 이튼 박사가 공원의 관리를 맡았고, 공원이 제 모습을 갖추게 된 것은 그의 관리 덕분이었다. 이러한 이유로 그는 포레스트 론 공원묘지의 '창시자로 간주된다. 삶을 찬양하고 역사를 기억한다는 분위기의 맑고 공원 깊은 기다란 묘지를 세우자는 것이 그의 목표였다. 그는 똑바로 서 있는 전통적인 모양의 묘석을 배제하고 대신 판 모양 묘비와 조각상을 들여놓았다. 이 조각상은 대부분 미켈란젤로의 〈다비드〉와 〈모세〉를 비롯한 유명한 예술 작품을 복제한 것이며, 사람들은 조각상을 구입하여 무덤 곁에 놓을 수 있

다. 비종파적인 예배당과 '자유의 법정' '자유의 홀 미국 역사박물관' '링컨 테라스' '워싱턴에게 바치는 기념물' 등 추모적이며 애국적 성격의 건축물들이 공원 이곳저곳에 놓여 있다. 공원은 구역별로 나뉘어 있는데, 이러한 구역에는 하트 모양의 '베이비랜드'(어린 아기들), '황혼기', '그레이스랜드', '내일의 새벽' 등의 이름이 붙어 있다. 이곳에서는 각자의 수입에 맞춰 다양한 수준의 장례 '패키지'를 제공한다. 여기 묻혀 있는 이들 중에는 할리우드 스타도 많다.

아름답게 단장하고 깨끗하게 조직한 공원묘지라는 개념은 본질적으로 다분히 미국적이다. 포레스트 론 공원묘지는 묘지 역사에 새로운 장을 창조해 냈으며, 상실을 받아들이기 위한 애도에 위로가 되는 차분하고 밝은 배경이 되어 준다. **TP**

그로맨 차이니즈 시어터 미국, 캘리포니아 주, 로스앤젤레스 | Graumann's Chinese Theater

할리우드 대로에서 가장 유명한 극장이자, 스타들의 손자국이 남아 있는 곳

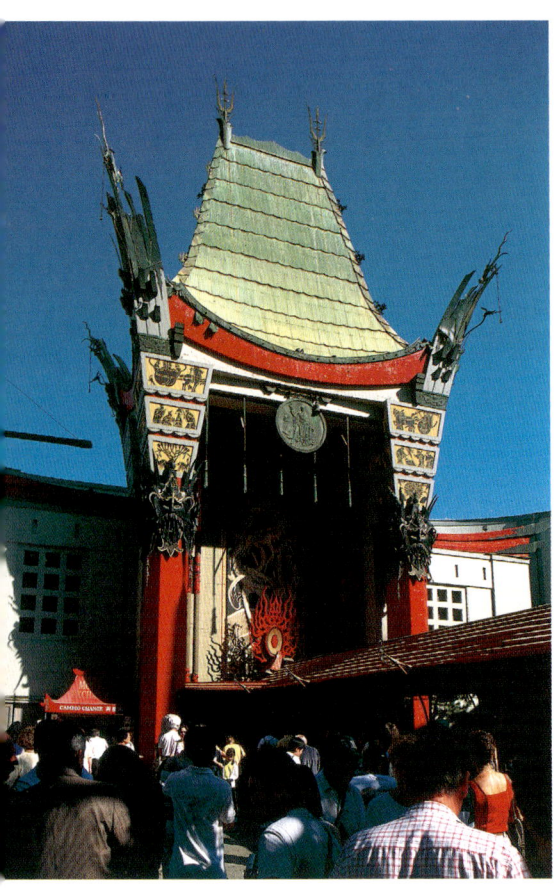

"영광스러운 일입니다. 차이니즈 시어터 는 당신이 할리우드에 찾아와서 처음 으로 가야 할 곳입니다."

배우, 조지 클루니

그로맨 차이니즈 시어터는 아마 세계에서 가장 유명한 영화관일 것이다. 게다가 눈에 즉가 띤다는 먼에서 최고 의 영화관이기도 하다. 풍성하고 화려한 중국식 파사드 는 시간을 초월한 영화 역사의 일부로, 1927년 문을 연 이래 세심하게 보존되어 왔다.

이 중국식 영화관은 흥행사이자 영화 예술과 과학 아카데미 창립자 중 한 사람인 시드 그로맨의 아이디어 였다. 그는 이전에도 차이니즈 시어터가 들어서게 될 곳 에서 몇 블록 떨어지지 않은 곳에 밀리언 달러 시어터와 이집시언 시어터를 세웠지만, 그의 꿈을 이루어 준 것은 바로 차이니즈 시어터였다. 그는 건축가 레이몬드 M. 케 네디와 함께 극장을 거대한 중국 탑 같은 외관으로 설계 했다. 청동 지붕이 덮인 입구 양편에는 육중한 산호색 기 둥이 서 있고, 가운데에는 9m 높이의 용이 조각되어 있 다. 입구 양쪽으로 그로맨이 중국에서 수입해 온 거대한 두 마리의 천국의 개를 비롯하여, 사원의 종, 탑 이외 중 국식 화려한 공예품들이 장식되어 있다. 건축적 테마의 일부분이었던 극장의 앞마당은 구리를 씌운 작은 탑이 붙은 12m 길이의 굽이진 벽으로 둘러싸여 있다. 이 앞마 당에서는 할리우드 스타들의 발자국, 손자국, 서명이 모 인 유명한 컬렉션을 볼 수 있으며, 트리거, 토니, 챔피언(영화에 등장했던 유명한 동물들)의 발굽 자국도 볼 수 있다. 극장의 내부 또한 외관처럼 사치스럽고 이국적이 며, 최근에는 복원되어서 원래의 호화로운 모습을 볼 수 있다.

그로맨 차이니즈 시어터는 할리우드의 최고 유명 인들이 가장 즐겨 찾는 장소 중 하나이며, 1944년에서 1946년까지 아카데미 시상식이 열렸던 장소이기도 하다. 1927년 5월 27일 밤 세실 B. 드밀의 〈왕 중의 왕〉을 처 음 개봉한 이후, 그로맨 차이니즈 시어터는 이곳을 찾는 영화팬들과 방문객들에게 계속해서 기쁨을 선사하고 있 다. **TP**

유니언 스테이션 미국, 캘리포니아 주, 로스앤젤레스 | Union Station

철도 황금시대에 세워져 아직도 남아 있는 최후의 위대한 철도역 중 하나

로스앤젤레스의 유니언 승객 터미널-오늘날에는 그저 유니언 스테이션이라는 간단한 이름으로 알려져 있다-은 캘리포니아 주에 온 새로운 이주민들을 위해 세우곤 했던 기독 선교원과 의도적으로 닮은꼴이 되도록 건축되었다. 이는 유니언 스테이션이 새로운 세대의 여행자와 이주민들을 위해 로스앤젤레스의 문을 열어 주었다는 사실에 대한 오마주이다. 건축 회사 파킨슨 앤드 파킨슨 사가 이 건물을 설계했으며, 문을 연 것은 1939년 5월이었다. 세 개의 주요 철도, 유니언 퍼시픽, 서던 퍼시픽 그리고 앳치슨, 토페카 앤드 샌타페이 철도가 만나는 지점인 유니언 스테이션은 철도 역사에서 매우 중요한 부분을 차지하고 있다.

철도역에 있어야 할 필수적인 부분인 선로, 플랫폼 이외 다른 실용적인 건물들을 접어두더라도, 이 역은 정원, 건축가 메리 쿨터가 설계한 식당, 우아한 대합실 등으로 훌륭한 공공장소의 면모를 갖추고 있다. 대리석과 테라코타로 아름답게 장식된 역사를 보면 비행기를 통한 대규모 여행이 가능해지기 이전에 미국에서 철도가 얼마나 중요한 지위를 차지하고 있었는지 알 수 있다. 1930년대에는 모든 이들이 철도를 통해 여행할 수 있었고, 현대의 개척자가 될 수 있었다. 건물의 사치스러운 장식은 영화 산업이 로스앤젤레스에 들여온 매력을 반영한다. 1950년에는 이곳이 누아르 스릴러 영화인 〈유니언 스테이션〉의 배경이 되면서, 역 자체도 영화에 등장하는 영광을 누렸다.

오늘날, 로스앤젤레스 도심 속의 상징적인 볼거리로 여겨지는 유니언 스테이션은 도시의 지하철 시스템 안으로 편입되었다. 또한 영화와 TV 드라마의 배경이 될 뿐 아니라 결혼식장이나 콘서트장으로도 이용이 가능하다는 점에서, 할리우드의 일상생활 속 자신의 역할을 다하고 있다. 오늘날 번쩍이는 현대적 터미널에 비하면 원래 건물은 작고 구식이지만, 유니언 스테이션은 여전히 미국에서 가장 사랑받고 있고 유서 깊은 철도역 중 하나로 남아 있다. **LH**

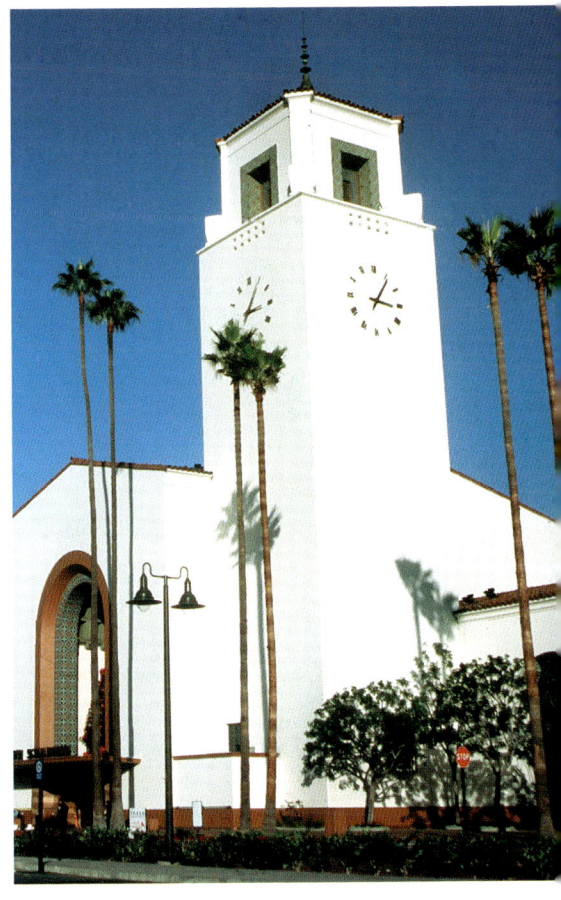

"당신이 다뤄야 할 사람들은 버러지들이오. 그들은 결코 누구에게도, 어떤 말도 지키는 법이 없소."

영화 〈유니언 스테이션〉(1950), 도널리 형사

후버 댐 미국, 네바다와 애리조나 주 경계 | Hoover Dam

대공황 시대에 건축된 공학적 걸작품

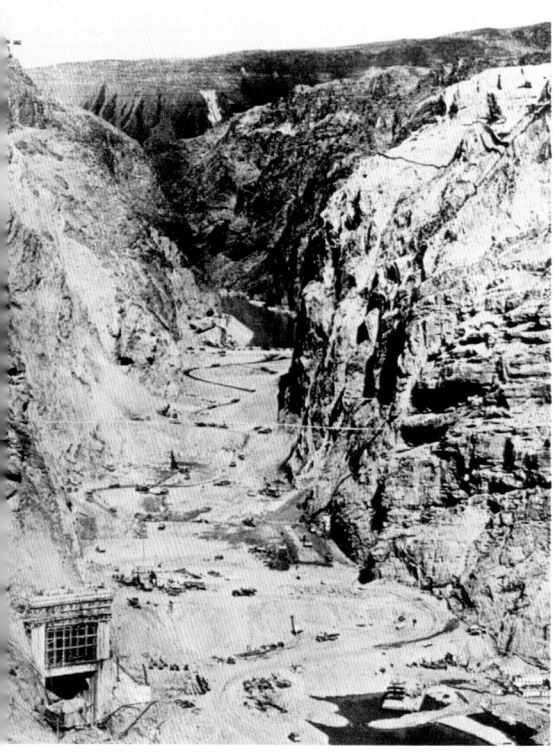

"오늘 아침, 나는 왔고, 보았고, 정복당했습니다 … 인류가 이루어 낸 이 위대함에 말입니다."

1935년 9월 30일, 프랭클린 D.루즈벨트 대통령

⊞ 터널을 통해 콜로라도 강의 물줄기를 다른 곳으로 돌린 후, 블랙 협곡의 지면에 댐을 세울 수 있도록 준비하고 있다.

⊞ 이 댐은 원래 불더 협곡에 지어질 예정이었기 때문에, 불더 댐이라고도 불린다.

후버 댐 건설은 20세기 공학이 이루어 낸 가장 뛰어난 성과 중 하나이다. 댐이 건설된 때는 다름 아닌 대공황 시대였기에 이는 더욱더 놀랄 만한 성과라 할 수 있다. 엄청나게 강력한 콜로라도 강은 주기적으로 제방을 무너뜨렸는데, 가장 막심한 피해를 입었던 해는 아마 임페리얼 골짜기로 넘쳐흘러 388km² 넓이의 육해(陸海)가 형성되었던 1905년일 것이다. 여기에다 동력과 물 공급을 원활하게 할 필요성에서 강을 제압하자는 계획이 탄생했다.

프로젝트가 시작하기 전, 모두가 이익을 볼 수 있도록 애리조나, 네바다, 캘리포니아, 유타, 콜로라도, 뉴멕시코, 와이오밍 주 간에 호혜(互惠) 협정이 맺어졌다. 댐 건설은 이 '후버 타협안'과 더불어 시작되었다. 우선 강의 물줄기를 댐 건설 예정지인 블랙 협곡에서 다른 곳으로 돌려야 했는데, 이 작업을 위해 협곡의 벽을 폭파하는 대규모 공사가 네 차례 이루어졌다. 그리고 나서 8천 명 이상의 인부들이 콘크리트를 부을 수 있도록 물이 마른 협곡 바닥의 바위를 치워야 했다. 댐 구조 자체는 구부러진 중력댐(스스로의 무게로 인해 안정된 구조를 갖는 댐)으로, 협곡을 가로질러 구부러진 말굽 모양의 두터운 콘크리트 벽으로 이루어져 있다. 댐 뒤편에는 미드 호수가 있는데, 호수 물의 수압이 댐 반대편에서 구부러진 콘크리트 벽과 협곡 가장자리를 따라 압력을 행사하기 때문에 효과적으로 반대편에서 '되밀어' 주며 댐 앞쪽에서 받는 힘과 균형을 이룬다. 이러한 시스템은 매우 튼튼하고 견고한 구조를 이루어 낸다. 댐의 외관을 위한 원래 계획은 이렇게 대단한 규모와 중요성에 비해 지나치게 단순하다고 여겨졌으므로, 건축가 고든 B. 카우프만이 외관 디자인을 맡았다. 그는 우아한 유선형의 아르데코 스타일로 댐을 마무리 지었다.

후버 댐은 그 기능적 필수성이라는 측면에서 보나, 미국 공학과 건축학이 20세기 초에 이루어 낸 광대한 규모의 작업이라는 면에서 보나 대단한 중요성을 지니고 있다. **TP**

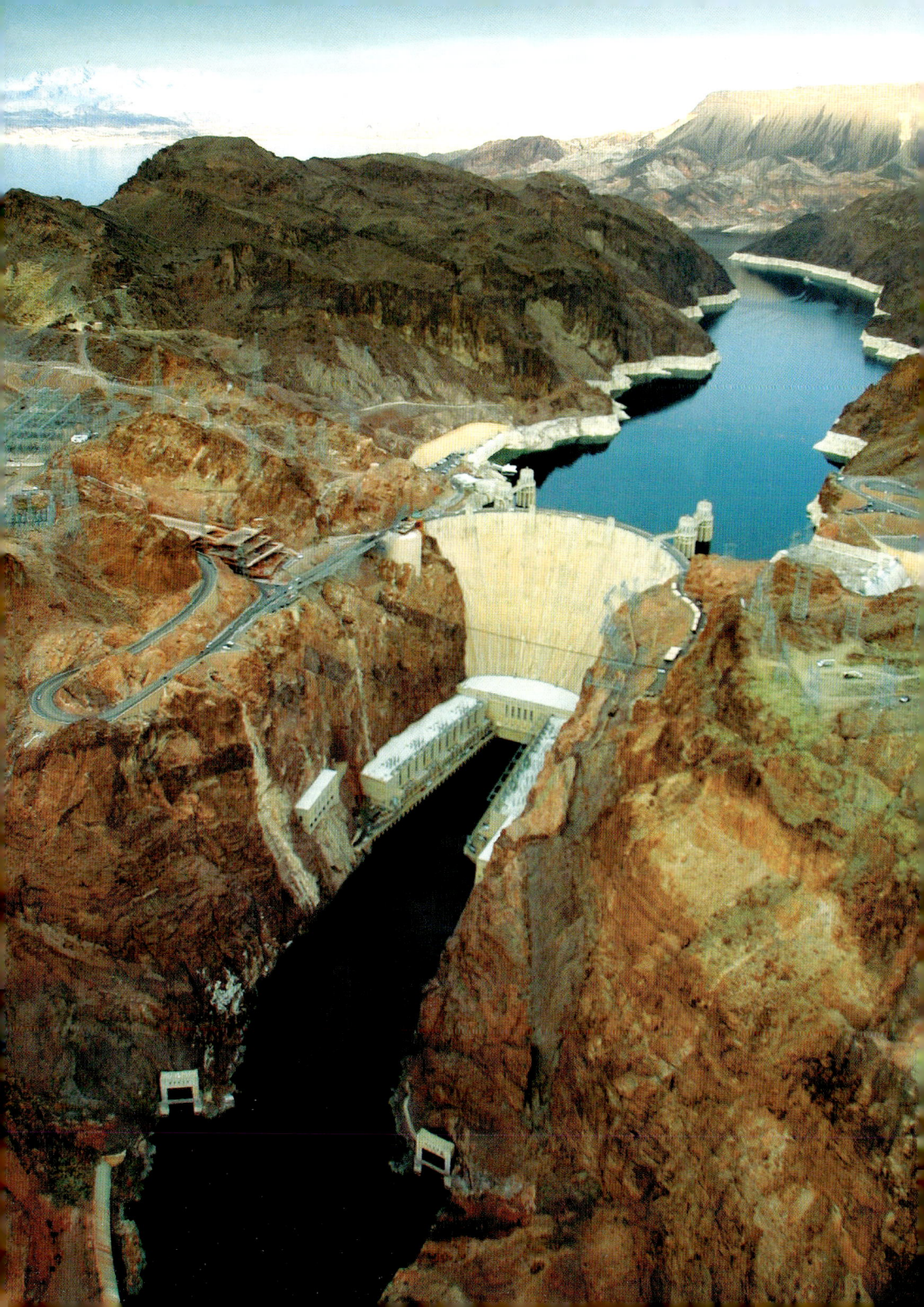

버지니아 시티 미국, 네바다 주, 스토리 카운티 | Virginia City

골드러시에서 성장한 도시

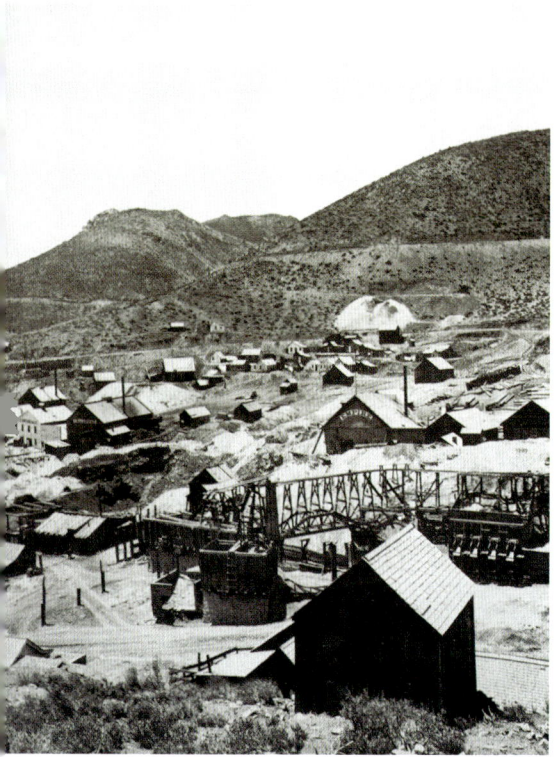

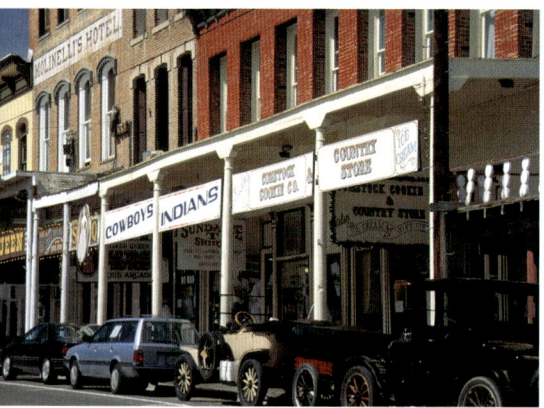

네바다 주 서쪽 끝 편, 시에라네바다 산기슭에 버지니아 시티가 있다. 한때는 크고 풍족하게 번영하는 마을이자, 덴버와 샌프란시스코 사이에서 가장 큰 정착지였다.

전해지는 이야기에 따르면, 제임스 피니(올드 버지니라는 별명을 지닌)라는 한 주정뱅이 광부가 이곳을 처음으로 올드 버지니 타운이라 불렀다고 한다. 그는 위스키 한 병을 텐트 밖에 뿌리고 이곳에 자신을 기리는 이름을 붙였다고 하는데, 이것이 1857년경의 일이다. 식스마일 협곡 꼭대기에서 황금이 발견되었고, 희망에 부푼 첫 번째 채굴꾼들이 이주해 왔다. 그러나 이 도시의 역사 속에서 가장 큰 사건은 데이비드선 산의 동쪽 능선에서 은 광석이 엄청나게 묻혀 있는 콤스톡 광맥을 발견했던 일이다. 1859년 이 소문은 널리 퍼졌고, 한몫 단단히 잡아보려는 사람들이 몰려들면서 이 작은 마을은 글자 그대로 하룻밤 새 도시로 성장했다. 광산에서 흘러나온 엄청난 돈으로 샌프란시스코 시가 세워졌고, 남북전쟁(1861~1865)의 자금으로 들어갔다는 설도 있다. 새뮤얼 랭혼 클레멘스라는 작가는 버지니아 시티로 이주해 와서 지역 신문의 기자로 일하면서 광산 일을 했는데, 그가 오늘날 잘 알려진 이름을 사용하게 된 것은 그 후의 일이며, 바로 마크 트웨인이다.

콤스톡 광맥의 은 채광량은 1870년대 중반 절정에 다다랐지만, 1880년부터는 광산에서 구조적이고 공학적인 문제가 발생해 차차 줄어들게 되었으며, 마침내 1922년에는 지하 채광을 완전히 멈추게 되었다. 버지니아 시티가 누렸던 번영과 도시의 인구수 역시 같은 부침(浮沈)을 겪었으며, 거의 유령 도시가 될 지경에서 복원되어 미국에서 가장 큰 국립 사적지가 되었다. **TP**

⊠ 버지니아 시티가 벌어들이는 재화 대부분이 은 채광에서 나왔는데도, 사진에 나온 부분은 골드 힐이라는 이름이었다.

⊡ 신흥 관광 도시로 다시 인구가 늘어가고 있는 버지니아 시티에서는 최신형 자동차가 빈티지 고물차와 앞을 다투며 달려간다.

골든 스파이크 사적지 미국, 유타 주, 프로먼토리 서밋 | Golden Spike Historic Site

동부와 서부를 이어 주던 철도

유타 주 북부의 건조한 사막 지대에 있는 프로먼토리 서밋은 미국의 동부와 서부가 만나게 된 곳이다. 이 사건은 미국의 지형도를 바꾸어 놓았으며 서쪽 경계를 허물어 버렸다. 1869년 5월 10일, 대륙 횡단 철도 건설 마지막 단계에서 마지막 못 - 상징적인 의미를 지닌 황금 못이었다 - 을 박아 넣음과 동시에 일어난 일이었다.

대륙 횡단 철도가 완공되기 이전까지, 미 대륙을 가로질러 여행하려면 역마차나 말을 이용하거나, 아니면 서해안에서 출발해 남쪽으로 돌아 동해안으로 다시 올라가는 수밖에 없었다. 1862년, 미국 의회가 동부의 캘리포니아 주 새크라멘토에서 출발하는 센트럴 퍼시픽 철도와 서부의 네브래스카 주 오마하를 기점으로 하는 유니언 퍼시픽 철도의 건설을 승인했다. 1865년 남북전쟁이 끝날 때까지는 별 진척이 없었고, 종전 이후에야 양측이 다 새로운 활력으로 공사에 임하게 되었다. 센트럴 퍼시픽 철도를 놓는 도중에는 시에라 네바다 산이 가로막고 있었고, 이는 노동력 부족 문제와 맞물려 큰 차질을 빚었다. 노동자의 대부분은 중국 이민자들이었다(철도에 공헌한 중국인들을 기리기 위해 중국식 아치가 서 있다). 이와는 달리 유니언 철도 측에는 노동력이 풍부했지만, 이들은 툭하면 발끈하는 떠돌이들과 주정뱅이들이었다. 1869년 두 개의 철도가 만나게 되었고, 센트럴 퍼시픽의 기관차 '주피터'와 유니언 퍼시픽의 기관차 '119'가 이 철도를 달려 상징적인 만남을 가졌다.

이 일 하나로 인해 이주자들이 떼를 지어 서부로 몰려들게 되었으며, 자신들의 고향 땅을 사수하고 국경 지대의 분할을 막으려는 아메리카 원주민들의 투쟁도 끝이 나고 말았다. 현재 대륙 횡단 철도의 건설을 기념하는 행사가 매년 열리고 있으며, 이 주변 지역은 골든 스파이크 사적지로 보호되고 있다. **TP**

↗ 유니언 철도와 센트럴 퍼시픽 철도의 '철마'들이 완공 축하연에서 서로 만나는 모습.

↘ 서사시적인 건설 기간 동안 센트럴 퍼시픽 철도가 세운 기록을 기념하는 표지판.

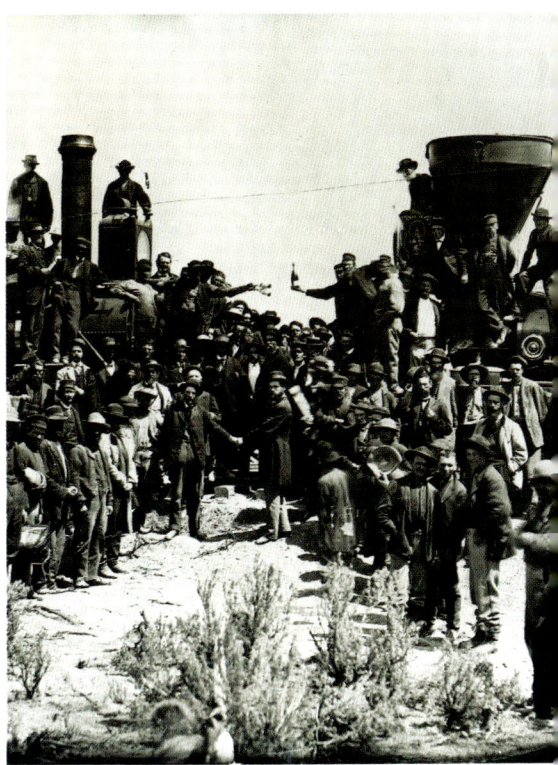

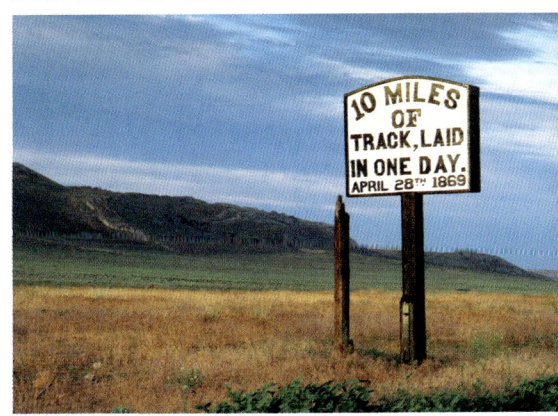

비하이브 하우스

미국, 유타 주, 솔트레이크 시티 | Beehive House

유타 주 최초의 브리검 영 거주지

식민지 시대풍의 비하이브 하우스는 예수 그리스도 후기 성도 교회(LDS), 혹은 모르몬교라 부르는 종교의 본산지이다. 모르몬교는 1847년 7월 24일 브리검 영과 그를 따르는 신도들의 모임이 솔트레이크 골짜기에 도착했을 때 시작된 것이다. 이 날짜는 현재 유타 주의 공식 휴일이다. 브리검 영이 한 일들과 그가 이끄는 공동체의 설립은 솔트레이크 시티와 그 주변 유타 주의 대부분이 형성되는 데 매우 중요한 부분을 차지하고 있으며, 그가 유타 주의 주지사로 당선된 것도 이러한 이유에서였다.

> "나는 완전히 법 위에 군림하며 살기를, 그리고 법을 나의 주인으로 삼는 대신 나의 하인으로 삼기를 원한다."
>
> 모르몬교 지도자, 브리검 영

1857년, 영은 부캐넌 대통령의 지시에 의해 주지사 지위를 박탈당했는데, 대통령은 그의 후임자를 보내면서 군대도 함께 파견했고 이는 '유타 전쟁'의 발단이 되었다. 영은 사람들에게 군사들이 이기게 할 바에야 땅과 소유물을 불태워 버리라고 명령하면서 몇 달간 완강하게 버텼다. 결국 영은 물러났지만, 정식 주지사가 아님에도 여전히 막강한 권력을 지닌 인물로 남았다.

비하이브 하우스(지붕의 벌집 모양 조각 때문에 붙은 이름으로, 모르몬 교리에서 근면을 상징)는 솔트레이크에서 그가 살았던 최초의 공식 거주지였다. 이 저택을 지은 것은 영의 처남으로, 저택은 집무실 역할을 하면서도 영과 그의 많은 아내들을 모두 수용할 수 있도록 설계되었다. 그의 두 번째 집인 라이언 하우스는 바로 옆에 지어졌는데, 이 집은 그의 아내 스물일곱 명과 쉰여섯 명의 자녀들이 거주할 수 있도록 지어진 것이다. 오늘날 비하이브 하우스는 브리검 영이 살았던 시대의 모습 그대로 복원되어 대중에게 공개되고 있다. **TP**

모르몬교 사원

미국, 유타 주, 솔트레이크 시티 | Mormon Temple

가장 중요한 모르몬교 교회

화강암으로 된 매끄러운 외관에 높이 솟은 여섯 개의 첨탑을 갖춘 솔트레이크 사원은 유타 주의 주도(主都)인 솔트레이크 시티와 예수 그리스도 후기 성도 교회(모르몬교)에서 중심적인 위치를 차지하고 있다. 이 사원은 모르몬교 본당, 태버내클, 조셉 스미스 기념관, 컨퍼런스 센터 등 다른 중요한 모르몬교 건물로 둘러싸인 고요한 도심 속 오아시스인 템플 스퀘어에 자리하고 있다. 모르몬교는 1830년 조셉 스미스 주니어가 뉴욕에서 처음 세운 종교인데, 급속도로 오하이오 주, 미주리 주로 퍼져나갔다. 1838년에는 소위 '모르몬 전쟁'이라 불리는 전쟁으로 인해 신도들이 일리노이 주로 달아났으며, 그곳에서 다시 공동체를 세웠다.

1844년 스미스와 그의 형이 암살당했고, 모르몬교의 지도권은 브리검 영이 이끄는 열두 사도 평의회로 넘어갔다. 브리검 영은 일단의 모르몬교도들을 이끌고 유타 주로 가 새로운 공동체를 세웠다. 솔트레이크는 오늘날도 모르몬 교회의 중심지로 남아 있다. 커다란 상징적 의미를 가진 사원의 위치는 영과 그의 무리들이 솔트레이크에 도착한 이후 고작 나흘 후에 결정된 것이다. 건물을 완공하기까지 무려 40년 이상이 걸렸는데, 1857년부터 1858년까지 일어난 유타 전쟁(모르몬 교도와 미국 정부 사이의 충돌) 때문에 공사가 지연되었고, 완공 이후 1년이 지나자 마침내 건물 내부도 완성되었다. 건물에는 근방의 리틀 코턴우드 협곡에서 가져온 화강암이 사용되었으며, 외부 장식은 인류가 삶에서 죽음, 사후의 영원한 삶으로 가는 여정을 나타낸 상징들로 가득 차 있다.

모르몬교의 네 번째 의장인 윌포드 우드러프가 1893년 4월 6일 사원을 헌당했으며, 이 사원은 솔트레이크 시티의 역사와 발전 과정에서 중대한 역할을 맡고 있는 동시에, 가장 중요한 모르몬 교회라는 입지를 고수하고 있다. **TP**

게이트웨이 아치

미국, 미주리 주, 세인트루이스 | Gateway Arch

에로 사리넨의 놀라운 기념비

감탄하지 않을 수 없는 게이트웨이 아치는, 미주리 주 세인트루이스의 미시시피 강변에 있는 국립 제퍼슨 기념관에 속한 기념비이다. 루이스 앤드 클라크 트레일이 시작하는 곳 가까이에 위치한 이 빛나는 아치는 1803년 루이지애나 구입(토머스 제퍼슨의 결정)과, 1804년에서 1806년에 있었던 메리웨더 루이스 대령과 윌리엄 클라크 소위의 탐험을 시작으로 서부 지역이 개척자들에게 문을 열게 된 일을 기념하기 위해 세워졌다. 또한 미시시피 강 서편 최초의 시민 정부 수립과, 올드 코트하우스 법정에서 자유를 인정해 달라는 소송을 제기해 실패했으나 노예제도에 관한 논쟁을 공론화한 계기가 되었던, 드레드 스코트라는 흑인 노예를 기념하는 의미도 있다.

아치를 디자인한 이는 핀란드 건축가인 에로 사리넨인데, 건축가가 되기 전에는 조각을 공부하고 그 분야에서 활동해 왔다. 게이트웨이 아치의 형태에는 조각 작품 같은 느낌이 강하다. 끝으로 갈수록 점점 가늘어지는 아치의 구부러진 모양은 현수선(懸垂線) 아치라 불리는, 사슬 양끝을 잡았다가 떨어뜨렸을 때 나타나는 모양을 모델로 삼았다. 192m 높이로 미국에서 가장 높은 기념물이며, 양 끝의 넓이도 192m에 다다라 매우 보기 좋으면서 균형 잡힌 모습을 하고 있다. 스테인리스 스틸로 만들어진 구조물 내부에는 독특한 트램 시스템이 있어 방문자들은 꼭대기의 전망대로 올라갈 수 있으며, 두 개의 비상계단도 있다. 아치 아래에는 방문자 센터, 박물관, 극장, 상점들이 있다. 전망대에서는 지상에서 보이지 않는 좁은 창을 통해 동쪽 미시시피 강 너머의 눈부신 정경을 즐길 수 있으며, 서쪽으로는 세인트루이스를 굽어볼 수 있다.

슬프게도 사리넨은 자신이 설계한 게이트웨이 아치가 완성되기 전에 뇌종양으로 사망했으나, 그의 설계 선언문이라 할 수 있는 이 기념비는 미국에서 가장 많은 관광객이 찾는 명소 중 하나가 되었다. **TP**

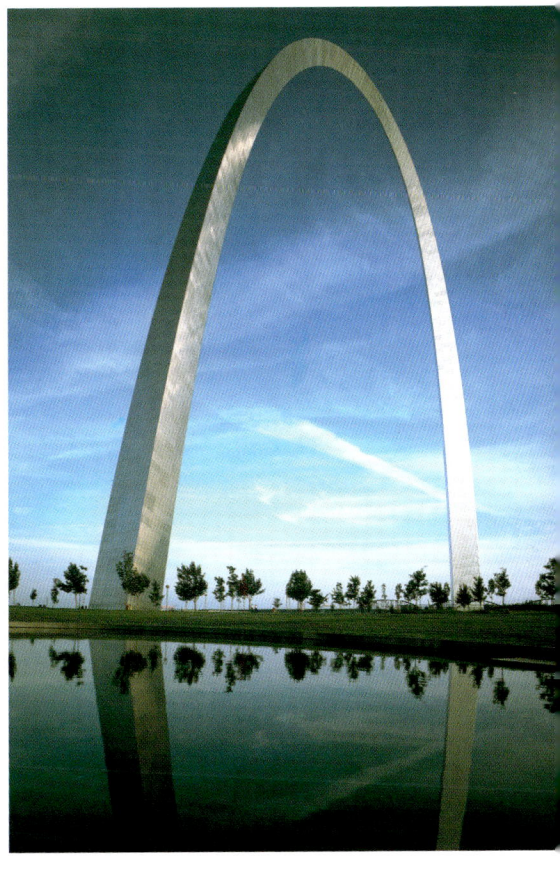

"스코트와 그의 가족은 … 미조리 주의 법에 의하면, 피고의 소유물이다."

1854년, 드레드 스코트 사건의 개괄

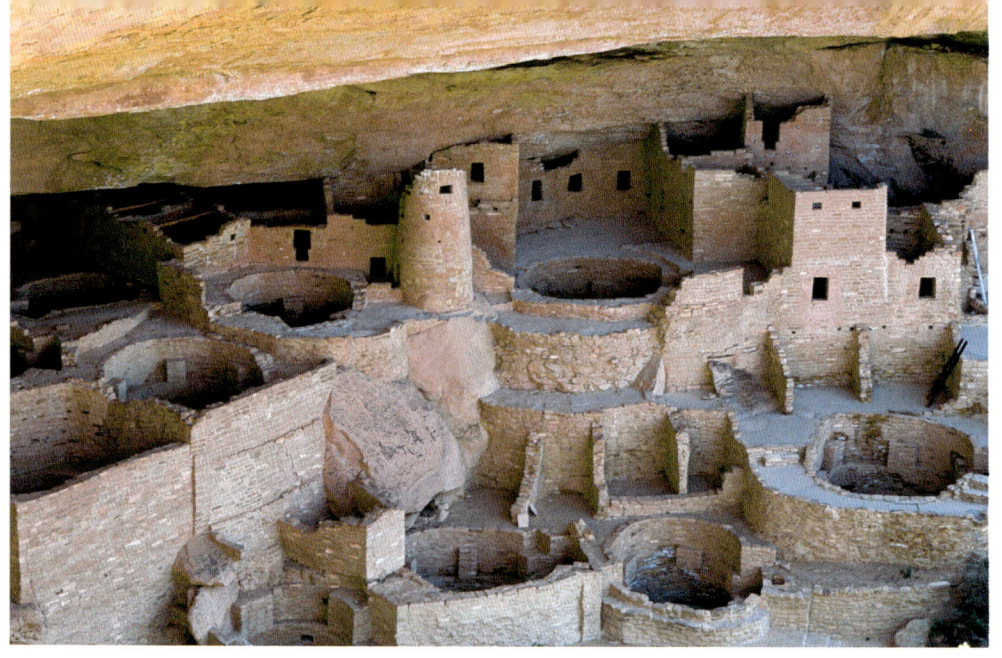

🏛️ ◎ 메사 베르데 미국, 콜로라도 주, 몬테수마 카운티 | Mesa Verde

지금까지 발견된 최대 규모의 푸에블로 유적

메사 베르데 국립공원은 문화적인 중요성이라는 면에서 미국의 국립공원 중 가장 중요한 곳이다. 콜로라도 주 몬테수마 카운티에 207km² 넘게 형성된 이곳은 대략 450년부터 1300년까지 거주했던 고대 푸에블로 민족이 남긴 최대 규모의 절벽 주거지와 유적이 남아 있는 곳이다.

　　메사 베르데(녹색의 평원)라는 이름은 바위투성이인 이 지역의 특징인 높고 편평한 초원 때문에 붙여졌다. 메사 베르데 국립공원의 탁 트인 땅 위에는 초목이 우거진 지역이 흩어져 있고, 이에 더불어 뾰족뾰족한 봉우리와 골짜기 지형이 나타난다. 상당히 높은 지역으로, 고도가 1,828~2,590m에 이르며, 이 때문에 초기 정착민이 가로질러 가기가 굉장히 어려웠다. 이는 푸에블로 마을이 늦게 발견된 이유 중 하나이기도 하다. 샌타페이에서 캘리포니아로 여행 중이던 스페인 탐험가들이 처음으로 이 지역에 들어왔고, 그들은 메사 베르데라는 이름을 붙였다. 그러나 푸에블로 마을이 있었다는 증거가 빌견된 것은 1873년 들어서이며, 발견한 이는 존 모스라는 뎆

사냥꾼이었다. 1874년 그는 사진 기사 윌리엄 헨리 잭슨을 이 지역으로 데려갔고, 이는 즉각적으로 대중의 관심을 끌었다. 이후로 탐사가 이어지면서 다수의 푸에블로 마을 유적과, 세계에서 가장 놀라운 절벽 주거지에 해당하는 유적을 발견해 냈다. 메사 베르데의 주거지 중에서 가장 유명한 클리프 팰리스에는 220개의 방과 23개의 키바(지하의 큰 방)가 있다. 디자인과 레이아웃 면에서 놀랄 만큼 완성도가 높으며, 고대 푸에블로 인디언의 세련된 문화를 단적으로 증명해 준다. 이들은 1300년경 갑자기 이 지역을 떠났으며, 그 이유는 알려 지지 않는다.

　　1906년 국립공원으로 지정되기 이전까지, 메사 베르데의 많은 건물과 공예품은 손상되거나 도난당했다. 그러나 여전히 셀 수 없이 많은 매혹적인 유적이 남아 있으며, 이는 고대 푸에블로 문화를 들여다볼 수 있는 흔치 않은 기회를 제공해 준다. **TP**

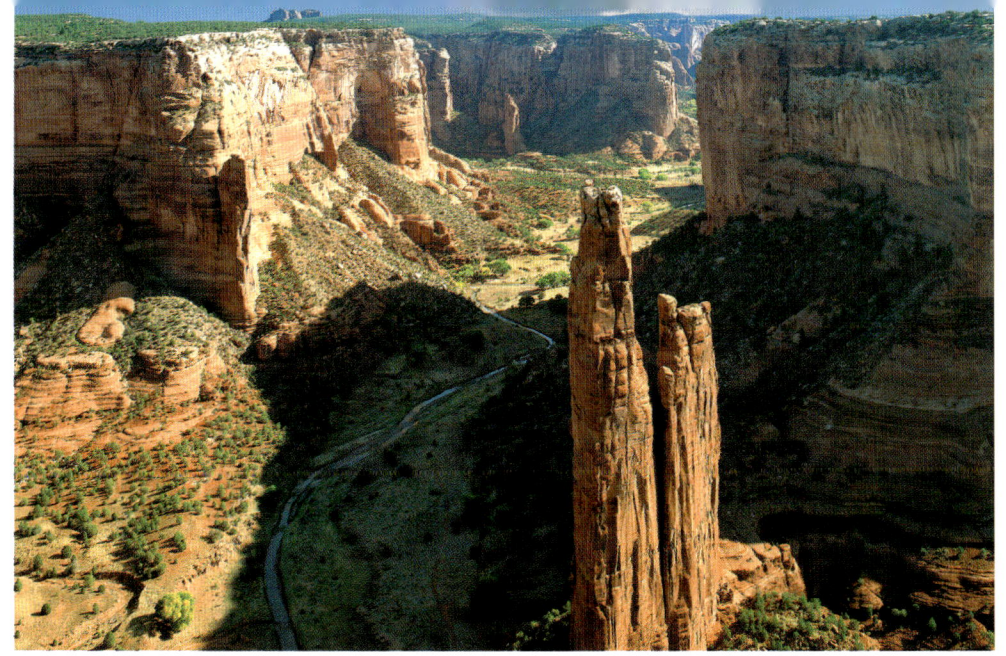

캐니언 드 셰이 미국, 애리조나 주, 친리 근방 | Canyon de Chelly

2천 년 이상의 역사를 지닌 유적이 있는 수려한 경관의 명소

캐니언 드 셰이는 애리조나 주 북동쪽 모퉁이에 위치한 340km² 규모의 협곡으로, 숨 막힐 정도의 아름다운 경관을 자랑하는 곳이다. 이곳은 북아메리카에서 가장 커다란 아메리카 원주민 보호구역인 나바호랜드의 일부로, 높이 솟은 사암 절벽과 웅장한 암석 기둥이 매혹적인 절경을 이룬다.

세 개의 인상적인 협곡은 천연 기념물로 지정되어 있다. 캐니언 드 셰이, 캐니언 델 무에르토, 모뉴먼트 캐니언으로, 이곳에는 놀라운 고대 유적이 풍부하다. 푸에블로 족의 조상인 아나사지 족은 4세기경 이 근방에 정착했는데, 이후 서로 다른 시대의 흔적인 100군데 이상의 고대 부락 유적이 발견되어 왔다. 대규모 고고학적 발굴 작업의 결과 중 가장 놀라운 면모는 단순한 단일 주거지에서 여러 층과 많은 방을 갖춘 저택까지, 아나사지 족이 지은 건물들의 다양성일 것이다. 특히 주목할 만한 건물은 2층의 '화이트 하우스'로, 위층의 긴 벽이 하얀 석고로 덮여 있기 때문에 이러한 이름을 얻었다. 이 거대한 건물에는 원래 네 개의 키바-의식에 쓰이는 중요한 방-를 비롯해 최대 여든 개에 달하는 방이 있었을 것으로 추정된다. 또 다른 놀라운 유적은 캐니언 델 무에르토에 있는 '머미 케이브'(미라 동굴)로, 3층 탑 안에서 두 구의 미라가 발견되었다. 사막 기후에서 강력하게 건조되어 미라들의 보존 상태는 상당히 좋으며, 손상되기 쉬운 유적지의 대다수가 보존될 수 있었던 것도 이러한 건조함 덕택이다.

아나사지 족은 13세기경 이주해 갔으며, 대략 300년쯤 전 나바호 족이 이곳에 정착하여 협곡의 평지를 경작하기 시작해 오늘날까지 계속되고 있다. 캐니언 드 셰이는 놀라운 자연의 아름다움이 살아 있는 곳이며, 포효하는 강물-지금은 말라 버렸지만-과 뜨거운 바람이 만들어 낸 흐르는 듯한 형상의 바위들을 비롯해 자연이 창조해 낸 드라마틱한 정경이 숨쉬는 곳이자, 문화유산이 남아 있는 장소이다. **TP**

O. K. 목장

미국, 애리조나 주, 툼스톤 | O.K. Corral

거친 서부 개척 시대, 가장 유명한 총싸움이 일어난 배경

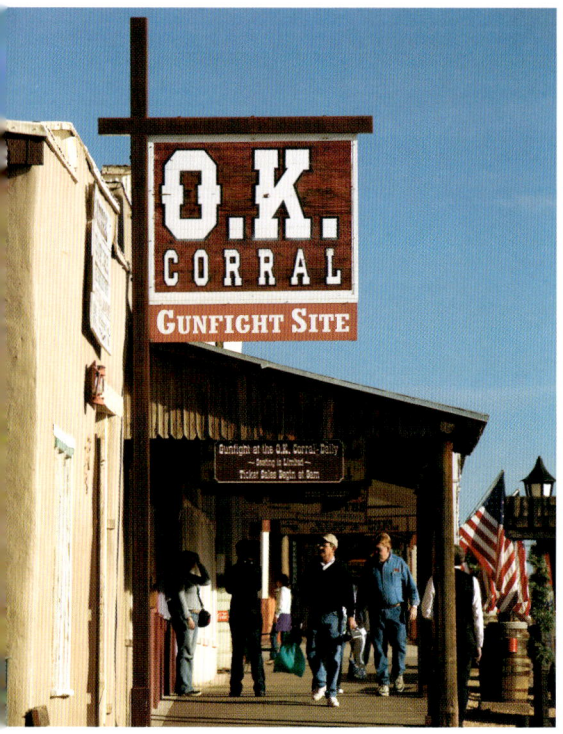

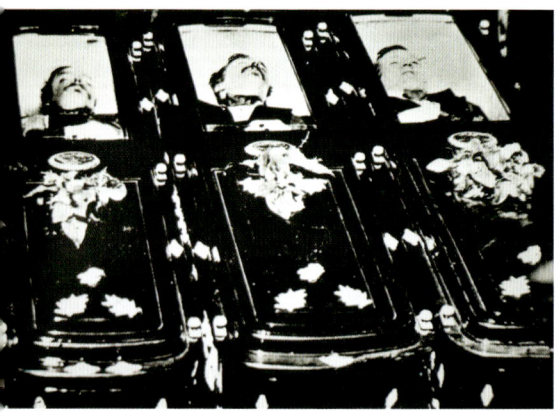

애리조나 주 툼스톤의 오래된 서부 마을은 O. K. 목장이 위치한 곳이다. O. K. 목장을 유명하게 만든 서른두 발의 총싸움은 사실 먼지투성이 목장 바로 뒤에 있는 작은 공터에서 벌어졌다. 정찰꾼이자 채광꾼인 에드 시펠린이 1877년 불모의 사막 지대에 툼스톤 시를 세웠는데, 그는 여행 중에 은광을 발견했다. 초기에 세워진 광산 도시들이 다 그렇듯, 툼스톤도 법과 무법이 아슬아슬한 균형을 이루는 곳이었다. 특히 이 부근에는 통칭 '카우보이'들이라 불리던 커다란 무법자 일당이 살았는데, 이들은 수많은 다양한 범죄에 연루되곤 했다.

1880년 버질 어프가 보안관이 되었고, 그는 자신의 형제인 와트와 모건을 부관으로 임명했다. 1881년 어프 형제들과 카우보이인 클랜턴과 맥로리 형제, 그리고 코치즈 카운티의 군 보안관 존 비헌 사이에 불화가 생겼다. 두 파 사이에 긴장이 고조되어 갔고, 이는 독 홀리데이가 아이크 클랜턴과 싸우면서 점점 심각해져 갔다. 버질 어프와 그의 형제들은 클랜턴과 맥로리 형제들을 무장 해제시키기로 결심하고(툼스톤에서 무기 소지는 불법이었다) 빈터 #2까지 그들을 추격했다. 첫 번째 총성이 울린 지 30초 만에 빌리 클랜턴, 프랭크 맥로리, 톰 맥로리가 사망했고 버질과 모건 어프, 독 홀리데이는 부상을 입었다.

O. K. 목장은 과거 서부 개척 시대에 일어난 다양하고 화려한 사건들 중 하나가 일어났던 장소일 뿐이며, 이러한 사건들은 할리우드를 통해 상당히 미화되어 왔고 미국 역사의 독특한 단면을 이루고 있다. **TP**

☒ O. K. 목장을 방문하는 이들은 유명한 총격전이 벌어진 자리를 굳이 찾아볼 필요가 없다. 자랑스럽게 표시되어 있으니 말이다.

☒ 짧았던 싸움 이후 톰과 프랭크 맥로리, 빌 클랜턴의 시체는 전시되어 있다.

키트 카슨의 집

미국, 뉴멕시코 주, 타오스 | Kit Carson's Home

개척자의 전설 키트 카슨이 결혼 생활을 했던 집

이 소박한 어도비 벽돌집은 미국의 전설적인 변경 개척자 크리스토퍼('키트') 휴스턴 카슨이 25년 이상 살았던 곳이다. 그는 1843년경, 권력 있는 지역 유지 가문 출신인 젊은 아내 조세파 자마릴로를 위한 결혼 선물로 이 집을 샀다. 원래 이 집은 조세파의 친척 중 한 사람이 소유하고 있던 것으로, 카슨이 보기에는 괜찮은 거래였다.

카슨은 1826년경 뉴멕시코 주에 처음 왔으며, 타오스를 베이스캠프로 삼아 모피를 얻기 위해 덫을 놓으며 멀리까지 탐험하러 다녔다. 서쪽으로는 캘리포니아 주까지, 나중에는 콜로라도 주의 로키 산맥까지 여행했으며, 서부의 변경 지대를 넘나들었다. 그는 많은 인디언 족과 친분을 맺었고, 처음의 두 아내는 아라파호와 셰이

> "우리는 자유롭게 돈을 쓰며 근사한 시간을 보냈다 – 목숨이 위험에 처해 있다는 생각은 결코 하지 않았다."
>
> 개척자, 키트 카슨

엔 부족 출신 여인이었다. 카슨은 육군 장교이자 탐험가인 존 C. 프리몬트를 위하여 일했는데, 그가 남긴 회고록은 카슨을 미국 민중 영웅의 반열에 올려놓았다. 카슨은 멕시코–미국 전쟁 동안에도 적극적으로 활동했으며, 미군 대장 스티븐 키어니의 병력을 뉴멕시코 주에서 캘리포니아 주로 이끌었다. 1843년 그는 타오스로 돌아와, 조세파와 결혼하여 키트 카슨 로드(전에는 타오스 캐니언 로드로 불리었다)에 있는 집에서 살았다.

이 지역 프리메이슨 지부에서 키트 카슨의 집을 보존하기로 결정했으며, 1910년 뉴멕시코 주의 총본부에서 집과 토지를 사들였다. 이후 키트 카슨의 집은 복원되어 박물관이 되었다. **TP**

총독 관저

미국, 뉴멕시코 주, 샌타페이 | Governors' Palace

뉴멕시코 주 역사 심장부에 위치한 곳

샌타페이에 있는 총독 관저는 지속적으로 사용되어 온 건물 중 미국에서 가장 오랜 역사를 지니고 있다. 어도비 벽돌로 된 이 길고 낮은 건물은 뉴멕시코 주 영토 주권을 두고 일어난 다툼과 연관된, 수많은 중요한 역사적 사건의 중심지에 있었다. 1610년, 스페인이 다스리는 영토의 총독이었던 돈 페드로 데 페랄타가 샌타페이 시를 세우고 총독 관저를 짓기 시작했다. 이 무렵 텍사스, 네바다, 유타, 콜로라도, 애리조나, 캘리포니아, 뉴멕시코 주를 포함한 미국 남서부 거의 모든 땅은 강력한 '뉴 스페인'에 속해 있었다. 세월이 흐르면서, 1680년의 푸에블로 반란을 시작으로 총독 관저와 뉴멕시코 주 영토의 주인은 계속 바뀌어 왔다. 푸에블로 족의 봉기와 마주한 스페인 사람들은 달아났고, 총독 관저를 차지한 푸에블로 원주민들은 이곳을 주거지로 사용했다. 1692년부터 1693년까지 돈 디에고 데 바르가스를 선두로 한 스페인 측이 재정복에 나서 샌타페이와 총독 관저는 다시금 총독이 거주하는 자리가 되었다.

멕시코 독립전쟁(1810~1821) 동안 멕시코인들이 샌타페이를 차지했고, 이 도시는 멕시코 영토의 수도가 되었다. 1846년 미국은 멕시코에 전쟁을 선포했고, 키어니 대장은 샌타페이로 군대를 이끌고 가 샌타페이와 뉴멕시코 주를 점유했다. 이후 남북전쟁(1861~1865) 중, 남부 연방이 이곳을 지역 작전 본부로 사용하면서, 총독 관저에 들어선 정부에는 짧은 기간 동안 또다시 변화가 있었다.

1909년 총독 관저는 이 지역의 풍요로운 역사와 문화를 홍보하고 남서부 아메리카 원주민들의 예술과 공예품을 알리려는 목적의 뉴멕시코 박물관이 되었다. 이곳은 뉴멕시코 주의 역사와 샌타페이의 발전 과정은 물론, 전체적인 미국의 역사에서도 중요한 자리를 차지하고 있다. **TP**

딜리 플라자 미국, 텍사스 주, 댈러스 | Dealey Plaza

존 F. 케네디 대통령이 암살당한 장소

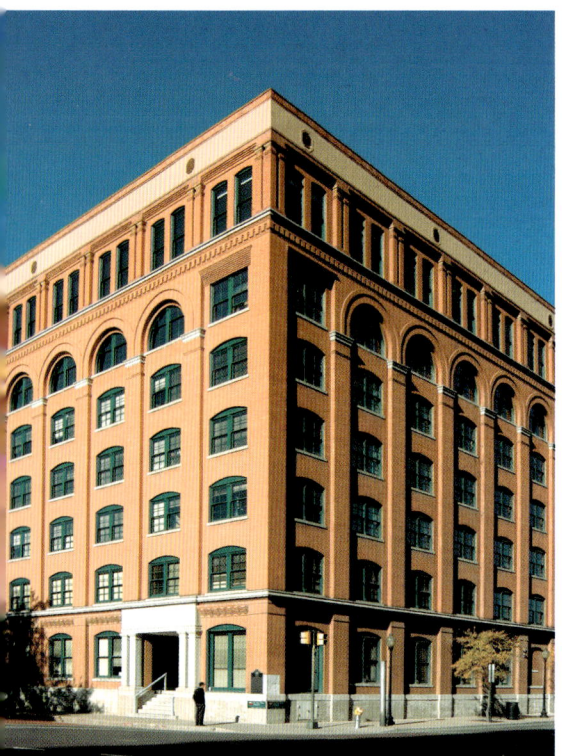

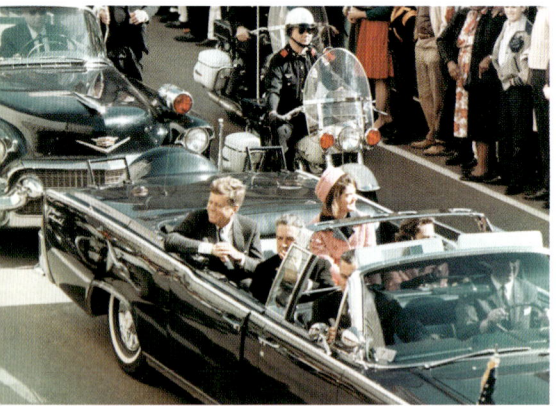

1963년 11월 22일이라는 날짜를 잊어 버릴 사람은 거의 없을 것이다. 이날은 텍사스 주 댈러스 시내에 있는 딜리 플라 자에서 존 F. 케네디 대통령이 암살당해 갑작스레 연대기 속에 등장하게 되는 날이다.

많은 역사 조각상과 기념물이 모여 있는 이 광장이 위치한 부지는, 원래 시에서 3중 지하도를 건설하기 위해 구 입한 것이다. 엘름 가, 메인 가, 커머스 가라는 세 주 요 도로가 이곳에서 서로 만나 철도 아래로 지나간다. 지 하도는 1936년에 개통되었으며, 위편의 넓은 공원 지역 에는 텍사스 오크 나무를 심어 조경했다. 이러한 사업 계 획은 대부분 댈러스 모닝 뉴스 지의 발행인 조지 배너맨 딜리 덕택이었고, 따라서 공원은 그의 이름을 따 명명되 었다. 인상적인 현대풍 마천루가 이 지역을 일부 둘러싸 고 있지만, 광장 자체는 거의 변하지 않은 상태이다. 1933년 역사 유적으로 지정됨에 따라 이곳을 1963년의 모습 그대로 복원하자는 계획이 있어 왔다. 북쪽의 그래 시 놀 – 무수한 음모론의 중심지가 되어 온 잔디 제방 – 은 전 텍사스 교과서 보관창고의 소유로, 케네디가 암살되 던 당시 그의 위편 오른쪽에 있었다.

상당한 논란 속에서, 리 하비 오스왈드가 그 치명 적인 총알을 발사했던 건물인 전 텍사스 교과서 보관창 고는 꼭대기의 두 층을 존 F. 케네디의 삶과 그의 시대에 바치는 '식스 플로어 박물관'으로 개조했다. 딜리 플라자 와 식스 플로어 박물관은 이후 계속해서 방문자가 몰려 드는 장소가 되었다. **TP**

◪ 전 텍사스 교과서 보관창고는 오스왈드가 숨어 있던 장소로 알려지면서 거의 아이콘적인 지위에 올랐다.

◪ 암살 몇 분 전의 순간, 대통령의 자동차 퍼레이드 행렬이 구경하는 댈러스 주민들 사이를 지나간다.

알라모 선교원 미국, 텍사스 주, 샌안토니오 | Alamo Mission

악명 높은 알라모 전투의 장소이자 데이빗 크로켓의 사망지

샌안토니오 한복판의 견고하고, 하얗고, 요새화된 건물인 알라모 교회의 오래되고 두꺼운 벽은 아이러니로 점철된 일그러진 과거를 감추고 있다. 이곳은 본래 아메리카 인디언들에게 기독교를 전파하고 평화를 설교하기 위한 선교원으로 세워졌건만 - 결국은 군사 요새가 되어 피비린내 나는 전투의 배경이 되었다.

알라모 선교원은 1718년경에 설립되었으며, 현재의 부지가 선정된 것은 1724년이었다. 선교원은 처음에는 번영했으나, 서서히 기울어지기 시작한 끝에 1793년에는 문을 닫았고 이 땅은 원주민들에게 반환되었다. 1803년 스페인 기병대가 건물을 차지해서 코아우일라에 있는 자신들의 고향 도시 알라모 데 파라스와 그곳의 미루나무(알라모는 스페인어로 미루나무라는 뜻이다)를 따온 이름을 붙였다. 그 이후 몇 십 년간은 멕시코의 한 군대가 이 오래된 선교원을 점령했고, 1836년 이곳은 텍사스 혁명에서 빼놓을 수 없는 부분 - 알라모 전투가 일어난 곳 - 이 된다. 1835년 12월, 5일간의 전투 끝에 텍사스인들이 알라모를 탈환하면서 멕시코 군대를 몰아냈다. 그러나 1836년 2월, 안토니오 로페즈 데 산타 안나 장군이 이끄는 약 6천 명의 멕시코 군대가 알라모를 기습하여 윌리엄 B. 트래비스 대령과 그의 부하 173명을 급습했다. 텍사스인들은 13일간 싸웠고, 그동안 서른두 명의 지원병이 합세하기는 했으나, 결국 정복당하여 모두 학살당했다. 유명한 개척자 데이비드 크로켓도 그중 하나였다.

이 전투 이후 오래된 선교원은 쇠락의 길을 걷게 되었고, 소유권을 두고 분쟁이 자자했다. 1905년 텍사스 주가 이곳을 사들여 '텍사스 공화국의 딸들'이라는 단체에 관리를 맡겼으며, 텍사스 역사의 중요한 부분인 알라모 선교원은 오늘날도 이 단체가 보존하고 있다. **TP**

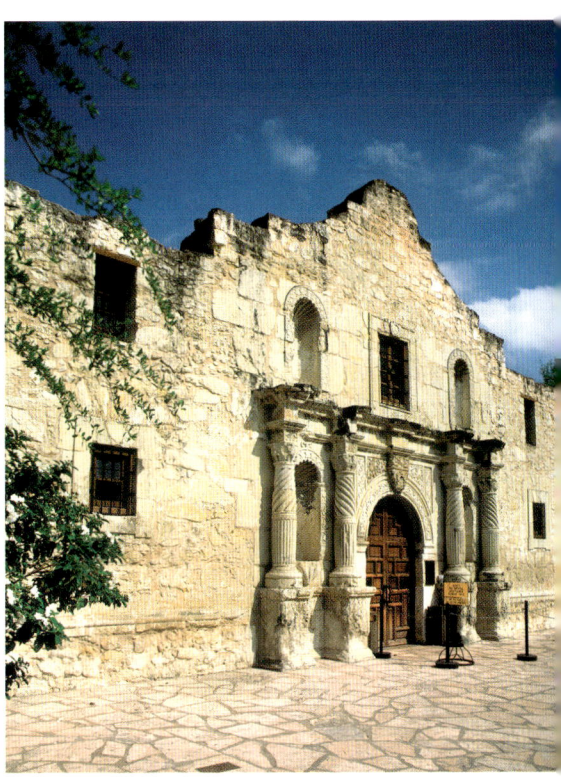

↗ 텍사스 혁명파로부터 알라모를 빼앗기 위해 6천 명 이상의 멕시코 군사가 파견되었다.

⊡ 금속 기념판이 미국 시민들에게 텍사스 주의 독립을 위해 싸웠던 이들을 추모하도록 이끈다.

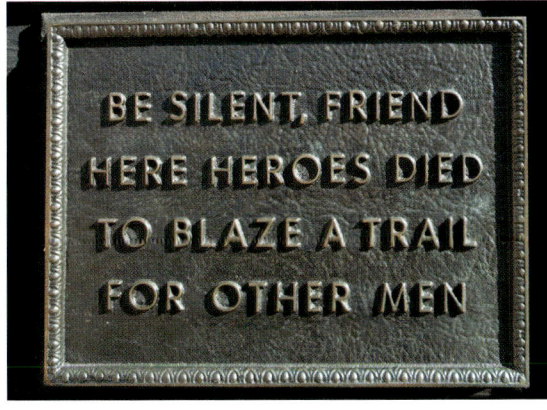

BE SILENT, FRIEND
HERE HEROES DIED
TO BLAZE A TRAIL
FOR OTHER MEN

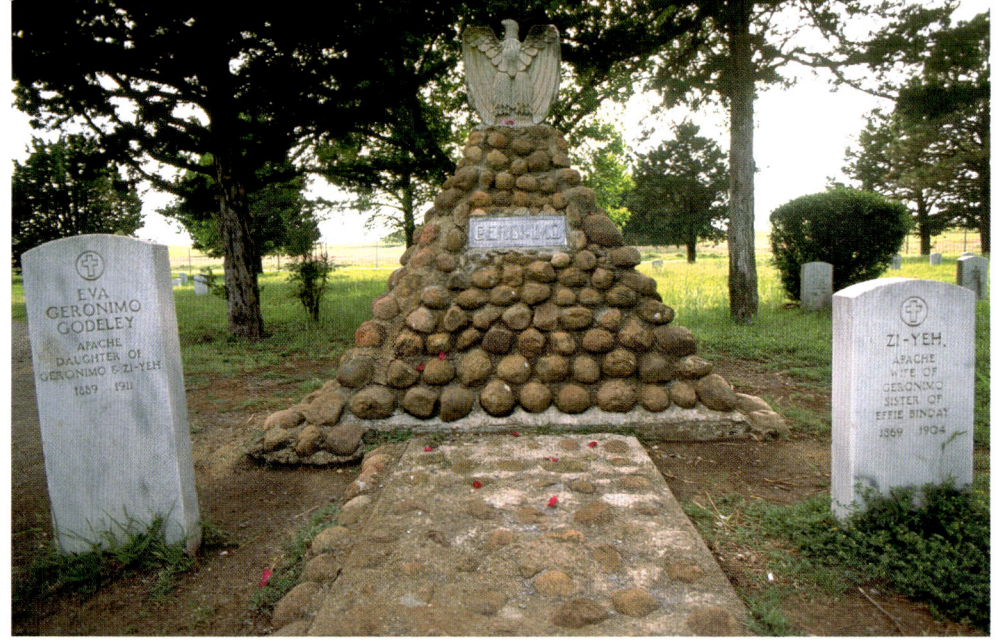

실 요새 군사 보호구역 미국, 오클라호마 주, 실 요새 | Fort Sill Military Reservation

악명 높은 레드 리버 작전이 수행된 장소

오클라호마 주 위치토 산기슭에 있는 역사적인 장소 실 요새는 복잡다단한 과거를 지니고 있다. 오늘날 이곳은 미군 포병대 주둔지이다. 1869년, 필립 H. 셰리던 소장이 이 요새를 세웠다. 원래는 캠프 위치토라 불렀는데, 셰리던이 작전 수행 중에 사망한 자신의 친구 조슈어 W. 실 준장을 기리는 뜻에서 실 요새라는 이름을 붙였다.

셰리던은 적대적인 남부 평원 부족들이 캔자스와 텍사스 주 국경의 정착촌을 급습하는 일을 막기 위해 아메리카 원주민 영토에서 군사 행동을 벌이기 위한 기지로 이 요새를 이용했다. 요새가 세워진 지 얼마 지나지 않아 율리시스 그랜트 대통령은 실 요새의 군인들이 아메리카 원주민을 공격하지 못한다는 내용의 평화 정책을 승인했다. 따라서 이들 족속은 즉각 다시 국경 지대를 습격하게 되었다.

1870년 최초의 목조건물들을 대신하여 석조건물들이 들어서게 되었고, 이중에는 돌로 된 방어 진지를 비롯한 수비용 건물들이 있었다. 1874년 남부의 셰이엔, 코만치, 카이오와 족이 다시 싸움을 시작했고, 뒤이어 실행된 일 년간의 레드 리버 군사 작전으로 미국군대는 원주민들을 완전히 정복했다. 작전이 끝나갈 무렵, 요새는 법을 집행하는 데에 사용되었고, 1894년 이 주변에는 제로니모를 비롯한 다른 아파치 족 포로들이 수용되었다. 제로니모는 나중에 여기서 죽었다. 변방이 사라지고 서부 정착민들이 늘어나자, 요새는 기병대 기지에서 포병 기지로 바뀌었고, 여전히 활발하게 임무를 다하고 있다. **TP**

"우리는 모두 같은 신의 아이들이다. 태양, 어둠, 바람이 모두 우리가 하려는 말에 귀 기울이고 있다."

치리카후아 아파치 군사 대장 제로니모

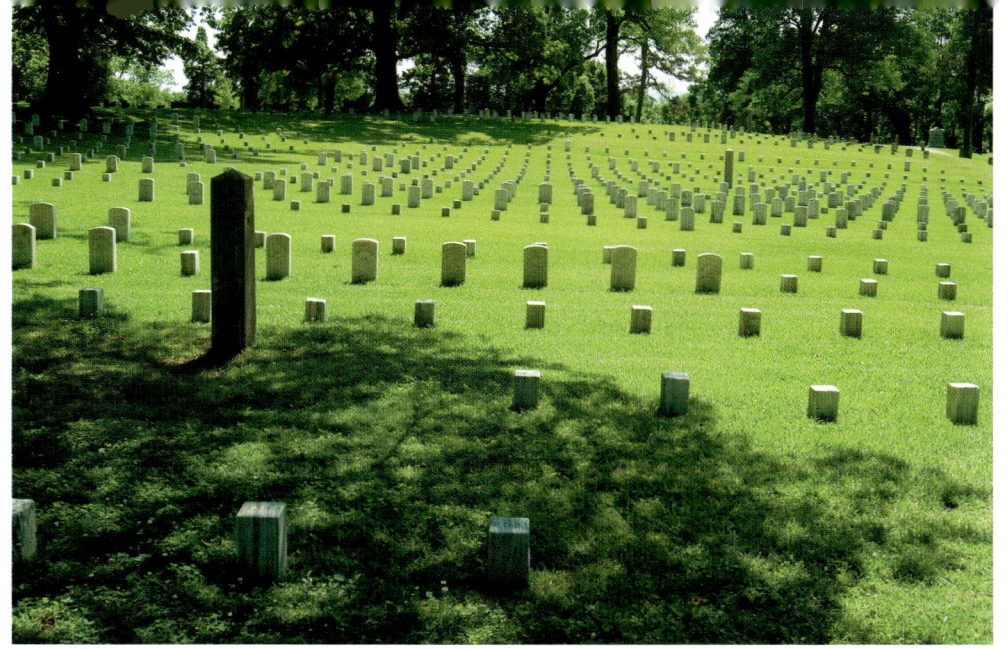

실로 전투지 미국, 테네시 주, 사배나 부근 | Shiloh Battlefield

격렬한 남북전쟁 전투가 벌어진 곳

테네시 주 남서부의 실로 전투지는 남북전쟁의 전투지 중에서 가장 잘 보존되어 있는 곳이며, 미국에서 최초로 지정한 다섯 개의 군사공원 중 하나이기도 하다. 실로 전투지는 1,619헥타르 이상 펼쳐져 있으며, 이 혈투에 참여했던 여러 주(州)와 연대를 기념하는 150개 이상의 기념비가 들어서 있다. 이곳이 잘 보존되어 있는 까닭은 공원 지역을 가로질러 난 주요 도로가 없기 때문이다. 16km의 드라이빙 투어 코스가 있을 뿐이다.

실로 전투는 이틀간 벌어졌는데, 이는 앨버트 시드니 존스톤과 피에르 귀스타브 투탕 드 보르가르가 이끄는 남부 연방과, 율리시스 S. 그랜트의 지휘 아래 승리를 거둔 국가 연방 양쪽에 막대한 인명 피해를 가져왔다. 이는 남북전쟁 중 일어난 전투 중, 서부 전역(미시시피 강 동쪽이자 애팔래치아 산맥 서쪽)에서 벌어진 최초의 주요 격전 중 하나였다. 실로 전투 이후, 국가 연방 군사들은 마을과 중요한 철도 환승역들을 점령하며 코린트로 진군했다. 이 지역은 실로 국립 군사공원에 편입되었다.

전투가 끝난 후 사망자들은 쓰러진 자리에 그대로 매장되었으나, 1894년 12월 27일, 이곳이 국립 군사공원으로 지정되면서 국가 연방 병사들을 위하여 실로 국립 묘지가 만들어졌다. 남부 연방 군사들은 처음에 묻힌 그대로, 대규모 공동묘지에 남아 있다. 히브리어인 이 공원의 이름 '실로'는 '평화'를 뜻한다. **TP**

"너무도 상쾌하고, 평화롭고, 조용한 안식일 아침이었다. 귓전에는 어떤 소리도 들리지 않았다."

아이오와 주 제15연대, 제임스 G. 데이 대위

그레이스랜드 미국, 테네시 주, 멤피스 | Graceland

엘비스 프레슬리의 전설적인 집

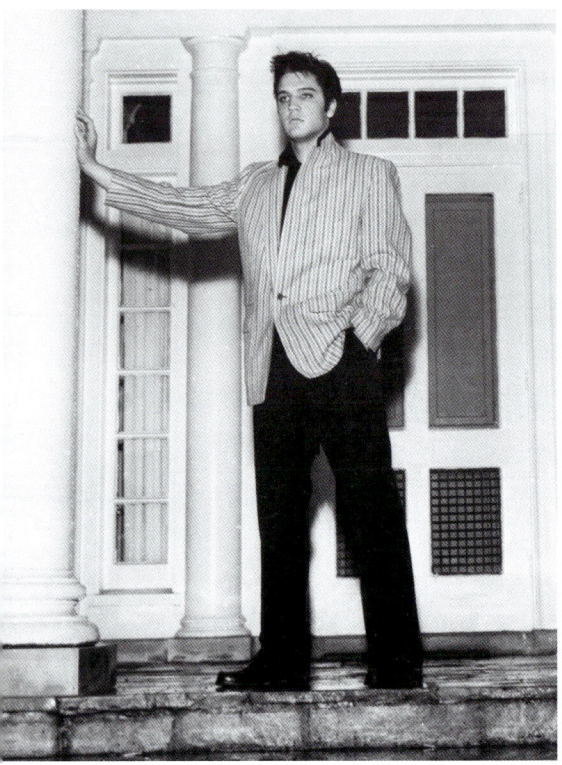

엘비스 프레슬리의 명성과 인기는 결코 사그라지지 않을 것이다. 그의 음악은 20세기의 음악계를 바꾸어 놓았으며, 할리우드에서 보낸 삶과 죽음으로 엘비스 프레슬리는 엔터테인먼트 산업에서 가장 유명하고 영원히 남을 인물이 되었다. 그레이스랜드는 그가 20년 동안 살며 가장 많은 시간을 보냈던 집이었으며, 이곳은 그의 정체성을 구성하는 필수적인 부분이 되었다.

엘비스는 하얀 기둥이 서 있는 이 으리으리한 저택을 1957년에 구입했고, 부모인 버넌과 글래디스 프레슬리와 함께 살았다. 그의 사랑하는 어머니는 이듬해 죽어 그레이스랜드에 묻혔다. 2년 후 버넌은 재혼하여 새 아내인 디 스탠리를 집에 들였다. 이런 상황은 당연히 곤란하기 마련이었고, 마침내 엘비스는 그들을 근처의 다른 집에 살도록 했다. 엘비스가 성인이 된 후의 삶은 대부분 그레이스랜드의 담 안에서 펼쳐졌고, 그의 인생과 그가 살았던 시대를 자세하게 담아낸 몇 편의 책도 이곳을 배경으로 하고 있다. 1967년, 그레이스랜드에서 5년간 동거한 후, 그는 프리실러 보리우와 그 유명한 결혼식을 올렸다.

1977년 엘비스가 이 집의 욕실에서 사망한 이후, 프리실러가─이때는 이미 엘비스와 이혼한 후였다─부동산의 관리를 맡았으며, 이곳을 돈을 벌어들이는 사업거리로 바꾸었다. 1982년 이곳은 대중에게 공개되었고, 2006년에는 이 부부의 딸인 리사─마리가 그레이스랜드의 경영을 엔터테인먼트 회사에 넘겼는데, 지금 이 회사는 이곳을 더 큰 관광 명소로 탈바꿈할 계획을 하고 있다.

그레이스랜드가 미국에서 백악관 다음으로 많은 사람이 찾는 개인 주택이라는 최근의 통계는 이곳의 문화적인 중요성을 반영하는 결과이다. **TP**

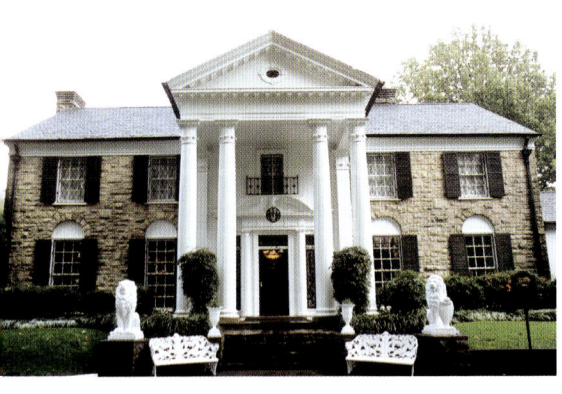

◧ 엘비스는 1957년의 넘버 원 히트곡인 〈하트브레이크 호텔〉이 올린 수익 덕분에 그레이스랜드를 현찰로 구입할 수 있었다.

◲ 웅장한 고전주의적 포티코를 갖춘 그레이스랜드는, 맨션이라기보다 오히려 남부의 커다란 식민지풍 저택에 가깝다.

마틴 루터 킹 주니어의 생가 미국, 조지아 주, 애틀랜타 | Martin Luther King Jr.'s Birthplace

세계에서 가장 중요한 인권 운동가 중 하나인 마틴 루터 킹의 집

마틴 루터 킹 주니어는 20세기 미국 인권 운동을 이끈 가장 유명한 인물이다. 그의 헌신적인 활동으로 1964년 미국에서 시민 권리에 관한 법률이 제정되었으며, 그는 같은 해 노벨 평화상을 수상했다. 1965년 미국 유태인 위원회는 평등과 자유를 위한 그의 업적을 인정하여 미국 자유의 메달을 선사했다. 비극적인 일이지만, 그는 1968년 임실딩했다. 킹이 태어나고 삶의 많은 시간을 보낸 조지아의 오번 지역은 국립 사적지로 지정되어 보존되고 있다.

킹은 1929년 1월 15일, 오번 대로의 집 2층에서 태어났다. 아홉 개의 방이 있던 우아하면서도 소박한 집은 킹의 할아버지 소유였는데, 아프리카 계(系) 미국인이 주로 거주하는 지역 중심부에 위치하고 있었다. 이곳은 스위트 오번이라 알려지게 되었으며, 흑인들이 경영하는 사업이 번창하면서 부유한 지역이 되었다. 오늘날 이 지역은 예전 그대로 보존되어 대부분 킹이 살던 시대의 모습을 간직하고 있다. 집에서 그리 멀리 떨어지지 않은 곳에 에벤에저 침례교회가 있었는데, 그의 아버지는 이곳의 설교사였으며 킹 주니어 자신도 8년이라는 세월 동안 아버지와 함께 설교를 맡았다. 교회 맞은편에는 '비폭력적인 사회 개혁을 위한 마틴 루터 킹 센터'가 있어, 지금도 킹이 했던 일들을 계속해 나가고 있다. 교회 서쪽에는 킹의 묘소가 있다. 주변 풍경이 비치는 연못에 둘러싸인 하얀 대리석 기념비 모양이다.

킹이 태어난 곳은 1930년대에 보였을 법한 모습대로 복원되었다. 이곳은 인권 운동의 역사에서 가장 중요한 한 장(章)이 시작되었음을 알리는, 모든 세대와 모든 인종이 간직해야 할 역사의 한 부분이다. **TP**

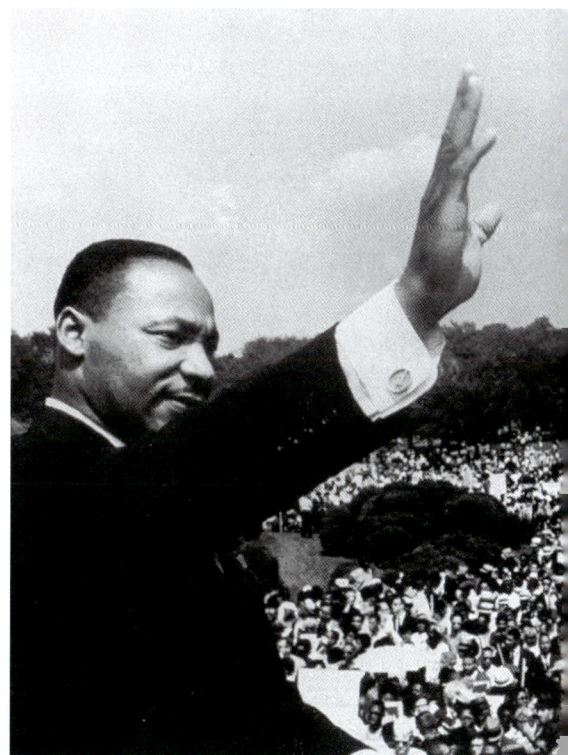

⬀ "나에겐 꿈이 있습니다"라는 연설을 한 1963년 8월 28일, 마틴 루터 킹이 군중들에게 손을 흔들고 있다.

⬂ 애틀랜타의 오번 대로 501호는 이 도시의 마틴 루터 킹 국립 사적지를 이루는 중요한 부분이다.

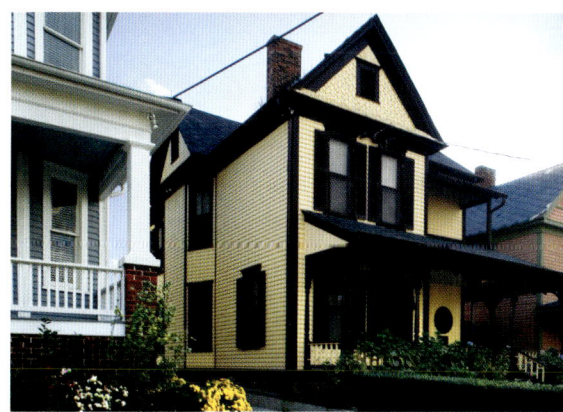

라이트 형제 국립 기념관 미국, 노스캐롤라이나 주, 킬 데빌 힐즈 | Wright Brothers National Memorial

세계 최초의 비행기가 날아오른 곳

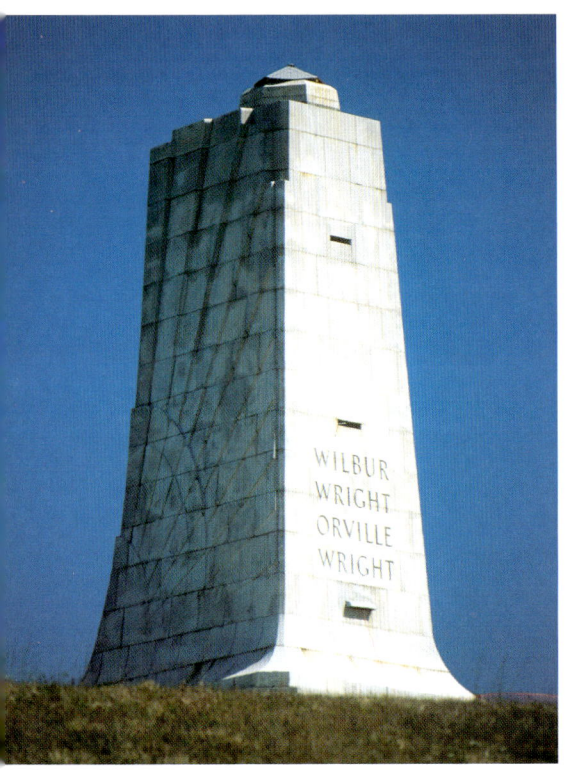

"…두려움 없는 결단과 꺾을 수 없는
신념에서 얻어진 천재적인 재능에서
착상되었다."

라이트 형제 기념관에 새겨진 글귀

⬆ 킬 데빌 힐즈의 라이트 형제 국립 기념관은 이들의 창조력과
대담함을 기념한다.

⬇ 오빌은 1911년에 제작한 글라이더를 조종하여 킬 데빌
힐즈의 모래 언덕을 넘어 키티 호크 타운으로부터 6.5km
거리를 비행했다.

킬 데빌 힐즈는 1953년에 탄생했지만, 이 도시가 유래 없는 중요한 사건을 목격하게 된 것은 여러 해가 지나서였다. 노스캐롤라이나 주의 아름다운 해안가에 위치한 킬 데빌 힐즈는-해적들이 마시는 독한 밀조(密造) 위스키의 이름을 딴 지명이다-대서양의 반짝이는 물결과 높이 줄지어선 커다랗고 완만한 모래 언덕 사이에 위치해 있다. 선구자적인 두 명의 청년, 오빌과 윌버 라이트가 1900년대 초 사람들의 이목을 끈 것은 바로 여기에서였다.

그 당시 이 지역은 멀리 떨어져 고립되어 있었으며, 모래 언덕들이 있어서-어떤 것은 높이가 30.5m 이상이었다-라이트 형제가 글라이더를 시험해 보기에 이상적인 장소였다. 이 지역에 부는 변덕스럽지 않은 바람도 수월한 비행에 커다란 도움이 되었다. 여러 대의 글라이더를 설계하고 제작하고 날려 본 끝에, 1903년 이들은 엔진이 달린 '라이트 플라이어'를 제작했으며, 12월 17일, 오빌은 이 비행기에 타 최초로 비행함으로써 항공 역사를 창조해 냈다. 라이트 형제는 비행을 성공시킬 수 있는 것은 동력보다 비행기 조종술을 완벽하게 익히는 데에 있다는 사실을 깨달았다.

두 형제는 그날 각각 짧은 비행을 성공시켰으며, 다섯 명의 관중이 이를 지켜보았다. 아이러니하게도 마지막 비행이 끝난 후 바닥에 놓인 비행기는 갑작스런 바람에 휩쓸려 땅 위를 굴러가, 커다란 손상을 입었다. '라이트 플라이어' 호는 이후 복원되어 전시되었지만, 다시는 날지 못했다. 그러나 두 형제는 곧 이를 대체할 '플라이어 Ⅱ'를 만들어 냈다.

두 형제의 공적과 용기를 기념하기 위하여 화강암으로 지은 기념관-라이트 형제 국립 기념관-이 1932년에 세워졌다. 라이트 형제는 작은 나무 창고에 살았는데, 이 옆에 있던 또 하나의 나무 건물은 나중에 세계 최초의 비행기 격납고가 되었으며, 두 건물 다 예전 사진에 기초하여 그 자리에 재건축되었다. 게다가 모래 언덕을 넘어 비행했던 경로도 표시되어 있다. **TP**

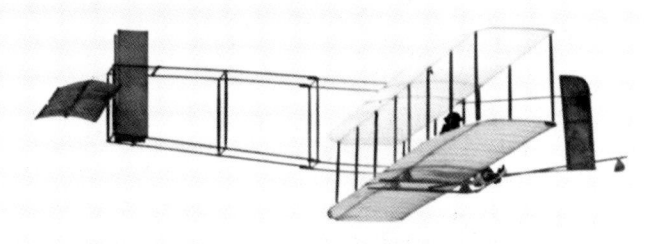

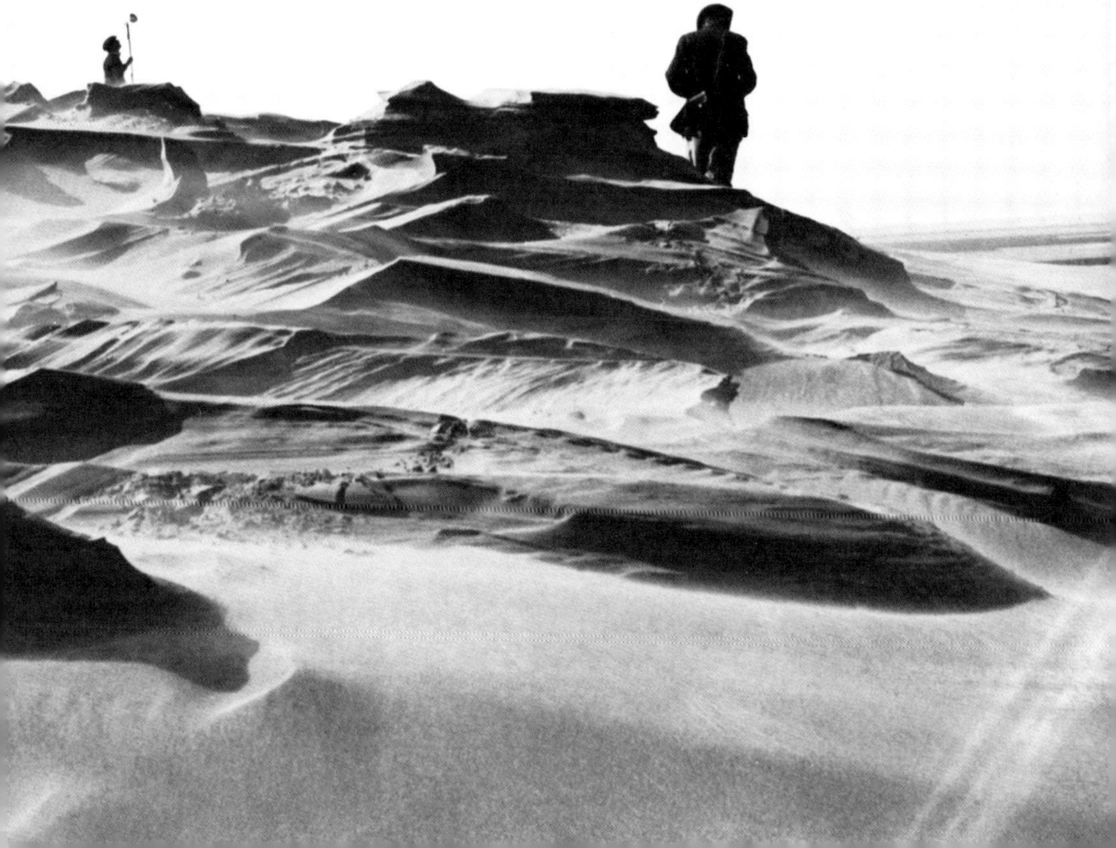

섬터 요새

미국, 사우스캐롤라이나 주, 찰스턴 하버 | Fort Sumter

남북전쟁 역사의 한 단편

섬터 요새는 1827년 찰스턴 항구를 방어하기 위한 수단 중 하나로 설계되었다. 요새가 생긴 것은 부분적으로는 1812년 영국과의 전쟁을 통해서였는데, 해안선과 항구가 외부의 공격에 얼마나 취약한지 밝혀졌기 때문이다. 섬터 요새는 미국 남북전쟁의 시작을 지켜보게 된다.

1829년 항구 입구에 인공으로 섬을 조성하면서 건설이 시작되었다. 거대한 요새가 이 위에 지어졌는데, 최저 수위점으로부터 15m의 높이로 자랑스럽게 우뚝 서 있고 1.5m 두께의 벽이 둘러싸고 있다. 국가 연방의 암스트롱 소령이 두 개 중대를 요새로 이끌고 들어왔던 1860년 12월에도 이 대규모 사업은 아직 끝나지 않은 상태였다. 암스트롱은 사우스캐롤라이나 주의 정치적 상황이 점점 더 악화되고 있었기 때문에 부하들과 함께 파견되었다. 남부 연방은 즉시 요새에서 철수할 것을 요구했지만, 암스트롱은 거절했다. 에이브러햄 링컨 대통령이 취임한 다음날인 1861년 3월 5일, 암스트롱은 새 대통령에게 요새의 물자가 떨어져 가고 있다는 전갈을 보냈다. 링컨이 채 보급선을 보내기도 전에 남부 연방은 요새에 포격을 개시했다. 이후 미국 역사에서 가장 잔혹한 장면 중 하나로 꼽히게 될 전투가 시작되었다. 서른여섯 시간 동안 계속된 포격전 끝에, 암스트롱과 그의 부하들은 항복했고 쫓겨났다. 남부 연방이 요새를 탈환했고, 마침내 국가 연방군이 그들의 힘을 능가하게 되기 전까지, 4년간 요새를 차지하고 있었다.

19세기 말경, 섬터 요새는 글자 그대로 돌무더기에 지나지 않는 꼴이 되어 버렸으며, 몇 년간 무인 등대로 이용되었다. 1898년경 요새의 재건축과 복원 작업이 시작되었고, 양차 세계대전 중에는 군사 요새로 사용되었다. 현재 섬터 요새는 대중에게 공개되어 있으며 미국 국가 기념물로 지정되었다. **TP**

어니스트 헤밍웨이의 집

미국, 플로리다 주, 키 웨스트 | Ernest Hemingway Home

노벨상 수상 작가의 집

어니스트 헤밍웨이(1899~1961)는 단편 소설 「노인과 바다」로 1953년 퓰리처 상을, 1954년에는 노벨 문학상을 수상했다. 기자이자 작가였던 그는 글을 통해서뿐만 아니라 화려한 생활로도 잘 알려져 있었다. 전쟁 영웅이자 뼛속부터 마초맨이었던 헤밍웨이는 술을 잘 마시고, 네 명의 아내를 두었으며, 낚시, 복싱, 사냥, 투우, 무엇보다 히스패닉을 좋아했던 것으로 유명했다. 그의 때 이른 죽음 또한 인생만큼이나 극적이었다. 그는 예순한 살의 나이에 산탄총으로 자살했던 것이다.

> "모든 훌륭한 책들은, 실제로 일어났을 법한 일보다 더 진실하다는 면에서 서로 닮았다."
>
> 작가, 어니스트 헤밍웨이

헤밍웨이는 여행을 많이 했다. 1920년대에는 파리에 거주했고 나중에는 미국, 쿠바, 스페인을 돌아다녔다. 두 번째 아내인 패션지 기자 폴린 파이퍼와 함께 그는 1928년 플로리다 주의 키웨스트로 갔다. 1931년 그의 장인이 이곳에 집 한 채를 사 주었고, 헤밍웨이는 1961년까지 이곳에서 머무르곤 했는데 현재 이 집은 미국의 국립 사적지이다. 그는 이곳에서 유명한 작품 중 다수를 집필했고 마당에 직접 설치한 링에서 권투를 즐겼으며, 보트인 '필라' 호를 타고 플로리다 키스 제도에서 낚시를 했다.

저택은 1851년 스페인 식민지풍으로 지어졌다. 1938년 파이퍼가 남편에게 주는 선물로 만든 수영장은, 키웨스트 최초로 개인 주택에 딸린 수영장이었다. 이 집에는 타자기, 사진, 짐승 가죽 등 헤밍웨이가 남긴 물건들이 가득하다. 뿐만 아니라 방문자들은 이곳에서 헤밍웨이가 길렀던 애완 수고양이의 후손이라는 예순 마리 이상의 고양이들을 볼 수 있다. **CK**

케네디 우주 센터

미국, 플로리다 주, 메리트 섬 | Kennedy Space Center

날마다 과학의 역사가 창조되는 곳

케네디 우주 센터에서는 늘 역사가 만들어진다. 이곳은 현대 역사에서 가장 의미 깊은 순간 중 하나, 아폴로 11호를 발사하여 닐 암스트롱을 달로 보냈던 사건을 주관함으로써, 과거에 그랬던 것처럼 나사(미 항공 우주국)에서 진행 중인 발사 프로그램, 스페이스 셔틀 계획과 더불어 미래로 향하는 관문 역힐 또한 하고 있다. 1962년, 나사는 근간에 발표한 달 계획을 보다 수월하게 실행할 수 있도록 518km²이 넘는 메리트 섬의 부지를 얻었다. 바로 전 해, 존 F. 케네디 대통령은 1970년 이전에 반드시 최초의 인간을 달에 닿게 하겠다고 서약한 바 있는데, 이 도전은 목표보다 일 년이나 앞서 실현되었다. 이 지역은 원래 '런치 오퍼레이션 센터'로 알려져 있었는데, 케네디가 1963년 암살당한 후 그를 기리는 뜻에서 이름이 변경되었다.

새로운 발사 시설을 짓기 위한 작업이 곧 시작되었다. '런치 컴플렉스 39'는 바로 현재 나사의 활동이 이루어지는 센터이다. 이곳이 유일하게 케네디 우주 센터에서 현재 사용하고 있는 발사 시설이다. 다른 발사 시설은 모두 케이프 커내버럴 공군 기지(CCAFS)에 있다. 스페이스 셔틀(지금까지 다섯 대가 개발되었고 세 대가 남아 있는)은 현재 런치 컴플렉스 39에서 발사되며, 이는 현재 정부가 발사하는 유인 우주선이다. 케네디 우주 센터에는 셔틀 착륙 시설도 있다. 방문자 안내 센터에서는 이 시설 일부를 돌아볼 수 있는 코스를 운영한다.

플로리다 주의 이 작은 귀퉁이는, 우주의 경계를 넓혀간다는 의미에서 볼 때 의심할 여지없이 미국에서 가장 중요한 지역 중 하나이다. **TP**

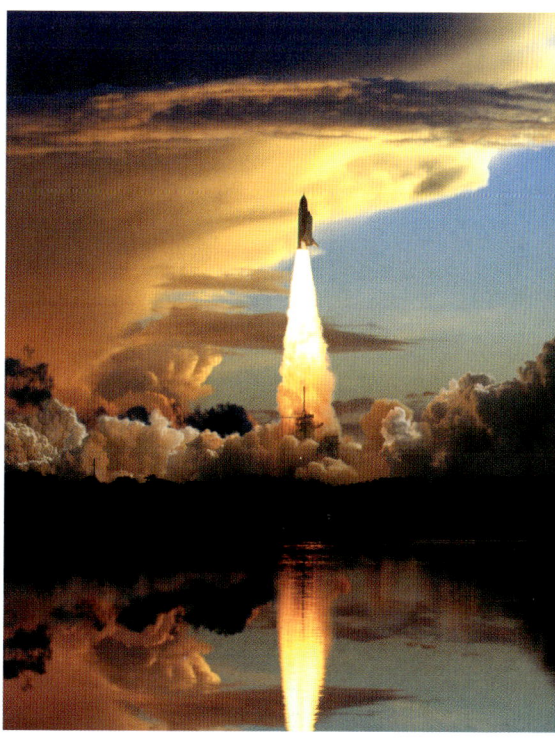

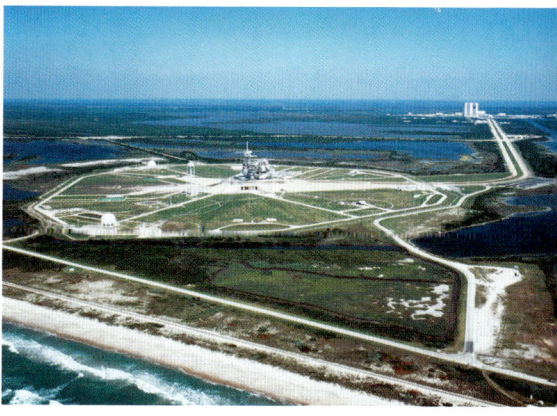

◰ 케네디 우주 센터의 런치 컴플렉스 39에서 스페이스 셔틀이 극적으로 솟아오른다.

◲ 케네디 우주 센터의 셔틀 착륙 시설. 임무를 마친 인공위성이 착륙하는 곳이다.

진주만 미국, 하와이 주, 오아후 | Pearl Harbor

미국에는 제2차 세계대전이 시작된 곳

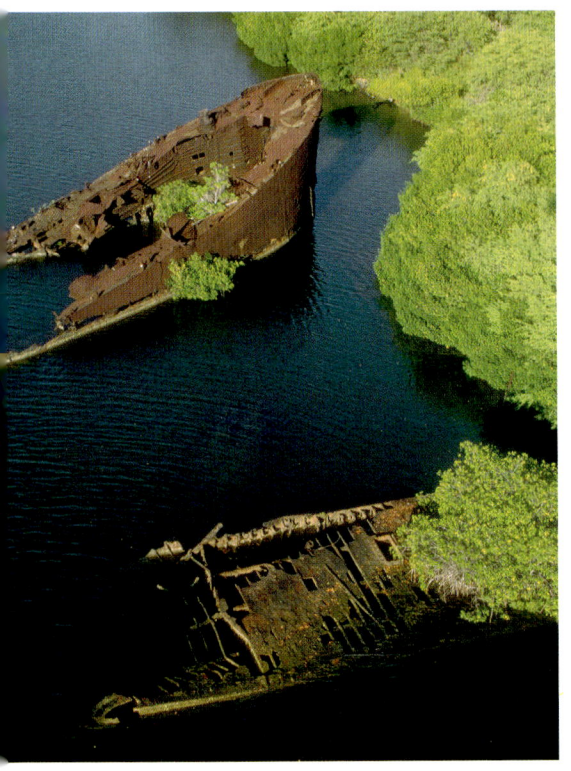

"나는 진주만에 묻히기를 요청해 왔다. 그날의 일을 제외한다면, 아름다운 곳이었다."

진주만의 생존자, 리처드 애덤스

🔼 일본군의 공습이 있은 지 65년도 지난 후, 오아후 해변에서 미군 군함이 녹슬어 간다.

🔽 폭격당한 USS 웨스트버지니아와 테네시 전함이 불길에 휩싸인 채 물에 잠겨 있는 모습.

목가적인 풍경의 오아후 섬은 하와이 제도에서 가장 큰 섬으로, 제임스 쿡 선장이 1778년 세 번째로 태평양 탐험을 떠났을 때 그의 선원들이 가장 먼저 발견한 곳이다. 이 섬은 아름답고 풍부한 문화와 전설이 깃든 곳이지만, 이곳이 그토록 중요한 장소인 것은 그런 이유에서만은 아니다. 주요한 미 해군 기지와 조선소가 있는 진주만이 바로 오아후 섬에 있으며, 1941년 제2차 세계대전이 한창일 무렵 일본군은 진주만에 대규모 공격을 가했다.

진주만은 19세기 이전까지 풍부하게 나던 진주를 만들어 내는 굴 때문에 붙은 이름으로, 이곳은 물이 얕기 때문에 원래는 항구로 쓰이지 않았다. 그러나 미군의 방어 기지를 건설하기에 위치가 완벽했고, 1887년 미국은 이 지역에 대한 독점 권한을 획득했다. 준설 작업이 시작되었고 1908년에는 미 해군 기지와 조선소가 건설되었다. 이 조선소는 현재 이러한 해군 시설로서는 세계에서 가장 큰 규모에 속한다. 이전에는 그리 알려져 있지 않던 진주만이 세계 역사 속에서 유명해진 것은 1941년 12월 7일, 일본군이 '불시의' 공습을 가하여 USS 애리조나를 격파하고, 21개 함대의 미군 전함과 188대의 비행기를 파괴하거나 손상을 입히면서였다. 이 공습으로 미군 측의 사망자는 2,403명에 이르렀으며, 미국은 본격적으로 제2차 세계대전에 참전했다. 사망자 중 거의 절반은 USS 애리조나의 승무원이었다. 철갑 폭탄에 맞은 탄약고가 폭발했던 것이다. 이 거대한 전함의 잔해는 오늘에도 진주만의 투명한 녹색 물 밑으로 훤히 들여다보이는데, 1941년 12월 이른 아침에 벌어진 대학살의 비극을 떠올리게 하는 유령 같은 모습이다.

진주만은 여전히 해군 기지와 조선소가 분주하게 활동하며 태평양의 보초 역할을 하는 곳으로 남아 있다. 이곳은 또한 미군을 세계대전에 밀어 넣은 역사적인 사건이 벌어지는 동안 생명을 잃은 군인들의 무덤이자 추모소이기도 하다. **TP**

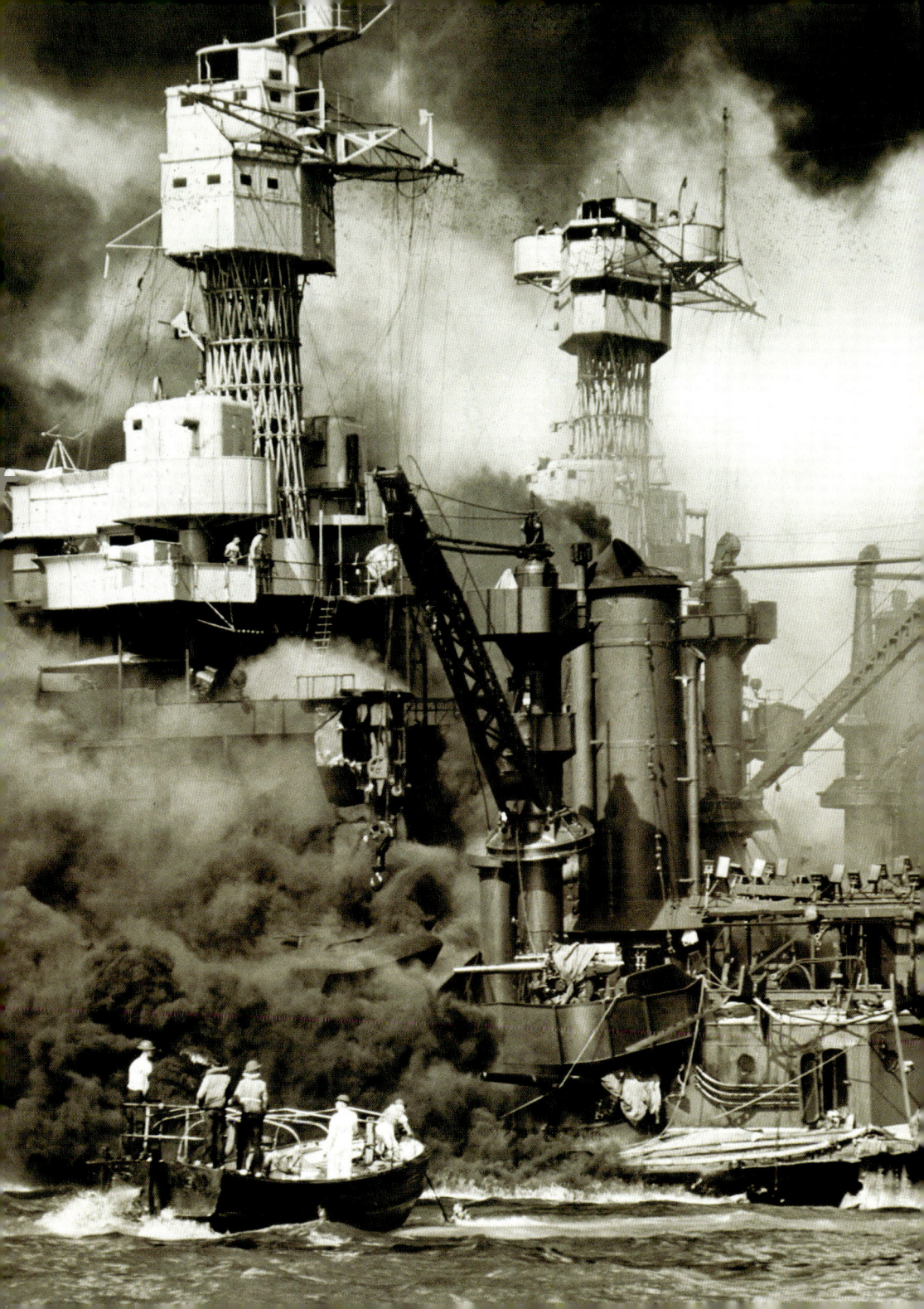

칼라우파파 역사공원 미국, 하와이 주, 몰로카이 | Kalaupapa Historical Park

강제 고립과 고통의 장소가 된 외로운 안식처

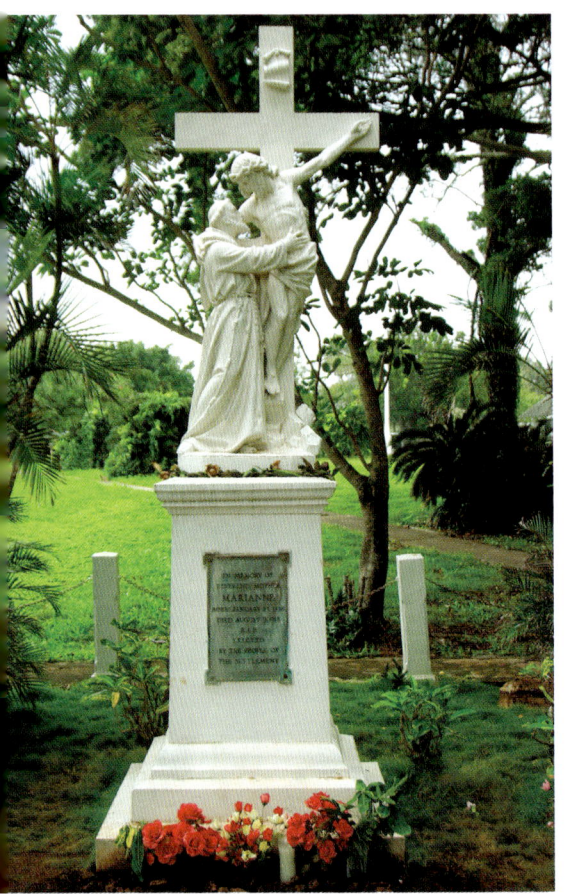

"칼라우파파에서는 … 단 한 사람만 보일 뿐이었다 … '환자'였다. 그는 그저 서서 지켜볼 뿐이었다."

작가이자 전쟁 특파원, 어니 파일

칼라우파파 역사공원은 하와이 제도의 몰로카이 섬 북쪽 해안, 칼라우파파 반도(마카날루아 반도)에 걸쳐 대략 26km² 넓이를 차지하고 있다. 깎아지른 듯한 절벽에 의해 섬의 나머지 부분에서 완전히 고립되어 있으며, 북쪽, 동쪽, 서쪽으로는 새파란 태평양의 물에 둘러싸인 눈부시게 아름다운 곳이다.

칼라우파파의 놀라운 아름다움은 비극적 과거를 감추고 있으며, 인간의 선의에서 나온 놀라운 행동이 이러한 과거를 달래 준다. 1848년, 하와이에서 처음으로 한센병(나병)이 발병했는데, 이는 중국에서 옮아왔을 것이라고 추측된다. 병은 빠르게 번져나갔고, 그 파괴적인 결과로 인해 환자들을 격리 수용할 필요가 있었다. 강제 수용 센터가 들어설 곳으로 칼라우파파 반도가 선택되었는데, 자연적으로 외진 곳이고 땅이 비옥하여 완벽한 장소로 여겨졌다.

새로 환자촌이 들어오도록, 원래 주민들은 강제로 고향을 떠나야만 했다. 1866년 카메하메하 왕이 격리법을 시행했고, 환자들은 칼라우파파 반도로 배에 실려와 편의 시설도, 돌봐 줄 이도, 물품도 없이 남겨졌다. 이들이 자급자족으로 살아갈 수 있을 거라는 생각에서였지만, 환자들은 너무나 병들고 약했던 나머지 견뎌내지 못했으며 극심한 고통을 겪었다. 1873년 가톨릭 선교사인 다미안 사제가 7백 명의 환자들이 고통을 겪고 있다는 소식을 듣고 두 명의 동료와 함께 이 반도로 건너가 집과 교회, 각종 시설들을 짓고 환자들을 위해 봉사했다. 그는 결국 한센병에 걸렸고, 이로 인해 1889년 사망했다.

1940년대, 술폰 성분의 약이 개발되면서 한센병 퇴치에 커다란 공헌을 했으며, 1969년에는 격리법이 해제되었다. 이전부터 살아 왔던 환자 몇몇은 그대로 남아 있기로 결심하여, 오늘날도 여전히 이곳에서 살고 있다. 환자촌의 많은 부분이 예전 모습대로 보존되어 있다. 이곳은 귀중한 정보 센터이자 고요한 명상에 잠길 수 있는 장소가 되었다. **TP**

카와이아하오 교회 미국, 하와이 주, 호놀룰루 | Ka waiahao Church

하와이에 지어진 최초의 상설 교회당

하와이에서 가장 유명한 교회인 카와이아하오 교회는 오아후 섬 호놀룰루의 떠들썩한 도심에 있다. 이곳은 호놀룰루의 역사적 중심지이며 - 호놀룰루 시 자체가 오아후 섬의 상업적, 역사적 심장부이지만 - 많은 국립 사적지와 기념관이 위치한 곳이다.

최고의 웅장함과 중요성을 지닌 이 교회당은 흔히 하와이의 웨스트민스터 성당이라 일컬어진다. 교회가 세워진 것은 1820년, 하와이 제도에 첫 번째 기독교 선교단이 도착한 시기로 거슬러 올라간다. 하럼 빙엄 목사가 이끄는 선교단은 처음에 필리 건초로 현재 교회가 서 있는 자리에 네 개의 작은 교회를 지었는데, 빙엄이 처음 설교한 곳도 바로 이곳이었다.

1824년, 하와이 제도의 기독교 역사는 영원한 변화를 겪게 된다. 이 해에, 카메하메하 2세와 카메하메하 3세 시기에 커다란 권력을 소유했던 섭정 여왕 카아후마누가 자신이 프로테스탄트로 개종했음을 선언했던 것이다. 여왕은 1836년 웅장한 카와이아하오 교회를 짓도록 했다. 빙엄이 디자인한 이 교회를 짓는 데에는, 산호초에서 직접 손으로 쪼아낸 1만 4천 개의 연분홍색 산호 조각과 지역에서 베어낸 목재가 사용되었다. 지금은 4천 5백 명을 수용할 수 있는 이 거대한 뉴잉글랜드 풍 건물은 고위 성직자와 도시의 영향력 있는 가문을 맞이하는 장소로 사용되었으며, 몇 년 후 성 안드레 대성당이 지어지기까지 왕족이 예배를 보는 장소가 되었다. 카메하메하 3세가 "이 땅의 생명은 정의 안에서 영원하리라"라는 언명을 한 것도 이곳이었는데, 이 문장은 그 이후로 하와이 주의 공식 모토로 채택되어 사용되고 있다.

1843년 카메하메하 4세의 대관식과 엠마 여왕과의 결혼식 상소이기도 했던 이 역시적인 건물은, 호놀룰루 시의 풍요한 역사 속에서도 커다란 문화적 중요성이 깃든 곳이다. **TP**

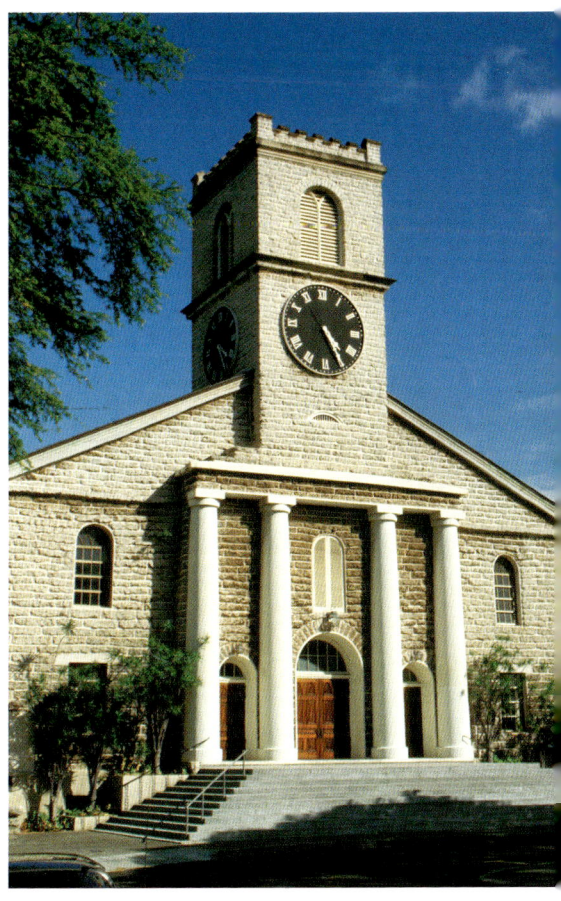

"지난 몇 달간 나는 그 어느 때보다도 더한 즐거움과 기쁨을 맛보았다네."

1889년 3월, 로버트 루이스 스티븐슨의 편지

판초 비야의 집

멕시코, 치와와 | Pancho Villa's House

전설적인 민중 영웅의 집

치와와 시는 멕시코의 북쪽이자 미국과의 국경 아래, 사막처럼 건조한 치와와 주의 한가운데 자리 잡고 있다. 1709년 스페인인들이 세운 이 도시는 독립을 향한 멕시코의 길고 험난한 투쟁 속에서도 풍요로운 역사를 간직한 곳이다.

치와와가 불굴의 멕시코 영웅 판초 비야(1878~1923) 덕분에 널리 이름을 알리게 된 것은 1910년에서 1917년의 멕시코 혁명 기간이었다. 그는 도로테오 아랑고 아람불라라는 이름으로 태어났으나, 농부였던 그의 가족은 그를 고아원에 맡겼다. 십대였을 때 그는 자신의 누이를 겁탈한 남자를 죽이고 한 무리의 산적 떼 틈에 끼어들었다. 이 무렵 그는 자신의 이름을 판초 비야라고 바

> "이제 카란차의 군대는 도망가 버렸다네 / 판초 비야의 군대가 오고 있으니"
>
> 멕시코 민요, 라 쿠카라차

뀠다. 부유한 이들의 것을 빼앗아 가난한 이들에게 주어서 그는 영웅 로빈 후드와 비교되었다. 치와와로 옮겨온 이후부터 비야는 도적에서 혁명 당원으로 바뀌어, 포르피리오 디아스(1830~1915)의 독재 정치에 대항하는 프란시스코 이그나시오 만데로(1873~ 1913)의 편에 가담했다. 이후 멕시코 정치가들에게, 결국은 미국에 대항해 싸우면서 쌓인 그의 군대 경력은 다채롭고 거칠다. 우에르타 대통령(1881~1955)과 평화 협정을 맺은 그는 1920년 공격 계획을 세우곤 했던 치와와의 집으로 '은퇴'했다. 3년 후 그는 차를 몰아 세례식에 가다가 암살당한다.

비야의 집인 라 킨타 루즈는 현재 박물관이 되었으며, 그의 미망인 루즈 코랄이 보존해왔기 때문에 거의 예전 모습 그대로 남아 있다. 전시된 물품 중에는 그가 사망했을 때 타고 있던, 총탄 구멍이 난 자동차도 있다. **TP**

레알 데 카토르세

멕시코, 마테우알라 근처 | Real de Catorce

개발로 훼손되지 않은 산악 도시

레알 데 카토르세는 멕시코 중심부, 가장 아름답고 높은 산악 고원 지대 중 하나에 위치하고 있다. 이 작은 도시는 산 루이스 포토시의 북서쪽 산허리에 달라붙어 있는데, 파노라마처럼 보이는 저지대의 아찔한 경치를 구경할 수 있다. 이곳은 무엇보다도 숨이 멎을 정도로 아름다운 일몰로 유명하다. 큰 나무가 들어선 야생적인 지역들과 넓은 사막 지대가 섞여 있는 이곳은 꿈을 꾸게 만드는 곳이다. 이 사막이 환각제인 메스칼린의 원료가 되는 페요테 선인장의 원산지라는 사실은 이와 썩 잘 어울린다.

스페인 사람들이 공식적으로 이 도시를 세운 것은 1638년경이며, 1740년대 중반까지 이곳은 코만치 인디언들의 공격에 자주 노출되어 있었다. 1772년, 이곳에서 은이 발견되어 많은 은광이 우후죽순처럼 생겨나면서 레알 데 카토르세의 운명은 변화를 겪었다. 도시는 급속하게 커져갔고 경기가 급성장했는데, 이는 중심부가 1888년에 재건축된 이곳의 건물과 그 개발 과정에도 반영되어 있다. 19세기 말엽에는 북쪽을 향해 긴 터널이 났는데, 이 터널은 지금 도시로 들어오는 주요 입구가 된다. 멕시코 혁명(1910~1921) 동안 레알 데 카토르세는 거의 버려진 것이나 다름없는 상태였으며 유령 도시에 가까웠다. 최근, 주로 관광 산업에 기초하여 경제가 활성화되고 할리우드 영화 촬영지로 자주 이용되면서 인구가 다시 늘어났다. 레알 데 카토르세는 또한 후이촐레 인디언의 믿음에 따른 순례의 장소이자 의식적이고 영적인 모임이 일어나는 중심지이기도 하다. 이러한 모임 중 많은 것이, 성스러우며 환각 작용을 하는 페요테 선인장이 중심이 된다.

레알 데 카토르세는 매력적인 역사를 지닌 매우 감동적인 장소이다. 이 도시의 많은 부분은 전성기를 이루었던 때의 모습 그대로 남아 있으며, 본질적인 면에서는 관광 산업의 손길에 더럽혀지지 않았다. 이러한 면은 도시가 위치한 장소가 주는 숭고함과 결합되어 가장 밑바닥까지 지쳐 버린 관광객에게도 영혼을 휘젓는 듯한 감동을 선사한다. **TP**

🏛 ⊚ 사카테카스 대성당

멕시코, 사카테카스 | Zacatecas Cathedral

추리게레스크 건축 양식을 보여 주는 웅장한 건물

사카테카스는 멕시코에서 두 번째로 높은 곳에 있는 도시이다. 고도가 높아 아래쪽에 펼쳐져 있는 환상적인 경치를 내려다볼 수 있으며, 이 도시가 성장하는 동안 주변에 있었던 좁고 구불구불한 길을 볼 수 있다. 중심부에는 이 도시가 지닌 진정한 보석인 대성당이 있다. 이는 스페인-멕시코 바로크(추리게레스크) 건축 양식을 보여 주는 가장 훌륭한 예 중 하나이다.

사카테카스가 발전한 것은 이 지역에서 은이 나왔기 때문이다. 스페인인들이 이곳에 공식적으로 정착한 것은 1546년인데, 이후 커다란 은 광맥이 발견되었고 뒤이어 여러 개의 광산이 생겨났다. 20세기 중반까지도 은이 나왔던 유명한 엘 에덴 은광도 이중 하나이다. 도시는 번영을 누렸고, 웅장한 식민지풍 건물들, 정교한 저택들, 교회, 그리고 관공서가 들어섰다. 사카테카스는 그 역사적인 매력을 대부분 유지하고 있으며, 부드럽게 채색된 석조 건물들, 화려한 철 구조물, 자갈이 깔린 굽이치는 길이 그 풍모를 더한다.

플라자 힐다고에 서 있는 대성당은 도시의 건축물을 지배하고 있다. 이전에 교회가 있던 부지에 원래의 건물이 지어지기 시작한 것은 1612년경이지만, 이는 1707년 오늘날의 모습대로 완전히 재건축되었다. 대성당에는 세 개의 파사드가 있는데, 메인 파사드가 가장 장식적이고 풍부한 화려함을 지니고 있으며, 예수와 열두 사도, 신이 음악을 연주하는 천사들에게 둘러싸여 있는 이미지가 새겨져 있다. 건물은 분홍색 칸테라 석재로 지어졌는데, 이는 멕시코의 강한 햇빛이 비칠 때면 분홍색에서 금갈색으로 변화해 그 웅장함을 더한다.

긱 면에서 유럽과 토화민이 잠시걱 요 수를 찾아볼 수 있는 조화로운 디자인과 파사드가 지닌 바로크적인 풍부함 덕분에, 사카테카스의 중심부인 대성당은 1993년 유네스코 세계문화유산으로 지정되었으며, 멕시코를 여행하는 사람이라면 꼭 찾아가 봐야 할 장소 중 하나가 되었다. **TP**

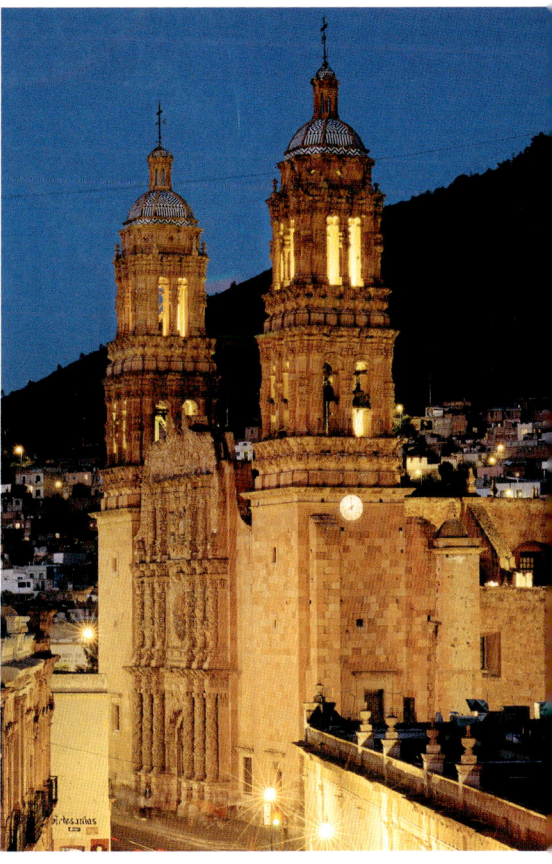

"대성당은 그 조화로운 디자인과 파사드가 지닌 바로크적인 풍부함으로 유명하다."

유네스코

엘 에덴 광산 멕시코, 사카테카스 | El Edén Mine

세계 은광 산업의 전(前) 중심지

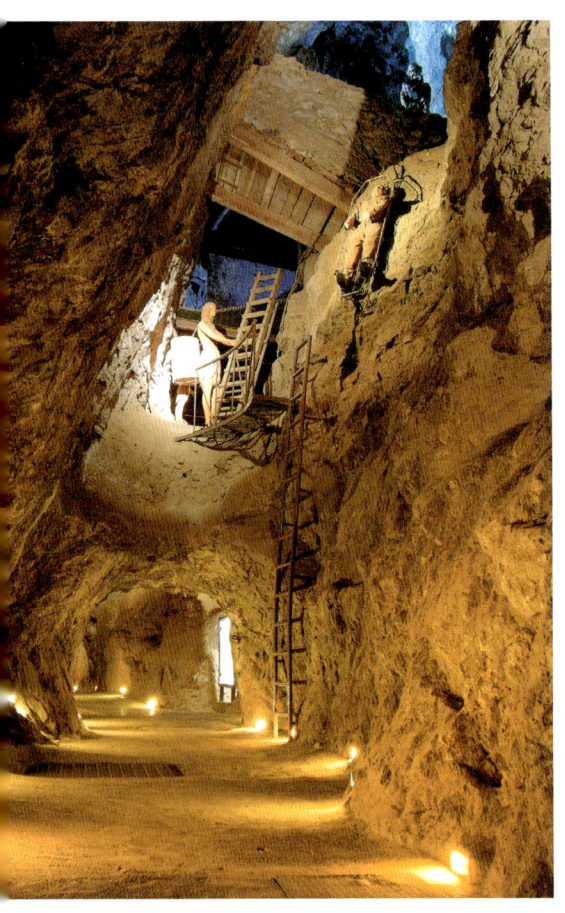

"수천 명의 인부들은 발을 잘못 디뎌 순식간에 죽거나, 허리가 휠 정도의 노동으로 천천히 죽어가거나, 둘 중 하나였다."

여행 작가, 도린 스티븐스

멕시코 중북부에 아름답고 자그마한 스페인 식민 도시 사카테카스가 있다. 이 도시는 똑같은 이름의 주에 위치하고 있는데, 사카테카스 주는 멕시코의 거대한 은 산업의 중심부를 형성해 왔다. 시에라 마드레 옥시덴탈 산이 서부를 덮고 있는 이 가파른 바위투성이 지역에서, 도시는 높은 고도에 위치해 있다. 이곳에는 많은 역사적인 건물들이 있고 조약돌이 깔린 길은 미로처럼 얽혀 있는데, 가파른 골짜기 안에 자리 잡고 있어 시골의 아름다운 정경이 눈에 들어온다.

주변의 언덕에서 풍요로운 은 광맥을 발견했던 스페인 정복자들이 1546년에 사카테카스 시를 세웠다. 엘에덴 광산이 문을 연 것은 이로부터 사십 년 후였는데, 이 광산은 1960년까지도 활발하게 은을 산출해 냈다. 이지역의 광산에서 주로 발견된 광물은 은이었지만, 금을 비롯하여 구리, 아연, 철, 납 등의 금속도 나왔다. 멕시코가 세계 최대의 은 산지가 될 수 있었던 것은 대부분 엘 에덴을 비롯해 이 지역에 있는 광산들 덕택이었고, 멕시코가 성장과 발전을 이룩하는 데 원동력이 된 자금도 역시 광업을 통해 생성되었다. 엘 에덴 광산은 일곱 층의 갱도까지 파내려갔다. 아래로 내려갈수록 광부들이 작업하는 조건은 끔찍해졌으며 살아나올 수 있으리라는 기대도 희박해졌다. 오늘날 광산의 일부분은 가이드 투어가 가능하도록 개방되어 있으며, 방문자들은 과거 광부들의 노동 환경이 어떠했는지 얼마간 경험해 볼 수 있다. 지하 7층부터 5층까지 갱도에는 현재 물이 차 있다. 투어가 이루어지는 것은 4층까지인데, 여기까지는 길고 어두운 터널을 따라 열차를 타고 접근할 수 있다.

엘 에덴 광산은 16세기와 17세기에 걸쳐 가장 유명하고 생산량이 많은 광산 중 하나였으며, 가장 오랫동안 산출이 계속되었던 광산 중 하나이기도 하다. 더불어 특별히 아름다운 경치를 지닌 곳에 위치하기도 해서, 사카테카스라는 역사적인 도시와 함께 멕시코에서 경험해 보아야 할 필수적인 유적지 중 하나이다. **TP**

독립을 향한 멕시코의 투쟁에 촉매 작용을 했던 사건이 벌어진 곳

떠들썩한 구아나후아토 시티의 언덕 지대에 있는 알온디가 데 그라나디타스는 간소한 외관을 가진 커다란 직사각형 신고전 주의풍 건물이다. 겉보기에는 요새처럼 보이지만, 이 건물은 본래 곡물 창고이자 곡물 거래소였다.

1798년에서 1809년에 걸쳐 세워진 이 건물은 단조롭고 두꺼운 돌 벽으로 이루어져 있는데, 위층에는 작은 창문이 나 있고, 두 개뿐인 문 중 하나는 농쪽을 향해 난 작은 문이며 이보다 더 큰 중앙 출입구는 북쪽으로 나 있다. 곡물 창고 안에는 매력적인 중앙 안뜰이 있고, 여기에 있는 두 개의 계단이 일층으로 이어진다. 외부에서 보면 알온디가는 전혀 꿰뚫을 수 없을 것처럼 보인다. 멕시코 독립전쟁 초기에 스페인인들이 이곳을 피난처로 삼았던 것도 바로 이러한 이유에서였다. 그러나 건물의 문이 나무로 되어 있었기 때문에 이 결정은 치명적인 결과를 불러왔다. 스페인 식민 통치로부터 자유를 얻어내기 위해 미구엘 이달고 신부가 이끌고 투쟁하던 멕시코 반군들이 1810년 구아나후아토 시티로 돌격해 왔을 때, 스페인 왕당파들은 알온디가로 도망쳐 들어갔다. 그러나 이 지역의 멕시코인 광부 엘 피필라가 쏟아지는 공격으로부터 스스로를 지키기 위해 등에 돌을 동여매고 건물의 서쪽 문으로 돌진하여, 불을 질렀다. 그러자 반군들이 알온디가로 쏟아져 들어와 안쪽에 피신 중이던 이들을 학살했다. 도시를 차지하고 난 후 그들은 멕시코시티로 행군해 갔지만, 이 움직임을 이끌던 네 사람—이달고, 이그나치오 아옌데, 후안 알다 마, 호세 마리아노 히메네스—은 붙들려 참수되었다. 보복으로, 다른 혁명 분자들에게 경고하기 위해 그들의 잘린 목이 알온디가 건물의 네 모퉁이에 내걸렸다.

건물의 소박한 외관 안에는 상당히 아름다운 내부 건축 양식이 숨어 있으며, 이 외관은 유혈이 낭자한 과거를 감추고 있기도 하다. 이곳은 멕시코 역사에서 필수적인 유적으로 자유를 위해 투쟁한 작은 단체가 보여 주었던 용감함을 말해 주고 있다. 건물은 멋진 박물관으로 개조되어 보존되었다. **TP**

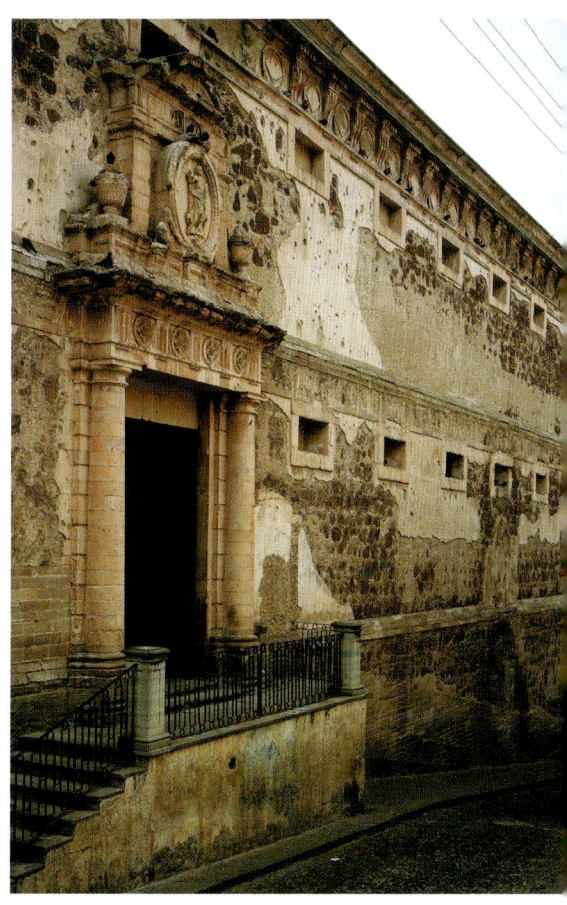

"아직도 불태워 버려야 할 다른 알온디가들이 남아 있다."

엘 피필라 동상의 발치에 새겨진 글귀

후아레스 극장

멕시코, 구아나후아토 시티 Juárez Theater

역사적인 도시의 웅장한 랜드 마크

역사적인 구아나후아토 시티는 16세기에 이 지역에서 은을 발견했던 스페인 정복자들에 의해 세워졌다. 구아나후아토(지역 토착민 언어로는 '개구리들의 지역'이라 알려져 있다)는 은을 비롯한 다양한 광물들을 가장 풍성하게 산출해 내는 주요 광산 중 하나가 되었으며, 식민지풍이고 신고전주의적이며 바로크적인 이곳의 건축 양식은 이 도시가 초기에 겪었던 경제적 성장을 반영하고 있다.

1872년, 구아나후아토 주의 총독이었던 플로렌시오 안티욘 장군은 자신의 친구인 베니토 후아레스 대통령(1806~1872)을 기념하는 뜻에서 이 도시에 호화찬란한 극장을 짓겠다는 계획을 발표했다. 건축가 호세 노리에가가 극장 건축을 맡아 산 페드로 알칸타라 교회 옆의 오래된 수도원 부지에 건물을 짓기 시작했는데, 그는 자신의 설계에 교회의 설계 기초안이 지닌 요소들을 이용했다. 1877년, 포르피리오 디아스 대통령을 추종하는 이들이 안티욘의 권력을 박탈하면서 작업은 중단되었다.

1891년 작업이 재개되었는데 이번에는 디아스 통치하에서였고, 건축가 안토니오 리바스 메르카도가 건물의 완공 작업을 맡아 화려하고 절충주의적인 외관으로 마무리했다. 디아스는 1903년 주제페 베르디의 〈아이다〉를 공연하면서 – 자신의 정적 이름을 딴 – 이 극장의 문을 열었다. 가장 눈에 띄는 면은 신고전주의적인 파사드라고 할 수 있는데, 주랑 현관에 줄지어 서 있는 청동 동상들과 입구 양편을 지키는 청동 사자상이 특히 놀랍다. 이 조각상들을 제작한 것은 오하이오 주 살렘 출신의 미국 조각가 W. H. 멀린스로, 그는 존 디어 트랙터 회사의 로고인 사슴을 디자인한 사람으로 유명하다.

사치스러운 건축과 흥미로운 역사를 지닌 후아레스 극장은 역사적인 구아나후아토 시에 여전히 남아 있는 많은 웅장한 건물들 중 하나에 불과할 뿐이다. 이 도시는 멕시코에서 가장 사랑받는 화가 중 한 사람인 디에고 리베라(1886~1957)의 탄생지로도 널리 알려져 있다. **TP**

케찰코아틀 피라미드

멕시코, 툴라 부근 | Pyramid of Quetzalcóatl

날개 달린 뱀 신의 신전

고고학자들에게는 '피라미드 B'로 알려져 있고, 흔히 날개 달린 뱀 신인 케찰코아틀의 이름으로 통하는 이 거대한 신전은 툴라에 있는 고대 유적 중 가장 인상적인 건물일 것이다. 석회암 산지에 건축된 이 장소는 톨텍 족의 커다란 수도였던 톨란이었을 것이라 추측된다. 많은 이들이 이곳이 9세기와 10세기에 번영했고, 13m² 넓이의 지역에 걸쳐 있으며 3만 명에서 5만 명의 인구가 살았던 메조아메리카의 주요 도시 중심지 중 하나였다고 믿는다. 툴라의 의식적인 심장부인 이 신전은 넓은 공공 광장의 한편에 위치한다. 케찰코아틀은 마야와 아즈텍인들과 더불어 톨텍인들이 숭배했던 고대 아메리카의 주요 신들 중 하나로, 툴라에서는 아침과 저녁 별과 관련이 있는 신으로 믿고 있다.

> "신에게 바치는 모든 영광을
> 예언자 케찰코아틀은 지니고 있었네 :
> 민족의 모든 영광을."
>
> 케찰코아틀에게 바쳐진 노래

다섯 층의 피라미드 벽면은 고대 아메리카인들에게 친숙했던 이미지인 재규어, 뱀, 독수리 등이 섬세하게 조각된 장식 띠로 덮여 있다. 그러나 가장 놀라운 점은 신전의 꼭대기를 향해 차렷 자세를 취하고 있는 거대한 전사상들이다. 이 상들과 피라미드는 – 툴라의 다른 건물들과 더불어 – 예전에는 화려한 색으로 채색되어, 도시의 정경은 탄복할 만큼 아름다웠으리라. 그러나 12세기 중반, 치치멕 족에 의해 툴라가 완전히 파괴되었기 때문에 이러한 영광은 그리 오래 가지 못했다. **AK**

라 발렌시아나 광산

멕시코, 구아나후아토 시티 | La Valenciana Silver Mine

250년이 넘는 세월 동안 전 세계 은의 1/3을 생산해 온 광산

역사적이고 아름다운 구아나후아토 시티와 그곳의 광산들은 구아나후아토 주의 수도로 시에라 데 구아나후아토 산맥의 가파른 경사면에 위치하고 있는데, 멕시코시티에서 약 355km 정도 북서쪽에 있다. 이 도시는 처음에는 구아나후아토 강 유역에서 시작되었고, 여러 개의 좁은 길과 벽돌 계단과 다리를 따라 산 위로 가파르게 올라왔다. 강이 주기적으로 범람했으므로 1960년대에 더 이상의 피해를 막기 위해 댐이 생겼다. 예전에 강바닥이었던 곳은 지금 도시 아래로 통행할 수 있는 유일한 지하통로가 되었다.

구아나후아토 시티가 발전하고 이 도시가 전설적인 풍요로움을 누리게 된 것은 1558년 은 발견을 계기로 촉발되었다. 18세기 말, 이곳에서 산출해 낸 경이적인 양의 은으로 인해 세계에서 가장 큰 은 생산지로 발돋움 했는데, 라 발렌시아나 광산은 이중에서도 가장 많은 생산량을 자랑했던 광산 중 하나이다. 대부분 따뜻한 노란색, 분홍색, 황토색으로 채색된 이 도시의 식민지풍의 저택이며 교회, 극장 따위의 정교한 건물들에서 은광 산업으로 생산된 풍족함이 어느 정도였는지 엿볼 수 있다. 라 발렌시아나 광산 근처에 있는 라 발렌시아나 교회를 지은 것은 광산의 소유주였는데 전설에 따르면, 광산이 성공을 거둔 데 대한 감사를 표하기 위해, 혹은 광부들을 착취한 데에 대한 속죄의 의미에서 지었다고 한다. 교회는 1788년에 완공되었다. 분홍색 칸테라 석재로 지어진 이 건물은 이 도시에서 가장 인상적인 건물 중 하나로 추리게레스크 바로크 건축 양식을 보여 주는 본보기이다.

라 발렌시아나 광산의 원래 입구는 박물관으로 바뀌었지만, 광산에서는 여전히 활발한 작업이 이루어진다. 광산에서 얻어진 수입 대부분이 스페인 제국과 그 식민지로 흘러들어갔기 때문에. 그리고 어떤 이들의 주장에 따르면 이곳이 멕시코에서 가장 아름다운 도시에 위치하고 있기 때문에 라 발렌시아나 광산에는 엄청난 중요성이 깃들어 있다고 할 수 있다. **TP**

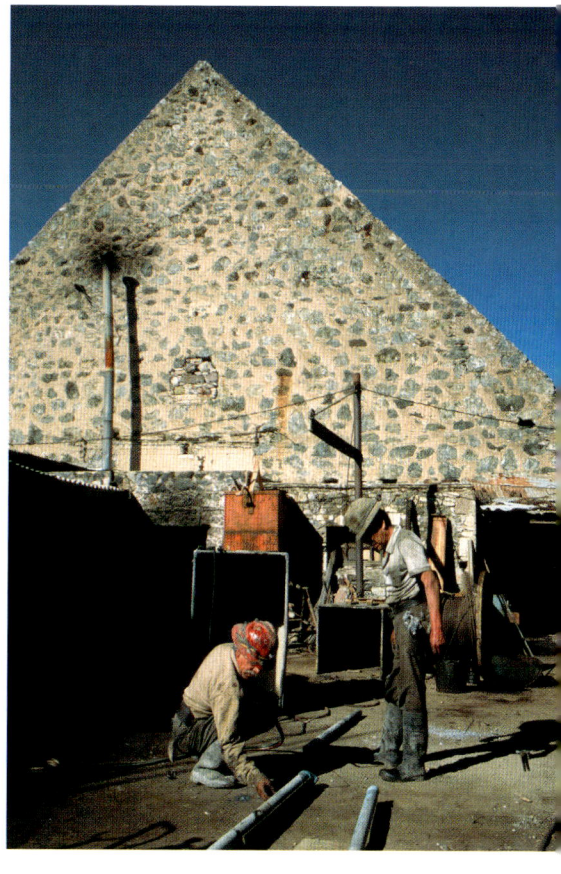

"은 채굴은 올드 멕시코, 혹은 뉴 스페인을 스페인 왕관에 박힌 보석 중에서도 가장 빛나는 보석으로 만들었다."

역사가. 띱립 웨인 파웰

테오티우아칸

멕시코, 산 후안 | Teotihuacán

고대 메조아메리카 도시의 인상적이고 신비로운 유적

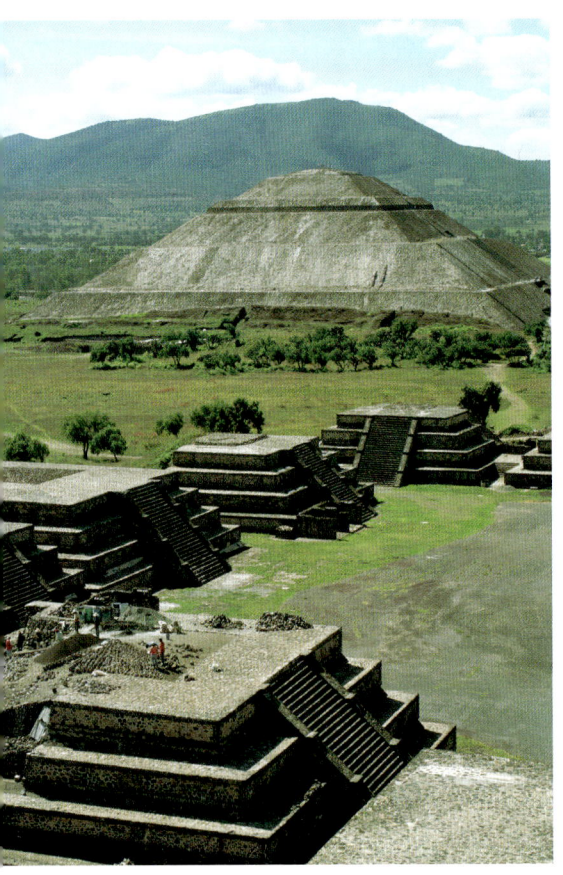

"시간을 초월한 장소, 마치 태곳적부터
존재해 왔으며, 역사를 벗어나 영원히
존재할 것 같은."

역사가, 에스터 파즈토리

멕시코시티에서 40km 북쪽에 있는 테오티우아칸은 한때 고대 도시가 들어서 있던 곳이다. 기원전 200년부터 테오티우아칸에는 사람이 거주했고, 기원전 150년에는 경제적, 정치적, 종교적 중심지이자 무역의 중심지가 되었다. 서기 200~400년까지 전성기를 맞았을 무렵에는 15만~25만 명에 달하는 인구가 거주했고, 2천 채의 건물이 서 있었으며, 넓이는 30km²에 달해 남북 아메리카 대륙에서 가장 큰 도시이자 고대 세계에서도 가장 큰 도시 중 하나였다. 아즈텍 족이 이 도시에 테오티우아칸이라는 이름을 붙였는데 – '신들이 창조된 장소'라는 의미이다 – 고고학자들은 실제로 이 도시를 세운 민족이 누구였는지에 대해서 확신하지 못한다. 아마 토토낙 족이었으리라는 추측이 있을 뿐이다.

서기 100년에 지어졌으며 세계에서 세 번째로 큰 피라미드인, 65m 높이의 '태양의 피라미드'가 있다. 층층으로 이루어진 이 피라미드는 중앙 대로인 '죽은 자의 대로'를 통하여 약간 작은 '달의 피라미드'와 연결되어 있다. 두 개 다 예전에는 붉은색으로 채색되어 있었을 것으로 추정되며, 그 모습은 이 도시의 하늘을 지배했을 것이다. 길 양옆으로는 머리에 깃털 장식을 단 재규어 벽화가 그려진 '재규어의 궁전'과, 기둥에 반은 새, 반은 나비인 생물이 조각 된 '케찰 궁전' 등 신전과 궁전이 서 있다.

테오티우아칸은 700년경 화재로 인해 인구가 격감하면서 점차 퇴락의 길을 걷기 시작했다. 화재의 이유는 라이벌인 톨텍 족의 침입 때문이거나 내부 불안 때문이었을 거라고 추측된다. 현재는 후자 쪽을 택하는 추세인데, 가뭄과 주변 경작지의 과도한 개발로 인해 이용할 수 있는 자연 자원이 고갈되어 이미 640년경 지역 주민들이 이 도시를 떠나기 시작했던 것으로 보이기 때문이다. 화재로 파괴되었던 건물의 대부분은 관공서 역할을 하는 건물이거나 고위 계급이 사용하던 건물이었던 듯한데, 이는 아마 통제를 벗어났으며 굶주려 있었을 민중들의 표적이 되어 불탔던 것으로 보인다. **CK**

차풀테펙 성

멕시코, 멕시코시티 | Chapultepec Castle

자유를 향한 멕시코의 싸움의 상징

차풀테펙 언덕 꼭대기에서 멕시코시티를 지켜보고 있는 차풀테펙 성은 12km 길이로 곧게 뻗은 파세오 데 라 레포르마 거리 한쪽 끝에 자리 잡고 있다. 이 성은 숲과 호수, 기념관, 박물관으로 구성되었으며, 4세기경에 정착된 차풀테펙 공원을 이루는 일부이다. 자연적인 위치가 상당히 좋은 이곳은 콜럼버스의 미 대륙 발견 이전, 현재이 성 전부터 계속해서 성이 지어지곤 했던 장소였다.

스페인 총독 베르나르도 데 갈베스가 1785년에 이 호화로운 바로크 풍 성을 짓도록 명했다. 그러나 프로젝트를 맡았던 기술자가 사망하고, 다른 복잡한 이유들이 겹쳐 결국 이 건물은 나중에 1806년 멕시코시티 측에 팔리게 되었다. 멕시코 독립전쟁(1810~1821)이 일어나는 바람에 성은 한동안 방치되어 텅 빈 채 서 있었으나, 1833년 개조되어 사관학교로 문을 열었다. 1846년에서 1848년에 걸친 멕시코–미국 전쟁 동안 여섯 명의 젊은 생도들이 미국 해병대에 맞서 이곳을 방어하고 장렬하게 전사했는데, 이 사건으로 인해 1847년 이 학교는 국가적인 명성을 얻게 되었다. 그들의 영웅적인 행동을 기념하는 대리석 기념비가 성 근처에 서 있다.

1862년, 나폴레옹 3세 통치하에서 프랑스가 멕시코를 침공했고, 2년 후 합스부르크의 막시밀리안이 아내인 황후 카를로타와 더불어 막시밀리안 멕시코 황제로 등극한다. 이 부부는 성을 개조했는데, 세부적인 면에서 유럽의 느낌이 물씬 풍기는 신고전주의풍으로 마무리했다. 1867년 제국이 몰락하자 차풀테펙 성은 군사 부지가 되었고, 이후에는 대통령 거주처가 되었다가 1939년에는 국립 역사박물관이 되었다.

멕시코 역사의 중요한 부분을 지켜보아 온 격동의 역사를 지녔으며 아름답게 복원된 차풀테펙 성은 지금 박물관이라는 역할을 맡아 역사 그 자체를 보존하는 데에 쓰이고 있다. **TP**

리베라 앤드 칼로 스튜디오

멕시코, 멕시코시티 | Rivera and Kahlo Studio

보헤미안 예술가 커플의 작업실이자 집

멕시코시티의 교외 산 앙헬로에 있는 이 밝게 채색된 건물들은 겉으로는 그저 평범해 보일 뿐이지만, 현대 멕시코에서 매우 중요한 의미를 지니고 있다. 화가이자 공산주의자인 프리다 칼로(1907~1954)와 디에고 리베라(1886~1957)의 러브스토리는 결혼에서 이혼, 재결합으로 이어지는, 폭풍우가 휘몰아치는 듯한 거친 삶으로 이끌었다. 이들의 로맨스가 가장 불타올랐을 때는 이들의 친구인 화가이자 건축가 후안 오고르만이 이 건물들을 지어 주었던 1931년이었다.

> "디에고와 프리다의 집은 열려 있었다 … 그들이 당신에게 선뜻 내놓지 않으려는 것은 없었다."
>
> 예술가, 루이즈 네벨슨

이 무렵은 멕시코가 더 이상 '오래된 유럽'의 모습이 아닌, 자신만의 정체성을 지닌 근대 국가로 거듭나기 위해 커다란 노력을 기울이던 시기였다. 멕시코 원주민들의 역사가 잘 나타나 있던 칼로와 리베라의 예술 세계는 이러한 정체성이 드러나는 징후라 할 수 있다. 프랑스 모더니스트 건축가 르 코르뷔지에의 영향을 받아 강화 콘크리트로 지어진 이 집에도 이러한 정체성이 드러난다.

1932년에 완공된 작업실 겸 이 집에서, 이 커플은 1934년에 헤어지기까지 함께 지냈다. 조금 더 작은 푸른색과 흰색 건물이 칼로의 스튜디오였고 커다란 분홍색 건물이 리베라의 스튜디오였는데, 이곳은 멕시코 아방가르드 예술인들의 살롱이 되었다. 두 개의 작업실은 지붕 중에서 다리로 연결되어 있어, 이들은 작업을 위해 독립적인 공간을 보유하면서도 서로를 만날 수 있었다.

리베라의 스튜디오는 그의 사후 대부분 예전 모습 그대로 남아 있다. 물감, 이젤, 나무로 조각된 가면, 심지어 옷걸이에 걸려 있는 데님 재킷까지도 말이다. **CK**

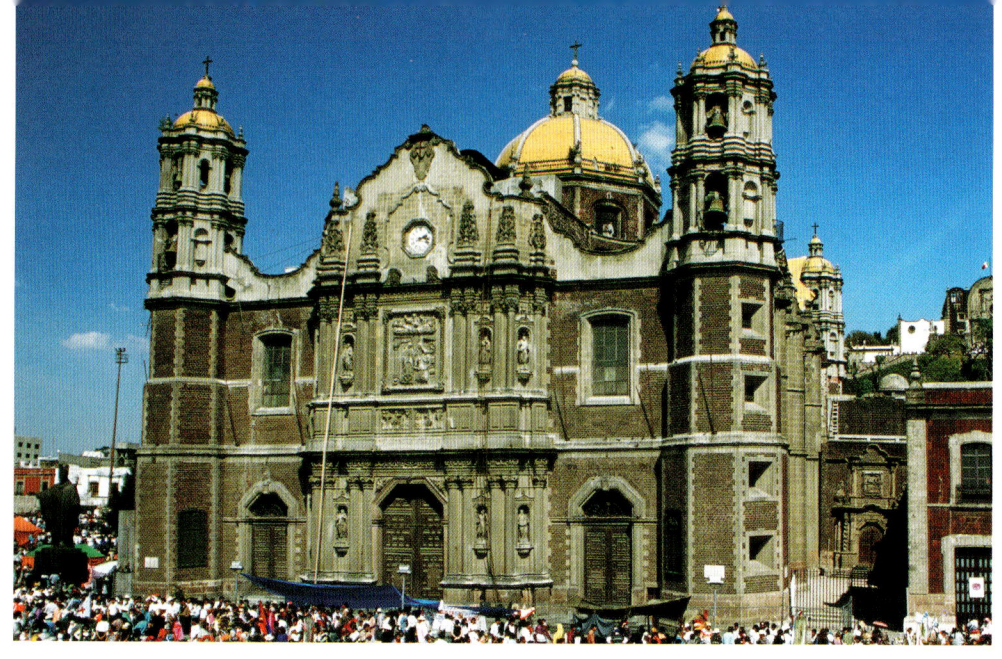

과달루페 성모 마리아 바실리카 멕시코, 멕시코시티 | Basilica of Our Lady of Guadalupe

라틴아메리카의 수호성인이 숭배 받는 유명한 순례지

멕시코시티 바로 북쪽, 테페약 언덕에는 라틴아메리카에서 가장 중요한 로마 가톨릭교회 성지 순례의 중심인 과달루페 성모 마리아 바실리카가 있다. 이 성당은 1531년에서 1709년까지 지어졌다. 바로 옆에 이 건물은 로마 가톨릭 신자들에게는 로마의 바티칸 바실리카 다음으로 많은 이들이 방문하는 순례지로, 새로 지어진 바실리카의 넓이는 1만 명의 신도들이 착석하기에 충분할 정도다.

오래된 바실리카는 1531년 후안 디에고(1474~1548)의 눈앞에 성모 마리아가 나타났던 사건을 기리는 곳이다. 디에고는 가난한 인디언으로, 가톨릭으로 개종하였다. 그가 본 성모 마리아는 토착어인 나우아틀어로 테페약 언덕 위에 교회를 세우도록 명했다. 디에고는 이를 그 지역 주교에게 알렸는데, 이를 믿고 싶지 않았던 주교는 신에게 디에고의 이야기가 진실임을 입증해 보이는 증표를 내려 달라고 기도했다. 사흘 후, 디에고의 숙부가 죽어가게 되었고 디에고는 종부 성사(終傅聖事)를 거행해 줄 사제를 찾으러 나섰다. 이때 성모 마리아가 그에게 다시 나타나, 그의 숙부가 이미 다 나았다고 말했다. 마리아는 디에고에게 언덕에서 꽃을 모으라고 명했고, 때는 겨울이었음에도 디에고는 장미를 비롯한 꽃들을 찾아 주교에게로 가져갔다. 그가 꽃을 건네려고 외투를 펼치자 장미꽃들이 떨어지면서 그곳에 성모 마리아의 성화가 뚜렷하게 나타났다. 이번에는 주교도 디에고의 말을 믿지 않을 수 없었다. 디에고의 외투는 성물로 지정되었고, 이 외투를 소장하기 위해 성당이 지어졌다.

몇몇 회의주의자들이 그가 실존했는지 의심하고 있어 약간 논란의 소지가 있지만, 디에고는 2002년에 성인의 반열에 올랐다. 이는 한편으로는 디에고의 실존 여부를 확인해 줄 수 있는 문서가 없기 때문이기도 하고, 한편으로는 가톨릭교회가 성모 마리아의 환상을 보았다는 이 이야기를 이용하여 지역 원주민들을 개종시켰기 때문이기도 하다. 어쨌거나, 성모 마리아 바실리카는 멕시코와 그 국민들에게 국가적 정체성을 표상하는 성스러운 상징이 되었다. **CK**

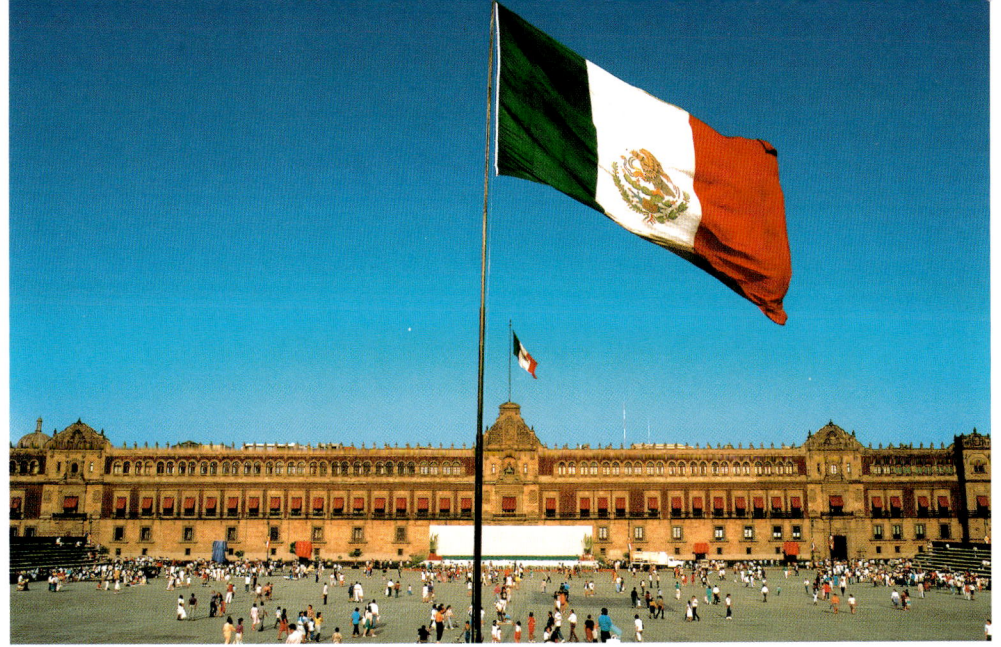

🏛 ◎ 멕시코 왕궁 멕시코, 멕시코시티 | National Palace

멕시코의 가장 중요한 공공건물 중 하나

왕궁이 있는 멕시코시티의 '헌법 광장'은 모스크바의 붉은 광장에 이어 세계에서 두 번째로 큰 공공 광장이다. 흔히 '엘 소칼로'-'기초' 혹은 '초석'이라는 의미-라 알려진 이 광장은 아즈텍 시기부터 이 도시의 중심지 구실을 해 왔다. 이곳에는 목테수마 1세 통치기(1440~1469)에 건설된 신전과 궁전이 여러 채 남아 있다.

1962년에 지어진 이 건물이 왕궁으로 선포된 것은 스페인에 대항한 멕시코 독립전쟁(1810~1821)이 끝난 1821년이었다. 멕시코-미국 전쟁(1846~1848) 동안 멕시코시티의 군사 총사령관인 존 앤서니 퀴트먼 장군은 이 왕궁에서 통치한 유일한 미국 시민이었다. 현재 이곳에는 메시코 대통령이 집무실과 국립 문서국, 여방 재무부가 들어서 있다. 1520년 스페인인들의 정복으로부터 뒤이어 독립을 쟁취하기 위한 멕시코의 투쟁을 그린 생생한 역사적인 벽화도 이곳에 있는데, 화가 디에고 리베라가 그렸다.

정문 위에 걸려 있는 종은 미구엘 이달고 신부(1753~1811)가 1810년 멕시코의 독립을 선언하는 〈그리토 데 돌로레스〉(돌로레스의 외침)를 발표하면서 울렸던 것이다. 그는 스페인과 맞서 싸우기 위해 20만 명의 강력한 군대를 이끌고 멕시코시티로 진군해 왔다. 이달고는 처형되었으나, 지금은 멕시코 민족의 아버지로 추앙받고 있다. 매년 9월 무기를 들라는 이달고의 외침을 기념하는 날이 오면, 주민들이 광장에 모이고 대통령은 이달고가 남겼던 말을 외친다. "멕시코인들이여, 멕시코는 영원하리라!" **CK**

> "리베라가 그린 벽화는 화가의 철저한 반항 정신과 조급함과 분노와 더불어 생생하게 살아 있다."
>
> 작가, 캐서린 키넌

마요르 신전

멕시코, 멕시코시티 | Templo Mayor

아즈텍 제국이 남긴 고대 피라미드 신전

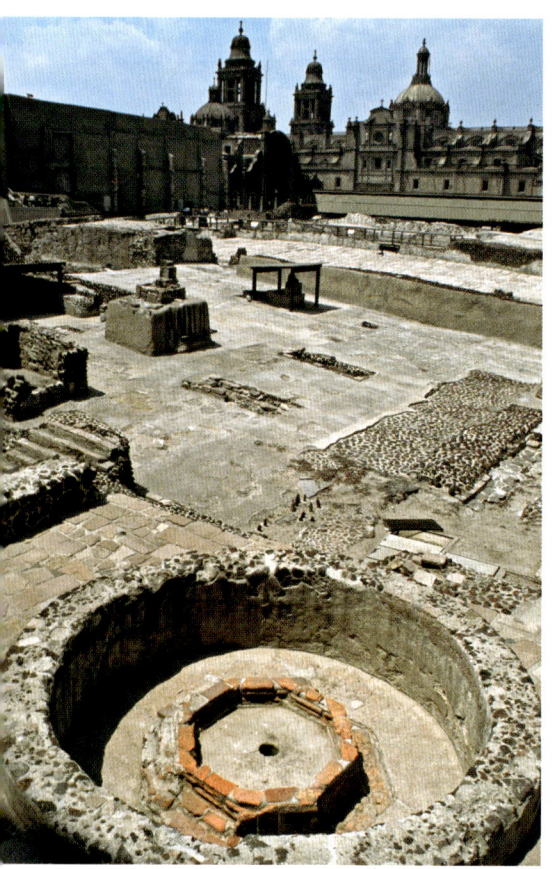

"우리가 그때 보았던 일은 그때까지 본
적도, 들은 적도, 심지어 꿈꿔 본 적도
없는 일이었다."

테노치티틀란에서, 베르날 디아스 델 카스티요

마요르 신전, 혹은 테노치티틀란의 거대한 피라미드라
불리는 고고학적 유적은, 멕시코시티에서 가장 분주한
지역 중 하나이며 지역 주민들에게는 엘 소칼로라는 이
름으로도 알려진 헌법 광장 바로 근처에 있다. 신전의 흔
적이 처음 발굴된 것은 1978년이었으며, 이후로도 발굴
작업은 계속 진행되었다. 1987년에는 이곳에서 발견된
많은 유물을 보관하고 전시하기 위해 박물관이 생겼다.

이 지역은 멕시코시티의 역사를 이해하는 데에 필
수적이다. 스페인 정복자들의 우두머리인 에르난 코르테
스(1485~1547)가 1519년, 당시에는 테노치티틀란이라
는 이름의 아즈텍 도시였던 이곳에 도착했을 때 처음으
로 보았던 것 중 하나가 이 신전이었다. 스페인의 멕시코
정복 이후인 1521년, 코르테스와 그의 동료 정복자들은
신전의 대부분을 파괴해 버리게 된다.

마요르 신전은 1390년에 처음 세워졌지만, 이후로
일곱 차례 재건축되었으며 열한 차례 증축되었다. 신전
은 도시에서 가장 중요한 건물이었으며, 신화에서 전쟁
의 신이자 중요한 아즈텍 신인 우이칠로포치틀리가 태어
났다고 하는 코아테펙 언덕을 상징적으로 재현한 것이라
믿어진다. 높이가 60m에 달하는 피라미드 모양 건물에
는 꼭대기로 올라갈 수 있는 두 개의 계단이 있었고 꼭
대기에는 두 개의 성소가 있었는데, 하나는 물의 신인 틀
랄록에게, 다른 하나는 우이칠로포치틀리에게 바쳐진 것
이었다. 원래는 다양한 색채의 치장 벽토 장식으로 덮여
있었다.

마요르 신전은 여러 가지 기능을 담당했다. 아즈텍
인들은 이곳에서 다양한 의식을 올리고 인신 공양을 올
렸는데, 개중에는 자발적인 희생도 있었다. 사람들이 용
설란의 침이나 뼛조각을 사용해 귓불이나 혀 같은 신체
부위를 찌르는 이러한 행위는 의식에 따라 제물을 바치
는 행위로 간주되었다. 신전에서는 또한 영웅적인 전사
들이나 높은 계층의 시민들의 시신이 며칠 동안 계속되
는 장례 절차에 따라 화장되기도 했다. **CK**

트로츠키의 집

멕시코, 멕시코시티 | Trotsky's House

유배당한 러시아 혁명가의 거처

중앙아메리카와 남아메리카는 오랫동안 유럽의 정치인들이 망명하는 거처로 유명했다. 전후의 나치들에게 이러한 망명지는 아르헨티나였지만, 레온 트로츠키(1879~1940)에게는 멕시코였다. 할리우드에서조차 지나친 드라마로 가득하다고 여길 법한 이야기에 따르면, 1917년 러시아 혁명의 이 위대한 창조자는 멕시코시티의 조용히고 우아한 동네에서 말년을 보냈다. 1940년 8월 20일, 그가 트로츠키주의 사상을 옹호하는 팜플릿의 저자로 위장한 스탈린의 첩자 라몬 메르카데르에게 암살당한 곳도 바로 이곳이었다. 메르카데르는 얼음도끼로 이 유명한 망명자의 머리를 가격했다. 결코 평탄하다고는 할 수 없었던 그의 인생은 지저분한 끝을 맞은 셈이다.

트로츠키는 러시아 혁명을 뒷받침한 지성의 동력원이었다. 그와 레닌의 관계는 불안했으나, 그들은 함께 러시아에서 차르 통치를 종식시키는 데 성공했다. 날카롭고 학자적인 태도를 거만하다고 받아들였던 이들에게 종종 미움을 받았던 트로츠키는, 1927년 레닌 사망 이후 공산당의 지도권을 넘겨받기 원했다. 그러나 정치적인 조종자와는 거리가 멀었던 그는 가차 없는 스탈린의 술책에 쉽게 넘어가고 말았다.

트로츠키는 스탈린에 의해 1929년 망명을 하게 되었다. 그는 터키, 프랑스, 노르웨이에 거주하다가 1936년 멕시코에 이르렀다. 대통령인 라사로 카르데나스는 그를 따뜻하게 맞이하여 멕시코시티에 다시 자리 잡을 수 있도록 특별히 손을 써 주었다. 트로츠키는 보헤미아적인 대중들과 어울렸으며, 한동안은 유명한 예술가 디에고 리베라와 프리다 칼로와 함께 살기도 했다. 1939년, 리베라와 사이가 틀어진 트로츠키는 곳곳에 식민지풍 교회가 있고 자갈이 깔린 길이 널린 코요아 칸이라는 동네에 있는 자신만의 집 - '작은 요새'라고 알려진 - 으로 이사했다. 그가 죽음을 맞이한 곳도 이 집이었다. 오늘날 이곳은 박물관이 되었으며, 집의 벽에는 이전에 트로츠키를 암살하려고 시도했을 때 생긴 총알구멍이 남아 있다. **OR**

산 후안 데 울루아

멕시코, 베라크루스 | San Juan de Ulúa

'뉴 스페인'의 보물을 지키던 요새

산 후안 데 울루아는 베라크루스 시를 내려다보는 널찍한 요새이다. 이 요새는 스페인 통치 동안 멕시코에서 가장 중요한 항구였던 베라크루스를 지키기 위해 세워졌다. 멕시코 최초의 스페인 총독인 정복자 에르난 코르테스(1485~1547)가 1519년에 베라크루스를 건설했다. 이 항구는 매년 멕시코의 은광에서 캐낸 은을 싣기 위해 스페인 함대가 도착하는 곳이었고, 따라서 해적의 목표가 되기 십상이었다.

1565년부터, 근방의 섬인 산 후안 데 울루아에 요새가 건설되었다. 250대의 대포가 방비하고 해자와 흉벽, 1m 두께의 벽이 둘러쳐진 강력한 구조였다. 1658년, 영국의 해군 용병 프란시스 드레이크 경(1540~1590)과 존 호킨스 경(1532~1595)이 산 후안 데 울루아에 노예들을 내려놓으려 시도했다. 이들은 임시적인 휴전을 허가받은 상태였지만, 스페인 호위선의 공격을 받아 단 두 채의 배를 제외하고 전부를 잃고 말았다.

> "인디언들이 승선했다. 그들은 과일과 꽃, 금 장신구를 선물로 가져왔다."
>
> 역사가, 윌리엄 프리스코트

산 후안 데 울루아는 스페인 권력이 멕시코에 마지막으로 남아 있던 보루였다. 1810년 9월 16일 멕시코가 독립을 선포한 이후에도, 스페인 군대는 1825년까지 이 요새에 매달려 있었다. 멕시코-미국 전쟁(1846~1848) 동안 미군이 이 요새에 폭격을 가해 베라크루스를 차지했다. 19세기부터 요새는 감옥으로 사용되었다. 여기에 수용되어 있던 가장 유명한 죄수는 아마 추초 엘 로토라는 이름으로 알려진 산적 혜수스 아리아가(1858)일 것이다. 그는 1885년 감옥에서 탈출했다. **JF**

엘 타힌

멕시코, 파판틀라 부근 | El Tajin

토토낙 주의 수도이자 고대 메조아메리카 시대 경기의 중심지

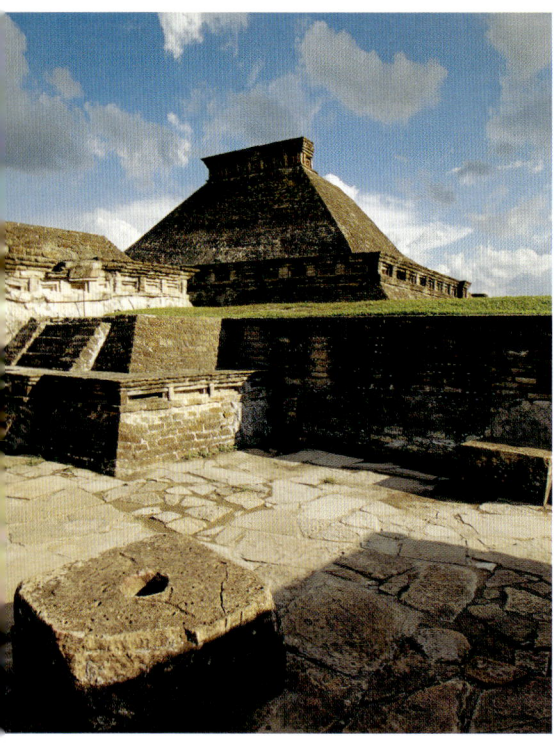

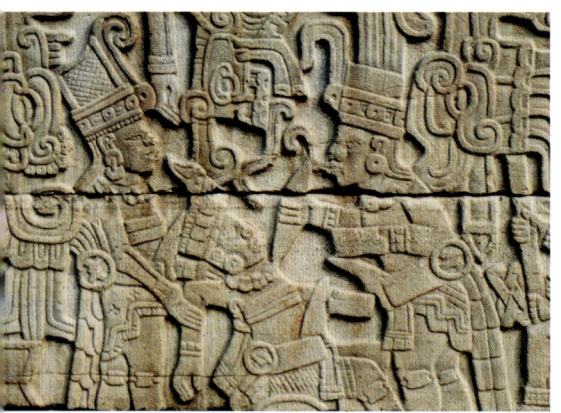

베라크루스 주는 멕시코의 동쪽 중앙 해안가를 따라 뻗어 있으며, 뛰어나게 수려한 자연 경관을 간직하고 있다. 베라크루스 주 한가운데에 파판틀라 시가 있고, 그 교외에는 고대 도시인 엘 타힌의 유적이 있다.

이 지역 대부분은 아직 발굴을 마치지 않은 상태이며, 지금까지 발굴된 부분들은 강탈당하는 수난을 겪었다. 그러나 이곳은 콜럼버스 이전 시대의 유적 중에서도 가장 매혹적인 곳 중 하나이며 독특하고 기념비적인 건축물이 대거 포함되어 있다. 엘 타힌은 원래 토토낙 주의 수도로 전성기를 맞았던 800년에서 1150년 사이에는 번화한 도시였을 것이다. 이 기간이 지나자 도시는 점차 쇠퇴했으며, 13세기 초에 결국 적대적인 유목 민족 치치메카 족에 의해 약탈당하고 불탔다. 소수의 인구가 남아 있었으나, 16세기 스페인인들이 도착했을 무렵에는 완전히 버려진 땅이 되고 말았다.

이 유적지에서 가장 인상적인 건축물은 '니치의 피라미드'이다. 원래 꼭대기에 작은 신전이 있었던 이 의식용 건물은 여러 층으로 이루어져 있으며, 365개의 니치(niche : 벽감(壁龕), 조상(彫像) 등을 두기 위해 벽에 움푹 파이게 만들어 놓은 곳)를 형성하는 여섯 개의 테라스가 있다. 이 유적의 천문학적이고 상징적인 중요성을 드러내 주는 메조아메리카 건축의 걸작이라 할 수 있다. 이 도시는 공을 가지고 하는 경기로 유명했는데, 유적에는 모두 합쳐 열일곱 개의 경기장이 있다. 정확한 규칙은 전혀 알 수 없지만 사치스러운 전통과 방종함 속에서 경기는 무척 열띠게 행해졌다. 엘 타힌이 쥐고 있는 고대 멕시코 문화에 대한 실마리에는 엄청난 가치가 있다. 이곳은 역사와 더불어 공명하는 공간이며, 오래된 거리를 따라 걷는 일은 감동적이면서 기묘한 경험이다. **TP**

⊠ 이곳은 천둥과 번개, 비를 관장했던 한 토토낙 신의 이름을 따서 타힌이라 불린다.

⊡ 돌에 부조로 새겨진 이 장면이 보여 주듯, 이곳에서는 공놀이와 더불어 종종 인신 공양 의식이 행해졌다.

산타 프리스카 교회

멕시코, 탁스코 | Church of Santa Prisca

은 무역 시대에 세워진 바로크 풍 교회

산타 프리스카 교회는 은광 덕분에 세워진 오래되고 매력적인 도시 탁스코의 분주함 속에 있는 진정한 보석이라 할 만하다. 탁스코는 시에라 마드레 델 수르 산줄기 서쪽 가파른 면에 매달려 있는 듯한 도시로, 좁고 굽이친 자갈길 양쪽으로 하얗게 회칠한 시골풍의 집들과 오래되어 닮은 서조건물이 늘어서 있다. 마치 그림 같은 도시로 경치도 뛰어나지만, 무엇보다도 산타 프리스카 교회가 있기 때문에 꼭 방문해 보아야 할 곳이라 할 수 있다.

스페인 정복자 에르난 코르테스(1485~1547)와 그의 부하들은 최초로 이곳을 발견해 정착했고, 은을 캐내기 시작했다. 은 산업을 중심으로 마을이 성장했지만, 얼마 가지 않아 광산은 바닥을 드러냈다. 이로부터 200년이 지난 후, 프랑스 혈통의 돈 호세 데 라 보르다가 자기 형제를 만나기 위해 탁스코로 왔는데, 전해지는 이야기에 따르면 그의 말이 발굽으로 바위를 치는 바람에 바위가 움직이자 밑에서 은이 드러났다고 한다. 이 은 광맥이 거대한 규모라는 사실이 밝혀지자 탁스코는 다시 한 번 광산 도시로서 번영을 누리게 되었으며, 돈 호세는 상당한 금전적 이익을 거둬들였다. 신심이 깊었던 그는 교회를 짓도록 허락해 달라는 청원을 올렸고, 설계를 전적으로 그의 손에 맡겨 준다는 조건하에서 건설비용 전부를 자신이 대겠다는 데에 동의했다. 돈 호세의 야심찬 계획이 완성되기까지는 칠 년이 걸렸으며, 사치스러운 멕시코 바로크 건물을 짓고 내부를 호화롭게 꾸미느라 그는 거의 파산할 지경이었다. 시간이 지나자 결국 이 지역의 은 보유량은 다시 고갈되었고 광산도 문을 닫았지만, 탁스코는 은 장신구 무역의 중심지로 남게 되었다.

은광 산업 덕택에 지어진 산타 프리스카 교회는, 이 도시의 변화무쌍했던 운명과 뛰어난 한 남자의 비전을 계속 해서 상기시켜 주는 건물이라 할 수 있다. 부드러운 분홍색 석재로 된 외관과 아홉 개의 제단, 장엄하고 장식적인 설계로 이 교회는 가히 멕시코에서 가장 이목을 끄는 교회 중 하나라 할 만하다. **TP**

산 디에고 요새

멕시코, 아카풀코 | San Diego Fort

중요한 선적 중심지를 지키는 주요 방어선

산 디에고 요새는 17세기 초 건축되었을 때부터 아카풀코 항구를 지켰다. 아카풀코는 1565년부터 1815년까지 매년 '마닐라 범선'(필리핀의 마닐라와 멕시코의 아카풀코 사이를 오가던 스페인 무역선)에 짐을 싣는 곳이었기 때문에 결정적인 선적 중심지였다. 수세기에 걸쳐 마닐라 범선은 아시아와 아메리카 사이를 이어 주는 직접적이고 믿을 만한, 게다가 유일한 수단이었던 것이다.

아카풀코에는 청동기 시대부터 인류가 정착했으나, 스페인이 1528년에 처음으로 이 땅을 차지했다. 태평양 해안가에 위치해 있던 이곳은 아시아로 향하는 항로를 찾으려는 스페인인들의 시도의 중심지였다. 1565년 안드레스 데 우르다네타(1498~1568)가 마닐라에서 아

> "아카풀코와 그 땅 … 남부의 선박이 지어지게 될 곳." 1528년, 스페인 왕령

카풀코로 가는 항로를 찾아냈다. 그 결과로 아카풀코는 부유해졌으나, 해적들이 노리는 도시가 되었다. 1587년 영국의 항해가 토머스 카벤디시 경(1555 ~1592)이 120만 황금 페소를 싣고 있던 스페인 범선을 포획했다. 1615년, 네덜란드 함대의 침공을 받은 후, 스페인 총독 디 에고 페르난데스 데 코르도바(1578~1630)는 새로이 근대적인 요새를 지을 것을 명했다. 항구가 내려다보이는 언덕 위에 위치한 이 요새는 다섯 개의 뿔이 달린 별 모양으로, 지어졌을 당시에는 태평양 해안에서 가장 큰 요새였다. 1776년 지진이 일어났을 때 요새는 거의 파괴되었으나, 이후 재건축되었다.

현재 이곳에는 아카풀코 역사박물관이 들어서 있다. 산 디에고 요새는 초기의 근대적인 요새 건설을 잘 보여 주는 예이자, 200년이 넘는 세월 동안 세계에서 가장 중요한 항구 중 하나였던 아카풀코를 방어해 온 주요 수단으로 명성이 드높다. **JF**

베니토 후아레스의 집 멕시코, 오악사카 시티 | Benito Juárez's House

개척자적인 대통령이었던 국민적 영웅이 유년 시절을 보낸 집

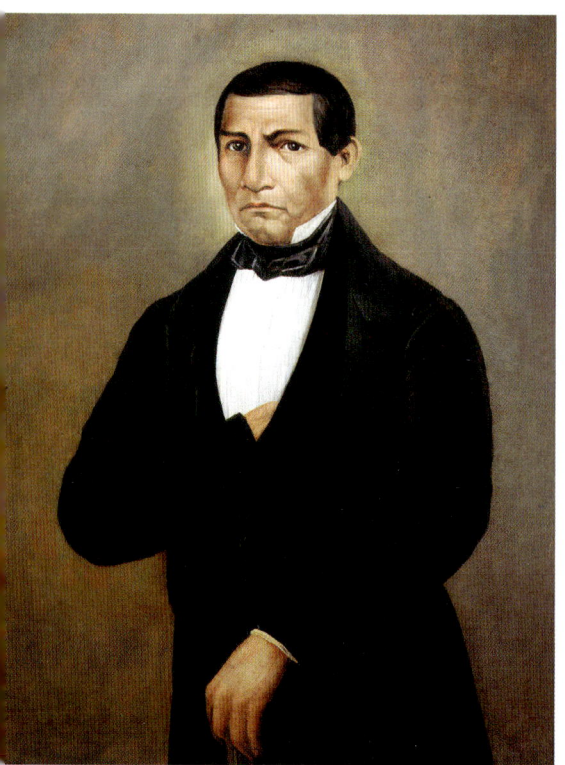

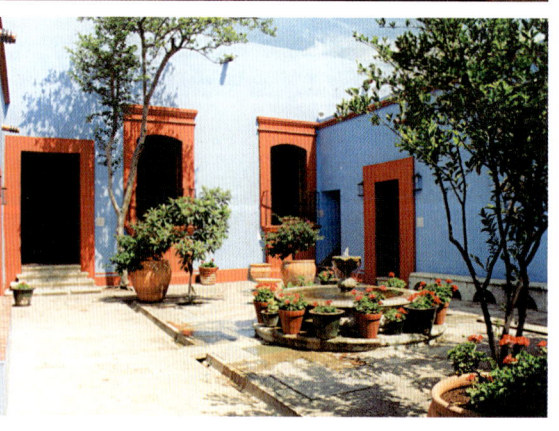

오악사카 시는 1532년, 시에라 마드레 델 수르 산의 아름다운 오악사카 골짜기에 스페인 이주민들의 손으로 세워졌다. 이 지역에는 몇 천 년 전에도 사람이 거주했고, 콜럼버스 이전 고대의 유적인 몬테 알반이 근처에 있다. 오악사카 시에는 두터운 돌 벽에 밝은 색으로 채색된 작은 건물이 있다. 바로 멕시코가 낳은 가장 위대한 대통령 중 하나인 베니토 후아레스(1806~1872)가 어린 시절 대부분을 보냈던 집이다.

베니투 후아레스는 사포텍 족 - 멕시코 토착 부족 중 하나 - 이었으며, 산 파블로 겔레타오에서 태어났다. 열두 살이 되었을 때 그는 일거리를 찾으러 오악사카 시로 옮겨갔다. 그곳에서 그는 그의 누이를 하녀로 고용하고 있던 부유한 주민 돈 안토니오 마사를 만나고, 마사를 통해 안토니오 살라누에바를 소개받았다. 독실한 가톨릭 신자였던 살라누에 바는 후아레스의 총명함에 깊은 인상을 받아 그를 거둬들여 스페인어로 말하고, 읽고, 쓰는 법을 가르쳤다. 이후 후아레스는 가톨릭 신앙을 버리고 법을 공부하게 되며, 이후에는 오악사카 시장, 주 의원을 거쳐 결국 1860년 멕시코 대통령이 된다. 후아레스의 재임 기간은 그의 혁신적인 개혁 시스템에 의거해 라 레포르마(개혁)라 불렸는데, 이러한 개혁 중에는 원주민들의 동등한 권리를 추진하고, 멕시코에서 가톨릭교회와 군대가 쥔 권력을 감소시키려는 노력도 있었다. 민주적이고 자유주의적인 그의 태도와 평등을 위한 투쟁은 부분적으로는 북아메리카의 정책에 기반을 둔 것이었다.

현재 이 집은 위대한 대통령에게 바치는 박물관이 되었으며, 후아레스가 안토니오 알라누에바와 함께 살았던 시대의 가구며 물건들을 갖추고 있다. **TP**

◩ 베니토 후아레스의 초상, 그는 완전한 원주민 혈통으로 멕시코의 대통령이 된 유일한 인물이다.

◪ 후아레스는 1818년 12월부터 십 년간, 자신의 누이와 돈 안토니오 마사와 함께 이 집에서 살았다.

몬테 알반 <small>멕시코, 오악사카 시티 부근 | Monte Albán</small>

사포텍 문명의 수도이자 메조아메리카 최초 도시 중 하나

"세 개의 넓은 골짜기가 접하는 곳에 홀로 선 커다란 언덕, 아래편에 펼쳐진 초록색의 비옥한 바다로부터 일천 피트 가까운 높이로 솟아오른 섬을 상상해 보라. 놀라운 광경이다." 올더스 헉슬리는 몬테 알반-고대 사포텍 족 수도의 유적-에 대한 이 생생한 묘사를 1934년에 남겼다. 산꼭대기에 도시를 건설하려 했다는 것은 오늘날에 보아도 어진히 놀릴 민힌 일이지만 사포텍 족은 고도로 발달한 기술을 지니고 있었으며, 몬테 알반은 그들의 세련된 기술을 보여 주는 데 부족함이 없는 훌륭한 상징인 듯하다. 비록 꼭대기를 평평하게 하고 아래쪽의 골짜기로부터 필요한 물품과 물을 끌어오는 수고를 해야 했지만 말이다. 이곳에서는 오악사카 골짜기의 아름다운 경치를 내려다볼 수 있는데, 늦은 오후의 햇살에 잠겨들었을 때 가장 아름다워 보인다.

오늘날 남아 있는 부분은 이 도시의 종교적, 정치적 중추부이다. 제단과 피라미드, 넓은 계단은 사포텍 건축의 전형적인 특성이다. 이 유적지의 중심부에는 거대한 중앙 광장이 웅장한 모습으로 열려 있다. 한쪽 끝에는 '남쪽 플랫폼'이라 불리는 여러 층으로 이루어진 거대한 피라미드가 눈을 믿을 수 없을 정도의 장관을 뿜낸다. 다른 쪽 끝을 보면 '북쪽 플랫폼' 신전 부지가 눈에 들어오는데, 주변이 둘러싸인 재단과 흥미진진한 부조가 있다. 주 광장 중앙에는 하늘을 관찰하고 종교적인 의식의 시기를 정하는 데 사용되었던 천문대가 위치하며, 이 광장 동쪽 모서리에는 공놀이 경기장이 있다. 광장의 서쪽 면에는 신비로운 춤을 추는 인물들을 그려 놓은 부조와 여러 채의 플랫폼 건물들이 있다.

몬테 알반은 700년, 퇴락하기 시작했던 시기 이후로 버려져 있던 듯하다. 그 이후에는 스페인인들의 정복이 있었던 1500년대까지 믹스텍 족이 주로 왕족을 매장하기 위한 터로 사용했다. **AK**

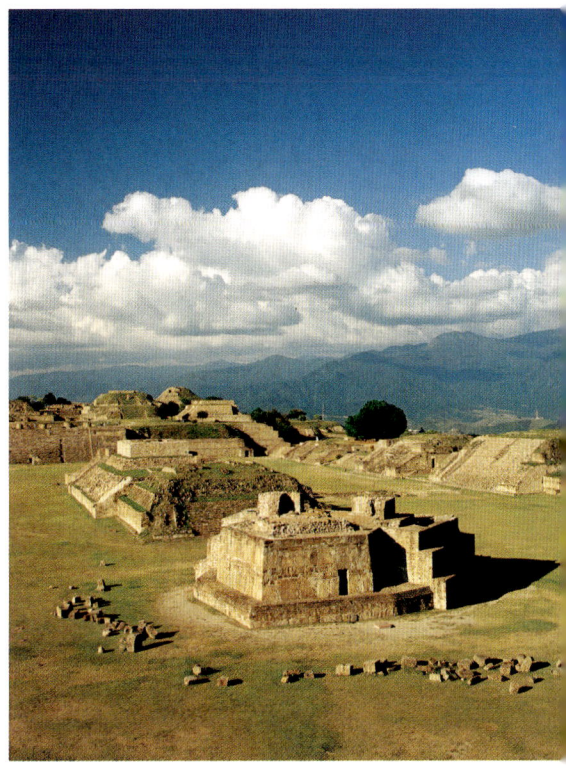

◹ 전경에 보이는 이 도시의 천문대는 사포텍 종교에서 천문학을 사용했다는 사실을 반영한다.

◫ 이 경기장에서 거친 공놀이 경기가 행해졌다.

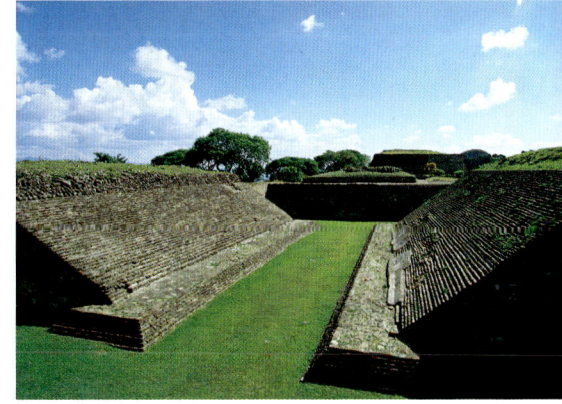

팔렝케 멕시코, 산토 도밍고 델 팔렝케 | Palenque

9세기에 버려진 고대 마야 도시

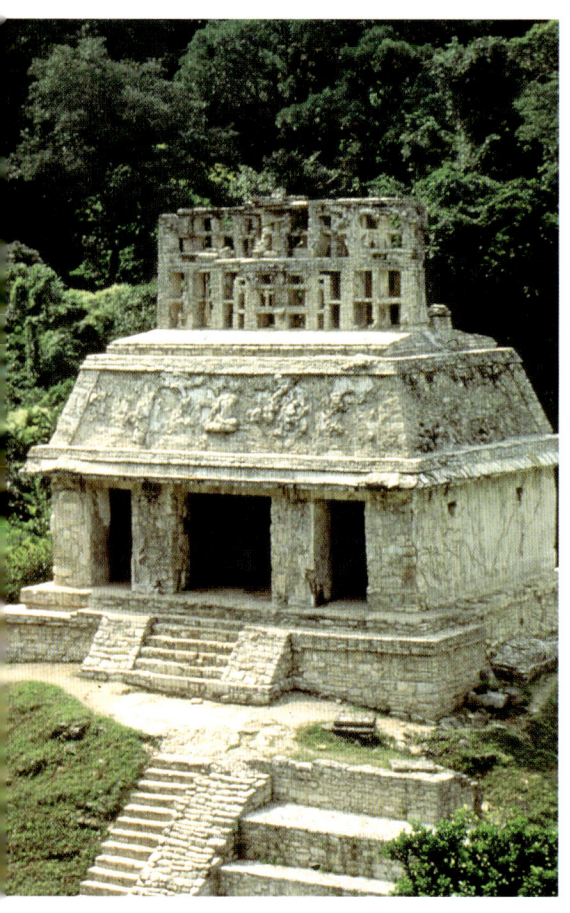

"팔렝케는 마야 예술이 빚어 낸 비길 데 없는 업적이다."

유네스코

팔렝케는 고전기의 마야 성전 중 가장 잘 보존된 유적 중 하나로 널리 알려져 있으며, 그 예술성과 건축미의 우수성과 풍요로움은 단연코 돋보인다. 이곳은 코판이나 티칼에 비해 상대적으로 작은 도시이지만, 주변을 둘러싼 마야 주의 수도였던 것으로 추측된다. 팔렝케 유적지에서는 여전히 고고학자들의 연구가 계속되고 있으나, 새겨진 글귀에 왕의 재위 기간이 5세기 초엽으로 기록된 것으로 보아 적어도 1천 6백 년 정도의 역사를 지니고 있다. 이 도시는 5세기와 6세기에 걸쳐 성장의 시기를 거쳤으나 7세기 초에는 근처의 도시들에 의해 여러 차례 약탈을 당했다. 이러한 실패로 새롭고 강력한 지도자인 '위대한 파칼' 아래에서 재건을 향한 움직임이 촉구되었고, 오늘날까지 남아 있는 신전과 건축물 대부분이 이 시기의 소산일 것으로 추측된다. 팔렝케는 711년쯤 경쟁 도시와의 싸움에서 또다시 패배하여 약탈당하면서 쇠락의 길을 걷기 시작했고, 이후 100년 동안 되풀이해서 패배를 겪었다. 1560년대에 스페인 탐험가들이 발견하기까지 이 도시는 몇 세기 동안 완전히 버림받은 곳이었다.

50m 길이의 아치형 천장 수로를 이용해 물줄기를 돌린 오툴룸 강 바로 위에 지은 팔렝케의 중앙 광장은, 중요한 공학적 업적이다. 이 공공 광장 주변에는 궁전-각각 전통적인 다층 피라미드 위에 세워져 서로 연결되었으며 신앙적인 조각들로 풍부하게 장식된 여러 채의 건물과 신전들-이 둘러싸고 있다. 아마 이 건물들 중에서 가장 중요한 것은 대략 180년에 달하는 팔렌카의 역사를 연대별로 기술해 놓은, 중앙아메리카에서 가장 긴 마야 비문(碑文) 중 하나가 새겨진 '비문의 신전'일 것이다. 신전에는 이처럼 풍부한 역사적 정보뿐 아니라 복잡하게 조각된 신들과 왕들의 형상도 남아 있으며, '위대한 파칼'의 무덤과 화려한 조각이 있는 석관도 남아 있다. **CK**

산 일데폰소 성당 멕시코, 메리다 | Catedral de San Ildefonso

고대 마야 신전의 돌로 지어진 식민지풍 대성당

메리다는 멕시코 유카탄 주의 수도이자 열 번째로 오래된 도시이다. 1542년 1월 6일, 스페인 정복자의 아들인 프란시스코 '엘 모조' 데 몬테호 이 레온(1508~1565)이 이 도시를 세웠다. 이전에는 이 자리에 마야의 족장 아찬 카안이 1240년경 세운, '토'라는 이름으로 알려진 커다란 마야 도시가 있었다.

신 일데폰소 대성당은 도시에 들어찬 건물의 새하얀 외벽 덕분에 '하얀 도시'라는 별명으로도 알려진 메리다의 전형적인 건물이다. 이 성당은 아메리카 대륙 내륙에 최초로 세워진 성당이며, 대략 1556년에서 1598년 사이에 메리다의 플라자 그란데 동쪽 편에 건축되었다.

스페인 이주민들이 도달했을 때, 그들은 그 자리에 있던 마야 피라미드를 해체하여 거기서 나온 커다란 돌들을 가지고 교회의 기반을 다지는 데 썼다. 스페인 건축가 후안 미구엘 아구에로가 성당을 르네상스 스타일로 디자인했는데, 앞쪽에는 두 개의 종탑이 있고 정문에는 성 베드로와 성 바울의 조각상이 서 있다. 내부에는 여러 개의 부속 예배당이 있는 데 가장 유명한 것은 내부에 7m 높이의 나무로 된 예수상이 있는 '카필라 델 크리스토 데 라스 암폴라스(혹이 난 예수의 예배당)이다.

이 조각상은 1500년대에 벼락을 맞은 나무에 새겨진 것이다. 나무는 화염에 휩싸였지만 타버리지는 않았다. 지역 주민들은 이 나무에 기적을 행하는 능력이 있다고 믿었고, 예수상은 이치물이라는 마을의 교회에 놓였다. 교회가 불타 버렸을 때 이 예수상만이 살아남았고, 1654년 예수상은 성당으로 옮겨졌다. 나무에 혹이 나 있었기 때문에 이런 이름이 붙었다. 현재의 조각상은 1915년 혁명 군대가 성당을 약탈했을 때 파괴된 원본을 복제한 것이다. 예수상 덕분에 산 일데폰소 성당은 로마 가톨릭 신자들에게 순례의 장소가 되었으며, 특히 9월과 10월에 열리는 로스 그레미오스 종교 행진 기간에는 예수상을 앞세워 메리다를 돌아다니는 행사를 연다. **CK**

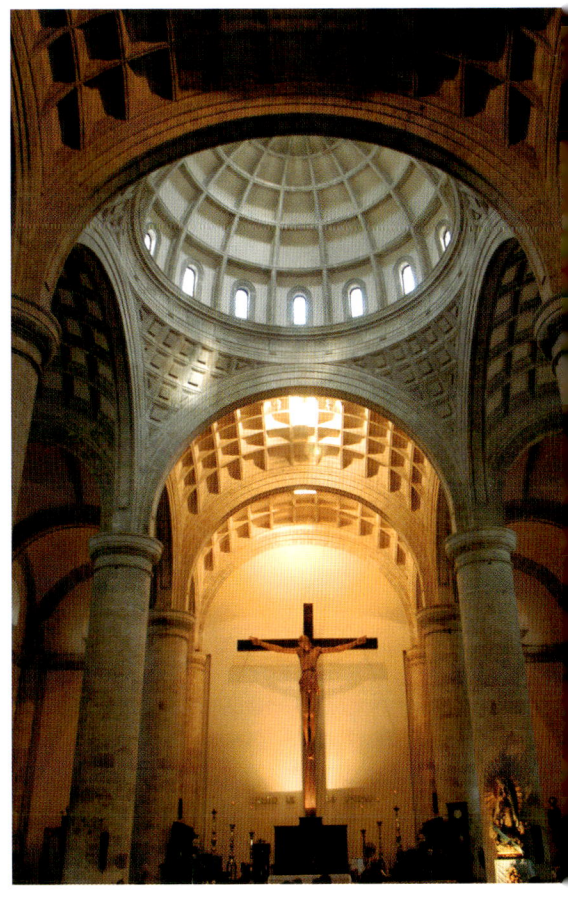

"기독교인들이 정복과 발견을 거듭하며 지나갈 때면, 마치 불이 휩쓸고 지나가는 것 같았다."

정복자, 페드로 데 시에사 데 레온

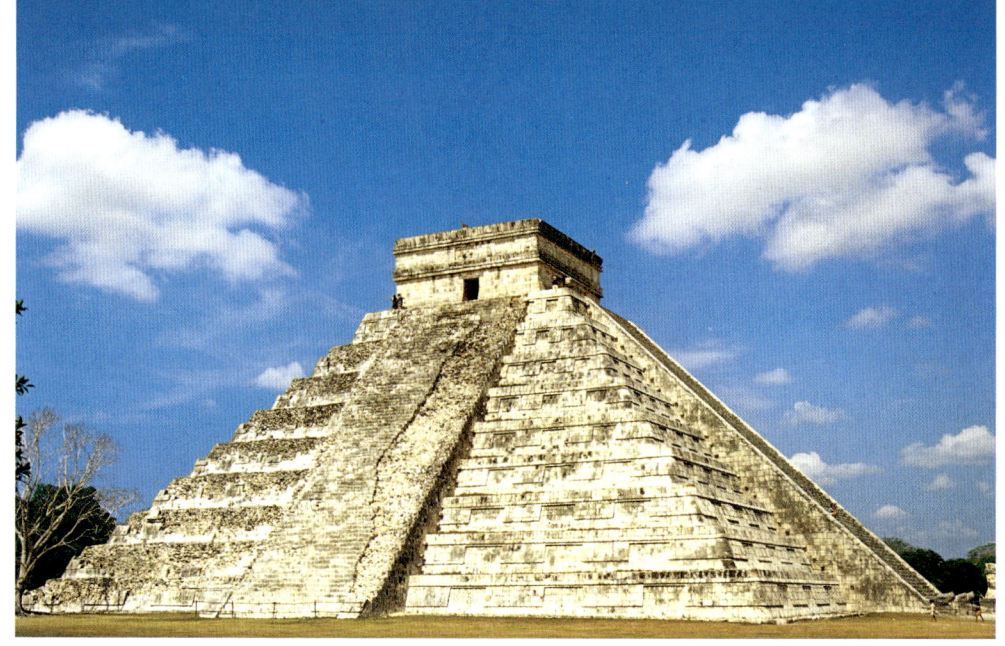

🏛 ◎ 치첸 이트사 멕시코, 유카탄 반도 | Chichén Itzá

세련된 마야 문명이 남긴 유적 중 가장 잘 보존되어 있는 도시 중 하나

치첸 이트사 – '이트사 우물의 어귀에'라는 의미의 이름 – 의 넓은 유적지는 멕시코 유카탄 반도에 있는 마야 유적에서 가장 유명한 것들 중 하나이다. 이곳은 종교적, 군사적, 정치적, 상업적 중심지로 전성기에는 3만 5천 명의 인구가 거주했을 것으로 추정된다. 처음 이 지역에 사람이 정착한 것은 550년으로, 이들은 아마 동굴이나 '세노테'라 알려진 물 고이는 구멍 덕분에 물을 구하기가 쉬워 이곳으로 이끌렸을 것이다. 이후 이 지역은 폐허가 됐는데, 톨텍 족의 침략 때문이었던 듯하다.

서기 1000년경 다시 이 지역에 사람이 살기 시작했으나, 13세기에 쇠퇴하게 되었다. 이 도시가 쇠락하게 된 이유에 대해서는 기근 때문이거나 혹은 거주민들 사이에 내전이 일어났기 때문일 것이라는 설이 있다. 1531년 스페인 정복자 프란시스코 데 몬테호가 이끄는 이들이 잠시 이곳에 정착했고, 이곳을 이 지역의 스페인 수도로 만들려 했으나 원주민들의 반란으로 달아나야 했다. 세노테 우물 중 두 곳은 아직도 여기에 남아 있다. 마야

인들은 이 우물 안으로 도기, 옥, 향 등 소중한 물건을 던져 넣어 그들이 믿는 비의 신인 차아크에게 바쳤다. 가뭄이 들었을 때는 인신 공양을 했을지도 모른다.

치첸 이트사는 또한 훌륭한 상태로 보존되어 있는 돌 건물들로 유명하다. 성과 '전사들의 신전'이라는 여러 층으로 된 피라미드, '대시장'이라 불렸던 넓은 사각형 광장, 고대의 공놀이에 쓰였던 돌로 된 문이 달린 '대경기장', 정부 지배층이 앉았던 자리(스페인인들은 이를 잘못 알아 수녀원이라 불렀다), 그리고 중앙에 둥근형 탑이 있고 계단이 나선형이라 달팽이라는 의미의 '카라콜'이라는 이름으로 알려진 22.5m 높이의 천문대 등이 그것이다. 마야인들은 이 달팽이 모양 천문대를 통해 천체를 관찰하고 하늘의 움직임을 기록하여 곡식을 수확할 시기를 예측하고, 종교 의식을 열 시기를 결정했던 것 같다. **CK**

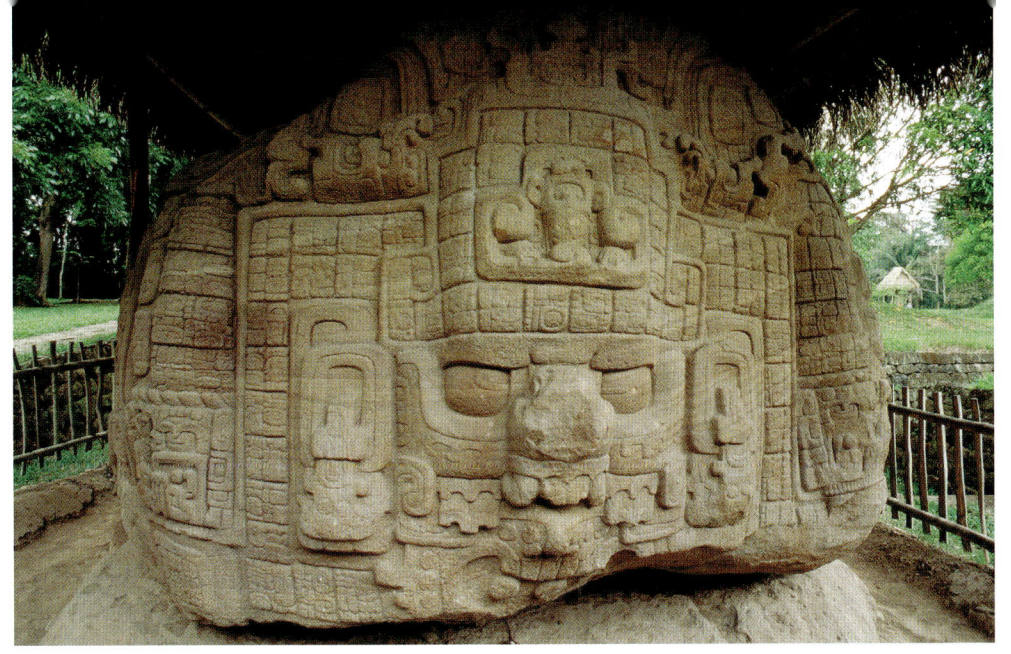

퀴리구아 고고유적 공원 과테말라, 이사벨 | Quiriguá Archeological Park

세계에서 가장 뛰어난 석주(石柱) 유적이 있는 마야 주거지

오늘날에는 역사 속에서 잊혔지만 한때는 융성했던 퀴리구아의 마야 주거지는 몇 가지 이유로 인해 10세기경 폐허가 되었다. 그전까지 사람들은 지금은 과테말라의 일부인 이 땅에서 살고, 일하고, 신을 섬겨왔다. 퀴리구아의 통치자는 특히 옥이 풍부하게 나는 이곳의 자연 자원으로 인해 부유해졌다. 18세기에 유럽인들이 이 장소를 재발견했으며, 20세기 초에는 미국 소유의 유나이티드 프루트 컴퍼니가 이곳을 사들였다. 그 결과 세계 최고의 콜럼버스 이전 시대 석주 유적이 있는 이 유적지는 과일 농장에 둘러싸여 있다.

가장 초기의 유적들은 약 550년경 형성되었다(그전에도 이곳에는 사람들이 살고 있었다). 퀴리구아라는 이름은 8세기에 들어서부터 존재해 왔으며, 그 시기에 새겨진 조각에서도 찾아볼 수 있다. 퀴리구아는 오늘날 온두라스에 속하는 코판과 연관이 깊으며, 두 유적지의 석조 건축은 비슷한 특성을 보인다. 퀴리구아는 코판보다 규모가 더 작으며, 따라서 마야 세계에서 중요성도 덜했

다. 그러나 8세기, 퀴리구 아의 통치자가 코판의 우두머리를 붙잡으면서 주변의 작은 지역들에 대한 코판의 통치도 끝이 났다. 이 일로 퀴리구아는 독립을 얻었다.

인상적인 석조 유적 중에는 광장이 있는데, 이 광장을 둘러싸고 화려한 조각이 새겨진 아홉 개의 석주가 서 있다. 이 석주 중 가장 큰 것은 높이가 11m에 달하는데, 땅 위로 드러난 부분은 8m이고 나머지 3m은 땅속에 파묻혀 있다. 주변에는 한때는 위풍당당했던 피라미드, 폐허가 된 아크로폴리스, 아마 제단이었으리라 추정되는 돌 조각품 유적들이 있다. 사람(마야 예술에서는 독특한 일이지만, 수염이 있는 사람도 몇몇 있다)과 거북, 개구리, 재규어 등 동물의 이미지가 석주와 제단을 장식하고 있다. 퀴리구아는 반은 인간, 반은 동물의 모습을 한 존재를 그려내는 '동물 형상'으로 유명하다. **LH**

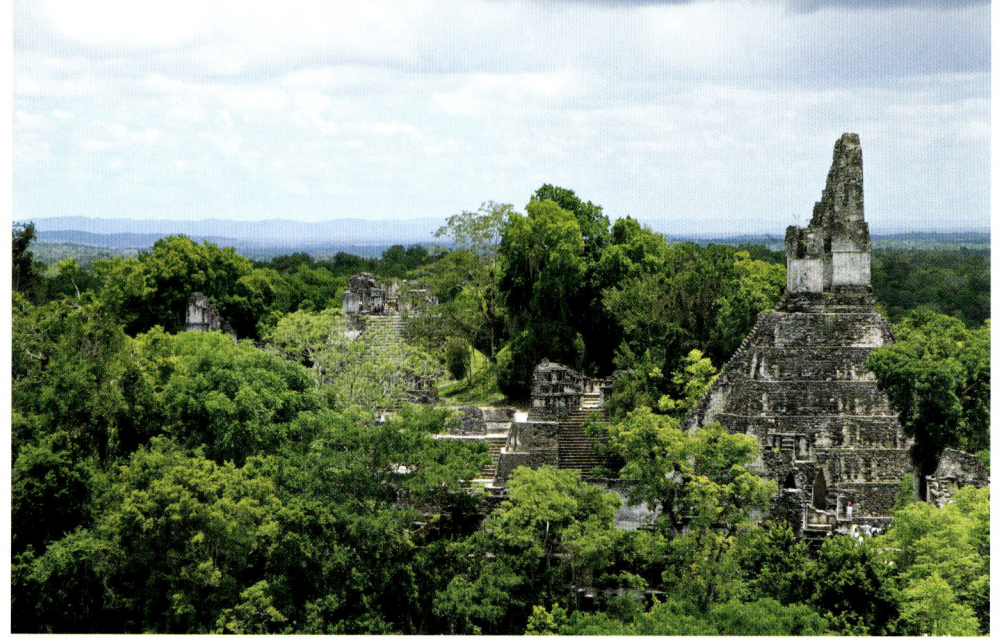

🏛 ◈ 티칼 과테말라, 플로레스 | Tikal

외경심을 갖게 하는, 마야인 의식의 중심지

빽빽이 들어찬 열대의 숲이 이루는 천막에서 솟아나온 피라미드 신전의 꼭대기를 보면, 티칼이라는 위대한 도시가 예전에 어떤 모습이었는지 알 수 있을 것 같은 생각에 가슴이 두근거린다. 이곳은 고도로 발전한 예술, 건축, 문자, 달력, 천문학 체계로 고대 아메리카 대륙에서 가장 세련된 문화를 이룩했던 마야인들의 주요 도시 중심지였다. 마야 문명은 멕시코, 과테말라, 벨리즈에 걸쳐 널리 퍼져 있었으며, 이 지역의 '고전기'(서기 250~900년경)에 가장 융성했다.

티칼이 가진 정치적 중요성 또한 컸으며, 추측컨대 주변 지역을 지배했던 곳이기도 했지만 무엇보다도 의식을 거행하는 중요한 중심지였고 그 경계선 주변에는 주거지가 흩어져 있다. 의식을 거행하는 데 이곳이 중요해진 것은 기원전 300년에서 기원후 100년의 기간이었는데, 이때 다양한 신전과 피라미드가 세워졌다. 서기 600~800년까지 티칼은 발전의 정점에 도달하여 고전기 마야 문명이 남긴 위대한 작품들이 이 시기에 형성되었다. 부

유한 엘리트 계층이 이끌고 예술적 생활이 꽃피었던 이곳은 안개 낀 남부 저지대의 주요 중심지가 되었으며, 그 신성한 심장부에는 주의 깊게 배열된 여러 채의 건물들이 솟아 있었고 이는 오늘날까지 남아 있다. 호화로운 왕궁 옆의 위엄 있는 광장, 신전, 거대한 피라미드들은 모두 경사로와 둑길을 통해 연결되어 있었다. 다섯 개의 거대한 피라미드가 있었는데, 어떤 것은 꼭대기에 신전이 있었다. '피라미드 I'의 재규어 신전이 그 예이다. '피라미드 IV'는 가장 높은 피라미드이다. 65m 높이로 솟아오른 이 피라미드는 고대 세계에서 가장 높은 건물 중 하나였다. 다른 유적으로는 무덤, 조각이 새겨진 석주, 저수지, 시장이었을 가능성이 있는 터 등이 있다. 티칼은 800년 이후 점차 쇠퇴했으며 900년대에는 사라지고 말았다.

1950년대에, 티칼 국립공원이 설립되었으며, 1797년에는 유네스코 세계문화유산으로 지정되었다. 티칼에서 북쪽으로 대략 20km 떨어진 지점에는 규모가 더 작은 마야 도시인 우악삭툰 유적지가 있다. **AK**

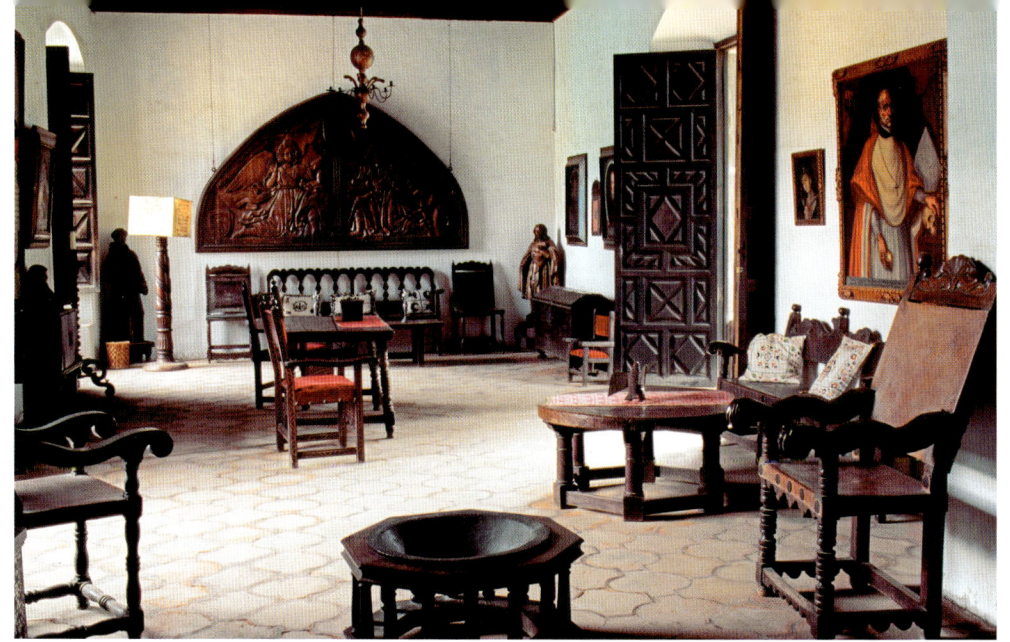

🏛 ◎ 카사 포페노 과테말라, 안티구아 | Casa Popenoe

라틴 아메리카에서 가장 잘 보존되어 있는 식민지 도시 안의 저택

한때 과테말라 스페인 식민지의 수도였던 안티구아 시는, 아메리카 대륙에 남아 있는 스페인 바로크 건축 양식을 보여 주는 가장 훌륭한 도시 중 하나이기 때문에 유네스코 세계문화유산으로 지정되었다. 이탈리아 르네상스에서 영감을 얻어 격자 형태로 지어진 이 도시는 1773년 큰 지진으로 막대한 피해를 입었다. 생존자들 중 다수는 과테말라 시티(과테말라의 현재 수도)로 몸을 피했으나, 남아 있기를 고집했던 이들도 있었다. 얼마 지나자 도시의 작은 건물들은 수리되었으나, 거대한 수도원이나 교회와 같은 건물들은 다시 짓기에 비용이 너무나 많이 들었기 때문에 무너진 그대로 남아 있게 되었다. 무너진 상태인데도 이러한 건물들은 예전에 갖추고 있던 스페인 식민시풍의 웅장함을 여선히 발산한다.

카사 포페노는 1634년 스페인 귀족인 돈 루이스 데 라스 인판타스 멘도사에 의해 지어졌다. 지진 발생 이후 그의 저택은 한 세기하고도 그 반이 지나도록 텅 빈 채로 서 있었는데, 한 과학자가 가족과 함께 거주하기 위해 이 집을 사들였다. 미국 회사인 유나이티드 프루트 컴패니에서 일하느라 안티구아에 머무르던 미국인 윌슨 포페노가 이 집을 산 것은 1929년이었다. 그와 그의 아내는 이 집을 원래의 17세기 상태로 복원하느라 몇 년이라는 시간과 엄청난 돈을 들였다. 오늘날에도 이 집에는 여전히 그의 후손들이 살고 있으며, 따라서 특정한 날 몇 시간 동안만 대중에게 공개된다.

카사 포페노는 석재와 나무로 지어진 전형적인 안티구아식 집이다. 벽은 돌로 이루어졌고 창문이 작아 햇빛을 막아 주며, 과테말라의 무더운 여름에도 집안을 선선하게 해 준다. 저택 내부의 예쁘장한 안마당에는 화사한 색의 꽃들과 잔디밭이 있고, 물이 유유하게 흐른다. 안마당 둘레의 그늘진 모서리에는 커다란 의자와 벤치가 기대 놓여 있다. 저택의 내부에는 17세기 가구와 예술이 가득하다. **LH**

자비의 성모 마리아 성당 과테말라, 안티구아 | Church of Our Lady of La Merced

폐허가 된 스페인 식민 도시에 남아 있는 기념비적인 건물

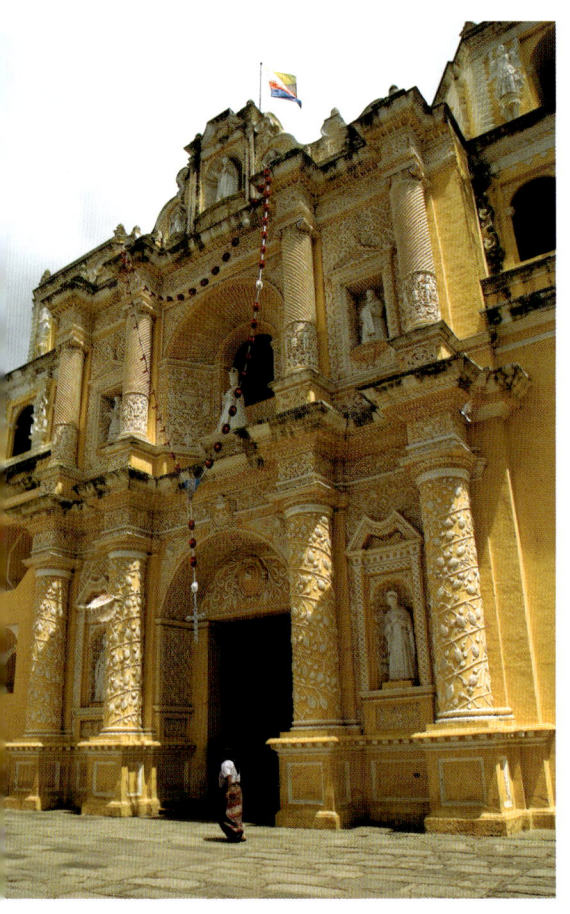

"안티구아는 식민 시대 라틴아메리카
를 보여 주는 가장 완벽한 야외 박물
관이다."

예술사가이자 고고학자, 펄 켈레멘

과테말라 안티구아의 자비의 성모 마리아 성당은, 1773년의 대지진으로 대부분의 건물이 파괴되어 버린, 신앙심 깊었던 커다란 마을에 남아 있는 전부이다. 이 성당 역시 피해를 입었으나 이후에 재건축과 복원 단계를 거쳤다. 교회를 둘러싼 예술적이고 과거를 환기시키는 쓰러진 터에 회랑과 수도원을 비롯한 나머지 건물들이 남아 있다. 오늘날 이 유적지는 인기 있는 관광 명소로, 수련 모양의 커다란 분수─세평에 의하면 라틴 아메리카에서 가장 커다란 식민지 시대 분수라는─로 유명하다. 이 분수는 17세기 수도사들이 식탁에 신선한 음식을 끊이지 않고 공급하기 위해 양어장으로 사용했다.

웨딩 케이크의 장식을 떠올리게 하는, 성당 파사드의 복잡하고 화려한 조각과 그 독특한 밝은 노란색을 마주하면 관광객들은 감탄을 금할 수 없다. 눈이 날카로운 사람은 이 조각 안에 섞여 있는 비종교적인 이미지를 가려낼 수 있을 것이다. 바로 옥수수 속대인데, 이는 재건축 작업이 시작했을 때 인부로 고용되었던 마야인들에게 옥수수가 얼마나 중요한 존재였는지 알려 준다. 과테말라에서, 가톨릭 신앙은 지역 이교도 신앙과 혼합되었다. 많은 마야인들이 가톨릭으로 개종하기는 했지만 이에 그들 나름의 해석을 가했다. 옥수수 속대는 자신들이 사는 지역의 주요 산물인 옥수수에 대해 신에게 감사를 드리는 의미와, 어쩌면 작물이 잘 자라게 해 달라는 기원까지도 포함되었을 수 있는 마야 인부들의 표시이다. 1976년, 3만 3천 명이라는 과테말라인들이 사망했던 지진 이후 20세기 후반에 성당은 다시 한 번 복원되었다.

오늘날 자비의 성모 마리아 성당 외부의 뜰에는 종종 작은 동네 시장이 선다. 근처에 있는 커다란 정규 시장과는 비교할 수 없는 규모인 이곳은 마야 상인들이 야채, 조리한 음식, 보석류, 직물들을 팔러 나오는 임시 가판대가 모여 있는 소박한 곳이다. **LH**

마야 문명이 남긴 뛰어난 폐허 도시

마야 문명이 한창 꽃필 무렵, 오늘날 중앙아메리카라고 알려진 지역의 경계는 오늘날과는 상당히 달랐다. 마야 인들은 오늘날의 멕시코, 과테말라, 온두라스에 해당하는 지역을 점유했고, 그 자리에 세계에서 가장 아름다운 고대 유적을 남겼다. 온두라스와 과테말라 사이의 국경에서 그리 멀리 떨어지지 않은 곳에 위치한 코판 유적은, 이 지역에 서식하는 두 종류의 새 이름을 따 위대한 태양 신 케찰 마카우(마키나쿡모)라 불렸던 5세기의 통치자 아래에서 두드러진 발전을 이룩했던 부락의 것이다.

이 부락은—현재 코판 루이나스 마을에서 일 마일 정도 떨어진 바깥에 있는데—11세기 혹은 12세기까지 번 영했다. 콜럼버스 이전 시대 유적지에 살았던 다른 거주 자들과는 다르게, 코판의 주민들은 스페인 정복자들이 도착했기 때문에 강제로 쫓겨난 것이 아니다. 오히려 이 들은 정복자들이 땅을 밟기 두 세기 전에 다른 곳으로 이주했던 것으로 보인다. 고고학자들은 그 이유에 대해 다양한 이론을 제시하는데, 가장 널리 받아들여지는 가 설은 이곳의 땅이 농사짓기가 더 이상 불가능한 상태가 되었기 때문이라는 것이다. 이 부락의 원래 이름이 무엇 이었는지 아무도 밝혀낸 바 없다. 코판이라는 이름은 겨 우 16세기에 스페인 정착민들이 붙여 준 것이다.

이 유적지에서는 현재 환경친화적 관광을 즐길 수 있다. 코판의 모든 곳을 돌아다니며, 왕족이 살았던 집의 유적, 중간 계급의 거주지, 하인들이 거주하던 곳, 종교 적인 장소들을 방문해 보는 데에는 며칠 정도 걸린다. 땅 속에는 마야인에 의해 파묻힌, 흔치 않을 정도로 잘 보 존된 6세기의 로잘리아 신전이 있는데, 원래의 채색이 그 대로 남아 있다. 신전의 땅 위로 나온 부분은 인간의 얼 굴(어떤 것은 무시무시하고 어떤 것은 우스꽝스럽다), 새, 동물 등의 조직으로 장식되어 있다. 오늘날에도 바카 우 새는 여전히 고대의 신전과 폐허가 된 집 사이를 날아 다닌다. 슬프게도 케찰이라는 새는 멸종 위기라 거의 만 날 수 없지만 말이다. **LH**

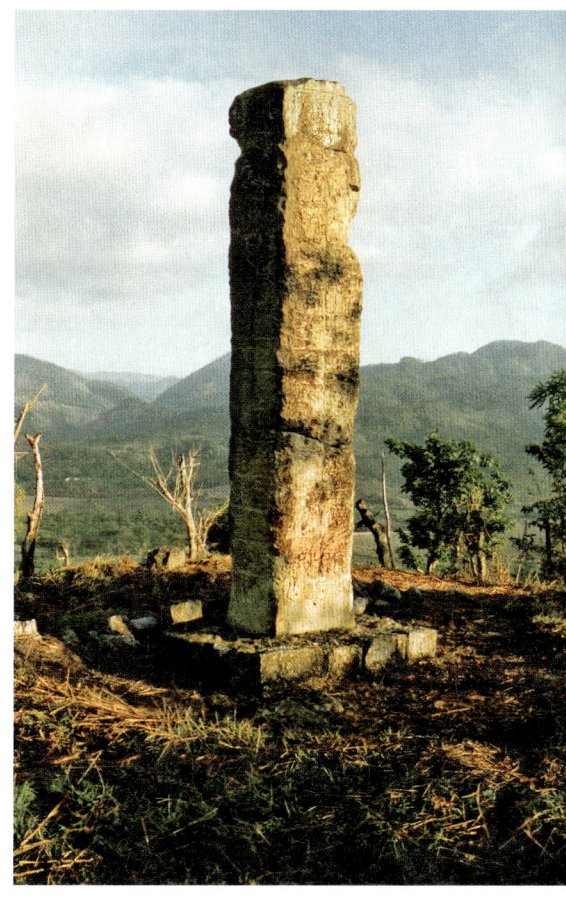

"코판은 대양 한가운데에 떠 있는 산 산 조각난 배처럼 우리 앞에 놓여 있 었다."

1839년의 여행자, 존 로이드 스티븐스

코마야과 성당

온두라스, 코마야과 | Comayagua Cathedral

아메리카에서 가장 오래된 시계를 소장하고 있는 성당

코마야과 성당은 풍부한 스페인 양식 건축물로 잘 알려져 있는 온두라스의 코마야과 시 중심 광장에 위치하고 있다. 화려한 파사드를 지닌 이 성당은 신세계에서 스페인 식민지 양식을 보여 주는 훌륭한 예이다. 그러나 이 성당의 명성이 높은 가장 큰 이유는 바로 시계, 아메리카에서 가장 오래된 시계 때문이다.

코마야과 시는 1537년 12월 8일 스페인인들에 의해 세워졌으며, 1540년부터 뉴 스페인에 속한 온두라스 지구의 수도 역할을 했다. 1838년 온두라스가 독립한 이후, 코마야과 대신 테구시갈파가 수도가 되었으며 지금까지 그 역할을 계속해오고 있다.

코마야과 성당 건축은 1685년에 시작되었고, 공식적으로 문을 연 것은 1711년 12월 8월의 일이지만 1715년에야 비로소 완공되었다. 원래 16개였던 제단 중 현재까지 남아 있는 것은 4개뿐이다. 성당에는 종탑이 하나 있는데, 그 유명한 시계는 종탑 3층에 있다. 이 시계는 대략 1100년에 이슬람교도 장인들이 제작한 것으로, 매 15분마다 종을 울린다. 문자판은 원래 나무로 되어 있었지만 날씨 때문에 손상을 입어 금속 문자판으로 바꿔 넣었다. 스페인 왕 펠리페 3세(1578~1621)가 헌납한 이 시계는 1636년 이 도시 최초의 성당인 자비의 성모 마리아 성당(1550~1551년 건축)에 설치되었다. 이 성당은, 16세기 말에 지어진 카리다드 성당과 성 프란시스코 성당을 비롯한 다른 스페인 식민지 건물과 더불어 여전히 건재하다.

코마야과 성당은 온두라스에서 가장 아름다운 건물 중 하나이다. 스페인의 지배를 받았던 이 나라의 과거를 되살려 주는 아름다운 기념물이라 할 수 있다. 오늘날까지도 여전히 시간을 알리고 있는 성당의 시계는 스페인 역사 속의 다양한 순간들을 서로 연결한다. 무어인 정복 시대부터 아메리카 대륙으로 뻗어나갔던 시대까지 말이다. **JF**

바실리카 데 수야파

온두라스, 수야파 | Basilica de Suyapa

국가 수호성인의 성소

수도인 테구시갈파에서 바로 몇 마일 거리에 위치한 위엄 있고 아름다운 바실리카는 수야파의 언덕 지대를 지배하는 건물이다. 주변을 둘러싼 푸름 속에서 힘차게 솟아오른 늘씬한 사각형 탑들과 둥그스름한 돔 지붕을 보면, 가까이 다가가는 이들은 누구나 성당이 거기 있음을 알게 된다. 건설은 이곳에서 1954년에 시작되었지만, 항상 뭔가 더 해야 할 일이 생기기 때문에 이 바실리카는 언제까지나 완공되지 않을 것처럼 보인다. 근처에는 훨씬 더 작은, 19세기에 지어진 '이글레시아 데 수야파'가 있는데, 이것은 이 지역에서뿐만 아니라 온두라스 전체에서 가장 경배 받는 성인인 '수야파의 성모'를 위한 사원이다.

> "수야파의 마리아가 우리 국민들 내부에서 일깨워 주는 단결력은, 우리가 더욱더 북돋아야 할 힘이다."
> 테구시갈파의 대주교

이 자그마한 성모상은 단지 6cm 크기일 뿐이지만, 경이로운 힘을 지녔다고 정평이 나 있다. 성모상을 찾아왔던 수많은 사람들은 이 상이 기적을 행한다고 주장한다. 따라서 바실리카는 더 많은 사람들이 성모의 힘에서 은혜를 입을 수 있도록 지어진 것이다. 바실리카에서는 매년 2월이면 성모상에 바치는 일주일간의 행사가 열리며, 이곳은 중앙아메리카 전체에서 온 가톨릭 신자들이 순례하는 장소가 된다.

바실리카의 내부는 조상(彫像)과 그림, 금박으로 꾸며져 있다. 유명한 스테인드글라스 유리창을 통해 햇빛은 화려한 색채를 띠고 건물 내부로 들어온다. 마리아 축제가 열리는 동안, 성당 외부는 축제의 장소로 변해 노점상들이 음식과 마실 것, 종교 기념품을 팔며, 수많은 인파 속에서 사람들은 참을성 있게 이 자그마한 성모상을 잠깐이라도 보게 될 기회를 노리며 기다린다. **LH**

🏛 ◎ 레온 비에즈

니카라과, 레온 | León Viejo

구세계와 신세계 건축이 만나는 고고학적 장소

16세기 초반, 스페인 사람 프란시스코 에르난데스 데 코르도바－어떤 사람은 그가 니카라과를 세웠다고 여기는데－가 레온 시의 건설을 감독했다. 마나과 호숫가에 자리 잡은 이 도시는 물을 구하기에 아주 적당한 위치에 있었다. 그러나 이 장소는 또한 모모톰보 화산 근처이기도 했다. 1610년, 화신이 폭발했고 도시는 피괴되었디. 약 60km 떨어진 곳에 새로운 레온 시가 건설되었고 레온 비에즈, 즉 구(舊)레온은 이후 관광 명소가 되었다.

　　니카라과에 기독교 신앙이 들어온 것은, 1540년대에 프란체스코회 주교인 안토니오 발디비에소 덕택이었다. 이 주교는 스페인 정복자와 그들의 잔학행위에 반대하여 원주민의 권리를 옹호하는 목소리를 높였는데, 이 때문에 결국 살해당했다. 그의 시체가 어디 묻혔는지는 몇 세기 동안 알려지지 않았는데, 2000년에 레온 비에즈의 성당 안에서 여러 개의 무덤이 발견되었고 이중 하나가 그의 무덤일 것이라 믿게 되었다. 다른 무덤들은 프란체스코회 수도사들의 무덤이다. 이 당시 많은 사람들은 모모톰보 화산이 폭발한 것은 주교를 잔혹하게 살해한 대가라고 믿었으며, 죽은 지 오래 지나서도 주교의 유령이 사람들 앞에 주기적으로 나타난다는 소문이 있었다.

　　레온 비에즈는 황금 무역상들이 자주 찾는 주요 무역 도시였으며, 커다란 건물이 들어선 이 도시에는 사람들이 많았다. 오래된 성당 말고도 이 유적지에는 수도원과 오래된 총독 관저가 있다. 건물들은 완전히 파괴되었지만 그 토대와 지하실만은 여전히 남아 있다. 레온 비에즈의 지하 토굴은 목이 잘려 죽었던 프란시스코 에르난데스 데 코르도바의 해골을 비롯해 고고학적으로 중요한 유물들을 간직하고 있었다. 레온 비에즈에는, 새로운 지역에서 찾을 수 있는 자재들을 이용하여 유럽 건축술과 설계 컨셉을 적용해 보려 했던 신세계의 초기 스페인 정착촌의 형태와 그 성격이 독특하게 보존되어 있다.

LH

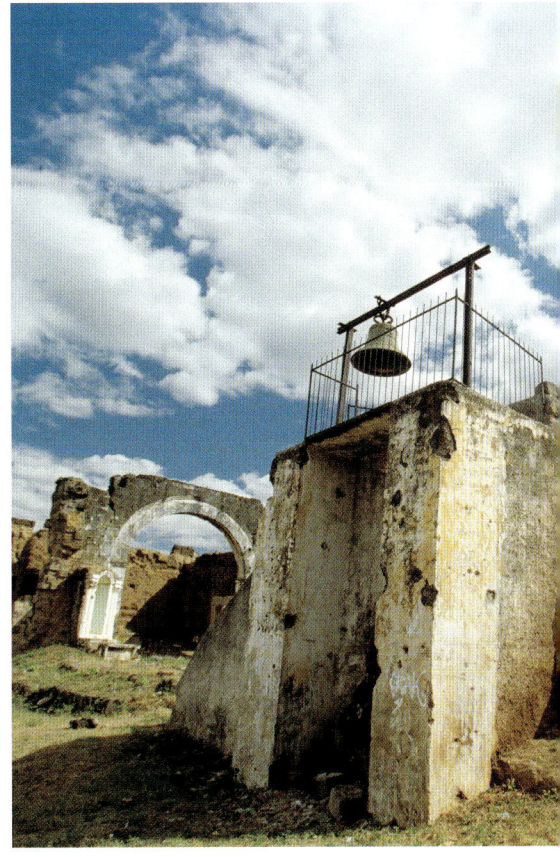

> "에르난데스 데 코르도바는 잔인무도한 행위를 보이지 않았던 극히 드문 스페인 정복자 중 하나였다."
>
> 고고학자, 카를로스 터너맨

그라나다

니카라과, 그라나다 | Granada

중앙아메리카에서 가장 오래된 식민 도시

1524년 프란시스코 에르난데스 데 코르도바가 세운 니카라과의 그라나다는 스페인 사람들이 중앙아메리카에 세운 식민 도시 중 가장 오랜 역사를 지닌 도시이다. 그 풍부한 역사와 문화유산으로 이곳은 중요한 장소가 되었고, '중앙아메리카의 보석'이라는 별명을 얻게 되었다. 식민 통치 기간 동안, 니카라과는 사회적, 문화적, 경제적으로 꽃을 피웠다. 그라나다는 전략적인 위치 덕분에 서로 다른 여러 항구 사이의 무역을 동시에 도맡게 되었고, 이 지역의 상업 중심지가 되었다. 이와 더불어 이 도시가 지닌 커다란 식민지적 영향에 이끌려 남쪽과 북쪽 모두로부터 몰려오는 여행자들 때문에 도시는 번성할 수 있었다.

그라나다가 몹시 부유해졌기 때문에 해적들, 민간 무장선(정부와 계약을 맺어 전시에 적선을 공격할 권리를 받은 민간업자들), 비공식 군대들까지도 이곳에 관심을 보이게 되었다. 이러한 위협 중 특별했던 하나의 케이스는 1850년대 중반, 윌리엄 워커(1824~1860)에 의한 것이었다. 미국 군인이자 그라나다에 자리 잡은 불법 전사(戰士)(외국을 침해하는 비정규병)였던 그는 스스로를 대통령이라 선언하고 중앙아메리카의 지배권을 잡으려 시도했다. 이러한 시도가 실패로 돌아가자 그는 관대하게도 이 도시를 불태워 버리기로 작정했으며, 그 결과 도시에 있던 원래 건축물 다수가 파괴되었다. 여기에 더한 모욕을 주기 위해 그는 도시를 떠나며 "그라나다가 여기에 있었도다"라고 휘갈겨 썼다고 한다. 그러나 그라나다는 빠른 속도로 재건되었고, 계속해서 이어지는 재난에도 놀라운 탄력성으로 대처했다.

오늘날 그라나다는 라틴아메리카를 통틀어 가장 아름다운 도시 중 하나로 이야기된다. 식민 시대가 남긴 지울 수 없는 흔적은 아름다운 건축물이라는 형태로 남아 있다. 많은 박물관, 갤러리, 교회와 더불어 커다란 대성당과 '중앙 공원'도 있는데, 대화재로 입었던 상처가 오늘날까지도 생생히 남아 있다. **KH**

엘 카스티요

니카라과, 산 카를로스 부근 | El Castillo

식민지 시대의 가장 큰 요새 중 하나

이끼가 뒤덮은 엘 카스티요 요새는 니카라과의 산 후안 강 남쪽 강변에 위치하고 있다. 이 요새는 1673년에서 1675년까지 니카라과 호수와 란 후안 강이 만나는 곳에, 감시하고 이 지역에 대한 스페인 지배를 유지하기 위해 건설되었다.

건설될 당시 이 요새는 중앙아메리카에서 가장 큰 요새 중 하나였다. 서른두 대의 대포로 무장하고 있었으며 강 하류 쪽 먼 곳까지 감시하는 요새였다. 이러한 인공 방어벽에 더해, 요새 앞쪽의 강물에는 상어와 악어 떼가 우글거렸다. 엘 카스티요는 이 지역을 차지하려는 영국과 스페인 사이의 싸움에서 중요한 역할을 담당하게 되었다.

> "넬슨이 원래 지니고 있던 200명이라는 병력은 질병으로 인해 급격히 줄어들어 여덟 명만이 남았다…"
>
> 에드워드 마리오트, 『야생의 해변』(2000)

1762년 7월 29일, 7년 전쟁(1756~1763) 동안 2천 명의 영국군이 엘 카스티요를 습격했다. 이 전투에서 요새의 사령관이 사망했지만, 열아홉 살 난 그의 딸 라파엘라 에레라가 스페인 군대의 지휘를 맡아 영국인들을 몰아냈다. 영국에서 가장 위대한 제독 호레이쇼 넬슨(1758~1805)의 초기 이력에도 엘 카스티요가 들어 있다. 1780년 4월 11일, 넬슨은 육지에서 엘 카스티요에 대해 기습 공격을 감행했고, 요새를 차지했다. 그러나 지원군도 보급품도 오지 않아 오래 점령하고 있을 수 없었다. 아홉 달 후 영국군은 요새를 떠나야만 했다.

엘 카스티요 요새는 여전히 그 이름이 붙은 작은 마을을 내려다보고 있으며, 신세계에서 스페인 제국이 지녔던 과거의 권력과 영광을 보여 주고 있다. **JF**

천사의 성모 마리아 성당

코스타리카, 카르타고 | Church of Our Lady of the Angels

코스타리카 수호성인의 바실리카이자 이 나라에서 가장 중요한 성당

원래는 코스타리카의 수도였고 지금은 부유한 지방 도시인 카르타고는 레벤타손 강 계곡에 있으며, 북쪽으로는 이라수와 투리아블라 화산, 남쪽으로는 높은 세로 데 라 무에르테 산과 치리포 산에 둘러싸여 있다. 이 도시에는 특별히 역사적인 성당이 두 개 있다. 코스타리카에 최초로 지어진 성당 유적과 거기서 몇 블록 떨어진 곳에 있는-웅장한 천사의 성모 마리아 성당이 그것이다.

이 인상적인 성당의 겉모습은 비잔틴 양식이 지배적이며, 내부는 몹시 장식적이다. 커다란 스테인드글라스 창문에서 들어오는 여러 겹의 다채로운 빛이 마찬가지로 다양한 색깔로 치장된 타일 바닥을 비추고, 장식된 나무 기둥이 화려한 효과를 더해 준다. 이 성당은 1926년 지진으로 인해 파괴되었으며, 1929년 오늘날에 보이는 모습대로 재건축되었다. 그러나 이 성당이 흥미로운 장소인 까닭은 그 건축 양식 때문이라기보다 여기 숨겨진 일화 때문이다.

전설에 따르면, 1635년 후아나 페레이라라는 이름의 가난한 여인이 땔감을 찾던 중, 오솔길 가에서 어두운 피부색의 성모 마리아('라 네그리타', 지역 주민들은 '작고 검은 것'이라고도 부른다)의 모습이 있는 돌을 발견했다고 한다. 그녀는 이 돌을 집으로 가져갔는데, 어느새 돌은 사라졌고 그 길의 같은 장소에서 다른 사람이 이 돌을 발견했다. 이러한 일은 다섯 차례나 일어났고, 마침내 지역 주민들은 성모 마리아가 그곳에 성당을 짓기 바란다는 사실을 깨달았다. 성당은 건축되었고 이곳은 곧 순례의 장소, 특히 가난한 이들이 찾는 장소가 되었다. 이후 여기서 샘물이 솟아났는데, 이 샘물에는 치유의 힘이 있다는 말이 있다.

이후 1639년에 천사의 성모 마리아 성당이 완공되었으며, 1935년 교황 피오 11세가 이 성당을 바실리카로 선포했다. 이곳은 여전히 코스타리카에서 가장 중요한 성당이며, 코스타리카의 수호성인 '라 네그리타'의 발현을 축하하기 위해 매년 많은 사람들이 순례하는 곳이다. **TP**

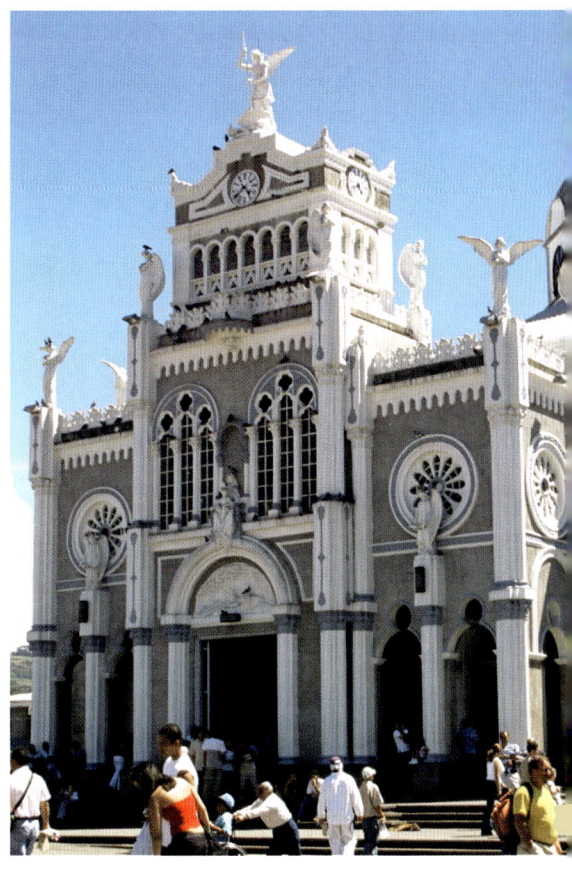

"가장 성스러운 어머니시여, 당신의 천사들을 보내시어 우리를 지키고 잔혹한 적군을 몰아내게 하소서."

천사들의 여왕인 성모 마리아를 향한 기도

파나마 운하 파나마, 파나마 시티 부근 | Panama Canal

두 대륙을 나누고, 두 대양을 이으며 항로를 단축시켜 준 운하

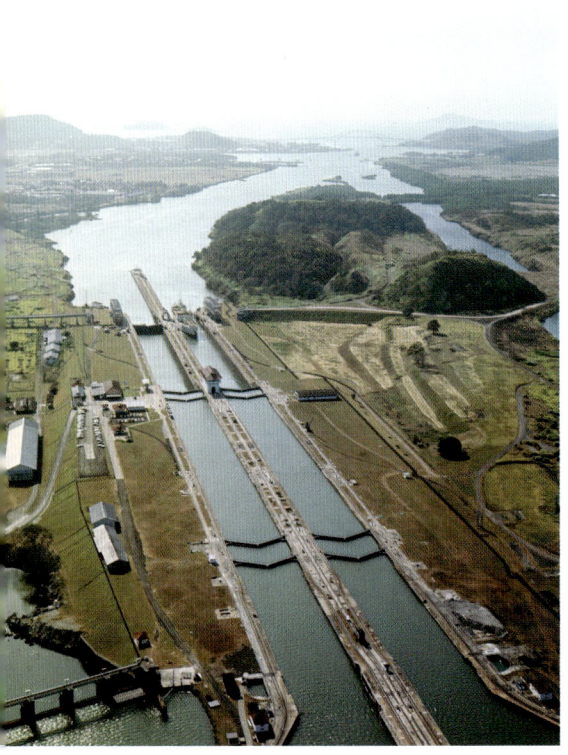

"이 영광은 먼지와 땀과 피로 얼룩진 얼굴을 한 이의 것입니다."

전 미국 대통령, 시어도어 루즈벨트

⊞ 파나마 운하가 태평양과 만나는 곳에 위치한 미라플로레스 수문에는 이중문이 설치되었다.

⊟ 수로에 폭우가 내리면서 발생한 거대한 산사태 '쿠카라차 산사태' 현장에서 사람들이 토사를 치우고 있다.

파나마의 길고 좁은 영토는 남북 아메리카를 이어 주며, 태평양을 남쪽으로는 카리브 해, 북쪽으로는 대서양으로 나눈다. 이 독특한 위치와 영토 크기로 인해 파나마는 인공 항로를 개척하기에 어울리는 곳이었고, 1914년 8월 15일, 안콘 호가 새로운 물길을 가름과 동시에 파나마 운하가 공식적으로 개통하면서 이는 현실로 이루어졌다.

운하에는 세 개의 수문이 있다. 최남단에 있는 미라플로레스 수문, 미라플로레스에서 볼 수 있는 위치의 페드로 미구엘 수문, 대서양쪽 끝에 위치한 가툰 수문이다. 미라플로레스는 태평양의 엄청난 조수차를 견뎌낼 수 있도록 셋 중에서도 가장 큰 수문을 지니고 있으며, 약 1.6km에 달하는 2단 수문으로 되어 있다. 수문실은 기념비적인 콘크리트 건축물(후버 댐보다 몇 년 이르게 건설되었다)로, 이는 엄청난 수압을 버텨내야 하며 좌초한 배에 들이받히는 일처럼 갑작스런 충격에도 견딜 수 있어야만 한다. 수문에 틈이라도 생긴다면 조수를 탄 물이 하류로 밀려들면서 그야말로 재앙이 발생할 것이다. 이러한 일이 없도록, 위쪽 수문실의 양쪽 끝은 이중으로 지어졌다.

파나마 운하와 그 수문의 건설과 개통은 뛰어난 공학적 업적이며, 운송과 여행의 판도를 바꾼 중대하고 역사적인 사건으로 남았다. 예를 들어 뉴욕에서 샌프란시스코까지 운하를 통해 항해하는 배는, 케이프 혼을 돌아가는 이전 항로를 택했을 때보다 거리를 반 이상 단축할 수 있게 되었다. 그러나 운하를 건설하는 데에는 수많은 인명이 희생되었다. 건설 기간 동안 수천 명의 인부들이 질병과 사고로 사망했던 것이다. 오늘날 매년 1만 4천 척 이상의 배가 파나마 운하를 지나간다. 미라플로레스 수문 관광객 센터에 가면 운하와 그 수문의 역사를 짚어볼 수 있다. **TP**

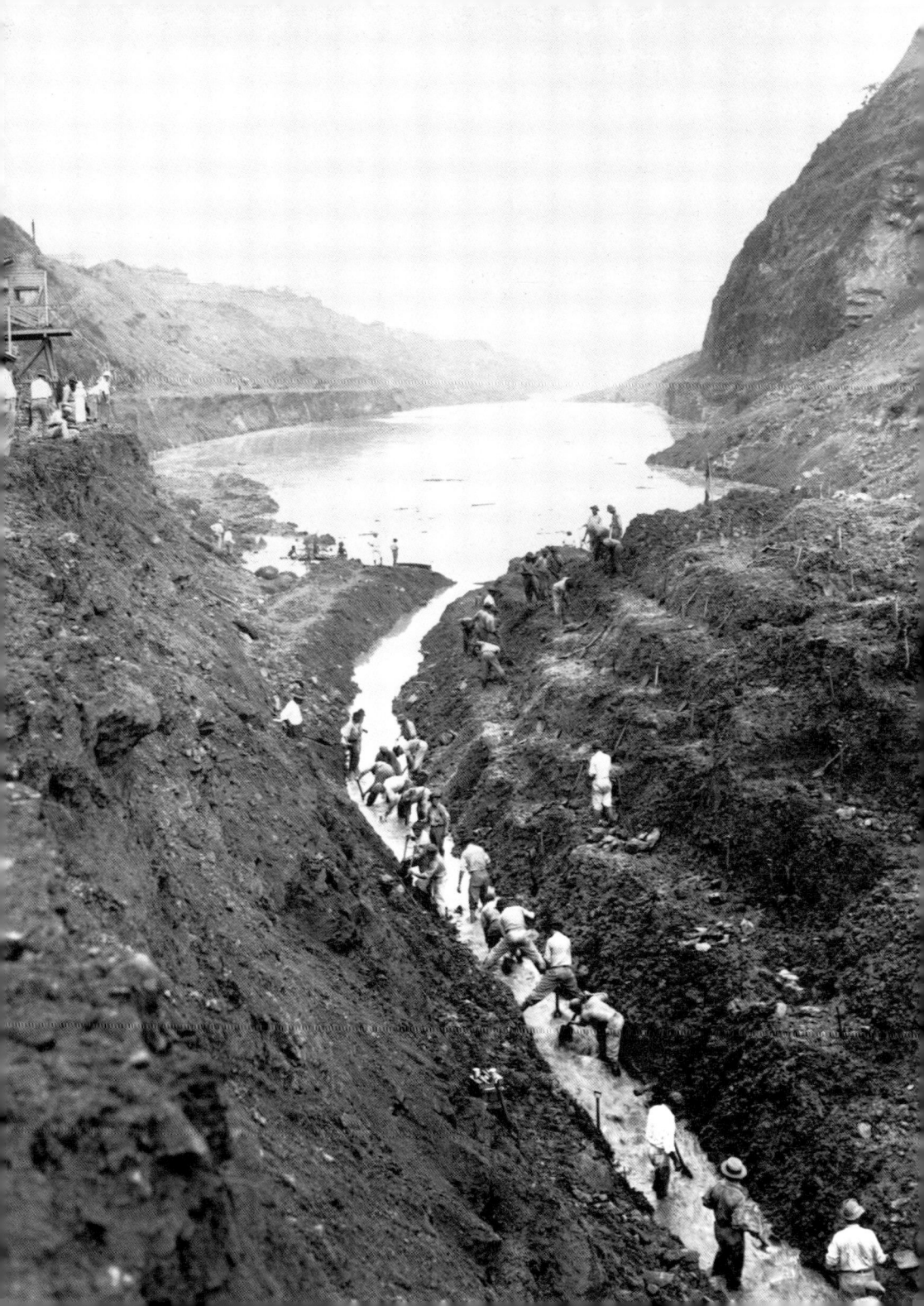

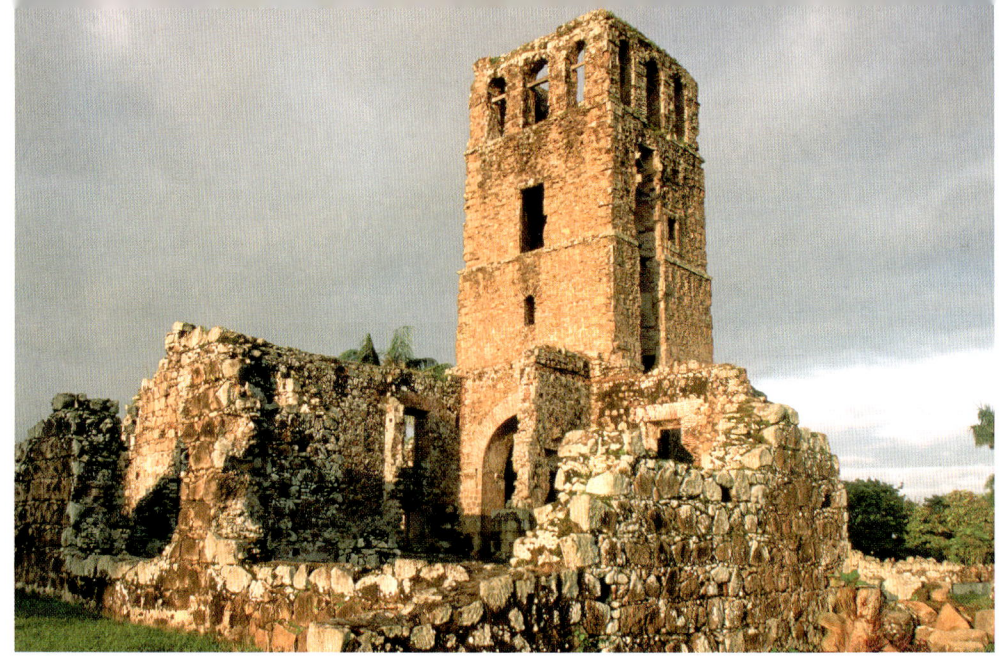

🏛️ 🔵 올드 파나마 파나마, 파나마시티 | Old Panama

태평양 해안 최초의 유럽인 정착지, 남아메리카를 향한 원정의 출발지

파나마 운하 입구에 세워진 파나마시티는 번쩍이는 마천루와 빛나는 현대 건축물이 모여 태평양 해안선을 따라서 있다. 이곳은 급속하게 성장하는 경제와 더불어 상업의 중심지이다. 그러나 파나마시티 도심에서 조금 떨어진 곳에는 완전히 다른 성격의 장소가 있다. 바로 파나마 라비에야, 혹은 올드 파나마라 불리는 곳이다.

올드 파나마는 아메리카 태평양 해안가에 최초로 만들어진 유럽인 정착지이다. 역사적으로 굉장히 흥미로운 장소이며, 이는 유네스코 세계문화유산으로 지정되었다는 점을 통해서도 알 수 있다. 신세계를 향해 온 최초의 대규모 스페인 탐험단 리더였던 스페인 탐험가 페드로 아리아스 데 아빌라가 1519년 이 도시를 세웠다. 도시는 중앙 광장을 두고 격자 형태의 설계를 따라 지어졌으며, 가장 중요한 건물들은 해안가를 마주하고 있다. 잉카 제국을 정복하고 페루에 금광과 은광을 설립했던, 남아메리카를 향한 초기 원정은 바로 이곳에서부터 이루어졌다. 실제로 남아메리카에서 나온 모든 금과 은은 북쪽으로 가면서 일단 되돌아와 올드 파나마를 거쳐 포르토벨로와 옴브레 데 디오스 시장을 거쳐야 했으며, 이 도시 전체에 서 있는 식민지풍 건물들은 이러한 무역 덕택에 지어졌다. 이 지역에 있는 엄청난 양의 금은 해적 떼를 불러들였으며, 결국 도시가 파괴되는 결과로 이어졌다. 1671년, 150년간 부유한 성장을 지속하던 이 도시는 황금을 약탈하고 가는 길마다 사람을 죽이는 악명 높은 영국 해적 헨리 모건의 습격을 받았다. 화약 창고에 불이 붙었고 온 도시가 불타올라 파괴되었다. 서쪽으로 3km 떨어진 곳에 새로운 도시가 건설되었고 오늘날의 파나마시티는 1673년에 세워졌다.

가장 인상적인 건물 중 하나였던, 지금은 폐허가 된 성당과 그 종탑을 비롯한 옛날 파나마 시의 흔적은 여전히 남아 올드 파나마가 예전에 어떤 곳이었는지 마음에 사무치게 일깨워 준다. **TP**

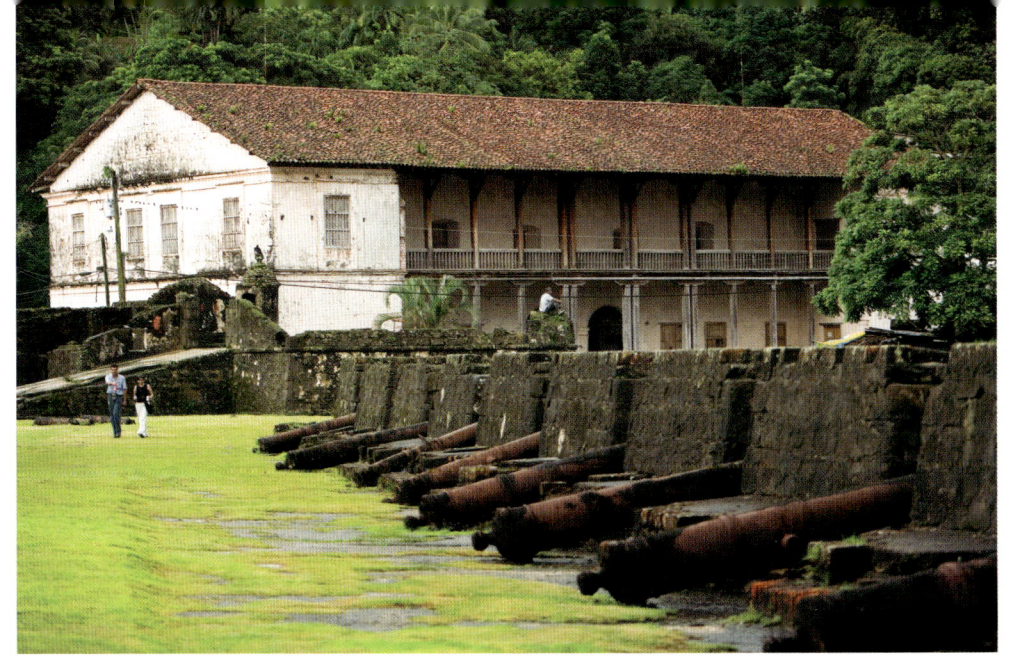

🏛 🔵 포르토벨로 파나마, 콜론 | Portobelo

스페인의 무역 항로를 지키기 위해 요새화되었던, 한때 중요했던 항구

1502년 크리스토퍼 콜럼버스는 파나마의 카리브 해 쪽 아름다운 자연 항구에 도착했다. 약 90년의 세월이 흘러 이 지점은 포르토벨로, 즉 '아름다운 항구'가 되어 17세기와 18세기에 걸쳐 파나마에서 가장 중요한 무역항 중 하나로 발전한다.

포르토벨로가 공식적으로 세워진 것은 1597년이었으며, 스페인의 펠리페 2세를 기리는 의미에서 산 펠리페 데 포르토벨로라는 이름을 붙였다. 이곳은 엄청난 양의 금과 은이 통과하는, 파나마 북쪽의 주요 무역항이 되었다. 포르토벨로에서 이루어지는 무역의 규모는 대단히 컸는데, 매년 시장이 서게 되고 상인들은 30일에서 60일에 걸친 기간 동안 거래를 했으며, 스페인에서 와서 항구로 들어온 배는 70척까지 달했다. 이러한 거래 시장은 1738년까지 계속되었으나, 여기서 오가는 막대한 부에 이끌려 해적들이 끊임없이 끔찍한 습격을 해왔기 때문에 중단될 수밖에 없게 되었다. 영국 해적 헨리 모건은 1668년 이 도시를 습격했는데, 그는 육지로부터 기습 공격을 가하여 미친 듯한 살인과 강간을 일삼고 이 도시의 재물 대부분을 약탈해 갔다. 포르토벨로는 이 피해를 극복해 냈으나, 1739년 에드워드 버넌 제독에 의해 영국의 손에 들어가고 말았다. 이 일로 인해 스페인의 무역 항로는 바뀌었다. 스페인은 한두 개의 항구에 선박과 재물을 집결시키는 대신, 케이프 혼을 돌아 서쪽 항구 여러 개를 이용하기 시작했다. 그 결과 포르토벨로는 차차 쇠퇴하게 되었고, 1848년에서 1855년에 걸쳐 파나마 횡단 철도가 건설되면서 이는 더욱 가속화되었다.

포르토벨로는 언제나처럼 아름답기만 하지만, 풍성하게 남은 매혹적인 역사 유적들은 파란만장한 과거가 남긴 상처를 껴안고 있다. 식민지 시대 군사 건축물의 훌륭한 예를 다수 보유하고 있어 파나마의 역사에서 대단한 중요성을 띠고 있다는 점을 인정받아, 이 도시는 유네스코 세계문화유산으로 지정되었다. **TP**

레알 푸에르사 요새

쿠바, 아바나 | Castillo de la Real Fuerza

해적에 의해 파괴된 옛 요새들을 대신하는 방어 요새

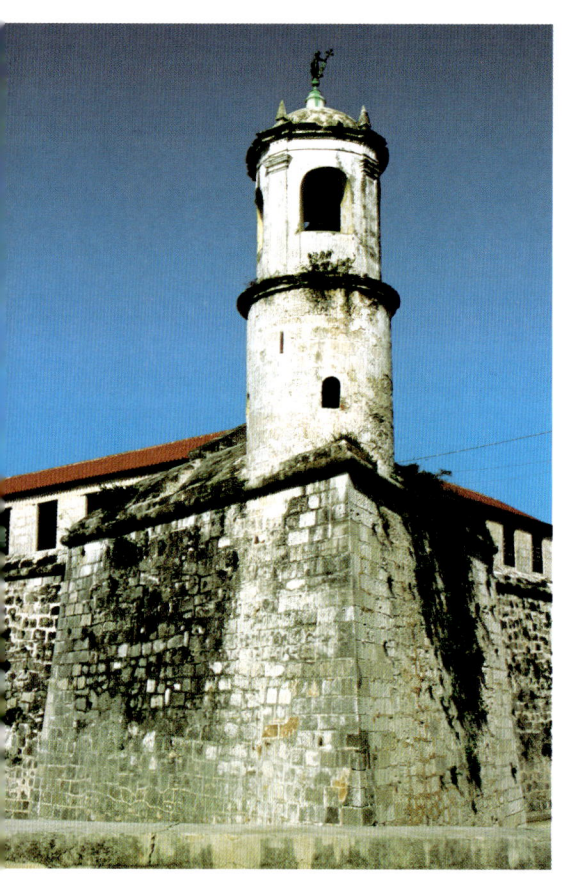

"…우리의 지랄디야는 여성이며, … 바다와 가까운 매우 깊은 관계를 맺고 있다."

에술사기, 올가 로페스 누녜스

16세기, 스페인이 통치하던 쿠바 섬은 해적 떼, 모험가들, 외국인 침입자들이 우글거리는 카리브 해의 중심지였다. 아바나 시와, 근처에 서 있던 오래된 요새는 여러 차례 공격의 표적이 되었다. 1555년, 자크 드 소르가 이끄는 한 무리의 침입자들에 의해 푸에르사 비에야('구 요새', 글자 그대로 하면 '오래된 군대'라는 의미)는 완전히 파괴되었다.

스페인의 펠리페 2세는 전략적으로 좀 더 나은 위치에 새 요새를 지을 것을 명했고(예전의 요새는 항구에서 지나치게 멀리 떨어져 있었던 것이다) 건설 작업은 1558년에 시작됐다. 새 요새가 미처 반도 완성되기 전부터 폭력과 피가 끈질기게 따라붙었다. 요새를 짓기에 적합한 부지는 개인 소유지였고, 당연히 땅 주인들은 분노에 찼다. 게다가 건축 과정 내내 건축가, 엔지니어, 쿠바의 주지사는 끊임없이 서로 싸워댔다. 레알 푸에르사 요새(왕립 군대의 요새)가 1577년 완공되기까지는 거의 20년이라는 세월이 걸렸고, 그 와중에 작업에 동원된 노예들은 엄청나게 혹사당했다.

요새를 짓기 위해 들어간 이 모든 시간과 돈에도 불구하고, 군대 측에서 보기에 완성된 요새는 비실용적이고 여전히 항구에서 너무 먼 위치에 자리 잡고 있어 그다지 효과가 없었다. 이후 수십 년간 이 요새는 쿠바의 스페인 총독들이 대를 이어 거주하는 장소가 되었으며, 오늘날에는 올드 아바나에 있는 다른 건물들과 더불어 유네스코에서 보호하는 국립 기념물이 되었다. 피델 카스트로가 1959년에 정권을 잡은 이후 몇 년 동안, 이 요새는 혁명 당원들의 사무실로 쓰였다. 좀 더 현대에 와서는 박물관이 되었다. 요새에서 가장 유명한 것은 탑 꼭대기에 있는 17세기의 청동상으로, '라 지랄디야'라고 알려진 여인의 모습이다. 이 여인상은 아바나 시의 상징이 되었다(탑에는 복제품이 있고, 원래 조각상은 시 박물관이 소장하고 있다). 레알 푸에르사 요새는 아메리카 대륙에 남아 있는 가장 오래된 요새이다. **LH**

레알 파브리카스 데 타바코 파르타가스

쿠바, 아바나 | Real Fábricas de Tabaco Partagás

1845년부터 애호가들에게 시가를 공급해 준 곳

담배 무역이 쿠바에서 성장하기 시작한 것은 1580년부터이고, 1700년대가 되자 이는 쿠바에서 가장 큰 수출 품목이 되었다. 아바나의 레알 파브리카스 데 타바코 파르타가스(파르타가스 왕립 담배 공장)는 쿠바에서 가장 크고 오래된 시가 공장 중 하나이며, 국영 담배 회사인 아바노스 SA가 운영하는 곳이다. 1845년, 피나르 델 리오 주의 부엘타 아바호 지역에 많은 담배 농장을 소유하고 있던 스페인인 하이메 파르타가스 라벨로가 이 회사를 설립했다. 하바나 시가가 주는 즐거움이 애연가들이 나누는 대화의 주제가 되었던 그 시대에, 이 회사는 유럽과 아시아의 부유하고 지체 높은 사람들에게 시가를 공급했다.

400명의 노동자들이 시가 생산 과정 – 담뱃잎을 분류하는 데서부터 손으로 담배를 말고, 완성된 제품을 삼나무 상자에 포장하는 공정까지 – 에 열종하고 있는 곳에는 담배 냄새가 건물에 스며들었다. 시가 한 개비를 만드는 데에는 서로 다른 여든 가지 과정을 거쳐야 했으며, 숙련된 '타바케로'(담배 마는 사람)는 하루에 100개비 이상의 시가를 말 수 있었다. 이들은 일하는 동안 종종 시가를 피우곤 했다. 공장의 중심 방은 벤치에 앉아 담배를 마는 직원들로 가득했다. '렉토르'라는 읽기 담당이 방 앞쪽에 있는 연설대에 앉아 지역 신문이나 소설 한 구절을 담배 마는 이들에게 큰 소리로 읽어 주었는데, 파르타가스 라벨로는 오늘날까지도 지속되는 이 관습을 처음 창시한 이로 알려진다. 1880년대에, 시인이자 작가, 자유를 위해 투쟁하는 이였던 호세 마르티는 자신이 이끄는 독립 운동에 이들이 가담할 수 있도록 담배 공장 직원들이 반 스페인적인 선전문을 읽게 했다.

이 공장은 계속해서 민영 공장으로 남았으며, 1958년에는 쿠바 시가를 수출하는 두 번째로 큰 공장이 되었다. 1959년의 쿠바 혁명 이후, 담배 산업은 국영화되었다. 그 이후 이 공장은 프란시스코 페레스 제르만이라는 새 이름을 얻었다. **CK**

대통령궁

쿠바, 아바나 | Presidential Palace

혁명을 찬양하는 궁

웅장하고, 웨딩 케이크를 닮은 아바나 대통령궁의 하얀 건물은 1913년에서 1920년까지 건설되었다. 호화로운 내부는 뉴욕의 티파니&Co. 사가 장식한 것이며, 마리오 가르시아 메노칼부터 풀젠시오 바티스타에 이르기까지 쿠바의 대통령들이 거주하는 곳이었다. 1957년, 바티스타가 혁명 리더 피넬 가스트로의 게릴라 전사들이 가한 암살 시도에서 살아남은 것도 바로 이곳이었다.

1959년 혁명 이후, 이 궁전은 혁명 박물관이 되었다. 이곳에는 혁명의 역사와, 건강, 교육, 앙골라 전쟁 등 이후 혁명이 거둬낸 성과들과 관련이 있는 사진, 무기, 문서, 핏자국이 있는 옷들, 기념물 – 에르네스토 체 게바라의 검은 베레모를 포함하여 – 등이 소장되어 있다. 이

> "그것을 위해 기꺼이 죽을 수 있다는 의지가 없는 한, 살아가야 할 목적이 있다고 말할 수 없다."
>
> 혁명가, 에르네스토 '체' 게바라

곳은 당시 많은 평범한 쿠바인들이 살아가고 있던 열악한 환경을 보여 줌으로써 어째서 혁명이 일어나게 되었는지 설명하려 한다. 이곳에는 또한 '엘 린콘 데 로스 크레티노스'(바보들의 코너)가 있는데, 풍자만화와 선전문에 드러나 있는 중앙정보부를 비롯한 '적들'이 저지른 '범죄'를 나열해 보여 준다. 박물관의 한 부분은 스페인에 대항한 쿠바 독립전쟁에 관한 전시에 할애되어 있다.

건물 외부에는 '그랜마 기념관'이 있는데, 여기에는 카스트로, 게바라, 여든한 명의 혁명 전사들이 1956년 바티스타 체제를 전복시키기 위해 멕시코에서 쿠바로 상륙할 때 타고 있었던 순양함 '그랜마' 호의 복제품이 유리 케이스에 들어 있다. **CK**

🏛 ◎ 산 페드로 데 라 로카 델 모로 요새

쿠바, 산티아고 데 쿠바 | Castillo de San Pedro de la Roca del Morro

쿠바에서 두 번째 가는 도시의 항구를 지키는 요새화된 성채

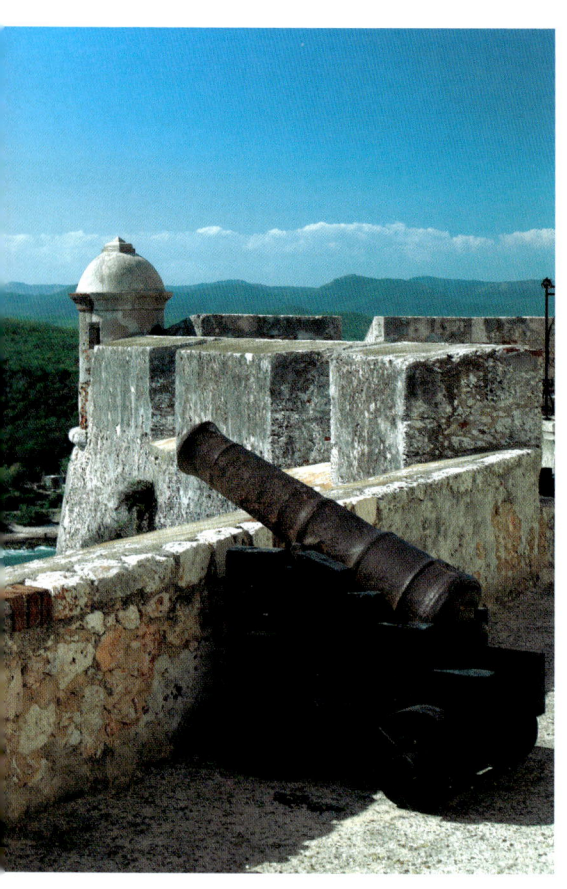

"오늘 산티아고는 우리 것이 된다. 오전 9시, 미국 국기가 스페인의 색깔을 대신하게 될 것이다."

뉴욕 타임즈, 1898년 7월 17일

산티아고 데 쿠바는 1514년 스페인 정복자 디에고 벨라스케스 데 쿠에야가 세운 도시로, 1522년부터 스페인이 정부를 아바나로 이전한 1589년까지 쿠바의 수도였다. 이곳은 커다란 항구 덕분에 1700년대와 1800년대 쿠바의 아프리카 노예무역에 딱 맞는 장소가 되었는데, 1898년 스페인–미국 전쟁에서 스페인이 미국에 항복한 곳도 바로 여기였다.

　　대서양을 건너가는 스페인의 재물에서 한몫 차지하려는 욕심에 사로잡힌 해적 떼와 해적선의 관심이 산티에고 데 쿠바의 부유함에 집중되었고, 스페인인들은 만 건너편의 산아 카탈리나와 라 에스텔라에 성채를 세우고 포열을 갖추어 이 도시를 요새화하기로 결심했다. 1638년, 이 도시의 총독 페드로 데 라 로카 이 보르하가 산 페드로 데 라 로카 델 모로 요새를 지을 것을 명했다. 이탈리아 군사 기술자인 지오바니 바우티스타 안토넬리가 건축을 맡았고, 이 도시의 깊숙이 들어간 자연 항구 입구에 있는 벼랑, 다시 말해 '모로' 위에 테라스 형태의 요새를 설계했다. 영국의 해적 헨리 모건이 1662년 부하들을 이끌고 이 도시를 차지하여 파괴를 일삼았을 때 이 성채는 무너져 버렸다. 그러나 여러 명의 스페인과 쿠바의 군사 기술자들이 연이어 작업한 결과, 이 성은 재건되고 증축되어 1669년경 마침내 완성되었다. 1740년대에 이 요새는 영국인들이 가한 공격을 물리쳤지만, 1757년과 1766년 지진이 이 지역을 강타했을 때 피해를 입었다. 이는 나중에 복원되었다. 요새의 두터운 돌 벽 안은 테라스와 바락, 돌을 깎아 만든 창고, 운송 중인 노예들을 수용하는 데 쓰였던 작은 독방들을 서로 연결해 주는 미로처럼 복잡한 도개교와 계단으로 가득하다. 1775년부터 산 페드로 데 라 로카 델 모로 요새는 쿠바의 정치적 반역자들을 수감하는 감옥으로 사용되었다.

　　오늘날 이 성채에는 1500년대부터 미국 제국주의의 1900년대에 이르기까지 해적질이 행해졌던 경로를 기록한 '뮤제오 데 라 피라테리아'(해적 박물관)가 있다. **CK**

체 게바라 기념관

쿠바, 산타클라라 | Che Guevara Monument

쿠바 영웅이 잠든 웅장한 무덤과 기념관

쿠바의 아이콘인 혁명가 에르네스토 '체' 게바라를 기념하기 위해 지어진 호세 델라라의 거대한 청동 작품은 가히 현대 예술이 이루어 낸 승리이며, 이 지역을 지배하고 있다. 박물관 안에는 체와, 전사한 그의 동지들을 추모하는 전시물과 현판들이 있다. 이 기념관이 문을 연 이후, '체의 도시'라고도 알려진 산타클라라는 관광객들과 열광적인 체의 팬들에게 메카가 되었다.

체는 1928년 부유한 아르헨티나 가정에서 태어났다. 나병에 특히 관심을 가진 젊은 의사였던 그는 정치계에 이끌렸고, 쿠바의 게릴라들과 함께 아르헨티나를 떠났다. 그들의 목적은 쿠바의 우파 독재자인 풀겐시오 바티스타를 타도하려는 것이었다. 피델 카스트로와 더불어 싸우던 체는 곧 반란군의 사령관으로 임명되었다. 1958년, 그가 이끄는 연대는 혁명에서 분수령이 된 전투인 산타클라라 전투에서 승리를 거두었다. 기념관에서 그리 떨어지지 않은 곳에는 체가 작전 도중, 그리고 이 지방의 사령관이었던 몇 주 동안 사용했던 객차가 서 있다.

피델 카스트로가 쿠바의 대통령이 되자, 체는 그의 장관 중 하나로 임명되었으나 그는 1965년 콩고로, 그리고 실패하게 될 전투를 향해 떠났다. 다음 해, 볼리비아에서 독재자를 타도하기 위해 노력하던 체는 CIA와 볼리비아 정부 연합군에 체포되어 총살당했다. 그의 죽음이 대한 증거로 그의 두 손만이 쿠바로 보내졌다. 그러나 1997년, 그의 나머지 유해와 볼리비아에서 죽은 동지들의 시신은 쿠바로 반환되어 산타클라라 기념관에 안장되었다.

델라라가 만든, 막대한 힘을 지닌 체의 청동 초상은 초인적인 육체와 강인함을 지닌 사람을 나타낸다. 그러나 체는 심하게 천식을 앓았으며, 사진에 나타난 그의 모습을 보면 근육질이기는 해도 몹시 마른 사람이었다는 것을 알 수 있다. 25m의 이 놀라운 조각상은 체 게바라가 쿠바에 있는 그의 지지자들에게 나타냈던 힘과 권위를 입증한다. **LH**

포트 로얄

자메이카, 포트 로얄 | Port Royal

한때 해적의 안식처였던 자메이카의 항구

거의 50년 동안 포트 로얄은 세계에서 가장 부유한 항구 중 하나였으며, 영국이 라이벌인 프랑스와 스페인의 운송선을 공격하라고 고용한 해적들이 은신하는 장소로 널리 알려질 정도였다. 포트 로얄은 항구가 깊고, 스페인과 카리브 해에 있는 스페인 점령지 간 운송로의 중앙에 위치하고 있어 해적들이 자리 잡기에 이상적인 장소였다.

자메이카가 스페인에 점령당한 이후, 1655년 포트 로얄은 영국의 소유가 되었다. 1657년, 이 섬의 총독은 도시를 효과적으로 방어할 수 있는 부하들이 모자랐기 때문에 포트 로얄로 해적들을 불러들여 프랑스와 스페인을 막도록 했다. 1660년대에 접어들어 이 항구는 타락함으로 악명을 떨치며 '신세계의 소돔'으로 알려졌다. 그러나 1687년 해적질을 금하는 법안이 통과하면서 이 도시는 노예와 설탕 무역으로 명성을 높이게 되었다. 아이러니하게도, 이 무렵 포트 로얄은 해적들에게 사형장으로 알려졌다. 1692

> "킹스턴 하버와 이웃한 물 … 그 밑에는 신세계에서 유일하게 물에 잠긴 도시가 있다…"
>
> 역사가, 도니 L. 해밀턴

년, 도시의 3분의 2가 카리브해로 가라앉고 인구의 절반이 숨진 지진으로 포트 로얄은 커다란 피해를 입었다. 18세기에 연이어 일어난 자연 재해로 포트 로얄은 이전에 누렸던 명성을 다시는 회복하지 못했다.

오늘날의 포트 로얄은 작은 어촌이지만, 이곳은 이 도시가 영광의 나날을 보낼 무렵 만들어진 수많은 유물들을 배출해 내는, 물 밑에 잠긴 세계에서 가장 중요한 고고학 유적지가 되었다. 비록 도덕적으로 의심스러운 기반에서 쌓아 올린 영광이기는 하지만 말이다. **JF**

라페리에르 성채 아이티, 캅-아이티앙 부근 | Citadelle Laferrière

스스로 자유를 얻어낸 노예들이 독립과 자유에 대한 선언으로 온전하게 지은 성채

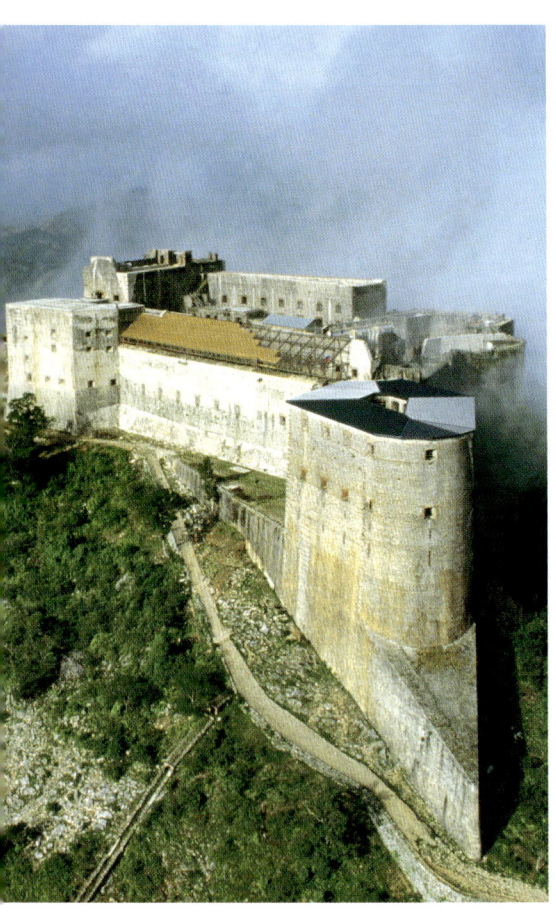

"이 성채는 우리의 아버지가 나라를 위해 지녔던 꿈을 반영해 줍니다 … 자유와 존엄성의 꿈을."

전 아이티 대통령, 장-베르트랑 아리스티드

아이티의 북쪽 해안에서 내륙으로 들어가면, 라페리에르 성채, 상 수시 궁전, 라미에르 건물 등의 유적으로 이루어진 국립 역사공원이 있다. 각각 나름대로의 뛰어남을 지닌 이 건축물들이 중요한 이유는, 1804년 아이티가 프랑스로부터 독립을 선언한 후 새롭게 자유를 얻어낸 흑인 노예들이 19세기 초에 지은 건물이기 때문이다. 이들을 비롯한 많은 건물들은 아이티의 앙리 1세인 앙리 크리스토프의 명에 따라 지어졌는데, 그는 새로 탄생한 아이티라는 국가가 이전의 식민 지배국이었던 프랑스와 모든 면에서 동등하게 맞서야 한다고 굳게 믿었다.

해방된 노예들에게 무엇보다도 중요했던 점은, 혹시 있을지 모를 프랑스 측의 보복으로부터 안전을 찾는 것이었다. 산꼭대기에 지어진 거대한 요새 라페리에르 성채는 캅-아이티앙에서 남쪽으로 27km 떨어진 지점에 2만 명의 손으로 건설되었는데, 이들은 과거 플랜테이션에서 일했을 때만큼이나 열심히 노동에 임했다. 만일 프랑스가 쳐들어온다면, 아이티 서쪽에 거주하는 사람들은 적이 추격하는 데 쓸모가 있을 만한 모든 것을 파괴해 버리고 이 성채로 후퇴하도록 지시받았다.

1805~1820년 사이에 914m에 이르는 보네 아 레베크 산꼭대기에 세워진 이 석조 성채는 10,000km²에 달하는 넓이로 확장되었다. 엄청나게 높은 벽은 40m에 달했다. 5천 명의 주민이 1년간 포위를 당해도 견뎌낼 수 있도록, 성채는 식량 창고와 거대한 물 저장고를 갖추고 있었다. 요새는 365채의 대포로 중무장을 하고 있었는데, 이는 모두 엄청난 힘을 들여 해안에서 끌어온 것이었다. 아직까지도 무수히 많은 포탄들이 성채 안에 쌓인 채 놓여 있는 광경을 볼 수 있다.

프랑스는 결코 라페리에르 성채를 포위하지 않았으며, 새로이 복원된 이 요새는 오늘날 아이티에서 가장 인기 있는 관광 명소 중 하나이다. 또한 아이티 주민에게 자신들의 국가가 달성해낼 수 있는 가능성을 상징하는 곳으로, 국제 사회에서는 자유를 위해 투쟁하고자 하는 굳건한 의지를 상징하는 곳으로 찬양받고 있다. **FR**

오사마 요새 도미니카 공화국, 올드 산토 도밍고 | Fortaleza Ozama

수많은 위대한 원정의 출발을 지켜보았던 16세기 요새

오사마 요새는 아메리카 역사에서 가장 오래되고, 아마도 가장 흥미로운 요새일 것이다. 1502년을 시작으로 지난 5세기 동안 수십 차례의 중요한 원정이 이 항구를 출발점으로 하여 시작되었다. 이스파니올라(현재 아이티와 도미니카 공화국인 섬의 원래 이름)의 총독인 프레이 니콜라스 데 오반도가 처음으로 이 요새를 건설했다. 요새는 해적과 민간 무장선으로부터 올드 산토 도밍고를 보호하기 위해 지어졌지만, 수십 년이라는 세월이 흐르자 많은 위대한 탐험가들이 원정을 떠나는 출발지가 되었다. 에르난 코르테스는 오사마 요새에서 멕시코를 향해 떠났고, 디에고 벨라스케스는 이곳에서 쿠바를 향한 항해를 시작했다.

오사마 요새는 오사마 강이 카리브 해로 흘러드는 기슭에 위치한다. 오사마는 도미니카 공화국의 108개 강 중 가장 중요한 하나로 여겨졌으며, 따라서 오사마 요새는 전략적으로 뛰어난 이점을 지닌 곳에 위치한 셈이다. 스페인이 요새를 지배하는 총독으로 파견한 곤살로 페르난데스 데 오비에도의 지휘 아래에 있던 15세기, 오사마 요새는 그 전성기를 맞았다. 페르난데스는 자신의 임무를 매우 진지하게 받아들였고, 25년간 성채를 맡아 지켜온 후, 자신의 위치에서 여전히 감옥 열쇠를 움켜쥔 모습으로 죽었다. 전설에 따르면, 이미 그가 사망했음에도 그 손가락에서 열쇠를 빼내기가 무척 어려웠다고 한다. 요새 입구 근처에 그의 조각상이 서 있다.

역사에 잠겨 있는 이 요새는, 결코 무기의 힘에 정복되지 않았던 뛰어난 건축적 업적이라 할 수 있다. 지금은 더 이상 군사 건물로 쓰이지 않고, 관광 명소가 되었다. 아메리카 대륙을 정복하고 식민지로 삼기 위해 스페인을 떠나 산토 도밍고로 항해해 왔던 스페인 정복자들을 찬양하기 위해 세워진 '존경의 탑'을 보며 관광객들은 경탄하게 된다. 이 탑은 최초로 이루어졌던 용감한 원정의 힘과 활기, 그리고 그 탁월함을 나타낸다. **KH**

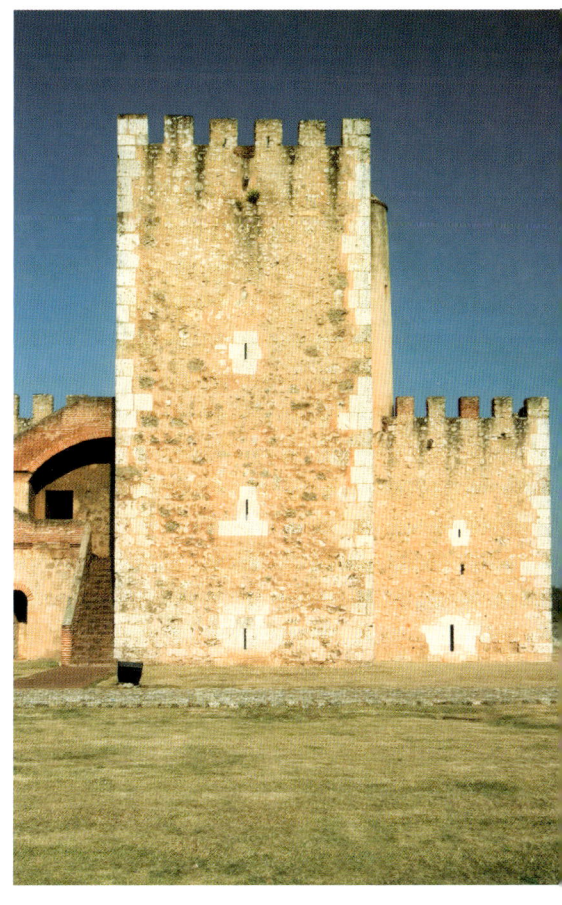

"해적들의 눈을 속이기 위해, 무기고는 교회를 닮은 모습으로 설계되었다."

역사가, 대니 아키노

16세기 스페인 고딕 양식으로 되었으며 아메리카에서 두 번째로 오래된 교회

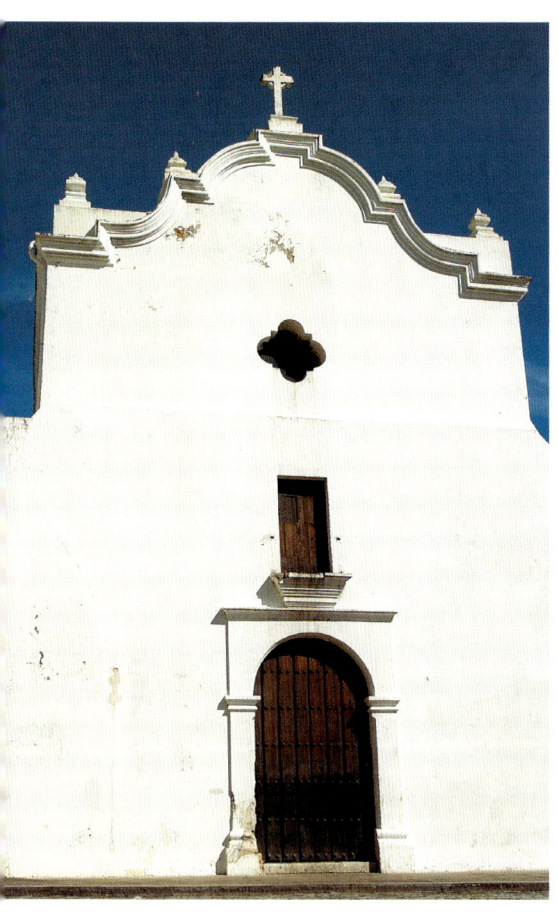

"보리켄(푸에르토리코)에서 황금을 찾은 후 … 그는 그 섬을 정복하여 큰 부자가 되었다."

컬럼비아 백과사전, 후안 폰세 데 레온에 대한 설명

16세기에 푸에르토리코를 침략한 정복자 스페인인들이 지은 산 호세 교회는 이 지역에 남아 있는 가장 초기의 스페인 건물 중 하나이며, 아메리카 대륙에서 두 번째로 오래된 교회이다. 건축가는 교회의 설계에서 자신의 재량을 마음껏 발휘해, 고딕 양식의 성당과 이탈리아 르네상스 건축의 요소들을 취해 그 둘을 하나로 섞어 나중에 '스페인 식민지 양식'으로 알려지게 되는 스타일을 창조했다. 1523년, 이 섬의 첫 번째 총독인 후안 폰세 데 레온 (1460~1523년경)이 교회에 기부한 부지 위에서 건축 작업이 시작되었다.

이곳에 처음으로 거주한 수도회는 도미니크 탁발 수도사회로, 이들은 교회와 수도원에 성 토머스 아퀴나스에게 경의를 표하는 이름을 붙였다. 폰세 데 레온은 이 수도사들에게 나무로 된 십자가를 주었는데, 이 십자가는 오늘날에도 그 자리에 걸려 있다. 그 역사가 15세기까지 거슬러 올라가는 교회의 웅장한 나무 재단은 스페인의 카디스에서 실려 왔다. 1532년, 고딕 양식의 성소가 이 교회에 추가되었고, 후안 폰세 데 레온은 여기에 묻혔다. 1865년, 예수회 수도회가 푸에르토리코에 도달했고, 이들은 도미니크 수도회와 성 토머스 아퀴나스 교회를 모두 이어받아, 산 호세라는 새로운 이름을 붙였다. 산 호세 교회는 푸에르토리코에서 가장 유명한 예술가 로 1809년에 죽은 호세 캄페체의 최후의 안식처이다. 혼혈 혈통으로 해방 노예의 아들이었던 캄페체는 1751년 산 후안에서 태어나 평생을 이 도시에서 살았다.

20세기 초, 후안 폰세 데 레온의 유해는 근처의 산 후안 성당(산 호세 교회보다 더 오래되었으나, 1584년 허리케인의 습격으로 거의 완전히 파괴된 원래 성당을 19세기에 다시 지은 것)으로 옮겨져 다시 안장되었다. 이 성당 외부의 광장에는 18세기 후반에 포획한 영국 대포를 녹인 청동으로 주조한 후안 폰세 데 레온의 동상이 있다.

LH

넬슨 조선소 앤티가 바부다, 잉글리시 하버 | Nelson's Dockyard

한때 넬슨 경의 지휘를 받았으며, 영국 해군에 배를 제공해 주던 조지 왕조풍 조선소

카리브 해의 앤티가 섬 남동쪽 해안, 잉글리시 하버 시 근처에는 넬슨 조선소가 있다. 이 지역은 '허리케인 구멍'으로 알려져 있는데, 해안을 휩쓸고 가는 거센 폭풍우를 피하기 위한 피난처가 그곳에 있기 때문이다. 18세기와 19세기에 이 해군 기지는, 설탕 무역을 장악하기 위해 카리브 해 동쪽 섬들을 약탈하면서 대영제국의 해상 제패를 도와주던 군함들을 정비하는 데에 사용되었다. 이 조선소와 주변 지역은 – 1950년대에 복원되면서 넬슨 조선소라는 이름이 붙었는데 – 현재 국립공원의 일부이다.

조선소의 건축은 1725년에 시작되었다. 1889년 영국 해군은 이곳을 버렸으나, 18세기에 들어 끝이 없어 보이는 프랑스와의 싸움을 계속하기 위한 영국 기지로 다시 가동되었다. 전성기에는 다섯 명의 장교와 300명 이상의 사람들이 조선소에서 일했다. 이들 중 대다수는 영국에 의해 노예로 끌려온 숙련된 아프리카 노동자들이었다.

항상 철저하게 규칙에 따라 행동했던 넬슨 경은 앤티가에서 크게 미움을 샀는데, 그가 미국 독립전쟁 이후 입안된 항해 조례를 강화해야 한다고 고집했기 때문이었다. 이 조례 전에는 섬사람들이 미국인들과 거래를 할 수 있었고, 많은 이익을 볼 수 있었다. 이러한 이익을 잃게 된 것은 재앙에 가까운 손실이었다. 1787년, 3년간 카리브 해에서 근무한 후, 넬슨은 – 아마 지역 주민들에게는 환호할 만한 일이었으리라 – 중병을 얻어 영국의 집으로 돌아가야만 했다.

넬슨 조선소는 지나간 시대가 남긴 버려진 유물로 남지 않고, 아주 최근에 유럽 연합을 포함해 독특하고 서로 관련이 없는 여러 단체로부터 자금을 받았다. 넬슨의 수형 구축함이 누비던 자리를 이제는 개인 요트가 차지했지만, 잉글리시 하버는 여전히 대서양을 건너 먼 여행을 하는 사람들이 가장 좋아하는 항구이다. **OR**

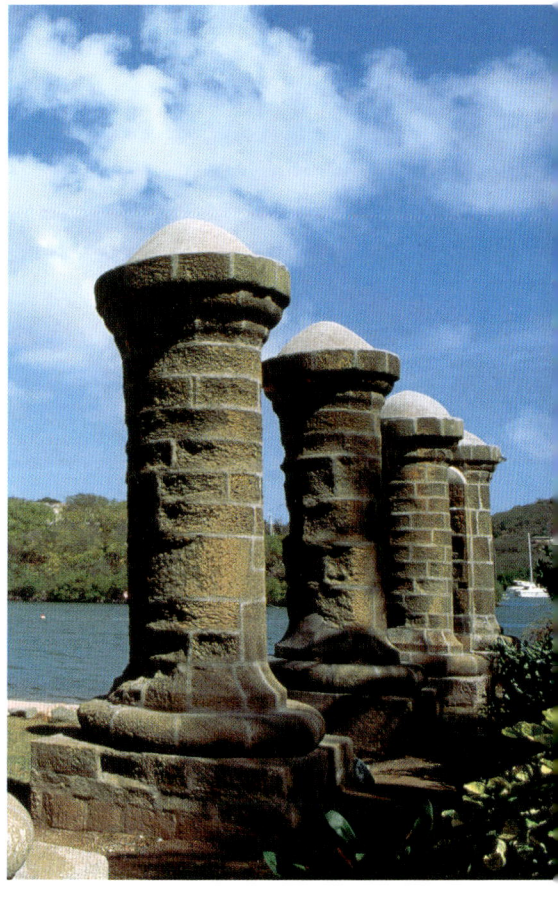

"앤티가의 식민지 주민은 아메리카에서 그랬던 것처럼 대단한 반란자였다. 그것을 보일 만한 힘만 있었다면 말이다."

루버트 사우디, 『호레이쇼 넬슨 경의 삶』(1813)

생 피에르 프랑스령 마르티니크, 생 피에르 | St. Pierre

화산 폭발로 파괴된 '서인도 제도의 파리'

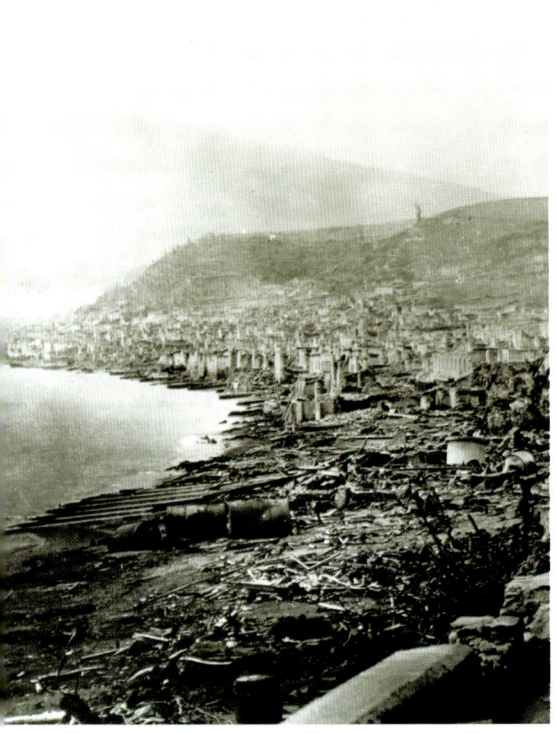

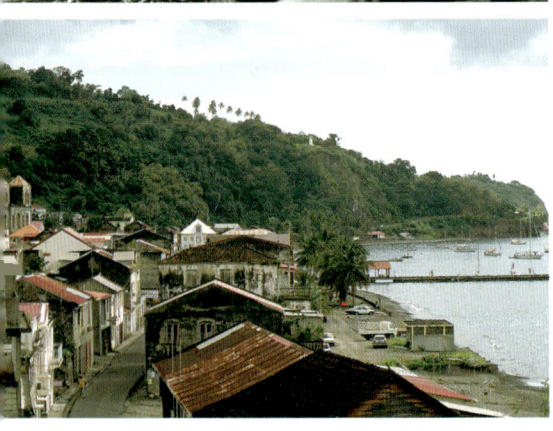

카리브 해의 마르티니크 섬에 있는 생 피에르는 20세기 최악의 화산 폭발 사태가 일어났던 곳이다. 이 도시는 마르티니크 섬의 설탕 플랜테이션에서 얻은 이윤으로 번영을 누리며 성장해 가던, 프랑스 식민 제국에 속한 부유한 식민지였다. 자연적으로 보호받는 만(灣)에 세워진 도시 생 피에르는 조금 과장을 더하자면 '서인도 제도의 파리'라 찬양받았다. 이곳의 우아한 주택들, 가로수가 늘어선 광장, 분수, 극장, 성당에는 모두 프랑스 문화의 흔적이 남아 있다. 비록 많은 시민들이 노예의 자손이기는 하지만 말이다.

생 피에르는 활화산인 펠레 산에서 고작 7km밖에 떨어져 있지 않았다. 1792년과 1851년에 규모가 작은 분출이 일어나기는 했지만 별 심각한 피해는 없었고, 따라서 화산 활동이 주민들에게 그다지 심각한 위협을 가하지는 않을 거라는 믿음이 강해졌다. 1902년 4월, 화산에서 잇달아 폭발이 일어나고 재와 먼지가 분출되자 불안이 퍼져 갔고, 당국은 침착할 것을 요청했다. 화산 가까이 있는 마을에 사는 사람들에게는 용암이 흘러도 미치지 않을 만한 거리의 마을로 옮겨가도록 권유했다. 5월의 첫 주에 분출이 심각해졌을 때 공포에 질려 피신한 사람들은 나중에 살아남게 되었다.

1902년 5월 8일—예수 승천일이었다—오전 8시, 화산이 폭발했고, 엄청난 양의 화산 쇄설물, 프랑스어로 '뉘에 아르당트'를 분출했다. 뜨거운 가스와 돌덩이들이 이루는 두터운 구름이 최대 시속 500km의 속도로 생 피에르에 밀려들었다. 몇 분 지나지 않아 마을 주민 거의 대부분이 사망했고 건물 또한 몇 채만 남고 모두 파괴되었다. 이 재난 이후 생 피에르는 이전에 누렸던 풍요로움을 다시는 회복하지 못했으며, 지금은 1902년 대참사의 흔적이 여기저기 남은 조용하고 작은 마을이 되었다. **RG**

▣ 지역 주민 3만 명 이상의 목숨을 앗아간 화산 폭발 직후, 폐허 속의 생 피에르.

▣ 오늘날의 생 피에르는 1902년 펠레 화산에 의해 파괴되기 이전의 모습보다 훨씬 작다.

산 프란시스코 수도원 에콰도르, 키토 | Monastery of San Francisco

고대 잉카 신전 자리에 세워진, '키토의 바로크 유파' 양식의 수도원

키토 시는 1530년대 스페인인들에 의해 세워졌으며, 도시가 지닌 웅대함의 본보기가 되도록 기념비적인 교회를 짓자는 계획이 세워졌다. 산 프란시스코 교회의 건축은 16세기 초에 시작되었으며, 1605년에 끝이 났다. 남아메리카에서 가장 오래된 교회인 산 프란시스코 수도원은 -아시시의 성 프란체스코에게 헌정된 건물인데-같은 이름의 교회, 여러 개의 예배당, 수도원으로 이루어져 있다. 소박한 파사드에는 입구 위에 난 커다란 창문 위로 성 프란체스코의 밧줄로 된 허리띠가 조각되어 있다.

산 프란시스코 수도원은 흔히 말하는 '키토의 바로크 유파', 즉 스페인, 이탈리아, 무어, 플랑드르 양식과 토착 예술을 융합한 건축 양식을 보여 주는 예이다. '날개 달린 동정녀 마리아' 조각상은 관광객이 놓쳐서는 안 될 작품인데, 라틴 아메리카의 종교 예술품에서는 드물게도 작품의 인물이 유럽인 정복자가 아닌 토착민을 닮은 모습으로 나타나 있다. 이 교회에는 또한, 바로 옆의 예배당을 지은 이 지역 석공 칸투냐의 무덤도 있다. 지역 전설에 따르면, 칸투냐가 예배당을 완공시킬 수 없을 것만 같아 절망에 빠졌을 때 악마가 나타나 도움을 줄 테니 대신 영혼을 달라고 말했다. 칸투냐는 이에 동의했고, 빠른 시일 내에 예배당을 다 지을 수 있었으나 돌 하나가 들어갈 자리를 일부러 남겨두었다. 악마가 돌아왔을 때 돌 하나가 빠져 있었기 때문에 살아남을 수 있었다.

교회가 서 있는 광장-플라자 데 산 프란시스코-은 이상할 정도로 기울어져 있는데, 발굴 작업을 통해 이 수도원이 서 있는 부지가 고대 잉카 신전이 있던 장소라는 사실이 밝혀지고 난 후에야 고고학자들은 그 까닭을 이해할 수 있었다. 잉카인들도, 그들보다 앞서 이 지역에 살았던 종족들, 아마 이곳을 숭배했을 것이 분명한 이들을 몰아냈던 것이나. **LH**

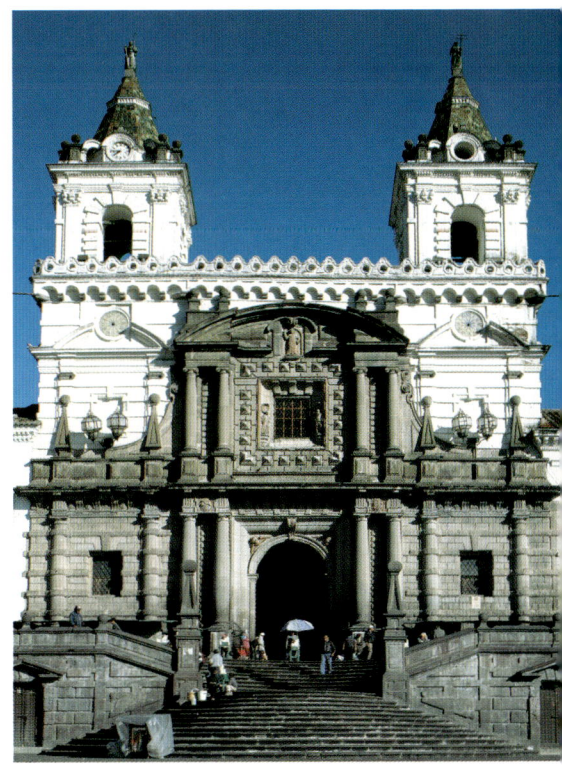

↗ 산 프란시스코 수도원은 고되고 힘든 상황에서 착수된 엄청난 프로젝트였다.

→ '키토의 성모' 조각상은 엘 파네실로 언덕 꼭대기에 있으며, 이 도시의 거의 모든 곳에서 눈에 들어온다.

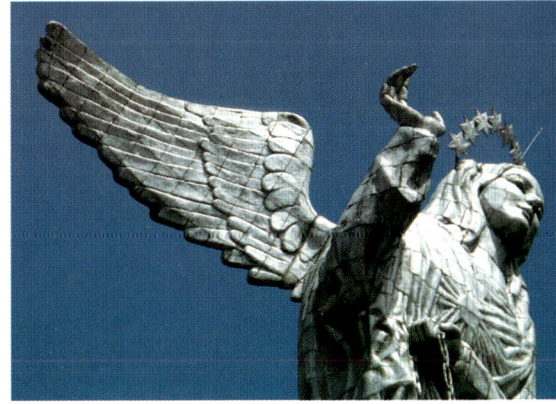

카르타헤나 성벽

콜롬비아, 카르타헤나 | Cartagena Walls

초기 스페인 정착 시대의 중요한 지역을 보호하던, 대규모의 방어 시설

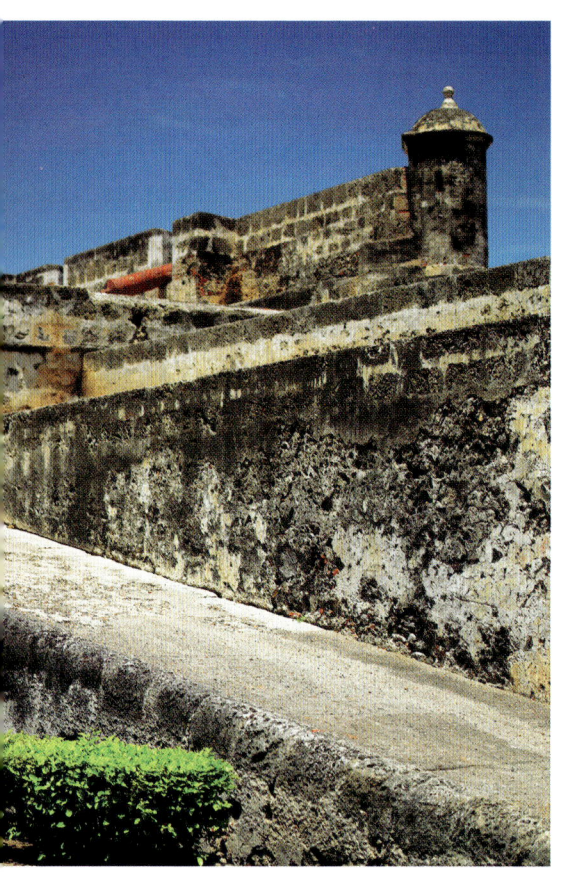

"카르타헤나는 남아메리카에서 가장
광대한 방어 시설을 갖추었다."

유네스코

지역 주민들에게는 '라스 무리오스'라 알려진 카르타헤나 성벽은 카르타헤나 구시가지 서인도 제도로 가는 길목에 위치하고 있으며 군사 건축물이 유네스코 세계문화유산으로 지정된 구역을 둘러싸고 있다. 카르타헤나 항구는 그 부유함과 경제적인 중요성 때문에 종종 해적의 습격을 받았고, 이에 도시를 지키기 위해 성벽을 쌓았다.

카르타헤나는 1533년 스페인 정복자 돈 페드로 데 에레디아에 의해 세워졌으며, 즉각적으로 해적들이 노리는 표적이 되었다. 1551년, 프랑스 해적인 장-프랑수아 드 라 로크 드 뤼베르발은 에레디아에게 도시를 버리고 떠나가도록 강요하고 상당한 양의 금을 쥐어 주었다.

1585년에는 영국의 프랜시스 드레이크 경이 카르타헤나를 덮쳐, 주민들은 근처의 다른 도시로 피신해야만 했다. 이러한 일들이 벌어지자 스페인의 펠리페 2세는 도시를 방어할 수 있는 대규모 성채를 건설하라고 명했다. 벽의 높이가 27m에 달하며, 산 세바스티안 데 파스텔리요와 산 펠리페 데 바라하스를 비롯한 여러 개의 요새로 무장한 이 성채를 완전히 건설하기까지 200년도 넘는 시간과 5천만 페소의 금이 들어갔다. 이 성벽이 가장 가혹한 시험을 겪은 것은 1741년, 카르타헤나 시가 에드워드 버넌 제독이 이끄는 영국 함대의 공격을 받았을 때였다. 186척의 배와 23,600명의 군사를 갖춘 영국은 고작 여섯 채의 배와 3천 명에 불과한 스페인 측 병력을 수적으로 크게 능가했다. 그러나 성채와, 스페인 사령관인 블라스 데 레소의 능숙한 지휘 덕택에 결국 영국을 물리칠 수 있었다.

카르타헤나-스페인의 한 항구에서 따온 이름이다-는 남아메리카에서 가장 유서 깊은 도시 중 하나이며, 이곳의 구시가지는 과거 스페인 식민지 시절을 고스란히 간직하고 있다. 카르타헤나의 성벽은 남아메리카에서 가장 광범위하게 축조된 방어 체계인 동시에, 마을과 카리브 해가 내려다보이는 아름다운 경치를 구경할 수 있는 곳이다. **JF**

산 페드로 알레한드리노 농장

콜롬비아, 스타 마르타 | Quinta de San Pedro Alejandrino

시몬 볼리바르가 최후의 나날을 보낸 저택

아름다운 초기 18세기 저택 산 페드로 알레한드리노는 아메리카 대륙에서 가장 오래 전에 세워진 도시, 산타 마르타에 있다. 풍요로운 역사를 지닌 곳으로, 시몬 볼리바르-남아메리카가 낳은 가장 위대한 영웅 중 한 사람-가 사망한 곳으로 특히 잘 알려져 있다.

볼리바르는 스페인으로부터 독립을 얻어내기 위해 투쟁한 위대한 장군이었다. 베네수엘라, 콜롬비아, 페루, 에콰도르, 파나마, 어퍼 페루 지역(오늘날의 볼리비아)을 스페인 통치의 손아귀에서 해방시킨 영웅적인 전투로 인해, 그는 '엘 리베르타도르'(해방자)라는 칭호를 얻었다. 1826년 볼리비아 공화국이 탄생했고, 볼리바르는 한 나라가 자신의 이름을 따서 명명된 매우 드문 이들 중 하나가 되었다. 그의 군사 리더십에 전혀 문제가 없었던 것은 아니다. 이는 부분적으로는 그가 해방시킨 국가들이 너무나 광대했으며, 서로 간에 정치적·문화적 유산이 너무 달랐기 때문이다. 1838년, 그다지 신망을 얻지 못한 행동이었으나, 그는 지역을 통합하기 위하여 자신을 절대 권력자로 선포했다. 널리 퍼지기 시작한 불안은 정점에 올라 마침내 그를 노린 암살 시도가 발생했다. 1830년 그는 권력에서 물러났으며 남아메리카를 떠나 유럽으로 갈 계획을 세웠다. 그러나 출발하기 전 결핵이 발병했고, 돈 호아킨 데 미에의 초청을 받아 그의 집인 산 페드로 알레한드리노 저택에서 요양하게 되었다. 볼리바르는 이 평온한 저택에서 말년을 보냈으나 마침내 병마에 굴복하여 1830년 12월 17일 사망했다. 이후 그의 유해는 베네수엘라의 수도인 카르카스로 옮겨져 그곳에 매장되었다.

산 페드로 알레한드리노 농장은 사탕수수, 코코넛, 벌꿀, 다양한 과일 등을 생산하고 증류주가 자랑거리인 부유한 농업 중심지였다. 볼리바르의 사망 이후 이곳은 점차 쇠락의 길을 걷기 시작했고, 1891년 마그달레나 주에서 이를 사들여 복원했다. 오늘날 이곳은 볼리바르와 연관된 기념품이 가득한 박물관이며, 그가 해방시킨 여섯 나라의 예술과 문화에 헌정된 장소가 되었다. **TP**

시파키라 소금 광산

콜롬비아, 시파키라 | Zipaquira Salt Mine

소금 광산에 깊숙이 조각된 성당

콜롬비아 중앙의 소란스럽고 명랑한 오래된 도시 시파키라 한가운데, 보고타에서 기차를 타고 조금만 가면 나오는 이곳은 절대적인 평화와 고요함이 깃든 곳-바로 소금 성당이 있는 곳이다.

시파키라의 소금산 안에는 거대한 터널이 있는데, 이 터널은 나선형으로 휘감기며 내려가 숨 막힐 정도로 놀라운 건축물에 도달한다. 산 안으로 거의 183m 들어간 곳에는 소금 성당, 가장 깊은 곳에 조각된 교회, 높이 솟아오른 웅대한 지붕과 기둥, 세 개의 네이브, 세례를 주는 분수, 설교단, 그리스도 수난상을 갖춘 교회가 있다. 새하얗게 빛나는 소금 벽에서 나오는 투명한 빛이 가

> "당신의 내부에서 어둠이 당신을 감싼다 … 이곳에서 사람들은 신에게 더 집중하고 신을 더 가까이 느끼게 된다."
>
> 소금 광부, 데이비드 린컨

득하고, 깊이 파인 공간 덕분에 소리가 놀라울 정도로 잘 울린다. 성당으로 내려가는 통로에는 열네 개의 작은 예배당이 있는데, 이는 '십자가의 길'을 상징한다. 산 내부에 처음으로 이 성스러운 장소를 조각한 것은 광부들이었으며, 1954년에 첫 번째 성당이 완성되었다. 이때까지도 광산이 계속 운영되었으므로, 성당의 구조적인 안전성에 대한 염려가 일어났고, 따라서 광산은 1990년에 문을 닫았다. 1991년 이 지역의 건축가인 호세 마리아 곤살레스가 원래 성당에서 수백 피트 아래쪽에 새로운 성당을 조각하기 시작했고, 이는 1995년에 끝을 맺었다. 이 고된 일에는 100명 이상의 조각가와 광부들이 동원되었고 4년이라는 힘든 작업 기간이 소요되었다.

소금 성당은 훌륭한 예술 작품으로, 영묘하고 영감이 깃들어 있으며 들어오는 모든 이들에게 그 믿음에 관계없이 감동을 주는 무한한 고요함의 장소이다. **TP**

🏛 ◎ 조각상 골짜기

콜롬비아, 산 아구스틴 | Valley of the Statues

콜럼버스 이전 시대 문명의 역사와 문화를 밝혀 주는 고고학적 유적지

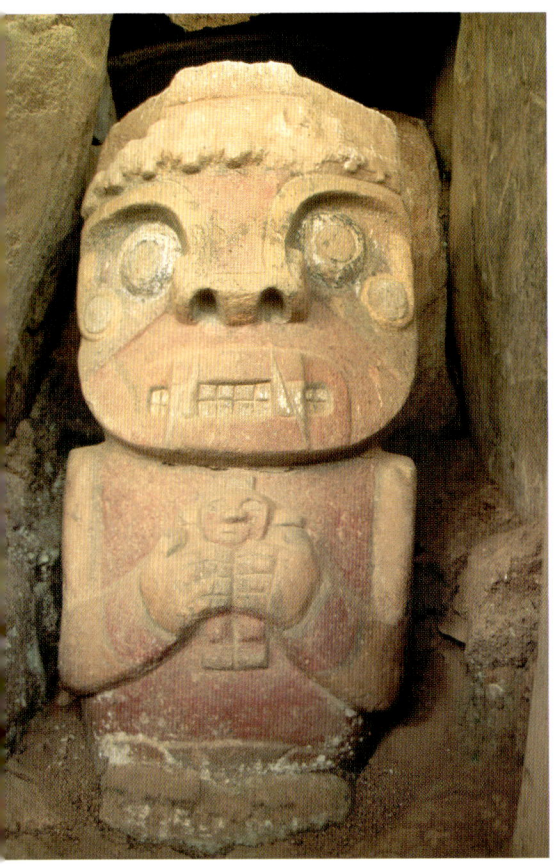

"적도 부근의 원주민들은 열두 명의 신을 섬겼다 … 그중에는 달의 신도 있었다."

제차리아 싯친, 『잃어버린 왕국』(1990)

녹색이 짙고 풍요로운, 콜롬비아의 마그달레나 강 유역은 남아메리카에서 콜럼버스 이전 시대 조상(彫像)이 가장 많이 모여 있는 곳이다. 이곳은 대단한 아름다움을 간직하고 있으며, 수천 년 전으로 거슬러 올라가는 긴 역사를 지니고 있다 - 이 역사의 대부분은 여전히 미스터리이다.

이 지역 전체에 흩어져 있는 수많은 고분, 조각된 거석, 무표정한 시선으로 푸르게 덮인 초목 너머를 응시하는 종교적인 조각상들은 매혹적인 동시에 약간 마음을 불편하게 하는 광경이다. 강 유역에서 가장 중요한 유적은 산 아구스틴이라는 작은 마을 주변으로, 이곳은 현재 500km² 넓이의 공원 - 산 아구스틴 고고 유적 공원이되었다.

1930년대에 발굴 작업이 시작되었고, 오늘날까지 500개의 조상, 고인돌, 무덤이 발견되었으며, 아직 더 많은 유적이 파묻혀 있을 가능성이 있다. 무덤에는 두 가지 부류가 있는데, 고대 문명에서 중요한 지위였던 사람들과 덜 중요한 사람들의 무덤으로 나뉜다. 지위가 높은 인물이 묻혀 있었을 법한 커다란 고분 주변에는, 대부분 사람 모습을 한 크고 무섭게 생긴 조각상이나 뱀, 개구리, 새와 같은 동물 조각상이 무덤을 수호하고 있다. '평범한' 사람들의 무덤은 그들이 살던 오두막 집 바닥 아래에 위치하며, 따라서 눈에 잘 띄지 않는다. 발굴된 유물 중 작은 공예품은 채색되었던 기미가 보이며, 원래는 염료를 사용해 주로 빨간색과 노란색으로 채색되어 있던 듯하다. 다른 조각상들은 흔히 태양의 신들이라 일컬어지는 남성 신들과 달의 신이라 일컬어지는 여성 신들 등, 신의 모습을 나타낸 것 같다.

마그달레나 강 유역 전체는 문화적이고 역사적인 가치가 어마어마한 곳이다. 이 지역에는 상당히 오랜 기간에 걸쳐 사람이 거주했으므로, 무덤과 조각상들은 서로 다른 시대에 이룩된 초기 문명이 발전하는 과정을 보여 주며, 죽음에 대한 그들의 접근 방식과 이해를 드러낸다. **TP**

내셔널 판테온

베네수엘라, 카라카스 | National Pantheon

베네수엘라 영웅들을 위한 기념관

카라카스에 있는 내셔널 판테온은 베네수엘라가 가장 숭배하는 건물 중 하나이다. 이전에는 교회였던 이곳은 1874년, 안토니오 구스만 블랑코 대통령이 카라카스 산티시마 트리니다드 교회를 영웅적인 동지들의 유골을 간직할 수 있는 장소로 변화시키라는 명을 내린 이후 내셔널 판테온이 되었다. 이곳에 잠들어 있는 이들 중 가장 숭배 받는 인물은 아마 시몬 볼리바르일 것이다. 중앙 회중석 전체가 '엘 리베르타도르'에게 바치는 공간이다. 벽감 안쪽과 포석 아래에는 유명하고 존경 받는 다른 베네수엘라인들의 유골이 안치되어 있다.

현재 판테온이라 불리는 이 건물은 1812년, 지진으로 말미암아 원래 서 있던 교회가 무너진 이후에 건설되기 시작했다. 재건축은 상당히 여러 해에 걸쳐 천천히 진행되었다. 1853년에서 1858년 사이, 호세 그레고리오 솔라노라는 엔지니어가 건축 첫 단계를 맡았으며 이후 완공되기까지 수십 년 동안 여러 다른 엔지니어들이 공헌했다. 따라서 건물은 서로 다른 여러 가지 방식과 스타일에 따라 건축되었다.

1910년 베네수엘라 정부는 후안 빈센테 고메스를 고용하여 건물이 더욱 웅장하게 보이도록 개조를 가하는, 대대적인 혁신 작업을 이끌도록 했다. 1919년 또 다른 건축가가 고용되어, 이번에는 신고전주의/신바로크 양식으로 판테온을 다시 디자인했다. 1930년, 세 명의 뛰어난 엔지니어의 손을 빌려 판테온은 또 한 차례 여러 군데 개조되었다. 입구 계단은 더욱 웅장하게 변했으며, 대리석 바닥과 볼리바르가 안치된 석관은 완전히 새 것으로 대체되었고, 아치형 지붕은 화가 티토 살라스가 그린 그림으로 치장되었다. 오늘날 판테온은 한 국가로 자리 잡은 베네수엘라의 잠재된 힘을 증언해 주는 인상적인 기념관인 동시에, 이 나라의 역사적인 발전 과정을 보여 주는 다양한 건축학적 양식을 드러낸다. **KH**

산 프란시스코 교회

베네수엘라, 카라카스 | Iglesia de San Francisco

시몬 볼리바르가 '해방자'가 된 곳

1950년대에 국가 기념물이 된 이 놀라운 교회는 베네수엘라에서 라틴아메리카 식민지풍 건축 양식을 가장 잘 보여 주는 예에 속한다. 이 교회는 1570년대에 설립된 산 프란시스코 수도원 옆에 세워졌는데, 처음에는 단순한 어도비 벽돌 건물로 시작했다. 1593년, 안토니오 루이스 데 울란외 설계로 더 견고하고 오래 가는 교회를 짓기 위한 건설 작업이 시작되었으나, 1641년 지진이 발생해 건물 대부분을 파괴되었다. 그 자리에는 복도 하나에 양측으로 예배당을 갖춘 간단한 교회가 들어섰다. 1745년, 프라이 마테오 벨로스가 루이스 데 울란이 원래 기획했던 세 개의 측랑을 갖춘 설계로 복원하고 아치를 덧붙였다.

"판단은 경험에서 온다. 그리고 경험은 잘못된 판단에서 온다."

혁명가이자 정치가, 시몬 볼리바르

1887년 스톨렌 후안 만리크가 주도한 대규모 재건축에는 기둥을 교체하고, 성가대석을 바꾸고, 무데하르 양식(무어-스페인 양식)의 패널 천장을 가짜 아치로 덮고, 메인 파사드의 일부는 고전주의, 일부는 바로크식 버전으로 다시 만드는 작업 등이 포함되었다. 그러는 동안 교회는 중요한 정치적 사건, 특히 조국을 스페인 식민 통치로부터 해방시키기 위해 싸운 베네수엘라의 국민 영웅 시몬 볼리바르와 관계가 있는 사건들의 배경이 되어 왔다. 1813년 볼리바르가 '해방자'로 선포된 곳은 바로 이 교회였으며, 그의 사후 12년이 지난 1842년 그의 장례식이 성대하게 치러진 곳도 이곳이었다.

1950년대가 되자 무데하르 양식의 지붕이 다시 모습을 드러냈으며, 건축가 루이스 말라우세나의 주관 아래 이 교회가 지녔던 초기의 아름다움을 복원하려는 다른 작업들이 이루어졌다. **AK**

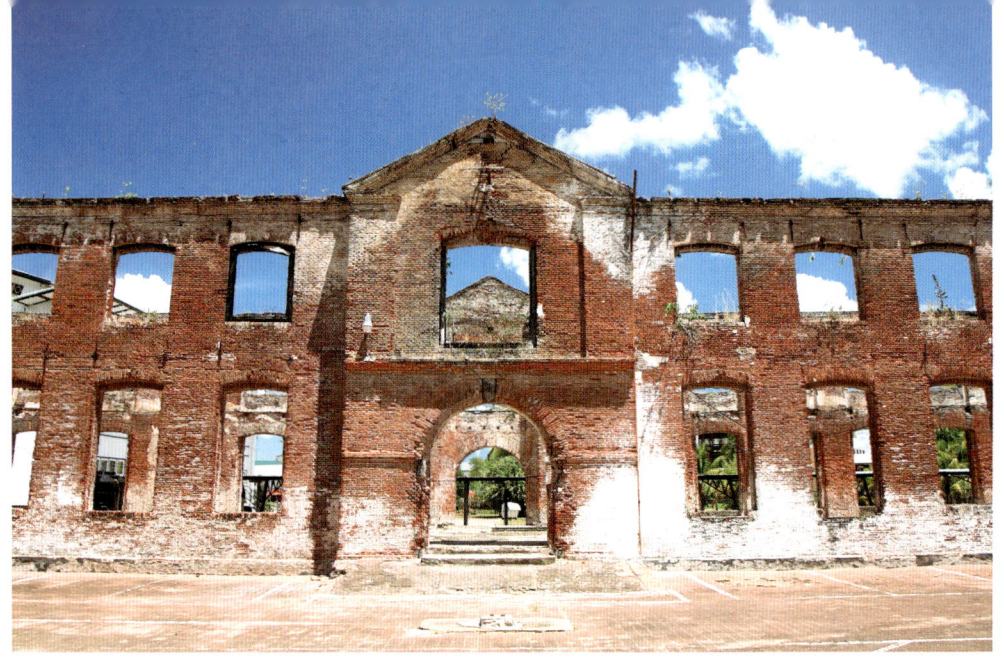

젤란디아 요새 수리남, 파라마리보 | Fort Zeelandia

수리남의 역사를 보관하고 있는 과거 식민 요새

17세기부터, 파라마리보는 남아메리카 북쪽 해안에 위치한 과거 네덜란드령 기아나 식민지, 현재의 수리남에서 최초로 유럽인들이 정착한 곳이었다. 이 오래된 도시의 많은 부분은 – 가난과 3세기에 걸친 열대 폭풍우에 – 빛바래고 쓸쓸하지만, 오늘날에는 관광 수입 덕분에 재건할 조짐이 보인다. 원래 조성되었던 네덜란드 거리의 모습이 대부분 그대로 남아 있으며, 건물에는 수입해 온 건축 양식이 독특하게 뒤섞여 있는데, 잔디가 깔린 광장 둘레에 나란히 늘어선 검정과 흰색의 네덜란드 주택은 식민지 이전 시대 인디언 주거의 특성을 갖추고 있으며 그들이 사용했던 자재들로 이루어졌다.

젤란디아 요새의 기원은 수리남 강이 굴곡을 이루는 곳, 스페인인들이 1499년 처음으로 발을 디뎠다고 일컬어지며 바다에서 15km 떨어져 있고 오늘날 파라마리보 시가 퍼져 있는 지역 부근에 있던 프랑스 요새에 있다. 1651년 영국이 이곳에 새로운 식민지를 건설했을 때, 약 1천 명의 영국인들이 노예 노동에 힘입어 이 요새를

확장했고 윌로우비 요새라는 이름을 붙였다. 1667년 브레다 조약에 의해 네덜란드가 이 식민지를 양도받았으며, 네덜란드인들은 이 요새를 완성하여 – 코너에 각각 요새화한 보루를 갖춘 오각형의 방어벽 내에 건물들이 가깝게 붙어 있는 형태로 – 네덜란드의 젤란디아 주의 이름을 따 젤란디아 요새라 이름 지었다.

수리남에서 가장 역사적인 건물 중 하나인 젤란디아 요새는 최근에 완전히 복원되었다. 강변에 바로 위치하고 있으며 지금은 현대적인 국회 건물과 마주하고 있는 이 요새에는 현재 수리남 박물관의 일부가 들어가 있다. 이 박물관에는 노예 노동에 의지한 커피와 사탕수수 생산국이었던 식민지 과거, 수리남의 토착민들, 그리고 이 요새 자체와 관련이 있는 전시물들이 있다. 요새 구내의 과거 장교들이 쓰던 구역에서는 그 당시 풍으로 장식된 방에 들어가 볼 수 있다. **FR**

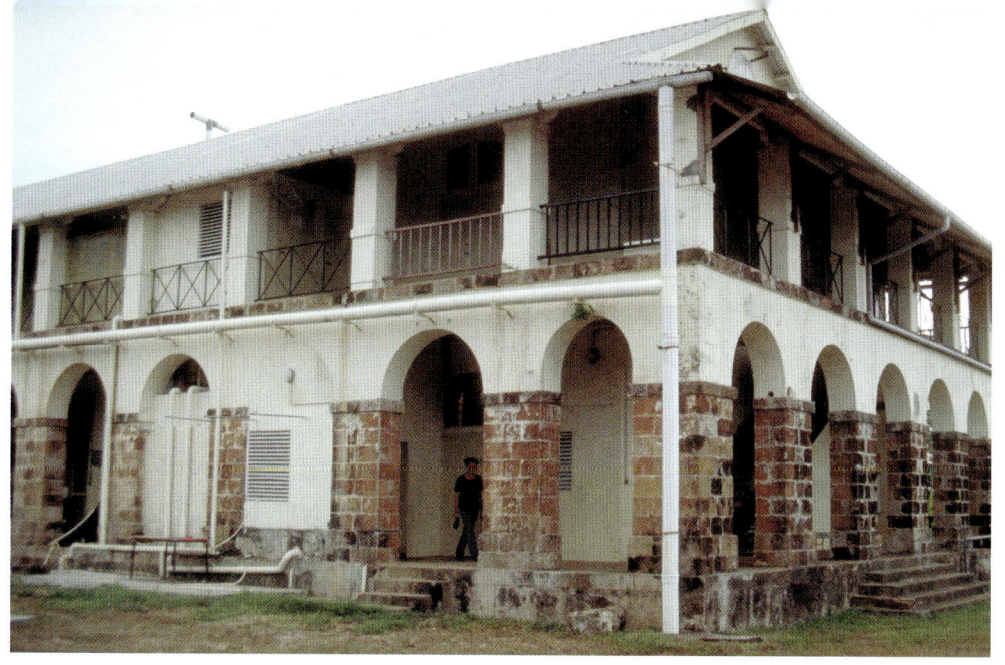

악마의 섬 프랑스령 기아나, 살뤼 제도 | Devil's Island

책과 영화를 통해 불멸의 장소로 남은, 나폴레옹 3세가 만든 프랑스의 유형 식민지

악마의 섬이라는 이름을 입 밖으로 내는 것만으로도 범죄자들의 심장은 공포에 휩싸이곤 했다. 거의 한 세기 동안, 이곳은 프랑스어로 '추방'이라는 단어와 동일한 의미로 쓰였다. 지구 반대편에 있는 머나먼 식민 유형지, 탈출은 불가능하고 무사히 귀환하는 일은 극히 드문 곳이었던 것이다. 악마의 섬은 살뤼 제도('구원'의 제도)를 이루는 세 개의 섬 중 하나로, 남아메리카에 있는 프랑스령 기아나 해안에서 떨어진 곳에 위치하고 있다. 다른 섬들-루아얄 섬과 생-조제프 섬-에도 감옥이 있었고, 기아나 본토에 있는 가장 가까운 도시 쿠루도 마찬가지였다. 프랑스인들은 이 네 곳을 모두 넓은 의미로 '악마의 섬'이라 칭했다. 죄수들은 그들이 저지른 죄의 중한 정도에 따라 분류되었다. 진짜 악마의 섬에 있는 수용소는-여러 감옥들 중에서도 가장 접근이 어려운 곳-주로 정치범이나 상습 범죄자가 가는 곳이었다.

이러한 범죄자 식민지가 조성된 것은 프랑스 역사의 격동기였던 1852년이었다. 1851년 12월, 나폴레옹 3세는 쿠데타를 일으킬 참이었고, 자신의 정적들을 없애버리기 위해서는 먼 곳에 수용소를 두는 것이 제격이라고 여겼다. 질병이 창궐하고 허덕이는 식민지에 가서 살게 될 새로운 정착민들도 생겨났다. 8년이나 그 이하의 형기를 받은 죄수들은 이에 준하는 기간 동안 식민지에서 살아야 했다. 더 긴 형기를 받은 중죄수들은 결코 프랑스로 돌아올 수 없었다.

악마의 섬은 가장 유명한 두 죄수 덕분에 그 악명이 높아졌다. 바로 알프레드 드레퓌스와 앙리 샤리에르다. 드레퓌스는 악명 높은 잘못된 재판의 희생자였다(여러 영화의 주제가 된 '드레퓌스 사건'이다). 샤리에르는 이 섬에서의 경험을 바탕으로 베스트셀러 소설인 『빠삐용』(1970)을 썼는데, 이는 나중에 스티브 맥퀸과 더스틴 호프만 주연의 영화로 만들어졌다. 섬의 감옥은 1946년에 폐지되었으며, 그림처럼 자라난 덩굴 식물로 뒤덮인 건물은 지금 관광 명소가 되었다. **IZ**

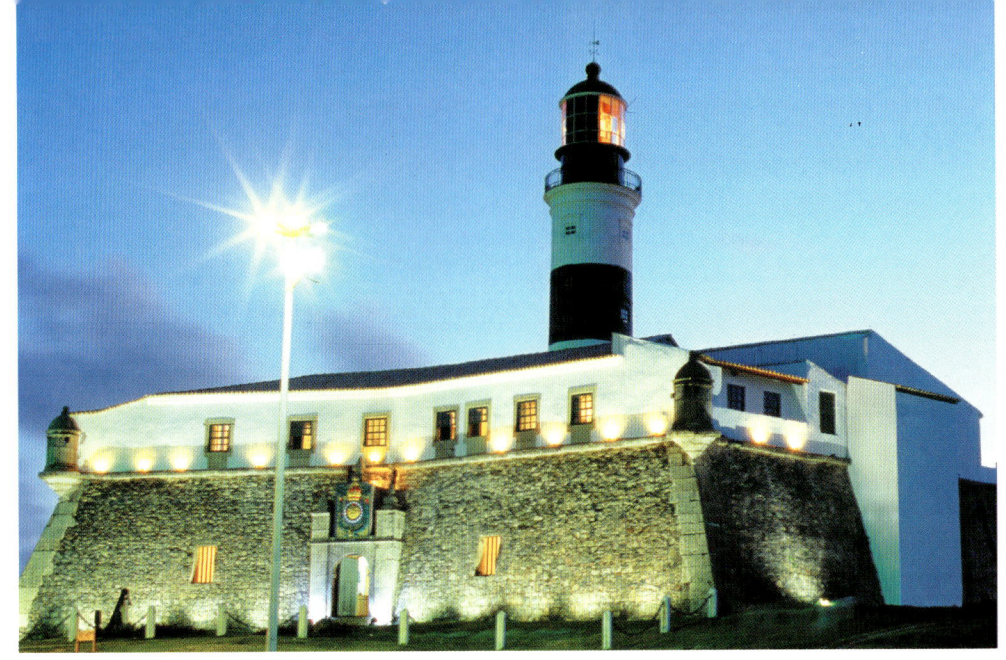

🏛 ◎ 산투 안토니우 다 바라 요새 브라질, 살바도르 데 바이아 | Santo Antônio da Barra Fort

네덜란드 침입자들을 물리치기 위해 세워진 인상적인 포르투갈 성채

보는 이의 시선을 끄는 새하얀 산투 안토니우 다 바라 요새는 대서양의 물이 이웃의 토투스 우스 산투스 만(모든 성인들의 만)의 물과 만나는 곳에서 불쑥 튀어나온 반도, 그 바람 부는 꼭대기에 자리 잡고 있다. 아래편으로 하얀 해변이 멀리까지 뻗어 있다. 뒤에는 브라질에서 세 번째로 큰 도시이자 역사적인 중심지, 살바도르가 솟아 있다. 종종 '살바도르 데 바이아'라 불리는, 1549년 포르투갈 식민 개척자들이 세운 이 도시는 현재 바이아 주의 수도이며 한때는 브라질의 수도였다.

산투 안토니우는 노예를 이용한 면화 무역, 이후에는 담배 무역으로 번영해 가는 이 도시를 탐내는 다른 나라의 모험가들과 식민 개척자들을 물리치기 위해 전략적인 위치에 놓인, 이 도시에서 가장 중요한 포르투갈 요새였다. 1624년 네덜란드가 이 요새와 도시를 차지했으나 1625년 포르투갈이 이를 다시 탈환했고, 1820년대 브라질이 독립을 맞이하기 전까지 계속 포르투갈의 소유로 남았다. 세월이 흐르면서 요새는 여러 차례 개조되었으나, 현재 보이는 여러 면을 향하고 있는 이탈리아식 디자인은 18세기 초에 설계된 것이다. 1990년대부터 이 요새에는 해양 박물관이 들어섰으며 해도(海圖), 항해 도구, 배와 관련된 유물 등을 소장하고 있다.

요새 위편으로는 '파롤 다 바라'로 알려진 검정과 흰색 줄무늬의 독특한 등대가 서 있다. 아메리카 최초의 등대라는 명성을 안고 있는 이 등대의 기원은 16세기까지 거슬러 올라가지만, 대부분은 19세기에 개조된 것이다. 이 등대는 아메리카라는 이름의 기원이 된 이탈리아의 탐험가 아메리고 베스푸치가 1501년 만성절(11월 1일)에 닻을 내리고, 이에 따라 이웃하는 항구에 '모든 성인들의 만'이라는 이름을 붙였던 장소로 알려져 있다.

살바도르는 그 역사로 인해 토착민, 유럽인, 아프리카인들이 뒤섞인 매력적인 문화유산을 지니고 있다. 요새와 등대를 포함한 이 도시의 구시가지에서는 르네상스, 식민지 양식, 지역 양식이 혼합된 독특한 양식이 돋보인다. **AK**

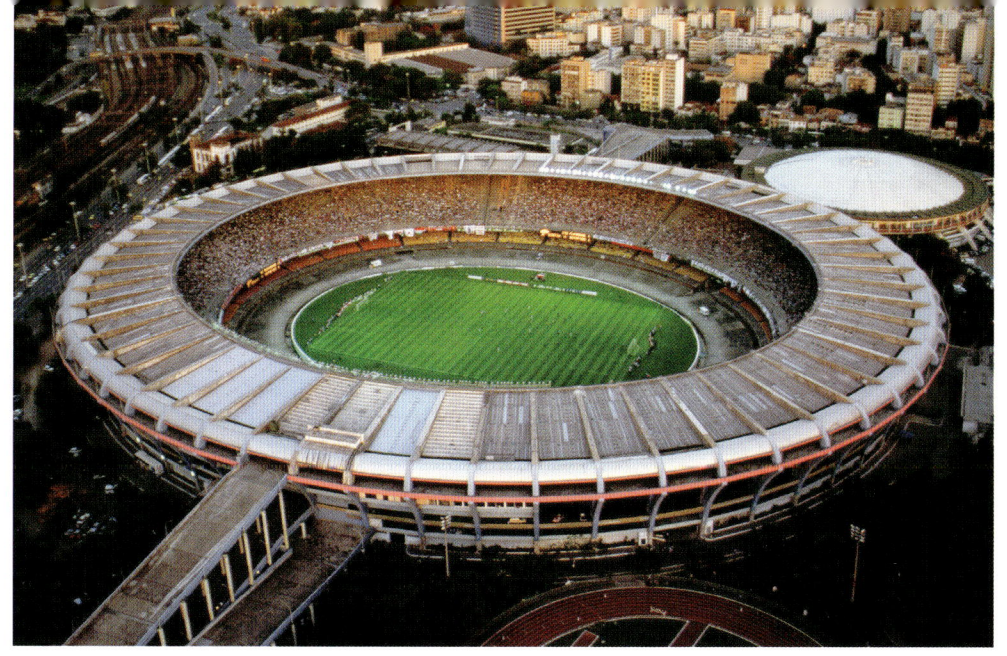

마라카냐 경기장 브라질, 리우데자네이루 | Estádio do Maracanã

1950년 월드컵 결승전을 개최하기 위해 건설된, 세계 최대의 경기장 중 하나

리우데자네이루의 에스타디오 조르날리스타 마리오 필료－경기장이 위치하고 있는 리오데자네이루의 동네 이름을 따 에스타디오 도 마라카냐(마라카냐 경기장)이라는 이름으로 더 잘 알려진－를 방문했을 때 받게 되는 첫인상은 바로 그 크기가 엄청나다는 것이다. 9만 7천 명의 관중을 수용할 수 있는 좌석을 보유한 이 경기장은 세계에서 가장 큰 축구 경기장 중 하나이다. 그러나 1950년 월드컵을 위해 지었을 때는 이 두 배에 달하는 관중이 선 채로 관람했다. 우루과이와 브라질이 대결한 그해 월드컵 결승전에는 17만 3,830명의 축구 팬이 몰려들었으며, 실제 관객 수는 21만 명에 가까웠다고 추산하는 이들도 있다. 월드컵 경기로서는 기록적인 관중 수이며, 앞으로 깨질 것 같지 않은 기록이다. 이 경기에서 브라질은 충격적인 패배를 맛보았고 브라질의 축구광들은 여전히 '마라카나소'(마라카냐의 충격)이라 불린 그 혼란을 기억하고 있다.

1992년, 위쪽 스탠드의 일부가 무너져 내리면서 세명의 축구팬이 사망하고 50명이 부상을 입은 사고 이후로, 수백만 달러를 들여 모든 관중이 앉을 수 있는 형태로 경기장을 개조했기 때문에 경기장의 수용 관중 수는 이전에 비해 급격히 줄어들었다.

라파엘 갈방과 페드루 파울루 베르나데스 바스투스라는 두 브라질 건축가가 설계한 이 경기장은 다른 스포츠의 비공식 경기가 열리는 곳으로도 쓰였으며, 교황 요한 바오로 2세가 주관한 미사가 열리기도 했고, 콘서트 회장으로도 사용된다. 또한 1991년, 팝 그룹 '아하'를 보기 위해 19만 8천 명의 관객이 찾아온 일로 인해 최대 유료 관객 수는 세계 기록을 보유하고 있다.

마라카냐 경기장의 존재 이유는 여전히 축구이고 이는 브라질에서, 아니 사실상 세계에서 가장 위대한 축구 선수인 펠레와 뗄 수 없는 인연을 맺고 있다. 펠레가 1957년 아르헨티나와의 경기에서 국가 대표팀으로 데뷔하고, 1696년 천 번째 골을 기록하고, 1971년 브라질 대 유고슬라비아 전에서 마지막 경기를 치른 곳이 바로 이곳이다. **AS**

오르뎀 테르세이라 두 카르무 교회 브라질, 리우데자네이루 | Igreja da Ordem Terceira do Carmo

거장 예술가들이 장식을 맡은 바로크 풍 교회

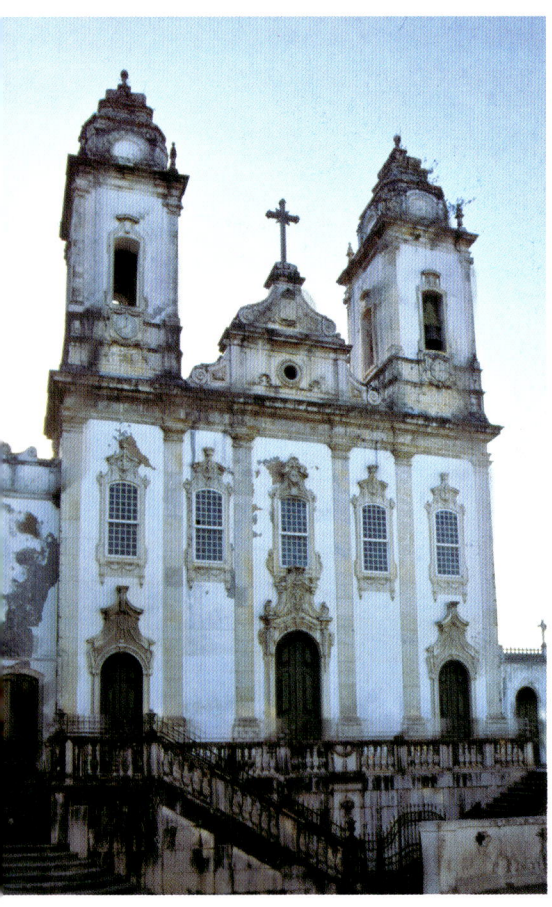

"…신성한 인물이자 고독을 사랑하는 이가, 카르멜 산 위에서 고독한 생활 방식을 받아들였노라."

카르멜 수도회의 교리에서

브라질의 예전 수도인 리우데자네이루는 격렬한 카니발, 삼바 리듬, 해변으로 널리 알려진 생동감 있는 도시일 뿐 아니라, 대다수가 포르투갈 식민지 시대에 건설된 아름다운 성당이 많은 곳이기도 하다.

17세기 후반, 브라질에는 많은 종교 교단(教團)과 그와 관련 있는 문화가 꽃을 피웠으며, 이에 따라 호화롭고 독특한 스타일의 바로크 양식 교회 건물이 들어섰다. 오르뎀 테르세이라 두 카르무 교회는 그 뛰어난 예이다. 카르멜 수도회의 한 종파가 설립한 이 교회는 역사적인 '센트루' 구역에 위치하고 있다.

18세기 마누엘 알베스 세투발이 설계한 이 교회의 우아한 정면 파사드는—1800년대에 와서 바로크와 신고전주의 풍의 곡선미가 살짝 가미되었다—화강암으로 되어 있다. 중앙 출입구는 리스본에서 특별히 실어 온 석회암으로 1761년에 정밀하게 세공된 것이다. 타일로 덮인 종탑은 거의 한 세기가 지나(1847~1850) 마누엘 호아킴 데 멜루 레알 코르테의 손에 디자인되었다. 내부는 1700년대와 1800년대의 사치스러운 로코코 풍 장식으로 가득 차 있다. 이중에는 이름 높은 거장 예술가인 루이스 다 폰세카와 그의 조수 발렌팀 폰세카 에 실바의 작품인 훌륭한 금박 입힌 조각도 있다.

이 교회는 역사적인 건물이 가득한 구역의 일부일 뿐이다. 18세기에 지어진 이웃 건물인 노사 세뇨라 도 카르모 다 안티가 세 교회는 한때 카르멜회 수도원과 연결되어 있었다. 1808년, 포르투갈 왕가가 나폴레옹에 대한 두려움으로 브라질로 피신하여 이 도시에 자리 잡았을 때, 그들은 수도원을 마리아 1세 여왕의 거처로 삼았으며 노사 세뇨라 도 카르모 다 안티가 세 교회를 왕실 예배당으로 삼았다. 1822년 독립 이후, 브라질의 황제들도 계속해서 그곳을 자신의 예배당으로 사용했다. 공화국 체제가 밝아오면서, 1889년 노사 세뇨라 도 카르모 다 안티가 세 교회는 메트로폴리탄 성당이 되었다(1976년부터).

AK

파소 임페리알 브라질, 리우데자네이루 | Paço Imperial

한때 정부의 중추였으며, 오늘날은 문화의 중심지인 포르투갈 황제궁

1743년부터 1889년 브라질 공화국이 탄생하여 새로운 정부 건물이 세워지기까지 거의 150년 동안, 파소 임페리알(황제궁)은 식민지 정치의 권력 중심지였다. 리우데자네이루가 브라질의 수도가 되고 이 건물이 총독궁이 된 1763년 이전에 이곳은 원래 리우데자네이루가 위치한 지역외 시민 통치자가 거주하는 건물이었다. 나폴레옹 치하의 프랑스로부터 공격을 받은 이듬해인 1808년, 포르투갈 왕 주앙 6세가 고국을 떠나 피신했을 때 이곳은 국왕 거주처가 되었다. 황제궁이라는 현재의 이름을 얻은 것은 1822년 브라질이 독립된 제국이 되고 페드루 1세와 페드루 2세가 이곳에 기거하게 되면서부터였다. 사실, 페드루 1세가 모여든 관중에게 자신이 유럽으로 돌아갈 것을 거부한다며 브라질이 식민 지배국으로부터 독립했음을 선포한 곳도 이 궁전의 발코니였다.

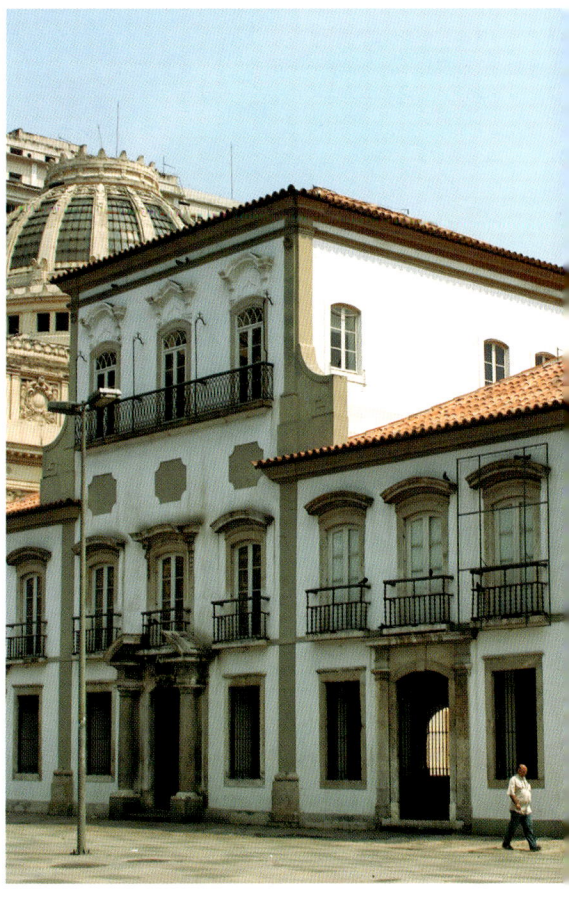

현대 브라질이 수립되는 데에서 이 건물이 맡았던 중요한 역할을 생각해 볼 때, 20세기에 걸쳐 황제궁이 리우의 중앙 우편국으로 사용되었던 것은 상당히 소박한 임무였다고 할 수 있다. 이후 1980년대에는 개조되어 문화 센터가 되었고, 예술 작품 전시회나 연극 공연을 주관했다. 이 궁전은 리우에서 가장 잘 보존되어 있는 공공건물 중 하나로─역사적인 스케치와 회화에 나타난 황제궁의 모습을 보아도 알 수 있듯이─그 외관은 건축가가 처음으로 왕립 조폐국과 다양한 왕실 창고 건물을 하나로 합쳐서 지었던 바로크 양식의 건물에서 놀라울 정도로 달라진 점이 없다.

건물이 서 있는 프라사 XV 광장은 점차 발전해 가고 있지만, 황제궁은 여전히 웅장한 포르투갈 개인 저택을 신세계에 그대로 심어 놓은 듯한 인상을 풍기고 있다. 이를 건축한 인물이 포르투갈 군사 기술자 호세 페르난데스 핀투 알포임이었다는 점을 생각하면 그다지 놀랄 만한 일도 아니다. **AS**

"내 피를, 내 명예를, 신에게 걸고 말하건대, 나는 브라질을 자유롭게 할 것이다 … 때가 되었다 … 독립이 아니면 죽음을!" 1822년, 페드루 1세의 독립 선언문

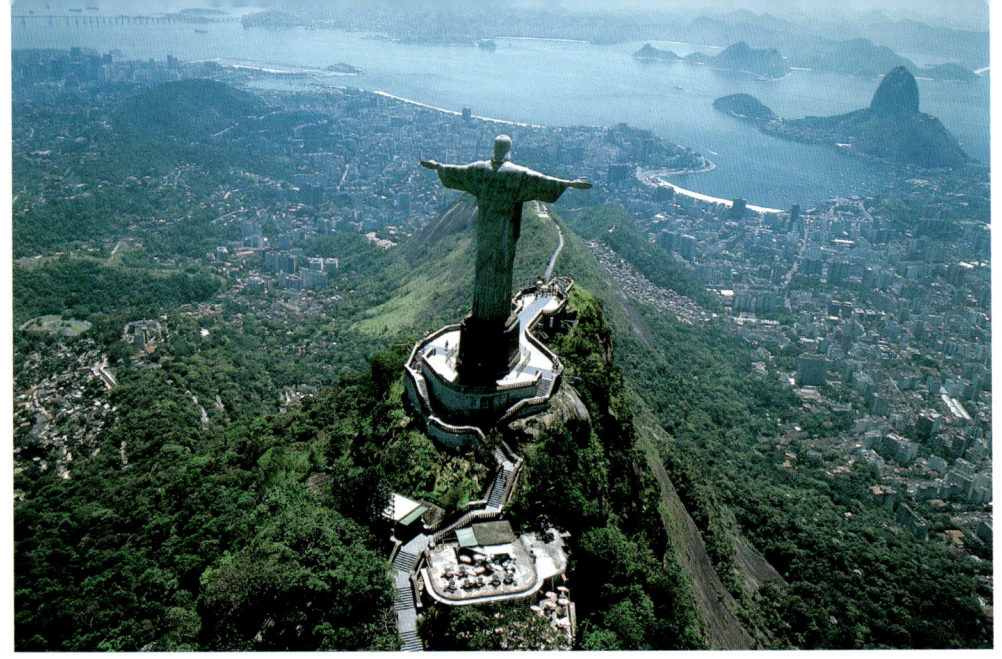

구세주 그리스도상 브라질, 리우데자네이루 | Statue of Christ the Redeemer

도시와 그 주변이 널리 내려다보이는 꼭대기에 세워진 아이콘이라 할 만한 상징물

1931년부터, 구세주 그리스도상의 모습은 리우데자네이루를 내려다보아 왔으며, 넓게 펼친 그리스도의 두 팔은 많은 이들에게 브라질인들이 지닌 따스함을 입증해 주는 것처럼 여겨졌다. 높이가 38m에 달하며, 티주카 산림 국립공원에 있는 코르코바도 산 정상 710m에 위치한 이 조각상은 이 지역 엔지니어 에이투 다 실바 코스타의 디자인에 따라 조각가 폴 란도프스키가 완성시킨 작품이다.

이 지역에 종교적인 기념물을 세우자는 아이디어는 1859년 페드루 마리아 보스가 처음 제안했다. 그러나 이 계획이 결실을 맺게 된 것은 브라질이 포르투갈로부터 독립한 지 100주년을 축하하는 기념물을 세우자는 제안이 나왔을 때였다. 강화 콘크리트에 활석을 입힌 이 기념물은 완성하기까지 5년이 걸렸으며 1931년 10월 12일에 제막식이 거행되었다.

2006년, 이 그리스도 상 아래에 있던 예배당 하나가 축성을 받아 가톨릭 신도들이 세례식을 열거나 결혼식을 올릴 수 있는 자격을 갖춘 장소가 되었다. 처음 세워졌을 때에 비해 그리스도 상을 찾아 가는 길은 훨씬 쉬워졌다. 코르코바도 철도로 리우 근교를 지나 정글을 뚫고 산 정상까지 올라간 후, 역에서 조각상 꼭대기까지 엘리베이터를 타면 된다. 파노라마적인 정경을 즐길 수 있는, 세계에서 가장 흥미진진하면서도 아름다운 곳에 위치한 도시들 중 하나로 진정 영혼을 뒤흔드는 장소이다. 주변의 티주카 산림 국립공원은 대서양 열대 우림 중 마지막으로 남아 있는 부분이다. 열대 우림의 대략 93퍼센트는 유럽인들이 커피 플랜테이션을 짓느라 베어 버렸다. 19세기 후반, 최초의 산림부 장관으로 임명된 마조르 마누엘 고메스 아르시에 의해 티주카 숲에 다시 나무를 심었다.

아마존 열대 우림과 더불어, 이제껏 존재했던 것 중 가장 크고 가장 눈에 띄는 아르 데코 조각품인 구세주 그리스도 상은 전 세계에 브라질을 알리는 중요한 이미지가 되었다. **AP**

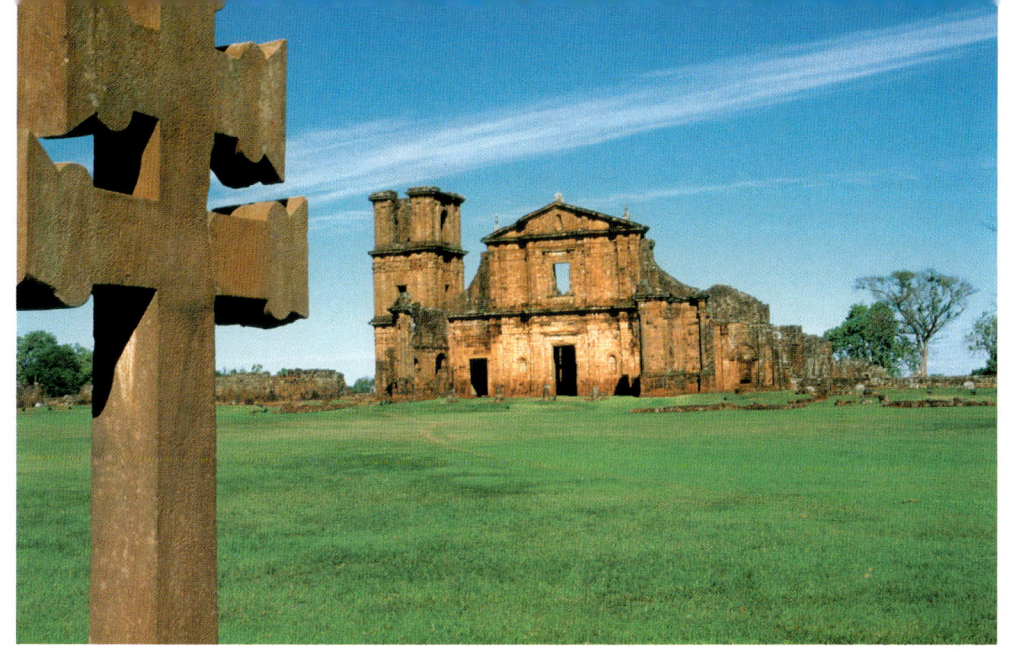

상 미구엘 다스 미송이스 <small>브라질, 상 미구엘 다스 미송이스 | São Miguel das Missões</small>

브라질 최초의 고고학 유적지가 된 선교촌

상 미구엘 다스 미송이스는 가장 뛰어난 '예수회 리덕션', 즉 가톨릭 교단이 17세기와 18세기에 아메리카로 건너와 세웠던 선교촌 중 하나이다. 상 미구엘 다스 미송이스, 다시 말해 '선교의 성 미카엘'은 브라질 남부에 한데 모여 있는 여러 선교원 중 중심이 되는 곳이었다. 다른 뛰어난 선교촌들은 오늘날의 아르헨티나와 파라과이에 해당하는 가까운 지역에서 활발한 활동을 보였다. 다른 곳과 마찬가지로, 상 미구엘 다스 미송이스에서도 예수회 선교사들은 교회와 학교까지 갖춘 완전한 공동체를 설립하고, 지역 주민들 - 과라니 족 - 이 기독교적인 생활 방식을 받아들이게 하려고 노력했다.

　　오늘날, 선교원은 폐허 속에 남아 있으나, 남아 있는 교회 유적으로 미루어 보아 열대 우림에 둘러싸였던 이곳에는 웅장한 교회와 넓은 광장을 중심으로 인상적인 도시가 들어서 있었음을 짐작할 수 있다. 오늘날 산투 안젤루 근처에 서 있는 성당은, 이탈리아 출신 예수회 사제 후안 바우티스타 프리몰리가 지었으며, 바로크 양식의 훌륭한 본보기였던 상 미구엘 다스 미송이스에 있던 교회를 모사해 지은 것이다. 사암으로 된 이 교회에는 세 개의 회중석과 탑이 있었고, 입구는 포티코로 되어 있었다. 당시의 문서들과 여기 있는 박물관에 공개된 유적들로 판단하건대, 내부는 금박을 입힌 제단과 아름다운 조각이며 조상들로 장식되어 있었던 듯하다. 개중에는 예수회 수도사들과 과라니 족이 함께 조각한 여러 가지 색의 나무로 된 성인상도 여럿 있었다.

　　상 미구엘 다스 미송이스는 주변 지역이 포르투갈과 스페인 두 나라의 식민 지배를 받던 시대에 세워졌다. 1760년대에, 정치적 이해가 걸린 다툼이 일어나 예수회는 라틴아메리카에서 추방당해 스페인으로 소환되었다. 다른 선교원들과 더불어 상 미구엘 다스 미송이스도 쓰이지 않게 되었으나, 세월이 지나자 이곳에 커다란 마을이 들어섰다. 1940년에 유명한 브라질 건축가 루시우 코스타가 상 미구엘 다스 미송이스 고고유적지에 훌륭한 박물관을 디자인했다. **AK**

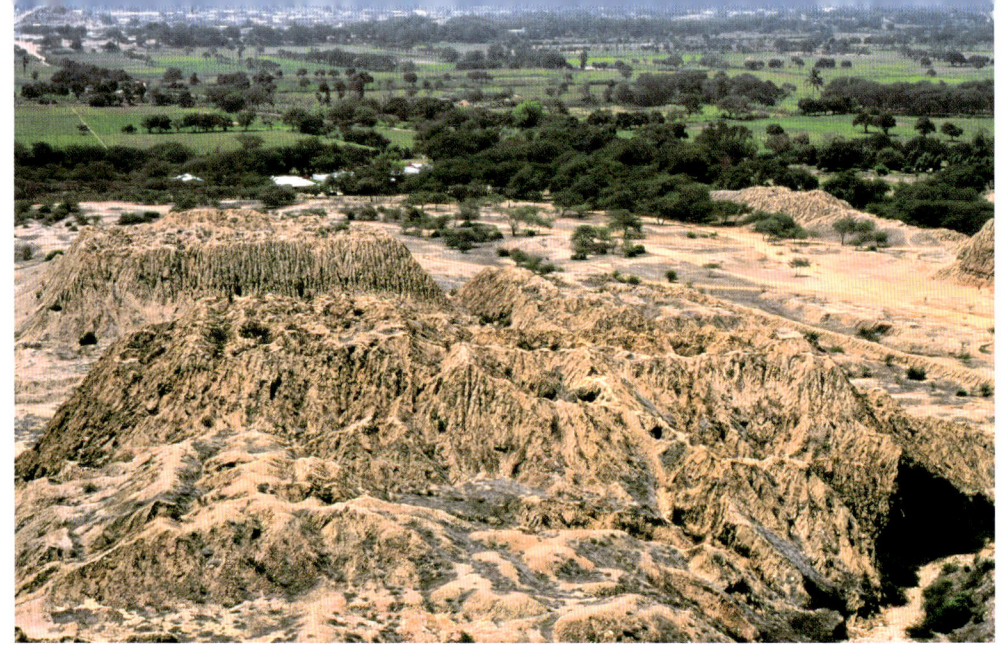

투쿠메 페루, 치클라요 부근 | Túcume

잘 보존된 어도비 벽돌 피라미드가 남아 있는 중요한 종교 유적지

페루 북부의 람바예케 골짜기에는 투쿠메 유적이라 알려진 스물여섯 개의 고대 어도비 피라미드가 서 있다. 신성한 라 라야 산(태양 광선의 산)에 세워진 투쿠메는 잉카인들이 도달하기 이전, 람바예케 사람들과 치무 족에게 중요한 장소였던 것 같다. 이 지역의 전설에 따르면 이 장소는 악령들과 연관이 있다고 하며, 토착민들은 지금도 피라미드에 가지 않으려 한다. 지역 주민 몇은 투쿠메를 푸르가토리오, 즉 연옥이라 부르기도 한다. 이는 아마 스페인 정복자들이 이 지역에 사람들이 오는 것을 막으려 퍼뜨린 소문이 남아 있는 까닭일 것이다. 투쿠메는 도굴꾼의 피해를 입지 않은 채 남아 있는 얼마 안 되는 고대 고고 유적 중 하나이다.

람바예케 문명은 대략 1100년경에 번영을 누렸으며, 이 골짜기에 흐르는 물과 인공 수로를 이용하여 농작물과 가축을 길렀다. 고고학적인 정황으로 보아 투쿠메는 종교적으로 매우 중요한 장소였다. 최근에 발굴된 119구의 유해는 투쿠메의 신전 중 한 곳에서 인신 공양 의식

이 거행되었다는 증거를 보여주는데, 분명히 잉카인들이 1532년 스페인의 침략을 쫓아버릴 목적으로 거행했던 듯하다. 스페인인들이 도달한 이후, 투쿠메는 남김없이 파괴되었다. 어느 정도 온전하게 남아 있는 건물이라고는 어도비 벽돌로 지은 피라미드들뿐이었다. 스페인인들이 페루를 정복한 이후 투쿠메는 유령 도시가 되었다.

투쿠메에서는 여러 차례의 고고학 발굴 작업이 이루어졌는데, 그중 하나는 노르웨이의 탐험가이자 민족학자 토르 헤이에르달의 주관하에 1988년 이루어졌다. 그의 발굴은 전 세계의 상상력을 사로잡고, 이상할 정도로 알려진 바 없었던 페루의 이 지역에 대한 관심을 불러일으켰다. 발굴해 낸 유적 중에는 40개의 무덤과 묘실이 있었는데, 그 안에는 직물, 도자기, 금속 제품 등 잉카와 치무 유물이 들어 있었다. **LH**

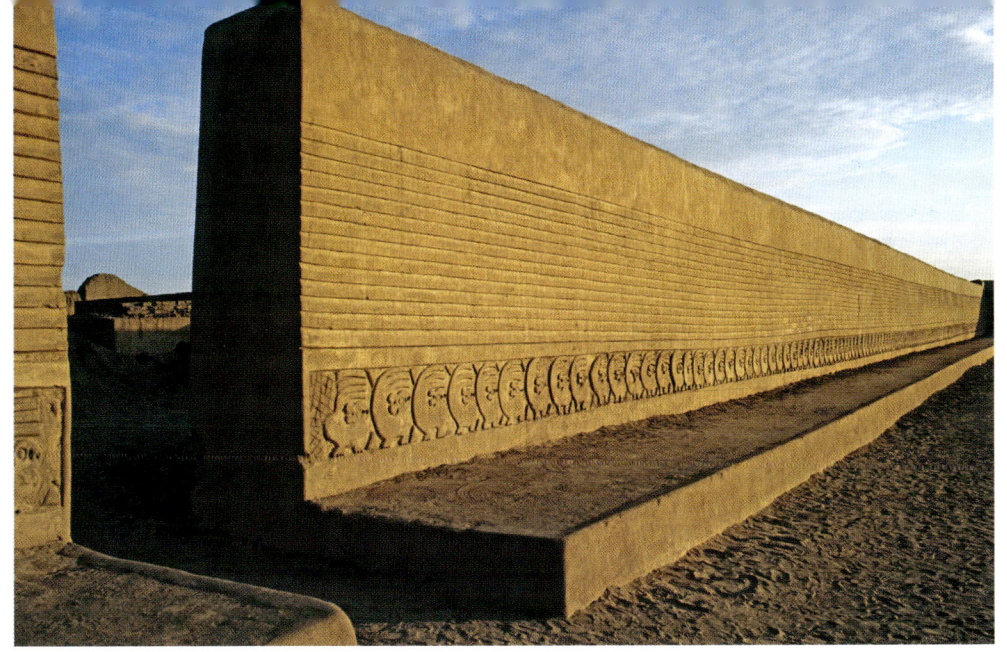

🏛 ◈ 찬찬 페루, 트루히요 부근 | Chan Chan

세계 최대의 어도비 도시

찬찬은 페루의 잉카 제국보다 시대적으로 앞선다. 이곳은 잉카인들이 오기 전(1470년경) 이 지역을 지배했던 치무 족의 수도였던 도시다. 찬찬은 수만 명의 인구가 거주하는 도시였으며-고고학자들이 추산하는 인구는 3만명에서 10만 명으로 서로 다르지만-고대 남아메리카에 있던 도시들이 얼마나 질서 있고 현명하게 계획된 곳이었는지 보여 준다. 이 도시에는 종교적인 건물, 저수지, 묘지로 쓰이는 구역, 뛰어난 설계의 집들, 공동 정원, 그리고 아마 작물이나 다른 사고팔 수 있는 물건을 보관하는 저장 창고로 추측되는 시설이 있다. 또한 아홉 개로 분리된 생활공간, 즉 '성채'가 있는데, 아마 사람들은 각자의 사회 계급에 따라 주어진 공간에 거주했던 것 같다. 건물은 어도비 벽돌과 진흙을 섞어 만들어졌고, 복잡한 무늬와 그림 도안으로 장식되어 있다. 찬찬에 살았던 치무 족의 대부분은 어부나 도공으로 일했다. 아직까지 남아 있는 도자기 유물은 치무 족에게 중요한 생물이었던 원숭이, 물고기, 개 등의 동물을 잡거나 낚시를 하는 모습을 보여 주고 있어 그들 종족의 이야기와 생활 방식을 알 수 있다. 도기류는 다른 부족과 교환하는 데에 사용되었던 듯하며, 물물 교환이 활발하게 일어났음을 알 수 있다.

찬찬은 세계에서 가장 큰 어도비 도시이며 콜럼버스 이전 시대 아메리카에 지어진 최대 도시이다. 이곳은 치무 족이 잉카 족에게 정복당하기까지 수백 년 동안 치무 족의 생활 중심지였다. 찬찬은 손상되기 쉬운 유적지이기 때문에 오늘날 유네스코 세계문화유산에 올라 있다. 어도비 벽돌은 바람이나 비 같은 자연 현상에 쉽게 손상을 입는다. 게다가 지난 몇 세기 동안 이 지역은 슬플 정도로 등한시되고 피해를 입어 왔다. 특히 양심 없는 수집가들에게 유물을 팔기 위해 노략질을 하는 사람들 때문이었다. 이러한 이유로, 찬찬에는 세심한 복원작업과 보호가 필요하다. **LH**

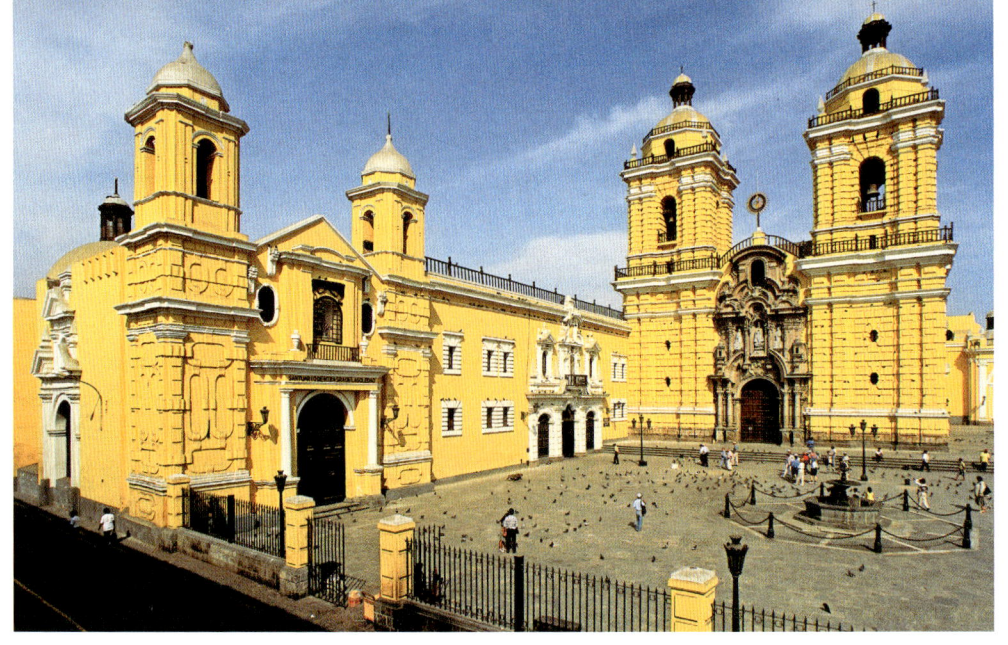

🏛 ◎ 산 프란시스코 교회와 수도원 페루, 리마 | Church and Convent of San Francisco

남아메리카에 서구 문화를 흩뿌리는 스페인 최고의 전파자

스페인인들이 1535년에 세운, 페루의 수도 리마의 역사적 중심지는 남아메리카의 어떤 도시에도 뒤지지 않는다. 리마의 종교 유적 중 유명한 것으로는 성당, 대주교 궁전, 그리고 산토 도밍고와 산 프란시스코 교회와 수도원을 꼽을 수 있다.

현재는 종교 예술 박물관의 본산인 산 프란시스코 교회와 수도원은 1657년에서 1674년에 걸쳐 스페인 바로크 양식으로 재건축되었는데, 이는 그 전 해에 엄청나게 파괴적인 지진이 일어났기 때문이었다. 1535년 정복자였던 프란시스코 피사로가 직접 선택한 이 부지는 리막 강유역에 있었다. 신세계에서 수도원이 차지하고 있는 넓이로서는 최대 규모다. 부지 내에는 산 프란시스코 교회, 수도원, 라 솔레다드(고독)와 엘 미라그로(기적)이라는 이름의 두 개의 작은 예배당, 그외 다른 건물들이 있었다. 광장, 따로 떨어진 공동 안뜰과 회랑이 부지를 하나로 통합해 주었다. 세비야에서 가져온 아름다운 타일이 회랑 벽을 꾸몄다. 발밑으로는 광대하게 연결된 카타콤

이 이 수도원을 리마 성당을 비롯한 다른 건물들과 이어주었다. 카타콤 안에는 기독교도들의 해골과 뼈가 남아있는데, 어떤 것들은 반듯하게, 약간 끔찍하지만 바퀴처럼 둥근 모양으로 놓여 있다.

새로 지어진 수도원이 이어진 지진에도 견뎌낼 수 있었던 것은 이 작업을 맡았던 포르투갈 건축가, 콘스탄티누 데 바르콘셀루스 덕택이다. 그는 불룩한 아치형 지붕을 떠받칠 수 있도록 견고한 기둥을 사용했고, 나무와 더불어 '킨차'라는, 골풀과 진흙, 석고가 섞인 가벼운 혼합물을 사용했다. 건물에서 유일하게 돌로 된 부분은 제단 뒤쪽과 측면에 있는 호화롭게 꾸며진 문뿐이다.

이 교회는 스페인 금광이나 은광에서 기부한 돈으로 값을 지불한 조상, 조각물, 가구, 금은 세공품이 가득한 보물 창고이다. 교회 안에는 또한 스페인, 플랑드르, 페루 회화 작품의 훌륭한 컬렉션이 있으며, 2만 5천 권의 장서가 있는 도서관도 있다. **FR**

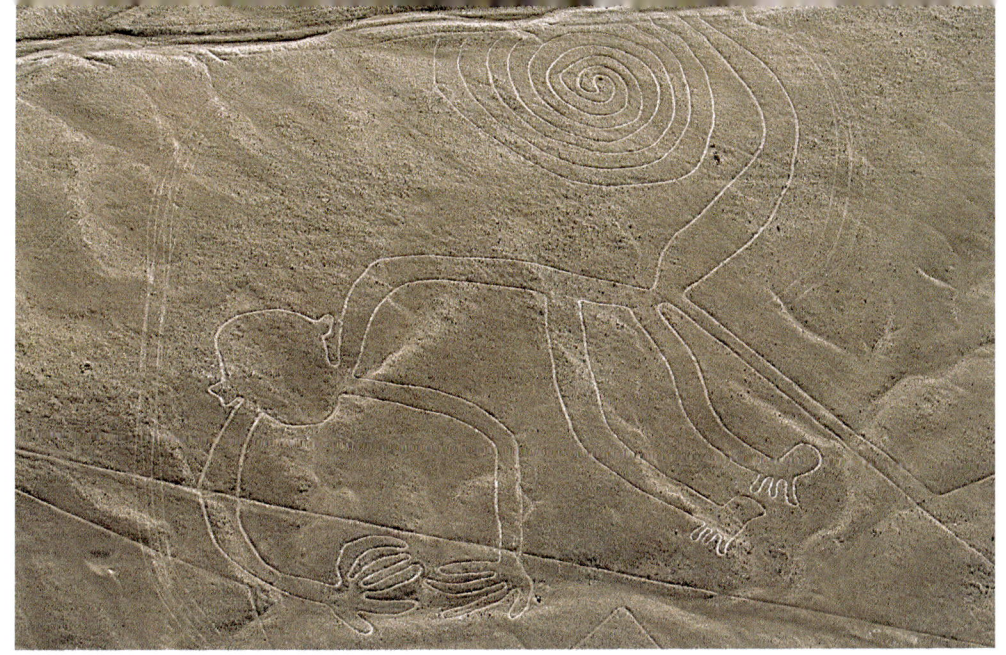

🏛 ◎ 나스카 라인 페루, 나스카 부근 | Nazca Lines

20세기 들어 가장 수수께끼에 싸인 고고학적 발견 중 하나

잉카 문명이 태동하기 오래 전에도, 페루의 원주민들은 다양하고 세련된 문화를 발전시켜 왔다. 이를 증명해 주는 가장 강력한 증거가 바로 나스카 라인으로, 이는 땅 표면에 선명하게 새겨진 여러 개의 거대한 선사 시대 이미지들이다. 나스카 라인의 기원과 목적이 과연 무엇이었는지에 대한 상상력 넘치는 가설은 잔뜩 있으나, 이 신비한 그림의 진짜 목적은 아직 알려진 바 없다.

나스카 라인은 사막 표면에 넓게 펼쳐져 그려진 수십 개의 서로 다른 이미지들로 형성되어 있다. 많은 것들이 양식화된 동물 형상으로, 이중에는 나선형 꼬리가 달린 원숭이, 도마뱀, 벌새, 고래가 있다. 다른 것들은 삼각형이나 사다리꼴 같은 기하학적 노형이다. 이 그림들은 높고 건조한 분지 위에 형성되었다. 표면의 자갈을 긁어내고 밑에 있는 가벼운 흙이 드러나도록 솔질하는 방식으로 '그려진' 것이다. 상대적으로 비와 바람, 먼지의 피해를 적게 받는 이 지역의 독특한 기후 덕택에 이미지들은 몇 세기 동안 살아남을 수 있었으나, 요즈음은 현대 상업주의의 위협을 받게 되었다.

나스카 라인을 제대로 보려면 높은 곳에서 보아야 하기 때문에, 항공 여행이 인기를 얻기 시작한 1920년대에 들어서야 이 유적이 처음으로 발견되었다는 사실은 그리 놀랄 만한 일도 아니다. 발견되자마자 이론이 분분해졌다. 여러 가지 설이 있지만 이 그림이 야외에 만든 천문학 달력이었다는 해석, 외계인이 착륙했던 흔적이라는 해석, 고대의 목초지 경계선이었다는 해석, 직물 패턴을 크게 그린 것이라는 해석, 무속적인 환상을 볼 수 있게 촉진시키는 역할이었다는 해석 등이 있다. 가장 세부적인 조사를 실시한 사람은 마리아 라이헤 박사(1903~1908)로, 그녀는 자신의 경력 대부분을 이 이미지를 연구하는 데에 바쳤다. 라이헤 박사는 또한 관측대(미라도르)를 세우고 박물관과 연구소를 세웠다. 그러나 광고라는 면에서는 작가 에리히 폰 다니켄의 공이 가장 컸다. 전 세계적인 베스트셀러 『신들의 전차』에서, 그는 나스카 라인을 지구 밖에서 온 외계인 방문자들과 연관지었다. **IZ**

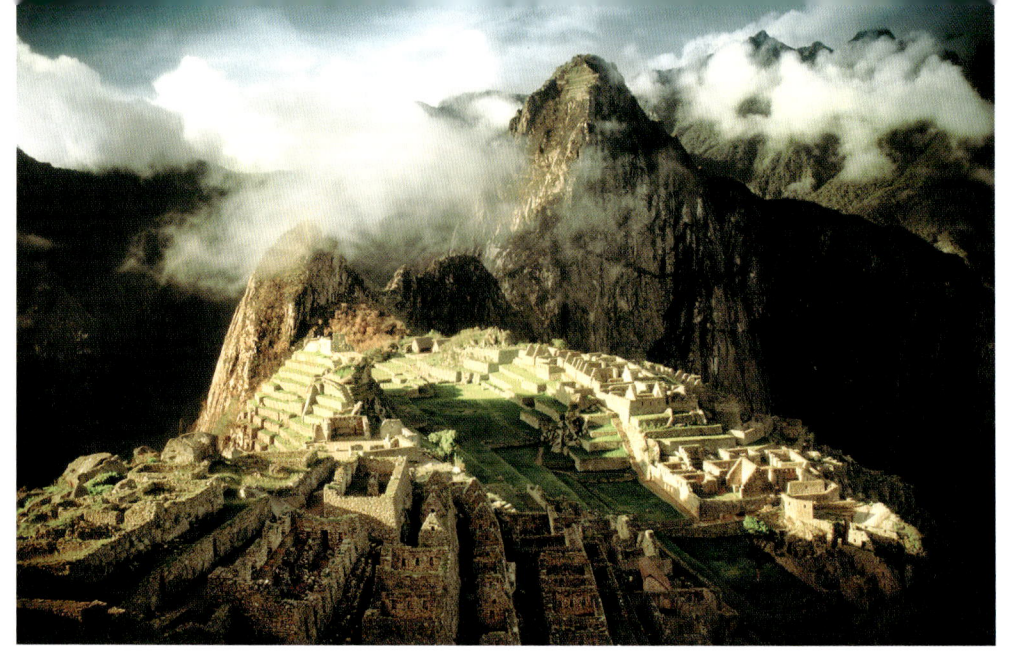

🏛️ ◎ 마추픽추 페루, 아과스칼리엔테스 부근 | Machu Picchu

잉카인들이 거주했으며 버렸던 흥미로운 도시 거주지

흔적만 남은 놀라운 도시 마추픽추는 잉카 제국이 그 전성기에 다다랐던 1400년에서 1450년경에 세워진 것으로 추정되며, 사람이 거주했던 것은 한 세기가 채 안 되는 기간이었던 듯하다. 이곳에서 발견된 유골의 숫자로 미루어 보아 마추픽추는 희생 제물을 바치는 장소였다는 추측이 선다. 유골의 대부분은 젊은 여자의 것이다. 이곳에 있는 많은 신전과 종교적인 장소는 마추픽추가 잉카인들에게 영적인 중요성을 지닌 장소였다는 사실을 증명해 준다. 오늘날 마추픽추를 방문하는 현대의 관광객들도 마추픽추에는 종교적으로 의미 심장한 분위기가 깃들어 있다고 묘사하곤 한다.

'잉카의 잃어버린 도시'라 알려진 마추픽추는 바로 전설적인 도시 '엘도라도', 스페인 정복자들이 덧없이 찾아 헤매었으나 결코 발견해낼 수 없던 도시였을 거라는 추측도 있었다. 오늘날까지도 마추픽추에 대해 알려진 바는 거의 없다. 원래 목적이 무엇이었는지, 잉카인들이 어떻게 이 도시를 건설했는지, 왜 이 도시는 버려진 것처럼 보이는지 등도. 걸어서 며칠이나 걸리는 구불구불하고 험난한 길이 이곳에 도착할 수 있는 유일한 방법이다. 이 길은 현재 '잉카 트레일'이라 알려져 있으며, 매년 이 길을 오르는 수많은 배낭여행자들에게는 성배(聖杯)가 되었다.

1911년, 미국의 탐험가 히럼 빙엄이 마추픽추를 재발견했다. 유감스럽게도 그는 많은 유물을 제거하여 미국으로 가지고 돌아갔다. 이 유물을 과연 돌려줄 것인가에 관해 현재 페루와 미국 사이에는 논의가 진행 중이다. 1911년에 이 장소는 빽빽한 열대 우림에 가려져 있었는데, 페루인들에게 '잉카인들의 마지막 휴식처'에 대해 들었던 빙엄은 이 유적을 우연처럼 발견했다. 잉카인들은 스페인 통치가 시작되기 전에 마추픽추를 버렸으므로, 이러한 설명이 정확하지는 않은 것 같다. 현재 마추픽추는 유네스코 세계문화유산이며, 페루 정부는 매년 잉카 트레일을 따라 하이킹하는 방문자들의 수를 제한하고 있다. **LH**

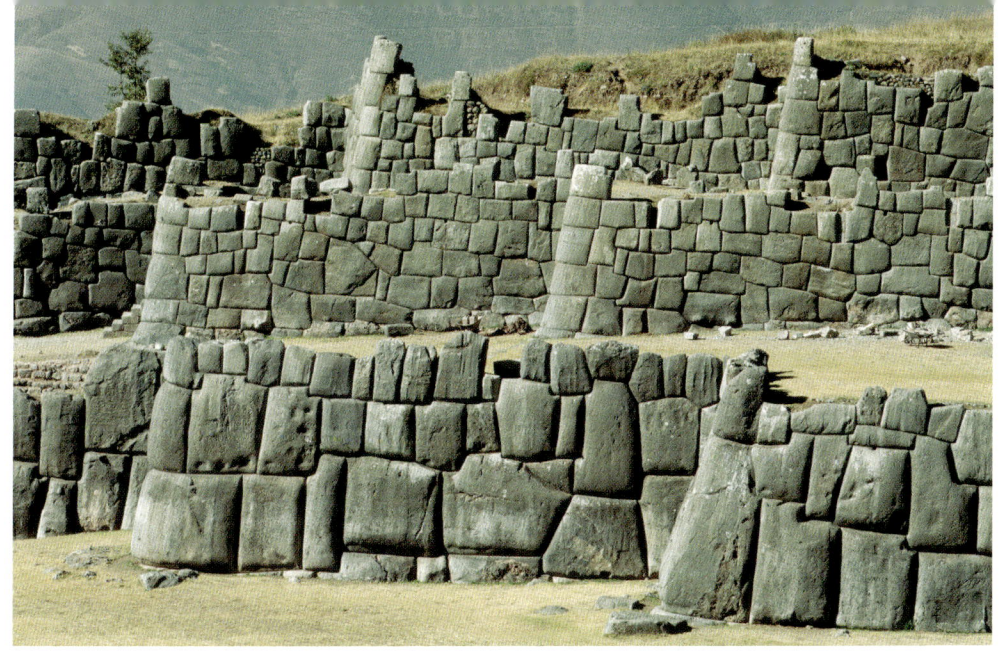

🏛 ◎ 사크사이와만 페루, 쿠스코 | Sacsayhuamán

그 목적이 수수께끼로 남아 있는 잉카 건축의 거대한 석조 유적

잉카인들의 이 과거 요새에 찾아와서 그 분위기와 역사, 건설하는 데 쓰인 거대한 돌들의 엄청난 규모에 깊은 인상을 받고 숙연해지지 않기란 불가능하다. 사크사이와만은 '배꼽'이라는 의미의 이름을 지닌 도시 쿠스코 가까이에 서 있다. 잉카인들은 쿠스코가 세계의 정 중앙에 자리 잡고 있다고 믿었던 것이다. 출입구 높이가 3m에 달하고 모퉁잇돌 높이가 8m에 달하는 사크사이와만은 그야말로 인간이 일구어 낸 위대한 공학적 업적이며, 건축에 관한 이야기는 고고학자들 사이에서 많은 논란을 불러일으키고 있다. 잦은 지진으로 인해 이 지역에 있는 많은 현대적 건물들이 못 쓰게 되었고 사크사이와만에 사용된 돌과 같은 돌로 지은 건물소자 무너졌지만, 놀랍게도 이 잉카 유적만은 어떠한 진동에도 흔들림 없이 남아 있었다. 건축에 사용된 돌들은 회반죽없이 맞물려 있을 뿐인데도, 애초부터 결코 움직일 수 없을 듯 단단히 붙어 있다. 여기에 사용된 돌들은 이 지역에서 나는 것이 아니며, 이것들이 어디서 왔는지, 어떻게 옮겨 왔는지, 어떻게 들어 올려 제자리에 쌓았는지는 고고학적인 미스터리이다.

잉카인들은 문자 기록을 남기지 않았고 구전되는 역사는 스페인 침략 이후에 소실되고 말았다. 따라서 사크사이와만의 원래 목적도 불분명한 채로 남아 있다. 많은 학자들이 요새였을 거라고 생각하지만, 종교적인 목적으로 쓰였을 거라는 의견을 가진 이들도 있다. 어쩌면 두 가지 역할을 다 했을지도 모른다. 20세기 후반에 고고학자들은 잉카의 신성한 인물의 무덤으로 추정되는 유적을 발굴해 냈으며, 이는 종교적 목적이라는 설에 힘을 실어 준다. 그러나 사크사이와만은 1536년 이곳을 통치하던 잉카인들과 침략해 온 스페인인들 사이에 격렬하고 유혈이 낭자한 전투가 벌어졌던 곳으로도 알려져 있어, 군사적인 목적이었을 가능성을 암시한다. 오늘날에도 이 벽은 거대해 보이지만, 원래는 훨씬 더 웅장한 규모였던 것으로 알려졌다. 승리를 거둔 스페인인들이 많은 돌을 가져가 자기 집을 짓는데 썼던 것이다. **LH**

쿠스코 대성당 페루, 쿠스코 | Cuzco Cathedral

아름다운 유적이자 역사적인 미술품을 소장한 곳

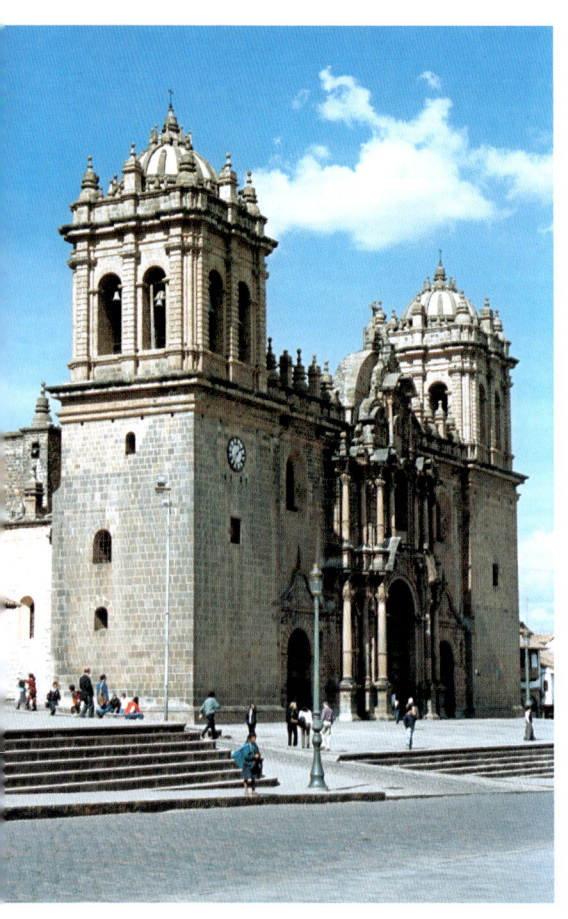

"건물 전체가 더할 나위 없이 훌륭하다 … 그 비율에는 독특한 충만함이 있다."

엑토르 벨라르데, 『페루의 건축』(1946)

쿠스코 시의 웅장한 바로크 대성당은 잉카 시대의 중요한 궁전이었던 비라코차 궁의 토대 위에 당당하게 서 있다. 이 건물은 사실 이 도시에 세워진 두 번째 성당이다. 첫 번째 성당은 더 작고, 스페인 점령초기였던 1536년에 세워졌다. 수십 년이 흘러, 이 커다란 새 성당을 건축하는 작업이 시작되었다. 1559년에 초석이 놓였으나 자금 지원이 제대로 이루어지지 않았고 파괴적인 대지진이 일어난 덕에, 1669년 새 성당의 건축이 완성되기까지는 100년도 넘는 세월이 걸렸다. 새 성당을 짓는 데에는 최고의 재능을 지닌 식민지 예술가들이 동원되었고, 상당수의 원주민들이 인부로 임시 고용되었다. 잉카의 성지에 서 있던 원래 성당은 소박한 교회의 위치로 격하되어 '트리운포 교회'가 되었다. 그러나 이 교회는 새로 지어진 대성당과 긴밀한 유대를 맺고 있으며, 이 도시에서 가장 오래된 교회라는 점에는 변함이 없다.

쿠스코 대성당에는 식민지 예술의 훌륭하고 호화로운 예를 보여 주는 요소가 가득하다. 이중 대부분은 명망 높은 이 지역의 '쿠스코 유파'에 속한 예술가들의 작품으로, 안토니 반 다이크의 작품으로 알려진 예수의 초상화도 이곳에 있다. 쿠스코 시의 초상을 그린 현존하는 가장 오래된 그림도 교회 안에 있다. 이것은 1650년 지진이 일어났을 때의 도시를 그린 그림이다. 견고한 은제 제단을 비롯해 아름다운 돌 세공품과 솜씨 있는 금속 세공 작품들이 전시되어 있다. 아마 이 성당에서 소장하고 있는 작품 중 가장 유명한 것은, 마르코스 사파타(쿠스코 유파)가 특별히 성당을 위해 그린 최후의 만찬 장면일 것이다. 이 그림에는 스페인 정복자들이 얼마나 열심히 페루인들을 가톨릭 신앙으로 이끌려 했는지가 잘 나타나 있다. 그리스도 앞에 놓인 음식은 예수와 관련이 있는 전형적인 음식도 아니고, 중동의 음식도 아니다. 대신 예수와 그의 제자들은 '쿠이', 페루의 별미인 작고 깡마른 기니아 피그 고기를 막 맛보려는 참이다. **LH**

산타 카탈리나 수녀원

페루, 아레키파 | Convento de Santa Catalina

수녀들이 풍요로운 삶을 누리는 커다란 수녀원

페루에서 두 번째로 큰 도시인 아름다운 아레키파는 식민지 시절 상당한 대도시였으며, 아레키파의 건물들은 그 부유한 역사를 증명해 준다. 산타 카탈리나 수녀원은 아레키파에서 뿐만 아니라 페루 전체를 통틀어서도 가장 큰 종교 건물이다. 두꺼운 벽에 둘러싸인 이곳은 그 자체로 작은 도시라 할 수 있을 정도이다. 수녀원이 완공되기까지는 수십 년이 걸렸지만, 1600년대가 되자 약 500명가량의 수녀와 고용인들이 거주하는 장소가 되었다. 철저하게 폐쇄된 수녀원이긴 하지만, 수녀들이 누리는 삶은 엄격한 것과는 거리가 멀었다. 귀족 가문 태생의 많은 젊은 여인들은 수녀원 생활을 강제 결혼을 피할 수 있는 유일한 방법이라 생각했고, 이들 중 진정한 종교적 사명감에서 수녀원에 들어갔던 여성들이 많았을 것 같지는 않다. 수녀원의 이름도 이에 걸맞게, 자신을 억지로 결혼시키려는 부모의 뜻을 거슬러 헌신적인 수녀가 되었던 시에나의 성녀 카테리네(1347~1380)의 이름을 따서 지어졌다.

부유하고 젊은 견습 수녀들은 수녀원에 막대한 양의 지참금을 가져왔기 때문에, 17세기에 산타 카탈리나 수녀원의 침소는 수녀의 간소한 방이라기보다 공주님의 화려한 침실-고급 천으로 꾸며지고 값비싼 소지품이 가득한-을 더 닮은 모습이었다. 몸종들이 이 수녀들을 돌보았는데, 수녀들의 방보다는 덜 우아하지만 그들만의 공간을 지니고 있었다.

4세기 동안 산타 카탈리나 수녀원은 폐쇄된 종교 교단으로 남아 왔다. 그러나 1970년부터 대중에게 문을 열었고, 곧 인기 있는 관광 명소가 되었다. 남아 있는 몇 명 안 되는 수녀들은 별도의 구역에 호기심 많은 관광객 무리로부터 피할 수 있는 고요한 휴식처를 지니고 있다. 여기서 방문해 볼 수 있는 가장 인기 있는 방 중 하나가 아나 데 로스 앙헬레스 수녀가 쓰던 독실로, 그녀는 앞날을 예언하는 환상을 본다고 해서 유명했던 17세기의 수녀원장이었다. **LH**

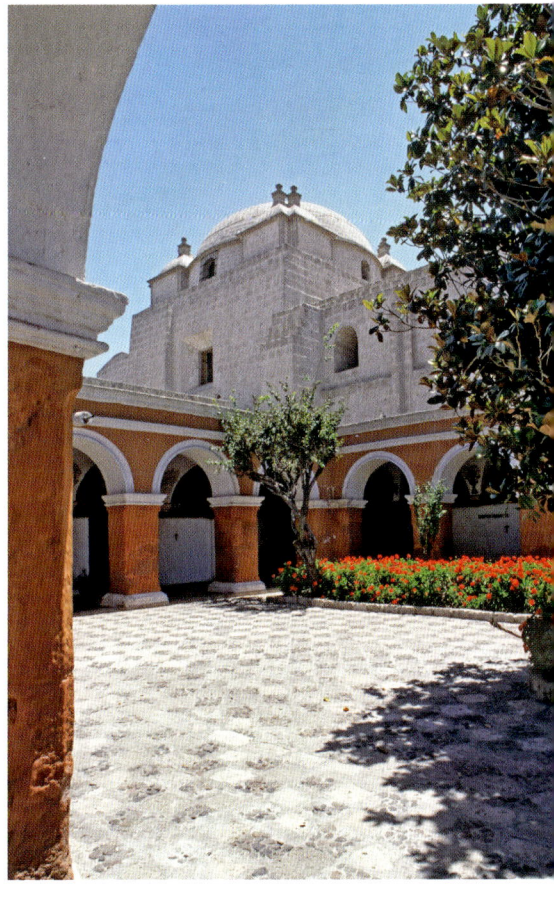

"수녀들은 음악가들을 초대해 수녀원에서 음악을 연주하게 하고 파티를 열 수 있었다."

저널리스트, 샬럿 비치

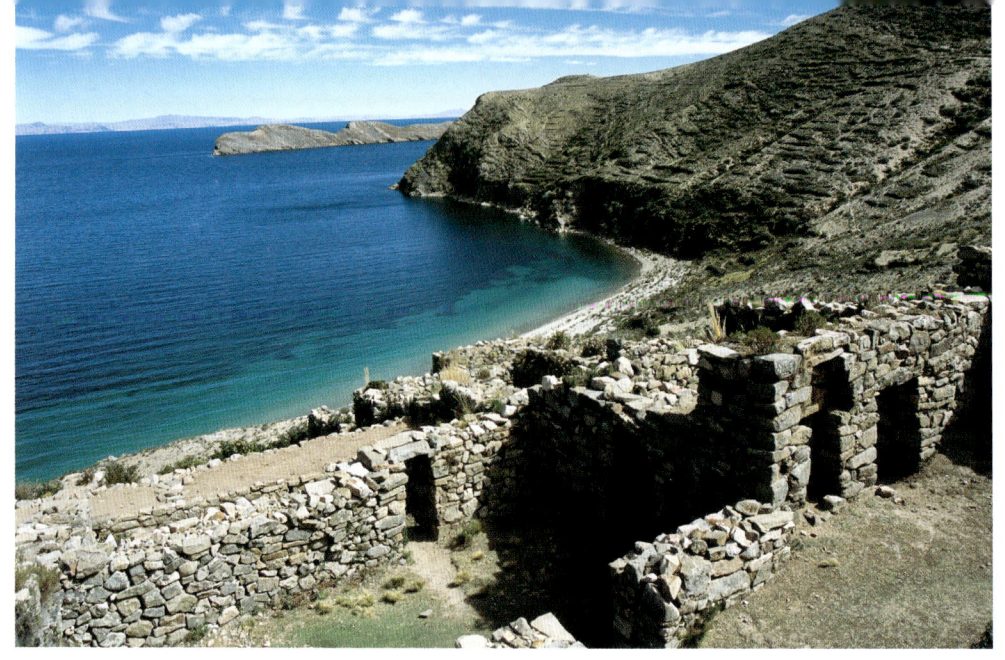

태양의 섬 볼리비아, 티티카카 호수 | Isla del Sol

이 작은 섬에 180개 이상의 잉카 유적이 있다

해발 고도 3,812m에 위치한 볼리비아의 건조한 알티플라노 지역에는 티티카카 호수가 있는데, 태양의 섬은 호수의 서른여섯 개의 섬 중 하나이다. 티티카카 호수의 남쪽 끝에 위치한 이 섬은 세 부분으로 나뉘어 있다. 남쪽의 유마니, 동쪽의 모래 해변 지역인 찰라, 북쪽의 찰라 팜파이다. 섬의 넓이는 14km²이고, 차량은 다니지 않으며 걸어서 횡단하려면 약 세 시간 정도 걸린다. 섬에는 아이마라 족이라는 토착민 부족이 5천 명가량 살고 있다. 티티카카라는 호수 이름은 아이마라 족이 부르는 명칭인데, 이는 아이마라어의 티티(퓨마)와 칼라(바위)라는 단어에서 유래하는 듯하다. 호수의 모양이 토끼를 사냥하는 퓨마와 닮았기 때문이다.

아이마라 족은 초가지붕을 덮은 어도비 오두막에 살며, 언덕에서 양을 기르고 섬의 가파른 계단형 언덕에서 옥수수와 감자를 경작하며, 호수의 민물에서 고기를 잡고 잉카 사당과 신전 유적을 보기 위해 이 험난한 지역을 방문하는 관광객들에게 얻는 수입으로 생계를 꾸려

간다. 고고학자들은 기원전 3천 년 전부터 이 지역에 사람이 살았다고 믿고 있으나, 이 유적은 15세기경에 형성된 것으로 추측된다. 잉카인들은 태양과 달이 바로 이 섬에서 태어났다고 믿었기 때문에, 섬을 신성한 장소로 여겼다. 그들은 태양의 신인 '인티'가 최초의 잉카인을 호수에서 솟아나도록 명했고, 그들이 북쪽으로 향해 가 잉카의 수도인 쿠스코를 세웠다고 믿었다.

섬에 있는 유적 중에는 태양과 달이 태어난 곳이라 일컬어지는 티티칼라 동굴이 있다. 유나미에는 잉카 계단이 있다. 50m에 달하는 206개의 계단으로, 세 개의 샘물이 있는 젊음의 분수라 하는 신성한 돌 분수로 이어진다. 찰라팜파에 있는 친카나 석조 미로군은 잉카의 사제들을 양성하는 신학교였던 것으로 믿어진다. 근처에는 섬을 가로질러 이어지는 오래된 길이 있는데, 이 길에는 태양과 달의 발자국이 있다고들 하지만, 그 자국은 자연에 풍화되어 생긴 것이다. *CK*

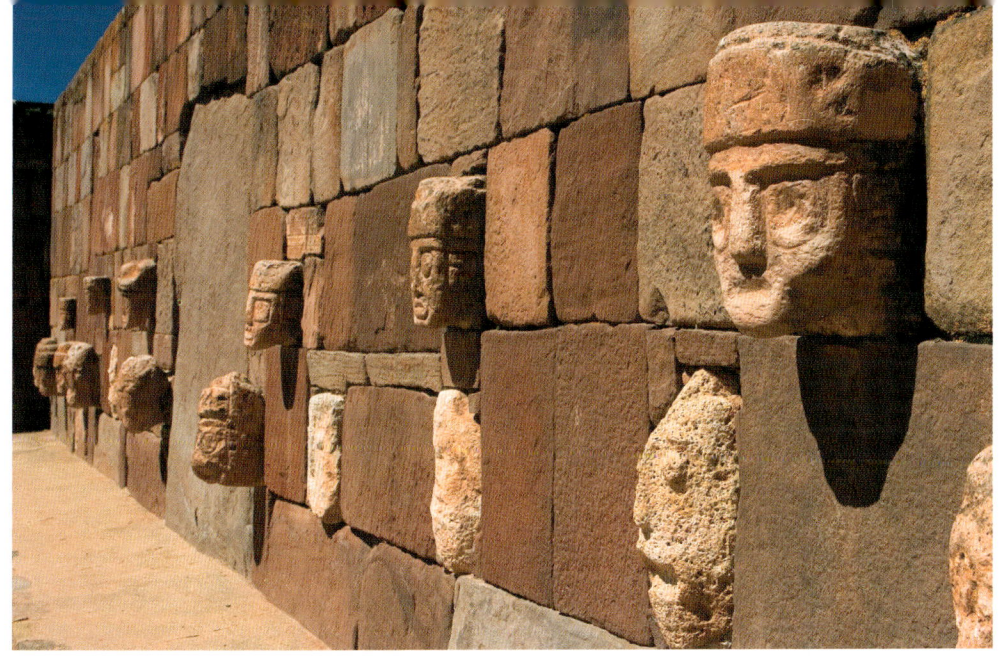

티와나쿠 볼리비아, 라 파스 부근 | Tiwanaku

티와나쿠 문명의 영적이고 정치적인 중심지

티와나쿠(티아우아나코라고도 함)는 티티카카 호수에서 15km 떨어진 곳에 있다. 이곳의 유적과 조각상은 여러 해 동안 고고학자들과 역사학자들 사이에서 열띤 격론을 가져왔다. 어떤 이들은 티와나쿠가 세계에서 가장 오래된 도시라고 주장한다. 또한 이곳이, 잉카인들이 오기 오래 전에 이곳에서 번영을 누렸던 부족인 아이마라 족이 신성시하던 장소라고 믿는 이들도 있다. 심지어 이 유적이 다른 행성에서 온 방문자들, 그들이 믿기로는 근처 페루에 나스카 라인을 그린 바로 그 존재들이 지은 것이라 주장하는 이들까지 있다.

볼리비아 안데스 산맥에 위치한 티와나쿠는 해발 고도 약 3.5km에 날하는 높이에 세워졌으며, 돌을 상당히 떨어진 곳으로부터 운반해 와야 했으므로 이 육중한 석조 건물을 짓는 일은 더더욱 큰일이었을 것이다. 최초의 건축 작업은 서기 500년경에 이루어졌고, 5세기나 6세기가 지난 이후에 추가된 부분이 있다. 신전과 돌기둥, 조각상을 만드는 데 사용된 돌은 회반죽을 전혀 사용하지 않아도 서로 '꼭 들어맞을' 수 있도록 특별한 방식으로 절단되었다. 가장 무거운 돌은 무게가 100t 정도 나간다. 15세기 중반 잉카인들이 도착했을 때, 원래 이 지역에 살고 있던 주민들은 사라진 후였다. 어떤 역사가들은 이 사실이 커다란 수수께끼라고 하지만, 다른 이들은 농경민족이었던 티와나쿠의 사람들이, 자주 일어나는 일이지만, 토지가 더 이상 경작에 알맞지 않게 되어서 단순히 이 지역을 떠났을 뿐이라는 무미건조한 설을 제시한다. 잉카인들도 티와나쿠가 인류가 탄생한 곳이라는 그들 고유한 신화를 창조해 냈다.

이 유적의 중요성은 단순히 과소평가 될 수 없는 수준이며, 중요성에서는 이집트의 피라미드나 페루의 나스카 라인, 잉글랜드의 스톤헨지, 요르단의 페트라와 같은 다른 위대한 유적에 필적할 정도인데도 알려진 바가 극히 적다는 사실은 놀라울 따름이다. **LH**

카사 데 라 리베르타드 볼리비아, 수크레 | Casa de la Libertad

볼리비아가 공식적으로 독립 국가임을 선포했던 대학 건물

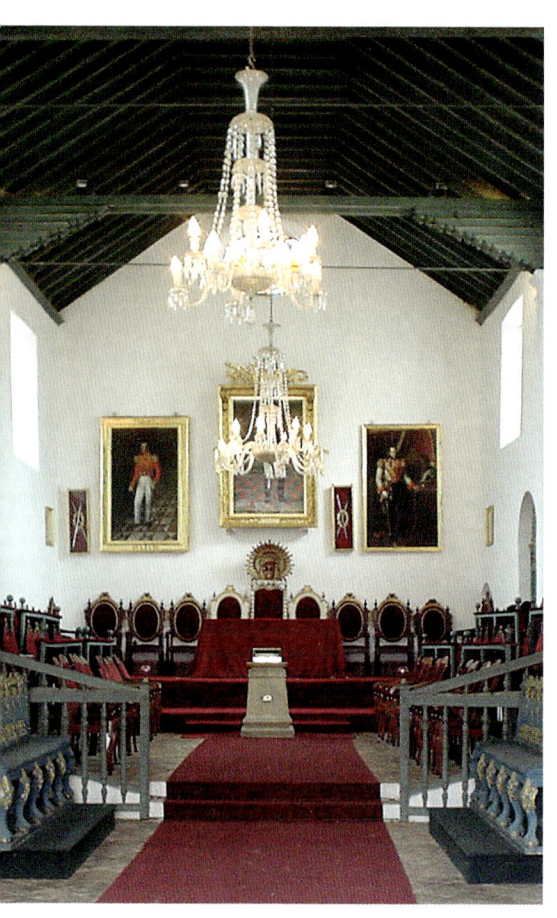

"신세계의 자유는 전 세계의 소망이
다."

혁명가이자 정치가, 시몬 볼리바르

수크레 중앙 광장에 있는 카사 데 라 리베르타드(자유의 집)는 볼리비아라는 국가가 탄생한 곳이며, 1825년 8월 6일 안토니오 호세 데 수크레 이 알바레스 데 페랄타(1795~1830)가 이 나라 독립 선언문에 서명한 곳도 제수이트 로얄과 산 프란시스코 교황 고등 대학에 있는 방에서였다. 이 역사적인 문서는 지금은 박물관이 된 곳에 전시되어 있다. 1624년에 설립된 이 대학은 아메리카에서 가장 오래된 대학 중 하나이며, 정치적 혁명의 물결이 유럽과 북아메리카를 휩쓸고 지나갈 당시 자유주의적인 사상과 계몽적 사고의 온상이었다.

이전에는 '어퍼 페루'라 알려졌던, 새로이 탄생한 볼리비아 공화국의 이름은 이 나라를 세운 사람인 '해방자' 시몬 볼리바르 이 팔라시오스 장군(1783~1830)의 이름을 딴 것이다. 그는 1809년에서 1825년에 걸친 볼리비아 전쟁 이후 이 지역을 스페인 식민 통치로부터 독립시킨 독립 운동의 혁명 리더로 라틴 아메리카 전역에 알려진 인물이다. 그가 이끈 혁명으로 인해 오늘날 베네수엘라, 콜롬비아, 페루, 파나마, 볼리비아로 알려진 국가들이 탄생했다.

수크레 시는 볼리비아의 입법과 헌법의 수도이며, 1538년 스페인인들에 의해 설립되어 라 플라타라는 이름을 얻었다. 그전에는 토착민인 카르카스 인디언들이 추키사카라 부르던 지역이었다. 새로운 볼리비아 공화주의자들이 이 도시에 다시 새로운 이름을 붙였는데, 이번에는 볼리바르의 오른팔 안토니오 호세 데 수크레를 기념하는 이름이었다. 1824년 아야쿠초 전투에서 그가 이끄는 7천 명의 공화국 군대는 1만 명의 스페인 군사를 쳐부수었고, 그는 그 지역에 마지막으로 남아 있던 스페인 성체를 차지하여 독립전쟁을 끝맺은 인물이 되었다. 볼리바르는 볼리비아의 초대 대통령이 되었다. 볼리바르와 수크레 두 사람의 그림이 건물의 벽을 장식하고 있다. **CK**

카사 레알 데 라 모네다 볼리비아, 포토시 | Casa Real de la Moneda

볼리비아의 조폐국은 은광으로 번영을 누렸던 도시에 세워졌다

볼리비아 포토시에 있는 카사 레알 데 라 모네다, 즉 왕립 조폐 박물관은 원래 한때 라틴아메리카에서 가장 부유한 도시 중 하나였던 곳에 있는 조폐국이었다. 포토시는 1545년 광산 도시로 세워졌으며, 은 광맥이 있어 세로 리코(부유한 산)라는 별명이 있는 세로 데 포토시 아래 고도 4,200m 높이에 위치하고 있다. 은 생산량이 최대에 달했던 1556년에서 1783년까지, 세로 리코에서는 약 45,000t의 순은이 채취되었고, 이 막대한 부의 대부분이 바다를 건너 스페인 왕의 금고로 흘러들어가기는 했으나, 포토시는 인구 20만 명에 86채의 교회가 들어선 산업 도시로 급성장했다. 지역 주민들은 지금도 두려워할 정도로 열악한 환경 속에서 세로 리코의 은, 철광석, 아연, 주석, 납, 카드뮴, 크롬 등을 채굴한다.

1809년에서 1825년에 걸친 볼리비아 독립전쟁 동안, 카사 레알 데 라 모네다는 독립 전사들과 충성스런 왕의 군대 양측의 손을 오갔다. 한 번은 건물이 거의 날아가 버릴 뻔했다. 볼리비아가 독립을 쟁취한 1825년 즈음에는 은 매장량 대부분이 고갈되었고, 도시는 그 이후로 이전보다 초라해졌다.

어떤 사람이 부유하다는 말을 영어로는 '조폐국을 소유하고 있다'(worth a mint)고 표현한다. 스페인어로 이에 해당하는 것이 '포토시를 소유하고 있다'(worth a potosí)는 표현이다. 포토시의 최초 조폐국은 1672년에 세워졌으며, 이는 1759년 동전 제조 기술을 현대화시키라는 스페인의 새로운 왕 카를로스 3세의 명에 따라 화려하게 재건축되었다. 건설에는 14년이 걸렸으며 오늘날로 치면 1천만 달러도 넘는 비용이 소요되었다. 지금은 박물관이 된 이 조폐국은 그 역사와 건축, 그리고 그림과 은 식기, 동전, 골동품, 예전에 화폐 만드는 과정에서 쓰였던 기계들을 전시해 놓은 여러 개의 갤러리가 있어 매우 흥미로운 장소이다. 또한 이 도시가 한때는 광대한 산업 단지였다는 사실을 증언해 주며, 식민지에 대한 착취와 탐욕이 어떠했는지 경각심을 일깨워 주는 장소이기도 하다. **CK**

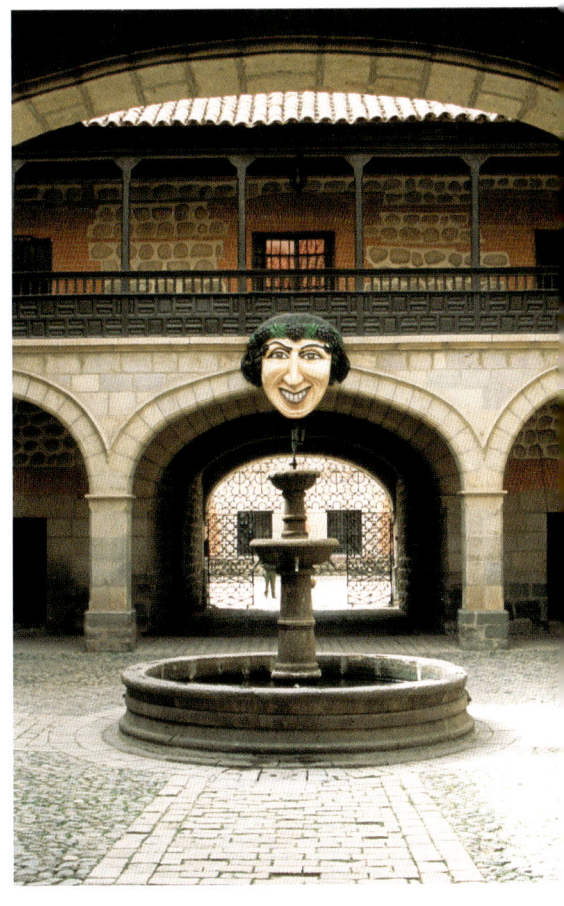

"노동 환경은 … 너무나 끔찍했기에 광부들은 여섯 달 이상 살아남지 못했다."

여행 작가, 앨런 테일러

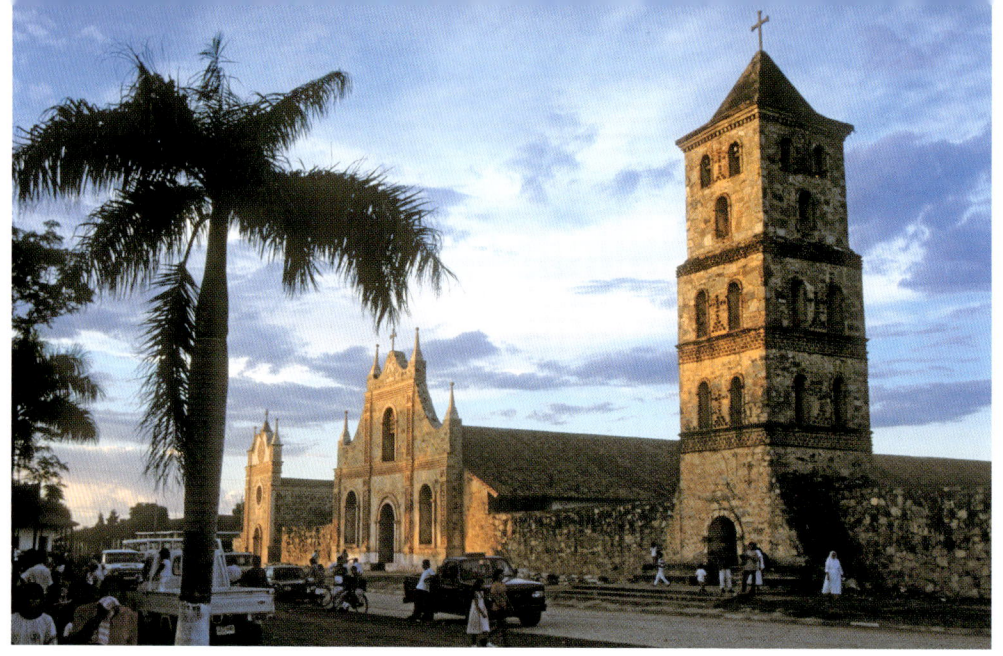

🏛 ◉ 산 호세 예수회 선교원 볼리비아, 산 호세 데 치키토스 | Misión Jesuítica de San José

기독교 신앙을 고취시키기 위해 이 지역에 세워진 여러 교회 중 하나

예수회는 1690년대에 치키토스 지역을 장악했으며 선교 단을 위해 즉시 교회를 짓는 작업에 착수했다. 산 호세 예수회 선교원은 치키토스에 세워진 교회들 중 세 번째로, 오늘날 남아 있는 여섯 채의 교회 중 하나이다. 각각의 교회를 중심으로 정착촌이 형성되었으며, 이곳에는 기독교로 개종한 원주민들이 살았다. 예수회는 '이상적인 도시'를 이루는 16세기의 철학적 사고에 기초하여 이 정착촌을 세웠다. 20세기에 들어 이 교회들은 모두 공들여 복원되었으며, 지금은 이곳에서 매년 열리는 바로크 음악 축제에서 빼놓을 수 없는 중요한 부분이 되었다.

이렇게 작은 마을에 있다는 사실이 놀라울 정도로 큰 교회인 산 호세 예수회 선교원은, 이 지역의 원주민들을 지배하고자 했던 선교사들과 마찬가지로, 산 호세를 지배하고 있는 커다란 돌 광장 한 모퉁이에 서 있다. 실제로 예수회는 적대적이고 제대로 무장한 많은 부족들에 둘러싸여 있었지만 말이다. 이 독특한 교회는 돌로 지어졌는데, 그 당시로서는 흔치 않은 일이었다. 이 지역에

있는 대부분의 다른 선교사 교회는 나무와 어도비 벽돌을 이용해 지어졌다. 교회의 내부는 초기 그리스도 교회의 내부 배치를 따라 세 개의 측랑에 의해 나누어진 네 곳의 서로 다른 구역으로 이루어졌다. 지역민과 예수회 장인들의 손에 의해 내부는 아름답게 장식되었으며, 개중에는 나무둥치 하나를 그대로 이용해 만든 높은 기둥들도 있다.

예수회가 권력층의 총애를 잃어 스페인이 지배하던 라틴아메리카를 떠나 스페인으로 돌아오라는 명을 받았던 1760년대가 되자, 그들이 세운 선교원 건물의 대다수는 가차 없이 파괴되었다. 그러나 영광스러운 산 호세 데 치키토스 교회만은 다행히 해를 입지 않아 놀라우리만치 흠 없는 상태로 남았으며, 여전히 강력한 가톨릭 공동체의 심장부 역할을 하 고 있다. **LH**

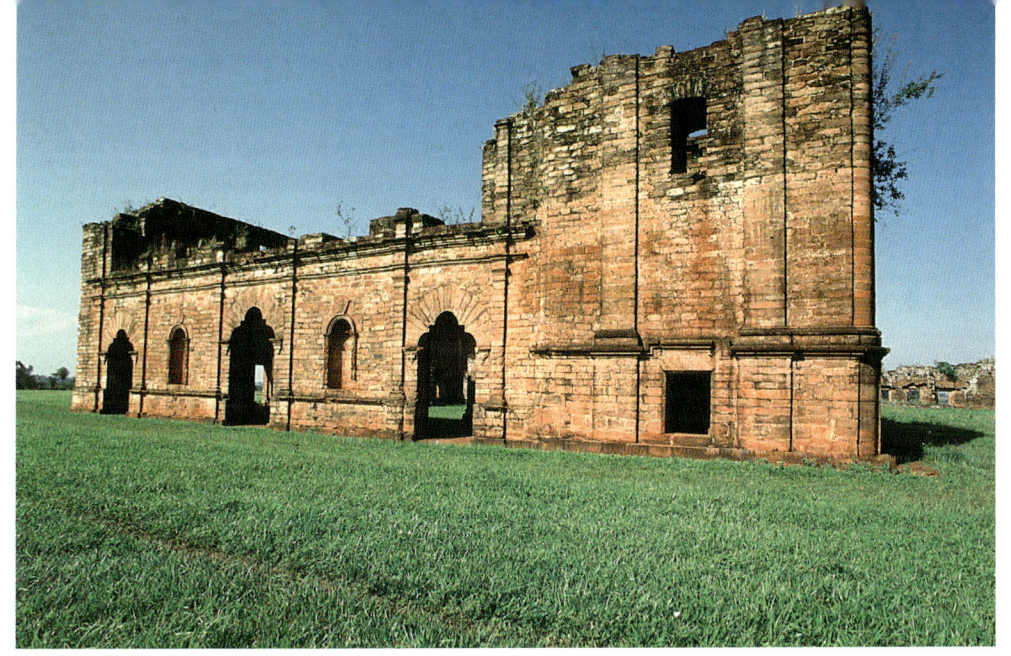

예수회 유적 파라과이, 트리니다드 | Jesuit Ruins

언덕 꼭대기에 있는 이 유적은 이 지역 지구에서 가장 인상적이고 또한 잘 보존된 곳이다

17세기와 18세기에 걸쳐, 오늘날의 파라과이에는 지역 주민들을 기독교로 개종시키려 했던 예수회 선교사들이 남아메리카에서도 특히 대규모로 자리 잡게 되었다. 이러한 시도의 끝에서 그들은 완벽한 선교촌('리덕션'이라고도 한다)을 세웠는데, 이 안에는 교회, 학교, 주택, 공방, 농장이 모두 들어가 있었다. 트리니다드는 이러한 선교촌 중 하나이며 선교의 중심지였다.

트리니다드의 설계에서 중추를 이루는 곳은 광장이었는데, 이곳에서는 이 지역의 과라나이 족이 스페인 지주와 노예 무역상과 싸워 이기기 위한 준비로 군사 훈련을 했다. 당시 스페인이 이 지역을 식민지화했던 것이다. 광장을 둘러싸고 과라나이 수택늘이 서 있었고, 과라나이 족 추장들의 무덤이 들어 있으며 훌륭한 과라나이 조각이 새겨진 웅장한 석조 교회가 있었다. 다른 유적들 중에는 원래 모습 그대로 남아 있는 성벽, 또 다른 교회 하나, 종탑, 학교 교사(校舍), 묘지, 그리고 조상군(彫像群)이 있다. 베란다를 지탱하기 위해 세워진 기둥 중 몇

개가 아직도 남아 있는데, 이 기둥과 베란다는 긴 보도를 걸어가는 동안 비와 햇볕을 피할 수 있도록 해 주었다. 전성기에 이르렀을 무렵, 이 선교원에서는 페루와 스페인으로 식량과 공예품을 수출했다. 지역 주민들은 매우 솜씨 있게 소를 키우고, 옥수수와 쌀 같은 작물을 기르고, 도기나 청동, 돌로 물건을 세공할 줄 알았다.

트리니다드에서 북서쪽으로 떨어진 곳, 가까운 언덕에서 볼 수 있는 위치에는 예수회 선교원 하나가 더 있다. '헤수스'이다. 이곳을 찾는 방문객들은 학교 교사와 멋진 무어식 파사드가 있지만 지붕이 없는 교회를 볼 수 있다. 스페인 왕실이 1767년 예수회를 몰아냈기 때문에 긴설이 마무리되지 못했던 것이다. 예수회가 추방된 이후, 두 유적지 다 버림받아 황폐해졌다. 그곳에 살던 과라나이 주민들은 스페인 소유지에서 일거리를 찾거나 정글에 집을 지었다. 비교적 최근에는 상당한 복원 작업이 행해졌으며 예수회 신교원은 1993년 유네스코 세계문화유산 목록에 올랐다. **AK**

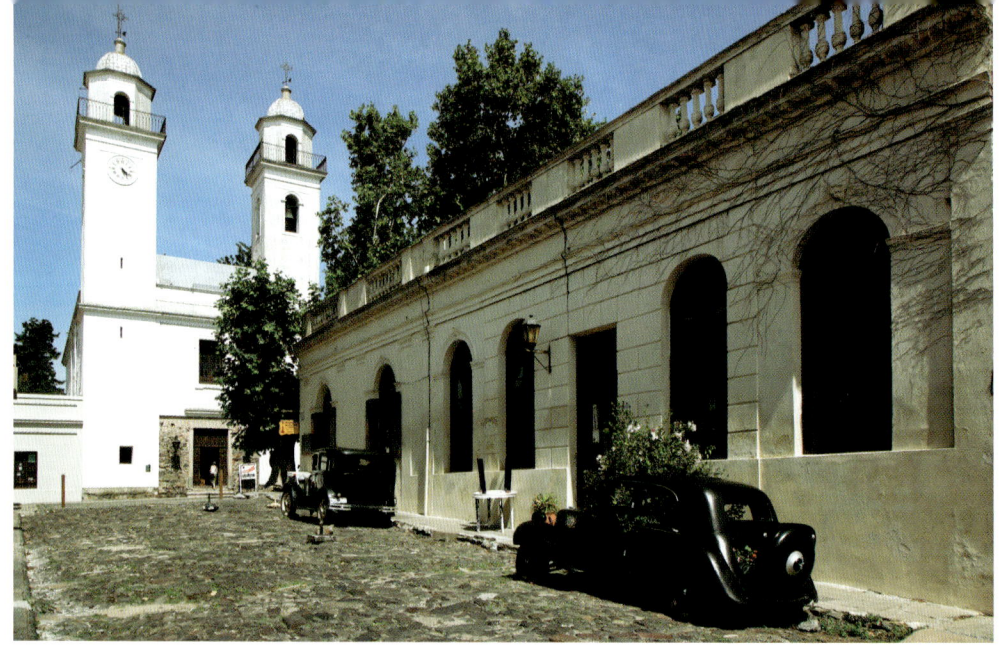

🏛 ◎ 콜로니아 델 사크라멘토 우루과이, 콜로니아 델 사크라멘토 | Colonia del Sacramento

포르투갈인들이 스페인의 거듭된 공격을 막아냈던 전략적인 장소

포르투갈인들이 스페인 영역이었던 이곳에 콜로니아 델 사크레만토 – 원래는 노보 콜로니아 데 산티시모 사크라멘토라 불렸다 – 를 세웠으며, 이곳은 수년 동안 포르투갈과 스페인 간에 도발과 분쟁의 원천이 되었다. 정착지가 설립된 지 얼마 안 되어 근처의 부에노스아이레스를 지배하던 스페인의 공격을 받았고, 두 나라 간의 전투는 몇 달 동안 이어졌다. 1681년 이 정착지는 포르투갈 인들에게 반환되었으나, 이 일이 수십 년 동안 앙금으로 남았던 스페인 측은 계속해서 이 지역에 대한 지배권을 되찾으려 했다. 이러한 정치적 언쟁은 1731년까지 계속되다가, 유트레히트 조약에 따라 노보 콜로니아 데 산티시모 사크라멘토가 최종적으로 포르투갈 소유로 결정되면서 끝났다.

노보 콜로니아 데 산티시모 사크라멘토를 세운 것은 브라질의 총독인 마누엘 데 로부였다. 이 무렵 우루과이는 아직 독립된 국가가 아니라 스페인이 지배하던 아르헨티나의 일부였다. 정착촌은 라 플라타 강 유역, 강이 우루과이 강과 합류하는 지점에서 멀지 않은 곳에 세워졌다(수많은 수상 교통수단이 정기적으로 이 지점을 지나가곤 했다). 포르투갈은 스페인의 세관 통제를 피하기 위해 이곳을 불법 항구로 이용했는데, 이 지역에 자주 배를 보내던 영국 측에서는 크게 환영했다. 이에 대해 스페인은 근처에 몬테비데오 정착촌을 세워, 그들이 생각하기에는 그 수익이 스페인 군주에게 가야만 하는 수출입 금지 품목이 밀수되는 일을 통제하려 했다.

이 마을에는 스페인, 포르투갈, 토착민 건축 양식이 섞여 있으며, 가장 오래된 구역은 리스본의 오래된 지역과 무척 닮았다. 식민지풍 집과 교회, 좁고 자갈 깔린 길 – 이중 일부는 오늘날 그림과 같은 유적으로 남아 있다 – 이 있는 역사적인 중심지 콜로니아 델 사크라멘토는, 1995년 세계문화유산이 되었다. **LH**

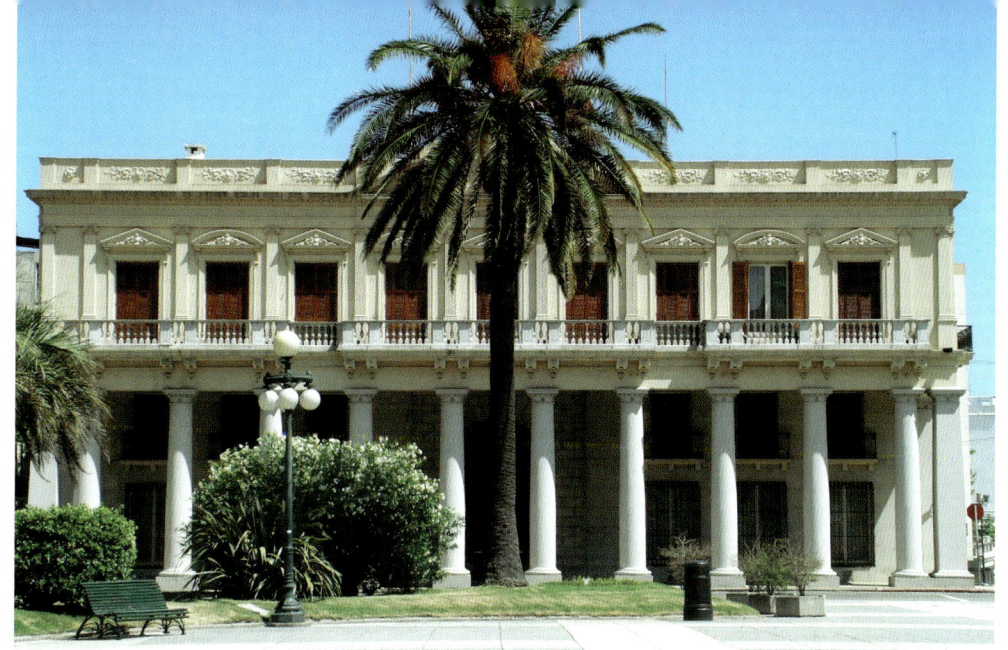

구정부 청사 우루과이, 몬테비데오 | Old Government House

우루과이가 독립을 얻은 후 정치 본부로 설립된 곳

몬테비데오는 플라타 강에 생긴 천연 항구 지역에 있으며, 이 강을 건너면 아르헨티나의 부에노스아이레스이다. 나중에 우루과이가 되는 이 작은 지역은 아르헨티나, 브라질, 스페인, 포르투갈로부터 독립을 얻어내기 위해 수세기 동안 투쟁해야 했다. 1828년, 우루과이라는 국가가 정식으로 탄생했으나, 이로써 문제가 모두 해결된 것은 아니었다. 1843년에서 1852년에 걸쳐 우루과이는 전쟁에 휩싸였고, 이는 충격적인 몬테비데오 포위 공격으로 이어졌다.

전쟁이 끝나고 20년이 흘러, 우루과이가 마침내 자립 통치를 할 수 있게 되었을 때, 크림색의 이 건물이 정부 청사로 세워졌다. 1905년부터 이 건물은 '팔라시오 에스테베스'로 알려져 오며 주로 공식 행사를 개최하는 데에 쓰였지만, 1905년까지는 우루과이 정치의 중심지였다. 1928년, 우루과이를 방문한 미국 대통령 허버트 후버가 팔라시오 에스테베스에서 캄피스테기 대통령의 접견을 받으면서 역사에 이름을 남겼다. 오늘날 이 일을 기념하여, 팔라시오 에스테베스 안에는 대통령 박물관이 생겼다.

팔라시오 에스테베스가 서 있는 '플라자 인디펜덴시아'는 우루과이 역사의 연대기 그 자체이다. 팔라시오 에스테베스 바로 옆에는 1920년대에 건설된 26층의 타워로 한때 남아메리카에서 가장 높은 건물이었던 팔라시오 살보가 있다. 근처에는 현재 문 목사의 통일교 교회 중 하나가 된 오래된 아르 데코 호텔 빅토리아와, 1516년 우루과이에 온 스페인 정복자 후안 디아스 데 솔리스의 이름을 딴 솔리스 극장이 있다. 이 광장 중심에는 호세 아르티가스 장군의 말을 탄 동상이 서 있고, 그 아래에는 웅장한 무덤이 있다. 이르헨티나에서 출생한 아르티가스는 우루과이 독립의 영웅이자 남아메리카 국가를 설립한 이들 중 하나였다. 권력을 토착민들을 포함한 일반인들에게 주어야 한다고 믿었던 그는 우루과이와 자신의 조국 두 곳에서 다 배척당해 파라과이에서 망명 중에 죽었다. **LH**

험버스톤

상당한 양의 광물을 보유하고 있던 옛 광산 도시

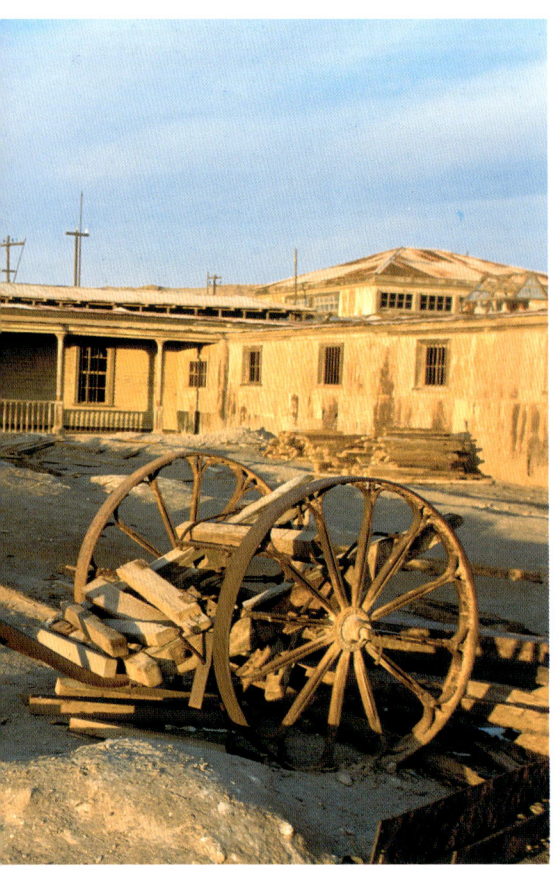

"중심에 있는 모든 건물은 배의 바닥짐으로 사막에 실려 온 오레곤 소나무로 지어졌다."

저널리스트, 마틴 버클리

험버스톤에는 버려진 듯한 기묘한 느낌이 몸을 휘감는다. 이 마을은 근방에서 초석(硝石)을 채취하는 노동자들을 수용하기 위해 품질이 형편없는 자재들로 신속하고 값싸게 세워졌다. 마을의 이름은 이 산업에 필요한 새로운 광석 제련 기술에 공헌한 바를 기리기 위해, 영국인 감독 제임스 험버스톤의 이름을 따온 것이다.

이 지역에 시끄러운 기계와 활발하게 운영되는 공장, 연기를 뿜어내는 굴뚝이 가득한 모습을 상상하기는 어렵지만, 전성기 때에는 인구가 3천 7백 명에 다다랐던 이 마을은 널리 퍼져 있는 천연 질산나트륨을 채취하는 광부들로 가득 차 있었다. 보통 비료나 폭발물을 만드는 데 쓰이는 질산나트륨은 전 세계로 운반되어 갔으며, 이 산업은 칠레 경제에 커다란 공헌을 했다. 광물 보유량을 두고 페루와 볼리비아를 상대로 한 전쟁이 벌어졌으나 결국 승자는 칠레였고, 칠레는 질산나트륨이 나오는 땅을 거의 모두 차지하게 되었다. 칠레는 전 세계에서 주도적인 천연 질산나트륨 생산국이 되었다. 그러나 이로 인한 급속한 경제 성장은 오래 가지 못했고, 이 산업은 1929년 대공황에 큰 타격을 입었다. 인공적으로 질산염을 제조해 낼 수 있는 기술이 발견된 것은 그야말로 최후의 일격이었다. 초산 생산업은 중지되었고, '페사도스(광부들)는 이주해 갔으며, 전에는 산업 도시였던 이곳은 유령 같고 거의 마술적일 정도로 고요한, 오늘날까지도 이어지는 분위기를 띠게 되었다.

한때 광산촌이었던 다른 마을들과는 달리, 험버스톤은 거의 예전 모습 그대로 남아 있다. 교회, 극장, 상점에는 모두 부유한 한때의 흔적이 남아 있으며, 녹슨 채 남아 있는 기계며 건물을 보면 애수 어린 향수에 젖게 된다. 그러나 타는 듯한 태양이 내리쬐고 최근에는 지진이 발생한데다가 이 버려진 마을이 손상되기 쉬운 자재로 가볍게 만들어졌다는 점을 생각해 보면, 이곳의 미래는 오직 보호에 달려 있을 뿐이다. **KB**

로빈슨 크루소 섬

칠레, 로빈슨 크루소 섬 | Robinson Crusoe Island

이 섬의 과거는 유명한 책에 영감을 제공해 주었다

칠레 해안에서 떨어져 있는 작은 섬인 로빈슨 크루소 섬은 소설에 등장하는 인물의 이름이 붙은 극히 드문 경우에 속한다. 그러나 이야기가 나오게 된 정황은 사실에 굳게 기초한 것이다. 1704년, 사략선 선원이었던 알렉산더 셀커크는 선장과 다툼을 일으켜 이 섬에 버려졌다. 당시 해적들 사이에서는 이렇게 외딴 섬에 버려두는 형벌은 흔한 것이었으며, 버려진 이는 굶주림으로 천천히 죽어가는 것이 일반적이었다. 그러나 셀커크는 야생 염소와 바다표범, 산딸기로 연명하며 살아남았다. 1709년 그는 구조되었고, 영국으로 돌아왔을 때 그의 경험은 널리 알려졌다. 이 이야기는 다니엘 디포우가 유명한 소설『로빈슨 크루소』를 집필하는 데 자료가 되었다.

> "나는 영원한 철창에 갇힌 죄수였다 … 태양과, 사람이 살지 않는 야생이라는 철창에."
>
> 다니엘 디포우, 『로빈슨 크루소』(1719)

그간 이 섬은 난파선 선원들이나 표류자들이 머무는 장소가 되어 왔으나, 결국 스페인이 요새와 감옥을 설치해 섬에 다가오는 이들을 막았다. 이 섬은 1877년까지 무인도였다가, 스위스 이민자인 알프레드 드 로트가 칠레 정부의 허가를 얻어 섬에 정착촌을 세웠다. 이곳은 농사를 짓고 본토에 바닷가재를 수출해 자급자족하게 되었다. 이름이 로빈슨 크루소 섬으로 바뀐 것은 관광객들을 끌어 수입을 더해 보려는 목적에서였다. 섬의 공동체는 아직 남아 있으나, 이 섬의 독특한 자연 서식지에 대한 자각이 높아 가면서 점차 그늘이 드리워졌다. 섬을 보호하기 위한 노력으로 칠레 정부는 1935년 이 지역을 국립공원으로 지정했으며, 이후 유네스코 세계 생물권보호지역이 되었다. **IZ**

카사 데 이슬라 네그라

칠레, 이슬라 네그라 | Casa de Isla Negra

파블로 네루다의 해변가 집

시인, 공산주의 정치가, 노벨 문학상 수상자인 파블로 네루다는 정치와 문화라는 두 분야 모두에 걸쳐 칠레 역사의 아이콘이라 할 수 있는 인물이다. 뛰어난 시로 존경받았던 그가, 이탈리아에서 망명의 세월을 보내게 될 정도로 논란적인 인물이 된 것은 그의 정치적 행동주의 때문이었다.

칠레의 사회주의자 대통령 살바도르 아옌데를 지지했던 네루다는 아우구스토 피노체트 장군이 이끈 쿠데타 중 아옌데가 사망했을 때 암으로 입원 중이었으며, 그 자신도 며칠 지나지 않아 세상을 떠났다. 그의 장례식에는 통행 금지령이 내려졌는데도 전체주의 통치에 반대한다는 의미로 이를 조롱하듯 용감하게 나선 수천 명의 칠레인들이 참석했다. 카사 데 이슬라 네그라는 칠레에서 네루다가 살았던 세 채의 집 중 하나로, 이 집들은 그가 사망했을 당시 군사 정권에 의해 모두 파괴되고 판자로 막힌 상태였다. 네루다의 세 번째 아내였던 마틸데 우루티아는 네루다가 살았던 집들을 보존하기 위해 파블로 네루다 재단을 설립하려는 캠페인을 벌였으며, 카사 데 이슬라 네그라에 남편과 나란히 묻혔다.

지금은 재단의 관리를 받으며 해변가에 있는 이 집은 그 주인만큼이나 시적이고 화려하다. 바다를 사랑했던 네루다는 1938년 돌로 된 이 작은 집을 사들여 나무로 된 바닥과 좁은 복도, 낮은 천장을 갖춘 배를 닮은 모습으로 개조했다. 몇 년 후 그는 지붕 없는 탑과, 나무와 아연으로 된 지붕이 달려 빗소리를 들을 수 있는 작은 공간을 덧붙였다. 이 방에서 그는 태평양을 향해 난 작은 창문으로 밖을 내다보며 글을 쓰곤 했다. 집에는 방대한 양의 장서가 있으며, 모든 방이 다 지도, 조개껍질, 배의 이물에 장식하는 조상, 항해 도구, 그림, 병에 담긴 배 모형 등 바다와 관련된 기념품으로 가득한 보물 상자이다. 정원에는 심지어 닻도 하나 있다. **CK**

산 이그나시오 미니

아르헨티나, 산 이그나시오 | San Ignacio Miní

이 유적은 아르헨티나에 있는 예수회 선교원의 가장 훌륭한 예이다

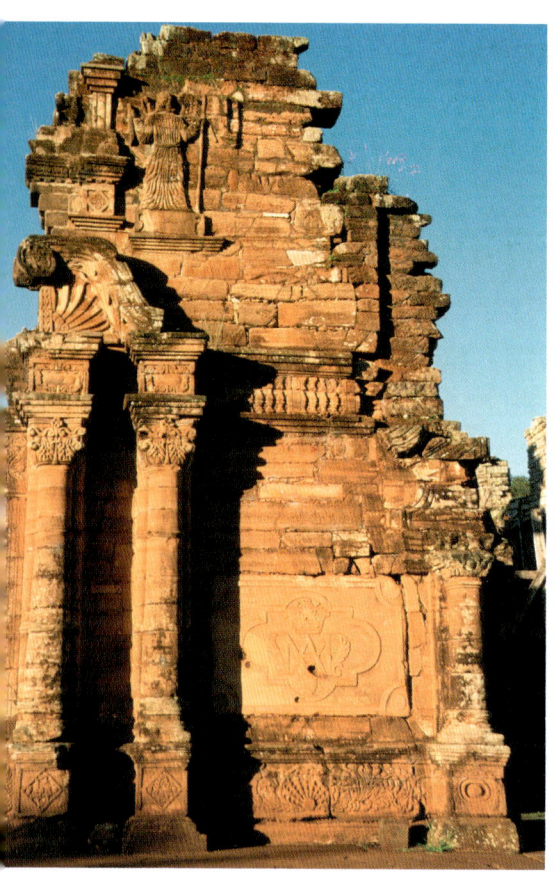

"볼테르는 … 선교원에 대해 글을 썼으며, 그 뒤에 있는 평등주의적인 충동을 찬양한다."

저널리스트, 래리 로터

산 이그나시오 미니 선교원은 예수회가 이전에 이 지역에 세웠으나 불운한 운명을 맞은 선교원을 대신할 목적으로 세운 것이다(최초에 세워진 선교원 역시 산 이그나시오로 불리었다). 최초의 선교원들은 1610년경 지금의 파라과이 지역에 설립되었다. 노예 사냥꾼들과 산적 떼가 이들을 공포로 몰아넣어, 예수회는 1630년대에 수도원을 옮겨야 했다. 옮긴 수도원도 역시 실패했다. 산 이그나시오 미니는 1690년대에 세워졌으며, 1730년대가 되자 대략 4천 명의 주민이 거주하게 되었다. 1767년, 예수회는 스페인 정부의 총애를 잃어 스페인으로 돌아오라는 명을 받았다. 산 이그나시오 미니는 남겨진 채 쇠락해 가다가 1817년에는 대부분 파괴되었다.

산 이그나시오 미니에서 가장 주목할 만한 건물은 길이가 74m에 달하는 거대한 교회이다. 지역 기술자들이 사암과 세라믹 등 이 지역에서 나는 자재와 수입해 온 자재를 사용하여 지은 것이다. 부러져 버린 웅장한 기둥, 조각된 돌, 양 벽에서 2m 넓이로 걸린 거대하고 들쭉날쭉한 아치 등 남아 있는 부분을 보면 예전에 이 교회가 어떤 모습이었을지 떠올리기는 어렵지 않다. 거의 멀쩡한 모습으로 남아 있는 몇 개 안 되는 아치들은 이 지역 건축 양식에서 유래한 '과라니 바로크'라는 이름으로 알려진 양식의 훌륭한 예이다. 오늘날 남아 있는 부분은 거대했던 원래 건물에 대한 추억일 뿐이지만, 사암의 붉은 색조는 아직도 독특한 따뜻한 빛을 발하고 있다.

이곳에는 교회뿐 아니라 숙박 시설, 여러 개의 공방, 부엌, 식당, 교실, 커다란 광장, 그리고 물론 묘지까지 있었다. 1940년대에 대대적인 복원 작업이 시작되었으며, 아름다운 열대 우림 지역에 있는 영광스러운 산 이그나시오 미니와 세 개의 다른 예수회 선교원 유적은 1983년 세계문화유산 목록에 추가되었다. **LH**

체 게바라의 생가

아르헨티나, 알타 그라시아 | Che Guevara's Boyhood Home

지금은 체 게바라 박물관이 된 곳

베레모를 쓰고 턱수염을 기른 마르크스주의 혁명가 에르네스토 '체' 게바라 데 라 세르나(1928~1967)의 이미지는 젊고 이상주의적인 반항인의 전형이 되어 왔다. 쿠바를 방문하는 이들이 섬 전역의 포스터와 벽화를 통해 보게 될 이미지도 바로 이러한데, 아이콘이라 할 만한 이러한 이미지와 그 주인공은 혁명 동지이자 쿠바의 대통령인 피델 카스트로에게는 부여되지 않았던, 거의 성인에 가까운 지위를 얻었기 때문이다. 이러한 숭배와 애정은 아마 체 게바라가 볼리비아에서 그곳에 있는 게릴라 혁명 동지들을 위해 처형당하며 젊은 나이에 죽음을 맞이했다는 이유 덕분일지도 모른다.

> "나는 손에 기관총을 들고, 바리케이드로 나아가리라 … 나는 최후까지 싸우리라."
>
> 혁명가, 에르네스토 '체' 게바라

이 젊은 사회주의자는 아르헨티나 로사리오의 중산층 가정에서 태어났으며, 의학을 공부하다가 자신의 신념에 따라 의학 대신 정치적인 대의를 택했다. 알타 그라시아에 있는 영국식 저택은 1891년에 세워졌으며, 지금은 체 게바라를 기념하는 데에 바쳐진 박물관이자 그가 소년 시절을 보낸 집의 모델이 되었다. 젊은 체 게바라는 천식 환자였고, 이 지역의 기후가 호흡기 질병을 앓는 이들에게 좋다고 알려졌기 때문에 그의 가족은 이곳에 오게 되었다. 박물관에는 아홉 개의 방이 있으며, 체 게바라가 가족, 친구와 함께 보냈던 젊은 시절에 대한 문서와 사진이 있다. 이곳에 전시된 품목 중에는 그가 어릴 때 읽었던 책들을 비롯하여 심지어 자전거까지 있다. 도서관에는 자원 봉사 활동을 하는 사진이 소장되어 있는데, 그가 사회적 부당함에 눈을 뜨고 정치적인 활동의 길로 접어들게 된 것은 바로 이러한 경험을 통해서였다. **CK**

부에노스아이레스의 오벨리스크

아르헨티나, 부에노스아이레스 | Obelisk of Buenos Aires

이 도시의 풍요로운 역사를 기념하는 곳

부에노스아이레스의 오벨리스크는 1946년 이 도시의 400주년을 기념하기 위해 단 4주라는 경이적인 짧은 시간 내에 세워졌다. 이 기념탑은 아르헨티나 수도의 플라자 데 라 레푸블리카 광장 중앙에 서 있다. 높이가 67m이고 바닥 부분의 넓이가 49m²에 이르는 이 오벨리스크는 코르도바 주에서 나는 하얀 돌로 만들어졌으며, 아르헨티나의 모더니스트 건축가 알베르토 프레비쉬가 디자인했다. 2005년 새로이 보수되어, 기후재해로부터 보호하기 위해 아크릴 페인트('파리 스톤'색)를 덮고 있다.

기념탑의 표면은 이 도시가 겪어 온 다양한 역사적 사건들을 기념한다. 1536년 최초로 세워졌다가 1580년 마지막으로 세워졌으며, 1812년 오벨리스크가 지금 서 있는 곳인 성 니콜라스 교회에서 처음으로 아르헨티나 국기가 나부꼈다. 그리고 1880년 부에노스아이레스는 아르헨티나의 수도가 되었다. 오벨리스크 안으로 들어가 206개의 개단을 올라 꼭대기까지 가 볼 수 있는데, 네 개의 창문을 통해 눈을 뗄 수 없을 정도로 아름다운 도시의 정경을 내려다볼 수 있다.

그러나 오벨리스크는 단지 이 도시의 과거에 대한 기념물만은 아니다. 여러 해 동안 이곳은 시민들이 모이는 장소가 되어 왔다. 주민들은 축구 경기에서 승리한 것을 축하하기 위해 이곳에 모여든다. 이곳은 또한 정치적이고 사회적인 항의 운동이 벌어지는 중심이 되기도 하고, 종종 낙서로 더럽혀지기도 한다. 1974~1976년에 걸친 페론 독재 정부 시절에는 오벨리스크에 "엘 실렌시오 에스 살루드", 즉 "고요함이 건강이다"라는 표지판이 걸렸다. 표면적으로는 자동차 운전자들에게 경적을 울리지 말아 달라는 부탁 같았다. 그러나 이는 아르헨티나의 역사에서 억압적인 기간이었던 그동안, 정부에 반대하는 정치적 견해를 내비치지 말라는 훨씬 더 사악한 경고로 해석되었다. 많은 반 페론주의자들이 행방불명되었으며 엄청난 인플레이션으로 경제에 충격을 받은 이 나라는 혼란의 소용돌이에 있었다. **CK**

산 이그나시오 데 로욜라 교회 아르헨티나, 부에노스아이레스 | Church of San Ignacio de Loyola

예수회 교단의 창시자를 기리기 위해 세워진, 이 도시에서 가장 오래된 교회

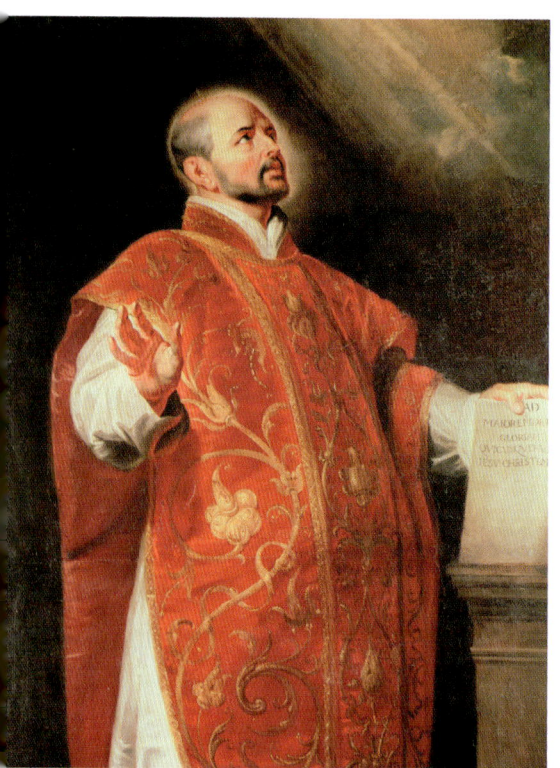

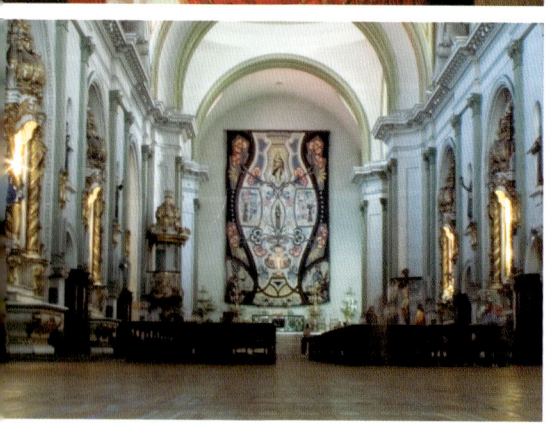

부에노스아이레스의 유서 깊은 오래된 구역 중 하나인 몬세라트에는 만사나 데 라스 루세스(계몽의 구역)라 알려진 블록이 있다. 이 표현은 아르헨티나의 중요한 인물들이 이 지역에서 교육을 받던 19세기 초에 나왔다. '계몽'이란 그들이 얻어 갔던 지혜와 지식을 가리킨다. 이 블록에는 커다란 역사적 중요성을 지닌 건물들이 많다.

이러한 건물들 중 하나가 알시나와 볼리바르 코너에 서 있는 산 이그나시오 교회이다. 바스코의 귀족 가문에서 태어나 예수회를 창립한 성 이그나티우스 로욜라를 기리기 위해 세워진 이 교회는 부에노스아이레스에서 가장 오래된 교회로 알려져 있다. 이 지역에는 원래 사원이 있었으나, 예수회 사제들은 신을 섬기기 위해 더 훌륭한 장소를 세워야 한다고 고집했다. 따라서 1710년에 교회 건축이 시작되었고, 1734년에 끝이 났다. 교회는 라틴십자가 모양으로, 중앙에는 아치형 천장이 달린 네이브가 있고, 측면으로 2층 벽석이 있는 네이브가 있으며 동굴 같은 예배당들이 있다. 파사드에 있는 두 개의 커다란 바로크 양식 돌출부는 또 다른 공간이 있는 듯한 착각을 자아낸다. 19세기에 세워진 오른쪽 탑에는 한때 교회에서 도보로 5분 거리에 있는 플라자 데 마요, 즉 시청에서 시간을 알렸던 종이 있다. 중앙 네이브를 향해 열리는, 손으로 직접 조각한 문은 특히 눈여겨봐야 할 부분이다.

교회가 있는 블록에서는 현재 복원 프로그램이 진행 중이다. 그 중요함에도 산 이그나시오 교회는 애처롭게도 몇 년 동안이나 등한시되어 왔다. 지역 사제들이 길거리에 나서 분노를 표현하며 항의한 끝에 수리 작업이 개시되었다. **OR**

⬈ 성 이그나티우스 로욜라는 원래 군인이었다. 그는 다리 부상으로 회복을 기다리다가 자신의 소명을 발견했다.

⬋ 교회의 바로크식 내부에는 이시드로 데 로레아가 조각하고 금박을 입힌 아름다운 나무 제단이 있다.

라 레콜레타 공동묘지 아르헨티나, 부에노스아이레스 | La Recoleta Cemetery

아르헨티나가 가장 유명한 시민들을 묻는 곳

라 레콜레타라 알려진 지역은 원래 수도원 공동체(리콜레토스 데스칼소스)가 있던 곳이었는데, 이들은 여기에 1716년에는 수도원을, 1732년에는 바로크 풍 교회를 지었다. 오늘날 이곳은 부에노스아이레스에서 가장 부유한 이들이 사는 곳이다. 이 지역에 부유한 주민들이 모여 살게 된 것은, 1871년 황열병의 유행으로 주민들이 도시 남쪽을 버리고 북쪽으로 이사 오게 되면서부터였다. 그러나 라 레콜레타가 세계적으로 유명한 이유는 대통령에서 시인에 이르기까지, 변호사에서 레이싱 선수에 이르기까지, 아르헨티나의 가장 유명한 아들딸들의 유해가 안치된 공동묘지 덕택이다.

교회의 신성한 부지는 1822년 묘지에 병합되었으며, 현재 5헥타르에 이른다. 묘지는 그 자체로 거의 조그만 마을에 가깝다. 4,700개의 납골실이 가로수가 줄지어 선 대로와 좁은 보도를 따라 늘어서 있어, 방문객들은 돌아다니며 아르헨티나의 건축과 문화를 느껴볼 수 있다. 입구의 장중한 신고전주의식 문은 도리스 양식의 기둥에 둘러싸여 있고, 다양하게 장식되고 아름답게 세공된 돌과 대리석 무덤에는 그 아래에 묻혀 있는 가족이나 개인의 이름이 쓰여 있는 황동이나 청동 명판, 혹은 조각상이 장식되었다.

이 묘지에서 가장 많은 이들이 찾는 무덤은 아르헨티나의 대통령 후안 도밍고 페론의 두 번째 아내이자 1946년부터 1952년 사망할 때까지 아르헨티나의 영부인이었던 에바 페론의 아르 데코 기념물이다. 살아 있을 당시, 전직 배우이자 가수인 이 여인은 아르헨티나의 가난한 이들의 애정과 지지를 받았으며 노동조합을 강력하게 지지해 주었다. 그녀의 유해는 무덤의 대리석 바닥 아래, 무덤 도굴꾼들을 막기 위해 설치해 놓은 함성 눈의 방, 관 안에 있다. **CK**

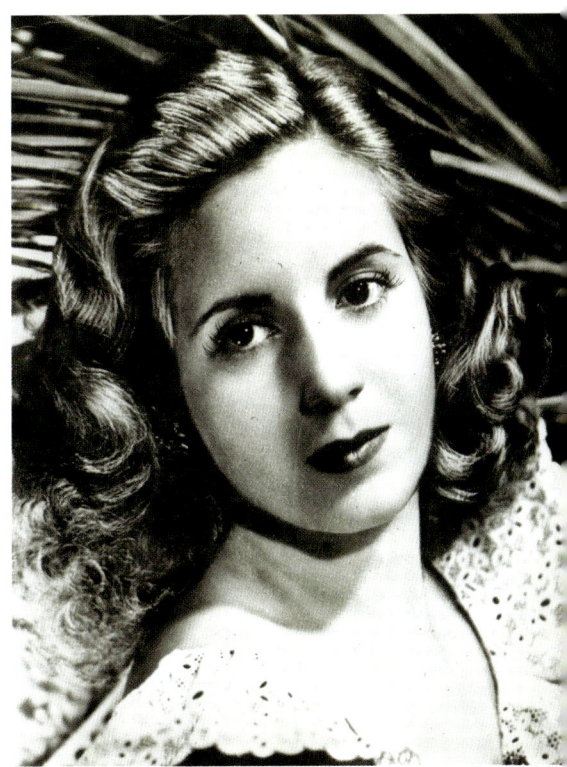

↗ 1940년대에 찍은 에바 페론. 그녀는 앤드루 로이드—웨버의 뮤지컬 〈에비타〉를 통해 세계적인 인기를 누렸다.

↘ 라 레콜레타에 있는 페론의 무덤 위에 있는 이 명판은 그녀를 아르헨티나 노동계급의 옹호자로 회고한다.

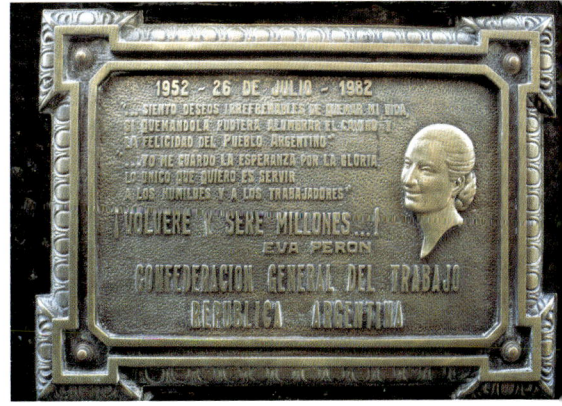

메트로폴리탄 성당

아르헨티나, 부에노스아이레스 | Metropolitan Cathedral

호세 데 산 마르틴 마토라스가 묻힌 곳

카테드랄 메트로폴리타나 데 부에노스 아이레스, 즉 부에노스아이레스 메트로폴리탄 성당은 아르헨티나에서 가장 중요한 로마 가톨릭교회이다. 이 성당은 이전에 있던 여섯 채의 어도비 교회가 두 세기라는 세월에 걸쳐 무너져 내린 터에 세워졌다. 라틴십자가형으로 설계된 현재의 석조 건물은 1753년에 건축이 시작되었으며 1804년에 교회로 헌당되었다. 건설 작업이 마무리된 것은 1852년이지만, 이후 1911년에 꾸미는 작업이 약간 더 보태졌다. 이 교회의 건축 양식에는 바로크와 신고전주의 양식이 혼합되어 있다.

내부에는 산토 크리스토 데 부에노스아이레스(부에노스아이레스의 신성한 예수) 예배당이 있는데, 이 예배당에는 1671년부터 전해져 온 나무로 된 예수 그리스도 조각상이 있다. 그러나 이 성당은 아르헨티나의 국민 영웅 호세 데 산 마르틴 마토라스(1778~1850)의 재가 묻힌 장소로 가장 유명하다. 1811년에서 1825년에 걸쳐 남아메리카를 휩쓸고 간 독립전쟁에서 그는 여러 차례의 군사 작전을 성공으로 이끌었다. 그는 칠레, 페루, 아르헨티나에서 싸웠으며 마지막에는 은퇴하여 농부가 되었다. 그는 시몬 볼리바르 이 팔라시오스(1783~1830)와 더불어 이 지역을 해방시킨 데 가장 커다란 공헌을 한 인물 중 하나로 추대 받는다.

대리석으로 된 데 산 마르틴의 무덤을 조각한 이는 프랑스 조각가 알베르 카리에-벨뢰즈이다. 관은 아르헨티나 국기에 덮인 채, 측면 예배당에 안치되어 있다. 그러나 데 산 마르틴의 유해가 성당의 무덤에 안치된 것은 그의 사후 30년이 지나서였다. 1824년 아내가 죽었을 때, 데 산 마르틴은 유럽으로 떠나 말년을 프랑스의 불로뉴-쉬르-메르에서 보냈다. 그의 유해가 아르헨티나로 되돌아와 성당에 다시 묻힌 것은 1880년이었다. 이곳에는 아르헨티나 독립을 위해 싸운 무명용사들에게 바치는 무덤도 있다. 영속적인 불꽃이 그들을 기념하며 타오른다. **CK**

테아트로 콜론

아르헨티나, 부에노스아이레스

우아한 19세기 오페라 하우스

부에노스아이레스의 테아트로 콜론 오페라 하우스는 호화찬란한 건물로, 1898년 국가 역사 유적으로 지정되었다. 사치스럽게 장식된 이 건물은 그 규모면에서도 광대하여 넓이가 8,202km²에 달한다. 강당에는 2,478명의 관중이 앉을 수 있으며, 오케스트라 석에는 120명의 연주자가 들어갈 수 있다.

프랑스-이탈리아 르네상스 건축을 보여 주는 훌륭한 예인 테아트로 콜론은 최초의 오페라 하우스는 아니었다. 1857년 오페라 하우스 하나가 문을 열었지만, 1888년 문을 닫고 말았다. 오페라에 대한 부에노스아이레스의 취향이 이와 같았으므로 지역 정부는 더 현대적이고 커다란 공연장이 필요하다는 결정을 내렸다. 오페라를

> "…견고한 독일적 디테일을 갖춘 이탈리아 르네상스 … 프랑스 건축의 우아함과 당당한 기세."
>
> 비토리오 메아노, 극장의 스타일을 설명하면서

향한 이 도시의 사랑은 19세기 초, 유럽의 오페라 가수들이 처음으로 도착해 공연을 선보였을 때 시작되었다. 부에노스아이레스는 고급문화라는 세계 지도에서 제자리를 찾아가기 시작했고, 오페라는 아르헨티나에서 인정받게 되었다. 웅장한 당당함으로 주민들의 교양 있는 본성을 반영하고 국가의 문화적 위신을 알릴 수 있는 건물을 짓겠다는 생각은 독립 이후 아르헨티나의 국가 정체성을 형성하는 데 중대한 행동이었으며, 부에노스아이레스를 유럽의 수도와 동등한 반열에 올려놓겠다는 의미였다.

1889년, 현재 오페라 하우스가 있는 자리에 건축이 시작되었으며 완공까지 19년이 걸렸는데 이탈리아인인 프란체스코 탐부리니와 비토리오 메아노, 벨기에인인 쥘 도르말이 설계했다. 1908년에 주제페 베르디의 〈아이다〉의 선율이 울려 퍼지는 가운데 그 문을 열었다. **CK**

🏛️ ⬡ 코르도바 대학

아르헨티나, 코르도바 | University of Córdoba

아르헨티나에서 가장 오래되고, 아메리카에서 네 번째로 오래된 대학

식민 도시 코르도바는 같은 이름을 한 스페인의 유명한 도시 이름을 딴 것이다. 이 도시는 아르헨티나가 스페인 식민지였을 무렵, 이 도시에 코르도바라는 이름을 붙였다고 알려진 헤로니모 루이스 데 카브레라가 1573년 7월 6일에 세웠다. 위치 선택은 훌륭했다. 아르헨티나의 중심이자 시에라 치카 산의 언덕 지대에 자리 잡고 있으며, 옆으로 시키아 강이 흐른다. 코르도바는 아르헨티나에서 가장 오래된 식민 도시는 아니지만, 이 나라에서 가장 오래된 대학이 이곳에 있다. 17세기 초 예수회가 세운 코르도바 국립대학은 스페인이 지배하던 라틴아메리카에서 겨우 두 번째로 세워진 대학이었다.

예수회가 식민지에서 쫓겨났을 때, 대학은 프란체스코회의 손으로 넘어갔다. 1856년에는 대학의 지배권이 정부로 넘어갔다. 1918년, 학생을 중심으로 '레포르마 우니베르시타리아'라는 고등 교육을 민주화시키자는 운동이 일어났으며, 당연한 결과로 라틴아메리카 전역에서 여러 개의 대학이 생겨났다. '라 독타', 즉 '학식 있는 여성'이라는 별칭이 붙은 코르도바 국립대학은 여전히 아르헨티나에서 가장 중요한 대학 중 하나였다.

코르도바 대학은 코르도바 시 한복판, 예수회 건물들이 모여 있는 블록의 중심에 자리 잡고 있다. 이 구역은 주변의 에스탄시아스(농장지)와 더불어 2000년 유네스코 세계문화유산으로 지정되었다. 구시가지에 있는 다른 건물 중에는 17세기의 시청, 훌륭한 역사박물관, 오래된 시장, 로마네스크 양식 성당, 그리고 1622년에 지어졌으며 이 도시에 남아 있는 건물 중 가장 오래된 건물인 '이글레시아 콤파니아 데 헤수스'라는 이름의 교회 등이 있다. 코르도바 시의 또 다른 자랑거리는 아르헨티나에 현존하는 가장 오래된 학교인 몬세라 학교로, 이는 1685년에 세워졌다. **LH**

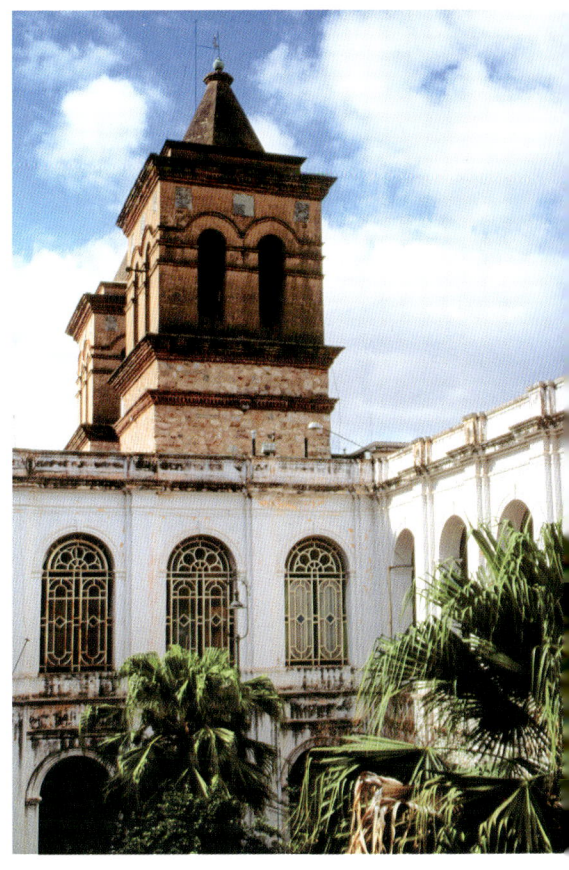

"…1918년 이곳에서 일어난 학생 휴교는 전국적인 대학 개혁 운동에 불을 붙였다."

저널리스트, 제프리 폭스

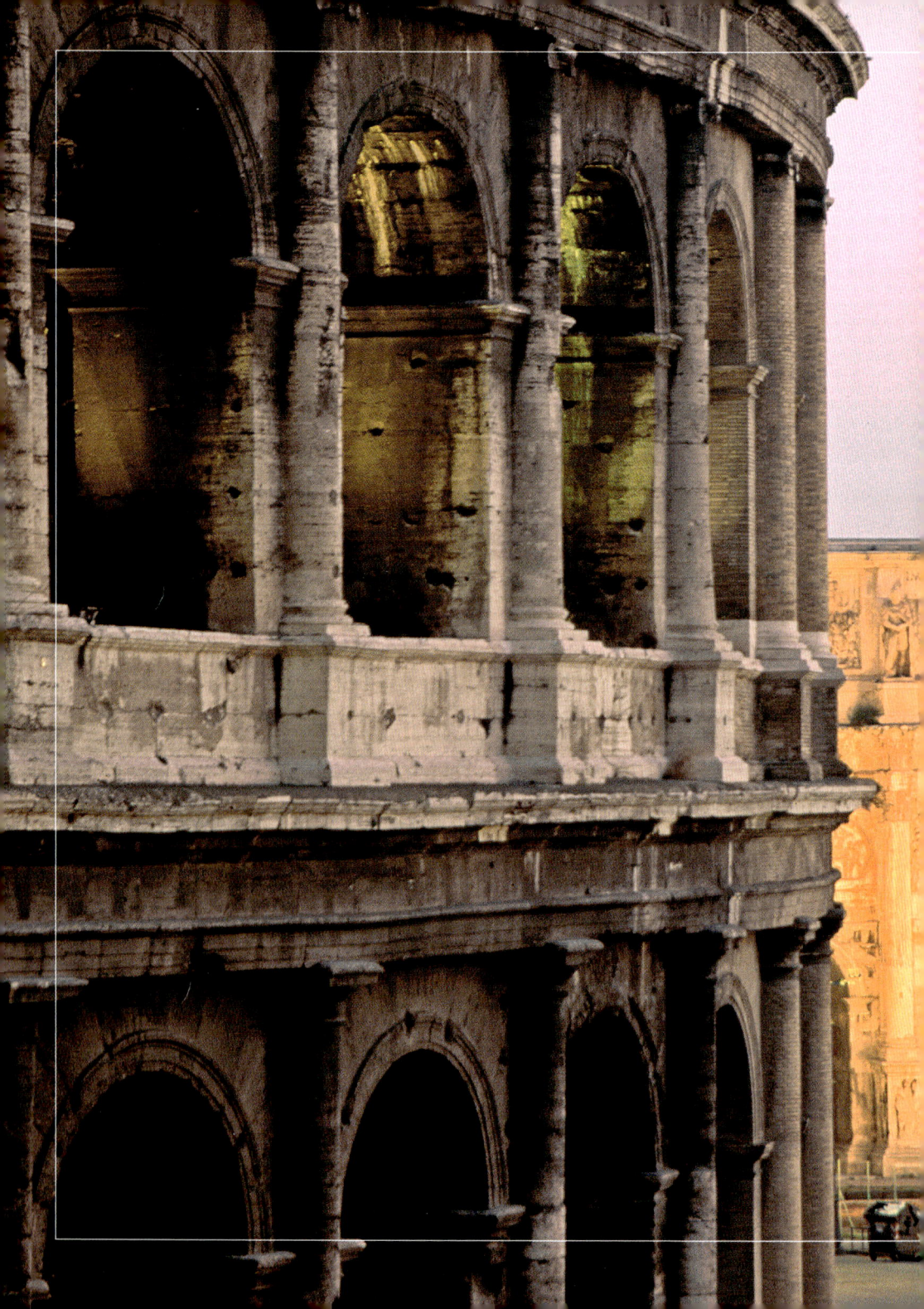

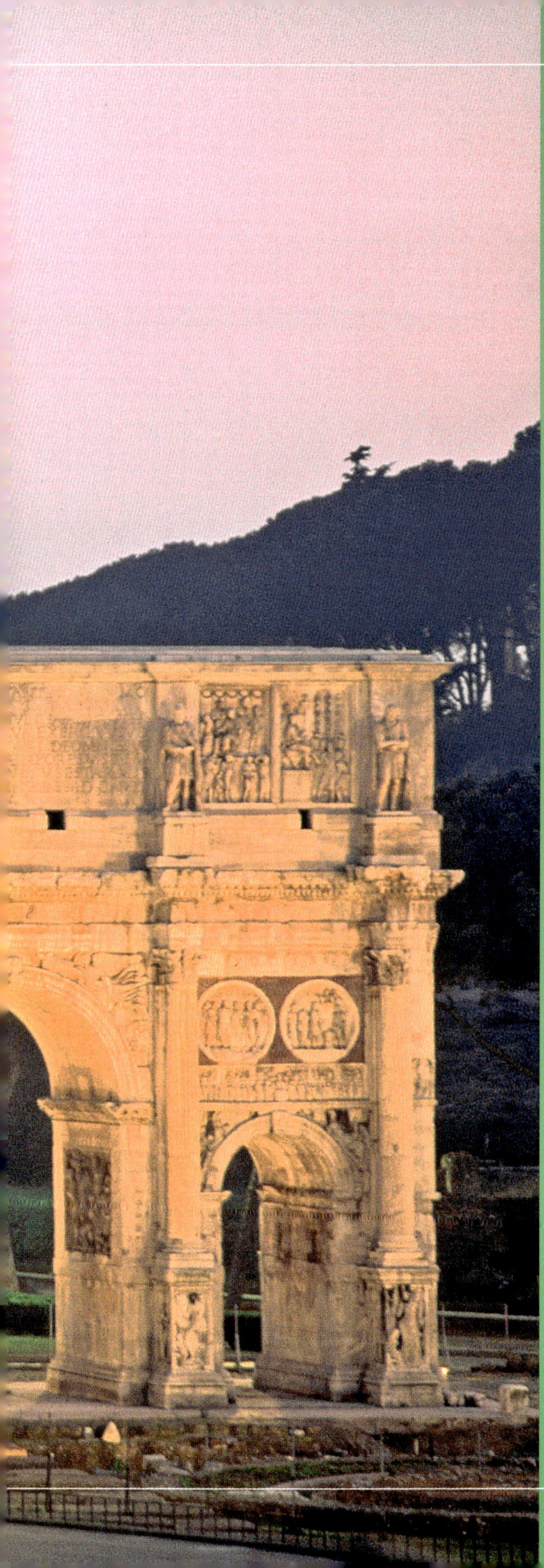

수천 년 전 동굴의 어둠 속에 그려진 그림에서 시작하여, 유럽 문명은 문화와 과학이라는 두 가지 면에서 모두 괄목할 만한 발전을 이룩하게 된다. 그러나 유럽의 역사 유적 중 많은 곳은 유럽의 민족 국가 간의 충돌이 있었던 1900년대 초에 생성되었으며, 그 어느 때보다도 심한 대량 학살을 동반했던 전쟁과 언관이 있다. 현대 유럽은 자신들의 위대한 유산을 소중히 간직하고 있으나, 이러한 유산 대부분이 동시에 먼 곳에 사는 사람들에 대한 착취로 인해 가능할 수 있었다는 사실 또한 깨닫고 있다.

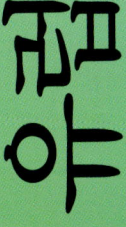

로마 제국의 상징 :
콘스탄티누스 개선문과
콜로세움

아이슬란드 최초의 민주 의회가 섰던 곳

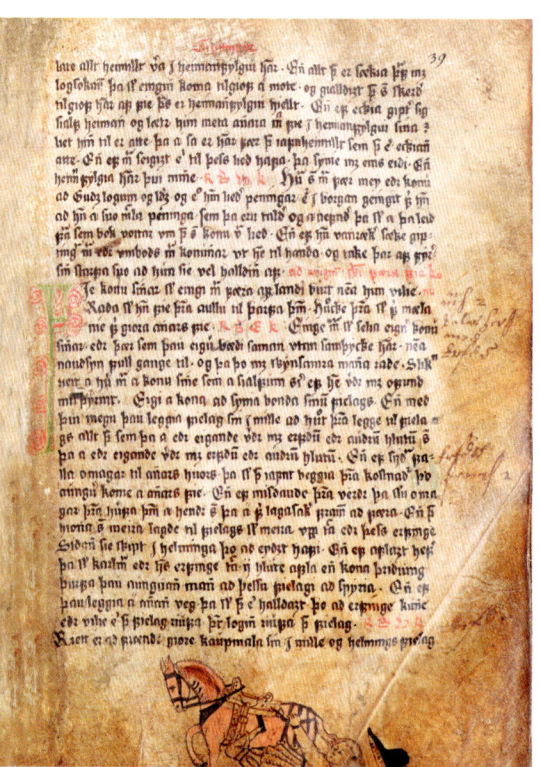

"우리가 법을 찢어 버린다면, 평화 역시 찢어 버리게 된다는 것이 진실로 증명될 것이다."

법의 대변자, 토르게이르 로스베트닝가고트(999)

아이슬란드의 팅벨리르는 뛰어난 자연의 아름다움뿐만 아니라 아이슬란드의 사회적, 정치적, 종교적 역사의 핵심 그 자체를 나타내는 곳이다. 팅벨리르는 세계에서 가장 오래된 의회 기관 중 하나이며, 이러한 이유로 유네스코 세계문화유산으로 지정되었다. 아이슬란드인들에게 포럼 구실을 했던, '알팅'이라는 총회가 930년 최초로 열린 곳이 바로 이곳 아이슬란드에서 가장 커다란 호숫가였다. 족장들과 그 조언자들로 구성된 이 의회는 분쟁을 가라앉히고 이슈들에 대해 토론하며 법을 제정하기 위해 일 년에 2주간, 시골의 야외 공기 속에서 열리곤 했다.

알팅 모임은 뢰프뵈르그(낮은 바위)에서 열렸으며, 이곳에서 법을 다루는 이들이 공동체의 법을 선포했다. 낮은 바위에서 열리는 모임은 중요한 사안에 대한 뉴스를 보고하고, 위원회를 열거나 해산시키고, 통치와 법을 확립시키는 역할을 했다. 1262년 아이슬란드가 이웃의 노르웨이에 충성을 맹세하면서 낮은 바위는 급속하게 그 중요하던 위치를 잃었다. 이러한 이유로 이 귀중한 돌의 장소가 어디였는지는 불명확하다. 차후 계속될 고고학적 연구와 새로운 자료들에 힘입어 이 미스터리가 풀리게 되기를 바랄 뿐이다.

역사적으로 커다란 흥미를 끄는 정치적 유적임은 말할 것도 없지만, 팅벨리르는 또한 지리학적으로도 관심의 대상이다. 이곳은 미드아틀란틱 리지 산맥을 이루는 암반의 경계에 위치하여 아이슬란드를 가로지르는 열구 지역의 일부이다. 이 지역에서는 그 결과로 인한 열구와 단층을 뚜렷하게 볼 수 있다. 협곡 만한 규모의 단구가 이 지역을 가로지르며, 어떤 단구 안에는 흔히 보기 힘들 정도로 맑은 물이 고여 있다. 전설에 따르면, 동전을 떨어뜨렸을 때 그것이 이렇게 갈라진 틈 중 하나—페닝가야(페니 협곡)—의 밑바닥으로 떨어지는 것을 보게 된다면, 꿈이 이루어진다고 한다. 팅벨리르 국립공원은 정말 마법과 같은 장소이다. **KH**

⊞ 욘스보크에서 발견된 16세기 필사본으로, 1281년 알팅에서 제정된 법전이다.

⊞ 팅벨리르의 교회 '딩빌라키르크야'와 1930년에 지어진 전통적인 농장인 '팅발배르'.

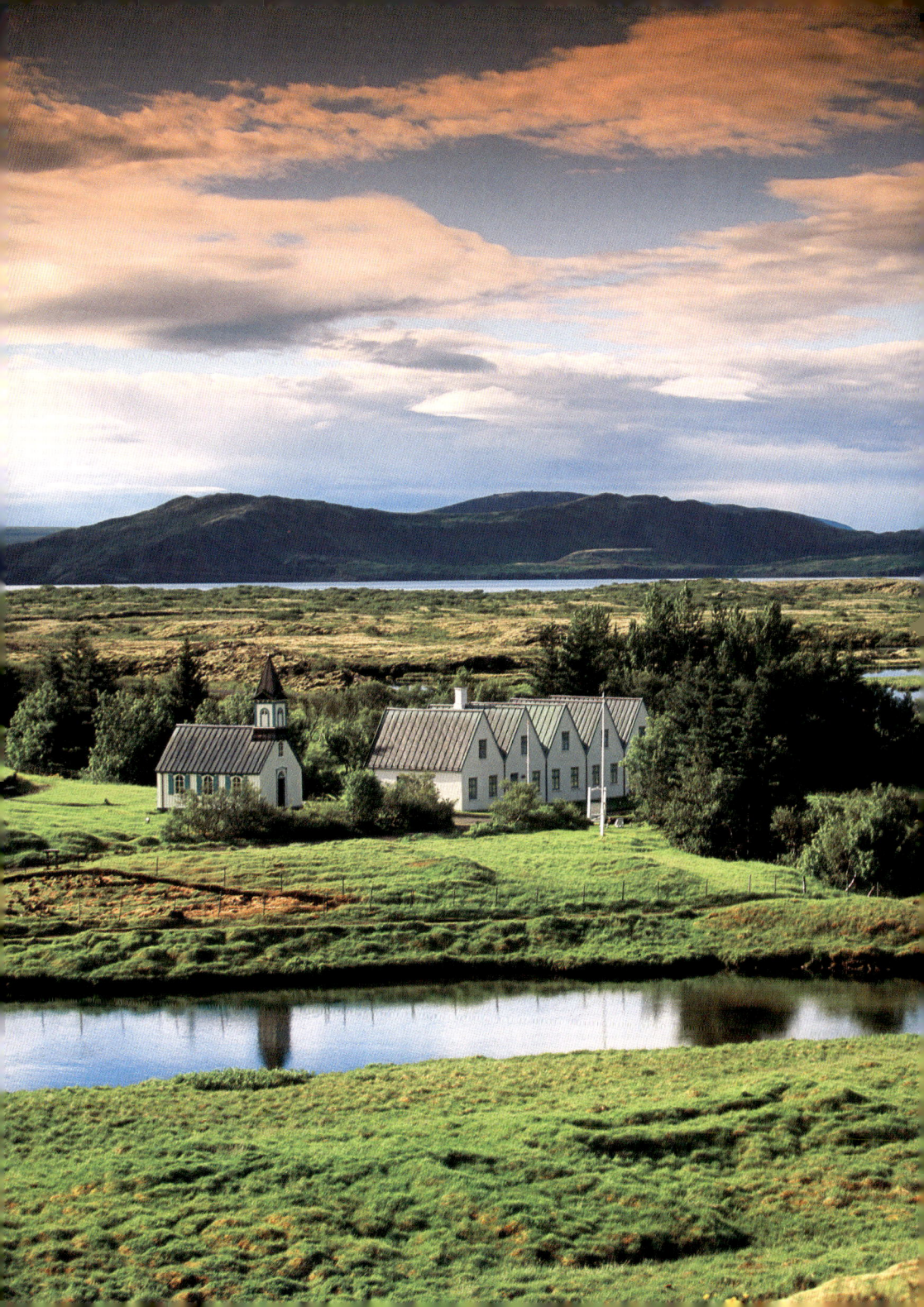

알타 바위 벽화 노르웨이, 알타 | Alta Rock Carvings

수천 년 전 선사시대에 그려진 인상적인 바위 벽화

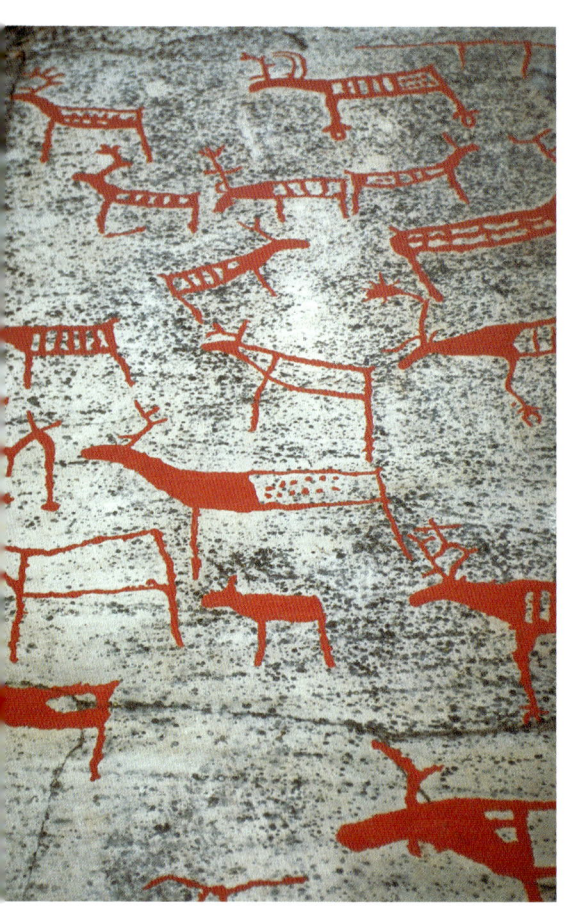

노르웨이 북부, 북극권 바로 위에, 기원전 4200년에서 기원전 500년경이라는 먼 옛날에 그려진 뛰어난 바위 벽화가 있다. 이 벽화는 알타 시 근처에 있는 넓은 고고학 유적지 중 일부이며, 산업화로 인한 공해가 심각한 수준이라는 사실을 고려했을 때에도 놀랄 만큼 본래의 형태를 유지하고 있다. 벽화에 나타난 매우 다양한 이미지들은, 노르웨이 해안에서 발전했으며 후기 빙하기에 그 수가 늘어났던 석기 시대 부족인 콤사 족의 자손으로 추측되는 족속의 수렵-채집 문화를 암시해 준다.

알타 벽화를 새겼던 수렵-채집자들은 작품을 통해 우리에게 그들의 삶에 대한 많은 정보를 전달해 준 셈이다. 벽화를 새겼던 이들은 동물을 무리 짓게 하고 보트를 만드는 데에 숙달되어 있는 사냥꾼이자 어부들이었다. 벽화에는 순록의 그림이 자주 보이며, 엘크, 새, 물고기, 늑대, 곰 이외 많은 다른 종류의 동물들도 보인다. 벽화의 많은 곳에서 곰이 두드러지게 표현되었다는 점은 주목할 만하며, 곰이 취하고 있는 자세로 보아 이들이 곰을 숭배했으리라는 추측을 할 수 있다. 곰을 숭배하고 샤머니즘 의식을 올렸으리라 믿어지는 고대 문화가 몇몇 있다.

이 바위 주변에 세워진 야외 박물관이 알타 벽화의 역사와 그 중요성을 잘 보여 준다. 벽화가 그려진 바위 사이를 서로 잇는 3km의 나무 통로가 있어 벽화에 손쉽게 다가갈 수 있으며, 벽화의 이미지들을 사진에 담아 전시해 놓았다. 뿐만 아니라 알타 주변 지역에서 발굴해 낸 유물들도 전시되어 있고, 사미 문명(마찬가지로 콤사 족의 후손으로 판단된다)에 관한 전시, 오로라(아름다운 북극광)에 관한 전시도 볼 수 있다. 알타 벽화는 수천 년 전 이 지역의 생활이 어떠했는지 엿볼 수 있게 해 준다. **KH**

"이 유적지는 신성하고 그림에는 마법이 가득하다."

고고학자, 한스-크리스티안 쇠보르그

매우 장식적이고 훌륭한, 통널 건축의 교회

우르네스에 있는 교회는 두 가지로 명성이 높다. 나무로 된 이 건물은 건축이라는 분야에 노르웨이가 공헌하는 부분 중 하나인, 전통적인 스타일의 '통널 교회' 중 가장 오래 전부터 남아 있는 본보기이다. 이 교회의 또 다른 자랑거리는 '우르네스 양식'이라는 이름의 장식 스타일을 띤 생시킨 뛰어나게 장식적인 디테일이다. 고풍스러움, 건물이 보이는 모범적인 특성, 조각된 장식에서 드러나는 우수함, 빙하 골짜기에 자리하고 있다는 위치 등의 특징으로 말미암아 이 건물은 유네스코 세계문화유산 목록에 올랐다.

우르네스는 노르웨이 남부, 피오르드 모서리에 웅장하게 자리하고 있으며, 멀리 눈에 덮인 산의 아름다운 경치가 보인다. 건물이 지어진 시기는 1130년쯤이라고 꽤 정확한 추측을 내릴 수 있으며—실험 결과 목재가 베어진 시기가 1129년에서 1131년이므로—이 지역에서 큰 권력을 쥐고 있었던 오르네스라는 가문을 위한 개인 교회로 지어진 듯하다. 고고학적인 증거에 따르면 이곳에는 이전에 두 개의 교회가 더 있었으며, 우르네스 교회는 이 중 두 번째 교회에 쓰였던 장식 중 많은 부분을 신중하게 재사용하여 만든 듯하다.

이러한 건축 형식은 통널(똑바로 선 기둥)이 건물의 뼈대를 형성했기 때문에 통널 교회라는 이름을 얻었다. 회중석 중심의 주변부가 높이 솟아 있는 경우가 많아, 여러 개의 지붕들은 약간 파고다 같은 느낌을 준다. 이러한 교회는 첨탑 꼭대기에 장식이 달려 있고, 지붕은 널로 덮여 있으며, 외부에 2층 별석이 있는 경우도 많다. 우르네스 교회의 지붕 디자인은 예전에 있던 교회에서 가져온, 교회 문에 새겨진 훌륭한 조각들에 비하면 좀 하찮아 보일 정도이다. 11세기 후반에 새겨진 이 조각은 가터 뱀과 용이 서로 얽혀 있는 모양이다. 이러한 스타일은 돌 세공이나 금속 세공 같은 다른 예술 형태에도 손쉽게 적용되었고, 바이킹이 여행하는 지역을 따라 널리 퍼져나갔다. 이는 특히 영국과 아일랜드의 켈트 족 세공인들에게 인기가 있었다. **IZ**

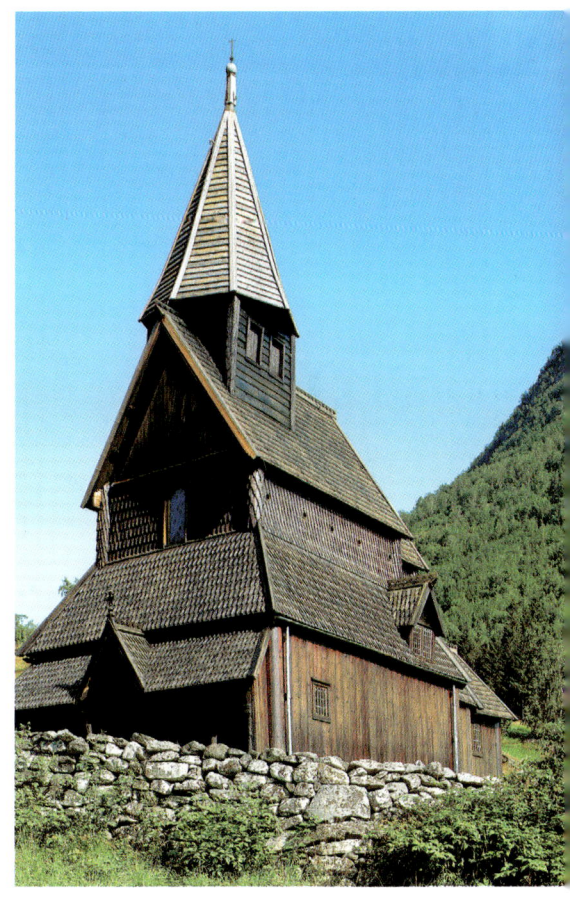

"이 교회는 켈트 예술, 바이킹의 전통, 로마네스크 공간 선물의 발자취를 하나로 모은다."

유네스코

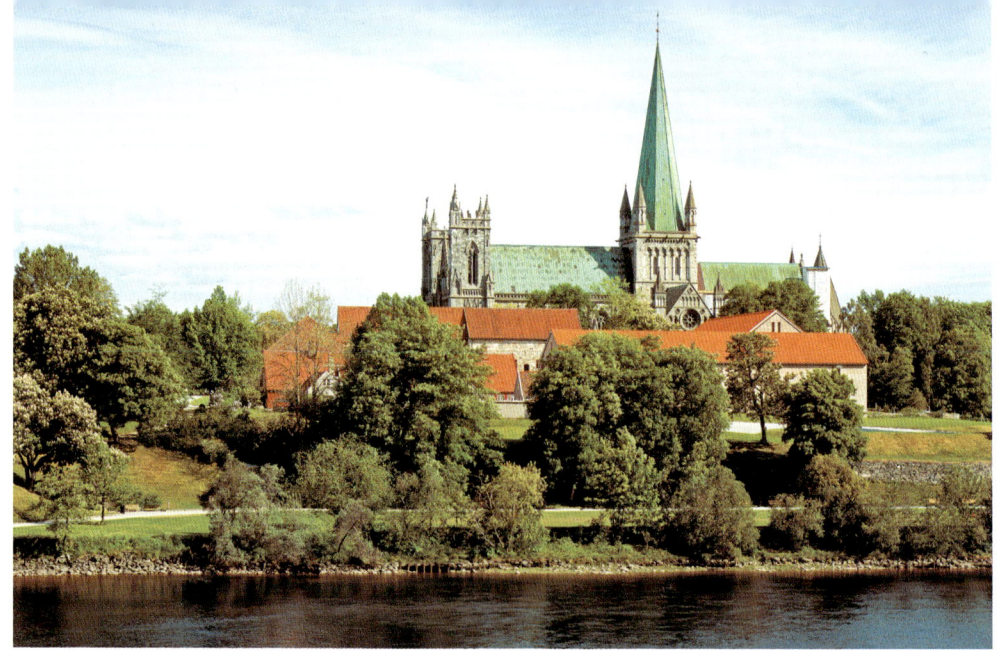

트론헤임 성당 노르웨이, 트론헤임 | Trondheim Cathedral

트론헤임은 스칸디나비아에서 가장 중요한 교회 중 하나의 위치로 손색이 없는 곳이다

니다로스 성당이라 알려진 이 교회는 1100년대 중반 노르웨이의 대주교 관구 성당이 되면서부터 영적·정치적 중심지가 되었다. 이 당시의 관구는 노르웨이뿐만 아니라 아이슬란드, 그린란드, 페로스 제도, 맨 섬, 셰틀랜드까지 포함하는 범위였다. 노르웨이가 기독교를 받아들이는 데 커다란 공헌을 한 성 올라프(올라프 하랄손 왕)가 여기에 묻혔기 때문에 이 성당은 오랜 기간 동안 순례자들이 찾는 곳이었다.

성당은 1070년에 최초로 지어진 이래 계속해서 복원되고 또 새로워지고 있다. 1327년, 1531년, 1708년, 1719년에 일어난 여러 차례의 약탈과 방화로 입었던 피해는 완전히 복구되었다. 가장 최근에 들어서는 1869년에 대규모 복원 프로그램이 시작되어, 2001년까지 계속되었다. 세심한 보수 작업으로 인해 로마네스크와 고딕 양식의 외관은 물론, 내부의 섬세한 장식이 모두 보존되었다. 오늘날 이 성당의 내부에는 두 개의 장중한 오르간, -하나는 바그너, 하나는 스타인마이어이다 -20세기의 스테

인드글라스 창문, 흥미로운 장면과 라틴어와 고대 노르웨이어로 된 비문이 새겨져 화려하게 장식된 셀 수 없이 많은 돌 조각품, 그리고 나중에 추가된 왕관 전시품 등 자랑거리가 가득하다. 이러한 전시품들은 이 성당에서 대관식이 여러 차례 거행되었을 때 얻은 것으로, 훌륭한 왕관, 커다란 황금 보주, 왕홀, 도유식(기름을 붓는 종교 의식) 나팔, '왕국의 검' 등을 볼 수 있다.

성당은 노르웨이의 역사와 종교 발전에 대한 많은 정보를 지니고 있다. 오늘날도 계속해서 트론헤임 교구의 교회 역할을 하고 있으며 예배에는 참석하는 사람도 많다. 게다가 매혹적인 외관이며 화려한 스테인드글라스 창, 독특한 노르딕 성당이라는 위치를 굳혀 주는 아름다운 외관을 보러 오는 수많은 방문객들을 끌고 있다. **KH**

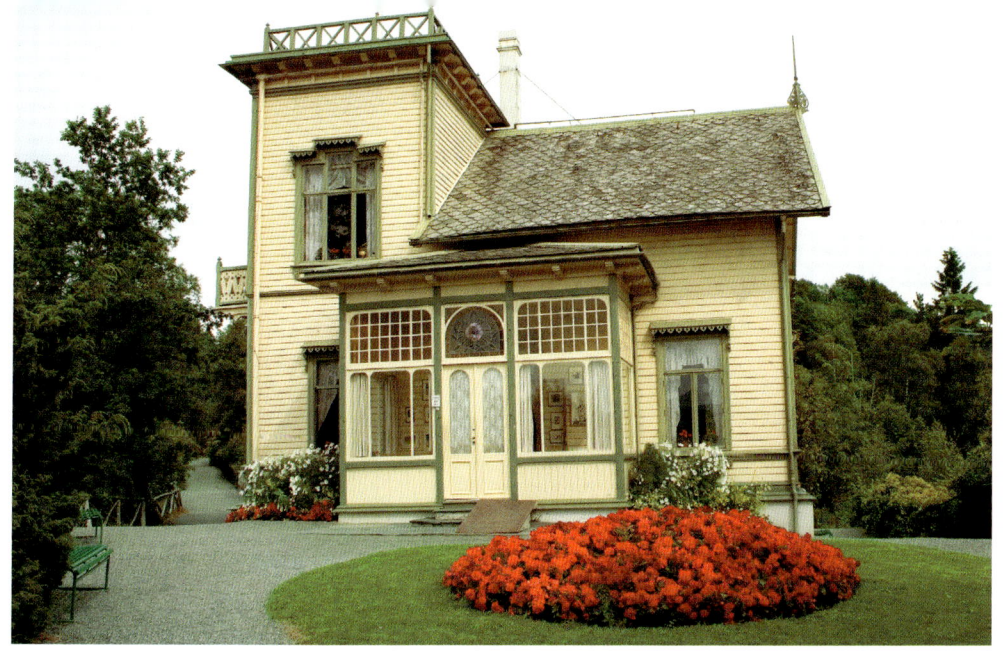

트롤하우젠 노르웨이, 베르겐 | Troldhaugen

에드바르트 그리그가 살았고 죽은 집

아름다운 빅토리아식 저택인 이곳 트롤하우젠에서 작곡가이자 피아니스트인 에드바르트 그리그(1843~1907)가 성장했으며, 오늘날 이 집은 그의 삶과 작품을 기념하는 박물관이 되었다. 〈페르 귄트〉 연작으로 가장 잘 알려진 그리그는 많은 이들에 의해 노르웨이에서 가장 중요한 작곡가라는 평을 받고 있다. 몇몇 역사가는 그가 낭만주의 작곡가이면서 민족주의자였다고 묘사하는데, 아마 그가 노르웨이 민속 노래와 춤에서 많은 부분 영감을 얻었기 때문일 것이다.

트롤하우젠 박물관은 그가 보살펴 왔던 방식 그대로 그리그의 집을 신중하게 재구성했다. 매력적인 외부에는 작은 탑, 화려하게 장식된 베란다, 그리고 집의 넓이만큼 뻗은 발코니가 있다. 외관 역시 마찬가지로 매혹적이고 대단한데, 여러 개의 방에서는 섬세한 데까지 신경을 쓰는 그리그의 호사스러운 취향이 드러난다. 식당은 값비싼 은으로 치장되었고 거실에는 거대한 스타인웨이 피아노가 방 전체를 지배하고 있다. 모든 부분에서 보아 안락하고, 심지어 사치스럽기까지 한 삶을 살았으리라는 점이 짐작된다. 그러나 그리그는 완벽하게 조용한 가운데서 작업을 해야 했으므로, 1891년 호숫가에 별채를 지어 분주한 집안 일에 방해를 받지 않고 틀어박힐 수 있었다.

트롤하우젠 박물관의 세세하고 복잡한 곳까지, 집과 방대한 전시품 모두를 탐구해 보면 그리그를 둘러싸고 있던 분위기가 어떠했는지 감지할 수 있다. 이곳의 분위기를 느끼고 나면 그리그의 성격뿐만 아니라 그의 영감이 솟아나온 무한한 근원까지도 엿볼 수 있다. **KH**

> "그리그는 자신의 건축 계획 트롤하우젠을 '지금까지 내 작품 중 최고'라 말했다."
>
> 박물관 디렉터, 예링 달

아케르스후스 성채 노르웨이, 오슬로 | Akershus Fortress

오래동안 오슬로를 안전하게 지켜 온 전략적으로 중요한 중세의 성채

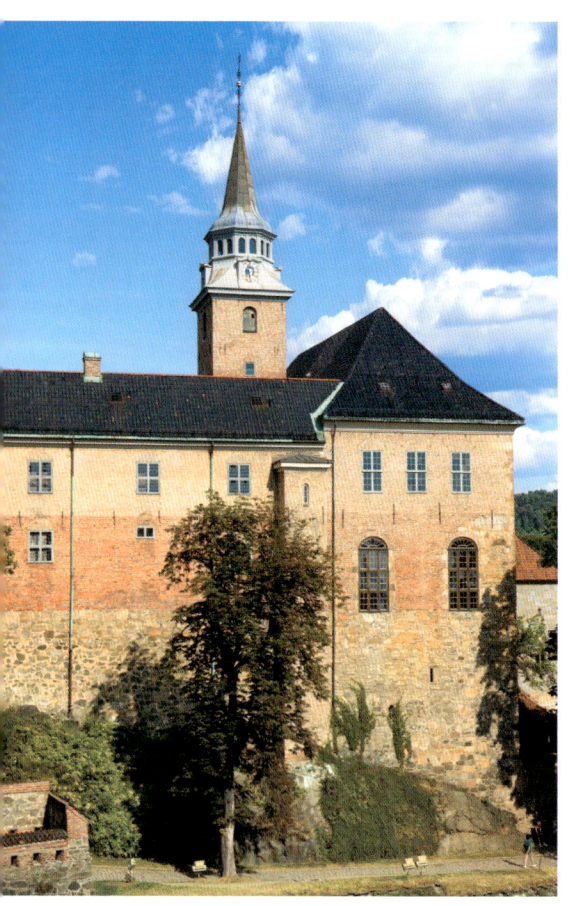

"아홉 차례나 포위 공격을 당했으나 …
아케르스후스는 결코 적의 손에 떨어진
적이 없었다."

가디언 언리미티드

노르웨이의 호콘 5세 마그누손 왕(1270~1319)은 1299년 수도인 오슬로 시를 지키고 스웨덴과 같은 적을 방어하기 위해 웅장한 아케르스후스 성채를 세웠다. 이 성채는 워낙 튼튼했기에 여러 차례의 포위 공격에도 잘 버텨냈다. 그러나 1624년, 엄청난 화재가 오슬로에 발생했을 때, 아케르스후스는 완전히 불타 버렸다. 곧 크리스티안 4세가 성채를 다시 지었으며 이를 르네상스 양식으로 디자인했다. 다시 한 번 성채는 잦은 공격에 대항하여 견뎌 주었다. 이 성채는 단 한 번도 외부의 적에게 점령당한 적 없었으나, 1940년 싸움도 없이 독일군에게 항복했다. 1945년 제2차 세계대전이 끝났을 때, 성채는 노르웨이의 손에 반환되어 반역자와 전범자를 가두고 처형하는 장소로 쓰였다. 이곳에서 처형당한 이들 중에는 나치의 편에 서서 노르웨이를 다스렸던 일등 파시스트 동조자 비드쿤 크비슬링도 있다.

아케르스후스가 효과적인 성채 구실을 할 수 있었던 것은, 오슬로 피오르드를 마주보고 있는 오슬로 독 위편으로 위치를 선택했던 호콘 왕의 선견지명 덕택이었다. 물에 가까이 있었기 때문에 노르웨이 군대는 해상 공격을 방어할 수 있는 유리한 위치에 있었다. 노르웨이 무역의 대부분이 바다를 통해 이루어졌다는 점을 생각할 때, 이는 크나 큰 장점이라 할 수 있다. 오늘날 이 강력한 성채는 많은 관광객을 이끌며, 성채 내부와 주변의 공원 지역을 걷다 보면 그림처럼 아름다운 도시의 정경을 감상할 수 있다.

아케르스후스가 당시 성채로만 사용되었던 것은 아니다. 이곳에는 왕이 머물기도 했고, 왕족과 정부 관료들이 몸을 숨기는 공간으로 이용되기도 했으며, 국회, 행정과 교육 센터, 그리고 문화 공연이 벌어지는 장소이기도 했다. 다채로운 역사를 지닌 이 성채는 오슬로의 풍부하고 복잡다단한 역사를 압축하고 있는, 박물관이라는 현재의 위치에 이상적인 장소이다. **KH**

입센의 집 노르웨이, 오슬로 | Ibsen's Home

입센이 말년을 보낸 집

사망한 지 한 세기가 지난 오늘날, 헨릭 입센(1828~1906)은 세계적인 반열의 극작가이자 노르웨이 최고의 작가로 인정받고 있다. 그러나 처음으로 무대에 올랐을 당시 그의 작품은 도덕, 종교, 권력, 여성의 역할 이외 많은 것에 대한 빅토리아적 관념의 위선을 적나라하게 벗겨냈기 때문에 충격적이고 불경스럽다고 여겨져 많은 곳에서 거부당했다. 입센이 없었더라면 현대 연극의 모습은 현재와 매우 다른 것이 되었을지도 모른다. 오늘날 우리가 현대극에서 용인할 만하다고 여기는 주제의 이슈 대부분은 입센의 작품에 의해 최초로 무대에 소개되었기 때문이다.

2006년에 보수된 크리스티아니의 입센 박물관은 노르웨이에 있는 세 군데의 입센 박물관 중 하나이다. 세 곳 모두 그가 살아왔던 인생을 파악할 수 있게 해 준다. 많은 공을 들여 입센이 살았던 아파트먼트를 가능한 한 진실하게 재창조해 냈으며, 기나긴 복원 작업 시간과 철저한 시대 고증을 통해 도서실, 식당, 응접실이 대중에게 공개되었다. 원래 그대로의 가구가 제자리를 찾아 배치되어 있고 내부는 마치 입센이 여전히 이곳에 살고 있는 것처럼 꾸며 놓았다. 입센은 실제로 죽기 전 11년 동안 이 아파트먼트에 살았다. 입센의 집을 방문하면 방문객들은 그의 개인적 생활이 어떠했는지 감지할 수 있는 배경 지식을 얻게 된다.

입센 박물관은 또한, 셰익스피어 다음으로 세계에서 가장 널리 공연되는 극작가인 이 뛰어난 작가의 작품을 기념하는 폭넓은 전시를 연다. 박물관은 입센의 작품 세계를 탐구할 수 있는 대화의 시간, 행사, 낭독회, 공연 등을 정기적으로 주관한다. 입센은 자신의 가장 유명한 작품 중 두 편인 「존 가브리엘 보르크만」(1890)과 「우리 죽은 자들이 깨어날 때」(1899)를 썼다. 바로 세심하게 보존되어 있는 박물관의 서재에서였다. 그의 마지막 작품인 후자는 노년과 인생의 마지막 순간을 탐구하는 내관적이고 심리적인 작품이다. **KH**

콘-티키 노르웨이, 오슬로 | Kon-Tiki

문명 간의 가교가 되기 위해 제작된 뗏목

1947년, 노르웨이 과학자이자 탐험가 토르 헤이에르달은 적은 수의 선원들과 함께 태평양을 건너는 독특한 여행을 떠났다. 그는 남아메리카의 고대인들이 폴리네시아 군도에 정착할 수 있었으리라는 사실을 증명해 보이려고 했다. 이 점을 증명하기 위해 그는 페루에서 제작한 뗏목으로 여행을 계획했는데, 이 뗏목은 그가 그 당시 구할 수 있으리라 믿었던 재료를 사용하여 자신이 생각하는 고대 페루 스타일로 만든 것이었다. 그는 잉카의 신 이름을 따 뗏목에 콘-티키라는 이름을 붙였다. 뗏목의 기본적인 구조는 발사나무 줄기를 삼끈을 이용해 하나로 묶은 것이었다. 뱃머리, 방향을 조종하는 노, 갑판, 돛대, 주 돛, 선실에는 맹그로브, 소나무, 전나무와 대나무가 쓰였는데, 대나무는 선원들이 마실 물을 보관하는 튜브

> "나는 선사 시대의 해상 문명이 콘-티키와 같은 뗏목을 사용했다는 사실을 마음으로는 알고 있었다."
>
> 탐험가, 토르 헤이에르달

구실을 하기도 했다. 라디오는 그가 가져간 극소수의 현대 제품 중 하나였다. 101일을 거쳐 7,200km를 여행한 후, 콘티키 호는 투아모투 제도의 라로이아 섬에 있는 산호초에 충돌했을 뿐, 무사히 폴리네시아에 닿았다.

오늘날 콘-티키는 오슬로의 콘-티키 박물관에서 볼 수 있다. 이 박물관에는 파피루스 보트인 '라 2세'도 있는데, 토르 헤이에르달은 1970년 고대 아프리카와 중앙아메리카, 남아메리카 간에 소통이 있었다는 사실을 입증하기 위해 이 보트를 타고 대서양을 건넜다. 또한 헤이에르달이 폴리네시아, 갈라파고스, 남아메리카를 여행했을 때의 발견품이 있다. 노르웨이의 항해 역사를 보여 주는 다른 전시회도 근처에서 열린다. 극지방 탐험에 쓰였던 프람 호(1892)를 소장한 박물관도 있는데, 이 배는 로알드 아문센이 남극점에 도달했을 때 탔던 배이다. **AK**

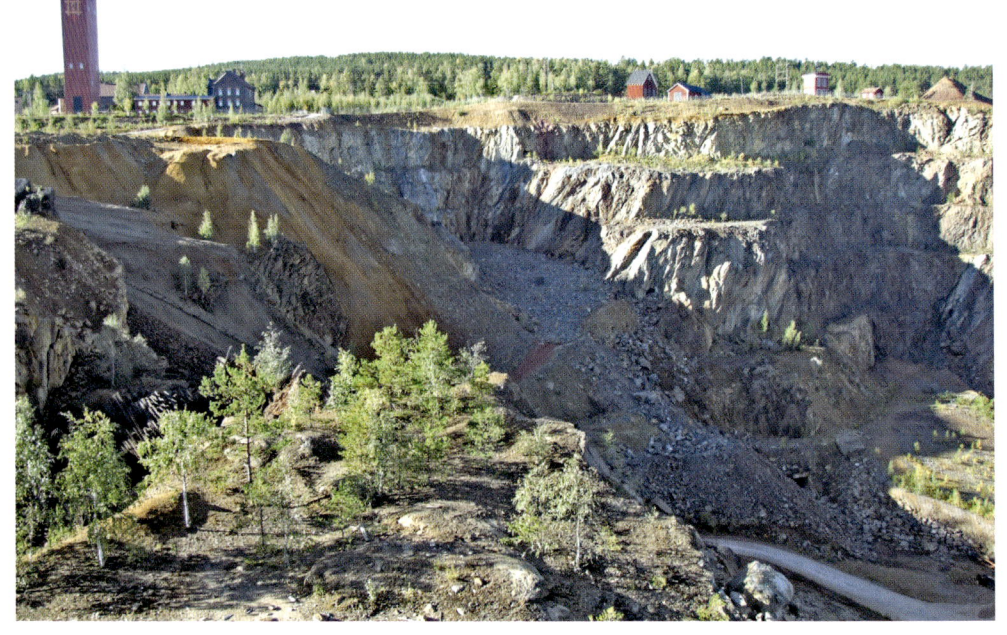

팔룬 구리 광산 스웨덴, 팔룬 | Great Copper Mountain

최초의 통상 회사가 생겼던 자리이자 전설적인 광산 지역

전설에 따르면, 팔룬에 있는 구리 매장지는 오랜 옛날 이곳에 살던 목동이 발견했다고 한다. 목동은 자기가 기르는 염소가 목초지에서 풀을 뜯고 올 때마다 구리가 풍부하게 함유된 흙 때문에 뿔이 빨갛게 되어 돌아온다는 사실을 눈치챘다. 이 이야기를 믿거나 말거나 일반적으로 이 지역에서 구리를 캐내기 시작한 것은 9세기까지 거슬러 올라간다고 믿어지며, 1288년에 기록된 자료에도 팔루 코파르그루바(팔루 구리 광산)이라는 언급이 있다. 1374년, 스토라 코파르베르그(거대한 구리 산)는 마그누스 에릭손 4세의 특명을 받아 세계에서 가장 오래된 통상 회사가 되었다. 17세기 무렵 팔룬은 전 세계 구리 생산량의 3분의 1을 담당했으며, 팔룬은 스웨덴 왕실에 단일한 분야로 가장 중요한 수입의 원천이 되었다. 바로 이 시대가 스웨덴 제국이 북유럽 전체를 지배하며 최고의 부강함을 과시했던 스토르마크트스티덴(막대한 힘의 시대)였다.

1687년, 계획 없이 급속도로 매장된 구리를 채굴한 탓에 거대한 함몰이 일어난다. 다행스럽게도 이날은 세례 요한 축제일-광부들이 쉴 수 있는 며칠 안 되는 휴일 중 하나-이었기에 사망자는 아무도 없었다. 그러나 이렇게 지반이 무너져 크게 패인 곳은 오늘날까지도 이 지역에 남아 있다. 또 하나의 유명한 일화는 마트스 이스라엘손의 이야기이다. 1677년, 결혼을 하루 앞둔 어느 날 그는 이 광산으로 사라져 42년 뒤에 발견되었다. 그의 시체-황산염이 풍부하게 함유된 공기 덕에 거의 완벽하게 보존된-는 누군가가 그의 신원을 밝힐 수 있을 거라는 기대에 마을 광장에 전시되었다. 곧 늙고 등이 굽은 여인이 지나가다가 갑자기 외쳤다. "그 사람이에요! 내 약혼자!"

구리 채취가 최고에 달했던 것은 1650년이었지만, 광산은 1992년 폐광될 때까지 계속해서 운영되었다. 스웨덴의 목조 가옥에 그 특징적인 짙은 붉은색을 선사하는 팔루 뢰드패르그(팔루의 붉은 페인트)는 지금도 이 광산에 남아 있는 구리로 제조된다. **TS**

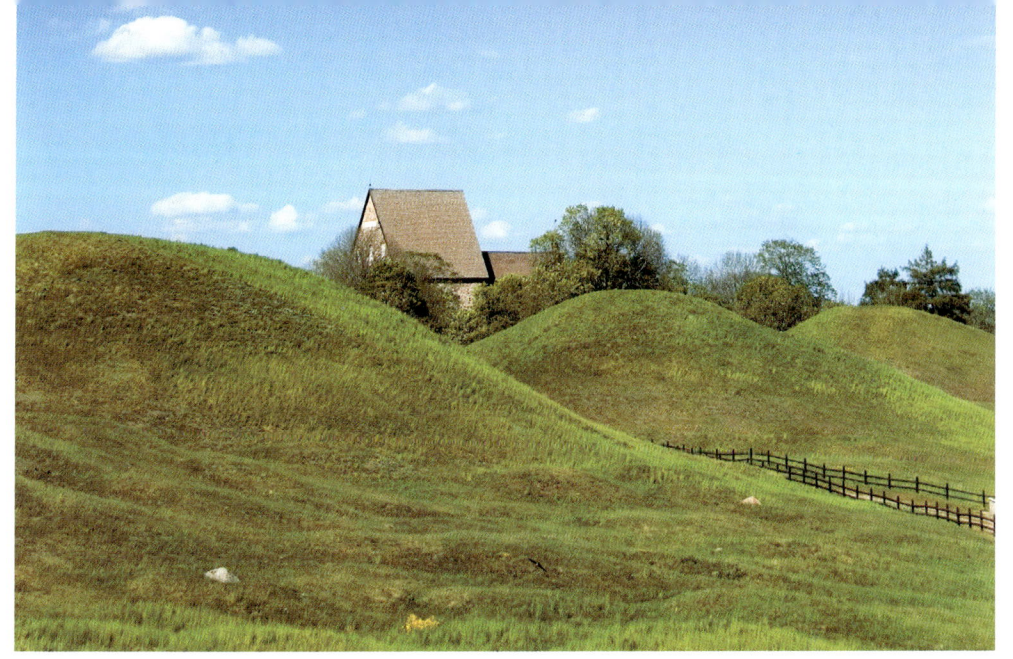

올드 웁살라 스웨덴, 웁살라 | Old Uppsala

스웨덴 이교도의 마지막 보루

올드 웁살라는 선사시대 스웨덴의 왕이 거주했던 곳으로 추측되며, 고대 스칸디나비아 전설에 따르면 전설적인 윙링 왕조의 고향이기도 하다. 이곳은 왕이 백성들을 전쟁에 소집하기 위해 '모든 스웨덴인의 법정'(일반 의회)이 매년 열리는 자리였기에, 중세에 이르기까지 정치적으로 매우 중요했다. 1200년대와 1300년에는 무역, 경제, 종교 중심지로도 중요한 지역이 되었다.

올드 웁살라는 퓌리스 강 유역, 농장에 둘러싸인 개간된 평야 지역에 있다. 이곳은 아담 폰 브레멘(신화와 종교에 관한 저작을 남긴 중세의 역사가)의 저작에 등장하며, 이교도가 마지막으로 세력을 떨쳤던 곳이라 알려져 있다. 예전에는 이 이교 중심지에 커다란 신전이 있었다. 11세기에 기독교가 스웨덴에 도달하면서, 신전이 있던 곳에는, 현재 1164년에서 1273년까지 스웨덴의 대주교 관구가 될 만큼 매우 중요하게 다뤄졌던 기독교 교회가 있다. 이 교회가 서 있는 곳은 '왕의 고분'과 매우 가깝다. 원래 이곳에는 2천 개에서 3천 개가량의 고분들이

있었지만, 지금은 대부분 농토로 뒤덮였다. 이 고분들에서는 1천 개 이상의 중요한 고고학적 유물이 발견되어 예전에 이곳에 거주했던 사람들의 생활 방식에 대해 소중한 정보를 제공해 주었다. 왕의 고분들은 6세기에 왕이 매장되었던 유적으로 판단되며, '신성과 권력의 상징'으로 세워졌다.

오늘날에는 이 인상적인 고분들 주위를 걸어 다니거나 감라 웁살라 박물관을 방문해 볼 수 있다. 이 박물관의 전시 유물들은 올드 웁살라의 역사와 신화를 알려 주는 한편, 스웨덴에서 가장 중요한 역사 중심지의 하나인 이 장소가 갖는 진정한 의미를 파악하도록 해 준다. **KH**

비르카 바이킹 정착촌 스웨덴, 비외르쾨 섬 | Birka Viking Settlement

기독교가 처음으로 스웨덴에 전파되었던 중요한 고고학적 유적

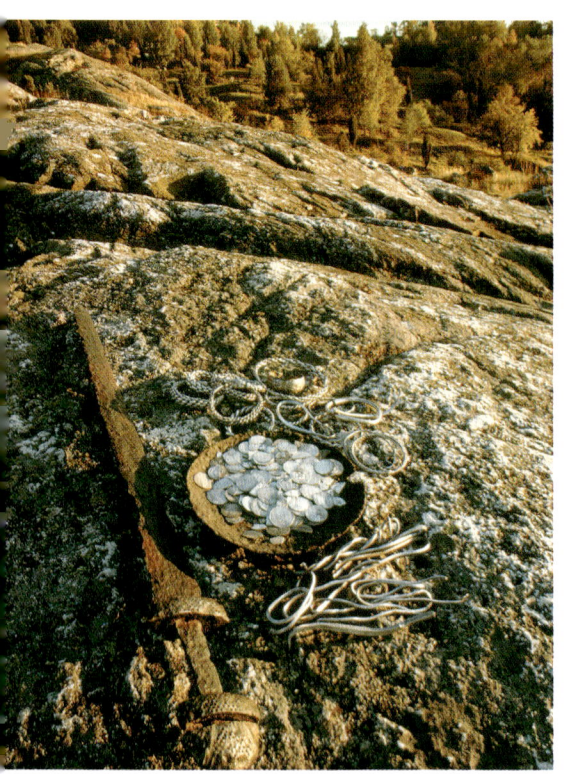

비르카 섬 바이킹 정착촌은 주변으로부터 고립되어 있기 때문에 상대적으로 완전하게, 손상입지 않은 상태로 남았다. 따라서 이 장소는 이곳에 살았던 바이킹들에 대해 정보를 얻을 수 있는 중요한 원천인 셈이다. 8세기에 처음 세워진 이 정착촌에는 10세기까지 사람이 살았다. 960년경 시그누카가 비르카를 밀어내고 무역의 중심지가 된 이후 이곳은 버려졌다.

비르카 정착촌은 진정한 의미로 스웨덴에 세워진 최초의 마을이다. 이곳은 무역을 주관하고 확장시키기 위해 세워졌으며, 그 전략적인 위치 때문에 주요 무역의 중추로 떠올랐다. 이곳은 라도가와 노브고로드를 통해 비잔틴제국과 아바스 왕조로 통하는 발트 해의 통로가 되어 주었으며, 따라서 세계적인 교역망의 일부가 되었다. 비르카에서는 아라비아의 은과 러시아의 진주가 철과 가죽으로 거래되었다. 기독교의 세력이 성장함과 더불어 이러한 교역 또한 200년간 점차 발전했다. 기독교는 800년대에 젊은 베네딕트회 수도사인 성 안스가르에 의해 스웨덴에 처음으로 들어왔는데, 그는 비르카에 와서 복음을 전했다. 그는 1년 반가량 전도를 계속했고, 그즈음에는 많은 이들이 세례를 받게 되었다. 831년 최초의 기독교 회합이 열렸다. 그러나 비르카는 기독교인들만으로 이루어진 사회는 결코 아니었다. 기독교도와 이교도가 나란히 공존하는 곳이었다.

비르카 정착촌은 바이킹 시대의 복잡한 역사를 이해하는 데 필수적이며, 이곳에 살았던 사람들의 생활상에 대해 알아볼 수 있는 훌륭한 기회를 제공한다. 오늘날, 이곳에는 많은 고고학 유적과 더불어 비르카 유적의 흥미진진한 이야기를 전해 주는 박물관이 있다. **KH**

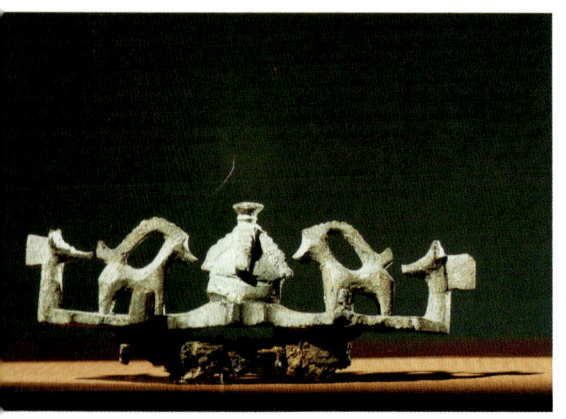

◩ 비르카의 고대 바이킹 정착촌에서 동전, 귀금속, 칼을 숨겨둔 땅굴이 발견되었다.

◪ 비르카 무덤에서 나온 청동 브로치로, 북유럽의 신인 토르의 양옆에 두 마리의 동물이 있는 모습이다.

스트린드베리의 집 스웨덴, 스톡홀름 | Strindberg's House

유명한 희곡 작가 아우구스트 스트린드베리가 묻힌 장소이자 그의 집

'푸른 탑'은 아우구스트 스트린드베리(1849~1912)가 스톡홀름에 소유한 24채의 집 중 오늘날 유일하게 볼 수 있는 집이다. 현재는 박물관이 된 이 건물은 그가 살던 원래 아파트먼트에 맞는 모습으로 신중하게 복원되었으며, 작가의 사생활을 들여다 볼 수 있는 매력적인 기회를 제공한다. 40년에 걸친 다작의 세월 동안 그는 60편 이상의 희곡을 비롯해 단편 소설, 에세이, 시, 역사적인 저작, 문화 비평, 과학 서적까지도 집필했다. 평생 동안 그는 자연주의에서 상징주의, 표현주의에 이르는 다양한 스타일의 글을 써 왔다. 현대극의 선구자라 할 수 있는 그는 「죽음의 춤」이나 「미스 줄리」 등의 극작품을 썼는데, 특히 19세기의 성도덕이 지닌 위선을 다룬 논쟁적인 테마로 인해 관객들을 전율하게 하고 스캔들을 일으켰다.

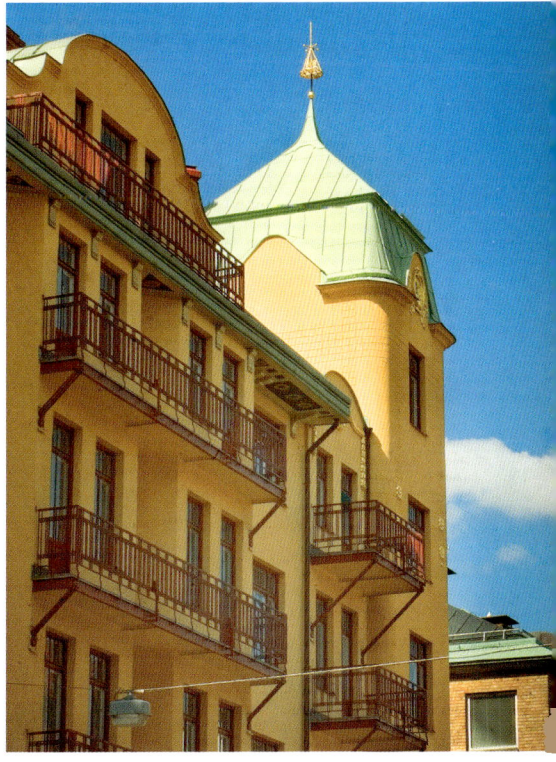

푸른 탑은 방문자들에게 작가의 일상적인 면모를 보여 준다. 그의 책상에는 강박적일 정도로 꼼꼼했던 그의 성격이 드러난다. 영국제 강철 펜촉에서 수제 종이와 레세보 종이 압착기에 이르기까지, 모든 것이 정확하게 정돈되어 있다. 모든 것은 스트린드베리가 죽었을 때 있던 그대로 놓여 있다. 방대한 규모의 그의 도서관에는 3천 권에 이르는 장서가 있다─문학에 대한 그의 대단한 열정을 보여 주는 증거이다. 노란색과 초록색의 번쩍이는 색채 선택에서 주의 깊게 배열된 가구에 이르기까지, 식당조차 그의 연극적인 취향을 드러낸다.

스트린드베리의 작품은 현대와 관련이 있는 결혼 생활의 다툼, 사디즘, 폭력 등의 주제로 계속해서 관객들의 호기심을 자극한다. 그는 자신을 떠나지 않는 "나는 꿈꾼다, 고로 존재한다"라는 선언을 반영하며 무언가를 환기시키는 듯한, 신비적인 드라마를 쓰기도 했다. 푸른 탑은 아우구스트 스트린드베리에게 드리워진 이 커튼을 걷어 올린다. **KH**

◺ 스트린드베리는 덴마크 코펜하겐에 있는 유명한 감옥의 이름을 따서 이 아파트먼트에 '푸른 탑'이라는 이름을 붙였다.

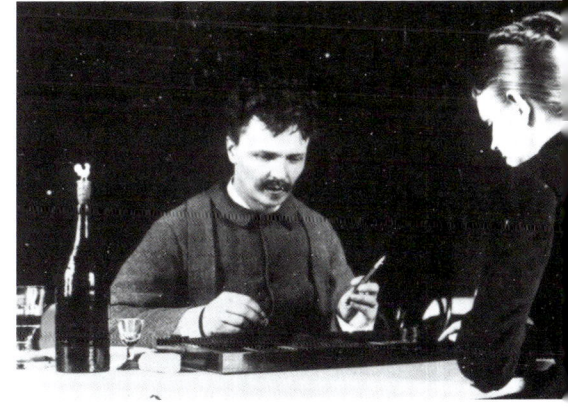

◲ 1900년. 스트린드베리가 집에서 백개먼 게임을 하고 있다.

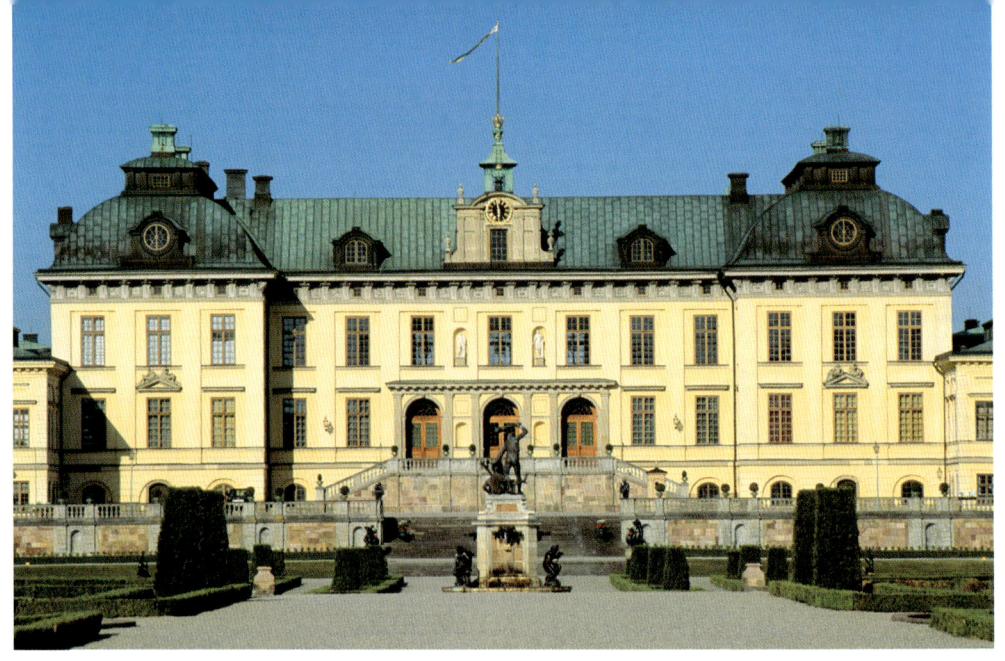

드로트닝홀름 스웨덴, 스톡홀름 | Drottningholm

1600년대 스웨덴의 부와 권력의 결정적인 상징물

드로트닝홀름은 호화로운 바로크 양식의 성으로 건축학적 디테일이 풍부하다. 이곳은 스웨덴의 왕궁 중 하나로 현재는 스웨덴 왕가가 거주하는 개인 거주지이다. 1662년 왕의 미망인인 헤드비그 엘레오노라가 지은 것이다. 그는 일류 건축가인 대(大)니코데부스 테신을 고용하여 성을 짓게 했는데, 건축을 완성하기 전에 그가 죽었으므로 결국 그의 아들인 소(小)니코데부스 테신이 이를 이어받아 성을 완성했다.

강력한 의지를 지닌 냉혹한 여인이었던 엘레오노라는 웨스트팔리아 평화 조약하에서 축적한 스웨덴의 부와 권력을 반영할 만한 웅장한 거주지를 지을 생각이었다. 당시 어렸던 카를 11세의 섭정이었던 그녀는 왕실의 일을 도맡아 보고 있었으며, 인상적인 대규모의 궁전 건축을 명할 만한 권력도 있었다.

1744년 드로트닝홀름은 스웨덴의 아돌프 프레드릭과 결혼한 프러시아의 루이자 울리카에게 넘어갔다. 그녀의 휘하에서 왕궁의 내부 구조가 변형되었다. 모든 방은 세심하게 다루어졌고, 세련된 로코코 양식이 가미되었다. 루이자 울리카는 궁정 극장을 치장 벽토와 혼응지를 이용해 장식한 대담한 방식으로 다시 짓도록 했다. 그녀는 중국식 파빌리온도 짓게 했는데, 이 건물은 기본적인 프랑스 로코코 양식에 1700년대에 유행하던 중국적이고 동양적인 면모를 가한 건물로 1753년에 건축되었다.

극장과 중국식 파빌리온 외에도 궁전에는 교회(오늘날에도 교구민들이 예배에 참석한다)와 많은 부분 대중의 접근이 허용된 두 개의 아름다운 정원이 있다. 넓은 대로가 있는 바로크식 정원과 연못, 운하, 다리를 갖춘 그림 같은 정경의 영국식 정원이다. 전체적으로 드로트닝홀름은 베르사유 궁전에서 그 영감을 얻은, 무엇과도 비교할 수 없는 17세기와 18세기의 북유럽 왕궁이라 할 수 있다. **KH**

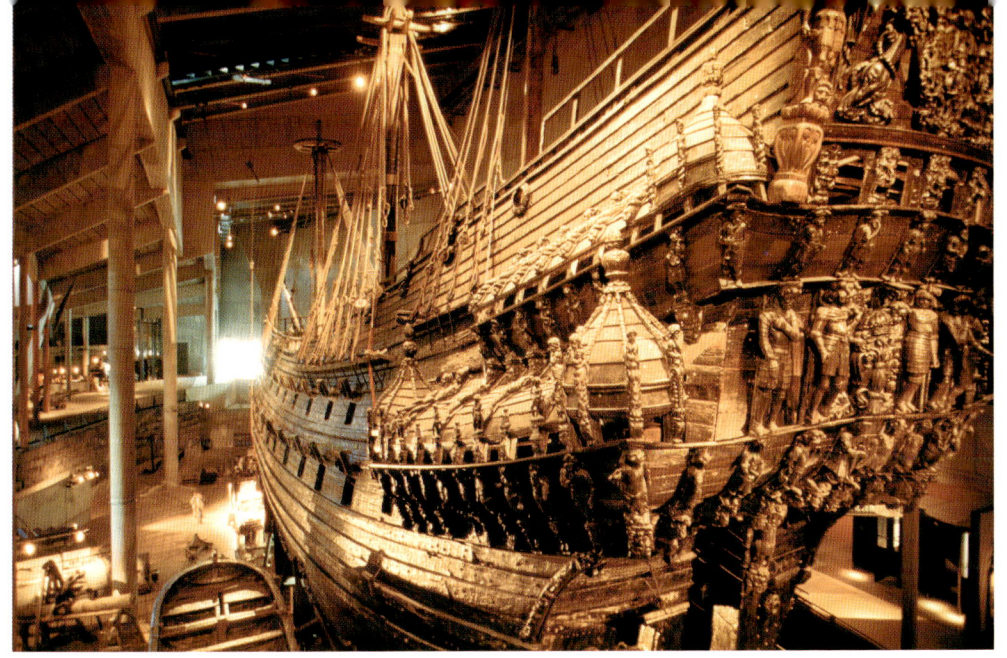

레갈스켑페트 바사 스웨덴, 스톡홀름 | Regalskeppet Vasa

처녀항해를 나선 길에서 전복된 전함

두 개의 포열 갑판 위에 64대의 대포를 장착한 바사 호는 세계에서 가장 강력한 전함이 될 예정이었다. 이 배는 1626년에서 1628년 사이에 스웨덴 왕 구스타부스 아돌푸스를 위하여 건조되었으며, 1백만 달레르, 스웨덴의 국민총생산의 2퍼센트에 달하는 금액이 소요되었다. 배는 아돌푸스가 하명한 특정한 치수에 따라 설계되었다. 길이가 69m, 용골에서 돛대 끝까지 52.5m에 달하며, 열 개의 돛과 세 개의 돛대를 갖추었고, 145명의 선원과 300명의 군사가 탑승할 수 있는 넓이였다. 바사 호는 1628년 8월 10일 처녀항해에 나섰으나, 고작 120m 나아갔을 때 오른쪽으로 기우뚱했고, 포문을 통해 물이 세차게 흘러들어왔다. 모든 이들이 공포에 질리고 놀라는 가운데 배는 가라앉았고, 서른 명의 사람들이 죽었다.

그 당시에는 바사 호가 가라앉은 이유를 이해할 수 없었다. 격노한 아돌푸스는 죄가 있는 자들을 처벌하도록 명했다. 그러나 결국 아무도 처벌받지 않았다. 배의 설계를 맡았던 사람은 이미 죽은 후였고, 그 설계도 왕

자신이 지시한 치수에 따라 이루어졌기 때문이었다.

1961년 영광스럽게 소생한 바사 호는 지금 스톡홀름의 박물관에 있다. 이 배는 후기 르네상스와 초기 바로크 양식으로 된 700여 개의 조각품과 장식을 자랑한다. 이러한 세공의 모티프는 그리스 신화와 성서, 로마 역사에서 가져온 것으로, 이 모든 것 덕택에 바사 호는 볼 만한 가치가 있는 호화로운 시각적 전시물이라 할 수 있다. **KH**

"…만일 선원들이 소금만 너 앞뒤로 뛰어다녔다면, 배는 영영 사라졌을 것이다."
바사 호의 안정성 테스트에서, 플레밍 제독

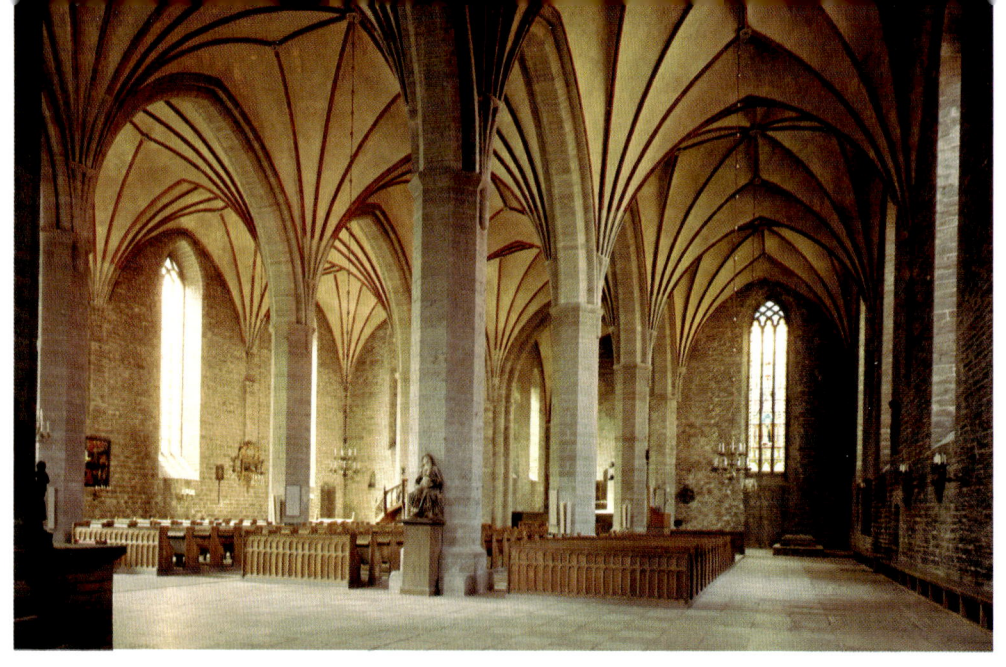

바드스테나 수도원 스웨덴, 바드스테나 | Vadstena Abbey

비르기타 수녀회의 모원(母院)

원래는 농장이었던 바드스테나 수도원은 1346년 성 비르기타에 의해 설립되었다. 1370년에는 교황 우르바노 5세의 승인을 받았고 1384년 린최핑－바로 수도원이 있는 관구 였다－주교의 축복을 받았다. 성 비르기타는 1391년 성인의 반열에 올라, 이 수도원은 명성과 부를 얻게 되었다. 그러나 1523년 킹 구스타부스 바사에게 강탈당했으며 나중에는 땅을 압수당하고, 건물에 피해를 입고 수도원의 책과 귀중품 대부분을 빼앗았다. 1580년 요한 3세가 수도원이 입은 피해를 복구해 주었으므로 잠시나마 수도원의 가족들은 안정적으로 성장하고 만족을 누릴 수 있었다. 그러나 1594년 다시 한 번 압류당하고 강탈당하는데, 이번에는 쇠데르만란드 공작 때문이었고 곧 카를 9세에 의해서도 같은 피해를 입었다. 수도원의 건물 중 일부는 오늘날에도 서 있지만, 이제는 종교적인 목적으로 쓰이지 않는다.

성 비르기타가 세운 교단은 아우구스티누스 공동 수녀회의 수도회로, 중세에는 여성과 남성 모두 입단할 수 있었으며, 예수의 고난에 대한 헌신으로 공동생활을 하게 되었다. 여성들은 수녀가 되어 엄격하게 고립 생활을 한 반면, 남성들은(수사가 되었는데) 설교사와 전도사로 활동하며 문학을 통해 기독교 문화를 발전시키는 데에 특별한 공헌을 했다. 이는 비르기타회가 남긴 문학 작품 중에 스웨덴어로 번역된 성경이 일부 포함되어 있어서 대중들이 성서 읽기가 쉬워졌기 때문일 것이다. 이 교단은 널리 퍼져 1515년에는 스물일곱 군데로 늘었고, 이중 열세 곳이 스칸디나비아에 있었다.

바드스테나 수도원은 최근에 현대적으로 수리되었으며, 수도원 건물들은 새로운 목적을 부여받았다. 남성들이 거주하던 수도원은 병원이 되었으며, 여성들이 거주하던 곳과 회의장은 1980년까지 정신병원(이전에는 바드스테나 정신병자 수용소)이었다. **KH**

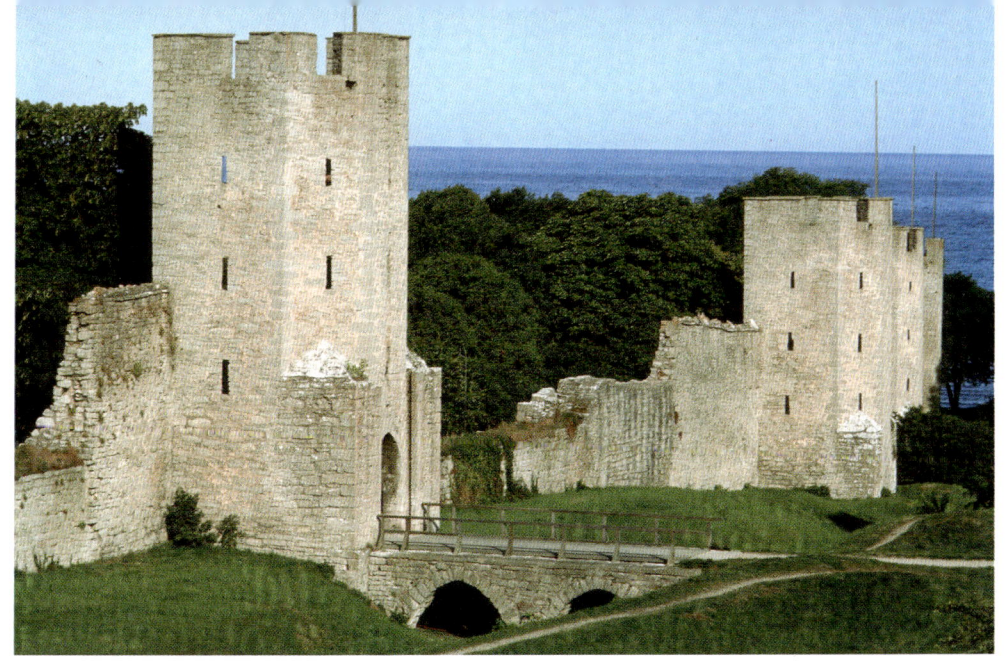

🏛️ | ◎ 비스뷔 스웨덴, 고틀란드 섬 | Visby

북유럽에서 가장 잘 보존된, 요새에 둘러싸인 상업 도시

놀랍게도, 비스뷔의 원래 건물들은 오늘날까지 여전히 서 있다. 이중에는 교회, 주거지, 학교 등이 있다. 이 도시는 잘 보존되어 있는 중세의 거리에 위치하고 있으며, 둥근 성벽에 요새처럼 둘러싸여 있다.

비스뷔는 고틀란드가 급속도로 부유해지고 번영하던 12세기부터 큰 도시로 성장했다. 이러한 부는 이 섬이 한자 동맹과 맺고 있던 관계에서 직접적으로 비롯됐다. 한자 동맹은 원래 함부르크와 뤼베크에 있는 독일 항구들 간에서 발트 해의 무역선을 해적의 위험으로부터 보호하기 위해 맺어진 것이었으나, 결국 발트 해 무역 대부분을 지배하게 되었다. 상호 간 보호를 위하여 한자 동맹의 선박들은 서로 호위하며 항해했고, 배를 잃더라도 파산하는 일이 없도록 상인들은 개인 선박의 화물에 함께 투자했다. 비스뷔는 발트 해 동부와 노브고로트 간의 무역에서 중심지였고, 점점 더 많은 이들이 고틀란드로 이주해 오면서 도시는 성장했다. 결국 비스뷔의 시민들은 도시를 둘러싸는 둥그런 방어벽을 쌓았는데, 이 벽은 14세기 말에 높이가 11m에 길이는 3km에 달했고, 거의 오십 개의 탑이 있었다. 그러나 무역량이 감소하면서 이 도시의 부유함도 줄어들었고, 주민 수가 줄어들면서 건물들은 퇴락해 갔다. 고의적으로 파괴된 건물은 거의 없었으므로 성벽 대부분과 17세기의 중세 교회당, 원래 지어졌던 주택 대부분은 그대로 살아남았다.

19세기 중반 비스뷔의 경제가 나아지기 시작했으며, 고틀란드의 산업 부흥에 이끌려 다시 비스뷔로 인구가 모여들었다. 지금 이곳에는 오래된 건물과 새로운 건물이 나란히 뒤섞여 있으며, 현대적인 아파트먼트가 들어선 구역 옆에 중세 교회의 유적이 어깨를 맞대고 있다. 오늘날의 뷔스비에는 백 년도 채 되지 않는 작고 현대적인 도시의 모습과 강력했던 중세 도시의 유적이 훌륭한 조화를 이루고 있다. **KH**

칼마르 성 스웨덴, 칼마르 | Kalmar Castle

눈부신 르네상스 성으로 탈바꿈한 중세의 방어 탑

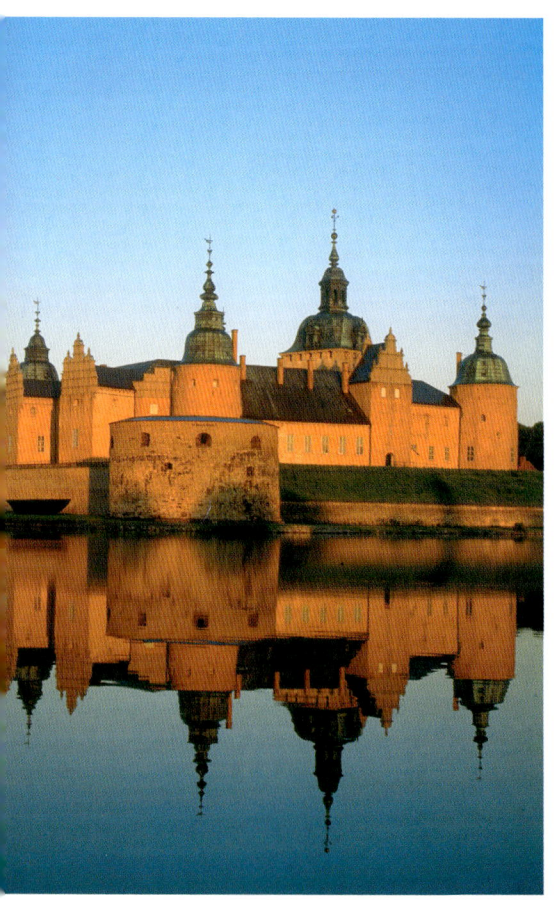

"독재적이고, 교활하고, 무시무시한 성미를 지닌 그는 근대 스웨덴의 기초를 형성했다."

작가, 비외른 헬크비스트, 구스타프 바사 왕에 대한 글

이 전설적인 성은 처음 지어졌던 시기가 12세기까지 거슬러 올라가며, 900년이 넘는 풍부한 역사를 지니고 있다. 원래 이 성은 해적들과 해상 적군, 특히 덴마크로부터 스웨덴을 지키는 방어 탑 역할을 위해 건축되었다. 덴마크 국경과 가까운 해안가에 자리 잡은 칼마르 성의 위치는 특별히 전략적으로 중요했다. 이 성은 또한 북유럽의 정책 결정에서 필수적인 역할을 하였으며, 1397년 북유럽 국가들이 공동의 군주 아래 집결하기로 한 조약인 칼마르 조약이 이루어지는 회의장으로 쓰였다. 그러나 1658년, 스칸디나비아의 섬들이 스웨덴에 병합되면서 이 성의 전략적 중요성은 사라졌다.

칼마르 성은 처음에는 단순한 원형 감시탑으로 세워졌다. 여기에 점차 더 많은 건물과 탑들이 덧붙었다. 그래서 1280년에는 외벽으로 연결된 네 개의 탑과 지휘탑 하나로 이루어진 모습이었다. 칼마르가 눈부신 르네상스 성으로 모습을 바꾼 것은 구스타프 바사와 그의 세 아들이 통치하던 시기였다. 그들은 새로운 건물과 교회 하나를 더 짓고 거주 구역을 넓혔으며, 지붕을 새로 바꾸고 커다란 방어 둑을 쌓았다. 이에 더해 1570년에는 요한 바티스타와 도미닉 파르 형제가 고용되어 섬세한 우물과 복잡한 정문의 조각을 맡았다. 슬프게도 1600년대에 일어난 대규모 포위 공격과 큰 화재 때문에 성은 크나큰 피해를 입었고, 이후에는 방치되었다. 1700년대 내내 이 성은 저장시설, 왕립 무기고, 감옥, 증류주 제조소 등 여러 가지 목적으로 쓰였다.

1914년에서 1941년에 걸쳐, 마르틴 올슨의 엄격한 감독하에, 정확하면서 역사적인 건설 방식으로 전면적이고 세심한 복원 작업이 진행되었다. 오늘날 이 아름답고 역사적인 성은 대중에게 공개되어 있으며, 스웨덴에서 가장 잘 보존된 르네상스 성 중 하나로 널리 인정받는다.

KH

룬드 성당 스웨덴, 룬드 | Lund Cathedral

스웨덴에서 가장 아름다운 성당 중 하나 - 건축학적 승리

룬드 성당은 역사적으로 굉장히 흥미로운 곳이며 신기한 유물들이 많이 보관되어 있다. 어떤 자료에 따르면 이 성당은 1080년대에 지어졌다고 하며, 1103년이라는 설도 있다. 어느 쪽이든, 1103년에 이 교회는 북유럽 국가의 수석 대주교를 모시는 대주교 관구 소재지가 되었으며, 건물은 마침내 1145년 축성(祝聖)되었다. 룬드 성당은 원래 덴마크의 지배하에 놓여 있었으나, 1658년 로스킬레 조약과 더불어 룬드의 주교 교구는 스웨덴으로 넘겨졌고 지금도 그렇게 남아 있다.

건축은 여러 단계의 발전과 복원을 거쳤는데, 그 처음은 1234년 큰 화재로 건물이 파괴되었을 때였다. 성당이 재건되었을 때 서쪽 파사드가 새로이 교체되고, 새로운 아치형 천정을 비롯한 예술적인 장식이 많이 가미되었다. 1370년대에는 호화찬란한 고딕식 성가대석이 생겼고 1398년에는 고딕 윙이 달린 제단장식이 만들어졌다. 1424년, 변화하는 달의 모양과 태양이 지는 곳을 알려 주는 천문학적 시계인 '호롤로지움 미라빌레 룬덴세'가 설치되었다. 요한 1세가 주도한 대규모 개조 공사로 성당에는 매혹적인 부조가 조각되고 웅장한 대리석 석관이 들어왔다. 룬드는 중세 동안 이 지역의 권위 있는 문화의 도시이자 종교적인 도시였으나, 1536년의 종교 개혁 이후 이 교회의 영향은 점차 줄어들었다.

오늘날 서 있는 성당은 아름다운 건축 작품이다. 이탈리아 르네상스 양식으로 지어진 사암 건물로, 룬드 시의 하늘을 찌를 듯한 55m 높이의 탑 두 개와 건축가 요한 뒤프베르만이 디자인한 육중한 청동 현관 두 개가 이 성당을 장식한다. 우아한 내부는 세 개의 통로와 수랑(십자형 교회당에서 중심축선과 수직으로 만나는 부분)으로 이루어져 있으며, 구석구석에 섬세한 장식이 풍부하게 넘친다. 룬드 성당은 한때 남부 스웨덴이 누렸던 부유함과 권력을 증언해 주는 뛰어난 건축물이다. **KH**

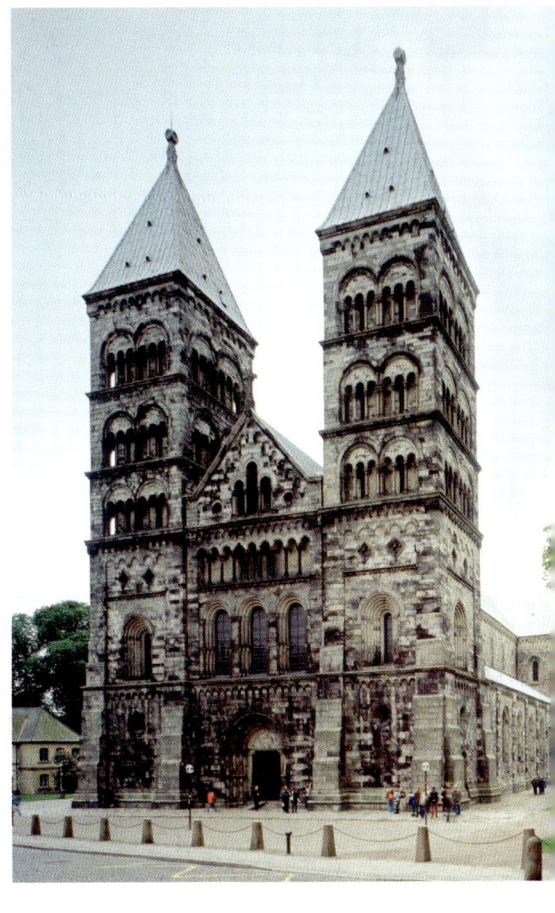

"기뻐 찬양하며 우리 경배 올리자―우리 마음의 기쁨이 구유에 누워 계시네."

천문학 시계의 오르간이 연주하는 캐럴

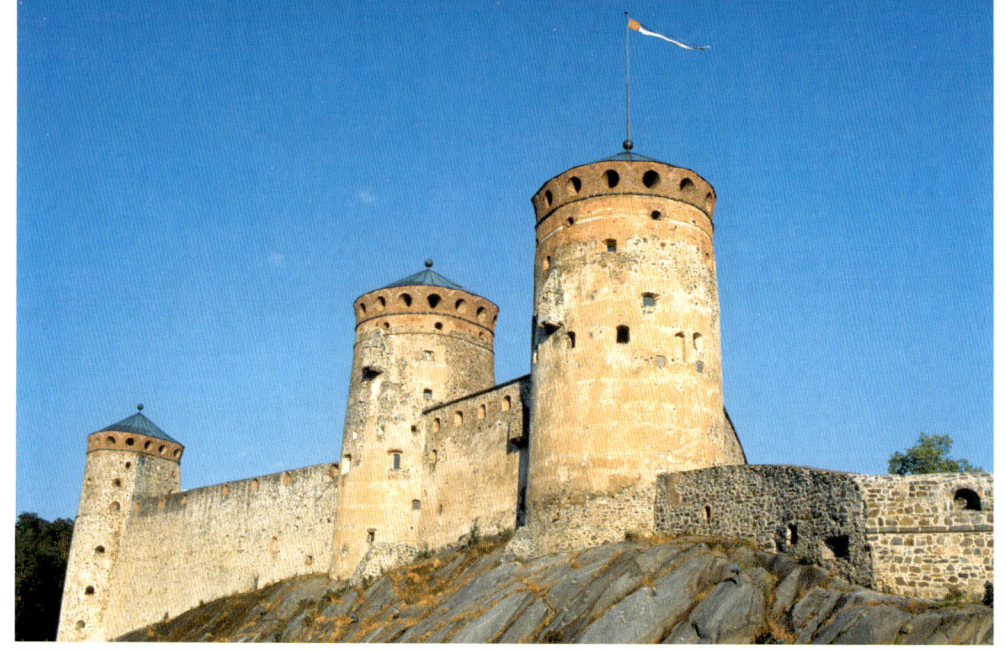

올라빈린나 성 핀란드, 사본린나 | Olavinnlinna Castle

이 중세 석조성의 소유권을 두고 계속해서 첨예한 분쟁이 일어났다

올라빈린나 성은 1475년 에리크 악셀손이 스웨덴 동쪽 국경에 세웠다. 에리크 악셀손은 노르웨이, 스웨덴, 덴마크, 아이슬란드가 이루는 칼마르 조약하에 있던 스웨덴의 통치자였다. 이후에 러시아가 되는 지역인 모스크바 대공국의 위협이 점차 커져 감에 따라, 악셀손은 스웨덴 왕국을 보호하기 위해 건설을 시작한 것이다. 여러 해 동안 스웨덴과 러시아는 핀란드 영토의 지배권을 두고 싸워 왔으며, 올리빈린나 성이 세워졌다는 사실에 러시아인들은 커다란 반감을 가졌다.

성은 방어하기 쉬운 사이마 호숫가 가까운 바위투성이 섬에 전략적으로 건축되었다. 이 장소가 국경의 러시아 쪽에 있다고 생각한 러시아 군대는 계속해서 건설 작업을 방해하려고 노력했다. 성의 입지를 놓고 몇 세기 동안 분란이 계속되었으며, 1700년에 시작한 북부전쟁이 끝난 지 얼마 되지 않아 러시아인들이 이 성을 차지했다. 리시아는 1714년에서 1721년까지, 그리고 1743년에서 1809년까지 올리빈린나를 소유하고 있었으며, 핀란드는

러시아 치하에서 독립된 대공국이 되었다. 1917년, 핀란드가 마침내 독립을 얻었을 때 이 성은 투쟁하는 이웃 국가들에 대적하기 위한 군사적 중요성을 잃었다.

오늘날 올라빈린나 성은 핀란드의 사본린나 근처에 서 있으며, 주 성, 세 개의 커다란 탑, 더 많은 탑으로 강화된 성벽에 둘러싸인 주목할 만한 안뜰로 이루어져 있다. 1860년대에 일어난 두 차례의 화재로 대규모의 피해를 입었으나, 1961년에서 1975년까지 성은 완전히 복원되었다. 성은 이러한 보수 공사를 거쳐 다양한 문화 행사와 사회 행사가 열리는 장소가 되었으며, 지금은 핀란드에서 가장 유명한 관광 명소 중 하나이다. 여기서 열리는 중요한 행사 중 하나는 매년 여름 개최되는 유명한 사본린나 오페라 축제로, 이 성과 도시에는 수많은 오페라 팬들이 찾아온다. **KH**

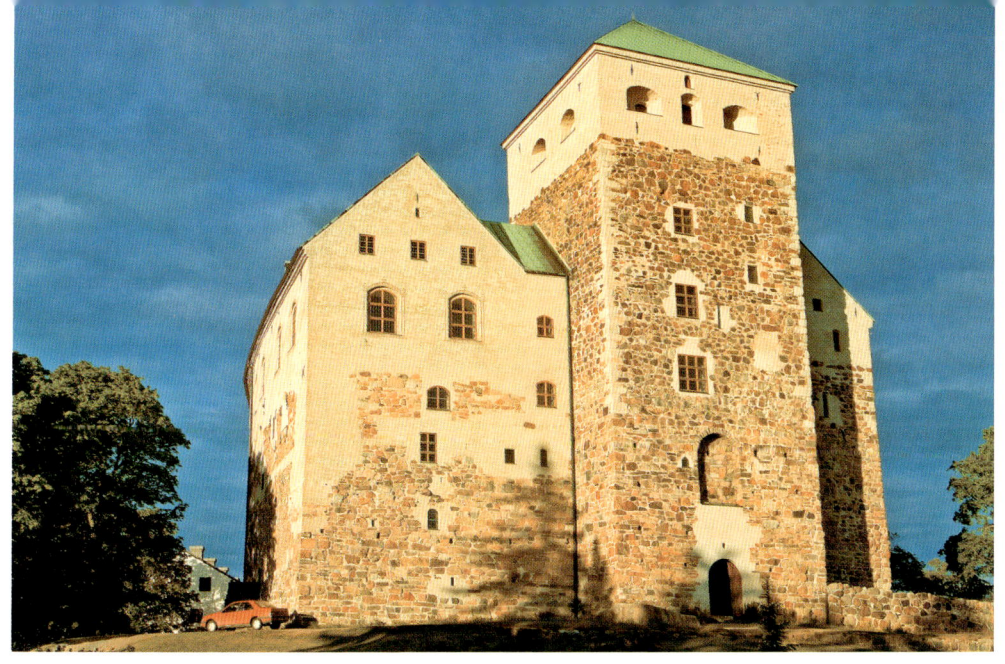

투르쿠 성 핀란드, 투르쿠 | Turku Castle

스칸디나비아에서 가장 크고 웅장한 중세의 성 중 하나

1280년에 지어진 투르쿠 성은 오랜 세월의 역사를 간직하고 있으며 이 성의 훌륭한 돌벽은 격동의 북유럽사(史)에서 일어난 수많은 커다란 사건들을 목격해 왔다. 투르쿠 성은 모든 핀란드 성 중에서도 가장 극적인 사건 속에 자리했다.

성의 원래 건물이 모습을 갖춘 것은 1280년에서 1310년 사이였으며, 이후로 몇 세기에 걸쳐 그 규모와 강력함은 커져 갔다. 처음의 성은 두 개의 튼튼한 출입구 탑이 달린 단순한 사각형 본성(本城)으로 이루어진 구조였다. 나중에 아우라 강의 물길을 끌어온 커다란 해자가 지어졌으며, 이로 인해 성은 섬 위에 자리 잡게 되어 보다 강력하게 방어할 수 있게 되었다. 15세기에는 본성 주변에 웅장한 외벽이 둘러졌고, 요한 공작이 통치하던 16세기에는 오늘날 보이는 훌륭한 르네상스 건물의 모습으로 개조되었다. 이때가 성의 전성기였다. 투르쿠 성은 핀란드 프로퍼 주의 중심에 있었으며 나라 전체의 행정 중심지였다. 17세기에 성은 핀란드의 총독이 거주하는 장소가 되었으나 요한 공작 아래에서 누렸던 그 위풍당당함은 다시는 누리지 못하게 된다. 17세기 말, 이 성의 중요성은 사라졌고 18세기에는 곡물 창고로 쓰일 정도로 격하되었다. 비슷한 시기에 외벽으로 둘러싸인 안뜰은 감옥이 되었으며, 1890년대에 역사박물관이 될 때까지 계속해서 감옥으로 쓰였다.

1941년에서 1944년에 걸쳐 핀란드와 소련 간에 일어난 제2차 전쟁으로 1941년 성은 다시 한 번 불길에 휩싸였다. 소련의 비행기는 성에 심각한 손상을 입혔다. 따라서 이후에 오랜 기간에 걸쳐 전면적으로 개조했고, 이는 1987년 비로소 끝이 났다. 오늘날 이 건물에는 성이 지닌 풍부한 역사와 여러 차례 당한 공격을 보여 주는 대규모 전시물이 소장되어 있다. **KH**

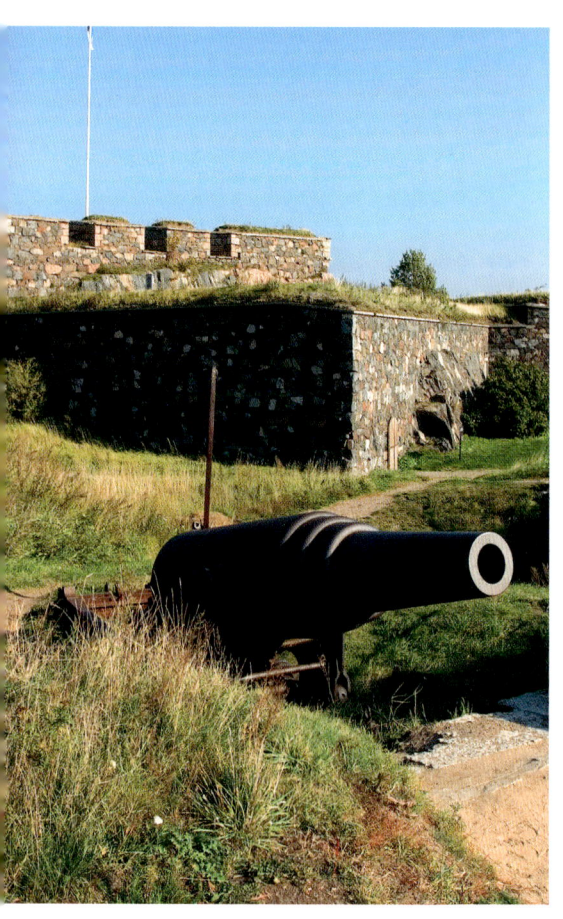

"스웨덴 대공이 활보하던 곳
비단 양말에 의식용 검을 갖추고…"
조 브레이디, 「수오멘린나」

수오멘린나 요새는 헬싱키 외부 여섯 개의 섬에 걸쳐 지어진 대규모의 해군기지이자 요새이다. 이 요새는 18세기 중반, 핀란드가 아직 스웨덴의 지배를 받고 있을 때 축조되었으며, 처음 지어졌을 때부터 핀란드 역사에서 중심적인 역할을 맡아 왔다.

수오멘린나 요새는 1747년 핀란드 만에서 점점 강해져 가던 러시아의 해군력에 대비하기 위해 세워졌다. 디자인을 맡았던 아우구스틴 에렌스배르드 백작은 요새를 짓기 위해 가장 복잡한 현대적 설계를 도입했고 죽을 때까지 요새에서 일했다. 그가 묻힌 장소도 이 요새였다. 그러나 스웨덴과 러시아와 벌어진 핀란드 전쟁(1808~1809) 동안, 수오멘린나 요새는 거의 저항하지도 않고 러시아 군대에 항복하였으며, 1809년 핀란드는 스웨덴에서 넘어가 러시아 제국에 속한 반(半)자치 지역이 되고 말았다.

크림 전쟁(1854~1856) 중에 수오멘린나 요새는 영국-프랑스 연합군의 함대가 가한 포격으로 심각하게 파괴되었으나, 전쟁이 끝난 후 수리되고 증축되었다. 1906년 요새는 차르에 대항하여 일어났던 짧고, 결국 실패로 돌아간 반란이 일어났던 중심지였다. 1914년에서 1917년까지 방비는 더욱 탄탄해졌다. 제1차 세계대전 이후, 핀란드는 러시아에서 독립했으며, 수오멘린나 요새는 핀란드 내전(1918)의 반란자들을 투옥하는 감옥으로 사용되었다.

1973년 수오멘린나 요새에 민간 정부가 들어섰다. 원래 군사 기지로 축조되었던 이 요새는 페리를 통해 본토로 쉽게 드나들 수 있기 때문에, 피크닉과 당일치기 여행 장소로 인기가 높다. 이곳에는 많은 박물관을 비롯하여 학교, 극장, 경비가 최소화된 감옥, 그리고 핀란드 해군사관학교가 있다. 수오멘린나 요새는 이제 핀란드의 중요한 랜드 마크이자 문화 센터 중 하나이며, 1991년에 유네스코 세계문화유산으로 지정되었다. **JF**

이교도신앙에서 기독교로 가는 징검다리

덴마트 동 유틀란드의 평화로운 시골 풍경 한복판에 있는 옐링이라는 작은 마을에는, 두 개의 오래된 봉분, 교회, 그리고 룬 문자가 새겨진 두 개의 흥미로운 돌—옐링 스톤이라 알려진 돌이 있다. 이것은 무덤의 봉분과 더불어 세워진 거대한 비석으로, 비문이 조각되어 있고 그림 같은 상식이 새겨져 있다. 이 비석들은 북유럽의 이교도 문화를 보여 주는 본보기인 동시에, 북유럽의 종교적 신앙이 기독교로 변천하는 시기를 나타내기 때문에 그 중요성이 특별하다.

두 비석 중에서 초기에 세워진 것(둘 다 10세기 중반으로 거슬러 올라간다)은 덴마크의 첫 번째 왕인 '노인왕 고름'이 자신보다 먼저 죽은 아내인 티레를 추모하기 위해 세운 것이다. 두 개의 봉분도 역시 고름이 티레와 자신을 위한 장례 기념물로 세운 것이라 추측된다. 그러나 그들이 묻힌 자리는 발견되지 않았으며, 교회 묘지 터에 만들어진 최근의 무덤들 때문에 예전 무덤의 흔적은 모두 사라져 버렸다. 원래는 둥글게 배열된 돌들이 무덤을 둘러싸고 있었을 것으로 추측하고 있다.

두 개의 옐링 스톤 중 두 번째는 고름의 아들인 '푸른 이의 하랄'이 세운 것이다. 이 비석은 고름이 세웠던 것보다 크며, 높이가 2.5m에 달한다. 여기에 새겨진 비문은 다음과 같다. "하랄 왕은 아버지인 고름과 어머니인 티레를 추모하는 의미에서 이 비석을 세우게 했노라. 모든 덴마크와 노르웨이의 통치자였으며 덴마크를 기독교화한 하랄이." 이 비문은 하랄이 비석을 세운 여러 가지 의도를 나타낸다. 첫 번째로 그는 아버지와 어머니를 기리기 원했다. 두 번째로 덴마크와 노르웨이에 걸친 그의 승리를 기념하기를 바랐고, 따라서 덴마크가 통일된 왕국으로 성립되었음을 강조했다. 마지막으로 그는 북유럽의 종교적 신앙이 기독교로 변화하였음을 강조한다. 옐링 스톤은 따라서 이교도 시대가 끝났음을 증언하는 매혹적인 고대 유적이라 할 수 있다. **KH**

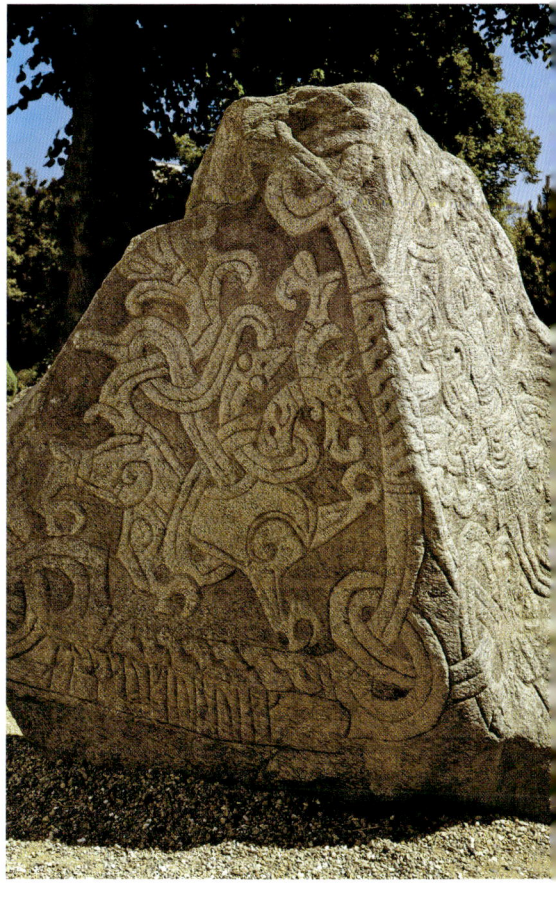

"고름 왕은 덴마크의 구원자인 그의 아내, 티레를 기념하여 이 비석을 만들었노라."

두 개의 비석 중 오래된 쪽에 새겨진 비문

리베 성당 덴마크, 리베 | Ribe Cathedral

덴마크에 세워진 최초의 기독교 교회

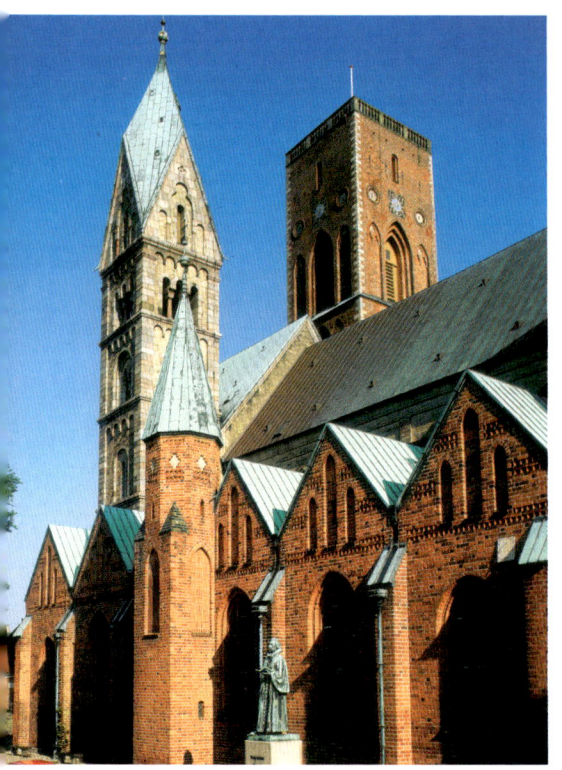

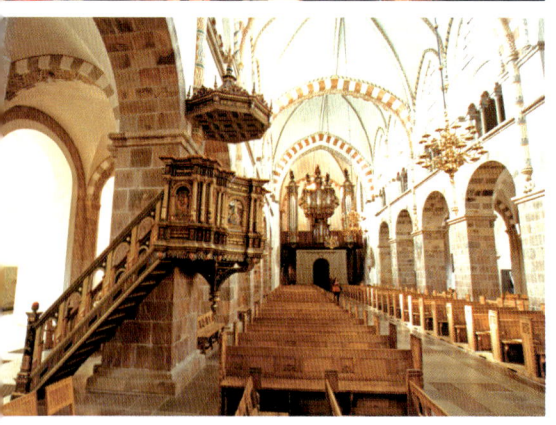

리베 시는 덴마크에서 가장 오래된 도시로 알려져 있다. 826년 가톨릭 수도사인 안스가르가 덴마크에 기독교를 들여왔을 때, 그는 최초의 교회당을 지을 장소로 리베를 선택했는데, 이 도시가 무역 중심지로 중요한 장소였기 때문이었다. 860년 그는 덴마크의 왕에게 교회를 짓게 해 달라는 요청을 올렸다. 그러나 948년 이전에 이곳에 주교나 성당이 있었다는 기록은 없다. 안스가르가 오기 전에 덴마크인들은 북유럽의 신인 토르와 오딘을 숭상했다. 덴마크를 기독교로 개종시킨다는 것은 커다란 모험이었으며, 리베 성당의 존재는 개종에 성공하는 데 필수적이었다.

오늘날의 리베 성당은 1150년경 건축이 시작되어 1250년경 완공되었다. 사암과 화산 퇴적암으로 지어졌으며, 토대와 기둥에는 화강암이 사용되었다. 리베 시의 부유함과 중요성이 점점 커지면서 성당은 수백 년 동안 발전을 거듭했다. 그러나 1536년 종교 개혁과 더불어 왕은 교회의 소유물을 빼앗아 가기로 결심했고, 리베의 주교는 지위를 박탈당했다. 그 이후로 성당은 그 목적이 바뀌었고, 1600년 즈음에는 성당의 주 탑에 대포가 설치되어 망루로 활용되었다.

여러 차례에 걸친 공격, 끔찍한 홍수, 화재, 구조적 쇠퇴, 폭풍우를 겪어왔음에도 리베 성당은 여전히 로마네스크 건축 양식을 보여 주는 훌륭한 예로 남아 있다. 다섯 개의 측랑(側廊)을 갖춘 아름다운 건축물로, 52m 높이의 망루에서는 주변을 둘러싼 시골의 그림 같은 아름다움을 구경할 수 있다. 성당 내부는 사자의 머리가 새겨진 청동 문, 그림, 모자이크, 스테인드글라스 등 수없이 많은 섬세한 장식으로 꾸며져 있다.

◩ 리베 성당은 리베 시를 지배하고 있으며, 이 주변의 평평한 지형 덕분에 몇 미터 밖에서도 눈에 들어온다.

◩ 사암과 화산 퇴적암으로 지어진 로마네스크 양식의 성당은 덴마크에서 유일하게 다섯 개의 측랑으로 이루어진 교회이다.

안데르센 박물관 덴마크, 오덴세 | Andersen Museum

한스 크리스티안 안데르센의 집이자, 한 작가에게 헌정된 초기 박물관들 중 하나

한스 크리스티안 안데르센(1805~1875)은 많은 이의 사랑을 받는 작가로 소설, 희곡, 여행기 등을 남겼으나, 분명 「인어 공주」며 「미운 오리 새끼」를 비롯한 동화를 통해 가장 잘 알려진 작가일 것이다. 그의 작품은 대부분 아동 문학으로 읽히지만, 자세히 들여다보면 안데르센의 이야기에는 분명히 이른 독자를 거누고 있는 어둡고 아이러니한 저의가 드러난다.

오덴세에 있는 안데르센 박물관은 이 작가의 업적에 찬사를 바치고 세계적으로 알려진 그의 뛰어난 명성을 증언해 주는 곳이다. 안데르센은 현재 박물관이 위치한 곳에 있던 작은 셋집에서-다른 세 집의 식구들과 함께-어린 시절 12년간 살았다. 박물관의 전시물은 그의 가족이 가난과 쓰디쓴 투쟁을 벌이던 모습을 보여 주며 안데르센의 인생 이야기를 들려준다. 그의 아버지는 자식을 먹여 살리기 위해 노동했고, 어머니는 그에게 직조공, 담배 가게 주인, 재단사 등의 도제 일을 찾아 주려고 애썼다. 그러나 안데르센은 연극과 문학에 대한 꿈을 계속 키워 갔고, 열네 살의 나이로 코펜하겐을 향해 떠나 문학계에 발을 들여놓으려고 노력했다. 가난에 쪼들리는 3년이라는 세월이 흐른 후, 마침내 왕립 극장의 책임자 요나스 콜린이 그를 발견했다. 안데르센은 서른 살에 처음으로 동화집을 출간했으며, 그 이후로 점점 더 큰 성공을 거두게 되었다.

안데르센 박물관은 1908년에 문을 열었으며, 한 작가에게 헌정된 박물관으로서는 세계에서도 초기의 것들 중 하나이다. 박물관은 안데르센이라는 인물의 초상, 그의 내면, 그의 모습, 그의 작품을 보여 준다. 그림, 문서, 의복 등 훌륭한 컬렉션과 전시되어 있는 물건들은 안데르센의 가난한 어린 시절의 사회상을 그대로 전한다. **KH**

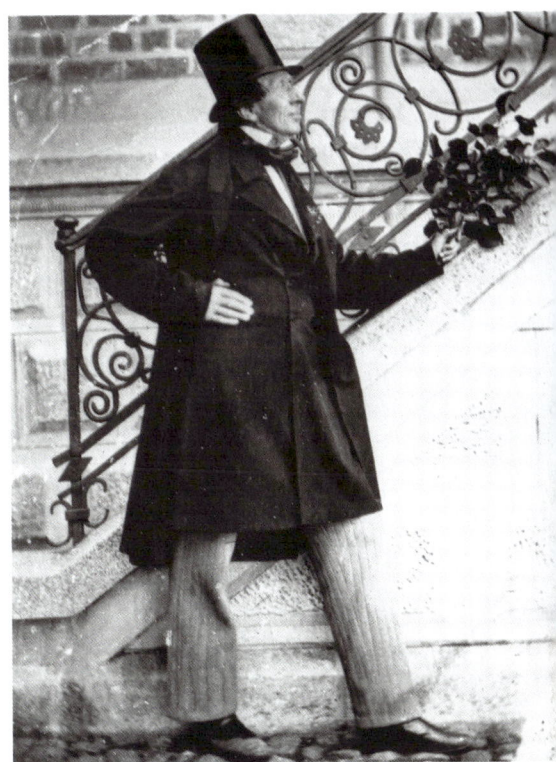

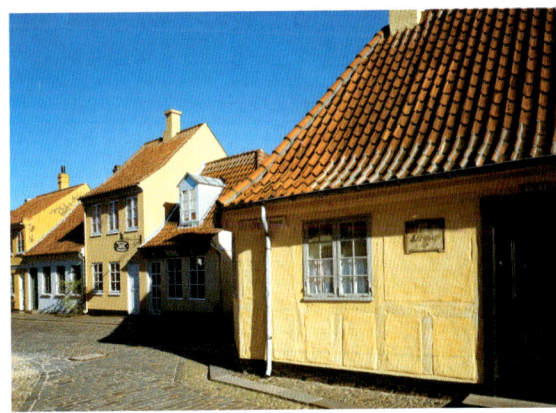

↗ 계단은 한스 크리스티안 안데르센이 그토록 벗어나고 싶어 했던 가난의 탈출을 상징한다.

→ 안데르센은 1819년 명성과 부를 찾아 코펜하겐으로 떠나기 이전까지 오덴세의 이 집에 살았다.

크론보르 성

덴마크, 헬싱괴르 | Kronborg Castle

햄릿의 배경인 엘시노어 성은 크론보르 성을 모델로 삼은 것이다

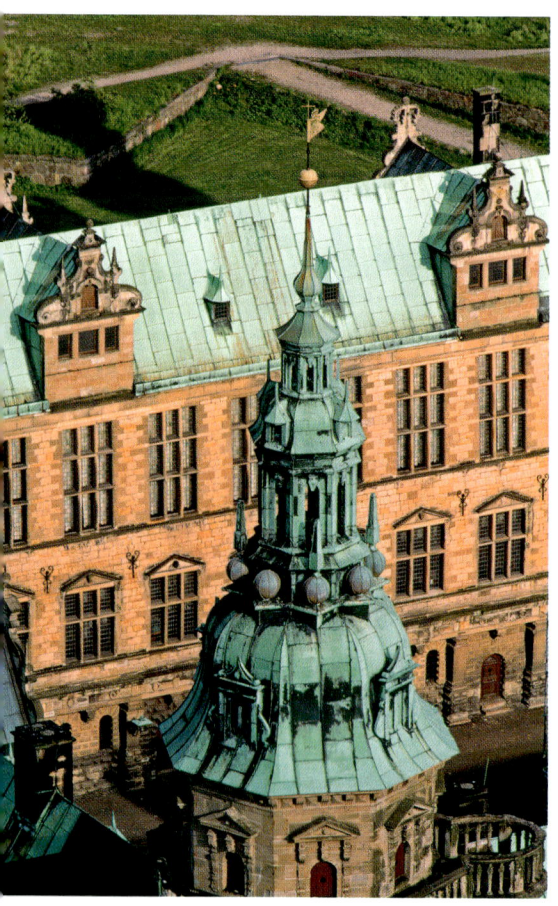

"셰익스피어는 헬싱괴르 항구와 크론보르 성을 한 단어로 합쳤다. 바로 엘시노어 성이다."

교사이자 작가, 램프 베리

1420년대에 덴마크 셸란의 가장 먼 꼭대기, 덴마크와 스웨덴 사이에 놓인 해협의 가장 좁은 지점에 요새가 세워졌는데, 이는 혹시 있을지 모르는 스웨덴의 침입을 강력하게 막아내기 위해서였다. 포메라니아의 에릭 왕이 이 요새를 세웠는데, 그는 요새를 지나가는 배들로부터 수로 사용료를 받아내는 데 사용했다. 1585년 프레데릭 2세 왕이 이 단순한 요새를 웅장한 르네상스 성으로 개조하여 크론보르 성이라는 이름을 붙였다.

프레데릭의 계획은 그 외관으로 보나 규모로 보나 독특했다. 대리석 벽난로, 프레스코화, 태피스트리 등으로 화려하게 꾸며진 이 성은 유럽에서 가장 뛰어난 성의 하나가 되었다. 북쪽 윙에는 왕과 그의 각료들이 거주하는 곳이 만들어졌고, 남쪽에는 예배당과 57m 높이의 나팔 탑이 세워졌다. 성 서쪽 지상 층에는 양조장과 부엌이 설치되었고, 위층에는 여러 개의 손님용 방이 들어섰다. 이 성은 윌리엄 셰익스피어의 햄릿이 사는 성으로 덴마크 외부에서 명성을 얻었다. 연극 안에서는 엘시노어 성이라는 이름으로 등장한 햄릿의 성은, 셰익스피어가 자신의 극에서 연기한 여행하는 배우 극단에게 들은 묘사를 토대로 하고 있다.

1629년, 화재가 일어나 성의 대부분이 파괴된 이후, 뒤를 이은 군주들은 호화로운 장식을 복원하려는 노력을 기울였다. 크리스티안 4세는 화려한 외관을 재건해 냈으나, 내부는 완전히 개조하지 못했다. 1658년 스웨덴 정복 이후 새로운 성벽이 덧붙여져 성은 유럽에서 가장 탄탄하게 방어된 요새 중 하나가 되었다. 오늘날에는 왕실의 방, 예배당, 역사적인 손님이 묵는 방, 무도회장은 모두 대중에게 공개되고 있으며, 포벽, 방대하게 얽힌 지하 복도, 성이 포위당했을 때 1천 명을 수용할 수 있었던 방들을 모두 방문해 볼 수 있다. KH

프레데릭스보르 성

덴마크, 힐레뢰드 | Frederiksborg Castle

크리스티안 4세의 유물

프레데릭스보르 성의 이름은 1560년 이 성을 지은 덴마크의 프레데릭 2세 왕의 이름에서 붙여진 것이다. 그러나 이 궁전의 수려한 외관은 1602년에서 1620년에 걸쳐 이 궁전을 지었던 그의 아들, 크리스티안 4세의 덕택이라 해야 할 것이다. 프레데릭스보르는 네덜란드와 프랑스 르네상스 양식으로 지어졌는데, 이는 넓은 박공, 나선형 계단의 탑들, 사암으로 된 장식, 구리로 덮인 지붕 등에 전형적으로 나타나 있다. 프레데릭스보르 성의 독특한 스타일은 '크리스티안 4세 스타일'이라 불리게 되었는데, 이 성이 그의 건축적인 기호와 취향을 그만큼 정확하게 반영하기 때문이다.

이 성은 여러 가지 역할을 맡아 왔으며, 지금도 덴마크인들의 삶에서 중요한 부분을 차지하고 있다. 1648년부터 이곳은 새로운 군주의 머리에 성유를 바르고 대관식을 거행하는 등 의식을 치르는 장소로 쓰여 왔다. 궁전의 예배당은 아직도 왕실 결혼식을 여는 데 사용되며, 코끼리 기사단과 다너브로그 기사단을 위한 기사 예배당이기도 하다.

프레데릭 7세가 재위하던 시절인 1859년, 화재가 일어나 궁전 대부분이 무너졌다. 즉시 재건축 작업이 시작되어 1864년이 되자 외부 구조 대부분이 완성되었다. 이렇게 빠른 속도로 재건축에 성공할 수 있었던 것은 부분적으로 거액을 기부한 유명한 자선가 야콥 야콥센의 덕택이었다.

1878년 프레데릭스보르는 국립 역사박물관이 되었다. 오늘날 이 박물관은 초상화며 역사화를 비롯하여 흉상, 드로잉, 사진 등 덴마크에서 가장 중요한 컬렉션을 소장한 미술관이기도 하다. 1993년 살아 있는 사람의 초상화를 전시하는 일을 금했던 오래된 규칙이 사라지면서, 현대 작품 컬렉션도 들어섰다. 예술과 르네상스 건축, 아름다운 바로크 정원을 모두 감상할 수 있는 프레데릭스보르 성은 진정으로 뛰어난 장소이다. **KH**

카렌 블릭센 박물관

덴마크, 룽스테드 | Karen Blixen Museum

카렌 블릭센의 출생지이자 그녀가 묻힌 곳

룽스테드의 작은 마을에는 뛰어난 이야기꾼이자 소설가였던 카렌 블릭센의 생애와 그녀가 살았던 시절을 알려 주는 카렌 블릭센 박물관이 있다. 이 박물관은 카렌 블릭센이 가족과 함께 살았던 집에 있으며, 방문하는 이들이 그녀를 둘러싼 사회적이며 문화적 환경을 통해 용감하고 씩씩한 그녀의 성격을 파악할 수 있도록 해 준다.

카렌 블릭센(1885~1962)은, 여성이 여행하는 일이 매우 드물었던 시대에 지구 곳곳을 여행했다. 1905년 덴마크 잡지에 그녀가 쓴 최초의 글이 발표되었으며, 1914년 그녀는 스웨덴인 사촌 브로어 블릭센 피네케 남작과 결혼하여 케냐로 이주했다. 그녀는 17년 동안 아프리카에 살았는데, 그동안 남편은 사냥을 떠나고 군사 작

> "고지대에서 당신은 아침에 일어나 생각하죠. 내가 여기, 있어야 할 곳에 있구나."
> 이자크 디네센 (블릭센의 필명), 「아웃 오브 아프리카」(1937)

전에 참가하느라 오랜 기간 동안 그녀를 혼자 남겨두곤 했다. 이국의 기후와 문화, 생활 방식 안에 새롭게 놓인다는 경험은 블릭센의 문학적 상상력에 풍요로운 토양이 되어 주었다. 아프리카의 생활은 그녀의 두 번째 소설인 『아웃 오브 아프리카』의 주제가 되었다. 이 소설의 성공으로 그녀는 상당한 명성을 얻었고 문학계에 당당히 자리 잡게 되었다.

블릭센의 인생은 복잡하고 힘들었으나, 이 박물관은 이러한 복잡함을 섬세하게 다룬다. 오래된 아프리카 낡긴 기구와 나란히 낡은 군사 용품이 놓여 있고, 흥미롭게 뒤섞인 여러 가지 문화와 사상이 엿보인다. 방문자들은 이 기묘한 수집품 사이를 돌아다니며, 이 모든 사물은 많은 사랑을 받았던 문학 작품 뒤에 숨어 있는 작가에게 각기 어떻게 영향을 주었을까 생각에 잠겨 볼 수 있다. **KH**

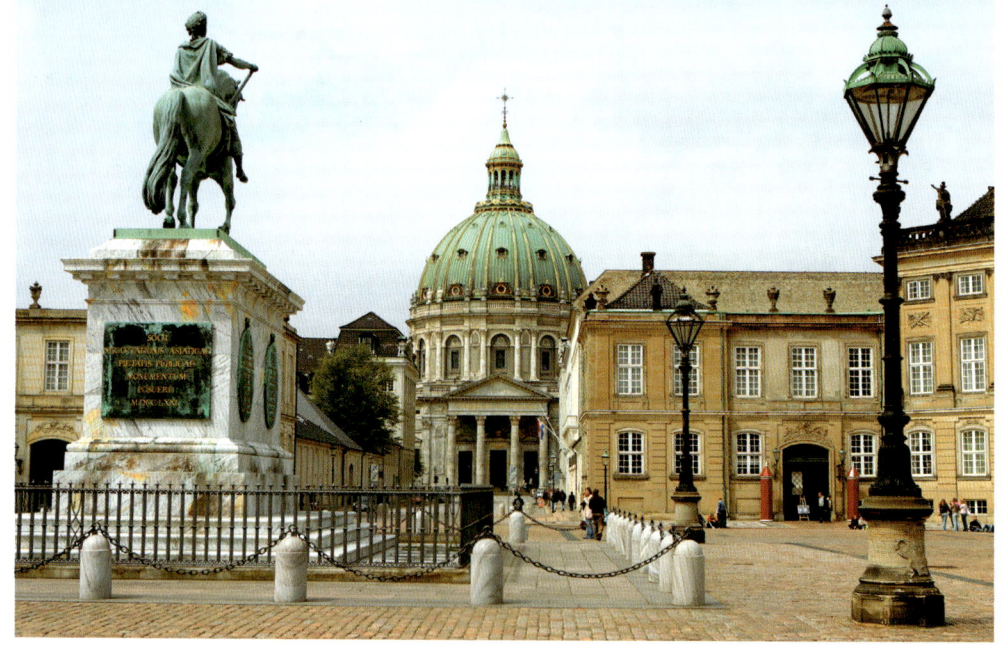

아말리엔보르 궁 덴마크, 코펜하겐 | Amalienborg Palace

덴마크 왕가가 겨울을 보내는 곳

아말레엔보르 궁은 코펜하겐 프레데릭스타드의 훌륭한 중심지이다. 이 궁전은 팔각형의 광장을 네 채의 건물이 둘러싸며 당당하게 배열되어 있는 구조이다. 광장 중앙에는 프레데릭스타드의 창시자인 프레데릭 5세의 영광스러운 동상이 우뚝 서 있다. 프레드릭은 올덴부르 가가 왕위를 계승하고 크리스티안 1세가 덴마크 왕으로 대관식을 올린 지 300주년을 기념하여 이 지역을 지정했다. 1750년, 왕실 건축가이자 고문인 니콜라이 에이그트베드가 이 지역의 설계를 맡았다. 이 도시의 가장 훌륭한 시민들을 위하여 상류 사회다운 지역을 건설하는 것이 그 목적이었다.

궁을 이루는 네 채의 건물의 외관은 똑같은 바로크 양식이지만, 그 내부는 각기 서로 다르다. 이는 건물이 원래 훌륭한 귀족 가문 네 곳에 속해 있었기 때문이었다. 프레데릭 5세는 이들에게 각자 건물을 지을 부지를 내려 주었지만, 조건이 있었다. 각자의 성을 에이그트베드의 건축 설계에 정확하게 부합해 정해진 시간 내에 완성한다면 세금과 의무를 면제해 주겠다는 조건이었다. 1750년 건축이 시작되었고 네 건물 모두 1760년에 완성되었다. 크리스티안스보르의 왕궁이 1794년 불타 버리자 왕실은 머물 곳이 없어졌고, 왕가에서는 급히 네 채의 아말리엔보르 궁을 내줄 것을 요청했다. 귀족들은 부와 신분 상승의 대가로 기꺼이 자신의 소유지를 제공했다.

오늘날, 아말리엔보르는 바로크 건축을 보여 주는 훌륭한 예로 남아 있다. 1982년 14년에 걸쳐 아름다운 파사드를 복원하는 작업이 시작되었으며, 그 결과 궁전은 이전의 영광을 되찾았다. 프레데릭 9세와 왕비 잉그리드가 프레데릭 8세의 궁전에서 살았으며, 크리스티안 7세의 궁전은 오늘날 이 나라를 방문하는 명예로운 손님들을 위해 여흥을 베풀고 특별 전시회를 여는 곳으로 사용된다. **KH**

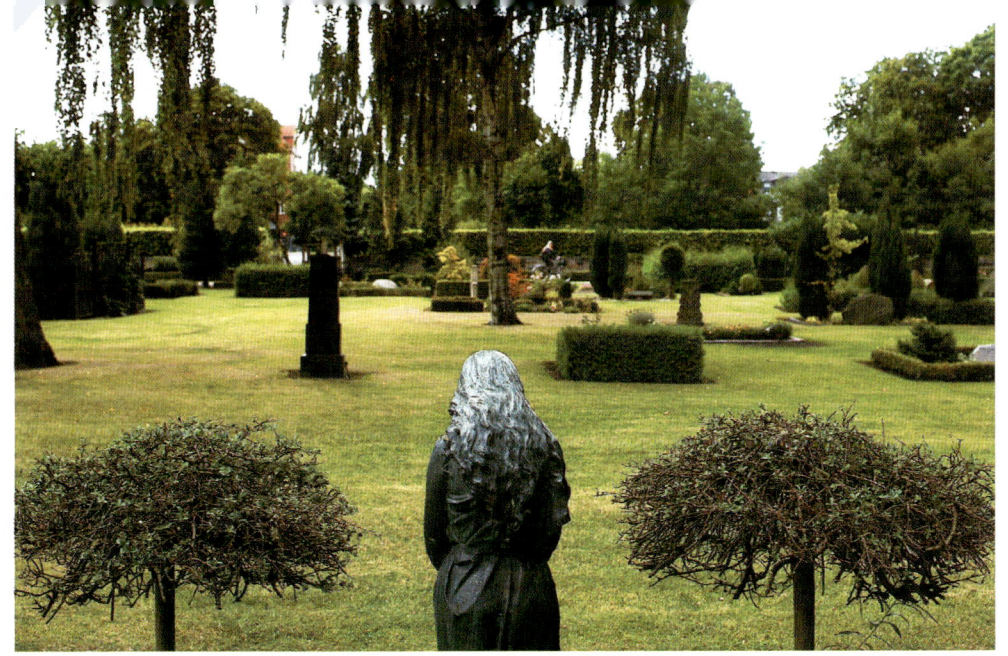

아시스텐스 묘지 덴마크, 코펜하겐 | Assistens Cemetery

예술적인 업적을 남긴 유명한 인물들 다수가 잠든 곳

1711년, 치명적인 전염병으로 코펜하겐 주민 3분의 1이 사망했을 때, 새 묘지를 다섯 군데나 새로 지어야 했다. 아시스텐스 묘지는 이중 하나로, 그림과 같은 코펜하겐 변두리의 교외에 있다. 이 묘지는 도시 내부의 교회 묘지가 사람으로 넘쳐나는 문제를 해결하고, 저소득 가정에게도 적당한 매장 터를 마련해 주기 위해 조성되었다. 그 결과, 아시스텐스 묘지에 묻힌 이들 가운데는 노동 계급의 시민이 많았으며, 부르주아는 이 묘지를 피하는 추세였다. 1700년대 초반의 부유한 시민은 지역 교구 묘지, 적어도 그 근처에 묻히는 편을 선호했다.

1785년, 부유한 공무원인 요한 사무엘 아우구스틴이 아시스텐스 묘지에 묻히겠다고 결심한 이후에야 이 묘지에 대한 관점이 변화되었다. 부르주아들은 아시스텐스가 아름답고 고요한 휴식처라는 사실을 깨닫기 시작했다. 오늘날 이곳에는 나무와 관목, 꽃이 가득하며 풍족한 사람들이 자신이 세속에서 누렸던 부와 지위를 남기기 위해 세운 화려한 조각비도 수천 개에 다다른다. 무덤의 스타일은 몇 세기에 속한 무덤인가에 따라 서로 큰 차이를 보이지만, 전체적으로 고전주의적인 면이 강하다고 할 수 있으며, 몇몇 신고딕 예술풍의 무덤도 있다.

오늘날 아시스텐스 묘지는 코펜하겐의 뇌레브로 구역의 일부로, 이 구역은 1711년 이래 굉장히 넓어졌다. 현재 묘지의 넓이는 20헥타르에 달하며, 25만 명 이상이 이 묘지에 잠들어 있다. 작가 한스 크리스티안 안데르센과 실존주의 철학자 쇠렌 키에르케고르도 여기 묻힌 이들 가운데 하나이다. 아마 아시스텐스 묘지는 덴마크의 다른 어떤 묘지보다 더 많은 '역사'를 소유하고 있을 것이다. 이곳을 방문하는 이들은 몇 세기에 걸쳐 문화적 패턴과 사회적 규범이 발전해 온 자취를 관찰할 수 있을 것이다. **KH**

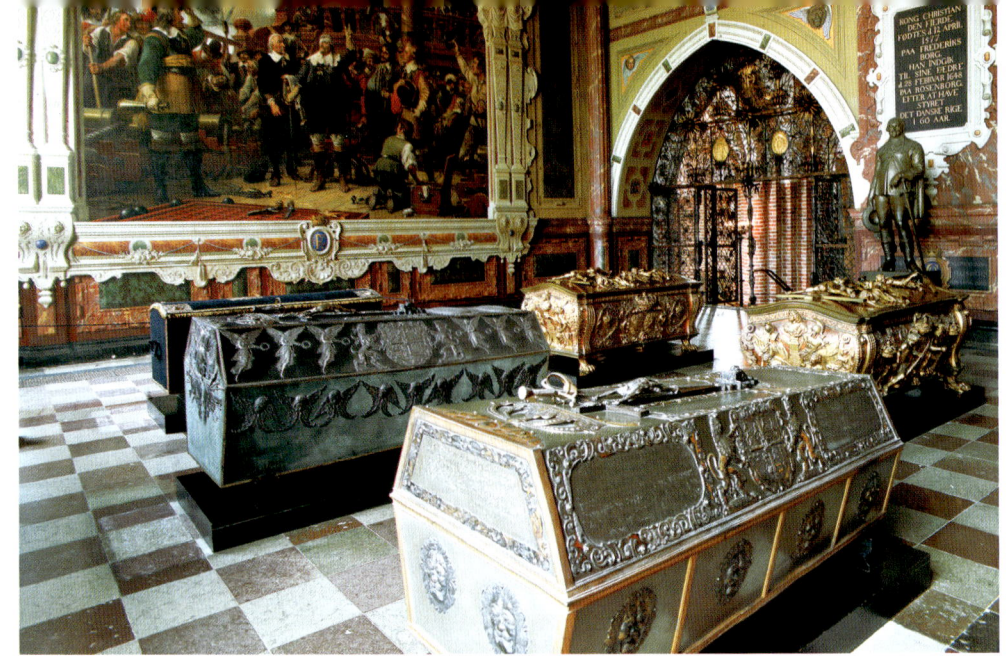

🏛️ ◎ 로스킬레 성당 덴마크, 로스킬레 | Roskilde Cathedral

몇 세대에 걸친 덴마크 왕족의 무덤

로스킬레 성당은 덴마크 왕가의 웅장한 무덤이 있는 곳으로 유명하다. 14세기부터 39명의 덴마크 왕과 여왕이 이곳에 안장되어 화려한 석관 안에 누워 있다. 그럼에도 이 성당에서 왕의 장례식이 거행된 일은 한 번도 없었고, 오직 유해만이 안치되었을 뿐이다. 이 성당이 왕실과 이러한 관계를 맺고 있다는 것은, 그간 항상 세심하게 보존되어 왔으며 지역 교구 교회의 역할도 맡아왔다는 의미이기도 하다. 규칙적으로 증축되고, 새로운 기념물이 들어서고, 장식이 더욱 화려해져 온 결과로 이 성당은 종교 예술과 건축의 유행이 변화해 온 모습을 그대로 보여 준다. 정말 꼭 방문해 볼 만한 장소이다.

이 성당이 있는 장소인 덴마크 동부의 작은 섬, 셸란에는 9세기부터 교회가 있었다. 이곳에 들어선 최초의 교회는 단순한 목조 구조였는데, 11세기에 크누트 왕의 누이인 에스트리드의 명에 따라 석조 교회로 대체되었다. 압살론 주교가 이 작은 교회를 대신하여 점점 커져 가는 이 지역의 중요성을 상징할 수 있도록 로스킬레 성당을 짓게 했다. 건설 작업은 1170년대에 시작되었고, 압살론은 이 거대한 프로젝트를 위해 대담하고 혁신적인 태도로 값비싼 새로운 재료인 벽돌을 사용하도록 후원해 주었다. 벽돌을 굽는 기술이 덴마크에 도입된 것은 그즈음의 일이었고, 로스킬레 성당은 북유럽 최초로 벽돌로 지어진 고딕 성당일 것이라 믿어진다.

성당의 건축은 모험적인 사업이었고 3백만 개 이상의 벽돌이 소요되었다. 성당은 두 층으로 지어졌으며 성단소(교회에서 성가대와 성직자가 서는 자리) 뒤편으로 2층 별석이 있었다. 회중석 양쪽으로 두 개의 탑이 솟았으며, 수량이 특히 넓다는 특징이 있다. 작업의 주요한 부분은 1280년에 끝났으나, 이를 확장하고 장식하는 일은 그후로 오랜 기간에 걸쳐 이루어졌다. 성당에는 예배당이 덧붙여지고 모든 벽이 프레스코화와 부조로 장식되었다. **KH**

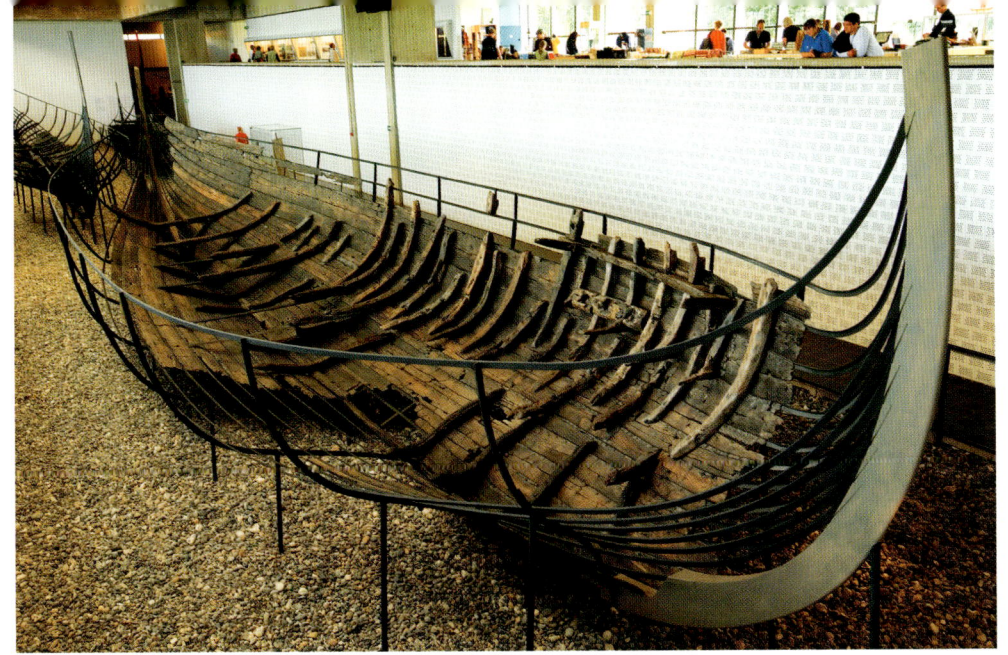

스쿨델레우 배 덴마크, 로스킬레 | Skuldelev Ships

바이킹의 훌륭한 선박 제조 기술을 보여 주는 다섯 대의 배

코펜하겐 근처 로스킬레에 있는 해양 센터에 전시된 바이킹 배들을 스쿨델레우라 부르는 까닭은 이 배들이 로스킬레 피오르드에 있는 스쿨델레우에 의도적으로 가라앉아 있었기 때문이다. 이들은 공격으로부터 당시 덴마크의 수도였던 로스킬레를 보호하기 위해, 수로를 막는 장애물로 삼기 위해 1070년 그곳에 잠겼다. 1962년에서야 비로소 이 배들은 발굴되었고, 고고학자들은 이들에 담긴 역사를 짜 맞추기 시작했다.

스쿨델레우 배들은 서로 크기며 모양, 목재, 용적이 크게 다르다. 예를 들어 '스쿨델레우 1'은 여섯 명에서 여덟 명까지 승선할 수 있는 원양 무역용 선박이다. 반면 '스쿨델레우 2'는 원양 전함으로, 롱십(폭이 좁고 길며 돛과 노가 함께 붙어 있는 바이킹 배)이다. 처음에, 고고학자들은 이 배의 커다란 규모에 혼동을 느껴 자신들이 두 척의 배를 발굴해 냈다고 생각하기도 했다. 이 배에는 약 70명에서 80명가량의 선원이 승선했을 것으로 추측되며, 우두머리들이 전투를 위해 사용했던 듯하다. '스쿨델레우 3'은 '뷔르딩'이라 알려진 자그마한 근거리용 무역선이다. 말끔하고 우아한 상인용 배로, 농부가 의회에 참석하거나 시장에 가기 위해 타고 다녔을 가능성이 높다. '스쿨델레우 5'는 작은 전함으로 로스킬레 지역의 농부들이 군에 징집되어 만든 것 같다. 마지막으로 '스쿨델레우 6'은 '페랴'라는 이름으로 알려진 고기잡이배로 노를 저어 항해하는 데에 쓰였고, 특히 물고기며 고래, 바다표범 등을 잡기에 알맞게 설계되었다.

이 다섯 척의 배는 모두 고고학자들에게 바이킹의 해상 생활과 숙련된 선박 제조 기술에 대해 많은 정보를 제공해 주었다. 게다가 목재의 오래된 정도와 그 타입, 널빤지를 자른 방식과 배의 깊이 등으로 바이킹의 생활에 대해서도 살펴볼 수 있다. 오래 전에 물 밑에 잠긴 이 배들을 통해 이루어진 조사 작업은 각각의 배의 건설과 항해 특징에 대한 정보뿐 아니라 바이킹의 사회, 문화, 전반적인 역사에 대한 정보까지도 밝혀냈다. **KH**

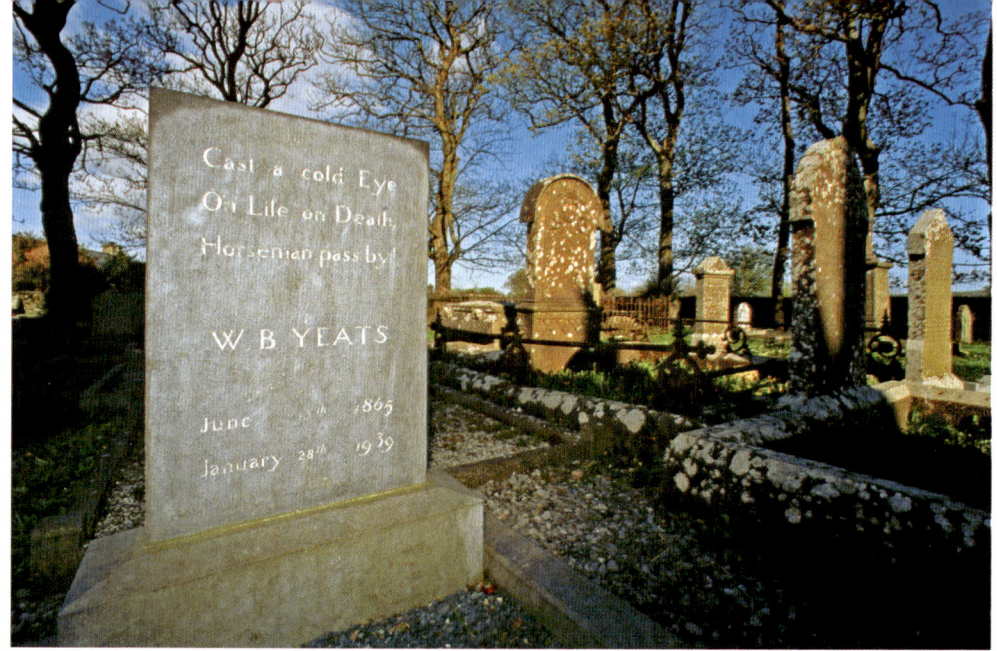

W. B. 예이츠의 무덤 아일랜드, 드럼클리프 | Grave of W. B. Yeats

시인이 자신이 묻힐 곳으로 선택한 전설적인 장소

윌리엄 버틀러 예이츠(1865~1939)는 아일랜드가 낳은 가장 위대한 시인 중 하나이며, 그의 작품을 숭배하는 이들은 그가 마지막으로 잠든 장소까지 모여든다. 이 장소는 슬라이고 카운티의 작은 마을 드럼클리프에 있다. 시인 자신이 선택한 장소이다. 마지막 시 중 하나인 「벤 불벤 아래에서」에서 그는 자신의 무덤을 묘사하는데, 묘석은 대리석이 아니라 지역 석회암으로 만들어야 한다는 점까지 정해 놓고 수수께끼 같은 유명한 비문으로 시를 끝맺는다. "차가운 눈길을 던져라, 삶에, 그리고 죽음에, 말 탄 자여, 지나가라!"

예이츠가 드럼클리프에 묻히고 싶어 했던 데에는 두 가지 이유가 있었다. 개인적인 면에서는 그의 조상 중 하나인 존 예이츠가 이 지역의 교구 목사였기 때문이었다. 이보다 더 중요한 이유는 이 교회 묘지가 웅장한 산인 벤 불벤 아래에 있었기 때문이었다. 평생 동안 그는 고대 아일랜드의 전설에 심취해 있었으며 자신의 시에서 종종 이러한 전설을 언급하였는데, 벤 불벤은 아일랜드

의 그 어느 곳보다도 그에게 더욱 낭만적인 장소였다. 이 장소에서 위대한 연인인 디아메이드가 마법에 걸린 멧돼지에게 죽음을 당했다. 영웅적인 전사 오시안이 암사슴의 젖을 먹은 것도 이곳이었다.

예이츠는 자신이 원하던 무덤을 얻었다고 할 수 있지만, 자신의 유해까지 원하는 대로 할 수는 없었다. 그는 1939년 1월 프랑스 남부에서 죽었으며, 로크브륀이라는 예쁜 마을에 묻혔다. 예이츠는 장례식에서 일어날 소동을 최소한 줄이기 위해, 일 년 후에 자기 시신을 드럼클리프로 옮겨 달라는 말을 남겼다. 그러나 제2차 세계 대전이 일어나는 바람에 그의 계획은 이루어질 수 없었고, 유족들은 1948년이 되어서야 유해를 옮기는 절차를 시작할 수 있었다. 그리고 유족들은 시인의 무덤이 깨끗하게 비어 있는 것을 보고 경악했다. 프랑스 관습에 따라, 두개골은 나머지 뼈와 분리되었고 뼈는 유골함에 들어 있었던 것이다. 어쨌거나 유골을 회수하기는 했지만, 아일랜드로 돌아온 것은 엉뚱한 사람의 유골이었다는 루머가 주기적으로 돌곤 한다. **IZ**

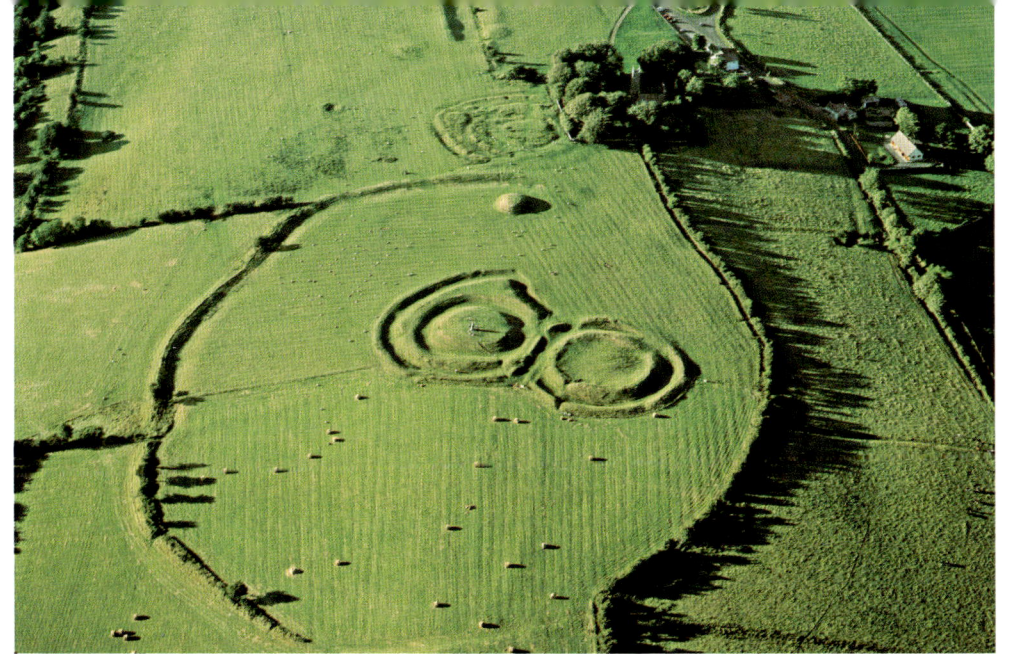

타라의 언덕 아일랜드, 네번과 던쇼글린 사이 | Hill of Tara

아일랜드의 초기 부족 사회에서 신성하게 여겼던, 신들과 왕들의 영역

아일랜드의 어디에도 타라의 고대 유적지 테마이르만큼 풍부한 의미를 지닌 곳은 없다. 선사 시대에 벌써 이곳은 중요한 의식 중심지였으나, 켈트 족이 이 지역에 등장한 이후로는 그 중요성이 훨씬 더 커졌을 것으로 추측된다. 이 지역은 초기 아일랜드 전설에 두드러지게 자주 등장하며 아일랜드의 높은 왕들이 있던 자리로 간주된다. 그런 이유로 타라 언덕은 아일랜드의 통합과 애국심에 강력한 상징이자 집결점이 되었다.

타라는 적어도 24개의 유적이 흩어져 있는 지역을 포괄하는 유적지이다. 이 유적 중에서 가장 오래된 것은 신석기 시대(방사선 탄소 연대 측정에 따르면 기원전 3000~2400년까지)에 남겨진 '통로 무덤'(통로를 따라 길게 만들어진 무덤)이지만, 이곳에 세워진 유적 중 많은 것은 청동기나 철기 시대의 것이고 전부 무덤은 아니다. 여러 개의 라스(원형 요새), 흙으로 쌓은 벽, 벽으로 둘러싸인 의식 거행지 등도 있다. 유적 대부분은 고대의 신이나 왕과 연관된 화려한 이름을 얻었다. 거대한 통로 무덤이자 이곳에서 가장 오래된 유적일 가능성이 높은 '인질의 고분' '시노드의 라스' '연회의 홀' 등이 그 예이다.

타라는 '높은 왕'(다른 왕들에 비해 연배가 높아 우월한 위치에 있었던 왕)과 연관되었기 때문에 아주 오래전부터 신성한 장소로 여겨져 왔다. 높은 왕이라는 지위는 지역 통치자에게 부여되었으며, 군사력이나 영토 면에서 큰 권력을 차지하게 되는 것은 아니었지만 매우 높은 지위였다. 높은 왕이 타라에 거주했던 것은 아니었으나, 타라에서 열리는 의식에는 참여했다. 이러한 의식 중 가장 중요한 것은 왕과 공동체의 여신 간의 의식적인 결합을 상징하는 '페이스 템라크'(타라의 연회)였다. 장차 통치자가 될 이들은 '리아 파일'(운명의 돌) 위에 손을 얹어야 했는데, 이것은 신비한 기둥 모양 돌로 왕에 어울리는 이의 손이 닿으면 비명을 지른다고 알려져 있었다. 훗날, 기독교 선교사들은 성 패트릭이 이교도의 높은 왕과 결정적인 대결을 한 곳이 바로 타라 언덕이었다는 주장을 펼쳐 이 지역의 명성을 이용하려 했다. **IZ**

우주의 존재에 눈떴다는 증거가 되는 고대의 무덤

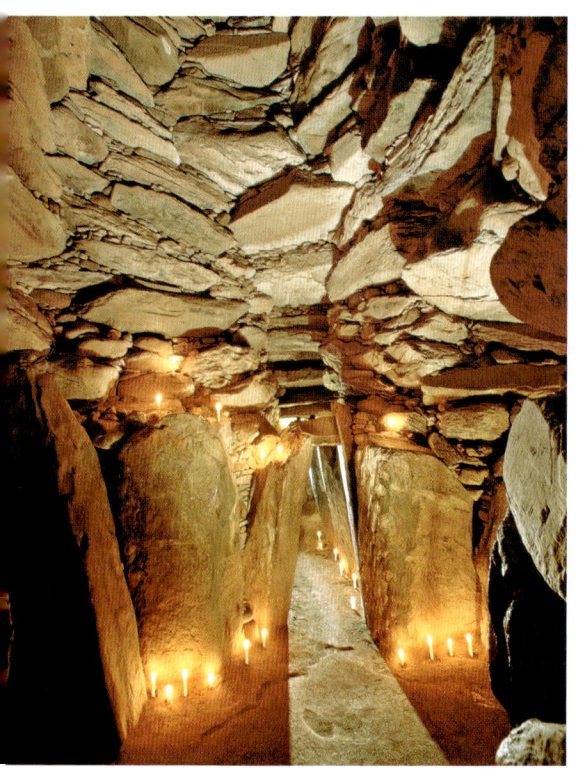

석기 시대에 이러한 종류로서는 유럽에서 가장 훌륭한 무덤을 지은 이들의 정체는 전혀 알려져 있지 않다. 훨씬 이후에 아일랜드에 도착한 켈트 족보다 이들이 앞섰다는 사실만은 확실하다. 거대한 고분은 보인 골짜기에 있는데, 이것은 지름이 80m, 높이 12m에 달하며 돌로 되어 있다. 그 둘레에는 나중에 서른다섯 개 혹은 그 이상의 선돌이 둥글게 배치되었는데, 이중 열두 개는 아직도 남아 있다. 돌에는 복잡한 나선형이며 지그재그를 비롯한 다른 문양이 새겨져 있다. 이러한 문양이 의미하는 바가 무엇인지는 또 하나의 미스터리이지만, 하나의 가설은 이 것들이 농경에 의지하고 있어 효율적인 달력이 필요했던 사회 내에서 태양의 명확한 움직임이나 달의 차고 기욺 같은 천문학적 사건들을 기록해 놓은 것이라는 것이다.

남쪽 면에 있는 입구로부터 길이 19m에 걸쳐 역시 복잡한 문양이 새겨진 육중한 석판들 사이로 좁은 통로가 나 있고, 이 통로는 무덤 한가운데에 있는 작은 방으로 이어진다. 이곳에는 아마 이 지역의 사제이자 왕이었을 법한 중요한 인물들의 유해가 안장되었을 것이다. 한겨울, 12월 19일에서 23일 사이에 태양이 땅에 가장 가까운 위치로 내려오면 아침마다 몇 분간 태양빛이 이 통로를 따라 안쪽 깊은 곳의 방까지 비쳐든다. 이러한 사실이 내세에 대한 믿음과 관련이 있는지 그것 또한 알 수 없다.

이 무덤은 나중에 오엔구스의 궁전이라 불리게 되었는데, 오엔구스란 기독교가 들어오기 이전 시대에 아일랜드에서 최고신이었던 다그다의 아들이다. 860년대에 바이킹이 이 유적지를 습격했다. 그 이후로 이곳은 근처에 있는 다른 많은 선사 시대 유적들과 더불어 고요함 속에 잠긴 채 깊은 미스터리로 남았다. **RC**

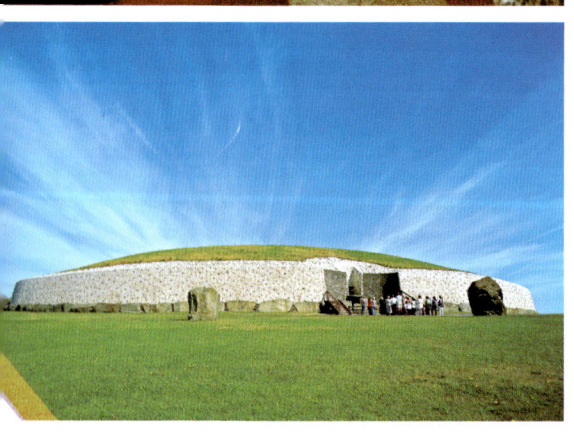

◩ 벽에 육중한 석판을 두르고, 평평한 돌을 깔아 바닥을 만든 내부 통로.

◪ 이 무덤의 앞면은 석영과 화강암으로 되어 있지만, 뒤편에서 보면 그저 풀로 뒤덮인 언덕처럼 보인다.

클론먹노이즈 아일랜드, 애슬론 | Clonmacnoise

초기 아일랜드의 수도원 유적

대부분의 다른 유럽 국가들과는 대조적으로, 아일랜드에서 도시 중심지가 나타난 것은 상당히 늦은 시기에 이르러서였다. 대신, 지방 인구는 실제로 자그마한 도시나 마찬가지였던 대규모 수도원 공동체로 몰려들었다. 클론먹노이즈는 이러한 수도원 마을 중에서 가장 초기에 생겼으며 가장 강력했던 곳 중 하나였다.

성 시아란은 꿈을 통해 받은 계시에서 영감을 얻어 545년 섀넌 강 유역에 수도원을 세웠다. 수도원을 세운 지 얼마 안 되어 그는 전염병으로 죽었으나, 그의 무덤이 성지가 되면서 클론먹노이즈의 규모는 급속도로 커져 갔다. 그가 원래 세운 목조 교회는 오래 전에 사라졌으나, 적어도 일곱 채 정도 되는 다른 교회 유적은 남아 있다. 이중 가장 작은 것은 테암풀 치아라인(시아란의 사원)으로 순례자들이 성 시아란의 묘소에 참배를 올리러 오는 곳이며, 가장 큰 것은 성당(909년부터 건축)이다. 이 성당으로 클론먹노이즈는 여러 명의 지역 왕이 묻히는 장소가 되는 권리를 얻을 수 있었다. 이 권리를 얻으면 막대한 후원을 받을 수 있기 때문에, 수도원 사이에서는 종종 치열한 경쟁이 벌어졌다. 한 예로 763년에는 클론먹노이즈의 수도사들과 더로우의 수도사들 간에 이 권리를 두고 큰 다툼이 있었다. 이 유적지에는 두 개의 둥근 탑(높은 감시탑)과 성채의 유적(1214~1220년경)도 있는데, 아일랜드, 잉글랜드, 바이킹 족 등의 빈번한 공격에서 마을을 지키지 못했다. 1552년, 이러한 침략이 또 한 차례 일어난 이후 이 지역은 마침내 버림받아 황폐해졌다.

클론먹노이즈는 뛰어난 품질의 금속 세공과 수도원의 필사본, 그리고 석조 세공으로 유명했다. 이중에서 오늘날까지 남아 있어 우리가 감상할 수 있는 것은 석조 세공뿐인데, 화려하게 치장된 수백 개의 무덤 석판과 세 개의 웅장하고 커다란 십자가에 새겨진 조각이 훌륭하다. 이 십자가 중 가장 섬세한 작품 - '성서의 십자가' - 은 콜맨 대수도원장이 자신의 친구인 플란 왕을 추모하는 의미에서 세웠다. 그 이름에서 알 수 있듯이, 이 십자가는 성경의 장면을 새긴 풍성한 조각으로 장식되었다. **IZ**

올드 제임슨 아일랜드, 더블린 | Old Jameson

더블린의 역사적인 위스키 제조소

리페이 북쪽에 있는 스미스필드는 한때 바이킹이 거주하던 마을이었으나, 나중에 정기적으로 마시장이 열리고 시장이 들어서는 더블린의 주요 빈터 중 하나가 되었다. 존 제임슨이 위스키 증류소를 얻은 곳이 바로 스미스필드였다. 그는 1770년대에 스코틀랜드에서 이주해 왔으며, 스카치 위스키 산업과 밀접하게 연결되어 있었다. 그의 아내는 스카치위스키를 제조하는 헤이그 가 출신이었고, 며느리는 스코틀랜드 최고의 곡물 증류업자이자 더블린에 있는 보우 스트리트 증류소를 소유하고 있던 스타인 가 출신이었는데, 제임슨은 이 증류소를 사들인 것이다.

> "우리 아버지의 몫 / 우리 아버지의 몫
> 항아리 안에 위스키가 있다네."
> 전통 민요, 「항아리 안의 위스키」

아일랜드인은 켈트 시대 초기부터 아일랜드 고유의 특별한 위스키를 제조했다. 위스키 단어의 어원은 켈트어로 '생명의 물'을 뜻하는 '어스쿼 보'(usquebaugh)였는데, 이 단어가 '위스키배'(whiskey bae)로 변하고 다시 '위스키'(whiskey)로 줄어들었다(아일랜드에는 'e'가 있지만 스코틀랜드에는 'e'가 없다). 제임슨이 제조한 것은 '포트 스틸' 위스키로, 일반적으로 셰리 통에서 몇 년 이상, 또는 20년 이상 숙성시킨 후 이를 혼합해 다양하고 독특한 '독한 술' 블렌드를 만드는 것이다. 이러한 위스키는 아일랜드인이 무척 좋아하나 외국에 널리 알려지지는 않았다. 1895년에 이 증류소에 53m 높이의 굴뚝을 추가로 지어 더블린 정경을 볼 수 있는 탑이 되었다.

한때는 2백만 갤런의 제임슨 위스키가 더블린시내의 거리 아래에서 조용히 숙성해 가던 때도 있었으나, 증류소는 1966년 문을 닫고 제임슨 위스키는 코크 카운티에 있는 미들턴에 현대적인 증류소를 갖춘 채 '아이리시 디스틸러스 그룹'의 일부가 되었다. 오래된 증류소 건물은 1997년 아일랜드 위스키의 역사와 기술을 보여 주는 박물관으로 재개장했다. **RC**

오스카 와일드의 집 아일랜드, 더블린 | Oscar Wilde's House

와일드 가족이 1855년에서 1976년까지 거주했던, 조지 왕조풍 광장에 있는 집

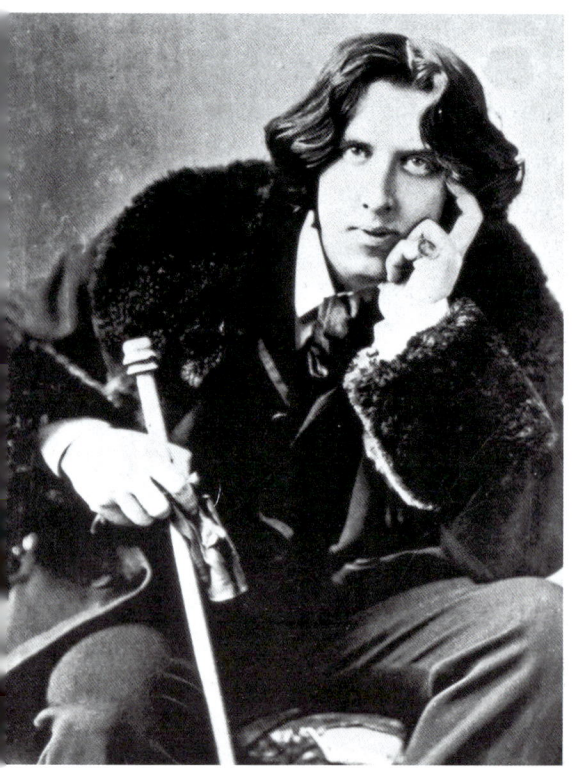

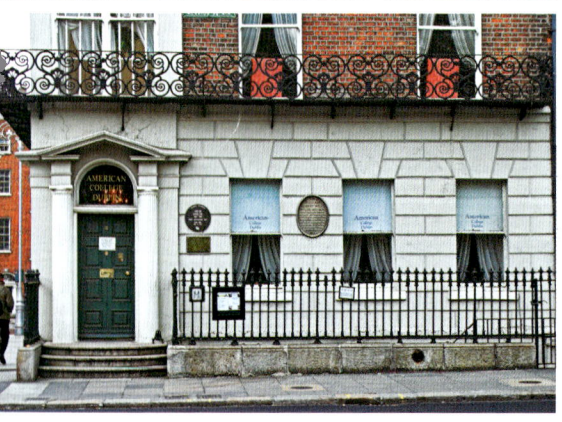

오스카 와일드(1854~1900)는 자신이 더블린에서 가장 뛰어난 조지 왕조풍 광장인 메리온 광장에서 태어났다고 주장하지만, 실제로 태어난 곳은 근처의 웨스트랜드 로드 21번지로 그다지 세련된 주소는 아니다. 그의 형인 윌리가 1852년 그 집에서 태어났고, 2년 후 오스카가 뒤따라 태어났다. 딸을 원했던 그의 어머니는 그에 대해 "관심이라고는 살찌는 데밖에 없는 덩치 크고 땅딸막한 것"이라 묘사했다. 1855년 그의 부모는 메리온 광장 1번지로 이사했는데, 이 집은 1762년 광장이 처음으로 개발되었을 때 지어졌다. 어린 오스카의 아버지인 윌리엄 와일드 경은 뛰어난 눈과 귀 전문의였으며, 어머니인 레이디 제인 와일드는 스스로를 '스페란자'(이탈리어어로 '희망'이라는 뜻)라 불렀던 시인이자 아일랜드 민족주의자였는데 우아한 문학 살롱을 열었다. 딸인 이졸라는 1858년에 태어났다.

가정생활은 풍족했고, 어머니 제인 와일드는 집안의 지배적인 인물이었는데 두 아들은 어머니의 사랑을 얻으려 경쟁을 벌였다. 그녀는 아이들에게 마녀에 대한 오싹한 이야기며 무시무시한 동화를 즐겨 들려주곤 했다. 집에는 여섯 명의 하인이 있었는데, 독일인, 스위스인, 프랑스인 가정교사가 있었고, 아이들은 어릴 때부터 프랑스어와 독일어를 배우며 자라났다. 두 아들은 다 어머니가 '아일랜드의 이튼'이라 여겼던 학교에 진학했다.

와일드 가는 오스카가 이십 대 초반이었던 1876년까지 메리온 광장 1번지에 살았다. 1994년 더블린의 아메리칸 칼리지가 이 집을 사들여 복원하고 대중에게 공개했다. 메리온 광장에 서 있는 많은 기념물 중에는 1997년에 제작된 오스카 와일드의 동상도 북서쪽 코너에 있는데, 이 동상은 자신이 소년 시절을 보낸 곳이자 조롱의 대상이었던 집을 바라보고 있다. 메리온 광장에 살았던 다른 유명인 중에는 대니얼 오코넬과 W. B. 예이츠가 있다. **RC**

◩ 1882년 나폴레옹 사로니가 찍은 이 사진에서 와일드는 있는 힘껏 도전적인 시선으로 카메라를 주시하고 있다.

◩ 벽에 붙어 있는 현판이 너블린 메리온 광장 1번지에 오스카 와일드와 그의 가족이 머물렀음을 알려준다.

트리니티 칼리지 아일랜드, 더블린 | Trinity College

역사적인 더블린 대학의 유일한 칼리지

트리니티 칼리지의 명성에는 여러 가지 이유가 있다. 먼저 아일랜드에서 가장 뛰어난 교육 기관으로 오스카 와일드, 극작가 사무엘 베케트, 『드라큘라』의 작가 브램 스토커, 현 아일랜드 대통령인 메리 매컬리스 등 다양한 분야에서 활동하는 졸업생들을 배출해 냈다. 트리니티 칼리지의 건물 중 대부분은 더블린의 건축학적 황금기라 할 수 있는 조지 왕조 시대에 세워졌다. 도시관에 싱설 진시되어 있는 귀중한 유물 중에는 세계적으로 유명한 켈스 서(書)가 있다.

트리니티 칼리지는 1592년 엘리자베스 1세에 의해 설립되었으며, 주로 프로테스탄트 학생들을 위한 것이었다. 이 자리에는 원래 올 할로우즈 수도원의 흔적이 있었으나, 수도원의 원래 토대는 전혀 남아 있지 않다. 몇 채의 훌륭한 건축물의 건축 시기는 18세기까지 거슬러 올라가기도 한다. 이러한 건축물로는 '루브릭스' '프린팅 하우스' 그리고 예배당 등이 있다.

대부분의 방문객들이 먼저 들르는 장소는 웅장한 '롱 룸'이 있는 '올드 라이브러리'이다. 길이가 64m에 달하며 원통을 반으로 자른 듯한 둥근 천정이 달린 이 방은 그야말로 이름에 걸맞다. 현재는 학생들이 이용하는 열람실로 안 쓰이고, 박물관이 되었다. 서가를 따라 유명한 대리석 흉상 컬렉션이 나란히 놓여 있는데, 이중 루이-프랑수아 루비약이 제작한 조나단 스위프트의 흉상은 최고의 걸작이다. 두 대의 중세 하프도 있는데, 이중 하나는 아일랜드의 왕 브라이언 보루의 소유였던 것으로 추측된다. 그러나 트리니티의 가장 큰 자랑거리는 바로 켈스 서이다. 800년경부터 전해져 온 이 화려한 필사본은 그야말로 켈트 장식예술을 보여 주는 최고의 본보기이다. 이 복음서는 아마 이오나 섬에서 제작된 후 미스 카운티에 있는 켈스 수도원으로 옮겨갔던 것 같다. 1600년대에 미스의 주교 헨리 존스가 이 책을 트리니티 칼리지에 선사했다. **IZ**

▣ 19세기 중반에 세워진 종탑이 트리니티 칼리지의 안뜰인 팔러먼트 광장에 우뚝 서 있다.

▣ 1860년, 올드 라이브러리의 롱 룸 천정은 서가 위편까지 책을 꽂기 위해 높이 올려졌다.

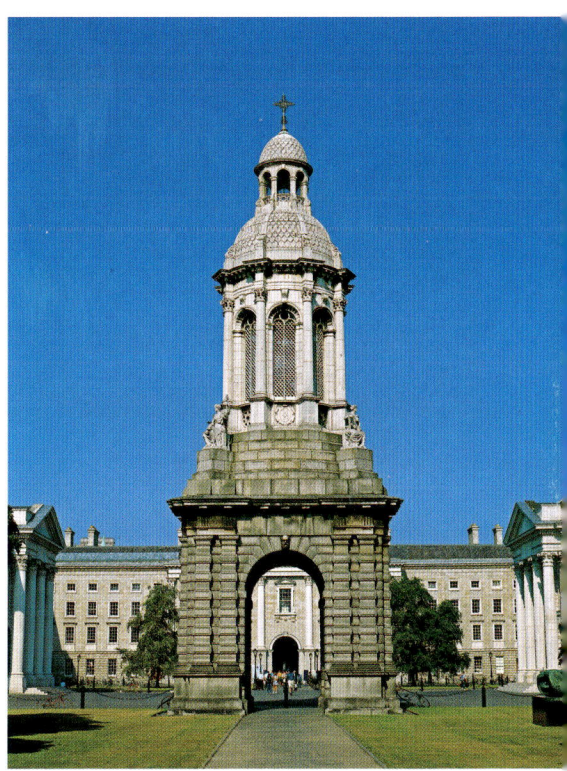

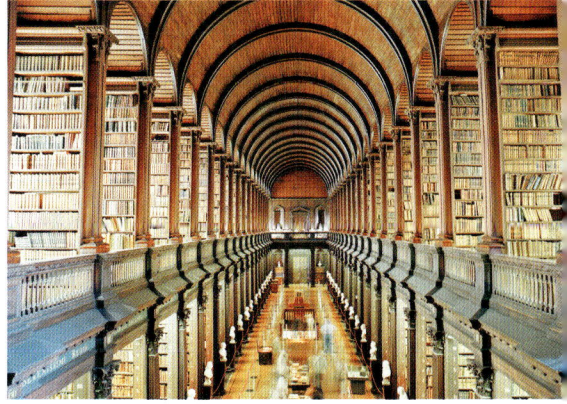

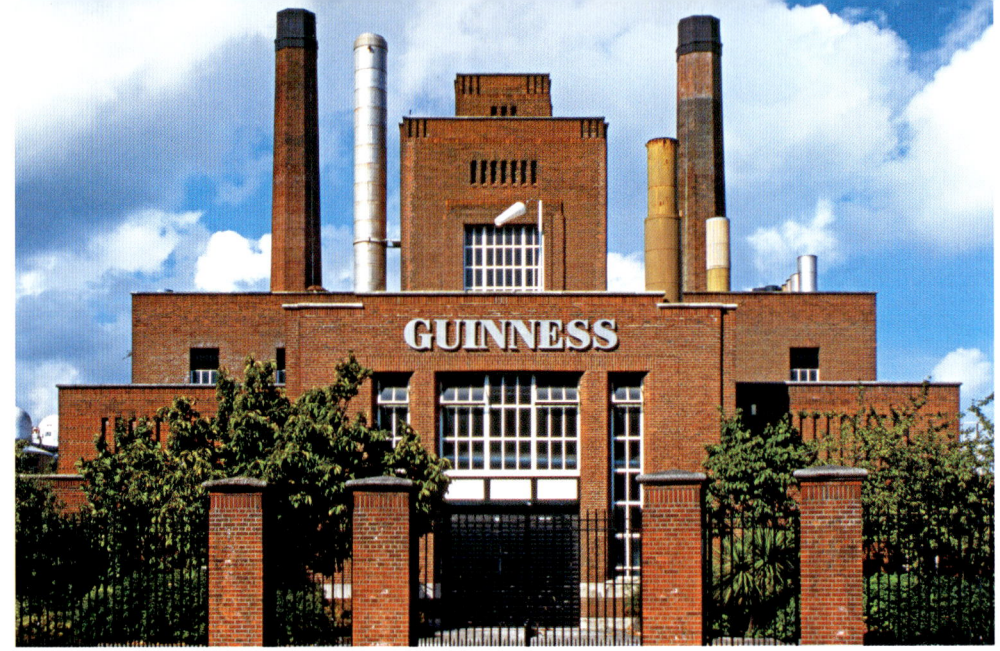

기네스 양조장 아일랜드, 더블린 | Guinness Brewery

어떤 이들은 양조장 근처일수록 기네스 맛이 더 뛰어나다고들 한다

기네스는 더블린과 아일랜드, 그리고 맥주의 역사에 특별한 위치에 있다. 아서 기네스가 1759년에 리페이 강 남쪽에 있는 레인포드의 작은 양조장을 취득했는데, 이곳을 9천 년 기한으로 임대했으니 아직 그 기간이 남은 셈이다. 그는 에일을 양조하는 일부터 시작했고, 1770년대에 들어서는 당시 런던에서 인기 있던 흑맥주 스타일에 기초하여 일종의 드라이 스타우트 맥주를 제조했다. 스타우트는 검은색(볶은 보리를 첨가하여 색을 냈다)과 크림처럼 풍부한 거품, 독특한 맛으로 유명해졌다. 이 맥주는 큰 성공을 해 원래 제조하던 에일 생산량이 떨어졌다.

아서 기네스는 양조장 정문 근처에 있는 토머스 스트리트에 자신이 살 집을 지었다. 기네스 가에서 에너지가 가장 넘쳤던 이는 그의 아들인 벤자민 리 기네스로, 그는 준남작 작위를 수여받았으며 사망할 무렵에는 아마 아일랜드 최고의 부를 쌓았을 것이다. 기네스 양조장을 현대적인 기업으로 창조해낸 주요 인물이 바로 그였으며, 그는 더블린에 있던 양조장을 세계 최대 규모를 자랑하는 수준까지 확장시켰다. 기네스 사는 위탁 화물을 외국으로 수송하기 위해 더블린 항구까지 운반하는 데 쓰이는 회사용 특별 철도와 선단(船團)까지 갖추었다. 1930년대에는 대략 5천 명 정도의 인원이 양조장에서 일했고 기네스 사는 더블린에서 가장 많은 이를 고용하는 회사였다. 기네스 가는 이비 백작이라는 작위를 얻어 영국 귀족 사회에 합류했고, 관대한 후원자로 유명해졌다.

2000년, 거대한 양조장 건물 단지 한복판에 문을 연 '기네스 스토어하우스'는 기네스 사의 역사를 말해 준다. 1930년대와 1940년대의 유명한 광고("마이 굿니스, 마이 기네스" 등) 대부분을 제작했던 예술가 존 길로이를 기념하는 특별 갤러리도 있다. 건물 꼭대기에 있는 유리벽으로 된 '그래비티 바'에서는 "평생 경험해 볼 수 있는 가장 훌륭한 맥주 한 파인트"라 묘사됐던 맥주를 곁들이며 더블린이 보이는 훌륭한 경치를 감상할 수 있다. 기네스는 아일랜드에서 인기 있는 주류이며, 오래 전부터 전 세계의 맥주 팬들도 즐길 수 있는 음료가 되었다. **RC**

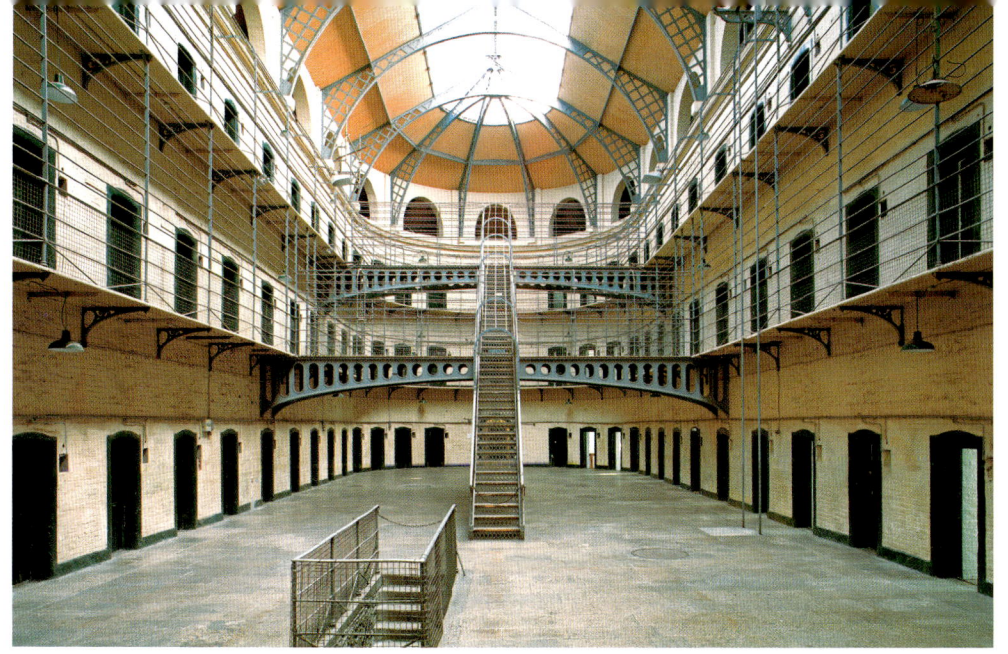

킬메인햄 감옥 아일랜드, 더블린 | Kilmainham Jail

차갑고, 어둡고, 폭력적인 킬메인햄은 130년 동안 공포와 증오의 대상이었다

더블린에서 가장 크고 악명 높은 감옥은 1924년 문을 닫았으나, 그대로 보존되어 기념관으로 남아 있다. 오늘날 흔히 '아일랜드의 바스티유'라는 별명으로 불리는 이곳은 유럽 최대 규모의 재소자 없는 감옥이다. 아일랜드의 독립을 위해 투쟁했던 많은 이들이 이 감옥에 갇혀 있었고, 그중 처형된 이들도 있었다. 꽉 막히고 차가운 음침한 장소이다. 킬메인햄에는 훨씬 이전에도 갈로우즈 로드라 알려진 지역에 감옥이 있었으나, 1780년대에 접어들자 너무나 끔찍한 상태가 되었기 때문에 근처에 새로운 감옥을 지어야 한다는 결정이 내려졌다. 이 결정을 주도했던 이들 중에는 에드워드 뉴언햄 경이라는 사람이 있었는데, 머지않아 자기도 빚 때문에 이 새 감옥에 갇히게 된다.

새로 지어진 감옥에는 52개의 방이 있었는데, 1798년 반란이 일어나 실패로 끝났기 때문에 이곳에는 일반 범죄자들뿐만 아니라 정치범들이 수감되었고, 일반 범죄자 중 많은 이들은 오스트레일리아로 이송되었다. 지어진 초기에는 감옥에 들어간다는 것 자체가 무시무시

한 일이었다. 입구의 문 위에 있는 교수대에서 공개 교수형을 행했기 때문이다. 1860년대 초반 이 감옥은 새로 디자인되고 증축되었는데, 높은 외벽이 둘러쳐지고 커다란 중앙 홀이 만들어졌다. 오늘날 보이는 감방과 운동할 수 있는 뜰은 이때에 갖추어진 것이다.

로버트 에밋이 영국에 대항해 봉기를 일으켰다가 실패한 1803년, 그와 2백 명에 달하는 그의 추종자들은 킬메인햄에 수감되었다. 에밋은 교수형을 당하고 세인트 캐서린 교회 앞에서 목이 베이기 전날, 지상의 마지막 밤을 이곳에서 보냈다. 그의 머리가 떨어졌던 나무 단이 이곳에 전시되어 있는데, 누군가가 어울리지 않게도 피아노 다리를 붙여 놓았다. 찰스 스튜어트 파넬이 1881년 약 7개월간 수감되어 있던 방도 여전히 이곳에 있으며, 더블린에서 1916년 일어난 '부활절 봉기'를 이끌었던 열네 명의 리더가 처형된 스톤브레이커스 야드도 남아 있다. 에이먼 드 벌레라 역시 1923년 킬메인햄에 수감되어 감옥이 폐지될 때까지 갇혀 있었다. **RC**

프로스펙트 묘지

아일랜드, 더블린 | Prospect Cemetery

아일랜드 역사의 훌륭한 인물들이 더블린에 있는 거대한 가톨릭 묘지에 잠들어 있다

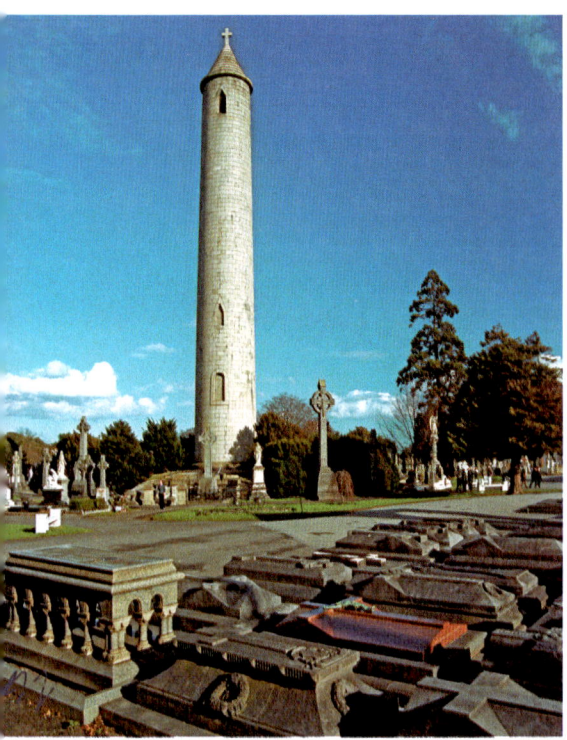

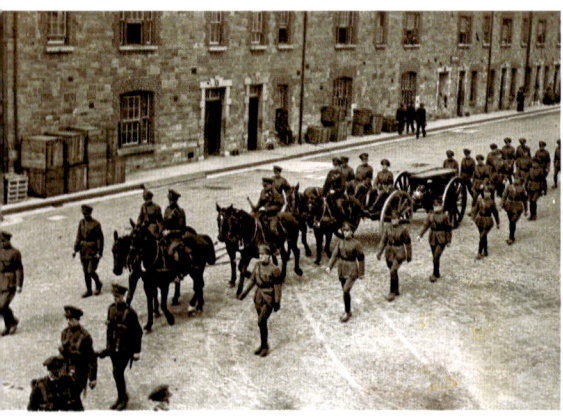

글래스네빈 묘지라고도 알려진 프로스펙트 묘지는 손꼽히는 아일랜드 가톨릭 정치가 대니얼 오코넬이 로마 가톨릭 신자들을 위해 설립했는데, 당시 횡행했던 시체 도둑질을 막기 위해 높은 벽과 감시탑에 둘러싸여 있다. 나중에는 넓이가 49헥타르에 이르는 아일랜드 최대의 묘지가 되어 교파에 상관없이 누구든 묻힐 수 있는 장소였다. 이 묘지에는 백만 명 이상의 유해가 있으며, 이들 중에는 무덤이 어디인지도 표시되지 않은 빈민도 있다. 오래된 구역은 벽이 무너져 내리고 담쟁이덩굴에 뒤덮여 묘지에 걸맞게 애수에 찬 분위기이며, 이 묘지 전체가 신고전주의적인 장중함에서 빅토리아 시대의 고딕 중세 사조, 그리고 켈트 부흥 양식에까지 장례 기념물의 스타일이 변화해왔다.

1830년대부터 아일랜드 역사에서 가장 유명한 인물들이 이곳에 묻혀 있다. 유명한 정치가 찰스 스튜어트 파넬은 대니얼 오코넬의 묘 근처에 묻혀 있는데, 파넬의 무덤에는 위클로우 카운티에 있는 그의 땅에서 가져온 화강암 비석이 서 있다. 1882년 피닉스 파크 살인 사건을 저지른 이들 중 한 명은 자신이 죽인 희생자 중 하나인 T. H. 버크 가까이에 누워 있다. 또 정치가들도 있다. 마이클 콜린스, 마키위츠 백작부인, 모드 곤은 아들인 션 맥브라이드와 함께, 에이먼 드 벌레라는 아내인 시네아드와 함께 묻혀 있다. 반역죄로 런던에서 교수형당한 로저 케이스먼트 경도 이곳에 묻혔으며, 아일랜드의 예술과 문학을 대표하는 인물로는 어스킨 칠더스와 제러드 맨리 홉킨스가 있다. 브렌던 비언은 바로 밖에 그 유명한 '무덤 파는 이들'이라는 술집이 있는, 프로스펙트 광장 입구에서 멀지 않은 곳에 묻혀 있는데, 썩 어울리는 자리라 할 수 있다. 그리고 제임스 조이스의 아버지 존 스태니슬라우스 조이스 역시 이 묘지에 잠들어 있다. **RC**

🄰 대니얼 오코넬의 무덤은 1861년에 세워진 높이 51m의 이 둥근 탑 아래에 있다.

🄱 1922년, 혁명군 리더인 마이클 콜린스의 머리를 프로스펙트 묘지로 옮기는 장례 행렬.

더블린 중앙 우체국

아일랜드, 더블린 | Dublin General-Post Office

1916년 부활절 봉기가 일어난 곳

이 우아한 건물은 아일랜드 역사의 전혀 다른 두 가지 시대를 상기시킨다. 우체국의 건축 양식은 더블린이 대영제국의 주요 도시 중 하나였던 조지 왕조 시대로 거슬러 올라간다. 그러나 이보다 더 중요한 사실은 아일랜드의 혁명가들이 영국의 지배에서 독립을 얻어내기 위해 용감한 시도를 감행했던 1916년의 부활절 봉기에서 이 건물이 중심적인 역할을 맡았다는 점이다.

중앙 우체국(General Post Office : GPO)은 1814년에서 1818년까지 세워졌으며, 당시 주로 중요한 공공건물을 짓는 데에 사용되던 웅장한 신고전주의 양식으로 지어졌다. 1805년에 더블린 작업과 공공건물 이사회의 건축가로 선정된 프랜시스 존스턴이 건물을 설계했다. 그는 중앙우체국을 그리스 부흥 양식으로 지었다. 이는 19세기 초반 유럽과 북아메리카에서 인기를 끈, 신고전주의의 한 분파였다.

1800년대 말엽, 이 건물의 기념비적인 성격은 영국 권력 체계의 오만한 태도를 집약적으로 보여 주는 듯했다. 따라서 중앙 우체국은 아일랜드 독립투사들에게 우선적인 목표가 되었다. 1916년 부활절 월요일, 파드리그 피어스와 제임스 코널리가 이끄는 아일랜드 의용군이 이 건물을 점령했다. 건물 외부의 계단에 서서 그들은 아일랜드 독립 선언문을 큰 소리로 읽었다. 이들은 우체국을 엿새 동안 점령했으나, 결국 영국군에 항복했다. 싸움이 벌어지는 동안 건물은 심하게 손상되었으나 나중에 복구되어 1929년 다시 문을 열었다. 우체국에는 반란군의 희생을 추모하는 두 가지 중요한 기념물이 있다. 내부에는 1916년의 독립 선언문 글귀가 새겨진 현판이 걸려 있다. 문가에는 올리버 셰퍼드의 마음을 파고드는 작품 「쿠출린의 죽음」이 놓여 있다. 아일랜드 문학의 위대한 전설적 영웅 쿠출린은 민족성을 나타내기에 어울리는 상징으로 간주되었다. 현재 이 건물을 부활절 봉기를 특별히 다루는 박물관으로 전환하려는 계획이 있다. **IZ**

더블린 성

아일랜드, 더블린 | Dublin Castle

800년 동안 영국 통치의 보루였던 곳

더블린 성보다 더 복잡다단한 역사를 지닌 건물은 드물다. 오랜 세월에 걸쳐 이 성은 군사 요새, 왕궁, 재판정, 감옥, 화약 창고, 금고 등 다양한 역할을 해 왔다. 오늘날까지도 이 건물은 국제 컨퍼런스를 개최하고 대통령 취임식을 거행하며 점점 많은 관광객을 맞는 다양한 용도로 쓰인다.

데인 족이 더블린을 점령했을 때 이곳에 요새를 짓기는 했지만, 현재 서 있는 건물의 역사는 앵글로-노르만 시대부터이다. 1204년, 존 왕이 성을 지으라는 명을 내렸다. 성은 단순히 도시를 지키기 위해 설계된 것만은 아니었다. 이 건물은 1922년 '아일랜드 자유국'의 위치를 얻을 때까지 아일랜드의 영국 통치 행정의 본거지가 되었다.

> "나는 젊으나 늙도록 비탄을 맛보았도다. 어렸을 때부터, 나는 결코, 감옥을 벗어나 숨 쉰 일이 없었다."
>
> 데스먼드 백작의 아들, 더블린 성의 독방에서

성에서 가장 웅장한 부분은 대부분 조지 왕조 시대에 세워진 것이다. '어퍼 코트야드'를 지배하고 있는 매혹적인 베드포드 탑(1761)과 총독(왕실 대리인)의 거주를 위해 설계된 훌륭한 '스테이트 아파트먼트' 역시 조지 왕조 시대의 건물이다. 성에서 가장 눈에 띄는 방은 성 패트릭의 홀(1746년경)로, 원래는 무도회장으로 쓰였으며 성 패트릭 교단과 관계 있는 행사를 여는 데에 사용되었다. 오늘날 이곳에는 주요 정부기구가 들어서 있다. '채플 로얄'은 1943년에 '가장 신성한 삼위일체의 교회'라는 새로운 이름을 얻었는데, 고딕 부흥 양식을 보여 주는 훌륭한 본보기이다. 현재 이 교회당의 지하 납골실에는 아트 센터가 있다. **IZ**

저포인트 수도원 아일랜드, 토머스타운 부근 | Jerpoint Abbey

양떼 덕분에 부유해졌으나 폐허가 된 시토회 수도원

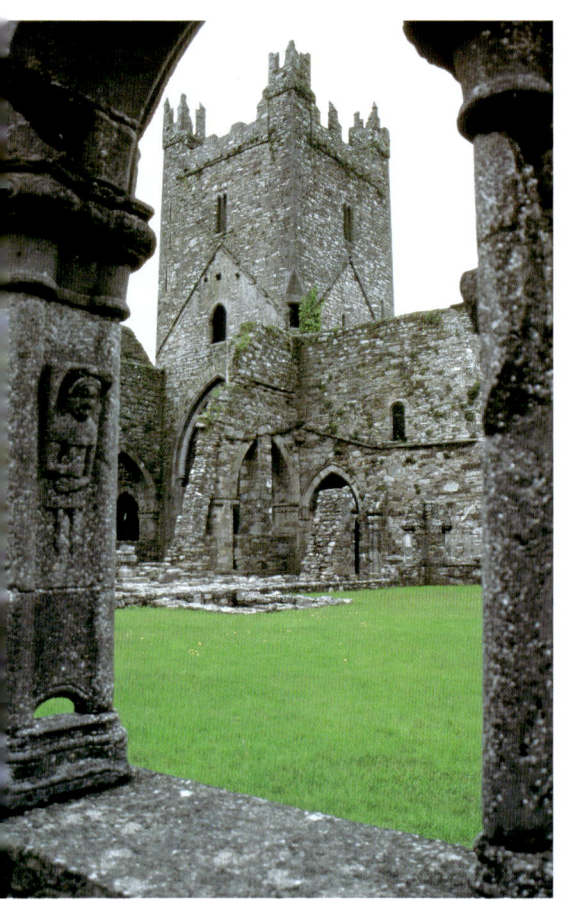

"수도원의 라틴 이름인 '제리폰스'(Jeripons)는 에오어 강에 놓인 다리를 가리키는 것이 분명하다."

시스테리인즈 인 요크셔 프로젝트

아일랜드에 선교원이 들어선 초기 시절부터 수도원 시설이 지역 사회의 중심지가 되는 일이 흔해졌던 중세까지, 수도원 제도는 아일랜드 교회의 발전에서 핵심적인 부분이었다. 오늘날은 그저 낭만적인 유적에 지나지 않는 저포인트 수도원은 이러한 경향이 최고조에 달했던 시절을 상기시키는 곳이다.

이 수도원은 1160년 초반 오소리(킬케니 지역에 있던 중세의 작은 왕국)의 통치자에 의해 세워졌다. 처음 이곳에 있던 수도사들은 베네딕트회 수도사들이었던 것 같지만, 1180년 저포인트는 시토회 수도원이 되었다. 1098년에 설립된 시토회는 12세기에 급속도로 전파되었고, 1228년에 이르자 아일랜드에는 34곳의 시토회 수도원이 생겼다. 시토회 수도사들은 힘든 육체노동과 기도를 병행하는 엄격한 생활을 했다. 그러나 수도원 그 자체는 농장 활동을 통해 상당한 부를 축적할 수 있었다. 물레방앗간, 양어장, 가축을 통해 수익을 얻은 저포인트 수도원도 이러한 부유한 수도원의 축에 끼었다. 양모 가격을 제대로 내다보지 못한 탓에 잠시 동안 파산 상태에 가까워지기는 했으나, 1540년에 이르러 저포인트의 연 수입은 87파운드까지 늘어났다. 이는 당시로서는 막대한 돈이었다. 이러한 부는 건물에 놀라우리만치 훌륭한 조각과 부조를 새겨 단장하기에 부족함이 없었고, 이는 수도원이 가진 가장 독특한 특징으로 남아 있다. 이중 가장 훌륭한 조각은 오늘날에도 회랑의 아치에서 볼 수 있다. 수도원의 수랑 벽에 위치한 예배당에서는 13세기에서 16세기에 제작된 무덤 조각을 볼 수 있다.

많은 다른 교단의 동료들과 마찬가지로, 저포인트의 수도사들도 헨리 8세가 수도원을 해산시켰을 때 흩어져 버렸다. 수도원과 그 부지는 영향력 있는 가문이었던 오먼드 백작에게 증여되었다. 세월이 흐르며 수도원 건물은 점차 퇴락해 갔으나, 1880년 공공사업위원회의 손에 넘어 갔다. 오늘날 이 유적은 대중에게 공개되어 있다. **IZ**

블라니 성 아일랜드, 코크 | Blarney Castle

위험스런 모험을 거쳐 달변의 재능을 얻을 수 있는 블라니 스톤이 있는 곳

맥카시 가문은 마지막 일족인 3대 클랜카티 백작이 제임스 2세와 더불어 17세기에 망명하기 전까지는 아일랜드의 권세 있는 가문이었다. 맥카시 가의 성채였던 블라니 성은 1446년 머스케리 경 코맥 레이디어 맥카시가 강을 내려다 보는 26m 높이의 하나의 탑으로 세운 것이다. 지하에는 동굴과 지하 감옥이 있다.

이 성은 '블라니 스톤'으로 유명하다. 백 개가 넘는 계단을 올라가 흉벽에 아슬아슬하게 거꾸로 매달려 이 돌에 입을 맞추면 달변의 재능, 적어도 다변(多辯)의 재능을 얻을 수 있다는 말이 전해지자 윈스턴 처칠은 1912년 이 돌에 입을 맞췄다. 이러한 전통이 어디서 유래했는지는 미지수다. 한 가지 설명은 엘리자베스 1세와 블라니 경인 코맥 맥카시 사이에 일어난 협상에서 유래했다는 설이다. 엘리자베스 1세는 아일랜드 귀족들의 권력을 약화시키려고 노력하고 있었는데, 맥카시는 뛰어난 말재간으로 이리저리 말을 돌렸고, 여왕은 어느 순간 그의 교묘한 마지막 말이 감언이설(blarney)이라며 내쳐 버렸다. 19세기에 켈트 문명 부흥에 열성적이었던 이들은 이돌을 켈트 이교도 시대에 높은 왕들이 올라가서 대관식을 치렀던 '리아 파일'과 동일시했다. 이 돌은 왕위를 잇기에 알맞은 이의 손길이 닿으면 비명을 지른다는 전설이 있다. 또한 이 돌이 성경에 나오는 야곱이 베고 누웠다가 천사들이 사다리를 통해 천국으로 올라가는 장면을 보았던 바로 그 돌이라는 설도 있다.

근처에 있는 블라니 하우스는 맥카시 가 이후의 소유자인 콜더스트 가문이 1874년에 지었는데, 탑이 달린 웅장한 귀족적 스타일이다. 블라니 하우스는 이전에 지어져 시대에 뒤떨어진 거처보다 더 편안한 곳이 필요했기 때문에 건축되었다. 19세기풍의 정원에는 소망의 계단이 있는데, 소원이 이루어지도록 하려면 눈을 감고 빌어야 한다(이 역시 야곱의 사다리를 연상시키는 것일까?). 근처에 있는 19세기식 양털 압착기 또한 관광객들의 이목을 집중시킨다. **RC**

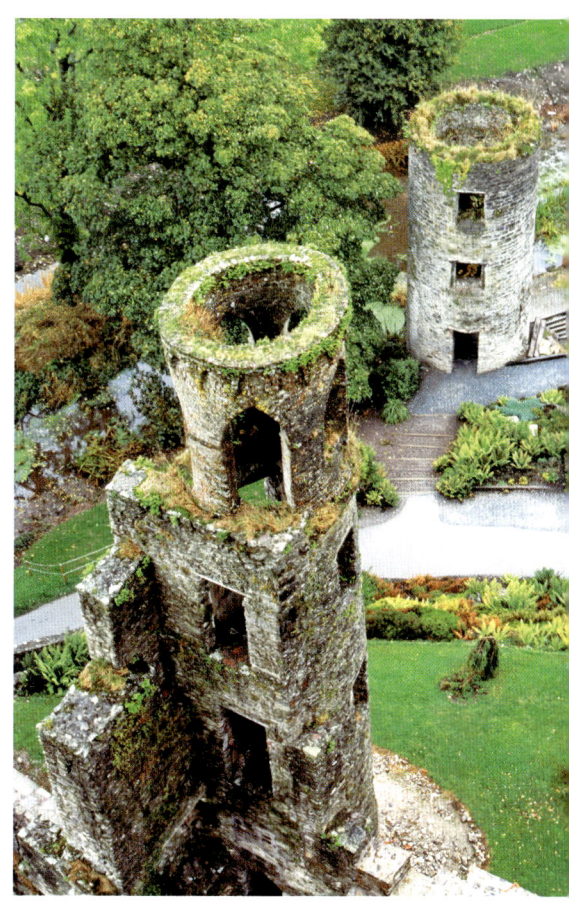

"이로서 블라니의 영향은 강력하게 나타났도다. / 그 돌에서 가장 멀리 떨어져 있는 이들에게까지…"

존 호건, 「블라니 : 묘사적인 시」(1842)

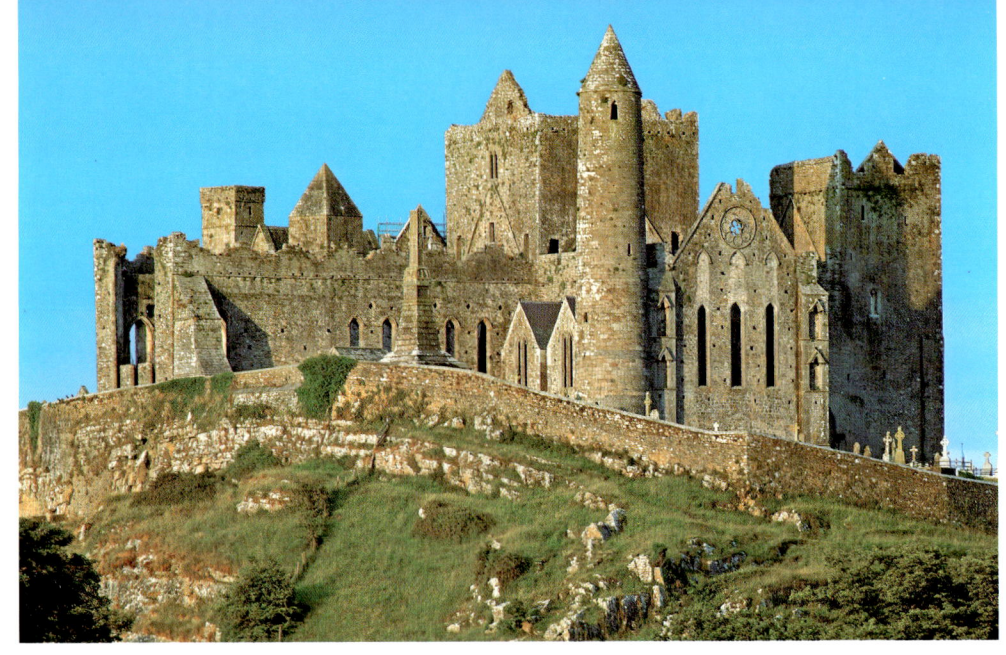

캐셜의 바위 아일랜드, 캐셜 | Rock of Cashel

아일랜드 왕들이 머물렀던 장소로, 12세기에 교회에 헌납되었다

캐셜의 바위는 아일랜드에서 가장 인상적인 유적지 중 하나이다. 노출된 석회암이 주변을 둘러싼 평평한 골든 베일의 시골 정경을 지배하고 있으며, 독특한 중세 건물들을 떠받치고 있다. 이곳은 초기 아일랜드 역사의 정치적·영적인 영역에서 중추적인 역할을 맡았다. 캐셜은 몇 세기 동안 먼스터를 다스렸던 에오가나츠 왕조의 왕실이 머물렀던 장소였다.

이 성채는 코날 코크가 꿈에서 돌덩어리에서 솟아나 자라는 주목나무 덤불을 본 후 지은 것이라는 이야기가 있다(에오가나츠는 '주목나무에서 태어난 사람들'이라는 의미이다). 성 패트릭은 캐셜을 방문해 앵거스 왕을 기독교로 개종시켰다. 전설에 따르면, 성 패트릭이 세례를 주던 중 주교 지팡이에 뾰족하게 튀어나온 못으로 그만 왕의 발을 찔렀는데, 앵거스는 이것도 의식의 절차라고 생각해 꾹 참았다고 한다.

캐셜의 성채는 먼스터의 왕들이 있는 수도로 계속 남아 있었는데, 1101년 머치어타크 오브라이언이 이 부지 전체를 교회에 기부했다. 이렇게 극적으로 목적이 변화한 이십 년 후, 캐셜은 아일랜드 남부 반에 대해 대주교 교구 역할을 맡게 되었다.

석회암 위에 남아 있는 건물은 모두 교회의 소유가 된 이후에 지어진 것이다. 가장 높은 건물은 28m 높이의 '둥근 탑'(1100년경)이며, 가장 훌륭한 건축물로는 먼스터의 왕 코맥 맥카시가 짓게 한 '코맥의 예배당'(1127~1134)을 들 수 있다. 건축학적인 보석이라 할 만한 이 건물은 종종 진정한 의미에서 아일랜드 최초의 로마네스크 교회라 꼽힌다. 경사가 급한 돌 지붕, 중심을 벗어난 위치에 있는 성단소(聖壇所), 벽에 그려진 뛰어난 벽화는 모두 이 당시에 어디에도 견줄 수 없을 만큼 뛰어났다. 하지만 13세기에 성당이 세워지면서 이 예배당은 상대적으로 위축되고 말았다. 이 성당은 1749년까지 사용되었는데, 이때 프라이스 대주교가 대주교 관구를 캐셜 시에 있는 세인트 존 교회로 옮겨 버리고 말았다. 이유는 이 바위에 오르기가 너무 힘들었기 때문이었음이 명백하다. **RC**

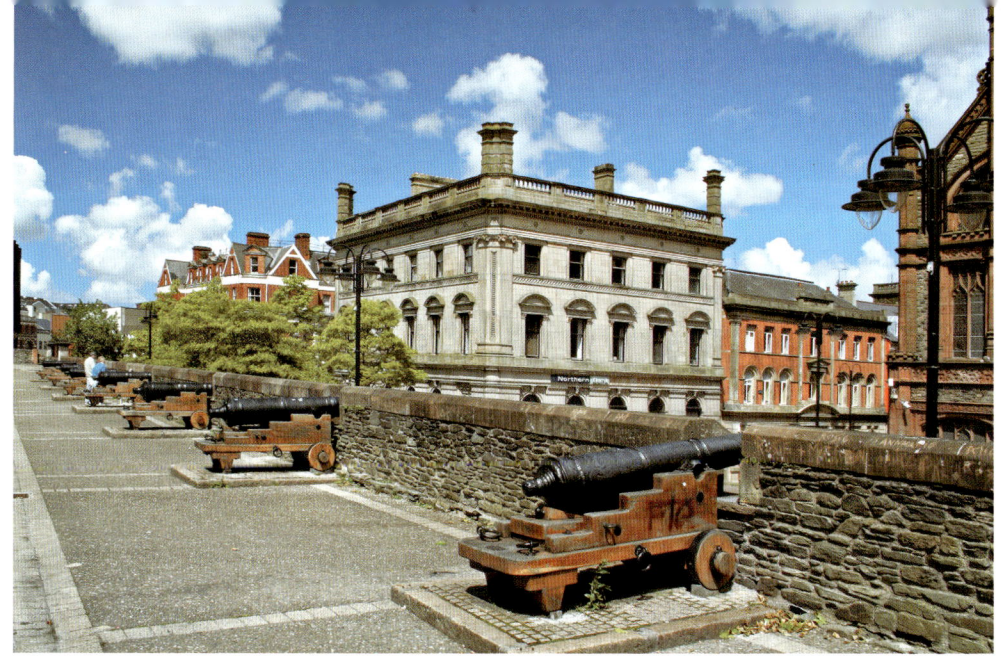

데리 타운 월즈 북아일랜드, 런던데리 | Derry Town Walls

포일 강변에 있는 이 도시의 역사는 심한 정치적 갈등으로 점철되어 있다

북아일랜드 제2의 도시인 런던데리의 이야기는 6세기까지, 그리고 언덕 꼭대기에 서 있는 오크 나무 한가운데에 자리 잡았으나(아일랜드 이름인 '도이레'(Doire)는 '오크 숲'이라는 의미이다) 바이킹 족에게 계속되는 공격을 받던 수도원까지 거슬러 올라간다. 영국이 1600년 이 도시를 차지하여 잘 정리된 새로운 도시로 바꿔 놓았는데, 이처럼 계획된 도시로서는 아일랜드 최초의 도시였고, 영국과 스코틀랜드 이주민들이 들어선 얼스터 프로테스탄트 정착촌의 일부였다. 런던 시 길드의 일부가 도시를 통치하게 되었고 데리라는 지명은 런던데리가 되었다. 길이가 1.6km 이상이며 두 개의 감시탑을 갖추어 새로 지은 성벽이 이 도시를 보호했고, 네 개의 관문이 도시 중심지로 이어졌다. 이후에는 다른 관문들이 새로 지어졌다. 이 성벽은 아일랜드 유일의 완전한 도시 성벽이며, 유럽에 있는 성벽 중에서도 돌파된 적이 없는 매우 드문 경우 중 하나이다.

1649년 명예혁명 때 이 도시는 의회 편을 들었으나 실패로 돌아가 스무 주 동안 왕당파 군대의 포위 공격을 받았다. 1688년에서 1689년, 오렌지 공 윌리엄의 편을 들었을 때는 제임스 2세를 위해 싸우는 프랑스와 아일랜드 군대에 포위당했다. 물자를 실어온 배가 성 안을 지키는 사람들에게 도달하지 못하도록 막기 위해 왕당파는 포일 강에 장애물을 던져 넣었으나, 굶주린 시민들은 성벽 안에서 말고기와 고양이, 개, 죽은 아일랜드인들의 시체를 먹고 살찐 쥐까지 잡아먹으며 버텼다. 마침내 배 한 척이 장애물을 뚫고 도달하였으며 포위군은 공격을 포기했다. 이러한 기억은 그후로도 이 도시의 역사에서 중요한 부분으로 남았으며, 런던데리는 프로테스탄트가 주도적이며 '가톨릭 나부랭이'를 증오하는 곳의 상징이 되었다.

18세기에 항구와 운송업, 통상 기업들이 빠르게 성장하면서 런던데리는 성벽을 넘어 넓게 퍼져나갔다. 가톨릭교도들에 대한 가혹한 취급에 반대하는 저항 운동은 1960년과 1970년 폭력적으로 보복당했다. 열세 명의 비무장 민간인들이 1972년 1월 30일 '피의 일요일'에 영국군에 의해 사망했던 것이다. **RC**

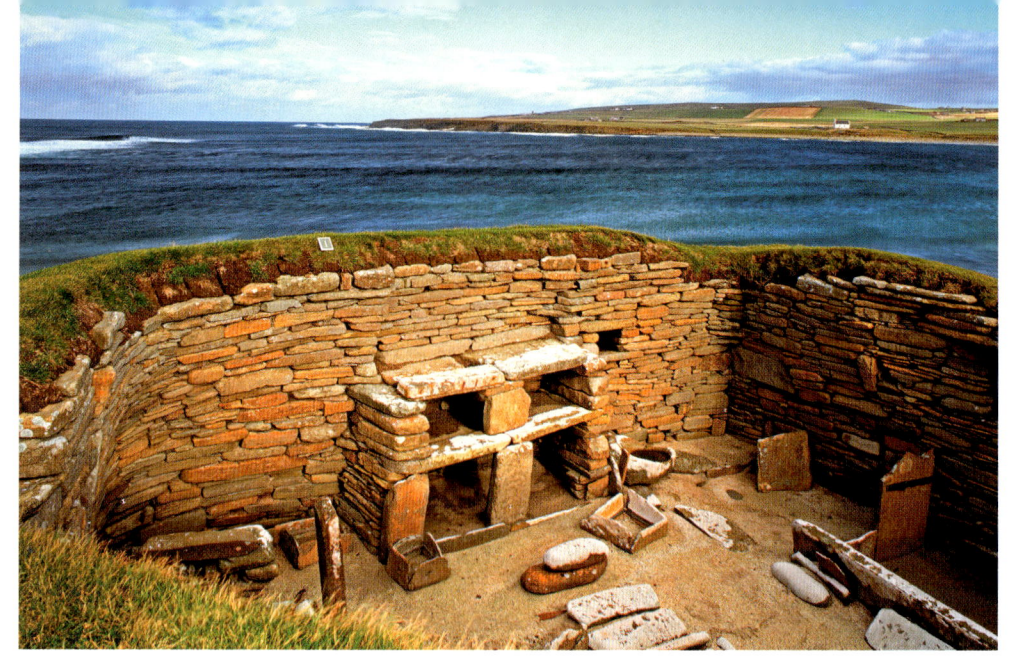

🏛 ◎ 스카라 브레 스코틀랜드, 오크니 | Skara Brae

질서와 안락함의 흔적이 보이는 5천 년 된 주택들

이 석기 시대의 마을은, 1850년 커다란 폭풍우가 불어와 모래를 날려 버리기 전까지 몇 세기 동안이나 모래 언덕 아래에 묻혀 있었다. 모래 밑에서 드러난 유적은 5천 년이나 그 이전에 살았던 사람들의 일상생활을 생생하게 들여다볼 수 있게 해 주었다. 이렇게 오래 전에 이루어진 마을임에도 집들의 형태는 놀랄 만큼 일정해서 '선사 시대의 공영 주택 단지'라 비유될 정도였고, 잘 조직된 공동 사회였을 것이라는 인상이 강하게 든다.

이 집들은 돌로 지어졌으며, 지붕에는 풀이나 짚을 얹었던 듯하다. 나무로 된 문은 미로처럼 얽힌 좁은 지하 통로를 향해 열리게 되어 있는데, 너무 낮아서 거주자들은 통로를 따라 기듯이 다녀야만 했다. 그러나 각 집에는 넓이 약 6m² 가량의 널따란 중앙 방이 있었다. 내부에 들어선 돌로 된 가구 중에는 두 개의 상자 모양 침대가 있는데, 아마 하나는 남자용, 다른 하나는 여자와 어린 아이들을 위한 것이었을 듯하다. 가족들은 침대 위에 헤더(히스와 비슷한 상록 관목)나 고사리를 깔고 동물 가

죽으로 된 담요를 덮고 잤을 것 같다. 돌로 된 바닥에는 모피와 가죽이 깔려 맨바닥보다 더욱 편안했을 것이다.

스카라 브레에 살았던 가족들은 장신구와 화장품을 사용했으며, 집집마다 돌로 된 똑같은 크기의 2단 경대가 있었는데 방문하는 이들이 볼 수 있도록 귀중품을 진열해 놓는 데에 쓰였음이 분명하다. 벽에는 돌로 된 선반과 찬장이 있다. 방 한가운데에는 토탄을 태우는 화덕이 있다. 배수구가 있는 것으로 보아 화장실이었던 것 같은 작은 방들도 있고, 오두막집 중 하나는 분명 공방(工房)이었던 것 같다. 또 다른 집에는 바닥 아래 두 구의 여자 유해가 묻혀 있는데, 종교적인 목적을 위해 따로 묻어 두었을 가능성이 있다. 이 마을의 주민들은 소와 양, 돼지를 기르고, 밭에서 곡물을 경작하고, 사냥을 나가기도 하고 조개를 모으며 살았다. 이따금 해안으로 떠밀려온 고래라도 잡으면 경사였을 것이다. 기원전 2500년경 모래 언덕이 스카라 브레를 잠식하기 시작했고, 이 마을은 황폐해졌다. **RC**

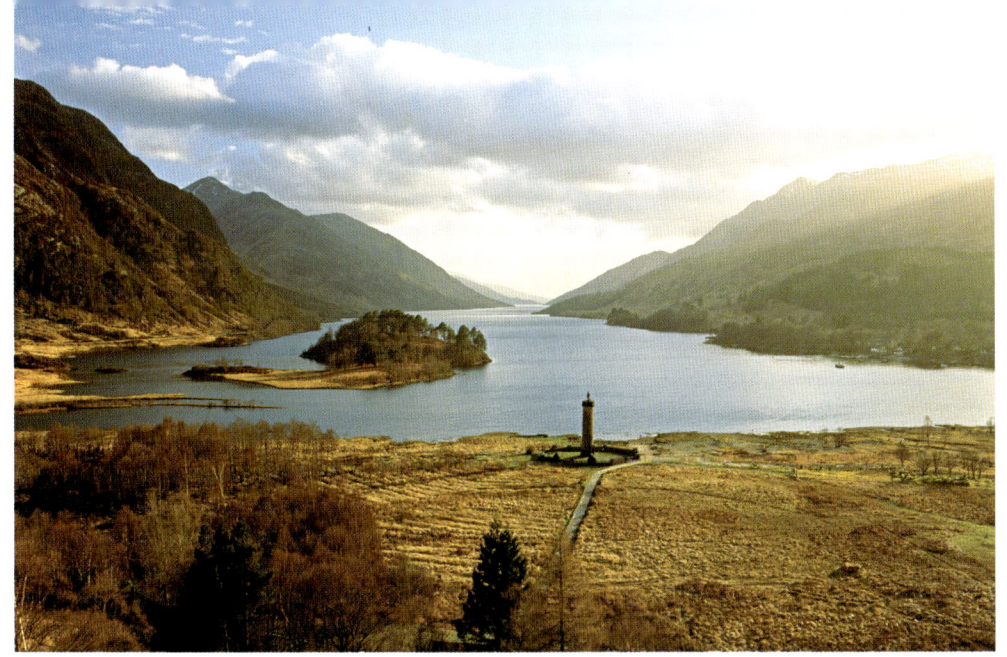

글렌피난 유적 스코틀랜드, 포트윌리엄 부근 | Glenfinnan Monument

보니 프린스 찰리가 왕권을 되찾기 위해 노력했으나 실패로 돌아간 것을 기념하는 외로운 탑

찰스 에드워드 스튜어트 왕자는 스튜어트 왕조의 영국 왕위 계승권을 되찾기 위해 1745년 최초로 스코틀랜드 본토에 발을 내딛었다. 24세의 나이에 씩씩하고 매력적인 청년이었던 그는 스튜어트 왕조의 마지막 왕인 영국의 제임스 2세(스코틀랜드의 제임스 7세이기도 하다)의 손자였다. 그가 거느린 이들이라고는 고작 일곱 명뿐이었으며, 하일랜드(스코틀랜드 고지 지방) 씨족들을 이끄는 우두머리들은 그를 위해 위험을 무릅쓰고 나서야 한다는 일을 그리 달갑게 여기지 않았다. 그러나 대략 150명 정도의 맥도널드 씨족 사람들이 그의 편에 합류했고, 불안한 몇 시간이 흐른 후 파이프 소리가 울려 퍼지며 700명의 전사를 거느린 로시엘의 캐머런이 골짜기를 내려와 찰스 왕자의 편에 섰다. 캐머런 역시 확신은 없었으나 자신의 충성심이 어디를 향하는지 알고 있었고, 그의 도움은 큰 힘이 되었다.

1745년 8월 19일 오후, 찰스 왕자는 자신이 영국의 적법한 왕이라 주장했던 아버지 제임스 프랜시스 에드워드 스튜어트의 이름을 앞세워 빨간색과 하얀색의 커다란 깃발을 휘날렸다. 이 모험은 컬로든에서 비극적인 종말을 맞았고, 보니 프린스 찰리는 유럽 대륙으로 몸을 피해 헛되고 비참한 분노에 싸여 여생을 보내게 되지만 이러한 반란의 기억은 항상 사람들을 매혹시켜 왔다.

글렌피난에 있는, 20m 높이에 총안이 달린 늘씬한 탑은 스튜어트 가의 깃발이 올라갔던 장소를 기념한다. 이 탑은 1815년 글레날라데일의 알렉산더 맥도널드가 세운 것으로 그의 종조부는 충성스럽게 찰스 왕자를 지지했으며, 그는 자기 선조들의 "관대한 열정, 담대한 용기, 꺾을 수 없는 충절"과 "그 힘들고 불운한 계획을 이루기 위해 싸우고 피 흘렸던 이들"을 기리는 이미에서 이 탑을 세웠다. 탑 꼭대기에서는 실 호수와 주위를 둘러싼 산이 보이는 훌륭한 경치를 감상할 수 있다. 1834년에는 탑 꼭대기에 킬트 복장을 한 스코틀랜드 씨족 사람들의 조각상이 설치되었으며, 1938년에 이 기념탑은 스코틀랜드 내셔널 트러스트의 소유가 되었다. **RC**

컬로든 전투지 스코틀랜드, 인버네스 부근 | Culloden Battlefield

한 시간도 채 지나기 전, 왕관을 되찾고자 하는 스튜어트 가의 소망은 사라졌다

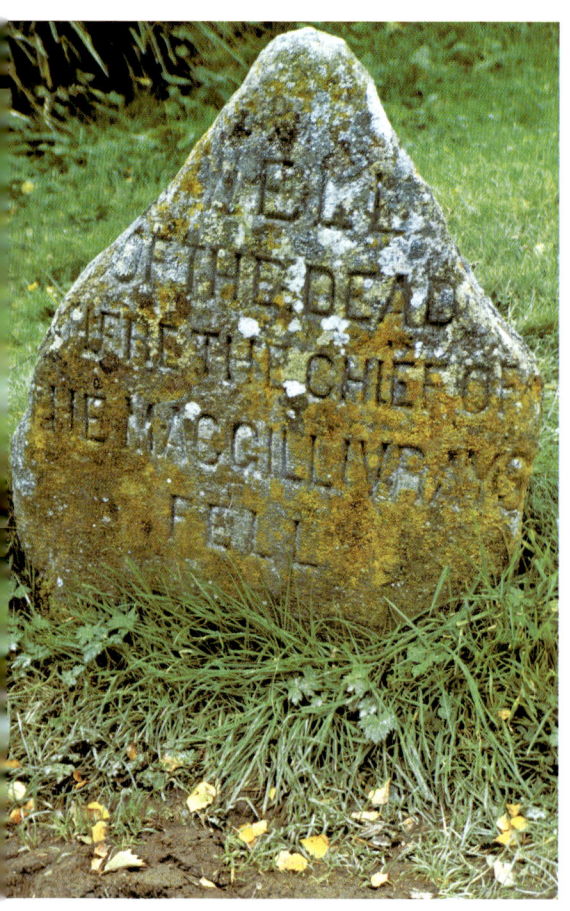

"컬로든을 바라보던 그날은 어둡고도 어두
웠으며 나무에 달라붙은 안개의 물방울은
싸늘했다."

앤드루 랭, 「컬로든」(1905)

영국 땅에서 마지막으로 일어난 중요한 전투는 왕위를 이어받으려는 스튜어트 왕조의 마지막 시도를 무산시켰으며, 스코틀랜드 하일랜드 지역의 독특한 문화와 생활 양식이 점차 퇴보하는 데에 커다란 영향을 끼쳤다. 찰스 에드워드 스튜어트 왕자-'젊은 왕위요구자' 혹은 보니 프린스 찰리라는 별칭으로 알려진-가 이끄는 약 5천 명의 하일랜드와 아일랜드 군대는, 하노버 왕조의 영국 왕 조지 2세의 차남인 컴벌런드 백작이 이끄는 수요가 훨씬 더 많고 무장도 잘 된 병력과 맞서 싸웠다. 컴벌런드의 부하 중 많은 이들이 스코틀랜드인이었으나, 사실 스코틀랜드인 중에는 스튜어트 왕조 편을 들었던 이들보다 그들과 반대편에서 싸웠던 이들이 더 많았다.

전투는 포병전으로 시작했는데, 하일랜드인이 갖추고 있던 대포 상태는 최악이었다. 결국 찰스 에드워드 왕자는 돌격을 명령했다. 병사들은 명령에 따라 거칠고 사납게 돌진하여 하노버 군대의 전선을 돌파했으나, 기세는 사그라졌고 하일랜드인들은 밀리기 시작하다가 마침내 제압당하고 말았다. 이 모든 일이 일어나는 데에는 한 시간도 채 걸리지 않았다. 컴벌런드는 부상자들조차 사정없이 공격하라는 명을 내렸고 그들은 무차별적으로 도살당했다. 간신히 숲이나 농장 건물로 피해 숨을 수 있었던 자들마저 수색 끝에 발각되어 살해당했다. 전투를 지켜보려 인버네스에서 온 민간인들마저 죽임을 당했다.

컴벌런드는 이러한 행동으로 '도살자'라는 별명을 얻었다. 찰스 에드워드 왕자는 몸을 피해 하일랜드 지방을 전전하며 몇 달 동안 숨어 있었는데, 그의 목에 엄청난 현상금이 걸려 있었는데도 한 번도 배반당하지 않았다. 마침내 그는 프랑스 전함에 올라타 유럽 대륙으로 피신했다.

컬로든 전투는 스코틀랜드의 민족적인 기억 속에 강렬한 사건으로 남아 있다. 1944년부터 스코틀랜드 내셔널 트러스트가 이 지역을 가능한 한 1746년의 상태로 되돌려 보려는 목적으로 점차 이 지역의 땅을 사들였다. 원래 이 자리에 없었을 벽이며 나무 등은 제거되고, 대신 1888년에 세워진 돌로 된 기념비만이 남아 있게 될 것이다. **RC**

잘쇼프 스코틀랜드, 셰틀랜드 섬 | Jarlshof

강력한 폭풍우 때문에 모습이 드러난 주거지

오크니 백작이자 스코틀랜드 제임스 5세의 서자인 로버트 스튜어트는 17세기, 셰틀랜드에 자신의 저택을 지었다. 이 집은 '섬버러의 올드 하우스'라는 이름으로 알려져 있었지만, 월터 스콧 경은 1822년 자신의 소설 『해적』에서 이 집에 잘쇼프라는 자신이 만든 이름을 붙였다.

1890년대에, 강력한 폭풍우가 위에 덮여 있던 모래를 날려 버리면서 이 저택 바로 옆에 있던, 수천 년 전 바이킹이 세운 더 오래된 거주지 유적이 모습을 드러냈다. 스콧가 붙인 잘쇼프라는 이름은 현재 이 바이킹 유적지를 가리키는 데 쓰인다. 이곳에 남아 있는 오두막집 유적은 대략 기원전 2000년부터 존재해 왔는데, 외양간을 비롯하여 도끼, 검, 칼 등을 생산해 냈던 대장간이 있다. 이보다 훨씬 이후, 추측컨대 기원전 1세기경에 '브로치'가 건설되었는데, 이는 돌로 된 둥근 감시탑으로 바다를 타고 오는 공격을 막기 위한 것이 분명하다. 이보다 더 이후에는 이 브로치에 있던 돌을 이용하여 원형 주택이 지어졌다. 중앙에 있는 화덕을 중심으로 일곱 개 내지 여덟 개의 방이 둘러싸고 있는 집들이다. 이 집에 살았던 이들은 픽트 족이었을 가능성이 있다.

바이킹은 서기 9세기경에 이곳에 도착하였는데, 처음에는 약탈을 위해서였지만, 그 이후에는 정착하여 낚시를 하고 소와 양, 돼지를 키우며 살아갔다. 돌로 된 스칸디나비아식 롱하우스가 이 자리에 지어졌는데, 길이 21m에 거실, 부엌, 침실이 있는 구조였다. 통로가 있어 별채로 이어지는데, 외양간, 헛간, 대장간, 하인 거처로 쓰였던 듯하다. 신전 혹은 사우나였을 가능성이 있는 작은 건물도 있다. 더 많은 건물이 추가로 지어졌으며, 나중에는 이곳에 중세 농장이 들어섰다. 한 화가는 바이킹 배와, 장난감 삼아 모형 배를 들고 있는 어린이들의 그림을 남겼다. 셰틀랜드는 15세기까지 노르웨이의 통치하에서 노르웨이 오크니 공작들의 지배를 받았다. 스코틀랜드에서 가장 중요한 선사 시대 고고학 유적 중 하나인 잘쇼프에는 철기 시대의 생활을 자세히 보여 주는 방문자 센터가 있다. **RC**

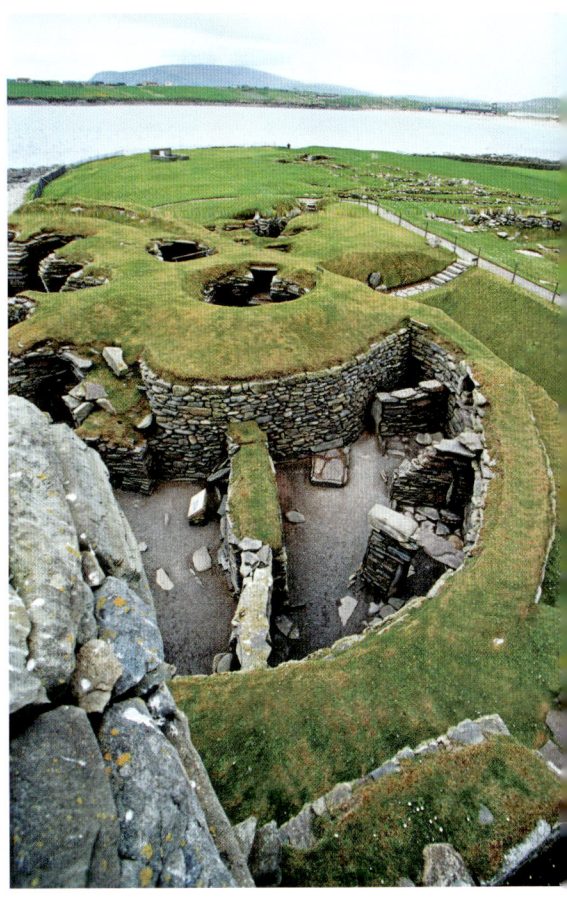

"나는, 싸움터에 나가는 연인을 웃으며 보내 줄 수 있었던 노르웨이 노부인들의 딸이랍니다."

월터 스콧 경, 『해적』(1822)

발모럴 성 스코틀랜드, 크라시 | Balmoral Castle

엘리자베스 2세 여왕의 하일랜드 별장

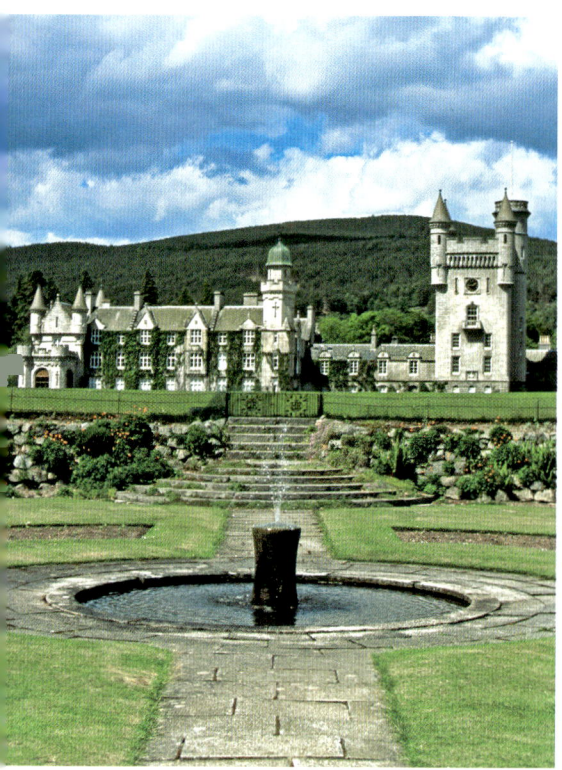

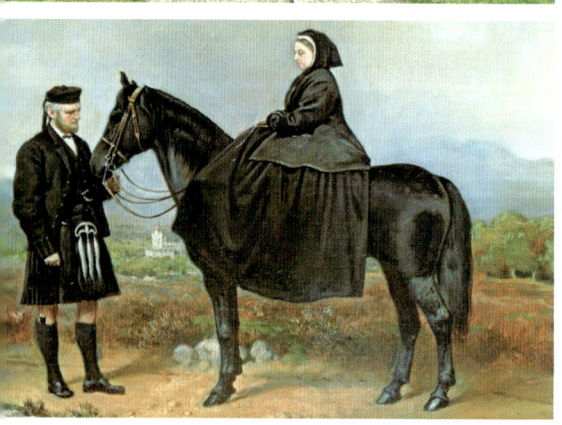

발모럴은 스코틀랜드의 로버트 2세가 사냥용 별장을 소유하고 있던 14세기부터 불규칙하기는 하지만 계속 영국 왕실과 연관이 있었다. 드러먼드 가는 1390년에 저택을 지었고 고든 가는 16세기에 탑이 달린 저택을 지었다. 1848년, 이미 여러 차례 스코틀랜드의 하일랜드 지방을 방문하여 이 지방을 사랑하게 된 빅토리아 여왕과 앨버트 공은 이곳의 저택을 빌렸으며, 이 '사랑스러운 파라다이스'가 너무나 마음에 들었기 때문에 1852년 이곳을 사들였다. 두 사람 다 산악 지방의 경치와 고독함에 기쁨을 느꼈고 앨버트 공은 사냥감을 뒤쫓고 사격을 즐겼으며, 현재까지도 왕실에서 입는 발모럴 타탄체크를 디자인했다. 두 사람은 또한 산책하고 등산하고 그림 그리는 일을 좋아했으며, '소박하고 솔직한' 지역 주민들 역시 좋아했다.

1853년, 백파이프의 높은 음색이 울려 퍼지며, 빅토리아 여왕은 새로운 성의 주춧돌을 놓았다. 웅장한 바로니얼 스타일로, 왕실 깃발 높이를 넘어서는 27m 높이의 탑을 갖춘 성이었다. 고든 가에서 지은 오래된 탑은 1855년 철거되었다. 건축가는 애버딘의 윌리엄 스미스였으나, 앨버트 공은 자신이 몸소 설계 작업을 이끌었다. 내부는 벽지, 카펫, 커튼까지 전부 타탄체크 일색이라는 비평을 받았고, 방문객들은 이 성이 끔찍하게 춥다고 생각하는 경우가 자주 있었으며, 저녁식사 테이블 주변을 행진하며 돌아다니는 아홉 명의 파이프 연주자들은 그다지 환영받지 못했다.

빅토리아 여왕이 이후 그녀의 삶에서 중요한 역할을 하게 되는 스코틀랜드 하인 존 브라운을 처음 만난 것도 발모럴 성이었다. 앨버트 공은 1861년 사망하고, 발모럴은 그를 안장한 사당이 되어 여왕은 천천히 슬픔을 진정시킬 수 있게 된다. 발모럴 성은 지금까지도 왕실이 머무는 하일랜드의 별장 역할을 하고 있다. **RC**

🄺 발모럴 성은 왕실 소유지의 일부가 아니라 왕가 소유의 사유지이다.

🄴 존 브라운이 애도에 잠긴 빅토리아 여왕에게 승마를 통해 기운을 내 보라고 격려하는 유명한 장면.

RRS 디스커버리 스코틀랜드, 던디 | RRS Discovery

지금은 던디의 메마른 독에 있으나, RRS 디스커버리는 스콧 대령을 남극으로 싣고 갔다

1986년, RRS 디스커버리(RRS는 왕립 탐험선(Royal Rese arch Ship)의 약자이다)는 자신이 건조된 던디의 독으로 돌아와, 비좁은 선실 안에 1901년 로버트 팰콘 스콧 대령과 서른일곱 명의 강인한 부하들을 싣고 남극 대륙으로 탐험을 떠났을 때의 모습대로 복원되었다. 던디는 전통적으로 견고한 목조 포경선을 제작해 오던 선박 건조의 중심지로, 1901년에 진수된 디스커버리 호는 영국에서 마지막으로 건조된 세 개의 돛대가 달린 목조 선박 중 하나였다. 화력 엔진을 갖추고, 배수량 1620t에 길이 52m인 디스커버리 호는 영국 왕립지리학회의 후원을 받아 건조되었다.

배는 1902년 1월 남극에 닿았고 맥머도 만에 정박했다. 특별히 강화된 목조 선체(船體)는 배를 둘러싸 압박하는 남극 얼음의 높은 압력에도 버텨낼 수 있었다. 배 내부는 너무나 추워서 처음에는 매트리스가 배의 벽에 단단히 얼어붙어 버릴 정도였지만, 폭풍이 디스커버리 호 주변에 눈을 쌓으면서 약간 따뜻해졌다. 여름이 되어, 스콧, 에드워드 윌슨, 어니스트 섀클턴은 개가 끄는 다섯 개의 썰매를 타고 남극점에 도달하기 위해 출발했다. 목적지를 800km 정도 남겨둔 지점에서 더 이상 전진이 불가능할 정도로 상황이 악화되어 돌아올 수밖에 없었다.

두 차례의 겨울을 맞을 때까지 배는 얼음 속에 갇힌 채 남아 있었고, 1904년 2월 구조선이 도착해 얼음을 폭파하여 배를 자유롭게 해 주었다. 스콧과 그의 동료들은 영국으로 돌아와 커다란 환영을 받았다. 1912년, 남극점을 향한 운명적인 탐험에 스콧과 그의 동료들을 태우고 갔으나, 결국 이들이 죽음을 맞이한 포경선 테라 노바 호 역시 던디에서 구축된 배였다. **RC**

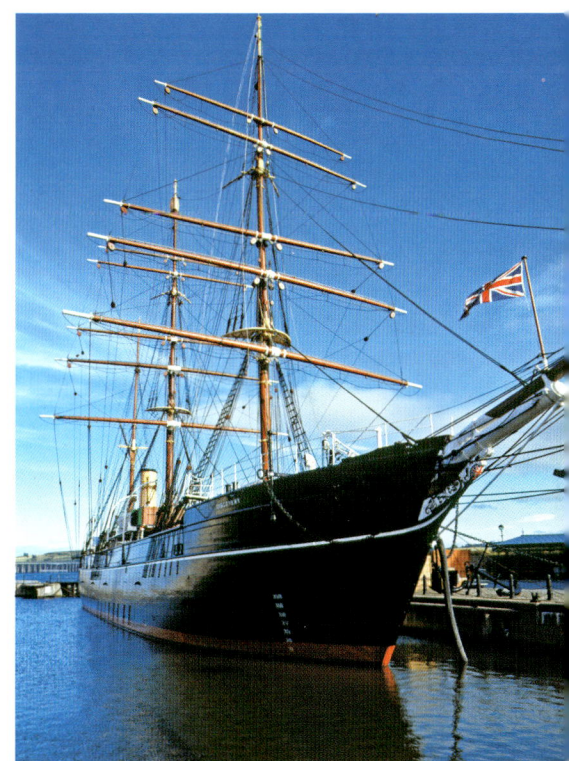

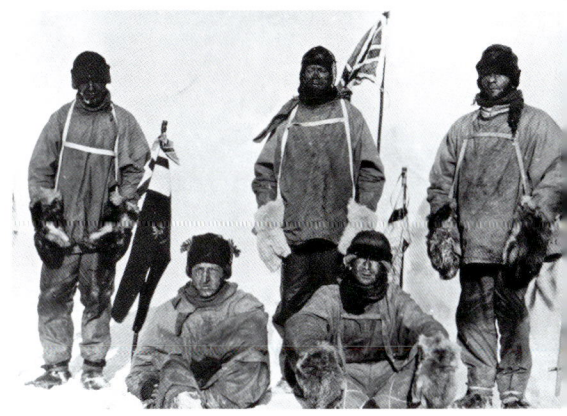

↗ RRS 디스커버리는 세 개의 돛대가 달린 목조 선박으로는 영국에서 마지막으로 건조된 배였다.

↘ 1912년 1월 18일 스콧 대령의 남극점 탐험. 스콧은 뒷줄 가운데에 서 있다.

글래미스 성 스코틀랜드, 포파 | Glamis Castle

맥베스와 전설적인 연관이 있는 성이자, 모후의 가족이 머무르는 곳

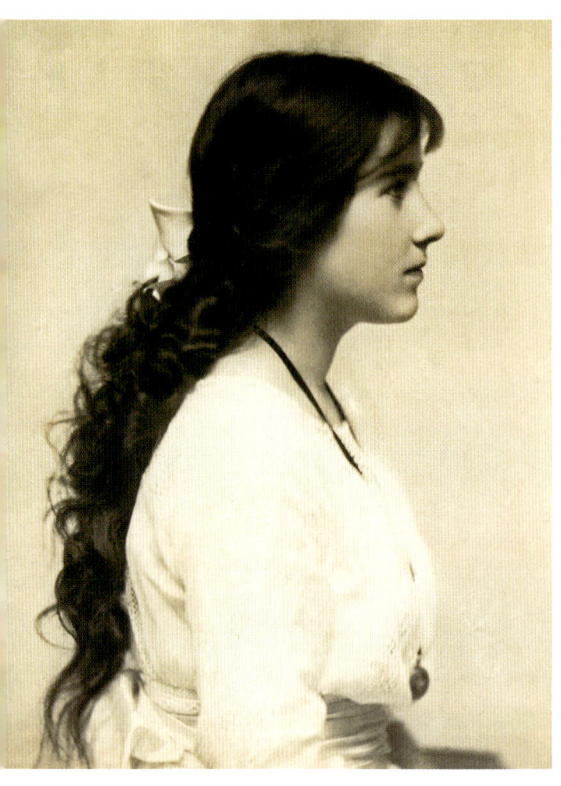

"당신은 글래미스의 영주, 코도의 영주이며
약속받은 것 또한 될 겁니다. 하지만 나는
당신의 성품이 걱정되어요…"

윌리엄 셰익스피어, 『맥베스』(1605년경)

ⓜ 어렸을 때, 엘리자베스 보스-라이언즈는 탑에서 글래미스를
　　방문한 이들에게 물을 붓곤 했다고 한다.

ⓑ 글래미스 성은 고딕 양식의 영향을 받은 스코틀랜드
　　바로니얼 건축 양식의 걸작이다.

현재 여왕의 모후인 엘리자베스 보스-라이언즈의 가족이 머무는 곳이자 마거릿 공주가 탄생한 곳이기도 한 글래미스 성에는 오싹한 전설과 유령 이야기가 넘쳐난다. 한 예로 글래미스 성은 셰익스피어의 『맥베스』의 무대이며, 실제 맥베스는 글래미스의 종사(從士)였고, 맬컴 왕의 침실 바닥에서 보인 핏자국은 글래미스에서 1034년 공격받아 죽었다고 기록된 맬컴 2세의 것이다.

이 성에서 가장 유명한 전설적인 거주자는 '글래미스의 괴물'로, 끔찍하게 일그러진 형상의 어린아이인데, 그의 가족은 이 아이를 몇 개의 방에 가두어 기르다가 아이가 죽은 후 벽돌로 막아 버렸다고 한다. 이 성에는 봉인된 방이 또 하나 있다는 말이 전해지는데, 글래미스의 영주 중 한 사람이 이 방에서 일요일에 카드놀이를 하려 했다. 이는 당시 엄격하게 금지되어 있었다. 낯선 사람이 나타났고 두 사람은 카드 게임을 하기 위해 앉았는데, 그 낯선 이는 악마였다고 한다. 이 방은 아마, 이 지역의 오길비 가문의 몇 사람이 적수인 린제이 가문으로부터 몸을 피하려 들어왔다가 갇힌 채 남겨져 굶어 죽었다는 방과 같은 곳일 것이다. 다양한 유령 중에는 예배당을 배회하는 '회색 숙녀'와, 이 성에 살던 가족 중 한 사람으로 16세기에 마녀로 몰려 산 채로 화형당했던 '하얀 숙녀'도 있다.

붉은 사암으로 된 흙벽에 둘러싸이고 탑이 있으며 이후에 지어진 로맨틱한 저택은 처음에 왕실의 사냥 별장이었다. 1372년 로버트 2세가 이 건물을 자신의 딸 조애너와 결혼한 존 라이언 경에게 하사했다. 두 사람이 낳은 아들은 1445년 글래미스 경이 되었고 아마도 그가 원래의 성을 지은 듯한데, 라이언 가가 스트라스모어와 킹홈의 백작 지위를 얻었던 17세기에 성은 크게 증축되었다. 이들은 잉글랜드 출신의 부유한 보스 가문 상속녀와 결혼한 후 성을 보스-라이언으로 바꿨다.

오늘날, 이 성과 정원은 대중에게 공개되어 있고, 1910년 현재 모후의 어머니인 세실리아가 만든 이탈리아 정원 역시 방문해 볼 수 있다. **RC**

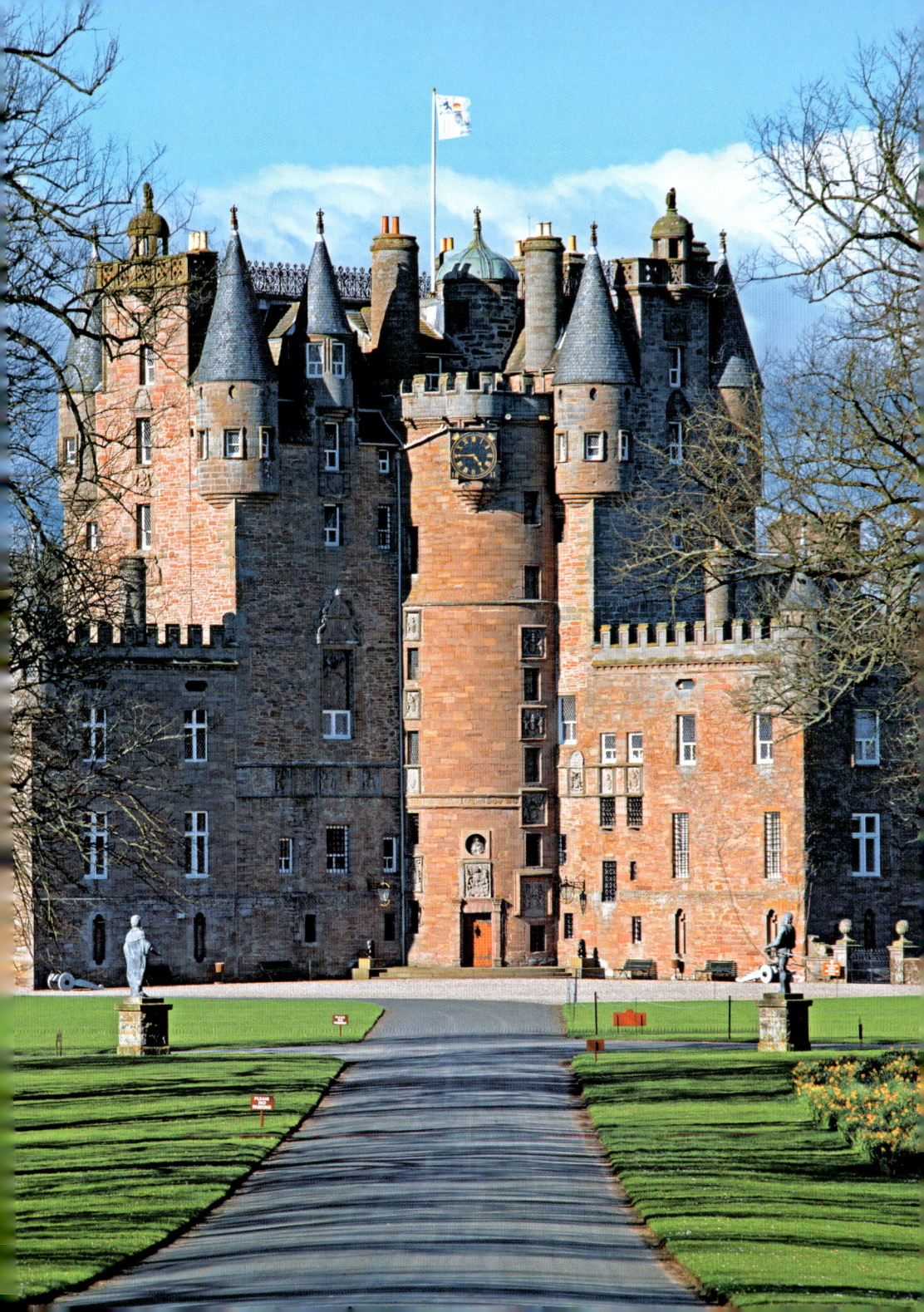

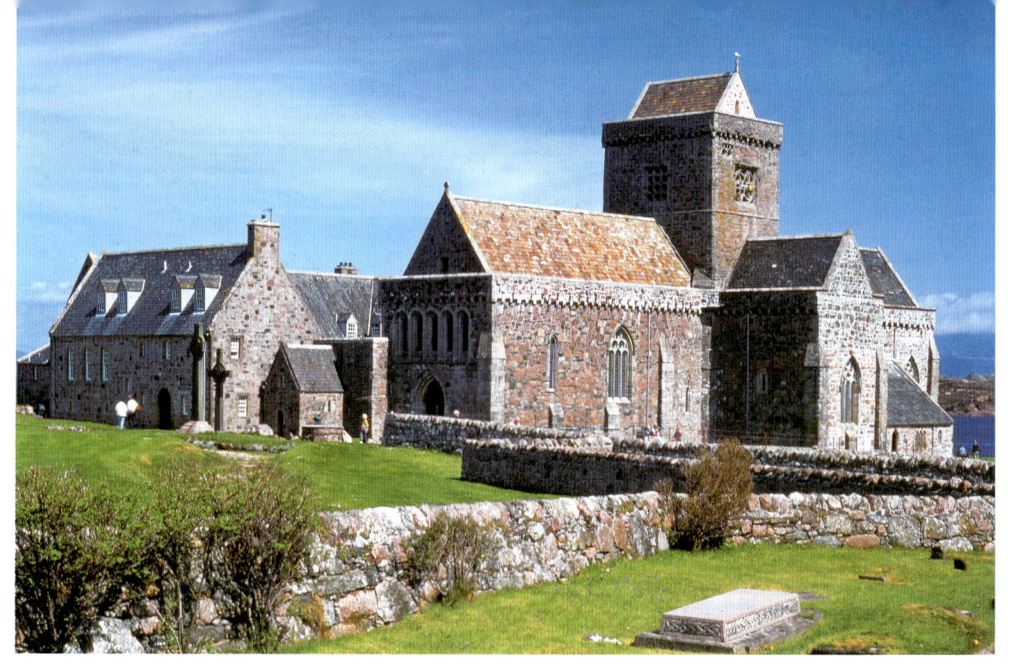

이오나 스코틀랜드, 이오나 | Iona

성 콜룸바의 영혼은 자신이 이오나에 설립한 수도원에 생생히 살아 있다.

563년, 성 콜룸바는 열두 명의 동료와 함께 자신의 고향인 아일랜드를 떠나 스코틀랜드의 이교도들을 기독교로 개종시키기 위해 이오나 섬을 향해 출발한다. 그는 이오나에 도착해 선교의 본부로 삼을 수도원을 세웠다. 당시 사십 대 초반이었던 그는 열정적이고 성품이 강한 사나이로, 그가 네스 호의 괴물을 무시무시하게 꾸짖었기 때문에 그 이후로 괴물이 거의 모습을 드러내지 않는 거라는 전설도 있다. 성 콜룸바는 597년 이오나에서 죽었고, 그의 유해는 자신이 설립한 수도원에 있는 성 콜룸바의 묘소에 안치되어 있다고 한다.

스코틀랜드 기독교가 태어난 곳이라 할 수 있는 이섬은 존경 받는 순례의 장소가 되었으며 스코틀랜드 초기 왕 중 48명이 이곳에 묻혔다. 이중에는 셰익스피어의 맥베스도 있다. 원래의 수도원은 바이킹에 의해 약탈당하고 파괴되어 1080년쯤 아우구스티누스 교단 수도원으로 다시 실립되고, 1200년경 수녀원과 더불어 베네딕트 교단의 공동체로 재건되었다. 이 수도원의 교회는 몇 세기 동안 이 섬의 주교들이 관장하는 성당 역할을 해 왔다. 오늘날 남아 있는 부분은 대부분 16세기에 지어진 것이다. 이 섬의 소유자인 8대 아르길 공작이 유적지를 스코틀랜드 교회에 기증한 후 1899년부터 곧 복원 작업이 시작되었고, 조지 매클라우드 목사가 설립한 이오나 공동체가 복원 작업을 이어받아 이곳을 순례의 중심지가 되도록 했다. 1979년 섬 전체가 국가 소유가 되었다.

이오나 유적지에는 수도원과 수녀원 건물 이외에도 켈트 십자가들, 하일랜드 족장들과 하일랜드의 중요한 인물들의 무덤, 복원된 성 콜룸바의 묘소, 성 콜룸바의 묘비였던 듯한 '콜룸바의 베개'라는 돌 등이 있다. 매년 수천 명의 순례자들이 이오나를 찾아오며, 이들 중에는 손님 자격으로 복원된 수도원에 머무는 이들도 있다. 존슨 박사는 "이오나 유적에서도 그 경건함이 더 깊어지지 않는" 이라면 부러워할 만한 점이 거의 없다고 쓴 바 있다. **RC**

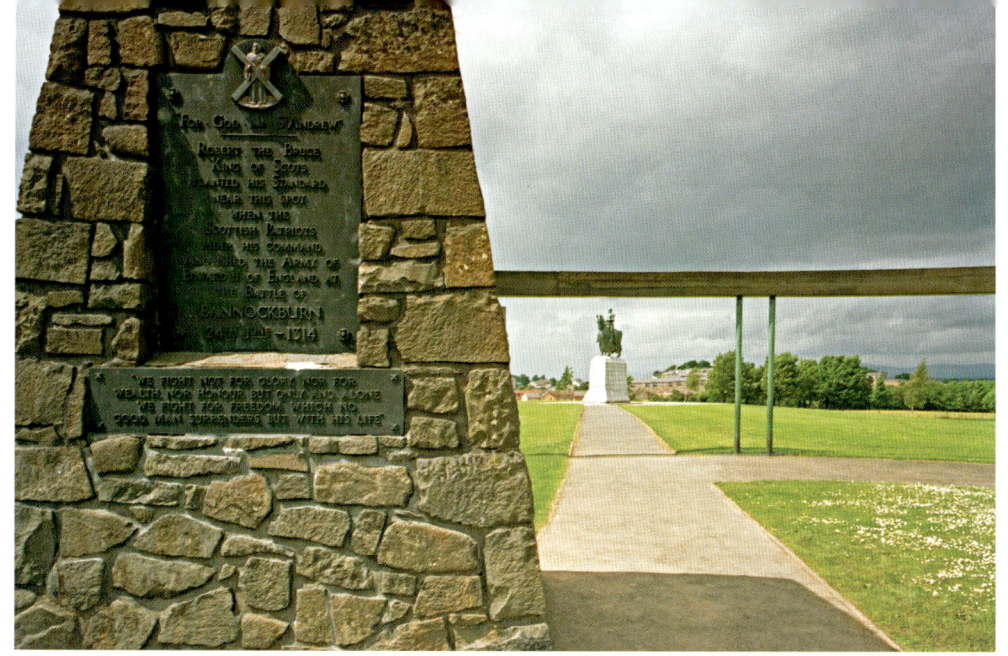

배녁번 전투지 스코틀랜드, 스털링 근처 | Bannockburn Battlefield

한때 숲이 우거졌던 장소로 로버트 브루스가 스코틀랜드의 자주성을 재확인시킨 곳

1291년 아난데일의 로버트 브루스는 임자 없는 스코틀랜드의 왕관을 요구하고 나섰던 유력한 후보였다. 그는 왕위에 오르지 못했지만 그의 왕위 요구권은 손자 로버트 더 브루스에게 넘어갔는데, 그는 처음에는 스코틀랜드를 지배하려는 영국의 에드워드 1세를 지지하였으나 1306년 반란을 일으켜 스스로 스콘에서 스코틀랜드의 왕관을 쓴 것으로 유명해졌다. 에드워드 1세는 이듬해 사망했고, 브루스는 여러 차례 패망하고도 살아남아 동굴에서 거미줄을 치는 거미의 모습을 보고 희망을 얻어 영국군에 대항하여 게릴라 작전을 성공적으로 수행하게 된다.

이 결정적인 순간은 1314년 영국의 에드워드 2세가 1만 8천 명에 이르는 강력한 군대를 이끈 채 5천 명에 달하는 브루스의 군대를 상대하러 스털링 남부에 있는 배녁번을 향해 북쪽으로 진군해 왔을 때였다. 브루스가 거느린 장수들 중에는 그와 형제인 에드워드(나중에 아일랜드의 왕이 되는)와 제임스 더글러스 경이 있었다. 진투는 6월 23일, 영국 기병대가 돌격해 오면서 시작됐고, 기병대는 거의 브루스를 생포할 뻔했으나 반격당해 물러났다. 불안과 초조에 찬 하룻밤을 보내고, 다음날 역시 영국 기병대의 돌격으로 전투가 시작되었으나 역시 격퇴당했다. 그때 스코틀랜드 창병들이 네 방향에서 접근해 유리한 고지를 점하고는, 당황해 허둥대는 영국 군사들을 뒤편에 있는 배녁번이라는 냇물로 몰아넣어 혼란에 빠뜨렸다. 왕은 도망쳤고 영국군 장수들 대부분은 죽거나 포로로 잡혔다. 포로로 잡힌 이들은 나중에 자신들이 받았던 인간적인 대우에 감사를 표했다. 영국 통치로부터 스코틀랜드 독립이 확정되었다. 1320년, 스코틀랜드의 귀족들은 교황에게 자신들의 주장을 정당화하는 열정적인 편지를 보냈다. 바로 아브로스 선언이었다. 브루스는 1329년 사망할 때까지 스코틀랜드의 왕으로 남았다.

스코틀랜드 내셔널 트러스트가 이 전투지를 보호하기 시작한 것은 1932년부터이며, 그의 지휘 본부가 있었다고 추측되는 곳 근처에는 말을 타고 있는 브루스의 웅장한 조각상이 있다. **RC**

스털링 성

스코틀랜드, 스털링 | Stirling Castle

스코틀랜드의 메리 여왕이 어린 시절을 보낸 집

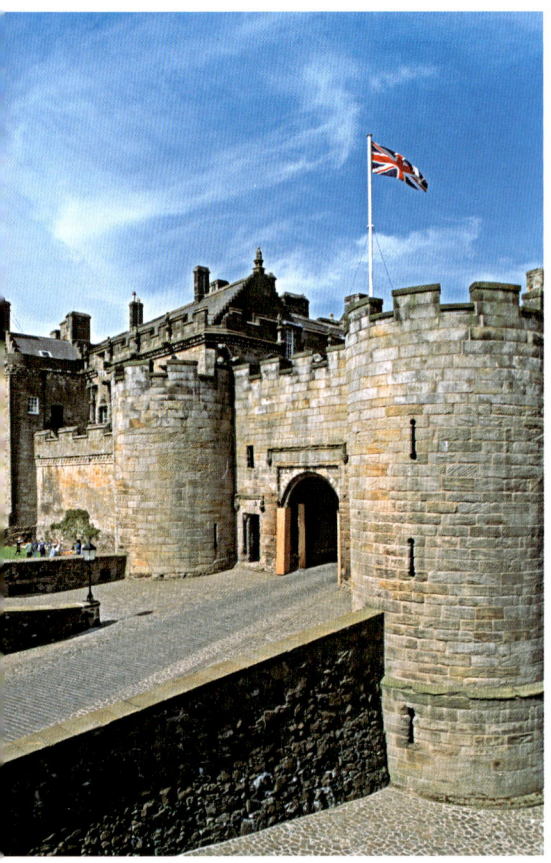

"메리는 이 나라에서 보이는, 그다지 비싸지 않은 대단한 장엄함과 더불어 왕관을 썼다."

랠프 새들러 경. 왕실 예배당의 대관식 증인

동쪽과 서쪽, 북쪽과 남쪽을 잇는 주요 도로를 지배하고 있다는 전략적인 중요성 때문에 이 요새는 스코틀랜드 역사에서 중요한 역할을 맡아 왔다. 스털링 성은 오래된 화산 위의 평평한 꼭대기에서 주변 지역보다 76m 높이 솟아 있으며 어떤 방향으로든 전망이 훌륭하고, 로버트 2세 시대부터 스튜어트 가의 왕들에게 주요 왕실 근거지였다. 스털링을 차지하는 이가 스코틀랜드의 핵심을 쥐고 있다는 말이 있었다.

지어진 이후 적어도 열다섯 차례나 공격받아 왔던 이 성은 폭력적인 사건들을 목격해 왔다. 1304년 성은 영국의 에드워드 1세의 포위 공격을 견뎌냈고, 십 년 후에는 반대로 영국 병사들로 무장된 로버트 더 브루스의 포위 공격을 받았다. 1797년에 발견된 유골의 주인은 아마 1452년 만찬에 초대받아 왔다가 속아서 제임스 2세의 명령으로 단검에 찔려 죽은 젊은 8대 더글러스 공작이었을 거라 추측된다. 제임스 6세에 대한 반란군들이 1584년 스털링 성을 탈환했다. 젊은 왕위요구자(찰스 에드워드 스튜어트 왕자)는 1746년 이 성을 차지하려고 시도했으나 실패로 돌아갔다.

선사 시대부터 스털링에는 요새가 있었지만, 오늘날 서 있는 건물 대부분은 15세기 후반에 건축된 것이며 나중에 제임스 4세가 1500년경 '그레이트 홀'을 지었다. 42×14m의 넓이는 오늘날에도 엄청나다. 다니엘 디포우는 이를 "내가 유럽에서 본 건물 중 가장 우아하다"고 평했다. 휘황찬란한 르네상스 양식의 왕궁은 1540년대에 제임스 5세를 위해 세워졌다. 그의 딸인 메리 여왕이 9개월 된 아기로 스코틀랜드의 여왕 왕관을 받았던 곳이 왕실 예배당이었으며, 메리는 어린 시절 대부분을 성에서 보냈다. 성벽에 있는 작은 구멍은 그녀가 바깥을 내다볼 수 있도록 특별히 뚫은 것이라고 한다. 그녀의 아들인 제임스 6세(이후에 영국의 제임스 1세가 된다) 역시 이 예배당에서 세례를 받았으며, 이후 1594년에 예배당을 재건했다. '킹즈 올드 빌딩'에는 현재 아르길과 서덜랜드 하일랜더 연대 부속 박물관이 들어서 있다. **RC**

햄던 파크

스코틀랜드, 글래스고 | Hampden Park

스코틀랜드의 국립 축구 경기장

영국에서도 그렇지만, 스코틀랜드에서도 축구는 나라 전역에서 엄청나게 많은 이들이 즐기는 격렬한 경기로 발전했다. 기록에 남은 스코틀랜드-잉글랜드 간 최초의 축구 경기는 1599년에 있었는데, 한 선수의 복부가 찢어졌다가 나중에 다시 꿰맨 일도 있었다. 현대적인 축구팀은 19세기 말부터 발전해 왔는데, 1867년에 창설된 글래스고의 아마추어 클럽 '퀸즈 파크'는 1870년대와 1880년대에 라이벌 프로 축구팀인 '글래스고 레인저스'와 '글래스고 켈틱'이 창설되어 밀리기 전까지는 스코틀랜드 축구를 전담해 왔다.

원래의 햄던 파크는 햄던 테라스 맞은편에 있던 퀸즈 파크 팀의 땅이었다. 1884년 퀸즈 파크는 캐스카트 로드에 새 경기장을 지었다. 1903년, 스코틀랜드 축구에서 팀의 위치를 유지하기 위한 대담한 시도에서, 이들은 도시 남쪽 마운트 플로리다 지역에 경기장 건축 전문가인 아치볼드 리치가 설계한 또 다른 경기장으로 옮겨갔다. 이는 스코틀랜드에서 가장 크고 최고의 시설을 갖춘 경기장이었기에 국제 경기를 비롯해 다른 중요한 경기를 개최하는 데 알맞은 장소가 되었다. 1910년에는 12만 5천 명의 관중을 수용할 수 있을 정도로 증축되어 1950년 브라질의 마라카낭 경기장이 문을 열기 전까지는 세계 최대의 경기장으로 남아 있었다. 햄던 경기장의 북쪽 스탠드는 1937년에 지어졌으며, 그해 열린 스코틀랜드 대 영국 국제 경기에는 14만 9,500명의 관중이 경기를 지켜보았다. 이는 영국 축구에서 기록적인 숫자이다.

그러나 1945년 이후 경기장은 실망스러울 정도로 노후되었고, 1980년 스코틀랜드 축구 협회와 퀸즈 파크 팀은 경기장을 현대적으로 개조하기 위해 원주를 요청했다. 북쪽 스탠드는 철거되었고 여러 부분이 수리되어, 2000년대 초반이 되자 경기장은 전원 좌석식으로 변해 수용 인원이 5만 2천 명으로 줄어들었다. 그럼에도 이곳은 스코틀랜드의 소중한 국립 축구 경기장으로 남아 있으며, 스코틀랜드 축구 박물관이 여기에 들어섰다. **RC**

로열 앤드 애인션트 골프 클럽

스코틀랜드, 세인트 앤드루스 | Royal and Ancient Golf Club

현대 골프 경기의 기반을 세운 클럽

스코틀랜드의 수호성인 이름을 딴 도시 세인트 앤드루스에는 황폐해진 성당의 모습으로 남아 있는 성 앤드루의 유적을 순례하러 오는 이들의 발걸음이 오래 전부터 이어져 왔다. 오늘날, 이곳에는 세계에서 가장 유명한 골프 클럽과, 골프라는 경기에서 가장 존경받는 '올드 코스'를 보려는 이들이 모여든다. 이 클럽의 코스-올드, 뉴, 슈블리, 에덴, 스트라스티럼 코스-는 공용지에 있어 누구든지 골프를 칠 수 있지만, 1854년에 지어진 클럽하우스는 회원 전용이다.

> "선수들은 어떤 규칙이든 그 적용을 배제하기로 동의해서는 안 되며, 경기 중에 일어난 어떤 반칙이든 묵과해서는 안 된다."
>
> 로열 앤드 애인션트 골프 클럽, 『골프의 규칙』에서

골프의 기원은 과거 속에 파묻혀 정확히 알 수 없다. 로마인들은 나뭇가지 사이로 공을 몰아가는 게임을 즐겼다. 네덜란드에도 15세기에 비슷한 경기가 있었다. 1547년, 정부가 궁술을 연마할 시간을 너무 많이 빼앗는다며 골프를 금지했던 걸로 보아 이 무렵 골프는 상당히 인기있었던 듯하다. 1580년대부터는 세인트 앤드루스와 리스, 퍼스 등지에서 일요일에 골프를 쳤다고 비난하는 기록이 남아 있다.

세계 최초의 골프 클럽은 1740년대에 에든버러에서 결성되었으며, 1754년에는 '골프라는 오래되고 건강에 좋은 운동을 찬양하는 귀족과 신사들 스물두 명이 세인트 앤드루스 골프이 클럽을 창시했고, 이는 1834년 윌리엄 4세를 후원자로 삼으며 로열 앤드 애인션트 골프 클럽이 되었다. 이 클럽은 점차 골프와 관련된 모든 일에서 그 권위를 인정받게 되었으며, 1897년에는 골프 규칙을 체계적으로 정했다. 현재, 로열 앤드 애인션트 골프 클럽은 세계 거의 모든 곳에서 골프라는 경기를 주도하는 단체이다. **RC**

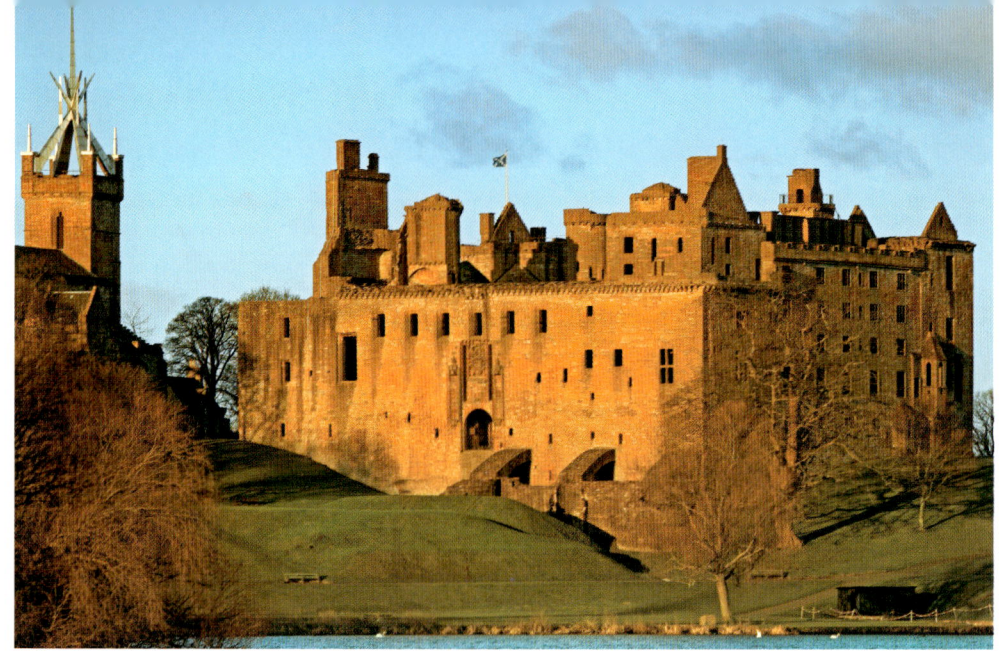

린리스고 궁전 스코틀랜드, 린리스고 | Linlithgow Palace

화재로 장엄한 유적이 되어 버린 스튜어트 가의 웅장한 거처

린리스고 호수 옆 무너진 궁전은 스코틀랜드에서 가장 훌륭한 르네상스 건물이며 후대 스튜어트 왕들이 가장 좋아하던 거처였다. 상당히 기묘한 일이지만, 이 궁전에 현재 남아 있는 부분 중 가장 오래된 것은 영국의 에드워드 1세가 1302년에 세운 탑으로, 예전부터 있던 왕실 장원의 일부였다. 오늘날 볼 수 있는 궁전은 스코틀랜드의 제임스 1세가 1425년에 건축을 시작한 새로운 왕궁이다. 제임스 3세와 제임스 4세가 이 왕궁에 부수적인 건물들을 덧붙였고, 1512년 이곳에서 제임스 5세가 태어났다. 그는 1538년 이곳에서 기즈의 메리(스코틀랜드 메리 여왕의 어머니)와 결혼하였으며, 이를 기념하기 위해 중앙 안뜰에 훌륭한 분수를 설치했는데 결혼식 날 이 분수에서는 와인이 흘렀다. 그는 또한 안뜰의 남쪽과 동쪽 부분을 재건축했다. 북쪽 면은 17세기에 재건축되었다.

제임스 4세와, 그의 왕비로 영국의 헨리 8세의 딸인 마거릿 튜더는 린리스고에서 많은 시간을 보냈으며, '마거릿 왕비의 내실'이라 불리는 방은 왕비가 전쟁터에 나간 남편의 소식을 초조하게 기다린 장소라고 한다. 제임스 4세는 1513년 영국군과 맞서 플로덴 전투에서 싸우다가 사망했다. 그가 이전 세기에 지어진 궁전의 성 미카엘 교회에서 환영이 주는 신비한 경고를 받았기에 왕비의 걱정은 더욱 당연한 것이었다.

제임스와 마거릿의 아들인 제임스 5세는 채 두 살도 되지 않은 아기였다. 1542년 그가 사망하기 바로 일주일 전에 린리스고에서 딸이 태어났는데, 그녀가 장차 스코틀랜드의 메리 여왕이다. 이로부터 2백년 후 1746년에 젊은 왕위요구자와 그의 군사는 북쪽으로 퇴각하던 중 이 궁전에서 하룻밤을 머물렀고, 사고였는지 어쨌는지 모르지만 화재가 일어나 건물을 폐허로 만들어 버렸다.

오늘날, 지붕도 없고 바닥도 없는 이 유적의 거대한 규모는 보는 이를 놀라게 한다. 중앙 안뜰을 중심으로 높이 솟은 돌계단과 통로, 여러 개의 방이 배열되어 있나. 2000년에 자리를 떠난 제임스 5세의 분수는 2005년 복원되어 제자리로 돌아갔다. **RC**

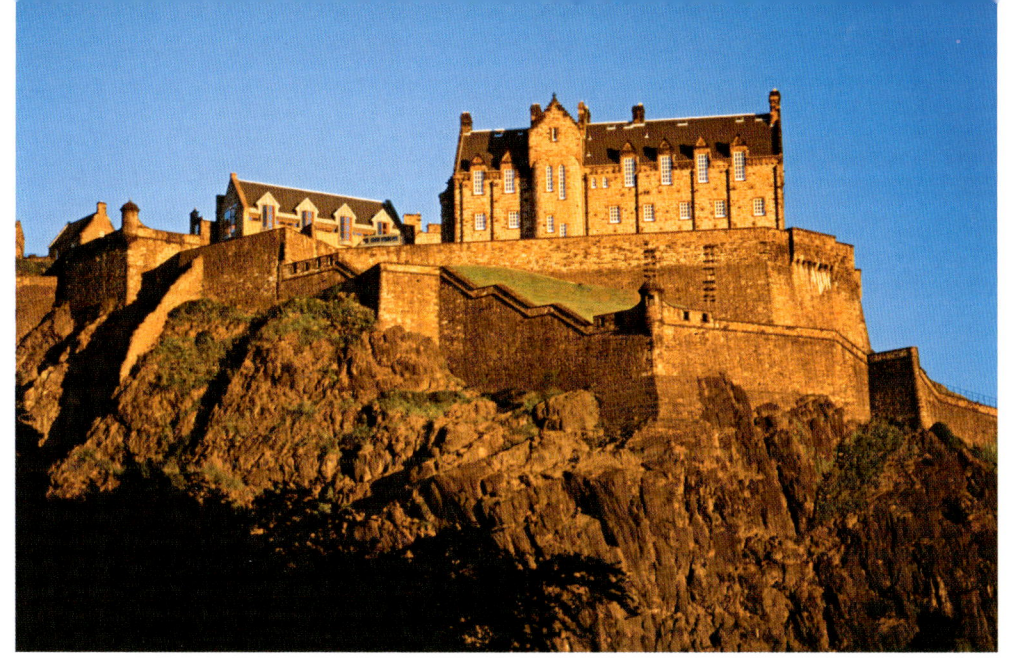

🏛️ ◎ 에든버러 성 스코틀랜드, 에든버러 | Edinburgh Castle

바위투성이 암벽에 초연하게 서 있는 이 성은 아마 스코틀랜드에서 가장 유명한 장소일 것이다

에든버러 성은 오래 전 활동을 중단한 화산 꼭대기의 133m 높이에서 에든버러를 지배하며, 성을 향해 올라가는 가파른 절벽이 성의 세 면을 둘러싸고 있다. 비교적 경사가 완만한 동쪽 언덕을 통해 입구로 접근할 수 있다. 전쟁에 상처 입은 성의 역사는 짧게 잡아도 6세기까지 거슬러가며, 어쩌면 그보다 더 오래되었는지도 모른다.

성에서 가장 오래 전부터 남아 있는 건물이자, 아마 에든버러에서도 가장 오래되었을 성 마거릿의 예배당은 스코틀랜드의 데이비드 1세가 1130년경 신앙심이 독실한 자신의 어머니를 기리는 의미에서 지었을 거라 추측된다. 1174년에서 1186년까지 영국인들이 이 성을 점령했으며, 1296년부터 로버트 더 브루스가 1313년 성을 되찾기까지 또 한 차례 영국인의 손에 들어갔다. 이후 성은 왕궁으로 쓰였으며 제임스 4세는 1639년까지 스코틀랜드 의회가 모였던 장소인 그레이트 홀을 지었다. 16세기와 17세기에 들어 성채는 잦은 포위 공격을 받았으며, 1560년에서 1660년까지는 다시 영국인의 손에 있었고,

1689년에는 오렌지 공 윌리엄 때문에 포위당했다.

성 앞에 있는 산책길은 매년 군악 연주회가 열리는 장소이다. 내리닫이 격자문을 통해 성 안으로 도개교가 걸려 있다. 오늘날 남아 있는 건물의 많은 부분은 18세기 혹은 그 이후에 지어진 것이다. '스코틀랜드의 영광들'- 스코틀랜드의 왕관, 왕홀, 보검-은 1818년 월터 스콧 경이 처음으로 재발견해내기 전까지 잊힌 채 창고에 갇혀 있었다. 스코틀랜드의 왕이 그 위에 올라서서 대관식을 행했다는(이 돌이 진짜라면 말이지만) '운명의 돌'은 웨스트민스터 수도원에 있다가 1996년 에든버러로 반환되었으며, 거대한 대포 '몬스 메그'는 제임스 2세가 1457년 손에 넣은 것이다.

에든버러 성은 관광 명소로서 대단히 중요하지만, 이외에도 영국군 사령부의 역할도 맡고 있으며 여전히 군이 주둔하고 있다. 이 성에는 또한 스코츠 그레이와 로열 스코츠 연대에 관한 연대 박물관, 스코틀랜드 국립 전쟁 박물관, 스코틀랜드 국립 전쟁 기념관이 있다. **RC**

홀리루드하우스 궁전 스코틀랜드, 에든버러 | Palace of Holyroodhouse

왕실의 공식 거처이자 한때 스코틀랜드의 여왕 메리가 살던 곳

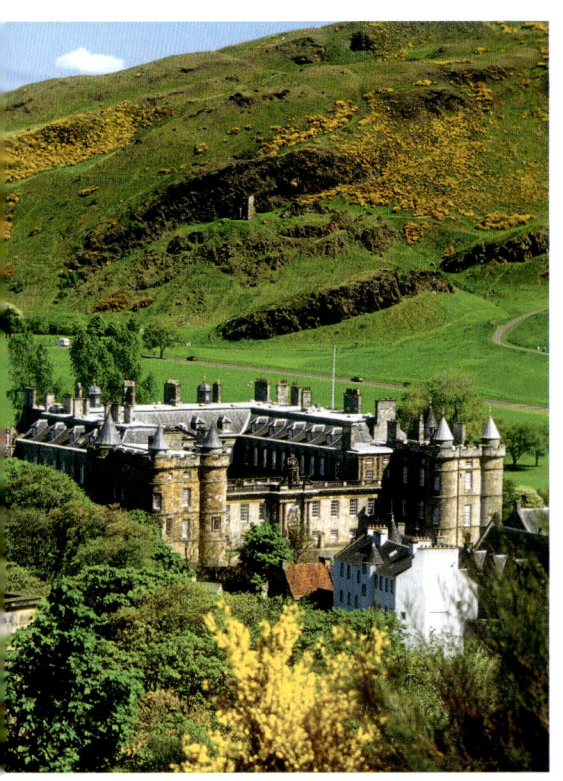

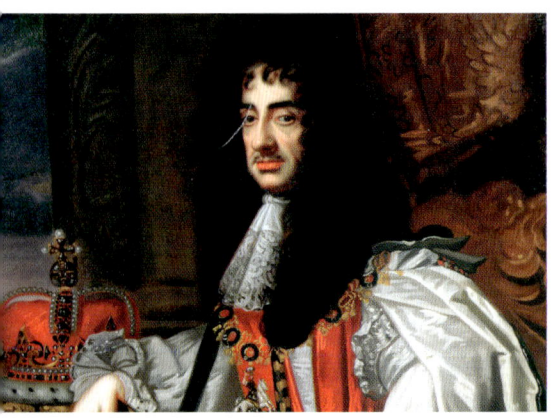

여왕이 스코틀랜드에 머물 때 이용하는 공식 거처인 홀리루드하우스 궁전은 에든버러 성으로부터 뻗은 로열 마일 동쪽 끝에 있으며, 머무는 곳이라기보다 공식 리셉션이나 행사를 개최하는 데에 더 많이 이용된다. 1840년대에 건축된 건물 안에는 왕실에서 소장한 예술 작품을 전시하는 새로운 '퀸즈 갤러리'가 만들어져 2002년에 문을 열었다.

1128년, 데이비드 1세가 뿔 사이에 빛나는 십자가가 있는 거대한 수사슴의 꿈을 꾸고 난 후 지었던 건물인 원래의 홀리 루드(성스러운 십자가) 수도원의 모습은 거의 남아 있지 않다. 15세기에 수도원의 영빈관은 에든버러 성보다 더 편안한 거처로 선호되었으며, 제임스 4세는 1503년 이곳에 새로운 궁전을 지었다. 1530년대에 제임스 5세가 자신과 왕비인 기즈의 메리를 위하여 탑을 덧붙였다. 그들의 딸인 스코틀랜드의 여왕 메리가 1560년대에 살았던 곳도 바로 이 탑이며, 이곳에서 그녀는 남편인 단리 경과 그의 공모자들이 비서인 데이빗 리치오를 공격하여 살해하는 현장에서 그를 보호하려 애썼으나 헛일로 돌아갔다. 그녀는 1565년에 이 수도원에서 단리와 결혼했으며, 단리는 매우 이상한 상황에서 살해되어 제임스 5세와 같은 곳에 안장되었다. 메리는 나중에 이 궁전에서 보스웰 백작과 결혼했다.

메리의 아들인 스코틀랜드의 제임스 6세는 에든버러에 머물 때 홀리루드하우스를 이용했으나, 1603년 그가 영국으로 떠난 뒤로 궁전은 때때로 왕가의 방문이 있을 때만 쓰이게 되었다. 1650년대에는 올리버 크롬웰이 이끄는 영국 군대가 건물을 점령했다. 화재가 난 후, 궁전은 1670년 찰스 2세에 의해 프랑스식 샤토 스타일로 재건되었다. 한 세기가 지나, 젊은 왕위요구자가 1745년에 몇 주간 왕궁을 차지했다. **RC**

◩ 홀리루드 공원에 둘러싸인 이 궁전은 현재 국가 행사나 공식 연회의 개최지로 사용된다.

◩ 찰스 2세는 올리버 크롬웰이 지었던 단명한 건물을 무너뜨리고 궁전을 현재의 모습으로 재건축했다.

포스 철교 스코틀랜드, 에든버러 부근 | Forth Railway Bridge

포스 강 후미에 놓인 빅토리아 시대의 위대한 공학적 쾌거

포스 강이 가장 좁아지는 지점인 '퀸즈페리 내로우즈'-스코틀랜드의 데이비드 1세가 어머니인 마거릿 여왕을 기리는 이름을 붙인 페리가 1129년 이곳을 건넜기 때문에 이러한 이름이 붙었다-에 두 개의 다리가 나란히 걸려 있다. 세인트 앤드루스로 가는 순례자들은 무료로 이곳을 건널 수 있었다. 1883년, 2.5km 이상의 길이로 빅토리아 시대 공학이 거둔 위대한 성공 중 하나로 꼽히는, 웅장한 포스 철교를 짓는 공사가 시작되었다. 하루 최대 200대의 열차가 이 철교를 통해 에든버러와 그 북서 쪽 간을 오갔다. 철로는 양쪽 끝에서 출발하여, 교탑에 의해 지탱되는 교량 진입부를 거쳐 중앙에 있는 세 개의 거대한 캔틸레버 위를 지난다. 이 캔틸레버들은 높이가 104m에 달하며, 105m 지지 간격을 통해 서로 연결된다.

존 파울러 경과 벤자민 베이커 경이 이 다리를 설계하였으며, 오늘날로 치면 4억 7천8백만 달러에 해당하는 비용이 들었다. 건설이 한창 진행되던 시기에는 대략 4천6백 명의 인부가 작업했으며 건설 과정에서 거의 100명에 가까운 이들이 사망했다. 다리에 들어간 강철의 양이 5만 5천 톤이었고, 8백만 개의 리벳이 사용되었다. 마지막 리벳은 금이 입혀진 것으로, 장차 에드워드 8세가 되는 황태자가 1890년 정식으로 다리를 개통하면서 박아 넣었다. 포스 철교에 관한 유명한 이야기 중 다리가 너무 긴 나머지 철교 끝까지 도색 작업을 마치자마자 반대편에서 다시 도색을 시작해야 했다는 일화는 과장된 이야기인 듯하다.

포스 철교의 서쪽 맞은편에 있는 자동차용 현수교는 자동차와 자전거뿐만 아니라 행인들도 걸어서 올라갈 수 있는데, 이곳에서는 포스 철교의 훌륭한 모습을 감상할 수 있다. 1964년 다리가 완성되자 페리는 마침내 운행을 중단했다. 현수교의 건설은 1958년에 시작되었으며, 2002년 2억 5천만 번째 자동차가 다리를 지나갔다. **RC**

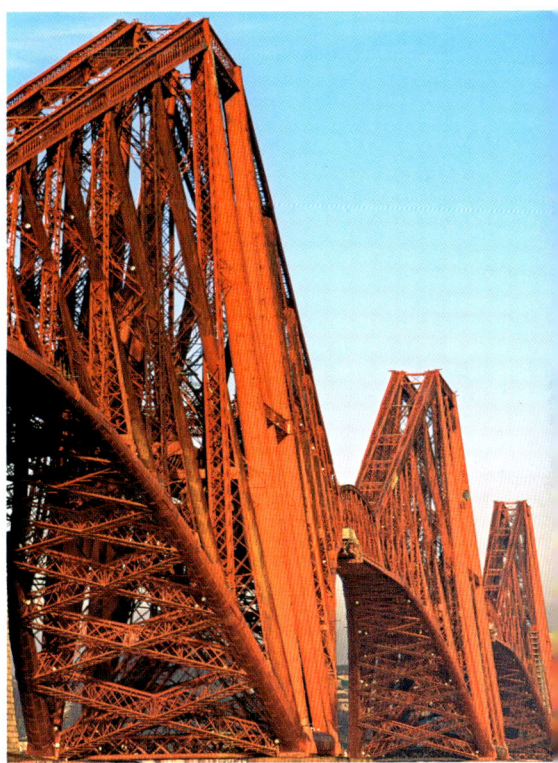

▨ 세 개의 더블 캔틸레버로 이루어진 포스 철교를 통해, 매일 200대의 기차가 강을 건넌다.

▨ 육중한 콘크리트 토대 위에 세워진 세 개의 캔틸레버는 건설 과정에서 처음으로 제작된 부분이었다.

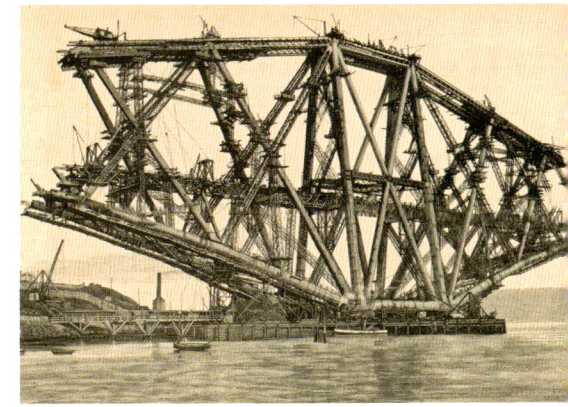

뉴 래너크 스코틀랜드, 뉴 래너크 | New Lanark

계몽적인 사회주의적 경영으로 유명한 산업 공동체

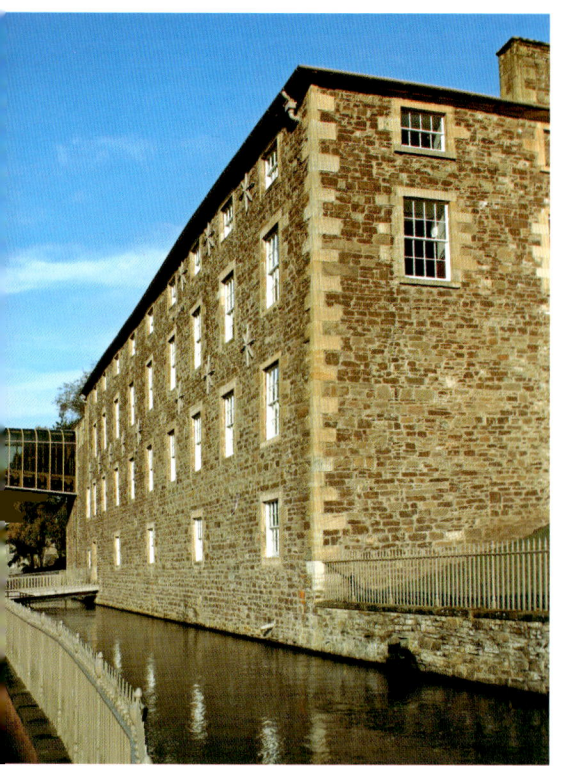

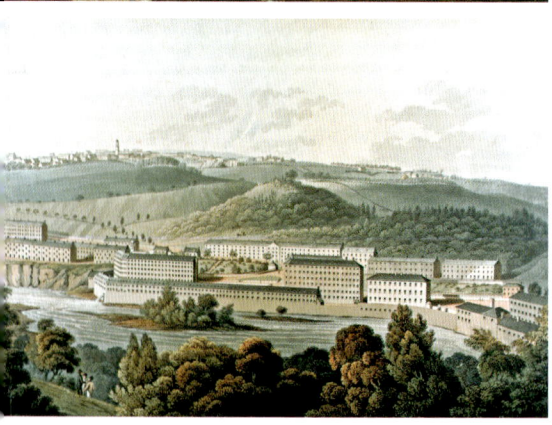

글래스고 남동쪽, 클라이드 강변의 좁은 골짜기에 있는 면직물 제조 마을은 1785년 글래스고의 사업가 데이비드 데일과 영국의 면사 방적업 선구자 리처드 아크라이트에 의해 설립되었다. 전 영국에서 가장 컸으며 강물의 힘을 이용한 수차에서 동력을 얻었던 이 공장은 10년 내에 스코틀랜드 최대 규모의 기업이 되었다. 공장 이외에도 이곳에는 노동자들을 위한 숙소와 공방이 있었고, 학교도 있었다. 노동자들 중에는 어린이들도 있었기 때문이다. 아이들은 지역 고아원에서 왔는데, 일반적으로 인간적인 대우를 받았던 듯하다. 1793년 뉴 래너크에 고용된 1,150명의 사람들 중 거의 800명은 어린이였다.

1798년, 데일의 사위인 로버트 오언(1771~1858)이 뉴 래너크의 경영을 이어받았고, 1800년 데일은 마을을 그에게 팔았다. 오언은 사업 성공의 비결은 노동자들을 인간적으로 대우하는 데에 있다고 믿었던 선구자적인 19세기 사회주의자였다. 뉴 래너크에서 그는, 그의 표현을 빌자면 이제껏 시도되었던 중 "인류의 행복을 위해 가장 중요한 실험"을 해볼 수 있는 기회를 발견했다. 오언은 주택을 개선하고, 어린이의 최저 노동 연령을 여섯 살에서 열두 살로 올리고, 어머니가 일하는 동안 어린 아이들을 돌보아 줄 세계 최초의 보육원이라 할 수 있는 시설을 개설하고, 마을에 있는 가게에서는 물건을 낮은 가격에 팔도록 했다. 주류의 판매는 금지되었고, 젊은이들은 노래와 춤을 배웠다.

오언은 미국에 있는 뉴 하모니 마을을 비롯해 새로운 유토피아 공동체들을 세웠고, 정치가, 지식인, 사회 개혁가들이 뉴 래너크를 구경하러 몰려들었다. 오언은 1858년 87세의 나이로 사망했다. **RC**

◪ 뉴 래너크에 있는 방적기는 처음에 전적으로 클라이드 강의 수력에 의존해 동력을 얻었다.

◪ 당시의 판화는 강변에 공장 건물이 배열되어 있던 모습을 보여 준다.

번스 코티지 스코틀랜드, 앨러웨이 | Burns Cottage

가족과 살던 이 집 안에서 어린 로버트 번스는 스코틀랜드의 민담에 푹 빠져들었다

하얗게 회칠한 소박한 오두막집, '올드 클레이 비긴'이라고
도 불리는 이곳은 스코틀랜드에서 가장 유명한 시인이
1759년에 태어나 어린 시절의 7년간을 보낸 곳이며, 현재
번스 국립 문화유산공원의 일부가 되어 그의 생애와 작품
을 보여주는 박물관과 함께 있다. 이 오두막집은 1756년,
농민 출신이자 전문 정원사인 그의 아버지 윌리엄 번스가
지었다. 조용하고 완고하고, 신중한 사나이였던 그는 1757
년 빨간머리에 불같은 성미를 지닌 시골 처녀 애그니스 브
라운과 결혼했다. 로버트는 그들의 첫아이였다. 애그니스
는 글을 읽을 줄 몰랐지만 전통 민요와 노래를 생생하게
알고 있었고, 이를 아들에게 전달해 주었다. 한편 그녀의
남편은 네 아들과 세 딸이 될 수 있는 대로 최고의 교육을
받을 수 있도록 신경을 썼다.

　　역시 문맹이었으며 애그니스의 과부 친척이었던
베티 데이비슨이라는 여인이 이들과 함께 살았는데, 시
인의 말을 빌자면 그녀는 "조그마한 소년에게 잠재해 있
던 시의 씨앗을 싹틔워" 주었다. 번스는 그녀가 자신의
머릿속을 "악마, 유령, 요정, 브라우니(밤에 몰래 농가의
일을 도와준다는 스코틀랜드 전설 속의 요정), 마녀, 마
법사, 도깨비불, 켈피(말 모습으로 나타나 사람을 익사시
키거나 익사를 예고한다는 스코틀랜드 전설의 물귀신),
요정의 촛불, 천벌, 유령, 마법, 거인, 주문에 걸린 탑,
용, 그 밖의 헛소리들에 대한 이야기와 노래들의 총집합"
으로 가득했다고 회상한다. 그는 배우면서 전통적인 스
코틀랜드 지방 문화를 풍요롭게 느끼며 자랐다. 오두막
집 앞의 길 맞은편에는 그가 묻혀 있는 앨러웨이 교회가
있다. 이곳은 1790년 쓰인 번스의 가장 유명한 시인 「탬
어샌터」에 등장하는 마녀의 축제의 배경이 되는 장소이
며, 이 시에는 근처에 있는 강에 놓인 다리 '브릭 오둔' 또
한 등장한다. 바로 가까이에 번스 기념비가 있다. **RC**

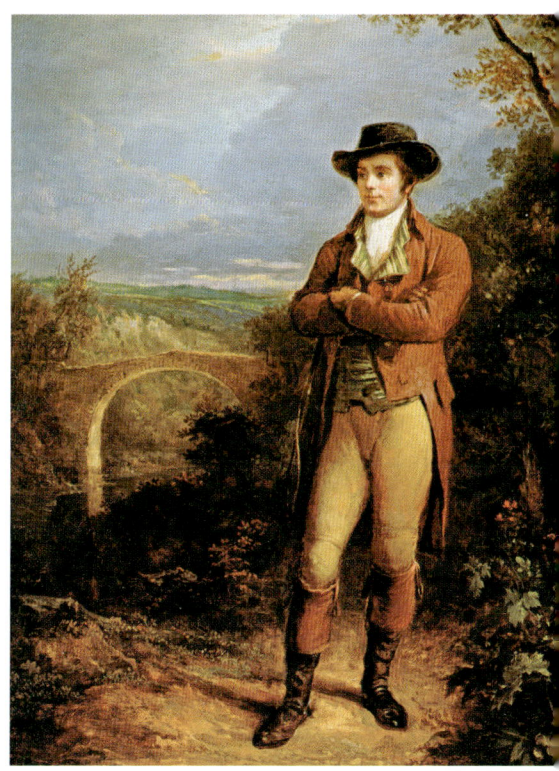

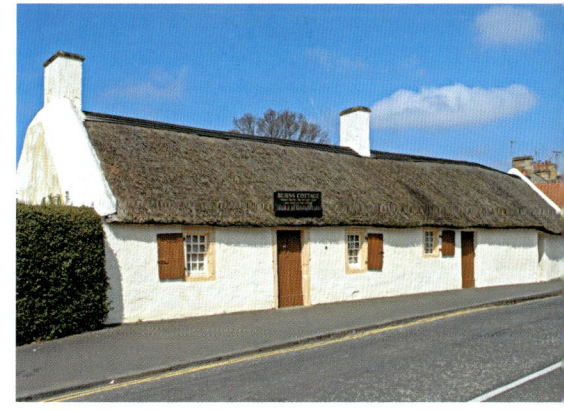

↗ 로버트 번스를 그린 이 초상화에는 그의 유명한 시
　「탬 어샌터」에 등장하는 둔 강의 다리가 나와 있다.

↘ 오두막집 문 위에 붙은 현판이 로버트 번스가 1759년 1월
　25일 이곳에서 출생했음을 증명한다.

멜로즈 수도원 스코틀랜드, 멜로즈 | Melrose Abbey

계속되는 영국의 침략으로 약탈당한, 스코틀랜드 보더스 지방에 있는 대수도원

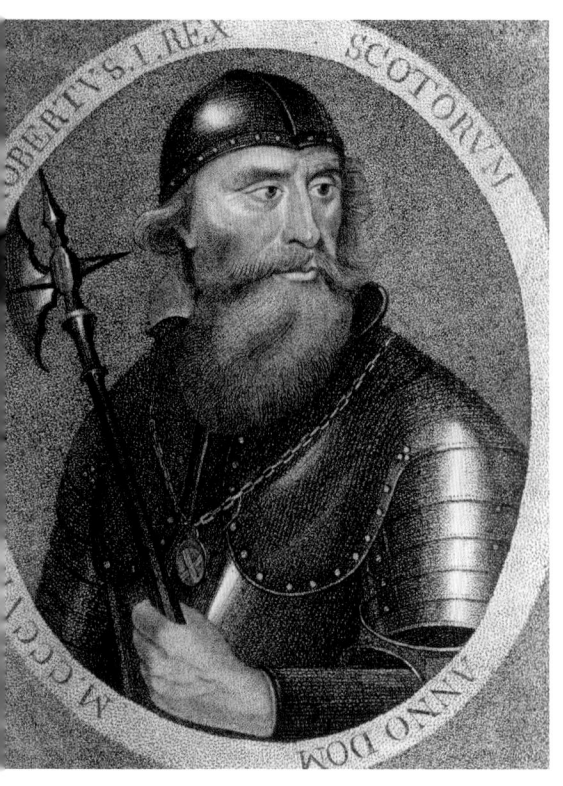

"멜로즈 수도원처럼, 커다란 도시는 특히
달빛에 비추어 구경해야만 한다."

미국 작가이자 에디터, 내셔니얼 파커 윌리스

⊞ 로버트 더 브루스. 미라가 된 그의 심장은 멜로즈 수도원에
　 묻혔다고 한다.

⊞ 남쪽에서 본 멜로즈 수도원. 벽 가까이 많은 무덤이 모여
　 있다.

멜로즈 수도원 근처에는 이미 7세기에 세워진 수도원이 있었지만, 12세기에 스코틀랜드의 데이비드 1세가 영국의 리보에서 에든버러 남동쪽으로 50km 지점에 있는 록스버러서의 멜로즈로 옮겨오라고 시토회 수도사들을 설득하면서 새로 대수도원을 지어, 이를 성모 마리아에게 바쳤다. 데이비드 1세는 스코틀랜드의 농업을 근대화하고 교육을 향상시키기 위해 여러 곳에 수도원을 세우기 시작했는데, 그와 그 뒤를 이은 왕들은 새로 세워진 수도원이 농토를 충분히 받고 자금 지원 또한 넉넉하게 받을 수 있도록 신경 썼다. 스스로의 소망대로, 알렉산더 2세는 1249년 사망한 후 이 수도원에 묻혔다.

14세기에 들어 보더스 지방의 수도원들은 영국-스코틀랜드 전쟁에 시달리게 되었고, 1385년 멜로즈 수도원은 영국군의 침입으로 파괴되었다. 수도원은 전과 거의 같은 모습으로 복원되었고, 오늘날 볼 수 있는 낭만적인 유적은 이 시대에 지어진 건물의 흔적이다. 월터 스콧 경은 이를 "당초 무늬의 격자 창문이 달린, 장중한 돌로 된 늘씬한 기둥들"이라 묘사한 바 있다. 1540년대에 헨리 8세가 스코틀랜드인들을 설득하여 어린 아기였던 스코틀랜드의 메리 여왕을 자기 아들과 약혼시키기 위해 영국군을 이끌고 쳐들어왔던 이후, 남은 것은 이 유적들뿐이었다. 영국군에 의해 수도원이 파괴되고 난 후, 지역 주민들은 그 잔해를 가져다 건물을 짓는 데에 썼다.

멜로즈 수도원의 역사에 얽힌 한 가지 전설적인 사건이 1329년 로버트 더 브루스의 죽음 이후에 일어났다. 그는 항상 십자군 원정에 참가할 수 있기를 간절히 바랐는데, 브루스의 친구이자 오른팔인 제임스 더글러스 경이 이끄는 한 원정대가 향료 처리를 한 죽은 영웅의 심장을 성지인 팔레스타인으로 가져가려 길을 떠났다. 가는 길에 그들은 스페인에서 전투에 패배했고 더글러스는 죽었지만, 전설에 따르면 심장만은 무사히 스코틀랜드로 돌아와 멜로즈 수도원에 묻혔다고 한다. 1996년, 브루스의 것일지 모르는 미라가 된 심장이 들어 있는 납으로 된 상자가 발굴되었고, 이는 수도원 박물관에 놓았다. **RC**

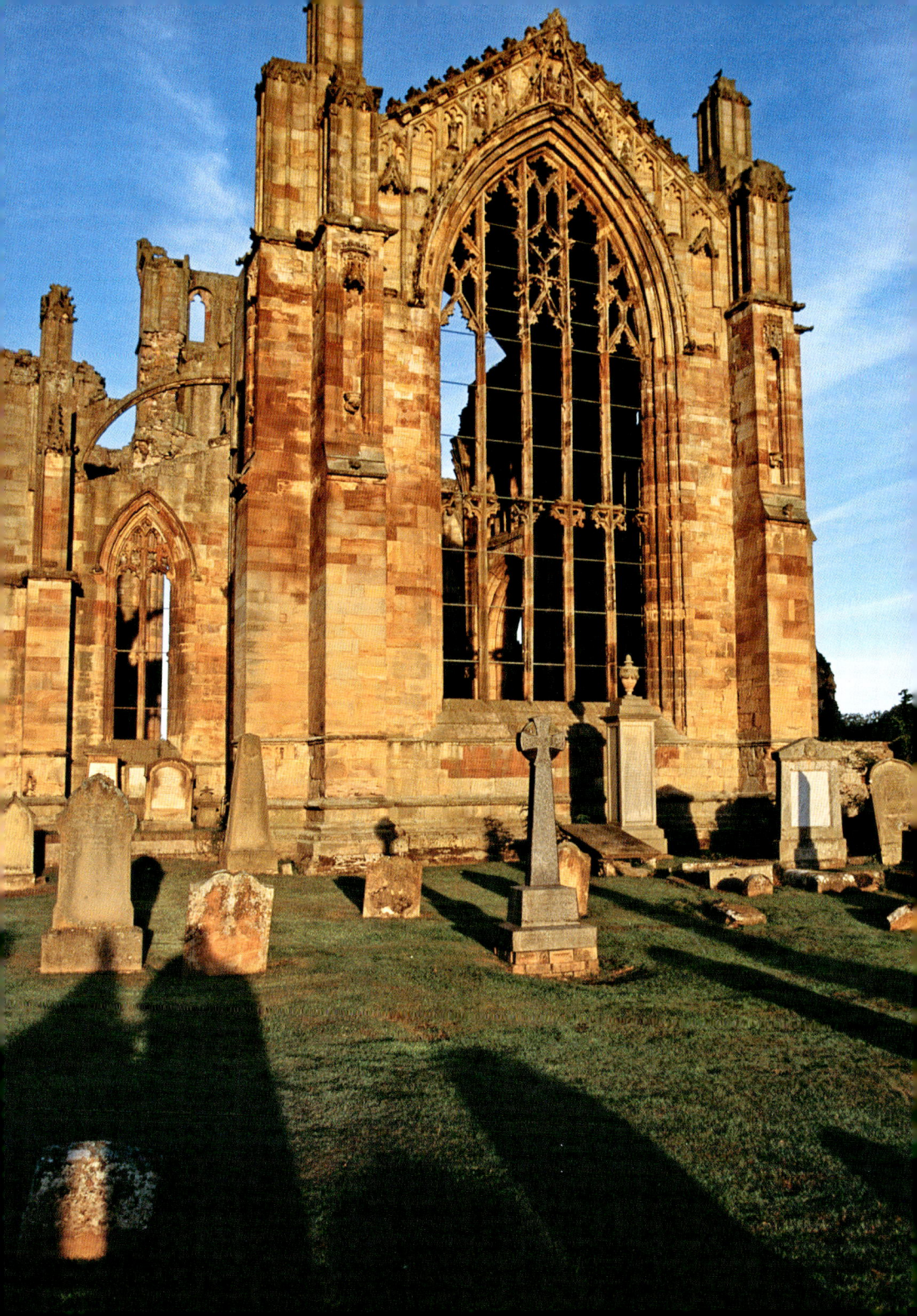

애버츠포드 스코틀랜드, 멜로즈 | Abbotsford

월터 스콧 경이 살았고, 글을 썼고, 죽었던 곳

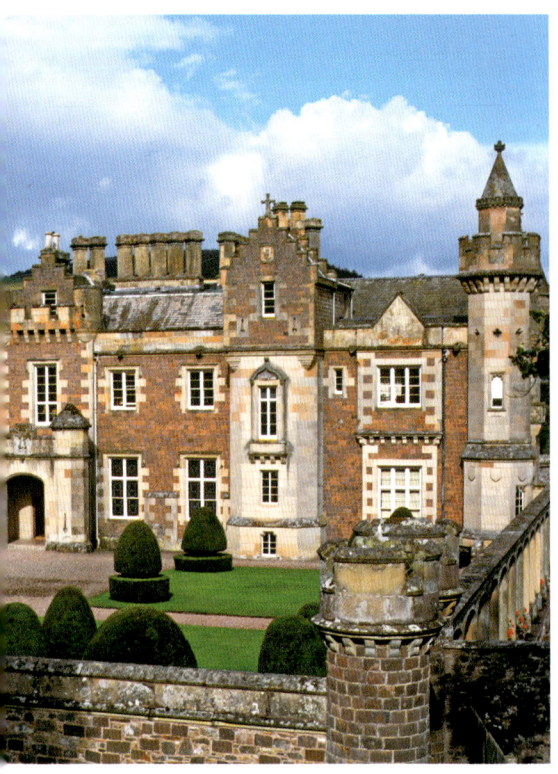

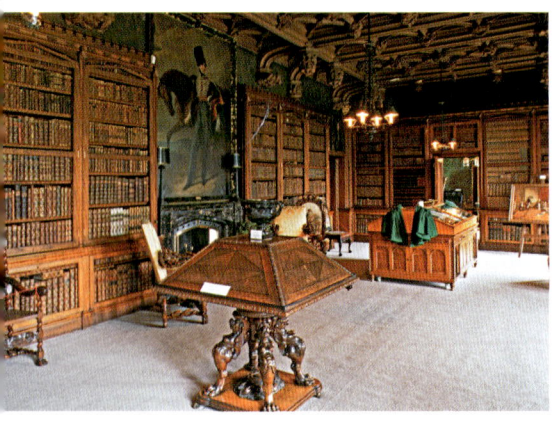

엘리던 언덕 아래 트위드 강변, 사랑스러운 풍경 속에 자리 잡은 이 집은 당대 가장 존경 받던 작가 중 한 사람이자 '아름다운 스코틀랜드'라는 근대의 로맨틱한 관점을 창시해 낸 주요 인물이었던 월터 스콧 경의 기념관이다. 1811년 그는 40헥타르의 넓이에 다섯 개의 방이 달린 오두막 집이 있는 뉴워트호라는 농장을 사서, 근처 멜로즈 수도원의 수도사들이 예전에 사용했던 얕은 여울의 이름을 따 애버츠포드라는 새 이름을 붙였다. 다음 해에 그는 아내 샬럿과 다섯 자녀들과 함께 새 집으로 이사했고, 1814년부터 새로운 방을 추가로 짓기 시작했다. 그는 정원에 수천 그루의 나무를 심었을 뿐만 아니라, 1817년부터는 엄청난 비용을 들여 전체적으로 전보다 더 웅장한 바로니얼 양식이 되도록 현재 애버츠포드의 주요 건물이 된 저택을 지었다. 오래된 농장 건물은 1822년에 철거되었고, 새 저택은 1825년 완공되었다. 이 저택을 이루는 돌 중에는 보더스 지방의 역사적인 유적에서 가져온 것도 있다.

스콧은 『로브 로이』, 『미들로시안의 중심부』, 『아이반호』 등 그의 역사 소설 중 가장 많은 사랑을 받았던 몇 편을 애버츠포드에서 집필했다. 샬럿은 1826년에 사망했고, 월터 경은 1832년 죽을 때까지 살았다. 그의 침대는 트위드 강의 정경이 보이도록 창가로 옮겨졌다. 애버츠포드는 최신식 가스등을 갖춘 견고한 근대적인 편안함과 함께 환상이 혼합된 곳이었고, 스콧은 이를 '일종의 확실한 수수께끼의 성'이라 칭했다. 그의 후손들은 이곳에 살고 있으며 서재에 있던 책상과 의자, 2만 권의 장서를 소장한 도서실, 그가 수집한 소중한 역사 유물 등이 그대로 있다. 유물 중에는 스코틀랜드의 메리 여왕이 소유했던 그리스도 수난상과 로브 로이, 몬트로즈, 젊은 왕위요구자, 플로러 맥도널드가 지녔던 물건 등도 있다. **RC**

🖾 스콧은 인기 있던 자신의 소설에서 얻은 수입으로 애버츠포드를 지을 수 있었으나, 한동안 이 저택은 그의 채권자들 손에 잡혀 있었다.

🖾 널찍한 도서관에는 스콧이 수집한 서적과 더불어 훌륭한 가구와 그림이 남아 있다.

허미티지 스코틀랜드, 리데스데일 | Hermitage

스코틀랜드 보더스 지방의 엄숙한 요새

음울하고 황량한 요새라는 것이 있다면, 바로 이 요새일 것이다. 리데스데일 골짜기 꼭대기 근처에 있는 텅 빈 황무지에 있으며 영국 국경에서 겨우 8km 떨어져 있는 허미티지는 분쟁에 휩싸인 변경 지역의 지배권을 놓고 벌어진 기나긴 싸움에서 주요한 역할을 차지했다.

이 성채에는 유령이 출몰한다는 말이 있는데, 전혀 근거 없는 말은 아니다. 1550년경 이곳은 "튼튼하지는 않으나, 마찬가지로 험난한 지형으로 인한 사악함 때문에 얻기 힘든 오래된 집"이라 묘사되었다. 오래 전에 이곳은 드 술리라 불리는 가문의 소유였다. 이 가문은 잔혹함으로 악명이 높았는데, 그중 한 사람으로 흑마술에 불건전한 관심을 쏟았던 것으로 알려진 '마법사' 윌리엄 드 술리는 로버트 더 브루스에 반대하는 음모를 꾸몄다가 1320년 소유지를 잃게 되었다.

성은 당시 보더스 지방에서 가장 권력 있는 가문이던 블랙 더글러스 가에 넘어갔는데, 이들은 오늘날 보이는 모습에 거의 가까운, 두 개의 육중한 탑 사이에 커다란 본체가 들어서 있는 H자 형태의 성을 지었다. 1342년 윌리엄 더글러스 경은 자신의 적인 알렉산더 람세이 경을 성의 지하 감옥 중 한 곳에 가두고 굶어죽을 때까지 내버려 두었는데, 위층에 있는 곡식 창고에서 우연히 옥수수 알맹이가 똑똑 떨어져 그는 17일 동안 살아 있었다.

1492년 성은 보스웰 백작이었던 헵번 가에 넘어갔다. 스코틀랜드의 여왕 메리는 4대 보스웰 백작과 사랑에 빠졌는데 그럼에도, 아니 어쩌면 그랬기 때문에, 보스웰 백작은 메리의 남편을 살해했다. 1566년, 국경 지역에서 일어난 싸움으로 보스웰이 부상을 입자 제드버러에 머물고 있던 그녀는 그의 곁에 있기 위해 몇 명의 시종만 거느린 채 전속력으로 말을 달려 40km 떨어진 허미티지까지 갔다. 이 여행으로 그녀는 너무도 지쳤기 때문에 제드버러로 돌아와서 건강을 회복하기까지 몇 주나 걸렸다. 19세기에 들어서 월터 스콧 경을 비롯한 다른 작가들이 역사적인 고성에 대한 흥미를 다시 일깨웠다. 허미티지 성은 버클루 공작에 의해 복원되었고, 1930년 국가에 기부되었다. **RC**

트라퀘어 스코틀랜드, 이너레이덴 | Traquair

보니 프린스에게 충성했던 스튜어트 사람들의 집

트위드 강변에 있는 이 저택은 영국에서 가장 로맨틱한 장소 중 하나이다. 300년 동안 거의 변치 않으며 수세기 동안 로마 가톨릭 신앙과 스튜어트 왕조에 대한 굳건한 충성을 바쳐 온 이 저택이 왕실 숲의 사냥용 별장이었던 12세기에는, 적어도 스물일곱 명은 되는 스코틀랜드와 영국의 군주들이 이곳을 찾았다. 영국의 에드워드 1세는 1304년에, 에드워드 2세는 1310년에 이곳에 머물렀다. 그 다음 세기에 트라퀘어는 스튜어트 왕가의 분가(分家)의 소유로 넘어갔으며, 이후 그 후손들이 계속 이곳에 살아 왔다. 1566년에는 스코틀랜드의 여왕 메리가 미래에 스코틀랜드의 제임스 6세가 되는 어린 아들과 함께 트라퀘어를 방문했다.

> "아름다운 트위드 강가, 버윅에서 빌드까지
> 트라 퀘어는 그 아름다움으로 들판에서
> 당당히 승리를 거둔다…"

「임페리얼 가제트 오브 스코틀랜드」 (1868)

현재의 저택은 찰스 1세 때 스코틀랜드의 재무 대신이었으며 1633년 트라퀘어 백작이 된 존 스튜어트 경 시대에 지어진 것으로 어림잡는다. 1700년경 2대 백작이 부속채를 더 짓고 안뜰을 만들었다. 4대 백작은 1708년 시도되었던 재커바이트 반란을 지지했으며, 열일곱 명의 자녀 교육을 가톨릭 사제에게 맡겼는데 이 사제는 혹시 달아나야 할 경우를 대비해 비밀 계단이 있는 방에 숨어 지냈다. 5대 백작은 1745년 '젊은 왕위요구자'의 편에 섰던 일로 런던탑에 갇혔으며, 전설에 따르면 트라퀘어 저택으로 봉하는 큰길 끝에 있는 닫힌 문은 스튜어트 가가 다시 왕위에 오를 때까지 결코 열리지 않을 거라고 한다. 1861년 8대 백작이 후사를 남기지 않고 죽었으며, 저택은 5대 백작의 누이의 후손인 맥스웰 스튜어트 가에 넘어갔다. **RC**

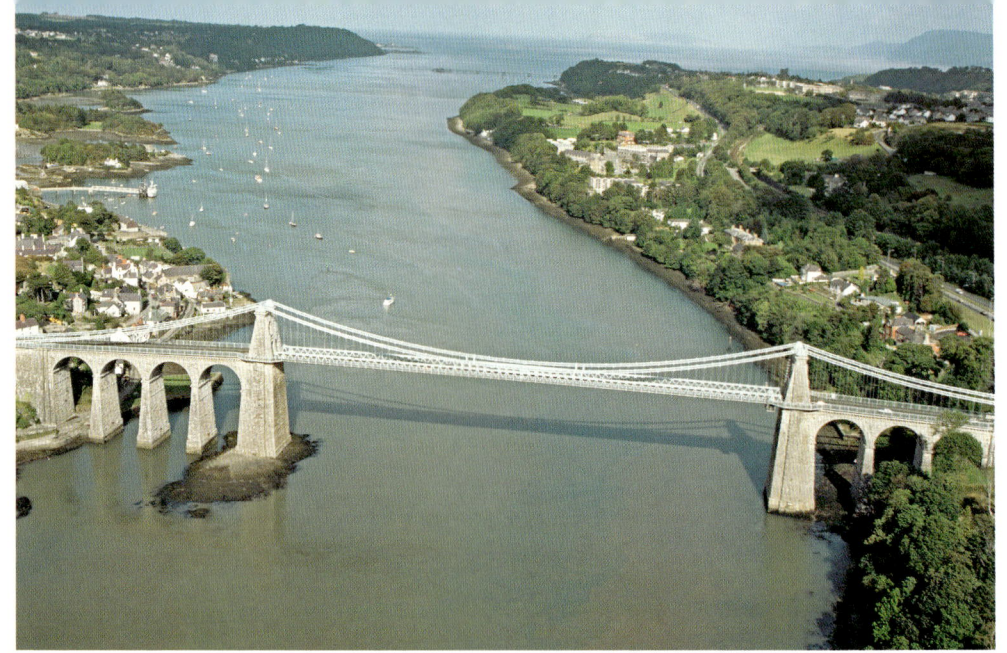

메나이 현수교 웨일스, 귀네드-앵글시 | Menai Suspension Bridge

예측할 수 없고 위험한 메나이 해협을 길들인 다리

홀리헤드로 가는 길과 아일랜드의 통행을 수월하게 하기 위해 영국 본토와 앵글시 섬 사이를 가르는 메나이 해협에 다리를 놓겠다는 계획은, 19세기로 접어든 이후 이렇다 할 결론 없이 계속 논의되어 왔다. 소들은 크게 울며 헤엄쳐 건너곤 했으나, 메나이 해협은 조류가 불안정하고 간만의 차가 커서 페리로 건너기에는 힘들고 위험했다. 또한 다리를 건설한다 하더라도 아래로 배가 지나다닐 수 있을 만큼 그 높이가 높아야 했던 것이다. 뛰어난 운하 및 도로 엔지니어였던 토머스 텔포드가 1810년 이 어려운 일에 착수했고, 1819년 마침내 그의 설계에 따라 런던과 홀리헤드를 잇는 A5 도로가 될 다리를 건설하는 작업이 시작되었다. 그가 짓는 다리는 도로이기도 했던 것이다.

세계 최초의 대형 현수교이자, 305m의 길이로 몇 년간 세계에서 가장 긴 다리이기도 했던 메나이 다리는 실용적이면서도 아름다웠다. 두 개의 탑 사이에 있는 176m 길이의 중앙부에는 만조때를 기준으로 해협 위로 30m 떨어진 도로와 보도가 건설되었는데, 이는 쇠로 된 체인에 매달려 지탱되었다. 1825년에는 돌로 된 접근부 교각이 모두 지어졌다. 체인은 양쪽 끝에서 단단한 바위 안에 뚫린 터널에 고정되었다. 무게가 23t 이상 나가는 중앙부의 체인은 뗏목에 실어 물에 띄운 후 150명의 인부들이 달려들어 다리 위로 끌어 올려 제자리에 설치한 뒤 양 끝 체인에 연결했다. 앵글시 쪽에서 체인이 마지막으로 연결되던 순간에는 피리와 북 연주가 울려 퍼졌고 엄청난 군중이 열광적으로 환호했다.

거센 바람이 불면 다리는 거대한 해먹처럼 흔들린다고 묘사되지만, 몇 차례 강화 작업을 거쳐 이 다리는 건설된 이후 지금까지 계속 사용되고 있다. 1938년에서 2년에 걸쳐, 더 무거운 차량들도 다리를 지나갈 수 있도록 쇠로 된 체인을 강철로 교체했다. 1845년에는 또 한 명의 훌륭한 엔지니어 로버트 스티븐슨이 텔포드가 지은 현수교 서쪽에 철교를 지었다. 이 다리는 화재로 인해 1970년에 파괴되어, 기차와 자동차가 모두 다닐 수 있는 다리로 재건축되었다. **RC**

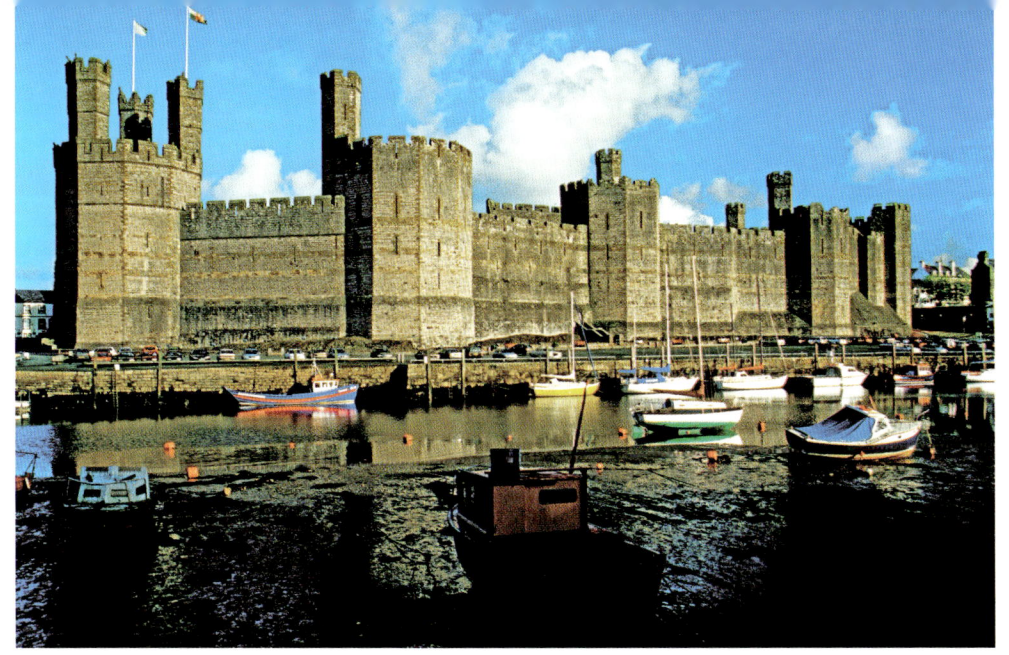

카나번 성 웨일스, 카나번 | Caernarfon Castle

북 웨일스에 있는, 에드워드 1세의 군사력과 정치력의 선언

이 거대한 요새는 웨일스어로 '우르 가이르 인 아르번', 즉 '해안의 요새'라 불리는데, 포위당하더라도 물을 공급받을 수 있도록 메나이 해협 가까이 지었기 때문이다. 웨일스의 귀네드 경들이 이 장소에 요새를 소유하고 있었으며, 몇 세기 전 로마인들도 근처에 요새를 지어 이를 '세곤티움'이라 불렀는데, 이 로마 요새의 흔적은 아직 남아 있다. 독립된 웨일스의 마지막 왕자였던 '르웰린 더 라스트'가 1282년 전투에서 사망한 이후, 에드워드 1세가 영국이 웨일스를 점령하였음을 선포하기 위해 현재의 카나번 성을 지은 데에는 로마의 영향이 상당했을 것이다.

성을 설계한 것은 에드워드 왕의 군사 건축가인 '세인트 조지의 제임스'였다. 할렉스와 보매리스에 있는 비슷한 목적의 성채와는 달리, 이 성은 단순한 군사 요새는 아니었다. 비록 아래쪽 벽의 두께가 6.1m에 이르는 튼튼한 구조였지만 말이다. 카나번 성은 웨일스에서 영국의 권력을 대표하는 수도이자 중심지가 되기 위해 지어졌다. 이 지역에 있던 웨일스 마을은 파괴되었고 성이 지어지는 것과 같은 시기에 새로운 도시가 건설되었는데, 이 도시는 도시 자체의 방어벽 외에도 성채로부터 단단히 보호받을 수 있었다.

1284년, 카나번 성 안 '독수리 탑'에 있는 작은 방에서 에드워드 1세의 아들, 미래의 에드워드 2세가 태어났다. 에드워드 1세는 이 아이를 사람들에게 새로운 '웨일스의 왕자'라 당당하게 내보일 수 있었다. 그는, 자신이 웨일스인들에게 웨일스에서 태어나고 영어를 한 마디도 하지 못하는 왕자를 선사한 셈이라고 선언했다고 한다.

1294년에 웨일스인들이 성을 차지했으나, 에드워드 1세는 곧 이를 되찾았다. 성의 건설 작업은 1330년대가 되기까지 끝나지 않았다. 1400년대에 오언 글렌도워가 성을 차지하려고 시도했으나 실패했다. 17세기에 벌어진 내전 동안에는 왕당파와 의회파가 번갈아가며 성을 점령했고, 의회파의 손에서 성은 그 구조만 남게 되었다. 1969년 찰스 왕자는 특이한 복장을 하고 카나번에서 서임식을 거쳐 황태자가 되었다. **RC**

디노윅 점판암 채석장 웨일스, 슬란베리스 | Dinorwic Slate Quarries

황폐화된 이 땅에서 한때 엄청난 양의 웨일스 점판암이 채석됐다

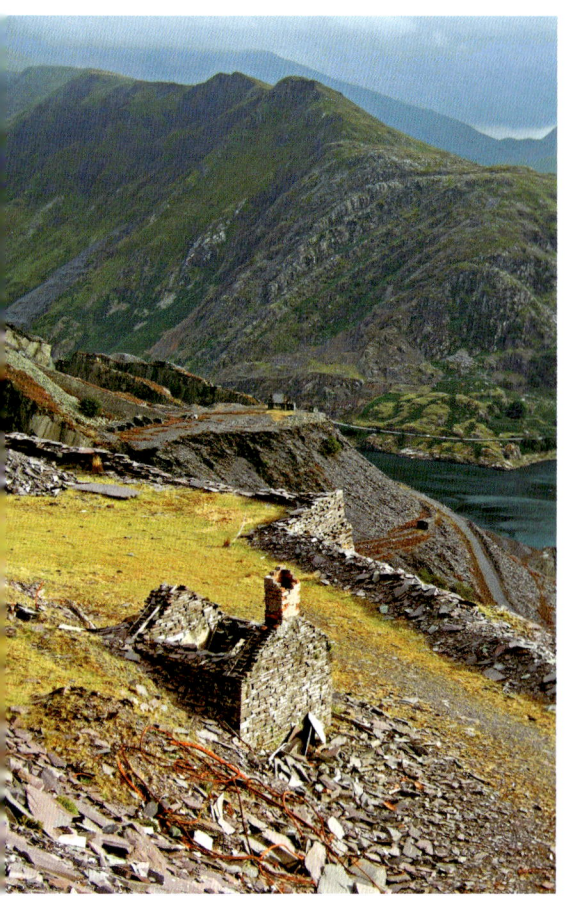

"채석장 인부들은, 가장 먼 곳에서 오는 이들은 앵글시로부터, 매주 메나이 해협을 건너 걸어서 일하러 왔다."

웨일스 점판암 박물관

로마의 지배를 받던 시절부터 스노우도니아 지역에서는 점판암이 채취되었으나, 18세기 말이 되자 영국, 유럽, 북아메리카에서 지붕을 만드는 데 사용하기 위한 점판암의 수요가 늘어났고, 1870대에는 점판암 채석이 커다란 사업이 되어 이 채석장은 황량한 장소로 남게 되었다. 1900년, 커다란 타격을 받아 점판암 채취는 사양길에 접어들게 되었고, 많은 채석장 인부들은 석탄 광산에서 일하기 위해 남부 웨일스로 이주했다.

디노윅에서 돌을 채취하는 일은 1787년, 이 지역의 지주인 애쉬턴 스미스에게 임대한 땅에서 시작됐지만, 채석 사업이 크게 번성한 것은 1809년 스미스 자신이 사업을 주도하기 시작하면서부터였다. 1824년에는 채석장에서 나온 점판암을 수출하려고 해안의 디노윅 항구로 실어 나르는 말이 끄는 수레 철도가 건설되었다. 나중에는 협궤 철도가 대신 놓였고(이 철도의 일부는 현재 슬란베리스 레이크 철도가 되었다) 디노윅은 세계에서 두 번째로 큰 점판암 채석장이 되었다. 당시 디노윅보다 더 큰 채석장은 근처에 있는 펜린 채석장뿐이었는데, 이곳에서는 똑같은 점판암이 나왔으며 오늘날도 생산이 계속되고 있다.

19세기 말엽에는 3천 명 이상의 인부가 디노윅에서 점판암을 채취하고, 쪼개고, 선별했다. 이들은 무리지어 일했으며 생산해 낸 양에 따라 임금을 받았다. 많은 인부들이 앵글시 출신이었고, 일요일에만 집에 돌아가는 이들이 숙박할 수 있도록 막사가 있었다. 채석장 일은 숙련 노동이었으나 매우 힘든 일이기도 했다. 노동자들은 손을 자유롭게 쓸 수 있도록 로프에 달린 받침대에 몸을 매단 채 해머와 끌로 암석 표면을 파냈다. 병원 하나가 채석장에서 일어나는 사고에 대처해 보려고는 했지만 최소한의 군용 시설뿐이거나 의류를 빨고 말릴 만한 공간밖에 없었다.

채석장은 1969년에 문을 닫았고 웨일스 점판암 박물관으로 넘어가 건물과 당시의 환경 대부분이 보존되었다. 특히 흥미 있는 것은 중력 균형 경사로가 있는데, 이는 점판암을 실은 수레를 채석장으로부터 어떻게 운반해 왔는지 보여 주기 위해 작업 순서에 맞춰 복원했다. **RC**

카디프 성 웨일스, 카디프 | Cardiff Castle

노르만 양식 건물에 로맨틱하게 드리워진, 빅토리아 시대의 중세찬양적인 환상

카디프 성은 서기 1세기에 태프 강 옆에 지어진 로마 시대 요새가 있던 자리에 서 있는데, 로마 시대 요새의 성벽은 아직도 뻗어 있다. 이후에 노르만인들은 이곳에 성채를 짓고 '검은 탑'이라는 12세기 본성을 지었는데, 이 성은 현재 입구 관문에 해당하며, 이때 지어진 성벽의 일부는 여전히 남아 있다. 그러나 진정으로 보는 이의 시선을 사로잡고 숨 막힐 정도의 경탄을 자아내는 것은 건축가 윌리엄 버지스가 3대 뷰트 후작을 위해 설계하고 건설한, 성의 부지에 있는 훌륭한 저택이다. 아마 당대 영국에서 가장 부유한 귀족이었을 뷰트 후작은 조부로부터 작위를 물려받았는데, 그의 조부는 브리스틀 해협에 있는 작은 마을에 불과하던 카디프를 남부 웨일스의 석탄을 전 세계로 수출하는 주요 항구 도시로 탈바꿈시킨 인물이었다.

버지스와 뷰트는 중세에 매혹되었고, 중세 건축 전문가였던 버지스는 로맨틱한 후기 중세풍 성을 창조해낼 수 있는 기회를 흔쾌히 받아들였다. 그가 지은 성의 웅장하고 지나칠 정도로 거대한 규모를 동시대인은 '버지시안 고딕' 양식이라 불렀다. 성에는 46m 높이의 시계탑을 비롯해 네 개의 다른 탑이 있었는데, 탑들은 서로 닮은 점이 없었다. 이 '성' 안에 있는 모든 방은 숙련된 기술로 제작된 타일, 벽화, 조각으로 화려하게 장식되었다. 도서실로 들어가는 문 앞에는 원숭이들이 책 한 권을 두고 싸우는 장식이 있었고, '초서 룸'이 있는 층에는 미로가 있었으며, 육아실에는 자장가에 나오는 장면이 생생하게 나타나 있었다. 1947년 5대 후작이 이 성을 카디프 시에 기증했으며 현재 두 곳의 웨일즈 연대 박물관이 있다.

1872년부터 버지스와 뷰트는 19세기의 중세찬미자다운 그들의 꿈을 다른 곳에서 실현시켜 보기로 했다. 새로 지은 성은 카디프 북쪽에 있는 '카스텔 코크'(붉은 성)로, 카디프 성보다 작지만 똑같이 로맨틱하며 '젠다 성의 포로'를 연상시키는데, 그들은 이것이 사냥용 별장일 뿐인 척했다. 뷰트의 아내를 위한 침실은 모든 여자가 꿈꾸는 「잠자는 숲속의 공주」에 나올 듯한 침실을 그대로 재현해 놓은 방으로, 특별한 눈요깃거리가 된다. **RC**

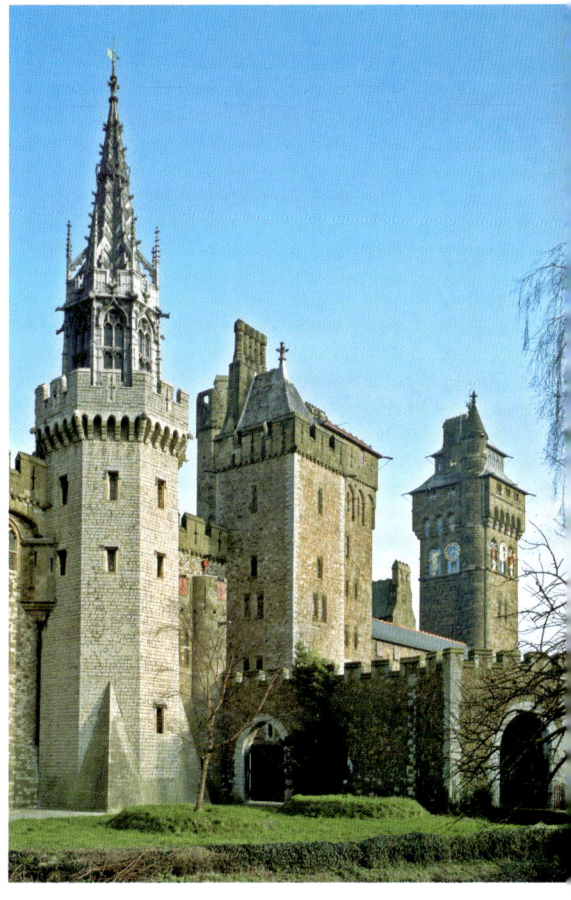

"나는 13세기적인 믿음 안에서 자라났고, 그 믿음 안에서 죽고 싶다."

건축가, 윌리엄 버지스

웨일스 국립 도서관

웨일스, 애버리스트위스 | National Library of Wales

웨일스어로 쓰인 작품들을 모은 비길 데 없는 컬렉션

웨일스어는 스코틀랜드 게일어, 어스어, 콘월어와 더불어 기원전 500년 이전에 켈트 족 침입자들에 의해 브리튼에 들어온 켈트어족에 속한다. 현대 웨일스어는 서기 500년 이후부터 영국인들(앵글로색슨 족)이 침입해 오기 전까지 잉글랜드 땅의 토착어였던 브리튼어에서 파생되어 나온 것이다. 특이하게도 이 영국인들은 토착민들을 '외국인'이라는 의미의 '웨알'(wealh) 이라 불렀는데, '웨일스어'(Welsh)라는 말은 여기서 유래하게 되었다. 이들은 현재 웨일스 지역인 서부로 밀려났고, 점차 웨일스어는 영어에 그 자리를 빼앗기게 되었으나, 시인 탤리에신이 활동했던 6세기경부터 강하고 독립적인 문학적 전통을 누려 왔다.

18세기부터 웨일스 민족주의가 부흥하여, 사라져 가던 웨일스어를 되살리고 국립 도서관을 짓자는 요구가 거세게 일어났다. 1900년대 초반, 도서관 부지를 결정하기 위해 카디프와 애버리스트위스 간에 경쟁이 붙었으나, 결국 애버리스트위스가 선정되었다. 웨일스어를 말하는 이들이 애버리스트위스에 훨씬 많았고, 빅토리아 여왕의 의사였던 존 윌리엄스 경이 모았던 2만 5천 권의 장서를 소유한 재단 도서관이 이미 있었기 때문이었다. 건축가 시드니 키핀 그린슬레이드가 설계를 맡았고, 웨일스의 광부들은 각자 월급봉투에서 일 실링씩을 내어 비용에 보탰다. 나중에 추가된 부분의 설계는 찰스 홀든 경이 맡았으며, 건물은 1955년 마침내 완공되었다.

이 도서관이 소장한 웨일스어 작품 컬렉션은 다른 곳과 비교할 수 없을 정도의 규모를 자랑한다. 현존하는 가장 오래된 웨일스 어 필사본인『카르마덴의 검은 책』부터 시작하여,『탤리에신 작품집』, 가장 오래되고 완벽한『마비노기온』텍스트 등을 비롯하여 최초로 웨일스어로 인쇄된 책(1546), 웨일스어로 번역된 최초의 완역 성경(1588) 등이 그 일부다. 웨일스 국립 도서관은 영국과 아일랜드 공화국에서 출간되는 모든 책을 한 부씩 받으며, 현재 4백만 권 이상의 책과 필사본, 지도, 사진 등을 소장하고 있다. **RC**

칼레온 로마 유적

웨일스, 뉴포트 | Caerleon Roman Site

잘 보존된 로마 시대 군사 기지

서기 43년 브리튼을 침공한 이후, 웨일스를 어느 정도 장악하고 군사 기지와 도로를 만들어 그 지배를 유지하기까지 로마인들에게는 30년이라는 전투의 세월이 필요했다. 서기 75년 제2아우구스타 군단을 위해 세워진 이스카 실루룸은 어스크 강 근처에 있었다. 오늘날 칼레온이라는 이름으로 불리며(라틴어의 '카스트라 레기오니스(Castr a Legionis)에서 유래한 이름) 영국에서 가장 흥미로운 로마 유적이라는 평을 듣는 이곳은, 로마 문화가 가장 널리 퍼지며 영향을 끼쳤던 남부 웨일스 지방의 주요 기지였다. 넓이가 20헥타르가량이며 깔끔하게 격자형으로 구획 지어진 직사각형 모양으로, 네 변에 각각 관문이 나 있다. 원래의 동쪽 성벽은 꼭대기에 말뚝이 박혀

> "…왕궁으로 아주 뛰어난 곳이었으므로, 건물의 황금 지붕은 로마를 모방한 것이다."
> 몬머스의 제프리, 카멜롯으로 알려진 칼레온에 대하여

있었고 높이는 3m였으나, 약 120년쯤 뒤 높이가 두 배 더 높은 돌로 된 벽으로 대체되었다. 내부에는 한 채당 백 명의 군인을 수용할 수 있는 병영들, 사령부 건물, 훈련용 홀, 곡물 저장고, 병원이 있었다. 호화로운 목욕탕 시설도 있었으며, 성벽 바로 밖에는 검투사들의 싸움을 구경하는 5천 석 규모의 원형 극장이 있었다.

300년경 로마인들은 기지를 카디프로 이동했다. 중세에 칼레온은 전설의 아서 왕이 원탁의 기사들을 불러 모았다는 장소인 카멜롯과 동일시되었으며, 도시 변두리에 있는 둔덕은 아서 왕의 원탁이라는 이름을 얻었다. 1926년 발굴 작업을 통해 이곳이 로마의 원형 극장이었다는 사실이 드러났다. 이곳에 있는 '군단 박물관'은 영국 최고의 로마 유적을 소장한 곳 중 하나이다. **RC**

⟨ 빅 핏

웨일스, 블래나본 Big Pit

웨일즈의 철강 산업에 동력을 제공해 준 깊이 파내려간 석탄 탄광

블래나본은 주로 양을 기르는 조용한 시골 마을이었으나, 1780년대 들어 이곳은 산업혁명의 요람 중 하나가 되었다. 세 명의 영국인 사업가들이 애버가브니 경에게 땅을 빌려 철공소를 지었는데, 십 년 후 웨일스에서 두 번째로 큰 철공소가 되었던 것이다. 용광로가 타오르도록 하기 위해 필요한 식탄은, 산허리에 1.6km 깊이로 뻗은 터널에서 파냈는데, 이곳은 이후 빅 핏 탄광의 일부가 된다. 버려진 블래나본 철공소는 지금 방문객들에게 공개되고 있다.

남부 웨일스 탄전 서쪽 모서리에 있는 빅 핏 탄광은 1880년에 문을 열었다. 전성기 때에는 1,100명의 사람들이 일할 정도였으나, 1980년에 탄광은 문을 닫았고 박물관으로 재개장했다. 가이드들은 모두 전직 광부였고, 오늘날 블래나본은 관광에 의존하고 있다. 탄광에서 석탄이 아닌 관광객들이 나오는 셈이다. 관광객들은 헬멧과 램프로 무장하고, 수레에 실려 갑자기 지하 91m 아래로 떨어져서 - 이는 숙련된 광부들조차 결코 달가워하지 않는 일인데 - 낮은 갱도와 석탄층, 석탄을 운반하는 엔진, 석탄 운반용 조랑말의 마구간 등을 탐험해 보고, 수직으로 난 갱도에서 석탄층 표면까지 5km나 걸어가야 했던 그 시절 이런 곳에서 일한다는 것이 어떤 일이었는지 느껴 본다. 어린이들도 갱도에서 일하곤 했는데, 하루 열두 시간씩 일주일에 6일을 일하고 2펜스를 받았으며, 궤도를 따라 수레를 끄는 일을 했다. 임금의 일부는 촛불 값이라며 공제되었다. 지상에 있는 탄갱 건물에는 갱도를 나와 몸을 씻을 수 있는 목욕 시설, 감아올리는 엔진이 있는 건물, 그리고 대장간이 있다. 이 탄광이 빅 핏이라는 이름을 얻은 것은 갱도의 깊이 때문이었다. **RC**

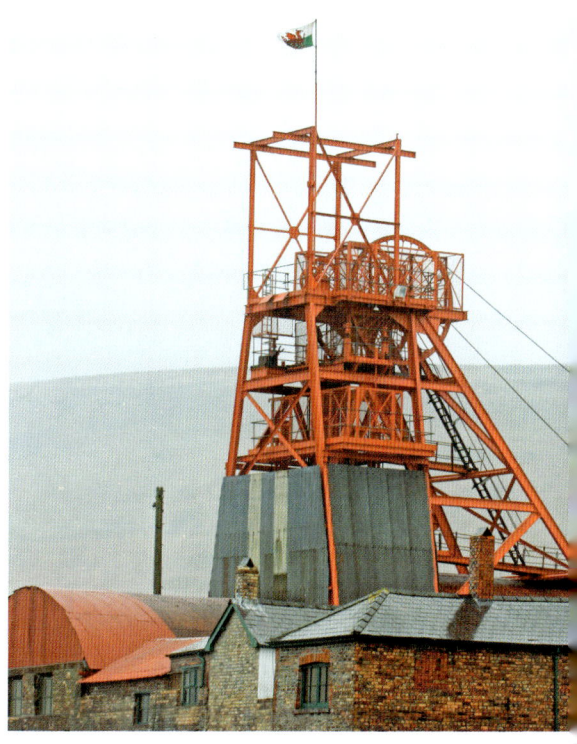

▷ 빅 핏에 있는 이 감아올리는 기계는. 석탄을 지상으로 끌어올리고 광부들이 타는 엘리베이터를 작동시키는 두 가지 용도로 쓰였다.

▷ 1842년 이전까지는 어린이를 탄광 노동에서 보호한다거나 아동 노동 연령을 제한하는 법이 없었다.

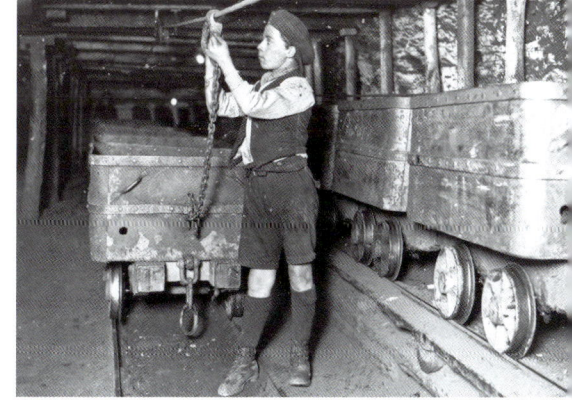

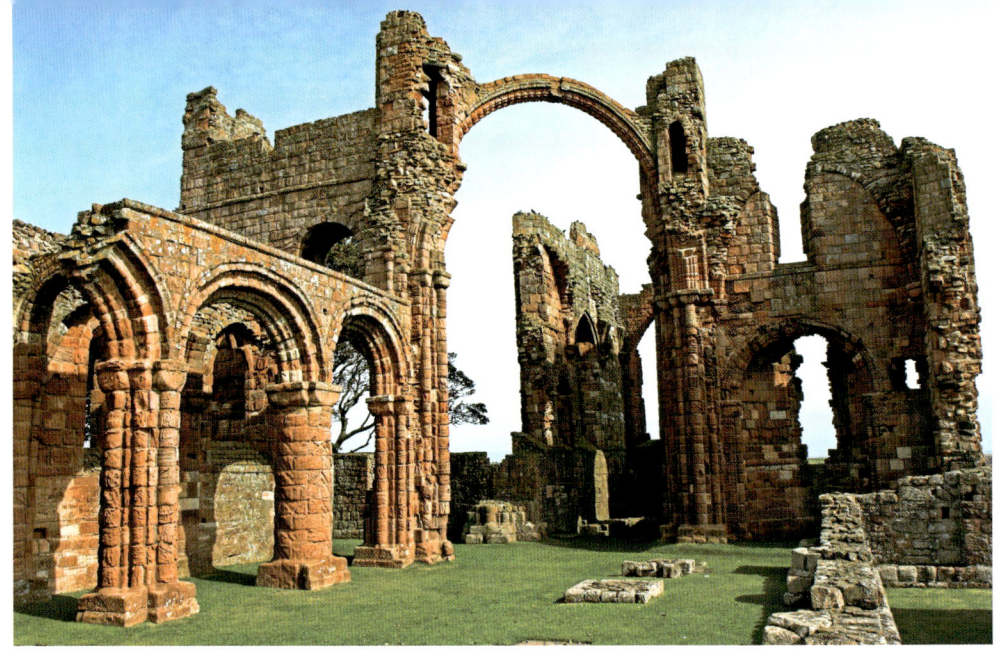

린디스판 소(小)수도원 영국, 홀리 섬 | Lindisfarne Priory

초기 기독교의 교육에 중요한 중심지

린디스판에 있는 건물들은 이 수도원이 낳은 신성한 인물 중 가장 유명한 성 커스버트의 시절보다 한참 후에 세워졌지만, 이 유적에 아련한 과거의 매력을 불어넣는 것은 기독교가 앵글로색슨 시대의 영국에 도달해 겪었던 초기의 나날들과 노섬브리아 해안에서 보낸 그 극적인 나날들이다. 이 공동체는 이교도의 색슨 왕국인 노섬브리아에 온 스코틀랜드 선교사 성 에이단에 의해 설립되었는데, 노섬브리아 왕은 그에게 이 섬을 기독교 전파의 본부로 삼도록 했다. 수도사들은 이곳으로부터 퍼져 나가 지역 주민들 사이에서 성직자가 되었고, 이 수도원은 학문과 예술의 중심지가 되었다. 훌륭하게 채식(彩飾)된 8세기의『린디스판 복음서』는 이 수도원에서 제작한 것 중 가장 유명한 책이다(현재 대영 박물관에 보존되어 있다).

에이단의 후계자들 중 가장 유명한 이는 기적을 행하는 놀라운 능력으로 북쪽에서 가장 존경 받는 성인인 성 커스버트였다. 그는 죽기 2년 전, 대수도원장을 맡기 이전에는 근처의 판 섬에 칩거하여 은둔자로 세월을 보

내기도 했다. 백 년 정도가 흐르자, 약탈을 일삼는 바이킹들이 필연적으로 수도원이 소유한 부에 관심을 보이게 되었고, 875년 수도사들은 성 커스버트의 유해와『린디스판 복음서』를 챙긴 채 끝내 수도원을 버리고 본토로 달아났다. 이들은 대략 십 년간 정처 없이 떠돌다가 마침내 더럼에 거처를 정하고, 1104년 성당에 성 커스버트의 유해를 모셨다.

이 시대의 건물은 바이킹들이 파괴했기 때문에 아무것도 남아 있지 않으나, 1083년 더럼에서 파생되어 나온 작은 베네딕트회 수도원이 린디스판에 세워졌다. 이곳은 1537년 헨리 8세 때문에 폐쇄되었다. 그러나 높이 치솟은 '무지개' 아치와 훌륭한 서쪽 창(1850년대와 그 이후에 복원되었다)을 갖추었고 풍상을 겪은 노르만 교회의 유적은 13세기와 그 이후에 지어진 황폐해진 숙소 건물들과 더불어 여전히 남아 있다. **RC**

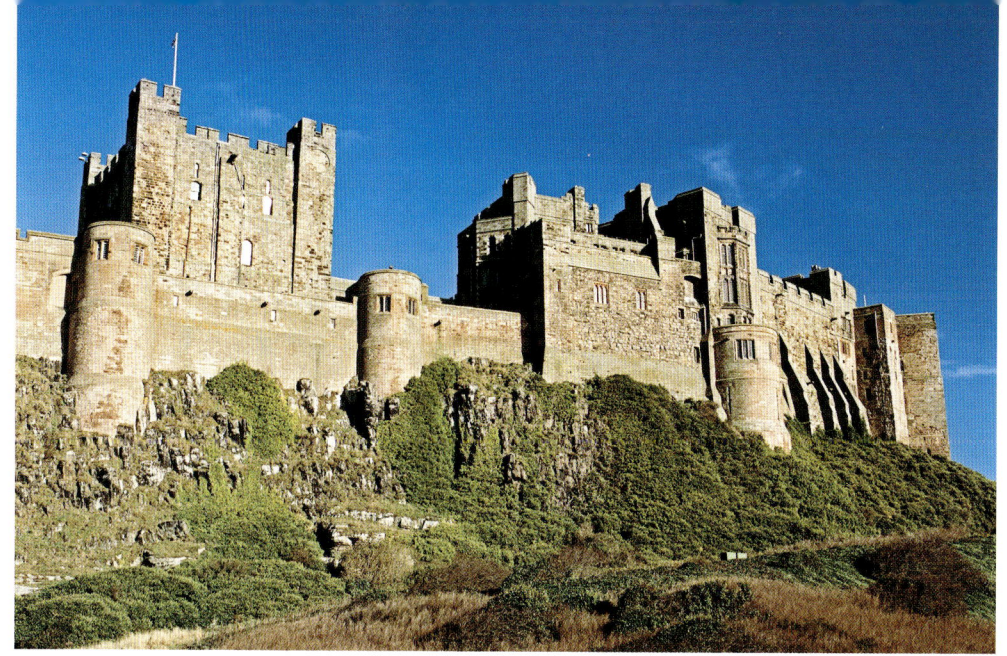

뱀버러 성 영국, 뱀버러 | Bamburgh Castle

고고학적으로 대단한 흥미를 불러일으키는 자리에 서 있는 전설적인 성

웅장한 위엄을 떨치며 노섬브리아 해안에 솟아 있으며 린디스판과 판 섬이 내려다보이는 훌륭한 경관을 갖춘 이 성은, 원탁의 열두 기사 중 한 사람이자 아서 왕의 기사 중에서도 가장 훌륭한 '호수의 랜슬롯 경'의 성채라는 전설이 있다. 아이러니하게도, 뱀버러는 1464년 장미 전쟁 중에 에드워드 4세에게 무자비하게 공격당하며 중세 기사들로서는 결코 이길 수 없었던 최신식 대포에 함락된 요새 중 하나이다.

이 성은 46m 높이의 현무암 바위산 위에 솟아 있는데, 확연히 유리한 위치이기 때문에 로마인들이 오기 전부터 사람들은 이곳을 차지해 요새화했다. 침략해 온 앵글 속이 성재를 차지했고, 547년 노섬브리아의 에설프리스 왕이 아내인 베바에게 이 성을 주었다. 뱀버러(Bamburgh)라는 이름은 원래 '베바의 도시(Bebba's burgh)'에서 온 것이다. 이곳은 왕궁이었고 노섬브리아의 많은 왕들이 이곳에서 대관식을 치렀으나 바이킹에 의해 약탈당하고, 이후 노르만인의 손에 들어간 후 재건

되었다. 성에서 가장 오래된 부분은 헨리 2세 시절에 지어진 것으로, 본채도 그 중 하나이다.

16세기와 17세기에 성은 버림받은 채 서서히 잊혀가다가, 1704년 더럼의 주교인 크루 경에게 팔렸다. 성은 무료 학교와 도서관, 진료소를 운영하는 자선 사업의 본부가 되었으며, 1750년대에는 성의 일부가 튼튼하게 재건되고 수리되었다. 1894년, 엔지니어이자 발명가이며 무기로 인해 대부호가 된(그는 암스트롱 총의 창안자이다) 암스트롱 경이 이곳을 샀다. 보수 공사 프로그램의 일부로, 암스트롱은 성의 일부를 철거해 버리고 나머지 부분을 중세풍 요새와 빅토리아 풍 저택이 섞인 형태로 개조했는데, 이는 매혹적인 효과를 가져왔다. 넓은 '왕의 홀'은 모조 외팔 들보 지붕을 자랑하며, 일렬로 늘어선 동물들이 새겨져 있다. 무기, 가구, 태피스트리, 도자기 등 훌륭한 수집품이 성 전체에 전시되어 있다. **RC**

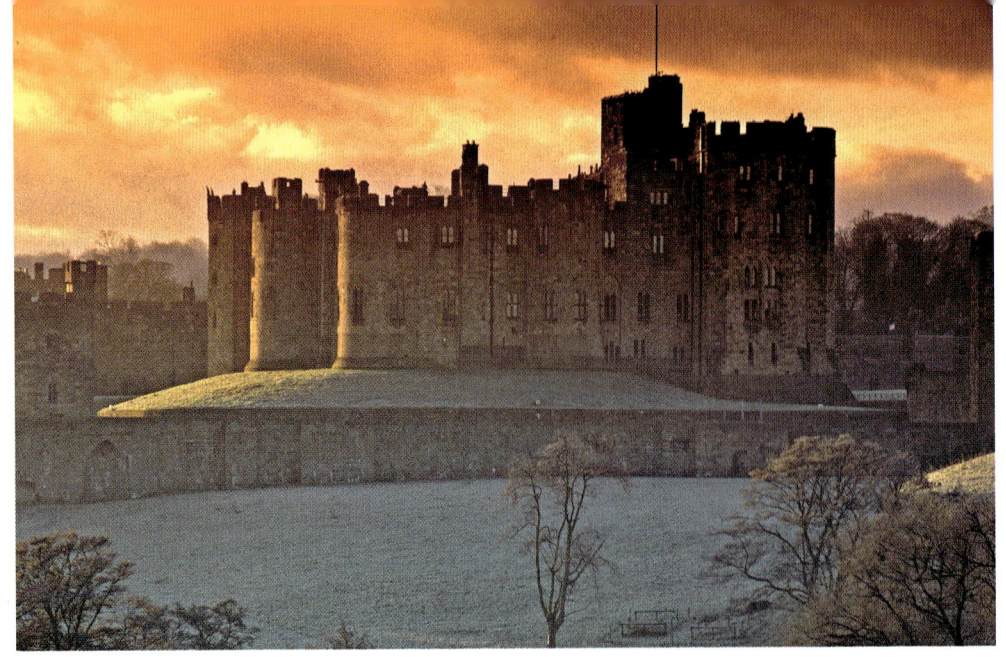

애니크 성 영국, 애니크 | Alnwick Castle

영광스럽게 보존된 중세의 성이자 한 가문의 위풍당당한 집

노섬벌랜드 주(州) 자체를 소유하고 있던 노섬벌랜드 공작의 영지는 중세에는 성벽이 둘러진 도시였는데(이 성의 이름은 '애니크'라고 발음된다), 퍼시 가문이 몇 세기 동안 스코틀랜드에 대항해 잉글랜드 북동부를 지켜 오는 데에 사용했던 요새였다. 헨리 드 퍼시가 더럼 주교로부터 이 요새를 사들였던 1309년에도 애니크의 땅에는 이미 성이 있었다. 헨리 드 퍼시와 그 다음 세대의 후손들이 그 건물을 재건하고 보강해 왔으며, 웅장한 감시 망루와 중앙 관문은 퍼시 가문이 지은 부분이다. 18세기에 진짜 수비병을 둘 필요가 없게 되자, 흉벽에서 경계의 눈초리로 주시하고 있는 돌로 만든 병사들의 조각상이 설치되었다.

1대 헨리 드 퍼시는 에드워드 1세가 스코틀랜드를 복속시키려 할 때 주요한 역할을 맡았으며, 그의 아들은 전투에서 스코틀랜드인들을 패배시키고 데이비드 2세를 포로로 잡았다. 퍼시 가문에서 가장 유명한 인물은 셰익스피어의 『헨리 4세』에 등장하는 '성미 급한' 헨리 퍼시로, 그는 헨리 4세에 대항하여 반란을 일으켰다가 1408

년 전투 중에 사망했다. 퍼시 가는 이후에 장미 전쟁을 비롯하여 튜터 가에 대항하는 다양한 봉기에 연루되었다. 이 가문의 몇몇 이들은 런던탑에 몇 년씩 갇혀 있었고, 1572년 반역죄로 참수당한 이도 있다.

직계 혈통은 1670년에 맥이 끊겼다. 작위는 결국 퍼시 가문의 상속녀와 결혼해 퍼시라는 성을 이어받은 휴 스미스선 경에게로 갔고, 그는 1766년 노섬벌랜드 백작이 되었다. 그는 명망 높은 조경 기술자 캐퍼빌러티 브라운(Capability Brown : 장소에는 항상 가능성(capability)이 있다는 신조로 인해 붙은 별칭)을 시켜 공원을 조성했고 스코틀랜드의 훌륭한 건축가 로버트 애덤을 시켜 막대한 돈을 들여 아방궁을 지었다. 오늘날 보이는 이 성의 우아한 바로니얼 양식의 외관은 건축가 앤서니 샐빈의 손에 의해 1850년대에 갖추어졌으며, 내부 또한 이탈리아 르네상스 양식으로 호화롭게 개조되었다. 장엄한 외관으로 인해 이 성은 『해리 포터』 시리즈 초기작을 촬영할 때 호그와트 마법 학교로 등장하기도 했다. **RC**

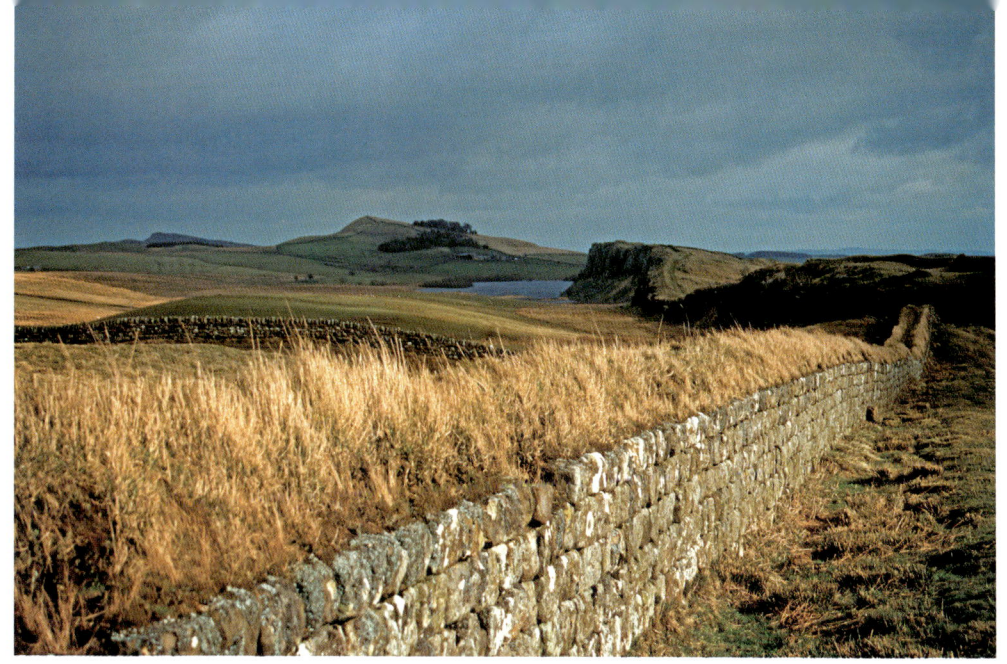

🏛 ◎ 하드리아누스 성벽 영국, 월젠드에서 솔웨이 만까지 | Hadrian's Wall

로마 군사 기술이 남긴, 북유럽에서 가장 인상적인 작품

하드리아누스의 성벽은 대략 팔 년에 걸친 기간 동안 대 (大)브리튼 섬을 가로질러 로마 제국의 북서쪽 경계에 축조되었다. 이 성벽은 뉴캐슬에서 솔웨이 만까지, 동쪽에서 서쪽으로 약 113km 길이로 서 있는데, '야만인들', 즉 북쪽의 픽트 족으로부터 국경 지방을 보호하려는 것이 그 목적이었다. 군사들과 그 가족 덕분에 지역 상인들이 모여들었고, 이곳의 요새 중 몇 군데는 군사 기지뿐만 아니라 세관 교역소 역할도 맡게 되었다. 언덕을 따라 우아하게 오르내리며 뻗어 있는 이 성벽의 대부분은 오늘날 보아도 인상 깊은 광경이라 할 수 있는데, 체스터스 서쪽과 버도스왈드 동쪽 구간이 가장 훌륭한 상태로 남아 있다.

이 성벽의 원래 높이는 최대 7m였던 것으로 추정된다. 하드리아누스 황제가 122년 브리튼을 방문한 후 내렸던 명령에 따라 축조된 성벽으로, 이후 강화되었다. 최초의 성벽 축조 작업 대부분은 브리튼에 주둔하던 세 개의 군단─제2군단, 제6군단, 제20군단─에 의해 이루어졌지만, 성벽에 배치되어 있던 이들은 로마 제국의 여러 곳에서 온 외인 부대였다. 이들은 삼십 명 정도를 수용할 수 있는 규모에다 1.6km 간격으로 배치되어 있던 '마일 캐슬'이라는 작은 요새에 머무르며 성벽 주변을 감시했다. 각각의 마일캐슬 사이에는 두 개의 탑이 있었다.

성벽 뒤에는 흙으로 쌓은 누벽 사이에 있는 넓은 참호, '발룸'이라 불렸던 육중한 방어 시설이 있다. 그 사이에는 최대 천 명의 병사들이 들어갈 수 있는 병영들을 갖춘 더 큰 요새들이 있다. 오늘날 특별한 관심의 대상이 되는 지점은 훈련용 홀을 갖춘 버도스왈드의 요새, 민간인 거주지가 있던 빈돌랜더의 요새, 병영, 곡물 창고, 변소와 병원이 있는 하우스스테즈의 요새, 그리고 체스터스 근처에 있는 기병대 요새 등을 들 수 있다.

하드리아누스의 시대가 지난 후, 훨씬 더 북쪽 지점에 안토니누스의 성벽이 지어졌으나 이 성벽은 곧 버려진 채 남게 되었고, 로마 제국의 국경은 로마인들이 410년 브리튼에서 물러나기까지 하드리아누스의 성벽이 있는 곳을 기준으로 유지되었다. **RC**

도브 코티지 영국, 그래스미어 | Dove Cottage

시인 윌리엄 워즈워스의 집

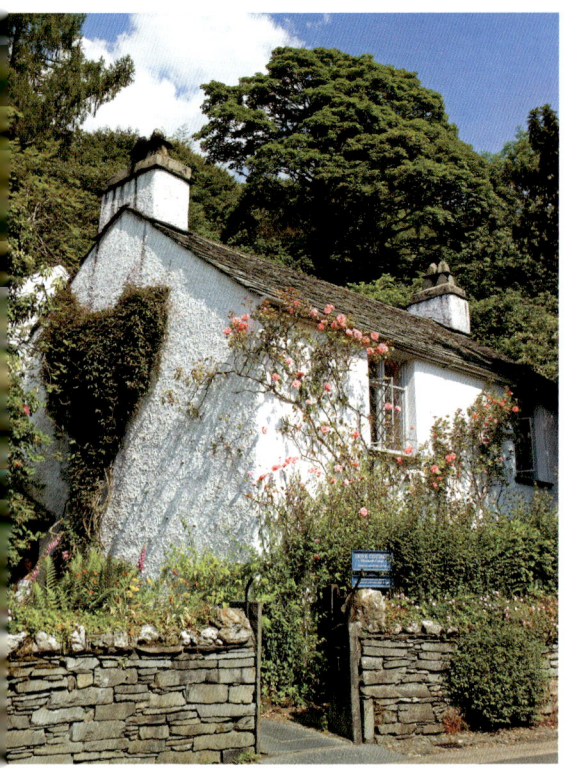

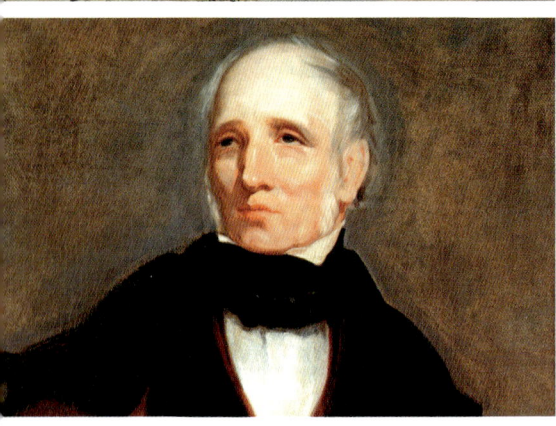

이 오두막집의 역사는 17세기까지 거슬러 올라가며, 한때는 선술집이기도 했지만 이 집이 유명한 것은 윌리엄 워즈워스(1770~1850)와 평생 동안 그의 동반자였던 누이 도로시가 1779~1808년까지 이곳에 살았기 때문이다. 워즈워스와 누이는 워즈워스가 그의 친구인 사무엘 테일러 콜리지와 『서정 민요집』을 출간한 이후인 1808년 이사했는데, 이 시집은 영국 시에 새로운 방향을 제시했다. 워즈워스는 당시 스물아홉 살로, "생활은 소박하게, 하지만 생각은 높게"라는 신념을 지니고 있었다. 그는 오두막집 정원에서 완두콩과 강낭콩을 기르고 풍경에서 영감을 얻었으며, 다른 작가들을 이 지역으로 끌어들이기 위해 많은 일을 했다. 그에게는 당황스러운 일이겠지만 결국 관광객들마저 끌어들인 셈이다. 『수선화』와 『서곡(序曲)』 등 그의 작품 중 가장 훌륭한 시들은 대부분 도브 코티지에서 썼다.

1802년 워즈워스는 메리 허친슨과 결혼했고, 메리와 그 자매인 사라가 도브 코티지에서 함께 살며 집안 살림을 맡아보게 되었다. 콜리지는 이 집을 자주 찾아왔고, 도로시 워즈워스의 『그래스미어 일기』에는 이들이 보냈던 나날이 나타나 있다. 워즈워스와 메리는 이 오두막집에서 세 자녀를 낳았다. 그러나 식구가 늘어나면서 집이 너무 좁아졌기에 그들은 그래스미어에 있는 다른 집으로 이사했고, 1813년에는 그리 멀리 떨어지지 않은 라이달 마운트로 옮겨가 여생을 보냈다. 도브 코티지는 몇 년 동안, 그들의 친구이며 『어느 영국인 아편 중독자의 고백』을 쓴 토머스 드 퀸시의 손에 있었다.

워즈워스는 1850년에 사망했으며, 그와 도로시와 메리는 모두 결국은 그래스미어로 돌아오게 되었다. 그들은 그래스미어 교회 묘지에 안장되었다. 워즈워스 위원회가 훌륭한 워즈워스 작품 컬렉션을 갖추어 1981년 도브 코티지를 대중에게 공개했다. **RC**

ㄨ 도브 코티지는 원래 '도브 앤드 올리브'라는 이름의 여인숙이었다. 1793년까지 이곳은 선술집이었다.

ㄷ 호반 지역으로 이사한 후, 워즈워스와 그의 동료들은 '호반 시인'으로 알려지게 되었다.

칼라일 성 영국, 칼라일 | Carlisle Castle

영국 역사에서 마지막으로 포위를 겪었던 요새

붉은 사암으로 지어진 음침한 이 요새는 끊임없이 습격과 약탈이 벌어졌던 앵글로-색슨 쪽 경계가 있는 한쪽 끝을 향하여 험악한 시선을 던지고 있었다. 가장 최근으로는 1745년에 이 성은 찰스 에드워드 스튜어트(젊은 왕위요구자)에게 함락되었고, 일 년 후 영국 역사에서 마지막으로 벌어진 성채 포위 공격이 일어났으며, 이때 재커바이트 수문군은 컴벌랜드 공작이 이끄는 군대에 대항하여 헛된 저항을 벌였다. 성 안에 물도 없이 갇혀 있던 재커바이트는 절망적인 상황에서 돌을 핥는 지경으로 전락했다. 이때의 '핥는 돌'이 여전히 이곳에 전해진다.

로마 요새가 있던 자리에 세워진 이 성은, 윌리엄 루퍼스(1087~1100) 시대에 흙과 목재로 건축되었으며, 이후 아마도 루퍼스의 뒤를 이은 헨리 1세 시대에 석재로 재건축된 듯하다. 이후 몇 세기를 거쳐 성채는 더욱 강화되고 근대화되었다. 성에서 가장 오랫동안 남아 있는 부분은 12세기에 지어진 본성이지만, 포탄을 빗나가게 하도록 지어진 둥근 홍벽도 1540년 이래로 변함없이 있다.

이 성은 영국과 스코틀랜드의 손을 여러 차례 오갔다. 스코틀랜드의 데이비드 1세가 1135년부터 이십 년간 성을 차지했고, 로버트 더 브루스가 1315년 이 성을 포위했다. 성 안의 방 중에는 포로들이 1480년경 새겨 놓은 흔적도 있다. 그러나 이 성에 갇혔던 이들 중 가장 유명한 두 사람은 1568년 '손님'으로 왔던 스코틀랜드의 메리 여왕과, 변경 지방의 산적이었던 '킨먼트 윌리' 암스트롱으로, 암스트롱은 1596년 탈출했다. 1644년, 성은 찰스 1세에 반대하던 의회파와 연합한 스코틀랜드 군에 의해 몇 달간 포위당했다. 성 안에 있던 왕당파들은 개를 모두 먹어 치우고 잡을 수 있는 만큼 쥐도 잡아먹으며 버틴 후에 항복했다. 오늘날 이 성에는 로마 시대의 유물들이 있으며, 국왕 전속 국경 연대 박물관이 있다. **RC**

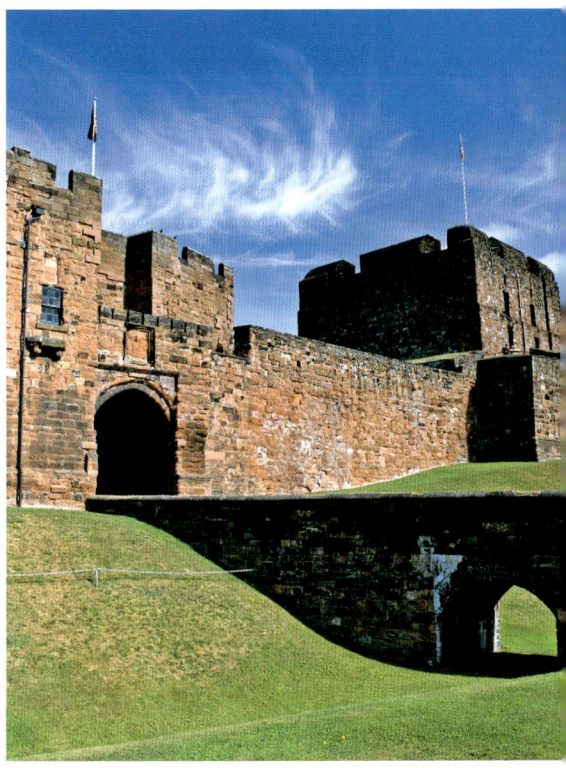

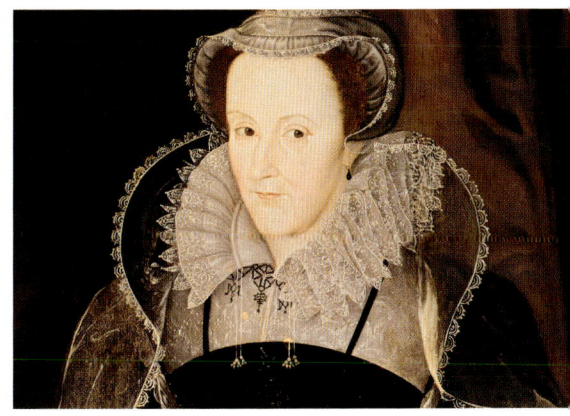

↗ 1745년 재커바이트 지지자들이 성을 차지했으나, 다시 포위를 당해 성은 그들에게 감옥이 되었을 뿐이었다.

▢ 스코틀랜드의 메리 여왕은 1568년 스코틀랜드에서 달아난 이후 칼라일 성에 갇혔다.

더럼 대성당

영국, 더럼 | Durham Cathedral

순수한 노르만 권력의 상징

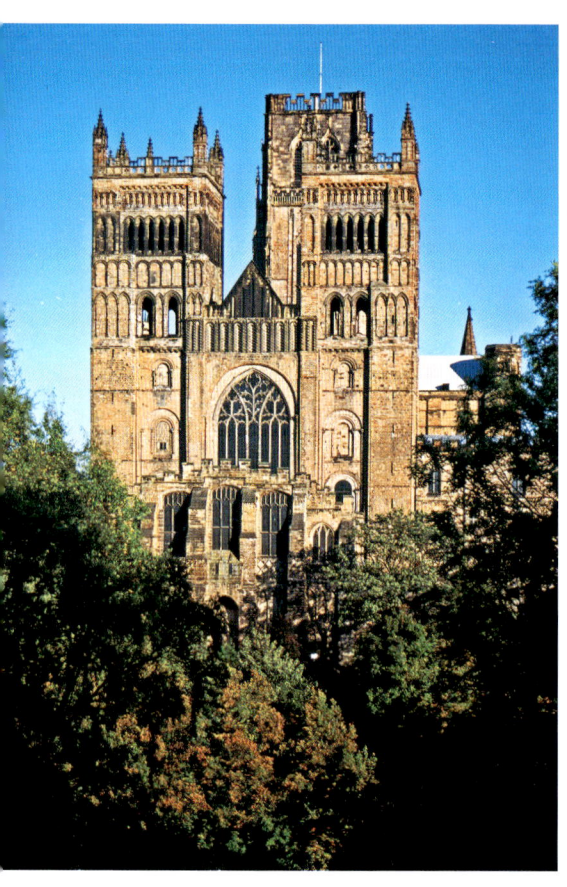

"더럼의 회색 탑 … 반은 하느님의 교회이자 반은 스코틀랜드에 대항하는 성채인 곳…"

월터 스콧 경, 「대담한 자 해럴드」(1817)

더럼의 주교 군주들은 북부에서 거의 왕에 가까웠으며, 웨어 강이 말굽 모양으로 꺾어드는 우거진 숲의 커다란 바위산 위에 호화스러운 모습으로 우뚝 선 성당은 노르만 권력을 위압적으로 대변한다. 북부에서 가장 숭배 받는 성인인 성 커스버트는 린디스판에서 온 수도사들에 의해 100년 이상 그 관이 이곳저곳을 떠돈 끝에 995년 이곳에 안장되었다. 수도사들은 성인이 꿈에 나타나 내려 준 계시에 따라 이 특별한 장소로 인도되었다고 한다.

성 커스버트는 당당히 이곳에 묻혔고, 그를 기리기 위해 세운 교회에는 몇 세기에 걸쳐 순례자들이 떼지어 몰려왔다. 사람들을 이끌었던 이 성당의 유물 중에는 아기 예수가 누워 있던 구유의 조각과 동정녀 마리아의 갈비뼈 하나도 있었다. 노르만들은 이 교회를 헐어 버렸는데, 그들이 지은 새로운 교회는 영국 최고의 노르만 건축 양식을 보여 준다고 정평이 나 있다. 역사가이자 성 커스버트의 전기 작가인 '덕망 높은 비드'가 여기 묻혔다. 네이브과 성가대석은 1130년경 완성되었다. 네이브에는 하나씩 걸러 가며 기하학적 도형이 새겨진 육중한 기둥들이 서 있다. 뒤에 성 커스버트의 유골을 모신 중앙 제단 근처, 교회당 동쪽 끝에 성모 마리아를 위한 성모 예배당을 짓기 시작했는데, 새 예배당의 벽에 금이 갔다. 이를 성 커스버트가 여인을 용납하지 않는다는 징조로 받아들인 건축업자들은, 예배당을 반대편으로 옮겨 세웠다. 16세기까지 네이브 바닥에는 검은 돌로 만든 얇은 석판이 놓여 있었는데, 이는 예배를 드리는 여성들이 교회 안 어디까지 들어올 수 있는지 그 한계를 표시했다.

교회당 서쪽의 쌍둥이 탑은 12세기와 13세기에 세워졌다. 중앙 탑은 원래의 탑이 번개를 맞아 무너진 이후 15세기에 다시 지어진 것이다. 북쪽 문에 있는, 성역을 찾는 이들이 문을 두드리던 사자 머리 모양 노커는 더럼에서 가장 유명한 물건 중 하나로, 속세와 그 위험에서 벗어난 안전한 피신처를 상징한다. **RC**

블랙풀 탑

영국, 블랙풀 | Blackpool Tower

해변에 있는 상징적 랜드 마크

158m의 높이로 솟아 있는 블랙풀 탑은 파리에 있는 에펠 탑을 본떠 강철과 주철로 제작되었다. 이후에 존 비커스태 프 경이 되는 블랙풀의 행정 장관을 필두로 하여 탑을 짓기 위한 위원회가 조직되었고, 1891년 그 초석이 놓였다. 이 탑에는 커다란 이점이 있었는데, 블랙풀을 찾아 온 휴가객들에게 비가 오는 날에도 즐길 거리를 제공해 줄 수 있었기 때문이다. 탑의 아래에는 무도회장, 수족관, 동물원이 있었고 서커스가 열렸다. 탑에는 네 군데의 전망대가 있었는데, 이중 하나는 주변이 완전히 둘러싸여 있고 하나는 바닥이 유리로 되어 있다. 엘리베이터를 타고 전망대로 올라갈 수 있으며 주변의 시골 풍경을 구경할 수 있는데, 맑은 날에는 멀리 맨 섬까지 내다보인다.

해변에서 휴가를 즐기는 풍습은 18세기의 산물이었다. 바닷물에 건강을 증진하는 힘이 있다는 믿음이 널리 퍼졌고, 당시 아일랜드 해변에 있는 작은 마을이었던 블랙풀의 아름다운 모래사장은 부유한 관광객들을 이끌기 시작했다. 1830년이 되자 이곳에는 매년 약 천 명가량의 방문객이 찾아들었다. 그러나 1846년 철도가 개설되고, 랭커서 공업 도시와 가깝다는 이점 때문에 1870년대가 되자 블랙풀은 영국에서 노동 계급이 가장 즐겨 찾는 휴가지로 변했다. 블랙풀은 지금도 런던을 제외하면 영국의 어느 곳보다 관광객이 많이 찾는 곳으로 일 년에 1천7백만 명, 그 이상의 방문객들이 롤러코스터, 당나귀 타기, 운세 보기, 빙고 홀, 슬롯머신, 블랙풀 락 사탕 등 다양한 전통적 여흥을 즐기러 찾아온다. 1912년에 탑 앞쪽에 장식 조명을 밝히기 시작했고 이는 1949년부터 매년 열리는 행사가 되어 탑의 명물이 되었다.

화려한 벽화와 상들리에가 있는 에드워드 왕조풍의 무도회장에서는 아직도 오후 댄스파티가 열리며, 거대한 윌리처 오르간이 장중하게 울리지만(레지널드 딕슨이라는 연주자가 사십 년 동안 이 오르간을 연주했다) 서커스에서는 더 이상 동물 묘기를 볼 수 없다. **RC**

하워스 사제관

영국, 하워스 | Haworth Parsonage

브론테 자매의 집

수천 명의 문학 애호가들이 『제인 에어』와 『폭풍의 언덕』을 썼던 집을 방문하기 위해 요크셔 황야에 있는 작고 빛바랜 마을 하워스를 찾아온다. 패트릭 브론테 목사는 1820년 아내와 아들 브랜웰, 다섯 명의 어린 딸 마리아, 엘리자베스, 샬럿, 에밀리, 앤과 함께 하워스에 왔다. 이들은 사제관에 거처를 정했는데, 이 사세관은 음울한 18세기식 건물로 마치 가족의 운명을 예언이라도 하듯 음침하게 묘지를 바라보며 서 있는 건물이었다. 1821년 브론테 부인이 사망했고, 마리아와 엘리자베스가 둘 다 1825년에 죽었다. 다른 자녀들은 생의 대부분을 이 집에서 보냈다. 이들 중 마흔을 넘겼던 이는 아무도 없었다.

> "온 지평선 둘레에 구불구불한 파도와 같은 언덕의 윤곽이 있다. … 꼭대기에 거칠고 황량한 황무지가 있는 언덕."
> 작가, 엘리자베스 개스켈

샬럿, 에밀리, 앤은 '곤달'이라 부르는 환상의 세계에 대해 조그마한 책을 썼으며, 이 책들 중 몇 권은 아직도 집 안에 남아 있다. 1846년 세 자매는 커러, 엘리스, 액턴 벨이라는 가명으로 시집을 출간했다. 브랜웰은 일생을 대부분을 근처의 블랙 불 호텔에서 술을 마시며 보내다가 1848년에 죽었다. 같은 해에 에밀리도 아직까지 집 안에 남아 있는 소파에 누운 채 죽었다. 샬럿은 1854년 하워스의 부목사와 결혼하였으나, 다음 해에 죽었다. 패트릭 브론테는 이 사제관에서 계속 살다가 1861년 사망했으며, 앤을 제외한 모든 가족이 교회 안의 가족 납골당에 묻혔는데, 이 납골당은 1880년 탑에서 분리되어 다시 지어졌다.

1894년 브론테 협회가 창설되어 1920년대에 이 사제관을 취득했다. 근방의 황무지에는 브론테 지매의 삶과 그들이 남긴 소설과 연관이 있는 장소가 많다. **RC**

요크 민스터 영국, 요크 | York Minster

초기 기독교 유적으로, 오늘날 아름다운 스테인드글라스 창문이 있는 곳

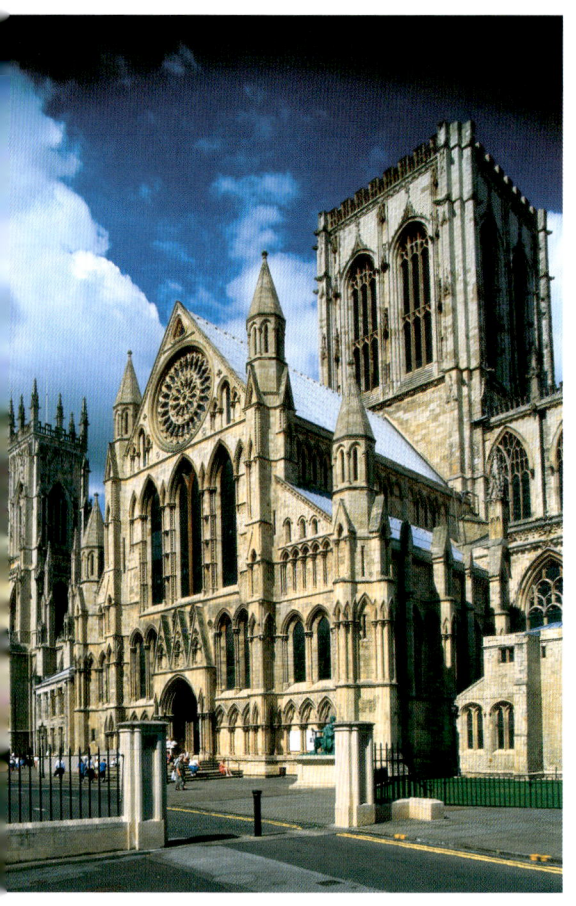

"훌륭한 스테인드글라스를 통해 조용히 스머드는 빛의 절제된 광휘란 … 매혹적이다."

L. 발렌타인, 「그림 같은 잉글랜드」(1891)

요크 민스터를 보면 압도적인 그 규모가 가벼운 경쾌함과 섞여 있다는 인상을 받게 된다. 이 성당은 영국에서 스테인드글라스를 가장 풍부하게 소장한 곳이다. 북쪽 트렌셉트에는 유명한 '다섯 자매 창문'이 있으며, 1405년에 제작된 테니스 코트를 뛰어넘는 크기의 동쪽 창문은 현존하는 중세의 유리 작품 중 가장 넓은 것이다.

요크는 몇 세기에 걸쳐 영국 북부에서 수도 역할을 해 왔으며, 그에 걸맞게 영국 최대의 크기를 자랑하는 웅장한 고딕 양식 성당이 있다. 이 성당은 우즈 강의 전략적인 지점에 세워져, 중세와 그 이전 시기에는 바다를 항해하던 배에서 접근할 수 있었다. 로마 시대에 요크는 에보라쿰이라는 이름으로 불리던 로마의 주요 군사 기지이자 행정 중심지였으며, 요크 민스터의 어마어마한 중앙탑 아래에서는 로마군 사령부의 유적을 볼 수 있다. 앵글로색슨 시대에 이곳은 기독교의 초기 중심지였다. 627년, 노섬브리아를 통치하던 왕의 세례식을 위해 작은 목조 교회가 세워졌다. 이는 영국이 이교도에서 기독교로 옮겨 가는 역사적인 순간이며, 전설에 따르면 지하 예배실에 있는 세례반이 바로 그 자리를 표시한다고 한다.

앵글로색슨 시대의 작은 교회는 곧 더 큰 규모의 석조 건물로 재건축되었으나, 노르만인들이 1069년 요크를 포위하여 차지했을 때 큰 손상을 입었다. 노르만인들은 그 대신 훨씬 더 큰 규모의 새로운 성당을 지었는데, 이는 13세기부터 시작해 완공되기까지 250년이라는 세월이 걸렸다. 1472년 마침내 건물이 거의 마무리되었을 때 특별 개관 예배가 열렸다. 서쪽에 있는 쌍둥이 탑은 1485년에 완공되었으며, 북쪽 탑에서는 거대한 종 '위대한 피터'가 매일 큰 소리로 시간을 알린다. 1829년과 1940년 심각한 화재를 겪은 이후 교회는 수리되었는데, 1984년 남쪽 트렌셉트에 번개가 내리꽂히면서 또 한 차례 불이 났다. 다행히도, 유명한 '장미 창'은 심한 피해를 입지 않았으며 그 이후 보수되고 강화되었다. **RC**

앨버트 독 영국, 리버풀 | Albert Dock

실내 창고의 사용을 선도한 산업 건축의 승리

북해에서 몇 마일 내륙 쪽으로 들어온 머지 강 북쪽 강변에 대담하게 자리 잡은 리버풀 항은 18세기에 노예무역으로 크게 번영을 누렸다. 리버풀이나 영국에는 노예가 전혀 없었지만, 이 도시는 서아프리카로 금속 제품과 면제품을 수출했고, 서아프리카에서는 지역 우두머리들로부터 구입한 아프리카인들이 대서양을 건너 아메리카 대륙으로 팔려갔다. 리버풀로 돌아오는 선박은 설탕, 담배, 럼주, 면화 등을 싣고 왔다. 전 세계를 대상으로 하는 리버풀 항의 무역 규모는 확장되었고, 19세기가 끝나갈 즈음에는 머지 강을 따라 11km 길이로 부두가 늘어섰다.

빅토리아 여왕의 부군의 이름을 따 명명된 앨버트 독에는 붉은 벽돌로 지어졌으며 5층 높이에 기둥이 늘어선 창고들이 있었는데, 이 창고들은 극동에서 온 비단, 차, 담배 등을 저장하는 데 쓰였다. 부두를 설계한 제스 하틀리는 일급 엔지니어로 1824년부터 1860년 사망할 때까지 36년간 리버풀의 선창가를 지배했다. 조류에 상관 없이 배들이 이 부두에서 저 부두로 옮겨갈 수 있도록 연결 수로를 도입한 것도 그가 고안한 새로운 시스템의 일부였다. 하틀리의 시대에 노예무역은 이미 과거의 일이었으나, 1830년 이후 백 년이 지나자, 9백만 명의 사람들이 리버풀을 통해 미국으로 이민을 떠났으며 리버풀 항은 이후 큐나드와 화이트 스타 정기선의 모항(母港)이 되었다.

20세기가 되어 항구는 침체되기 시작했고, 1972년 앨버트 독은 문을 닫았다. 1990년대에 이곳은 정비되었고 사무실, 멋진 레스토랑, 상점, 그리고 제임스 스털링이 설계했으며 가이드북의 소심한 설명에 따르면 현대 예술이 '도발적으로' 전시되어 있다고 하는 테이트 리버풀 미술관이 있다. 리버풀 시와 그 항구는 18세기와 19세기의 해상 무역 문화의 발전상을 다른 어느 곳보다도 생생하게 증언해 주는 곳이며, 대영 제국의 건설에 공헌했고 항구를 통해 이루어졌던 초기 세계 무역의 발전과 문화적 교류를 보여 주는 곳이다. **RC**

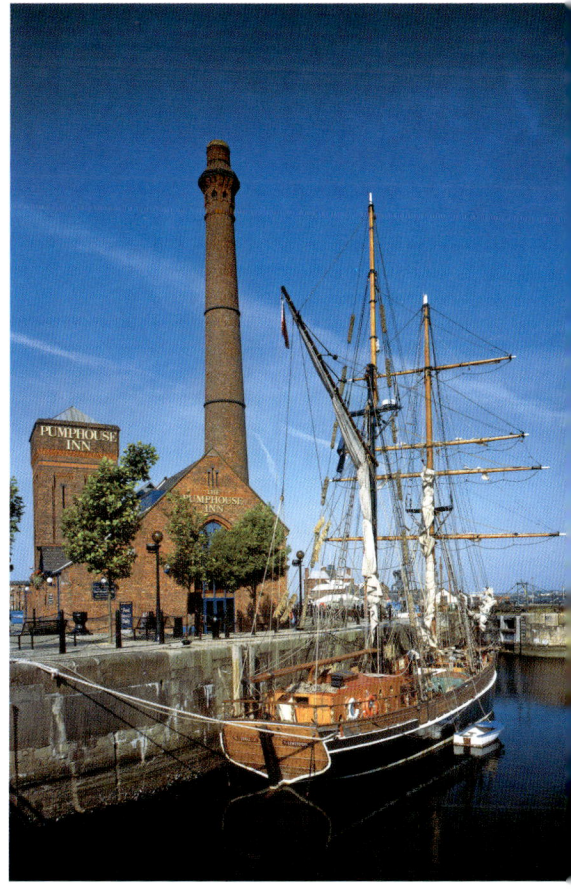

"리버풀의 대단함에 대해서는 들은 적 있지만, 실제로 보니 예상을 훨씬 뛰어넘는군요."
앨버트 공, 앨버트 독 개장식에서(1846)

링컨 성당 영국, 링컨 | Lincoln Cathedral

역사적으로나 건축학적으로나 유럽에서 가장 중요한 중세 성당 중 하나

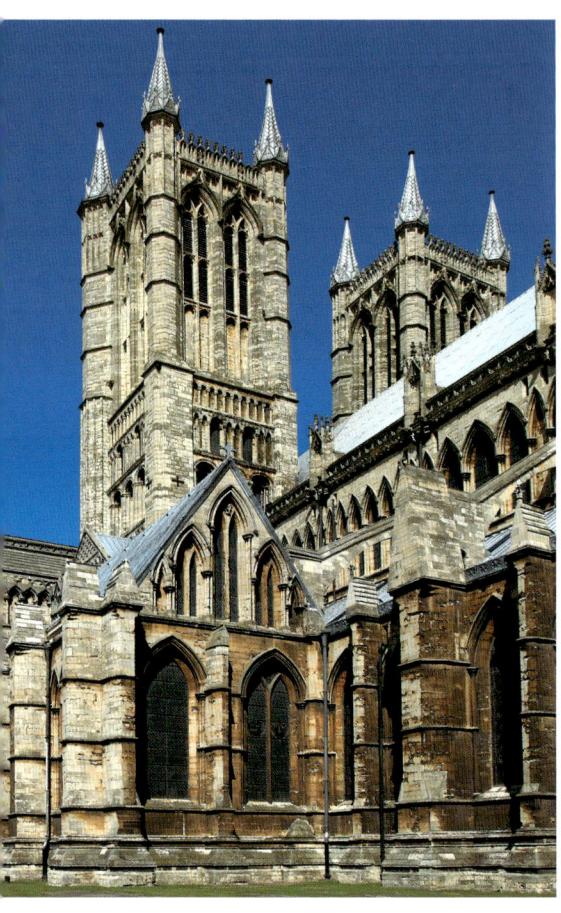

"…링컨의 성당은 전적으로 전 영국에서 가장 소중한 건축 작품 중 하나이다."
작가이자 비평가, 존 러스킨

'링컨의 위대한 톰'이라는 별명의 거대한 종이 있는 81m 높이의 링컨 성당 중앙 탑에는 원래 한때 세계에서 가장 높은 건물이라는 명성을 얻게 해 주었던 첨탑이 있었는데, 이는 1540년대에 폭풍우로 파괴되었다. 이 성당의 웅장한 서쪽 정면은, 맞은편에 있는 링컨 성의 탑 벽에서 교수형을 당하던 죄수들이 지상에서 마지막으로 보는 장엄한 풍경이 되어 주었다.

링컨 성당은 언덕 위에 높이 서 있어, 주변 48km까지 내다볼 수 있을 만큼 조망이 훌륭하다. 과거와 현재의 건축가들 모두 이 성당을 매우 존경했으며, 빅토리아 시대의 작가 존 러스킨은 "대충 말하자면 우리 나라의 다른 성당 두 개 만큼의 가치"가 있다고 말했다. 언덕 위에 있어 방어하기 좋기 때문에 링컨은 로마 지배 이전 시대부터 강력한 곳이었고, 노르만 시대에 이곳은 주요 도시 중 하나였다. 1072년 링컨은 주교 교구가 되었다.

주교 교구로 지정됨에 따라 성당이 지어졌으나, 1185년에 지진에 의해 완전히 파괴되어 버렸고, 나중에 '링컨의 성 휴즈'가 되며 다음 해에 주교가 된 부르고뉴회 수도사가 대규모의 재건축 계획을 성립시켰다. 1200년 사망한 후 그는 자신이 지은 성당에 묻혔으며 존 왕이 몸소 그의 관을 나르는 일을 도왔다. 그의 유골을 모신 사당은 많은 순례자들을 이끌었다. 여기에는 소위 '작은 성(聖) 휴즈'라 하는 사당도 있었는데, 그는 링컨 시의 유태인에 의해 살인죄로 거짓 고발을 당했던 소년이었다. 재건축 작업은 13세기 내내 계속되었고, 이는 유명한 '천사 성가대석'을 지으며 정점에 올랐다. 천사들이 조각되어 있어 이러한 이름을 얻었는데, 이 이름 말고도 뿔 달린 '링컨의 꼬마 도깨비'라고도 알려져 있으며, 이 꼬마 도깨비는 링컨 시에서 가장 잘 알려진 상징물이 되었다. 이 꼬마 도깨비는 짓궂은 장난을 치러 천사에게 몰래 다가갔는데, 천사가 곧바로 도깨비를 돌로 변하게 했다. 에드워드 1세와 엘리너 왕비는 1280년 이 성가대의 헌당 의식에 참석하였으며, 십 년이 지나 그녀가 사망한 후 당시 관습대로 적출해 낸 그녀의 내장은 이곳에 묻혔다. **RC**

보스코벨 하우스 영국, 울버햄프턴 | Boscobel House

찰스 2세가 비밀리에 숨어 있던 곳

여생 동안, 찰스 2세는 1651년 우스터 전투에서 패배한 후 아슬아슬하게 영국을 탈출한 이야기와 보스코벨 하우스의 정원에 있는 오크 나무에 숨어 있었던 이야기를 남들에게 들려 주길 매우 좋아했다. 당시 이 집은 로마 가톨릭 가문인 지파드 가의 소유였으며, 우거진 숲 한가운데에 서 있었다. 가톨릭 신앙의 추종자들은 박해받게 될 일을 두려워했고, 지역 주민들은 사제들을 숨겨 주고 조심스레 사라지도록 일을 꾸미는 데에 아주 익숙했다.

우스터에서 약 64km가량 말을 달려 온 후, 찰스는 한밤중에 근처에 있는 화이트레이디즈 수녀원 부지에 도착했다. 이곳에서 그는 수녀원의 고용인이며 로마 가톨릭 교도이고 충성스러운 왕당파인 다섯 명의 펜더렐 형제들의 비호를 받았다. 그들은 찰스 2세에게 나무꾼 복장을 입히고, 얼굴에 그을음을 문지르게 한 후 서둘러 보스코벨로 데려갔다. 보스코벨에서 그는 역시 우스터 전투에서 도망쳐 온 칼리스 대령이라는 사람을 만난다. 의회파 군인들이 이 지역을 샅샅이 수색하는 동안 칼리스와 왕은 토요일 내내 빵, 치즈, 맥주, 안락함을 위해 준비된 베개를 갖고 오크 나무에 숨어 있었다. 기진맥진한 찰스는 결국 잠에 빠졌으나, 동반자가 코를 골거나 소리 지를 것이 걱정되었던 칼리스는 그를 꼬집어 잠을 깨웠다. 어둠이 내리자 이들은 나무에서 내려왔고 찰스는 집의 다락방 바닥 밑에 있는, 사제를 숨겨 주는 비좁은 구멍에 숨어서 그날 밤을 보냈다.

찰스는 많은 동조자의 도움을 얻어 다양하게 변장을 하고 보스코벨을 떠나 나라 이곳저곳을 지나갔다. 그의 목에는 막대한 현상금이 걸렸으나, 아무도 그를 밀고 하지 않았고 그는 마침내 남쪽 해안에 닿아 프랑스로 달아날 수 있었다. 1660년 찰스 2세가 왕위를 되찾은 후, 펜더렐 형제들은 두둑한 보상을 받았고 많은 여관이 '왕의 오크 나무'라는 이름을 사용하게 되었다. 찰스가 숨었던 진짜 오크 나무는 기념품 사냥꾼들의 손에 조각나 버렸지만, 오늘날 보스코벨에는 그 나무의 후손이 자라고 있으며, 놀랄 일도 아니지만 수많은 군중이 몰려든다. **RC**

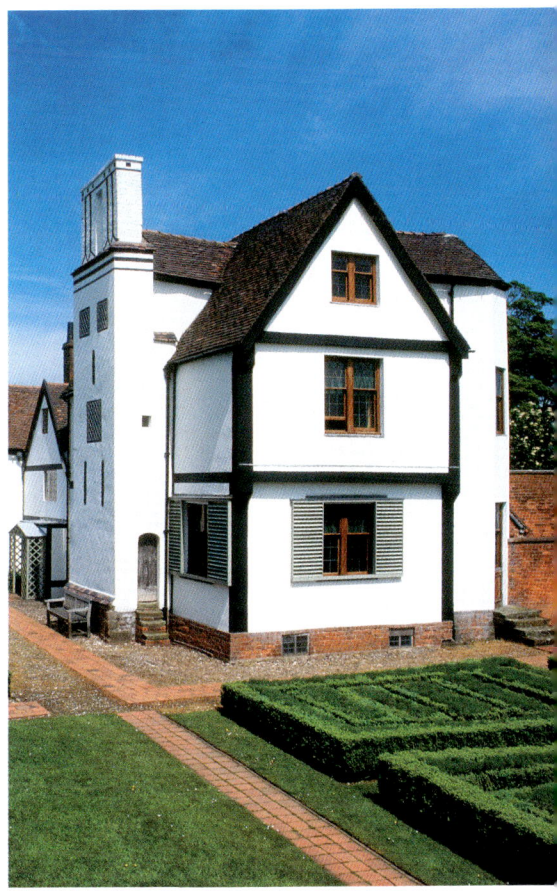

"커다란 요행으로, 하루 종일 비가 내려 그들은 나무속까지 찾아보지 못했노라."

찰스 2세, 보스코벨에서 거의 잡힐 뻔했던 순간에 대해

아이언 브리지

영국, 아이언브리지, 텔포트, 레킨 | Iron Bridge

세계 최초의 철교

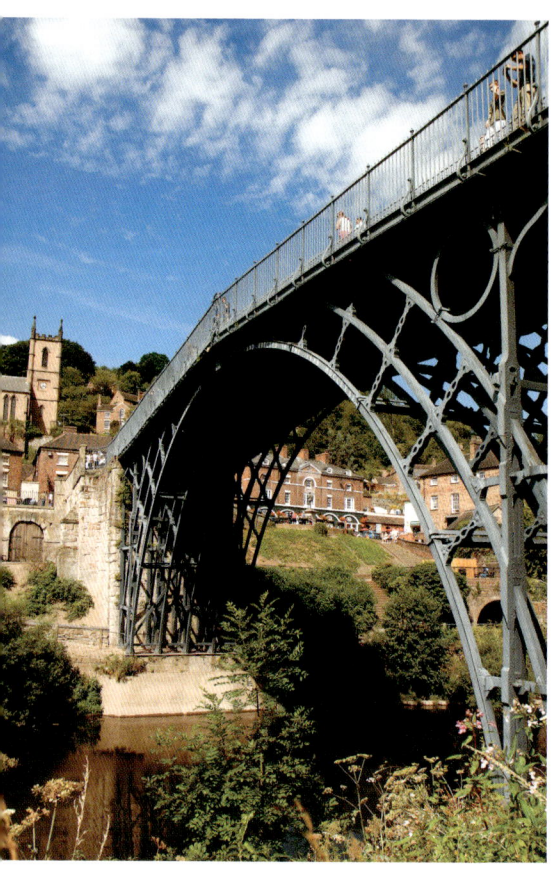

"이 건축물의 품질은 끔찍하다. 구성 요소들은 너무나 형편없이 조립되어 충격적일 정도다."

잉글리시 헤리티지 조사원, 빌 블레이크

만일 산업 혁명의 시작을 알리는 물건이 있다고 한다면 바로 자신의 이름을 따 아이언 브리지라고 불리는 마을과 골짜기에 놓여 있는, 우아하고 시선을 사로잡는 철교를 꼽을 수 있을 것이다. 1770년대에 이 지역은 여러 곳의 주철 공장에서 뿜어져 나오는 불꽃과 연기로 지옥에 비유되곤 했다. 이 지방의 일류 주철업자이자 퀘이커 교도로 1717년에 사망한 에이브러햄 다비 1세가 숯 대신 코크스를 이용해 철을 용련(鎔鍊)하는 새로운 공정을 발명해 냈고, 그 결과 더 적은 비용으로 철을 생산해 낼 수 있게 되었다. 그의 아들인 에이브러햄 다비 2세는 선철(銑鐵)을 제조해 내는 방법을 발견했다.

이 마을에는 강을 건너는 다리를 놓을 필요가 있었 으며, 그 재료로는 철이 쓰이는 것이 당연했다. 슈루즈버리의 건축가인 토머스 파놀즈 프리처드가 하나의 아치로 된 철교를 설계하였으나, 다리가 건설되기 전 1777년에 사망했다. 현재의 다리를 건설한 것은 에이브러햄 다비의 손자, 에이브러햄 다비 3세였는데 그는 막대한 건설비용 때문에 1789년 사망할 때까지 빚에 시달렸다. 중앙부 간격이 30m에 달하는 이 다리는 1779년에 세워졌으며 강을 지나가는 배의 통행을 방해하는 일도 전혀 없이 석 달이라는 짧은 기간 안에 세워졌다. 엔지니어들, 작가들, 화가들이 이곳으로 몰려와 다리를 보며 경탄하고 이 지역의 산업적인 풍경에 놀라움을 금치 못했다. 너무나 많은 방문객들이 찾아와 아이언 브리지의 소유주는 근처에 이들을 숙박시킬 수 있는 톤틴 호텔을 세웠고, 아이언 브리지 마을은 시장을 갖춘 채 성장했다.

다리가 견디기에 버거울 정도로 교통량이 늘어나, 결국 이 다리는 1934년 차량 통행이 금지되었다. 1986년에 아이언 브리지는 유네스코 세계문화유산의 일부가 되었으며 이 지역에 있는 박물관에서는 아이언 브리지 마을의 산업 발전 역사를 목격할 수 있는 멋진 컬렉션을 볼 수 있다. 아이언 브리지 골짜기는 근대에 들어 산업 지구가 어떻게 발전해 왔는지 흥미롭게 압축해 보여주는 곳이다. **RC**

워릭 성

영국, 워릭 | Warwick Castle

단단히 무장한 중세의 성

영국 역사 속에서, 중요한 네 가문-비첨, 네빌, 더들리, 그레빌 가문-이 연이어 워릭 백작이라는 작위를 받으며 워릭 성을 소유해 왔다. 이 성을 영국에서 가장 웅장한 바로니얼 양식 요새로 만들고, 이후에는 성채 안에 품위 있고 장엄한 저택을 지은 것도 바로 그들이다. 흠 잡을 곳 하나 없이 완벽한 정원은 일류 조경 기술자 캐퍼빌리티 브라운이 디자인했다.

오래 전 914년에, 알프레드 대왕의 딸 에셀플레다가 에이번 강이 내려다보이는 요새를 지었는데, 현재 이 자리에 가장 오래 전부터 남아 있는 부분은 정복왕 윌리엄 의 시대에 만들어진 고분이다. 오늘날 우리가 보는 성의 역사는 초대 워릭 백작이었던 토머스 비첨의 시대로 거슬러 올라간다. 가터 훈장 기사단을 창립한 일원이었던 그는 프랑스에서 에드워드 3세를 위해 전투에 참가했고, 포로로 잡은 프랑스 귀족들에게서 얻어낸 몸값을 성채를 짓는 데에 다 써 버렸다. 그의 손자이자 3대 워릭 백작인 리처드 또한 헨리 5세를 위해 싸웠던 불굴의 전사로 아기였던 헨리 6세를 팔에 안은 채 대관식을 올리게 했으며, 잔 다르크의 재판과 처형을 지켜보았다.

이 성의 다음 주인은 훨씬 더 강력한 인물인 리처드 네빌로, 자신의 이익이 끌리는 대로 편을 바꿔 가면서 장미 전쟁 기간 동안 중요한 역할을 맡았는데 '왕을 만드는 워릭'이라는 별명을 얻었다. 1604년에 제임스 1세가 시인이자 조신(朝臣)이었던 풀크 그레빌 경에게 성을 주었다. 이 성에 상당한 돈을 쏟아 부은 그는 하인에 의해 살해당했고, 아직도 이 성채에는 그의 유령이 나온다고 한다. 현존하는 호화로운 커다란 방들을 만든 것은 그와 그의 후손들이다. 1998년 이후 이 성을 소유해 왔던 마담 튀소 재단은 성에 고문 도구, 밀랍 인형, 그림 등을 전시했는데, 이중에는 워릭 백작 부인인 데이지가 기증한 1898년의 커다란 파티 장면을 그린 장면도 있다. 그림에 나와 있는 손님 중에는 그녀의 연인인 미래의 에드워드 7세와, 젊은 윈스턴 처칠도 있다. **RC**

케닐워스 성

영국, 케닐워스 | Kenilworth Castle

엘리자베스 1세와 관련 있는 로맨틱한 유적

원래의 케닐워스 성은 헨리 1세의 재무 장관이 지었으며, 약 1210년부터 존 왕이 외벽을 세우고 탑을 더 지어 방어를 강화했다. 그는 성채 둘레를 인공 호수로 둘러싸 성을 섬처럼 만들었다. 1253년 헨리 3세가 이 성을 시몽 드 몽포르에게 주었는데, 몽포르는 내전을 일으켰다가 1265년 자신도 내전에서 사망했다. 몽포르의 군대는 요새 안에서 거의 일 년 가까이 버티다가 굶주림에 지쳐 항복했다.

1390년대에 곤트의 존이 커다란 홀을 짓고 사적인 주거지로 쓸 별채를 지으면서 요새는 세련된 궁전으로 탈바꿈했다. 그러나 케닐워스가 그 영광의 정점에 도달했던 것은 16세기로, 엘리자베스 1세의 제일가는 충신이자 측근, 어쩌면 연인이었을지도 모르는 레스터 백작 로

> "귀족적인 이 건물은 그 자체가 … 장엄한 성 모양 건물이 높이 쌓여 있는 듯한 구조로 이루어져 있었다."
>
> 소설가이자 시인, 월터 스콧 경

버트 더들리의 소유로 있던 시대였다. 그는 자신의 성을 여왕에게 어울리는 장소로 만들었으며 대단히 사치스러운 호화로움으로 여왕을 즐겁게 해 주었다. 이곳에서 그리 멀지 않은 곳에 살았던 젊은 윌리엄 셰익스피어는 이러한 축제 중 일부를 직접 목격했을지도 모른다. 1575년 여왕은 음악 연주를 듣고 사냥, 댄스, 불꽃놀이를 즐기며 이 성에 19일 동안 머물렀다. 더들리가 지었던 아름다운 게이트 하우스에는 1930년대까지도 사람이 살았는데, 최근에 복원되었다.

엘리자베스 여왕 이후, 케닐워스 성의 좋은 날은 지나가 버렸다. 17세기 내전이 끝나고 나자 성은 일부가 허물어져 내렸고 주변을 둘러싸고 있던 호수는 말라 버렸다. 케닐워스 성은 1938년 국가 소유가 되었다. **RC**

셰익스피어 출생지 영국, 스트랫퍼드-어폰-에이번 | Shakespeare's Birthplace

250년이 넘는 세월 동안 스트랫퍼드 최고의 관광 명소인 곳

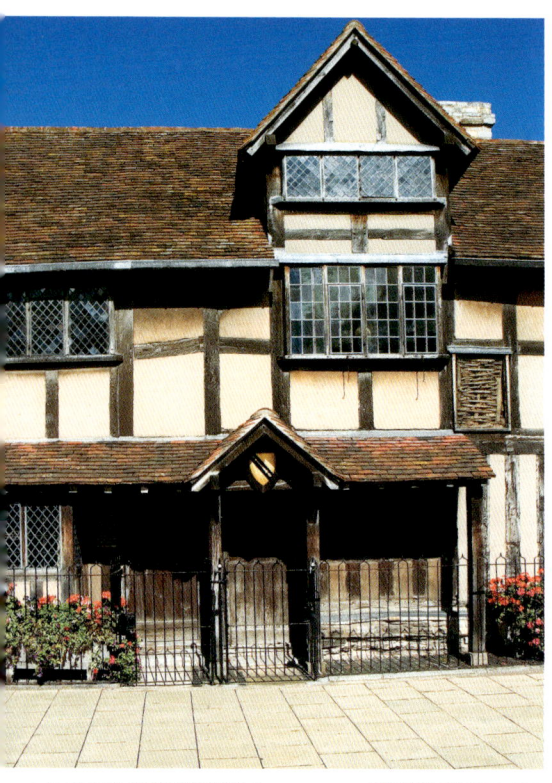

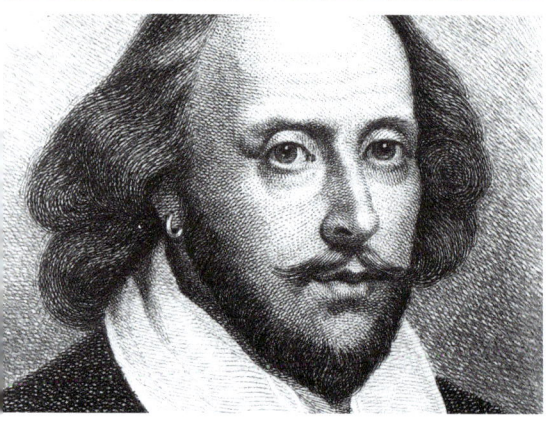

1564년 윌리엄 셰익스피어가 태어났을 때, 스트랫퍼드는 대략 250가구가 거주하던, 시장이 서는 작은 마을이었다. 오늘날 이곳은 영국에서 가장 유명한 관광지라 해도 될 정도인데, 이는 전적으로 셰익스피어가 태어났던 목재 골조의 집이 아직도 남아 있기 때문이다. 그의 아버지인 존 셰익스피어는 마을의 부유한 시민으로 1550년대부터 이 집에서 사업을 꾸려오다가 동네의 소녀 메리 아덴과 결혼했다. 윌리엄은 그들의 셋째로, 장남이었다. 그는 홀리 트리니티 교회에서 세례를 받았고, 이후 지역의 문법학교로 진학한 것이 거의 분명하나, 어린 시절에 대해서는 그다지 알려진 바가 없다. 1582년 그는 앤 해서웨이와 결혼했는데, 그녀는 이미 첫 아이를 임신한 상태였다.

비록 배우이자 극작가로서 많은 시간을 런던에서 일하며 보내기는 했으나, 셰익스피어는 스트랫퍼드와 관계를 계속 유지했으며, 1597년에는 '뉴 플레이스'라는 이름의 집 한 채를 샀다. 아버지인 존 셰익스피어가 1601년 사망하자 그는 헨리 스트리트에 있던 집을 물려받았고, 어머니 메리 셰익스피어는 자매인 조앤 하트와 함께 그 집에 계속 머물렀다. 그녀의 아들은 이후 런던을 떠나 1616년 사망할 때까지 말년을 뉴 플레이스에서 보냈고, 홀리 트리니티 교회에 묻혔는데 이 교회에는 그의 유명한 흉상이 있다. 셰익스피어가 태어났던 헨리 스트리트에 있는 집은 19세기까지 하트 가의 소유로 남아 있었다. 이 집의 일부는 '백조', 나중에는 '백조와 처녀'라는 이름의 선술집이 되었다. 1847년 국가에서 이 집을 사들여 대대적으로 복원했고, 1863년 대중에게 공개했다.

셰익스피어 가와 친분이 있었던 스트랫퍼드의 다른 집들도 방문객에게 공개되었으며, 스트랫퍼드 외곽에는 셰익스피어의 어머니와 아내가 처녀 시절에 살았던 '메리 아덴의 집'과 '앤 해서웨이의 코티지'가 있다. **RC**

⊠ 윌리엄 셰익스피어의 아버지는 집 뒤에서 장갑을 만들었고, 집 앞에서 그것을 팔았다.

▣ 런던의 극작가로 커다란 성공을 거두었음에도, 셰익스피어는 항상 자신의 집은 스트랫퍼드라고 생각했다.

올소프 영국, 노샘프턴 부근 | Althorp

영국 황태자비 다이애나 가문의 집

다이애나 스펜서는 8대 스펜서 백작의 딸이었다. 1961년 태어나, 1975년 아버지가 작위를 물려받은 이후 레이디 다이애나로 알려진 그녀는 1981년 찰스 왕자와 결혼했다. 1997년 파리에서 비극적인 죽음을 맞이한 이후 그녀의 유해는 올소프로 옮겨져 다이애나 기념 사원과 함께 공원의 호수에 있는 섬에 잠들게 되었다. 한때는 말 백 마리와 마부 마흔 명이 생활하던 마구간이 있던 이 지역에서, 현재는 다이애나의 삶에 대한 종합적인 전시가 열린다.

올소프(올트럽 혹은 올소프라 발음한다)는 16세기부터 영국에서 가장 유명한 가문의 영지였다. 5,665헥타르의 넓이로, 숲, 목장, 마을 등을 포함하고 있다. 스펜서가는 워릭셔의 지주로 1508년 올소프 영지를 얻었으며 1580년대에는 올소프를 주 거처로 삼았다. 영국 내란 동안 왕당파였던 그들은 1643년부터 선더랜드 백작 지위를 승계해 왔으며, 2대 백작은 윌리엄 3세 통치 기간 동안 중요한 정치인이었고, 윌리엄 3세는 1691년 올소프를 방문하기도 했다. 역시 주요 정치인이었던 3대 백작은 말버러 대공작의 딸인 앤과 결혼했고, 5대 백작인 찰스 스펜서는 말버러라는 칭호를 물려받았다.

그러나 말버러 공작부인인 새러가 가장 총애했던 벗은 그의 동생 존이었다. 공작부인이 죽으면서, 존은 그녀의 재산과 올소프-그녀가 모은 예술 작품들이 저택 안에 있었는데-를 물려받고 1765년 스펜서 백작이 되었다. 스펜서 가는 원래의 튜더 양식 저택을 여러 차례 대대적으로 개조했으나, 이 집이 오늘날 보이는 훌륭한 조지 왕조풍의 저택이 된 것은 1780년대에 건축가 헨리 홀랜드에 의해서였다. **RC**

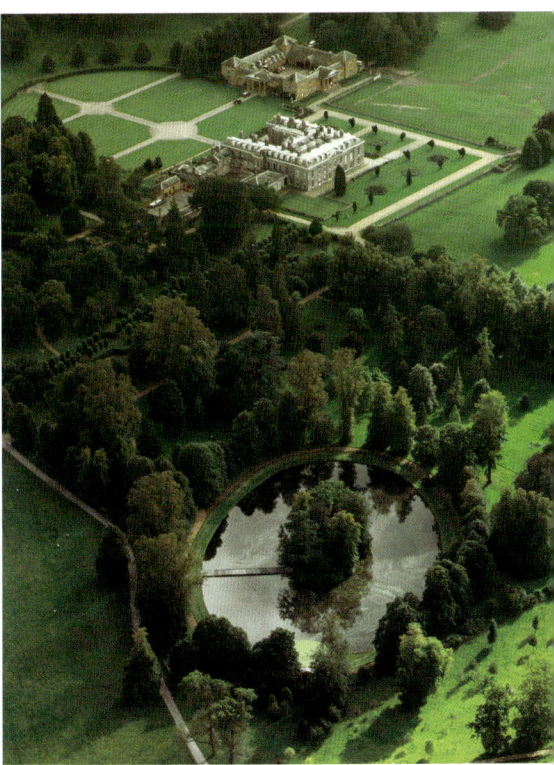

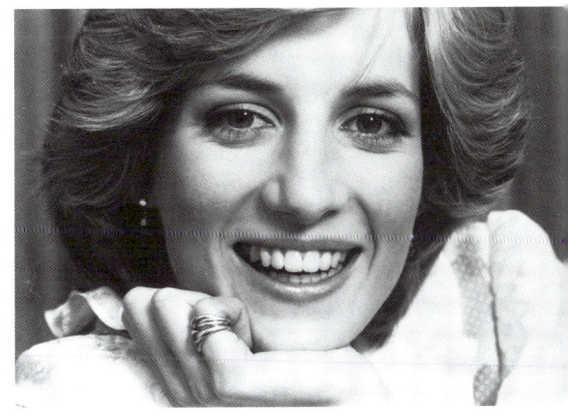

↗ 저택 뒤에 있는 마구간 블록에서는 현재 다이애나 황태자비의 일생에 관한 전시회가 열린다.

↱ 올소프는 다이애나 황태자비의 가문이 소유하고 있는 집으로, 그녀의 무덤과 기념관을 보러 많은 이들이 찾아온다.

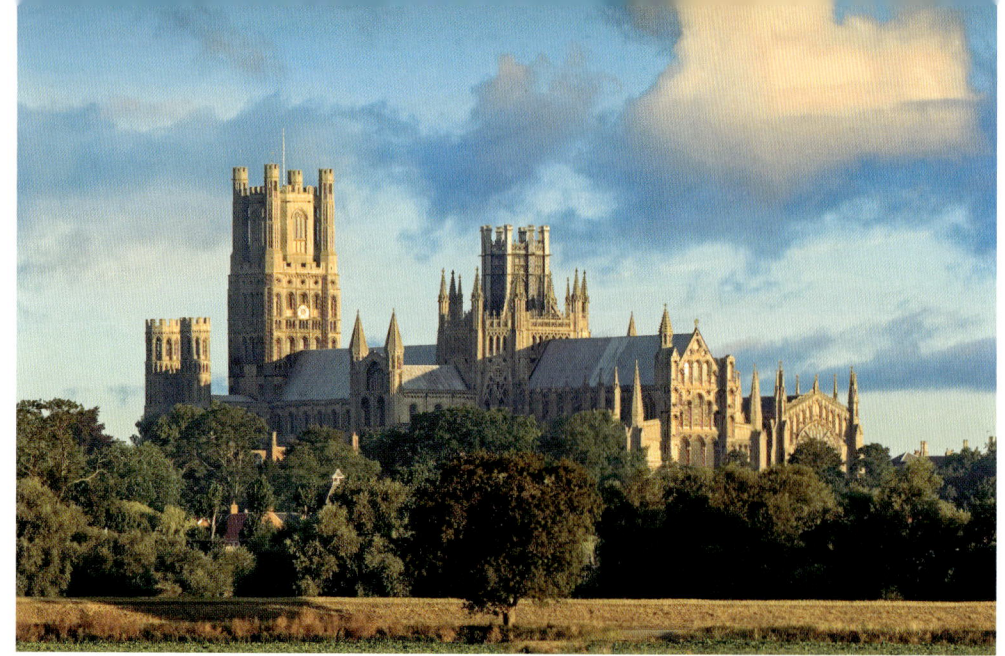

엘리 성당 영국, 엘리 | Ely Cathedral

색슨의 공주 에셀드레다가 세운 교회로, 그녀의 사당이 있던 곳이 표시되어 있다

이 성당은 항구에 정박한 커다란 배처럼 엘리 섬의 늪지대에 머물러 있었다. 엘리 섬이란 '뱀장어들의 섬'을 의미하며, 17세기에 물이 마르기 전까지 이 주변의 늪지대는 거의 뚫고 들어가기 불가능한 곳이었다. 온통 얽히고 풀숲이 우거진 오솔길은 지역 주민들에게만 알려져 있었고, 이들은 외부인을 반기지 않았으며, 색슨 저항군의 리더인 '애국자 헤리워드'는 이곳에서 1071년까지 노르만족에 굳세게 대항하며 버텼다. 그의 사령부는 교회 안에 있었는데 이는 7세기에 지어진 것으로, 673년 노섬브리아의 어느 왕의 딸이었던 에셀드레다가 엘리 섬에 세운 수도원에 속한 교회였다. 이 교회는 870년 덴마크인들에게 약탈당한 이후 재건되었다.

노르만인들이 통치를 하게 되자, 그들은 현재의 성당을 짓기 시작했는데, 그 첫 단계로 네이브를 짓는 작업이 1189년에 마무리되었다. 교회당의 근본적인 구조는 오늘날까지 당시 노르만인들이 건설했던 그대로 남아 있으나, 성가대석은 13세기에 지어진 것으로 19세기에 조지 길버트 스콧 경에 의해 복구되었다. 성당에서 가장 눈부시게 화려한 부분은 네이브 전체의 위편을 감싸는 아치들 위로 높이 솟아 꼭대기에 달린 나무로 된 등을 받치고 있는 중앙 팔각탑으로, 원래의 중앙 탑이 무너진 이후 1322년에서 1346년 사이에 건설된 것이다. 놀라운 건축학적 성과라 할 수 있는 이 팔각탑은 당시 성구 보관을 맡고 있었던 앨런 드 월싱햄의 주의 깊은 감독하에 건설되었는데, 그는 교회당에 아름다운 성모 예배소를 지은 인물이기도 하다. '갤러리'와 분리되어 성당으로 들어가는 장중하고 거대한 관문인 '포르타'는 1390년대에 지어졌다.

올리버 크롬웰은 엘리의 마을을 매우 잘 알고 있었을 것이다. 크롬웰과 그의 아내, 자녀들은 1630년대와 1640년에 이곳에 살았으며, 이들이 살았던 목재 골조의 집은 스튜어트 양식으로 개조되어 방문객들에게 공개되어 있다. **RC**

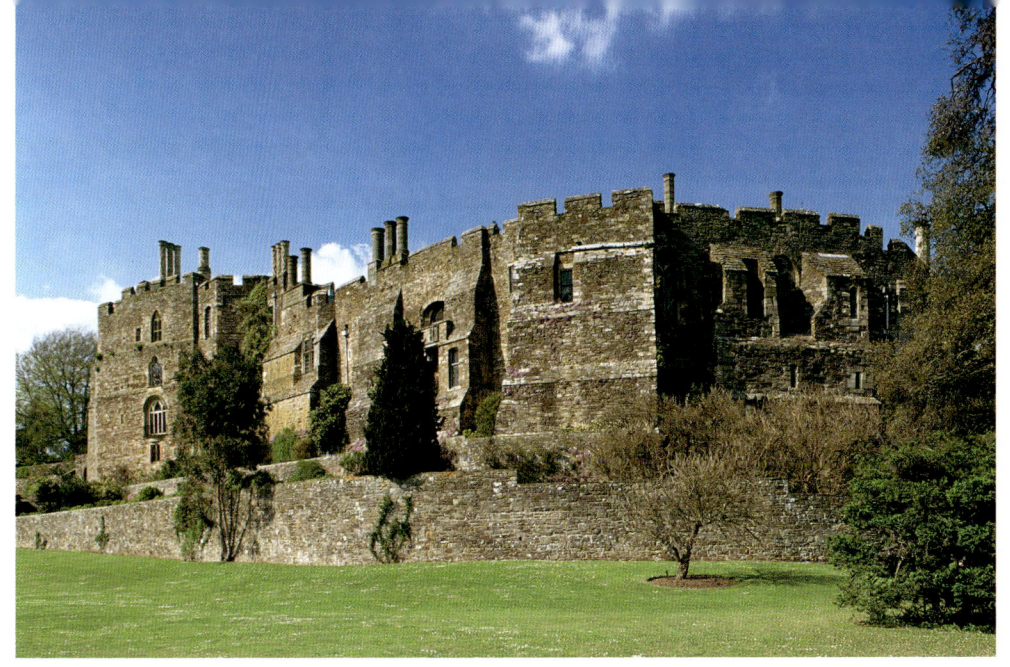

버클리 성 영국, 버클리 | Berkeley Castle

포위와 평화가 반복되던 시대 내내 버클리 가문이 대대로 거주해 온 곳

에드워드 2세가 잔혹하게 살해당했으며, 올리버 크롬웰의 포위군이 남긴 커다란 구멍이 아직까지 남아 있는 이 성채는 수세기라는 세월을 거치면서 영국에서 가장 오래된 가문 중 하나인 버클리 가가 거주하는 훌륭한 저택으로 변모했다. 오늘날 지택 안에서 볼 수 있는 훌륭한 은식기며 그림, 가구 등은 험난했던 역사를 감추고 있다. 다리를 통해 해자를 건너 들어가도록 되어 있는 이 성의 역사는 헨리 1세의 치하로 거슬러 올라가는데, 성에서는 세번 강 동쪽의 평야 지대가 내다보인다. 버클리 가문은 헨리 2세를 재정적으로 후원했으며 나중에 그 보답으로 버클리 경의 칭호를 수여받았던 브리스틀의 부유한 상인인 로버트 피츠하딩으로부터 시작했다. 피츠하딩은 이 성채의 거대한 본성을 지었는데, 이는 1150년대에 건축된 것으로 내부에는 지하 감옥과 감방이 있다.

이 성에서 가장 악명 높은 에피소드는 폐위당한 에드워드 2세가 이곳에 갇혀 있던 1327년의 일이다(에드워드 2세가 이탈리아로 달아났다는 설이 믿기지 않는다

면 말이다). 당시의 버클리 경은 왕에 대항하여 군사를 일으켰던 수장 로저 모티머의 사위이자 충신이었으며, 왕은 오늘날에도 볼 수 있는 끔찍한 지하 감옥에 갇혀 있다가 새빨갛게 달아오른 부지깽이로 잔인하게 살해당했다. 버클리 경은 검은 포장이 덮인 마차를 주문해 시신을 글로스터 성당으로 싣고 가 안장하도록 했다. 그는 크레시 전투에서 싸웠으며 1361년 사망했는데, 옆의 교회에 있는 그의 초상화는 신앙심을 과시하는 것처럼 보인다.

이후의 버클리 가문은 자신의 성에서 런던까지 계속 사냥개를 달리게 하며 사냥하는 것을 즐겼다. 이들은 또한 이 지역의 의사였으며 천연두 백신을 개발해 낸 에드워드 제너를 후원했고, 아이들에게 백신을 접종시킨 최초의 가문에 속한다. 버클리 가는 24대에 걸쳐 이 성에 살아왔으며 런던에 있는 버클리 광장과 캘리포니아에 있는 버클리 대학에 그 이름을 남겼다. **RC**

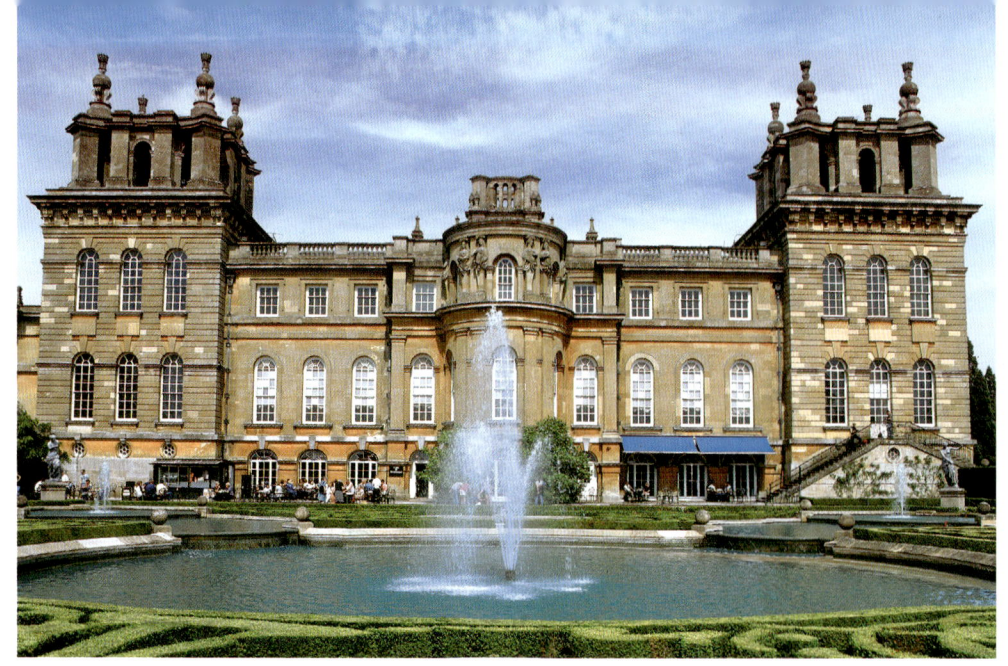

🏛 ◈ 블레넘 궁전 영국, 우드스톡 | Blenheim Palace

윈스턴 처칠 경의 출생지

영국에서 가장 커다란 저택 중 하나인 블레넘 궁은 왕실이 거주하는 곳이 아닐 뿐 왕궁의 풍모를 갖추고 있다. 존 밴브루 경에 의해 웅장한 바로크 양식으로 디자인된 이 성은 1705년에서 1722년에 걸쳐 초대 말버러 공작인 존 처칠을 위해 건설되었는데, 1704년 블레넘 전투에서 프랑스에 대해 승리를 거둔 공적을 치하하기 위해 앤 여왕이 짓게 한 것이다. 저택 안의 훌륭한 그림과 태피스트리는 공작의 무훈을 칭송한다. 이 성의 부지는 중세 이후 왕가의 소유였으며, 전설에 따르면 헨리 2세가 연인인 페어 로자먼드를 위해 별장을 지어준 곳이 여기였다고 하며, 흑태자가 태어난 곳도 이곳이라 한다.

건물은 엄청나게 거대했고 그 경비도 어마어마하여 의회는 불평을 늘어놓기 시작했다. 공작의 무시무시한 아내, 새러 제닝스라는 이름으로 태어나 앤 여왕의 절친한 벗이 되었던 공작부인도 투덜거렸다. 말버러 공작부인은 비위를 맞추기가 어려운 여인으로 알려져 있었으며, 그녀는 집이라기보다 기념관에 가까운 이 궁전이 터무니없이 돈이 많이 들고 겉치레가 심하다며 불평했다. 건축은 그녀가 몹시 사랑했던 남편이 사망했던 해에 완공되었으며, 그녀는 궁전 안뜰 꼭대기에 남편의 조각상이 있는 기둥을 세웠다.

말버러 가에 남성 상속인이 없었으므로, 저택과 토지는 분가인 스펜서 가로 넘어갔으며 이들은 1817년 처칠이라는 이름을 얻었다. 랜돌프 처칠 경은 블레넘에서 태어났으며 당대 정치계에서 활약했다. 그의 아들인 윈스턴이 1874년에 태어난 방은 공개되어 있다. 윈스턴은 성의 정원에서 아내인 클레멘타인에게 청혼하였으며, 이들은 둘 다 근처의 블래던 교회 묘지에 묻혀 있다. 프랑스의 고전주의적인 본보기를 따르지 않았던 덕택에, 궁전과 정원에서는 영감(靈感)의 절충주의, 영국적인 원천의 회귀, 자연에 대한 사랑 등으로 특징지을 수 있는 영국 낭만주의 운동이 시작됐음을 볼 수 있다. **RC**

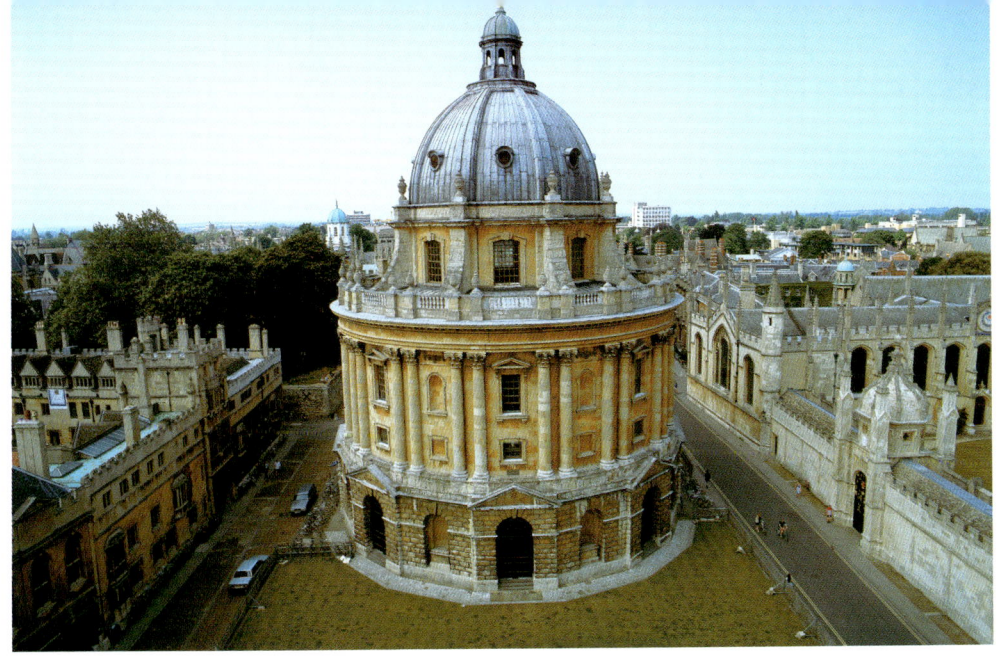

보들리 도서관 영국, 옥스퍼드 | Bodleian Library

세계 최고의 문학과 음악 작품을 소장한 곳 중 하나

대략 145km가 넘는 서가에 5백만 권이 넘는 서적, 백만 점의 지도, 1만 5천 권의 필사본, 상당한 양의 음악까지 소장하고 있는 보들리 도서관은 영국에서 두 번째로 큰 도서관이며(첫 번째는 런던의 대영 도서관이다) 세계에서 가장 많은 자료를 보유한 도서관 중 하나이다. 도서관의 장서는 계속해서 늘어나고 있는데, 이는 영국 내에서 출판된 모든 책을 무료로 한 부씩 받기 때문이다. 이러한 관행이 1610년부터 계속되어 왔다. 보들리 도서관은 결코 도서를 대여하지 않으며, 심지어 찰스 1세마저도 책 한 권을 빌리려 했다가 거절당했다.

글로스터 백작인 험프리가 15세기에 디비니티 스쿨 대학을 위해 도서관을 기증했고, 1488년의 '험프리 백작 도서관'은 그 아래층의 디비니티 스쿨과 더불어 보들리 도서관이 자랑하는 전시품 중 하나이다. 그러나 보들리 도서관의 정식 역사는 토머스 보들리 경이 외교관이라는 직책에서 물러나 도서관을 다시 설립하려는 결정을 내린 이후부터 시작한다. 그의 업적 중 하나는 여러

개의 서가를 설치한 일인데, 이는 현재 영국에서 가장 오래 전부터 남아 있는 서가들이다. 1613년 사망했을 때 그는 자신의 재산 대부분을 도서관에 남겼고, 자신이 수집했던 중세의 필사본과 수백 권의 책도 함께 남겼다. 나중에 캔터베리 대주교가 되는 윌리엄 로드도 1629년 이 대학의 총장이 된 이후 필사본들을 기증했으며, 그 필사본을 소장할 새로운 별채를 지었다. 골동품 수집가인 존 셀던은 1659년 사망하면서 명성이 높았던 자신의 장서들을 남겼다.

보들리 도서관의 건물은 1619년에 지어졌으며 훌륭한 문탑(門塔)이 있는 '올드 스쿨즈 쾨드랭글', 호크 스무이기 지은 18세기의 클래런던 관, 1748년 제임스 깁스가 지은 호화로운 돔 형의 '래드클리프 카메라' 등으로 이루어져 있다. 브로드 스트리트 건너편의 새로운 보들리 도서관은 1930년대에 생겼다. **RC**

햇필드 하우스

영국, 햇필드 | Hatfield House

영국에서 가장 크고 웅장한 제임스 1세 시기의 저택으로, 로버트 세실을 위해 지어졌다

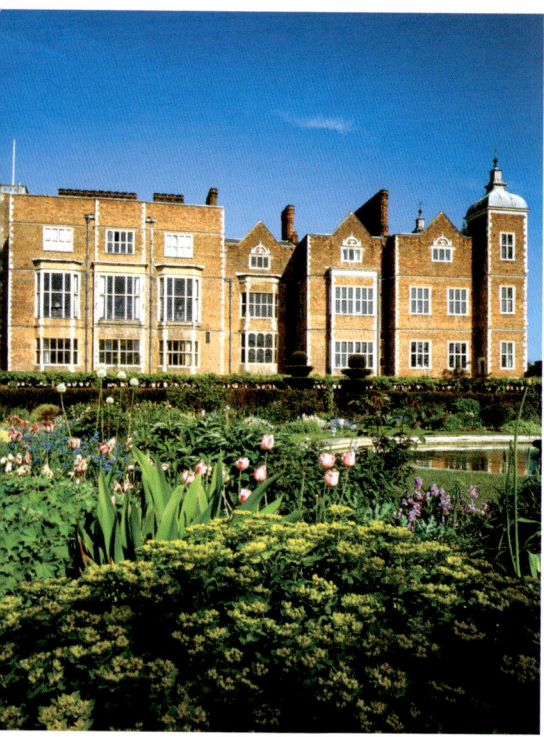

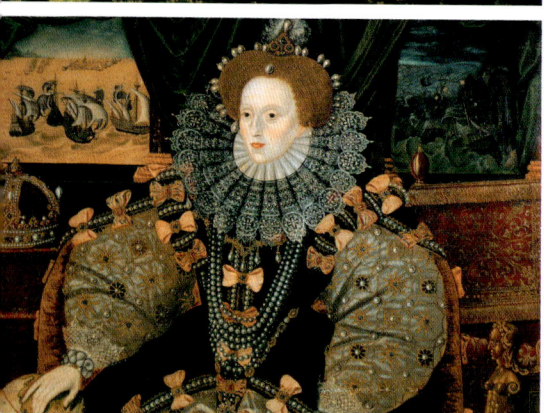

런던에 수월하게 도달할 수 있는 그레이드 노스 로드 가까이에 서 있는 이 저택은 1611년 완공되었으며 그 이후로 로버트 세실(제임스 1세의 국무 장관)의 후손들이 솔즈베리 백작과 후작을 맡으며 대대로 살아 왔다.

세실 가는 16세기부터 영국의 정치사에서 주요한 역할을 맡아왔다. 햇필드가 세워진 지 1년 만에 사망한 로버트 세실은 엘리자베스 1세의 국무 장관이었던 윌리엄 세실 경의 아들이었다. 3대 솔즈베리 백작은 오랜 세월 동안 런던탑에 투옥되었고, 너무 뚱뚱해서 움직이는 일조차 힘들었다는 4대 백작도 마찬가지였다. 햇필드는 1880년대와 1890년대에 국무총리를 역임했던 3대 솔즈베리 후작과, 처칠 내각에서 장관을 맡았던 5대 후작의 본거지였다. 3대 후작의 다른 아들들 중에는 1937년 노벨 평화상을 받았던 로버트 세실과 유명한 작가이자 비평가인 데이비드 세실 경이 있다.

그러나 햇필드에 머물렀던 가장 매혹적인 인물로는 엘리자베스 1세를 들 수 있다. 본채의 부지 내에는 1480년대부터 내려오는 오래된 왕궁의 유적이 있는데, 엘리자베스 여왕은 이곳에서 어린 시절 대부분을 보냈다. 이곳에는 오크 나무 한 그루가 있는데, 일설에 의하면 1558년 그녀가 이 나무 밑에서 점잖게 유익한 책을 읽고 있을 때 런던에서 온 파견단이 그녀에게 언니인 '블러디' 메리가 사망해 이제 엘리자베스가 여왕이 되었다는 소식을 전했다고 한다. 본채에는 엘리자베스 여왕의 〈무지개 초상화〉와 〈흰 담비 옷의 초상화〉가 있으며, 그녀의 모자, 장갑, 영국 최초의 것이었다고 추측되는 실크 스타킹 한 컬레가 있다. **RC**

↖ 햇필드 하우스는 제임스 1세의 충성스러운 국무 장관이자 국방 고문이었던 로버트 세실이 지은 저택이다.

↙ 햇필드 하우스 내의 부지에는 엘리자베스 1세가 어린 시절을 보냈다는 궁전의 일부가 남아 있다.

서턴 후

영국, 우드브리지 부근 | Sutton Hoo

배 무덤을 보여 주는 완벽한 유적

배를 이용해 시신을 안장하는 일은 영국에서 드물었으나, 1939년 여러 개의 고분에서 발견된 이 배 무덤은 그러한 방식을 보여 주는 가장 훌륭한 본보기이다. 이 무덤에서 영원한 휴식에 든 이는 이스트 잉글리아의 래드월드라는 강력한 왕으로 추정되는데, 그는 다양한 앵글로색슨 왕국 가운데 '높은 왕'으로 알려져 있었으며 624년 혹은 625년에 사망했다. 이교도적이고 기독교적인 유물이 둘 다 그와 함께 매장되었던 것으로 보아 그는 기독교와 이교도 양쪽에 다 걸쳐 있었으며, 그를 태우고 내세(來世)로 간 배는 길이 27m에 돛대는 없고, 오크 널빤지를 몇 겹 겹쳐 제작한 후 늑재(肋材)를 대어 강화시킨 탄탄한 노 젓는 갤리선이었다. 이 배는 데븐 강에서 이곳으로 실려 왔던 것으로 추정된다.

　　배는 썩어 없어졌으나, 지면에 뚜렷한 흔적을 남겼다. 내부에는 유해가 없으나, 역시 부패해 사라진 것으로 추정된다. 남아 있는 것은 눈이 휘둥그레질 만한 보물(현재 이 대부분은 대영 박물관에 소장되어 있다)로 앵글로색슨 족의 강력한 지도자가 누렸던 사치스러운 생활과, 그가 다스리던 민족의 해외 무역이 어느 범위까지 뻗어 나갔는지를 새로이 알도록 해 준다. 뛰어난 솜씨로 만든 40개 이상의 금 장신구가 그와 함께 묻혔는데, 이중에는 손잡이와 그 끝이 금과 보석으로 치장된 검, 보석이 박힌 어깨 죔쇠, 황금 버클 등이 있다. 발굴된 물품 중에는 한 지갑분의 금화를 비롯해 은 접시며 뿔 모양 잔, 컵, 숟가락, 비잔티움에서 온 커다란 접시 등 실용적인 물건들도 있다. 스웨덴 양식의 훌륭한 투구와 이집트에서 온 청동 그릇, 방패, 창, 사슬 갑옷, 가죽신과 가죽 가방, 단풍나무로 민든 리라도 있다.

　　서턴 후 유적은 1998년 내셔널 트러스트에 기증되었으며 최근에 이루어진 발굴 작업으로 근처에서 묘지 유적을 발견해 냈다. 실제 크기로 재구성해 낸 원래의 배 무덤이 전시되어 있으며, 대영 박물관에서 빌려온 유물들이 임시로 전시중이다. **RC**

SS 그레이트 브리튼

영국, 브리스틀 | SS Great Britain

한때는 세계 최대의 선박이었다

뛰어난 영국 엔지니어들 중에서도 가장 위대한 인물이라 할 만한 이삼바드 킹덤 브루넬(1806~1859)은 19세기의 새로운 운송 체계를 창안해 내고 빅토리아 시대의 브리스틀을 발전시킨 중심인물이었다. 브리스틀의 상인들은 런던에서 오는 그레이트 웨스턴 철도('신의 훌륭한 철도')를 긴설한 주역인 브루넬을 후원했다. 그는 계속 서쪽으로 나아가 브리스틀이 신대륙과 서로 통합할 수 있도록 증기선을 설계했다. 첫 번째 배인 그레이트 웨스턴 호는 브리스틀에서 건조되어 1838년 뉴욕으로 가는 여객선으로 출항했는데, 15일 만에 무사히 뉴욕에 닿았다.

"전형적인 브루넬 스타일이었던 이 배는 공학적인 경이였지만 재정적으로는 재앙이었다."

저널리스트, 매브 케네디

　　브루넬은 그 다음에 세계 최초로 스크루의 추진을 받는 철로 된 기선이자, 당시 존재하는 최대 크기의 선박이었던 그레이트 브리튼 호를 제작했다. 이 배의 디자인과 엔지니어링은 현대의 많은 선박에 영향을 주었으며, 현재는 처음 건조되었던 브리스틀 독에 있다. 전례 없이 호화롭고 250명가량의 승객을 태울 수 있던 이 배는 브리스틀의 독에 정박하기에는 너무 크다는 사실이 밝혀졌다. 나중에는 리버풀에서 출항했으며, 오스트레일리아로 가는 이민자들을 싣는 배로 재설계되었다. 1850년대에는 군대 수송선으로 쓰였으며 1861년에는 오스트레일리아를 여행한 영국 최초의 크리켓 팀이 이 배를 타고 갔다. 1886년 그레이트 브리튼 호는 케이프 혼을 돌다가 폭풍우를 만나 심한 손상을 입었으며, 포클랜드 제도에 버려져 몇 년 동안 폐선으로 녹슬어 가다가, 1970년 인양되어 브리스틀로 돌아와 복원되었다. **RC**

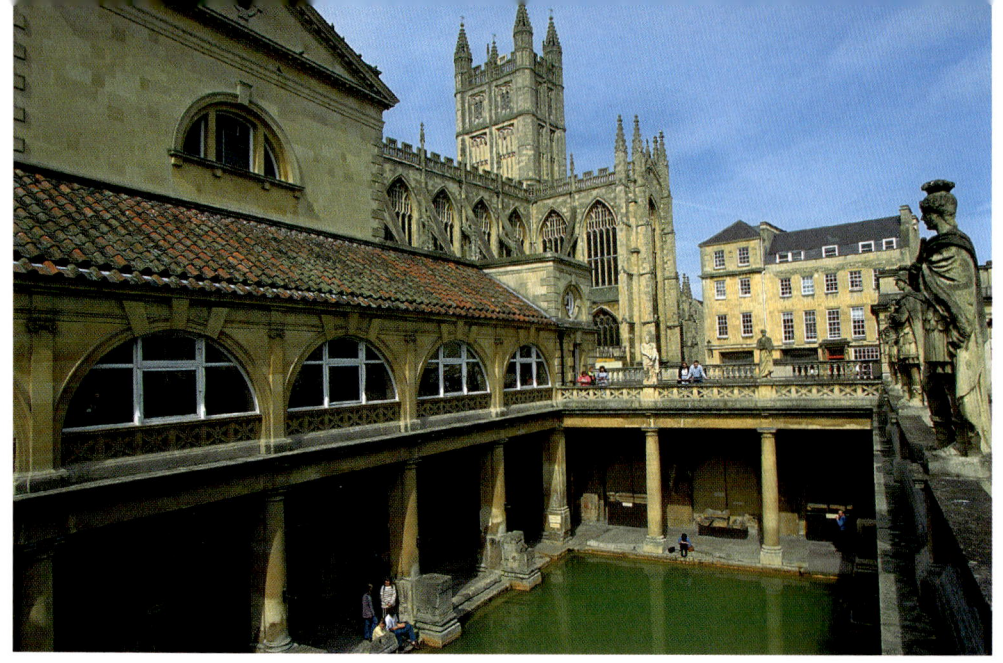

🏛️ ◉ 로마 목욕탕 유적 영국, 배스 | Roman Baths

잘 보존된 종교적 온천

전설에 따르면, 온천이 지닌 치유의 힘을 우연히 발견한 이는 리어 왕의 아버지 블래더드였다고 한다. 나병에 걸려 스스로 집을 나와 돼지를 치러 갔던 그는, 자기가 기르는 돼지들이 물속에서 뒹굴기를 즐기는 것을 보고 자신도 들어가 보았다가 병이 치유되었다고 한다.

배스에 있는 '성스러운 샘'에서는 섭씨 40도가 넘는 뜨거운 광천수 샘이 거품을 일으키며 솟아나며, 주 온천 중 한 곳에서는 하루에 130만 리터의 물이 솟아나온다. 이 샘은 로마 이전의 브리튼 켈트 족에게도 알려져 있었으며, 이들의 으뜸가는 수호신은 켈트 여신인 술리스였다. 로마 인들이 도달한 이후, 그들은 이곳을 '술리스의 물들'이라는 의미인 '아쿠아에 술리스'라 불렀으며 온천을 지었는데, 이는 로마 세계 전역에서 유명해졌다. 온천 시설 중에는 로마인들이 술리스와 동일시했던 지혜의 여신 미네르바에게 바치는 고전주의 양식의 신전도 있었다. 온천 시설은 뜨거운 물을 놀라울 정도로 사치스럽게 사용했다. 먼 곳으로부터 찾아오는 순례자들이 숙박할 수 있도록 시설은 점차 확장되어 갔으며, 온천은 4세기나 5세기까지 계속 사용되었다. 목욕 하는 이들은 '테피다리움', 즉 따뜻한 욕탕을 지나 점차 뜨거워지는 '터키식' 욕탕 여러 개에 들어갔다가 차가운 물에 뛰어들어 정신을 확 차리고, 마지막으로 '그레이트 배스'의 따뜻하고 김이 자욱한 물속에서 느긋하게 시간을 보냈다.

네 면을 따라 자리 잡은 네 단계의 욕탕 중에서 그레이트 배스에 있는 웅장한 홀은 목욕뿐만 아니라 회의를 열고 담소를 나누는 장소이기도 했다. 사람들은 욕탕 밖의 포장된 바닥을 한가로이 어슬렁거릴 수도 있었고, 벽에는 튀는 물에 맞지 않으면서도 앉아서 목욕하는 사람들을 바라볼 수 있도록 움푹 들어간 벽감이 있었다. 로마인들이 브리튼을 떠난 이후 이곳은 황폐해졌으나, 1870년대 이후부터 온천 시설이 발굴되어 왔다. 이곳은 현대에 거리가 들어선 곳보다 낮은 위치에 자리하고 있으며, 오늘날 그레이트 배스는 다시 빛을 보게 되었고 거리에서 내려다볼 수 있게 되었다. **RC**

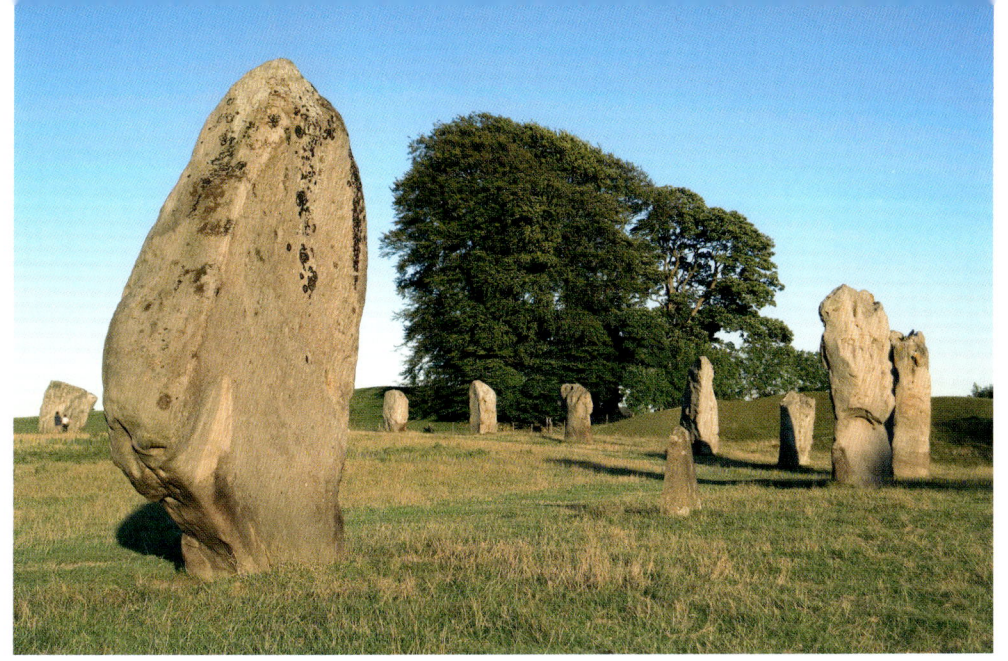

🏛 ◎ 에이브버리 스톤 서클 영국, 에이브버리 | Avebury Stone Circles

영국의 선사 시대 스톤 서클 중 가장 규모가 큰 유적

스톤헨지의 라이벌이라 할 만한 이 거대하고 인상적인 유적은 에이브버리 마을 대부분이 포함되는 11.5헥타르의 넓이에 걸쳐 분포되어 있다. 각각의 무게가 15t 혹은 그 이상 나가는 백 개의 거대한 사르센 석으로 이루어진 커다란 외부 서클 안에, 크기가 똑같은 두 개의 스톤 서클이 들어 있는 모습이다. 이 전체가, 안쪽에 파인 수로 위로 16.5m 높이로 솟아 있었던 원형의 백악질 제방으로 둘러싸여 있었다.

이 스톤 서클을 건설하는 작업은 지역 주민들에게는 가히 위업(偉業)이라 할 수 있었는데, 그들은 3km 떨어진 곳에 있는 채석장으로부터 돌을 끌어 왔다. 인부들은 사슴뿔을 곡괭이로 사용하고 황소의 어깨뼈를 삽으로 삼아 150,000t의 백악을 수로에서 파내어 제방을 만들었다. 원래는 새하얗게 빛났던 이 수로는 내부의 성스러운 장소를 외부의 속세와 구분하고 있었다. 서클 안에는 돌로 된 건물이 서 있었으며, 돌로 된 대로의 일부가 남아있는데 이는 오늘날 '성소'라 불리는, 남동쪽의 다른 성스러운 장소로 이어지는 '행렬의 길'이었음이 명백하다.

마멀레이드를 수출하는 집안의 상속자였던 알렉산더 케일러가 이 유적을 조사한 후 넘어진 돌 몇 개를 1930년대에 일으켜 세웠다. 사라진 돌들의 위치는 콘크리트 기둥으로 표시되어 있다. 케일러가 발견한 것 대부분은 이곳 박물관에 있다. 에이브버리에는 언제나 일종의 마술이 깃들어 있었는데, 19세기에는 사람들이 이 서클 중 하나의 가운데에 기둥을 놓고 주변을 돌며 춤추곤 했다. 아마 무의식적으로 먼 옛날 행해졌던 비옥함을 비는 의식을 되풀이했던 것일지도 모른다. '의식(儀式)의 장'이라 불렀던 이 부근 많은 선사 시대 유적 중에는 기원전 2600년의 유적인 신비로운 '실버리 언덕'이 있다. 이는 39m의 높이로 인간이 만든 선사 시대의 흙 언덕으로는 영국에서 가장 큰 셋이며, 짓는 데에 몇 년이나 걸렸을 것이 분명하지만, 어떤 목적으로 만들었는지는 아무도 모른다. 무덤으로 사용되었다는 흔적은 내부에서 찾을 수 없었다. 한 가지 가설은 매년 새해의 작물을 임신하는 대지의 여신을 상징한다는 설이다. **RC**

스톤헨지 영국, 솔즈버리 평원 | Stonehenge

영국에서 가장 유명한 선사 시대 유적

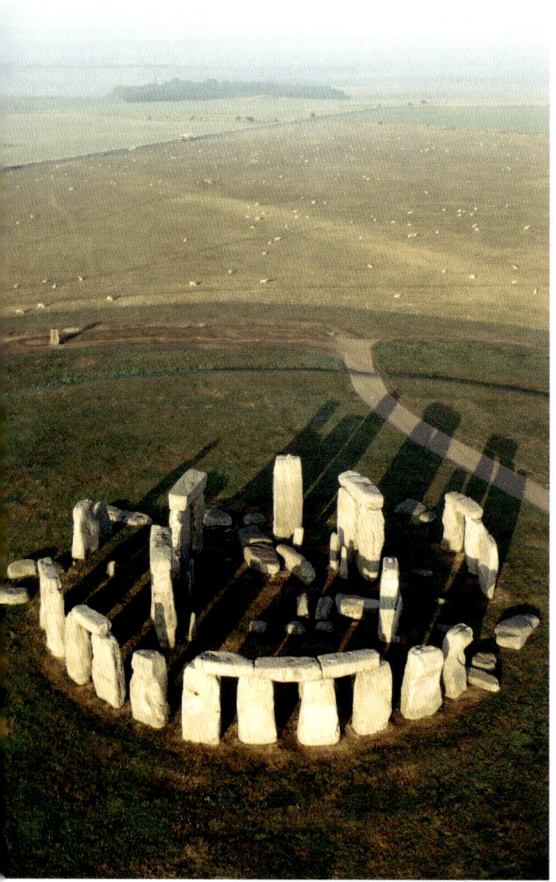

"스톤헨지는 … 외부 세계에 대한 자신의 관점을 정립하려 했던 인류 최초의 시도 중 하나를 나타낸다."

윈체스터 주교, 스티븐 가디너

스톤헨지의 목적은 알려져 있지 않으며, 앞으로도 그럴 것 같다. 솔즈버리 평원의 기묘한 고독함 속에 서 있는 스톤헨지는 수세기에 걸쳐 세워지고 개조되어 왔으며, 놀라운 기술과 조직력의 결정체이다. 각각의 무게가 50t까지 나가고, 사르센이라 불리는 사암으로 이루어졌다. 꼭대기에 놓인 상인방돌에 의해 연결되어 있는 거대한 기둥들이 주를 이루고, 내부에는 말발굽 모양의 커다란 돌들이 있다. 이 돌들은 북쪽으로 32km 떨어진 곳에서부터 끌어온 것이다. 표면은 매끄럽게 두들겨져 있고 어떤 돌에는 도끼 모양이 새겨져 있다. 이와 더불어 원래 웨일스에서 왔으며 크기가 좀 더 작은 청회색 사암들이 서 있다. 이 거석들을 둘러싸고 수로가 파여 있으며, 원래는 1.8m 높이였던 원형 제방이 쌓여 있다.

북동쪽으로 나 있는 입구는, 지금은 비스듬하게 놓여 있으며 '힐 스톤'이라 불리는 커다란 기둥 너머로 하지 때의 해돋이를 가리킨다. 반대쪽은 동지 때 해가 지는 방향이다. 원형 제방과 수로는 대략 기원전 3천 년쯤에 만들어졌으나, 내부의 거석 구조물은 이후 천 년의 세월을 거쳐 기원전 2천 년쯤에 세워졌다.

스톤헨지는 종교적인 장소이자, 이것을 지었던 족장, 귀족, 사제들의 권력과 부유함의 표상이었던 것으로 추측된다. 이들 중 대부분이 근처에 있는 많은 고분에 매장되었다. 스톤헨지는 태양의 위치와 맞춰져 있었으며, 아마 태양과 달을 관찰하는 데에 쓰이고 농사용 달력의 역할을 했을 것이다. 혹은 살아 있는 이들의 세계와 분리된, 선조들의 세계에 바쳐진 건축물일 수도 있으며 치유센터였을 수도 있다. 이 유적을 사용했던 이들이 켈트 족의 사제인 드루이드였는지 여부는 확실하지 않으나, 오늘날의 드루이드들은 매년 하지를 맞이하기 위해 이곳에 모인다.

1986년 유네스코는 스톤헨지를 에이브버리와 윌트셔에 있는 스톤 서클들과 더불어 세계문화유산으로 지정하였으며, 신사 시대에 대해 증언해 주는 무엇과도 비교할 수 없는 유적이라 칭했다. **RC**

이튼 칼리지 영국, 윈저 | Eton College

오랜 세월에 걸쳐 유명한 졸업생들을 배출해 낸 일류 남학교

이튼이 배출해 낸 유명한 졸업생들의 명부는 비길 데 없을 만큼 쟁쟁하다. 이튼 출신의 총리로는 로버트 월폴 경부터 대(大)피트와 소(小)피트, 위대한 웰링턴 공작, 글래드스턴, 최근의 인물로는 앤서니 이든과 해럴드 맥밀런이 있다. 셸리, 스윈번, 로버트 브리지 등 시인 이외에도 조지 오웰, 올더스 헉슬리, 헨리 그린, 시릴 코널리, 이안 플레밍 등 다양한 부류의 작가들을 양성해 내기도 했다. 음악계에서도 〈지배하라, 영국이여〉의 작곡가 토머스 안부터, 명성이 높은 〈예루살렘〉을 작곡한 허버트 패리 경, 재즈 트럼펫 연주자 험프리 리틀턴까지 다양한 인물들이 있다. 과학자 중에는 J. B. S. 홀데인, 역사 학자로는 스티븐 런시맨 경이 있으며, 이외의 찰스 제임스 폭스, 영웅적인 오츠 선장, 그리고 최근의 윌리엄 왕자와 해리 왕자를 들 수 있다. 이튼의 교복은 지금도 연미복과 핀스트라이프 무늬 바지를 고수하고 있다.

헨리 6세가 설립한 이후 거의 육백 년에 가까운 세월에 걸쳐, 영국에서 가장 명망 높은 학교가 되었다. 왕이 학교를 세운 것은 70명의 가난한 학생들과 소년 성가대원들에게 훌륭한 교육을 받게 해 주려는 목적에서였다. 학교 정문 운동장에는 헨리 6세의 1719년 조각상이 서 있으며, 이곳은 세계대전에서 목숨을 잃은 희생자들을 추모하는 곳이기도 하다. 제1차 세계대전 동안 1,150명가량이, 제2차 세계대전 동안에는 약 750명의 졸업생이 사망했다.

수세기에 걸쳐 사내아이들의 낙서가 가득했던 원래의 교실은 아직도 남아 있다. 훌륭한 예배당은 1480년대에 완성되었는데, 같은 시기에 제작된 아름다운 벽화가 그려져 있으며 부채꼴의 둥근 천장은 1950년대까지 손대지 않은 채 남아 있었다. 상급생 교실은 대략 1690년대부터 내려온 것이다. 이튼의 운동장은 프랑스 작가 샤를 몽탈랑베르에 따르자면 웰링턴 공작이 남겼다는, "워털루 전투의 승리는 이튼 운동장에서 시작되었다"는 말로 유명하다. '이튼 월 게임'이라 불리는 특이하고, 이따금 완전히 진흙투성이가 되기도 하는 일종의 축구 경기를 학생들이 고안해 낸 것도 바로 이 운동장이었다. **RC**

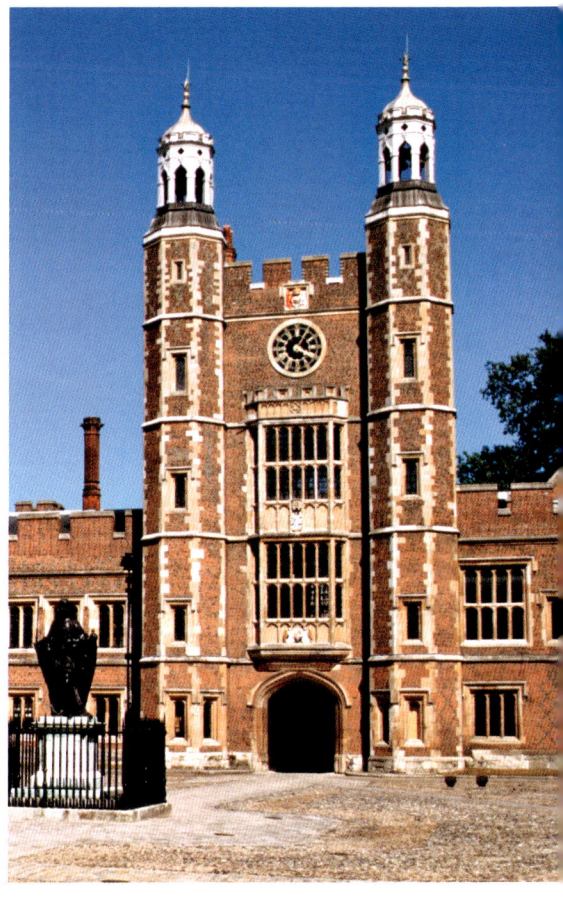

"럭비는 너의 몸에 활기를 불어넣어 주네, 넥타이와 배지를 단 이들을 상대로 무슨 기회가 있을까?"
더 잼 「더 이튼 라이플즈」(1979)

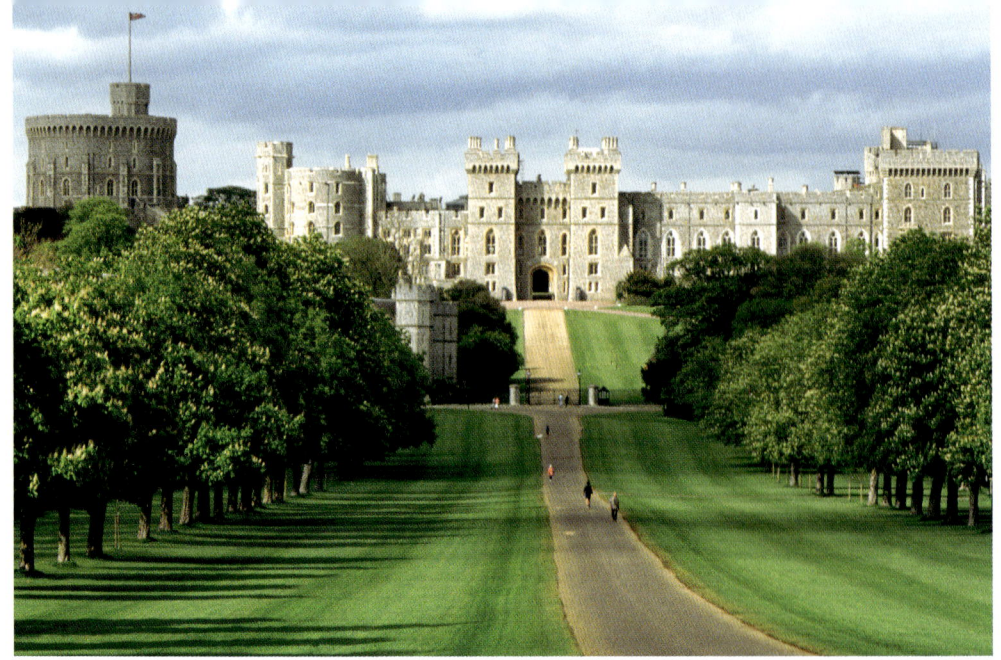

윈저 성 영국, 윈저 | Windsor Castle

실제 거주자가 있는 성으로는 세계 최대이며, 영국의 세 군데 공식 왕실 주 거처 중 하나

주변의 몇 마일 떨어진 곳에서부터 시선을 사로잡는 윈저 성은 정복왕 윌리엄 시대부터 영국 왕실의 성채였다. 템스 강을 내려다보도록 지어진 이 성은 1165년 헨리 2세에 의해 재건축되었으며, 1216년에는 존 왕에 대항하여 일어난 반란군의 포위 공격을 견디어 냈다. 그러나 오늘날 보이는 성의 모습은 주로 제프리 와이트빌 경의 작품으로, 그는 1820년대에 조지 4세를 위해 중세를 모방한 로맨틱한 양식으로 이 요새를 개조했으며 성 조지 예배당에 묻혔다. 왕가에서는 1917년부터 이 성을 '하우스 오브 윈저'라 부르기 시작했다.

윈저 성에는 관리인, 성직자, 군인을 포함해 약 250명이 거주하며, 과거의 군주들의 초상화와 조상이 있는 의전실은 저명한 방문객들을 맞이하여 여흥을 제공해 준다. 이것들은 1992년 큰 화재가 난 이후 복구되었다. 이곳에 전시된 신기한 물품 중 하나는 트라팔가 전투에서 넬슨의 죽음을 가져왔던 총알이다. 와이트빌은 '워털루 챔버'라는 연회 홀과 가터 훈장 기사단을 위한 성

조지의 홀을 만들었는데, 에드워드 3세가 1348년 이 기사단을 세운 이후 기사단 임관 행사가 윈저에서 열려 왔다. 궁전에는 왕가의 수많은 보물과 홀바인, 루벤스, 반 다이크 등의 예술가들이 남긴 작품이 소장되어 있다. 방문객에게 가장 인기가 있는 유물 하나는 1924년부터 전해 내려오는 메리 여왕의 인형의 집이다.

왕족들은 1475년부터 성 조지 예배당에 묻혀 왔다. 헨리 6세, 에드워드 4세, 가장 사랑했던 아내 제인 시무어와 함께 묻힌 헨리 8세, 참수당한 목을 도로 몸에 꿰매어 붙인 이후에 묻힌 찰스 1세, 조지 3세, 조지 4세, 윌리엄 4세, 에드워드 7세와 왕비 알렉산드라, 조지 5세와 왕비 메리, 조지 6세와 모후, 그리고 마거릿 공주 등이 그들이다. 앨버트 공은 1861년 윈저 성에서 사망했으며, 빅토리아 여왕과 함께 근처에 있는 프로그모어 마우솔레움에 안장되었고, 이후에는 윈저 공작과 공작부인도 그곳에 묻혔다. **RC**

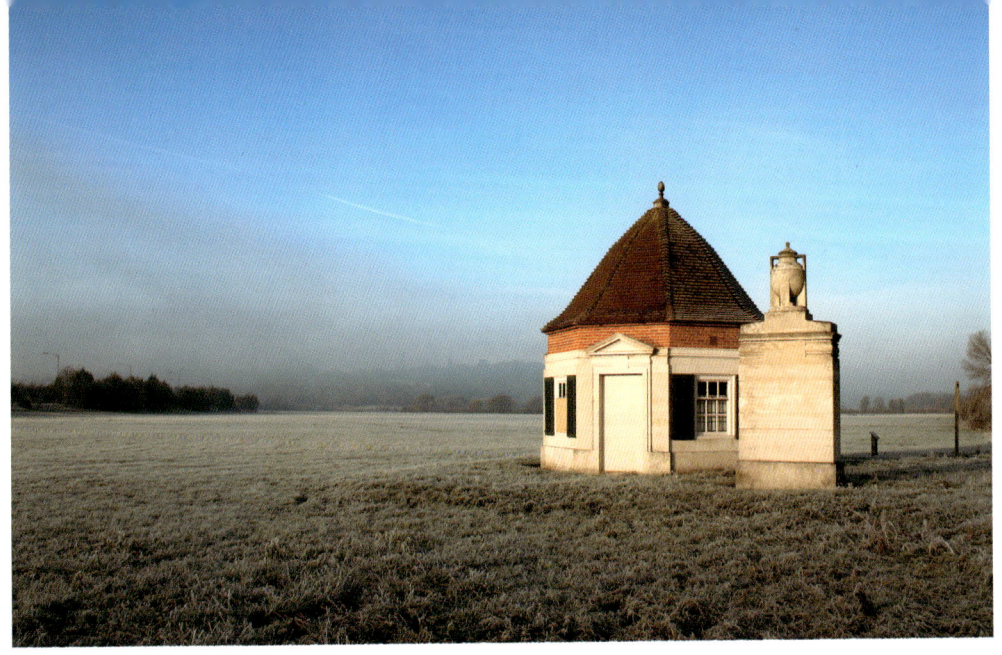

러니미드 영국, 러니미드 | Runnymede

마그나 카르타가 서명되었던 회의장

템스 강 옆의 초원은 오늘날 과학적으로 특별한 흥미를 끄는 지역에 속하지만, 이곳은 전통적으로 영국 자유권의 토대가 된 헌장인 마그나 카르타가 탄생한 장소라는 의미에서 역사적인 흥미가 깃들어 있는 곳이기도 하다. 러니미드는 윈저 성에 거주하던 존 왕과 그의 조신들과, 그리 멀지 않은 스테인스를 본거지로 하던 반란 귀족들 무리가 만나기에 편리한 장소였다. 반란을 일으킨 귀족들은 존 왕의 전제 군주적 행동에 제약을 가하려는 데 전념하고 있었다. 존 왕은 프랑스에서 군사적인 실책을 저지른 탓에 입지가 약화되어 있었고, 1214년 11월 강력한 호족들 한 무리가 자신들에게 이전부터 누리던 특권을 승인해 주는 헌상을 왕이 발행해 주지 않는다면 충성을 거두겠다고 단호하게 선언했다. 다음 해 5월 그들은 이전에 가했던 위협을 이행했으며 런던까지 진군하여 방해받지 않고 런던을 차지했다. 존 왕은 물러나는 수밖에 별다른 현실적인 도리가 없다는 사실을 받아들였다. 그는 현재 '마그나 카르타 섬'이라 불리는 섬에서 귀족들이 준비해 온 문서에 서명하였던 듯하다. 문서에서 그는 자신이 '신성한 충동에 의해, 우리 영혼의 구원을 위해' 행동하고 있다고 언명했다.

뒤를 이은 여러 군주에게 이 헌장을 지켜 줄 것을 요구했으나, 헌장의 조항에는 수정이 가해졌고 존 왕 개인에게 해당되는 몇 조항은 생략되었다. 수세기라는 세월을 거치면서 이 문서는 그날 러니미드에 있었던 누구도 의도하지도 않았고, 이해할 수도 없었을 만한 방식으로 해석되었다.

러니미드는 1931년 내셔널 트러스트의 손에 들어갔고, 근처에 있는 '쿠퍼 언덕'의 경사면에는 세 개의 기념관이 세워졌다. 1953년에 세워진 공군 기념관은 제2차 세계대전 중 '자유를 위해 죽은' 이들을 기리기 위한 것이다. 두 번째 기념관은 1957년 미국 변호사 협회가 마그나 카르타와 '법 앞의 자유'를 기념하는 의미로 선사했다. 세 번째는 1965년 존 F. 케네디 대통령을 추모하는 데 헌정된 기념관이다. **RC**

웨스트민스터 대수도원 영국, 런던 | Westminster Abbey

1066년부터 영국의 거의 모든 군주들이 대관식을 올려온 장소

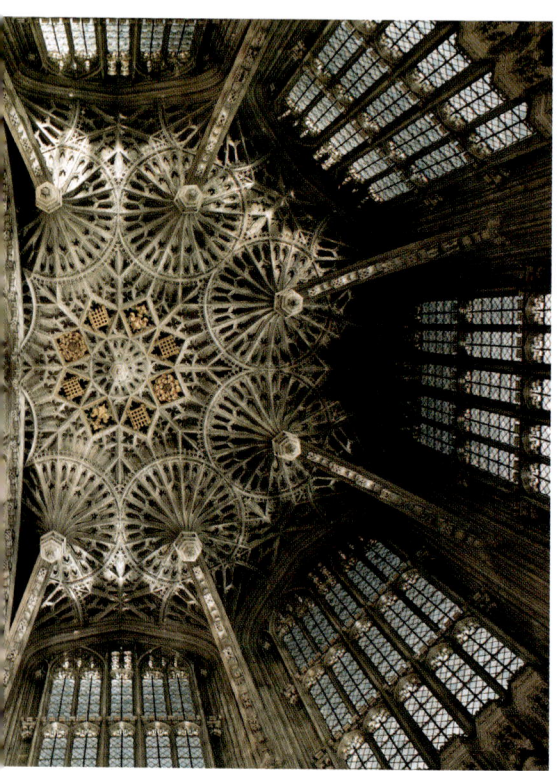

"수도원은 21세기에 교회와 국가 간의 협력자 역할을 할 수 있는 좋은 위치에 놓여 있다."

웨스트민스터 수도원장 존 홀

⬆ 웨스트민스터 대수도원의 동쪽 맨 끝에는 훌륭한 부채꼴 천장이 있는 헨리 7세 성모 예배당이 있다.

▣ 두 개의 중세풍 서쪽 탑은 1745년 니콜라스 호크스무어의 주도로 완공되었다.

정복왕 윌리엄은 1066년 크리스마스에 웨스트민스터 대수도원에서 스스로의 대관식을 올렸으며, 이 교회당은 몇 세기 동안 왕실의 행사가 세대를 걸쳐 이어오는 장면을 목도해 왔다. 국가적인 명예의 전당과 조각품 갤러리가 혼합된 듯한 이곳에는 무덤, 기념물, 셀 수 없이 많은 왕족과 유명 인사들의 기념비가 가득하다. 맨 처음 웨스트민스터 대수도원은, 당시 템스 강에 있는 외지고 작은 섬에 위치한 베네딕트회 공동체에 불과했던 훨씬 소박한 모습으로 시작했다. 참회왕 에드워드가 이곳에 지대한 관심을 보여 새로운 교회당을 세웠고, 1065년 그의 사망 직전에 봉헌되었다.

이 당시의 건물은 전혀 남아 있지 않다. 왕들이 저마다 후한 돈을 쏟아 부어 온 덕택에, 거대한 교회당은 세월이 지나면서 점점 더 웅장한 규모로 재건되어 왔으며, 오늘날 볼 수 있는 건물 대부분은 헨리 3세가 1245년에 시작한 개조 계획 때 건설되었거나 그 이후에 이루어진 것이다. 웨스트민스터 대수도원의 회중석은 영국의 다른 어느 교회보다 높다. 헨리 4세는 1413년 '예루살렘 챔버'에서 사망했다(그가 예루살렘에서 죽을 거라는 사실이 예언되어 있었다). 호화로운 부채꼴 모양의 둥근 천장이 있는 헨리 7세의 성모 예배당은 1519년에 완공되었는데, 안에는 헨리 7세의 무덤과 엘리자베스 1세를 포함한 튜더 가문의 많은 이들의 무덤이 있다. 올리버 크롬웰도 이 수도원에 묻혔으나, 나중에 불명예스러운 꼴로 쫓겨나게 되었다.

이 수도원에서 추모하는 이들이 전부 실제로 이곳에 묻혀 있는 것은 아니지만, 초서, 존슨 박사, 테니슨은 '시인의 코너'에 매장되어 있으며, 벤 존슨은 특이하게도 선 채로 묻혀 있다. '정치인의 측랑'에는 뉴턴과 다른 과학자들이 묻혀 있다. 서쪽 문 가까이에는 무명전사들의 무덤과 윈스턴 처칠 기념비가 서 있다. 1998년에는 건물 서쪽 정면에 현대의 순교자들의 조각상이 나란히 늘어서 있으며, 지하에 있는 유물 박물관에는 넬슨 경을 비롯한 다른 이들의 독특한 밀랍 인형이 있다. 세계적으로 유명한 예배당인 이곳에서는 정기적으로 예배가 열린다. **RC**

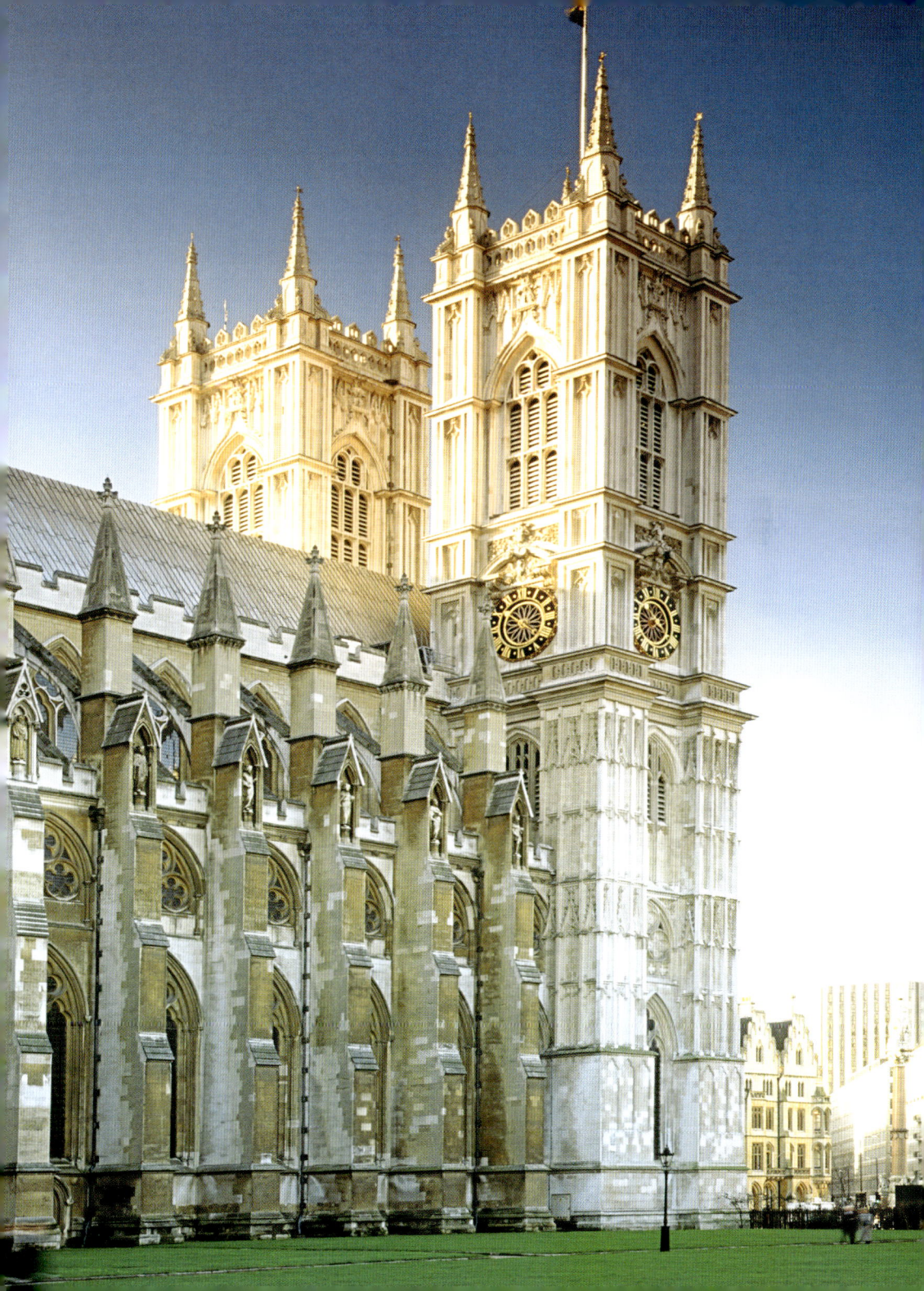

전쟁 내각실

영국, 런던 | Cabinet War Rooms

전시 정부와 인사들을 위한 지하 사무실

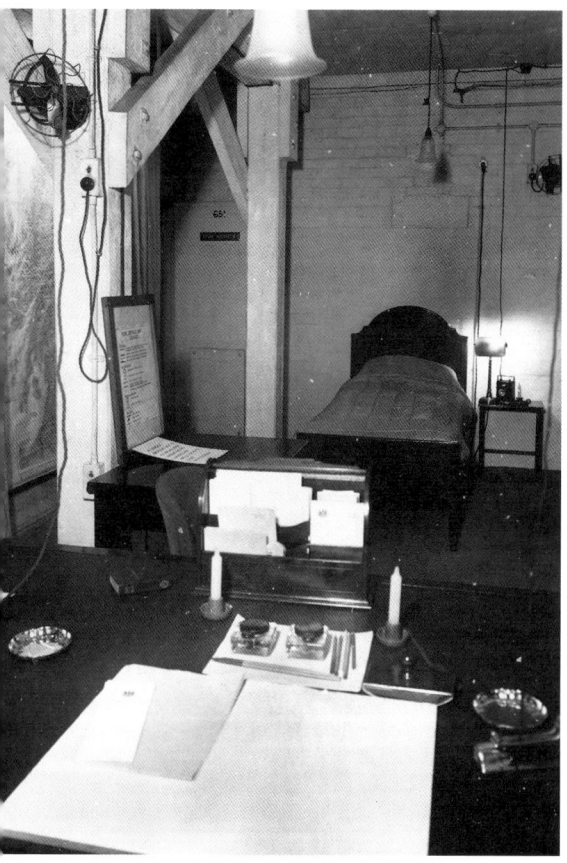

화이트홀과 주 정부 사무실 지하에는 복잡하게 얽힌 비밀 터널과 지하 사무실들이 숨어 있다. 1930년대 말, 독일과 전쟁의 위협에 처해 있었으며 폭격이 일어날 수 있다는 사실을 염두에 두어, 호스 가즈 로드와 그레이트 조지 스트리트 모퉁이, 재무성 지하에 엄청난 규모의 지하 사무실 단지가 조성되었다. 이 지하 단지는 전부터 있던 지하실 공간을 개조하고 강화시킨 것이었기 때문에 땅을 파낼 필요가 없었다. 2백 개 이상의 방이 있는 이 공간 위에는 콘크리트가 5m 두께로 덮여 있다.

1939년 8월부터 1945년 일본이 항복하기까지 힘든 스파르타식 상황에서 전시 정부의 일처리의 일부가 이곳에서 이루어졌으며, 윈스턴 처칠과 그의 전쟁 내각, 군대의 총 지휘관들, 오백 명 가량의 공무원들과 비서들이 거주하고, 일하고, 이따금 잠을 잤던 곳도 여기였다. 1945년 철수되어 현재 상태대로 남아 있던 이곳은 1980년대에 대중에게 공개되었으며, 공습 경보와 공습해제 사이렌 등 음향 효과도 느낄 수 있다.

전시되어 있는 방 중에는 내각실, 군사 작전 정보가 모여있었던 지도실, 처칠이 전시 방송을 하기도 했던 침실과 사무실, 처칠이 워싱턴 백악관에 있는 루즈벨트 대통령과 직접 통화했던 전화실 등이 있다. 아래층에는 매점, 병원, 사격장, 그리고 숙소가 있는데, 숙소의 천장은 무척 낮아서 똑바로 서기가 불가능할 정도이다. 전시 사무소에서 정부 사무실까지 터널이 놓였고, 여기서부터 뻗어나가는 사이드 터널들이 있다. 믿을 만한지 아닌지는 모르겠지만, 독일군이 습격했을 때를 대비해 왕족들이 버킹검 궁전에서 무사히 런던 밖으로 도망갈 수 있도록 하는 또 다른 터널이 건설되었다는 소문이 있다. **RC**

"우리는 실패도 주저하지도 않을 것입니다. 약해지거나 지치지도 않을 것입니다 … 우리에게 도구를 주십시오. 그러면 임무를 완수할 것입니다."

윈스턴 처칠, 1941년 2월 9일 라디오 방송

앱슬리 하우스

영국, 런던 | Apsley House

초대 웰링턴 공작의 거처

피카딜리 서쪽 끝에 있는 위대한 웰링턴 공작의 호화로운 거주지는 '런던의 1번지'로 유명한데, 서쪽에서 런던으로 들어올 때 톨게이트를 거쳐 처음 만나게 되는 저택이기 때문이다. 이 저택은 원래 1770년대에 건축가 로버트 애덤이 앱슬리 경을 위해 설계한 것으로, 애덤이 디자인한 내부의 모습이 아직 어느 정도 남아 있다. 1807년부터 이 집은 제1대 웰링턴 공작인 아서 웰즐리 경의 큰형, 웰즐리 후작의 소유가 되었다. 공작은 워털루에서 나폴레옹에 대한 마지막 승리를 거두었던 다음 해인 1816년부터 이 저택에 살았다. 1838년 건축가 벤자민 와트가 저택을 증축하는 일을 맡아 벽돌로 된 외관을 배스 석(건축용 석회석)으로 다시 쌓고, 웅장한 코린트식 주랑 현관을 새로 만들고, 공작의 높은 지위를 반영하도록 내부를 다시 설계했다. 와트가 디자인한 곳 중에는 길다란 '워털루 갤러리'가 있는데, 공작은 이곳에서 전쟁 때 자기 밑에 있었던 장교들을 위해 매년 워털루 연회를 열었다. 앱슬리 하우스는 웰링턴이 1828에서 1830년까지 총리로 있던 시절 런던의 주 거처였으며, 웰링턴은 이 집을 그림, 은 식기, 도자기, 군주들이나 정부에게서 빼앗았거나 감사의 의미로 받았던 전리품들 등 자신의 훌륭한 수집품을 전시하는 데 사용했다. 별나게도 그는, 중앙 계단 아래쪽에 놓여 있는 카노바가 조각한 나폴레옹의 영웅적인 누드 상을 특히 좋아했으며, 계단을 내려갈 때마다 즐겨 머리를 토닥여 주곤 했다.

1831년, 폭동을 일으킨 무리들 때문에 웰링턴 저택의 창문이 깨졌고, 이후 몇 년간 철로 된 덧문이 설치되었다. 이후 그는 켄트에 있는 월머 성에서 주로 머무르게 되었으며, 1852년 그곳에서 죽었다. 1947년 7대 웰링턴 공작이 앱슬리 하우스를 국가에 기증하였으며, 1990년대를 거치면서 훌륭하게 복원되었다. 저택은 하이드 파크 코너의 분주한 차량들과 웰링턴 공작의 말 탄 동상과 화려한 웰링턴 아치를 내다보고 있다. **RC**

방케팅 하우스

영국, 런던 | Banqueting House

궁정 생활을 보여 주는 역사적인 장소

헨리 8세 이후 여러 대에 걸친 군주들에게 알려졌던 오래된 궁전인 화이트홀은, 1698년 어느 부주의한 세탁부 여인의 실수에서 발생한 듯한 커다란 화재로 불타 버렸다. 남은 부분은 방케팅 하우스뿐이다. 방케팅 하우스는 이전에 서 있던 건물을 썩어빠진 헛간이라며 무시했던 제임스 1세를 위해 시어졌으며, 이를 대체하기 위해 이니고 존스에 의해 당시 논쟁적이었던 신고전주의 양식으로 웅장하게 설계되었다. 1622년에 완공되었으며, 시민들이 당당한 모습으로 정찬을 드는 군주의 모습을 볼 수 있도록 갤러리가 있었다. 이 건물은 다양한 행사를 개최하는 데 쓰였으며, 1629년에는 찰스 1세가 페테르 파울 루벤스에게 아홉 개의 거대한 천정 패널화를 제작해 달라는 명을 내렸고, 이는 앤트워프에서 채색되었다. 1635년에 설치된 이 작품은 스튜어트 왕조와 그 자비로운 통치의 축복을 찬양했다.

> "고백하건데, 나는 본능적으로, 사소한 흥밋거리 일보다 매우 커다란 작품을 완성하는 데에 잘 맞는 것 같다."
> 화가, 페테르 파울 루벤스

매우 아이러니한 일이지만, 찰스 1세가 창문을 통해 바깥에 설치된 단두대를 향하여 발걸음을 내딛고 처형당했던 장소도 바로 이곳이었다. 왕은 성 제임스의 궁에서 감시받다가 지상의 마지막 밤을 보내고, 수많은 군중 앞에서 차분한 위엄을 갖춘 채 사형 집행인의 도끼를 받아들였다. 찰스 2세가 1660년 왕위를 되찾은 일을 축하하고, 윌리엄과 메리가 1689년 공식적으로 왕위를 제안 받은 것도 이곳이었다. 방케팅 하우스는 나중에 왕실 예배당으로, 그리고 박물관으로 쓰이다가 마침내 복원되어 1963년 대중에게 공개되었다. **RC**

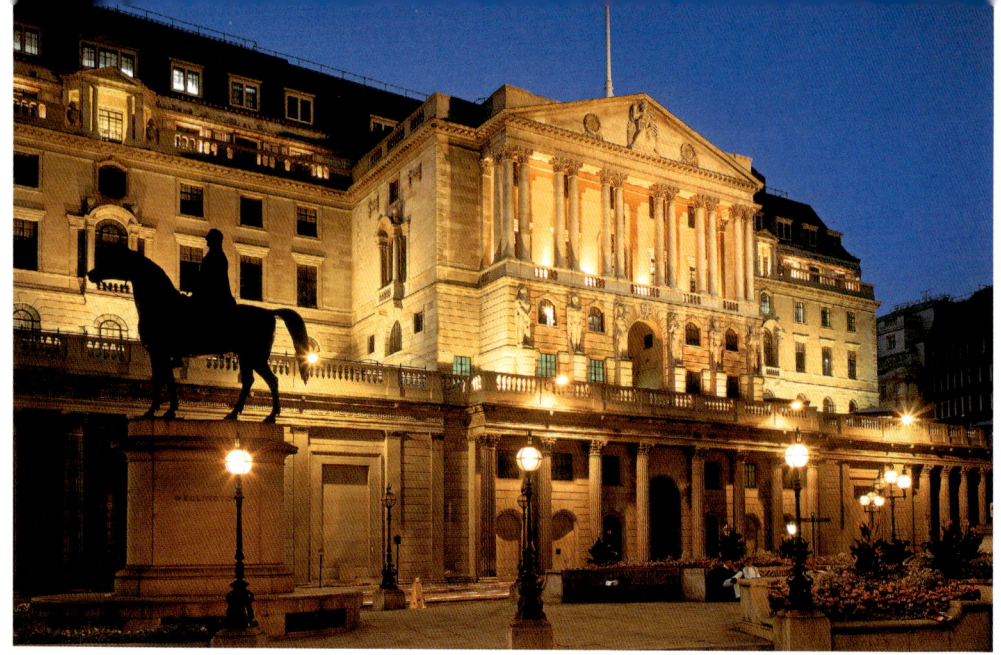

잉글랜드 은행 영국, 런던 | Bank of England

영국의 역사적인 중앙 은행

'스레드니들 스트리트의 노부인'-이 별명은 1797년 제임스 길레이의 만화에서 유래한 듯하다-은 분별 있는 절차를 통해 정부 자금을 대 주려는 목적으로 1694년 처음 설립되었다. 이 은행은 시티(City : 런던의 금융 중심지)의 부유한 거물인 윌리엄 패터슨이라는 스코틀랜드인과, 위그노 가문 출신으로 초대 잉글랜드 은행 총재를 맡았던 존 호블런이 고안해 낸 것이었다.

1708년부터 잉글랜드 은행은 독점적으로 지폐를 발행하는 특권을 누려 왔으며, 처음에는 사무실을 임대하여 사용했지만 1734년에는 스레드니들 스트리트에 널찍한 독자적인 건물을 짓게 되었다. 1780년 고든 폭동의 가담자들이 은행을 습격했으나, 급하게 조직된 민병대와 의용군이 잉크병을 녹여 총알을 만들어 가며 대항해 이를 물리쳤다. 그 이후 1973년까지 건물에 군대 수비병이 항상 배치되었고, '잉글랜드 은행처럼 안전하다'는 말도 여기서 나오게 되었다.

1788년 유명한 건축가 존 손 경이 대대적인 재건축 프로그램을 시작하여 보안상의 목적으로 창문을 두지 않은 웅장한 신고전주의풍 건물을 건축했는데, 크게 늘어난 직원 수를 감당하기 위해 양차 세계대전 동안 허버트 베이커 경에 의해 다시 개조되었다. 이 은행의 충실한 직원 중에는 1908년까지 근무했던 케네스 그레이엄이 있는데, 그는 『버드나무 숲에 부는 바람』의 저자로 알려져 있다. 한때는 말버러 공작부인 새러, 조지와 마사 워싱턴, 넬슨 경 등 유명한 고객들이 방문하였으나, 19세기 후반부터는 개인 고객의 구좌 발행을 중단하고 실제적으로 정부 은행이 되어 갔다. 국가의 금괴를 보관하는 신임 있는 임무도 은행이 맡은 일 중 하나이다. 1988년, 손이 지은 은행 홀 중 하나를 재건축하여 여왕이 개설한 은행 박물관에서는 잉글랜드 은행의 역사를 탐색해 볼 수 있다. **RC**

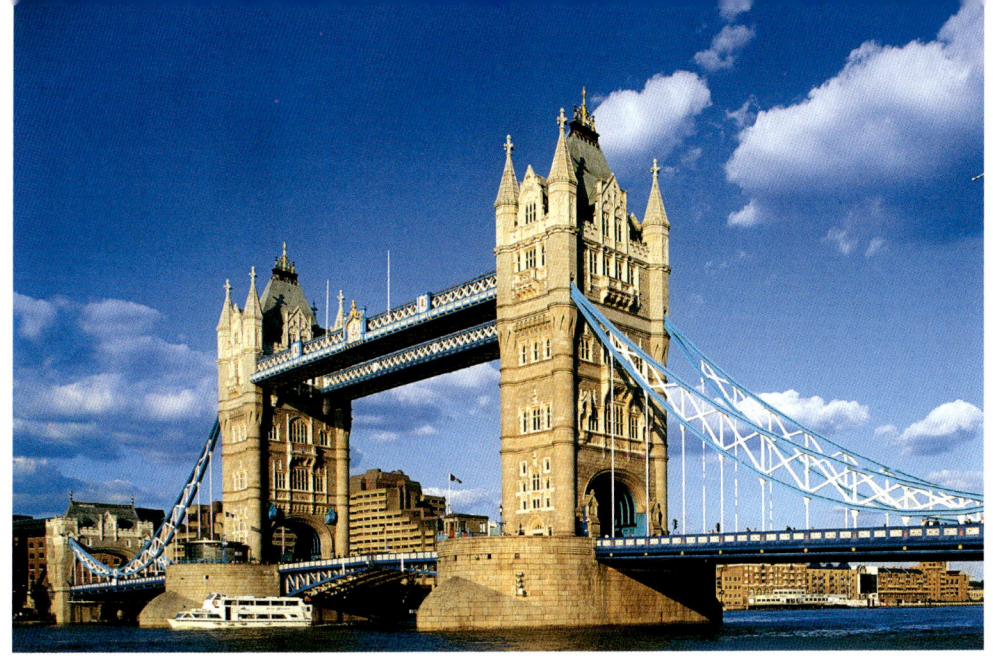

🏛 ◎ 타워 브리지 영국, 런던 | Tower Bridge

템스 강의 상징적인 랜드 마크이자 빅토리아 시대 공학이 거둔 승리

두 개의 도개교가 다리 아래로 배들이 템스 강을 지나가도록 높이 들렸다가 다시 내려와 합쳐지는 장관은, 런던에서 가장 인기 있는 광경 중 하나이다. 각각의 도개교 무게는 1,000톤 가량 나가며, 한 번 가동하는 데에 1분 30초가 걸린다. 처음에는 증기력으로 움직였으나, 1970년대 이후 전기 모터를 사용하게 되었다.

자동차가 다니는 차도를 형성하는 이 도개교는 원래 매일 만조 때 두 시간씩 열린 채로 있었지만, 런던의 항구를 이용하는 일이 적어지면서 현재는 특별한 협약이 있을 때만 열린다. 도개교는 철골로 된 두 개의 높은 탑에 매달려 있는데, 이 탑은 꼭대기의 인도교로 서로 연결되어 있다. 보행자들은 엘리베이터를 타고 올라갈 수 있었지만, 보도에 도둑과 창녀들이 넘쳐나게 되면서 1909년부터 1982년까지 통행이 금지되었다가, 타워 브리지 체험 관광 코스의 일부로 다시 문을 열었다. 여기에서는 템스 강 양쪽 편의 훌륭한 경치가 내려다 보인다.

이 다리는 템스 강의 상류 쪽에 걸려 있는데, 런던교보다 하류 쪽이고 런던의 주요한 부두가 들어선 곳보다 상류 쪽이다. 1894년 완공되어 미래의 에드워드 7세가 개통한 이 다리는 빅토리아 시대 공학이 거둔 놀라운 업적이었으며, 엔지니어 존 울프 배리와 건축가 호레이스 존스의 협동 작업으로 설계되었다. 설계 초기부터 런던 탑과 조화롭게 어울려야 한다는 사실이 전제되었고, 따라서 중세 고딕 양식을 모방했는데, 무척 웅장하지만 건축계의 순수주의자들은 이를 매우 싫어했다. 빌더 잡지는 이를 "우리가 지금까지 알아왔던 중 가장 흉물스럽고 터무니없는 건축학적인 모조품"이라 평했으나, 대부분의 사람들은 타워 브리지를 매우 좋아했고 관광객들은 종종 이 다리를 훨씬 더 수수한 런던 브리지라고 착각한다. **RC**

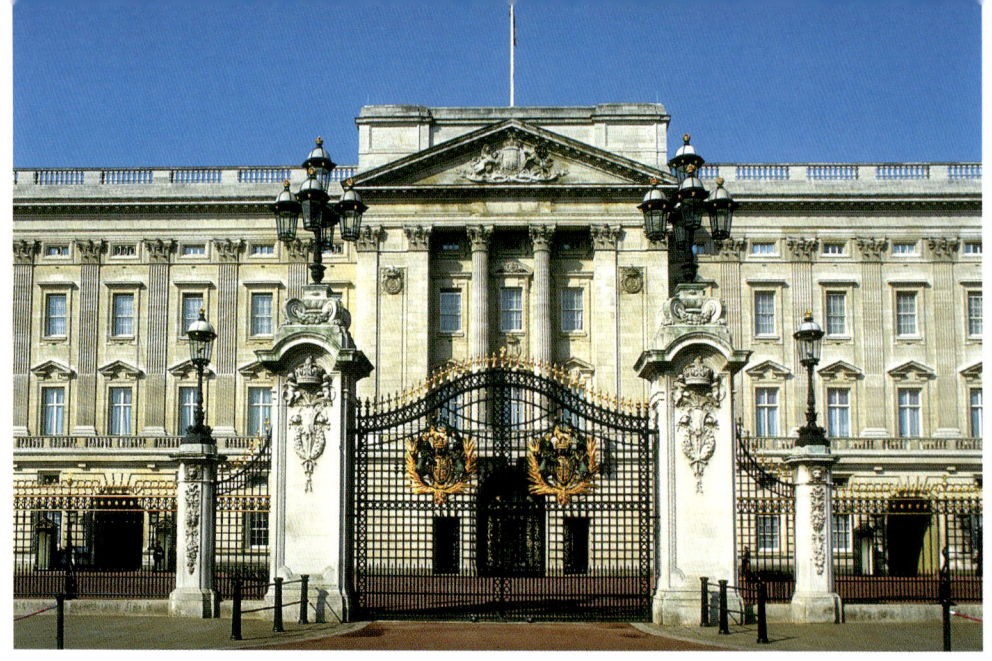

버킹검 궁전 영국, 런던 | Buckingham Palace

왕가의 공식 런던 주 거처

버킹검 하우스는 원래 1703년 버킹검 공작 중 한 명을 위해 지었다. 조지 3세가 1762년 이 저택을 얻어, 세인트 제임스에 있는 자신의 공식 거처의 격식과 멀리 떨어져 그자신과 샬럿 왕비가 거주할 수 있는 집으로 삼았다. 이 저택은 왕이 수집한 훌륭한 장서와 많은 예술 작품으로 가득하다.

이곳을 궁전으로 만드는 개조 작업은 1825년 시작되었으며, 이때 조지 4세가 가장 총애하던 건축가 존 내쉬가 저택을 재건축해 궁전에 걸맞은 웅장한 의전실과 호화로운 중앙 계단을 지었는데, 아연실색할 정도로 엄청난 비용이 들었다. 이 작업은 1847년에 에드워드 블로어가 대부분의 사람들이 궁전을 바라볼 때 눈에 들어오는 쪽이며 근위병들이 근무 교대식을 벌이는 배경인 '더 몰'과 마주하고 있는 서쪽 정면을 마무리하면서 끝났다.

빅토리아 여왕은 1837년 왕위에 오르면서부터 버킹검 궁전을 공식적인 목적뿐만이 아니라 실제로 거주하는 런던의 주 거처로 삼은 최초의 군주였다. 여왕과 앨버트 공은 이곳에서 살았고, 그 자녀들도 대부분 이곳에서 태어났다. 의전실은 그 이후 계속해서 왕실에서 여흥을 벌이고 공식 방문자들을 접견하는 데에 쓰여 왔다. 의전실에는 그림, 조각품, 가구, 도자기 등, 특히 찰스 1세와 조지 4세를 비롯해 이전 군주들이 모아 왔으며 왕실이 소장한 가장 훌륭한 보물들을 전시하고 있기도 하다. 여왕이 거주하고 있을 때는 깃대에서 왕실 깃발이 휘날리며, 여왕이 떠나는 순간에는 내려온다. **RC**

> "외국은 화려한 겉치레에 탐닉할지 모르나, 영국은 검소함에서 자부심을 가져야 합니다."
>
> 정치가, 조셉 흄, 궁전에 들어간 비용에 대해 후회하면서

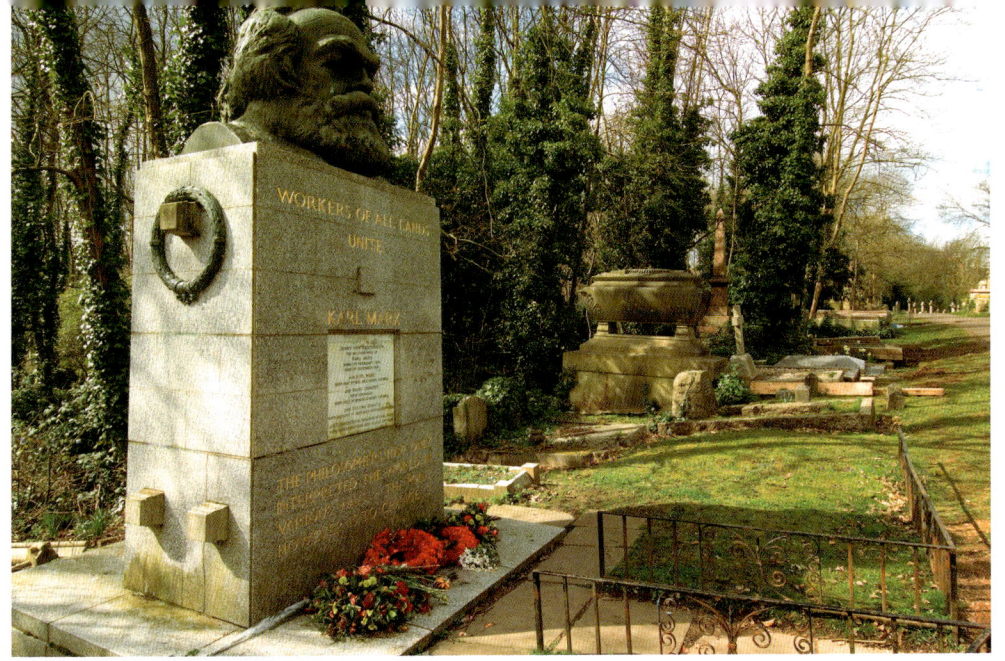

하이게이트 묘지 영국, 런던 | Highgate Cemetery

빅토리아 시대 영국의 유명 인사들이 잠들어 있으며 조경이 세련된 휴식처

하이게이트 언덕에 있는, 런던에서 가장 유명한 이 묘지는 글자 그대로 시체로 가득 차 버린 기존의 묘지들의 포화 상태를 경감하기 위해 수도 내에 묘지 공간을 좀 더 늘려야 할 급박한 필요성을 가지고 만들어졌다. 1836년의 국회 제정법은 런던 공동묘지 회사에 런던 북쪽, 남쪽, 동쪽에 묘지를 설립하도록 했다.

이 회사의 건축가인 스티븐 기어러-그는 런던 최초의 진 팰리스(화려하게 꾸민 싸구려 술집)를 설계한 이라고 한다-가 힐게이트에 공동묘지를 설계했는 데, 1854년 사망했을 때 자신도 결국 이곳에 묻히게 되었다. 매우 아름답게 조경되어 있으며 무덤과 기념비, 이집트식 기둥과 오벨리스크, 풍성하게 늘어선 나무들과 기대한 기타 콤 사이로 굽이치는 오솔길이 나 있다. 1880년대에 세워진 엄청난 기념비 중에는 세계 7대 불가사의 중 하나인 할리카르나소스의 마우솔로스 영묘를 복제한 것이 있는데, 이는 옵저버 지의 재정 담당인이자 경영자였던 줄리어스 비어를 위해 세워진 것이다.

하이게이트는 처음 조성되었을 때부터 관광객을 끌었다. 가장 유명한 기념비 중 하나는 칼 마르크스의 무덤에 세워진 멋없고 조악한 비석이다. 크리스티나 로제티와 그녀의 가족 대부분이 하이게이트에 묻혀 있고, 단테 가브리엘 로제티의 아내인 엘리자베스 시달도 이곳에 묻혀 있는데, 로제티가 그녀에게 바친 시의 유일한 판본과 함께 매장되었다(1869년 그는 시를 꺼내기 위해 아내의 관을 열었다). 이외에도 철학자 허버트 스펜서, 작가 조지 엘리엇, 과학자 마이클 패러데이, 찰스 디킨스의 아내 캐서린, 배우 랠프 리차드슨 경, 방송인 제이컵 브로노우스키, TV 요리사 필립 하벤 등 다양한 유명인들이 이곳에 문혀 있다. 하이게이트 묘지에서는 런던의 훌륭한 정경이 내려다보이며 조각상, 천사, 부서진 바이올린, 천이 덮인 단지를 비롯해 죽음을 나타내는 다른 상징물들이 묘석을 장식하고 있는데, 이중에는 프로 권투 선수 톰 세이어스의 애완견을 비롯한 동물들도 있다. **RC**

커티 삭 영국, 런던 | Cutty Sark

영국이 해상을 지배했던 시절, 가장 빠른 범선 중 하나

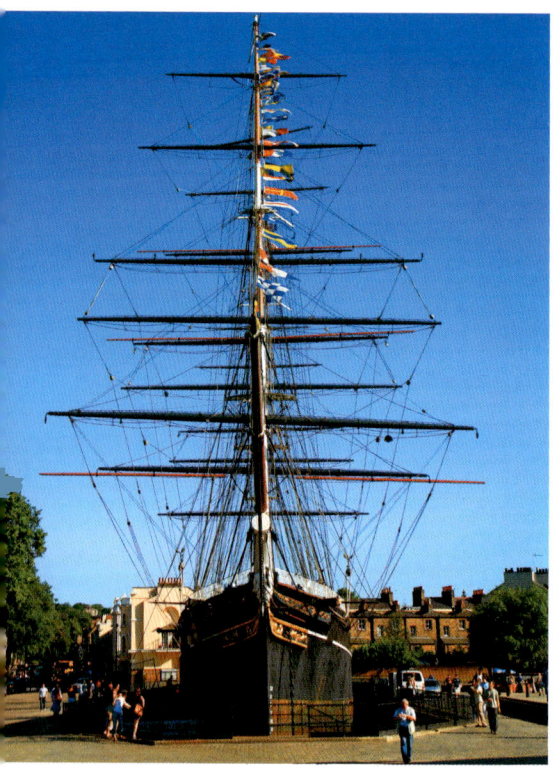

빠르고, 늘씬한 활 모양에 사각 돛을 단 19세기 중반의 상업용 범선을 어째서 '클리퍼'라 불렀는지 그 이유는 명확하지 않으나, 최초의 클리퍼는 일반적으로 미국의 배였던 1845년의 '레인보우' 호라고 간주된다. 영국의 선박 제조업자들, 특히 중국 차 무역선을 만드는 이들이 이 배를 모방했는데, 매년 처음으로 수확된 차는 유럽에서 높은 가격에 팔리기 때문이었다. 애버딘에서 건조된 '테르모필레' 호는 처녀항해에서 런던을 출발하여 63일이라는 항해기록을 세우며 오스트레일리아에 도착했다. 커티 삭은 이듬해 덤바턴의 클라이드에서 그 라이벌로 건조되었다. 1871년 이 배는 상하이를 출발하여 107일 만에 런던에 도착했다. 그러나 1869년 수에즈 운하가 개통되어 증기선이 동양으로 항해하는 일이 크게 수월해지면서 클리퍼는 이미 그 운명이 다하고 있었다.

커티 삭은 1870년대 중국 차 무역을 도맡았고(매번 백만 파운드의 차를 운반했다) 이후에는 오스트레일리아의 양모 무역에 쓰이다가, 1895년 포르투갈 회사에 팔렸으나 1920년대에 다시 영국의 소유로 되돌아왔다. 1954년에는 그리니치로 와서 템스 강변의 마른 곳에 정박되어 있다가, 항해의 시대에 바치는 찬사로서 세 개의 돛대와 놀라우리 만치 복잡한 돛 장치─커티 삭에는 16km가 넘는 로프가 쓰였다─를 완전히 갖춘 영광스러운 모습으로 복원되었다. 왕립 해군 학교와 국립 해양 박물관 근처라는 잘 어울리는 위치에 있다.

2007년 5월 21일, 큰 화재로 배 중앙이 손상을 입었다. 다행히도 돛대와 돛 장치, 부속 설비는 제거된 상태였고, 다시 예전대로 복원될 수 있다는 사실이 확인되었다. 그러나 현재는 방문객의 접근이 금지되어 있다. **RC**

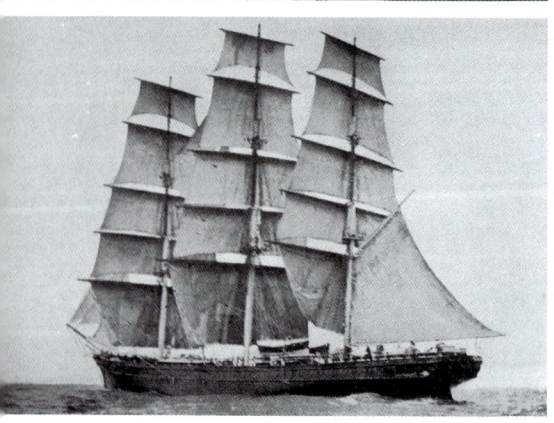

◩ 2007년 화재가 나기 이전 우아한 커티 삭의 모습─항해의 시대 이후 남아 있는 가장 훌륭한 배 중 하나이다.

◩ 양모 운반선으로 사용 중이던 때, 바다 한가운데에서 돛을 모두 올린 커티 삭의 사진.

찰스 디킨스의 집 영국, 런던 | Charles Dickens's House

본질적인 런던 작가의 집으로, 현재는 유명한 박물관이다

찰스 디킨스는 살아 있을 무렵 런던에 여러 군데의 주소지를 지니고 있었으나, 지금까지 남아 있는 것은 이 집 하나뿐이다. 다우티 스트리트에 있는 이 집은 이전에 토머스 코럼의 고아원이었던 곳과 그 아름다운 정원 근처에 있으며, 하이 홀본 근처의 사법과 상업 지구 근처에 있다. 그의 소설에 등장하는 많은 장소는 이 집에서 쉽게 걸어갈 수 있는 거리에 있다. 4층으로 된(다락방도 있다) 이 집은 매혹적인 조지 왕조풍의 테라스 중심에 있다. 지금은 공공 도로이지만 다우티 스트리트는 처음 지어졌을 때만 해도 사유 도로였으며, 양쪽 끝이 문지기가 지키는 관문으로 막혀 있었다.

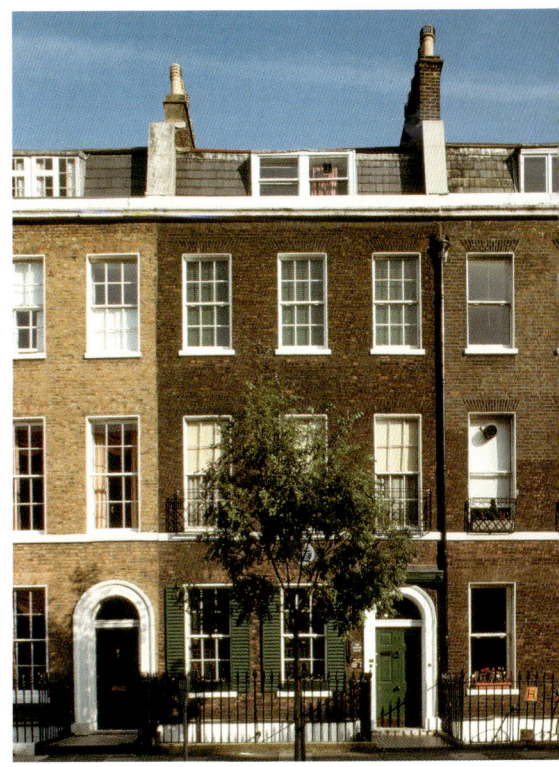

찰스 디킨스와 그의 아내 캐서린은 1837년 4월에 첫아이인 찰스 디킨스 주니어('찰리')와 함께 다우티 스트리트 48번지로 이사왔다. 이들은 1839년 12월까지 이 집에 살았으며, 손위의 두 딸─메리('메이미')와 케이티─는 이 집에서 태어났다. 이사 올 무렵, 디킨스는 이미 『픽 윅 페이퍼즈』로 명성을 얻기 시작하였는데, 그는 이 작품을 다우티 스트리트에 살 동안 끝맺었다. 『올리버 트위스트』도 이곳에서 탈고하였으며, 『니콜라스 니클비』도 대부분 이곳에서 썼다.

1902년 찰스 디킨스의 일생과 작품을 전 세계에 홍보하기 위한 디킨스 협회가 창설되었다. 1923년, 다우티 스트리트 48번지가 헐릴 위기에 놓여 있다는 소식을 들은 이 협회는 이 집을 사기 위해 모금 운동을 벌였다. 박물관은 1925년에 문을 열었으며, 디킨스 가족이 이곳에 살던 시절의 모습 그대로 보이도록 집을 다시 창조해 냈다. 박물관이 개장했을 때 디킨스 부부의 아이들 중 케이티와 헨리라는 두 자녀는 생존해 있었다. 박물관은 거의 연중 내내 개장하며, 진정으로 니킨스다운 명절을 위해 크리스마스에도 때때로 문을 연다. **LH**

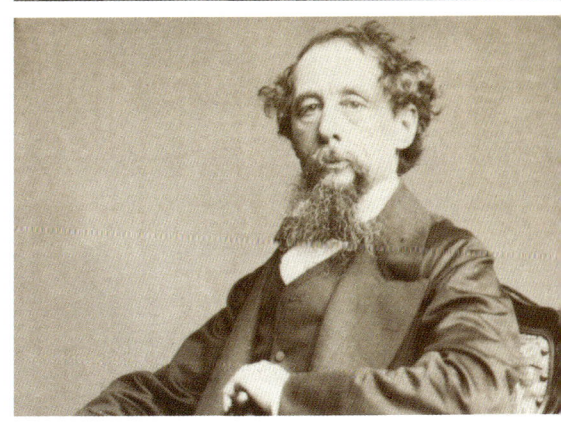

▣ 현재는 찰스 디킨스 박물관인 다우티 스트리트 48번지는 네 층으로 된 기념관이다.

▣ 찰스 디킨스는 어릴 때 가난함을 경험했기에 가난한 이들과 억압받는 이들을 옹호하게 되었다.

햄프턴 궁전 영국, 런던 | Hampton Court

런던의 연기로부터 동떨어져 안락한, 왕실의 사랑을 받은 궁전

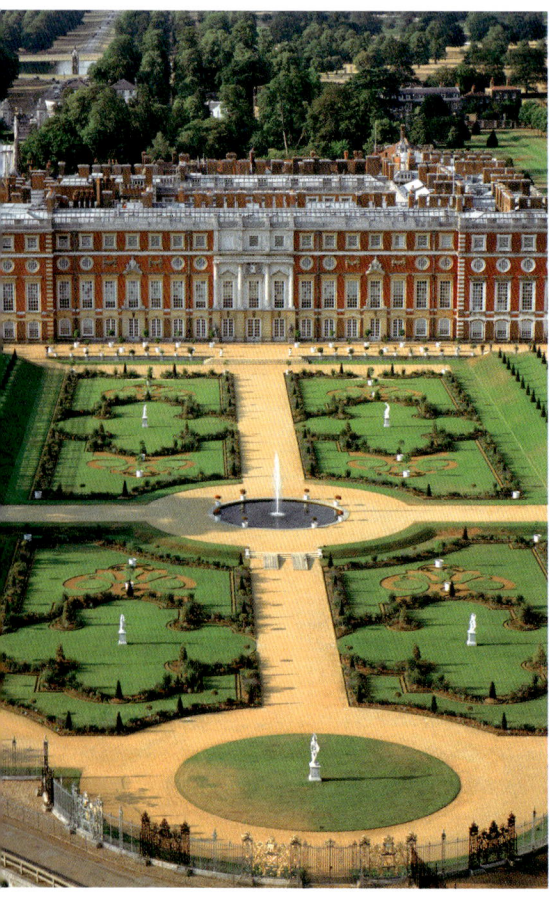

"왕의 궁전이란 뛰어남이 깃들어야 하지
만 … 햄프턴 궁전은 탁월하다!"

시인, 존 스켈턴

런던 서쪽으로 19km 거리로 뻗어 있는 햄프턴 궁전은, 옛날에는 육로로 가는 것보다 훨씬 수월하게 템스 강을 따라 배로 접근하곤 했다. 이 궁전은 몇 세대에 걸친 영국의 군주들에게 사랑을 받아 왔으며, 이들은 아낌없이 돈을 써 저택과 정원을 꾸몄는데, 이중에는 영국에서 가장 유명한 미로도 있다. 햄프턴 궁전은 원래, 푸줏간집 아들로 태어나 헨리 8세의 대법관이 될 정도로 신분이 상승했던 울지 추기경이 지은 저택이었다. 그가 보여 주었던 호화로운 환대는 동시대인들을 아찔하게 했으나, 헨리 8세의 총애를 잃게 되자 그는 왕의 마음을 달래 보려는 헛된 희망에서 궁전을 왕에게 바쳤다.

헨리는 저택을 더욱 크고 웅장하게 만들었고, 천문시계를 들여놓았다. 그와 그의 아내 중 다섯 명이 이 궁전에 머물렀다. 제인 시무어는 미래의 에드워드 6세를 낳은 후 이곳에서 죽었으며, 사형 선고를 받은 이후 자비를 간청하며 비명을 지르는 캐서린 하워드의 유령이 아직도 궁전을 배회한다고 한다. 손이 흙투성이가 되도록 정원 가꾸기를 즐겼던 엘리자베스 1세는-자신의 행동을 지켜보는 중요한 인물이 아무도 없을 때 얘기지만- 크리스마스를 햄프턴 궁전에서 보내곤 했으며 그레이트 홀에서는 그녀를 위해 연극이 상연되곤 했다. 셰익스피어는 제임스 1세 시대에 이곳에서 공연을 했고, 킹 제임스 성서를 탄생시킨 회담 역시 이 궁전에서 이루어졌다. 찰스 2세는 신혼 기간을 이곳에서 보냈고 윌리엄 3세는 크리스토퍼 렌 경에게 건물을 대대적으로 확장하도록 명했다.

초기의 하노버 왕가 역시 햄프턴 궁전을 사랑했으며, 조지 2세는 존 밴버러 경과 윌리엄 켄트를 시켜 궁전을 더 개선하도록 했다. 조지 2세는 이 궁전에 거주했던 마지막 군주였는데, 이 궁전과 얽힌 조지 3세의 유년 시절 기억이 그리 행복하지 못했기 때문이었다. 그 이후로 이 궁전은 대부분 '그레이스 앤드 페이버' 주택, 즉 국가에 기여를 했던 이들에게 하사되는 주택이 되었다. 빅토리아 여왕은 1838년 최초로 이 궁전을 대중에게 공개했다. **RC**

존슨 박사의 집 영국, 런던 | Dr. Johnson's House

최초의 포괄적인 영어 사전이 탄생한 곳

영국 문학계의 뛰어난 노장인 사무엘 존슨은 1737년 리치 필드를 떠나 런던에 도착한 이후 열일곱 군데 이상의 집에서 살았으나, 지금까지 남아 있는 것은 이 한 채뿐이다. 1700년경에 처음 지어진 이 집은 1911년 헐릴 위기에 처했으나, 플리트 스트리트의 신문 재벌 세실 함스워스가 구조의 손길을 내밀어 그대로 보존되었고 대중에게 공개되었다.

존슨은 항상 돈이 궁했으나, 『영어 사전』을 편찬하도록 제공된 돈—오늘날로 치자면 15만 파운드 정도—덕분에 그와 아내 엘리사베스('테티')는 1748년 고프 광장에 있던 이 튼튼한 집을 빌릴 수 있었다. 존슨보다 스무 살 연상이었던 테티는 1752년에 사망했고, 이는 남편에게 결코 회복할 수 없는 큰 충격이었다. 그는 1759년까지 이 집에 살았으며, 대를 이은 여러 마리의 고양이, 젊은 흑인 하인 프랭크 바버, 시인이며 백내장 수술 이후 장님이 된 애너 윌리엄스 등의 하숙인들, 그리고 영어 사전 편찬을 돕는 조수들과 함께 살았다. 여섯 명의 조수들은 다락방에 있는 긴 테이블에서 선 채로 일했다. 이 위대한 작품은 1755년 영어의 80퍼센트를 실은 수록어 43만 개를 갖춘 두 권으로 빛을 보게 되었다. 최초의 영어 사전은 아니었으나, 단연코 오늘날까지도 가장 영향력 있는 사전으로 존슨의 명성을 쌓아 주었다. 그는 이후 '딕셔너리' 존슨으로 알려지게 된다.

존슨과, 제임스 보스웰, 조슈어 레이놀즈, 배우 데이비드 개릭 등 그의 친구들은 집 근처의 '올드 체셔 치즈' 술집(플리트 스트리트 145번지)에서 만나기를 좋아했다. 나중에 이곳은 찰스 디킨스가 즐겨 찾는 곳이 되고 테니슨, 마크 트웨인, W. B. 예이츠, 코난 도일 등 다른 유명한 문인들이 이곳을 찾았다.

이 집은 존슨과 관련이 있기 때문만이 아니라, 1700년대의 모습 그대로 복원되어 그 당시 런던의 주택의 모습을 보여 주는 드문 예이기 때문에 흥미를 끄는 장소이다. **RC**

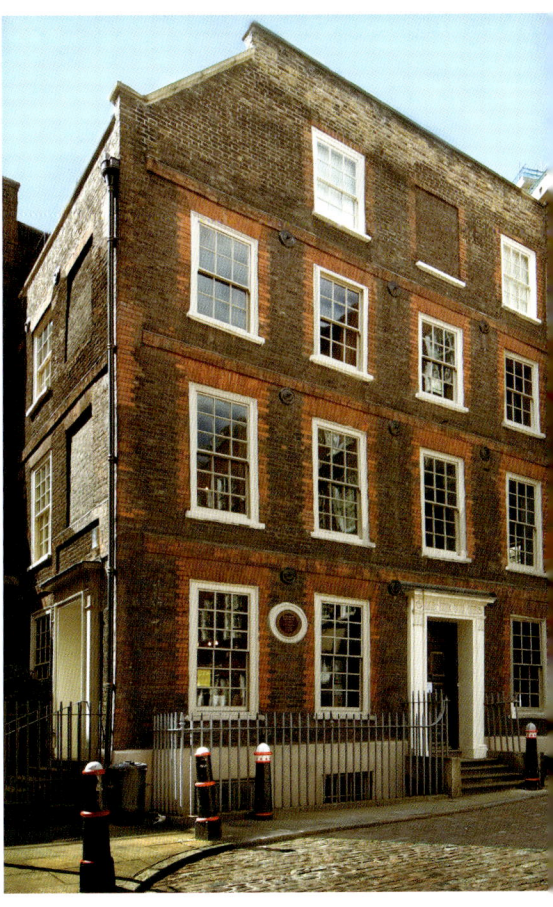

"사전을 쓰는 사람 : 단어의 의미를 세세히 밝히는 … 지루한 일에 꾸준히 놀누하는 해롭지 않은 인간."

'사전 편찬자(lexicographer)에 대한 존슨 박사의 정의

넬슨 기념탑 영국, 런던 | Nelson's Column

런던 저 높은 곳에서 넬슨 경의 동상은 자신이 충성을 다해 섬겼던 화이트홀을 바라본다

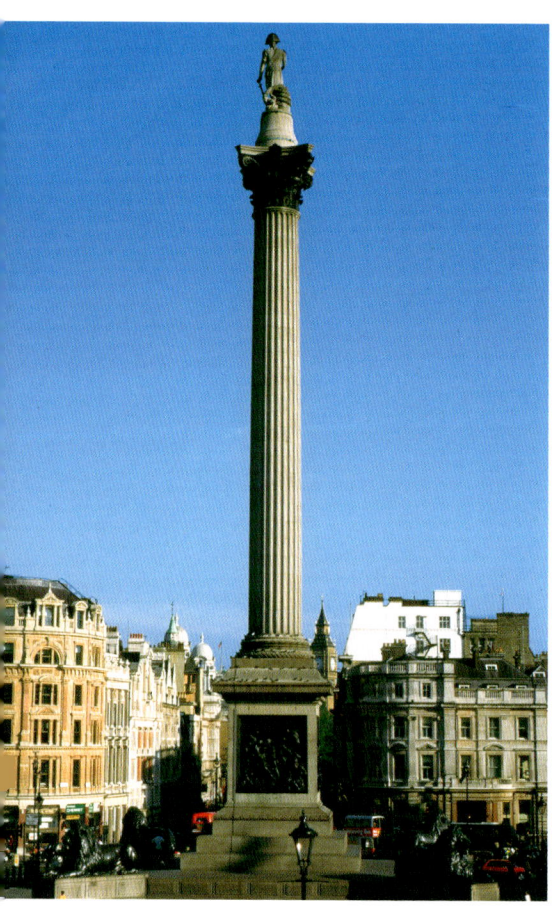

"행동과 수난 둘 다로 인해 위대함을 얻은 인간이 있다면, 바로 트라팔가의 영웅이었다."

일러스트레이티드 런던 뉴스, 1843

넬슨 기념탑은 프랑스를 상대로 거둔 승리를 선언하고 영국 해군의 가장 위대한 영웅을 기리는 탑이다. 넬슨 경은 1805년 트라팔가 해전에서 사망했는데, 이 전투에서 영국 해군은 단 한 척의 배도 잃지 않은 채 프랑스와 스페인 연합 함대 33척을 파괴했다. 5m 높이의 넬슨 경의 동상은, 높이가 52m에 달하는 세로로 홈이 파진 돌기둥 꼭대기 위에서 트라팔가 광장을 내려다 보고 있다. 동상이 제 자리에 설치되기 며칠 전, 열네 명의 사람들이 기둥 꼭대기에서 아슬아슬하게 스테이크 파티를 벌였다. 기념탑의 아래쪽에는 에드윈 랜시어 경이 디자인하고 카를로 마로체티가 1867년 주조한 네 마리의 화려하고 훌륭한 사자상이 수호하고 있고, 넬슨이 해전에서 거둔 승리를 새겼으며 포획한 프랑스 대포를 녹여 만든 청동 부조도 있다.

도시 설계에서 완전히 쓸데없는 짓이었다는 비판을 받긴 했지만, 이 광장은 런던 사람들의 애정을 한몸에 받고 있으며 런던을 방문하는 관광객들의 수첩에도 맨 위에 올라 있다. 수없이 많은 비둘기로 유명한 이 광장은 ─몇 해 전, 비둘기와의 전쟁이 선포되었다─종종 정치적 시위가 일어나는 장소이기도 하다. 광장의 역사는 1812년으로 거슬러 올라가며, 이때 건축가 존 내쉬는 한때 왕실 소유의 마구간과 외양간이 서 있었던 자리에 밀집해 있는 건물들을 없애 버리고 채링 크로스 근처에 광장을 만들자는 제안을 했다. 그러나 실제로 건축이 시작된 것은 1840년대로, 의회 의사당을 건축했던 찰스 배리 경에 의해서였다. 분수들을 비롯해 다른 많은 조각상은 나중에 추가되었지만, 화이트홀에서 자신이 처형당했던 현장을 내려다보는 말 탄 찰스 1세의 동상은 1760년대부터 이곳에 서 있었다. 윌리엄 윌킨스가 지은 광장 북쪽의 내셔널 갤러리는 넬슨 기념탑보다 몇 년 앞선 1838년에 완공되었다. 광장의 북동쪽 코너를 차지하고 있으며 엄청나게 거대한 고전주의식 주랑 현관으로 널리 알려진 제임스 깁스의 세인트 마틴-인-더-필즈 교회는 1720년대에 건축되었다. **RC**

그리니치 천문대 영국, 런던 | Greenwich Observatory

전 세계적인 시간과 공간의 정확한 측정법이 시작된 곳

1420년대부터, 템스 강변에 편리하게 위치하여 런던 동쪽과도 적당한 거리를 두고 있는 그리니치는 영국 왕실이 가장 선호하던 거처였다. 헨리 6세의 숙부인 글로스터 공작이 원래의 궁전을 짓고 그리니치 파크를 설계했는데, 이는 런던에서 가장 오래된 왕실 정원이다. 공작은 언덕 꼭대기에 강물과 배를 내려다볼 수 있는 망루를 지었는데, 이 망루가 있던 곳에 세계에서 가장 유명한 천문대 중 하나가 들어서게 된다. 그리니치 천문대는 특히 경도 0도로 이 지점을 지나가는 '그리니치 자오선'(바닥에 표시되어 있다)과, 1884년 회담을 통해 전 세계적으로 세계 시간대를 정하는 기준으로 알려진 그리니치 평균시로 특히 유명하다.

이 천문대는 과학에 관심이 있었으며 스스로도 취미로 과학을 즐겼던 찰스 2세에 의해 설립되었다. 크리스토퍼 렌 경이 건축을 맡았고, 초대 왕립 천문대장은 존 플램스티드였는데, 그는 주춧돌을 놓으면서 엄숙한 태도로 이 새로운 기관의 별자리 운세를 점쳤다. 그의 뒤를 이은 에드먼드 핼리(핼리 혜성으로 유명한) 역시 천문대 일에 깊이 열중했다. 더욱 정교한 망원경과 존 해리슨의 새로운 해양 크로노미터를 비롯한 다른 장비들이 추가되었고, 세기를 거치면서 이러한 장비들을 보관하기 위해 별도의 방들이 지어졌다. 1833년에는 작은 탑 꼭대기에 '타임 볼'이 설치되었는데, 이 공은 매일 오후 13시에 정확히 아래로 떨어져 강을 지나는 배와 지역의 시계 제조인들에게 시간을 알려 주었다.

런던의 연기와 안개 때문에 천체 관측이 점점 어려워져, 1948년에서 1957년에 걸쳐 천문대는 서섹스에 있는 허스트 먼스 성으로 이전했다. 천문대의 일부는 박물관으로 개관했으며, 존 플램스티드의 집과 다른 건물들 역시 전시되어 있다. 중요한 진보적인 단계의 선축을 내표한다는 점에서, 그리고 천문학과 항해술에 공헌했다는 점에서 유네스코는 1997년 그리니치 해양 박물관을 세계문화유산으로 정했다. **RC**

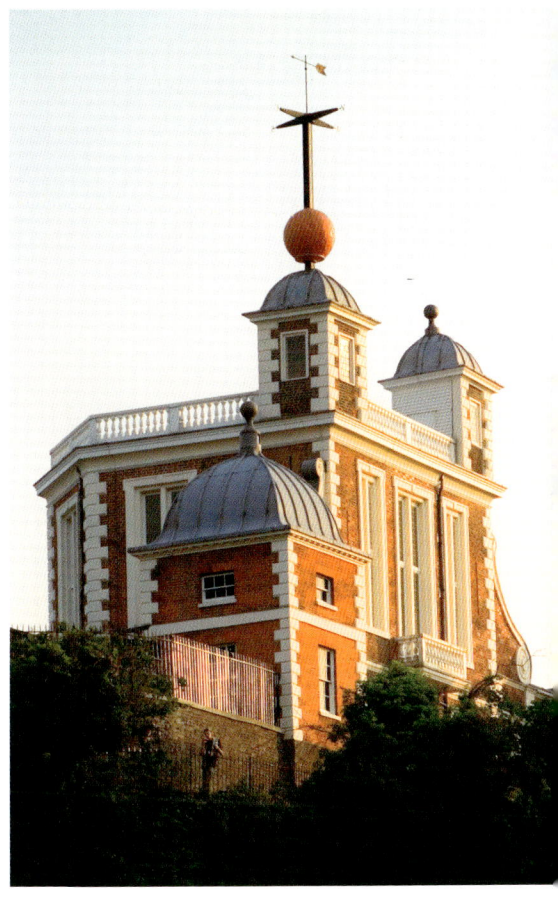

"…항해 기술을 완전하게 할 수 있도록 그렇게도 원해 왔던, 장소들 간의 경도를 찾아내기 위하여."

찰스 2세, 천문대의 목적에 대해

세인트 폴 대성당 영국, 런던 | St. Paul's Cathedral

런던 대화재의 잿더미에서 일어난 걸작품

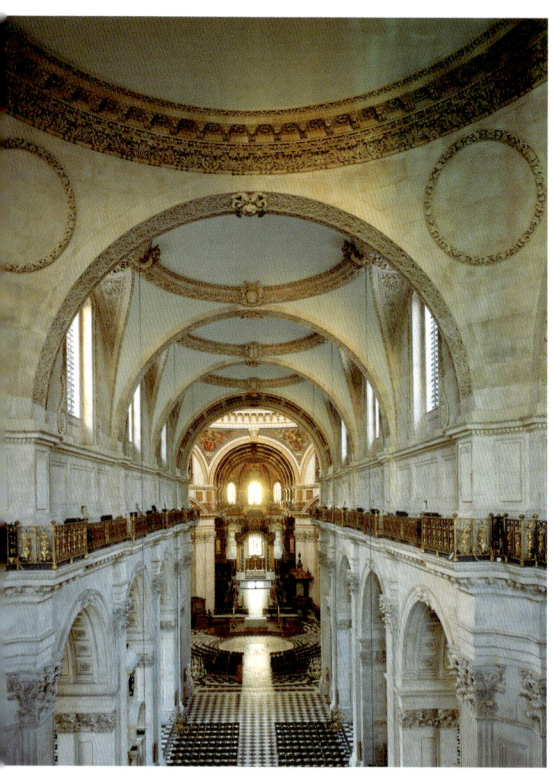

"극히 만나기 힘들 정도의 … 너무나 훌륭한 완벽함, 기계처럼 정확한 손길, 그리고 그토록 철학적인 마음."

건축가, 로버트 후크, 크리스토퍼 렌에 대한 칭찬

⊞ 2005년에 끝난 4년에 걸친 보수 작업으로 생각지 못했던 섬세한 장식이 드러났다.

⊞ 허버트 메이슨이 찍은 상징적인 사진에 담겨 있는, 런던이 공습당하던 밤의 성당.

명성은 런던에 있는 교회당 중에서 오직 웨스트민스터 대수도원에만 둘째갈 뿐이며, 공식적으로는 런던 주교 관구의 성당인 세인트 폴 대성당은 크리스토퍼 렌 경의 걸작이다. 그는 "그의 묘비를 찾는다면, 그대 주변을 돌아보라"라는 유명한 묘비명과 함께 이 성당에 잠들어 있다. 웅장한 돔의 규모를 능가하는 건물은 오직 로마에 있는 산 피에트로 바실리카뿐이다. 돔 아래, 내부에는 유명한 '위스퍼링 갤러리'가 있다. 세인트 폴 대성당은 1941년 공습 중에 폭격을 당했으나, 자발적인 화재 감시인들이 헌신적으로 활동해 준 덕택에 더 큰 피해를 피할 수 있었다.

성당 부지의 종교적인 역사는 604년까지 거슬러 올라간다. 그때부터 이 자리에는 여러 채의 교회가 연이어 세워져 왔는데, 중세의 거대한 올드 세인트 폴 성당이 그중 최고였다. 이 성당은 예배뿐만 아니라 사업 거래며 밀회가 이루어지는 장소이기도 했는데, 1666년 대화재로 완전히 파괴되었다. 마치 이에 대한 복수라도 되는 듯, 렌이 지은 새로운 성당의 건축 비용은 주로 런던으로 수입해 오는 석탄에 붙은 세금을 통해 충당되었다. 성당의 첫 예배는 1697년에 열렸고, 마지막 돌이 놓여 완성된 것은 1710년이었다.

대화재에도 비교적 피해 없이 살아남은 유일한 기념비는 세인트 폴 대성당의 주임 사제 중 가장 유명한 인물인 존 던의 기념비이다. 위대한 웰링턴 공작도 이곳에 묻혀 있으며 회중석에 거대한 기념비가 있다. 넬슨 경은 돔 중앙부 지하에 안치되어 있는데, 그의 유해는 관 안에 생생하게 보존되어 있다. 이 성당에서 존경받는 다른 유명인들로는 플로렌스 나이팅게일, 아라비아의 로렌스, 페니실린을 발견한 알렉산더 플레밍 경을 비롯하여 조슈어 레이놀즈 경, J. M. W. 터너, 에드워드 헨리 랜시어, 윌리엄 홀맨 헌트(그의 작품인 〈세상의 빛〉이 성당 안에 있다), 존 싱어 사전트 등 쟁쟁한 화가들이 있다. 세인트 폴 대성당은 국장(國葬)을 치르고, 추수감사절 국가 예배를 열고, 왕실의 행사를 개최하는 데에 쓰인다. 찰스 왕자와 다이애너 스펜서는 1981년 이 성당에서 결혼했다. **RC**

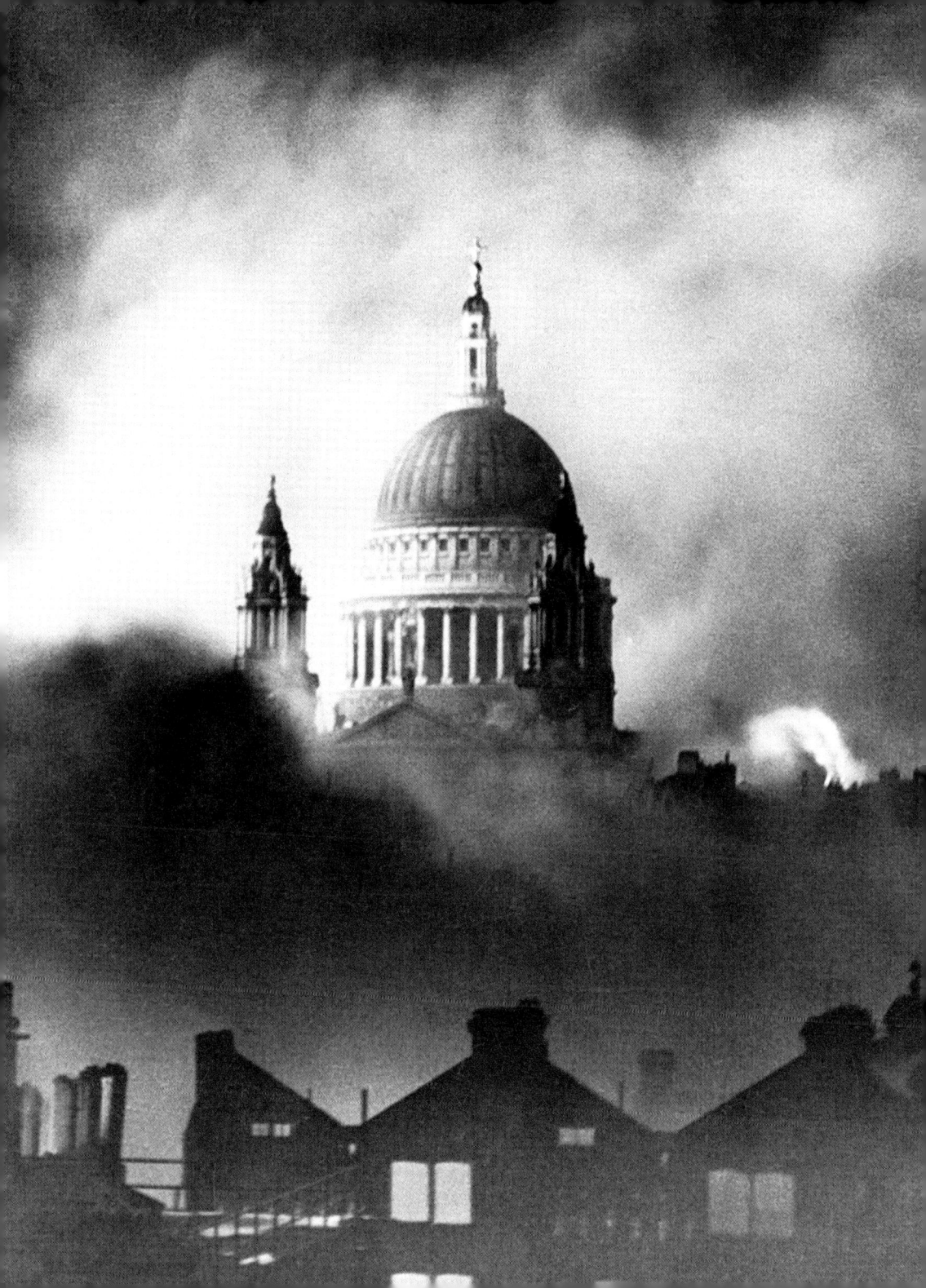

템플 교회

영국, 런던 | Temple Church

원형의 회중석이 독특한 이 교회는 템플 기사단에 의해 세워졌다

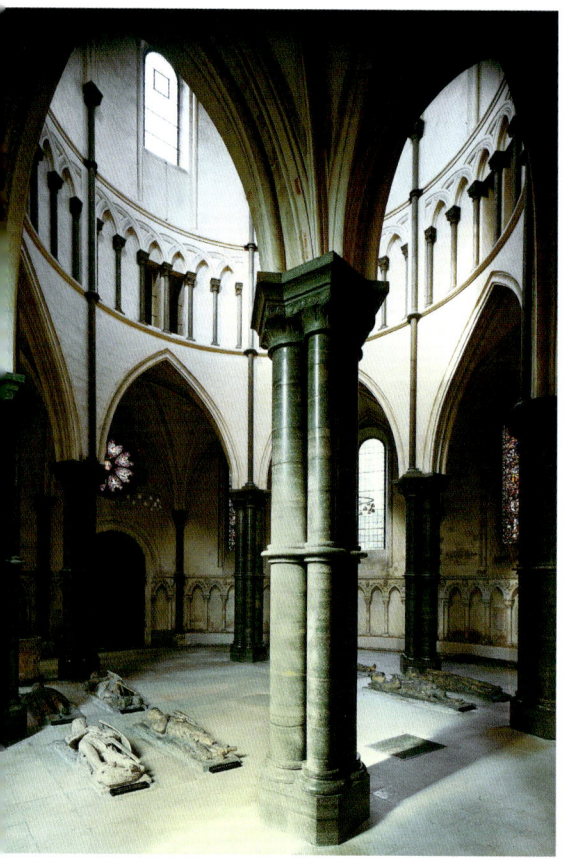

"법과의 연관이 매우 깊었고, 오늘날 교회에서 예배드리는 이들은 변호사들이다."

역사가, 리처드 존스

템플은 플리트 스트리트 남쪽에 있는, 변호사들이 모인 구역이다. 이 이름은 1118년 성지로 가는 순례자들과 예루살렘에 있는 여호와 성전을 지키기 위해 설립된 템플 기사단 에서 왔다. 영국의 분파는 그 본원을 템스 강 북쪽 변에 세우고 이를 '뉴 템플'이라 불렀는데, 그 전형적인 원형 교회당이 있다. 이는 런던교구와는 독립적으로 왕권의 지배를 받는 '왕실 특수 교구'였다.

성모 마리아에게 바친 이 교회당은 1185년 예루살렘의 대주교에게 축성을 받았고 다음 세기에 들어 성단소가 지어졌다. 템플 기사단의 비밀 입문 의식이 교회 지하에서 행해졌다. 고해 성사실이 아직도 남아 있는데, 이 방에 서는 기사단장의 명령에 불복하였던 기사단의 아일랜드 대(大)지부장이 갇혀 굶어 죽었다. 1312년 템플 기사단은 탄압을 겪었고, 교회당은 '구호 기사단'(1080년 순례자들을 위해 예루살렘에 세워진 아말피 병원에서 시작된 종교 기사단)에게 넘어갔으며, 부지의 일부는 변호사들을 위한 숙박소로 임대되었다. 제임스 1세는 결국 이곳을 변호사들에게 줬는데, 교회를 영원히 현재의 상태로 보존할 것을 요청했다. 그들은 이 말에 따라 교회를 고객을 만나는 장소로 삼았는데, 포치에서는 음악 공연이 성행했다. 사무엘 페피스는 이곳의 고객 중 하나였다.

19세기에 들어 교회는 1820년대, 1840년대, 1860년대 복원되었다. 외벽 대부분은 배스 석으로 다시 포장되었으며 많은 부분이 개조되었다. 불행인지 다행인지 1941년 공습 때문에 교회당은 큰 손상을 입었다. 1947년부터 건축가 월터 고드프리가 주의 깊은 복원 작업을 수행하여, 중세 때부터 교회에 안치되었던 기사들의 부서진 조각상을 솜씨 좋게 수리했다. 아마 가장 놀라운 발견은 크리스토퍼 렌 경이 1666년의 런던 대화재 이후 제작한 나무로 된 실내 장식을 창고에서 되찾아낸 일일 것이다. 화재 때 템플 교회는 전혀 피해를 입지 않았지만 말이다. 렌의 목재 세공 장식은 화재로 손상된 빅토리아 풍의 성단소를 대체하여 그 자리에 다시 설치되었다. **RC**

로드 크리켓 구장

영국, 런던 | Lord's Cricket Ground

영국 크리켓의 존경 받는 메카

세계에서 가장 유명한 크리켓 경기장인 이곳은, 요크셔 출신의 유능한 선수로 1787년 현재의 구장에서 남쪽으로 그리 멀지 않은 곳에 있는 오늘날의 도셋 광장에 크리켓 경기장을 개장했던 토머스 로드의 이름을 따왔다. 새로 조직된 메릴레번 크리켓 클럽(MCC)에서 재정적인 지원을 해 주었다. 최초의 이튼 대 해로우 경기가 1805년 이곳에서 열렸는데, 당시 해로우 팀에는 바이런 경이 있었다. 이 클럽은 1811년 별로 멀지 않은 다른 곳으로 옮겨 가면서 원래 구장의 잔디를 떼어 가지고 갔는데, 옮겨 간 곳은 리젠트 운하를 건설하는 부지로 의회의 요청을 받게 되었다. 마침내 1814년, 로드와 메릴레번 크리켓 클럽은 당시 오리 연못이 있던 세인트 존스 우드에 있는 현재의 부지를 임대하는 데에 이르렀다.

로드는 1832년 사망했고, 크리켓 경기의 최고 권위자로 널리 알려지게 된 MCC는 1866년 로드의 구장을 완전히 매입했다. 최초의 특별관람석이 1867년에 지어졌고, 타번 스탠드는 1868년 다시 지어졌으며, 1877년부터 미들섹스 카운티 크리켓 클럽이 로드 구장을 홈 경기장으로 삼게 되었다. 로드 구장에서 개최된 최초의 '테스트 매치', 즉 국제 시합은 1884년에 열렸는데, 잉글랜드가 오스트레일리아를 상대로 승리를 거두었다. 이후로 크리켓 경기의 가장 위대한 선수들이 로드 구장에서 경기해 왔으며, 파빌리온에 있는 유명한 '롱 룸'에는 이러한 수많은 유명인들의 초상이 남아 있다. 1923년에 제작된 정문은 전설적인 선수 W. G. 그레이스에게 바치는 기념물이다. 시간의 신이 주문(柱門)에서 공을 꺼내고 있는 모습의 풍향계ー이는 죽음을 크리켓에 비유한 것이다ー는 1926년에 설치되었다.

오늘날 구상은 마이클 홉킨스의 미 오드 스탠드(1987), 니콜라스 그림쇼의 그랜드 스탠드(1999), 퓨터 시스템즈가 설계한 미디어 센터(1999) 등 현대적인 건축을 자랑한다. 예전 코트에 있는 박물관은 전설적인 애시스가 들어 있는 단지를 비롯한 훌륭한 컬렉션이 있으며, 1936년 크리켓 볼에 맞았던 참새를 박제해 둔 것도 있다. **RC**

로열 호스피탈

영국, 런던 | Royal Hospital

첼시 연금수령자들의 집

푸른 제복과 뾰족한 모자를 착용한 첼시 연금수령자들ー특별한 행사가 있는 날이면 대신 진홍색 프록코트를 입고 삼각모를 쓴다ー의 모습은 첼시에서 흔히 볼 수 있는 광경이다. 이들은 약 400명으로 나이는 대부분 55세 이상인데(90세를 족히 넘긴 이들도 가끔 있다), 매년 이들이 개최하는 특별 행사 하나는 이 연금을 제정한 찰스 2세가 의회파의 손에서 탈출하여 보스코벨의 오크 나무에 숨어 있었던 일을 기념하며 4월 오크 애플 데이(왕정복고 기념일)에 퍼레이드를 벌이는 것이다.

> "로열 호스피탈의 목적은 고령과 전쟁으로 인해 상처 입은 노병들에게 원조와 위안을 제공해 주려는 것이다."
> 찰스 2세

전설에 따르면 노병들이 거주할 수 있는 집을 만들어 주자는 생각은 찰스 왕의 마음씨 고운 정부 넬 그윈에게서 나왔다고 하지만, 찰스가 파리의 '앵발리드'에서 그 아이디어를 얻었다고 보는 편이 재미는 없지만 더 타당할 듯하다. 크리스토퍼 렌 경이 건물을 설계하라는 요청을 받았는데, 부지는 원래 제임스 1세가 세운 신학교가 있던 곳이었다. 새로운 건물을 짓는 데 드는 비용은 대부분 스티븐 폭스 경이 지불해 주었다. 그는 정부의 재무성 회계 장관으로 커다란 부를 쌓았으며 그 일부를 다시 내놓는 셈이었다. 최초의 연금수령자들은 1689년에 도착했다. 로버트 애덤과 존 손 경이 이후에 건물을 증축하긴 했지만, 주 건물은 근본적으로 렌이 설계한 대로 남아 있다.

한때는 템스 강까지 이르렀던 드넓은 부지에서는 매년 5월 첼시 플라워 쇼가 열려 수많은 군중을 끌어 들인다. 이 땅 어딘가에 18세기의 여성 군인 두 명인 크리스티아나 데이비스와 해너 스넬이 묻혀 있는데, 이들은 남자로 성공적인 분장을 한 후 싸웠다. **RC**

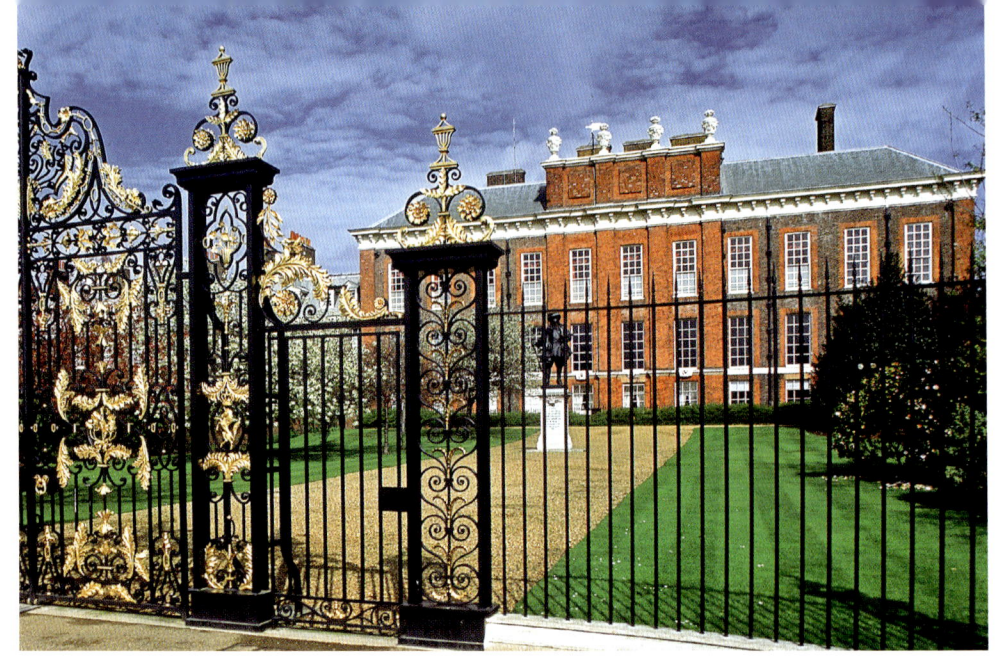

켄싱턴 궁전 영국, 런던 | Kensington Palace

다이애나 황태자비의 추억이 어린 왕실 거주지

켄싱턴 궁전은 원래 이전 소유주 노팅햄 백작의 이름을 따라 노팅햄 하우스라 불렀는데, 템스 강 옆에 있는 오래된 화이트홀 궁전이 천식을 앓고 있는 자신에게 좋지 않다고 생각한 윌리엄 3세가 1689년 이 저택을 사들였다. 크리스토퍼 렌 경이 건물을 재건축했다. 궁정은 1689년 크리스마스 날 이곳으로 이사했는데, 하루라도 빨리 옮겨 오고 싶었던 메리 여왕은 그전에도 종종 켄싱턴을 방문해 인부들을 독촉하곤 했다. 한 번은 그녀가 방문한 이후, 너무 급하게 올렸던 새로 지은 건축물이 떨어지는 바람에 여러 사람이 죽기도 했다.

앤 여왕과, 그녀의 남편이며 역시 천식 환자였던 덴마크의 조지 공 역시 이 궁전을 좋아했다. 조지 1세도 이곳을 마음에 들어하며 새로운 의전실을 짓게 했고, 조지 2세도 마찬가지였는데 그의 아내 캐럴라인은 정원을 새로이 조경하도록 했다. 조지 3세는 버킹검 궁전을 선호했고, 그때부터 켄싱턴 궁전은 왕자나 공주, 왕가의 친척들이 거주하는 장소가 되었다. 켄트 공작과 공작부인은 이

궁전으로 옮겨 왔고, 장차 빅토리아 여왕이 되는 그들의 외동딸은 1819년 이 궁전의 1층에 있는 방 한 곳에서 태어났다. 빅토리아 여왕은 소녀 시절 내내 런던에 있을 때면 켄싱턴 궁전에 머물렀으며, 1837년 그녀가 자신이 왕위에 오르게 될 것을 정식으로 통보받았던 것도 이곳이었다. 그녀는 곧 어머니의 간섭을 벗어나기 위해 버킹검 궁전으로 옮겨 갔다. 대리석으로 된 빅토리아 여왕 상이 궁전 앞을 빛내고 있다.

테크 공작과 공작부인은 1867년부터 켄싱턴 궁전에 살았으며, 나중에 조지 5세의 아내가 되는 그들의 딸 메리가 이곳에서 태어났다. 빅토리아 여왕의 딸이며 예술가인 루이즈 공주는 1880년에서 1939년에 걸치는 상당한 기간 동안 이 궁전에서 살았으며, 런던 박물관은 1950년부터 1975년에 독립 건물을 얻기 전까지 이곳에 있었다. 앨리스 공주, 마거릿 공주, 그리고 다이애나 황태자비가 이곳에 살았는데, 1997년 치러진 그녀의 장례 행렬은 여기서부터 시작했다. **RC**

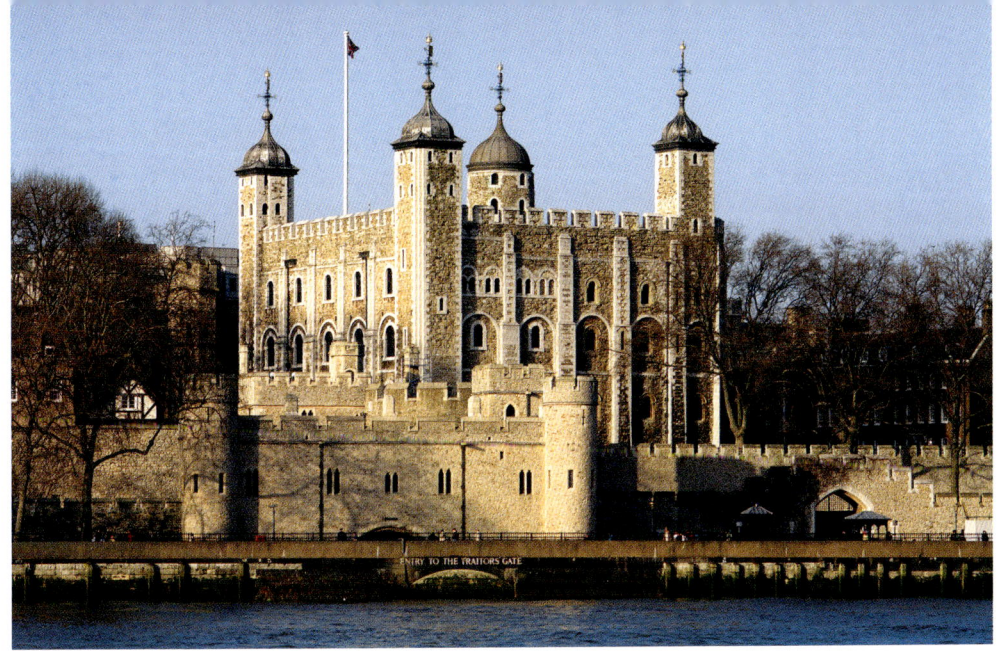

런던탑 영국, 런던 | Tower of London

수세기 동안 영국 왕실의 철벽 요새였던 곳

영국에서 가장 드라마틱한 노르만 건축물인 런던탑은, 정복왕 윌리엄이 런던을 감시하기 위한 성채 목적으로 지었던 이래 위압적인 자태로 템스 강을 내려다보아 왔다. 런던탑은 노르만 군사 건축 양식을 보여 주는 전형적인 예이며, 중세에 지어진 다른 많은 요새의 본보기가 되어 왔다는 점에서 1988년 유네스코 세계문화유산으로 등재되었다. 1603년까지 이곳은 왕궁이었으며, 군사 본부와 병영, 감옥, 반역죄를 저지른 이들을 사형에 처하는 처형장이 있었다. 한때는 왕립 천문대와 왕립 동물원이 이곳에 들어서기도 했다. 현재 런던탑에는 대관식 때 쓰는 보물이 보관되어 있고, 무기고가 있으며, 까마귀들이 음침한 분위기로 탑 주변을 서성대고 있다. 까마귀틀이 엉엉 떠나 버리면 탑이 무너질 거라는 전설이 있어, 이 까마귀들은 날개가 잘린 상태다.

런던탑은 처음에는 임시 목조 요새였다가 높이 27m에 두께 4.5m의 돌 벽을 지닌 육중한 성으로 대체되었는데, 이 건물이 지금도 서 있는 '화이트 타워'이다. 방어 시설은 1190년대에 더욱 강화되었으며, 1235년 동물원에 처음으로 들어온 동물들—표범 세 마리—이 도착하여 대중들이 볼 수 있도록 전시되었다. 1200년대 후반에 외벽이 지어졌고 '반역자의 문'이 생겼다. 조폐국과 대관식 보물이 이곳에 소장된 것은 1300년대부터였으며, 중세에 들어서는 대관식 행렬이 종종 런던탑에서 출발하곤 했다.

런던탑에서는 오랜 기간 동안 고문과 유혈 사태가 자행되어 왔다. 헨리 6세가 이곳에서 살해되었고, 에드워드 4세의 아들, 두 명의 '어린 왕자들' 역시 '블러디 타워'에서 살해되었다. 왕비 앤 볼린은 '타워 그린'에 있는 요새에서 참수 당했으나, 대부분의 경우 처형은 외부의 타워 힐에서 이루어졌고 그 시체는 음울한 분위기의 예배당인 '세인트 피터 아드 빈쿨라'(사슬에 매인 성 베드로)로 옮겨졌다. 가이 포크스와 그의 공모자들은 1605년 이곳에서 심문받았다. 이곳에는 유령이 매우 많다. **RC**

헨델의 집 영국, 런던 | Handel's House

위대한 독일 작곡가이자 하노버 왕조의 조지 1세가 총애했던 음악가의 거주지

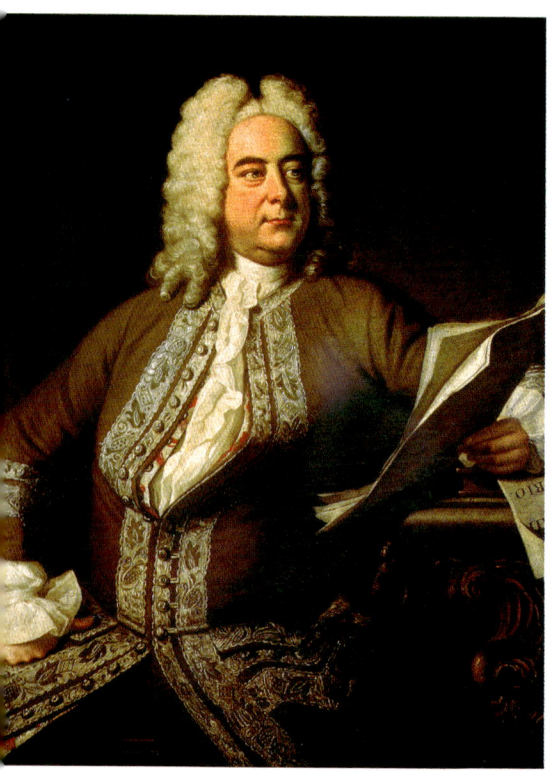

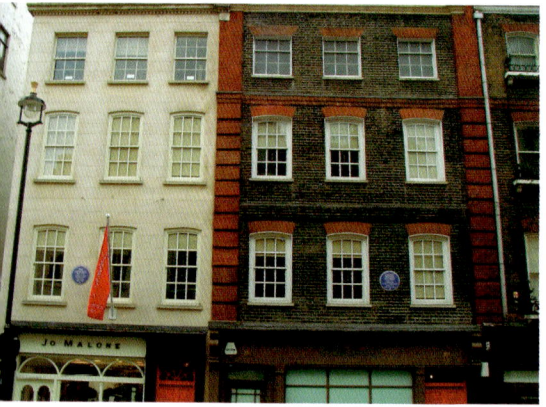

그로스브너 광장 밖의 브룩 스트리트는 1720년대에 세워진 거리로, 다음 10년 동안 '가장 고상하게 지어지고, 품격을 갖춘 이들이 거주했던 장소로 묘사되었다. 게오르그 프레드리히 헨델은 1723년 30대의 나이로 25번지에 들어 오면서 첫 번째 거주자가 되었다. 그는 이후 평생을 이 집에서 보냈으며, 자신이 귀화한 나라에서 눈부신 성공을 누리고 1759년 이 집에서 죽었다.

독일의 할레에서 태어난 헨델은 하노버 궁정에서 음악을 담당하는 위치까지 출세했다. 그는 1710년 오페라 〈리날도〉의 초연을 위해 처음으로 런던에 왔는데, 하노버 왕가의 선제후(選帝侯)가 조지 1세로 왕위에 오르게 되었다는 사실은 그에게 전혀 해롭지 않은 일이었다. 그의 음악은 커다란 인기를 끌었고, 1735년 그는 코벤트 가든 극장을 인수해 여섯 곡의 오페라와 수많은 오라토리오를 작곡했다. 브룩 스트리트의 집은 코벤트 가든과 소호에서 열리는 음악 행사와 사교 모임에 참석하기 편한 곳이었고, 헨델이 왕가의 음악장을 맡았으며 왕실 예배당의 작곡가로 있었던 세인트 제임스 궁전과도 가까웠다. 그는 하노버 광장에 있는 세인트 조지 교회당에서 정기적으로 오르간을 연주하곤 했다. 〈사울〉, 〈이집트의 이스라엘〉, 1743년에 영국에서 초연한 〈메시아〉, 〈삼손〉, 〈수상(水上)의 음악〉 등을 비롯하여 왕궁의 불꽃놀이 때 듣도록 작곡한 음악까지, 그가 남긴 많은 걸작은 이 집에서 작곡되었다.

이 위대한 작곡가는 웨스트민스터 대수도원에 안장되었다. 브룩 스트리트의 집은 훌륭하게 복원되어 2001년 헨델 박물관으로 문을 열었다. 이상한 우연의 일치이지만, 이웃인 23번지에는 락 뮤지션 지미 헨드릭스가 1960년대에 살았다. **RC**

◪ 헨델은 크게 존경받았다. J. S. 바흐는 "헨델이야말로 내가 죽기 전에 만나고 싶은 단 한 사람"이라고 말했다.

◩ 브룩 스트리트에 있는 푸른 현판이 25번지(오른쪽)에 헨델이, 23번지에 지미 헨드릭스가 살았음을 알린다.

1천 년에 걸친 정치권력의 역사가 깃든 토론의 장

웨스트민스터 대수도원 근처에 있는 이 궁전은 1066년 이진 참회왕 에드워드의 시대부터 헨리 8세의 통치기까지 왕궁이 었다. 결국 국회의 상원과 하원이 이곳을 차지했는데, 16세기의 하원 의원들은 제단 자리에 연사를 세운 채 세인트 스티븐 예배당의 성가대 석 너머로 서로를 마주 보았다. 대(大)피트와 소(小)피트, 찰스 제임스 폭스 같은 인물들은 바로 이곳에서 토론을 벌였다. 1834년, 상원 의원실 아래에 있는 난로에서 재무부에서 사용하던 필요 없는 계산용 막대기들을 잔뜩 태워 버리자는 결정이 내려졌다. 다음날 아침 궁전의 대부분은 연기가 피어오르는 폐허가 되어 버렸다. 높이 솟아오르고 작은 탑이 많이 달린 오늘날의 외관은 대부분 재건축했을 때 이루어진 것이다.

궁전을 '고딕 또는 엘리자베스 양식'으로 짓기로 결정되었다. 찰스 배리 경과 오거스터스 퓨진이 주 건축을 맡았고, 앨버트 공이 주관하는 위원회가 그림과 조각품의 선택을 감독했다. 건축 작업은 1837년에 시작했다. 상원은 1847년 다시 궁전 안으로 돌아왔고, 글래드스턴과 디즈레일리, 로이드 조지와 볼드윈, 처칠과 애틀리 등 유명한 인물들이 토론을 벌이게 될 장소인 새로운 하원 의원실이 1852년 문을 열었다. 웨스트민스터 궁전에서 가장 유명한 것은 빅 벤이라는 이름의 종이 달린 시계이다. 1858년, 13.5t의 종이 위로 끌어올려져 98m 높이의 시계탑에 설치되는 광경을 보기 위해 군중들이 길거리에 줄을 섰다. 이 시계의 웅장한 종소리는 그 이후로 런던과 영국을 상징하게 되었다. 하원 의원실은 제2차 세계대전 때 폭격으로 피해를 입었으나, 재건축되었다. **RC**

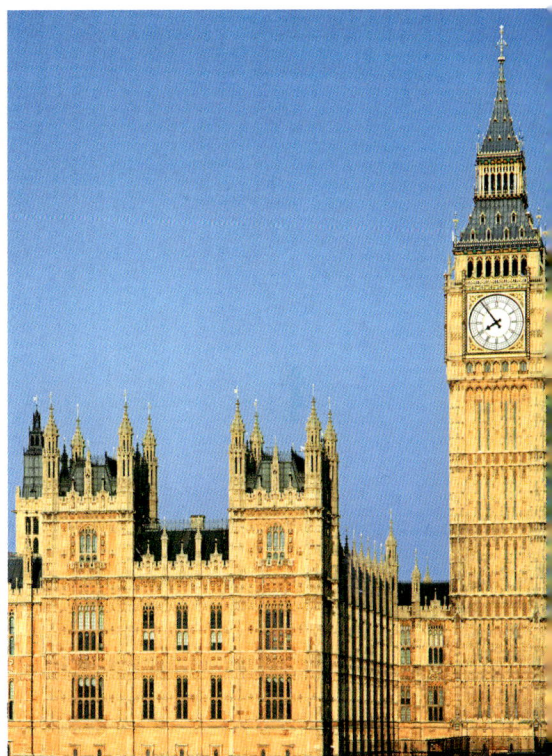

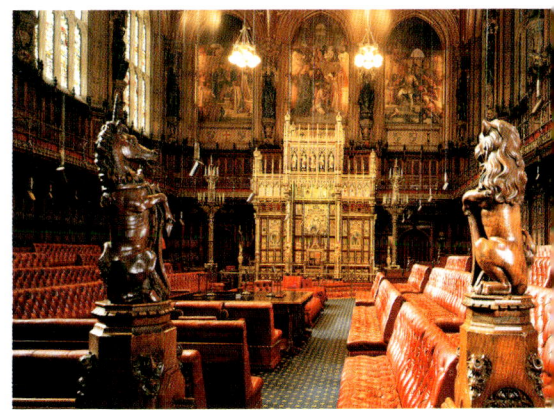

◩ 수직으로 높이 치솟은 웨스트민스터 궁전은 세계에서 가장 훌륭한 고딕 부흥 양식 건물 중 하나이다.

◪ 의회가 개장될 때, 군주는 상원 의원실에 있는 왕좌에서 연설을 한다.

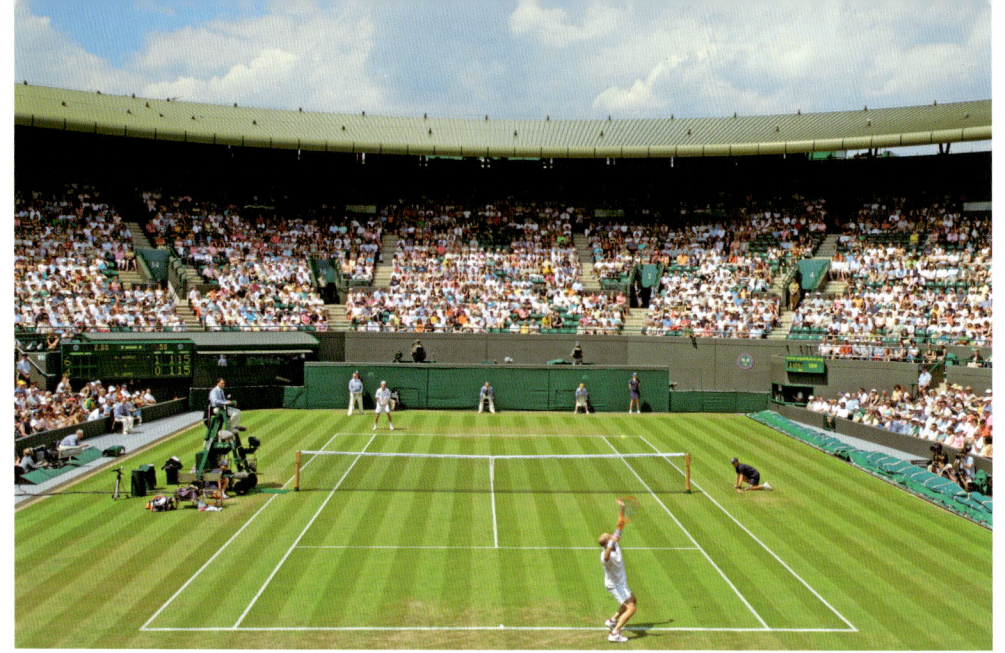

올 잉글랜드 론 테니스 앤드 크로케 클럽 영국, 런던 | All England Lawn Tennis and Croquet Club

전 세계에서 가장 이름난 테니스 구장

이 클럽은 1869년 올 잉글랜드 크로케 클럽이라는 이름으로 윔블던의 워플 로드에 세 개의 잔디 구장을 보유한 채 시작되었다. 중앙의 코트가 원래의 센터 코트였다. 그러나 1874년에 월터 윙필드라는 이름의 은퇴한 육군 소령이 새로운 론 테니스 경기의 특허를 냈고, 이 새로운 경기는 히트를 쳤는데 특히 윔블던에서 그랬다. 크로케처럼, 이 경기도 풀밭에서 진행되었으며 예전의 '리얼 테니스'처럼 값비싼 코트를 필요로 하지 않았다. 1877년에는 론 테니스가 크로케보다 우세해졌고, 이 해에 최초의 윔블던 테니스 선수권 대회가 개최되었다. 이 경기는 클럽에서 사용하는, 조랑말이 끄는 롤러의 수리비용을 마련하기 위해 열렸다는 일화가 있다.

론 테니스가 진지하게 스포츠로 받아들여진 것은 이때 부터였다. 1882년 이 클럽은 이름을 '올 잉글랜드 론 테니스 앤드 크로케 클럽'으로 바꿨다. 1888년 영국에서 테니스 경기를 주관하는 단체인 론 테니스 협회가 창설되었고, 이는 윔블던 클럽과 긴밀하게 연관되어 있었는데, 윔블던은 1922년 처치 로드에 있는 현재의 구장으로 옮겨져 조지 5세에 의해 개장되 었다. 초기부터 여성들도 경기에 훌륭하게 참여했고, 윔블던은 1884년 여성 단식과 남성 복식을, 1913년에는 여성 복식과 혼합 복식을 도입했다. 1880년대와 1890년대의 유명한 윔블던 선수 중에는 쌍둥이 형제인 윌리엄과 어니스트 렌쇼가 있는데, 이들은 언더헤드 대신 오버헤드 서비스를 선보였다. 윌리엄 렌쇼는 단식 경기에서 일곱 차례나 우승했다. 원래 윔블던 선수권 대회에는 아마추어만 참가할 수 있었으나(진짜 아마추어든, 그렇다고 추정하는 것이든) 1968년—'열린 시대'의 시작이었다—이러한 구분이 사라져 모든 선수가 모든 토너먼트에 참가할 수 있게 되었다.

윔블던 선수권 대회가 개최된 지 100년 되는 해인 1977년에 문을 연 윔블던 론 테니스 박물관에서는 테니스 경기와 대회의 역사가 흥미롭게 전시되어 있으며, '센터 코트'도 방문해 볼 수 있다. **RC**

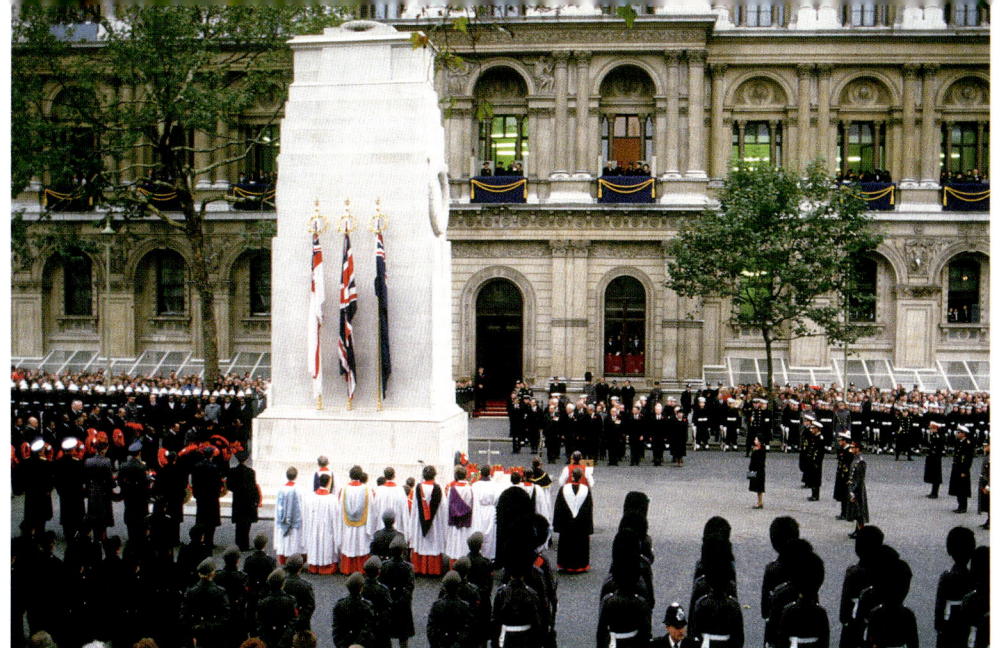

세노타프 영국, 런던 | Cenotaph

양차 세계대전에서 전사한 이들을 위한 엄숙한 기념비

제1차 세계대전은 공식적으로 1918년 11월 11일 11시에 공식적으로 종결되었다. 대영 제국의 수도에는 '전쟁을 끝내기 위한 전쟁'에서 싸우다 전사한 이들을 위한 기념물이 필요했고, 데이비드 로이드 조지의 정부는 '세노타프'(그리스 어로 '빈 무덤'이라는 뜻)를 짓자는 에드윈 러티언스의 제안을 수락했다. 결코 모더니스트가 아니었던 러티언스는 많은 전쟁 기념관과 묘지를 짓게 된다. 그는 이 세노타프로 인해 명성을 쌓게 되었으며, 건축계를 넘어서까지 당대 최고의 건축가로 널리 인정받게 된다.

교회 쪽 사람들은 기념비에 십자가가 새겨지기를 원했으나, '영광스러운 전사자'들이 모두 기독교도였던 것은 아니어서 러티언스는 세노타프에 이떠힌 종교죅 상징도 넣지 않기로 했다. 장식이라고는 화환과 육군기, 해군기, 상선기, 공군기가 전부였다. 그는 1919년 승전 퍼레이드에 사용할 나무와 석고로 된 임시 구조로 이 기념비를 처음 디자인했고, 대중적인 찬성을 얻은 후 포틀랜드 석으로 정식 기념비를 제작하여, 1920년 조지 5세가 공식

적으로 제막식을 올렸다. 직사각형 블록 위에 석관이 놓여 있다. 이 억제되고 차분한 단순성 속에는 수학적으로 엄청나게 복잡한 계산이 숨어 있었는데, 세노타프는 그 중심이 지하 274m와 지상 305m에 위치하는 가상적인 커다란 원의 한 조각이 된다.

매년 휴전 기념 일요일에는 양차 세계대전의 사망자들을 위한 의식이 세노타프에서 열리며, 2분간의 묵념 시간이 지켜진다. 이 기념비는 잉글랜드, 이후에는 영국과 대영 제국이 몇 세기 동안 지배해 왔던 화이트홀에 위치하고 있는데, 참으로 어울리는 장소이다. 근처에는 수상 관저와 재무 장관 관저가 있는데, 둘 다 다우닝 스트리트에 있다. 호스 가즈 광장에서는 근위 기병대가 말을 타고 보초를 서는데, 관광객들이 많이 사진 찍는 광경이다. **RC**

웅장한 노르만 양식의 연회장이자, 수많은 역사적인 재판이 치러진 곳

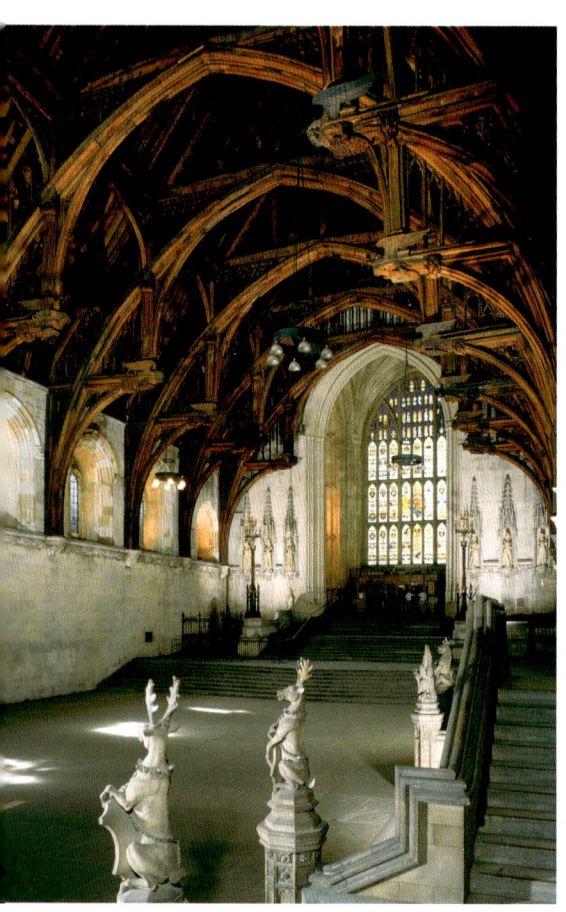

"그런 고로, 왕이 행차하여 의회가 휴회하기로 되어 있는 웨스트민스터 홀로 걸어갔도다…"

사무엘 페피스, 1664년 5월 16일의 일기

참회왕 에드워드는 웨스트민스터 대수도원을 지으면서 근처에 자신이 거주할 궁전도 지었는데, 이 궁전은 1529년까지 영국의 왕들이 머무르는 런던 주요 거처가 되었다. 웨스트민스터 홀은 정복왕 윌리엄의 아들인 윌리엄 루퍼스가 커다란 연회장으로 사용하기 위해 나중에 지은 것이다. 그는 불만스러워하며 홀이 너무 작다고 투덜댔다.

13세기부터, 이 홀은 중요한 재판이 열리는 법정으로 사용되었으며, 법정이 다른 곳에서 열리게 된 것은 불과 19세기에 들어서의 일이다. 초기 의회도 이곳에서 소집되었다. 1397, 리처드 2세는 이 건물에 웅장한 외팔들보 지붕을 설치하게 했는데, 이 지붕은 지지되지 않고 뻗은 부분이 영국에서 가장 넓은 외팔들보 지붕이다. 홀에는 조신들, 변호사들, 배심원들, 많은 구경꾼이 가득했으며 상점들이 들어서 있었다. 좌판에서는 법학 서적, 의류, 장난감 따위를 팔았으며, 한창 활기찰 때에는 무척 시끄럽고 혼란스러운 광경이 벌어졌을 것이 분명하다.

아마 웨스트민스터 홀의 역사에서 가장 극적인 순간은 1649년 찰스 1세가 재판을 받고 사형을 선고받았을 때일 것이다. 윌리엄 월래스는 1305년, 앤 볼린은 1536년, 가이 포크스는 1606에 이 홀에서 사형을 선고받았고, 올리버 크롬웰은 1653년 호국경의 지위에 올랐다. 크롬웰이 처형된 후 그의 냉혹한 머리는 몇 년 동안 지붕에 꽂혀 있었으나, 지금은 그의 동상이 서 있다. 대관식 연회에서는 왕위 계승자가 말을 타고 홀로 들어와, 새로운 군주의 왕위 계승권에 의문을 제기하는 이가 있으면 죽을 때까지 싸우자는 도전을 하는 것이 관례였다. 1812년 대홍수 때, 사람이 가득 탄 서너 척의 보트가 건물 안으로 노저어 들어왔는데, 이로 인해 윌리엄 글래드스턴, 에드워드 7세, 조지 6세, 윈스턴 처칠 경, 엘리자베스 여왕, 모후 등 군주들과 다른 중요 인물들이 사망한 이후 정장 차림으로 관 속에 안치되는 관습이 생겼다. **RC**

에로스 상 영국, 런던 | Statue of Eros

우연히도 런던의 밤거리를 돌아다니는 이들이 주는 흥분을 상징하게 된 조각상

런던에서 가장 잘 알려져 있고 많은 사랑을 받는 조각상과 분수가 처음부터 박수갈채를 받았던 것은 아니었다. 조각상은 흉하게 생겼다는 비판을 받았고, 그 아래에 있는 수반은 흘러내리는 물을 모두 담기에는 너무 작아서 지나가던 사람들이 이따금 물에 젖는 일도 있었다. 이 분수는 훌륭한 조각가 알프레드 길버트의 작품인데, 꼭대기의 조각상은 그때까지만 해도 신기한 소재였던 알루미늄으로 제작된 것이었다.

날개가 달린 이 조각상은 원래 그리스 신화의 사랑의 신을 찬양하려는 의도가 아니라—피카딜리 서커스 주변의 이 지역에는 매춘부들이 무척 많이 어슬렁거렸던 것이다— 훌륭한 자선가였던 섀프츠베리 경에게 바치는 기념비였다. 분수 꼭대기에 한 발만 딛고 서서 몸을 숙이고 있는 이 조각상은 기독교 자비의 천사를 나타내려 한 것이었다. 원래 이 천사는 '화살을 찔러 넣다'(bury his shaft : 섀프츠베리(Shaftesbury)라는 발음을 이용한 말장난)라는 동음이의어 유희가 되도록 섀프츠베리 로드를 향해 화살을 겨누고 있었다. 그러나 1980년대에 위치가 옮겨지면서 이 말장난은 이해하기 더욱 어려워졌다.

조각상은 천사와 닮았다고 보기 어려웠기 때문에 곧 에로스라는 별명을 얻었고, 이 별명은 그대로 붙어 버렸다. 제작비용은 공공 기부를 통해 지불하려는 계획이었지만, 길버트는 결국 그 비용 대부분을 자신이 내야만 했다. 높은 평판을 얻고 건축 공모전을 거의 휩쓸다시피 했지만, 그는 1901년 파산하여 외국으로 도피했다. 그러나 1923년 그는 세인트 제임스 궁전 옆에 있는 말버러 게이트에 알렉산드리아 왕비에게 바치는 훌륭한 기념물을 디자인했다.

피카딜리 서커스는 1819년에 건축가 존 내쉬가 레전트 스트리트를 피카닐리에 있는 가게 및 상점가의 연결해 주는 원형의 열린 공간으로 조성했다. 그 이후 많은 것이 변화하여, 1910년부터는 보브릴과 슈웹스의 거대한 광고판이 온통 지배하게 되었다. 이곳은 런던의 허브로 여겨지게 되었으며, 세계에서 가장 유명한 만남의 장소 중 하나이기도 하다. **RC**

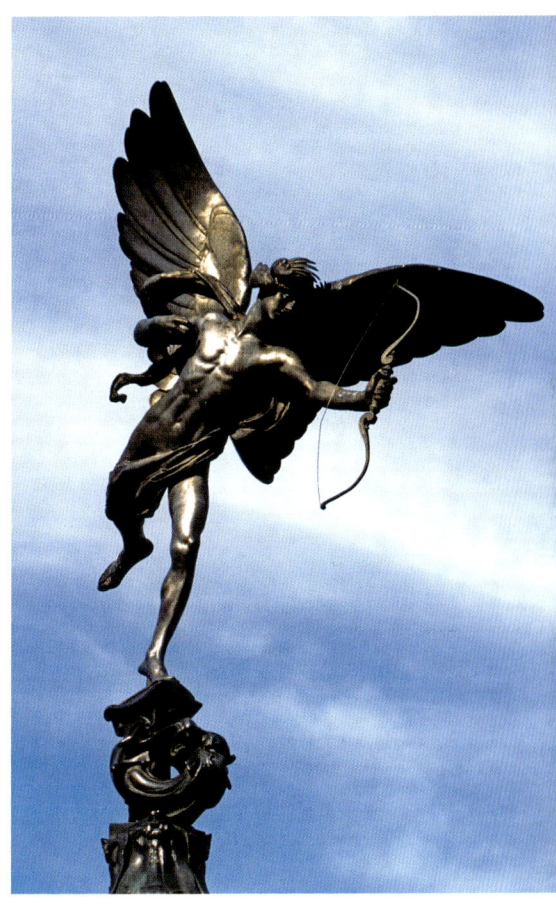

"…우리 거리의 조각물의 일반성이 지닌 어리석은 흉물스러움과 날카로운 대조…"

매거진 오브 아트, 1893년 이 동상이 세워졌을 때

다운 하우스 영국, 브롬리 | Down House

찰스 다윈이 소중히 여기던 집이자 과학적 실험이 이루어진 장소

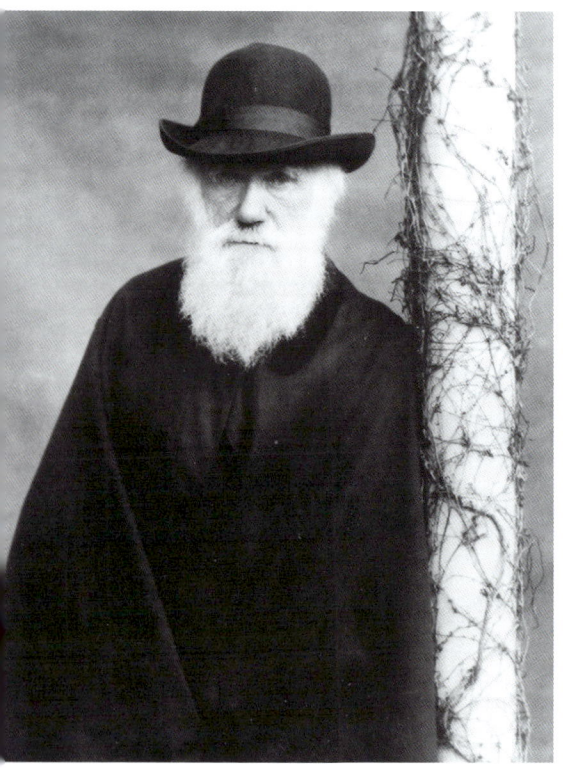

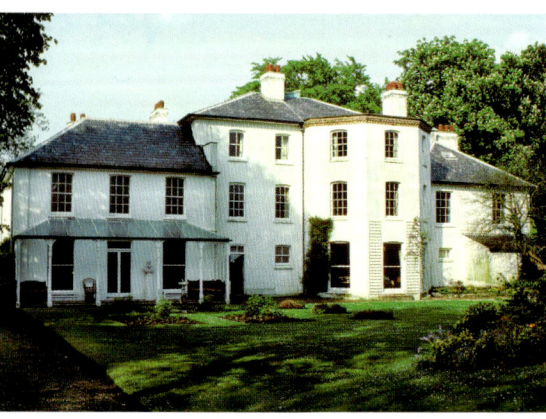

찰스와 엠마 다윈은 40년 이상 다운 하우스에서 살았으며, 그가 『종의 기원』을 집필한 곳도 바로 이곳이었다. 1859년 출판되었을 때 이 책 덕분에 큰 소동이 벌어졌으며, 자연계와 그 기원에 대한 과학자들의 이해 방식에 혁명을 가져왔고, 이후 이 책은 끊임없는 논쟁과 반론의 대상이 되어 왔다. 서재에서는 아직도 다윈이 글을 쓰던 책상과 의자를 볼 수 있고, 집 안에는 여러 가지 다른 가족 물품들도 있다. 그가 매일 산책을 즐기던 뜰에는 그의 유령이 나온다고 한다.

다윈은 무보수의 박물학자 자격으로 비글호에 타서 남아메리카로 떠났던 5년간의 여행을 마치고 1836년에 돌아왔다. 1839년 그는 사촌이자 위대한 조슈아 웨지우드의 손녀 엠마 웨지우드와 결혼했고, 1842년 부부는 다운으로 이사했다. 이는 다윈의 건강이 약했기 때문이고, 그는 켄트의 조용하고 작은 마을이 지닌 평온함을 사랑했다. 1843년의 편지에서 그는 이 장소의 가장 큰 장점은 "매우 시골스러운" 점이며 "이보다 더 완벽하게 조용한 시골에 있어 보았던 적은 없는 것 같다"고 썼다. 그는 18세기 초기에 지어진 이 집을 흉하다고 묘사했고 정원의 처음 상태는 황폐했다고 했지만, 다른 곳에서 살 생각이라고는 하지도 않았으며, 그와 엠마는 이 집에서 아이들을 키웠다. 서재에서 짧은 시간 동안 집중해서 일하기를 즐겼던 다윈은, 초기에는 대부분의 시간을 따개비에 대한 논문을 쓰는 데에 보냈다. 그는 다운 하우스에서 1881년 73세의 나이로 사망했고, 웨스트민스터 대수도원에 묻혔다. 그의 집은 1929년 대중에게 공개되었으며, 대부분 다윈이 살았던 시절 그대로이다. **RC**

⊠ 다운 하우스에서 쓰인 따개비에 대한 다윈의 저작은 환경의 변화에 따른 따개비의 적응을 연구한 것이다.

⊠ 정원은 복원되었는데, 이곳과 온실에서 했던 실험도 다시 재현해 놓았다..

글래스턴베리 대수도원 영국, 글래스턴베리 | Glastonbury Abbey

영국 최초의 기독교 교회당이자 성배가 숨겨져 있다고 회자되는 곳

글래스턴베리는 영국의 기독교 신앙의 시작, 성배, 아서왕과 연관이 있다. 전해지는 말에 따르면, 그리스도의 몸을 십자가에서 내렸던 아리마대의 요셉이 열한 명의 동료들과 함께 서기 63년 잉글랜드 땅에 왔다고 한다. 그들은 늪지대 깊은 곳에 있는 아발론 섬의 글래스턴베리 바위산으로 가서, 그곳에 영국 땅 최초의 교회를 세웠다. 요셉이 땅바닥에 꽂았던 지팡이에서 나무, 글래스턴베리 가시나무가 자라났다. 그는 최후의 만찬 때 사용했던 컵인 성배를 가져 왔다고 하는데, 아마 바위산 근처의 '성배의 우물'에 숨겨 두었을 것이다.

목조 교회당이 있던 수도원은 166년에 다시 세워졌으며, 463년에 성 패트릭이 방문했다고 한다. 708년에 재건축되고 증축되었으며, 940년에는 던스탄 수도원장이 베네딕트회 교리를 도입했고, 그 다음 세기에는 색슨 족 왕 들이 글래스턴베리에 묻혔다. 수도원은 1184년 화재로 무너졌고, 웅장한 규모의 재건축 작업이 즉시 시작되었다. 1191년 이곳의 수도사들은 아서왕과 기네비어 왕비의 무덤을 찾았다고 주장했다. 전설에 따르면 5세기와 6세기에 색슨 족이 침입해 왔을 때 아서왕이 브리튼 족을 이끌었다고 하는데, 몇몇 역사가들은 그가 과연 실존했었는지도 의심하고 있다. 그러나, 1278년 그 두 구의 시신은 에드워드 1세와 엘리너 왕비가 지켜보는 가운데 주 제단(主 祭壇) 앞에서 다시 매장되었다. 수도원 재건축은 1303년에 대부분 끝이 났다.

헨리 8세의 통치 기간 동안 수도원은 폐쇄되었고, 마지막 수도원장인 리처드 화이팅은 1539년 교수형을 당하고, 목이 잘리고, 바위산에서 사지가 찢겼다. 성배는 몰래 내어가 안전하게 웨일스로 빠져나갔다고 전해진다. **RC**

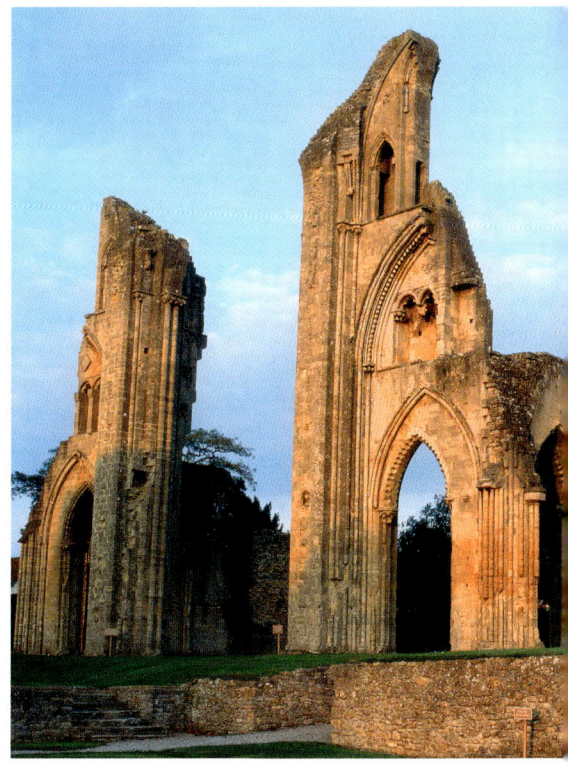

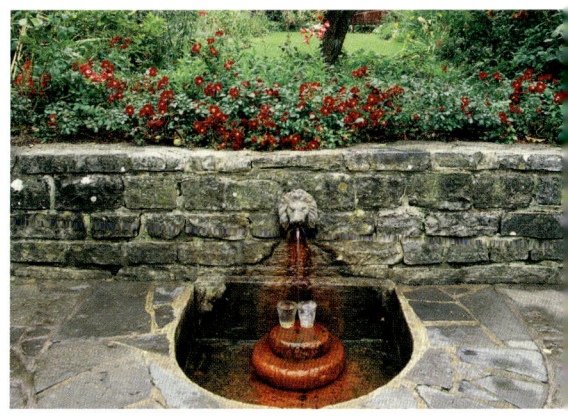

⇗ 글래스턴베리 수도원은 1538년에서 1541년 사이, 헨리 8세의 수도원 해산 명령이 내려졌던 동안 폐허가 되었다.

⇲ 이 작은 샘은. 오랫동안 성배가 숨겨져 있었다던 '성배의 우물'이 있던 장소이다.

윈체스터 성당

영국, 윈체스터 | Winchester Cathedral

잉글랜드의 예전 수도에 있는 순례의 교회

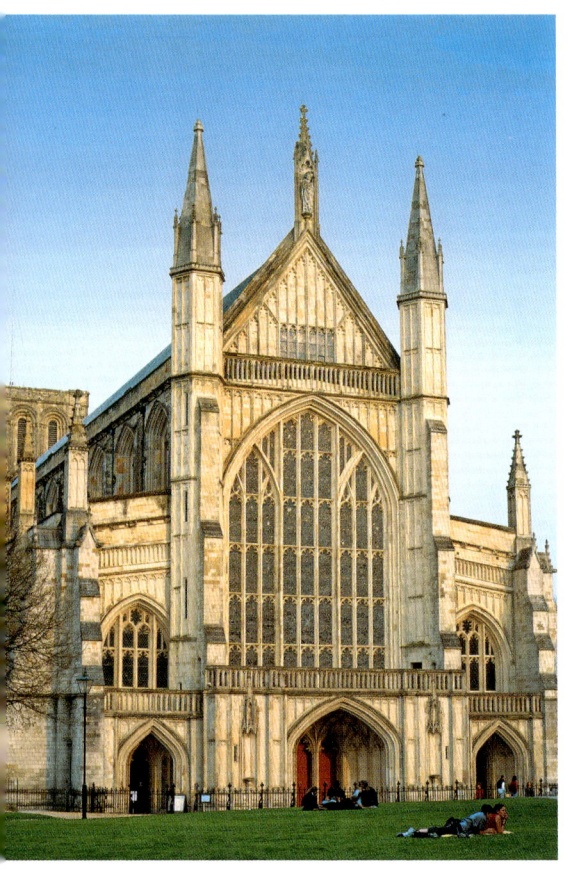

"자기 시간을 빈둥거리며 보내는 쉬운
방법 : 마음이 원하는 만큼 기도하고,
걷고, 약간 공부를 하는 것"

참사위원 에드먼드 파일, 성당을 방문하여 남긴 말

런던이 주요 도시로 부상하기 오래 전, 윈체스터는 잉글랜드의 수도였다. 알프레드 왕과 그의 뒤를 이은 왕들은 윈체스터에 궁전을 두었고, 왕궁의 보물이 보관되어서 주의 깊게 지켜왔던 장소도 윈체스터였다. 주교들은 특별한 영향력과 특권을 누렸고, 오늘날 이 도시의 가장 소중한 보물이라 할 수 있는 성당 안에는 이들 중 몇몇의 화려한 기념비가 남아 있다.

땅딸막한 탑이 있는 건물은 겉에서 보기에는 그다지 눈에 띄지 않지만, 이 성당은 영국에서 가장 긴 교회당 중 하나이며 내부에는 고결한 단순함이 깃들어 있다. 최초의 교회당은 7세기에 세워졌으며, 초기 주교들 가운데 성 스위던이 있는데 수도사들이 그의 유해를 그가 좋아했던 교회 밖의 소박한 장소로부터 교회 내부의 명예로운 장소로 옮기려고 하자-순례자들이 교회에 많이 찾아올수록 돈 벌이가 되기 때문이었다-이 성인은 40일 동안이나 비가 쏟아지도록 해 그들을 꾸짖었다고 하며, 그 이후 성 스위던 이라는 이름은 비와 연관을 맺게 되었다.

1079년 새로 임명된 노르만 주교가 새로운 교회당을 짓기 시작했으며 낡은 건물을 헐어 버렸다. 교회당의 동쪽 끝은 13세기에 세워졌는데, 바닥에 습지가 하도 많아 통나무로 만든 커다란 받침대 위에 놓아야만 했다. 찬란한 회중석과 성가대석을 비롯한 건물의 나머지 부분은 14세기에 재건축되었다. 1349년 흑사병이 창궐하면서 서쪽 끝 편을 재건축하는 작업은 약 25년 동안 중단되었다.

윌리엄 루퍼스는 성가대석에 있는 단순한 대리석 블록 아래에 묻혀 있으며, 크누트 대왕을 비롯한 다른 왕들의 유해는 모두 상자 안에 뒤섞인 채 들어 있다. 제인 오스틴 또한 이 성당에 묻혔다. 성모 예배당 바로 바깥에 서 있는 작은 잠수부 조각상의 주인공은 윌리엄 워커인데, 그는 1900년대 초반 목재로 된 받침대가 빠져나가 교회당 동쪽 끝 편이 무너지려 했을 때 이를 영웅적으로 막아낸 인물이다. 그는 칠흑 같은 어둠과 시커먼 물속에서 육 년 동안이나 혼자 일하여 새로운 기반을 만들었다. **RC**

윈체스터 칼리지

영국, 윈체스터 | Winchester College

1382년 설립된 명문 남학교

영국에서 가장 이름난 남학교 중 하나인 윈체스터 칼리지는 끊임없는 역사를 지닌, 영국에서 가장 오래된 학교 중 하나로 여겨지며 역시 이 학교의 학생이었던 저명한 교육자 토머스 아놀드를 통해 이후에 탄생한 영국의 모든 사립학교에 영향을 끼쳤다. 윈체스터 칼리지의 설립자는 위컴의 윌리엄으로, 그는 1367년부터 1404년 사망 시까지 윈체스터의 주교직에 있었다. 보잘 것 없는 집안에서 태어난 그는 에드워드 3세를 섬기면서 출세하여 왕의 보좌관으로 영향력 있는 위치에 오르게 되었으며, 그가 윈체스터를 관할하는 주교직을 맡아야 한다고 주장하고 나중에 영국 대법관을 맡긴 것은 다름 아닌 에드워드 3세였다.

위컴은 자신이 가난한 집 출신이라는 사실을 잊지 않았다. 다른 가난한 소년들을 도와주고 성직자로 훈련시키기 위해, '신을 그들의 눈동자 앞에 두고' 그는 옥스퍼드의 뉴 칼리지와 윈체스터 학교를 설립했는데, 이 학교에는 세인트 메리 칼리지라는 이름이 붙었다. 두 칼리지 다 윌리엄 윈포드라는 석공이 지은 것으로, 이후로 두 학교는 긴밀한 연관을 유지해 오고 있다. 1382년 주교는 윈체스터에 학교를 짓기 위한 부지를 사서 설립 헌장을 발표했으며, 70명의 가난한 장학생은 학장과 교사들, 학교 사제, 예배당 성가대원들 밑에서 공부할 수 있게 되었다. 세인트 메리 칼리지는 1394년에 개교했다.

이 학교는 옥스퍼드나 캠브리지의 칼리지 같은 분위기가 있다. 예배당에 있는 유명한 14세기의 나무 지붕은 일찍이 부채꼴 모양의 둥근 천장을 지으려고 했던 시도가 엿보이며, 아마도 크리스토퍼 렌 경이 디자인했을 1680년대의 교실도 있다. 허버트 베이커 경이 디자인한 전쟁 기념회랑은 양차 세계 대전에서 전사한 750명 이상의 윈체스터 출신자들을 감동적으로 추모하고 있다. 유명한 졸업생들 중에는 앤서니 트롤럽과 매튜 아놀드, 노동당 당수 휴 게이츠켈, 그리고 회랑 안뜰에 묻혀 있는 제2차 세계대전의 장군인 위벨 경 등이 있다. 예술사가인 케네스 클라크 경과 토리 당의 정치가 화이트로 경도 이 학교에 다녔다. **RC**

제인 오스틴의 집

영국, 쵸튼 | Jane Austen's Home

뛰어난 풍속 소설가의 집

제인 오스틴은 햄프셔에 있는 아버지의 교구 주택에서 태어나고 성장했다. 아버지의 사망 이후, 제인과 언니 카산드라, 미망인이 된 어머니는 친구인 마사 로이드와 함께 1809년 같은 카운티로 돌아가 쵸튼에 있는, 지어진 지 100년 정도가 되었으며 여관으로 건축되었던 듯한 단순한 붉은 벽돌집에 자리 잡았다. 제인 오스틴은 이곳에서 초기작을 고쳐 쓰고 새로운 소설을 썼으며, 1811년부터 계속해서 그녀의 작품이 익명으로 출간되기 시작했던 것도 쵸튼에 있을 때였다.

> "…사건의 연관과 감정, 평범한 생활의
> 특징들을 묘사하는 재능…"
>
> 월터 스코트 경, 제인 오스틴을 찬양하며

큰길가를 시끄럽게 울리며 지나가는 마차들 때문에 앞쪽 방 위층에 있는 침대들은 흔들렸고, 천천히 지나가는 마차에 탄 여행자들은 아래층 창문을 통해 오스틴 일가를 볼 수 있었다. 제인과 카산드라는 같은 침실을 썼던 것 같으며, 제인은 밤이면 언니에게 소리 내어 책을 읽어 주곤 했다. 제인은 제일 먼저 일어나 아래층으로 내려가 잠깐 피아노를 치고, 9시가 되면 가족들을 위해 토스트와 차로 아침식사를 준비했다. 이따금 찾아오는 이들도 있었지만, 이들은 조용하고 평범한 나날을 보냈다.

제인이 글을 쓰던 책상은 산더미처럼 쌓인 편지를 비롯한 다른 기념물들과 함께 집 안에 남아 있으며, 어느 오래된 빵집에는 그녀의 것이었던 당나귀가 끄는 마차가 있다. 쵸튼에서 그녀는 스스로 '우울증'이라 불렀던 증상을 앓기 시작해 열과 발작적인 우울로 고생했다. 그녀는 용감하게 버텨냈으나 병이 악화되어 윈체스터로 치료를 받으러 가는 데에 동의하고, 그곳에서 7월에 세상을 떠났다. 마흔한 살의 나이였다. **RC**

캔터베리 대성당

영국, 캔터베리 | Canterbury Cathedral

1170년 대주교 토머스 베켓의 불명예스러운 살해 사건이 일어난 현장

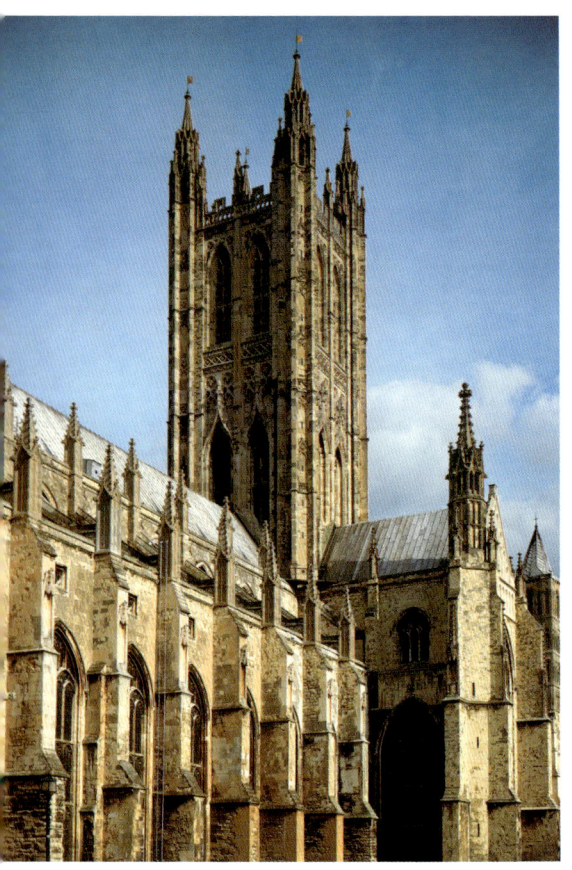

"예수의 이름과 교회의 보호를 위해 나
는 죽음을 기꺼이 받아들일 준비가 되
어 있다."

토머스 베켓, 에드워드 그림의 인용, 1180년경

그레고리오 대교황의 명을 받아 597년 칸트바라뷔리그
에 있는 켄트의 왕궁에 도착한 성 아우구스티누스는 이
미 기독교도였던 베르타 왕비의 환대를 받았다. 에셀버
트 왕도 곧 기독교로 개종했고 아우구스티누스는 베네딕
투스 수도원을 설립했는데 이 유적은 아직도 남아 있다.
곧 '영국의 주교'로서 그는 교회당을 지었는데, 이 교회당
은 몇 세기를 거치면서 점점 크고 웅장해지며 영국 국교
회의 본산이 된다. 노르만 대주교 랜프랭크는 1070년 이
교회를 재건축하기 시작했다.

캔터베리의 대주교들은 영국 정치에서 중요한 역
할을 맡아 왔다. 1170년 캔터베리 성당에서 일어난 중요
한 사건은, 헨리 2세가 자신들에게 넌지시 비춘 암시에
따라 행동하고 있다고 믿었던 네 명의 기사들에 의해 대
주교 토머스 베켓이 살해당한 일이다. 베켓의 무덤에서
는 기적이 일어났다고 보고 되었고, 그는 곧 성인의 반열
에 올랐으며, 영국과 외국에서 순례자들이 수없이 찾아
와 성당의 명성과 수입은 둘 다 올라갔다. 초서의 『캔터
베리 이야기』는 14세기, 초서가 직접 도시에 있었던 때
이후에 쓴 것으로 교회당의 회중석이 다시 건축되는 동
안 쓰였다. 이 작업은 1391년부터 시작되어 1505년 거대
한 중앙 탑 '벨 해리'가 완공되기까지 계속되었던 대규모
재건축 사업의 일부였다. 주 제단 뒤에 있던 성 토머스의
묘는 1538년 헨리 8세의 명령에 따라 파괴되었다.

성당으로 향하는 오래된 순례 노정은 하이 스트리
트와 머서리 레인을 따라 16세기에 지어진 훌륭한 크라
이스트 처치 게이트에 이른다. 성당에는 아름다운 스테
인드 글라스가 있다. 이외의 흥미로운 장소로는 북서쪽
수랑에 베켓이 살해된 장소, 헨리 2세가 속죄하였던 지
하 예배당, 흑태자의 무덤 등이 있다.

1988년 유네스코는 앵글로색슨의 여러 왕국에 기
독 교를 들여온 캔터베리 대성당을 세계문화유산에 등재
했다. **RC**

히버 성

영국, 히버 | Hever Castle

헨리 8세의 아내, 앤 볼린이 있던 곳

헨리 8세가 앤 볼린에게 구애했던 저택은 튜더와 에드워드 왕조의 호화로움이 조화된 보기 좋은 곳이었다. 이 성은 원래 1270년에 지어졌는데 성문이 있고 외벽에 둘러싸인 성채였으나, 200년 후 부유한 볼린(이들은 '불린'이라 발음했다) 가문이 이곳을 보호벽으로 둘러싸인 안락한 저택으로 개조했다. 헨리 8세가 통치하던 시절 볼린가의 가장은 토머스 볼린 경이었는데, 그의 딸 중 메리와 앤이 왕의 눈에 들었다. 메리도 잠시 동안 왕의 정부였지만, 히버 성에서 자란 앤은 자신의 사랑을 얻으려면 결혼해 달라고 요구했다. 그녀의 이러한 단호한 주장은 영국 국교회가 탄생하고 수도원들이 해산하게 되는 놀랄 만큼 과격한 결과를 가져왔다.

앤은 헨리에게 왕위를 이어받을 아들을 낳아 주지 못했다. 남동생을 비롯한 다른 이들과 더불어 간통 혐의로 고발당한 그녀는 1536년 참수당했다. 그녀가 사형장까지 가져갔던 기도서가 저택 안에 있으며, 앤과 헨리와 관련된 다른 기념물들도 있다. 이 성은 결국 헨리의 네 번째 부인 클리브스의 앤에게 선사되었다.

1749년에서 1895년까지 히버는 미드-왈도라는 가문의 소유였으며, 점점 황폐해져 가다가 1903년 미국의 억만장자 윌리엄 월도프 애스터의 손에 들어갔다. 그는 엄청난 돈을 들이고 기술자를 떼로 불러다가 성을 복원했는데, 내부는 풍요롭고 안락하게 하고, 넓은 호수가 있는 아름답고 구색을 갖춘 정원을 만들었다. 그는 또한 손님들에게 더 넓은 공간을 제공해 줄 수 있도록 해자 바로 맞은편에 튜더 풍의 마을을 세웠다. 1919년 그가 사망한 이후, 히버는 그의 차남으로 더 타임즈지의 소유자인 존 제이 컵 애스터 5세에게 넘어갔으며, 그는 히버의 애스터 경이 되었다. 존 제이컵 애스터 5세는 1971년 사망했고 유족은 12년 후 성을 팔았다. 히버 성은 1983년부터 대중에게 공개되었으며, 앤 볼린이 살았던 시대와 관련이 있는 많은 유물을 전시해놓고 있다. **RC**

펜스허스트 플레이스

영국, 톤브리지 부근 | Penshurst Place

필립 시드니 경의 『아르카디아』에 영감을 준 곳

펜스허스트 플레이스는 1552년 이 영지를 얻어 1618년부터 레스터 백작이 되는 시드니 가문과 연관이 있다. 이 가문에서 가장 매력적인 인물, 엘리자베스 시대의 시인이자 충신, 외교관 이었던 필립 시드니 경은 이곳에서 1554년에 태어났다. 그의 아버지 윌리엄 시드니 경은 아들의 탄생을 기뻐하며 뜰에 개암나무 한 그루를 심었다. 1586년 네덜란드와의 전쟁에서 치명적인 부상을 입었던 필립 경은, 펜스허스트 플레이스를 모델로 삼아 그의 작품 『아르카디아』에 나오는 목가적인 집을 묘사했다고 한다. 가문 사람들의 초상화 중에는 필립 경과 더불어 1683년 반역 혐의로 처형당해 펜스허스트에 묻힌 알제넌 시드니도 있다.

"아름다운 나무들의 그림자는 충분한 성벽이 되어 준다. / 그대 안에 위험이 없다면 그대에게 위험은 없으리."
필립 시드니 경, 『아르카디아』(1593)

부유한 양모 상인으로 런던 시장을 네 차례나 지낸 존 드 풀트니 경이 1340년대에 원래의 장원 영주 저택을 지었는데, 시드니 가가 이를 증축했다. 그 시절에 지어져 지금까지 남아 있는 가장 놀라운 부분은 웅장한 '바론즈 홀'이다. 필립 경이 사망한 후, 저택은 몇 대에 걸쳐 왕족 공작들에게 상속되다가 버킹검 공작의 소유가 되었는데, 그는 1519년 이 저택에서 헨리 8세를 맞아들여 연회를 벌였으나, 얼마 후 처형되었다.

시드니 가의 남성 계보는 18세기에 끊겼고, 시인 셸리의 친척인 존 셸리가 영지를 이어받으면서 1793년 시드니라는 성을 물려받았다. 이 가문은 나중에 드 릴과 더들리 경이라는 칭호를 수여받았다. 정원에 있는 수목원은, 제2차 세계대전에서 빅토리아 십자훈장을 수여받았으며 1960년대에 오스트레일리아 총독을 맡았던 초대 드 릴 자작을 기념하는 것이다. **RC**

도버 성 영국, 도버 | Dover Castle

영국 해협의 가장 좁은 곳을 지키는 성

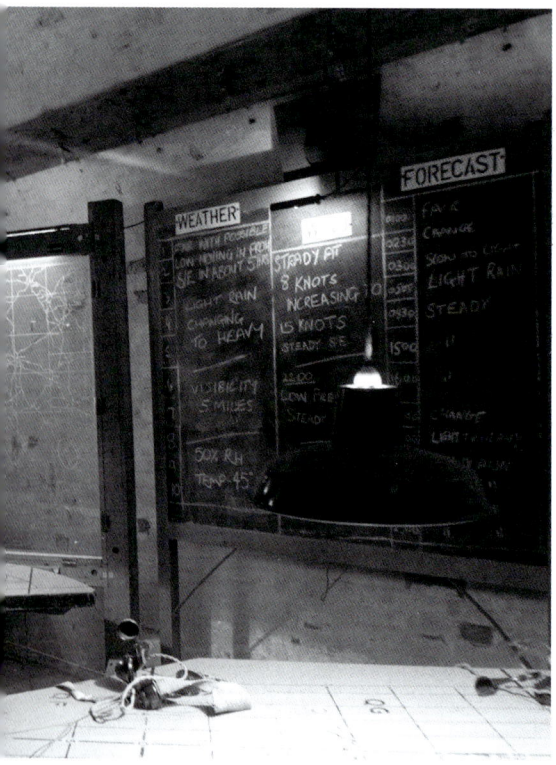

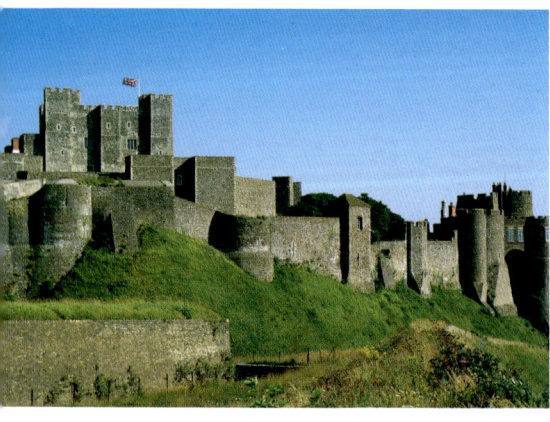

1만 년 전 영국 해협이 처음 생성되었을 때부터, 도버의 화이트 클리프는 해협이 가장 좁아지는 지점을 통해 유럽 대륙에서 오는 침략자들과 여행자들 앞에 그 모습을 불쑥 드러내 왔다. 이곳은 중세에 성터였음이 명백한데, 특히 크고 웅장하며 해발 114m 높이로 솟은 성이 있었다. 그러나 이곳에서 찾아볼 수 있는 가장 오래된 유적은 서기 1세기에 로마인들이 브리튼을 정복한 이후 세웠던 등대뿐이다. 아마 이 등대는 영국에서 현존하는 가장 오래된 건물일 것이다.

색슨 족은 흙으로 쌓은 성벽과 수로, 나무 울타리로 이곳을 방비했다. 그들은 또한 7세기에 로마 건물의 벽돌을 가져다가 카스트로의 세인트 메리 교회를 지었는데, 이는 1850년대에 대규모로 수리되었다. 정복왕 윌리엄 시대에 들어 방어 설비는 더욱 강화되었으나 돌로 된 성채가 들어선 것은 헨리 2세의 시대로, 벽의 두께가 7m에 달하고 두 겹의 성벽에 둘러싸인 거대한 성이 지어졌다. 1216년 존 왕은 이 성 안에서 반란 귀족과 프랑스 침입자 군대와 맞섰다. 나중에 변경된 부분 중에는 헨리 8세 때의 것이 몇 군데 있는데, 그는 7m 길이의 청동 대포를 설치했으며 이는 '엘리자베스 여왕의 포켓 피스톨'로 알려졌다. 성에 있는 몇 군데의 방에는 18세기 이 성에서 갇혀 있던 외국인 전쟁 포로들의 글귀가 새겨져 있다.

화이트 클리프 안에는 복잡하게 얽힌 터널의 미로가 숨겨져 있는데, 처음에는 나폴레옹 전쟁 동안 팠다가 공격하겠다는 나폴레옹의 위협을 물리치기 위해 대포를 설치하는 터널로 쓰였다. 실제 공격은 일어나지 않았지만, 이 터널은 제2차 세계대전 동안 그 역량을 충분히 발휘했다. 이 터널들은 확장을 거쳐, 덩케르크 철수를 실행한 다이나모 작전의 사령부로 쓰였던 것이다. **RC**

◪ 성 아래에 있는 해군 사령부는 1940년 덩케르크 철수 작전의 지휘관들이 사용했다.

◩ 동심원을 그리는 이중의 벽 중간 중간에 탑이 서 있으며, 거대한 성문이 성의 중앙 건물을 보호해 준다.

차트웰 영국, 웨스터햄 | Chartwell

'영국 불독', 윈스턴 처칠의 집

차트웰 저택을 발견했을 때, 윈스턴과 클레멘타인 처칠은 자기들이 '시골 바구니'라고 부르던 집을 찾는 중이었다. 차트웰 저택은 완전히 다 쓰러져가는 상태에 메마르고 좀먹은 구멍투성이인 빅토리아 시대의 평범한 시골집이었다. 그러나 그 집은 차트웰이라는 이름의 샘이 있는 아름다운 시골에 자리 잡고 있었다. 그는 1922년 아내에게 알리지 않은 채 이 저택을 샀고, 2년 후 그들은 이사해 왔다. 클레멘타인은 경악했으며 그 돈을 어떻게 충당해야 할지 몇 년간이나 걱정했다. 소, 양, 돼지, 닭을 길러 보려고 시도했으나 모두 실패로 돌아갔다. 부부는 집을 개조했으나, 클레멘타인은 결코 남편이 이 집에 가졌던 애정만큼 좋아할 수는 없었다. 처음에는 주말 동안에만 머물렀지만, 이 저택은 점차 런던 밖에 있는 부부의 주 거주지가 되었으며, 윈스턴 경은 나중에 차트웰을 벗어나 보낸 하루는 낭비한 날이라고 말한 바 있다.

이 집을 방문한 이들 중에는 T. E. 로렌스(아라비아의 로렌스)와 화가 월터 시커트가 있다. 처칠의 가족은 1920년대 그가 재무부 장관을 맡고 있을 때, 그리고 1930년대 명백히 정치 이력을 끝마치며 공직에서 물러났던 때에 차트웰에 머물렀다. 그는 이 집에서 자신의 저서와 연설문을 썼고, 1954년 은퇴 이후 1965년 사망할 때까지 맑은 날이면 바깥에 앉아 호수와 아름다운 풍경을 조용히 바라보며 말년을 보냈다.

전쟁이 끝난 후 처칠의 친구들 한 무리가 차트웰을 구입하여 내셔널 트러스트에 기증했다. 내부는 예전 모습 그대로 남아 있으며 방에는 클레멘타인 처칠의 취향이 반영되어 있다. 처칠의 서재는 그가 남겨둔 그대로이다. 그의 그림이 많이 있으며, 정원에는 그가 만든 연못과 직접 세운 담벼락이 서 있다. **RC**

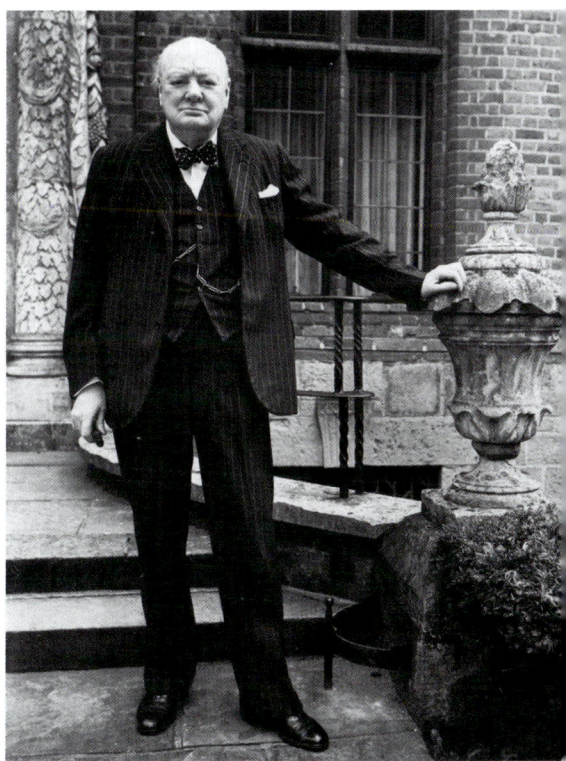

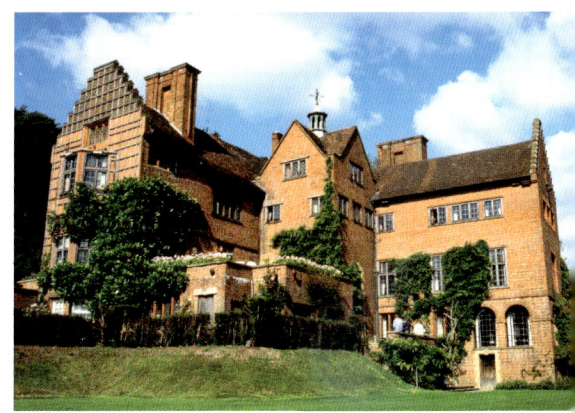

◰ 처칠이 1924년부터 오가며 거주했던 자신의 집 차트웰 저택 앞에서 집주인다운 포즈를 취하고 있다.

◳ 원래 빅토리아 풍이었던 저택에, 처칠 부부는 커다랗고 편안한 정원 윙을 덧붙였다(오른쪽).

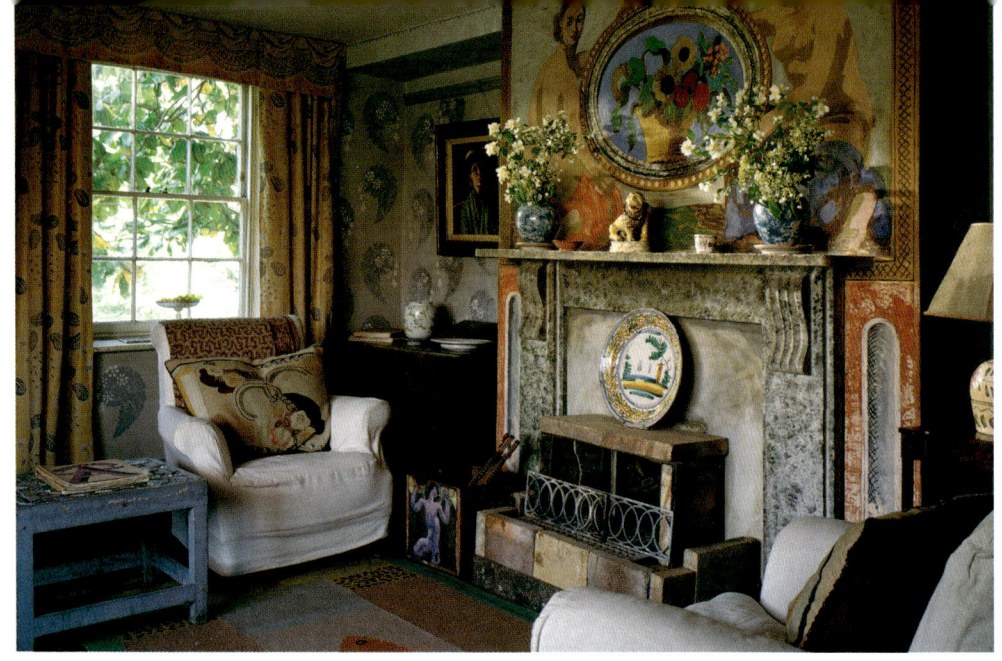

찰스턴 팜하우스 영국, 루이스 부근 | Charleston Farmhouse

블룸즈베리 그룹 멤버들이 독특하게 꾸민 집

원래 사우스 다운즈의 높은 언덕인 펄 비콘 아래 눈에 띠지 않는 농가 주택이었던 이 집은 작가들, 예술가들, 지식인 들의 모임인 블룸즈베리 그룹의 모임 장소이자 시골의 은둔처 로 변모했다. 버지니아 울프와 그녀의 남편 레오나드가 이 집을 발견했고, 버지니아의 언니인 화가 바네사 벨이 1916년에 이 집을 구입해 런던에서 떨어진 휴식처로 삼았다. 바네사는 연인인 덩컨 그랜트, 작가 데이비드 가넷과 함께 이 집으로 이사왔다. 이 집 덕분에 그랜트와 가넷은 동네 농장에서 일거리를 얻을 수 있었고, 제1차 세계대전 동안 징병을 면제받을 수 있었다.

이 집은 결국 바네사와 그랜트의 영구 거주처가 되었으며, 몇 년에 걸쳐 그들은 집을 스스로 꾸몄다. 이 과정에서 모든 벽과 문, 가구와 서가, 서류함과 변기 시트까지 모든 것을 색칠했다. 또한 친구인 예술 비평가 로저 프라이가 세운 런던의 '오메가 워크샵'에서 패브릭, 램프 갓을 비롯한 다른 물품들을 구해 왔고, 정원도 변형시켰다. 그 결과 이 집은 블룸즈베리 그룹의 이상과 취향에 바치는 생생하고 살아 있는 증표가 되었다.

바네사의 아들인 줄리안과 쿠엔틴은 매일 찰스턴 신문에 집안에서 일어나는 일을 기록했고, 쿠엔틴은 정원에 있는 조각상들을 제작했다. 울프 가족 이외에도, 이곳을 찾았던 이들 중에는 작가 리튼 스트레이치와 E. M. 포스터를 비롯해 경제학자 존 메이나드 케인즈 등이 있는데, 케인즈는 이 집에서 하도 많은 시간을 보내 자기 방이 있을 정도였다.

그러나 1950년대가 되자 블룸즈베리 그룹의 전성기도 지나가 버렸다. 바네사는 1961년 찰스턴에서 죽었다. 덩컨 그랜트는 1978년 사망할 때까지 이 집을 지켰고, 이후 이 집을 소중히 보존하고 복원하려는 위원회가 창설되었다. 블룸즈베리 그룹의 작품을 전시해 놓은 상설 전시 이외에도, 전시 갤러리 에서는 미술과 장식 예술 작품을 볼 수 있다. **RC**

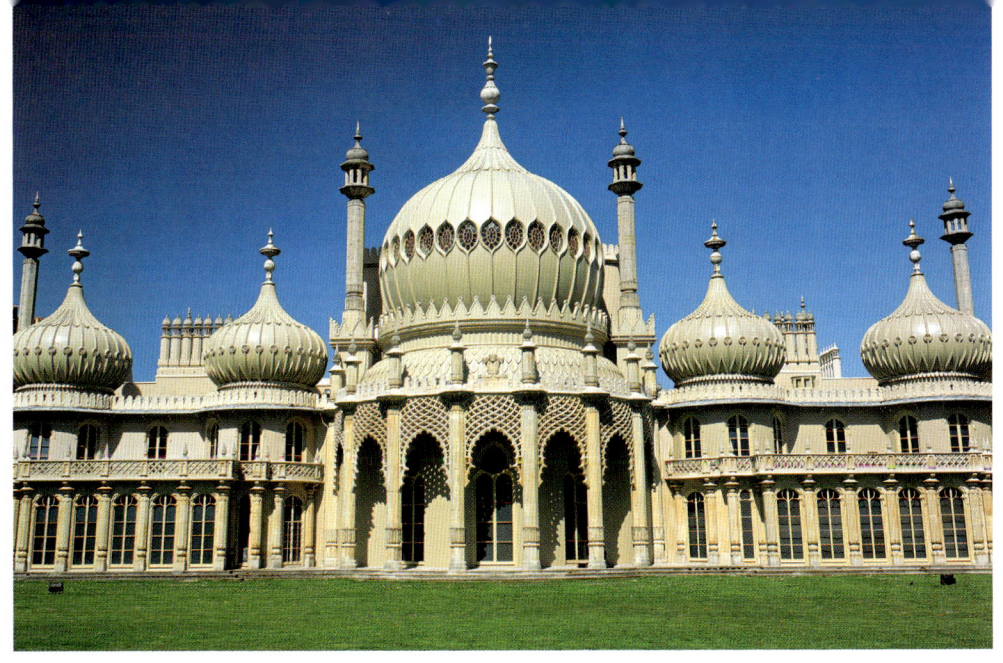

로열 파빌리온 영국, 브라이턴 | Royal Pavilion

바다 옆에 있는 조지 4세의 화려한 궁전

서섹스 해안의 외딴 어촌 마을인 브라이트헬름스톤이 영국 여왕의 해변 휴양지가 있는 곳으로 탈바꿈하게 된 계기는, 1750년대에 리처드 러셀 박사라는 사람이 이곳에 머무르면서 건강을 위해서는 바닷물에서 수영을 하고 바닷물을 마시라고 권장했기 때문이다. 부유한 환자들이 이 치료법을 행하기 위해 이곳으로 몰려들었고 1783년, 이후에 섭정 황태자를 거쳐 조지 4세가 되는 황태자가 통풍을 치료할 수 있을까 하는 희망에 이곳을 방문했다. 그는 바다 근처에 있는 농가를 임대했고, 1787년 건축가 헨리 홀랜드를 시켜 고전주의 양식의 커다란 별장을 짓게 했다.

1815년에서 1822년까지 이 저택은 존 내쉬에 의해 인도 무굴 양식의 이슬람 첨탑과 돔을 갖추고, 내관은 엄청나게 사치스러운 인도와 중국 스타일로, 어딘가 쿠빌라이 칸의 신화적인 환락궁을 닮은 건물로 변모했다. 부엌의 요리사들 조차 무쇠로 만든 야자나무들 틈에서 일했고, 조지 4세는 새로운 음악실에 발을 디뎠을 때 그야말로 순전한 기쁨에서 흐느꼈다는 이야기가 있다. 브라이턴은 곧 방탕함으로 명성이 자자하게 되었다. 조지에게 있어 이 장소가 가진 이점 중 하나 는, 1785년 비밀스럽게 비합법적으로 결혼했던 여인 마리아 피츠허버트를 자신 가까이에 둘 수 있다는 점이었다. 그녀는 올드스테인에 저택이 있었다.

조지는 브라이턴을 왕실 거주처로 만들었지만, 이 파빌리온은 빅토리아 여왕의 취향에 그리 맞지 않아 그녀는 이곳을 버렸다. 가구와 세간은 대부분 런던으로 실어갔고, 1849년 이 환락궁은 5만 3천 파운드(오늘날로 환산하면 6백만 달러 혹은 그 이상)에 시 의회에 팔렸다. 이 건물은 병원, 콘서트 장, 레이더 스테이션 등 다양한 용도로 쓰였으나, 점차 그 상태가 낙후되어 갔다. 1982년 건물과 석조 세공에 대한 야심찬 복원 계획이 시작되었고, 으리으리하며 이국적인 내부를 새롭게 하는 작업이 이어졌다. 저택의 모습을 완성시키기 위해서, 왕실이 빌려갔던 원래의 가구 대부분이 되돌아왔다. **RC**

베이트만즈 영국, 버워시 | Bateman's

제임스 1세풍 저택으로 러디어드 키플링의 가족 거처

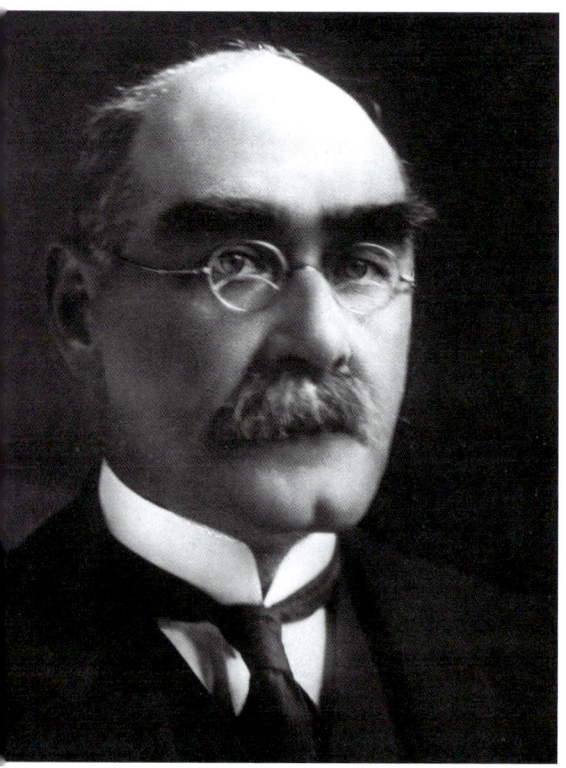

1902년 베이트만즈를 샀을 때 러디어드 키플링은 이미 유명한 작가였다. 불과 5년 전에 노벨 문학상을 수상했고, 계관 시인 지위를 거절했으며, 이미 『병영의 노래』, 『스토키 사(社)』, 『산중야화』, 『정글 북』, 『제2의 정글 북』 이외의 많은 작품을 출간해 냈다. 이 지역 철기 세공인이 1634년에 지은 이 저택을 처음 보았을 때, 키플링과 미국인 부인 캐리 스타 벨러스티어는 서섹스 주를 드라이브하고 있었다. 이들은 가정을 꾸리며 거주할 조용한 장소를 찾고 있었는데, 일설에 따르면 키플링은 집을 보자 마자 외쳤다고 한다. "저거다! 바로 저 집이야! 저 집을 우리 것으로 만들어야 해, 당장!" 이후에 그는 말했다. "우리는 처음 보자마자 그 집을 사랑하게 되었다."

키플링은 1902년부터, 1936년 사망할 때까지 여생을 베이트만즈에서 살았다. 그가 『푸크 언덕의 퍽』과 『보상과 요정들』, 그리고 가장 유명한 시 「만약에」를 집필한 것도 이 집이었다. 이곳에서 캐리와 그는 아이들, 존(제1차 세계대전에서 전사했다)과 엘시를 길렀으며, 헨리 제임스와 라이더 해거드 등의 친구들을 맞이했다. 이곳은 거의 당시의 모습 그대로 남아 있다. 키플링의 책상, 소파, 책들이 있는 서재는 바닥의 압지마저도 그가 남겨둔 모습 그대로이다. 집 곳곳에 있는 많은 오리엔탈 러그며 신기한 물건들을 보면 그가 동양과 맺었던 관계가 여실하게 드러난다. 정원에는 두 자녀가 상상 속에서 『푸크 언덕의 퍽』에 나오는 장난꾸러기 요정 퍽을 불러내곤 했던 풀 팬 구멍이 있다. 키플링은 물레방아를 개조해 집에서 사용하는 전력을 생산하도록 했으며, 그가 지녔던 롤스로이스 차량 중 마지막인 1928년형 팬텀 1이 차고에 서 있다. 캐리는 그보다 3년을 더 오래 살아 1939년에 사망했는데, 저택을 내셔널 트러스트에 남겼다. **RC**

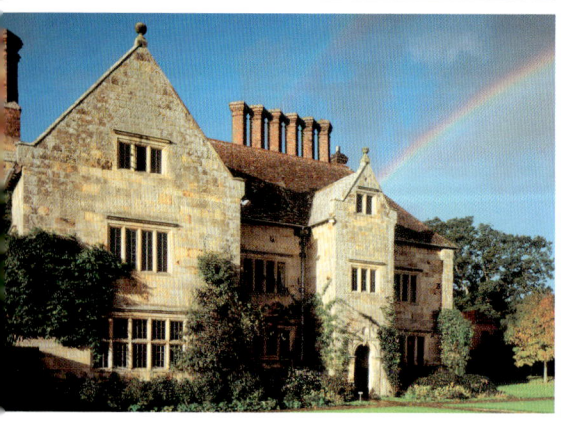

🔲 키플링은 예전에 살던 브라이턴의 집에 집중되었던 관광객들의 이목을 피해 베이트만즈에서 은둔하려 했다.

🔲 베이트만즈는 서섹스 윌드의 철기 제조인에 의해, 지역에서 채취한 사암으로 지어졌다.

헤이스팅스 전투지 영국, 배틀 | Hastings Battlefield

노르망디 공작 윌리엄이 영국의 색슨 족을 물리친 곳

1066년에 일어난, 정복하려는 노르만인과 원래의 잉글랜드인 사이의 결정적인 충돌은 '헤이스팅스 전투'로 알려져 있지만, 이 전투는 헤이스팅스가 아니라 몇 마일 북쪽으로 떨어진 곳에서 일어났다. 노르망디 공작 윌리엄—당시에는 '서자(庶子) 윌리엄'이라는 이름이 붙었다—은 자신이 참회왕 에드워드를 계승해 잉글랜드 왕위에 오를 권리를 지닌 가장 적절한 인물이라고 생각했으며, 이를 밀어붙이기 위해 병력을 이끌고 도달했다. 페번지에 상륙한 그는 윌드 지방을 거쳐 북쪽으로 향하기 전에 헤이스팅스로 갔고, 이곳에서 10월 14일 해럴드 왕이 이끄는 잉글랜드 군대와 마주쳤는데, 이들은 산꼭대기의 유리한 고지에 정렬하고 있었다. 이곳은 그 이후로 '배틀'이라 불리게 되었다.

해럴드의 군대는 며칠 전 요크셔의 스탬포드 브리지에서 덴마크인들을 무찌르고 남쪽으로 먼 길을 행군해 온 터였다. 지쳐 있을 것이 분명했지만, 일단 유리한 지형을 점하고 있었고 아마 사기도 드높았을 것이다. 사실 그들의 사기는 지나치게 높았다. 몇 시간 동안 돌격이 반복된 이후, 윌리엄의 기병대는 언덕을 올라갔다가 달아나는 척해 보이면서 많은 잉글랜드 군을 언덕 아래로 유인해 냈던 것이다. 일단 평지에 이르자 잉글랜드 군대는 분열되었다. 빗발처럼 쏟아지는 노르만군의 화살에 많은 이들이 목숨을 잃었고, 해럴드 왕도 귀에 화살을 맞아 죽었으며—적어도 바이외 태피스트리의 그림에는 그렇게 나와 있다—마침내 잉글랜드 군은 굴복하여 달아났다.

윌리엄 공작은 자신의 승리를 기리기 위해 배틀 수도원을 짓고, 해럴드가 쓰러진 자리에 주 제단을 놓도록 했으나, 이 수도원은 나중에 개조되었다. 예를 들어 '그레이트 게이트'는 1330년대에 만들어졌다. 전투지는 수도원 부지의 일부로 보존되어 있으며, 인상적인 장소로 남아 있다. **RC**

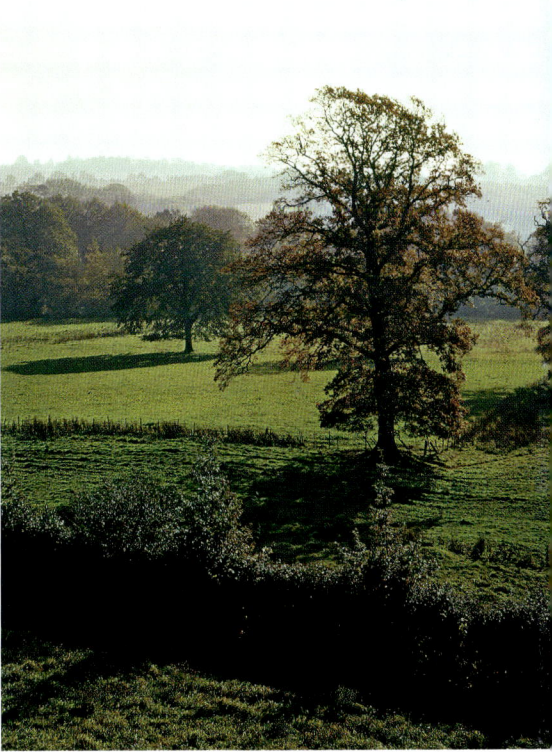

↗ 오늘날의 헤이스팅스 전투지. 잉글랜드 군대는 어리석게도 높은 곳에 있는 유리한 위치를 버렸다.

▣ 1080년경 제작된 바이외 태피스트리의 한 부분에, 말을 탄 노르만인들이 위험에 드러난 잉글랜드 군을 향해 돌격하는 장면이 나와 있다.

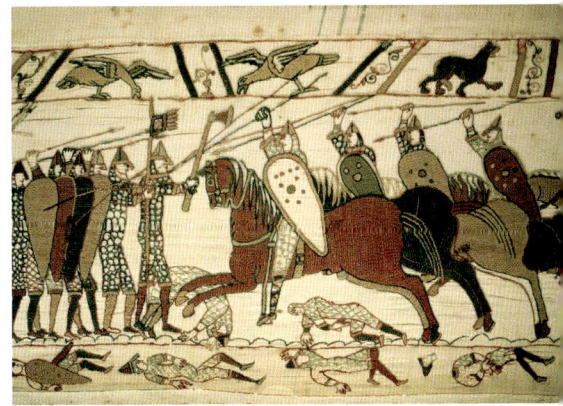

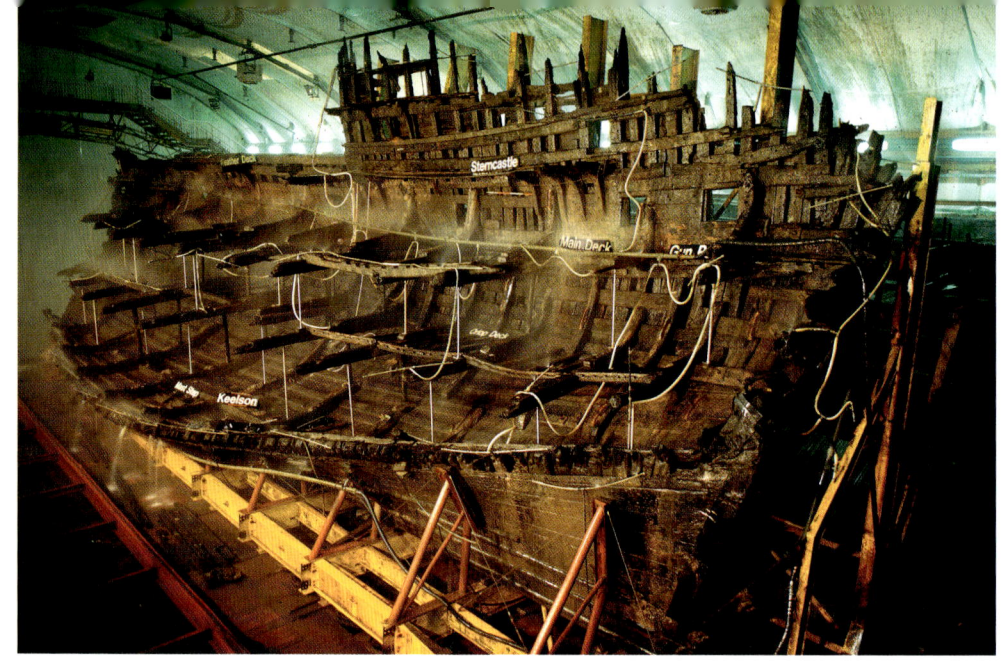

메리 로즈 영국, 포츠머스 | Mary Rose

437년 만에 영국 해협에서 끌어올린 헨리 8세의 기함

오늘날 메리 로즈는 1545년의 극적인 침몰과 똑같이 1982년의 극적인 회수로 널리 알려져 있으나, 이 배에 대한 언급이 처음 나오는 것은 1511년부터이다. 메리 로즈 호는 일제 대포 사격—배의 한쪽 현에 있는 모든 대포를 동시에 발포하는 일—이 가능한 최초의 군함 중 하나였다는 점에서 해군 전투 기술의 중요한 발전을 의미했다.

1509년 왕위를 계승한 지 얼마 안 되어, 헨리 8세는 포츠머스 조선소에서 새로운 군함 두 대를 짓도록 명했는데, 그중 하나가 메리 로즈 호이다. 헨리의 누이 이름인 메리와 튜더 가의 상징인 장미를 따서 명명한 이 500t의 군함은 왕의 기쁨이자 영국 함대의 기함이 되었다. 메리 로즈 호는 당시 가장 강력하던 프랑스 군함을 파괴하는 데 공헌하며 35년 동안 성공적으로 임무를 다했다. 그러나 1545년, 적군 프랑스의 함대가 포츠머스 항구에 접근했을 때 메리 로즈 호는 영국 군함을 전투지로 이끌어 가기는 했으나, 해안에서 거의 넋이 나간 상태로 바라보는 국왕의 눈앞에서 가라앉고 말았다. 침몰은 적군의 포격에 의한 것은 아니었다. 배 한쪽 현에 늘어선 대포의 포문이 포탄 발사 이후 닫히지 않았고, 갑자기 불어온 바람에 배가 기울자 거기로 물이 쏟아져 들어와 배를 가라앉게 만든 것이었다. 400명의 선원 중 오직 40명만이 탈출했다.

배의 회수 작업은 우선 1965년 잠수부들의 탐사에서 시작되었다. 1979년, 이 난파선을 조사하고 437년 만에 배를 그 무덤에서 끌어올리는 일을 계획하도록 메리 로즈 협회가 조직되었다. 선체는 조심스럽게 받침대에 올려져, 크레인에 의해 들어 올린 후 부선(艀船)에 내려져 해안으로 끌려갔다. 이 배는 지금 처음 건조되었던 곳에서 멀지 않은 건선거(乾船渠)에 있으며, 보존 작업을 위해 화학 약품 처리를 받고 있다. 배와 더불어 발견된 묻혀 있던 많은 물품들은 근처의 박물관에 진열중인데, 헨리 8세 시대의 삶을 보여 준다. **RC**

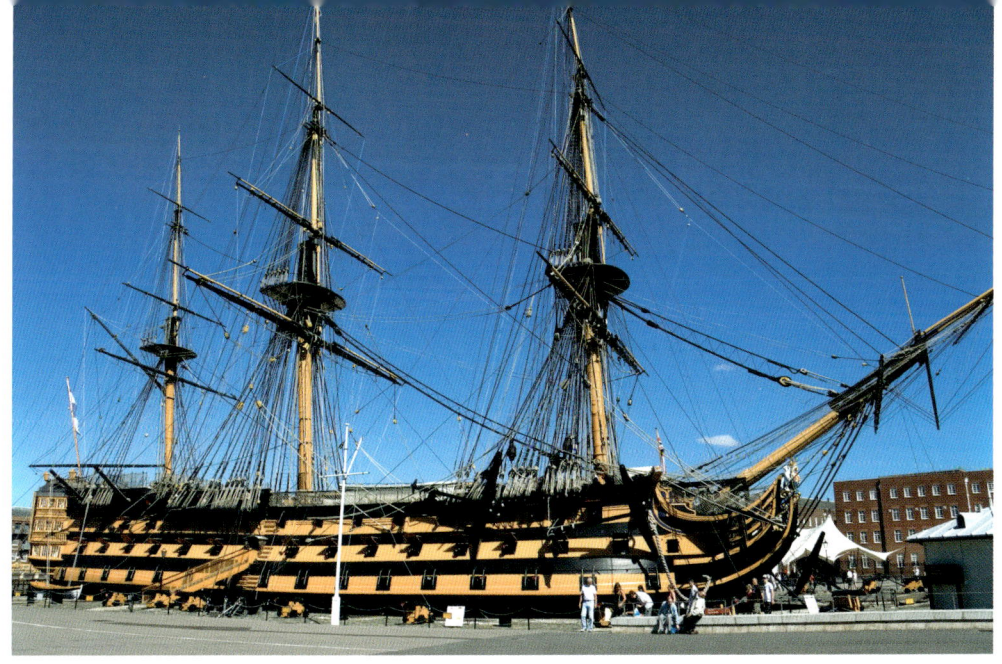

HMS 빅토리 영국, 포츠머스 | HMS Victory

영국에서 가장 유명한 해상 교전에 나섰던 넬슨의 군함

트라팔가 전투에서 부제독 호레이쇼 넬슨 경의 기함이었던 HMS 빅토리 호는 해상 전투의 역사 속에서 가장 유명한 배이다. 이 배는 1759년 채텀에서 기공(起工)되었는데, 짓는 데에 6천 그루의 나무가 들어갔으며 그 대부분은 오크 나무 였다. 오늘날의 돈으로 환산했을 때 5백만 파운드 이상의 비용이 들었다. 빅토리 호는 영원히 트라팔가 해전이 있던 날인 1805년 10월 21일을 떠올리게 할 것이며, 이후 그날의 모습 그대로 복원되었다.

무게가 3,500t이 나가며 104채의 대포와 약 800명 가량의 선원을 실은 빅토리 호는 강력한 전투 기계였으나, 처음에는 수행할 임무가 없어 13년 동안 미드웨이 강에서 쉬며 평온하게 그 이력을 시작했다. 1778년이 되어서야 비로소 전투에 참가하게 되어 어션트 전투에서 프랑스와 싸우고, 1797년에는 세인트 빈센트 곶에서 스페인과 교선을 벌였다. 1780년대와 1790년대 빅토리 호의 유명한 지휘관 중에는 호우, 후드, 저비스가 있다. 넬슨처럼, 이들도 위쪽 포열 갑판에 있는 놀라우리만치 우아한 제독의 숙소를 차지했다.

빅토리 호는 1805년 9월 포츠머스를 떠나 트라팔가 곶 너머에서 프랑스와 스페인 함대와 마주했다. 오전 11시 25분, 넬슨은 그 유명한 신호를 보냈다. "영국은 모든 이가 자신의 의무를 다하기 바란다." 정오 직전에 함대들은 서로 맞붙었으 며, 전투가 가장 격렬했던 오후 1시 25분, 뒷 갑판에 있던 넬슨은 적군의 저격병이 쏜 총알에 맞았다. 아래쪽으로 옮겨져 선의(船醫)의 간호를 받았으나 넬슨은 세 시간 후, 전투에서 이겼다는 소식을 들은 후 사망했다. 빅토리 호의 함장에게 남긴 그의 마지막 말은 "키스해 주게, 하디"(Kiss me, Hardy) 였거나, "운명일세, 하디" (Kismet, Hardy) 둘 중 하나였다. 그의 유해는 브랜디가 든 통 속에 보존되어 영국으로 돌아와 세인트 폴 대성당에서 장례가 치러졌다.

빅토리는 1922년부터 현재의 독에 있어 왔다. 근처에 있는 왕립 해군 박물관의 특별 갤러리에서는 이 배의 역사를 들을 수 있다. **RC**

코프 성

영국, 코프 | Corfe Castle

배반 행위로 말미암아 끝내 파괴되었던, 강력한 요새

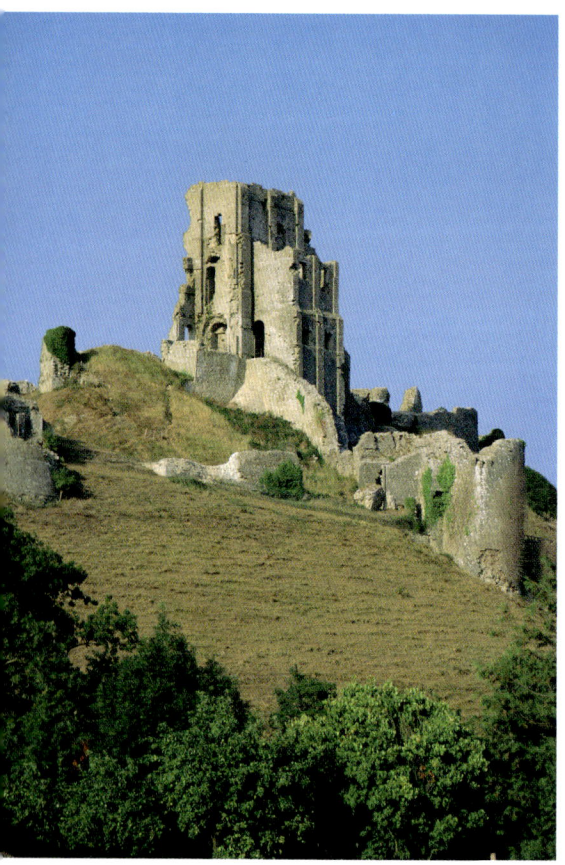

"매우 가파르고 바위투성이인 언덕에 서 있는 이 성은, 매우 강력했다—거의 난공불락이었다."

로라 발렌타인, 「그림 같은 잉글랜드」(1894)

지금은 같은 이름의 마을에 있는 언덕 위 높이 솟은 웅장한 유적으로 남아 있는 코프 성은, 퍼벡 언덕으로 통하는 고갯길을 수비하기 위해 전략적인 위치에 건설된 노르만 성채였다. 그전에는 색슨 왕들이 이 자리에 저택을 소유하고 있었는데, 아마도 사냥 별장이었던 듯하다. 978년 십대였던 에드워드 왕이 살해된 곳도 이곳이었는데 이는 훗날 '준비되지 않은 자 에셀레드'가 되는 자기의 친아들을 왕위에 올리려 했던, 에드워드의 계모 에셀프리트의 명이었음이 분명하다. 그녀의 부하들은 술 따르는 시종이 에드워드에게 잔을 건네는 순간 에드워드를 찔러 죽였다. 에드워드의 유해는 새프츠베리에 묻혔는데, 그의 무덤에서 기적을 볼 수 있었고 그는 성인으로 추앙받았다.

저택은 노르만 왕들에게 넘어가 그들이 코프 성을 지었으며, 헨리 1세는 1106년 이 성에 자기 형인 노르망디의 로버트 공작을 포로로 잡았다. 이후 200년 동안 성채는 더욱 커지고 강화되었다. 마틸다 황후는 이 성에서 스티븐에게 포위당했으며, 존 왕은 요새 안에 안락한 저택을 짓게 해 종종 머물렀다.

세월이 한참 흘러, 찰스 1세 시대에 왕의 법무장관이었던 출세한 변호사 존 뱅크스 경이 이 성과 영지를 사들였다. 1643년, 뱅크스가 왕을 섬기기 위해 떠나 있을 무렵, 그의 아내 메리는 적은 수의 수비군과 함께 의회파 군대에 포위당했다. 그녀와 딸들은 포위군의 머리 위로 돌을 던져 내렸다. 6주가 지나자 포위군은 슬머시 도망쳐 버렸고 용감무쌍한 레이디 뱅크스는 그들의 대포를 빼앗았다. 1644년에서 1645년 사이의 겨울에 더 강력한 의회군이 나타났고, 몇 주 동안 완강하게 저항했으나 수비군 중 배신자 한 사람이 적군을 위해 성문을 열었다. 레이디 뱅크스와 그녀의 부하들은 항복한 적에게 내리는 명예를 허락받은 채 성 밖으로 나왔다. 성을 파괴하기 위해 밑을 파고 폭약을 사용했으나, 성은 일부분만 무너져 내렸을 뿐이었다. **RC**

틴타겔 성

영국, 틴타겔 부근 | Tintagel Castle

콘월의 로맨틱한 아서왕 요새

물거품을 내며 부서지는 북쪽 콘월 해안의 파도와 바위들 위편의 절벽 꼭대기, 극적인 장소에 있는 이 성보다 전설적인 아서왕의 출생지에 더 잘 어울리는 성채는 드물 것이다. 불후의 아서왕 전설에 따르면, 위대한 마법사 멀린이 유터 펜드래곤 왕을 이 성의 성주의 모습과 닮게 하여, 그가 성주의 아름다운 아내 이그레인과 사랑을 나누도록 했다고 한다. 그날 밤 그녀는 아서를 가졌다. 성 아래에 있는 바위들은 '아서의 의자'라는 이름을 얻었고, 당연히 '멀린의 동굴'이라는 장소도 있다.

틴타겔 성에는 또 하나의 로맨틱한 불멸의 전설이 있다. 아서왕이 자신의 왕국을 이룩했을 무렵 이 성은 콘월의 마크 왕의 성이었는데, 그의 아내는 더더욱 아름다운 여인 이졸데였다. 마크의 가장 용맹한 전사는 그의 조카 트리스탄이었다. 트리스탄과 이졸데는 정열적으로, 그리고 비극적으로 사랑에 빠지게 되었다. 그들은 결국 틴타겔에 묻혔는데, 무덤에서 두 그루의 나무가 자라나 그 위에서 서로 얽혔다.

이 성은 좁고 바위투성이인 산봉우리를 통해 본토와 연결된 거의 섬과 같은 곳에 위치하고 있어 공격이 매우 어려웠으며, 따라서 방어하기 좋은 위치에 있었다. 오늘날 남아 있는 폐허가 된 성 건물은 13세기에 헨리 3세의 동생이며 콘월 백작이었던 리처드가 지은 것이다. 이곳에는 1140년대부터 선대 백작들의 성채가 있었으며, 그보다 훨씬 전, 아마 서기 500년부터 갑(岬)에는 여러 채의 건물이 있었던 것으로 추정된다. 이 건물에 살았던 이들은 켈트 족 수도사들이었을 것이다. 그러나 값비싼 수입 도자기의 흔적이 발견된 것으로 보아 다른 이들이 살았을 가능성도 추측해볼 수 있다. 브리튼 속이 색슨 족의 침입과 맞서 싸우고 있던 시대에 통치했던 강력한 로마-브리튼 족장의 거처였을 수도 있다. 이러한 설을 아서왕 전설의 초석이라 볼 수 있을까? **RC**

오즈번 하우스

영국, 카우스 | Osbourne House

빅토리아와 앨버트의 여름 별장

빅토리아 여왕과 앨버트 공이 결혼한 지 5년 후, 그들은 즐거운 여름휴가를 보낼 별장으로 쓰기 위해 라이트 섬에 있는 오즈번 하우스와 138헥타르 가량의 영지를 구입했다. 그들은 건물을 헐어 버리고, 솔렌트 만을 내려다보는 종탑 형태의 탑 두 개가 있는 이탈리아 양식으로 더 큰 규모의 저택을 지었다. 건축가는 토머스 커빗이었으나, 저택의 디자인과 호화로운 내관, 여왕이 산책을 즐기던 정원은 앨버트 공이 몸소 많은 부분을 설계했다. 아홉 명의 왕가 자녀들과 이후에 태어난 수많은 손주들은 정원에 있는 '스위스 코티지'(이는 어린이용 놀이집의 먼 조상이라 할 수 있다)를 선사받아 요리와 정원일, 집안일 등을 배웠다.

> "여기보다 더 예쁜 곳을 보기란 불가능합니다, 나무와 골짜기가 있고 전망이 좋은 ···"
> 빅토리아 여왕, 멜버른 경에게 쓴 편지에서

위핑햄 근처에 있는 화려한 세인트 밀드레드 교회를 설계한 것은 앨버트 공이 확실한데, 이곳에는 마운트배튼 가문의 몇 사람이 묻혀 있다. 1861년 앨버트 공이 사망하자 비탄에 잠긴 빅토리아 여왕은 점점 더 많은 시간을 오즈번 하우스에서 보냈다. 1891년에는 커다란 연회장인 '더바 룸'이 지어졌고, 러디어드 키플링의 아버지인 존 록우드 키플링이 인도 스타일의 풍성한 장식을 감독했다. 여왕은 손자 중 한 명의 팔에 안겨, 1901년 오즈번 하우스에 있는 자신의 침실에서 세상을 떠났다. 그녀가 죽은 후 에드워드 7세는 이 저택을 국가에 내놓았으며, 1903년에서 1921년까지 저택의 일부는 왕립 해군 학교 입학을 위한 준비 학교로 사용되었다. 방의 대부분은 빅토리아 여왕이 살았던 시대 그대로 보존되어 있다. **RC**

안네 프랑크의 집 네덜란드, 암스테르담 | Anne Frank's House

일기를 남겼던 유명한 유태인 소녀가 제2차 세계대전 동안 숨어 있던 곳

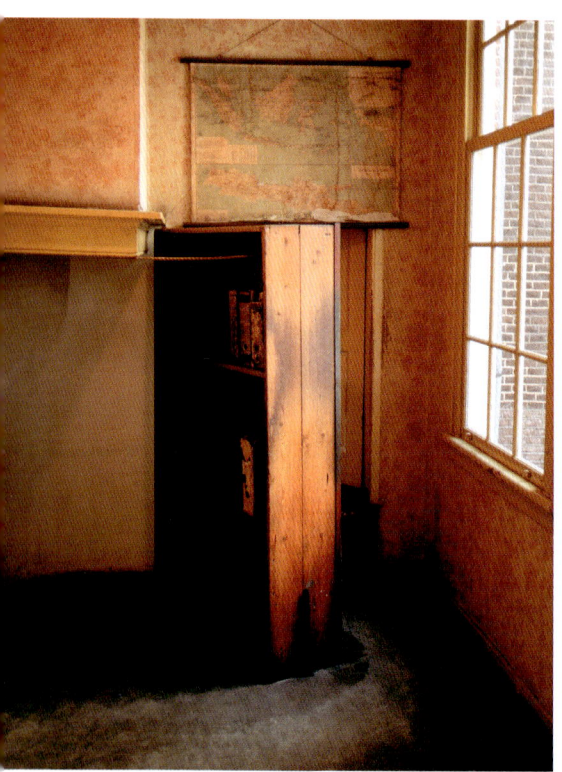

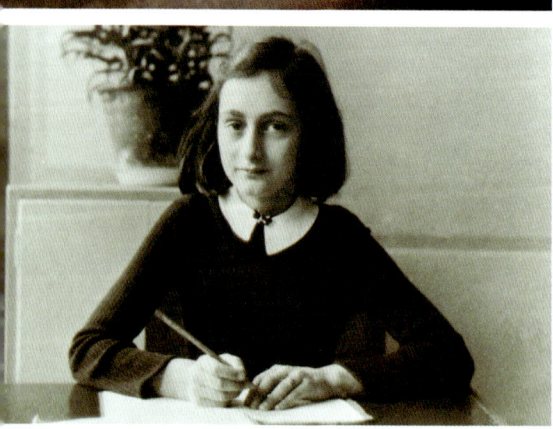

지금은 박물관이 된 네덜란드의 이 연립 주택은, 제2차 세계대전이 낳은 유명한 에피소드의 배경이다. 독일인 사업가 오토 프랑크는 나치의 박해를 피해 자신의 독일 계 유태인 가족, 아내와 두 딸을 데리고 독일에서 암스테르담으로 왔다. 그러나 1941년 나치가 네덜란드를 점령하자, 오토와 아내는 독일 노동 캠프로 이송될 일이 두려웠다. 네 가족은 오토가 식품 회사를 경영하던 건물의 뒤에 있는 격리된 별채에 숨는다-프린선흐라흐트 263번지였다. 1942년에서 1944년까지 프랑크 가족과 네 명의 다른 이들은 별채의 축축한 방들에 숨어, 결코 밖으로 나가는 일 없이 친구들과 오토의 직원 중 몇 명이 가져다주는 식량에 의존해 살았다. 오토의 쾌활한 십대 딸 안네는 생생한 일기를 썼으며, 그녀의 글은 이제 고전이 되었다.

밀고자들에 의해 배반을 당해, 프랑크 가족과 은신처의 동료들은 1944년 8월 나치에 체포되어 강제 수용소로 보내졌다. 살아남은 이는 오토뿐이었다. 안네는 베르겐-벨젠 수용소에서 사망했으나 그녀의 일기는 별채에 있다가 빛을 보게 되었으며, 오토는 남은 일생 동안 이 일기를 출판하고(1947년에 최초로 출간되었다) 프린선흐라흐트를 박물관으로 개장하기 위해 노력을 기울였다. 1960년에 문을 연 이 박물관은 1999년에 보수와 확장을 거쳤다.

박물관은 프랑크 가족이 겪었던 분위기와 당시 상황을 재창조해 낸다. 이곳에 숨어 있던 여덟 사람의 문서와 소지품이 별채에 진열되어 있고, 집 정면은 1940년대의 상태 그대로 복원되었다. 안네의 일기 원본은 원래 은신처의 옆집인, 새로 보수한 프린선흐라흐트 265번지에 전시되어 있다. **AK**

↗ 이 움직이는 책장이 여덟 명이 2년 이상 숨어 살았던 별채로 가는 입구를 숨겨 주었다.

↘ 안네 프랑크는 은신처로 가기 몇 주 전인, 1942년 자신의 열세 번째 생일부터 일기를 쓰기 시작했다.

렘브란트 하우스 박물관 네덜란드, 암스테르담 | Rembrandt House Museum

에칭 화가이자 네덜란드의 위대한 화가가 한때 머물렀던 집

네덜란드 예술가 렘브란트 판 레인(1606~1669)이 암스테르담의 세련된 브레이스트라트 지역에 있는 이 크고 웅장한 연립 주택을 구입하겠다는 서명을 했을 때, 그의 인생은 최상의 자리에 이른 것처럼 보였다. 1639년이었던 당시, 그의 작품은 도시 전역에서 명성이 자자했다. 그는 상당한 돈을 벌었지만, 그렇디라도 1만 3천 길더라는 돈은 당시로서는 엄청난 금액이어서 그는 이를 분할 납부하기로 계약했다.

렘브란트는 요덴브레이스트라트 4번지의 이 집에 1639~1658년까지 살았다. 그는 미술상이기도 했으므로, 벽에는 그의 작품을 비롯해 다른 유명한 예술가들의 작품이 걸려 있었다. 그는 빛이 일정하게 들어온다는 이 점에서 선택한 크고 바람이 잘 통하는 방을 스튜디오로 사용했으며, 그 방에서 물감과 캔버스를 준비해 주는 조수들의 도움을 받아 가장 훌륭한 작품들을 창조해 냈다. 오늘날 이 집은 그가 이 집 안에서 보냈던 삶을 재창조해 내고 그의 예술을 찬양하는 박물관이 되었다. 그가 새긴 훌륭한 에칭 작품 여러 점이 이곳에 전시되어 있다. 스튜디오는 마치 그가 계속 살고 있었던 것처럼 배열되어 있으며, 침실이나 접견실 등 다른 방도 마찬가지이다.

슬프게도 렘브란트의 운명은 방향을 틀었다. 사랑하던 아내 사스키아가 때 이른 죽음을 맞은데다—부분적으로는 돈 관리를 엉망으로 했기 때문에—렘브란트는 파산 지경에 빠져들었고 집을 잃었다. 여생 동안 그는 초라한 로젠그라흐트 구역에 있는 작은 셋집에서 살았다. 이후 200년 동안, 그가 전에 살았던 웅장한 집은 대대로 여러 가문의 손을 거쳤다. 1900년대 초반 암스테르담 시가 이 집을 사들였고 1911년 박물관으로 개장했다. 저택을 17세기의 영광스러운 모습 원래대로 복원하려는 삭업은 1990년대 후반에서야 끝났다. **AK**

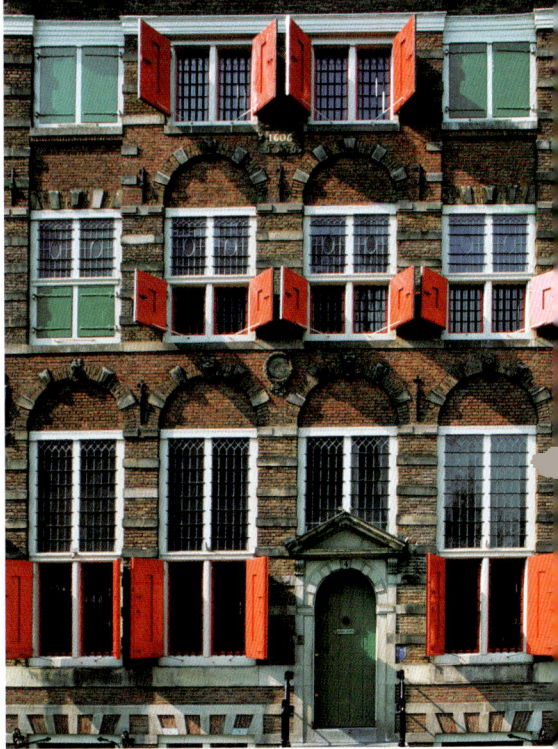

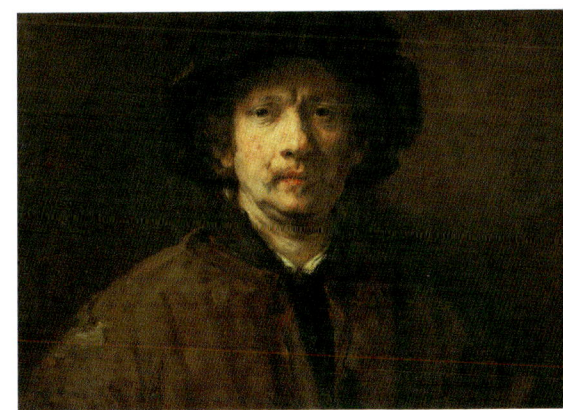

◿ 독특한 창문과 덧문이 달린 이 집은 몇 년에 걸쳐 충실하게 복원되었다.

▷ 렘브란트가 그린 60점의 자화상 중 하나—그는 예술을 통해 자아를 탐구했던 최초의 화가로 간주된다.

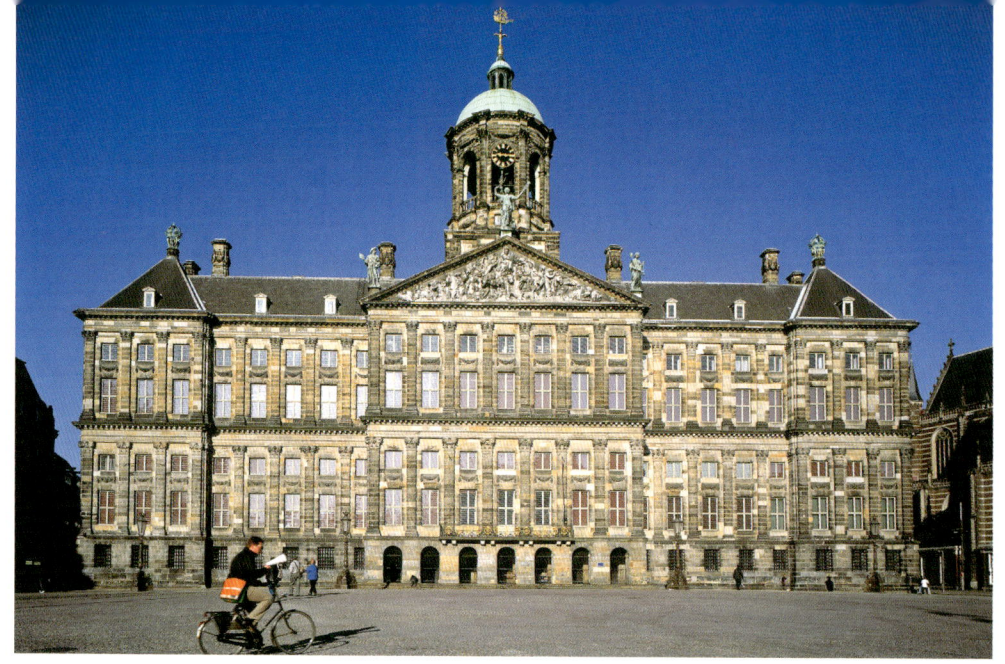

암스테르담 왕궁 네덜란드, 암스테르담 | Royal Palace of Amsterdam

네덜란드 황금시대의 명성과 번영에 바친 화려한 기념관

암스테르담 왕궁이 야코프 판 캄펜에 의해 1648년 처음으로 지어졌을 때, 이 건물은 네덜란드의 황금시대-네덜란드의 무역, 과학, 예술이 꽃피었던 시기-에 누린 성공을 반영하기 위해 설계되었으며, 그러한 목적은 훌륭하게 달성되었다. 궁전의 거대한 규모와 호화로운 디자인은 네덜란드 공화국의 영광을 반영하며, 건물은 17세기 네덜란드에서 가장 중요한 유물이 되었다. 당시에는 '세계의 여덟 번째 불가사의'라는 별명이 붙었으며, 몇 년 동안은 유럽에서 가장 큰 행정 건물이었다.

암스테르담의 왕궁은 건설되면서 서로 확연히 구분되는 두 가지 단계를 거쳤다. 원래 판 캄펜이 처음 설계했을 때는, 궁전이 아니라 사치스러운 시청이 될 계획이었다. 로마에 있는 행정궁에서 영감을 얻어 웅장한 공공 건물을 지어, 암스테르담의 부르고마스터(자치 단체장)들의 화려함을 반영하도록 하는 것이 그의 목적이었다. 이러한 이유에서 판 캄펜은 길이 30m, 너비 18m, 높이가 27m 이상 되는 중앙 홀을 갖춘 거대한 건물을 설계했

다. 암스테르담의 도시 건설 담당자가 고용되어 지극히 현대적인 기술적 설비들을 설치했고, 저명한 예술가들이 내부 장식을 디자인했다. 내부는 당시 일류 예술가들이 제작한 조각품과 그림으로 꾸며져 있다.

1806년 나폴레옹의 네덜란드 정복으로 네덜란드의 왕이 된 그의 동생 루이 나폴레옹 보나파르트가 도착하자, 시청은 왕궁이 되었다. 루이는 인상적인 가구, 태피스트리, 시계, 화려한 샹들리에 등을 가져왔고, 궁전은 1813년까지 이러한 분위기를 유지했다. 그해에 오라네 공 빌렘 6세가 다시 권력을 잡았고, 시청을 계속 궁전으로 유지하기로 결정했다. **KH**

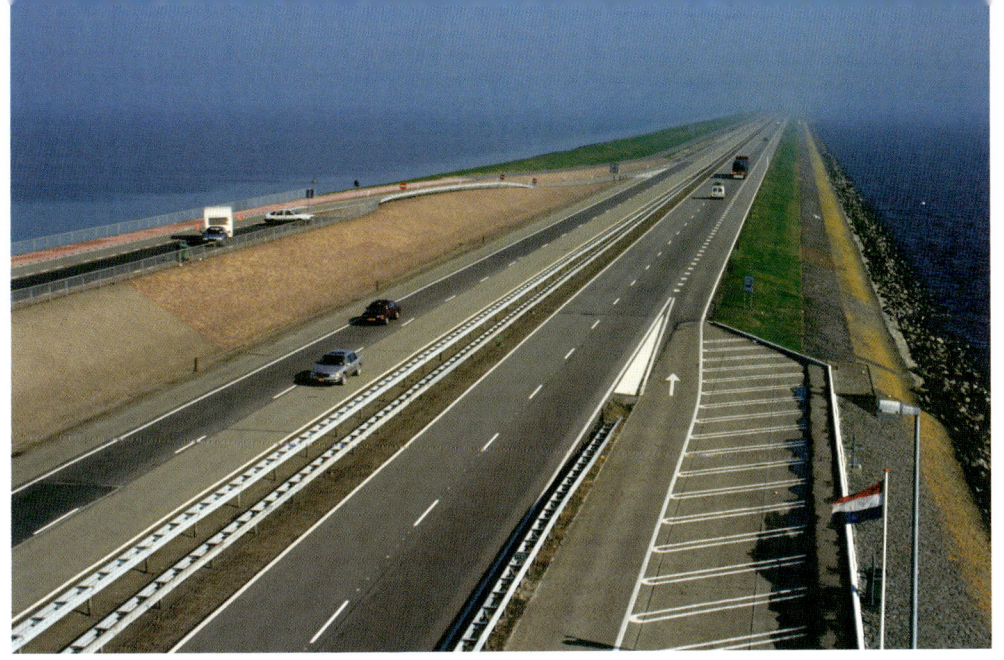

아프슬라위트다이크 네덜란드, 암스테르담 부근 | Afsluitdijk

공학이 이루어 낸 엄청난 성과물인 이 제방은 '주이더 지'의 사나운 물을 막아 준다

볼테르는 "신은 지구를 창조했다—네덜란드만 빼고. 왜냐하면 네덜란드는 네덜란드인들이 만들었기 때문에"라고 쓴 적이 있다. '바덴지', 즉 '북해'가 네덜란드와 맞닿은 부분과, 거대한 인공 민물 호수, 에이셀미어를 가르고 있는 아프슬라위트다이크(폐쇄된 제방)보다 네덜란드에서 이 말을 더 잘 증명해 줄 수 있는 장소는 적을 것이다. 이 제방의 건설은 기념비적인 업적이다. 1170년, 원래 천연 민물 호수였던 플라보 호에 바닷물이 쏟아져 들어와 호수를 사나운 '주이더 지'로 바꿔 놓았던 1차 만성절 홍수가 일어난 이후, 태풍과 홍수의 침략에 대항하는 몇 세기에 걸친 투쟁에서 셀 수 없이 많은 사람이 목숨을 잃어 왔다.

　제방을 짓자는 원래 계획은 1667년부터 있었으니, 실제 건설은 현대 기술의 도래, 제1차 세계대전 이후의 심각한 식량난을 해결하기 위해 농지를 간척할 급박한 필요성, 그리고 정부로 하여금 건축을 당장 실행하게 촉구했던 1916년의 커다란 태풍 피해 등과 맞물려 시작되었다. 작업은 엔지니어 코르넬리우스 렐리의 설계에 따라 1927년에 시작되었다. 주이더 지의 바닥에서 표석점토(漂石粘土)를 긁어냈고, 바다를 건너는 두 개의 평행한 선 모양으로 우선 이것을 퇴적시킨 다음, 점차 모래, 더 많은 점토, 현무암, 버드나무로 엮은 매트 등으로 채웠다. 이제는 에이셀미어 호수가 된 곳으로부터, 강물 지류(특히 론 강)가 밖으로 흘러나가도록 양쪽 끝에 육중한 수문을 세워야 했다.

　중세 동안에는 한 세기에 서너 번 정도 예전의 주이더 지 지역에서 대홍수가 발생했다는 기록이 있으며, 홍수의 위협은 네덜란드의 주민들에게 받아들여야 할 인생의 현실로 남아 있다. 육중한 대제방은 이제 점점 더 늘어나는 해안 간척지를 수호하며 서 있다—풍차가 서 있고 작은 제방들이 엮여 있던 예전의 그림 같은 풍경만은 못하지만, 훨씬 더 효율적이다. **AED**

헤트 로 왕궁

네덜란드, 아펠도른 | Het Loo Royal Palace

오라녜 왕실이 가장 선호한 휴양지

헤트 로는 300년 이상, 네덜란드를 통치하는 가문인 오라녜 가의 여름 휴양지였다. 이곳은 오라녜 가의 가장 위대한 자손 중 하나로, 1672년부터 네덜란드의 '슈타트홀더'(총독)였던 동시에 1689년 영국과 아일랜드, 스코틀랜드의 왕위를 제안받아 수락했던 오렌지 공 윌리엄 3세가 탄생시킨 궁전이었다. 헤트 로는 윌리엄 3세와 그의 아내 메리 스튜어트 2세가 가장 좋아하는 휴양지가 되었다.

윌리엄 3세는 사냥터 별장을 지을 생각으로 1684년 이 땅을 샀다. 다음 해에 건축이 시작되었고, 첫 번째 건물은 1686년에 완성되었다. 헤트 로는 베르사유 같은 다른 바로크 풍 궁전들처럼 호화롭지는 않았다. 사실 이곳은 그런 궁전을 염두에 두고 지은 것이 아니라 '루스트

> "신사처럼 산다는 것보다 신사를 더욱 신사답게 해 주는 것은 없다."
>
> 오렌지 공 윌리엄 3세

호프', 글자 그대로 해석하자면 '즐거움의 집' 즉 휴양지로 건축되었기 때문이다. 헤트 로는 1690년대에 들어 계속해서 증축되었다. 1702년 윌리엄 3세가 죽은 후, 헤트 로는 오라녜 가의 소유로 남았다. 저택 뒤에는 커다란 정원도 있는데, 주변의 숲 속에 숨어 있어 바로크 풍의 커다란 다른 정원들보다 더 내밀했다. 원래 있던 정원은 18세기에 파괴되었고, 그 자리에는 영국식 정원이 들어섰지만 1970년에서 1984년까지 원래의 모습대로 복원되었다.

1960년, 빌헬미나 여왕은 자신의 사후에 헤트 로를 국가에 헌납하겠다고 선언했다. 1962년 그녀가 사망했을 때 이 궁전은 국립 박물관이 되었으며 오라녜 가문의 도서관이 들어섰다. **JF**

아른험 교

네덜란드, 아른험 | Arnhem Bridge

영국군의 대담한 공습이 벌어졌던 곳

1914년 9월, 영-미 연합군이 에인트호번-아른험 거리를 공격한 것은 라인 강을 건너는 다리를 확보하여 독일 북부를 직접 공격할 수 있는 길을 트기 위해서였다. 영국과 미국의 공군은 적군이 점령하고 있는 중요한 지점들을 확보하고, 육로로 접근해 오는 영국의 30군단이 올 때까지 지킬 계획이었다. 영국 공군은 아른험 시 근처에 착륙하라는 지시를 받았고 존 프로스트 중령이 이끄는 낙하산 연대의 두 번째 대대는 모든 위치의 핵심이 되는, 라인 강을 건너는 육로 다리를 점령하라는 명령을 받았다.

계획은 지나치게 야심찼으며(그래서 이 작전에 대한 리처드 어텐보로 감독의 1977년 영화 제목이 〈머나먼 다리〉가 되었다) 처음부터 일은 연합군 쪽에 불리하게 돌아갔다. 낙하산 부대가 다리 한쪽을 차지하기는 했지만, 언제나 그렇듯 연합군의 공격에 신속하게 응대한 독일군에 의해 꼼짝 못하게 되었다. 설상가상으로 한참 남쪽에 있던 30군단은 전진이 늦었고, 아른험 안팎에서 포위당한 영국군을 구하러 도달할 수가 없었다. 식량과 물, 군수품이 부족한데다 수적으로도 크게 불리해, 프로스트에 낙하한 부대는 결국 항복할 수밖에 없었다.

이 전투는 연합군 쪽의 쓰디쓴 패배였지만, 아른험을 용감하게 지킨 영국군은 적과 아군 모두에게 존경을 얻었다. 네덜란드의 민간인들도 전투 동안과 그후에 많은 병사들이 탈출하여 자기편으로 돌아갈 수 있도록 돕는 등, 연합군을 위해 많은 일을 했다. 전쟁 이후로 이곳에서는 매년 기념 예배가 열리는데, 노병들과 시민들이 모여들어 이 도시에서 전사한 이들에게 경의를 표한다. 라인 강에 있던 심하게 파괴된 다리는 원래 모습대로 다시 지어졌으며, 영국 낙하산 부대의 사령관을 기리는 의미에서 존 프로스트 다리라는 새 이름이 붙었다. **AG**

🏛️ ◎ 브뤼헤의 종탑

벨기에, 브뤼헤 | Belfry of Bruges

중세 브뤼헤의 한복판에 세워진 독특한 상징물이자 랜드 마크

유네스코의 세계문화유산 목록에는 벨기에와 프랑스 북부에 있는 55개의 종탑이 올라가 있는데, 이는 종탑이 도시와 공공 건축에 이바지하는 독특한 면모를 인정해서이다. 브뤼헤의 종탑은 그 중에서도 가장 오래되고 가장 아름다운 종탑 중 하나이다.

종탑이란 종이 달린 탑을 말한다. 많은 이들이 종탑이라 하면 교회를 떠올리지만, 원래 종탑은 도시에 부속된 건물이었다. 근본적인 목적은 감시탑이었고, 종은 경보를 울리는 데에 사용되었지만 세월이 흐르면서 종탑은 도시 내의 더욱 다양한 목적에 쓰이게 되었다. 종탑 안에는 중요한 서류나 문서를 보관할 수 있고-종탑(belfry)이라는 문자 그대로의 의미는 '안전하거나 보호받는 장소'이다-회의실, 금고, 혹은 무기고 등으로 사용할 수도 있었다. 브뤼헤의 종탑도 예전에는 도시의 보물과 시정과 관련된 공문서를 보관하고 있었다. 비슷하게, 종도 단지 위험을 알리기 위해서만 쓰이는 것은 아니었다. 종을 울려 시민들에게 시간을 알려 주거나, 시의 행사를 공고하거나 일하는 날과 휴일을 알릴 수도 있었다. 그 결과, 대부분의 종탑에는 서로 다른 멜로디로 울리는 한 벌로 이루어진 종-편종(編鐘)-이 달리게 되었다. 브뤼헤에 있는 편종은 마흔아홉 개나 되는 종으로 이루어져 있어 특히 정교하다.

높이 88m의 브뤼헤 종탑은 1240년경 세워진 '할렌'(오래된 피륙 보관 홀) 꼭대기에 위치하고 있다. 원래의 목조탑은 1280년 번개에 맞아 타 버리고, 벽돌로 다시 지어졌다. 1480년대에는 우아한 팔각형 채광탑이 추가되었다. 한때는 이 꼭대기에 나무로 된 첨탑이 있었지만 이 첨탑도 화재의 희생양이 되었으며, 결국 브뤼헤의 브뤼허(중산층 시민들)는 썩 마음에 차지는 않지만 대신 돌로 된 흉벽에 만족하기로 결정했다. 시계의 기계 장치실을 지나 꼭대기까지 336계단을 기어 올라갈 만큼 에너지가 넘치는 관광객이라면, 도시와 그 주변이 널리 내려다보이는 훌륭한 광경을 감상할 수 있다. **IZ**

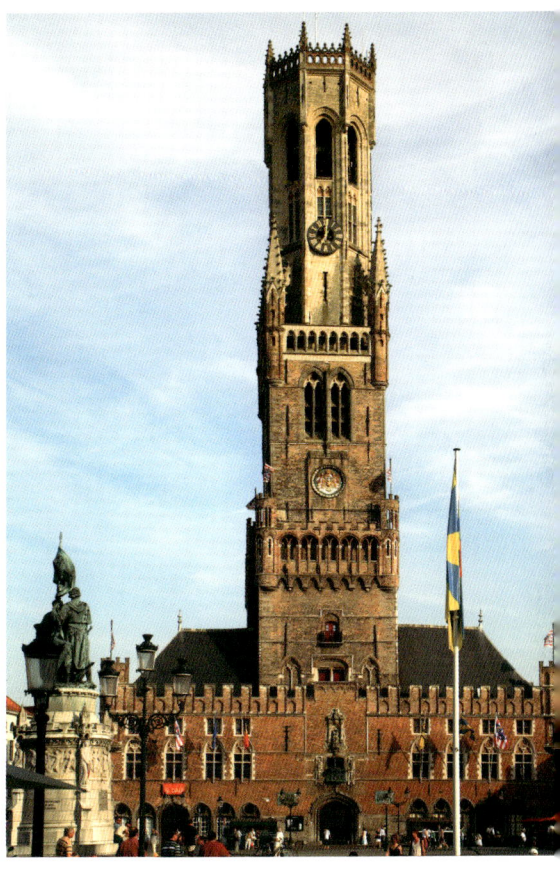

"브뤼헤의 시장에는 오래된 갈색의 종탑이 서 있다 … 여전히 그것은 도시를 내려다보고 있다."

시인, 헨리 워드워스 롱펠로우

제1차 세계대전 참호 벨기에, 이프르 | World War I Trenches

서부전선에서 가장 중요한 전투가 있던 곳에 파인 참호 굴

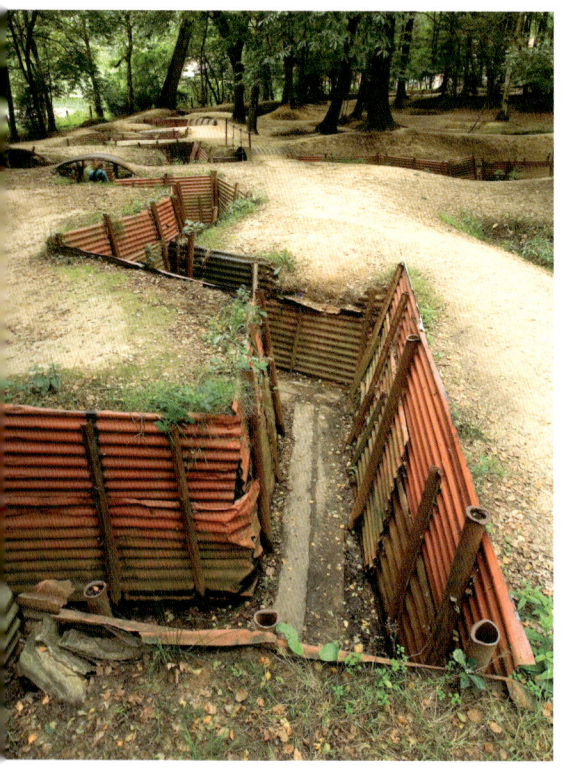

"잔다는 것은 불가능합니다. 따뜻하게 지
낸다는 것은 이따금 가능할 뿐이고–건
조하게 지낸다는 것은 웃긴 일이지요."
이프르에서 집으로 보낸 병사의 편지(1915년 겨울)

⊞ 제1차 세계대전의 포탄 구멍과 지그재그로 난 참호가
이프르 근처의 '성스러운 숲'에서 드러났다.

⊟ 191/년 전투 이후, 보싱그와 파스샹달 사이로 폭격 피해가
지평선까지 뻗은 풍경.

벨기에의 오래된 양모 도시 이프르 주변 지역은 1914년
10월부터 1918년 여름까지 지속된 제1차 세계대전에서
가장 치열했던 참호전이 벌어진 곳이다. 이프르를 점령하
려는 독일군의 반복된 시도가 있었지만, 도시를 보호하
려는 영국–프랑스 연합군에 의해 저지되었다.

1914년에 사용된 무기류의 놀라운 위력, 특히 대
포와 기관총 때문에 군인들은 복잡한 참호 네트워크를
파야 했다. 1914년 말에는 스위스에서 북해까지 뻗을 만
한 길이의 참호 시스템이 나타났다. 지형에 따라 다르긴
하지만, 전형적인 참호 선은 최전선의 구불구불한 사격
참호와, 그 외부에 무인 지대에 만들어져 적군 쪽을 향한
여러 개의 대호(對壕 : 적진으로 다가가기 위해 파는 참
호)와 터널로 이루어져 있었다. 참호 앞에는 말뚝에 매인
철조망이 배치되곤 했다. 사격용 참호 뒤에는 평행하게
난 두 개, 혹은 그 이상의 지원 참호가 있어–이곳에 최전
선 주 부대가 배치되었다–지그재그 모양으로 파인 통신
참호를 통해 다른 참호들과 연결되어 있었다. 이프르에
있는 것처럼, 극히 중대한 부분에는 포격으로부터 군사
들을 보호하기 위해 지하 방공호와 강화 콘크리트로 만
든 필박스(토치카라고도 하며, 콘크리트 등의 엄개(掩蓋)
로 견고하게 보호하는 방어진지)가 설치되었다.

참호 안의 상황은 좁고, 축축하고, 진흙투성이에
악취가 풍겼다. 언제나 존재하는 포탄이나 저격병의 사
격 위험은 그렇다 치더라도, 참호 안에는 쥐가 들끓었으
며 무너질 위험이 있었다. 질병도 만연했다. 서부 전선에
서 일어난 연합군 사상자의 3분의 1은 참호 안에서 피해
를 입었던 것으로 추산되었다.

이프르에 있는 참호 대부분은 1918년 이후 갈아엎
거나 그 위에 건물이 들어섰지만, 1980년대 이후부터 고
고학자들은 참호의 흔적을 발견해 내고 있다. 이중 많은
곳은 일반인들이 방문해볼 수 있다. 이중에서 보싱그 마
을 근처에 있는 '요크셔 참호'는 발굴 작업에 뒤따라 주의
깊은 재건설 작업까지 이루어졌다. **AG**

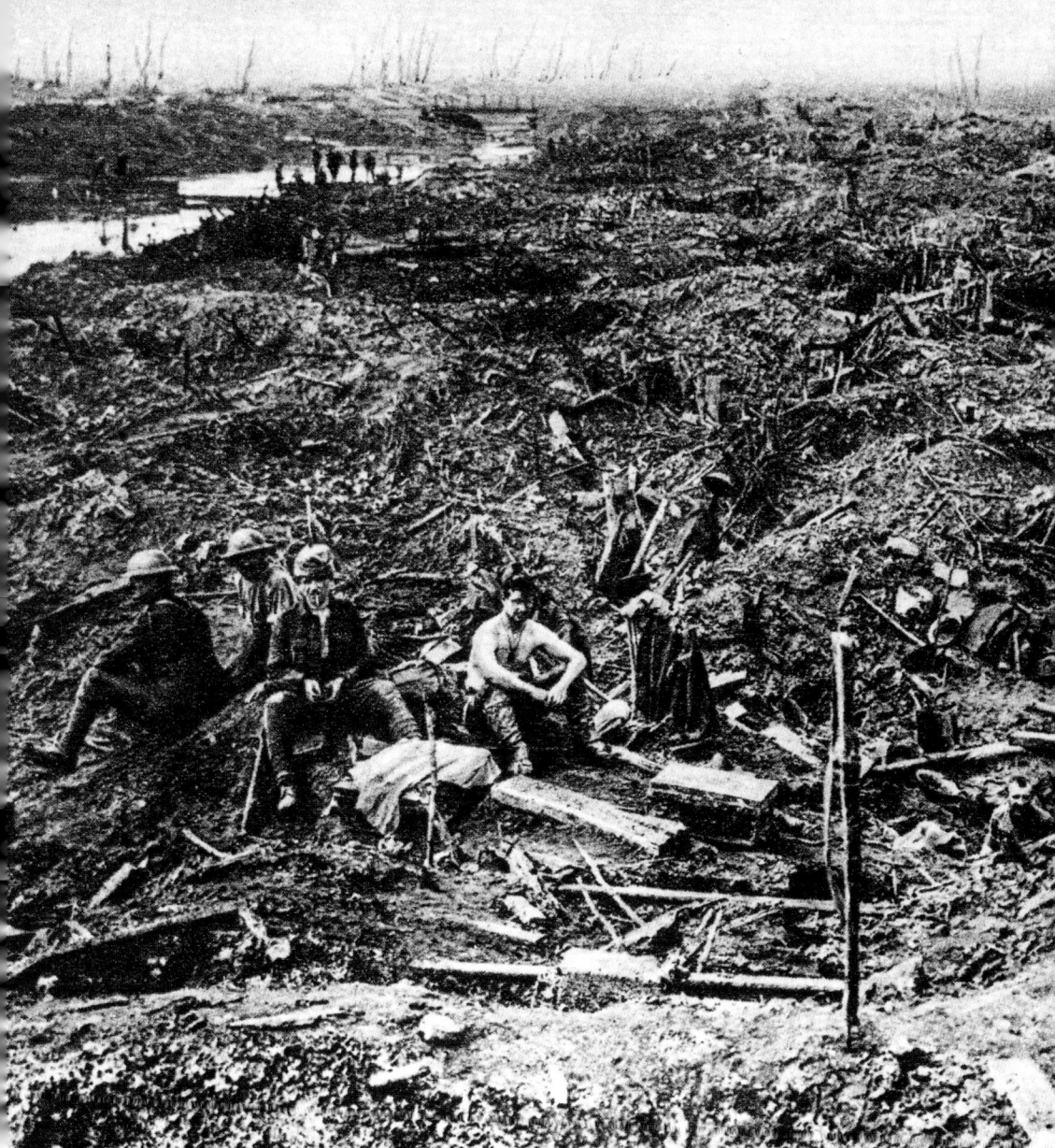

상트르 운하 엘리베이터

벨기에, 라 루비에르 | Canal du Centre Elevators

벨기에의 토목 기술과 산업화를 보여 주는 놀라운 기념물

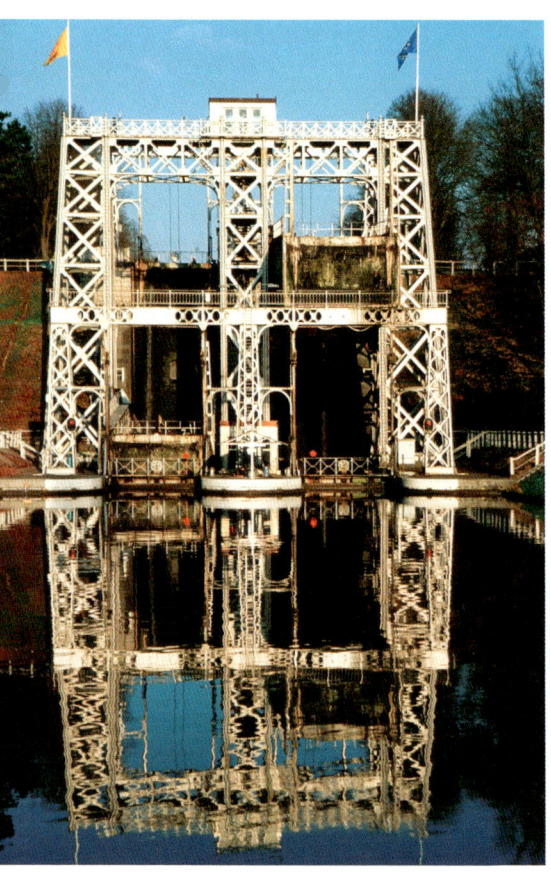

> "…운하 건설에 적용된 토목 기술을 보여 주는 최고의 예."
>
> 유네스코

그린피스의 표현대로 '유럽의 더러운 아이'라는 난처한 평판을 얻은 벨기에는 오랜 기간에 걸친 산업화의 역사를 지니고 있다. 빅토리아 시대에는 대규모의 석탄과 철강 산업이 벨기에의 왕 레오폴드 2세에 의한 콩고 분지의 착취와 발맞추어 성장했다. 이러한 발전을 위해서는 프랑스로 흘러드는 주요 강들을 연결하는 운하 네트워크의 건설이 필수적이었으며, 상트르 운하는 이 네트워크의 중요한 부분이었다. 이 운하는 뫼즈 강과 스헬데 강을 연결해 주었고, 근처의 광산에서 이용하는 핵심적인 운송 수단이 되어 주었다. 현재, 중공업은 북쪽의 오래된 플랑드르 지역으로 옮겨 갔고, 원래는 무거운 짐을 실은 바지선(화물을 옮기거나 해상 작업용 설비를 싣는 데 사용하는 바닥이 평평한 배)을 끌어올리는 데에 사용했던 네 대의 수력 엘리베이터는 관광 산업에 일조하고 있다. 보트 여행자들은 이를 통해 토목 기술이 이루어 낸 놀라운 성과를 만끽한다. 디자인은 영국 엔지니어 에드윈 클라크의 영향을 많이 받았으나 실제로 건축한 것은 벨기에의 존 코크릴 사로, 1888년 우뎅-고니에 설치된 15.4m 높이의 엘리베이터가 그 시작이었다. 다른 세 개의 똑같은 엘리베이터의 높이는 각각 16.9m이다.

철로 된 격자 대들보 모양의 상부 구조 안에는 물로 채워진 두 개의 탱크가 있는데, 각각 19세기의 바지선을 띄울 수 있을 만한 크기이다. 아래쪽 탱크는 깊이 있어 보이지 않고, 수압이 높으며 물이 가득 찬 실린더 안에서 피스톤 구실을 하는 중앙 기둥에 지탱해서 번갈아 가며 올라갔다 떨어진다. '기요틴'이라 불리는 관문이 탱크 안으로 드나드는 물을 통제하고, 맨 꼭대기에 있는 탱크가 바닥의 탱크보다 약간 더 많은 물로 채워져 중력의 힘에 의해 효과적으로 낮은 곳으로 내려올 수 있도록 한다. 이러한 종류의 엘리베이터는 이제껏 여덟 채밖에 지어지지 않았으며, 원상태 그대로 오늘날까지 작동하는 것은 이것뿐이다. **AED**

루벤스의 집

벨기에, 안트베르펜 | Rubens's House

플랑드르 거장의 대저택

슬쩍 눈길을 던지기만 해도 페테르 파울 루벤스 경 (1557~1640)은 다락방에 살며 배를 곯는 화가가 아니었다고 확신하게 될 것이다. 그는 동시대인들에게 "화가 중의 왕자이며 왕자들 중의 화가"라 묘사된, 당대 최고의 성공을 누렸으며 많은 작품을 남긴 화가였다. 루벤스는 또한 자신의 후원자들을 위해 외교적인 임무를 맡아 보기도 했으며, 그로 인해 영국의 찰스 1세에게 기사 작위를 받게 되었다. 그의 호화로운 집은 이렇게 높아져 가는 명성과 지위를 반영하도록 디자인되었다.

저택을 짓는 일은 1610년 시작되었다–루벤스가 네덜란드의 스페인 섭정들에게 궁정 화가로서 최초의 중요한 지위를 얻게 된 지 고작 일 년 후였다. 루벤스는 디자인 일부를 직접 제작하였는데, 거리를 향하고 있는 외관은 상당히 절제되어 있지만 내부의 안뜰은 호화로운 이탈리아 양식으로 지어졌다. 내부에 방 중에는 루벤스의 개인적인 예술 작품 컬렉션을 소장하고 있는 갤러리가 있었고, 그가 가장 저명한 방문객들을 맞아들였던 커다란 스튜디오가 있다.

루벤스가 소유했던 집은 한 채만이 아니었지만, 이 건물은 그의 경력에 있어 핵심적인 사건들이 일어났던 장소이다. 그가 남긴 가장 위대한 걸작 중 대부분이 이곳의 스튜디오에서 그려졌으며, 첫 아내인 이사벨라가 이곳에서 죽었고, 화가 자신도 통풍 발작으로 이곳에서 사망했다. 루벤스와 이렇게 연관이 깊은 곳임에도 원래의 내부는 거의 보존된 바가 없다. 루벤스가 죽은 후, 뉴캐슬 후작인 윌리엄 카벤디쉬가 이 집을 빌려 정원을 망명 중인 왕당파들을 위한 승마 학교로 개조했다.–이들 중에는 미래의 찰스 2세도 있었다. 이후 소유자들은 선물을 등한시했으며, 1937년에 이르러서야 종합적인 복원 작업이 시작되었다. 저택은 현재 박물관으로 〈천국의 아담과 이브〉와 〈수태 고지〉를 비롯한 루벤스의 감동적인 작품들, 그리고 그와 동시대 화가들의 작품들이 전시되어 있다. **IZ**

워털루 전투지

벨기에, 워털루 | Waterloo Battlefield

유럽의 중추적 전투가 일어났던 곳

워털루 전쟁은 사실 워털루에서 5km 남쪽에 있는 몽–생–장에서 일어났다. 1815년 6월 18일에 일어난 이 전투는 나폴레옹 보나파르트의 마지막 전투였다. 영국군 사령관 웰링턴 백작의 지휘 아래 모인 영국, 프로이센, 하노버, 네덜란드, 나사우, 브런즈윅의 연합군은, 웰링턴이 "평생 본 것 중 가장 아슬아슬한 상면"이라 묘사했던 전투에서 7만 명의 강력한 프랑스 군대를 정복하게 되었다.

> "패배한 전투를 제외하고는 그 어떤 것도 승리한 전투의 우울함을 반도 따라올 수 없다."
>
> 아서 웰즐리, 웰링턴 공작

오늘날의 전투지는 약 200년 전 나폴레옹과 웰링턴이 전투를 벌였던 지역과 다르게 표시되어 있다. 전투가 끝난 후, 전투가 일어났던 땅은 네덜란드의 새로운 대영 제국의 주가 되어 웰링턴 가에 주어졌다. 당시와 현재의 가장 큰 차이점은 언덕이 있다는 것인데, 이는 네덜란드의 빌렘 1세가 자신의 아들 오라녜 공이 부상을 입은 것을 아쉬워하는 의미에서 인공적으로 만든 것이다. 부상당한 왕자를 위한 기념비는 인상적인 사자 모양 조각상으로, 앉아서 전투지를 내다보고 있다.

군대가 사용했던 건물 대부분은 여전히 건재하다. 영국군이 차지했던 우구몽 목장은 대중의 방문이 가능하다. 이곳은 정오부터 오후 여섯 시까지 프랑스 군의 거센 공격을 받았지만 함락되지 않았다. 또 다른 연합군 요새인 애 상트 목장과, 나폴레옹의 사령부도 방문할 수 있다. **OR**

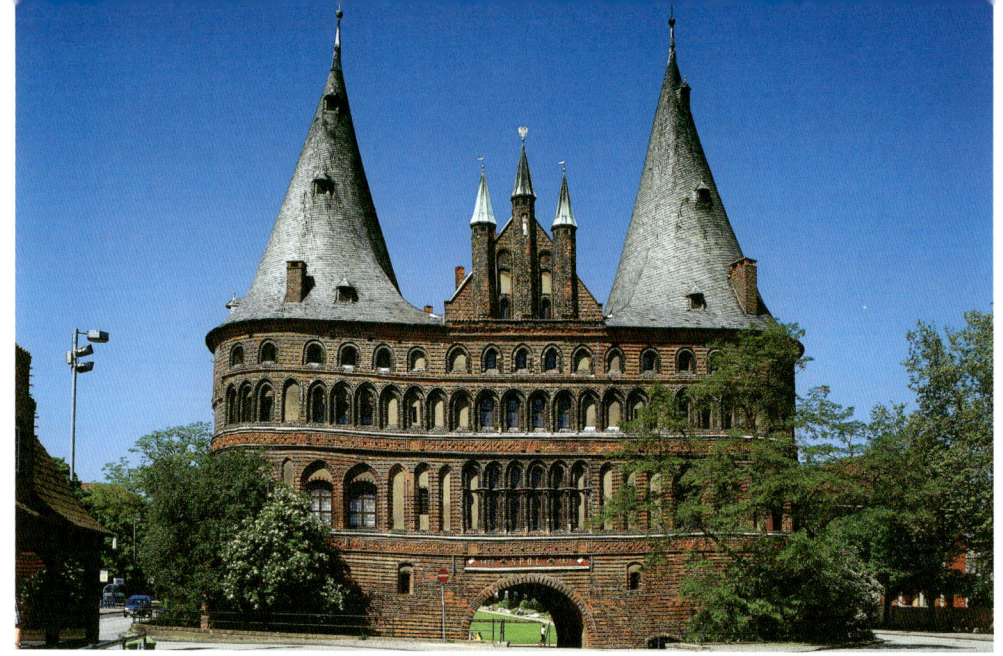

홀슈텐토르 독일, 뤼벡 | Holstentor

중세 뤼벡 성채의 일부인 후기 고딕 양식의 성문

홀슈텐토르는 거의 디즈니랜드 같은 이미지를 선사한다. 뤼벡의 알트슈타트(구시가지)에 있는 1000채 이상의 건물과 더불어, 이 성문은 유네스코 세계문화유산 목록에 등재되었다. 뤼벡은 12세기에 상호간의 교역 방어를 위해 조직된 무역 블록인 강력한 한자 동맹의 중심지였다. 한자 동맹은 노브고로트에서 런던까지, 1500개 이상의 상업 도시를 하나로 결집했다. 이 동맹의 회의가 마지막으로 열린 것은 1669년이었으며, 오늘날 뤼벡은 동화 속의 도시 같은 모습을 하고 있지만 단지 지방 도시에 불과하다.

성문은 남쪽과 북쪽에 있는 두 개의 둥글고 뾰족한 탑과, 그 사이에 있는 아치형 입구로 이루어져 있다. 한쪽 편에는 라틴어로 'Concordia Domi Foris Pax', 대충 옮기자면 '내부에서는 조화를, 외부에서는 평화를'이라는 문구가 새겨져 있다. 다른 편에는 'SPQL-뤼벡의 의회와 시민들'이라고 새겨져 있다. 네 층짜리 이 건물은 뤼벡의 뛰어난 건축가 하인리히 헬름슈테트가 1464년에서 1478년까지 세웠는데, 불행히도 기반은 늪지대였다.

1585년에 아마도 도시의 서쪽 편 방비를 더 튼튼하게 하기 위해 새로이 추가된 것으로 보이는 정문은 홀슈텐토르가 가라앉고 있었으며 무너질 위험에 처해 있었기 때문에 없애 버려야 했다. 1863년에는 가장 낮은 곳에 있던 화살 쏘는 구멍이 땅 속 0.6m 깊이로 들어갔을 정도였다. 1871년까지 이러한 움직임을 막아 보려는 노력이 계속되었으나 실패했고, 1934년에는 훨씬 더 발전한 기술로 인해 마침내 더 이상의 함몰을 막을 수 있게 되었다. 그러나 두 개의 탑은 아직도 눈에 띄게 서로를 향해 기울어져 있다. 건물을 안정시키기 위해 2005년과 2006년에 추가 보수 작업이 이루어졌다.

홀슈텐토르는 국가적인 아이콘으로 소중히 다뤄지고 있다. 이 성문은 독일에서 만든 2유로 동전에 나와 있고, 예전의 독일 50마르크 지폐에도 나와 있었으며, 수 세기 전부터 전해 내려온 뤼벡의 명물인 마지판이라는 과자는 홀슈텐토르 모형을 본떠 만든 인기 있는 기념품이다. **CB**

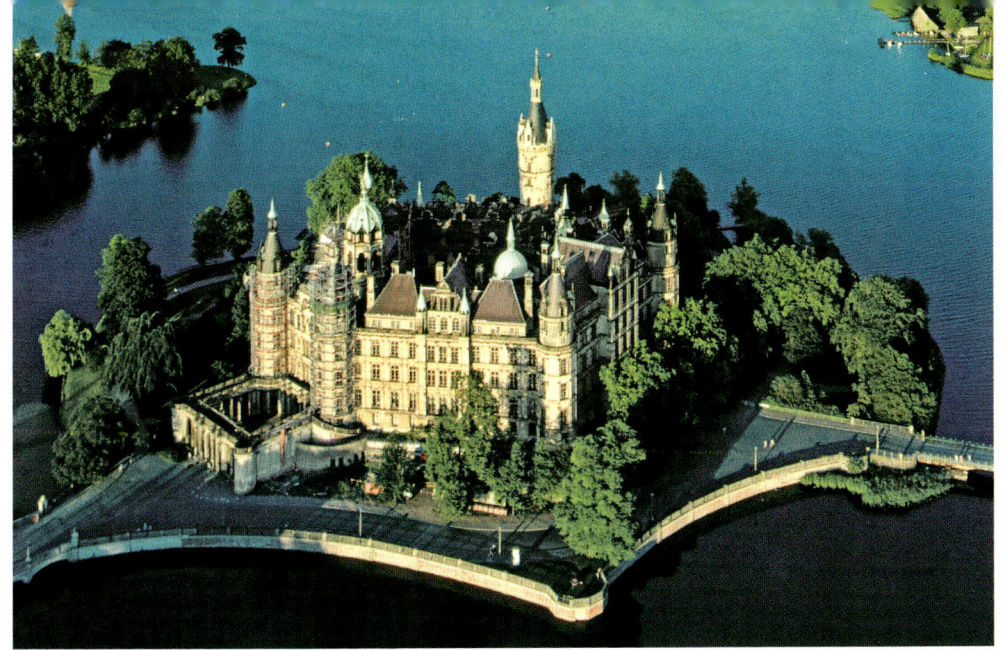

슈베린 성 독일, 슈베린 | Schwerin Castle

슈베린 호수의 섬에 전략적으로 위치한 매력으로 가득 찬 성

1160년, 하인리히 사자공(公) 수하의 독일 귀족들은 슬라브인 거주지를 차지해 그곳에 성채를 지었다. 이 성은 메클렌부르크 공작의 영지가 되었는데, 이들은 슈베린을 재건축하고 개조하여 이전의 요새였던 곳을 궁전으로 바꾸었다. 1765년, 공작의 거처는 슈베린에서 다른 곳으로 옮겨졌다가 1837년에야 다시 돌아왔는데, 이 무렵 건물은 완전히 황폐해진 상태였다.

프리드리히 대공과 그의 후계자 프리드리히 프란츠 2세는 샹보르의 프랑스식 루아르 성을 주 모델로 삼아 성을 사실상 다시 짓기로 결정했다. 여러 건축가들 간에 많은 토론이 벌어진 이후, 1843년 게오르그 아돌프 데믈러의 총괄 지시하에 작업이 시작되었다. 1847년에는 높은 주탑이 완공되었지만, 프리드리히 프란츠와 그의 가족이 동화와 같은 이 성으로 이사 올 수 있었던 것은 1857년에 이르러서였다. 1913년 엘리자베트짐머(엘리자베트의 방)에 화재가 일어나 슈베린 성은 심각한 피해를 입었고, 1918년, 독일에서 군주제가 막을 내리면서 슈베린 성은 나라의 소유가 되어 박물관으로 문을 열게 되었다.

1990년, 독일 재통합 이후 슈베린 성은 대규모의 복원 작업을 거쳤다. 성의 일부는 박물관으로 재개장했고 남은 부분에는 지역 주 정부가 들어섰다. 메클렌부르크 공작들이 쓰던 의전실은 관람이 가능하도록 전시되어 있으며, 성 주변의 넓은 부지를 구경하며 감탄에 빠질 수도 있다. **AG**

"슈베린 성, 여전히 훌륭하지만 1918년 귀족들이 물러난 이후 예전의 거주자를 잃은 성."

역사가, 도로테아 S. 미헬만

장크트 파울리 란둥스브뤼켄 독일, 함부르크 | St. Pauli Landungsbrücken

함부르크의 유명한 부양식 독

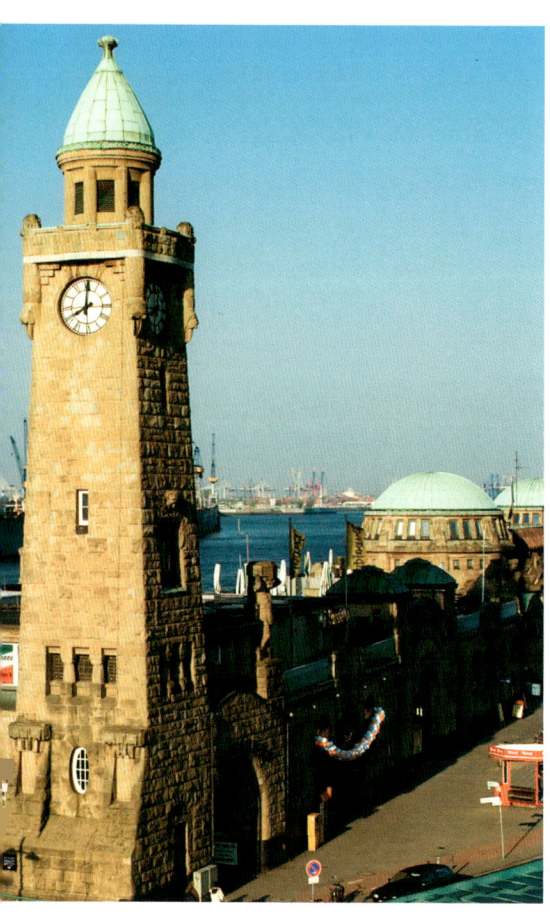

"신기한 건축물 … 엘베 강 위에 낮게 웅크리고 있는 네오-로마네스크 윤곽의 돔…"

저널리스트, 미하엘 고라

함부르크의 란둥스브뤼켄(선창)은 주 항구 모서리에 특별히 증기선을 위한 여러 개의 부교와 선창이 지어지던 1839년에 탄생했다. 굴뚝 때문에 화재의 위험이 있었으므로, 기선은 목재로 된 범선과 떨어진 곳에서 운행하는 것이 안전하다고 여겨졌다. 120km 길이로 도시를 지나가는 엘베 강에 의해 북해와 연결된 함부르크가 19세기 유럽의 주도적인 바다 항구로 성장함에 따라, 수백만 명의 여행자들이 란둥스브뤼켄을 거쳐 갔다.

이 지역 전체가 1906년에서 1910년 사이에 새로이 지어졌으므로, 오늘날 보는 란둥스브뤼켄도 이 기간에 지어진 것이다. 이는 길이 700m의 부양식 독으로, 위에는 그 많은 승객들을 운송하는 데에 필요한 모든 시설이 지어져 있었다. 그 무렵, 함부르크 시는 지하 철도 시스템(U-반호프) 역시 개발 중이었고, 란둥스브뤼켄에는 기차를 타고 온 승객들이 보트로 쉽게 갈아탈 수 있도록 역이 건설되었다. 구리로 된 돔이 달린 건물들과, 양쪽 면에 시계가 붙어 있을 뿐 아니라 승객들과 공무원들에게 조수의 상태에 대한 정보를 알려 주는 수위 표시기까지 있는 망루 등은 매우 독특한 부분이다.

란둥스브뤼켄은 전쟁 동안 심하게 파괴되었으며, 대서양을 횡단하는 해양 여객 사업이 사양길을 걷게 되면서 그 미래가 불투명해 보였다. 그러나 북해 무역이 성장하면서 이 독은 앞으로도 무사히 제 구실을 다 할 수 있게 되었고, 이 지역은 함부르크의 선창 지역에서 나오는 관광 수입 덕을 톡톡히 보고 있다. 5백만 명 이상의 사람들이 함부르크 부두를 출발하여 미국, 캐나다, 오스트레일리아에 새로운 삶을 찾으러 떠났다. 란둥스브뤼켄에 있는 박물관 이외에도, 지금은 해양 박물관이 된 범선 '리크머 리크머스' 호와 오래된 화물선 '캡 샌 디에고' 호를 볼 수 있다. **AG**

폴크스바겐 공장 독일, 볼프스부르크 | Volkswagen Factory

이 지역의 부흥과 자동차 대량 생산 발전을 이룩해 낸 도구

페르디난트 포르쉐는 근로자들도 구입할 수 있을 만큼 값싼 차량을 생산해 내라는 아돌프 히틀러의 특명에 따라 독일의 '대중 차'(폴크스바겐)를 개발해 냈다. 이 차는 연비가 경제적이고, 빠르고, 성인 두 명과 아이 세 명이 편안하게 여행할 수 있을 정도의 넓이를 갖춰야 했다. 이 프로젝트는 "크라프트 누르히 프로이데", 즉 "즐거움을 통한 강함"이라는 히틀러의 모토에 따라 Kdf-바겐이라는 이름이 붙었다. 여러 대의 프로토타입 모델이 1930년대에 제작되었지만, 전쟁이 일어나 모든 제조 원료가 군용 차량을 만드는 데 투입되었기 때문에 대량 생산은 할 수 없었다.

1945년 볼프스부르크 공장은 폐허가 되었으며 점령군인 영국 군대의 관할에 놓이게 되었다. 이 공장은 원래 차량 정비소로 사용할 작정이었으나, 담당관인 이반 허스트 소령은 폴크스바겐 차의 가능성을 알아보고 2만 대를 주문하라고 영국군을 설득했다. 더 많은 차가 독일에서 민간 차량의 용도로 생산되었고 영국으로 수출되기도 했다. 천장에는 구멍이 나고 창문의 유리가 없는 상태였는데도, 1946년 생산량은 한 달에 1,000대까지 늘어났다. 새로 만든 차량들은 차를 생산하는 데 쓰인 많은 양의 강철과 다른 자재들과 교환했다.

영국과 미국 자동차 제작 회사가 이 공장을 사라는 제안을 받았으나, 모두들 폴크스바겐이 미래의 차가 될 수 없다고 생각해 거절했다. 울프스부르크는 1948년 대신 공장을 독일 정부에 양도했다. 1950년대에, 울프스부르크와 폴크스바겐은 새로 태어난 서독이 전쟁의 폐허에서 자랑스럽게 부상하도록 한 '독일의 경제 기적'을 보여 주는 지표가 되었다. 1973년 즈음 폴크스바겐 비틀은 1,600만 대 이상 생산되었다. 1970년대에 회사는 모델의 범위를 확장시켰고, 울프스부르크에 있는 넓이 5km²의 하이테크 공장을 갖춘 세계에서 네 번째로 큰 자동차 회사가 되었다. **AG**

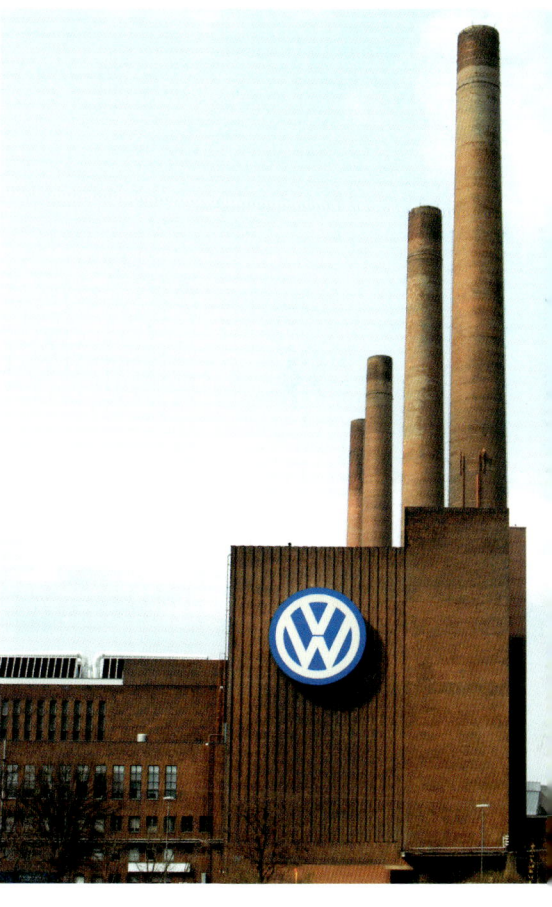

"만일 자네가 여기서 자동차를 제작하려고 생각하는 거라면, 자네는 엄청난 바보라네, 젊은이."

영국 자동차 제작사 로드 루츠가 허스트 소령에게 한 말

람멜스베르크 광산 독일, 람멜스베르크 | Rammelsberg Mines

1000년 이상 이곳에서는 채광이 계속되어 왔다

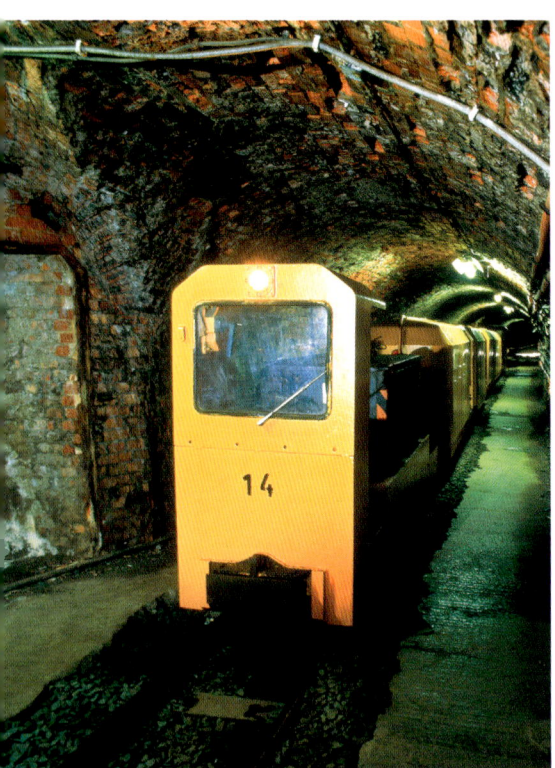

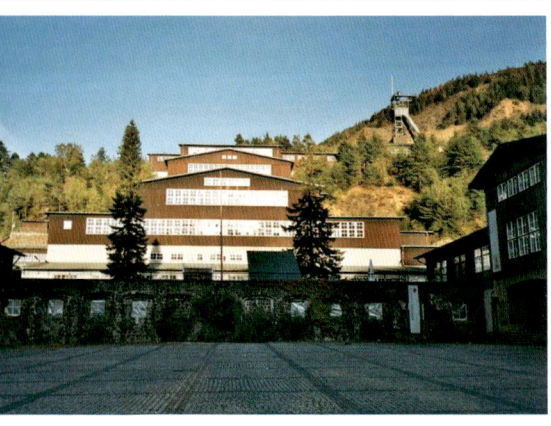

서기 3세기와 4세기에도 이곳에서 채광 활동을 해 왔다는 고고학적 증거가 약간 있기는 하지만, 정식 기록에 의하면 하르츠 산의 람멜스베르크에서 채광이 시작된 것은 10세기였다. 주로 은이 대부분이었으나, 광산이 확장되면서 구리, 납, 금, 아연 역시 발굴되었다.

최초의 광산은 사다리를 타고 들어가는 형태의 단순한 노천굴이었다. 파낼 수 있는 자원이 고갈되자, 광부들은 불을 사용하여 암석을 약하게 만들어 부순 후 곡괭이로 조각내 가며 지하 갱도를 파기 시작했다. 갱도에 지하수로 인해 홍수가 나는 문제는 항상 있었으나, 1250년부터 지하 수차가 도입되어 물을 퍼냈고, 나중에는 유용한 동력 자원으로 사용되었다. 1572년에는 가장 깊은 곳에서도 작업을 할 수 있도록 암벽에 2,350m 길이에 달하는 배수 통로를 팠다. 17세기부터는 암벽에 구멍을 뚫는 데에 화약이 사용되어, 채광 작업이 한층 빨라졌다.

근처의 고슬라르 시는 람멜스베르크 광산 덕분에 부유해졌으며 한자 동맹에서 중요한 무역 중심지가 되었다. 1009년과 1219년 사이에 신성 로마 제국의 의회가 고슬라르에서 열렸다는 사실은 이 도시의 중요성을 반영한다. 20세기에도 채광 작업은 수월하게 진행되었으나, 광물층이 마침내 고갈되어 버리면서 영리적인 목적의 채굴은 1988년 중단되었다. 그 이후로 이곳의 광산들은 문화 유적지이자 살아 있는 박물관이 되었다. 람멜스베르크의 과거를 전시해 놓은 건물들이 있을 뿐 아니라, 광산 지하를 체험하는 투어도 있는데, 어떤 것은 지하 14층 갱도까지 내려간다. **AG**

◩ 전기 철도가 지금도 광산 안을 누비며 다니지만, 이제는 광물 대신 관광객들을 싣고 있다.

◪ 람멜스베르크 광산에서 벌어지는 대규모 작업 덕분에, 광물을 처리하는 거대한 건물 단지가 필요했다.

마르틴 루터의 집 독일, 비텐베르크 | Martin Luther's House

세계의 종교와 정치의 역사에 영향을 끼친 개혁

프로테스탄트 개혁가 마르틴 루터(1483~1546)가 당시에는 아우구스티누스회 수도원이었던 이 집을 1508년 처음 방문했을 때, 그는 아직 수도사에 머물러 있었다. 수도원은 이후 곧 문을 닫았고, 1525년 루터가 전직 수녀였던 카테리나 폰 보라와 결혼했을 때, 선제후인 '프리드리히 현공'은 그들에게 그 건물에서 살아도 좋다고 허락했다. 이들의 결합은 실제적으로 성직자들의 결혼에 대한 승인이었으며, 루터와 카테리나는 여섯 아이를 낳았다.

종교 개혁에 대한 가장 크고 가장 중요한 박물관이라는 지위를 차지하고 있는 루터의 집에는, 현재 6천 권의 필사 원본(11세기까지 거슬러 올라가는 것도 있다), 1만 5천 권의 책과 팜플릿(루터의 시대의 것도 있다) 등 엄청난 양의 고문서와 동전, 메달, 그림 등의 방대한 컬렉션이 있다. 독일에서 프로테스탄트의 전파를 보여 주는 상설 전시회들도 있다.

이 박물관에는 또한 루터와 그의 가족생활과 직접적인 연관이 있는 유물들도 있다. 이중에는 루터의 수도사 예복, 가장자리에 메모가 쓰여 있는 그의 성경, 개혁적인 교리를 설파하였던 설교대의 일부, 책상, 침대, 스토브, 그리고 몇 가지 부엌 용품이 있다. 루터와 동시대인이자 그의 지지자였던 루카스 크라나흐가 그린 장엄한 작품 〈십계〉도 있다. 새로 발견된 이 집의 별관에는 루터가 사용했던 것으로 추정되는 돌로 된 변소가 있는데, 그는 변비로 고생했다. 속설에 따르면, 그가 구원은 행동이 아니라 믿음에 의해 주어진다는 급진적인 사상을 생각해 낸 것은 변기에 앉아 있었을 때였다고 한다. **AG**

▣ 마르틴 루터는 종교적인 권위는 교황이 아니라 성경에 있다고 주장하여 급진적인 변화를 일구어 냈다.

▣ 프리드리히 현공은 루터와 그의 가족이 이 정교한 목재 골조의 집에서 살도록 허락했다.

라인스베르크 성

독일, 라인스베르크 | Schloss Rheinsberg

역사적인 성이자 예술의 중심지

라인스베르크에는 일찍이 1335년부터 해자에 둘러싸인 성이 있었다. 화재로 인해 피해를 입은 후 이 성은 1556년 아힘 폰 브레도브의 소유가 되었고, 그는 르네상스 양식의 웅장한 저택을 짓기 위해 방어 시설을 없애 버렸다. 1734년 프로이센의 프리드리히 빌헬름 1세가 큰아들인 프리드리히 황태자(장차 프리드리히 2세)를 위해 라인스베르크와 그 영지를 사들였다. 프리드리히 황태자는 건축가 케메터와 크노벨슈도르프를 고용하여 건물을 최신식으로 개조했다. 이전 건물에 한 층이 더 세워지고 탑 하나가 더 추가되었으며, 쌍둥이 탑은 아름다운 주랑에 의해 서로 연결되었다. 신중하게 위치를 잡은 호수-그리네릭세 호-가 고요한 푸른 물속에 건물의 모습을 빛나게 하며 그 아름다움을 더욱 돋보이게 한다.

1740년 프리드리히는 왕위에 올랐고, 거의 그와 동시에 슐레지엔 지방을 침략하였고, 그의 인생의 전반적인 관심사는 모두 이로 인해 벌어진 여러 차례의 전투였다. 1744년 그는 라인스베르크를 동생인 하인리히 왕자에게 주었다. 1753년부터 1802년 사망할 때까지 라인스베르크에 살면서, 하인리히 역시 이 영지에 자신만의 흔적, 더욱 예술적인 흔적을 남겼다. 예술의 후원자였던 그는 성 안에 야외의 '울타리 극장', 즉 헤켄테아터를 짓게 했고, 1774년에는 주로 음악 연주회를 여는 데에 쓰이는 쉴로스테아터가 지어졌다. 라인스베르크는 음악과 미술의 예술 중심지였을 뿐만 아니라 많은 작가들의 작품에도 등장하는데, 그중 가장 유명한 테오도르 폰타네는 성의 아름다움과 웅장한 호수, 그리고 조경이 잘 된 정원에 대해 열정적인 글을 남겼다.

제2차 세계대전 이후, 라인스베르크는 잠시 동안 요양소로 쓰이다가 1991년 박물관이 되었다. 음악적인 전통은 오늘날까지도 이어지고 있다. 이 궁전과 제휴한 실내 교향악단이 있어, 정기적으로 콘서트를 열어 많은 청중들을 이끈다. **AG**

운터 덴 린덴 국립 오페라 하우스

독일, 베를린 | Staatsoper Unter den Linden

세계의 웅장한 오페라 하우스 중 하나

베를린은 훌륭한 오페라의 중심지로 명성을 누리고 있지만, 오페라라는 형식은 독일에서 상당히 느리게 발전했다. 오페라 하우스는 음악을 사랑하는 프리드리히 2세가 왕위에 올랐을 때에야 비로소 베를린에 지어졌다. 왕립 오페라 하우스는 1742년에 문을 열었고, 신속하게 거의 이탈리아 오페라만을 독점적으로 상연하는 주요한 공연장으로 자리 잡았다. 독일어로 된 오페라가 정기적으로 공연되기 시작한 것은 그 라이벌인 국립 극장이 1786년 개관했을 때였으며, 이탈리아 오페라와 독일 오페라 간의 이러한 구별은 1807년 두 극장이 합병할 때까지 계속되었다. 하나가 된 왕립 극장은 리하르트 바그너에 의한 독일 오페라의 전성기와 더불어, 19세기에 걸쳐 유럽의 일류 오페라 하우스 중 하나로 명성을 굳혀 갔다.

> "처음 들은 후에 … 바그너의 오페라를 평가할 수는 없으며, 나는 두 번째로 들을 생각은 없다."
>
> 작곡가, 조아키노 로시니

이 오페라 하우스는 1918년 슈타트소퍼 운터 덴 린덴(운터 덴 린덴 국립 오페라 하우스)으로 이름이 바뀌었으며, 1930년대에는 나치가 몇몇 작곡가의 작품을 금지하여 많은 훌륭한 유태인 음악가들이 망명하는 결과를 가져왔다. 제2차 세계대전 동안 슈타트소퍼는 폭격을 맞았고, 1950년대에 들어 재건축되었을 때 연합군의 베를린 분할에 의해 이 건물은 미래의 동독 쪽에 위치하게 되었다. 도이체 오퍼 오페라 하우스는 운 좋게도 서독에 위치하게 되었다. 독일 재통합 이후, 슈타트소퍼는 최고의 고전 레퍼토리 오페라 하우스라는 명성을 되찾았고, 도이체 오퍼는 보다 더 현대적이고 실험적인 작품을 전문으로 상연한다. **AS**

체크포인트 찰리

독일, 베를린 | Checkpoint Charlie

냉전이 최고조에 달했을 때 소련과 미국의 탱크가 대치했던 곳

전쟁이 끝난 후 베를린은 네 구역으로(소련, 미국, 영국, 프랑스) 나뉘긴 했지만, 도시 안에서 이동하는 일은 비교적 자유로운 편이었다. 그러나 1961년 8월 13일, 동베를린과 서베를린 간의 경계선이 막히면서 이러한 자유는 갑작스레 끝났다. 처음에는 이 경계선에 철조망과 장애물로 엮은 바리케이드가 놓여 있었지만, 나중에 이는 강화되어 높은 콘크리트 벽이 되었다.

동쪽과 서쪽 간의 이동을 용이하게 하기 위해서, 장벽을 따라 검문소가 설치되었다. 프리드리히슈타트의 검문소는 'C'라고 불렸는데, 더 유명한 이름인 '체크포인트 찰리'는 여기서 나온 것이다. 이곳은 인정을 받은 군대 인사들, 기자, 외교관, 고위 인사들이 지나다니는 곳이었기 때문에 잘 알려지게 되었고, 냉전 시대 스파이 소설이나 영화에 등장하면서 일종의 매력마저 얻게 되었다. 동쪽 편의 검문소는 통행을 저지하는 막대와 지그재그로 놓인 콘크리트 장애물, 감시탑에 차량과 그 안에 탄 사람들이 수색을 받는 넓은 구역까지 있다. 서쪽 편에는 그저 나무로 된 단순한 부스만 있다.

체크포인트 찰리는 몇 차례의 대담한 탈출 시도가 벌어지는 장소로 명성을 얻었다. 그중 가장 악명 높았던 사건은 1962년 탈출을 실패한 페터 페히터 사건이다. 그는 총을 맞고 철조망 부근에 쓰러져 피를 흘리는 채로 방치되어 죽었고, 이는 전 세계 미디어에 보도되었다. 1989년 베를린 장벽이 무너지면서 체크포인트 찰리는 필요가 없어졌으며, 1990년 공식적으로 문을 닫았다. 검문소가 있던 자리에는 복제품 부스 하나가 서 있고, 근처에는 1963년 문을 연 개인 박물관 하나가 있다. **AG**

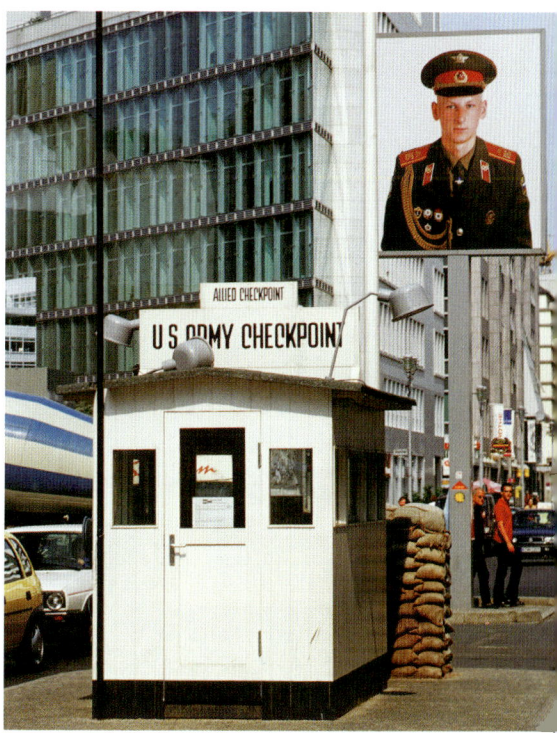

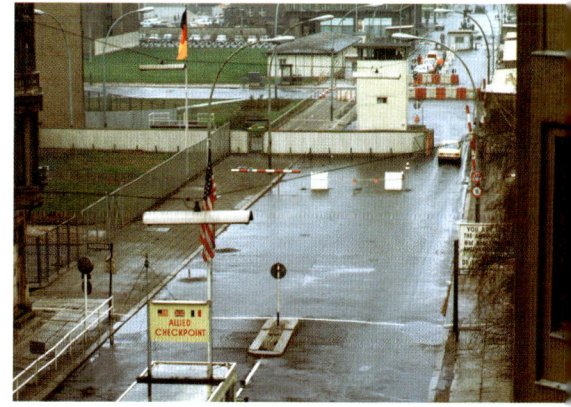

◹ 서쪽 편에 서 있던 부스는 현재 첼렌도르프의 연합군 박물관에 있다. 사진에 있는 것은 복제품이다.

◲ 운영 중인 체크포인트 찰리. 이상적일 정도로 고립된 동베를린으로 들어가는 입구를 통제하고 있다.

샤를로텐부르크 성 독일, 베를린 | Schloss Charlottenburg

'호박의 방'은 세계의 여덟 번째 불가사의라 묘사되었다

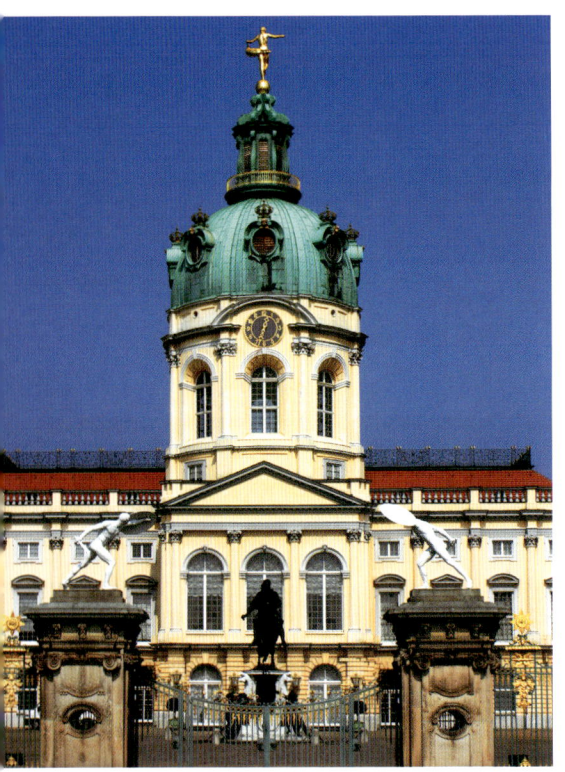

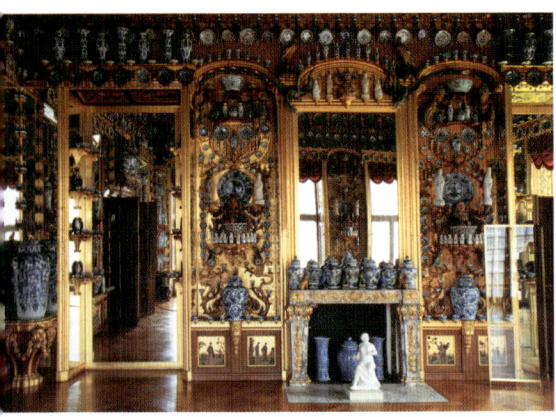

1695년 브란덴부르크 선제후 프리드리히 3세의 아내인 소피 샤를로테는 건축가 아르놀트 네링에게 이탈리아 바로크 양식으로 소박한 여름 별장을 지어 달라는 명을 내렸다. 1705년 그녀가 사망하자, 프리드리히는 이 궁전을 그녀를 추모하는 뜻에서 샤를로텐부르크라고 이름 지었다. 프리드리히가 1700년 프로이센의 프리드리히 1세로 왕위에 오르자, 이 건물은 완전한 규모의 궁전으로 증축되었다. 궁전은 둥근 지붕이 달린 독특한 중앙 탑과 커다란 오렌지 재배 온실을 갖추게 되었다. 오늘날 이 궁전 박물관에서 가장 유명한 전시물은 고고학자이자 트레저 헌터인 하인리히 슐리만이 발굴해 낸 트로이의 고대 유물들이다.

궁전의 내부는 호화롭게 꾸며져 있으며, 이 중에는 유명한 '호박의 방'(이 방의 벽은 모두 발트 산 호박으로 만들어졌다)이 있었는데, 1716년 이 방은 분해되어 러시아의 차르 표트르 대제에게 선물로 보내졌다. 1740년 프리드리히 대제가 왕위에 오르자 궁전에는 동쪽 윙을 포함하여 더 많은 부분이 추가로 지어졌으나, 왕이 포츠담 근처에 있는 상수시 궁전에 새로이 열정을 기울이면서 이곳에 대한 관심은 줄어들었다. 18세기 동안 궁전 외부에 있는 광대한 정원은 전형적인 프랑스식 정원에서, 화려한 호수로 마무리된 빼어나도록 훌륭하게 조경된 정원으로 탈바꿈했다.

1943년 샤를로텐부르크는 연합군의 폭격으로 심하게 파괴되었으나 이후 복원되었고 지금은 베를린에서 가장 커다란 궁전이다. 궁전 안에는 중국과 일본 도자기를 폭넓게 수집해 놓은 '포르첼란카비네트'가 있으며, 낭만주의 운동 시대의 그림들을 전시해 놓은 '갈레리 데르 로만티크'가 있다. **AG**

◸ 성 중앙에 있는 것은 돔 지붕의 탑으로, 꼭대기에는
   포르투나 여신 모양의 금박을 입힌 풍향계가 있다.

◺ 소피 샤를로테는 네덜란드의 선원 친지들로부터 일본과
   중국의 도자기를 선물 받았다.

라이히슈타크 독일, 베를린 | The Reichstag

소련 군대가 국회 의사당에 올린 붉은 깃발은 독일 패배의 상징이 되었다

라이히슈타크, 즉 독일 국회 의사당은 1817년 새로운 독일 제국의 탄생에 부응하여 세워졌다. 여러 차례의 건축 공모전을 거친 후, 선발된 디자인에 의거하여 1884년 건축 작업이 시작되었고 10년 후에 완공되었다. 이 건물은 전통적인 신고전주의 양식으로 세워졌으며, 잘 어울리는 웅장한 파사드와 유리와 강철로 제작한 훌륭한 둥근 지붕을 지니고 있다.

1918년 독일 군주정이 무너지면서, 라이히슈타크는 독일 공화국의 의회 토론의 장으로 새롭지만 그리 오래 가지 않은 중요성을 누렸다. 1933년 이 건물은 수상쩍은 정황에서 불에 타 무너졌는데, 이는 새로운 나치 정부에 뒤따라 온 재난이었다. 나치에게는 의회 건물이 필요 없었기 때문에, 그들은 처음에 불을 일으켰다는 비난을 받았던 공산주의자들을 탄압하기 위한 핑계로 이 화재를 들먹였다. 건물은 수리되었으나, 1945년 베를린 전투 때 연합군의 폭격과 소련 측 대포에 의해 또다시 엄청난 피해를 입었다.

베를린의 서쪽 편에 위치하고 있었음에도 라이히슈타크는 1945년 이후 국회 의사당으로 사용되지 않았는데, 서독에 있던 의회(분데스타크)가 본의 새로운 수도로 이전되었기 때문이었다. 독일이 다시 통일된 이후, 베를린이 다시 독일의 수도가 되자 분데스타크는 베를린으로 돌아왔다. 1995년 노먼 포스터의 총책임하에 라이히슈타크를 다시 짓는 작업이 시작되었다. 1999년 완공된 새로운 국회 의사당의 의회 토론실 위에는 거대한 유리 돔이 덮여 있다. 방문객들은 이곳에서 의회 진행을 내려다볼 수 있는데, 이는 새로운 독일 정부의 '투명성'을 바라는 상징이다. **AG**

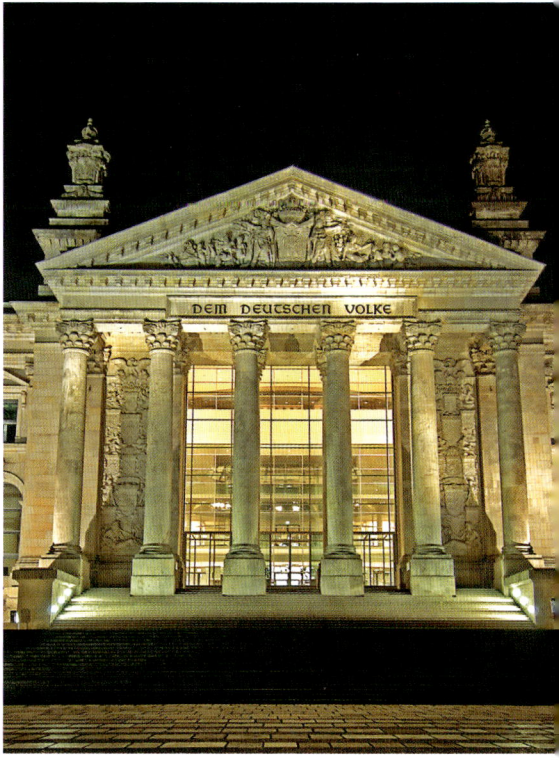

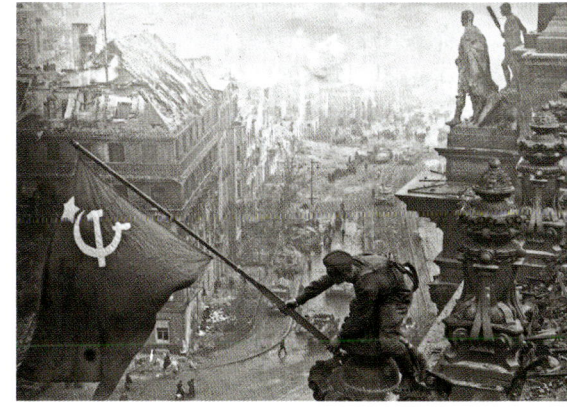

▨ 1990년대 노먼 포스터의 재건축은 라이히슈타크를 새로운 독일의 중심부로 되돌려 놓았다.

▣ 러시아의 '붉은 군대'의 베를린 공격은 강력한 저항을 가져왔고 라이히슈타크에서 이러한 장면을 낳았다.

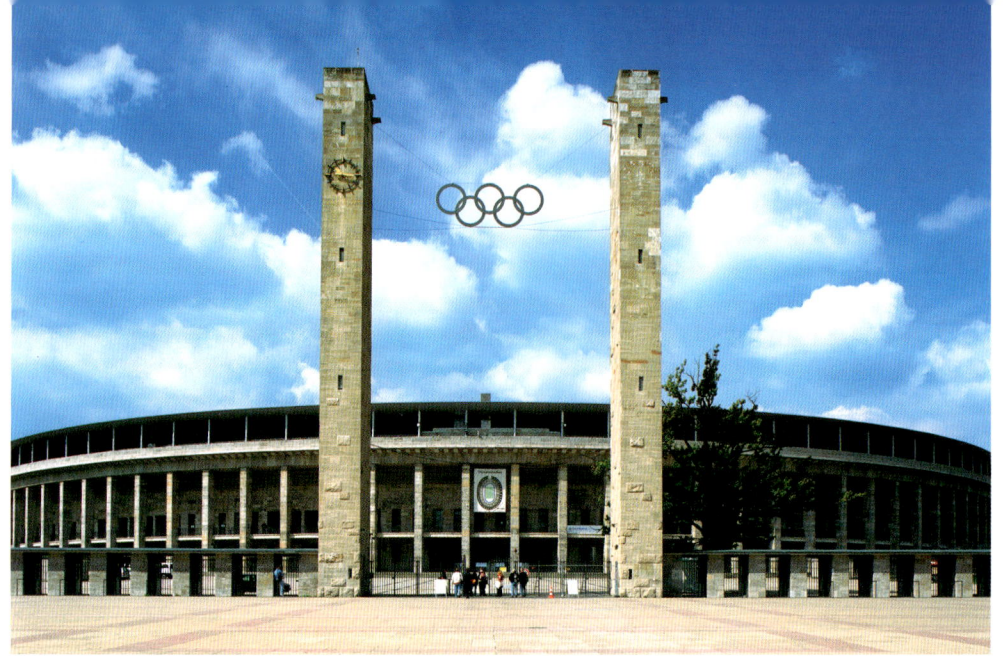

베를린 올림픽 경기장 독일, 베를린 | Berlin Olympic Stadium

나치 프로파간다의 상징이자 제시 오언스가 스포츠의 역사를 탄생시킨 곳

나치는 1936년 베를린 올림픽을 아리아 인종의 육체적 우월성을 드러내 보일 인상적인 장소로 만들기로 결심했으며, 이러한 목적을 염두에 두고 건축가 베르너 마르히가 선발되어 베를린 서쪽의 그루네발트 숲에 스포츠 단지의 중심 건물로 웅장한 경기장(올림피아슈타디온)을 짓게 되었다. 올림픽 중앙 경기장 이외에도, 50만 명이 입장할 수 있는 광대한 육상 경기장인 '마이펠트', 2만 5천 명의 관객을 수용할 수 있는 발트부네 원형 경기장, 이외에도 다양한 올림픽 경기를 열기 위한 100개 이상의 다른 건물들이 있었다.

올림픽 경기장을 짓는 작업은 1934년에 시작되어, 1936년 여름에 열리는 경기에 맞추어 완공되었다. 커다란 타원형의 대칭적인 형태를 한 이 경기장은 나치가 좋아했던 기념비적인 신고전주의 양식으로 지어졌으며 11만 명의 관객을 수용할 수 있었다. 건물은 부분적으로 땅을 파고 세워졌기 때문에 경기장은 지상에서 약 12m 들어가 있었다. 순수한 규모만으로 세계에 깊은 인상을

남기고 경외감을 불러일으키려는 의도였는데, 이런 면에서는 확실히 성공을 거두었다. 독일이 가장 많은 메달을 획득하긴 했지만, 경기에서 가장 기억할 만한 부분은 미국의 흑인 육상 선수 제시 오언스의 활약이었으며, 그는 트랙과 필드 경기에서 네 개의 금메달을 획득했다 – 아리안족 우월성의 신화는 완전히 실추되었다.

제2차 세계대전 이후, 이 경기장은 영국군에게 넘어가 영국 점령군 사령부의 일부가 되었으며, 일반적인 스포츠 활동에 사용되었을 뿐 아니라 지역 축구팀인 헤르타 BSC 베를린의 홈구장으로 사용되었다. 1994년 영국군이 철수한 이후, 독일 당국은 이 경기장을 재개발하겠다는 결정을 내렸다. 새로운 최첨단 경기장이 2004년 문을 열어 2006년 월드컵 축구 경기의 주경기장 중 하나로 쓰였다. **AG**

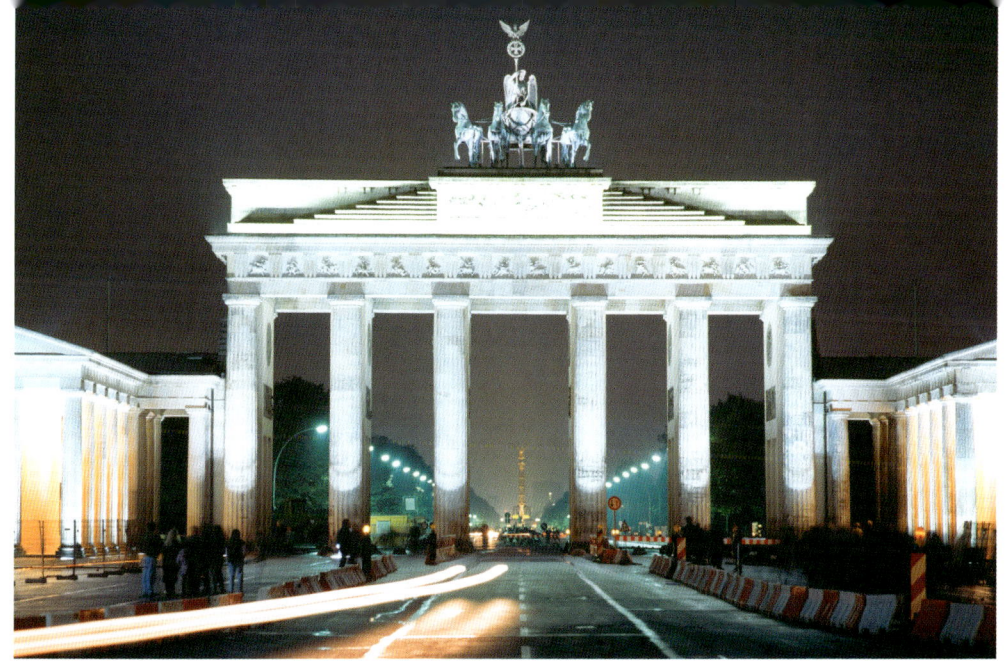

브란덴부르크 문 독일, 베를린 | Brandenburg Gate

동쪽과 서쪽 베를린 사이의 상징적인 관문

베를린의 중요한 상징 중 하나인 - 에펠 탑이 파리를 상징하는 것과 비슷한 의미로 - 브란덴부르크 문은 프로이센의 프리드리히 빌헬름 2세가 짓게 한 것이다. 그리스 고전주의에 대한 독일의 새로운 관심을 반영하여, 이 건물은 아테네의 아크로폴리스로 가는 관문인 프로필라이아의 영향을 받았다. 브란덴부르크 문 위의 삼각형 지붕은 두 줄로 늘어선 여섯 개의 도리스식 기둥 위에 얹혀 있고 기둥 사이로 다섯 줄의 차도가 나 있는데, 약간 더 넓은 중앙의 길은 왕이나 그의 손님들만이 이용할 수 있었다.

문 위에 있는 것은 고전적인 '콰드리가' - 네 마리 말이 끄는 전차에 탄 여신상 - 인데, 원래는 평화를 형상화하여 조각했던 것이다. 이 콰드리가는 1806년 프랑스에서 빼앗아 갔는데, 다시 돌아오면서 여신이 지닌 올리브 나무 관은 철로 된 십자가로 대체되고 조각상은 승리의 여신상이 되었다. 19세기 동안 브란덴부르크 문은 프로이센의 군사적 막강함을 상징하게 되었으며, 이러한 관점은 나치에 의해서도 뒷받침되었는데, 나치는 전쟁터로 행군하는 군사들이 이 문을 지나는 모습을 영화로 촬영해 두는 일을 중요하게 여겼다.

전쟁이 끝난 후 브란덴부르크 문은 동베를린과 서베를린 사이의 핵심적인 관문으로서 더한 중요성을 얻었는데, 이러한 중요성은 아이러니하게도 1971년 이 문이 폐쇄되면서 더욱 강조되었다. 1989년 동독이 무너지자 브란덴부르크 문은 다시 열려 통일의 상징이 되었다. 서독의 수상 헬무트 콜은 이 문을 통해 걸어가 동독의 총리 한스 모드로우의 환영을 받았던 것이다. **AG**

"브란넨부르크 문이 닫혀 있는 한, 독일 문제는 미해결 상태로 남아 있을 것이다."

서 베를린 시장, 리하르트 폰 바이츠재커, 1980

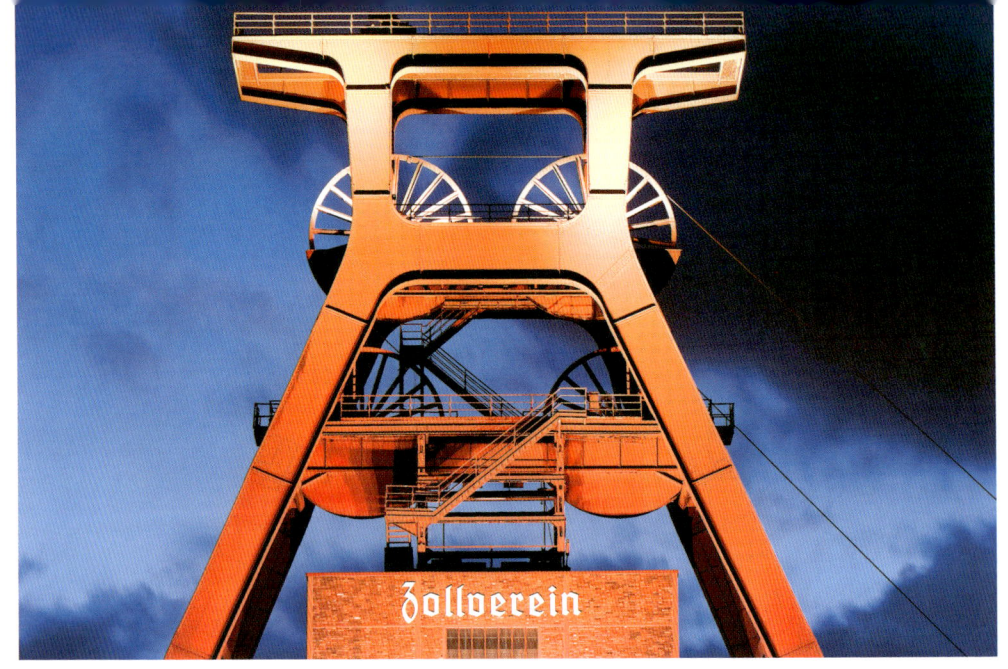

🏛️ ◎ 촐페라인 탄광 독일, 에센 | Zollverein Coal Mine

대담할 정도의 모더니스트 건물 단지

촐페라인 탄광 단지의 건설은 1847년 루르 골짜기의 철강 산업에 석탄을 공급하기 위해 수직 갱도를 파내려가면서 시작했다. 훌륭한 철도망이 광산 개발을 촉진시켰고 19세기에 새로운 수직 갱도가 나면서, 결국 이곳은 유럽에서 가장 큰 탄광이 되었다.

1920년대에 이곳은 탄광 회사에 넘어갔고, 생산성을 향상시키기 위해 새로운 갱도 '12'와 그에 부속된 설비를 개발하면서 모습이 크게 변했다. 이 작업을 맡은 건축가들-프리츠 슈프와 마르틴 크레머-은 바우하우스 학파와 '기능을 따르는 형태'라는 컨셉의 영향을 받아, 모더니스트 건축의 뛰어난 예를 설계해 냈다. 작업은 1928년에 시작되었고 새로운 탄광은 4년 후 완성되었다. 루르의 산업에서 아이콘이 된, 육중한 A자 모양에 붉은 페인트로 채색된 갱도 입구 건물도 이중 하나였다. 그러나 1980년대에 들어 생산량은 바닥을 드러내며 줄어들었고, 1968년 탄광은 문을 닫고 건물들은 그대로 남겨지게 되었다.

1990년대에 지역 정부가 이 커다란 탄광 단지를 인수했으며, 이곳이 유네스코 세계문화유산에 등재됨에 따라 재사용하고 복원하려는 작업이 시작되었다. 중요한 건물로는 오래된 보일러 하우스-노먼 포스터의 개조를 거쳐 지금은 디자인 센터가 되었다-와 루르 박물관이 들어선 석탄 세척 시설을 들 수 있다. 경제 재활성화 프로그램의 일부로 다른 현대적 사업체가 촐페라인 탄광으로 이전되고 있는 중이다. **AG**

"이곳은 중요한 산업의 발전 과정과 쇠퇴 과정을 보여 주는 뛰어난 물질적인 증거이다."

유네스코

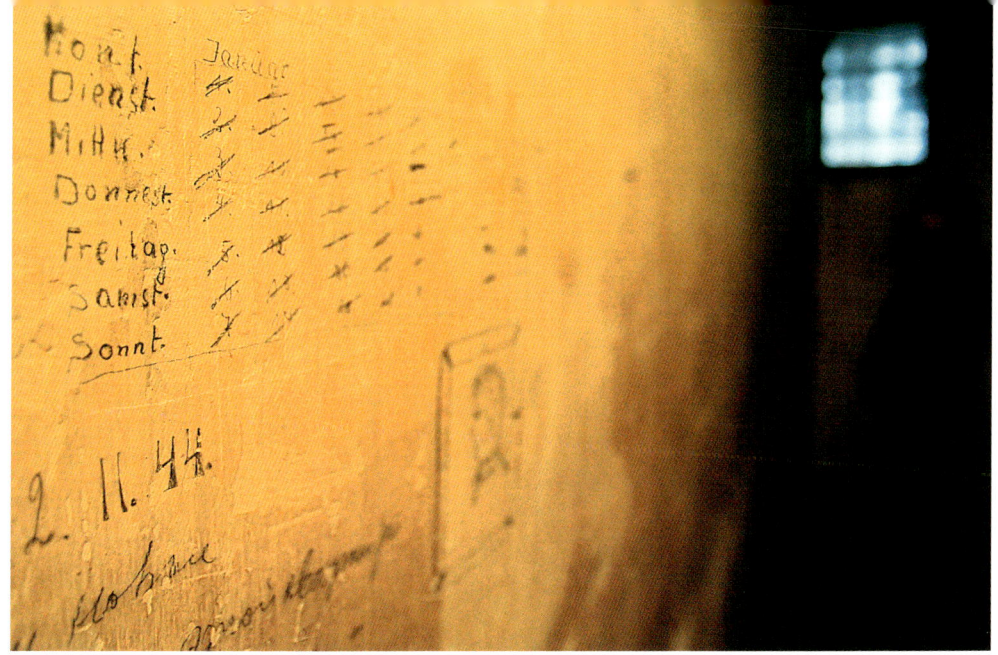

슈타인바헤 게슈타포 감옥 독일, 도르트문트 | Steinwache Gestapo Prison

악명 높은 고문실이자 심문실, 사형 기관

1906년, 도르트문트에는 점점 넓어져 가는 이 도시의 북부 산업 지역에서 늘어나는 범죄를 다루기 위해 크고 무시무시한 경찰서가 생겼으며, 곧 '돌 같은 감시'(슈타인바헤)라는 별명을 얻었다. 1926년에서 1927년에 걸쳐 이 경찰서에는 최대 126명까지 죄수를 수감할 수 있는 커다란 독방 건물이 세워지면서 확장되었다. 이 감옥의 나중 용도에 비추어 보면 아이러니한 일이지만, 이 독방 수감 건물은 죄수들을 견제하는 이상적인 모델이라는 평가를 받았다. 위쪽의 세 개 층에는 죄수들이 거주했고, 1층에는 접견실, 여러 개의 심문실, 병동, 당직중인 경찰이 지내는 상소 등이 있었다.

1933년 초 나치가 권력을 장악하자, 게슈타포가 이 감옥의 운영을 맡았다. 독방 중 몇 개는 고문실이 되었고 체포당해 끌려온 불운한 시민들에게서 자백을 이끌어내기 위해 게슈타포가 사용했다. 최초의 재소자들은 정치범들이었는데 사회 민주주의자, 노동조합 인사들, 공산주의자 등이었다. 그뒤를 이어 고집 센 성직자들, 유태인, 집시들, 독일에서 나쁜 짓을 저지른 외국인 노동자들, 그리고 이웃에게 고발당한 독일 시민들까지 끌려왔다. 최대 6만 5천 명의 사람들이 이 감옥을 거쳐 갔으며, 대부분은 처형장이나 강제 수용소로 끌려갔을 것이라 추측된다. 심지어 나치 독일의 비뚤어진 기준에 비추어 보았을 때에도, 슈타인스트라세의 이 감옥은 특별한 악명을 얻었다.

전쟁이 끝난 후, 슈타인바헤는 계속 감옥으로 사용되다가 노숙인들을 위한 숙소가 되었다. 1980년대가 되자 건물은 황폐해졌으며 헐어 버리자는 의견도 있었다. 도르트문트 시는 1987년 철거를 유예했고, 당연히 보수 작업이 시작되었다. 1992년, 게슈타포의 손에서 고통 받았던 이들에게 바치는 추모의 의미로 슈타인바헤 기념관이 문을 열었다. **AG**

아헨 대성당 독일, 아헨 | Aachen Cathedral

유럽에서 가장 오래된 성당이자 종교 건축물의 원형

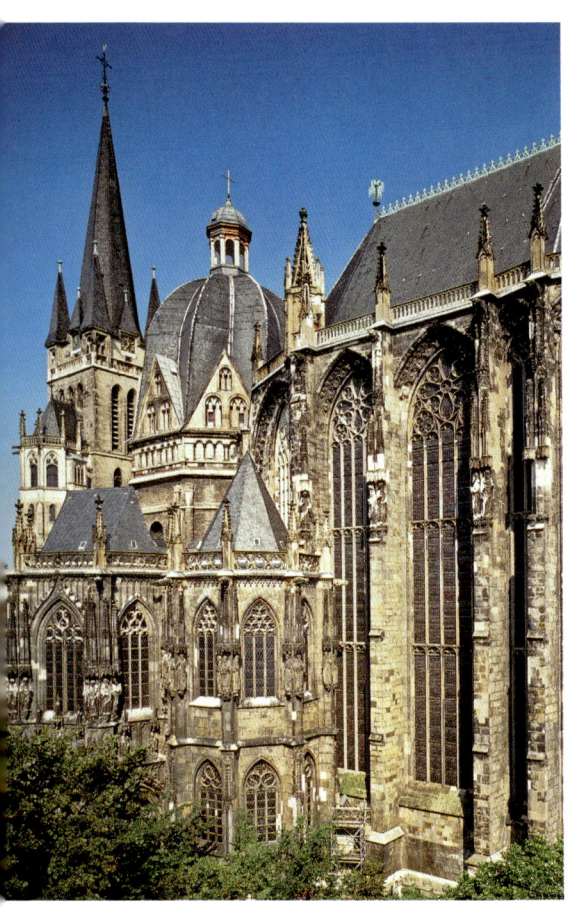

> "귀중품 컬렉션은 … 헤아릴 수 없는 고고학적, 미학적, 역사적 중요성을 지니고 있다."

유네스코

'왕궁 예배당'은 제국의 수도인 아헨이 종교적인 중심지 구실을 하기 바랐던 샤를마뉴 덕분에 세워졌다. 완공된 예배당은 비잔틴, 로마, 독일—프랑크적인 양식이 융합되어 있었고, 이후 '카롤링거 건축의 걸작품'이라는 이름을 얻어 왔다. 그리스와 이탈리아 대리석으로 된 기둥, 청동 문, 돔에 있는 커다란 모자이크(지금은 파괴되었다) 등을 지닌 왕궁 예배당은, 처음 지어졌을 때부터 뛰어난 예술 작품으로 간주되었다. 이 예배당은 고대 이후 알프스 산맥 북쪽에서 최초로 지어진 둥근 지붕이 달린 건축물이었던 것이다. 카롤링거 르네상스 동안, 심지어 중세 초기에 이르기까지도, 이 건물은 종교 건축의 전례가 되어 확연한 모방이 성행했다(예를 들어, 네덜란드 네이메헌에 있는 성당이 그렇다). 이 성당은 설교단이 있는 중앙 플랜에 기초한, 홀처럼 넓은 예배당을 보여 주는 훌륭하고 독특한 예이다. 805년에는 축성을 받아 황실 교회당이 되었고, 936년에서 1631년까지 거의 여섯 세기에 걸쳐 신성 로마 제국의 황제 서른 명이 이곳에서 대관식을 올렸다.

샤를마뉴는 일생 동안 많은 성물(聖物)들을 수집했으며, 그가 814년 내진(內陣: 교회당에서 성가대석과 제단이 있는 곳)에 묻힌 후, 아헨은 전 유럽에 걸쳐 유명한 순례지가 되었다. 엄청난 수의 순례자들을 수용하기 위하여 교회는 중세 동안 점점 확장되었는데, 새로 만들어진 부분 중 가장 중요하고 아름다운 건물은 샤를마뉴가 죽은 지 정확히 600되는 해에 축성을 받은 유리 예배당으로, 열세 개의 훌륭한 창문이 돋보인다. 다른 부분으로는 입구의 홀과 여러 개의 인접한 건물들을 꼽을 수 있는데, 이 모두가 합쳐져서 15세기에는 정식으로 아헨 대성당(cathedral)이라는 칭호를 얻었다.

독일에 있는 다른 많은 주요 건물들과 달리 아헨 성당은 제2차 세계대전 동안 연합군의 폭격에 손상을 입지 않은 편이며, 오늘날도 그 중세의 광휘를 간직하고 있다. **AG**

쾰른 대성당 독일, 쾰른 | Cologne Cathedral

중세의 랜드 마크, 기독교 신앙과 인내력의 상징

쾰른 대성당의 초석은 1248년 대주교 콘라드 폰 호흐슈타덴이 놓았는데, 그 전 세기에 신성 로마 제국의 황제 '붉은 수염의 프리드리히'가 밀라노에서 약탈해 온 동방 박사 세 사람의 성물을 보관하기 위해서였다. 1265년에도 아직 완공되지 않은 상태의 건물에서 예배가 열렸지만 건축은 더뎠고, 결국 1560년 성당이 반밖에 지어지지 않은 상태에서 중단되고 말았다. 19세기 고딕 부흥의 시대까지 더 이상의 건축은 이루어지지 않았고, 1842년 프로이센의 프리드리히 빌헬름 4세가 남아 있는 중세의 설계도와 그림에 기초하여 건축을 계속하라는 명령을 내렸다. 지붕만은 현대적인 강철로 지어야 했다.

마침내 1880년에 완공된 - 작업이 시작된 지 632년 만에 - 쾰른 대성당은 독일에서 가장 커다란 교회당이었으며 뛰어난 두 개의 첨탑은 그 높이에서 오직 울름에 있는 첨탑에만 뒤처질 뿐이었다. 이 성당이 보관하고 있는 보물 중에는 금박을 입힌 동방 박사의 대리석 석관(세 동방 박사의 유골을 간직하고 있다고 한다), '밀라노의 마돈나'(마리아와 예수를 나타낸 1290년의 목조 조각상), 그리고 게로 십자가(970년부터 전해 내려왔으며 알프스 북쪽에서 가장 커다란 나무 십자가) 등이 있다. 쾰른 대성당에는 열두 개의 종이 있는데, 가장 오래된 것은 그 역사가 1418년부터이다. 성 베드로의 종(페테르스글로케)는 1922년에 주조되었으며, 24t의 무게로 세계에서 가장 큰 내타식(內打式 : 밖에서 치는 동양의 종과 달리, 종신 내부에 추를 매달아 종 전체를 흔들어 소리를 내게 하는 서양식 종) 종이다.

두 개의 첨탑과 서쪽 면은 제2차 세계대전 동안 연합군의 대규모 쾰른 폭격에도 살아남았지만, 성당은 열네 번이나 직접 명중당해 선물의 다른 부분들까지 심각한 피해를 입었다. 복원 작업은 1956년에 끝났다. 독일의 교황 베네딕토 16세가 2005년 세계 청소년의 날을 맞아 쾰른 대성당을 찾았을 때, 그 이후 벌어진 제전에는 1백만 명이 성당을 방문했다고 추산된다. **AG**

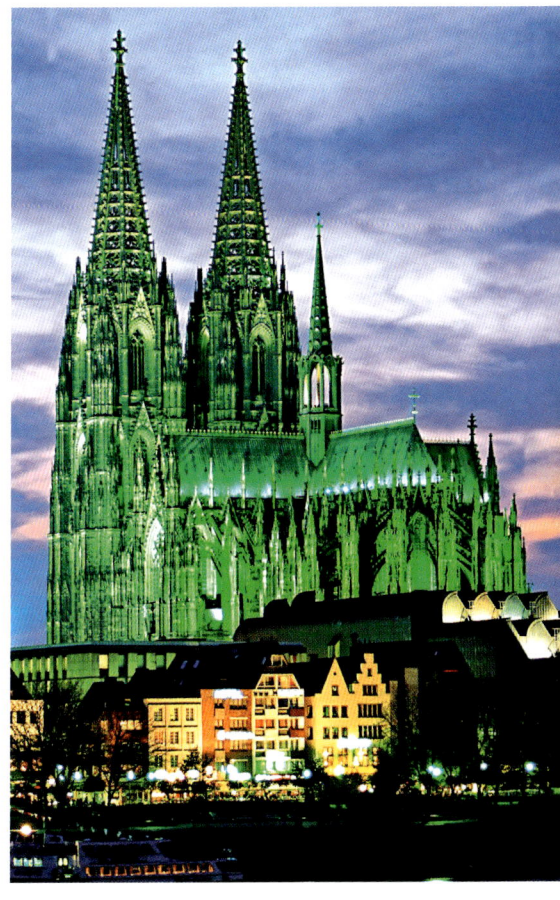

"일곱 세기에 걸친 기독교 신앙의 인내력과 확고부동함을 보여 주는 최고의 상징."

유네스코

베토벤의 집 독일, 본 | Beethoven's House

베토벤의 일생과 작품을 기념하는 최대 규모의 전시 컬렉션

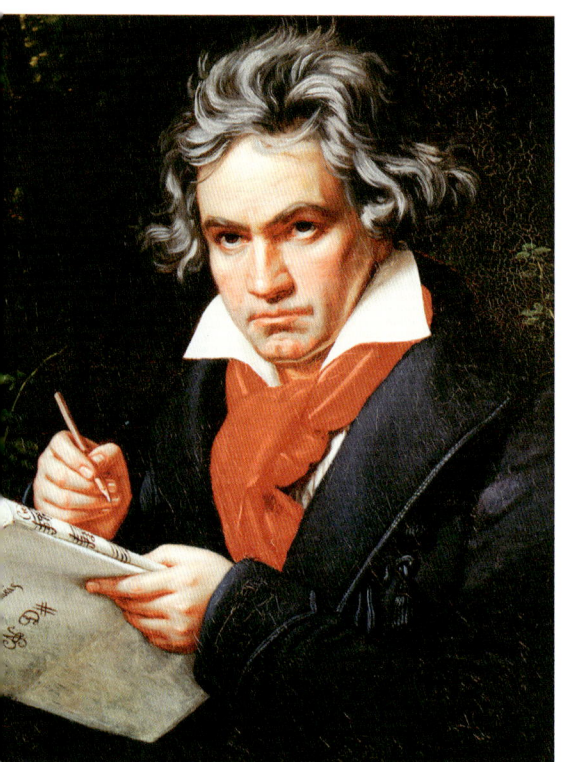

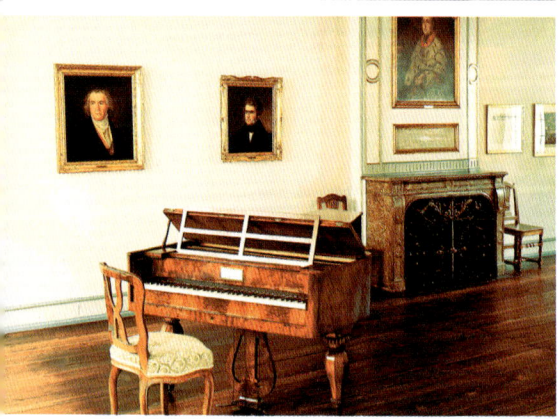

1767년 쾰른 선제후의 궁중 테너였던 요한 판 베토벤과 그의 아내는 본가세 20번지 저택의 가든하우스로 이사왔고, 이곳에서 루트비히 판 베토벤(1770~1827)이 태어났다. 집의 1층에는 부엌과 다용도실이 있었고, 아래에는 지하실이 있었다. 위층에는 가족들이 거주하는 세 개의 방이 있었다. 베토벤 가는 이 집에서 몇 년 살다가, 도시 내에서 더 넓은 집을 찾아 이사했다.

1889년 베토벤-하우스 협회가 이 집을 사서 대규모로 개조하여, 1893년 이 작곡가에게 바치는 기념관으로 재개장했다. 1930년대에는 베토벤과 관련이 있는 고문서와 기념품들을 보관하기 위해 이웃집을 사들였다. 1990년대에 집은 다시 개조되었고 2004년 디지털 베토벤-하우스가 문을 열었는데, 그의 오페라 〈피델리오〉를 3D로 들려주는 등 방문객들에게 베토벤의 작품에 대한 상호적인 경험을 선사한다.

오늘날 이 집은 그의 원고, 문서, 일기 등 개인적인 수집품을 세계 최대 규모로 소장하고 있다. 또한 베토벤을 그린 많은 초상화, 악기, 가구, 그가 사용했던 물건들 또한 보관하고 있다. 전시되어 있는 악기 중에는 미노리텐 교회에서 가져온 것으로 베토벤이 소년 시절에 연주했던 오르간 콘솔과 빈의 제작자 콘라드 그라프의 작품인 그의 마지막 피아노가 있다. 베토벤과 그의 동시대 음악가들의 작품과 더불어, 현대 작곡가들의 음악을 공연하는 데에도 쓰이는 실내 뮤직홀이 이 박물관을 완전하게 만들어 준다. **AG**

⬆ 베토벤의 그 유명한 강한 성품은 조세프 슈틸러가 1819년에서 1820년에 걸쳐 그린 이 초상화에 잘 나타나 있다.

⬅ 이 살롱에는 제작자 콘라드 그라프가 그에게 빌려 준 베토벤의 마지막 그랜드 피아노가 있다.

에더제 저수지 독일, 발덱 | Edersee Reservoir

에더제는 '댐 공격대'에게 폭격당해 원치 않은 명성을 얻었다

북부 헤센 지방에 있는 에더 강에 댐을 놓는 작업은 1908년에 시작하여 1914년에 완공되었고, 그 결과로 에더제 저수지가 생겼다. 댐을 설계한 목적은 수력 발전을 하고 물의 흐름을 조절하여 에더 강의 하류인 베서 강을 항해하는 일을 좀 더 수월하게 하는 데에 있었다.

1943년 5월 16일 밤, 영국 공군의 랭커스터 폭격기 617비행 중대가 공격을 개시했다. 목표물로는 세 개의 중요한 댐-에더, 뫼네, 소르페 댐-이 선정되었으며, 에데와 뫼네 댐의 벽은 모두 공격을 받아 갈라졌다. 이 공격은 작전을 위해 개발된 특별한 '도약 폭탄'의 기술적인 독창성과, 작전에 참여한 폭격대의 비행 기술과 대담함을 증명한 본보기가 되었다. 도약 폭탄이 폭발하면서 에더 댐의 벽에는 너비 70m, 깊이 22m의 틈이 생겼으며, 그 결과 6~8m 높이로 물이 쏟아져 나와 에더 골짜기를 약 30km나 할퀴고 갔다. 쏟아져 나온 물은 주변을 광범위하게 파괴시켰고 엄청난 생명을 앗아갔는데, 그중에는 노동 수용소에서 익사한 700명 이상의 우크라이나 전쟁 포로들도 있었다. 이렇게 큰 규모로 파괴되었음에도, 댐은 몇 달이라는 단시간 내에 다시 건설되었으며 수력 발전도 계속되었다.

오늘날 에더제는 수상 스포츠를 즐기는 이들이 찾아오는 중요한 관광 명소가 되었으며, 저수지 주변의 초원은 하이킹과 캠프를 즐기는 이들에게 인기가 있다. 여름 가뭄 동안에는 댐이 건설될 때 물속에 잠겨 버린 아셀, 브링하우젠, 베리히 마을이 다시 눈에 보이며, 그 때문에 마을 사람들의 후손들이 방문을 하곤 한다. **AG**

☒ 작전에 의해 성공적으로 파괴된 에더 댐을 재건축하는 일은 나치가 전쟁 중에 가장 우선적으로 노력을 기울인 일이었다.

☑ 댐 공격 임무에 영국 최고의 중폭격기인 아브로 랭카스터가 선택된 것은 자연스러운 일이었다.

빌헬름쇠헤 궁전

독일, 카셀 | Wilhelmshöhe Palace

방대하고 뛰어난 예술 작품 컬렉션

빌헬름쇠헤 궁전은 헤센−카셀의 빌헬름 9대 백작을 위해 지어졌는데, 그는 미국 독립 전쟁(1776~1783) 동안 자신의 헤센 군대를 영국 왕실에 고용시켜 번 돈으로 이 야심만만한 계획에 자금을 댔다. 1795년 고전주의적인 설계에 따라 건축이 시작되었고, 1801년에 완공된 건물은 특별히 넓고 우아한 파사드가 돋보였다. 프랑스−프로이센 전쟁(1870~1871) 이후 나폴레옹 3세는 짧은 기간 동안 빌헬름쇠헤에 갇혀 있었는데, 이 성은 제1차 세계대전 후반부에 독일 최고 사령부 본부로 사용되기도 했다.

이 궁전은 독일에서 가장 훌륭한 것 중 하나인 웅장하게 조경된 정원에 둘러싸여 있다. 원래는 프랑스와 이탈리아 모델에 기초한 전형적인 바로크식 정원을 꾸밀 계획이었지만, 18세기 후반에 점점 더 비형식적인 영국식 정원의 면모를 취하게 되면서 바뀌었다. 조경을 맡은 이들은 폭포, 수로, 시냇물, 호수, 영국의 채트워스 하우스에 있는 것과 비슷한 긴 중앙 분수 등 신중하게 설계한 다양한 물가 경치를 꾸며 넣어, 정원의 가파른 경사면을 최대로 활용했다. 팔각형의 성 안에는 커다란 물탱크가 숨겨져 있는데, 그 위에는 구리로 만든 거대한 헤라클레스 상이 꼭대기에 서 있는 피라미드가 덮여 있다. 다른 독특한 부분으로는 중세의 성터 폐허 모조품(模造品)과 중국식 파고다를 들 수 있다.

현재 이 성에는 뛰어난 대가들의 작품 갤러리가 있어 뒤러, 루벤스, 티치아노, 렘브란트, 푸생 등 '올드 마스터즈'(대(大)화가들, 특히 15~18세기 유럽의 대가들을 지칭함)의 유명한 그림을 볼 수 있을 뿐 아니라 세계적으로 유명한 벽지 컬렉션과 고전주의 유물들도 있다. 여름이 되어 물가 경치 시설이 운영되면, 많은 군중이 인상적인 인공 강의 흐름을 보러 모여든다. **AG**

프랑크푸르트 성당

독일, 프랑크푸르트 암 마인 | Frankfurt Cathedral

신성 로마 제국의 대관식 장소

비록 교회법상으로는 가톨릭 교구 교회(church)이지만, 사암으로 된 벽 덕택에 독특한 장밋빛으로 빛나는 성 바르톨로메오 교회는 그 규모와 독일 내에서의 중요성 때문에 대성당(cathedral)으로 알려져 있다. 늦게 잡아도 이곳에는 9세기부터 교회가 있었는데, 교황이 성 바르톨로메오의 해골을 성물로 보낸 이후 1239년 이 교회당은 성 바르톨로메오에게 다시 헌정되었다. 대규모 건축 계획이 시작되어 백 년 이상 지속되었다.

1415년, 여러 노련한 건축가들과 업자들이 맡았던 커다란 팔각탑을 완공하면서 성당의 건축 작업은 완성되었다. 그러나 1867년 화재가 성 바르톨로메오 교회를 덮치는 바람에, 탑의 종들은 녹아 버리고 종탑 역시 심한 피해를 입었다. 다행히 처음의 중세 설계를 이용해 다시

> **"젊은 괴테에게는 성당 안에서 행해진 유서 깊은 의식이 지독하게 지루했다."**
>
> 역사가, 사비네 호크

지을 수 있었다. 성 바르톨로메오 교회는 제2차 세계대전 동안 연합군의 폭격에 의해서도 커다란 타격을 입었으나, 역시 다시 한 번 재건축되었다.

최근의 고고학적 발굴 작업으로 인해 7세기의 무덤 여러 개가 드러났는데, 이 중에는 메로빙거 왕조의 한 소녀의 무덤이 있었고, 도자기 조각과 황금 장신구가 함께 발견되었다. 성 바르톨로메오의 성골함 외에도, 이 성당이 간직하고 있는 귀중품으로는 섬세한 황금 성찬배, 알브레히트 뒤러 스타일의 판화들과 황금으로 된 성체현시대(聖體顯示臺)가 있다. 반 다이크의 유화 〈그리스도의 애도〉를 비롯하여, 1973년에 그려진 에밀 슈마허의 〈예언자 욥〉과 같은 현대적인 작품 등도 흥미를 끈다. **AG**

바르트부르크 성

독일, 아이세나흐 | Wartburg Castle

알프스 북쪽에서 가장 잘 보존된 비종교적인 로마네스크 건물

루트비히 데르 슈프링거가 세운 바르트부르크 성은 단순한 군사 캠프였으나 독일에서 가장 훌륭한 성채 중 하나로 발전했다. 성에서 가장 오래된 부분은 망루로, 루트비히가 1067년에 세운 것이다. 1155년 웅장한 '그레이트 홀'(팔라스)을 짓는 작업이 시작되었다. 이 홀 바로 옆이 '음유 시인들의 홀'로, 13세기 초 독일의 우아한 음유 시인들 사이에서 그 유명한 경연 대회가 벌어졌던 장소이며 이 경연 대회는 리하르트 바그너의 오페라 〈탄호이저〉에 영감을 주었다.

바르트부르크에서는 독일 역사 속의 여러 다른 중요한 사건도 일어났다. 1521년 프로테스탄트 종교 개혁가 마르틴 루터는 교황에게 파문당한 후 프리드리히 현공에 의해 이곳을 은신처로 제공받았다. 이곳에 머무르는 동안 - 융커 외르크라는 이름으로 신분을 숨기고 - 신약 성서를 그리스어에서 독일어로 번역했다. 1817년 바르트부르크에서는 독일학생연합의 멤버 450명이 개최한 민족주의적 행사가 열렸는데, 이는 1871년에 일어난 독일 통일을 향한 최초의 중요한 한 걸음이었다.

19세기에 이 성은 체계적인 복원 작업을 거쳤는데, 그레이트 홀에 있는 모리츠 폰 슈빈트의 프레스코화도 그 대상에 포함되었다. 제2차 세계대전 이후에는 동독 정부가 이 성을 일신했다. 루터가 사용했던 방을 복원하는 작업도 그 일부였는데, 원래의 바닥과 패널 벽을 완전히 복원해 냈다. 특히 흥미를 끄는 물건 중에는 그가 사용했다고 알려진 책상 위에 전시된 루터의 성경이 있는데, 이 위대한 종교 개혁가와 그의 동료들이 붙인 주석이 가득하다. 루터의 방은 프로테스탄트 성직자들과 종교 개혁을 공부하는 학생들에 순례지가 되었고, 이들은 그리 멀지 않은 아이세나흐에 있는 루터의 집도 함께 방문한다. 바르트부르크 성의 또 다른 특징들로는 목재 골조의 '기사들의 집'과 1318년에 지어진 우뚝 솟은 '남쪽 탑'을 들 수 있다. **AG**

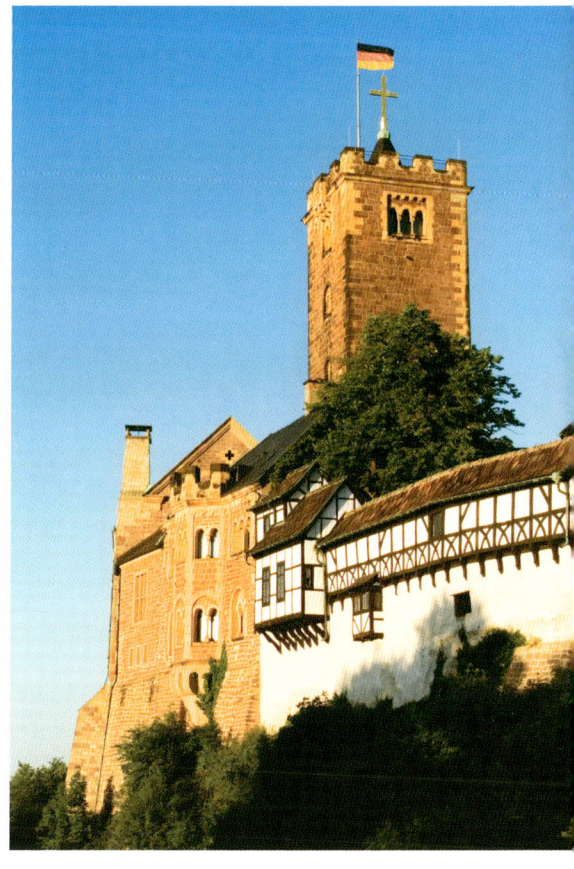

"Warte, Berg, du sollst mir eine Burg werden!"(기다려라, 산이여, 그대는 나를 위한 성이 될 테니!)

루트비히 데르 슈프링거, 바르토부르크 부지를 향하여

토마스키르헤

독일, 라이프치히 | Thomaskirche

거대한 역사적, 음악적 유산

토마스키르헤가 서 있는 자리에는 12세기부터 어떤 교회가 있었다. 토마스키르헤는 위대한 작곡가이자 오르가니스트인 요한 세바스티안 바흐를 1723년부터 1750년까지 칸토르(성가대 선창자)로 고용했던 교회로 가장 유명하다. 1212년에 설립된 이 교회의 성가대는 독일에서 가장 유서 깊고 가장 유명한 성가대 중 하나이며 많은 공연을 연다.

지금 이 교회는 루터파 교회지만, 1496년에는 가톨릭교회로 축성을 받았다. 위대한 종교개혁가인 마르틴 루터는 라이프치히를 자주 방문하곤 했는데, 이 도시가 작센 지방에서 가장 중요한 도시 중 하나였기 때문이었고, 그는 이 교회에서 설교를 했다. 이 지방의 가톨릭 지

"…도시에 있는 열린 장소, 마음의 위안과 길잡이를 염원하는 이를 위한 피난처."

토마스키르헤의 목사, 크리스티안 볼프

배자인 작센 공작 게오르그의 뒤를 프로테스탄트 공작 하인리히 4세가 잇게 되자, 작센 지방의 신앙은 프로테스탄트가 되었다. 루터는 1539년 5월 25일 토마스키르헤에서 라이프치히의 종교 개혁을 선언했다.

바흐는 1723년 라이프치히에 와 칸토르가 되었다. 그는 살아 있을 동안에는 음악에 비해 상대적으로 그리 인정받지 못했으며, 따라서 별 표시 없는 평범한 무덤에 묻혔다. 그의 유해는 1894년에서야 되찾아 1950년 토마스키르헤에 안장되었다. 토마스키르헤와 관련 있는 음악가는 바흐뿐만이 아니다. 볼프강 아마데우스 모차르트와 펠릭스 멘델스존도 이 교회에서 오르간을 연주했으며, 리하르트 바그너는 여기서 세례를 받았다. 토마스키르헤는 세계기념물기금에 의해 세계 문화에 있어 매우 중요한 장소로 인정받고 있다. **JF**

알브레히츠부르크

독일, 마이센 | Albrechtsburg

최초의 섬세한 유럽 도자기가 이곳에서 만들어졌다

군사 요새 같은 형태로 지어졌지만, 이 건물 – 이러한 종류로서는 독일 최초인 – 은 에른스트와 알브레히트 폰 베틴(알브레히츠부르크라는 이름은 1676년에 들어서야 사용되었다) 형제를 위한 우아하고 품위 있는 저택으로 디자인된 것이다. 엘베 강의 언덕 위에 자리 잡고 있는 이 성의 건축은 건축 장인인 아르놀트 폰 페스트팔렌의 주도하에 1471년부터 시작되었다. 알브레히츠부르크에서 볼 수 있는 여러 가지 뛰어난 건축적 특징으로는 아치형 커튼 창문, 조각조각을 이어 놓은 듯한 새로운 형태의 둥근 천정, 그리고 웅장한 나선형 돌계단(그로세 벤델슈타인) 등을 들 수 있다. 이 계단의 발판은 오목하고 볼록한 두 가지 패턴으로 놓여 있으며, 중심 기둥은 숨겨져 있다. 그러나 알브레히츠부르크가 왕궁으로 사용되었던 시간은 그리 길지 않았는데, 두 폰 베틴 형제가 영토를 나누어 각자의 왕궁을 따로 짓기로 결정했기 때문이다.

1710년, 요한 프리드리히 보트거가 중국인들이 비밀로 간직하고 있던 제조 과정을 발견해 냄에 따라, 유럽 최초의 도자기 공장이 이 성에 세워졌다. 마이센이라는 이름은 곧 품질 좋은 도자기와 동의어가 되었고, 사업은 붐을 일으켰다. 그러나 이렇게 공장으로 사용되면서 성의 내부는 손상을 입었고, 1863년 도자기 제작소가 성 밖으로 옮겨 가고 나자 꼭 필요했던 대규모의 복원 작업이 시작되었다.

1870년에서 1871년에 걸친 프랑스-프로이센 전쟁에서 프랑스가 지불한 전쟁 배상금을 이용하여, 작센 주의 역사에서 유명한 장면들을 나타낸 거대한 벽화 시리즈가 제작되었다. 1881년 알브레히츠부르크 성은 대중에게 개방되었으며 오늘날에는 훌륭한 중세 조각품들을 보관하고 있고, 도자기의 발견과 마이센에서 도자기 산업의 발달을 보여 주는 전시를 열고 있다. **AG**

프라우엔키르헤

독일, 드레스덴 | Frauenkirche

전쟁 동안 폭격으로 파괴되어 재건축된 건축학적인 보물

1726년에서 1743년 사이에 지어진 프라우엔키르헤는 바로크 건축의 걸작이었다. 프로테스탄트 루터파 교회로서, 이 교회는 제단과 성단소, 세례반, 오르간을 신도들이 볼 수 곳에 두는 급진적인 내부 배치를 채택했다. 고트프리트 실버만이 제작한 웅장한 오르간을 처음 연주한 이는 J. S. 바흐였다. '돌로 된 종'이라는 별칭이 있는 사암으로 만든 돔은, 드레스덴이 독일에서 가장 아름다운 도시였고 프라우엔키르헤는 왕관에 박힌 보석 같은 역할을 했던 200년 동안 도시의 하늘을 지배했었다.

1945년 2월 13일, 영국과 미국의 공군은 드레스덴에 대규모 공습을 감행했다. 도시 중심부는 철저하게 파괴되었고, 공습의 결과로 일어난 화재 폭풍에서 3만 5천 명이나 되는 사람이 목숨을 잃었다. 프라우엔키르헤 역시 그 피해자였다. 고성능 폭탄에 몇 번이나 맞은 돔은 2월 15일 결국 무너져 내렸고, 성당 전체가 폐허가 되었다.

전후의 독일 공산주의 정부하에서 프라우엔키르헤는 돌무더기 상태로 남았고, 이는 현대 전쟁의 공포를 되새기게 하는 적나라한 광경이었다. 1980년대 동안 성당 자리에 남은 시커먼 돌들은 평화 운동의 상징이 되었고, 동독의 다른 큰 교회들은 그에 가세하여 공산주의의 붕괴와 동서독의 통일로 가는 한 걸음이 되었던 인권 저항 운동으로 발전시켰다. 독일 통일 직후, 프라우엔키르헤를 재건축하자는 결정이 내려졌다. 원래 성당의 그림과 사진을 이용해서 1993년 건축이 시작되었고, 2005년 프라우엔키르헤는 다시 축성을 받았다. **AG**

▨ 2005년 10월 30일, 프라우엔키르헤에서 열린 재축성 의식에 수많은 군중이 참여했다.

▣ 프라우엔키르헤를 파괴해 버린 1945년의 화재 폭풍 이후, 드레스덴 시청(중앙)이 폐허 속에 남아 있다.

츠빙거 궁전 독일, 드레스덴 | Zwinger Complex

제2차 세계대전 동안 무자비한 폭격의 피해를 입었던 문화의 중심지

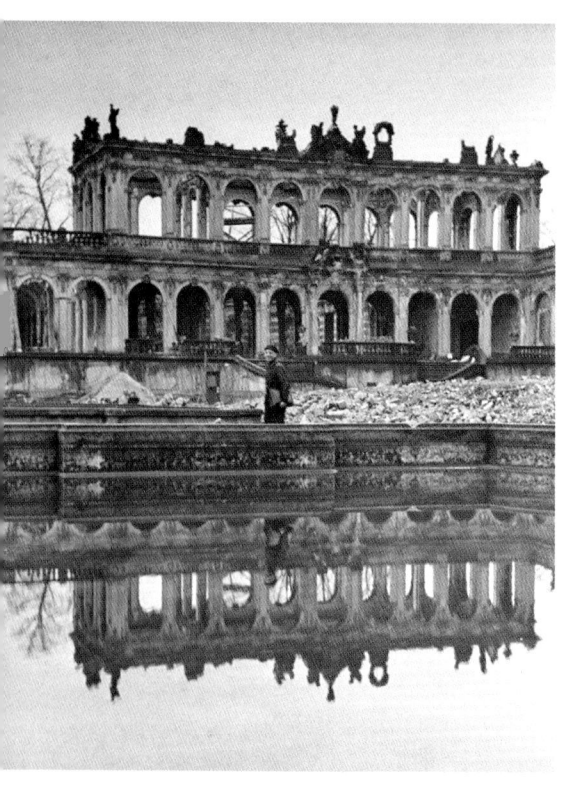

"…단지 공포를 증가시키기 위한 목적에서 독일의 도시를 폭격하는 일은 재고되어야 한다."

전 영국 수상, 윈스턴 처칠

⊞ 1946년. 파괴당한 츠빙거 궁전의 일부가 화려한 연못에 쓸쓸히 비춰진다.

▣ 왕관을 닮은 돔으로 높이가 두 배가 된 새로 지은 '왕관 문'은 지극히 바로크적인 호사품이다.

옛 항구의 구(區) 외부(츠빙거)에 위치하고 있으며, 여러 개의 바로크식 파빌리온과 갤러리로 이루어진 츠빙거는 드레스덴의 대성당과 더불어 드레스덴 시의 가장 유명한 랜드 마크가 되었다. 작센 선제후인 '강력한 아우구스트'가 루이 14세의 베르사유 궁전을 모방하여 짓게 한 츠빙거의 전체적인 디자인은, 건축 장인이자 궁정 건축가인 마태우스 다니엘 푀펠만과 조각가 발타사르 페르모세의 작품이다.

건축은 1710년에 시작하여 약 22년 후 완공되었으나, 공식적으로는 프리드리히 아우구스트와 합스부르크 황제의 딸인 마리아 요세파의 결혼을 축하하기 위해 1719년 준공되었다. 화려한 석조 '왕관 문'(크로넨토르) 위에는 장식이 많은 커다란 왕관이 놓여 있으며, 긴 갤러리를 통해 서로 연결된 일곱 개의 파빌리온이 주위에 서 있는 넓은 열린 공간으로 들어가는 입구 역할을 한다. 가장 유명한 파빌리온은 헤라클레스의 상이 있는 '성벽 파빌리온'과 '글록켄슈피엘 파빌리온'인데, 이 이름은 나중에 건물에 부가된 여러 개의 종 때문에 붙은 것이다. 궁전의 건물은 원래 삼면으로 배치되어 있어, 열린 면은 조경된 정원을 통해 엘베 강으로 향하게 되어 있었다. 그러나 1840년대에 고트프리드 젬퍼가 설계한, 새로 지은 오페라 하우스와 궁전들을 연결해 주는 갤러리 때문에 이 면도 막히게 되었다.

츠빙거 궁전은 1945년 연합군의 상당한 논란을 불러일으켰던 폭격으로 완전히 파괴되었으나, 곧 다시 지어지고 나중에는 현대화되었다. 오늘날 이곳에는 여러 개의 박물관과 갤러리가 들어섰다. 이중 유명한 것으로는 루벤스, 카날레토, 라파엘 등의 작품을 소장하고 있는 올드 마스터즈의 갤러리와, 다양한 무기와 갑옷이 있는 무기고, 마이센 도자기, 시계, 과학적인 도구 등을 보여 주는 전시 등을 꼽을 수 있다. **AG**

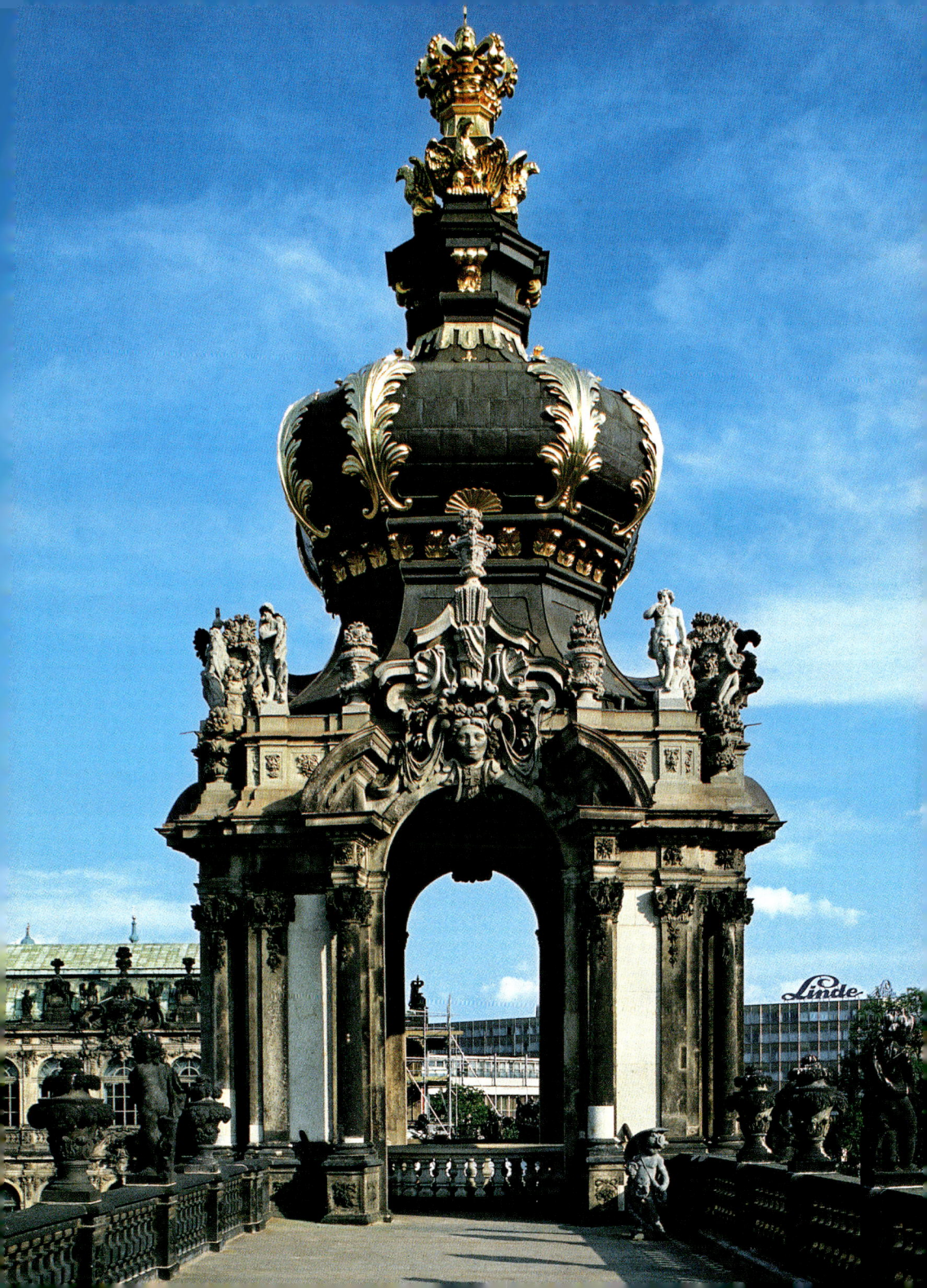

괴테의 집 독일, 바이마르 | Goethe's House

독일 계몽주의 시대에 다방면으로 위대한 천재 중 한 사람인 괴테의 집

요한 볼프강 괴테(1749~1832)는 자유주의적인 성향의 카를 아우구스트 대공에 의해 바이마르로 초청받아 프라우엔플란에 있는 옛 상인의 저택 일부에 들어오게 된다. 1794년, 공작은 괴테에게 저택 전체를 주었고, 도서관, 문서 보관소 그리고 과학 연구를 할 장소가 더 필요했던 괴테는 이를 반갑게 받아들였다.

1709년 바로크 양식으로 지어진 이 집의 정면에는 여러 개의 응접실이 있어, 괴테는 이곳에서 이 위대한 이와 대화하기를 열망했던 많은 손님들을 맞이했다. 집 뒤에는 그가 글을 쓰는 방들과 도서관, 잠자는 곳이 있었다. 집에는 넓은 정원이 있었고 자그마한 가든 하우스가 있었는데, 괴테는 종종 그곳을 이용하곤 했다. 바이마르에서 그는 여러 가지 궁정 임무를 맡아 보았는데, 고문관으로 일했고 도로와 공공 사업 책임자이기도 했으며, 궁정의 재정 담당자이기도 했다. 1789년 괴테의 애인인 크리스티아네 불피우스가 들어와 함께 살게 되었으며, 그 결과로 스캔들이 일어났음에도 그와 당당하게 동거하다가 마침내 1806년 결혼했다.

괴테의 마지막 손주가 1885년 죽은 후, 이 집은 국가의 소유가 되어 커다란 괴테 박물관의 일부가 되었다. 저택은 괴테가 살았던 시절의 모습 그대로 복원되었으며, 그가 서서 일하던 책상도 남아 있다. 손님들이 드나드는 방은 당당하고, 고전주의 그림들로 꾸며져 있어 그가 일하던 방의 소박한 모습과는 대조를 이룬다. 그가 방문객들을 맞이하곤 했던 근처에 있는 '하얀 백조 술집'과, 괴테가 관리하였고 현재는 1만 권의 책과 2천 권의 중세 필사본을 소장하고 있는 새로이 복원된 '안나 아말리아 공작 부인 도서관'도 흥미로운 장소이다. **AG**

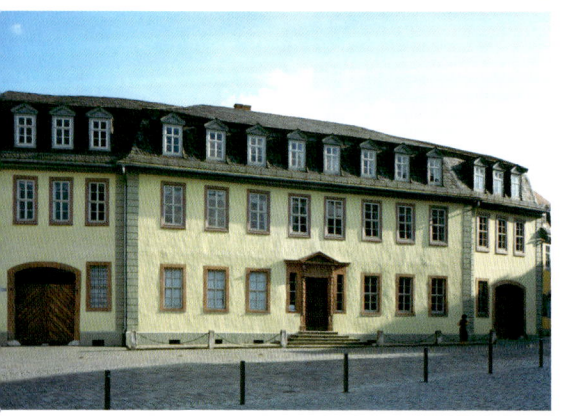

▣ 요세프 슈틸러의 1828년 그림에 나타나 있는 괴테. 그는 독일 문학과 과학에 모두 기여했다.

▣ 괴테는 1782년부터 1832년 사망할 때까지 이 집에 살았다. 곧 그는 저택 전체를 사용할 수 있게 되었다.

크래머브뤼케 독일, 에르푸르트 | Krämerbrücke

이탈리아 북쪽에서 유일하게, 사람이 살고 있는 집이 지금도 양쪽으로 늘어서 있는 다리

크래머브뤼케(상인들의 다리)는 역사적인 도시 에르푸르트에서도 가장 주목할 만한 유적으로 널리 알려져 있다. 에르푸르트라는 도시가 처음으로 언급되는 것은 742년인데, 이 도시는 중세에 걸쳐 유럽의 주요한 대청(大靑)-청록색 염료-무역 중심지로 입지를 굳혔으며, 잘 보존되어 있는 중세적인 특성은 이렇게 경제적 풍요를 누렸던 시기부터 전해 내려온 것이다. 또한 동쪽에서 오는 주요한 무역 루트에 있는 그 위치 때문에도 중요했으며, 크래머브뤼케는 게라 강의 주요한 여울목 위에 세워진 것이다.

현재의 다리 전에도 여러 개의 목조 다리가 있었는데, 이 다리들은 매번 화재가 날 때마다 불타 버렸고 오늘날 서 있는 다리는 1325년에 건축되었으며, 에르푸르트를 통해 가는 무역 루트가 앞으로도 계속 열려 있을 수 있도록 돌로 만들어졌다. 다리가 새로 지어진 지 얼마 안 되어 양쪽 끝에는 교회가 지어졌는데 그중 하나인 '아기디엔키르헤'는 지금도 남아 있다. 그러나 이 다리의 가장 주목할 점은 다리 양쪽으로 줄지어 늘어선 주택들이다. 이중 몇 채는 15세기부터 전해 내려오는 집이며, 아직도 사람이 살고 있다. 원래 이 집들은 에르푸르트에서 가장 유력한 상인들이 살던 집이었으며-'상인들의 다리'라는 이름이 붙은 것도 그래서이다-이 집들은 크래머브뤼케의 완벽한 주인 행세를 하고 있기 때문에, 집들이 서 있는 곳이 평범한 부산스러운 거리가 아니라 다리 위라는 사실을 잊어버리기가 쉽다.

매년, 6월 셋째 주 주말이 되면, 축제 기간 동안 이 다리에 다시 한 번 온 도시의 관심이 쏠린다. 인기 있는 '크래머브뤼케페슈트'는 이 도시가 중세로부터 물려받은 풍요로운 유산을 찬양하고 에르푸르트가 그 전성기의 모습처럼 보이노록 낭시의 광경과 소리를 다시 만들어 내는 축제이다. **AS**

↗ 다리에 있는 집들은 상점 주인들이 분주한 통행로의 덕을 보려고 지은 것이다.

↘ 창문을 통해 게라 강이 눈에 들어오기만 해도, 집 안의 사람들은 자신들이 다리 위에 있다는 사실을 깨닫게 된다.

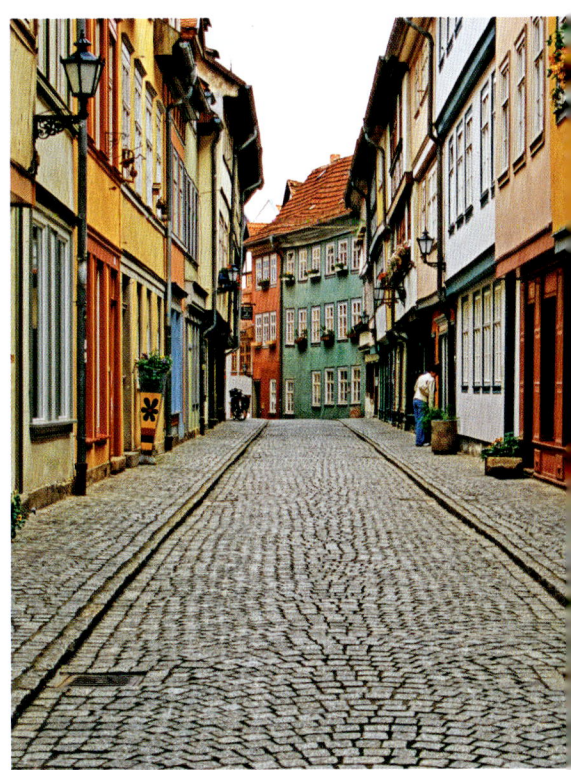

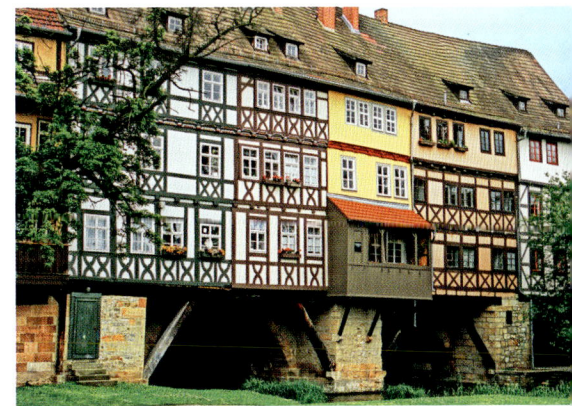

부헨발트 강제 수용소 독일, 바이마르 | Buchenwald Concentration Camp

25만 명에 달하는 죄수들이 이 수용소를 지나갔고 적어도 5만 6천 명이 수용소에서 죽었다

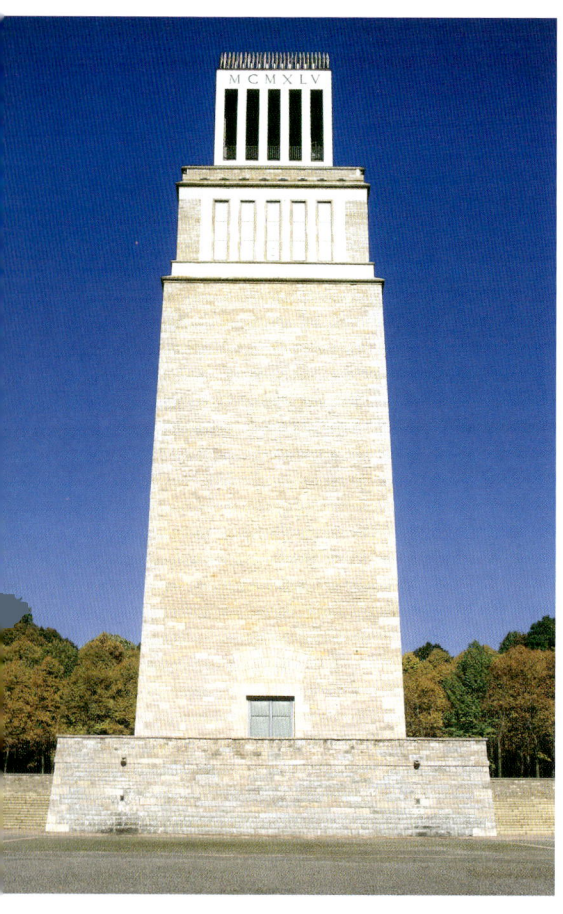

"미국 군인들이 우리를 향해 웃으며 승리의 사인을 그려 보였을 때, 우리는 믿을 수가 없었다."

니심 알하데프 박사. 부헨발트가 해방되었을 때

1937년 나치는 바이마르 교외에 강제 수용소를 세우고 매우 완곡한 '부헨발트'(너도밤나무 숲)라는 이름을 붙였다. 이곳에는 정치범, 유태인, 집시는 물론 노르웨이 대학생들까지 수용되어 있었으며, 1944년에는 영국과 미국의 항공병 한 무리가 갇혀 있었다. 거의 25만 명 가까운 죄수들이 이 수용소를 거쳐 갔으며, 그 중에서 적어도 5만 6천 명은 갇힌 상태로 목숨을 잃었다.

부헨발트는 몰살 수용소는 아니었지만 – 이러한 수용소들은 폴란드에 있었다 – 이곳은 특별히 사악한 악명을 얻었다. 수용소의 첫 번째 책임자인 카를 코흐와 그의 아내 일세는 잔혹함으로 악명이 높았는데, 특히 충동적으로 죄수들을 죽이곤 했다. 일세 코흐는 희생자들의 가죽을 벗기는 취미가 있어, 그것으로 책 커버나 전등갓 같은 가정용품을 만들곤 했다. 부헨발트는 또한 '의학' 실험이 자행되던 장소로, 다양한 백신을 실험해 보기 위해 소련군 포로들에게 발진티푸스 균을 주입했다. 수많은 죄수들은 굶어 죽거나 죽을 때까지 근처 채석장에서 노동을 하거나, 동쪽의 죽음의 수용소로 보내져 몰살당했다.

1945년 4월, 연합군이 부헨발트로 진격해 들어오기 시작했으며, 간수들은 재소자들이 수용소를 장악하도록 놓아둔 채 달아났다. 4월 11일, 미군이 수용소의 통제를 맡았으나, 수용소가 이제는 독일의 소련 점령 지역에 속하게 되었기 때문에 지배권은 붉은 군대에게 넘어갔다. '캠프 넘버 2'라고 개명된 부헨발트는 1945년에서 1950년 사이에 독일 죄수들을 수감했으며, 이중 7천 명이 죽었다.

1950년 수용소가 문을 닫았을 때 대부분의 건물은 파괴되었으나, 콘크리트로 된 감시탑 같은 몇 채의 건물은 남았다. 수용소 해방 이후 임시 기념비가 세워졌는데, 이는 1958년 석조 기념비가 되었다. **AG**

🏛 ◎ 라인펠스 성 독일, 장크트 고아르 | Burg Rheinfels

중세에 라인 강변에 세워진 요새 중 가장 크고 강력한 요새

라인펠스의 성은 라인 강을 따라 세워진 비슷한 종류의 요새 중에서 가장 성공적인 요새였다. 5대 다이터 폰 카체넬른보겐 백작이 1245년 최초로 성을 세웠는데, 라인 강을 오르내리는 배에 값비싼 통행료를 부과하려는 것이 목적이었다. 이는 당연히 강을 지나다니는 이들의 반발을 불러일으켰다. 라인 지방의 약 26개 도시의 연합군과 1천 명의 기사, 8천 명의 중기병(重騎兵)들은 오십 척의 배의 도움을 받아 성을 포위했다. 포위 공격은 일 년 하고도 14주 동안 계속되었으나 라인펠스 성은 있는 힘껏 저항했고, 라인 연방은 빈손으로 포위를 거두는 수밖에 별 도리가 없었다.

1479년 이 성은 헤센 영주들에게 넘어갔는데 그들은 계속해서 방어를 강화했고, 광범위한 터널 네트워크도 생겨났다. 다른 많은 중세의 성채들과 달리 라인펠스 성은 화약과 대포라는 무기에도 성공적으로 대처하여 견뎌냈다. 1626년 스페인 군대의 포위를 받았으며, 1692년 루이 14세가 이끄는 프랑스 군대의 습격에 버텨 낸 것은 라인 강 좌안에서 유일하게 라인펠스 성 뿐이었다. 그러나 1794년에는 프랑스 군대가 성을 차지했고, 1796년에서 1797년 사이에 주 성채는 산산이 무너지고 그 잔해는 건축 작업에 쓰였다.

오늘날, 이 성은 라인 강을 내려다보는 훌륭한 경치를 지닌 그림 같은 모습을 하고 있다. 프랑스 군이 파괴했음에도, 라인펠스 성의 3분의 1가량은 무너지지 않고 남았다. 1925년 장크트 고아르 시가 이 유적을 인수받았다. 대담한 관광객이라면 광범위한 지하 터널을 탐험해 볼 수 있다. 또한 이 성의 역사를 전시해 놓은 박물관이 있는데, 이 박물관에는 원래 성의 모습을 제작해 놓은 커다란 모형과 18세기와 19세기의 민속 예술 컬렉션도 있다. 성의 일부는 호화로운 호텔로 개조되었다. **AG**

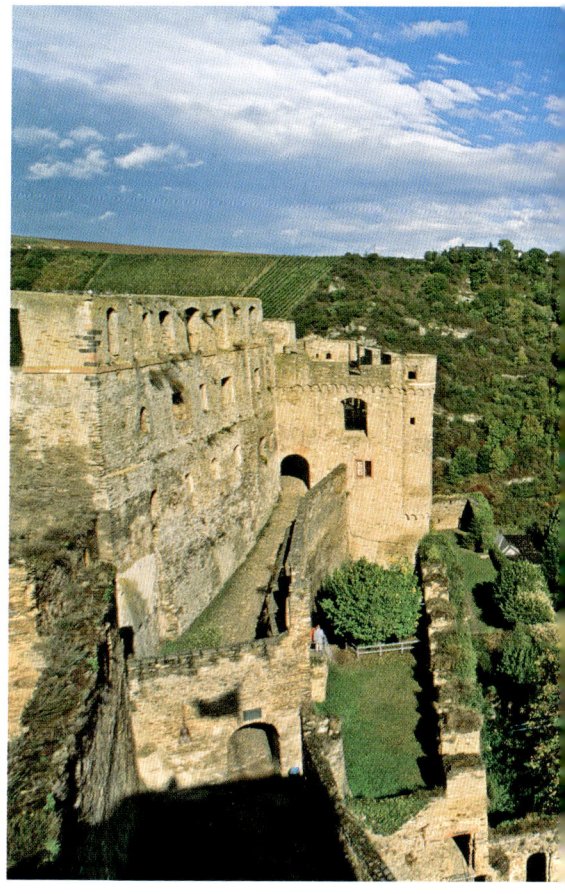

"…권력을 상징하고 관세를 부과하기 위해 … 약 사십 채의 성이 건축되었다…"

유네스코, 중북부 라인 계곡에 대한 설명

포르타 니그라

독일, 트리어 | Porta Nigra

제국의 가장자리에 투영된 웅장한 로마의 권력

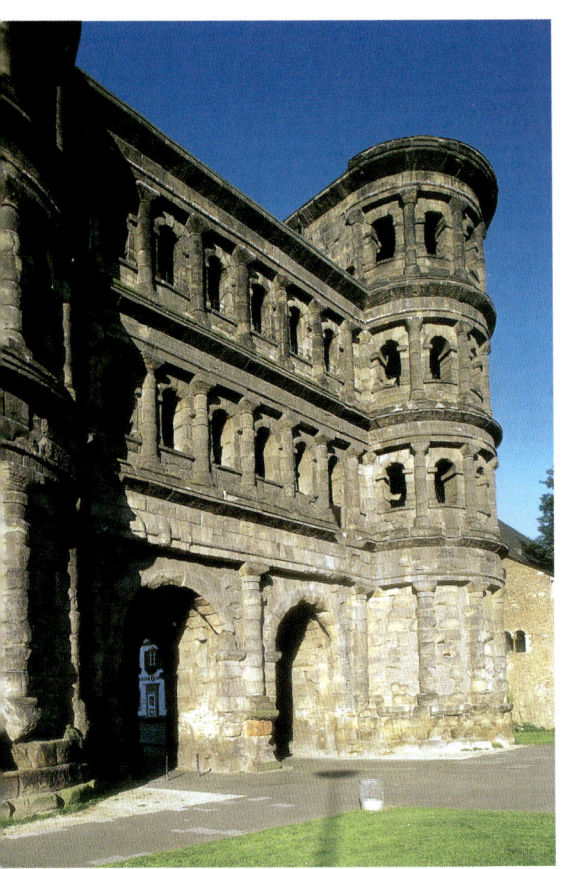

"…지금까지 보존된 어떤 다른 로마의
도시 관문과도 다른 독특한 건축물."

유네스코

트리어 시는 알프스 북부의 다른 어떤 곳보다 더 중요한 로마 건물들을 간직하고 있다. 이 도시는 로마가 남긴 풍요로운 유적들과, 상당히 초기에 세워진 기독교 교회 건물 두 채로 인해 1981년 유네스코 세계문화유산으로 지정되었다. 포르타 니그라(검은 관문)는 서기 180년에서 200년 사이 정도에 도시를 방어하기 위한 수단으로 세워진 네 개의 관문 중 하나였다. 도시를 북쪽으로부터 방어하는 이 건물은 회색 사암으로 건설되었는데, 중세에 이르자 색이 검게 되어 포르타 니그라라는 이름을 얻었다. 트리어는 모젤 강을 건너기 위해 거쳐 가야 하는 중요한 곳이었고, 관문들은 부근에 필요한 방어물이 되어 주었다.

높이 30m가 넘는 포르타 니그라는 나란히 서 있는 두 개의 4층 탑과, 통행할 수 있도록 7m 높이의 두 개의 마차 통로가 난 입구로 이루어져 있다. 건물 안에는 작은 안뜰이 있었다. 거대한 사암 벽돌들은 모르타르를 사용해 서로 접합된 것이 아니라, 서로 차곡차곡 쌓인 후에 철로 된 죔쇠와 막대기로 고정된 것이다. 트리어의 나머지 세 개 관문은 중세를 거치면서 분해되어 집을 짓는 데에 쓰였지만 포르타 니그라만은 이러한 운명을 겪지 않고 살아남았는데, 시메온이라는 그리스 수도사가 건물 안에서 은둔하며 살았던 덕택이었다. 그가 죽은 후 포르타 니그라 안에는 그를 추모하는 교회당이 세워졌고, 안뜰은 회중석 구실을 하게 되었다. 몇 군데 수정이 가해지긴 했으나 원래의 로마식 건물은 거의 손상되지 않은 채 고스란히 남아 있다.

1802년 트리어는 프랑스의 손에 들어갔고, 나폴레옹의 명령에 따라 교회는 해산되었으며 포르타 니그라는 로마 유적으로서 신중하게 복원되었다. 세월과 다양한 약탈자들에 의해 습격을 당했음에도, 방어 시설이 구축된 이 관문은 이러한 종류로는 알프스 북부에서 가장 큰 규모를 자랑하며, 로마 제국의 과거를 돌이키게 해 주는 뚜렷한 상징물이자 여전히 인상적인 모습으로 남아 있다. **AG**

하이델베르크

독일, 하이델베르크 | Heidelberg Castle

예술가를 매혹시켰던 낭만적인 유적

하이델베르크 시에는 적어도 1300년부터 성채가 있어 왔지만, 루프레히트 3세가 선제후에게 어울리는 성을 지은 것은 1400년에 들어서였다. 이후 200년 동안 성은 증축되어, 도시 위로 치솟아 가파른 네카르 골짜기의 먼 포도원을 내려다보는 웅장한 사암 건물이 되었다. 이 성이 갖춘 특별한 면모는 1616년에서 1619년에 지어진 정원들-호르투스 팔라티누스(왕의 정원들)-인데, 당시에는 세계의 여덟 번째 불가사의라는 평을 받았다.

이후 성의 운명은 불행한 쪽으로 꺾어들었다. 30년 전쟁(1618~1648) 동안 하이델베르크는 양쪽으로부터 공격을 받고 점령당했으며 그 와중에 심한 피해를 입었다. 전쟁이 끝나고 이어진 재건축 작업은 1689년과

> "이 성은 유럽을 뒤흔든 모든 사건의 피해자가 되어 왔으며, 지금은 그 무게로 무너져 내렸다."
>
> 작가, 빅토르 위고

1693년 프랑스와의 전쟁 때문에 제대로 이루어지지 않아, 성의 대부분은 황폐해졌다. 성을 복원하기 위해 꾸준한 노력을 기울인 것은 아니나, 1764년 번개를 맞아 화재에 휩싸이자, 지역 주민들은 폐허가 된 성에서 돌을 날라 가기 시작했다.

19세기 초가 되자 하이델베르크는 그림과 같은 성터라는 명성을 얻게 되었으며, 당시 관광객들에게 큰 인기를 끌었다. 영국의 화가 J. M. W. 터너도 그 중 하나였는데, 그는 낭만주의 화풍으로 여러 장의 그림을 그렸다. 하이델베르크 성은 여전히 인기 있는 유적으로 남아 있으며, 높이 8m의 세계에서 가장 큰 술통으로 210,000ℓ의 포도주를 담을 수 있는 '그로페스 파스'가 있다. **AG**

메르세데스-벤츠 공장

독일, 슈투트가르트 | Mercedes-Benz Factory

시선을 사로잡는 건축과 엔지니어링

1886년 고틀리브 다임러는 최초의 자동차, 내부의 연소 엔진에서 발생한 동력이 바퀴에 효율적으로 전달되는 네 바퀴 차를 개발해 냈다. 이후 몇 년 동안 다임러는 차의 디자인을 개량하고 또 다른 자동차 회사의 선구자 카를 벤츠와 합병했다. 부유한 은행가이자 초기 자동차 경주 애호가였던 에밀 옐리넥이 그 이후 회사의 지분을 상당량 사들였고, 1900년대에 고성능 차량을 개발하는 데에 재정 지원을 해 주었는데, 이 차는 그의 딸 이름을 따서 메르세데스라 불리게 되었다. 1920년대에 이 회사의 이름은 메르세데스-벤츠가 되었다.

바트 칸슈타트에 있던 최초의 공장은 점점 늘어 가는 이 회사의 생산 라인에 비해 너무 작아졌고, 공장에 화재가 난 이후 새로운 공장을 세울 장소로 근처의 운터튀르크하임이 선정되었다. 1904년부터 이 공장에서 생산이 시작되었으며, 지금까지도 메르세데스-벤츠 사의 자동차는 운터튀르크하임 공장에서 생산된다. 제2차 세계대전 동안 연합군의 가차 없는 폭격으로 거의 파괴되었음에도 곧 재건된 메르세데스-벤츠 공장이 세워져 운영을 시작했으며, 1948년에는 새로운 모델들이 나오게 되었다. 운터튀르크하임 공장은 계속해서 새로워져 왔으며, 오늘날 최첨단 생산 라인은 매년 4,600대의 정밀하게 제조된 엔진을 생산해 낸다. 이 엔진과 변속기, 차축 등 다른 주요 부품들은 독일과 전 세계의 자동차 공장으로 실려가 조립된다.

운터튀르크하임 공장 옆에는 건축미로 이름이 높은 메르세데스-벤츠 박물관이 있는데, 이 유명한 자동차가 발명되어 오늘날의 기술에 이르기까지 과정을 볼 수 있나. 이 박물관에는 회사가 이룩해 온 업적들이 전시되어 있으며, 카이저 빌헬름 2세가 소유했던 770 그랜드 메르세데스, 1930년대의 레이싱 카 실버 애로우, 300SL 걸윙 쿠페 등 유명한 차를 비롯하여 A-클래스와 스마트 카 같은 현대적인 디자인도 볼 수 있다. **AG**

바덴-바덴 쿠어하우스

독일, 바덴-바덴 |Baden-Baden Kurhaus

세련된 온천 휴양지

'검은 숲' 언저리에 있는 독일의 온천 마을 바덴-바덴은 유럽 전역의 부유하고 유명한 이들이 모여드는 상류 사회 모임의 장소였다. 이 시기의 과식한 상류 계층들이 품었던, 여가 생활과 고통 받는 그들의 간(肝) 치료법을 하나로 결합시키려 했던 욕망에 의해 바덴-바덴과 다른 곳의 온천들은 사교 생활의 독특한 중심지가 되었다.

바덴에 치유력이 있는 샘이 있었다는 사실은 로마인들에게도 알려져 있었으며, 몇 세기에 걸쳐 단속적으로 개발되어 왔지만, 휴양지가 본격적으로 개발된 것은 1820년대에 들어서였다. 기둥이 늘어선 쿠어하우스는 독일 건축가 프리드리히 바인브레너가 설계한 것으로, 온천탕과 오락장을 결합한 신고전주의 양식으로 지어졌다. 이 유명한 도박 시설은 파리의 사업가 자크 베나제가 1838년 카지노를 인수한 이후 크게 확장되었다. 바덴의 잠재력을 완전히 개발해 낸 것은 그의 아들인 에두아르 베나제였는데, 그는 프랑스 왕궁의 호화로운 내부 장식을 모델로 삼은 사치스러운 스타일로 꾸민 여러 개의 새로운 도박장을 추가해 넣었다.

바덴은 외교 정상들이 회담을 갖는 중요한 장소가 되었는데, 그 중 가장 주목할 만한 회담은 1863년 '세 황제'-오스트리아의 프란츠 요세프, 러시아의 알렉산드르 2세, 프랑스의 나폴레옹 3세-의 만남이었다. 귀족과 왕족들이 자주 방문했지만 벼락부자들, 전문인 계층, 그리고 '상류 사회'의 변두리에 있는 많은 존경받는 시민들도 이곳을 자주 찾았다. 이 휴양지를 찾는 수많은 방문객들 중에는 러시아인들도 많았는데, 특히 소설가 투르게네프와 도스토예프스키를 들 수 있다. 도스토예프스키는 룰렛 테이블에서 자주 큰돈을 잃곤 했다. 바덴-바덴이 최고의 시대에 맞아들였던 사교적인 사회는 제1차 세계대전이 일어나면서 사라지고 말았으나, 이 휴양지는 지금은 잃어버린 시대에 유럽 특권층이 누렸던 여가 생활을 보여 주는 풍요로운 유물로 남아 있다. **RG**

하우스 반프리트

독일, 바이로이트| Haus Wahnfried

리하르트 바그너의 집이자 그가 잠든 곳

바이에른 공 루트비히 2세의 후원을 받아, 작곡가 리하르트 바그너(1813~1883)는 자신이 작곡한 오페라들을 공연할 수 있는 특별 극장(페스트슈필하우스)을 짓는다는 꿈을 실현할 수 있게 되었다. 바이에른 공국의 도시 바이로이트는 오페라 하우스가 들어설 곳으로 선정되었을 뿐만 아니라 바그너의 집이 있는 곳이기도 하다. 바그너는 1874년 4월 28일, 아내인 코지마(프란츠 리스트의 딸)와 가족과 함께 이사해 왔다. 저택에 반프리트라는 이름을 붙인 바그너는 이 집에서 〈니벨룽겐의 반지〉를 완성하고, 마지막 작품인 〈파르지팔〉을 시작하며 여생을 이곳에서 보내게 된다. 1883년 바그너가 죽은 뒤에도 가족들은 계속 반프리트에 머물렀으며, 점점 더 유명해진 연례 '바이로이트 축제'를 담당했다.

> "나의 망상이 평화를 찾은 이곳에서, 이 집이 나에 의해 망상으로부터 평화라 이름 지어질 것을 명한다."
>
> 리하르트 바그너, 정문의 새겨진 글귀

이 작곡가의 집에는 많은 유명한 인물들이 초대받았는데, 그중에는 리하르트 슈트라우스와 아르투로 토스카니니 등 음악가를 비롯하여, 논의의 여지가 있는 인물이지만 아돌프 히틀러도 있었다. 제2차 세계대전 동안 하우스 반프리트는 심한 피해를 입었으며 전후에는 미군의 손에 들어갔다. 미군이 철수하자 바그너 가는 다시 반프리트로 돌아왔으나, 1972년 이 집은 바이로이트 시에 양도되었다. 그 이후 저택은 복원 작업을 거쳐 과거의 화려함을 되찾았다. 바그너와 연관 있는 물건이 많으며 피아노 여러 대, 복원된 도서관, 작은 콘서트 홀 등도 있다. 이 건물에는 바그너의 서한들과 친필로 쓴 주요 작품의 악보 등 다른 어느 곳과도 견줄 수 없는 소중한 문서 자료들 또한 있다. **AG**

레겐스부르크 구 시가지

독일, 레겐스부르크 | Regensburg Old Town

독일에서 가장 잘 보존된 중세의 도시 중심지

독일의 많은 도시에 있는 중세 중심지는 제2차 세계대전 동안 연합군의 폭격으로 온통 산산 조각이 났지만, 다행히도 레겐스부르크의 중세 마을만은 거의 상처를 입지 않은 채 남았다. 이 중세 마을의 중심은 도나우 강과 레겐 강이 만나는 곳에 위치한 로마 시대의 요새였는데, 이를 중심으로 11세기에서 13세기 후반까지 방어벽 뒤의 지역들이 점차 넓어진 것이다. 공간에는 프리미엄이 붙어 있었기 때문에, 중세에 지어진 건물들은 어둡고 좁은 골목길로 분리되어 높이 솟아 있다. 중세 레겐스부르크의 성채 벽에는 중간 중간 많은 탑이 서 있는데, 가장 높은 탑을 소유한다는 특권을 두고 경쟁했던 부유한 가문들이 지은 것이다.

　　1135년에서 1146년에 걸쳐 도나우 강에 슈타인에 른 브뤼케, 즉 '석조 다리'가 건설되면서 레겐스부르크는 두각을 드러냈다. 수백 년 동안 최초로 도나우 강을 건너는 통로 역할을 했던 이 다리는 북유럽에서 베네치아로 가는 길을 열어 주었다. 레겐스부르크에 있는 뛰어난 중세 건물로는 14세기의 시청, 12세기 초의 로마네스크 풍성 야콥 교회, 즉 '쇼텐키르헤', 그리고 근처에 있는 야콥스토르 도시 관문을 꼽을 수 있다. 야콥스토르 문은 훌륭한 조각으로 뒤덮여 있다. '돔', 즉 성 페테르 대성당은 이 도시에서 가장 탁월한 랜드 마크이다. 1869년에 완성된 탑을 제외한 다른 부분은 1634년에 완공되었다. 돔과 함께 있는 '에젤슈투름'은 이전에 그곳에 있던 8세기 로마네스크 대성당의 탑이다. 이 성당의 유명한 소년 성가대 레겐스부르크 성당 합창단은 천 년 이상이나 명성을 누려 왔다. **FR**

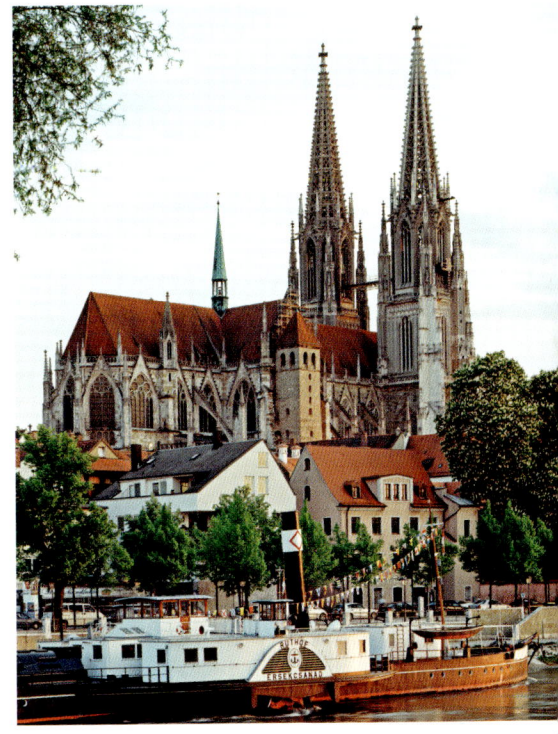

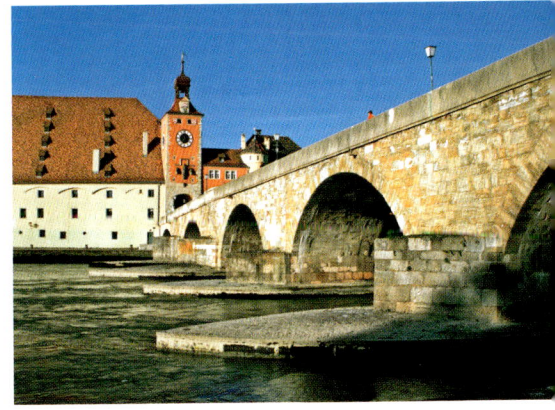

▷ 성 페테르 대성당은 독일 남부의 고딕 건축 양식을 보여 주는 가장 뛰어난 예이다.

▶ 이 도시의 오래된 다리는 중세 토목건축이 거둔 성과물로, 유럽 전역에서 모방이 성행했다.

뉘른베르크 재판 법정 독일, 뉘른베르크 | Nuremberg Trials Courtroom

뉘른베르크 재판은 국제 사법 재판의 중요한 선례가 되었다

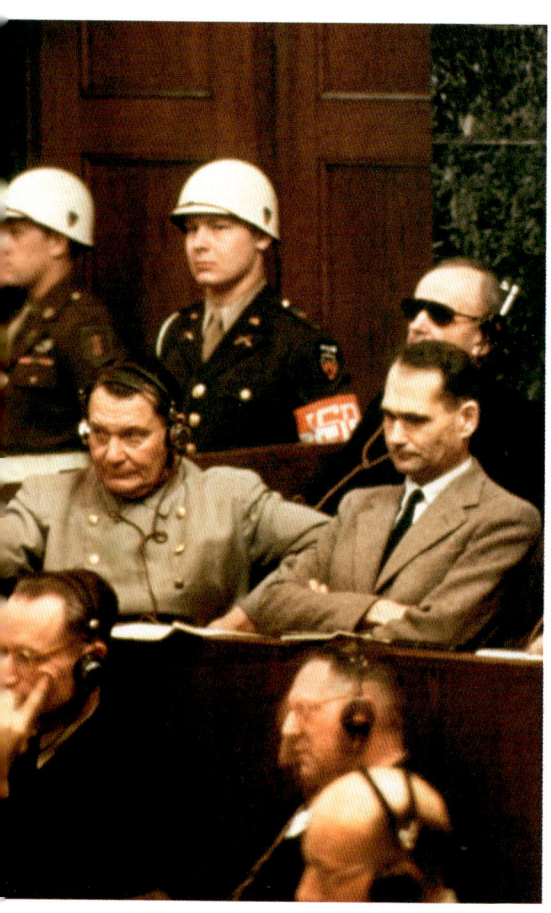

"목소리를 내든 내지 않든, 국민들이 항상 리더의 명령에 따르게 할 수 있다. 그것은 쉬운 일이다."

헤르만 괴링, 뉘른베르크 재판장에서

서로 간의 많은 의견차에도, 승리를 거둔 연합군 세력은 나치의 주요 우두머리들이 스스로 저지른 죄에 대해 재판을 받아야 한다는 사실에 동의했다. 재판 장소로는 뉘른베르크에 있는 사법 궁전이 선정되었는데, 큰 이유는 이곳의 법정과 부속된 감옥이 연합군 폭격 피해를 입지 않고 남아 있는 몇 안 되는 적당한 장소 중 하나였기 때문이었다. 헤르만 괴링, 루돌프 헤스, 카를 되니츠, 요아힘 폰 리벤트로프 등을 포함해 총 스물두 명의 나치 수장들이 확장한 '코트 룸 600'에서 재판을 받았다(다른 피고들도 이후 벌어진 뉘른베르크 후속 재판에서 재판을 받았다).

주요 전범 재판은 1945년 11월부터 1946년 10월에 걸쳐 지속되었으며, 피고들에게는 평화와 인류에 위배되는 범죄를 저질렀다는 죄목이 부과되었다. 재판 절차 전체가 엄청난 일이었다. 법정에서 취한 증거는 마흔두 권의 두꺼운 책이 되기에 충분할 정도였다. 평결이 내려졌을 때 열두 명의 피고에게는 사형 선고가 내려졌고, 세 명은 종신형, 네 명은 10~20년까지의 형기를 받았으며, 세 명은 무죄 선고를 받았다. 괴링은 교수형 판결을 받았지만 처형 전에 독약을 삼키고 자살했다. 20세기의 가장 극악한 이들 중 몇몇에게 응당한 처분을 내렸다는 의미 외에도, 뉘른베르크 재판은 중요한 선례를 세웠다. 역사상 처음으로 국제 법정이 국제적인 형법에 위배되는 범죄에 대해 평결을 내린 것이다. 이는 오늘날 중죄인들을 헤이그에 회부하게 하는, 국제 사법 재판의 발전을 위한 최초의 움직임이었다. 최근의 예로는 전 세르비아와 유고슬라비아 대통령 슬로보단 밀로셰비치를 들 수 있다.

재판이 끝나자 코트 룸 600은 원래 크기대로 돌아갔으며, 여전히 뉘른베르크에서 법정으로 쓰이고 있다. 주말에는 지역 주 당국이 가이드 투어를 주최하는데, 뉘른베르크 재판과 그 국제적인 중요성을 설명해 준다. **AG**

알브레히트 뒤러의 집 독일, 뉘른베르크 | Albrecht Dürer's House

그냥 지나칠 수 없는 뉘른베르크의 랜드 마크이자 혁신적인 예술가의 집

독일 예술가 알브레히트 뒤러(1471~1528)는 가장 중요하고 영향력 있는 북부 르네상스 예술가 중 한 사람으로 널리 알려져 있다. 이탈리아에서 발전하고 있던 새로운 기법에서 영감을 얻은 뒤러는, 이러한 기법을 독일 전통에 맞게 해석하여 유화와 수채화를 그린 재능 있는 화가인 동시에 여러 짐의 목판화로 유명해졌다.

1420년경 지어졌으며 뒤러의 집이 된 이 네 층짜리 건물은 1502년 박공과 커다란 지붕창이 추가되면서 크게 확장되었다. 많은 여행을 한 뒤-이탈리아로 향했던 두 차례의 여행을 포함하여-뒤러는 자신이 태어난 도시로 돌아왔고, 1509년 이 집을 샀을 때에는 명성의 절정에 도달해 있었다. 그는 죽을 때까지 이 집에서 살았으며, 어머니와 아내인 아그네스, 여러 명의 학생들과 도제들과 더불어 살았다.

아래의 두 층은 이 지역에서 전형적으로 볼 수 있는 사암으로 건축되었는데, 그 위의 두 층은 목재 골조로 되어 있다. 커다란 문-마차가 들어갈 정도로 널찍한-은 지상 층으로 연결되는데, 이곳은 작업장이자 창고 구실을 했다. 1층에는 부엌이 있고, 그 위에는 거실과 뒤러가 작품을 제작하던 스튜디오와 공방이 있다.

19세기 동안, 이 화가에 대한 관심이 부활하면서 이 건물은 뒤러와 그의 예술에 바치는 사원으로 복원되었다. 제2차 세계대전 동안 이 집은 폭격 피해를 입었지만, 여러 차례의 수리와 복원 작업을 거쳐 뒤러의 일생과 작품에 대한 실제적인 박물관으로 탈바꿈했다. 그의 이름을 따서 명명된 거리의 한쪽 끝에 위치한 뒤러의 집은, 주의 깊게 복구되어 부엌과 당시의 예술적 기법을 보여주는 여러 개의 방들을 완벽하게 갖추고 있다. 맨 꼭대기의 갤러리에는 세 개의 전시실이 있고, 최근에 지어진 별관에는 뒤러의 삶에 대해 시청각 자료로 설명을 제공해주는 상영관이 있다. **AG**

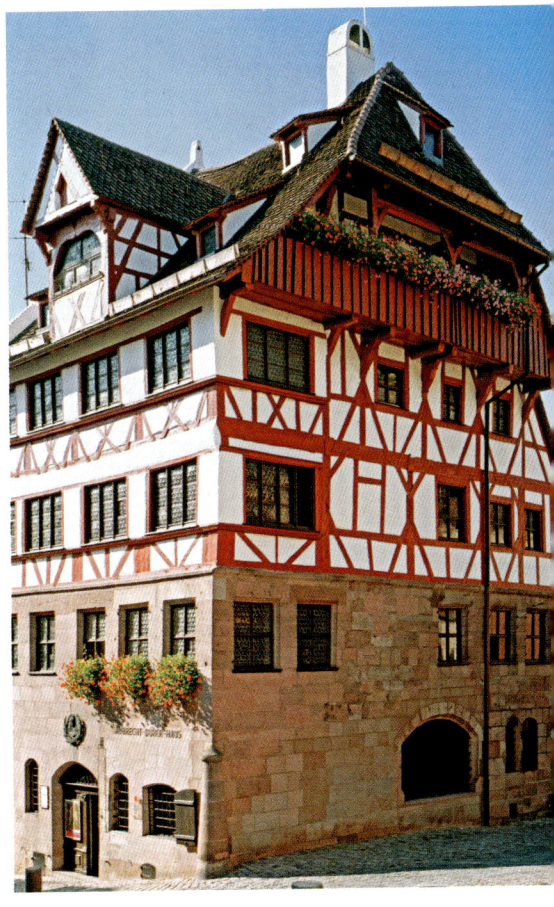

"애정은 우리가 인류 중 최고였던 이에게 애도를 표하도록 한다… 그가 선조들과 함께 평화 속에 잠들기를."

마르틴 루터 알브레히트 뒤러의 죽음에 바쳐

카이저부르크 독일, 뉘른베르크 | Kaiserburg

신성 로마 제국의 황제들이 이용했던 성

뉘른베르크는 신성 로마 제국과 북부 르네상스와 깊은 연관을 맺고 있었던 덕택에 독일에서 가장 역사적으로 의미 깊은 도시 중 하나가 되었다. 1050년에서 1571년까지 모든 신성 로마 제국 황제들이 정기적으로 이용하곤 했던 카이저부르크(황제의 성)의 발치에서 점차 넓게 성장해 나간 이 도시는, 중세 동안 신성 로마 제국의 비공식적인 수도로 간주되었다. 11세기 초에 지어진 이 성은 사실세 개의 작은 건물로 구성된다. 카이저부르크 건물 자체와 부르크그라펜부르크(영주의 성), 그리고 슈타트부르크(도시의 성)가 그것이다. 슈타트부르크는 공식적으로는 시에 속했지만 황제들이 사용했기 때문에 뉘른베르크의 관할로 남았으며, 지금은 황폐해진 부르크그라펜부르크는 1192년부터 15세기 중반까지 이 지역의 호엔촐레른 귀족 가문의 지배를 받았는데, 이후 화재로 인해 거의 완전히 파괴되면서 이 가문은 뉘른베르크를 떠났다. 카이저부르크는 황제 콘라드 3세에 의해 11세기 말엽 처음 지어졌다가 콘라드의 후계자인 전설적인 '붉은 수염' 프리드리히 1세에 의해 크게 증축되었는데, 이 성의 웅장한 '도펠카펠레'(이중 예배당)는 그가 지은 것이다.

종교 개혁이 종교적인 분열로 제국을 무너뜨리기 전부터 이미 황제들의 영향력은 줄어들고 있었으며, 뉘른베르크는 가톨릭 전통에서 벗어나 대부분 프로테스탄트적인 도시가 되었다. 30년 전쟁으로 인해 이 도시의 중요성은 더욱 감소했으며, 1806년 뉘른베르크는 결국 바이에른 공국에 편입되었고, 지방의 침체된 도시가 되었다.

제2차 세계대전 동안 카이저부르크는 심한 피해를 입었고, 1950년대에 대규모로 복원되었다. 그러나 도펠카펠레와 여러 개의 중요한 탑들은 폭격의 피해를 벗어났으며, 이 도시가 예전에 누렸던 제국의 영광을 강력하게 상기시켜 준다. **AS**

KZ 다하우 독일, 다하우 | KZ Dachau

최초의 나치 강제 수용소

1933년, 하인리히 히믈러는 테오도르 아이케에게 나치 체제에 반대하는 이들을 가둘 강제 수용소를 지으라는 명령을 내렸다. 최초로 수용된 이들은 주로 정치범과 나치에 비판을 가하던 종교인들이었으며, 이후에는 유태인이었다. 제2차 세계대전 동안 동유럽, 주로 폴란드와 소련에서 온 죄수들과 유태인들이 갑자기 밀어닥치면서, 이 수용소의 인구는 급격히 늘어났다. 다하우로 보내진 죄수들은 처형당하거나 생체 실험을 당하게 되어 있었다. 다하우는 또한 남부 바이에른 지방 여기저기에 흩어져 있던 170개의 위성 노동 수용소의 중추 구실을 하였다. 약 20만 명의 죄수가 이 수용소를 거쳐 갔다고 추정되며, 공식적 집계로는 3만 명이 사망했지만, 전염병인

> "침묵은 괴롭히는 이에게 힘이 되지, 결코 괴롭힘 당하는 이의 편이 아니다. 이따금 우리는 나서야 한다."
>
> 홀로코스트의 생존자이자 작가, 엘리 비젤

발진티푸스가 1945년 이 수용소를 휩쓸고 지나갔을 동안에 발생했던 수천 건의 죽음은 기록에 포함되지 않았다. 1945년 4월 29일 미군이 다하우를 해방시켰을 때, 3만 명 이상의 죄수들이 너무나 끔찍한 상태에서 살고 있었다는 사실이 밝혀졌는데 근처의 노동 수용소에 갇혀 있던 비슷한 수의 다른 이들도 마찬가지였다.

전쟁이 끝난 후 다하우는 미국 군대에 의해 포로 수용소로 사용되었으며, 그 이후에는 망명자들을 머물게 하는 데에 쓰였다. 이후 생존자들은 다하우에서 희생된 이들을 위한 기념관을 세웠고, 옛 수용소는 박물관이 되었다. 당시 쓰였던 나무로 된 막사 중 하나는 수용자들이 겪었던 끔찍한 환경을 보여 주기 위해 다시 세워졌고, 캠프의 범위를 보여 주기 위해 나머지 서른두 개 막사의 콘크리트로 된 기반도 남아 있다. **AG**

호프브로이하우스 독일, 뮌헨 | Hofbräuhaus

세계에서 가장 유명한 맥주 양조장 중 하나

호프브로이하우스의 기원은 빌헬름 5세 공작이 맥주 양조장을 세웠던 1589년으로 거슬러 올라간다. 19세기가 되자, 이곳은 대중이 이용할 수 있도록 생맥주집이 딸린 번성하는 맥주 양조장이 되었다. 수요는 엄청나게 늘었고, 그 결과 1897년에는 근처에 크게 확장된 새로운 맥주 저장소가 문을 열었다. 바이에른 양식의 화려한 이 건물이 현재 매우 유명해진 호프브로이하우스가 되었다.

많은 유명한 고객들이 이 저장소를 방문했는데, 그 중에는 볼프강 아마데우스 모차르트, 오스트리아의 엘리자베트 여황제, 레닌과 그의 아내가 있다. 레닌은 이렇게 썼다. "호프브로이하우스에 대한 우리의 추억은 특별히 사랑스럽다. 이곳에서는 훌륭한 맥주가 계급 간의 모든 차이를 없애 준다." 아마 가장 악명 높은 방문객은 아돌프 히틀러일 것이다. 그는 1921년 11월 호프브로이하우스에서 서로 다른 정치적 의견을 지닌 군중들에게 연설을 했다. 반대되는 편 사이에서 커다란 싸움이 터졌고, 자신의 책 『나의 투쟁』에서 히틀러는 이 사건을 애정 어린 어조로 회상했다.

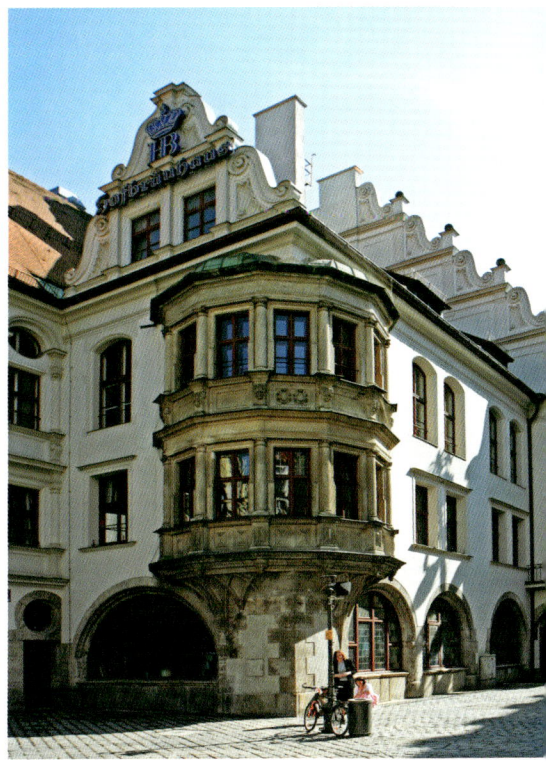

호프브로이하우스는 '세계에서 가장 큰 술집'이라 불려 왔는데, 총 3천 명의 손님이 들어갈 수 있는 크기로 미루어 보아 이는 아마 사실일 것이다. 이곳에서는 다양한 바이에른 맥주를 마실 수 있으며-1ℓ짜리 맥주 조끼로 라이트 맥주와 다크 맥주를 모두 맛볼 수 있다-이 지방의 특산물이 곁들여 나오는데, '바이스부르스트', 즉 하얀 소시지도 있다. 바이에른 브라스 밴드, 전통 복장을 입은 웨이트리스, 소리 높여 부르는 노랫소리로, 이곳은 독일적인 의미의 '게뮈트리히카이트'(따뜻한 환대) 분위기를 북돋워 준다. 양조장 측은 손님의 반은 단골들이라고 하지만, 호프브로이하우스는 점차 뮌헨에서 여행자들이 반드시 방문하는 명소가 되어 가고 있다. **AG**

↗ 바이에른 왕국의 왕실 양조장이었던 호프브로이하우스가 대중에게 그 문을 연 것은 1828년에 들어서였다.

▷ 오늘날은 관광객들이 목을 축이기 위해 항상 찾는 평온한 장소인 이곳은 더 어둡고 파란만장한 시대를 목도해 왔다.

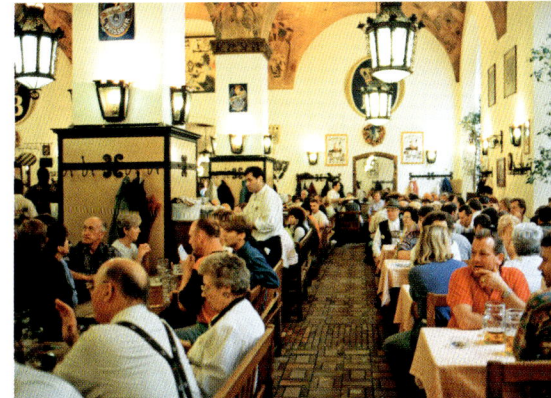

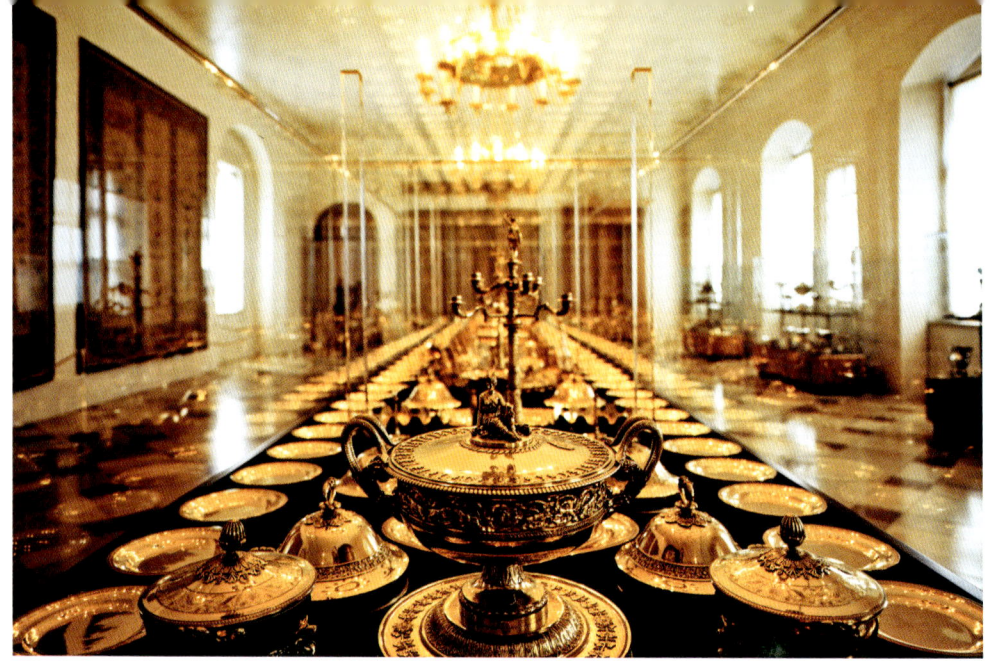

뮌헨 레지덴츠 독일, 뮌헨 | Munich Residenz

훌륭한 공예품이 가득한, 유럽에서 가장 화려한 궁전 내부

1385년 처음 지어져 해자에 둘러싸인 작고 보잘 것 없는 성이었던 뮌헨 레지덴츠는, 1918년까지 바이에른의 통치자였으며 이곳을 왕궁으로 사용했고 정부를 자리 잡게 한 비텔스바흐 가문에 의해 점차 그 모습이 향상되어 갔다. 여러 세기에 걸쳐 지어진 결과로 레지덴츠의 건축 양식과 내부 장식에는 여러 가지 다른 양식이 혼합되어 있으며, 비텔스바흐 가에서 수집한 흥미롭고 다양한 공예품들을 소장하고 있다. 이 건물의 양식은 르네상스에서 시작해 바로크와 로코코를 거쳐 신고전주의에 이르기까지 다양하다.

세월의 흐름에 따라 많은 부분이 추가되었기 때문에, 레지덴츠는 단일 건물이라기보다 열 개의 분리된 안뜰에 지어진 웅장한 건물 단지에 가깝다. 그 규모가 그렇게 웅장하지 않다면 토끼 굴을 닮았다고 해도 좋을 정도이다. 중요한 특징으로는 '안티쿠아리움'(알프스 북부에서 가장 커다란 르네상스 홀)의 호화롭게 채색된 천정, 바로크 양식의 교황의 방들, 대(大)프랑수아 퀴비에가 디자인한 로코코 양식의 '화려한 장식의 방'들, 신고전주의 양식의 샤를로테 방 등을 들 수 있다.

전쟁 이후의 복원 작업을 통해 레지덴츠는 독일에서 가장 크고 훌륭한 궁전 박물관 중 하나라는 지위에 오르게 되었다. 방문자들이 꼭 보아야 할 장소로는 귀중품 보관소를 들 수 있는데, 이곳에는 왕실 유물들을 모은 세계에서 가장 광범위하고 중요한 수집품들이 소장되어 있다. 청동, 록 크리스털, 황금으로 만든 섬세한 작품들을 비롯하여 왕관, 의식용 검, 고블렛, 왕실 휘장 등도 훌륭한 전시물의 일부이다. '대머리 왕 카를'의 기도서(9세기부터 전해 내려왔다), 그리스도가 못 박혀 죽었다는 진짜 십자가의 성물함, 성 게오르그의 조각상은 역사적인 관점에서 더 많은 이들이 흥미를 가질 만한 유물이다. 이외에도 튀르크 족에게서 빼앗아 온 무기들, 스리랑카에서 온 복잡한 상아 세공품, 훌륭한 중국 노자기 몇 점 등 상당한 양의 동양 보물들이 있다. **AG**

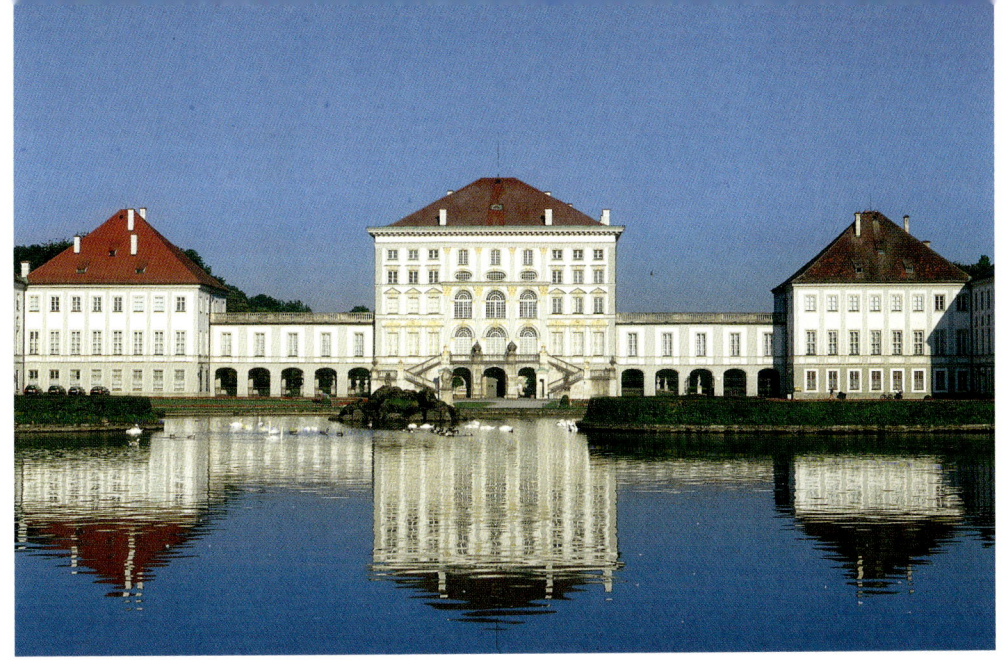

님펜부르크 궁전 독일, 뮌헨 | Schloss Nymphenburg

궁전, 정원, 내부 장식 이 모두가 뮌헨의 눈부신 랜드 마크를 형성한다

님펜부르크 궁전은 1664년 바이에른의 선제후 페르디난트 마리아가 아들인 막시밀리안 에마누엘의 탄생을 기념하여 짓게 한 건물이다. 원래는 정교한 이탈리아 저택에 지나지 않는 크기였으나, 점차 발전을 거듭하여 바이에른의 통치자인 비텔스바흐 가문의 웅장한 여름 궁전이 되었다. 뮌헨의 행정 중심지인 레지덴츠와 보기 좋은 대조를 이룬다.

18세기 초에 막스 에마누엘은 네 개의 파빌리온을 더 짓고, 여러 개의 우아한 아케이드로 이들을 중앙의 저택과 연결했다. 호화로운 내부 장식은 이 시대 독일 남부의 토코코에 대한 열광을 드러낸다. 요한 밥티스트 침머만의 프레스코 화들은 특히 볼 만한 가치가 있다. 1756년에 완성된 이 작품들은 플로라 여신과 그녀가 거느린 많은 님프들(님펜부르크라는 이름은 여기서 딴 것이다)에 대한 고전 신화의 장면들을 그린 것이다. 좀 더 물의를 빚었던 방 하나는 루트비히 1세가 짓게 한 '미녀들의 갤러리'이다. 이 방에는 당대 가장 아름다운 여성들을 그린

서른여섯 점의 초상화가 전시되어 있으며—J. 슈틸러가 1827년에서 1850년까지 그렸다—루트비히 1세의 정부였던 롤라 몬테즈의 초상화도 포함되어 있는데, 그녀와 왕의 관계는 당연하게도 엄청난 스캔들을 불러일으켰다.

근처에 있는 왕궁 마구간은 지금은 역사적인 마차들을 전시하고 있다. 이 중에는 1742년의 파리 대관식 마차가 있고, 루트비히 2세가 바이에른의 자신의 성들을 한밤중에 오갈 때 사용했던 마차와 썰매들이 있다. 궁정 안뜰에는 도자기 공장이 세워졌고 박물관에서는 훌륭한 도자기 제품들을 볼 수 있다. 님펜부르크를 둘러싸고 있는 커다란 조경된 숲에는 사냥 별장(아말리엔부르크), 장식이 화려한 피고다, 눈부신 수영용 파빌리온, 그리고 기도와 조용한 묵상의 장소로 특별히 지어진 예배당 '막달렌클라우제'가 있다. **AG**

노이슈반슈타인 성 독일, 퓌센 | Neuschwanstein Castle

루트비히 2세가 현실을 벗어나 틀어박혔던 곳이자 리하르트 바그너에게 바치는 찬사

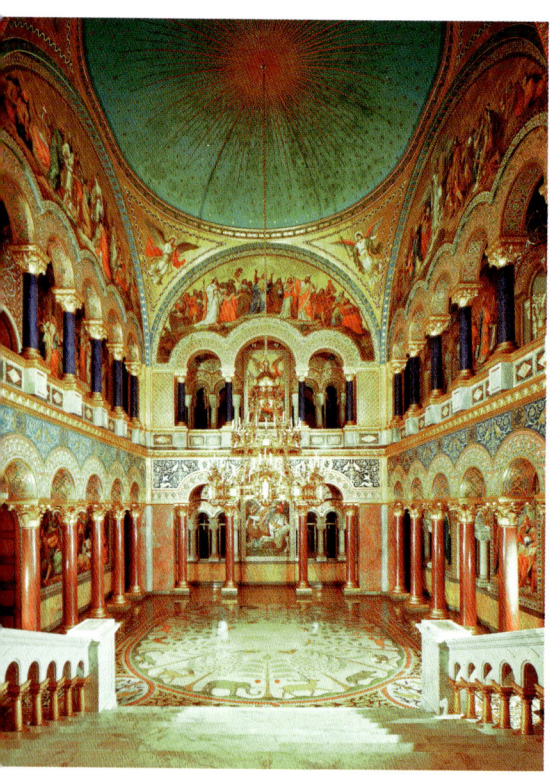

"그는 불행하게도 너무나 아름답고 현명하며 숭고하고 군주다워, 나는 그의 생명이 희미해져 사라질까 두렵다…"

작곡가, 리하르트 바그너, 루트비히 2세에 대하여

⊕ 두 층으로 된 알현실은 이스탄불에 있는 하기아 소피아 성당의 비잔틴 양식 내부의 영향을 받았다.

▣ 사진의 선경에 보이는 것이 '관문 건물'로, 1873년 성에서 제일 먼저 완성된 곳이다.

정신적으로 불안정했던 바이에른 왕 루트비히 2세는 중세와 리하르트 바그너의 음악을 열정적으로 숭배했는데, 이러한 관심사는 바이에른 알프스에 지은 모조 중세풍 성인 노이슈반슈타인 성에 하나로 합쳐졌다. 신화적인 과거에 대한 루트비히의 집착은 바이에른이 1866년 프로이센과의 전쟁에서 패배한 이후 한층 깊어졌다. 바이에른은 프로이센이 지배하는 독일에 흡수되어 더 이상 주권 국가가 아니었다. 왕으로서 수행해야 할 실제적인 임무가 없었으므로 루트비히는 은둔했으며, 자신의 환상 속에 더 깊숙이 틀어박혔다.

건축은 1869년 '관문 건물'을 짓는 것으로 시작되었으며, 루트비히는 성의 나머지 부분이 지어지는 동안 이곳에 거주했다. 경치가 아름답기는 하지만 산에 성을 짓는다는 일은 건축 팀과 건설 팀에게 여러 가지로 문제가 되었는데, 이들은 루트비히의 가혹한 요구에 맞추기 위해 하루 종일 일해야 할 때도 있었다. 1880년경 외부 건설이 대부분 끝났고, 루트비히는 1884년에 노이슈반슈타인(새로운 백조의 석조 성)의 소유자가 되었다. 풍경화가 크리스티안 얀크의 작품에 나오는 장면을 기초로 한 이 고딕 판타지는, 놀라우리만큼 새하얀 석회암으로 지어졌으며 애정 어린 주의를 기울여 중세의 건축학적인 디테일을 살려냈다. 그러나 성 안에는 루트비히가 안락하게 지낼 수 있도록 중앙난방을 설치하고 건물 전체에서 따뜻한 물과 찬물이 나오게 하는 등 최신식 기술을 사용했다. 내부에는 시인인 탄호이저, 백조의 기사 로헨그린과 그의 아버지, 성배의 왕인 파르지팔의 벽화가 그려져 있다. 모두 바그너의 음악에 나오는 인물들이다.

점점 심하게 현실에서 도피해 가던 루트비히는 왕위에서 물러나게 되었고 1886년 수수께끼 같은 상황에서 익사한 채 발견되었다. 이 성은 -내부가 아직도 완공되지 않은 채- 바이에른 주의 소유가 되었다. 알프스에 위치한 이 성의 대단한 아름다움과 성에 얽힌 로맨틱한 이야기로, 노이슈반슈타인은 독일에서 가장 유명한 관광 명소 중 하나가 되었다. **AG**

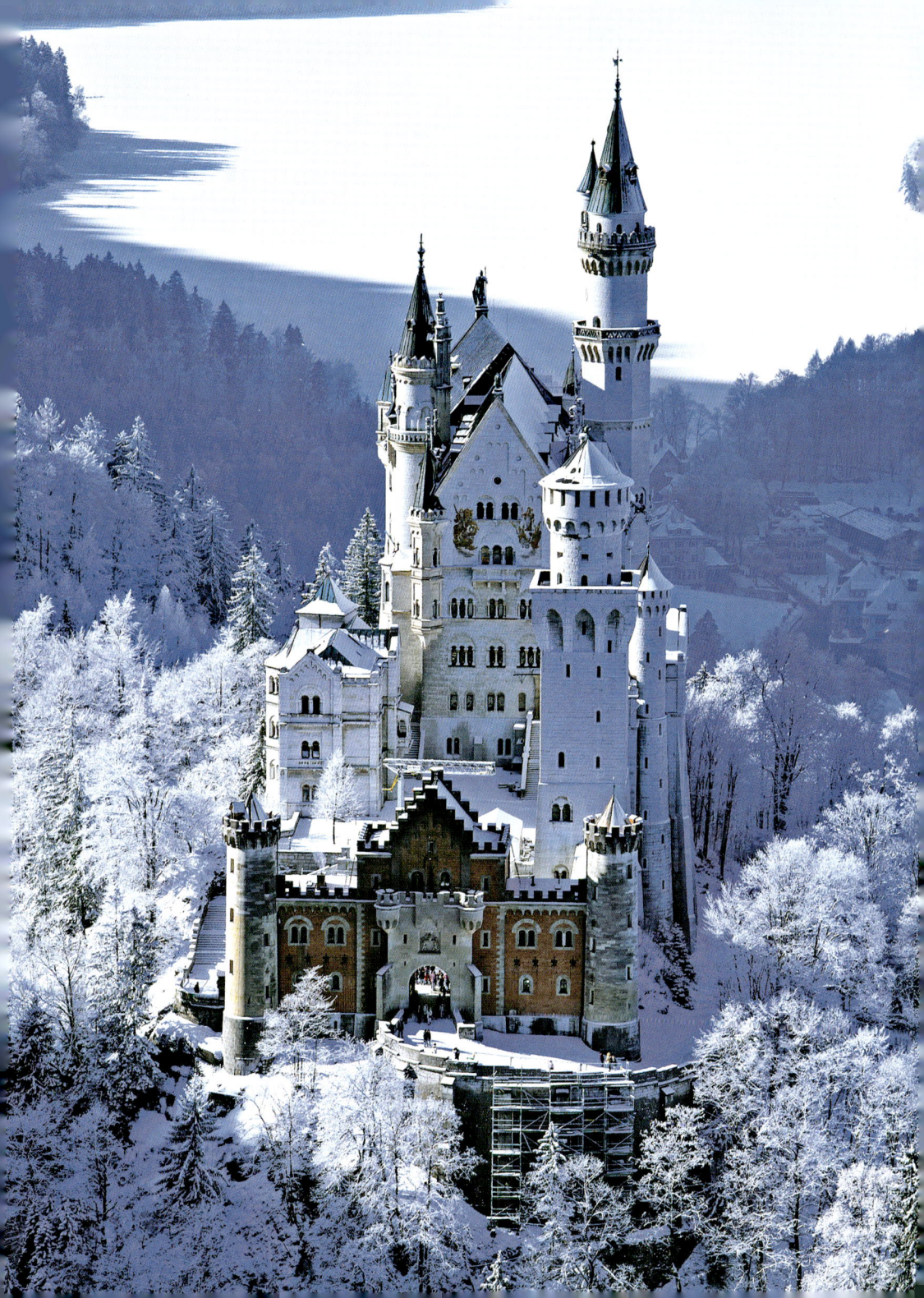

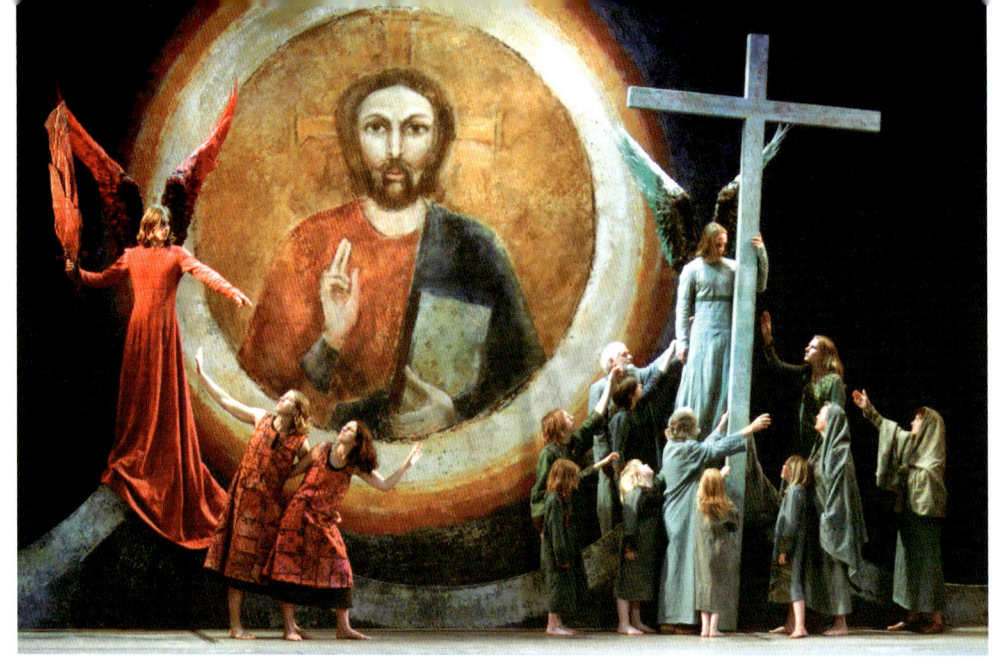

오버아머가우 극장 독일, 오버아머가우 | Oberammergau Theater

아마추어 배우인 마을 주민들이 세계적으로 유명한 수난극을 공연하여 무대에 올리는 곳

1633년에서 1634년까지, 바이에른의 오버아머가우 마을에는 선(腺)페스트가 맹위를 떨쳤고, 불행한 주민들은 앞으로 고통에서 살려 주신다면 10년에 한 번씩 수난극을 공연하겠다고 서약했다. 역병의 기세는 누그러들었고 마을 사람들은 감사에 차 1634년 첫 연극을 상연했는데, 무대는 페스트로 인한 수많은 피해자들이 묻힌 새로판 무덤 위에 세워졌다. 부활절 수난극-주로 예수의 죽음과 부활의 장면을 묘사하는-은 당시 흔하게 행해지던 연극이었으나, 오버아머가우의 수난극이 다른 연극과 다른 점은 그 오랜 생명력이었다. 현재는 매 10년의 첫 해에 공연되며, 2000년에 이 마을은 마흔 번째 공연을 기록했다.

세월이 흐르며 공연은 점점 연극적인 면에서 세련되어 갔지만, 여전히 나무로 만든 야외무대에서 공연되어 오며 지금도 그렇다. 그러나 오늘날의 관객들은 날씨가 나빠도 보호받을 수 있다. 여러 차례 행해진 극장 총정비 작업 중 최근의 작업이 1997년에 있었는데, 5,000명 규모의 지붕이 있는 좌석을 갖춘 새로 개조한 강당과 최신식 기술 장비가 있는 개량된 무대가 설치되었던 것이다. 전통적으로 오버아머가우 수난극은 일곱 시간 동안 지속되며(중간에 식사를 위한 휴식 시간이 있다) 음악과, 구약과 신약에 나오는 내용과 극적인 장면들을 극화한 것을 곁들인 내레이션으로 이루어져 있다.

공연을 준비하는 데에는 다섯 달이라는 기간이 걸리며 2천 명의 마을 주민들이 참여하는데, 이들은 연극의 모든 부분에서 연기를 하는 것은 물론 음악가, 무대 연출가, 분장가 등으로 활약한다. 18세기부터는 외부인들에게도 유명해져서 수많은 관중을 끌어 모았으며, 1930년대부터 지금까지 감동적인 공연을 체험해 보고자 이 마을에 온 관객의 수는 50만 명이나 된다. **AG**

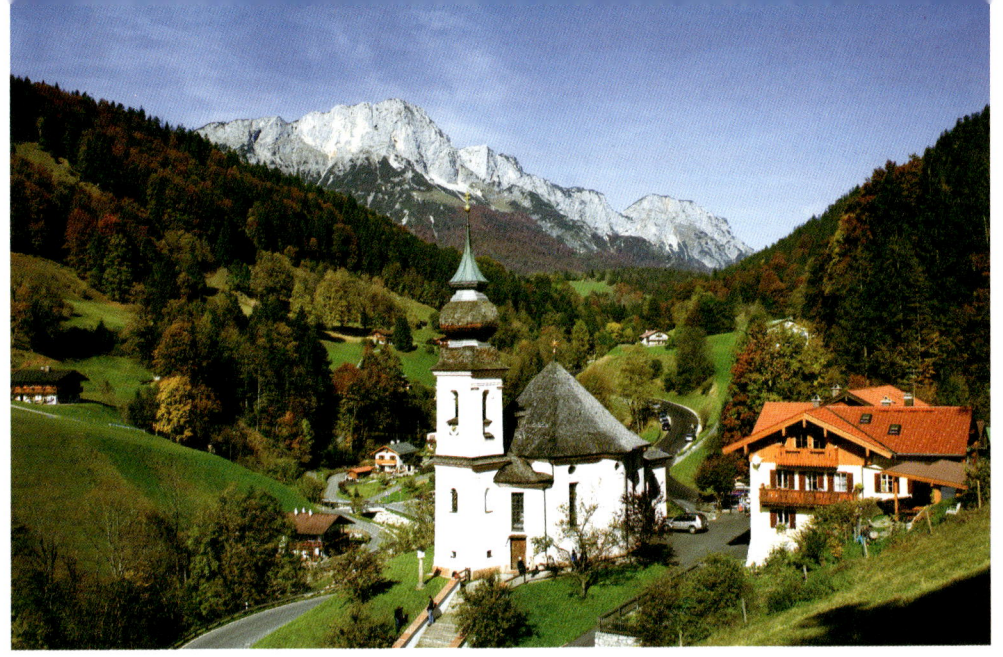

베르히테스가덴 독일, 오버바이에른 | Berchtesgaden

히틀러로 하여금 베르히테스가덴을 자주 찾게 했던 나치의 프로파간다 기구

바이에른의 작은 알프스 도시 베르히테스가텐은 1930년대에 독일의 차지가 되어 아돌프 히틀러와 다른 나치 고관들을 위한 휴양 시설이 되었다. 히틀러의 주 저택은 베르그호프였으나, 1939에는 그를 위한 선물로 '독수리의 둥지'(케흘슈타인하우스)가 지어졌다. 도시 위 높은 곳에 도사리고 있는 작은 저택인 이곳은 바이에른 알프스가 내려다보이는 환상적인 정경을 제공했다.

나치당의 서기관 마르틴 보르만의 지도하에 그곳에 있던 집들은 행정 건물, 히틀러 친위대 병영, 고위 인사들의 방문을 위한 호텔, 히틀러를 섬기는 많은 행정 직원들이 거처로 이루어진 제국 사무국의 별관이 되었다. 보르만과 헤르만 괴링, 알베르트 슈피어 같은 다른 나치 지도자들은 건물 단지 안에 자신만의 집을 지니고 있었다. 그러나 히틀러는, 특히 1939년 전쟁이 발발한 이후에는 이곳에서 거의 미무르지 않았다. 전쟁이 끝나자가 연합군은 히틀러가 베르히스가텐으로 퇴각해 소위 '알프스 요새'를 구축할지 모른다고 두려워했고, 따라서 1945년 4월 25일 이곳에 들어선 건물들을 폭격했다. 남아 있던 부분들은 1950년대에 철거되었으나, '독수리의 둥지'와 베르그호프 저택의 일부만은 예외였다. 베르히테스가덴에 깃든 나치의 과거에 전 세계적인 흥미가 몰리고 있다는 사실을 깨달은 바이에른 당국은, 홀로코스트, 그리고 베르히테스가르덴과 '제3제국' 사이의 연관을 보여 주는 전시 센터를 세웠다. **AG**

> "베르히데스가르덴을 감상하는 일은 … 악행에 대한 기억과 보조를 맞추어 함께 이루어져야 한다."
>
> 전시 센터 책임자, 린다 프누어

노르망디 해변 프랑스, 노르망디 | Normandy Beaches

제2차 세계대전 동안 유럽 본토에 진격하기 위해 연합군이 상륙했던 지역

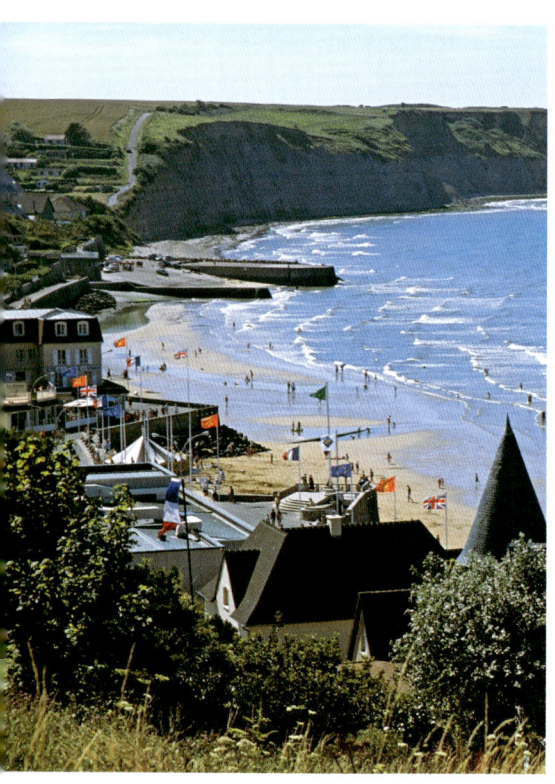

"그대들의 적은 잘 훈련되었고, 잘 무
장하였으며, 전투로 강해져 있다. 그는
사납게 싸울 것이다…"

아이젠하워 사령관, 디-데이 명령, 1944년 6월 6일

⊞ 노르망디의 해안에는 모래가 덮여 상륙이 수월했지만,
　콘크리트로 된 대포 설치대는 많은 생명을 빼앗아 갔다.

⊞ 디-데이에 해안에 상륙하는 연합군. 상륙선은 공중에서
　가해지는 공격을 막기 위한 기구(氣球)를 끌고 가고 있다.

이탈리아가 패배하고 소련이 나치를 동유럽에서 몰아내
고 있던 1944년, 제2차 세계대전에서 연합군의 정세가
이토록 밝아 보였던 적은 없었다. 연합군 사령관들은
1943년부터 프랑스에 진격할 계획을 세워 왔다. 연합군
군사의 범위가 제한되어 있고 프랑스 해안의 지형이 독
특했기 때문에, 상륙 공격을 감행할 만한 장소는 두 곳
뿐이었다. 칼레와 노르망디 해안이었다. 영국과의 거리
는 더 멀지만 방어가 덜 철저했던 노르망디가 선정되었는
데, 그 이유는 공격하는 편에게 선택의 여지가 더 많아
결과적으로 독일군이 연합군의 의도를 예측하기가 더 어
렵기 때문이었다.

　공격의 코드명은 '오버로드 작전'이었다. 1944년 6
월 6일 거의 3백만 명에 달하는 병력이 해협을 건넜는데,
이로 인해 오버로드 작전은 역사상 가장 규모가 큰 공격
이 되었다. 연합군이 상륙할 노르망디 해안의 장소로는
다섯 군데의 주요 해변이 미리 식별되었다. 해안의 동쪽
가장 끄트머리에 있는 '소드 비치'는 8km 길이로 뻗어 있
으며 캉에서 고작 15km 떨어져 있을 뿐이었다. 영국군
은 이곳에 상륙했으며 비교적 사상자는 적었다. 역사 속
에서 종종 간과되는 일이지만, 캐나다 군은 '소드 비치'
바로 서쪽에 있는 '주노 비치'에서 공격을 시작했다. '골드
비치'는 공격의 중심부에 있었으며 공격 첫날 밤 영국군
은 이곳에서 커다란 승리를 거두었다. '오마하 비치'에 상
륙한 미국군에게 임무는 훨씬 어려웠다. 그들은 잘 훈련
된 독일 352 보병 사단과 맞서, 공격 개시일에서 가장 격
렬한 전투를 벌였다. 서쪽 끝의 해안은 '유타 비치'라 불
렀는데, 비교적 쉽게 상륙이 이루어졌다.

　오늘날 노르망디를 방문하는 이는 넓고, 평평하고,
평화롭게 펼쳐진 모래밭을 보게 되지만, 아직도 독일 벙
커의 잔해와 녹슨 철조망이 남아 있어, 약 60년 전 중대
한 공격과 격렬한 전투가 벌어졌던 장소임을 증언해 주고
있다. **OR**

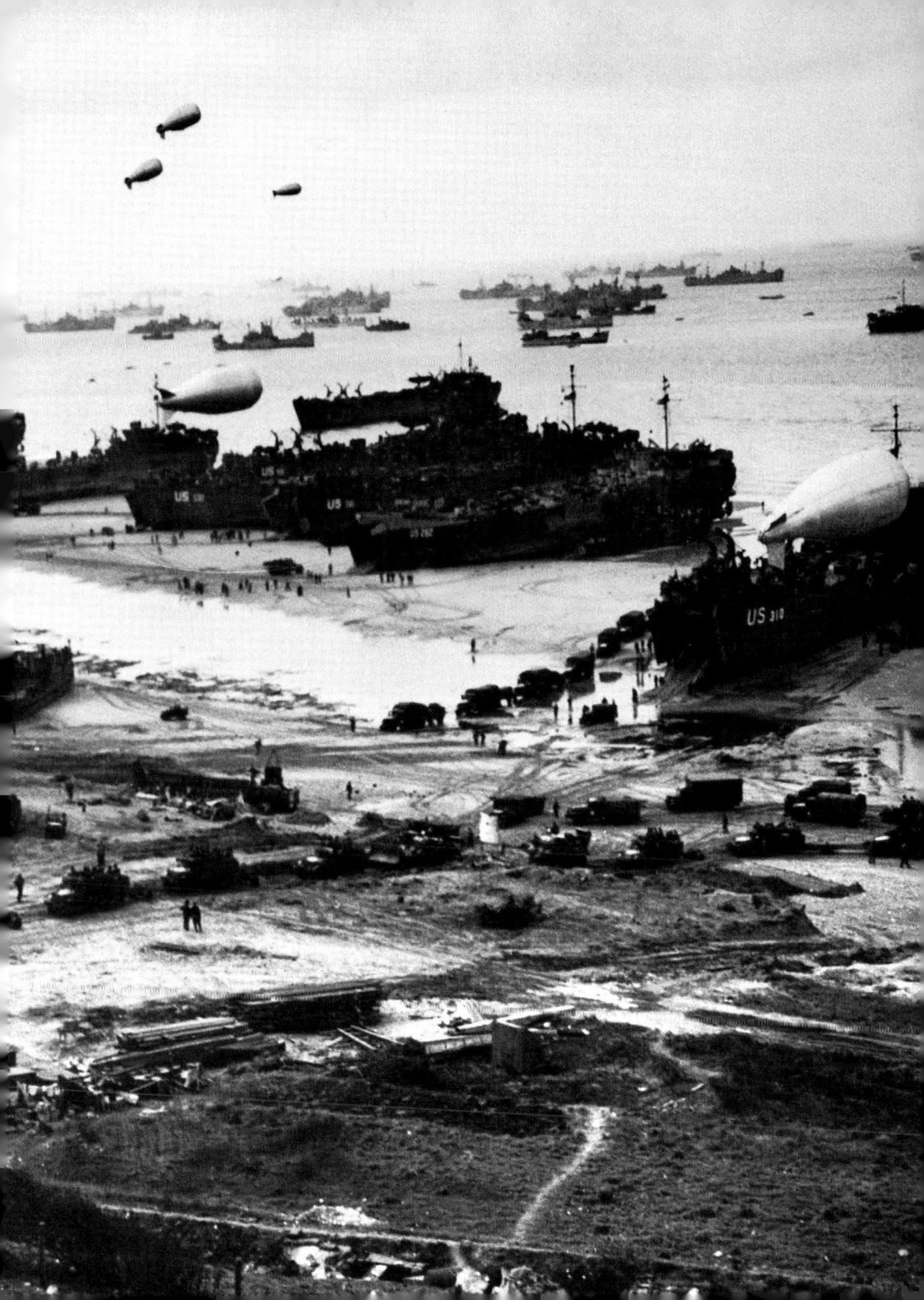

록나가 크레이터

프랑스, 라 부아셀 부근 | Lochnagar Crater

제1차 세계대전의 거대한 지뢰 구멍

1916년 초여름 영국 군대는 제1차 세계대전 중 최초의 대공격을 감행하려 준비하고 있었는데, 바로 솜므 강을 따라 위치한 독일군 진지를 공격하려는 것이었다. 독일군은 전투선을 단단히 방어하고 있었으나, 일단 강력한 폭탄 공격을 예비로 가하면 대열을 뚫고 독일군 참호를 때려 부술 수 있을 거라는 예상이었다. 첫 공격에 대한 더 이상의 저항을 없애기 위해, 영국군은 독일군이 위치하고 있는 주요한 곳 지하마다 폭약을 놓을 수 있는, 자신들의 진지로부터 시작하는 여러 개의 터널을 팠다.

　라 부아셀 마을 근처에 판 땅굴이 가장 컸으며, 두 차례에 걸쳐 10,880kg과 13,600kg의 암모날이 묻혔다. 24t을 조금 넘는 분량이었다. 이곳은 1916년 7월 1일 오전 7시 28분, 영국군이 꼭대기에 도달하기 2분 전 성공적으로 폭파되었다. 당시의 폭발은 지금까지 역사상 가장 큰 규모였다. 몇 톤이나 되는 흙과 다른 파편들이 하늘로 솟구쳐 올랐고―한 목격자에 따르면 최대 1,220m 높이까지 올라갔다고 한다―폭발의 소리는 런던에서도 들릴 정도였다. 이 폭발로 인해 생긴 커다란 구멍은―록나가 크레이터라는 별명이 붙었는데―직경이 90m였으며 깊이는 27m에 달했다. 이 공격이 독일 최전선 일부를 파괴했고, 영국 보병대가 크레이터를 점령할 수 있도록 했지만, 다른 곳에서 진행한 공격은 커다란 실패로 돌아갔고, 곧 영국군은 독일군의 기관총 사격을 피하여 크레이터 안으로 후퇴하기 시작했다.

　전쟁 이후 솜므 전투지에 생긴 크레이터의 대부분은 프랑스 농부들이 경작을 하기 위해 메워 버렸으나, 1978년 록나가 크레이터 주변의 땅은 리처드 더닝에게 팔려 그대로 보존되었다. 그 이후로 이곳은 전장을 추모하는 중요한 유적이 되었다. 매년 7월 1일이면 솜므 공격의 첫날을 기념하는 행사가 열린다. **AG**

잔 다르크 기념 십자가

프랑스, 루앙 | Joan of Arc Memorial Cross

프랑스의 국민적 영웅을 기리는 기념비

루앙의 한복판에는 현대적인 교회―에글리즈 잔 다르크―가 1431년 5월 30일 잔 다르크가 처형된 장소임을 표시하고 있다. 크고, 장식 없는 무쇠 십자가가 그녀의 기념비 구실을 한다. 이 훌륭한 교회는 그녀가 화형 당했던 장작더미 같은 인상을 준다. 잔 다르크는 프랑스의 국민적인 영웅이며 가톨릭 성녀이자 몇 세기에 걸쳐 정치가, 작가, 예술가들에게 영감의 원천이 되어 왔다. 영국군을 몰아내고 황태자를 랭스로 데려와 대관식을 올리도록 하라는 종교적인 환상을 보고 결심하여, 군인이자 군대 지휘관으로서 성공을 거둔 그녀의 이야기는 역사 속에서 매우 예외적인 한 장면이다.

> "자신의 존재를 희생시키고 신앙 없이 사는 것, 그것은 죽음보다 더 끔찍한 운명이다."
>
> 프랑스 군대 지휘관이자 순교자, 잔 다르크

　그녀가 맞서 싸워야 했던 어려움은 만만치 않았다. 백년 전쟁은 왕위 계승을 두고 다툼이 일어나고 통치 체제가 불안정하여 프랑스가 공격에 취약했던 1337년에 발발했다. 1429년이 되자 영국-부르고뉴 연합군이 프랑스 영토 대부분을 점령한 상태였다. 그러나 일단 군인으로 받아들여지자, 잔 다르크는 점령당한 요새를 공격하여 탈환하고 영국군을 패주시키고, 다섯달 간의 포위 공격에서 오를레앙을 구해 내며 전세를 프랑스군 쪽으로 반전시키기 시작했다. 그녀는 랭스를, 이후에는 파리를 되찾았다. 1430년 5월 잔은 부르고뉴 군에게 붙들렸으며, 극적인 탈출 시도를 몇 차례 하였지만 실패하고 영국군에게 팔려 루앙에 감금되었다. 그들은 잔에게 이단죄를 덮어 씌웠고, 타락한 법정에 의해 유죄 판결을 받은 잔 다르크는 화형 당했다. 1456년 열린 사후 재판은 그녀의 결백을 입증하였다. **EH**

노트르담 대성당

프랑스, 랭스 | Cathedral of Notre-Dame

프랑스의 모든 대관식이 거행되는 장소이자 양차 세계대전의 피해에서 살아남은 성당

프랑스의 샹파뉴 지방 한복판에 자리 잡고 있으며, 1211년부터 14세기 초에 걸쳐 세워진 노트르담 대성당은, 중세부터 1429년 잔 다르크를 거느린 샤를 7세를 포함해 1825년 프랑스의 마지막 왕인 샤를 10세에 이르기까지, 모든 왕들이 대관식을 거행했던 배경이었다. 프랑스 대혁명 동안 창문은 깨지고 루드 스크린(교회당에서 회중석과 설교단을 분리하는 칸막이)이 파괴되었으며, 성당의 석조 세공은 제1차 세계대전 동안 폭격으로 심한 피해를 입었다. 존 D. 록펠러의 자금 지원을 많이 받아 복원 작업이 이루어졌으나 다시 전쟁이 일어났고, 뒤이은 수리 작업은 1996년에 끝났다. 노트르담 대성당은 1991년 세계문화유산 목록에 등재되었다.

이 고딕 양식 성당의 우아함과 아름다움은 돌이 아니라 빛과 공기로 지어졌다는 느낌을 준다. 외부에는 우아한 플라잉 버트레스(고딕 양식의 건축물에서 부벽(扶壁)과 주 건물을 연결하는 아치 모양의 벽받이)가 있으며, 그 꼭대기에 '천사들의 성당'이라는 별명을 낳은 수호천사들이 들어가 있는 작은 뾰족탑들이 있다. 후진(後陣 : 성가대석, 성단, 혹은 측랑 끝에 있는 반원형이나 다각형 공간)에 있는 예배당 주변에는 꼭대기에 신화 속의 괴수들이 있는, 우아한 회랑이 있다. 2,300개 이상의 조각상이 서쪽 면을 장식하고 있는데, 그 중에는 프랑스 왕 56명의 갤러리도 있다.

성당의 내부는 길이가 140m, 높이가 38m에 달해, 회중석은 끝도 없이 뻗어 있는 것처럼 보인다. 밤에 보았을 때 그 진가를 알 수 있는 열두 개의 꽃잎이 달린 훌륭한 장미창은 성모 마리아가 열두 사도와 음악을 연주하는 천사들에게 둘러싸여 있는 모습을 묘사하고 있다. 이 성당은 몇 세기에 걸친 보물과 경이로 가득 차 있다. 방문하게 된다면 플랑부아 고딕 양식의 뛰어난 오르간, 틴토레토와 푸생의 그림, 천문 시계를 반드시 볼 것을 권한다. 마르크 샤갈이 디자인한 20세기의 아름다운 스테인드글라스가 축형(軸形) 예배당을 장식하고 있다. **EH**

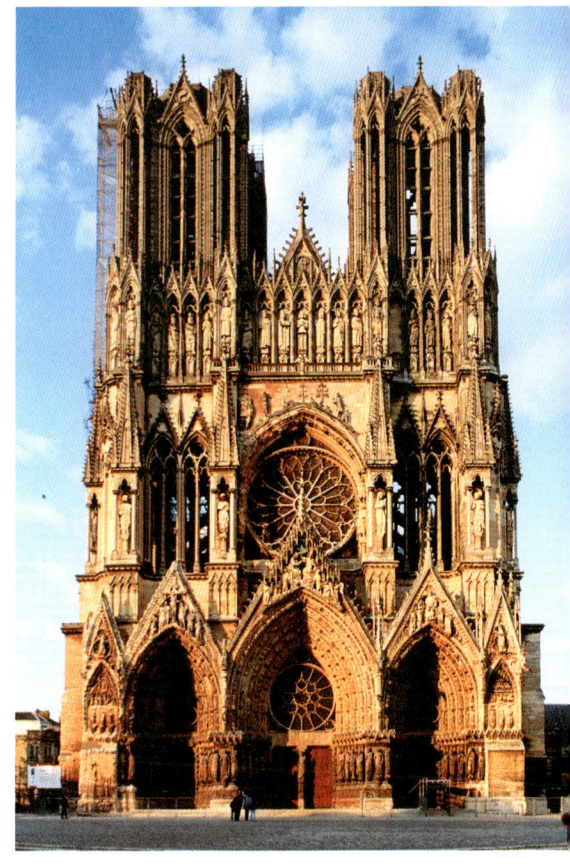

"이 조각품들은 은이나 금 세공인의 기법에서 영감을 얻은 기념비적인 특성과 우아함을 갖추고 있다."

유네스코, 노트르담 대성당의 조상들을 묘사하면서

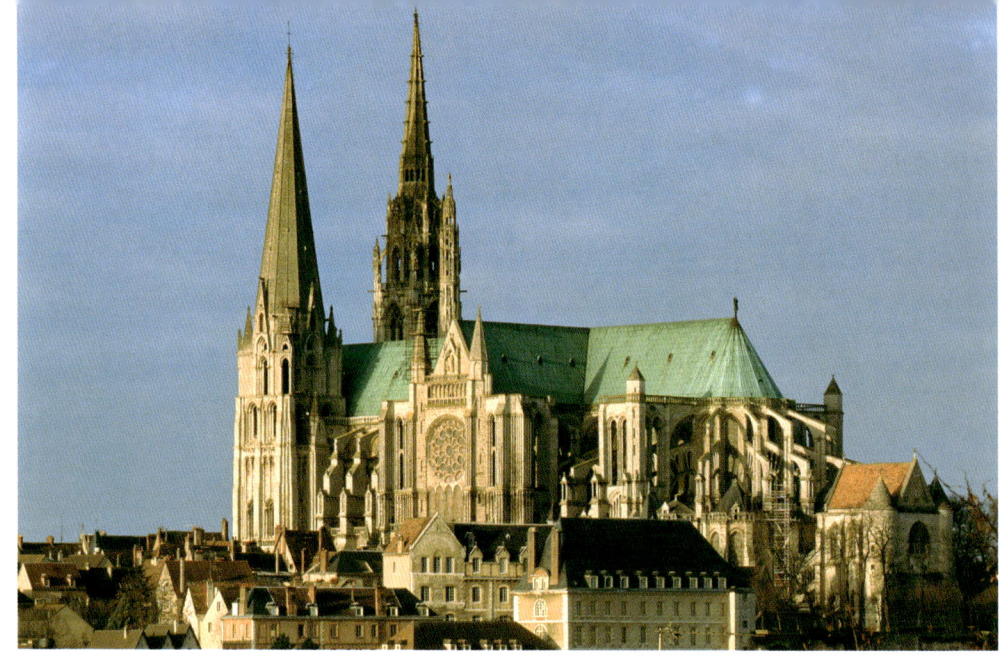

샤르트르 대성당 프랑스, 샤르트르 | Chartres Cathedral

스테인드글라스 창으로 더욱 소중히 여겨지는 고딕 양식의 걸작품

샤르트르 대성당은 고딕 건축 최고의 본보기 중 하나로 널리 찬사를 받고 있으며 프랑스 안팎에서 고딕 예술이 발전하는 데 지대한 영향을 끼쳤다. 이 성당은 특히, 스테인드글라스 창문과 조각품들의 뛰어난 우수함으로 명성이 높다.

성당의 주 건물은 상당히 빠르게 건축되었다. 1194년 건축이 시작되어 25년 만에 완공된 것이다. 이 건물은 예전에 있던 로마네스크 건물이 - 이 또한 예전에 이 자리에 있던 교회당에 뒤이어 세워진 것이었지만 - 대규모 화재로 인해 파괴되어 버렸기 때문에 이를 대신하여 지어졌다. 그러나 예전 건물에서, 훌륭하게 조각된 '왕의 현관'이 있는 서쪽 면과 남쪽 탑(외부에서 보았을 때는 오른쪽에 있다)은 화재에도 살아남아 새로운 성당 디자인의 일부로 통합되었다. 두 번째로 지어진 더 높은 탑은 훨씬 이후, 16세기 초에 추가로 지어진 것이다.

내부로 들어가면, 방문객들은 내부 공간의 규모(샤르트르 대성당의 회중석은 프랑스에서 가장 넓다)와

중세 스테인드글라스의 보석과 같은 아름다움에 곧바로 압도당한다. 세 개의 장미창이 있는데, 그 중 가장 훌륭한 것은 '프랑스의 장미'라는 이름으로 널리 알려져 있다. 남쪽 문 가까이에 있는 '푸른 성모의 창'과, 다윗 왕의 가계에서 내려오는 그리스도의 계보를 나타낸 '이새의 나무'도 역시 유명하다.

중세에 샤르트르 대성당은 유명한 성지 순례의 장소가 되어, 멀고 각지로부터 신앙심 깊은 이들을 끌어 모았다. 이러한 순례자들 중 대부분은 기적적으로 치유되길 바랐던 환자들이었다. 이들은 회중석 바닥에 1205년에 윤곽이 그려진 미로를 이용했다. 이 독특한 부분은 길이가 194m에 달하는 바닥에 그려진 미로이다. 순례자들은 묵상에 잠기고 죄를 회개하면서 무릎을 꿇은 채 이 미로를 따라 지나가게 되어 있었다. 이러한 고행은 예루살렘까지 순례를 떠나는 일과 상징적으로 동일한 의미를 갖는다고 여겨졌다. **IZ**

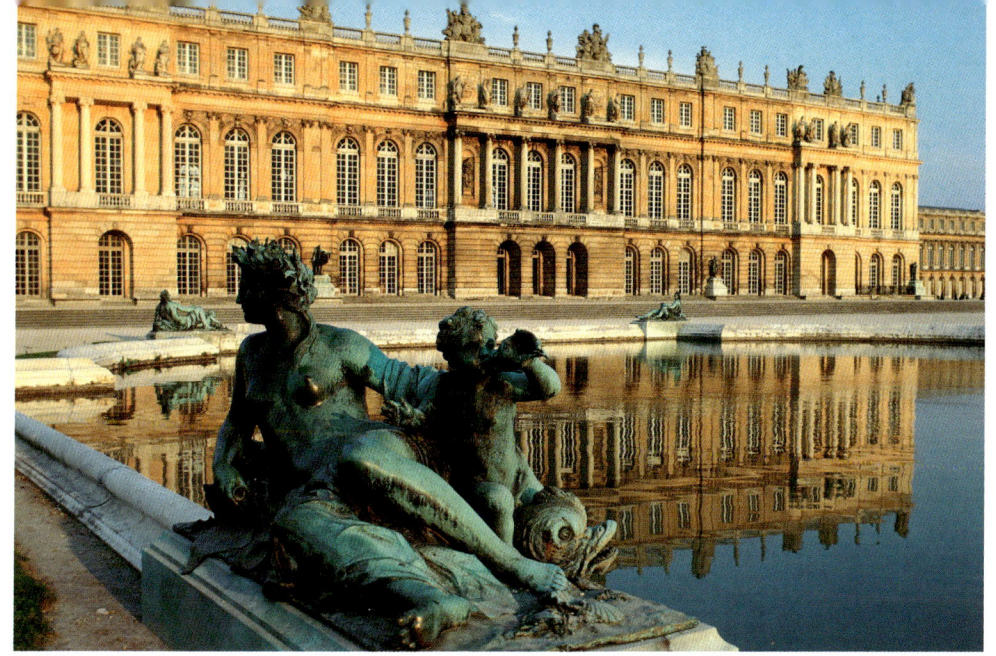

🏛 ◎ 베르사유 궁전 프랑스, 파리 부근 | Palace of Versailles

프랑스 왕실의 행정 중심지이자 위풍당당한 궁정

베르사유 궁은 지금까지 지어진 중에 가장 크고, 가장 웅장하고, 가장 화려한 궁전 중 하나이다. 프랑스의 '태양왕' 루이 14세를 위해 지어진 이 궁전의 엄청난 규모와 웅대한 건축 양식, 내부의 그림과 조각에 사용된 고전 속의 영웅 이미지들, 그리고 광대한 정원은 부유함과 군주제의 절대 권력을 명백하게 보여 주었다.

이곳은 원래 작은 마을이었던 곳에 루이 13세가 1624년에 지은 사냥 별장이었다. 그의 뒤를 이은 루이 14세는 수도인 파리의 바쁜 나날로부터 탈출하기 위한 목적에서 1660년부터 이 별장을 증축했고, 1682년 베르사유에 수행원들이 거주할 마을이 딸린 자신의 왕궁을 짓기 시작했다. 궁전의 수천 개의 방 중에 가장 잘 알려진 방은 아마 1678년부터 지어지기 시작한 '거울의 방'일 것이다. 훌륭한 샹들리에의 불빛에 비친 우아한 거울들이 높은 창문으로 이루어진 회랑과 그 바깥으로 보이는 정원을 반사한다. 왕이 파리 외부의 지역을 택해 옮겨간 것은 단순한 변덕은 아니었다. 왕궁을 베르사유에 위치

시킴으로써 수천 명의 정부 고관들이 그의 명령에 복종할 준비가 되어 궁전 내에 살게 되었고, 그는 군주로서 더 강력한 지배력을 획득할 수 있었다. 더 중요한 것은, 프랑스 귀족 중 가장 지위가 높은 이들이 왕궁에서 시간을 보낼 수밖에 없게 되어 왕은 그들에게 감시를 늦추지 않을 수 있었고, 일부러 부조리할 정도로 까다롭게 만든 궁정 에티켓을 준수하도록 함으로써 그들이 존경을 표하는지 확인할 수 있었다는 점이다. 그의 중앙 집권 통치는 절대 권력을 향한 그의 의지와 지방 도시에서 경쟁할 만한 권력의 중심지가 생겨나는 일을 막고자 했던 그의 노력을 웅변적으로 보여 주었다.

루이 14세의 뒤를 이은 루이 15세와 루이 16세는 모두 베르사유 궁전에 살았다. 프랑스 혁명(1789~1799) 이후 이 거대한 궁전은 쓰이지 않게 되었다. 무너져 버린 군주제의 통치를 상징하는 이곳은, 정치권력이 파리로 되돌아가게 되자 안에 보관하고 있던 값으로 띠질 수 없는 소중한 물건들을 빼앗긴 채 텅 빈 건물로 남게 되었다. **CK**

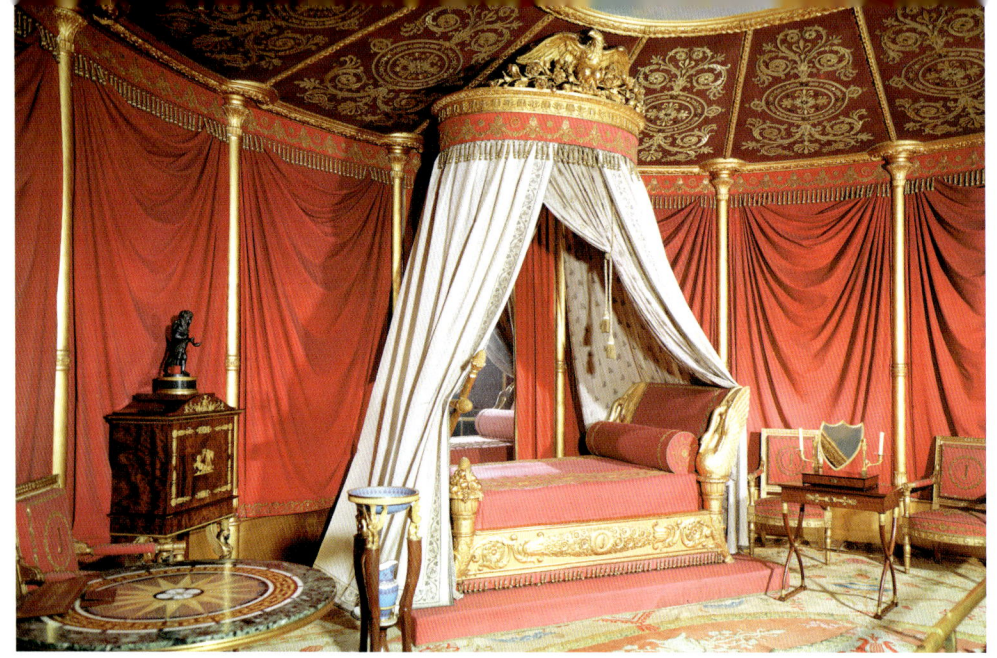

말메종 성 프랑스, 파리 부근 | Château de Malmaison

나폴레옹과 조제핀의 집

파리 근교에 자리하고 있는 이 호화로운 교외 별장은 두 가지 사실로 인해 이름이 높다. 역사적으로 이곳은 나폴레옹 1세와 조제핀이 살았던 곳으로 유명한데, 이들은 말메종 성의 소유자 중 가장 유명한 이들이다. 또한 말메종은 나폴레옹 시대 전체의 특징이 된 '제정 양식'이 처음 선보이고 그 전형을 보여준 곳이기 때문에, 인테리어 디자인의 벤치마크로 종종 인용되기도 한다.

1244년부터 이곳에는 저택이 있었으나, 예전 건물의 흔적은 그 무엇도 남아 있지 않다. 현재의 건물은 주로 18세기에 지어진 것이다. 혁명 시절 이 집은 어느 부유한 은행가의 소유였으나, 1799년 나폴레옹의 첫 아내인 조제핀이 남편이 전쟁터에 나가 있는 동안 구입했다. 돌아오자마자 나폴레옹은 두 명의 젊은 건축가를 고용하여-샤를 페르시에와 피에르 퐁텐-인테리어를 개조하라는 명을 내렸다. 그러는 과정에서 두 건축가는 고대적이고, 이국적이고, 황제다운 요소들을 성공적으로 하나로 결합하여 제정 양식을 효과적으로 이룩해 냈다. 가장

호화로운 효과는 '천막의 방'에서 이룩되었는데, 마치 군대 사령관의 천막 내부를 닮았기 때문에 이렇게 부른다.

짧은 기간 동안, 말메종 성은 황제의 궁이라 명명되었으며 정부 소재지로 사용되었다. 그러나 나폴레옹이 생-클루로 거처를 옮긴 후, 조제핀만이 주로 이곳에 머물렀다. 이들이 1809년 이혼하자 그녀는 성의 소유자가 되었으며 5년 후 사망할 때까지 계속 이곳에서 살았다. 그동안 그녀의 커다란 낙은 정원, 특히 많은 종류의 장미를 모아 둔 정원이었다.

이후 조제핀의 손자 나폴레옹 3세가 이 성을 소유하게 되었으나, 프랑스-프로이센 전쟁(1870) 동안 성은 큰 손상을 입었고, 짧은 기간 동안은 군대 캠프로 사용되었다. 마침내 1904년에 국가에 증여되어 2년 후에는 박물관이 되었다. 현재 말메종 성의 자랑거리는 오래된 장미를 모아 놓은 자그마한 컬렉션이다. **IZ**

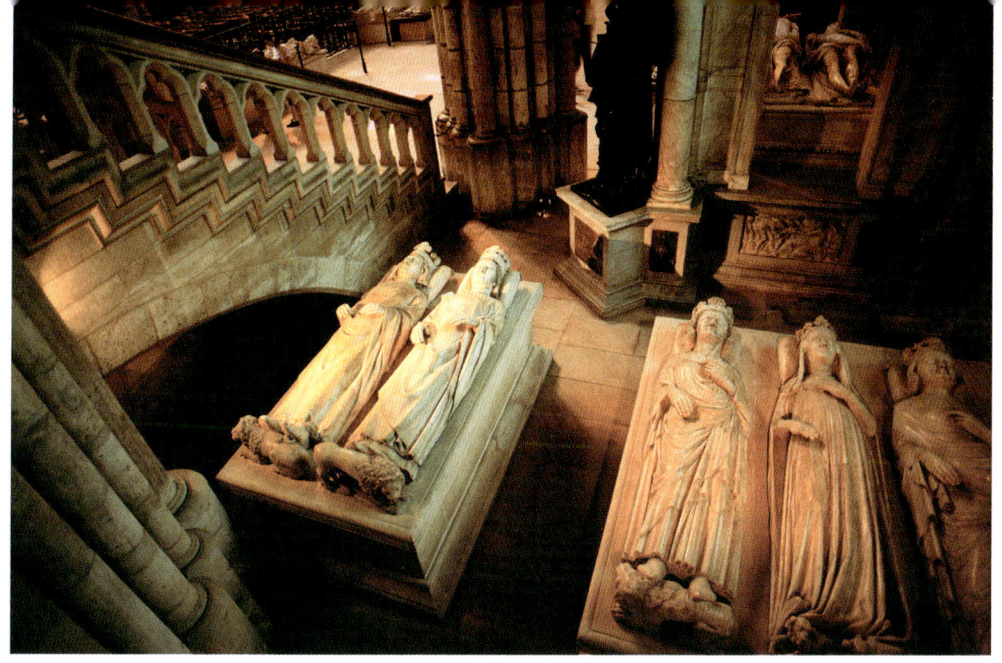

생 드니 바실리카 프랑스, 파리 | Basilica of St. Denis

프랑스의 왕들이 잠든 곳

생 드니 바실리카는 두 가지 이유로 명성이 높다. 이 성당은 고딕 건축 양식의 가장 초기 걸작 중 하나이다. 그러나 더 중요한 이유는 프랑스의 수호성인으로 275년경 죽은 생 드니가 이곳에 묻혀 있다고 믿어지기 때문에 때문이다. 따라서 이 성당은 오랫동안 프랑스의 애국심과 자부심이 쏠리는 중점이었다.

생 드니(성 디오니시우스)는 파리의 첫 번째 주교였으며 현재의 몽마르트르(글자 그대로 해석하자면 '순교자들의 언덕') 지역에서 참수당했다고 한다. 그의 무덤은 성지 순례의 장소가 되었으며 이 지역에는 대를 이어 여러 채의 교회당이 세워졌다. 630년경 다고베르트 1세 왕이 설립한 수도원과 샤를마뉴 대제가 세우게 한 새로운 교회도 거기 속한다. 생 드니 지역-당시에는 파리에서 북쪽으로 조금 떨어져 있었으나, 지금은 파리 외곽지대에 속한다-은 이러한 교회 주변에서 성장했다.

현재의 수도원은 쉬제르 수도원장이 처음 세운 것으로, 그는 루이 7세가 십자군 원정을 떠나 있을 때 프랑스의 섭정을 맡기도 했던 권력 있는 성직자였다. 쉬제르가 세운 건물은 새로이 등장하기 시작했던 고딕 양식의 초기 징조를 보여 주었는데, 특히 둥근 천장이 그렇다. 그러나 이 수도원의 가장 커다란 중요성은 이곳에 프랑스 왕들이 안장되어 왔다는 사실이다. 이러한 관습은 일찍이 6세기까지 거슬러 올라가며, 10세기 이후로는 전통으로 굳어졌다. 그 이후, 세 사람을 제외하고는 프랑스의 모든 군주들이 이곳에 묻혔다. 이들 중 대부분은 루이 9세의 명에 따라 제작된, 그들의 모습을 나타낸 훌륭한 조각품들에 의해 기념되고 있다. **IZ**

> "생 드니 수도원과 같은 이러한 기념물을 감히 세우려 했던 이는 숭고한 광인이다."
>
> 쉬제로 수도원장이 고용한 이름 없는 건축가의 설명

에펠 탑 프랑스, 파리 | Eiffel Tower

파리와 모든 프랑스적인 것에 대한 눈부신 상징물

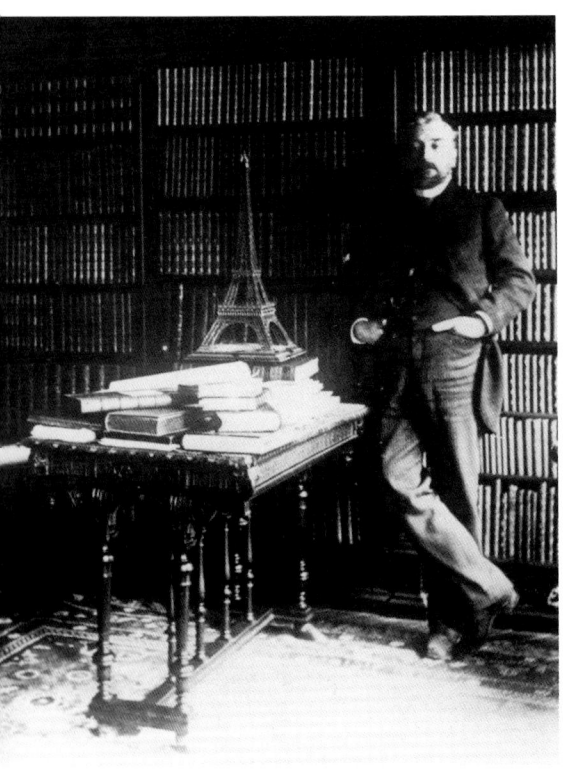

"쓸모없고 흉물스러운 에펠 탑에 대해
우리는 모든 정력과 분노를 다해
항의하는 바이다."

1889년 만국 박람회 책임자에게 보내진 공개서한

🏛 귀스타브 에펠은 건축가라기보다는 엔지니어로, 교량과
고가 도로 건설에서 가장 이름이 높았다.

🏛 강철 아치와 트러스를 혁신적으로 사용한 에펠의 방식은
도시 엔지니어링과 설계에 혁명을 일으켰다.

'자유의 여신상'의 뼈대를 만드는 일을 맡기도 했던 건축가에 의해 설계된 에펠 탑은 프랑스 건축 공학이 이루어낸 또 다른 위대한 업적이라 할 만한, 전 세계에서 가장 유명한 건축물 중 하나이다. 한 번 보기만 해도 알아볼 수 있는 이 탑은 프랑스와 파리의 상징이자, 우아함, 단순함, 현대성의 아이콘이기도 하다. 쉴리 교에서 에펠 탑, 그리고 콩코르드 광장에서 그랑 팔레와 프티 팔레까지의 센 강 양안은 1991년 유네스코 세계문화유산으로 등재되었다.

귀스타브 에펠이 지은 탑은 프랑스의 국가적인 의식이 있을 때마다 그 중심 개최지를 차지하고 있는데, 처음 착상된 것도 정확히 이러한 의미에서였다. 에펠 탑은 원래 1889년 만국 박람회에서 시선을 끌 중심적인 건축물을 세우기 위해 공모되었다. 이 행사는 그 시기가 프랑스 혁명 100주년이 되는 해와 맞물렸으므로, 박람회 조직위원들은 뭔가 특별히 장관을 이룰 만한 것을 원했다. 에펠 탑은 그에 대한 이상적인 해결책이었는데, 당시 이 탑은 세계에서 가장 높은 건물이었기 때문이다.

이 탑이 지닌 순수한 현대성을 모든 이가 마음에 들어 했던 것은 아니었다. 에펠 탑은 "비극적인 가로등" "체육관의 훈련 도구 한 짝" "철사다리로 만든 깡마른 피라미드" "강철을 연결해 만든 꼴 보기 싫은 기둥" 등의 말로 조롱을 받았으나, 결국 비판하는 사람들보다 찬양하는 이들이 늘게 되었다. 그럼에도 이십 년이 지나 면허가 소멸되면 에펠 탑은 철거되기로 계획되어 있었다. 아이러니하게도 철거 비용이 너무 많이 든다고 추산되었기 때문에 탑은 살아남게 되었다.

그 이후로 에펠 탑은 제 몫을 톡톡히 해 왔다. 1903년 이래로는 전파 송신탑으로 이용되어 왔으며, 당연한 일이겠지만 세계에서 가장 인기 있는 관광 명소 중 하나이다. 2006년 에펠 탑의 방문객은 6백만 명 이상이었다. 에펠 탑을 중심으로 눈부신 불꽃놀이가 펼쳐지기도 한다. 다른 흥밋거리로는 스케이트장과 첫 번째 층의 '미로'가 있다. **IZ**

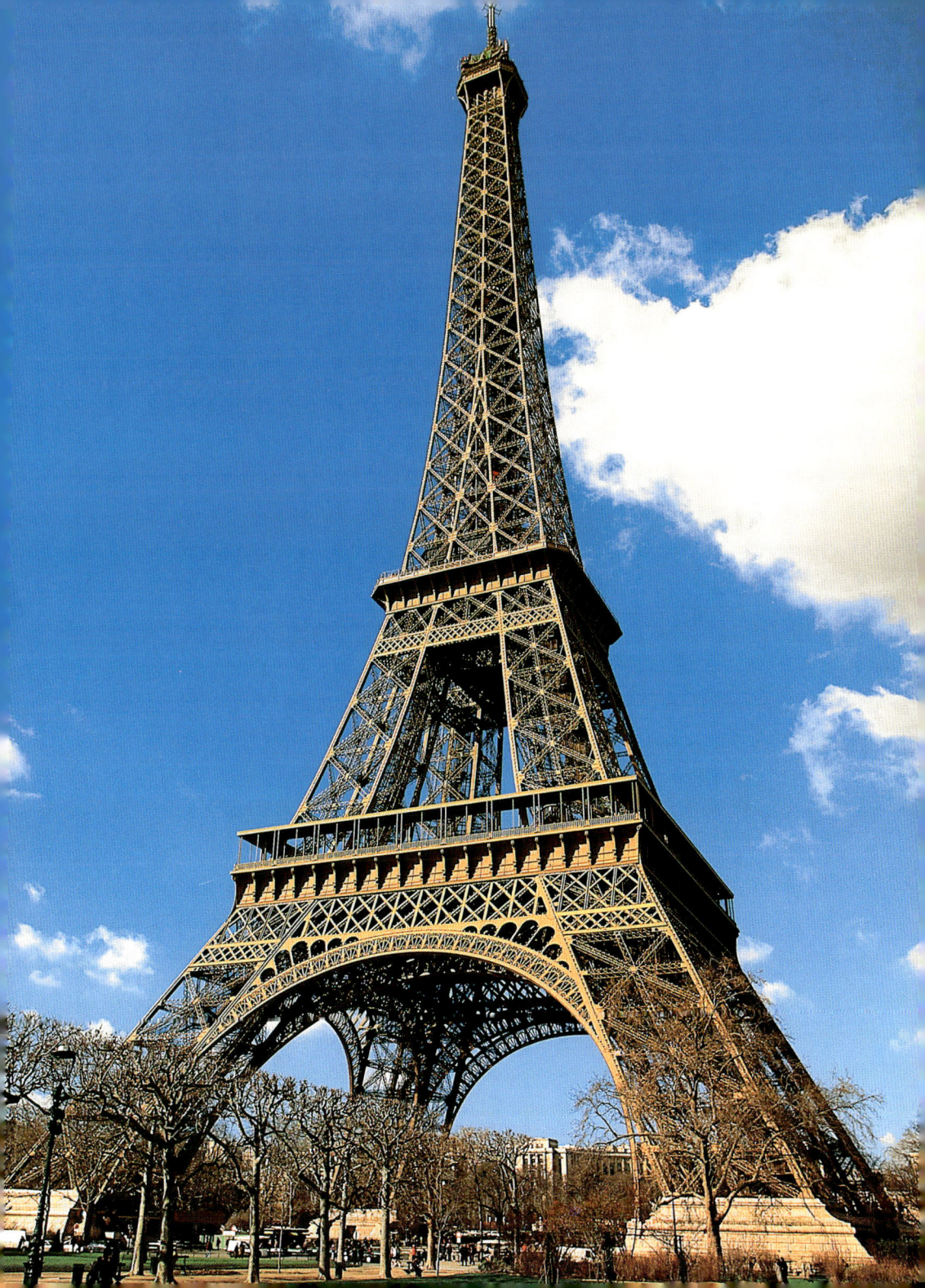

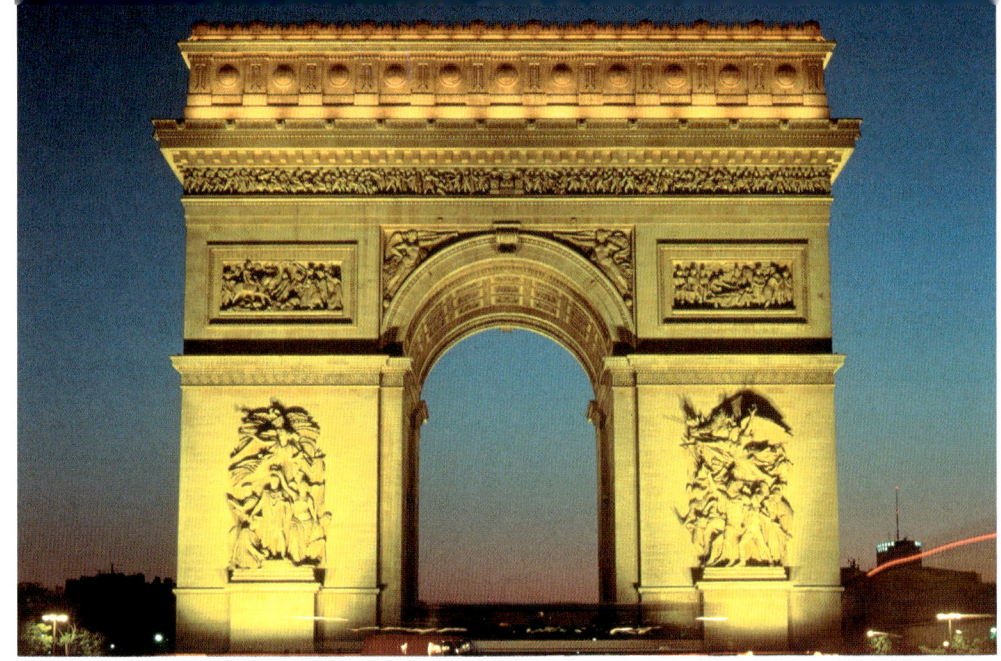

개선문 프랑스, 파리 | Arc de Triomphe

건설하는 데에 30년이 걸린, 프랑스 민족의 웅장한 개선문

샹젤리제 대로의 서쪽 끝에 웅장하게 우뚝 서 있는 개선 문은 세계에서 가장 유명한 기념물 중 하나이며 프랑스 의 국민적 자부심에 대한 강력한 상징물이다. 나폴레옹 황제 1세가 자신의 제국 통치에 걸맞은 표상물로 생각해 낸 개선문은, 건축가 장−프랑수아−테레즈 샬그랭에 의 해 또 다른 위대한 제국이었던 고대 로마 시대의 개선문 의 아치형을 본떠 건축한 것이다. 이 건물은 대도시 계획 설계 속의 중추적인 포인트로 디자인되어 오늘날에도 그 존재가 명확하고 위압적이다. 개선문은 방사형으로 뻗어 나가 루브르 같은 역사적인 건물들과 연결해 주는 별 모 양 대로들의 중심점을 형성한다.

높이가 거의 50m에 달하는 샬그랭의 디자인은 19 세기 초, 고전주의적인 이상을 되살렸으며, 20세기까지 도 공식적인 기념비의 디자인에 주도적인 영향을 끼쳤던 양식인 신고전주의 양식의 이정표이다. 개선문은 〈1810 년의 승리〉(장−피에르 코르토의 작품), 〈저항〉(앙투안 에텍스), 〈평화〉(에텍스), 그리고 가장 유명한 〈라 마르세

예즈〉(프랑수아 뤼드)로 이루어진 거대한 부조 작품들과 더불어 나폴레옹이 거둔 군사적 승리를 찬양하고 있다.

오늘날, 이는 세계에서 두 번째로 큰 개선문이다 (가장 큰 개선문은 1980년대에 북한에서 지어졌다). 사실 상 최초의 로터리였던 이 문 아래로 차량이 두려울 정도로 소용돌이치며 돌아 지나간다. 아치 안에 들어 있는 작은 박물관에서는 개선문의 역사를 알 수 있으며, 꼭대기에 올 라가면 아름다운 수도 파리의 숨 막힐 정도로 근사한 경치 를 구경할 수 있다. 개선문 아래에는 '무명용사의 무덤'이 있는데, 이는 양차 세계대전에서 사망한 신원 불명의 전사 자들을 추모하는 무덤으로 매일 저녁 6시 30분이 되면 꺼 지지 않는 횃불이 다시 켜진다. 개선문의 상징적인 지위는 오늘날도 생생하게 살아 있다. '투르 드 프랑스' 자전거 일 주 대회가 매년 이 근처에서 끝을 맺으며, 7월 14일−프랑스 국경일이자 바스티유 습격 기념일−을 기념하는 군사 퍼레 이드가 개선문으로부터 행진을 시작한다. **AK**

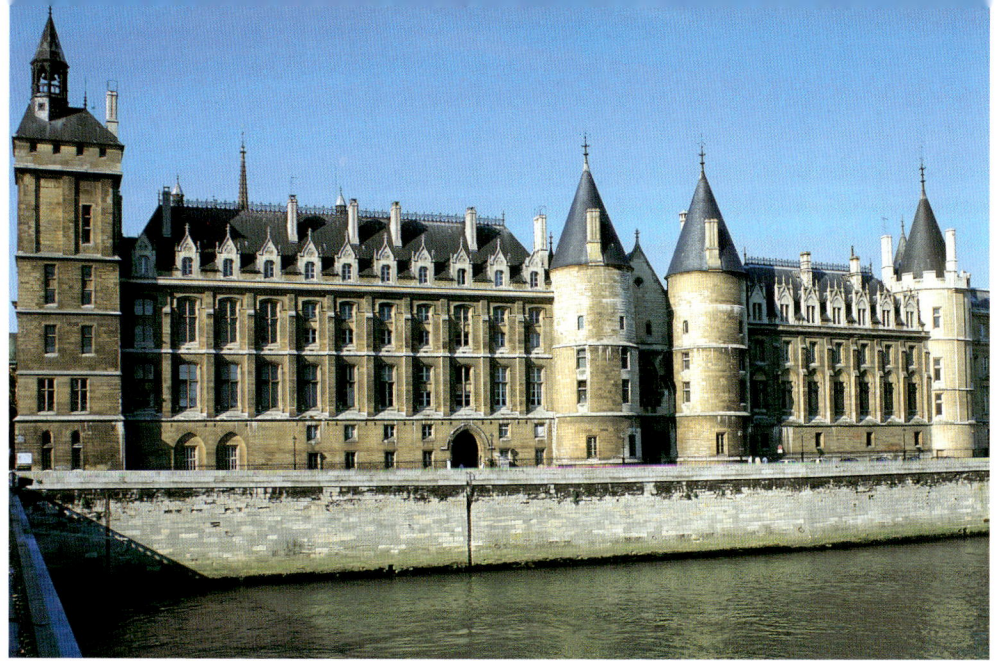

라 콩시에르주리 프랑스, 파리 | La Conciergerie

일 드 라 시테의 옛 감옥이자, 현재는 역사적인 정부 건물

라 콩시에르주리는 파리의 '팔레 드 쥐스티스'의 일부이며 이곳의 몇몇 구역은 대중의 출입이 금지되어 있는데, 지금도 사법 재판을 집행하는 데에 쓰이고 있기 때문이다. 이곳은 로마인들이 골 족을 지배하고 있을 때부터 중요한 장소였는데, 파리에 있는 로마 총독들의 거주지가 오늘날 콩시에르주리가 서 있는 곳과 비슷한 위치에 있었다. 초기 프랑스 왕들 역시 이 지역을 본거지로 삼았으며, 필리프 4세가 13세기에 궁전을 지었는데 콩시에르주리는 그 일부였다. 콩시에르주리라는 이름은 그 당시부터 유래된 것으로, 이곳이 궁정의 세금과 숙박 관리인인 '콩트 데 시에르주'('촛대의 백작'이라는 의미)의 공식 거처였기 때문이었다.

1350년대에 왕실은 루브르로 옮겨 갔고, 이 궁전의 용도는 점점 더 사법적인 근거지에 가까워졌으며, 1390년대에 콩시에르주리는 감옥이 되었다. 이 건물은 1790년대에 걸쳐 혁명 법정으로 시용되기 이전에도 무시무시한 곳이라는 평판을 얻었는데, 이는 주로 봉벽 탑에 있는 고문실 덕분이었다. 처음에는 원대했던 프랑스 혁명의 이상은 1793년에서 1795년에 걸친 공포 정치의 잔혹함을 낳았고, 이 기간 동안 법정은 새로 탄생한 공화국에 대해 범죄를 저지른 대략 2,600명의 사람들을, 그 죄가 진실이든 날조된 것이었든, 기요틴으로 보냈다. 재판은 콩시에르주리의 커다란 홀에서 거행되었으며, 마리 앙투아네트, 당통, 로베스피에르가 각각 처형 전 최후의 날을 아래층에 있는 독방에서 보냈다.

이 건물에서 가장 오래된 구역은 13세기에 지어진 것으로 길이 64m, 너비 27m, 높이 9m의 중세 시대 '중기병들의 홀'은 건축학적으로 특히 인상적인 방이다. 콩시에르주리에는 마리 앙투아네트를 추모하는 예배당도 있는데, 혁명에 의해 목숨을 잃었던 이들의 기억을 환기시켜 주는 어울리는 기념물이라 하겠다. **AS**

몽파르나스 공동묘지

프랑스, 파리 | Montparnasse Cemetery

많은 유명인들이 잠들어 있는 곳

파리의 몽파르나스 공동묘지는 프랑스 으뜸가는 많은 지식인들이 영원한 휴식을 취하고 있는 장소이다. 20세기 초에 몽파르나스는 예술가, 작가, 음악가, 지식인들, 당대의 놀기 좋아하던 사람들이 빈번히 오가는 보헤미안 구역으로 알려졌다. 몽파르나스 공동묘지에는 유명한 프랑스 시민들뿐만 아니라, 많은 외국인들도 잠들어 있다.

1824년 지어졌으며 당시에는 '르 심티에르 뒤 쉬드', 즉 '남쪽 묘지'로 알려졌던 이곳은 예전에는 세 개의 농장이 들어서 있던 지역에 위치하고 있다. 몽파르나스 공동묘지는 19세기에 파리에 지어진 네 개의 주요 공동묘지 중 하나로, 나머지는 북쪽에 있는 몽마르트르 공동묘지, 동쪽에 있는 페르-라셰즈 공동묘지, 현재 도시 중심에 있는 파시 공동묘지이다. 1786년 건강에 대한 염려로 도시 내부에 묘지를 짓는 일이 금지되었으므로, 이 묘지들은 당시의 파리 시 중심지 외곽에 건설되었다.

파리는 몽파르나스 공동묘지의 스타일리시하고 화려한 웅장한 무덤 안에 가장 명망 높은 시민들을 매장해 왔고, 지금도 계속해서 매장하고 있다. 묘비 중 몇 개는 가치 높은 예술 작품이기도 하다. 프랑스 조각가 세자르 발다치니는 자신의 무덤을 위해 미노사우루스 형상을 한 스스로의 모습을 청동 조각품으로 만들었고, 루마니아의 조각가 콩스탕탱 브랑쿠시의 입체파 돌 조각품 〈르 베제〉(키스)는 러시아 무정부주의자 타냐 라체프스카이아의 무덤을 장식하고 있다.

나무가 늘어선 이 묘지의 대로는 격자 모양으로 배치되어 있으며, 에밀 리샤르 거리가 이 묘지를 큰 묘지와 작은 묘지라 알려진 두 구획으로 나누고 있다. 이곳에 묻혀 있는 이들로는 전 멕시코 대통령 포르피리오 디아스, 스페인의 초현실주의 화가 오스카 도밍게스, 아일랜드의 극작가이자 프랑스 애호가인 사무엘 베케트, 아방가르드 프랑스 작가이자 철학가인 페미니스트 시몬느 드 보부아르, 프랑스 상징주의 시인 샤를 보들레르, 프랑스 작가 기 드 모파상, 프랑스 배우 필리프 누아레가 있다. **CK**

앵발리드

프랑스, 파리 | Les Invalides

군대 병원이자 무덤

루이 14세의 명령에 따라, 나이 들고 허약해져 스스로를 돌볼 수 없는 군인들을 위한 병원이자 주택이 지어졌다. 원래 이름은 '오피탈 데 쟁발리드'였으나, 이후 짧게 '앵발리드'라 부르게 되었다. 태양왕이 계획한 대부분의 다른 프로젝트들과 어울리게, 앵발리드 역시 엄청난 규모의 '주택'이었다.

앵발리드는 여러 채의 건물과 약 15개 정도의 안뜰로 이루어져 있는데, 이중 가장 넓은 곳은 군대 퍼레이드를 펼치는 데에 사용되었다. 원래 있던 예배당-에글리즈 생 루이 데 쟁발리드-은 브뤼앙과 그의 후계자 망사르의 작품으로, 내부에는 프랑스 군대가 빼앗은 많은 적군 깃발과 왕실 깃발이 전시되었다. 얼마 후 루이 14세는 두

> "나는 나의 재가 센 강가에 머물기를 원한다, 내가 그렇게 좋아했던 프랑스인들과."
>
> 나폴레옹의 무덤 가까이에 새겨진 글귀

번째로, 개인 예배당인 '에글리즈 뒤 돔'을 지으라는 명을 내렸는데, 로마에 있는 산 피에트로 성당을 모델로 삼은 웅장한 돔이 그 특징이다. 주 건물 북쪽에서 센 강과 알렉상드르 3세 다리까지, 넓은 산책로가 조성되었다. 앵발리드는 나폴레옹 보나파르트를 비롯하여 프랑스에서 가장 뛰어난 군사 지도자들이 잠든 무덤이 되었다.

몇몇 노병들에게 여전히 원조를 해 주고 있지만, 앵발리드 건물 대부분에는 현재 박물관들이 들어섰다. 가장 뛰어난 박물관은 '뮈제 드 라르메'로 고대에서 제2차 세계대전에 이르기까지 제복, 무기 이외 군사적인 유물들을 모아 둔 훌륭한 컬렉션을 갖추고 있다. 대부분의 공간은 훌륭한 중세 갑옷 전시장과 나폴레옹이 치른 전쟁과 관련된 전시에 할애되어 있다. **AG**

나폴레옹의 무덤

프랑스, 파리 | Napoleon's Tomb

프랑스가 낳은 가장 유명한 군인에게 잘 어울리는 기념관

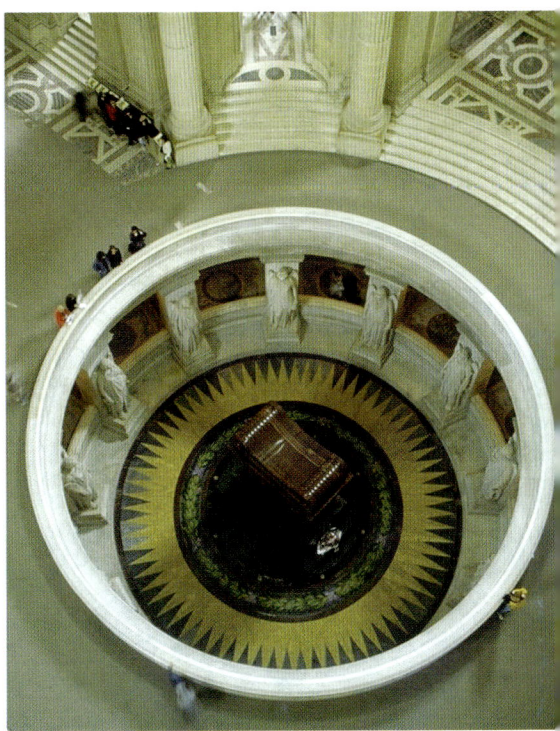

앵발리드에 있는 나폴레옹 보나파르트의 무덤이 지닌 웅장함은 그의 황제다운 야심과 잘 어울린다. 그러나 사후 그의 시신이 마지막 안식처로 돌아오기까지의 과정은 우여곡절이 많았으며, 그의 무덤이 완성된 것은 40년이나 지나서였다. 나폴레옹은 워털루 전투에서 마지막으로 패배한 지 6년 후, 세인트 헬레나 섬에 유배 중이던 1821년에 죽었다. 그가 벌였던 전투의 기억이 영국인들에게도, 프랑스의 새로운 정부에도 아직 선명하게 남아 있었기 때문에 그는 섬에 묻혔다. 1840년이 되어서야 그의 유해가 프랑스로 돌아와도 좋다는 허가가 났고, 그는 파리로 실려와 국장(國葬)으로 장례가 치러졌다. 이후 루이 비스콩티가 '돔 데 쟁발리드'에 화려한 무덤을 디자인하기까지, 그는 임시 무덤에 안장되어 있었다. 나폴레옹이 원했던 장소는 아니었지만, 앵발리드는 원래 노병들을 위한 주택으로 지어졌던 건물이었고, 교회는 확실히 황제에게 어울릴 만큼 웅장했던 것이다.

비스콩티의 웅대한 컨셉은 지붕이 없는 지하 납골당을 지어, 구경하는 이들이 1층의 기둥이 있는 방에서 무덤을 내려다볼 수 있도록 하자는 것이었다. 마치 현대의 파라오처럼, 나폴레옹의 유해는 일곱 개의 관 안에 묻혔는데, 관 하나가 다른 하나 안에 포개지는 식이었다. 가장 외부에 있는 대리석 석관은 붉은 반암(斑岩)으로 만들어져, 녹색 화강암 받침 위에 놓였다. 이 관을 둘러싸고, 월계관 안에 그가 싸웠던 주요한 전투 이름이 새겨져 있다. 비슷한 식으로, 기둥 앞에 놓인 열두 개의 조각상 역시 그의 주요한 전투를 상징한다. 그의 아들을 포함해 나폴레옹 가문의 몇 인이 프랑스가 낳은 가장 뛰어난 장군들과 함께 이 방 안에 잠들어 있다. **IZ**

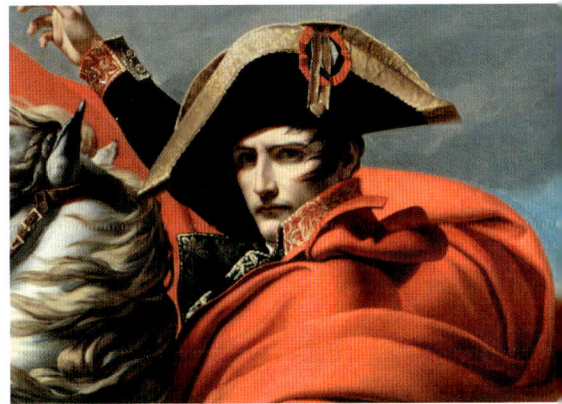

◩ 군인의 무덤에 어울리게. 나폴레옹은 그가 지휘했던 전투를 상징하는 조각상에 둘러싸여 있다.

◪ 자크-루이 다비드의 작품 〈알프스를 건너는 나폴레옹〉 (부분, 1801)은 그의 1800년 전투를 그린 것이다.

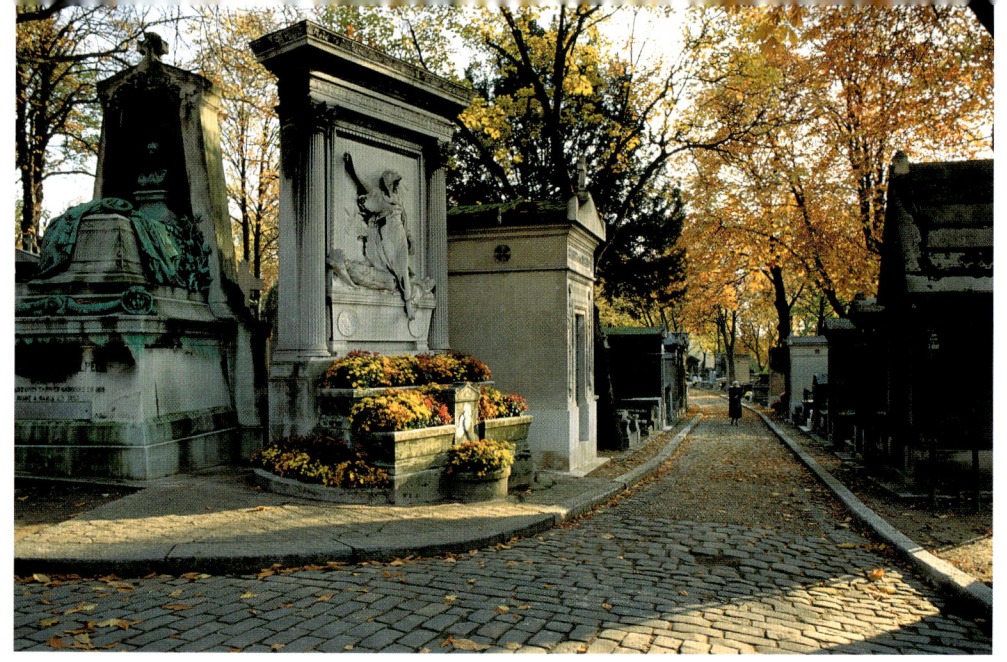

페르 라셰즈 공동묘지 프랑스, 파리 | Père Lachaise Cemetery

오스카 와일드와 1960년대의 록 스타 짐 모리슨이 잠든 곳

페르 라셰즈 공동묘지는 1804년, 예전에 예수회 수도원이 있던 자리에 지어졌으며, 작가 오스카 와일드와 미국의 록 스타 짐 모리슨 등 외국인들을 비롯하여 많은 명성 높은 시민들이 잠들어 있는 곳이다. 대관식을 올리던 해에, 나폴레옹 1세는 건축가 알렉상드르-테오도르 브롱냐르에게 17헥타르 넓이의 이 묘지를 설계하도록 명했다. 나폴레옹의 행동은 당시로서는 진정으로 혁명적이었다고 할 수 있다. 그는 "모든 시민들은 그 인종이나 종교에 관련 없이 묻힐 권리가 있다"고 선언했던 것이다. 그 전에는 무신론자, 비기독교 신자, 자살한 이들은 신성한 곳으로 간주되었던 기독교 교회 묘지에 묻힐 수 없었다.

브롱냐르 역시 묘지의 설계라는 면에서 나폴레옹만큼 혁신적이었다. 그는 찾아온 이들이 조각품들을 감상하며 나무가 늘어선 대로를 거닐 수 있고, 죽음이라는 생각 때문에 고통을 느끼지 않을 정원 같은 묘지를 구상했다. 스스로 공원이라 간주했던 공간에 대한 통념을 벗어난 그의 배치법과, 묘지의 매력적인 분위기로 인해 죽음이 '길들여질 수' 있다는 그의 아이디어는 동시대인들에게 충격을 주었다.

'동쪽 묘지'로도 알려진 페르 라셰즈는 현재 19세기에 파리에 지어진 네 군데의 묘지 중에서 가장 규모가 크다. 이곳은 넓이가 44헥타르에 이를 만큼 확장되었으며, 소각된 유골들을 비롯해 30만 개의 무덤이 이 묘지 안에 있다. 그러나 처음에는 파리 중심부에서 거리가 멀다고 여겨졌기 때문에 그다지 인기가 없었다. 사람들이 이 묘지를 이용하도록 권장하는 차원에서 시인 장 드 라퐁텐과 극작가이자 배우인 몰리에르의 유해가 1804년에 페르 라셰즈로 이장되었고, 그 뒤를 이어 1817년에는 12세기의 연인들 피에르 아벨라르와 엘로이즈의 유해가 이장되었다. 이 계획은 성공을 거두어, 현재 페르 라셰즈에는 프랑스의 수많은 뛰어난 지식인, 예술가, 정치가들의 유해가 있다. 이들의 무덤은 '장례 예술'이라고까지 묘사되었으며 고딕, 아르 누보, 아르 데코 등 다양한 예술 양식에 걸쳐 있다. CK

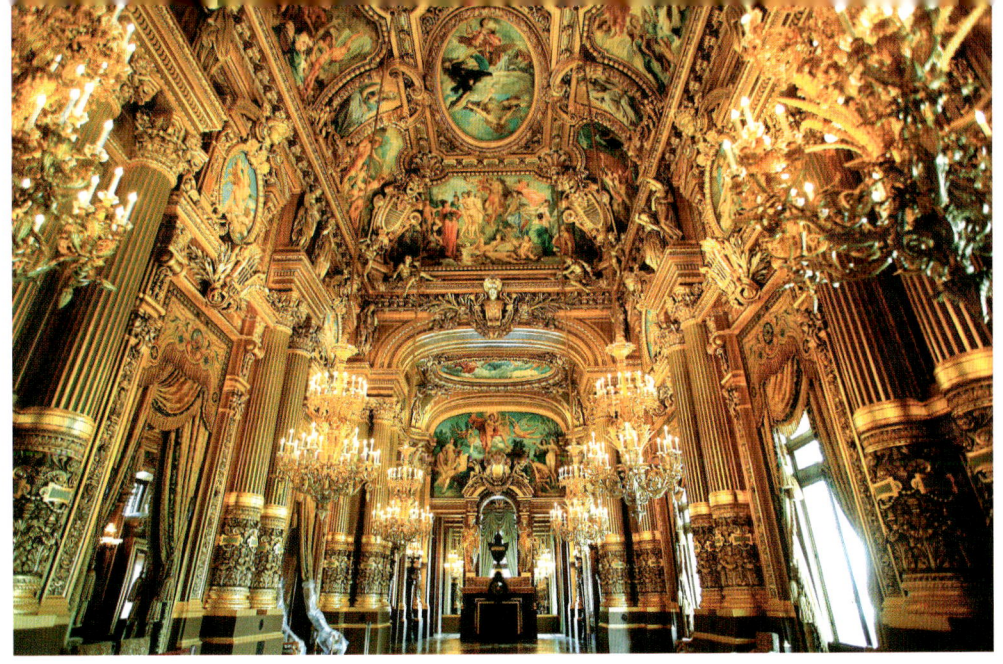

오페라 가르니에 프랑스, 파리 | Opéra Garnier

파리 오페라라는 이름으로도 알려진 웅장하고, 기념비적이며, 호화롭게 장식된 극장

나폴레옹 3세의 통치 기간 동안, 파리는 유럽에서 가장 현대적인 도시로 탈바꿈했다. 그의 대신인 오스만 남작의 주도하에 비좁은 중세의 길들은 완전히 사라지고 그 대신 넓은 대로와 여러 채의 훌륭한 공공건물이 들어서게 되었다. 오페라 가르니에는 이렇게 새로 지어진 부분 중에서도 가장 뛰어난 건물 중 하나이다.

이 이름난 공모전에서 우승을 차지한 이는 젊고 상대적으로 경험이 많지 않은 건축가였던 샤를 가르니에였다. 다이아몬드 모양의 대담한 그의 설계는 완전히 절충주의적이었는데 르네상스와 네오-바로크적 요소를 뒤섞어, 한 전문가의 표현을 빌면 '거대한 웨딩 케이크'와 같은 건물을 만들어 냈다. 조각상을 비롯하여 다른 장식적인 요소들이 파사드를 꾸며 주는데, 이 중 가장 유명한 작품은 〈더 댄스〉이다. 이는 장-바티스트 카르포가 조각한 누드 인물들의 약간 에로틱한 조각상인데, 처음 선보였을 때는 분노한 한 파리 시민이 잉크를 마구 뿌려 놓기도 했다.

내부에서 가장 인상적인 부분은 웅장한 계단으로, 층계는 대리석으로 되어 있으며 난간은 줄마노로 이루어졌다. 강당의 화려함도 이에 뒤지지 않는다. 방문객들은 1896년 공연 중에 무너져 내린 적이 있었던 육중한 6t의 샹들리에와, 마르크 샤갈이 오페라에 나오는 장면들과 근처의 관광 명소를 뒤섞어 그린 천정을 보고 혼을 빼앗길지도 모른다.

뮤지컬 팬들은 건물의 지하에도 똑같이 흥미를 느낀다. 가르니에의 건축 인부들은 물이 많은 이 지역의 지반에 애를 먹었는데, 물이 흘러나오곤 해서 계속 펌프로 퍼내야 했다. 작가 가스통 르루는 그의 작품 『오페라의 유령』에서 중요한 부분을 차지하는 지하 호수에 대한 아이디어를 여기서 얻었다. 같은 제목의 앤드루 로이드 웨버의 뮤지컬이 경이적인 성공을 거둠으로써 이러한 흥미는 오늘날도 여전하다. **IZ**

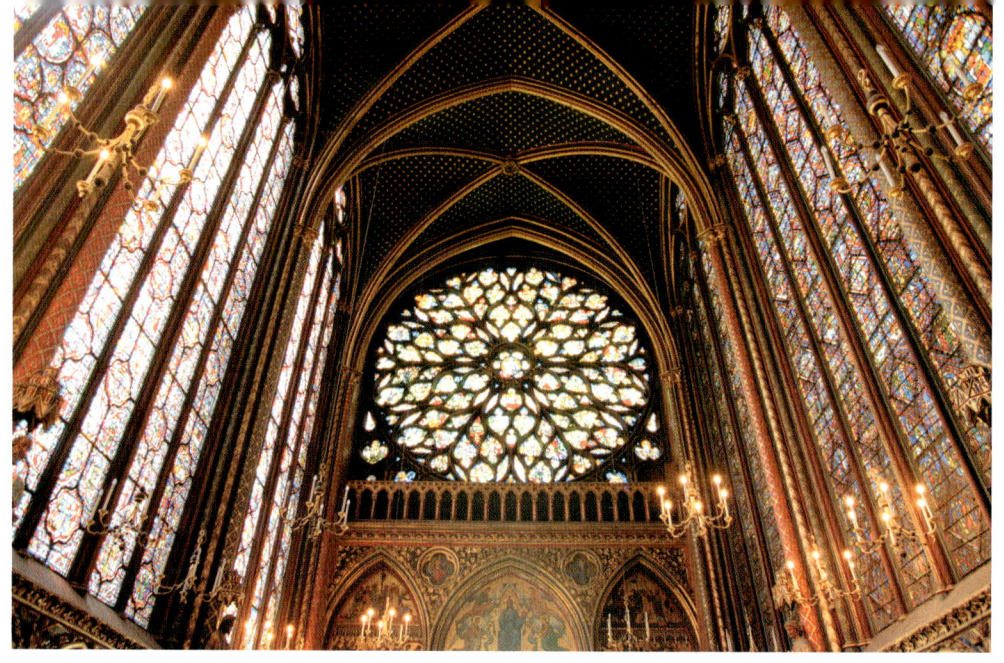

생트 샤펠 프랑스, 파리 | Sainte Chapelle

13세기 스테인드글라스의 찬란한 전시장

고딕 예술은 흔히 그 규모와 웅장함으로 가장 명성이 높기 마련이지만, 생트 샤펠은 훌륭한 예외이다. 프랑스 북부에 있는 커다란 대성당들보다 작을지 모르나, 보석과 같은 그 완벽함은 생트 샤펠을 고딕 예술 양식의 가장 훌륭한 본보기라는 반열에 올려놓는다. 사실 많은 이들이 생트 샤펠을 프랑스에서 가장 아름다운 건물 중 하나로 꼽고 있다.

생트 샤펠(성스러운 예배당)은 루이 9세의 명에 따라 지어졌는데, 성왕(聖王) 루이라고도 불리는 그는 분명 프랑스에서 가장 신앙심이 깊은 왕이었다. 그는 십자군 원정에 나갔고 엄청나게 터무니없는 가격에 성물들을 사들였다. 그의 예배당은 특히 이러한 성물들을 염두에 두고 설계되었다. 건물은 두 층으로 되어 있다. 아래쪽 예배당은 왕궁의 관료들을 위한 것이었고, 위쪽 예배당은 루이 왕의 가장 소중한 성물들-그리스도의 가시 면류관과 진짜 십자가의 한 조각- 을 보관하기 위해서였다. 이에 어울리게, 위쪽 예배당은 성물 보관소를 닮았다.

1,300개 이상의 성경 장면이 묘사된 창문이 무척 많아서 벽 자체가 유리로 만들어진 것처럼 보일 정도이다. 이 창문 중 하나는 성물을 받는 왕의 모습을 묘사하고 있다.

후대 사람들은 루이의 극도로 열정적인 신앙심을 공유하지 못했으며, 점차 위쪽 예배당은 사용이 줄어들게 되었다. 1789년 혁명 이전에 이곳은 곡물을 저장하는 창고로 쓰였으며, 이후에는 법률 문서 보관소로 변해 꽉 들어찬 엄청난 캐비닛이 스테인드글라스를 보이지 않을 정도로 막아 버리고 말았다. 19세기가 되자 생트 샤펠은 복원이 급박하게 필요할 지경이 되었으며 이 작업은 1837년 외젠-엠마뉘엘 비올레-르-뒤크의 주관하에 시작되었다. 제거되었던 첨탑은 새로운 디자인으로 다시 지어졌다. 성물들은 치워졌다. 가시 면류관은 이제 오르간, 제단, 다른 설비들과 더불어 노트르담 대성당에 있다. 오늘날 이 예배당은 주로 공연을 여는 데에 쓰이며, 일 년에 한 번 성 이브 축일에는 미사가 열린다. **IZ**

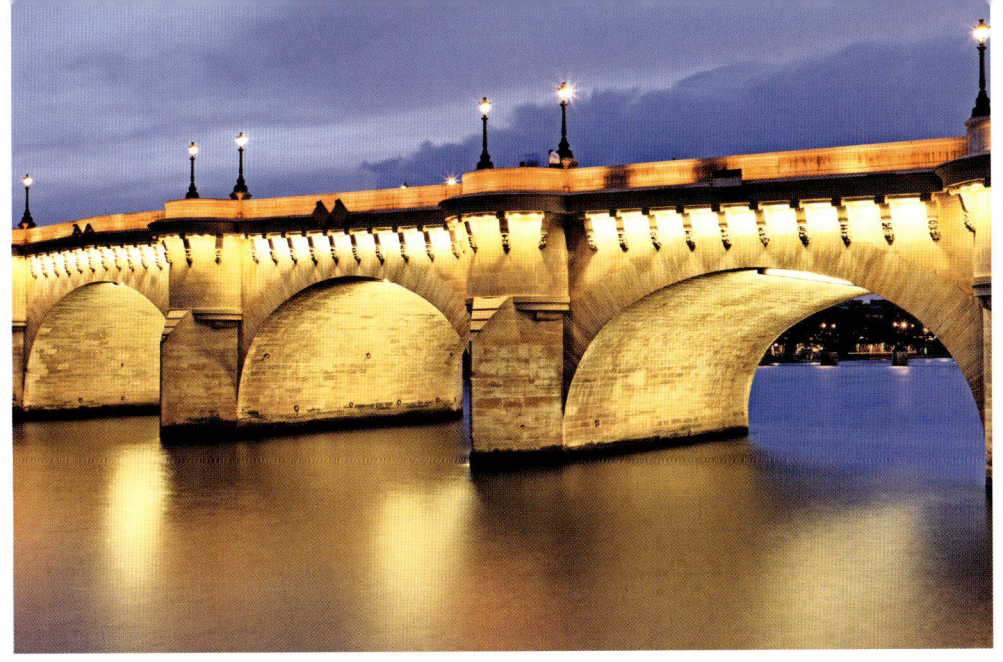

퐁 뇌프 프랑스, 파리 | Pont Neuf

일 드 라 시테와 센 강변을 연결해 주는, 두 구간으로 된 다리

16세기에는 두 개의 다리만이 파리의 센 강에 놓여 있었다. 따라서 1578년 앙리 3세는 교통 혼잡을 해소하기 위해 세 번째 다리를 지으라는 명을 내렸다. 그가 임명한 설계자들은 바티스트 뒤 세르소와 피에르 데 이예였으며, 그들이 기욤 마르샹이 설계했던 이전 디자인을 이용했다는 몇 가지 증거가 있다. 작업은 느리게 진척되었고, 파리에서 최초로 돌로 건축된 이 다리가 완성된 것은 1607년에 이르러서였다. 앙리 4세가 개통식을 거행하였으며, 이 다리를 퐁 뇌프(새로운 다리)라 이름 지었다. 퐁 뇌프는 파리에서 가장 긴 다리로, 지금까지 남아 있는 다리로는 파리에서 가장 오래된 것이기도 하다.

퐁 뇌프는 일 드 라 시테-센 강에 있는 파리 중심부의 자그마한 섬-를 통해 맞은편으로 이어지며, 따라서 일곱 개의 아치로 된 부분과 다섯 개의 아치로 된 부분의 독립된 두 구간으로 이루어져 있는데, 이 두 부분은 일 드 라 시테의 파크 베르-갈랑트에서 서로 만난다. '베르 갈랑'('기운찬 바람둥이'라는 뜻)이라는 별명을 지녔던 앙리 4세의 말 탄 모습의 조각상이 베르-갈랑트에 세워졌는데, 이는 프랑스 혁명 때 파괴되었으나 1818년 다시 복제품으로 대체되었다. 이 새로운 동상은 녹여 버린 나폴레옹 동상 두 개에서 나온 청동으로 만든 것이었다. 길이 232m, 너비 22m의 퐁 뇌프는 위에 건물이 서 있지 않다는 점에서 당시로는 흔치 않은 다리였고, 말이 끄는 차량으로부터 보행자를 보호하기 위해 보도가 넓었다. 이로 인해 퐁 뇌프는 사람들이 모이는 장소가 되었고, 그림, 문학, 영화의 소재로 등장하면서 세월이 흐르며 파리 시민들에게 유명한 랜드 마크가 되었다.

1994년 퐁 뇌프는 대규모 보수 작업에 들어갔으며, 이는 다리 완공 400주년이 되는 해인 2007년에 맞춰 마무리되었다. 수리되는 동안 이 다리는 1995년 예술가 크리스토에 의해 '포장'되었는데, 다리 전체가 나일론 천으로 몇 겹 덮여 있었다. **AG**

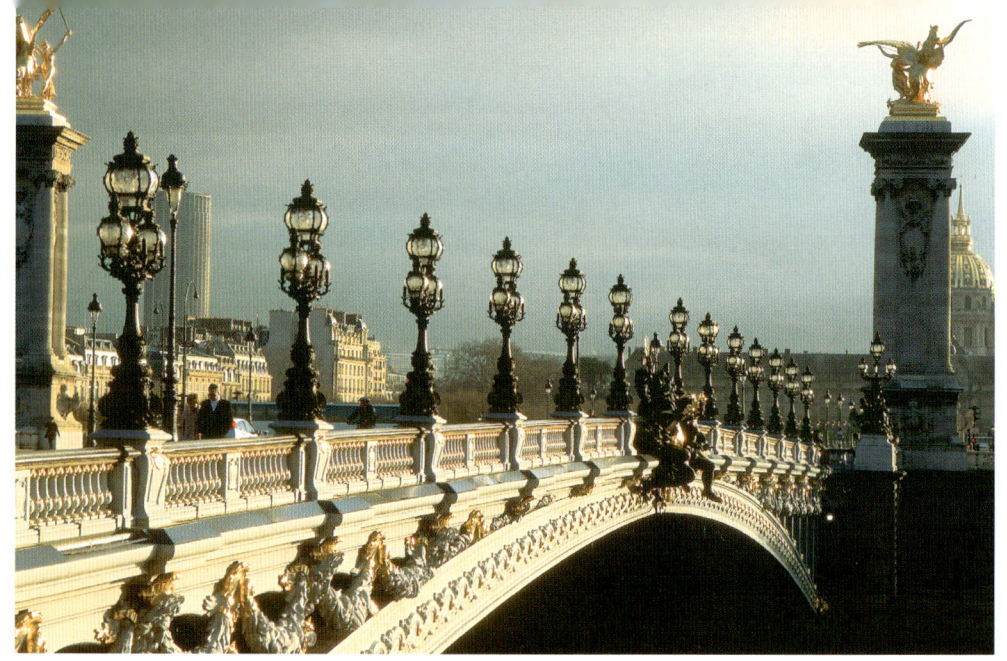

🏛 ◉ 알렉상드르 3세 다리 프랑스, 파리 | Pont Alexandre III

벨 에포크의 미학을 전형적으로 보여 주는 우아한 다리

파리에서 가장 아름다운 다리로 널리 알려져 있는 알렉상드르 3세 다리는 다시 젊음을 되찾은 파리의 19세기 정신을 완벽하게 반영한다. 이 다리는 오텔 데 쟁발리드를 그랑 팔레, 프티 팔레와 연결해 주는데, 그랑 팔레와 프티 팔레는 1900년 만국 박람회를 위해 지어졌으며 예술 작품을 소장하기 위해 만들어진 만큼 프랑스 디자인과 엔지니어링의 최고 기량을 보여 주려는 것이 그 목적이었다. 이 다리는 유네스코 세계문화유산으로 지정된 센 강변에 포함된다.

알렉상드르 3세 다리는 이 두 갤러리로 향하는 만큼 그에 어울리는 매력적인 통로가 되기 위해 설계되었으며, 다리가 지닌 매력의 큰 부분은 매우 낮게 위치되어 있다는 점에서 온다. 디자이너들은 이 다리가 센 강 한쪽 편의 샹젤리제나 다른 편의 앵발리드를 가로막지 않아야 한다는 특별한 지시를 받았다. 따라서 단일 구간으로 된 107m의 다리의 높이는 고작 6m에 지나지 않는다. 그럼에도 코너에 있는 17m 높이의 네 개의 화강암 기둥 덕

분에 먼 곳에서도 눈에 들어오는데, 이 기둥들 꼭대기에는 각각 날개 달린 말 페가수스와, 과학, 예술, 산업, 상업을 우의적으로 나타낸 금박을 입힌 조각상이 얹혀 있다. 다리의 양쪽 면을 장식하고 있는 램프, 아기 천사, 님프들도 역시 발전과 성취를 표상하는데, 이들은 함께 중세, 르네상스, 루이 14세, 그리고 현대의 프랑스를 상징한다.

이 다리는 러시아의 차르 알렉산드르 3세의 이름을 따 명명되었으며, 러시아와 프랑스 간의 친교를 표현한다는 의미였다. 1896년 알렉산드르의 아들 니콜라이 2세-마지막 차르-가 주춧돌을 놓았으며, 다리는 만국 박람회 시기에 맞추어 개통되었다. 오늘날 이 다리는 낙관주의적이고 심미적인 벨 에포크('아름다운 시대', 19세기 말부터 제1차 세계대전 전까지의 아름답고 우아한 시대)의 시대정신을 그대로 간직하고 있다-도시 발전이 실용적인 만큼 아름다움을 지닐 수 있었던 시대를. **AS**

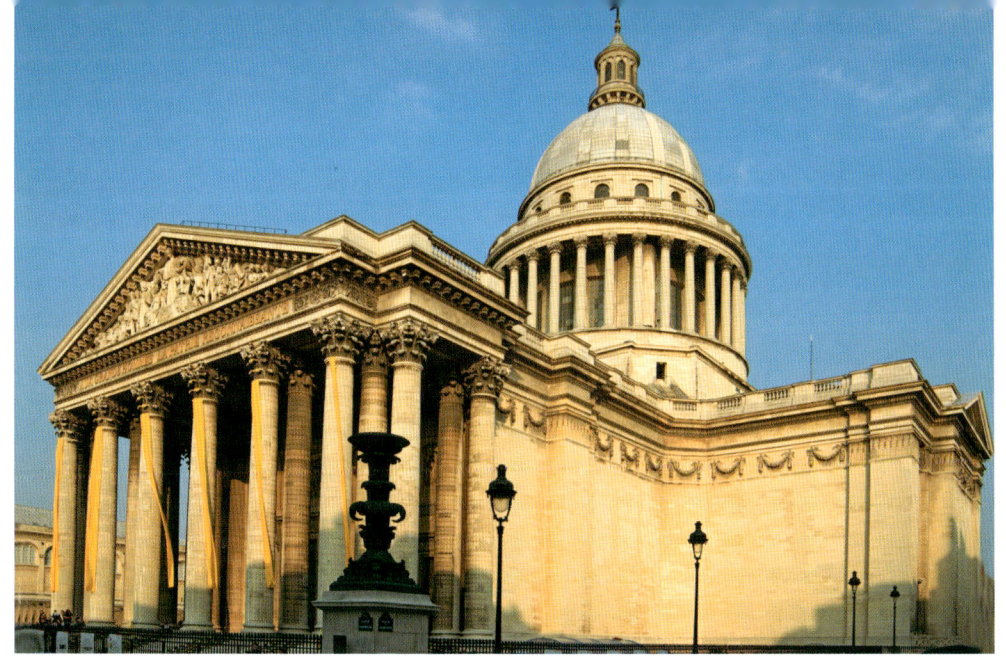

팡테옹 프랑스, 파리 | Panthéon

프랑스의 가장 위대한 사상가들의 영묘(靈廟)

1789년의 혁명은 프랑스 사회를 모든 수준에서 탈바꿈시키며, 그 체제를 해체해 놓았다. 팡테옹의 초기 역사는 이러한 면모를 뚜렷하게 보여 준다. 팡테옹은 원래 군주제와 가톨릭교회의 위상을 찬양하기 위해 디자인되었으나, 새로운 통치 체제가 들어서면서 전혀 다른 용도로 쓰이게 되었다.

건물을 짓자는 최초의 구상은 루이 15세에게서 나왔다. 1744년 중병으로 앓아누워 있을 때, 그는 병에서 회복된다면 파리의 수호성인인 생트 주느비에브를 기리는 새로운 교회당을 지어 감사를 표하겠다고 결심했다. 마침내 1755년 이 임무는 루이의 공식 건축가 자크-제르맹 수플로에게 맡겨졌다. 수플로는 이탈리아에서 많은 공부를 했으며, 이 지식을 사용해 야심찬 신고전주의 건물을 디자인했다. 본질적으로 이 건물은 그리스 십자가 모양을 하고 있었으며, 육중한 코린트 기둥이 거대한 돔을 떠받치고 있었다.

건축은 1758년에 시작되었으나, 왕실의 재정적인 문제로 계획에 차질이 생겨 진행이 매우 느렸다. 결국 건물은 1791년, 수플로가 죽은 이후에야 완성되었다. 그야말로 더 이상 더 나쁠 수 없는 최악의 타이밍이었는데, 혁명 당국은 새로운 교회 따위에는 아무 관심이 없었기 때문이다. 그들은 이 건물을 속세화하기로 결정하고, 프랑스의 국가 영웅들을 위한 영묘(靈廟)로 삼았다. 그 시기에 이 건물은 118년에서 128년에 걸쳐 로마에 지어졌던 고전주의 양식의 로툰다를 따라 팡테옹(모든 신들을 위한 신전)이라는 새 이름을 얻었다.

예배당을 세속화하는 작업은 수플로의 제자 장-바티스트 롱드레에게 맡겨졌고, 그는 창문을 막고 건물에 장례식에 어울리는 분위기를 불어넣었다. 그 이후로 팡테옹은 많은 위인들의 영면의 장소가 되었다. 볼테르, 루소, 빅토르 위고, 에밀 졸라, 피에르와 마리 퀴리, 앙드레 말로 등이 이곳에 잠들어 있다. **IZ**

빅토르 위고의 집 프랑스, 파리 | Victor Hugo's House

빅토르 위고의 집이자 예술가, 정치가, 상류 사회가 방문했던 그의 살롱이 있는 곳

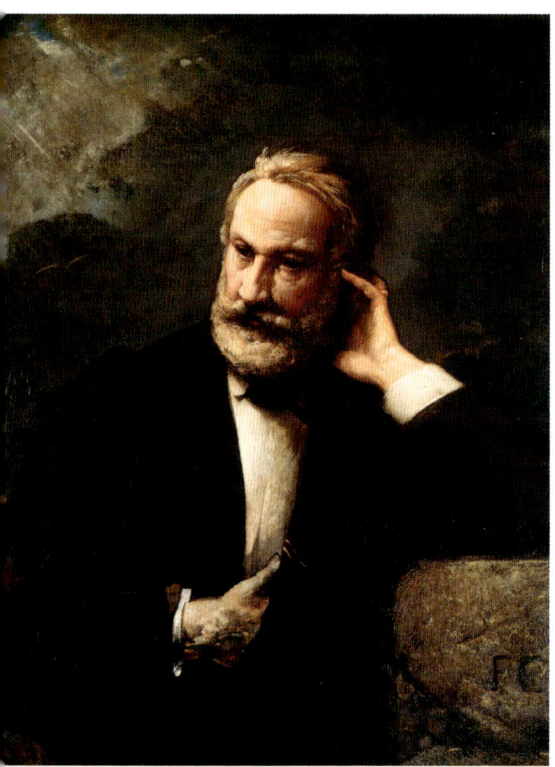

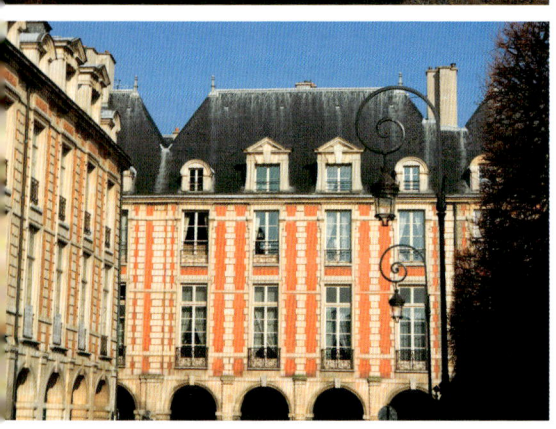

빅토르-마리 위고(1802~1885)처럼 파리와 밀접한 관계를 맺었던 작가는 드물다. 브장송에서 태어났으나, 그는 오랜 세월을 수도 파리의 가장 역사적인 구역 중 한 곳에 머물렀으며 그 정신과 성격을 마음껏 흡수했다. 이는 그의 가장 유명한 작품인 『노트르담 드 파리』(노트르담의 꼽추, 1831)와 『레 미제라블』(1862)에 반영되어 있다. 그가 주로 머물렀던 집은 현재 그의 일생을 돌아볼 수 있는 박물관이 되었다.

1832년부터 1848년까지, 위고는 보주 광장에 있는 아파트먼트를 빌렸다. 원래는 루아얄 광장이라 불렸던 이 우아한 광장은 앙리 4세가 자신이 살 목적으로 짓게 하였던 것인데, 그는 이 프로젝트가 완성되기 전에 암살당하고 말았다. 위고의 아파트먼트는 건물의 전 소유자 중 한 사람이었던 게메네 공 루이 드 로앙의 이름을 딴 오텔 드 로앙-게메네(프랑스에서, '오텔'(호텔)이란 커다란 개인 주택을 가리킨다)라는 건물에 있었다.

위고의 집은 곧 작가와 예술가들이 선호하는 만남의 장소가 되었다. 알렉상드르 뒤마, 찰스 디킨스, 프란츠 리스트는 모두 이곳의 손님이었다. 위고는 또한 작은 비밀 계단을 통해 남몰래 찾아올 수 있었던 줄지어 오는 여성 숭배자들을 맞이하기도 했다. 오랜 기간 동안 그의 정부였던 쥘리엣 드루에는 근처에 있는 아파트먼트에 살고 있었다. 위고가 이 집에 머무른 것은 1848년 혁명 동안 잠시 중단되었는데, 폭도들이 쳐들어와 그에게 더 안전한 곳으로 빨리 떠나라고 촉구했던 것이다.

위고의 집은 개인 소유로 남아 있다가, 1873년 파리시에 인수되었다. 잠시 동안 초등학교로 이용되기도 했으나, 1903년 마침내 대중에게 공개되었다. 이 박물관은 위고의 작품을 폭넓게 총망라하는데, 그중에는 그의 신비로운 드로잉과 매우 별난 가구 디자인도 포함된다. **IZ**

↘ 중년의 빅토르 위고를 그린 이 초상화는 '메종 드 빅토르 위고' 박물관의 전시품이다.

↙ 위고는 26년 농안 가족과 함께 보주 광장의 집에서 살았디. 그의 정부는 그 근처에 살았다.

🏛️ ⌾ 노트르담 드 파리 대성당 프랑스, 파리 | Cathedral of Notre-Dame de Paris

프랑스에서 가장 훌륭한 성당 중 하나이자 국가 행사가 개최되는 곳

고딕 양식의 노트르담 드 파리 대성당은 프랑스의 수도에 있는 일 드 라 시테에 위치하고 있다. 이 로마 가톨릭 대성당은 프랑스에서 첫째가는 기독교 숭배의 장이자, 국가 수장의 장례식 같은 행사가 열리는 곳이다. 이 성당은 전 세계에 잘 알려진 랜드 마크로, 부분적으로는 프랑스 작가 빅토르 위고가 쓴 1831년의 소설 『노트르담의 꼽추』 덕택이기도 하다. 위고는 당시 심하게 파손되어 헐릴 위기에 처해 있던 이 성당에 대해 경각심을 불러일으키기 위해 소설을 썼다. 그의 의도는 성공을 거두어 성당을 살리자는 캠페인이 뒤이어 일어났고, 1845년에는 복원 작업이 시작되었다.

성당이 서 있는 곳에는 원래 주피터 신에게 바치는 로마 지배의 갈리아 시대 신전이 있었으며, 이후에는 파리 최초의 기독교 교회, 생-테티엔 바실리카가 들어섰다. 파리의 주교 모리스 드 쉴리는 이전의 교회를 허물어 버렸고 1163년 그의 감독하에 새로운 교회의 건축 작업이 시작되었다. 건물은 1345년 완공되었고 이후 수세기 동안 다양하게 수정되어 왔다. 처음 지어졌을 때부터, 이 교회는 프랑스 왕실이 종교 예배를 올리고 승리를 기념하는 행사를 여는 데에 사용되었다. 1789년 바스티유를 습격한 이후에도 혁명 당원들은 이 성당에서 〈테 데움〉 찬송이 울려 퍼지도록 했다. 그러나 1793년 무렵, 노트르담이 지녔던 과거의 중요성은 무시당하던 실정이었다. 대부분의 조각상과 세공은 파괴되고, 종교 유물들은 녹여지고, 성당은 식량 저장 창고로 쓰이고 있었다. 1801년 노트르담은 교회로 다시 축성을 받았으나, 1804년 나폴레옹이 프랑스의 황제로서 대관식을 올렸을 때, 상태가 너무 나빠 장막을 드리워 그 초라한 모습을 감춰야 할 지경이었다. **CK**

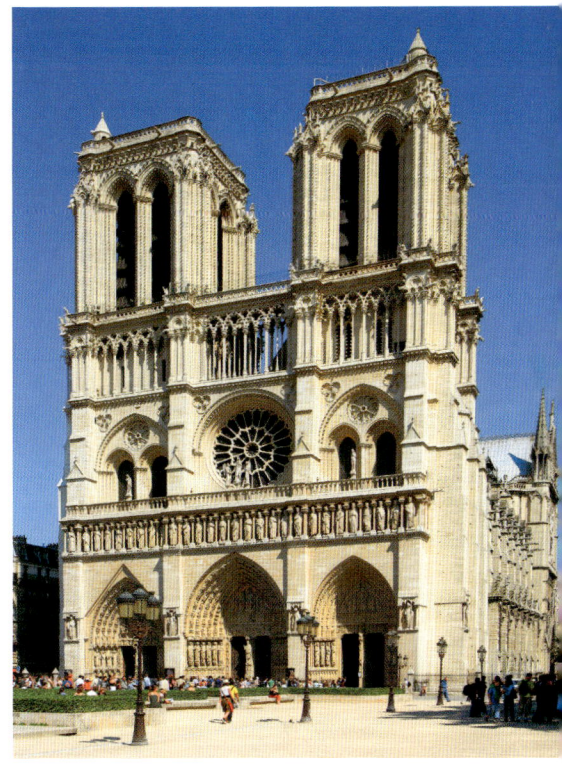

🗝 탑을 짓는 작업은 변덕스럽게 짧은 시간 동안 이루어졌다 멈추며 지속되었기 때문에, 바닥에서 꼭대기까지 여러 가지 양식이 뒤섞여 있다.

▷ 원래 있던 키메라(장식용 이무깃돌)는 대부분 비올레-르-뒤크가 1845년 보수 작업을 할 때 새 것으로 교체되었다.

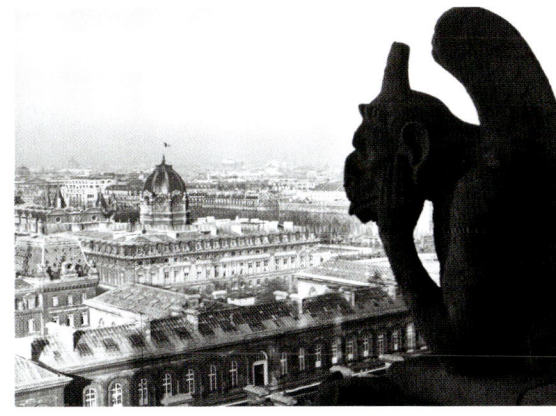

퐁텐블로 성

프랑스, 파리 부근 | Château de Fontainebleau

베르사유 다음으로 가장 웅장하고 유명한 프랑스 왕궁

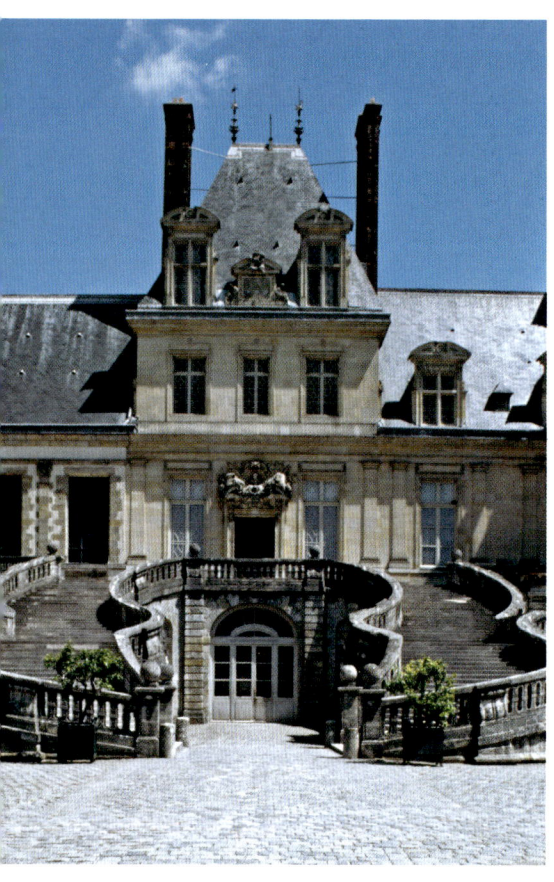

"계속해서 프랑스를 섬기시오.
프랑스의 행복만이 내가 유일하게
생각했던 것이었소."

'고별의 뜰'에서 나폴레옹의 작별 인사

베르사유 궁전이 지어지기 전까지, 퐁텐블로 성은 프랑스의 왕궁 중 가장 웅장하고 유명한 곳이었다. 전 세계에서 온 예술가들로 이루어진 팀을 고용하여 호화로운 규모로 지었기 때문에, 완전히 새로운 디자인 양식인 '퐁텐블로 파'를 탄생시키기까지 했다. 퐁텐블로의 궁전과 정원은 유네스코 세계문화유산에 등재되어 있다.

성은 파리에서 남동쪽으로 64km 떨어진 곳에 위치하고 있다. 주변의 퐁텐블로 숲은 프랑스 사회에서 가장 높은 이들이 즐겨 찾던 사냥터였다. 사실 이 성은 이전에 오래된 사냥 별장이 있던 자리에 지어졌다. 1528년, 프랑수아 1세는 이 별장을 호화로운 시골 별궁으로 대체하기로 결심했다. 이러한 거대한 규모의 계획은 르네상스 시대 이탈리아의 훌륭한 왕궁을 모방하여 프랑스 군주제의 위세를 등등하게 하려는 그의 욕망에서 나온 것이었다. 이러한 위신을 얻기 위하여, 그는 외국에서 가장 뛰어난 인재들을 데려왔다. 세바스티아노 세를리오는 건축 자문을 맡았으며 무도회장을 디자인했고, 로소 피오렌티노와 프란체스코 프리마티치오는 새로운 성에서 가장 눈부신 부분인 갤러리의 장식을 맡았다. 방대하고 우아한 벽화와 정교하고 장식적인 치장 벽토 세공이 어우러진 이 갤러리는 퐁텐블로 파 양식의 선두가 되었다.

퐁텐블로는 이후의 군주들에게도 가장 사랑받는 거처로 남았으며, 이들 중 많은 이들이 그 화려함을 더하게 만들었다. 예를 들어, 앙리 4세의 통치 기간 동안에는 두 번째 퐁텐블로 파가 성립하였던 것이다. 왕실의 다른 소유지와 마찬가지로 퐁텐블로 성도 혁명 동안 피해를 입어, 내부 세간 중 많은 것이 팔렸다. 그러나 나폴레옹은 이 성을 좋아하여 예전의 영광스럽던 모습으로 복구했다. 그는 이 궁전에서 첫 번째 사직서에 서명을 하고, 안뜰에서 자신의 군대를 떠나보냈다(이 안뜰은 현재 '고별의 뜰'이라 알려져 있다). **IZ**

보-르-비콩트 성

프랑스, 멩시 | Château de Vaux-le-Vicomte

베르사유가 지닌 웅장함의 원형

보-르-비콩트 성은 당대 가장 많은 영향력을 끼쳤던 건물 중 하나이다. 이 성은 루이 14세 시대 프랑스에서 유행한 웅대한 건축 스타일의 선구자였던 것이다. 보-르-비콩트는 건축가 루이 르 보, 조경 예술가 앙드레 르 노트르, 화가이자 장식가인 샤를 르 브룅이 합작한 최초의 대규모 건물이었다. 이 세 사람은 이후 베르사유 궁전을 통해 이러한 양식의 장엄함을 궁극적인 형태로 표현하게 된다.

보-르-비콩트는 재정 담당관이었으며 프랑스에서 가장 부유하고 권력 있는 이들 중 하나였던 니콜라 푸케를 위해 지었다. 푸케는 성을 건축하기 위한 부지를 1641년에 구입했으며, 1661년 보-르-비콩트가 완성되었을 무렵, 푸케의 집은 프랑스 문화와 사회의 중요한 중심지가 되었다. 저택 요리사는 샹티이 크림을 발명한 요리의 대가 프랑수아 바텔이었고, 극작가 몰리에르는 푸케의 가까운 지인 중 한 사람이었다. 보-르-비콩트는 그 사치스러울 정도의 호화로움으로 유명해졌다. 그러나 이러한 풍요로움은 오래 가지 못했다. 푸케가 정부의 돈을 횡령하여 호화로운 생활을 꾸려나가고 있다고 오해한 루이 14세가, 1661년 특별히 성대했던 연회 이후에 그를 체포하라는 명을 내렸던 것이다. 푸케는 재판을 받아 종신형에 처해졌다. 이 사건 이후 보-르-비콩트는 여러 명의 주인 손을 거치다가, 결국 파손되고 등한시되었는데, 1875년 솜미에 가가 저택을 사들여 수리하여 이전의 훌륭한 모습으로 되돌려 놓았다.

보-르-비콩트는 루이 14세 치하에서 꽃피었던 프랑스 건축을 보여 주는 훌륭한 예이며, 이에 따라 1965년 프랑스 정부에 의해 '역사 기념물'로 지정되었다. 비록 그 자신은 실각하기 전 잠시 동안만 보-르-비콩트를 즐길 수 있었을 뿐이지만, 푸케는 건물, 인테리어, 정원 조경이 합쳐져 웅장하고 통일된 전체를 형성하는 스타일을 창조하는 데에 기여했다. **JF**

베르덩 요새 서킷

프랑스, 베르덩 | Verdun Forts Circuit

"프랑스가 피 흘려 새하얘지게" 하려 했던 독일의 시도

만일 윌프레드 오언이 썼듯이, 제1차 세계대전이 "조국을 위해 죽는다는 것은 감미롭고 영광스러운 일"이라는 전통적인 관점은 거짓이었음을 드러냈다면, 베르덩 전투는 제1차 세계대전에서 가장 쓸쓸하고 불명예스러운 한때였다고 할 수 있을 것이다. 1916년 2월에 시작했던 베르덩 전투는 열한 달 동안 지속되었으며 의의 백만 명에 기까운 병사들의 목숨을 앗아갔다.

제1차 세계대전 이전에 북서부 프랑스에 있는 베르덩은 강력한 요새들이 일렬로 늘어서 둘러싸고 있는, 프랑스에서 가장 강력한 지점이었다. 카이저의 군대는 자연스럽게 이 도시를 표적으로 삼았다. 이 역사적인 요새들을 지키기 위해 프랑스 군이 무슨 일이든 할 거라는 사

> "기간, 대포 사격, 끔찍한 희생에서
> 베르덩 전투에 근접했던 전투는 없다."
>
> 사회학자이자 에세이스트, 켈러 밀러

실을 알고 있었던 독일군은 수만이라는 병력을 공격에 쏟아 부었다. 1916년 2월부터 7월까지, 프랑스 군은 이 전쟁에서 가장 참혹한 전투 속으로 밀려들었다. 프랑스 군이 빠져 있는 어려움을 보았던 다른 연합군은, 솜므 전선을 공격하여 독일 병력 일부를 베르덩에서 감소시켰다. 그 이후로 독일 병력은 분산되어 페탱 사령관과 부하들은 독일의 손에서 요새들을 재탈환할 수 있었다.

주요 요새 중 두 개인 두오몽과 보는 그대로 보존되어 오늘날 방문해 볼 수 있으며, 지하 성벽의 터널과 지하도 두 볼 수 있다. 베르덩 전투지에는 프랑스와 독일군의 묘지와 기념비가 사방에 널려 있다. 두오몽 공동 무덤 터에는 수천 명의 병사들의 유해가 묻혀 있다. 매년 새로운 유해가 발견되어 더해지고 있다. **OR**

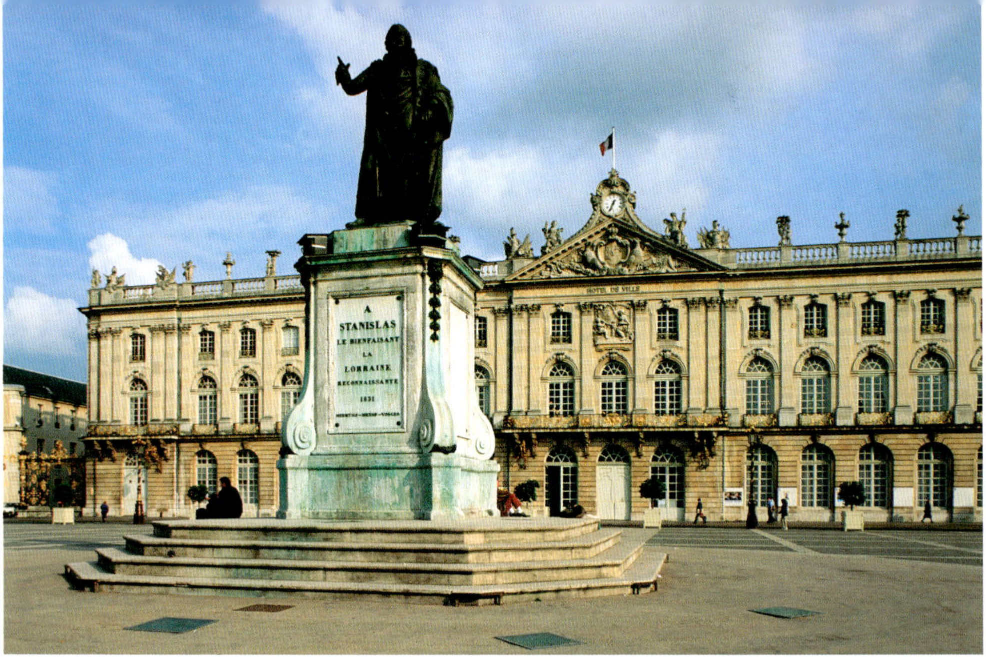

오텔 드 빌 프랑스, 낭시 | Hôtel de Ville

바로크 도시 설계의 선도적인 예의 중심지

프랑스 로렌 주, 낭시의 오텔 드 빌(시청)은 커다란 광장 둘레로 형성된 건축학적 앙상블의 중심을 차지한다. 이 광장은 두 차례 폴란드의 국왕을 지냈으며 1736년 로렌 공이 된 스타니수아프 레슈친스키의 명으로 세워졌다.

스타니수아프는 아우구스트 3세에게 폴란드의 왕위를 빼앗긴 이후 프랑스에 왔다. 그의 딸 마리아는 1725년 루이 15세와 결혼했고, 광장은 그의 사위에게 바치는 기념물로 설계된 것이다. 이 광장은 1752년에서 1755년까지 건설되었다. 낭시의 중세 부분을 17세기 초에 세워진 신시가지와 연결하기 위해 만들어진 것으로, 그 자리에 있던 두 개의 건물, 오텔 드 빌과 오텔 드 구베르느멍(지역 정부 건물)을 잇는 구실을 했다. 광장은 실제로 한 변이 125m, 한 변이 106m인 직사각형 모양으로, 연한 황토색 돌이 깔린 바탕에 좀 더 진한 색의 돌로 이루어진 두 줄의 선이 비스듬히 십자가를 그렸다. 오텔 드 빌은 광장의 남쪽 면에 위치하고 있으며, 맞은편에는 개선문이 있다. 동쪽 면에는 오페라 하우스가, 서쪽 면에는 미술품 박물관이 있다(원래는 의과 대학이었다). 북서쪽과 북동쪽 코너에는 바르텔레미 귀발이 디자인한 화려한 분수가 있다. 광장은 처음에 '플라스 루아얄'이라는 이름이었으나, 혁명 동안 '플라스 뒤 푀플'이라는 이름으로 바뀌었고, 이후에는 '플라스 나폴레옹'이 되었다. 1831년 광장은 마침내 '플라스 스타니슬라스'라 개칭되었고, 설립한 이의 동상이 광장 한가운데에 설치되었다.

이 구역은 유네스코에서 세계문화유산으로 정한 낭시의 역사적인 세 개의 광장에 속한다. 스타니슬라스 광장은 2004년에서 2005년 사이에 설립 250주년에 때맞추어 복원되었다. 낭시의 오텔 드 빌은 유럽에서 바로크식 도시 설계를 보여 주는 가장 훌륭한 예의 중심이라 할 수 있다. **JF**

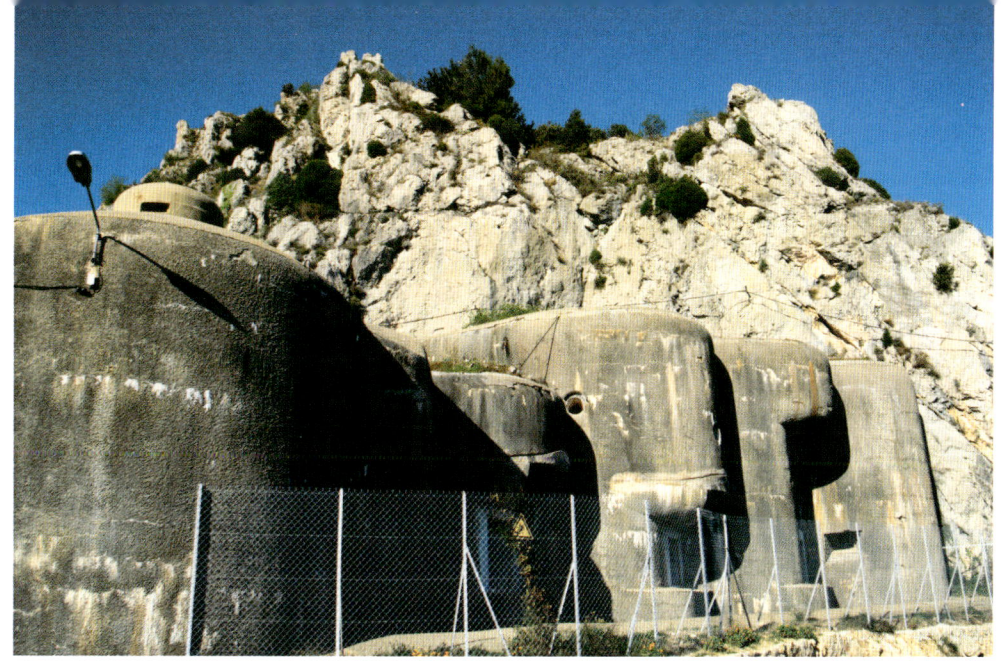

마지노선 요새 프랑스, 비상부르 부근 | Maginot Line Forts

프랑스와 독일 국경에 설치된 방어 시설

제1차 세계대전 동안 프랑스가 입었던 막대한 손실을 줄일 수 있기를 기대하며, 프랑스의 군사 전략가들은 현대 전쟁에서 발생하는 난관을 해결할 수 있는 방어책을 찾았다. 1920년대에 수많은 토론을 벌인 뒤, 프랑스와 독일 사이의 경계선에 방어선을 세우자는 결론이 내려졌는데, 이 방벽의 이름은 당시 전쟁 장관이었던 앙드레 마지노의 이름을 따 붙여졌다. 1930년 작업이 시작되었고 독일이 프랑스 침략을 개시했던 1940년, 방어선은 대략 구축된 상태였다.

그 이름과는 다르게, 마지노선은 단순히 한 줄로 늘어선 방어벽이 아니라 서로 연결되어 있는 여러 개의 요새화된 지점으로 이루어져 있었는데, 강력한 대포와 기관총을 갖추고 있어 독일군이 어떤 공격을 해오더라도 막아 낼 수 있을 정도였다. 이 요새들의 독특한 특징은 지하에 위치해 있다는 데 있었다. 군사, 무기, 여러 가지 장치를 두는 광범위한 지하 건물 단지는 땅 밑 29m 깊이까지 파 들어갔으나, 적이 볼 때는 콘크리트로 된 설치물만 보일 뿐이었다. 알자스에 있는 쇼넨부르 요새 같은 방어 진지도 마지노선의 일부였다. 쇼넨부르는 독립적인 전력 생성기, 물탱크, 주방, 의료 시설을 갖춘 자급자족형의 요새였다. 3km 길이로 뻗은 지하 통로 네트워크가 지하의 보병 막사와 중화기, 박격포, 기관총을 설치해 놓은 최전선을 연결해 주었다.

결과적으로 마지노선은 1940년의 독일군 습격을 물리쳤지만, 불행히도 독일의 주력 부대는 프랑스 측에서는 탱크로 지나갈 수 없을 거라고 생각했던 무방비 상태의 벨기에의 아르덴 지역으로 뚫고 왔다. 따라서 이 모든 체계가 독일군에 의해 함락당하고 말았다. 전쟁이 끝난 후 버려져 황폐해지긴 했으나, 쇼넨부르 요새 같은 몇 군데의 마지노선 요새들은 최근에 대중에게 재개장되었다. **AG**

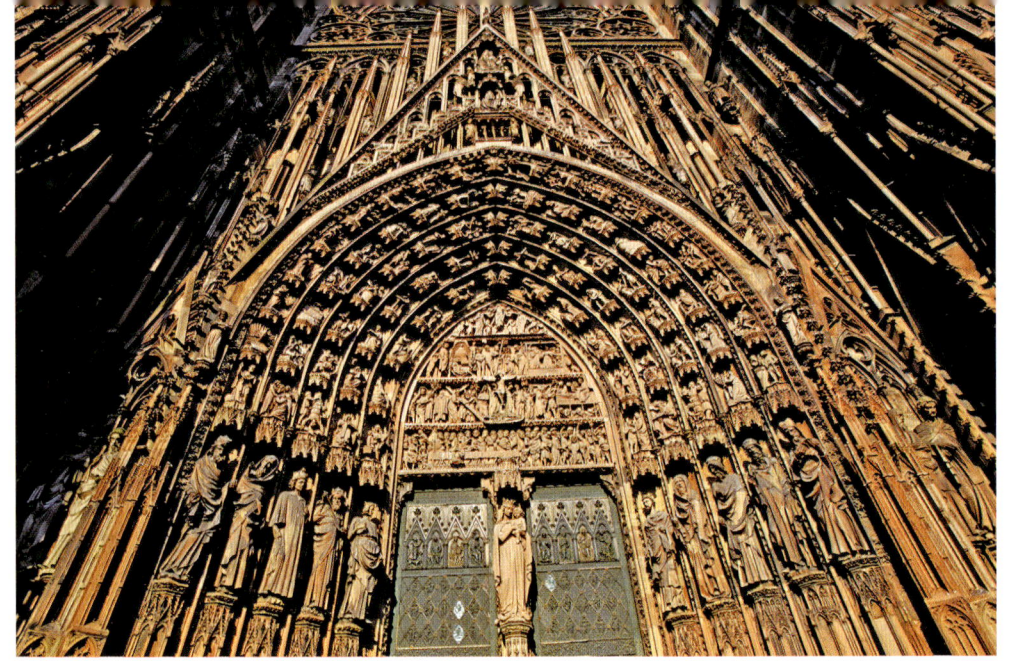

🏛️ ◎ 노트르담 대성당 프랑스, 스트라스부르 | Cathedral of Notre-Dame

200년 이상 세계에서 가장 높았던 건물

빅토르 위고는 스트라스부르의 노트르담 대성당을 "거대하고 섬세한 경이"라 묘사한 바 있었다. 여러 채의 옛 교회가 있었던 장소에 지어진 이 성당은 1225년경에서 1439년까지 건축되었으며, 1521년 종교 개혁의 물결이 독일을 휩쓸었을 때 프로테스탄트 교회가 되었다가, 1681년 스트라스부르가 프랑스의 영토로 넘어왔을 때 다시 로마 가톨릭교회로 돌아갔다. 건축물의 양식은 성가대석과 남쪽 현관의 로마네스크 양식 부분부터 웅장한 서쪽 정면의 하이 고딕 양식에 이르기까지 다양한데, 이는 그 전에 프랑스 북서부에 있는 고딕 양식의 걸작인 샤르트르 대성당을 지으며 경험을 얻었던 혁신적인 건축가와 석공들을 1225년에 고용함으로써 빠르게 달성된 건축학적 진보라 하겠다.

이 성당이 특히 스테인드글라스, 하이 고딕의 세례당, 성당 서쪽 면을 장식하고 있는 글자 그대로 수천 개의 조각품 때문에 특히 명성이 높기는 하지만, 건물에서 가장 압도적인 면모는 그 엄청난 크기이다. 높이가 142m에 달하는 이 성당은 1625년에서 1847년까지 세계에서 가장 높은 건물이었다. 북쪽 탑에서는 스트라스부르 동쪽 20km 지점의 보주 산맥에서 흘러내려와 도시 서쪽 25km에 있는 '검은 숲'으로 흘러가는 라인 강의 모습을 볼 수 있다.

대성당은 또한 시간만 표시하는 것이 아니라 행성과 별자리의 움직임까지 보여 주는 천문 시계로도 유명하다. 오늘날 성당에 전시되어 있는 시계는 19세기에 만들어진 것으로, 그보다 더 오래된 시계들은 스트라스부르 장식 예술 박물관에서 볼 수 있다. 이 시계는 시계 본연의 기능을 수행할 뿐만 아니라, 매일 오후 12시 30분이 되면 자동인형들이 작동한다. 이 중에는 인간의 나이가 죽음 앞을 거쳐 행진하는 모습과 사도들이 그리스도 앞을 행진하는 모습의 장치가 있다. **AS**

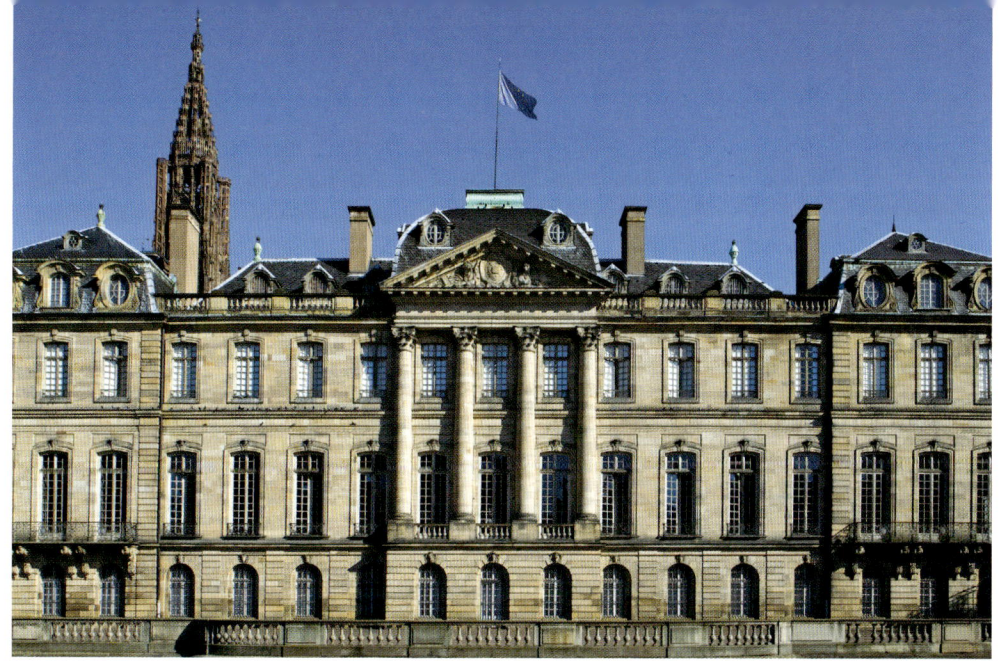

팔레 드 로앙 프랑스, 스트라스부르 | Palais de Rohan

스트라스부르의 로앙 주교들의 요새화된 주거지

로앙 가의 분파인 수비즈 가는 18세기 거의 내내 스트라스부르의 주교 자리에 앉았으며, 1704년에서 1803년까지 백 년 가까이 팔레 드 로앙을 차지했다. 로앙 가는 프랑스 정치와 통치에도 깊이 관여하고 있었으며, 프랑스에서 가장 영향력 있는 가문 중 하나였다.

이 가문은 브르타뉴 공국의 역사적인 지배자들의 후손이다. 유능한 프랑스 건축가 로베르 드 코트가 스트라스부르에 있는 이들의 주거지를 설계했다. 스트라스부르 최초의 로앙 가문 출신 주교는 아르망 가스통 막시밀리앙 드 로앙으로, 팔레 드 로앙의 건축을 명한 인물이다. 이 가문이 배출한 가장 유명한 이는 루이 르네 에두아르 드 로앙 추기경으로, 그는 1779년에 주교가 되었다. 스트라스부르에 있는 그의 호화로운 저택을 떠나게 된 로앙 추기경은 대부분의 시간을 베르사유의 왕궁에서 보냈다. 1786년 그는 마리 앙투아네트 왕비와 연관된 스캔들에 휘말려 궁전에서 쫓겨났고, 결국 스트라스부르로 돌아왔다. 그러나 혁명이 일어난 후 그는 다시 떠날 수밖에 없게 되어, 1791년 독일로 이주해 갔다.

팔레 드 로앙에는 현재 세 개의 박물관이 있다. 추기경이 살았던 아파트먼트의 복제품을 전시해 놓은 장식예술 박물관, 이 지역의 역사를 자세히 서술하고 있으며 근처에서 발굴해 낸 유물들을 소장하고 있는 고고학 박물관, 그리고 보티첼리, 루벤스, 렘브란트, 반 다이크, 엘 그레코, 고야, 와토, 르누아르, 모네의 작품을 비롯해 많은 중요한 미술 작품을 소장하고 있는 미술 박물관이다.

로앙 가는 아마 유럽 역사를 마지막으로 장식한 막대한 권력의 주교 군주 가문이었을 것이다. 이들은 세속적으로도 교회법상으로도 영향력을 행사했으며, 스트라스부르에 있는 기념비적인 그들의 저택은 로앙 가가 누렸던 권력과 부를 상징한다. **JF**

스탠딩 스톤

프랑스, 카르나크 | Standing Stones

선사 시대 장례 행렬의 길을 표시한 것이라 추측되는, 나란히 줄지어 늘어선 거석들

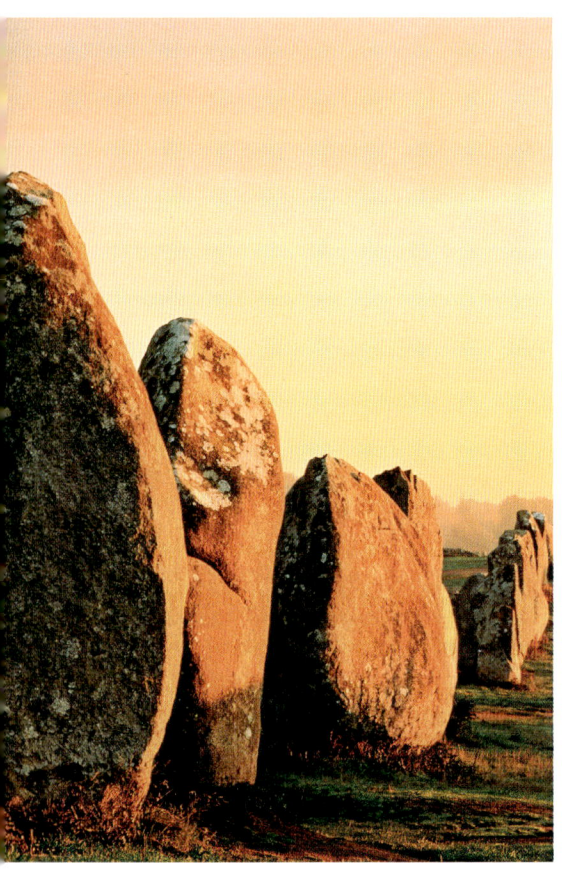

"이 조악한 유적을 지은 종족이 남아 있는 동안, 로마인들이 왔다가 사라져 버린 것은 무슨 영문일까?"

19세기의 골동품 애호가, 제임스 밀른

브르타뉴 남부의 도시 카르나크에 떼를 지어 늘어선 거석들은 유럽에서 가장 풍부하게 집중되어 있는 선사 시대 유적이다. 이 지역이 유명한 것은 단순히 거석의 양 때문만이 아니라 — 이 유적은 3,000개 이상의 서 있는 돌들로 이루어져 있다 — 그 다양함 때문이기도 하다. 열석(늘어선 돌들), 통로 무덤, 투물루스(고분), 돌멘(돌방무덤), 장식된 돌 등의 형태를 볼 수 있다. 대부분은 기원전 4500년경인 신석기 시대의 유적들이다.

가장 놀라운 유적은 열석으로, 이는 나란히 줄을 지어 늘어선 돌들이다. 이중 어떤 것들은 매우 거대하여 케르마리오 열석을 예로 들자면, 900m라는 거리에 걸쳐 1,019개의 거석이 놓여 있다. 이 열석들의 기원에 대해서는 여러 가지 전설이 있으나, 가장 유명한 전설은 이것들이 성 코르넬리(거의 신화적인 인물)라는 이 지역의 신성한 인물에 의해 돌로 변해 버린 로마 병정들의 군대라는 이야기이다. 그러나 진정한 기원과 원래의 목적이 무엇이었는지는 결론 내리기 힘들다. 어떤 고고학자들은 천문학 관측에 기초한 일종의 야외 달력이라고 간주한다. 이 설이 지닌 문제점은 돌들이 완전히 곧바로 늘어서 있는 것이 아니며, 각각 다른 시기마다 새로운 돌들이 추가되었던 것처럼 보인다는 점에 있다. 아마 좀 더 그럴싸한 가설은 이 열석들이 장례 의식과 연관이 있는 행렬의 길을 표시한 흔적이라는 설일 것이다. 중심이 되는 두 개의 열석군(群) 이름이 장례식과 큰 연관이 있다는 사실은 이러한 설을 뒷받침해 준다. '케르마리오'와 '케를레스칸'은 각각 '죽은 자들의 집'과 '불사름의 집'이라는 의미이다.

카르나크는 열석 유적의 보존이라는 문제에 처해 왔다. 주요한 열석 둘레에는 보호벽이 쳐져 방문객들에게 전망대를 이용해 관람하도록 하고 있다. 그러나 이 지역에서는 거석이 하도 흔하기 때문에 손쉽게 가까이 다가가 볼 수 있는 돌도 많다. **IZ**

로쉐-세비녜 성

프랑스, 비트레 | Château des Rochers-Sevigné

마담 드 세비녜의 브르타뉴 거처

로쉐-세비녜 성은 그 규모에서 보나 건축학적인 뛰어남에서 보나 루아르 강변에 있는 웅장한 성들과는 비교할 수 없다. 둥근 탑과 높은 원뿔 모양의 슬레이트 지붕에도 이 성은 거대하고 당당한 저택이나 성이라기보다는 영주 저택에 가까우며, 그 매력은 웅장하다기보다 소박하다. 그 대신 이 성에는 프랑스에서 가장 위대한 문인 중 한 사람과 오랜 인연을 맺고 있다는 특별한 마력이 깃들어 있다. 마리 드 라뷔탱-샹탈—마담 드 세비녜(1926~1996)라는 이름으로 더 잘 알려진—은 위트가 넘치고 지성적인 편지로 인해 불멸의 명성을 얻었다. 그녀의 서한들은 프랑스 역사 속의 영광스러운 시절 동안 프랑스 사회의 모습에 대한 생생한 기록을 전달해 준다.

레 로쉐(바위들)는 브르타뉴 동부에 있는 비트레에서 몇 마일 남쪽으로 떨어진 곳에 있다. 마리가 이곳과 인연을 맺게 된 것은 1644년 세비녜 후작과 결혼하면서부터였다. 후작 가문은 그곳에 14세기부터 내려오는 영지를 소유하고 있었는데, 성 그 자체는 대부분 17세기에 재건축된 것이었다. 성은 그가 항상 거주하는 집이 아니라, 궁정의 볼일에서 떨어진 시골 별장이었다. 이 부부의 결혼 생활은 그리 오래가지 못했다. 후작은 1651년 결투를 벌이다 사망했고, 마리는 스물다섯의 나이에 과부가 되었다. 그녀는 재혼하지 않았으나, 1654년에서 1690년에 걸쳐 종종 성을 방문하였고, 250통이 넘는 편지를 성에서 썼다.

세비녜 부인은 '카비네 베르'(녹색의 방)와 가장 연관이 깊은데, 성을 방문할 때면 그녀는 항상 그곳에 머무르곤 했다. 독특한 팔각형 예배당은 그녀의 숙부인 쿨랑주 수도원장이 지은 것이었으나, 그녀의 진정한 자랑이자 기쁨은 정원이었다. 이 정원은 베르사유와 보르-비콩트, 퐁텐블로의 정원을 설계하기도 했던 유명한 앙드레 르 노트르가 디자인한 것으로, 마리는 손수 많은 꽃을 심었다. 이 성은 여전히 그녀의 자손들이 소유하고 있으며, 일부는 대중에게 공개되어 있다. **IZ**

포르 나시오날

프랑스, 생 말로 | Fort National

루이 14세가 사략선 선원을 보호하기 위해 지은 요새

브르타뉴의 생 말로는 프랑스에서 가장 강력한 방어 시설을 갖춘 항구 중 한 곳이다. 포르 나시오날이 이 모든 군사 설비 중에서 단연 돋보이는 이유는 프랑스의 가장 위대한 군사 기술자인 보방 원수가 설계했기 때문이기도 하지만, 오늘날까지 비교적 손상되지 않은 상태로 남아 있는 드문 역사적 건물 중 하나이기 때문이기노 하나.

포르 나시오날은 1689년 해안 가까이에 있는 자그마한 바위투성이 성 위에 건축되었다. 썰물 때에는 걸어서도 갈 수 있지만, 그렇지 않을 때에는 해변과 길이 끊긴다. 이 요새는 루이 14세의 명에 의해 건축되었으며, 보방이 설계를, 시메옹 가렝고가 건설을 맡았다. 요새를 짓기로 한 것은 이유를 알 만한 결정이었다. 생 말로는 잘

> "내가 그대를 향해 느끼는 것보다 더한 배려와 존중, 우정을 느끼기란 불가능하다오."
>
> 보방 원수에게 쓴 루이 14세의 편지

알려진 사략선 선원들(반쯤 합법적인 해적들)의 은신처였으며, 이러한 이유로 종종 그들에게 피해를 입은 이들의 보복 대상이 되었다. 1817년, 사략선 선원인 로베르 쉬르쿠프는 요새 성벽 밖에서 벌어진 유명한 결투에서 열한 명의 프로이센 선원들을 죽이고, 열두 번째 선원은 그 이야기를 전하라며 놓아 주었다.

생 말로는 제2차 세계대전 동안 폭격의 피해를 크게 입었으나 가장 끔찍했던 시기는 1944년 8월로, 380명의 시민들이 독일 군사들에 의해 요새 안에 갇혔다. 이들은 마을 대부분이 파괴되는 6일 동안 음식도 없이 갇혀 있었으며, 시민들 중 열여덟 명이 죽었다. 오늘날 이 요새는 인기 있는 관광지이며, 2007년에는 보방 사후 300주년을 기념하는 행사가 열렸다. **IZ**

생 페테르와 생 폴 대성당 프랑스, 트루아 | Cathedral of St. Peter and St. Paul

스테인드글라스로 명성이 높은, 프랑스에서 가장 아름다운 고딕 대성당 중 하나

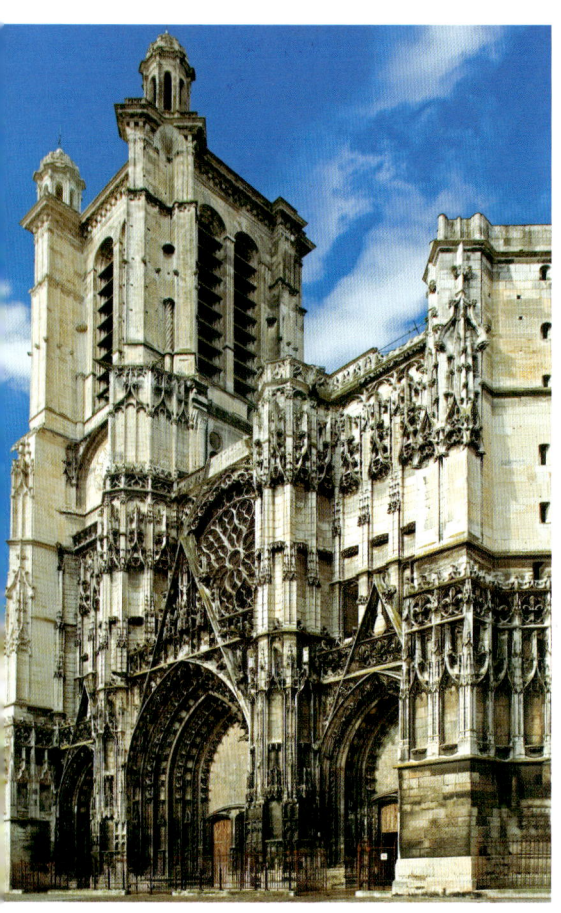

"나는 … 유럽에서 가장 훌륭한 성당 중 하나인 이 위대한 대 건축물에 발을 디디게 되었다."

고미술 애호가, 앤드루 딕슨 화이트, 1905

트루아의 생 페테르와 생 폴 대성당은 프랑스에서 가장 인상적인 고딕 대성당 중 하나이다. 이 자리에는 5세기부터 어떤 교회가 있었던 것으로 추정되며, 샹파뉴 백작이 9세기 말경 트루아를 수도로 선택한 이후 곧 성당이 지어졌다.

현재의 건물은 1200년대에 세워진 것이다. 이전에 있던 성당들은 바이킹 족의 침략과 화재로 인해 심하게 파손되었다. 이후 450년이라는 세월이 흐르는 동안 건축 작업은 무계획적으로 진행되었는데 두 개의 수랑은 14세기 초에, 중앙 회중석과 네 개의 보조 회중석은 15세기 말엽에 완공되었고, 사치스러운 서쪽 파사드는 16세기 초에 유명한 건축가 마르탱 샹비주에 의해 지어졌다.

생 페테르 성당의 종탑은 1647년에 완성되었으나, 생 폴 성당의 종탑은 1545년 건설이 중단되어, 성당은 독특하게도 한쪽이 더 높은 외관을 띠게 되었다. 성당은 고딕 양식으로 지어졌으며, 높이가 28.5m에 달하는 회중석과 파사드에 있는 샹비주의 조각 작품에서 특히 명백하게 드러난다.

그러나 이 성당이 지닌 가장 인상적인 면모는 스테인드글라스를 사용한 것에 있다. 훌륭한 '성모 승천 창문'(1523~1524), '무염시태(無染始胎 : 성모 마리아의 원죄 없는 잉태)'(1634), '신비한 포도즙 기구'(1636)라는 작품들까지 건물 전체의 스테인드글라스를 합치면 넓이가 거의 465m²에 달한다.

샹파뉴 지역이 15세기 말부터 스테인드글라스로 명성이 높았다는 사실을 생각해 본다면, 창문의 아름다움은 당연한 일일지도 모른다. 사실, 이 지역의 '데파르트망'(주(州)에 해당하는 행정 구역의 단위)은 프랑스 전역을 통틀어 스테인드글라스가 가장 많이 모여 있는 곳으로 명성이 높다. 모두 합치면 넓이가 2,740m²로, 그 일부는 13세기부터 전해져 내려온 것이다. **AS**

브르타뉴 공작 궁전 프랑스, 낭트 | Ducal Palace of Brittany

10세기부터 17세기까지 브르타뉴 공작들의 거처

이름에서 알 수 있듯이, 이 당당한 건축물은 한때 브르타뉴 공작들의 거처였다. 그렇기 때문에 이 건물은 여러 가지 서로 다른 기능들을 달성해야 했다. 군사적 요새이면서 통치의 중심지이고, 동시에 궁전 같은 저택이기도 했던 것이다. 이렇게 다양한 필요성은 건물의 건축에도 그 흔적을 넘겨, 이 건물의 파사드는 휑하니 험악해 보이지만 내부는 매우 우아하게 꾸며져 있다.

이 지역에 처음으로 방어 시설이 세워진 것은 937년, 알랭 바르브-토르트가 브르타뉴 공이 되어 낭트를 그 중심 도시로 선정한 이후였다. 더 성다운 성은 1207년에 세워졌는데, 당시의 성은 탑 하나만이 남아 있다. 이 탑은 아직도 '새로운 탑'이라는 약간 당황스러운 이름으로 알려져 있다. 브르타뉴와 프랑스 간의 영구 결합은 1532년에서야 이루어졌으므로, 이 시기에는 건물의 군사적인 강력함이 매우 중요했다.

공작 저택은 감옥으로도 사용되었으며, 가장 악명 높은 죄수는 수십 명의 어린아이들을 의식에 따라 살해해 갔던 질드 레였다. 그는 1440년 처형되기까지 이 성에 감금되어 있었다. 1466년, 프랑수아 2세 공작은 성의 재건축 작업에 착수했으며, 이 성에 살았던 가장 유명한 이들 중 하나인 그의 딸 안느 드 브르타뉴가 이 일을 이어받았다. 17세기에 성은 프랑스 왕실의 소유가 되었다.

18세기에 성은 군사 주둔지가 되었다. 이 시기에 성은 그 역사상 가장 심각한 피해를 입었는데, 화약고가 폭발하여 탑 하나가 통째로 무너졌던 것이다. 1915년까지 이 성에는 군대가 주둔해 있다가, 그 소유권이 지방 당국에게 넘어갔다. 오랫동안 이 성에는 세 개의 작은 박물관이 있었지만, 지금은 하나로 합병되었고, 15년에 걸친 대규모 복원 작업 끝에, 성은 2007년 2월 다시 대중에게 문을 열었다. **IZ**

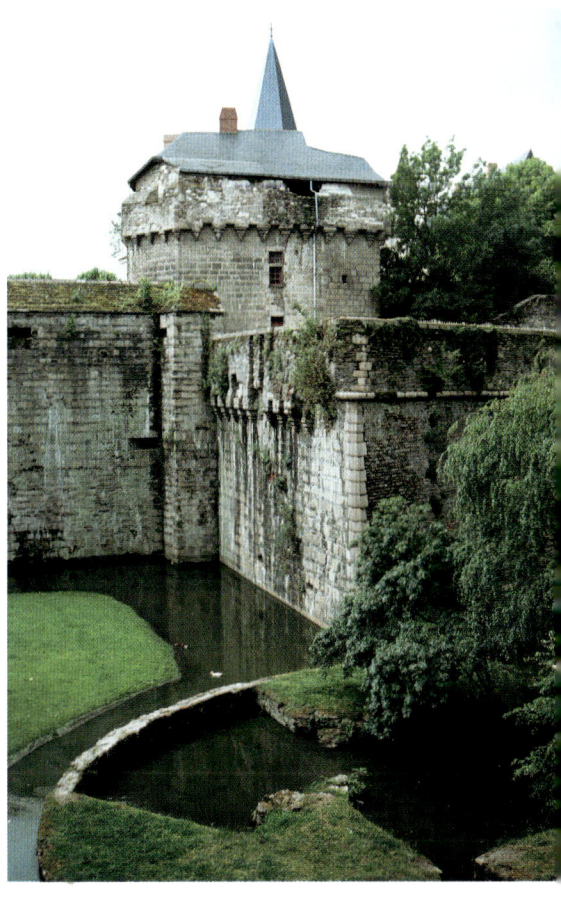

"낭트　에는 웅장한, 혹은 적어도 뛰어나게 잘 확립된 분위기가 있다."

헨리 제임스, 『작은 프랑스 여행』(1884)

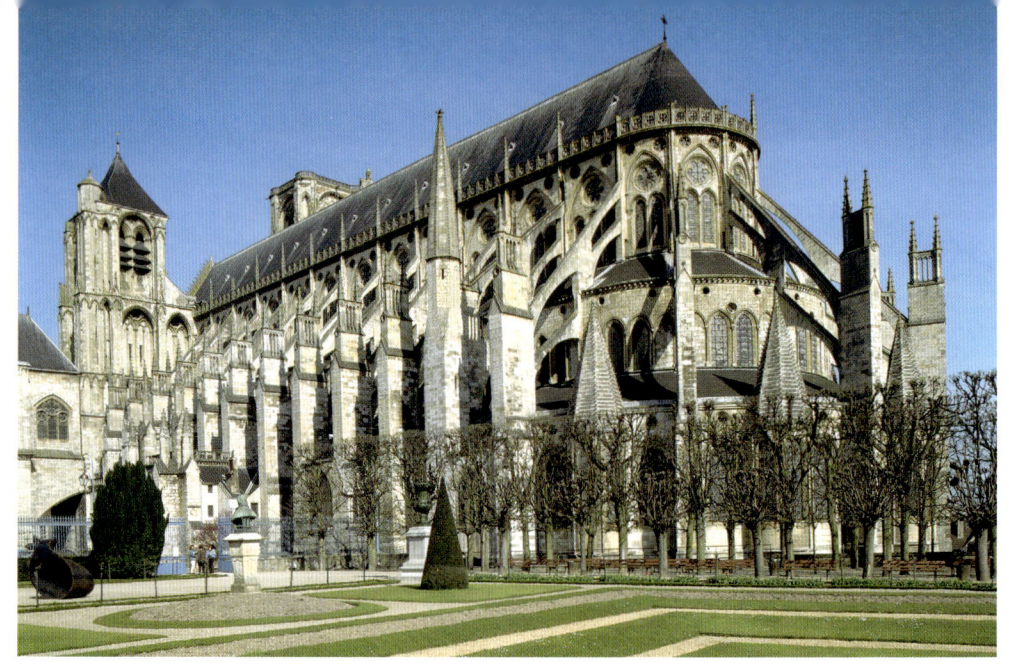

🏛️ ◉ 생 테티엔 대성당 프랑스, 부르주 | Cathedral of St. Etienne

프랑스에서 가장 뛰어난 고딕 양식을 보여 주는 건축물 중 하나

12세기 중반부터, 유럽은 교회당 건축이라는 불타는 열정에 사로잡혔다. 이러한 경향은 새로이 창조된 건축 양식의 힘을 받은 프랑스에서 가장 두드러지게 나타났다. 더 높고 더 우아한 고딕 양식은 오래된 로마네스크 양식의 육중한 견고함보다 더 선호되었다. 부르주에 있는 생 테티엔 대성당은 고딕 양식이 그 완숙함에 이르렀을 때 건설되었으며, 널리 고딕 양식의 가장 뛰어난 예 중 하나로 평가받고 있다.

현재 서 있는 건물은 대주교 앙리 드 쉴리가 프랑스 북부에 있는 성당과 겨룰 만한 새 성당을 짓기로 결정했던 1195년에 세워졌다. 그가 직접 모델로 삼았던 성당은 파리의 노트르담 대성당이었던 듯하다. 성당 부지로 선정된 곳에는 예전에도 몇 채의 교회당이 있었으나, 가장 근래의 로마네스크 성당은 성장해 가는 부르주의 부유함과 중요성을 반영하기에 너무 작다고 간주했던 것이다. 쉴리는 1199년에 사망했으나, 그의 뒤를 이은 기욤 드 당종 대주교가 동일하게 야심찬 규모로 계획을 밀고 나갔다. 우연히도 그는 이 계획의 자금을 대는 데에 도움을 준 셈이 되었다. 1209년 사망한 지 얼마 안 되어 그가 성인으로 추대된 덕분에, 기부금이 엄청나게 늘어났던 것이다.

총알을 닮은 이 교회당의 디자인은 독특하다. 다섯 개의 측랑이 있지만 수랑은 없다. 고딕 양식이 낳은 뛰어난 신기술 중 하나인, 두 줄의 플라잉 버트레스가 건물의 무게를 지지하고 있으나, 탑의 크기는 문제가 되었다. 남쪽 탑 - 종이 없기 때문에 '벙어리 탑'이라는 별명이 붙었다 - 은 옛 감옥에서 떼어 온 돌기둥으로 지탱해야 했으며, 슬프게도 북쪽 탑은 1506년 무너져 버렸다. 그럼에도 이 성당은 그 웅장함과 설계의 일체감, 뛰어나게 우수한 스테인드글라스 창문, 성경에 나오는 장면들이 새겨진 출입구 위의 조각 등의 특성으로 볼 때, 주목할 만한 작품이다. **IZ**

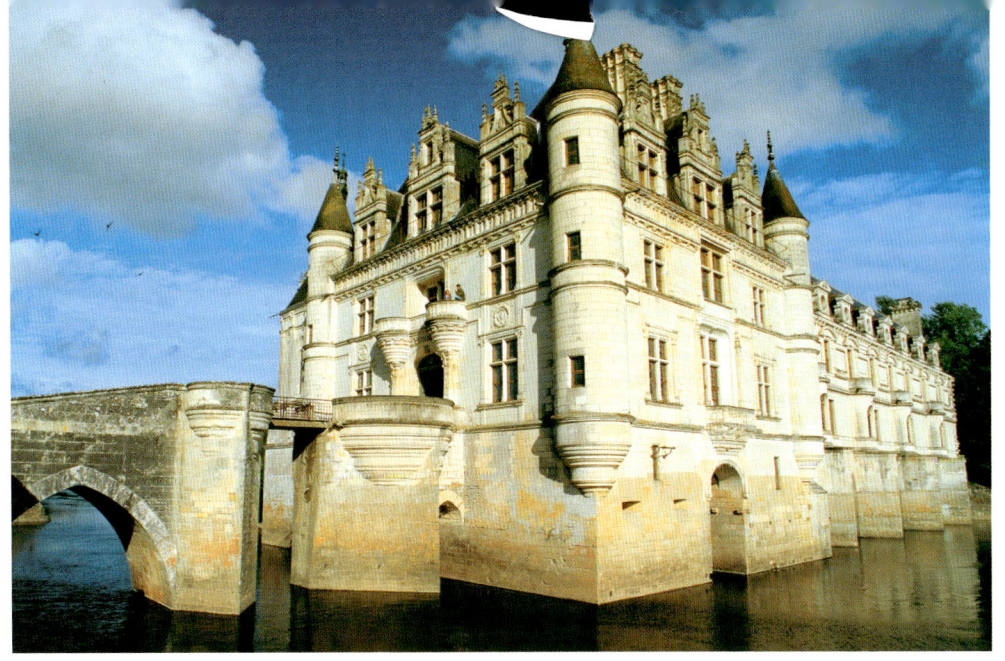

셰농소 성 프랑스, 셰농소 | Château de Chenonceau

루아르 계곡의 모든 성들 중 가장 아름다운 성

르네상스 시대, 새로운 형태의 건축 양식이 프랑스에서 부상했다. 부유한 귀족들은 시골의 넓은 영지에서 거주하는 편을 택했으며, 성채가 지닌 군사 방어적인 특성과 군주 저택이 지닌 우아함과 호화로움이 하나로 결합된 건물에서 살았다. 이러한 '샤토'를 짓기 위해 가장 선호되던 장소는 루아르 강 계곡으로, 파리의 권력 중심지에서 그다지 멀지 않으면서 진정한 의미의 별장이라 할 만큼은 도시에서 충분한 거리를 두고 있었다. 셰농소는 이 샤토들 중에서도 널리 가장 아름다운 성으로 꼽히고 있다.

건물의 주요한 몸체는 오래된 물방앗간의 기반 위에 축조되었다. 이 성은 1515년 왕실 재정 감사관이었던 토마 보이어의 명에 따라 지어졌다. 그는 직무를 다하느라 '성을 비울 때가 많았으므로, 건축 작업 대부분은 그의 아내인 카트린의 감독 아래 이루어졌다. 셰농소는 1535년 왕실의 소유가 되었으며, 12년 후, 앙리 2세는 이 성을 자신의 애인인 다이안 드 푸아티에에게 선물했다. 그녀는 셰르 강을 건너는 아치 모양 다리를 짓게 했으나,

이 계획이 마무리되기 전에 앙리 왕이 죽었고, 그의 아내 카트린 드 메디치가 성을 자기 것이라 주장했다. 그녀는 다리 꼭대기에 훌륭한 긴 회랑을 짓게 했으며, 성 내에 모조 전투지, 연극적인 전시물, 포도주가 샘솟는 분수 등 사치스럽고 웅장한 볼거리들을 설치했다. 18세기에는 새로운 주인인 여상속인 루이즈 뒤팽에 의해 좀 더 진지한 성격의 연회가 열렸다. 그녀가 초대한 손님들은 철학자 장-자크 루소와 볼테르 등이었다.

여자 성주가 성을 소유해 온 오랜 전통은 성에서 정기적으로 열리는 〈셰농소의 귀부인들〉이라는 제목의 유명한 '송 에 뤼미에르'(유명한 사적지에서 밤에 조명을 비추고 녹음된 음악과 설명을 곁들여 유명한 사건을 재현하는 공연의 일종)를 탄생시켰다. 1913년부터, 초콜릿 제조로 유명한 메니에르 가문이 성을 소유해 왔다. 제1차 세계대전 동안 메니에르 가에서는 건물을 임시 병원으로 사용하도록 허락해 주었다. **IZ**

르 클로 뤼세 프랑스, 앙부아즈 | Le Clos Lucé

왕궁이자, 위대한 예술가 레오나르도 다 빈치가 마지막으로 거주했던 곳

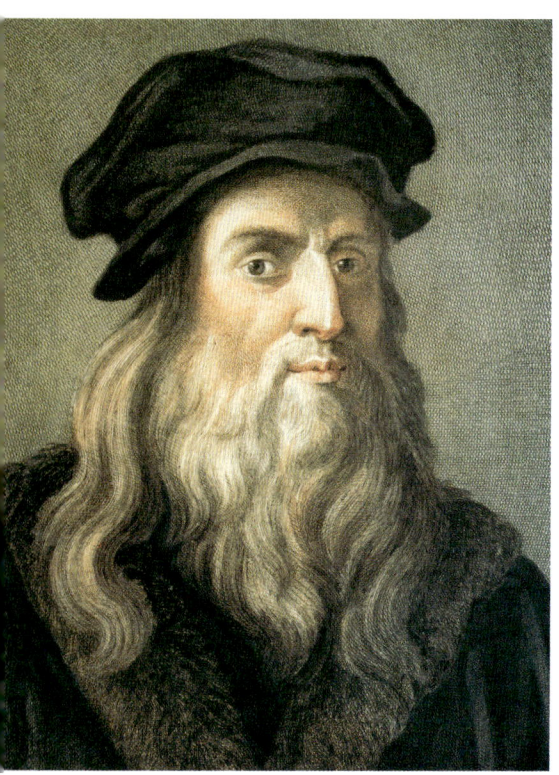

르 클로 뤼세는 루아르 강변에 있는 그림처럼 아름다운 도시 앙부아즈에 있으며, 왕궁 앙부아즈 성에서 500m 떨어진 곳에 서 있다. 르 클로 뤼세는 레오나르도 다 빈치(1452~1519)가 생애의 마지막 3년을 보낸 집이었다.

샤를 7세가 1434년 앙부아즈 성을 차지했으며, 샤를 8세가 1490년 르 클로 뤼세를 손에 넣었다. 이 두 개의 왕실 건물은 지하 통로를 통해 서로 연결되어 있다는 얘기가 있다. 1516년, 프랑수아 1세가 레오나르도 다 빈치를 앙부아즈에 데려왔다. 프랑수아 1세는 예술의 후원자로 유명했으며, 누이인 나바르의 마르그리트의 권유를 받아 르 클로 뤼세를 예술가들이 머무는 은신처로 만들었다.

프랑수아 1세는 다 빈치가 교황 레오 10세와의 평화 회담에서 중심적인 구실을 할 기계 장치 사자를 제작하는 임무를 맡았던 1515년에 그를 처음 만났다. 이후 다 빈치는 왕궁에 초대받았고, 넉넉한 연금을 하사받았다. 그는 가장 잘 알려진 작품인 〈모나리자〉를 포함해 세 점의 작품을 갖고 새로운 집에 도착했다. 프랑수아는 점차 다 빈치와 가까워졌고, 그를 '내 아버지'라고까지 칭했다고 한다. 다 빈치는 르 클로 뤼세에서 죽었으며, 앙부아즈 성에 있는 예배당에 묻혔다.

현재 르 클로 뤼세에는 이 지역의 풍부한 역사와 레오나르도 다 빈치와 맺고 있는 관계를 보여 주는 박물관이 있다. 이곳에는 그가 설계한 여러 개의 기계 모델, 그리고 그가 주관하였을 것으로 추정되는 세 점의 프레스코 화가 있다. 르 클로 뤼세는 아름다운 르네상스 저택일 뿐만 아니라, 그 시대의 아마 가장 위대했던 인물 – 누구와도 비교할 수 없는 예술가이자 천재였던 이의 마지막 집이었다. **JF**

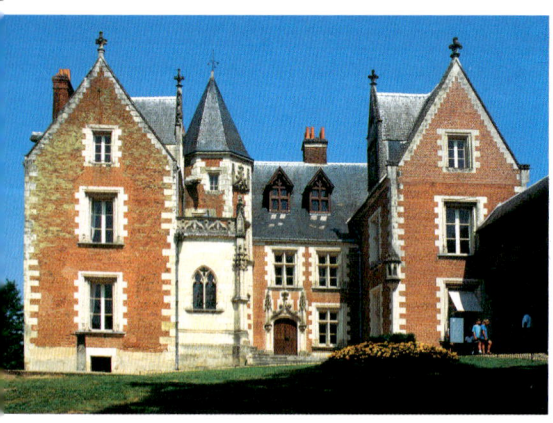

↘ 저명한 이탈리아 판화가 카를로 라시니오가 1789년에 완성한, 사후에 그려진 다 빈치의 초상화.

↙ 다 빈치는 일생의 마지막 3년을 르 클로 뤼세에서 보냈으며 근처에 묻혔다.

🏛 ◎ 베즐레 수도원 프랑스, 베즐레 | Vézelay Abbey

부르고뉴에서 가장 호화로운 교회이자 명망 높았던 옛 순례지

베즐레의 라 마들렌 수도원 교회는 언덕 위에 위치하여 주변의 시골 풍경을 한눈에 감상할 수 있다. 건축학적인 면에서, 이 건물은 보석이며 아마 부르고뉴에서 가장 훌륭한 건물일 것이다.

베즐레 교회는 9세기 말, 옛 로마 저택이 있던 자리에 세워졌다. 막달라 마리아가 마지막 나날을 프로방스 지방에서 은둔하며 보냈고, 이후 한 수도사가 그녀의 유골을 베즐레로 가져왔다는 이야기 때문에 11세기 동안 이 교회의 중요성은 점차 커져 갔다. 이러한 주장은 1058년 교황의 편지에서 인정받았고, 교회는 행운을 보장받은 셈이었다. 교회는 성지 순례의 장소가 되었으며, 중요한 종교와 정치 행사의 중심지가 되었다. 성 베르나르는 1146년 이 교회의 설교단에서 두 번째 십자군 원정을 시작했고, 토머스 베켓은 여기서 1166년 중요한 설교를 했으며 헨리 2세를 파문하겠다고 위협했다.

명성이 높아져 가면서 베즐레를 확장해야 할 필요가 생겼으며 아르토 수도원장은 1096년 현재의 건물을 짓기 시작했다. 그러나 증축에는 터무니없는 비용이 들었고, 수도원 건축에서 비롯된 고된 일과 가난으로 분개한 지역 주민들은 폭동을 일으켜 수도원장을 살해하기에 이르렀다. 건축은 완성되었으나 수도원이 누린 성공은 그리 오래 가지 못했다. 진짜 막달라 마리아의 유골의 소유권을 두고 분쟁이 일어났으며, 1295년 교황은 라이벌 교회의 편을 들어 주는 판정을 내렸던 것이다. 이 일로 인해 수도원은 천천히, 오랫동안 쇠락에 빠져들었고 외젠 비올레-르-뒤크가 1830년 건물을 복원하러 왔을 때에는 그저 건물 하나만 남아 있을 뿐이었다. 오늘날 비즐레는 로마네스크 건축 양식의 가장 훌륭한 예 중 하나로 평가되며, 특히 그 훌륭한 조각품으로 명성이 높다. **IZ**

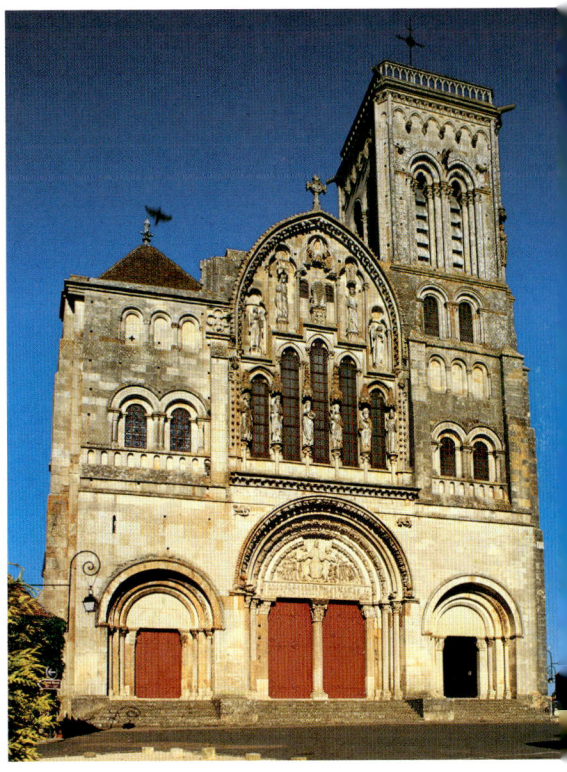

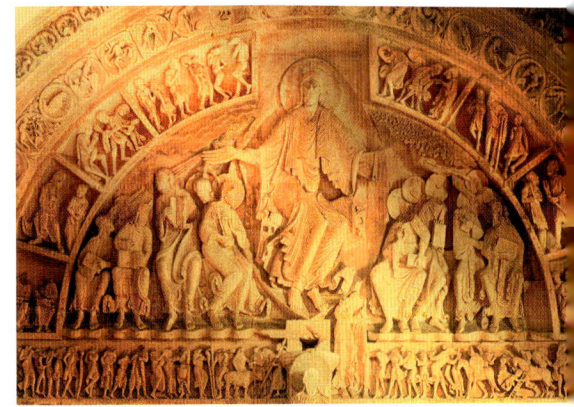

↗ 프랑스 혁명 동안 방치되고 손상을 입어 베즐레 수도원은 거의 무너질 지경에 다다랐다.

⇥ 수도원의 나르텍스(로비)중앙에 있는 문 널판은 사도들에 둘러싸인 그리스도의 모습을 나타낸 것으로 추정된다.

클뤼니 수도원

프랑스, 클뤼니 | Cluny Abbey

한때는 세계에서 가장 큰 교회였던 기억이 어린 유적

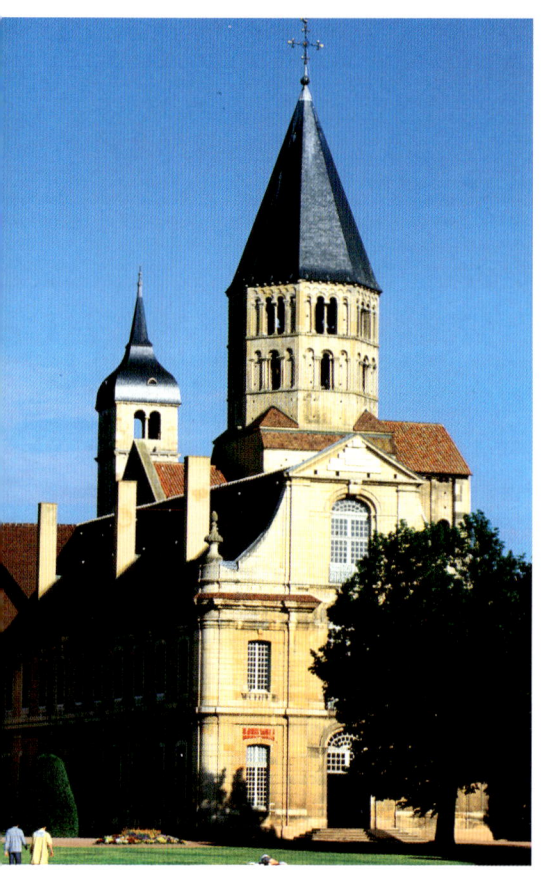

"클뤼니는 이제 더 이상 찬송가의 선율에 화답하지 않으며 옛 수도원장들은 이름 없는 무덤에 잠들어 있다."

뉴욕 타임즈 매거진, 1928년 3월 4일

클뤼니 수도원 유적을 돌아보고 나면 마음이 차분해진다. 이 조촐한 유적을 내려다보고 있으면, 한때 이 교회가 전 기독교 국가 중에서 가장 컸으며 수도원장들이 행사한 영향력은 교황에만 둘째갈 정도였다는 사실을 믿기 어려워진다.

클뤼니는 910년, 아키텐느 공작이 새로운 베네딕트 회 수도원을 위해 자기의 오래된 사냥 별장이 있던 주변의 땅을 기부했을 때 설립되었다. 그가 하사한 이 선물은 중대한 의미를 지니고 있었다. 후원자들은 보통 자기 친척들을 그 자리에 앉힐 수 있도록 수도원장을 선정하는 데에 어느 정도의 영향력을 행사하려 드는데, 아키텐느 공작이 내린 땅에는 그러한 제약이 없었던 것이다. 수도원장들은 이러한 독립성을 이용해 다른 부속 수도원들에 강력한 지배권을 행사하면서 교단을 연합해 나갔다. 따라서 클뤼니 교단이 그 권력의 정점에 도달했던 시절, 수도원장은 사실상 약 1,200군데의 수도원과 1만 명의 수도사들을 거느린 수장이었다. 이 조직은 프랑스 너머로도 세력을 확장해 독일, 영국, 스페인에도 소(小)수도원이 있었다.

클뤼니의 세력이 커져 갈수록 교회 건물의 규모도 커져 갔다. 원래의 건물은 955년 새로이 대체되었으며, 최후이자 가장 웅장하게 지어진 건물은 1088년경 위그드 세뮈르(나중에 성 위그가 된다)가 짓기 시작했다. 결국 클뤼니는 자신이 거둔 성공의 희생자가 되었다. 클뤼니 수도원이 부와 특권의 보루가 되어 갈수록, 더욱 엄격한 시도파 수도사들이 종교 개혁에 앞장서게 되었다. 클뤼니는 점점 더 구체제의 일부로 간주되었으며, 따라서 혁명이 일어났을 때 결정적인 목표가 되었다. 1790년 교단은 탄압을 받았고 건물은 대부분 파괴되었다. 얼마 동안 이 유적은 채석장으로 쓰이기도 했는데, 수도원의 90퍼센트가 파괴되었다고 추정된다. 남아 있는 부분은 종탑, 곡식 창고, 마구간 정도이다. 자그마한 부속품들은 지역 박물관에서 볼 수 있다. 최근 수십 년에 들어, 어느 정도의 보수 작업이 진행되어 왔다. **IZ**

부르고뉴 공작 궁전

프랑스, 디종 | Ducal Palace of Burgundy

'선량한 필리프'가 14세기에 세운 웅장한 궁전

부르고뉴 공작이 수도를 본느에서 디종으로 옮긴 14세기 이래로, 디종은 부르고뉴 지역의 정치 중심지였다. 이 도시 한가운데에 공작 궁전이 자리 잡고 있다. '선량한 필리프'라고도 알려진 초대 발루아 공작이 1366년 옛 로마 요새가 있던 이 자리에 최초의 궁전을 짓기 시작한 이후, 이 건물은 여러 단계의 재건축을 거쳐 왔다.

금화 10만 개에 잔 다르크를 영국군에게 넘기고 처형시킨 일로 악명 높은 필리프는, 여러 채의 다른 건물이 중앙 저택과 응접실들을 둘러싸고 있는, 단일 건물이라기보다 대단지에 가까운 형태의 궁전을 지었다. 이렇게 산발적으로 모여 있던 건물들은 15세기 동안 그의 뒤를 이은 공작들에 의해 증축되어 동굴 같은 주방들과, 알프스를 향한 디종의 눈부신 전경이 내다보이는 46m 높이의 탑인 '선량한 필리프의 탑'을 중심으로 방사형 구조를 띠게 되었다. 17세기에 이 궁전은 부르고뉴 지사들이 거주하는 곳이 되었고, 부르고뉴 정부의 중심지라는 새로운 정치적 위상은 궁전에도 영향을 미쳐 다시 새로운 건축의 시기로 접어들었다. 이 작업으로 궁전은 오늘날 모습과 같은 신고전주의 양식으로 재건축되었으며, 단일 건물을 중심으로 정리되었다.

현재 이 궁전에는 디종의 미술 박물관이 있어, 공작들이 옛 영지인 플랑드르와 네덜란드로부터 수집하여 전시했던 예술 작품으로부터 이어져 온, 프랑스와 플랑드르 예술 작품들을 소장하고 있다. 이 박물관에는 티치아노, 루벤스, 모네, 마네 등의 작품 또한 있으며, 명망 높은 부르고뉴인들의 사치스러운 무덤이 있는 '살 데 가르드'(호위의 방) 또한 방문해 볼 만한 가치가 있다. 이 커다란 홈은 이 도시와 그 지배자들이 누렸던 옛 권력을 목격해 왔다. **AS**

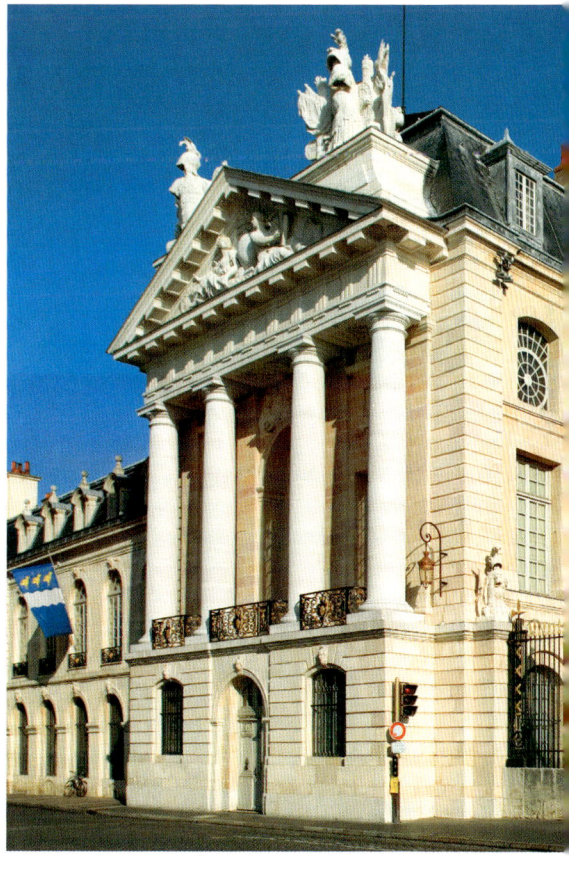

"부르고뉴 저택의 모든 역사는 오만하고 영웅적인 자부심을 지닌 서사시와도 같다."

역사가, 요한 호이징하

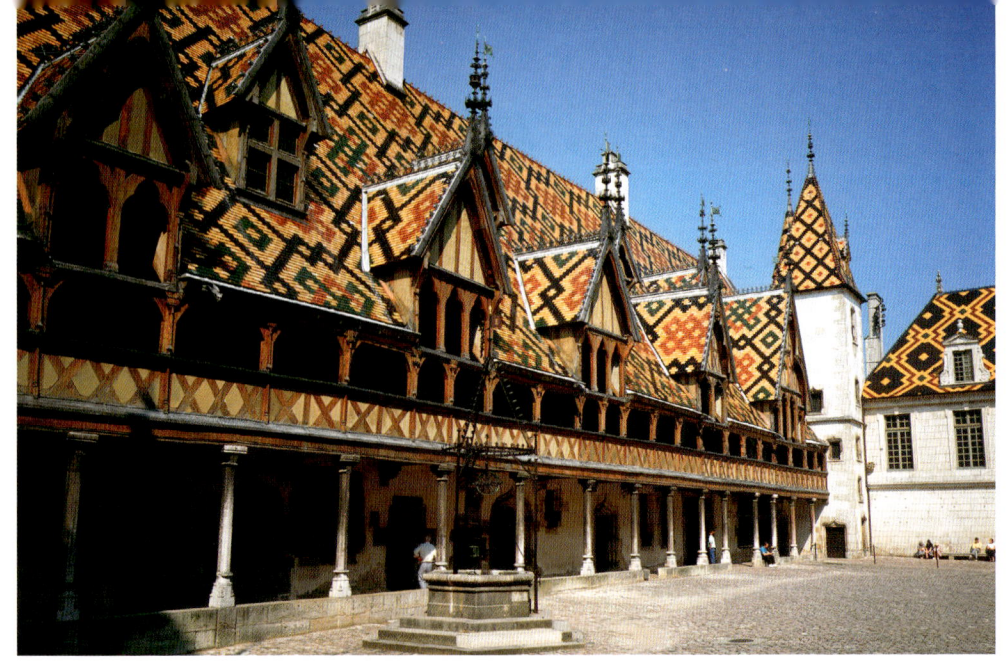

오텔-디외 프랑스, 본느 | Hôtel-Dieu

백년 전쟁 이후에 세워진 자선 병원

본느의 오텔-디외가 지닌 매력을 동일하게 갖고 있는 병원은 극히 드물며, 여전히 버티고 있는 병원들은 더 드물다. 이 뛰어난 의료 시설은 1452년 새해 첫날 첫 번째 환자를 받았으며, 1971년에 마지막 환자를 퇴원시켰다. 현재 이 건물은 500년이 넘는 세월 동안 수행해 온 진료에 경의를 표하는 박물관이 되었다.

오텔-디외는 1443년 부르고뉴 공작의 강력한 비서관이었던 니콜라 롤랭과 그의 아내 기곤 드 살렝에 의해 가난한 이들을 보살피도록 설립되었다. 병원의 외관은 상당히 평범하지만, 자갈이 깔린 내부의 안뜰은 아름답다. 기하학적인 모양으로 배열된 여러 가지 색의 타일과, 꼭대기에 늘씬한 뾰족탑이 달린 여러 개의 박공이 목재 골조로 된 건물을 꾸며 준다. 지붕이 달린 긴 통로는 매우 실용적인 역할을 하는데, 수녀들이 날씨가 나빠도 바깥을 돌아다니며 외부에서만 들어갈 수 있도록 병실과 병실 사이를 오갈 수 있게 해 주는 것이다. 건물의 주실은 '그랑드 살 데 포브르'(가난한 이들의 병동)로, 화려하

게 장식한 목재 천장이 자랑거리이다. 이 병동은 환자들이 예배에 참석할 수 있도록 침상이 방 뒤편에 있는 제단을 향하도록 배열되어 있다. 부유한 환자들을 위한 작은 병동('살 생-위그')도 있으며, 오늘날 이곳을 찾는 손님들은 잘 보존되어 있는 주방과 약국의 모습을 보며 감동을 느낄 수 있다.

오늘날의 방문객 대부분이 오텔-디외에서 볼 수 있는 최고의 작품은 '살 생-루이'일 것이다. 이 방에는 본느의 가장 훌륭한 보물인, 로지에 반 데르 웨이덴이 그린 거대한 제단화 〈최후의 심판〉(1446~1452)이 있다. 사려 깊게도 돋보기가 준비되어 있어, 관광객들은 심판받은 이들이 괴로워하는 모습을 아주 자세한 부분까지 관찰할 수 있다.

오늘날 '본느의 호스피스'라는 자선 단체가 이곳을 운영하고 있다. 이 단체의 주요 수입원은 매년 여는 와인 경매로, 이는 본느가 부르고뉴의 와인 생산 지역 수도라는 사실을 일깨워 준다. **IZ**

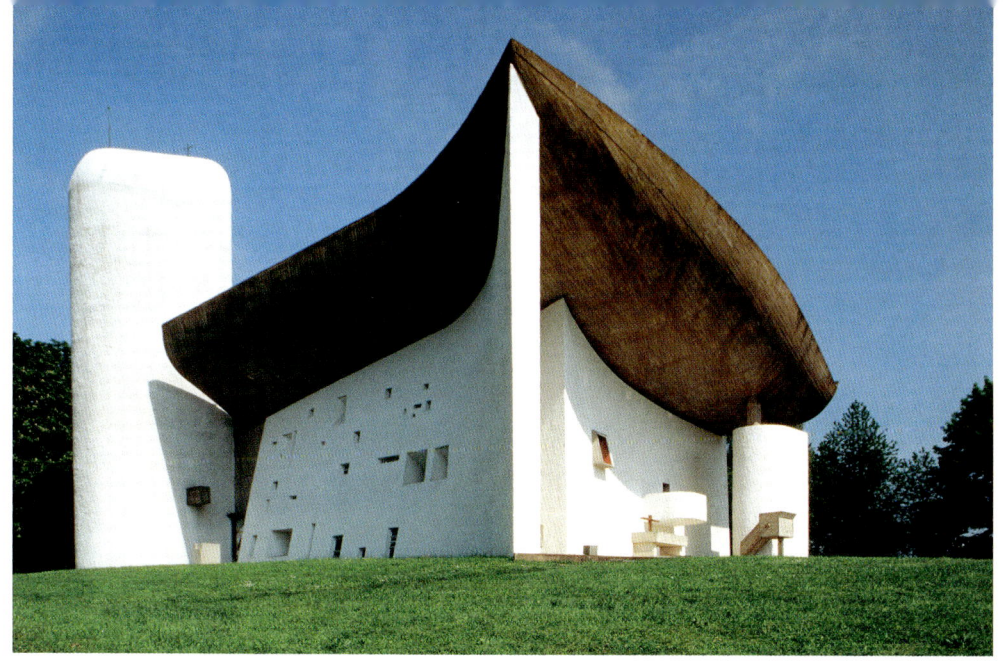

노트르 담 뒤 오 예배당 프랑스, 롱샹 | Chapel of Notre-Dame du Haut

르 코르뷔지에가 지은 종교 건축의 걸작

스위스 태생의 르 코르뷔지에(본명 샤를-에두아르 잔느레)는 20세기 건축계의 거장 중 하나로 꼽히며, 노트르 담 뒤 오 예배당은 널리 그의 걸작으로 평가받고 있다. 르 코르뷔지에는 기계 시대의 선구자였으나, 자연스럽고 유기적인 형태로부터 영감을 끌어오기도 했다. 기계의 파괴적인 잠재력이 지나치리만치 명백히 드러났던 제2차 세계대전 이후, 이러한 영향은 더욱 두드러지게 나타났다.

이 예배당-지붕은 게 껍데기에서 영감을 얻은 것이다-은 언덕 꼭대기에 있다. 전에 있던 교회는 전쟁 중에 무너져 버렸고, 르 코르뷔지에는 이를 대신할 교회를 짓는 일을 맡았다. 성지 순례의 장소인 이 예배당에는 때때로 엄청나게 많은 회중이 모일 때가 있다. 르 코르뷔지에는 야외 예배를 드릴 수 있는 외부 설교단과 제단을 추가로 두어 이러한 문제를 해결했다. 이 위에, 유리로 된 케이스 안에 옛 교회에서 살아남은 마리아상이 들어 있다. 예배당의 디자인은 비대칭적이어서, 마치 조각품처럼 보는 이가 주변을 걸어 돌아봄에 따라 모습이 변한다. 외부 벽의 윤곽과 지붕의 곡선은 물결친다. 예배당의 세 개의 탑은 환기창을 늘어 놓은 모양을 닮았으며, 내부의 바닥은 제단을 향해 경사가 져 있다. 그러나 가장 혁명적이라 할 만한 특징은 조명이다. 벽에 수십 개의 작고 불규칙한 모양의 창문이 뚫려 있으며, 천장 아래쪽의 길고 수평으로 난 틈을 통해 한낮의 빛이 넘쳐 들어와, 지붕은 거의 공기 중에 떠 있는 것처럼 보이는 것이다. **IZ**

"공간과 빛과 질서. 이들은 인간에게 빵이 필요한 만큼 인간에게 필요한 것들이다."

건축가, 르 코르뷔지에

등불의 탑

프랑스, 라 로셸 | Tower of the Lantern

중세 도시 방어벽의 일부이자, 종교 대학살이 벌어진 곳

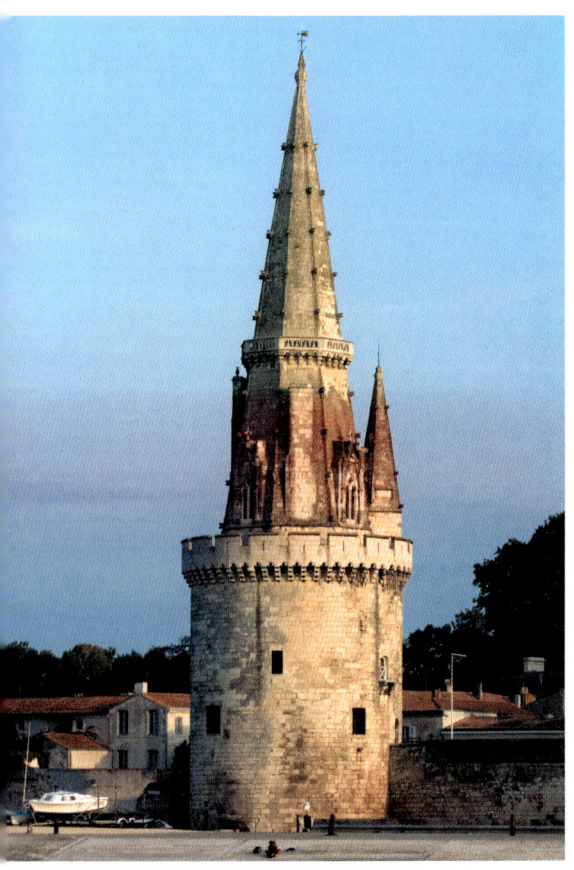

"무슈 달타냥? … 그는 자신의 임무를
모두 수행했고 라 로셸 포위 공격 때
에는 그 이상이었소."

알렉상드르 뒤마, 『20년 후』(1845)

1445년에서 1476년까지 지어진 '등불의 탑'은 라 로셸의 오래된 항구를 에워싸고 있는 세 개의 중세 탑 중 하나이다. 원래 이 탑은 육중한 성벽에 의해 '생 니콜라의 탑'과 '사슬의 탑'과 연결된, 항구 둘레의 방어벽의 일부였다. 높이가 75m인 등불의 탑은 셋 중에 가장 높은 탑이며, 등대로 사용되었기 때문에 이러한 이름을 얻었다. 이후에는 감옥으로도 사용되었으며, 방문객들은 17세기에서 19세기까지 이곳에 갇혔던 영국, 스페인, 네덜란드 해적들이 벽에 새긴 아직도 남아 있는 낙서의 흔적을 볼 수 있다.

이 탑은 폭력으로 얼룩진 라 로셸의 종교적 역사에서 중심적인 역할을 맡았다. 프랑스 종교 전쟁 때, 한 무리의 위그노 교도가 열세 명의 가톨릭 사제들을 첨탑에서 내던져 죽였으며, 이 사건으로 탑에는 '사제들의 탑'이라는 또 하나의 이름이 붙었다. 1627년 리슐리외 추기경의 지휘 아래, 루이 13세의 군대가 이 도시를 포위한 것은 이러한 잔혹한 행위에 대한 응답이었다. 2만 명의 주민이 굶주림으로 죽은 이후, 리슐리외는 라 로셸의 항복을 받아들였다. 항복 조건의 일부로 리슐리외는 세 개의 탑만 남겨 두고 도시의 방어 시설을 전부 파괴할 것을 명령했다.

성채는 이후에 다시 지어져 탑과 연결되었지만, 1884년경에는 소설가 헨리 제임스가 『작은 프랑스 여행』에서 예리하게 회상하는 것처럼 점차 황폐화되고 있던 상태였다. "서로 다른 지점에서 항구를 내려다보며 서 있는, 세월의 풍상에 무한히 씻기고 바닷물에 닳아 은빛이 된 세 개의 오래된 상처투성이 탑 때문에, 이 항구는 인상적으로 보인다." 그러나 이 탑은 1879년 역사 기념물로 지정되었고, 제임스가 자신의 감상을 적은 지 얼마 안 되어 대규모 복원 작업을 거쳤다. 이 작업은 1900년에서 1914년까지 진행되어, 제1차 세계대전과 동시에 마무리되었다. **AS**

게르마니쿠스 개선문

프랑스, 생트 | Arch of Germanicus

1세기의 로마 개선문

생트는 로마 지배 시절부터 프랑스 남서부에서 중요한 도시였으며, 게르마니쿠스 개선문은 생트의 여러 로마 유적 중 하나에 불과하다. 메디오라눔 산토룸이라는 로마 도시는 기원전 30년경 보르도와 리옹(당시 갈리아의 수도였다)을 잇는 주요 도로가 샤랑트 강과 만나는 지점에 세워졌다.

이 개선문은 기원전 20년경 건축되었으며, 이름은 게르마니쿠스 개선문이지만 실제로는 로마를 지배하는 3인에게 바치는 문이었다. 3인은 상대적으로 그리 유명하지 않은 로마의 두 번째 황제 티베리우스, 그의 친아들 드루수스, 그리고 양자 게르마니쿠스로, 이 별명은 게르만 땅에서 여러 차례의 전투를 이끌었기 때문에 붙은 것이다. 다른 로마 개선문에 비해 이 유적은 구조가 단순한 편인데, 아마 단순히 기념 건축물이라기보다 그 실제적인 목적이 다리로 향하는 관문 역할을 하는 데에 있었기 때문일 것이다.

비슷한 시기에, 이 도시에는 공공 목욕탕과 15000명의 관중이 앉을 수 있으며 아직도 근처 언덕에 그 유적이 남아 있는 넓은 원형 경기장이 세워졌다. 이러한 기념물 덕분에 이 도시는 오랫동안 프랑스를 찾아오는 이들이 꼭 보아야 할 역사적인 장소로 여겨져 왔다. 영국의 작가이자 다재다능한 천재 토머스 브라운 경은 1662년 다음과 같이 썼다. "아직도 이곳에서는 로마 시대 웅장함의 흔적을 볼 수 있다 … 무엇보다도, 전부 열네 개의 아치로 이루어져 있는, 다리 위에 세워진 두 개의 당당하고 웅장한 아치형 문이 그렇다." 불행히도 이 다리는 급속하게 성장해 가는 도시에 더 어울리는 큰 다리를 놓기 위해 19세기에 헐려 버렸다. 그러나 게르마니쿠스 개선문의 중요성은 인정을 받아, 생트 시의 공무원들은 주의 깊게 이를 분해하여 강 반대편에 다시 세웠다. 오늘날 이 개선문은 프랑스 역사에 미쳤던 로마의 영향력을 회상시키는 강력한 상징으로 남아 있다. **AS**

코냑 오타르

프랑스, 코냑 | Cognac Otard

코냑 제조장으로 변한 노르만 요새

코냑 오타르는 샤랑트 강변에 있는 르네상스 양식의 코냑 성에 설립된 증류주 제조소이다. 코냑이란, 코냑 지방에서 생산된 화이트 와인만으로 제조한 일종의 브랜디다. 이 자리에 서 있던 최초의 건물은 950년에 노르만 족에 대항해 이 지역을 지키기 위해 세웠던 요새였다. 1190년, 결혼에 의해 이 땅은 영국 왕가인 플랜태저넷 가의 소유가 되었다. 코냑 성은 15세기에 발루아 가문에 의해 다시 지어졌으며, 나중에 프랑스의 프랑수아 1세가 되는 프랑수아 발루아가 1494년 이 성에서 태어났다. 1517년, 그는 성을 증축하고 이탈리아 스타일로 개조했다.

> "선의를 베풀어 내게 오래된 코냑 한 잔과 시원하고 신선한 물 한 모금을 주시오."
>
> 찰스 디킨스, 『두 도시 이야기』(1859)

장 오타르 남작은 1773년 코냑 부근에서 태어났다. 그는 스튜어트 왕조의 제임스 2세에게 충성을 바쳐, 프랑스로 그를 따라 망명 온 스코틀랜드의 제임스 오타르의 증손자였다. 1793년, 오타르 남작은 프랑스 혁명에서 처형의 위기를 간신히 피해 영국으로 도망쳤다. 1795년 프랑스로 돌아와, 그는 코냑 성을 사들이고 오타르 증류수 제조소를 설립했다. 둥근 천장의 3m 두께나 되는 벽은 코냑을 숙성시키기에 그만이었으나, 르네상스 양식의 예배당은 사업에는 별로 쓸모가 없었기 때문에 헐어버렸다.

코냑의 원재료가 되는 이 지역의 화이트 와인은 두 차례 증류된 후 오크 나무 통 안에서 숙성된다. 오타르 코냑에 쓰이는 와인 대부분은 이 지역의 포도 재배 지역 두 곳인 '그랑드 샹파뉴'와 '프티트 샹파뉴'에서 오며, 이렇게 제조된 코냑은 훌륭한 샹파뉴 코냑이라 이름 붙는다. **EH**

오라두르-쉬르-글란

프랑스, 오트-비엔 | Oradour-sur-Glane

제2차 세계대전의 잔인함이 서려 있는 기념지

오래된 마을 오라두르-쉬르-글란으로 가는 길에는 입구 표지판 말고도 폐부를 날카롭게 찌르는 세 단어가 쓰여 있다. "Souviens-toi-Remember."("기억하라") 1944년 여름, 오라두르는 독일이 점령하고 있던 도시였으며, 평소처럼 일상적인 나날을 계속하고 있었다. 그러던 어느 날, 6월 10일에 나치 친위대의 제2 기갑 사단 '다스 라이히' 소속 군사들이 도착했다. 오라두르가 레지스탕스 활동과 연루되어 있다는 잘못된 정보에 의해 이들은 마을사람들에게 무장한 감시대원을 붙여 대여섯 개 정도의 근처 창고에 가두었다. 여자들과 어린아이들은 교회에 몰아넣었다. 그리고 살육이 시작되었다. 교회에서는 폭탄이 터졌고, 살아남은 이들은 나치 친위대의 수류탄이나 기관총 사격의 표적이 되었다. 헛간에 갇힌 남자들 역시 살해당했다. 이 대살육이 끝나자 나치는 마을 전체에 불을 질렀다. 모두 642명의 마을 주민들이 살해당했고, 이 중에는 어린이만 200명 이상이었다. 생존자는 한 나이든 여자와 다섯 명의 남자들이 전부였다(치명적인 오보에 의해 이러한 습격을 이끌었던 장교는 3주도 채 지나지 않아 노르망디에서 죽었다).

전쟁이 끝난 후, 프랑스의 드 골 원수는 오라두르를 순교 마을로 선포했다. 오늘날 이 마을의 지붕이 사라진 집들과 녹슬어가는 자동차들은, 심지어 나치 친위대까지도 충격을 받았던 사악하고 정당한 이유도 없었던 잔혹 행위에 대한 사라지지 않는 기억으로 남아 있다.

샹 드 푸아르와 공동 묘지 사이에는 지금 1974년에 세워진 기념관, 혹은 순교관이라 불러야 할 건물이 있다. 여기에는 사망자들의 이름이 나와 있으며 부서진 시계, 신분증, 어린이 장난감 같은 마음 아픈 유품들이 전시되어 있다. 오라두르라는 이름은 라틴어 '오라토리움'에서 온 것으로, 처음 이 마을이 사람들이 모여 죽은 자를 위해 기도하던 예배당을 중심으로 성장했음을 암시해 준다. 비극적인 아이러니로 인해, 오라두르는 다시 한 번 죽은 이들에게 바치는 사당이 되었다. **Cb**

노트르 담 뒤 포르

프랑스, 클레르몽 페랑 | Notre-Dame du Port

눈부시게 아름다운 오베르뉴의 로마네스크 교회

클레르몽 페랑의 포르 카르티에(지역 상인들이 자신들의 제품을 '아포르테'(가져오다) 하는 데에 쓰였던 시장을 따붙은 이름)에 있던 원래의 교회는 6세기에 건축되었으며, 노르만 족의 침입으로 파괴되었다.

12세기 초, 생 아비 주교가 이 교회의 재건축을 주도했다. 일설에 따르면 그는 이 교회가 수학적인 황금 비율에 따라 모든 부분의 세로 길이가 그 가로 길이에 비해 1:1.6의 비율로 더 길게 지어져야 한다고 주장했다고 한다. 19세기에 이 교회는 상당 부분 개조되어, 시계탑이 세워지고(전에 있던 시계탑은 1476년에 일어난 지진으로 파괴되었기 때문이었다) 지붕 타일이 이 지역에서 나는 볼빅 석의 판자로 교체되었다. 볼빅 석은 매우 독특한, 새카만 화산암이다.

> "수학 역사 속의 다른 어떤 숫자와도 달리 … 황금 비율은 사상가들에게 영향을 주었다."
>
> 작가, 마리오 리비오

내부에서는 특히 성경의 장면을 나타낸 섬세한 조각품이 유명한데, 가장 명성이 높은 조각은 기둥머리와 북쪽 현관 통로 상인방에 새겨진 것들이다. 제일 유명한 기둥머리 조각은 아담과 이브가 에덴동산에서 쫓겨나는 장면을 담고 있는데, 대천사 미카엘이 아담의 수염과 이브의 머리채를 잡고 있다. 남쪽 현관 통로에는 그리스도의 일생이 요약되어 있는데, 동방 박사의 경배, 아기 예수의 성전 봉헌, 그리스도의 세례, 그리고 빛에 둘러싸인 옥좌에 앉은 그리스도의 모습을 보여 준다. 현재 이 교회에서는 내부와 외부 둘 다 광범위한 복원 작업이 진행 중이다. **AS**

노트르담 뒤 퓌이 대성당

프랑스, 르 퓌이-앙-블레 | Notre-Dame du Puy Cathedral

완공되는 데 7년이 걸린 거대한 로마네스크 대성당

르 퓌이-앙-블레는 오래된 화산 원뿔 가운데의 움푹 파여 있는 극적인 곳에 위치하고 있다. 이러한 구멍은 프랑스의 마시프 상트랄 지역의 많은 분화구 중 하나이다. 이 도시는 스페인 북부의 성지 산티아고 데 콤포스텔라로 향하는 순례자들이 쉬어 가는 곳이었고, 이 부렵의 중세 도시는 오늘날도 대부분 남아 있다.

세 개의 화산암 봉우리가 이 도시를 지켜 주며, 각 봉우리 꼭대기에는 교회나 동상이 서 있다. 가장 큰 봉우리 꼭대기에 노트르담 대성당이 서 있는데, 이는 5세기부터 12세기까지 지어진 육중한 로마네스크 건물이다. 건물을 지지하고 있는 여러 개의 아치들, 잎사귀 모양 조각과 체커판 모양 장식, 회중석 위로 솟은 여섯 개의 돔에서는 비잔틴과 무어의 영향이 상당히 많이 드러난다. 자갈이 깔린 마을길 맨 꼭대기에 있는 거대한 아치 밑을 지나쳐 들어가면 가파른 계단을 지나 오늘날도 사용되고 있는 오래된 현관이 나오며, 들어가면 곧바로 회중석으로 이어진다.

제단에 있는 검은 마리아 조각상은 루이 9세가 아마 십자군 원정에서 얻어 성당에 선물한 원래 조각상을 17세기에 복제한 것이다. 이 조각상은 검은 호두나무에 조각되었고, 세월이 흐르면서 점점 더 검어졌다. 이는 이 지역에 있는 여러 개의 흑인 마리아 상 중 하나이다. 당당한 이 마리아상은 비잔틴 양식으로 화려하게 장식된 로브와 왕관으로 치장한 채 자리에 앉아 있다. 성당 한쪽 벽에는 오래 전의 이교도 의식에 쓰였던 돌 일부가 깊이 박혀 있다. 교회가 세워지기 전 이 지역에서는 이교를 숭배했던 것이다. 이 돌은 '열(熱)의 돌'이라고도 알려져 있으며, 어떤 이들은 치유의 능력이 있다고 믿는다.

방문객들로 분주한 오늘날의 모습을 보면, 성당의 웅장함과 숭고함을 느끼고 검은 마리아상의 존재에 한껏 정신이 고양되어 여행의 다음 여정을 준비하는 순례자들로 이 커다란 성당이 가득 차 있던 모습을 쉽게 상상할 수 있다. **EH**

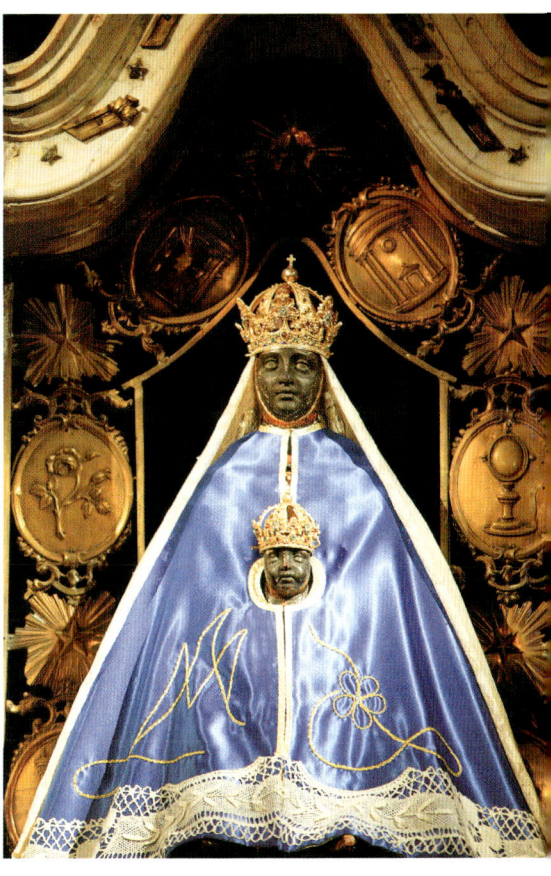

"이교노 사원을 파괴하는 곳마나 그는 곧바로 교회나 수도원을 지었다."

술피시우스 세베루스, 초기 기독교 전도자에 대하여

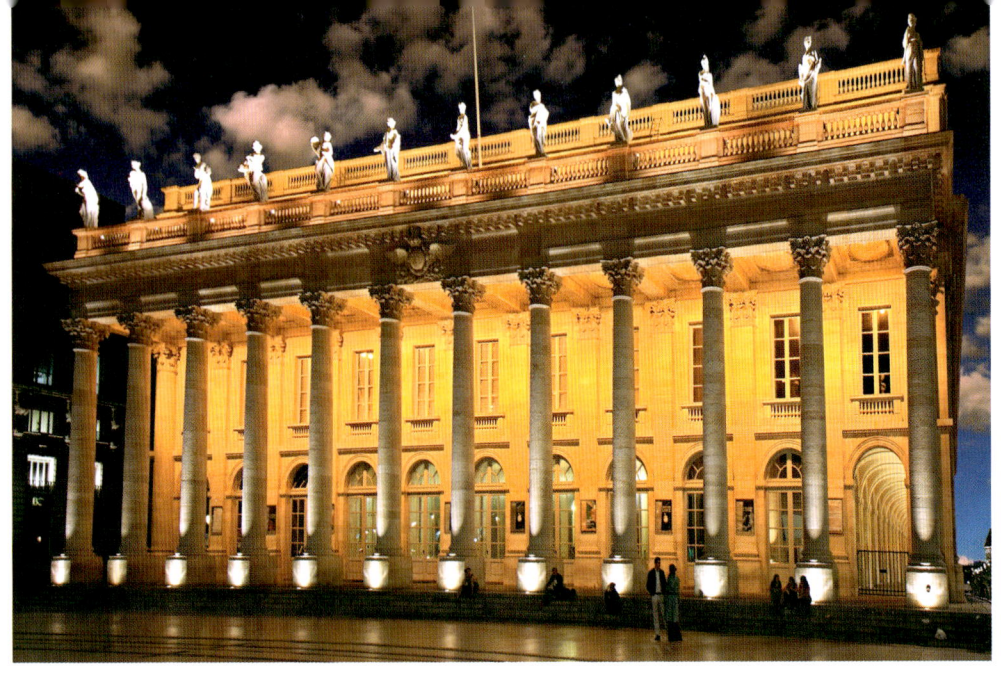

그랑 테아트르 프랑스, 보르도 | Grand Théâtre

빅토르 루이의 신고전주의 건축 걸작

보르도의 그랑 테아트르는 첫 공연인 장 라신의 〈아탈리〉를 무대에 올린 지 열흘 후인 1780년 4월 17일에 정식으로 문을 열었다. 그랑 테아트르는 보르도 최초의 극장은 아니었지만—1738년에 지어진 석조 극장이 있었으나 1755년 화재로 파괴되었다—중세의 도시였던 보르도를 근대적인 예술과 학문의 중심지로 탈바꿈시켜 활기를 불어넣으려는 추진 사업의 일부로 건설된 것이었다. 보르도 중심에 있는 건물 대부분은 이 시기에 지어진 것이며, 오스만 남작은 1860년대 파리에서 비슷한 임무를 맡았을 때 보르도의 도시 건설 프로그램을 모델로 삼았다. 빅토르 위고는 이 도시의 변화된 모습에 깊은 감동을 받아 이렇게 평했다. "베르사유를 가져다 안트베르프를 더하면 보르도가 된다."

극장을 디자인한 이는 프랑스 신고전주의 건축가 빅토르 루이였다. 1775년 그는 경쟁이 매우 치열한 로마 그랑프리를 수상했다. 루이가 고전주의와 르네상스의 위대한 건축가들의 영향을 받은 것은 바로 로마에서였다.

꼭대기에 아홉 명의 뮤즈 여신과 유노, 베누스, 미네르바 여신 조각상이 있는, 코린트 기둥으로 이루어진 그랑 테아트르의 주랑 현관에서는 이러한 영향이 명백하게 돋보인다.

1871년, 이 극장은 그 위엄 있는 위풍당당함을 인정받아 잠시 동안 프랑스 의회의 국회 의사당으로 쓰였다. 1991년 복원 작업을 거쳐, 현재는 보르도 국립 오페라와 보르도 국립 발레단의 근거지이다. **AS**

> "나는 보르도에서 돌아왔네. 극장에서 웅장하고 훌륭한 공연이 있었는데, 기념비적인 성공을 거두었지."
>
> 작곡가, 엑토르 베를리오즈, 1859년 6월 12일자 편지

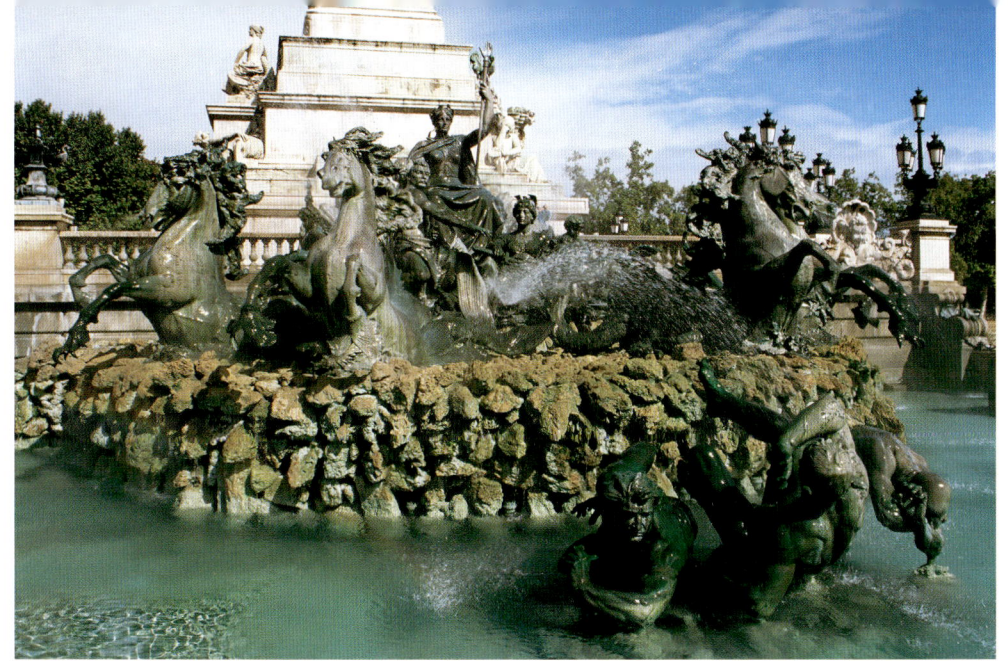

지롱드 기념비 프랑스, 보르도 | Monument aux Girondins

공포 정치에 희생당한 보르도의 정치적 순교자들을 위한 기념비

지롱드 당파란 프랑스 혁명 초반의 투쟁적인 여러 정치 당파 중 하나였다. 보르도를 그 수도로 하는 지롱드 데파르트망 출신의 대표자들로 구성된 내부 단체가 주도했던 이 당파는 민주적인 혁명을 돕기 위해 호전적인 애국적 열정을 선동하고자 했는데, 혁명이 통제를 벗어나 걷잡을 수 없이 나아가게 되면서, 그들은 이러한 입장으로 인해 후퇴하는 것처럼 보이게 되었다. 공포 정치의 폭력이 주도권을 잡자, 로베스피에르는 지롱드 파가 초기의 혁명 원칙들을 어기려 했다며 반역으로 고발했다. 공개 재판을 거쳐, 지롱드 당의 지도자 스물한 명은 1793년 10월 기요틴에서 처형당했다.

1881년, 바스티유 습격 100주년이 가까워 오자, 보르도 당국은 혁명이 낳은 이 순교자들을 위해 기념물을 세우기로 결정했다. 이러한 의도가 있었음에도 건설은 1894년까지 지연되었고, 기념물이 완성된 것은 1902년에 들어서였다. 건축가 빅토르 리슈와 조각가 아쉴 뒤밀라트르, 귀스타브 드브리의 합작인 이 기념비는 43m 높이

의 중앙 기둥으로 이루어져 있으며, 그 꼭대기에는 사슬을 끊고 자유를 찾는 자유의 여신 조각상이 있다.

공화국, 보르도, 웅변술, 프랑스를 상징하는 수탉 등 사람의 모습으로 형상화한 영웅적인 이미지의 조각상들로 장식한 연못이 이 거대한 기둥 주변을 둘러싸고 있다. 이 모든 것이 함께 공화국의 승리와 콩코르드의 승리라는 주제를 표상하는 것이다.

이 건축물들은 보르도 시 킹콩스 광장의 핵심적인 포인트를 형성한다. 이는 유럽에서 가장 넓은 공공 광장으로, 넓이가 12헥타르에 달한다. 제2차 세계대전 동안, 나치 점령군은 청동 조각상들을 약탈해 갔다. 프랑스의 자유의 순교자들을 위한 기념비에 마땅하게, 이는 회수되어 1983년 원래의 장소에 복원되었다. **AS**

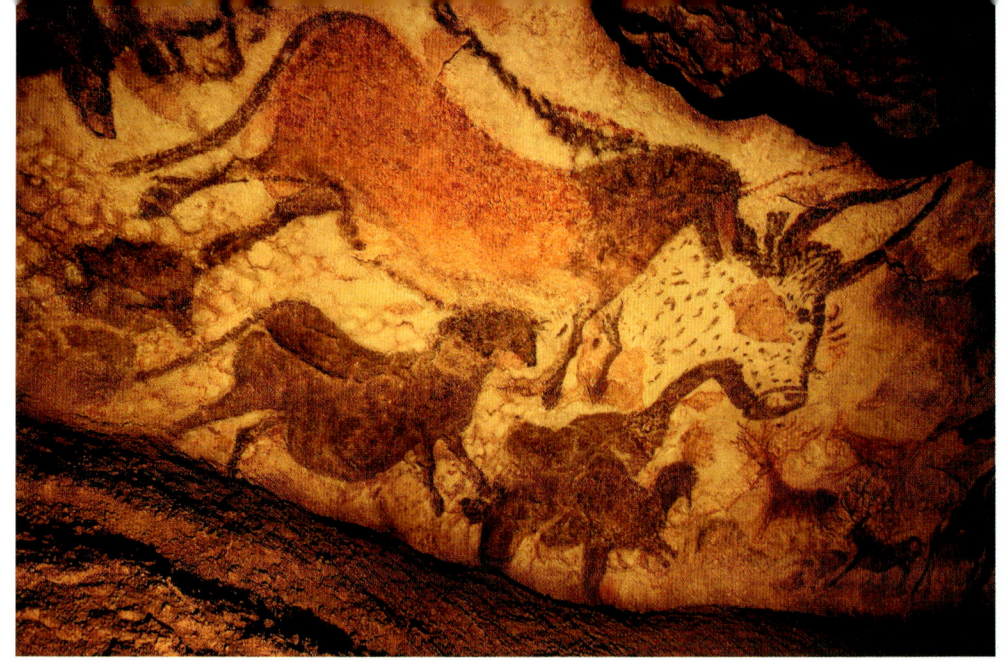

🏛 ◈ 라스코 동굴 프랑스, 몽티냑 부근 | Lascaux Cave

전무후무할 정도로 흥미진진한, 선사 시대에 대한 발견 중 하나

1940년 9월, 네 명의 소년이 숲에서 놀고 있던 중 개가 구멍 속으로 사라져 버렸다. 이 구멍은 동굴로 들어가는 입구로 밝혀졌다. 우연히도 이 네 친구들은 유럽에서 가장 훌륭한 구석기 시대 예술의 흔적과 마주친 것이었다. 라스코의 동굴은 유일한 구석기 시대 유적은 아니지만-치장된 동굴은 베제르 골짜기에만 해도 25개나 있다-벽화의 다양함과 우수함이라는 면에서 다른 곳과 비교가 불가능할 정도로 훌륭하다.

라스코에는 600점의 그림과 1,500점의 조각이, 서로 연결되어 있는 여러 개의 방에 남아 있다. 이 이미지들 중 대부분은 동물을 그린 것이다. '황소의 거대한 홀' 벽화는 그야말로 장관이라 할 수 있는데, 길이가 5.4m나 되는 네 마리의 커다란 짐승이 이 방 전체를 압도하고 있다. 벽화의 목적이 무엇인지에 대해서는 많은 토론이 있어 왔다. 지하 동굴처럼, 제대로 감상할 수 없었을 만한 곳에 그림 대부분이 그려져 있는 것으로 보아, 그 기능은 장식적이라기보다 종교적인 목적이었을 것이다.

동굴이 발견되었던 무렵은 전쟁 중이었으므로 이 유적에 대한 자세한 탐사는 차후로 미뤄졌으나, 1948년 대중에게 문을 열었다. 기록적인 인파가 벽화를 보기 위해 몰려들었는데, 이는 곧 문제가 되었다. 사람들의 입김에서 나오는 습기와, 신발에서 떨어진 먼지며 꽃가루와 합쳐져 벽화에 눈에 띌 정도의 손상을 가져왔던 것이다. 이 동굴은 1963년 입장이 금지되었으며, 강화 콘크리트로 만든 건물 안에 복제 벽화가 조성되었다. 라스코 Ⅱ는 1983년 문을 열었으며 모든 면에서 원본과 똑같은 인기를 거두었다. **IZ**

"1만 7000년도 넘는 세월 동안, 라스코 동굴의 동물 그림은 … 역사의 파괴를 떨치고 살아 남았다."

타임 지(誌), 2006년 6월 11일

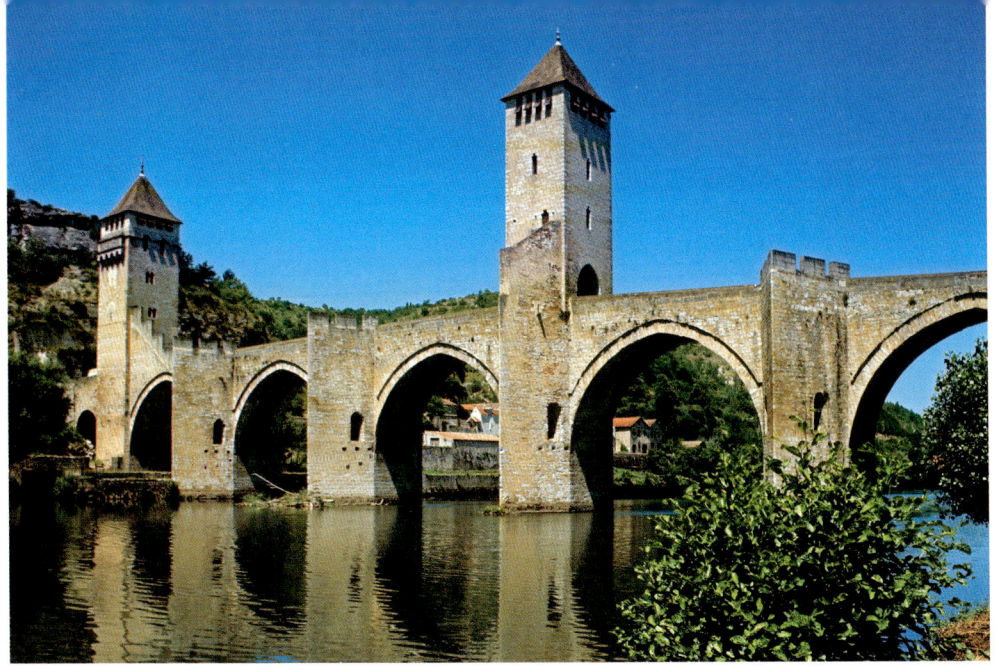

발랑트레 다리 프랑스, 카오르 | Pont Valentré

그 유래가 14세기로 거슬러 올라가는, 방비 시설을 갖춘 훌륭한 다리

중세 군사 건축술을 보여 주는 훌륭한 예인 발랑트레 다리는 7세기에 걸친 유구한 역사 동안 강을 지배해 왔다. 방비 시설을 갖춘 이 다리는 1378년에 완성되었다. 3층 짜리 탑들과 우아한 아치는 40m 높이로 로트 강에 서 있다. 탑 중 두 개에는 내부에서 방어하는 이들이 아래쪽의 공격자들을 향해 바위를 던지고 불화살을 쏠 수 있는 낮은 장벽이 있으며, 중앙의 탑은 감시 초소였다.

발랑트레 다리는 백년 전쟁(1337~1453) 동안 모든 공격을 견뎌 냈으며, 카오르는 영국의 점령에 성공적으로 저항했다. 종교 전쟁(1562~1590)이 벌어지는 내내 이 도시는 가톨릭 신앙을 굳게 고수하고 있었으나, 1580년 앙리 드 나바르의 손에 들어갔다. 프랑스의 왕위에 오른 앙리 4세는 와인 시장을 열 수 있는 권리를 빼앗아 버려 카오르 시를 처벌했고, 도시의 부강함은 쇠퇴하기 시작했다.

1879년 건축가 폴 구트가 다리를 수리하면서 이 다리를 처음으로 지은 자에 대한 전설을 떠올리게 해 주는 조각상 하나를 세웠다. 그 남자는 자신의 영혼을 넘기는 조건으로 악마에게 도움을 요청했다. 악마의 허를 찌르기 위해, 남자는 악마에게 불가능한 과제를 내주었다. 체 안에서 회반죽을 만드는 데에 필요한 만큼의 물을 가져오라는 것이었다. 악마는 이 속임수에 대해 복수했다. 중앙 탑을 마무리하던 중 석공들은 한쪽 모서리가 무너져 내렸다는 사실을 알아차렸는데, 아무리 해도 그 부분을 완성할 수 없었다. 중앙 탑 꼭대기에는 구트가 만든 자그마한 악마 조각상이 서 있는데, 그 손가락이 두 장의 석판 사이에 꼭 낀 모습이다. **SC**

"이곳은 친근하고, 기운찬 시골다운 곳으로 … 완벽한 중세풍의 발랑트레 다리가 지배하고 있다."

카르멘 칼릴, 『불성실』(2006)

자코뱅 교회

프랑스, 툴루즈 | Church of the Jacobins

도미니크 수도회의 본산

건축학적인 견지에서 얘기하자면, 자코뱅 교회는 프랑스 고딕 시대가 남긴 훌륭한 작품이다. 붉은 벽돌로 된 엄격해 보이는 외관 안에는 놀랄 만한 가벼움이 숨어 있는데, 이러한 가벼움은 이중 네이브와 22m에 달하는 엄청난 높이에 야자나무처럼 퍼지는 모습으로 지붕에서 서로 만나는 높은 기둥들로부터 나온다.

이 놀라운 교회는 툴루즈에서 자코뱅들의 영적인 본산 역할을 하는데, 자코뱅이란 도밍고(도미니쿠스) 데 구스만이 설립한 교단인데, '도미니크 수도회'라는 이름으로 더 잘 알려져 있다. 도밍고는 카스티야 태생이었으나, 알비주아 파(카타리 파라고도 한다)에 반대하는 꾸준한 설교로 프랑스 남부에서 이름을 떨쳤다. 알비주아 파는 12세기 말엽 툴루즈 주변에 단단히 뿌리박혀 있던 분파였다. 13세기에 접어들자 알비주아 파는 거의 자취를 감춰 버렸는데, 도밍고의 설교뿐만 아니라 교황 인노첸티오 3세가 일으켜 1209년부터 1229년까지 지속된 잔혹한 알비주아 십자군 전쟁 덕택이었다. 도미니크 수도회는 지역 주민들 사이에서 종교 재판관 역할을 맡게 되었는데, 그 방식에서는 이후 스페인 종교 재판에서 보이게 될 가차 없는 심문의 전조가 드러났다.

알비주아 파와의 전쟁이 끝나가고 있을 무렵인 1229년, 교단에서 입수한 땅에 교회가 세워졌는데, 그 엄청난 크기는 툴루즈에서 도미니크회가 행사했던 영향력을 강조해 준다. 프랑스 혁명 동안 결국 도미니크회는 이 교회를 버렸다. 교회는 1810년 툴루즈 시의 소유가 되었는데, 수리가 필요한 지독한 상태였다. 1920년 복원 작업이 시작되어 1972년이 되어서야 끝났다. 그 건축학적인 중요성과 역사적인 배경과 더불어, 이 교회에 도미니크회와 가톨릭이 낳은 위대한 신학자 중 한 사람인 성 토머스 아퀴나스의 무덤이 있다는 사실로도 유명하다. **AS**

생트 세실 대성당

프랑스, 알비 | Cathedral of Sainte-Cécile

협박하기 위해 지은 성당

알비의 고딕 대성당은 북부에 있는 다른 고딕 대성당들과는 매우 다르다. 건축학적인 면에서 가장 뚜렷한 차이라고 한다면, 플라잉 버트레스가 없다는 점을 들 수 있다. 알비의 성당에서는 지지대가 벽 그 자체 안에 지어져, 외부에서 보면 나란히 이어져 있는 원형 감시탑들처럼 보인다. 늘씬하고 높이 솟은 첨탑이 있는 북부의 성당들과 달리 알비의 성당은 단단하고 육중한 구조로, 교회라기보다 요새를 닮았다는 느낌을 준다. 이는 우연한 일이 아니다. 이 새 성당은 종교 반역자들을 위협하기 위해 설계되었던 것이다.

"Caedite eos. Novit enim Dominus qui sunt eius."(모두 죽여라. 주님은 그분의 사람들을 알아보실 터이니)

알비주아 십자군 전쟁에 내려진 명령

알비라는 도시는 알비주아(혹은 카타리)라는 이단 교파의 이름을 낳았다. 이 교파를 상대로 벌어진 13세기의 교황 전쟁은, 성전이라는 기준에 비추어 보더라도 그 잔혹함이 끔찍한 것으로 유명하다. 이 위압적인 새 성당을 짓는 작업은 1282년, 알비주아 십자군 전쟁이 끝나고 난 지 수십 년 이후에 시작되었다. 랑그독 종교 재판의 수장인, 도미니크회의 주교 베르나르 드 카스타네가 성당을 짓게 했다.

알비 성당의 내부는 음울해 보이는 파사드와 다채로운 대조를 이루는데, 가장 호화로운 특징은 〈최후의 심판〉(1474~1484)을 그린 벽화이다. 천장에는 이외에도 아름다운 16세기 프레스코화가 그려져 있고, 루드 스크린 주변에는 다양한 성인과 천사들의 모습을 여러 가지 색깔로 나타낸 훌륭한 조각품이 있다. 게다가 이 성당은 크리스토프 무슈렐이 디자인했으며 프랑스에서 가장 큰 오르간 중 하나인 웅장한 오르간을 자랑하는 곳이다. **IZ**

카르카손 성벽 도시

프랑스, 랑그독 | Carcassonne Walled Town

로마 시대부터의 역사를 간직한, 훌륭하게 복원된 요새 도시

프랑스 남서부, 태양 빛에 흠뻑 젖은 랑그독 지방에 있는 언덕 꼭대기의 도시 카르카손은 대서양과 지중해를 오가는 여러 군데의 오래된 무역 루트 위에 자리 잡고 있으며, 적어도 기원전 6세기부터 중요한 무역지였을 것으로 추정된다. 기원전 100년경 로마인들은 이 지역에 요새를 세웠으며, 서기 462년 이 주변의 셉티마니아 왕국은 서고트 족의 테오도리크 2세에게 정복되었는데 왕은 이 지역의 방어 체계를 더욱 굳건히 했다.

경제적이고 군사적인 중요성이 깃든 전략적인 장소였으므로, 카르카손의 주인은 여러 차례 바뀌었다. 1067년에는 트랑카벨 가문이 이 지역을 지배하여 샤토 콩탈과 생-나제르 바실리카를 세웠다. 기능적이면서도 웅장한 '고딕 트레조 탑'과 '나르본 관문'을 비롯하여, 현존하는 53개의 탑은 13세기에 옛 탑들이 있던 기반 위에 다시 세워진 것이다. 같은 시기에, 카르카손은 시몽 드 몽포르가 이끈 알비주아 십자군 전쟁에서 맡았던 주도적인 역할로 악명을 얻게 되었다. 시몽 드 몽포르는 후에 이 도시를 요새화시켰고, 이는 프랑스와 아라곤 왕국 사이의 경계를 이루는 성채가 되었다.

페이르페르퇴즈와 케리뷔스 성 같은 이 지역의 다른 성들과 더불어, 이 도시의 군사적인 중요성은 1659년 국경이 남쪽의 피레네 산맥까지 옮겨갈 때까지 지속되었다. 이후 성채는 점차 사용이 적어져 황폐하게 되었고, 카르카손은 모직물 산업으로 인해 경제적인 중심지로 부상하게 되었다. 도시 당국과 부유한 시민들은 아래쪽 도시(빌 바스)로 옮겨가기 시작했고, 오래된 도시는 점차 쇠락했다. 나폴레옹이 공식적으로 이곳을 포기한 이후, 한때 웅장했던 도시는 허물어질 운명에 처했으나 분노한 지역 주민들이 소동을 일으킨 덕분에 살아남았다. 1853년 건축가 외젠 비올레-르-뒤크가 이 도시를 복구하기 시작했다. 따라서 진짜는 아니지만 그래도 환상적이며, 영화 제작자들과 예술가들이 무척 사랑하는 뾰족한 원뿔 모양 탑들이 남게 되었다. **AP**

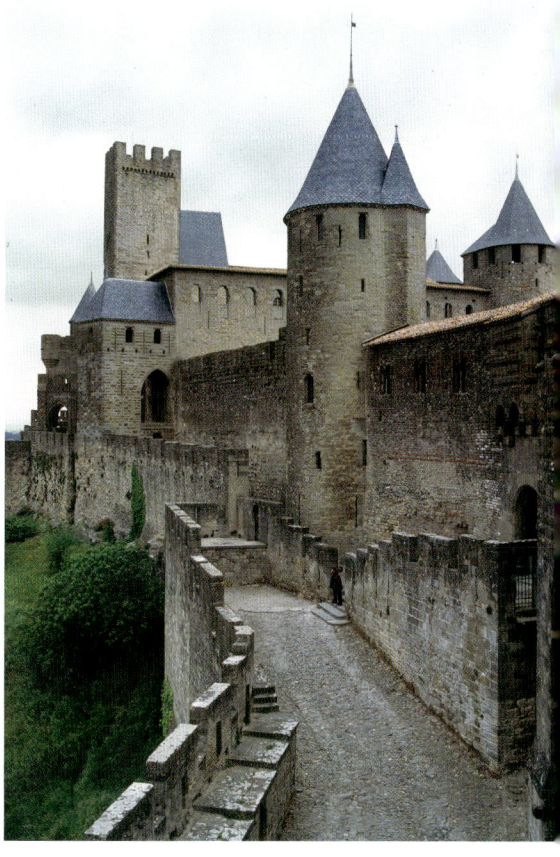

"건물을 완성된 상태, 사실상 결코 이루어지지 않았던 상태가 되도록 다시 세우는 수단."

외젠 비올레-르-뒤크, 복원 작업의 목적에 대하여

퐁 뒤 가르

프랑스, 르물랭 | Pont du Gard

님므 시에 신선한 물을 공급해 주었던 로마의 수도교

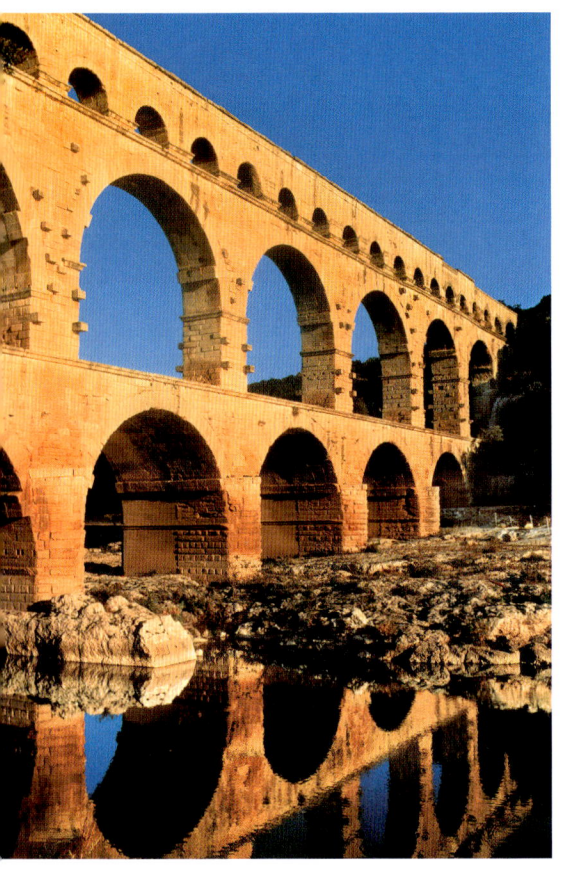

고대 로마인들은 솜씨 있고 발명 재간이 뛰어난 엔지니어였다. 이들이 이루어 낸 업적 중 단연 뛰어난 것은 그들이 제국의 여러 군데에 지었던 거대한 수도교였다. 높이가 49m에 달하는 퐁 뒤 가르는 이러한 수도교 중 가장 높고, 또한 잘 보존되어 있는 건축물 중 하나이다.

수도교는 주요 정착촌에 물을 대기 위해 설계되었는데, 이 경우는 님므(네마우수스)를 위해 지어진 것이다. 수로 대부분의 구간에서 물은 돌로 된 지하 수로를 따라 운반되지만, 이곳에서는 가르 강(또는 가르돈 강) 계곡 위로 흘러온다. 퐁 뒤 가르는 세 줄의 아치로 이루어져 있는데, 물이 흐르는 관은 맨 위 아치 안에 들어 있다. 이 다리가 정확히 언제 건설되었는지는 불분명하다. 오랜 세월 동안, 퐁 뒤 가르는 기원전 19년경 로마 최초의 공중 목욕탕을 짓게 한 인물이기도 한 마르쿠스 비스파니우스 아그리파의 감독하에 건설된 것이라 생각되어 왔다. 그러나 최근의 고고학적 조사에 따르면 그보다 조금 이후, 서기 1세기 중반쯤 세워졌으리라 추정된다.

로마인들이 떠나자 수도교는 더 이상 관리되지 않았고 차차 쓰이지 않게 되었다. 석재 일부를 가져다 다른 건물을 짓는 데에 사용하기까지 했으나, 이 건축물은 평범한 다리로 사용하기에도 여전히 유용했다. 이 다리의 진정한 역사적 가치를 인정하고, 복원하기 위한 노력이 이루어진 것은 18세기에 들어서였다. 1743년, 수도교를 타고 이동하는 통행량을 줄이기 위해 다리의 낮은 부분 옆에 새로운 다리가 세워졌다.

19세기부터 여러 차례의 복원 작업이 이루어져 왔는데 최근 작업이 이루어졌던 2000년, 이 다리는 보행자 전용이 되었고 새로이 박물관이 조성되었다. 퐁 뒤 가르는 또한 다양한 축제, 전시회, 공연이 열리는 배경으로 사용되기도 했다. **IZ**

"로마 건축가들은 … 예술적인 면은 물론 기술적으로도 뛰어난 걸작을 창조해 냈다."

유네스코

님므 로마 경기장

프랑스, 님므 | Nîmes Roman Arena

오늘날도 사용되고 있는, 로마 원형 경기장

로마 제국 곳곳에 건설되었던 거대한 원형 경기장보다 고대 로마인들의 생활양식을 생생하게 그려볼 수 있게 해주는 유적은 없다. 이러한 타원형 경기장에서 로마인들은 검투사들의 대결, 동물 싸움, 심지어 해상전까지 그들이 즐기던 가장 화려한 볼거리를 무대에 올렸다. 프랑스 남부 님므에 있는 경기장은 그 중 가장 잘 보존되어 있는 예의 하나이다.

기원전 121년, 로마인들은 님므(네마우수스)를 정복했고, 자신들의 생활 방식을 따를 것을 요구했다. 1만 6천 명이 앉을 수 있는 님므의 경기장은 다른 비슷한 유적들과 비교해 볼 때 규모가 특별한 것은 아니지만, 커다란 인기를 끌었다. 이 경기장에서 결투를 벌인 검투사들은 주로 노예보다 자유인이 많았는데 막대한 보상금에 끌려 그 위험한 직업을 택한 이들이었다.

님므의 원형 경기장은 다른 로마 시대 건축물보다 훌륭한 상태로 남았는데, 이유는 이 경기장이 항상 사용되었기 때문이었다. 서고트 족은 이 경기장을 요새로 개조했으며, 이 요새는 나중에 툴루즈 백작들의 손에 들어갔다. 중세에는 이 성벽 내부에 하나의 완전한 마을이 형성되었다. 성벽 안에 거주하는 사람 수가 많게는 700명에 달하는 시기도 있었고, 모두 각자의 주택과 교회를 갖추고 있었다. 1780년대에 이러한 부분을 치워 버리는 작업이 시작되었고, 다음 세기에는 한층 빨리 진행되어, 앙리 르부알이 원형 경기장의 모습으로 복원했다.

1853년, 다시 한 번 공공 여흥이 열려 경기장은 여러 용도를 거친 끝에 처음으로 돌아오게 되었다. 이번에는 투우와 소 경주가 열리는 장소로 쓰였다. 이러한 종류의 활동을 즐기는 취향은 사라지지 않고 지속되어 축제 기간 동안 님므에서는 계속 투우가 열리게 되었다. 1988년, 새로운 지붕이 건설되면서 이곳에서 열 수 있는 행사는 더욱 다양하게 되었다. **IZ**

세잔의 스튜디오

프랑스, 엑상 프로방스 | Aix-en-Provence

화가 폴 세잔 최후의 집

폴 세잔(1839~1906)은 엑상 프로방스에서 태어났으며 프랑스에서 가장 위대한 화가 중 하나이다. 그는 여러 채의 집을 소유했지만, 이 집은 그가 직접 설계했다는 점에서 특별한 중요성을 지닌다.

세잔은 부유한 가문 출신으로, 널찍한 18세기 저택이었던 부모님 집에서 여러 해 동안 살았다. 세잔의 어머니가 사망한 이후 이 집은 1899년에 팔렸으며, 세잔은 엑스 중심부에 아파트먼트와 스튜디오를 샀다. 이 스튜디오가 그다지 성에 차지 않자, 세잔은 엑스 북부에 자신만의 스튜디오를 짓기로 결심했다. 1층 전체를 차지하고 있는 이 새로운 스튜디오에는, 남쪽으로 난 두 개의 커다란 창문과 북쪽으로 난 유리 지붕을 통해 빛이 들어왔다. 말년의 몇 년 동안, 세잔은 이곳에서 거의 매일 작업했다.

> "그림을 그리는 일은 젠장 맞게 어렵다 – 항상 포착했다고 생각하지만, 그렇지 않다."
>
> 예술가, 폴 세잔

세잔이 죽자 그의 아들이 재산을 물려받았는데, 그는 일부러 이 스튜디오를 손대지 않은 채 놓아두었다. 1921년 프로방스의 관습과 문화에 엄청난 열정을 지닌 마르셀 프로방스라는 인물이 이 집을 사들였다. 그는 "소중한 유산, 이 벽에, 이 정원에 깃들어 있는 영적인 풍요로움"을 그대로 보존하기로 마음을 굳게 먹고 지상층에서만 살았다. 그가 죽은 후, 세잔 기념 위원회에서 마련한 기금에 의해 이 건물은 국가 소유가 되었다. 세잔의 스튜디오는 지역 대학교에서 관리하는 박물관이 되었으며, 1954년 문을 열었다. 초기에 이곳을 찾았던 이들 중에는 할리우드 여배우 마릴린 먼로가 있다. **IZ**

이프 성

프랑스, 마르세유 만 | Château d'If

소설로 인해 유명해진 악명 높은 감옥

이프 성은 마르세유 만의 작은 섬에 위치한다. 이 건축물은 원래 군사적인 목적에서 지어졌으나, 곧 프랑스에서 가장 악명 높은 감옥 중 한 곳으로 더 잘 알려지게 되었다. 이곳에 수감된 많은 이들은 정치적인 이유에서 갇혀 있었으나, 이프 성의 가장 유명한 죄수는 어떤 죄도 저지르지 않았다. 그는 소설 속의 완전히 허구적인 인물, 몬테 크리스토 백작이었다.

이 성은 마르세유를 방어하는 시설의 일부로 세워졌다. 프랑수아 1세의 명에 따라 지어졌으나, 그 방어 능력을 시험해 볼 기회를 한 번도 얻지 못했다. 이는 행운이었다. 유명한 군사 기술자 보방이 19세기 초 이 성을 점검해 보았을 때, 그는 이 성이 조악하게 지어졌고 실제 아무 짝에도 쓸모없다는 결론을 내렸다. 이 무렵 성은 이미 요새라기보다 감옥으로 쓰이고 있었다. 전 세기에는 위그노(프랑스 프로테스탄트)가 박해받는 동안 수천 명의 종교범이 이곳에 투옥되었고, 특히 1871년 실패로 돌아간 파리 코뮌 봉기 이후에는 정치범을 수감하는 장소가 되었다.

이 성에서 탈출에 성공한 죄수가 있었다는 기록은 없으나, 에드몽 당테스는 알렉상드르 뒤마의 1844년 소설 『몬테 크리스토 백작』에서 이 대단한 일을 해치운다. 당테스의 모험은 창작이지만, 작가는 이야기 속에 진짜 죄수를 등장시켰다. 이 인물은 파리아 신부로, 프랑스에서 최면술 연구의 선구자였으며 1797년에 이프 섬에 투옥되었다.

1890년 이후 감옥은 문을 닫았고, 성은 마르세유에서 보트를 타고 오는 관광객들을 위해 문을 열었다. 뒤마의 소설에 매혹되어 오는 이들이 많기 때문에, 탈출 통로까지 마련된 소설 속의 방이 준비되어 있다. 오늘날, 매년 9만 명 이상의 관광객이 이 성을 방문한다. **IZ**

생트-마르그리트 섬의 요새

프랑스, 칸느 해안 | Citadel of Île Sainte-Marguerite

'철가면을 쓴 남자'의 집

생트-마르그리트 섬은 칸느의 리비에라에서 800m가량 떨어진 곳에 있다. 20세기까지 이 섬의 요새에는 프랑스의 여러 유명한 죄수들이 투옥되어 있었다. 이들 중 가장 잘 알려진 이는 '철가면을 쓴 남자'로, 루이 14세가 가둔 정체를 알 수 없는 포로였다.

이 요새는 1612년, 슈브뢰즈 공작, 샤를 드 로렌의 소유로 넘어갔을 때 지어졌다. 17세기 말까지 이곳은 병영이자 국립 감옥으로 이용되었다. '철가면을 쓴 남자'로 알려진 죄수는 1687년 5월에 왔다. 그는 1698년까지 이 섬에 있다가 파리의 바스티유 감옥으로 이송되었다. 바스티유에서 그는 1703년에 죽었다. 이 사나이의 이름은 외스타슈 도제르라고 하나, 그의 얼굴이 항상 가려져 있었다는 사실은 그가 훨씬 더 유명한 인물일 것이라는 루머를 낳았다. 아직도 의견이 분분한 많은 가설 중에는 그가 서자로 태어난 루이 14세의 이복형이라는 소문이 있다.

> "그는 불공정한 전제 정치가 지금까지 가해 왔던 인간의 비참함과 고통의 총합의 전형이 되는 인물이다."
>
> 알렉상드르 뒤마, 「철가면을 쓴 남자」에 대하여

이 섬의 감옥에서 탈출한 유일한 이는 바젠 원수로, 프랑스-프로이센 전쟁(1870~1871)중에 프로이센 군에게 항복했던 이였다. 그는 1873년 20년 동안 섬에 갇혀 있어야 하는 형기를 받았으나, 겨우 일 년 후 이탈리아로 탈출했다. 알제리 반란의 우두머리 압델 카디르 역시 19세기 중반 이 섬에 갇혀 있었다.

이 요새에는 현재 유스호스텔과 박물관이 있다. '철가면을 쓴 남자'의 방을 비롯해, 몇 개의 원래 독방이 남아 있다. **JF**

피카소 미술관, 그리말디 성

프랑스, 앙티브 | Musée Picasso, Château Grimaldi

예술가 파블로 피카소의 스튜디오가 된 12세기의 요새

튼튼한 요새인 그리말디 성은 12세기에 지어졌다. 이 요새는 예전에 그리스의 안티폴리스라는 도시였던 장소의 아크로폴리스(높은 방어 시설) 토대 위에 세워졌다. 이후에 이곳은 앙티브 주교들이 거하는 장소가 되었다. 1383년 모나코에서 온 뤽과 마르크 그리말디-나바르의 왕비 잔느가 거느린 군대의 석궁 사수들-가 이 요새와 주변의 땅을 독립된 영토로 하사받았다. 1608년까지 이곳은 그리말디 가문에 속해 있었으나, 그해에 앙리 6세가 영토와 도시, 앙티브 항구를 사들여 이 땅은 프랑스 영토가 되었다.

몇 세기 동안 성은 다양한 용도로 쓰였다. 왕이 보낸 주지사가 거주하는 곳, 시청, 병영으로 쓰였던 것이다. 1925년, 어느 정도 등한시되고 있었던 그리말디 성은 풍부한 고고학적 유적이라는 가치를 인정받아 8만 프랑에 앙티브 의회의 소유가 되었다. 그리말디 박물관이라는 새 이름을 얻은 이 성은 1928년 역사 기념물로 분류되었다.

1945년, 화가 파블로 피카소가 어린이 미술 작품 전시회를 보러 박물관을 찾았다. 그는 큐레이터에게 '박물관을 위해 뭘 좀 그려 달라'는 부탁을 받았다. 피카소는 이 장소에 매력을 느꼈고, 박물관의 일부를 스튜디오로 사용해도 좋다는 초청을 받았다. 그는 1946년 9월에서 11월 사이에 상당한 양의 작품을 냈는데 주택용 페인트, 섬유 시멘트, 재활용된 목재, 접시 등 독특한 재료들을 종종 사용했다. 피카소는 유명한 〈삶의 기쁨〉, 〈사티로스〉, 〈성게〉, 〈염소〉 등 유명한 작품을 포함해, 자신이 제작한 작품들을 앙티브 시에 남겼다. 이 예술 작품들을 토대로 그리말디 성은 우리가 오늘날 보는 피카소 미술관으로 발전했다. **EH**

▷ 그리말디 성의 한 층은 피카소에게 바쳤다. 다른 예술가들의 작품은 다른 곳에 전시되어 있다.

▷ 피카소는 1946년 앙티브에 많은 작품을 선사했다. 1990년 자클린 피카소가 더 많은 작품을 유산으로 남겼다.

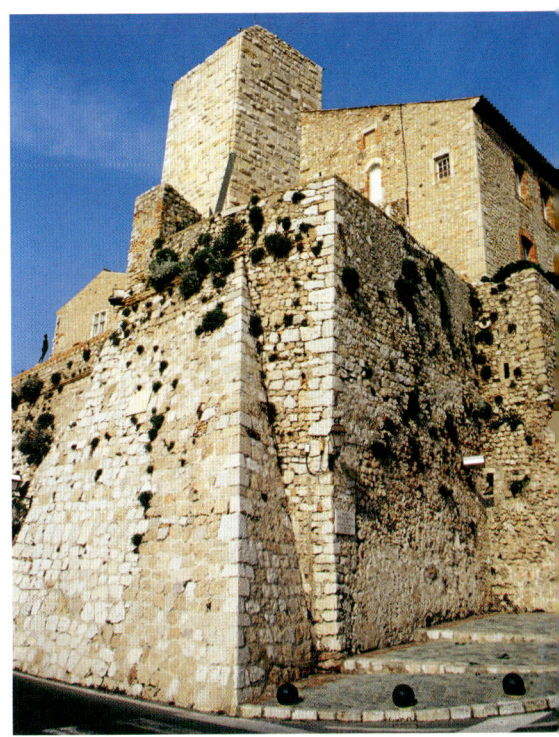

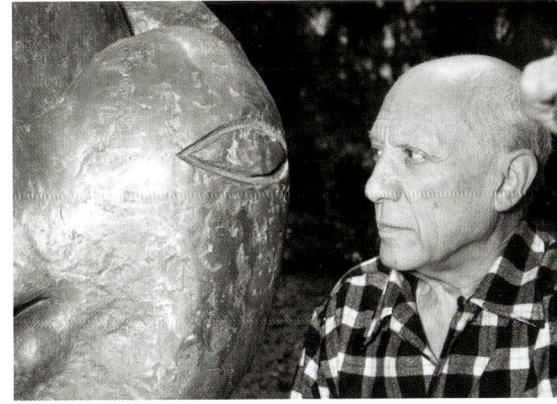

르누아르의 집, 레 콜레트

프랑스, 카뉴 | Renoir's House, Les Collettes

피에르-오귀스트 르누아르가 창조해 낸, 인상주의자의 집

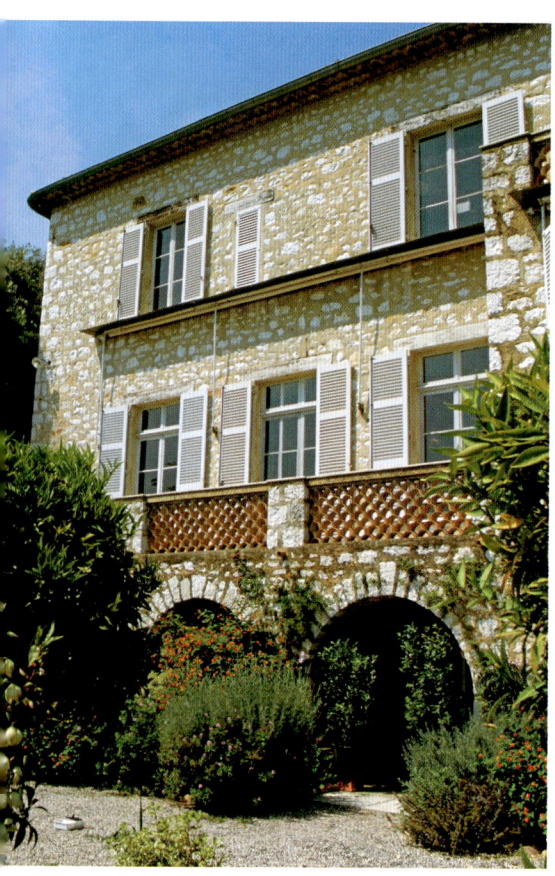

"예술 작품? 첫 번째, 예술 작품이란 말로 표현할 수 없는 무엇이어야 하며, 두 번째 그것은 모방할 수 없는 것이어야 한다."

예술가, 피에르-오귀스트 르누아르

오래된 올리브 나무들로 이름이 높은 눈부신 땅에 자리 잡고 있는 이 매력적인 저택은, 많은 사랑을 받았던 프랑스의 인상주의 화가 피에르-오귀스트 르누아르(1841~1919)가 마지막으로 살았던 집이었다. 르누아르는 말년에 점점 더 자주 프랑스 리비에라 해안 지방을 방문했는데-이 지역의 따사로운 날씨가 1890년대부터 그를 괴롭혀 오던 심한 류머티즘을 좀 누그러뜨려 줄까 하는 바람에서-마침내 레 콜레트에 영구히 정착하게 되었다.

그는 무엇보다도 저택의 아름다운 정원에 홀딱 반했는데, 자연에서 일하기 좋아하는 인상주의자들의 본성에 충실하게 그는 정원에 이젤을 세워 두고 여러 시간을 보내곤 했다. 말년의 르누아르를 찍은 마음 아픈 사진 한 장에서는 그가 카뉴의 정원에서 그림을 그리고 있는데, 우산 하나가 그에게 그림자를 드리우고 있고 그림붓은 거동이 힘든 손에 묶여 있다.

르누아르는 국제적으로 이름 높았던 시기인 1907년에 이곳 토지를 구입했다. 그는 이 땅에 새 집을 지었는데, 1908년에 완공된 집은 멀리 떨어진 산과 해안선이 내다보이는 아름다운 전망을 선사했다. 르누아르는 정원과 주변 지역을 소재로 많은 그림을 그렸다. 오늘날 이 집은 예술 애호가들이라면 반드시 들러 봐야 할 곳이다. 르누아르가 살았던 당시 모습 거의 그대로 보존되어 있고 방 장식과 가구, 두 개의 스튜디오도 그대로이다. 진본 그림들, 조각품, 드로잉, 판화, 과거를 회상시키는 사진들, 개인 소지품 등도 있다. 앙리 마티스가 1917년 르누아르를 방문했을 때, 그는 레 콜레트에서 영감을 얻어 저택의 정원과 카뉴 이곳저곳의 풍경을 그렸다.

1912년부터, 르누아르가 앓던 고통은 심해져 그는 휠체어를 사용해야만 했다. 건강이 점차 악화되어 갔음에도 그는 1919년 죽음을 맞기 바로 전까지 주변의 아름다운 풍경들을 계속해서 화폭에 담았다. 르누아르의 아들인 영화감독 장 르누아르는 이곳에 대해 이렇게 말했다. "카뉴와 르누아르의 이야기는 러브 스토리이다." **AK**

라 프로므나드 데 장글레

프랑스, 니스 | La Promenade des Anglais

가난한 이들에게 일자리를 주기 위해 추진된 계획안

니스는 여러 세기 동안 중요한 항구 도시였으나, 그 역사는 이보다 더 멀리 거슬러 올라간다. 보롱 산 아래, 현대적인 항구 위쪽에 있는 '테라 아마타'라는 지역에는 40만 년이나 된 선사 시대 주거지 유적이 있다.

기원전 4세기, 니스는 마르세유에 정착해 살던 그리스 선원들인 포카이아인들에 의해 건설되었으며, 그들은 이웃 식민지에게 승리를 거둔 일을 기념하기 위해 새로 세운 마을에 '니카이아'(승리)라는 이름을 붙였다. 서기 1세기에 로마인들이 이 땅에 왔는데, 그들은 로마의 돌까지 준비해 와서 현재 니스 북부의 이웃 도시에 해당하는 시미에즈 언덕에 온천, 경기장, 상점을 완비한 로마 도시를 건설했다. 사실 그 긴 역사 동안 여러 민족이 니스를 소유하고 점령해 왔던 것이다. 1814년부터 1860년까지 니스는 이탈리아 땅, 좀 더 정확히 말하자면 사르디니아 왕국의 영토였다. 그러나 1860년 이탈리아가 재통합하면서 니스는 마지막으로 프랑스 땅이 되었다.

사람들은 항상 니스 해안의 아름다움과 온화한 기후에 매혹되었다. 18세기 후반부터, 북부의 나쁜 기후를 피해 온 영국인 정착촌이 니스에 자리를 잡게 되었다. 1820년, 특히 추웠던 겨울이 지나자 많은 걸인들이 니스에 왔는데, 루이스 웨이 목사가 이끌던 영국인들은 집 없는 이들에게 일자리를 줄 수 있는 프로젝트가 필요하다는 결정을 내렸다. 만(灣)의 굴곡을 따라 산책로가 만들어졌으며, 지역 주민들은 곧 이 길에 니스 방언으로 '카민 데이 앙글레스'라는 이름을 붙여 주었다. 1860년 니스가 프랑스에 병합되자 이 이름은 '라 프로므나드 데 장글레'('영국인들의 산책로')라는 프랑스식 이름이 되었다. 니스 시는 원래 너비가 1.9m였던 길을 확장하고 넓혔으므로, 이 길은 현재 꽃밭과 야자나무로 구획이 지어진 두 줄의 넓은 찻길이 되었다. 이 길은 해안을 따라 4km 길이로 뻗어 있다. **RM**

에프뤼시 드 로트실트

프랑스, 캅 페라 | Ephrussi de Rothschild

르네상스의 영향을 받은, 로트실트 가문의 저택

1864년 파리에서 태어난 샤를로트 베아트리스 드 로트실트는 할아버지인 제임스 드 로트실트 남작이 1859년에 지은 페리에르 성의 호화로움 속에서 자라났다. 열아홉의 나이에 그녀는 거의 두 배나 나이가 많은 러시아 은행가 노리스 에프뤼시와 결혼했다. 예술 애호가이자 수집가인 베아트리스는 훌륭한 작품을 찾아 세계를 여행했는데, 한 번은 내부에 프레스코화가 있다는 이유만으로 폐허가 된 건물을 통째로 사들일 정도로 열정적이었다.

> "…오십 개의 가발이 든 트렁크를 떼놓고는 어디도 가지 않았던, 화려한 성미의 베아트리스 로트실트…"
>
> 유러피안 주이시 투어즈

베아트리스는 이미 모나코에 사치스러운 저택을 지니고 있었지만, 1905년 캅 페라를 발견하자 그곳의 땅 7헥타르를 사들였다. 공상적이면서도 엄격하게, 베아트리스는 저택이 지어지는 7년 간의 공사 과정을 직접 감독하며 핑크색을 주조색으로 택했다. 베아트리스는 또한 저택의 테마 정원을 디자인했는데 정원은 피렌체식, 스페인식, 석조, 장미, 일본식, 프로방스식으로 구성되어 있다. 중앙 정원은 배의 갑판처럼 디자인되었으며 뱃머리에는 '사랑의 신전'이 서 있다. 모든 면에서 바다가 눈에 들어온다. 베아트리스는 같은 이름의 회사의 배를 타고 즐겼던 크루즈 여행의 행복한 추억을 기념하여 저택을 '일 드 프랑스'라 이름지었다.

1934년 사망하면서, 그녀는 저택을 프랑스의 아카데미 데 보자르에 남겼다. 현재 이 집에는 그녀가 평생을 통해 모아들여 파리와 코트 다쥐르에 보관해 두었던 수집품들이 모두 소장되어 있다. 저택은 대중에게 공개되어 있으나, 여전히 개인적이고, 아늑하며, 심지어 아직도 사람이 살고 있는 듯한 분위기를 간직하고 있다. **RM**

보나파르트의 집 프랑스, 코르시카, 아작시오 | Maison Bonaparte

나폴레옹 보나파르트 가문의 집

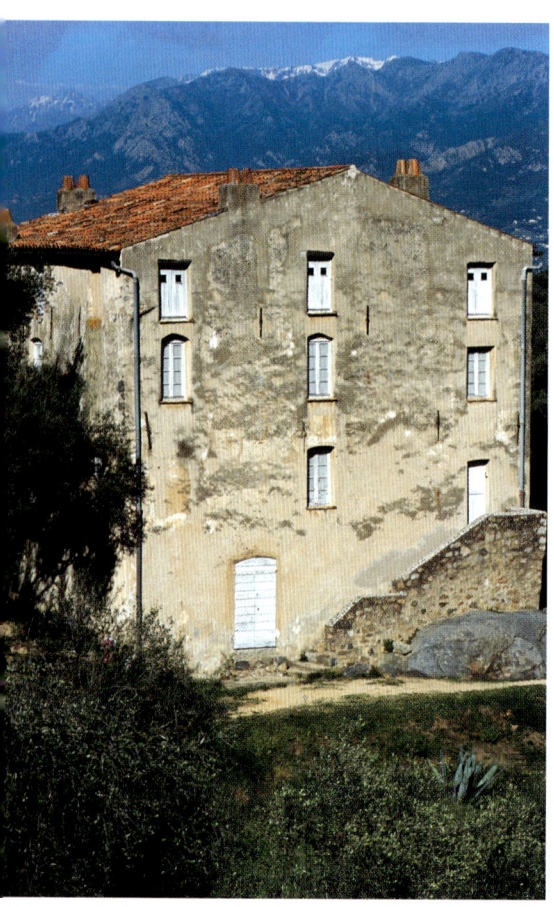

"죽음은 아무것도 아니다. 그러나 패배한 채 불명예스럽게 산다는 것은 매일 죽는 것이다."

군사 지도자이자 정치가, 나폴레옹 보나파르트

이 작은 섬에서 토스카나 태생 가문의 나폴레옹 보나파르트가 태어나기 일 년 전, 코르시카는 프랑스 공화국의 일부가 되었다. 프랑스 대혁명의 장군이자 프랑스 공화국의 통치자, 이후에는 프랑스의 황제로서 나폴레옹은 십 년 이상 전 유럽을 지배하기에 이르렀다. 오늘날 그는 전 시대를 통틀어 가장 위대한 군사 전략가 중 한 사람으로 기억된다.

나폴레옹은 1769년 8월 16일, 코르시카 섬의 항구 수도인 아작시오에서 태어났다. 그의 부모는 이후 여섯 명의 자녀를 더 낳는다. 아홉 살의 나이에 나폴레옹은 프랑스 본토로 보내져 학교 교육을 받고, 포병대 장교로서 계속 훈련을 쌓는다. 그러나 그는 중간 중간 집을 찾았고, 1799년 이집트에서 돌아왔을 때에도 고향에 며칠을 머물렀던 것으로 알려져 있다. 이날 이후 그는 다시는 고향 땅에 발을 디디지 못하게 될 운명이었는데, 처음에는 토스카나 해안에 있는 엘바 섬으로, 최후로는 남대서양에 있는 세인트헬레나 섬으로 유배당했기 때문이다. 그는 세인트헬레나 섬에서 육 년 동안 계속해서 영국군의 감시를 받으며 살다가 1821년에 사망한다.

나폴레옹의 집은 - 이 지역에서 상당히 전형적으로 볼 수 있는 커다란 건물인데 - 코르시카 역사에서 보나파르트 가가 차지했던 위상을 보여 주는 박물관이 되었으며, 18세기 코르시카의 분위기를 환기시키는데 많은 공이 들어갔다. 방문객들은 나폴레옹과 그의 가족이 썼던 방들을 보는데, 이중에는 이집트에서 돌아온 후 나폴레옹이 썼던 방으로 추정되는 - 아마도 낙관적인 추측이겠지만 - '샹브르 드 랄코브'도 있다. 나폴레옹의 조카인 나폴레옹 3세가 19세기에 프랑스를 통치하게 되는데, 따라서 저택 안의 한 방은 이 시기의 역사를 기록하고 있다.

그리 놀라운 일도 아니지만, 이 집은 아작시오가 낳은 유명한 인물을 적극적으로 기념하는 도시 전체의 분위기 속에서 중추 역할을 한다. 거리, 광장, 카페, 건물에는 모두 나폴레옹한테서 따 온 이름이 붙어 있고, 이 위대한 인물에 관한 정보를 어디서든 얻을 수 있다. **OR**

루이 14세의 집 프랑스, 생-장-드-뤼즈 | Maison Louis XIV

'태양왕' 루이 14세가 한때 살았던 집

루이 14세의 집은 바스크의 어촌 생-장-드-뤼즈의 중앙 광장에 자리 잡고 있다. 이 집은 프랑스에서 아마 가장 위대하다고 할 만한 통치자였으며 '태양왕'으로 알려진 루이 14세(1638~1715)의 이름을 따 명명되었고, 그가 스페인 공주 마리아 테레사와 결혼을 준비하던 한 달간 그의 거주지 역할을 했다.

루이 14세가 1660년 5월 생-장-드-뤼즈에 와 닿았을 때, '긴 전쟁'(1631~1659)이라 불리던 프랑스와 스페인 간의 전쟁은 피레네 조약(1659) 비준으로 인해 이미 끝난 후였다. 루이 14세는 마리아 테레사와 결혼하게 되었고, 생-장-드-뤼즈는 이 혼례가 이루어질 장소였다. 결혼식 이전에 하도 많은 궁정 사람들이 이 도시로 몰려와 이곳은 '르 프티 파리'(작은 파리)로 알려지게 되었다.

루이 14세와 그의 측근들은 현재 루이 14세의 집으로 알려진 건물에 머물렀는데, 이 건물은 부유한 선박 소유주였던 로오비아그 가문을 위해 지어진 집이었다. 마리아 테레사는 현재 '왕녀의 집'으로 알려진 근처의 건물에 머물렀다. 왕실 커플은 근처에 있는 생 장 바티스트 교회에서 예식을 올렸는데, 이 교회의 일부는 15세기에 지어진 것이다. 피로연은 루이 14세의 집 옆에 있는 시청에서 열렸다.

결혼식을 올린 후 몇 년이 지나, 루이 14세는 독립적인 군주의 지위를 확립했다. 그는 네 살이라는 어린 나이에 왕이 되었으며, 1661년까지 나라를 다스리는 일은 소년 왕의 고문, 쥘 마자랭 추기경이 맡아 왔던 것이다.

오늘날 루이 14세의 집은 대중에게 공개된 역사적인 저택으로 보존되고 있다. 이 집에는 결혼식이 있었던 시대부터 유래해 오는 기념품들이 소장되어 있고, 루이 14세 시대의 가구들도 있다. 생-장-드-뤼즈라는 작은 도시는, 어떤 의미에서는 유럽 역사의 터닝 포인트, 스페인의 지위와 그 영향력이 감소하기 시작하고 프랑스가 유럽 대륙의 주요 세력으로 성장하기 시작했던 전환점을 목도했던 것이다. **JF**

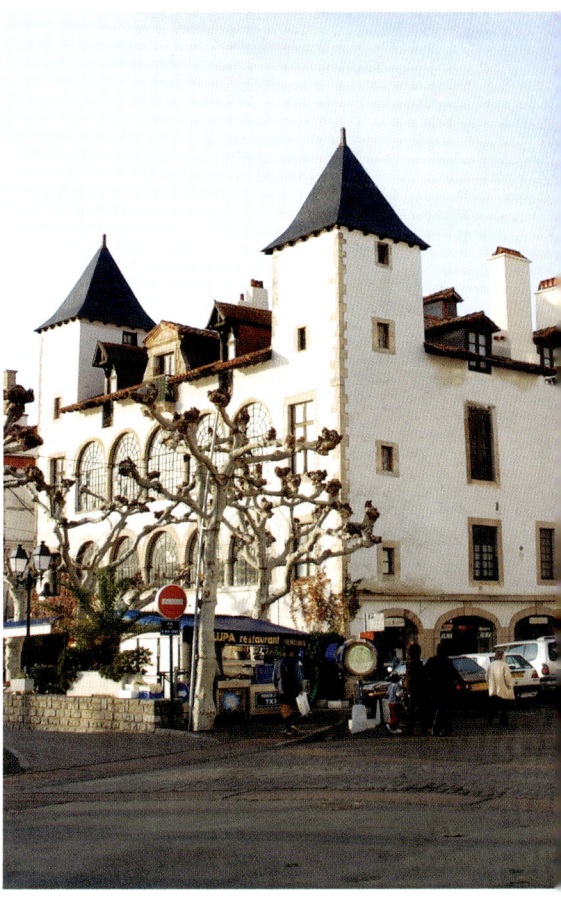

"왕녀는 지참금에 만족하고, 그 이후로 어떠한 다른 권리도 요구하지 않는다."

루이 14세가 스페인과 맺은 결혼 협약의 한 조항

마사비엘 동굴 프랑스, 루르드 | Grotte de Massabielle

젊은 성녀 베르나데트 앞에 동정녀 마리아가 나타났던 루르드의 유명한 동굴

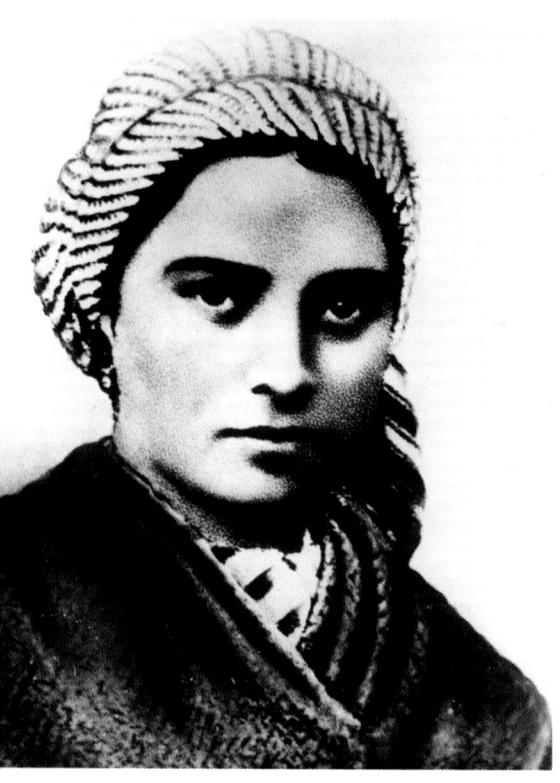

"사제들에게 가서 그들에게 이곳에 예배당을 세우라 말하라. 이리로 행렬이 향하도록 하여라."

마리아가 성녀 베르나데트에게 내린 명

⊡ 처음으로 환상을 목격한 지 2년 후인, 1860년경 촬영한 마리 베르나데트 수비루.

⊡ '로사리오와 원죄 없이 잉태한 바실리카'는 동굴 바로 위에 세워졌다.

평범하고 얕은 동굴인 마사비엘의 동굴은 19세기 중반 성녀 베르나데트 덕분에 유명해졌다. 그녀가 동정녀 마리아의 환상을 목격했던 덕택에 프랑스 남서부의 도시 루르드는 매년 6백만 명 이상의 손님이 찾아오는 중요한 순례지가 되었던 것이다.

마리 베르나데트 수비루는 소박하고 신앙심이 깊은 소녀로, 한 푼 없는 방앗간 집 딸이었다. 1858년, 고작 열네 살이었을 때 그녀는 동굴에서 여러 차례 환상을 목격했다. 마리아는 지역 방언을 사용하여 베르나데트에게 말을 걸었는데, 그녀에게 바닥에 구멍을 파라고 명했다. 그 말에 따르자 소녀는 샘이 솟아나는 것을 발견했으며, 마리아는 그 샘에 치유의 능력이 있다고 말했다. 교회 당국은 그녀를 면밀히 심문했으나, 그녀의 주장에서 흠을 찾을 수 없었다. 이 명백한 기적이 소문을 타고 퍼지자 순례자와 환자들이 고통을 치유하려는 희망에 이곳으로 몰려들기 시작했다. 베르나데트는 수녀원에 은거하여 서른다섯의 나이로 짧은 생을 마칠 때까지 그곳에서 살았다.

1862년 교회는 그녀가 보았던 환상을 공식적으로 인정했고, 루르드에 대한 관심이 커져 가면서 이 지역은 급속히 발전하게 되었다. 베르나데트가 자신이 환상 속에서 보았던 모습을 묘사한 데에 기초해서 만들어진 마리아상이 1864년 동굴에 세워졌다. 엄청나게 밀려드는 순례자들을 위해 '로사리오와 원죄 없이 잉태한 바실리카(1871~1883)라는 새로운 교회당이 세워졌으며, 1873년 최초의 국가 행렬이 거행되었다.

루르드의 유명세는 20세기까지 식지 않고 지속되었다. 1933년 베르나데트는 환상을 목격했기 때문이라기보다 그 신앙심 덕분에 성녀의 반열에 올랐으며, 그녀에 대한 열렬한 숭배는 그 일생을 다룬 영화를 통해 새로이 불타오르게 되었다. 〈베르나데트의 노래〉(1943)는 국제적인 성공을 거두었으며, 주연 여배우 제니퍼 존스는 성녀 역할로 오스카와 골든 글로브를 수상하는 영광을 누렸다. **IZ**

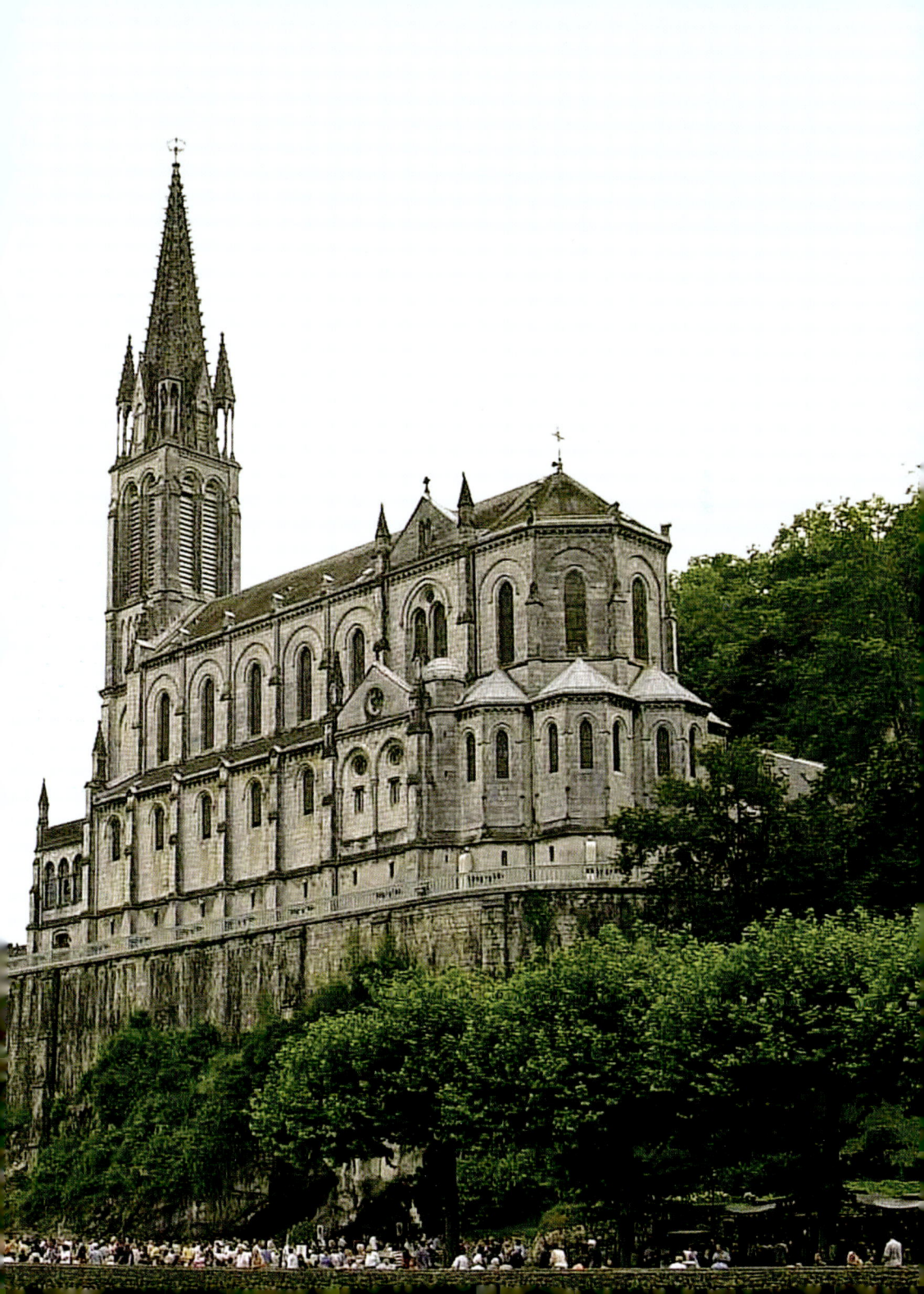

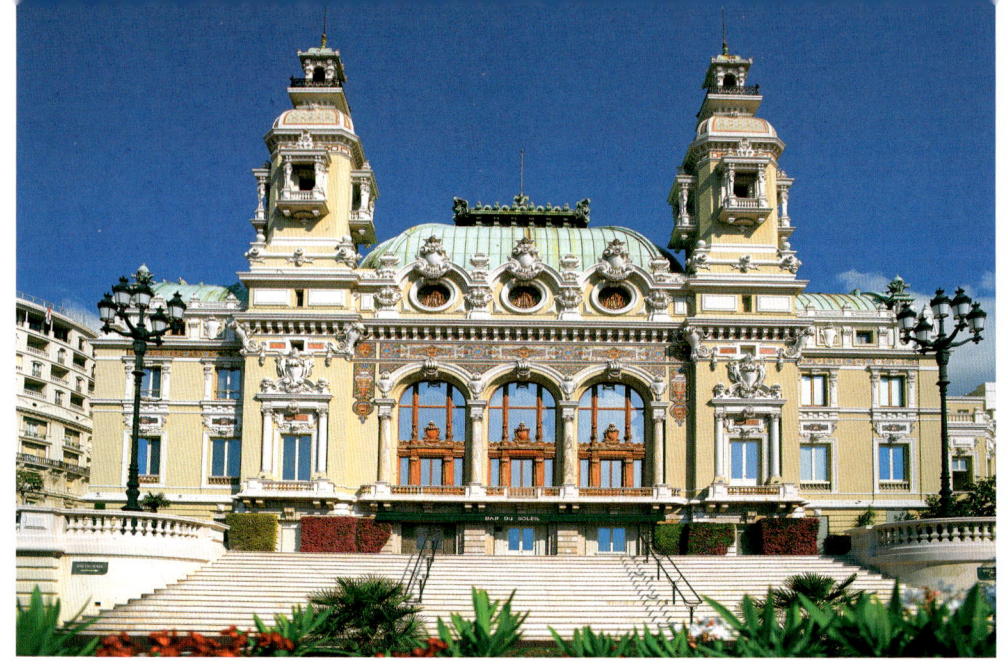

그랑 카지노 모나코 | Grand Casino

세계에서 가장 유명하고 매혹적인 카지노

몬테카를로의 그랑 카지노는 1878년 모나코 공 샤를 3세가 지었다. 파리 오페라를 지은 건축가 샤를 가르니에가 설계한 이 건물은 화려한 벨 에포크 양식으로 사치스럽고 화려하게 장식되었는데, 정형적으로 설계된 정원에 서 있으며 자그마한 모나코 공국이 시원스럽게 내려다보인다.

샤를 3세는 절박한 파산의 위협에 쫓겨 1865년 첫 번째 카지노를 지었다. 이 카지노가 커다란 성공을 거두었기에, 1870년 즈음 샤를 3세는 모나코 공국의 세금을 면제할 수 있었고, 1878년에는 이를 현재의 당당하고 사치스러운 새 건물로 대체할 수 있었다. 새로운 카지노를 중심으로 성장한 도시는 샤를 3세를 기리는 뜻에서 몬테카를로라 이름 지어졌고, 카지노는 많은 이들이 즐겨 찾는 인기 있고 매혹적인 장소가 되었다. 모나코 정부는 여전히 재정의 지배적인 부분을 이 카지노에 기대고 있으며, 모나코 공국은 세금 없는 나라로 남았다. 그러나 모나코 시민들이 도박장에 들어가는 일은 금지되어 있다.

그랑 카지노는 여러 책과 영화의 소재가 되었는데, 최초의 제임스 본드 시리즈 『카지노 로열』도 그 중 하나다. 뮤직 홀 노래인 〈몬테카를로 은행을 파산시켰던 사나이〉는, 카지노 초기에 룰렛 휠의 기울어진 정도를 계산하여 판돈을 싹쓸이했던 도박꾼 조셉 재거와 찰스 웰즈의 이야기에서 나온 것이다. 입장료를 내는 사람이라면 누구든지 '살롱 블랑'이나 '살롱 유로페앙'에서 게임을 즐길 수 있으나, 가장 깊숙한 곳의 고급 도박장은 최소 판돈조차 엄청난 부자들이 아니고서야 겁을 먹을 정도이다. **EH**

"카지노 로열의 바로크적인 면에는 …
뭔가 눈부신 구석이 있었다."

이안 플레밍, 『카지노 로열』(1953)

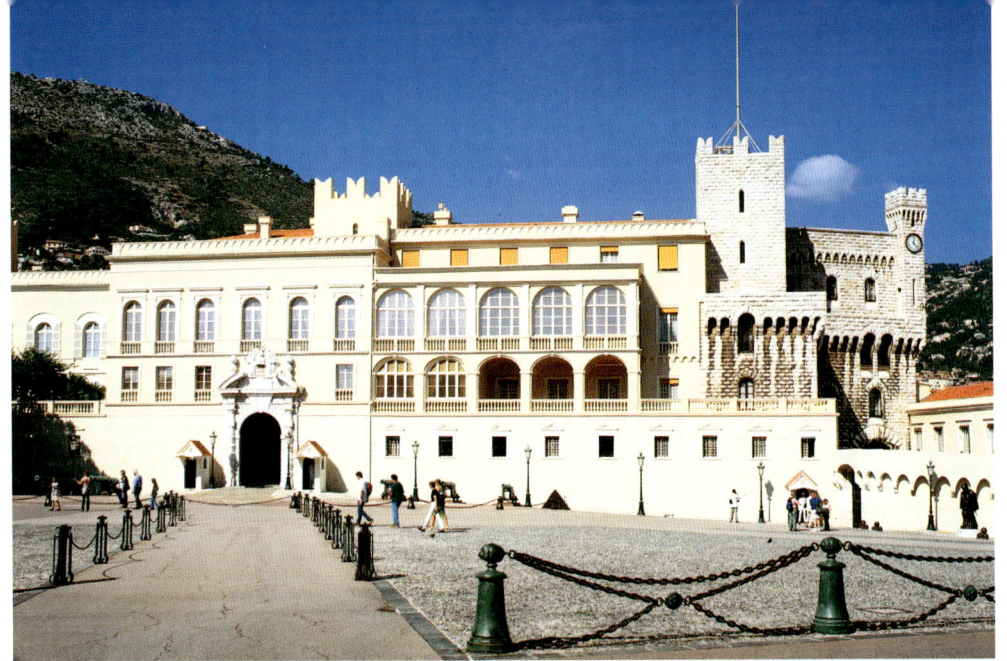

팔레 프랭시에 모나코 | Palais Princier

13세기부터 그리말디 가문이 거주했던 집

모나코의 팔레 프랭시에(군주의 궁전)는 항구를 내려다보는 '로쉐 드 모나코'를 차지하고 있다. 교황과 신성 로마 제국 황제 간의 오래 지속되었던 분쟁에서 패배한 편을 지지했다가 유배당한 이후, 귀족인 그리말디 가문은 프랑스의 남동부에 정착하여, 그 지역 이곳저곳에 여러 채의 성을 지었다.

팔레 프랭시에는 원래 1191년 요새로서 세워졌으며, 제노바인들의 소유였다. 1297년 그리말디 가에서 이 요새를 빼앗았는데, 이들은 그곳에서 지금까지 거의 변함없이 모나코를 지배해 오고 있다. 전설에 따르면 프랑수아 그리말디가 수도사로 변장하고 성에서 쉴 곳을 찾는 처하다가 요새 경비병들을 죽이고 성문을 열어 자기 편을 들여보냈다고 한다. 이 이야기는 그리말디 가문의 문장에 새겨져 오래도록 남았는데, 이 문장은 두 명의 수도사가 칼을 휘두르는 모습이며 궁전 안에는 수도사의 복장을 한 프랑수아의 조각상이 서 있다. 여러 개의 의전실이 르네상스 양식으로 건축되었다가 이후 18세기에 신고전주의 양식으로 리모델링되었다는 점에 나타나 있듯, 이 궁전은 여러 차례 재건축의 물결에 휩쓸렸다. 그러나 탑과 요새 설비에서 볼 수 있듯이 이 궁전의 기초적인 목적은 방어에 있었다. 궁전의 건축물들은 19세기에 대규모로 재건축되었으나, 몇몇 건물은 그 역사가 중세까지 거슬러 올라간다. 방어적인 목적에 초점을 둔 이러한 건축 양식은, 여러 세기를 거치는 동안 그리말디 가의 지배력이 종종 극도로 약화되기도 하였으며 힘센 이웃 국가들의 선의에 의지해야만 했던 경우가 자주 있었다는 점을 나타낸다.

17세기 중반 오노레 2세의 통치 이후, 그리말디 가는 호화로운 궁정 생활의 미학적인 면모에 점점 더 치중하게 되어 최신 유행하는 프랑스 양식을 반영하도록 궁전을 다시 디자인하고, 훌륭한 예술 작품을 수집하게 되었다. **AS**

마우타우젠 강제 수용소 오스트리아, 마우타우젠 | Mauthausen Concentration Camp

가장 규모가 크고 잔혹했던 나치 수용소

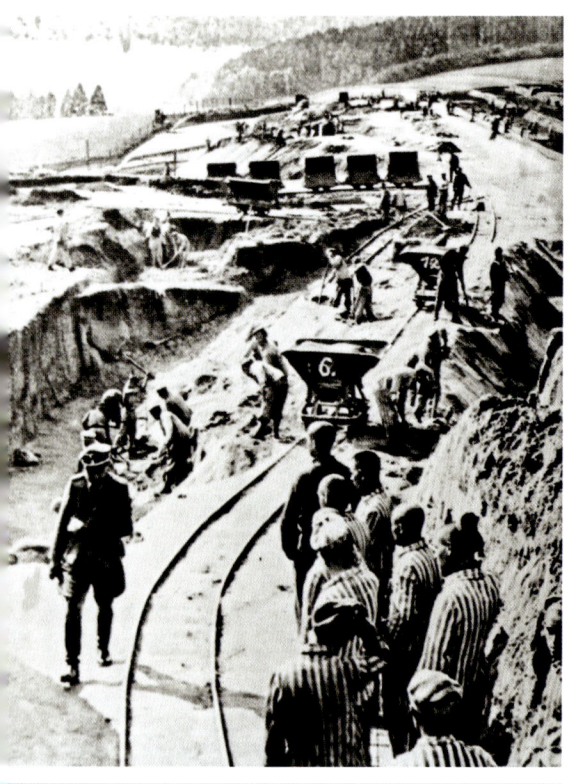

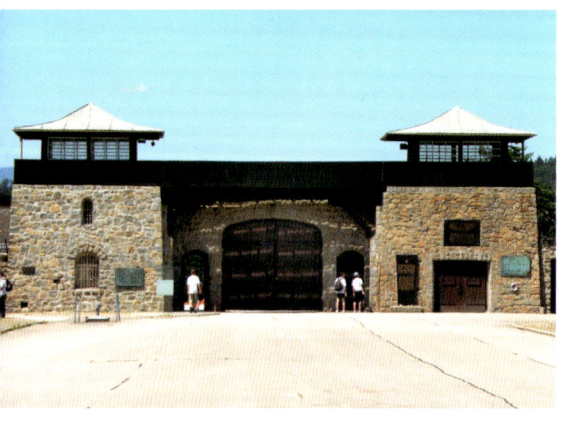

1938년, 다하우 강제 수용소에 있던 한 무리의 죄수들은 새로운 수용소를 짓기 위해 오버외스테라이히 주에 있는 마을 마우타우젠으로 이송됐다. 마우타우젠의 수용소는 이후 나치가 세운 가장 큰 수용소 중 하나로 발전해 가게 된다. 근처 마을인 구젠에 있는 대규모 수용소 이외에도 오스트리아 전역에는 백 개 이상의 수용소가 분포하고 있었다.

노예 노동 수용소였던 마우타우젠은 이 시스템을 운영하는 나치 친위대에게 상당한 이익을 안겨 주었다. 수용자들은 마우타우젠 근처에서 채석장 일과 터널을 뚫는 작업을 도맡는 이외에도 하인켈과 메서슈미트 항공기를 제작하고, 바이어 제약회사, 슈타이어 소형 무기 공장 등 독일-오스트리아의 여러 산업 분야에서 노동력으로 사용되었다. 처음 있던 수용자들은 대부분 나치 체제에 반항했던 독일인들, 특히 공산주의자, 사회주의자, 종교적인 반대자 등이었다. 이후에 체코인, 폴란드인, 프랑코의 승리 이후 프랑스로 달아났던 전 스페인 공화주의자 등이 이에 합류했다. 상당히 많은 수의 유태인들이 이 수용소에 온 것은 전쟁이 끝에 가까워졌을 무렵이었다.

마우타우젠은 '노동에 의한 몰살'(Vernichtung durch arbeit)이라는 원칙 아래 운영되었으며, 특히나 가혹한 수용소였다. 아파서 일을 할 수 없게 된 자들은 굶어 죽거나, 1941년 12월 이후부터는 가스실에서 죽임당하게 되었다. 감시병들은 자신들의 사디스트적인 충동을 채우기 위해 무슨 짓이든 할 수 있었다. 한 예로, 재소자들은 한겨울에 옷을 벗은 채 호스로 뿌려대는 물을 맞아 그대로 얼어 죽게 방치되기도 했던 것이다. 이 수용소에서 목숨을 잃었던 이가 얼마나 되느냐 하는 정확한 수치는 매우 다양하게 추정되고 있어, 적어도 12만 2천 명에서 33만 명에 달할 것으로 추산된다. **AG**

◩ 수용자들은 나이나 건강 상태에 관계없이 강제로 가혹한 육체노동을 해야 했다.

◪ 오늘날 이 악명 높은 수용소로 들어가는 입구는 아름답고 고요한 시골 한복판에 자리하고 있다.

카이저빌라 오스트리아, 바트 이슐 | Kaiservilla

합스부르크 황제 프란츠 요제프 1세의 여름 궁전

오버외스테라이히 주, 바트 이슐의 멋진 온천 휴양지에
있는 카이저빌라는 마지막에서 두 번째 합스부르크 군주
였던 프란츠 요제프 1세(1830~1916)가 여름에 머무는
곳이었다. 젊은 황제가 1853년 열다섯 살 난 아름다운
소녀였던 바이에른의 사촌 누이 엘리자베트를 만나 사랑
에 빠진 깃은 비로 이곳 비트 이슐이었다. 다음 해에 두
사람이 결혼하자 프란츠 요제프의 모후는 부부에게 결
혼 선물로 이 저택을 선사했다.

카이저빌라는 원래 소박한 저택이었으므로, 이 저
택을 황실 궁전으로 바꾸기 위해서는 황실 정원사 프란
츠 라우히의 감독하에 수년에 걸쳐 건물과 정원을 개조
하는 작업이 있어야 했다. 그럼에도 이곳은 본질적으로
가정적인 공간으로 남아, 행복한 가정생활을 꾸리고 개
인적 성공을 달성한다는 19세기 왕실의 전형적인 이상을
표출하는 곳이 되었다. 엘리자베트 황후를 위하여 정원
에는 튜터 스타일의 코티지가 지어졌다. 주변의 숲에서
황제는 사냥을 즐기는 자신의 열정을 마음껏 누릴 수 있
었다.

바트 이슐에서 즐기는 목가적인 여름날도 합스부
르크 왕가에 덮쳐온 불운을 피해갈 수는 없었다. 1889
년, 프란츠 요제프의 외아들인 루돌프가 마이어링에서
연인과 함께 자살했다. 1898년, 사랑했던 아내 엘리자베
트가 제네바에서 한 무정부주의자의 손에 칼에 찔려 죽
음을 맞았다. 1914년, 왕위 계승자인 프란츠 페르디난트
대공이 세르비아 과격주의자들에 의해 암살당했다. 1914
년 7월 28일, 프란츠 요제프는 카이저빌라에서 세르비아
에 대한 오스트리아의 선전포고에 서명을 하였으며, 이
는 세계대전을 촉발시켜 오스트리아 제국의 붕괴를 가져
왔다. 그는 이틀 후 바트 이슐을 떠나 다시는 이곳을 찾
지 않았다. **RG**

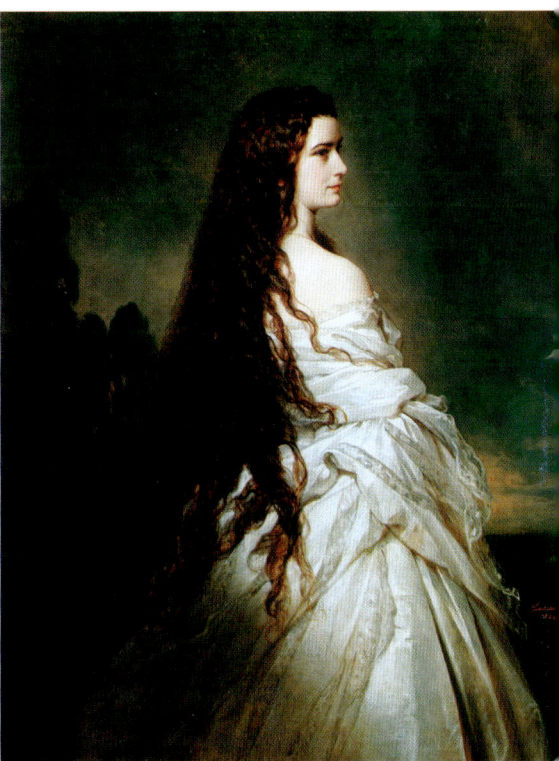

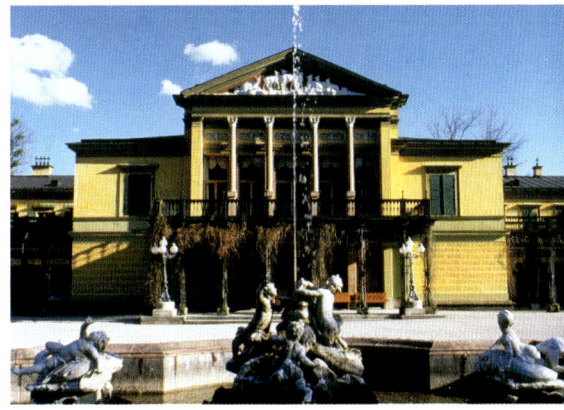

▣ 엘리자베트는 아름답고 인기 있던 황후였으며, 오스트리아
　모든 곳에서 그녀의 초상화를 볼 수 있다.

▣ 프란츠 요제프는 자신의 여름 궁전을 '지상 위의 천국'이라
　묘사했다.

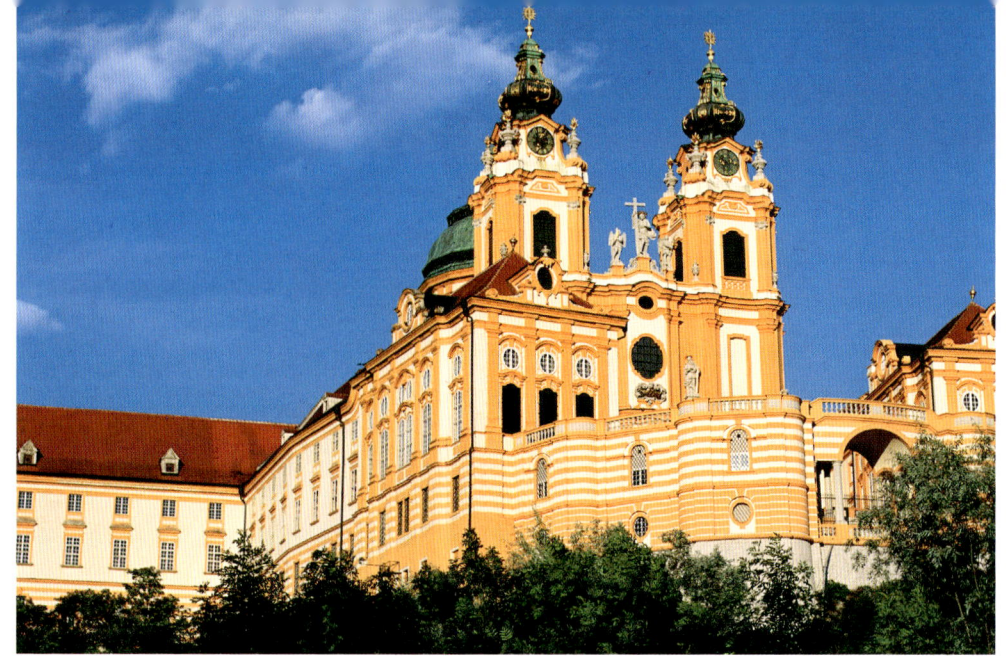

🏛 ◎ 멜크 대수도원 교회 오스트리아, 멜크 | Melk Abbey Church

세계에서 가장 유서 깊은 수도원 중 하나인 멜크 수도원의 중심 건물

멜크 대수도원 교회는 화려한 바로크 건축 양식을 보여주는 훌륭한 예이다. 이 교회당은 니더외스테라이히 주의 멜크에 있는 역사적인 베네딕트 수도원에 위치하고 있으며, 도나우 강을 내려다보고 있다. 멜크 수도원은 거의 천 년 동안 영적인 생활의 중심지였으며, 세워진 이래로 계속해서 사용되어 왔고, 세계에서 가장 유명한 수도원 중 하나이다.

멜크 수도원은 1089년, 오스트리아의 태수 레오폴드 2세가 자신이 소유한 성 중 한 채를 베네딕트회 수도사들에게 내렸을 때 설립되었다. 15세기에 이 수도원은 커다란 영향력을 지녔던 멜크 개혁 운동의 중심지였으며, 이는 이 지역의 수도 생활에 새로운 활기를 불어넣었다. 18세기 초 바로크 양식으로 새로운 수도원이 세워졌다. 이 교회는 원래 그저 근대적으로 개조만 할 계획이었지만, 결국 완전히 새로운 건물을 짓기로 결정되었다. 건축을 맡은 이는 야콥 프란트타우어였고, 당대 최고의 일류 예술가들이 내부 장식을 맡았다. 프레스코 화와 제단화를 그렸던 요한 미카엘 로트마이어, 내부 배치를 맡은 안토니오 베두치, 조각품들을 디자인한 로렌초 마티엘리 등을 들 수 있다. 건축은 1702년 시작되어 1736년 완성되었다.

교회당은 예루살렘으로 가던 길에 빈 근처에서 순교당한 11세기의 아일랜드 성인 성 콜만의 유골을 보관하고 있기도 하다. 이 유골은 왼쪽 제단 안에 있는 대리석 석관 안에 들어 있다. 높은 제단에 그려진 그림은 사도 베드로와 바울이 순교당하는 모습을 나타내고 있으며, 회중석에 있는 프레스코 화의 인물은 성 베네딕투스이다.

멜크 수도원에는 12세기부터 전해 내려온 거의 10만 권에 달하는 방대한 장서가 소장되어 있다. 12세기에 설립된 수도원의 학교는 지금도 운영되고 있으며, 900명가량의 남녀 학생이 다닌다. **JF**

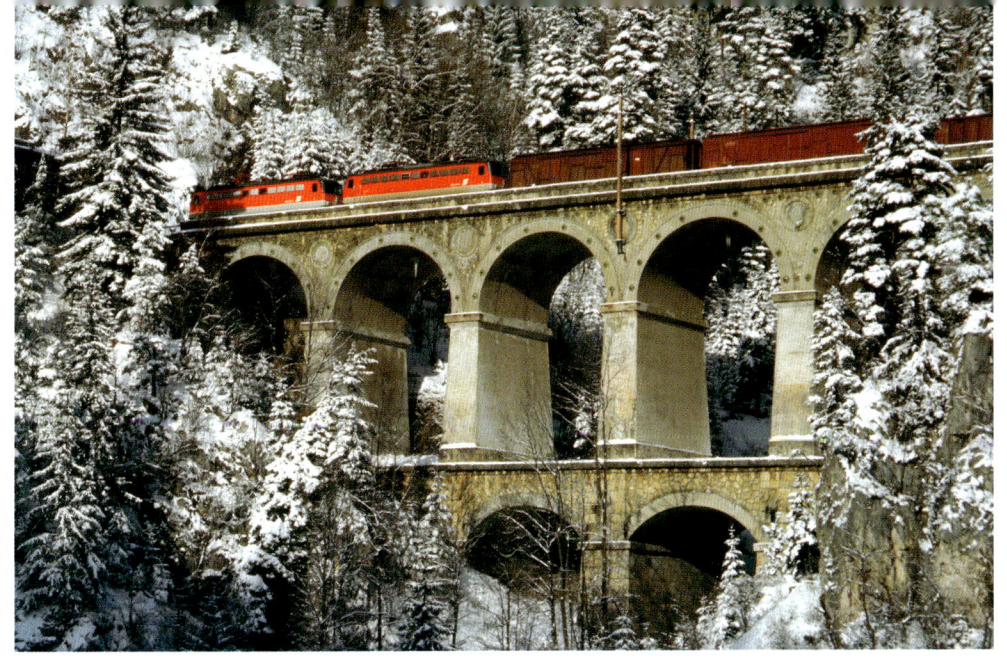

젬머링 철도 오스트리아, 젬머링 고개 | Semmering Railway

증기 철도 초기에 이루어진, 토목 공학의 승리

오스트리아 알프스 산맥의 젬머링 철도는 증기 기관차 철도 기술이 첫 선을 보이기 시작했을 무렵 완성된 놀라운 작품이다. 1848년 이 철도를 짓는 작업이 시작되었을 무렵, 커다란 산맥이라는 장벽을 가로지르는 철도를 건설하거나 운영하려 시도했던 이는 아무도 없었다. 고도 965m에 위치한 짐머링 고갯길은 최첨단 기술을 비롯해 터널 건축, 측량, 증기 기관차 제작에 대한 해결책을 요구하는 커다란 도전이었다.

철도 건축가는 오스트리아의 엔지니어 카를 리터 폰 게가였다. 그는 운 좋게도 오스트리아의 젊은 황제 프란츠 요제프 1세의 후원을 받고 있었다. 실직 상태로 불만이 높은 노동자들 때문에 왕국의 안정이 위협받고 있었기 때문에, 황제는 산악 철도를 짓게 되면 놀고 있는 이들에게 일자리를 제공해 줄 수 있을 거라는 야심찬 결론을 내렸던 것이다. 결국 6년에 걸친 공사 기간이 그 절정에 도달했던 무렵에는 약 2만 명의 노동자를 고용할 수 있었다. 글로그니츠에서 뮈르츠슐라크까지 41km 구간을 짓기 위해 두 단으로 된 아치로 이루어진 고가교를 포함해 열여섯 개의 고가교를 세워야 했으며, 열네 개의 터널을 뚫어야 했는데, 이중 하나의 길이는 1,430m에 달한다. 철도는 그 당시까지 어떤 증기 기관차도 뚫고 나갈 수 없었던 경사도가 25퍼밀에 달하는 가파른 길을 따라, 그 반지름이 190m에 불과한 심한 커브 길을 구불구불하게 올라간다. 1852년의 시험에서는, 철로에 걸맞은 기관차를 찾아내지 못했으나, 결국 여덟 개의 드라이빙 휠이 달리고 긴 보일러를 장착한 기관차를 성공적으로 채택하게 되었다.

젬머링 철도는 1854년 5월 15일 개통되었으며, 1959년부터 더 이상 증기력을 동력으로 삼지는 않지만 150년이 지난 지금도 정기적으로 운행되고 있다. 그림 같은 정경을 즐길 수 있는 이 철도는 산악 경치를 즐기는 19세기 유럽 문화의 미학적 관점을 섬세하게 일깨워 준다는 칭찬이 자자하다. 1998년 젬머링 철도는 유네스코 세계문화유산에 이름을 올린 최초의 철도가 되었다. **RG**

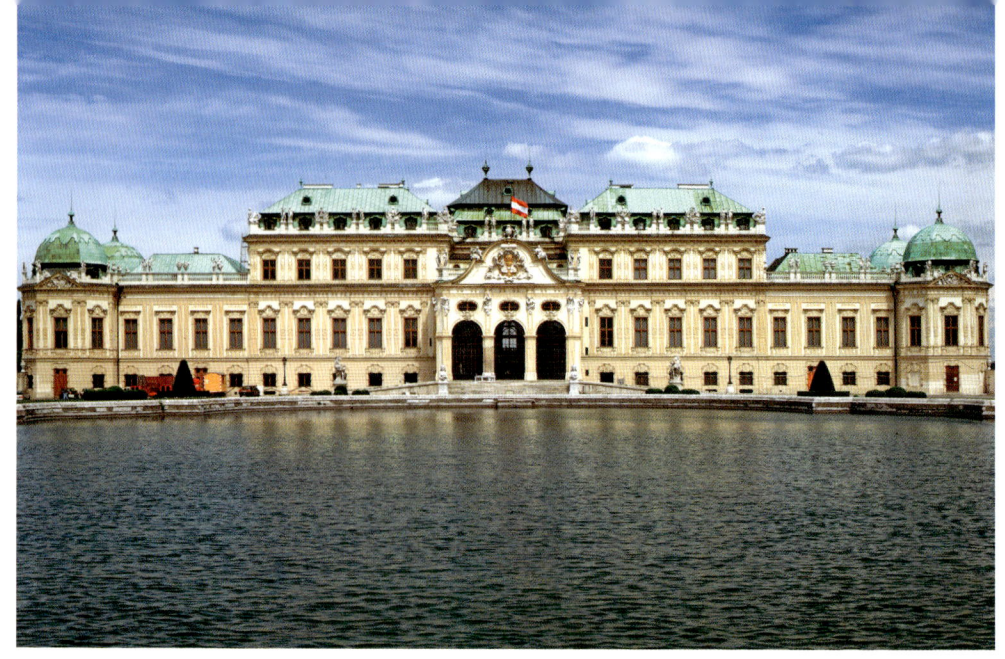

벨베데레 궁전 오스트리아, 빈 | Belvedere Palace

오스트리아와 합스부르크 왕조의 역사에 자취를 남긴 바로크 양식의 랜드 마크

벨베데레는 두 개의 궁전과 광활한 정원으로 이루어진 빈에 있는 건물 단지로, 도시의 훌륭한 정경이 내다보인다. 이 궁전은 당대 유럽에서 가장 부유한 이들 중 하나였을 뿐만 아니라 가장 훌륭한 군 사령관이기도 했던 사부아 공국의 외젠 공이 건축했다. 그가 죽은 후, 벨베데레는 합스부르크 가의 황제들이 거주하는 궁전이 되었다.

외젠은 1697년에 벨베데레가 서 있는 부지를 손에 넣었는데, 처음에는 이 땅을 넓은 정원으로 이용했다. 현재 '하(下)벨베데레'라고 알려진 최초의 궁전은 1714년에서 1716년에 걸쳐 지어졌다. 원래는 정원 저택으로 설계되었다. 건축가 요한 루카스 폰 힐데브란트는 오스트리아인이었지만, 장식을 도맡았던 것은 대부분 이탈리아 예술가들이었다. 중앙의 '대리석 홀' 천장에는 외젠 공의 모습이 새로운 아폴로 신으로 그려져 있다. 처음 지어진 이 궁전 주변에는 프랑스 풍의 정형식 정원이 배치되었다. '상(上)벨베데레'는 1720년에서 1722년까지 건설되었다. 원래는 중앙 정원축이 끝나는 부분을 표시하기 위한 목적으로 지어졌던 이곳은, 증축되어 외젠의 여름 별장이 되었다. 외젠이 죽자 그의 모든 유산은 조카딸인 사부아-카리냥의 빅토리아에게 넘어갔는데, 그녀는 1752년 마리아 테레지아 여제에게 벨베데레를 팔았다.

합스부르크 왕가 아래서 벨베데레는 증축되었고, 1775년부터 1890년까지는 황실 미술 갤러리가 이곳에 있었다. 합스부르크 왕가의 마지막 거주자는 1914년 암살당한 프란츠 페르디난트 대공이었다. 제2차 세계대전 동안 벨베데레는 심한 피해를 입었으나, 그 이후 복원되었다. 1955년 이 궁전에서 현대 오스트리아를 성립시킨 오스트리아 국가 조약이 체결되었다.

오늘날 상벨베데레에는 구스타프 클림트, 에곤 쉴레, 한스 마카르트 등 오스트리아 예술가들의 작품을 소장한 미술관이 있다. 벨베데레 궁전은 오스트리아 바로크의 아름다움을 보여 주는 눈부신 본보기로 남아 있다. **JF**

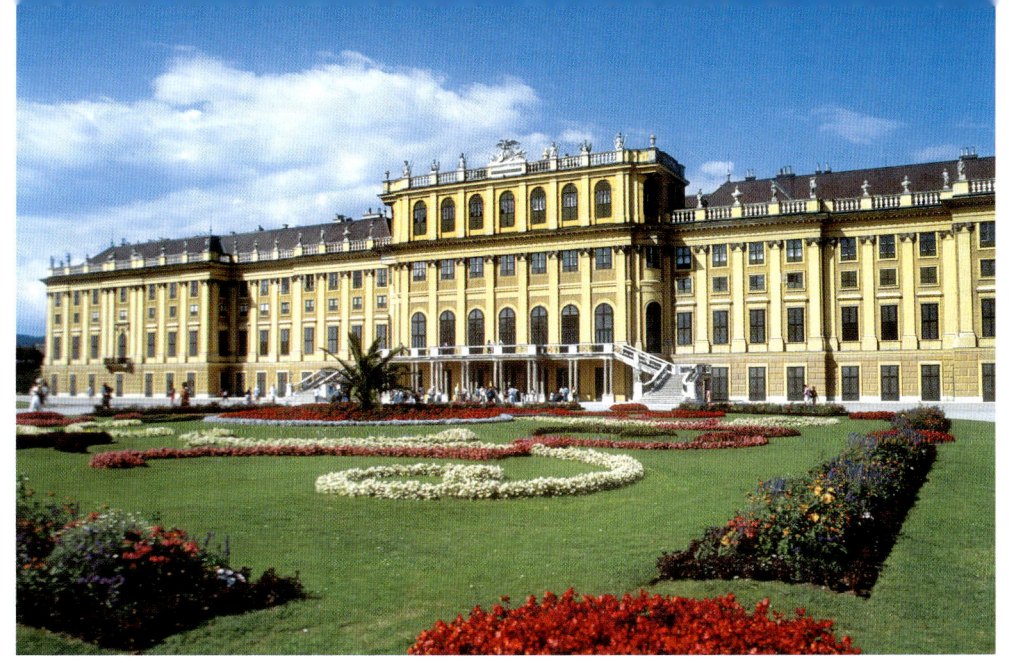

 쇤브룬 궁전 오스트리아, 빈 | Schönbrunn Palace

매우 인기 있는 황궁과 정원

이 훌륭한 바로크 양식의 궁전은 합스부르크 가문의 여름 주거지였다. '합스부르크 옐로'로 알려진 독특한 색채의 건물은 내부에 호화로운 인테리어를 갖추고 있다. 소용돌이치는 로코코 양식이 주를 이루며 황금으로 된 장식, 크리스털 샹들리에, 커다란 거울 등을 볼 수 있다. 쇤브룬에는 1,441개라는 엄청난 개수의 방이 있다.

　　마리아 테레지아 여제와 그녀의 남편인 황제 프란츠 1세는 쇤브룬에서 여름을 보냈으며, 그들이 통치하던 시절 여섯 살 난 볼프강 아마데우스 모차르트가 궁전에 초대받아 여제를 위해 피아노를 연주했다. 프란츠 요제프 황제는 쇤브룬에서 1830년 출생했으며 여든여섯의 나이로 이곳에서 죽게 된다. 이 궁전은 프란츠 요제프의 아내이며 애칭으로 '시시'라 불리기도 했던 엘리자베트 황후와의 인연으로 유명해졌다. 그녀는 쇤브룬을 매우 사랑하여 결혼한 이후 많은 시간을 이곳에서 지냈다.

　　합스부르크 가의 이 궁전은 17세기에는 사냥 별장이었으며, 터키가 빈을 점령했을 때 파괴되었던 자리에 세워졌다. '쇤브룬'이라는 이름은 아름다운 샘물을 의미하는데, 이곳에 왕실의 식수를 제공해 주던 천연 샘물이 있었기 때문이다. 쇤브룬 궁전은 '글로리에테'라는 이름의 상상을 뛰어넘을 정도로 웅장한 신고전주의풍 아치들, 모조 로마 유적, 화려한 분수, 인상적인 종려나무 온실을 완벽하게 갖춘 눈부시게 화려한 대정원에 자리 잡고 있다. 이 궁전에는 또한 프란츠 황제가 1750년대에 조성한 작은 동물원의 후손인 동물원도 있다. 이 동물원은 여전히 원래의 자리에 남아 있는 유럽에서 가장 오래된 동물원이지만, 유감스럽게도 그 때문에 동물 우리가 상당히 작은 편이다.

　　1918년 카를 1세 황제가 왕위에서 물러나 오스트리아는 공화국이 되었다. 그는 퇴임 연설을 쇤브룬에서 거행했고, 궁전은 공화국의 소유가 되었다. 쇤브룬은 제2차 세계대전 동안 피해를 입어 1950년대에 복구되었다. 오늘날 이 궁전은 마땅히 빈에서 가장 인기 있는 관광 명소 중 하나라는 자리를 차지하고 있다. **LH**

카이저그루프트

오스트리아, 빈 | Kaisergruft

합스부르크 왕가의 마지막 휴식처

카이저그루프트(황제가 묻히는 지하 묘지)는 카푸치네르 키르헤 지하에 있다. 1633부터, 합스부르크 왕가의 거의 모든 통치자들은 이곳에 묻혔다. 그러나 이곳에 묻혀 있는 유해 대부분은 완전한 상태가 아닌데, 그 이유는 전통을 고집하여 합스부르크 왕가의 심장은 아우구스티네르키르헤에 묻혀야 했기 때문이다. 이러한 관습은 1878년에 중단되었으나, 그 이전에 묻힌 합스부르크 가문 사람들은 모두 이곳에 안장되기 전에 심장이 제거되었다. 이 지하 묘지에 잠든 이들 중 유일하게 합스부르크 가문이 아닌 이가 한 명 있다. 그는 위세 높던 마리아 테레지아 여제의 절친한 벗이었던 푹스 백작 부인이었다.

무덤의 스타일은 매우 다양하여, 어떤 것은 화려한 도시 빈에서 어울리게 정교하며, 놀라우리만치 단순한 무덤들도 있다. 마리아 테레지아와 프란츠 1세의 이중 무덤은 바로크 시대가 지닌 지나칠 정도의 화려함을 모두 보여 주지만, 그들의 아들 요제프 2세의 소박한 무덤은 완전히 다른 가문의 무덤을 보는 듯하다. 이곳에 묻히지 않은 이들 중에는 1918년 퇴위하여 망명 중에 사망했던 카를 1세와, 프란츠 1세와 마리아 테레지아의 딸인 불운한 왕비 마리 앙투아네트가 있는데, 그녀의 무덤은 파리에 있다. 1989년 이 지하 묘지는 카를 1세의 아내였던 전 황후 지타를 묻기 위해 다시 문을 열었다.

20세기 초의 빈 시민들은 합스부르크의 일원이 되고 싶지 않았겠지만, 21세기의 빈 시민들은 그들의 유산을 자랑스럽게 여긴다. 최근에는 '시시'라는 애칭의 엘리자베트 황후의 인기가 다시 살아났다. 그녀는 남편인 프란츠 요제프가 저질렀던 수많은 연애 사건 때문에 인생이 슬픔으로 얼룩졌고, 스위스에서 이탈리아 무정부주의자의 손에 암살당한, 인습에 사로잡히지 않은 자유로운 성격의 황후였다. 카이저그루프트를 방문하면 시시의 무덤이 현대의 찬미자들이 가져온 신선한 꽃으로 치장되어 있는 모습을 흔히 볼 수 있다. **LH**

지그문트 프로이트의 집

오스트리아, 빈 | Sigmund Freud's House

40여년 동안 프로이트의 집이자 작업장이었던 곳

빈의 조용한 구역에 있는 베르가세 19번지의 2층에 위치한 커다란 아파트먼트. 지그문트 프로이트 박사는 이곳에 살았으며 빈에서 도피하기 전까지 개업의로 일했다. 프로이트의 가장 잘 알려진 사례 연구 중 한 건인 도라라는 이름의 젊은 여인은 같은 거리의 32번지에 살았다.

프로이트는 유년 시절부터 빈에 살았으며, 1891년 30대였던 때에 베르가세로 이사했다. 그가 자신의 가장 유명한 저서로 1900년에 빈에서 출간된 『꿈의 해석』을 완성하였던 곳은 바로 이 아파트먼트이다. 정신분석이란 종종 논란을 불러일으켰지만 그래도 인기가 높았고, 프로이트의 대기실은 비어 있는 일이 거의 없었다. 그러나 나치가 집권하게 되었을 때 그의 병원은 손님이 줄어들었

> "문명이란 화가 난 사람이 돌을 던지는 대신 최초로 한 마디 말을 내뱉었던 순간에 시작되었다."
>
> 정신분석가, 지그문트 프로이트

던 것으로 보인다. 프로이트가 유태인이기 때문에 이러한 추측은 한층 힘을 얻는다. 아돌프 히틀러가 1938년 독일 총통이 되어 오스트리아로 돌아와 오스트리아가 독일에 병합되었다고 밝히자 많은 유태인, 동성애자, 집시, 그 밖의 박해받는 이들은 능력만 있다면 모두 오스트리아를 떠나기 시작했다. 나치는 프로이트 가를 방문해 아파트를 불시에 단속하고 상당한 액수의 돈을 훔쳐갔다. 오랫동안 심사숙고하고 친구들의 설득에 떠밀린 끝에, 프로이트는 자신이 사랑하던 도시를 떠나기로 결심했다. 프로이트 가족은 1938년 런던으로 떠났다.

오늘날 이 단순한 아파트먼트는 프로이트의 자녀들의 도움으로 세심하게 복원되었으며, 그 유명한 긴 의자까지 갖춘 지그문트 프로이트 박물관이 되었다. **LH**

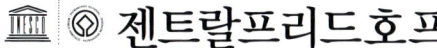

젠트랄프리드호프

오스트리아, 빈 | Zentralfriedhof

빈의 많은 유명 인사들이 잠든 인상적인 무덤과 기념물들

젠트랄프리드호프(중앙 묘지)는 빈에서 가장 큰 묘지이며 유럽에서도 가장 큰 축에 속한다. 250만 명 이상이 이곳에 묻혀 왔으며, 이 묘지에는 빈에 살았던 유명한 이들의 무덤이 많이 있어 유명해졌다. 이 묘지에 안장된 유명 인사로는 베토벤, 브람스, 슈베르트, 슈트라우스 부자, 모차르트의 영원한 경쟁자 안토니오 살리에리를 들 수 있다. 모차르트는 가난에 쪼들리다 죽어 장크트 마르크스 묘지의 어딘지 모를 장소에 있는 빈민자 무덤에 묻혔기에 이곳에 있지 않으나, 젠트랄프리드호프에는 그를 위한 기념비가 서 있다. 이곳에 잠든 음악가들이 모두 처음부터 여기에 묻혔던 것은 아니었다. 베토벤과 슈베르트의 유해는 1888년 이곳으로 이장되었는데, 그 이전까지 그들의 무덤은 배링거 묘지에 방치되어 있었고 완전히 파손되기 일보 직전이었다.

이 묘지는 걸어 다니기 좋으며 놀라우리만치 아름답고 평화로운 장소이다. 빈에서는 드문 일도 아니지만, 이 묘지의 기념비와 건축물들은 모든 시기의 특징을 갖춘 훌륭한 조각품이라 할 만하다. 특히 요한 슈트라우스 주니어의 비석과 안톤 하나크의 작품인 제1차 세계대전 기념비는 볼 만하다. 막스 헤겔레가 1905년에 제작한 중앙 출입문은 유겐트슈틸(아르 누보)의 걸작이다. 오토 바그너의 학생이었던 헤겔레는 묘지 안에 있는 웅장한 유겐트슈틸 교회, '닥터 카를 루에거 교회'(빈의 전 시장 이름을 딴 것)를 디자인하기도 했다.

빈에서 주로 믿는 종교는 가톨릭이지만, 이 묘지는 빈 사회의 다양성을 반영하고 있으며 특정 종교와는 관련이 없다. 묘지는 오래된 유태인 묘지와 새로운 유태인 묘지, 이슬람 묘지, 프로테스탄트 묘지, 정교회(正敎會) 묘지 등 여러 구역으로 나뉘어 있다. 오스트리아의 대통령들이 묻히는 구역 또한 따로 있으며, 양차 세계대전 사망자들의 무덤과 함께 19세기와 20세기 전쟁 기념비들이 서 있다. **LH**

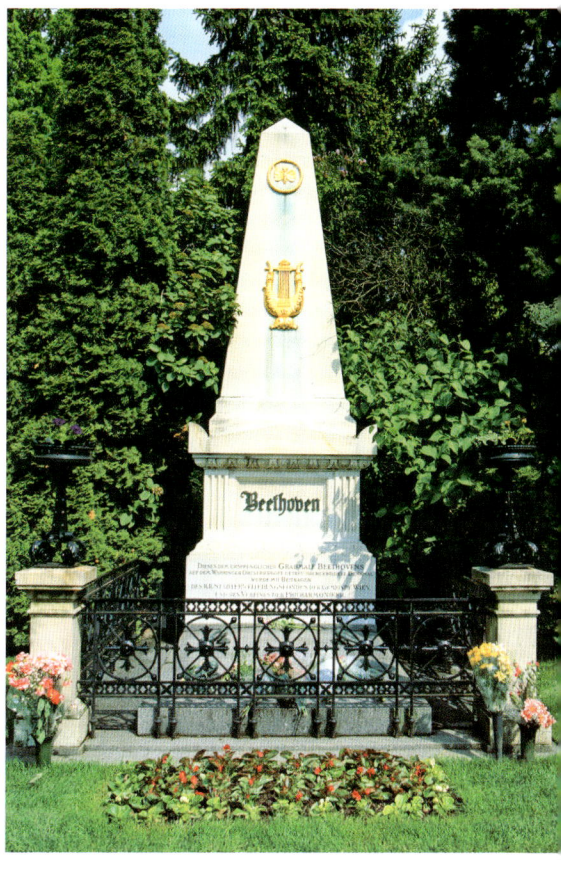

"오래된 빈 속담에서 죽음에 대한 통찰력이 엿보인다. '살아 있을 때, 인간은 모든 일에 돈을 지불해야 한다. 오직 죽음만이 공짜다.'" 여행 작가, 빌리 앤 로페즈

빈 국립 오페라 극장 오스트리아, 빈 | Staatsoper

150년 동안 빈의 문화적인 심장부였던 곳

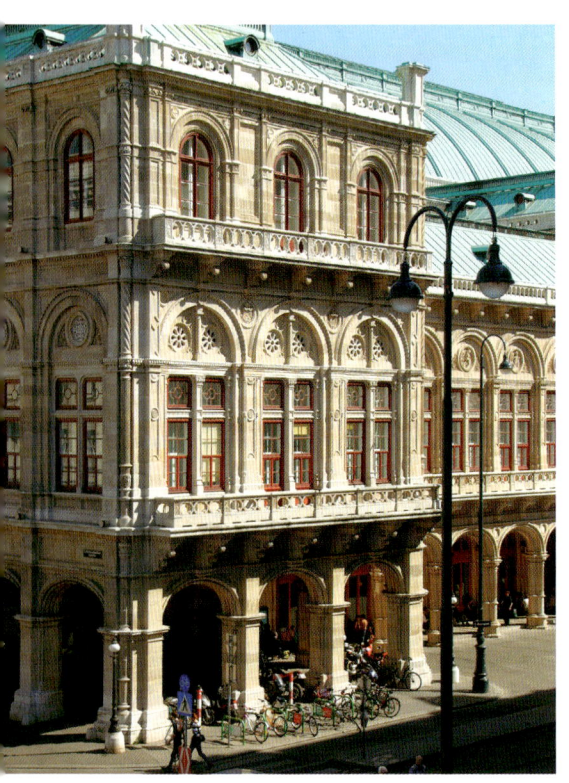

"만일 작곡가가 자신의 마음 속 말을 언어로 표현할 수 있다면 굳이 고생해서 음악으로 표현하지 않을 것이다."

작곡가, 구스타프 말러

⊞ 전쟁의 피해를 복구한 이후 1955년에 재개장한, 빈 국립 오페라의 스테이지 윙 중 하나.

⊞ 신고전주의적인 화려함을 보여 주는 훌륭한 본보기인 중앙 계단은 제2차 세계대전 중의 폭격에도 손상된 곳 없이 살아남았다.

1857년 프란츠 요제프 황제는 대로를 세우고 여러 채의 공공건물을 새로 짓는다는, 빈 시를 위한 거창한 새로운 계획을 발표했다. 빈은 이미 음악적인 탁월함으로 정평이 난 도시였으므로, 이 도시에는 런던과 밀라노에 있는, 그리고 당시 파리에서 계획 중이던 오페라 하우스와 어깨를 견줄 만한 웅장한 오페라 하우스가 필요했다. 슈타츠오퍼(국립 오페라 하우스)의 건축은 1863년 시작되어 1869년에 끝났다. 이 극장은 빈의 중심 지역을 둥글게 둘러싸고 새로이 조성된 새로운 대로변에 지어졌다. 현재 이 건물은 링슈트라세에 위치하고 있는 많은 아름답고 정교한 건물 중 하나이다.

국립 오페라 극장의 원래 이름은 국립 황궁 극장이었다. 건축가는 에두아르트 판 데르 뉠과 아우구스트 지카르트 폰 지카르스부르크로, 1858년에 있었던 오페라 극장 설계 공모전에서 당선한 인물들이었다. 슬프게도 이 두 건축가는 1868년에 죽어 자신들의 계획이 열매를 맺은 모습을 볼 수 없었다. 이들의 때 이른 죽음은 국립 오페라 극장의 신고전주의적 설계가 마음에 들지 않았던 시민들이 혹독한 비평을 가한 얼마 후의 일이었다.

개관일은 1869년 5월 25일이었고, 최초의 공연 작품은 모차르트의 〈돈 지오반니〉였다. 극장 앞에 죽 늘어선 아름다운 주랑은 내부를 조금이라도 보고 싶어 열심인 우아하게 차려 입는 빈의 귀부인들로 생기가 돌았다. 인상적인 로비와 널따란 계단은 보는 이의 숨이 막힐 정도로 훌륭하다. 옆쪽 살롱에는 모차르트의 〈마술 피리〉에 나오는 장면을 표현한 호화로운 고블랭 직물의 태피스트리가 걸려 있어 '고블랭살'이라는 이름이 붙었으나, 이후 보헤미아 계 오스트리아 작곡가 구스타프 말러의 이름을 따 구스타프 말러 홀이라는 새 이름을 얻었다. 건물 안에는 차 마시는 방도 있어 프란츠 요제프는 휴식 시간 동안 손님들을 맞이했다. 제2차 세계대전 동안 국립 오페라 극장은 심각한 손상을 입었으나, 이후 복원되어 아름다운 모습을 되찾아 1955년 11월 5일 베토벤의 〈피델리오〉의 웅장한 공연과 더불어 다시 문을 열었다. **LH**

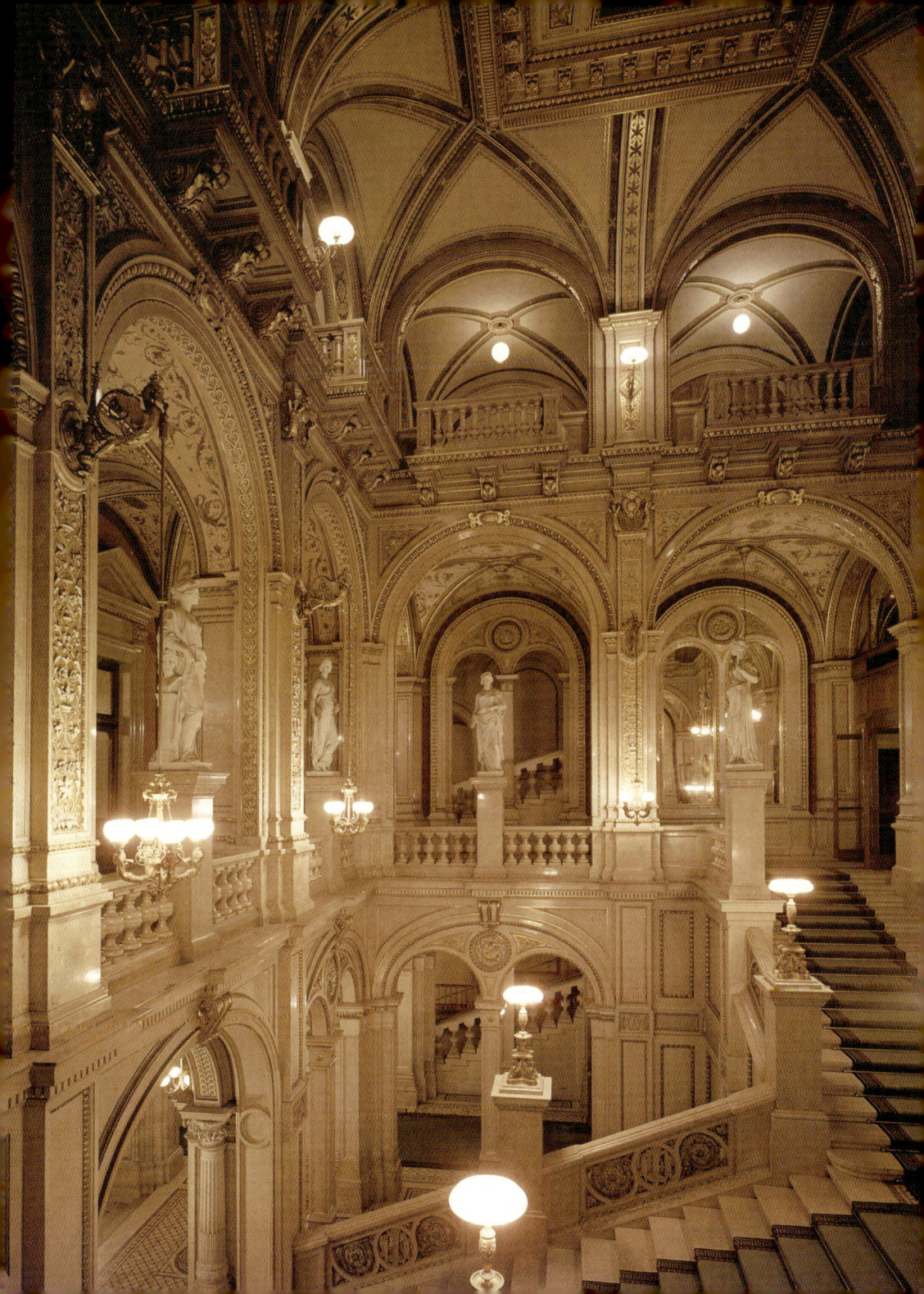

호프부르크 궁전 오스트리아, 빈 | Hofburg Palace

합스부르크 왕가의 웅장하고 드넓은 겨울 궁전

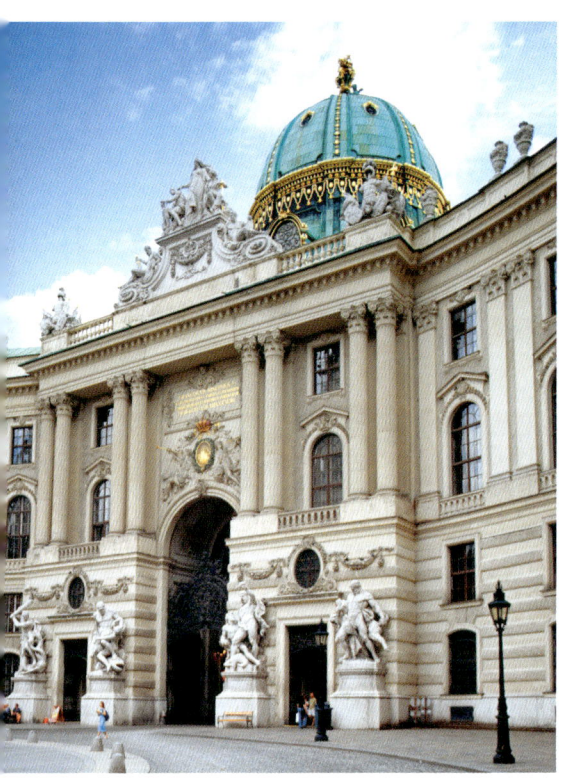

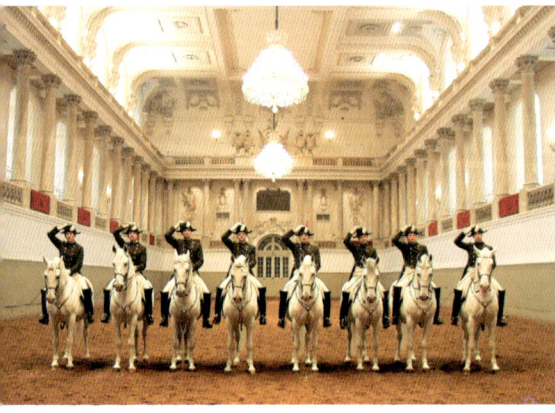

호프부르크는 합스부르크 왕가의 겨울 궁전이었다. 루돌프 1세 황제를 시작으로 하여, 합스부르크 가는 600년 이상 오스트리아를 통치했다. 이 거대한 궁전은 13세기에 처음으로 건축되었으며 세월이 흐르며 점차 여러 부분이 추가되었는데, 통치자들이 대를 이어 갈수록 자신이 그 전 대보다 더 위대하다는 것을 증명해 보이려 노력했기 때문이다. 가장 최근에 증축된 부분은 1900년대 초반의 결과물이다. 놀랍게도 신고딕, 르네상스, 바로크 등 과장된 건축 양식들을 섞어 놓았는데도 썩 잘 어울려서 궁전은 복잡다단하며 호기심을 자아내는, 꼭 방문해 보아야 할 장소로 손꼽힌다.

건물의 가장 오래된 부분은 '슈바이처호프', 즉 '스위스 안뜰'이라는 이름인데, 당시의 황제가 스위스 군사들의 호위를 받았기 때문이다. 이곳의 정교하게 세공된 16세기 관문은 '슈바이처토르', 즉 '스위스 현관문'이라는 이름이다. 굉장히 많은 건물들 중에는 14세기의 예배당, 두 채의 16세기 궁전, 18세기에 지어진 겨울 승마 학교가 있다. 1918년 오스트리아의 마지막 황제 카를 1세가 퇴위하자, 오스트리아는 공화국이 되었다. 그 이후 호프부르크 왕궁에는 세계적으로 유명한 빈 소년 합창단 예배당과 스페인 승마 학교, 국립 도서관, 오스트리아 대통령 사무실이 들어섰다. 1938년, 아돌프 히틀러가 호프부르크를 차지했고, 그는 이곳의 노이 부르크(새로운 궁전)에서 오스트리아가 독일에 병합되었음을 선포했다.

호프부르크의 주변 지역은 성장하고 있으며, 이곳은 진정한 의미에서 시민들을 위한 궁전이 되었다. 궁전 안에는 박물관과 미술관, 레스토랑, 카페, 공원이 있다. 최근에는 바로크 양식의 궁전 마구간이 새로운 박물관 구역으로 개조되었다. **LH**

◩ 미하엘러트락트의 돔은 궁전에서 가장 정교함을 뽐내는 곳 중 하나이다.

▣ 젊은 귀족들에게 승마를 가르치기 위해 세워진 호프부르크 승마관은 현재 스페인 승마 학교가 사용하고 있다.

모차르트 출생지 오스트리아, 잘츠부르크 | Mozart's Birthplace

잘츠부르크에서 가장 분주한 거리 중 한 곳에 자리하고 있는 18세기 모차르트의 탄생지

볼프강 아마데우스 모차르트는 아름다운 잘츠부르크 시의 게트라이데그라세 9번지에서 태어났다. 출생증명서에 적힌 그의 이름은 요하네스 크리조스토무스 볼프강 테오필루스 모차르트였다. 당연히 그는 이 이름을 결코 사용하지 않았고, 테오필루스라는 이름을 아마데우스로 바꾸었다. 그가 태어난 집은 모차르트 가의 친구이자 집주인인 요한 하게나오이르의 소유였다. 모차르트 가족은 1747년부터 1773년까지 이 집의 3층에서 살았으며, 오늘날 이 집에는 잘츠부르크가 낳은 가장 유명한 아들과의 인연을 알려 주는 현판이 걸려 있다.

모차르트의 천재적인 재능은 매우 어린 나이부터 두각을 드러냈다. 그는 다섯 살의 나이에 첫 작품을 작곡했으며, 여섯 살에 오스트리아 여제에게 초청을 받아 연주를 선보였다. 그의 명성은 급속히 퍼져나갔고 그는 오스트리아 최고의 저택을 드나들며 연주를 펼쳤다. 잘츠부르크가 여전히 그의 집이긴 했지만, 콘서트 홀과 부유한 후원자들은 빈에 있었기에 전문 작곡가에게는 너무 외진 곳이었으므로 가족은 빈으로 이사했다. 모차르트는 찬사와 조롱을 번갈아서 받으며 성인 생활을 보냈다. 그는 빈에서, 서른다섯 번째 생일을 7주 앞둔 어느 날 때 이른 죽음을 맞았다. 사망 당시 가난에 쪼들린 상태였기 때문에, 그는 표시도 없는 공동묘지에 묻혔다.

오늘날 모차르트가 태어난 집은 박물관이 되어 신동이 썼던 바이올린, 피아노, 가족 초상화, 가족끼리 주고받은 편지 등을 볼 수 있다. 박물관은 국제 모차르트 재단에 의해 1880년 개장되었다. 이곳은 20세기 후반에 대규모로 개조되어 잘츠부르크를 찾는 모든 관광객들에게는 꼭 들러 보아야 할 장소가 되었다. 오늘날 게트라이데그라세는 모차르트와 관련된 기념품들로 가득한, 잘츠부르크에서 가장 유명한 쇼핑의 거리가 되었다. **LH**

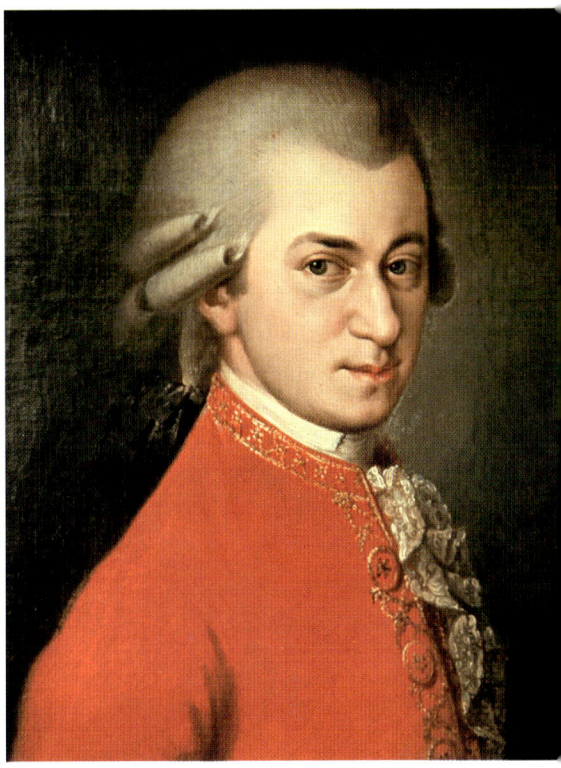

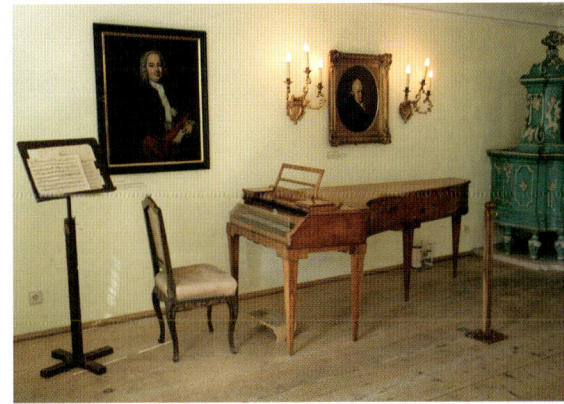

◩ 볼프강 아마데우스 모차르트의 사후에 그려졌으나 비판을 받은 이 초상화는 바바라 크래프트의 1819년 작품이다.

◩ 모차르트의 하프시코드는 국제 모차르트 재단에서 입수한 여러 개의 악기 중 하나이다.

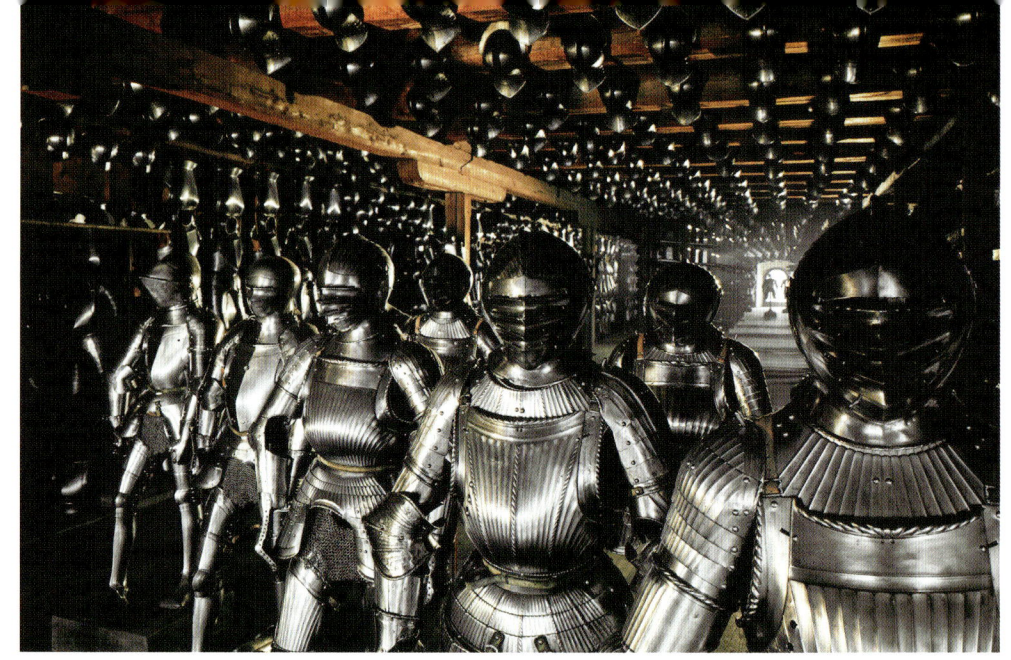

🏛️ 🔶 그라츠 초이그하우스 오스트리아, 그라츠 | Graz Zeughaus

세계에서 가장 훌륭하며 방대한 규모를 자랑하는 곳 중 하나인 역사적 무기 박물관

그라츠는 유서 깊고 중요한 도시로 몇 세기 동안 중요한 핵심적인 군사 기지였다. 그라츠 초이그하우스(지역 무기고)는 이 지역의 풍요로운 군사적 유산이 기록되어 있다고도 할 수 있는, 광범위하고 종합적인 고대 무기들을 소장하고 있다. 이 무기고는 도시의 구시가지에 있으며, 1999년 유네스코 세계문화유산 목록에 올랐다.

그라츠는 오스트리아 남동부의 스티리아 주의 수도로, 14세기부터 계속해서 합스부르크 가의 소유였다. 이 도시는 오스만 튀르크의 침략에 대항하기 위한 중요한 기지였으며, 이후에는 나폴레옹이 가한 여러 차례의 습격을 성공적으로 막아 냈다. 무기고는 17세기 중반에 이 지역의 무기를 보관하기 위해 세워졌다. 18세기, 침략의 위협이 잦아들었을 때 마리아 테레지아 여제는 초이그하우스를 닫으려 했으나, 지역 주민들은 로비를 벌여 이 지역에서 거둔 군사적인 업적을 기리며 무기를 제작한 솜씨 있는 장인과 금속 세공인들에게 기념관으로 바치기 위해 무기고를 보존할 것을 부탁했다.

무기 수집품들은 여전히 원래 건물에 소장되어 있는데, 이 건물은 5층 높이에 너비는 8m, 길이는 50m이다. 건물의 파사드에는 전쟁의 신 마르스와 전사들의 여신 미네르바가 조각되어 있다. 3만 점 이상의 인상적인 소장품들은 15세기의 무기부터 19세기의 것까지 다양하다. 약 7,800점의 대포와 총, 3,300점의 투구, 5,400점의 지팡이, 2,400점의 검과 더불어 이 지역 귀족들을 위하여 제작된 복잡하게 세공된 여러 벌의 수많은 갑옷을 볼 수 있으며, 심지어 말 한 마리를 완전히 무장시킬 수 있는 갑옷도 있다. 1층에는 무기고의 역사적인 배경을 설명해 주는 박물관이 있으며 소장품들은 애초 무기를 보관하기 위해 만들어졌던, 위쪽 층에 있는 나무 판으로 된 방들 안에 전시되어 있다. **JF**

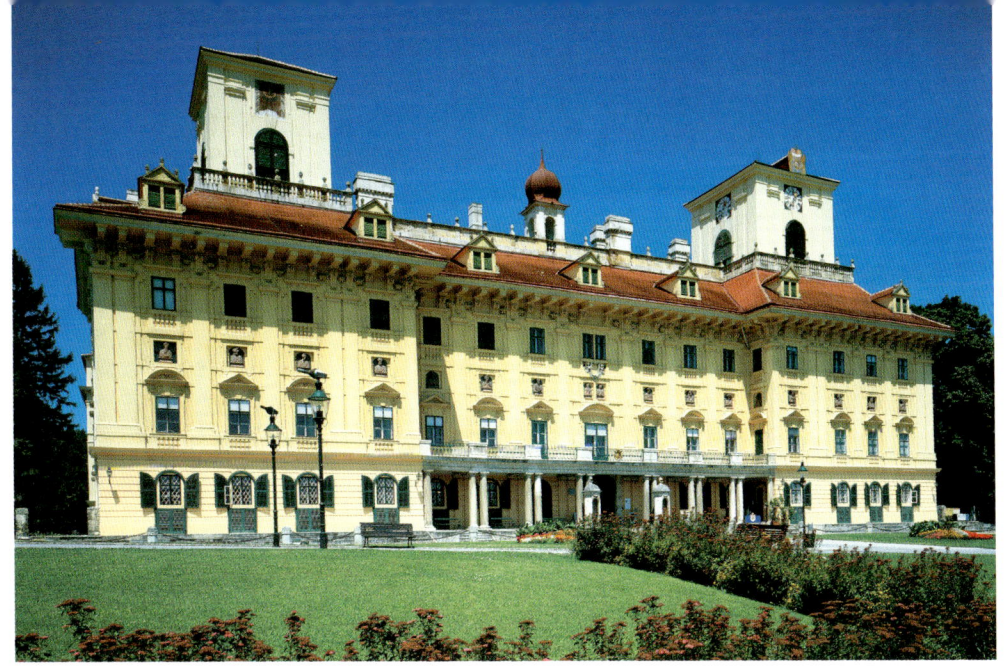

에스테르하지 궁전 오스트리아, 아이젠슈타트 | Esterházy Palace

요제프 하이든과 강한 연으로 맺어진 화려한 궁전

이 땅에 원래 서 있던 궁전은 비교적 소박한 곳으로, 당시 헝가리의 일부였던 차바모르툰이라는 작은 마을에 1300년대 후반에 지어졌다. 1370년경 부르겐란트의 루트비히 왕이 부지와 궁전을 사들여 성으로 개조했다. 15세기 중반 에스테르하지 가와 긴밀한 관계를 맺고 있던 합스부르크 가문이 이 영지를 차지했다. 영지는 1622년 니콜라우스 에스테르하지 백작의 소유가 되었는데, 성이 건설된 것은 그로부터 20년이 지나서였다.

1649년 파울 에스테르하지가 영지를 상속받아, 중세풍의 성을 지위 높은 가문에 마땅히 어울리는 웅장한 바로크식 궁전으로 개조했다. 새로운 궁전을 짓는 임무는 두 건축가가 맡았다. 밀리베르도 뤼쉐스라는 이름의 오스트리아인과 카를로 카를로네라는 이탈리아인이었다. 이 두 건축가의 손길과 그들이 지닌 서로 매우 상이한 건축학적 배경 덕분에, 정교한 이탈리아 벽토 세공으로 사치스럽게 꾸며졌으며 바로크와 고전주의 양식이 호화롭게 뒤섞인 건물들이 탄생했다. 19세기 초에 궁전은

또 한 차례 부분적으로 개조되었는데, 이번에는 프랑스 건축가 샤를 모로가 신중하게 감독을 맡았다. 그러나 나폴레옹이 일으킨 여러 차례의 전쟁 때문에 에스테르하지 가의 재정 상태가 악화되면서 이 작업은 제대로 진행되지 못하고 끝나야 했다.

오늘날, 에스테르하지 궁전은 특히 고전음악을 사랑하는 이들에게 특별한 의미를 지닌 인기 있는 관광 명소이다. 에스테르하지 가는 전용 오케스트라를 자랑으로 삼았고, 1766년에는 작곡가 요제프 하이든이 전속 악장으로 선발되었다. 에스테르하지 궁전의 중앙에는 카를로 카를로네가 지었으며 이탈리아 프레스코화로 장식된 커다란 홀이 있다. 뛰어난 음향 시설을 갖춘 이 방은 하이든을 기념하여 '하이든 홀'이라 개칭되었다. 매년 이곳에서 하이든 음악 축제가 열린다. **LH**

아우구스타 라우리카

스위스, 아우그슈트 | Augusta Raurica

라인 강변의 로마 정착촌

로마의 지방 수도였던 아우구스타 라우리카는 라인 강변, 바젤에서 20km 동쪽으로 떨어진 곳에 위치한다. 이곳은 스위스에서 가장 오래된 로마 정착촌이며, 갈리아의 라우리치 부족을 따서 그 이름이 붙었고, 기원전 44년에 갈리아 총독이었던 L. 무나티우스 플란쿠스가 세운 식민지 마을 중 하나였다. 아우구스투스 황제는 이 도시를 콜로니아 아우구스타 라우리카라고 다시 이름 지었다. 이곳은 서기 1세기와 2세기에는 주민이 약 2만 명에 달하고 넓이가 106헥타르에 달하는 번성하던 도시였다. 아우구스타 라우리카는 라인 강변의 전략적 요충지에 위치하고 있었기 때문에 상업 교통을 지배하는 데 중요한 역할을 맡았다. 로마 제국의 북–남과 동–서 방향 축을 지나 수송 중인 상품들은 반드시 라인 강을 건너야 했다. 아우구스타 라우리카는 서기 3세기까지 문화적, 경제적인 지역 중심지로 남았다. 250년경 지진이 발생해 마을은 부분적으로 파괴됐으며, 이후 몇 년간은 게르만 부족의 하나인 알라만 족의 침입으로 피해를 입었다. 이 일로 오늘까지 남아 있는 두 개의 서로 다른 정착촌이 발전하게 되었다. 바로 아우그슈트와 카이저아우구슈트이다.

이 로마 도시에는 알프스 북부에서 가장 보존 상태가 좋은 극장이 남아 있다. 이외의 고고학적 유적 중에는 6천 명이 앉을 수 있었던 원형 극장, 포럼(정부 중심지), 큐리아(시청), 신전, 선술집, 목욕탕, 주거 지역, 세례당이 있는 초기 기독교 교회, 4.5m 높이의 인상적인 요새벽 등이 있다.

이곳이 발견되기 시작한 것은 16세기부터였으며, 아우구스타 라우리카에 대한 고고학적 흥미는 매우 대단하여 지금까지도 발굴 작업이 계속되고 있다. 여기에는 작은 박물관과 더불어 도자기, 귀금속, 동전 등 부지에서 발견해 낸 발굴품들을 전시해 놓은 완벽하게 재건축된 로마 시대의 집 한 채가 서 있다. 아우구스타 라우리카는 스위스에서 가장 크고, 또한 가장 중요한 로마 시대 유적 중 하나이다. **EP**

아인지델른 수도원

스위스, 아인지델른 | Kloster Einsiedeln

잘 보존되어 있는 수도원이자 성지 순례 중심지

아인지델른의 수도원은 대단히 유명한 성지 순례지로 10세기에는 로레토, 콤포스텔라, 심지어 로마와도 우열을 다툴 정도였다. 오래된 '은자의 예배당' 자리에 세워진 성모 예배당의 기적을 행하는 성모 마리아 조각상을 직접 보기 위해 매년 15만 명에서 20만 명에 달하는 가톨릭 신자들이 전 유럽에서 이곳을 방문한다.

마인라트라는 수도사가 처음으로 9세기 중반에 에첼 산 중턱에 자신이 머무를 은둔처를 지었는데, 그는 성모 마리아 상 하나를 가져왔고 이후 다른 은둔자들이 뒤를 이었다. 그가 861년에 죽은 지 몇 년 후 에베르하르트(전 스트라스부르 수도원장)가 이 은자들을 모아 수도원 공동체를 세웠고, 934년 베네딕투스회 수도원이 세워졌

> "이 조각상은 교회로 운반되었으나, 밤을 틈타 당시 예배당이 지어지고 있던 자신의 자리로 돌아갔다."
>
> 메리 리 놀란, '검은 마리아'에 대한 이야기

다. 현재의 수도원은 947년에 세워진 것으로, 수도원은 대략 1100년까지 번영을 누렸다. 그 이후 사회적이고 정치적인 환경이 악화되면서 수도원은 쇠퇴하기 시작했다. 그러나 종교 개혁 이후 번영이 다시 찾아들었고, 바로크 시대에 수도원은 황금기에 접어들었다. 1600년대부터 이 수도원은 상당히 높은 수준의 풍요로움을 누려 왔다.

최근 아인지델른에는 약 90명의 수도사와 40명의 평수사가 거주하고 있으며, 수도원에 부속된 신학교와 대학도 운영되고 있다. 따라서 교회, 수도사들 거주처, 방대한 도서관 등 수도원의 건물들은 모두 아름다운 상태로 보존되어 있다. **KH**

카펠브뤼케

스위스, 루체른 | Kapellbrücke

역사적인 그림으로 장식된, 지붕 달린 14세기의 목조 다리

루체른은 루체른 호수에서 로이스 강이 흘러나오는 양쪽 변에 자리 잡고 있으며, 카펠브뤼케, 즉 '예배당 다리'를 포함해 여러 개의 다리가 놓여 있다. 길이가 204m에 달하는 이 나무다리는 원래는 도시를 방어하기 위한 시설의 일부로 14세기에 지어졌으며, 13세기에 건설된 요새화된 팔각형 수상 탑 앞을 지나가는데, 눈에 잘 들어오는 명물이다.

타일이 깔린 경사진 지붕이 기둥에 지지되어 다리를 완전히 덮고 있다. 수상 탑, 즉 '바서투름'은 벽돌로 지어졌고 다리와 비슷하게 타일로 뒤덮인 지붕이 있으며 물 위로 43m 솟아올라 있는 건물인데, 18세기에 걸쳐 감시탑, 감옥, 고문실, 금고실 등 다양한 용도로 사용되었다. 다리는 로프 공장 구실을 했으며 매주 시장이 서는 곳이었다.

부유한 시민들의 후원을 받아 제작되었으며 루체른의 역사를 나타내는, 삼각형 패널에 그려진 120점의 17세기 그림이 다리의 처음부터 끝까지 지붕 안쪽에 걸려 있다. 취리히의 한스 베크만이 그림을 그리는 일을 맡았으나, 혼자서는 예정에 맞춰 작업을 끝낼 수 없다는 사실을 깨닫고 도움을 줄 다른 예술가들을 데려왔다. 그리고 원래 예산이 충분하지 않다고 불평하여 계획의 경비는 두 배로 늘어났다. 그림은 루체른 시민들이 감당하기 어려울 정도로 돈이 많이 드는 존재가 되어갔는데, 1726년에는 도시의 젊은이들이 작품을 파괴하는 일을 막기 위해 경비원을 세워야 했고, 1741년 홍수가 난 이후에는 다리가 부분적으로 무너져 소실된 그림들을 다시 채워넣어야 했기 때문이었다.

1993년 8월 화재가 발생하여 다리는 거의 모두 파괴되었다. 재건축은 몇 달이라는 짧은 시간 안에 이루어졌으며, 오늘날의 다리는 예전과 완벽히 똑같은 복제품이다. 그림 또한 3분의 2가 파괴되어 화가들이 사진을 참조로 다시 그려야 했기 때문에 그림 교체 작업은 훨씬 더 오래 걸렸다. **EH**

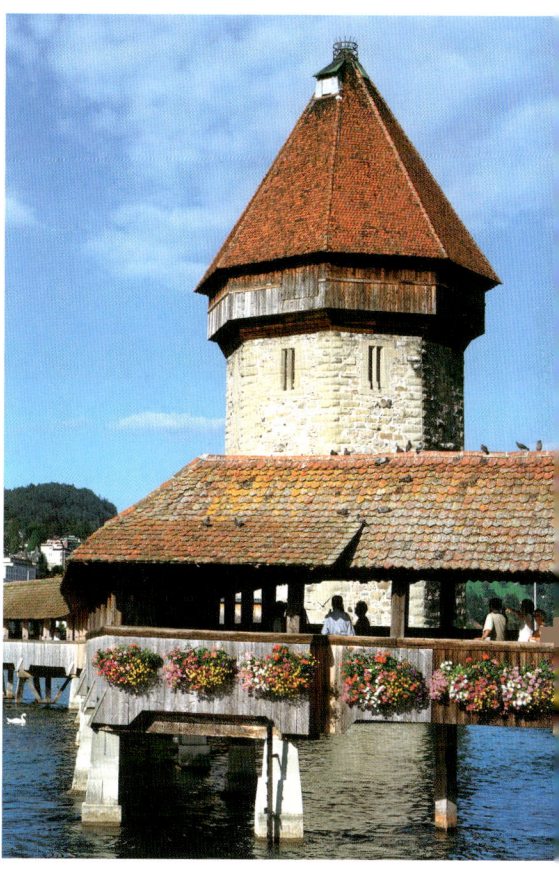

"이 다리는 처음에는 곧게 시작되지만, 곧바로 45도 각도로 굽어져 맞은편 강변에 닿는다."

저널리스트, 제롬 리처드

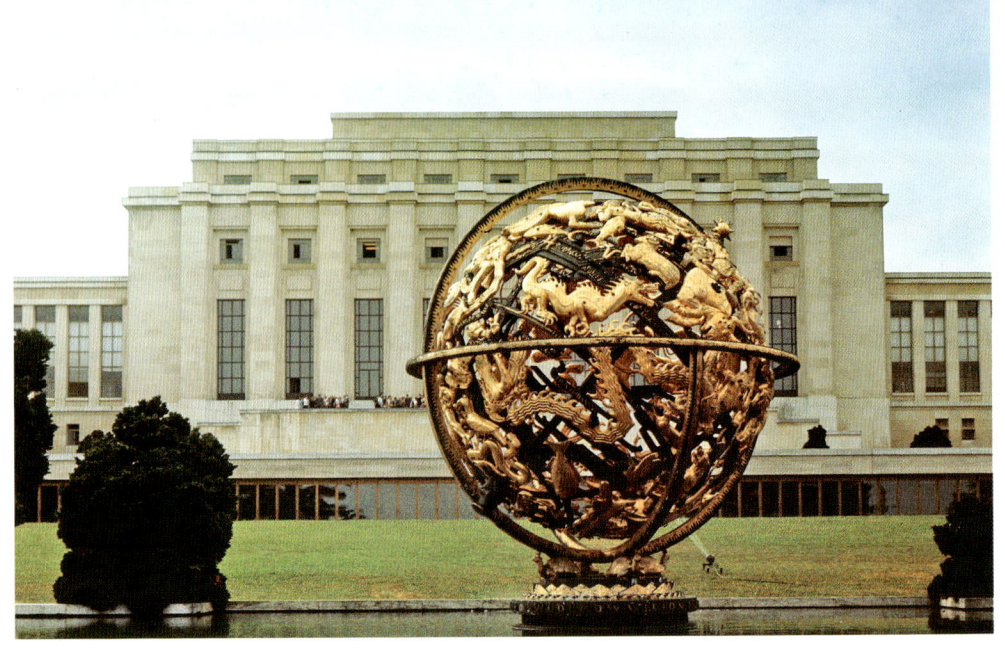

팔레 데 나시옹 스위스, 제네바 | Palais des Nations

제네바에 있는 아르 데코 양식의 국제 연합 본부

길이가 600m에 달하는 아르 데코 양식의 정면으로 프랑스 알프스와 제네바 호수를 내려다보고 있는 팔레 데 나시옹(국가들의 궁전)은 제네바에 있는 국제 연합 본부이다. 1929년에서 1938년에 걸쳐 지어진 이 건물은 유럽의 여러 국가에서 온 일류 건축가들의 손에 설계되었다. 이탈리아의 카를로 브로기, 스위스의 줄리앙 플레겐하이머, 프랑스의 카미유 레페브르와 앙리-폴 네노, 그리고 헝가리의 요제프 바고가 그들이다.

국가들 간의 공동체를 설립하자는 생각은 1771년 마송 후작이 처음으로 제안했는데, 그는 스위스에서 이 모임이 개최되어야 한다고 생각했다. 1919년에서 1920년에 걸친 파리 평화 회의 이후 국제 연맹이 창설되었고 마송의 비전은 마침내 실현되었다. 국제 연맹의 목적은 전쟁을 막고 외교를 통해 국가 간의 분쟁을 조정하며, 복지를 향상시키는 것이었다. 국제 연맹은 제2차 세계대전 이후 국제 연합이 되었다.

1950년대 초반에는 크게 두 부분이 증축되었다.

'K' 건물에 세 개의 층이 더 증축되었고 'D' 건물이 새로 지어져, 세계보건기구가 임시로 머무르는 곳이 되었다. '새' 건물은 컨퍼런스 시설을 마련하기 위해 1973년에 지어졌다.

팔레 데 나시옹은 르비오드 드 리브 가문이 제네바 시에 넘겨 준 땅인 45헥타르 넓이의 아리아나 파크에 위치하고 있다. 이 부지 안에는 그뤼에르 지역에서 사온, 1668년에 지어진 샬레(스위스 농가 오두막)가 서 있고, 백 년도 더 된 많은 나무들이 있다. 1929년 9월 7일에 놓인 팔레 데 나시옹의 주춧돌 아래에는 국제 연맹 규약의 사본 한 부와 국제 연맹 멤버들의 이름이 적혀 있는 문서, 연맹의 열 번째 총회에 참석했던 모든 국가의 동전이 담겨 있는 캡슐이 놓여 있다. 이 부지는 팔릴 때 한 가지 조건이 붙어 있었는데, 공작새들이 자유롭게 돌아다닐 수 있어야 한다는 조건이었다. 이는 오늘날도 지켜지고 있다. **LC**

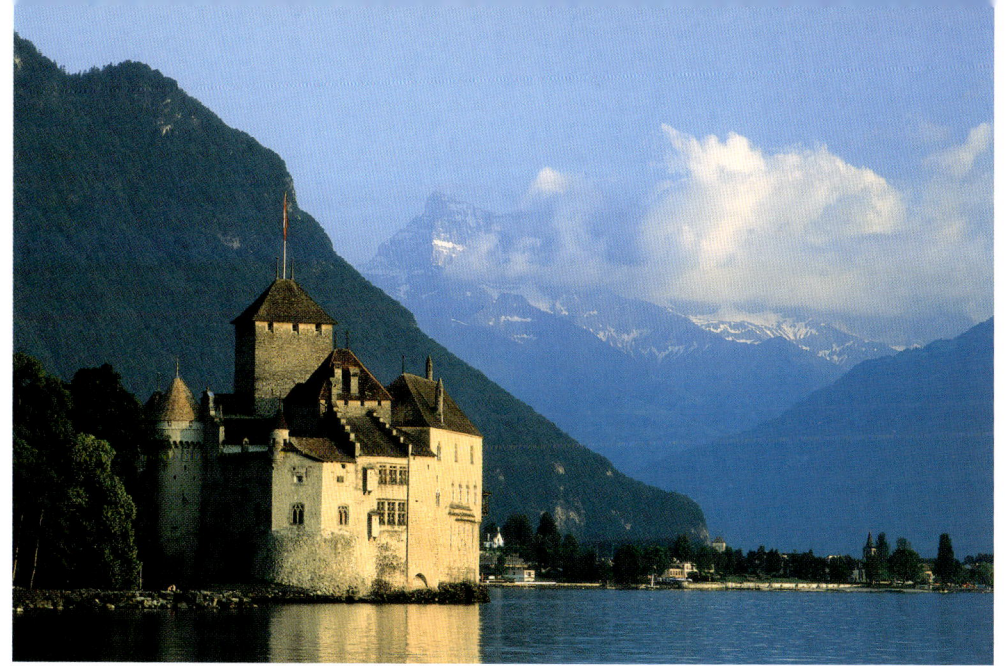

시용 성 스위스, 베이토 | Château de Chillon

제네바 호수에 전략적으로 위치한 중세의 성채

제네바 호숫가에 위치하고 있는 시용 성은 한때 사부아 백작의 권력 중심지였으며 많은 이들이 두려워하던 성채였다. 세월이 흐르면서 성이 누리던 권력과 영향력은 감퇴했으나 그림과 같은 정경은 여전히 많은 관광객들을 이끈다. 통계에 따르면 이 성은 스위스의 다른 어떤 역사유적보다도 더 많은 관광객이 온다고 한다.

시용 성이 서 있는 드라마틱한 위치는 성이 누렸던 성공의 비결이었다. 높이 솟은 산과 널찍한 호수 사이에 자리 잡은 이 성은, 북유럽과 남유럽을 오가는 주요 통로 중 하나를 지배하고 있는 필수적이고 전략적인 위치를 차지한 셈이었다. 군사적인 중요성 이외에도, 지나가는 여행자들에게 비싼 통행료를 물릴 수 있었으므로 이 성은 상당한 수입의 원천이 되어 주기도 했다. 이 지역에는 로마 시대부터 사람이 살고 있었지만, 현재의 건물 대부분은 13세기 사부아 백작이었던 피에르 2세가 축조한 것이다. 그는 신중하게도 호숫가와 맞닿은 구획에 방어 시설이 단단히 갖춰지도록 했으며, 우아하고 당당한 그의 저택은 호수를 내다보며 지어졌다.

지어진 초기부터, 시용 성은 어두컴컴한 지하 감옥으로 악명이 높았다. 이 지하 감옥에 수감되었던 많은 죄수들 중에는 프랑수아 보니바르라는 인물이 있었는데, 그는 반항적인 기질의 16세기 설교가로 두 형제와 함께 기둥에 쇠사슬로 묶인 채 6년이라는 고통의 세월을 보냈다. 그는 바이런 경의 시 덕분에 사후의 명성을 얻게 되었다. 1816년, 바이런 경은 친구인 낭만파 시인 퍼시 비쉬 셸리와 함께 시용 성을 방문하였고, 보니바르의 운명에 대한 이야기에 깊은 감동을 받았다. 그는 즉각 자유의 가치에 대한 힘 있는 명상이라 할 수 있는 「시용의 죄수」(1816)를 집필했다. 지하 감옥에 있는 기둥 하나에는 바이런의 서명이 새겨져 있으나, 진짜인지 여부에 대해서는 의문이 제기되어 왔다. J. M. W. 터너와 귀스타브 쿠르베 같은 화가들도 마찬가지로 이 성에서 예술적 영감을 얻어 성을 그린 훌륭한 작품들을 남겼다. **IZ**

아오스타 로마 유적

이탈리아, 아오스타 | Aosta Roman Remains

기원전 1세기의 로마 도시

이탈리아의 북서쪽 모퉁이, 스위스와 프랑스 국경 가까운 알프스 산지에 있는 아오스타는 이 골짜기 지역의 주요 도시이다. 부티에르 강과 도라 발테아 강이 만나는 이 전략적으로 훌륭한 위치를 고대 로마인들은 놓치지 않았다. 켈트 살라시 부족을 몰아내고 난 후, 로마인들은 이곳을 자신의 땅으로 삼아 기원전 25년경 도시를 세웠는데, 이는 로마의 첫 황제 아우구스투스의 재위 기간이었다. 로마인들은 도시에 아우구스타 프라에토리아라는 이름을 붙였다. 오늘날 이 인상적인 로마 유적지 덕분에 아오스타는 인기 있는 관광 명소가 되었다.

아오스타는 로마 도시 설계를 보여 주는 각별히 뛰어난 예로, 이 도시의 거리들은 매우 정확한 직사각형 패턴에 따라 배열되어 있다. 특히 주목할 만한 유적으로는 한때 수천 명의 관객을 수용했던 원형 극장과 아우구스투스 개선문을 들 수 있다. 고대의 성벽 흔적도 남아 있으며, 이 도시의 웅장한 동쪽 관문인 '포르타 프라에토리아'는 두 개의 아치형 건축물로 이루어져 있고 그 사이에 자그마한 광장이 있다. 알프스를 넘는 주요한 통로인 '그레이트 세인트 버나드 패스'가 아오스타 근처를 지나가는데, 로마인들이 이 길을 사용했으며(로마인들이 닦은 원래 길의 일부가 아직도 남아 있다) 로마의 적인 카르타고의 장군 전설적인 한니발도 이 길을 사용했다.

로마 제국의 한 주의 수도였으므로, 아오스타 시는 매우 중요한 위치를 점하고 있었다. 5세기 말엽 서로마 제국이 멸망하고 나자 아오스타는 게르만의 동(東)고트 족부터 9세기의 위대한 통치자 샤를마뉴에 이르기까지, 여러 차례 습격을 당하여 그 주인이 바뀌었다. 10세기에 부르고뉴 왕국의 일부가 되었으며, 이후 몇 세기 동안 사보이 왕가의 통치를 받았다. 1800년에는 나폴레옹이 4만 대군을 이끌고 '그레이트 세인트 버나드 패스'를 넘어와 잠시 동안 이 지역을 지배했다. 1940년대에 아오스타는 새로운 이탈리아 공화국의 지역 수도가 되었다. **AK**

카스텔로 디 사레

이탈리아, 사레 | Castello di Sarre

1천 년 된 왕실의 사냥 별장

'카스텔로 디 사레'라는 이름으로 알려진 성은 이탈리아 북서쪽, 아오스타 골짜기에 있는 작은 도시에 있다. 11세기부터, 아오스타는 사보이 가문의 지배를 받았는데, 사보이 가문은 이후에 이탈리아 왕가가 된다. 19세기에 카스텔로 디 사레는 통일된 이탈리아 최초의 왕인 사보이의 비토리오 에마누엘레 2세의 사냥 별장이 된다. 카스텔로 디 사레는 아오스타 골짜기가 내려다보이는 언덕 위에 있다. 그 기원은 분명치 않으나, 토대가 다져진 시기는 11세기까지 거슬러 올라가는 것으로 추측된다. 이 성은 여러 명의 지방 귀족들의 손을 넘나들다가 1708년 장-프랑수아 페로드 남작에게 팔렸다. 그는 원래 있던 건물에서는 탑만 제 자리에 남기고 성을 완전히 다시 지었다.

> "왕이 되기 위하여 알아야 할 것은 이름을 서명하는 법, 신문을 읽는 법, 말을 타는 법이 전부다."
>
> 움베르토 1세 왕

1869년, 비토리오 에마누엘레 2세가 5만 5천 리라에 이 성을 구입했다. 사냥을 무척 즐겼던 그는 탑을 증축시켜 전망대로 쓸 수 있도록 했고, 마구간을 더 지었다. 그가 수집한 사냥 기념물 대부분이 오늘날에도 성에 남아 있다. 움베르토 1세 왕이 된 그의 아들 역시 사레 성을 사냥 별장으로 썼으며, 1900년대에 증축했다. 이탈리아의 마지막 왕이었던 움베르토 2세는 1946년 추방되기 전까지 이 성을 자주 방문했다.

왕이 유배를 떠났음에도, 1972년까지 카스텔로 디 사레는 여전히 사보이 가의 소유로 남아 있었다. 오늘날 이 성은 지역 전부의 소유로 19세기의 가구들을 재현해 놓고 사보이 가와 관련 있는 유물과 그림들을 갖추고 있는 박물관이 있다. **JF**

토리노 대성당

이탈리아, 토리노 | Turin Cathedral

고색창연한 르네상스 양식 대성당이자 세계적으로 유명한 토리노의 수의를 지니고 있는 곳

15세기에 건축된 토리노 대성당은 오늘날 '토리노의 수의'가 있는 곳으로 가장 유명하다. 그러나 이 성당은 토리노 시 최초의 대규모 르네상스 건물이기도 하다.

토리노의 수의란, 가톨릭교회에서 가장 신성하게 여기는 성물 중 하나이다. 몇몇 이는 이 수의가 예수 그리스도가 매장될 때 입고 있었던 옷이라고 생각하는데, 이 수의에는 유령처럼 희미하게 남자의 앞모습과 뒷모습 윤곽이 나타나 있다. 1453년 이 수의는 토리노를 다스리던 사보이 왕실의 소유가 되었다. 1357년부터는 조프루아 드 샤르니라는 한 프랑스 기사가 수의를 소유하고 있었는데, 이보다 이전에는 누가 소유하고 있었는지 정확히 알아볼 수 없으나, 예루살렘, 에데사, 콘스탄티노플 등 여러 곳에 있었던 것으로 추측된다.

수의는 1578년 토리노 대성당으로 운반되었으며, 17세기부터는 전용 예배당에 모셔졌는데, 이 예배당은 바로크 건축 양식을 보여 주는 훌륭하고 화려한 본보기이다. 1988년 방사선 탄소 연대 측정법으로 수의가 제작된 연도를 측정해 보았는데, 1260년에서 1390년 사이의 것이라는 결과가 나왔다. 가톨릭교회는 이 결과를 받아들였지만, 수의가 진짜인가 아닌가 하는 문제는 그것을 숭배의 대상으로 삼는 것과 아무 관련이 없다고 주장했다. 1997년 예배당에 화재가 발생해 피해가 일어났으나, 다행히도 한 소방관이 수의를 안전히 구했다. 이 수의는 대중 앞에 공개되는 일이 거의 드물다. 마지막으로 공개되었던 것은 2000년이며, 다음 예정은 2025년이다. 그러나 예배당에 있는 '수의 박물관'과 연결된 비디오를 통해 볼 수 있다. 그 진짜 본질이 무엇이든 간에 수의는 수 세기 동안 헌신적인 믿음의 대상이었으며, 수백만 명의 기독교 신자들에게 중요한 성물로 여겨지고 있다. **JF**

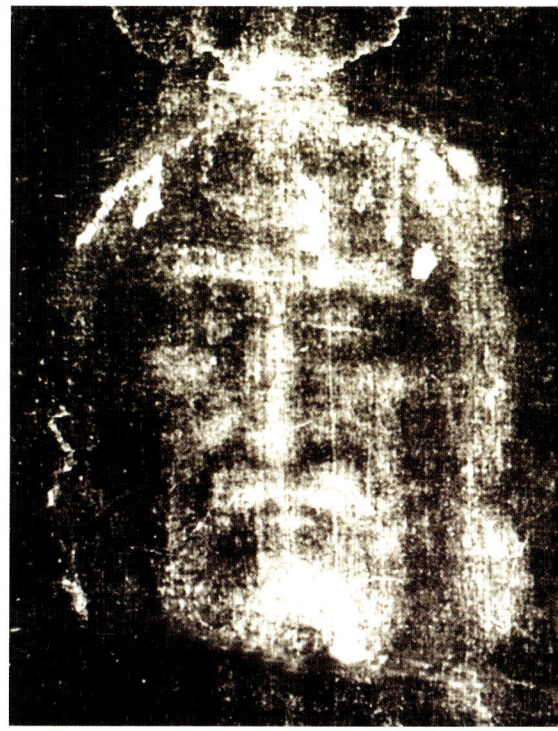

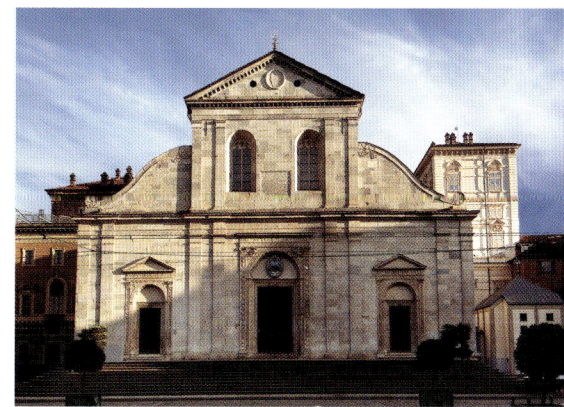

↗ 어떤 연구자들은 탄소 연대 측정이 토리노의 수의에서 나중에 수선된 부분에 적용되었나고 주장한다.

↱ 성 세례 요한 대성당은 1498년 완공되었다. 수의는 1578년에 성당에 전해졌다.

스포르체스코 성

이탈리아, 밀라노 | Castello Sforzesco

도시 성벽 내부에 지어진 요새

이 거대한 성은 밀라노의 그 유명한 총안이 뚫려 있는 두 오모의 북서쪽에 있다. 처음에는 통치자인 비스콘티 가문의 소유로 밀라노에 있는 중세의 성벽 맞은편에 지어진 방어 요새였다. 이 성은 도시를 요새화하는 데 필수적인 부분이었으므로 비스콘티 가문이 대를 이어갈 때마다 증축하는 바람에 크기가 늘어났고, 마지막 비스콘티 사람인 필리포 마리아는 이 성을 저택으로 탈바꿈시킨 후 거기서 살다가 1447년 외로이 죽음을 맞았다.

밀라노 시민들은 비스콘티 가문이 휘두르던 폭정에 진절머리가 나 있었으므로, 필리포 마리아가 죽은 후 암브로시아나 공화국을 세우고 구할 수 있는 무기란 무기는 다 들고 성벽을 무너뜨려 버렸다. 성의 남은 돌은 빛을 갈고 도시를 둘러싼 성벽을 다시 짓는 데 쓰였다.

필리포 마리아에게는 비앙카 마리아라는 외동딸 하나뿐이었는데, 그녀는 서자(庶子)였지만 그래도 상속자로 인정되었다. 그녀는 프란체스코 스포르차와 결혼했는데, 그는 이웃의 베네치아에 대비해 밀라노 공국을 방어하기 위한 용병이었다. 필리포 마리아가 죽은 지 3년 후, 정치적으로 기회주의자였던 스포르차는 탐욕스러운 이웃 세력을 상대로 도시와 공화국을 지켰다. 그 후 이러한 상황을 자신에게 유리하도록 이용, 1450년 3월, 아내의 지지를 얻어 권력을 손에 넣었다. 그는 밀라노의 아름다움과 권력을 나타내는 상징으로 삼겠다는 생각 아래 성을 다시 짓기 시작했으며, 군사 기술자와 피렌체의 건축가 안토니오 아베룰리노를 고용해 일을 맡겼다.

그러나 15세기 말이 되자 성은 오랜 침체기에 들어섰다. 방치되다 못해 곳곳이 무너져 내릴 지경이었으나, 1800년대 후반에 복원되어 밀라노 시의 예술 작품 컬렉션을 보관하게 되었다. 오늘날 이 박물관을 찾는 이들은 레오나르도가 그린 천장 프레스코화, 필리포 리피의 그림, 그리고 이집트와 선사 시대 유물 등의 방대한 컬렉션을 보며 경탄하게 된다. 미켈란젤로의 작품인 아름답고 감동적인 미완성작 〈론다니니 피에타〉도 볼 수 있다. **RM**

밀라노 대성당

이탈리아, 밀라노 | Milan Cathedral

이탈리아에서 두 번째로 큰 성당

1386년, 밀라노 한복판에 훌륭한 고딕 양식 성당을 짓는 작업이 시작되었다. 성당 자리에는 5세기부터 여러 채의 교회가 있었다. 이 거대한 성당—규모면에서, 이탈리아에서 가장 큰 성당인 산 피에트로 성당에만 뒤질 뿐이다—은 이 무렵 북유럽 건축 양식이 이탈리아에 끼쳤던 영향력을 보여 준다. 지역 출신의 일꾼들도 있었지만, 건축가와 석공들 중 여러 사람은 알프스 북쪽에서 온 이들이었다. 이 성당은 그 당시에 있었던 북유럽의 고딕 양식과 이탈리아 르네상스 양식 간의 긴장을 반영하고 있다.

건축은 드문드문 진행되었는데, 초반 작업은 1420

> "무척 웅장하고, 무척 엄숙하며, 무척 광대한 … 입김만 불면 사라져 버릴 서리꽃 같은 환상!"
>
> 마크 트웨인, 『순진한 아의 해외여행』(1869)

년경 마무리되었다. 15세기 후반에 또 한 차례 작업이 시작되어 100년가량 진행되었다. 17세기와 18세기에는 더 많은 부분이 건축되었는데, 인상적인 '성모 마리아의 첨탑'도 이때 세워진 것이다. 나폴레옹은 1805년 이탈리아의 왕으로 대관식을 올리기 전에 파사드를 완공하라는 명을 내렸다. 이 작업은 19세기와 20세기까지 이어졌다. 건축가들은 이 건물 본래의 고딕 양식을 훼손하지 않으려 주의를 기울였다.

밀라노 대성당에 오는 방문객들은 누구나 중앙 네이브의 규모에 놀라게 되는데, 그 높이는 프랑스에 있는 보베 성당의 콰이어 다음으로 높다. 이외의 흥미로운 부분으로는 '꽃피는 고딕 양식'을 여실히 보여 주는 훌륭한 본보기인 웅장한 창문, 여러 개의 제단, 교회를 후원해 주었던 이들이 잠든 화려한 석관 등을 들 수 있다. 15세기에 3만 5천 더커트를 기부했던 마르코 카렐리의 석관도 이 중 하나이다. **AG**

스칼라 극장

이탈리아, 밀라노 | Teatro alla Scala

이탈리아에서, 어쩌면 전 세계에서 가장 웅장한 오페라 하우스

1776년, 화재로 밀라노의 주요 극장이었던 테아트로 두 칼레가 소실되었다. 극장 지분을 갖고 있던 이들은 당시 오스트리아의 통치를 받고 있던 이 도시의 수장에게 새로운 극장을 지어 달라는 청원을 올렸고, 마침내 훨씬 더 웅장한 극장을 짓게 하라는 명이 내렸다. 새 건물은 1778년 개관했으며, 이 건물을 지을 자리를 마련하기 위해 축성을 거두어들이고 철거했던 산타 마리아 스칼라 교회의 이름을 따 스칼라 극장이라 이름 지어졌다. 건물을 짓는 비용은 부유한 밀라노 시민들에게 거둬들인 개인 오페라 박스석, 즉 '팔치' 가격으로 충당되었는데, 이들 중 대부분은 예전 극장에서도 박스를 소유하고 있었다.

곧 '라 스칼라'라는 이름으로 알려지게 된 이 극장은 신고전주의 양식으로 지었으며, 널따란 광장을 향해 지어진 훌륭한 파사드가 그 특징이었다. 대강당은 3천 명의 관객을 수용할 수 있었다. 메인 플로어(플라테아)에서는 청중들이 서서 공연을 관람했으며, 그 위쪽으로 부유한 후원자들 전용으로 각기 화려하게 꾸며진 박스석이 있었다. 이 박스석 위에는 가장 열렬한 음악 애호가들을 위한 널따란 갤러리(로지오네)가 있었는데, 이곳에서는 공연에 대한 아낌없는 찬사며 소리 높은 야유가 재빠르게 터져 나오곤 했다. 라 스칼라는 상류 사회 사람들의 만남의 장소였지만 이 극장의 자랑거리는 항상 위대한 음악가들과 긴밀한 유대를 맺고 있었다는 점, 그리고 특히 이탈리아 오페라를 상연하는 장소였다는 점이었다. 라 스칼라는 로시니, 도니제티, 벨리니의 작품들을 처음으로 무대에 올렸을 뿐 아니라, 여러 차례 다툼이 있기도 했지만 베르디의 작품도 많이 상연했다. 20세기 초에는 지휘자 아르두로 토스카니니가 〈나비 부인〉과 〈투란도트〉 등 푸치니의 작품을 라 스칼라에서 초연했다.

제2차 세계대전 동안 폭격으로 손상되기는 했으나, 새로이 단장한 이 오페라 하우스는 당대의 일류 작곡가들과 긴밀한 관계를 유지했고, 베리오와 스토크하우젠 등 아방가르드 음악가의 작품을 상연하기도 했다. **AG**

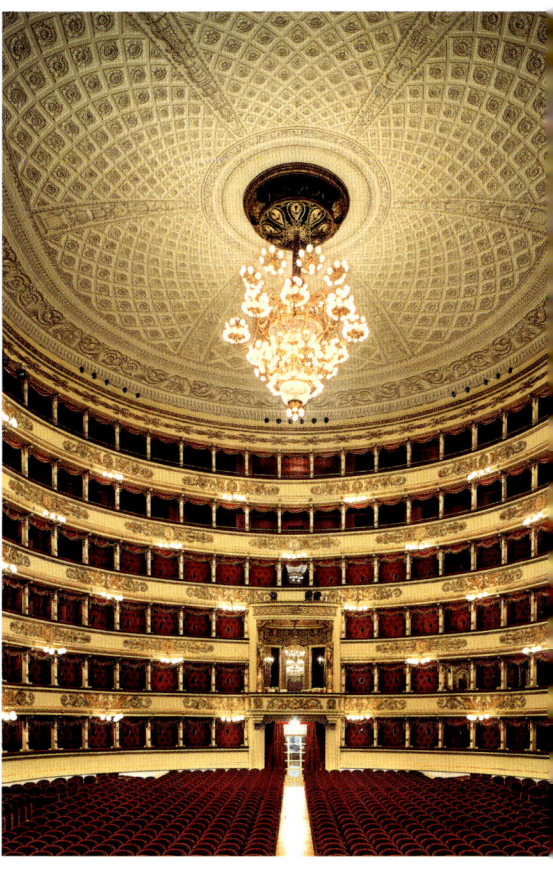

> "스칼라 극장의 음향 설비는 신화가 되었으며, 여러 오페라 하우스 설계자들에게 모델이 되었다."
>
> 음향학 협회

공작 저택 이탈리아, 만토바 | Ducal Palace

한때 이 지역에서 가장 위세 높은 가문의 집이었으며 그들이 수집한 훌륭한 예술 작품이 있던 곳

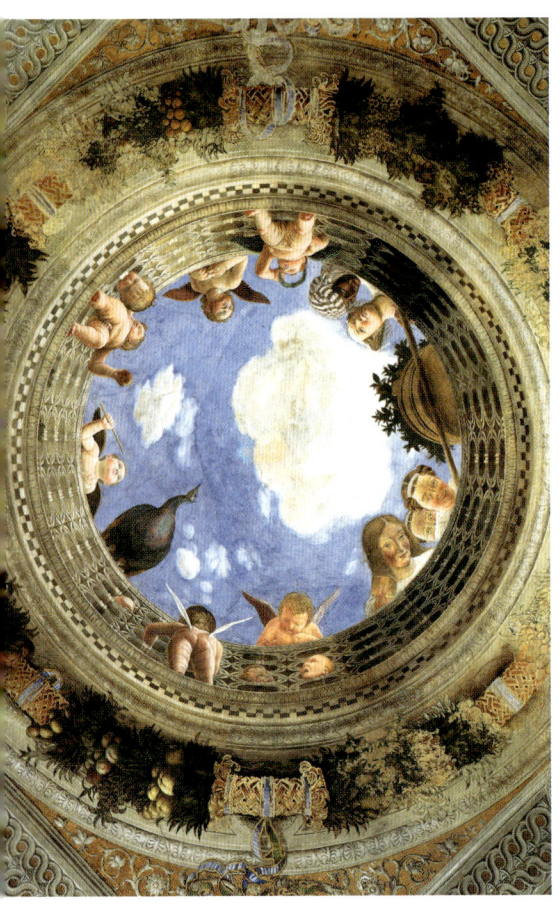

"이것은 단순한 캐리커처가 아니라,
인간사에 대한 감동적인 기록문이다."

베스 아처 브롬버트, 곤차가 가문의 초상화에 대해

여러 채의 건물, 복도, 안뜰, 갤러리, 정원으로 이루어진 이 거대한 저택 단지는 34,000m²라는 넓이의 부지 위에 펼쳐져 있으며 방의 개수가 500개에 달한다. 이는 몇 세기에 걸쳐 증축과 개조가 거듭되어 온 결과물이다. 만토바에 있는 이 궁전은 1328년에서 1707년까지 이 지역을 통치했던 곤차가 가문과 관련이 있는 것으로 유명하다. 이곳에서 가장 오래된 건물은 '팔라초 델 카피타노'와 '마그나 도무스'로, 1271년부터 1328년까지 만토바를 지배했으나 곤차가 가문의 후원을 입고 일어났던 반란으로 인해 쫓겨난 보나콜시 가문에서 지은 것이다. 14세기 말에는 당대 가장 뛰어난 군사 건축가 중 하나였던 바르톨리노 다 나바라가 저택 단지의 일부인 산 조르조 성을 세웠다.

곤차가 가문은 통치하는 동안 그림, 조각품, 프레스코화, 정원 등 많은 예술 작품을 제작하도록 했으며 이를 수집하기도 했다. 1460년부터 1500년까지 곤차가 가의 궁정 예술가였던 안트레아 만테냐는 카메라 델리 스포시, 즉 '신부의 방'이라는 이름의 방 전체에 프레스코화를 그렸다. 이 걸작은 다양한 장면을 배경으로 곤차가 가문 사람들의 전신(全身) 초상화를 그린 연작이다. 여러 해에 걸쳐 안토니오 피사노(피사넬로), 귈리오 로마노, 루카 판첼리 등 다른 예술가들도 이 궁전의 화려함을 더해 주었다.

1627년, 곤차가 가문의 직계 혈통은 빈센초 2세를 마지막으로 끊겼는데, 그는 어리석고 약한 사람으로 예술 작품의 대부분을 영국의 찰스 1세에게 팔았다. 곤차가 가문의 프랑스 쪽 계보인 곤차가 느베르 가문이 권력을 잡게 되었으나, 1630년 만토바는 합스부르크 군대에 의해 포위당했고 궁전은 약탈당했다. 페르디난드 카를로는 1707년 마침내 왕위에서 쫓겨나 만토바를 떠나 베네치아로 달아났는데, 그는 1,000점 이상의 그림을 가져갔다. 이후 건물은 쇠락했으나, 20세기에 들어 보존 작업이 시작되어 저택은 박물관이자 미술관이 되었다. **RM**

카스텔베키오와 스칼리제로 다리 이탈리아, 베로나 | Castelvecchio and Ponte Scaligero

스칼리제르, 혹은 델라 스칼라라는 이름의 세력 있는 가문이 지은 위압적인 요새

전 세계적으로 유명한 로미오와 줄리엣의 도시 베로나는 이야기 속의 로맨틱한 발코니 뿐만 아니라 다른 뛰어난 유적들을 지닌 곳으로 유명한데, 그 중에서도 카스텔베키오는 가장 상징적인 기념물이다. 원래는 중세에 이 성벽 안에 있던 오래된 교회의 이름을 따 성 마르틴 성이라는 이름이었지만, 14세기에 새로운 영주 저택이 지어지면서 카스텔베키오(오래된 성)로 그 이름이 바뀌었다.

아디제 강변에 있는 카스텔베키오는 1387년부터 베로나를 통치했던 스칼리제르 왕조의 요새였다. 격동의 사건들이 발생하던 시기에, 1354년 칸그란데 2세 델라 스칼라가 이 성채를 지었다. 널따란 퍼레이드 장과 중앙탑을 둘러싸고 있는 당당하고 육중한 탑들은 성채의 군사적인 면모들이다. 갑작스런 습격이 있을 경우를 대비하여, 스칼리제로 다리를 건너 북쪽으로 대피할 수 있는 탈출 통로가 마련되어 있었다. 성과 마찬가지로 이 다리도 붉은 벽돌과 하얀 대리석으로 건설되었고, 성벽과 탑으로 단단히 방어되어 있었다.

1404년 베로나가 베네치아의 지배에 떨어지자, 성은 무기 저장소로 사용되었다. 18세기에는 베네치아 공화국의 사관학교가 성에 들어섰다. 1923년 성은 방어적인 기능을 잃게 되어 복원을 거쳐 카스텔베키오 박물관으로 개조되었다. 이 성은 한때 역사적인 재판이 벌어졌던 장소이기도 한데, 1944년 무솔리니를 물러나게 하자는 데에 투표한 장성들이 사형 선고를 받았던 곳이다. 그러나 이 박물관이 초기 기독교 시대부터 18세기까지의 유명한 작품들을 갖춘 이탈리아 박물관 역사 속의 걸작으로 재탄생하게 된 것은, 1957년 건축가 카를로 스카르파가 맡았던 복원 작업 덕택이었다. 그 이후 행해진 발굴 작업으로 고대 건축물들이 빛을 보게 되었고 잊혔던 역사의 베일이 벗겨졌다.

오늘날 튼튼한 중세 건축물과 멋진 다리를 지닌 카스텔베키오는 베로나에서 가장 눈부신 관광 명소이자 이탈리아에서도 가장 흥미로운 박물관 중 하나에 속한다.

MC

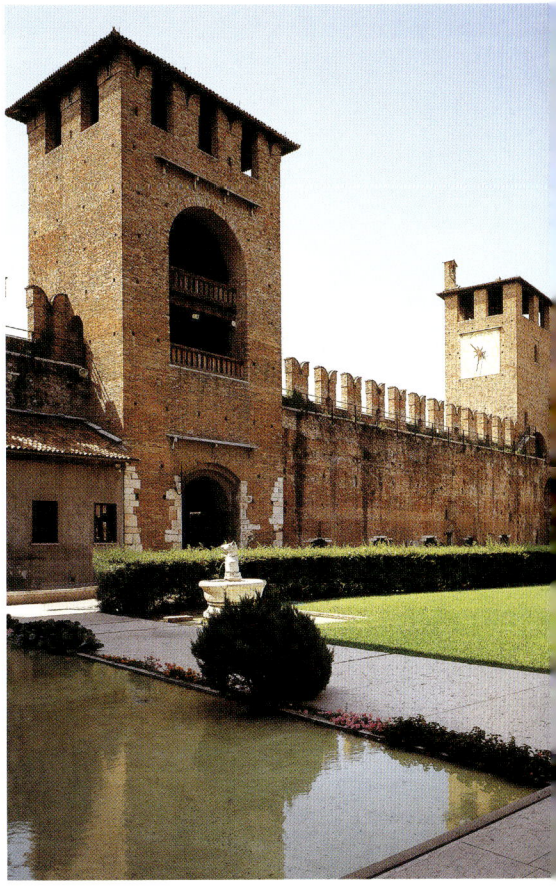

"단테는 칸그란데와 함께 머물렀으며 … 그의 후원 아래에서 『신곡』을 집필하였다."

역사가, 가이 세이크트

람베르티 탑 이탈리아, 베로나 | Torre dei Lamberti

지금도 베로나에서 가장 높은, 12세기의 탑

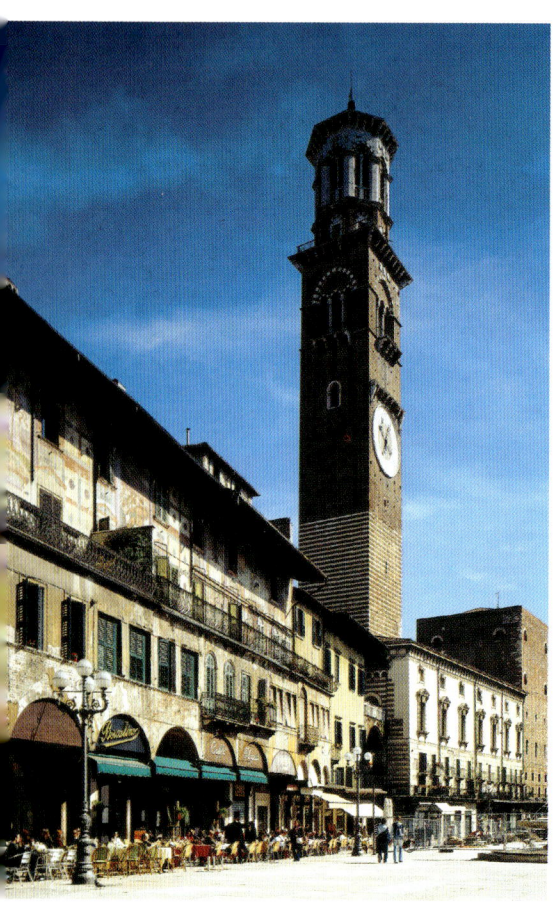

> "기억하라, 이곳은 베로나. 즐거움을
> 느끼기 위해 불신 따위는 미뤄 두어
> 라."
>
> 뉴욕 타임즈, 1996년 5월 12일

1172년 람베르티 가문에 의해 지어졌으며 여전히 그 이름으로 불리는 이 탑은 84m의 높이로 우뚝 솟아 있는데, 베로나에서 가장 높은 건물이다. 1972년부터 이 탑은 방문객들에게 개방되어 엘리베이터를 타고 꼭대기로 올라가 도시의 눈부신 정경을 즐길 수 있다. 맨 처음에 지어졌던 탑은 로마네스크 양식이었는데, 지금보다 훨씬 낮았다. 현재의 탑에서 벽돌과 튜퍼(탄산칼슘과 석회가 침전되어 생성된 다공질의 퇴적암)로 지어진, 탑 아래쪽 부분의 경계를 이루는 곳을 보면 그 높이를 알 수 있다. 탑에 달린 두 개의 종, 렝고와 마란고나는 유명해졌다. 첫 번째 종은 사람들을 공적인 모임에 불러내는 데 쓰였고, 두 번째 종은 근처 광장에 사는 장인들에게 일하는 시간을 알려 주는 데 쓰였다. 마란고나라는 이름은 '목수'를 뜻하는 지역 방언에서 왔다.

1403년 엄청난 벼락이 쳐 탑 꼭대기에 심한 피해를 입혔다. 1448년에서 1464년에 걸친 재건축 작업에서 탑은 현재의 높이까지 올라갔으며, 세 개의 등불이 달린 우아한 창문들 위로는 세련된 팔각형 종탑이 지어졌다. 18세기 말에는 커다란 시계가 탑에 달리게 되었다. 탑에서 겨우 몇 미터 걸어와 철로 세공된 고대의 관문을 넘어가면, 방문객들은 곧바로 베로나 고딕 건축물의 뛰어난 걸작과 마주하게 된다. 바로 스칼리제르 무덤(아르케 스칼리제레)이다. 이곳에는 100년이 넘는 세월 동안 베로나를 다스렸던 람베르티 가문에서 가장 명망 높은 인물들, 칸그란데 1세, 마스티노 2세, 칸시뇨리오, 알베르토 1세, 조반니 델라 스칼라 등의 유해가 매장되어 있다. 이들은 산타 마리아 안티카 교회 옆에 있는, 조각이 새겨진 웅장한 대리석 관에 안치되어 있는데, 조각상으로 장식되어 있고 피라미드 모양의 풍성한 차양이 드리워져 있다(칸그란데 1세의 말을 탄 동상은 현재 카스텔베키오 박물관에 있다).

람베르티 탑과 스칼리제르 무덤은 중세에 그랬듯이 지금도 베로나 한가운데에 위치하며, 그 주변에 건설된 다른 기념물과 더불어 멋진 분위기를 자아낸다. **MC**

줄리엣의 집 이탈리아, 베로나 | Juliet's House

줄리엣의 발코니까지 완벽하게 갖춘, 『로미오와 줄리엣』 여주인공의 유명한 집

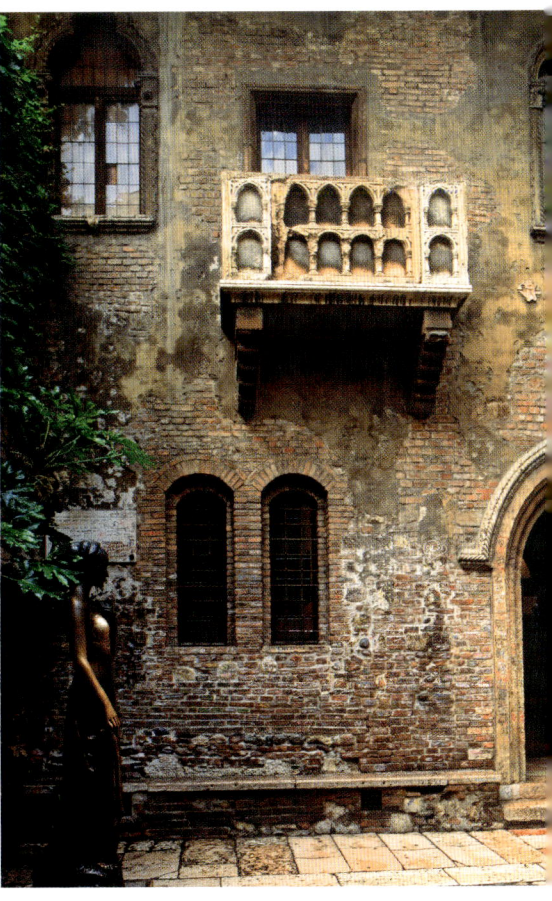

소박한 길거리에 베로나에서 가장 많은 이가 찾는 명소가 서 있다. 바로 줄리엣의 집(라 카사 데 줄리에타)이다. 셰익스피어의 희곡 「로미오와 줄리엣」에 나오는 여주인공의 집이라 여겨지는 이곳은 전 세계에서 찾아오는 연인들에게 사원과 같은 곳이다. 유감스럽게도, 이렇게 상징적인 지위를 차지하는 만큼 방문객은 벽에 낙서를 하고 싶은 충동을 느낀다. 오늘날 이 집은 건축학적, 역사적, 문학적 사연뿐만 아니라 끝없는 낙서로도 유명해졌다.

윌리엄 셰익스피어가 베로나를 방문했다는 증거는 없으나 그의 희곡은 서로 적대적인 두 가문에 대한 이탈리아 전설을 기초로 하고 있으며, 그는 이 가문에 캐풀렛과 몬태규라는 이름을 붙였다. 사실 현재 줄리엣의 집이라 알려진 이 저택은 한때 델 카펠로라는 이름의 가문의 소유였던 적이 있는데, 셰익스피어가 붙인 캐풀렛이라는 이름은 여기서 왔을 법도 하다. 아치 꼭대기에 박힌 돌에서는 아직도 델 카펠로 가문의 문장을 볼 수 있다. 희곡의 등장인물들이 실제 인물에 근거한 것인지 여부는 열띤 논쟁의 대상이었지만, 로미오나 줄리엣이 정말 존재했든 아니었든, 그들의 이야기는 역사 속에서 지금까지 쓰인 가장 훌륭한 러브 스토리 중 하나로 자리 잡게 되었으며, 그렇기에 전설적인 기념물이 될 만한 자격이 충분하다. 이 집에는 현재 아마 세상에서 가장 유명하다고 해도 좋을 발코니가 있다. 이 발코니는, 로미오가 자신의 사랑을 털어놓는 순간 줄리엣이 서 있던 발코니라는 소문이 있지만 사실은 로미오와 줄리엣이 살았다고 여겨지는 시대보다 몇 세기나 뒤에 이 집에 증축된 부분이다. 근처에 로미오의 집이 있으며, 줄리엣의 무덤이라 여겨지는 무덤이 있다(고고학자들은 이 안에 유골이 없다고 주장한다. 물론, 연극 속에서 로미오와 줄리엣은 함께 묻힌다).

오늘날 이 집은 작은 박물관이 되었으며, 계단을 타고 올라가 발코니에서 밖을 내다볼 수 있다. 20세기에 제작된 줄리엣의 청동상도 서 있는데, 조각상의 오른쪽 가슴을 어루만지면 사랑에 행운이 따른다는 관습 때문에 그녀의 오른쪽 가슴은 항상 반들반들 빛나고 있다. **LH**

> "이름이란 무엇인가? 장미를 다른 이름으로 부른다 해도 여전히 그 향기는 달콤한 것을."
>
> 윌리엄 셰익스피어, 「로미오와 줄리엣」(1596년경)

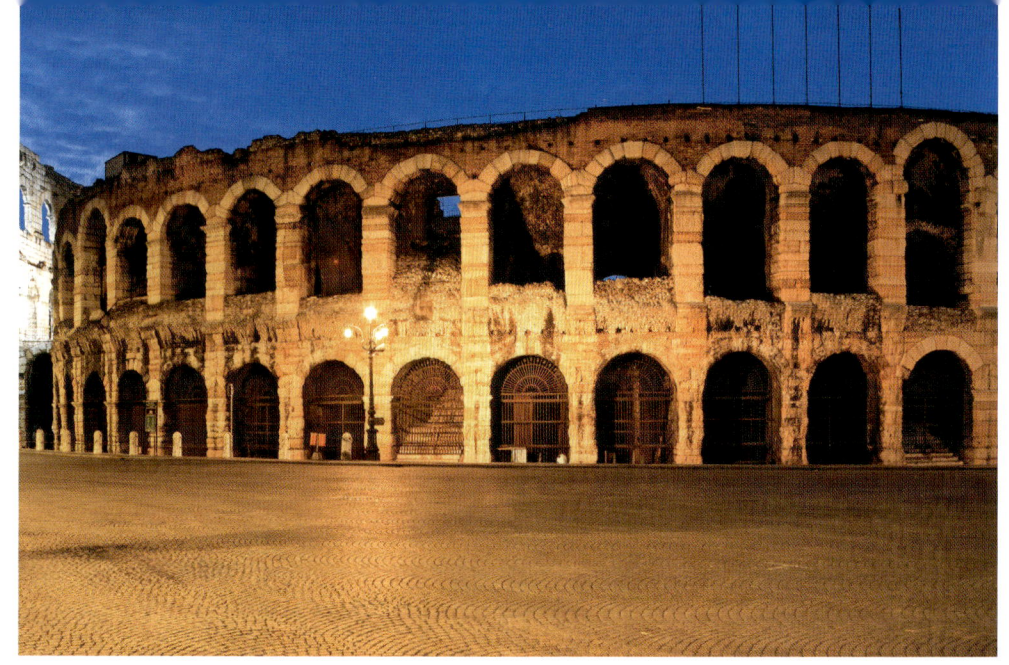

🏛 ◎ 베로나 아레나 이탈리아, 베로나 | Verona Arena

유럽에서 세 번째로 큰 원형 경기장이자, 오늘날도 극장으로 사용되는 곳

베로나의 로마 아레나는 로마에 있는 콜로세움과 나폴리 근처 카푸아에 있는 경기장에 이어 유럽에서 세 번째로 큰 원형 경기장이다. 고대부터, 배우들은 세계에서 가장 넓은 무대 위를 누벼 왔다. 이 경기장은 아우구스투스 황제 통치 시기였던 서기 1세기에 세워졌으며, 로마의 시인 카툴루스부터 셰익스피어에 이르는 여러 작가들의 펜에 의해 불멸의 도시가 된 베로나에 있다.

영원한 베로나의 상징이자 고고학적인 보고인 이 아레나는 원래 3만 명을 수용할 수 있었으며, 로마 건축술이 일구어낸 승리이다. 이는 오늘날의 기준으로 보아도 굉장한 규모이다. 로마인들은 도시 성벽 밖에 아레나를 세우고, 지역의 산지에서 캐내 온 하얀 대리석 마름돌을 쌓아 아름답게 꾸몄다. 265년, 갈리에누스 황제에 의해 성벽의 범위가 확장되어 원형 경기장은 도시의 일부가 되었다. 12세기에 지진이 일어나 외부의 원형 벽이 크게 파손되었지만, 그외에는 세월의 흐름 속에서도 매우 굳건히 버텨 왔으며, 로마 시대의 원형 경기장 중 세계에서 가장 잘 보존되어 있는 축에 속한다.

검투사들의 경기를 벌였던 것 외에도 복잡한 배수 시설이 갖추고 있는 이 경기장은 흥미진진한 수상 경기도 열 수 있었다. 중세 아레나에서는 마상 시합과 토너먼트 같은 좀 더 의례적인 경기가 열렸다. 18세기에는 연극 공연만 전문적으로 하는 장소가 되었으며, 1913년에는 이곳에서 최초로 야외 오페라 축제가 열렸다. 주제페 베르디의 《아이다》를 공연함으로써 이 행사는 압도적인 성공을 거두었다. 그 이후로 여름날 오후 베로나 아레나에서 상연되는 오페라는, 2천 년의 세월이 흐른 뒤에도 방문객들을 경탄케 하는 이 유적에서 역사의 일부가 되고자 하는 열망을 안고 전 세계에서 찾아오는 수천 명의 관객들을 이끌고 있다. **MC**

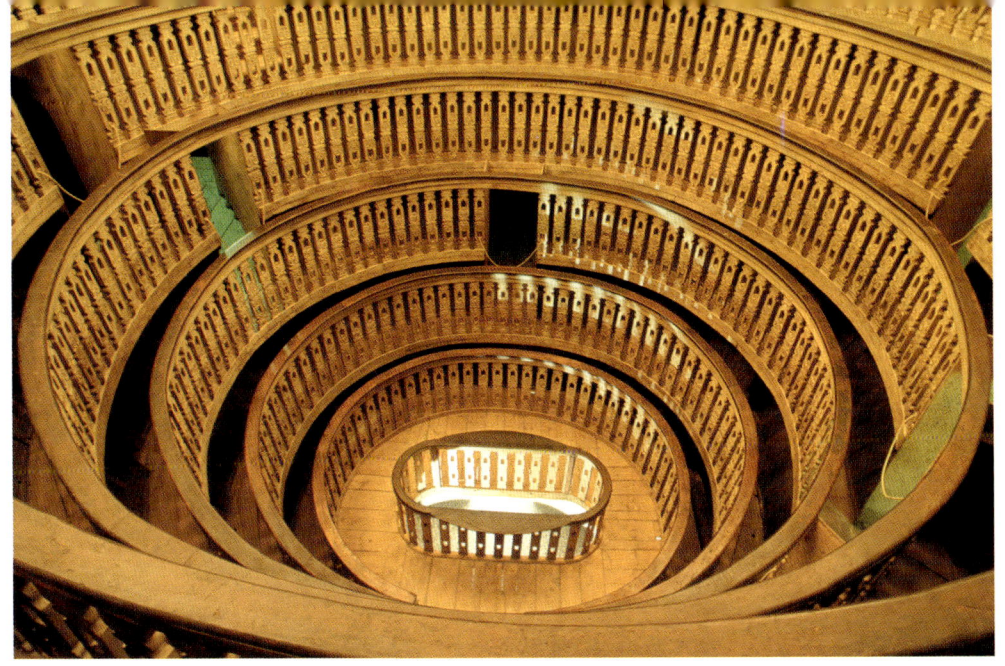

파도바 대학, 해부학 강당 이탈리아, 파도바 | Anatomical Theater, Padua University

세계에서 가장 오래된 해부학 교실

1222년 설립된 파도바 대학은 이탈리아에서 두 번째로 오래된 대학이자 유럽에서 가장 오래된 대학 중 하나이다. 파도바 대학의 해부학 강당은 지금까지 존재하는 세계에서 가장 오래된 해부학 교실이다. 이 대학은 해부학 연구의 가장 뛰어난 중심지 중 하나로 명성을 확고히 다졌는데, 그 부분적인 이유는 교회의 개입에서 자유로웠기 때문이었다. 16세기에 베네치아 공화국의 보호에 의해 파도바 대학은 교회로부터 학문적인 독립성을 지킬 수 있었고, 교회의 걱정 속에서도 중요한 연구를 진행할 수 있었다.

파도바 대학의 의학부는 특히 근대 초기 의학에서 가장 중요한 인물들을 탄생시키는 데에도 공헌했다. 이들은 경험적인 견지에서 신체를 연구할 수 있었고, 기초적인 신체 기능에 대한 선구자적인 발견을 했다. 파도바 대학에서 수술과 해부학 학장이었으며 인간 정맥 내부의 판막을 발견해 낸 히에로니무스 파브리치우스도 이러한 인물 중 하나였다. 수술이 집도되는 탁자를 중심으로 나무 발코니 난간을 둥글게 둘러쳐서 인간의 눈 모양이 되도록 해부학 강당을 설계한 인물도 파브리치우스였는데, 강당 문가에는 그의 이름이 새겨져 있어 강당을 설립하는 데의 그의 공로를 기념하고 있다. 1594년에 문을 연 이후, 200명이 앉을 수 있는 규모의 강당에서 실시되는 수술은 대중이 볼 수 있도록 공개됐는데, 폭력 때문에 찢어진 상처로 환자가 괴로워하는 수술 과정에는 특별한 관심이 집중되었다. 파도바 대학의 파브리치우스의 제자들 중에는 혈액 순환 연구의 개척자였던 영국의 의사 윌리엄 하비, 처음으로 말라리아를 완벽하게 연구했던 플랑드르의 해부학자 아드리안 판 덴 슈피겔 등이 있다. 이러한 위대한 의학자들과 더불어, '근대 천문학의 아버지'인 갈릴레오 갈릴레이가 1592년에서 1610년까지 파도바 대학의 물리학부 학장을 지냈다. **JF**

카페 페드로키

이탈리아, 파도바 | Caffè Pedrocchi

이탈리아에서 가장 훌륭한 카페 중 하나

19세기 초, 사업가 안토니오 페드로키는 자본을 투자하여 이탈리아에서 가장 훌륭하고 가장 많은 사랑을 받는 카페를 세웠다. 이 집에는 여전히 그의 이름이 붙어 있다. 1831년 베네치아의 건축가 주제페 자펠리에 의해 순수한 신고전주의 양식으로 지어진 카페 페드로키는 파도바의 심장부이며 대학과 중앙 광장에서 가까운 곳, 한때는 역마차가 지나다니며 승객들을 내려 주었던 곳에 서 있다. 몇 년 후 자펠리는 오펠레리아(과자 가게) 구실을 하는 '페드로키노'라는 이름의 신고딕 양식 건물을 새로 세우고, 2층에는 작곡가 로시니에게 바치는 커다란 무도회장을 중심으로 각기 다른 양식의 훌륭한 방들을 지었다. 따뜻하게 환대하는 것으로 명성이 높은 이 카페는 파도바의 문화와 사교 생활 중심지가 되었고 귀족, 예술인, 문인들은 물론 애국자와 학생들도 즐겨 찾는 곳이 되었다. 이 카페는 1848년 리소르지멘토 운동이 일어났던 현장이었으며, 지상 층에 있는 세 개의 큰 방에 걸린 태피스트리는 이탈리아 국기의 색깔로 자랑스럽게 빛나고 있다. 원래 이 층에 있는 '팔각의 방'에는 주식 거래소가 있었다.

페드로키는 곧 '문이 없는 카페'라는 이름을 얻었는데, 1831년부터 85년 동안 밤낮으로 항상 영업을 계속해 왔기 때문이다. 1852년 안토니오 페드로키가 죽었을 때, 경의의 표시로 그의 관을 들고 파도바 광장을 한 바퀴 도는 퍼레이드가 벌어졌다. 그의 조카이자 상속인인 도메니코 카펠라토가 1891년에 죽게 되자, 카페는 파도바 시에 남겨졌다. 1940년대 말에 카페는 꼴사나운 모습으로 개조되었으나, 1998년에 주제페 자펠리의 원래 디자인에 따라 완전하게 복원되었다.

'문이 없는 카페'는 파도바에서 문학과 음악계의 독창적인 인물들이 모이는 생기발랄한 중심지로 남아 있으며, 이 도시를 방문하는 이들에게 페드로키에서 마시는 커피 한 잔은 결코 놓칠 수 없는 특권이라 할 수 있다. **MC**

성 안토니오의 무덤

이탈리아, 파도바 | Tomb of St. Anthony

파도바의 수호성인이 잠든 곳

파도바의 수호성인 성 안토니오는 포르투갈의 리스본에서 태어났다. 1220년 그는 프란체스코 수도회에 들어가 가난한 이들을 돕고, 위대한 설교자가 되며, 이단과 맞서 싸우는 데 전념했다. 그는 50회 이상의 기적을 일으켰다고 한다. 자신이 사랑하는 도시 파도바에서 그는 서른여섯의 나이로 죽었다. 산타 마리아 마테르 도미니 교회에 있는 그의 무덤은 곧 순례의 장소가 되었다.

너무도 많은 순례자들이 찾아오는 바람에 예전에 있던 건물을 통합하여 성 안토니오의 교회가 세워졌다. 성인의 유해는 1263년 이 교회로 옮겨져 처음으로 그의 무덤이 열렸는데, 유해의 혀가 기적적이라 할 정도로 손상되지 않은 상태로 남아 있어 이 일은 과학자들에게조

> "행동이 말보다 큰 소리로 말한다. 그대의 말은 가르치게 하고 행동으로 하여금 말하게 하라."
>
> 파도바의 성 안토니오

차 미스터리로 남아 있다. 그의 혀는 자신의 이름이 붙은 교회인 '카펠라 델라 톰바 디 산탄토니오'에서 몇 걸음 떨어진 '카펠라 델 테조로'에 전시되어 있다. '카펠라 델라 톰바 디 산탄토니오'는 16세기에 지어진 것으로, 아마 툴리오 롬바르도의 작품일 것이다. 이 예배당 안에는 성 안토니오의 일생이 부조로 조각되어 있다.

성 안토니오의 무덤은 이탈리아에서 가장 중요한 성지 순례 장소 중 하나로 남아 있으며, 매년 6월 13일이 되면 파도바는 추모 행사와 행렬을 개최한다. 성 안토니오의 교회에는 또한 여러 뛰어난 예술가들의 작품이 남아 있는데, 조각가 도나텔로도 그 중 하나로, 그의 유명한 작품인 말을 탄 동상 〈가타멜라타〉(1447)가 교회 광장에 서 있다. **MC**

올림피코 극장

이탈리아, 비첸차 | Teatro Olimpico

대건축가 안드레아 팔라디오의 마지막 작품

올림피코 극장은 세계에서 가장 오래 전부터 남아 있는 르네상스 극장이자, 아마 세계에서 가장 오래된 실내 극장일 것이다. 이 극장은 유럽 건축사에서 가장 영향력이 높은 인물로 널리 간주되고 있는 명망 높은 건축가 안드레아 팔라디오의 마지막 작품으로도 잘 알려져 있다.

올림피코 극장은 1580년 아카데미아 올림피카(올림픽 아카데미)에서 지은 건물로, 감옥이자 화약 보관소로 사용되었던 버려진 중세 성채가 서 있던 자리에 세워졌다. 팔라디오는 1579년 자신이 태어난 도시로 돌아와 고전주의적인 아이디어에 기초하여 새로운 극장을 설계하기 시작했다. 그는 올림피코 극장의 건축이 시작되고 난 지 얼마 안 되어 사망했으므로, 작업은 그가 남긴 스케치와 드로잉에 의존하여 계속되었다. 그러나 팔라디오는 무대를 장식할 장면들에 대해서는 어떠한 디자인도 남기지 않았다. 이 부분은 빈첸초 스카모치가 제작했다. 무대 장식은 나무와 치장 벽토로 이루어졌으며, 원래는 임시로 사용할 예정이었지만 철거되지 않고 그대로 남아 있게 되었다. 스카모치는 극장에 있는 두 개의 방과 현관도 디자인했다. 1585년 3월 3일, 극장은 소포클레스의 「오이디푸스 왕」을 첫 작품으로 하여 개관되었다. 슬프게도 이후 겨우 몇 작품만을 무대에 올린 후 극장은 거의 버려지게 되었다.

올림피코 극장은 세계에서 가장 영향력 있는 건축가의 기념비이며 유럽 연극의 역사에 비춰 볼 때 중요한 유적이다. 셰익스피어의 극장을 새로이 건축한 런던의 글로브 극장 같은 다른 극장들과 달리, 올림피코 극장은 처음 세워진 형태대로 거의 온전하게 남아 있어, 르네상스 무대에 대한 생생하고 독특한 역사적인 연결 고리를 제공해 준다. 오늘날 이 극장은 여름에만 사용되는데, 난방 시스템을 설치하면 섬세한 목조 구조를 손상시킬 우려가 있기 때문이다. **JF**

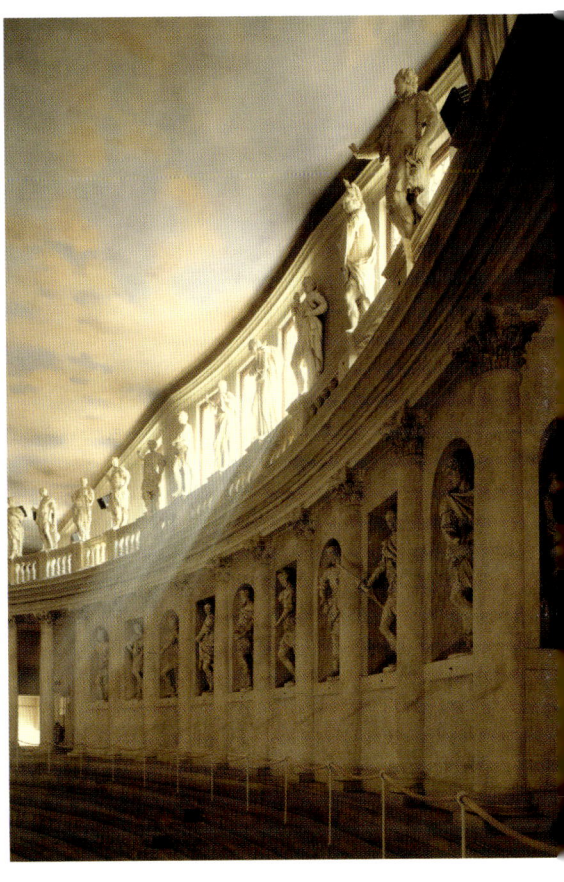

"팔라디오의 프로젝트는 고고학적인 정확성을 지니고 로마의 극장을 다시 건축해 냈다…"

안드레아 팔라디오 건축 연구 센터

16세기까지 거슬러 올라가는 세계 최초의 게토

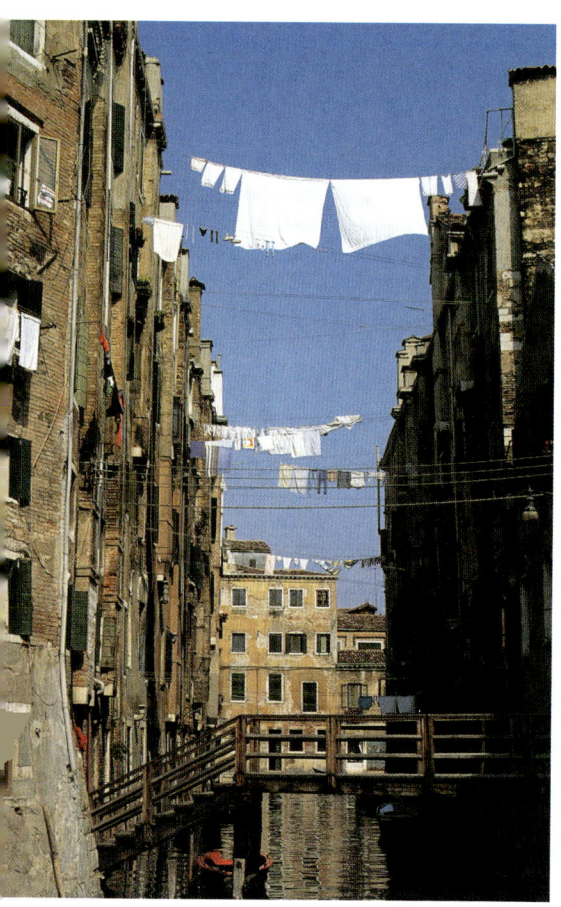

"베네치아의 유태인 게토는 … 역사가 울려 퍼지며, 관광객들을 과거 속으로 데려간다."

유태인 저널, 2002년 11월 15일

베네치아의 게토는 법적으로 설립된 세계 최초의 유태인 강제 거주 지구이다. 이곳은 전 지구상의 비슷한 거주 구역에 게토라는 이름을 물려주었다. 1516년, 베네치아의 유태인들은 강제적으로 칸나레지오 지구에 있는 이 구역에 모여 살게 되었다. 이들은 250년 이상 도시의 다른 부분으로부터 분리된 채 살았다.

16세기 초까지 베네치아는 유럽의 다른 곳에 비해 유태인에게 상대적으로 관대한 편이었다. 스페인과 포르투갈에서 추방당하고, 가톨릭교회의 억압에 견디지 못한 유태인이 베네치아로 점점 더 많이 몰리게 되면서 이러한 태도는 바뀌게 되었다. 1516년 3월 29일, 베네치아 정부는 유태인 분리 정책을 강행했다. 유태인 거주 지역으로 선정된 곳은 모든 변이 운하로 둘러싸여 있었고, 도시의 다른 곳과는 두 개의 다리로 연결되어 있었다. 유태인은 기독교도와 차이를 드러내는 상징을 부착해야 했고, 자정에서 새벽 사이와 몇몇 기독교 축제 기간 동안에는 게토를 나가는 일이 허용되지 않았다. 이러한 규칙을 포함해 다른 제한이 있었음에도 게토는 규모가 늘어났고 1541년과 1637년에는 확장되었다. 1797년 베네치아를 정복했을 때, 나폴레옹은 게토의 관문을 부숴 버려 법적인 유태인 분리 정책을 끝냈다. 그러나 1818년까지 유태인은 완전한 베네치아 시민권을 얻지 못했고, 19세기에는 게토의 인구가 줄었다. 1943년에서 1945년까지, 200명의 유태인이 베네치아로부터 강제 이송되었다. 홀로코스트에서 살아 돌아온 이는 단지 일곱 명뿐이었다.

이 게토는 오늘날도 베네치아 유태인 생활의 중심지이다. 다섯 개의 시나고그가 있는데, 그중 가장 오래된 '스콜라 테데카'는 1528년부터 전해 내려온 건물이다. 예시바(종교 학교)와 유태인 문화 박물관도 있다. 베네치아의 게토는 유럽에서 처음으로 유태인 박해가 이루어진 장소는 아니었으나, 공식적으로 최초로 유태인들을 격리한 곳이다. 오늘날 베네치아의 게토는 수세기에 걸친 문화적이고 종교적인 차별에도 풍부하고 깊이 이룩되어 온 유태인의 생활상을 보여 주고 있다. **JF**

한숨의 다리 이탈리아, 베네치아 | Bridge of Sighs

시와 예술에 등장하여 불멸의 명성을 얻은, 전 세계적인 아이콘이 된 다리

폰테 데이 소스피리, 즉 '한숨의 다리'는 16세기에서 17세기에 걸쳐 베네치아에 건설된 많은 다리 중 하나로, 도제(doge : 중세 이탈리아 시대 도시 국가의 수장)의 감옥을 폭이 좁은 운하 맞은편에 세워진 도제의 궁전 3층에 있는 심문실과 연결하기 위해 설계되었다. 하얀 석회암으로 지어졌으며 지붕과 벽으로 덮여 있는 다리로, 창문은 돌로 된 격자로 막혀 있어 호수와 산 조르조 섬을 아주 조금 내다볼 수 있을 뿐이었다. 물론 이 길을 통해 끌려가는 죄수 대부분들에게 이 장면은 마지막으로 보는 자유로운 풍경이었다. 완전히 막혀 있는 이 다리의 내부는 두 개의 좁은 통로로 나뉘어 있으며, 가운데에 서 있는 벽에 의해 분리되어 있다. 통로는 매우 낮고 비좁아, 지나가는 사람 대부분은 어깨를 수그리고 지나가야 했을 것이다. 중세에는 도제의 감옥이 이단을 심문하는 종교 재판장으로 사용되었지만, 한숨의 다리가 세워졌을 무렵 그러한 일들은 끝난 후였다.

이 다리의 이름에 대해서는 죄수들이 베네치아와 자유의 풍경을 마지막으로 눈에 담으면서 '한숨을 짓곤 했다는 데에서 왔다는 주장이 있다. 그러나 '한숨의 다리'라는 진짜 이름은 18세기부터, 바이런 경의 시 「차일드 해럴드의 여행」에 나오는 다음과 같은 구절에서 유래한다. "나는 베네치아의 한숨의 다리에 섰네, 양쪽 편에 궁전과 감옥을 두고." 이 다리에 얽힌 훨씬 낭만적인 이야기 하나는 이 지역 전설에서 유래된 것으로, 곤돌라가 해질 무렵 한숨의 다리 아래를 지나갈 때 키스를 나누면 연인들은 영원한 사랑을 누리게 될 거라는 이야기이다.

베네치아 건축의 아이콘이 된 이 다리는 세계적으로 유명해졌으며, 비슷비슷하게 지붕이 덮인 다리들이 이를 흉내 내어 '한숨의 다리'라는 이름을 붙였다. 영국의 옥스퍼드와 캠브리지에 있는 다리, 그리고 미국의 펜실베이니아 주에 있으며 앨러게니 카운티 법원과 시 교도소를 연결하는 다리가 이러한 이름을 지니고 있다. **RM**

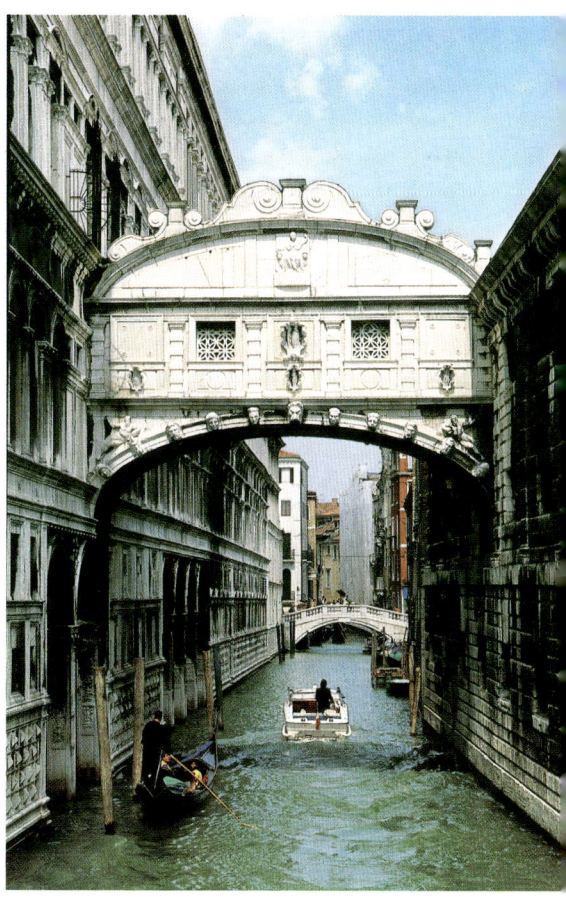

"그러나 나는 기억한다 … 깊은 밤, 한숨의 다리, 여인들의 아름다움을."

에드거 앨런 포, 『밀회』(1834)

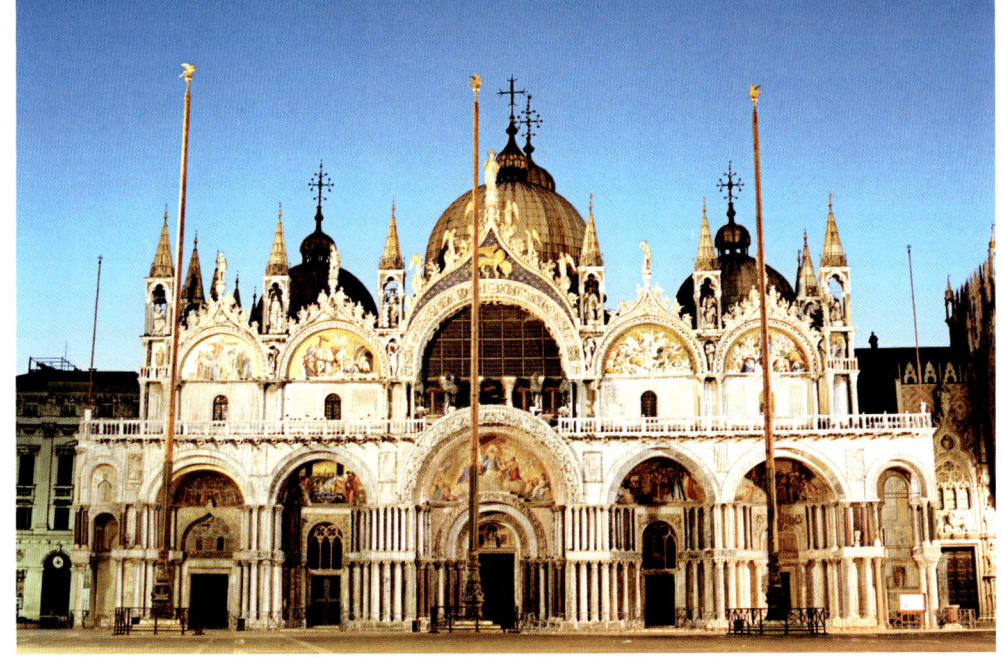

🏛 ◎ 산 마르코 바실리카 이탈리아, 베네치아 | Basilica San Marco

성 마르코 최후의 휴식처이자 세계에서 가장 유명한 교회당 중 하나

전설에 따르면, 9세기 초에 말마로코의 부오노(선량한 이)와 토르첼로의 루스티코(시골뜨기)라는 이름의 두 상인이 이집트의 알렉산드리아에서 성 마르코의 유해를 훔쳐 베네치아로 가져왔다고 한다. 두 사람은 이 성스러운 물건을 베네치아 교회에 선사하지 않고, 대신 베네치아 정부의 수장인 도제에게 주어 성 마르코를 영원히 베네치아와 이어 주었다. 도제는 성인의 유해를 모실 교회를 지으라고 명했는데, 이 유해는 임시로 도제의 궁전 안에 있는 묘지에 간직되어 있었다. 832년 교회가 완성되었으나, 976년 반란이 일어나 화재가 발생하여 불타 버렸다. 이후, 1063년부터 시작하여 현재 바실리카의 기초를 이루는 새로운 건물이 세워졌다.

새로운 교회는 도제의 공식 예배당이 되었으며, 15세기에는 도제 궁전의 일부가 되었다. 중앙과 양쪽의 돔에서는 초기 비잔틴 교회에서 볼 수 있는 유명한 형식이 반영되어 있으며, 콘스탄티누스 대제가 세운 콘스탄티노플의 '사도들의 교회'에서 영향을 받은 흔적이 보이는 이 성당은 어디에서 보아도 즉시 알아볼 수 있다. 바실리카의 맨 왼쪽 현관문에 성 마르코의 유해가 매장되는 모습을 나타낸 모자이크에는, 15세기에 들어 정교한 고딕 양식의 새하얀 용마루 장식이 부가되기 전인 13세기 교회의 모습이 놀라우리만큼 정확하게 그려져 있다. 13세기 말까지 여전히 천장이 없이 열려 있었던 피렌체와 밀라노에 있는 성당들과 달리, 산 마르코 바실리카는 여러 해에 걸쳐 구조적인 완성에 도달했다. 이러한 이유로, 몇 세대에 걸친 예술가들과 통치자들이 성당 건물에 디테일한 이야깃거리를 풍요롭게 수놓아 왔다. 산 마르코 바실리카는 1807년에 대성당으로 지정되었으며, 유럽에서 가장 유명한 광장 중 한 곳에 자리 잡아, 대중적이고 공동체적인 공간인 광장을 지배하며 전설과 매력으로 가득 찬 베네치아 시에 종교의 역사를 불어 넣어 준다. **RM**

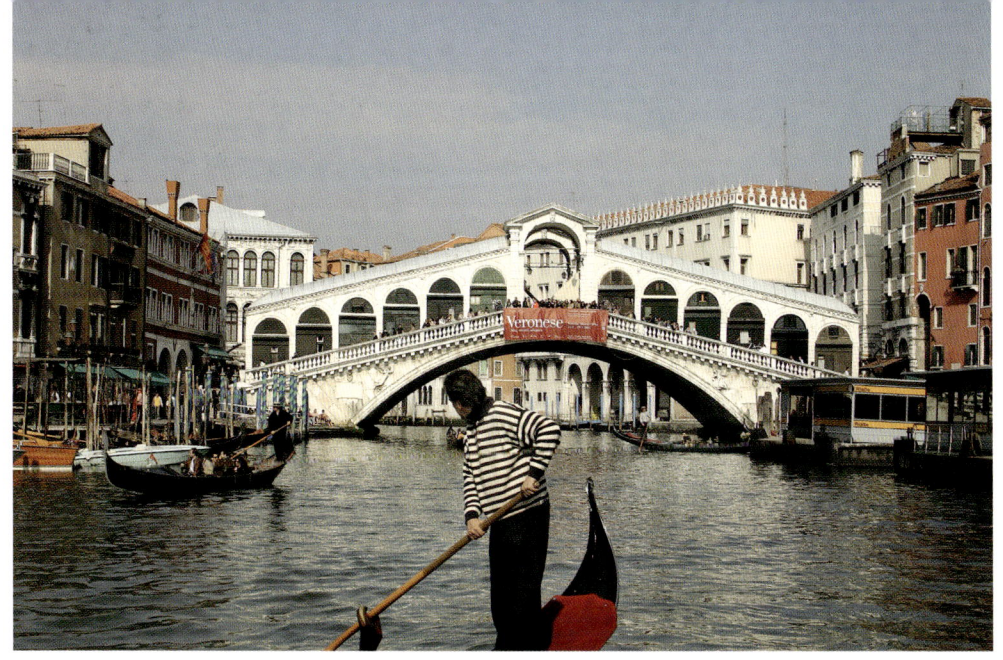

🏛 ◎ 리알토 다리 이탈리아, 베네치아 | Rialto Bridge

한때는 베네치아의 대운하를 걸어서 건널 수 있는 유일한 통로였던 역사적인 다리

르네상스 토목 공학이 이룩해 낸 가장 위대한 업적 중 하나이며 세계적으로 유명한 이 다리는 베네치아 한복판을 흐르는 대운하의 가장 좁은 부분에 우아하게 아치형으로 놓여 있다. 1100년대 이후로 계속, 이 장소에는 운하 동쪽 편에 있는 중요한 리알토 시장과 연결된 여러 개의 다리가 있었는데, 너무나 많은 인파들로 무너져 버린 다리가 한둘이 아니었다.

현재의 석조 다리는 안토니오 다 폰테와 그의 조카 안토니오 콘티노의 작품이다. 두 개의 경사로로 이루어져 있으며, 자그마한 상점들이 늘어서 있고, 큰 배가 지나갈 수 있도록 중앙 부분은 움직일 수 있다는 점은 목조로 건설되었던 예전 다리들과 비슷하다. 다 폰테의 디자인에서는 경사로를 따라 상점들이 줄지어 있고, 지붕을 이루는 포티코가 서 있다. 넓이가 28m에 이르는 커다란 중앙 아치 덕분에 아래로 무역선들이 지나갈 수 있으며, 약 1만 2천 개의 나무 말뚝이 아치를 지탱해 준다. 이렇게 야심찬 다리를 건설하기 위해 선발된다는 일은 크나큰 도전이었고, 다 폰테는 팔라디오와 미켈란젤로를 비롯해 쟁쟁한 경쟁자들을 물리치고 뽑혔다.

1800년대까지, 이 다리는 대운하를 걸어서 건널 수 있는 유일한 길이었다. 지금은 다른 다리들도 있고, 몇 세기에 걸쳐 그 건축과 설계의 우수성에 대해 찬반양론이 분분했음에도 리알토 다리는 여전히 베네치아를 대표하는 아이콘으로 남아 있다. 리알토 다리 위에는 여전히 두 줄로 가게들이 늘어서 있으며, 수없이 많은 무역업자들이 여러 세기 동안 해 왔던 것처럼, 곤돌라와 크루즈 배가 다리 아래를 지나가곤 한다. **AK**

"그림자에 싸인 리알토 다리가 궁전 뒤로부터 천천히 그 거대한 곡선을 앞으로 드리운다."

존 러스킨, 『베니스의 돌』(1851~1853)

베네치아 석호에 있는 흥미로운 섬으로, 오래된 바실리카가 서 있는 곳

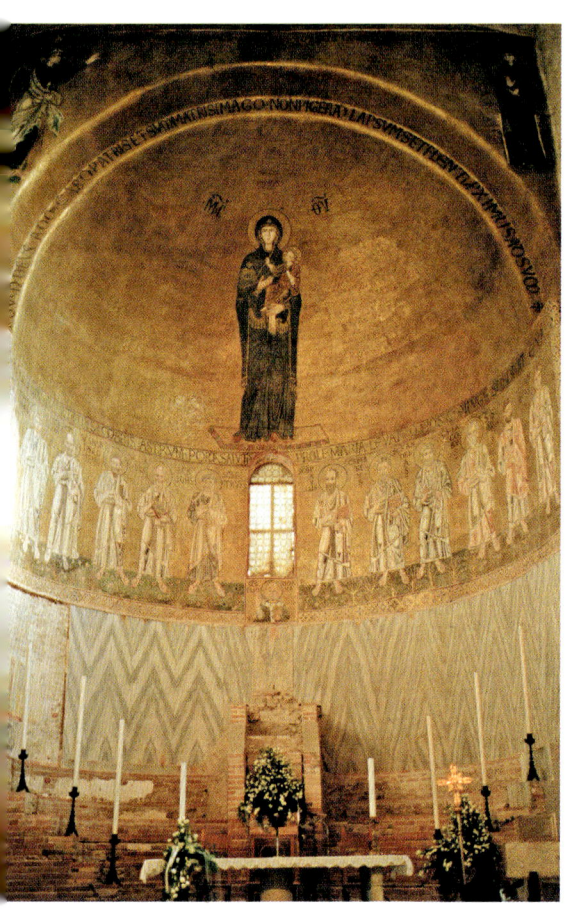

"한 친구가 자신의 … 밝게 색칠된 토르첼로 고기잡이배로 다가와 … 우리에게 타라고 청했다."

에리카 종, 『사랑과 죽음의 도시 : 베니스』(1886)

최초의 도제 궁전이 세워지고 리알토에서 상인들이 끈질긴 흥정을 시작하기 무려 200년 전에, 베네치아 석호의 북쪽 평평한 모래톱 가까이에 있는 섬 토르첼로에는 안정된 마을이 있었다. 5세기와 6세기 동안에는 훈 족, 이후에는 롬바르드 족의 침략 때문에 본토 사람들은 안전한 곳을 찾아 섬으로 옮겼으며, 알티노의 마우로 주교가 639년 이곳에 산타 마리아 아순타 바실리카를 세웠을 때 토르첼로는 안정을 얻고 상당한 위치를 확립한 상태였다. 16세기에는 대략 2만 명 정도가 토르첼로에 거주하던 것으로 추산되지만, 이미 이곳은 쇠퇴하기 시작하고 있었다. 사람들은 이미 흙으로 막힌 운하와 말라리아가 발생하는 늪을 버리고 성장하는 도시인 베네치아로 옮겨가기 시작했던 것이다. 산타 포스카 교회 옆에 있는 이 바실리카와, 아직도 남아 있는 몇 개의 건축물만이 한때 번영을 누렸던 섬 도시의 마지막 유적이라 할 수 있다.

바실리카의 원래 설계는 대부분 손상되지 않은 상태로 남아 있으며, 몇몇 부분에는 초기 교회 건축에서 보이는 요소들이 섞여 있다. 현관의 일부를 이루는 원형 세례당(후기 교회에서 보이는 것처럼 한쪽 편에 따로 설치된 것과 다르다), '디아코니코' 모자이크, 복원된 제단 테이블 등이 그렇다. 그러나 바실리카의 가장 영광스러운 자랑거리는 바로 모자이크이다. 서쪽 벽 전체에 넓게 걸쳐 〈십자가에 못박힌 예수〉, 〈그리스도의 부활〉 장면이 모자이크로 새겨져 있는데, 가장 드라마틱한 작품은 〈최후의 심판〉으로 이는 13세기에 완성되었다. 동쪽 끝, 후진 위에 있는 황금으로 된 빛나는 동정녀 마리아는 가장 감동적인 작품이다. 이는 신을 잉태한 여인 '마돈나 테오테카'로, 700년도 더 전에 그리스 예술가들이 남긴 작품인 듯하다. 토르첼로의 단순한 아름다움과 예술적 기교는 로마만큼 비잔틴 제국에서도 교회가 중요했던 시대가 있었음을 일깨워준다. 오늘날의 토르첼로는 글자 그대로 밀려 나가는 물처럼 침체된 곳이 되었지만, 섬의 외로운 늪지대에서는 여전히 베네치아라는 도시를 성장하게 했던 물로 둘러싸인 고립감을 느낄 수 있다. **CB**

스쿠올라 디 산 로코 이탈리아, 베네치아 | Scuola di San Rocco

자코포 틴토레토의 작품을 보여 주는 가장 완전하고 훌륭한 본보기

스쿠올라 디 산 로코는 베네치아의 한 자선 기관 본사이다. 이 건물은 대단한 영향력을 떨쳤던 베네치아 화파에서 가장 잘 알려진 화가이자 이탈리아 르네상스 시대의 가장 위대한 인물 중 하나였던 틴토레토의 작품이 넓은 범위에 걸쳐 그려진 인테리어로 제일 유명하다.

산 로코 재단은 1478년에 설립되었으며, 특히 무시무시한 여병이 돌 때 기원을 올리는 성인인 성 로코의 이름을 따 명명되었다. 건물에서 처음으로 장식되게 될 부분은 홀(살라 델랄베르고)이었는데, 1564년 이 장식을 맡기기 위한 공모전이 열렸다. 여러 화가들이 이 공모전에 지원했으나, 틴토레토는 스케치가 아니라 완벽히 그려진 유화 작품(《성 로코에 대한 찬미》)을 제시하여 일등을 차지했고, 이 그림을 무료로 기증하였다.

1565년 틴토레토는 그리스도가 십자가에 못 박히는 모습을 그렸고, 1567년에는 홀의 장식을 마쳤다. 방안의 그림 대부분은 예수 그리스도의 수난을 나타내고 있다. 1576년에서 1581년까지 틴토레토는 위쪽 홀의 천장과 벽에 스물다섯 점의 유화를 더 그렸다. 위쪽 홀에서 가장 먼저 완성된 작품은 천장에 그린 〈놋쇠 뱀〉(1577)이었다. 1582년에서 1587년까지 틴토레토는 마침내 지상층 홀에 예수와 그 어머니 동정녀 마리아의 일생에 나오는 장면을 그린 여덟 점의 커다란 유화를 완성했다. 그는 작품에 대해 매년 100더키트를 받았다. 사실상 틴토레토는 기관을 찾아오는 가난하고 빈곤한 이들이 볼 수 있는 그림으로 된 성서를 창조해 낸 셈이다. 그림은 홀의 어둠침침한 조명 아래서도 제대로 감상할 수 있도록 조정되었다. 스쿠올라 디 산 로코는 아마 틴토레토의 대표작이자 그의 작품 중 가장 규모가 큰 것임이 분명하다. 완성된 스쿠올라의 장식 중에는 틴토레토의 주요 작품 여러 점이 포함되어 있다. 스쿠올라 디 산 로코는 이탈리아에서 가장 유명한 예술가 중 한 사람에 대한 기념비이자, 그의 신앙과 예술적 재능을 보여 주는 작품이 되었다. **JF**

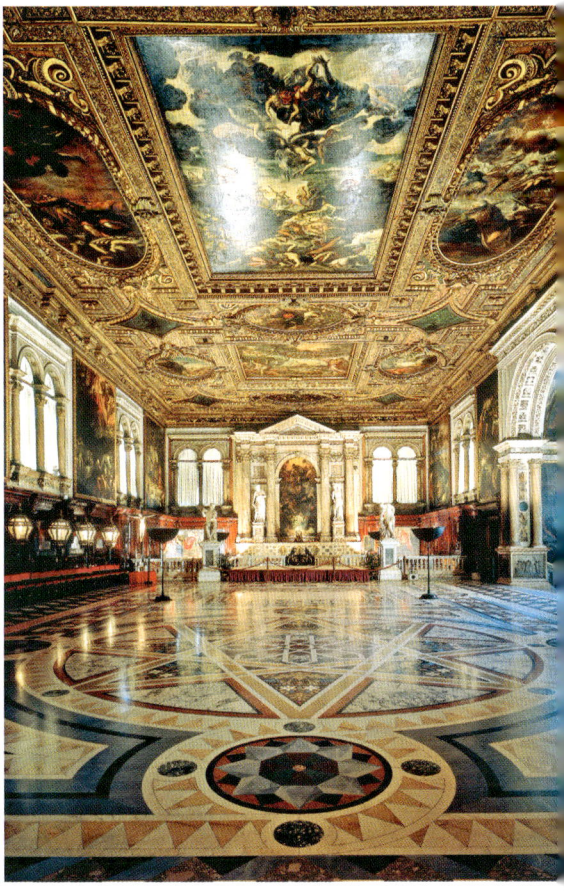

"훌륭한 그림이란 예술가의 재능과 참을성 있는 탐구가 결합된 곳에서만 나올 수 있다."

예술가, 자코포 틴토레토

도제의 궁전

이탈리아, 베네치아 | Doge's Palace

베네치아 공화국을 다스렸던 강력한 지도자들의 화려한 거처

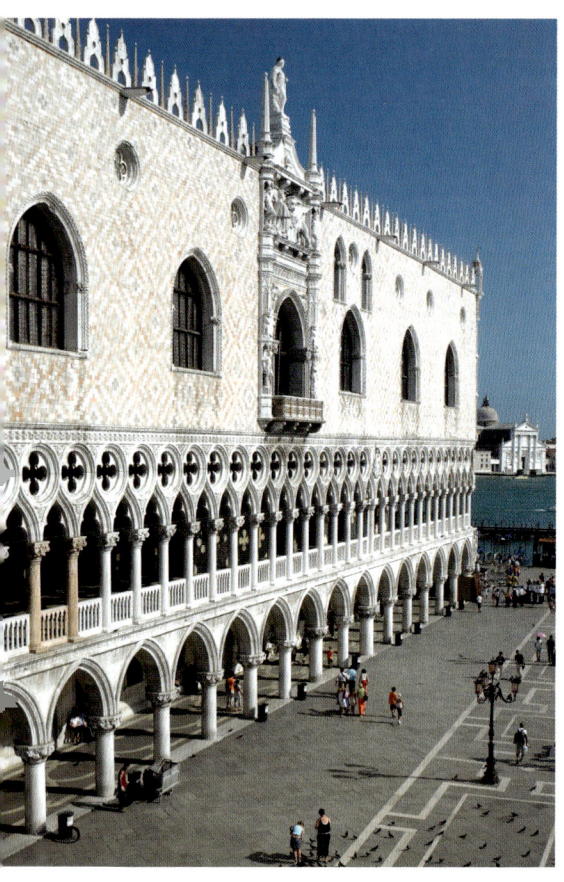

"…이곳에서 베네치아 귀족 계급은 제국의 정벌을 도모했다…"

프란체스코 다 모스토, 『프란체스코의 베네치아』(2004)

베네치아에 있는 도제(공작)의 궁전은 베네치아 공화국의 영광스럽던 나날 동안 국가 권력이 집중되어 있던 곳이다. 814년부터 이 자리에는 건물이 서 있었지만, 공화국에서 도제가 지니고 있는 최고 권력을 반영하는 궁전이 건축된 것은 14세기와 15세기 동안이었다.

최초의 디자이너는 1335년 반역 혐의로 처형된 불행한 건축가 필리포 칼렌다리오였을 것이다. 궁전은 서로 구분되는 두 단계에 걸쳐 건축되었는데, 이는 물가를 향한 남쪽 파사드에 나 있는 창문들의 높이 차이에서 두드러지게 눈에 띤다. 건축 양식은 매우 독특한데, 북부의 하이 고딕 양식을 베네치아의 지리적인 특성에 맞게 해석한 결과이다. 궁전은 전형적인, 어떤 면에서는 과장된 고딕 양식의 특징을 갖추고 있지만 낮은 건물들로 이루어져 있는데, 이유는 높은 아치와 첨탑, 탑 등을 지으면 함몰해 버릴 위험이 있기 때문이었다.

건물의 북쪽 면은 성 마르코 대성당과 맞닿아 있는데, 이는 이 바실리카(그리고 베네치아의 수호성인인 성 마르코)가 베네치아 시 전체의 교회라기보다 베네치아 지배자들에게 귀속된 건물이었다는 사실을 나타낸다. 궁전에는 많은 중요한 예술 작품이 소장되어 있으며, 그중에는 캔버스에 그린 유화로 세계에서 가장 큰 작품인 틴토레토의 〈낙원〉이 있다. 이 그림은 넓은 '대 회의실'의 뒤편 벽을 완전히 덮고 있다. 길이가 54m로 물가 쪽에 지어진 남쪽 파사드 전체를 차지하고 있는 이 거대한 방에서는 베네치아 공화국의 지배 계급이었던 천 명 가량의 귀족들이 회의를 벌이곤 했다.

궁전의 지하실과 처마 부분은 한때 범죄를 저질러 재판을 기다리고 있는 범죄자를 수용하는 데에 쓰였는데, 베네치아의 유명한 호색가 자코모 카사노바-남편들에게는 증오의 대상이었던-도 이들 중 하나였으며, 그는 1756년 독방에서 탈출했다. 폰테 데이 소스피리, 즉 '한숨의 다리'를 통해 도제의 궁전과 이어져 있는 근처의 주 감옥은 도시의 범죄자 대부분을 수감하고 있었다. **RM**

포르타 소프라나

이탈리아, 제노바 | Porta Soprana

제노바 시로 들어가는 중세의 관문

'포르타 디 산탄드레아'라고도 불리는 포르타 소프라나는 제노바 시로 들어가는 동쪽 입구로, 흉벽이 있는 두 개의 탑 사이에 둘러싸인 중세의 관문이다. 이 문은 도시 서쪽 입구인 '포르타 데이 바카'와 쌍둥이 꼴이다. 포르타 소프라나와 소위 '붉은 수염의 벽'이라 불리는 성벽은 1155년에서 1158년까지 해상이나 육지에서 제노바를 공격해 오는 적들을 막기 위해 높고 튼튼하게 지어졌다. 제노바는 1100년 전부터 도시 국가였으며, 선거를 통해 선출된 여러 명의 집정관이 일상적인 통치를 맡았다. 1155년부터 1190년까지 신성 로마 제국의 황제였던 '붉은 수염' 프리드리히 1세는 자신의 권력을 확립하기 위해 여섯 차례나 이탈리아를 침략했는데, 이는 제노바의 성벽에 그의 별명이 붙은 까닭을 설명해 준다.

리구리아 산 돌과 대리석 조각으로 건축된 포르타 소프라나는 제노바 최초로 고딕 양식을 보여 주는 건물이었다. 이 문은 가장 잘 알려진 제노바의 상징 중 하나로, 제노바의 자부심 강하고 강력하며 성공적이었던 역사를 입증해 준다. 관문의 중앙 아치 아래에는 라틴어로 글귀가 새겨져 있는데, 일부를 인용해 보자면 다음과 같다. "그대가 평화로운 목적으로 오는 거라면 이 관문을 만져도 좋지만, 그대가 전쟁을 원한다면 패배한 채 쫓겨나게 될 것이다."

관문 바로 안쪽에는 '카사 디 콜롬보', 즉 크리스토퍼 콜럼버스의 집이라 알려진 건물이 있다. 현재의 건물은 사실 15세기의 콜럼버스 집의 토대 위에 17세기에 다시 지은 건물이다(원래의 집은 1684년 해상 교전에서 프랑스 군대에 의해 파괴되어 버렸다). 크리스토퍼 콜럼버스는 어린 시절 이 집에 살았으며, 그의 아버지는 양모 직조공이면서 포르타 소프라나의 문지기 역할을 맡고 있었다고 한다. 콜럼버스는 열 살의 나이로 바다에 나가 능숙한 선원이자 해도 제작자가 되었다고 한다. 복원된 이후, 이 집은 대중에게 공개되었으며 콜럼버스와 바다 탐험에 대한 작은 박물관이 들어섰다. **RM**

베르디의 집

이탈리아, 산타아가타 | Verdi's House

위대한 이탈리아 작곡가 베르디의 집

파르마에 있는 론콜레라는 작은 마을에서 태어난 주제페 베르디(1813~1901)는 19세기 이탈리아 오페라의 마에스트로가 되었으며, 〈리골레토〉, 〈일 트로바토레〉, 〈라 트라비아타〉, 〈아이다〉, 〈오셀로〉, 〈팔스타프〉, 〈맥베스〉 등의 작품을 남겼다. 베르디는 로시니, 벨리니, 도니체티가 이어 온 이탈리아 오페라의 '벨 칸토'(아름다운 노래라는 뜻, 오페라의 극적인 부분보다 아름다운 목소리와 멜로디에 중점을 둔 기법)가 끝나가던 시기에 오페라계에 등장했다. 그는 이 전통을 이어받았으나 변형시켜, 청중에게 그들이 좋아하는 멜로디를 선사하면서도 끊임없이 실험을 거듭한 세련된 드라마를 확장시켜 나갔다.

베르디의 첫 번째 오페라는 1839년 밀라노의 라

> "악보와 더불어 홀로 있을 때면, 내 심장은 뛰고 눈에서는 눈물이 흘러나온다…"
>
> 주제페 베르디, 작곡에 대해서

스칼라에서 상연되었으나, 머지않아 비극이 닥쳐 그의 젊은 아내와 두 어린 자녀가 병으로 죽었다. 이 불행은 그의 다음 작품인 〈운 조르노 디 레뇨〉(하루 동안의 임금님)가 거둔 실패와 겹쳐, 베르디는 숙명론적이고 이따금 난폭하기까지 한 성격이 되었다. 완전히 작품 활동에 몰두한 그는 1843~1849년 사이 많은 작품을 작곡했다. 1847년 프리마돈나 주제피나 스트레포니와 새로운 사랑에 빠졌고 함께 살았지만 결혼은 1859년에 했다.

베르디가 1848년부터 산발적으로 머물렀던 산타아가타에 있는 그의 집에는 다섯 개의 방이 대중에게 공개되어 있는데, 주제피나의 침실과 그녀가 사망할 때 누워 있던 캐노피 침대, 베르디의 서재, 그의 침실과 옷 입는 방이다. 이 방에는 그가 〈리골레토〉부터 〈아이다〉까지 사용했던 프리츠 피아노가 놓여 있다. **RM**

산 미켈레 성

이탈리아, 페라라 | Castello di San Michele

증오를 받았던 지배 가문을 백성들로부터 보호하기 위해 세워진 요새

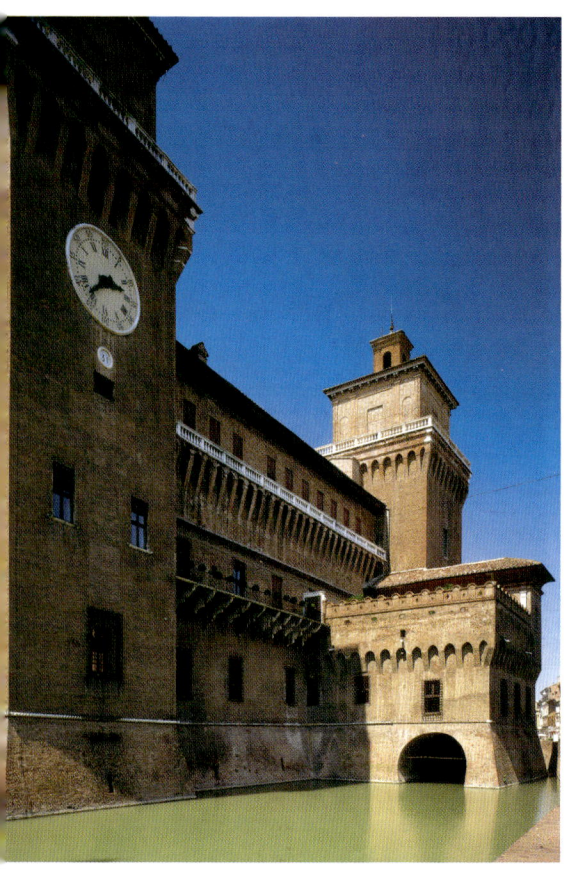

"시간이 흘러 그들의 수는 줄었으나, …
페라라의 시민들은 … 닥터 파디가티
를 기억한다."

조르조 바사니, 「금테 둘린 안경」(1958)

1264년, 에스테의 구엘프 파는 페라라 시의 지배권을 놓고 벌어진 전쟁에서 경쟁자인 살린구에라 가문을 물리치고 마침내 도시와 그 영토의 영주가 되었다. 그러나 이들은 결코 백성들에게 받아들여지지도, 사랑받지도 못했다. 이러한 불만은 정점에 도달해, 기아에 시달리고 끝없는 세금 징수에 격분한 페라라 시민들은 에스테 가문에 대항하여 1385년 피비린내 나는 봉기를 일으켰다. 이 봉기는 수습되어 실패로 돌아갔지만, 에스테의 니콜로 2세는 엄청난 공포에 사로잡혀, 자신과 그 가족을 보호할 수 있도록 북쪽 도시 성벽 안쪽에 있던 당시의 감시탑인 '로카 데이 레오니'(사자의 요새)를 둘러싸고 산 미켈레 성(에스텐세 성이라고 불리기도 한다)이라는 거대한 요새를 지으라는 명을 내렸다.

이 강력한 요새는 결국은 정복당하고 만 도시의 독재적이고 절대적인 권력을 상징하는 것이자 에스테 가문의 부유함과 정치적, 군사적 지배를 보여 주는 징표였다. 그러나 이 가족은 에르콜레 데스테가 권력을 차지하기 위해 유혈이 낭자한 반란을 일으킨 조카를 넘어뜨리고 난 후인 1476년에야 비로소 이 성에 완전히 거주하게 되었으며, 저택을 개량하고 증축하는 작업이 시작되었다. 1598년 알폰소 2세는 세 차례나 결혼했음에도 자신에게는 적법적인 남자 상속자가 없으며 교회에서 인정해 줄 만한 후계자로 내세울 사람도 없다는 사실을 깨달았다. 그는 에스테 가문의 대가 끊기고 영지가 교회의 소유로 병합되어 버리게 될 사태를 막으려 백방으로 노력했으나 결국 이 가문은 페라라에서 손을 떼야 했고, 성은 교황령(교황의 지배를 받던 중부 이탈리아 지역)의 소유가 되어 추기경 공식 사절이 거주하는 곳이 되었다.

거의 300년이 흘러, 페라라 지방 정부는 경매를 통해 이 요새를 7만 리라에 사들였고, 오늘날까지도 이곳에 사무실을 두고 있다. 성의 나머지 부분은 복원되어 대중에게 공개되어 있다. **RM**

아르투로 토스카니니의 출생지

이탈리아, 파르마 | Arturo Toscanini's Birthplace

위대한 지휘자 토스카니니가 태어난 집

많은 이들이 당대 최고의 지휘자라 간주하는 아르투로 토스카니니(1867~1957)는 파르마 시의 가장 가난한 구역 중 하나에 있는 작은 집에서 태어났다. 그는 이 집에서 일 년을 보냈는데, 토스카니니 가족이 다른 두 가족과 함께 살고 있었으므로 매우 비좁고 불편한 시간이었다. 그는 네 아이 중 맏이이자 글라우니오와 파올라 토스카니니 부부의 외아들이었다.

어린 아르투로는 아홉 살의 나이로 장학금을 받아 파르마의 왕립 음악 학교에 들어갔다. 그는 첼로와 작곡에서 최고의 영예를 안고 졸업했으며, 사진처럼 정확한 기억력과 여러 방면에 걸친 음악적 재능, 열정적인 이상으로 인해 오래지 않아 명성을 얻었다. 그는 주요 첼리스

> "누군가에게 이는 나폴레옹이고, 누군가에게 이는 철학적인 투쟁일 것이지만, 나에게는 알레그로 콘 브리오다."
>
> 아르투로 토스카니니, 베토벤의 《영웅 교향곡》에 대해

트이자 합창 보조 지휘자로 이탈리아 오페라 회사에 들어갔으며, 남아메리카 투어를 갔다. 리우 데 자네이루에서 〈아이다〉를 공연하던 중, 지휘자는 관중들의 야유를 받아 무대에서 퇴장했고, 토스카니니가 그 대신 지휘를 맡게 되었다. 고작 열아홉 살에 불과했던 그는 오페라 전체를 기억에 의지하여 지휘했다. 비상한 노력에 의해 68년에 걸친 지휘자로서 그의 경력이 시작되는 순간이었다. 엄청나게 다양한 오페라와 오케스트라 작품에 대한 이해력, 직관적인 음악 해석 능력으로 그는 몇 년 동안이나 간과되어 왔던 악보의 오류들을 고칠 수 있었다.

토스카니니의 출생지는 현재 작은 박물관이 되었다. 소장품으로는 역사적인 서류들, 대대로 물려받아 온 가족 재산, 개인적인 기념물, 사진 등이 있으며, 토스카니니의 작품이 녹음된 레코드 라이브러리가 있다. **RM**

넵투누스 분수

이탈리아, 볼로냐 | Neptune Fountain

잠볼로냐의 걸작 조각품

이탈리아 북부의 도시 볼로냐는 1506년 교황 율리오 2세의 군대에 패해서 1796년 나폴레옹 보나파르트가 이탈리아를 침략할 때까지 교황령으로 남게 된다. 교황이 다스리던 이 시기에 도시는 번영을 누렸다. 볼로냐는 위대한 학문의 도시로 알려지게 되었으며 예술가, 화가, 장인들을 모으는 장소가 되었다. 볼로냐 중심에는 한때 종교적인 권력과 도시 권력의 본거지였던 두 개의 광장이 있다. 피아차 마지오레와, 이와 연결된 피아차 델 네투노이다. 두 광장 사이에 폰타나 델 네투노, 즉 '넵투누스 분수'가 있다. 이는 잠볼로냐라는 이름으로 알려진 플랑드르의 조각가 장 불로뉴의 작품이다.

그는 1550년 고향인 플랑드르를 떠나 로마에 도착하여, 2년 후에 피렌체에 정착했다. 그리스 고전 조각과 미켈란젤로 작품의 영향을 받았던 그는 점차 이탈리아 매너리즘의 과장된 스타일을 대표하는 일류 조각가로 알려지게 되었다. 잠볼로냐는 1563년 교황 피우스 4세에 의해 청동으로 된 넵투누스 조각상과 분수를 이루는 다른 보조 조각품들을 제작하라는 명을 받았다. 파도를 진정시키며 삼지창을 들고 있는 모습으로 표현한 바다의 신 넵투누스를 통해 그는 유명해졌다. 넵투누스 아래에서 상징적인 교황의 열쇠가 새겨진 대좌에 아기 천사들이 앉아 물고기를 들고 있으며, 물고기 입에서 물줄기가 뿜어져 나온다. 매너리즘에서 흔히 볼 수 있는 경박한 모습으로 분수 아래에 새겨진 네 명의 인어는 양손으로 자기 젖가슴을 안고 있으며, 양쪽 젖꼭지에서 물이 뿜어져 나온다. 1564년에는 이 분수를 설치하기 위해 주택가 한 블록이 철거되었으며, 분수는 1566년 완성되었다. 분수의 아래편은 시칠리아인 예술가 토마소 라우레디기 디자인했다.

분수는 호평을 받았으며, 잠볼로냐는 권력 있는 메디치 가문으로부터 보볼리 정원을 비롯한 여러 가지 작품 주문을 받았다. 그 결과, 잠볼로냐의 조각은 전 유럽에 걸쳐 정형적인 정원 디자인에 영향을 끼쳤다. **CK**

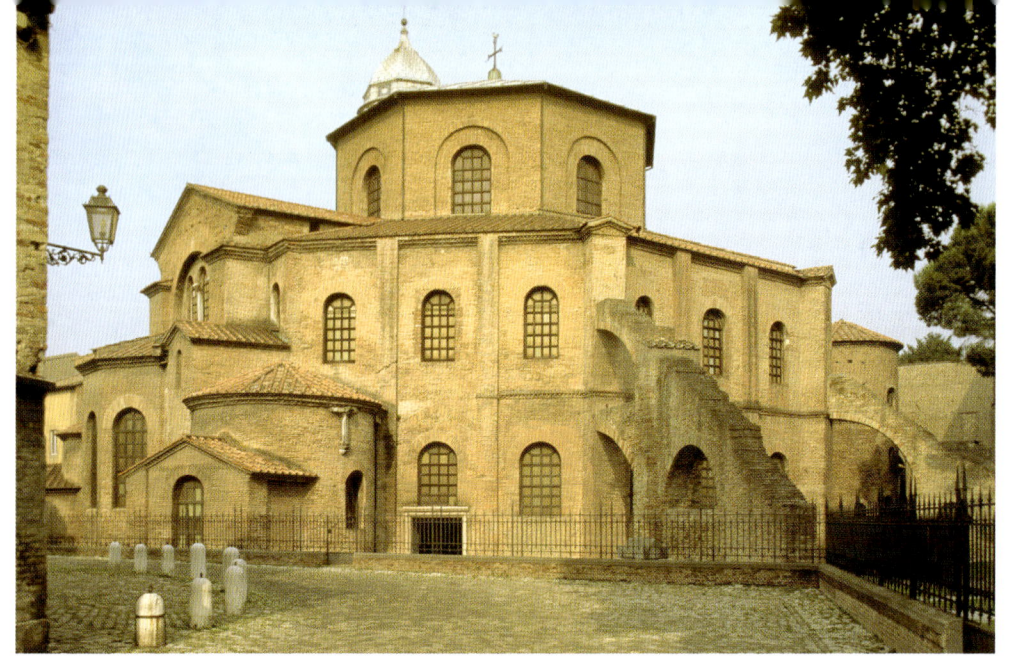

🏛️ ◎ 산 비탈레 바실리카 이탈리아, 라벤나 | Basilica of San Vitale

로마-비잔틴 양식의 교회로 세계에서 가장 유명한 모자이크 작품 일부가 있는 곳

산 비탈레는 라벤나 역사에서 가장 위대했던 시기, 동방과 서방인 콘스탄티노플과 로마 간의 관계에서 중추적인 역할을 맡았던 시기에 건설되었다. 이 교회는 이처럼 서로 매우 다른 문화에서 받은 영향을 반영하는데, 특히 서양에서 가장 훌륭한 작품으로 널리 인정받고 있는 눈부신 모자이크가 그 예이다.

이탈리아 북동쪽에 위치한 라벤나는 로마 제국이 분열되면서 주목받는 도시가 되었다. 402년, 라벤나는 로마를 대신해 서로마 제국의 수도가 되었으나, 5세기가 끝날 무렵에는 동고트 족의 지배에 들어갔다. 540년경 상황은 다시 한 번 바뀌었는데, 비잔틴 제국의 황제 유스티니아누스가 권력을 잡으면서 라벤나를 자신의 제국 이탈리아 영토의 수도로 삼았다. 산 비탈레는 이러한 격동의 나날을 배경으로 세워졌다. 516년 동고트 족의 지배를 받았던 기간에 에클레시우스 주교가 세웠으며, 547년 새로운 통치 체제 아래에서 축성되었다. 신축 비용은 율리아누스 아르젠타리우스라는 부유한 은행가가 개인적으로 냈으며, 그리 알려지지 않은 성인인 성 비탈리스에게 봉헌했다.

교회는 독특한 팔각형 구조로 되어 있으며, 외부 측랑과 갤러리가 있다. 로마와 비잔틴 양식이 섞여 있는데, 비잔틴 양식의 영향이 조금 더 크다. 이러한 이유로 건물 설계는 동방에서 수련을 쌓은 라틴 건축가의 손을 거쳤을 거라고 추측된다. 성경에 나오는 장면과 황제의 초상화를 나타낸 모자이크 역시 비잔틴적인 특징을 강하게 드러낸다. 가장 유명한 부분은 유스티니아누스와 그의 아내 테오도라를 나타낸 두 개의 패널로, 이들의 통치에서 보이는 신격화된 특성이 강조되었다. 유스티니아누스는 열두 명의 수행자와 함께 그려져 있으며-예수 그리스도와 그의 사도들이 약간 연상된다-황제 부부는 성체의 상징인 빵과 포도주를 담게 된 그릇을 들고 있다. **IZ**

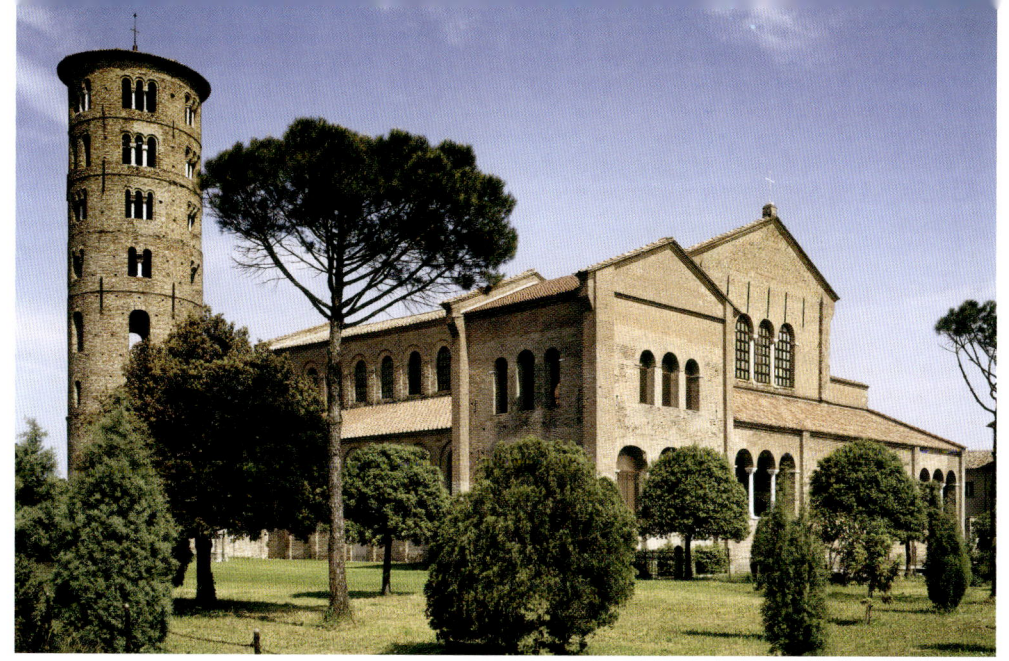

🏛️ 🔘 산타폴리나레 교회 이탈리아, 라벤나 | Church of Sant'Apollinare

그 역사가 6세기까지 거슬러 올라가며 이탈리아에서 가장 잘 보존된 교회 중 하나

산타폴리나레 교회는 이탈리아에 있는 초기 기독교 교회 중 가장 잘 보존되어 있으며 중요성이 큰 교회 중 하나이다. 이 건물은 우르시키누스 주교의 명에 따라 세워졌는데, 산 비탈레 바실리카와 마찬가지로 부유한 후원자 율리아누스 아르젠타리우스가 자금을 제공해 주었으며, 549년 막시미안 대주교에게 축성 받았다. 교회는 유럽에서 정치적으로 커다란 변동이 일어나고 있던 시기에 건축되었다. 476년 서로마 제국이 붕괴했고, 535년에서 552년에 걸쳐 동쪽 비잔틴 제국의 황제 유스티니아누스가 고트 족에게 점령당한 이탈리아를 되찾았으며, 568년에는 롬바르드 족이 침략해 왔다. 당시 라벤나는 이탈리아 반도의 수도였으며, 따라서 이탈리아의 대도시 중 하나였다.

지어졌을 당시 산타폴리나레 교회는 바다와 가까운 로마의 클라세 항구에 서 있었다. 그러나 계속해서 늪지대에 배수 작업을 한 끝에 수면이 뒤로 물러나, 오늘날 이 경이로운 건물은 당당하게 라벤나의 시골 땅에 서 있다. 현재 교회의 측랑을 따라 전시되어 있는 웅장한 석관들로 보아, 이 교회는 중요한 묘지가 있던 자리 위에 세워진 듯하다. 이 교회는 라벤나 최초의 주교였으며 이 지역의 사람들을 처음으로 기독교로 개종시킨 성 아폴리나레에게 바치는 교회이다. 그의 유골은 865년 이 교회로부터 라벤나에 있는 산타폴리나레 누오보 교회로 옮겨졌다.

교회당 옆에 있는 10세기에 세워진 것으로 추정되는 훌륭한 둥근 종탑과 마찬가지로, 이 교회도 벽돌로 지어졌으며 그리스 대리석으로 된 우아한 기둥들에 의해 세 개의 네이브로 나뉘어 있다. 사제석과 후진에 있는 인상적인 중세 초기의 모자이크도 큰 자랑거리인데, 섬세하게 모자이크로 나타낸 녹색 초원 위에 있는 성 아폴리나레의 모습을 나타내고 있다. 이 훌륭한 모자이크들은 무명의 비잔틴 예술가들의 작품으로, 헤아릴 수 없는 가치가 깃들어 있다. **MC**

푸치니 출생지 이탈리아, 루카 | Puccini's Birthplace

위대한 작곡가 푸치니 가문의 집이며, 현재는 그의 일생과 작품에 바치는 박물관이 된 곳

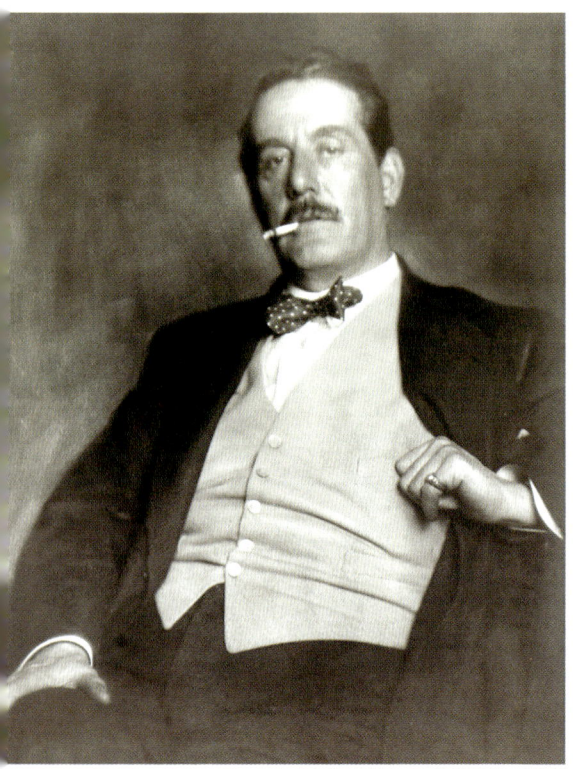

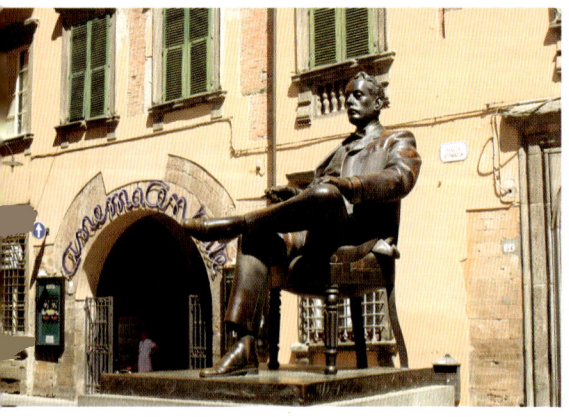

자코모 푸치니(1858~1924)는 루카에 있는 이 집에서 태어났으며, 세계에서 가장 유명하고 널리 알려진 오페라 여러 편을 작곡했다. 오페라 리얼리즘의 위대한 옹호자이며, 음악 애호가들에게 많은 사랑을 받는 그는 베르데의 음악적 후계자로 일컬어진다.

푸치니는 200년 동안 산 마르티노 대성당의 악장을 맡아 왔던 다섯 대에 걸친 음악가 가문의 마지막 자손이었다. 푸치니가 다섯 살 때 아버지가 사망해서 루카 시당국은 남은 가족의 생활을 부양해 주었고, 그를 위해 성당 오르간 연주자의 자리를 비워 두었다. 그러나 열여덟 살 때 18km를 걸어 피사까지 가서 베르디의 〈아이다〉를 보고 난 이후, 그는 깊은 인상을 받아 오페라 작곡가가 되기로 결심했다. 1880년 그는 밀라노 음악 학교에 들어가 유명한 작곡가이자 바이올린 연주자인 안토니오 바치니와 함께 공부했고, 이후에는 오페라 〈라 조콘다〉의 작곡가 폰키엘리와 함께 공부했다. 스물다섯 살 때 푸치니는 엘비라라는 유부녀와 사랑의 도주를 하여 엄청난 스캔들을 일으켰다. 엘비라와 푸치니 사이에는 안토니오라는 아들 하나가 있었다. 이들은 엘비라의 남편이 죽은 후, 1904년에 마침내 결혼했다.

푸치니는 많은 오페라를 작곡했으며, 원숙기의 작품들은 국제적인 찬사와 존경을 얻었다. 전 세계의 오페라 하우스에서 그의 작품이 공연되며, 〈라 보엠〉, 〈토스카〉, 〈나비 부인〉, 〈투란도트〉 등이 그 대표작이다. 푸치니가 태어난 루카의 집은 현재 작은 개인 박물관으로 그의 일생과 관련 있는 기념품과 문서들을 소장하고 있으며, 푸치니가 마지막 오페라 〈투란도트〉를 작곡했던, 비아레조의 집에서 사들인 피아노도 있다. 그의 집 근처에 있는 광장에는 청동으로 된 그의 조각상이 서 있다. **RM**

◹ 1913년의 사진에서 담배를 피우고 있는 자코모 푸치니는 1924년 후두암 치료를 받은 후 합병증으로 죽게 된다.

◺ 자신만만하고, 거만하기까지 한 포즈로 휴식을 취하고 있는 푸치니의 청동 조각상은 그의 탄생지 근처에 있다.

전설에 따르면 예수 그리스도가 십자가에 못 박힌 일과 관련이 있다는, 피사의 오래된 묘지

벽에 둘러싸인 캄포산토, 즉 공동묘지는 피사의 웅장한 캄포 데이 미라콜리(기적의 평원)의 북쪽 모서리에 자리 잡고 있다. 이곳에는 이전에도 매장 터가 있었던 것으로 추측된다. 전설에 따르면, 이곳은 12세기에 피사의 대주교 우발도 데 란프란키가 예루살렘 밖에 그리스도가 십자가에 못 박혔던 골고다 언덕에서 배 다섯 척 분량의 흙을 가져왔을 때 세워졌다고 한다. 1779년까지 피사의 유력한 시민들이 이곳에 묻혔는데, 이따금 고대 로마의 석관을 재사용하기도 했다. 묘지 건물은 1278년 조반니 디 시모네에 의해 지어지기 시작했는데, 오래된 묘지 자리에 육중한 직사각형 회랑 모양으로 건축되었다. 이 건물은 1464년이 되어서야 비로소 완성되었다.

외부의 벽에는 43개의 블라인드 아치(장식용으로 벽에 붙어 있거나 사이가 채워져 있어 밑으로 지나다닐 수 없는 아치)가 줄지어 있으며, 세로 창틀이 달리고 장식 격자가 쳐졌으나 한 번도 유리가 끼워진 적 없는 창문을 통해 내부로 빛이 들어온다. 14세기에는 고대 로마의 조각품과 대리석 석관이 이 묘지로 운반되었으며, 벽에는 프레스코화가 그려졌다. 〈최후의 심판〉, 〈지옥〉, 그리고 굉장히 사실적인 〈죽음의 승리〉 등 그림으로, 알려지지 않은 예술가의 작품이다. 베노초 고촐리는 또 다른 방대한 프레스코 연작인 〈구약 성서의 이야기들〉을 그렸다. 그는 사후에 캄포산토에 묻혔다.

1944년 7월, 연합군이 건물에 소이탄을 떨어뜨려 납으로 된 지붕은 녹아내렸고 이 모든 뛰어난 예술품들은 사실상 전부 파괴되었다. 심한 손상을 입었지만 아직도 남아 있는 석관 84개가 있는데, 대부분 3세기의 유물이다. 1945년부터 복구 작업이 진행되어 왔으며, 살려낼 수 있는 프레스코화는 모두 다른 곳에 전시하기 위해 이곳에서 분리되었다. **RM**

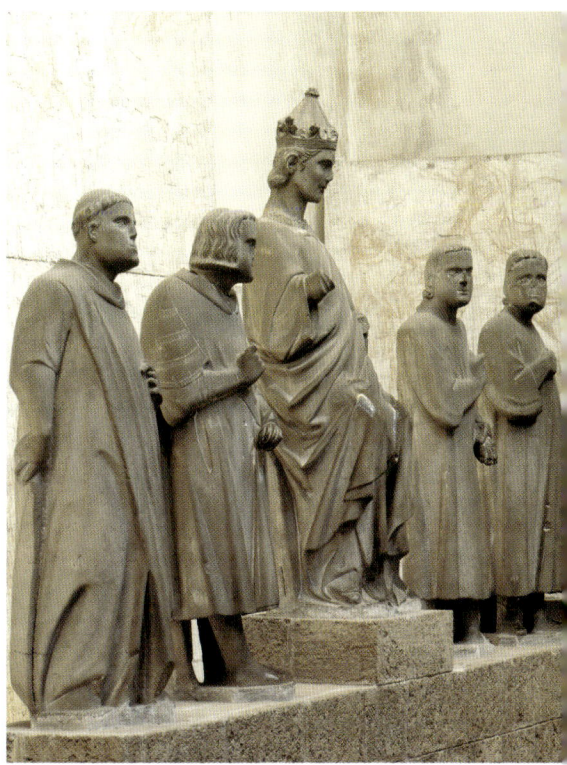

▣ 티노 디 카마이노의 작품인 캄포산토의 〈하인리히 7세에게 바치는 기념비〉는 피사 시가 1315년 제작하도록 한 것이다.

▣ 캄포산토의 벽으로 둘러싸인 한가운데는 예수가 십자가에 못 박힌 자리에서 가져온 많은 흙이 있다.

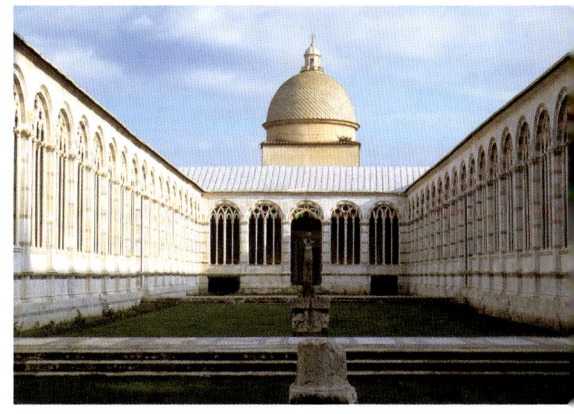

피사의 사탑 이탈리아, 피사 | Leaning Tower of Pisa

누구든지 즉시 알아볼 수 있는 세계적인 건물 중 하나로, 결함으로 인해 유명한 탑

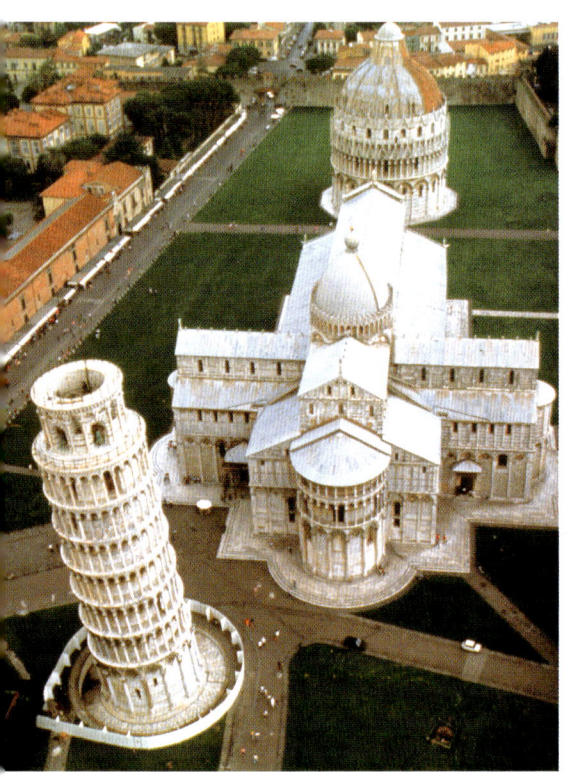

> "피사의 사탑은 … 너무 작았다. 탑은
> 내가 바랐던 것처럼 … 그렇게 높은
> 것이 전혀 아니었다."
>
> 찰스 디킨스, 『이탈리아의 풍경』(1846)

▣ 탑, 성당, 세례당이 있는 피사의 캄포 데이 미라콜리.
　 오른쪽으로 캄포산토가 있다.

▣ 피사의 사탑은 교회로부터 독립된 캄파닐레, 즉 종탑이다.
　 이 탑은 5.5도 각도로 기울어져 있다.

12세기까지, 피사의 종탑이 현저할 정도로 기울어져 있다는 사실은 건축가가 의도했던 바라고 생각했다. 사람들의 이목을 집중시키는 예술적인 방식이었다고 생각했던 것이다. 그러나 광범위한 연구가 진행된 이후, 현재는 이 탑이 원래는 똑바로 세워지게 될 예정이었다는 사실이 드러났다. 토대가 불완전하게 놓였고, 탑이 서 있는 땅이 특히 불안정한 지면이기 때문에 탑은 건설 초기 단계에서부터 기울어지기 시작했던 것이다. 탑의 지반은 광물 침전물과 점토가 섞여 있는 땅으로, 아래쪽으로는 지하수가 흐르고 있다.

여러 차례에 걸쳐 많은 이름이 거론되어 오기는 했으나, 건축가의 정체는 지금도 미스터리로 남아 있다. 16세기의 예술사가이자 전기 작가인 조르조 바사리는 보나노 피사노였을 거라고 암시했다. 다른 인물로는 건축가 디 오티살비와 비두이노가 거명되기도 했다. 그러나 결정적인 증거가 없어, 건축가가 과연 누구인지는 영원히 역사 속에 파묻힐 수도 있다. 탑의 건축은 1173년 8월 9일에 시작되었는데, 피사가 번영과 군사적인 성공을 누리고 있던 시기였다. 그러나 이러한 안정은 그리 오래 가지 못해, 탑이 완성되기까지는 거의 200년이라는 시간이 걸렸다.

거의 풍상을 겪지 않고 여전히 뛰어나게 아름다운 탑은, 아치와 기둥이 둘러싸고 있는 돌로 된 원통형 몸체를 하고 있으며, 꼭대기에는 일곱 개의 종이 있는 종탑이 있는데, 이 종은 하나하나가 각각 음계에 맞춰 조율되어 있다. 여러 세기에 걸쳐 이 탑을 세우려는 작업이 진행되었다. 탑이 기울어져 있다는 사실에 화가 난 무솔리니는 지면에 콘크리트를 쏟아 부어 탑을 수직으로 돌려놓으라는 명령을 내렸다. 그러나 그 결과 탑은 더욱 깊숙이 가라앉았을 뿐이었다. 1990년, 십 년이라는 세월이 걸린 정성스러운 과정으로 훨씬 더 섬세한 복원 작업이 실시되었다. 아이콘이라 할 만한 이 사탑은 피사의 관광 산업에 매우 소중하기 때문에, 이 복원 작업으로 인해 탑은 앞으로 적어도 300년간은 현재의 각도를 유지해 줄 것으로 기대된다. **RM**

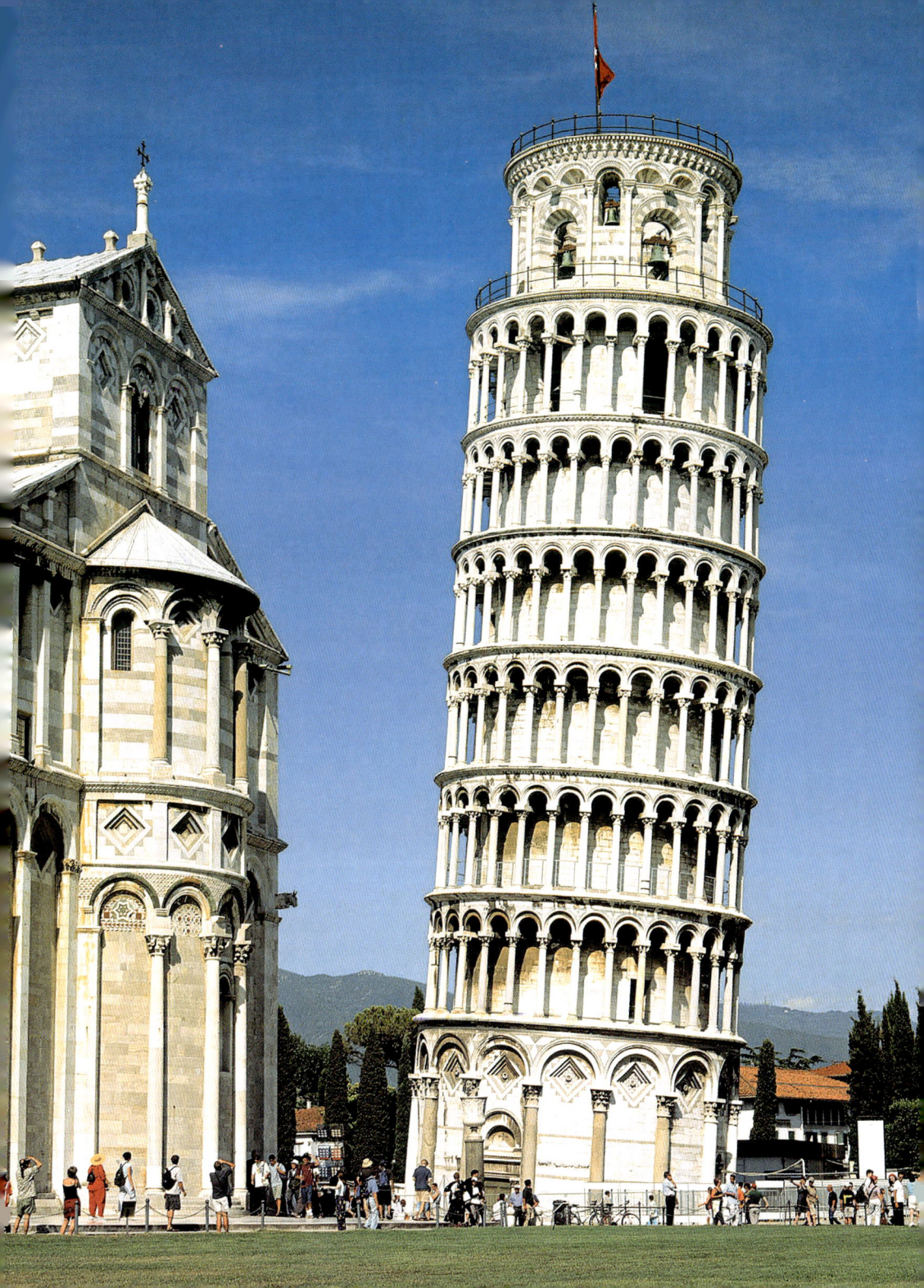

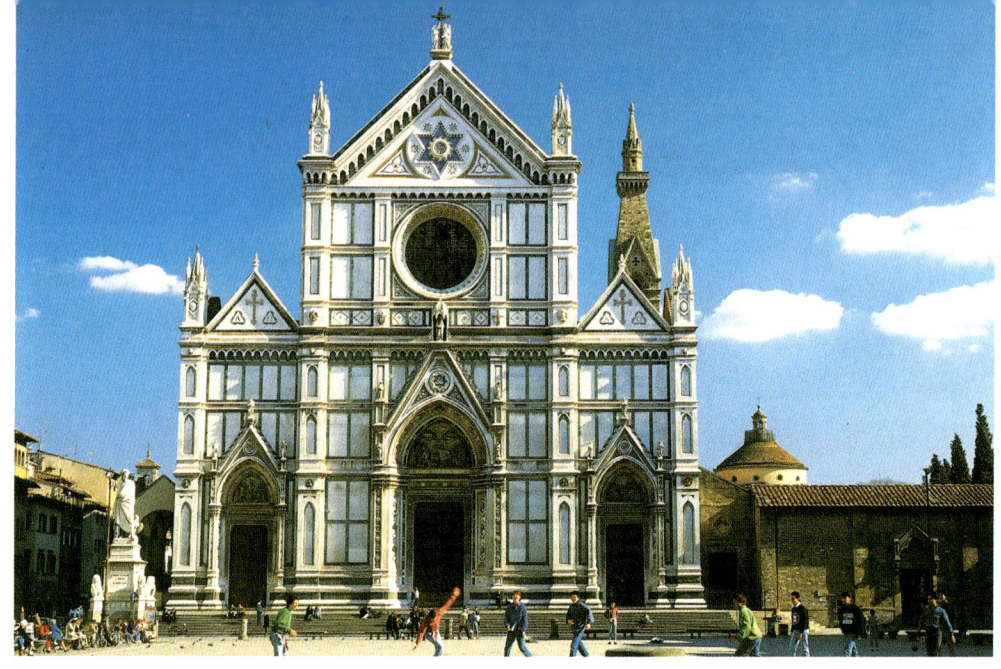

🏛 ◎ 신성한 십자가 바실리카 이탈리아, 피렌체 | Basilica of the Holy Cross

프란체스코 교단의 웅장한 피렌체 교회이자, 미켈란젤로가 잠든 곳

13세기 피렌체에서, 도미니크 수도회와 프란체스코 수도회는 점점 더 세력이 커져 주요한 경쟁 관계가 되었다. 프란체스코회 수도사들은 신비적이고 개인적인 신앙을 주창했으며, 도미니크회 수도사들은 더욱 이성적이고 철학적이었다. 두 교단이 세운 교회에는 그들 사이의 경쟁의식이 반영되었다.

프란체스코 수도회는 성 프란체스코가 직접 세웠던 성당이라 추측되는, 옛 교회가 있던 터에 신성한 십자가의 바실리카(바실리카 디 산타 크로체)를 세웠다. 단순하고 커다란 직사각형 형태로 배열된 육중한 건물이다. 처음에는 내부와 외부 장식이 상당히 절제되어 있었으나, 현재는 조토와 도나텔로를 비롯하여 다수의 유명한 화가와 조각가들의 작품을 소유하고 있다.

이 성당은 미켈란젤로의 무덤을 포함하여 많은 유명한 이들의 무덤이 있는 곳이기도 하다. 일설에 따르면, 미켈란젤로는 자신의 무덤(조르조 바사리가 디자인했다)이 성당 입구 바로 오른쪽에 놓여 최후의 심판의 날이 왔을 때 산타 크로체의 문을 통해 두오모의 돔 지붕을 맨 처음으로 볼 수 있기를 바랐다고 한다. 미켈란젤로 맞은편에는 갈릴레오가 있는데, 그는 죽은 지 백 년이 지나 1737년에야 이곳에 묻혔다. 니콜로 마키아벨리와 로렌초 기베르티는 성당 안쪽에 잠들어 있으며, 피렌체인들이 1301년에 도시에서 추방했던 단테 알리기에리를 기념하는 무덤도 성당 안쪽에 있다. 단테가 실제로 묻혔던 장소인 라벤나에서 단테의 유해를 돌려주기 거절했으므로, 산타 크로체에 있는 무덤은 위대한 시인을 위한 텅 빈 기념비로 남아 있을 뿐이다. **RM**

"그녀는 관광객들을 지켜보았다. 그들의 코는 그들의 베데커 여행안내서만큼 새빨갰는데, 산타 크로체 성당은 그렇게 추웠다." E. M. 포스터, 『전망 좋은 방』(1908)

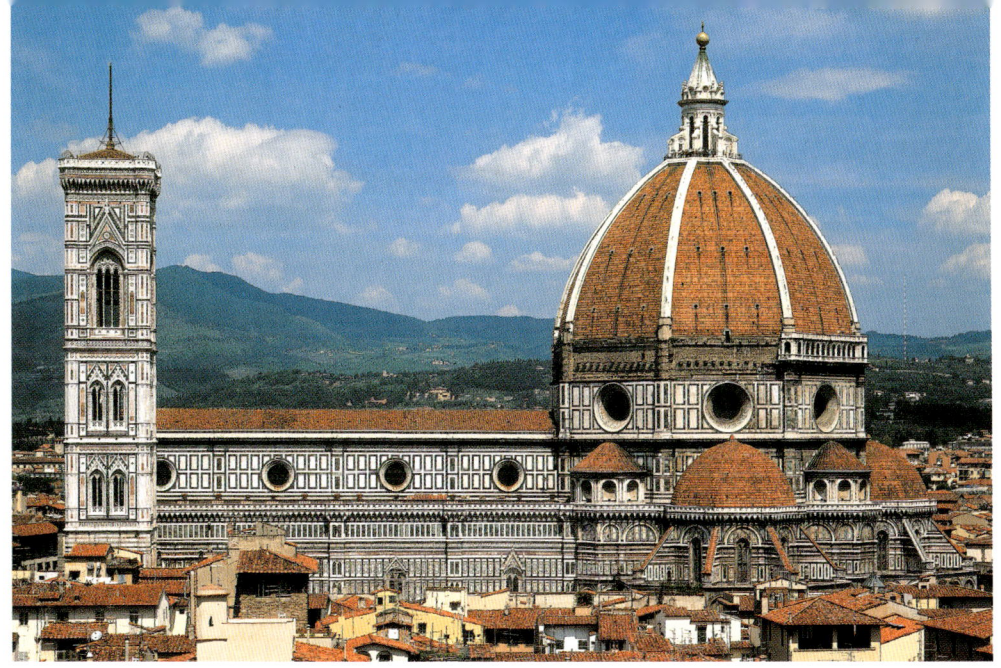

피렌체 대성당 이탈리아, 피렌체 | Florence Cathedral

브루넬레스키의 유명한 돔 지붕이 얹혀 있는, 한때는 세계 최대였던 성당

두오모, 혹은 피렌체 대성당이라고도 불리는 산타 마리아 델 피오레 바실리카는 현재 로마의 산 피에트로 대성당, 런던의 세인트 폴 대성당, 밀라노 대성당에 뒤이어 세계에서 네 번째로 큰 성당이다. 그러나 이 바실리카가 처음 지어졌을 때에는 세계에서 가장 큰 성당으로, 3만 명의 신도를 수용할 수 있었으며 피렌체의 정치적이고 경제적인 지배력을 상징하던 곳이었다.

성당을 짓는 작업은 1296년에 시작되었으나, 축성을 받은 것은 1436년에 이르러서였다. 이 성당은 스테인드글라스 창문, 화려한 녹색과 붉은색, 흰색의 대리석 파사드, 르네상스 거장들 그림과 조각 작품 컬렉션, 그리고 세계적으로 유명한 돔 덕분에 명성이 높다. 이곳은 또한 1439년부터 피렌체 의회가 있었으며, 종교 개혁가이자 '허영의 소각'(죄가 된다고 여겼던 사치품과 이교도적인 미술품, 책 등을 공개적으로 불태운 사건)의 주동자 지롤라모 사보나롤라가 설교를 했던 장소이기도 하다. 이 성당에서는 살인 사건이 일어난 적도 있다. 1478년 피

렌체의 공동 통치자였던 줄리아노 디 피에로 데 메디치가 라이벌인 피사의 대주교와 교황 식스토 4세가 보낸 이들에게 찔려 숨졌던 것이다. 그의 형이자 공동 통치자였던 '위대한 로렌초' 역시 칼에 찔렸으나, 무사히 몸을 피했고 이후에는 대주교를 목매달아 죽여 버렸다.

오래된 산타 레파라타 성당이 있던 부지에 세워진 이 성당의 건축은 아르놀포 디 캄비오로 시작하여 여러 건축가들이 맡아 보았다. 1331년 작업을 총괄하기 위한 협회가 창설되었고, 1334년에는 화가이자 건축가인 조토가 총 책임자로 임명되었으며, 건축가 안드레아 피사노가 조수를 맡았다. 1337년 조토의 사망 후 여러 명의 건축기가 감독을 맡았으며, 원래의 계획을 확장하고 돔을 짓는 쪽으로 설계했다. 1418년 돔을 건축할 디자이너를 찾기 위한 공모전이 열렸다. 조각가이자 건축가인 필리포 브루넬레스키가 선발되었다. 그의 혁신적인 설계는 발판이 필요 없이 스스로 지탱되는 돔을 낳았다. 돔은 1436년에 완공되어, 독창적인 걸작으로 남아 있다. **CK**

피렌체 세례당의 청동 문 이탈리아, 피렌체 | Florence Baptistery Bronze Doors

미켈란젤로가 '천국의 문'이라는 별명을 붙인 더할 나위 없이 훌륭한 청동 문

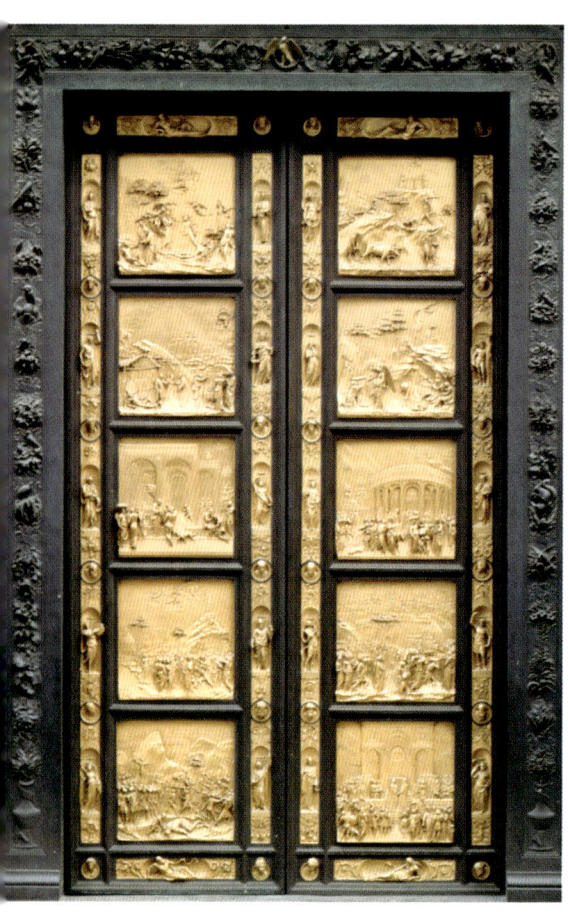

> "몇몇 부조에 나는 백 명이나 되는 인물을 새겨 넣었으며, 더 많이 새긴 곳도, 더 적게 새긴 곳도 있다."
>
> 조각가, 로렌초 기베르티

피렌체의 산 조반니 광장에는 세 개의 중요한 건물이 서 있다. 대성당, 종탑, 세례당이다. 돔 지붕이 있는 팔각형 세례당은 시선을 사로잡는 녹색과 흰색 대리석으로 덮여 있으며, 내부 곳곳에서 넋을 잃을 정도로 훌륭한 모자이크를 볼 수 있다. 그러나 이 세례당의 명성에 기여하는 가장 큰 이유는 세 쌍의 문인데, 이는 14세기와 15세기에 제작되었으며, 피렌체 시의 수호성인인 성 세례자 요한의 일생을 묘사한 장면들과 구원과 세례의 테마가 조각되어 있다.

1322년, 피렌체의 강력한 양모 상인 조직인 칼리말라 길드는 세례당의 나무로 된 오래된 동쪽 문을 청동으로 다시 만들어야겠다고 결정했다. 새로이 만들어져 '남쪽 문' 자리에 설치된 문은 고딕 양식의 세공법을 보여주는 훌륭한 예이다. 이 문은 안드레아 피사노가 디자인했으며, 1330년에서 1336년에 걸쳐 베네치아의 청동 세공업자 레오나르도 다반초가 제작했다. 모형을 뜰 때는 우선 밀랍으로 모델을 만들어 점토로 덮고 구웠다. 열로 인해 왁스가 녹으면서 안에 빈 곳이 생기면, 녹인 금속을 채워 넣고 이후에 잘 다듬고 조각을 새겼다.

칼리말라 길드는 피사노의 '동쪽 문'을 대체하기 위한 공모전을 열었다. 건축가이자 조각가인 필리포 브루넬레스키를 2위로 제치고, 젊은 로렌초 기베르티가 당선되었다. 이후에 오늘날의 '북쪽 문'으로 옮겨진 그의 작품은 1403년에서 1424년까지 제작되었다. 기베르티의 작품은 원근법의 사용과 역동적인 인물 조각을 통해 르네상스 양식으로 옮겨가는 전환기를 나타낸다.

칼리말라 길드에서 제작을 맡긴, 오늘날의 '동쪽 문' 역시 기베르티에 의해 1425년에서 1452년까지 만들어졌다. 기베르티는 여생 대부분을 새로운 동쪽 문을 완성하는 데에 보냈던 것이다. 금박이 입혀진 이 문은 '천국의 문'이라는 이름으로 알려지게 되었는데, 이 이름은 미켈란젤로가 그 아름다움에 대한 찬사로, 또한 이 문이 세례를 받는 장소로 들어가는 입구라는 점 때문에 붙여준 것이다. **CK**

베키오 궁전 이탈리아, 피렌체 | Palazzo Vecchio

고대 로마 유적에 세워진, 한때 피렌체 권력의 본산이었던 곳

처음에는 팔라초 델라 시뇨리아(지도자들의 궁전)라 불렸던 이 육중한 도시 건축물은 1229년 시 의회의 명에 따라 지어졌는데, 도시 지도자들이 회의를 열 만한 적당한 장소로 삼는 것이 그 목적이었다. 피렌체 주요 길드의 대표자들이었던 지도자들은 당시 이 도시의 주도적인 지배 세력을 형성했다. 이미 피렌체 대성당과 산타 크로체 성당을 짓는 데에 참여하여 명성이 드높았던 아르놀포 디 캄비오가 이 건물을 짓는 데 착수했다. 새로운 궁전은 1565년까지 피렌체 시의 중요한 정치적 모임이 이루어지는 장소가 되었는데, 이후 우피치와 피티 궁전에 그 지위를 조금씩 잃어가게 되었다.

현재 '팔라초 베키오'(오래된 궁전)라 알려져 있는 건물은 고대 로마 유적이 있던 자리에 지어졌다. 오래된 탑 하나가 파사드 안쪽에 중심을 벗어난 위치에 통합되었다. 주변의 광장 자체도 대칭적인 구도가 아니었기 때문에, 이는 의도적이었다. 아르놀포는 탑 꼭대기를 피렌체의 백합을 들고 있는 상징적인 사자, 즉 '마르초코'로 마무리했다. 마르초코라는 단어는 아마, 피렌체가 기독교 신앙을 받아들인 이후 성 요한을 수호성인으로 지정하기 이전, 고대에 이 도시의 보호자였던 마르스에서 유래했을 것이다. 18세기까지는 궁전 뒤편에 사자 한 쌍이 우리에 갇힌 채 놓여 있었다.

궁전은 변화하는 정치적 전망을 반영하면서, 세 차례에 이르는 건축 단계를 거쳤다. 아르놀포의 건축 이후, 공화국 시대에 개조가 이루어졌다. 그 다음으로 코시모 데 메디치 1세의 통치하에서 바사리가 대대적인 보수 작업을 펼쳤다. 1865년, 이 건물은 300년 만에 피렌체 시의 정부 본산이라는 지위를 되찾아 이탈리아 임시 정부가 들어서게 되었다. 이탈리아가 통일된 1872년 이후, 베키오 궁전은 시 의회가 들어서는 곳이라는 본연의 목적으로 돌아와 오늘날까지도 그 역할을 계속하고 있다. 또한 대중에게도 문이 열려 있어, 예술 작품들과 역사 속에서 이곳을 차지했던 이들이 거주했던 개인 구역을 전시해 놓고 있다. **SM**

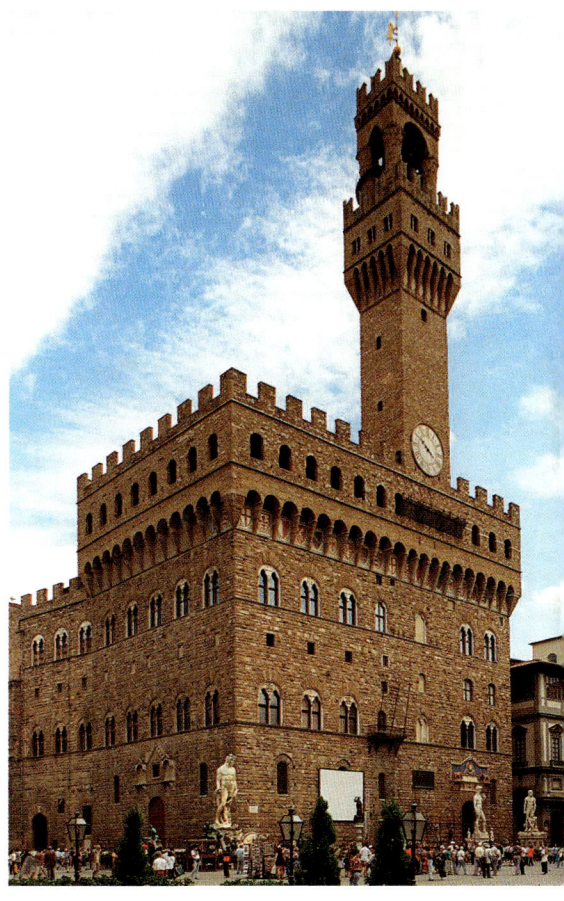

"팔라초 베키오의 음침하고 깎아지른 듯한 정면은, 탑을 향해 벼랑처럼 솟아올랐다."

D. H. 로렌스, 『아론의 지팡이』(1922)

중세 초기의 교회이자 예술가 프라 안젤리코의 집

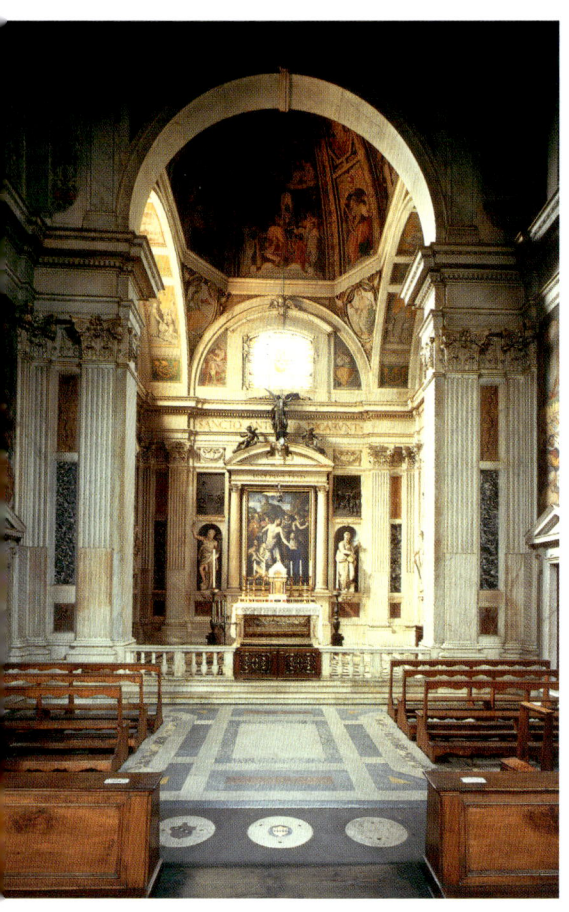

"나를 불태우고자 했던 이 자신이 지금 화형에 처해졌도다."

자코포 나르디, 사보나롤라 처형의 목격자

이 자리에 있던 원래의 건물은 1100년에 지어졌으나 산 마르코 교회와 수도원이 된 것은 1299년이었다. 15세기 초에 이 교회는 '옛 코시모'(Cosimo il Vecchio : 16세기 의 코시모 메디치 1세와 구분하기 위한 별칭)가 영적인 묵상을 누리는 장소로 자주 찾기 시작했으며 메디치 가 의 이름으로 특별히 보호해 주면서 메디치 가의 정신적 중심지가 되었다. 미켈로초는 건물과 종탑을 수리하는 일을 맡고, 건축학적으로 중요한 부분인 성구실과 도 서관을 추가로 짓고 복도를 아름답게 설계했다. 수도원 은 당시 도미니크 수도회 밑에 있었는데, 이들은 폐지되 어 버린 실바네스트리 탁발 수도회로부터 건물을 차지한 것이었다.

아마 도미니크 수도회의 가장 유명한 탁발 수사일 프라(Fra : '형제'라는 의미로 수사의 이름 앞에 붙는 칭 호) 안젤리코는 1436년에서 1445년까지 이곳에 살았으 며 42개의 독방, 회랑, 회의실, 1층 복도에 자신의 가장 훌륭한 작품 일부를 남겼다. '첫 번째 회랑'은 르네상스 수도원 건축을 보여 주는 뛰어난 본보기로, 꽃밭과 거대 한 레바논 삼나무로 장식되었으며, 프라 안젤리코의 프 레스코 화가 벽을 장식하고 있다. 피렌체 인문학 아카데 미는 산 마르코 수도원의 정원에서 모임을 가졌으며, 코 시모와 이후에 '위대한 로렌초'가 되는 그의 손자는 당대 의 가장 훌륭한 지성인들 중 일부를 한데 모으는 장소로 기를란다이오가 그린 〈최후의 만찬〉이 장식하고 있는 식 당을 이용했다. 1497년 '허영의 소각' 사건의 주동자였던 지롤라모 사보나롤라는 1498년에 화형당하기 전까지 이 수도원의 원장이었으며, 피코 델라 미란돌라와 아뇰로 폴리치아노는 둘 다 이곳에 묻혀 있다.

1860년 이탈리아 정부가 교회와 수도원을 소유하 게 되어, 1869년 대중에게 공개했다. 1920년 프라 안젤리 코에게 바쳐진 박물관이 개장하여, 섬세하고 영적인 그 의 그림, 프레스코화와 더불어 기베르티, 도나텔로, 기를 란다이오, 푸치, 제라르디니, 프라 바르톨로메오 등 다른 화가들의 소중한 예술 작품들을 전시하고 있다. **RM**

메디치 가의 궁전 이탈리아, 피렌체 | Medici Palace

피렌체에서 가장 세력 있는 가문을 위해 지어진 눈부신 저택

코시모 디 조반니 데 메디치, '옛 코시모'가 1444년 미켈로초에게 이 궁전을 짓게 했다. 이 궁전은 피렌체에 지어진 최초의 르네상스 건물이었다. 역사가인 바사리는 코시모가 처음에 브루넬레스키의 디자인을 "지나치게 사치스럽고 웅장하다"며 거절했다고 말하는데, 이유는 "그러면 궁전이 편안하면서도 도시를 장식하는 위엄 있는 장식품이 되기보다, 시민들 사이에서 시기를 불러일으키게 될 것"이라는 생각 때문이었다. 미켈로초가 디자인한 건물은 우아하고 간결한 입방체로, 명확하게 윤곽 지어진 세 개의 층 위편에는 코니스(벽면 꼭대기나 처마에 장식한 돌출부)가 있으며, 꼭대기 층에는 똑같은 모양의 아치형 창문이 줄지어 늘어서 있다. 지상 층에는 일부분만 막힌 로지아(기둥이나 구멍이 뚫린 벽으로 둘러싸인, 한 면 혹은 더 많은 면이 트인 방)와 브루넬레스키의 디자인을 모델로 삼아 만들었으나 이후에 전형적인 르네상스 정원으로 바뀐 안뜰로 열리게 된 두 개의 비대칭적인 문이 훌륭함을 뽐냈다. 열린 로지아와 안뜰은 사업이 거래되고 메디치 가와 대중이 접촉할 수 있는 장소로서 그 중요성이 특별히 컸다.

궁전은 1460년에 완공되었으며, 피렌체 역사 속에서 일어난 가장 극적인 사건 몇 가지를 목격했다. 그 중 하나는 1494년에 사보나롤라가 이끌었던 반란으로, 공화국은 메디치 가문을 도시 밖으로 내쫓고 궁전과 그 수집품과 가구를 포함한 메디치 가의 재산을 압수했다. 예술 작품 중 몇 점은 새로운 시 정부가 들어선 시뇨리아 광장으로 옮겨졌다.

1512년 메디치 가는 피렌체로 돌아와 궁전과 소유물 대부분을 되찾았다. 열린 로지아는 닫혀 버렸는데, 더 이상 사업상 또는 정치적으로 필요하지 않았기 때문이었고, 메디치 가가 그 자리에 차후 닥칠지 모르는 위험에 대비해 네 대의 대포를 설치했기 때문이었다. 1540년, 피렌체 공작 코시모 데 메디치 1세는 베키오 궁전으로 옮겼다. 이후 메디치 가의 덜 중요한 가족이 이 궁전을 차지하였으며, 1659년에 리카르디 가에 팔렸다. **RM**

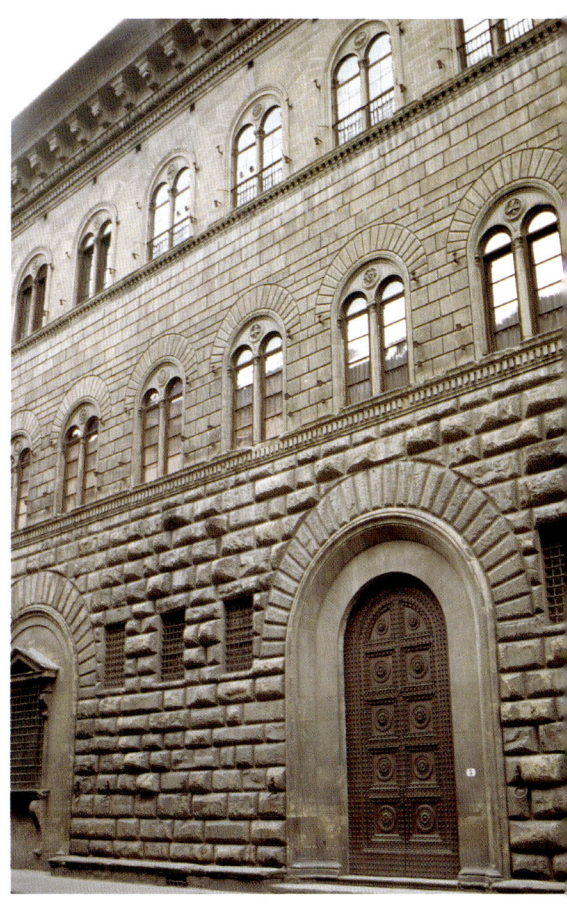

"…그리고 돈을 버는 일보다 쓰는 일이 나에게 더 커다란 즐거움을 안겨 준다는 사실이 명백해졌다."

코시모 디 조반니 데 메디치

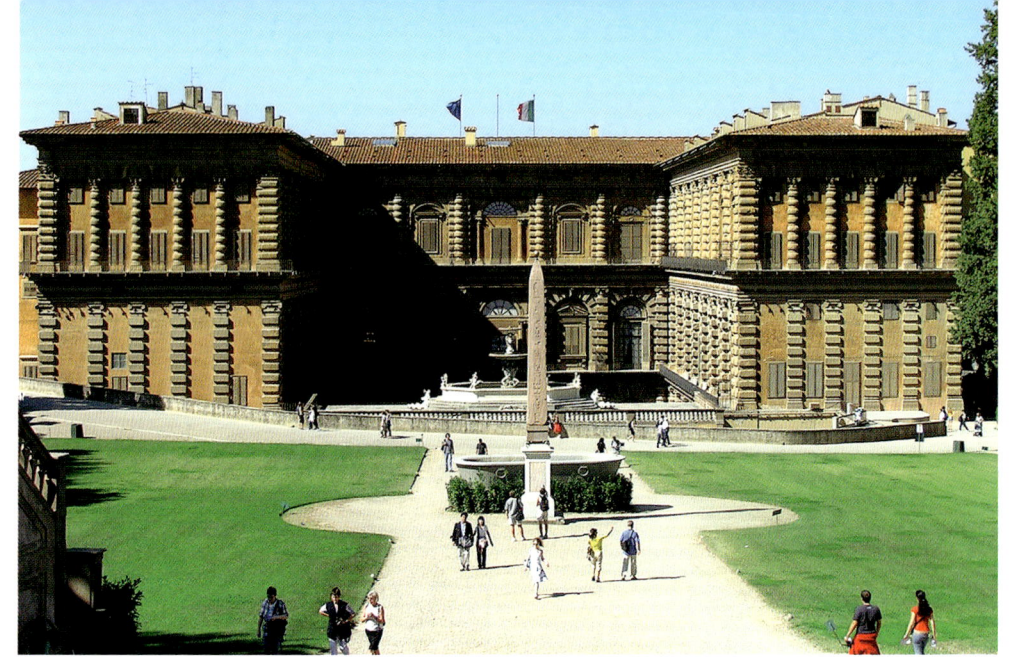

🏛️ ◎ 피티 궁전 이탈리아, 피렌체 | Pitti Palace

메디치 가의 궁전을 이기기 위해 지어진 궁전으로, 지금은 뛰어난 박물관이 된 곳

메디치 가를 부러워했던 피렌체의 은행가 루카 피티는 창문이 메디치 궁전의 현관보다 더 큰 저택을 지으라는 명을 내렸다. 16세기에, 예술사가 조르조 바사리는 브루넬레스키가 건축을 맡았으며 그의 제자 루카 판첼리가 도왔다고 주장했는데, 여기에는 의문의 여지가 있다. 이 궁전은 브루넬레스키의 스타일과 굉장히 다르며, 건축은 그가 죽은 지 12년 후에 시작되었기 때문이다.

피티의 소망에도, 건물은 규모도 그 내용물도 메디치 궁전처럼 뛰어나지 못했다. 책임 건축가였던 판첼리는 파사드에서 실용주의적이고 가정적인 스타일을 선호했던 것으로 보이는데, 삼중으로 늘어선 일곱 개의 아치로 이루어진 현관에서 보이는 거친 돌 세공은 로마 시대의 수도교를 연상시킨다. 궁전이 보수되는 동안에도 그의 디자인은 유지되었기 때문에, 여러 차례 복제되었다.

말년에 이르러 피티는 재정적 곤란에 시달렸으며 건물이 완성되는 것을 보지 못하고 1472년에 죽었다. 아이러니하게도, 그의 후손 한 사람이 1549년 건물을 토스카나 공국의 대공비이자 코시모 데 메디치 1세의 아내인 엘레오노라 디 톨레도에게 팔게 된다. 이 궁전은 확장과 개조를 거쳐 대공 가족의 공식 거처가 되었으며 오늘날 보이는 외관을 대부분 갖추게 되었다.

궁전의 뒤에 보볼리 정원이 조성되었으며, 도시 한복판에서 아름다운 경치는 물론 녹색의 오아시스와 시원한 물을 제공해 준다. 피티 궁전은 현재 방대한 박물관이다. **RM**

"그래서 우리는 이제 4월까지 피티에 있어요, 저녁때까지 … 햇빛이 들어 노랗게 물드는 작은 방에."

엘리자베스 바렛-브라우닝, 1847년 12월의 편지

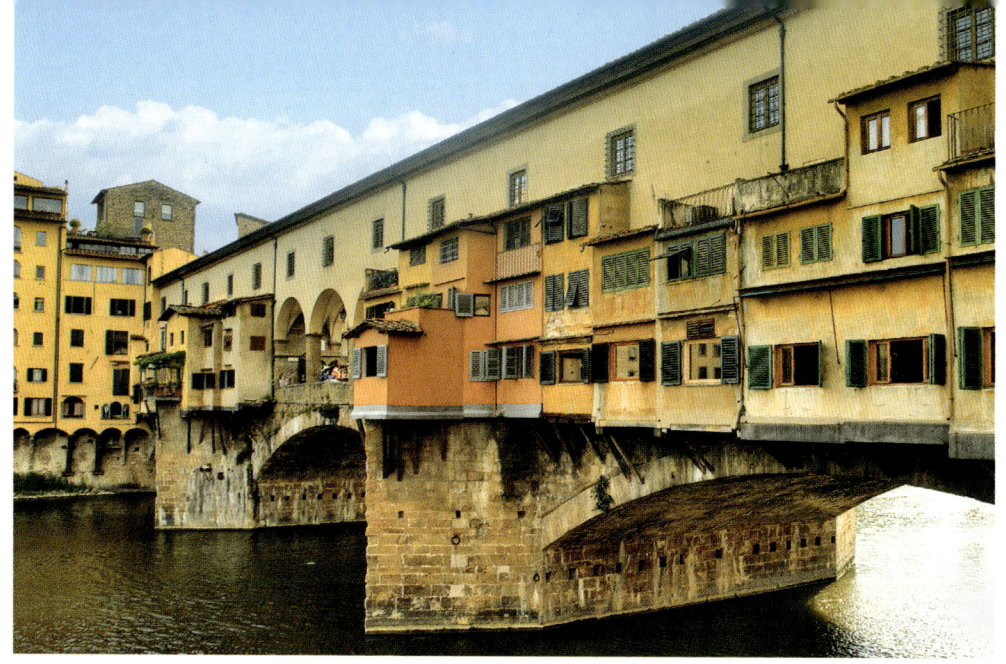

베키오 다리 이탈리아, 피렌체 | Ponte Vecchio

14세기에 지어진 다리이자 피렌체 시를 상징하는 아이콘

14세기부터, 베키오 다리(오래된 다리)는 상점들 사이에서 인기가 높은 장소였는데, 그 큰 이유는 이곳에 가게를 차리면 세금 면제를 기대할 수 있었기 때문이다. 16세기까지 주로 식품을 파는 노점, 특히 푸줏간 노점이 주를 이뤘다. 코시모 데 메디치가 1565년 조르조 바사리에게 다리 위쪽으로 베키오 궁전과 피티 궁전을 연결하는 통로(코리도이오 바사리아노)를 만들어 두 궁전을 오가는 동안 평민들과 뒤섞일 필요가 없도록 하라는 명을 내린 이후, 이러한 노점들도 끝나고 말았다. 푸줏간에서 풍기는 냄새를 견딜 수가 없었던 코시모는 1593년 그들을 내쫓아 버렸다. 대신 좀 더 고급스러운 업종인 금 세공인과 귀금속 상인들이 다리 위를 차지하게 되었다.

오늘날에도 이러한 종류의 상점이 주를 이루고 있으며, 피렌체 출신의 가장 유명한 금 세공인인 벤베누토 첼리니의 기념비가 서 있어 이러한 전통을 인정하고 있다. 근대의 이 지방 전설에 따르면, 첼리니의 흉상 주변을 둘러싸고 있는 울타리에 자물쇠를 채우고 열쇠를 강에 던져 버리면 영원한 사랑을 얻을 수 있다고 한다. 이러한 일로 다리가 손상을 입게 되었으므로, 이 전설을 실행에 옮기는 이는 이제 벌금을 물게 된다.

베키오 다리는 여러 구간으로 이루어진 다리 중 피렌체에서 가장 오래되었을 뿐 아니라, 유럽에서도 가장 오래된 다리이다. 이 다리가 살아남아 있는 것은-아마히틀러 자신이 내렸을 거라 추측되는데-1944년 8월 독일군이 이 도시에서 퇴각할 때 피렌체에 있는 다른 모든 다리를 파괴하면서도 이 다리만은 남겨두라는, 놀라우리만큼 자비로운 명령 덕분이다. **RM**

> "가장 좁은 길 … 폰테 베키오에서 피아차로 가는 길은 무척 붐볐다."
>
> 토머스 A. 트롤럽, 『내가 기억하는 것』(1887~1889)

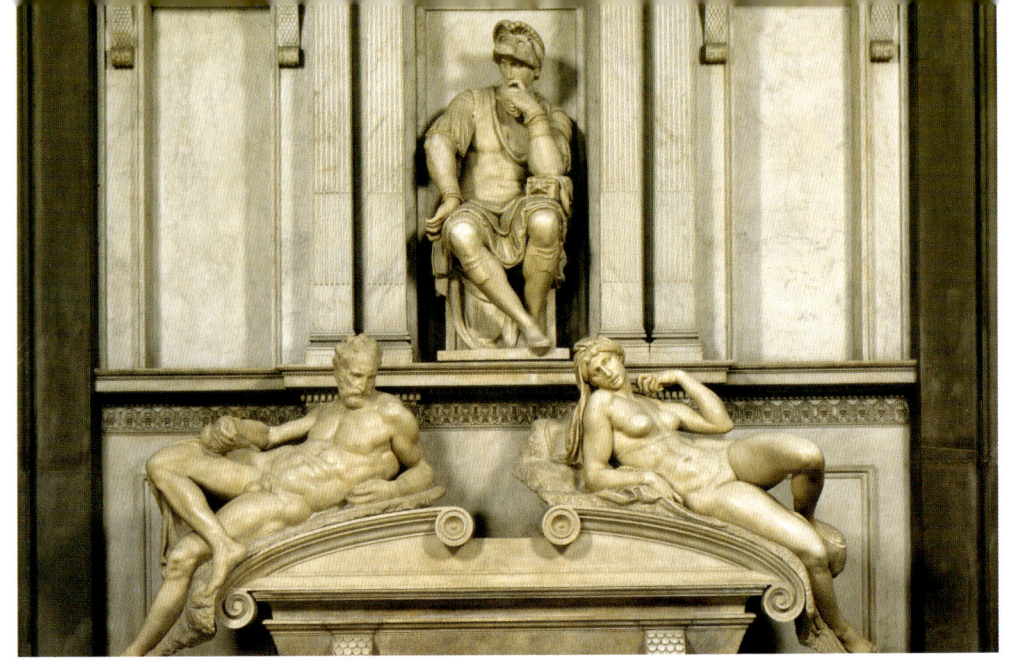

🏛 ◈ 메디치 가의 무덤 이탈리아, 피렌체 | Medici Tombs

걸출하고 영향력 있는 피렌체의 메디치 가문 사람의 기념비

메디치 가는 300년이 넘는 세월 동안 이탈리아에서 가장 강력한 가문 중 하나였다. 이들은 은행 일을 통해 부를 축적했고 피렌체를 지배하는 가문이 되었다. 메디치 가는 도나텔로와 미켈란젤로를 포함해 르네상스 예술의 핵심 인물들을 후원해 주었고, 둘 다 이 가문의 화려한 무덤을 제작하는 데에 일조했다.

메디치 가가 정치적인 영향력을 쌓은 기반이 되었던 은행 왕국을 설립한 조반니 디 비치 데 메디치의 명을 받아 제작된 이 무덤들은, 메디치 가가 지배하고 있었던 바실리카 디 산 로렌초에 위치하고 있다. 무덤은 1419년에서 1459년에 걸쳐 필리포 브루넬레스키에 의해 디자인되었다. '오래된 성구실'은 1421년에서 1440년 사이에 지어졌으며, 도나텔로가 화려한 세부 장식을 덧붙였는데, 그는 바실리카 안에 안장되어 있다. 이곳에는 조반니 비치를 포함해 세 명이 잠들어 있다. 1520년 미켈란젤로에 의해 지어지기 시작했던 '새로운 성구실'에는, 오늘날 악명이 높은 피렌체의 정치가 니콜로 마키아벨리가 1513년에 집필한

『군주론』을 헌정하기도 했던 로렌초 2세를 포함한 메디치 가문 네 사람의 기념비가 있다. 바실리카에서 가장 거대한 부분은 '메디치 예배당'(1603~1604)으로 베르나르도 부오나탈렌티가 디자인했다. 이 예배당 안에는 토스카나 공국의 여섯 명의 초대 메디치 대공들의 기념비가 있으며, 지하 묘지에는 대략 50명에 달하는 덜 알려진 메디치 가문 사람들의 무덤이 있다. 메디치 가문의 많은 이들 중 최초로 피렌체를 지배했던 코시모는 바실리카의 높은 제단 앞에 안장되어 있다.

메디치 가의 무덤은, 세 명의 교황을 배출했을 뿐 아니라 영국과 프랑스 왕실 인물들까지 낳았던 저명하고 강력한 가문의 부유함과 영향력을 보여 준다. 그러나 메디치 가가 이룩한 가장 위대한 업적은 아마 예술에 대한 후원이었을 것이다. 그렇기 때문에, 메디치 가의 무덤은 세계에서 가장 위대한 예술가로 손꼽을 수 있는 이들이 남긴 작품으로 이루어져 있는 것이다. **JF**

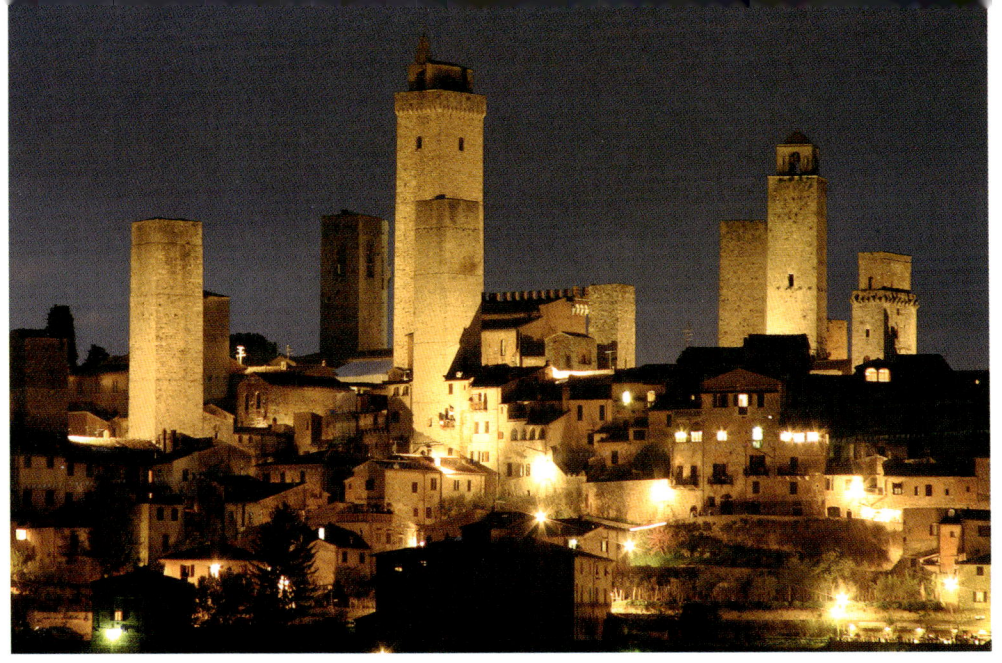

🏛️ ◎ 팔라초 델 포폴로 이탈리아, 산 기미냐노 | Palazzo del Popolo

피렌체와 시에나 예술을 소장하고 있는 도시 공공 궁전

산 기미냐노를 찾아오는 이들은 아마 시간이 가만히 멈춰 서 있다는 느낌을 받을 것이다. 이 매혹적인 중세 도시는 14세기와 15세기 이탈리아 예술이 낳은 수많은 걸작을 원래 모습 그대로의 건축물 안에 완벽하게 보존된 상태로 소유하고 있다. 산 기미냐노라는 도시는 그 전체가 유네스코에 의해 보호받고 있는데, 중세 문명에 대해 증언해 주는 값진 유산이기 때문이다.

이곳에서 가장 중요한 유적 중 하나가 팔라초 델 포폴로이다. 1288년에 완공된 이 건물은 아마 위대한 건축가 아르놀포 디 캄비오가 설계했던 듯하다. 이곳은 도시 의회가 모임을 갖고 '포데스타'(행정 장관)가 법률을 집행하던 곳이었다. 내부의 안뜰(1323년 증축된 부분의 일부) 벽에는 여러 다른 시기에 걸친 의회 의원들의 문장(紋章)이 전시되어 있다. 궁전 옆에는 웅장한 '로지아 델 포폴로'가 있는데, 이는 1347년에 지어졌으며, 포데스타가 도시 사람들이 모인 앞에서 충성의 맹세를 기행하던 곳이었다. '토로 그로사'(커다란 탑)는 몇 년 후에 궁전 옆에 건축되었다. 54m 높이의 이 탑은 산 기미냐노에서 가장 높은 탑이다. 산 기미냐노는 로마로 가고 로마로부터 돌아오는 전통적인 순례의 길인 '비아 프란치제나'에 위치한 도시였기 때문에 중요한 도시로 발돋움했다. 르네상스 시기에는 산 기미냐노를 지배하던 가문의 권력과 명성, 부유함을 상징하는 72채나 되는 저택이 자랑스럽게 서 있었다. 오늘날은 열네 채만 남아 있을 뿐이다.

토로 그로사는 대중에게 공개되고 있어, 방문객들은 탑 꼭대기에서 도시의 아름다운 정경을 즐길 수 있다. 오늘날 팔라초 델 포폴로에는 시립 박물관과 도메니코 미켈리노, 핀투리키오, 필리포 리피, 코포 디 마르코발도 등 14세기와 15세기 피렌체와 시에나 화가들의 작품을 전시하고 있는 피나코테카(그림 갤러리)가 있다. **MC**

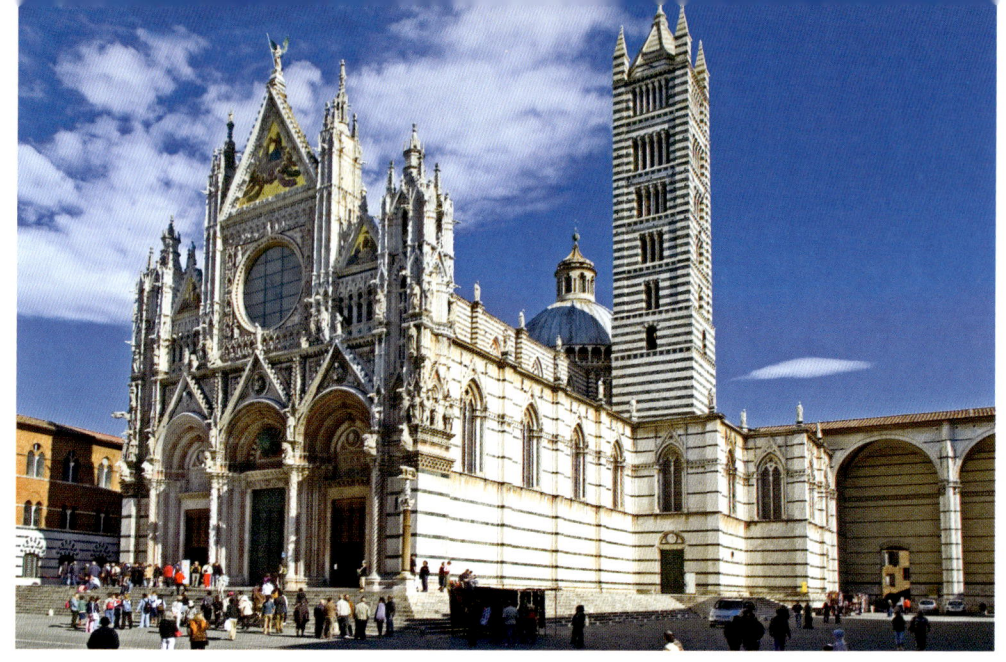

🏛 ◎ 시에나 대성당 이탈리아, 시에나 | Siena Cathedral

흰색과 녹색 도는 검은색 대리석으로 이루어진 눈부신 고딕 건축 양식의 건물

15세기, 시에나는 상업적 지배력을 피렌체에 내주고 난 후였으나 예술적 재능을 지닌 이들이 모여드는 중심지였으며, 이탈리아 예술계에서 가장 위대한 거장들의 아름다운 작품을 자랑으로 삼고 있었다. 보물과 같은 작품 대부분은 오래된 도시의 성벽 안에 아직도 남아 있으며, 이 가운데서도 가장 눈부신 걸작이 바로 시에나 대성당일 것이다. 고딕 건축 양식을 보여 주는 훌륭한 본보기로, 독특한 토스카나−이탈리아적 특성이 가미되어 있다.

이 자리에는 12세기에 로마네스크 양식으로 지어진 교회가 있었으나, 오늘날 볼 수 있는 성당은 본질적으로 13세기에 세워졌다. 내부의 다양한 기둥과 벽을 뒤덮고 있는 검정과 흰색 대리석으로 이루어진 스트라이프 무늬가 주요한 특징이다. 1284년경부터 시작되어 크게 두 단계를 거쳐 건설된 성당의 파사드는 특히 훌륭하다. 파사드의 대부분은 이탈리아의 일류 예술가 조반니 피사노가 설계했는데, 그는 다른 어떤 성당의 파사드와 견주어 보아도 가장 훌륭하다는 평가를 받는 조각품으로 성당을

꾸미는 일에도 공헌했다. 조반니의 아버지인 니콜라는 1265년에서 1268년까지 호화로운 조각을 새긴 팔각형의 대리석 설교단을 제작했는데, 이는 그의 최고의 작품 중 하나라고 평가된다. 이외에도 종탑, 꼭대기에 우아한 등불이 달려 있는 돔, 도메니코 베카푸미를 비롯한 많은 이들이 무늬를 아로새긴 눈부신 대리석 바닥, 베르니니와 미켈란젤로의 조각 작품, 도나텔로와 로렌초 기베르티의 손길로 조각이 새겨진 세례반, 두치오의 13세기 디자인을 기초로 삼아 제작한 스테인드글라스 등이 매혹적인데, 특히 스테인드글라스는 현존하는 이탈리아 스테인드글라스에서 가장 오래된 예 중 하나다. 인접한 피콜로미니 도서관에는 유명한 움브리아 예술가 핀투리키오의 화려하게 채색된 16세기 프레스코 화가 있다.

시에나 대성당은 세월이 흘러도 그 중요성을 계속 유지하며, 세기가 더해 갈 때마다 예술적인 증축과 보수 작업을 겪었다. 1950년대에 제작된 파사드의 청동 문도 이 중 하나이다. **AK**

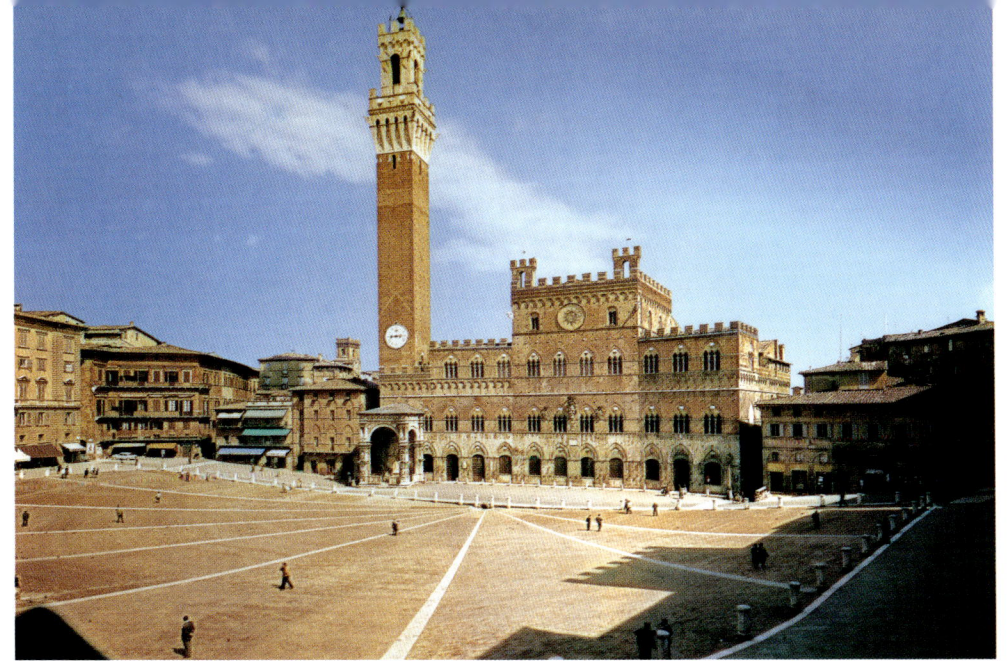

푸블리코 궁전 이탈리아, 시에나 | Palazzo Pubblico

지배라는 테마에 대한 프레스코 화로 사치스럽게 장식된 중세의 시청 건물

공화국 정부를 위치시키기 위해 13세기 말에 지어진 푸블리코 궁전은 시에나의 시청이다. 이 건물은 이탈리아 중세 건축을 보여 주는 훌륭한 예로, 고딕 양식의 영향이 깃들어 있다. 종탑인 '토레 델 만지아'는 1425년에서 1344년 사이에 세워졌다. 푸블리코 궁전은 이 오래된 도시의 중심인 '피아차 델 캄포'에 서 있는데, 이 광장에서는 매년 여름 두 차례, 도시의 각 구역을 대표하는 기수와 말이 출전하여 안장 없는 말을 타고 광장을 도는 경주가 열린다. 거칠고 위험하며, 몇 백 년 동안 변함없이 진행되어 온 이 짧은 경주는 시에나의 중심에 활기를 불어넣는다.

푸블리코 궁전은 프레스코 화가 가득한데, '정외(正意)'가 상징적인 저울을 향해 손짓하고 있는 여성의 모습으로 그려져 있는 유명한 작품 〈좋은 통치의 우화〉도 그중 하나이다. 판결을 받은 죄인은 목이 잘리고, 다른 인물들은 정의의 보상을 받는다. 그림에는 '평화'도 나타나 있는데, 섬세한 금발 머리에 하얀 옷을 입은 세련된 당대 여성의 모습을 하고 있다. 다른 그림으로는 〈좋은 통치의 결과〉가 있는데, 유복한 시민들이 그림처럼 아름다운 시골 땅을 배경으로 거래를 하고 춤추는 모습을 그렸고, 〈나쁜 통치의 결과〉라는 그림에는 가뭄이 닥쳐온 토스카나를 배경으로 범죄와 질병이 만연한 모습이 나와 있다.

몇몇 역사가들은 시에나가 1348년 도시의 인구 중 거의 반을 죽였던 역병의 피해에서 완전히 회복하지 못했다고 주장한다. 양모 무역과 금융업을 기반으로 하고 있던 시에나의 경제 상황은 무참한 타격을 입었으며, 도시는 예전에 누렸던 이탈리아 내의 주도적인 위치를 잃게 되었고, 이후 넷 세기 동안 상대적으로 성장도 힘들어 시에나는 르네상스 시대에 이탈리아의 다른 라이벌 도시들만큼 발전을 이루지 못했다. 재개발과 무분별한 성장, 제2차 세계대전의 폭격을 피해 살아남은, 좁은 길과 오래된 건물이 남아 있는 이탈리아에서 가장 잘 보존된 중세의 도시만이 오늘날 남아 있는 유적이다. **AP**

팔라초 두칼레

이탈리아, 우르비노 | Palazzo Ducale

방대한 예술 작품을 소장하고 있는, 본질적으로 르네상스적인 궁전

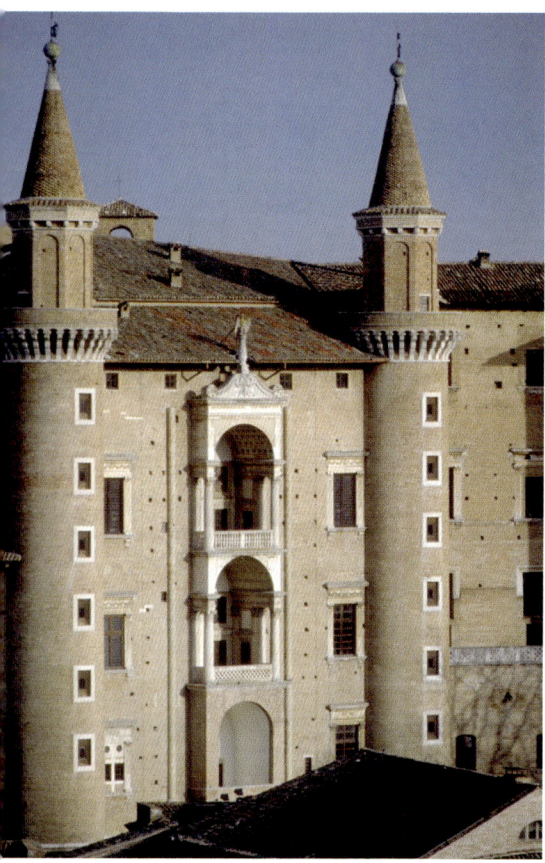

"이곳은 내가 억눌리고 기진맥진한
기분 없이 돌아다닐 수 있는 세상에서
유일한 장소이다."

케네스 클락, 「문명」(1969)

페데리코 다 몬테펠트로 공작(1422~1482)은 개인 군대를 소유하고 남의 전쟁에 고용되어 대신 싸워 주는 용병이라는 직업을 지니고 있었음에도, 당대 가장 계몽적인 지도자 중 한 사람으로 널리 인정받고 있다. 뛰어난 군사 전략가였던 페데리코는 1444년 공작이 된 지 10년 정도 후에, 15세기 중반의 가장 위대한 사상가와 예술가들이 모이는 장소가 될 만한 저택을 짓고자 결심했다.

궁전을 설계하고 짓는 일은 애초에는 피렌체의 마소 디 마르톨로메오에게 맡겨졌던 듯하지만, 그 일을 이어받아 궁전을 자신의 걸작으로 탄생시킨 인물은 달마티아의 건축가 루치아노 라우라나였다. 파사드와 이후의 많은 르네상스 건축에서 주된 원형으로 삼게 되는 아케이드로 덮인 환한 안뜰, 바사리가 당대 가장 아름답다고 묘사했던 '큰 계단'은 모두 그의 작품이다. 궁전의 규모는 인간적인 넓이로 이루어져 있는데, 위압적인 지배력을 행사한다기보다 영감을 불어넣어 주는 건물로 설계되었다. 라우라나가 1472년 우르비노를 떠나자, 프란체스코 디 조르조 마르티니가 고용되어 일을 마무리하게 되었다. 그는 선임자가 남겨둔 디자인을 따르는 수밖에 별다른 선택의 여지가 없었지만, 대부분의 세부작업과 파사드의 장식은 그의 업적이다.

이 궁전은 소유주와 그 시대의 이상을 반영하도록 지어진, 본질적으로 르네상스적인 저택이다. 이탈리아에 있는 가장 중요한 유적 중 하나로 간주되는 이 궁전을 방문해 보면 라파엘로, 피에로 델라 프렌체스카, 티치아노, 파올로 우첼로 등의 작품을 비롯한 매혹적인 르네상스 예술 컬렉션을 볼 수 있다. 공작의 아담한 '스투디올라'(공부를 하거나 명상에 잠기는 데에 쓰였던 자그마한 서재)를 비롯하여, 궁전의 원래 장식 대부분은 고스란히 남아 있다. 공작의 스투디올라는 예술, 자연, 전쟁 등의 주제를 다룬, 트롱프 뢰유(trompe-l'œil : 3차원의 실제라고 착각할 정도로 세밀하게 묘사한 눈속임 그림) 기법으로 복잡하게 세공한 패널을 전시하고 있다. **RM**

팔라초 데이 콘솔리

이탈리아, 구비오 | Palazzo dei Consoli

고딕 양식의 궁전 안에 있는 중요한 움브리아 유물들

팔라초 데이 콘솔리, 즉 '집정관의 궁전'은 붉은 화강암으로 포석이 깔리고 눈부신 건축학적 성과라 할 수 있는 '매달린 광장'의 북서쪽 끝에 위치하고 있으며, 좁은 길과 음울한 진회색 돌로 이루어진 중세 도시 구비오를 지배하고 있다. 이 평평한 도시 공간은 광장을 지탱하고 떠받들어 주는 육중한 아치형 토대를 짓는 작업을 통해 매우 가파른 언덕 한 편에 지어졌다. 탄탄한 고딕 건물인 궁전 꼭대기는 들쭉날쭉한 사각형 모양으로 난 총안으로 장식되어 있으며, 늘씬한 종탑은 마을 주변의 몇 마일 거리에서도 눈에 들어온다. 아래편 광장의 우아한 계단을 통해 궁전으로 들어가는 입구인, 안젤로 다 오르비에토의 작품인 조각이 새겨진 아름다운 아치형 현관으로 들어갈 수 있다. 광장 맞은편 있는 '팔라초 프레토리오'까지 합쳐, 이곳은 가타포네가 도시의 주된 정부 중심지로 설계한 건물 단지를 형성한다.

궁전에는 구비오의 고고학 박물관이 있는데, 움브리아 최대 규모의 로마 공예품을 소장하고 있다. 그림 갤러리와 마졸리카 도자기 컬렉션도 있다. 전시되어 있는 유물 중에서 단연 가장 중요한 유물은 '이구비움 판'이다. 이구비움 판이란, 움브리아의 고대어로 그 역사의 상당한 부분이 적혀 있는 일곱 개의 청동 판이다. 고유한 문자가 없었던 움브리아인들은 처음에는 에트루리아어, 다음에는 라틴어를 사용해 자신들의 언어를 발음에 따라 표기했다. 이 청동 판들은 기원전 200년에서 70년의 유물로, 영토의 경계나 적국에 대한 정보 같은 실제적인 사항도 기록하고 있지만, 대부분은 동물을 제물로 바쳐 신들의 뜻을 읽어내는 방법이나 새들의 비행 패턴을 읽는 법 등 사제들을 위한 종교적 안내문을 상세하게 기록하고 있다.

고대의 생활과 문화에 대해 무엇과도 비교할 수 없는 소중한 정보를 제공해 주는 이 청동 판들은, 1444년 한 농부가 밭을 쟁기로 갈다가 발견해낸 것이다. 시에서는 그를 설득하여 2년 동안 무료로 목초지를 이용하는 대신 청동 판을 넘기도록 했다. **RM**

마조레 분수

이탈리아, 페루자 | Fontana Maggiore

물 공급을 찬양하는 분수

이 사랑스러운 분수는 에트루리아 시대부터 도시의 중심지였던 페루자 광장에 서 있다. 페루자는 언덕 위에 자리 잡고 있어 방어가 쉬웠지만, 물을 공급하는 것이 여러 해 동안 큰 문제였다. 마조레 분수는 도시에서 8km 떨어진 파치아노의 산 속 샘에서 물을 끌어오는 수도교가 긴설된 일을 축하하기 위해, 그리고 물이 모일 장소를 마련하기 위해 제작되었다. 분수는 세 부분으로 이루어져 있다. 바닥 수반 위에 좀 더 작은 수반이 얹혀 있는데, 둘 다 다각형 모양으로 흰색과 분홍색 돌로 만들어져 있다. 이 수반들 위에는 물이 흘러나오는 세 개의 청동 조각상이 담긴 청동 그릇이 얹혀 있다. 항상 작동하는 것은 아니지만, 지금도 작동시킬 수 있다.

> "조각과 건축에서 그들의 업적은 진실로 찬양받을 만하다."
>
> 조르조 바사리, 니콜라와 조반니 피사노에 대하여

니콜라 피사노와 그의 아들 조반니가 분수에 조각을 새겼으며, 바닥의 수반에는 25개의 평판에 50개의 대리석 부조가 각각 두 폭을 이루도록 새겼다. 이 두 폭 조각은 구약 성서의 이야기, 정치와 도덕 역사의 장면, 매달의 노동, 중세의 일곱 주요 학과의 이미지 등을 나타낸다. 이는 두 조각가의 서명으로 마무리되는데, 피사 시의 상징인 독수리 두 마리가 두 개의 판에 새겨져 있다. 중간 수반에 있는 판은 소박하지만, 각각의 판이 맞물리는 부분마다 성경이나 신화, 역사에 등장하는 인물이나 상징적인 인물의 조각상이 새겨져 있다. 이 분수는 인류의 역사에 바쳐진 기념물이자 물의 소중함에 대한 증언, 그리고 물이 공급된다는 사실에 대한 찬양이라 할 수 있다. **RM**

폰테 델라 토리

이탈리아, 스폴레토 | Ponte della Torri

테시노 골짜기에 걸쳐진 고가교이자 수도교

열 개의 아치로 이루어진 스폴레토의 거대한 다리와 이 다리가 향하고 있는 성은 1364년경 알보르노츠 추기경의 명에 따라 지어졌다. 교황 인노첸티오 4세는 1353년에 이탈리아의 교황령에서 교황의 권위를 회복하라는 책임을 맡겨 알보르노츠를 이탈리아로 보냈다. 이후 그는 교황 우르바노 5세가 교황청을 14세기 내내 있었던 프랑스의 아비뇽에서 로마로 되돌리는 발판을 닦아 주게 된다. 스폴레토는 11세기에 교황령으로 바쳐졌으나, 독립 유지를 위한 주민 투쟁이 계속됐다. 교황의 권력이 로마와 아비뇽 두 곳으로 갈라지자, 스폴레토는 구엘프 파와 기벨린 파의 싸움에 휘말리게 되었다. 알보르노초는 1354년 이 도시를 다시 한 번 교황 통치하로 되돌렸다.

스폴레토는 대부분 로마 유적이 있던 곳에 건설되었으며, 다리는 8세기부터 있었던 오래된 로마 수도교 위에 지어진 것으로 추정된다. 다리는 골짜기 위로 가로놓여 로카, 즉 요새를 보호해 주며 양쪽 끝에 세워진 두 개의 탑에 의해 보호를 받는다. 아마 폰테 델라 토리('탑들의 다리')라는 이름은 여기서 나온 듯하다. 그러나 이 이름이 출입문이 달려 있고 속이 텅 빈 것으로 보아 한때는 방어가 쉬운 탑으로 쓰였을 듯한, 다리를 지탱하는 기둥 때문에 붙은 것이라 생각하는 이들도 있다. 다리는 통행로와 물이 흐르는 수로로 구성되어 있는데, 이 수로는 오늘날까지도 스폴레토에 물을 공급해 준다.

요새는 테오도리쿠스 대왕이 500년경 세운 로마 성채를 바탕으로 알보르노츠가 다시 짓고 강화한 것이다. 이 요새에는 여섯 개의 탑이 서로 분리된 두 구역을 형성한다. 하나는 군인, 하나는 도시를 다스리는 총독을 위한 것이다. 이 육중한 요새는 역사 속에서 여러 차례의 포위 공격을 버텨 왔으며, 1800부터 1980년대까지는 감옥으로 사용되었다. 벽에는 한때 훌륭한 15세기의 프레스코 화가 그려져 있었으나 지금은 대부분이 풍화되어 버렸다. 그러나 조심스런 보수 작업으로 건축물과 장식 대부분은 원래 모습을 되찾았다. **RM**

미켈란젤로 요새

이탈리아, 치비타베키아 | Forte Michelangelo

미켈란젤로가 세운 주 탑이 있는 요새

당대 가장 커다란 요새 중 하나였던 미켈란젤로 요새는 로마로 나가는 필수적인 통로였던 치비타베키아 항구를 방어하기 위해 세워졌다. 치비타베키아는 트라야누스 황제가 이곳에 항구를 세웠던 2세기가 시작되던 무렵부터 중요한 항구 도시였다.

15세기 말이 되자, 이 항구는 해적들에 의해 잦은 공격과 약탈을 당하게 되었다. 항구를 지키기 위해 교황 율리오 2세는 로마의 산 피에트로 바실리카를 디자인한 인물로 유명한 도나토 브라만테에게 요새를 설계하고 건설하는 일을 맡겼다. 이 작업은 1535년, 교황 파오로 3세 재위 기간에 브라만테의 제자들에 의해 완성되었다.

> "미켈란젤로는 그래서 브라만테는 무능력하거나 적대적이거나 둘 중 하나라는 사실을 눈치 챘다."
>
> 조르조 바사리, 『미켈란젤로의 생애』(1550)

요새의 각 모퉁이에는 방어 탑이 있다. 그중 하나인 '성 페르미나의 탑'은 치비타베키아의 수호성인 이름을 따 명명되었으며, '성 세바스티아노의 탑'에는 요새에서 나가는 비밀 지하 출구가 있다. 벽 위에 솟아오른 흉벽에는 무기를 발사할 수 있는 열린 곳이 있다. 내성(內城), 즉 팔각형의 주 탑과 그 윗부분은 미켈란젤로에 의해 완성되었으며, 요새에도 그의 이름이 붙었다. 원래 요새를 둘러싸고 있던 해자는 지금은 사라졌다.

미켈란젤로 요새는 교황권이 이탈리아의 넓은 지역을 지배하는 세속적인 권력이기도 했던 시대를 떠올리게 해 주는 유적이다. 또한 거장 미켈란젤로가 화가, 조각가, 시인, 건축가였을 뿐만 아니라 숙련된 엔지니어이기도 했다는 사실을 되새겨 준다. 그는 진정한 르네상스 맨이었던 것이다. **JF**

아시시의 성 프란체스코 바실리카

이탈리아, 아시시 | Church of St. Francis of Assisi

프란체스코 수도회를 세운 성 프란체스코를 기리기 위해 세워진 호화롭게 장식된 성당

13세기의 사제인 아시시의 성 프란체스코(본명 조반니 베르나르도네)는 중세 교회에 커다란 영향을 끼쳤다. 속세의 재물을 버리고 떠돌아다니는 설교자로서 청빈한 생활을 이끌어가기로 결심한 그는 크게 존경받았으며, 많은 사제들이 지나친 특권을 부여 받은데다가 명백하게 부패했고 교회는 그 신노들의 영적인 평안에 신경 쓰기보다 세속적인 부를 축적하는 데에 더 관심이 많다는 널리 퍼진 믿음을 없애는 본보기가 되었다. 프란체스코는 가난한 이들에게 특별한 애착을 느꼈으므로, 그가 묻힌 곳이 이탈리아에서 가장 사치스러운 교회 중 하나라는 사실은 사뭇 아이러니하다.

프란체스코는 너무나 유명하여 죽은 지 2년 만에 성인의 반열에 올랐는데, 공식 장례도 치러지기 전이었다. 그는 콜레 델 인페르노('지옥의 언덕'이라는 뜻인데, 범죄자들이 처형되는 장소였기 때문에 이러한 이름이 붙었다)에 있는 빈민의 무덤에 묻히기를 바랐으므로, 자신이 '바실리카 디 산 프란체스코'의 거대한 이중 교회당 안에 영광스레 모셔지리라고는 결코 예측도 하지 못했을 것이다. '아래쪽 바실리카'는 2년 만에(1228~1230) 완성되었는데, 1470년대에 건물 전체에 버팀목을 세워야만 했던 것으로 보아 이렇게 급하게 지은 것은 경솔한 일이었다. '위쪽 바실리카'가 지어진 날짜는 이보다 덜 명확하지만, 두 교회가 함께 축성을 받았던 1253년에는 확실히 완성된 상태였다.

성 프란체스코가 죽은 이후, 그의 유해는 새로 지은 성당에 안장되기 전까지 산 조르조 교회에 모셔졌다. 그때에도 정확한 무덤의 장소는 비밀이었는데, 그의 유골이 도난당할까 봐 두려워했기 때문이었다. 유명한 순례지에서 축적할 수 있는 부유함이 어느 정도였는지 짐작하게 해 주는 충격적인 일이다. 성인의 유해는 1818년 새로운 지하 묘지에 안장되었을 때에야 다시 발견되었다. 그동안 교회는 조토를 비롯해 당대의 뛰어난 예술가들이 그린 프레스코 화로 화려하게 치장되었다. **IZ**

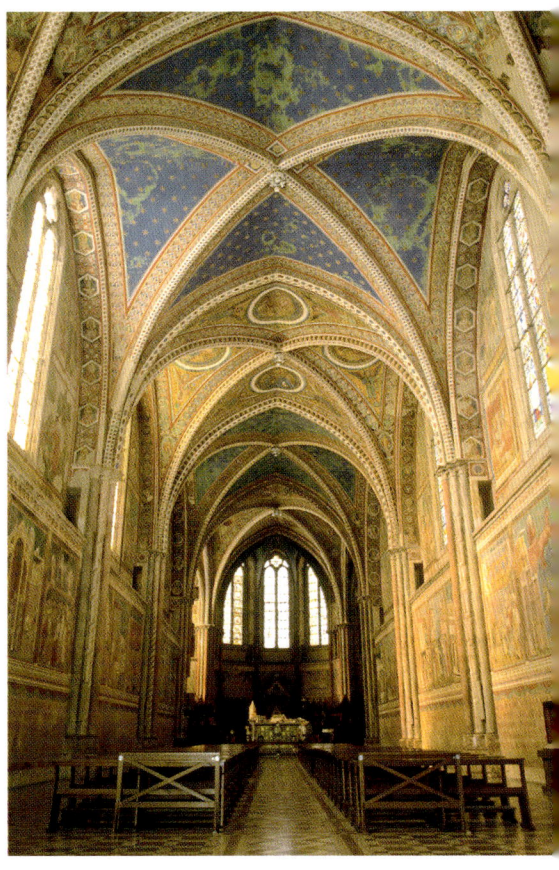

"나는 신성하지 못한 모든 존재를 겪어 왔다. 만일 신이 나를 통해 행하신다면, 그분은 누구를 통해서든 행하실 수 있을 것이다." 아시시의 성 프란체스코

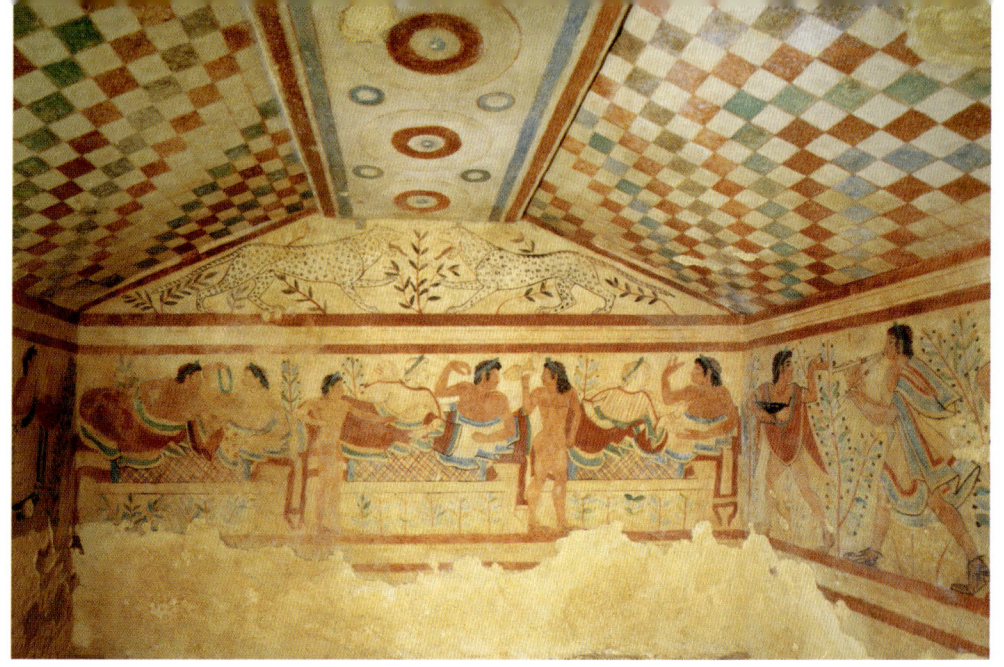

타르퀴니아의 에트루리아 유적 이탈리아, 타르퀴니아 | Etruscan Sites at Tarquinia

기원전 7세기부터 전해내려 온, 잘 보존된 벽화가 남아 있는 뛰어난 무덤 단지

로마 제국이 부상하기 전, 에트루리아인들은 이탈리아 반도의 지배 세력이었다. 그리스, 카르타고 그리고 동방과 광범위한 교역을 펼친 결과로 이들은 부를 쌓고 풍요롭고 다양한 문화를 발전시킬 수 있었다. 이들이 남긴 중요한 유산은 훌륭한 무덤 단지에서 찾아볼 수 있다. 유네스코는 이러한 중요성을 인정하여, 두 군데의 주요한 예인 세르베테리와 타르퀴니아를 세계문화유산 목록에 올렸다.

세르베테리는 넓은 네크로폴리스, 글자 그대로 '죽은 자들의 도시'로, 암벽에 거리와 광장, 집들이 새겨져 있다. 한편 타르퀴니아는 그림으로 유명하다. 육천 개의 무덤 중에서, 대략 200개가 벽화로 치장되어 있으며, 그 기원은 기원전 7세기까지 거슬러 올라간다. 타르퀴니아의 유적은 같은 시기의 다른 벽화에 비해 보존 상태가 훌륭한데, 화가들이 바위에 직접 그림을 그린 것이 아니라 주의를 기울여 벽을 한 겹의 석고로 코팅하고 나서 그렸기 때문이다. 타르퀴니아의 그림들은 다양한 주제를 다루고 있으며, 죽은 이의 직계 가족과 친구들만이 그림을

보았을 거라는 점을 가정해 본다면 더더욱 놀랍다. 연회를 벌이고 술을 마시는 장면('암사자들의 무덤'), 사냥을 하고 음악을 짓는 장면('마술사들의 무덤'), 그리고 애도하는 장면('신관들의 무덤') 등이 있다.

그러나 가장 유명한 테마는 에트루리아인들이 죽은 이를 추모하는 뜻에서 행했던 정교한 장례식 경기와 관련되어 있다. 레슬링, 복싱, 달리기와 같은 친숙한 스포츠도 있지만, 이들은 보다 잔혹한 추격전도 즐겼다. 예를 들어 '신관들의 무덤'에는 머리에 자루를 뒤집어쓴 남자(아마 사형 선고를 받은 범죄자일 것이다)가 목걸이에 달린 뾰족한 못이 목을 찌르는 바람에 크게 화가 난 개 한 마리와 맞서는 장면이 그려져 있다. 이렇게 폭력적인 활동은 로마인들이 아레나에서 검투사들의 결투며 동물 싸움을 즐겨 관람하게 된 일에 영향을 주었을 것이라 추정된다. **IZ**

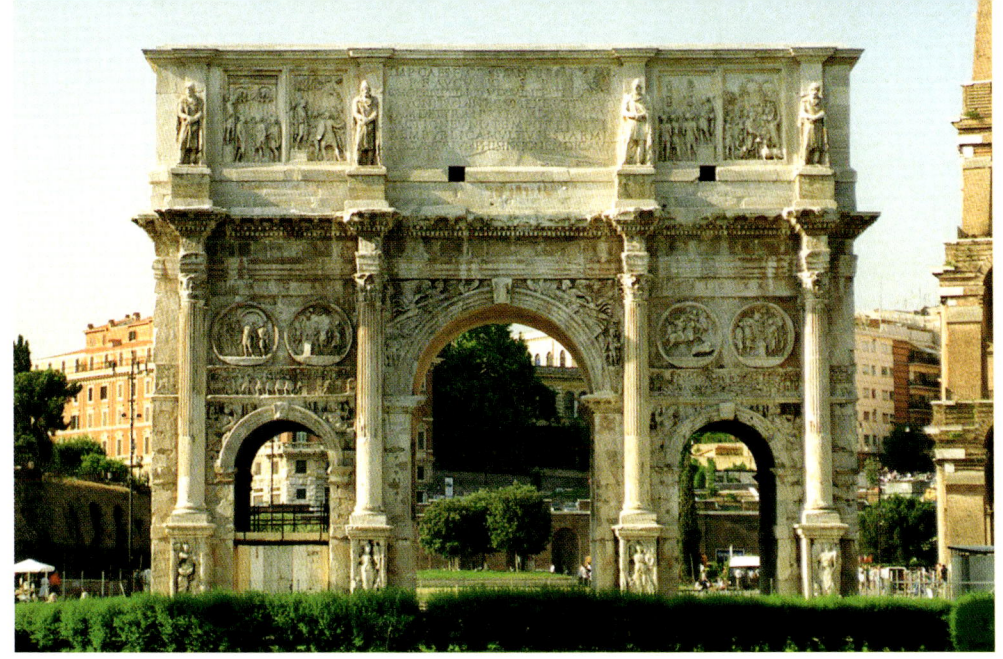

콘스탄티누스 개선문 이탈리아, 로마 | Arch of Constantine

옛 기념물에 남아 있던 부분이 통합된, 312년에 세워진 개선문

이 웅장한 개선문은 로마의 손꼽히는 명소 중 하나로, 로마 황제들이 축하 행렬을 벌일 때 택했던 오래된 길인 '비아 트리움팔리스'에 서 있는 주요 유적이다. 이 개선문은 티투스 개선문과 셉티미우스 세베루스 개선문과 더불어, 고전기 로마 시대부터 온전한 상태로 살아남은 세 개의 로마 개선문에 속한다. 이는 최초로 기독교를 받아들인 로마 황제라 알려지는 콘스탄티누스 1세가 로마 바로 외부에서 벌어진 '밀비우스 다리의 전투'(312)에서 거둔 승리를 기념하기 위해 건설되었다. 이 승리로 인해 그는 서로마 제국의 단일한 지배자가 되었으며 기독교 세력이 성장하는 데에 중요한 기점이 되었다.

이 인상적인 건축물의 높이 21m, 너비 25.7m, 두께 7.4m이다. 개선문의 아래쪽은 콘스탄티누스가 전리품들과 더불어 지나갔을 육중한 중앙 아치와 사이드 아치, 대리석으로 된 지지 교각, 코린트 기둥으로 이루어져 있다. 아티카 양식으로 된 꼭대기 부분은, 황제가 막센티우스와 벌인 전투와 그 승리를 표시하는 여러 장면, 인물, 글귀가 조각되어 있는 대리석 패널에 둘러싸여 있다.

콘스탄티누스의 개선문은 재치 있는 재활용을 보여 주는 매우 오래된 본보기라 할 수 있는데, 트라야누스, 하드리아누스, 마르쿠스 아우렐리우스 시대에 세워졌던 옛 기념물로부터 장식 부분을 떼어오거나 개조해서 사용했기 때문이다. 대체 얼마나 많은 재료가 재사용되었으며 그 이유가 무엇인지에 대해서는 학자들의 의견이 분분하다. 어쩌면 단순히 개선문에 나타나 있는 사건의 하나이기도 한 밀비우스 다리 전투에서 거둔 승리에 뒤따라 급하게 제작하느라 그랬을지도 모른다. 또한 의도적으로 콘스탄티누스를 많은 존경을 받았던 초기 황제들과 동일시하는 셋이 그 목적이었을지도 모른다. 1700년대에 대규모 복구 작업이 행해졌으며, 현대로 와서는 1990년대 후반에 상당한 양의 작업이 마무리되었다. **AK**

카라칼라 욕장 이탈리아, 로마 | Baths of Caracalla

당시 재위하던 황제의 이름을 따 명명된, 고대 로마에서 두 번째로 큰 목욕 시설

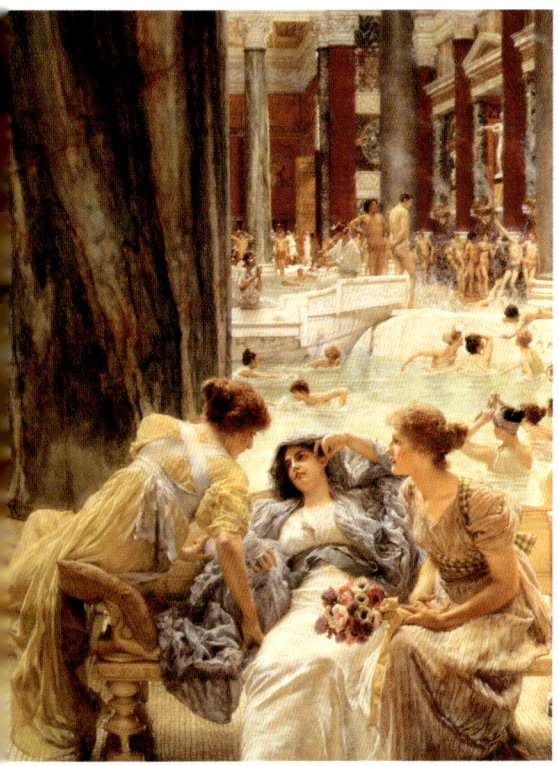

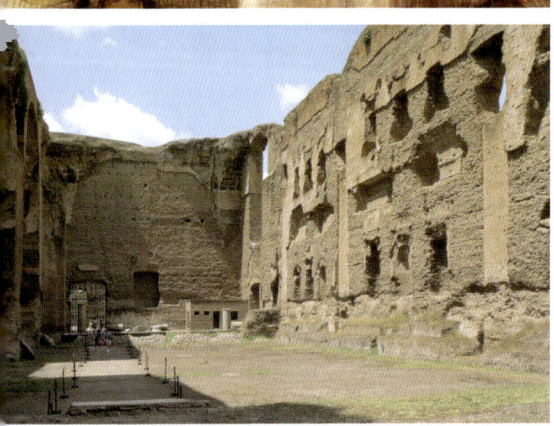

로마 제국이 전성기를 이룩했을 때, 공공 목욕탕 시설은 기분 좋은 환경에서 다양한 여가 활동을 즐길 수 있게 해 주는 주된 시민 시설이었다. 목욕탕은 특히 목욕하는 이들에게 따뜻한 물을 제공해 주던, 바닥 아래의 난방 시스템이 발명된 이후부터는 대단한 토목 공학적 업적이기도 했다. 로마에는 이런 시설이 여러 군데 있었으나, 칼리칼라 목욕탕은 단연 가장 인상적인 곳이다.

카엘리우스 언덕에 위치한 이 목욕 시설은 211년 카라칼라 황제가 통치하던 시절에 건설이 시작되어 6년 후에 완성되었다. 이 건물은 한 번에 1,600명의 손님을 받을 수 있었으며, 매우 뜨거운 물이 든 욕조가 있는 '칼다리움', '테피다리움'(미지근한 물), '프리기다리움'(차가운 물), 그리고 '나라티오'(야외 수영장) 등 여러 개의 독립된 방으로 이루어져 있었다. 시설 안에는 더 많은 운동을 즐기고 싶은 이들을 위한 경기장과 체육관도 있었으며, 지적인 탐구에 빠져드는 편을 선호하는 이들을 위한 그리스어와 라틴어 도서관도 있었다.

목욕탕은 6세기까지 영업을 계속했으나, 이후 고트 족이 침입하여 물을 공급해 주던 수도교를 파괴해 버렸다. 건물들은 차차 쇠락해 갔고, 16세기에는 파르네세 가문이 자신들의 궁전을 장식하기 위해 화려한 대리석 시설 대부분을 떼어 갔다. 20세기에 파시스트 독재자 베니토 무솔리니가 이곳에서 야외 오페라를 상연한다는 아이디어를 도입하면서, 목욕탕은 새로운 생명을 얻게 되었다. 전문가들은 가수들의 목소리에서 나오는 떨림이 건축물에 손상을 입히는 것이 아닌지 의문을 제기했지만, 이러한 공연은 계속되어 왔다. **IZ**

◪ 로마의 사치스러운 나날의 환상에 푹 젖어 있었던 로렌스 알마-타데마 경의 〈카라칼라의 목욕탕〉(1899)

◪ 1990년 월드컵 축구 경기 전야에 이 목욕탕에서는 파바로티, 도밍고, 카레라스의 공연이 열렸다.

티투스 개선문 이탈리아, 로마 | Arch of Titus

황제가 거둔 승리를 기념하는 고대 로마의 개선문 중 가장 오래된 본보기

한 사람 한 사람의 황제와 그들의 업적을 영광스레 기념하기 위해 설계된 로마의 개선문은, 전투를 마치고 승리에 차서 고향으로 돌아오는 군대를 환영하기 위한 도시의 웅장한 승리 행렬이 벌어지는 핵심적인 장소이기도 했다. 고대 로마에는 적어도 34개의 개선문이 세워졌는데, 티투스 개선문은 현존하는 것 중에서 가장 오래된 개선문이다.

티투스 개선문은 서기 81년 티투스가 사망한 직후 그의 뒤를 이어 황제로 즉위한 동생 도미티아누스의 명에 따라 건설되었다. 개선문은 티투스가 거둔 가장 찬란한 승리인, 서기 70년에 예루살렘을 함락시켰을 때 최고조에 달했던 유태인 반란을 진압한 일을 칭송하는 여러 개의 조각으로 꾸며져 있다. 이 조각에는 로마 병정들이 신전에서 약탈한 보물들을 나르는 모습이 묘사되어 있으며, 황제가 사후에 신격화되는 모습도 나타나 있다. 한 장면에서는 새로운 신이 된 황제가 천상의 전차를 타고 승리의 여신이 씌워 준 왕관을 쓴 채 승리에 찬 당당한 모습으로 퍼레이드를 하고 있다. 아치 아래의 둥근 천장에는 티투스가 거대한 독수리의 날개 위에 타고 높이 올라 천국으로 승천하는 모습이 새겨져 있다.

이 개선문의 외관은 로마 시대 이후로 상당히 많이 변했다. 원래는 아마 꼭대기에 황제의 조각상이 서 있었으며 파사드에도 조각이 더 있었을 것이다. 중세를 거치면서 아치의 꼭대기와 옆면에 새로운 건축물이 추가되면서 이런 부분은 소실되었다. 그러나 1822년 주제페 발라디에르가 종합적인 복원 작업을 펼쳤을 때 새로 추가된 부분은 제거되었다. 작업이 진행되는 동안 개선문은 완전히 분해되었다가 현재의 모습으로 재조립되었다. **IZ**

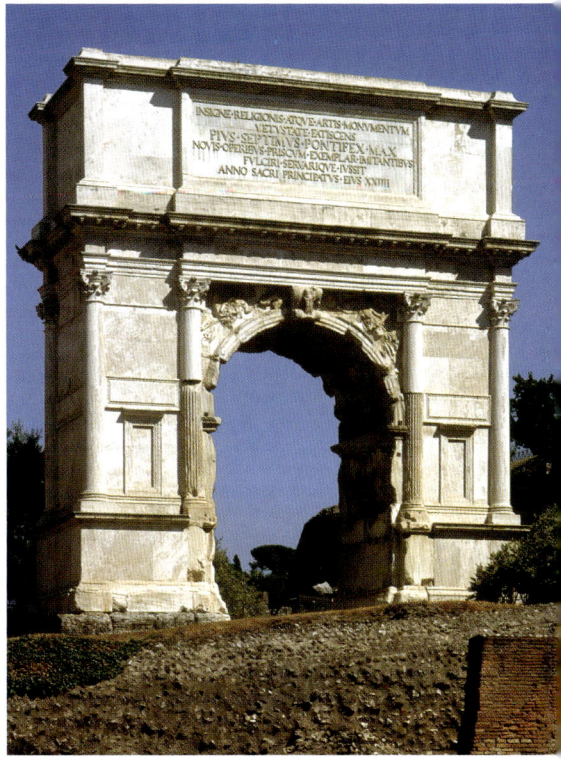

↗ 전통적으로 유태인들은 이 개선문 아래로 걸어가는 일을 거부했는데, 개선문이 예루살렘의 함락을 기념하고 있기 때문이다.

↘ 로마 군인들이 예루살렘의 솔로몬 성전을 약탈하며, 일곱 갈래 촛대를 운반하고 있다.

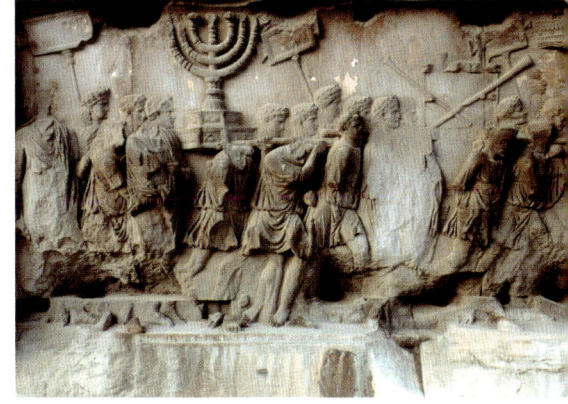

바로크 예술가 잔로렌초 베르니니의 걸작이자 교황 권력의 상징

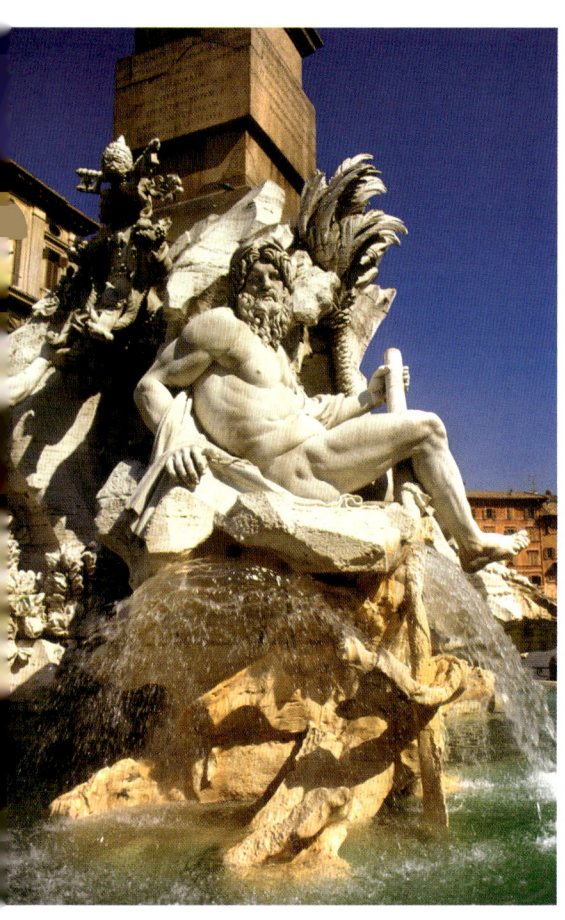

> "베르니니는 … 이탈리아 바로크의 뛰어난 주창자로, 바로크를 형성했던 영향력이었다."
>
> 니콜라 호지와 리비 앤슨, 「예술의 A부터 Z까지」(1996)

로마에서 가장 그림처럼 아름답고 유명한 광장인 나보나 광장 한가운데에 위치한 '네 강의 분수'(폰타나 데이 콰트로 피우미)는 탁월한 바로크 예술가 잔로렌초 베르니니가 남긴 걸작이다. 나보나 광장은 성녀 아녜스가 순교당한 장소로 추정되는 곳이기도 하며, 이 분수는 바로크 양식의 성당 '산타녜스 인 아고네' 바실리카의 맞은편에 있다. 분수는 베르니니의 후원자이자 강력했던 팜필리 가문의 일원이었던 교황 인노첸티오 10세를 위해 지은 것이다.

'네 강의 분수'에 있는 조각상은 당대 지리학자들에게 알려져 있던 각 대륙의 커다란 강을 상징한다. 그 강들은 아프리카의 나일 강, 아시아의 갠지스 강, 유럽의 도나우 강, 아메리카의 라 플라타 강이다. 각 대륙에서 나는 식물과 동물, 중앙의 오벨리스크 앞에 몸을 반쯤 굽히고 있는 우화적인 강의 신은 각각의 강을 상징하는데, 이 오벨리스크는 서기 1세기의 유산이다. 오벨리스크 위에는 인노첸티오 10세의 팜필리 가문의 상징인 비둘기가 얹혀 있다(이들의 저택인 팔라초 팜필리가 분수 근처에 서 있었다). 이는 인류에게 알려진 세계를 지배하는 교황의 권력을 상징한다고 볼 수 있다.

'네 강의 분수'는 나보나 광장의 모든 면에서 감상할 수 있는 역동적이고 극적인 건축물이다. 이는 교황의 권력에 대한 중요한 정치적 상징이며, 프로테스탄트 종교개혁으로 인한 분열 이후 그 영향력을 다시 한 번 강력하게 주장하려는 노력의 상징이다. 그러나 선동적인 목적과 더불어, 이 분수는 집집마다 수도관이 설치되기 이전 당시의 지역 주민들에게 깨끗한 물을 제공해 주는 역할을 했다. 또한 이탈리아 바로크의 가장 위대한 주창자라 할 수 있는 잔로렌초 베르니니의 중요한 작품이기도 하다. 그는 트리톤 분수와 꿀벌 분수를 비롯하여 로마에 있는 예전의 분수들을 제작하기도 했는데, 둘 다 바르베리니 광장에 있다. **JF**

카타콤 이탈리아, 로마 | Catacombs

2세기부터 유래하는, 유태인과 기독교도의 고대 지하 무덤

1세기부터, 개종한 유태인으로 간주되었던 기독교도들은 종종 로마 영토에 살고 있던 유태인들과 같은 방식으로 매장되었다. 바위를 대충 다듬어 만든 무덤으로 이는 팔레스타인의 바위 무덤을 연상시켰다. 죽은 이를 성벽 안에 묻는 것은 로마의 법에 어긋났으므로 이러한 묘지는 성벽 외부에 있었다. 성 베드로가 바티칸 언덕에 있는 커다란 공동묘지에 묻혔고 성 바울이 '오스티엔세 길'에 있는 공동묘지에 묻힌 것도 이러한 연유이다.

2세기부터, 로마의 기독교도들은 이러한 방법을 유지했고 지하에 공동 매장 공간을 두는 풍습을 물려받았다. 육신은 언젠가 부활하게 되므로 로마의 관습에 따라 화장해서는 안 된다는 믿음 때문에 공간 부족 문제가 일어났는데, 지상의 묘지가 드물고 비쌌기 때문이기도 했다. 해결책은 지하 통로, 방, 이들을 서로 이어 주는 계단으로 이루어진 광대한 지하 네트워크를 만들고, 수백 마일 길이의 회랑에 걸쳐 벽을 파내 수천 개의 좁은 무덤을 만드는 것이었다. 기독교도들은 특히 순교자의 무덤 주변에 묻히기를 원했는데, 카타콤이 그들이 박해받던 시절에 모임을 갖고 거주했던 비밀 장소였다는 것은 허구이다. 빛도 공기도 잘 들지 않았으며, 무엇보다도 수천 구의 시체가 썩어가고 있어 그런 일은 불가능했다. 카타콤은 고트 족이 로마를 포위했던 410년까지 계속 사용되었다. 380년 콘스탄티누스 황제가 다스리면서 기독교는 로마의 국교가 되었으므로, 이후 좀 더 일반적인 방법으로 매장되는 일이 가능해졌다.

몇 세기가 흐르면서, 순교자들의 소중한 유골은 카타콤을 떠나 도시의 교회로 옮겨졌으며, 결국 카타콤의 성스럽던 기억도 잊히게 되었다. 1578년에 우연히 카타콤 하나가 발견되었고, 이후 가치를 따질 수 없을 만큼 소중한 역사의 한 부분을 재발견하기 위해 많은 연구와 고고학적 작업이 이루어졌다. **RM**

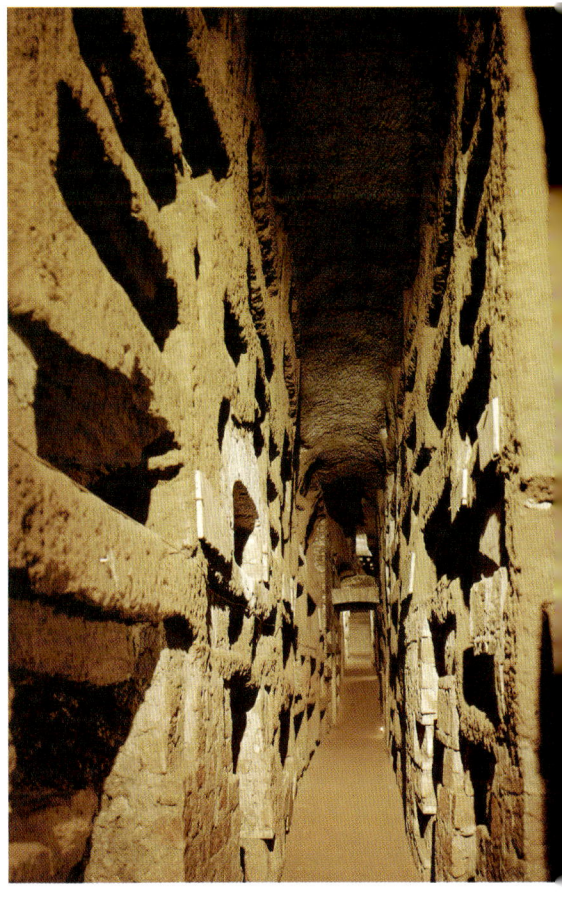

"그곳에서 나는 종종 … 영혼과 육체의 타락으로 아파하며 기도를 올렸고, 위안을 얻었다."

프루덴티우스, 히폴리투스의 카타콤에 대한 묘사

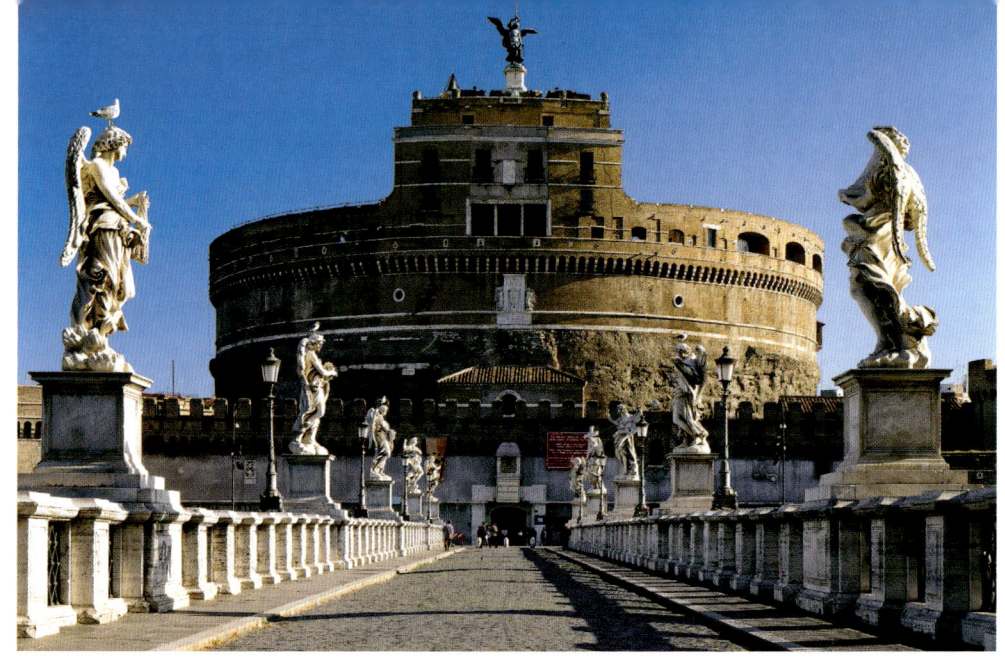

🏛 ◈ 산탄젤로 성 이탈리아, 로마 | Castel Sant'Angelo

군사적 요새, 이후에는 교황의 요새로 개조된 영묘

135년에서 139년에 세워진 로마의 산탄젤로 성은 로마 황제 하드리아누스와 그의 가족의 유골을 보관하기 위한 영묘(靈廟)로 건축되었다. 이후의 황제들도 이러한 선례를 따랐으며, 이곳에 마지막으로 잠든 황제는 217년 사망한 카라칼라였다. 그러나 5세기에 이 건물은 군사 요새로 개조되었으며, 이후 천 년이 지나면서 이곳을 교황의 요새로 만들기 위해 더 탄탄한 방어 설비가 지어졌다. 이 성은 또한 그 역사 속의 다양한 시점에서 감옥으로 사용되어 왔는데, 16세기의 철학자 조르다노 브루노와 18세기의 오컬트주의자 알레산드로 디 카글리오스트로 백작 등 이단자들이 갇혀 있었다.

산탄젤로는 590년 그레고리오 대교황이 건물 위편에 대천사 성 미카엘이 나타난 환상을 본 이후에 붙인 이름으로, 도시에 퍼져 있던 역병이 끝났다는 것을 상징적으로 드러낸다. 1536년, 이 사건을 기리기 위해 라파엘로 다 몬텔루포가 제작한 미카엘 대천사의 대리석 조각상이 성 꼭대기에 세워졌다. 1753년에는 이 조각상이 플

랑드르의 조각가 페테르 안톤 폰 베르샤펠트의 작품인 청동 조각상으로 대치되었다. 몬텔루포의 조각상은 현재 성의 내부 안뜰에서 볼 수 있다.

1277년 교황 니콜라오 3세가 위험에 처했을 때 교황들이 안전하게 달아날 수 있도록 요새와 바티칸 시국을 연결하는 800m 길이의 비밀 통로-'파세토 디 보르고'-와 성벽을 짓게 했다. 1494년 프랑스의 샤를 8세가 로마를 침략했을 때 교황 알렉산데르 6세가 이 통로를 이용했으며, 이후 1527년에는 신성 로마 제국의 황제 카를 5세의 로마 약탈 사건이 있었을 때 교황 클레멘스 7세를 포함한 수백 명의 사람들이 통로를 통해 요새로 몸을 피해 몇 달을 지냈다. 이후 교황 바오로 3세가 앞으로 성을 피난처로 삼게 될 교황을 위하여 호화로운 저택을 지었다. 이 성에는 현재 산탄젤로 성 국립 박물관이 있다. **CK**

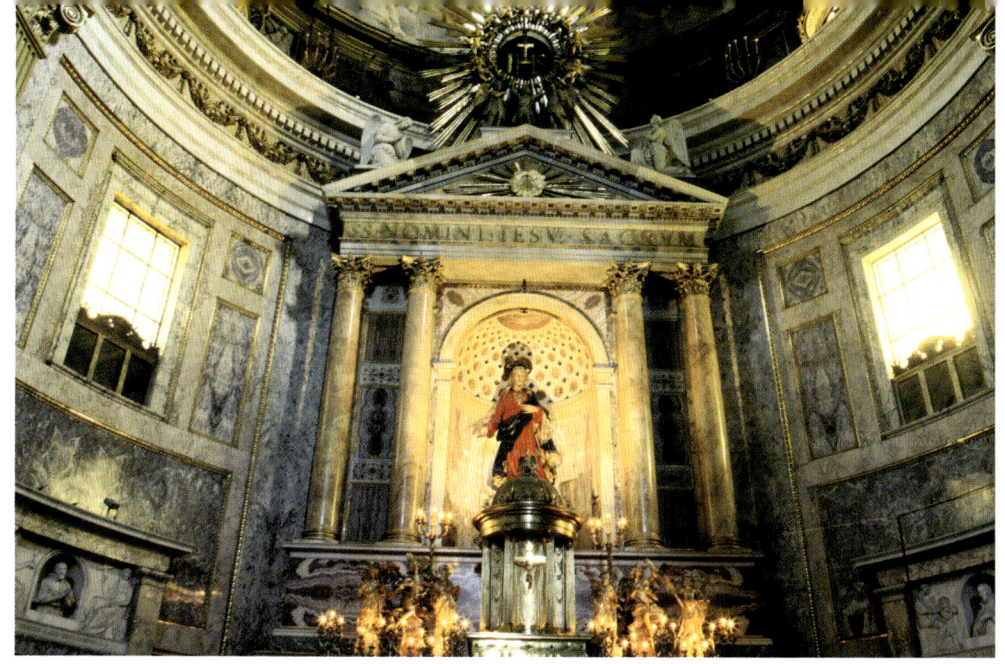

🏛 ◎ 제수 교회 이탈리아, 로마 | Church of the Gesù

예수회의 모교회로, 바로크 양식의 파사드와 조반니 가울리의 프레스코 천정화를 지닌 교회

제수 교회(정식 명칭은 '예수의 신성한 이름 교회'이다)는 16세기 중반 성 이그나티우스 로욜라가 설립한 가톨릭 수도회인 제수이트 교단(예수회라고도 한다)의 모교회이다. 이 교회당은 전 세계에 생겨난 다른 예수회 교회 건물의 모델이다.

1551년과 1554년, 법적인 문제와 자금 문제로 시작부터 좌절을 겪은 이후, 드디어 1568년에 알레산드로 파르네세 추기경이 제공해 준 자금 덕택에 교회당 건설이 시작되었다. 건물은 프로테스탄트 개혁이 중세 교회의 부정한 관행을 폭로한 이후 가톨릭을 근대화시키고 합리화시키려고 했던 트렌트 종교회의의 요건에 따라 설계되었다. 따라서 나르텍스(료비)가 없으며, 대신 입구가 교회의 본당 안으로 곧장 이어져, 높은 제단에 주의가 집중된다. 안에는 열 개의 예배당이 있는데, 그중 하나는 안드레아 포초가 디자인하여 성 이그나티우스에게 바친 예배당으로 성인의 무덤과 소(小)피에르 르 그로가 디자인한 조각상이 있다. 조반니 바티스타 가울리가 그림을 그리는 일을 맡게 되기 전까지, 교회의 내부는 원래 장식이 거의 없이 텅 빈 듯한 상태였다. 가장 큰 특징은 천장의 프레스코화인 〈예수 이름의 승리〉이다. 이 교회에는 또한 예수회 교단의 수호 성녀인 〈마돈나 델라 스트라다〉(길의 성모님)의 원본 그림이 있다. 이는 로마화파에 속한 15세기 후반의 무명 화가의 작품이다. 제수 교회는 여러 가지 면에서 가톨릭 개혁의 상징이라 할 만하다. 교회 건축 구조의 새로운 경향을 반영했으며, 새로운 종류의 가톨릭 교파 중 가장 유명하며 이후 가장 큰 교단으로 성장하는 예수회의 본산이었던 것이다. **JF**

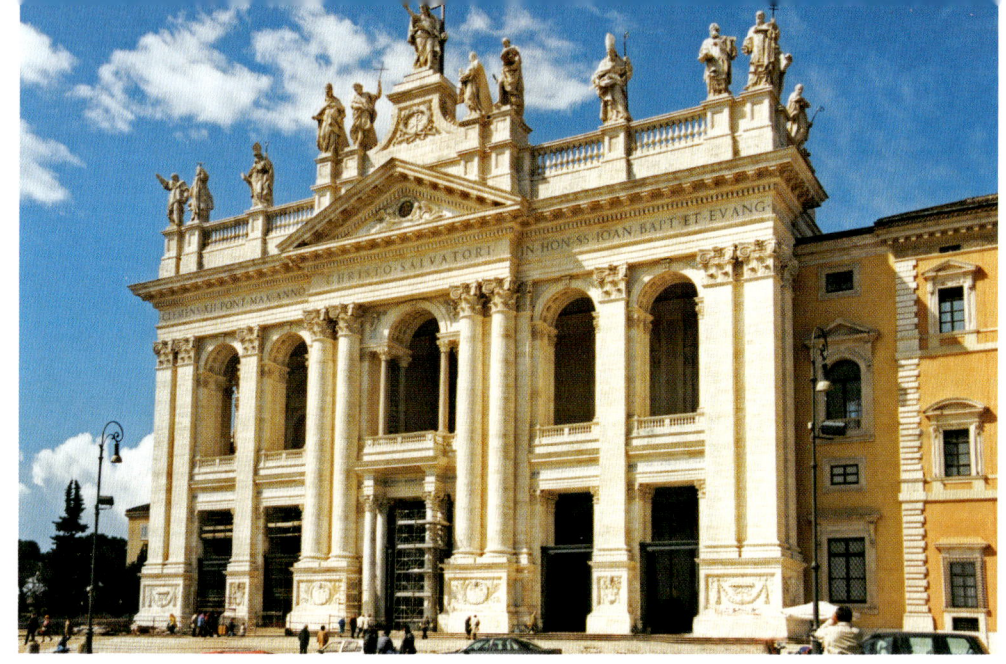

🏛 ◎ 산 조반니 인 라테라노 바실리카 교황청 소유, 로마 | Basilica of St. John Lateran

로마의 대성당이자 공식 교회법상 교황의 거처

로마의 총대주교좌 바실리카(patriarchal basilica : '대바실리카' 혹은 '교황의 바실리카'라고도 하며, 교황에 의한 특권을 입는 가장 급이 높은 네 개의 성당을 가리킨다. 산 조반니 인 라테라노를 비롯하여 다음 페이지부터 뒤이어 나오는 세 개의 바실리카는 모두 총대주교좌 바실리카에 속한다) 중에서도 최초이며 가장 오래된 산 조반니 인 라테라노 바실리카는, 여러 황제의 행정관을 배출했던 라테라니 가문의 궁전이었던 곳에 있다. 311년경 이곳은 콘스탄티누스 황제의 차지가 되었다. 이후 그는 교회에 이 궁전을 선사했고, 313년 이곳에서 주교 회의가 열려 도나투스 파를 이단으로 선포했다. 이후 이 바실리카는 로마의 기독교 생활 중심지이자 교황들의 거처, 로마의 대성당이 되었다.

원래의 교회는 그다지 크지 않았던 듯하며, 구세주 그리스도에게 봉헌되었다. 이후에 두 차례, 한 번은 10세기에 성 세례 요한에게, 다음에는 12세기에 복음서를 쓴 성 요한에게 봉헌되었다. 통례적으로는 이처럼 이후에 봉헌되는 성인이 우선하지만, 이 교회는 모든 대주교 성당들이 그렇듯 그리스도에게 봉헌된 성당으로 남아 있다. 1309년, 교황청이 프랑스의 아비뇽으로 옮겨 가자 이 바실리카는 쇠퇴하기 시작했다. 1309년과 1361년에는 화재의 피해를 입었고, 건물은 다시 지어졌으나 원래 갖추고 있던 눈부신 아름다움은 파괴되어 버렸다. 이러한 이유로, 교황이 로마로 되돌아왔을 때 바티칸 궁전이 지어져 새로운 교황 거주구가 되었다.

1585년, 교황 식스토 5세가 바실리카를 허물어 버리고 새로 지을 것을 명령했다. 계속해서 반복되어 온 개조와 재건축 작업 중 하나였다. 산 피에트로 성당이 건축학적인 면에서는 더 훌륭하며 그 규모와 바티칸 시국 내에 위치하고 있다는 점 덕분에 대부분의 교황 관련 행사를 개최하지만, 산 조반니 인 라테라노는 로마 교구를 주관하는 대성당이자 공식적인 교회법으로 로마의 주교인 교황이 거하는 곳이다. 사실상 이 성당은 가톨릭 신자들에게 전 세계의 모교회로 간주되는 것이다. **RM**

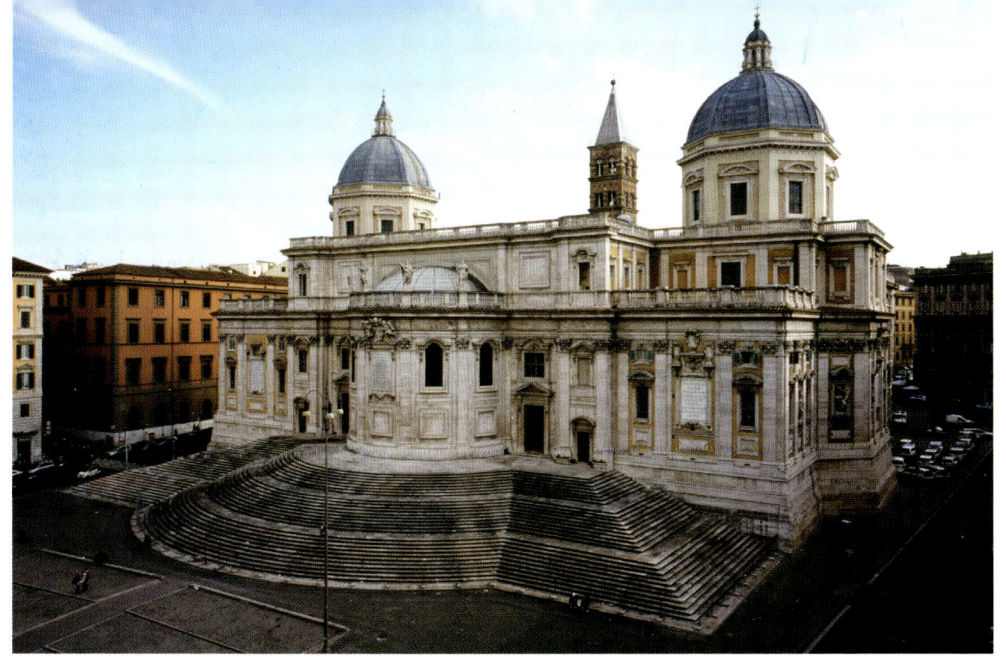

🏛 ⊚ 산타 마리아 마조레 바실리카 교황청 소유, 로마 | Santa Maria Maggiore

4세기에 제작된 모자이크가 남아 있는 성모 마리아의 바실리카

로마는 제국 시대의 영광으로 가장 유명할지 모르나, 기독교가 발전해 온 역사에서도 핵심적인 역할을 담당해 왔다. 산타 마리아 마조레는 지어진 초기부터 이러한 과정에서 중심적인 역할을 유지해 왔다. 이 성당이 처음 설립된 일은 성모 마리아에 대한 숭배가 커졌음을 반영하며, 또한 이 성당은 항상 일상적인 가톨릭교회 통치와 밀접한 관련이 있어 왔다.

전설에 따르면 이 성당이 최초로 지어진 것은 356년, 교황이 본 환상 속에 성모 마리아가 나타난 이후였다. 한여름에 기적적으로 눈이 쌓여 교회를 지을 정확한 장소를 지시해 주었다고 한다. 매년 특별 예배를 올려 이 전설을 기념하는데, 예배 동안 돔 꼭대기에서 새하얀 꽃잎의 비가 흩뿌린다. 현재 서 있는 건물은 그 다음 세기(432~440)에 지어졌다. 이 성당이 성모 마리아에게 봉헌된 일은 분명히 431년 에페소스 공의회에서 내린 중대한 결단의 영향을 받았을 것이다. 공의회에서는 마리아가(단순히 그리스도의 인간적인 육체만을 낳은 것이 아

니라) 신의 어머니라고 확언했다. 원래의 건물에서 아직까지 남아 있는 가장 중요한 부분은 오래된 제국 스타일을 가지고 성모 마리아를 로마의 황후와 닮은 모습으로 나타낸 독특한 일련의 모자이크 작품들이다.

산타 마리아는 바실리카로, 로마인들이 공공건물을 짓는 데 사용했으며 초기 기독교도들이 교회를 짓는 데에 응용했던 오래된 건축 양식의 성당이다. 가톨릭교회에서 가장 높은 지위의 성직자 중 한 사람인 안티오크의 총대주교가 몇 세기 동안이나 거주했던 곳이기 때문에, 산타 마리아 마조레는 대 바실리카(총대주교좌 바실리카)로 분류된다.

세월이 흐르면서 많은 부분이 새로이 지어졌다. 종탑은 중세의 것이며, 우아한 파사드는 페르디난도 푸가가 디자인한 작품으로 1743년에 완성되었다. 주목할 만한 예배당이 두 개 있는데, 교황 식스토 5세를 위해 지어진 시스티나 예배당과 교황 바오로 5세를 위해 지어진 파올리나 예배당이다. **IZ**

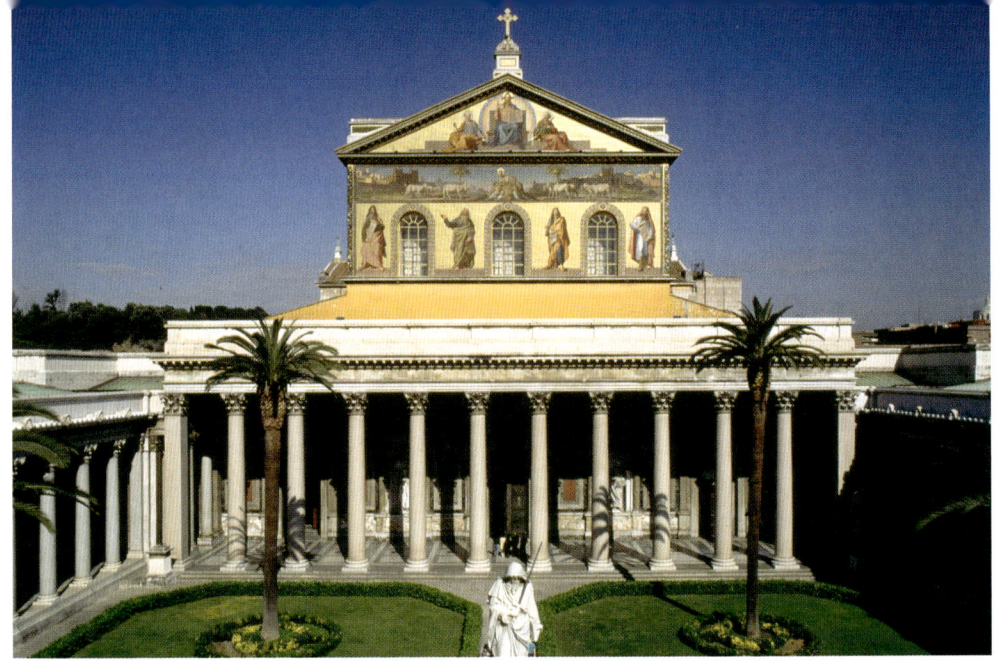

🏛 ◈ 산 파올로 푸오리 레 무라 바실리카 교황청 소유, 로마 | St. Paul Outside the Walls

성 바울의 유해는 이 바실리카에서 최근 발견된 석관 안에 있을지도 모른다

서기 62년경 성 바울이 순교당하고 나자, 그를 따르던 무리들은 그 무덤에 사원을 세웠다. 324년 콘스탄티누스가 이 자리에 작은 교회를 지으라는 명을 내렸으나, 386년 테오도시우스가 이 교회를 허물어 버리고 훨씬 더 크고 아름다운 바실리카를 짓기 시작했다. 바실리카는 390년에 축성 받았는데, 건축이 완전히 끝난 것은 약 50년이 더 흘러서였다. 산 파올로 푸오리 레 무라 바실리카('성벽 밖의 성 바울 바실리카'라는 의미로 도시 성곽 밖에 위치하고 있기 때문에 붙은 이름이다)는 로마에 있는 다섯 개의 오래된 큰 바실리카 중 하나로 여겨진다.

1823년 대화재가 일어나 바실리카는 파괴되었다. 이는 끔찍한 손실이었는데, 로마의 모든 성당 중에서도 이 성당만이 1435년 동안 처음의 특징을 간직해 왔기 때문이었다. 바실리카를 복원하기 위해 이집트 총독은 설화 석고 기둥을 기증했고 러시아 황제는 모자이크를 위해 값비싼 청금석과 공작석을 보내왔다. 이 교회에 부속된 베네딕트 수도회의 연대기에는 재건축 작업 동안

"Paolo Apostolo Mart(yri)"(사도이자 순교자 바울에게)라는 글귀가 위에 새겨진 커다란 대리석 석관이 발견되었다는 언급이 있다. 이상하게도 당시에 발견된 다른 무덤들과 달리 이 관만은 발굴 목록에 언급되어 있지 않다. 거의 200년이 지난 2006년, 고고학자들은 제단 아래에서, 어쩌면 사도 바울의 유해가 들어 있을지 모르는 대리석 관을 발견했다. 아직 관은 제단에서 꺼내지 않아 안에 사람의 유해가 들어 있는지는 확인되지 않은 상태이며, 한쪽 면만 보일 뿐이다. **RM**

"내가 땅에 거꾸러지자 '사울아, 사울아, 네가 왜 나를 박해하느냐?' 하는 음성이 들려왔습니다."

다마스쿠스로 가는 길에서 회심. 사도행전 2장 7절

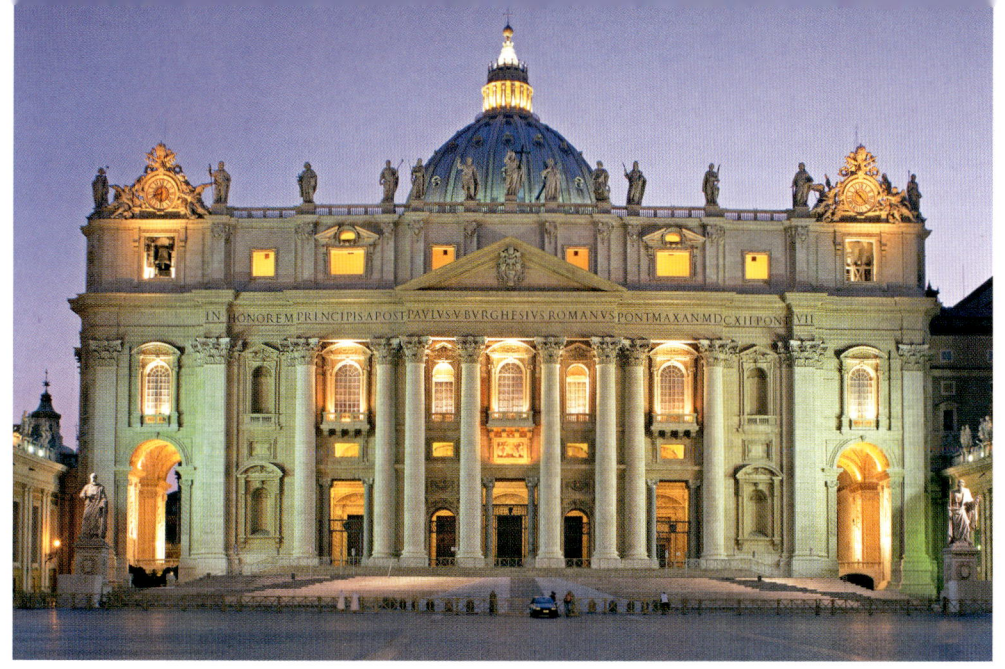

🏛 ◎ 산 피에트로 바실리카 바티칸 시국 | St. Peter's Basilica

미켈란젤로가 디자인한 돔이 있으며 바티칸 시국에서 가장 뛰어난 건물

바티칸 시국에 있는 산 피에트로 바실리카는 로마 가톨릭 교도들에게 순례의 중심지이다. 2005년 교황 요한 바오로 2세가 승하하면서 이곳에 세계의 이목이 집중되었다. 의관을 정제하고 안치되어 있는 교황을 보기 위해 수많은 군중이 모여들었으며, 그의 장례식에는 왕족, 고관, 세계의 지도자들이 참석했다. 웅장한 교회에 딸린 인상적인 17세기 광장과 조각품과 그림 등 보물 같은 수집품들로 인해 잔로렌초 베르니니가 디자인한 산 피에트로 바실리카는 예술을 사랑하는 이들도 큰 관심을 두는 장소이다.

바실리카는 네로 황제의 바티칸 원형 경기장이 있던 사리에 서 있으며, 서기 64년에서 67년 사이에 성 베드로와 그의 동지인 기독교 순교자들이 이곳에서 처형당했다고 한다. 베드로는 경기장 벽 옆에 있던 무덤에 묻혔다. 160년 경기장이 황폐하게 변하자, 그가 묻힌 자리를 표시하기 위해 작은 기념비가 세워졌다. 콘스탄티누스 황제는 315년 성인의 무덤 자리에 바실리카를 세우라

는 명을 내렸으며, 이는 326년에 축성 받았다.

교황 니콜라오 5세는 15세기에 초라하게 무너져 버린 바실리카를 재건축하라는 명을 내렸으나, 작업은 교황 율리오 2세가 도나토 브라만테에게 새로운 바실리카의 디자인을 맡겼던 1506년에야 본격적으로 시작되었다. 중앙에 돔이 있고 네 개의 작은 돔이 둘러싼 그리스 십자가 형태에 기초한 새로운 바실리카는 1626년에 완공되었다.

1547년 노령에 접어든 미켈란젤로가 프로젝트를 맡아, 성 베드로의 무덤 위에 바로 지어진 높은 제단 위로 119m 높이의 돔을 설계했다. 건축가 카를로 마데르노가 미켈란젤로의 뒤를 이어 이 일을 주도했으며, 네이브를 광장 쪽으로 넓힘으로써 원래의 설계를 라틴 십자가 형태로 개조했다. 잔로렌초 베르니니가 교회 중앙에 서 있는 29m 높이의 바로크 양식 캐노피를 디자인했는데, 이는 근처의 판테온에서 가져온 청동을 이용해 제작되었다. **CK**

시스티나 성당 바티칸 시국 | Sistine Chapel

미켈란젤로가 그린 전설적인 프레스코화가 천장에 그려져 있는, 교황의 개인 성당

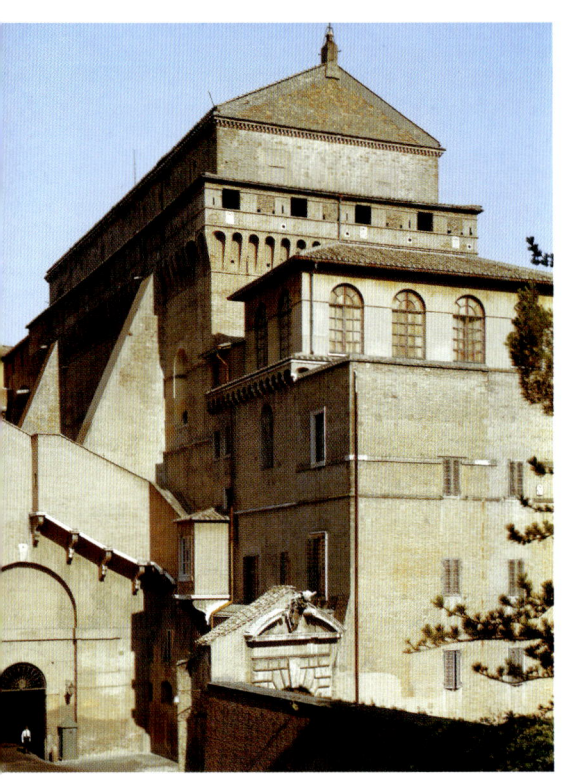

> "이 작품은 교황의 성당을 위한 작품
> 이 아니라 공공 목욕탕이나 선술집에
> 나 어울린다."

클레멘스 7세의 행사 책임자, 비아조 다 체세나

⚐ 시스티나 성당의 소박한 외관으로 보아서는 내부의 뛰어난
　장식적 풍요로움을 전혀 예상할 수 없다.

⚐ 원래, 미켈란젤로는 열두 사도만 그릴 생각이었으나, 결국
　300명이 넘는 인물을 그리게 되었다.

1473년에서 1484년에 걸쳐 교황 식스토 4세를 위해 건설된 시스티나 성당은 바티칸 시국 안에 있다. 오늘날 이 성당은 교황의 개인적인 성당이자 새로운 교황을 선출하기 위해 추기경단이 비밀 회의를 여는 장소이다. 그러나 떼를 지어 몰려오는 방문객들을 이끄는 것은 전성기 르네상스 시대의 천재 미켈란젤로 부오나로티의 작품인 프레스코화이다.

〈천지 창조〉, 〈신과 인류의 관계〉, 〈신의 은총을 잃은 인류〉(1508~1512) 등의 장면으로 이루어졌으며, 넓이가 800m²에 달하는 아홉 점의 그림이 그려진 반 원통형 모양의 둥근 천장은 미켈란젤로의 이력이 절정에 도달했음을 나타낸다. 그는 교황 율리오 2세의 명을 받아 프레스코화를 그리게 되었다. 미켈란젤로를 도와주기 위해 선정된 피렌체의 기술자들이 그가 원하는 정확한 기준을 맞추지 못했기 때문에, 작품은 거의 그 혼자만의 힘으로 완성되었다. 이는 빠른 속도로 그림을 그리고 발판에 올라가 작업했던, 예술가의 인내력이 거둬 낸 성과라 할 수 있다. 그 결과로 300명이 넘는 인물로 구성되었으며 역동적인 스타일로 인간의 형태를 묘사하는 방법을 새로이 발명해 낸, 어디에도 비길 데 없는 명작이 탄생했다. 이 거대한 규모의 작업이 너무나 고되어 미켈란젤로는 23년 동안 그림 그리는 일을 완전히 그만두었으나, 결국 시스티나 성당으로 돌아와 제단 뒤의 벽에 〈최후의 심판〉(1535~1541)을 그리게 되었다. 이번에는 교황 클레멘스 8세를 위해서였는데, 완성된 것은 그의 뒤를 이은 교황 바오로 3세의 후원 아래에서였다. 한때 이 그림은 남성의 나체가 성기까지 완전히 묘사된 채 들어 있다는 점 때문에 논란의 대상이 되기도 했다.

미켈란젤로의 걸작 덕택에 약간 위축되기는 했지만, 성당의 벽에도 산드로 보티첼리의 〈그리스도의 유혹〉(1482), 도메니코 기를란다오의 〈베드로와 안드레를 불러 사도로 삼는 그리스도〉(1483) 등 뛰어난 예술 작품이 있다. 특별한 행사가 있는 경우에는 라파엘로가 제작한 태피스트리가 성당을 장식한다. **CK**

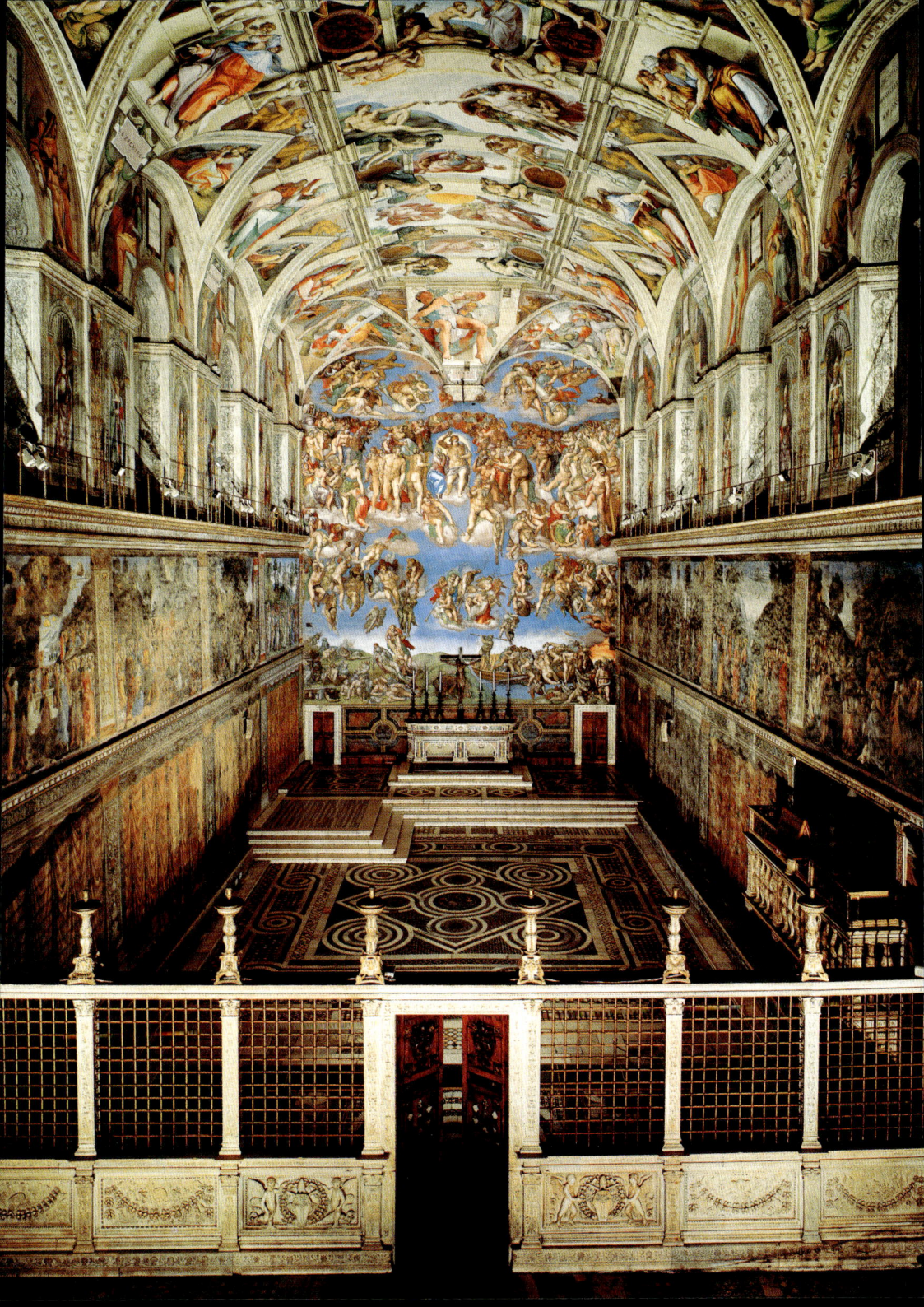

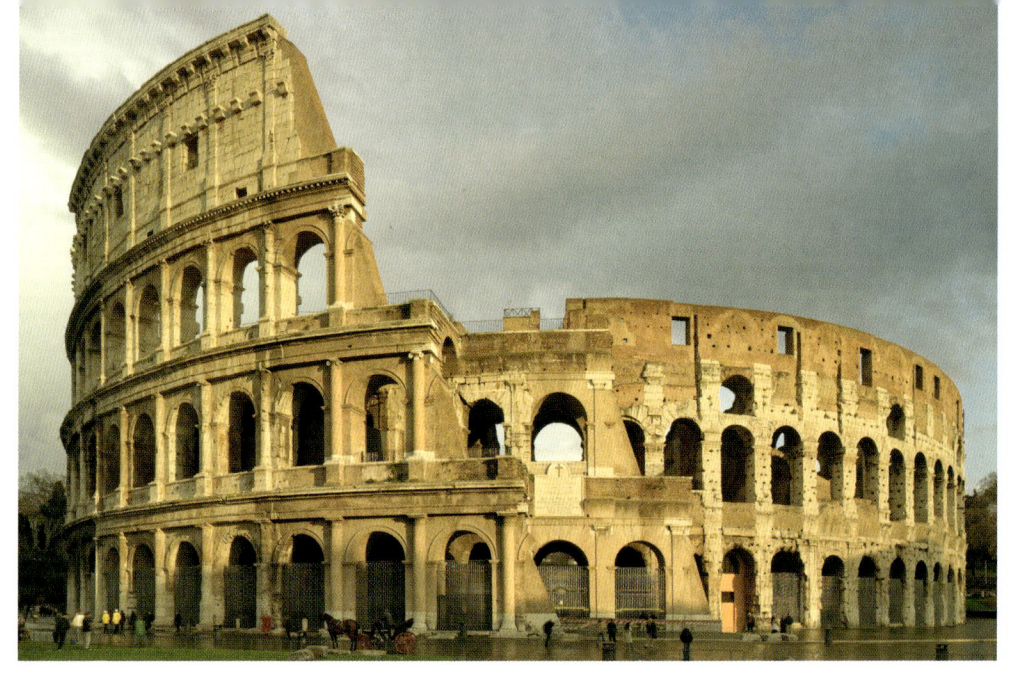

🏛 ◎ 콜로세움 이탈리아, 로마 | Colosseum

검투사들의 대결과 호화로운 구경거리가 펼쳐지던 거대한 로마의 원형 경기장

로마의 콜로세움은 70년경 베스파시아누스 황제에 의해 건설이 시작되었으며, 80년에 건축이 끝나 100일 축제 기간 동안 그의 아들인 티투스 황제가 개막식을 올렸다. 온천 침전물 대리석으로 건축된 이 커다란 원형 건물은 처음에는 플라비아누스 원형 극장이라는 이름으로 알려졌으며, 이곳에서 열리는 검투사 경기를 보러 찾아드는 5천 명가량의 관객을 수용할 수 있었다. 경기장은 또한 해상 전투를 재현하거나 고전극을 상연하는 무대로도 사용되었다. 검투사들은 보통 노예나 전쟁 포로들 중에서 운동 실력이 출중하고 용맹하게 잘 싸우는 이들로 이루어져 있었는데, 서로 결투를 벌이거나 다양한 종류의 동물을 사냥해 보여 로마 관중들을 즐겁게 해 주었다. 이렇게 살아간다는 것은 위험이 따르는 일이었으나, 검투사가 되면 이득도 있었다. 다른 노예들보다 생활환경이 훨씬 나은 군대식 학교에서 훈련을 받을 수 있었고, 승리를 거둔 검투사들은 영웅 대접을 받았던 것이다.

대결이 끝나면 승자는 패배한 검투사를 죽여야 할지, 혹은 용맹함을 보여 주었으니 살려야 할지에 대한 관중들의 결정-혹은, 황제가 그 자리에 있다면 황제의 결정-을 살폈다. 오늘날 매우 유명한, 엄지손가락을 올리거나 내리는 제스처를 통해 이러한 결정이 내려졌다. 시합에 들어가는 동물들(사자, 표범, 악어 등)은 극장 아래에 있는 우리에 가두었다가, 로프로 끌어올리는 엘리베이터를 통해 경기장에 풀려났다.

중세에 콜로세움은 교회로 쓰였으며, 그후에는 저명한 두 로마 가문인 프란지파네 가문과 안니발디 가문에 의해 요새로 이용되었다. 시간이 흐르며 이 건물은 손상을 입어 지진의 피해를 입거나 강도가 돌을 약탈해 가고, 자동차가 늘어나면서 생긴 현대의 공해에 시달리게 되었으나, 콜로세움은 여전히 잔혹한 여흥을 즐기는 인간의 취향을 반영하는 기념물로 남아 있다. **CK**

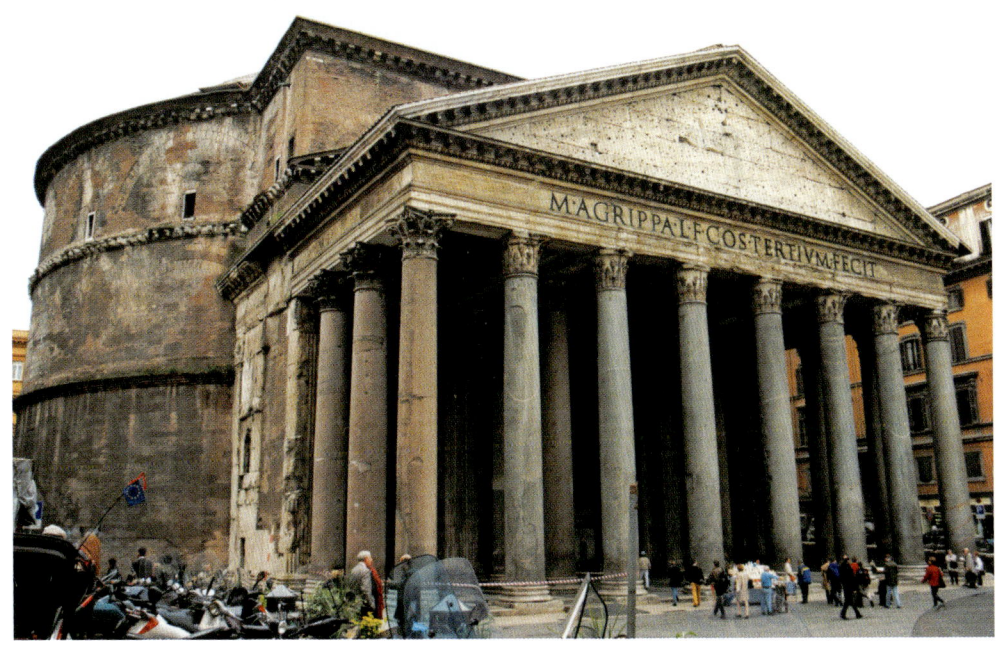

판테온 이탈리아, 로마 | Pantheon

모든 신에게 바쳐진 신전이며, 웅장하고 여전히 제 모습을 간직한 돔으로 유명한 곳

로톤다 광장에 있는 판테온은 로마 건축 기술이 이룩한 가장 위대한 업적 중 하나로 여겨지는 돔으로 유명하다. 습지의 지반에 세워졌지만 2천 년이 흐른 뒤에도 여전히 온전한 모습을 갖추고 있다는 점이 특히 대단하다. 판테온 안에는 화강암과 노란 대리석으로 된 바닥이 깔리고 반구형 돔이 있는 커다란 원형 방이 있다. 이 원형 홀에서 43.3m 높이의 돔 꼭대기까지는 반구의 지름과 정확히 일치하며 완벽한 반구형을 이룬다. 돔 꼭대기에 있는 '커다란 눈(오쿨루스)'이라는 이름의 둥근 천창을 통해 자연광이 들어온다.

판테온은 120년경 하드리아누스에 의해, 예전에 로마의 정치가이자 장군인 마르쿠스 아그리파가 기원전 27년에 시셨던 신전이 있던 자리에 세워졌다. 아그리파의 건물은 화재로 80년에 파괴되었으나, 하드리아누스가 지은 우아한 건물의 현관 위편에는 그의 이름이 적혀 있다. 이 건물은 당시로서는 혁신적이었으며, 그리스의 사원을 연상시킨다. '판테온'이란 '모든 신들의 신전'이라는 의미이며, 원래 고대 로마인들이 숭배했던 행성의 신에게 바치는 건물이었다. 비잔틴 제국의 황제 포카스가 609년 교황 보니파시오 4세에게 선사한 이후, 판테온은 기독교 교회인 '산타 마리아 아드 마르티레스'가 되었다. 포카스의 선물임을 기념하여 '로마 포럼'에는 기둥이 세워졌다.

수백 년이 흐르는 동안 건물은 약탈당하고 수난당했으며, 비잔틴 황제 콘스탄티누스 2세가 663년 금박이 입혀진 청동 지붕 타일을 약탈해 갔다. 교황 우르바노 8세는 교황 요새의 방어 시설을 확충하기 위한 계획의 일부를 실행하면서 포티코에 있는 청동 천정 대들보들을 떼어가 산탄젤로 성의 대포를 만들었다. 이 건물은 무덤으로도 사용되었으며, 두 명의 이탈리아 왕과 라파엘로를 비롯한 르네상스 화가와 건축가들이 잠들어 있다. **CK**

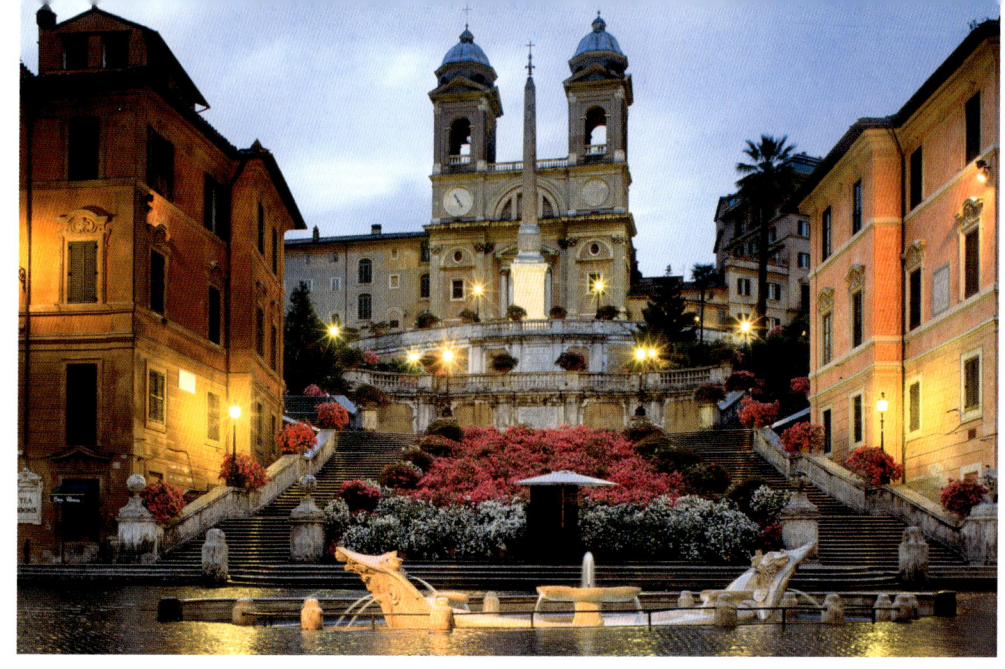

🏛 ◎ 스페인 계단 이탈리아, 로마 | Spanish Steps

피아차 디 스파냐에서 피아차 트리니타 데이 몬티로 이어지는 유명한 만남의 장소

로마의 피아차 디 스파냐(스페인 광장)에는 스칼리나타 디 트리니타 데이 몬티(스페인 계단)가 있다. 이 계단은 한 프랑스 외교관이 남긴 유산으로 지어졌으나, 교황청의 부르봉 스페인 대사관을 따서 스페인 계단이라는 이름이 붙었다. 스페인 계단은 가파른 언덕 위에 어떻게 건축하는 것이 가장 좋을까 하는 문제에 대해 많은 논의가 오간 후에 프란체스코 데 상티스와 알레산드로 스페키에 의해 지어졌다. 광장에서 트리니타 데이 몬티 교회까지 이어지는 계단을 세운다는 아이디어는 17세기에 처음 떠올린 것이다. 원래 프랑스인들은 계단 꼭대기에 루이 14세가 말을 탄 조각상이 서기를 원했다. 교황은 이에 반대하여 작업을 잠시 중단시켰다가, 타협안을 정한 후 작업을 재개시켰다. 바둑판무늬의 독수리가 있는 교황 인노첸티오 13세의 문장과 더불어 부르봉 왕가의 상징인 붓꽃이 새겨져 있는 것을 보면, 교황권과 프랑스 측 사이의 절충안이 명백히 드러난다.

스페인 계단은 오랫동안 부유한 이들, 미인들, 보헤미안들이 모이는 장소였다. 18세기와 19세기에 이들은 화가의 모델로 선정되기를 바라며 계단에 이끌려 왔던 것이다. 계단 맞은편에는 영국의 낭만주의 시인 존 키츠가 폐결핵과 싸우며 인생의 마지막 몇 달을 보냈던 집이 있다.

계단 바닥에는 보트 모양의 '폰타나 델라 바르카치아'(오래된 보트의 분수)가 있는데, 이는 건축가이자 조각가인 잔로렌초 베르니니의 아버지인 피에트로 베르니니가 디자인한 작품이라 믿어진다. 이 분수는 1588년 테베레 강에 홍수가 일어났을 때 사람들을 안전한 곳으로 실어 나르는 데에 사용되던 작고 바닥이 평평한 보트가 물이 빠진 뒤 그 자리에서 발견되었던 일에서 아이디어를 얻었다. 스페인 계단과 광장 주변에는 카페와 꽃 파는 상인들이 가득하며, 특히 5월이 되어 계단이 분홍색 진달래 화분으로 장식되면 여유롭고 화사한 분위기를 자랑한다. **CK**

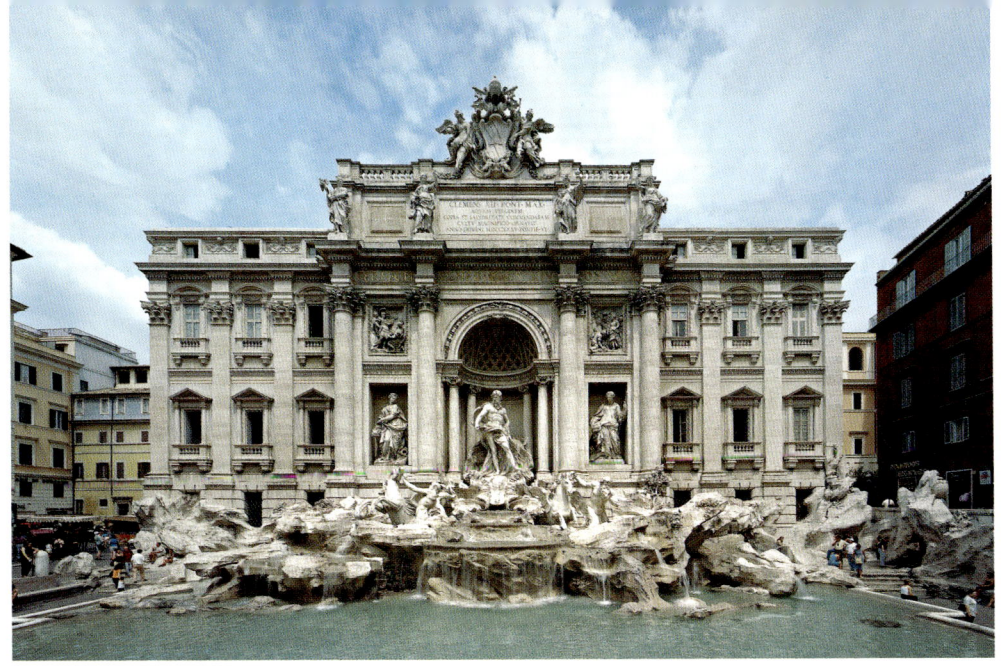

🏛 ◎ 트레비 분수 이탈리아, 로마 | Fontana de Trevi

방문객들이 물속에 동전을 던지고 소원을 비는 바로크 양식의 분수

높이 26m, 너비 20m로 우뚝 서 있는 폰타나 디 트레비 (트레비 분수)는 로마의 트레비 구역에 있는 자그마한 폴리 궁전을 온통 지배하고 있다. 하얀 대리석으로 이루어진 이 분수는 폴리 궁전의 파사드를 배경으로 하여 웅장하게 위치하고 있는 그 극적인 형태로 바로크 양식을 보여 주는 훌륭한 예이다. 분수에서 흘러나오는 물은 로마에서 22km 떨어진 살로네 샘으로부터 오는데, 기원전 19년에 세워진 '아쿠아 비르고' 수도교를 통해 운반된다.

분수를 짓자는 생각은 1629년에 등장했다. 교황 우르바노 8세는 조각가이자 건축가인 잔로렌초 베르니니에게 몇 가지 디자인을 고안해 달라고 명했다. 베르니니는 분수의 위치로 당시에는 교황이 거주하던 곳이었으며 시금은 이탈리아 대통령의 공식 거처인 건물 맞은편에 있는 광장을 선정했다. 그러나 1644년 교황이 사망하면서 프로젝트는 중단되었다가 교황 클레멘스 12세가 계획을 다시 살려내자, 결국 로마의 건축가 니콜라 살비의 디자인에 의해 탄생하게 되었다. 살비는 1730년에 교황이

분수의 디자인을 맡기기 위해 연 공모전에 지원했으나, 라이벌인 피렌체의 건축가 알레산드로 갈릴레이에게 지고 말았다. 그러나 로마 사람이 분수를 디자인해야 한다는 대중들의 요구가 높아져 살비가 일을 맡게 되었다. 건설은 1732년에 시작되었고, 1762년 살비도 교황도 죽은 이후 주제페 판니니에 의해 완공되었다.

분수의 중앙 니치에는 바다의 신인 넵투누스의 조각상이 서 있다. 그는 해마가 끄는 조개 마차를 몰고 있다. 그 양쪽의 니치에는 '풍요로움'과 '유익함'의 여신 조각상이 서 있다. 조각상 위에는 로마의 수도교 역사를 나타낸 얇은 부조가 새겨져 있다. 트레비 분수에 동전을 던지는 일은 민간 전설에 기초한 유명한 관습이다. 어깨 너머로 동전 하나를 던져 넣으면 로마를 다시 한 번 방문할 수 있다고 하며, 두 번째 동전을 던져 넣으면 소원을 빌 수 있다. **CK**

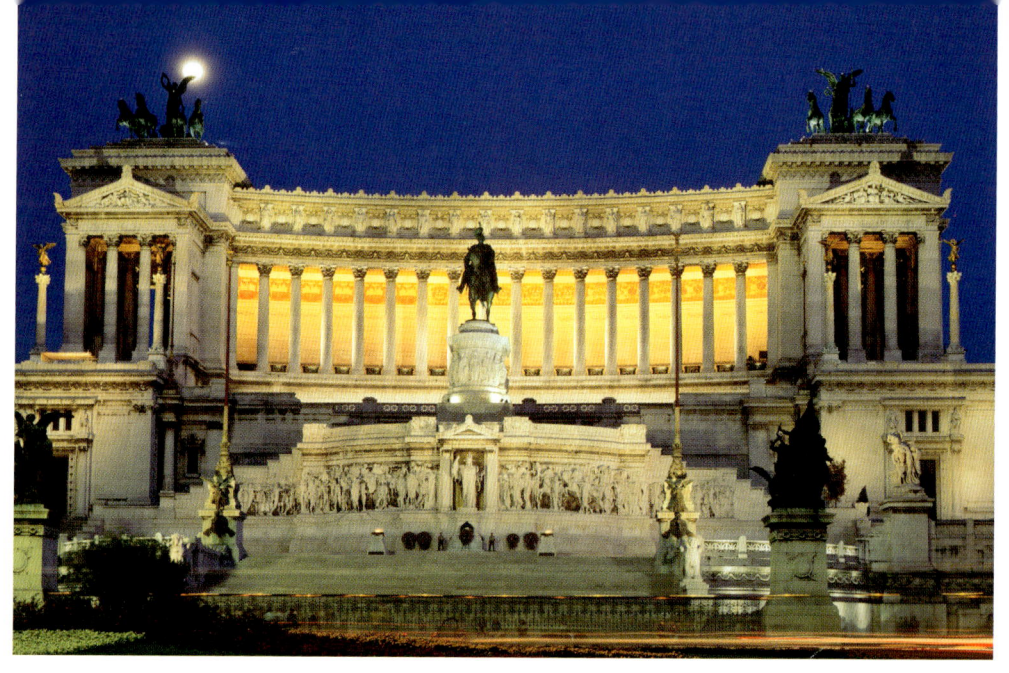

🏛 ◉ **비토리오 에마누엘레 2세 기념관** 이탈리아, 로마 | Vittorio Emanuele II Monument

이탈리아의 통일을 기념하며 하얀 대리석으로 지어진 웅장한 기념관

1885년 주제페 사코니가 설계하여 1911년 개관된 이 육중한 건물은 이탈리아의 통일을 축하하고 비토리오 에마누엘레 2세의 영광을 기리는 곳이다. 비토리오는 1849년부터 1861년까지 피에몬테, 사보이아, 사르데냐 왕국의 왕이었으며, 여러 해 동안 이탈리아를 통일하기 위한 움직임을 이끌어 왔다. 1860년 그가 이탈리아 북부와 중앙지역 대부분을 자신이 다스리던 피에몬테-사르데냐 왕국에 병합시키는 데 이르러 공식적으로 '이탈리아 왕국'이 탄생했으며, 비토리오는 그 최초의 군주가 되었다. 그의 이러한 노력에도 베네치아는 여전히 오스트리아가 다스리고 있었으며, 교황령과 두 시칠리아 왕국은 독립된 영토로 남아 있었다. 몇 년의 싸움이 더 이어진 다음에야 오스트리아가 베네치아에서 손을 떼었고, 프랑스 군대가 마침내 로마에서 철수했으며, 1871년 로마는 통일 이탈리아의 수도로 선포되었다. 천 년의 역사 속에서 최초로 이탈리아 반도는 외국 세력으로부터 자유로워졌던 것이다.

하얀 대리석으로 지어진 비토리오 에마누엘레 기념관은 로마의 거의 모든 곳에서 보인다. 건물은 광대한 계단, 코린트 기둥, 분수, 날개 달린 승리의 여신 조각상 두 개로 이루어져 있다. 비토리오의 청동 조각상은 건장한 말에 올라타고 있다. 건물 안에는 이탈리아 통일 박물관과 무명용사의 무덤이 있다.

이 기념관은 종종 지나치게 크고 잘난 척하는 인상을 준다고 조롱당하며, '웨딩 케이크'부터 '타이프라이터'(미국인들이 1944년에 붙여준 별명이다)에 이르기까지 갖가지 별명으로 불려 왔다. 기념관을 지을 공간을 마련하기 위해 카피톨리누스 언덕(고대 로마 시대에 주피터 신전이 있던 언덕)의 일부와 중세풍 동네 하나가 완전히 철거당했기 때문에, 처음 세워졌던 상황도 논란의 대상이다. 그럼에도 이 건물은 이탈리아 역사 속의 중요한 순간에 바치는 찬사이며, 많은 관광객들을 이끌고 있다. 무솔리니는 근처에 있는 베네치아 궁전을 공식 거처로 삼았으며, 베네치아 광장을 내려다보는 발코니에서 많은 연설을 했다. **RM**

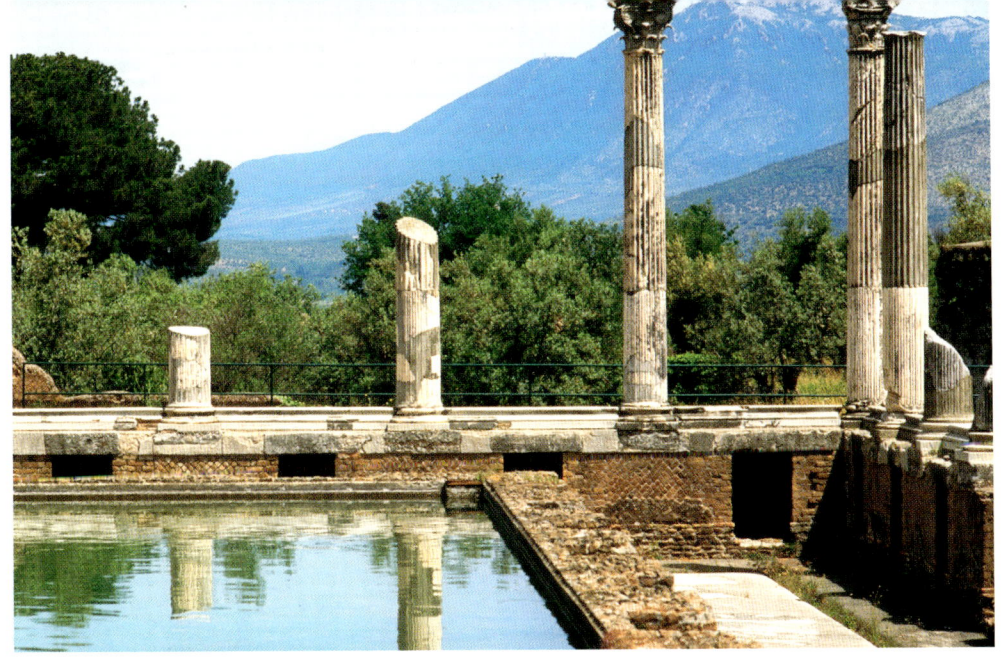

🏛 ◎ 빌라 아드리아나 이탈리아, 티볼리 | Villa Adriana

하드리아누스 황제의 별장으로 지어졌으며, 다양한 양식에 황제의 여행 경험이 반영된 저택

'하드리아누스의 빌라'라고도 알려진 빌라 아드리아나는 고전적 로마 서택을 보여 주는 훌륭한 예이며, 분명 오늘날 남아 있는 가장 뛰어나게 보존된 알렉산드리아 정원일 것이다. 2세기에 하드리아누스 황제에 의해 지어진 이 빌라는 원래 업무를 보는 로마로부터 떨어진 별장으로 지어졌는데, 결국 그는 이곳에서 제국을 통치하게 되었다. 하드리아누스는 예술의 열렬한 후원자였으며 취향이 참으로 다양해 이 빌라에는 서로 다른 문화가 흥미롭게 혼합되어 있다. 별장을 짓느라 커다란 노력을 기울이고 자금을 들였음에도, 하드리아누스 황제가 죽고 나자 빌라는 쇠락해졌다. 뒤를 이은 여러 황제가 빌라를 이용했으나 로마 제국이 몰락해 가면서 빌라 역시 버려지게 된 셋이다. 16세기에는 추기경 이폴리토 데스테 2세가 자신의 집을 꾸미기 위해 빌라 아드리아나의 많은 조각품과 장식품을 빼앗아가 버렸다. 최근에 와서는 이곳을 보존하기 위해 커다란 노력을 기울이고 있다. 2006년 세계기념물기금은 이 빌라를 "가장 위험에 처한 유적 100선" 중 하나로 꼽아 더 이상 황폐해지는 일을 막기 위해 더 큰 노력을 촉구하고 있다.

빌라 아드리아나는 원래 100헥타르가 넘는 공간에 30개 이상의 건물들이 서 있었던 커다란 단지였다. 그리스식 해양 극장, 로마식 풀, 이집트의 신을 조각한 수많은 조각상 등 서로 다른 여러 가지 건축 양식이 채택되었다. 건물 단지 안에는 궁전, 목욕탕, 신전, 그리스어와 라틴어 도서관, 의전실을 비롯하여 궁중 신하들, 호위병, 노예들이 거주하는 숙소가 있었다.

현대에 와서 빌라 아드리아나는 로마 황제들의 호화로웠던 삶을 들여다볼 수 있게 해 주는 매혹적인 문화유적이자 고고학 유적이 되었다. 또한 2천 년 전의 사회가 돌아가고 문화가 발달하던 방식에 대해 상세한 정보를 전달해 주는 유적이기도 하다. **KH**

빌라 데스테

이탈리아, 티볼리 | Villa d'Este

정교한 계단식 정원을 갖춘 르네상스 디자인의 걸작

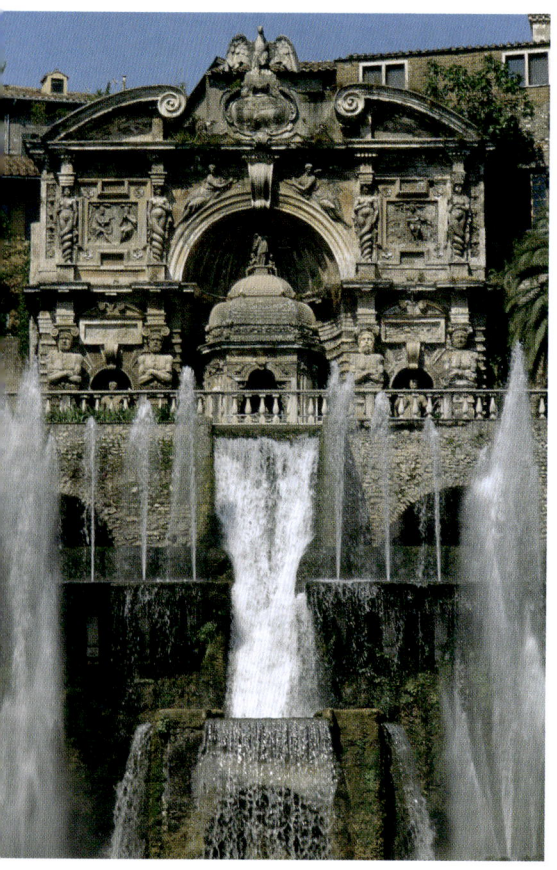

"…서서, 동굴 안에 쏙 들어가
이 물의 방패 반대편에서…"

장 가리그, 『빌라 데스테 옆을 걷는 물의 산책』(1959)

트리볼리에 있는 빌라 데스테의 저택과 정원은 보르지아 가의 교황 알렉산데르 6세의 손자인 이폴리토 데스테 2세 추기경(1509~1572)을 위해 건설되었다. 영지 전체가 르네상스 디자인의 걸작으로 이루어져 있지만, 수많은 분수와 동굴을 갖춘 널따란 정원은 특히 인상적이다.

빌라 데스테의 건축은 1550년, 교황 율리오 3세가 이폴리토를 로마에서 29km 떨어진 티볼리의 주지사로 임명했을 때 시작되었다. 이폴리토는 리비오 아그레스티를 비롯하여 후기 로마 매너리즘 화파의 대가들의 그림으로 장식된 새로운 저택을 지으라는 명을 내렸다. 빌라 데스테에서 가장 뛰어난 부분은 저택으로 향하는 절벽에 위치한 계단식 정원이다. 이 가파른 경사 때문에 분수를 가동시키기 위해서는 정교한 수력 시스템을 이용해야 했는데, 이것은 물을 공급하는 오래된 기술 일부를 되살려 낸 것으로 근처에 있는 빌라 아드리아나에서 예전에 사용되었다. 알레산드로스 데스테 추기경은 빌라 데스테의 정원과 수력 장치를 수리하고 복원했는데, 18세기에 빌라 데스테는 합스부르크 왕가의 소유가 되었다. 정원은 점차 사용되는 일이 줄어들어 황폐하게 망가져 갔고, 저택에 있던 방대한 오래된 조각상 수집품들은 이리저리 흩어져 다른 곳으로 옮겨졌다. 그러나 19세기에 구스타프 폰 호헨로헤 추기경이 빌라를 손에 넣어 복구 작업을 시작하면서 이러한 손상은 복원되기 시작했다. 그가 빌라 데스테를 소유하고 있던 시절에는 작곡가 프란츠 리스트가 이곳을 자주 찾았고, 저택에서 리스트의 마지막 공연 중 하나가 열렸다.

빌라 데스테는 현재 이탈리아 정부의 소유이며 유네스코 세계문화유산이다. 세계에서 가장 아름다운 영지 중 하나이며, 전 유럽에 커다란 영향을 끼쳤고, 여러 차례 복제된 환상적인 정원은 견줄 곳 없이 훌륭하다. **JF**

몬테 카시노 수도원

이탈리아, 카시노 | Monte Cassino Abbey

베네딕트 수도회가 탄생한 곳

로마 남쪽에 위치한 몬테 카시노 대수도원은, 역시 카시노라는 이름이 붙어 있는 마을에서 서쪽으로 1.6km 떨어진 곳에 서 있는 바위투성이 카시노 산 꼭대기에 있다. 베네딕트 수도회의 탄생지이자 토대인 이 수도원은 529년 예전에는 이교의 숭배 의식이 열리던 장소에 누르시아의 성 베네딕투스가 설립했다. 베네딕투스는 아폴로 신에게 바치는 그림과 제단을 치워 버리고, 대신 성 세례 요한에게 바치는 교회를 세웠다. 베네딕투스는 죽을 때까지 몬테 카시노에 남아 있었다. 784년 그의 무덤 위에 새로운 바실리카가 세워졌고 교황 자카리아에 의해 축성되었다. 1057년에 데시데리우스 원장이 수도원장이 되면서 수도원의 인원과 높은 수준의 규율로 인한 명성은 그 절정에 다다랐다. 그는 아말피, 롬바르디아, 콘스탄티노플에서 데려온 예술가들에게 수도원의 건물을 재건축하는 작업을 맡겼다. 1071년 이곳은 교황 알렉산데르 2세에 의해 다시 축성 받았지만, 그 이후로는 점점 몰락했다.

도리스 양식의 아케이드가 있는 수도원의 연이어진 안뜰은 1515년에 만들어졌으며 브라만테의 작품이다. 코시모 판사가가 설계한, 이 부지에 세워진 네 번째 교회는 1649년에 지어지기 시작하여 1727년 교황 베네딕토 13세의 축성을 받았다. 교회 서쪽 구역에 있는 지하 묘지에는 성 베네딕투스의 무덤이 있고, 왼쪽 트랜셉트에는 로렌초 데 메디치의 아들 피에트로의 기념비가 있는데, 이 무덤은 건축가 안토니오 디 산갈로의 작품이다.

1866년 이탈리아의 수도원들이 해산되었을 때, 몬테 카시노 수도원은 국가 기념물이 되었다. 제2차 세계대전 동안, 네 차례에 걸친 몬테 카시노 전투 때문에 수도원은 완전히 파괴되었다. 재건축에는 10년 이상의 세월이 걸렸는데, 이탈리아 정부가 사금을 내면서 '있던 자리에 있던 그대로'라는 모토를 앞세웠다. 따라서 수도원 건물들이 지닌 역사와 중요성은 매년 찾아오는 수천 명의 순례자들을 위해 보존되어 있다. **SM**

빌라 요비스

이탈리아, 카프리 | Villa Jovis

카프리 섬에 있는 티베리우스 황제의 장대한 저택

빌라 요비스(주피터의 빌라)는 로마 황제 티베리우스가 거주하던 곳이다. 이 저택은 카프리 섬에 있는 티베리오 산의 북서쪽 사면 334m 높이에 위치하고 있으며, 섬에 있는 열두 개의 티베리우스 저택 중에서 가장 크다. 이 장대한 저택 단지는 7,000m²에 달하는 넓이에 걸쳐 있으며, 빌라와 상당히 많은 부분이 그대로 남아 있다. 빌라 요비스는 1세기가 시작될 무렵, 조밀한 사각형 설계로 지어졌는데, 부지가 가파른 산지였기 때문에 여러 높이에 걸쳐 지어야만 했다. 저택은 서로 다른 구역으로 나뉜다. 북쪽 윙에는 황제의 아파트먼트가 있었고 남쪽 윙에는 목욕탕이 있었다. 동쪽 윙은 접대 구역으로 사용되었고, 서쪽 윙은 하인들이 거주하는 구역이었다.

> "그는 사악하고 치욕스러운 모든 일에 뛰어들었다 … 그는 그저 타고난 성향을 마음껏 발산하는 것뿐이었다."
>
> 타키투스, 통치 말기의 티베리우스의 행동에 대해서

궁전 근처에는 섬 전체를 훤히 내려다볼 수 있는 '암불라티오'(벽이 트인 홀), 등대, 그리고 티베리우스가 카프리를 떠나지 않고도 로마 제국을 통치할 수 있게 해주었던 신호탑이 있다. 탑은 천문 관측대로도 사용되었다. 티베리우스가 죽은 이후 이 탑은 파괴되었다가 다시 지어져 17세기 초까지 사용되었다. 궁전 근처에는 소위 '티베리우스의 도약대'(살토 디 티베리오)라 불리는 거의 수직에 가까운 절벽이 있는데, 일설에 따르면 티베리우스는 이곳에서 희생자들을 떨어뜨려 죽였다고 한다. 이곳에는 이후에 세워진 건축물들도 있는데, 18세기에 지어진 산타 마리아 델 소코르소 교회가 그 예이다. 빌라 요비스에서 발견된 중요한 고고학적 발굴품들은 오늘날 나폴리의 고고학 박물관에 소장되어 있다. **EP**

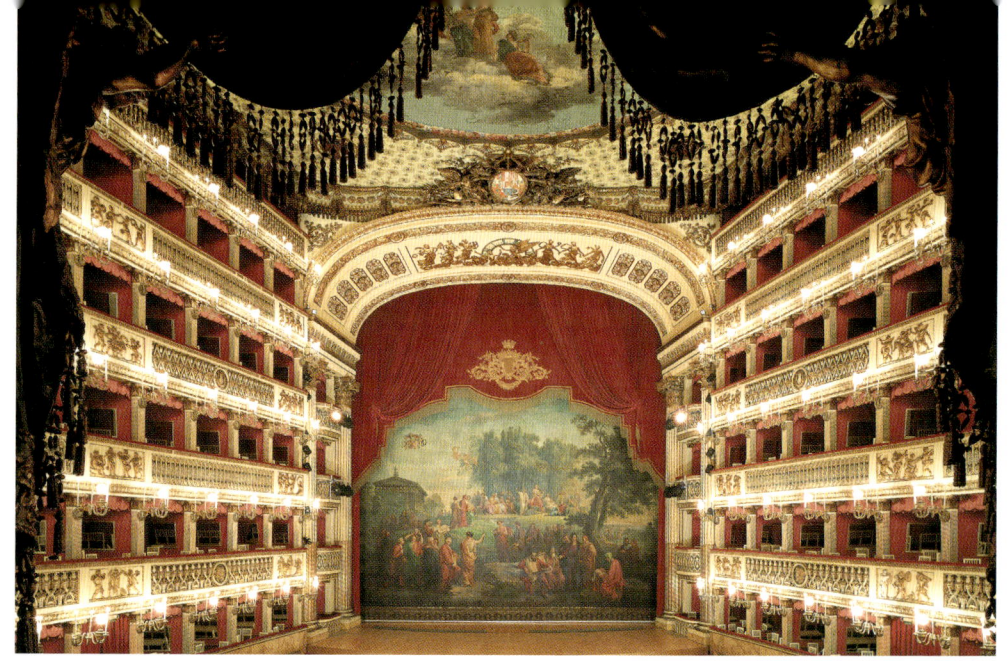

🏛 ◎ 산 카를로 극장 이탈리아, 나폴리 | Teatro di San Carlo

1737년 개막한, 호화롭게 치장된 나폴리의 오페라 하우스

1737년 개막식을 올린 이후, 산 카를로 극장은 유럽에서 가장 중요한 오페라의 중심지였다. 유럽의 뛰어난 작곡가 중 대부분이 작품을 이곳에서 공연했으며, 이 극장은 여전히 세계에서 가장 훌륭한 오페라 하우스 중 하나로 남아 있다.

산 카를로 극장은 17세기 초에 지어져 심하게 낡은 상태였던 산 바르톨로메오 극장을 대체할 목적으로 지어졌다. 새로운 극장의 건설을 명한 이는 나폴리의 왕이었던 부르봉의 샤를 3세였다. 황금으로 된 원래 장식에다 부르봉 가문의 상징인 푸른색 천으로 치장하여 부르봉의 부유함과 위세를 한껏 떨쳐 보일 수 있는 건물이 되게 하려는 것이 그 의도였다. 극장은 1737년 11월 4일, 도메니코 사로의 오페라 〈스키로의 아킬레우스〉를 공연하며 그 문을 열었다. 3,300명의 관객이 앉을 수 있는 좌석 규모로, 당시 전 세계에서 가장 큰 오페라 하우스였다. 1816년 2월 2일 화재로 인해 산 카를로스 극장은 크게 파괴되었으나, 페르디난도 4세 왕의 명령에 따라 열 달

이내에 다시 지어졌다. 붉은색과 금색으로 이루어진 현재의 내부 색채 설계는 1854년에 설비된 것이지만, 그 이외에는 변함없이 원래의 구조 그대로였다. 제2차 세계대전 동안 폭격으로 심각한 피해를 입은 이후 극장은 연합군에 의해 수리되어 6개월 내에 다시 문을 열었다.

많은 유명한 작곡가들이 산 카를로 극장과 인연이 있는데, 그 중 조아키노 로시니는 1715년에서 1822년까지 극장의 거주 작곡가였다. 주세페 베르디는 산 카를로 극장을 위해 세 편의 오페라를 작곡했으며, 자코모 푸치니의 많은 작품도 이곳에서 무대에 올랐다. 산 카를로 극장은 여전히 공연을 계속하고 있으며, 현대의 청중들에게 나폴리 오페라의 영광스러운 전성기를 경험할 수 있게 해 준다. 건물은 여러 가지 재난과 전쟁의 피해를 입었으나 여전히 그 아름다움을 간직하고 있으며, 오페라의 중요한 중심지로 남아 있다. **JF**

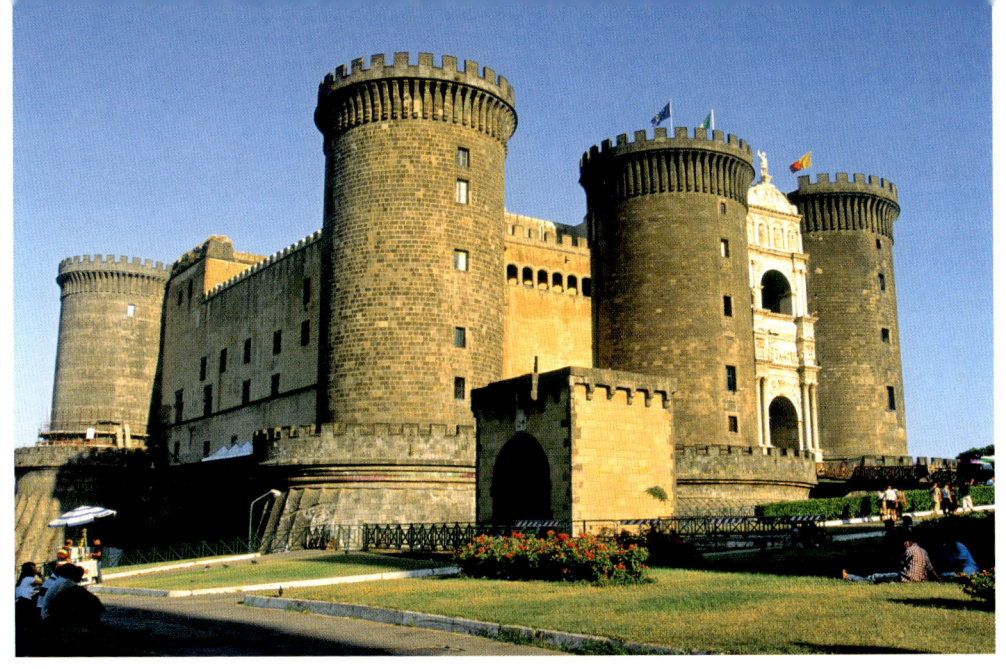

누오보 성 이탈리아, 나폴리 | Castel Nuovo

15세기에 지어진 웅장한 개선문이 있는 13세기의 성

오래된 성인 오보 성(달걀 성)과 구분하기 위해 '새로운 성'이라는 의미의 이름이 붙은 누오보 성은, 앙주의 샤를 1세가 1266년 시칠리아의 왕이 된 이후 그의 명령에 따라 지어졌다. 1266년 이전에는 팔레르모가 시칠리아 왕국의 수도였으나, 샤를은 통치의 중심지를 나폴리 시로 옮기고, 1279년 나폴리의 바다 근처에 강력한 요새를 지으라고 명했다. 요새는 1282년에 완공되었으나, 그 해에 '시칠리아의 만종' 사건이 일어나 – 이는 샤를에 대한 시칠리아인들의 반란이 널리 퍼지도록 촉발시킨, 팔레르모에서 일어난 유혈 사태였다 – 왕가는 1285년 샤를이 죽을 때까지 새로운 궁전으로 옮겨갈 수 없었다.

로베르토 왕의 현명한 통치가 이어지던 14세기에는 시인 페트라르카와 보카치오가 궁정에 초대되었으며, 조토는 건물의 벽에 프레스코 화(지금은 소실되었다)를 남겼다. 예술의 커다란 후원자였던 로베르토 치하에서 성은 크게 증축되고 아름다워졌다. 서쪽 입구에 서 있는 웅장한 개선문에는 1443년 나폴리로 들어오는 아라곤의 알폰소 5세 왕의 개선 행진이 조각되어 있다. 얕은 부조는 15세기의 가장 중요하고 복잡한 조각가 중 하나였던 프란체스코 라우라나의 작품이다. 사뭇 다른 일화 하나는, 1485년 알폰소의 아들인 페란테 1세가 자신에 대해 모반을 꾸미고 있던 귀족들을 팔각형의 '살라 데이 바로니'에서 열리는 연회에 초대했던 일이다. 어떤 이들은 문이 잠기고 귀족들은 체포되어 처형되었다고 설명한다. 이보다 흥미진진한 버전에 따르면, 페란테는 천장으로부터 그들 위로 끓는 기름이 쏟아지게 했다고 한다. 나폴리 시 의회는 2006년까지 이 방에서 정기적으로 회의를 열었다.

1494년에 시칠리아 왕국은 스페인에 병합되었고 성은 저택에서 군사 요새가 되어 그 격이 떨어져 버렸다. 오늘날 이 성에는 14세기와 15세기의 소중한 예술 작품, 조각품, 프레스코 화가 소장되어 있으며, 1400년대부터 1900년대에 걸쳐 대부분 이 지역에서 제작된 예술 작품을 전시하고 있는 시립 미술관이 있다. **RM**

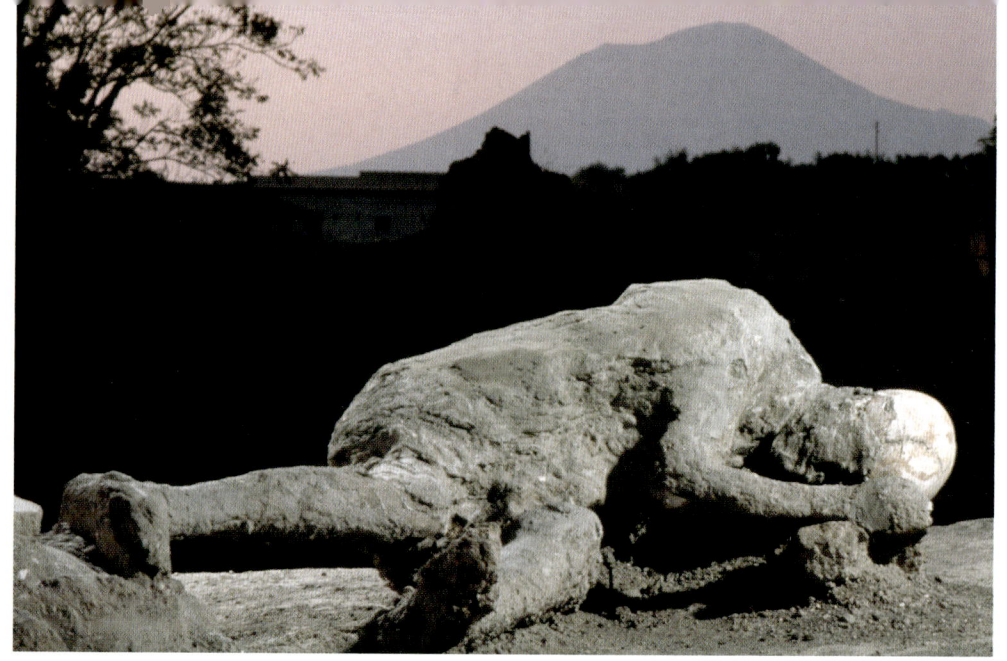

🏛 ◎ 폼페이 이탈리아, 나폴리 부근 | Pompeii

1700년 동안 잿더미에 파묻혀 있던, 완벽하게 보존된 그리스-로마 도시

서기 79년 8월 24일 정오 무렵, 베수비우스 화산이 거대한 폭발을 일으키며 화산 쇄설물이 폼페이 시에 비 오듯 쏟아졌고, 다음 날에는 타는 듯한 뜨거운 가스의 구름이 휩쓸었다. 건물들은 파괴되고 사람들은 압사하거나 질식사했으며, 도시는 재와 화산암 더미 밑에 파묻혀 버렸다.

몇 세기 동안 폼페이는 재로 된 장막 아래, 밑에 깔린 잔해가 완벽하게 보존된 채 잠들어 있었다. 1700년대에 이 도시가 마침내 발굴되자 전 세계가 경악했다. 약 2만 명의 주민이 살았던 그리스-로마 도시가 시간의 흐름을 넘어 그대로 얼어붙은 채 남아 있었던 것이다. 훌륭한 포럼과 원형 극장 등 커다란 공공건물들이 서 있었다. 기원전 4세기까지 거슬러 올라가는, 호화로운 저택과 온갖 종류의 집들도 있었다. 내부에는 폭발을 피해 집으로 숨은 사람들의 유해가 그대로 보존되어 있었다. 어떤 이들은 달아나던 모습 그대로 묻혔으며, 빵집의 화덕에는 여전히 빵이 들어 있는 채였다. 폼페이의 건물들과 그 내부는 고대 세계의 일상적인 나날을 보여 주었으며, 모든 고전적인 것에 대한 18세기의 관심을 크게 촉발시켰다.

초기의 발굴 작업은 무계획적이었으며 이따금 유적에 손상을 입히기도 했지만, 근대 고고학 역사의 최초의 이정표가 되어 준 작업이라 할 수 있다. 1800년대에는 더욱 정확한 방법이 동원되었으며 1900년대가 되자 그보다 훨씬 더 나은 방법이 도입되었다. 매번 조금씩 발굴해낼 때마다 새로운 발견이 이루어지고, 오늘날에도 여전히 발굴해야만 할 부분이 남아 있다. 1997년 폼페이, 헤르쿨라네움과 토레 아눈치아타는 함께 유네스코 세계문화유산으로 지정되었다. **AK**

> "아직도 공포에 질려 있는 우리의 눈에 들어온 광경은 바뀌어 버린 세상, 눈 같은 재에 묻혀 버린 세상이었다."
>
> 소(小)플리니우스, 자신의 폼페이 탈출에 대하여

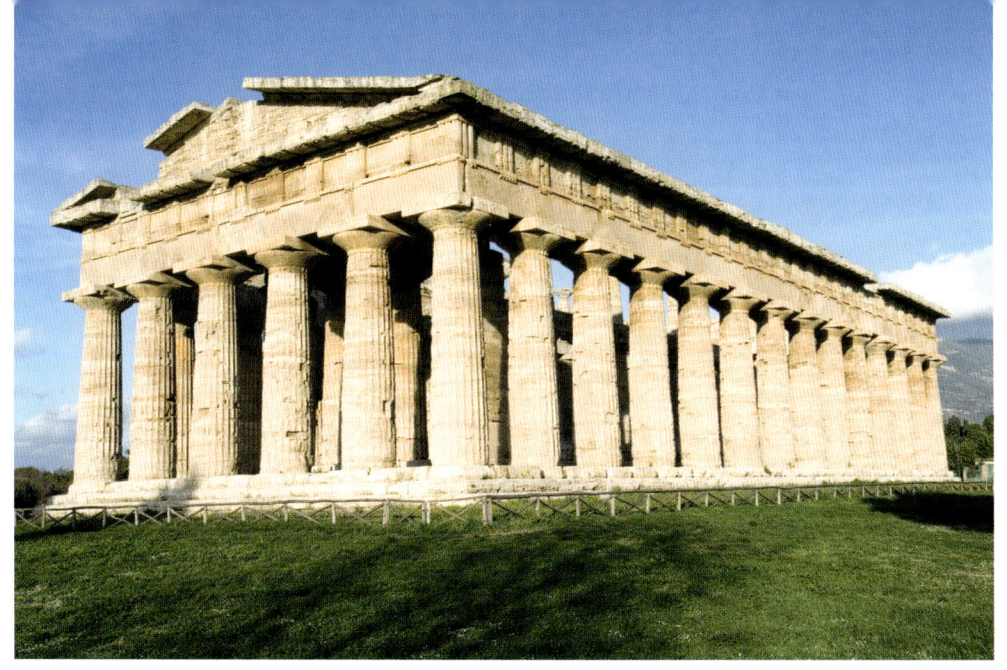

파이스툼 이탈리아, 파이스툼 | Paestum

잘 보존되어 있는 고전기 그리스의 벽화가 그려진, 세 개의 도리스 식 신전과 무덤들

파이스툼은 기원전 7세기, 이탈리아 남부의 그리스 식민지 시바리스의 이주민들에 의해 포세이도니아라는 이름으로 세워졌다. 이곳은 기원전 273년에 파이스툼이라는 이름의 로마 식민지로 다시 세워졌다. 파이스툼은 튼튼한 세 채의 6세기 도리스식 신전과 오늘날까지도 남아 있는 방어벽으로 특히 유명하다.

가장 오래된 신전은 헤라 여신의 신전으로 기원전 550년쯤 지어졌는데, '바실리카'로 잘못 알려져 있다. 신전 건물은 내실, 숭배의 대상이 되는 조상을 놓거나 귀중품을 보관하는 데에 쓰였던 작은 공간, 제물의 시체를 두는 구덩이를 둘러싸고 있다. 흔히 '포세이돈의 신전'이라 불리는 건물도 역시 헤라에게 바치는 신전이었으며, 이 두 신선 내부의 성스러운 공간에서는 근동(近東) 양식에 나체의 여인 모양을 한 수천 개의 테라코타 봉헌물이 발견되었다. 아테나 여신의 신전 역시 도리스 양식으로 지어졌는데, 포치에는 이오니아식 기둥이 있다. 파이스툼에는 로마 시대에 지어진 건물이 많은데 포럼, 체육관, 세 명의 우월한 신(주피터, 주노, 미네르바)에게 바치는 신전, 그리고 작은 원형 극장 하나가 있다.

이곳은 로마 시대 이후에도 계속 사용되었으나 중세에는 쇠락하여 18세기가 되어서야 재발견되었다. 오늘날 파이스툼은 벽화가 그려진 4세기와 5세기의 무덤으로도 유명한데, 다이빙을 하는 젊은 남자와 주연에 참석한 손님들의 모습 등이 나타나 있다. 이는 고전기 그리스 벽화가 잘 보존되어 있는 유일한 예로 에트루리아에서 더 잘 알려졌던 예술 양식이다. **RF**

"파이스툼은 그 웅장한 도리스 식 신전들을 지은 이들의 창의적인 천재성 때문에 특별히 높은 가치가 있다."

유네스코

몬레알레 대성당 이탈리아,

시칠리아 섬, 팔레르모 | Monreale Cathedral

사치스럽게 장식된 노르만 대성당

몬레알레 대성당은 한때 시칠리아를 다스렸던 노르만 왕들이 남긴 유적 중에서 가장 훌륭한 기념물로 널리 알려져 있다. 이 건물은 그들의 사치스러운 스타일을 보여 주는 눈부신 본보기이며, 디테일과 장식에 주의를 기울였던 면모를 드러낸다. 1170년 기욤 2세에 의해 지어진 이 건물은 원래 평범한 교회에 불과했다. 그러나 교황 루치오 3세가 1182년 이를 대주교 관구의 대성당 지위로 승격시켰고, 이후 시칠리아의 수도 대주교가 거하는 곳이 되었다. 마침내 1200년에 대주교 저택과 수도원 건물이 완성되었다. 대성당을 짓기 시작했을 때, 기욤 왕에게는 여러 가지 목적이 있었다. 먼저 그는 성당을 통해 자신을 군주로 확립시키기를 바랐다. 또한 신민들에게 자신의 권력과 부유함에 대한 깊은 인상을 심어 주고, 저항한다는 생각 자체를 억눌러 버리기를 원했다. 마지막으로 기욤은 성당을 통해 로마 가톨릭을 시칠리아의 공식적인 종교로 제정하기를 바랐다. 이는 상당히 성공을 거두었다고 할 수 있다. 동기야 어쨌든, 기욤은 훌륭한 성당을 완성했으며 그 대부분은 오늘날도 남아 있다.

외부에서 보면 성당은 상당히 평범해 보일지 모른다. 그러나 웅장한 중앙 현관을 들어서는 순간부터 방문객들은 내부에 서려 있는 위풍당당함을 느끼기 시작할 것이다. 노르만, 비잔틴, 아랍 양식이 기묘하게 뒤섞인 형태로 디자인된 문은 청동으로 제작되었으며, 풍성한 조각과 채색된 상감 세공으로 덮여 있다. 내부를 보자면, 성당의 구조는 인상적인 중앙 네이브와 두 개의 작은 측랑을 중심으로 구성되어 있다. 섬세한 패널화로 이루어진 풍요의 뿔과 구약과 신약 성서에 나오는 다양한 장면들을 나타내는 부조가 벽을 치장하고 있다. 세공술의 복잡함과 성당에 사용된 값비싼 재료들은, 한때 시칠리아를 휩쓸고 갔던 노르만 왕들의 개인적 스타일과 취향을 엿보게 해 준다. **KH**

노르만 왕궁 이탈리아, 시칠리아 섬,

팔레르모 | Norman Royal Palace

아랍-노르만-비잔틴 양식의 궁전

이 궁전 단지는 9세기에 팔레르모의 이슬람교 에미르(이슬람 국가의 수장)에 의해 지어지기 시작했으나, 1072년 로제르 1세가 시칠리아에 들어오면서 노르만 족의 차지가 되었다가 이후 122년간 노르만 왕조의 소유로 남게 되었다. 로제르 2세 치하에서 궁전은 증축되었고, 1132년 그의 명에 따라 '카펠라 팔라티나'가 세워졌다. 시칠리아 노르만 왕조의 왕실 예배당인 이 매혹적인 건축물은 12세기 시칠리아에 널리 퍼졌던 아랍-노르만-비잔틴 양식을 보여 주는 가장 훌륭한, 어쩌면 유일하게 남아 있는 본보기일 것이다. 궁전 자체는 르네상스와 바로크 시대를 거치면서 대부분 재건축되고 개조되었지만 로제르의 방 몇 개와 그가 건축한 부분이 약간 남아 있는데, 그의 침실(살라 디 루게로)과 보석 탑이 그 일부이다.

> "세계에서 가장 아름다운 예배당, 인간이 꿈꿀 수 있는 가장 놀라운 종교적 보석."
>
> 작가, 기 드 모파상

궁전 안의 예배당은 1140년 성 베드로에게 바쳐졌으며, 그 장식과 디테일이 매우 훌륭하다. 예배당의 벽과 바닥은 빛나는 모자이크로 뒤덮여 있으며 그 중 가장 오래된 것-천정, 돔 지붕과 그것을 받치는 원통형 구조물에 있는 모자이크-은 1140년대에 이루어졌다. 1160~1170년까지 제작된 나머지 모자이크는 약간 세련미가 덜하며, 그리스어보다 라틴어로 된 글귀가 새겨져 있다.

로제르의 예배당은 노르만 건축 양식과 아랍의 아치와 문자, 그리고 비잔틴의 돔과 모자이크 작품을 통해 세 갈래의 문화 간 조화를 이룩한다. 궁전 안에서 이러한 문화 간의 융합을 보여 주는 완벽한 본보기는 예배당 천장에 있는 이슬람 전통의 여덟 개의 뿔이 달린 별인데, 이는 기독교의 십자가 모양으로 모여 있다. **RM**

🏛 ◎ 신전들의 골짜기

이탈리아, 시칠리아 섬, 아그리젠토 | Valley of the Temples

기원전 5세기 유적인 고대 그리스의 도시 아크라가스의 거대한 신전들

신전들의 골짜기라는 이름은 좀 잘못된 이름인데, 신전들이 실제로 서 있는 곳은 아그리젠토의 아크로폴리스 남쪽 바위가 많은 산봉우리이기 때문이다. 대부분 기원전 5세기에 건축된 도리스 양식의 이 신전들은 기원전 406년 카르타고인들의 침략으로 인해 불에 탔으나, 로마인들이 이를 기원전 1세기에 복원했다. 켈라(내실) 안에 있는 성상들이 떠오르는 태양 빛을 받을 수 있도록 모든 신전은 동쪽을 향하고 있다. 건축학적인 견지에서 보자면 이 신전들은 전면에 여섯 개의 기둥이 서 있는 비슷한 디자인으로, 벽 안에 일곱 개 반의 기둥이 있는 '올림포스의 제우스' 신전만이 다르다.

경사면을 따라 동쪽에서 서쪽으로 차례로 보면, 신전들은 헤라 라시니아, 콩코르디아(화합의 여신), 헤라클레스, 올림포스의 제우스, 카스토르와 폴룩스, 헤파이스토스에게 바쳐졌다. 완전한 상태의 엔테블러처(기둥 위의 프리즈)를 포함하여 가장 잘 보존된 신전은 콩코르디아의 신전인데, 이는 6세기에 교회로 개조되었다. 가장 오래된 것은 땅 속의 신성들, 페르세포네와 그녀의 어머니 데메테르 여신의 성전으로 기원전 6세기나 7세기에 건설되었으며, 여러 개의 작은 사당과 제단으로 이루어져 있다. 가장 큰 신전은 제우스의 신전인데 기원전 6세기 후반에 건설되었다. 반(半) 기둥으로 이루어진 독특한 구조 이외에도, 제우스 신전의 벽에는 인간 모양을 한 거대한 돌덩이들이 있는데, 구부린 채 쳐든 팔로 위쪽의 무게를 지탱하고 있다. 두 개의 박공벽 가득히 조각이 새겨져 있는데 동쪽에는 신들과 거인들의 전쟁이, 서쪽에는 트로이의 멸망이 나타나 있다.

이 지역에는 대리석이 없었으므로 신전은 지역 석회암인 튜퍼로 건축되었고, 대리석을 사용할 때 그렇듯 큰 석판을 쓰기보다 작은 덩어리로 돌을 잘라 사용했다. 상당히 투박해 보이는 이 돌 표면에는 원래 화려하게 채색된 점토 세공이 덮고 있었을 것이다. **RF**

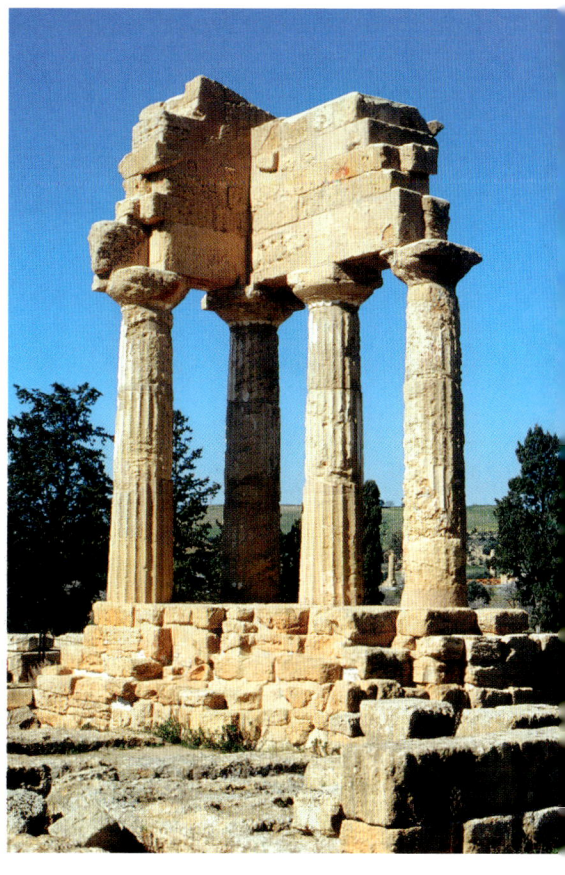

"메마름과 먼지와 중간 정도 거리에서 떠도는 창백한 보랏빛 아지랑이 속에서 순수하게 아테네적인 모습."

작가, 로렌스 더렐, 골짜기를 방문하고 나서

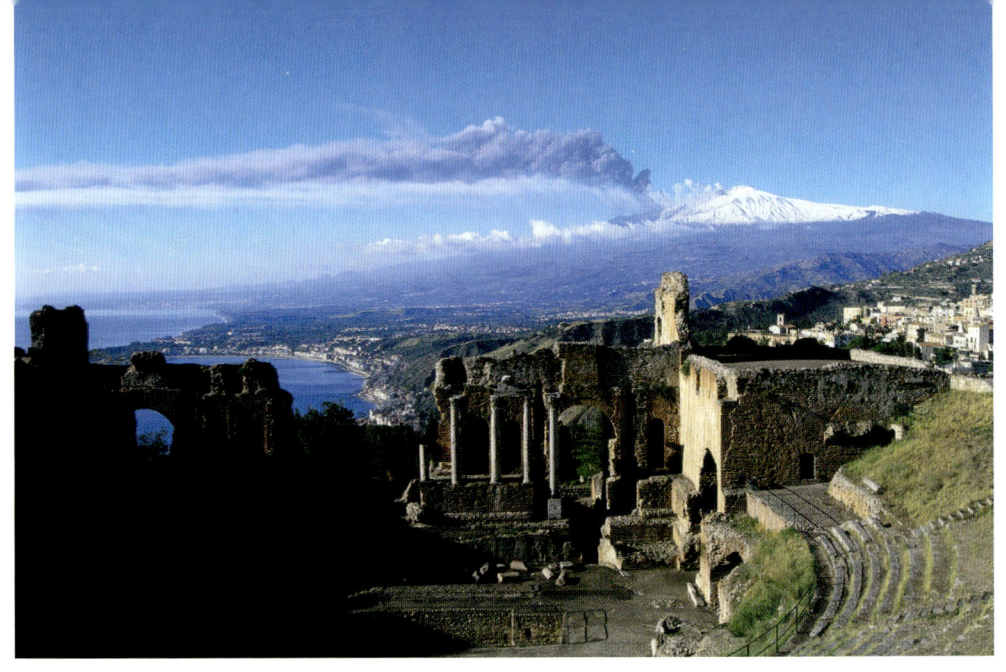

타오르미나 원형 극장 이탈리아, 시칠리아 섬, 타오르미나 | Taormina Amphitheater

그리스 극장이 있던 자리에 지어진 로마 원형 극장

기원전 403년 시칠리아에 있던 그리스 식민 도시 낙소스가 멸망하면서, 추방당한 이들은 북쪽으로 5km 떨어진 타우루스 언덕의 가파른 바위투성이 언덕에 새로이 정착했다. 언덕에는 요새화된 도시가 세워졌고, 마침내 시칠리아가 로마의 주가 되자 이 도시는 로마의 식민지로서 특권적인 위치를 누리게 되었다.

19세기 후반부터 타오르미나는 인기 있는 관광지였는데, 처음에는 예술가들과 작가들이 주로 찾아왔다. 괴테도 그중 하나였으며, 그는 『이탈리아 기행』에서 타오르미나의 아름다움을 크게 찬양했다. 이오니아 해가 내려다보이고 뒤편으로는 유럽에서 가장 높은 활화산인 에트나 산이 솟아 있는 눈부시고 수려한 자연 경관 이외에도, 타오르미나에는 오래된 역사를 일깨워 주는 유적이 여기저기 남아 있다. 오래된 성벽의 잔해, 로마의 '나우마치아'(고대 로마인들이 해상 전투를 재연하며 즐기던 물을 채울 수 있는 건물), 13세기의 산 니콜로 대성당 등이 그러한 예다. 또한 타오르미나에는 가장 큰 규모는 아

니지만, 유럽에서 가장 아름다운 곳에 위치하고 있다는 점을 자랑삼을 수 있으며 뛰어나게 보존 상태가 좋은 원형 극장이 있다. 지름이 106m인 이 극장은 벽돌로 지어졌는데, 이 점으로 보아 로마 시대에 지어진 듯하다. 그러나 그 설계 구조를 보면 그보다 전에 이 자리에 있었던 그리스 극장의 토대 위에 지어진 것이라 짐작할 수 있다.

타오르미나의 원형 극장은 오늘날도 오페라와 연극, 콘서트를 여는 데에 사용된다. 또한 매년 타오르미나 영화 축제가 열리는 장소이기도 하며, 영화제 때면 극장에 스크린이 세워져 영화가 상영된다. **AP**

"연기를 내뿜는 화산은 어떤 면에서도 두려움을 주지 않으면서 전체적인 풍경을 감싸고 있다."

요한 볼프강 폰 괴테, 『이탈리아 기행』(1786)

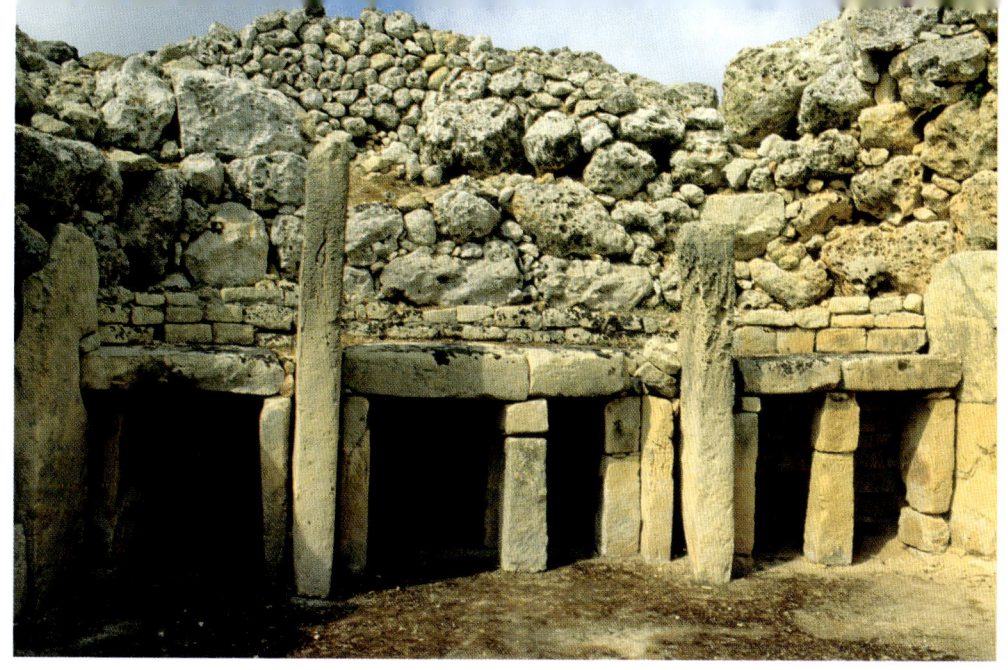

🏛 ◉ 간티야 신전 유적지 몰타, 고초 섬, 자그라 | gantija Temples

신석기 시대에 세워진 세계에서 가장 오래 된 돌 건축물

몰타 군도의 기원전 3600년에서 2500년 사이에 세워진 돌로 된 신전은 스톤헨지와 기자의 피라미드보다 몇 세기나 앞서며, 버팀목 없이 서 있는 세계에서 가장 오래된 기념 건물이다. 몰타 섬을 장식하고 있는 전부 스물세 곳의 유적지 중에서, 일곱 군데는 유네스코 세계문화유산으로 지정된 '몰타의 거석 신전 유적지'의 일부이다. 이 중 가장 오래된 것이 고초 섬에 있는 간티야 신전 유적지다. 해발 12m 높이 언덕에 위치하는 이 유적지는 평범한 경계 벽으로 둘러싸인 두 개의 신전으로 이루어져 있다. 이 두 신전은 디자인이 비슷한데 입구의 통로는 왼쪽과 오른쪽에 있는 길쭉한 방으로 통하며, 깊이 들어가면 꽃잎처럼 중앙에 모여 배열되어 있는 세 개의 방으로 연결된다. 오늘날은 외부 날씨에 그대로 드러나 있지만, 벽에 돌출된 받침대를 보면 예전에는 돌로 만든 돔 지붕이 덮여 있었음을 짐작할 수 있다. 더 크고 오래 되었고 보존 상태가 가장 훌륭한 남쪽 신전에는 거대한 문지방 석판이 있는데, 그 위에는 액체 형태의 제물을 받기 위해 돌을 파내 만든 수반과 제주(祭酒)를 올리는 구멍이 있다. 발굴된 뼈와 제단으로 보아 동물을 제물로 바쳤던 듯하다. 1827년 이곳을 정돈하는 동안 두 개의 조각된 머리와 뱀이 새겨진 부조 하나가 발견되었다. 근처의 몰타 섬은 풍만한 몸매를 한 작은 여성상이 발견된 것으로 유명하지만, 간티야에서는 그러한 유물을 찾을 수 없었다.

신전은 짓는 데에 사용된 돌덩이 크기만 보아도 상당히 인상적인데, 어떤 것은 길이가 5m에 무게가 50t 이상 나간다. 이러한 돌덩이는 작고 동그란 돌멩이 위에 놓고 굴려서 운반했을 것이라 추측되며, 운반에 쓰였던 작은 돌들이 부근에서 상당히 많이 발견되었다. 이 신전들은 또한 그것을 지은 이들에 대해서도 흥미로운 사실을 밝혀 준다. 복잡한 사회 구조와 고도로 발달한 의식을 치르는 신앙을 지녔으며 정착 생활을 하는 농부들이었을 것이다. 그러나 신전의 이름은 이러한 사실과는 사뭇 다른 믿음에서 유래한다. 몰타어로 '간티야'란 '거인늘에게 속한'이라는 의미인 것이다. **JB**

몰타 기사단장 궁전 몰타, 발레타 | Palace of the Grand Masters

16세기 후반부터 대를 이어 몰타를 통치해 왔던 이들의 본부

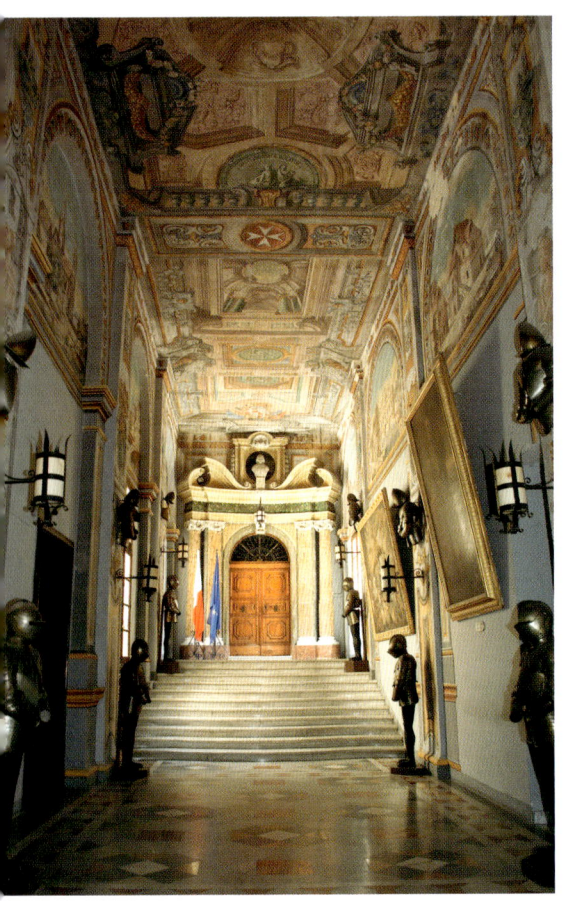

발레타에 있는 '몰타 기사단장 궁전'은 유럽에서 가장 오래된 종교 기사단인 성 요한 구호 기사단의 본부이다. 이 기사단은 1522년 오스만인들에 의해 로도스 섬에서 패배하고 쫓겨난 후 8년 동안 본부 없이 지내다가 1530년 몰타에 도착했다. 이곳은 1571년부터 나폴레옹 1세가 몰타 섬을 정복했던 1798년까지 구호 기사단의 본부였다.

몰타의 건축가 제롤라모 카사르가 디자인한 이 궁전은 기사단이 1571년에 손에 넣은 부지에 건축되었다. 이 부지는 전에는 기사단의 우두머리인 장 파리조 드 라 발레트 기사단장의 조카의 소유였는데, 그는 작은 저택을 갖고 있었다. 이 저택은 궁전의 남서쪽 코너에 통합되었다. 궁전의 외부는 나무로 된 발코니로 이루어져 있는데, 이는 원래 있던 철로 된 발코니 대신 1741년에 새로 지은 것이다. 내부는 두 개의 안뜰을 중심으로 배열되어 있다. 영국 해군이 1800년에 프랑스로부터 몰타 섬을 빼앗은 이후부터 궁전은 영국 총독들이 거주하는 장소로 사용되었다. 몰타는 1964년에 독립을 얻었고, 궁전의 원래 의회실은 몰타 섬의 의회 하원이 상설 거주하는 곳이 되었다. 이 방에는 카리브 해와 신세계의 풍경들을 묘사한 고블랭 직물 태피스트리가 걸려 있다. 몰타의 대통령 관저 또한 이 궁전에 있다. 궁전 뒤편에는 기사단과 그들의 적군이 사용했던 다양한 무기류를 소장한 무기고가 늘어서 있는데, 이중에는 1565년 몰타 포위 공격 때 전사한 오스만의 제독이자 사략업자인 투르구트 레이스의 검도 전시되어 있다.

몰타 기사단장 궁전은 16세기 후반부터 몰타를 지배해 온 이들의 기지였다. 또한 오랜 세월에 걸쳐 변천을 거듭해 온 몰타 섬의 운명을 반영해 주며 섬의 역사와 관련이 있는 많은 유물들을 소장하고 있다. **JF**

"발레타의 당당한 건축물들은,
능가한다고 말할 수는 없더라도,
유럽의 어떤 수도와도 맞먹을
정도이다." 벤자민 디즈레일리, 전 영국 수상

🏛️ ◎ 성 요한 대성당 몰타, 발레타 | St. John's Co-Cathedral

카라바조의 작품을 소장하고 있으며 매우 장식적인 바로크 양식의 내부를 갖춘 대성당

몰타의 성 요한 공동 대성당(Co-Cathedral : 주교좌 성당, 즉 대성당(cathedral)이라는 지위를 다른 성당과 공유하고 있는 성당)은 성지로 여행하는 순례자들을 보호하고 지키기 위해 11세기 후반에 설립된 종교 기사단인 성 요한 구호 기사단의 교회이다. 이 기사단은 1530년에 몰타 섬에 이주해 왔다. 기사단의 수장인 장 드 라 카시에르 기사단장이 1573년 이 성당을 짓게 했다. 몰타의 군사 건축가 제롤라모 카사르가 성당을 설계했으며, 1573년에서 1578년까지 완성되었다. 외부 파사드는 1565년 몰타 섬 대(大)포위 공격 이후에 지어졌는데 상당히 엄격한, 거의 군사적인 분위기가 나는 구조이다. 이는 매우 화려하게 장식된 바로크 양식 내부와는 극명한 대조를 이루는데, 내부 디자인은 대부분 17세기 이탈리아 예술가 마티아 프레티의 작품이다.

조각이 새겨진 돌 벽과 그림이 그려진 천장, 그리고 측면 제단에는 성인 세례 요한의 일생이 그려져 있다. 성당 안에는 여덟 개의 예배당이 있는데, 각각 구호 기사단을 이루는 여덟 개 '랑그'(지역별 구분)의 수호성인들에게 바쳐졌다. 네이브에는 화려하게 장식된 중요한 기사들의 대리석 묘비가 줄지어 있는데, 더 중요한 인물의 묘비일수록 성당 앞쪽에 가까이 놓여 있다.

성 요한 대성당에는 수많은 예술 작품이 있지만, 가장 유명한 작품은 지금까지도 원래 제작되었던 모습 그대로 보존되어 있는 〈세례 요한의 참수〉(1608)이다. 이는 이탈리아 바로크 시대 최초를 장식한 뛰어난 예술가 미켈란젤로 메리시 다 카라바조가 남긴 가장 중요한 작품이다. 이 그림은 카라바조가 서명을 남긴 유일한 작품이며 '키아로스쿠로', 즉 빛과 그림자를 사용하는 그의 대담하고 화려한 기법을 보여 주는 훌륭한 예이다. 이 그림은 여전히 성당의 기도실에 걸려 있다. 카라바조의 또 다른 작품인 〈성 제롬 2〉 역시 이 성당에 있다. 성 요한 대성당은 또한 유럽의 종교 기사단 중 가장 오래되고 명성이 높은 기사단과 거기에 속한 영웅적이고 뛰어난 기사들에게 바치는 기념관이기도 하다. **JF**

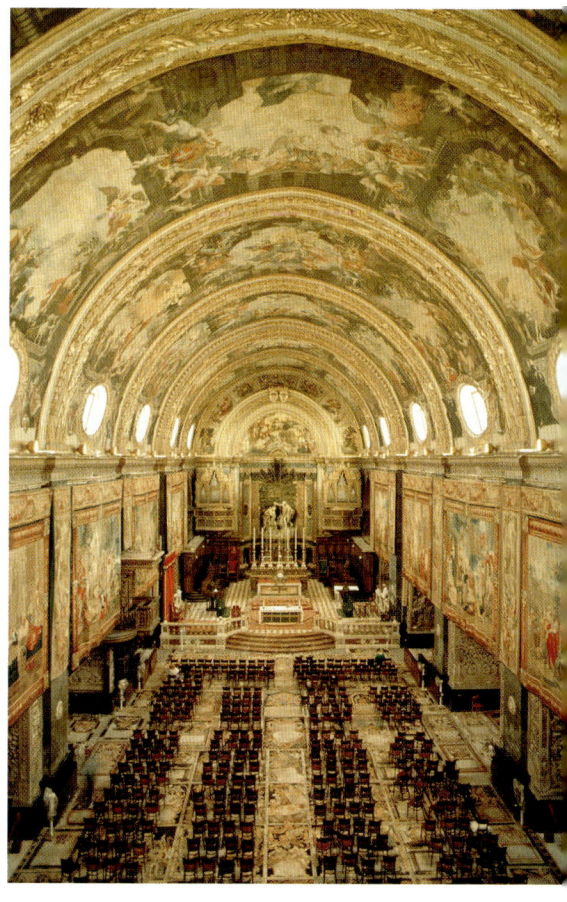

"기사단장은 그의 목에 황금 목걸이를 둘러 주고 그에게 두 명의 터키 하인을 선사했다." 잔 피에트로 벨로리, 카라바조가 몰타에서 거둔 성공에 대하여

헤라클레스의 탑 스페인, 라 코루냐 | Torre de Hércules

세계에서 가장 오랫동안 사용되어 온 등대

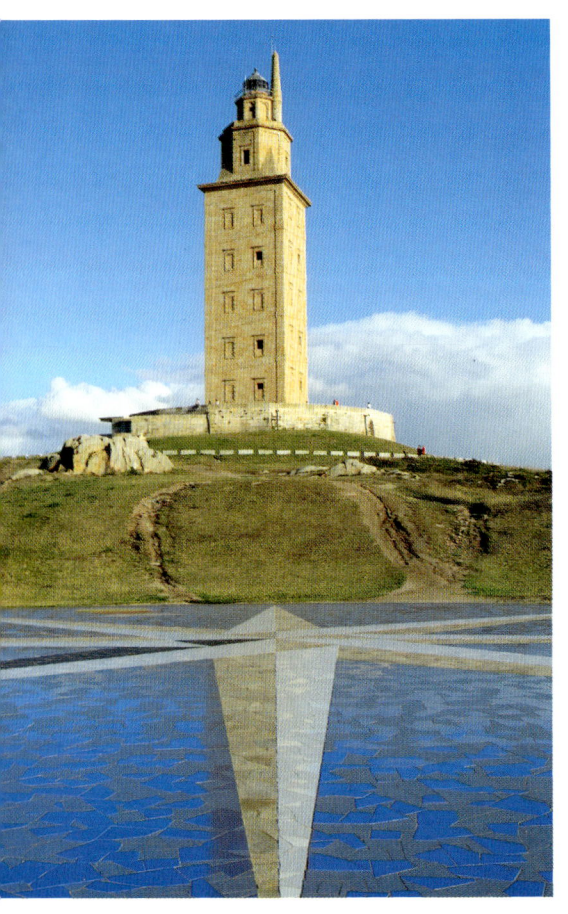

> "몇 가지 기념 건축물 가운데,
> 브리타니아를 내려다보는 매우 높은
> 등대 하나가 세워졌다."

파울루스 오로시우스, 「대(對)이교도 투쟁사」(415년경)

이 울퉁불퉁한 벼랑 꼭대기에는 대략 1900년 동안이나 불을 밝혀 온 등대가 있었다. '토레 데 에르쿨레스(헤라클레스의 탑) 등대'는 이 스페인 지역을 점령했으며 브리간티아라고 불렸던 로마인들에 의해 건설되었다. 탑은 1세기 후반이나 2세기 초, 트라야누스 황제가 통치하던 시절에 세워진 것이다. 건축가는 카요 세르기오 루포라는 사람이었는데, 놀랍게도 그가 세운 건물은 지금까지 원래의 목적을 다하고 있다. 18세기에 개조된 이 로마 시대의 건물은 21세기의 등대가 작동할 수 있도록 집 역할을 해 준다. 탑 안에는 242개의 계단이 있으며, 수면으로부터 112m 높이에서 깜빡이는 불빛은 51km라는 제법 먼 거리에서도 눈에 들어온다.

라 코루냐의 항구는 스페인에서 두 번째로 큰 항구로, 크루즈 정기선과 요트가 즐겨 찾는 곳이다. 수백 년 동안, 산티아고 데 콤포스텔라의 성스러운 길로 향하는 기독교 순례자들이 이 항구를 향해 스페인에 도착했다. 헤라클레스의 탑은 '코스타 다 모르테', 즉 '죽음의 해변'이라는 이름으로 널리 알려진 위험한 해안선에 위치하고 있는데, 이곳은 로마인들이 세계는 평평하며 이 해안선은 세상의 끝을 의미한다고 믿었던 장소이기 때문에 의미심장하다. 수천 명의 선원들의 목숨을 구해 주었던 헤라클레스의 탑은 국제적으로 명성이 높은 랜드 마크가 되었으며, 몇 세기 동안 그 중요성을 유지해 왔다. 중세와 그 이전에 제작된 지도에도 이 탑이 그려져 있는 것을 볼 수 있다.

등대의 이름은 헤라클레스의 열두 가지 과업에 대한 로마 신화에서 유래한다. 헤라클레스는 거대한 게리온과 격투를 벌여 마침내 쓰러뜨리고, 오늘날의 라 코루냐에 해당되는 장소에 그 머리를 묻은 후 그 위에 탑을 지을 것을 명했다고 한다. 라 코루냐의 문장에는 해골과 서로 엇갈린 뼈 위에 탑이 그려져 있는데 이 이야기와 관련이 있는 듯하다. **LH**

🏛 ◎ 사도 대성당 스페인, 산티아고 데 콤포스텔라 | Catedral del Apostol

전설적인 순례길 '카미노 데 산티아고'의 종착점

산티아고 데 콤포스텔라라는 이름은 온 기독교 세계에 널리 알려져 있으며 경외의 대상이 되고 있다. 이곳은 성 야고보(스페인 어로 산티아고)의 유골과 연관이 있어 예루살렘과 로마 다음으로 순례자들이 많이 찾는 중요한 성지이다.

산티아고의 대성당은 그 자체만으로도 확실히 방문해 볼 만한 가치가 있다. 이 성당은 바로크 양식의 외관 내부에 감춰진 로마네스크 건물이라는 보기 드문 독특함을 지니고 있다. 최초의 교회는 9세기에 세워졌으나, 997년 무어인들에 의해 파괴되었다. 현재의 건물은 11세기 후반, 순례자의 수가 늘어나 새로운 건물을 지을 만한 충분한 자금이 모였을 때 지어졌다. 내부에는 로마네스크 양식으로 지어졌던 건물 대부분이 잘 보존되어 있으나, 외관은 18세기 이 지역의 건축가 페르난도 카사스 이 노보아에 의해 상당히 개조되었다. 그러나 사도 대성당이 탄생하도록 한 중세의 전설이 워낙 유명하여 건축가 자체는 그 다음으로 밀려날 수밖에 없다. 이 전설에 따르면, 세베대의 아들인 사도 성 야고보가 로마에서 순교당하기 전에 스페인 전역을 돌며 설교를 행했다고 한다. 그의 유해는 스페인으로 운반되어 콤포스텔라에 묻혔다. 813년까지 그의 무덤은 잊혀 있었는데 한 은자가 별에 이끌려 가다 무덤을 재발견했다. 이 사건 이후로 많은 순례자들이 야고보의 사당에 경의를 표하기 위해 콤포스텔라로 여행을 왔다. 이들이 성당에 도착하여 취한 첫 번째 행동은 지금도 그렇지만, '영광의 포치'(마테오라는 장인이 제작한 교회로 들어오는 원래의 현관)에서 있는 성인의 상에 입맞춤하거나 만지는 일이었다. 그 다음에는 제단 뒤에 있는 비슷한 조각상을 만지고 그들의 '콤포스텔라나'(순례 확인증)를 받았다.

오늘날 까시노 산티아고에는 순례자들이 몰려온다. 성 야고보의 축일인 7월 25일이 일요일과 겹치는 해인 '성년'(聖年)에는 방문객들의 수가 특히 많다. IZ

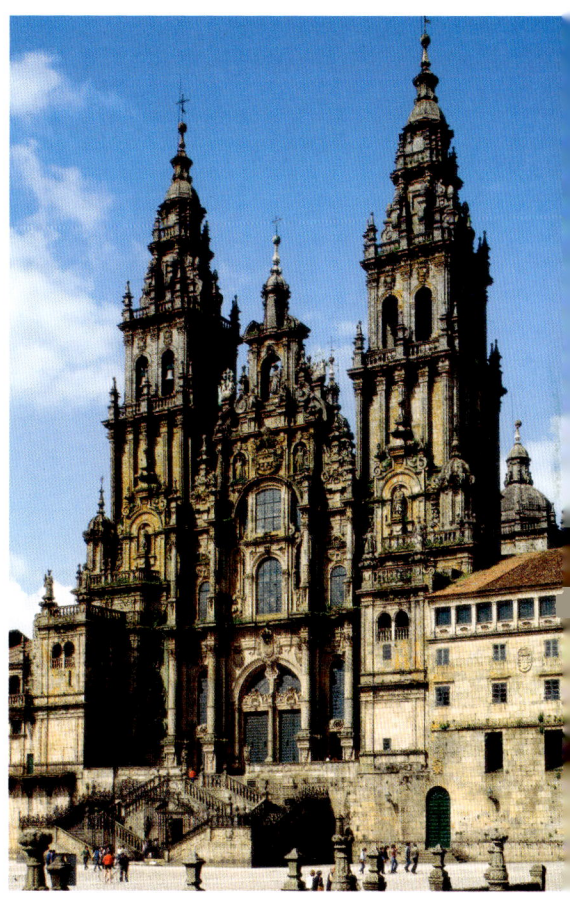

"성 야고보는 … 신께서 스페인을 수호하고 지키라고 내려 주신 분이다."

세르반테스, 『돈 키호테』(1605)

종교 건축의 발전에 큰 영향력을 끼쳤으며 종교적인 보물들을 간직한 곳

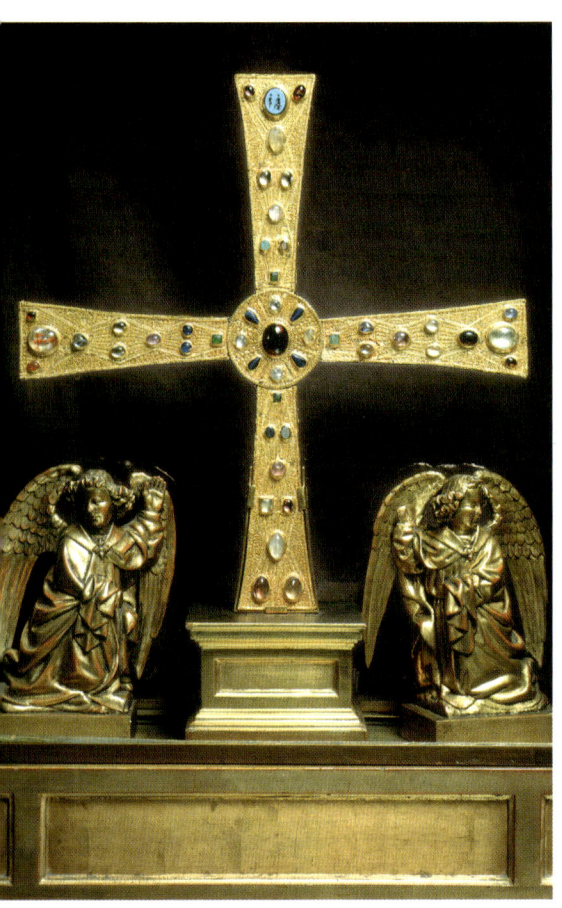

"알폰소 2세 치세의 중요성은 아스투리아 왕국의 역사에서 본질적인 부분이다."

역사가, 마리아 호세파 산스 푸엔테스

카마라 산타(성스러운 방)는 오비에도 대성당의 중심에 있었던 프루엘라 궁전 유적의 일부인 산 미구엘 탑에 있다. 이 방에는 이 도시의 상징이자 세계에서 가장 뛰어난 아스투리아스 예술의 본보기 중 하나인 '천사들의 십자가'를 포함해 스페인의 소중한 보물이 여럿 있다.

돌로 지어진 탄탄한 방은 9세기 아스투리아의 왕 알폰소 2세가 톨레도가 무어 인에게 함락되었을 때 구출해 온 소중한 성물들을 안전하게 보관하기 위해 지은 것이다. 12세기에 개조된 이 방은 현재 성당의 내부 성소가 되었는데, 이 성당은 1388년 산티아고 데 콤포스텔라로 가는 순례자들이 많이 지나다니던 길목에 세워졌다. 서로 연결된 한 쌍의 예배당 모양을 하고 있는 가장 안쪽 부분이 맨 처음에 지어졌던 건물일 것으로 추측된다. 1109년에 새로 지어진 예배당 전실(前室)은 스페인 로마네스크 양식을 보여 주는 섬세한 예이다. 고딕 양식의 회랑을 둘러싸고, 천장을 떠받치고 있는 여섯 개의 기둥에는 각각 두 명씩의 사도들이 실물과 같은 크기로 조각되어 있다. 황금으로 된 '천사들의 십자가'의 유래는 808년으로 거슬러 올라가는데, 순례자로 변장한 천사들이 알폰소 2세에게 건네주었다는 이야기에서 이름을 얻었다. 아스투리아의 금 세공사가 만든 이 십자가는 체리목으로 된 훌륭한 형틀에 품질 좋은 루비와 오팔을 포함한 마흔여덟 개의 보석으로 화려하게 치장된 물건이다.

카메라 산타에 있는 다른 성물로는 10세기의 '승리의 십자가'(금박으로 덮인 라틴십자가), 예루살렘에서 유래했으며 열두 사도를 따르던 신실한 추종자들이 만들었다고 하는 오크 목재로 된 성물함이 있다. 이 방에는 매우 흥미를 자아내는 물건이 하나 있는데, '수다리움'이라고 하는, 예수가 십자가에 못 박힌 뒤에 얼굴을 닦아 주는 데에 쓰였다고 하는 천이다. 좀 섬뜩한 얘기지만, 연구 결과에 따르면 이 천에 남은 사람 눈에 거의 보이지 않는 얼룩은 7분의 1은 피로, 7분의 6은 십자가형을 당한 이의 폐에서 나온 액체로 이루어져 있다고 한다(혈액형 역시 '토리노의 수의'에서 발견한 혈액형과 일치한다). **TE**

코바동가 전투지 스페인, 코바동가 | Covadonga Battlefield

이슬람 세력의 패배는 기독교의 스페인 재정복이 시작하였음을 의미했다

코바동가 전투에 대해서는 어디까지가 사실이고 어디서부터 전설로 접어드는지 구분하기가 힘들다. 확실한 것은 이 사건이 독립과 정체성, 불의와의 투쟁을 상징하며 스페인의 국가 의식 깊은 곳에 깔려 있다는 점이다.

코바동가 마을은 높이 솟은 피코 데 에우로파('유럽의 봉우리'라는 뜻) 산의 낮은 사면을 끌어안고 있다. 국가적 영웅이자 아스투리아 지역 최초이 기독교 앙이었던 펠라요가 근처의 산에서 이슬람 군대를 완전히 쳐부수었다고 전해지는 장소를 방문하기 위해, 오래 전부터 관광객과 순례자들이 이 마을에 몰려들었다. 8세기에서 15세기 사이, 이베리아 반도에서는 이슬람 정복자들과 기독교 세력 간에 몇 차례에 걸친 분쟁이 이어져 왔다. 기독교 세력은 마침내 승리를 거두었고, 코바동가 전투는 '레콩키스타', 즉 711년 아랍 세력이 이베리아 반도를 정복한 이후 기독교가 스페인 영토를 되찾은 사건의 시작점으로 널리 알려져 있다. 아랍의 침략은 이 지역에 수립되었던 서고트 왕국 정복으로 시작되었고, 713년경에는 이베리아 반도 대부분이 아랍의 지배 아래 들어갔다. 펠라요라는 이름의 고트 족 귀족에 의해 일단의 저항 세력이 형성되었고, 그는 아스투리아 산 근처에 동고트 족과 훨씬 남쪽에 있는 이슬람 근거지에서 도망쳐 온 이들을 모아 군대를 형성했다. 전투는 718년에서 715년 사이에 시작되었다. 스페인 측이자 기독교 측의 이야기에 따르면, 이슬람 군대가 아스투리아를 진압하려고 결정했을 때, 펠라요의 군대는 산 속으로 물러나 좁은 길과 동굴 속에 숨어 있으면서 전략적 이점을 얻었다고 한다. 전사 수가 훨씬 더 적었음에도 그들은 이슬람 기병대의 10분의 1을 해치웠으며, 아스투리아 왕국을 이슬람의 위협에서 완전히 해방시켰다고 한다.

오늘날의 냉소로는 펠라요가 숨어 있었다고 전해지며 그의 무덤이 있는 동굴, 많은 부분이 재건된 8세기의 예배당과 더불어, '누에스트라 세뇨라 데 라스 바탈라스'라는 웅장한 19세기의 성당 등이 있다. **AK**

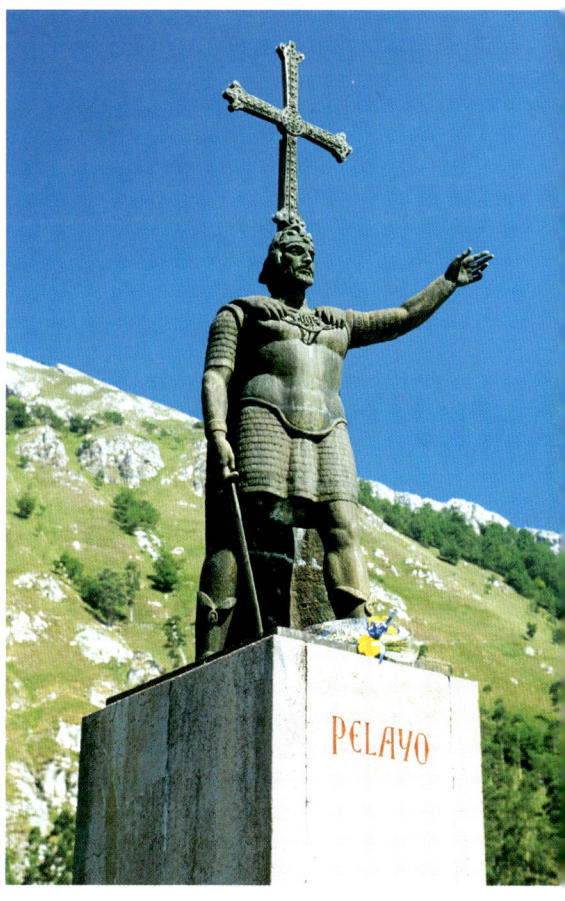

PELAYO

"우리는 신의 자비를 믿으며 이 산에서 스페인의 번영이 솟아오를 것을 안다."

아스투리아스 왕국의 창시자, 펠라요

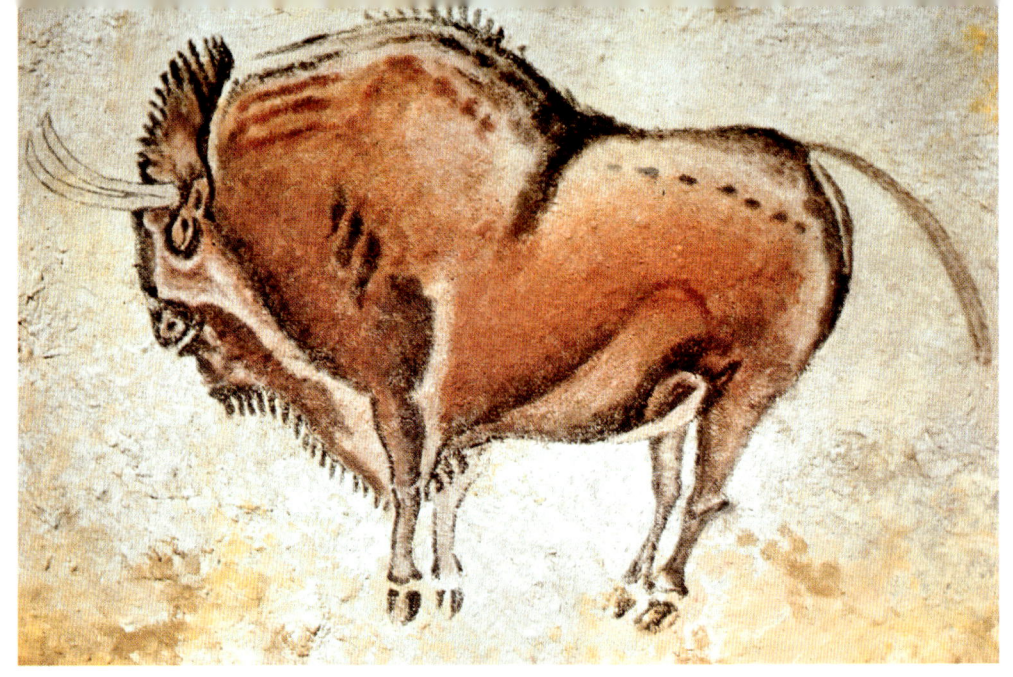

알타미라 동굴 스페인, 산티야나 델 마르 부근 | Altamira Cave

진짜 같은 동물 이미지를 나타낸 구석기 시대의 암석 벽화가 있는 동굴

알타미라는 프랑스 남서부에서 스페인 북동부까지 펼쳐져 있는 프랑스-칸타브리아 예술 사조의 장식 동굴 분포 지대에 속한다. 동굴 자체는 1868년 한 사냥꾼에 의해 발견되었으나, 이후 11년이 지난 후에야 다섯 살 난 한 소녀가 그림의 존재를 알아차렸다. 소녀의 아버지인 마르셀리노 데 사우투올라는 이 지역을 발굴하고 자신의 발견을 발표한 최초의 사람이었다. 그림이 구석기 시대에 그려졌다는 그의 주장은 상당히 회의적인 반응을 얻었을 뿐이었다. 몇몇 프랑스 고고학자들은 심지어 그림이 가짜라고 주장하기도 했다. 사우투올라의 이론은 그가 죽은 후에야 마침내 진실임이 밝혀졌다.

이 빼어난 벽화는 주로 동물을 그린 것이다. 가장 훌륭한 그림들은 들소를 묘사한 것이지만 사슴, 멧돼지, 말도 보인다. 그림을 그린 이들은 황토색, 붉은색, 검은색이라는 세 가지 색채 염료만으로 뛰어나게 생생한 이미지들을 창조해 냈는데, 특히 갈기와 털의 결 표현이 그렇다. 화가들은 심지어 벽의 울퉁불퉁한 표면을 이용하여

동물에게 양감을 부여하기까지 했다. 라스코와 다른 곳에 있는 동굴에서도 공통적인 문제이지만, 보존 문제가 가장 중대하고 지속적인 골칫거리였다. 1977년에 동굴은 한동안 문을 닫았고 5년 후에 매우 제한적인 조건으로 다시 문을 열었다(벽화를 보려는 대기자 목록이 3년 치나 있다). 방문객들은 대신 복제 동굴 중 한 곳을 방문해 볼 수 있다. 첫 번째 복제 동굴은 뮌헨에 있는 국립 독일 박물관에 제작되었고(1962), 마드리드에도 한 곳이 있으며(1964) 알타미라 근방에도 더욱 정교하게 만들어진 복제 동굴이 있다(2001). **IZ**

> "진짜 동굴은 여러 개의 방과 'S'자 모양의 통로들로 구성되어 있습니다."
>
> 알타미라의 책임자, 마누엘 프란켄로

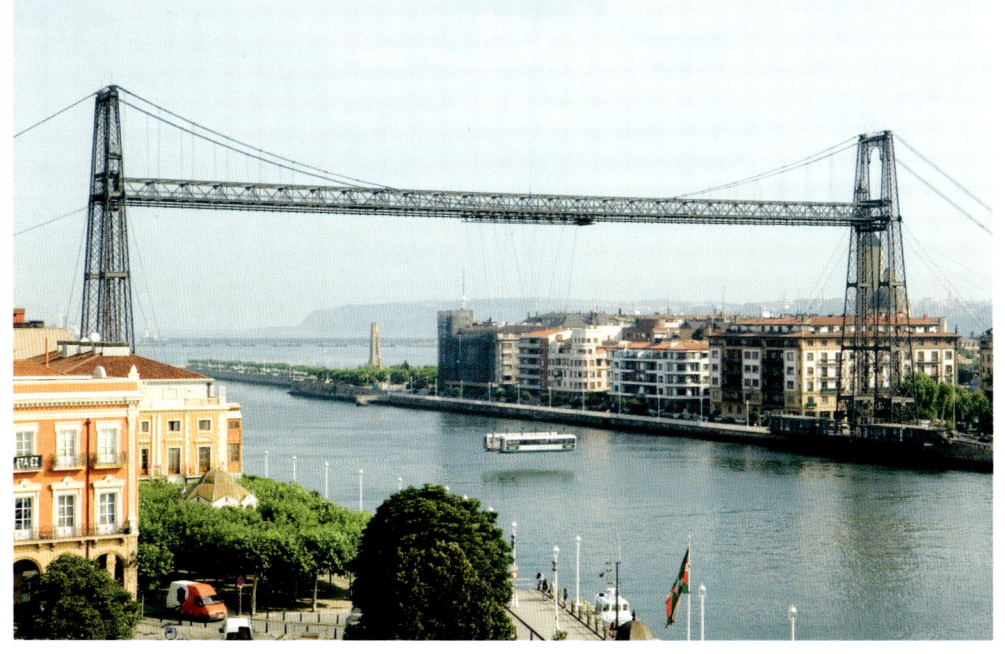

🏛 ◎ 비스카야 대교 스페인, 빌바오 | Vizcaya Bridge

뛰어난 건축학적 아이콘 건축물이자 토목 공학이 이루어 낸 혁신적인 업적

빌바오 북서쪽에 있는 네르비온 강어귀에 놓인 비스카야 대교는 세계 최초의 운반교(運搬橋)이다. 지역에서 통하는 이름인 '푸엔테 콜간테'는 '매달린 다리'라는 의미인데, 이 다리는 진짜 현수교와는 상당히 다르기 때문에 이는 좀 잘못된 명칭이다.

알베르토 팔라시오가 설계한 비스카야 대교는 높이 매달린 곤돌라를 통해 사람과 차량을 운반한 최초의 교량으로, 전 세계에 놓인 비슷한 다리들의 모델이 되었다. 길고 부피가 큰 진입부 경사로가 필요 없기 때문에 공간과 건설비용을 절약하면서도, 강 위로 50m 높이에 위치하고 있어 빌바오 항구로 드나드는 커다란 선박의 운항에 방해가 되지 않는다. 길이가 164m에 달하는 이 다리의 선축에는, 전통적인 19세기의 주철 공법과 더불어 강철을 꼬아 만든 로프를 이용한 좀 더 현대적인 경량 기술이 함께 사용되었는데, 이는 강력함과 그외의 장점들을 접목한 것이다. 스페인 내전 동안에는 다리의 윗부분이 폭파되어 4년간 이용이 중단되었다. 다리를 건설한 알

베르토 팔라시오는 근처의 포르투갈레테에 있는 자기 집에서 죽기 직전에 이 폭파 장면을 목격했다고 한다. 새로 지어진 다리에는 최신 기술로 만든 두 개의 관광객용 엘리베이터가 50m 높이의 기둥에 설치되어 있어 방문객들은 다리 위를 거닐며 빌바오 항구와 아브라 만의 숨 막히게 아름다운 정경을 마음껏 즐길 수 있다. **LCa**

> "건설에는 당시로서는 최첨단이었던 기술이 수반되었다."
>
> 지방 문화 장관, 미렌 아스키나내

평화 기념비

스페인, 게르니카 | Monument to Peace

독일 공군이 끔찍한 공격을 가했을 때 게르니카는 무방비 상태였다

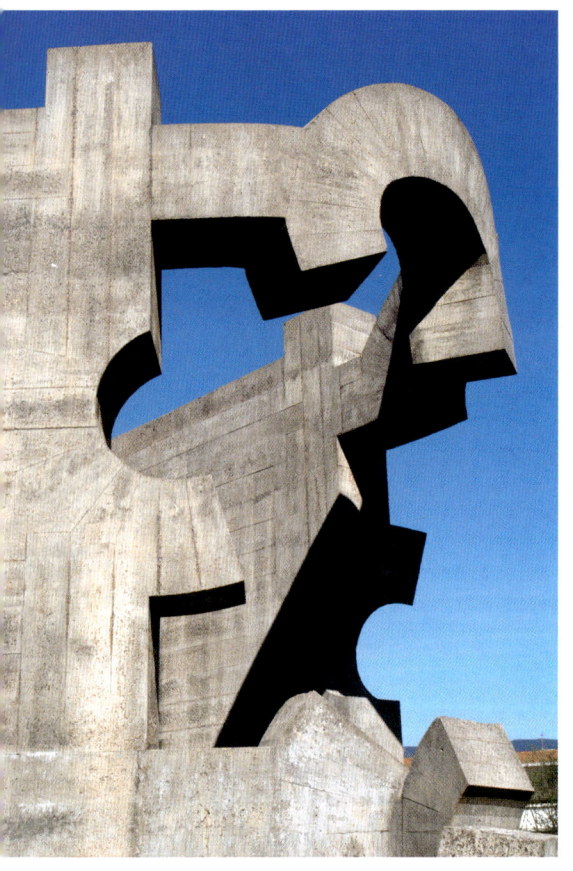

"세계의 지도자들은 이 새로운 전쟁을 성전이라 부른다. 피카소는 말했다, '전쟁은 끝났으나, 적개심은 영원히 계속되리라.'"

리디아 니블리, 〈복잡해요〉(2001)

1937년 4월 26일, 스페인 내전 중 프랑코 장군의 요청에 의해 독일 폭격대가 무장하지 않은 민간인들에게 가했던 계획적인 군사 공격 때문에 게르니카라는 작은 도시는 완전히 파괴되었다. 게르니카는 바스크 의회가 위치한 곳인데, 도시 중심에 있는 '게르니카의 나무'라는 오크 나무 아래에서 거행되는 의식을 통해 몇 대에 걸친 스페인 정부로부터 그 권리를 인정받아 왔다. 1876년, 바스크 지역은 스페인 영토의 일부로 선포되었으며 자치 정부의 권리를 잃게 되었다. 20세기 초에는 바스크 분리 독립을 위한 움직임이 활발하게 일어났다.

나치 공군이 게르니카를 표적으로 삼은 표면적인 이유는 그다지 중요하지도 않은 무기고였지만, 실상은 공격을 통해 프랑코 장군이 바스크인들에게 누가 지배자인지 확실히 보여 주라는 것이었다. 분주하게 장이 서던 4월의 오후, 나치 공군은 수천 채의 집과 상점 위로 소이탄을 떨어뜨렸다. 도로와 건물에 불이 붙어 달아나려고 하던 이들은 위쪽에서 나치가 쏘아댄 기관총 사격의 표적이 되었다. 2천 명 이상의 사람들이 죽거나 끔찍한 불구가 되었다. 놀랍게도 게르니카의 교회와 의회 건물, 오크 나무만은 화를 면했다. 오늘날 이 도시는 복구되어 바스크의 조각가 에두아르도 치이다가 제작한 평화 기념비가 서 있다. 1998년 게르니카 평화 박물관이 건축되기 시작하여 2003년에 문을 열었다. 이 박물관은 참사가 일어난 후에 지어진 새 건물 중 하나에 위치하고 있다.

스페인 예술가 파블로 피카소는 자신이 느꼈던 고통을 〈게르니카〉(1937)라는 단순한 제목이 붙은 벽화를 통해 표현했다. 이 그림은 유럽과 북아메리카에서 순회 전시되었다. 전시회의 입장료는 스페인 난민들을 위한 기금으로 사용되었다. 벽 전체를 덮을 만큼 커다란 〈게르니카〉는 여러 해 동안 뉴욕 미술관에 전시되어 있었는데, 피카소가 프랑코의 독재에서 벗어날 때까지 스페인에서 전시해서는 안 된다고 결정했기 때문이었다. 1981년, 〈게르니카〉는 스페인으로 되돌아왔다. **LH**

로스 푸에로스 기념비

스페인, 팜플로나 | Monumento a los Fueros

바스크 민족주의에 대한 기념비

팜플로나는 스페인의 바스크 지역 일부인 나바라의 중심에 자리 잡고 있으며, 로스 푸에로스 기념비는 이 도시의 중앙 광장에 서 있다. '푸에로스'(fueros)란 프랑코 장군의 국수주의적인 통치 아래서 억압받던 바스크 민족의 오래된 법과 권리로, 바스크 족의 열정에 불을 붙이고 그들의 문화, 언어, 법을 사수하고자 하는 결단을 뒷받침해 준 운동이었다. 1975년 프랑코가 죽은 이후, 바스크 의회가 수립되었으며, 바스크 민족은 자신들의 정부와 활동에 대해 상당한 자치권을 획득하게 되었다.

이 기념물은 1903년 팜플로나에 있는 '팔라시오 델 고비에르노 데 나바라' 밖에 세워졌다. 공공 기부금에 의해 자금을 조달하고 마누엘 마르티네스 데 우바고가 설계한 이 기념비는 나바라의 자유를 상징한다. 높이는 25m이며 아랫부분은 오각형으로, 각 면은 청동 현판에 새겨진 글귀와 더불어 평화, 정의, 자치, 역사, 노동이라는 다섯 개의 원칙을 기념한다. 중앙 부분은 더 화려한데, 동일한 가치들을 나타내는 다섯 개의 대리석 기둥과 조각상이 있다. 꼭대기에는 5m 높이의 왕관을 쓴 부인 조각상이 서 있으며, 이 조각상은 나바라를 상징한다.

몇몇 인류학자들은 바스크 족이 피레네 지역에 거주했으며 알타미라 동굴 벽화에 그림을 그렸던 크로마뇽인의 후손으로 유럽에서 가장 오래된 민족이라고 생각한다. 그들이 살았던 골짜기는 주변으로부터 고립되어 있어 바스크 산악 민족은 유럽 나머지 부분의 영향을 받지 않았다. 바스크 가족들은 지금도 돌로 된 고립된 농가, 즉 '카세리오'에 거주하며 다른 모든 유럽 언어들보다 시대가 앞서는 이 지역만의 고유한 언어 '에우스케라'를 사용한다. 바스크 지역의 전통 음악과 폴짝폴짝 뛰는 전통 춤은 유럽의 어떤 지역과도 다르며, 이들에게는 바스크에만 존재하는 스포츠도 있다. **LC**

페데리코 파테르니나

스페인, 아로 | Federico Paternina

리오하 와인의 최대 생산지

리오하의 와인 산업은 북부 스페인에 있는 이 지역의 역사와 함께해 왔으며, 로마 시대 양조장의 흔적이 아직도 남아 있다. 18세기, 리오하의 와인 제조업자들은 프랑스에서 전문가를 데려와 오크통을 사용하는 방법을 비롯해 와인을 운송하는 방법을 발전시켰다. 19세기 후반 진균류로 인해 포도에 생긴 병 때문에 보르도의 포도원이 황폐해졌을 때, 이 지역의 와인 산업은 크게 성장했고 리오하의 와인 양조장은 전 유럽에 훌륭한 와인을 공급해 줄 수 있었다.

> "어니스트 헤밍웨이는 이 와인 양조장을 매우 좋아하여 파테르니나를 여러 차례 방문했다."
>
> 와인 관련 기고가, 더크 베커

페데리코 파테르니나 조수에는 1896년 세 개의 작은 업체를 인수해 합병하면서 이 와인 회사를 설립했다. 1984년 리오하 출신의 사업가 마르코스 에기사발 라미레스가 스페인 양조장이 스페인 사람의 소유로 유지되도록 주도권을 확립하려는 일환으로 이 회사를 인수했다. 이 회사는 오늘날 스페인 증권 거래소에 오르내리는 몇 안 되는 스페인인 소유의 와인 제조업체 중 하나이다.

리오하 알타 지방 중심에 있는 아로는 와인 바가 인상적인 모습으로 늘어선 우아한 도시이다. 리오하 알타는 이 지역에서도 특히 높고 서늘한데, 이러한 기후는 찰흙 토양과 더불어 템프라니요 포도를 재배하기에 완벽한 환경이다. 이 지역은 지질학적인 면으로도 상당히 흥미로운 곳이다. 1억 5천만 년 된 공룡 발자국이 지역 전반에 이는 바위에 새겨져 있다. 엔시소 마을 근처에는 길이가 30cm에 달하는 세 개의 발가락이 달린 발자국이 훌륭한 상태로 모여 있다. **LC**

살바도르 달리의 집

스페인, 피게레스 | Salvador Dalí's House

이 집에서 달리는 은둔 생활을 했다

살바도르 달리(1904~1989)는 스페인의 자신의 고향 피게레스에서 말년을 보냈으며 오래된 시립 극장 옆에 있는 탑(토레 갈라테아)에 살았다. 이 탑은 현재 달리의 빛나는 재능에 경의를 표하는 달리 극장 박물관의 일부이다.

달리는 놀라우리만치 섬세하고 화가다운 손을 지닌 재능 있는 데생 화가였다. 이는 종종 고전 르네상스 거장들의 영향을 받은 덕택이라고 일컬어지는 뛰어난 솜씨였다. 그의 관심 분야는 회화를 넘어 영화, 사진, 애니메이션, 조각에 이르기까지 다양했다. 달리는 초현실주의 예술 운동의 리더 중 하나였으며, 그의 작품 대부분이 이러한 양식으로 창조되었다. 초현실주의는 무의식 세계에 접근한다는 아이디어를 탐구했으며 무의식을 이용해 더

> "초현실주의는 파괴적이지만, 우리의 시야를 제한하는 속박이라고 간주하는 것만을 파괴한다."
>
> 예술가, 살바도르 달리

욱 커다란 예술적 창조성을 얻으려 했다. 〈기억의 고집〉이나 〈삶은 콩으로 만든 부드러운 건축물〉(내전의 예감) 등의 그림을 통해 달리는 자신의 마음에 대한, 특히 자신의 기괴한 무의식에 대한 통찰을 제시했다. 이 그림들은 예술 뒤에 있는 복잡한 인간의 감각을 드러내며, 달리 극장 박물관에서도 비슷한 비밀들이 모습을 드러낸다.

박물관은 그가 세례를 받았던 교회 맞은편에 있으며 그가 첫 번째 전시회를 열었던 장소이다. 이 박물관은 가장 규모가 크고 다양한 달리의 작품 컬렉션을 소장하고 있으며, 그의 개인적 수집품 일부도 갖추고 있다. 박물관에 있는 모든 것은 달리가 인지했고, 디자인했고, 제작한 것들이다. 어떤 의미에서 이 박물관은 달리의 진수 그 자체인 것이다. **KH**

아랍 목욕탕

스페인, 지로나 | El Banys Arabs

잘 보존되어 있는 중세의 목욕탕

지로나의 아랍 목욕탕(엘 바니스 아랍스)은 그라나다에 있는 것 다음으로 보존 상태가 가장 훌륭한 중세 기독교 스페인 시대의 공공 목욕탕이다. 지로나의 성 펠릭스 대성당에서 내려오는 아흔 개의 계단 끝에 위치한, 쌍둥이 탑이 있는 '소브레포르테스 관문'을 통해 이곳에 닿을 수 있다. 프랑스인들이 파괴해 버린 원래 목욕탕 자리에 1194년 처음 세워진 이 건물들은 무어인들이 설계했을 가능성이 높다. 겉보기에는 전통적인 로마와 이슬람 목욕탕의 구조를 모델로 삼은 것 같지만 실상은 아랍과 로마네스크 양식의 요소들을 모두 통합하여 지어진 12세기의 기독교 건물이다.

1284년, 목욕탕 건물들은 포위 공격 동안 심각한 손상을 입은 이후 대규모로 수리되었다. 15세기 동안에는 거의 내내 폐쇄되어 있다가, 결국 16167년부터 개인 소유가 되어 카푸친 수녀회가 운영하는 수녀원의 세탁실로 사용되었다. 이외에도 식료품 저장소와 주방으로 사용되다 1929년 스페인 정부로 넘어가 완벽하게 복원되었다. 목욕탕을 찾는 방문객들은 바닥 아래에 설치된 난방 시스템에 의해 온도가 서로 다르게 유지되는 세 개의 주 욕실을 둘러볼 수 있다. 글자 그대로 하면 '아래로부터 올라오는 열'이라는 의미를 지닌 '하이포코스트'라는 이름의 이 난방 시스템은 전통적인 로마 방식에 기초한 것이다.

가장 인상 깊은 방은 분명 '아포디테리움'–'변화하는 방'이라는 의미–일 것이다. 여덟 개의 기둥이 떠받치고 있는 돔 형 채광창에서 자연광이 드리워져 중앙에 있는 팔각형 욕탕에 폭포처럼 쏟아지는 아름다운 공간이다. 옷을 놓을 수 있는 니치와 뜨거운 목욕을 즐기고 난 고단한 몸을 쉴 수 있는 돌로 된 벤치도 있다. 옆방에 있는 목욕탕에는 들어가서 몸을 식힐 수 있는(전통적으로는 일종의 용소(龍沼)) '프리기다리움'(차가운 방)이 있으며, 목욕하는 사람들은 '테피다리움', 즉 따뜻한 욕실과 일종의 사우나인 '칼라드리움'을 이용하기도 했다. **TE**

푸볼 성

스페인, 지로나 | Castell de Pubol

사이가 소원해진 아내를 위해 달리는 이 성을 사서 개조했다

이 고딕 르네상스 요새는 스페인의 초현실주의 화가 살바
도르 달리가 러시아인 아내 갈라를 위해 1970년에 사들
인 곳이다. 갈라가 죽은 후, 달리는 2년 동안 이 성에 거
주하다가 마침내 피게레스로 이사해 갔다. 지로나 근처
의 자그마한 마을 푸볼에 있는 이 중세의 성채는 1017년
에 세워졌으나, 1968년 달리가 이 성을 얻었을 때는 주인
없이 버려진 상태였다. 달리의 감독으로 이루어진 수리
와 전체적인 개조 작업은 완료되기까지 1년 이상이나 걸
렸고, 달리는 사이가 멀어졌던 갈라를 위해 서면으로 초
대받지 않는 이상 결코 성에 들어오지 않는다는 조건을
붙여 봄에 선사했다(그가 초대받는 일은 거의 없었던 것
이 분명하다).

이 성은 그가 살았던 다른 집들보다 훨씬 덜 화려하
고 소박한 편이며, 이 지역 골동품 상인들에게 구한 세심
하게 선별된 가구와 별난 물건들로 치장되었다. 거대한
발을 지닌 코끼리 조각상이 정원을 독특하게 장식하며,
달리는 독일 작곡가 리하르트 바그너의 흉상으로 둘러싸
인 수영장도 지었다. 이 집에는 갈라의 최신 유행 드레스
컬렉션도 있다. 달리는 성 내부에 여러 점의 프레스코 화
를 그렸고 나중에는 두 점의 수채화를 그렸다. 〈푸볼의
풍경〉과 〈푸볼에 있는 갈라의 성〉이다. 그는 지하실에
지하 묘지를 지었으며, 갈라는 88세의 나이로 사망한 후
이곳에 묻히게 된다. 그녀가 죽은 날─1092년 6월 10일─
비탄에 찬 달리는 포르트 이가트에 있는 집을 떠나 자신
의 뮤즈 곁에 살기 위해 푸볼로 온다. 이후 2년 동안 달
리는 그의 마지막 작품으로 판명된 〈연의 이야기와 기타
〉를 그리고, 피게레스에 있는 '토레 갈라테아'에 자신의
박물관을 창조한다. 후안 카를로스 왕은 그에게 푸볼리
이 달리 후작이라는 직위를 수여했다.

1984년, 심각한 우울증에 시달리던 달리는 침실에
서 일어난 화재로 큰 부상을 입었으며, 이 화재로 인해
성의 일부도 피해를 입었다. 그는 피게레스로 옮겨가
1989년 사망할 때까지 그곳에 머물렀다. **TE**

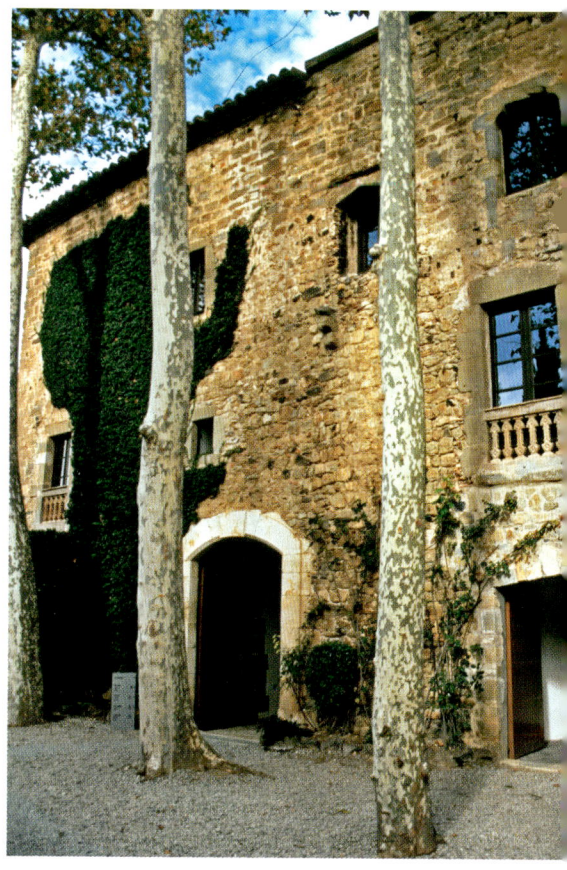

"포르트 이가트와 피게레스에 있는 저
택들보다 조용하고 진지하며, 초현실주
의적으로 과장된 면이 훨씬 덜한 집."

프로머즈 리뷰(미국의 베스트셀러 여행 안내서)

성모 마리아 수도원

스페인, 몬트세라트 | Monastery of the Virgin

'라 모레네타'를 보기 위해 순례자들이 몰려든다

몬트세라트의 성모 마리아 수도원은 온 스페인 땅에서 가장 숭배 받는 성상(聖像)인 '라 모레네타'가 있는 곳이다. '라 모레네타'라는 카탈루냐 이름을 글자 그대로 해석하면 '검은 피부의 작은 것'이라는 의미이며 이 성상은 나무에 새겨진 12세기 로마네스크 양식의 검은 마리아상인데, 이는 카탈루냐의 수호성인인 마리아를 조각한 것으로 전 세계적으로 이름이 나 있다.

　　가톨릭계의 전설에 따르면, 이 조각상은 예루살렘에서 성 루가가 50년경에 조각했으며 성 베드로에 의해 스페인으로 전해져 무어인들의 눈을 피해 동굴 속에 조심스레 숨겨져 있었다고 한다. 이 지역에 전해지는 이야기로는 베네딕트회 수사들이 이 조각상을 옮기려 했으나 옮길 수가 없어서, 기괴한 분홍색을 띠고 있는 1,219m 높이의 산봉우리에 마리아상을 둘러싸고 수도원을 지었다고 한다(몬트세라트는 해석하자면 '뾰족뾰족한 산'이라는 의미이다). 1522년, 전쟁의 부상에서 회복한 이그나티우스 로욜라는 예수회 교단을 세우기 이전 이 성소를 방문했다. 여러 가지 기적이 라 모레네타를 둘러싸고 일어났으며, 1592년에는 이곳을 찾아오는 수많은 순례자들을 수용하기 위해 수도원의 웅장한 바실리카가 봉헌되었다. 나폴레옹이 쳐들어오자 이 성당은 1812년에 파괴되었으나 19세기에 곧 다시 지어졌고, 교황 레오 13세는 검은 마리아를 카탈루냐의 수호 성녀로 선포했다.

　　라 모레네타 - 목재의 유약이 오래되면서 검은색을 띠게 되었는데 - 는 수도원 옆에 있는 바실리카의 높은 제단 위에 모셔져 있다. 1년에 두 번 수천 명에 달하는 순례자들이 마돈나를 보기 위해 밀려오며, 신혼여행을 온 부부들이 마리아에게 결혼 축복을 받기 위해 일 년 내내 방문한다. 아서 왕 전설의 한 버전에 따르면, 몬트세라트는 파르지팔이 성배를 찾아냈던 장소이기도 하다. 독일 작곡가 리하르트 바그너가 이곳에 잠시 살기도 했는데, 그는 오페라 〈파르지팔〉의 배경으로 이 수도원을 등장시켰다. **TE**

산타 에울랄리아 대성당

스페인, 바르셀로나 | Cathedral of Santa Eulalia

바르셀로나 수호 성녀에게 바쳐진 기념관

지역 주민들 사이에서는 '라 세우'라는 이름으로 알려진 산타 에울랄리아 대성당은 커다란 고딕 건축물로, 높이 솟은 늘씬한 탑은 마치 하늘을 찌를 것처럼 보인다. 이 성당이 완공되는 데에는 150년이 걸렸다. 13세기에 건축이 시작되었으나 15세기 중반까지도 완공되지 못했으며, 인상적인 고딕 양식의 파사드가 완성된 것은 19세기에 이르러서였다.

　　성당의 내부는 화려한 목조 조각, 그림, 조각상, 대리석, 석조 건축술로 이루어져 눈부시게 아름답다. 1493년에 제작된 현판에는 크리스토퍼 콜럼버스가 아메리카 대륙을 향한 영웅적인 여행을 마치고 돌아오면서 스페인으로 데려온 카리브 해의 원주민 여섯 명이 세례를 받았

> "역사가 키리키는 이 성당을 '바르셀로나에서 가장 아름다운 오아시스'라 불렀다." 프로머즈 리뷰

다는 사실이 기록되어 있다. 회랑 주변을 거닐다 보면 방문객들은 하얀 거위들이 꽥꽥거리는 소리에 깜짝 놀라곤 한다. 이 거위들은 적어도 5세기 동안 이곳에서 커 왔으며, 성녀 에울랄리아의 순결을 상징한다고 한다.

　　바르셀로나의 성녀 에울랄리아는 열셋 혹은 열넷의 나이로 로마 군인들에게 순교당한 동정녀였다. 이 사건은 종교적인 박해로 악명이 높았던 디오클레티아누스 황제 통치 기간에 일어났다. 에울랄리아는 304년 자신이 태어났던 도시에서 죽었다. 그녀의 유골은 원래 바르셀로나의 다른 곳에 있는 작은 교회에 모셔져 있었다. 현재 그녀의 유골은 그녀의 이름을 딴 이 성당 지하 묘지의 아름답게 치장된 무덤에 안장되어 있다. 에울랄리아는 선원들의 수호 성녀이며 가뭄을 물러나게 해 달라는 기도를 올릴 때도 그녀의 이름이 오르내리곤 한다. **LH**

산트 파우 병원

스페인, 바르셀로나 | Hospital de Sant Pau

도메네크의 걸작이 지닌 아름다움은 환자들이 편안한 생활을 누리도록 돕기 위한 것이었다

바르셀로나의 '산타 크레우 이 산트 파우 병원'은 1901년
에서 1930년에 걸쳐 지어졌으며 카탈루냐의 아르 두보
건축 양식을 잘 보여 주는 훌륭한 예이다. 병원이 처음
설립된 것은 1401년으로, 원래의 중세 건물은 예술 학교
가 되었다. 20세기에 지어진 건물은 오늘날도 병원으로
사용된다.

병원 건설 자금을 대 준 이는 지역 은행가 파우 길
이었는데, 그는 바르셀로나에 의료계의 설비를 최고 수
준에 달할 정도로 갖춘 현대적인 병원이 생기기를 바랐
다. 48채의 건물로 이루어진 병동을 지으려는 것이 처음
의 계획이었으나, 13.5헥타르 부지에 걸쳐 27채의 건물만
이 지어졌으며 완성된 병동 내에는 교회, 박물관, 도서관
까지 있었다. 세 개의 층으로 건물들이 놓여 있는 사이사
이에는 정원이 조성되어 있다.

산트 파우 병원이 보여 주는 건축학적 화려함, 곡
선미를 갖춘 형태, 밝게 채색된 세라믹, 모자이크, 스테
인드글라스 등의 사용에서는 바르셀로나의 '라 사그라다
파밀리아 성당'을 짓기도 한 저명한 카탈루냐 건축가 안
토니 가우디 이 코르네의 영향이 드러난다. 그러나 이 병
원을 디자인한 이는 가우디와 동시대인이자 동료 카탈루
냐 건축가였던 루이스 도메네크 이 몬타네르였으며, 도메
네크의 사후 그의 아들이 건물을 완성했다. 도메네크는
정치가이자 건축가, 한때는 바르셀로나 건축 학교의 교
수이자 학장을 맡았던 이였다. 그는 자신의 건축 작품과
자신이 집필한 많은 글을 통해 카탈루냐 스타일의 아르
누보 건축을 창조해 내는 데에 커다란 영향을 끼쳤다. 산
트 파우 병원은 그가 남긴 가장 유명한 작품 중 하나이
며, 당대의 중요한 카탈루냐 예술가들과 장인의 작품으
로 이루어졌다. 데우세비 아브나우와 파우 가르갈로의
조각, 프란체스크 라바르타의 그림과 타일 공예품 등을
들 수 있다. 도메네크가 병원 안에 예술 작품과 정원을
포함시킨 것은 아름다움을 바라보는 일에 치유의 가치가
있다는 그의 신념과 일치하는 행동이라 할 수 있다. **CK**

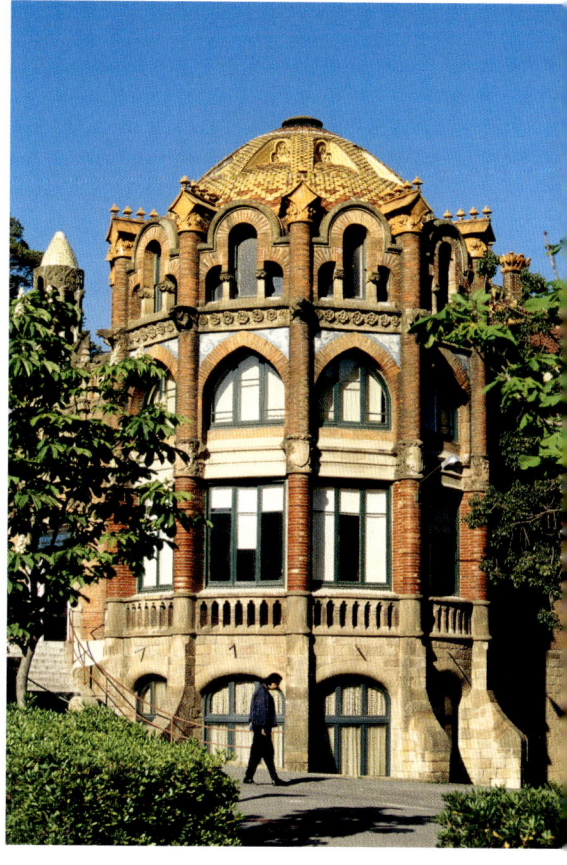

"모든 장르의 조형 예술과 장식 예술과
의 협동 작업에 열중한 건축의 한 형
태…"

역사가, 에시오 고돌리

라 사그라다 파밀리아 스페인, 바르셀로나 | La Sagrada Familia

아직은 결실을 맺지 못한 가우디의 '사랑의 수고'

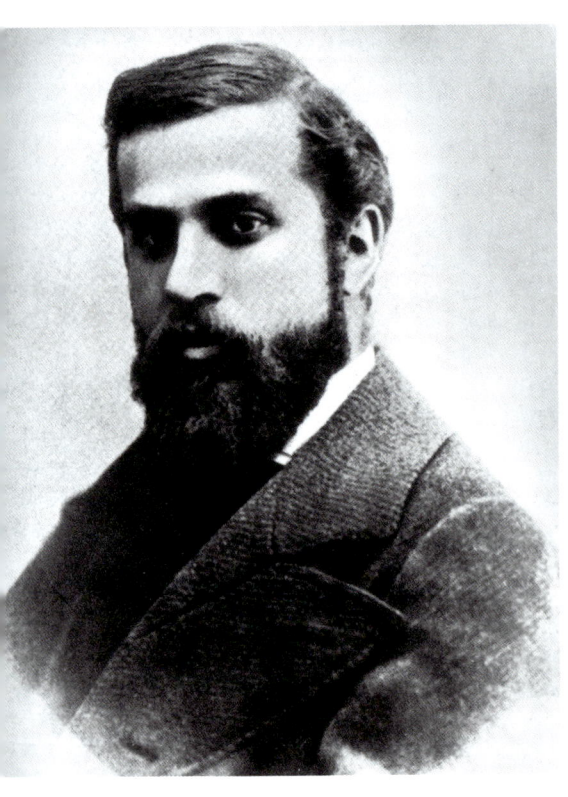

"이 성당은 천천히 자라나지만, 오랫동안 살아남을 운명을 지닌 모든 것은 그래 왔다."

건축가, 안토니 가우디

⊡ 바르셀로나의 건축 고등기술학교를 졸업했던 해인 1878년의 가우디.

⊡ 바르셀로나에서 가장 유명한 교회 건물로, 건축에 쓰이는 비계가 아직 남아 있는 라 사그라다 파밀리아.

카탈루냐가 낳은 가장 유명하며 아마 가장 사랑받는 아들일 건축가 안토니 가우디 이 코르네트는 순전히 진심에서 우러난 마음으로 라 사그라다 파밀리아 성당(성가족 성당)을 건축했다. 그는 자신의 역작이 될 만한 건물이자 종교적인 믿음의 발현 행위이기도 한 이 성당을 짓기 위해 보수를 받을 수 있는 일을 모두 포기했던 것이다. 그는 자신의 표현에 따르면 '가난한 이들을 위한 교회'가 되도록 건물을 설계했으며, 건설 자금은 예전이나 지금이나 동일하게 기부를 통해서만 충당되고 있다.

1883년에 건축이 시작되었지만, 아직도 끝나지 않았다. 어떤 이들은 가우디 사후 100주년이 되어야 완성될 거라고 예측하지만, 과연 그럴지조차 논란에 싸여 있다. 건물이 가우디의 원래 설계안대로 완성될 수 있을지도 상당히 모호한 문제인데, 스페인 내전 동안 가우디의 드로잉을 보관하고 있던 작업실이 불타 버렸기 때문이다. 그 결과 일류 예술가, 지식인, 건축가들로 이루어진 그룹 안에서 건축을 계속해야 하느냐 말아야 하느냐 하는 토론이 벌어졌다. 그들은 건물이 가능한 한 가우디의 원래 컨셉 그대로 남아 있기를 희망했고, 점점 더 세속화되어 가는 사회에서 이렇게 큰 교회가 대체 필요할까 하는 점을 지적하는 이들마저 있었다.

그렇게 보면 라 사그라다 파밀리아는 가우디의 독특한 건축학적 스타일이 궁극적으로 발현된 건물이라 간주하기에 충분할 정도의 완성도를 갖추고 있는 셈이다. 가우디의 디자인에는 가우디만의 독특한 취향이 낙인처럼 찍혀 있다. 자연 속의 모습을 반영하는 유기적인 곡선과 형상, 거의 동화 속 건물처럼 환상적인 형태, 그리고 화려하게 채색된 타일 작업 등이 그 예이다. 전차에 치어 비극적인 죽음을 맞이한 이후, 그는 마땅히 성당 지하 묘지에 안치되었다. 사고가 난 이후 흐트러진 몸차림을 하고 있던 그를 아무도 알아보지 못했고, 그는 근처에 있는 빈민자 병원으로 옮겨졌다. 신원이 밝혀진 이후 다른 병원으로 옮겨 가자는 제안을 받았음에도, 그는 겸허한 태도로 자신은 가난한 이들 사이에 머물겠다고 고집했다. **CK**

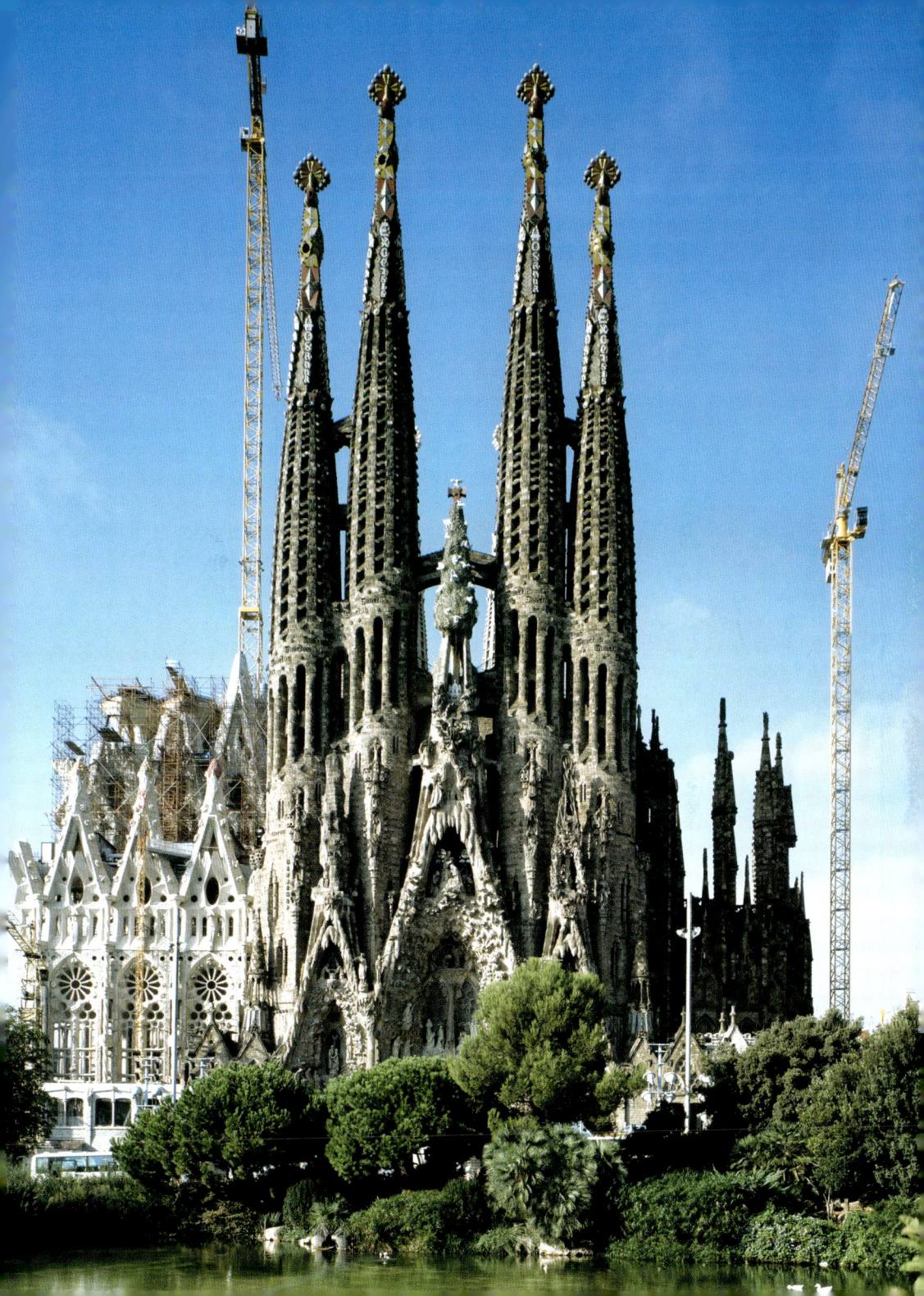

팔라우 구엘 스페인, 바르셀로나 | Palau Güell

한정된 공간에 무제한의 예산으로 지어진, 구엘을 위해 지은 가우디의 첫 작품

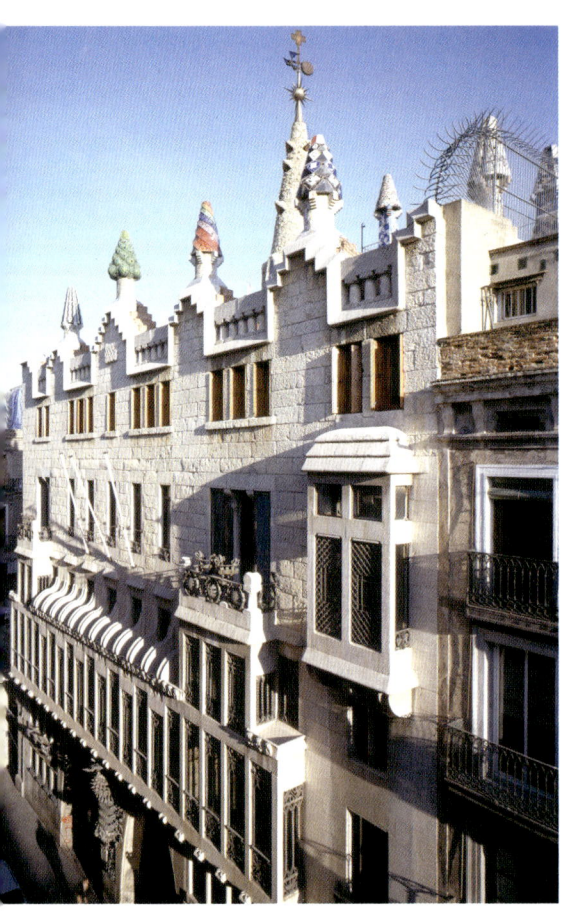

"우아함은 빈곤의 자매이지만, 빈곤을 비참과 혼동해서는 안 된다."

건축가, 안토니 가우디

안토니 가우디 이 코르네트처럼 한 도시에 자신의 개성을 확실하게 남긴 건축가는 매우 드물다. 열정적인 카탈루냐인이었던 그는, 여러 채의 뛰어난 건축 프로젝트와 건축학적 개혁을 통해 카탈루냐의 수도인 바르셀로나를 변모시켜 놓았다.

가우디는 이 팔라우(글자 그대로 하면 '궁전')를 부유한 기업가이자 그의 큰 후원자가 되어 준 에우세비 구엘이 거주할 호화로운 저택으로 디자인했다. 건물을 지을 장소는 구엘 가가 그곳과 인접한 땅을 소유하고 있었기 때문에 선정되었고, 한동안 두 채의 건물은 연결되어 있었다. 1885년에 건축이 시작되었고 1888년에는 대부분 완성되었는데, 이 해에 팔라우는 만국 박람회에 선보일 전시품 중 하나가 되었다. 이듬해에 마지막으로 화려한 장식이 추가되었다. 건축 자재 대부분은 근처의 가라프에 있던 구엘 소유의 채석장에서 왔다.

팔라우 구엘은 가우디의 초기작 중 하나이지만, 그의 스타일을 드러내는 유명한 흔적을 많이 갖추고 있다. 현관은 두 개의 포물선 모양 아치 형태로, 한쪽에는 마구간으로 이어지는 경사로가 있다. 장식 면에서는 정교한 철제 세공이 크게 돋보이는데, 두 개의 아치 사이에 달린 화려하게 제작된 카탈루냐의 문장이 특히 그렇다. 내부는 교회 건축을 연상시키며, 가장 전형적인 가우디적인 특징은 지붕에서 드러난다. 가우디는 지붕에 열두 개의 굴뚝을 두었는데, 이들은 각자 모양이 다르며 기능적인 부품이라기보다 조각품에 가깝다. 굴뚝들은 여러 가지 색으로 된 키 작은 전나무처럼 생겼으며 대부분 트렌카디스, 즉 가우디의 트레이드마크가 된 채색된 세라믹 조각으로 치장되어 있다.

구엘은 1906년까지 팔라우에 살다가, 역시 가우디가 지은 저택인 '파르케 구엘'로 거처를 옮겼다. 이 건물은 1945년까지 구엘 가의 소유로 있다가, 바르셀로나 당국에 넘어갔다. 팔라우 구엘의 일부는 그 이후 극장 박물관으로 사용되어 왔으나, 2005년에 문을 닫고 석조 건축 부분을 대대적으로 보수하는 중이다. **CK**

산타 마리아 데 포블레트 스페인, 타라고나 부근 | Santa María de Poblet

스페인에서 가장 크고 가장 중요한 수도원 중 하나

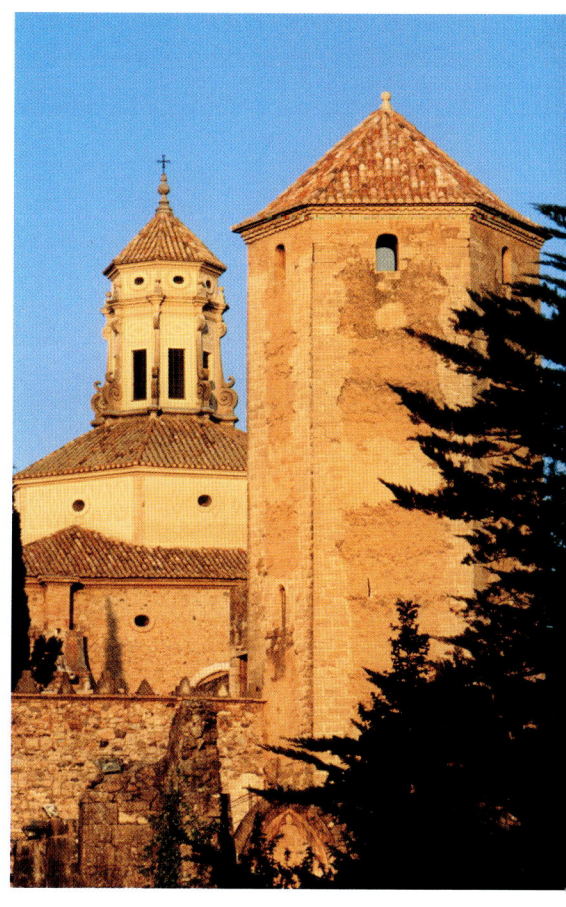

카탈루냐에 있는 웅장한 산타 마리아 데 포블레트 수도원은 12세기 초, 카탈루냐의 왕 라몬 베렝게르 4세가 프랑스의 폰트프레다 수도원을 위해 라 콘카 데 바르베라의 영지를 하사했을 때, 프랑스의 시토 수도회 수사들에 의해 설립되었다. 이 자리에 세워졌던 최초의 수도원 공동체는 1153년부터 게라우 수도원장이 이끌었다.

산타 마리아 데 포블레트는 이후 건설되는 세 개의 자매 수도원 중 최초로 건설되었으며 가장 큰 수도원이었다. 이 세 곳의 수도원들을 합쳐 '시토 수도회 삼각지'라 불렀으며 12세기에 이 지역이 무어인들의 손에 들어간 이후 카탈루냐에서 권력을 강화하는 데에 도움을 주었다. 다른 두 수도원은 발보나 데 레스 몬헤스와 산테스 크레우스 수도원이다. 산타 마리아 데 포블레트 수도원은 왕과 귀족들의 후원을 등에 업고 12세기부터 18세기까지 번영을 누려 카탈루냐와 아라곤 왕국 전역에 상당한 영지를 소유하게 되었다. 1835년, 수도원들이 국가 소유가 되지 산타 마리아 데 포블레트는 무자비하게 약탈당하고 방화로 심각한 피해를 입었다. 슬프게도 그 이후로 수도원은 폐허가 된 채 방치되어 있었다가 1930년대에 들어서야 복원 작업이 시작되었고, 수사들은 1940년에 수도원에 돌아왔다.

요새처럼 탄탄한 성벽으로 둘러싸여 있는 이 웅장한 수도원은 중세 건축술과 디자인을 보여 주는 훌륭한 예이다. 건물의 한복판이자 수도원 생활의 중심지가 되는 곳에는 화려하게 장식된 창문이 나 있는 둥근 천장의 회랑이 자리하고 있다. 식당은 팔각형 분수가 있는 천장이 둥근 홀이며, 교회 계단을 통해서만 들어갈 수 있는 숙소는 길이가 87m에 이르는 긴 방이다. 회의실은 완벽한 정사각형으로, 훌륭한 기둥과 우아한 천정을 갖추고 있다. 산타 마리아 데 포블레트 수도원의 교회에 있는 '왕들의 판테온'에는 1359년 이후부터 왕과 귀족의 무덤이 있어 왔다. 교회의 돌 제단 뒤편에는 설화 석고로 된 아름다운 '레레도스'(장식 스크린)가 있는데, 이는 1527년 조각가 다미아 포르멘트가 새긴 작품이다. **EH**

"이 엄숙하면서 웅장한 수도원에는 왕의 요새화된 거처가 있으며 … 인상적인 광경이다."

유네스코

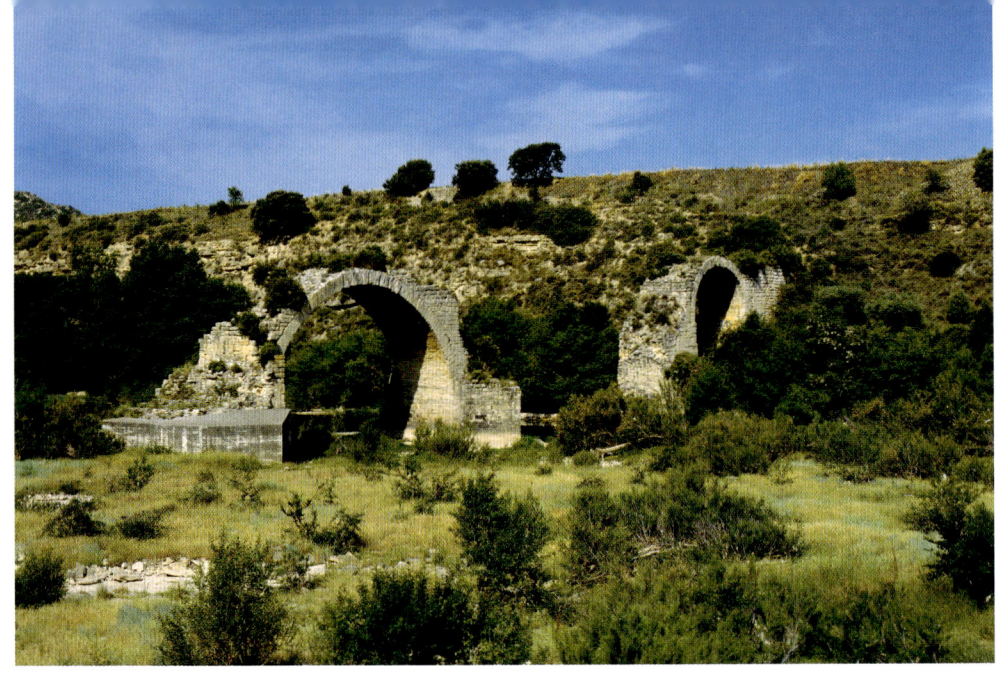

에브로 전투지 스페인, 에브로 | Ebro Battlefields

스페인 내전의 마지막 격전이 벌어졌던 장소

스페인에서 가장 긴 강인 에브로 강은 스페인 북부의 칸타브리아 산맥에서 시작해 남동부로 굽어들어 지중해 해변에서 삼각주를 형성한다. 스페인 내전(1936~1939) 중 공화파가 마지막 대공세를 펼친 곳은 내륙의 도시 메키넨사와 삼각주 근처의 한 지점, 에브로 강이 스페인의 사라고사와 타라고나 지방을 나누며 흐르는 유역에서였다.

스페인 내전은 본질적으로 후안 네그린이 통치하던 공화파 정권과, 파시스트를 뒤에 업은 반란군 리더 프란시스코 프랑코가 이끌며 정부에 불만을 품고 있는 우파 국가주의자들 간의 격렬한 충돌이었다. 이 복잡한 판도에 스페인 공산당의 야심가들이 말려들었다. 1938년, 공화파 군대는 완전히 지쳐 있었고 국가파는 지중해를 향해 진격해 오고 있었다. 네그린은 아직 남아 있는 공화파 요새를 반란군들에게 빼앗기지 않으려면 즉각 행동을 취해야 한다고 결정했다. 그는 대규모 공격을 계획했다. 프랑코의 군대는 발렌시아를 향해 진격해 오고 있었으므로, 공화파 군인들은 에브로 강변으로 집결했다. 7

월 24일 밤, 공화파는 강을 건너 국가파를 불시에 습격했고, 적진으로 나아갈 수 있는 강 너머에 있던 지점을 탈환했다. 여름이 깊어 가면서 전투도 격렬해졌고, 1938년 11월 16일 에브로 전투가 벌어졌는데 이 무렵 전세는 완전히 뒤바뀌었다. 공군력과 물자가 더 우세했던 국가파는 초기에 공화파가 거두었던 승리를 역전시키고 마침내 엄청난 사상자를 내며 공화파의 진격을 막았던 것이다.

에브로 전투는 진정한 의미에서 내전 동안 공화파의 마지막 저항이 되었다. 이 전투는 공화파의 기력, 물자, 병력, 사기에 막심한 피해를 입히고 고갈시켰으며, 1939년 1월 카탈루냐 전선에서 프랑코가 결정적인 최후 승리를 거두는 기반이 되었다. **AK**

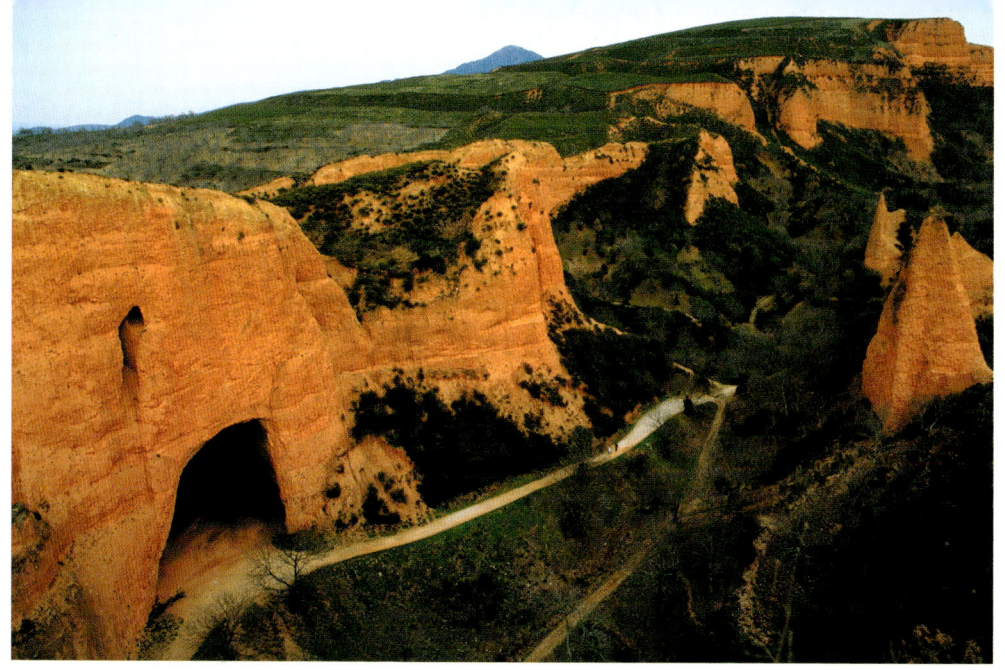

🏛 ◎ 라스 메둘라스 스페인, 폰페라다 부근 | Las Médulas

대단히 훌륭한 토목 공학 기술을 지니고 있었던 로마인들이 금을 캐던 곳

어딘지 딴 세상을 보고 있는 것처럼 독특한 풍경 속에서, 마치 거대하게 뾰족 튀어나온 이빨처럼 보이는 솟아오른 바위투성이 봉우리는 진흙으로 된 표면에 스페인의 태양이 빛을 드리움에 따라 새빨간 색으로 빛난다. 일부분은 밤나무로 덮여 있으며, 수없이 많은 통로가 십자가 모양으로 나 있고 터널, 동굴, 호수 등이 벌집처럼 구멍투성이로 숨어 있는 이 바위산은 한때 로마 제국의 최대 규모 금광이었다. 오늘날 이곳은 자연 절경이면서 놀라울 정도로 발달했던 로마의 토목 공학적 기술을 보여 주는 증거이기도 하다.

1세기와 2세기 동안, 당대로서는 경이라 할 만한 독창적인 수력 기술을 이용해 최대 800t의 금이 이 지역에서 채굴되었다. 로마의 작가 대(大)플리니우스는 이곳에 '루이나 몬티움'이라는 형태의 광산이 이루어진 과정에 대해 묘사하는데, 근처의 산에서 온 경이적인 양의 물을 복잡한 체계를 따라 특별히 뚫은 복도와 갱도를 통해 글자 그대로 '쏟아부어' 라스 메둘라스 산을 무너뜨리고

그 속에 감춰져 있던 보물이 수월하게 드러나도록 했다고 한다. 그의 기록에 따르면 엄청난 인원으로 이루어진 광부 팀이 햇빛을 보지 못하고 갇힌 채 램프 불빛에 의지하여 터널을 팠으며, 이 과정에서 많은 이들이 사망했다고 한다. 200년 동안 집중적으로 금을 캐낸 이후 로마인들은 이 지역을 버렸다.

라스 메둘라스의 자연 경관은 훼손되었을지 모르나, 이곳은 로마인이 떠난 이후 산업적으로 개발되지 않은 채로 남아 있어 그들의 기술적 능력이 어느 정도였는지 들여다볼 수 있는 매혹적인 증거이다. 오늘날 방문객은 많은 통로를 걸어 다닐 수 있으며, 황금을 모아 두었던 흥미로운 동굴, 수천 년 전 광부의 흔적이 남아 있는 갱도를 비롯하여 채굴이 행해지던 시대의 마을 유적들을 볼 수 있다. 오렐란이라는 지점에서는 이 부근의 뛰어난 경치를 감상할 수 있다. 1997년 유네스코는 로마 기술을 보여 주는 잘 보존된 독특한 유적이라는 면에서 라스 메둘라스를 세계문화유산 목록에 등재했다. **AK**

부르고스 대성당 스페인, 부르고스 | Burgos Cathedral

엘 시드가 묻힌 웅장한 고딕 건축물

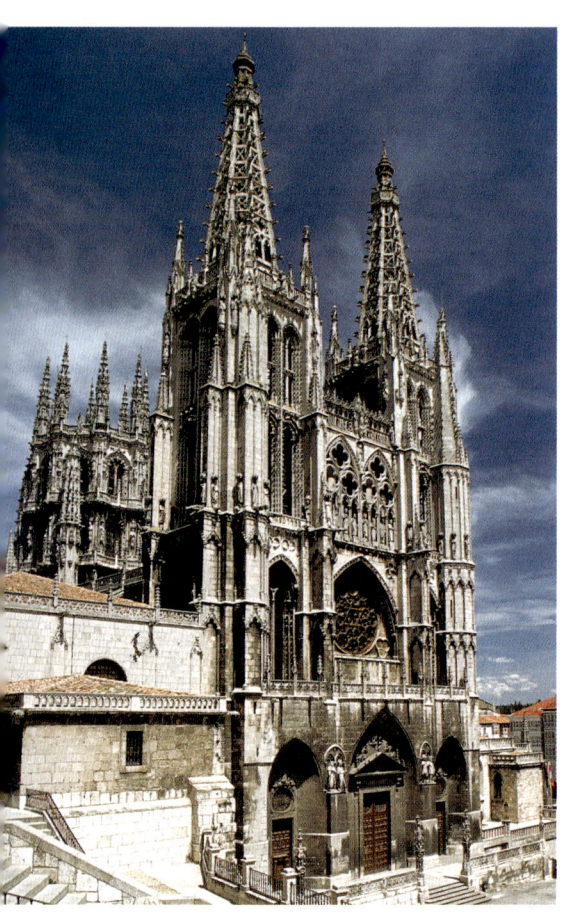

> "당대의 징벌자였던 그 사나이는 …
> 신의 기적 중 한 사람이었다."
>
> 시인이자 역사가, 이븐 바삼

북부 스페인의 부르고스 대성당은 성모 마리아에게 바쳤던 고딕 양식의 걸작이다. 라틴 십자가형 배치로 설계된 이 성당은 스테인드글라스 창문, 예술 작품, 성가대석, 예배당, 무덤, 조각상, 장식 격자에서 보이는 뛰어난 석조 세공 등으로 명성이 높은 곳이다. 이 성당은 13세기에 프랑스 북부에 세워진 성당에서 영향을 받았으며, 스페인 건축가들이 프랑스 고딕 양식을 받아들여 고유한 방식으로 적용했음을 보여 주는 훌륭한 예이다. 프랑스 고딕 건축 양식과 예술이 보급된 것은, 부르고스라는 도시와 그 성당이 중세 이후부터 피레네를 거쳐 갈리시아에 있는 산티아고 데 콤포스텔라로 향하는 순례자들이 쉬었다 가곤 하던 장소였던 덕분이기도 하다.

건축은 1221년 부르고스의 주교 마우리시오의 주도 하에 시작되었다. 이 주교는 파리에서 공부했으며, 프랑스의 건축 전문가를 불러와 프로젝트를 맡겼다. 이후 200년이라는 시간이 지나서야 성당을 꾸미는 작업이 추가로 이루어졌는데, 독일의 건축가 요하네스 폰 쾰른이 성당 앞쪽의 두 개의 탑에 석조 세공으로 이루어진 열린 장식 격자가 달린 첨탑들을 새로이 지은 것도 이때의 일이다. 성당은 1567년에 완공되었는데, 이후 르네상스 시기에 '에스칼레라 도라다'라는 이름의 황금 계단 등 몇몇 부분이 증축되기도 했다.

부르고스 대성당은 플랑부아양(타오르는 불꽃 모양의 복잡한 장식을 갖춘 고딕 양식) 건축 양식으로 명성이 높을 뿐 아니라 카스티야 왕국의 스페인 왕실 사람의 유해를 보관하고 있어 더 유명하다. 그러나 이 성당은 무엇보다도 부르고스가 배출한 가장 뛰어난 인물이며 엘 시드라는 이름으로 알려진 11세기의 군인이자 군사 지도자 로드리고 디아스 데 비바르와 그의 아내 도냐 히메나가 잠든 곳으로 가장 유명하다. 이 부부의 유해는 1919년 성당 중앙에 안장되었다. 엘 시드는 스페인의 국토 수복 운동인 '레콩키스타'의 영웅이었으며, 1094년 발렌시아를 정복해 이 도시를 스페인 아래로 되돌렸다. 엘 시드는 죽을 때까지 발렌시아와 그 주변 지방을 다스렸다. **CK**

산토 도밍고 데 실로스 수도원 스페인, 부르고스 | Monasterio de Santo Domingo de Silos

이 수도원의 문서 보관소에는 오래된 실로스 미사 전례서가 있다

부르고스의 산토 도밍고 데 실로스 수도원은 두 개의 회랑을 중심으로 나란히 서 있는 두 채의 수도원 건물로 이루어졌다. 수도원의 교회는 북쪽에 위치하고 있으며, 남쪽 윙에는 베네딕토회 수사들이 거주한다.

이 수도원은 10세기에 세워졌으며 처음에는 성 세바스티안에게 봉헌되었다. 오늘날에는 1041년부터 1073년까지 수도원장을 맡았던 성 도밍고 데 실로스에게 봉헌되어 있다. 이 성인은 수도원이 무어인의 습격으로 여러 차례 피해를 입은 이후 다시 부흥해 나가는 과정을 주도했으며, 수도원이 금박과 은박으로 장식한 서적 채식(彩飾)과 공예의 학문적 중심지가 되었던 것 역시 도밍고 수도원장의 뛰어난 지도 아래에서였다. 오늘날 이러한 서적들은 수도원에 딸린 박물관과 도서관에서 볼 수 있다.

산토 도밍고 데 실로스 수도원은 필사실, 즉 수도사들이 종교 서적을 베껴 쓰는 작업을 하는 방 덕분에 유명해졌다. 도서관에는「실로스 미사 전례서」가 있는데, 이 책은 서양의 기독교 문명 속에서 종이로 제작된 가장 오래된 문헌이다. 11세기에 제작된 이 문헌은 154장으로 이루어진 4절판의 모사라베(무어인들이 이베리아 반도를 점령한 이후, 이슬람교 통치 아래에서의 스페인 기독교 예배를 이르는 말) 미사 전례서이다. 모사라베 전례는 로마 가톨릭교회의 라틴 양식 전례보다 시기적으로 이전이므로, 이는 기독교 내에서 예배 의식이 어떻게 진화되어 왔는지 보여 주는 중요한 자료이다. 이 수도원에는 또한 리에바나의 베아투스라는 스페인 수도사가 필사한 주석이 달린 12세기 요한 계시록 필사본도 있었는데 이는 중세에 기독교인들에게 크게 숭상 받았다. 이 필사본에는 성경의 장면들을 그린 106개의 세밀화가 있으며, 완성하는 데에 거의 20년이 걸렸다. 또한 가장 오래된 지도 중 하나인 기독교 시노가 늘어 있기도 하다. 이 필사본은 18세기에 수도원을 떠나 현재는 런던의 대영 박물관에 소장되어 있으나, 여전히 수도사들의 훌륭한 공예 솜씨를 보여 주는 증거물로 남아 있다. **CK**

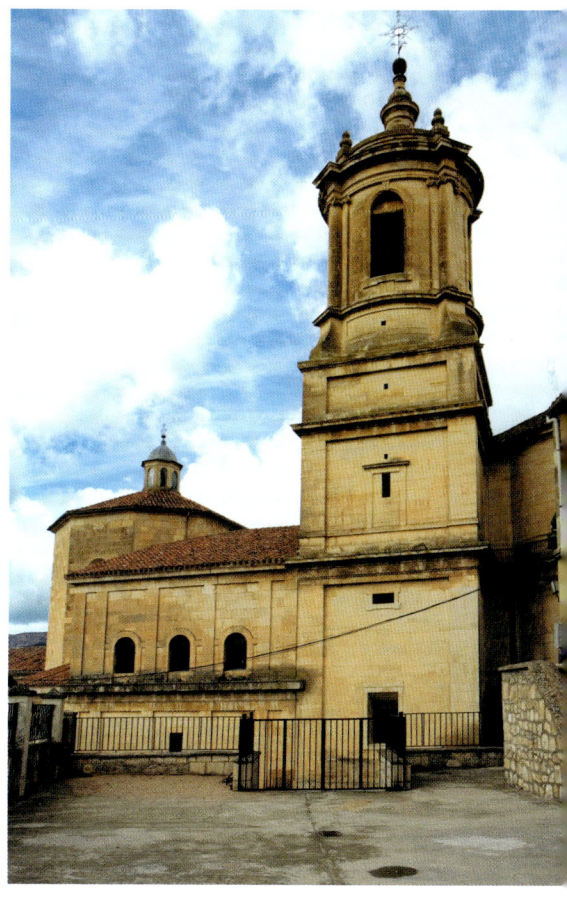

"수도원은 영적인 면이나 물질적인 면으로나 끔찍한 상태에 있었다 … 도밍고는 이를 복원하기 시작했다."

작가, 클리포드 스티븐스 목사

바야돌리드 대성당 스페인, 바야돌리드 | Valladolid Cathedral

어디에도 비길 데 없는 오래된 악보들을 보관하고 있는 성당

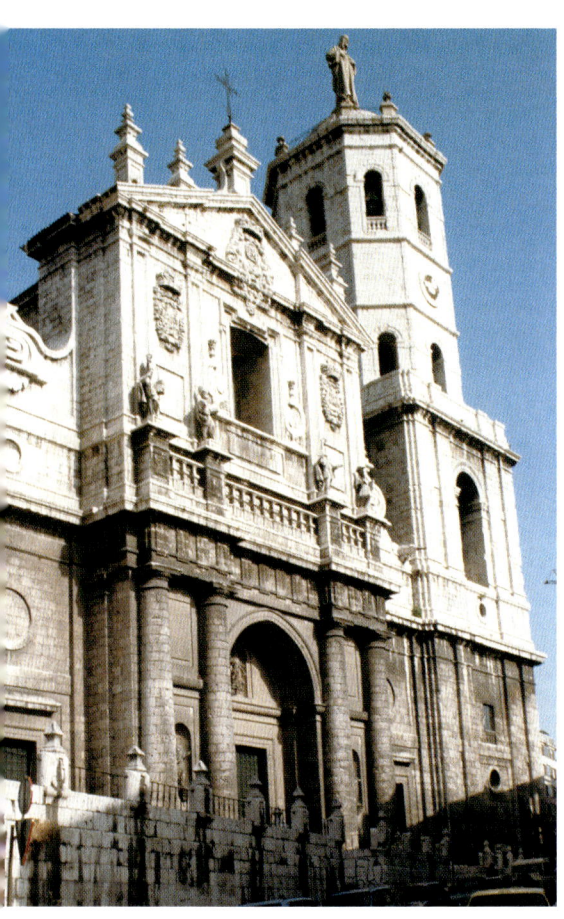

"…스페인에서 유일한 … 음악적 보물.
이보다 더 뛰어난 성당 문서 보관소가
있으리라고는 믿지 않는다."

음악학 연구가, 호세 로페스 칼로

스페인의 펠리페 2세는 16세기에 건축가 후안 데 에레라에게 바야돌리드 대성당, 다른 이름으로는 '누에스트라 세뇨라 데 라 아순시온 대성당'을 건축하라는 임무를 내렸다. 데 에레라는 궁전과 수도원이 결합된 산 로렌소 데 엘 에스코리알 왕립 수도원 건물의 엄숙한 디자인으로 잘 알려진 인물이었는데, 이 수도원 역시 왕의 명을 받아 지어졌으며 마드리드 북서쪽에 있다. 이 위대한 스페인 건축가는 신중하게 비율을 계산한 기하학적인 윤곽에 장식을 배제한 새로운 양식(에레라 양식)의 선구자로, 이는 고전주의를 향한 움직임이라 할 수 있으며, 스페인 전역에서 그가 끼친 영향을 관찰할 수 있다. 그러나 펠리페 2세와 데 에레라 두 사람이 다 죽은 이후에도 성당은 미완성 상태였으며, 에레라의 제자인 디에고 데 프라베스와 그의 뒤를 이은 아들 덕택에 마침내 1688년에 문을 열 수 있었다. 1730년 건축가 알베르토 추리게라가 엘 에스코리알 수도원의 양식을 본따 파사드를 마무리했다. 1755년 리스본 대지진이 일어나 성당을 뒤흔들었고, 큰 손상을 입어 그 결과로 1841년 탑 하나가 붕괴되고 말았다. 탑은 재건되었으나, 성당은 아직도 미완성 상태로 남아 있다.

이 성당에는 한때 그리스 화가 엘 그레코의 작품이 있었으며, 대예배당에 있는 장식적인 나무 조각과 레레도스(장식 스크린)로 이름이 높다. 그러나 이 성당은 예술적인 면보다도 훌륭한 악보 컬렉션을 소장하고 있는 것으로 더욱 유명하다. 문서 보관소에는 15세기부터 전해져 온 6천 점 이상의 원본 악보들이 가득하다. 프랑스–플랑드르 출신의 작곡가 호아킨 데 프레스와 스페인 작곡가 후안 데 안키에타의 작품을 포함하여 다성 성가, 낭만주의적인 마드리갈, 축가 등 다양한 음악의 16세기 악보 컬렉션은 비길 데 없이 훌륭하다. 이러한 악보 컬렉션은 수세기에 걸쳐 성당의 '마에스트로 데 카피야', 즉 성당 음악 책임자가 모아 온 것으로, 그들의 임무는 다양한 종교 축제를 위해 새로운 음악을 연주하고 작곡하는 일이었다. **CK**

아타푸에르카 동굴 스페인, 아타푸에르카 | Atapuerca Caves

유럽 최초의 인류에 대한 놀라운 화석 기록

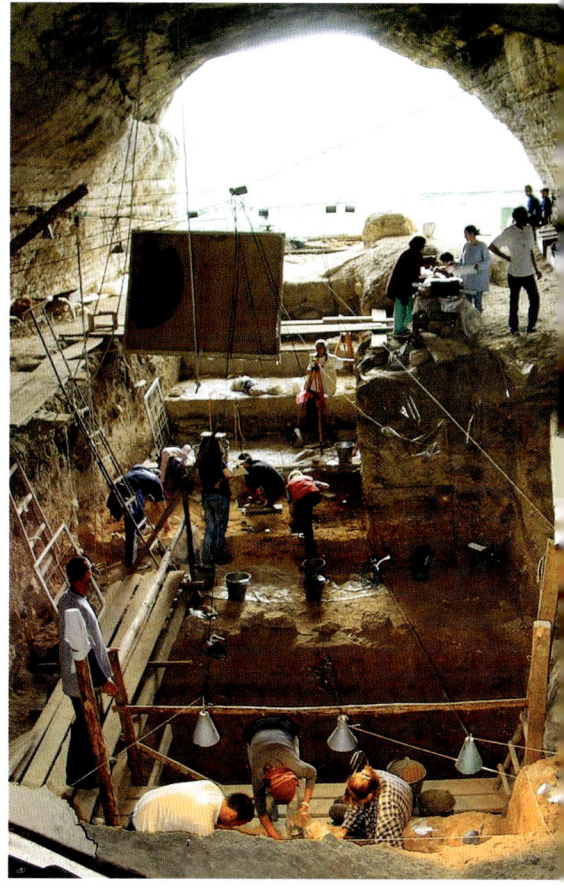

스페인의 도시 아타푸에르카 근처에 있는 경이로운 동굴 체계는 고생물학자들에게 유럽에 최초로 거주했던 인류의 기록이 남아 있는 풍요로운 화석 유적을 선사해 주었다. 이곳에서 발굴된 유적은 지금으로부터 거의 1백만 년 전에 살았던 우리 조상 인류의 모습과 생활 방식에 대해 가치를 헤아릴 수 없을 만큼 소중한 정보를 밝혀 주었다.

부르고스 근처의 오래된 석회암 동굴에 위치한 이 유적지는 1890년대 후반 철로를 내기 위해 굴을 파던 중 우연히 발견되었다. 뒤이어 여러 개의 다른 유적지도 발굴되었으나, 아타푸에르카 유적지의 중요성을 완전히 깨닫게 된 것은 1976년 한 학생이 인간의 턱뼈를 발견하면서부터였다. 호모 에렉투스로부터 이보다 최근에 정체가 밝혀진 인종인 호모 안테세소르에 이르기까지, 다양한 초기 인류의 유골이 발견되었다. 본격적인 발굴 작업이 시작되었으며 '시마 데 로스 우에소스'(뼈의 구덩이)는 고생물학자들의 지도에서 한 자리를 차지하게 되었다. 쿠에바 마요르 동굴 체계를 통해 기어가야 도달할 수 있는 13m 높이의 침니 밑바닥에 위치한 곰, 늑대, 사자 등의 화석은 적어도 35만 년은 된 것이다(이는 홍적세 중기에 해당한다). 이중에는 대략 서른 개 정도의 해골이 남아 있는 네안데르탈인의 직계 조상인 '호모 하이델베르겐시스' 인종의 해골도 대략 서른 개 정도 남아 있는데, 이는 인류의 흔적이 세계에서 가장 많이 출토된 경우이다. 두 번째 유적지인 그란 돌리나에서는 78만 년 전에서 1백만 년 전의 화석과 초기 인류가 사용했던 석기가 많이 남아 있는 퇴적물 지층이 발견되었다.

좀 무시무시한 얘기지만, 인류 최초의 식인 풍습의 증거 역시 이곳에서 발견되었다. '미식(美食)적인 식인'이라는 용어로 규정되는 상황─기아 때문이거나 의식의 일부로서가 아니라─에서 식인 풍습이 행해졌던 것 같다. 이곳에서 발견된 인류들은 80만 년 전의 빙하기 동안 서유럽의 혹독한 기후와 황폐해진 땅을 뚫고 들어왔던 최초 인간들 무리의 일부로 추정된다. **TE**

"시에라 데 아타푸에르카의 동굴들에는 예외적일 정도로 자료가 잘 보존되어 있다."

유네스코

살라망카 대학 정문 스페인, 살라망카 | Portal of Salamanca University

이 명문 대학은 스페인에서 가장 오래된 대학으로 아직도 남아 있다

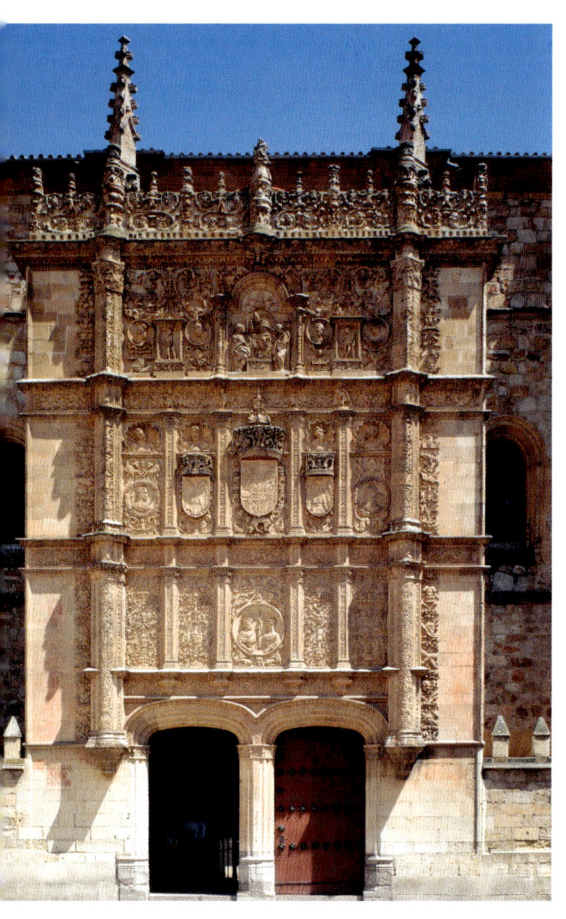

"인도에서 벌어지는 사건들과 부정하게 얻어지는 이윤보다 내게 더 큰 충격을 주거나 놀라게 하는 일은 없다."

16세기 철학자, 프란시스코 데 비토리아

살라망카 대학의 파사드는 유럽에서 가장 명망 높은 교육 기관으로 들어가는 공식 관문이다. 이 인상적인 건물 정면은 스페인의 황금시대에 이 나라에서 탄생한 장식적인 플라테레스크 양식으로 매우 정교하게 치장되었다.

살라망카 대학은 스페인에서 가장 오래된 대학으로, 1218년 레온의 알폰소 9세 왕에 의해 창설되었다. 이 대학은 많은 유명 인사들과 인연이 있어 일류 교육 기관으로서 명성이 높았다. 크리스토퍼 콜럼버스는 여행의 경비를 마련하기 위해 로비하던 중 이 대학의 지리학자 위원회에서 자신의 주장을 펼쳐 보였다. 정복자 에르난 코르테스와 1621년에서 1640년까지 스페인 수상을 지냈던 올리바레스 백작 둘 다 이 학교에 다녔다. 시인 프라이 루이스 데 레온 역시 이 학교에 다녔고 수업을 하기도 했으며, 파티오 데 에스쿠엘라스에의 동상은 파사드 맞은편에 서 있다. 화려하게 치장된 정문 중심에는 스페인의 왕국들을 통일했던 아라곤의 페르난도 2세와 카스티야의 이사벨라 1세의 문장이 있다. 또한 1516년부터 스페인을 통치했던 합스부르크 왕가의 문장과 추기경들과 함께 담론을 나누고 있는 교황의 모습도 새겨져 있다. 아마 파사드에서 가장 유명한 특징은 조각된 해골 중 하나의 꼭대기에 얹혀 있는 개구리일 텐데, 이 개구리를 찾아낼 만큼 날카로운 눈을 지닌 이에게는 행운이 온다고 한다.

살라망카 대학은 거의 800년 동안 스페인 문화의 주요 중심지로 여겨져 왔다. 1536년경 신학자이자 자연법 학자인 프란시스코 데 비토리아가 대학의 신학부 학장으로 임명되었다. 이 자리에서 그는 오늘날 '살라망카 학파'로 알려진 사상의 기틀을 잡았다. 당대의 뛰어난 지식인들 사이에서 전쟁, 경제학, 실천 철학, 그리고 국제적인 사안에 대한 혁신적인 사고가 오가고 토론이 벌어지곤 했다. **JF**

라 그랑하 데 산 일데폰소 스페인, 산 일데폰소 | La Granja de San Ildefonso

매혹적으로 조경된 정원에 서 있는, 베르사유 왕궁에 필적하는 스페인 왕궁

흔히 '스페인의 베르사유'라 불리는 아름다운 바로크 왕궁은 펠리페 5세의 여름 별장으로 지어졌다. 이 새로운 군주는 사실 프랑스인으로, 진짜 베르사유에서 태어나 오랜 기간 그곳에서 머물렀던 최초의 부르봉 왕가 출신 스페인 왕이었다. 펠리페는 1700년 열일곱의 나이로 스페인 왕좌에 올랐을 때에서야 스페인어를 배우기 시작했다. 그의 여름 별장이 지어진 땅은 15세기에 왕실 사냥 별장이었던 곳이다. 앙리 4세가 이후에 이 땅을 교회에 하사했고, 산 헤로니모스에게 바치는 수도원이 지어졌다. 라 그랑하라는 이름은 '농장'이라는 단어에서 유래했는데, 자급자족 생활을 이어 가던 수도사들이 이곳에 농장을 운영하고 있었기 때문이다. 왕실 사람들을 위해 지어졌다는 사실이 명백하게 드러나는 우아한 바로크 건물이기는 하지만, 이 자리에는 교회도 여전히 있다. 이 교회의 영묘에는 펠리페 5세와 그의 두 번째 부인 이사벨라 왕비의 무덤이 있다.

라 그랑하 데 산 일데폰소는 광활한 숲과 우아한 분수, 조각상, 화려하게 장식된 커다란 호수로 조경된 정형적 정원까지 갖춘 호화로운 대정원에 서 있다. 웅장한 과다라마 산맥이 이 거대한 저택의 배경에 우뚝 서 있다. 가장 뛰어난 장인들 무리가 궁전 내부 장식을 맡았으며, 내부의 가구와 장식 중에는 크리스털 샹들리에, 태피스트리, 프레스코화, 이탈리아 산 카라라 대리석, 일본 칠기류 등이 있다.

궁전 근처에는 역시 '라 그랑하'라는 이름이 붙은 유명한 유리 공방이 있는데, 지금도 스페인에서 가장 섬세한 유리 제품들을 생산해 내고 있다. 1918년 펠리페의 왕궁은 화재로 인해 커다란 피해를 입었다. 그러나 아름다운 모습으로 다시 수리되었고, 근처의 유리 공방에서 기대힌 '샹들리에'를 나시 만늘어 수는 능 복구 작업에 쓰인 많은 가구들을 제공해 주었다. 오늘날 부르봉 왕의 여름 별장은 이 지역에서 가장 유명한 관광 명소 중 하나가 되었다. **LH**

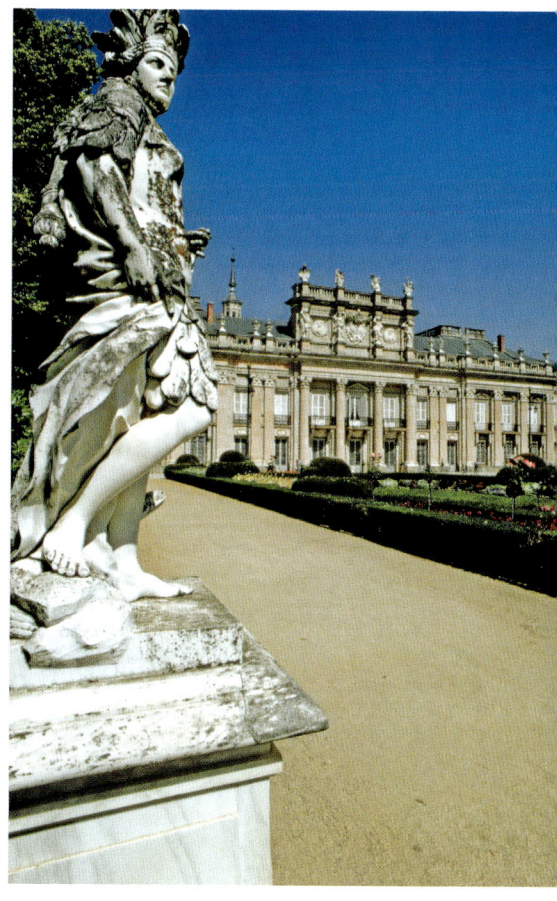

"'다이아나의 목욕' 분수는 3백만이라는 비용이 들었으며 나를 3분간 즐겁게 해 주었다."

펠리페 5세, 라 그랑하의 한 작품에 대하여

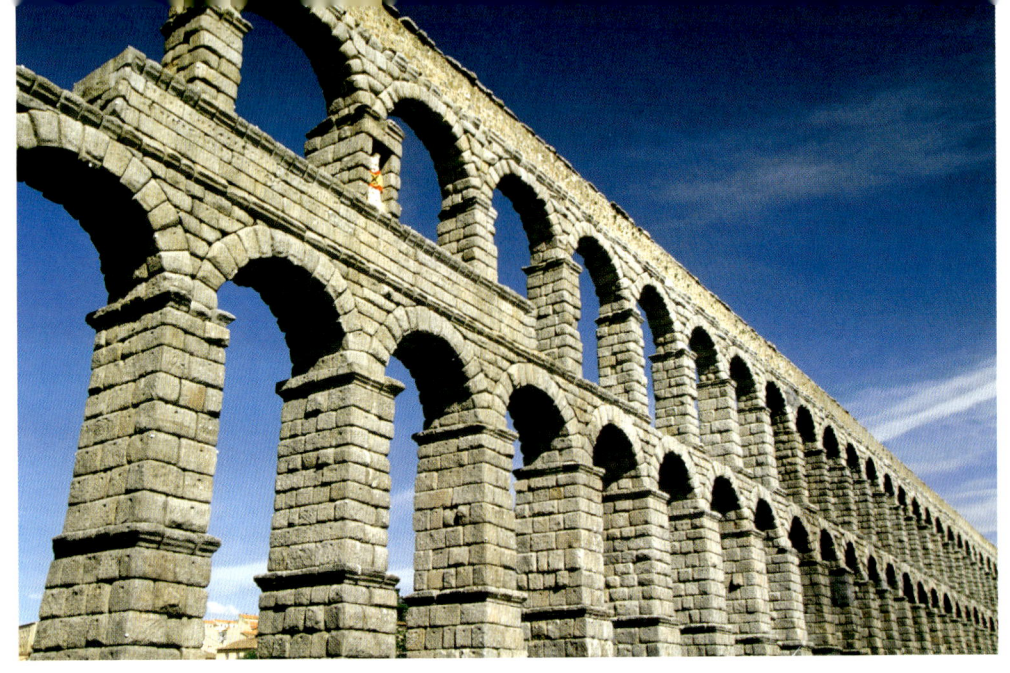

🏛 ◎ 세고비아 수도교 스페인, 세고비아 | Segovia Aqueduct

뛰어난 상태를 유지하고 있는 이 수도교는 토목 공학 기술의 우수성을 증명해 준다

스페인의 세고비아 시에 화강암으로 건설된 이 수도교는 로마 시대의 토목 공학 기술을 보여 주는 가장 뛰어난 유적 중 하나이다. 현재는 사용되고 있지 않지만(도로의 진동과 시간의 흐름으로 인해 손상을 입었다) 2천 년의 역사를 지닌 이 다리는 한때 16km 떨어진 프리오 강으로부터 세고비아 시에 물을 운반해 주었다.

　1세기 후반에서 2세기 초반에 걸쳐 세워졌을 것이라 추정되는 이 수도교는 2만 400개의 육중하고 거칠게 다듬은 화강암 블록으로 건설되었다. 건축에서 모르타르나 시멘트, 꺾쇠 등은 전혀 사용되지 않았으며, 벽돌 모양의 이 블록들은 아치 꼭대기의 종석이 누르는 힘에 의해 서로 연결되어 있다. 물은 지하 수로를 따라 '엘 카세론'(큰 집)과 '카사 데 아구아스'(물의 집)이라는 이름의 두 개의 탱크를 거쳐 도시로 흘러왔다. '카사 데 아구아스'에서 물은 자연적으로 정화되어 윗물만 남았으며 1퍼센트의 경사에 의해 도시 위편에 있는 '포스티고'라는 바위가 드러난 곳으로 흘러내려왔다. 갑작스레 한 차례 꺾

인 이후, 세고비아의 아소게호 광장을 지나가는 부분에서 수도교가 그 당당한 광채를 완전히 드러낸다. 다리는 두 단으로 지어졌으며 가장 높은 구간은 높이가 30m에 길이가 300m에 달하는데, 지지물 없이 독립적으로 서 있는 전체 구간이 약 800m이며 166개의 아치와 120개의 기둥에 의해 지탱되고 있다. '애틱'이라고도 부르는 수도교 꼭대기의 U자 모양 수로는 폭 1.8m에 깊이 1.5m 크기로 도시를 향해 물을 운반해 왔는데, 이 물은 주로 세고비아의 알카사르에서 사용되었다.

　세고비아 수도교는 수세기에 걸쳐 성공적으로 제 구실을 다해 왔으나 11세기에 무어인들에 의해 심각한 피해를 입었고, 15세기에 복원되어 36개의 아치가 원래 모습 그대로 완전히 다시 제작되었다. 1997년부터는 근처를 지나다니는 차량을 다른 곳으로 돌아가게 하는 등 수도교를 보존하기 위해 많은 노력을 기울이고 있으며, 아소게호 광장은 보행자 전용 구역이 되었다. **TE**

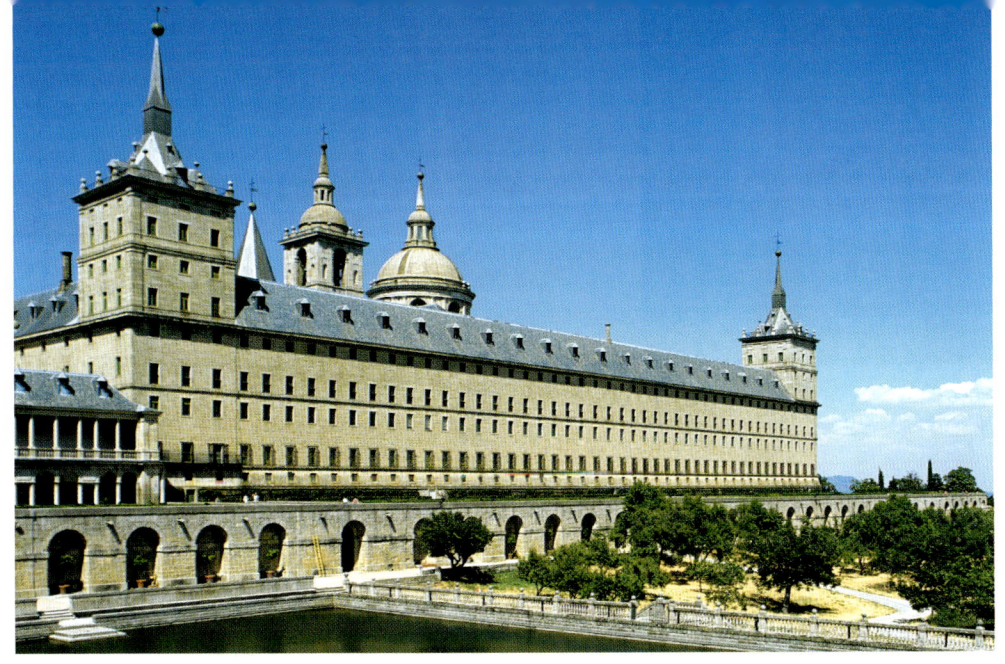

🏛 ◎ 엘 에스코리알 스페인, 마드리드 부근 | El Escorial

신앙심이 매우 깊었던 군주에게 봉헌된 거대하지만 꾸밈없는 건축학적 기념물

'레알 모나스테리오 데 산 로렌소 데 엘 에스코리알'(산 로렌소 데 엘 에스코리알 왕립 수도원)은 마드리드 북서쪽의 화강암으로 이루어진 광활한 건물 단지로 궁전, 성당, 수도원, 박물관, 미술관, 그리고 스페인이 거둔 군사적 승리를 기념하는 프레스코화가 그려진 홀까지 갖추고 있다. 다채롭게 채색된 도서관의 천장에는 이탈리아의 매너리즘 화가 펠레그리노 티발디가 그린 그림이 있으며, 스페인에서 가장 귀중한 문학적 보배들을 비롯한 4만 권 이상의 장서를 갖추고 있다.

스페인의 펠리페 2세는 1557년 생 케탱 전투에서 프랑스를 무찌른 승리를 기념하기 위해 이 저택 단지를 짓게 하였다. 1563년 왕궁의 건축 총책임자 후안 바우티스타 데 톨레도의 감독 아래 건축 작업이 시작되었다. 1567년 그가 죽은 후에는 조수였던 후안 데 에레라가 임무를 이어받았으며, 1584년에 완성되었다. 데 에레라는 '에레라 양식'으로 알려진 새로운 스타일의 건축 양식을 창시하여 신중하게 균형을 이룬 기하학적인 윤곽을 사용

하고 장식을 매우 절제하여 썼다. 이곳이 왕릉 구실을 하는 것 또한 펠리페 2세의 의도였으며, 이곳에는 스페인의 카를로스 1세(신성 로마 제국의 카를 5세)부터 그 이후의 스페인 왕들이 '왕들의 판테온' 안에 있는 대리석 묘에 안장되어 있다. '군주들의 판테온'은 왕실의 다른 인물들, 여왕이나 왕자, 왕녀 같은 이들이 묻혀 있는 장소이다. 왕릉 위편에는 펠리페 2세의 궁전이 있는데, 왕이 사용했던 여러 개의 아파트먼트로 이루어져 있고 그중 하나는 바실리카를 바라보게 되어 있어 통풍을 앓아 미사 참석이 불가능했을 때에도 미사 장면을 지켜볼 수 있었다. 왕궁의 학교와 수도원은 지금도 여전히 사용되고 있다.

엘 에스코리알에는 세계에서 가장 큰 정원식 안뜰 중 하나인 '복음 전도자들의 회랑'이 있는데, 이곳에는 하얀 대리석으로 조각한 사도들의 동상이 서 있다. **CK**

플라사 데 토로스

스페인, 마드리드 | Plaza de Toros

세계에서 가장 의미 깊은 투우장

스페인 사람들에게 투우란 단순히 피를 맛보는 스포츠 그 이상이다. 투우란 오히려 발레와 비슷한 예술 형식이라 말할 수 있을 것이다. 그리고 마드리드 서쪽에 있는 스페인에서 으뜸가는 투우장 '플라사 데 토로스 모누멘탈 데 라 벤타스'는 투우사의 활약이 다른 어느 곳보다도 드라마틱하게 벌어지는 곳이다.

이 투우장은 스페인의 수도에 커다란 규모의 국가적 기념물이 세워지기를 원했던, 스페인에서 가장 유명한 '토레로'(투우사) 중 하나인 호세 '호셀리토' 고메스 오르테의 결심 덕분에 세워졌다. 그의 친구인 건축가 호세 에스펠리우스 이 안두아가가 1922년 투우장을 짓기 시작했으나, 완성을 보지 못하고 죽고 말았다. 따라서 마누엘 무뇨스 모나스테리오라는 건축가가 작업을 이어 받아 1929년 건물을 완성하였다. 1931년 투우장을 개관하면서 자선 투우 경기가 열렸는데, 너무나 큰 인기를 끌었으므로 투우장 좌석 규모가 불충분하다는 점이 밝혀졌다. 따라서 2만 5천 석 규모로 좌석을 확장했고, 1935년 첫 시즌이 열렸다.

말발굽 모양 아치가 있는 원형 벽돌 건물인 이 무데하르 양식(신 무어 양식)의 경기장에는 세라믹 타일로 스페인의 주(州)들을 상징하는 방패 문장들이 장식되어 있다. 건물 중앙에 모래 바닥의 아레나가 있으며, 그 주변을 빙 둘러 '텐디도스'(앉는 곳)가 마련되어 있다. 투우장이라면 전형적으로 다 그렇듯 그늘에 있는 좌석도 있고 햇빛에 드러난 좌석도 있는데, 그늘에 앉으려면 관객은 특별 요금을 지불해야 한다. 열 번째 줄의 '텐디도'에는 대통령석이 있어 신분 높은 이들이 투우를 관람한다.

둥근 경기장 주변에는 여러 개의 문이 있다. '푸에르타 데 쿠아드리야스'는 토레로가 아레나로 입장하는 문이며, 승리를 거둔 토레로는 '마드리드의 문'이라는 이름으로도 알려진 '푸에르타 그란데'를 통해 퇴장하게 된다. 매년 5월 열리는 '산 이시드로 축제'에서 이 문을 통해 퇴장하는 일은 특별한 영예이다. **CK**

5월 2일 기념지

스페인, 마드리드 | Second of May Memorial

독립을 위한 피 흘리는 전투가 일어났던 곳

한때는 초라한 동네의 중심지에 불과했던 이곳은 스페인의 역사 속에서 빛나는 역할을 맡았던 곳이다. 1808년 5월 2일, 프랑스의 지배에 맞서 독립을 위해 스페인의 영웅들이 들고 일어났다. 나폴레옹의 군대는 이베리아 반도를 정복하는 과정의 일부로 몇 달 동안이나 마드리드를 점령하고 있었다. 그 운명적인 5월의 날, 스페인 왕족 몇 사람을 프랑스로 또다시 데려가려는 프랑스 측의 계획으로 인해 왕궁 밖에서는 성난 군중들이 폭동을 일으켰다. 프랑스 군이 군중을 향해 발포하자, 온 도시에 반란의 물결이 퍼져 나가 유혈이 낭자한 시가전이 몇 시간이나 이어졌다. 현재의 '5월 2일의 영웅들 광장'에 해당하는 한 지점에는 몬텔레온의 스페인 포병대 병영이 서

> "프랑스 군대의 잔혹한 전투가 새로운 총체적인 전쟁의 추악한 면모를 드러낸 것은 스페인에서였다."
>
> 역사가, 데이비드 A. 벨

있었다. 대부분의 군인들은 병영 내에 구금되어 있는 형편이었으나, 몬텔리온의 포병대만은 명령에 반항하여 민중 투쟁에 합세했다.

프랑스 군대는 마드리드 봉기를 무자비하게 진압했으나, 이미 도화선에 불은 당겨진 셈이었고 5월 2일 사건은 스페인 전역에 봉기의 물결을 일으켰다. 이는 참혹한 '반도 전쟁'을 일으키는 원인이 되었으며, 이 여세로 스페인은 결국 독립을 얻게 된다. 그날의 전투에서 수백 명의 마드리드 시민들이 죽었다. 주변 지역과 근처에 있는 한 거리에는 '마누엘라 말라사냐'라는 이름이 붙어 있는데, 이 소녀는 나이 어린 재봉사로 가위를 들고 가다가 무기를 운반한다는 혐의로 프랑스 군인들에게 처형당했다고 한다. 오늘날 5월 2일은 마드리드의 공휴일로 광장에서는 커다란 축제가 열린다. **AK**

알칼라 데 에나레스 대학

스페인, 마드리드 부근 | Universidad de Alcalá de Henares

대학 도시로 설계된 최초의 도시

오늘날의 알칼라 데 에나레스 주변 지역은 적어도 5천 년 전부터 사람이 살아 온, 스페인에서 가장 오래된 정착지 중 하나이다. 1세기에는 로마인들이, 8세기에는 무어인들이 이 지역을 정복했다. 알칼라 데 에나레스라는 중세 도시는, 1499년 스페인의 뛰어난 정치가 중 한 사람이자 위대한 배움의 전당을 세우고자 하는 비전을 지녔던 시스네로스 추기경에 의해 설립되었다.

1508년 대학에 온 첫 학생들과 이 대학이 배출한 가장 유명한 졸업생들은 16세기와 17세기에 걸쳐 이곳에서 공부했는데, 이중에는 극작가 로페 데 베가와 『돈 키호테』의 저자 미겔 데 세르반테스도 있다. 세르반테스는 알칼라 데 에나레스에서 출생한 인물이기도 하다. 1965년 국가에서 그의 집과 출생지를 사들여 1956년 박물관으로 문을 열었다. 매년 10월 9일이면 알칼라 데 에나레스는 세르반테스의 탄생일을 축하하고 세르반테스 축제를 연다. 이 대학은 현재 세르반테스 연구의 세계적인 중심지로 이름이 높으며, 매년 세르반테스 문학상을 수여한다.

학문의 중심지였던 이 중세 도시는 그 당시로서는 정말 독보적이라 할 만한 뛰어난 결과물인데, 훌륭한 대학이기 때문만이 아니라 종교적인 개방성 때문이다. 이곳은 유태인, 기독교도, 이슬람 학자들이 조화를 이루며 머물 수 있는 곳이었다. 시스네로스는 자신의 착상을 이상적인 '신의 도시'라 묘사했으며, 알칼라 데 에나레스가 창조된 설계안은 라틴 아메리카 전역의 많은 스페인 식민지에서 받아들여지고 재창조된 이후 전 세계에 그 흔적을 남겼다. 스페인 내전 동안 이 도시는 피해를 입은데다 이후의 힘거운 몇 년 동안 방치된 상태였다. 1980년대에 다시 시민들은 이 도시에 관심을 기울이기 시작했고, 1998년 유네스코는 최초로 대학을 위해서만 설계된 도시이자 유럽과 아메리카에 있는 다른 배움의 전당에 모델 역할을 해 주었다는 이유로 알칼라 데 에나레스를 세계문화유산 목록에 등재했다. **JF**

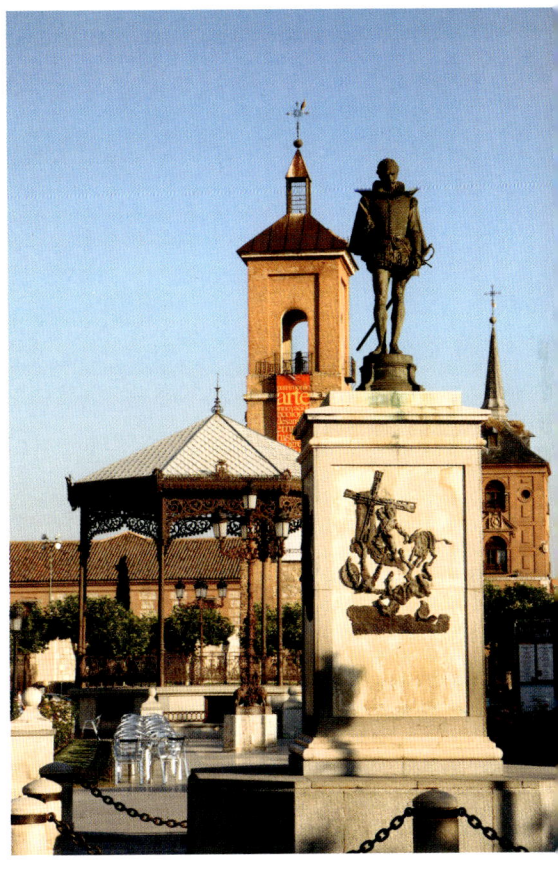

"배움의 탁월한 경지에 도달하려면 머릿속의 배고픔, 헐벗음, 어지럼증을 감수해야 한다."

소설가, 미겔 데 세르반테스

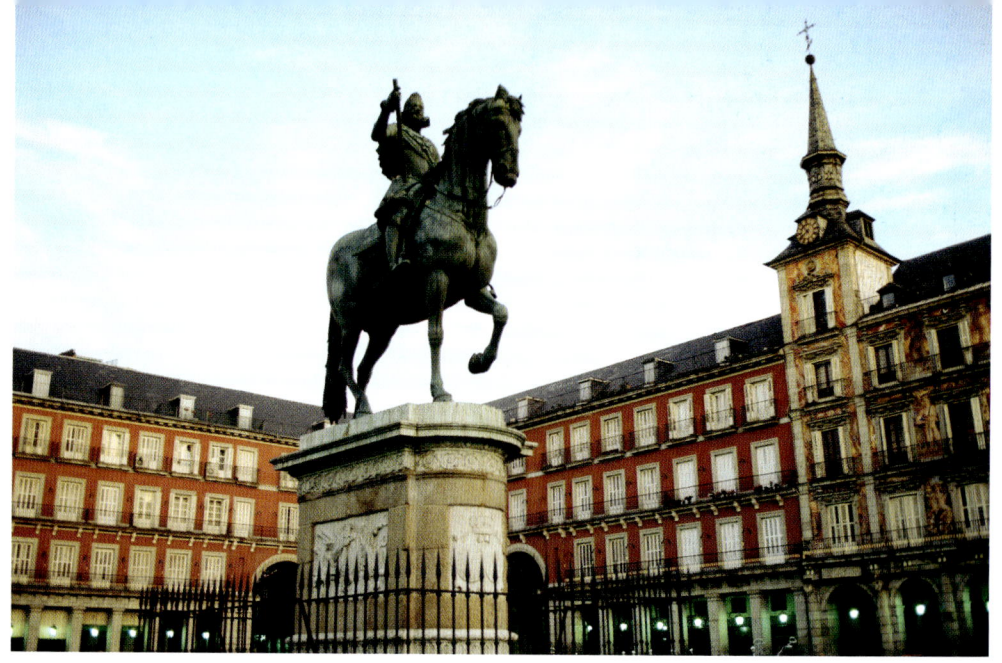

마요르 광장 스페인, 마드리드 | Plaza Mayor

이 거대한 광장은 축하 행사, 종교 의식, 처형 등을 거행해 온 풍요로운 역사를 지니고 있다

마드리드의 마요르 광장은 관광객들과 지역 주민들이 다같이 즐겨 찾는 바, 카페, 상점 들이 들어선 분주한 광장이다. 매주 주말이면 이 광장에서는 야외 골동품 시장이 열리며, 이곳은 매년 마드리드 시의 수호성인 성 이시드로 축제가 열리는 곳이기도 하다. 한때는 시장터였던 마요르 광장은 16세기에 바로크 양식의 광장으로 탈바꿈했고, 가로 90m에 세로 109m의 넓이로 유럽에서 가장 큰 공공광장 중 하나이다.

광장을 세우자는 계획은 스페인의 펠리페 2세가 1561년 마드리드의 왕궁으로 옮겨온 후 1580년에 처음 시작되었고, 건축가 후안 데 에레라가 이를 실행했다. 데 에레라는 1590년대에 광장에 들어선 첫 건물인 두 개의 탑이 있는 '카사 데 라 파나데리아'(예전에는 제빵사 길드가 있던 곳)를 지었다. 현재 이 건물을 치장하고 있는 우화적인 벽화는 1992년에 그려진 것이다. 데 에레라의 제자인 후안 고메스 데 모라가 펠리페 3세 시대인 1619년에 광장을 완성했다. 1616년에 제작된 펠리페 3세의 청동

기마상은 1848년에 광장으로 옮겨와 그 중앙에 자리 잡고 있다. 1631년, 1670년, 1790년 세 차례에 걸친 화재가 광장에 피해를 입혔다. 마지막 화재가 일어난 이후 광장을 재건축하는 작업은 건축가 후안 데 비야누에바에 의해 이루어졌으며, 주변의 건물에 층을 더 지어 현재의 5층 높이로 만들었고 아치형 포티코 여러 개를 설치했다. 이 재건축 작업은 그의 사후에도 계속되어 1854년에 마무리되었다.

마요르 광장에서는 투우, 가면무도회, 왕실 결혼식, 대관식 등의 행사가 거행되어 왔다. 그러나 이곳이 항상 단순한 사교적 중심지였던 것은 아니다. 이 광장은 아빌라의 테레사, 이시도르, 프란시스코 하비에르 등의 성인이 시성 받은 장소이다. 또한 17세기 스페인 종교 재판이 성행했을 때 이단자 등 유죄 판결을 받은 이들이 공개적으로 처형당하거나 자신의 신앙을 드러내 보였던 장소이기도 하다. **CK**

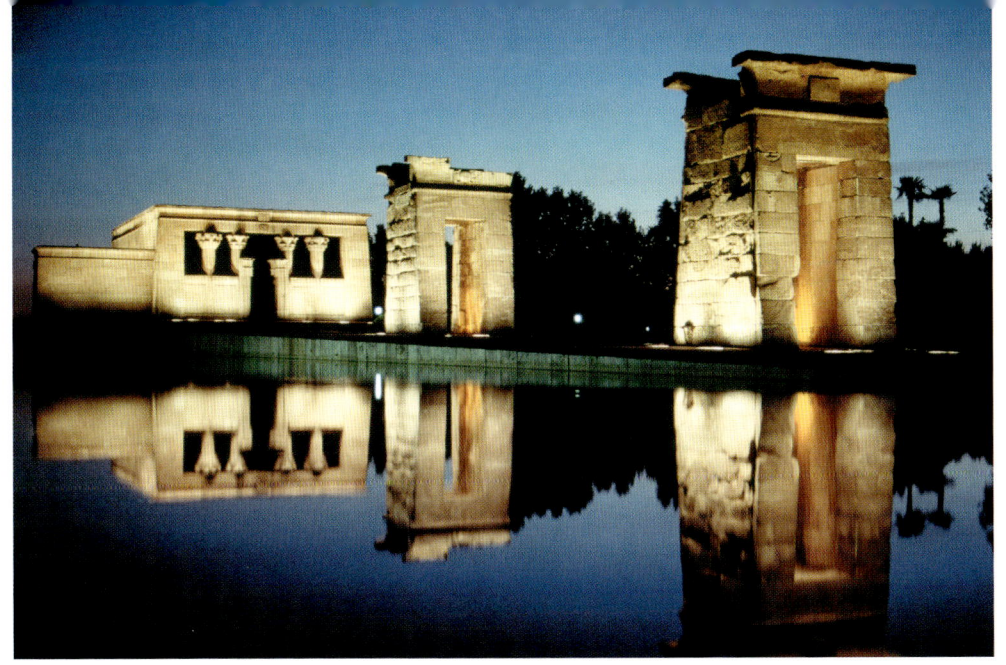

데보드 신전 스페인, 마드리드 | Temple of Debod

이집트 외부에 있는 유일한 진짜 이집트 신전

기원전 2세기까지 거슬러 올라가는 오랜 역사를 지닌 이 고대 이집트 신전은 원래 나일 강변에 서 있었다. 오늘날 이 신전은 스페인의 마드리드 시 한복판에 서 있다. 아스완 댐을 건설하는 도중 신전이 원래 서 있던 부지가 홍수와 파괴의 위기에 처했기에 옮겨왔던 것이다. 유네스코는 댐 건설로 인해 위험에 처한 아부 심벨 대신전과 데보드 신전을 비롯한 많은 유적들을 보호하게 도와 달라고 전세계에 호소했다. 스페인은 이전에도 재정적인 면과 고고학적인 면에서 이집트에 적극적인 원조를 제공했으므로(이는 아부 심벨 신전을 포함하여 많은 소중한 유적을 보존하는 데에 도움이 되었다) 이집트 정부는 데보드 신전을 스페인에 기증하기로 결정했다.

2천 년이 넘는 세월 동안 아프리카의 땅 위에 서 있던 신전은 1968년 마드리드로 옮겨졌다. 데보드 신전은 모로에 아디잘라마니라는 파라오가 신들의 왕인 아몬 레와, 호루스 신의 어머니이며 오시리스 신의 누이이자 아내인 이시스 여신을 기리기 위해 원래 있던 자리에 지어졌으며, 이들 신은 헌신적인 숭배의 대상이었다. 신전 건물은 그 뒤를 이은 파라오들에 의해, 그리고 이후에는 로마인들에 의해 여러 차례 증축되었으나, 6세기에 접어들면서 등한시되고 폐허로 전락했다. 신전에서 남아 있는 부분은 마드리드의 '캄포 데 모로' 근처 옛 군사 병영이 있던 그림처럼 아름다운 공원 지대로 고스란히 옮겨져 왔으며, 건축학적으로 뛰어난 예전의 아름다움을 되살리기 위해 복원을 거치고 부분적으로 다시 지어졌다.

4년간의 방대한 보수 작업을 거쳐, 건물은 1971년 문을 열어 관광 명소가 되었으며, 재건축 단계를 보여 주는 전시를 볼 수 있다. 데보드 신전은 이집트 외부에 있는 유일한 진짜 이집트 신전이며, 현대적인 도시 마드리드의 한복판에서 마주치게 되는 진정 장관이라 할 만한 유적이다. **LH**

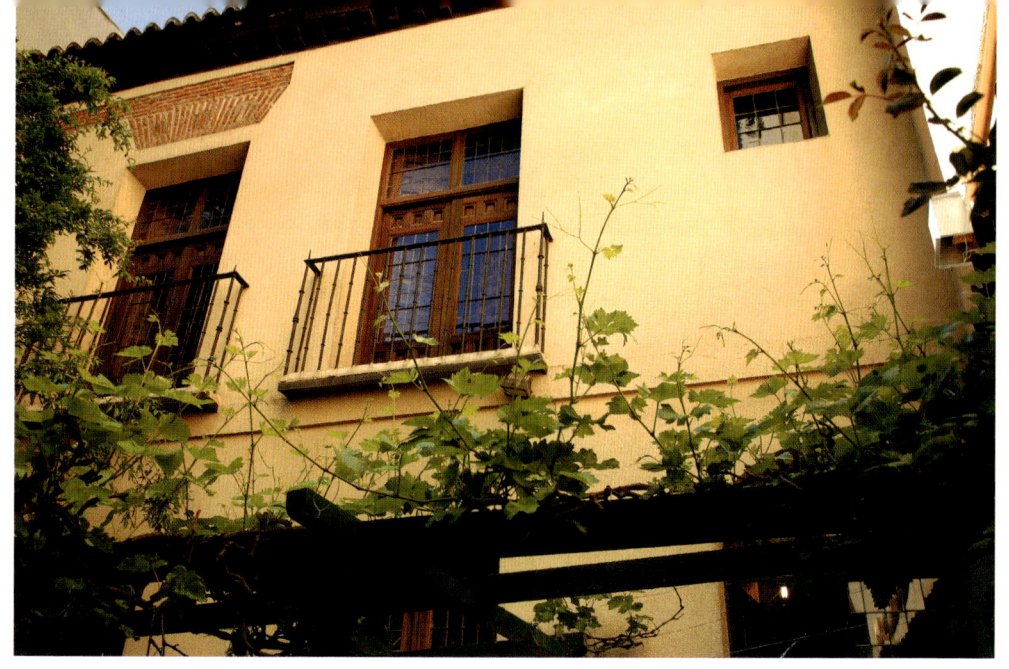

로페 데 베가의 집 스페인, 마드리드 | Lope de Vega's House

최초로 극작을 전업으로 한 스페인 극작가의 집

로페 데 베가(1562~1635)는 스페인의 가장 위대한 작가 중 하나다. 바로크 시대의 극작가이자 시인이었던 그는 매력적인 희극 작품을 통해 잘 알려져 있다. 그는 놀라우리만치 많은 작품을 집필했는데, 살아생전 1,500~2,500편에 달하는 장편 희곡에 단편 희곡과 시까지 썼다고 전해진다. 그의 작품 대부분은 사랑과 명예 사이의 갈등을 그린 공통적인 테마를 다루며, 아마 가장 유명한 작품은 『푸엔테 오베후나』일 것이다. 작가는 마드리드의 그리 뛰어나지 않은 귀족 가문에서 태어났으며 삶의 대부분을 이 도시에서 보냈다. 1610~1635년까지 그의 가족이 거주했던 집은 박물관으로 보존되어 그의 파란만장한 삶이 남긴 많은 진품 기념물을 소장하고 있다.

로페 데 베가가 1610년 이 집으로 옮겨 왔을 때, 그의 문학적 명성은 이미 절정에 달해 있었다. 열두 살이라는 나이에 첫 희곡을 쓴 이후 그는 육군에 종사하고 스페인 아르마다 함대에서 영국과 싸웠으며, 한 유명한 극장주의 딸과 부정한 연애 사건을 벌여 8년간 마드리드에서 추방당하기까지 했다. 1600년 로페 데 베가는 두 번째 아내인 후아나 데 구아르도와 결혼했으나, 그가 종종 바람을 피우는 바람에 두 사람의 관계는 순탄하지 못했다. 아내가 죽은 이후 그는 1614년에 성직자가 되었으나, 여전히 연애 생활에는 열심이었다.

로페 데 베가는 아마 스페인 작가들 중에서도 가장 유명하다고 할 수 있을 인물인, 『돈 키호테』의 작가 미겔 데 세르반테스(1547~1616)와 같은 거리에 살았다. 이 거리에는 세르반테스의 이름이 붙어 있다. 아이러니하게도 로페 데 베가라는 이름이 붙은 거리는 몇 블록 떨어진 곳에 있다. '로페 데 베가의 집'은 스페인이 누렸던 황금시대에 전형적으로 볼 수 있었던 마드리드의 가정집을 충실하게 재창조해 낸 공간이다. 정원은 그의 시 한 편에 언급된 모습 그대로 다시 만들어졌고, 과일 나무 몇 그루는 그가 살아 있던 시대로부터 유래하는 오래된 것들이다. 로페 데 베가의 집은 스페인이 낳은 가장 훌륭한 작가 중 한 사람에게 바치는 찬사라 할 수 있다. **JF**

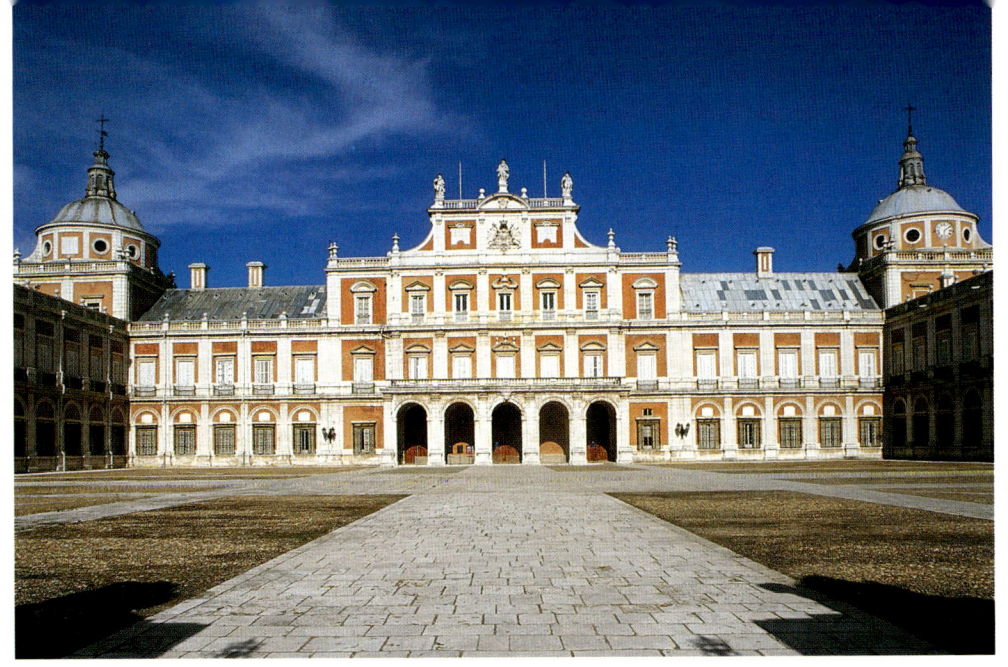

🏛 ◎ 아랑후에스 왕궁 스페인, 마드리드 | Palacio Real de Aranjuez

세련된 모습으로 발전된 조경 디자인을 보여 주는 왕실 여름 별궁

마드리드 근처에 있는 팔라시오 레알 데 아랑후에스, 즉 아랑후에스 왕궁은 타호 강과 하라마 강이 만나는 골짜기에 위치하고 있다. 이 지역은 마드리드의 귀족들 사이에서 인기 있는 여름 휴양지였으며, 궁전은 1380년대에 지어졌다. 펠리페 2세는 1561년 '엘 에스코리알'을 지었던 후안 바우티스타 데 톨레도와 후안 데 에레라를 불러 왕실 여름 별장을 지으라는 임무를 맡겼다. 별장은 페르난도 6세 통치기에 대부분 완성되었으며, 카를로스 3세 시기에 두 채의 윙이 추가로 증축되었다. 내부의 장식 대부분은 18세기에 제작된 것이며, '도자기의 방'과 '거울의 홀'은 특히 유명하다.

그러나 이 궁전은 건물의 건축 양식 그 자체보다 정원과 조경 디자인 덕분에 명성이 훨씬 더 높을 것이다. 펠리페 2세는 네덜란드와 프랑스 정원 기술자들을 고용하여 궁전 부지에 기하학적인 구획으로 늘어선 이탈리아 르네상스 양식의 정원을 창조해 내도록 했다. 식물학에 조예가 깊었던 펠리페 2세는 채소와 식물을 모두 경작했으며, 최신식 수력 설비 기술을 동원하여 메마른 정원에 물을 주었다. 이후 1660년에 펠리페 4세가 '아폴로 분수'와 같은 화려한 분수와 '하르딘 데 라 이슬라'라는 이름의 인공 섬을 갖춘 바로크 디자인의 정원을 만들기 시작했다. 이 정원은 펠리페 5세 시대에 완성되었으며, 합스부르크 왕가가 통치하던 기간에 스페인에서 만들어진 가장 중요한 정원이다. 푸름이 싱싱하게 우거지고 물이 흐르는 정원은 - '하르딘 델 프린시페'에는 길이가 6,000m에 달하는 복잡하게 얽힌 수로가 파여 있다 - 주변을 둘러싸고 있는 이 지역의 메마르고 뾰족한 산맥과 대조를 이루며, 몇 대에 이르는 군주들이 농업과 경작, 식물학에 관심을 기울여 왔다는 사실을 증명해 준다.

후안 데 비야누에바가 디자인한 '카사 델 라브라도르'라는 작은 궁전 하나가 부지에 서 있으며, 신고전주의 양식의 장식 예술품 컬렉션을 소장하고 있다. 이 궁전에는 또한 스페인 왕실에서 뱃놀이를 즐겼던 바지선을 전시해 놓은 '왕실 보트 박물관'이 있다. **CK**

마드리드 왕궁

스페인, 마드리드 | Royal Palace

서유럽에서 가장 큰 궁전

팔라시오 레알 데 마드리드, 즉 마드리드 왕궁은 스페인 왕실의 공식적인 거처이지만 스페인 왕실은 이곳이 아닌 마드리드 교외의 팔라시오 데 라 사르수엘라에 거주하고 있다. 그러나 마드리드 왕궁은 국가적인 행사를 거행하는 데에 사용되고 있으며, 사용되지 않을 때에는 그 일부가 대중에게 공개되어 있다.

왕궁이 서 있는 부지는 원래 9세기에 코르도바의 에미르, 무함마드 1세가 세운 이슬람 요새였으며, 1085년 스페인 세력이 이 도시를 되찾자 카스티야의 왕들이 이따금 사용하던 곳이었다. 스페인의 펠리페 2세는 1561년 왕궁을 이곳으로 옮겼다. 요새가 있던 자리에는 16세기에 현재 '안티구오 알카사르', 즉 '오래된 성'이라 알려진 성이 지어졌다. 1734년 이 건물이 불타 버리자 펠리페 5세는 그 자리에 새로운 궁전, 이번에는 목재가 아닌 석재와 벽돌로만 이루어져 화재의 위험을 줄일 수 있는 건물을 지으라고 명했다. 건설 작업은 1738년에 시작하여 1755년에 마무리되었다. 이 일에는 이탈리아의 저명한 건축가 프란치스코 사바티니를 비롯해 다수의 건축가들이 동원되었으며, 궁전 북쪽에 자리 잡고 있는 웅장한 정원은 그의 이름을 따 명명되었다. 1764년 카를로스 3세가 처음으로 이 건물을 왕궁으로 사용했다.

이 광대한 궁전은 넓이가 135,000m²에 이르며 프란시스코 고야, 조반니 바티스타 티에폴로, 디에고 벨라스케스, 미켈란젤로 카라바조 등 유명한 화가들이 남긴 중요한 예술 작품과 일류 장인들이 제작한 악기 컬렉션을 소장하고 있다. 이중에는 세계 유일하게 완벽하게 갖춰진 스트라디바리우스 현악 5중주 악기 세트도 있다. 궁전의 '라 레알 아르메리아', 즉 왕실 무기고에 있는 갑옷 컬렉션 또한 매우 유명한데, 이 컬렉션의 역사는 13세기까지 거슬러 올라간다. **CK**

왕립 태피스트리 공장

스페인, 마드리드 | Royal Tapestry Factory

왕실 고객들을 위해 손으로 짠 태피스트리

왕립 태피스트리 공장은 살아 있는 박물관으로, 18세기 초에 스페인 최초의 부르봉 왕가 출신 왕인 펠리페 5세가 공장을 세운 이후 거의 변하지 않은 전통적인 과정을 거쳐 여전히 수공예로 카펫과 태피스트리를 제조해 내고 있다. 부르봉 왕가는 당시 왕궁, 저택, 사냥터 별장 등을 새로이 건축하고 있었으며, 건물을 치장하는 데 사용할 태피스트리의 수요를 따라가기 위해 이러한 종류의 공장을 여러 채 열었는데 그중에서 이 공장만 유일하게 오늘날까지 남아 있다.

> "환상은 … 불가능한 괴물들을 낳는다 … 환상은 예술의 어머니이자 불가사의한 일의 발상지이다."

예술가, 프란시스코 데 고야

스페인에 있는 대부분의 왕궁 벽과 바닥을 이 공장에서 제작된 태피스트리와 카펫이 장식하고 있다. 가장 유명한 태피스트리 중 하나는 화가 프란시스코 데 고야와 그의 처남인 프란시스코 바예우가 그린 밑그림에 따라 제작된 연작 작품이다. 고야는 태피스트리 밑그림을 그리면서 화가로서 경력을 쌓기 시작했고, 호화로운 태피스트리의 제작을 명했던 왕실 후원자들에게 인정을 받게 되자 스페인에서 가장 유명한 화가로 성장했다.

1889년, 공장은 원래 자리를 떠나 부르봉 지구에 있는 현재 건물로 옮겨졌는데, 사업이 번창해 공간이 더 필요했기 때문이었다. 태피스트리 박물관은 현대 18세기, 19세기, 20세기의 태피스트리, 카펫, 그림 등의 컬렉션을 소장하고 있으며, 현대적이고 전통적인 태피스트리 제조 기법을 설명해 주는 전시물도 있다. 지금도 왕실에서는 이 공장을 후원해 주고 있다. **LC**

산타 마리아 데 과달루페 수도원

스페인, 마드리드 | Santa María de Guadalupe

400년이 넘는 세월 동안 스페인에서 가장 중요한 수도원이었던 곳

산타 마리아 데 과달루페 수도원은 카세레스 지방의 과달루페 강변에 자랑스레 우뚝 서 있다. 이 수도원은 1340년, 한 목동이 714년의 무어인 침략자들로부터 보호하기 위해 지역 주민들이 숨겨 놓은 듯한 성모 마리아 상을 발견한 자리에 설립되었다. 동화 속에 나올 듯한 조그만 뾰족탑들로 꾸며진 이 수도원은 카세레스 시의 분위기를 온통 지배하고 있다.

카스티야의 왕 알폰소 11세는 1340년 마지막 아프리카 침략에 맞서 벌어진 살라도 강 전투에서 쟁취한 승리를 산타 마리아 덕택이라고 생각하여, 이후에 건축 비용을 기부하고 왕실 차원에서 수도원을 후원해 주었다. 1389년, 히에로니무스회 수도사들이 수도원을 이어받았으며 건설 작업은 계속되었다. 1496년에는 크리스토퍼 콜럼버스가 유럽으로 데려온 최초의 카리브 원주민 몇몇이 이곳에서 세례를 받았다. 산타 마리아 데 과달루페 수도원은 1835년 수도원들이 세속화되어 국가 소유가 될 때까지 스페인의 수도원 중에서도 가장 중요한 위치를 점하고 있었다. 20세기에 프란체스코 수도회에 의해 수도원은 다시 부활하게 되었으며 교황 비오 7세는 1955년 이곳을 '소(小)교황 바실리카'로 정했다.

수도원 내부는 화려하며 아름다운 예술 작품, 섬세하게 수놓인 예복, 채색 필사본 등이 소장되어 있다. 바로크 양식의 인상적인 성구실은 '스페인의 시스티나 성당'이라는 별명을 지니고 있는데, 호화롭게 치장된 벽에 스페인 화가 수르바란이 그린 초상화가 걸려 있기 때문이다. 제단 뒤편, 아름답게 장식된 방에 있는 아담하고 훌륭한 성모 마리아의 드레스를 만져 볼 수도 있다.

산타 마리아 데 과달루페 수도원은 1492년에 일어난 세계 역사 속의 중요한 두 가지 사건을 상징한다. 가톨릭 신앙을 지닌 왕들의 이베리아 반도 재탈환과 크리스토퍼 콜럼버스의 역사적인 아메리카 대륙 도착이 그것이다. 수도원의 유명한 성모 마리아상은 신대륙의 대부분이 기독교화 되었음을 뜻하는 강력한 상징이 되었다. **LC**

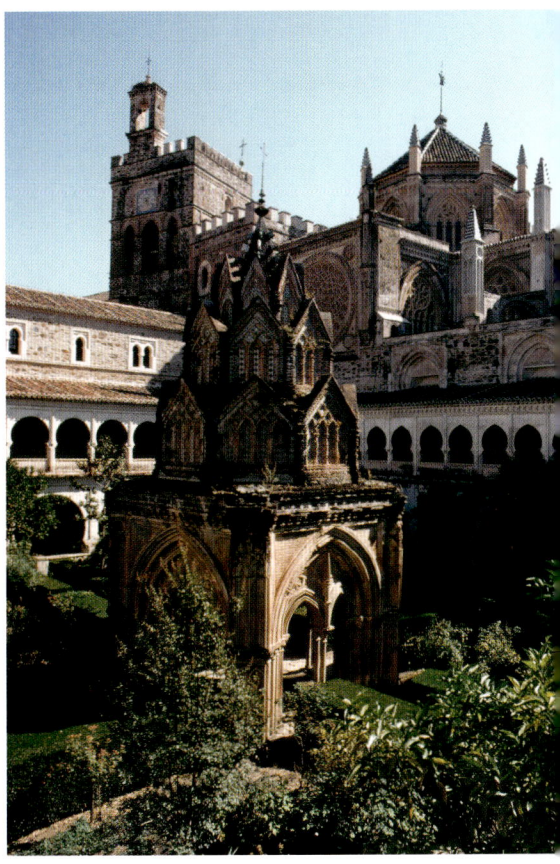

"콜럼버스는 새로운 세계를 발견했으나, 믿음이 하늘에 해독해 준 길 이외에는 지도를 갖고 있지 않았다."

시인, 조지 산타야나

엘 그레코의 집 스페인, 톨레도 | El Greco's House

엘 그레코가 새로운 조국에서 이루어 낸 독특한 예술 세계에 바치는 박물관

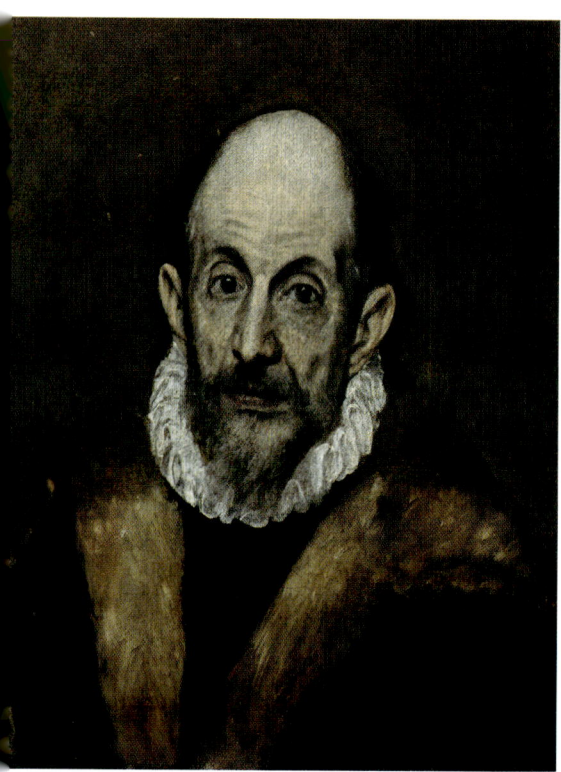

'엘 그레코'(그리스인)라는 호칭으로 널리 알려진, 그리스의 크레타 섬에서 태어난 화가 도메니코스 테오토코풀로스는 태어난 땅보다 다른 곳에서 일생을 더 많이 보냈다. 그는 스물여섯 살의 나이로 고국을 떠나 이탈리아로 미술을 공부하러 갔는데 처음에는 로마, 다음에는 베네치아에 있다가 1577년 마드리드에서 멀지 않은 톨레도로 이주해 왔다. 엘 그레코라는 이름은 그가 귀화한 도시인 톨레도와 뗄 수 없는 관계를 맺고 있다. 서유럽과 비잔틴 스타일을 통합하였으며 길게 늘여진 형상, 신비주의적인 느낌, 거의 성화(聖畫)를 보는 듯한 얼굴 표정, 야수파와 같은 대담한 색채 사용이 가미된 그의 가장 유명한 작품들을 창조해 낸 곳이 바로 톨레도였던 것이다. 엘 그레코는 동시대인들로부터는 제대로 평가받지 못했으나, 20세기에 들어 그만의 독특한 불타는 듯한 스타일을 숭배했던 표현주의 화가들과 입체파 화가들에 의해 위대한 예술가로 재발견되었다.

더 많은 일거리를 맡게 되고 지위가 올라가자, 1585년 비예나 후작이라는 귀족의 저택에 방을 빌려 그리로 이사했다. 그는 이곳에서 죽을 때까지 살며 그림을 그렸다. 오늘날 볼 수 있는 집과 박물관은 원래의 저택 건물은 아니지만, 원래 집이 있는 곳 옆에 있다. 박물관은 19세기에 베니뇨 데 라 베가-잉클란 후작이 엘 그레코에게 바치는 기념관으로 세웠으며, 그가 살았던 환경을 매우 비슷하게 다시 만들어 낸 것이다. 가구 배치며 타일 세공, 목조 세공, 도자기류, 엘 그레코가 거주했던 곳의 전체적인 분위기를 재창조해 내기 위해 갖가지 노력이 기울여졌다. 이 집에는 〈톨레도의 풍경〉을 비롯하여 엘 그레코의 많은 작품이 소장되어 있다. 1911년 엘 그레코의 집은 일반에게 공개되었으며, 1942년에는 국가 재산이 되었다. **CK**

◨ 엘 그레코는 티치아노의 제자였으나 자신만의 독특한 화풍을 창조했다.

◧ 그림 같은 박물관 건물과 안뜰은 르네상스 궁전의 폐허 위에 세워졌다.

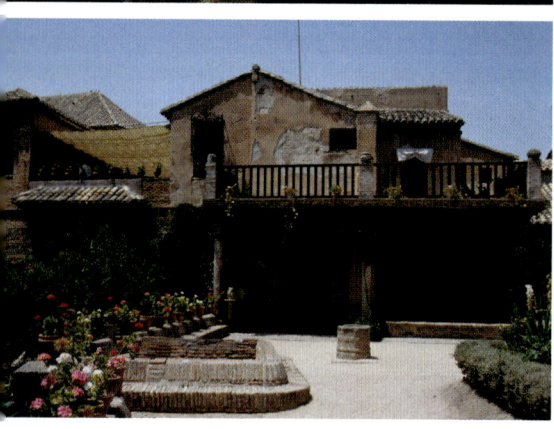

톨레도 대성당 스페인, 톨레도 | Toledo Cathedral

유럽에서 가장 뛰어난 고딕 양식 성당 중 하나이며, 중요한 예술적 보배들을 간직한 곳

이 유명한 성당은 스페인에서 볼 수 있는 가장 인상 깊은 건물 중 하나이다. 샤르트르 대성당 같은 유럽 북부의 거대한 고딕 성당에서 영향을 받았으나, 매혹적인 새로운 요소가 이에 더해졌다. 이베리아 반도에서만 유일하게 볼 수 있는 다양한 문화적 양식이 하나로 혼합된 모습이다.

톨레도 대성당은 거의 알려지지 않은 마스터 마르틴이라는 건축가가 처음 짓기 시작했으나, 대부분의 기초 작업은 페트루스 페트리가 맡았는데 그는 1291년에 사망했다. 고딕 양식이 지배적이지만, 건물이 오랜 시간에 걸쳐 세워졌기 때문에 필연적으로 다른 양식의 영향을 받은 흔적도 보인다. 지금도 오래된 서고트 족의 예식에 따라 미사를 거행하는 '모사라베 예배당'(1504)이 그러한 예에 속한다. 이와 반대로 회랑은 무데하르 양식, 즉 기독교 통치기까지 살아남은 무어 양식의 특징을 몇 가지 갖추고 있다. 고딕 양식 요소는 세 개의 중앙 현관 위편에 새겨진 복잡한 조각에서 가장 잘 드러난다.

아마 톨레도 대성당이 가장 유명한 이유는 두 가지 뛰어난 보배 덕택일 것이다. 하나는 '트란스파렌테'(1721~1732)라는 이름을 가진 나르시소 토메의 작품으로, 대리석과 설화 석고로 제작한 놀라우리만치 화려한 제단 장식이다. 그는 위편의 둥근 천정을 깎아 구멍을 내 자신이 조각한 인물상들이 태양 광선을 받아 영적인 빛으로 이루어진 후광 안에 떠 있는 것처럼 보이게 하는 효과를 자아냈다. 아마 이보다 더 훌륭한 작품은 엘 그레코의 장엄한 그림 〈엘 에스폴리오〉(그리스도의 옷을 벗김)일 것이다. 엘 그레코는 크레타 섬에서 태어났으나 예술적 이력 대부분을 톨레도에서 쌓았으므로 톨레도 대성당이 그의 걸작 중 한 점을 소장하고 있다는 사실은 썩 어울리는 일이다. 이러한 예술적 보물들 덕택에 이 건물은 성당인 동시에 박물관이기도 하다. **IZ**

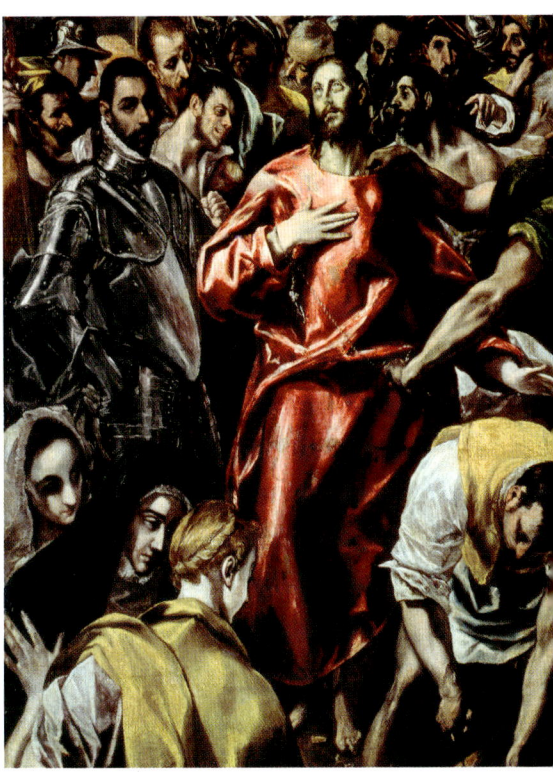

↗ 엘 그레코의 걸작 〈엘 에스폴리오〉는 이곳 톨레도 대성당에서 볼 수 있다.

⊞ 이 웅장한 성당은 눈부신 예술 작품들을 보관하고 있는 보물창고이다.

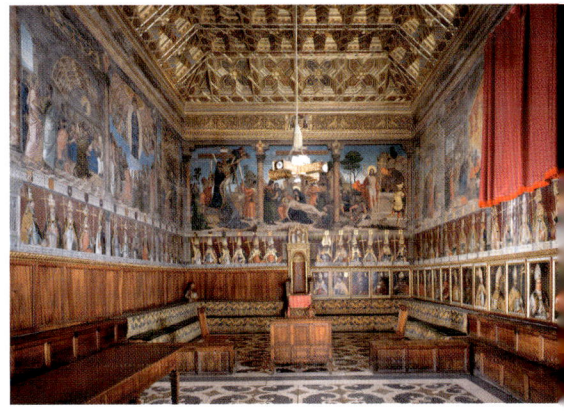

시나고가 델 트란시토

스페인, 톨레도 | Sinagoga del Tránsito

이베리아 반도의 세파르디 유태인들이 남긴 중요한 유적

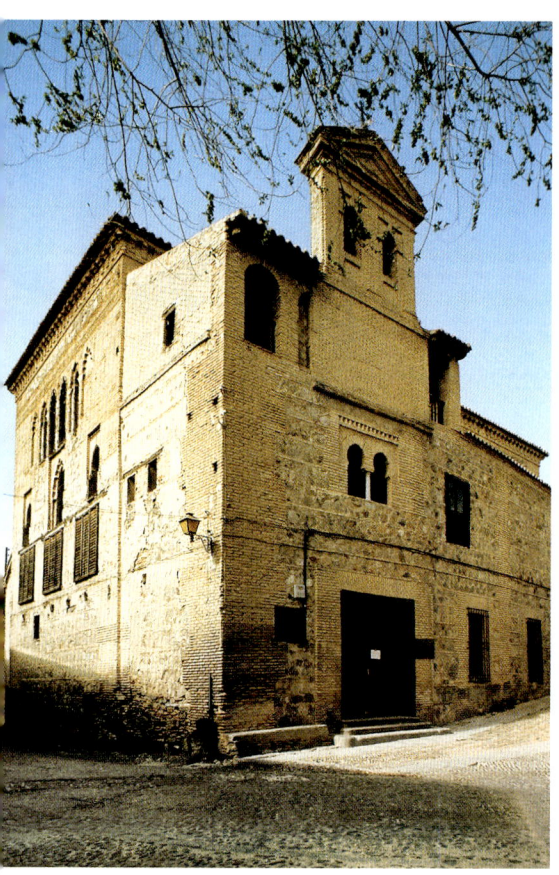

"모든 남녀 유태인들에게 우리가 다스리는 왕국들을 떠나라는 명령을 내려야 한다는 점에 의견이 일치되었고 결정되었다."

알람브라 칙령. 스페인에서 유태인들을 추방한다는 내용

중세에 톨레도는 고도로 세련된 번역과 학문의 중심지였으며, 포용력 있는 도시로 기독교, 이슬람교, 유태인의 문화가 세계주의적으로 혼합된 곳이었다. 시나고가 델 트란시토는 문화 간의 이러한 융합을 표상한다. 돌로 된 수수한 외관에서는 거의 드러나지 않으나, 내부는 정교하고 아름다우며 장식된 기둥들이 고딕 양식의 영향을 받은 무데하르 양식의 아치들을 떠받치고 있다.

이 시나고그는 카스티야의 왕 '무자비한 페드로'의 재무 장관을 맡고 있던 사무엘 하−레비에 의해 지어졌다. 높은 직사각형 기도실이 있는데, 기하학적 도형과 꽃 모양 디자인으로 화려하게 꾸며져 있고 나무로 된 천장에는 훌륭한 솜씨로 조각이 되어 있다. 하−레비는 솔로몬이 예루살렘에 최초의 성전을 지었을 때 수립된 전통을 따라 건물을 짓기 위해 레바논에서 삼나무를 수입해오게 했다고 한다. 기도실에서 북쪽을 향해서는 여성들을 위한 독립된 방이 하나 있으며, 동쪽 벽에는 토라(유태교의 율법서, 모세 5경을 가리킴) 두루마리를 보관하기 위한 세 개의 니치가 있다. 치장 벽토 세공에는 코란에 나오는 아라비아어와 히브리어로 된 글귀가 새겨져 있으며, 벽 꼭대기를 따라 찬송가가 새겨져 있다.

세파르디(스페인) 유태인들은 유럽에서 가장 큰 유태인 공동체 중 하나였으며 8세기부터 스페인이 이슬람과 기독교 통치를 받는 동안 크게 번성했다. 그러나 12세기부터 유태인에 대한 배척이 강해져, 마침내 1492년 이들은 스페인에서 추방당하게 되었다. 시나고그는 기독교 교회가 되었으며, 시나고그를 차지하게 된 알칸타라 수도회에서는 건물에 종탑을 덧붙였다. 18세기에 이 건물은 '트란시토 데 누에스트라 세뇨라'에게 바쳐진 은둔 암자가 되었으며, 나폴레옹과 전쟁을 치르던 시기에는 군사 병영으로 사용되었다. 시나고그는 1971년 박물관이 되었으며, 필사본, 의상, 히브리어 비석 등을 전시하고 있는데, 이러한 유물 중 일부는 그 역사가 1492년까지 거슬러 올라가기도 한다. **LC**

파파 루나 성

스페인, 페니스콜라 | Castillo del Papa Luna

파파 루나가 숨어 있던 성

이 튼튼한 요새 성채는 지중해의 파도가 찰싹찰싹 밀려오는 높고 험난한 반도에 자리 잡고 있는 아름다운 고도시, 페니스콜라의 가장 높은 지점에 당당하게 서 있다. '페니스콜라'라는 이름은 '반도'(peninsula)를 뜻하는 단어에서 유래한 지명이다. 페니스콜라 시와 성은 근처의 해변과 더불어 찰턴 헤스턴의 영화 〈엘 시드〉(1961)에서 발렌시아라는 이름으로 배경이 되어 유명해졌으며, 오늘날은 관광 명소가 되었다. 그러나 이보다 수백 년 전에도 이곳은 흥미로운 역사적 사건의 배경이었다.

이전에 아랍 성이 있던 자리에다 십자군 원정에 나선 기독교 템플 기사단이 이 요새를 지었는데, 주된 작업은 14세기에 이루어졌다. 이후 17세기까지 부차적인 작업은 계속 진행되었다. 15세기에 이 성은 '교회 대분열'-로마 가톨릭교회 내 근본적인 의견 불일치로 일어난 사건-을 두고 전개되었던 한 편의 드라마 속에 등장하게 되었다. 공인된 교황에 반대하여 자신을 교황으로 내세웠던 '대립 교황'(antipope) 중 한 명이었으며 성을 교황청이자 도서관으로 개조했던 베네딕토 13세가 이 성을 집으로 삼았다. 1400년대 초반, 교회 대분열 한복판에서 베네딕토는 스페인으로 달아나 페니스콜라의 성을 은신처로 삼았고 1423년 이곳에서 사망했다. 그는 '페드로 데 루나'라는 별칭으로도 불리었는데, '루나'는 아라곤 왕국 귀족 가문의 이름이었으며 성은 그의 이러한 별칭으로 인해 '파파 루나 성'이라는 이름을 얻었다. 파파 루나가 죽자, 역시 적법한 절차에 따른 교황이 아닌 베네딕토 14세가 페니스콜라에서 대립 교황으로 선출되었다.

성의 전반적인 스타일은 로마네스크와 르네상스 양식이라고 다양하게 묘사되어 왔다. 건물의 파사드는 인상적인 모습으로 길게 뻗어 있으며 매력적인 장식적 디테일과 장식 띠로 가득차 있고, 1600년대 중반에 대규모로 개조한 웅장한 계단이 있다. 오늘날 성의 건물들과 벽으로 둘러싸인 뜰에서는 영화와 음악 축제에서 전시회에 이르기까지 다양한 종류의 행사가 개최된다. **AK**

산 미겔 데 로스 레예스 수도원

스페인, 발렌시아 | Monastery of San Miguel de Los Reyes

종교적이고 문화적인 학문의 본산

그 위치만 보아도 이 웅장한 건물 단지에서는 신비로운 분위기가 감돈다. 산 미겔 데 로스 레예스 수도원은 발렌시아 귀퉁이에 거의 숨어 있는 것처럼 보이며, 이 도시의 라틴-아메리카 구역을 건드릴 듯한 위치에서 예전에 지녔던 중대함을 슬쩍 암시해 주는 듯한 크고 고요한 광장을 내려다보고 있다.

수도원의 웅장한 르네상스 양식의 파사드를 보고 매혹되지 않을 이는 드물 것이다. 거대한 현관은 몇 층으로 이루어진 기둥으로 장식되어 있으며 그 양옆으로는 성 모양의 쌍둥이 탑이 서 있는데, 오늘날에는 키 큰 종려나무들이 먼저 시선을 끈다. 이는 고딕 양식에서 옮겨가 우아한 이탈리아 르네상스 양식을 채택했던 최초의 스페인 건축가 중 하나인 숙련된 석공 장인 알폰소 데 코

> "산 미겔 데 로스 레예스의 다채로운 역사 속에는 프랑코가 잡아들인 정치범들을 수용했던 시절도 있었다."
>
> 저널리스트, 피오나 던롭

바루비아스의 작품이다. 이 수도원은 본래 귀족 및 왕족과 긴밀한 유대를 맺고 있던 히에로니무스 수도회를 위해 지어졌다. 14세기에 수도원이 있던 자리에 세워진 산 미겔 수도원은 종교적이고 문화적인 학문의 일류 중심지가 될 목적으로 설계되었다. 훌륭한 파사드 뒤에는 아름다운 17세기 성당과 북쪽 윙, 남쪽 윙이 있다. 성당 꼭대기에는 지붕이 둥근 탑이 있으며, 내부에는 여러 가지 색으로 채색된 석조 세공과 18세기에 제작된 제단이 있다.

남쪽 윙에는 많은 아치가 있는 하나의 갤러리로 이루어진 회랑이 있으며, 이는 발렌시아 르네상스 건축 양식을 보여 주는 뛰어난 본보기이다. 독서실과 훌륭한 장서를 소장한 도서관도 있었다. 오늘날 이 수도원은 선구적인 위치에 서 있는 연구 도서관이 되었다. **AK**

라 롱하 데 라 세다

스페인, 발렌시아 | La Lonja de la Seda

후기 고딕 건축의 걸작이자 지중해를 통해 구축한 상업적 부유함의 상징

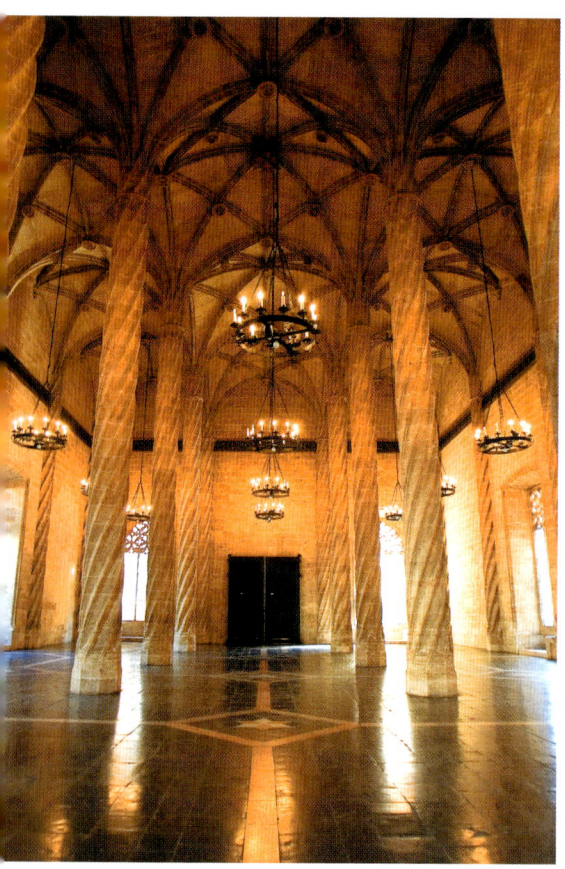

"시간과 인내를 들여야 뽕나무 잎이 비단옷이 된다."

중국 속담

15세기와 16세기 동안, 스페인의 도시 발렌시아는 유럽의 교역과 문화의 주요 중심지 중 하나였으며, '라 롱하'라 알려진 이 건물들은 그 풍요로운 황금빛 전성기를 표현하는 데에 부족함 없는 호화로운 모습이다.

라 롱하 데 라 세다, 즉 '실크 교역소'는 발렌시아의 번영하는 상업 생활의 중심지 구실을 하기 위해 설계된 여러 개의 건물로 이루어져 있으며, 스페인적인 취향을 강하게 지닌 후기 고딕 공공 건축 양식의 걸작이다. 실크가 주요 상품이 되기 이전 원래 이곳에서는 기름을 사고 팔았다. 실크 상인들은 '살라 데 콘트라타시온'에 모여 거래 계약을 맺었는데, 이는 건물 단지 중앙에 위치한 웅장한 교역용 홀이었다. 이 커다란 홀에는 호화로운 원형 천장이 있으며, 아름답게 비틀린 모양으로 소용돌이치며 솟아오른 높이가 16m도 넘는 기둥이 이 천장을 받쳐 준다. 이곳에서 두 번째로 중요한 건물은 중세의 성채를 연상시키는 성 모양의 인상적인 탑으로, 빚에 허덕이던 상인들이 이따금 이곳에 감금되곤 했다. 세 번째 건물은 영사관이다. 이 건물에는 천정이 아름답게 꾸며진 여러 개의 회의용 방이 있으며, 스페인 최초의 상인협의회가 열렸던 회의장이기도 하다. 이곳의 방들에는 떠들썩했던 옛날의 분위기를 일깨워 주는 당시의 가구들이 남아 있다. 여름날의 더위에서 쉴 곳을 찾는 방문객들은 오렌지 나무와 분수로 꾸며진 라 론하의 그늘진 테라스 정원의 매력을 한껏 즐길 수 있다.

실크 교역소는 발렌시아의 구시가지 중에서도 인기 있는 명소가 되었다. 1996년, 라 롱하 데 라 세다는 유네스코 세계문화유산에 등재되었다. 후기 고딕 양식으로 지어진 비종교적인 건물의 매우 드물고도 훌륭한 예이자 지중해 연안의 막강한 상업 도시 중 하나였던 발렌시아가 누린 권력과 부유함을 극적으로 상징해 주는 건물로서, 전 세계적인 가치를 지니고 있다고 판단했기 때문이다. **AK**

발렌시아 대성당

스페인, 발렌시아 | Cathedral of Valencia

진짜 성배를 간직하고 있다고 여겨지는 곳

이 아름다운 성당은 발렌시아의 뛰어난 고딕 건축물 중 중요한 일부를 차지하고 있을 뿐 아니라 '성배'라 여겨지는 잔을 지니고 있는 곳이기도 하다. 성배란 흔히 최후의 만찬 때 사용되었다고 일컬어지며, 이후에 아리마대의 요셉이 십자가에 못 박힌 그리스도의 상처에서 흘러나오는 피를 받았다고 하는 성찬 배이다.

건축가 페레 콤프테의 재능 있는 손이 성당의 핵심적인 고딕 양식부를 창조해 냈다. 비록 고딕 양식이 주도적이긴 하지만, 이 성당이 특별한 이유는 여러 가지 양식이 숙련된 솜씨에 의해 혼합되어 있어 몇 세기에 걸쳐 발전을 거듭해 왔다는 사실을 보여 주기 때문이다. 현관 중 하나는 로마네스크(가장 오래된 것), 하나는 고딕(사도들

> "발렌시아의 성배만이 … 그리스도가 사용했다는 컵에 대한 성 히에로니무스의 묘사와 들어맞는다."
>
> 재니스 베켓, 『성 로렌스와 성배』(2002)

의 문), 그리고 다른 하나는 호화로운 바로크(가장 최근에 제작된 것) 양식이다.

발렌시아는 중세에 두 차례나 무어 왕국이었던 적이 있으며, 13세기 중반에 가톨릭 왕조가 들어섰을 때 세워진 최초의 성당은 모스크가 있던 자리에 지어졌다. 이 건물에는 여러 개의 웅장한 아치가 있으며(원래는 뾰족한 모양이었으나 1700년대에 둥글게 다듬어졌다) 돔 지붕의 바실리카가 옆에 접하고 있다. 성당 안에는 – 바로크와 신고전주의 양식으로 증축된 부분이 있는 고딕 양식의 인테리어를 갖추고 있다 – 황금과 미노로 된 '성배기 신도 갈리스 예배당' 안에 모셔져 있다. 이외에 수르바란과 고야 등의 예술가들이 남긴 가치 있는 그림들도 볼 수 있다. 이 장소에는 흥미로운 전통이 있는데, 농부들이 경지에 물을 대는 문제를 둘러싸고 분쟁이 생겼을 때 이를 조정하기 위해 이곳에 모여 전통적인 '물 법정'을 열곤 한다. **AK**

보르하 가문 공작 저택

스페인, 간디아 | Palacio Ducal de los Borja

시민 건축의 찬란한 걸작

이 당당한 고딕 양식 궁전은 악명 높은 이탈리아 보르지아 가문의 스페인 일가인 보르하 가문의 집으로 유명하다. 13세기 후반에 건축된 이 성은 유럽 전역에 예수회 학교를 세웠으며 나중에 보르하의 성 프란시스코라는 이름으로 시성된 프란시스코 데 보르하 공작이 태어난 곳이라 알려져 있다.

이탈리아의 보르지아 가문은 교황권을 약화시키려 애썼지만(이들은 독이 든 와인으로 적수를 독살했던 일로 유명하다), 나중에 예수회 총장까지 되는 프란시스코 공작은 로마에서 벌어지는 이러한 살인 음모와는 거리를 두었다. 궁전은 그가 이끄는 교단에 의해 여러 해에 걸쳐 증축되고 점점 더 아름답게 꾸며졌으며, 그중 가장 아름다운 방들은 18세기 후반에 만들어진 것이다. 소박한 고딕 양식의 파사드만 보아서는 내부에 숨겨진 호화로움을 전혀 짐작할 수 없다. 정교하게 꾸며진 바로크 양식의 18세기의 방 '살롱 데 아길라스'에는 독수리들이 과일을 포식하고 있는 장면을 나타낸 금박 입힌 목조 프리즈가 장식되어 있다. 금박을 입힌 15세기의 치장 벽토로 꾸며진 '갈레리아 도라다'(황금 복도)의 백미는 네 가지 원소를 나타낸 눈부시게 뛰어난 세라믹 타일 모자이크이다(타일이 광채를 발하게 해 주었던 염료는 그 원료가 되는 식물이 멸종되어 지금은 구할 수가 없다). 아치형 천장의 '카마라 데 라 두케사'(공작 부인의 방)는 전설에 의하면 성 프란시스코가 1510년 태어났다고 하는 방이다. 당당한 모습을 한 16세기의 '살롱 데 코로나스'(왕관들의 방)는 마니세스 타일에 있는 두 개의 왕관 모양 상징 덕분에 이러한 이름을 얻었다. 성 프란시스코의 집무실이었던 곳은 개조되어 황금별이 여기저기 흩어져 있는 푸른색의 둥근 천장을 자랑하는 신고딕 양식 예배당이 되었나. 19세기에는 이 성인의 간소한 침실 옆에 있던 소박한 예배당이 여러 점의 벽화와 훌륭한 상감 세공을 한 바닥을 갖춘 화려하게 치장된 작은 기도실로 변모했다. 건물 외부에서는 잘 보존되어 있는 17세기의 발코니에서 '파티오 데 아르마스'(무기의 뜰)를 내다볼 수 있다. **TE**

무르시아 카지노

스페인, 무르시아 | Murcia Casino

절충주의적 건축 양식을 보여 주는 매력적인 건물

무르시아 카지노는 스페인에서 가장 훌륭한 카지노 중 하나이다. 19세기 중반의 유산인 화려한 장식으로 치장된 이 절충주의적 건물에는, 역사적으로 강력한 농업 기반의 전통 덕분에 번영을 누려 왔던 도시에 속해 있었다는 사실이 고스란히 반영되어 있다.

카지노란 번들거리는 도박꾼 소굴이라는 현대적인 관점과 달리, 사실 이 카지노는 만남의 장소, 콘서트장, 도서관, 차 마시는 곳 등 여러 가지 기능을 다하고 있는 오아시스와도 같은 일종의 사교 클럽이다. 프란시스코 볼라린이라는 건축가가 설계한 이 카지노는 1847년 신사전용 클럽으로 처음 문을 열었다. 1901년 완성된 장식이 많은 신고전주의풍 파사드 너머에는 그라나다의 알람브라와 세비야의 엘 알카사르에서 영감을 얻은 무어 양식의 대기실과 폼페이식 테라스가 있다. 건물은 두 층으로 지어졌는데, 열네 개의 이오니아식 기둥이 특히 인상적이며 꼭대기에는 유리와 철로 된 거대한 돔이 씌워져 있다. 카지노에는 영국식 도서관과 독서실, 당구장까지 있다.

건축가 호세 라몬 베렝게르가 신바로크 양식의 사치스러운 무도회장을 디자인했다. 이 방은 100년이 넘도록 무르시아 사교 생활의 중심지 구실을 해 왔는데, 동전 하나를 슬롯에 떨어뜨리면 방 안의 촛대에 달린 320개의 램프에 불이 들어와 방이 환해지게 되어 있다. 특별히 흥미를 끄는 곳 중 하나는 여성용 파우더 룸으로(누구나 들어갈 수 있다), 이 방은 신바로크 양식으로 꾸며져 있는데, 천장에는 셀레네 여신의 모습을 빌어 밤을 비유적으로 그려 놓은 화가 호세 마린-발도의 작품이 있다. 구름 사이로 천사들이 콧등에 파우더를 바르고 머리 모양을 다듬으며 이리저리 날아다닌다. 불꽃에 휩싸인 채 추락하는 날개 달린 여인이 그려져 있는데, 착시 효과로 인해 여인의 두 눈이 보는 이가 방 어디에 있어도 따라다니는 듯한 무시무시한 느낌을 주는 것으로 유명하다.

유쾌하고 친밀한 무르시아 카지노는 분주한 도시의 숨 막히는 거리로부터 멀어진 기분 좋은 휴식처이다. **TE**

테소로 델 카람볼로

스페인, 엘 카람볼로 | Tesoro del Carambolo

잃어버린 선사 시대 도시의 묻혀 있던 보물

1958년 세비야의 교외 지역인 카마스에 레저 센터를 짓기 위해 토대 작업을 하던 인부들은 믿기 어려운 것을 발견했다. 이들은 땅 속에서 기원전 6세기까지 거슬러 올라가는 옛날의 금 세공품과 장신구들을 발견한 것이다. '테소로 델 카람볼로'(카람볼로의 보물)라는 이름으로 알려진 스물한 점의 귀금속들은 기원전 700년경에서 500년경까지 스페인 남부에서 꽃을 피웠던 타르테수스 문명 시대의 유물로 밝혀졌으며, 이 문명은 전설 속에 숨겨진 잃어버린 도시 아틀란티스와 동일한 것으로 여겨진다.

타르테수스는 '금, 은, 상아, 원숭이, 공작'이 풍부

> "유명한 도시인 타르테수스는 황금과 청동 외에도, 강을 따라 셀티카에서 운반되어 온 주석을 받는다."
>
> 가짜 스킴누스, 기원전 90년
> (Pseudo-Scymnus : 그리스어로 지리학에 대한 저작을 남긴 이름을 알 수 없는 작가에게 붙인 가칭)

한 도시였는데, 이는 아프리카, 아시아와 교역을 했을 가능성을 암시한다. 이곳은 현재 안달루시아 지방의 어느 한 곳, 과달키비르 강 근처에 위치했다. 또한 주석 무역 중심지이기도 해서 학자들은 영국의 콘월과 이 도시 사이에 교역이 있었을 것이라 추측한다. 안달루시아에서는 타르테수스어로 쓰인 기원전 6세기와 7세기의 고문서가 발견됐다. 이 도시의 역사에 대해서는 거의 알려진 바 없으며, 기원전 6세기로 가면 글로 남아 있는 당시의 역사 속에서 타르테수스에 대한 언급이 모두 사라져 버린다.

오늘날 '테소로 델 카람볼로'는 은행 금고실에 안전하게 보관되어 있으나, 이 컬렉션을 복제한 작품이 세비야의 고고학 박물관에 전시되어 있다. 이 박물관은 테소로 델 카람볼로가 선사 시대의 귀중한 금속 공예품으로 세계에서 가장 중요한 발굴품이라 평한다. **LH**

코르도바의 대 모스크

스페인, 코르도바 | Great Mosque of Córdoba

중세 세계의 건축학적 기적

스페인 남부 안달루시아 지방에 위치하고 있는 코르도바는 한때 남부 스페인과 포르투갈을 지배했던 이슬람의 코르도바 칼리프 조(祖)의 수도였다. 전성기였던 10세기에 이 도시에는 50만 명 이상이 살았던 것으로 추정되며, 서유럽 최대 규모를 자랑하던 도시였다.

메스키타, 즉 '코르도바의 대 모스크'는 1236년 카스티야의 페르난도 3세가 이 도시를 정복한 이후 현재는 로마 가톨릭교회인 '성모 마리아 승천 대성당'이 되었다. 이곳에는 맨 처음에 로마 신전이 있었고 그 다음에는 교회가 들어섰으나, 무어인들이 땅을 차지하여 모스크와 궁전을 세웠다. 성당의 기도용 니치와 별이 뒤덮여 있는 푸른 타일로 된 돔에서는 이슬람 문화의 유산을 물려받았음이 매우 분명히 드러난다. 아마 가장 놀라운 면모는, 교회 내부의 넓게 열린 공간에 늘어서 있고 대리석, 화강암, 오닉스, 벽옥으로 이루어졌으며 조각이 새겨진 기둥 위에 얹힌 1,000개의 빨간색과 흰색 줄무늬 말발굽 모양 아치들일 것이다. 이 아치들은 예전에 있던 로마 신전에서 떼어 온 부속들을 이용하여 만들어졌다.

이 모스크는 784년 코르도바의 에미르인 압드 알-라흐만 1세가 지었으며, 이슬람 세계에서 두 번째로 큰 모스크였다. 그의 뒤를 이은 군주들이 모스크를 증축했고, 987년에 완공되었다. 한때 이 모스크는 이슬람교도의 순례지이기도 했는데, 코란의 원본 한 부와 예언자 마호메트의 팔뼈 하나를 보관하고 있었기 때문이다.

처음에 스페인인은 이 모스크에 축성을 내려 교회로 삼고 그 모습 그대로 둔 채 예배를 드렸다. 이후 개조되어 기독교적인 특징도 갖게 되었는데, '비야비시오사 예배당'과 중앙에 있는 르네상스 양식의 네이브가 그 예이다. 본래 모스크는 아미라 압드 알-라흐만 1세가 궁전에 딸린 별채로 높은 통로에 의해 연결되어 있었다. 오늘날 궁전에는 주교가 거주하며 한때 미나레트(기도 시간을 알려 주곤 했던 이슬람 건축의 탑)였던 곳에 바로크 양식의 '토레 델 알미나르'라는 종탑이 세워졌다. CK

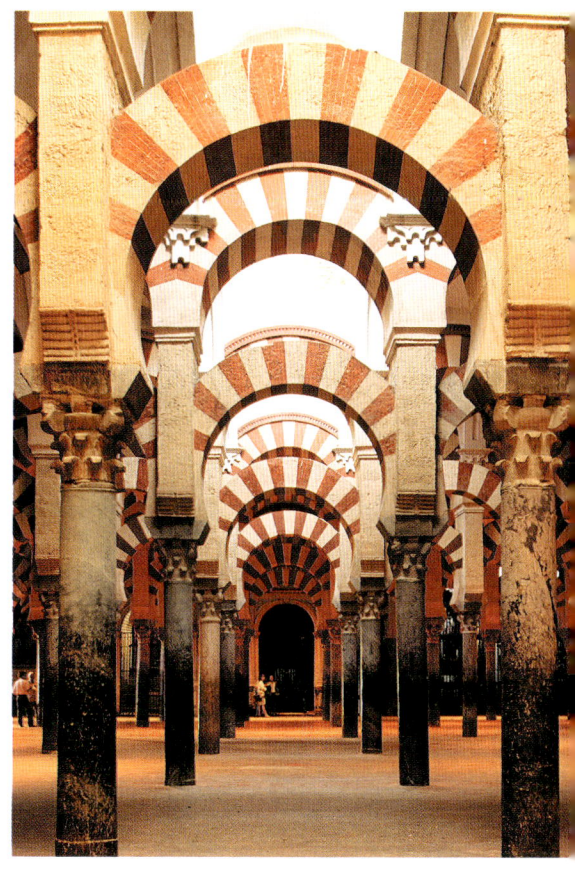

"지지 기둥들로 이루어진 천막 같은 숲 안에서는 사막이 퍽 가깝나…"

작가, 잔 모리스

토레 델 오로

스페인, 세비야 | Torre del Oro

세비야의 전성기를 상징하는 매력적인 탑

토레 델 오로, 즉 황금의 탑은 13세기 이곳을 지배하던 무어인들에 의해 알모아데 왕조 때에 세워졌으며, 세비야를 둘러싸고 있는 도시 성벽의 일부이다. 열두 면으로 된 이 감시탑의 목적은 이 땅을 되찾아 자신들의 종교로 되돌리고자 했던, 무어인의 적인 기독교 세력을 물리치기 위한 요새 구실을 하는 것이었다.

　이 탑은 과달키비르 강변 한쪽에 있는 항구에 위치하고 있었다. 강의 다른 편에도 비슷한 탑이 세워졌으며, 두 개의 탑 사이에 쇠사슬을 쳐서 정체를 알 수 없는 배들이 강을 거슬러 올라가지 못하도록 막아 적의 침입으로부터 이 항구 도시를 지켰다. 맞은편에 있던 탑은 지금은 없다. 16세기가 되자, 토레 델 오로는 사용되지 않고 방치되어 그 일부분이 파손되었다. 1755년 대지진이 일어났을 때는 더 큰 피해를 입어 엉망이 되었는데, 이 지진은 포르투갈의 리스본을 완전히 폐허로 만들었으며 스페인에도 큰 영향을 끼쳤던 것이다. 1760년대에 들어 탑은 수리되었고 증축되었다. 탑 꼭대기에 빙 둘러 흉벽이 조성되어 전보다 한 채의 성과 같은 외관을 갖추게 된 것도 이 시기의 일이다. 18세기와 19세기 두 차례에 걸쳐, 이 탑은 개발업자들에 의해 헐릴 위기에 처했으나, 두 번 다 여론의 반대가 너무 심했기 때문에 무사히 살아남았다.

　토레 델 오로는 연한 색의 벽돌과 돌로 축조되었으며, 왜 '황금의 탑'이라는 이름을 얻게 되었는지에 대해서는 의견이 분분하다. 어떤 이들은 이 탑이 처음 지어졌을 때는 금박으로 덮여 있어 햇빛을 받으면 금빛으로 빛났기 때문이라고 한다. 다른 이들은 이보다 후에 스페인 함선들이 신세계에서 황금을 가지고 돌아왔을 때 이 탑을 황금 저장소로 이용했기 때문이라고 한다. 무어인들이 통치하던 시대 이후부터 토레 델 오로는 다양한 용도로 사용되어 왔다. 감옥, 예배당, 화약 저장고, 그리고 항구의 관리 사무소가 들어섰던 적도 있다. 오늘날 이 탑에는 작은 해양 박물관이 있다. **LH**

팔라시오 데 라스 두에나스

스페인, 세비야 | Palacio de las Dueñas

아름다운 정원 속에 위치한 알바 가문의 궁전

세비야의 대문호 안토니오 마차도는 그의 시 한 편에서 "세비야의 안뜰 … 레몬이 무르익는 곳"을 회상했다. 이 안뜰은 그가 태어났던 곳, 오렌지와 레몬 나무가 그늘을 드리우는 예쁜 안뜰 정원이 있으며 15세기의 아름다운 궁전 같은 저택 팔라시오 데 라스 두에나스, 즉 라스 두에나스 저택에 속해 있었다. 근처에 있는 산 페드로 교회처럼, 이 저택에서도 무데하르(기독교와 이슬람교가 뒤섞인 양식) 건축 양식이 돋보이는 구석이 여러 군데 있다. 이슬람 통치 시절 스페인의 수도였던 세비야는 이 무데하르 양식으로 매우 유명하다.

> "각각의 모퉁이에는 기하학적으로 심어 둔 종려나무가 서 있으며, 그 줄기에는 장미가 휘감겨 있다."
>
> 여행 작가, 디 애튼버러

　저택의 건물은 커다란 중앙 안뜰을 두고 서로 연결되어 있는 여러 개의 작은 안뜰을 따라 배열되어 있다. 하얀 대리석 기둥과 칼라 꽃이 심겨진 분수들, 질서정연하게 늘어선 시트러스 나무, 장미 덩굴에 휘감긴 키 큰 종려나무 등이 뜰을 장식하고 있다. 이 저택은 원래 피네다 가문의 영주 저택이었는데, 이후 알바 공작 가문에서 사들였다. 알바 가문은 지금도 세비야 사회에서 중요한 위치를 차지하고 있는 오래된 스페인 가문이다. 15세기와 16세기에 지어진 이 저택은 고딕 양식, 무데하르 양식, 르네상스 양식의 요소가 절충되어 뒤섞여 있다. 저택에는 개인 예배당 하나가 있는데, 이 예배당의 제단은 전통적인 세비야 도기로 만든 전형적인 타일 장식으로 치장되어 있으며 홀에는 르네상스 양식의 패널 천장이 있다. 저택은 웅장한 경계 담장으로 둘러싸여 있으며 박공벽이 달린 중앙 현관에는 스페인 스타일 타일로 화려하게 만든 알바 가문의 문장이 붙어 있다. **AK**

아르치보 헤네랄 데 인디아스

스페인, 세비야 | Archivo General de Indias

스페인이 이룩했던 광대한 식민 제국에 대한 소중하고 역사적인 문헌 보관소

우아한 이탈리아식 르네상스 건축 양식으로 지어진 이 웅장한 건물은 엄청난 규모를 지닌 공문서 보관소이자 주요한 스페인 역사 연구 센터이다. 인도 제도(오늘날의 인도가 아니라 당시 콜럼버스가 인도라 믿었던 신대륙을 가리킴) 문헌 보관소는 15세기부터 19세기까지 걸쳐 스페인이 점령한 식민 제국 - 대부분 아메리카 대륙이지만 필리핀 제도에도 있었다 - 의 역사를 기록한 약 8천만 페이지에 달하는 문서를 소장하고 있다.

16세기의 세비야는 번영하는 도시로 막 발전을 시작한 스페인 세력의 중심지였으나, 세비야의 상인들은 마땅한 장소가 없어 근처의 성당에 모여 거래를 하곤 했다. 1572년 펠리페 2세는 건축가 후안 데 에레라에게 그럴싸한 교역소를 지어 달라고 명했다. 이 건물은 1584년에 지어지기 시작해 1646년까지 작업이 계속 이어지기는 했으나 1598년에는 상인들이 건물 안에서 교역 활동을 할 수 있었다. 완성된 건물은 장식이 거의 없는 절제되고 조화로운 디자인이었으며, 창문은 벽 안 깊은 곳에 우묵이 들어가 있고 멋진 난간이 두 개의 층으로 이루어진 외관을 돋보이게 해 주었다. 이 건물은 커다란 중앙 안뜰을 중심으로 배치되어 있으며, 세련된 아치가 달린 창문에서 안뜰을 내려다볼 수 있다. 건물 안으로 들어가 위층을 보면 아름다운 둥근 천장이 달린 커다란 방 여러 개가 있다.

1600년대에 이 건물은 세비야 예술 아카데미 본부가 되었다. 1785년 카를로스 3세가 이 건물에 중요한 식민지 관련 기록을 보관하라는 명을 내려 구조적으로 다양한 변화를 겪었는데, 대리석으로 된 호화로운 중앙 계단이 세워진 것도 그 중 하나이다. 이 건물은 오늘날까지도 당시 주어진 역할을 이행하고 있으며, 크리스토퍼 콜럼버스와 정복자 에르닌 코르테스가 친필로 작성한 중요한 서류들을 비롯해 스페인 제국이 누린 황금시대와 탐험과 관련된 문서들을 보관하고 있다. 2002년 건물을 새로이 보수하는 작업이 시작되었는데, 문서들을 디지털로 변환시키는 프로그램도 작업의 일부이다. **AK**

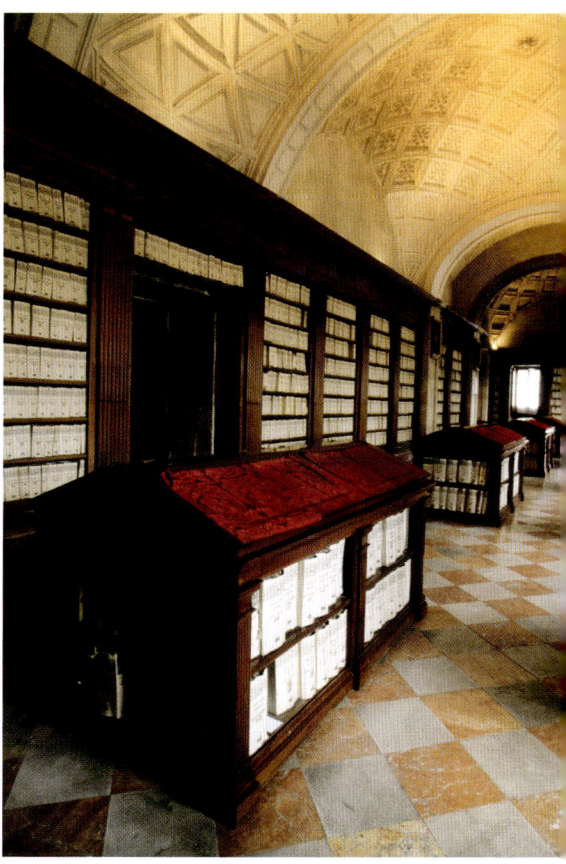

"전하께 이 대륙들이 세계에서 가장 비옥하고 평탄하며 아름다운 땅이라는 점을 보장합니다."

크리스토퍼 콜럼버스의 일기, 1492년 10월

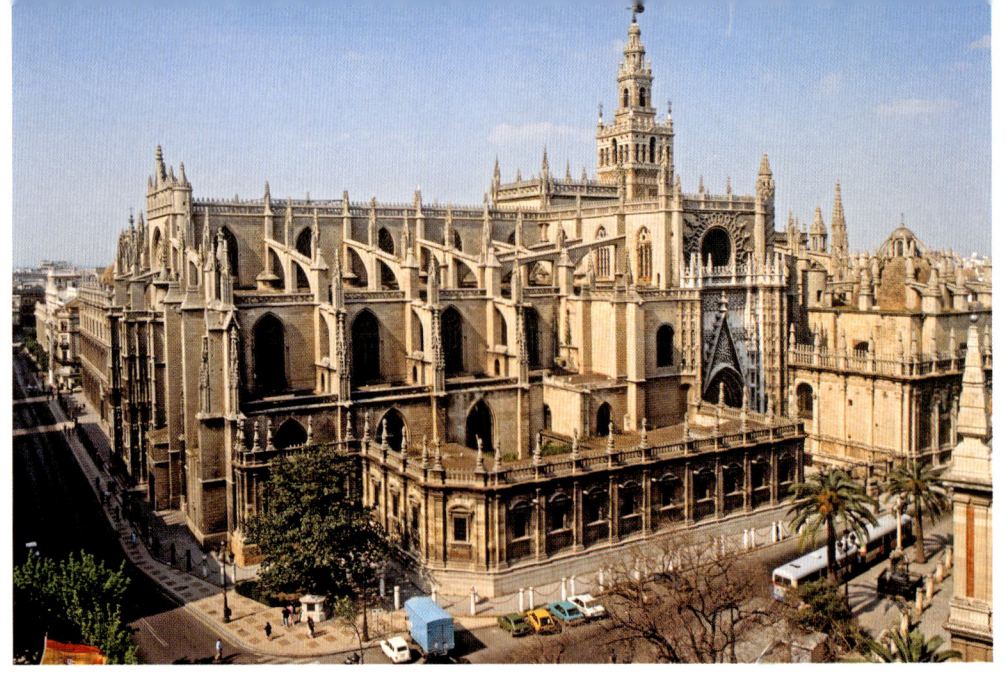

🏛 ◎ 세비야 대성당 스페인, 세비야 | Seville Cathedral

중세 고딕 양식을 보여 주는 뛰어난 대성당

세비야 대성당은 세계에서 세 번째로 큰 성당일 뿐 아니라, 고딕 양식을 보여 주는 뛰어난 건물이다. 성당이 서 있는 자리에는 본디 알모아데 모스크가 있었으나, 스페인 사람들은 세비야가 누리고 있던 부유한 무역 중심지라는 위치를 반영하기에 부족함이 없을 만큼 웅장한 규모의 성당을 짓기 위해 모스크를 허물어 버렸다.

건축은 1400년경 직사각형의 모스크 토대를 기반으로 시작되었으며, 완공되는 데에는 100년 이상이 걸렸다. 원래의 모스크에서 남아 있는 부분은 '파티오 데 로스 나란호스'(오렌지 나무 안뜰)라는 이름의 현관 안뜰뿐인데, 한때는 이슬람 신도들이 샘에서 손과 발을 씻던 장소였으며 1184년에서 1196년까지 미나레트가 세워지기도 했다. 1198년에는 미나레트 꼭대기에 구리로 만든 네 개의 구체(球體)가 올라갔으나 1356년 일어난 지진으로 파괴되고 말았다. 성당이 지어지는 과정에서 옛 미나레트에는 종이 설치되고 기독교의 상징인 십자가가 덧붙여져 교회 종탑으로 변했다. 바르톨로메 모렐이 제작하고

기독교 신앙을 표상하는 여인의 모습을 한 3.5m 높이의 풍향계가 설치되면서 종탑은 1568년에 완성되었다. 성당은 내부에 그림, 조각품, 목조 조각 등 훌륭한 예술 작품을 갖추고 있을 뿐 아니라 고딕, 르네상스, 바로크, 플라테레스크 건축 양식이 혼합되어 있어 눈길을 끈다. 세비야 대성당의 유명한 자랑거리 중 하나는 탐험가 크리스토퍼 콜럼버스의 무덤이다. 성당에는 19세기의 무덤 하나가 있는데, 이 무덤에 그의 유해가 안장되어 있다고 한다. **CK**

> "우리는 교회를 갖게 될 것이다 ⋯ 건축 과정을 보는 이들이 우리가 미쳤다고 생각할 만한 그러한 교회를."
>
> 건축 설계 위원회의 한 멤버의 말

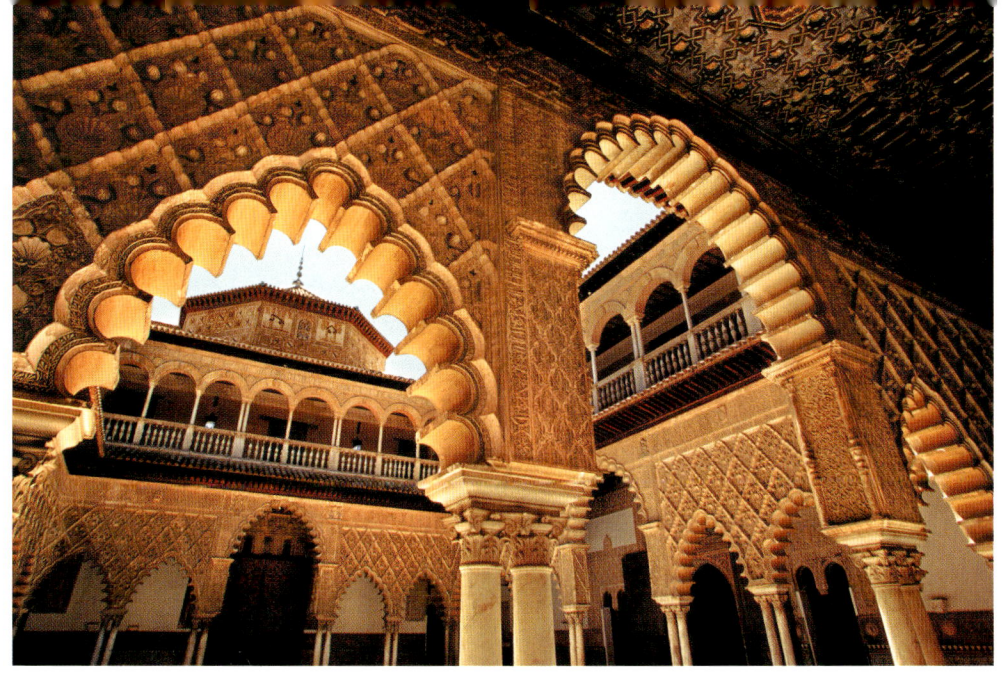

🏛 ◎ 알카사르 스페인, 세비야 | Alcázar

이슬람 양식이 뚜렷하게 드러나는 아름다운 궁전

스페인 남부의 안달루시아 지방은 오랫동안 아프리카와 유럽을 잇는 관문 역할을 해 왔다. 8세기에 스페인을 침입한 이후, 무어 족은 300년이 넘도록 이 지역에서 주도권을 유지해 왔다. 13세기에 기독교 세력이 이베리아 반도의 '재탈환'을 개시했지만(세비야를 되찾은 것은 1248년이었다), 이슬람 세력의 오랜 지배는 안달루시아의 역사와 문화에 지워 버릴 수 없는 흔적을 남겼다. 세비야의 알카사르('궁전'을 뜻하는 아랍어 단어에서 온 이름)는 기독교와 이슬람 양식의 이러한 퓨전을 보여 주는 완벽한 예이다.

무어인들은 712년 이곳에 요새를 지었고 9세기에는 요새를 궁전으로 개조했다. 당시 궁전의 흔적이 약간 남아 있기는 하나, 오늘날 볼 수 있는 건물은 대부분 1364년 '무자비한 페드로' 왕이 새로운 왕궁을 지으라고 명했을 때 지어졌다. 왕궁을 지은 이들은 무데하르 장인들, 즉 기독교 세력이 스페인을 되찾은 이후에도 남아 있던 무어인들이었다. 당연히 이 건물은 기독교 군주를 위

해 지어졌음에도 건축 양식에서 아랍 풍이 강력하게 느껴지는데, 말발굽 모양의 아치들, 화려한 색의 윤기 나는 타일들, 분수가 있고 지면보다 낮게 조성된 정원이 있는 안뜰 등이 특히 그렇다.

이후의 스페인 통치자들도 알카사르에 자신들이 머무르고 간 흔적을 남겼다. 이사벨라 1세 여왕은 알카사르의 '살라 델 알미란테'(제독의 홀) 안에 '카사 데 라 콘트라탁시온'(무역청)을 세웠다. 이는 신세계를 향한 스페인의 탐험을 주관하는 왕실 기관이었다. 식민지 탐험가이자 항해가 크리스토퍼 콜럼버스는 이곳에서 여왕을 만났으며, 예배당에 걸려 있는 성모 마리아 그림 속에는 그의 초상화도 들어가 있다. 카를로스 5세도 이슬람 디자인과 대비되게 많은 부분을 증축했다. 그는 1525년 알카사르에서 결혼했으며, 그 이후 사치스러운 르네상스 양식의 아파트먼트를 여러 개 지었다. **IZ**

알람브라

스페인, 그라나다 | Alhambra

세계적인 이슬람 건축의 경이 중 하나

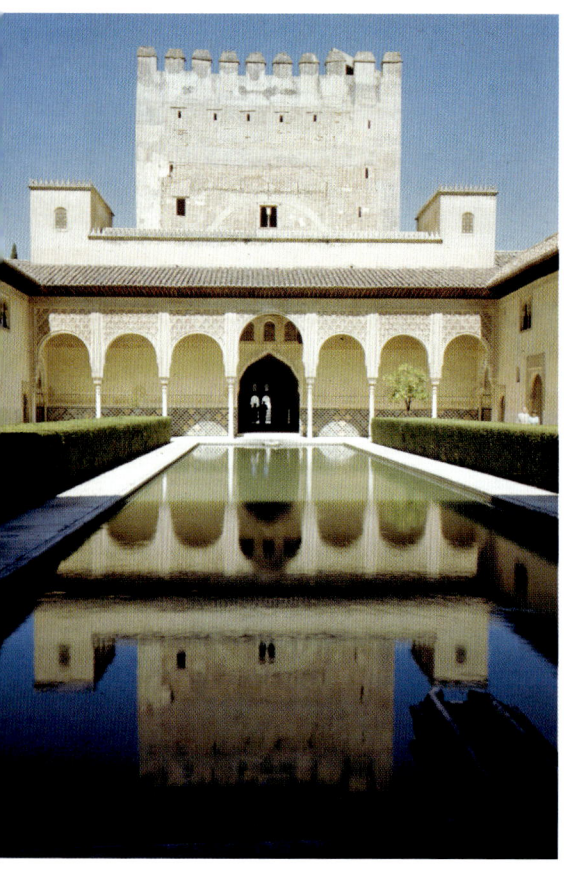

"무어 시인들은 알람브라를 '에메랄드 사이에 박힌 진주'라 묘사했다."

여행 작가, 마이크 맥두걸

아름답게 건축되었으며 그 아름다움이 한껏 드러나는 장소에 위치한 건물, 뛰어난 역사적이고 문화적인 다양성을 드러내는 증거품이라 할 수 있는 알람브라의 유적과 그 궁전은 소중히 여겨지며 사랑받고 있다. 알람브라는 단일 건축물이 아니라 하나의 성채인데, 본래 9세기에 군사 요새로 지어졌다가 이후에 왕실 거처가 되고 13세기 중반에는 그라나다 왕궁이 되었다. 알람브라가 이렇게 복합적인 용도를 지니고 있었다는 사실을 알면―왕실 호위대가 주둔하는 병영이기도 했고, 메디나(아랍 구역)에는 유명한 나스리드 궁전들과 귀족 저택들이 있다― 르네상스, 이탈리아, 무어 양식이 주를 이루는 다양한 건축 양식이 혼합되어 있는 이유를 이해하기 쉬울 것이다.

알람브라 서쪽과 북쪽으로는 그라나다 시가지와 평원이 바라다보이고 동쪽과 남쪽으로는 높이 솟은 시에라 네바다 산맥이 보이는데, 가파른 언덕이라는 위치는 접근이 어렵도록 의도적으로 선택됐다. 다로 강변과 산맥, 우거진 숲이 알람브라를 보호해 주며, 성벽 덕분에 외부인은 내부에 있는 눈부신 호화로움을 전혀 짐작할 수 없다. '카사 레알 비에하' '코마레스의 방' '정의의 문' '사자들의 방' 등 궁전들이 건설된 시는 14세기로 거슬러 올라가며, 이는 두 명의 유명한 왕인 유수프 1세와 그의 아들 무함마드 5세의 업적이다. '상(上)알람브라'에는 목욕탕, 화려한 침실, 여름용 방, 위스퍼링 갤러리(속삭이는 듯한 작은 소리도 멀리까지 들리게 만든 회랑), 미로가 있다. 1492년 페르난도와 이사벨라가 그라나다를 정복하고 난 후 이곳을 궁전으로 사용했으며, 이전에는 왕실 모스크가 있던 곳에 성모 마리아 성당이 지어졌다. 이보다 몇 세기가 지나서 나폴레옹의 군대가 궁전들을 병영으로 개조해 버리고 탑 중 일부를 파괴하기도 했다.

오늘날 축제가 벌어지는 날이면 어린 소녀들이 노처녀가 되지 않기를 빌며 '토레 데 라 벨라'의 종을 울리곤 한다. 알람브라의 웅장함을 제대로 음미하려면 여기에 얽힌 많은 전설들을 탐구해 보는 것이 좋다. **AP**

왕실 예배당

스페인, 그라나다 | Royal Chapel

스페인 제국을 창시한 이들에게 바치는 기념관

왕실 예배당에는 스페인을 통일한 두 사람의 군주가 잠들어 있다. 카스티야의 이사벨라 1세가 아라곤의 페르난도 2세와 결혼하면서 두 사람의 왕국은 하나가 되었다. 스페인에 남은 마지막 이슬람 영토였던 그라나다를 정복한 일은 이들의 통치 기간 중 가장 위대한 업적으로 여겨진다. 그라나다 정복은 교황 알렉산데르 6세가 이들에게 '가톨릭 부부 왕'이라는 칭호를 내린 한 가지 이유이기도 했다.

예배당의 고딕 디자인에는 르네상스 양식을 싫어했던 이사벨라의 취향이 반영되었다. 반면 1523~1703년까지 지어진 옆에 있는 그라나다 대성당은 이보다 더 르네상스적인 면을 보인다. 왕실 예배당의 원래 목적은 모든 스페인 군주들의 무덤을 모시는 것이지만, 결국 이러한 역할은 '엘 에스코리알'이 맡게 되었다. 이사벨라가 원래부터 왕실 예배당에 안치되었던 것은 아니었다. 처음에는 근처에 있는 수도원에 안장되었고, 1516년 페르난도도 그녀의 곁에 묻혔다. 그 다음 해에 손자 카를로스 그들의 5세가 유해를 왕실 예배당으로 옮겼다. 피렌체의 도메니코 판첼리가 대리석과 설화 석고로 두 사람의 무덤과 조상을 조각했다. 이외에도 왕실의 일원 중 세 사람, 페르난도와 이사벨라의 딸 '미치광이' 후아나, 그녀의 남편이자 스페인 최초의 합스부르크 왕가 출신 군주였던 '미남 왕' 펠리페 1세, 그리고 이들의 손자인 스페인과 포르투갈의 황태자 미겔 다 파스가 이 예배당에 묻혀 있다. 그라나다를 점령한 이후 15세기 후반은 페르난도와 이사벨라가 영광을 누리던 시기였으며, 따라서 왕실 예배당에 있는 제단 장식에는 이들의 치적을 찬양하는 네 개의 채색된 목조 패널이 있다. 예배당에는 이사벨라가 수집한 예술품들과 그라나다를 정복할 때의 유물들도 있다.

왕실 예배당은 스페인을 세운 두 군주에게 바치는 기념관이다. 페르난도와 이사벨라 이전에 스페인에는 독립된 왕국들이 그저 모여 있을 뿐이었다. 두 사람의 통치 이후, 스페인은 통합된 국가로 나아가 세계 강대국으로 성장하는 발판에 서게 되었다. **JF**

그라나다 대성당

스페인, 그라나다 | Granada Cathedral

기독교와 무어 양식이 혼합된 훌륭한 성당 중 하나

이 역사적인 건물이 세워지기까지는 180년이라는 세월이 걸렸다. 건축이 시작된 것은 1523년이었으나 1704년이 되어서야 비로소 마무리되었다. 건축 기간이 이렇게 오래 걸린 이유 중 하나는 유럽 전역에서 수백만의 목숨을 앗아갔던 흑사병 때문이었다. 오랜 세월에 걸쳐 세워진 만큼 여러 대에 걸쳐 한 가문 출신의 인부들과 장인들이 성당 건축에 매달렸으며, 건물에는 고딕에서 르네상스에 이르는 다양한 건축 양식이 녹아 있다.

그라나다 대성당이 세워진 자리에는 무어인들이

> "헤아릴 수 없이 많은 나이팅게일들이 노래를 부르는 가운데, 무수히 많은 장미꽃에 완전히 둘러싸인 채…"
>
> 작가, 워싱턴 어빙, 그라나다에 대하여

스페인을 지배했을 때 세운 오래된 대모스크가 있었다. 무어인들은 8세기에 스페인 땅에 와서 이슬람이라는 새로운 종교를 들였다. 기독교 군주들이 통치할 때 무어인들이 세운 이 오래된 건물은 스페인에서 가장 훌륭한 교회 중 하나로 탈바꿈하였다. 그라나다 대성당의 내부는 르네상스 예술의 걸작이라 할 수 있는데, 화려하게 금박을 입힌 거대한 18세기 오르간 두 대가 내부에 있다.

좁은 길과 골목들이 성당 주변을 둘러싸고 있는데, 이는 오래된 무어 '수크'(시장)가 남긴 자취이다. 성당에는 다섯 개의 네이브가 있으며, '카피야 마요르'(주 예배당)와 '카피야 레알'(왕실 예배당)을 비롯해 여러 개의 예배당이 있다. 또한 카라라 대리석으로 만든 여러 개의 왕족 무덤을 보관하고 있으며 산드로 보티첼리, 알론소 카노, 로지에 반 데르 웨이덴 등이 남긴 걸작이 포함되어 있는 왕실 예술 수집품을 소장하고 있기도 하다. 그라나다 대성당은 스페인이 광대한 해외 제국을 호령했던 시대의 유적이라 할 수 있다. **LH**

라 카르투하 스페인, 그라나다 | La Cartuja

스페인에서 가장 훌륭한 바로크 양식 건물

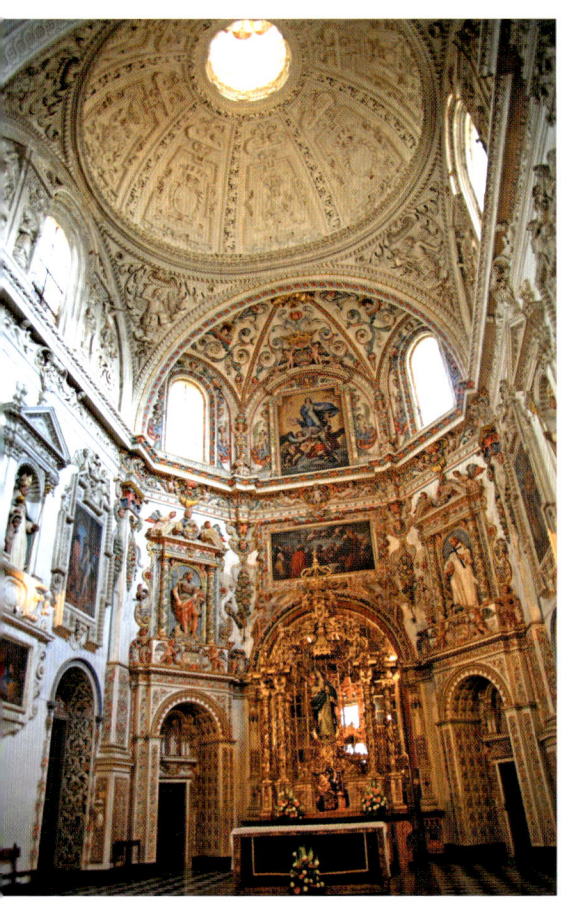

"교회의 역동적인 내부 장식은 건축, 회화, 조각 작품의 뛰어난 본보기이다."

스페인 문화부

라 카르투하는 카르투지오회의 멋진 수도원이자 교회이다. 이 건물은 기독교 세력이 스페인 땅에서 최후의 승리를 거두어 몇 세기에 걸친 이슬람과 기독교 간의 싸움이 마침내 끝이 난 직후에 건설되기 시작했다. 라 카르투하는 무어인들이 건설한 웅장한 궁전이자 요새인 알람브라와 그 호화로움을 겨루려는 목적에서 지어졌다는 소문이 있는데, 알람브라를 지은 무어인들은 현재의 알제리와 모로코에 해당하는 지역에서 온 베르베르 족이었다.

16세기에 이 자리에 처음으로 수도원이 건설되었다. 이 원래 건물이 18세기에 들어 대규모로 증축되고 개조되어 라 카르투하는 추리게레스크 양식, 즉 매우 정교하고 조각을 특히 많이 사용한 스페인 바로크 건축 장식이 적용된 스페인에서 가장 뛰어난 건물로 꼽히게 되었다. 최초의 계획안은 1506년에 마련되었으나 건축이 본격적으로 시작된 것은 1515년에 들어서였다. 처음 지어진 수도원 건물들은 상대적으로 엄숙한 분위기에 약간 답답한 느낌도 없지 않으나, 조금은 지나칠 정도로 풍부하게 장식된 다른 건물들이 이러한 점을 상쇄시켜 준다.

여러 명의 건축가, 예술가, 건축 장인들이 라 카르투하의 건축에 힘을 썼는데, 이중에는 뛰어난 예술가 페드로 아나스타시오 보카네그라와 후안 산체스 코탄, 이름난 조각가 호세 데 모라와 호세 리수에뇨도 끼어 있다. 교회 안으로 들어갈 때면 돔 천장에 시선이 못 박혀 안토니오 팔로미노의 작품인 훌륭한 프레스코화를 보며 감탄하게 된다. 내부는 금, 은, 금분, 상아, 대리석, 자개, 온갖 귀중한 보석을 이용한 찬란하고 풍부한 고도의 화려함으로 유명하다. 특히 주목할 만한 곳은 성구실로, 바로크 시대에 이 교회가 누렸던 막대한 부유함이 호화로운 모습으로 드러나는 곳이다. 성구실 장식 작업을 진행하는 기간만 해도 50년 이상이 걸렸다고 하니 화려한 장식의 규모가 어느 정도인지 짐작이 갈 것이다. **LH**

플라사 데 토로스 스페인, 론다 | Plaza de Toros

투우라는 스포츠의 출생지

론다의 플라사 데 토로스는 오늘날 우리가 알고 있는 투우라는 경기가 처음 시작된 곳이다. 론다의 산악 지형 높은 곳에 위치하고 있는 플라사 데 토로스는 스페인에서 가장 오래된 투우장이다. 1754년에서 1784년까지 지어졌으며 최초의 '코리다', 즉 투우 경기는 1785년에 열렸다. 이 투우장에는 5천 명 이상의 관객이 입장할 수 있으며 지금도 때때로 투우 경기를 개최하곤 한다. 이곳에는 투우 박물관도 있는데, 이 박물관과 호세 마르틴 데 안데우 엘라가 설계한 웅장한 신고전주의 건물인 투우장은 꼭 방문해 볼 만한 곳이다.

인간과 황소를 겨루게 한다는 구경거리는 6세기에 기원한 것으로 추측되며, 이러한 경기가 몇 세기에 걸쳐 발달하여 투우라는 이름의 격식을 갖춘 의식이 되었다. 론다의 토레로, 즉 투우사들은 투우장이 그러했듯이 투우라는 스포츠가 발전해 오는 데 중요한 역할을 했다. 처음에는 로마의 원형 극장이 경기에 알맞은 장소로 종종 사용되었기 때문에 투우장은 둥근 형태를 띠게 되었다. 그러나 사각형 광장에서 투우가 벌어지는 일도 있었으므로 사각형 경기장도 있기는 하다.

론다 투우장은 오직 투우만을 위해 지어진 최초의 건물 중 하나이다. 론다의 전설적인 투우사들의 솜씨로 투우장도 인기를 누렸고, 현재 흔하게 볼 수 있는 둥근 형태의 경기장도 여기서 채택되었다. 18세기의 투우사들 중 뛰어난 이로는 론다의 로메로 가문을 들 수 있는데, 이들은 3대에 걸쳐 일류 투우사들을 배출해 왔다. 이중에서도 가장 유명한 페드로 로메로 마르티네스는 투우사 경력 동안 약 6천 마리의 황소를 죽였으며 매번 털끝 하나 다치지 않은 채 유유히 경기장 밖으로 걸어 나왔다. 당시로는 혁신적이었던, 마치 발레와도 같은 그의 투우 스타일은 여러 세대에 걸친 투우사들에게 영향을 끼쳤다. 그의 할아버지인 프란시스코는 예전에는 투우사들이 한쪽 팔에 걸치곤 했던 '물레타'라는 붉은 천을 스틱에 달아 흔드는 방식을 도입하여 '론다 파'라는 이름으로 알려지게 된 투우 스타일에 큰 영향을 주었던 인물이다. **CK**

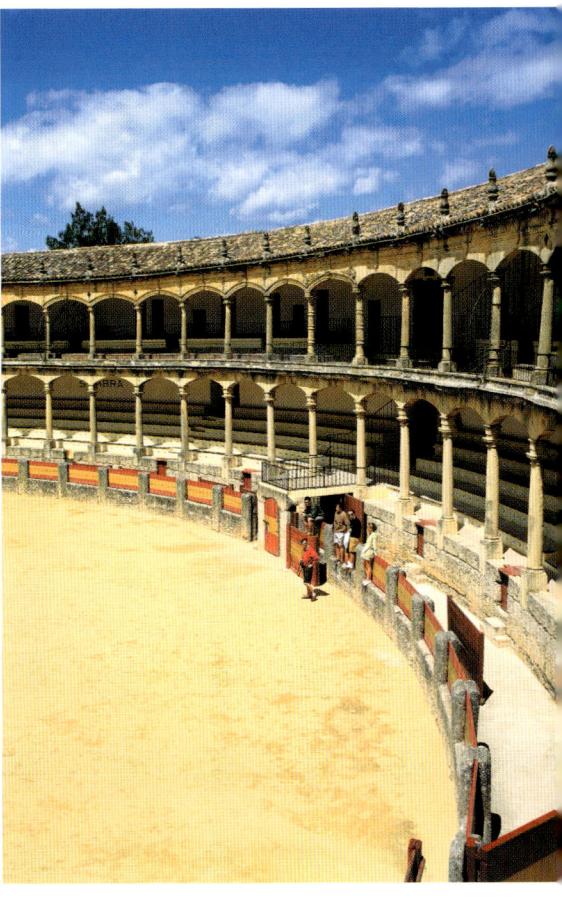

"투우는 예술가가 죽음의 위험에 처하는 유일한 예술이다."

작가, 어니스트 헤밍웨이

팔로스 항구 스페인, 우에벨바 부근 | Port of Palos

콜럼버스와 그의 선원들은 이 항구에서 항해를 떠났다

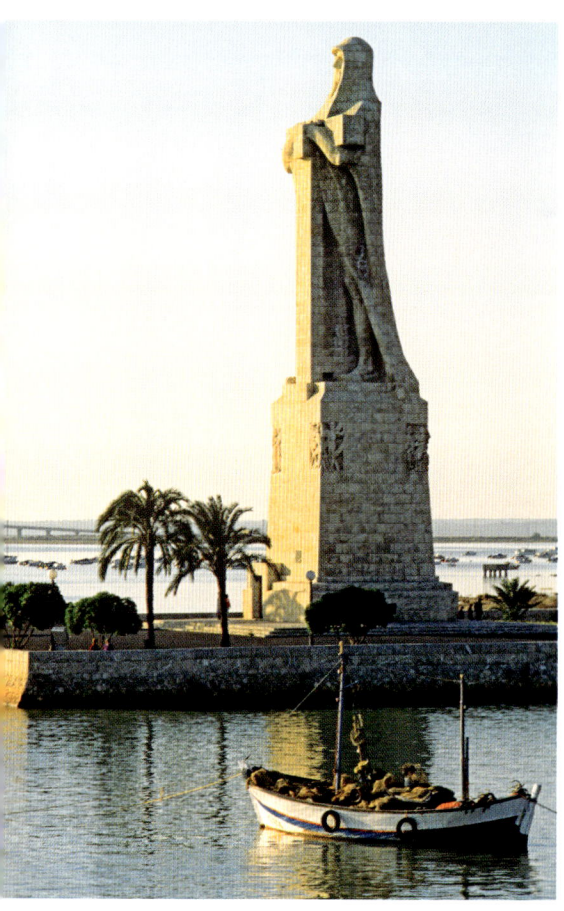

> "나는 항구 도시인 팔로스 시에 갔었
> 다. 거기서 세 척의 배에 장비를 갖췄
> 다…"

크리스토퍼 콜럼버스의 항해 일지, 1492년 5월

팔로스의 항구 도시는 탐험가 크리스토퍼 콜럼버스가 돛을 올려 신세계를 향한 서사시적인 모험을 떠나던 장소로 잘 알려지게 되었다. '인도'(서남아시아)를 발견하려는 것이 그의 목적이었으나, 그가 상륙한 곳은 아메리카 대륙이었다. 자신이 실제로 인도를 발견했다고 너무나 확신한 나머지, 그가 새로운 대륙에서 만난 토착민들은 '인디언'이라는 이름으로 알려지게 되었다.

콜럼버스는 이탈리아인으로 제노바 출생의 선원이었는데, 오랫동안 신세계를 발견하려는 꿈을 키워 왔다. 그는 잠시 동안 포르투갈에 살았는데, 포르투갈인인 그의 아내는 주앙 2세와 친분이 있었다. 콜럼버스는 주앙 2세를 설득하여 인도로 가는 새로운 항로를 개척하려는 자신의 계획에 자금을 얻어내려고 했으나, 왕은 그에게 다른 항해를 맡겨 주긴 했지만 인도 계획 따위에는 관심이 없었다. 1481년 아내가 죽고 나자 콜럼버스는 스페인으로 갔고, 페르난도 왕과 이사벨라 여왕은 그의 계획을 지원해 주기로 약속했다. 대부분의 사람들이 콜럼버스의 계획을 미친 짓이라고 생각했기 때문에 항해에 동참할 선원들을 모으기 위해서는 왕실 측의 힘까지 동원되어야 했다. 두둑한 임금을 약속해 주었을 뿐 아니라 죄인들에게는 선원이 되는 대가로 사면을 내려 주기로 했던 것이다. 이 관대한 제안을 받아들이기로 결정한 이는 네 명의 범죄자뿐이었다.

1492년 8월 3일, 콜럼버스와 그의 선원들은 팔로스의 산 호르헤 교회로 가서 미사를 올리고 팔로스 항구를 떠나 세계 역사의 흐름을 바꾸어 버릴 여행길에 올랐다. 탐험대는 세 척의 배로 구성되어 있었다. 산타 마리아 호(콜럼버스의 배), 핀타 호, 니냐 호이다. 팔로스는 핀타 호와 니냐 호의 선장이었던 빈센테와 마르틴 핀손이라는 형제의 고향이었다. 오늘날 이 도시의 중앙 광장에는 크리스토퍼 콜럼버스의 동상이 서 있으며, 탐험에 관심이 있는 방문객들이라면 근처에 있는 유명한 '세 척의 배 박물관'을 찾아가 볼 수 있다. LH

카사 델 알미란테 스페인, 카디스 | Casa del Almirante

스페인 보물선 함대의 제독이 살던 저택

1690년 지어진 카사 델 알미란테는 바리오 델 푸폴로의 카디스 대성당 근처에 위치하고 있으며, 오늘날 이 건물에는 다양한 주거 아파트먼트가 들어서 있다. 스페인 보물선 함대의 제독 디에고 데 바리오스 레알이 이 저택을 지었다.

16세기 들어 카디스 항구의 중요성은 점차 커져 갔다. 이 도시는 크리스토퍼 콜럼버스가 두 번째와 네 번째 여행의 돛을 올린 곳이었으며, 카디스에는 스페인 보물선 함대가 위치하게 되었다. 이 함대는 신세계의 스페인 식민지로부터 금, 은, 보석, 향료 등을 실어오던 선박들로 이루어져 있었다. 이를 노리는 해적단이 점점 늘어났고, 영국과 프랑스에서는 이를 부추기기까지 했으므로 1520년대가 되자 스페인 선박들은 안전을 위해 서로를 호송하며 다니게 되었다. 제조품과 노예들을 싣고 중무장을 한 두 개의 함대가 매년 스페인을 떠나 카리브 제도와 남아메리카로 향했다. 일단 새로운 원자재를 가득 싣고 나면, 이 갈레온 선들은 쿠바의 아바나에서 만나 대서양을 건너 돌아왔다. 전성기에 이르렀을 때에는 함대를 이루는 배가 50척에 달했다. 그러나 허리케인 같은 자연 재해의 피해를 입으면서, 또한 점차 세력을 키워 가고 있던 경쟁 상대인 네덜란드와 영국 해군의 공격에 의해 함대는 점차 쇠퇴하게 되었다.

카사 델 알미란테의 바로크 양식 건물이 지닌 호화로움은 그 당시 카디스 시와 바리오스 가문이 누렸던 풍족함이 어느 정도였는지 말해 준다. 저택 외관은 제노바산 붉은 색과 흰색 대리석으로 덮여 있으며, 양옆에 두 개씩의 기둥이 서 있는 포티코 현관 위쪽 2층에 있는 발코니에는 바리오스 가문의 문장이 있고, 건물 꼭대기에는 두 개의 탑이 서 있다. 내부에는 꼭대기에 타원형 둥근 탑이 달린 웅장한 계단이 있으며, 중앙 홀의 천장은 가문의 문장 그림으로 장식되어 있다. **CK**

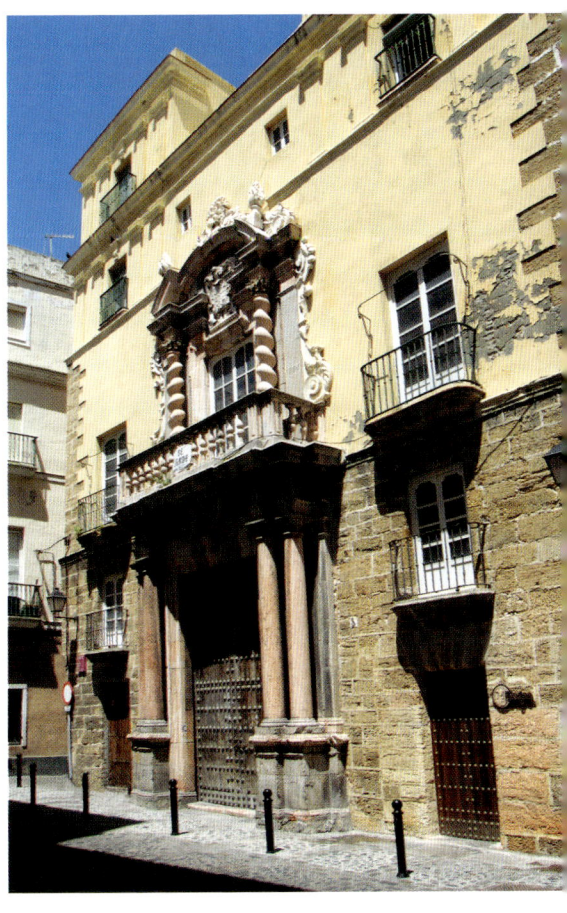

"찾아낸 금으로 점점 더 많이 손을 재울수록, 그들의 탐욕스러운 욕망 역시 늘어난다."

리처드 이든, 「신세계의 몇 십 년」(1555)

타비라 탑

스페인, 카디스 | Torre Tavira

이 항구에서 이루어지던 대서양 횡단 무역의 유적

1778년에 지어진 타비라 감시탑은 18세기 카디스가 유럽에서 가장 부유하고 풍족한 도시 중 하나였던 황금시대의 유적이다. 카디스는 대서양으로 나아갈 수 있는 항구에 위치하고 있어 이러한 번영을 누릴 수 있었다. 그 당시 스페인의 무역 중 75퍼센트에 해당하는 비율이 아메리카 대륙을 상대로 이루어졌다고 추산되며, 1717년 펠리페 5세는 카디스를 아메리카에서 스페인에 도착하는 모든 상선들이 거치는 공식 입항으로 삼았다. 카디스가 무역을 독점하던 시대는 1765년 막을 내렸으나, 항구로서 편리한 위치에 놓여 있고 상인들이 전문적인 기술을 소유하고 있었던 덕택에 도시는 계속 번성해 나갔다.

해발 45m 높이로 솟아 있는 타비라 탑은 카디스에 남아 있는 126개의 감시탑 중 하나이며, 최초로 이곳에서 망을 보았던 안토니오 타비라의 이름을 따서 명명되었다. 그의 임무는 항구로 들어오고 나가는 배를 기록하는 일이었다. 한때 이 도시에는 지역 상인들이 자신이 거둔 성공을 공공연히 자랑하기 위해 세웠으며 가끔은 집의 일부이기도 했던 감시탑이 160개나 서 있었다. 이러한 탑들은 보통 사각형 평면도에 따라 세워졌으며 높이는 2층이었다.

탑의 주요 기능은 상인들이 자신들의 상품을 실은 배가 도착했는지 확인할 수 있는 잘 보이는 장소 구실을 하는 것이었다. 상인들은 이 탑을 이용해 배에 메시지를 전달하기도 했는데, 지붕에서 깃발을 휘날리게 하여 항구로 들고 나는 배들의 통행을 지도했다. 탑은 해적의 침입에 대비해 망을 보는 망루 역할을 하기도 했다. 그러나 1792년이 되자 도시 정부에서는 이제는 쓸모가 없을 거라고 판단하여 더 이상 탑을 짓지 말라고 금지했다. 타비라 탑은 현재 음악 학교로 사용되고 있으며, 1990년대에는 탑 안에 카메라 옵스큐라가 설치되었다. 이 바늘구멍 사진기는 360도로 움직이는 도시의 전경을 테이블 위에 비춰 준다. **CK**

과달레테 전투지

스페인, 과달레테 강 부근 | Batalla de Guadalete

아랍의 스페인 지배가 시작되었다

8세기, 스페인 남쪽 끝 과달레테 강이 흐르던 지역은 스페인-포르투갈의 역사에서 새로운 장이 펼쳐지는 장면을 목격했던 소란스러운 '국경' 지대였다. 이 국경은 아프리카의 이슬람교도(무어인) 아랍인들과 스페인을 지배하던 서고트 족 사이에 놓여 있었다. 정확한 사건 경로를 둘러싸고 논란이 분분하지만, 한 설은 다음과 같다.

> "그대들이 참을성있게 앞으로의 시간을 견딘다면, 최상의 기쁨들을 즐기리라 기대해도 좋다는 점을 기억하라."
>
> 타리크 이븐 지야드, 전투 전에 자신의 군사들에게 한 연설

서고트 족의 왕 비티차가 710년 경 사망했을 때, 그의 일가는 왕위 계승권을 귀족이나 높은 군인이었을 로드리고라는 권력 있는 동고트 족에게 빼앗겼다. 분노한 비티차 가문은 북아프리카의 강력한 이슬람 세력 힘을 빌려 복수를 꾀했고, 그들은 지브롤터 해협 건너 스페인 땅으로 군사를 보내 로드리고를 남쪽으로 밀어냈다.

이후로 사건은 예측하지 못한 방향으로 진행되었다. 탕헤르의 이슬람 충독이었던 타리크 이븐 지야드는 남부 스페인으로 더 큰 군사를 이끌고 쳐들어왔다. 711년 7월 타리크는 과달루테 강 유역, 오늘날의 아르코스 데 라 프론테라 근처쯤에서 로드리고의 군대와 마주쳤다. 실제로 그가 죽는 것을 본 이는 없지만 로드리고는 완전히 패한 듯하며, 이 사건으로 이슬람 정복의 문이 활짝 열렸다. 아랍인들은 꾸준히 진격해 나갔으며, 8년 정도가 지나자 이베리아 반도(오늘날의 스페인과 포르투갈) 대부분은 이슬람 세력에 지배당하고 말았다. 어떻게 이렇게 쉽게 정복당했는지를 설명하는 이론이 매우 많은데, 그중 하나는 서고트 족 왕실 사람들이 과달루테 전투에서 전멸당했기 때문이라는 설이다. **AK**

페드로 도메크 보데가

스페인, 헤레스 데 라 프론테라 | Pedro Domecq Bodega

세계적으로 이름난 셰리 하우스 중 하나

셰리 제조는 규칙이 매우 엄한 산업으로, 스페인 남부 안달루시아 지방의 헤레스 데 라 프론테라 시와 그 부근에서 생산되는 셰리만이 법적으로 셰리라는 이름을 사용할 수 있다. 페드로 도메크 보데가(bodega : 와인을 제조하거나 저장, 판매하는 곳)는 아마 안달루시아 지방의 모든 셰리 하우스 중에서도 가장 유명한 곳일 것이다.

페드로 도메크 사는 1730년 패트릭 머피라는 이름의 아일랜드인에 의해 설립되었다. 건강 상태가 좋지 않아 고생하던 이 독신남은 프랑스 혈통의 후안 아우리에라는 이 지역 와인 제조업자의 도움을 받아 사업을 꾸려나갔는데, 1762년 머피가 죽자 후안 아우리에가 회사를 물려받게 되었다. 아우리에는 회사를 다섯 명의 조카들에게 분배해 주었는데, 이중 후안 카를로스 아우리에가 가장 큰 성공을 거두었다. 나폴레옹이 군대를 이끌고 스페인에 쳐들어왔을 때, 후안 카를로스는 그들을 지지했고 프랑스 군대가 1810년에서 1812년까지 헤레스 데 라 프론테라를 점령했던 동안 물자를 징발하는 일을 맡았다. 그 결과 프랑스 군이 떠난 후 그는 배상금을 내야만 했고, 이 일로 회사는 거의 파산할 위기에 처했다. 그러나 1816년 아우리에 가의 친척인 페드로 도메니크가 회사를 인수해 되살려냈다. 1824년 이후로 계속해서 이 회사는 도메니크의 이름으로 운영되고 있으며 엄청난 성공을 거두었다. 1823년 스페인의 페르난도 7세는 도메니크를 왕실 셰리 주 공급처로 정했으며, 1911년 영국의 조지 5세는 왕실 특허를 내렸다. 저장고는 15세기에 건설된 회랑 옆에 있는, 바람이 잘 통하는 새하얀 무어식 건물 '라 메스키타'(모스크) 안에 위치하고 있다.

페드로 도메크 보데가는 관광객이 둘러보도록 열려 있으며, 셰리주가 만들어지는 과정을 설명하는 투어를 진행하기도 한다. 헤레스 데 라 프론테라는 유럽에서 가장 유명하고 역사적인 와인 제조 지역의 중심지 중 하나이며, 페드로 도메니크 보데가는 아마 이 지역에서도 가장 명성이 높고 큰 성공을 거둬들인 업체일 것이다. **JF**

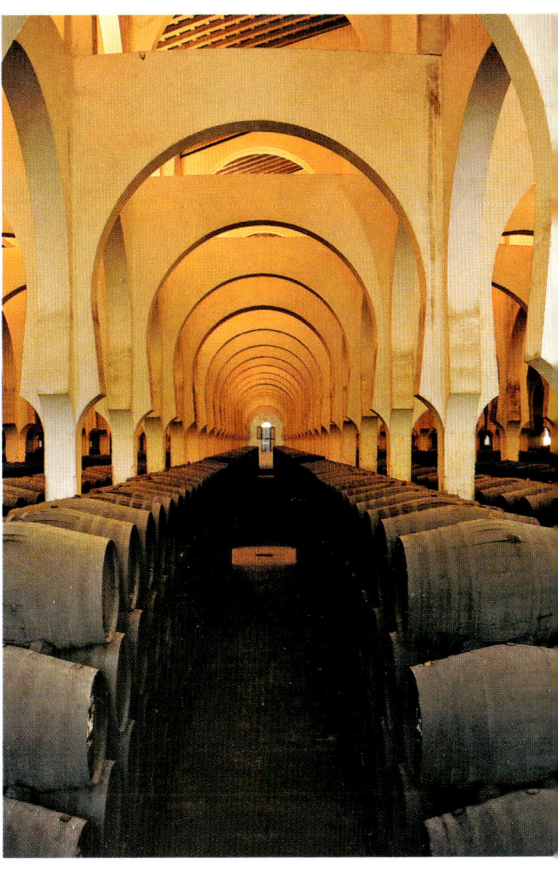

"헤레스 데 라 프론테라는 무어의 칼리프들과 기독교 군주들이 지배했던 지역들 사이에 위치하고 있다."

와인 교육가, 주노비에브 매카시

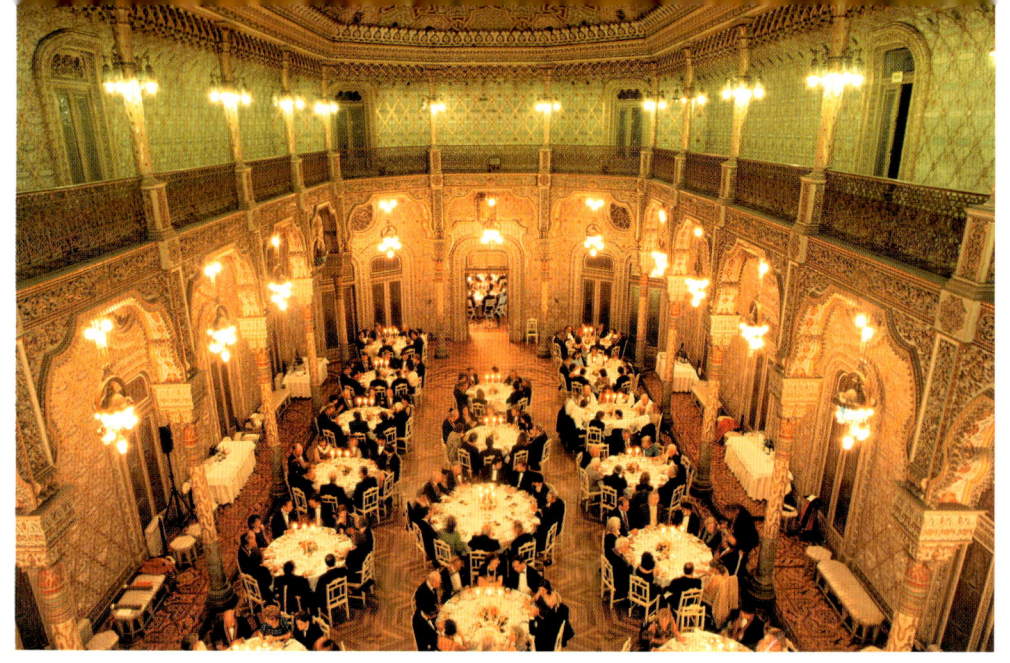

증권 거래소 궁전 포르투갈, 포르투 | Stock Exchange Palace

우아한 포르투의 재정과 상업의 옛 중심지

놀라우리만치 뛰어난 아라비안 홀을 중심에 두고 있는 팔라시우 다 볼사는 포르투갈에서 가장 뛰어난 신고전주의 양식 건물 중 하나이다. 1832년 포르투 포위 공격 동안, 오래된 상 프란시스쿠 수도원에서 화재가 일어나 건물은 완전히 타 없어져 버렸다. 1841년 마리아 2세 여왕은 포르투의 상공 회의소가 수도원 부지에 새로운 본부를 짓도록 하는 허가서에 서명을 했다. 조아킴 다 코스타 리마 주니오르가 건축가로 선정되었고 그 다음 해에 건축이 시작되었는데, 자금은 상인들이 직접 댔다.

건물의 디자인은 영국 팔라디오 양식의 영향을 받았는데, 특히 포르투에 위치하고 있던 존 카의 성 안토니오 병원과 존 화이트헤드의 영국 팩토리 하우스의 영향을 크게 받았다. 도리스 양식의 절제된 파사드 안쪽으로 들어가면, 현관 복도가 '파티오 다스 나소에스(국가들의 홀)'로 이어지는데, 이 방은 금속과 유리로 된 거대한 돔 천장 아래 바람이 잘 통하는 장소로, 포르투갈의 문장과 19세기 말엽 포르투갈과 가장 활발한 교역을 나누던 국가들의 문장(영국과 미국도 이에 포함된다)으로 장식되어 있다. 이 홀의 바닥에 있는 시각을 혼란시키는 모자이크는 폼페이에 사용되었던 그리스-로마 스타일에서 영감을 얻은 것이다. 주목할 만한 또 하나의 특징은 호화로운 계단으로 1868년 아돌푸 곤살베스 데 소자가 이를 디자인했는데, 그는 1860년에 볼사 프로젝트를 맡게 되었다. 가구 제작자인 세페리누 조세 핀투가 제작한 훌륭한 장식 테이블이 있는 '초상화들의 방'을 지나면 이 궁전의 건축학적인 걸작이라 평가되는 '아라비안 홀'에 들어서게 된다. 데 소자가 스페인 그라나다의 알람브라를 모델로 삼아 건축한 이 복잡한 무어 양식의 건물은 1862년에 시작되었으며, 완성되기까지 18년이 걸렸다. 훌륭한 채색 효과를 자아내기 위해 독창적으로 설치된 조명으로 반짝이는 장식 요소들이 더욱 빛을 발한다.

오늘날 국가 유산으로 지정된 이 증권 거래소 궁전에는 매년 20만 명의 사람이 방문하고 있으며, 다양한 종류의 도시 행사가 열리고 있다. **TE**

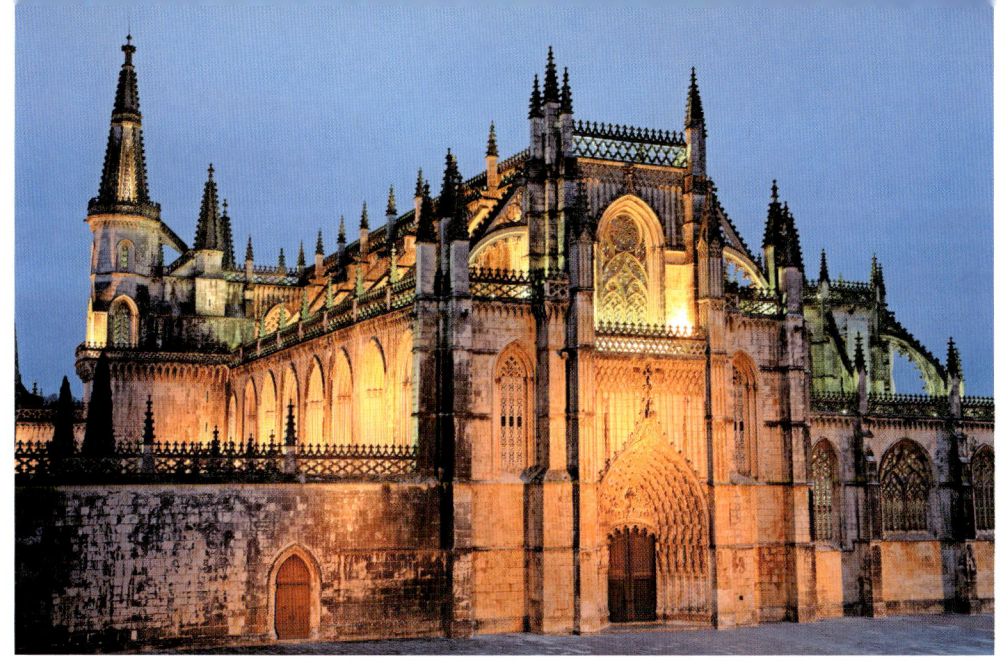

바탈랴 수도원 포르투갈, 바탈랴 | Batalha Monastery

높이 솟은 고딕 양식의 수도원

바탈랴 수도원은 포르투갈의 중심부에 위치하고 있으며, 포르투갈 고딕 양식이다. 완공까지는 150년 이상이라는 세월이 걸렸으며 여러 건축가가 참여했다. 바탈랴 수도원은 포르투갈에 새로운 건축 기법과 스타일을 도입했으며, 1983년 유네스코 세계문화유산으로 지정되었다.

주앙 1세가 알주바로타 전투(1385)에서 카스티야를 상대로 결정적인 승리를 거둔 후 성모 마리아에게 감사하는 뜻에서 1386년 이 수도원을 짓기 시작했다. 주앙 1세와 그의 아내 랭커스터의 필리파는 이 수도원의 '설립자의 예배당'(1426~1436년까지 건설됨)에 묻혔다. 필리파가 데려온 영국 건축가들 몇 명은 이 수도원에 영국의 수직 양식 면모를 덧붙였다. 완성된 교회 건물은 32m에 달하는 높이에 비해 너비가 22m로 좁은 편이나, 1430년대에 스테인드글라스 창문이 제작되었으며, 아마 이 수도원은 포르투갈에서 스테인드글라스를 단 최초의 장소였을 것이다.

수도원의 건축은 포르투갈 왕이 여섯 차례 바뀔 때까지 계속되어 주앙 3세에 이르렀는데, 16세기 초 그는 리스본에 다른 수도원을 짓는 데에 집중적인 관심을 두었다. 따라서 바탈랴 수도원의 일부, 즉 '미완성 예배당들이라 불리는 부분들은 완성되지 않은 채로 남았다.

바탈랴는 1810년과 1811년 나폴레옹 휘하의 앙드레 마세나 사령관에 의해 두 차례나 약탈당하면서 쇠망하게 되었다. 1834년에는 수백 년 동안 이곳을 지켜 왔던 도미니크 수도회 수사들이 쫓겨났으며, 이곳은 쓸쓸히 폐허로 전락하고 말았다. 그러나 1840년 들어 페르난도 2세가 복원 작업을 시작했고, 이 작업은 20세기 초에 마무리되었다.

바탈랴 수도원은 포르투갈 문화의 중요한 상징이며, 아마 포르투갈에서 고딕 양식을 모여 주는 가장 훌륭한 건물일 것이다. 이 수도원은 1907년 국가 유산으로 지정되었다. 바탈랴 수도원은 포르투갈을 다스렸던 중세 왕들의 신앙심의 상징이며 이들의 세련된 건축학적 취향을 반영해 준다. **TE**

로사리오 바실리카

포르투갈, 파티마 | Basilica do Rosário

성모 마리아에게 바쳐진 유명한 성당

파티마에 있는 로사리오 바실리카는 1917년 세 명의 양치는 어린이들이 성모 마리아를 목격한 사건을 기념하기 위해 지었다. 이 세 명의 농촌 아이들－루시아 산투스와 그녀의 사촌인 프란시스쿠와 자신타 마르투－은 5월 17일 파티마에서 1.6km 떨어진 알주스트렐 마을 근처의 '이레네의 골짜기'라는 목초지에 갔다고 한다. 그들 앞에 나타난 형상은 유럽을 찢어 놓는 싸움 때문에 자신이 고통스러워하고 있다고 말했다(때는 제1차 세계대전이 끝나기 전해였다). 이후 다섯 달 동안 이 형상은 계속 발현했으며, 매번 더 많은 군중이 몰려들었다(그러나 세 아이들만이 성모 마리아의 모습을 보고 소리를 들을 수 있었다). 마리아는 10월 13일에 마지막으로 발현했는데, 7만 명이 넘는 사람들이 먹구름이 지나가고 색깔 있는 빛줄기가 땅에 쏟아지는 장면을 목격했다고 전한다.

마리아를 본 세 사람이 묻혀 있는(마지막 생존자였던 루시아는 2005년 사망했다) 이 바실리카는 1928년 5월 13일에 건축이 시작되었으며, 1953년 10월에 축성받았다. 건물 중앙에는 65m 높이의 탑이 있으며, 대리석 기둥이 늘어선 로마 양식의 통로가 있는데, 그 정면 입구 양쪽 면에 마리아의 그림이 걸려 있다. 양쪽에는 주랑이 있어 수녀원과 병원이 있는 건물을 포함한 여러 채의 건물과 연결해 주고 있다. 열다섯 개의 제단은 로사리오의 열다섯 가지 미스터리에 봉헌됐으며, 스테인드글라스에는 성모가 발현했던 장면이 묘사되어 있다. 이웃한 넓은 산책로인 코바에는 순례자들이 모여드는데 이 주변, 성모 마리아가 어린이들 앞에 모습을 나타냈다고 믿어지는 장소에 작은 예배당이 있기 때문이다.

1970년, 바티칸은 파티마의 성모 마리아 이야기를 기독교 역사의 일부로 공식 인정하였다. 아스팔트로 포장된 이 산책로에는 30만 명의 순례자들이 방문하지만, 교황이 몸소 방문했을 때에는 1백만 명 이상의 군중이 몰려든 것으로 집계되었다. 가장 인기 있는 방문 시간은 5~10월까지의 매달 13일이다. **TE**

상 조르즈 성

포르투갈, 리스본 | Castelo de São Jorge

확 트인 경치를 감상할 수 있는 리스본의 랜드 마크

상 조르즈 성은 리스본에 있는 일곱 개의 언덕 중에서 가장 높은 곳에 자리 잡고 있으며, 성에서 가장 유명한 전망대인 '오래된 창문'에서는 도시의 매력적인 경치를 감상할 수 있다. 이곳은 성 그 자체와 원래 이곳에 있던 왕궁의 유적들로 구성되어 있다. 19세기에 세워진 정문을 지나면 중앙 광장인 '프라사 다르마스'가 나오며, '오디세우스의 탑'에는 전망경이 있어 방문객들은 리스본을 360도로 둘러볼 수 있다.

> "방탕한 쾌락이 넘쳐나는 파리보다
> 당시의 리스본은 더한 악덕 속에 빠져
> 들었던가?"
>
> 볼테르, 「리스본의 재앙에 대한 시」, 1756

로마인들보다 이전, 이 언덕 꼭대기에는 강을 지키기 위한 요새가 있었으며, 이후 서고트 족이 이곳을 차지했으나 결국은 8세기 초에 사라센인들의 손에 들어가게 되었다. 사라센인들에 이어 무어인들이 이곳을 점령했는데, 이들은 1147년 포르투갈의 첫 번째 왕 아폰수 엔히크가 리스본을 포위하고 공격했을 때 쫓겨났다. 1255년 리스본이 새로 태어난 포르투갈 왕국의 수도로 선포되자 이 성에는 왕궁이 들어섰다. 1371년 영국의 왕녀 랭커스터의 필리파와 결혼한 주앙 1세가 이 성을 영국의 성조지에게 바치면서 성은 '상 조르즈'라는 이름을 얻게 되었다. 그러나 테주 강변에 새로운 궁전이 지어지고 1531년에 일어난 지진의 피해까지 입게 되면서, 이 중세의 성은 이전에 누렸던 특권을 잃게 되었다. 성은 감옥과 병영으로 사용되는 굴욕을 겪었고, 1755년 대지진 때는 심각하게 손상되었다. 1940년대에 보수 작업이 시작되어 건물의 원래 모습과 그 특성 중 많은 부분이 복원되었다. **TE**

신트라

포르투갈, 리스본 부근 | Sintra

산 한가운데에 모인 동화처럼 매혹적이고 다양한 건물들

신트라는 무어 양식의 성에서 훌륭한 왕궁에 이르기까지 다양한 건축적 보배들이 산봉우리를 따라 여기저기 흩어져 있으며 이곳저곳에 호화로운 숲과 정원이 조성된 포르투갈의 도시이다. 이 도시는 리스본에서 북서쪽으로 24km 떨어진 바위투성이 신트라 산에 눈부신 모습으로 사리 잡고 있다.

두 개의 봉우리 사이에 버티고 선 건물이 무어 성으로 8세기나 9세기경에 지어졌으며 1800년대에 복원되었는데, 탑과 성 모양의 벽에 올라서면 숨 막힐 정도의 경치를 감상할 수 있다. 두 개의 굴뚝이 달린 왕궁이 신트라의 오래된 구역을 온통 지배하고 있는데, 이 건물은 포르투갈이 자랑하는 주요 유적 중 하나이다. 이 궁전은 13세기부터 16세기까지 개조되고 증축되었으며, 고딕, 포르투갈, 무어, 르네상스 양식이 하나로 혼합되어 있고 유약을 바른 채색 타일로 아름답게 꾸며져 있다.

다른 봉우리에는 '페나 궁전'이 있는데, 부분적으로 16세기의 수도원을 개조해 세운 이 건물은 19세기 로맨티시즘의 승리라 할 수 있다. 포르투갈의 페르난도 2세는 1830년대에 이 왕궁을 짓기 시작했으며 포르투갈, 무어, 고딕, 바이에른 양식을 뒤섞어 독특한 성채 형식의 궁전을 탄생시켰다. 로맨티시즘이 깃든 또 하나의 보석이라 할 만한 건물은 19세기 중반에 세워진 몬세라테 궁전으로, 이국적인 무굴 풍 장식과 둥근 탑을 갖추고 있다. 그러나 이 모든 건물들도 믿을 수 없을 만큼 훌륭한 정원과 숲으로 이루어진 배경에 비하면 빛을 잃을 정도이다. 가파른 언덕에 붙어 있는 작은 테라스 정원부터 광대한 신트라-카스카이스 자연 공원에 이르기까지 이러한 정원의 모습은 다양하며, 신트라에 유럽에서 가장 훌륭한 조경 공간 중 하나를 선사한다. 1800년대에 신트라의 건물과 정원들은 유럽 로맨티시즘의 주요한 초점이 되었다. 이 도시가 지닌 다양한 면모의 중요성을 인정하여 1995년 유네스코는 '신트라 문화 경관'을 세계문화유산으로 등재시켰다. **AK**

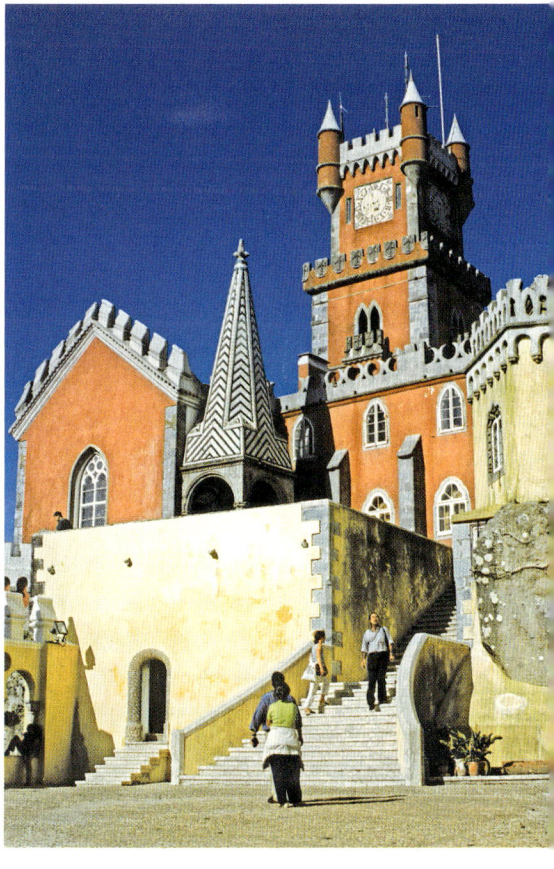

"신트라의 마을은… 아마도 전 세계에서, 가장 아름나운 곳일 터이네. 나는 이곳에 와서 매우 기쁘다네."

바이런 경, 프랜시스 호지슨에게 쓴 편지, 1809년 7월 16일

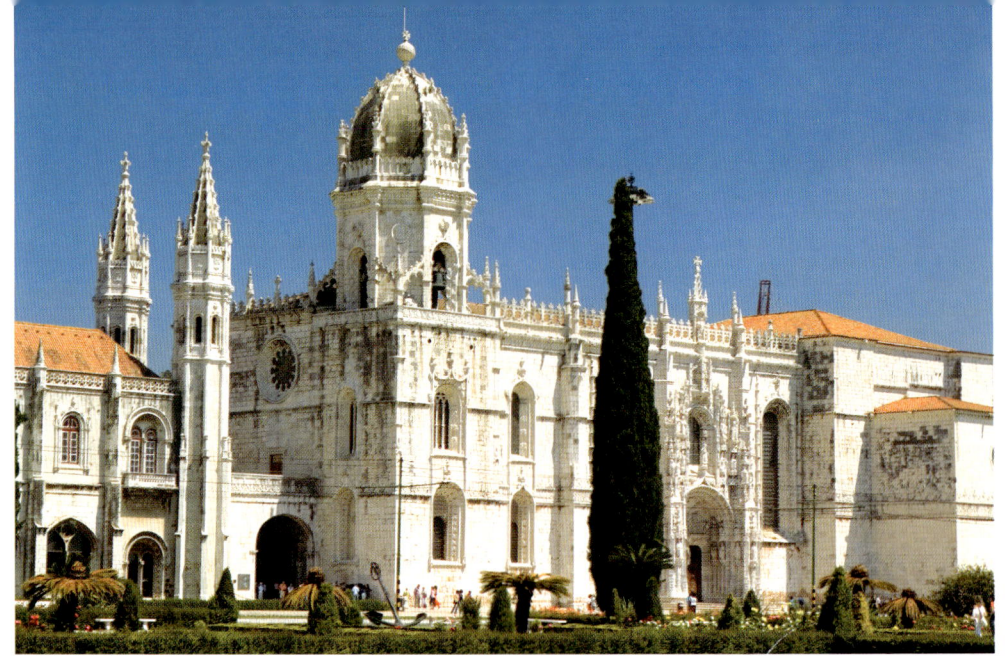

🏛 ◎ 제로니무스 수도원 포르투갈, 리스본 | Jerónimos Monastery

포르투갈의 탐험가들을 기념하기 위해 세운 화려한 건물

제로니무스 수도원은 리스본의 역사적인 구역 벨렘에 있으며, 이 도시에서 가장 훌륭한 역사 유적 중 하나이다. 이 수도원은 15세기의 왕 마누엘 1세의 이름을 따 마누엘린 양식이라 한 고딕, 이탈리아, 스페인, 플랑드르 디자인을 병합한 건축 양식의 걸작이다.

이 수도원은 탐험가 '항해가 엔리크'가 세운 오래된 종교 암자가 있었던 자리에 위치하고 있다. 1497년, 또 다른 탐험가 바스쿠 다 가마와 그의 부하들이 인도로 출발하기 전 이곳에 머물렀다. 1499년 다 가마의 귀환을 기념하기 위해 마누엘 1세의 명에 따라 이 자리에 수도원이 세워졌다. 디오구 보이탁의 책임 아래 1502년 건축이 시작되었고, 1517년에는 스페인 건축가 조앙 데 카스틸류가 작업을 이어받아 계속했다. 프랑스 조각가 니콜로 샹테렌은 제로니무스 수도원에 르네상스 디자인의 요소를 첨가했다. 건축 비용은 동양에서 수입해 오는 특정한 향료에 매긴 세금 5퍼센트로 충당되었다. 마누엘 왕이 죽자 건축은 중단되었으나 1550년 재개되었다. 두 명의 포르투갈 왕, 마누엘과 조앙 3세가 수도원 부속 성당에 묻혀 있으며 바스쿠 다 가마도 마찬가지이다. 회랑이 있는 수도원이 성당과 이웃하고 있으며 히에로니무스 수도회 수사들이 살고 있다. 20세기의 시인 페르난두 피소앙이 회랑의 아케이드 중 하나에 묻혀 있다. 수도원은 1850년 한 차례 증축되었으며 고고학 박물관과 해양 박물관이 있다. 제로니무스 수도원 근처에는 '벨렘 탑'이 있는데, 이는 1515년에서 1521년에 걸쳐 바스쿠 다 가마의 업적을 기리기 위해 타호 강변에 세워진 커다란 탑이다.

제로니무스 수도원과 벨렘 탑은 1983년 '히에로니무스회 수도원과 벨렘 탑'이라는 이름으로 유네스코 세계문화유산으로 지정되었다. 이 수도원은 포르투갈이 '발견의 시대'를 이끌어갔을 때 누렸던 영광을 반영하고 있다. **JF**

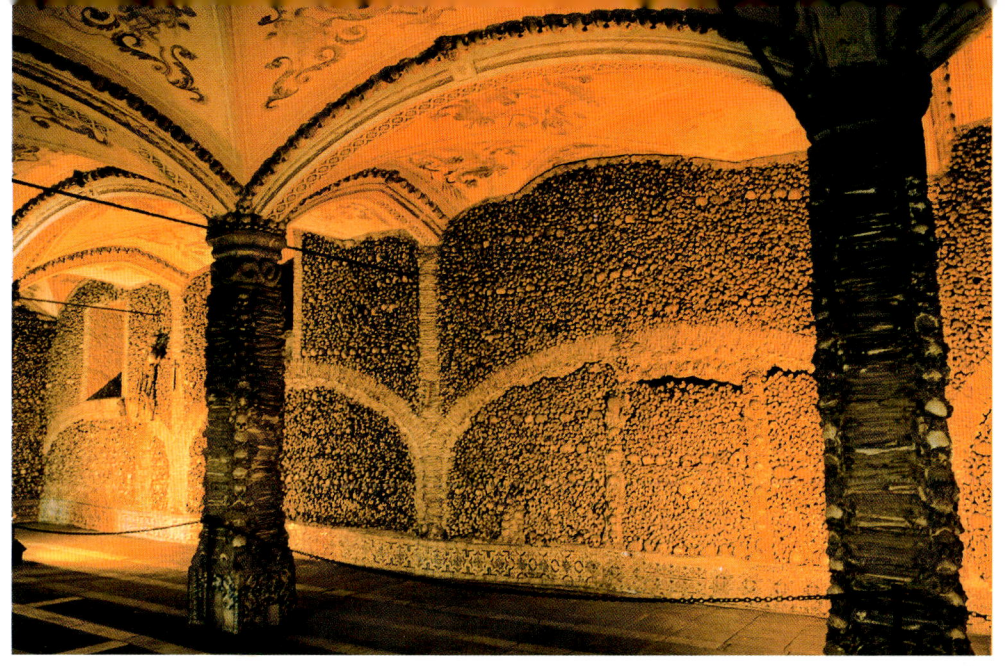

🏛 ◎ 카펠라 두스 오수스 포르투갈, 에보라 | Capela dos Ossos

뼈로 장식된 추모 예배당

카펠라 두스 오수스(뼈의 예배당)은 무시무시한 예배당으로, 프란체스코회 수도사들이 인생의 덧없는 본성을 되새기라는 의미에서 지었다. 이 예배당은 유네스코 세계문화유산으로 지정된 '에보라 역사 지구'에서도 가장 유명한 부분 중 하나이다.

예배당은 1475년에서 1550년대에 걸쳐 건설된 고딕 양식의 커다란 성 프란시스코 교회 옆에 붙어 있다. 카펠라 두스 오수스의 길이는 18.7m, 너비는 11m로, 세 개의 자그마한 창문이 있고 여덟 개의 기둥이 서 있다. 시멘트를 이용하여 서로 붙인 인간의 뼈와 두개골이 예배당을 장식하고 있다. 두 구의 건조된 시신도 있는데, 그중 하나는 어린아이의 것이다. 시신의 유해가 누구의 것인지는 알 수 없으니, 긴 통을 지지르고 이내에게 저주를 받은 사내와 그의 아들이라는 소문이 있다.

예배당의 벽과 기둥을 뒤덮는 데에는 약 5천 구의 시신에서 추린 유골이 사용되었을 거라고 추정되었다. 분명 지역 묘지에서 가져온 듯한데, 이 지역에 떠도는 전설에 의하면 역병으로 죽은 이들이거나 근처에서 벌어진 전투에서 전사한 이들이라고 한다. 천정은 흰 벽돌로 되어 있으며 죽음과 관련된 모티프들이 그려져 있다.

현관 위편에는 이 예배당이 건설된 이유를 일깨워주는 글귀가 새겨져 있다. "NÓs ossos que aqui estamos pelos vossos esperamos,"("이곳에 있는 우리 뼈들은, 그대의 뼈를 기다린다.") 카펠라 두스 오수스를 지은 수도사들의 유골은 예배당에 있는 작고 하얀 관 안에 안치되어 있다. 겉으로만 보면 카펠라 두스 오수스는 잔혹하고 엽기적으로 보이지만, 사실은 이곳에서 기도를 드리던 프란체스코회 수도사들이 종교적인 목적을 다하기 위해 지은 것이다. 16세기에는 기대 수명이 지금보다 짧았고 실병으로 인한 죽음은 갑삭스럽고 예상치 못하게 닥칠 수 있었다. 카펠라 두스 오수스는 16세기의 종교적인 생활이 낳은 충격적이고 음침한 기념물인 것이다. **JF**

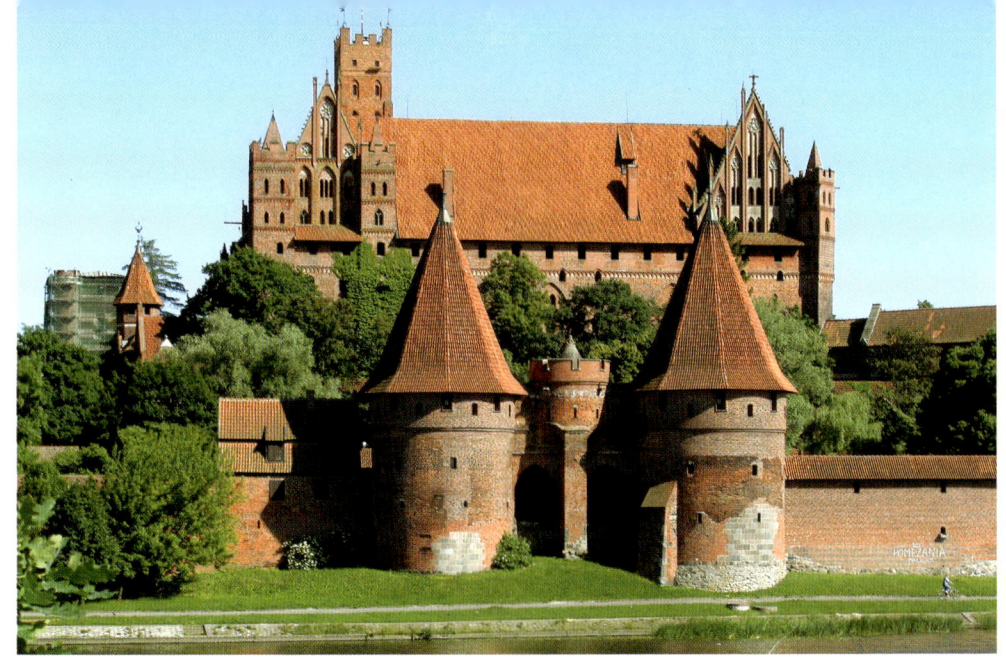

🏛 ◎ 말보르크 성 폴란드, 말보르크 | Malbork Castle

육중한 요새이자 기사도 시대의 기념물

유럽에서 가장 커다란 요새 중 하나인 말보르크 성은 그다니스크 근처 해안에서 남쪽으로 약 40km 떨어진 노가트 강변에 있다. 이 요새를 지은 이들은 13세기에 발트 해 남쪽 땅을 침략했던 튜튼 기사단이었는데, 원래 마조비스 영주가 이교도인 프러시아 부족을 정복하는 데 힘을 빌기 위해 기사단을 불러들였다. 말보르크 성은 대단한 규모로 계획되었으며, 이 성과 주변 마을이 수도원이 다스리는 독립된 주가 되자 더 큰 규모로 확장되었다. 1309년 튜튼 기사단의 기사단장 본부가 베네치아에서 이곳으로 옮겨 왔다.

말보르크는 세 채의 요새화된 성과 웅장한 궁전으로 이루어져 있는데, 이 궁전에는 수백 채의 저택, 곡물 창고, 이외에 다른 건물들이 딸려 있으며 두 번째 방어벽에 둘러싸여 있다. 강력한 요새인 말보르크는 14세기 동안 여러 차례 가해진 포위 공격을 성공적으로 버텨 냈다.

튜튼 기사단은 12세기 말엽 팔레스타인의 아크레에서 '독일 로마 가톨릭 종교 기사단'으로 처음 출발한 단체이다. 이들은 십자군 군사 세력이 되어 중동, 헝가리, 발트 해 연안을 전전하며 군사력을 빌려 주고, 땅을 소유하고, 도시와 요새를 짓고, 부강한 경제를 발전시켰다. 그러나 튜튼 기사단은 항상 교황의 권위에 충성을 바쳤고, 이 일로 인해 동맹들과의 사이에 갈등이 일어났다. 이들이 지닌 십자군 정벌이라는 야망 때문에 종종 이웃들의 원한을 샀던 것이다. 1410년 7월 15일, 그룬발트 전투에서 튜튼 기사단은 타타르 족의 도움을 받은 폴란드와 리투아니아 군대에 의해 대패했다. 말보르크 성은 1466년 폴란드 왕궁이 되었다.

오늘날 이 성은 아름다운 모습으로 수리되었다. 여러 개의 방, 탑, 계단, 홀로 이루어진 미로처럼 복잡한 내부에는 호박(琥珀), 갑옷, 그림, 가구 등의 방대한 컬렉션이 갖추어져 있다. **EH**

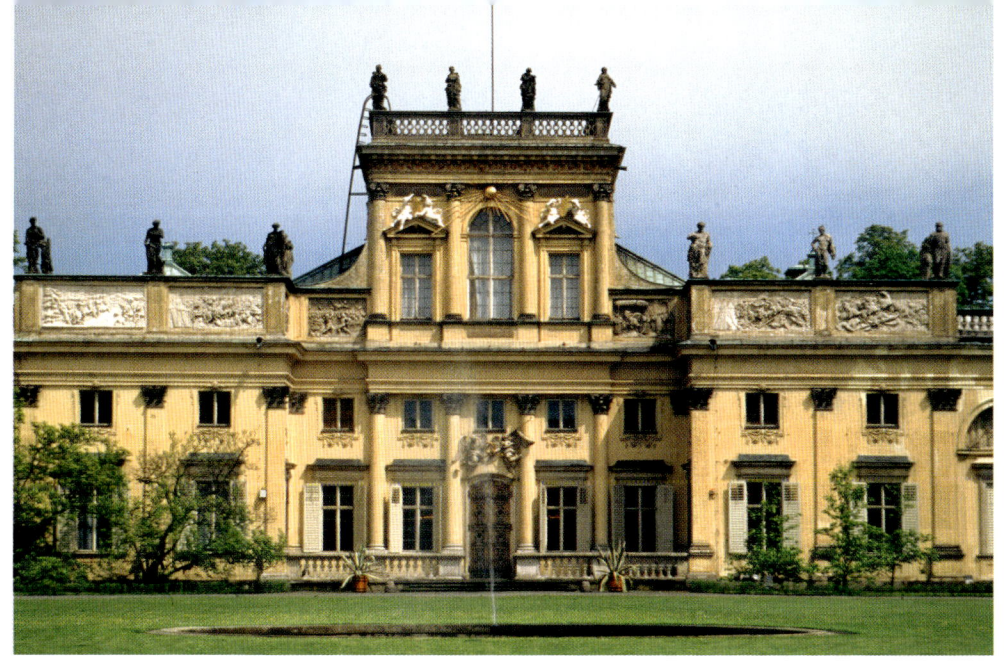

빌라노프 궁전 폴란드, 바르샤바 | Wilanów Palace

많은 이들이 찾는 중요한 왕궁

빌라노프 궁전은 훌륭한 상태로 보존되어 있는 바로크 양식의 저택이다. 17세기에 얀 3세 소비에스키가 이 궁전을 지었는데, 그는 폴란드가 배출한 가장 훌륭한 군사 지도자 중 하나로 1683년 빈 전투에서 유럽을 차지하려는 터키 세력을 저지하는 공을 세운 인물이었다.

얀 3세가 바르샤바 교외에 있는 작은 마을인 빌라노프를 얻은 것은 1677년이었다. 궁전 디자인에 대한 원래 주문 사항은 전통적인 폴란드 풍의 단층 귀족 저택을 지어 달라는 것이었다. 그러나 완성된 궁전에는 이탈리아의 시골 빌라에서 루이 14세 스타일의 프랑스 왕궁에 이르기까지 다양한 건축 양식이 녹아들어가 있었으며, 그러면서도 폴란드적인 성격을 간직하고 있었다. 이 궁전은 얀 3세 기둔 군사직인 싱공과 그의 입적을 반영했으며 그는 이 궁전에서 죽었다. 그가 죽은 후 빌라노프 궁전은 폴란드 명문가 출신의 여러 소유자의 손을 거쳤으며, 1730년에서 1733년까지는 '강력한 왕' 아우구스트 2세의 거처였다.

1805년 궁전의 일부는 스타니스와프 코스트카 포토츠키 백작에 의해 폴란드 최초의 박물관 중 하나가 되어 유럽과 아시아 예술품을 전시했다. 궁전에 원래 있던 바로크 정원에는 세 개의 새로운 정원이 추가되었는데 하나는 영국식 정원이고, 하나는 19세기 중반에 조성된 장미 정원이다. 제2차 세계대전 동안 궁전의 수집품 대부분은 폴란드를 점령했던 나치에 도난당했다. 전쟁이 끝나자 그 대부분은 돌아왔고 궁전은 1962년 다시 대중에게 문을 열었다.

폴란드의 격동의 역사, 특히 제2차 세계대전을 거치면서도 빌라노프 궁전의 눈부신 아름다움은 거의 온전하게 유지되어 왔다. 오늘날 이 궁전은 여전히 박물관과 미술관으로 운영되며, 장미 정원에서는 여름이면 야외 콘서트가 열린다. 빌라노프 궁전은 폴란드에서 가장 중요한 문화적, 역사적 유적 중 하나이며 폴란드를 다스렸던 가장 위대한 군주들 중 한 명에게 바치는 기념관이다. **JF**

빌치 시아니에츠 폴란드, 기에르워스 | Wilczy Szianiec

아돌프 히틀러의 전시 사령부이자 극적인 암살 시도가 있었던 현장

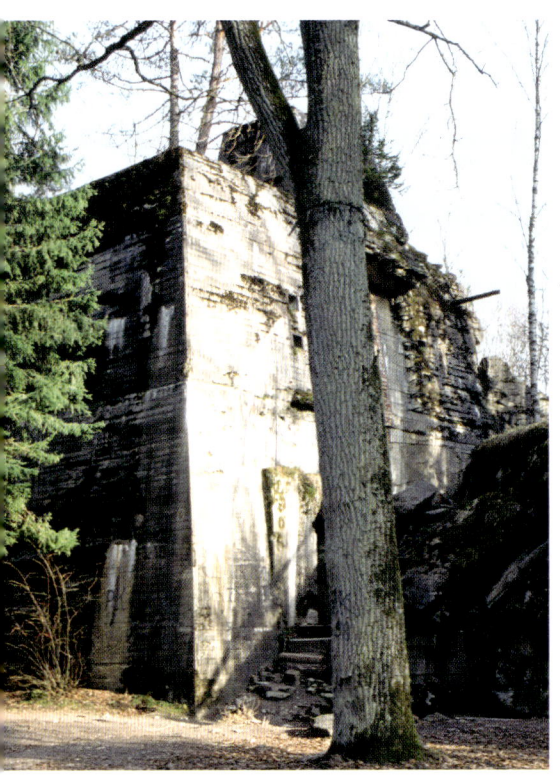

"독일의 레지스탕스 운동은 전 세계와
역사가 지켜보는 앞에서 과감히
결단을 내려야 한다."

암살 음모의 동료가 폰 슈타우펜베르크에게 쓴 편지

🔼 우거진 숲이 빌치 시아니에츠에 있는 사령부 벙커를 항공
정찰로부터 지켜 주었다.

▶️ 아돌프 히틀러가 폭발로 일어난 손상을 검사하고 있다. 그는
경미한 부상을 입었을 뿐이었다.

제2차 세계대전 동안, 폴란드 북동부의 아름다운 마주리아 지역, 켕트쉰 부근의 '빌치 시아니에츠'(독일어로 '볼프스샨체' 즉 '늑대굴'이라는 뜻)는 아돌프 히틀러의 주요 전투 사령부였다. 방어 시설을 갖춘 여든 채의 건물로, 근처에는 비행기 이착륙장이 있다. 철근 콘크리트로 된 일곱 개의 육중한 벙커도 있는데, 어떤 곳은 두께가 8m나 된다. 빽빽이 우거진 삼림 지대에 위치했음에도 불구하고 철사에 인공적인 나뭇잎 따위를 걸어 위장했고, 몇 겹으로 둘러친 철조망과 지뢰밭으로 보호받고 있었다.

히틀러는 1941년 6월 21일에 빌치 시아니에츠에 도착했으며, 제2차 세계대전의 대부분을 삼엄한 경비를 갖추고 단단히 방어한 이곳에서 지시를 내렸다. 그는 가능한 한 아주 적게 움직였으나, 이러한 조심성마저도 1944년 7월 20일에 일어난 거의 성공할 뻔한 암살 시도를 막을 수는 없었다. 암살 계획을 짠 이들은 여러 명의 나치 고위 장교들이었으며, 그 한 명이 이를 직접 실행했다. 클라우스 폰 슈타우펜베르크는 히틀러와 스무 명의 다른 고관들과 함께 빌치 시아니에츠에서 열린 회의에 참석했는데, 서류 가방 안에 폭탄을 지니고 있었다. 네 명이 죽었지만 히틀러는 죽지 않았다. 이 사건은 연루된 모든 이들에게 잔혹한 보복을 가져와 5천 명이 체포당하고 200명이 처형당했다. 히틀러는 11월 20일에 마지막으로 빌치 시아니에츠를 떠났다. 사령부는 완전히 파괴되었는데, 독일군은 진군해 오던 소련 군대가 이 장소를 사용하지 못하도록 스위치 한 방으로 미리 설치되어 있던 폭파 시스템을 가동시켜 날려 버렸다고 한다.

'늑대'는 히틀러 스스로 정한 여러 개의 별명 중 하나였으며, 1920년대부터 이 별명을 사용하기 시작했다. 그가 사용한 다른 작전 본부에도 늑대라는 이름이 붙어 있다. 빌치 시아니에츠에는 옛날 장군이 짓곤 했던 요새에서 볼 수 있는 우아함이 깃들어 있지 않으며, 히틀러의 고위 장교에게 억압적인 분위기를 조성했을 것이 분명하다. 그 잔해는 현재 박물관이 되었으며, 제2차 세계대전의 기억을 되살리는 오싹한 기념관이다. **EH**

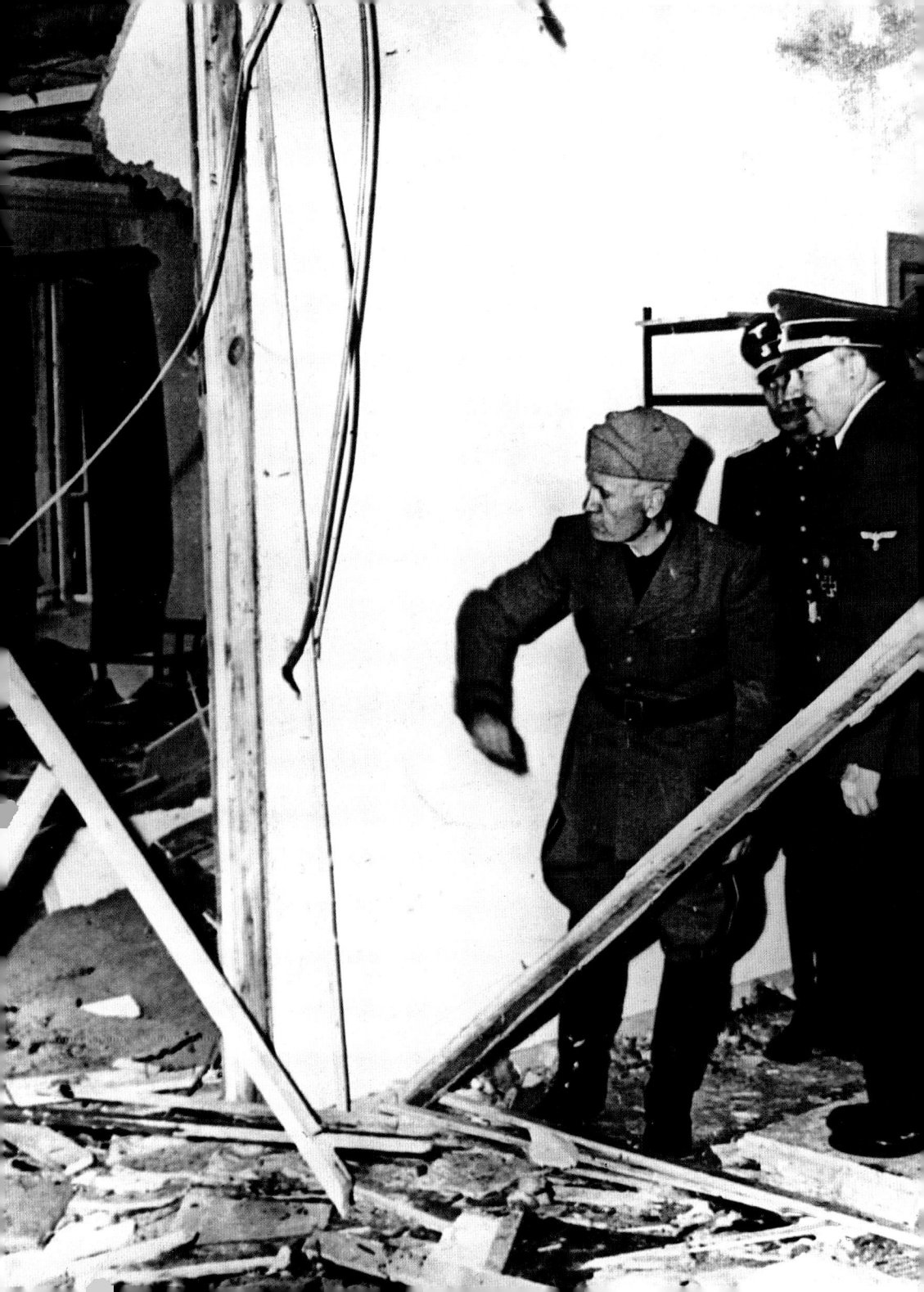

마리 퀴리 출생지 폴란드, 바르샤바 | Marie Curie's Birthplace

뛰어난 과학자 마리 퀴리가 태어나 24년간 살았던 집

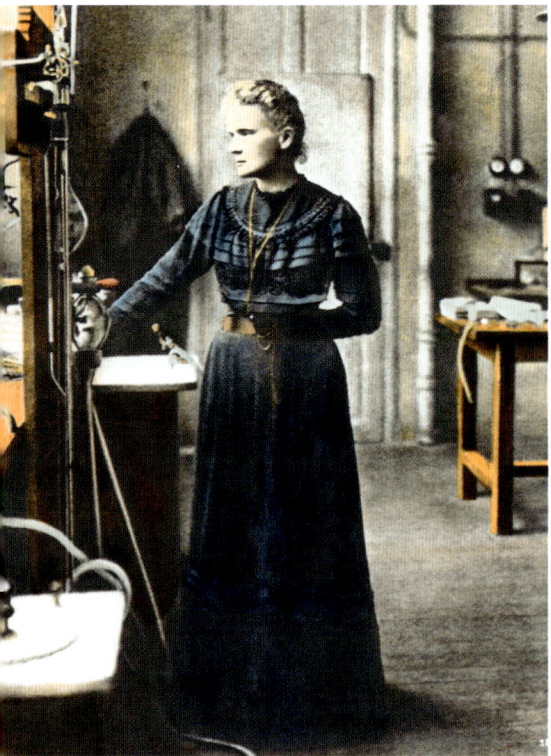

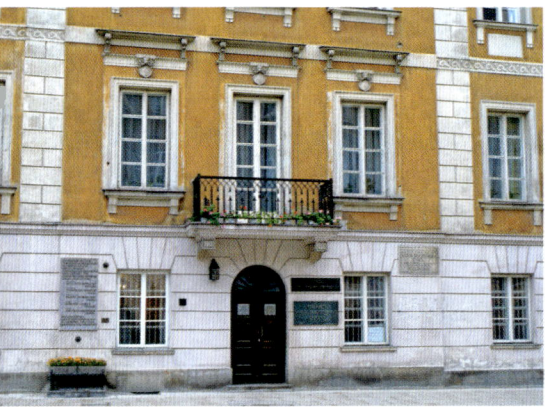

이 우아한 저택은 바르샤바 중심부의 신시가지에 위치하고 있으며, 예전에 이 주변을 둘러싸고 있던 건물들은 1944년 바르샤바 봉기가 실패로 돌아간 이후 독일군이 파괴해 버렸다. 이 저택 역시 18세기에 지어졌으나, 현재 서 있는 것은 전쟁이 끝난 후 세워진 복제품이다.

마리 스쿼도프스카(1867~1934)는 다섯 자녀들 중 막내딸이었으며 아버지는 지역 중등학교에서 물리를 가르쳤다. 그녀는 파리로 가서 물리학과 수학을 공부했으며, 물리학자 피에르 퀴리를 만나 1885년에 결혼했다. 부부는 소르본느에서 함께 연구했고 1903년 공동으로 노벨 물리학상을 수상했다. 마리는 1911년 노벨 화학상도 수상했다. 그녀가 과학과 의학 분야에 남긴 예외적일 정도로 중대한 공헌이 알려지게 되면서, 마리는 과학, 의학, 법학 분야에서 많은 명예 학위를 수여받았으며 세계 곳곳의 학회의 명예 회원이 되었다. 그녀는 파리와 바르샤바에 라듐 연구소를 세웠다. 마리 퀴리는 폴로늄과 라듐이라는 두 가지 방사성 화학 원소를 발견해 낸 일로 가장 유명하며, 라듐의 의학적 사용 방법을 개척한 선구자이기도 하다.

마리 퀴리는 1934년 프랑스에서 백혈병으로 사망했는데, 아마 방사능에 노출되어 있었던 것이 그 원인이었을 것이다. 그녀는 방사능 물질이 들어 있는 시험관을 주머니에 넣은 채 가지고 다녔고 책상 서랍에 넣어 두기도 했던 것이다. 마리는 일기에 방사능 물질이 어둠 속에서 발산하는 청록색 빛이 예쁘다고 쓰기까지 했다! 프레타 거리에 있는 그녀의 집은 현재 폴란드 화학 협회의 소유이며, 마리와 피에르 퀴리의 생애와 업적에 바치는 박물관이 있는 건물의 한 부분은 항상 열려 있다. **EH**

⊠ 1900년 전후에 파리의 실험실에서 마리 퀴리의 모습을 찍은 사진으로 이후에 채색되었다.

⊡ 신시가지에 있는 마리 퀴리가 태어난 집을 다시 재현해 놓은 집. 사실 이 구역은 바르샤바에서 가장 오래된 곳이었다.

쇼팽 출생지 폴란드, 젤라조바 볼라 | Chopin's Birthplace

옛 모습대로 복원된, 쇼팽이 태어난 장원 저택

19세기의 작곡가 프레데릭 쇼팽(1810~1849)은 흔히 프랑스인으로 오인되곤 하지만, 사실 폴란드 출신으로 프랑스인 아버지와 폴란드인 어머니 사이에서 태어났다. 모차르트가 그랬듯, 쇼팽 역시 매우 어린 나이부터 뛰어난 재능을 보인 연주가였으며 여덟 살의 나이에 최초로 공개 연주회를 열었다. 그는 종종 '두 번째 모차르트'라 불리기도 했다. 그의 낭만주의적인 음악이 지닌 소박한 구성은 파리의 살롱들을 연상시키며, 이후 드뷔시와 에릭 사티 같은 프랑스 작곡가들에게 영감을 부여하게 된다. 그러나 애국심 강한 폴란드인이었던 쇼팽은 서구 작곡가들 중에서 최초로 자신의 음악에 독특한 슬라브적인 요소를 사용한 작곡가이다.

쇼팽이 태어났던 저택은 마소비아 지역, 소하체프 근처의 젤라조바 볼라라는 마을에서 찾을 수 있다. 쇼팽이 태어났을 당시 이 저택은 스카르베크 백작의 소유였는데, 그는 쇼팽의 아버지를 가정교사로 두고 있었다. 저택은 정형적인 정원에 둘러싸여 있으며 중앙 입구에서 조금 걸어 들어와야 한다. 19세기 말에 저택은 유기된 상태였으나 쇼팽이 태어난 장소에 대해 관심을 갖는 이들이 늘어나면서 복구되었다. 나무로 된 바닥과 그림이 그려진 천장 들보는 쇼팽의 시대에 보였을 법한 모습과 상당히 가깝게 재현되었다. 가구는 그 당시의 것이다. 방들은 넓으며, 커다란 창을 통해 빛이 흘러들어오고 천장은 높다.

외국을 여행하던 동안, 쇼팽은 러시아 군대가 1830년 11월 폴란드에서 일어난 봉기를 탄압했다는 소식을 들었다. 당시 스무 살이었던 그는 파리로 옮겨갔고 다시는 고향 땅을 보지 못했다. 오늘날 여름이면 그가 태어난 별장에서 그의 작품 연주회가 열리곤 한다. **OR**

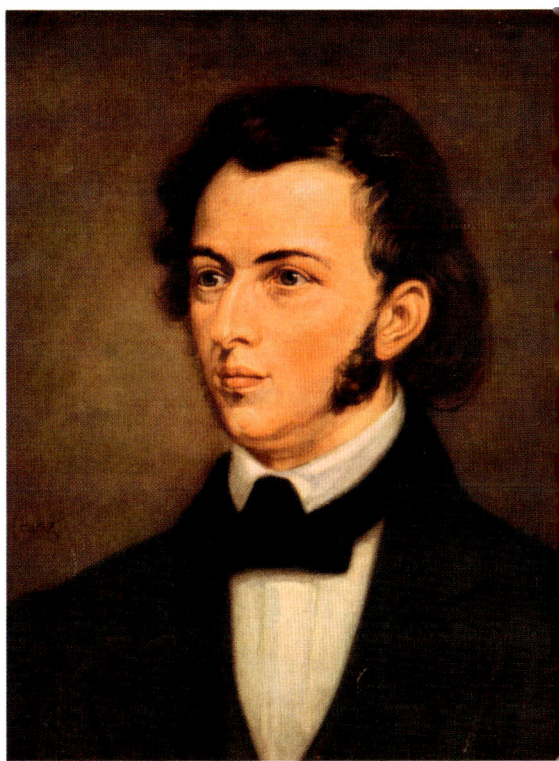

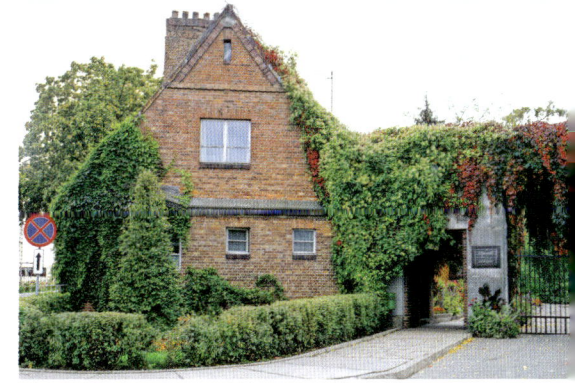

◉ B. 프란츠가 그린 프레데릭 쇼팽의 초상화. 이는 1900년경에 이전에 그렸던 쇼팽 초상화를 참고로 하여 그렸다.

◉ 젤라조바 볼라에 있는 쇼팽 출생지. 이 마을은 유명한 바이올리니스트 헨리크 셰링의 집이기도 했다.

해골 예배당

폴란드, 체르므나 | Chapel of Skulls

수천 개의 뼈로 장식된 예배당

이 아담한 바로크 양식 교회의 외관은 충분히 평범해 보인다. 사실 소박하다는 편이 맞다. 그러나 안으로 용감히 발을 내딛는 방문객은 충격에 휩싸이게 된다. 예배당의 벽과 천장이 빽빽하고 정연하게 늘어서 있는 해골과 다른 뼈들로 장식되어 있어 매혹적이며 상당히 무시무시한 분위기를 자아내는 것이다. 지하 납골당에는 2만 개 이상의 해골이 저장되어 있다.

1776년 이 지역의 체코인 교구 목사가 세운 이 예배당은 17세기의 폭력적인 여러 차례의 종교 전쟁과 18세기에 두 차례 일어났던 실레지아 전쟁에서 사망한 이들을 추모하기 위한 충격적인 기념관이다. 예배당은 이 지역을 휩쓸었던 여러 차례의 콜레라 전염병으로 인한 사망자들의 뼈도 간직하고 있다. 기독교 교회에서 이런 식으로 죽음을 내보인다는 일은 그리 흔치 않았지만, 많은 이들이 빈번하게 죽어 갔으며-예를 들어 전쟁 때나 전염병이 돌았을 때-사망자를 모두 매장할 수 있을 만큼 교회 묘지가 넓지 않았을 때 대처할 수 있도록 유럽의 몇몇 지역에서는 납골당에 뼈를 보관해 두는 풍습이 발전했다. 몇 년간은 묘지를 이용할 수 있었으며, 그 이후에는 유골을 파내어 유골 단지에 보관해 두었다. 이웃 나라 체코의 세들렉 수도원에서도 이런 유명한 예를 볼 수 있다.

체르므나는 '보헤미안 코너'라 불렸던 옛 글라츠 주에 위치하고 있으며 매력적인 18세기의 온천 도시 중 하나인 '쿠도바-즈드루이'(독일어로 '바트 쿠도바')와 가까운 곳에 있다. 쿠도바-즈드루이는 폴란드의 실레지아 지역(현재의 폴란드 서남부부터 체코 동북부에 이르는 지역을 부르는 옛 명칭)에 아름답게 우뚝 솟아 오른 스토워베('테이블'이라는 의미) 산맥 아래에 줄지어 자리 잡고 있으며 체코 국경과 가깝다. 쿠도바-즈드루이의 온천을 찾는 이들이라면, 해골 예배당을 한 번 방문해 보면 기분 전환이 될 것이다. 건강을 위하여 휴양지를 찾아 온 이들에게 크게 위안이 되는 장면은 아닐지도 모르겠지만 말이다. **EH**

검은 마돈나

폴란드, 쳉스토호바 | The Black Madonna

기적을 일으키는 성화(聖畵)가 있는 순례지

'쳉스토호바의 성모 마리아'라는 이름으로도 알려진 '검은 마돈나'는 성모 마리아가 예수와 함께 있는 장면을 그린 빼어나게 아름다운 상징적인 그림이다. 마리아와 예수는 검은 피부를 하고 있으며 이들의 왕관과 후광, 로브는 매우 공들여 장식되었다. 이 성화는 요새처럼 방비를 갖춘 바로크 양식의 수도원인 야스나 고라의 바오로 수도원에 있는데, 이 수도원은 폴란드에서 가장 신성한 곳이자 많은 이들이 순례하러 오는 곳으로 숭상 받고 있다.

1382년 수도원이 세워진 직후에 이 그림이 콘스탄티노플(현재의 이스탄불)에서 야스나 고라로 왔다는 일에 대해서는 문헌 기록이 있으나, 그림을 그린 화가와 시대에 대해서는 논란이 많다. 전설에 따르면 6세기에 성

> "이 그림은 너무나 오래되어, 마치 천국에서 떨어지기라도 한 것처럼 그 기원이 불분명하다."
>
> 역사가, 마이클 P. 두리사

루가가 그렸다고 한다. 13세기나 14세기에 제작되었으며 예전에 그려져 있던 성화 위에 덧그린 것일 수 있다는 의견을 내놓는 이들도 있다. 검은 마돈나는 수많은 기적을 일으켰다고 하는데, 그중 한 번은 1655년 스웨덴이 침략해 포위 공격을 펼쳤을 때 수도원을 구원한 일이었다. 이 일로 폴란드의 왕 얀 카지미에슈는 1656년 성모 마리아를 폴란드의 여왕이자 보호자로 선언했다. 또한 수도원을 화재로부터 구했으며, 15세기에는 자신의 칼로 그림을 두 번 내리쳤던 후스 파의 약탈자가 갑자기 쓰러져 죽기도 했다. 이때 그림에 생긴 손상을 복구하려고 노력했으나 그림의 '상처'가 계속 다시 나타나는 바람에 회복시킬 수 없었다고 한다. 그림을 보기 위해 찾아오는 많은 방문객을 위해 이 그림은 하루 두 번 공개되며, 성모 승천 대축일인 8월 15일에는 수천 명이 이곳을 찾는다. **EH**

자모시치 구 시가지

폴란드, 자모시치 | Zamość Old Town

이탈리아, 네덜란드, 폴란드의 건축 양식이 혼합된 르네상스 시대의 무역 중심지

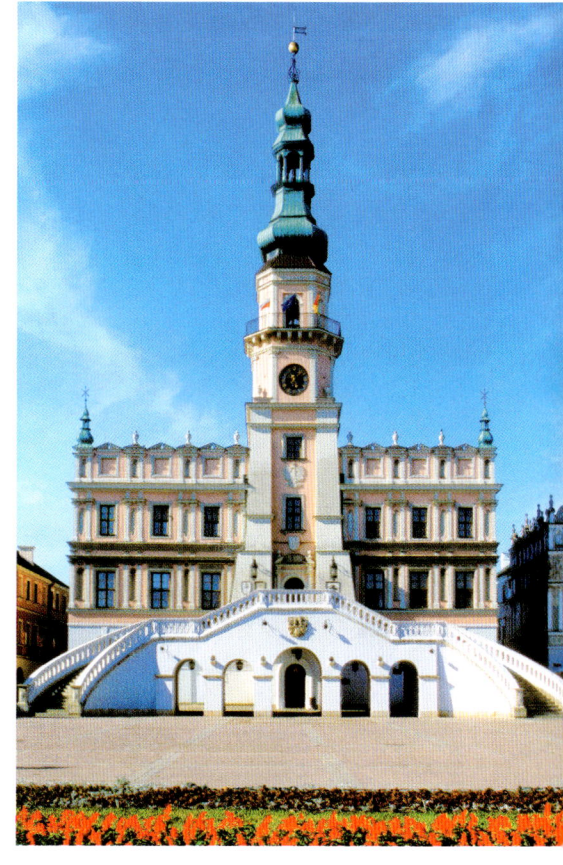

폴란드 남동부, 검은 흙으로 이루어진 매우 비옥한 지역에 위치한 자모시치 시는, 1580년 북유럽과 서유럽을 흑해와 이어 주는 루트에 위치한 무역의 중심지로 세워졌다. 이 도시를 세운 유명한 외교관이자 정치가였던 얀 자모이스키는 이탈리아 건축가 베르나르도 모란도에게 이탈리아의 '시타 이데알레', 즉 '이상적인 도시'를 부분적인 모델로 삼아 이 도시를 설계하라고 분부했다.

18년이라는 놀라우리만치 짧은 시간 내에 완공된 (1598) 자모시치 구 시가지는 16세기 후반의 르네상스 도시 설계를 보여 주는 거의 완벽한 본보기이다. 도시 전체가 이탈리아와 네덜란드 르네상스의 가장 훌륭한 전통과 이 지역의 폴란드 건축 양식이 결합되어 보기 드물 정도로 일관된 모습을 하고 있다. 웅장한 시장 광장을 둘러싸고 있는 대성당, 시나고그, 시청, 아르메니안 공동 주택은 모두 스타일이 하나로 통합된 전체를 형성한다.

구 시가지는 화려한 색채의 아름다운 건물들 덕분에 눈에 띄지만, 지어질 당시에는 무엇보다도 요새로 이용할 목적이 우선되었으며 최신식 군사 공학 기술을 사용하여 조성되었다. 이는 세 군데 입구가 나서 도시를 둘러싸고 있는 요새 성벽에서 가장 뚜렷하게 드러난다. '오래된 루블린 성문(스타라 브라마 루벨스카)은 가장 오래된 관문으로, 이곳을 통해 여행자들은 근처의 루블린 시로 가는 길목으로 접어들곤 했다. 성벽 너머에는 해자가 파여 있어 도시를 보호하고 있으며, 루블린 성문 바로 아래편에는 더 강력하게 보호하기 위해 해자 안에 작은 오각형 요새가 건설되었다. 비치나 전투(1588)에서 자모이스키는 폴란드 왕위를 요구했던 오스트리아의 막시밀리안 3세 대공을 패배시키고 생포해 자신의 포로로 루블린 성문으로 끌고 늘어왔다. 적법한 폴란드 왕위 계승자가 무사히 왕관을 지킨 이 사건을 기념하기 위해 관문에는 애국적인 장식이 달린 파사드가 증축되었다. 슬프게도, 오늘날 이 웅장한 성문은 벽돌로 막혀 있으며 지금은 물이 말라 버린 해자 위에 놓여 있다. **JF**

> "'이상적인 도시' 자모시치는… 이 지역의 경제적, 문화적, 종교적 중심지였다."
>
> 작가, 스타니수아프 투로스키

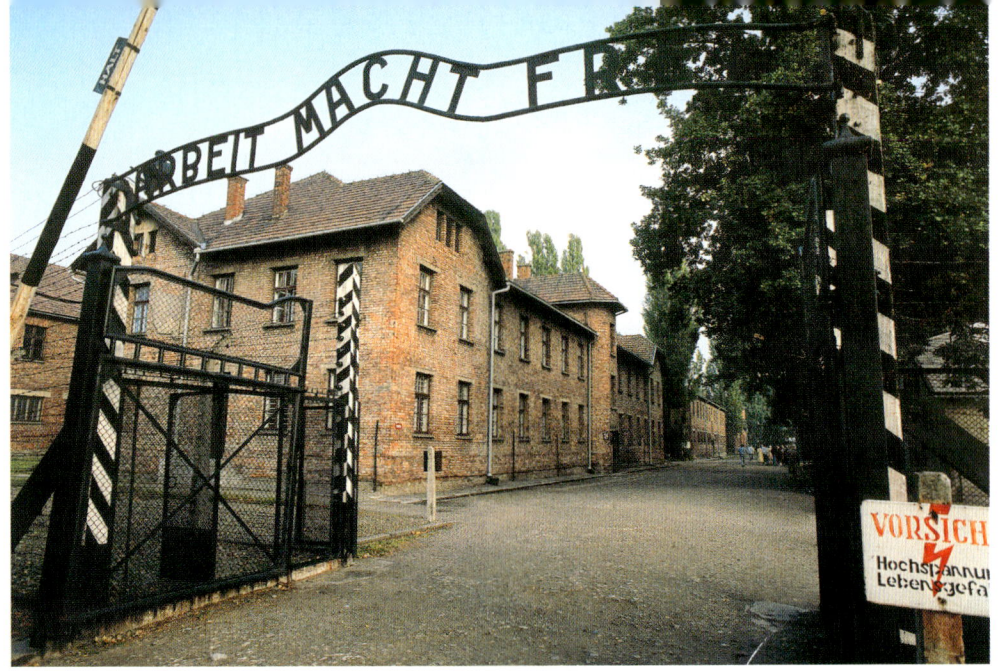

🏛 ◎ 아우슈비츠–비르케나우 강제 수용소

폴란드, 오시비엥침 | Auschwitz–Birkenau Concentration Camp

수백만 명의 남성, 여성, 어린이들이 겪었던 수난과 저항의 표상

아우슈비츠–비르케나우는 나치 독일이 유럽에 있는 유태인들의 대거 학살을 그 목적으로 하는 '최종적 해결'이라는 정책을 실행하기 위해 세운 여섯 군데의 강제 수용소 중에서 그 본부 격이며, 또한 가장 악명 높은 곳이었다. 원래는 1940년 나치 독일 점령군에 의해 처음에는 폴란드인, 이후에는 소련군 전쟁 포로를 수용하기 위해 세워졌으나, 곧 여러 다른 민족들을 모두 가두는 감옥이 되었다. 1942년에서 1944년 사이에 이곳은 본격적인 대량 학살이 자행된 수용소로, 유태인이라는 이유 때문에 많은 이들이 고문당하고 죽음을 당했다. '아우슈비츠 1'이라는 이름의 최초 수용소는 본래 폴란드의 정치범들을 수감하기 위한 것이었는데, 점차 다른 수용소들의 행정 본부 역할을 하게 되었다. '아우슈비츠 2'(비르케나우)는 중심적인 집단 학살 수용소였으며, 80만 명의 유태인이 죽음을 당한 장소이기도 했다. '아우슈비츠 3'(모노비츠)은 특수 노동 수용소로, I. G. 파르벤 합성 고무 공장과 석유 추출 공장에 강제 노역을 제공했다.

120만 명 이상의 사람들이 몰살당했으며 그 중 90퍼센트가 유태인이었다. 수용소에서 주된 살해 도구로 사용된 것은 치클론–B라는 독가스였으나, 과도한 노동, 굶주림, 구타, 이유 없이 행해지던 사격으로 인해 죽은 이들도 많았다. '죽음의 천사'라는 별명을 얻은 요제프 맹겔레 박사가 실시하던 생체 실험은 특히 끔찍스러웠다. 1944년 말 러시아의 '붉은 군대'가 진격해 오자 수용소는 문을 닫았다. 오늘날 수용소의 잔해는 유적지가 되었다. 아우슈비츠가 세계문화유산으로 등록된 것은 인간의 가치와 이상을 지지해야 한다는 경고의 의미를 담고 있으며, 이는 1945년 제2차 세계대전의 잿더미로부터 선포되었던 유네스코 규정의 일부이기도 하다. **AG**

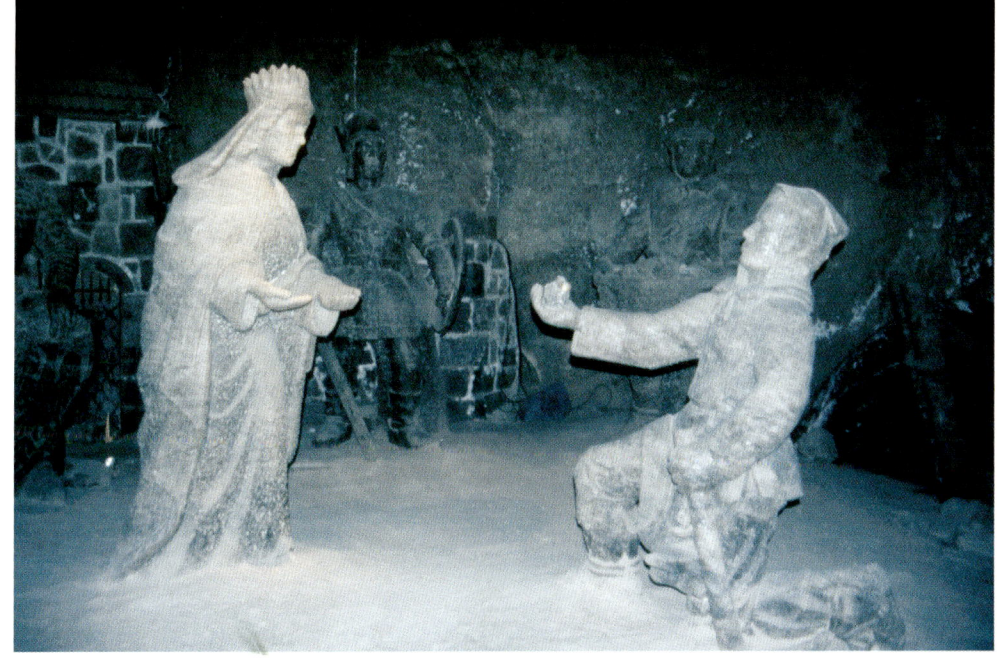

🏛 ◎ 비엘리치카 소금 광산

폴란드, 크라쿠프 | Wieliczka Salt Mines

정교한 소금 조각이 명물인, 미로처럼 얽힌 중세의 소금 제조 광산

비엘리치카는 문헌에 남아 있는 유럽에서 가장 오래된 소금 제조 광산 중 하나이다. 13세기에 처음으로 비엘리치카에서 바위소금이 발견되었으며, 중세에서 1992년까지 꾸준하게 소금을 캐내는 작업이 이어졌다. 광산은 9층 갱도까지 뻗어 있으며, 지하 327m까지 깊숙이 파여 있다. 광산 안에는 2,040개의 방이 있고, 갱도의 길이는 300km 이상이며 26개의 표층 갱도, 그리고 아홉 개의 층에 걸쳐 파인 굴을 연결해 주는 갱도가 180개가량 있다. 가장 놀라운 점은 이 광산 안에 지역 광부들이 소금으로 조각한 예배당, 성스러운 예술 작품, 조각상 등이 있다는 사실이다. 사그만한 배를 타고 노를 저어갈 수 있는 소금 호수까지 있다.

광산 안에 있는 여러 개의 예배당 중에서 가장 오래된 것은 바로크 양식의 성 안토니우스 예배당으로, 이곳에서는 1698년에 첫 미사가 거행되었다. 예배당 여러 곳에 새겨진 얕은 돋을새김 작품과 여러 개의 제단 이외에도 소금 덩어리를 조각해 만든 여러 개의 조각상이 있는데, 이중에는 성모 마리아와 금속을 캐내는 광부들의 수호성인인 성 안토니우스의 조각상도 있다. 가장 큰 예배당은 이 지역 광부들의 수호성인인 성녀 킹가의 예배당이다. 이 예배당은 1896년에 지어지기 시작했으며, 쉬엄쉬엄 1963년까지 작업이 계속되었다. 바닥부터 천장까지 제단과 다른 장식물 모두가 순전히 소금으로만 조각되었는데, 가장 뛰어난 작품은 소금 크리스털로 만든 대형 샹들리에로 1918년에 전기를 이용할 수 있도록 개조되었다.

다른 여러 개의 방들도 종교적인 인물이나 폴란드의 역사적인 인물에게 헌정되어 있다. 쿠네군다 갱도 바닥에 있는 조각은 매우 우스꽝스러운데, 이곳에는 꼬마 도깨비들이 광부들이 일하는 모습을 흉내 내는 모습이 조각되어 있다. 이는 광부들의 노고를 유쾌한 방식으로 표현하면서 폴란드의 민간 전설을 상기시켜 준다. **CK**

바벨 성 폴란드, 크라쿠프 | Royal Castle

폴란드 군주들이 위치해 온 역사적인 공간

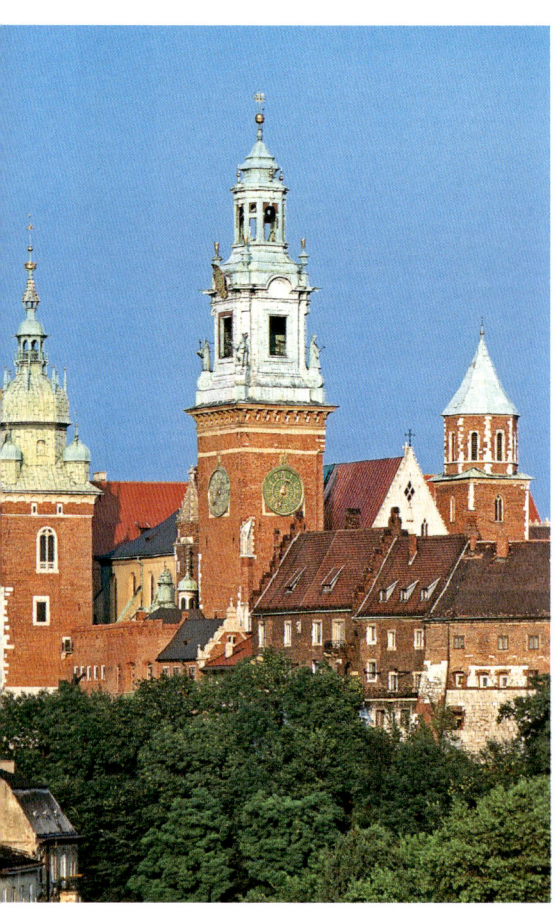

"어떤 바위틈에 난 터널에는 엄청나게 무시무시한 괴물이 살았는데…"

마스터 빈센트, 바벨의 용에 대하여

바벨 성은 비스와 강의 좌안, 크라쿠프의 바벨 언덕에 위치하고 있다. 이곳은 일찍이 9세기부터 폴란드 역사 속에서 중심지 역할을 해 왔다. 언덕 위에 서 있는 현재의 성은 유럽 전역에서 데려온 예술가들과 건축가들을 고용해 르네상스 스타일로 건축되었고 중부 유럽의 이러한 타입을 지닌 건물들 중에서도 가장 소중한 유산 중 하나이다.

바벨 언덕의 성은 1038년부터 1596년까지 폴란드 왕실이 거하는 장소였으며, 이전에는 로마네스크와 고딕 양식 건물이 서 있던 자리에 지어졌다. 현재의 르네상스 양식 성의 역사는 1504년, 알렉산데르 야기에우워 왕이 이탈리아와 독일 건축가들을 고용하여 성을 다시 짓기 시작했을 때로 거슬러 올라간다. 그의 동생인 '노왕' 지그문트 1세도 이 작업을 계속했고, 성은 1540년에 완공되었다. 완성된 건물은 중심의 아케이드가 있는 훌륭한 안뜰을 3층 높이로 둘러싸고 있는 형태였다. 지그문트 2세 아우구스트는 멋진 플랑드르 태피스트리 세트를 구해 성을 장식했고, 이 태피스트리들은 지금도 성 안에 보관되어 있다. 1595년 화재가 발생한 이후 지그문트 3세 바자가 초기 바로크 양식의 건물을 새로 증축했는데, 이탈리아 건축가들이 이를 디자인했다.

왕실이 바르샤바로 옮겨가고 군주들이 크라쿠프에는 어쩌다 한 번씩만 들르게 되자 성은 방치 상태에 놓였다. 폴란드가 1795년 자치권을 잃게 되자 성은 결국 오스트리아인들의 차지가 되었고, 이들은 성을 군사 병원으로 사용했다. 제2차 세계대전 동안 이 성은 나치 총독인 한스 프랑크의 거처로 쓰였다. 제2차 세계대전 이후 바벨 성은 폴란드 역사 박물관이 되어 폴란드의 대관식용 검인 '슈체르비에츠'를 비롯한 많은 독특한 유물들을 전시하고 있다. 이 성은 현재 폴란드 국립 예술 작품 컬렉션의 일부를 소장하고 있다. 아름다운 모습으로 복원된 왕실의 방과 개인 저택들은 일반인에게도 공개되어 있다. 전설적인 '바벨의 용'의 집인 '용의 굴'을 방문해 볼 수도 있다. 바벨 언덕 서쪽 경사면에 있는 이 동굴의 길이는 270m이다. **JF**

🏛 ◎ 바벨 대성당 폴란드, 크라쿠프 | Wawel Cathedral

폴란드의 유서 깊은 교회이자 폴란드를 다스렸던 왕과 왕비들이 잠든 곳

흔히 '바벨 대성당'이라는 약칭으로 불리는 폴란드의 '성 스타니수아프와 바츨라프의 바실리카 대성당'은 크라쿠프의 바벨 언덕에 위치하고 있으며 1320년에 건설되었다. 이 교회에는 상당한 양의 고딕, 르네상스, 바로크, 로마네스크 양식의 종교 예술 작품이 있으나, 수세기에 걸쳐 폴란드 군주들이 대관식을 올리고 사후에 안치되었던 장소로 가장 명성이 높다. 바벨 대성당의 대리석 관 안에 안치된 군주들로는 13세기의 '키 작은 왕' 브와디수아프 1세, '대왕' 카지미에슈 3세, 성녀로 추대되기까지 한 야드비가 여왕, 14세기의 브와디수아프 2세 야기에우워 왕과 카지미에슈 4세 야기에우워 왕이 있다. 이외에도 성직자, 시인, 국가 영웅 등 다양한 역사적 인물과 폴란드의 수호성인으로 11세기에 크라쿠프의 주교였으며 볼레수아프 2세에 의해 살해당한 성 스타니수아프를 포함한 세 명의 성인들이 바벨 대성당에 모셔져 있다.

16세기가 되자 군주들은 성당 안에 묻히는 관습을 깨고 지하 묘지에 안치되었는데, 호화로우며 황금빛 돔이 씌워진 르네상스 양식의 지그문트 예배당이 이런 새로운 풍습을 보여 주는 예이다. 지그문트 예배당은 '노왕' 지그문트 1세와 그의 아내, 야기에우워 왕조의 마지막 자손이었던 그의 후계자가 누워 있는 대리석 석관을 보관하고 있다. 예배당 내부는 사치스럽게 장식되어 있다. 성당의 또 다른 명물 중 하나는 1520년 제작된 '지그문트 종'으로, 크기가 2.7m에 무게는 18.5t이나 된다. 이 종은 14세기의 종탑에 걸려 있으며, 이 지역 미신에 따르면 종 내부의 추를 만지고 소원을 빌면 소원이 이루어진다고 한다. 방문객은 종탑 꼭대기까지 올라갈 수 있다.

그러나 이 성당의 명성을 가장 높여 주는 유물은 4m 높이의 고딕 양식으로 된 십자가에 못 박힌 검은 예수상일 것이다. 전설에 의하면, 신앙심 깊은 소녀였던 야드비가 여왕은 종종 이 십자가상 앞에서 기도를 올렸는데 이렇게 기도를 올리는 동안 그리스도가 여러 차례 그녀에게 말을 걸기도 했다고 한다. 야드비가 여왕은 1997년 성인으로 시성되었다. **CK**

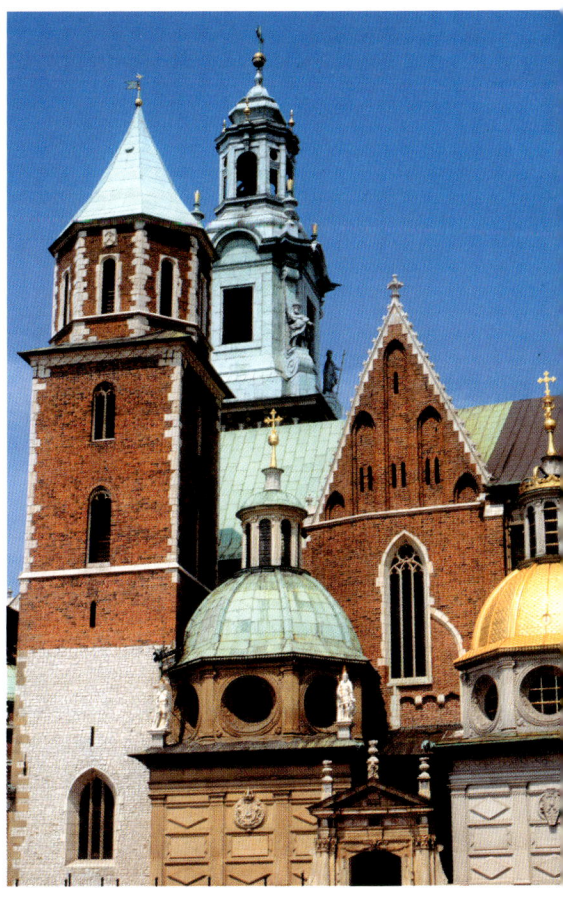

"우리는 성녀 야드비가로부터 그러한 사랑의 교훈을 우리 시대에 실천에 옮기는 방법을 배우기 원합니다."

교황 요한 바오로 2세, 성녀 야드비가를 시성하며

카를로비 바리의 온천

체코 공화국, 카를로비 바리 | Spas of Karlovy Vary

전 유럽으로부터 방문자들을 끌어 모았던 유명한 온천 도시

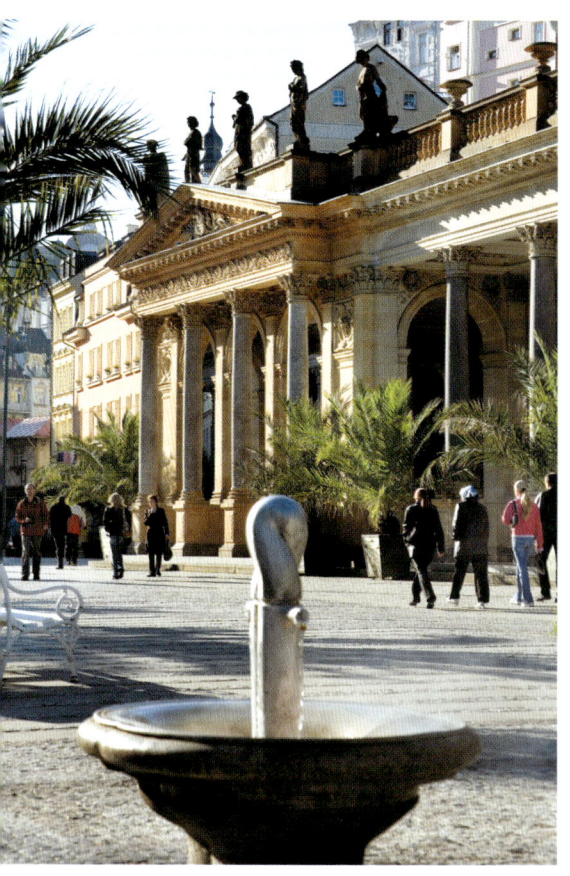

"유명 인사들의 방문은 … 이 도시의
문화적 역사에 중요한 영향력을 끼쳤
다."

역사가, 스타니슬라프 부라호비치 박사

카를로비 바리는 오흐르제 강과 따뜻한 테플라 강이 합쳐지는 곳, 나무가 우거진 언덕 틈에 위치한 매력적인 온천 도시이다. 이 도시에서는 많은 이들이 의학적 효능이 있다고 생각하는 뜨거운 광천수 샘물이 솟아나며, 열두 개의 큰 샘물은 잘 개발되어 이 도시에 온천을 제공해 주게 되었다. 휴양지에 있는 우아한 공공건물과 개인 주택들은 대부분 18세기와 19세기에 지어진 것이지만, 카를로비 바리가 세워진 것은 이보다 훨씬 전인 1370년으로 신성 로마 제국의 황제 카를 4세에 의해서였다. 카를로비 바리라는 지명을 글자 그대로 해석하면 '카를의 온천'이라는 의미이다. 왕이 사냥을 나와 있던 중에 샘물을 발견했다고 전해진다. 독일어 지명인 '카를스바트'를 영어식으로 바꿔 '칼즈배드'라고도 한다. 카를로비 바리와 이곳 온천들은 300년 동안 유럽 전역에서 방문객들을 끌어 모았는데, 1482년에서 1664년에 걸쳐 홍수, 화재, 전쟁의 피해가 잇달아 일어나면서 관광객이 줄었다.

카를로비 바리는 19세기에 다시 부흥하여 그 전성기를 누렸는데, 이 무렵 전 유럽에서 이곳을 찾아온 방문객 중에는 괴테, 베토벤, 칼 마르크스, 차르 표트르 대제, 비스마르크, 쇼팽 등 유명인들이 많았다. 그러나 카를로비 바리에 영구 거주하고 있던 인구 대부분은 독일인이었고, 1918년 체코가 독립 선언을 한 이후로는 긴장이 고조되었다. 1935년, 스스로를 '수데텐 독일인'이라 칭했던 이 지역의 독일어 사용 주민들은 정치 당파를 형성하고 나치와 동조하여 협력하는 움직임을 펼쳤다. 아돌프 히틀러는 나치가 수데텐란트를 점령하고 있던 1938년 카를로비 바리를 찾았다. 전쟁이 끝나고 이 도시가 체코슬로바키아 정부에 반환되자 독일인들은 추방당했다.

카를로비 바리는 오늘날도 보헤미아적인 동화 같은 특성을 간직하고 있으며, 많은 방문객들이 온천을 찾아온다. 이 도시는 영화 촬영소로도 자주 이용되는데, 최근에는 제임스 본드 시리즈 〈카지노 로얄〉의 일부가 이곳을 배경으로 촬영되었다. **EH**

마리안스케 라즈네

체코 공화국, 마리엔바트 | Mariánské Lázně

19세기의 온천 도시

체코 공화국 북서쪽에 있는 아담한 온천 도시 마리안스케 라즈네는 근처에 있는 테플라 수도원의 수도원장 카렐 카슈파르 레이텐베르거에 의해 19세기 초에 세워졌다. 그의 친구인 의사 얀 네흐루와 건축가 이르지 피스헤르, 건축공 안톤 투르네르, 정원사 바클라프 스칼니크는 그를 도와 빌진 가능성 없어 보이던 늪지대를 목욕탕, 신고전주의풍의 파빌리온, 테라스, 공원, 산책로, 온천수가 파이프를 통해 실려 오는 주철로 된 바로크 양식의 주랑 등을 갖춘 웅장한 도시로 탈바꿈시켰다. 주랑 앞에 있는 '노래하는 분수'에서는 두 시간마다 음악이 흘러나온다. 그의 계획이 거두게 된 성공이 명백해지기도 전에 레이텐베르거는 수도원 기금을 도시 계획에 너무 많이 썼다고 고발해 오스트리아로 추방당했다. 이 도시의 인기가 점점 늘어나게 되자, 수도원의 소유이던 이곳은 수도원의 가장 중요한 수입원이 되었다.

19세기 말에서 20세기 초에, 당시에는 '마리엔바트'라 알려져 있던 마리안스케 라즈네는 상류 사회의 사람들이 모이는 가장 세련된 장소가 되었다. 방문객들을 열거해 보자면 그 목록이 길고 저명한 이들이 많은데 차르 니콜라이 2세, 프란츠 요제프 2세 황제, 괴테, 카프카, 에디슨, 마크 트웨인, 드보르작, 슈트라우스, 노벨, 프로이트, 입센, 쇼팽, 바그너 등이다. 영국의 왕 에드워드 7세는 아홉 차례나 방문했는데, 바이마르 호텔에 투숙했으며 1905년 도시 바로 밖에 왕실 골프 코스를 열었다. 온천의 샘물과 이 물을 이용한 요법은 많은 종류의 질병에 치유 효과가 있다는 명성을 얻었다.

마리안스케 라즈네는 슬라프코프스키 숲의 아름다운 언덕에 둘러싸인 우아한 도시이다. 이곳은 제1차 세계대전과 2차 세계대전 사이에도 방문객늘에게 인기가 있었으나 공산주의 정권 시대에는 외국인 관광객의 입장이 금지되었다. 1989년 체코에 민주주의가 돌아옴에 따라 이 도시는 복원되어 다시 방문객들을 이끌게 되었다. **EH**

테레진 요새

체코 공화국, 테레진 | Terezín Fortress

나치 수용소로 쓰였던 요새

프라하를 혹시 있을지 모를 프로이센의 침략 위협으로부터 방어하기 위한 요새 건축 작업은 1780년에 시작되었다. 전 여황제 마리아 테레지아의 이름을 따 테레진이라는 이름이 붙은 이 요새는 프랑스의 뛰어난 엔지니어 보방이 개발한 스타일을 따라 지어졌으며, 유럽에 지어진 최후의 주요 요새 중 하나였다. 비슷한 규모와 형태로 지어졌던 다른 많은 요새들과 달리 테레진은 매우 훌륭한 상태로 보존되어 있다.

> "테레진은 언제까지나 체코슬로바키아의 유태인 사회에 … 닥쳤던 불행과 연관되어 있을 것이다."
>
> 역사가, 데틀레프 뮈홀베르거

테레진은 여덟 개의 주요 요새에 흙으로 쌓은 성벽과 해자로 이루어져 있었다. 수비대의 수는 5,655명으로, 전쟁이 발생했을 시에는 숫자가 두 배로 늘어났다. 수비병들을 수용하고 부수적으로 필요한 창고, 무기고, 상점 등을 짓기 위해 성채의 벽 안쪽에는 고전적인 격자형 설계에 따라 작은 도시가 세워졌다.

테레진 요새는 제2차 세계대전 동안 나치의 손에 들어가 독일식 이름인 '테레지엔슈타트'로 불리는 강제 수용소로 사용되면서 특별한 악명을 얻게 되었다. 수용당한 이들 대부분은 유태인으로 이들 중에는 학자, 예술가, 음악가 등이 많았다. 수용소 내부에는 잔디밭과 꽃밭이 조성되었고 콘서트와 전시회가 열리곤 했는데, 이는 적십자 감사관에게 재소자들이 인간적인 취급을 받고 있다고 속이기 위한 기만적인 수단이었다. 테레지엔슈타드는 사실 임시 수용소였다. 이곳으로 보내진 14만 4천 명의 사람들 중에서, 3만 3천 명이 수용소 안에서 죽었으며 나머지 8만 8천 명은 집단 학살 수용소로 끌려갔다. **AG**

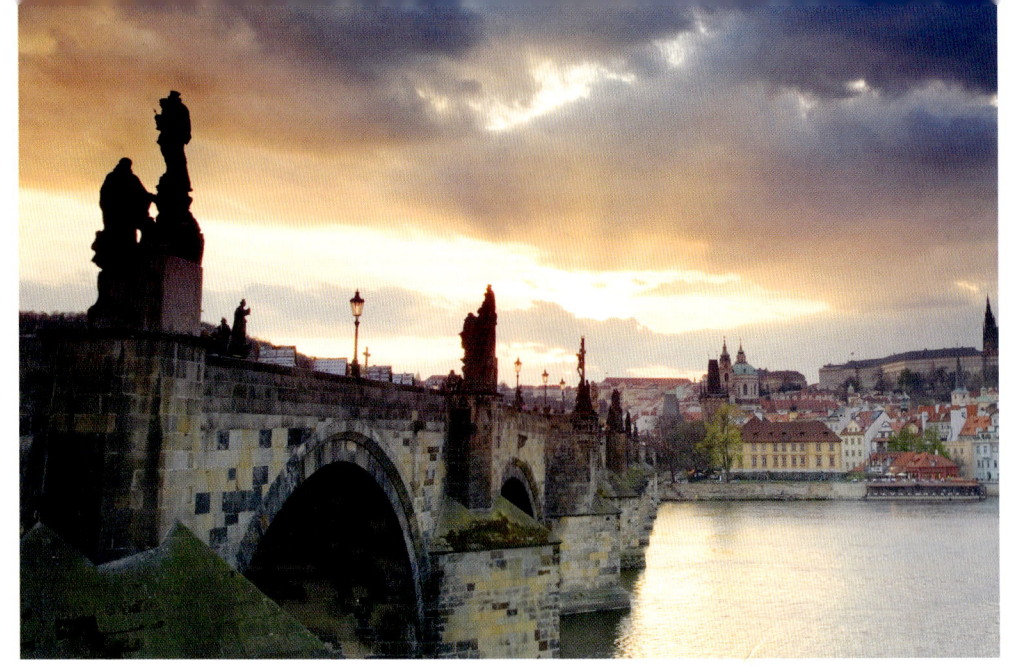

🏛 ◎ 카를루프 모스트 체코 공화국, 프라하 | Karlův Most

프라하에서 가장 잘 알려진 유적

카를루프 모스트(카를 다리)는 카를 4세가 유디트 다리(1158~1172년 건설)를 대체하기 위해 짓게 한 다리이다. 유디트 다리는 폭이 더 좁은 다리였는데, 1342년에 일어났던 홍수를 견디지 못하고 파괴되어 버렸다. 이 새로운 다리의 주춧돌이 놓인 것은 1357년이었다. 건축가는 독일인 페테르 파를러였는데, 그는 성 비투스 대성당을 설계한 인물이기도 했다. 하나는 16세기에 지어진 르네상스 양식, 다른 하나는 1464년에 지어진 후기 고딕 양식인 두 개의 탑이 다리 입구 부분 양쪽에 서 있는데, 이 탑에서는 다리의 모습이 훤히 보이며 강 건너 프라하의 명물인 여러 개의 첨탑들을 감상할 수 있다.

17세기 중반, 이 다리는 고딕 양식의 돌로 된 건널목에서 오늘날 볼 수 있는 모습처럼 조각상이 늘어선 수수께끼 같은 매력을 지닌 대로로 발전해 나가기 시작했다. 1683년에 세워진 얀 네포무츠키의 바로크 동상은 이 나라의 수호성인을 나타낸 엄숙한 조각상으로 오늘날까지 남아 있다. 여섯 번째와 일곱 번째 기둥 사이에는 십자가 하나가 있는데, 전설에 따르면 성인인 얀이 1393년 보헤미아의 왕 벤체슬라우스(바클라프 4세)의 명령에 따라 블타바 강에 던져져 순교당한 장소를 표시한다고 한다. 결국에는 모든 기둥에 총 서른 개의 동상이 자리 잡게 되었는데 대부분 바로크 양식이다. 20세기에 들어 프라하에서는 홍수로 손상을 입은 바로크 동상들을 현대적인 석조 복제품으로 점차 바꿔 나갔다. 원래의 조각상은 현재 국립 박물관에 있다. 다리를 오래 보존하기 위해 교량 위 모든 교통이 통제되었다.

여섯 세기 하고도 반세기 동안 서 있으면서 여러 차례 홍수로 피해를 입었지만, 이 다리는 1741년까지 블타바 강을 건너는 유일한 건널목이었으며, 중세의 도시 프라하를 찾는 많은 이에게 중심적인 장소로 남아 있다. 아마 이 다리는 어둠이 깔리고 거리의 조명이 다리를 비춰 동상이 그림자로 보일 때의 모습이 가장 아름다울 것이다. 카를루프 모스트는 중부 유럽에서 가장 훌륭한 중세 도시 프라하의 중요하고도 매력적인 상징물이다. **AP**

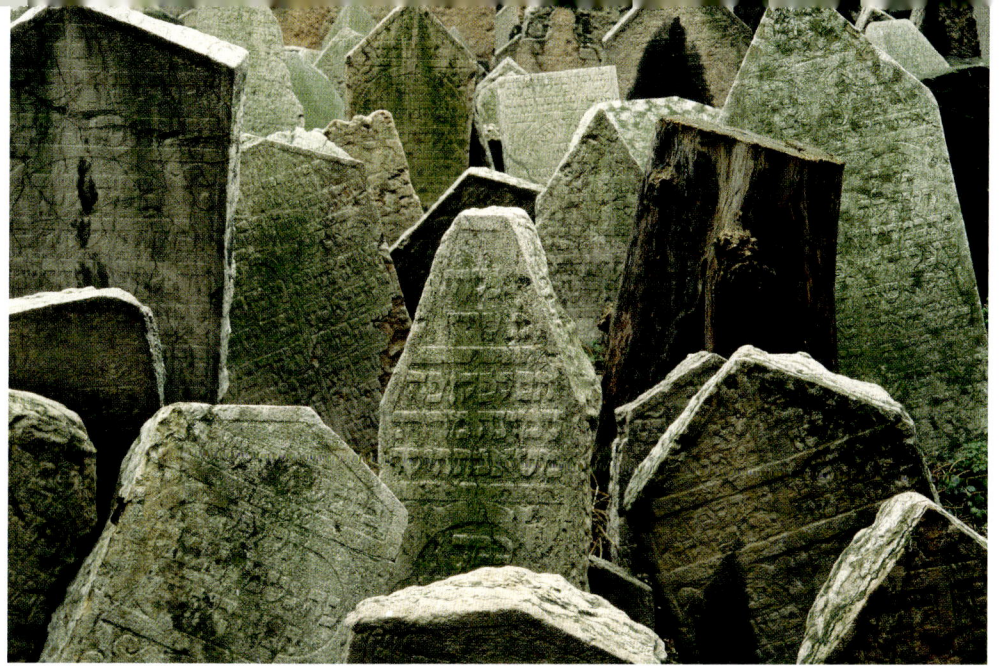

옛 유태인 묘지 체코 공화국, 프라하 | Old Jewish Cemetery

사람들로 붐비는 묘지이자 프라하 유태인들의 풍요로운 역사를 되새겨 주는 가슴 아픈 기념지

프라하에는 12세기부터 번화한 유태인 공동체가 있었으나, 19세기 후반에 들어 프라하에 더욱 국제적인 도시다운 면모를 부여하기 위해 4층짜리 아르 누보 공동 주택을 건설하려는 목적에서 시 당국은 유태인 거주 구역 대부분을 철거했다. 숫자가 크게 줄어든 유태인 인구는 당시 제2차 세계대전의 홀로코스트에서 사실상 몰살당했으며, 체코에 공산주의 정부가 들어갔을 때는 오직 몇 가구만이 살고 있을 뿐이었다. 1989년 민주주의적인 개혁이 이루어진 이후 유태인 거주 인구는 늘어났으나, 아마 오늘날 프라하에 살고 있는 유태인 수는 고작 2천 명 정도일 것이다.

옛 유태인 묘지는 구시가시 광장 북쪽, 예전에 유태인 구역이었던 요세포프 지역 중심에 있다. 15세기 중반부터(가장 오래된 무덤은 1439년의 것이다) 1787년까지 사용되어 왔으며 벽으로 둘러싸이고 어두운 나무 그림자가 드리워진 이 묘지에는, 새겨진 히브리어 비문이 희미해져 가는 묘석들이 글자 그대로 빽빽하게 들어차

있다. 이곳이 묻힌 사람의 수를 헤아려 보자면 묘석 수가 1만 2천 개를 훌쩍 넘는다. 묘지 구역은 한정되어 있었으므로 흙을 가져와 이미 있는 묘지 위에 새로운 무덤을 만들었다. 오래된 묘석들은 사암으로 되어 있고, 새로운 묘석들은 흰색과 분홍색 대리석으로 되어 있는데, 이들은 마치 동굴 속에서 볼 수 있는 수정 결정체처럼 서로의 위에 포개져 있는 것처럼 보인다.

16세기의 무덤 중에는 골렘 전설을 창조해낸 랍비 뢰브, 수학자 다비드 가우스, 그리고 유태인 시장으로 유태인 거주 구역을 상당히 확장하는 공헌을 한 모르데하이 마이셀 등의 무덤이 있다. 이 묘지는 분위기 있고 평화로우며, 옛날에는 번영을 누렸던 유태인 사회를 되새기게 해 주는 통렬한 기념물로 자리 잡고 있다.

묘지는 항상 개방되어 있으며 프라하에 남아 있는 다섯 개의 시나고그와 유태인 박물관이 근처에 있다. **EH**

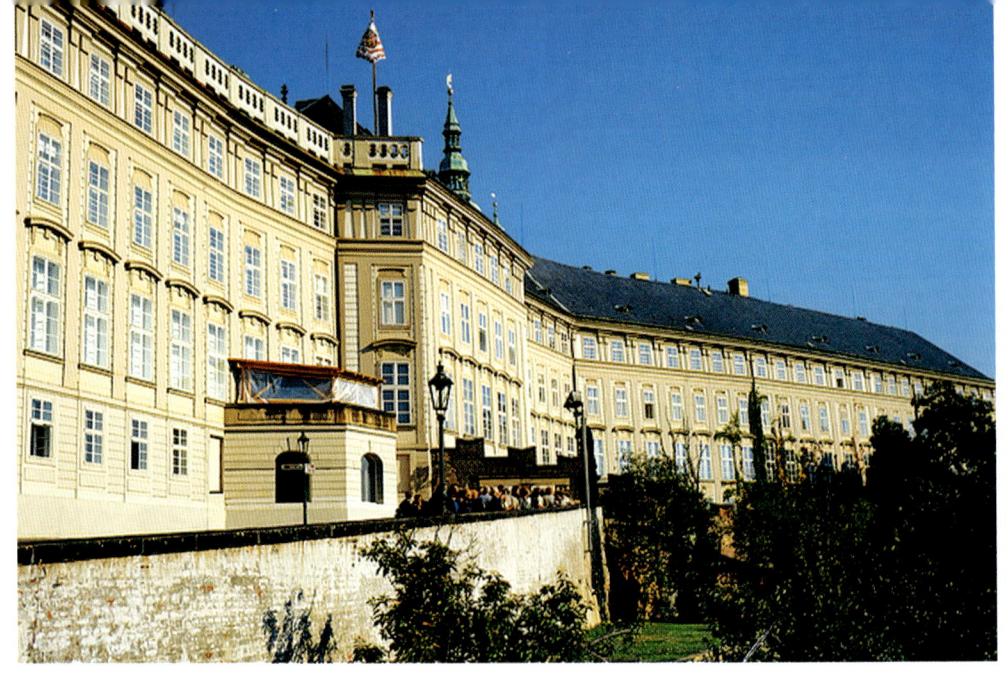

프라하 성 체코 공화국, 프라하 | Prague Castle

프라하 시를 지배하고 있는 언덕 꼭대기의 성

프라하의 성은 9세기 말경 보리보이 공에 의해 세워졌으며, 진흙과 돌로 된 단순한 성벽으로 해자에 둘러싸여 있었다. 세월이 흐르며 여러 차례 증축되어 프라하 성은 유럽에서 가장 큰 중세의 성채 단지가 된다. 이 성은 보헤미아 왕국, 이후에는 체코슬로바키아와 체코 공화국의 정부 소재지가 되었다.

성 내부에는 성 비투스 대성당과 수녀원 이외에도, 12세기에 로마네스크 양식으로 지어졌으며 200년 후 카를 4세의 주도 하에 고딕 양식으로 재건축된 왕궁의 유적이 있다. 15세기에 후스파 전쟁으로 인한 혼란이 지나간 후 1485년 블라디슬라프 2세는 대규모 재건축 작업을 시작했다. 보헤미아가 합스부르크 제국에 합병된 이후 성은 또 다시 변화를 겪게 되었는데, 특히 루돌프 2세 때는 그가 16세기 말 이 성을 주요 거처로 삼으면서 많은 부분이 개조되었다. 성은 르네상스 풍으로 재건축되었고, '왕실 정원', '스페인 홀', 시격장, 공놀이 경기장 등 여러 부분이 새로이 증축되었다. 30년 전쟁(1618~1648)

동안 입은 약탈의 피해로 프라하가 누리던 번영은 쇠퇴했으며 18세기 동안에도 곳곳에서 재건축 작업이 이루어지긴 했으나, 프라하는 빈이 누리는 제국다운 호화로움을 따라가려 애쓰는 지방 도시가 되었을 뿐이었다.

20세기에 프라하의 성은 체코의 민족주의를 상징하는 실제적인 표상으로 새로이 주목받게 되었는데, 특히 1918년 체코슬로바키아 공화국이 설립된 이후에 그랬다. 1989년의 '벨벳 혁명' 이후 프라하 성은 개조 작업을 거쳐 현재는 대중에게 공개되어 있다. 성 안에는 여러 개의 박물관이 있는데, 이중에는 루돌프 2세가 수집한 체코와 유럽 예술품 컬렉션도 있다. **AG**

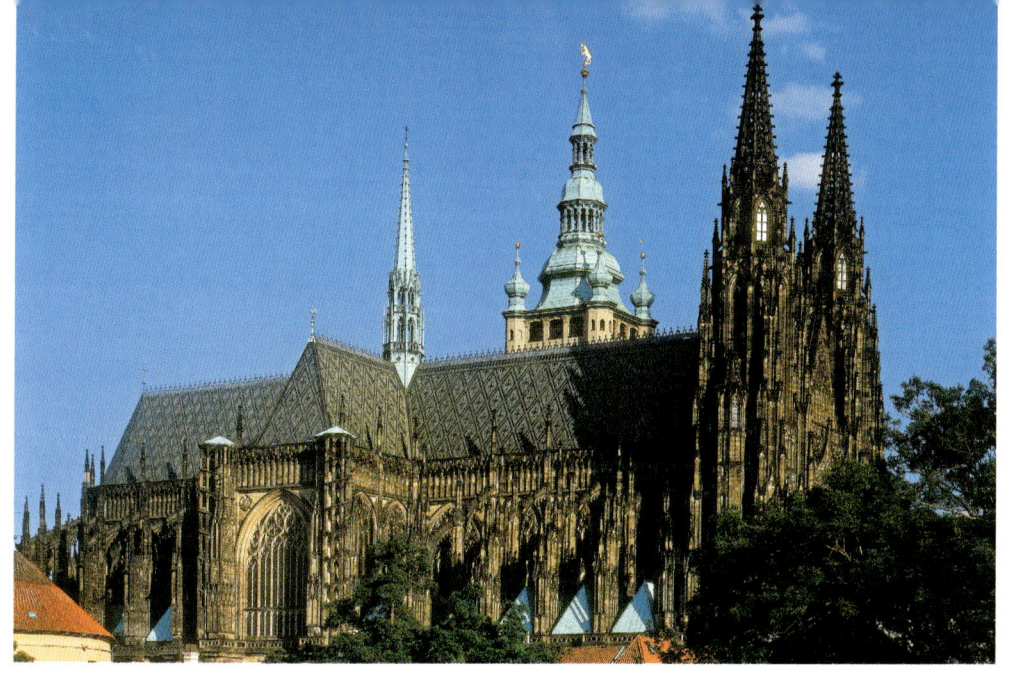

성 비투스 대성당 체코 공화국, 프라하 | St. Vitus's Cathedral

날아오를 듯 높이 솟은 프라하 성 내부의 대성당

보헤미아의 군주들이 대관식을 올리고 사후 매장되어 온 장소인 성 비투스 대성당은 프라하에서 가장 큰 교회일 뿐 아니라 가장 중요한 교회이기도 하다. 성당의 기원은 925년, 벤체슬라우스 1세(바츨라프) 공작이 신성 로마 제국 황제로부터 받은 성물인 성 비투스의 팔을 보관하기 위해 교회를 지으면서 시작되었다.

1060년 이 교회는 한 차례 증축되었지만, 오늘날 우리가 보는 당당한 고딕 양식 건물이 지어지기 시작한 것은 1344년에 접어들어서였다. 건물은 아라스의 마티아스라는 건축가에 의해 프랑스 고딕 양식으로 설계되었는데, 1352년 그가 사망한 후에는 독일 건축가 페테르 파를러와 역시 건축가였던 그의 가족들이 감독을 맡은 가운데 작업이 계속되었다. 파를러는 대단히 창의적인 건축가였으며, 성 비투스 성당의 둥근 천장은 고딕 건축의 걸작이다. 성 벤체슬라우스 예배당은 특별히 흥미를 끄는 부분인데, 이곳에는 보헤미아에 기독교를 전파하다가 순교당한 성 벤체슬라우스의 유골이 보관되어 있다.

이 예배당은 준보석으로 훌륭하게 장식되어 있으며, 그리스도의 수난과 성 벤체슬라우스의 일생을 나타낸 장면이 있다.

마티아스와 파를러 가족의 노력에도 성당은 완공되려면 먼 상태로 남아 있었으며, 르네상스와 바로크 양식으로 몇 군데 증축되기는 했어도 이 성당은 19세기까지 미완성 상태였다. 1844년, '성 비투스 대성당 완공을 위한 조합'이 탄생해 성당을 고딕 양식으로 완성시키고 고딕 양식이 아닌 장식부를 제거해 버린다는 목적을 세웠다. 진행 과정은 더뎠으며, 성당은 1929년, 건축이 시작된 지 거의 600년이 지나서야 완성되었다.

성당 내부에는 화려하게 장식된 성 벤체슬라우스 예배당을 포함해 22개의 작은 예배당이 있다. 네이브에 있는 20세기에 제작된 스테인드글라스 또한 놀라우리만치 훌륭하다. 성단소와 지하 묘지에는 여러 왕실 일원들의 무덤과 대리석 관이 보관되어 있다. **AG**

카푸친 교회

체코 공화국, 브르노 | Capuchin Church

매력적인 지하 묘지가 있는 바로크 교회

브르노에 있는 카푸친 교회는 이 수도원과 교회에서 살았고 기도를 드려 왔던 수도사들의 미라로 만든 유해를 안치하고 있는 지하 묘지로 유명하다. 이 교회는 또한 훌륭한 바로크 양식 건물이기도 하다.

최초의 카푸친회 수도원이 브르노에 지어진 것은 1604년이었으나, 이곳에 거주했던 수도사들은 스웨덴 군의 침략으로 쫓겨나고 말았다. 1648년부터 1651년에 걸쳐 새로운 수도원이 건축되었다. 이 수도원은 전 세계에서 사용되는 카푸친 수도회 교회의 전통적인 디자인에 따라 지어졌다. 외관은 단순하고 흰색이며, 파사드에는 아시시의 성 프란체스코 모습이 조각되어 있다. 내부는 외관보다 더 화려하고 전형적인 바로크 풍으로, 네덜란드

> "현재 우리가 살아 있듯이, 그들도 한 때 그랬다. 그들의 현재 모습처럼, 우리도 그리 될 것이다."
>
> 카푸친 교회의 묘지에 새겨진 글귀

인 요아킴 산트라트의 작품인 제단화가 있다. 18세기 중반에 모르지크 그림이라는 건축가가 교회를 부분적으로 재건축했는데, 그는 이후 이 교회에 묻혔다.

지하 묘지 안의 대기 환경으로 인해 시신들은 건조되어 미라가 되었다. 교회의 부유한 후원자들과 기부자들을 비롯해 150명 이상의 수사들이 이곳에 묻혔다. 지하 묘지는 1658년부터 1787년까지 사용되었는데, 이후 황제 요제프 2세가 도시 성벽 안에 시체를 매장하지 못하도록 금지했다. 현재 묘지 안에는 미라가 된 수사들의 유해 24구가 남아 있다. 이들은 옷을 완전히 갖춰 입은 채 바닥에 누워 있는데, 머리 뒤편에 몇 개의 벽돌이 놓여 죽기 직전에 떠올렸던 마지막 표정을 생생하게 볼 수 있는 경우도 종종 있다. 성물을 들고 있는 이들도 있다. **JF**

아우스터리츠 전투지

체코 공화국, 슬라프코프 | Battlefield of Austerlitz

나폴레옹이 전술적인 대승리를 거두었던 현장

1805년 당시 오스트리아 제국의 영토였던 슬라프코프(아우스터리츠)와 브르노 사이의 도시에 펼쳐진 넓은 농경지에서 벌어졌던 아우스터리츠 전투는 나폴레옹이 거둔 위대한 전술적 위업이었다. 나폴레옹이 이끄는 프랑스 군대는 러시아의 차르 알렉산드르 1세와 오스트리아의 황제 프란츠 2세의 연합군을 대파했다. 이 전투는 '세 황제의 전투'라는 이름으로도 알려져 있다.

1805년 가을 빈을 점령한 나폴레옹은 북쪽으로 진군해 나가 12월 2일 러시아-오스트리아 연합군과 맞붙는다. 프랑스 군대가 수적으로 약간 열세였고, 넓게 포진하고 있는 나폴레옹의 진지는 공격에 취약할 것처럼 보였다. 그러나 나폴레옹은 이미 이를 예상했고, 일부러 우측 열을 약하게 하여 연합군이 그쪽을 공격하도록 유인했다. 연합군은 그의 덫에 걸려들었다. 다부 원수가 프랑스 군 우측으로 집중된 연합군 주 세력을 상대로 용감하게 방어하는 동안 나폴레옹은 술트 원수가 이끄는 병력을 연합군 주 부대 측면으로 돌진시켰고, 연합군의 대열은 무너졌다. 란느 원수와 뮈라 원수가 프랑스 군 왼쪽 측면에서 성공적으로 버텨내는 동안, 베르나도트 원수가 이끄는 병력은 연합군 전선에 생긴 균열을 공격해 나갔다. 해가 질 무렵 연합군은 더 이상 통일된 병력이라 할 수 없는 꼴이었고, 오스트리아는 무조건 항복에 동의했으며 러시아는 자신들의 점령지인 폴란드로 물러났다.

도로가 개설되고 도심지가 팽창하는 바람에 전투지가 옛 모습 그대로는 아니지만, 군사적인 면에 관심이 많은 이들이라면 교전이 벌어졌던 자취를 되밟아볼 수 있다. 1911년에는 술트 원수가 연합군을 향해 반격을 이끌었던 장소인 프라첸 고원에 독특한 추모 예배당이 세워졌다. 피라미드 모양 뾰족탑이 예배당 위로 높이 솟아올라 있으며, 예배당 안에는 전투지에서 발견된 많은 유골이 보관되어 있다. 아우스터리츠 전투 기념일이면 행렬을 지어 전투지를 누비는 행사가 열리고, 전투 중 벌어진 다양한 장면들을 재현해 보이기도 한다. **AG**

차흐티체 성

슬로바키아, 차흐티체 | Čachtice Castle

수많은 피비린내 나는 살인이 벌어졌던 성의 유적

차흐티체 성(헝가리어로 체이테 성)은 슬로바키아의 카르파티아 산맥에 위치하고 있다. 처음에는 모라비아로 가는 길목의 초소 구실을 하도록 건축되었다. 이 성은 성과 그 주변 지역에서 수없이 많은 이를 살해하며 '차흐티체의 피의 레이디'라는 별명으로 알려지게 된 에르체베트 바토리 백작 부인의 집으로, 오늘날과 같은 무시무시한 명성을 얻게 되었다.

로마네스크 양식으로 지은 이 성은 이 지역의 귀족 가문인 훈트-포즈난 가문의 저택이었다. 이후 지역 부호 트렌친의 마테 차크 3세가 소유하게 되었다. 15세기에서 17세기까지 고딕 양식과 르네상스 양식으로 개조되었다. 에르체베트 바토리는 1575년 육군 사령관이었던 남편 페렌츠 나다스디로부터 결혼 선물로 이 성을 받았다.

남편이 전쟁 때문이 집을 떠나 있는 동안 에르체베트가 차흐티체의 영지를 관리했다. 1585년부터 에르체베트는 연쇄적인 고문과 살인 행각을 시작했다. 초기의 희생자들은 성에 고용되어 일하던 지역 농부의 딸이었으며, 점차 상류층 집안의 딸들까지 희생당하게 되었다. 남편이 죽은 이후 살해 행각은 도를 더해 갔으며, 그녀는 여러 명의 공범자를 두고 있었다. 마침내 이들의 행동은 사회적인 관심을 끌게 되었다. 1610년 마티아스 황제가 사건을 조사하라는 명을 내렸으며 마침내 에르체베트의 범죄가 발각되었다. 귀족 신분과 가문 간의 유대를 생각해서 에르체베트는 처형되지는 않았으나, 대신 자택 감금형을 받았다. 그녀는 4년 후인 1614년 8월 21일 성에서 죽었다. 그녀가 죽인 희생자들의 수는 매우 다양하게 추정되는데, 서른여섯 명이라는 사람도 있고 많게는 650명이라고도 한다. 1708년 차흐티체 성은 페렌츠 2세 라코즈시가 이끄는 헝가리 반란군에 의해 점령당하고 약탈당해 쇠락하게 되었다.

오늘날 차흐티체 성은 폐허가 되어 남아 있으나 이 언덕에 희귀한 식물이 많기 때문에 주변은 국가 보호 구역으로 지정되었다. **JF**

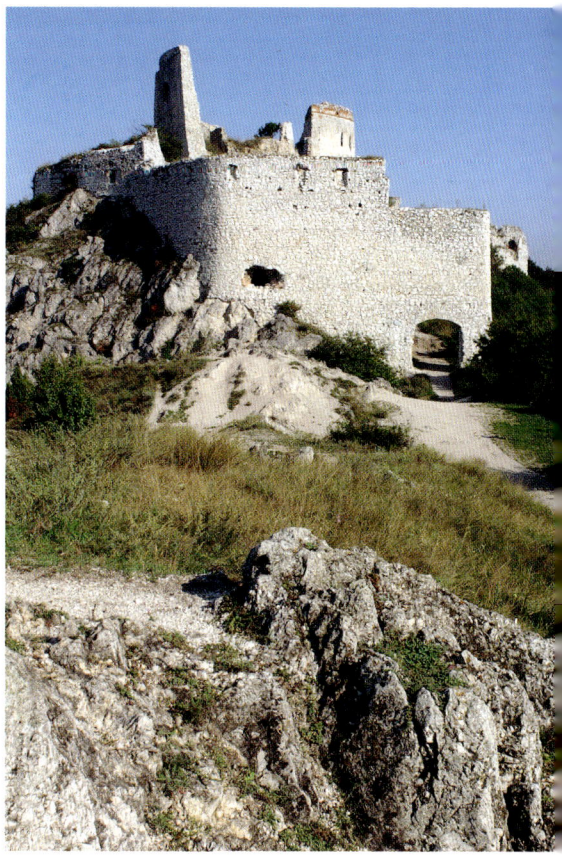

"그대, 에르체베트느 … 지상의 공기를 마실 자격도, 주님의 빛을 볼 자격도 없소."

투르조 백작, 에르체베트의 구금형을 명하면서

오래된 '성 언덕' 구역에 있으며 도시 발전 단계를 보여 주는 중요한 요새

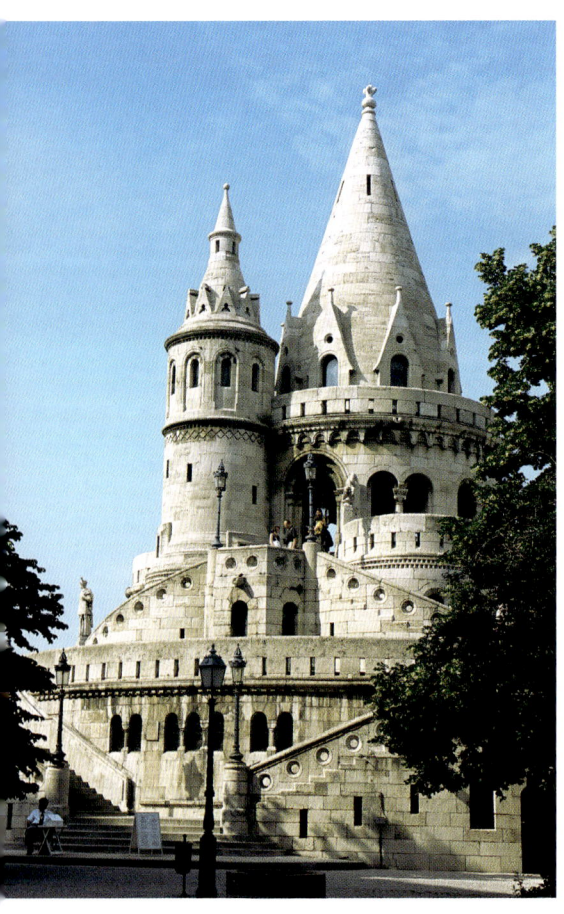

"어부의 요새는 도나우 강에 놓여 있는 일곱 개의 다리를 볼 수 있는 훌륭한 전망을 제공한다."

저널리스트, 헬레나 바크만

어부의 요새, 즉 '할라스바스처'는 오래된 '성 언덕'의 동쪽 면을 따라 180m 길이로 뻗어 있는 전망 좋은 성채로, 도나우 강 건너 국회 의사당 건물과 부다페스트의 19세기 페슈트 지역이 내다보이는 훌륭한 경치를 감상할 수 있는 곳이다.

여러 개의 통로와 곳곳에 솟은 일곱 개의 돌로 된 탑으로 이루어진 이 건축물은 '설탕처럼 달콤하다'든지 '동화 같다', 심지어 '디즈니랜드 같다'는 표현으로 묘사되는데, 이유가 없지도 않다. 신고딕 양식과 신로마네스크 양식의 이 건물은 헝가리 건축가 프리제스 슐레크가 디자인했는데, 그는 근처에 있는 고딕 양식의 '축복받은 성모 마리아 교회'('마차스 교회'라는 이름으로 더욱 유명하다)를 창조적으로 보수하고 재건축한 인물이기도 하다. 요새의 가파른 계단과 포석이 깔린 테라스, 원뿔 모양의 탑은 모두 새하얀 석회암으로 조각되어 있는데, 교회 건축물의 보석처럼 새로 복원한 이 건물을 자랑하고 플랑부아양 고딕 양식을 더욱 돋보이게 하려는 의도였다. '어부의 요새'라는 이상한 이름은(이 성채는 물가에 있지도 않고 방어를 목적으로 하는 요새도 아니다) 현대적인 테라스가 건축되어 있는 오래된 성벽에서 유래했다. 이 성벽은 중세의 생선 시장이 있는 곳 가까이까지 뻗어 있었으며, 따라서 어부 길드 조직원들이 이 성을 방어했던 것이다. 일곱 개의 탑에도 역시 각각 역사적인 의미가 있으며, 896년 카르파티아 분지라는 이름으로 알려진 광활한 평원에 정착했던 일곱 헝가리 부족을 나타낸다고 한다.

부다페스트 시의 인기 있는 상징으로 도시를 홍보하는 거의 모든 안내문에 나타나 있는 이 요새는, 의도된 바와 같이 산책하고, 앉아 쉬고, 아름다운 강의 경치를 감상하기에 완벽한 장소이다. 낮 동안에는 테라스로 올라가기 위해 거쳐야 하는 계단마다 약간의 요금이 부과된다. 해가 진 이후부터는 무료로 도시의 불빛들을 감상할 수 있다. 부다페스트의 도나우 강변과 부다 성 구역, 안드라시 대로는 1987년 유네스코 세계문화유산으로 등재되었다. **JB**

국회 의사당 헝가리, 부다페스트 | Parliament Buildings

유럽에서 가장 오래된 의회 건물 중 하나인 국회 의사당의 높이 솟은 돔은 이 도시 하늘의 윤곽을 아름답게 장식한다

헝가리의 건축가이자 기예가인 임레 슈테인들이 1882년 부다페스트의 새로운 '오르사그하즈', 즉 국회 의사당을 짓는 전국 공모전에서 입상했을 때, 그의 주된 의도는 '겸손하고 신중한' 태도로 '눈부신 중세 건축 양식과 국가적이고 개인적인 특성을 결합시키려는' 것이었다. 그 결과로 탄생한 헝가리 의회와 수상 관저, 공화국 대통령 관저가 있는 고딕 부흥 양식의 긴물은 헝가리적인 설충수의가 거둔 승리라 할 만하다. 런던의 국회 의사당과 어딘지 닮아 보이는 이 건물은 도나우 강변에 있는 리포트 구역에 서 있다. 송곳처럼 뾰족한 첨탑들이 서 있고 유명한 인물들과 장군들을 조각한 90개의 동상이 서 있으며, 중앙에는 둥근 탑이 있는 하얀 석회암으로 조각된 이 건물은, 부다페스트의 페슈트 지역(도나우 강 좌안)을 장식하고 있는 호화로운 눈요깃거리인데, 특히 강 반대편의 '성 언덕'에서 바라보았을 때 제대로 감상할 수 있다.

웅장한 모습의 사자 한 쌍이 코수트 광장에 있는 공식 현관 계단 양쪽을 지키고 있으며, 계단을 통해 정문으로 들어가면 방대한 규모의 중앙 계단이 나온다. 이는 슈테인들이 창조해 낸 걸작 중 하나로 꼽힌다. 거의 40kg에 가까운 23캐럿 황금과 수천 개의 보석이 건물 내부를 장식하고 있으며, 홀과 방들은 호화롭고 풍성한 장식으로 빛을 발한다. 곳곳에 훌륭한 프레스코화와 그림, 스테인드글라스 작품, 태피스트리 등이 가득하며, 공들여 세심하게 만든 작은 소품들도 많다. '대표단 방' 복도에 있는 숫자가 매겨진 재떨이가 가장 유명한데, 회의실에서 투표가 진행될 동안 의원들은 이곳에 시가를 놓아두곤 했다.

헝가리 국회 의사당의 건축은 17년 동안 계속되었는데, 건축이 끝나갈 무렵 슈테인들은 너무나 병약해져 의사에 앉은 채로 건축 현장까지 옮겨져 작업을 지시했다. 그는 건물이 완공될 때까지 살았으나, 불행히도 이 무렵에는 눈이 먼 상태였다. 국회 의사당을 방문하는 손님들은 중앙 계단에 있는 니치에서 수염 난 그의 청동 흉상을 볼 수 있다. **JB**

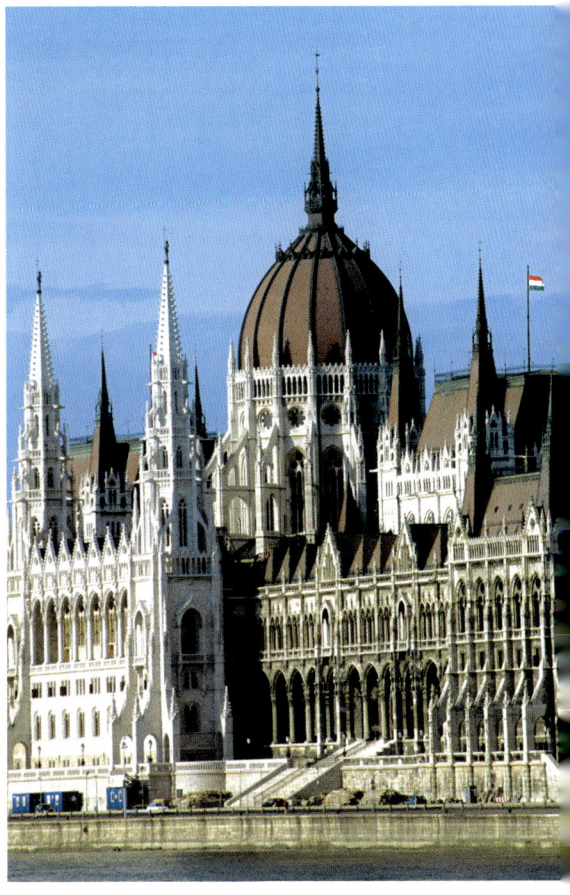

"이 건물은 지어질 때부터 세계에서 가장 훌륭한 의회 건물 중 하나가 되려는 목적을 지니고 있었다."

프로머즈 리뷰

초기 기독교도 묘지

헝가리, 페치 | Early Christian Necropolis

이곳에 있는 초기 기독교도 무덤 대부분은 험난한 역사의 세월을 견디고 살아남았다

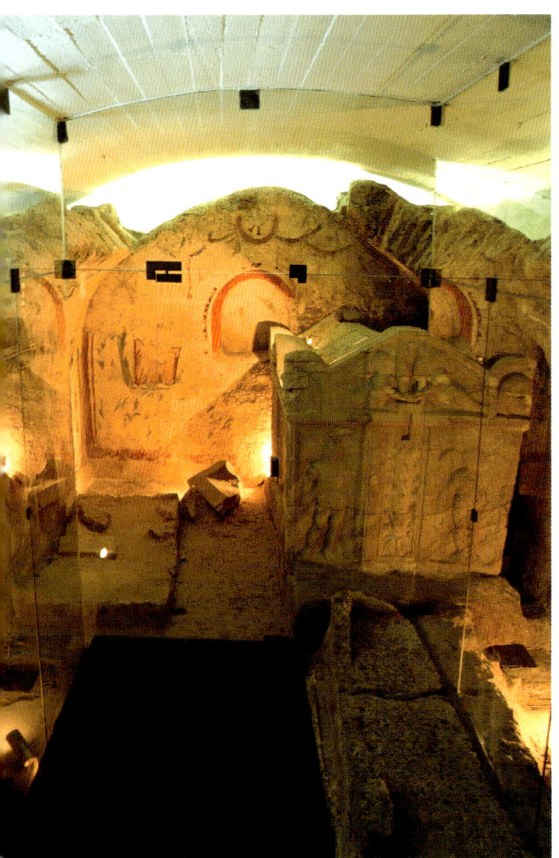

"소피아나이의 묘지는 … 로마 제국의 주(州)의 무덤 예술과 건축술을 … 완전히 드러내 보여 준다."

유네스코

4세기에, 페치는 '소피아나이'라고 알려진 로마 도시였으며 이 도시의 주민들은 사망자를 근처의 묘지, 즉 '네크로폴리스'에 묻었다. 오늘날 이 오래된 기독교도 묘지는 인기 있는 관광 명소이며 유네스코가 지정한 세계문화유산의 일부로 보호받고 있다. 무덤 자체는 지하에 만들어진 묘실(墓室)에 있으며 이러한 방들의 위편, 지상에는 죽은 이들을 위해 세운 몇 개의 기념비가 지금까지도 남아 있다.

4세기경의 기독교도들은 예전처럼 로마의 박해를 받는 상태가 아니었다. 콘스탄티누스 대제는 기독교로 개종했고 312년 밀라노 칙령을 내려 이 새로운 종교를 꽃피게 했다. 황제가 몸소 개종했으니 자신의 신앙 때문에 예전의 통치자들에게 탄압받던 이들은 사회의 가장 높은 계층까지 올라갈 수 있었다. 로마 제국 전역으로 기독교가 전파되었고 소피아나이는 초기 기독교 세계에서 가장 중요한 중심 도시 중 하나가 되었다.

오늘날 페치에 있는 오래된 무덤은 오랜 세월 동안 방해받지 않고 조용히 잠들어 있었다. 18세기에 고고학자들이 손을 대면서 이러한 사정도 면하게 되었고, 이들이 시작했던 발굴 작업은 현재에 이르렀다. 수백 개의 무덤이 발견되었고, 묘실 또한 여럿 발견되었다. 이곳의 묘지는 보기 드물 정도로 잘 보존되어 있으며, 무덤은 여전히 벽화 장식으로 빛나고 있다. 벽화는 성경에 나오는 이야기라든지 일상생활 속의 장면, 그 당시 기독교 예식의 장면 등을 담고 있다. 이러한 그림은 기독교의 초기 모습을 알 수 있는 풍부한 정보를 제공한다. 무덤 대부분은 눈부신 성 페테르 바실리카 지하에 위치하고 있는데, 이 바실리카의 일부는 11세기에 세워진 것이다. 끝으로 갈수록 가늘어지는 네 개의 뾰족탑이 있는 이 우아하고 화려한 교회는 기독교도들에게 숭배의 대상이었던 이 지역의 전통을 지금도 이어가고 있다. 이곳은 또한 그리스도가 탄생하기 수천 년 전으로 거슬러 올라가는, 옛날부터 인간이 살았던 흔적이 남아 있는 유적이기도 하다. **LH**

푸트나 수도원

루마니아, 부코비나 | Putna Monastery

슈테판 공의 명에 따라 지어진 종교 유적

1457년부터 1504년까지 몰다비아 공국을 지배했던 슈테판 대제는 고작 3년 만에 부코비나의 푸트나 강 유역의 부지에 루마니아 정교회 푸트나 수도원을 세웠다. 종교적인 유적으로서 중요성을 지닌 것 외에도 부코비나는 필사실, 3개 언어(그리스-슬라보니아-루마니아어)로 가르치는 학교, 여러 곳의 공방이 있던 중세의 핵심적인 문화와 예술 중심지였다. 슈테판 공은 몰다비아 전역에 여러 채의 교회와 수도원 건물을 짓게 했고, 그 건축 양식에도 영향을 끼쳤다. 이러한 건물 중 많은 것을 그에게 바쳤는데, 결국 그가 마지막으로 잠든 장소는 푸트나 수도원이었다. 그의 무덤은 오늘날까지도 순례객의 발길이 끊이지 않는 유적이다.

언덕 위에는 그가 화살 하나를 쏘았다는 자리를 표시하는 십자가 하나가 있는데, 이 화살이 떨어진 자리가 수도원 부지로 결정되었다. 박물관에는 화살 구멍이 나 있는 나무줄기가 보관되어 있다. 완공된 지 몇 년이 채 지나지 않아 엄청난 화재가 발생해 교회의 대부분과 슈테판 공의 저택, 수도원 외벽 대부분을 태워 버렸다. 교회는 다시 지어졌으나 화재와 지진 피해를 입어 또다시 무너졌다. 현재의 교회는 1761년에 완공되었으며, 그 시기의 건축학적이고 장식적인 특징을 많이 보여 준다.

푸트나 수도원 박물관에는 슈테판 대제의 시대에 제작되었으며 가치가 매우 뛰어난 자수(刺繡)를 놓은 제품들의 컬렉션이 있으며, 사제들이 입었던 의복과 숄, 성화가 그려진 커튼과 덮개 등이 풍부하게 소장되어 있다. 화려하게 장식된 종교 서적의 예도 볼 수 있는데, 호화로운 『사복음서』가 가장 유명하다. 박물관에서는 또한 자수업자, 직조공, 성화 제작자, 세밀화 제작자, 목주 세공인, 은 세공인, 서적 장정인, 조각가 등 고도의 솜씨를 갖춘 전문가들의 공방에서 제작된 그 당시의 전형적인 물품들 또한 볼 수 있다. 푸트나 수도원은 루마니아 역사 속에서 뛰어난 경제적, 사회적, 정치적 발전을 이루었던 시기를 대표하는 유적이다. **LH**

검은 교회

루마니아, 브라쇼브 | Black Church

루마니아에서 가장 큰 고딕 건축물

1384년, 브라쇼브에 거주하던 독일인 마을에서 '검은 교회'의 건축을 시작했다. 이 교회는 원래 로마 가톨릭 대성당이었는데, 16세기에 트란실바니아의 위대한 종교 개혁가 요한네스 혼테르에 의해 루터파 교회로 개종되었다. 1689년 '대 터키 전쟁' 동안 합스부르크 군대가 이 도시에 쳐들어왔을 때 교회는 불에 타 그 일부분이 손상되었다. 이때 연기로 피해를 입어 벽이 새카맣게 그을렸는데, 이후로 '검은 교회'라는 이름으로 알려지게 되었다.

> "지금 주님께서 새로운 민족을 눈뜨게 해 그분 앞으로 부르실 때가 왔도다."
>
> 요한네스 혼테르, 트란실바니아의 종교 개혁에서

종탑의 높이는 37m이며 무게가 6t이나 나가는 종 하나가 있는데, 이는 루마니아에서 가장 큰 종이다. 교회 안의 웅장한 오르간은 1839년에 완성되었으며, 4천 개의 파이프가 달려 있고 지금도 연주회 때나 이 교회에서 정기적으로 열리는 루터파 예배 때 연주되곤 한다. '검은 교회'의 길이는 약 88m가량으로, 높이가 같은 세 개의 네이브가 있다. 남쪽 현관에 있는 1477년에 제작된 오크 나무 문, 1472년에 기증된 이 지역에서 세공한 청동 분수, 1476년에 그려진 남쪽 입구 부분의 벽화 등은 특별히 주의를 기울여 감상할 만한 가치가 있다. 측면 네이브에 있는 오래된 신도석(信徒席)은 바로크 양식의 목조 공예를 보여 주는 훌륭한 본보기이며, 18세기 초반에 제작되었다. 그러나 '검은 교회'가 소유한 가장 가치 있는 보물은 아나톨리아(소아시아, 오늘날의 터키 부분) 카펫 컬렉션일 것이다. 높은 창문에는 특별한 유리가 설치되어 자연광만을 들여보냄으로써 이 카펫들이 태양 자외선에 손상을 입지 않도록 막아 준다. **LH**

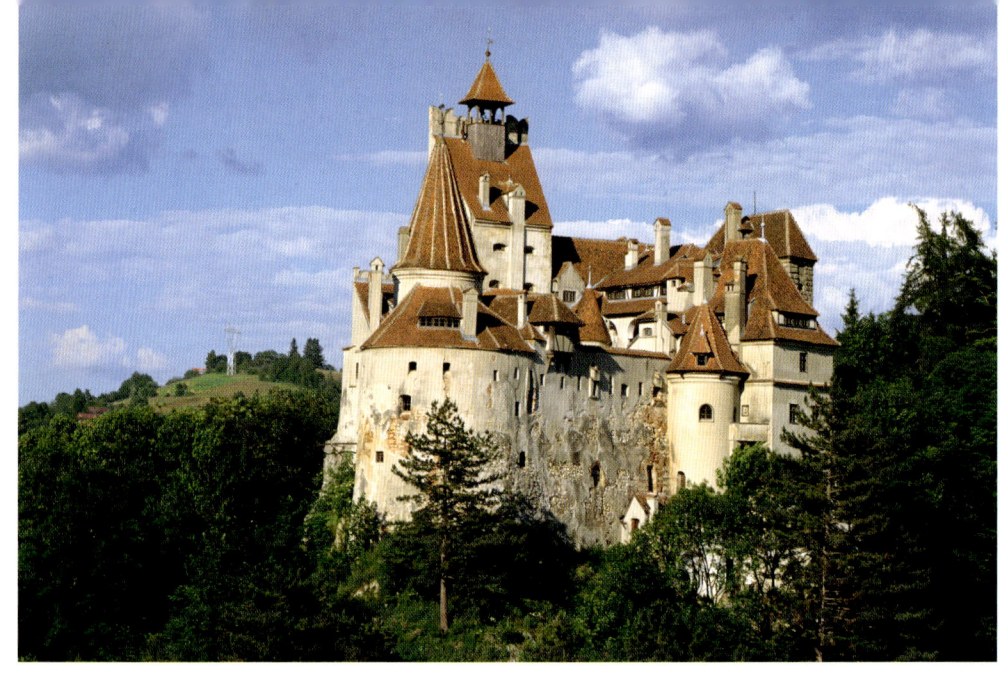

드라큘라의 성 루마니아, 브란 | Dracula's Castle

이 독특한 건축물은 성채와 얽힌 전설에 완벽한 배경이 되어 준다

사실과 허구가 너무나 밀접하게 얽혀 있어 그 둘을 분간하기가 어려울 때가 있다. 브란의 성이 바로 그러한 경우이다. 장소와 인물의 관계가 매우 미심쩍었음에도 셔우드 숲이 로빈 후드의 거처로 알려진 것과 마찬가지로, 이성도 현재 드라큘라의 성이라는 이름으로 유명하다.

영화에 나오는 사악한 뱀파이어는 아일랜드 소설가 브램 스토커의 소설에서 유래했다. 1897년에 쓰인 그의 『드라큘라』는 역사 속의 실제 인물, '찔러 죽이는 자 블라드'라는 별명으로 더욱 유명한 블라드 체페슈(1476년 사망)로부터 영감을 받아 쓴 작품이다. 블라드는 '드라큘라'(드라큘의 아들)라는 이름을 사용하기도 했는데, 그의 아버지 이름이 블라드 드라큘이었기 때문이었다. 블라드는 소설 속의 인물의 모델이 되기에 부족함이 없을 만큼 잔혹한 인물이었으나, 그와 이 성의 관계는 아무리 연관 지어 보려 해도 아주 희박할 뿐이다. 그는 잠시 동안 이 성을 방문했던 손님이었을 수 있고 혹은 이 성에 감금되었던 적이 있을 수도 있다. 그러나 마찬가지로 그가 이곳에 결코 발을 들인 적이 없었을 가능성도 있다. 이러한 불명확한 관계에도, 이 성의 압도적인 외관이 무시무시한 전설에 어울리는 매력적인 배경이라고 생각하는 관광객들이나 기념품 판매인들의 기가 꺾이는 일은 없다.

브란 성 자체의 기원은 불명확하다. 어떤 역사가들은 이 성이 13세기에 튜튼 기사단(종교 기사단 중 하나)에 의해 지어졌다고 생각하지만 문서상 남은 이 성에 관한 기록은 1377년에야 처음 등장하는데, 왈라키아와 트란실바니아 사이의 경계를 이루는 방어선의 일부라고 기록되어 있다. 몇 세기 동안 성은 여러 소유주의 손을 거쳐 왔는데, 블라드의 할아버지인 미르체아 현공도 그 중 하나였다. 1920년대에 이 성은 영국 태생의 루마니아 여왕 마리가 가장 좋아했던 거처였으며, 1948년까지 왕실 소유로 남아 있다가 이후 공산주의 정권에 압수당했다. 여러 해 동안 박물관으로 사용되며 계속해서 찾아오는 관광객들을 매혹시켰으나 2006년 마리의 상속인들에게 반환되었다. IZ

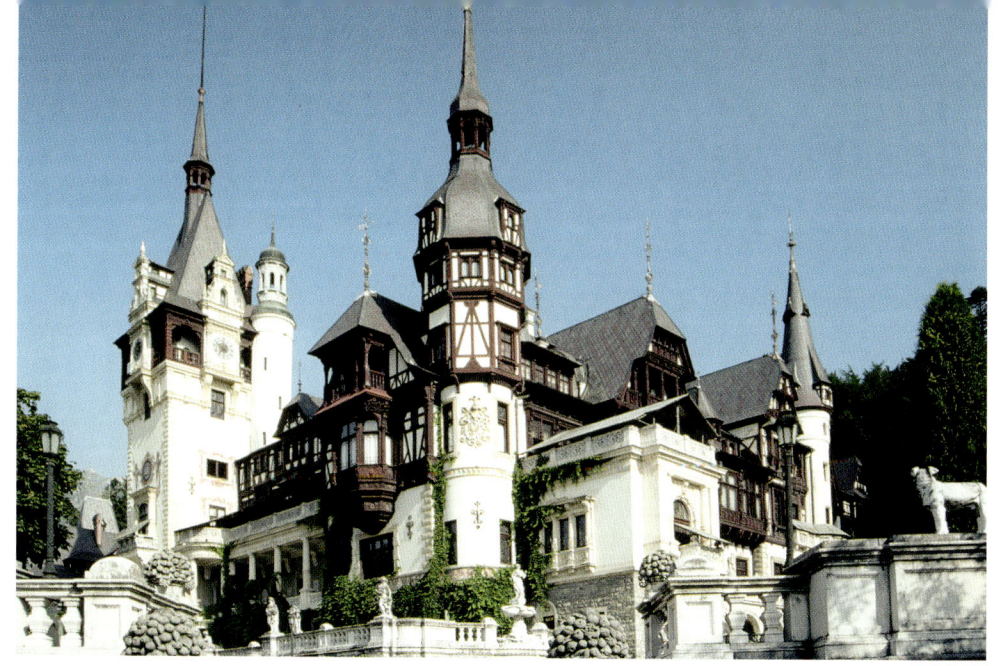

펠레슈 성 루마니아, 시나이아 | Peleş Castle

카롤 1세의 여름 별장으로 지어진 이 성은 그의 마지막 휴식처가 되었다

현재 독일 땅의 남부에 있는 지크마링겐에서 태어난 카롤 1세는 1881년 새로이 태어난 루마니아 왕국의 초대 왕이 되었다. 차우셰스쿠의 공산주의 정권이 지배할 동안 이 지역 전체는 닫혀 있었고 아름다운 성도 거의 사용되는 일이 없었다. 1989년 12월에 일어난 혁명 이후 차우셰스쿠는 타도되었고, 펠레슈 성은 다시 관광객들에게 문을 열어 성에 있는 많은 눈부신 방들과 가치 있는 소장품들을 선보이게 되었다.

경관이 수려한 카르파티아 산맥의 아름다운 풍경과 아담한 농장들 한가운데 자리 잡고 있는 펠레슈 성은 목재와 석재, 벽돌, 대리석을 이용하여 독일 신 르네상스 양식으로 지어졌다. 독일 건축가 빌헬름 도데레 이후에는 제고의 신축가 카렐 리만이 설계를 맡아 160개가 넘는 방과 동화에 나올 법한 탑들, 뾰족한 첨탑을 지닌 왕궁을 디자인해 냈다. 별도로 지어진 건물 하나에는 전력 발전소가 들어서 있어 펠레슈 성은 유럽 최초로 완전히 전기에 의해 조명이 밝혀지는 성이 되었으며, 최초로 중앙난방을 사용하는 성이 되었다. 이 성의 이름이 된 펠레슈 시냇물은 안뜰을 통해 흐르는데, 안뜰 안에는 분수도 하나 있다. 건물 내부에는 두 개의 무기고, 거의 2천 점에 달하는 그림 수집품, 화려한 스테인드글라스 창문, 무라노 산 크리스털 샹들리에, 금과 은으로 된 접시들, 마이센과 세브르 도자기, 흑단과 상아로 만든 조각품 등이 있다. 펠레슈 성은 일곱 개의 테라스에 둘러싸여 있는데, 테라스에는 이탈리아 예술가 로마넬리가 조각한 동상이 서 있으며 주변에는 돌로 된 우물, 꽃병, 카라라 대리석 조각 등이 새겨져 있다. '피렌체 풍 방'과 '터키 풍 방'처럼 특별한 테마에 따라 장식된 방이 여럿 있으며, 매우 훌륭하다

루마니아 당국은 최근에 펠레슈 성을 루마니아의 전 왕 미하이에게 돌려주었는데, 그는 제2차 세계대전 동안 재위했던 유럽의 지도자들 중 지금까지 살아 있는 최후의 인물이다. 따라서 이 아름답고 로맨틱한 성은 다시 한 번 루마니아 왕실의 소유가 되었다. **LH**

스나고브 수도원, 교회, 궁전

루마니아, 일포브 | Snagov Monastery, Church, and Palace

'찔러 죽이는 자 블라드'가 묻혔다는 전설적인 장소이지만, 고고학자들은 그의 유해를 찾지 못했다

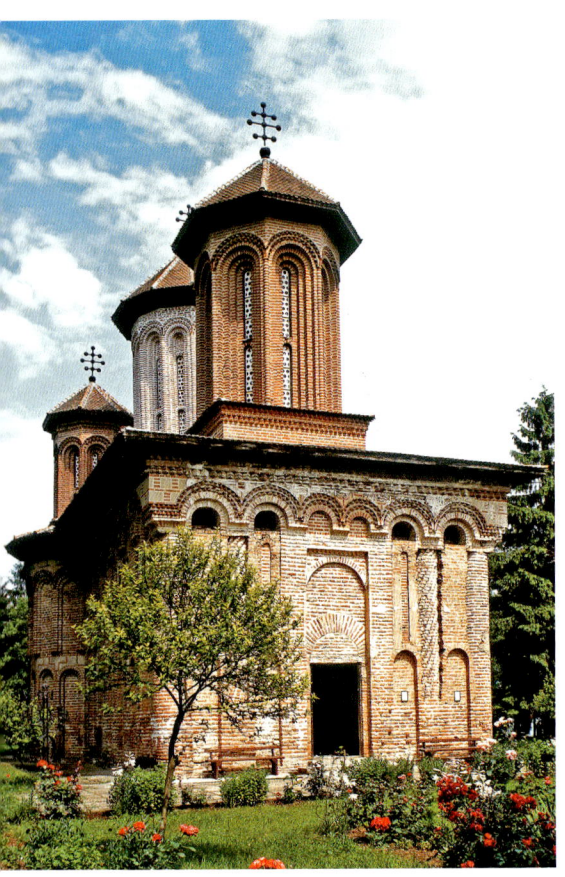

"마치 기적과 같았다……. 그의 몸 전체가 산산이 부서져 먼지가 되어 우리의 눈앞에서 흩어졌다."

브램 스토커, 『드라큘라』(1897)

스나고브 수도원은 부쿠레슈티에서 북쪽으로 40km가량 떨어진 스나고브 호수에 있는 작은 섬에 지어졌으며, 이 건물의 역사는 중세까지 거슬러 올라간다. 스나고브에 대한 최초의 서면 기록은 1408년 미르체아 셀 버트란이 통치하던 시기에 발행된 왕실 허가장에 남아 있다. 그가 통치하던 시기에 수도원 최초의 건물이 세워졌으며, 박물관에서는 이 시대에 제작된 현관을 볼 수 있다. 현재의 교회는 16세기 초 네아고에 바사라브가 왈라키아의 군주였을 때 세워졌으며, 1688년 콘스탄틴 브란코베아누가 왕위에 오른 이후에도 보충 작업이 계속되었다.

돌과 벽돌로 지어진 스나고브 수도원은 방어벽으로 둘러싸여 있었으며 감시탑 하나가 서 있는데, 이 탑은 종탑 구실도 했다. 수도원은 1521년 재건축되었으며 탑과 교회, 그리고 독방 몇 개의 흔적은 손상되지 않은 상태로 남아 있다. 이곳에서는 청동기 시대와 철기 시대의 도구와 도기들이 발견되었으며, 로마와 비잔틴 동전들도 발견되어 이 작은 섬에는 수도원이 세워지기 오래 전부터 사람이 거주해 왔다는 사실을 알려 준다. 1563년 소(小)도브로미르라는 화가가 교회에 벽화를 그렸는데, 이 벽화는 루마니아에서 그려진 벽화 중 가장 훌륭한 예에 속한다는 평가를 받는다. 스나고브 수도원은 블라드 드라쿨의 아들이며 브램 스토커의 소설 『드라큘라』에 영감을 주었던, '찔러 죽이는 자' 블라드 공과 밀접한 관련이 있다. 블라드는 1476년 전투에서 의심스러운 경위로 사망했는데, 전설에 따르면 그의 머리는 술탄에게 선물로 보냈으며 목 없는 그의 몸은 이후에 스나고브 수도원 교회 안에 있는 제단 근처에 묻혔다고 한다.

좀 더 최근의 이야기를 하자면, 웅장한 스나고브 궁전은 니콜라에와 엘레나 차우셰스쿠 부부가 루마니아를 통치했던 동안 사용했던 여러 채의 저택 중 하나이기도 하다. 사치스러운 생활 방식으로 악명이 높았던 차우셰스쿠 부부는 많은 미술 작품을 포함해 엄청난 양의 선물을 성 안에 모아 두었다. **LH**

모고소아이아 궁전

루마니아, 모고소아이아 | Mogosoaia Palace

루마니아 고유의 건축 양식을 보여 주는 훌륭한 예

루마니아의 수도 부쿠레슈티에서 10km 조금 넘게 떨어진 곳에 서 있는 건축학적으로 뛰어난 이 건물에서 르네상스, 루마니아, 비잔틴, 바로크적인 특징들이 하나로 합쳐져 독특하고 당당한 단일한 전체를 형성한다. 모고소아이아 궁전은 1689년부터 1714년까지 왈라키아(오늘날의 남부 루마니아) 공국의 지배자였던 콘스탄틴 브란코베아누를 위해 지어졌다. 그는 예술의 위대한 후원자이기도 했다. 콘스탄틴은 1681년에 궁전 부지를 손에 넣었으며, 1698년부터 건축을 시작했다. 이 장대한 건축물은 4년 후에 완성되었다. 그러나 공작은 1714년 오스만 인들에게 붙들려 이스탄불에 감금당해 고문당한 후 처형당했기 때문에 이 궁전의 훌륭함을 겨우 몇 년밖에 누리지 못했다.

궁전의 한쪽 파사드에는 전통적인 루마니아식 계단 발코니가 있으며, 기둥이 세워진 아케이드가 중앙 안뜰을 둘러싸고 있다. 모고소아이아 호수 쪽 파사드에는 베네치아 풍으로 디자인된 로지아(한쪽 면이 야외로 트인, 기둥으로 둘러싸인 회랑)가 있다. 1912년, 게오르게 3세 발렌틴 비베스쿠 공이 루마니아의 위대한 작가이자 사교계의 명사인 아내 마르타 비베스쿠에게 이 궁전을 선사했다. 1920년대에 마르타는 이 궁전을 수리했으며 그녀의 유명한 소설 여러 권을 이곳에서 집필했다. 궁전은 곧 중요한 사교 중심지가 되었으며 그녀는 유럽 상류 사회 출신의 많은 방문객들을 접대했다. 그러나 마르타는 1945년 루마니아를 떠났고, 모고소아이아 궁전은 1948년 공산주의 정부의 소유가 되었다.

궁전의 건물과 아름답게 조경된 정원 부지는 현재 일반에게 공개되어 있다. 궁전 안에는 브란코베네스크 박물관이 있어 그림, 조각품, 희귀 서적과 필사본 등을 전시하고 있다. 더 나아가 이 궁전은 브란코베아누 공의 이름을 따 '브란코베네스크 양식'이라는 이름이 붙은 독특한 디자인을 자랑하는 루마니아의 풍요로운 문화적 유산을 반영하고 있기도 하다. **JF**

히스트리아 고고 유적

루마니아, 콘스탄차 부근 | Histria Archeological Site

풍성한 보물이 있는 고대 정착촌

이따금 '루마니아의 폼페이'라고 불리기도 하는 히스트리아는 시노에 호숫가에 있다. 원래는 항구 구실을 했던 35헥타르 가량의 부지를 둘러싸고 있는 이 중요한 요새는 그리스, 로마, 비잔틴과 연관이 있다. 최초의 그리스 식민지 개척자들은 기원전 657년에 정착했으며, 금속, 유리, 노자기 공예에 대한 솜씨로 인해 정착촌은 부유해졌다. 항구가 모래로 인해 점차 막히게 되면서 이 정착촌은 7세기에 버림받아 1400년 동안이나 발견되지 않은 채 묻혀 있었으며, 고고학자들이 1914년부터 발굴 작업을 시작했다.

> **"80년이라는 세월에 걸친 고고학 발굴로 엄청난 양의 자료가 축적되었다."**
>
> 고고학자, 알렉산드루 수체베아누

발견된 유물은 험난했던 역사를 반영한다. 야만족의 습격이 여러 차례, 로마의 침략이 두 차례 있었고, 다키아의 왕 부레비스타에게 점령당하기도 했는데 그는 기원전 44년 암살당했다. 포장된 도로가 몇 군데 드러난 지역이 있어 방문객은 마음껏 걸어 다닐 수 있다. 두 개의 로마 목욕탕 이외에도 석회암으로 지은 그리스 신전의 유적이 남아 있다. 여덟 채의 바실리카도 있는데, 이 중 하나는 기독교 바실리카로 서기 6세기에 오래된 극장에서 가져온 돌로 지었다. 종교적인 유적과 공공건물 유적 외에도 거주 구역, 무역 하던 곳, 공방 등도 남아 있다. 박물관에 전시된 유물로는 그리스 시대의 암포라(목 부분이 좁고 양쪽에 손잡이가 달린 전형적인 그리스 단지), 라틴어 비문, 장신구, 도구, 대포 등이 있다. 루마니아에서 기록에 남아 있는 최초의 화폐는 8g의 드라크마 은화인데, 이는 기원전 480년에 히스트리아에서 발행된 것으로 히스드리아가 루마니아에서 가장 오래된 정착지라는 사실에 힘을 실어 준다. **LH**

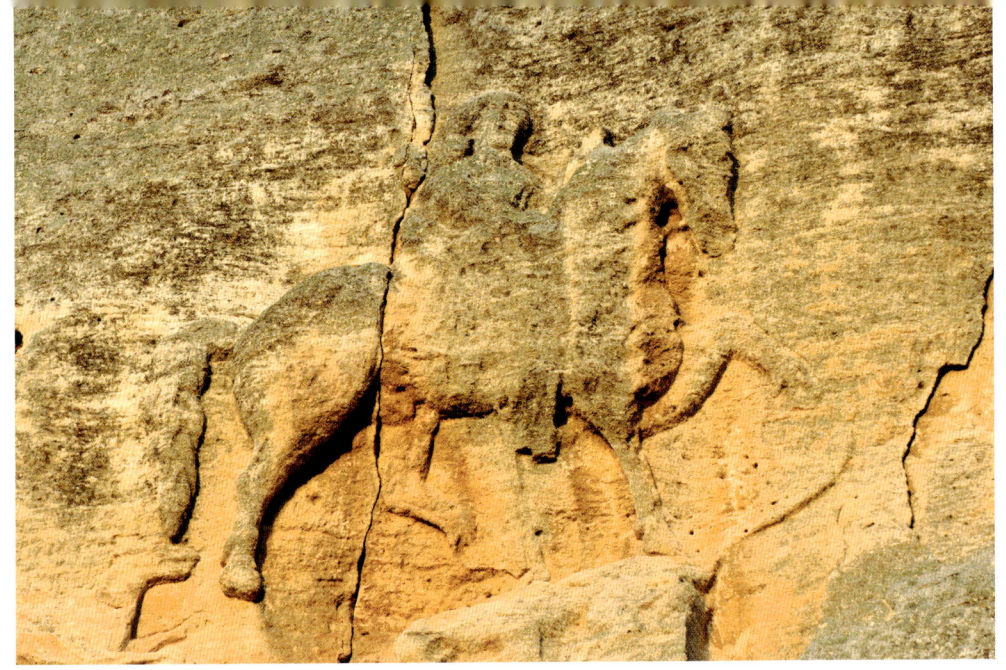

🏛 ◉ 마다라 기수상 불가리아, 마다라 부근 | Madara Rider

모든 불가리아인들에게 사랑받는 마다라 기수상은 과거를 일깨워 주는 이 나라의 상징이 되었다

불가리아 북동부의 마다라 고원을 마주보는 절벽 높은 곳에 있는 마다라 기수상(騎手像)은 말에 올라타 사자를 창으로 찌르고 있는 사람을 나타낸 매우 독특하고 보기 드문 실물 크기의 얕은 돋을새김 조각이다. 사자는 말에 짓밟혀 있으며 개 한 마리가 뒤를 따르고 있다. 조각 양면에는 그리스어 글귀가 새겨져 있는데, 불가리아 지방의 초기 역사와 세 명의 유명한 칸(Khan : 통치자)의 치세에 대한 내용이다. 이는 불가리아 역사에 대한 가장 오래된 문자 기록에 속한다.

681년 유목 민족인 불가르 족은 비잔티움과의 전투에서 승리를 거두었다. 이들은 지역의 슬라브 족과 연합하여 불가리아 왕국을 세웠으며, 이 왕국은 비잔틴 제국으로부터 공식적인 인정을 받았다. 이 상징적인 마다라 기수상은 이를 기념하는 의미로 30년쯤 이후에 새겨졌다. 칸 테르벨이 새로운 국가의 지도자로 선출되었으며, 어떤 학자들은 기수상의 인물이 승리를 거둔 지도자의 모습을 나타내는 것이라고 믿는다. 마다라는 제1차 불가리아 제국 시대에 이교 숭배가 이루어지던 중심지 역할을 계속했으며, 이 기수상 말고도 절벽 아래에 있는 종교적인 의식을 행하던 동굴들을 방문해 볼 수 있다. 이 절벽은 지상에서 75m 높이에 위치하고 있어 접근하기 어려운 곳인 만큼, 이곳에 조각된 기수상은 더더욱 뛰어난 유적이라 하겠다. 이 장면을 조각한 알려지지 않은 조각가의 생생한 솜씨 또한 그 당시로는 놀랄 만한 정도이다. 글귀가 새겨진 부분까지 포함하면, 이 작품의 넓이는 130m²에 이르며, 거의 수직으로 서 있는 100m 높이의 절벽 표면에 새겨져 있다.

승리를 기념하기 위한 이 성스러운 유적은 오늘날까지도 초기 불가리아인들이 이룩한 역동적이고 시공을 초월한 훌륭한 작품으로 남아 있으며, 유럽 문화사에서 이와 비견될 만한 유적은 없다. 그러나 2천 년이라는 세월을 잘 버텨 왔음에도 계속해서 자연 환경에 노출되면서 받은 피해와 이 지역에 일어나는 지진 때문에 마다라 기수상의 미래는 심각한 위험에 처해 있는 실정이다. **KB**

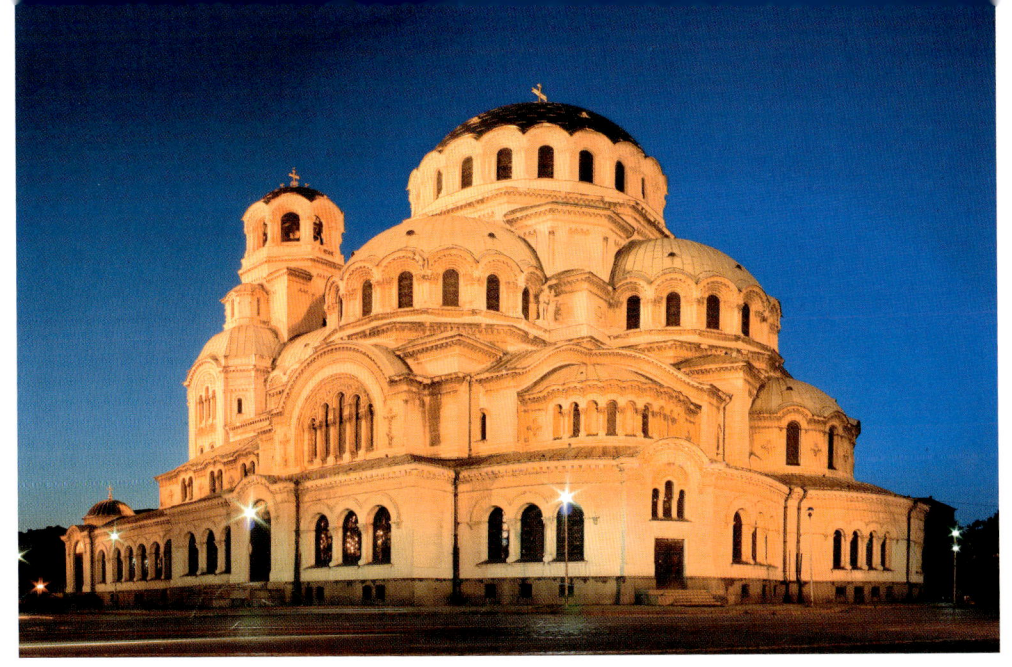

알렉산드르 네프스키 교회 불가리아, 소피아 | Aleksander Nevski Church

불가리아의 해방을 위해 생명을 희생한 군인들에게 바치는 기념물

1877~1878년에 걸쳐, 불가리아를 오스만 제국의 지배로부터 해방시키기 위한 전투에서 약 20만 명의 러시아 군대가 전사했다. 소피아 한복판에 있는 이 신비잔틴 양식의 교회는 그들을 추모하기 위해 건립됐다. 교회 이름은 성 알렉산드르 네프스키를 따서 지었는데, 그는 러시아 군사 연대와 차르를 수호하는 성인이므로 매우 어울리는 이름이다. 네프스키는 13세기의 러시아 장군이었으며 1240년경 벌어진 전투에서 뛰어난 통찰력과 용기로 군사들을 흉포한 스칸디나비아 유목민들로부터 지켰다.

오늘날 알렉산드르 네프스키 교회는 분주한 광장 한가운데에 서 있으며, 그 주변으로는 자갈이 깔린 길을 따라 미친 듯이 질주하는 자동차의 소음이 끊임없이 들려온다. 근처의 공원에는 생기가 넘치는 시장이 있으며 노점상들이 19세기의 동전에서 20세기의 러시아 헬멧, 21세기의 그림에 이르기까지 온갖 잡다한 상품을 늘어놓고 흥정에 여념이 없다. 이 모든 소란스러움 한복판에서, 교회는 평화의 오아시스로 남아 있다. 화려한 외관을 지닌 교회 내부의 지하 묘지에는 풍부한 성화 컬렉션이 있는데, 천 년이나 되는 세월에 걸쳐 수집된 성화들이다. 가장 오래된 작품은 9세기까지 거슬러 올라간다.

교회의 토대 공사가 시작된 것은 19세기였으나 웅장한 건물이 완성된 것은 1912년이었다. 건물을 짓는 데에 아낌없이 사용된 자재들은 전 세계에서 구해온 것들로, 아프리카의 설화 석고, 이탈리아의 대리석, 브라질의 오닉스 등이 포함된다. 건물 꼭대기에는 구리로 제작되고 금박이 입혀진 눈부신 돔이 얹혀 있어 태양빛을 받아 유혹하듯 빛난다. 교회의 외부는 비잔틴 양식다운 과도함이 보이는 걸작인데, 약간 실망스러운 내부를 감추고 있다. 이 교회에는 세 개의 제단이 있다. 하나는 성 알렉산드르 네프스키에게, 하나는 키릴 알파벳을 발명해 낸 성 메토디우스와 성 키릴루스에게, 다른 하나는 성 보리스에게 봉헌된 제단인데, 그가 없었다면 이 교회는 결코 지어질 수 없었을 것이다. 성 보리스는 9세기에 불가리아에 기독교를 들여온 인물인 것이다. **LH**

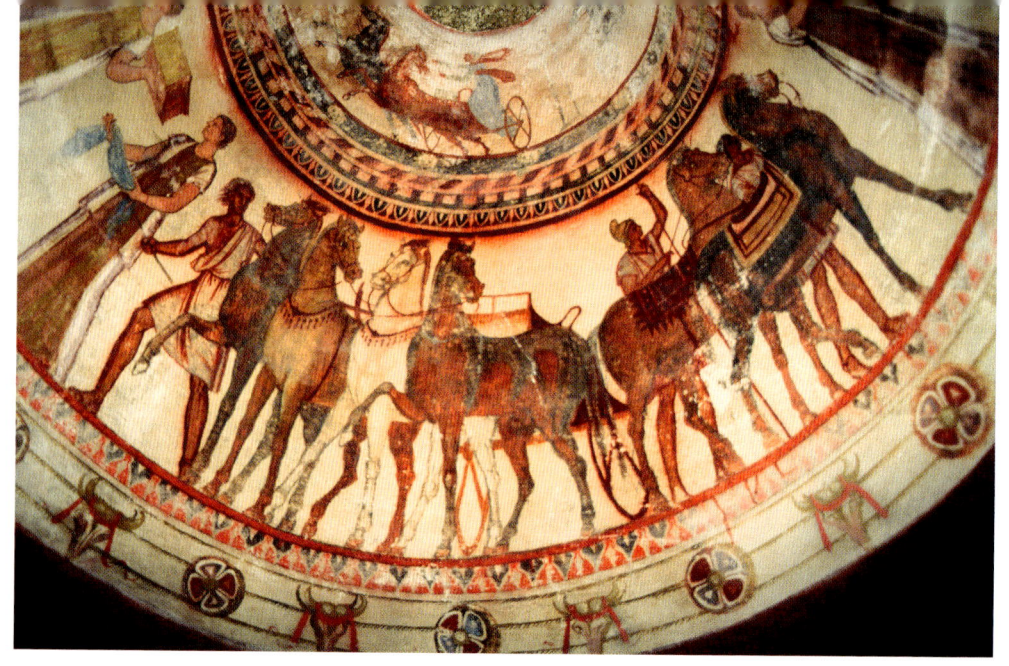

카잔루크 고분 불가리아, 카잔루크 | Tomb of Kazanlak

고분의 훌륭한 벽화는 헬레니즘 예술의 걸작이다

기원전 4세기의 이 고분은 오드리사이 족－현재의 불가리아 중부에 해당하는 고대 트라키아 지역의 남부를 지배했던 종족－의 지위 높은 부족장의 무덤으로 추정되며, 트라키아의 수도 세우토폴리스에서 고작 8km 떨어진 곳에 위치하고 있다. 이 유적은 우연히 발견되었으며, 1944년에야 비로소 발굴되었다. 이 무덤은 '톨로스' 무덤으로, 이는 끝으로 갈수록 폭이 좁아지는 전통적인 돔형 벌집을 닮았기 때문에 '벌통무덤'이라고도 불리는 형태를 가리킨다. 카잔루크 고분은 이전 시대에 만들어진 그리스 본토의 미케네 시기 톨로스 무덤의 영향을 받았을 가능성이 높으며, 미케네에 있는 '아트레우스의 보물 창고'라 불리는 무덤이 가장 널리 알려진 톨로스 무덤의 예이다.

카잔루크의 트라키아인 무덤은 중앙 묘실의 높이가 고작 3.2m로, 가장 높은 곳이 13m에 달하는 '아트레우스의 보물 칭고'에 비해 훨씬 규모가 작다. 이 지역에 있는 다른 트라키아 톨로스와 마찬가지로 잘 보존되어

있는 이 무덤도 세 개의 주요 공간으로 나뉘어 있다. 전실(前室), 주 묘실, 그리고 이 둘을 연결하는 복도가 바로 그것이다. 그러나 이 무덤의 독특한 점은 이 세 구역의 벽을 덮고 있는 놀라우리만치 세밀한 벽화로 기하학적인 패턴, 전투 장면, 달려가는 말의 모습, 그리고 죽은 이와 그의 아내가 나누는 감동적인 이별의 연회 장면이 나타나 있다. 이 벽화는 그 아름다움과 더불어 거의 처음 상태에 가까운 훌륭한 상태 덕분에 찬탄의 대상이며, 헬레니즘 세계에 제작되어 가장 잘 보존되어 있는 예술 작품 중 하나로 여겨진다.

이 소중한 벽화의 중요성이 이 정도로 크기 때문에 무덤 전체가 보호벽 안에 들어가 있으며, 출입은 벽화를 직접 연구해야만 할 특별한 필요성을 입증해 보일 수 있는 학자들에게만 제한적으로 허가된다. 대부분의 관광객들은 근처에 만들어진 완벽한 복제품을 통해 이 무덤을 감상하게 된다. 카잔루크 고분은 1979년 유네스코 세계문화유산으로 지정되었다. **AS**

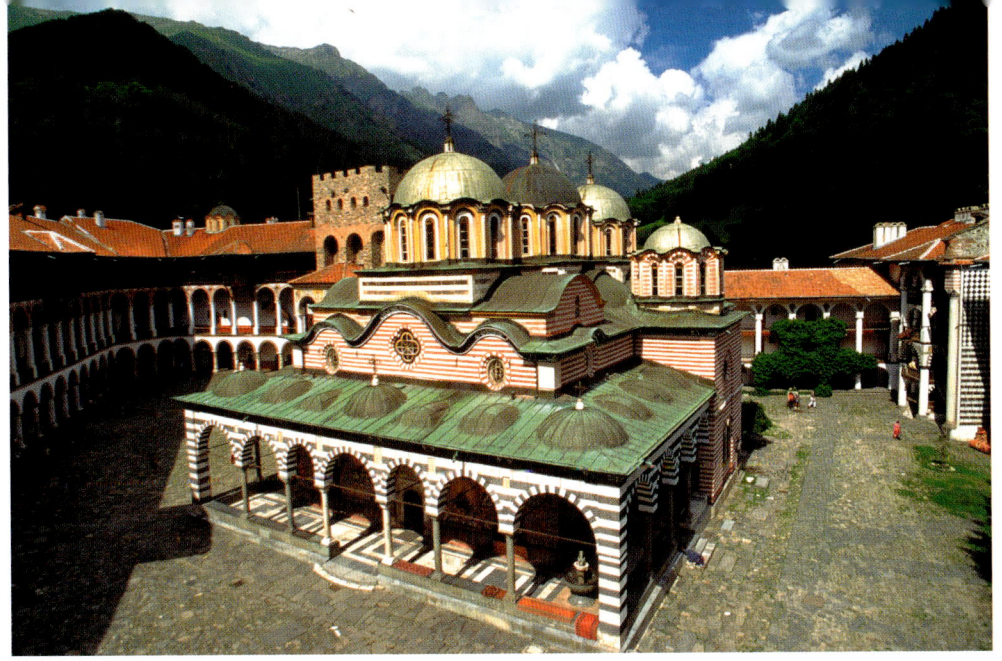

릴라 수도원 불가리아, 릴라 산맥 | Rila Monastery

이 수도원은 오랜 세월에 걸친 외국 세력의 지배와 간섭을 견뎌 왔다

외부에서 보면 마치 요새 같은 모습을 한 이 수도원은 확실히 매우 인상적인 장소이다. 수도원의 역사는 그 훌륭한 외관에 뒤지지 않을 만큼 흥미진진하다. 여러 가지 사건을 겪어 왔던 이 수도원은 은자들로 이루어진 수도원 공동체의 지도자였던 이반 릴스키에 의해 탄생했다. 그는 치유 능력을 지녔다고 해서 유명했으며, 이후 중세의 통치자들은 무척이나 그의 유골을 손에 넣고 싶어 했다. 유골은 1183년 에스테르곰으로 갔다가 비잔틴 제국과 불가리아를 거쳐 결국 1469년 릴라 수도원으로 돌아오게 되었다. 수도원 건물 자체도 빈번하게 약탈당하고 이를 다시 짓는 일을 계속해 오느라 유골에 못지않게 파란만장한 나날을 보냈다.

현재의 건물은 불가리아가 강력한 부흥기에 들어섰던 시대인 1830년대에 건축됐다. 험악해 보이는 벽 안으로 일단 발을 디디면 건물이 지닌 매력과 그 규모에 아마 놀라게 될 것이다. 당당한 모습의 '예수 탄생 교회'는 불가리아에서 가장 큰 수도원 부속 교회이며, 줄무늬와 체커판 무늬로 단장한 4단으로 된 주랑 발코니가 불규칙한 형태의 안뜰을 둘러싸고 있다. 아무렇게나 만든 듯한 붉은 타일로 덮인 지붕과 여기저기 흩어져 있는 돔이 전체적인 매력을 더해 준다. 그러나 이 수도원은 단지 매력적이기만 한 장소는 아니다. 수도원 박물관은 '릴라 십자가'라는 뛰어난 작품과 1790년에서 1802년에 걸쳐 라파일이라는 수사가 조각한 양면 예수 수난상을 소장하고 있다. 주 교회는 화려하게 채색된 극적인 장면의 프레스코화로 덮여 있는데, 그림은 구원받은 자와 죄인을 기다리고 있는 서로 다른 운명을 생생하게 나타낸다.

릴라 수도원은 1961년에는 불가리아 정부에 의해 국립 박물관으로 선포되었고, 1983년에는 유네스코 세계문화유산으로 지정되었으며, 아직도 수도 생활을 계속해나가고 있어 이곳을 찾는 손님들은 최소한의 가구만 갖춘 '손님용 독실'에 머무를 수 있다. 수도원장은 릴라 수도원이 1천 년 전부터 그래 왔듯이 앞으로도 성지 순례의 장소일 거라고 단언하고 있다. **AED**

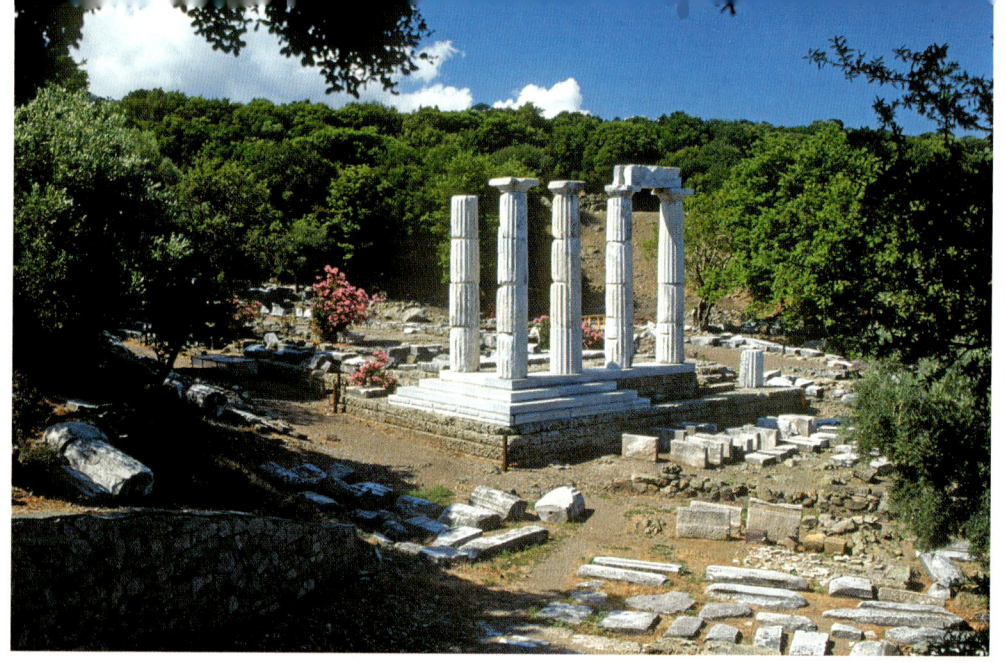

위대한 신들의 신전 그리스, 사모트라키 | Temple–Sanctuary of the Great Gods

모두에게 열려 있는, 여러 신들을 위한 신전

여러 신을 찬양하기 위해 세워진 범(汎)그리스적인 주요 사원 중 하나인 이 신전 유적의 초기 단계는 고대 그리스인에 의해 기원전 7세기경에 형성되었다.

성스러운 신전은 강력하고 신성한 고대 종교의 중심지였다. 이 고대 종교의 정체가 무엇이며 어떤 의식을 올렸는지, 어떤 신을 숭배했는지는 미스터리로 남아 있다. 신성의 이름을 입에 올리는 것은 금지되어 있었다. 오늘날까지도 세부적인 면은 명확히 알 수 없으나, 이러한 숭배의 중심에는 '위대한 어머니'에 해당하는 존재가 있었다. 당시로서는 상당히 예외적이라 할 만한 점은 이 종교가 누구에게나 열려 있었다는 것이다. 오늘날 볼 수 있는 중심 건물 중에는 커다란 로툰다(고대 그리스, 로마 건축에서 볼 수 있는 돔 지붕의 원형 건물), 춤추는 형상이 장식된 프리즈로 유명한 열린 안뜰, 그리고 아름답게 장식된 파사드가 있는 훌륭한 건축물인 히에론이 있는데 대부분의 신성한 의식은 이곳에서 거행된 듯하다.

이곳의 신전 단지는 마케도니아의 왕이 지배하던 시절에 번영을 누렸다. 필리포스 2세는 이곳에서 미래의 아내인 올림피아스를 만났다고 한다. 이후 로마인이 이 섬을 정복했으며 종교 의식은 지속되다가 중세에 들어 사라졌는데, 1600년대와 1700년대에 그 신비에 대한 관심이 잠시 살아나기도 했다. 이 무렵 사모트라키 섬은 튀르크 족의 지배를 받고 있었으며, 1차 세계대전이 끝난 후 그리스의 지배 하로 돌아갔다. 1800년대에 조직적인 발굴 작업이 시작되었는데, 유명한 '사모트라케의 날개 달린 승리의 여신'이라는 기원전 3세기나 2세기의 조각상이 발굴된 것도 이 무렵이다. **AK**

> "필리포스는 … 올림피아스와 동시에 사모트라키의 신비를 탐구했으며, 그녀와 사랑에 빠졌다."
>
> 플루타르코스, 『알렉산드로스의 일생』(서기 79년)

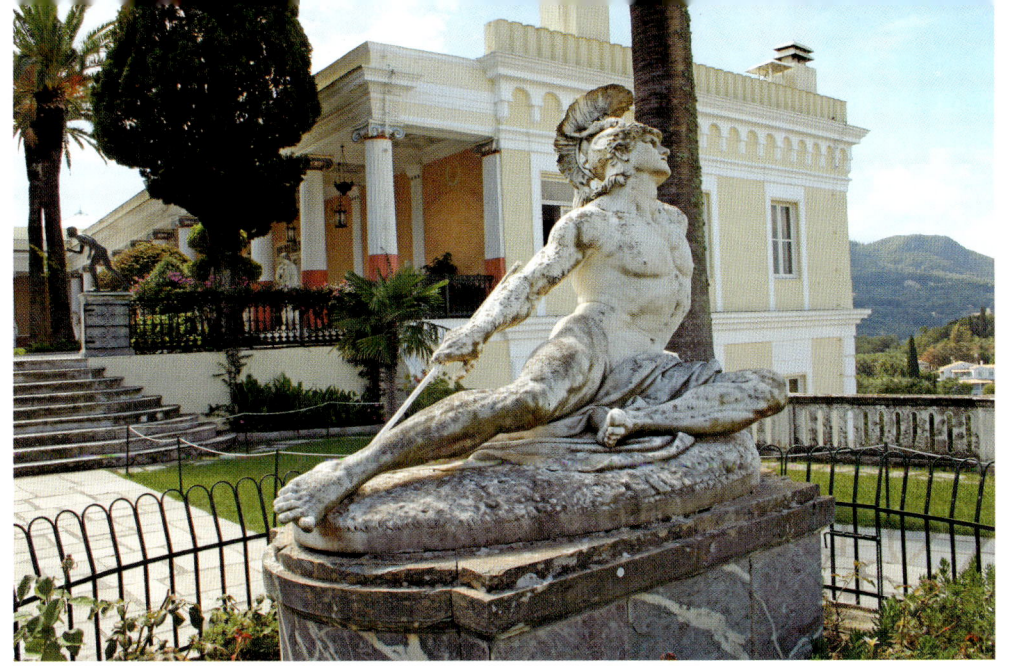

아킬레이온 궁전 그리스, 코르푸, 가스토우리 | Achilleion Palace

고대 그리스에 바치는 경의의 표시

코르푸 시 남서쪽 10km의 가스토우리 시 근처에 세워진 아킬레이온 궁전은 오스트리아의 황후 엘리자베트의 명에 따라 지어졌다. 황후는 보기 드물게 독립적인 여성으로, 성인이 된 이후 대부분의 나날을 유럽 전역을 여행하며 보냈다. 그녀는 고전을 공부했으며 현대 그리스어를 능숙하게 구사하게 되었다. 그녀의 삶은 1889년 일어난 외아들인 오스트리아의 루돌프 황태자가 자살한 것을 비롯한 비극들로 얼룩져 있었다. 아들이 죽은 지 얼마 안 되어 엘리자베트는 자신이 사랑하는 코르푸에 궁전을 지을 계획을 세우기 시작했다. 궁전은 그녀의 여름 별장이 되었으며 그리스의 영웅 아킬레우스를 중심 테마로 삼아 디자인되었다. 아킬레이온 궁전은 고대 그리스 신화를 모델로 삼아 제작되었으며 호화로운 정원에 설치된 조각상과 그림으로 가득 찬 사치스러운 고전주의적 건물이다. 1989년 제네바에서 암살당하기 이전, 엘리자베트는 이 웅장한 궁전을 자주 방문하곤 했다.

1907년 독일의 카이저 빌헬름 2세가 궁전을 사들여 건물과 정원을 여러 모로 개조했다. 제1차 세계대전 동안 이곳은 군사 병원으로 사용되었으며, 이후에는 그리스의 소유로 되돌아갔고 그리스 정부 건물이 되었다. 제2차 세계대전 동안 이 궁전은 군사 사령부 역할을 했다.

아킬레이온 궁전은 훌륭한 모습으로 복원되었으며 이따금 유럽의 정상들이 회담을 갖는 외교적인 장소로도 쓰인다. 이 궁전은 감탄하지 않을 수 없는 훌륭하고 소중한 건물이자 '현대' 그리스의 문화와 역사를 이루는 중요한 한 부분이다. TP

"오 제비야 나에게 너의 날개를 빌려 다오, 나를 저 머나먼 들판으로 데려가 주려무나 … 기꺼이 나는 내 사슬을 풀어 버릴 텐데."

오스트리아의 엘리자베트 황후가 쓴 시(1854)

메테오라 수도원 그리스, 칼람바카 | Meteora Monasteries

14세기에 세워진 절벽 꼭대기의 수도원으로 그리스 정교의 전통을 이어가고 있다

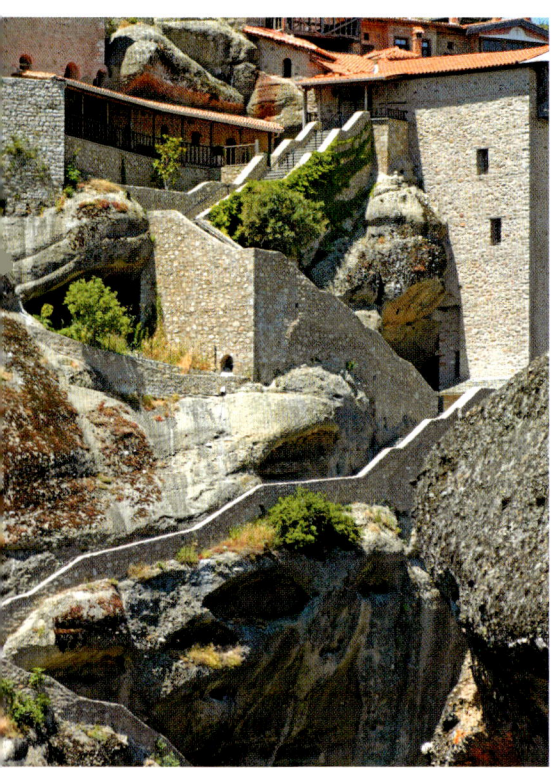

"사암 봉우리로 이루어져 거의 접근하기 불가능한 지역에서 수도사들은 이 '하늘의 기둥' 위에 정착했다." 유네스코

ⓣ 메갈로 메테오로에 있는 수도원 독방. 이 수도원은
   메테오라에 있는 모든 건물 중에서도 가장 높은 맨 꼭대기
   바위에 세워져 있다.

ⓣ '아기오스 니콜라오스 아나파프사 수도원'은 14세기에
   설립되었다.

테살리아 북서부, 동쪽으로는 핀두스 산맥을 배경삼아 비옥한 평원이 흐릿하게 보이는 푸른 하늘에 닿도록 멀리 펼쳐져 있으며, 피니오스 강이 땅을 가르며 흘러간다. 산 중턱에는 마치 돌로 된 숲처럼 울퉁불퉁한 회색 바위로 이루어진 봉우리들이 솟아 있는 절경이 보인다. 이외딴 바위산에 메테오라 수도원들이 서 있다.

수도사들이 바위틈에 자연적으로 형성된 동굴에 처음으로 살러 온 것은 9세기였으나, 수도원 건물이 건축된 것은 14세기에 이르러서였다. 이 무렵에 비잔틴 제국은 쇠퇴하기 시작했고 적대 세력인 튀르크 족은 계속해서 수도원들을 공격해 왔다. 고립되어 있고 안전한 곳을 찾아 한 무리의 수도사들이 칼람바카 근처의 바위산에 작은 공동체를 이루었다. 1356년경 세르비아의 황제 시메온 우로슈가 내린 특전으로 이들은 그 자리에 '예수의 변모(예수가 제자들을 데리고 산에 올라갔을 때 모습이 변하여 얼굴과 옷이 새하얗게 되고 눈부시게 빛났던 사건) 교회'를 지을 수 있게 되었다. 세월이 흐르면서 건물의 수는 점차 늘어났고, 이곳은 '메갈로 메테오로', 즉 '거대한 메테오로'라 불리며 가장 강력하고 부유한 수도원으로 발전해 나갔다. 이 공동체는 스물네 채의 수도원을 포함하는 규모로 성장했는데, 로프로 된 그물을 늘어뜨리고 접을 수 있는 나무 사다리를 이용해야 도달할 수 있다. 각각의 수도원은 독립적으로 운영되며 저마다 재산과 농작물, 양이나 염소떼 등을 관리한다. 이 수도원들을 통해 그리스의 전통이 튀르크 족의 지배를 받던 그리스로 스며들어갈 수 있었으며, 오스만 제국하에서 소멸되어 영원히 사라질 위기를 벗어나 보존될 수 있었다.

칼람바카의 수도원 중 대중에게 공개된 수도원은 여섯 개가 있으며(하나는 수녀원이다), 최근에 수리된 수도원 하나도 곧 개방될 예정이다. 수도원에는 예술 작품과 유물이 가득하며, 지금도 몇 명의 수도사와 수녀가 동방 정교의 오래된 문화와 전통을 지키며 살아가고 있다.

TP

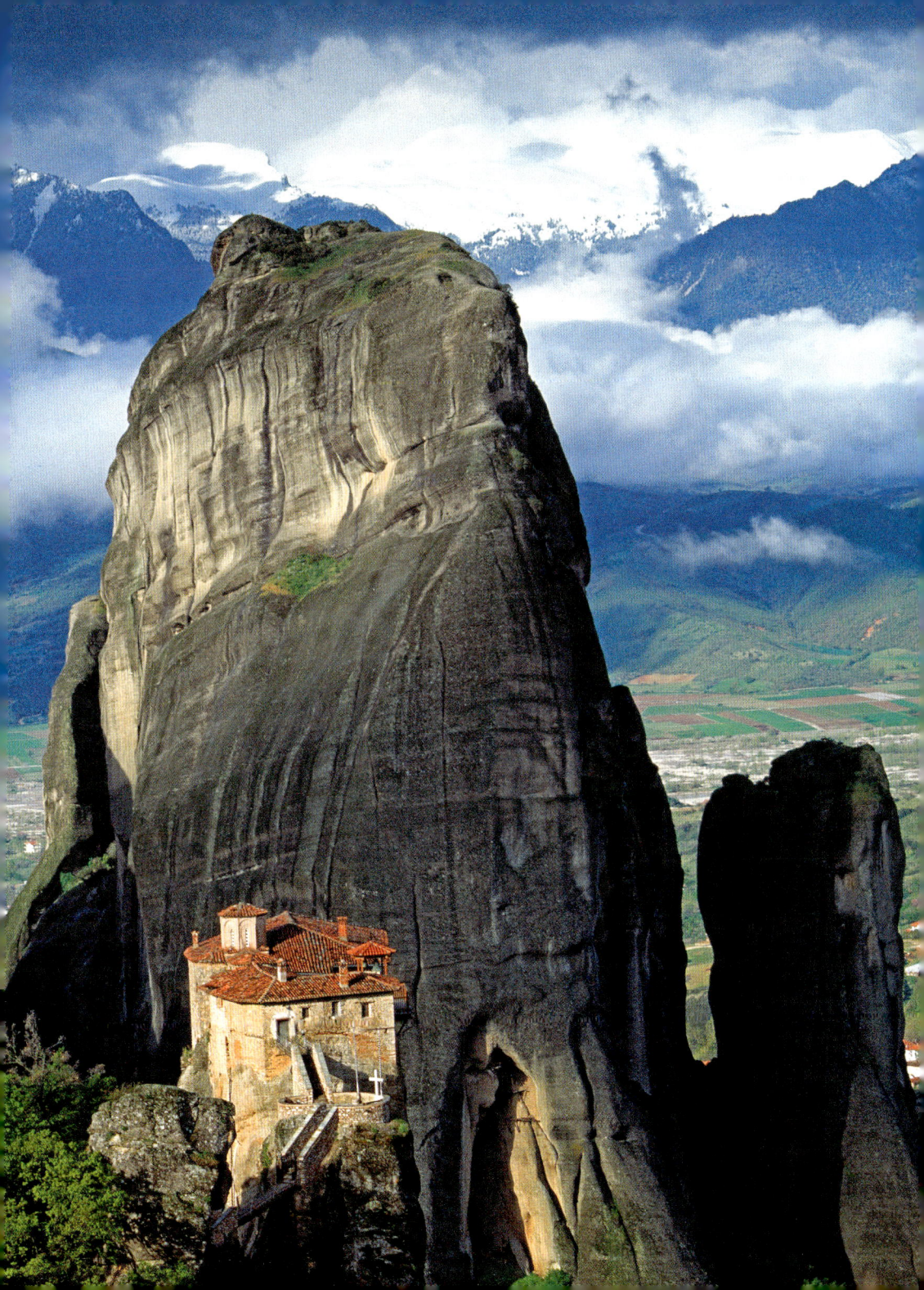

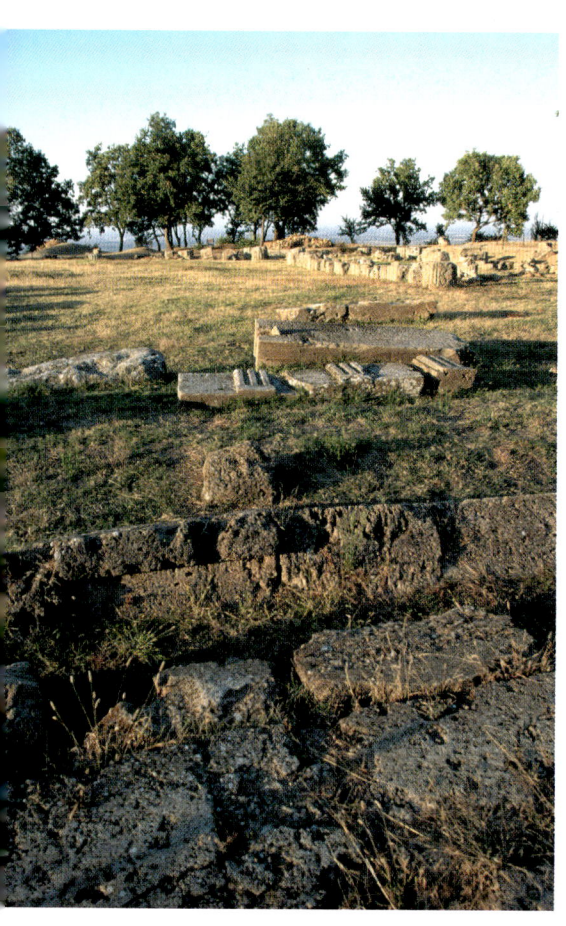

"그리스인들 중에서 어떤 이들은 마케도니아인들에게 호의를 보였고, 다른 이들은 중립을 지켰다."

역사가, 디오도로스 시쿨루스

그리스 북부의 자그마한 농촌 마을 베르기나는 처음 보아서는 그다지 눈에 띄지 않는 평범한 곳이다. 그러나 이 마을 바로 교외, 피에리아 산 기슭에서 1977년 놀라운 고고학적 발견이 이루어졌다.

베르기나 주변은 먼 옛날 마케도니아의 왕이 거주하던 고대의 수도 아이가이였으며, 청동기 시대 이래로 사람이 거주했다. 이 도시는 몇 세기 동안 번영을 누렸으며 부유한 마케도니아 왕이 거주하는 장소가 되었다. 1977년 그리스 고고학자 마놀리스 안드로니코스가 여러 개의 무덤을 발견했는데, 이중에는 알렉산드로스 대왕의 아버지인 마케도니아의 위대한 왕 필리포스 2세의 유해를 보관하고 있을 것으로 추정되는 훌륭한 고분 하나가 있었다. 두 개의 방으로 된 무덤 안에는 마케도니아 왕가의 문장이 새겨 있고 남자의 두개골이 들어 있는 황금 상자가 있었다. 이웃한 방에는 비슷한 상자에 든 여성의 유해가 있었다. 발굴 작업이 계속되면서, 알렉산드로스 대왕의 아들인 마케도니아의 알렉산드로스 4세의 무덤으로 추정되는 비슷한 상태의 무덤도 발견되었다. 그러나 최초의 무덤이 제작된 시기가 기원전 317년이라는 사실이 밝혀지면서 무덤의 주인이 필리포스 2세라는 설에 의심을 남겨, 현재는 이 무덤의 유해가 필리포스 2세의 서자인 필리포스 3세라 믿고 있다(필리포스 2세는 기원전 336년, 필리포스 3세는 기원전 317년에 사망).

이러한 논란에도, 그 어떤 이유로도 이 발견이 지닌 엄청난 중요성을 깎아내릴 수는 없다. 게다가 이 무덤에는 많은 유물과 밝게 채색된 훌륭한 벽화가 있어 그리스의 회화 기법을 알 수 있게 해 준다.

이 유적에서 파낸 발굴품과 주변 지역에서 찾아낸 발견품들은 현대의 가장 중요한 유적에 속한다. 이 유적지는 고대의 도시 국가 형태에서 그리스와 로마 시대의 제국으로 전환해 가는, 유럽 문명 속의 중대한 발전 과정을 보여 주는 예외적일 정도로 훌륭한 증거물이기 때문이다. 이러한 가치 때문에 이곳은 1996년 유네스코 세계문화유산으로 지정되었다. **TP**

아테나 프로나에아 신전 그리스, 델포이 | Sanctuary of Athena Pronaea

그리스 지혜의 여신이자 아테네 시의 수호여신에게 바쳐진 신전

아테나 신전은 숨 막힐 정도로 아름다운 산의 정경이 보이는 높은 언덕에 있다. 지혜를 관장하는 그리스 여신이자 아테네 시의 수호신인 아테나 여신에게 바치는 최초의 신전은 기원전 7세기에 이곳에 세워졌다는 증거가 있다. 이 신전이 파괴되자 4세기경 근처에 두 번째 신전이 건축되었다. 전해지는 이야기에 따르면 기원전 480년, 델포이를 공격하던 페르시아인이 신전에 이르자 무시무시한 폭풍우가 일어나고 신전에서 끔찍한 비명 소리가 울려 퍼져 페르시아인은 공포에 휩싸여 물러났다고 한다.

오늘날의 유적은 '톨로스'(원형 건물)라 알려진 훌륭하고 우아한 4세기 건물 덕택에 고대 델포이의 유적 중에서도 가장 뛰어난 광경 중 하나로 남아 있다. 이 디자인에 대해 논문을 쓰기도 했던 톨로스의 건축가 테오도루스는 그리스 고전 건축의 여러 가지 양식을 혼합해 여러 가지 색채의 대리석과 석회암으로 우아한 건축물을 탄생시켰다. 톨로스는 세 단으로 된 토대석 위에 서 있었으며, 스무 개의 우아한 도리스식 기둥이 부조가 새겨진 프리즈를 지탱하며 건물의 외형을 이루고 있었다. 내부에는 열 개의 코린트 기둥이 있고, 천장은 코퍼(coffer : 사각형 혹은 직사각형으로 된 우묵한 모양의 장식판, 여러 개를 이어 천장을 장식하는 데 사용)로 장식되어 있다. 지붕의 모양은 아마 원뿔형이었을 거라 추측되나, 그 구조에 대해서는 의견이 분분하다. 이 건물의 목적은 수수께끼로 남아 있으나, 단지 내부에 당당한 모습의 아테나 여신 동상을 모셔 두기 위한 것일 수도 있다.

19세기 후반까지 델포이 유적지에는 마을이 있었고 사람도 살고 있었으며, 아테나 신전이 서 있는 언덕 위에 있던 건물 몇 채는 마을의 주택으로 당시까지 사용되고 있었다. 1890년대에 본격적인 유적 발굴 작업에 들어가느라 이 마을은 이전되었다. 오늘날 볼 수 있는 톨로스 유적 중 가장 특징적인 부분 - 엔태블러처(기둥 위에 걸쳐 놓은 수평 부분)가 얹혀 있는 세 개의 외부 기둥 - 은 1938년 다시 세워지고 복원되었다. 유네스코는 1987년 델포이를 세계문화유산으로 정했다. **AK**

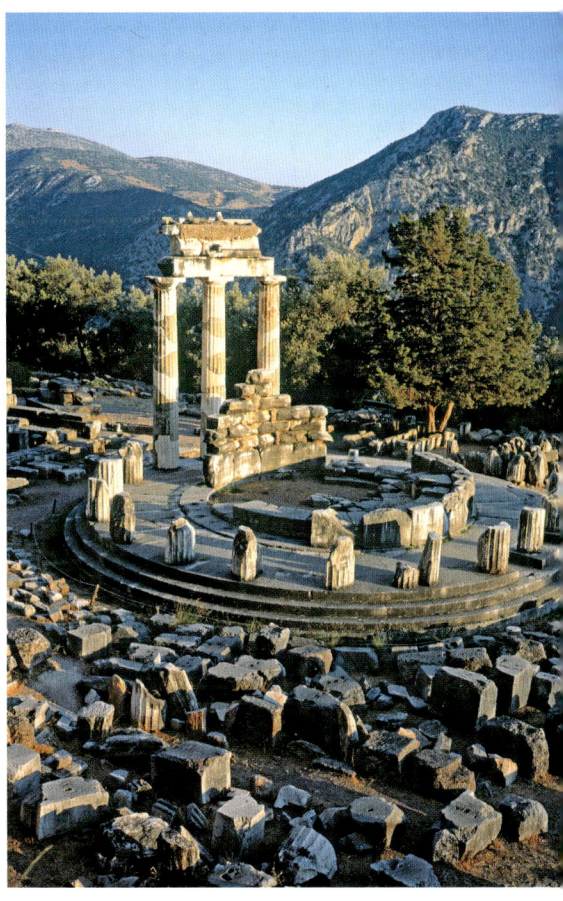

"파르나소스 산에서 두 개의 돌덩이가 굴러 내려와 … 그 무게로 수많은 이들을 짓눌러 버렸다."

헤로도투스, 델포이에서 페르시아 군의 패배에 대한 묘사

아폴론 신전

그리스, 델포이 | Sanctuary of Apollo

델포이의 경배 받는 신 아폴론 신탁에 바친 신전으로 고대 그리스의 심장부에 있다

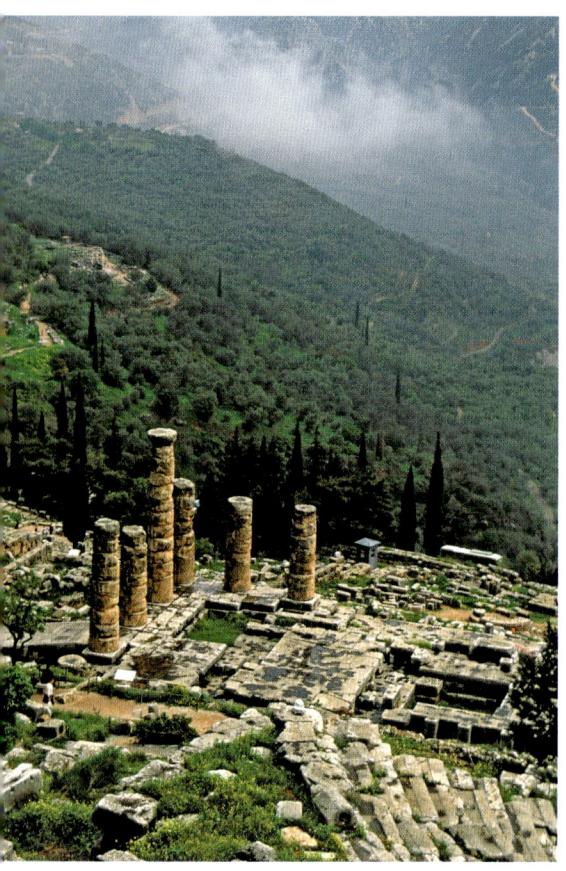

"나무로 된 방벽만이 점령당하지 않을 것이며, 그대와 그대의 자손들에게 은혜를 내려 줄 것이다."

그리스 해군이 페르시아를 무찌르리라는 신탁의 예언

수려한 경관의 산 속에 자리 잡은 아폴론 신전은 고대 델포이 유적 중 하나이다. 이 신전은 네 개의 범 그리스적 신전 중 하나이며, 고대 그리스의 한복판을 상징한다. 실제로 그리스인은 이 신전이 세계의 중심에 서 있다고 믿었다. 그리스 전설에 따르면, 신들의 왕 제우스가 동쪽과 서쪽에서 두 마리의 독수리를 풀어 주었더니, 독수리들이 날아와 만난 장소가 델포이라고 한다. '옴팔로스'(배꼽)라는 이름의 돌이 그곳을 표시하고 있으며, 돌을 중심으로 잘 생기고, 남성적이고, 전능한 그리스의 신 아폴론에게 바치는 신전이 세워졌다. 신전 안에는 꺼지지 않는 불꽃이 타오르고 있었으며, 이곳은 고대 세계에서 가장 널리 경배 받던 신탁이 내려지는 장소가 되어 끊임없이 전쟁을 계속하던 그리스 도시 국가의 군주들은 중대한 결정을 앞두고 아폴론의 조언을 구하러 찾아오곤 했다.

아폴론의 신전에서 오늘날 남아 있는 부분은 토대, 기둥, 기원전 4세기에 지어진 부분에서 남아 있는 계단이다. 최초의 아폴론 사원은 기원전 7세기에 건축되었다가 기원전 648년 불에 타 파괴되었던 듯하다. 기원전 6세기 후반에 지어진 두 번째 신전은 기원전 373년에 무너졌다. 신전이 서 있던 지역은 벽으로 둘러싸인 직사각형 공간으로, 이 공간을 따라 '신성한 길'이 뚫려 있었다. '신성한 길'이란 양옆으로 아폴론에게 바치는 기념 건축물들이 늘어서, 지그재그 모양으로 언덕을 올라 신전까지 이어지는 길이었다. 신전은 앞에 웅장한 제단이 있는 도리스 양식의 건물이었다. 뒤편에는 신탁이 내려졌다고 하는 자그마한 공간이 있다.

기원전 2세기에 고대 로마인들이 델포이를 점령했고, 이후로 그리스의 많은 보물이 약탈당했다. 서기 4세기가 저물어갈 즈음에는 기독교가 크게 성장하여 로마인들은 델포이를 종교적인 장소로 섬기는 일을 그만두었고, 델포이는 1890년대에 대규모 발굴 작업이 시작하기까지 방치된 상태로 놓여 있었다. 델포이 유적은 1987년 세계문화유산이 되었다. **AK**

보도니차 성

그리스, 멘데니차 | Bodonitsa Castle

'테르모필라이 통로'를 방어하던 요새

길고 험난한 과거를 겪어 왔으며 무너져 내린 상태로 있음에도 쓰러진 보도니차 성의 유적은 여전히 웅장한 자태를 자랑한다. 이 성의 일부는 칼리드로모스 산 사면에 위치하고 있어, 멘데니차 마을과 그 너머 몇 마일까지 뻗어 있는 '테르모필라이 통로'가 멀리까지 내려다보인다.

이 성의 역사는 1204년경, 테살로니카의 십자군 전사 왕 보니파티오스 몸페라티코스가 1203년에서 1204년까지 있었던 콘스탄티노플 습격 직후, 보도니차의 첫 후작이 되는 기 팔라비치니에게 보도니차 지역을 봉토로 내려 주었을 때로 거슬러 올라간다. 이때 팔라비치니에게는 전략적인 중요성이 큰 테르모필라이 통로를 방어하여 마케도니아와 테살리아에 있는 몸페라티코스의 영토를 보호할 수 있도록 하는 임무가 내려졌다.

팔라비치니는 신중하게 생각하여 훌륭한 장소에 위치를 정해 곧 성을 세웠다. 이 성에서는 테르모필라이 통로와 그 아래쪽의 땅이 내려다보이기 때문에, 주목적인 방어를 수행하기에 이상적이었다. 1224년, 에페로스의 폭군 테오도로스 1세 콤메노스 도우카스가 테살로니카를 정복했을 때 팔라비치니는 그의 공격을 저지하는 데 성공했고, 이 성은 테살로니카의 수도가 함락된 이후에도 점령되지 않고 남아 테오도로스가 남쪽으로 더 이상 전진하지 못하도록 막았던 얼마 안 되는 요새 중 하나가 되었다. 그가 다스리는 보도니차의 영토는 14세기 후반 동안 계속해서 번영을 누렸다. 그러나 1410년 오스만인들이 쳐들어와 성을 공격하고 후작을 죽였으며 성과 주변 지역을 장악하였다. 이후에 성은 1416년 오스만과 베네치아 간에 이루어진 협약의 일부로 이탈리아인들의 소유로 되돌아갔다.

보도니차 성은 오늘날 보아노 여전히 당당한 건축물이며, 조금만 상상력을 기울이면 테르모필라이 통로의 언덕길과 오래된 성벽 주변에서 들려오는 먼 옛날 전투의 함성과 무기가 부딪치는 소리를 쉽게 떠올릴 수 있다. **TP**

마라톤 전투지

그리스, 마라톤 | Battlefield of Marathon

페르시아 전쟁에서 아테네가 승리를 거둔 장소

기원전 490년, 페르시아의 다리우스 대왕은 그리스의 도시국가 아테네가 페르시아 통치에 반기를 들고 얼마 전에 일어났던 이오니아 반란을 지지했다는 사실을 처벌할 목적으로 아테네에 군대를 파견했다. 2만~2만 5천 명가량의 페르시아 군인들이 아테네로 행군해 올 준비를 갖추고 있었다.

> "그래서, 페르시아가 티끌로 흩어지자, 모두 외쳤네. '아크로폴리스로! 달리게, 페이디피데스, 다시 한 번 달리게!'"
>
> 로버트 브라우닝, 「페이디피데스」(1879)

아테네가 이끄는 약 만 명가량의 보병대는 재빨리 마라톤 근처의 평원으로 진군해 갔다. 수적으로 명백하게 불리했던 그리스인들은 어떻게 행동을 취하는 것이 최상의 방책일까 토론을 벌였다. 한 무리는 스파르타에서 지원 병력이 올 때까지 기다리기를 원했으나, 아테네의 밀티아데스 장군이 지휘하던 한 무리는 당장 공격하자고 주장했다. 밀티아데스가 논쟁에서 이겨 페르시아인들을 향한 공격을 이끌게 되었다. 일단 전투에서 맞붙게 되자 그리스 군 진영의 중앙부는 페르시아의 창과 화살을 마주하고 동요하게 되었으나, 그리스인들은 양측으로 파고들어 페르시아 군사들 사이를 분열시켰고 포위당하게 될까 봐 겁에 질린 페르시아 군을 제압하고 말았다. 페르시아인들은 그리스 본토에서 퇴각했고, 기원전 480년 더 큰 규모로 이들이 침공했을 때에도 그리스인들은 더욱 뛰어난 전투 능력을 입증해 보였다.

마라톤 전투의 후일담으로, 아테네의 시민들에게 승리를 전하려 전장에서부터 달려갔던 페이디피데스라는 이름의 그리스 전령에 대한 전설이 생겨났다. 오늘날의 마라톤 경주의 기준이 된, 마라톤과 아테네 사이의 거리는 현재 측정했을 때 44.2km가 나온다. **AG**

1896년 올림픽 경기장

그리스, 아테네 | 1896 Olympic Stadium

고대 파나티나이코 경기장이 서 있던 부지에 세워졌으며 1896년 올림픽을 개최한 경기장

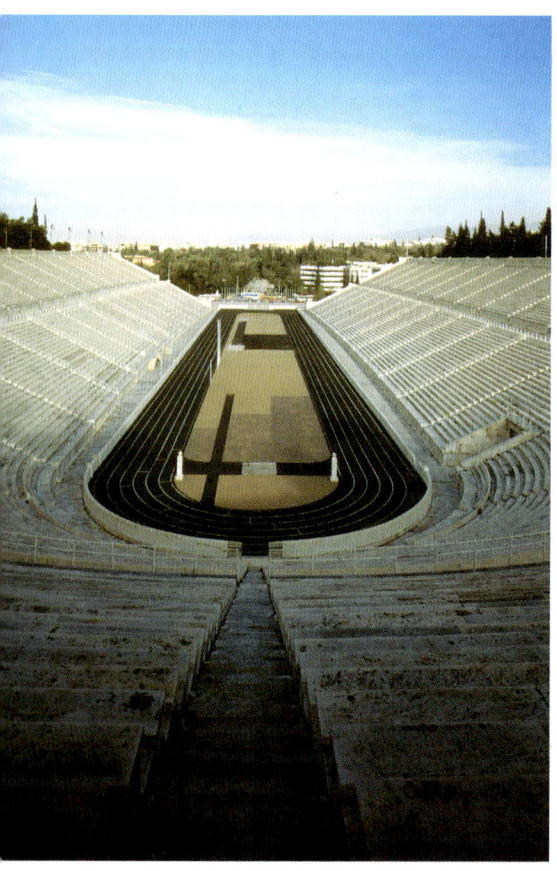

> "고대인들에게 있어, 올림픽 경기는 운동 경기를 주관하였으며 평화를 장려했다."
>
> 근대 올림픽의 창시자, 쿠베르탱 남작

세계에서 가장 역사적이고 오래된 도시 중 하나인 아테네에는 두 개의 올림픽 경기장이 있다. 새로움과 오래됨을 똑같이 껴안고 있는 이 도시의 눈부신 한복판에 번쩍이는 현대적 건물들과 나란히 오래된 고전적 건물이 서 있다.

올림픽 경기가 개최되었다는 문서상 최초의 기록은 기원전 776년으로 남아 있는데, 아마 경기는 이보다 여러 해 전부터 존재해 왔을 것이다. 서기 394년 테오도시우스 1세 황제에 의해, 혹은 435년 그의 손자 테오도시우스 2세에 의해 이교도적인 행위라는 이유로 폐지되기 전까지 경기는 4년에 한 번씩 열렸다. 1896년 올림픽 경기가 부활했으며, 5만 명의 관중을 수용할 수 있는 아테네의 파나티나이코 경기장은 새로운 경기장을 지을 장소로 선정되었다.

기원전 566년에 건축되기 시작한 흰 대리석으로 지어진 이 경기장은 올림픽을 모델로 삼은 파나테나 경기가 개최되던 장소였다. 이 유적은 1870년에 발굴되었으며, 새로운 경기장은 1895년에 지어졌다. 조지 아베로프라는 부유한 사업가가 이 거대한 프로젝트에 자금을 지원해 주었으며, 아나스타시오스 메탁사스와 에른스트 질러라는 건축가들이 건축을 맡았다. 옛 경기장의 설계를 충실히 따랐으나, 8만 명의 관중이 입장할 수 있는 규모였다. 1896년 하계 올림픽은 재정이 충분하지 못했음에도 성공을 거두었지만, 올림픽 경기가 자신이 출생한 나라로 다시 돌아오게 된 것은 2004년 여름이 되어서였다. 2004년 올림픽을 위해 새로운 경기장 하나가 다시 지어졌으며, 경기는 역시 성공리에 치러졌다. 그러나 1896년 경기장은 2004년 올림픽 경기 동안에도 양궁 경기장으로 사용되었으며, 오늘날은 스포츠와 관련된 다른 행사를 개최하는 데에 쓰인다. 파나티나이코 경기장('칼리마르마로'라는 이름으로도 알려진)은 중요한 역사적인 건물로, 아테네 시의 오래된 과거와 현대적인 새로운 모습을 연결해 주는 가교 역할을 한다. **TP**

하드리아누스의 아치

그리스, 아테네 | Arch of Hadrian

제우스 신전으로 가는 도중에 있는 개선문

아테네에 있는 기념비적인 하드리아누스의 아치는 도시 중심에서 '올림푸스의 제우스 신전'을 포함해 여러 채의 신전이 서 있는 아크로폴리스 남동쪽까지 이어지는 길에 서 있다. 이 건축물이 건설된 경위는 불분명하지만, 131년 혹은 132년 신전이 완성되었을 때의 하드리아누스 황제의 아테네 방문을 기념하여 세워졌다는 설이 있다.

신전 건축은 기원전 515년, 아테네의 참주 페이시스트라토스 하에서 최초로 시작되었으나, 곧 중단되었다. 기원전 3세기 셀레우코스의 왕 안티오코스 4세 에피파네스 치하에서 건축이 시작되었으나, 서기 2세기에 하드리아누스에 의해서야 신전은 비로소 완성되었다. 이 신전은 그리스와 로마 세계에서 가장 큰 신전으로, 크기가 96×40m이며 두 층으로 이루어져 높이가 18m에 이르렀다. 기원전 86년, 로마의 장군 술라가 이 신전에서 두 개의 기둥을 가져다가 로마의 카피톨리누스 언덕에 주피터(제우스의 로마 버전) 신전을 세우는 데에 썼다.

'올림푸스의 제우스 신전'과 파르테논과 마찬가지로, 하드리아누스의 아치도 펜텔리콘 산에서 가져온 품질이 뛰어나고 아름답기로 유명한 대리석으로 지었다. 아래층 벽에는 아치형 문이 있고, 양옆에는 코린트 벽기둥 사이로 코린트 기둥이 있다. 세 부분으로 이루어진 위층은 기둥과 벽기둥으로 나뉘어 있으며, 꼭대기에는 삼각형 페디먼트(고전 건축에서 기둥 위에 놓인 박공벽)가 덮여 있다. 위층 중앙부의 열린 공간은 원래 육중한 돌 블록으로 막혀 있었다. 조각을 새겨 장식했던 흔적은 보이지 않으나 장식하기 위해 쓰였을 법한 여러 가지 기법이 제안된 바 있는데, 그중 하나는 위층에 테세우스와 하드리아누스의 조각상이 서 있었을 것이라는 설이다. 이는 이치 양쪽 편에 도시의 설립자로 두 사람의 이름이 새겨져 있다는 사실과도 어울린다. 아치의 모양은 로마의 개선문을 연상시키지만 위층이 더 작고 덜 견고하게 되어 있으며, 장식이 없다는 점에서 더 소박하고 우아한 건축물이라 할 수 있다. **RF**

국회 의사당

그리스, 아테네 | Parliament Building

19세기의 신고전주의 궁전

웅장한 신고전주의풍의 '오래된 궁전', 즉 국회 의사당 건물은 아테네 동쪽 끝의 광장 한쪽 끝에 서 있다. 이 건물은 1836년 바이에른의 건축가 가르트너에 의해 설계되었으며, 원래는 바이에른의 젊은 왕 오토를 위한 궁전으로 지어졌다. 가르트너는 아테네의 고대 역사를 반영하는 단순하고도 기념비적인 스타일을 채택했으며, 그 결과 3층으로 된 네 채의 외부 윙과 2층으로 이루어지고 두 개의 안뜰이 있는 중앙 윙을 갖춘 당당하고 우아한 신고전주의적인 사각형 건물이 탄생했다. 각각의 윙에는 독립적인 출입구가 있었으며, 서로 다른 기능을 수행하기 쉽게 설계되었다. 궁전의 내부는 그리스의 역사와 신화에 나오는 장면으로 장식되어 있었으나, 오늘날까지 남아 있는 것은 거의 없다.

> "오토는 두려움의 대상이 될 만큼 잔혹하지도 않았고, 사랑받을 만큼 너그럽지도 않았다…"
>
> 역사가, 토머스 W. 갤런트 교수

이후 사건으로 가득 찬 80년 동안, 게오르기오스 1세 왕이 궁전에 거주하게 되었다. 이곳은 두 차례 화재의 피해를 입었다. 한 번은 1884년, 다른 한 번은 1909년이었으며 엄청난 피해였다. 1924년 그리스 공화국이 수립되어 왕조는 끝이 났다. 의회를 이곳에 두자는 결정이 나기 전까지 국가 행정부와 공군 수비대가 건물을 사용했다. 1929년 중앙 윙이 재건축되었고 내부는 건물이 맡게 될 새로운 역할에 어울리게 새로 단장되었다. 1935년 7월 1일, 의회가 이 건물에 입주했으며 오늘날까지도 이어 오고 있다.

'오래된 궁전'은 부담스럽지 않으면서 우아한 신고전주의적 외관을 그대로 간직하고 있으며, 그리스 정부가 들어서기에 잘 어울리는 장소이다. **TP**

파르테논 그리스, 아테네 | Parthenon

아테나 파르테노스에게 바쳐진 신전이자, 고대 그리스의 상징

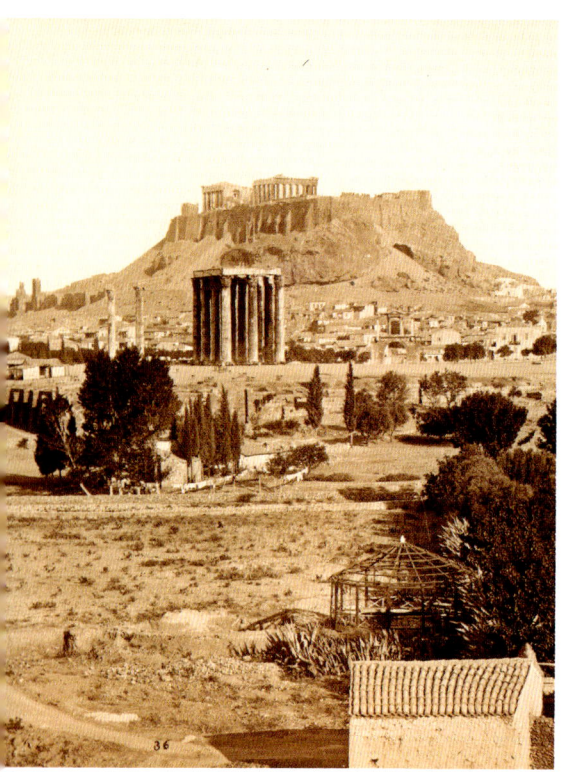

"대지는 자랑스럽게 파르테논을 달고
있네. 자신의 띠에 달린 최고의 보석
처럼"

랠프 왈도 에머슨, 「문제」(1839)

⬆ 남동쪽에서 본 아크로폴리스와 파르테논. 1890년경의 사진

⬇ 파르테논이 아크로폴리스 꼭대기에 서 있으며,
아래쪽으로는 '헤로데스의 오데온'과 '에우메네스의 주랑'이
보인다.

아테네에 솟아 있는 언덕 아크로폴리스에 남아 있는 건물 대부분은 고대 아테네의 '황금시대', 기원전 5세기 페르시아와 펠로폰네소스 전쟁 사이의 시기에 건축되었다. 아테네 시의 수호 여신인 아테나 파르테노스('처녀 신'이라는 의미)에게 바쳐진 신전은 – 아테네의 정치가이자 장군인 페리클레스의 주도로 세워졌는데 – 이 모든 기념물 중에서도 가장 웅장하며 널리 알려져 있다. 이 신전은 어디에나 알려져 있으며 자유의 여신상이 미국을 상징하듯이 친숙하고 첫눈에 알아볼 수 있는, 고대 그리스와 아테네 민주주의의 상징이다.

아테네의 연합인 델로스 동맹(기원전 5세기의 그리스 도시국가들의 연맹)에서 내 준 기부금으로 지어진 파르테논은 페리클레스의 웅대한 계획이었으며, 페리클레스가 남긴 유물이자 그의 지도적인 힘과 의지를 표상하는 기념비인 동시에 아테네 시의 위대함을 상징하는 증거가 되었다. 당시의 뛰어난 조각가였던 페이디아스가 신전 건축의 책임을 맡았으며, 건축은 기원전 447년에 시작되어 기원전 431년에 끝났다. 아테네는 이오니아의 도시였지만, 신전은 도리스 양식으로 건축되었다. 페이디아스가 조각한 황금과 상아로 된 당당한 아테나 여신의 조각상이 신전 안에 있었다고 하는데, 이는 현재 소실되어 모조품으로만 그 모습을 볼 수 있다. 그리스 신화에는 아테나 여신이 완전히 성장한 여인의 모습으로 제우스의 머릿속에서 튀어나왔다고 하는데, 건물 동쪽 끝의 페디먼트에 이 장면이 묘사되어 있다. 파르테논 신전에는 이 외에도 그리스 신들이 거인과 켄타우로스를 무찌른 유명한 장면이 많이 새겨져 있다.

1687년 오스만 튀르크 족이 보관해 두었던 화약이 베네치아의 포격으로 인해 폭발했을 때 신전의 일부분이 파괴되었다. 19세기 초, 영국 대사 엘진 경이 튀르크로부터 파르테논 신전의 조각상 몇 개를 사들여 런던으로 가져가는 바람에 물의를 빚었다. '엘진 마블'이라 알려진 이 조각상들은 지금도 대영 박물관에 있다. **OR**

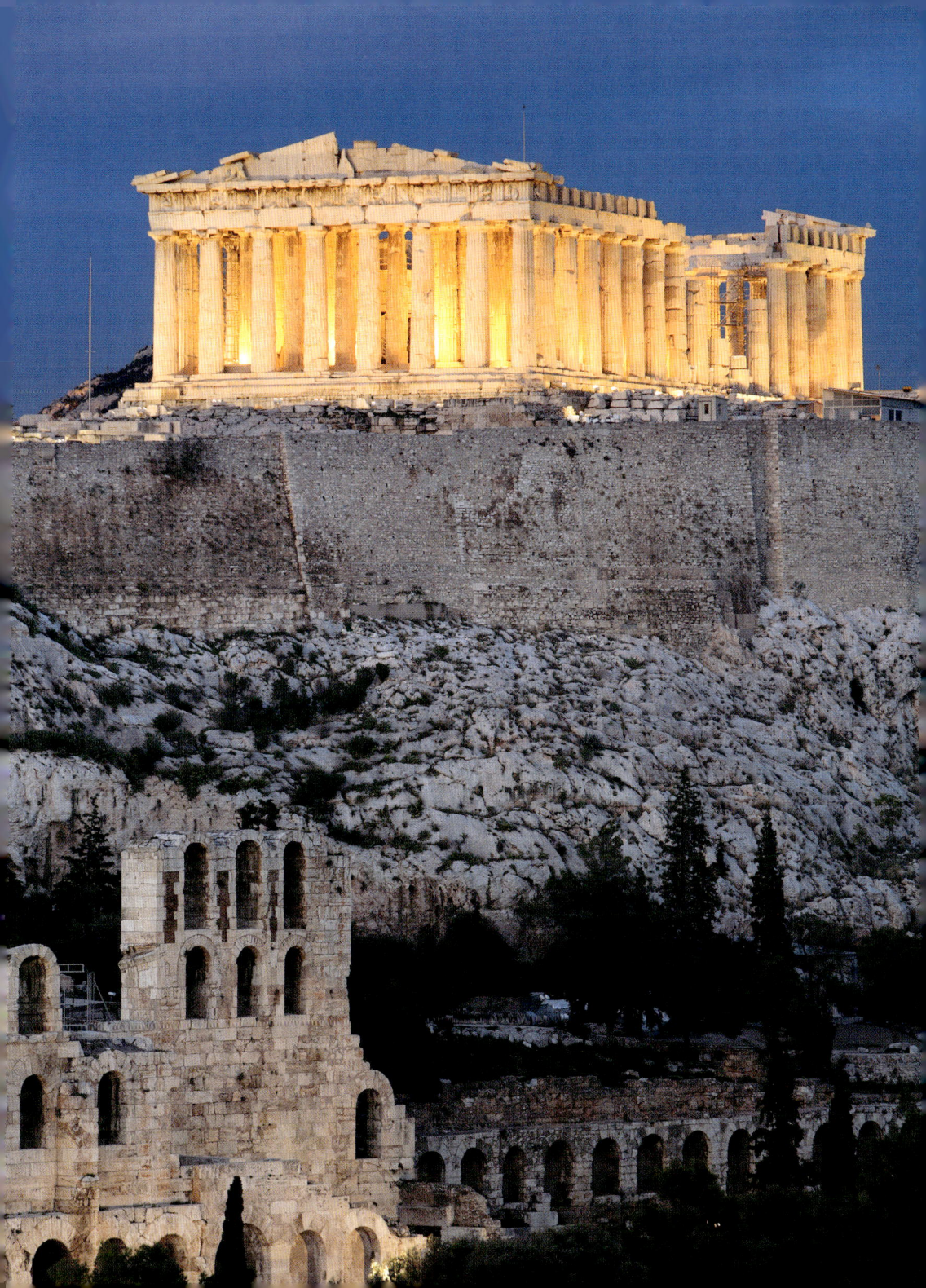

프로필라이아

그리스, 아테네 | Propylaia

'신성한 길' 끝에 서 있는, 아크로폴리스로 들어가는 기념비적인 관문

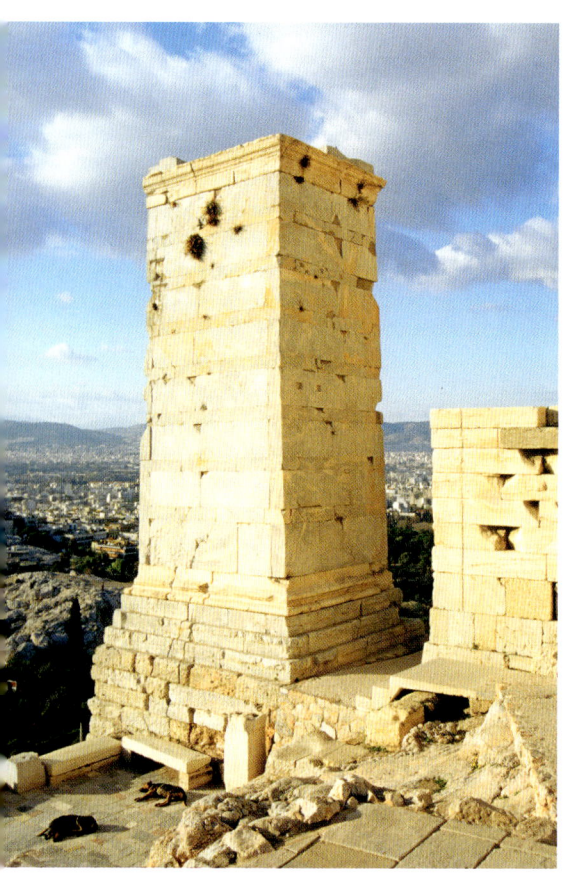

> "아크로폴리스로 들어가는 입구는 하나뿐이다 … 그 관문은 아름다움으로 보나 사용된 돌의 크기로 보나 비길 데 없이 훌륭하다."
>
> 파우사니아스, 『그리스에 대한 묘사』(160년경)

프로필라이아는 여러 채의 신전과 보물 창고, 그외에 다른 건물이 서 있던 아테네의 아크로폴리스로 들어가는 웅장한 관문 역할을 했다. 프로필라이아의 건축은 기원전 437년 파르테논이 완성된 직후에 시작되었으나 기원전 431년 펠로폰네소스 전쟁이 일어나면서 중단되었고, 이후 완성되지 못했다. 동쪽 윙은 건축되지도 않았고, 벽 표면의 일부도 미완성 상태로 남겨졌다. 아크로폴리스의 모든 건축 계획은 기원전 5세기 중반 아테네의 장군이었던 페리클레스의 주도로 시작되었다. 건축 책임을 맡은 건축가는 페이디아스였으나, 프로필라이아를 설계하고 건설을 감독했던 이는 다른 건축가인 므네시클레스였다.

이 관문은 엘레우시스에서 아테네로 이어지는 '신성한 길'의 끝에 서 있다. 프로필라이아가 서 있는 곳에서 경사로는 좁아지며 양쪽에는 네 단의 돌계단이 있어 여섯 개의 육중한 도리스 기둥으로 이루어진 입구로 이어진다. 입구를 지나면 세 개의 이오니아 기둥이 양편에 줄지어 있는 중앙 홀이 나오며, 기둥 위에는 대리석 판으로 이루어진 지붕이 얹혀 있다. 지붕 안쪽은 움푹하게 파이고 별이 그려져 장식된 코퍼 천장으로 되어 육중한 무게가 조금 경감되었다. 북쪽 윙은 파우사니아스(서기 2세기에 그리스에 대한 안내서를 집필했던 여행자)에 의해 '피나코테케'(미술관)라고 묘사되었는데, 그리스의 유명한 전투 장면을 나타낸 그림들을 보고 사용한 표현이었다. 이 건물은 의식에 따른 식사를 위한 식당으로 쓰였던 듯하다. 펜텔리콘 산에서 가져온 새하얀 대리석으로 짓고 엘레우시스의 회색 대리석으로 악센트를 준 프로필라이아의 도리스 양식에는 파르테논 신전의 양식이 반영되었으며, 기념비적인 웅장함도 보는 이에게 깊은 인상을 주기 위해 파르테논 신전과 비슷한 의도로 설계되었다.

프로필라이아는 그리스 고전기를 지나 먼 이후까지도 온전한 모습으로 남아 있었으나, 1656년 화약 폭발 사고로 크게 손상되었다. 오늘날도 프로필라이아는 아크로폴리스로 들어가는 중앙 관문 구실을 한다. **RF**

디오니소스 극장

그리스, 아테네 | Theater of Dionysus

극예술의 탄생지

아테네의 아크로폴리스 주변에는 두 개의 극장이 있다. 하나는 '오데온'이라 불리며 로마인들에 의해 지어졌다. 더 유서 깊고 중요한 다른 하나는 디오니소스 극장이다. 우리가 서구 세계에서 알고 있는 개념의 '연극'은 고대 아테네에서 시작했으며, 따라서 극예술을 즐기는 이들이라면 이 극장을 반드시 방문해 보아야 한다.

디오니소스는 연극과 포도주를 관장하는 그리스의 신이다. 그는 미스터리로 싸여 있으며, 그를 추종하는 여성들─'박칸트'(디오니소스의 로마식 이름, '바쿠스'에서 유래)라 불렸으며 에우리피데스의 희극 『박카이』에 강력하게 묘사된─은 그의 지배를 받을 때면 비이성적인 행동을 하는 거친 여성들로 알려져 있다. 디오니소스 극장에서는 기원전 5세기의 뛰어난 극작가들, 아이스킬로스, 소포클레스, 에우리피데스, 아리스토파네스 등 오늘날 서양 연극의 창시자라 알려진 희곡 작가들의 작품이 공연되었다. 그 이후로 이 극장은 그리스인과 로마인에 의해 개조되고 증축되어 왔다.

아크로폴리스의 남쪽 절벽에 위치한 디오니소스 극장은 돌로 지은 최초의 극장이었다. 최대 1만 7천 명의 관객이 앉을 수 있었던 이 극장은 아테네에서 가장 중요한 연극 경연 대회였던 '디오니시아'를 개최하기에 이상적인 장소였는데, 이 대회는 세 부류의 연극으로 구성되어 있었다. 그리스 희극, 비극, 사티로스극이었다. 4세기 중반까지는 나무로 된 벤치에 대부분의 관객들이 앉았으나, 이후 더 많은 관객을 수용할 수 있도록 돌로 된 관람석이 도입되었다. 무대는 전통적인 그리스 방식에 따라 배치되어 오케스트라, 즉 코러스가 공연되는 장소가 무대 앞에 있었다. 이 극장은 원형 극장으로, 열려 있는 무대는 점점 높아지는 타원형 구역 안에 위치했다. 매우 탁월한 음향 효과를 제공해 주었던 이러한 설계는 고대 그리스 전역에 생겨난 다른 극장의 원형이 되었다. 4세기 이후 극장은 사용되지 않았으나, 뛰어난 가수였던 네로 황제가 대규모 개조 작업을 펼쳤다는 증거가 있다. **OR**

바람의 탑

그리스, 아테네 | Tower of the Winds

고대의 풍향계이자 시간을 알려 주는 장치

마케도니아의 천문학자 키루스의 안드로니쿠스가 설계한 '호롤로기온', 즉 '바람의 탑'은 풍향계, 해시계, 물시계 구실을 했다. 이 탑이 기원전 2세기의 헬레니즘 시대에 건축되었는지, 아니면 기원전 1세기 로마 제국 초기에 건축되었는지에 대해서는 학자들의 의견이 엇갈린다. 높이 13m에 직경 8m인 이 팔각형 탑은 로마의 아고라(시장) 동쪽에 위치하고 있다.

탑 꼭대기에는 머리와 상반신은 인간이고 물고기 모양의 꼬리를 지닌 그리스의 바다의 신 트리톤 형상을 한 풍향계가 설치되어 있다. 끝이 뾰족한 그의 지팡이가 바람이 부는 방향을 가리킨다. 아래쪽에는 낮은 돋을새김으로 여덟 명의 바람의 신이 조각된 프리즈가 있는데, 이 신들은 각각 나침반 상의 해당하는 방향에서 오는 바람을 나타낸다. 북동풍의 신인 카이키아스는 우박이 든 바구니를 지니고 있고, 남풍의 신 노투스는 단지에서 비

> "어떤 이들은 바람에는 네 종류밖에 없다고 주장하지만 … 이보다 신중한 관측자들은 여덟 종류의 바람이 있다고 말해 준다."
>
> 비트리비우스, 『건축 십서(十書)』(기원전 27년경)

를 떨어뜨리며, 따뜻한 서풍의 신 제피로스는 꽃을 흩뿌리는 반나체의 젊은이다. 바람의 신이 조각된 아래에는 아홉 개의 해시계가 있었고 탑 안에는 물시계, 즉 '클렙시드라'가 있었다. 파르테논 신전과 아테네의 다른 뛰어난 건물들과 마찬가지로 호롤로기온 역시 펜텔리콘 산에서 가져온 훌륭한 하얀 대리석으로 건축되었다.

비잔틴 시대에 이 탑은 교회의 종탑 구실을 했으며, 튀르크 점령 시대에는 이슬람교의 탁발승이 이 탑을 차지했다. 18세기에, 이 탑은 영국 옥스퍼드에 있는 래드클리프 천문대의 디자인에 영향을 주었다. **RF**

고대 올림픽 경기장

그리스, 엘리스 | Ancient Olympic Stadium

순례의 장소이자 스포츠 경연이 열렸던, 최초의 올림픽 경기장

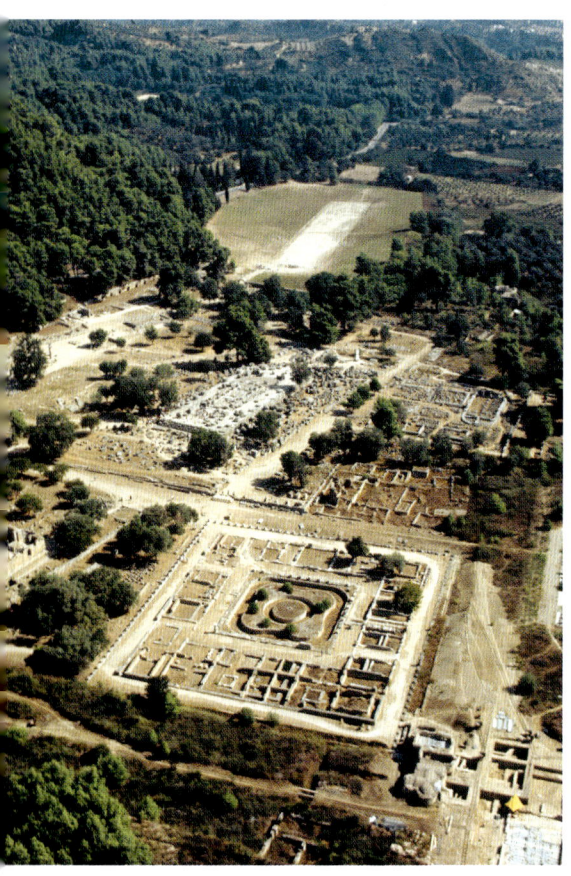

"그의 머리에는 올리브 나뭇가지로 만든 화관이 조각되어 있다. 그는 오른손에 승리의 여신상을 쥐고 있다…"

파우사니아스, 올림피아의 제우스 상에 대하여

올림픽 경기는 기원전 776년 최초로 열렸으며, 그 이래로 기원전 395년까지 사람들은 고대 그리스 전역으로부터 경기가 항상 개최되던 장소인 올림피아로 찾아왔다. 경기는 그리스 신들의 왕인 제우스를 기념하는 의미에서 개최되었으며, 올림피아를 방문하는 일은 종교적인 의미의 순례이기도 했다. 이는 '알티스'라 알려진 성스러운 숲과 세계의 고대 7대 불가사의 중 하나인 제우스 신전을 방문하는 일이었던 것이다. 현대의 올림픽과 달리 고대의 경기에는 숭배와 스포츠 경연이 혼합되어 있었다.

올림피아는 펠레폰네소스 반도, 엘리스 산 근처 알페이오스 강 북쪽변에 펼쳐진 비옥하고 푸르른 평원에 위치하고 있었다. 이 평원을 둘러싸고 있는 메마른 산악 지대를 거쳐 고대의 순례자들이 어떻게 이곳까지 도달할 수 있었는지 이해하기 어려워 보이지만, 당시에는 강을 따라 항해할 수 있었고 이곳으로 이어지는 길이 많이 뚫려 있어 올림피아로 오는 일은 수월한 편이었다.

알티스 숲은 이 지역의 중심지였는데, 이 숲 안에 헤라 신전과 제우스 신전이 있었기 때문이었다. 제우스 신전은 기원전 456년 완공되었으나 서기 5세기에 일어난 지진으로 파괴되었다. 먼 옛날 지나가 버린 신비로운 황금시대의 유물인 올림피아는 오랜 세월 동안 방치된 채 버려져 있었다. 1829년에 이르러서야 제대로 발굴 작업이 이뤄졌는데, 프랑스의 '모레 과학 원정대'가 이 지역에 건물이 어떻게 배치되어 있었는지를 짜 맞추기 시작했던 것이다. 오늘날까지 많은 부분이 온전한 상태로 남아 있는 건물은 올림피아에 거의 없으나, 이 지역에는 여전히 설득력 있는 힘이 깃들어 있다. 서양에서 우리가 알고 있는 모습의 스포츠 경연이 올림피아에서 시작되었으며, 육체적인 완전함과 종교적인 헌신을 추구했던 그리스인들에 대한 연구가 이곳에서 시작된다. 초기의 경기에는 젊은 남성들만이 참가했으며, 경기는 최대 스무 개의 종목으로 이루어져 있었고, 승리를 쟁취한 선수에게는 성스러운 올리브 나무의 잎사귀로 만든 관이 수여되었다. **OR**

아파이아 신전

그리스, 아이기나 | Temple of Aphaia

미노스 왕과 관련이 있는 그리스 신전

히드라 만에 의해 펠로폰네소스 반도와 떨어져 있는 사로니코스 섬들 중 하나인 아이기나는, 고전기 세계에서 가장 훌륭한 상태로 보존되어 있는 신전 중 하나인 아파이아 사원이 있는 곳이다. 이 신전은 섬 북동쪽에 있는 작고, 일부분에는 숲이 우거져 있는 언덕 꼭대기에 서 있으며, 아테네의 파르테논 신전과 소우니온의 포세이돈 신전과 더불어 서기 이전의 신전으로 이루어진 정삼각형의 각 꼭짓점을 형성한다.

이 신전은 처음에는 아파이아라는 여신에게 바쳐졌으나 이후에는 아테나와도 연관을 맺었고, 아마 기원전 2천 년 전부터 전해져왔던 숭배의 중심지였던 듯하다. 크레타 전설에 따르면, 아파이아(원래 이름은 브리토마르티스)는 제우스와 카르메의 딸이었다. 그녀를 보고 사랑에 빠진 미노스(크레타 섬을 지배했다고 하는 신화 속의 왕)의 구애를 피해 다니던 그녀는 어부들이 친 그물에 걸렸고, 그들은 그녀를 보트에 실어 데려갔다. 이들의 손에서 빠져 나온 그녀는 아이기나 섬을 향해 헤엄쳐 갔으며, 섬에 도달하자 북동쪽으로 달아나 신전에 숨었다고 한다. 그녀의 이름은 '사라지는'이라는 뜻으로, 그녀가 사라지는 장면을 본 어부들이 붙인 이름이다. 현재 남아 있는 신전은 이 장소에 세운 두 번째 건물로, 기원전 500년에 세워졌으며 그 이후에도 계속 증축되었다. 신전의 몸체는 서른두 개의 도리스 기둥으로 둘러싸여 있었는데, 이 중 스물다섯 개가 남아 있으며, 좌우에 각각 열두 개, 건물 앞쪽과 뒤쪽에 여섯 개씩의 기둥이 있었다. 방어벽이 신전을 둘러싸고 있었으며, 방어벽은 신전 동쪽에 있는 돌로 된 제단 구역과 조각이 새겨진 다양한 건물, 보조 건물, 오래된 성소까지 모두를 둘러싸고 있었다.

이 지역에 최초로 방대한 규모의 발굴 작업이 행해진 것은 1901년으로, 많은 미케네 공예품이 발굴되었다. 1966년과 1980년대 후반에 작업이 계속되어, 더 많은 유물들을 발굴해 냈으며 이 중요한 유적의 길고 오래된 역사에 대한 실마리들을 밝혀냈다. **TP**

고대 코린토스

그리스, 코린토스 | Ancient Corinth

사도 바울이 방문했던 부유한 도시 국가

고대의 코린토스는 그리스에서 가장 중요하고 부유한 도시 국가 중 하나로, 펠로폰네소스 반도 북동쪽의 좁다란 지협에 위치하고 있어 무역 활동이 수월했기 때문에 부를 축적할 수 있었다. 기원전 8세기부터 6세기 중반까지 코린토스는 주요한 도기 수출 국가였으며, 그리스 세계 전역에서 동물, 전사, 식물의 모티프의 프리스로 장식된 코린토스의 특징적인 작은 플라스크가 발견되었다.

고대 코린토스에서 가장 중요한 건물들 중 하나는 아크로코린토스 아크로폴리스에 위치하고 있었으며 고용되어 있던 수많은 매춘부들로 유명한 아프로디테 신전이다. 코린토스의 두 번째 참주인 페리안드로스 치세 때인 기원전 7세기에는 대단한 기술적 발전이 이루어졌으며, 고전 건축 양식 중 세 번째인 매우 장식적인 코린트

> "이 도시가 사람으로 붐비고 부유해진 것은 그 여인들 덕분이었다."
>
> 스트라보, 코린토스의 성스러운 매춘부들에 대하여

양식이 발전했다. 루키우스 뭄미우스가 통치하던 때인 기원전 146년 로마인들이 이 도시를 파괴했으나, 율리우스 카이사르가 기원전 44년 다시 재건하여 이 도시에는 남부 그리스의 정부가 위치하게 되었다.

신약 성서에 많은 글을 남겼으며 성 베드로와 더불어 가장 유명한 초기 기독교 전도자였던 사도 바울은 서기 51년 처음으로 코린토스를 방문했다. 그는 6년 후 도시를 다시 찾았고, 두 편의 서간을 썼다. 바로 「고린도전서」와 「고린도후서」로, 이는 신약 성서에 포함되어 있다. **RF**

사자의 문 그리스, 미케네 | Lion Gate

고대 미케네의 성채로 들어가는 웅장한 관문

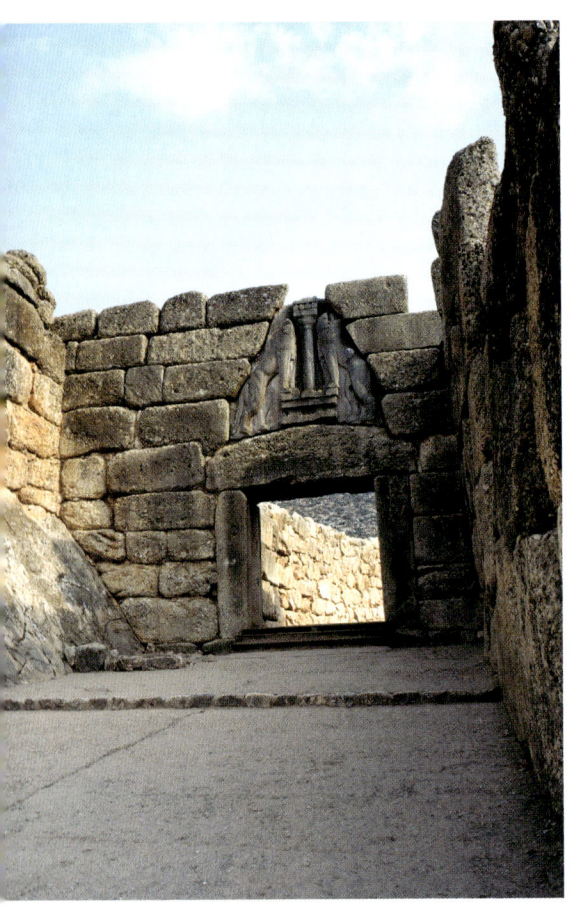

"그리고 일곱 해 동안 그는 황금이 풍부한 미케네를 통치했다. 그가 아트레우스의 아들을 살해한 이후였다…"

호메루스, 『오디세이아』(기원전 850)

호머의 서사시에서 미케네는 그리스 군의 지도자 아가멤논의 도시이다. 이곳은 '황금이 풍요로운' 장소이자 훌륭하게 건축된 도시이며, 널찍한 길이 나 있다. 미케네 문명은 약 5백년간 지속되었다. 미케네에 있는 최초의 구덩이 무덤은 기원전 1600년경의 것이며, 마지막으로 사라지는 것이 기원전 1050년경이다. 이 도시의 사람들은 그리스 역사 속에서 현재 '미케네 시대'라 불리는 시대 동안 이 부근의 땅을 지배했다. 이 시기에 달성한 최고의 업적이 바로 미케네 성채로, 이는 아테네에서 남서쪽으로 90km 떨어진 아르고스 평원에 자랑스럽게 우뚝 솟아 있다.

미케네 성벽의 길이는 1km로, 두 군데의 주 입구가 있다. 북동쪽의 뒷문과 웅장한 '사자의 문'이다. 성채에는 기원전 13세기에 건축된 많은 건물들이 있으나, 그 중에서도 이 '사자의 문'은 가장 당당한 위용을 자랑한다. 이 관문은 궁전으로 이어지는 중앙 도로로 들어가는 입구에 서 있다. 그 크기는 놀랄 만한 정도로, 특히 고전기 아테네의 주요 유적들이 건설된 시대보다 800년이나 먼저 세워졌다는 사실을 고려해 보면 더욱 대단한 일이다. 이 문은 돌들의 무게를 지탱하기 위해 '무게를 덜어 주는 삼각형'(relieving triangle : 상인방 돌에 걸리는 돌의 무게를 덜어 주기 위해 상인방 돌 위에 삼각형 공간을 만들어 그 양변에 무게가 나눠 실리도록 한 구조)꼴로 지어졌다. 서로 다른 형태의 육중한 석회암 블록들이 이음매가 딱 맞춰진 채 서로의 위에 쌓여 있는 모습을 보고, 후세의 그리스인들은 미케네의 이 성벽을 '키클롭스의 벽'이라 불렀다. 키클롭스란 엄청난 덩치를 한 신화 속의 외눈박이 거인으로, 전설에 따르면 이렇게 커다란 돌덩이를 나르는 일은 그의 도움을 받은 것이 분명하다고 한다. 아치의 중간, 문이 되는 공간 위편에는 전령 같은 모습의 사자 두 마리가 있어 '사자의 문'이라는 이름이 여기서 생겨났다. 3m 높이로 돌에 조각된 이 사자들은 비록 머리가 떨어져 나갔지만 아직도 당당한 수호자의 모습으로 남아 있다. **OR**

미스트라스 요새 그리스, 타이게토스 산 | Mystras Fortress

펠로폰네소스 반도의 언덕 꼭대기에 있는 난공불락의 13세기 요새

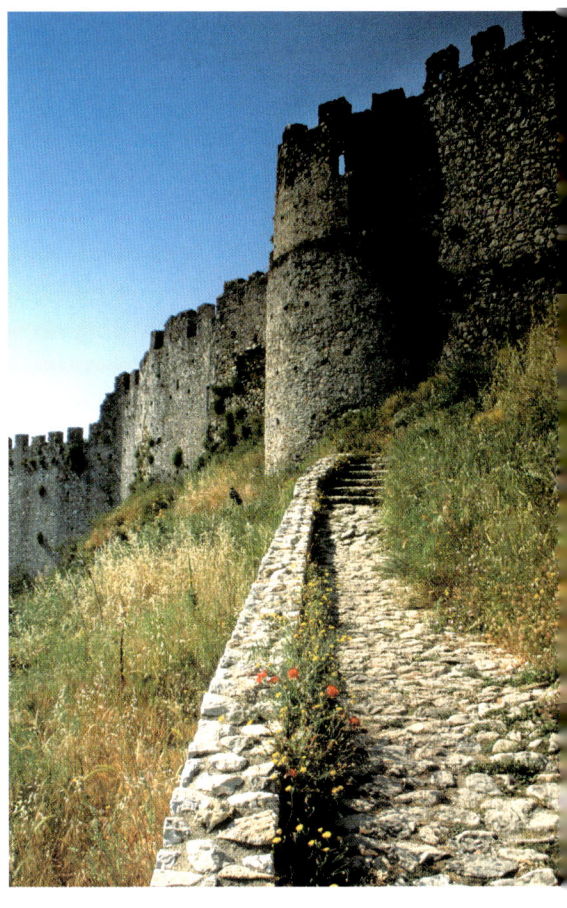

바위가 많고 그림 같은 경관을 자랑하는 그리스 남부 펠로폰네소스 반도는, 탁 트인 평원에서 약 100km 길이로 뻗어 있는 인상적인 타이게토스 산맥까지 대조적인 풍경을 보여주는 땅이다. 이 산기슭이자 고대 스파르타 유적지 가까이에는 가장 잘 보존되어 있는 비잔틴 유적 중 하나인 고대 미스트라스의 도시와 요새가 있다.

이 도시는 언덕 가에 건설되었으며, 그 꼭대기에 웅장한 요새가 있어 이곳에서는 주변의 지형을 내려다볼 수 있었다. 타이게토스 산 중턱에 있는 이 작은 봉우리는 방어 촌락을 건설하기에 이상적인 장소였으며, 1249년 프랑스 공작이었던 빌라르두앵의 기욤 2세가 이곳에 요새를 짓기 시작했다. 도시의 다른 건축물들과 마찬가지로 이 요새 역시 오래된 건물 잔해에서 가져온 돌을 사용해 지어졌다. 이후 몇 세기가 흐르면서 많은 부분이 증축되었는데, 튀르크 지배시기에 지어진 원형 탑과 외부 뜰에 지어진 물탱크도 그중 하나이다. 기욤은 자신이 지은 강력한 요새를 기지로 이용해 이 지역에 프랑스 지배를 넓혀 나가려는 계획이었으나, 1262년 그는 살기 위해 이 요새를 그리스인들에게 내주어야만 했다. 그 이후 프랑스는 여러 차례 이 건물을 재탈환하려 시도했으나, 실패로 돌아갔다. 비잔틴 통치 하에서 도시는 번영을 누렸으며 크게 팽창하여, 1348년에는 주요한 도시가 되었다. 그러나 1460년 튀르크인들의 차지가 되면서 이 도시는 쇠퇴하게 되었다. 17세기 말엽 베네치아가 이 도시를 다스릴 때 미스트라스는 짧은 부흥기를 누렸으나, 결국 1825년 쳐들어온 이집트인들에게 약탈과 방화를 당하고, 이후 다시 회복하지 못했다.

미스트라스 유적지에는 아직도 훌륭한 비잔틴 건물들이 많이 남아 있는데, 특히 믿을 수 없을 정도로 뛰어난 건축 양식과 예술 작품으로 건설된 교회들이 그 예이다. 이곳은 길고 힘겨운 역사를 버텨 왔으나 이 비잔틴 도시는 오래 견디도록 지어졌고, 지금도 그 많은 부분이 남아 있다. **TP**

> "'모레아의 경이'라는 의미의 미스트라스는 버림받아 … 숨이 막힐 정도로 훌륭한 중세의 유적만을 남겼다…"
>
> 유네스코

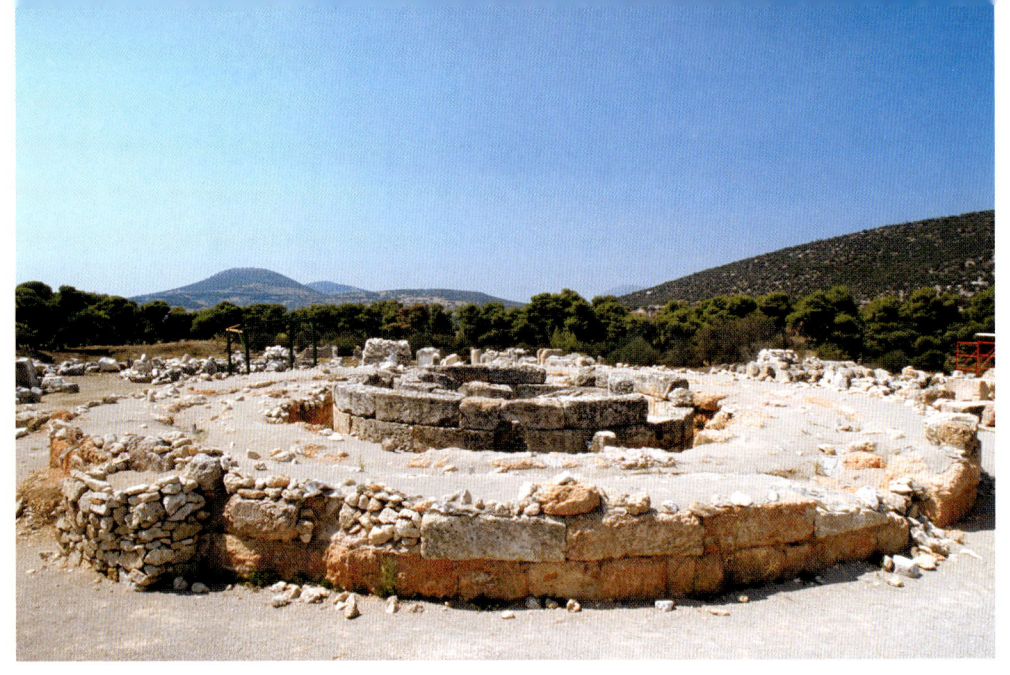

🏛️ ◎ 아스클레피오스의 성역 그리스, 에피다우로스 | Sanctuary of Asklepios

의술과 치유의 그리스 신에게 바치는 고대 세계의 치유 중심지

고대 그리스인과 로마인들에게 있어 아스클레피오스라는 신은 치유와 의술의 아버지였다. 그는 몹시 경배를 받았으므로 그의 이름을 숭배하는 의식이 널리 퍼졌다. 그가 출생했다고 여겨지는 곳과 가까운 에피다우로스에서는 그에게 바치는 주요한 신전 단지가 세워졌다. 이러한 신전의 건축 양식은 근처에 있는 그리스의 도시 국가 아르고스에서 영향을 받은 것이었다.

이러한 건물 단지는 사원, 정화 의식에 사용되었던 성스러운 우물, 경기장, 연회 홀, 병원, 톨로스(원형 건물), 목욕탕, 체육관, 그리고 아마 이중 가장 잘 알려져 있는 커다란 극장으로 이루어졌다. 이는 현존하는 고대 그리스 극장 중에서 가장 잘 보존된 예이다. 적어도 1만 2천 명의 사람이 앉을 수 있는 규모의 이 극장은 뛰어난 음향 효과를 자랑하며 오늘날에도 공연을 여는 데 사용되고 있다. 에피다우로스에 있는 다른 주요 유적도 기원전 4세기에 건축되었다. 극장은 일반적으로 유명한 조각가 소(小)폴리클리투스의 작품으로 간주된다. 이 유적지

에 있는 훌륭한 톨로스 역시 그가 설계했는데, 아름다운 조각을 새겨 넣었고 내부의 기둥은 코린트 양식이 발전하는 데에 중대한 영향을 끼쳤다. 이 톨로스는 아마 주요한 의식들이 거행되던 장소였을 것이다. 톨로스 아래에는 신성한 뱀들을 보관해 두었던 듯한 미로가 놓여 있다.

그러나 전성기의 에피다우로스는 무엇보다도 고대 세계의 치유의 중심지였으며, 이곳에서 발견된 다양한 비문들을 보면 기적적인 치료법에 대한 상세한 내역을 알 수 있다. 아스클레피오스가 꿈속에 나타나 신성한 안내를 내린다고 믿었으며, 따라서 아픈 이들은 희망을 품고 그의 영향력이 미치는 범위 내에서 잠을 청하려고 에피다우로스와 다른 곳에 있는 아스클레피오스에게 바친 신전들로 몰려갔다. 에피다우로스는 로마 제국 시대에도 번영했으며 초기 기독교 시대까지도 치료법을 찾고자 하는 이들이 순례하러 오는 장소였는데, 6세기에 일어난 지진의 피해로 버려진 장소가 되었다. 이 유적은 1988년 유네스코 세계문화유산 목록에 올랐다. **AK**

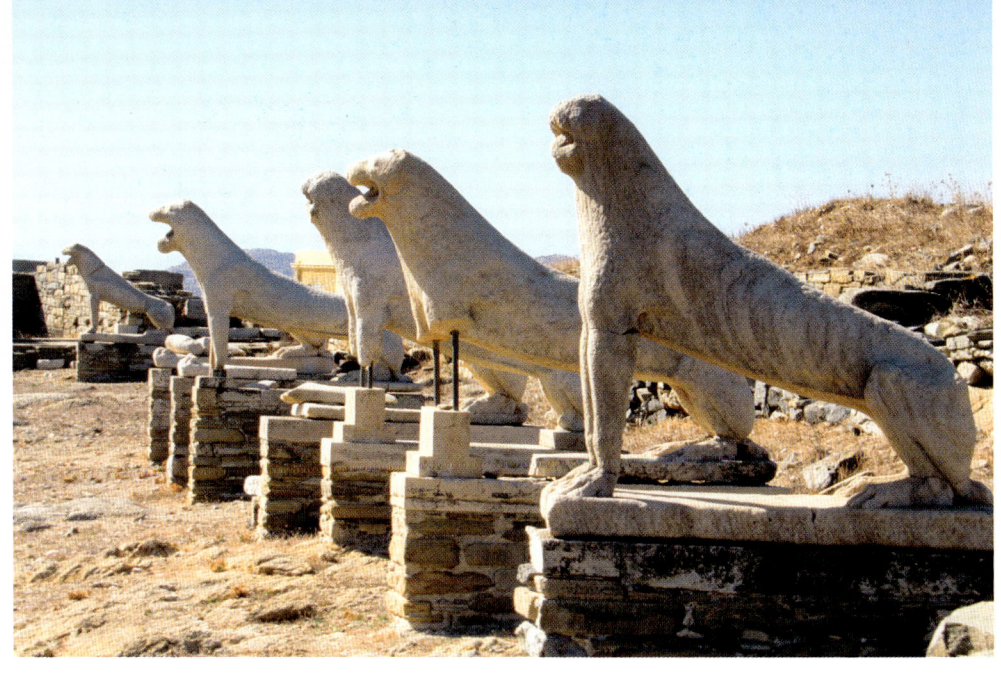

🏛️ ◎ 델로스 그리스, 델로스 | Delos

풍성한 고대의 역사를 지녔으며 아폴론과 아르테미스의 탄생지로 숭배 받았던 에게 해의 섬

그리스의 델로스 섬은 기원전 3천 년 전의 에게 해 문명 시대까지 거슬러 올라가는 풍요로운 역사를 지닌 섬이기 때문에 유네스코 세계문화유산으로 선정되었다. 원래 이 섬은 신성한 성소로 간주되었으나, 기원전 8세기에 올림푸스 그리스 신화가 알려지면서 이곳은 아폴론과 아르테미스가 탄생한 장소로 알려지게 되었다. 이렇게 강력한 두 신과 인연이 있다는 사실 덕분에 델로스는 문화적 중추로 변모하게 되었으며, 기원전 7세기에 이곳은 이 지역의 종교적인 중심지가 되었다. 기원전 3세기에도 델로스는 문화적으로나 정치적으로나 계속 발전을 거듭해 나갔으며, 이 무렵 그리스의 군주들은 이 섬에 앞 다투어 가며 공공 기념물, 조각상, 대좌(臺座) 등을 세워 경의를 표했고, 이중 대부분을 오늘날 볼 수 있다.

기원전 314년 독립을 얻자 델로스는 더욱 강력해졌다. 그러나 이 독립은 그리 오래 가지 못했으며, 기원전 166년 로마인들은 이 섬의 지배권을 도시 국가 아테네에게 넘겼다. 아테네는 이곳의 항구를 '국제'항으로 선포하여 덕택에 델로스는 더욱 발전해 나갔다. 세금이 없었다는 것도 이 섬이 경제적인 융성을 누렸던 이유 중 하나였다. 그러나 기원전 1세기 중반부터 델로스는 침체되기 시작했으며, 서기 2세기와 3세기에는 기독교가 오래된 종교들을 대체하기 시작하면서 이 섬은 그 중요성을 잃게 되어 자그마한 마을만이 남았다. 오늘날 델로스 대부분은 고고학과 관광 산업의 중심지이다.

풍부한 건축물과 방대한 양의 유물들이 있는 델로스는 독보적인 고고학적 유적지이다. 건물과 기념비들에서 보이는 복잡한 구조는 델포이와 올림피아에 비견되어 왔다. 오늘날 이 섬을 방문하는 이들은 웅장한 사원과 오래된 혼, 도시 광장, 정교한 분수 등 풍부한 유적들을 감상할 수 있다. 델로스는 1990년에 유네스코 세계문화유산 목록에 올랐다. **KH**

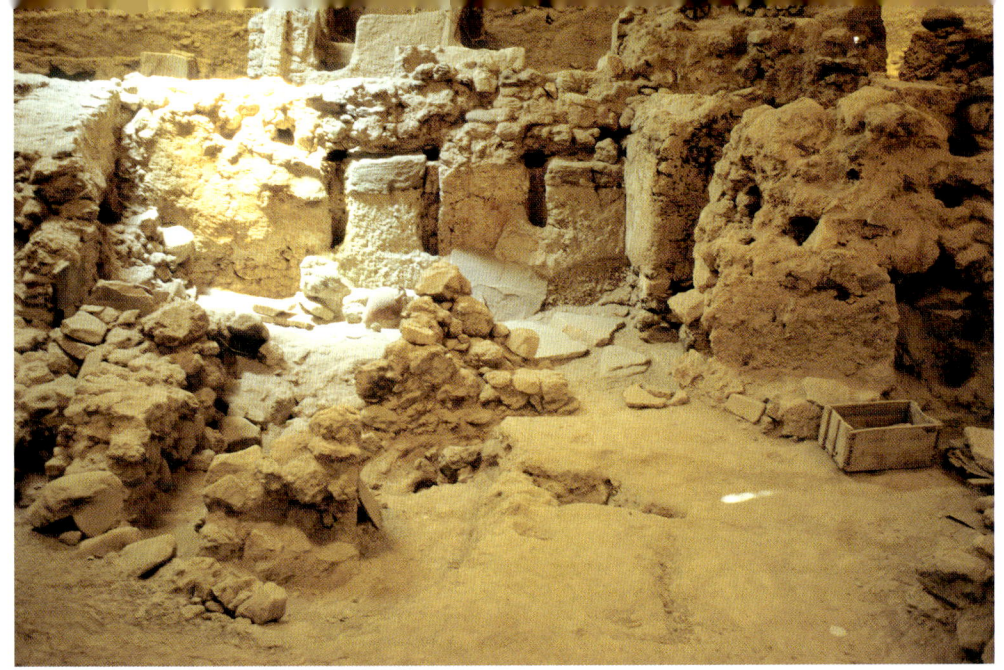

아크로티리 그리스, 테라 | Akrotiri

고대의 화산 폭발로 파괴되어 버린, 잘 보존된 청동기 시대의 도시

약 20헥타르의 넓이에 달하는, 키클라데스 제도의 테라 섬('산토리니'라는 이름으로도 알려져 있다)에 있는 아크로티리는 인상적인 모습으로 건설되었던 청동기 시대의 중요한 도시의 유적이다. 사람이 살기 시작한 것은 후기 신석기 시대부터였으나, 이곳이 대도시로 발전해 나간 것은 기원전 2천 년부터였다. 이 유적은 아마 화산 폭발로 인해 극적으로 파괴되었다는 사실 때문에 가장 잘 알려져 있을 텐데, 이 섬의 모양에서도 화산 폭발의 결과가 보인다. 중심부가 폭발로 인해 날아가 버려 초승달 모양이 된 것이다. 이것이 언제 일어난 일인지에 대해서는 의견이 분분하다. 전통적인 고고학적 방식은 화산 폭발이 기원전 1550년에서 1500년 사이에 일어난 것이라고 측정한다. 그러나 과학적인 증거로 보면 폭발은 이보다 더 일찍, 기원전 1650년에서 1600년 사이에 일어났다.

발굴 작업의 결과로 거리, 광장, 8m 높이까지 보존되어 있으며 정교한 배수 체계까지 갖춘 집들이 모습을 드러냈다. 도시는 여러 블록으로 늘어선 집과 독립된 건축물로 이루어졌다. 건물은 돌로 건축되었으며, 어떤 것들은 잘 마름질한 돌로 외부가 치장된 기념비적인 모습이었다. 음식을 저장하고 준비하며, 공예품을 제작하는 등 집안에서 여러 가지 활동을 했던 흔적이 발견되었다. 이 유적지의 물질문화(다량의 도기와 금속 제품 등)는 크레타 섬, 그리스 본토, 도데카니소스 제도, 키프로스 섬, 근동과 긴밀한 유대를 맺고 있었음을 시사한다. 대부분의 건물은 정교한 프레스코화로 치장되어 있다. 그중 하나로 명백하게 의식(儀式)적인 장면에는 사프란을 모으고 있는 여인들이 있는데, 양쪽에 푸른 원숭이와 그리핀을 둔 앉아 있는 여인이 사프란을 선사받는다.

아크로티리는 전설 속의 잃어버린 도시 아틀란티스라고 추측된 여러 지역 중 하나로, 아틀란티스를 처음 언급한 이는 그리스 철학자 플라톤이었다. 어떤 학자는 그가 이 섬이 사라진 일을 언급한 것이 정치적인 은유라고 보는 한편, 다른 이들은 그가 실제로 일어난 사건에 대한 기억에서 영감을 얻었을 것이라는 의견이다. **RF**

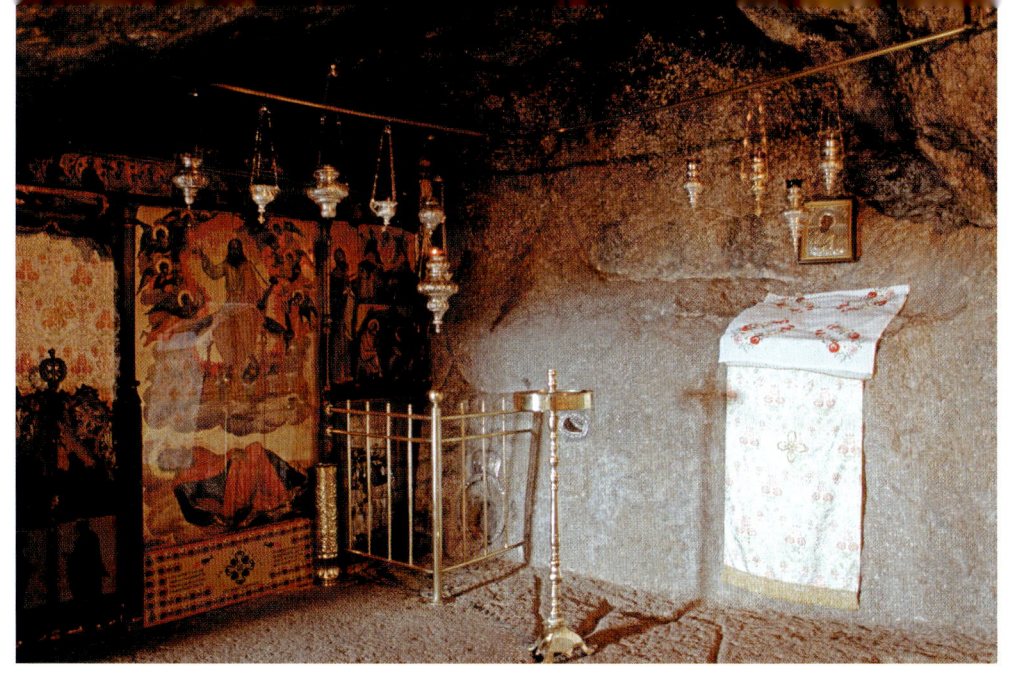

🏛 ◎ 계시록의 동굴 그리스, 파트모스 | Cave of the Apocalypse

복음서와 계시록을 집필하던 동안 사도 요한이 머물렀던 곳

작고 바위투성이인 파트모스 섬에서 '계시록의 동굴'은 이 동굴을 둘러싸 보호하고 있는 수도원 깊은 곳에서 찾을 수 있다. 수정처럼 맑고 푸른 에게 해에서 솟아오른 파트모스 섬은 그리스의 여러 섬 중에서도 가장 북쪽에 있어, 터키의 남서쪽 해변 매우 가까이 있다. 이 섬의 두 개의 대도시인 코라와 스칼라 중간 지점에 있는 이곳에서 성 '신학자' 요한(초기 기독교 전통에 의해 사도 요한과 동일시되는)이 살았다고 여겨진다.

사도 요한은 로마의 황제 도미니티아누스에 의해 서기 95년 파트모스로 유배당해, 이곳에서 2년을 머물렀다. 그동안 그는 이 작은 동굴에 살면서 이후에 니코메디아 주교가 되는 제자 프로코로스에게 복음서와 계시록을 받아 적도록 했다고 한다. 읽는 이의 마음을 혼란스럽게 하는 계시들로 가득 찬 요한 계시록은 지금까지도 논쟁의 초점이 되고 있으며, 성경에서 마지막으로 쓰인 책이 되었다.

10세기, 이곳을 물리적인 손상에서 보호하고 그

영적인 중요성을 지키기 위해 파트모스 동굴을 둘러싸고 그리스 정교 수도원이 세워졌다. 그 이후 이곳은 지금까지도 중요한 기독교 순례지로 남아 있다. 동굴 안의 작은 공간에는 성 요한이 머리와 손을 기대고 쉬었을 것이라 추측되는, 바위에 움푹 파인 구멍들이 있는데, 현재 이곳에는 은으로 된 일곱 개의 조명이 불을 밝히고 있으며, 그중 하나는 그가 잠을 잤던 장소에 걸려 있다. 동굴 입구에는 사도 요한이 동굴에 머무르며 받았던 계시들을 나타낸 모자이크가 있다.

이 동굴의 역사가 진실인지에 대해서는 결정적인 답을 내릴 수 없지만, 이곳은 강렬한 영적 충만함과 깊은 감정을 반향하는 장소로 그 진정성을 외신할 수 없게 만든다. 파트모스의 계시록 동굴은 기독교 세계에서 역사적으로 가장 중요한 유적 중 하나이며, 1999년 유네스코 세계문화유산으로 지정되면서 그 중요성을 인정받게 되었다. **TP**

로도스 도시

그리스, 로도스 | City of Rhodes

역사 속에 깊이 잠긴 도시에 남은 구호 기사단의 유물인, 성벽에 둘러싸인 중세 도시

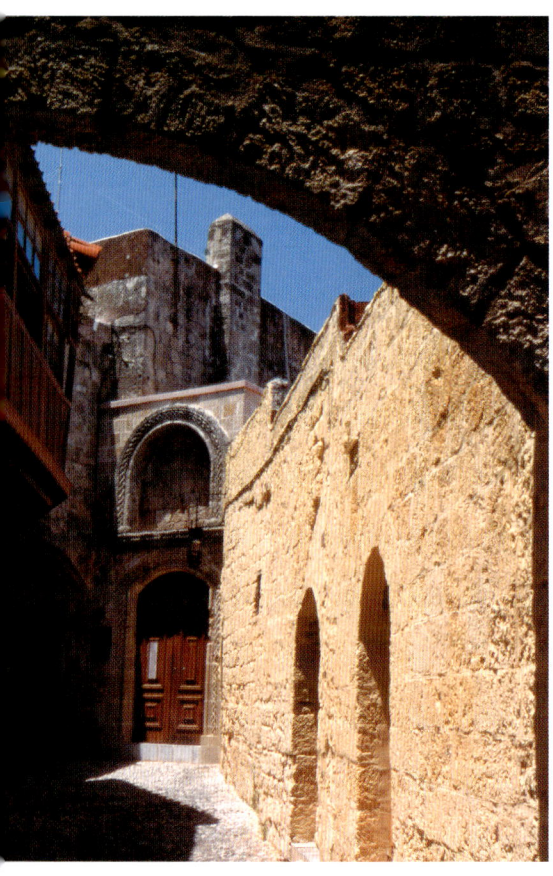

"로도스 … 한때는 기사단의 소유였던 주거지, 궁전, 교회의 유적이 가득한 곳."

J. W. 매가비, 『성경의 땅들』(1881)

에게 해의 하늘을 배경으로 높이 솟아오른, 여러 개의 매혹적인 탑이 있는 흉벽으로 둘러싸인 중세의 도시 로도스는 본질적으로 성 요한의 십자군 기사단에 의해 창조되었다. 이곳은 세계에서 가장 오래 전부터 사람이 살아 왔던 도시 중 하나로, 미로처럼 얽힌 매력적인 아담한 거리들과 많은 카페와 상점들이 있다. 자갈이 깔린 좁은 골목을 탐험하다 보면 고대 유적을 엿볼 수 있게 된다. 바로 고대 그리스, 헬레니즘 시대, 비잔틴 제국 시대로 거슬러 올라가는 긴 역사의 증거이다.

성 요한 기사단이 로도스를 차지한 것은 1309년으로 로도스 섬을 독립된 국가처럼 통치하면서, 중세의 이상을 수행할 수 있도록 설계된, 성벽과 해자로 둘러싸인 요새 도시를 건설했다. 이 기사단은 11세기 예루살렘에서 몸이 아픈 기독교 순례자들을 보살펴 주던 수도회에서 출발했다. 로도스 섬에 도착했을 무렵, 이들은 군사적인 십자군 수도회가 되어 있었다. 로도스 섬에 건설한 성채에서, 이후 200년 동안 기사단은 에게 해 동쪽으로 들어오는 이슬람 선박이라면 모조리 호전적으로 습격하곤 했다. 오늘날 성 요한 기사단이 남긴 흥미로운 관광 명소 중에는 '기사단 병원'(현재는 고고학 박물관), '기사들의 거리'(이포톤 거리), '기사단장 궁전', '기사들의 성', 그리고 도시를 둘러싼 성벽이 있다. 고대 세계의 일곱 가지 불가사의 중 하나이며 기원전 280~224년까지 항구에 서 있던 '로도스의 거상'은 지금 흔적이 남아 있지 않다.

16세기에 십자군 기사단은 '화려한 황제' 쉴레이만 1세가 이끄는 오스만 군에 의해 로도스 섬에서 쫓겨났다. 매우 인상적인 터키식 목욕탕, 모스크, 미나레트 등은 오스만 튀르크 제국의 지배를 받던 시기의 유물로, 이 시대는 1912년 이탈리아가 이 섬을 차지하면서 막을 내렸다. 이탈리아는 제2차 세계대전 때 폭격의 피해를 심하게 입었던 이 오래된 중세 도시에 대한 방대한 복원 작업(그 효과는 유적마다 서로 다르게 나타남)을 맡았다. 로도스 섬은 1940년대 후반에 그리스에게 양도되었다. **AK**

하니아 도시 성벽

그리스, 크레타, 하니아 | Hania Town Walls

베네치아와 터키 도시 성벽의 자취

하니아(카니아)는 그리스의 크레타 섬에서 두 번째로 큰 도시로, 섬의 북쪽 해안에 놓여 있다. 이 도시는 크레타 섬의 경제적이고 상업적인 중요한 중심지로, 이 오래된 도시는 수백 년 동안 이러한 위치를 고수해 왔다.

발굴 작업을 통해 하니아가 고대의 키도니아라는 보다 오래된 도시의 초석 위에 건설되었으며, 이 지역에는 신석기 시대 이래로 사람이 거주해 왔다는 사실이 밝혀졌다. 이러한 사실은 이곳에 뛰어나게 풍요롭고 다양한 역사를 부여해 주며, 이곳에서는 특히 미노아 시기의 많은 유물들이 발견되었다. 최초의 도시는 828년경 사라센인들에 의해 대부분이 파괴되었던 것으로 추정되나, 비잔틴인들이 951년 무렵부터 이곳을 재건하여 도시를 요새화하기 시작했다. 1204년 크레타 섬은 보니파티오스 몸페라티코스에게 주어졌는데, 그는 이 섬을 베네치아인들에게 팔았다. 베네치아인들도 다시 하니아를 보호하기 위해 단단한 방어벽을 짓기 시작했고, 돌을 사용하기 위해 오래된 로마 극장을 헐어 버렸다. 새로운 성벽은 다른 많은 베네치아 양식의 건물들과 마찬가지로 1336년에서 1356년까지 지어졌다. 이 성벽은 1536년 이탈리아의 유명한 엔지니어이자 건축가인 미켈레 산미첼리의 감독으로 다시 개조되고 강화되었으며, 1568년까지 제 구실을 다했다. 1645년, 두 달도 넘게 계속된 치열한 전투 끝에 튀르크인들이 이 도시를 차지했고, 일부는 고쳐 세우고 일부는 헐어 버리기도 하며 성벽을 다시 손보았다.

오늘날 이곳에는 전투의 상처가 남아 있는 하니아의 성벽 잔해들만이 남아 있다. 수세기에 걸쳐 방어 시설은 천천히 발달해 왔으며, 이는 더 커다란 그림의 일부를 형성하여 단일된 지역에서 수백 년에 걸친 인류의 문명 발달 과정을 이야기해 주고, 그리스 역사 속에서도 중요한 한 부분을 차지한다. 하니아의 박물관에는 여러 가지 사건을 겪어 온 이 도시의 긴 역사의 자취로 남은 조각품, 모자이크, 도기가 풍부하다. **TP**

파이스토스 궁전

그리스, 크레타, 미레스 부근 | Palace of Phaistos

매혹적인 장소에 서 있는 미노아 궁전의 유적

파이스토스(페스토스)에 있는 왕궁 단지는 기원전 2000년경에서 기원전 1400년까지 크레타 섬과 그 주변에서 꽃피었던 미노아 문명의 훌륭한 '궁전 문화'의 가장 눈부신 예 중 하나였다. 그 장소만으로도 충분히 매혹적이다. 크레타 섬에서 가장 비옥한 목초지인, 넓은 메사라 평원이 훤히 내려다보이는 언덕 위에 위치하고 있는 것이다.

기원전 1900년경에서 기원전 1400년 사이에 파이스토스는 크노소스와 같은 크레타 섬의 다른 궁전 터와 마찬가지로 다양한 궁전들의 흥망성쇠를 지켜보아 왔다. 기원전 1700년 무렵, 오래된 궁전의 토대 위에 장려한 새로운 궁전이 지어졌으며, 이 궁전은 오랜 세월에 걸쳐 서로 다른 단계를 거치며 건축되어 왔기에 오늘날 남아 있

> "유명한 창잡이 이도메네우스는 …
> 사람이 붐비는 도시 파이스토스의
> 주인 크레타 인들을 이끌었다."
>
> 호메로스, 『일리아드』(기원전 850년경)

는 유적은 매혹적인 모습이다. 한창 때에 이 새로운 궁전에는 수려한 경치를 최대한으로 즐길 수 있도록 배치된 사치스러운 왕실 저택들과 길고 탁 트인 안뜰들이 있었다. 고도로 발달한 위생 시설도 있었고, 계단과 통로들은 교묘한 솜씨로 배치되어 서로 다른 여러 층을 연결해 주고 이 궁전의 건물들이 언덕의 외곽선을 껴안는 모양으로 배열되도록 하였다. 궁전은 문화와 교역의 주요한 중추였던 생기 넘치는 도시의 중심지였다. 유명한 '파이스토스 인판'도 이곳에서 발견되었다. 이는 문자가 새겨진 점토 원판으로, 여기에 새겨진 문자는 지금까지 전혀 해독되지 않았다.

파이스토스 시에는 이후에도 여러 시대에 걸쳐 사람이 살았으나, 기원전 200년 근처의 도시 고르틴의 지배를 받게 되었다. 궁전은 1900년대 초반에 발굴되었다. **AK**

크노소스 궁전 그리스, 크레타, 헤라클리온 부근 | Palace of Knossos

미노아 궁전들 중 가장 크며, 반은 인간, 반은 황소인 전설적인 존재 미노타우로스가 살았다던 곳

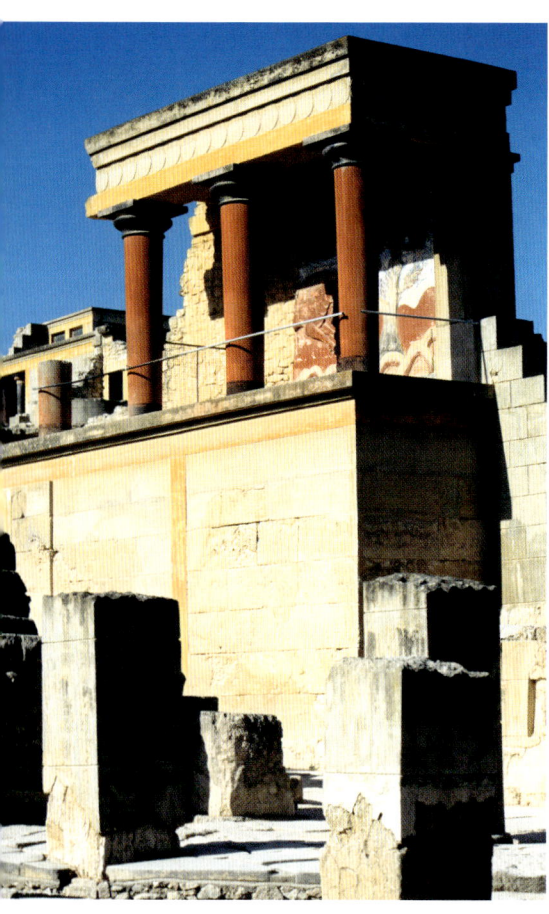

"궁전 전체가 잠시 동안 깨어나 생명과 움직임을 되찾은 듯했다."

고고학자, 아서 에반스 경

크레타의 수도 헤라클리온에서 5km 남동쪽으로 떨어진 곳에 위치한 크노소스 궁전은 기원전 1700년에 건축되었으며, 기원전 1400년까지 이용되었다. 그러나 이 지역에는 기원전 7000년 이래로 정착촌이 있었던 것으로 추정된다. 이 궁전은 그리스 전설 속의 반은 인간, 반은 황소였던 미노타우로스가 한때 살았던 곳이었다는 설 때문에 관광객들을 이끈다. 전설에 따르면, 다이달로스가 크레타 섬의 미노스 왕을 위해 미노타우로스를 가둬 둘 라비린토스(미로 같은 건축물)를 지었으며, 미노타우로스는 결국 테세우스에게 죽임을 당했다고 한다. 실제 미로 같은 것은 없지만, 크노소스 궁전은 서로 연결된 1300여 개의 방이 있는 미궁과 같은 구조의 건물이다.

궁전의 구조물은 훌륭한 상태로 남아 있으나, 이는 축복이면서 또한 저주이기도 하다. 일찍부터 고고학적 발굴이 이루어져 성급하게 궁전을 다시 짓는 바람에, 현대의 고고학자들이 그 정확성을 평가하기가 어려워졌기 때문이다. 크레타 섬의 부유한 상인인 미노스 칼로카이리노스가 1878년 최초로 대규모 발굴 작업을 실행했으나, 이곳이 전체적으로 면밀한 검사를 받은 것은 1900년에서 1905년 사이 영국의 고고학자 아서 에반스 경에 의해서였다. 에반스의 열정으로 궁전은 복원되었지만, 그가 콘크리트 같은 자재를 사용했기 때문에 원래 그대로의 설계와 건물의 진위 여부를 가려내는 데에 어려움을 남겼다.

궁전의 벽은 황소 뛰어넘기와 같은 다양한 미노아 의식들을 나타낸 프레스코화로 장식되어 있다. 이 그림에서는 한 참가자가 황소의 등을 뛰어넘기 위해 뿔을 잡고 있다(미노아 문명에서 황소는 숭배의 대상이었다). 이 프레스코화들을 두고도 논란이 있어 왔는데, 다름이 아니라 회벽에 거의 남아 있지 않던 흔적들을 기초로 하여 피에트 데 용이라는 화가가 완전히 다시 그렸기 때문이다. 따라서 이 작품들은 화가가 원본이 실제로 무엇을 나타내고 있었는지 생각해 가며 상상과 추측에 많이 의지하여 그려낸 결과물일 것이다. **CK**

스피날롱가 요새 그리스, 크레타, 칼리돈 | Spinalonga Fortress

최근에 와서는 나병환자 촌으로 사용되었던, 난공불락의 베네치아 요새

크레타 섬 북동쪽 해안 바로 가까이에 있는 자그마한 섬 칼리돈에서, 스피날롱가 요새는 엘로운다 만을 지키는 전략적인 위치를 차지하고 있다. 아마 824년에서 960년 까지 크레타 섬에 거주했던, 아랍인들로부터 도망친 기독 교인들이 이 지역을 처음으로 사용했던 듯하다. 13세기 초에 베네치아가 이 섬을 소유하게 되었으며, 오스만 제 국의 침략으로부터 크레타를 보호하기 위해 고대 아크로 폴리스 유적 위에 요새가 건설되었다. 요새의 높은 방벽 은 배들이 이 섬에 상륙하지 못하도록 막아 주었으며, 보 루 위에서 대포를 이용해 주변 바다를 지배할 수 있었다. 베네치아는 결국 1669년에 오스만인들에게 크레타 섬을 빼앗겼지만, 베네치아인들은 그들의 배가 멈춰서 식량을 싣곤 했던 근처의 항구를 지키는 데에 스피날롱가를 계 속 사용해도 좋다는 허락을 받았다. 스피날롱가 요새마 저 결국 1715년 오스만인들에게 함락되었으며 요새의 군 사적인 기능은 중단되었지만, 이후 크레타 독립 운동에 가담한 이들을 가두는 감옥으로 사용되게 되었다.

1898년 크레타가 마침내 독립을 얻게 되자, 오스만 튀르크 일족들은 이 요새에 피신했다. 1903년, 이들을 강제로 물러나게 하려는 시도에서, 크레타 정부는 스피날 롱가 요새를 나병환자 수용소로 지정했다. 한때는 '부정 한' 존재로 취급되어 사회로부터 격리되어야만 했던 나병 환자들은 '단테의 문'이라 알려진 터널을 통해 의학적인 치료를 포함한 기본적인 필요를 충족시킬 수 있는 소박 한 공동체에서 살아가기 위해 환자촌으로 들어갔다. 이 곳은 1957년 해산되었으며 이 섬에는 지금 사람이 살고 있지 않지만, 근처의 엘로운다나 아기오스의 리조트로부 터 페리를 타고 올 수 있는 인기 있는 관광지이다. 요새로 들어가는 입구는 지금도 두 곳뿐에 없다. 나병환자 들이 들어갔던 터널과 바다 쪽으로 나 있는 방파제이다.

스피날롱가 요새는 크레타 섬의 변화무쌍한 역사 와 더불어, 1204년부터 1669년까지 크레타를 지배했던 베네치아인의 토목 공학 기술을 반영해 준다. **JF**

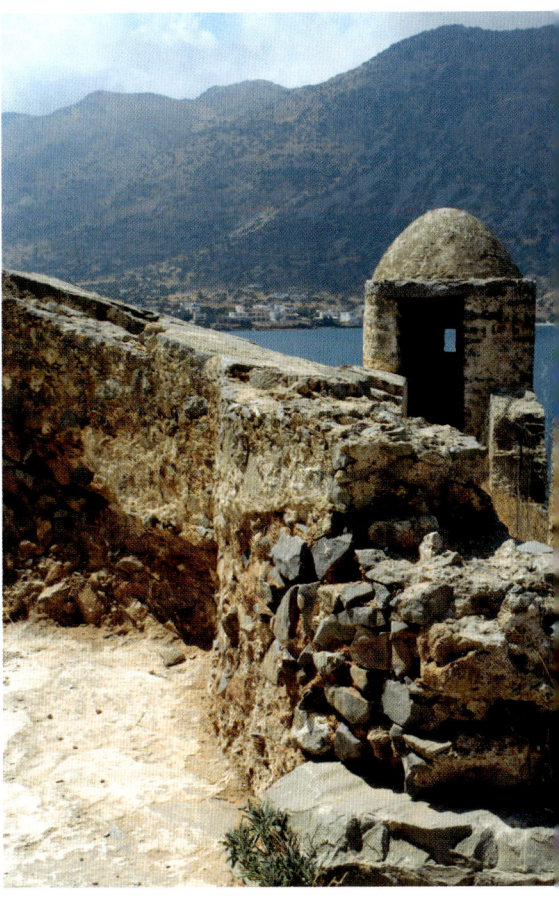

"나병환자는 옷을 찢고 머리를 풀며…"

레위기 13장 45절~46절

디오클레티아누스 황제의 궁전 크로아티아, 스플리트 | Emperor Diocletian's Palace

스플리트의 중추가 될 운명이었던 로마 시대의 요새화된 저택

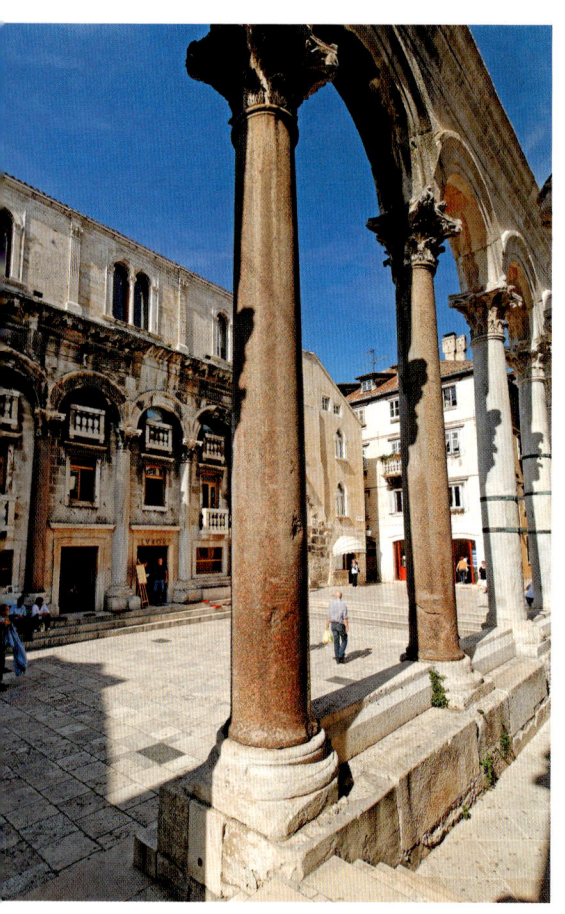

"…그대의 황제는 … 나더러 이곳의 평화와 행복을 다른 것과 바꾸라고 감히 권하지 못할 것이오…"

디오클레티아누스, 두 번째 임기 제안을 기절하며

디오클레티아누스는 로마의 속주 달마티아의 군인이었으며, 후기 로마에서 가장 효율적인 통치를 펼쳤던 황제 중 한 사람으로 부상했다. 59세 때 심각한 질병으로부터 회복된 이후, 그는 자신이 태어난 도시 살로나(현재의 솔린)에서 약 8km 떨어진 곳에 지어 두었던 바다 근처에 있는 별궁으로 은퇴하기로 결심했다.

3헥타르 넓이의 부지에 걸쳐 세워진, 요새처럼 튼튼한 궁전은 반은 저택, 반은 군사 진영으로 높이 7m의 성벽을 둘러싸고 열여섯 채의 탑이 세워져 있었다. 동쪽과 서쪽 관문 사이에 놓인 길이 내부를 군사 구역과 황제 거주 구역으로 나누었다. 황제가 거주하던 구역에는 기념비적인 웅장한 안뜰, 팔각형의 능묘, 세 개의 사원이 있었으며 바다를 곧바로 바라보고 있는 남쪽 파사드와 인접하여 아케이드를 이룬 아파트먼트들이 있었다. 디오클레티아누스는 70세의 나이로 죽음을 맞을 때까지 이곳에 거주하면서 양배추를 기르며 행복하게 살았다.

궁전은 6세기까지 계속 사용되었으며 유라시아의 아바르 족이 침입해 왔을 때에도 그 공격을 버텨냈다. 살로나 시가 겪은 운명은 이보다 불운했다. 614년경 습격으로 막심한 피해를 입은 후 도시 거주민들은 궁전의 안전한 성벽 안으로 피난해 와서 정착했고 이때 스팔라토라는 도시를 세웠는데, 이 도시가 현대의 스플리트가 되다. 이 지역을 다스렸던 지배자들 아래에서 여러 대에 이어 내부를 개조하고 다시 지었으며 — 인구가 불어나면서 성벽 밖에도 건물을 짓게 되었다 — 오늘날의 궁전은 한눈에 보아도 중세, 르네상스, 바로크 양식이 로마적인 성벽 안에 뒤섞여 들어 있는 모습이다. 스플리트 시 한복판에 있는 이 궁전은 1979년 아드리아 해 남쪽 해안에 지어진 가장 귀중한 로마 건축의 예로서 유네스코 세계문화유산으로 지정되었다. 지금도 9천 명 이상의 사람들이 성벽 안팎에 거주하고 있으며, 최신 유행의 부티크, 갤러리, 레스토랑, 바 등이 궁전의 오래된 아케이드 안에서 매일 장사를 하고 있다. **JB**

필레 관문 크로아티아, 두브로브니크 | Pile Gate

두브로브니크 시의 아름다운 중심부로 이어지는 방어 담당의 관문

필레 관문은 1979년부터 유네스코 세계문화유산으로 보호받은 아름다운 고도시 두브로브니크로 들어가는 주요 입구이다. 수세기 동안 필레 관문은 도시를 방어하고 '아드리아 해의 진주로 들어가는 통로 역할을 담당했다.

필레 관문은 필레 교외에서 두브로브니크로 들어가는 길 위에 위치하고 있다. 이곳의 도시 방어 시설은 8세기에 건축되기 시작했는데, 이는 점점 커 가는 두브로브니크의 경제적 중요성을 반영한 일이었다. 두브로브니크는 1358년 베네치아 공화국으로부터 독립을 얻어 자치 도시 국가가 되었다. 베네치아, 슬라브, 오스만인의 위협에 직면한 두브로브니크의 의회는 15세기와 16세기에 도시 방어 시설을 더욱 튼튼히 하는 데에 커다란 노력을 기울였다. 필레 관문은 사실 두 개의 문으로 이루어져 있다. 15세기에 세워진 내부 문과 1537년에 세워진 외부 문이다. 두 개의 문은 1350년에 팠던 수로 위로 놓인 도개교를 통해 연결되어 있다. 나폴레옹의 군대가 1808년 두브로브니크로 쳐들어와, 500년에 걸친 이 도시의 독립에 마침표를 찍었던 것은 바로 필레 관문을 통해서였다.

내부 문에 파인 니치 안에는 이 도시의 수호성인 성 블라시우스의 조각상이 있는데, 저명한 종교 조각가 이반 메슈트로비치의 작품이다. 필레 관문을 지나면 광장이 나오는데, 이곳에는 1468년에 포석이 깔렸으며 이탈리아의 오노프리오 델라 카바가 디자인한 웅장한 분수가 있다. 필레 관문을 통해, 2km 정도 뻗어 있으며 높이 25m에 어떤 지점에서는 두께가 6m에 달하는 두브로브니크의 도시 성벽에도 접근할 수 있는데, 성벽에서는 시가지와 아드리아 해의 눈부신 정경을 감상할 수 있다.

두브로브니크의 고도시는 크로아티아가 독립을 쟁취하기 위해 투쟁하는 동안 대규모 이 손상은 입었는데, 1991년에는 유고슬라비아의 인민군대, 1992년에는 유고슬라비아의 세르비아인들에 대항한 것이다. 다행히 필레 관문은 이 싸움에도 무사히 보존되어 유럽에서 가장 아름다운 도시 중 하나인 두브로브니크의 역사적인 심장부로 들어가는 관문으로 당당하게 서 있다. **JF**

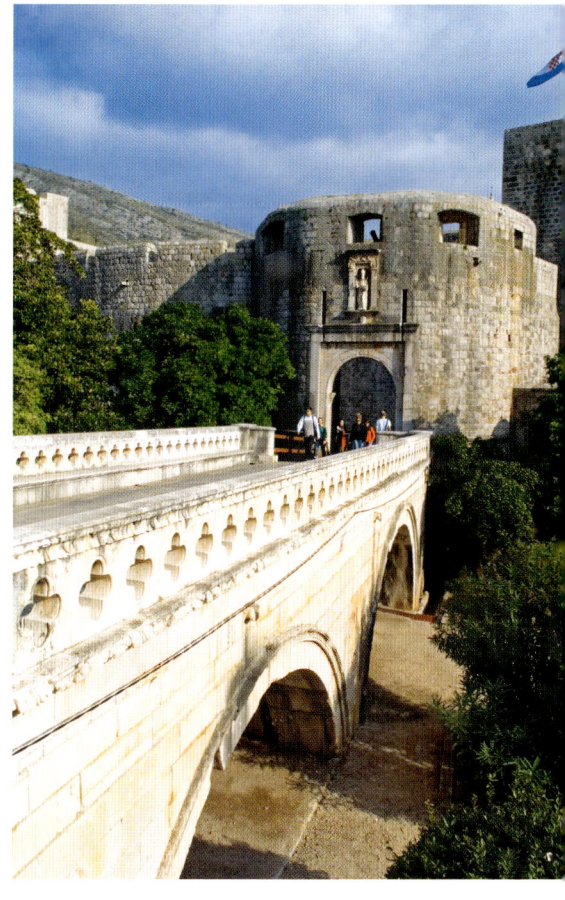

"성 블라시우스에게 탄원하노니, 신께서 그대의 목의 통증과 다른 불행들을 덜어 주시기를. 아멘."

성 블라시우스의 축일인 2월 3일에 내리는 축복

미로고이 묘지

크로아티아, 자그레브 | Mirogoj Cemetery

크로아티아의 장례 문화를 보여 주는 묘지

자그레브의 미로고이 공동묘지, 즉 '그라드스카 그로블랴'는 도시 북쪽에 위치하고 있으며, 자그레브 대성당에서 버스를 타고 조금 가면 만날 수 있다. '유럽의 중요한 공동묘지 국제 협회'의 일원이기도 한 이곳은 단순히 죽은 이들을 위한 휴식처 그 이상의 공간이다. 예술, 건축, 정원 디자인, 그리고 크로아티아의 역사를 보여 주는 야외 박물관인 셈이다.

묘지는 1876년, 언어학자이자 정치가, 작가이며 라틴 알파벳을 이용해 크로아티아, 보스니아, 몬테네그로, 세르비아어를 표기하는 방법을 창안해 낸 류데비트 가이가 한때 소유하고 있던 땅에 설립되었다(그의 무덤도 이 묘지 안에 있다). 곳곳에 흩어져 있던 묘지를 하나로 통합해 죽은 이들을 위한 웅장한 휴식처를 만들어내려는 것이 자그레브 시의 목표였다. 시에서는 자그레브 대성당과 자그레브 예술과 공예 박물관 복원 작업을 주관하기도 했던 헤르만 볼레라는 독일 건축가를 임명해 새로운 묘지의 컨셉을 잡고 건축하는 일을 맡겼다.

볼레의 비전은 소박하다고는 할 수 없었다. 그의 의도는 우아한 아케이드, 대로, 둥근 탑이 얹힌 예배당, 영안실 등을 갖춘 신고전주의적인 천상의 예루살렘을 창조해 내는 것이었다. 재정적인 문제로 묘지가 조성되기까지 반세기나 걸렸으나(볼레가 죽은 이후 완성), 건축가의 계획과 일치했고, 크로아티아의 예술에 50년이라는 세월을 바친 인물에게 어울리는 작품이 되었다.

이 묘지에 잠든 이들 중에는 크로아티아의 농민당 지도자인 스테판 라디치, 크로아티아 초대 대통령 프란요 투지만, 크로아티아에서 가장 유명한 농구선수 중 하나였으며 차 사고로 비극적인 죽음을 맞았던 드라젠 페트로비치 등이 있다. 11월 1일 만성절에는 사랑하는 이들이 잠든 무덤에 불을 밝힌 램프를 놓아두는 오래된 크로아티아 풍습으로 인해 묘지가 환히 빛나며, 자그레브의 시민들은 죽은 이를 추모하는 알록달록한 작은 램프로 무덤과 기념비, 통로 곳곳을 뒤덮는다. **JB**

페트로바라딘 요새

세르비아, 페트로바라딘 | Petrovaradin Fortress

비길 데 없이 우수한 세르비아의 요새 체계

도나우 강변의 페트로바라딘 요새는 112헥타르에 걸쳐 지어진, 유럽에 남아 있는 가장 크고 완벽한 요새 체계이다. 이곳에는 초기 청동기 시대(기원전 3000년경)부터 일종의 요새가 서 있었는데, 이 지역을 조사한 결과 구석기 시대(기원전 19000~15000년경)까지 거슬러 올라가는 더 오래된 주거지가 있었다는 사실이 밝혀졌다.

페트로바라딘에 지어진 최초의 대규모 방어 설비는 로마인들에 의해 지어졌다. 1235년 헝가리의 왕 벨라 4세가 이 지역으로 시토회 수도사 무리를 데려왔는데, 이들은 1247년에서 1252년에 걸쳐 강력한 방벽을 쌓았다. 1526년 7월 27일, 이 요새 도시는 진격해 온 오스만 군대에게 2주간의 포위 공격 끝에 함락되어 이 지역은

"Nec arte, nec marte."(무력으로도, 책략으로도 뚫을 수 없는)

페트로바라딘 요새에 새겨진 글귀

오스만 제국 영토 일부가 되었다. 1687년, 오스트리아 군대가 요새를 차지했으며, 황제 레오폴트 1세는 오래된 요새를 헐어 버리고 새로 짓도록 명했다. 새로운 요새는 1694년 오스만의 포위 공격에도 성공적으로 버텨 냈다. 1753년에서 1776년까지 대규모 요새 증축 작업이 이루어졌으며, 지뢰 공격을 대비한 16km의 지하 통로도 팠다. 나폴레옹이 오스트리아로 쳐들어온 동안 빈의 왕궁에서는 귀중품을 보관하는 데에 이 요새를 사용했다. 이후에 요새는 감옥으로 사용되었다.

오늘날 페트로바라딘은 18세기의 군사 엔지니어링과 건축술을 보여 주는 견줄 데 없이 훌륭한 예로 손꼽힌다. 요새는 많은 부분이 복원되어 처음 건축되었을 때만큼이나 믿음직스럽고 당당한 모습으로 보인다. **JF**

베오그라드 대성당

세르비아, 베오그라드 | Belgrade Cathedral

세르비아 문화를 구체화해 보여 주는 세르비아 정교 대성당

1573년 게를라라는 이름의 사제가 베오그라드 시를 방문했다. 그는 일기에 '천사장 성 미카엘 교회'를 방문한 소감을 이렇게 적었다. "상당히 크며 이곳에 있는 유일한 교회이다." 그는 계속해서 대리석으로 된 세례당, 조각이 새겨진 나무 촛대, 새하얀 천으로 덮인 나무 제단 등을 묘사해 나갔다. 이는 현재 베오그라드의 세르비아 성교 대성당에 대해 쓰인 최초의 문서 기록으로 보인다. 원래의 건물은 18세기 초 튀르크인이 침략했을 때 파괴되어 버렸으며, 19세기에 같은 토대 위에 새로운 건물이 지어졌다. 건축은 1845년에 시작해 1847년에 끝났다. 당연히 건축 양식에는 세르비아 역사에 강력한 영향력을 떨쳐 왔던 두 문명, 비잔틴과 오스트리아 문화 양쪽으로부터 받은 영향이 드러나 있다.

성당 안에는 여러 명의 유명한 세르비아인들이 묻혀 있는데, 튀르크에 대항하여 수차례 봉기를 이끌었던 세르비아의 옛 지도자 밀로슈 오브레노비치 공(公)도 그 중 하나이다. 그의 두 아들인 밀란과 미하일로 역시 성당 안에 잠들어 있다. 둘 다 세르비아의 통치자가 되었다. 밀란은 정권을 잡은 채 매우 젊은 나이에 죽었다. 미하일로는 암살당했다. 이외에도 14세기부터 튀르크인 침략자들의 손에 죽은 세르비아 군주들의 유골을 담았다고 하는 여러 개의 관이 있다. 19세기의 유명한 세르비아 작가 두 사람의 유해 역시 이 성당에 안치되어 있다. 부크 카라지치와 도시테이 오브라도비치이다.

베오그라드 대성당은 오래된 베오그라드의 가장 중요한 정치적, 사무적, 상업적 중심지, 칼레메그단 요새와 매우 가까운 곳에 서 있다. 이 지역의 교회들은 이슬람 오스만 제국과 가톨릭 오스트리아가 계속해서 침략해 오던 한가운데에서 정교교회의 정체성을 지키기 위해 투쟁해 왔으며, 몇 세기에 걸친 불안한 상황에도 오늘날의 성당은 세르비아 정교로 남아 있다. **LH**

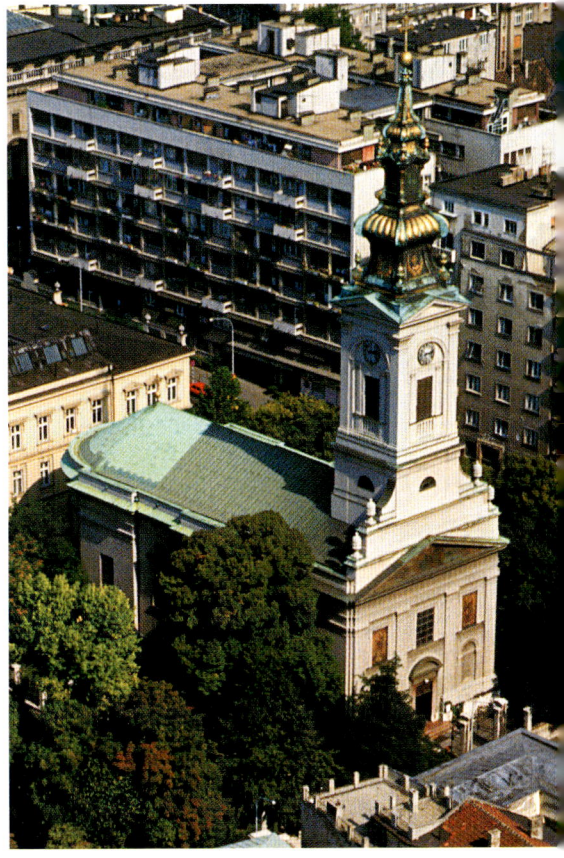

"베오그라드 성당 광장에서 내려오는 계단을 따라 인파가 쏟아져 나오고 있었다."

레베카 웨스트, 「검은 어린양과 회색 매」(1945)

칼레메그단 요새

세르비아, 베오그라드 | Kalemegdan Fortress

강력한 요새이자 베오그라드 시의 상징

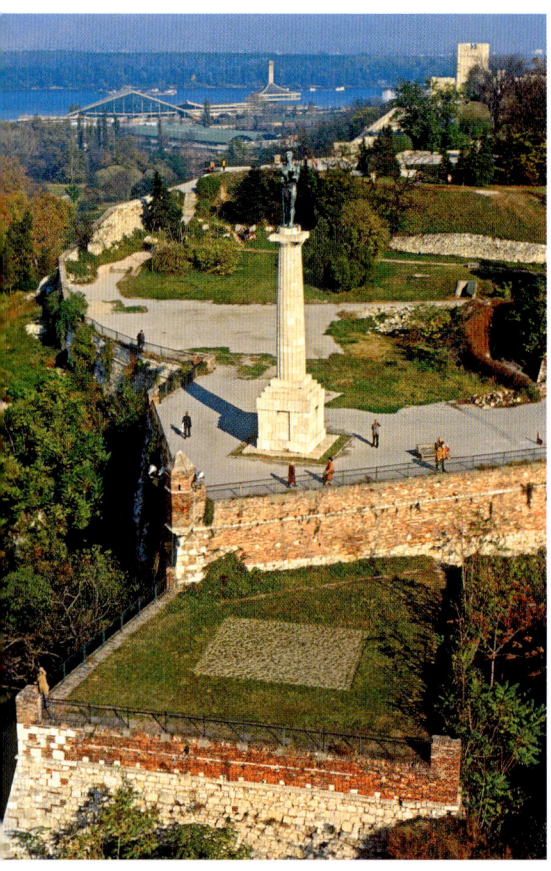

"칼레메그단 요새는 로마 시대의 카스 트룸이 세워졌을 때까지 거슬러 올라 가는 매우 긴 역사를 지니고 있다."

작가, 안드레아 밀라니 콤파레티

이 장소에는 1세기 로마가 지배했던 시절부터 요새나 성이 서 있었으며, 모든 것이 그 역사적인 자취를 남겨 놓았다. 현재 남아 있는 요새는 많은 부분이 1740년대에 세워졌으나, 그 기원은 12세기로 예전에 파괴되어 버린 건물 위에 지어졌을 때였다. 성벽은 아직도 오래된 베오그라드 시의 경계선을 나타내고 있다.

칼레메그단 요새는 비잔틴인이 지었으며, 이 분쟁 지역이 여러 명의 다양한 통치자의 지배를 받는 것을 목격했다. 오스만 제국이 비잔틴 지배자들을 전복시켜 버린 1521년 이후, 요새는 방치되어 황폐해졌다. 18세기 초에는 오스트리아가 20년 이상 지배했으며 군사를 두기 위해 요새를 수리했다. 이후 양차 세계대전이 요새를 손상시켰으나, 다시 수리되었다. 오늘날 칼라메그단 요새는 오랫동안 침략을 받은 베오그라드의 역사와 나토의 폭격에도 여전히 온전한 모습을 유지한 채, 자랑스러운 상징으로 남아 있다. 요새의 벽 모든 곳에 남아 있는 전투의 상처는 전쟁에 시달린 베오그라드의 과거를 보여준다.

칼레메그단 요새는 한쪽 편으로 사바 강과 도나우 강이 합류하는 지점에 있는 암벽 위에 있다. 이곳은 현재 베오그라드의 주요 관광 명소이다. 이 도시의 복잡한 역사가 남긴 유물로는 로마 시대의 유적, 파샤(오스만 제국과 이집트 등에서 신분이 높은 사람이 붙이는 명예로운 호칭)의 무덤, 천문대, 여러 개의 박물관 등이 있다. 주변을 둘러싼 공원에는 조각품이 가득하며, 그 중 하나는 상당한 논란을 불러일으켰던 〈승리자〉(1928)이다. 이 조각상은 높은 대좌 위에 서 있는 엄청난 크기의 남성 누드상으로, 세르비아가 터키에서 독립한 것을 기념하기 위해 제작되었다. 처음에는 베오그라드 중앙에서 제막식을 올렸으나, 시민들이 불쾌함을 표해 칼레메그단 공원으로 옮겼다. 이 조각상은 현재 강물과 베오그라드 시의 새로운 교외 지역을 내려다보고 있다. 또 다른 훌륭한 기념물 하나는 제1차 세계대전 동안 도와준 것을 감사하기 위해 프랑스 국민에게 헌정한 거대한 청동 조각상이다. **LH**

티토의 마우솔레움

세르비아, 베오그라드 | Tito's Mausoleum

유고슬라비아에서 가장 유명한 지도자의 무덤

유고슬라비아의 대통령 요시프 브로즈 티토 원수는 1980년 5월 4일에 사망했다. 베오그라드에서 열린 그의 장례식에는 세계 전역에서 온 122명의 국가 수장들이 참석했으며 부유한 데디네 구역에 있는 그의 예전 집에는 마우솔레움(영묘)이 지어졌다. 티토는 1892년, 당시의 오스트리아–헝가리 제국에서 크로아티아인 아버지와 슬로베니아인 어머니 사이에서 태어났다. 그는 젊은 시절 대부분을 빠르게 변화하는 유럽에서 여행하고 일했으며, 제1차 세계대전 때는 군인으로 복무하다가 1919년 공산주의자가 되었다. 1920년 그는 크로아티아, 세르비아, 슬로베니아인들이 연합해 새로 탄생된 연방 공화국, 유고슬라비아로 돌아왔다. 티토는 열렬한 공산주의자였으나 스탈린의 전체주의적인 폭정에는 반대했다. 제2차 세계대전 동안 유고슬라비아를 이끌었던 그는 러시아 지도자에 대한 자신의 감정을 숨김없이 드러내곤 했다.

1980년대에, 티토의 마우솔레움을 찾는 이들의 수는 엄청나게 많아 항상 긴 줄이 늘어서 있었다. 그러나 전 유고슬라비아를 구성했던 민족들이 자신들의 고유한 국가 정체성을 찾으려 노력하게 되면서 이러한 숫자는 상당히 줄어들었다. 많은 이들이 티토가 표상하는 바로부터 등을 돌렸던 것이다. 1990년대에 유고슬라비아가 내전에 빠지게 되면서 마우솔레움과 부속 박물관은 대중이 방문하지 못하도록 폐쇄되었다.

오늘날, '꽃들의 집'이라고도 알려진 티토의 마우솔레움은 다시 문을 열어 그가 사망한 날짜인 5월 4일과 그가 태어난 날이라 추정되는 5월 25일('청소년의 날'이기도 하다)이면 경의를 표하러 찾아오는 많은 방문객을 맞이한다. 마우솔레움은 전성기 때에 주변을 둘러싸고 있던 상황과 그 화려함은 잃었지만 – 무장한 호위병, 정원사 무리, 여러 개의 박물관 등은 이제 사라졌다 – 인기 있는 관광 명소이다. 방문객은 급증했지만, 티토가 마지막으로 잠들어 있는 이곳은 국가적인 중요성이 깃든 유적이라기보다 등한시된 무덤에 가깝다. **LH**

카라조르제 마우솔레움

세르비아, 토폴라 | Karageorge Mausoleum

세르비아를 창시한 인물의 무덤

영어식으로 '카라조르제'–피부가 검어서 붙은 '검은 조르제'라는 의미의 별명–라 알려진 조르제 페트로비치(1768~1817)는 세르비아인들에게 근대 세르비아를 탄생시킨 창시자 중 한 명으로 인정받는다. 1752년 토폴라 근처에서 태어난 그는 보잘 것 없는 농부의 집안에서 자라나 오스트리아–튀르크 전쟁(1787~1791)에서 오스트리아 편에 서서 싸워 두각을 드러낸 이후, 제1차 세르비아 봉기(1804~1813)동안에는 오스만 통치에 반대하여 세르비아 반란군을 이끌었던 지도자의 위치까지 올라갔다.

오스만 제국이 오랫동안 지속된 러시아와의 전쟁

> "밀로슈 오브레노비치, 정적이었던 세르비아의 지도자는 이 위대한 반란자의 머리를 박제하여 이스탄불로 보냈다."
>
> 역사가, 스티븐 W. 소워즈

으로 혼란에 빠져 있을 동안, 카라조르제는 튀르크 총독들을 타도하며 베오그라드 주변 지역을 포함한 여러 지방을 해방시키는 데에 성공했으며, 다양한 민족적 교육과 사법 개혁을 실시했다. 그러나 1813년, 나폴레옹의 위협으로 러시아가 오스만 제국과 평화 조약을 맺을 수밖에 없게 되자, 그는 전력을 다한 오스만 제국의 공격과 직면하게 된다. 세르비아 봉기는 결국 실패로 돌아갔고 카라조르제는 세르비아를 떠나 도망쳐야만 했다. 그는 1817년 비밀리에 돌아왔으나, 세르비아 내부의 정적 중 한 사람이 지지를 받은 오스만인들에 의해 암살당했다.

이후 그는 손자인 왕 페타르 1세가 지었고 출생지인 토폴라 바로 외곽에 있는 오플레나크 언덕에 있는 '성 조르제의 마우솔레움'('카라조르제 마우솔레움이라 알려져 있다)에 묻혔다. 페타르 왕을 비롯한 가문의 다른 이들 역시 이곳에 묻혀 있다. **AS**

스투데니차 수도원 세르비아, 스투데니차 | Studenica Monastery

비할 바 없이 훌륭한 14세기의 프레스코화가 있는 비잔틴 양식의 종교 건물들

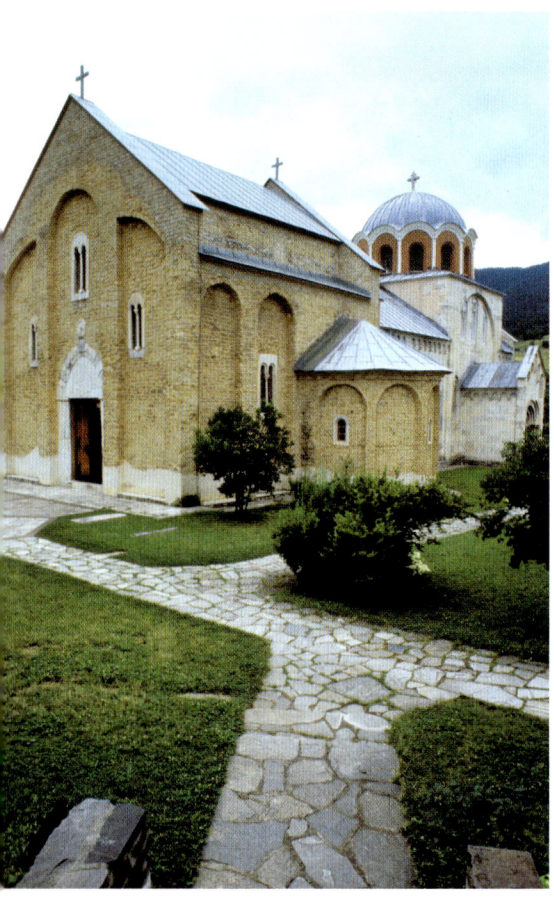

"스투데니차는 그 둥근 벽 안에 예외적일 정도로 빼어난 많은 유적들을 간직해 왔다"

유네스코

12세기 말에 설립된 스투데니차 수도원은 외딴 곳에 있는 복합적인 종교적 건물 공동체로, 이곳의 건물들 전체는 동유럽에서 비잔틴 건축 양식과 프레스코화를 가장 풍부하게 간직한 보고(寶庫)라 할 수 있다. '성모 마리아의 교회'와 '왕의 교회'(공식 명칭은 '성녀 안나와 성 요아킴의 교회')라는 두 채의 건물이 가장 중요하며, 이를 둘러싸고 조금 더 작은 '성 니콜라스 교회', 성 세례 요한에게 봉헌했던 교회의 토대, 종탑, 18세기에 세워진 후기의 수도사 거처 등이 서 있다.

이 수도원은 중세의 세르비아 국가의 아버지인 스테판 네마냐에 의해서, 그가 수도사가 되기 위해 1196년 왕위에서 물러난 직후에 최초로 세워졌다. 네마냐는 사냥을 하던 도중 우연히 이 부지를 발견했으며, 수도원 공동체를 세우기에 완벽하다고 생각하여 점찍어 두었다. 그의 아들들이 건축 작업을 이어받아 13세기 초에는 '성모 마리아의 교회'를, 14세기 초에는 '왕의 교회'를 완성했다.

스투데니차 수도원은 세르비아 정교의 탄생지라는 중요한 장소이기도 하지만, 수도원의 건물들로만 해도 매우 의미 깊은 예술적 보배이다. 이 건물들은 '라슈카 유파'라는 독립적인 양식으로 발전해 나간, 비잔틴과 로마네스크 건축 양식이 독특하게 혼합된 모습을 보여 주는데, 라슈카 유파는 이후 여러 세기 동안 이 지역 전역에 지어지는 교회의 디자인에 영향을 끼치게 된다. 뿐만 아니라, 뛰어나게 훌륭한 상태로 보존되어 있는 프레스코화가 건물을 장식하고 있다. '왕의 교회'에는 14세기 초에 작업을 위해 온 그리스 장인들이 성모 마리아의 일생을 그린 프레스코화가 있으며, '성모 마리아의 교회'에는 1209년에 제작된 벽화들이 있는데, 이는 동시대 피렌체의 거장들인 치마부에, 두키오, 조토 등의 작품과 어깨를 나란히 해도 좋을 정도이다. 이곳에 깃든 광범위한 역사적이고 예술적인 유산을 인정하여 유네스코는 1986년 스투데니차 수도원을 세계문화유산으로 지정했다. **AS**

해골의 탑 세르비아, 니시 | Skull Tower

오스만의 무시무시한 승리 기념비이자, 세르비아 민족주의의 상징

1804년 제1차 세르비아 봉기가 시작했을 때, 세르비아는 15세기 중반 정복당한 이후부터 거의 350년 동안 오스만 제국의 지배 아래 있었다. 이 봉기는 1813년 진압 당했으나, 직후인 1815년 제2차 세르비아 봉기가 일어났다. 제2차 봉기는 마침내 성공을 거두어 세르비아는 1829년 공식적인 독립을 얻어냈다.

'해골의 탑'은 1차 봉기 때의 유물로, 원래 오스만 제국이 1809년 니시 근처에서 들고 일어난 세르비아 반란군들을 성공적으로 진압한 일을 기념하기 위해 세운 기념비였다. 스테반 신젤리치라는 지방 공작 휘하의 세르비아 군대는 초기에 거두었던 승리를 잘 이용하고 새로이 획득한 영토를 확장하기를 바라면서 새로 판 참호에서 오스만 군을 기다렸다. 지나치게 방어에 치중했던 전략과 세르비아 사령관 사이의 의견 분열은 오스만 군이 세르비아인들에 대항해 전력을 집중할 수 있었던 요인이 되었고, 신젤리치는 자신이 수적으로 크게 열세에 놓여 있다는 사실을 깨달았다. 자신의 상황이 절망적이라는 사실을 알아챈 그는 탄약고를 폭발시켜―자신의 피스톨로 한 발을 쏘았던 것이 분명하다―오스만과 세르비아 군대를 똑같이 전멸시켜 버렸다. 전투가 끝난 후, 튀르크의 사령관 파샤 후르시드는 세르비아 군의 유해에서 그 목을 베어 머리를 건축용 블록으로 사용해 기념비를 지으라고 명령했다. 완성된 탑은 높이 3m에 952개의 해골이 들어가 있었으며, 꼭대기에는 신젤리치의 머리가 얹혔다. 19세기 동안 해골은 점차 줄어들게 되었는데, 제대로 된 매장식을 치러 주기 위해서이기도 했고 전쟁에 대한 엽기적인 기념물로 가져갔기 때문이기도 했다. 결국 1892년에 이르러서는 50개 내지 60개 정도의 해골밖에 남지 않이 기념비 주변에 예배당을 세워 남이 있는 부분을 보존하게 되었다.

승리를 거둔 점령 세력이 세르비아인들에게 경고하는 의미로 세운 이 '해골의 탑'은 그 이후 비극적이었으나 영웅적이었던, 세르비아 독립을 위한 전투의 상징이 되었다. **AS**

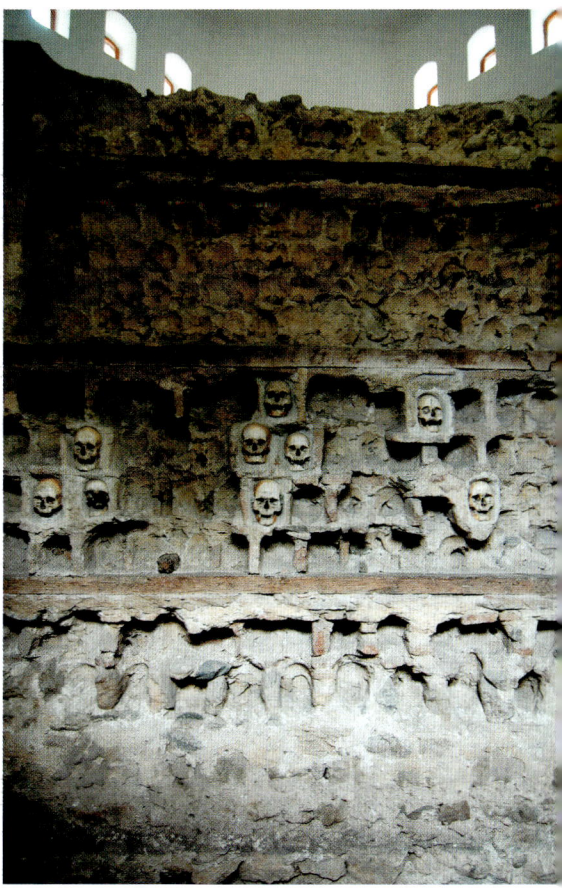

"…베어진 머리가 고국의 독립을 위한 주춧돌이 되었던 그 용감한 이들."

해골의 탑 예배당에 있는 현판의 글귀

스타리 모스트 보스니아-헤르체고비나, 모스타르 | Old Bridge

'화려한 황제' 쉴레이만이 건설한, 과거와 미래를 결합해 주는 다리

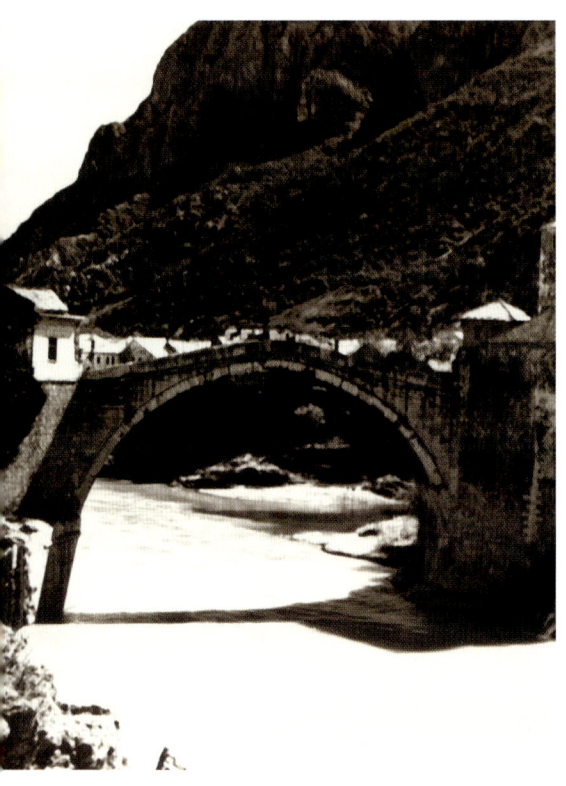

"오래된 다리는 이 도시의 발전과 번영을 향상시켰다. 다리는 이 시의 존재의 이유였다."

유네스코

⊞ 400년도 넘는 역사를 간직한 이 다리는 오스만 제국을 서쪽에 있는 목표 도시들과 연결하기 위해 지어졌다.

⊡ 2004년에 재건축이 마무리된 다리는 아직도 오래된 전통에 따라 물속으로 뛰어들려는 다이버들을 이끌고 있다.

네레트바 강 위에 높이 치솟아 올라 걸려 있는 훌륭한 돌로 된 이 아치는 단 하나의 건축학적 걸작으로서 보스니아의 역사를 감싸고 있다. 스타리 모스트(오래된 다리)는 1566년 발칸 전쟁 이후 오스만 제국의 '화려한 황제' 쉴레이만의 명에 따라 건설되었다. 건축을 공부하는 하이루딘이라는 학생이 설계를 준비하라는 명을 받았으며 건축은 즉시 시작되었다. 극단적이고 쓸모없는 디자인이라는 소문이 돌아 하이루딘은 다리가 개막되고 지지 비계가 철거되는 날이 자신의 장례식 날이 될 거라고 마음의 준비를 했다고 한다. 다행히 이 소문은 거짓으로 밝혀졌다. '스타리 모스트'라는 이름과 도시의 이름인 '모스타르'는 다리 양쪽 끝에 건설되었던 탑과, 통행을 지키던 오스만 군인 부대의 이름에서 유래했다. 탑과 병사들 모두 '모스타리', 즉 '다리의 수호자'라는 이름으로 불렸다.

이 다리는 30m 간격에 걸쳐 있으며 네레트바 강의 격류 위편으로 24m 떨어져 있다. 아치는 12m의 높이로 솟아 있으며, 4m 폭의 우아한 차도가 다니게 되어 있다. 개통되었을 당시 이 다리는 세계에서 가장 긴 단일 구간 다리였다. 쉴레이만에게 있어서 이 다리의 우선적인 기능은 자신의 군대가 달마티아 해변의 부유한 도시로 손쉽게 접근하도록 도와주는 것이었다. 다리는 또한 은이 풍부하게 산출되는 보스니아 내륙의 산악 지대와 교역을 수월하게 해 주었으며, 달마티아의 염전으로부터 귀중한 소금을 내륙 지방의 마을로 신속하게 수송할 수 있도록 해 주었다.

1993년 11월 9일, 1991년부터 유고슬라비아를 집어삼켰던 광포한 내전의 물결 속에서 다리는 크로아티아 포병대에 의해 파괴되었다. 다리가 파괴되었다는 소식이 사라예보에 도달하자, 정부는 사라예보 역시 포위되어 공격당하던 상태였음에도 국가적 애도의 날을 선포했다. '오래된 다리'의 파괴는 내전으로 인한 무의미하고 잔혹한 유혈 사태를 상징한다. 여러 해에 걸친 설전 이후, 유네스코의 후원을 받은 재건축 프로젝트가 진행되어 다리는 2004년 7월 다시 개통되었다. **IS**

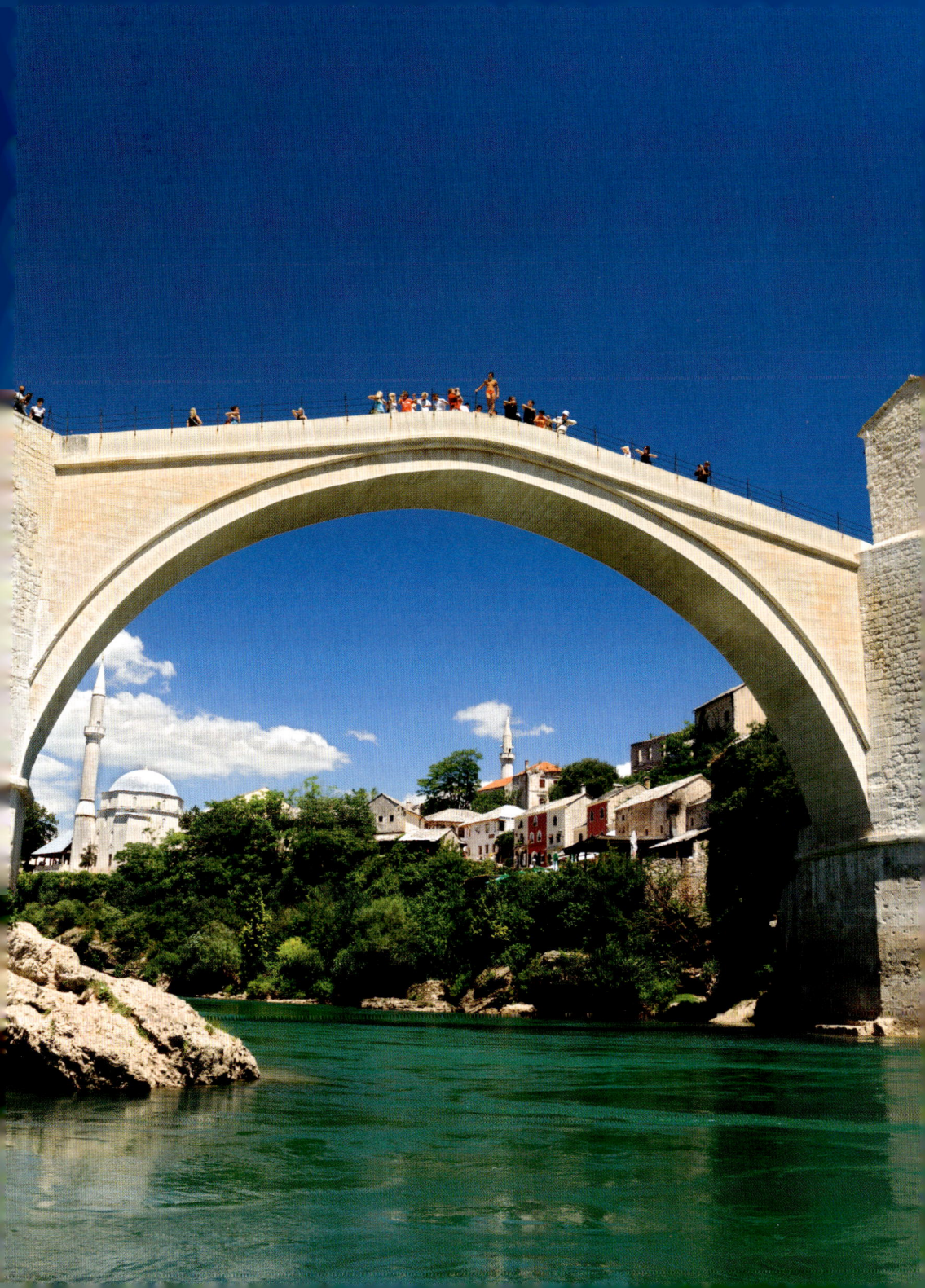

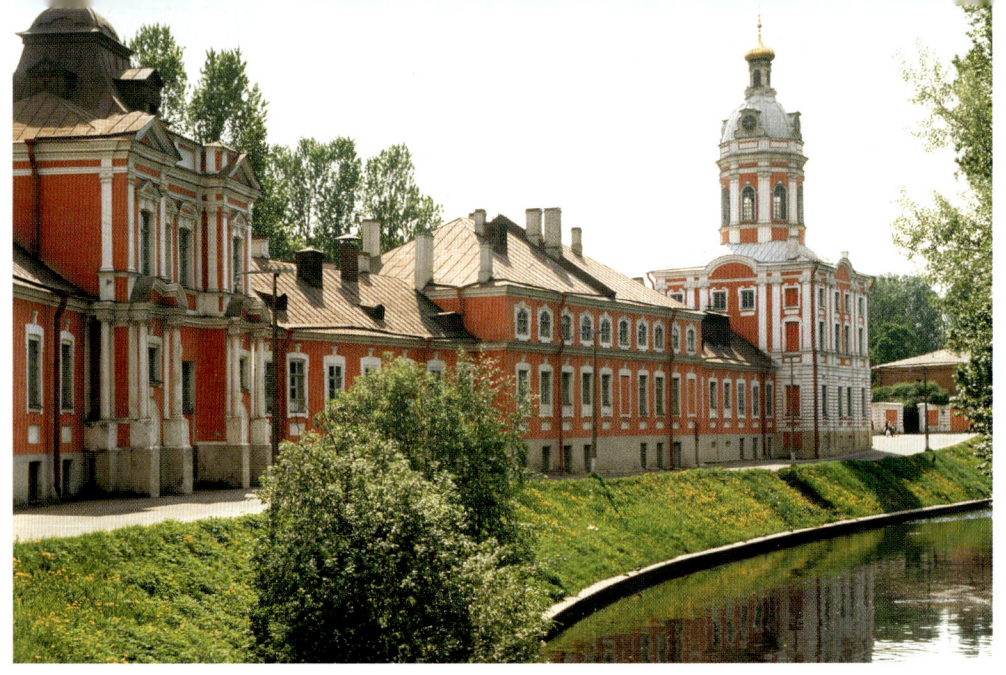

🏛 ◎ 알렉산드르 네프스키 수도원 러시아, 상트페테르부르크 | Alexander Nevski Monastery

종교적 건물들과 많은 러시아 위인들의 무덤의 집결체

알렉산드르 네프스키 수도원은 러시아의 대공이자 군사 지도자였으며 상트페테르부르크의 수호성인인 성 알렉산드르 네프스키의 유해를 모시기 위해 건설되었다. 이 수도원은 러시아 정교회의 가장 중요한 유적 중 하나이다. 1797년 이 수도원은 황제 파벨 1세에 의해 가장 높은 등급인 '라브라'(lavra : 러시아 정교회에서 가장 중요하고 규모가 큰 수도원을 일컫는 말)로 승격되었다.

수도원은 1710년 차르 표트르 대제에 의해 예전에는 스웨덴 요새였던 부지에 설립되었다. 이곳에 세워진 최초의 교회는 1712년 목재로 건설되었으며, 일 년 후에 축성되었다. 1724년에 성인의 유골을 보관하기 위해 도메니코 트레치니가 설계한 새로운 교회가 지어졌다. 1750년 유골은 옐리자베타 여제에 의해 은으로 지은 사당에 다시 모셔진다. 이 사당을 짓는 데에는 1.5t의 은이 들어갔다. 이반 스타로프가 설계한 '성 삼위일체'라는 이름이 붙은 신고전주의풍의 성당이 1778년에서 1790년까지 건축되었으며, 사당과 그 안의 유골은 1790년 블라디미르

에서 이곳으로 이전되었다. 수도원은 종교적으로 중요할 뿐만 아니라 두 개의 묘지에는 표트르 일리치 차이코프스키와 표도르 도스토예프스키를 비롯한 러시아의 저명한 인물들이 잠들어 있기도 하다.

많은 교회들과 다른 건축물들이 새로 지어졌으며, 1900년 이 수도원은 열여섯 채의 교회를 지니고 있었다. 공산주의 통치시기에 수도원은 수난을 겪었다. 네프스키의 유해는 다른 곳으로 옮겨졌고 수도원의 보물들은 약탈했으며, 부지 안에 있던 모든 교회는 폐쇄되었고 건물들은 박물관, 정부 사무소, 창고로 사용되었다.

알렉산드르 네프스키 수도원에 있던 열여섯 채의 교회 중 공산주의 정권 시대를 거쳐 살아 남은 교회는 고작 다섯 채밖에 없지만, 수도원 부지 안에는 두 채의 바로크 교회와 원래의 신고전주의풍 대성당이 남아 있다. 이곳은 여전히 러시아 문화가 낳은 위대한 인물들을 위한 최후의 안식처로 남아 있다. **JF**

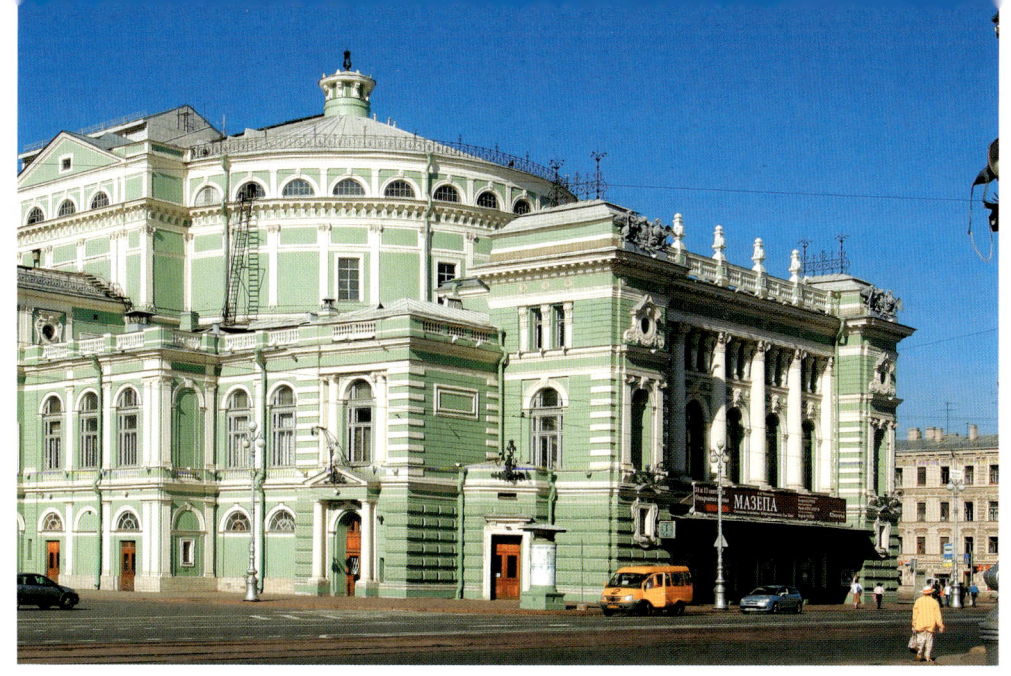

🏛️ ◎ 마린스키 극장 러시아, 상트페테르부르크 | Mariinsky Theater

차르 알렉산드르 2세의 지시에 따라 지어진 호화로운 19세기 극장

마린스키 극장의 서늘한 푸른빛을 띤 웅장한 건물만 보아도, 극장을 찾는 이들은 당당하게 장식되어 있으며 5단으로 된 1,625석 규모의 대강당이 뿜어내는 위용에 압도당하게 된다. 좌석 사이로 들어서면 방문객들은 그 규모에 위축되고, 알렉산드르 골로빈이 제작한 사치스럽게 채색된 커튼을 배경으로 늘어져 있는 호화로운 하늘색, 금빛, 크리스털 벽장식에 감탄을 금치 못한다. 연한 푸른색과 짙은 푸른색을 띤 벽과 벨벳 의자들, 커튼 등을 배경으로 들어선 훌륭한 주물 장식과 설화 석고로 만든 조각상들은 이 인상 깊은 장관을 완벽하게 마무리해 준다.

E. 파치올리가 디자인한, 크리스털 펜던트가 늘어져 있는 3단으로 된 거대한 청동 샹들리에를 올라다보면 보는 이의 시선 속에는 분명, 춤의 뮤즈를 둘러싸고 춤추고 있는 무희들을 나타낸 천장화가 들어올 것이다. 무대 맞은편에는 복원한 '왕의 자리'가 있다. 이는 극장 안에 있는 자그마한 극장으로, 커튼이 늘어져 있고 계단과 로비를 따로 갖춘 독립적인 자리이다. 이 좌석은 차르를 상징하는 황금 독수리와 금박을 입힌 왕관으로 표상되던 제정 러시아 시대를 떠올리게 한다(1917년 10월 혁명에서 사치스러운 제복을 입은 수행원들과 함께 제거되었다).

마린스키 극장이 현재 서 있는 곳에는 원래 말을 타거나 퍼레이드를 열던 서커스 극장이 있었다. 그러나 1859년 부분적으로만 석조로 되어 있던 서커스 건물이 불타버렸고, 빠른 시일 내에 차르 알렉산드르 2세의 지시에 따라 알베르토비치 카보스의 손에서 목적이 뚜렷한 극장으로 재건축되었다. 황후의 이름을 따 마린스키라 이름 붙인 이 극장은 1860년 10월, 〈황제에게 바친 목숨〉이라는 썩 어울리는 제목이 붙은 글린카의 오페라를 공연하면서 다시 문을 열었다. 위에 리라와 왕관이 얹혀 있는 커다란 돔 꼭대기의 큐폴라는 건물 외관에서 가장 주목할 만한 부분이다. 리라는 예전의 것이 손상되었기 때문에 수리되었으며, 왕관은 이상한 도난 사건으로 사라진 이후 새 것으로 대체해야 했다. **JH**

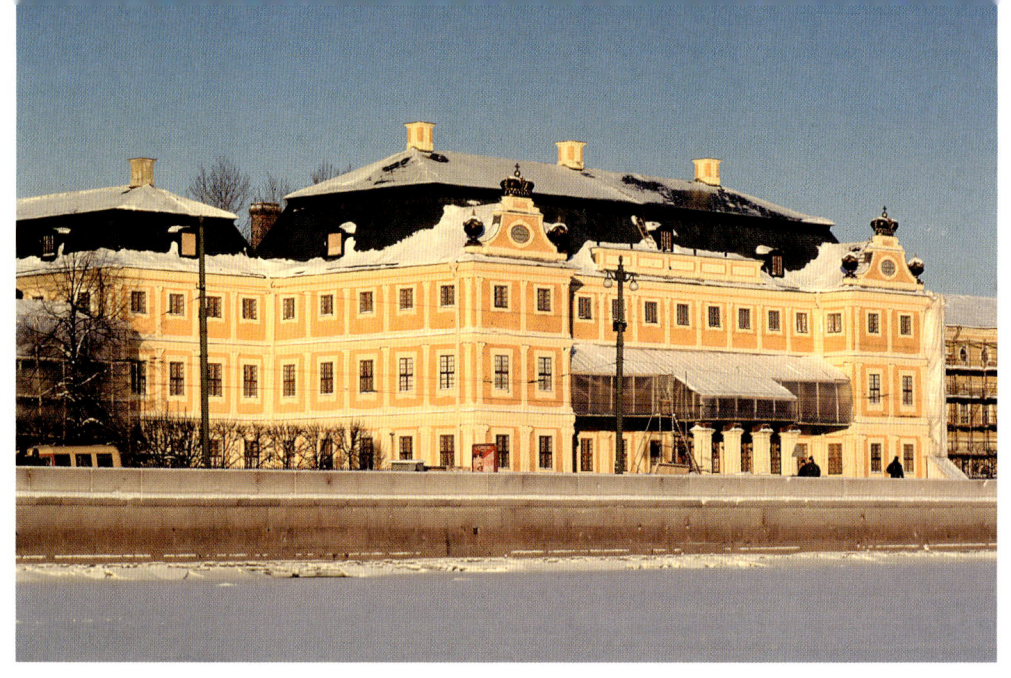

🏛 ◎ 멘시코프 저택 러시아, 상트페테르부르크 | Menshikov Palace

러시아에서 가장 강력하고 야망이 컸던 정치가 중 한 명인 멘시코프가 거주했던 곳

멘시코프 저택은 상트페테르부르크의 초대 총독이었던 알렉산드르 다닐로비치 멘시코프의 저택으로 건설되었다. 멘시코프는 차르 표트르 대제의 오른팔이었으며, 러시아에서 가장 세력이 강하고 영향력 있던 인물 중 하나였다.

멘시코프 저택의 건축에는 여러 명의 유럽 건축가와 예술가들이 가세했으며, 전통적인 러시아 디자인과 유럽의 다른 곳에서 수입해 온 새로운 아이디어가 통합되었다. 대리석과 당대 이탈리아의 조각품, 네덜란드 산 코발트색 타일이 내부를 장식했다. 멘시코프 저택은 러시아의 새로운 수도인 상트페테르부르크의 문화적 중심지였다. 1725년 표트르 대제가 서거하자 멘시코프는 그의 두 번째 부인이었던 예카테리나 여제가 왕위를 계승하도록 확고히 했고, 그녀가 재위하는 짧은 기간 동안 그는 실질적인 러시아의 통치자가 되었다. 그러나 그는 자신의 딸을 차기 황제가 될 젊은 표트르 2세와 결혼시키려 하는 지나친 과욕을 부렸다. 러시아 귀족들은 멘시코프를

시베리아로 추방했으며, 그는 시베리아에서 죽었다. 그의 저택과 다른 재산은 압수당해 국가의 소유가 되었다.

멘시코프 궁전은 러시아의 일류 고등학교인 최초의 사관학교 건물로 사용되었다. 1880년대에는 사관학교 박물관이 궁전 내에 설립되어, 1924년까지 문을 열었다. 1970년대에 궁전은 복구되어 원래의 모습을 찾게 되었으며, 1981년에는 방문객들에게 개방되었다. 궁전은 방대한 '에르미타주 미술관'을 이루는 일부이며, 따라서 황제나 귀족의 재산을 압수해 와 이룩한 방대한 컬렉션을 축적할 수 있었다.

멘시코프 저택과, 이 저택이 그 일부를 이루고 있는 상트페테르부르크의 역사적인 중심지는 유네스코 세계문화유산으로 지정되어 있다. 현재 예전의 영광스러운 모습으로 충실하게 복원된 이 저택은, 결국 권력을 잃고 추락하기 전까지 황제와 가까운 위치까지 부상했으며 러시아 역사 속에서 가장 강력했던 정치가 중 한 사람에 대한 기념물이다. **JF**

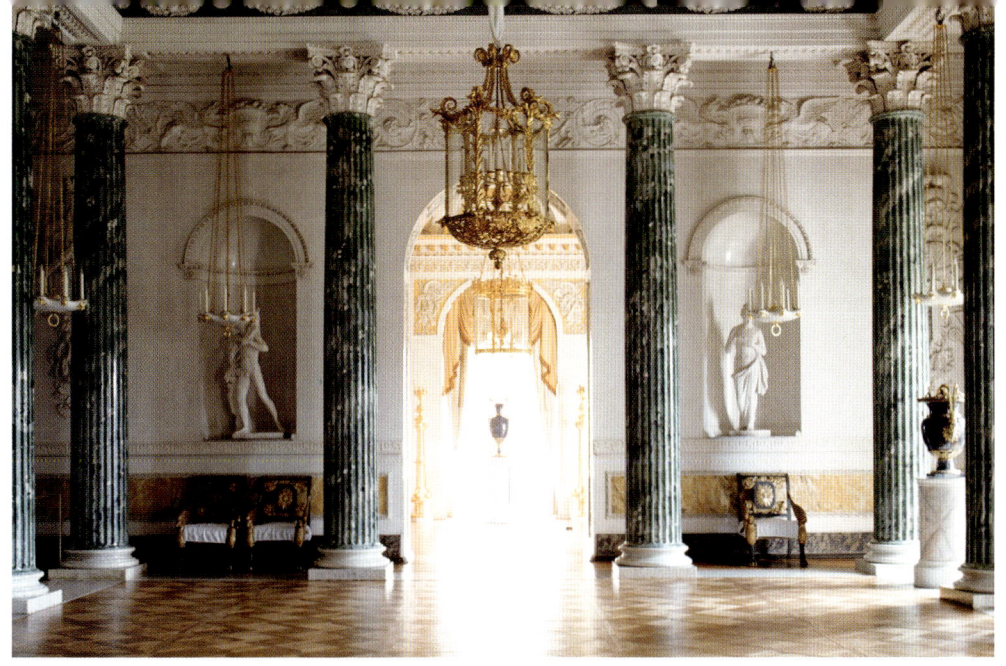

파블로브스크 궁전 러시아, 상트페테르부르크 부근 | Pavlovsk Palace

예카테리나 대제의 명에 따라 지어진, 영국식의 화려한 궁전과 정원

예카테리나 대제가 파블로브스크에 영국식으로 웅장한 정원을 지으라는 명을 내리자, 거칠고 숲이 우거져 있던 사냥터는 그리스 신전, 고전적인 다리, 조각상들이 여기저기 늘어서 있고 가장 훌륭한 영국식 대저택 전통에 따른 정형식 정원으로 탈바꿈했다. 600헥타르에 달하는 이 성역은, 예카테리나 여제가 총애했던 건축가인 스코틀랜드인 찰스 카메론의 혼이 깃든 작품이었다. 그는 대정원의 전반적인 설계를 하고, 도리스식 기둥이 있는 돔 지붕의 커다란 원형 건물인 '우정의 사원'을 비롯한 여러 채의 파빌리온을 디자인했다. 그러나 이 스코틀랜드인 건축가의 가장 뛰어난 작품은, 파르테논 신전의 양식을 따라 64개의 기둥 위에 꼭대기에 납작한 돔 지붕이 얹힌, 금빛과 하얀색의 우아한 사각형 3층 궁전이다.

예카테리나는 이 영지를 그리 사랑하지 않았던 아들 파벨에게 첫 아이가 태어난 선물로 주었으며 파블로브스크는 파벨의 여름 별장이 되었다. 카메론은 파벨 1세와 그의 아내인 마리아 표도로브나 대공부인을 섬기게 되면서 예전과 같이 자유롭게 행동하지 못하게 되었다. 대공부인은 정원 일을 열광적으로 좋아해서 런던의 큐 식물원에서 식물을 실어오게 했다. 특히 빈센초 브렌나 같은 교활한 건축가들이 왕실의 총애를 얻으려 달려들어 카메론을 밀쳤다. 주랑으로 이루어진 반원형 윙은 브렌나의 작품으로, 팔라디오가 건축한 빌라를 연상시킨다.

마리아 표도로브나가 끼친 영향은 '그리스식 홀'과 같이 섬세하게 단장한 내부에서도 뚜렷하게 드러난다. 그녀는 여러 명의 건축가들(안드레이 보로니힌과 카를로 로시 역시 이에 속했다)과 화가, 조각가와 더불어 대리석과 채색된 치장 벽토로 이루어진 방 안에 그림, 직물, 조각품, 세브르 도자기, 크리스털 잔, 샹들리에 등을 배치하여 한 편의 예술 작품과도 같은 실내를 창조해 냈다. 파블로브스크 궁전이 형성된 것은 러시아가 유럽에서 지배적인 위치에 있을 때였다. 궁전이 보여 주는 앙상블은-나치 점령 이후 사실상 재건축되었지만-전제 군주 시대의 정신을 반영한다. **JH**

상트페테르부르크의 중심에 위치한 섬의 요새

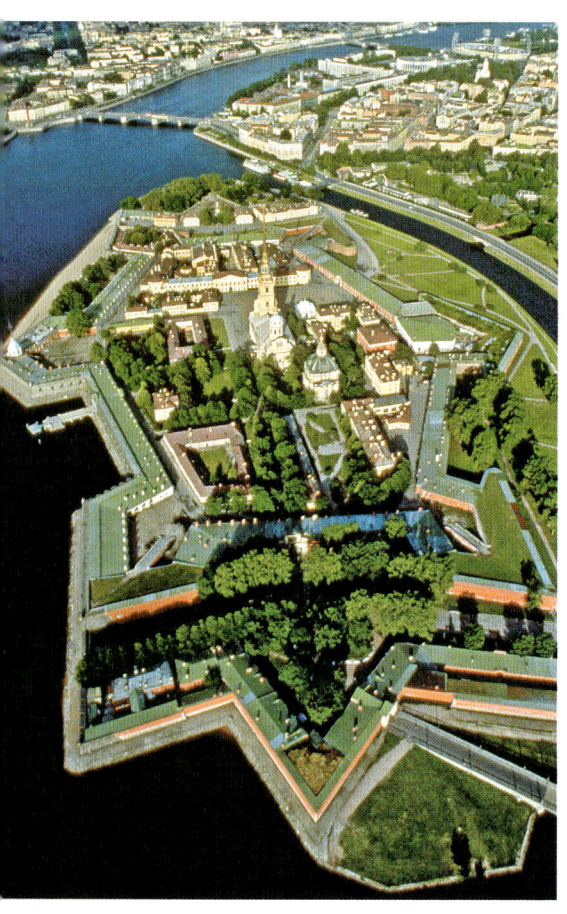

"이 섬은 삼각주의 마지막 섬이었으며
요새를 먼저 지나기 전에는 한 척의
배도 들어올 수 없었다."

노프이 가이드, 『상트페테르부르크』(1995)

차르 표트르 대제는 1703년 스웨덴에게 정복당했던 땅에 상트페테르부르크 시를 세워 이 도시를 러시아의 새로운 수도로 삼고자 했다. 그 당시 러시아는 스웨덴과 대(大)북방 전쟁(1700~1721)을 치르던 중이었으므로, 이 도시에 세워진 최초의 건축물은 도시의 섬 중 하나에 세워진 페트로파블로프스크 요새였다. 이 요새 시설은 나중에는 감옥과 대성당 하나를 포함할 정도로 확장되었으며, 러시아를 근대 국가로 만들려는 표트르 대제의 결심을 보여 주는 기념물 중 하나라 할 수 있다.

상트페테르부르크는 사실상 표트르 대제의 의지에 의해 창조되었다. 도시가 건설되는 동안, 그는 이따금 1703년 페트로파블로프스크 요새 북쪽에 단 3일 만에 지은 간소한 통나무집에 머무르곤 했다. 스웨덴 군대는 상트페테르부르크에 한 번도 닿지 못했으므로, 사실 전쟁 중에 요새가 필요했던 일은 없었다. 요새 내 도시의 일부로 1712년에서 1733년에 걸쳐 웅장한 석조 성당이 건축되었으며, 표트르 대제부터 처형당한 니콜라이 2세까지 러시아의 모든 차르들이 안장된 최후의 휴식처가 되었다. 1720년경 이후로 요새는 군사 주둔지이자 정치범들을 수용하는 감옥으로 사용되었다. 1917년 10월 혁명 동안, 페트로파블로프스크 요새는 중요한 역할을 담당했다. 처음에는 분노한 대중들로부터 황제 측 사람들을 보호하기 위해 사용되었으며, 결국에는 볼셰비키 파의 손에 점령당했다. 1924년 요새는 박물관으로 개조되었다.

페트로파블로프스크 요새는 표트르 대제부터 블라디미르 레닌의 시절까지 근대 러시아의 역사를 가로지른다. 이 요새는 웅장한 도시 상트페테르부르크에 최초로 건설된 커다란 규모의 건물이었으며, 혁명이 도래하기 전까지 러시아의 차르들이 누렸던 절대적인 권력을 상징하는 기념물이다. 이 요새는 1990년 유네스코에서 세계 문화유산으로 지정한, 상트페테르부르크 역사 지구의 일부이다. **JF**

스몰니 학원 러시아, 상트페테르부르크 | Smolny Institute

혁명의 배경이 된 교양 학교

이 파스텔톤 노란색의 고전주의적인 시골풍 팔라디오 양식의 저택 안에서, 레닌은 넋을 잃고 귀를 기울인 관중들에게 볼셰비키 국가의 탄생을 선포했다. 그러나 몇 년 전만 해도 이 건물은 사교계에 첫발을 내딛게 될 부유한 러시아 가문의 아가씨들을 위한 '교양 학교'였다.

스몰니 학원의 강당은 레닌이 1917년 10월 25일 동조자들을 이끌고 겨울 궁전으로 향하기 전 연설을 행했던 장소였다. 또한 제2차 전 러시아 소비에트 의회가 개최된 곳이기도 하다. 의회는 레닌의 지위를 확립시켰고, 건물은 1918년 3월까지 그의 정부 소재지로 사용되었다. 오늘날 책상과 의자(나중에는 스탈린이 사용했던)가 남아 있는 레닌의 집무실과 그가 머물렀던 다른 방들이 있다. 1934년 12월 1일, 공산당 지도자인 세르게이 키로프가 이곳에서 총격으로 사망했으며(스탈린의 명령에 따른 일이었을 가능성이 높다), 이를 빌미로 악명 높은 강제 노동 수용소로 이어지는 연이은 숙청이 일어났다.

원래 스몰니 학원은 수녀원에 붙여 남쪽으로 증축한 3층짜리 부속 건물로, 이 수녀원과 다른 건물들이 합쳐져 '고귀한 처녀들을 위한' 부지를 형성하고 있었다. 제정 러시아에서 팔라디오 건축 양식을 실행에 옮긴 가장 뛰어난 건축가였던 자코모 카렌기가 건물을 디자인했다. 중앙 파사드는 이오니아식 기둥으로 이루어진 포티코에 중점이 맞춰져 있다. 오늘날에는 포티코에 붙어 있던 황제를 상징하는 독수리가 소비에트의 상징인 해머와 낫 대신 제자리에 돌아와 있으나 레닌의 동상이 서 있고, 내부에는 아직도 이 뛰어난 지도자를 그린 커다란 초상화가 남아 있다. 스몰니 학원 부지의 이곳저곳에는 1923년과 1924년에 건축가 블라디미르 슈코와 블라디미르 겔프레이흐의 주도 하에 새로이 제작된 팔라디오 양식의 프로필라이아(웅장한 관문)가 서 있다.

스몰니 학원 내의 레닌 박물관은 혁명에 바쳐진 기념관 중 아직도 상트페테르부르크에 남아 있는 극히 드문 예에 속한다. 소비에트 연방이 붕괴하고 나자 반공산주의적인 움직임 속에서 대부분 문을 닫았던 것이다. **JH**

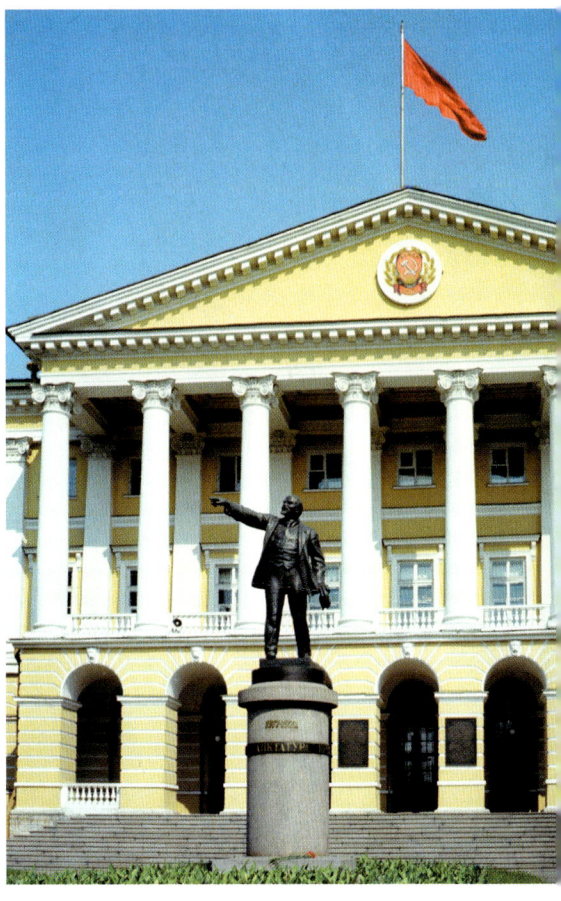

"레닌은 오랫동안 울려 퍼지는 박수갈채는 명백히 안중에도 없는 듯, 여전히 기다리며 서 있다."

레온 트로츠키, 『러시아 혁명사』(1930)

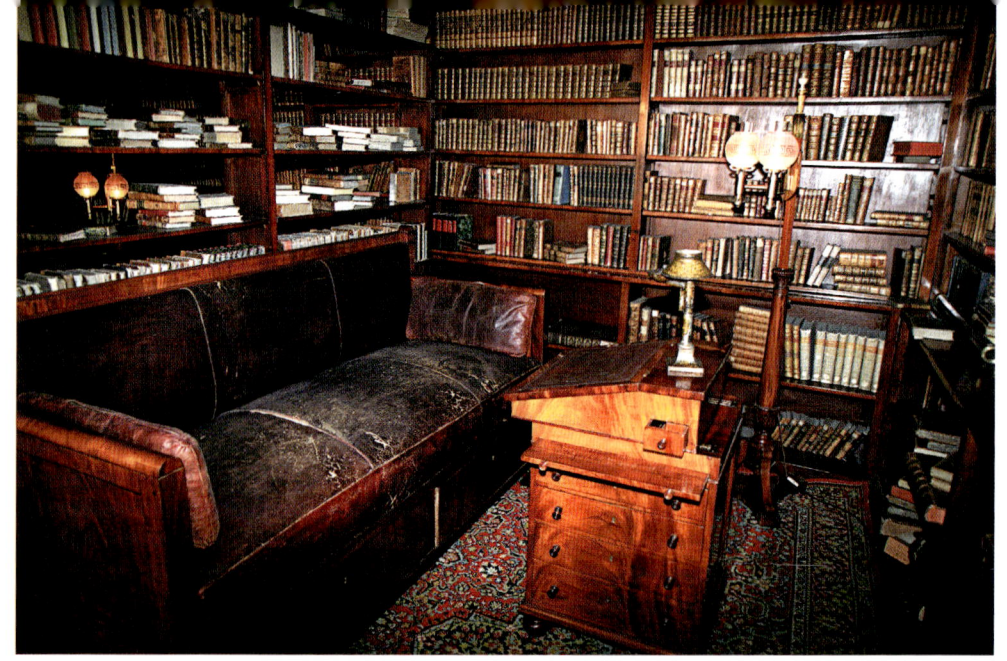

푸슈킨의 집 러시아, 상트페테르부르크 | Pushkin's House

푸슈킨의 마지막 시간을 재창조해 낸 박물관

알렉산드르 푸슈킨(1799~1837)이 사망했던 1층의 아담한 이 아파트는 나무로 된 문 뒤에 있는 안뜰 안에 숨어 있다. 러시아의 뛰어난 시인으로 현대 러시아어를 '창조'해 냈다는 찬사를 받는 그는 가족과 함께 이곳의 방에서 몇 달 동안 살았으며, 아내를 두고 벌어진 결투에서 치명상을 입어 사망했다.

1720년대에 지어진 이 건물은 푸슈킨의 친구이자 동료 혁명 동조자였던 볼콘스키 공작의 저택이었다. 푸슈킨은 아내인 나탈랴와 네 자녀, 나탈랴의 두 자매와 함께 1836년 이 집으로 들어왔다. 1837년 1월 푸슈킨은 단테스라는 이름의 한 장교의 도발에 넘어가 치명적인 결투에 나서게 된다. 푸슈킨의 아내를 쫓아다니던 이 남자는 푸슈킨을 오쟁이 진 남편이라고 부르는 편지를 보내 괴롭혔던 것이다. 눈이 쌓인 숲에서 푸슈킨은 부상을 입었고, 이틀 후인 1월 29일 서재에서 사망했다. 서재는 그가 출혈로 사망했던 침대까지 정확히 당시의 모습 그대로 정리되어 있다. 이 서재에는 푸슈킨이 총에 맞았을 때 입

고 있었던 양복 조끼와 그의 데스마스크도 전시되어 있다. 서재 책상에는 그가 아꼈던 에티오피아 소년 모양의 잉크스탠드가 놓여 있는데, 이는 아프리카인이었던 푸슈킨의 증조부 아브람 한니발을 연상시킨다. 1706년 러시아 대사에 의해 콘스탄티노플로 팔려온 노예였던 그는, 표트르 대제의 장군 중 한 사람으로 승진하게 된다. 현재는 4,500권의 책을 간직한 푸슈킨의 서가가 서재를 지배하고 있다.

이 집이 박물관이 된 것은 1925년 소비에트 체제에서였다. 1987년 이 집은 푸슈킨 최후의 시간에 곁을 지켜 주었으며 그가 죽은 후 눈을 감겨 주었던 동료 시인 바실리 조코프스키가 대략적으로 남겨 놓은 스케치에 묘사된 것을 따라 푸슈킨이 죽었던 날의 모습 그대로 재구성되었다. 푸슈킨의 서재에는 석판화로 된 조코프스키의 초상화가 있으며, "스승을 능가했던 승리에 찬 제자들에게"라는 글귀가 새겨져 있다. **JH**

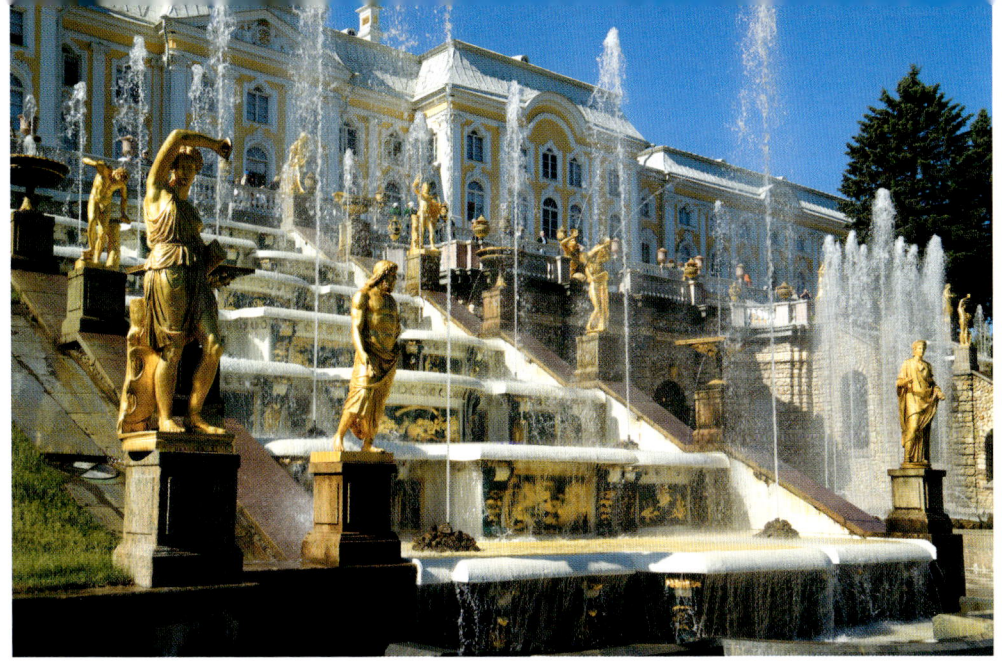

🏛️ ◎ 페테르호프 러시아, 상트페테르부르크 부근 | Peterhof

핀란드 만에 있는 상트페테르부르크의 크론슈타트 항구를 내려다보는 황제의 궁전

페테르호프(페트로드보레츠라고도 하는)는 표트르 대제가 1712년 러시아의 수도를 모스크바에서 상트페테르부르크로 옮긴 이후 지었던 여러 채의 궁전들과 정원들을 가리킨다. 페테르호프는 크론슈타트에 있는 항구 근처에 위치하고 있는데, 표트르 대제는 이 항구를 새로운 수도에서 편리하게 사용할 수 있는 중요하고 수심이 깊은 항구로 발전시켰다. 표트르 대제의 뒤를 이어 러시아를 통치했던 여러 명의 차르들 역시 페테르호프의 편리한 위치에 이끌려, 자신들의 취향에 따라 궁전을 증축하거나 건물을 새로 지어 웅장한 앙상블을 창조해 냈다.

페테르호프는 핀란드 만을 내려다보고 있으며 해안 근처에 있는 설턱 위에 위치하고 있다. 표트르 대제는 1710 이곳에 나무로 된 작은 궁전을 설계하고 세웠으나, 최초의 대규모 작업이라 할 수 있는 건물은 그가 1714년에 짓기 시작한 '몽플레지르'였다. 표트르는 해안에 위치한 프랑스식 정형식 정원('하부 정원')과 화려한 분수들을 비롯하여 여러 채의 다른 궁전을 추가로 지었

다. 이곳의 궁전들이 공식적으로 개장한 것은 1723년 8월 15일이었다. 페테르호프의 중심 건물은 '대궁전'으로, 이 궁전은 엘리자베타 여제에 의해 1756년에서 1755년까지 증축되었다. '대궁전'은 '대 폭포', 즉 여러 개의 분수가 있는 기념비적인 워터 피처(연못, 시냇물, 폭포 등을 갖춰 물가의 경치처럼 조경해 놓은 정원)를 내려다보고 있다. 이 워터 피처는 22km 길이의 중력으로 작동하는 펌프 시스템에 의해 물이 흐르게 되어 있다. '대 폭포'의 아래쪽에는 핀란드 만으로 흘러가는 바다 수로가 있다.

페테르호프는 러시아 혁명 전까지 황제가 거주하던 주요 궁전 중 하나였으며 1918년에 국립 박물관이 되었다. 제2차 세계대전 중에는 1941년에서 1944년에 걸쳐 나치가 궁전을 점령했는데, 물러가면서 궁전 단지의 많은 부분을 약탈하고 파괴했다. 그러나 이는 대부분 복원되었다. 이곳은 제정 러시아가 남긴 중요하고 호화찬란한 유산이며, 러시아를 다스렸던 가장 위대한 통치자 중 하나인 표트르 대제의 선견지명을 증명하는 유적이다. **JF**

겨울 궁전 러시아, 상트페테르부르크 | Winter Palace

차르들이 거주했던 궁전이자 오늘날 에르미타주 미술관의 주된 건물

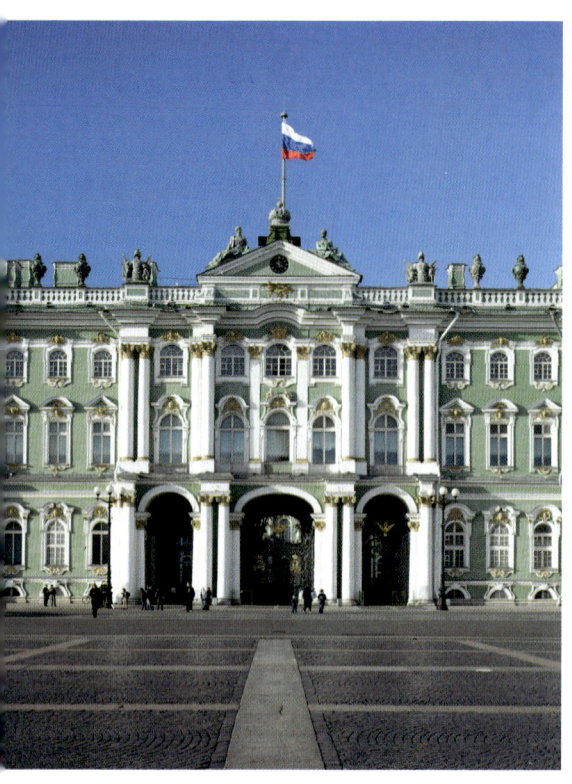

> "그대들은 파산했소 … 지금부터 그대
> 들이 속하게 될 곳으로 가시오 – 역사
> 의 쓰레기더미 속으로!"
>
> 레온 트로츠키, 비 볼셰비키 파 사회주의자들을 꾸짖으며

⊞ 원래 '겨울 궁전'은 도시의 다른 건물들과 마찬가지로
노란색, 흰색, 금색이었다.

⊟ 레온 트로츠키가 이끄는 볼셰비키 군대가 1917년 11월 7일
겨울 궁전을 공격하고 있다.

오늘날 녹색과 흰색으로 단장하고 있는 눈부신 바로크 양식 건물인 '겨울 궁전'은, 러시아의 차르들이 겨울에 머무르는 궁전이었기 때문에 이러한 이름이 붙었다. 표트르 대제의 딸인 엘리자베타 1세가 처음으로 궁전을 지으라는 명을 내려 1754년에서 1762년까지 건설되었다. 엘리자베타 여제는 궁전이 완공되기 전에 사망했으나 예카테리나 대제와 그녀의 뒤를 이은 차르들이 궁전을 사용했다. 러시아 제정이 1917년 혁명으로 막을 내리기 전까지 겨울 궁전은 계속 황실이 거주하는 곳이었다.

궁전을 지은 이탈리아 건축가 바르톨로메오 라스트렐리는 코린트 양식의 기둥머리와 수많은 조각들로부터 아름다운 곡선미를 보이는 주조물에 이르는 다양한 장식적 요소를 궁전의 세 개의 층 전체에 사용하여, 호화로운 바로크 건축 양식의 눈부신 본보기를 창조했다. 건물 전체가 우아한 균형미를 발산하지만, 모든 파사드마다 장식에 차이가 있어 궁전의 어느 곳을 구경해도 예술적인 경이라 할 만하다. 내부 역시 호화롭고 사치스럽게 장식된 방과 홀이 1,000개가 넘는다.

1837년 궁전은 화재로 인해 전소되었으나, 2년 후 라스트렐리의 원래 디자인 그대로 복원되었다. 그 이후 겨울 궁전은 러시아 역사 속에서 극적인 배경으로 등장하게 된다. 1905년의 혁명은 차르 니콜라이 2세에게 청원서를 제출하러 궁전으로 행진하던 노동자들이 황실 군대에게 공격당하면서 일어났다. 이후 1917년 혁명 속에서 궁전은 폭풍우 속에 휘말리게 된다.

오늘날 겨울 궁전이 그 일부를 이루고 있는 에르미타주 미술관은 세계 일류의 미술관 중 하나인데, 이러한 역할은 1760년대에 예카테리나 대제가 궁전 안에 훌륭한 예술 작품 컬렉션을 전시하면서부터 시작된 것이다. 전시품은 고대 이집트의 유물들로부터 레오나르도 다 빈치와 세잔의 작품, 그리고 엄청난 양의 정선된 러시아 미술품들까지 다양하다. 만일 관객들이 하나의 전시품을 보는 데에 일 분만 투자한다고 해도 소장된 작품을 모두 보려면 11년이 걸릴 거라는 말이 있다. **AK**

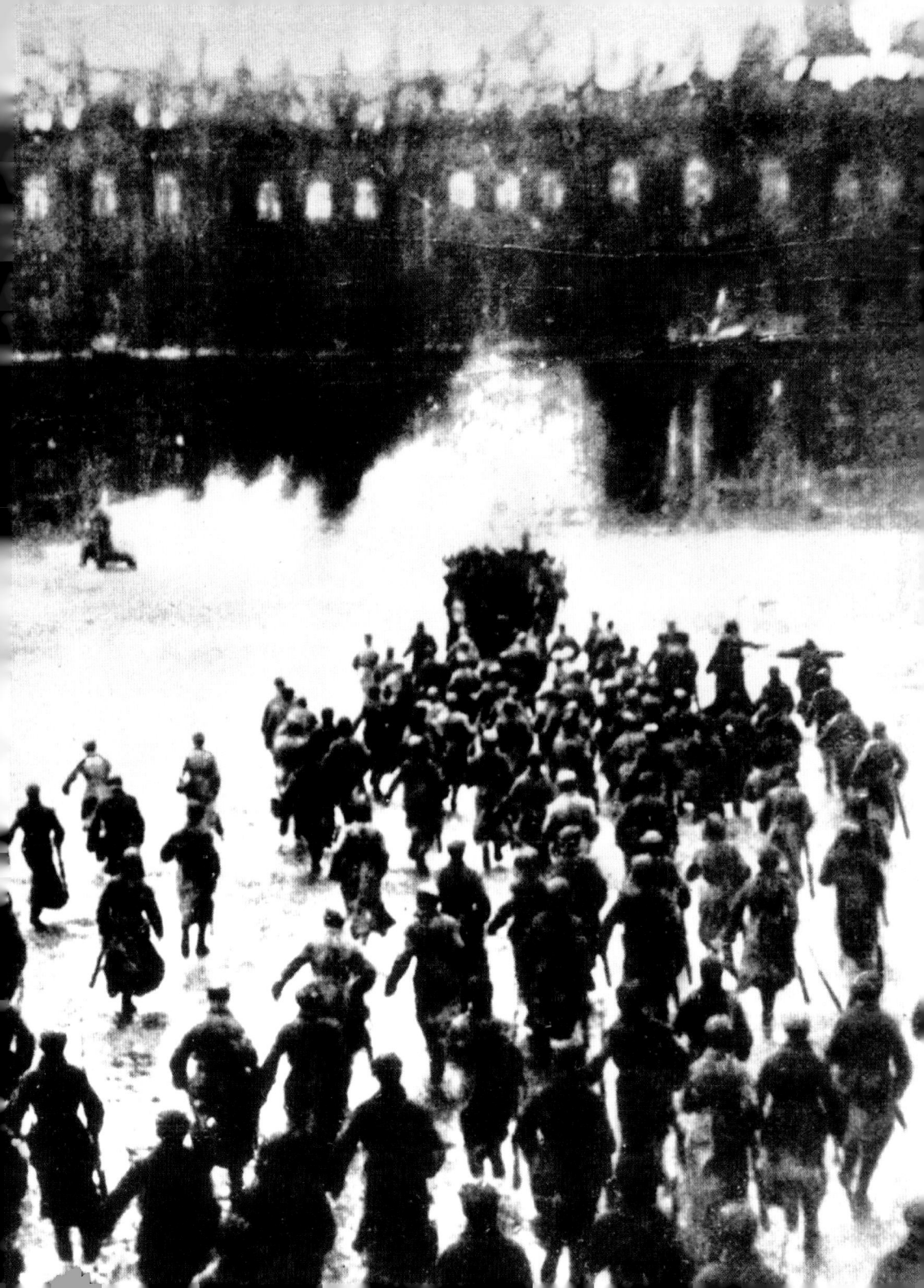

예카테리나 궁전 러시아, 상트페테르부르크 부근 | Catherine Palace

차르의 여름 별장이자 그 유명한 호사스러운 '호박의 방'이 있는 곳

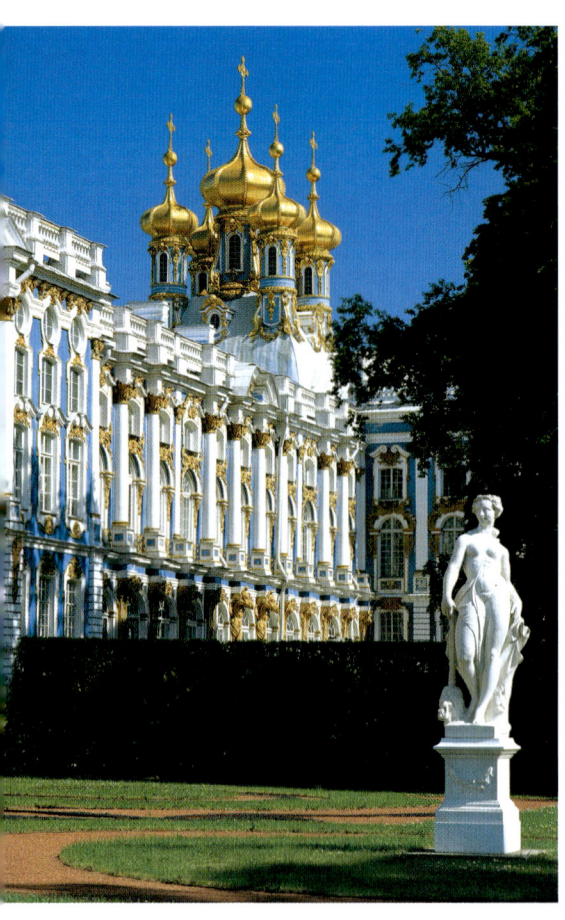

"…여제는 한 번 세어 보지도 않고, 자신의 주머니에서 많은 돈을 이 궁전에 썼다."

예카테리나 대제, 엘리자베타 여제에 대하여

예카테리나 궁전은 러시아에서 가장 화려하고 눈부신 건물 중 하나이다. 18세기 대부분에 걸쳐 러시아 황제들의 여름 별장으로 사용되었던 이 궁전은 그 사치스러운 내부 장식으로 명성이 높았는데, 특히 전체가 호박(琥珀)으로 만든 판과 거울, 금박을 입힌 장식으로 치장된 방인 '호박의 방'이 유명했다. 한때는 세계의 여덟 번째 불가사의라고도 불렸던 이 방은 제2차 세계대전 동안 내부 장식이 완전히 벗겨져 약탈당했으며, 그 내용물은 이후 자취를 감추어 어디서도 찾을 수 없었다. 그러나 방은 새로운 호박을 이용해 다시 지었으며, 2003년 문을 열었다.

1717년 예카테리나 1세 여제는 여름 별궁을 건축하라고 지시했으며, 이후 그녀의 조카딸 안나 여제가 궁전을 증축했다. 이 궁전은 절제된 바로크 양식이었는데, 안나의 딸인 엘리자베타 여제는 이 궁전이 구식이라고 생각해 다시 짓도록 명령했다. 궁정 건축가 바르톨로메오 라스트렐리가 디자인한 로코코 양식의 새로운 궁전이 1756년 7월 30일 베일 속에서 모습을 드러냈다. 이 궁전에서 가장 화려한 부분은 '황금의 엔필라데'(enfilade : 출입구의 병렬 배치법)라 불리는 일렬로 늘어선 여러 개의 방들로, '호박의 방'도 이 중 하나이다. 치장 벽토로 된 파사드와 화려한 조각에 입히기 위해 100kg 이상의 황금이 소요되었다. '대제' 예카테리나 2세가 1762년 왕위에 올랐을 때, 신고전주의풍을 선호했던 그녀는 이 궁전이 지나치게 꾸밈이 많고 시대에 뒤떨어졌다고 생각했다. 예카테리나 2세는 자신이 총애하던 건축가, 찰스 카메론에게 건물을 새로이 단장하고 자신이 개인적으로 거주할 '마노의 방'을 짓도록 일렀다.

1944년, 독일군은 퇴각하면서 궁전의 많은 부분을 파괴해 껍데기만 남겨 버렸다. 그러나 2003년 상트페테르부르크 시의 300주년 기념식을 맞아 궁전 대부분은 재건축되었다. 오늘날 이 궁전은 러시아의 황제와 여제들이 누렸던 사치스러움과 호화로움, 그리고 유럽에서 가장 강력한 왕가 중 하나였던 러시아 황실의 취향이 변화해 온 모습을 증언해 주고 있다. **JF**

도스토예프스키의 집 러시아, 스타라야 루사 | Dostoevsky's House

지금은 박물관이 된, 대작가의 은신처

그림처럼 예쁜 지방 도시 스타라야 루사를 흐르는 페레리티차 강변에는, 한때 소설가 표도르 미하일로비치 도스토예프스키가 소유했던 그늘이 드리워진 2층짜리 목조 별장이 있다. 그는 이 집을 자신의 '둥지'라 불렀으며, 자신의 소설만큼이나 괴로운 삶을 살았던 방황하는 작가에게 이곳은 아마 진정으로 집이리 여길 수 있는 유일한 장소였을 것이다. 그는 마지막 작품 『카라마조프의 형제들』의 많은 부분을 이 집에서 썼으며, 작품의 배경은 스타라야 루사의 일부와 거의 분간할 수 없을 정도이다.

이 별장은 박물관으로 일반에 공개되고 있다. 2층에는 작가와 전직 속기사였던 젊은 두 번째 아내 안나 그리고리예브나, 두 사람의 자녀들이 여름에 지냈던 여섯 개의 방이 있다. 실내 장식, 그림, 묵직한 가구, 수많은 사진은 그들이 느꼈던 따뜻하고 포근한 분위기를 재창조해 낸다. 전시물로는 도스토예프스키의 진짜 소지품 몇 점(톱 햇과 장갑, 약병과 영수증)과 개인적인 문서, 여러 언어로 된 그의 작품들, 그림, 드로잉, 조각품 등이 있다. 아래층에 있는 거실은 특별 전시회를 열거나 문학 행사를 주관하는 데 사용된다. 박물관은 건물 외부로도 뻗어 나가 그늘진 커다란 숲과 채소밭, 외부 창고, 목욕탕이 있는 안뜰, 그리고 강 있는 데까지가 박물관에 포함된다.

스타라야 루사는 식염천과 진흙 목욕으로 유명한 고급 건강 휴양처였다. 도스토예프스키는 이곳에서 간질병으로부터 육체적인 휴식을, 도박 빚으로부터는 재정적 유예를, 그리고 러시아 정교 교회 내에서 영적인 치유를 찾기를 바랐다. 도스토예프스키 가족은 처음에는 이 건물을 임대해 사용했으나, 1876년에는 집을 완전히 사들였다. 1881년 도스토예프스키가 사망한 후, 안나 그리고리예브나는 함께 보냈던 삶의 추억을 이곳에 간직해 두었다. 1931년 이 집에는 기념 현판이 걸렸으며 1971년에는 도스토예프스키 탄생 150주년을 기념하여 전시회가 열렸는데, 이는 박물관의 기초가 되었다. 1981년 5월 4일, 표도르 미하일로비치 도스토예프스키 기념 자택 박물관이 공식적으로 개관했다. **JH**

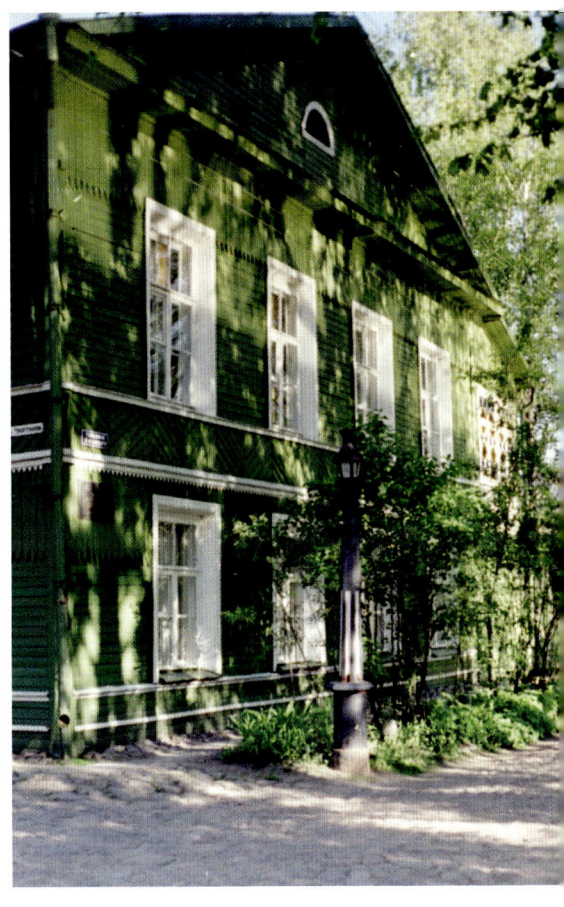

"지옥이란 무엇인가? 다름 이닌 바로 사랑할 수 있는 능력을 상실한 데서 오는 괴로움이다."

표도르 도스토예프스키, 『카라마조프의 형제들』(1880)

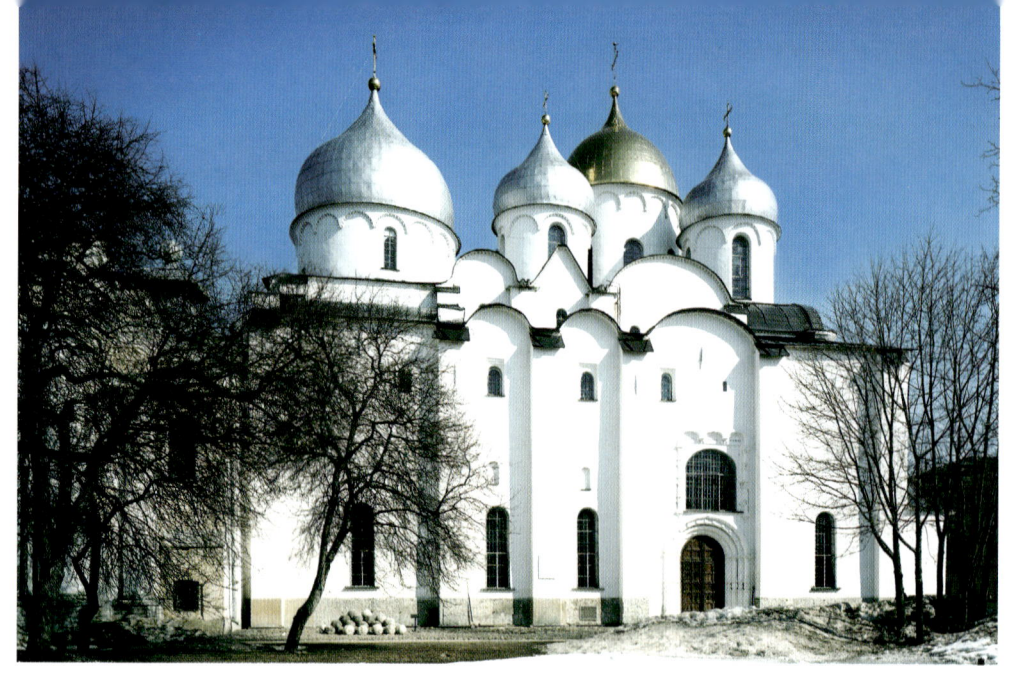

성 소피아 대성당 러시아, 노브고로트 | Cathedral of St. Sophia

러시아의 옛 수도에 있는 종교 건축의 걸작

노브고로트는 숨겨진 보석이다. 이 도시에는 곳곳에 교회와 수도원, 훌륭한 조각품이 흩어져 있다. 그중 가장 유명한 작품은 1842년의 '천년 기념비'로, 이는 129명의 인물을 조각되어 있으며 러시아 역사가 처음으로 맞는 천 년을 기념하는 청동 조각품인데, 조각된 모든 인물은 알렉산드르 2세 황제에 의해 인정받았다. 노브고로트는 859년 세워진 러시아 최초의 수도였으며, 러시아 정교의 영적 중심지이자 러시아 건축의 중심지가 되었다. 정교계에서 '하느님의 지혜의 교회'라고도 알려진, 훌륭한 돔을 지닌 성 소피아 대성당은 바로 후자의 면모를 보여 주는 건물이며 러시아 최초의 석조 건물 중 하나이다.

육중한 한 덩어리의 건축물은 속내를 거의 드러내지 않는다. 벽은 엄격하고, 버트레스는 단조롭고 장식이 없으며, 창문은 혹독한 추위를 막기 위해 작고 폭 좁게 나 있다. 줄지어 서 있는 뚜렷하게 튀어나온 벽기둥이 외부 벽을 분할하고 있는데, 이는 내부 공간이 나뉘어 있는 구획과 정확하게 일치한다. 석조 세공은 대부분 크기가 다른 커다란 블록으로 이루어진 손질하지 않은 석회암이 부순 벽돌과 석회로 만든 분홍빛 도는 회반죽으로 접합되어 이뤄졌다. 이는 수도원의 독특한 형태를 강조하고 외관에 깃든 힘과 엄숙한 아름다움을 돋보이게 한다. 중앙의 돔은 다른 네 개 돔과 달리 양파 모양이 아니며, 이후 15세기에 중앙의 십자가와 함께 금이 입혀졌다.

방문객들은 북쪽 문을 통해 교회 안으로 들어가게 된다. 중앙 문(서쪽 문)은 가끔 특별한 경우에만 열린다. 서쪽 문은 한 쌍의 매우 보기 드문 청동 문짝을 보호하고 있는데(이 문짝은 12세기에 독일의 마크데부르크에서 세공되었는데 스웨덴의 시그투나에서 전리품으로 거두어 온 것이다), 세공에 참가한 장인들의 초상이 새겨져 있다. 현관에는 프레스코화가 그려져 있다. 내부의 프레스코화와 벽화는 심하게 빛바래 있으나, 인상적인 성상칸막이(성화가 그려진 여섯 단으로 된 스크린)와 1991년 이 성당으로 돌아온 유명한 〈징조의 성모 마리아〉를 비롯한 다른 성화들을 볼 수 있다. **JH**

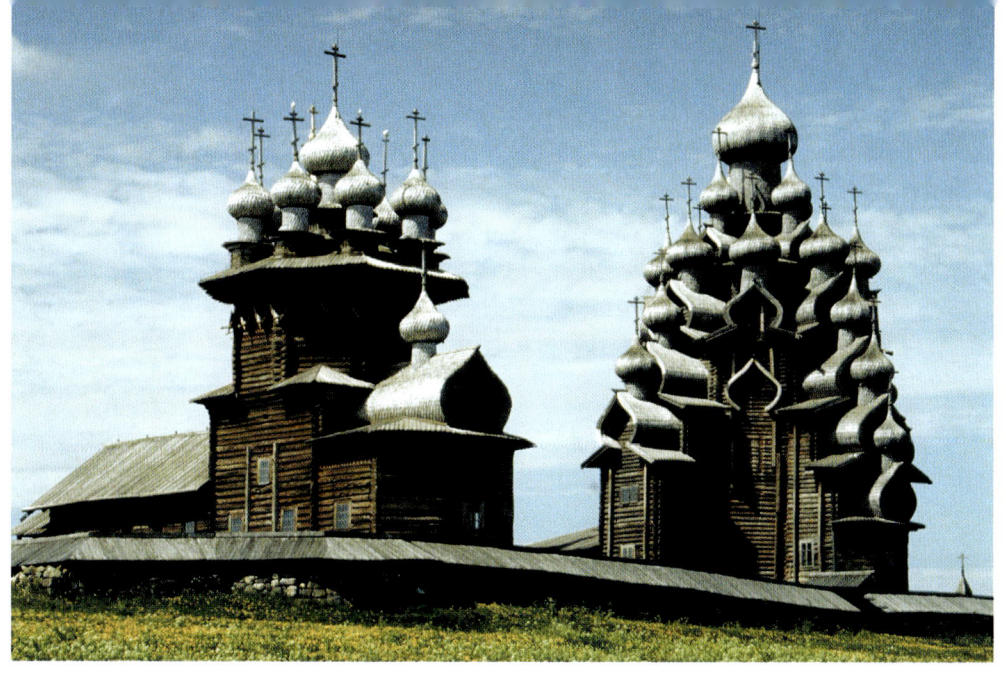

🏛 ◎ 예수의 변모 교회 러시아, 키지 섬 | Church of the Transfiguration

러시아에서 가장 뛰어난 목조 건축물

'예수의 변모 교회'는 러시아의 키지 섬에 있는 훌륭한 여러 채의 목조 건물 중에서도 가장 뛰어난 건축물이다. 양파 모양의 웅장한 돔과 층층으로 된 건물은 온통 나무로만 건축되었다. 건축가들은 심지어 못조차 사용하지 않았다. 키지 섬은 1990년부터 유네스코 세계문화유산으로 보호되고 있다.

'예수의 변모 교회'는 1714년에 세워졌다. 이 교회는 세련된 토목 공학 기술과 더불어 러시아 민중 문화의 쾌활함을 형상화하고 있다. 주요 몸체는 전부 소나무 목재로 건축되었다. 측면에서 보면 교회는 피라미드 모양으로, 점점 크기가 작아지는 세 개의 정팔면체가 하나씩 쌓여 있는 모양이다. 지붕에는 포플러 나무로 만든 지붕널로 덮인 스물두 개의 양파 모양 돔이 얹혀 있다. 지붕을 보존하고 보호하기 위해, 건물 안에는 배수 체계가 내장되어 있다. 놀랍게도, 이 교회는 아주 단순한 도구만을 이용해 지어졌으며 작업 대부분이 도끼를 사용해 이루어졌다. 교회 건축에 참여한 목수와 디자이너들이 누구였

는지는 알 수 없다. 전설에 따르면 이 교회는 네스토르라는 이름의 목수 단 한 사람이 이루어낸 작품이라고 하는데, 그는 교회를 다 짓고 나서 도끼를 오네가 호수에 던지고는 말했다고 한다. "이러한 교회는 전에도 없었고, 지금도 없으며, 앞으로도 결코 없을 것이다." 키지 섬에는 다른 교회도 많다. 아홉 개의 돔이 달린 '전구(轉求 : 타인을 위한 기도)의 교회'(1764), 14세기에 건축된 러시아에서 가장 오래된 목조 교회 '성 라자루스의 교회' 등이다. 이 섬에는 18세기 러시아 가족의 생활상을 볼 수 있는 예가 많으며, 자연 보호 지역도 있다.

'예수의 변모 교회'는 러시아 건축의 보석 중 하나이다. 오직 나무만을 사용해 건축되었으며 아주 단순한 몇 가지 도구만을 이용했다는 점을 고려해 보면, 이 교회의 세련미와 위풍당당함, 우아함은 그야말로 놀라울 정도이다. 사실 키지 섬 전체가 러시아 목조 건축의 아름다움과 이를 탄생시킨 장인들의 독창적인 재능에 대한 기념비라고 할 만하다. **JF**

삼위일체와 성 세르기우스 수도원

러시아, 세르기예프-포사트 | Trinity-St. Sergius Monastery

중심부에 두 채의 아름다운 성당이 있는 종교 건물 집합체

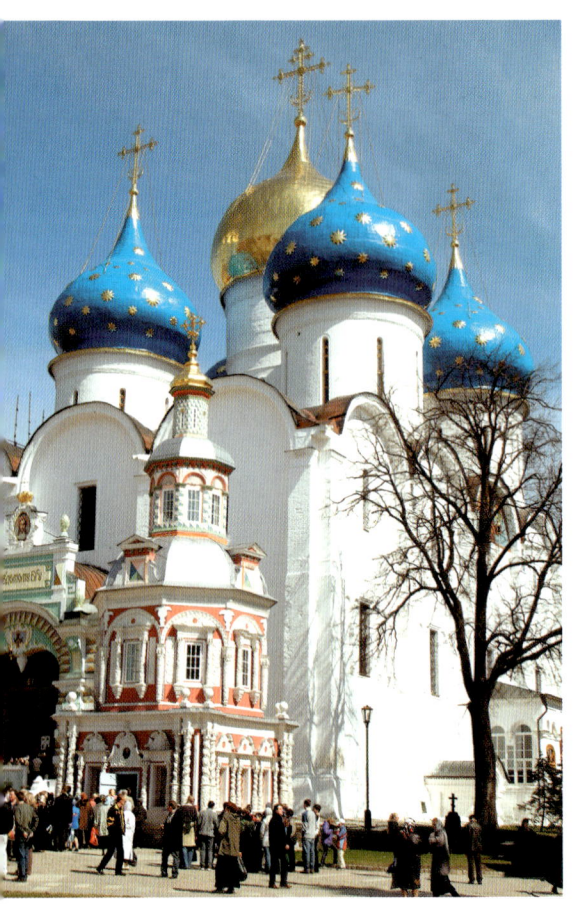

"그대의 수도사들의 숫자는 … 저 새들처럼 많아질 것이며, 그들이 그대의 길을 따른다면 수가 줄어들지 않을 것이다."

성 세르기우스가 기적적인 환상 속에서 들었던 목소리

삼위일체와 성 세르기우스 수도원은 1337~1340년 사이에 러시아의 수도사이자 신비주의자 라도네즈의 세르기우스에 의해 창설되었다. 이 수도원은 오늘날에도 러시아 정교의 영적인 중심지로 남아 있으며, 수염을 기른 세르기우스회 수도사들이 풍성하게 늘어진 검은 로브와 독특한 '클로부크'(특히 러시아 정교의 성직자가 쓰는, 베일이 달려 어깨와 등까지 늘어지는 모자) 머리 장식을 쓰고 교회에서 신학교, 식당으로 몰려다닌다. 언뜻 보기에, 곳곳에 탑이 서 있는 철벽처럼 단단해 보이는 12m 높이의 수도원 벽은 평화로운 순례지라기보다 군사적인 완력을 지닌 장소 같아 보인다. '잔혹한 황제' 이반이 16세기에 이곳을 대규모 요새로 탈바꿈시키면서 노렸던 효과도 바로 이것이었다. 요새는 1600년대 초 폴란드와 리투아니아 군사들이 가한 16개월간의 포위 공격을 견뎌냈다.

삼위일체와 성 세르기우스 수도원('성 삼위일체 라브라'라는 이름으로도 알려져 있다)은 모스크바에서 북동쪽으로 75km가량 떨어진 곳에 있으며, 서른 채가 넘는 건물과 탑에서는 러시아 토속적인 건축 양식이 섞여 나타난다. 수도원 중심에는 아름다운 대성당이 두 채나 서 있다. '성모 승천 대성당'은 금빛 별 무늬가 박힌 양파 모양의 훌륭한 푸른색 돔 덕분에 금방 알아볼 수 있다. 이 성당은 잔혹한 황제 이반의 명을 받아 지었는데, 28년이 걸려 완공됐다. 고상한 실내 장식은 1684년 드미트리 그리오레프가 이끄는 이름난 야로슬라프 화파의 화가들이 100일이라는 단시간에 그렸다. 서쪽 벽의 《최후의 심판》 프레스코화 아래에는 이들의 이름이 새겨졌다. 서쪽 문 밖에 있는 차르 보리스 고두노프의 무덤은 유일하게 모스크바나 상트페테르부르크가 아닌 다른 장소에 묻힌 차르이다(유해의 두개골이 사라진 것이 분명). '성 삼위일체 대성당'은 1422년에 지었으며, 건축하는 동안 놀랍도록 온전한 상태로 보존된 성 세르기우스의 유골이 발견되었다. 이 성당은 빛나는 새하얀 외관과 금빛 돔(반원형 혹은 양파를 가로로 자른 듯한 모양)이 두드러진다. **JH**

벨로제르스키 수도원 러시아,

볼로그다 오블라스트 부근 | Belozersky Monasteryt

극적인 규모로 성장한, 한 수사의 은신처

상트페테르부르크에서 북동쪽으로 400km가량 떨어진 곳에 있는 수도원이자 요새인 눈부시게 아름다운 이 건물은 얼어붙은 툰드라와 얼음장 같은 시베리스키 호수 위에 위풍당당한 모습으로 30m도 넘게 솟아 있다. 이 수도원은 예언에 이끌려 모스그비의 부신함과 멀리 떨어져 은거하려던 14세기의 한 수도사 성 키릴이 세웠다. 다른 수도사 한 명과 더불어 그는 시베리스키 호숫가의 언덕을 택하여 땅을 파 집을 짓고, 그 안에서 살았다. 그는 근처에 있는 다른 호수 '벨로예 오제로'(하얀 호수)의 이름을 따 이 집에 벨로제르스키라는 이름을 붙였다.

키릴로-벨로제르스키는 규모가 넓이 12헥타르에 달하고 여러 채의 교회, 대성당, 약 2만 명의 노동력을 소유할 정도로 성장했다. 키릴은 이곳에 묻혔으며 이후 성인으로 시성되었다. 그가 지은 작은 은신처가 유럽에서 가장 크고 부유한 수도원 중 하나이며, 삼위일체와 성 세르기우스 수도원에만 둘째갈 정도로 발전했던 것이다. 1654년에서 1680년에 걸쳐 새로운 돌 벽이 세워졌으며, 키릴로-벨로제르스키는 러시아가 스웨덴과 폴란드인들과 치렀던 전쟁에서 큰 역할을 담당한 강력한 요새가 되었다. 이때의 벽과 탑들은 오늘날에도 볼 수 있다. 볼로고드스카야 탑에는 다섯 개의 전투층이 있으며 감시 오두막이 있다. 가장 높은 탑은 40m 높이의 페라폰토프스카야 탑이며, 스비토치나야 탑은 옷을 세탁하는 일을 하던 수도원 하인들을 부르는 명칭(스비토크스)에서 그 이름이 붙었다. 또 다른 특징으로는 여러 개의 '키오츠', 성상을 세워 두기 위해 벽에 파인 벽감을 들 수 있다.

예카테리나 대제는 1764년 이 수도원에 딸린 수천 명의 농부와 영지를 빼앗았다. 요새 성벽 낮은 층에 있는 방은 도시의 감옥으로 사용되었으며, 수도원은 점차 쇠퇴하기 시작했다. 19세기 후반에 수도원 설립 500주년을 맞아 재건 작업이 약간 실행되기는 했으나, 충분치 못했다. 요새는 1924년 문을 닫았으며 국립 박물관이 되었다. 1998년, 영지 내의 일부는 다시 수도원이 되었다. **JH**

볼쇼이 극장

러시아, 모스크바 | Bolshoi Theater

모스크바 으뜸가는 극장

2005년 7월 1일, 모스크바 볼쇼이 극장의 실크와 금으로 된 묵직한 커튼은 수백만 달러가 드는 대대적인 보수 작업을 위해 마지막으로 내려졌다. 150년 동안 일 년에 300회의 공연을 열어 온 결과, 이 극장은 글자 그대로 땅속으로 내려앉고 있는 지경이었으며, 손끝만 대도 부서질 정도였다. 폭격의 피해, 볼셰비키의 습격, 서투르게 이루어진 수리로 인해 극장은 이러한 꼴이 된 것이다.

볼쇼이 극장은 1856년 8월 20일에 개관했으며, 붉

> "규모는 이 무용단 정체성의 일부이다. 이는 그 홈 스테이지의 영향이다 … '볼쇼이'는 '큰'이라는 의미이다."
>
> 무용 평론가, 조이 앤더슨

은 벨벳과 금띠가 둘린 다섯 층의 관객석은 정기적으로 2,200명 이상의 모스크바 시민을 맞이했다. 이 극장은 상트페테르부르크와 그곳의 웅장한 마린스키 극장과 비교했을 때 '시골뜨기'같아 보이는 이미지를 벗어버리기 위한 모스크바 시의 노력을 상징한다.

볼쇼이 극장은 오시프 보베가 황실 양식으로 디자인했으며, 여덟 개의 기둥으로 이뤄진 고전주의적인 주랑 현관 위에는 태양을 운반하는 전차를 몰고 있는 아폴론 신의 청동 조각상이 있다. 극장은 훌륭한 음향 시설로 정평이 나 있다. 실내는 그 자체가 하나의 악기에 비유된다. 무대, 좌석, 발코니, 주변에 사용된 목재는 공명 효과가 탁월해서 재건축 동안에도 그대로 유지되고 있다.

이곳은 화재의 피해를 빈번하게 입었다. 1805년에는 오래된 페트로프스키 극장이 전소되었다. 오시프가 지은 걸작도 1853년 화염에 쓰러졌으나(벽과 파사드는 살아남았다) 이후 알베르토비치 카보스가 보베의 원래 설계에 따라 극장을 다시 디자인하고, 세 번째 층을 덧붙였으며 전보다 더욱 화려한 장식을 추가했다. **JH**

성 바실리 대성당 러시아, 모스크바 | St. Basil's Cathedral

'잔혹한 황제' 이반의 군사적 정복을 기념하는 보석과 같은 기념물

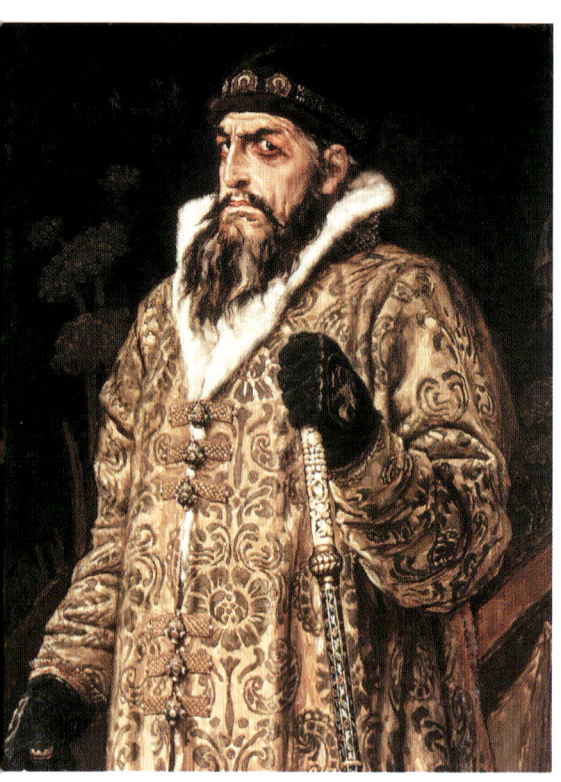

> "…건축의 전체 역사 속에서 필적할 만
> 한 예가 없는 구조를 지닌 기념물…"

그레이트 빌딩즈 온라인

⊞ 차르 이반 4세는 타타르 족에게 승리를 거두어 그 영토를
병합한 이후 성 바실리 대성당을 짓게 하였다.

⊞ 처음 지어졌을 때, 성 바실리 대성당은 이렇게 여러 색을
띠고 있지 않았다. 붉은 벽돌에 하얀 벽토로 생기를
불어넣은 정도였다.

갖가지 색깔로 소용돌이치는 양파 모양의 돔으로 유명한
성 바실리 대성당은 아마 모스크바에서 가장 잘 알려진
건물일 것이다. 성 바실리 대성당은 단일한 토대 위에 모
여 있는 아홉 채의 독립된 예배당으로 이루어져 있으며,
이 모두가 중앙의 첨탑을 둘러싸고 배열되어 있다.

이 성당은 '잔혹한 황제' 차르 이반 4세에 명에 따
라, 1555년에서 1561년까지 그가 카잔의 타타르 칸 국
(kan 國)을 정벌한 일을 기념하기 위해 세워졌다. 결정적
인 승리를 거둔 날은 마침 '성모의 전구(轉求) 축일'이었
으므로, 성당의 원래 이름도 이렇게 지어졌다. 이후에는
유명한 성인인 '그리스도에 미친 바실리'의 이름을 따 성
바실리 대성당이라 알려졌다.

성당의 원래 디자인은 여덟 개의 예배당이 별 모양
으로 배열된 구조였다. 이반 4세의 아들인 차르 표도르
이바노비치가 1588년 성 바실리의 유해를 안장하기 위해
아홉 번째 예배당을 추가로 지었는데, 그는 예전에 이 부
지에 있던 성당에 안장되어 있었다. 전설에 따르면, 이반
4세는 성당이 완성된 후 앞으로 성 바실리 대성당의 아
름다움에 필적할 만한 건물을 다시 설계하지 못하도록
건축가 포스트니크 야코블레프의 눈을 멀게 했다고 한
다. 그러나 이것이 사실인지는 의심스럽다. 야코블레프는
성 바실리 대성당이 완성된 이후에도 여러 채의 다른 건
축물을 지었기 때문이다. 호화로운 외부와 비교해 성당
의 내부는 상대적으로 차분한 편이며 조명도 어둡다. 성
당 밖의 정원에는 17세기 초에 폴란드인들이 침입해 왔을
때 러시아 의병대를 성공적으로 이끌었던 두 명의 러시
아 영웅, 드미트리 포자르스키와 쿠즈마 미닌의 동상이
서 있다. 1818년에 세워진 이 동상은 원래 '붉은 광장' 한
가운데에 놓였으나, 퍼레이드를 여는 동안 방해가 된다
고 해서 1936년 이곳으로 옮겨졌다.

대성당은 몇 세기에 걸친 전쟁과 정치적 격변을 거
치고도 살아남아 아마 가장 알아보기 쉬운 모스크바의
상징이 되었는데, 러시아에서 가장 공포스럽고 가장 강
력했던 통치자 중 한 사람인 이반 4세가 지은 것이다. **JF**

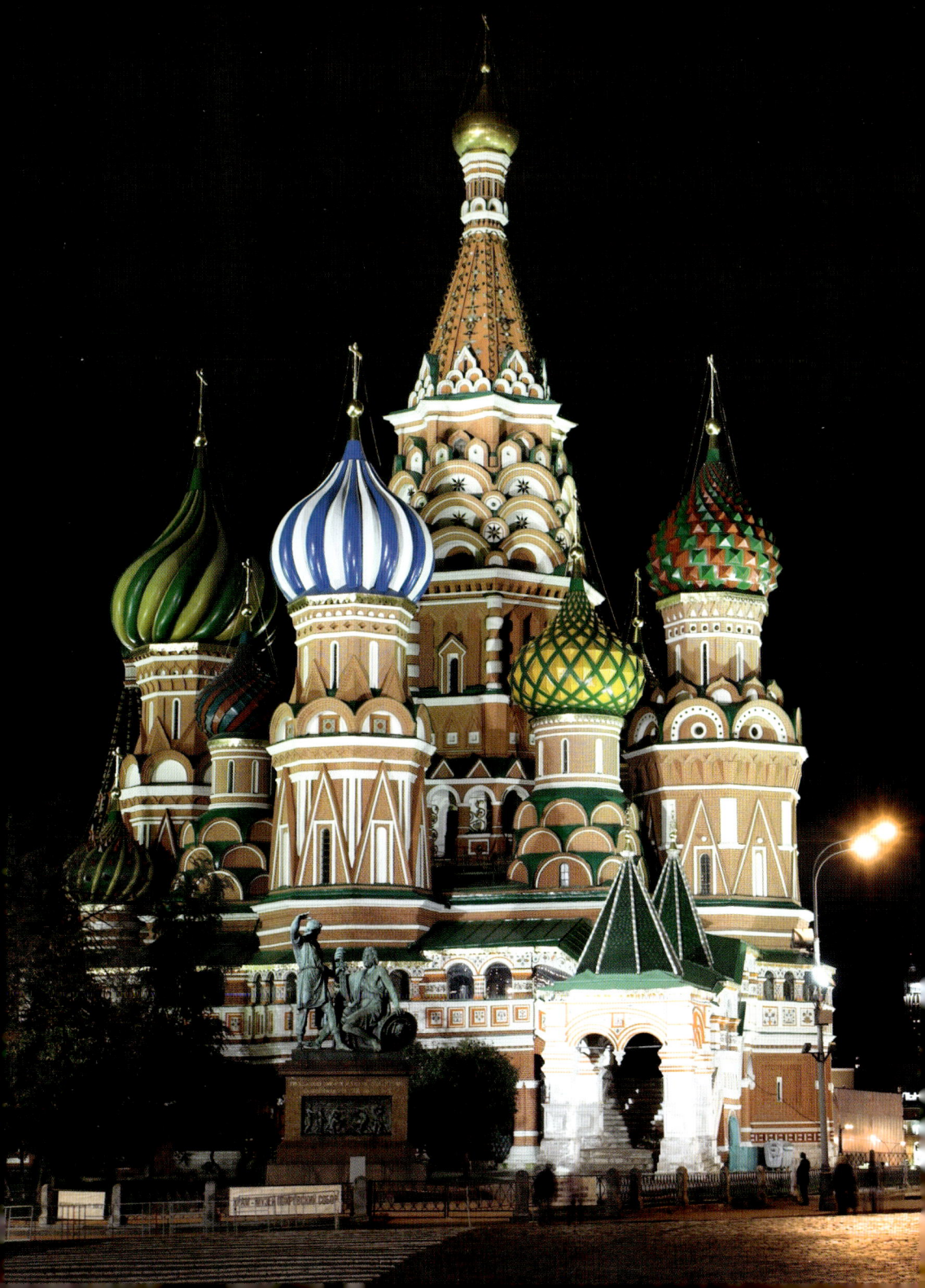

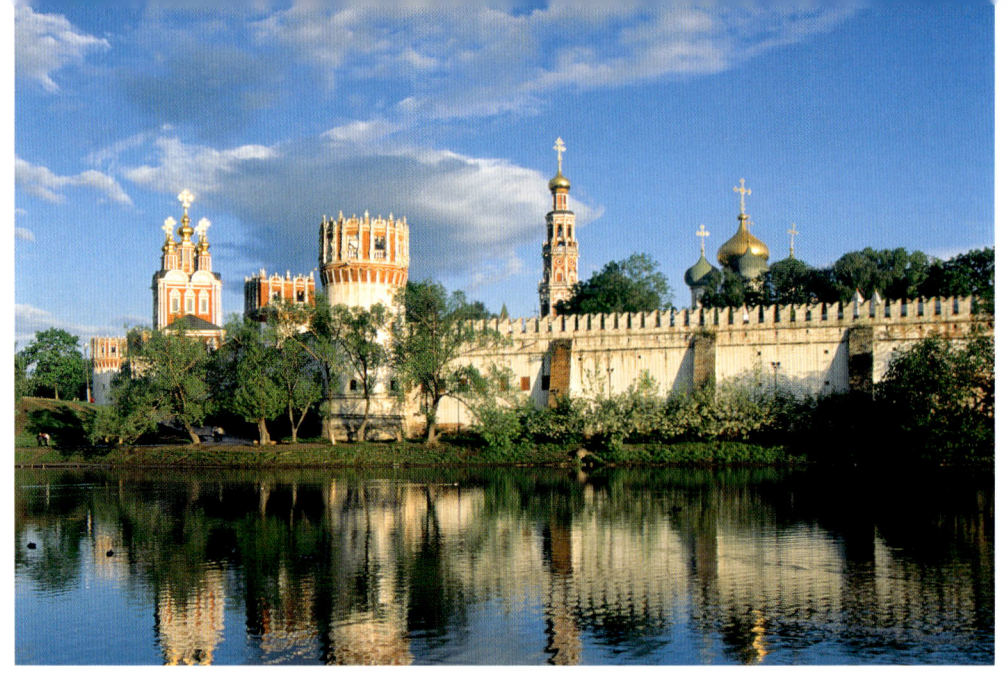

🏛 ◉ 노보데비치 수녀원 러시아, 모스크바 | Novodevichy Convent

러시아에서 가장 훌륭하고 아름다운 종교 건물 중 하나

노보데비치 수녀원은 러시아에서 가장 유명한 수도원 중 하나이다. 16세기 초에 설립되었으며 1680년대에 대규모로 증축되었다. 건물은 그 때 이후 거의 변한 바 없이 유지되어 오고 있다.

모스크바 대공인 바실리 3세 자신이 1514년에 북부 러시아의 스몰렌스크를 정복한 것을 기념하기 위해 1524년에 노보데비치 수녀원을 설립했다. '스몰렌스크의 성모 마리아 대성당'은 1524년에서 1525년까지 건설되었다. 노보데비치 수녀원은 모스크바 강 근처에 자리하고 있었다. 이 부근에는 여러 개의 수도원들이 연쇄적으로 늘어서 모스크바의 방어 체계를 이루고 있었는데, 노보데비치 수녀원은 중요한 그 일부였다. 바실리 3세는 이 수녀원에 3천 루블을 기부하고 영지도 내려 주었다. '잔혹한 황제' 차르 이반 4세 역시 수녀원을 후원해 주었다. 표트르 대제의 첫 아내인 에우도키아 로푸히나 황후가 1680년대에 모스크바 바로크 양식으로 많은 부분을 증축했다. 이 때 새로운 교회들과 종탑이 세워졌다. 노보데비치 수녀원은 러시아 왕실의 많은 여성들에게 은신처를 제공해 주었는데, 에우도키아 로푸히나 황후도 표트르 대제와 이혼한 후 이 수녀원에 머물렀고, 표트르 대제의 누이 소피아 알렉세예브나는 이곳에 유폐되었다. 수녀원은 자선 단체의 역할도 했다. 1724년부터 이곳에는 군사 병원과 고아원, 극빈자 수용소가 생겨났다. 1812년 나폴레옹 휘하의 프랑스 군인들이 수녀원을 폭파시켜 버리려고 했으나, 이곳에 거주하던 수녀들에게 저지당했다.

볼셰비키 파가 정권을 잡게 되자, 수녀원은 1922년 폐쇄되었으며 박물관으로 변했다. 그러나 1944년부터는 수녀들이 다시 노보데비치로 돌아올 수 있게 되었다. 안톤 체호프, 세르게이 프로코피예프, 니키타 흐루시초프를 비롯하여, 러시아의 수많은 걸출한 인물들이 수녀원 묘지에 묻혀 있다. 노보데비치 수녀원은 2004년 유네스코 세계문화유산으로 지정되었다. 이 수녀원은 박물관일 뿐 아니라, 여전히 수녀들이 거주하며 수도 생활을 계속하는 곳이다. **JF**

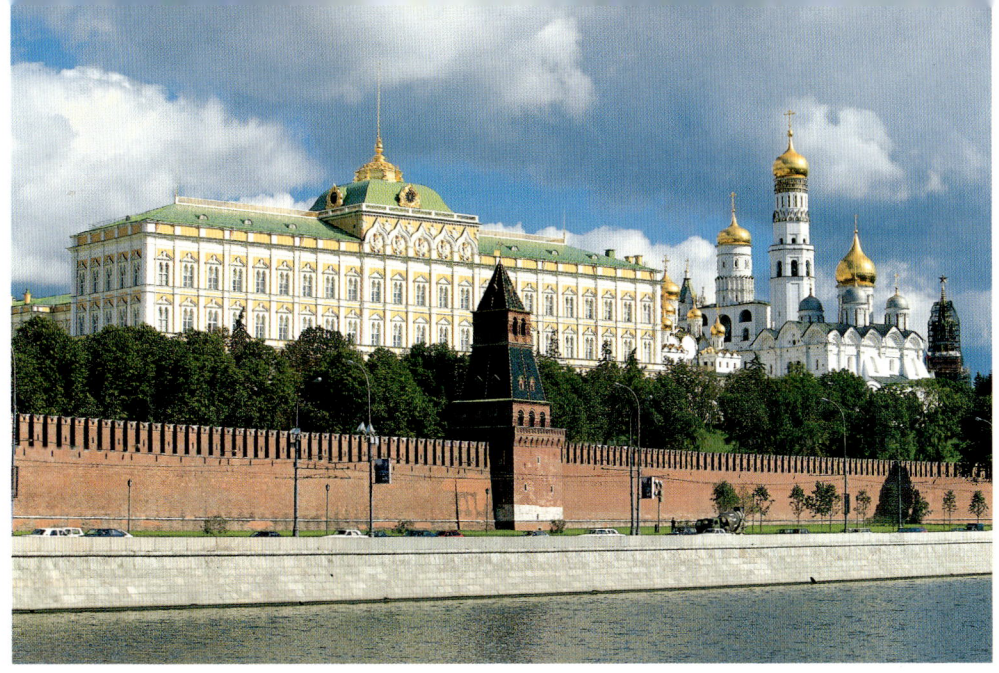

🏛️ ◎ 크렘린 러시아, 모스크바 | Kremlin

러시아의 차르와 주교들, 지금은 러시아 대통령이 거주하는 곳

18세기 초까지 크렘린은 러시아의 차르와 러시아 정교의 주교들이 주로 거주하던 곳이었다. 요새로 둘러싸인 이 성채의 기원은 11세기 후반까지 거슬러 올라가나, '이반 대제'라고도 불리는 대공 이반 3세의 주도로 본격적인 건축 작업이 시작되어 현재의 윤곽을 띠게 된 것은 1475년이었다.

모스크바 강을 따라 자리하고 있는 크렘린은 높은 성벽에 둘러싸인 안쪽에 여러 채의 교회들, 수도원, 궁전, 정부 관청이 모여 종합적인 집결체로 발전해 나갔다. 부지의 평면은 대략 삼각형에 가까운 모양이다. 이반 대공은 재건축 작업에 도움을 받기 위해 이탈리아 건축가들을 초청했다. 나중에는 더 큰 야심을 지닌 차르들이 뒤처진 러시아의 상황을 현대화시키기 위해 외국 장인들을 고용하는 일이 일반적이 되었다. 이반이 자신의 유명한 종탑을 지은 것은 16세기 초였으며, 이 종탑은 1600년 추후의 작업을 거쳐 81m의 높이로 크렘린 위로 높이 솟아오르게 되었다. 여러 세기에 걸쳐 서로 다른 군주들이

당대의 유행에 따라 건물을 부수기도 하고 새로이 세우기도 했으나, 크렘린은 그 양파 모양 돔만 보아도 알 수 있듯이 러시아적인 특성을 유지해 나갔다. 크렘린의 역사에서 위기라고 할 만한 사건은 1812년에 일어났는데, 나폴레옹이 이끄는 군대가 침략하여 한 달간 크렘린에 머물렀으며 모스크바에서 퇴각하면서 그 일부분을 파괴해 버렸다.

1917년 러시아 혁명 이후 볼셰비키 파가 정부 주거지를 모스크바로 다시 옮겨오면서, 근본적인 변화가 이루어졌다. 오래된 교회와 수도원들은 공산주의 군사 학교와 국회 의사당과 같은 새로운 기관을 두기 위해 재개발되었다. 1955년 크렘린의 일부는 외국인 관광객들에게 개방되어 관광객들은 이곳의 박물관을 구경할 수 있게 되었다. 소비에트 연방이 해체된 이후, 크렘린은 러시아 대통령의 공식 관저가 되었다. **AG**

레닌의 마우솔레움

러시아, 모스크바 | Lenin's Mausoleum

전 볼셰비키 지도자의 무덤

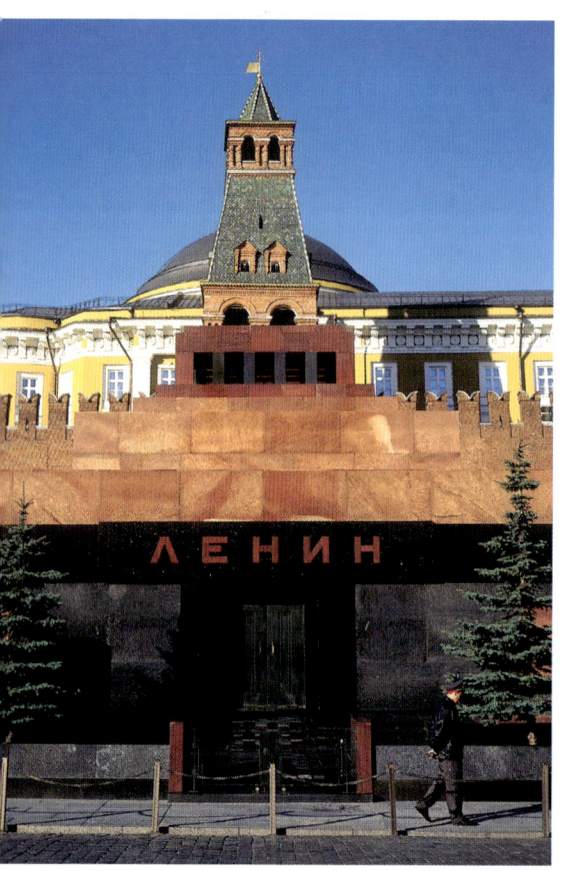

"우리는 그의 유해를 무기한으로, 분명 백 년도 넘게 보존할 것이라 보장할 수 있다."

마우솔레움 위원회의 발레리 비코프 교수

블라디미르 일리치 레닌(1870~1924)이 사망하자, 충실한 공산주의자 사이에서는 자신들의 영웅에게 경의를 표하고 싶다는 요청이 쇄도했다. 이러한 요청에 응답하여, 혁명가 레닌의 몸은 방부 처리가 되었고 재빠르게 목재로 지은 마우솔레움이 건설되었다. 이는 나중에 더 큰 목재 건물 안에 다시 안치되었으나, 줄지어 레닌의 유해를 참배하러 오는 이들이 줄어들 기색을 보이지 않으므로, 공산주의 정권은 번듯한 상설 기념관을 건축했다. 1929년 '붉은 광장'에서 작업이 시작되어 이듬해에 완성되었다. 돌로 된 이 새로운 마우솔레움은 여러 층이 진 피라미드 모양으로, 표면은 붉은 화강암과 반암, 검은 래브라도라이트로 장식되었다. 청동으로 된 문 위편에는 '레닌'이라는 글귀가 새겨졌으며, 의장병이 문 양옆을 지켰다.

마우솔레움 안에는 유리로 만든 관에 레닌의 유해를 담아 대중이 볼 수 있도록 전시한 추모 기념관이 있다. 레닌의 유해는 뛰어나게 훌륭한 상태로 보존되어 있어서 유해 대신 밀랍으로 만든 모형을 둔 것이 아닌가 하는 의심이 있을 정도였다. 당국에서는 이 문제에 대해 의견 표명하기를 거절했다. 1953년에는 역시 방부 처리된 이오시프 스탈린의 유해가 레닌 기념관에 안장되었으나, 1961년 소비에트의 지도자 니키타 흐루시초프가 스탈린의 유해를 크렘린 내부에 있는 묘지로 옮겼다.

1924에서 1972년까지 약 1천만 명의 사람이 레닌의 유해를 참배했으며, 오늘날에도 이곳은 여전히 유명한 관광 명소이자 공산주의자들의 순례지이다. 소비에트 연방이 붕괴된 이후, 이 마우솔레움의 중요성은 국가에 의해 격하되어 사설 단체에서 유지와 관리 비용을 대게 되었다. 마우솔레움을 닫아야 한다는 목소리가 높았으나-특히 누구보다도 보리스 옐친이 그랬다-이러한 주장은 레닌 지지자들의 반대에 부닥쳤다.

아이러니하게도, 그 유해가 보존되어 있는 공산주의자들은-레닌, 마오쩌둥, 호치민, 김일성-사실 다들 화장되기를 원했다. **AG**

모스크바 지하철

러시아, 모스크바 | Moscow Metro

웅장한 소비에트 지하철 시스템

모스크바 시에 지하 선로 시스템을 설치하는 작업은 1930년대에 시작되었으며, 그 첫 단계는 1935년에서 1937년까지 건설되었다. 첫 선로는 소콜니키에서 쿨투리 공원까지 놓였다. 두 번째 단계는 소비에트 연방이 1941년 제2차 세계대전에 참전하기 전에 완공되었으며 세 번째 단계는 전쟁 내내 계속되어, 이 때 지어진 역들은 독일군의 폭격을 피할 수 있는 지하 방공호 역할을 겸하도록 건설되었다. 네 번째와 다섯 번째 단계는 1940년대 후반과 1950년대 냉전 시기에 건설되었다. 따라서 이 구간의 역은 핵 공격을 받아도 견뎌낼 수 있도록 건설되었다.

모스크바 지하철 체계는 열한 개의 노선이 바퀴살 모양으로 중앙의 허브에서 도시 외곽까지 뻗어 있고, 5호선(콜체바야)이 20km의 원형으로 다른 노선들을 이어주며 도시 주위를 한 바퀴 도는 구조로 되어 있다. 이 지하철은 세계에서 가장 사람이 많은 지하철 네트워크 중 하나이며, 보통 주말이면 172개의 역을 거치는 279km의 노선을 따라 8백만 명 이상의 승객을 수송한다.

모스크바 지하철이 지닌 가장 놀라운 특징은 대부분의 역이 웅장하고 화려한 양식으로 지어졌다는 점인데, 이러한 역들은 차르 궁전의 내부를 닮게 치장되었다. 타일로 덮인 벽에는 소비에트 체계가 이루어 낸 결실을 마음껏 즐기고 있는 노동자, 농민, 군인들을 나타낸 매혹적인 조각품, 모자이크, 그림이 가득하다. 공산주의의 대의를 선전하려고 하는 계획적인 책략인 셈이다.

모스크바 지하철은 뛰어난 효율성으로 평판이 높으며, 보기 드물게도 안내 방송을 성별로 구분해서 내보내고 있다는 특징이 있다. 도시 중심으로 진입하는 모든 열차에 관한 안내 방송은 남자 목소리로, 외곽으로 나가는 열차에 대한 안내 방송은 여자 목소리로 읽어 준다. 5호선에서는 남자 목소리가 시계 방향으로 도는 열차의 안내를, 여자 목소리가 반시계 방향으로 도는 열차의 안내를 담당한다. **AG**

아스트라한 크렘린

러시아, 아스트라한 | Astrakhan Kremlin

아스트라한에 러시아가 남긴 흔적의 중심지

아스트라한 크렘린은 광대한 방어 설비와 흉벽, 성당과 궁전을 갖춘 성벽에 둘러싸인 요새 설비이다. 1556년 '잔혹한 황제' 차르 이반 4세가 타타르인을 정벌하고 러시아의 유럽 쪽 남부에 위치한 아스트라한을 손에 넣었다. 1558년 볼가 강이 내려다보이는 가파른 히레 언덕 위에 나무로 된 요새가 건설되었다. 1569년 이 요새는 오스만 튀르크가 가한 포위 공격을 성공적으로 막아냈다. 이반 4세는 나무로 된 요새를 돌로 된 건축물로 교체해야겠다고 결심하고 모스크바에서 군사 엔지니어들을 보냈다.

아스트라한 크렘린을 짓는 데에 사용된 돌은 근처에 있는 사라이 바투 시의 폐허에서 가져왔다고 한다. 이 요새의 모양은 삼각형으로, 성벽을 따라 여덟 개의 탑이

> "나의 제국 전체에서, 이만큼 아름다운 성당은 하나도 없다."
>
> 차르 표트르 대제, 성모 승천 대성당에 대하여

서 있다. 가장 큰 탑은 중앙 관문 위에 있으며 종탑이 있다. 다른 탑 하나는 '고문실'이라 알려져 있으며 안에 감옥이 있다. 이후에 두 채의 성당이 지어졌다. 1700년대에 지어진 '삼위일체의 대성당'과 1710년의 '성모 승천 대성당'이다. 성모 승천 대성당은 1698년에서 1710년에 걸쳐 세워졌는데, 농노 신분의 건축가 도로페이 미야키셰프가 설계한 작품이다. 1705년에서 1706년에 걸쳐, 아스트라한 크렘린은 차르에 대항하는 지역 봉기의 중심지였으며, 반란군은 크렘린을 습격해 지역 총독과 약 300명에 달하는 다른 귀족과 관리들을 처형했다.

아스트라한 크렘린은 16세기 후반부터 러시아가 아시아로 뻗어나가는 관문이었으며, 러시아 군사 토목공학 기술과 교회 건축술을 보여 주는 중요한 본부 기이다. 이곳은 현재 박물관이 되었다. **JF**

블라디보스토크 역

러시아, 블라디보스토크 | Vladivostok Station

시베리아 횡단 철도의 종착역

블라디보스토크는 모스크바보다 중국, 일본과 더 가까우며, 시간대도 일곱 시간이나 차이가 난다. 이 역은 그야말로 철로 위를 달리는 마법 같은 마라톤을 시작하는 시베리아 횡단 특급열차 '노선의 끝'인 셈이다.

이 도시에서 가장 유명한 랜드 마크는 뾰족탑과 탑이 기묘하게 한데 모여 있는 블라디보스토크 철도역의 모조 17세기풍 파사드이다. 이는 9,288km 떨어진 곳에 있는 모스크바의 야로슬라프스키 역을 거의 똑같이 모방한 것이다. 블라디보스토크 역은 실용적인 목적의 철도 종착역이라기보다 차르에게나 어울리는 궁전을 닮았다. 사실, 1891년에 이 역의 주춧돌은 상징적이게도 차레비치(차르가 될 황태자) 니콜라이(이후의 니콜라이 2세)에 의해 놓였다. 이후 건설은 건축가 A. 바실레프스키의 설계에 따라 진행되었다. 1907년이 되자, 급격하게 성장하는 블라디보스토크의 경제 규모에 비해 원래의 역사는 너무 작아졌다. N. V. 코노발로프의 설계에 의해 새로운 역이 건설되었다. 그는 오래된 탑들과 벽 일부를 보존한 채 오늘날 서 있는 훌륭한 샤토 스타일 건물을 창조해 냈다. 한쪽 출입구 위에는 용을 무찌르는 성 게오르기우스를 나타낸 타일로 만든 선명한 모자이크 판이 있었다(이 성인은 모스크바의 상징이었다). 이 모자이크와 황제를 상징하는 다른 장식들은 소비에트 체제 하에서 모두 파괴되었으며, 황제를 상징하는 두 개의 머리가 달린 독수리도 목이 달아났다. 1958~1991년까지 블라디보스토크에는 외부인의 출입이 금지되었다. 건축학적인 보석이라 할 만한 이 역의 외부는 역사 앞에 있는 광장의 자갈과 함께 1994년 엄청난 노력을 들인 끝에 복원되었고 2년 후에는 웅장한 내부에도 섬세한 복구 작업이 이어졌다. 근처에 있는 광장은 150년 전 이 도시가 탄생한 장소이다. 종착역에서 조금 걸어가면 중앙 거리(그리고 최초로 지어진 거리) 스베틀란스카야가 나오는데, 블라디보스토크 시의 역사적인 유적은 대부분 이 거리에 밀집되어 있다. **JH**

브레스트 요새

벨로루시, 브레스트 | Brest Fortresst

제2차 세계대전 동안 영웅적인 수비를 해냈던 현장

현재의 폴란드 국경 가까운 곳, 부그 강과 무카베츠 강이 합류하는 전략적인 요충지에 자리 잡고 있는 브레스트의 이 요새는 러시아에서 가장 인상적인 군사 요새였다. 이 요새는 델로반이라는 이름의 군사 엔지니어의 제안에 의해 1836년부터 지어지기 시작했으며, 오페르만, 말레츠키, 펠트만이라는 세 명의 다른 기술자가 건설을 맡아 1836년에서 1842년까지 완성했다. 이 일은 거대한 규모의 작업으로, 브레스트(당시에는 브레스트-리토프스크라 불렸다) 시의 대부분을 몇 마일 떨어진 동쪽으로 옮겨와야만 했다. 이 새로운 요새의 핵심은 성채였는데, 이는 굴곡이 진 2층짜리 건물로 1만 2천 명의 군사를 수용할 수 있었다. 브레스트 요새는 1878년에서 1888년까지, 이후 다시 1911년에서 1914년까지 확장되고 강화되었다.

"…우리는 러시아 군사들이 비명을 지르고 신음하는 소리를 들을 수 있었으나, 그들은 계속해서 싸웠다."

독일 제 45사단, 슐라이퍼 장군

브레스트는 20세기 초반 대부분에 걸쳐 폴란드의 소유였으나, 1940년 러시아의 손으로 돌아왔다. 다음 해, 히틀러의 군대가 러시아에 쳐들어왔을 때 펼친 '바르바로사 작전' 동안 이 요새에서는 가장 중대한 전투가 벌어졌다. 수비대는 수적으로 크게 열세였고 무기도 부족했음에도 몇 주 동안이나 굳건하게 버텼다. 1960년대에 소비에트 정부는 상처투성이가 된 요새의 잔해를 러시아의 저항을 보여 주는 기념물로 삼기로 결정했다. 1965년 이곳은 '영웅 요새'라는 칭호를 수여받았으며, 기념관을 짓는 작업이 시작되어 1971년 문을 열었다. 몇 개의 기념비적인 조각품이 제작되었는데, 그 중에서도 '삶, 투쟁, 승리를 위한 갈망'을 형상화하는 〈갈망〉이라는 이름의 육중한 동상이 가장 유명하다. **IZ**

🏛 ◎ 동굴의 수도원

우크라이나, 키예프 | Monastery of the Caves

지하에 있는 정교 신앙의 중심지로, 이후에 지상의 교회들이 지어졌다

키예프의 '동굴의 수도원'은 두 개의 인공 동굴 체계를 기반으로 한 수도원 공동체로, 1051년 성 안토니우스에 의해 설립되었다. 그는 그리스의 아토스 산에 있는 수도원에서 젊은 시절을 보냈던 키예프인으로, 수도원 생활을 받아들이도록 권장하고자 고향으로 돌아왔다. 그는 키예프에 도착하여 도시 바로 외곽에 있는 동굴을 거처로 삼았다. 그를 본받고자 점점 더 많은 추종자들이 몰려왔으며 일련의 터널과 수도 생활을 할 수 있는 독방을 짓기 시작했는데, 이는 오늘날 '먼 동굴들'과 '가까운 동굴들'이라는 이름으로 알려져 있다. 이렇게 건설된 지하 수도원에는 거주하는 구역뿐 아니라 여러 채의 교회도 있다. 11세기 후반에는 지상에 '영면(永眠)의 대성당'이 건축되었으며, 여러 채의 소규모 교회, 다양한 신학 아카데미, 이를 둘러싸는 방어벽, 인상적인 '대 라브라 종탑' 등이 뒤이어 들어섰다. 이 종탑은 1745년 완공되었을 때 세계에서 가장 높은 독립된 종탑이었으며 지금도 수도원 안에서, 그리고 키예프 시 전체 내에서 가장 뛰어난 건축물 중 하나이다.

12세기로 접어들 무렵, 수도원에는 약 1천 명의 수도사들이 거주했으며 동방 정교회에서 가장 중요한 종교 중심지로 그 지위도 상승했다. 그러나 1920년대에 열렬한 무신론자였던 소비에트 정권은 이곳이 그저 역사적이고 문화적인 흥미가 깃든 장소일 뿐 그 이상은 아니라고 주장하며 이 기관의 종교적인 중요성을 없애려 했다. 제2차 세계대전 동안 소비에트 군대는 나치가 키예프를 점령할 것에 대비하여 '영면의 대성당'에 지뢰를 설치했다. 이후 이어진 폭발로 성당은 거의 완전히 무너져 버렸다. 이 건물은 후에 18세기의 모습대로 재건축되었으며, 수도원의 일부는 국가의 관리를 받고 있지만 어느 정도의 권한은 우크라이나 정교회로 돌아왔다. **AS**

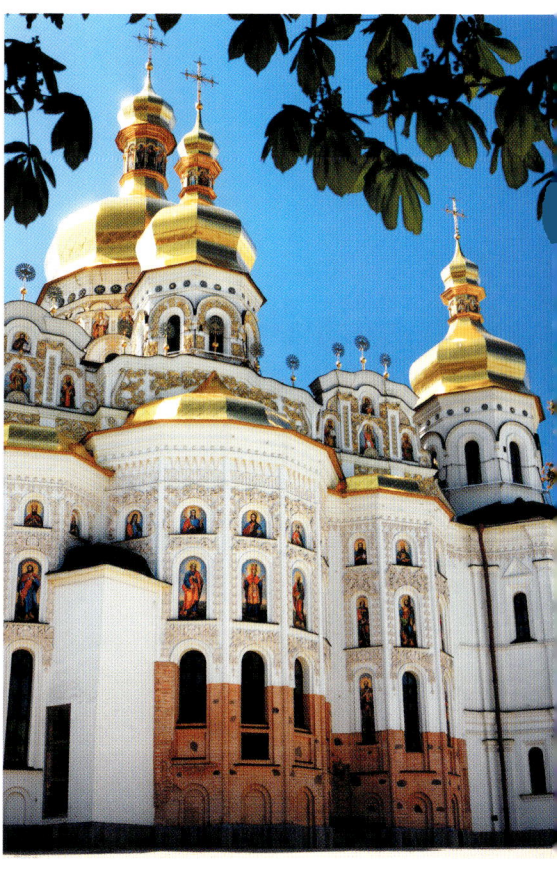

"이 수도원은 우그리이니에서 이만한 지위를 갖춘 유일한 성소이다. 이곳은 '제2의 예루살렘'이라 불린다."

수도원의 수석 사제, 파벨

성 소피아 대성당

우크라이나, 키예프 | Cathedral of St. Sophia

콘스탄티노플의 하기아 소피아 대성당과 어깨를 견주도록 건설된, 키예프의 비잔틴 성당

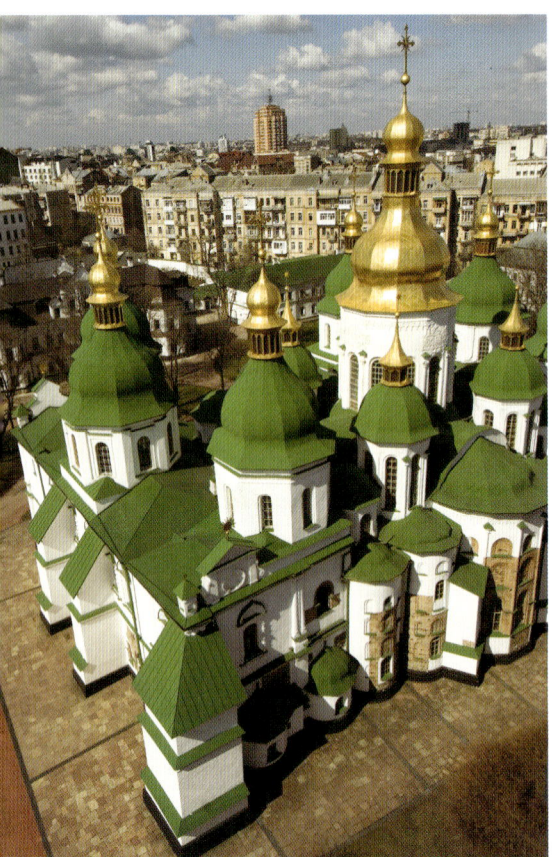

"…슬라브적이면서 동시에 세계주의적인 키예프 대공의 문화에 강력하게 영향을 받았다."

유네스코

10세기 말, 키예프 대공인 블라디미르는 바이킹이 서쪽으로, 그리고 동쪽의 다른 러시아 영토들로 진출하며 가하는 위협을 알아채고서, 세례를 받고 콘스탄티노플의 무시무시한 통치자인 바실리우스 2세의 누이와 결혼을 함으로써 비잔틴 제국과의 유대를 강화하기로 했다. 블라디미르의 아들인 야로슬라프 현공은 1017년 콘스탄티노플의 하기아 소피아 성당을 모방한, 그리고 그와 어깨를 견주고자 하는 키예프의 성 소피아 대성당을 세워 이 새로운 유대를 굳건하게 다졌다.

성 소피아 성당의 가장 위풍당당한 자랑거리는 열두 개의 돔에 둘러싸인 중앙 돔으로, 이는 예수와 열두 사도를 상징한다. 내부도 마찬가지로 웅장한데, 260m² 넓이의 모자이크와 3000m² 넓이의 벽화로 장식되어 있다. 이러한 장식에는 '수태 고지' '기도하는 성모 마리아' '사도들의 영성체' 등의 장면이 찬란하게 나타나 있으며, 사냥이나 연회 장면 등 세속적인 장면을 그린 그림도 있다. 성 소피아 대성당은 곧 동방 정교회에서 가장 중요한 건물 중 하나로 부상했으며, 장인들은 성당 장식이 지닌 양식적 특징들을 주변 지역 곳곳에 전파했다. 키예프 시가 수차례 침입을 받는 동안 성당 외관이 손상을 입어 17세기와 18세기에 복구 작업이 이루어졌지만, 다행히도 내부는 거의 손대지 않은 상태로 남았다.

소비에트 정부는 1920년대에 성당을 몰수하여 허물어 버릴 계획을 세웠으나, 생각을 돌이켜 그 대신 이 성당을 건축학적이고 역사적인 기념물로 변모시키기로 했다. 성당을 러시아 정교회에 돌려주어야 한다는 논란이 있어 왔지만, 성 소피아 대성당은 무엇보다도 예배가 이루어지는 기능적인 장소를 떠나 키예프의 역사 기념물이다. 이 성당은 1990년에 유네스코 세계문화유산으로 지정되었다. **AS**

포템킨 계단

우크라이나, 오데사 | Potemkin Steps

혁명 중 대량 학살이 벌어진 장소

1905년, 흑해의 오데사 항구의 노동자들은 파업에 들어가 차르의 폭압에 대항하여 반란을 일으켰다. 이는 '최초의 러시아 혁명'이라 알려졌으며, 1917년 혁명의 전조가 되었다. 해병들이 차르의 군대를 도와 반란자들을 진압할 수 있도록 전함 '포템킨 타브리체스키' 호가 오데사 항으로 항해해 들어가라는 명령이 내려졌다. 그러나 해병들의 다수는 노동자들과 동조하여 명령에 항거했고 전함에서 반란을 일으켰다. 이들은 군대와 협력하기를 거부하고 파업 중인 노동자들이 봉기하도록 이끌었다. 항명의 주도자는 뒤이어 일어난 전투에서 사망했으며 그의 시신은 당시 '리슐리외 계단'이라 불리던 곳 아래에 놓였다. 수천 명의 사람들이 유해에 경의를 표하며 지나갔고, 차르의 군대가 진격해 와 약 2천 명의 사람들을 살상했다. 1925년 영화감독 세르게이 에이젠슈타인은 자신의 영화 〈전함 포템킨〉에서 이 반란을 그려내 영화를 통해 이 계단을 불멸의 존재로 만들었다.

192개의 이 계단은 1837년에서 1841년에 걸쳐 프랑스 건축가 F. 보포에 의해 건설되었다. 계단은 착시를 일으키는 형태로 배열되어 있다. 꼭대기에 서 있으면, 계단이 전혀 없고 몇 개의 층계참만이 앞으로 뻗어 있는 것처럼 보인다. 아래에 있으면 계단이 보이기는 하지만 정상에 가까이 갈 때까지 꼭대기에 있는 것은 전혀 보이지 않는다.

'포템킨'이라는 이름은 예카테리나 대제의 연인이자 비밀 남편이었던 포템킨 공에게서 왔다. 그는 18세기 말 흑해안의 대부분을 정벌했으며 흑해 해군을 창설했다. 이 계단은 전함에서의 반란 사건이 있은 후에야 '포템킨 계단'이라는 새 이름을 얻었다. '리슐리외 계단'이라는 원래 이름은 오데사의 전 총독이었으며 계단의 건설을 명령했던 리슐리외 공작으로부터 왔다. **LH**

리바디야 궁전

우크라이나, 리바디야 | Livadia Palace

1945년 얄타 회담을 개최한 곳

이 눈부신 건물은 러시아 차르들의 여름 별장이었으며, 차르의 시대는 1917년 니콜라이 2세가 처형당하면서 막을 내렸다. 차르 알렉산드르 2세가 1861년 이곳의 영지를 사들인 이후 궁전을 처음으로 건설했다. 알렉산드르는 모스크바에 있는 스트로가노프 대학을 건축하여 명성을 얻었던 건축가 이폴리토 안토노비치 모니게티에게 건축을 맡겼다. 모니게티는 궁전 이외에도 리바디야에 교회, 호화로운 개인 주택들, 작업 건물 등을 포함하는 완전한 종합 시설을 지었다. 완성된 이후 이곳은 60채 이상의 건물로 구성되었으며, 훌륭하게 조경된 정원에 둘러싸여 있었다. 궁전은 이후 1911년 니콜라이 2세를 위하여 건축가 M. 크란스노프에 의해 재건축되었다.

> "어떠한 말로도 우리의 기쁨을 표현할 수 없다 … 정확하게 우리가 원했던 방식으로 지어진 이 집을 소유하게 된 기쁨을."
>
> 차르 니콜라이 2세의 일기

러시아 혁명 이후, 궁전은 요양소가 되었다. 그러나 1945년 리바디야 궁전이 프랭클린 D. 루즈벨트, 윈스턴 처칠, 이오시프 스탈린이 전후 유럽의 국경을 재정비하기 위해 모였던 얄타 회담의 개최지가 되면서, 이러한 조용한 세월도 끝나고 말았다. 스탈린은 널리 알려져 있다시피, 동유럽에서 자유 민주주의적인 선거를 허용하겠다는 자신의 회담 서약을 깨뜨리게 된다.

1970년대에 리바디야의 공원과 영지는 박물관이 되었다. 오늘날 리바디야는 크림 반도에서 가장 유명한 관광 명소 중 하나이다. 궁전 주변의 40헥타르 넓이의 공원은 당시 유명했던 조경 전문가 튁인 델릴저와 페이터가 설계한 정원을 포함하고 있다. **LH**

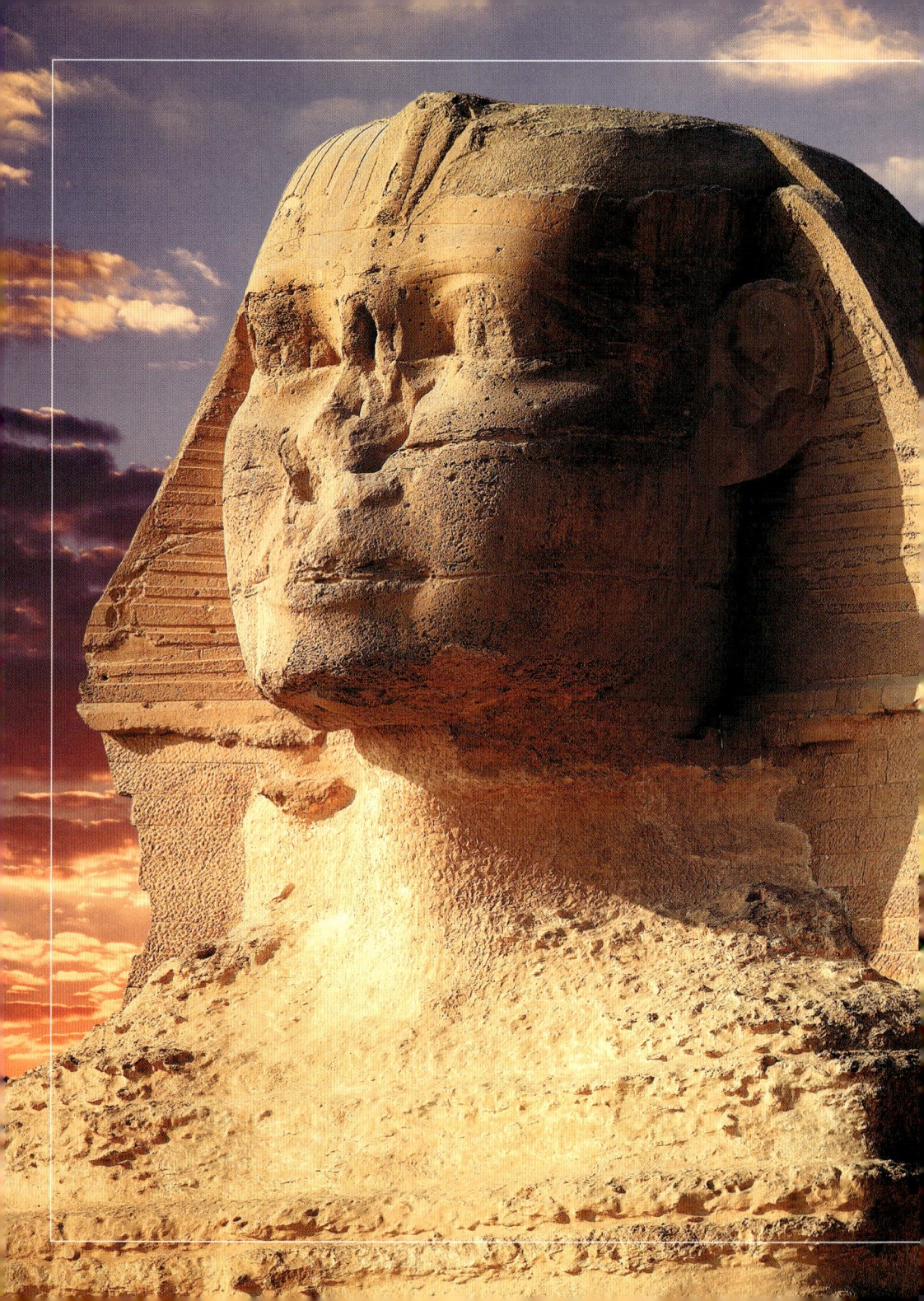

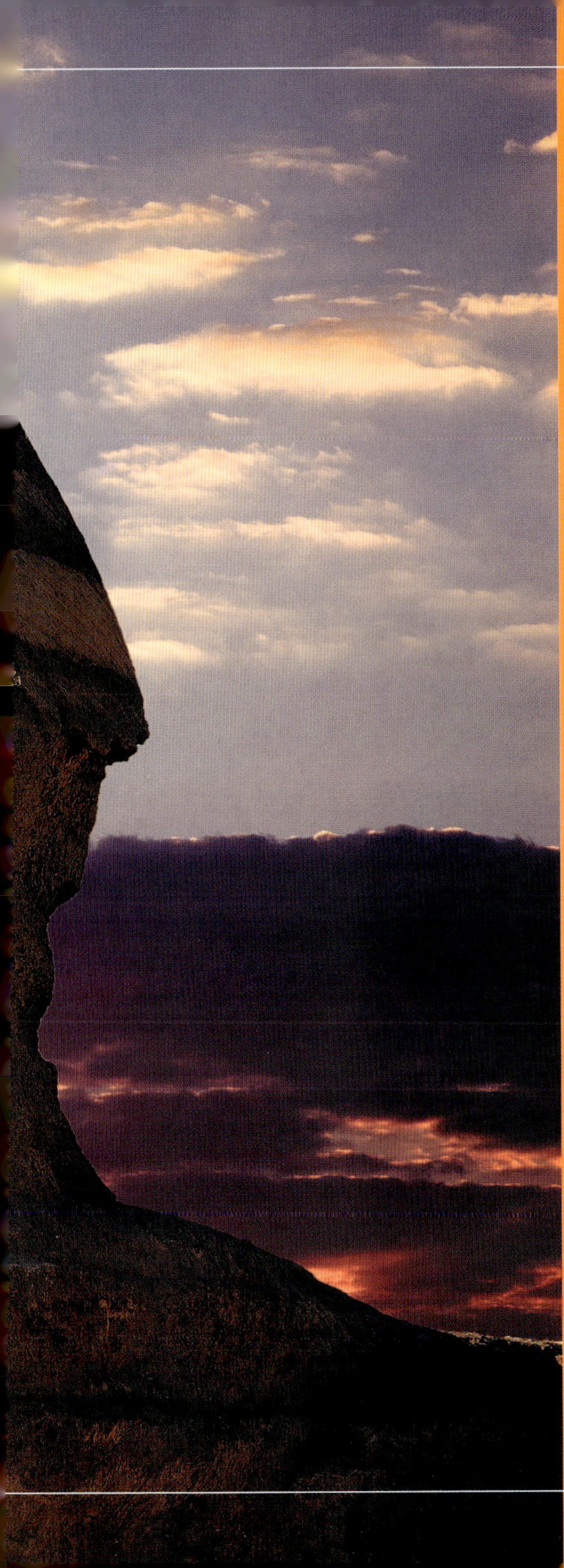

세계에서 두 번째로 넓은 아프리카 대륙은
인류가 최초로 발전해 온 곳이라 여겨진다.
남아프리카 공화국의 스테르크폰테인 동굴에
있는 인류 거주의 증거는 약 3백만 년 전에
남겨진 것이다. '그레이트 짐바브웨' 같은 유적은
말리와 에티오피아처럼 먼 곳까지 남아 있는
기념비적인 무덤들과 더불어, 아직도 아프리카
민간전승에 등장하는 제국들이 실제로
존재했음을 증명해 준다. 그러나 유럽의 노예
무역상들이 세운 해안의 요새들은 수백 년
동안이나 아프리카 흑인들이 상품처럼 거래되어
왔던 어두운 역사를 되새겨 주는 유적이다.

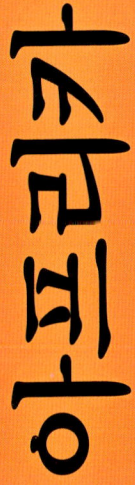

◁ 4500년도 더 된 먼 옛날,
  사암에 조각된 기자의
  거대 스핑크스

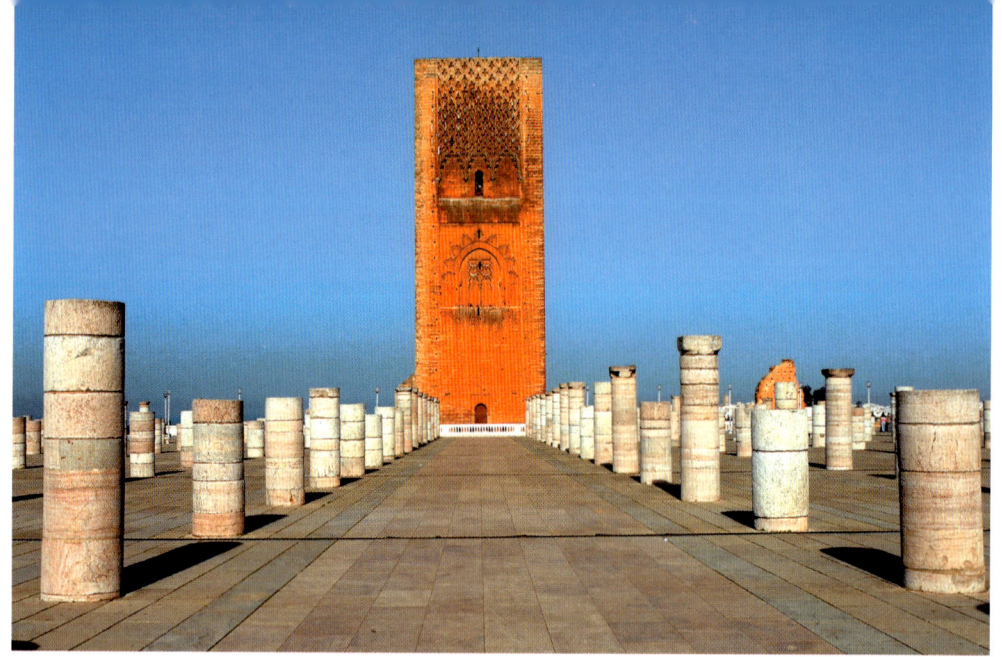

하산 탑 모로코, 라바트 | Tour hassan

설계에 그쳐 완성되지 못했던 모스크의 일부인, 웅장한 미나레트

대서양 해안에 있는 모로코의 수도 라바트는 페니키아, 이후에는 카르타고와 로마의 무역항으로 발달하기 시작했던 도시이며 당시의 흔적이 아직도 남아 있다. 아랍인들에게 정복당한 이후 이곳은 요새화된 군사 진영이 되었으며, 모로코 최초의 알모아데 왕조 술탄인 아브드 알 무민은 12세기 이곳을 스페인 출정의 기지로 삼았다. 그의 손자이며 흑인 노예의 아들인 야쿠브 알 만수르('정복자')는 1184년 권력을 잡았다. 정력적인 통치자였던 그는 스페인으로 더 깊숙이 쳐들어가 기독교 포로들을 데려와, 그가 수도로 삼은 라바트에서 웅대한 건설의 노예로 일하게끔 하였다.

그가 지었던 도시 성벽의 일부가 아직도 남아 있으며, 도시의 중앙 관문인 훌륭한 '밥 우다이아' 역시 남아 있지만, 무엇보다도 가장 야심찬 계획은 '모스크 엘 하산'이었다. 알라르코스에서 스페인인들에게 거둔 승리를 기념하기 위해 계획된 이 모스크는 그가 거느린 군대 전체가 들어갈 정도로 크게 지어질 예정이었으나, 야쿠브는 탑이 완성되기에는 너무 이른 때였던 1199년 사망했다. 모스크에서 오늘날까지 남아 있는 주요 부분이며, 라바트의 상징이 된 건축물은 '하산 탑'이라는 이름의 미나레트이다. '아름다운 탑'을 의미하는 이 이름은 썩 잘 어울린다. 붉은 돌로 이루어진 탑은 44m 높이로 솟아 있으나, 당초 계획대로라면 이 두 배의 높이가 될 예정이었다. 여섯 개의 각 층에는 방이 하나씩 있고 건물 안에는 폭넓은 경사로가 위쪽을 향해 올라가게 되어 있는데, 이는 술탄이 말을 탄 채 올라갈 수 있도록 건설되었다. 모스크를 짓기로 원래 예정되었던 부지의 다른 한쪽 끝에는 1960년대에 지어진 무함마드 5세의 능묘가 있다. **RC**

> "200개의 기둥이 모스크가 들어서도록 예정되었던 구역을 표시하고 있다."
>
> 하산의 탑 가이드북

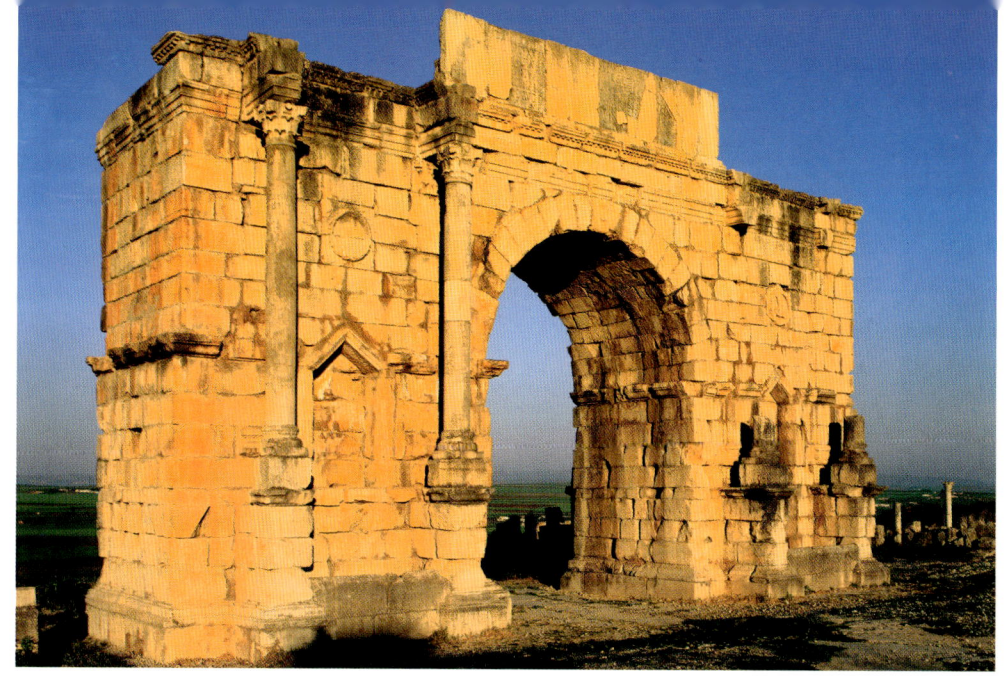

🏛 ◎ 개선문 모로코, 볼루빌리스 | Triumphal Arch

아직까지 남아 있는, 로마 제국의 속주였던 시절의 기념물

고대 로마는 세계 역사 속에서 가장 큰 도시였다(1800년 까지다. 이후 '가장 큰 도시'는 런던이다). 로마의 거주민 들에게 필요했던 엄청난 양의 곡물 중 60%는 북아프리 카의 로마 식민지에서 왔다. 카르타고를 정복한 이후 로 마인은 북쪽으로 나아가 오늘날의 알제리와 모로코까지 진출했고, 기원전 25년 아우구스투스 황제는 젊은 베르 베르 족 왕자인 주바 2세를 이 지역 통치자로 앉혔다. 주 바 2세는 마르쿠스 안토니우스와 클레오파트라 사이에 서 난 딸과 결혼했으며, 그가 수도로 삼았던 곳은 아마 오늘날의 볼루빌리스에 있는 메크네스 북쪽이었던 듯하 다. 당시 이곳은 이미 번영을 누리던 도시였으며 서기 1세 기부터 3세기까지 로마의 지방 총독 관저가 있던 곳이었 다. 성벽으로 둘러싸여 보호받던 이 도시의 인구는 전성 기 때 아마 2만 명에 달했을 것이라 추정된다.

로마인들이 떠난 후에도 볼루빌리스는 7세기에 아 랍인들에게 정복당하기 전까지 기독교의 중심지로 번성 했다. 이 지방의 베르베르인들은 이슬람으로 개종했고

도시는 모로코의 꽃 이름을 따 '우알릴리'라는 새 이름을 얻었으나, 술탄들은 다른 곳에 거주했고 도시는 방치되 어 허물어져 갔다. 1755년 리스본을 황폐하게 바꾸었던 대지진 때 이곳도 심한 피해를 입었다.

오늘날의 볼루빌리스는 모로코에서 가장 훌륭한 로마 유적지이다. 이곳은 제국의 변경에 건설된 로마의 식민 대도시 중 보기 드물 정도로 잘 보존되어 있다. 지 진의 피해에서 비교적 손상을 덜 입은 유적으로는 카라 칼라 황제가 사망한 해에 그를 기리기 위해 건설된 개선 문이 있다. 유감스럽게도 아치의 꼭대기 부분이 소실되 었는데, 이곳에는 아마 전차를 타고 있는 황제의 영웅적 인 모습이 조각되어 있었을 것이라 추측된다. 이 개선문 은 도시의 중앙 대로인 '데크마누스 막시무스' 길 맨 끝에 세워졌다. 볼루빌리스에서 볼 수 있는 다른 뛰어난 유적 으로는 포럼, 주피터 신전, 그리고 '비너스의 집'과 '헤라 클레스의 노역의 집'에서 볼 수 있는 아름다운 모자이크 가 새겨진 바닥 등이 있다. **RC**

역사에 길이 남을 정도로 잔혹했던 술탄의 웅장한 무덤

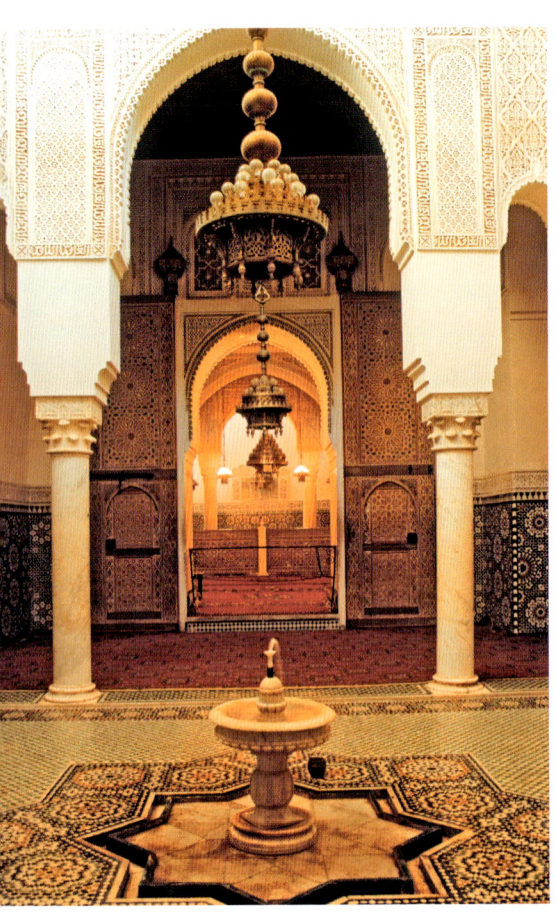

"전제 군주적인 술탄 물라이 이스마일은 … '건축의 과대망상자'라 알려져 있었다."

저널리스트, 수 패트릭

1672~1727년까지 통치하고 82세에 사망한 물라이 이스마일은 모로코를 다스렸던 술탄 중 가장 위대하고 가장 강력하고 유능했으며, 또한 가장 잔혹한 술탄이었다. 그는 자신의 하렘에 500명 이상의 여인을 두었고, 800명 이상의 자녀를 낳았다고 한다. 특별한 '검은 호위대'의 군사들의 보호를 받았던 물라이 이스마일은 자신의 '황제의 도시' 메크네스에 그의 위세를 널리 뻗쳐 보일 수 있는 호화로운 종합 궁전을 지었다. 그는 동시대인인 프랑스의 루이 14세를 매우 동경했으며, 왕에게 무슬림이 되라고 권하기도 했다. 그는 또한 루이 14세의 딸들 중 하나를 아내로 달라고 청하기도 했으나 뜻을 이루지 못했다. 그의 궁전은 베르사유와 경쟁할 목적으로 건설되었다.

물라이 이스마일은 25km에 걸친 거대한 성벽으로 메크네스를 둘러쌌다. 압도적인 자태의 '밥 엘–만수르'(정복자의 관문)는 성벽의 웅장한 관문 중 하나이다. 그의 도시에는 모스크, 병영, 아름다운 정원, 동물원이 있었다. 2,500명의 기독교 노예들과 3만 명의 모로코 반역자와 범죄자들로 이루어진 노동력이 건축 작업을 떠맡았는데, 이들은 무자비하게 혹사당했다. 죽은 이들은 성벽을 짓기 위한 보충 자재로 사용되었다.

마우솔레움은 물라이 이스마일 자신이 건축하기 시작했다. 중앙에 있는 분수와 타일과 치장 벽토로 훌륭하게 세공된 여러 안뜰을 지나면, 술탄과 그가 가장 총애했던 아내 랄라 크누아타, 그의 뒤를 이어 술탄이 되는 두 아들의 무덤이 있는 방이 나온다. 정교한 프랑스 시계는 루이 14세의 선물이었다. 마우솔레움은 1950년대에 모로코의 무함마드 5세가 복원했는데, 그는 이 무덤을 이슬람교도가 아닌 방문객에게도 공개하기로 결정했다.

역사적인 도시 메크네스는 뛰어나게 완전하고 잘 보존되어 있는 유적들을 통해 17세기 마그레브(오늘날의 모로코, 알제리, 튀니지에 해당하는 북아프리카 지역) 지역 수도의 도시 체계와 기념비적인 건축물들을 보여 준다. 이곳은 조화로운 방식으로 이슬람과 유럽의 디자인과 설계를 겸비한 곳이다. **RC**

알리 벤 유세프 메데르사 모로코, 마라케시 | Ali ben Youssef Medersa

14세기의 신학과 법학 대학

한때 모로코의 수도였던 마라케시를 지배하고 있는 색깔은 이 지역 흙빛인 붉은색으로, 이 도시의 건축 자재에서도 드러난다. 전설에 따르면, 12세기에 알모아데 왕조의 술탄들이 쿠투비아 모스크를 세웠던 곳 – 이는 아프리카에서 가장 큰 모스크 중 하나로 마라케시의 주요 랜드마크이다 – 이 정확히 이 도시의 심장이 있는 장소였으며, 엄청난 양의 피가 흘러나와 도시의 벽과 건물에 영원한 얼룩을 남겼다고 한다.

알리 벤 유세프 메데르사(코란을 중심으로 신학과 법학을 가르치는 이슬람 국가의 고등 교육기관)는 14세기에 신학과 법학을 공부하는 무슬림 학생들을 위한 대학으로 세워졌다. 이는 모로코 최초의 대학 중 하나이며, 전성기 때에는 800명 이상의 학생을 수용했을 정도로 가장 큰 대학 중 하나이기도 했다. 16세기에 이곳은 사디 왕조(예언자 마호메트의 후손이라 주장하던 모로코 남부 아랍인)의 압둘라 알 갈리브에 의해 완전히 재건되었다. 사디 왕조는 1525년 마라케시를 차지했고, 이곳을 통치하던 술탄을 내쫓았으며, 소위 '십자군'이라는 이름으로 1578년 공격해 온 포르투갈인을 완전히 물리쳤다.

메데르사는 무슬림의 성인인 시디 유세프 이븐 알리를 기념하는 의미에서 명명되었다. 이곳은 화려한 사디 양식의 장식으로 찬탄을 받는데, 이는 아마 스페인에서 데려온 장인들의 작품이었을 것이다. 학생들이 사용하던 자그마한 방들은 천장이 트이고 연못이 하나 있는 중앙 안뜰을 중심으로 배열되어 있으며, 매력적인 균형미를 지닌 기도실도 있다. 벽은 모자이크 타일과 치장 벽토 아치들, 솔방울 모양 디자인으로 장식되어 있으며, 코란에서 따온 글귀들이 새겨져 있다.

학생들은 근처에 있는 벤 유세프 모스크에서도 역시 수업을 받았는데, 이 건물은 사디인에 의해 재건축되었으며 19세기에 다시 개축되었다. 메데르사는 대중에게 공개되어 있지만, 모스크에는 이슬람 신도가 아닌 사람은 들어갈 수 없다. 사디 왕조 술탄의 무덤과 폐허로 남은 그들의 '엘 바디 궁전' 역시 일반에 공개되어 있다. **RC**

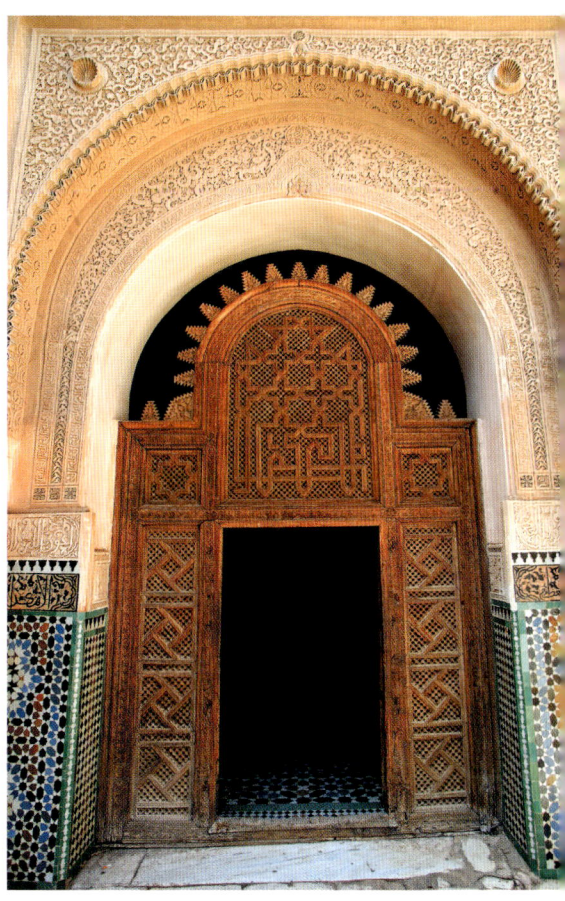

"마침내, 붉은 황무지 위에 서 있는 붉은 벽으로 마라케시가 우리에게 그 모습을 드러냈다."

이디스 워튼, 『모로코에서』(1920)

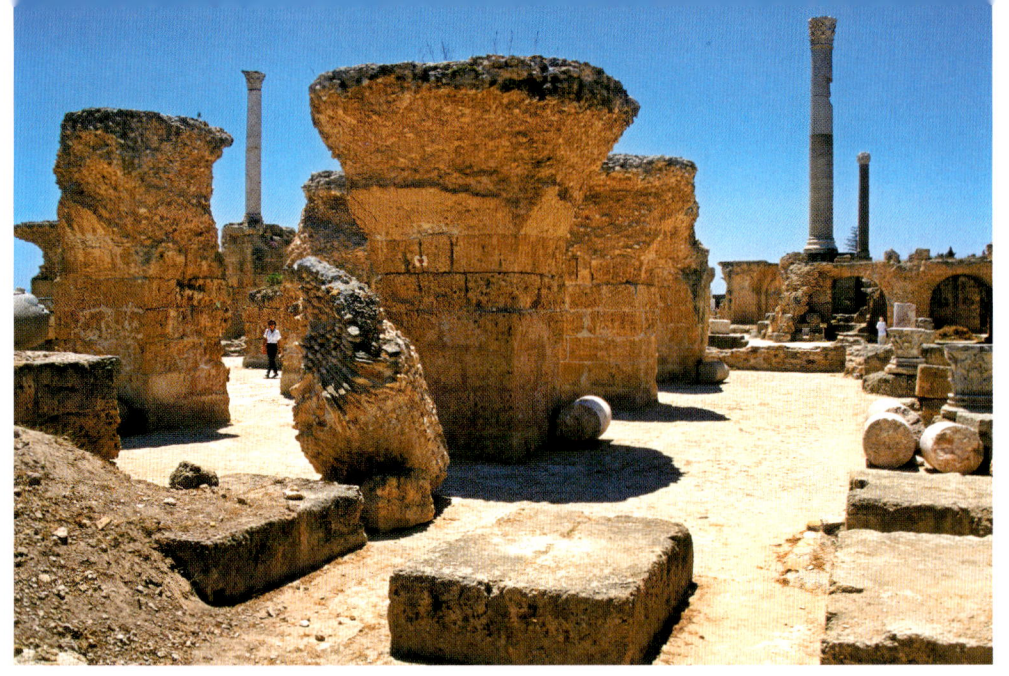

🏛 ◉ 카르타고 튀니지, 튀니스 부근 | Carthage

로마 제국의 라이벌 세력이었으며 한니발이 태어난 곳

전통적으로 카르타고('새로운 도시'라는 뜻)는 기원전 814년에 페니키아인들에 의해 세워졌다고 간주되나, 그 시기는 여전히 역사학자들 사이에서도 의견이 분분하다. 튀니지 해안의 돌출된 부분에 세워진 이 도시는, 지중해를 건너면서 시칠리아와 북아프리카 해안 사이를 지나가는 배들에게 세력을 떨치고 지배할 수 있는 탁월한 위치에 있었다. 카르타고는 급속도로 부유한 항구이자 무역 중심지가 되었으며, 지중해의 주요 세력이자 로마의 라이벌이 될 정도로 발전을 이룩했다.

기원전 3세기에서 2세기에 걸쳐 일어난 포에니(이 단어는 '페니키아인'이라는 의미이다) 전쟁 동안, 카르타고의 위대한 장군 한니발은 로마를 위협했으나, 기원전 146년 카르타고는 로마의 군대에 정복당해 폐허가 되었다. 그 다음 세기 후반에 이곳에는 로마 식민지가 세워져 성공을 거두었고, 중요한 기독교 중심지가 되었다. 이후에 이곳은 한동안 반달족의 왕들에게 지배를 받다가 이후 533년 비잔틴 제국에 회수되었고, 705년에는 아랍인

에게 정복당했다. 그 이후로 카르타고는 새로운 도시인 튀니스를 따라가지 못하는 이류 도시에 머물러 왔다.

현재는 부유한 튀니스 교외 지구가 된 이 길고도 복잡다단한 역사가 남긴 자취 중에는 '토페트' 유적이 있는데, 이곳에서는 수천 명의 어린아이들이 카르타고의 신들에게 바치는 희생 제물로 불에 타 죽었으며 그들의 재는 단지 속에 묻혀 있다. 로마 시기의 유적으로는 오래된 항구, 수도교, 목욕탕 시설, 원형 극장의 유적이 남아 있다. 반달족 지배 시기의 유적도 있으며, 6세기에 재건되었던 주요한 기독교 교회의 유적도 있다. 한니발 시대의 카르타고 도시 유적 일부가 비르사 언덕에서 발굴되었다. 한때는 카르타고 신의 신전이 서 있었고 이후에는 로마의 포럼이 차지했던 그 자리에, 지금은 십자군 원정을 왔다가 튀니스에서 1270년에 사망한 프랑스의 왕 루이 9세에게 바친 19세기 후반의 프랑스 성당이 서 있다. 근처에 있는 박물관에는 카르타고와 로마 유물의 훌륭한 컬렉션이 있다. **RC**

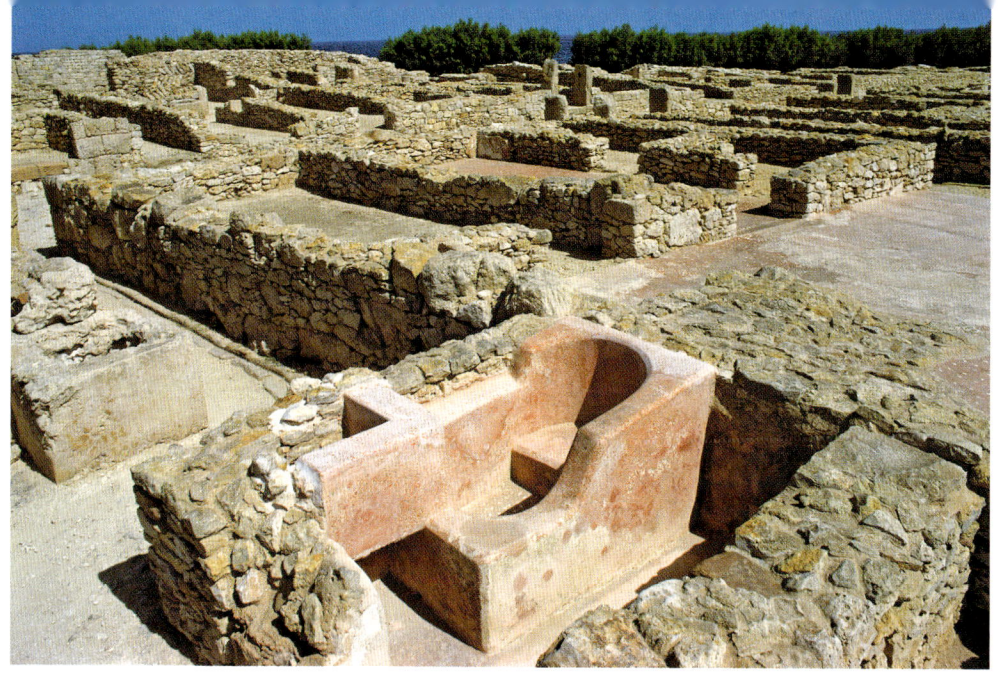

⛫ ◎ 케르쿠안 카르타고 도시 튀니지, 캅 봉 부근 | Kerkuane Punic Town

페니키아 피난민들이 건설한 오랫동안 묻혀 있던 주거지

레바논 해안의 페니키아인들은 기원전 1000년경부터 해상 무역을 기반으로 하는 성공적인 제국을 건설했으며, 카르타고를 비롯한 다른 식민지를 설립했고, 심지어 그 와중에 알파벳을 발명하기까지 했다. 케르쿠안은 페니키아 피난민들, 아마 기원전 574년 바빌로니아의 왕 네브카드네자르 2세가 공격해 왔을 때 티레를 떠나 도망쳐 왔을 이들에 의해 건설되었다. 라이벌 세력인 카르타고와 로마 간에 벌어졌던 수차례의 전쟁 중 로마인들에 의해 약탈당한 이후인 기원전 256년에, 사람들은 이 정착촌을 버리고 떠났던 듯하다. 몇 세기 동안이나 잊힌 채로 있던 이곳은 1952년 모래 속에서 우연히 재발견되었고, 프랑스 고고학자들이 최초로 손상되지 않은 상태의 페니키아 도시를 조사할 수 있게 되었다. 그들은 이곳을 케르쿠안이라 불렀다. 원래의 이름은 알 수 없다.

이 도시의 육지와 면한 쪽은 이중 방벽으로 보호받고 있었다. 항만 시설은 없었던 듯하며, 2천 명가량의 주민들 가운데 어부나 무역업자들은 분명 보트를 그냥 끌어와 해안에 대어 두었을 것이다. 주민들은 고기를 잡거나 무역을 해서 생계를 꾸려나갔으며, 가장 값비싼 수출품은 부패해 가는 조개에서 채취한 티레 산 보라색 염료였다. 도시는 아무렇게나 성장해 나간 것이 아니라 넓은 거리와 동일한 형태의 주택들을 갖춘 채 효율적으로 설계되어 있었고, 대부분의 주택은 내부 안뜰이 있었으며 세면대와 앉아서 이용할 수 있는 목욕탕을 설비하고 있는 경우가 많았다.

이 유적지에서 발견된 유물들은 주민들이 지중해의 다른 중심지들과 무역을 했다는 사실을 보여 준다. 이 중에는 이탈리아에 있는 그리스 식민지 카푸아도 있었는데, 케르쿠안의 주민들은 카푸아에서 도기를 수입해 왔다. 주변의 시골 땅에 농사를 지었던 것 같지는 않으나, 죽은 이들을 성벽 밖에 묻었고, 이곳에서는 네 곳의 묘지가 발견되었다. 공공 목욕탕도 있었으며, 도시 중심부에는 카르타고의 신성인 바알 신과 타니트 여신에게 바쳐진 것이 분명한 신전이 있었다. **RC**

붉은 성 리비아, 트리폴리 | Red Castle

널리 뻗어 나갔으며 요새화된 트리폴리의 중심지로, 오스만 정복자들에 의해 재건된 곳

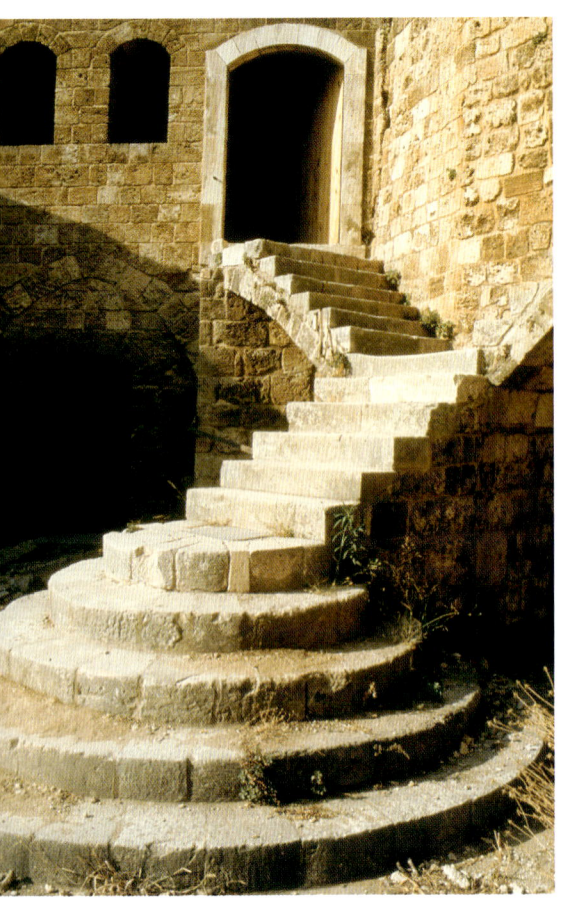

"오스만튀르크는 커다란 세력으로 와 닿았다 … 그 이름만으로도 기독교 세계는 공포에 질렸다."

저널리스트, 크리스 버틀러

리비아의 수도이자 주요 항구인 트리폴리는 기원전 500년, 오에아라는 이름의 무역항으로 출발했다. 트리폴리라는 이름은 로마인들이 오에아, 렙티스 마그나, 사브라타를 '트리폴리스', 즉 '세 개의 도시'라는 이름으로 칭하기 시작하면서 유래되었다. 천혜의 자연항을 갖춘 이곳은 사하라 사막 이남 지역으로 나가는 관문이었으며, 많은 캐러밴 무역 루트가 끝나는 지점이었다. 이 항구는 이후에 여러 외국인들의 지배를 받다가ー로마인들을 필두로 하여 반달족, 비잔틴과 아랍, 시칠리아의 노르만 지배자들, 다시 아랍인들ー1510년 스페인의 손에 들어갔다. 한동안은 몰타의 성 요한 기사단이 차지하고 있다가 1551년 오스만튀르크에게 정복당했다. 이보다 훨씬 이후에 트리폴리는 1911년부터 1943년까지 이탈리아의 소유로 있다가, 1951년 리비아가 독립을 얻기 전까지 영국 통치를 받았다.

'붉은 성'(아사이 알ー함라)은 항구 옆에 있는, 성벽에 둘러싸인 오래된 도시를 지배하고 있다. 이 성은 아랍인이 트리폴리를 정복한 이후 로마 요새가 있던 자리에 세워졌으나, 이후에 스페인인들과 성 요한 기사단에 의해 강화되고 증축되었다. 1551년 오스만인들이 트리폴리를 습격했을 때 수비병의 한 사람이 요새를 배반하여 포위하고 있던 튀르크인들에게 방어가 취약한 부분을 밀고했으며, 그곳에 공격의 초점을 맞춰 뚫고 들어오도록 했다.

오늘날 성의 모습은 대부분 튀르크 점령 시대와 그 이후로부터 유래하는 것이다. 여러 대에 걸친 오스만 지방 총독들이 성에 거주했으며, 1711년부터 1835년까지는 오스만 제국의 한 장교가 세운 카라만리 왕조의 지배자들이 이 성에 머물렀다. 성의 거주자들은 대부분 해적질로 부를 쌓았으며, 1800년대 초에 두 차례나 미국과 전쟁에 연루되었다. 하렘을 비롯하여 성의 내관 대부분은 이 무렵에 지어진 것이며, 성은 규모가 커져 주택들과 상점, 미로처럼 얽힌 거리를 지닌 하나의 공동체가 되었다. '붉은 성'의 일부는 뛰어난 박물관인 '자마히리야 리비아 역사와 유산 박물관'이 되었다. **RC**

렙티스 마그나 리비아, 트리폴리 부근 | Leptis Magna

기념비적이며, 잘 보존되어 있는 유적이 풍부한 로마 도시

세계에서 가장 장관이라 할 만한 로마 도시 중 하나인 렙티스 마그나는, 193년부터 211년까지 로마를 통치했으며 최초로 이탈리아가 아닌 곳에서 태어난 황제 셉티미우스 세베루스가 출생한 곳이다. 렙티스 마그나의 가장 웅장한 건물 대부분은 그의 통치시기에 지어졌다.

지중해 해안, 트리폴리 남동쪽에 있는 이 도시는 기원전 7세기에 페니키아의 무역 중계소로 설립되었다. 이후에 카르타고인이 도시를 차지했으며, 천혜의 자연 항구를 갖추고 있었던 덕택에 지중해와 사하라 사막 횡단 무역 루트를 이용하는 상인들 모두 머물러 가는 중요한 거점이 되었다. 기원전 111년, 도시민은 어떻게 해야 이 도시에 가장 이로울지 파악하고 로마와 동맹을 맺었으며, 규모가 커졌고, 부유한 시민들이 건물을 개량하고 아름답게 꾸미면서 건축학적인 면에서도 뛰어난 발전을 이뤘다. 서기 2년에는 극장이 건설되었고, 56년에는 원형 경기장이 건설되었다. 서기 2세기에는 훌륭한 여러 채의 목욕탕이 추가되었는데, 이 무렵 이 도시에는 『황금 당나귀』의 저자 루시우스 아풀레이우스가 살고 있었다.

셉티미우스 세베루스는 도시 중심부의 '님프들의 신전'에서 항구까지 주랑으로 장식된 길을 놓겠다는 대규모 건설 작업을 시작했다. 새로운 포럼 옆에는 주랑이 있는 법정이 세워졌는데, 이는 나중에 기독교 교회로 바뀐다. 19km 길이의 수도교가 이 도시로 물을 실어 왔으며 이른바 '사냥 목욕탕'이라 불리는 목욕탕이 지어졌는데, 이곳은 사냥 장면을 담은 그림으로 장식되어 있고 그중 하나는 표범 사냥 장면이다. 렙티스 마그나는 도시 설계라는 분야에서 독보적인 예술적 경지를 이룩했다.

세월이 흘러 로마 제국이 쇠락해 가면서 렙티스 역시 황폐해져 가기 시작했다. 5세기에는 반달족이 리비아를 침공했으며, 6세기에 비잔틴 제국이 해안 도시들을 되찾기는 했지만, 렙티스는 7세기의 아랍 정복 이후 완전히 버려져 폐허로 전락했다. 1700년대에 프랑스 영사가 이 도시의 귀중품을 약탈하기는 했지만, 유적 대부분은 모래 밑에 묻혀 있다가 20세기에 들어 재발견되었다. **RC**

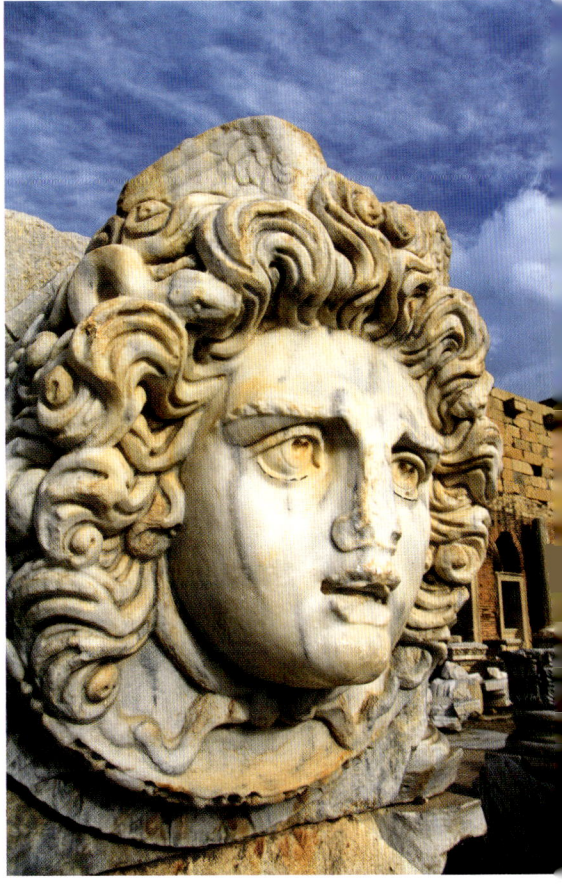

"타고난 통치자이지, 대단한 활력까지 갖추고 있던 세베루스라는 이름의 리비아인."

서기 3세기의 역사가, 헤로디아누스

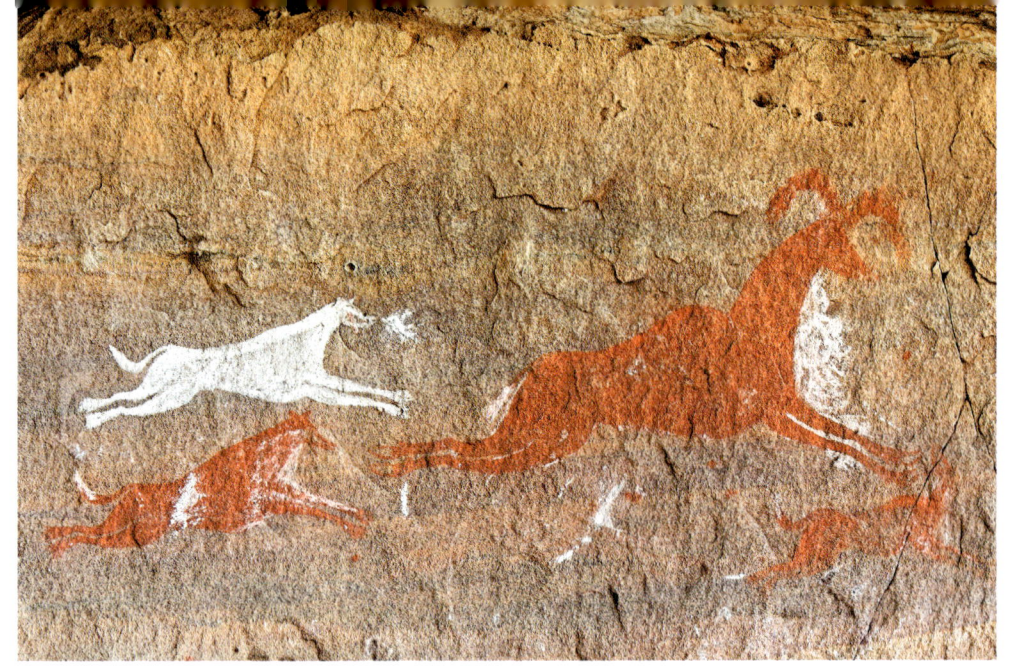

🏛 ◎ 제벨 아카쿠스 리비아, 가트 부근 | Jebel Acacus

아카쿠스 산맥의 암석 벽화와 조각

가트는 리비아 남서쪽의 투아레그 족 정착지로, 사하라 사막 암벽 예술 유산을 풍부하게 간직한 제벨 아카쿠스(아카쿠스 산맥)와 가깝다. 이 작품은 1850년 하인리히 바르트와 구스타프 나흐티갈에 의해 최초로 서양에 알려졌다. 국경 너머 알제리의 타실리나제르 고원에도 작품이 풍부하게 남아 있으며, 두 지역 다 세계문화유산으로 지정되어 있다.

사하라가 항상 불모의 사막이었던 것은 아니었다. 과거에는 사하라도 물이 풍부하게 공급되는 비옥한 지역이었던 때가 있었으며, 그 거주자들은 대략 기원전 1만 년에서 서기 100년에 이르는 오랜 세월에 걸쳐 수천 점의 암석 벽화와 조각을 남겼다. 19세기의 최초의 유럽인 탐험가들은 이러한 작품이 너무나 훌륭했기 때문에 분명 백인이 남긴 작품일 거라 생각했다. 그러나 1955년부터 이탈리아–리비아 합동 고고학 발굴단이 리비아의 유적을 조사한 결과, 이러한 추측은 완전히 틀린 것으로 판명되었다. 제일 훌륭한 작품으로 널리 찬탄 받는 가장 오래된 그림들은 수렵 생활을 하며 살던 이들에 의해 창조되었다. 그림에는 코끼리, 코뿔소, 기린, 타조, 다양한 종류의 영양 등 당시 사하라에 살던 포유동물이 나타나 있다. 사람은 활과 화살, 곤봉, 던지는 막대, 도끼 등으로 무장하고 있으며, 이 그림들은 마술의 힘을 빌려 많은 동물을 사냥하기 위해 그려졌던 것 같다. 사냥을 나타난 장면 중에는 춤을 추고, 음악을 연주하고, 성행위를 하는 사람 모습도 있다.

아마 기원전 6천 년 전부터 기후는 건조해진 듯하다. 사람들은 수렵에서 농경 생활로 접어들었고 작품 속에는 소와 염소 떼가 나타난다. 기원전 1500년경에는 이 지역에서 말을 키우게 되었고, 물론 그림 속에도 나타나 있지만 집에서 키우는 개도 나와 있다. 말과 더불어 전차를 사용하게 되었고, 무장한 전차 몰이꾼들이 전속력으로 달려가는 그림을 볼 수 있다. 마지막으로 낙타가 이 지역에 들어왔으며, 최후에 그려진 그림 속에 나와 있다. **RC**

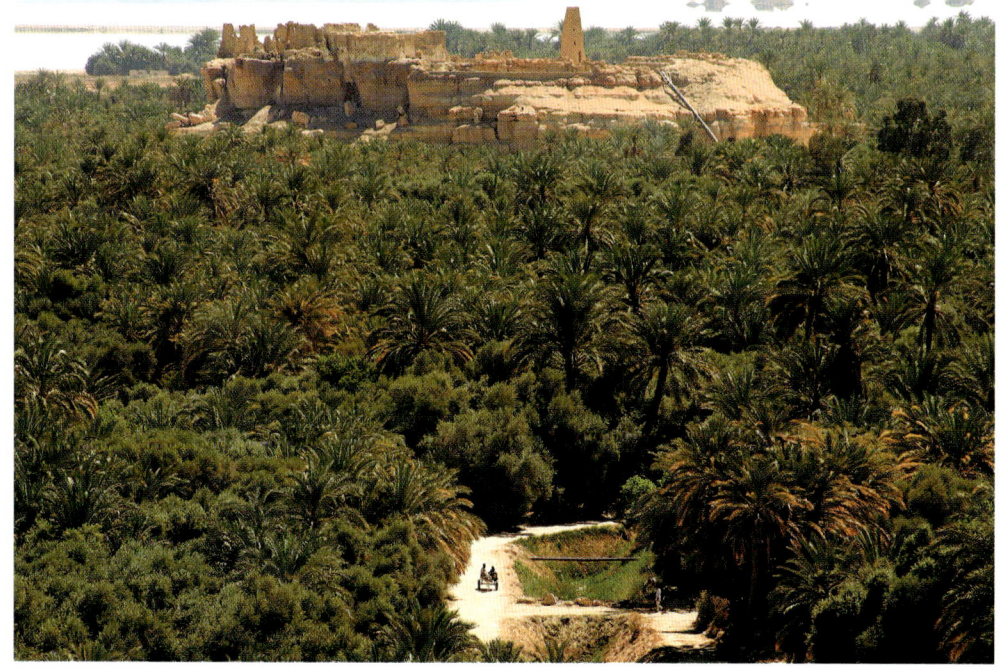

시와 오아시스 이집트, 시와 | Siwa Oasis

전설적인 신탁이 있는 유명하고 비옥한 오아시스

북동부 사하라 사막의 모래언덕과 산맥들 틈에도 간혹 비옥한 오아시스가 있다. 시와 오아시스는 이중 가장 유명하며, 13세기까지 거슬러 올라가는 오래된 베르베르인 도시의 진흙 벽돌로 지은 낡은 벽이 서 있고 리비아 국경에서 48km가량 떨어진 곳에 있다. 이곳을 찾았던 이들은 알렉산드로스 대왕에서 육군 원수 에르빈 롬멜까지 다양하다. 아마 석기 시대부터 사람이 살았으리라 추정되는 시와는 상인들 덕분에 대추야자와 올리브로 명성이 높았다. 시와는 오래된 캐러밴 루트 위에 자리 잡고 있으나 항상 고립된 장소였고, 1980년대에 들어서야 시와로 통하는 현대적인 도로가 놓였다.

이집트의 파라오들이 이 지역에 얼마나 많은 지배권을 행사했는지는 명확히 알 수 없으나, 이곳에는 아몬 신에게 바치는 신전이 세워졌으며 그 신탁으로 유명해졌다. 알렉산드로스 대왕은 기원전 331년 신탁의 조언을 구하기 위해 용케 이 오아시스를 찾아왔는데, 신탁은 알렉산드로스 자신이 신이라는 대답을 들려주었다고 한다.

발굴 작업의 결과로 이곳을 방문했고 침략했던 이들의 오랜 역사가 밝혀졌다. 클레오파트라 여왕은 시와를 찾은 적이 있는 듯하다. 로마의 황제 아우구스투스는 이곳을 정치적인 적수들을 추방하는 장소로 삼았으며, 도시 북쪽 끝에 있는 '게벨 엘-마우타' 묘지에는 그리스-로마 시기까지 거슬러 올라가는 오래된 무덤들이 있다. 무슬림 군대가 이 오아시스를 차지하려 시도했으나 12세기 이전에 실패했던 것으로 보인다.

1790년대 이후부터 유럽인들이 이곳에 도착하기 시작했다. 위험한 지역이었으므로 최초로 이곳을 찾은 유럽인들은 아랍인으로 변장한 채 대추야자를 파는 캐러밴들과 함께 여행했다. 제1차 세계대전 동안, 영국군이 1917년에 시와를 차지했다. 즉시 이 오아시스는 관광지로 돌변했으며 자그마한 호텔이 문을 열었다. 제2차 세계대전 동안 시와는 잉국군과-영국군은 이곳에 장거리 사막 정찰 부대의 사령부를 두었다-롬멜 장군 휘하의 독일 아프리카 군단의 손을 여러 차례 오갔다. **RC**

엘 알라메인 전쟁 묘지

이집트, 엘 알라메인 | El Alamein War Cemeteries

제2차 세계대전의 통렬한 기억이 서린 묘지

자유 프랑스 인민군, 폴란드 군, 그리스 군 등의 원조를 받은 영국 제8군과, 수에즈 운하를 손에 넣으려는 추축국(樞軸國) 세력 – 독일과 이탈리아 – 간의 전투는 1940년부터 이집트 서부 사막 전역을 휩쓸었다. 알렉산드리아로 진격해 오던 추축국 군대는 1942년 7월 지중해 해안의 엘 알라메인에서 저지당했다. 10월과 11월에는 더욱 결정적인 전투가 벌어져, 추축국 군대는 퇴각할 수밖에 없는 상황으로 몰려 리비아와 튀니지까지 후퇴했다. 영국 제8군의 10퍼센트 정도의 병력밖에 안 되는 오스트레일리아 제9사단이 이 승리에서 결정적인 역할을 해냈다.

> "이 가장 두려운 전쟁에는 이긴 자도
> 진 자도 없었다. 죽은 영웅들과 슬퍼
> 하는 미망인들만이 있을 뿐이다."
>
> 저널리스트, 사미르 라파트

이후에 남겨진 것은 산산조각 나고, 불타고, 부패한 시신을 찾아 신원을 확인하는 음울한 일이었다. 오늘날 '영국 연방 공동묘지'에는 몇 줄로 늘어선 묘비들이 엘 알라메인과 그 외의 서부 사막 작전 중에 전사한 약 7,300명의 군사들을 추모하고 있다. 사망자들 중 약 800명은 신원 불명이다. 유해가 화장된 600명 이상의 사망자들을 기리는 기념비가 서 있으며, 무덤이 알려지지 않은 사망자들의 이름이 적힌 명부도 있다. 이집트, 리비아, 튀니지에서 3천 명 이상의 공군과 8,500명 이상의 육군이 전사했던 것이다.

독일과 이탈리아 전사자들을 추모하는 곳도 있다. 도시 밖의 언덕에 서 있는, 요새를 닮은 독일 묘지에는 4,200명의 독일 군사들의 유골이 묻혀 있다. 그리고 이탈리아 묘지의 회랑에는 각각 이름이 적혀 있거나 단지 'Ignoto'(신원 불명)라고만 적혀 있는 수천 개의 무덤들이 있다. **RC**

콤 아쉬 슈콰파 카타콤

이집트, 알렉산드리아 | Kom Ash Shuqqafa Catacombs

1900년대에 재발견된 고대의 신비

알렉산드리아는 기원전 4세기에 이집트를 정복한 알렉산드로스 대왕에 의해 세워졌으며, 그를 기리는 뜻에서 이름 지어졌다. 이 도시는 지중해 동쪽의 그리스–로마 세계의 문화적 수도가 되었으며, 훌륭한 도서관과 고대 세계의 7대 불가사의 중 하나였던 등대로 이름이 높았다. 그러나 도서관도 등대도 지금은 남아 있지 않다.

1900년의 어느 날, 한 남자가 당나귀를 타고 길을 가다가 길에 난 구멍에 걸려 비틀거렸다. 이 우연한 사고로 미로처럼 복잡하게 얽힌 카타콤을 재발견하게 되었다. 이는 아마 가문의 개인적인 묘지로 지어졌던 듯하나, 세계에서 가장 큰 그리스–로마 묘지로 발달하게 되었다.

이곳은 세 개의 층에 걸친 방과 터널로 이루어져 35m 깊이까지 파내려 갔다. 시체들은 수직으로 파인 굴을 통해 내려졌는데, 이 주변에는 방문객들을 위해 놓인 나선형 계단이 통로로 통하게 되어 있다. 이 통로는 중앙에 있는 돔 지붕이 달린 원형 홀과 연회장으로 이어지며, 친지들은 연회장에서 죽은 이를 추모하면서 죽은 이와 매우 가까운 이곳에서 연회를 벌였다. 접시를 밖으로 내가는 일은 불길하다고 여겨졌으므로 그 자리에서 부수어 버렸으며, '사금파리의 고분'이라는 의미를 지닌 이 카타콤의 아랍어 이름은 여기서 유래했다. 몇 구의 시체들은 벽감 안에 묻혔으며, 화장당한 유해의 재를 보관하기 위한 단지들도 있었다.

카타콤의 장식은 고대 이집트와 그리스–로마의 모티프와 테마가 혼합된 보기 드문 모습이다. 예를 들어 죽은 자를 위한 의식과 연관이 있는 이집트의 신 아누비스가 갑옷을 입은 로마 군단의 모습으로 나타나며, 거대한 뱀들과 메두사 머리가 '공포 영화 촬영장'이라 비유되었을 정도의 오싹한 분위기를 자아낸다. 카타콤의 일부는 그리스의 여신 네메시스에게 바쳐졌다.

말의 뼈 역시 발굴된 것으로 보아 승리를 거둔 경주마들이 카타콤 안에 묻혔을 가능성이 있다. **RC**

알─아즈하르 모스크

이집트, 카이로 | Al–Azhar Mosque

세계에서 가장 오래된 교육 담당 모스크로 정평이 난 곳

969년, 튀니지의 파티마 왕조 지배자들이 이집트를 정복했다. 파티마 왕조는 예언자 마호메트의 딸인 파티마의 직계 후손이라고 주장하던 시아파 이슬람교도들이었다. 노략질한 영토에서, 그들은 이집트의 수도 북쪽에 성벽으로 보호받는 새로운 정착촌을 세웠다. 이곳은 '알─카히라'('정복당한 이')라는 이름이 붙었으며, 이 이름은 '카이로'의 기원이다. 정착촌 안에는 호화로운 궁전, 군대를 위한 병영, 초록이 우거진 정원이 있었으며, 새로운 '알─아즈하르'('찬란한 것') 모스크도 있었다. 파티마 왕조의 통치자 알─모이즈는 중세의 세계를 통틀어 가장 방대한 양이었던 12만 권의 장서로 이루어진 도서관을 소유하고 있었으며, 그는 이 모스크를 현존하는 세계에서 가장 오래된 대학으로 만들었다(모로코의 페즈 대학교에 의해 도전받고 있기는 하지만 말이다). 알─아즈하르 모스크는 무슬림 세계에서 가장 뛰어난 배움의 전당이 되었다. 아이러니하게도, 이후에 이곳은 파티마 왕조의 뒤를 이은 통치자들 하에서 보수적인 수니파 정교의 보루가 된다.

모스크는 여러 차례 재건축되었으며, 미나레트, 마우솔레움, 학교 등이 증축되었다. 1798년 나폴레옹이 이집트에 처들어왔을 때, 알─아즈하르의 성직자들은 이에 대해 성전(聖戰)을 선포했고 카이로의 거리에서는 폭동이 일어났다. 프랑스는 이에 대응해 도시에 폭격을 퍼부었으며, 특히 모스크에 포화를 집중시킨 이후 말을 타고 돌격하여 무슬림 셰이크(종교 지도자나 촌장, 학식 있는 이에게 붙이는 아랍의 경칭)들을 공포로 몰아넣으며 모스크를 약탈했다. 이 무렵 저항은 멈추었다.

맞은편에는 경외의 대상인 사이드나 알─후사인의 모스그가 있다. 이 예언사의 손자인 후사인은 680년 살해당했는데, 전설에 따르면 그의 절단된 머리는 1153년 카이로로 돌아와 기독교 십자군을 피해 안전하게 이곳에 묻혔다고 한다. 케디브(오스만튀르크 제국이 파견한 이집트 총독) 이스마일이 건설한(1864~1873) 이 모스크에는 매년 수백만 명의 순례자가 방문한다. **RC**

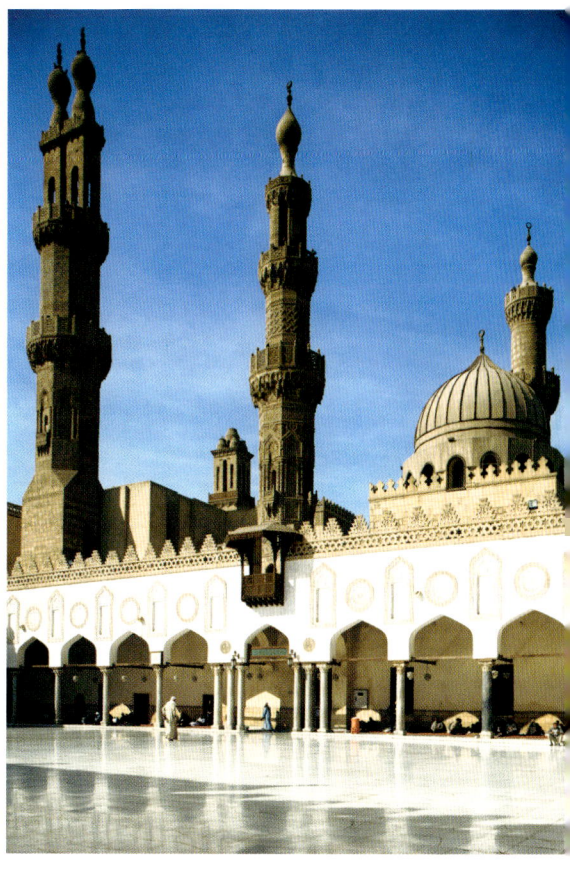

"모스크는 고통과 파괴의 한가운데에서 감히 침범할 수 없는 섬처럼 홀로 온전한 모습으로 남아 있다."

이집트학 학자, 아서 론, 1882

밥 주왈리아 이집트, 카이로 | Bab Zuwayla

파티마 왕조를 보호하는 성벽 안에 있는 역사적인 11세기의 관문

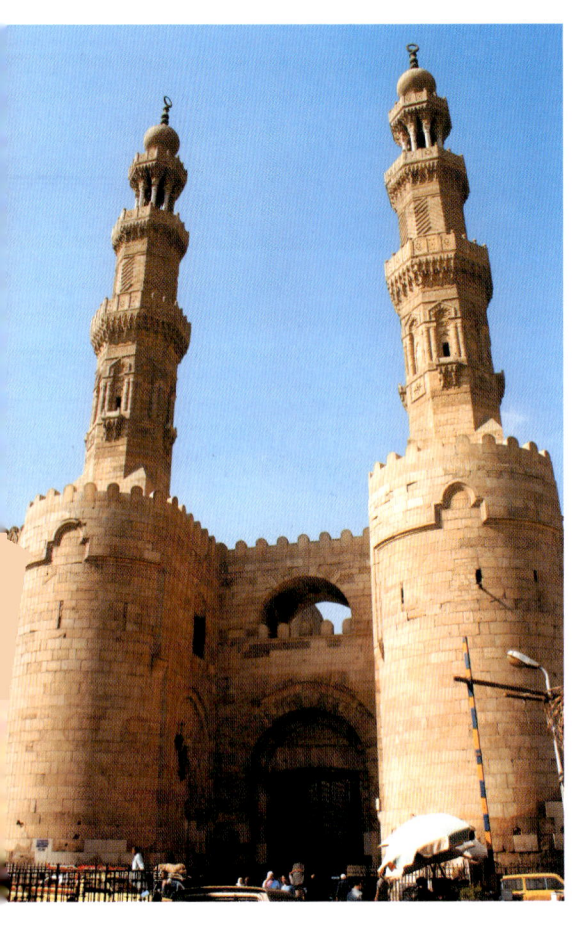

"저희들을 올바른 길로 인도하여 주시옵소서, 그 길은 당신께서 축복을 내리신 길이며…"

밥 주왈리아를 지나갈 때 암송하던 코란의 글귀

카이로의 파티마 왕조 왕궁 지역 '알-카히라'는 원래 흙벽돌로 쌓은 벽에 의해 보호받고 있었으나, 11세기에 들어 인기가 없었던 군주 보호를 위해 이를 돌로 쌓은 벽으로 대체해야만 했다. 연이어 몇 년 동안 나일 강이 그 유역을 비옥하게 적셔 주지 못하게 되자, 가뭄으로 대부분의 사람이 굶주렸고, 파티마 왕조의 통치자 알-무스탄시르에 대항해 반란을 일으켰다. 그는 아르메니아의 장군 바드르 알-자말리를 불러 반란을 진압하게 했고, 그는 1085년경 성벽을 돌로 다시 축조해 질서를 회복했다.

널리 뻗어 있는 원래의 경계선이 오늘날에도 남아 있으며, 북쪽, 동쪽, 남쪽 벽에 난 훌륭한 성문도 마찬가지로 남아 있다. 남쪽 관문인 '밥 주왈리아'는 근처에 주둔했던 베르베르 족 군사들의 이름을 따 명명되었다. 관문 위로 알-무아이아드 모스크의 아찔하게 높고 화려한 미나레트가 솟아 있는데, 이는 1420년경 증축된 것이다. 관문은 철을 댄 문으로 굳게 닫혀 있었으며 군사들이 이곳을 지키고 있었다. 중세에 이들 관문은 갖가지 잡다한 활동들이 일어나는 중심지였다. 당나귀를 빌릴 수 있었고, 코란을 낭송하는 이들이 관문을 지나가는 사람들을 축복해 주었다. 음악가, 무용수, 요술쟁이, 탁발승, 뱀 부리는 사람 등 인기 있는 곡예가들이 외부의 광장에서 공연을 펼쳤다. 노점상에서는 과자를 팔았고, 악기를 판매하는 시장도 있었다. 대가를 받는 매춘부들도 있었으며 광장은 공개 처형의 장소로 사용되기도 했다. 성문에 못 박히는 범죄자들도 있었고, 말뚝에 찔리는 형을 받는 이들도 있었으며 목이 잘리는 이들도 있었는데, 베어낸 목은 꼬챙이에 꽂혀 전시되었다. 기계로 된 교수형 장비-이는 태엽 장치가 달린 키 큰 황동 인형이었는데-가 발명된 이후부터 희생자들은 이 기계에 묶였으며, 인형은 파트너의 목이 졸릴 때까지 거칠게 춤을 추었다.

1517년, 오스만인이 카이로를 차지했으며 맘루크 왕조의 마지막 왕인 아슈람 투만베이는 관문 꼭대기에서 교수형을 당했다. 로프는 두 번이나 끊겼으며, 세 번째 시도에서 그의 목이 꺾이자 군중들은 고함을 질렀다. **RC**

베이트 수하이미 이집트, 카이로 | Beit Suhaymi

카이로 중심에 있는 호화로운 상인의 저택

1517년, 맘루크 왕조와의 전투에서 압도적인 승리를 거둔 후, '냉혹자' 셀림이라 알려진 오스만 술탄은 카이로를 차지해 자신이 베어낸 수백 개의 맘루크인들 머리를 창끝에 꽂아 자신의 막사 주변에 둘러놓았다. 이집트는 오스만 제국의 속주가 되었으며, 이스탄불에서 임명받은 튀르크의 파샤가 '예니체리'라 불리는 5천 명의 뛰어난 오스만 병사들을 거느리고 이집트를 통치하게 되었는데, 이들 친위대는 성 안에 주둔했다.

'냉혹자' 셀림 하에서 지방 정부가 점점 비효율적이고 부패해 갔으므로 카이로는 천천히 쇠락하고 침체에 빠져들었다. 과거에 지어진 이 도시의 훌륭한 건물들은 방치되어 황폐해졌고, 계절에 따라 나일 강을 통해 이루어지던 관개(灌漑)도 자주 실패했으며, 역병마저 돌았다. 이때 유럽이 커피에 새로이 열광하게 되면서 구원의 손길이 뻗쳤다. 상인들은 예멘을 통해 카이로로 아라비아의 커피 원두를 수입하여 이를 지중해 일대에 보급하여 큰 돈을 벌었다.

카이로의 유서 깊고 역사적인 파티마 지구 중심에 있는 가말리야 구역에는 부유한 상인들 중 하나가 살던 집, 정확히 말하면 17세기와 18세기에 지어져 하나로 통합된 집 한 채가 있는데 이러한 가족들이 어떻게 살아갔는지를 보여 준다. 이 건물과 근처에 있는 주택들은 최근에 수리되었다. 분수가 물을 뿜어 올리고 뒤편에는 정원이 있는 중앙 안뜰은 이 집을 여름에도 시원하도록 해 준다. 가장의 영역은 주로 1층이었다. 1층의 웅장한 응접실에서 그는 친구들과 사업 거래상들을 맞이했으며, 이곳에서는 음식을 먹고, 담배를 피우고, 공연을 보며 여흥을 즐길 수 있었다. 여성들의 영역은 위층으로, 밝고 공기가 잘 통하는 자신들만의 공간을 지니고 있었으며, 덧문이 달린 창을 통해 안뜰이 내다보이고 다마스쿠스 타일로 장식된 화사한 공동 거실이 있었다. 창가의 좌석에는 편안한 푹신한 쿠션이 있고, 화려함과 우아함이 풍기는 생기발랄한 인상이 깃들어 있다. **RC**

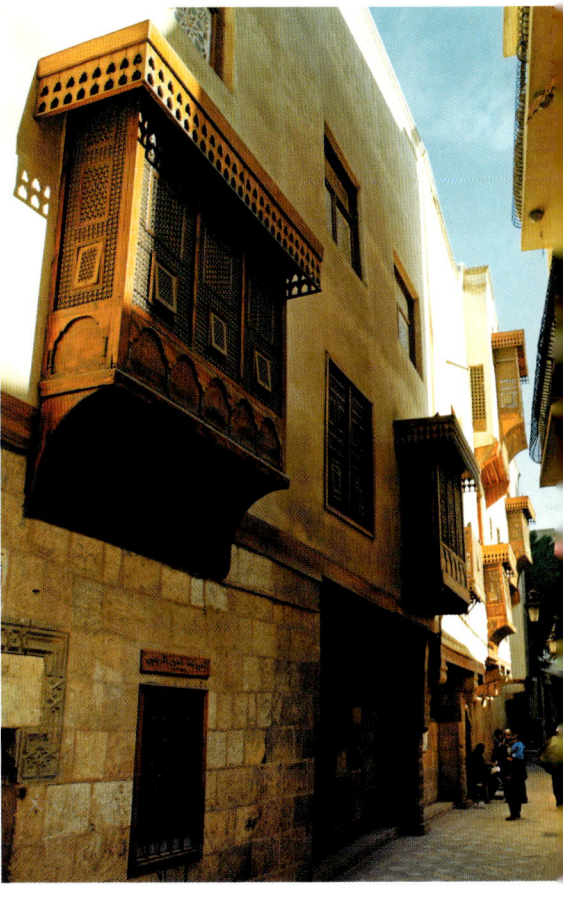

"커피는 평범한 이의 황금이며, … 모든 사람에게 사치스럽고 고귀한 기분을 가져다준다."

셰이크 압드-알-카디르, 『커피 예찬』(1587)

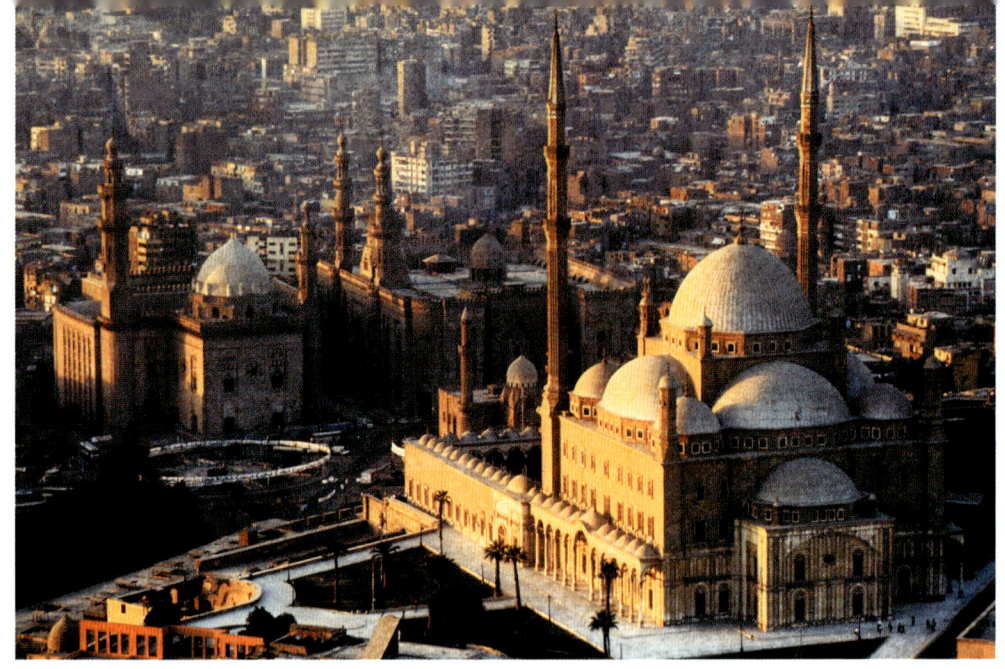

🏛 ◉ 카이로 성채 이집트, 카이로 | Cairo Citadel

600년 동안 이집트를 다스려 온 곳

이집트는 13세기부터 19세기까지 이 성채로부터 통치되어 왔다. 카이로 성채는 1171년 마지막 파티마 왕조 통치자를 몰아낸 살라-앗-딘에 의해 최초로 세워졌으나, 여러 차례 증축되고 재건되었다. 살라-앗-딘의 시대에 이 요새 안에는 왕궁들, 군사 사령부, 정부 관청 등이 있었다. 1250년부터 초기 맘루크 술탄들은 많은 수의 건물을 보다 웅장한 양식의 건물로 대체했고 이 역시 나중에는 똑같은 운명을 맞아 헐렸으나, 1335년 완공된 안-나시르 무함마드의 모스크만은 예외였다. 파빌리온과 정원을 갖추고 있었으며 1200명 이상이 거주했던 이 하렘은 현재 무함마드 알리의 모스크가 차지하고 있는 자리에 있었다. 1400년에 술탄의 궁전에는 약 6천 명의 어린 소년들이 노예로 잡혀 있었다.

이집트가 오스만 제국의 속주였으며 튀르크의 파샤에 의해 지배당하던 시기인 1517년 이후, 모스크, 관문, 성 건물 등이 새로이 지어졌다. 동쪽 입구 위에 25m 높이로 솟아 있는 부르그 알-무카탐 탑도 그 중 하나이

다. 1650년에 이 성채는 거리, 개인 주택, 상점, 시장, 공공 목욕탕이 있는 주거 지역으로 발전했다. 나폴레옹의 프랑스 군대가 1798년 이집트를 침공한 이후 성채를 점령했으며, 영국 군대는 1882년부터 1947년 물러날 때까지 이곳을 차지했다.

1805년 오스만 제국 황제에 의해 이집트의 총독으로 임명된 무함마드 알리 파샤는 스스로 지배 왕조를 수립했으며 이 왕조는 1953년까지 이어졌다. 유능한 근대적 개혁가였던-성채에 있는 그의 새로운 궁전은 가스를 이용해 불을 밝힐 정도였다-그는 새로운 거리를 짓고 성채 안의 낡은 건물들을 새롭게 다시 세우며 카이로를 재정비했다. 당시에 세워진 건물 중 하나가 웅장하고 화려한 모스크로 1848년 완공되었다. 무함마드 알리 파샤는 나중에 이 모스크에 묻혔다. 오늘날 카이로 성채에는 국립 경찰 박물관과 이집트 군사 박물관이 있다. **RC**

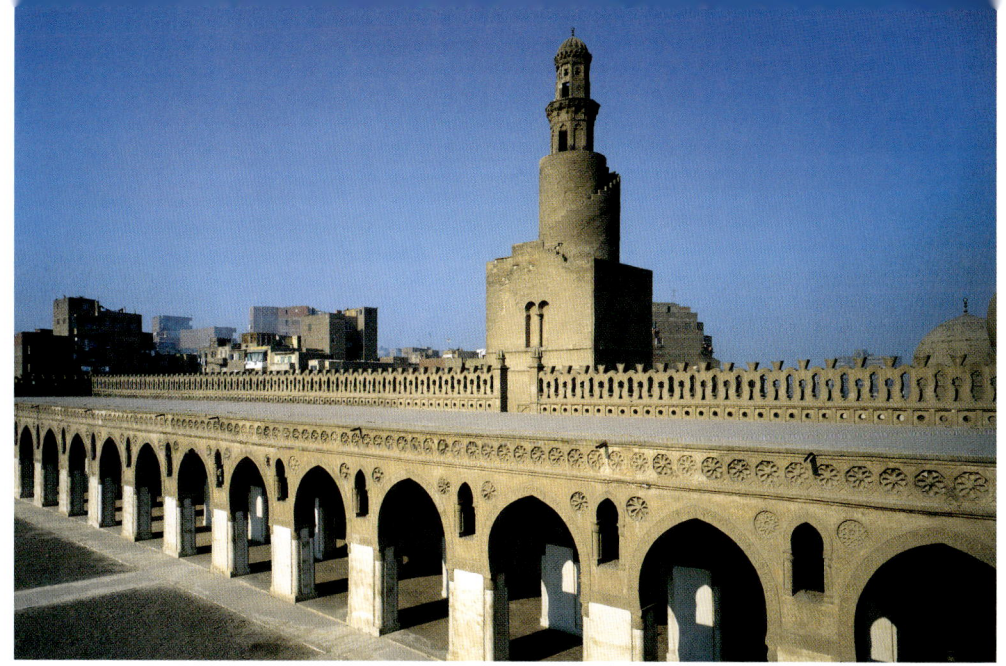

이븐 툴룬 모스크 이집트, 카이로 | Ibn Tulun Mosque

군대를 수용하기 위해 건설된 카이로 최대의 모스크

아랍인들은 639년 이집트를 침략했으며, 642년에 카이로의 오래된 로마 요새와 당시 존재하던 주거지 바깥쪽에 군사 기지를 세웠다. 곧 아라비아로부터 이주자들이 밀려 들어왔고, 카이로는 부유한 도시로 성장했다. 다마스쿠스의 우마이야 왕조 칼리프들이 임명한 총독들이 이곳에서 이집트를 통치했다. 750년에는 아바스 가문이 칼리프의 지위를 빼앗았으며 수도를 바그다드로 옮겼다.

868년, 서른세 살의 바그다드 출신 튀르크 장군 아흐마드 이븐 툴룬이 이집트 총독으로 임명되었다. 그는 곧 이집트의 독립적인 통치차로 자신의 위치를 굳혔으며 스스로를 위해 카이로에 호화로운 궁전을 지었다. 궁전에는 수은이 가득 찬 풀상이 있었는데, 전설에 의하면 이븐 툴룬은 노예 소녀들이 앞뒤로 끌어 주는 쿠션 위에 누워 둥둥 떠다녔다고 한다. 그는 자신이 거느린 군대 전체가 들어갈 정도로 큰 모스크도 지었다.

오늘날 그가 세운 웅장한 수도에서 남아 있는 부분은 이 모스크뿐이며, 여전히 이는 카이로에서 가장 큰 모스크이다. 모스크에는 넓이가 약 2헥타르에 달하는 중앙 안뜰이 있으며, 육중한 이중벽으로 둘러싸여 있다. 나무로 된 '민바르', 즉 설교단은 1296년 술탄 라진이 추가로 지은 것으로, 그는 적군을 피해 이곳에 숨었던 이후 감사를 표하는 뜻에서 모스크를 복구했다. 그는 미나레트를 다시 짓기도 했는데, 이는 외부에 독특한 나선형 계단이 있는 건물이었다. 이븐 툴룬이 이 계단의 원래 디자인을 생각해 냈다는 재미있는 일화가 있다. 전해지는 말에 따르면, 회의 중에 이븐 툴룬은 논의되던 문제에는 주의를 기울이지 않고 멍하니 손가락에 종이를 둘둘 말고 있었다고 한다. 무엇을 하고 있냐는 질문을 받자, 그는 황급히 자신의 모스크를 설계하고 있다고 답했다.

모스크는 이블 툴룬이 죽은 뒤에도(884) 수백 년 동안이나 사용되어 왔으나 19세기에는 군사 병원으로, 이후에는 감옥으로 이용되었다. 1918년에 복구 삭업이 시작되었고, 2004년에 또 한 차례 복구 작업이 있었다. **RC**

알 리파이 모스크 이집트, 카이로 | Al Rifa'i Mosque

악명 높은 파루크 왕의 모스크, 마우솔레움, 그리고 무덤

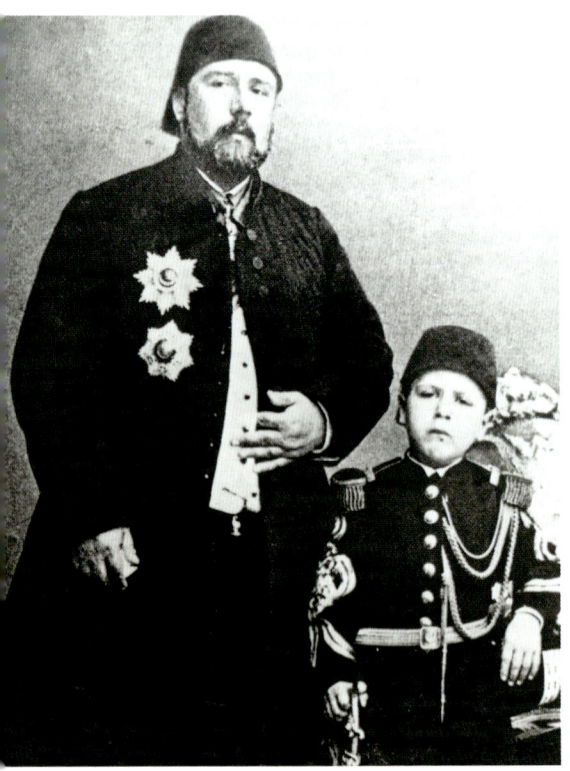

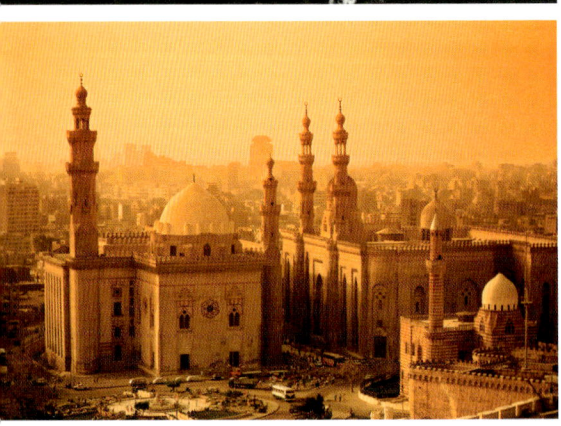

대리석과 황금으로 치장된 값비싸고 사치스러운 내부를 지닌 카이로 최후의 거대 모스크는 그곳에 묻혀 있는 이들로 유명하다. 이중에는 1863년부터 카이로를 근대화시켰으며 수에즈 운하 건설을 독려했던 케디브 이스마일도 있다(그는 1879년 영국이 오스만 술탄에게 가한 압력에 의해 퇴위되었다). 수에즈 운하는 영국의 제국주의적인 이권에 결정적인 역할을 했다. 1882년 영국은 이집트를 합병했으며 여러 대에 걸친 이집트 케디브, 술탄, 왕들을 통해 이집트를 지배했다.

알 리파이 모스크는 원래 이스마일의 어머니, 쿠샤이르 왕녀에 의해 가문의 능묘로 건축되었다. 아스마일은 1895년 사망한 이후 이곳에 묻혔다. 모스크는 이슬람 신비주의 수피교의 창시자이자 이 자리에 묻혔다고 추정되는 셰이크 알−리파이를 기념하는 의미에서 '알 리파이 모스크'라는 이름이 붙었다. 건축 작업은 19세기에 시작되었지만, 실제로 완성된 것은 1912년이었다. 왕녀의 환관 우두머리가 건축을 감독했으며, 왕녀 자신도 이 모스크 안에 안장되었고, 1914년 사망한 케이브 이스마일의 아들 술탄 후사인 카밀과 영국에 의해 1922년 이집트의 왕으로 공인받은 푸아드도 이곳에 묻혔다. 푸아드는 1936년에 사망했으며 어린아이였던 그의 아들이 왕위를 이었는데, 그는 이후 악명 높은 파루크 왕이 되며 1952년 나기브 장군과 가멜 압델 나세르 대령이 이끄는 이집트 육군 장교들에 의해 망명을 가게 되었다.

1965년 파루크가 죽었을 때, 유해는 이집트로 실려와 모스크 안에 안장되었다. 알 리파이 모스크는 또한 이란의 마지막 샤(이란 왕의 칭호) 모하마드 레자 팔라비가 묻힌 장소이기도 하다. 1979년 이란에서 추방당한 그는 1980년 이집트에서 사망했다. 그의 첫 아내이자 파루크의 여동생인 파지아 역시 이 모스크에 묻혀 있다. **RC**

◩ 아버지와 함께 사진에 있는 테우피크를 포함하여, 이스마일의 아들 세 명이 그의 뒤를 이어 케디브가 되었다.

◪ 모스크의 주된 건축 양식은 맘루크 풍이다.

공중 교회 이집트, 카이로 | Hanging Church

한때는 이집트에서 가장 중요한 콥트 교회였던 곳

나일 강과 가까운 도시 남쪽의 '구(舊)카이로'(미스르 알-카디마흐)는 콥트 교회와 정교 교회, 묘지들이 집중되어 있는 독특한 곳이다. 콥트인들은 아랍인들이 정복한 이후 무슬림이 된 이집트에서 소수에 속하는 주요 기독교 세력이었다. 이들은 단성론자(Monophysite), 즉 그리스도가 신성과 인간성을 동시에 지니고 있다고 받아들이지 않았던 이들이었으며, 바로 이러한 점이 동방 정교회와 다른 점이었다. 이들은 교회의 주요 언어로 아랍어를 채택했다.

아랍인들이 오기 전에 이 지역은 유태인과 기독교도 거주지였으며, 교회는 1세기 후반에 지어진 로마 요새가 있던 자리에 서 있다. 남쪽 관문을 포함하여 이 요새의 방벽 일부가 남아 있다. 이 관문 꼭대기에 '공중 교회'(알-무알라카)가 있다. 이 교회는 성모 마리아에게 봉헌되었으며, 한때는 성모가 먹었던 올리브의 씨앗을 보관하고 있다고 믿어졌다. 아마 7세기에 세워졌을 이 교회는, 여러 차례 재건되었으며 중세에 제작된 훌륭한 설교단과 간막이를 자랑스레 뽐내고 있다. 13세기에 이곳은 이집트에서 가장 중요한 콥트 교회였다.

근처에는 벤 에즈라 시나고그와 성 세르기우스 교회가 있는데, 이 교회는 카이로에서 가장 오래된 교회로 추정되며 예수와 마리아, 요셉이 헤롯왕을 피해 이집트로 달아났을 때 머물렀던 동굴 위에 지어졌다고 한다. 로마 요새의 탑들 중 하나에 위치하고 있는 둥근 정교 교회 '성 게오르기우스의 교회'는 화재의 피해를 입은 이후 1909년에 재건되었다. 카이로의 기독교 예술 유산을 보존하기 위해 1908년에 설립된 콥트 박물관에는 초기 그노시스 서적 컬렉션이 있다. 파피루스 잎 위에 쓰이고 일부는 가죽으로 상성되어 있는데, 이는 지금까지 알려진 최초의 가죽 장정 서적이다. **RC**

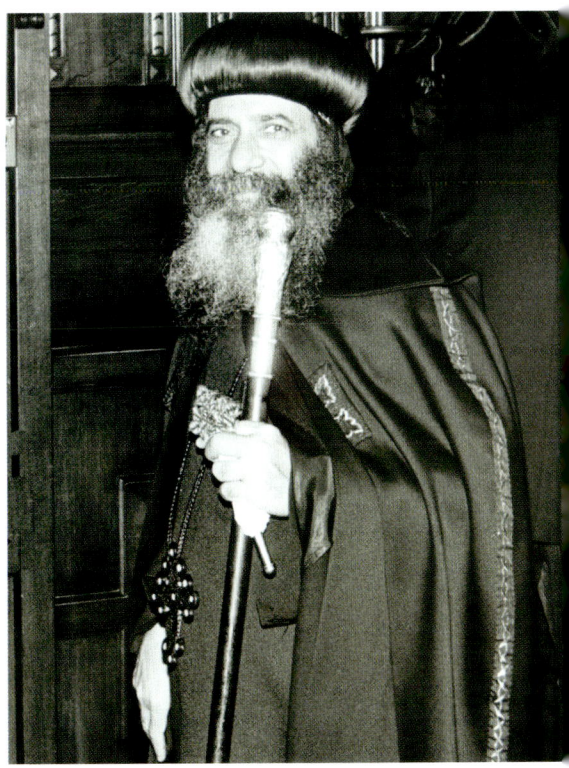

▱ 콥트 교황 알렉산드리아의 셰누다 3세는 카이로의 공중 교회를 자주 찾는다.

▱ 교회 내부는 벽화와 장식이 입혀진 간막이, 대리석 설교단으로 아름답게 치장되어 있다.

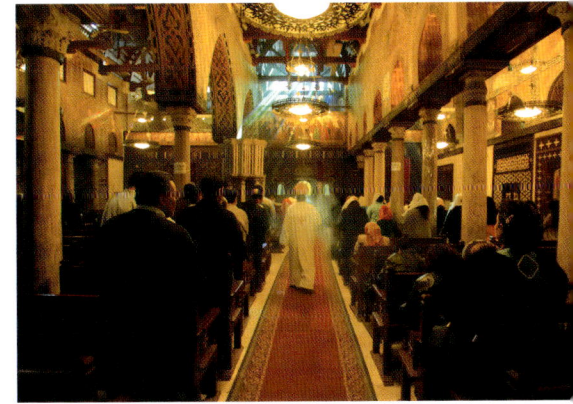

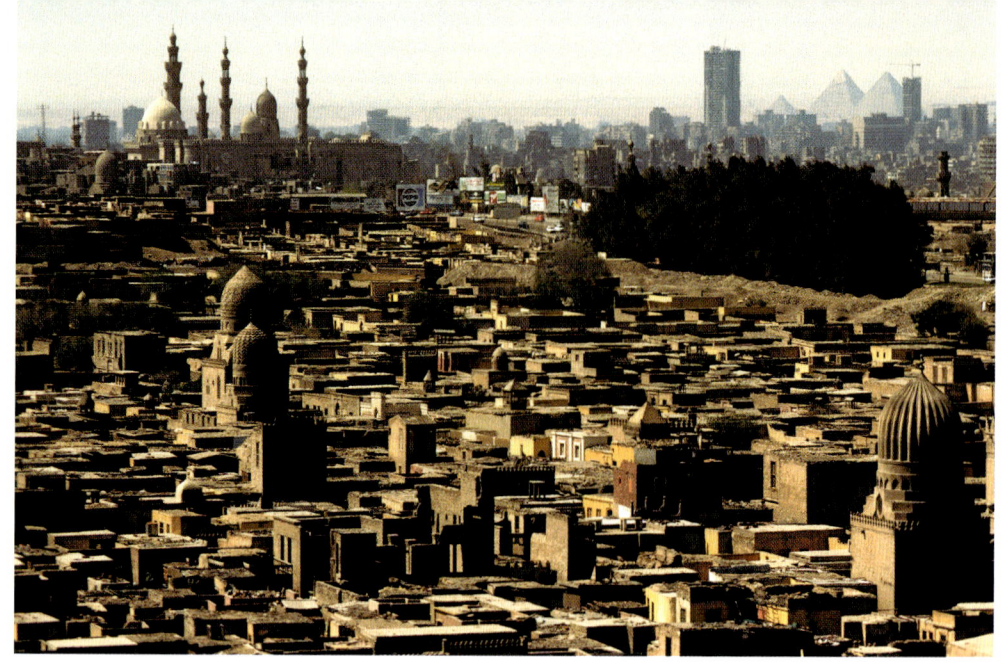

북쪽 묘지 이집트, 카이로 | Northern Cemetery

산 자와 죽은 자들을 위한 묘지

13세기 중반 이집트의 통치자들은 '맘루크'라 알려진 튀르크 노예 병사들이 대다수였던 군대에 의존하고 있었다. 1250년 기독교 십자군의 공격을 물리친 이후, 맘루크 지도자들은 이집트의 통치권을 빼앗아 이후 250년간 지속된 왕조를 수립했다. 맘루크 왕조는 훌륭한 궁전과 모스크들을 지었으나, 이들이 카이로라는 도시의 특징에 부여한 특성 중 가장 오래 지속되었던 것은 남쪽에 있던 예전 묘지에 추가하여 성채 북쪽에 세웠던 묘지였다.

묘지는 흔히 죽은 자들의 도시라 일컬어지지만, 사람들이 이주하여 정착하면서 이 묘지는 산 자들의 도시 구실도 하게 되었다. 대부분의 무덤들은 작은 집을 닮았으며 안뜰과 두세 개의 방이 있는데, 이 방 아래에 시체가 매장되었다. 시체는 옆으로 눕혀져 수의에 싸이지 않은 채 메카를 바라보는 쪽으로 놓였다. 이러한 무덤은 파라오의 피라미드 뒤를 이은 소박한 형식이었으며, 방은 무덤을 찾아온 가족과 친구들이 밤새 머무르며 파티를 열고 죽은 자 가까이에서 피크닉을 즐기기 위한 것이었다. 14세기에는 많은 이들이 무덤 안의 남는 방에서 거주하는 편을 택했다.

술탄들은 자신과 그 가족들을 위해 훨씬 더 웅장한 무덤들을 지었다. 1382년부터 1389년까지 통치했던 최초의 체르케스 족 맘루크 술탄 바르쿠크의 마우솔레움이 그 예이다. 1470년대에는 술탄 카이트 베이가 눈부시게 훌륭한 종합적인 무덤 건물을 세웠는데, 아름다운 모스크 하나도 이중 하나였고, 건설 자금으로는 상당한 돈벌이가 되었던 극동과 유럽과의 향료 무역에서 얻은 이윤이 쓰였다.

오늘날 이 묘지는 상점과 아파트 단지, 벼룩시장, 경찰서, 우체국, 버스 정류장까지 있는 도시가 되었는데, 거리 대부분은 너무 좁아서 당나귀가 끄는 수레보다 덩치가 큰 것은 다닐 수 없을 정도이다. 북쪽 묘지에서는 양떼를 키우기도 한다. **RC**

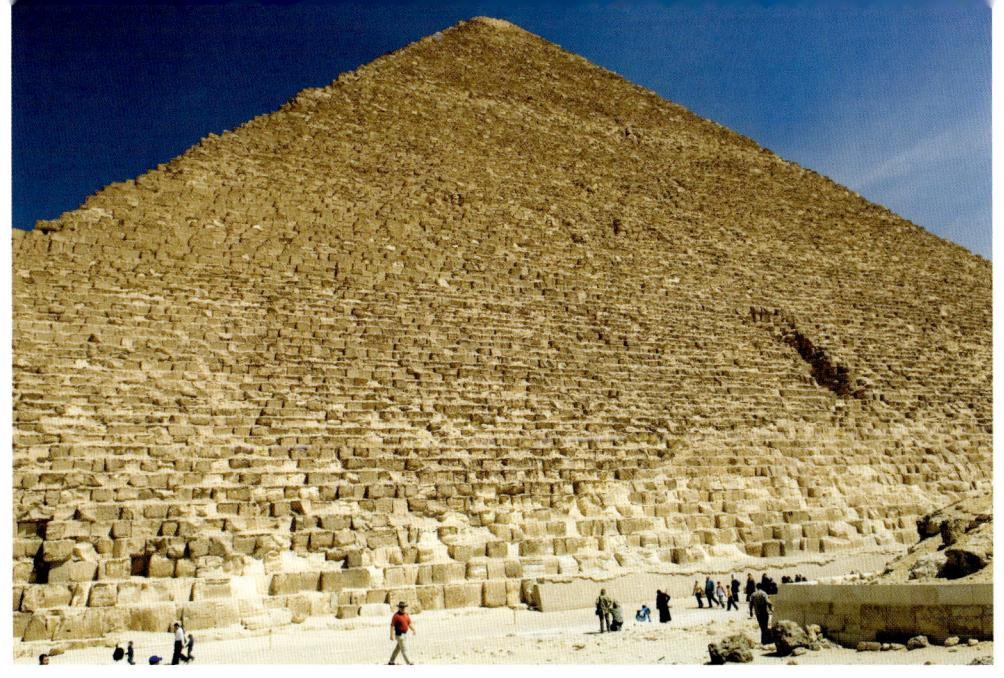

🏛️ ◎ 쿠푸 왕의 거대 피라미드 이집트, 기자 | Great Pyramid of Khufu

고대 세계의 일곱 가지 불가사의 중 유일하게 남아 있는 기적

고대의 일곱 가지 불가사의 중 유일한 생존자인 쿠푸 왕의 피라미드는 몇 세기 동안이나 경외의 대상이자 수많은 학자들 간의 논쟁의 대상이었으며, 터무니없는 가설들의 초점이 되어 왔다. 이중 하나는 피라미드에 미래에 대한 정확한 예언서가 보관되어 있다는 것이다.

이 피라미드는 파라오 스노프루의 아들인 파라오 쿠푸(그리스어로는 '케옵스')를 위해 건설되었다. 이집트의 모든 피라미드 가운데서도 가장 큰 이 건축물은 원래 하얀 석회암으로 덮여 햇빛을 받아 빛을 발했다. 1880년대에 플린더스 페트리 경이 최초로 정확하게 크기를 측정했다. 피라미드의 원래 높이는 146m로, 200만 개 이상의 돌 블록이 사용되었으며, 그 정확성으로 말할 것 같으면 맨 밑단이 각 변이 230m인 거의 완벽한 정사각형을 이룰 정도이다. 공사가 절정에 달했을 때에는 아마 10만 명가량의 장정이 동원되었으며, 건축하는 데에는 최대 50년이라는 세월이 걸렸을 것이다. 그러나 이 점에 대해서도, 건축 연대에 대해서도 학자들의 추산치는 저마다 크게 엇갈린다.

그리 멀지 않은 곳에 삼나무 보트가 있는데, 이는 1945년에 쿠푸의 피라미드 근처에 있는 다섯 개의 보트 피트(boat pit : 피라미드 주변에 파여 배를 담았던 홈) 중 하나에서 발견되었다. 현재 이 배는 '태양의 배 박물관'에 보관되어 있다. 이 배는 매일 하늘을 가로질러 여행하는 태양신과 죽은 왕을 밤의 지하 세계를 지나 데려가려는 목적이었을 것이다. 근처에는 쿠푸의 아들, 카프레(그리스어로 '케프렌')의 약간 작은 피라미드가 있다. 1818년, 무덤 약탈꾼으로 돌변한 힘이 장사인 모험가 조반니 벨초니라는 사람이 피라미드 안으로 뚫고 들어갔는데, 자기보다 훨씬 예전에도 도둑들이 있었다는 사실을 발견했다. 케프렌의 피라미드 근처에는 거대 스핑크스가 있으며, 그의 아들 멘카우레('미케리누스')가 지은 보다 작은 세 번째의 피라미드가 있다. 피라미드를 짓는 데에 들어간 엄청난 돈과 노동력의 지출이 이 무렵에는 끝이 가까웠음이 분명해 보인다. **RC**

수천 년 동안 이집트의 본질을 대표해 온 유적

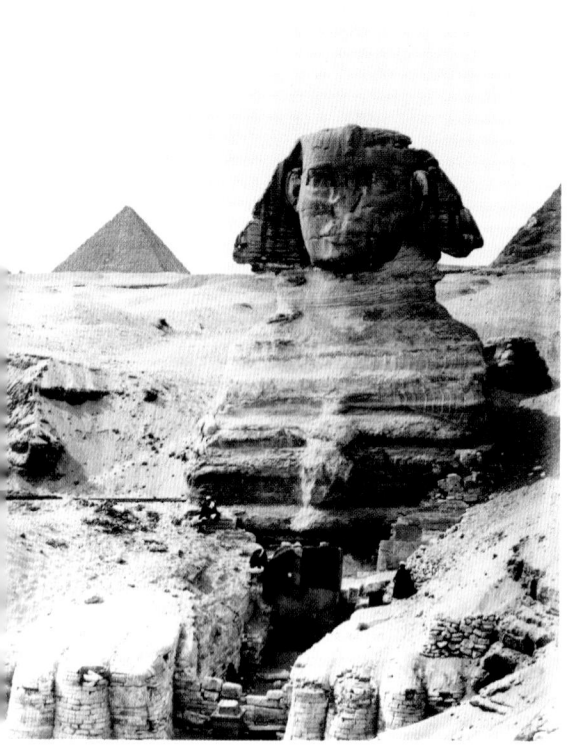

"내가 놓여 있는 사막의 모래가 나를 덮었도다. 나를 구해 다오…"

스핑크스의 '꿈의 비문'에 새겨진 글귀

⊕ 1885년경의 사진으로, 한때는 목까지 덮고 있던 모래에서 부분적으로 자유로워진 스핑크스의 모습이 나와 있다.

⊡ '꿈의 비문'은 스핑크스의 발 사이에 놓여 있으며, 먼 옛날 투트모세 4세가 이를 복원한 일을 묘사하고 있다.

그리스인들은 인간의 얼굴과 사자의 몸통을 지닌 고대 이집트 신화 속의 피조물을 '스핑크스'라 불렀다. 이집트 신앙 속의 스핑크스는 문턱과 신전을 호위하는 존재로, 왕권과 태양신과 동일시되었다. 그리스식 이름은 '목 졸라 죽이다'라는 의미의 동사에서 파생되었으며 어느 정도 연관이 있는데, 테베의 여자 스핑크스가 자신이 내는 수수께끼의 답을 맞히지 못하는 이들을 꼬리로 목 졸라 죽였기 때문이다. 처음에는 네 발로, 다음에는 두 발로, 그 다음에는 세 발로 걷는 것이 무엇인가? 오이디푸스가 '인간'이라는 정답을 맞히자, 스핑크스는 자살했다고 한다.

가장 커다란 이집트의 스핑크스는 기자의 카프레 피라미드 옆에 있는 웅장한 것으로, 그 얼굴은 파라오 자신의 초상이다. 떠오르는 태양을 바라보고 있는 이 스핑크스는 해 뜨는 광경을 백만 번 이상이나 지켜보아 왔다. 이는 카프레의 피라미드를 건축했던 사람들이 남기고 간 한 덩어리의 석회암에 조각되었던 듯하지만, 카프레의 아버지인 쿠푸가 이를 지었다거나 훨씬 더 오래되었고 피라미드보다도 더 전에 건축되었다는 설도 있다. 투트모세 4세가 꿈속에서 스핑크스를 보았을 무렵, 스핑크스는 모래로 뒤덮여 있었다. 꿈은 그에게 피라미드를 복원한다면 이집트의 왕위를 안겨주겠다고 약속했다. 기원전 1400년 그는 이 말에 따랐고, 파라오가 되었다.

세계에서 가장 오래되고 거대한 기념비적인 조각상 중 하나인 거대 피라미드는 57×6×20m에 달한다. 아랍인들은 이를 '아부 알−훌'(공포의 아버지)이라 불렀다. 1380년 광신적인 무슬림 지도자에 의해 크게 손상되었으며, 이후 군사들의 사격 연습 과녁으로 사용되었다. 전설에 의하면 스핑크스의 몸체 안에는 비밀 통로가 있다고 하며, 고고학자들은 그 안에서 아무 곳으로도 통하지 않는 세 개의 터널을 발견했다. 잘 알려진 바와 같이 스핑크스의 얼굴에는 코가 없는데, 이것이 고의적으로 파괴되었는지 아니면 세월과 날씨에 의해 풍화되었는지는 여전히 논쟁의 대상이다. 1990년대에 대규모 복원 작업이 이루어졌다. **RC**

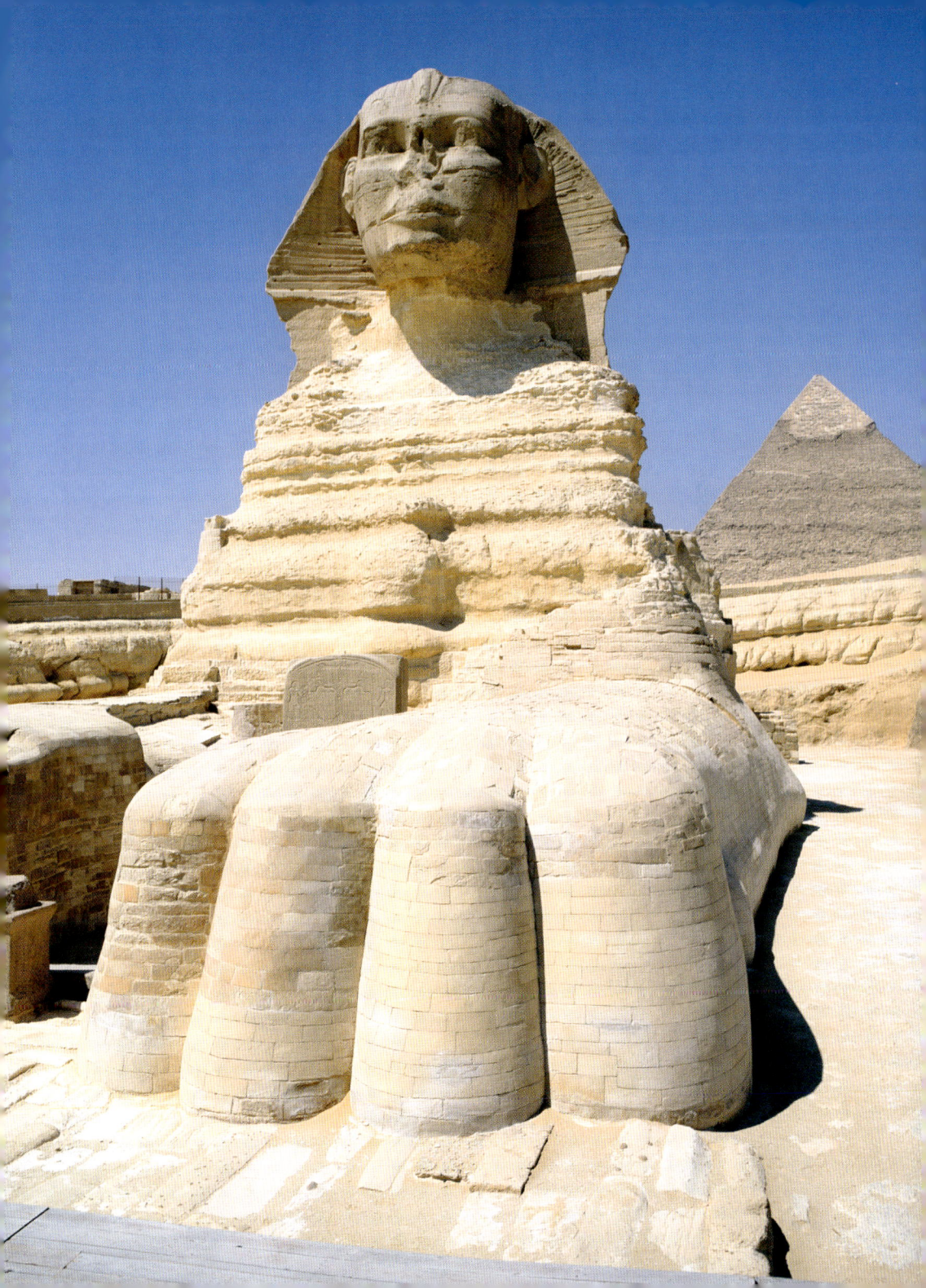

세계 최초의 건축가가 남긴 가장 훌륭한 작품

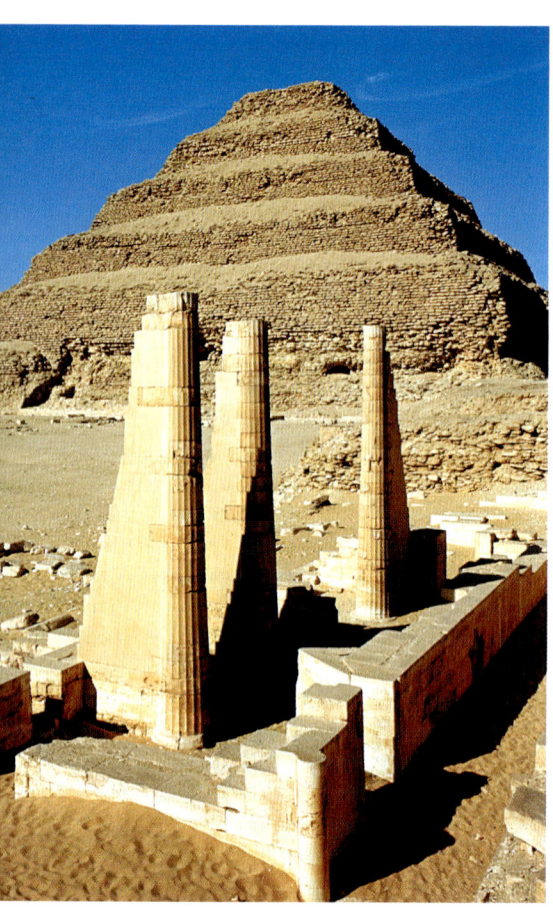

"이 뛰어난 인물 임호텝은 … 너무나 뛰어난 명성을 남겨 그의 이름은 결코 잊히지 않았다."

고고학자, 제임스 헨리 브리스티드

고왕국(古王國) 시대(기원전 2686~2181) 이집트 왕들에 대해서는 거의 알려진 바가 없으나, 그들이 창조해 낸 피라미드는 그들의 불멸성은 물론 권력과 부를 증언해 주는 육중하고 인상 깊은 유적이다. 이러한 피라미드 중 하나가 파라오 조세르를 위해 설계된 계단 피라미드로, 이는 이름이 알려진 세계 최초의 건축가이며 의술의 역사 속에서도 핵심적인 인물인 임호텝의 작품이다. 임호텝은 기원전 27세기경 이 피라미드를 설계했다.

피라미드는 하늘 높이 위풍당당하게 솟은 그 모습을 볼 수 있는 조세르의 수도 멤피스 외부의 사막에 건축되었으며, 이전의 이집트 건축 양식이 석조 건축으로 변화해 가는 과정에 있었다. 돌과 진흙으로 된 '계단' 모양으로 점점 좁아지는 피라미드는 약 61m 높이까지 올라가며, 원래는 빛나는 하얀 석회암으로 덮여 있었다. 정사각형 모양의 피라미드 바닥 네 면은 주요 네 방위를 향하고 있었다. 수많은 문이 있었으나, 단 한 개의 진짜 입구는 기둥 사이에 있었으며 중앙 안뜰로 이어졌다.

피라미드에는 이집트 신들과 조세르 자신, 그리고 그의 가족들의 조각상이 있었으며, 그중 하나는 그가 왕좌에 앉아 있는 실물 크기의 조각상이었다. 피라미드 아래에는 약 400개의 방들과 회랑이 있는, 전례 없는 규모와 복잡함을 갖춘 지하 건축물이 있었다.

이 피라미드는 여러 채로 이루어진 건물 복합체 가운데에 있는데, 이러한 건물 중 일부는 아마 왕의 영혼이 사후에 잠시 머물도록 하거나 혹은 왕의 희년(禧年 : 이집트의 파라오들이 왕위에 오른 지 30년이 되었을 때, 그 이후로는 3년이나 4년에 한 번씩) 기념식과 관련이 있는 것으로 실제 목적이 있는 것이 아니라 겉보기로만 지어진 건물들이 분명하다. 남쪽 면에는 모든 파라오들이 대관식 행사 때, 그리고 희년 행사 때 다시 한 번 따라 돌아다녔던 코스가 표시되어 있다. 왕실의 다른 일원의 무덤도 있다. 이곳의 건물 복합체를 둘러싸고 있는 벽은 길이가 1.6km에 달하며 원래 높이는 11m였다. 이 유적지 전체는 '죽은 자들의 거대한 도시'라 묘사되어 왔다. **RC**

신성한 아피스 황소들이 묻힌 장소

1850년대 초, 오귀스트 마리에트라는 이름의 젊은 프랑스 장교는 루브르 박물관에 둘 콥트 성서 필사본을 수집하기 위해 이집트에 있었다. 사막의 멤피스와 사카라 지역을 방문하면서 그는 그 역사에 매혹되었다. 필사본 따위는 잊어버린 채 그는 서른 명의 인부로 구성된 팀을 고용하여 상당히 은밀한 가운데 땅을 피기 시작했다. 이후 몇 년에 걸쳐 그는 신성한 아피스 황소들의 무덤인 거대한 '세라페움'을 발견했으며, 루브르 박물관을 위한 상당한 양의 고대 이집트 유물들을 입수했다. 머지않아 이집트의 케디브는 그를 유적 보호관으로 임명했으며, 마리에트는 이집트의 과거를 발굴해 내고 보존하며 여생을 보냈다.

아피스 신은 다산을 관장하는 이집트의 신성으로 프타와 연관되었는데, 프타는 멤피스의 전설에 따르면 '태고의 언덕'의 창조의 신이다. 프타는 단지 이름을 부름으로써 세상의 모든 만물을 존재로 불러들였다고 한다. 멤피스에 있는 프타에게 바쳐진 사원의 이름이 '후트−카−프타'였으며, 이 이름이 그리스어로 '아이굽토스'라 번역되었고, 여기서 '이집트'라는 이름이 처음 파생되었다는 설이 있다.

사제들에 의해, 검은 색이나 검정과 흰색이 섞인 아피스 황소가 프타 신이 형상화된 모습으로 선발되었으며, 이러한 소들의 행동에서 신탁을 이끌어냈다. 황소는 보통 20년이나 그 이상 살았다. 초기에는 황소가 죽으면 유해를 묻기 전에 이를 요리해서 파라오와 사제들이 먹었다. 그러나 이후에는 모든 신성한 황소의 유해 전체를 향료로 방부 처리하여, 의식에 따라 무게가 60t에서 80t까지 나가는 화려한 대리석 관에 넣어 매장했다. 관은 지하 부덤에 묻혔는데, 이 무덤은 회랑과 터널로 이루어진 복잡한 집합체의 일부였다. 이곳에서 마리에트는 황소의 내장이 들어 있는 사람 머리 모양의 단지들을 발견하기도 했다. 신성한 황소를 숭배하는 풍습은 기독교 시대까지 계속되었으나, 세라페움은 398년 폐쇄되었다. **RC**

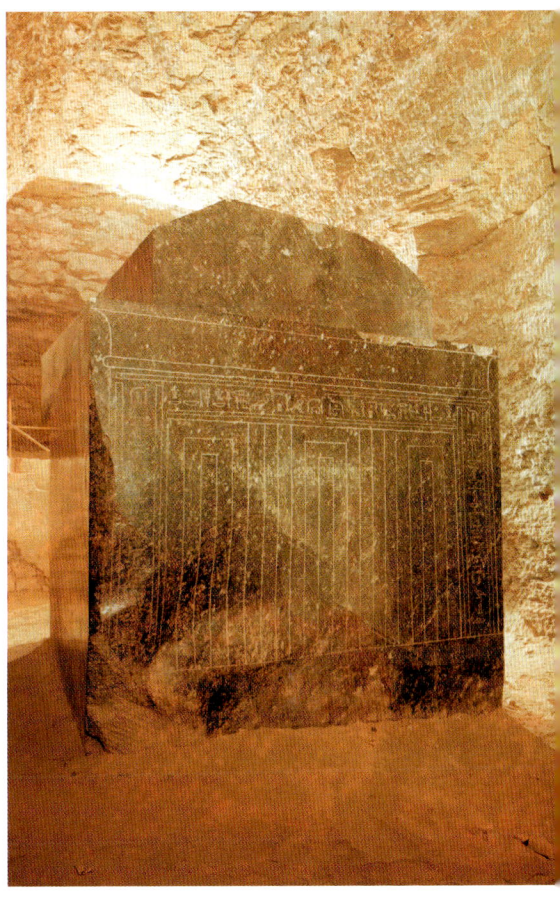

"너는 사막에서 4년을 보내야만 했다−그러나, 이 4년은 내가 결코 후회할 수 없는 세월이었다."

오귀스트 마리에트, 『상(上)이집트의 유적들』(1877)

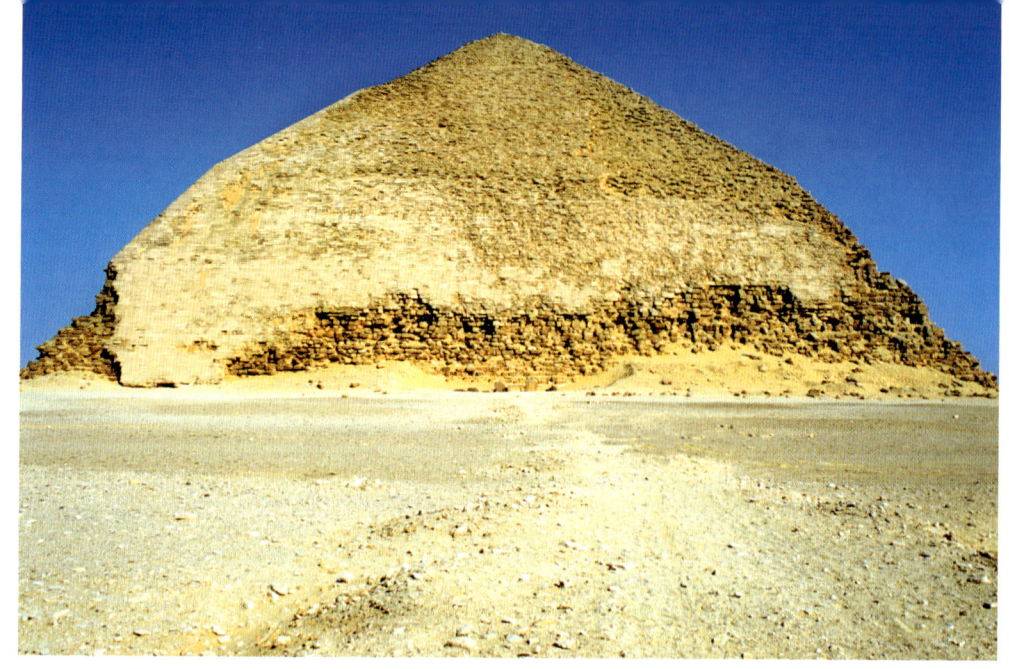

🏛 ◎ 다슈르의 피라미드 이집트, 멤피스 부근 | Pyramids of Dahshur

세계 최초의 '진짜' 피라미드를 포함한, 세 채의 뛰어난 건축물

파라오 스노프루를 위해 건설된 이 세 개의 피라미드는 파라오 조세르의 계단 피라미드보다 건축학적으로 발전한 모습이었다. 메이둠에 건설된 스노프루의 첫 피라미드는 위로 갈수록 좁아지는 계단이 연속된 형태로 만들어졌으며, 이후 진짜 피라미드로 완성하기 위해 틈새가 채워졌다. 다슈르에 위치한, '굽은 피라미드'라 불리는 두 번째 피라미드는 처음부터 '진짜 피라미드'로 설계된 최초의 피라미드라 추정되나, 중간 지점부터 경사면의 각도가 변경되었다. 아마 최초에 잡았던 각도가 불안정했기 때문으로 추측된다. 역시 다슈르에 있는 세 번째 피라미드, '붉은 피라미드'는 이제까지 건축된 최초의 진짜 피라미드이다. 왜 파라오가 하나가 아닌 세 개나 되는 피라미드를 필요로 했는지는 알려지지 않았다. 처음부터 목적이 세 개였을 수 있으나, 이에 대한 정보는 소실되었다.

피라미드의 모양은 아마, 이집트 신화 속에서 세상이 시작될 때 카오스의 물속에서 나타났다고 하는 최초의 '태고의 언덕'을 나타내고 있을 것이다. 이 이론이 사실이라면, 피라미드는 그 안에 매장된 각각의 파라오를 카오스에서 솟아오른 질서의 테마와, 이집트의 신성 중 가장 우월하며 '태고의 언덕'에 생명을 탄생시켰다는 태양신의 가장 높은 다스림을 연결해 주는 셈이다.

스노프루는 '굽은 피라미드'에 묻혔는데, 이 피라미드에는 두 개의 입구가 있다. 전형적으로 북쪽 면에 입구가 하나 있으나, 서쪽 면에도 하나가 더 있다. 두 개의 입구를 둔 까닭은 알려지지 않았다. 바로 남쪽에 좀 더 작은 피라미드가 있는데, 이는 스노프루의 왕비가 묻힌 장소였던 듯하다. 근처에는 훨씬 이후에 세워졌으며 기원전 2350년에 사망한 파라오 우나스의 피라미드가 있는데, 이 내부에는 이제껏 알려진 최초의 피라미드 텍스트가 새겨져 있다. 여기에 새겨진 글귀는 죽은 왕의 장례 행사가 거행되는 동안, 그의 영혼을 지상에서 해방시켜 천상에서 아버지인 태양신과 만나고, 그와 하나가 될 수 있도록 낭송되었다. 근처에는 우나스의 가족, 궁신, 관리의 무덤이 이후에 만들어진 무덤들과 함께 있다. **RC**

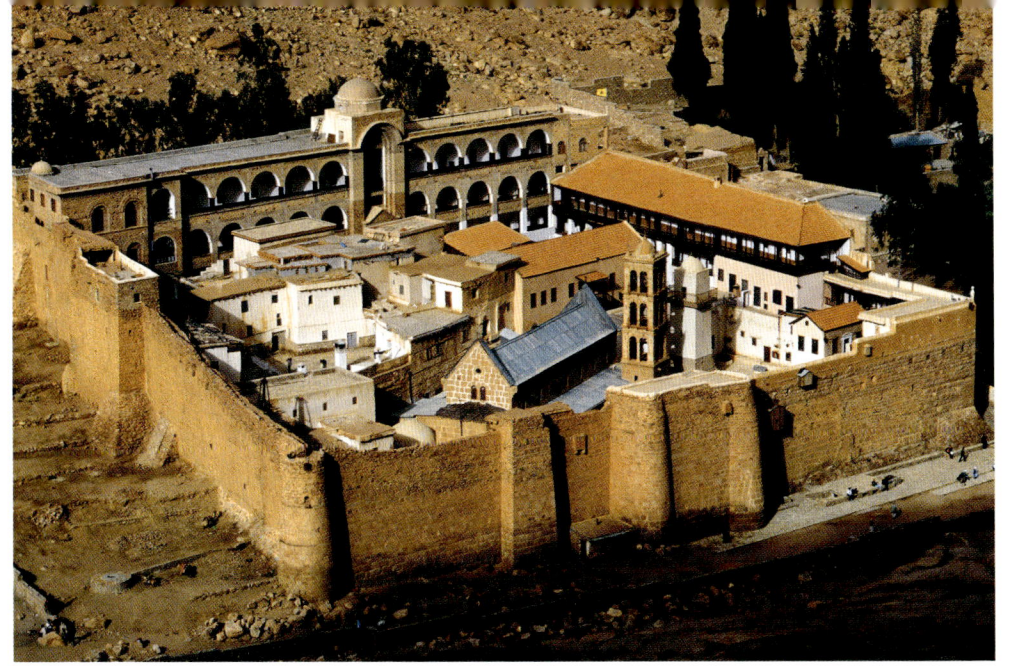

🏛 ◎ 성녀 카타리나 수도원 이집트, 시나이 산 | St. Catherine's Monastery

유태인, 기독교도, 무슬림들이 경배했던 성소

모세가 하느님에게 십계명을 받았던 시나이 산은 유태인, 기독교도, 무슬림 전통에서 모두 거룩한 곳으로 인정받고 있다. 콘스탄티누스 대제의 어머니이자 독실한 기독교도였던 헬레나 황후는 4세기에 예루살렘으로 성지순례를 갔으며, 그리스도가 못 박혀 죽은 진짜 십자가를 발견했다고 전해진다. 330년 사망하기 전 그녀는 하나님이 모세에게 직접 말을 했던 시나이 산의 기슭에 있는 불타는 떨기나무 옆에 작은 예배당을 지으라는 명을 내리기도 했던 것이 분명하다.

그곳은 그리스 정교 수도원이 되었으며, 6세기 중반에는 유스티니아누스 황제가 수도원을 확장시키고 두꺼운 방벽을 세워 보호해 주었다. 유스티니아누스는 또한 못이 박힌 바퀴에 고문당하고 목이 잘려 순교한 알렉산드리아의 성녀 카타리나에게 봉헌하는 예배당을 지었다. 전설에 따르면 천사들이 그녀의 육신을 시나이 산 꼭대기, 현재 그녀의 이름이 붙어 있는 곳으로 날라 갔다고 한다. 이후에 이 수도원에서 성녀의 유해를 발견하여 거

뒤들었고, 황금으로 만든 상자에 넣어 보존하고 있다. 교회의 제단은 불타는 떨기나무의 뿌리 위에 지어졌으며, 주변에는 후손 떨기나무들이 무성하게 자라 있다.

성녀 카타리나 수도원은 몇 세기 동안이나 순례자들을 끌어 왔다. 수도원의 보배 중에는 성화와 모자이크, 그리고 훌륭한 도서관이 있다. '야곱의 우물'은 모세가 미래의 아내인 십보라를 만났다고 하는 곳이며, 자그마한 모스크도 서 있다. 납골당에는 과거 세대 수도사들의 유골이 가득 차 있다. **RC**

"시나이 산에 연기가 자욱하니 여호와께서 불 가운데서 거기 강림하심이라."

출애굽기 19장 17~18절

성 안토니우스 수도원 이집트, 후르가다 | St. Antony's Monastery

세계에서 가장 오래되었으며 여전히 제 기능을 하고 있는 기독교 수도원

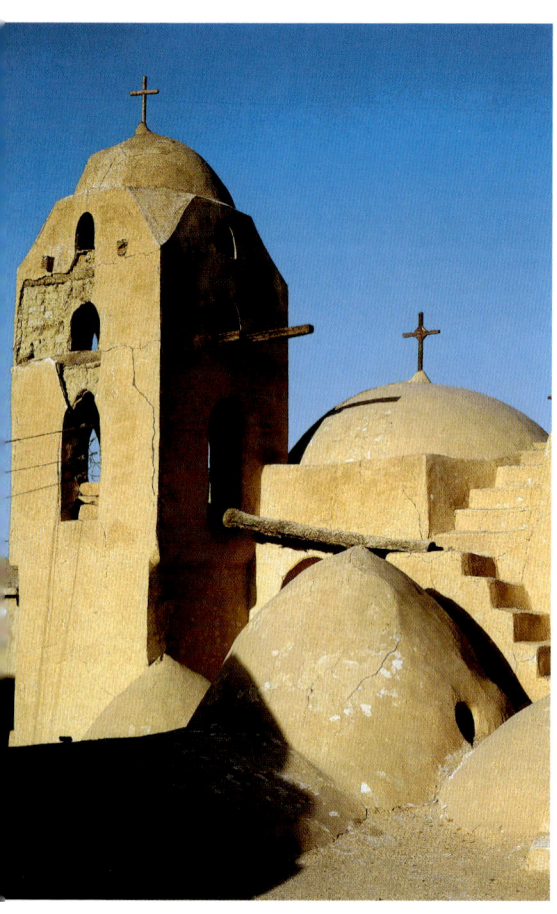

> "우리의 삶과 죽음은 우리의 이웃과 함께 있습니다. 만일 우리가 우리의 형제를 구하면 하나님을 얻은 것입니다."
>
> 이집트의 성 안토니우스

초기 기독교 은자들은 인간 세상의 번잡함으로부터 멀리 떨어져 신에게만 집중할 수 있는 사막에서 은둔하여 살았다. 유명한 은자 이집트의 성 안토니우스는 홍해 근처의 칼라 산에 있는 동굴에 살았다. 성화 속에서 그는 하얀 수염을 기르고 짐승 가죽을 걸쳤으며 사자들을 수호자로 거느린 모습으로 나타낸다. 그는 나중에 기독교 예술의 테마가 된 이상한 환상들을 보았으며, 356년에 105세의 나이로 죽었다고 한다.

성 안토니우스는 이집트 사막에서 최초로 기독교 수도 생활을 시작한 대표자 중 하나이다. 그가 죽은 이후, 그를 따르는 이들이 산 낮은 곳에 그에게 바치는 예배당을 지었다. 이는 콥트 정교 수도원으로 발전해 나갔으며, 현재 아직도 수도사들이 거주하고 있는 세계에서 가장 오래된 기독교 수도원이다. 성 안토니우스 수도원은 공격당하고 파괴되어 재건하는 일을 되풀이해 왔다. 15세기에는 수도사들이 학살당했으나 수도원은 다시 한 차례 재건되었고, 이번에는 수도원을 방비하기 위해 주변에 요새와 같은 방벽이 둘러쳐졌다.

1.6km 이상의 길이로 뻗어 있는 벽 안에는 다섯 채의 교회가 있으며, 수도원을 중심으로 마을이 성장했다. 13세기에 지어진 성 안토니우스에게 바쳐진 교회 이외에도 전통적으로 이집트에서 전도했다고 여겨지는, 복음서를 쓴 성 마르코에게 봉헌된 교회도 있는데, 이곳에는 그의 유골이 보존되어 있다. 마을의 물은 이스라엘인들이 이집트를 탈출할 때 모세의 누이 미리암이 몸을 씻었다는 우물에서 길어 온다. 산의 더 높은 곳, 수도원에서 1.6km 정도 떨어진 곳에는 성 안토니우스가 은거했던 동굴의 문이 있는데, 중세 이후로 순례자들이 휘갈겨써 왔던 신앙심 가득한 낙서로 뒤덮여 있다.

수도원 남서쪽에는 테베의 성 바울(다마스쿠스로 가는 길에서 회심한 그 유명한 바울이 아니다)의 수도원이 있다. 그는 다른 동굴에서 16세부터 348년 사망할 때까지, 그러니까 120세까지 살았다고 한다. 동굴은 이 성인에게 봉헌된 교회 안에 있으며, 그의 유골을 모시고 있다. **RC**

하토르 신전 이집트, 덴데라 | Temple of Hathor

사랑과 아름다움의 여신을 경배하는 신전

기원전 323년 알렉산드로스 대왕이 죽은 후, 제국은 분할되었으며 이집트는 그가 거느렸던 마케도니아 장군 중 하나인 프톨레마이오스가 다스렸다. 그의 후계자들은 로마 시대까지 이집트를 통치하게 된다. 그러나 덴데라에 있는 무덤은 이 시기보다 훨씬 더 이전으로 거슬러 올라가며, 암소를 포함한 신성한 동물도 매장되었다. 하토르 여신이 취했던 형상 중 하나가 바로 암소였다. 그녀는 모든 어린 파라오에게 젖을 주었으며 종종 소의 귀가 달리고 두 개의 뿔 사이에 태양의 원반으로 치장된 왕관을 쓴 여인으로 묘사된다. 하토르는 사랑과 아름다움의 여신이었으며, '음주를 지배하는 여주인'이라는 칭호로 춤과 환락과도 연관되었다. 그녀는 점차 지중해 동쪽 연안에서 가장 숭배한 신들 중 하나인 이시스 여신과 일치되었다.

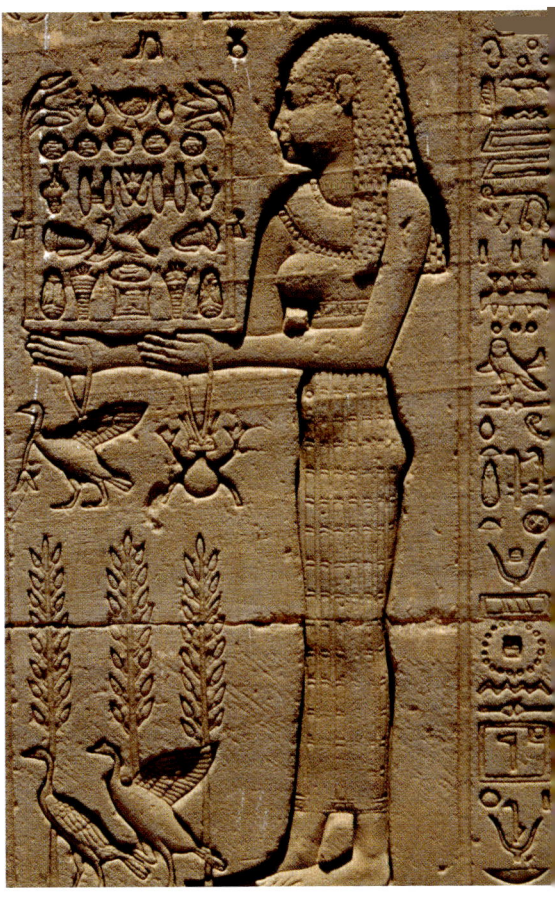

　덴데라에 있는 프톨레마이오스 시대의 하토르 신전은 예전에 있었던 신전을 대체하여 새로이 지어진 것으로, 그 이후에도 로마의 초기 황제들 시대에 이르기까지 개조되고 증축되었다. 이집트 신전의 독특한 특징은 '치료소'가 있다는 것이었는데, 이곳에서 환자들은 여신이 보내 주는 치유의 꿈을 경험할 수 있기를 바라며 밤을 보냈다. 신전은 화려하게 장식되어 있으며, 한쪽 외벽에는 기원전 30년에 죽은 클레오파트라 여왕이 율리우스 카이사르와의 사이에서 낳은 아들 카이사리온과 함께 나타난 커다란 부조가 새겨져 있다. 클레오파트라는 자신을 여신과 동일시하기 위해 이러한 이미지를 사용했던 듯하다. 클레오파트라가 죽은 후 몇 년이 지나, 아우구스투스 황제는 이시스에게 바치는 독립된 사원을 하나 지었다. 중앙 신전에 있는 그림에는 이후의 황제들이 이 여신에게 제물을 바치는 장면이 나타나 있다.

　디베리우스 황제가 통치하던 시기-서기 35년경-에는 다주실(hypostyle hall : 내부 공간이 기둥으로 받쳐진 건물)이 증축되었다. 이 홀의 기둥머리는 이시스 여신과 연관이 있는 고대 이집트의 타악기인 '시스트럼' 모양이며, 천장에는 점성학의 12궁이 새겨져 있다. 이 건물 일부는 5세기에 콥트 교회 건물이 되었다. **RC**

"그대는 축제의 여주인이지, 춤의 여왕이고, 음악의 여주인이십니다…"

하토르에게 바치는 찬가

이집트 소년 왕의 무덤이자 많은 이들이 저주가 서려 있다고 믿는 장소

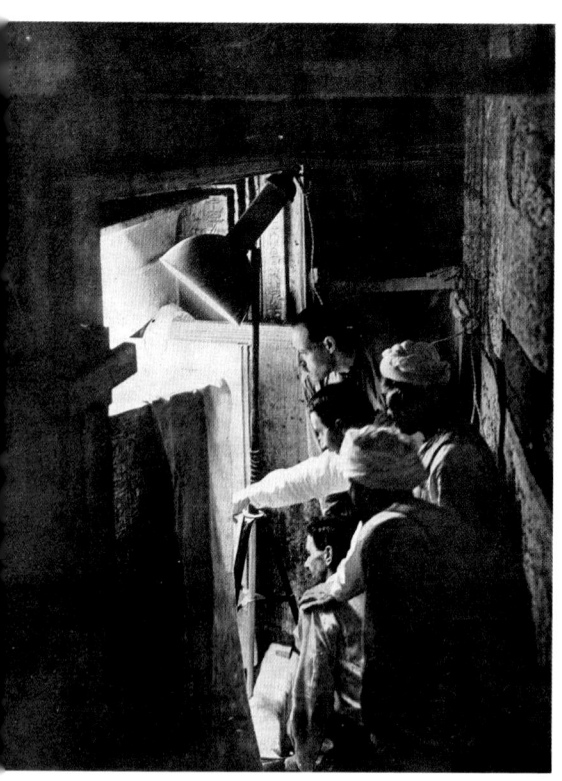

"뒤섞여 있는 독특하고 아름다운 유물들과 함께, 방이 점차 내 앞에서 모습을 드러냈다"

하워드 카터의 일기, 1992년 11월 26일

⬆ 하워드 카터와 그의 조수들이 최초로 투탕카멘의 대리석 석관을 보고 있다.

➡ 순금으로 된 투탕카멘 왕의 가면은 보석과 유리로 상감 세공이 되어 있으며, 무게는 11kg 나간다.

룩소르 서쪽 사막에 있는 '왕들의 골짜기'는 '신왕국 시대'의 파라오들이 매장된 장소였다. 신왕국 시대는 기원전 16세기부터이며, 이 시기의 파라오들은 이집트를 제국의 중심지이자 고대 세계에서 가장 강력한 국가로 만들었다. 무덤들은 도굴꾼들에 의해 약탈당했으나, 1922년 영국 고고학자 하워드 카터는 여전히 온전한 상태인데다가 이집트의 예술과 숙련된 공예 기술을 보여 주는 놀랄 만한 보물들을 담고 있는 무덤을 발견했다. 카터와 그의 재정 지원자였던 카나번 백작은 수천 년 만에 처음으로 젊은 파라오 투탕카멘(아몬 신의 살아 있는 상징)의 무덤에 들어간 이들이었으며, 전 세계의 미디어는 무시무시한 저주가 이 일에 연루된 모든 이들을 파멸시킬 거라는 의견과 함께 사건을 떠들썩하게 보도했다.

이 발견으로 인해 투탕카멘은 고작 몇 년을 통치한 이후 죽었음에도 모든 파라오들 가운데 가장 유명해졌다. 그의 명성은 재위 기간이 미친 역사적인 영향력에서라기보다, 그의 무덤이 뛰어난 부장품들과 함께 멀쩡한 상태로 발견되었다는 점에서 기인했던 것이다. 투탕카멘은 아홉 살이라는 나이에 파라오가 되었으며, 장관이자 그의 뒤를 이어 왕위에 오른 '아이'와 같은 조언자들의 의견을 많이 따랐을 것이다. 보물들은 매번 전시될 때마다 수많은 열광적인 군중들을 이끌었다. 이중에는 왕의 황금으로 된 관과 황금 가면(귀에 구멍이 뚫려 있다), 조각이 새겨진 왕좌, 모형 배들, 장신구, 램프, 단지, 전차, 부메랑, 활과 화살 등이 있었다. 무덤의 벽에는 화사하게 채색된 그림이 그려져 있었으며 그의 유해에는 먼 옛날 시들어 버린 꽃다발들이 남아 있었다.

오랫동안 투탕카멘은 살해되었던 것이라는 설이 있었으나, 2005년 면밀하게 그의 미라를 재검사해 본 결과는 이러한 의견을 지지해 주는 방향이 아니었다. 그의 다리는 심하게 부러져 있었으며, 따라서 치명적인 감염으로 인해 사망했으리라 추측된다. '왕들의 골짜기'에서는 60개 이상의 다른 무덤들도 발굴되었다. **RC**

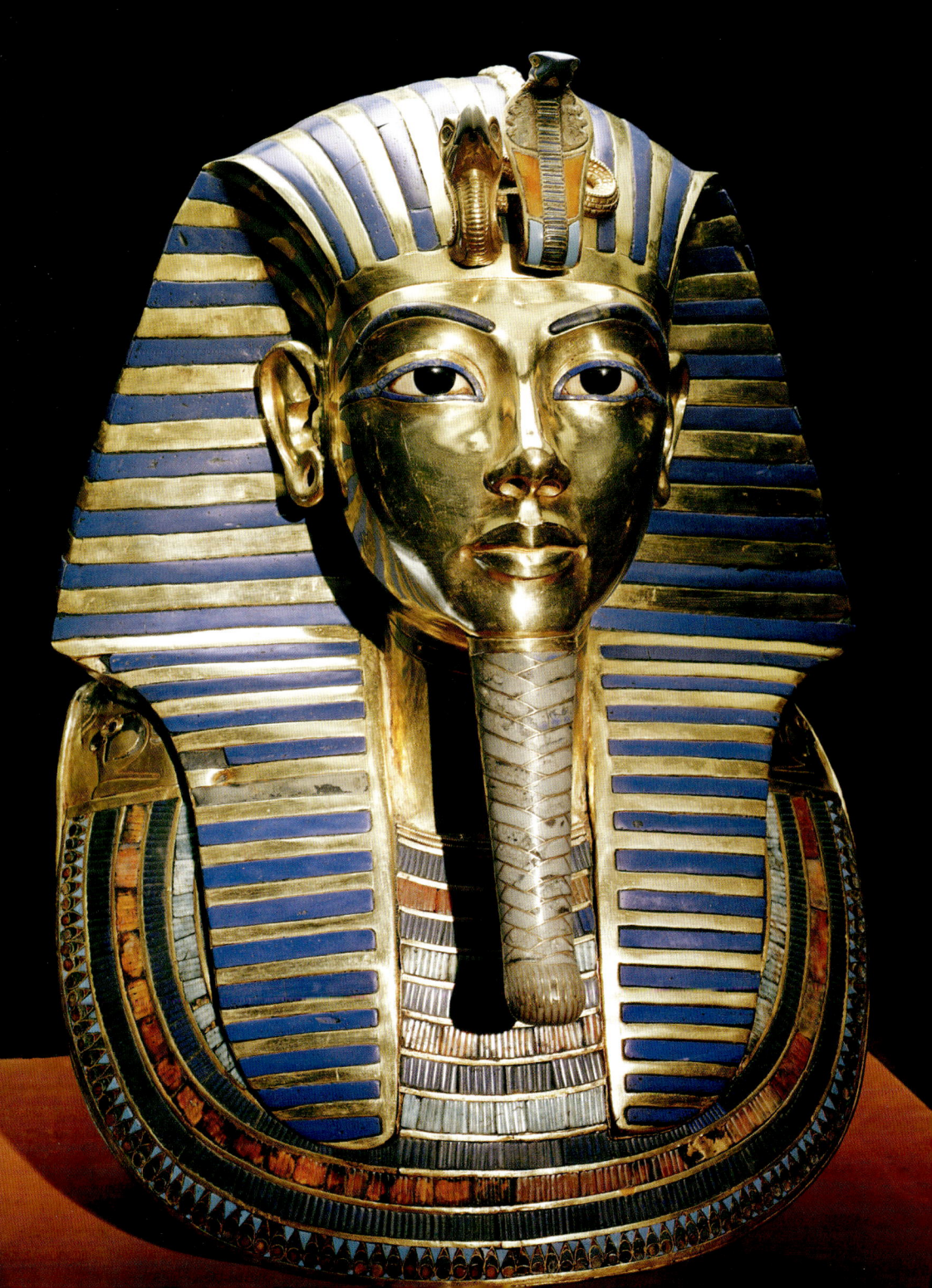

아몬 신의 아들임을 자칭했던 파라오 아멘호테프 3세가 건설한 신전

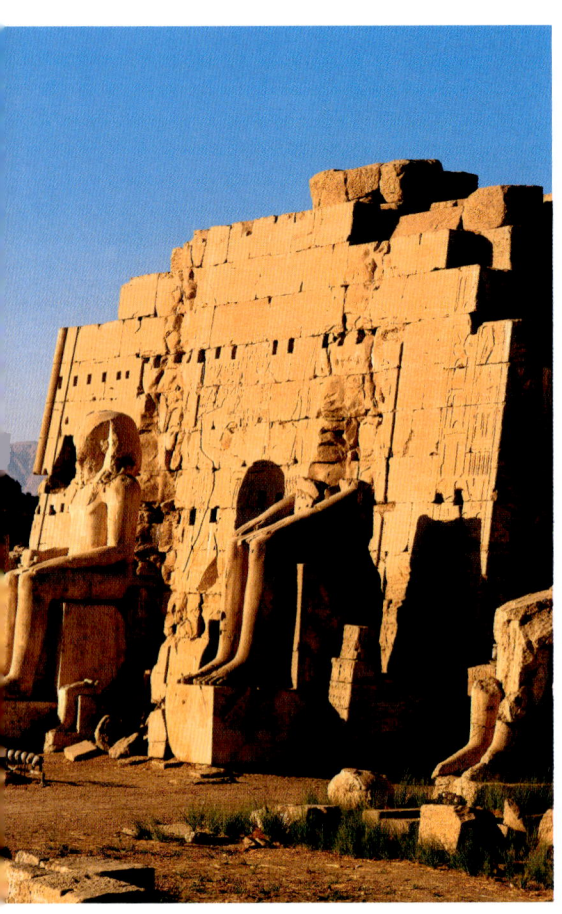

"두 개의 땅의 왕좌의 주인이시며, 테베에서 으뜸가는 그대 아몬 레에게 만세를 외치옵나이다."

테베의 석판에 새겨진 기도문

오늘날 룩소르라 알려진 도시는 기원전 2100년부터 여러 해 동안 이집트의 수도였다. 수백 년 전, 이 도시는 그리스식 이름인 테베로 알려져 있었다. 시인 호메로스의 작품 속에서 테베는 '백 개의 문을 지닌 도시'라 불렸다.

'룩소르'라는 이름은 이 도시의 아랍어 이름인 '알-욱수르', 즉 '궁전들의 도시'라는 의미에서 왔다. 이 도시는 기원전 16세기부터 시작하는 '신왕국 시대'의 파라오들 시대에 그 정점에 달했으며, 더 이상 수도는 아니었지만 여전히 기원전의 이후 시대까지, 그리고 로마 시대까지 중요한 장소로 간주되었다. 이보다 더 이후에 룩소르의 신전들 중 몇 개는 기독교 교회로 개조되었다. 1798년 나폴레옹의 이집트 원정은 깊은 고고학적인 흥미를 일깨웠고, 관광 기획자 토머스 쿡이 1869년 최초의 이집트 여행에 관광객들을 데려갔을 때, 일정표에 룩소르도 포함되어 있었다.

카르나크의 거대한 신전보다 작은, 룩소르의 아몬 신전은 자신이 아몬 신의 아들이라 주장했던 파라오 아멘호테프 3세에 의해 지어지기 시작했다. 여러 개의 방들 중 하나에는 아몬이 남편으로 가장한 모습으로 아멘호테프의 어머니의 방에 들어가 그녀의 코에 아기를 불어 넣어 주는 모습이 나타나 있다. 아멘호테프 3세의 아들인 아크나톤은 자신만의 신인 아톤을 섬기는 유일신 숭배에 전념하여 아톤에게 바치는 신전을 지었으나, 아몬 신전은 투탕카멘과 특히 기원전 13세기의 람세스 2세 등, 그의 후계자들에 의해 증축되었다. 입구에는 세 개의 웅장한 아몬 조각상이 서 있으며, 현관에는 전투에서 승리를 거둔 아몬의 모습이 나타나 있다.

아몬 신의 신성한 보트는 특별한 사당에 보관되었는데, 기원전 4세기에 알렉산드로스 대제가 이를 재건하였다. 신전의 일부는 서기 4세기에 콥트 기독교 교회로 개조되었으며, 현재는 대부분이 19세기에 지어진 모스크가 이 일부를 차지하고 있다. **RC**

카르나크 신전 이집트, 카르나크 | Temple of Karnak

세계에서 가장 넓은 종교 건물 단지 중 하나

내전의 시기를 거친 후, 제11왕조의 파라오들은 이집트의 통치권을 단단히 틀어쥐게 되었다. 기원전 2100년 테베(현재의 룩소르) 시는 이들의 수도가 되었다. 그 결과 숭배 받는 지역 신인 아몬의 명성이 널리 퍼졌다. 아몬과 더불어 그의 아내인 여신 무트, 달의 신인 그들의 아이 콘수도 숭상 받았다.

몇 세기에 걸쳐, 이 세 신 모두에게 바쳐진 신전들이 여러 대에 걸친 파라오들에 의해 건설되고 개조되었으며, 호화롭게 증축되었다. 신들의 왕인 아몬(그의 이름은 '숨겨진 존재' 혹은 '알 수 없는 것'을 의미한다)에게 바친 거대한 카르나크 신전은 25㎡ 이상 펼쳐진 넓은 신전 복합체의 한복판에 있다. 아몬은 일반적으로 인간의 모습으로 그려지나, 그를 숫양, 거위, 허물을 벗음으로써 자신을 새로이 하는 뱀의 모습으로 나타낸 장면도 존재한다. 아문은 이후에 태양신인 '레'와 결합되어 전 이집트에서 가장 높은 신인 '아몬-레'라는 이름으로 알려지게 되었다. 아몬-레의 사제들이 행사했던 영향력과 부유함은 성직자들의 권력, 심지어 파라오의 권력과 맞먹을 정도까지 커졌다.

카르나크의 신전에는 아몬의 가장 신성한 조각상이 건물의 가장 안쪽에 만들어진 삼나무 사당 안에 숨겨져 있다. 사당 주변에는 홀, 기둥, 히에로글리프 비문이 새겨져 있으며 신들과 파라오들을 상징하는 출입구들('파일론')이 있다. 건물들 중에는 파피루스 나무 모양을 한 134개의 거대한 기둥이 들어선 훌륭한 다주실이 있는데, 이 기둥 중 가장 큰 것은 높이가 23m나 된다. 이중 몇 개는 여전히 원래 색채의 흔적을 간직하고 있다. 파라오 람세스 2세를 나타낸 거대한 석상이 있는데, 두 다리 앞에는 그의 딸이 조각되어 있으며 기원전 15세기의 여성 파라오인 하트셉수트를 기념하는 오벨리스크도 있다. 나일 강과 룩소르로부터 숫양 머리를 한 스핑크스들이 늘어선 대로가 신전을 향해 이어지며, 이 길을 따라 아몬 신이 신성한 거룻배에 실려 운반되었다. **RC**

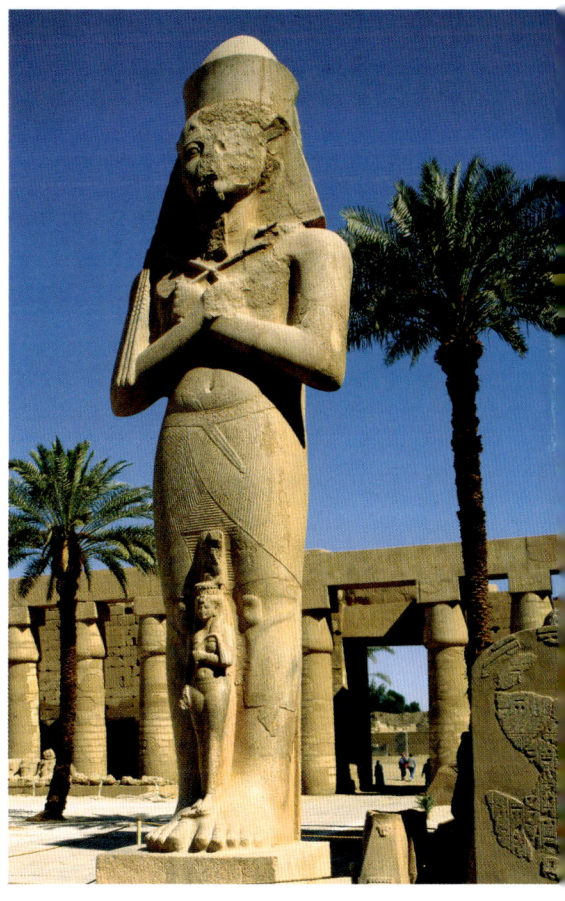

"오 아몬, 위대한 힘이시여! 제가 바친 제물과 기도는 헛된 것이옵니까? … 저의 신음 소리를 들어 주시옵소서."

고대 이집트의 사랑시

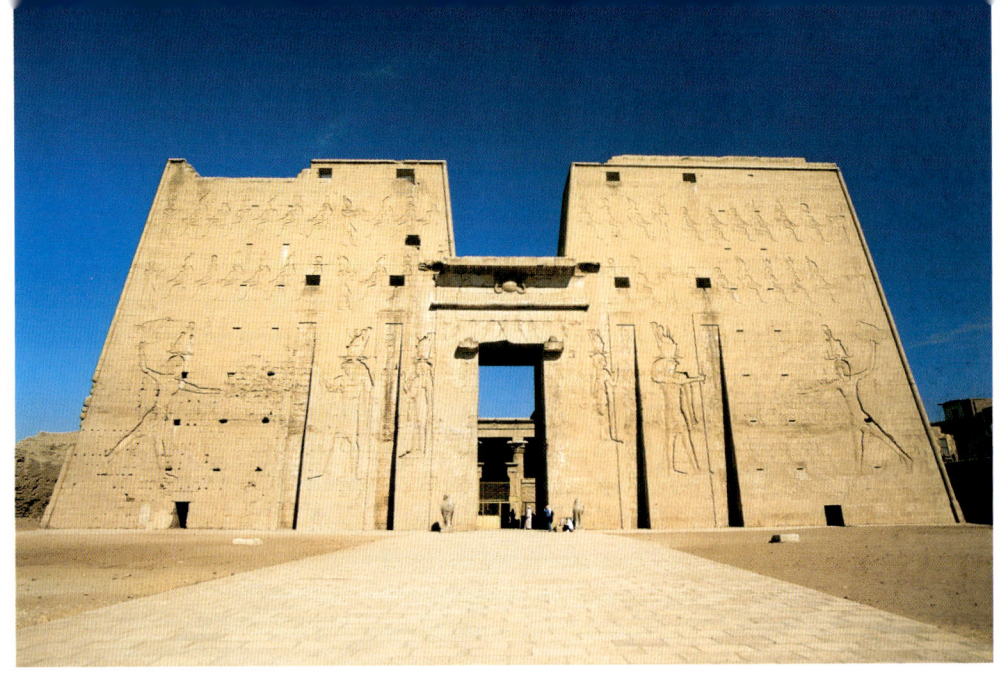

호루스 신전 이집트, 에드푸 | Temple of Horus

이집트 신 중 가장 유명한 신의 하나인 호루스가 화려하게 경배 받는 곳

'하늘의 주인'인 호루스 신이 고대 이집트의 주요 신들 중 하나가 되자, 이후 모든 파라오는 자신을 '살아 있는 호루스', 지상 만물의 올바른 질서의 수호자와 동일시했다.

호루스를 둘러싼 신화는 서로 차이를 보이지만, 그는 주로 이시스와 오시리스 신의 아들로 숭배된다. 그는 종종 매의 머리를 한 인간, 매의 머리를 한 동물, 혹은 매 그 자체로 묘사된다. 에드푸 신전의 주 안뜰에 있는 화강암으로 된 거대한 조각상에서 호루스는 이집트의 왕관을 쓰고 있는 위풍당당한 매의 모습으로 나타난다.

호루스 신전은 '고대 세계에서 가장 완벽하게 보존되어 있는 유물'이라 묘사되어 왔으며, 신전에 있는 비문들은 고대 이집트의 의식과 축제, 사제들, 그리고 신화에 대해 풍부한 정보를 제공해 주었다. 현재의 신전은 보다 먼저 세워졌던 신전을 대체한 것으로, 여러 대에 걸친 프톨레마이오스 왕조의 지배자 들에 의해 건축되었다. 그리스 출신이었던 프톨레마이오스 왕들은 왕권을 공고히 하기 위해 이집트의 신들과 신앙을 받아들였다. 기원전

237년 프톨레마이오스 3세에 의해 건설되기 시작한 이 신전은 180년이 지나 프톨레마이오스 12세에 의해 완성되었다. 입구 관문에는 호루스와 다른 신들, 그리고 적을 무찌르는 모습의 파라오가 나타나 있다. 관문 위에는 태양의 원반이 있는데, 양쪽으로 뱀이 둘러싸고 있다. 신전의 내부 성소에는 안에 황금으로 된 호루스 상을 감추어 두었으며 연마한 돌로 만든 사당이 남아 있다.

신전에는 방대한 도서관과 향수 제조소가 있었는데, 공장의 벽에는 향수와 향(香)의 제조법이 자세하게 새겨져 있다. 일 년에 한 차례, 호루스의 어머니인 이시스 여신의 조각상이 북쪽 덴데라에 있는 그녀의 신전으로부터 금을 입힌 배에 실려 나일 강을 따라 에드푸로 실려 왔다. 그녀는 강변에 늘어선 환희에 찬 군중들 사이를 지나 '아름다운 만남의 축제'에서 행복과 환락 가운데 상징적으로 호루스 신에게 생명을 주러 오는 것이다. **RC**

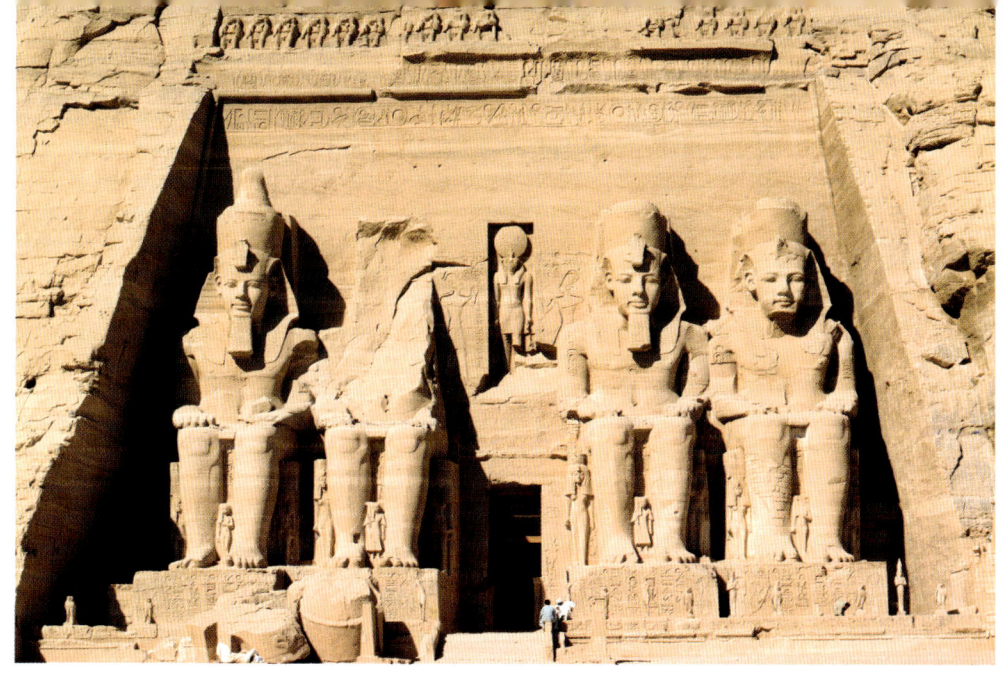

아부 심벨 신전 이집트, 누비아 | Abu Simbel Temples

람세스 2세의 웅장한 석조 신전들이자 자신의 영광을 떨치기도 하는 곳

람세스 2세는 고대 이집트의 통치자들 중 가장 강력했던 파라오의 하나였다. 여러 학자들은 그를 이스라엘인들이 이집트에서 탈출하는 내용인 성경의 '출애굽기'에 등장하는 파라오와 동일 인물로 간주한다. 그는 기원전 1279년부터 66년 동안 통치했으며, 기원전 1213년 사망했을 때는 여러 명의 아내와 첩들에게서 얻은 백 명이 넘는 자녀들을 남겼다고 한다.

람세스 2세의 조각상은 다른 어떤 파라오들의 것보다 더 많이 남아 있다. 뿐만 아니라 그는 여러 채의 신전을 세우고, 증축하고, 장식했다. 누비아의 아부 심벨의 산자락에 조각된 태양신에게 바친 그의 신전은, 발치에 작게 조각된 다른 가족들을 두고 왕관을 쓴 채 옥좌에 앉아 있는 파라오의 모습을 나타낸 네 개의 거대한 조각상으로 유명하다. 바위를 깎아 조각되었으며 건물의 파사드를 지배하고 있는 높이 20m 이상의 이 조각상들은 '돌로 이루어진 거대한 자아(自我)상'이라 묘사되어 왔으며, 지방 부족들에게 파라오가 지닌 초인적인 힘을 깊이

심어 주기 위한 의도가 들어 있었다. 파사드 꼭대기에는 개코원숭이들이 태양을 향해 경의를 표하고 있다. 신전 내부에는 파라오의 조각상과 그가 전쟁에서 승리를 거두는 모습을 나타낸 그림들이 있다.

1813년 스위스의 동양학자 요한 루트비히 부르크하르트에 의해 재발견되었을 때, 이 신전은 거의 완전히 모래에 뒤덮여 있었다. 이탈리아의 도굴꾼인 조반니 벨초니가 1817년 무덤 안에 들어가는 데 성공해 가지고 나올 수 있는 것은 몽땅 다 가져가 버렸다. 사랑의 여신 하토르에게 바쳐진 두 번째 신전이자 좀 더 작은 신전이, 람세스 2세가 가장 사랑했던 아내이며 그가 '태양은 그녀를 위해 빛난다'라고까지 일컬었던 네페르타리를 위해 건축되었다.

1960년대 초반 아스완 하이 댐이 건설되고 있을 무렵, 유네스코는 전 세계적인 캠페인을 일으켜 자금과 전문적인 기술을 동원해 아부 심벨의 신전들이 나세르 호수의 물에 잠기지 않도록 더 높은 지대로 옮겼다. **RC**

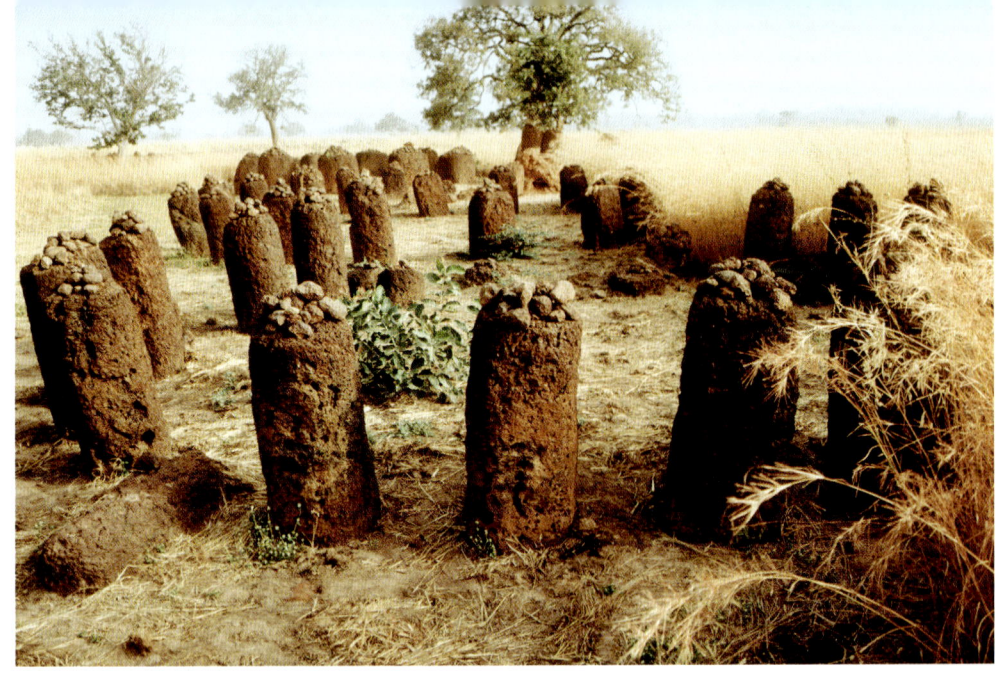

🏛 ◎ 세네감비아 스톤 서클 감비아와 세네갈 | Senegambia Stone Circles

환상 열석이 집중되어 있는 세계에서 가장 큰 유적지

감비아는 지리학적으로 매우 독특한 형세를 띤 나라이다. 길이 500km에 너비는 50km이 고작인 좁고 긴 띠 모양의 국토는, 바다와 맞닿은 부분만 제외하고 완전히 세네갈에 둘러싸여 있다. 그러나 이 나라는 세네갈과 함께, 열석과 고분들을 비롯하여 수백 개의 스톤 서클의 형태를 하고 있는 선사 시대 아프리카의 미스터리 중 하나를 공유하고 있다. 이들은 살룸 강과 감비아 강 사이에 있는 넓은 지역에 분포하고 있으며, '시네 느가예메' '와나르' '와수' '케르바츠'라는 네 개의 커다란 그룹으로 나뉘어 있다. 돌들의 높이는 75cm에서 3m까지, 서로 간의 거리는 5m에서 10m까지로 다양하다. 대부분은 단일한 서클이지만, 동심원을 그리는 여러 개의 그룹으로 이루어진 것들도 있다. 붉은 빛이 도는 라테라이트 돌들은 대부분 둥글며 꼭대기는 편평하지만 어떤 것들은 사각형이고, 어떤 것들은 꼭대기로 갈수록 가늘어지며, 어떤 것들은 꼭대기가 둥글고 공 모양으로 깎여 있으며, 어떤 것들은 꼭대기에 텅 빈 공간이 있다. 이것들은 기원전 3세기에서 서기 16세기 사이에 세워진 것으로 추정된다.

서클들은 매장터였던 것이 분명하며, 그 중심에서는 유골과 함께 창, 화살, 이외의 다른 유물들이 발굴되었다. 스톤 서클들을 누가 건설했으며 그 목적이 무엇인지는 아무도 모르지만, 엄청나게 오랜 기간에 걸쳐 세워졌으며, 솜씨 있게 돌을 쪼아내 모양을 다듬었고, 이러한 스톤 서클을 세우려면 매우 번영한 사회와 잘 조직된 노동력이 있어야 했으리라는 것만은 분명하다.

2000년에는 서기 750년경 세워진 것으로 추정되는 감비아 서클들 가까운 곳에 새로운 박물관(와수 지역)이 문을 열었다. 각각의 서클에는 10개에서 24개의 돌들이 있다. 이들이 지역 통치자의 무덤을 둘러싸고 세워진 것인지, 그 여부는 불명확하다. 채소와 사탕과자, 돈 등의 제물이 오늘날에도 여전히 이곳에 남아 있으며, 몇몇 돌들은 밤이 되면 빛을 발한다고 한다. **RC**

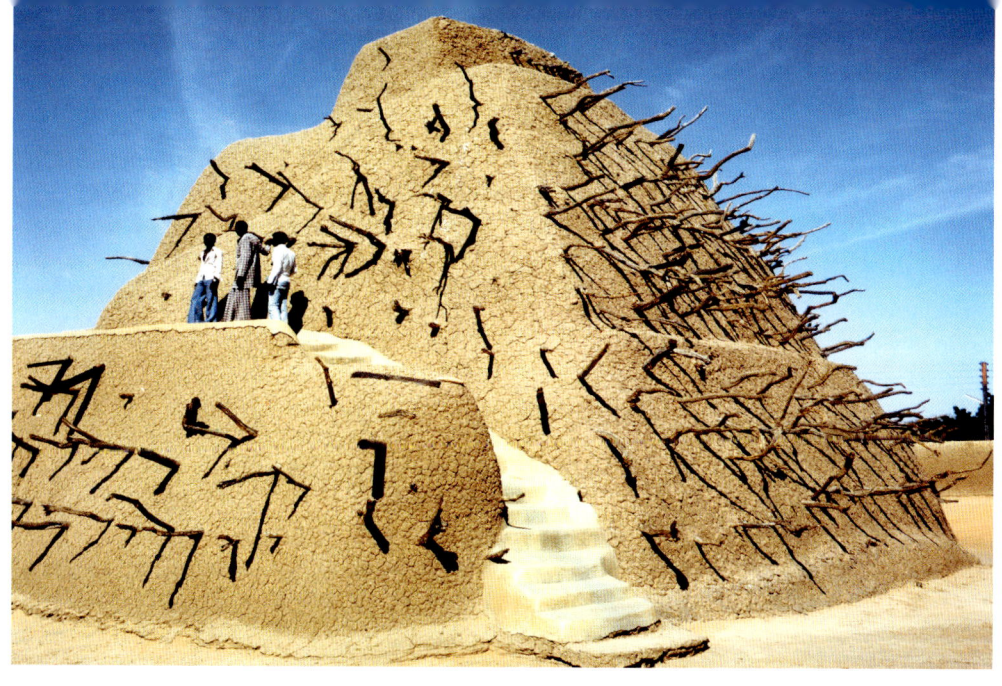

🏛 ◉ 아스키아 황제의 무덤 말리, 가오 | Tomb of Emperor Askia

이슬람 양식이며, 진흙으로 지어진 기념비적인 피라미드 형태의 무덤 복합체

사하라 사막 남쪽의 니제르 강 유역의 지역은 중세에 말리 제국에 의해 지배되었다. 주로 황금과 사하라 소금의 무역을 통해 번영을 누렸던 이 제국은 나이지리아에서 대서양까지 뻗어 있었다. 이 지역은 – 주요 무역 중심지는 팀북투와 젠네에 있었는데 – 이슬람교를 받아들였으며 무슬림 학문의 중심지가 되었다. 그러는 한편, 송가이 족이 지역 동쪽의 니제르 강 유역에 '가오'라는 도시 국가를 세웠으며 15세기에는 말리 제국의 지위를 빼앗아 팀북투를 지배하고, 사하라 사막 경계 부근의 '사막 유역' 지대인 사헬을 정복하게 되었다.

최초의 송가이 황제인 아스키아 무함마드 1세는 1495년 메카로 순례를 떠났으며, 돌아오면서 자신의 무덤을 짓기 위한 흙과 나무를 가져왔다. 이것들을 옮기는 데에 수천 마리의 낙타가 필요했다고 한다. 17m 이상의 높이로 솟아 있으며, 대충 피라미드 모양을 닮았고, 여러 개의 나무 막대가 튀어나와 있는 이 무덤은 – 이 지역에서 가장 큰 식민지 전 시대의 건축물이기도 하다 – 흰개미

탑을 닮았다고 묘사되어 왔다. 아스키아 무함마드 1세의 후계자들 중 몇 명이 안뜰에 묻혀 있다. 이 무덤 복합체에는 두 개의 모스크, 묘지, 집회 마당이 있다. 송가이 제국은 아스키아 무함마드의 시대 이후 거의 한 세기 정도 더 지속되었으나, 결국 주다르 파샤가 이끄는 모로코인들에게 패하고 말았다.

아스키아 황제의 무덤은, 지역적인 건축 전통이 이슬람교다운 필요성에 맞추어 북아프리카의 영향을 흡수한 후, 북아프리카 사헬 지대 전역에 걸쳐 독특한 건축학적 스타일을 창조해 낸 방식을 반영하고 있기 때문에 2004년 세계문화유산으로 선정되었다. 진흙으로 만들어진 건물들을 유지 관리하기 위해 필요한 대로, 무덤은 지어진 이후 정기적으로 회반죽이 덧칠되어 왔다. 모스크들은 1960년대와 1970년대에 확장되었으며, 1999년에는 이 유적지 주변에 벽이 둘러쳐졌다. **RC**

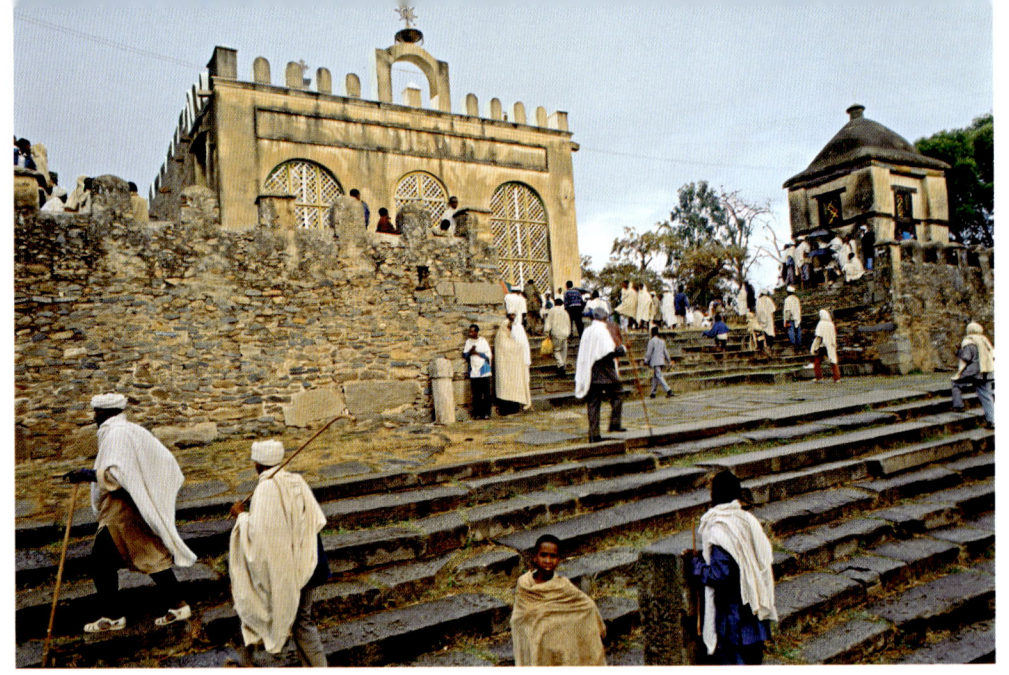

시온의 성모 마리아 교회 에티오피아, 악숨 | Church of St. Mary of Zion

'계약의 궤'가 있다고 일컬어지는 곳이자, 에티오피아 황제들이 대관식을 치렀던 장소

기독교는 매우 이른 시기에 현재 에티오피아가 된 땅의 북동쪽에 있는 악숨에 도달하였다. 4세기부터는 악숨의 에자나 왕 치하에서 국교가 되었는데, 그가 발행한 동전에는 기독교 십자가가 새겨져 있다. 에자나는 악숨에 아프리카에 최초였을 교회를 지었는데, 이는 몇 세기가 지나 1535년의 무슬림 공격으로 인해 파괴된 것으로 여겨진다. 이 교회의 돌로 된 제단은 예루살렘 근처에 있는 시온 산에서 왔다고 한다. 현재 '시온의 성모 마리아 고(古)교회'라 불리는 건물은(여자는 들어갈 수 없다) 1665년에 예전의 교회 자리에 세워졌다. 이 교회는 에티오피아의 황제들이 대관식을 행하던 장소였다. 1960년대에는 무정하게도 '공공 수영장을 닮았다'는 평을 듣는 훨씬 더 큰 교회가 근처에 지어졌다.

이 두 개의 교회 사이에는 작은 예배당이 있는데, 전설에 따르면 이 예배당에는 에티오피아에서 가장 신성한 성물인 '계약의 궤'가 모셔져 있다고 한다. 공개되는 일이 있더라도 매우 드물게만 공개되는 이 성물은, 시바

의 여왕이 낳은 솔로몬의 아들 메넬리크 1세가 솔로몬 왕의 시대인 기원전 10세기에 예루살렘에서 에티오피아로 가져왔다고 한다. 계약의 궤는 이스라엘인들이 팔레스타인으로 여정을 떠나면서 '여호와'를 모시고 갔던 이동식 사당이며, 시나이 산에서 모세가 가져온 십계명의 석판을 넣어 두었던 상자이다. 궤를 운반하는 레위 족 제사장들만이 안전하게 이를 만질 수 있었다. 감히 계약의 궤를 만지는 그밖의 다른 이는 마치 엄청난 전기가 충전되어 있는 것 같은 내부의 거대한 신의 힘에 의해 그 자리에서 파멸될 것이라고 했다. 에티오피아의 모든 교회에서 가장 성스럽게 여기는 물건이자 보통 때에는 보지 못하게 가려져 있는 성물은, 율법을 기록한 석판 중 하나의 복제품이다. '궤의 예배당'에는 고고학 박물관도 있다. 악숨은 에티오피아에서 가장 거룩한 장소로 간주되며, 순례자들이 찾는 중요한 장소이기도 하다. **RC**

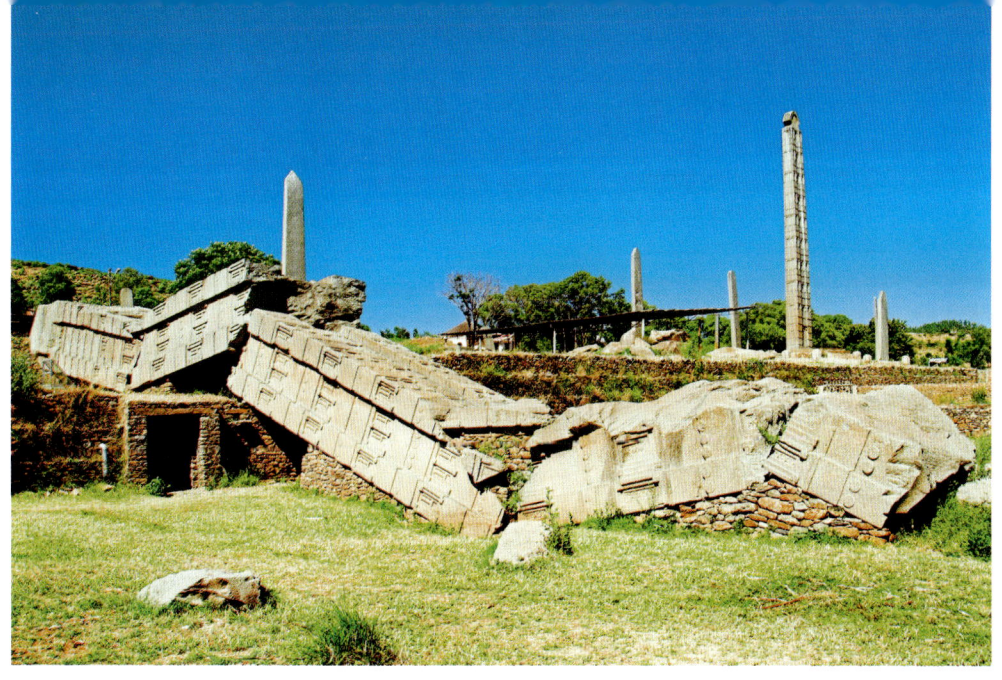

악숨 석주 에티오피아, 악숨 | Aksum Stelae

악숨 지배자들의 무덤을 표시하는 육중한 돌 오벨리스크들

전설에 따르면, 시바의 여왕은 기원전 10세기에 악숨에 살았으며, 이 도시의 여인네들은 아직도 옷을 세탁하는 데에 여왕의 목욕탕을 이용하고 있다. 좀 더 확실한 것은 중요한 무역 루트가 교차하는 유리한 장소에 위치하고 있었으며, 홍해의 항구를 지니고 있던 에티오피아와 에리트레아의 악숨 왕국이 기독교 시대의 초기 몇 세기에 중동에서 가장 강력한 왕국 중 하나였다는 사실이다. 악숨은 16세기의 무슬림 침공으로 많은 부분이 파괴되어 버려 지금은 별로 중요하지 않은 시골 도시일 뿐이지만, 과거의 위대했던 나날로부터 남겨진 교회와 수도원, 궁전과 무덤의 유적들을 풍부하게 지니고 있다.

무덤의 위치를 표시하고 자신의 권력과 부를 상징하는 기념물로 악숨의 지배자들은 높이가 33m에 달하고 조각과 비문이 새겨진 '스텔라'(stela : 석주(石柱))라 알려진 엄청난 크기의 돌들을 세웠다. 이러한 스텔라의 일부는 마치 여러 층짜리 건물처럼 보이도록 조각되었다. 각각의 기둥 꼭대기에는 원래, 아마도 그 기둥이 기념하

고 있는 지배자의 초상이 새겨진 금속으로 된 달의 원판이 있었을 것이다. 각 스텔라 바닥에는 죽은 자에게 바치는 제물을 둘 수 있는 돌로 된 플랫폼이 마련되었다. 이 지역의 유물로는 화강암으로 두른 회랑과 방들이 있는 인상적인 왕의 무덤들도 남아 있는데, 대부분 오래 전에 도굴꾼들에 의해 약탈당했다.

가장 커다란 규모의 스텔라 공원은 악숨 북쪽에 있는데, 이 비범한 기념비가 75개 혹은 그 이상이나 늘어서 있다. 무게가 500t이나 나가는 '그레이트 스텔라'는 기원전 330년경 세우는 과정에서 무너져 버린 것이 분명한데, 인간이 이제껏 세우려고 시도했던 것들 중 가장 커다란 단일한 돌덩이라고 한다. 유네스코는 1980년에 악숨의 고대 도시의 유적들을 세계문화유산으로 지정했으며, 2007년에는 2005년에 로마에서 악숨으로 반환된 두 번째로 큰 오벨리스크인 '스텔라 2'를 다시 세우기 시작하겠다는 계약서에 서명했다. **RC**

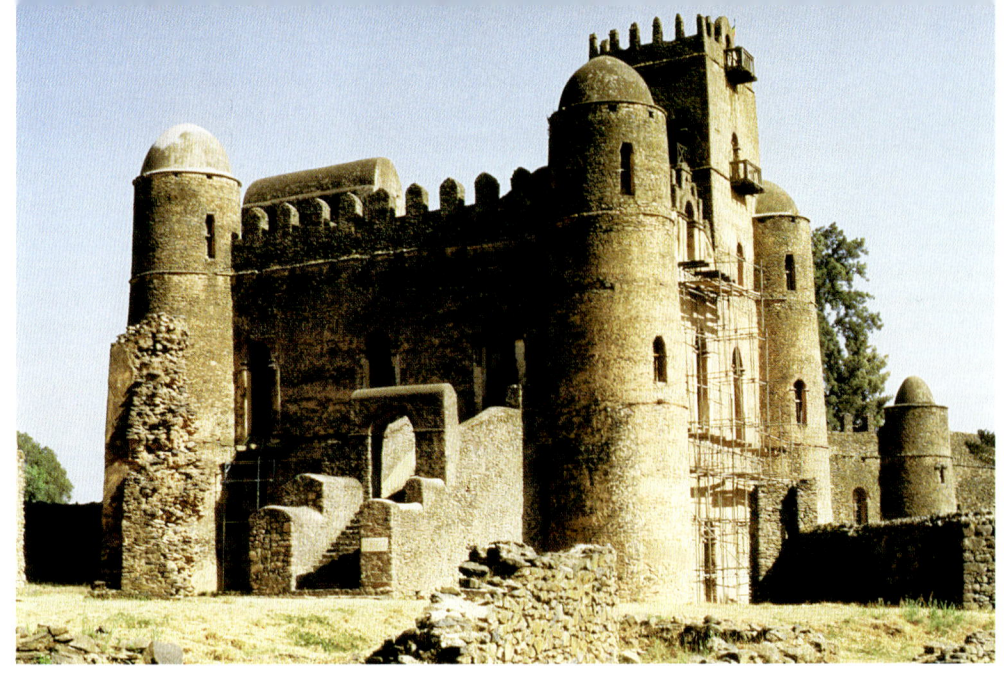

🏛 ◎ 로열 인클로저 에티오피아, 곤다르 | Royal Enclosure

왕궁, 성, 교회들이 있는 에티오피아의 옛 수도

중세에 에티오피아의 통치자들은 왕궁을 빈번하게 옮겼으며, 황제는 궁신과 관리들, 법관, 호위병, 하인, 후궁들, 모든 것들을 최대 10만 마리나 되는 노새에 싣고 여행을 했다. 그러나 로마 카톨릭 개종자였던 아버지 수세니오스의 뒤를 이어 1630년에 왕위에 오른 파실리다스 황제는 콥트 교회의 전통으로 복귀하여 에티오피아에 외국인이 들어오는 것을 막고, 곤다르를 영구적인 수도로 정했다. 세 개의 중요한 캐러밴 루트가 서로 만나는 지점에 있던 곤다르는 부유한 상업 중심지가 되어 250년 동안 에티오피아의 수도 구실을 했으며, 1888년에 수단의 데르비시(이슬람교의 신비주의 종파인 수피교 결사 집단의 탁발승) 군대에 의해 약탈당했음에도 궁전, 성, 교회 등이 풍부하게 남아 있어 '아프리카의 카멜롯'이라는 말을 들었다.

로열 인클로저의 돌로 된 높은 성벽 뒤에 있는 가장 오래된 건물은 파실리다스가 지은 성으로, 최근에 복원되었다. 돔 지붕이 달린 탑이 있는 이 성은 인도, 무어,

포르투갈의 영향을 반영하고 있는 것처럼 보이며, 아마 인도의 건축가가 설계했던 듯하다. 후대 왕들이 건물로 이어지는 터널과 통로를 증축했으며 요하네스 1세의 도서관과, 1706년부터 통치를 시작했으며 자신의 왕조 중에서 가장 위대한 황제로 간주되는 이야수 1세의 궁전도 있다. 황제가 기르던 사자들을 가두어 두었던 우리들, 공개 처형에 사용되었던 광장들, 19세기 중반의 영국인 총독이자 테우드로스 황제의 친구였던 월터 플라우덴의 무덤도 있다. 이 궁전 단지는 이탈리아인들이 사령부를 이곳에 두었던 1941년 영국에 의해 폭격 당했다.

성벽 밖에는 눈부시게 장식된 데브레 베란 셀라시에 교회와 파실리다스의 풀장이 있다. 이 풀장은 풀장으로서 문을 열기 전 축복받을 때, 매년 팀캇(예수의 세례를 기념하는 에티오피아 정교의 축제) 행사가 열리는 장소이다. 곤다르 시에는 이탈리아 점령기(1936~1941)에 지어진 인상적인 아르 데코 건축물도 몇 있다. **RC**

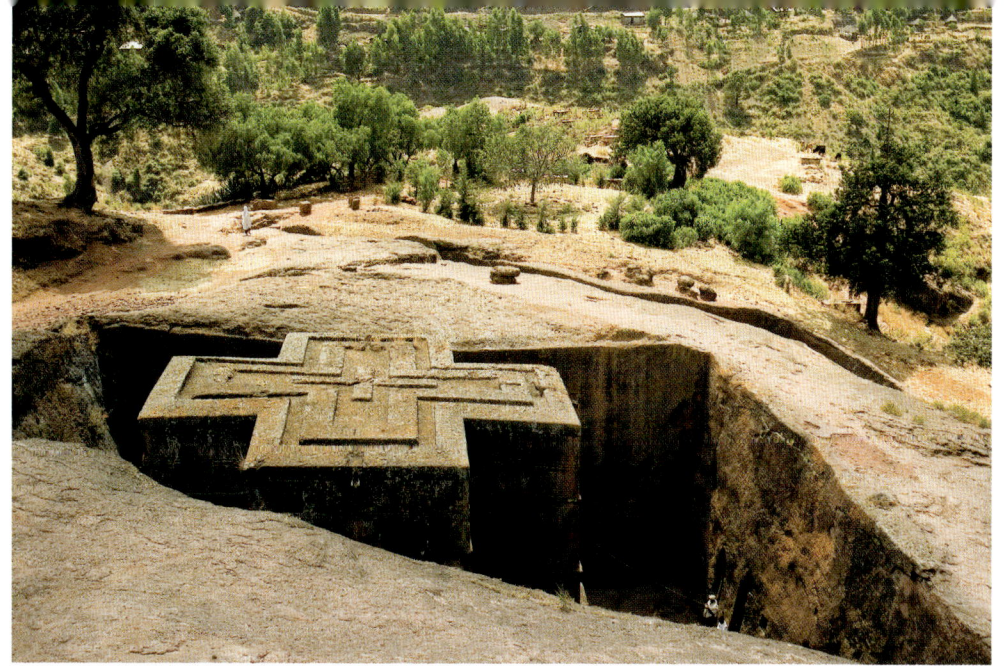

🏛 ◉ 랄리벨라 암굴 교회 에티오피아, 랄리벨라 | Lalibela Rock Churches

에티오피아 북쪽 산맥 암석에 조각된 교회

로하라는 옛 이름을 지니고 있었을 때, 에티오피아 산맥 높은 곳에 자리 잡은 이 도시는 12세기에서 13세기까지 자그웨 왕조의 수도였다. 전설에 따르면 랄리벨라 왕은 예루살렘을 방문하여 고국으로 돌아가면 새로운 예루살렘을 세우겠다고 맹세했다고 한다. 부드러운 붉은 암석을 조각하여 만든 열한 개의 교회 모두가 그의 업적이라고 일컬어지나, 사실 몇 개는 다른 통치자들이 만들어 낸 것일 수도 있다. 전해지는 말에 의하면 인간 노동자들이 잠들어 있는 밤이면 천사들이 나타나 건축을 도왔다고 한다. 이 지역의 여러 곳에는 성경에 나오는 이름이 붙어 있다. 이곳의 강도 그중 하나로, '요르단 강'이라 불린다.

교회는 네 개의 그룹으로 나뉘어 배치되어 있다. 북쪽 그룹에는 '베트 메드하네 알렘'(세계의 구세주)라는 이름에 그리스 신전을 닮았으며 단일 암석으로 된 현존하는 최대의 교회라 일컬어지는 교회가 있다. 이 교회에는 순금으로 된 십자가가 있는데, 1997년 골동품 딜러에 의해 도난당했다가 회수된 것이다. 교회에 있는 세 개의

빈 무덤은 아브라함, 이삭, 그리고 야곱을 위해 준비되었던 것으로 추측된다. 터널을 통해 성모 마리아에게 봉헌되었으며 뛰어난 프레스코화와 조각으로 장식된 '베트 마리암', 그리스도가 십자가형을 받은 장소의 이름을 따 명명되었으며 랄리벨라 왕이 묻혀 있다고 하는 '베트 골고타' 등 더 작은 교회들로 연결된다. '베트 메스켈'의 예배당 안에 있는 동굴에는 아직도 은둔자들이 살고 있다. 서쪽 그룹에 속하며 모든 교회들 가운데 가장 잘 보존되어 있다고 하는 '베트 기오르기스'에는 재미있는 이야기가 있는데, 성 게오르기우스가 랄리벨라 왕 앞에 모습을 드러내 자신에게 바쳐진 교회는 하나도 없다고 불평을 했다는 것이다. 왕은 즉시 그를 위해 가장 아름다운 교회를 지어 주겠다고 맹세했다. 그 결과 베트 기오르기스가 탄생했으며, 입구에 있는 벽에는 성인의 말의 발굽 자국이 새겨져 있다고 한다. 동쪽 그룹에는 여러 채의 나른 교회들이 있으며, 이중 하나는 '신성한 빵집'과 이어져 있다. **RC**

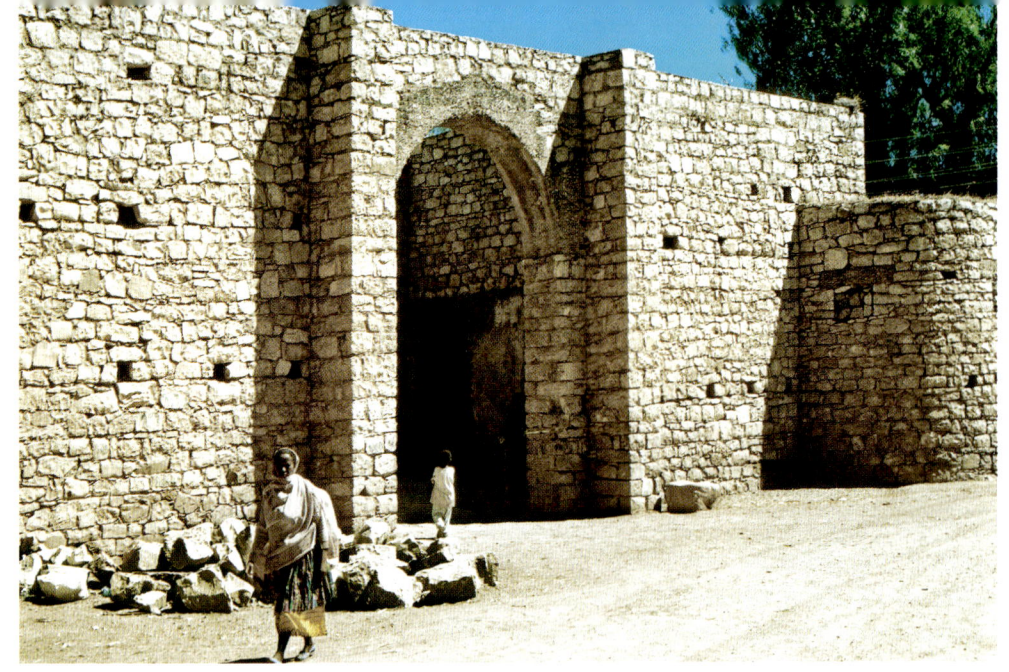

🏛 ◎ 하라르 도시 성벽 에티오피아, 하라르 | Harar Town Walls

신성한 무슬림 도시 하라르 주골을 둘러싸고 있는 탄탄한 방벽

에티오피아 동부, 체르체르 산맥의 남쪽에 있는 요새에 둘러싸인 도시 하라르는 놀랍도록 훌륭한 82개의 모스크와 무슬림 성인들에게 바치는 100개가 넘는 사당을 간직하고 있다. 그러나 뛰어난 내부 장식을 지닌 저택들이 야말로 이 도시에서 가장 볼 만한 장관을 연출하는 부분이다. 아마 12세기에 세워진 듯한 이 도시는 1525년부터 '왼손잡이' 무함마드 그라뉴의 통치를 받았는데, 그는 에티오피아의 기독교도들을 상대로 성전을 벌이다가 1543년 에티오피아 기독교도 군대와의 전투에서 전사했다. 하라르에서 그의 뒤를 이은 누르 이븐 알-와지르는, 케냐에서 북쪽으로 전진해 오던 갈라 족으로부터 도시를 지키기 위해 도시 둘레에 두께가 5m나 되며 아직도 남아 있는 탄탄한 방벽을 세웠다.

하라르는 중동과 아프리카, 인도 사이의 이윤이 많이 남는 무역 루트가 교차하는 유리한 곳에 위치했고, 실질적인 의미에서는 독립된 무슬림 도시 국가에 가까웠으므로 이후 400년간 번영을 누렸으며, 이슬람 학문의 중

심지가 되었다. 이 도시는 기독교도들의 출입이 금지되어 있었다. 이곳을 방문한 최초의 기독교도는 영국의 탐험가 리처드 버턴 경이었는데, 이 도시가 여전히 노예무역에 관여하고 있었던 1850년대의 일이었다. 하라르는 이집트인들에게 정복당하고 이후에는 도로 에티오피아의 황제 메넬리크 2세의 손으로 돌아가면서, 1875년부터 변화무쌍한 역사를 겪었다. 프랑스 시인 아르튀르 랭보는 생이 막바지에 가까웠던 1880년대에 이곳에서 살았으며, 여기에는 랭보에 관한 박물관이 있다. 메넬리크 황제가 총독으로 임명한 라스 마코넨은 미래에 하일레 셀라시에 황제가 되며 1911년부터 역시 총독이기도 했던 라스 타파리의 아버지이기도 했는데, 라스 타파리의 집은 공개되어 있다. 이 도시의 건물 형태와 배치가 발달해 온 과정에 영향을 끼쳤던 아프리카와 이슬람의 전통은, 하라르가 지닌 특별한 성격과 고유함을 이루어 냈다. 그러나 이 도시에서 가장 유별난 인기거리는 밤에 상가(Sanga) 관문 밖에서 하이에나에게 먹이를 주는 일이다. **RC**

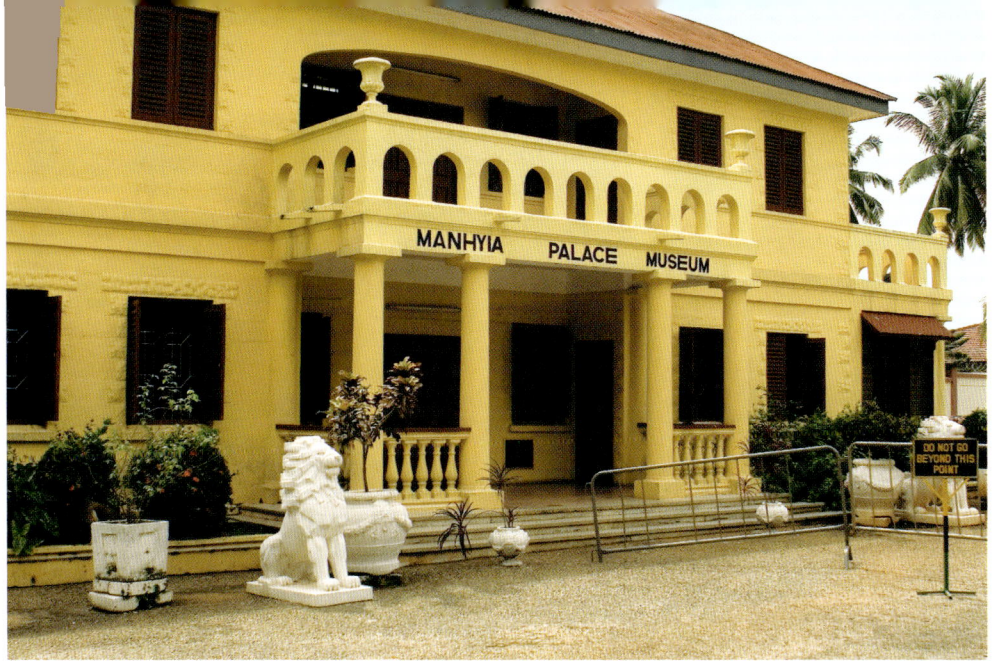

마냐이아 궁전 가나, 쿠마시 | Manhyia Palace

가나에서 둘째가는 도시에 있는 아샨티 왕의 공식 거처

가나의 대다수를 차지하는 인종 그룹인 아샨티 족은 19세기 영국의 식민 지배에 저항해 투쟁했으나, 결국 정복당하고 말았다. 쿠마시는 1690년대부터 아샨티의 수도였는데, 전설에 따르면 그 때 아샨티 연방 통치자의 칭호인 '아산테헤네'의 옥좌인 황금 의자가 하늘에서 그를 향해 내려왔다고 한다. 1750년에 아샨티인들은 오늘날 가나 영토의 대부분을 차지했고, 1820년에 아샨티 제국은 현재 이웃 국가인 코트디부아르, 토고, 부르키나파소까지 뻗어 나갔다.

인신 공양은 아샨티 사회에서 필수적인 일부분이었다. 1817년의 한 여행자는 참마를 수확하는 자리에서 100명이 제물로 바쳐지고 그들의 피가 땅에 쏟아지는 모습을 보았다고 기록했다. 쿠마시를 '인간 제물의 피로 가득 찬 무시무시한 황금 그릇'이라 묘사한 여행자들도 있었다. 아샨티 제국의 경제는 황금과 상아, 노예무역에 크게 의존하고 있었으며, 19세기에 들어 노예무역이 감소하면서 아산테헤네의 권력도 함께 줄어들었다. 그럼에도

아샨티 군대는 충분히 강력하여 1890년대까지는 여러 차례에 걸친 전쟁에서 영국인들을 물리쳤으나, 1896년 영국은 아샨티 왕국을 황금 해안 식민지의 일부로 흡수해 버렸다. 1900년에는 아샨티 연방의 한 주인 '에지수'의 황태후 야아 아산테와가 이끄는 봉기가 일어났으나, 실패로 끝났다.

아샨티 왕은 여전히 가나에서 중요한 인물이며, 마냐이아 궁전은 그의 공식 거처로, 유배에 처해졌던 당대의 아산테헤네가 돌아와도 좋다는 허락을 받았을 때 건설되었다. 몇 주에 한 번씩 열리는 아다에 축제 동안, 호화로운 의상을 차려 입고 북 소리가 울려 퍼지는 가운데 족장들과 백성들은 왕에게 경의를 표한다. 국립 문화 센터와, 영국인들이 1897년에 완공한 쿠마시 요새에는 아샨티 왕들과 그 백성들과 관련이 있는 더 많은 물건들이 전시되어 있다. **RC**

상 조르즈 성 가나, 엘미나 | St. George's Castle

포르투갈인들이 1482년에 세운 아프리카 사하라 이남 최초의 유럽 건물

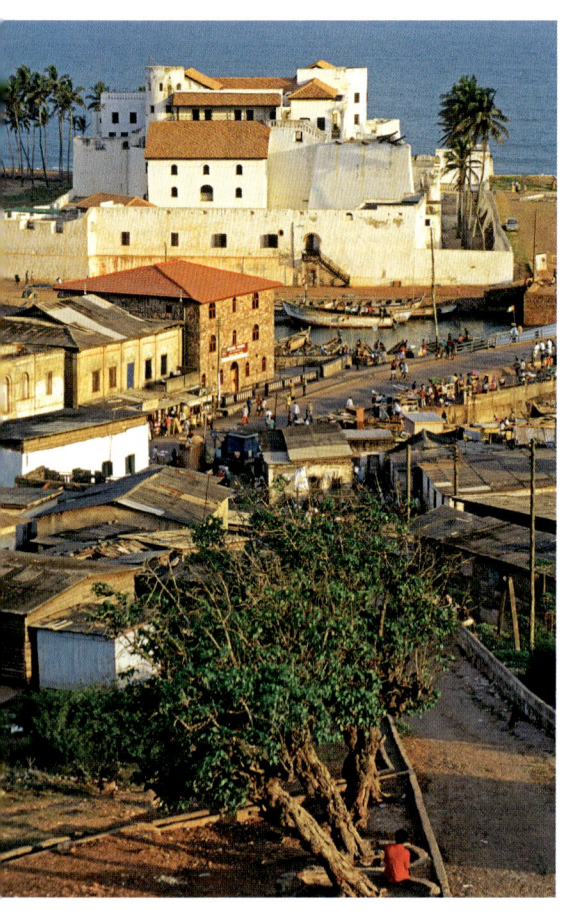

"이 성은 깔끔한 붉은색 네덜란드 벽돌과 더불어 현대의 방문객들에게 베르메르의 작품 〈델프트 풍경〉을 떠올리게 한다." 역사가, 윌리엄 세인트 클레어

아프리카 사하라 이남 지역에 남아 있는 가장 오래된 유럽 건물이라 추정되는 상 조르즈 성(원래 이름은 '상 조르즈 다 미나', 즉 '광산 성의 성 조르즈')은 포르투갈인들에 의해 세워졌는데, 이들은 15세기에 무역과 기독교 선교라는 목적을 위해 서아프리카 해안을 탐험하기 시작했다. 1471년 그들은 포르투갈의 '데 코스타 다 엘 미나 데 우로'(금광의 해안)를 떠나 어촌 마을에 도달했는데, 이곳은 '엘미나'라는 이름으로 불리게 되었다. 포르투갈인들은 그들이 '카라만사'라고 불렀던 강력한 지역 족장과 우호적이고 이익이 되는 관계를 맺었다. 1482년 카라만사는 포르투갈인들에게 항구가 내려다보이는 요새를 지어도 좋다는 허가를 내렸는데, 육지 쪽에서 가해지는 공격을 막는 것이 주목적이었던 듯하다. 놀랍게도, 이 요새는 수비대를 맡기 위한 700명의 병사와 함께 열한 척의 배로 이루어진 함대에 실려 포르투갈에서 숫자를 계산해 미리 제조해온 화강암 블록으로 지어졌다. 아마 더 주목할 만한 일은 크리스토퍼 콜럼버스도 이 원정을 떠났던 이들 중 하나였다는 사실인데, 이는 그가 아메리카 대륙을 발견한 항해를 떠나기 10년 전이었다.

엘미나는 황금 해안에서 포르투갈의 황금과 노예 무역 중심지가 되었다. 노예들은 아프리카 족장들로부터 팔려 브라질을 비롯한 포르투갈의 다른 식민지로 실려 갔다. 16세기에 네덜란드, 영국, 프랑스가 서아프리카 해안에 점점 더 많은 관심을 보이게 되었으며, 네덜란드는 엘미나를 여러 차례 공격했다. 1637년 그들은 성공적으로 이 성을 폭격하여 항복을 이끌어 냈고, 따라서 엘미나는 네덜란드 황금 해안의 주요한 중심지가 되었는데, 1870년대에는 영국의 차지가 되었다. 네덜란드인들은 포르투갈인들이 지은 성을 크게 확장하고 강화했으며, 성의 예배당을 개조하여 공개 노예 경매를 여는 데에 사용했다. 한때는 최대 200명까지의 노예들이 외국으로 실려 가기 전에 갇혀 있었던 지하 동굴은 아직도 볼 수 있다.

RC

케이프 코스트 성 가나, 케이프 코스트 | Cape Coast Castle

대서양 횡단 노예무역을 위해 노예들을 배에 싣던 중심적인 장소 중 하나

케이프 코스트에 있는 성은 서아프리카에서 가장 크고 잘 보존된 유럽 건물 중 하나이다. 목재로 된 최초의 건물은 1653년 스웨덴인을 위해 지어졌는데, 이들은 성을 스웨덴 왕 카를 10세의 이름을 따 '카롤루스보리'라 이름 지었다. 요새는 이후에 돌을 이용해 다시 지어졌다.

'케이프 코스트'라는 이름은 포르투갈인들이 1471년 이곳을 지나가면서 붙였던 '카부 코르수'(짧은 곶)라는 이름에서 유래했다. 그들은 해안가에 있는 엘미나에 기지를 세웠으며, 1550년대 중반 최초로 영국인 선장들이 이곳을 탐험하러 왔을 때, 케이프 코스트는 스무 개 정도의 집으로 이루어진 어촌 마을이었다. 백 년 후에 이 마을은 몇 년 동안 스웨덴인들의 지배를 받게 되며, 그들은 1653년에 요새를 지었다. 이후에는 덴마크인, 네덜란드인을 거쳐 1664년부터는 영국인들의 지배를 받았는데, 이들은 이후 100년이 넘는 세월에 걸쳐 요새를 대포를 잘 갖춘 훨씬 더 크고 강력한 성채로 바꾸어 놓았으며, 성채는 1795년 무렵 현재의 모습을 갖추게 되었다.

케이프 코스트는 기니 만의 중심적인 영국 기지이자 행정 중심지였으며, 1690년대에는 500가구 정도의 도시로 성장하여 지역 최고 족장은 이곳을 수도로 삼았다. 18세기에 케이프 코스트는 대서양 건너편으로 노예를 실어 나르기 위해 배에 싣는 중심적인 장소였으며, 한때는 1500명에 달하는 아프리카인들이 성의 지하 감옥에 갇혀 다음 노예 운송선이 오기를 기다렸다. 지하 감옥의 벽에는 갇힌 이들이 긁어서 남긴 낙서가 아직도 남아 있다. 1807년 노예무역을 그만두면서 영국은 남자 노예들이 배를 향해 끌려가던 터널을 폐쇄해 버렸다. 이곳은 현재 지역 신들에게 바치는 사당이 되었다.

1874년부터 짧은 기간 동안, 황금 해안의 영국 식민지를 지배하는 정부가 케이프 코스트 성에 위치했으나, 1877년 영국은 식민지 수도를 아크라로 옮겼다. 1920년대에 성은 영국인들에 의해 수리되었으며, 가나 정부가 1957년 다시 복원 작업을 펼쳤다. 1993년까지 성의 일부는 감옥으로 사용되었다. **RC**

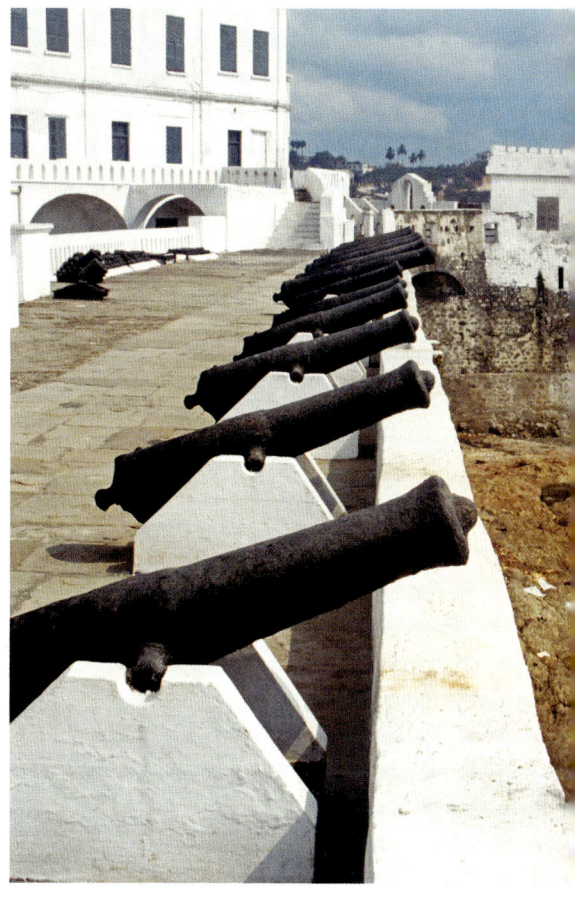

"비명 소리가 … 그들이 벽에 남겨 놓은 긁은 자국으로부터 몇 세기에 걸쳐 울려 퍼진다."

작가, 케프라 번즈

아보메이 왕궁

베냉, 아보메이 | Royal Palaces of Abomey

사라져 버린 왕국과 그 생활양식을 상기시키는 독특한 유적

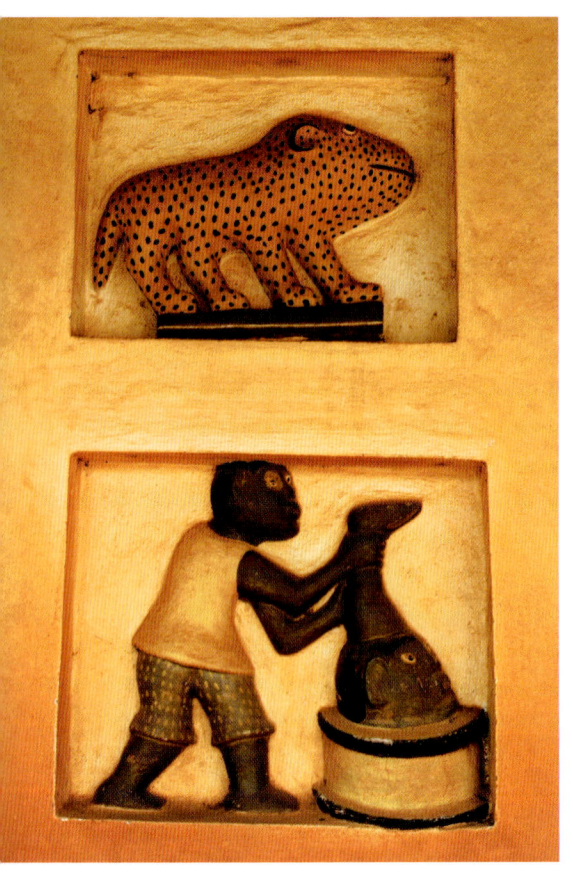

"그들은 궁정의 호화로움과 의식의 장려함에 위압당했다."

유네스코, 19세기 아보메이를 방문한 이들에 대하여

1975년까지 현재의 베냉 공화국은 한때 이 나라 남부를 지배했던 아프리카 왕국의 이름을 따 다호메이라 불렸다. 남자 아이들이 어린 나이부터 군인으로 훈련을 받는 군대식 사회였던 다호메이는 왕의 호위병이었던 엘리트 아마존 여전사로 명성이 높았다. 다호메이에서는 인신공양이 대규모로 행해졌으며, 수천 명의 노예와 전쟁 포로들이 축제에서 목이 잘리곤 했다. 서아프리카의 '노예 해안'에 위치한 다호메이는 16세기부터 노예무역에 관여했다. 1818년부터 1858년까지 통치했던 게조 왕은 포로들을 잡아다 팔기 위해 나이지리아의 요루바 족을 공격했으나, 결국 1885년 포르투갈의 마지막 노예무역선도 떠났고 1890년대에 이 지역은 프랑스인에게 점령당했다.

다호메이의 왕들은 자신들의 부유함과 권력을 이용해 뛰어난 궁전들을 지었으며, 궁전 파사드는 복잡한 얕은 부조로 장식되어 있다. 최초의 궁전은 1645년 무렵부터 40년간 통치했던 웨그바자 왕에 의해 지어졌다. 그는 건물 토대에 '다'라는 이름의 패배한 족장의 시체를 던져 넣었는데, '다의 배 위에'라는 의미의 '다호메이'라는 이름은 여기서 유래한 것이다. 독립된 궁전 부지를 소유했던 아카바 왕만 제외하면, 그 이후의 모든 통치자들은 자신의 궁전을 아보메이의 부지 내에 지었으며, 19세기에 이르렀을 때 콥(진흙, 모래, 점토 등으로 만든 벽돌)으로 쌓은 4km 길이의 벽에 둘러싸인 궁전 단지의 넓이는 40헥타르에 달했다. 1892년 프랑스인들로부터 달아나면서 다호메이의 마지막 왕은 아보메이를 파괴하라고 명했으나, 궁전 건물 중 몇 개와 800명의 여인들이 거했던 하렘, 행사용 방, 부두교의 종교 유물들은 남았다. 유물들 중에는 나무를 조각해 만든 왕좌들이 있는데, 어떤 것은 은과 구리로 장식되어 있다. 게조 왕의 왕좌 다리는 인간 두개골 위에 얹혀 있다. 이러한 왕좌들 뒤에는 다호메이의 역사와 왕들이 했던 용맹한 행위들을 나타낸 깃발들이 걸려 있다. **RC**

랑바레네 병원

가봉, 랑바레네 | Lambaréné Hospital

1913년 알베르트 슈바이처가 설립한 병원

가봉 남부에 있는 랑바레네 시는 중앙아프리카의 다우림의 오고우에 강에 있는 섬에 위치한다. 오늘날 이곳을 찾는 방문객들은 독일 신학자이자 의료 선교사로, 1952년 노벨 평화상을 수상한 알베르트 슈바이처가 세운 병원을 보기 위해 몰려든다. 젊은 시절 뛰어난 학생이었던 그는 독실한 기독교 신자로 '생명에 대한 경외심'을 지니고 있었으며 자신의 에너지를 인류를 위한 봉사에 쏟기로 맹세했다. 30대에 그는 젊은 아내 헬레네와 함께 당시 프랑스령 적도 아프리카에 있었던 랑바레네로 갔다. 부부는 1913년 그곳에 풍토병의 주요 원인을 연구하기 위해 병원을 세웠다. 그러나 제1차 세계대전으로 인한 적개심 때문에, 독일인으로서 프랑스 영토에 있는 슈바이처의 입지는 곤란해졌다.

전쟁이 끝나자, 슈바이처는 병원을 재설립하고 더 많은 의료진을 고용했다. 환자는 자신의 능력 닿는 방편대로만 치료비를 지불하면 되었다. 몇 마일씩 떨어진 곳으로부터 가족들이 환자를 데리고 몰려들었고, 이따금 병원에 함께 머무르기도 했다. 따라서 병원의 규모는 두 배로 늘어나 활기찬 마을이 되었고, 오두막 밖에서는 사람들이 기운차게 음식을 요리했으며, 절정에 달했을 때에는 인구가 600명에 달했다. 슈바이처는 마음 약한 동정가가 아니라 지배적이고 의지가 굳은 성격이었다. 그는 일요일이면 기독교식 예배를 주관했고 아프리카 토속 신앙을 유치하다고 생각했음에도, 그의 전도 사업은 온화하게 받아들여졌다. 이따금 유럽을 방문하는 일을 제외하면, 슈바이처는 1965년 그곳에서 사망할 때까지 여생을 병원에서 살았다.

랑비 레네에 있던 원래 건물은 보나 현내적인 선물로 대체되었으나, 오래된 수술실과 실험실, 간호사 기숙사, 하얀 가운과 앵무새 새장이 남아 있는 슈바이처 자신의 방들, 그리고 환자와 그 가족들이 살았던 구역들은 고스란히 보존되어 있다. **RC**

포트 지저스

케냐, 몸바사 | Fort Jesus

16세기의 포르투갈 요새

15세기에 동아프리카의 항구들은 중국 황제와 공식적인 관계를 맺어 이익을 누렸다. 1498년 바스쿠 다 가마가 인도로 가는 항로를 개척해 신기원을 이룬 후, 포르투갈인의 관심은 상당한 이윤을 남길 수 있는 인도양 횡단 무역에 쏠렸으며, 16세기에 포르투갈인은 동아프리카 해안을 무력으로 지배하게 되었다. 한때는 인도양에 있는 주요 항구였던 몸바사는 1505년 포르투갈인들의 손에 떨어졌으며, 1580년대 투르크의 공격 이후 그들은 항구와 도시를 보호하기 위해 '포트 지저스'를 세웠다. 이탈리아 건축가 조앙 바티스타 카이라투가 요새를 설계했다.

부분적으로 무너져 내렸음에도 요새는 상당히 인

> "오늘날 이 요새는 16세기 포르투갈 군사 건축물의 가장 훌륭한 예로 감탄을 자아낸다."
>
> 포트 지저스 박물관

상적이다. 성벽은 표적이 되는 위험을 감수하지 않고서는 어느 곳도 공격할 수 없도록 설계되어 있다. 내부에는 대포들, 교회와 요새의 우물의 잔해, 오만 풍의 아랍 건물들이 있으며, 외부에는 변소가 있다.

이 요새는 포르투갈인들과 아랍인들 사이를 빈번하게 오가는 복잡한 역사를 겪었다. 1698년에는 오만의 아랍인들이 거의 3년에 가까운 포위 공격 이후 요새를 점령했는데, 그 무렵 포르투갈인 주둔군들의 수는 열 명의 병사와 사제 한 명 수준으로 줄어든 상태였다. 포르투갈인늘이 마지막으로 포트 지저스를 잃은 것은 1729년이었다. 1746년부터 몸바사는 독립적인 술탄들에 의해 통치되었으며, 이후에는 케냐가 1880년대에 영국의 통치를 받기까지 잔지바르의 술탄들에 의해 지배되었다. 그 후로 요새는 감옥으로 사용되었다. **RC**

부간다 왕릉

우간다, 카수비 | Buganda Royal Tombs

유기적인 자재를 이용하여 전통적인 양식으로 지은 부간다 왕들의 영묘

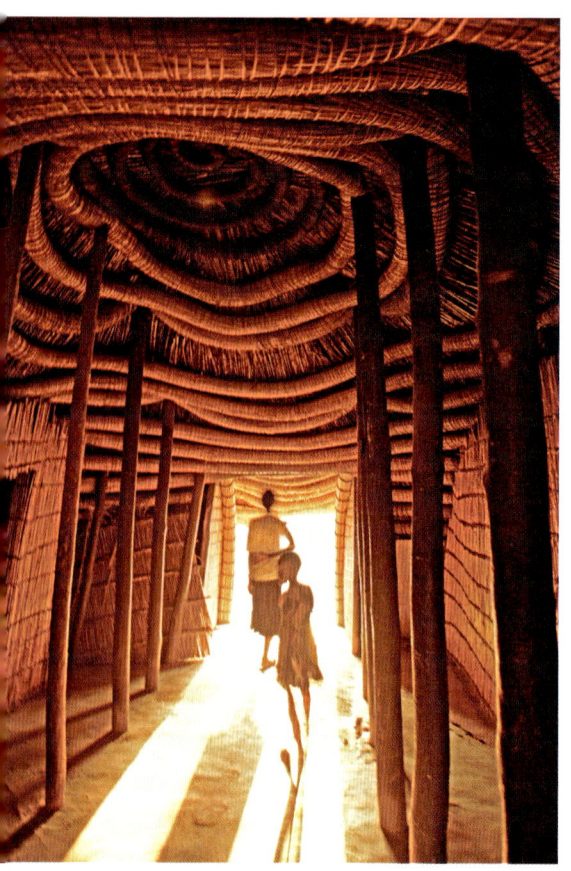

"내부는 나무껍질로 짠 거대한 장막에
의해 시선으로부터 차단되어 있으며
그 뒤에는 '신성한 숲'이 있다…"

유네스코

1890년대에 우간다라는 나라가 된 영토는 '카바카', 즉 왕들의 통치를 받으며 반투어를 사용하는 바간다 족들이 지배하고 있었다. 수단 남쪽에 있는 내륙에 위치한 이곳은 외부인과의 접촉이 거의 없었으나, 19세기 중반 아랍 노예상인이 이 지역에 침투했다. 카바카 무테사 1세는 1881년 캄팔라 외부에 있는 카수비 언덕에 자신을 위한 궁전을 지었으며, 3년 후 사망했을 때 그 궁전에 묻혔다. 그는 왕조 최초로 턱뼈를 온전히 지닌 채 묻힌 왕이었는데, 턱뼈는 죽은 이의 영혼을 담고 있다고 여겨져 따로 사당에 안치하는 것이 전통적인 관습이었기 때문이다.

카수비 언덕에는 카바카 무테사의 뒤를 이었던 세 명의 왕들도 묻혀 있다. 므왕가 2세는 기독교 개종자들을 꼬챙이에 꿰어 산 채로 불에 굽곤 했는데, 1880년대에 무슬림과 기독교도들이 그에 대항하여 내전을 일으켰음에도 살아남았으나, 결국 강제 추방된 상태로 1903년 사망했다. 그의 아들 다우디 츠와 2세는 1939년까지 통치했으며, 손자 에드워드 무테사 2세는 우간다가 독립을 얻은 후 1966년에 폐위되었다. 그는 3년 뒤 런던에서 죽었으나 유해는 우간다로 실려와 1971년 카수비 언덕에 묻혔다. 왕실의 다른 가족들은 중앙 사당 뒤편에 묻혀 있으며, 카바카의 미망인들의 유해를 위한 집들도 있다.

비슷한 종류의 아프리카 영묘 중 가장 큰 것이라고 하는, 이엉을 엮어 만든 돔형 지붕이 달린 이 둥근 건물은 갈대와 나무껍질로 짠 천을 이용한 전통적인 바간다 양식으로 지어졌으며, 나무로 된 막대가 지지 기둥 역할을 해 준다. 주변은 갈대 울타리로 둘러싸여 있으며 역시 갈대로 만든 출입구가 나 있다. 옛 카바카들이 소유했던 물건들로는 무테사 1세가 귀여워했지만 지금은 박제되어 있는 애완 표범과 창과 무기, 물신(物神) 숭배물, 악기 등이 있다. 막으로 가려진 특별한 공간도 있는데, 이 공간은 왕실의 행사를 열고 정신의 세계와 선조들에게서 조언을 얻는 데에 사용되었다. 카수비 왕릉은 2001년 유네스코 세계문화유산으로 지정되었다. **RC**

성 미카엘과 모든 천사들의 교회

말라위, 블랜타이어 | Church of St. Michael & All Angels

아프리카인들의 노동력을 동원해 지은 웅장한 교회

탑, 돔, 높이 솟은 아치, 스테인드글라스 창문을 지닌 장중한 '성 미카엘과 모든 천사들의 교회'는 1876년 블랜타이어에 설립된 스코틀랜드 교회 선교단을 위해 1888~1891년까지 세워졌다. 이 교회는 이전에는 이처럼 낯선 건물을 본 적도 지어본 적도 없었던 아프리카 노동자들의 손으로 건설되었다.

선교단원들은 데이비드 리빙스턴이 태어난 마을 이름을 따서 자신들의 마을에 블랜타이어라는 이름을 붙였다. 선교촌의 탄생을 이끈 것이 바로 리빙스턴이었으므로, 이는 잘 어울리는 이름이었다. 1907년부터 1964년까지 니아살랜드라는 이름으로 알려졌던 말라위 지역은 1840년대에는 내부적인 부족 간의 전쟁과 아랍인이 이끄는 노예무역의 목표였으며, 수천 명의 아프리카인이 노예 사냥꾼에게 붙들리고 셀 수 없을 만큼 많은 다른 이들이 공격당해 숨지거나 해안으로 끌려가는 도중에 사망했다. 1850년대에 아프리카 대륙을 서쪽에서 북쪽으로 횡단한 최초의 유럽인이었던 리빙스턴은 이러한 무역을 일소해 버리기로 결심했는데, 그는 자신이 '세 개의 C'라 이름붙인 '기독교(Christianity), 식민화(Colonization), 상업(Commerce)'을 아프리카에 도입하는 것이 이 목적을 이룰 수 있는 유일한 수단이라고 생각했다.

1873년 리빙스턴이 죽은 이후, 영국에서 여러 개의 기독교 선교단이 현재의 말라위 지역을 찾아 왔는데, 그중 하나가 블랜타이어에 정착한 스코틀랜드 교회의 선교단이었다. 초기에는 원주민들을 폭압적으로 다루어 혹독한 비판을 받기도 했으나, 1881년부터 30년 동안 '아프리카인들을 위한 아프리카'라는 믿음을 지닌 클레멘트 스코드 목사가 신교난을 운영하게 되었다. 성 미카엘 교회를 설계한 것도 그였다. 이들 선교단들은 훌륭한 학교와 새로운 농작물, 경작 방식을 도입했고, 토착민 부족 간에 평화로운 관계를 맺도록 권장했다. 이후에 일어난 말라위 독립의 물결을 이끈 지도자들 대부분은 선교 학교에서 교육을 받았다. **RC**

리빙스턴 동상

짐바브웨, 빅토리아 폭포 | Livingstone Statue

스코틀랜드 탐험가 리빙스턴에게 바치는 기념비

나이아가라 폭포의 두 배 크기이며 세계에서 가장 스릴 넘치는 장관 중 하나인 빅토리아 폭포는 1856년 스코틀랜드의 선교사이자 탐험가 데이비드 리빙스턴에 의해 '발견'되었으나, 물론 까마득한 먼 옛날부터 아프리카인들은 이 폭포를 알고 있었다. 리빙스턴의 시대에 이 지역의 마콜로로 족은 빅토리아 폭포를 '천둥 치는 연기'라는 의미의 '모시오아투니아 폭포'라는 이름으로 불렸는데, 강물이 엄청나게 큰 폭음을 내며 두터운 베일 같은 물보라를 치기 때문이었다.

> "나는 마지막에 다다라 나의 목적을 달성할 때까지 결코 멈추지 않기로 결심했다."
>
> 데이비드 리빙스턴

마콜로로 족의 젊은 부족장 세켈레투가 이끄는 약 200명의 부족민들과 리빙스턴은 카누로 이루어진 선단을 타고 잠베시 강을 따라 동쪽 해안으로 항해하다가, 먼 곳에서 천둥 치듯 울려오는 폭포의 소리를 들었다. 10km 떨어진 곳에서 그들은 솟구쳐 오르는 물보라의 기둥을 볼 수 있었다. 폭포 가장자리에 있는 한 섬에 상륙했고 리빙스턴은 아래편으로 펼쳐지는 믿을 수 없는 장관을 바라보며 물보라에 흠뻑 젖은 채로 엎드렸다. 그는 섬에 있는 나무 한 그루에 자신의 이니셜과 날짜를 칼로 새겼는데, 이후 그는 자신이 엄청난 파괴 행위를 저질렀다는 죄책감을 가졌던 유일한 순간이었다고 그때를 묘사했다. 훗날 그는 빅토리아 여왕에게 자신이 아프리카에서 목격한 '가장 놀라운 광경'에 대해 구술했다.

W. 레이드 딕이 조각한 리빙스턴의 동상은 빅토리아 폭포에 있는 마을 외부에 1934년에 세워졌다. 동상은 경외감이 드는 아름다움과 힘을 보여 주며 강에 있는 한 섬 위로 쏟아지는 '악마의 폭포'를 바라보며 서 있다. **RC**

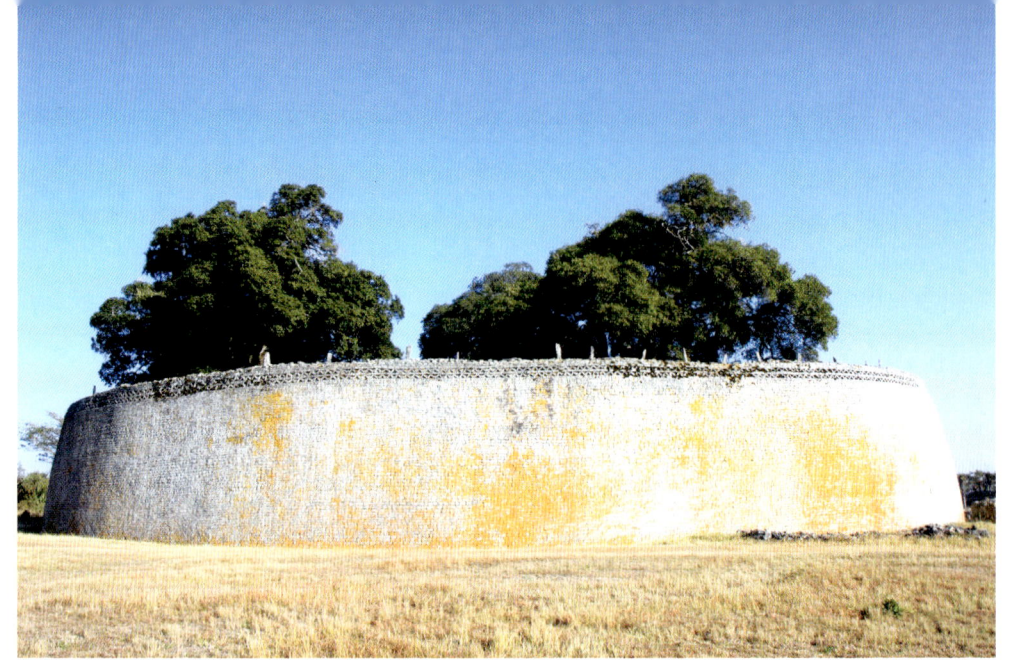

🏛️ ◎ 그레이트 짐바브웨 짐바브웨, 마스빙고 | Great Zimbabwe

쇼나 족의 업적이라 판단되는, 남부 아프리카 도시의 유적

11세기에서 15세기까지 세워진 그레이트 짐바브웨 유적은 사하라 이남 아프리카에서 가장 인상적인 유럽 전 시대의 유적이다. 오랫동안 이는 여러 가능성 중에서 특히 고대 이집트인, 페니키아인 혹은 그리스인들의 업적이라 여겨져 왔는데, 아프리카 원주민들은 너무나 열등하여 이렇게 대단한 일을 이루어낼 수 없다고 간주되었기 때문이었다. 그러나 현재는 그레이트 짐바브웨가 쇼나 족의 창조물이었으며 부유한 무역 제국의 수도였다는 사실이 인정받고 있다. '짐바브웨'라는 이름은 아마 쇼나어의 '짐바 젬바브웨'(돌로 된 집)라는 표현에서 유래했을 것이다.

쇼나 족은 주로 소를 키우고 쇠고기를 거래하며 살았으나, 그레이트 짐바브웨 근처의 시골 땅에는 큰돈이 되는 황금이 묻혀 있었다. 11세기에 이 지역에서 가장 높은 언덕 위에 마을이 세워졌다. 이 마을은 13세기에 대규모로 확장되어, 산꼭대기의 돌덩이들을 넣고 회반죽 없이 지은 화강암 벽에 둘러싸인 여러 개의 인클로저를 갖추게 되었다. 오늘날 '그레이트 인클로저'라 불리는 곳은

이 중 가장 놀라운 특징으로, 아마 요새로 둘러싸인 왕실의 복합 주거지였을 듯한데, 두께가 9.5m, 높이가 11m에 달하는 벽에 의해 보호받는다. 내부에는 남근을 상징하는 듯한 10m 높이의 돌로 된 '원뿔형 탑'이 있는데, 그 목적은 알 수 없다. 미술 작품이라 할 만한 유일한 대표작은 동석(凍石)으로 만든 새 조각품으로 새는 선조들과 살아 있는 이들을 연결해 주는 전령으로 간주되었던 것 같다.

그레이트 짐바브웨의 주민들은 해안의 항구를 통해 극동과 교역을 했는데, 분명 황금과 상아를 아시아에서 들여온 물건과 맞바꾸며 거래했을 것이다. 고고학자들은 페르시아, 인도, 중국에서 온 물건들을 발견했다. 그레이트 짐바브웨의 인구는 전성기 때에는 1만 1천 명에서 많이 잡으면 1만 8천 명까지 될 정도였으나, 아직도 알려지지 않은 이유로 인해 이 마을은 16세기 후반에 버림받고 말았다. **RC**

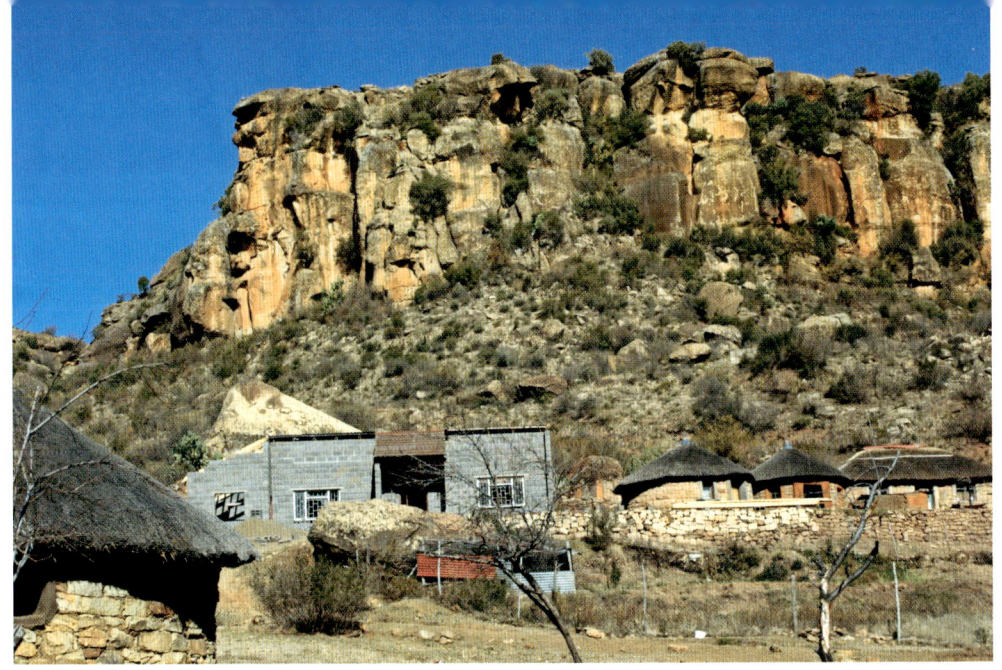

타바 보시우 레소토, 마세루 부근 | Thaba Bosiu

바수톨란드의 설립자가 지은 난공불락의 요새

모쇼에쇼에 1세는 옛 이름인 바수톨란드라는 이름 아래서 근대 레소토를 창립한 실질적인 인물이었다. 1786년경 태어난 그는 소토 족의 마을 우두머리에서 19세기 남아메리카에서 가장 명민하고 강력한 통치자 중 한 사람으로까지 올라갔다. 그는 효율적인 관리와 무자비한 도둑질을 잘 섞어 소 떼를 불려 부유해졌고, 능숙한 외교의 힘으로 강력한 족장들과 동맹을 맺었다.

1824년 모쇼에쇼에와 그의 추종자들은 타바 보시우(밤의 산)의 경사가 가파르고 꼭대기가 평평한 언덕에 거의 난공불락에 가까운 요새를 지었다. '밤의 산'이라는 이름은, 이 산이 그저 언덕에 불과했다가 어느 날 하룻밤 사이에 부풀어 올라 산이 되었다는 전설에서 나왔다. 요새는 자주 공격당했으나 한 번도 빼앗긴 적은 없었고, 모쇼에쇼에는 자신의 보호 아래로 여러 그룹의 아프리카인들을 끌어들였는데, 이들은 주로 노예상인들로부터 도망쳤거나 줄루 족과 은데벨레 족에게 공격받았던 소토어 사용자들이었다. 그는 스스로 기독교도가 되지는 않았지만, 그래도 기독교 선교사들의 활동을 장려해 주었고, 현명함과 관대함으로 말미암은 그의 명성은 지금도 지속되고 있다.

1850년대와 1860년대에 모쇼에쇼에의 왕국은 땅을 찾고 있던 오렌지 자유주(州)의 보어인들로부터 여러 차례 공격을 받았다. 보어인들은 몇 번이나 타바 보시우를 습격하려 시도했지만, 완전히 패배하여 물러갔다. 보어인들의 지배를 막기 위해 모쇼에쇼에는 영국의 힘을 빌기로 했고, 1868년에는 바수톨란드가 영국 보호령이 되는 것을 받아들였다. 바수톨란드는 계속 유지되어 1965년에는 레소토라는 이름으로 독립국이 되었다.

모쇼에쇼에는 1870년 타바 보시우에서 죽었으며, 언덕 꼭대기에 묻혔다. 독립 국가 레소토 최초의 국왕이었으며 1996년 사망한 모쇼에쇼에 2세를 포함하여, 그의 후계자들도 같은 곳에 묻혔다. 이 위엄 있는 유적지에서는 주택과 방어 요새 설비의 자취를 아직도 볼 수 있다. **RC**

폴 크루거의 집

남아프리카 공화국, 프리토리아 | Paul Kruger's House

트란스발 대통령이 거주했던 복원된 저택

남아프리카 공화국의 정치가 폴 크루거(1825~1904)는 1884년부터 트란스발의 대통령으로 프리토리아에 있는 이 집에 거주했다. 트란스발은 네덜란드의 동인도 회사가 1652년에 세운 케이프 식민지 출신의 보어인들이 설립한 두 개의 독립 공화국 중 하나였다(다른 하나는 오렌지 자유국이다). 1880년부터 1881년까지 크루거는(그 자신도 소년 시절 보어 이민자였다) 트란스발인들이 독립을 위해 영국군과 싸워 이겼을 때의 사령관 중 하나였으며, 1883년 그는 공화국 대통령으로 임명되었다. 뼛속 깊은 곳부터 보수주의자였던 크루거는 - 그는 지구가 평평하다고 믿었다고 한다 - 영국이 지배하는 통합된 남아프리카를 세우려는 시도에 결연히 반대했다. 1899년 또 한 차례 전쟁이 터졌고 1900년 영국군이 프리토리아를 점령하자, 크루거는 모잠비크를 거쳐 네덜란드로 도피할 수밖에 없었다. 결국 그는 스위스에 정착했으며, 1904년 그곳에서 죽었다.

프리토리아에 있는 폴 크루거의 집은 품질이 조악한 시멘트를 반죽하기 위해 물 대신 우유를 사용해 지어졌다. '폴 아저씨'라는 별명으로 불렸던 그에게는 유약한 면이라곤 없었다. 프리토리아에서 최초로 전기를 이용해 불을 밝힌 집들 중 하나였던 이 집은, 크루거와 그의 아내 헤지나가 살았던 때와 가능한 한 가까운 상태로 복원되었다. 가족들의 소지품으로는 발 풍금, 놀랄 만큼 여러 가지인 타구(唾具)들, 그리고 1891년 설치된 프리토리아 최초에 속하는 전화기 등이 있다.

세실 로즈와 마크 트웨인을 비롯하여 여러 유명 인사들이 크루거 내외를 방문했으며, 베란다에 있는 사자들은 다이아몬드 거물인 바니 바나토의 선물이었다. 집 앞에 있는 깃발은 트란스발 국기이다. 크루거 내외가 이 집에 살 때에는 깃발을 매일 오전 6시에 게양했고 해가 지면 내렸다. 길 맞은편에는 부부가 예배에 참석했던 네덜란드 개혁 교회가 있다. **RC**

도른클로프 목장

남아프리카 공화국, 프리토리아 부근 | Doornkloof Farm

전 수상 얀 스뮈츠의 집

남아프리카 공화국의 역사 중에서 가장 위대한 인물 중 한 사람인 얀 크리스티안 스뮈츠(1870~1950)는 영국-보어 전쟁 동안 뛰어난 게릴라 지도자였으나, 후에 그는 영국에 대항하여 싸우기보다는 협력하는 편이 이득이 된다고 믿게 되었다. 1919년부터 1924년까지, 그리고 1939년부터 1948년까지 남아프리카 공화국의 수상을 지냈던 육군 대령 스뮈츠는 1946년 국제 연맹의 헌장 초안을 작성하는 데에 중요한 역할을 맡았다.

> "어떤 국민이 군주제를 원하지 않는다면, 그 국민의 마음을 바꾸라."
>
> 얀 스뮈츠

1908년 스뮈츠는 몇 년 동안 농장을 소유하고 있던 에라스무스 가로부터 도른클로프 농장 일부를 사들였으며, 자신과 가족들을 위해 나무로 가장자리를 두른 물결 모양 철로 지은 커다란 건물(전에는 보어 전쟁 동안 영국군 장교들의 식당이었다)을 농장으로 옮겨왔다. 이 집은 여름에는 더웠고 겨울에는 얼어붙을 만큼 추웠다. 그의 전기 작가이기도 한 아들은 이 집을 '금욕주의자들에게는 이상적인 은둔처'라 묘사했다. 집 안에는 가족들과 더불어 야생 벌들이 살았고, 여러 해를 두어 기른 애완동물 중에는 표범 한 마리와 사자 두 마리도 있었다. 방은 충분히 많아 방문객들이 머무르고 수천 권이나 되는 스뮈츠의 책을 둘 수 있었고, 그와 가족들은 도른클로프를 극진히 사랑했다. 그는 수상으로 관저에 머물렀던 기간을 포함하여 여생을 이 집에서 살았으며 이 집은 그에게 바치는 박물관으로 남았다. 이 집에서 시작하여 바위가 많고 낮은 언덕으로 이어지는 오솔길이 있는데, 그는 매일 이 길을 산책하기를 즐겼으며 1950년 도른클로프에서 사망한 후 그의 재는 이 길에 뿌려졌다. **RC**

유니언 빌딩즈

남아프리카 공화국, 프리토리아 | Union Buildings

20세기 초에 신고전주의 풍으로 지어진 남아프리카 공화국의 정부 청사

1855년 세워졌으며 블러드 리버에서 줄루 족을 패배시킨 보어인 지도자의 이름을 따 명명된 도시 프리토리아는, 1860년 보어인들이 세운 트란스발 공화국의 수도가 되었다. 이곳은 영국 통치에도 수도로 남았으며, 1910년 남아프리카 연방이 새로이 탄생했을 때 프리토리아는 행정 수도이자 대통령 관저와 정부 청사가 위치하는 곳이 되었다. 새로운 '유니언 빌딩즈'를 설계한 이는 허버트 베이커 경으로, 그는 영국에서 건축가로 훈련을 쌓고 1890년 20대의 나이로 남아프리카에 온 인물이었다. 그는 곧 세실 로즈에게 호의적인 인상을 주었고, 로즈는 그의 열렬한 후원자가 되어 큰 영향력을 행사하게 되었다. 베이커는 남아프리카 공화국의 많은 훌륭한 저택들과 건물들을 지었다. 케이프타운에 있는 로즈 기념관도 그의 작품이다. 영국으로 돌아간 후, 그는 뉴델리를 설계하고 많은 주요 건물들을 짓는 일을 도우러 인도로 갔다.

3년간의 작업에 걸쳐 1913년 완성된 유니언 빌딩즈는 프리토리아의 아카디아 구역에 있는 메인티스콥 언덕에—이는 아테네의 아크로폴리스를 염두에 두고 선정된 장소였다—서 있으며, 남아프리카 공화국의 새로운 통합의 상징으로 신고전주의 양식으로 디자인되었다. 돔 지붕이 달린 두 개의 윙은 이 나라의 두 언어인 남아프리카 네덜란드어와 영어를 상징하며, 9천 석 규모의 원형 극장을 갖춘 반원형의 주랑 건물로 연결되어 있다. 언덕에 있는 계단식 정원은 전체가 남아프리카 토착 식물로만 가득 차 있으며, 연합 최초의 수상인 루이스 보타가 말을 타고 돌진하는 동상을 포함해 남아프리카 공화국의 저명한 인물들의 동상들이 서 있다. 전쟁 기념관과 추모의 정원도 있다.

1994년, 이 나라 최초의 자유선거가 행해진 이후, 넬슨 만델라가 대통령으로서 취임 선서를 하는 모습을 지켜보기 위해 수만 명의 군중들이 유니언 빌딩 밖에 모여들었다. **RC**

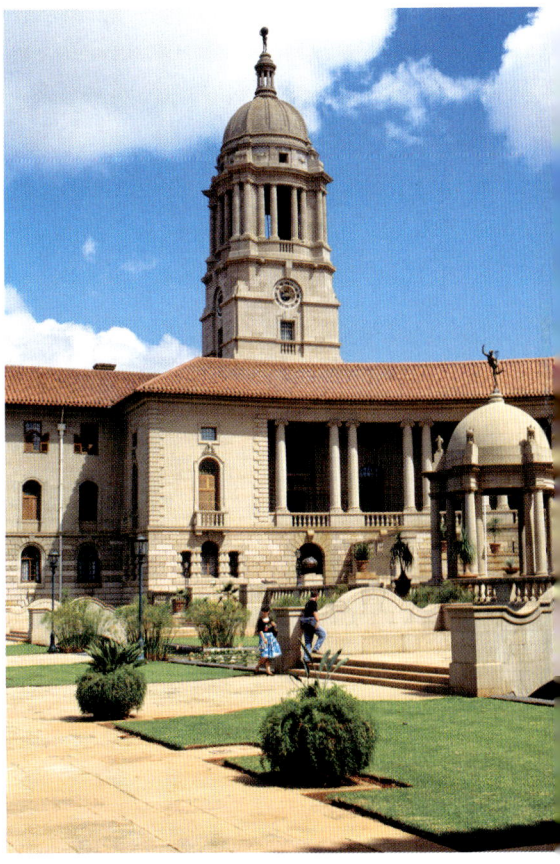

"나의 동료 남아프리카인들 남아프리카의 국민 여러분. 오늘은 정말로 기쁜 밤입니다."

넬슨 만델라, 당선 연설, 1994년 5월 2일

스테르크폰테인 동굴

남아프리카 공화국, 요하네스버그 부근 | Sterkfontein Caves

무려 3백만 년 전부터 인류가 거주했던 흔적이 있는 고고학 유적

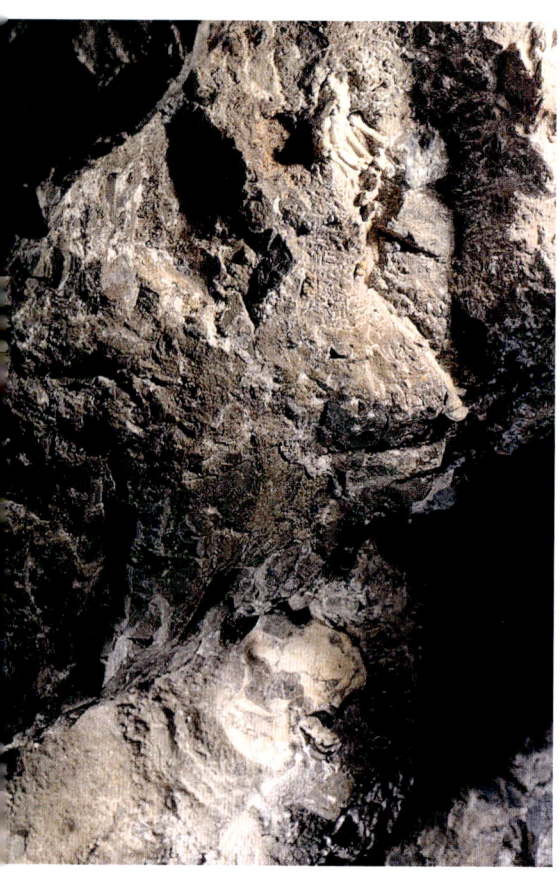

"이 지역은 인류의 기원과 진화를 밝혀 줄 수 있는 필수적인 요소들을 간직하고 있다."

유네스코

1999년 '인류의 요람' 세계문화유산으로 선정된 스테르크폰테인의 서로 연결된 여섯 개 동굴들은 몇 가지 두근거리는 사실을 밝혀냈다. 요하네스버그 북서쪽의 크루거도프 부근에 있는 이 석회암 동굴들은 1890년대에 이탈리아 광산 투기꾼이 재발견했으며, 이후에 행해진 조사는 머나먼 옛날 이 지역에는 검치(劍齒)고양이, 긴 다리의 하이에나, 거대한 원숭이 등이 살았다는 사실을 밝혀냈다. 더 중요한 것은 이곳에 사람과(科), 즉 현생 인류의 조상인 인간과 가까운 동물들 또한 살았다는 점이다.

1936년에서 1951년 사이에 프리토리아 트란스발 박물관의 로버트 블룸 박사가 조사를 행했을 때, 지하 깊숙한 캄캄한 미로 속에서는 화석처럼 된 사람의 유골이 발견되었다. 1936년 블룸은 현재 '오스트랄로피테쿠스 아프리카누스'라 불리는 사람과에 속하는 한 종의 화석을 찾아냈으며, 1947년에는 대략 250만 년 전에 살았던 한 성인 여성의 골격(오늘날에는 남성일 수 있다고 생각한다) 대부분을 찾아냈는데, 다만 아래턱과 치아가 없었다. 그는 이 해골을 '플레시안트로푸스'라 명명했으며, 여인은 '플레스 부인'이라는 애칭으로 알려지게 되었다.

그후로도 더 많은 사실이 밝혀졌다. 1995년 R. J. 클라크 박사는 '리틀 풋'이라 명명된 화석화된 발 뼈 네 개를 발굴해 냈는데, 이 발은 인간과 유인원의 특징을 모두 갖추고 있었으며 직립 보행을 하고 나무에 오를 수 있었다. 그는 골격의 나머지 부분도 반드시 그곳에 있을 거라는 확신을 가졌고, 1997년 그와 그의 조력자들은 골격뿐만이 아니라 아래턱과 위턱, 치아가 붙어 있는 완벽한 두개골을 찾아냈다. 상당히 덩치가 있는 생물로, 50kg 혹은 그 이상 나갔을 법했다. 그는 3백만 년도 더 지난 옛날, 수직 동굴에서 떨어져 얼굴을 아래로 한 채 머리를 왼쪽 팔위에 기대고, 오른쪽 팔은 옆구리에 붙이고, 다리가 꼬인 채로 바닥에 닿아 죽었던 것이 분명하다. 오늘날도 스테르크폰테인 동굴에서는 생산적인 발굴 작업이 한창이다. **RC**

빅 홀

남아프리카 공화국, 킴벌리 | Big Hole

남아프리카에서 가장 풍요로운 다이아몬드 광산

다이아몬드는 1860년대 이래로 호프타운 근처의 이 지역에서 농부들에 의해 채취되었으며, 1871년 드 비어라는 이름의 두 형제 소유였던 언덕에서 한 아프리카인이 83 캐럿짜리 다이아몬드 견본을 발견하자, 놀랄 만한 일도 아니지만 이 지역에 대한 관심은 급부상했다. 이 발견으로 수천 명의 채광꾼들이 이곳으로 몰려들었으며 도시가 발달했다. 이 도시의 원래 이름은 '뉴 러시'였으나, 1873년에 '킴벌리'라는 이름이 새로이 지어졌다(초대 킴벌리 백작이었던 당시의 영국 식민 장관, 존 우드하우스의 칭호를 딴 이름이다). 언덕은 사라져 '빅 홀'이 되었다. 이는 남아프리카에서 가장 풍요로운 다이아몬드 광산이었다.

빅 홀은 곡괭이와 삽으로 판 세계 최대 크기의 구멍이다. 깊이가 215m, 구멍 둘레가 거의 1.6km에 달할 정도가 되었다. 1914년 폐광되기 전까지 이 광산은 거의 2,700kg에 가까운 다이아몬드를 냈다. 1880년대부터는 영국 태생의 남아프리카 사업가이자 정치인인 세실 로즈가 세운 '드 비어스 컴퍼니'가 광산 운영을 맡았다. 광산에서 일하기 위해 아프리카인들이 몰려들었고, 1871년 말 킴벌리에는 케이프타운보다 더 많은 인구가 살았다. 주점과 댄스홀이 늘어선 거친 국경 지방으로, 법률 집행 기관도 없었던 이곳에서 주민들은 '광부들의 법'에 따라 살았다. 그러나 1882년 킴벌리는 남반구 최초로 가로등 설비를 갖춘 도시 중 하나가 되었고, 1896년에는 드 비어스 사에서 50%의 재정 지원을 해 주는 남아프리카 최초의 광산 학교가 문을 열었다. 1899년에서 1900년까지 이 도시는 보어인들에게 포위당했으며 도시 안의 식량은 배급을 통해 나눠야 했는데, 이후에 그곳에 영국인들은 보어인 여성과 아이들을 위한 수용소를 세웠다.

빅 홀 옆에는 킴벌리 광산 박물관이 있어 이 도시에서 가장 오래된 건물들 중 다수가 그대로 보존되어 있거나 재건축되어 있다. 이중에는 '광부의 휴식처' 바, 다이아몬드 재벌 바니 바나토가 개장한 권투 아카데미, 1901년 물결무늬 철로 지은 무도회장 등이 있다. **RC**

이산들와나 전투지

남아프리카 공화국, 이산들와나 | Isandlwana Battlefield

1879년 줄루 족 전사들에 의해 영국군이 패배한 곳

이산들와나 주변 지역에는 많은 전투지가 있다. 1870년대 후반, 영국군은 케츠와요 왕이 이끄는 줄루 족 세력에 도전했다가, 영국이 벌였던 모든 식민지 전쟁을 통틀어 가장 쓰디쓰다고 할 수 있는 패배의 맛을 보았다. 1879년 1월 22일, 제24 푸트 연대는 2만 5천 명의 줄루 족 전사에게 압도적인 패배를 당했다. 줄루 족은 영국군의 시야에서 벗어난 골짜기에서 숨죽인 채 기다리고 있었으며, 영국군은 척후병 하나가 그들 앞을 지나갈 때까지 줄루 족의 존재를 전혀 모르고 있었다. 창으로 무장한 줄루 족은 언덕 위로 달려들어 공격을 했으며 훨씬 더 수가 적었던 적군의 측면을 포위해 버렸다. 4시간이 지나자 1,300명 이상의 영국군은 시체가 되어 널려 있었다. 전투가 끝나갈 때 하늘에서는 일식이 벌어지고 있었다.

> "이 나라의 배에 창이 뚫고 들어왔다. 죽은 자들을 애도하기에 흘릴 만큼 눈물은 충분치 않다."
>
> 케츠와요 왕, 이산들와나에서 줄루 족 전사자들에 대하여

오늘날 이 전투지는 대부분 예전 모습 그대로 남아 있다. 돌무더기가 시체가 매장된 장소를 표시하고 있으며 죽은 이를 위한 추모비가 서 있는데, 최근에는 줄루 족 전사자를 위한 추모비도 생겼다. 근처에는 〈줄루〉라는 영화를 통해 유명해진 로크스 드리프트라는 장소가 있는데, 이곳에서는 정 반대의 결과가 벌어졌다. 자그마한 스웨덴 선교원을 지키고 있던 단 110명에 불과한 영국군들이 이산들와나에서 전진해 온 줄루 족 3천~4천 명의 12시간에 이르는 공격을 성공적으로 막아낸 것이다. 영국군은 항복을 거부하면서 줄루 족이 철수할 때까지 비스킷 상자와 곡물 자루로 쌓은 바리케이드 뒤에서 스스로를 방어했다. 선교원은 현재 흥미진진한 박물관이 되었다. **RC**

간디 정착촌 남아프리카 공화국, 밤바이 | Gandhi Settlement

마하트마 간디가 인도인의 권리를 위한 운동을 시작한 곳

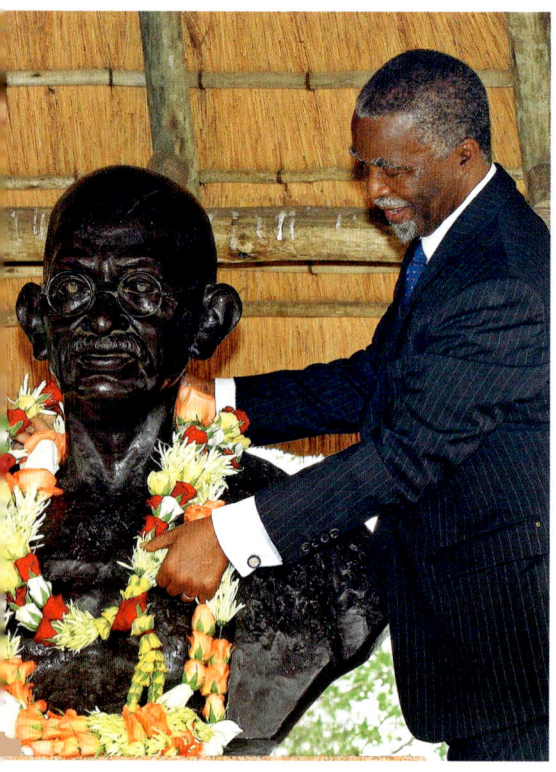

"폭력으로 얻은 승리는 덧없는 것이므로, 패배나 다름없다."

정치가이자 영적 지도자, 마하트마 간디

⊞ 2006년 더반에서 열린 간디 100주년 행사에 참석한
남아프리카 공화국의 대통령 타보 음베키.

⊟ 간디(중앙에 앉아 있는 이)가 더반의 자기 법률 사무 창문
앞에서 동료들과 포즈를 취하고 있다.

마하트마 간디는 젊은 시절 영국에서 법학을 공부한 이후 인도로 돌아갔다. 고국에서는 일을 찾기 힘들다는 사실을 깨닫고, 20대 초반이었던 1893년 그는 인도의 무역 회사에서 변호사로 일하기 위해 남아프리카로 갔다. 당시 남아프리카에는 10만 명에 가까운 상당한 수의 인도인들이 살고 있었다. 이들은 주로 나탈에 거주하고 있었는데, 나탈은 1860년대에 설탕 플랜테이션에서 일하기 위해 인도인들을 들여왔던 곳이었다. 많은 다른 이들도 인도에서 이주해 와 성공적으로 사업을 꾸렸다.

간디는 곧 더반에 자기 법률 사무소를 열었다. 그는 나탈 인도 의회를 조직하도록 도왔으며 1903년에는 주간 신문인 인디언 오피니언을 발행하기 시작했다. 이듬해 그는 더반 북쪽의 밤바이('봄베이'를 줄루어로 가깝게 표현한 지명)의 피닉스 목장에 공동체를 세웠다. 그와 아내인 카스투르바이는 '모든 이의 정신을 고양시키는 장소'라는 의미인 '사르보다야'라는 이름을 붙인 나무로 만든 단순한 집에서 살았으며, 그는 신문 인쇄기를 이 집에 두었다. 다른 거주민들은 간디의 친구와 지인들로, 각자 집을 짓고 경작을 시작했다. 간디가 부당함과 차별과 싸우기 위해 '비폭력 시민 불복종'이라는 자신의 철학을 고안해 내고, 인도인들의 권리를 위한 운동을 시작한 것은 피닉스 정착촌에서였다. 자주 투옥된 끝에, 그는 1914년 남아프리카를 떠났으며 여생을 인도에서 보냈다. 그의 아들 마닐랄은 3년 후 남아프리카로 되돌아왔다.

원래는 1845년 세워진 줄루 족 정착촌이었던 이난다 근처에는 불법 점거자들이 모여 사는 거대한 캠프가 생겨났으며, 1985년 피닉스 정착촌은 이들의 습격을 받아 약탈당하고 파괴되었다. 정착촌은 복구되어, 2000년에 남아프리카 공화국의 대통령 타보 음베키와 줄루 족 왕 굿윌 즈웰리티니가 참석한 행사 가운데 다시 문을 열었다. 피닉스 정착촌에는 현재 병원과 에이즈 센터를 비롯한 다른 시설들이 있다. 이곳은 '이난다 헤리티지 트레일'의 일부이다. **RC**

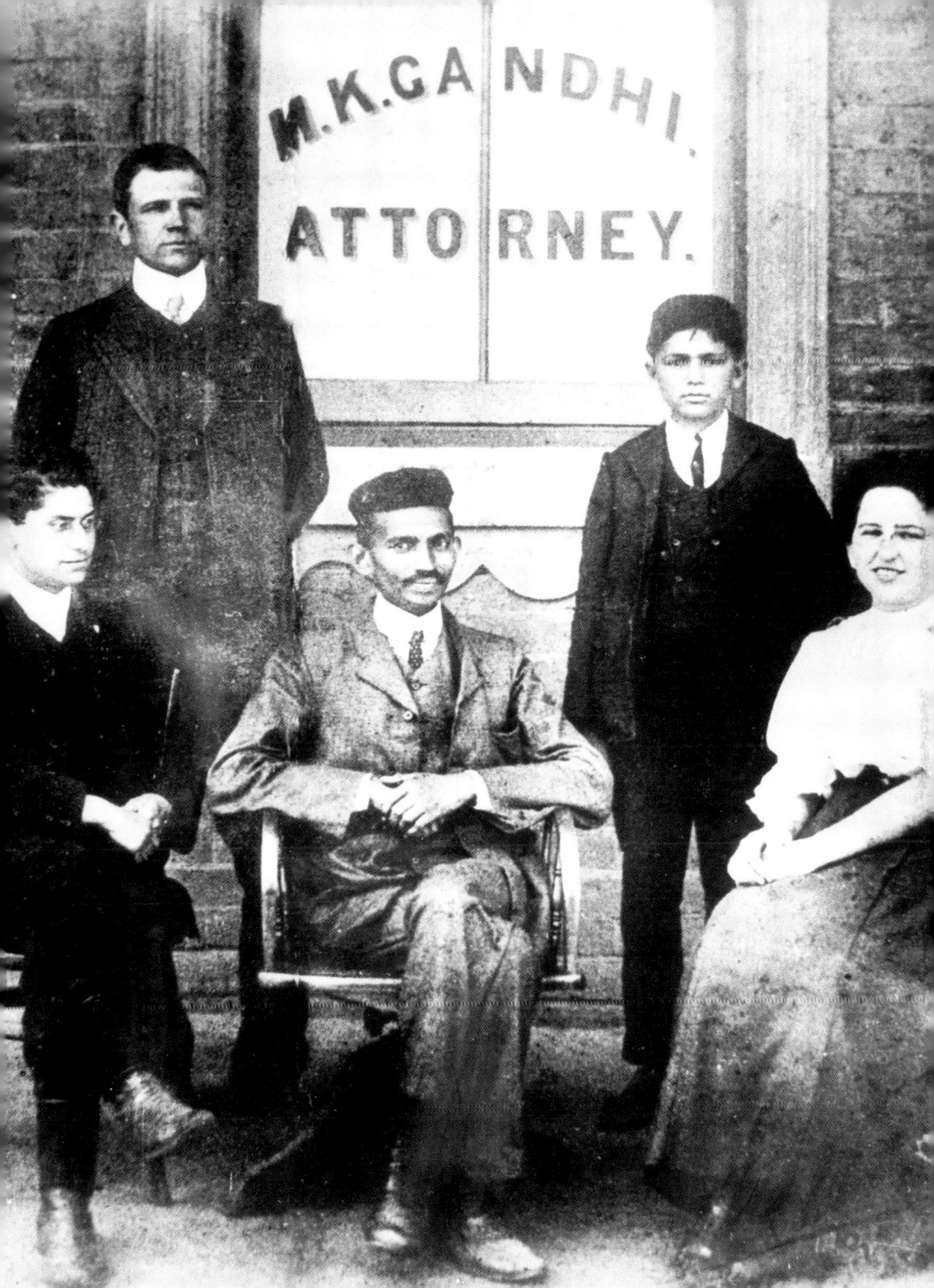

굿 호프 성 남아프리카 공화국, 케이프타운 | Castle of Good Hope

남아프리카에서 가장 오래된 식민지 건물

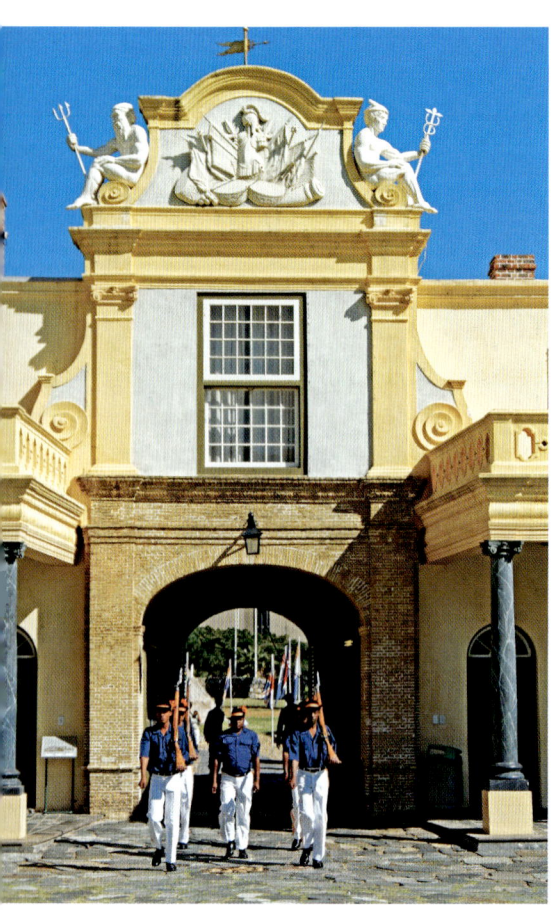

"그 회사는 전 세계의 해상 선박 반 이상을 소유하고 있는, 세계에서 가장 큰 무역 회사였다."

토머스 크럼프 박사, 네덜란드 동인도 회사에 대하여

굿 호프 만(灣)은 포르투갈의 항해가 바르톨로메우 디아스가 1487년 이곳을 돌아갈 때 붙여졌던 이름이며, 안토니우 데 살다냐 휘하에서 포르투갈인들은 1503년 다소간의 실수로 인해 '테이블 만(灣)'에 상륙했다. 그러나 남아프리카 최초로 영구적인 유럽인 정착지가 세워진 것은 1652년에 이르러서였다. 네덜란드 동인도 회사는 얀 반 리벡에게 세 척의 배와 90명의 인원을 딸려 테이블 산 아래에 기지를 세우라고 보냈다. 이 기지는 동양으로 오고 가는 선박들이 물자를 싣고 수리를 하기 위해 들를 수 있는 집결 장소가 될 예정이었다. 반 리벡은 점토와 목재로 작은 요새를 짓고 채소와 과일을 기르기 위해 정원을 만들었는데, 이곳은 식물원이 되어 오늘날까지도 남아 있다. 초기 정착민들은 낯선 땅과 낯선 동물들에 대해 몹시 걱정스러워했지만-이들은 이 땅 안쪽에 유니콘이 살 거라고 생각했던 것이다-기지는 케이프타운이라는 도시로 성장했다. 1666년에서 1679년까지 항구 가장자리에 있는 스트랜드 거리에는 더 튼튼하고 돌로 된 오각형 성채가 건설되었다. 그런데 이후 바닷물은 먼 곳으로 물러났다.

굿 호프 성은 남아프리카에서 가장 오래된 식민지 건물이며, 무게가 300kg 조금 더 나가는 원래의 종이 아직도 입구 탑에 걸려 있다. 이 성에서는 분노의 포격이 들린 적이 한 번도 없었으며, 이는 성의 강력함에 대한 찬사라 할 수 있다. 성 안에는 원래 교회, 빵집, 공방, 거주 구역, 상점, 그리고 감옥용 독방 등이 있었다. 지하 감옥에서는 죄수들이 휘갈겨 놓은 낙서를 볼 수 있다. 영국 통치 하에서 이곳은 정부 본관이었으며, 1917년부터는 남아프리카 국방군이 이 성을 사용했다. '세쿤데의 집'은 네덜란드 동인도 회사의 부총독이 살았던 곳이다. 웅장한 흉벽은 테이블 만의 아름다운 경치를 내다보고 있으며 매일 근위병 교대 행사가 열린다. 이 성에는 군사 박물관도 있으며, 네덜란드 가구와 미술 작품 컬렉션도 있다. **RC**

쿠프만스-드 웨트 하우스 남아프리카 공화국, 케이프타운 | Koopmans-De Wet House

'케이프 더치' 양식으로 지어진 복원된 저택

이 집은 웅장한 18세기식 케이프타운 저택의 아름다운 본보기이다. 천장이 높고 내리닫이 창문에는 덧문이 달려 있어 쾌적한 넓은 방에 강렬한 여름의 열기를 완화시키도록 설계되었다. 저택의 내부는 현재 18세기 후반과 19세기 초반 양식 그대로 복원되었다. 현관문 위에 달린 등불은 이 시기 케이프타운에 건설된 주택들에서 한결같이 보이는 특색이다. 등불의 목적은 밤에 거리로 빛줄기를 던져 노예들이 바깥에 모이게 하지 못하도록 막는 것이었다. 노예들은 1736년과 1738년 케이프타운을 파괴한 화재들을 일으켰다는 비난을 받았고, 식민지에 발생한 여러 차례의 심각한 화재도 노예들의 탓이 되어버렸다.

케이프타운의 인구가 대략 2천 명에 달했던 무렵, 레이너 스메딩가라는 부유한 금 세공인을 위해 지어졌던 원래의 저택은 단층이었을 것이며, 케이프타운 양식으로 이엉을 엮은 지붕이 얹혀 있었을 것이다. 저택은 여러 소유주의 손을 거치면서 1770년대와 1790년대 사이에 탄탄하게 확장되었다. 암스테르담 출신의 피에테르 말렛이라는 사람이 집을 소유했을 때, 열여섯 명의 그의 아이들을 위한 공간이 필요했으므로 2층이 새로 지어졌다. 말렛은 당대 케이프타운의 일류 건축가였던 미셸 티볼트를 고용했다고 한다. 프랑스에서 건축을 공부한 이후 티볼트는 네덜란드 동인도 회사에 들어갔고, 이후에는 남아프리카에서 일류 건축가이자 군사 엔지니어가 된다. 그는 '노예 숙소'의 현재 파사드를 포함하여, 케이프타운의 중요한 공공건물 대부분을 디자인했다.

1806년 저택은 명문가인 드 웨트 가문에게 팔렸다. 마리 드 웨트가 이 집에서 살았는데, 그녀는 1864년 요한 쿠프만스라는 독일인과 결혼했다. 마리 쿠프만스-드 웨트는 1906년 사망할 때까지 케이프타운의 사교적이고 정치적인 모임에서 지도적인 인물이었다. 그녀의 집은 1914년 대중에게 공개되었으며, 방문객들은 케이프 가구, 네덜란드 델프트 도기, 중국과 일본에서 가져온 도자기 등을 구경할 수 있다. **RC**

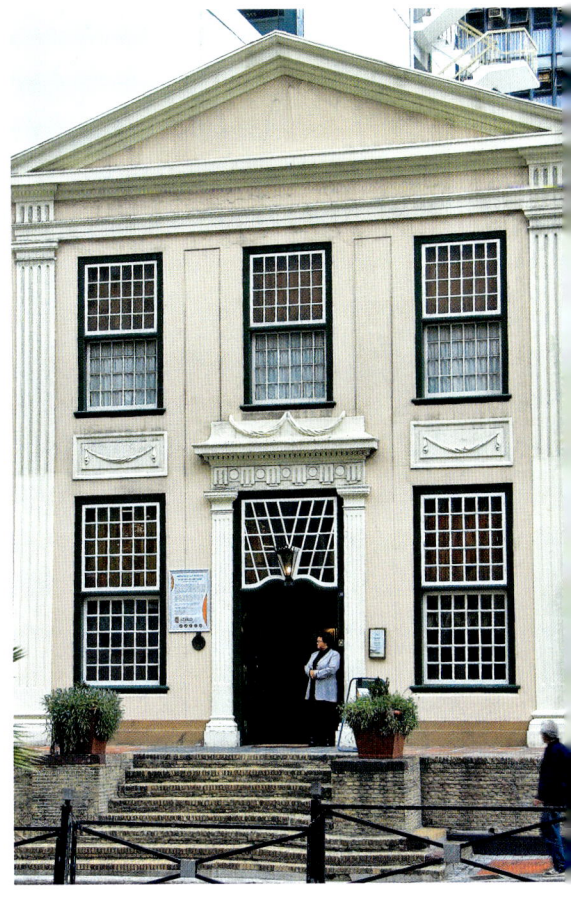

> "케이프 더치 주택에서 볼 수 있는 가장 인상적인 특징은 … 그 장식적인 박공이다."
>
> 프란센과 쿡, 『케이프의 오래된 주택들』(1965)

로벤 섬

남아프리카 공화국, 케이프타운 | Robben Island

한때는 고립된 지옥이었으나, 지금은 인간 정신의 승리를 상징하는 기념물이 된 곳

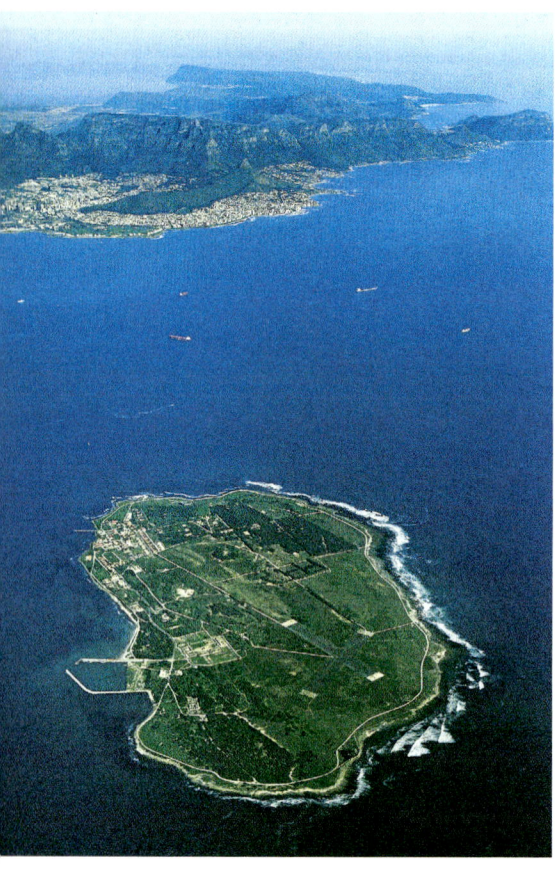

"평생 동안 나는 나 자신을, 아프리카 사람들을 위한 이 투쟁에 헌신했습니다."

넬슨 만델라, 리보니아 재판에서의 진술(1964)

넬슨 만델라는 1964년부터 1982년까지 로벤 섬에 투옥되어 있었다. 이후 그는 케이프타운에 있는 감옥으로 이감되었고, 1988년에는 파를에 있는 또 다른 감옥 부지에 있는 집으로 옮겨졌으며, 그동안 그는 백인 정치가들과 비밀 협상을 맺었다. 만델라는 그 집이 자신이 머물러 보았던 최초의 안락한 장소였다고 말했다. 1990년 만델라는 아프리카 민족 회의의 지도자로 반(反)아파르트헤이트 활동을 이끌었다는 죄로 '리보니아 재판'에서 선고받았던 종신 징역으로부터 풀려났다. 1993년 그는 아파르트헤이트 정책 폐지에 대한 공헌으로 남아프리카 공화국 대통령 F. W. 드 클레르크와 공동으로 노벨 평화상을 수상했으며, 1994년에는 흑인 유권자들의 참여가 가능해진 최초의 선거에서 남아프리카 공화국의 대통령으로 뽑혔다.

로벤 섬이 감옥으로 사용되었던 역사는 훨씬 더 멀리, 1658년 한 아프리카 지역 지도자가 이 섬에 감금되었을 때까지 거슬러 올라간다. 그의 뒤를 이어 동인도와 남아프리카에서 네덜란드 통치에 반대했다는 죄목으로 다른 정치범들이 갇히게 되었다. 19세기에는 영국이 이 섬에 정치범과 범죄자들을 가두었으며, 1846년부터 섬은 잡다한 죄목의 경범죄자들과 정신 이상자들을 수용하게 되었다. 로벤 섬에는 나병환자 격리촌이 세워져 1930년대까지 지속되었다. 감옥은 1966년 마침내 폐쇄되었으며 1999년에는 세계문화유산으로 지정되었다.

전 재소자들과 교도관들이 안내해 주는 로벤 섬 투어에는 나병환자촌의 유적과 그 묘지, 허버트 베이커 경이 설계한 교회, 그리고 죄수들이 노동했던 석회암 채석장이 끼어 있다. 오래된 감옥에서는 공동 숙소와 독방들을 볼 수 있다. 넬슨 만델라가 사용했던 독방은 그가 구금되어 있던 시절 그대로 남아 있다. 로벤 섬의 건물은 과거의 어두운 역사를 웅변적으로 증언해 주며, 인간의 정신력과 자유, 억압에 대한 민주주의의 승리를 상징한다. **RC**

노예 숙소

남아프리카 공화국, 케이프타운 | Slave Lodge

네덜란드인들이 노예 노동자들을 두기 위해 지은 건물

케이프 식민지의 초기 정착민들은 농장과 건설 작업에서 일을 시키고 하인으로 부릴 노동력이 부족해 애를 먹었다. 네덜란드 동인도 회사는 지역 아프리카인-네덜란드인들은 '호텐토트'라 불렀다 - 들을 징발하지 못하도록 금지했으므로, 노예들은 노예 제도가 용인되어 있었던 네덜란드 제국의 다른 식민지와 아프리카의 다른 장소에서 수입되어 왔다. 최초의 '화물'은 1650년대에 도착했으며, 향후 150년간 동아프리카와 서인도 제도에서 사들인 6만 명 이상의 노예들이 식민지로 실려 왔다.

'노예 숙소'는 그 길고도 이상한 역사 속에서 여러 차례 개조되었다. 1679년에 완공된 이 건물은 케이프타운에서 가장 오래된 건물 중 하나이며 원래 네덜란드 동인도 회사에서 회사 소유의 노예들을 수용하기 위해 지은 것이었다. 창문이 없는 벽돌 건물로, 주거 환경은 완전히 불결하고 비참했다. 1770년대에는 거의 천 명에 가까운 노예들이 이곳에 살았으며 한때 이곳은 식민지의 중심적인 매음굴이기도 했다. 거주자들 중 일부는 숙소 맞은편에 있는 병원에서 일했다. 1806년 영국인들이 케이프 식민지를 차지하게 되자, 그들은 건물을 정부 청사로 개조하기로 결정했다. 그 무렵에는 약 300명 가량의 노예들이 숙소 안에서 살고 있었는데, 대다수는 나이든 이들이었다. 1828년에 여전히 일할 수 있는 노예들은 경매에서 팔리고, 나머지는 다른 곳으로 옮겨지거나 해방되었다. 노예제 폐지 법안에 따라 대영 제국의 모든 노예들이 자유를 찾게 되자, 1830년대에 노예 제도는 완전히 철폐되었다.

'노예 숙소'는 여러 해 동안 대법원으로 사용되었으며, 1966년 이 건물은 문화사 박물관이 되었다. 1998년 이곳은 개칭되어 남아프리카 공화국의 사회적이고 문화적인 역사의 일부로서 노예 제도의 이야기를 들려주는 박물관으로 개조되었다. 박물관 뒤편의 스핀 거리에 달린 현판은 노예들이 사고 팔리던 장소를 나타낸다. **RC**

로즈 기념관

남아프리카 공화국, 케이프타운 | Rhodes Memorial

세실 로즈를 위한 기념관

젊었을 때 영국에서 킴벌리의 다이아몬드 광산으로 와 큰 재산을 축적한 이후, 세실 로즈(1853~1902)는 자신의 돈과 에너지를 아프리카 안에 대영 제국의 건물들을 짓는 데에 바쳤다. 비록 완성되지는 못했으나 그는 케이프에서 카이로로 가는 철도를 계획했고, 이후에 그의 이름을 따 '로디지아'라 명명된 땅에 영국의 지배를 확실히 굳혔으며, 1890년대에는 케이프 식민지의 수상이 되었다. 로즈는 1902년, 겨우 마흔여덟의 나이로 뮈젠버그에서 죽었다.

> "밤에 머리 위로 보이는 별들을 생각해 보시오 … 할 수만 있다면 나는 그 행성들도 병합하고 싶소."
>
> 세실 로즈

기념사업에 대한 최초의 아이디어는 자유의 여신상을 모델로 삼아 케이프타운의 시그널 힐 위에 로즈의 거대한 조각상을 세우자는 것이었는데, 이 안은 탈락되었다. 대신 허버트 베이커 경이 디자인했으며 로즈의 사후 10년 뒤에 공식적으로 문을 연, 케이프타운에 있는 웅장한 기념관이 오늘날 그를 기리고 있다. G. F. 와츠의 작품이며 로즈의 천부적인 행동력을 상징하는 〈육체적 에너지〉라는 박력 넘치는 조각상이 북동쪽-카이로가 있는 쪽이다 - 을 바라보며 널따란 계단 발치에 서 있다. 이 계단은 로즈의 흉상이 서 있는 고전주의 양식의 사원으로 이어진다.

이 기념관은 '데블스 피크'의 낮은 곳, 그루트 슈어 저택 영지가 있는 테이블 산 기슭에 있다. 남쪽으로 그리 멀지 않은 곳에는 남아프리카 공화국에서 가장 오래되고 규모가 큰 식물원으로 로즈가 1895년에 세운 커스텐보슈 국립 식물원이 있다. **RC**

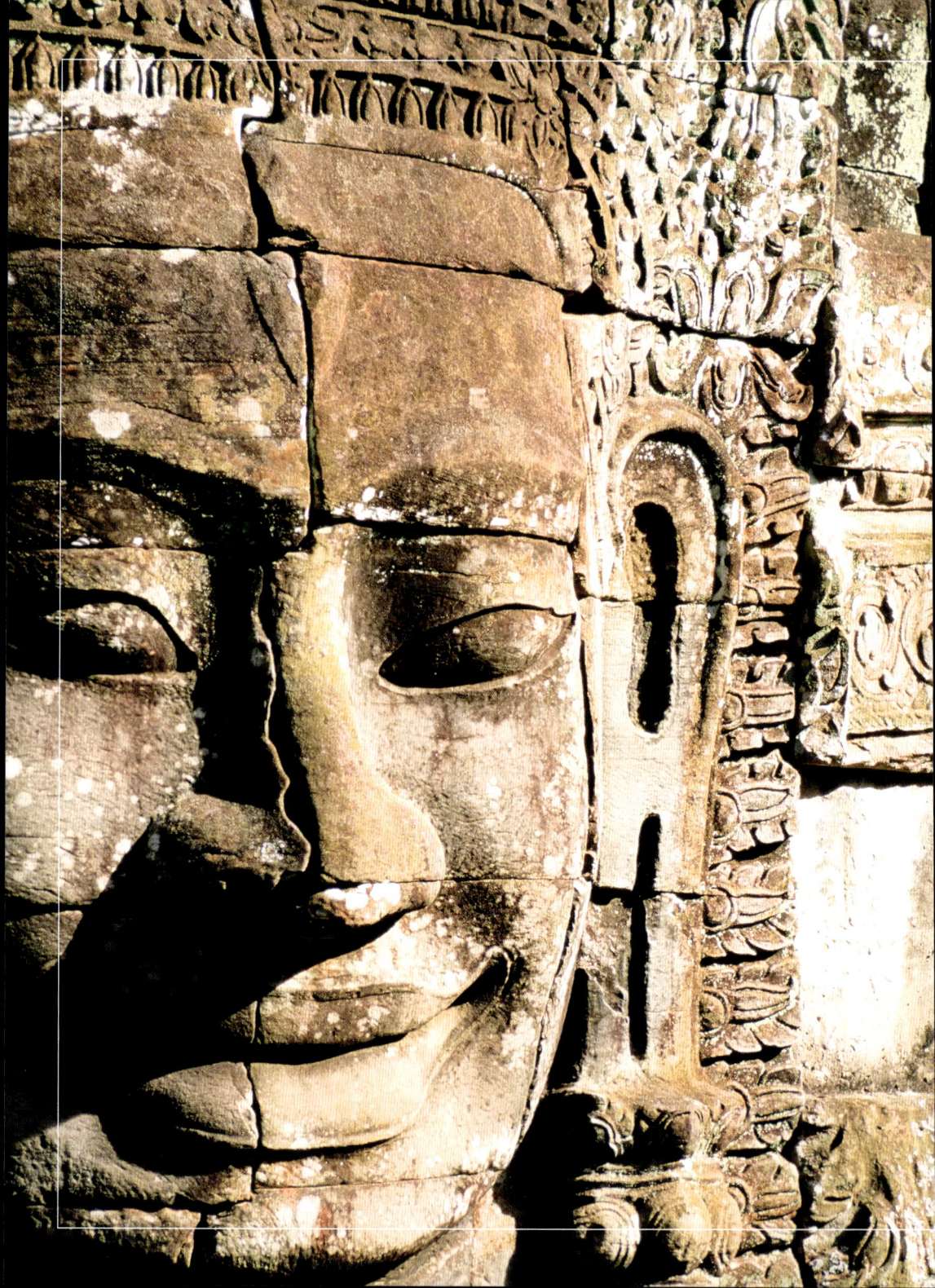

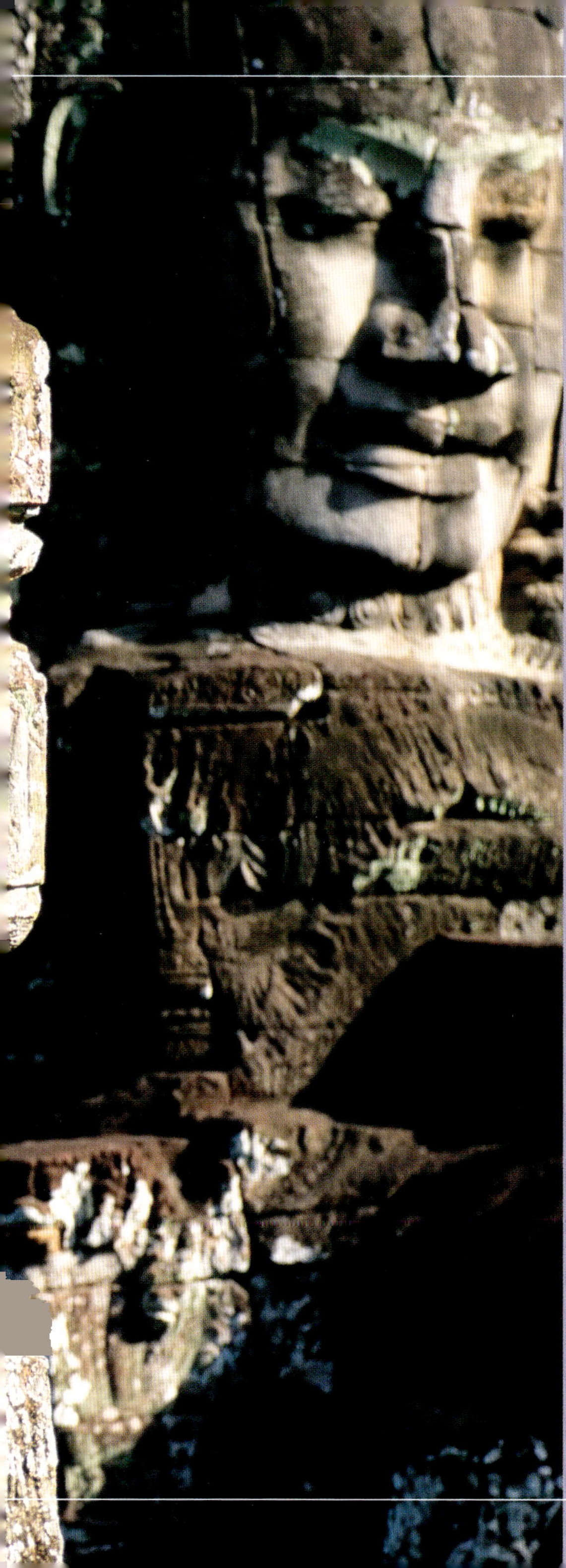

터키와 아라비아에서 일본까지 뻗어 있는,
지구상에서 가장 넓은 이 대륙은 페르시아,
인도, 중국에서 훌륭한 고대 문명을 발원시켰다.
비옥한 땅과 바빌론, 콘스탄티노플, 예루살렘,
아그라, 사마르칸트, 베이징과 같은 부유한
도시들을 차지하기 위해 싸우는 과정에서
광대한 제국들이 충돌을 일으켜 왔다. 아시아는
오스만 술탄과 무굴 제국 황제들의
호화찬란함을 목도해 왔으며 세계의 주요
종교를 탄생시켰다. 힌두교, 불교, 유태교,
기독교, 이슬람교는 모두 아시아에서 탄생했다.

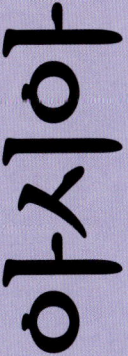

앙코르의 바이욘 신전에 있는
석상 머리는 자야바르만 7세의
초상을 나타낸 듯하다.

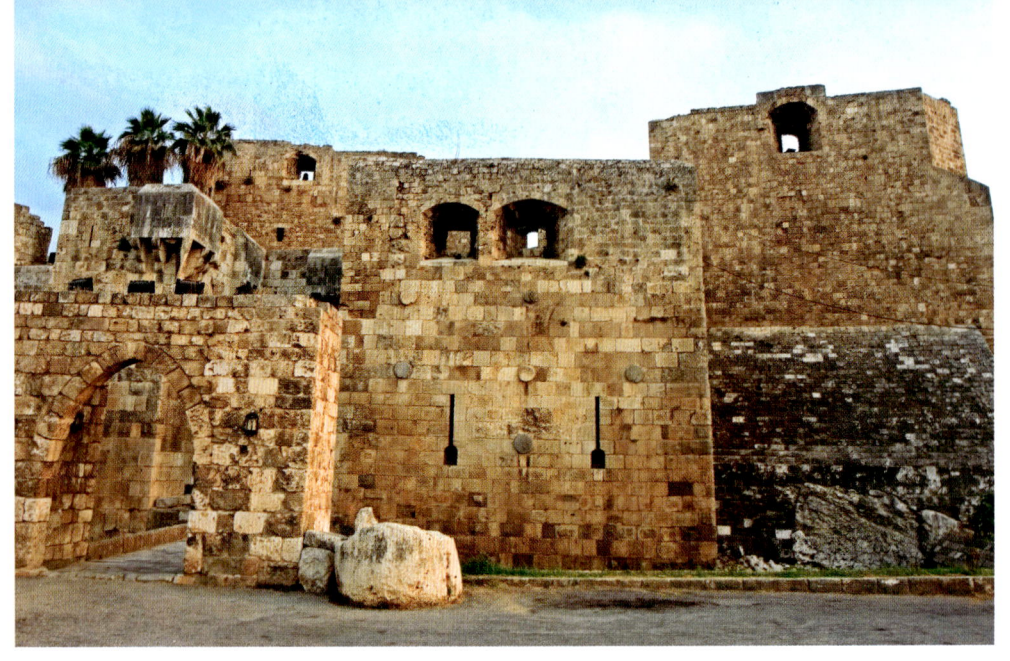

레이몽 드 생 질 성채 레바논, 트리폴리 | Citadel of Raymond de St. Gilles

웅장한 십자군 성이자 요새

레바논 트리폴리의 울퉁불퉁한 암반에 서 있는 레이몽 드 생 질의 성채는 길고 복잡한 역사를 지닌 요새이다. 636년 아랍 군인들이 최초로 이 자리에 요새를 짓긴 했지만, 이 건물의 이름은 기독교 십자군 기사였던 툴루즈 백작 레이몽 드 생 질의 이름에서 왔다.

이슬람교도들이 지배했던 지중해 동쪽 연안으로 출정한 제1차 십자군 원정(1096~1099)을 이끌었던 강력한 군사 지도자 레이몽은, 강력한 방벽이 보호하고 있던 부유한 항구이자 도시였던 트리폴리를 정벌하기로 마음먹었다. 급습으로는 도시를 차지할 수 없었으므로 1103년 그는 바위가 많은 산등성이에 새로운 성을 지으라는 명령을 내렸는데, 이 성은 4.8km 길이의 정원과 과수원에 의해 트리폴리와 분리되어 있었다. 자신이 '필그림 산'이라고 이름 붙인 성 안에 일단 자리를 잡자 레이몽은 트리폴리 시로 접근 가능한 땅을 지배할 수 있었다. 도시를 지키는 무슬림 군사들은 요새에서 기독교도들을 몰아내기 위해 여러 차례 돌격을 가했으며, 그러한 공격

중 레이몽은 한 차례 치명적인 부상을 입었다. 그는 1105년 2월 성 안에서 죽었다. 그러나 그의 아들 베르트랑은 1109년 도시를 점령하는 데 성공했으며 트리폴리 백작이라고 선포했다.

트리폴리는 1289년까지 기독교의 지배를 받았으나, 그해에 이집트 맘루크들이 십자군들을 레바논에서 몰아내기 위한 최후의 공격의 일환으로 도시를 점령하고 약탈했다. 맘루크들은 오래된 항구도시를 완전히 파괴해 버리고 성채의 벽 아래쪽에 새로운 내륙 도시를 세웠다. 성채는 크게 확장되고 재건되어 1516년까지는 맘루크 왕조에서, 이후에는 오스만 튀르크 제국에서 행정 중심지로 계속해서 사용되었다.

오늘날 남아 있는 웅장한 건물들은 900년에 걸친 역사가 남긴 잔재이다. 건축학적인 흥미의 대상이라 할 만한 부분은 입구로 하나는 오스만, 하나는 맘루크, 하나는 십자군이 세운 세 개의 관문이 있다. **RC**

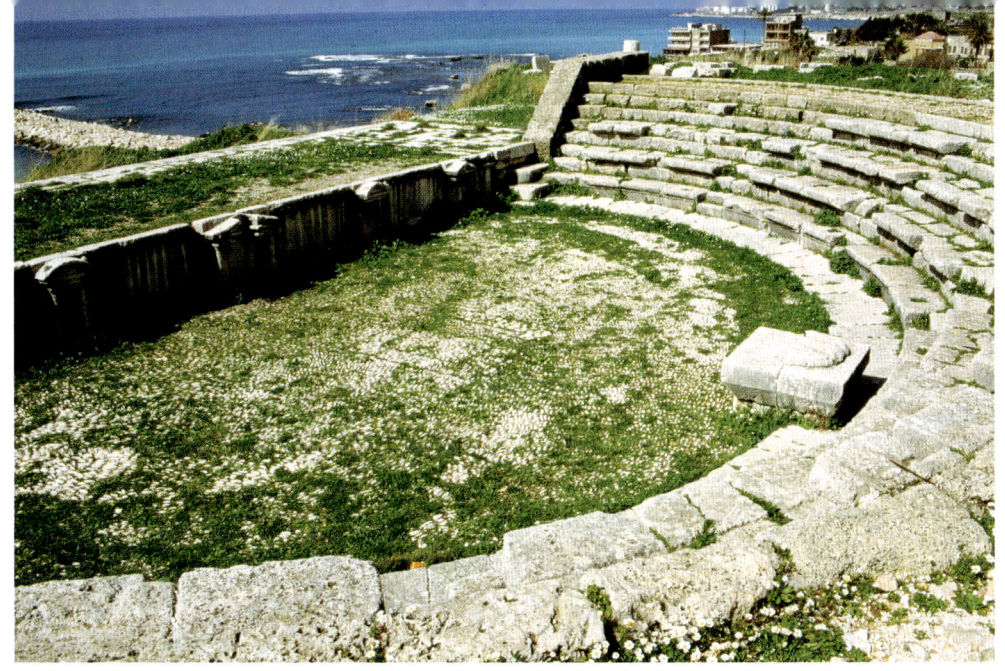

🏛 ◎ 비블로스 레바논, 주바일 | Byblos

세계의 여러 문명들이 차지했던, 세계에서 가장 오래된 도시들 중 하나

비블로스(주바일이라고도 한다)는 거의 7천 년이나 된 역사를 지닌, 세계에서 가장 오래된 도시 중 하나이다. 이곳은 페니키아 제국에서 번성하는 항구이자 매우 중요한 도시였다. 페니키아인들(가나안인이라고도 알려져 있다)은 현재의 레바논 지역으로부터 왔으며, 이들의 제국은 중동 전역과 그 너머로까지 뻗어 갔다. 이들이 세상에 선사한 것들 중 하나가 그리스와 에트루리아, 그리고 서양 알파벳의 근간이다. 페니키아인들 시대부터 세계 위대한 문화들의 몇 가지 본보기가 비블로스에 꽃피어 왔다. 이집트, 페르시아, 오스만, 아랍, 그리스, 로마, 비잔틴 사람들이 이 도시를 점유했다. 따라서 고고학 발굴 작업의 결과로 서로 전혀 다른 이 모든 문화가 낳은 풍요로운 보배들이 발견됐다. 여러 가지 면에서 비블로스를 연구한다는 일은 인간 문명을 연구하는 것이라 할 수 있다.

매번 새로운 문화가 비블로스에 도달할 때마다 서로 다른 법과 종교가 도입되었다. 신전들은 약탈당하고, 가장 최근에 온 정착민들이 신을 숭배하는 성소로 재창조되었다. 폐허가 된 신전들 중 가장 매혹적인 신전 하나는 오래된 오벨리스크가 굉장히 많이 서 있어 넓은 지역에 걸쳐 흩어져 있는데, '오벨리스크의 신전'이라는 이름이 붙었다. 한때는 진정으로 웅장한 신전이었을 것이 틀림없다. 오늘날은 진정으로 웅장한 폐허라 할 수 있다. 비블로스의 다른 주목할 만한 유적들로는 페니키아인들의 묘지, 4천 년의 세월을 간직한 이집트 신전, 로마 원형 극장, 12세기에 십자군이 세운 성 등이 있다.

1860년 에르네스트 르낭이라는 이름의 프랑스인이 이 오래된 도시의 유적 터를 발굴하기 시작했지만, 발굴 작업의 대부분은 20세기에 이루어졌다. 1920년부터 시작하여 50년에 걸쳐 여러 명의 일류 고고학자들이 일을 나눠 맡아 가며 땅을 팠던 것이다. 놀랍게도 비블로스는 레바논에서 최근에 벌어진 전쟁의 가장 참혹했던 전투를 피할 수 있었으나, 레바논 국민들이 위험 속에 남아 있는 한 비블로스도 언제 폭격될지 모르는 위험에 놓여 있는 셈이다. **LH**

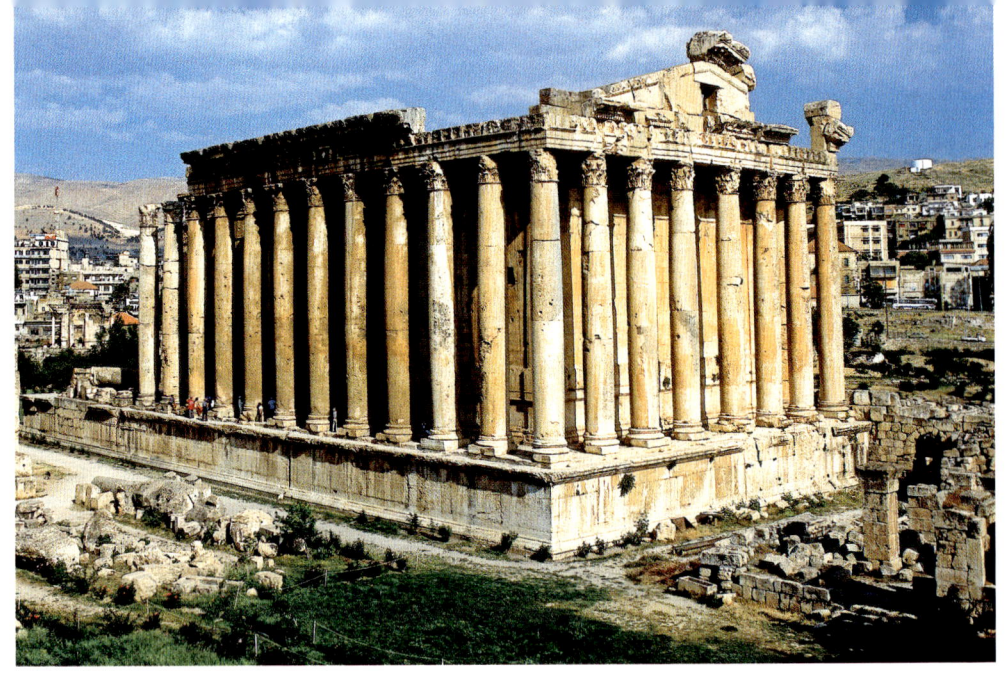

🏛 ◎ 바쿠스 신전 레바논, 바알베크 | Temple of Bacchus

잘 보존된 호화로운 로마 신전 유적

로마의 유적은 제국의 휘황찬란을 드러내는 웅장한 광경을 불러내 눈앞에 생생하게 떠오르게 하지만, 바알베크에 있는 이 신전은 자신만의 고유함을 지니고 있다. 고대의 언덕 위에 높이 자리 잡고 있는 이 눈부신 유적은 베카아 골짜기의 메마른 대지로부터 솟아올라 있다. 아직 남아 있는 건물 중에서 각각 높이가 19m인 마흔두 개의 코린트 기둥으로 둘러 싸인 바쿠스 신에게 바친 신전은 가장 훌륭한 상태로 보존되어 있다. 이 장소의 역사는 기원전 3천 년 전까지 거슬러 올라가는데, 당시 이 땅에는 페니키아인이 살았다. 그들은 태양신 바알에게 바치는 신전을 건설했고, 도시에 바알베크라는 이름을 주었다.

헬레니즘 시대에 바알베크는 헬리오폴리스, 즉 '태양의 도시'라는 이름으로 알려졌다. 율리우스 카이사르 시대에는 로마의 식민지가 되었으며, 여러 대에 걸친 황제들이 건축 붐을 일으켜 이곳을 넓혔다. 바알베크는 로마인들에게 매우 중요한 숭배 중심지였으며, 세 개의 주요 신전은 바쿠스(포도주와 비옥함의 신), 주피터, 비너스에게 바쳤다. 서기 313년 기독교가 합법화되어 로마 제국의 공식 종교가 되기까지 이 도시는 번영을 누렸다. 이교 숭배가 수그러들면서 헬리오폴리스는 침체에 빠졌고, 신전들은 닫히거나 종종 일부분이 파손되는 경우도 있었다. 이러한 피해와 이후에 이 지역을 덮쳤던 강력한 지진들을 생각하면, 바쿠스 신전이 이렇게 많이 남아 있다는 점은 놀랄 만한 일이다. 장식이 된 프리즈와 엔태블러처, 마르스와 다이아나를 포함한 인물들을 새긴 정교한 조각들은 방문객들에 의해 발견되기를 기다리고 있다. 바쿠스 신에게 바치는 신전이라고는 하지만 도해된 것으로 보아 날개 달린 신들의 전령 머큐리에게 바쳐졌다는 설도 있다.

7세기에 바알베크는 무슬림 군대에게 포위당했으며 신전들은 요새로 개조되었다. 폭풍우치는 듯한 과거를 겪었음에도 이 신전 유적들은 2천 년도 더 오래된 옛날에 이 걸작을 창조해 낸 이들에 대해 증언해 주며 굳건하게 버티고 있다. **KB**

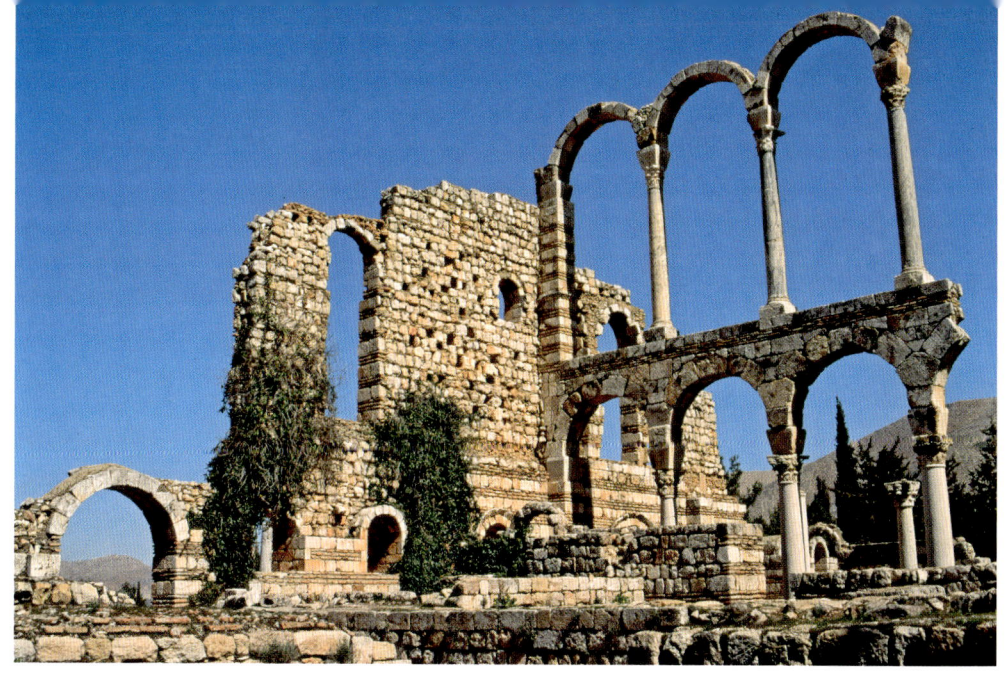

안자르 유적 레바논, 베카아 계곡 | Ruins of Anjar

우마이야 왕조가 세운 도시가 남긴 훌륭한 자취

태양이 비치는 레바논 하늘을 배경으로 헐벗은 해골처럼 서 있는 이 웅장한 유적은 이 지역의 역사를 돌이켜 보게 해 주는 흥미진진한 흔적이다. 오늘날 안자르의 인구는 주로 제2차 세계대전이 일어났을 때 프랑스가 데려온 아르메니아 이민자로 이루어져 있다. 아르메니아인이 도착했을 때, 도시는 인적 없고 황량한 사막과도 같았다. 피난민은 텐트 안에서 살았으며 많은 사람들이 질병과 굶주림으로 죽었다. 그 이후 그들은 안자르를 고향으로 삼아 다시 녹색이 감도는 경작 지역으로 바꾸어 놓았다.

안자르의 전성기는 우마이야 왕조 시대(660~750)였다. 칼리프 왈리드 1세가 이 도시를 지었으며 곧 번영하는 떠들썩한 도시가 되었고, 6천 개 이상의 상점이 들어선 극히 중요한 무역 중심지가 되었다. 우마이야 왕조는 안자르를 사냥 별장이자 여름의 가장 더운 몇 달을 보내기 위한 휴양처로 이용했다.

우마이야 왕조가 세운 이 도시의 – 주민들에게는 '게르하'라 알려져 있었다 – 최초 발굴 작업은 1949년에 시작되었으며 아직도 진행 중이다. 상점의 우아한 아케이드를 형성했던 높은 기둥과 늘씬한 아치 길의 유적들이 남아 있다. 목욕탕, 주택, 궁전, 모스크, 수크(무슬림 국가의 야외 시장), 잘 포장된 도로의 유적도 남아 있다. 도시는 강력한 요새 설비를 갖추고 있었으며, 아직도 웅장한 관문들과 탄탄하게 지어진 감시탑들을 볼 수 있다. 안자르는 시냇물 근처에 건설되었고, 물을 끌어오기 위해 홈통과 파이프가 설치되었다.

안자르의 건축 양식에는 토착 양식과 외부에서 들여온 양식이 혼합되어 있으며, 성벽의 석조 세공에서는 그리스, 로마, 초기 기독교 건물이 지닌 요소를 종종 찾아볼 수 있어 옛 건축물의 자재를 재활용했으며 전리품들을 건축 양식에 통합해 넣었다는 사실을 시사해 준다. 지금은 머리가 사라졌으며, 풍성한 옷을 입고 있는 것처럼 조각된 커다란 조각상이 황폐해진 유적 위로 망을 보고 있다. 가까운 곳에는 이보다 더 오래된 문명의 규모가 크게 줄어든 유적인, 로마 시대 성이 있다. **LH**

알레포 성채

시리아, 알레포 | Aleppo Citadel

중동에서 가장 오래된 중세 요새 중 하나

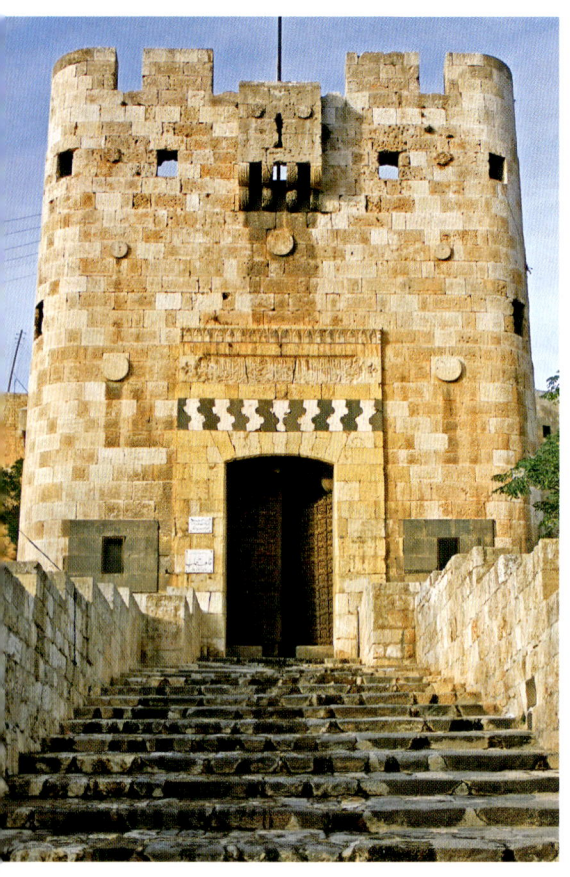

"강건한 주민들, 눈부신 건축술, 점점 되살아나는 훌륭한 아랍 전통의 느낌…"

고고학자이자 작가, 거트루드 벨, 알레포에 대하여

고대의 도시 알레포 한가운데에 서 있는 이 위엄 있는 요새는 이 지역에 있는 가장 오래된 성채 중의 하나이다. 현재의 요새는 1193년경부터 1215년경까지 통치했으며 명성 높은 무슬림 지도자였던 살라딘(살라흐-앗-딘이라고도 함)의 아들인 알-가지를 위해 건설되었다. 이 성채는 예전에 서 있던 성채를 기초로 하여 세워졌고, 옛 성채 역시 그보다 전에 있던 토대 위에 지어졌던 것이었다. 고고학적 발굴 작업에 따르면 알레포 성채가 서 있는 자리에는 기원전 10세기부터 사람이 살아 왔다고 한다. 구전 역사에서는 이 지역의 역사는 그보다도 훨씬 더 오래되었으며, 성채의 언덕은 기원전 16세기까지 거슬러 올라가는 역사를 지니고 있다고 주장한다.

가파른 돌계단으로 된 인상적인 대로를 통해 이 성채에 도달하게 되는데, 지금은 물이 말라 버린 해자가 주변을 둘러싸고 있다. 알레포 지구들-세계에서 가장 오래된 도시 중 하나이다-은 이 요새를 중심에 둔 채 주변부에서 성장했다. 알레포의 인구가 불어나면서, 높은 언덕에 있던 아름다운 오래된 길과 장인들이 거주하던 숨은 구역이 보다 낮은 지역으로 확산되어 나왔던 것이다. 12세기에 이 성채와 수비대는 알레포의 시민들뿐만 아니라 주변의 귀중한 경작 지대를 지켰다. 성채는 나름대로의 독립된 작은 도시였으며, 궁전과 그보다는 소박한 주택들, 군대 거주 구역과 훈련장, 지하 감옥, 무기고, 공공 목욕탕, 물탱크, 식량 저장 구역, 모스크, 여러 개의 종교 사당을 갖추고 있었다.

이후 여러 세기에 걸쳐 많은 통치자들이 성을 개축했는데, 가장 주목할 만한 인물은 사이프 알-딘 자감으로 그는 티무르가 이끄는 몽골의 침략 이후 성채를 수리했다. 19세기에는 지진이 발생해 건물들이 손상되었고, 재건 과정에는 수십 년이 걸렸다. 20세기에 성채는 일류 관광 명소로 변모했으며 오늘날에는 시민들이 콘서트며 공연을 볼 수 있는 원형 극장이 있다. **LH**

칼라트 사마안 바실리카

시리아, 알레포 부근 | Qala'at Samaan Basilica

유명한 은둔자의 유물을 간직하고 있는 오래된 교회

이 훌륭한 시리아의 고교회는 사실 네 개의 바실리카로 지어졌다. 네 개의 바실리카는 넓은 팔각형 부지에 십자가 모양으로 배치되어 있으며, 그 중심에는 초기 기독교의 귀중한 유물 유적이 서 있다. 바로 5세기의 은자 성 시메온이 그 위에서 삶을 마감한 돌기둥이다.

천국과 가까운 고립된 삶을 염원했던 이 성인은 생의 36년간을 야외의 땅 위에 있는 높은 기둥 위에서 보냈는데, 종국에는 높이가 15m나 되는 기둥 꼭대기에서 살았다. 이 기둥 위에서 그는 야외의 악천후에 그대로 노출된 채 기부로 들어오는 얼마 안 되는 음식만을 먹으며 삶을 지탱해 나갔다. 성 시메온이 살아 있을 동안, 그에게 정신적인 지도를 받기 위해 사람들이 이곳으로 몰려들었다. 459년 그가 사망한 이후에는 성인을 기리기 위해 커다란 교회가 세워졌다. 당시로서는 세계에서 가장 큰 교회였으며 기독교도들이 순례하러 오는 주요한 장소가 되었다.

네 개의 바실리카 중에서 동쪽 건물은 나머지 세 개보다 조금 더 큰데, 가장 중요한 행사를 개최하는 장소였기 때문이다. 부지에는 수도원, 예배당, 세례당도 있는데, 세례당은 시기적으로 조금 뒤에 교회 가까이에 지어졌다. 근처에는 성 시메온이 한때 살았던 수도원의 옛터인 '데이르 사마안'으로 이어지는 길이 있다. 기둥은 현재 2m 높이의 돌덩이 정도로 줄었지만, 교회 경내 유적은 잘 보존되어 있다. 건물의 전반적인 형태가 뚜렷하게 보이며, 로마네스크 양식으로 된 중앙 파사드는 여전히 온전하고 드라마틱한 광경을 선사하는데, 봄이면 꽃이 흐드러지게 피어나는 아름다운 시골 땅을 바라보고 있는 듯한 분위기이다. 성 시메온은 살아생전 강력한 영향력을 지닌 기독교도로, 수많은 군중이 존경어린 태도로 그의 설교를 경청했다고 한다. 최초의 '주상(柱上) 고행자', 즉 기둥 위에 올라가 수행한 은자였던 그는 여러 대에 걸친 고행자들이 따르는 본보기가 되었는데, 가깝게는 1800년대까지도 주상 고행자들이 있었다. **AK**

두라 에우로포스

시리아, 다이르 앗-자우르 부근 | Dura Europos

시리아 사막의 폼페이

유프라테스 강 위로 솟은 벼랑 위 높은 곳에 자리하고 있는 두라 에우로포스는 시리아 동쪽 국경에 있는 헬레니즘-로마 시대의 외딴 방어 도시이다. 두라는 셈 고어로 '요새'를 의미하며, 에우로포스는 기원전 4세기에 알렉산드로스 내왕이 거느렸던 마케도니아의 장군 셀레우코스 니카토르 1세의 탄생지였다. 바빌로니아인들이 처음으로 차지했던 두라 에우로포스는 군사 주둔 기지로 사용되었으며, 기원전 303년에 셀레우코스 왕조에 의해 헬레니즘 도시로 재건되었다. 기원전 113년에는 파르티아 왕국의 국경 요새가 되었으며 이후 서기 165년에는 로마에 합병되었다. 페르시아의 사산 왕조는 두라 에우로포스가 서쪽으로 세력을 펼치는 데 걸림돌이 된다고 생각해서 256년에 이 도시를 점령하여 파괴해 버렸다.

> " 가능한 한 조용히 유프라테스 강을 기어 올라가 … 우리는 두라에 도달했다는 사실을 깨달았다."
>
> 고고학자, 제임스 브리스티드

두라 에우로포스는 지금껏 알려진 가장 오래된 기독교 교회와 시나고그가 있는 장소로, 시나고그의 기원은 아람어로 된 비문에 의해 서기 244년으로 기록되어 있다. 구약 성경의 장면들을 묘사한 시나고그의 프레스코화는 오늘날 다마스쿠스의 국립 박물관에 있다. 예수의 이미지를 나타내기도 한 교회 벽화들은 가장 초기 기독교 예술에 속한다. 두라 에우로포스의 고고학 유적 중에는 신전, 궁전, 목욕탕, 그리고 원형 극장 하나도 있다. 이리저리 날리는 모래에 묻혀 숨겨져 버린 이 유적지는 1920년 영국 군인이 재발견했다. 훌륭하게 보존된 고고학 유적들, 이 장소에 깃든 역사적 중요성, 그리고 벼랑 위라는 놀라운 곳에 위치하고 있다는 사실 덕분에 시리아에서 가장 중요한 고고학 유적지 중 하나이다. **EP**

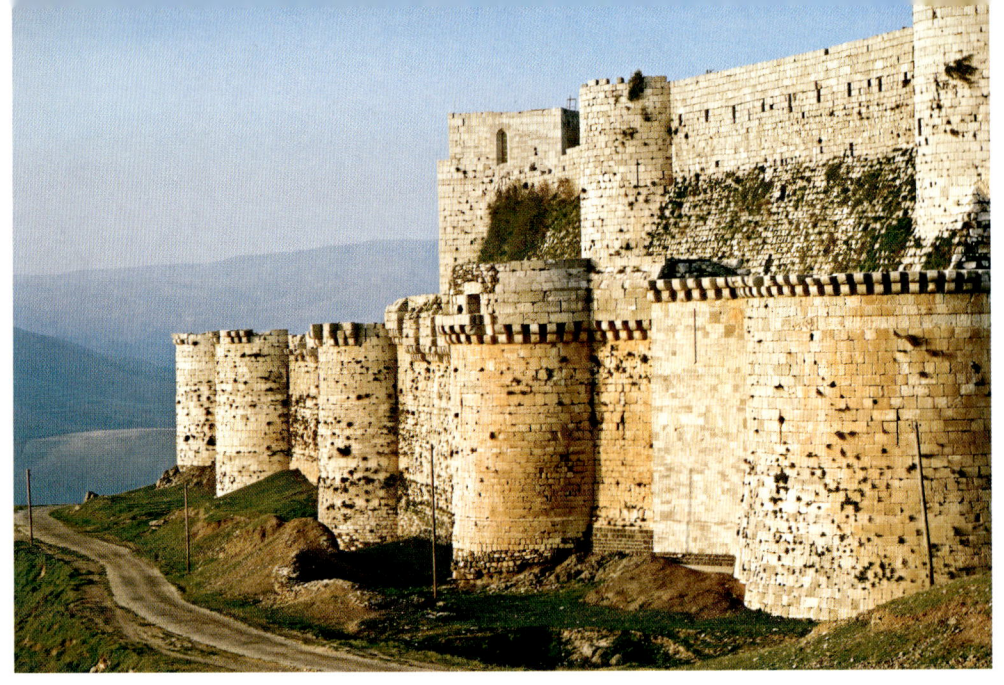

🏛 ◎ 크락 데 슈발리에 시리아, 홈스 부근 | Crac des Chevaliers

보기 드물게 보존되어 있는 십자군 성으로 세계에서 가장 훌륭한 예

T. E. 로렌스('아라비아의 로렌스')는 크락 데 슈발리에를 "세계에서 가장 잘 보존되어 있으며 전적으로 감탄을 자아내는 최고의 성"이라 묘사한 바 있으며, 이 말에 반기를 들 사람은 드물 것이다. 높고 바위투성이인 암석 선단 위에 위치하여 주변의 골짜기를 내려다보고 있는 이 무장된 성채는 도무지 꿰뚫을 수 없을 것처럼 보인다.

크락 데 슈발리에는 전략적으로 극히 중요한 지점을 차지하고 있었다. 레바논 국경과 가까운 힘스 고갯길에 자리한 이 성은 안티오크와 베이루트 사이의 주요 루트를 지배했으며, 십자군이 정복한 국가들을 방어하는 성들로 이루어진 네트워크의 일부를 형성했다. 이 장소의 중요성은 역사적으로도 잘 알려져 있었다. 이집트인들은 히타이트를 상대로 싸울 때에 이곳을 차지했으며, 힘스의 에미르는 1031년 이곳에 요새를 지었다. 이 요새가 1099년 십자군에게 함락되었으며, 12세기 초에 여러 차례 소유주가 바뀐 뒤 1142년 템플 기사단과 비슷한 기독교 기사 수도회인 구호 기사단의 손에 들어갔다. 이들

은 성의 이름에 있는 슈발리에(기사)이기도 하다.

구호 기사단은 오랜 기간에 걸쳐 요새를 재건했다. 부분적으로는 유럽과 비잔틴의 성을 모델로 삼았으나, 크락 데 슈발리에는 그러한 건축물보다 훨씬 인상적이다. 두 개의 동심원으로 이루어진 원형 성벽이 방어의 기초를 이루었다. 원통형 탑이 있는 바깥쪽 외벽과, 주 요새를 보호하는 안쪽 벽이 그것이다. 성의 외관은 대부분의 적들이 공격할 엄두를 내지 못할 만큼 충분히 위협적이었다. 결국 요새가 함락된 것은 포위 공격 때문이 아니라 책략 때문이었다. 1271년 기사들은 지휘관이 보냈다고 하는 위조 편지 때문에 속아서 항복했던 것이다.

크락 데 슈발리에는 십자군들이 떠난 오랜 뒤에도 군사 요새로 남았다. 군사적인 면에서 유용성이 줄어들자 성벽 안에 마을이 성장했다. 이 마을은 1934년 프랑스 당국에 의해 옮겨졌으며 현재 이곳은 인기 있는 관광 명소이다. **IZ**

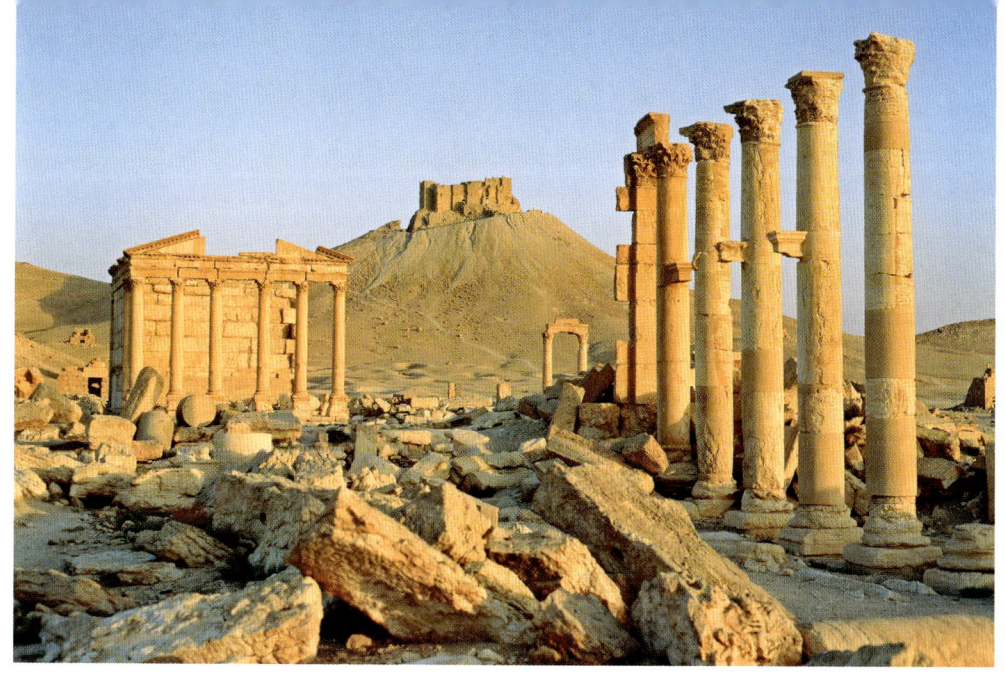

팔미라 시리아, 팔미라 | Palmyra

서로 다른 문명들의 교차로에 있는 훌륭한 고대 도시

팔미라에 있는 유적들이 분포된 범위만으로도, 이곳이 고대 세계의 가장 큰 도시 중 하나였다는 사실을 알 수 있다. 팔미라는 광범위한 지역과 무역 연계를 맺고 있었으며 로마와 우호적인 관계를 맺어 번영하게 되었고, 동시에 독특한 문화를 발달시켰다. 그러나 결국 스스로 거둔 성공의 먹잇감이 되어 서기 273년 멸망하고 말았다.

팔미라의 중요성은 시리아 사막 한가운데의 오아시스에 있다는 그 위치로부터 기인했다. 이곳은 오래된 실크 로드를 따라 여행하던 캐러밴이 머물러 쉬어 가는 중요한 장소였다. 적어도 기원전 2000년부터 이곳에는 사람이 정착해 왔으며, 이 무렵 마리(오늘날의 텔 하리리)의 오래된 기록에 이 도시가 언급되어 있다. 그러나 팔미라는 로마의 전성기와 같은 시기에 그 절정기를 누렸다. 이 도시는 로마의 속주가 되었으나, 귀중한 동맹이었고 상당한 수준의 독립을 유지했다. 그러나 제노비아 여왕의 통치시기에 와서 이 미묘한 균형은 위협을 받았다. 로마의 총애를 받았던 전 남편 오다이나투스와 달리 그녀는 팔미라의 국경을 확장시키기를 바랐다. 그녀의 군대는 이집트와 아시아의 영토를 점령했으며, 그녀가 자신의 아들 바발라투스를 황제로 선포하자 로마는 이를 즉각적인 위협으로 받아들였다. 아우렐리아누스 황제의 명에 따라 팔미라는 약탈당했으며 제노비아는 로마로 붙들려 갔는데, 로마에서 그녀는 황금 사슬에 묶인 채 거리를 행진하는 구경거리가 되었다고 한다.

여러 문명 간의 교차로에 서 있었던 팔미라의 예술과 건축술은, 그리스-로마의 기법을 지역적인 전통과 페르시아의 영향과 결부시켰다. 팔미라의 유적 대부분은 로마 시대로부터 기인한다. 주요 유적으로는 벨 신전, 대(大)주랑, 디오클레티아누스의 목욕탕, 테트라필론(입방체의 형태에 사방으로 문이 나 있는 고대 로마의 건축물)이 있다. 이러한 유적 중 일부는 후에 군사적인 목적으로 개조되었으나(예를 들어 벨 신전은 12세기에 아랍 요새가 되었다), 팔미라는 아우렐리아누스 황제의 공격으로부터 다시는 회복하지 못했다. **IZ**

18세기 이슬람 건축의 걸작

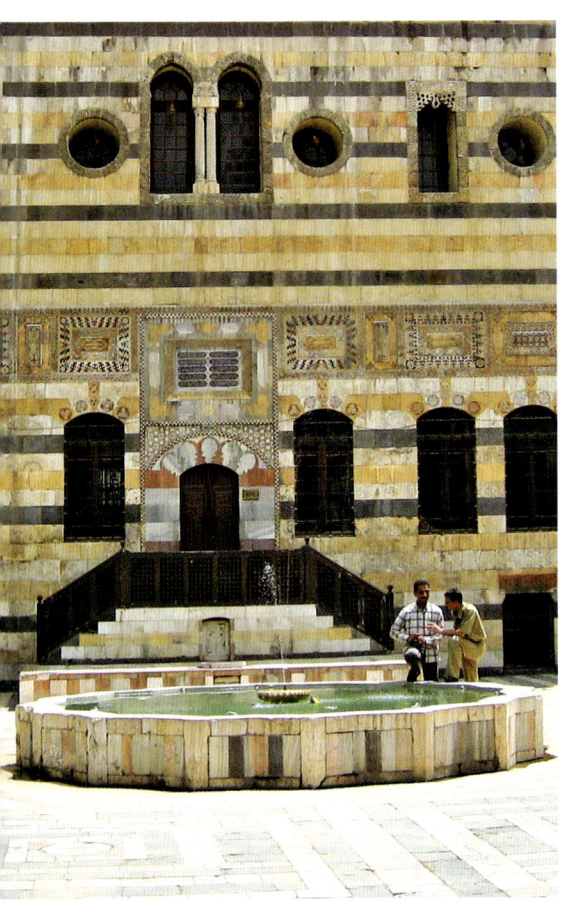

"아젬 궁전을 재건축하는 일은 이슬람 세계에서 중요한 사건이었다."

아가 칸 건축상 심사단

오스만 제국의 다마스쿠스 총독 아사드 파샤 알-아젬을 위해 1749년에서 1752년까지 건축된 아젬 궁전은, 다마스쿠스 고도시에 있는 오스만 저택 중에서도 가장 웅장하고 가장 사치스럽게 장식된 궁전이다. 이 궁전은 세 개의 안뜰이 가까이 붙어 있는 전형적인 오스만 양식의 배치법을 따르고 있다. '살람리크', 즉 손님 접대용 안뜰은 온도를 시원하게 유지하기 위한 중앙 분수와 훌륭한 대리석이 깔린 바닥을 지닌 의례적인 홀이다. 우아하며, 정교하게 장식된 열려 있는 아치를 지나가면 여름용 좌석 공간이 나온다. 여름용 방도 하나 있는데, 천장이 매우 높으며 열 개의 청동 뱀 머리가 달린 화려하게 제작된 중앙 분수가 있다. 보다 따뜻한 겨울용 방의 바닥은 보기 드물게 아름다운 대리석으로 되어 있으며, 벽난로가 있다. 넓은 안뜰과 시트러스 나무에 둘러싸인 풀장이 있는 가족 거주 공간, 즉 '하람리크'는 가족 개인적인 방들로 이어지는데, 이러한 방 중에는 학교, 도서관, 무기고, 혼례의 방, 순례의 방, 음악실, 돔형 지붕으로 완성된 종합적인 목욕탕 등이 있다. '카담리크', 즉 하인들 공간은 하람리크의 뒤편에 있다.

이 궁전은 웅장한 규모로 건축되었으며, 희귀하고 아름다운 소재와 몹시 뛰어난 공예술을 보여 주는 호화로운 전시장이다. 건물에는 석회암, 사암, 현무암, 여러 종류의 대리석 등 여러 가지 석재가 사용되었다. 총독은 보스라에서 가져온 로마 기둥들과 바니아스에서 가져온 오래된 포석들을 저택의 구조 안에 짜 넣도록 했다. 집이 겨울에는 시원하고 여름에는 서늘하도록 벽은 두꺼우며, 저택 전체에서 고요함과 품위 있는 삶의 향기가 풍긴다.

궁전은 1925년 화재로 심한 손상을 입었으며, 이후 동시대의 건물에서 구해 온 자재들을 이용해 신중하게 복원되었다. 1951년 시리아 정부가 아젬 가로부터 궁전을 구입해, 1954년 시리아 최초의 박물관 중 하나로 대중 앞에 문을 열었다. 현재 아젬 궁전은 민중 예술과 전통 박물관이다. **LC**

🏛 ◎ 대(大)모스크 시리아, 다마스쿠스 | Great Mosque

종교적으로 몹시 중요한 자리에 있는, 최초의 기념비적인 이슬람 건물들 중 하나

다마스쿠스라는 도시는 수천 년에 걸친 역사를 지니고 있다. 이 도시에 대한 최초의 기록은 파라오 투트모세 3세에게 정복당했던 기원전 1500년으로부터 유래한다. 다마스쿠스는 아람 역사의 중심에 있었으며, 히브리인, 아시리아인, 고대 유태인, 바빌로니아인들과의 전투에 연루되었고, 알렉산드로스 대왕은 이 도시의 정복을 위해 부관 중 한 명을 보내기도 했다. 다마스쿠스는 구약 성경에도 언급되어 있으며 성 바울이 기독교로 개종했을 때 향하고 있던 목적지로 신약 성경에서 유명한 곳이기도 하다. 오늘날 이 대(大)모스크-우마이야 모스크라고도 한다-는 이 역사적인 도시의 심장부에 서 있다. 이 장소에는 수천 년 동안이나 종교적인 건물이 있어 왔으며, 가장 오래된 유적은 기원전 3000년경의 아람 신전이다. 로마 점령자들은 이곳에 주피터에게 바치는 신전을 지었고 초기 기독교들이 이 신전을 교회로 개조했으며, 대모스크는 8세기 초에 건설되었다. 화재로 인해 1893년 모스크 대부분이 파괴되었으나 12세기에 재건되었다.

대모스크는 최초의 기념비적인 이슬람 건물 중 하나였으며 그 디자인은 전 세계에 걸쳐 이슬람 건축에 영향을 끼쳤다. 모스크가 지어질 당시 다마스쿠스의 칼리프는 왈리드 빈 압드 알-말리크로, 그는 시민들에게 이 장소에 대해 다음과 같은 연설을 했다. "다마스쿠스의 시민들이여, 네 가지 면에 있어서 그대들은 세계의 다른 곳보다 우월하다는 표지를 받았다. 그대들의 기후, 물, 과일과 목욕탕이다. 여기에 나는 다섯 번째를 더하려 한다. 바로 이 모스크이다." 모스크 안에는 가장 뛰어난 무슬림 지도자 중 하나인, 십자군으로부터 예루살렘을 재탈환한 살라딘의 무덤이 있다.

오늘날 다마스쿠스의 대모스크는 평화와 아름다움이 깃든 분위기를 간직하고 있다. 중앙에 분수가 있는 그림처럼 아름다운 안뜰과, 모스크 내부의 널찍한 공간은 대단히 고요한 분위기를 자아낸다. **LH**

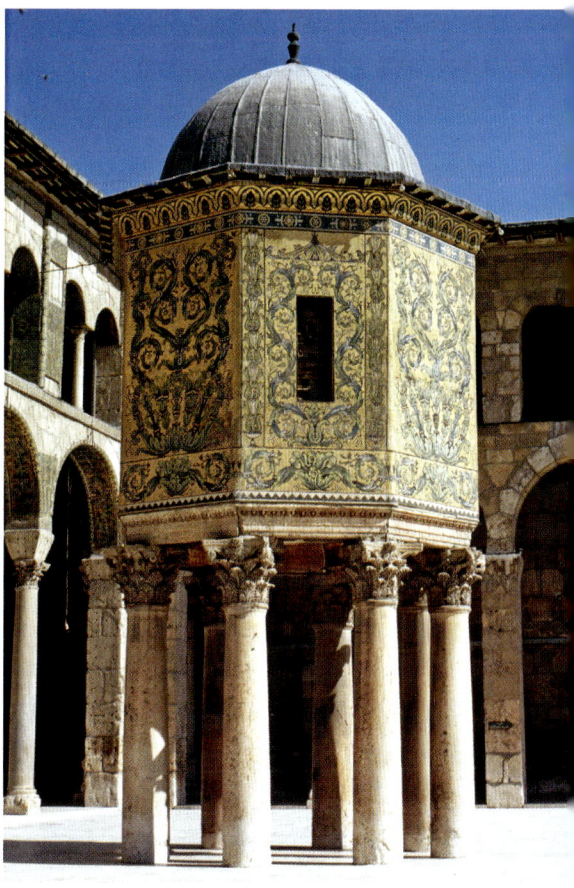

"오 알라여, 이 영혼을 흡족히 여기시고 그에게 천국으로 가는 문을 열어주소서."

살라딘의 무덤 위의 비문

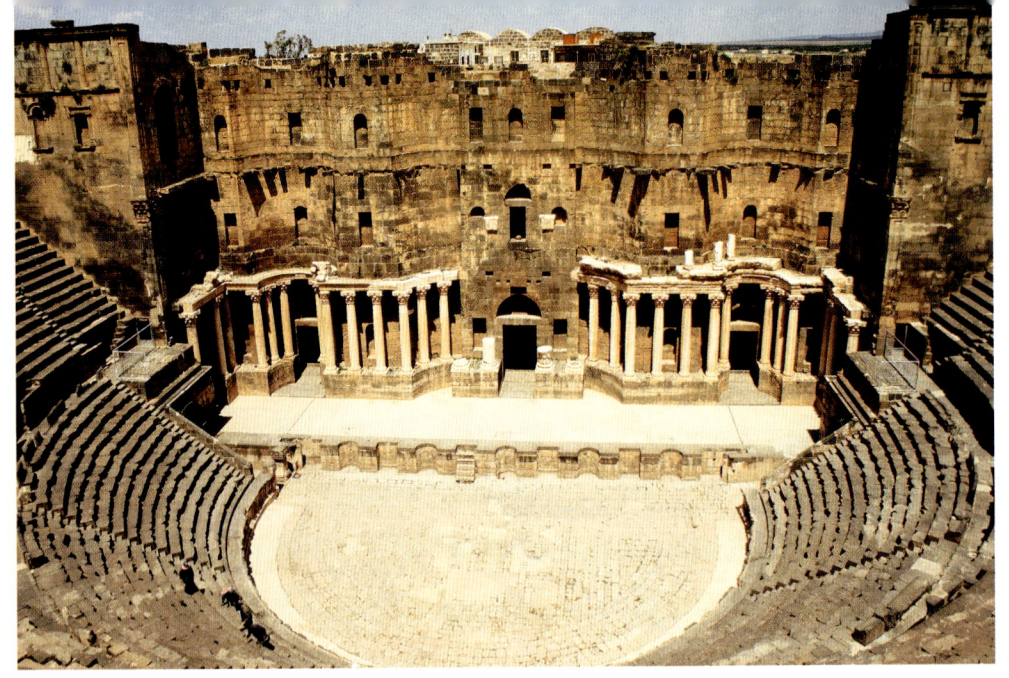

🏛️ ◎ 로마 극장과 성채 시리아, 보스라 | Roman Theater and Citadel

로마 세계에서 가장 훌륭하게 보존되어 있는 극장 중 하나

오래된 도시 보스라는 시리아의 다마스쿠스로부터 108km 남쪽으로 떨어진 곳에 위치하고 있다. '부라나'라는 이름으로 기원전 14세기에 최초로 언급되었던 이 도시는 이후에 나바테아 왕국의 수도가 되었다. 이후 서기 106년에 보스라는 로마의 황제 트라야누스에게 정복당하는데, 황제는 이 도시를 '네아트라야나 부스트라'라는 새로운 이름으로 불렀고 로마의 아라비아 속주의 수도로 삼았다. 보스라는 오래된 캐러밴 루트를 따라 메카와 메디나로 순례를 떠나는 순례자들이 중간에 쉬었다 가는 중요한 장소였다. 이 도시는 요르단 강 동쪽에 있는 핵심적인 로마 요새 구실을 했다. 3세기의 로마 황제로 이 도시에서 태어난 필리포스 치하에서 보스라는 '대도시'라는 칭호를 얻었다. 보스라는 4세기 초에 기독교 주교 관구가 되었으며, 634년에서 635년 사이에는 아랍 무슬림의 손에 들어갔다. 십자군은 1140년 보스라를 공격했으나 점령하지는 못했다. 이 공격으로 위협을 느낀 이집트의 지배 가문인 아이유브 왕조는 13세기에 들어 이 극장을 요새로 개조하게 된다.

이 자리에 남아 있는 로마 유적들 중에는 높은 무대 건물을 지닌 인상적이며 잘 보존되어 있는 극장을 비롯해, 신전, 개선문, 목욕탕, 수도교, 저수지 등이 있다. 극장은 2세기에 건축되었으며 최대 1만 5천 명까지의 관객을 수용할 수 있었다. 무대는 넓이가 45m에 깊이가 8m에 달하는 규모였다. 이후의 유적으로는 두 채의 초기 기독교 교회와 여러 채의 초기 이슬람 모스크가 있는데, 7세기에 건축된 오마르 모스크도 그 중 하나이다. 극장을 둘러싸고 있는 중세의 성채는 여러 단계에 걸쳐 건축되었다. 최초의 성벽은 아이유브 왕조 시대에 지어졌으며, 탑을 비롯한 부수적인 건물들은 11세기 중반과 12세기 초에 부가되었다.

로마, 비잔틴, 무슬림의 영향이 혼합되어 있으며, 훌륭한 보존 상태 덕택에 이 성채는 시리아의 주요 고고학 유적지 중 하나로 손꼽힌다. 보스라는 1980년 유네스코 세계문화유산으로 선포되었다. **EP**

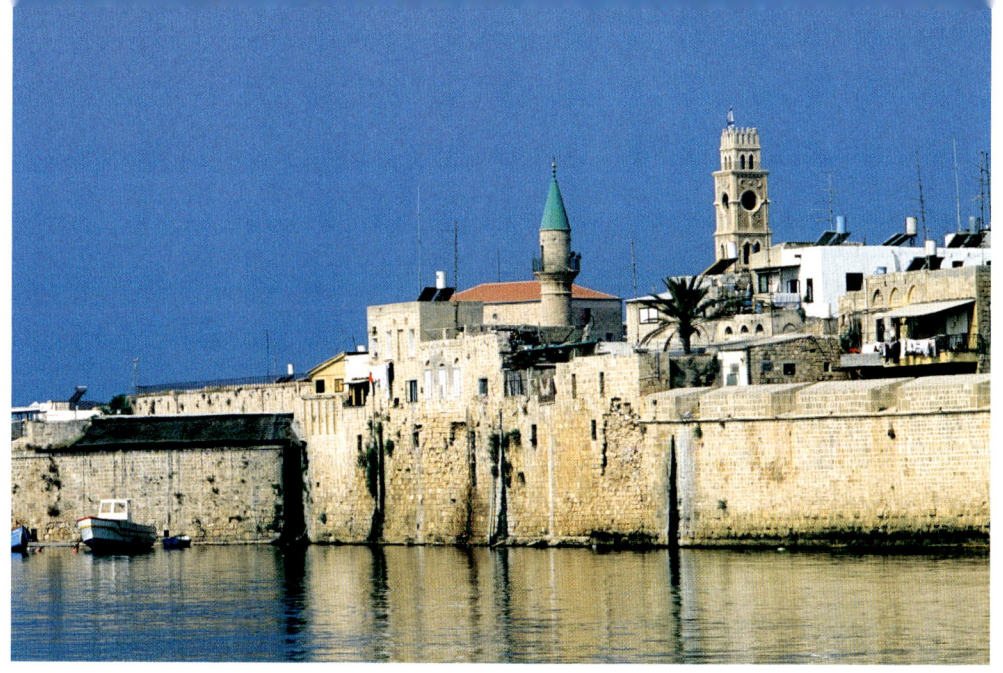

🏛️ ◎ 아크레 십자군 수도 이스라엘, 아크레 | Acre Crusader Capital

'성지'에서 십자군이 세운 왕국의 해양 수도

고대의 도시 아크레('아코'라고도 알려져 있다)는 하이파에서 북쪽으로 23km 떨어진 지중해에 자리하고 있다. 이 도시는 원래 기원전 3세기에 세워진 페니키아 항구였으며, 성경 속에 등장하는 시대에는 지중해 동부에서 가장 중요한 해변 도시 중 하나로 간주되었다.

로마 점령기(기원전 64~63)에 이 도시는 중요한 무역항이자 군사항이 되었으며, 클라우디우스 황제는 아크레에 이스라엘 최초의 '콜로니아'(로마 제국에 속한 도시 중 가장 높은 지위의 도시를 가리키는 말)라는 칭호를 내렸다. 아크레는 636년 무슬림 칼리프의 지배를 받게 되기 이전까지 초기 기독교 시대를 거쳐 비잔틴 시대에도 계속해서 중심 도시 구실을 했다. 1104년 아크레는 제1차 십자군 원정대에게 함락당했으며 예루살렘의 보두앵 1세가 다스리는 예루살렘 라틴 왕국의 주요 항구가 되었다. 1187년 살라딘에게 빼앗기기 전까지 아크레는 12세기에 중요한 십자군 도시였다. 제3차 십자군 원정 때에는 잉글랜드의 '사자왕' 리처드 1세와 프랑스의 필리프 2세가 1191년 아크레를 재탈환하여, 예루살렘 라틴 왕국의 수도로 삼았다. 1291년 십자군은 도시의 통치권을 맘루크 왕조에게 빼앗겼고 도시는 천천히 황폐해져 갔다. 17세기와 18세기 오스만 제국이 다스릴 때 아크레는 부분적으로 재건되었다.

아크레에는 방문해 볼 만한 십자군 건물이 매우 많이 있다. '구호 기사단 성', 지하 도시, 성 요한의 납골당, 오래된 항구, 요새화된 도시 방벽 등이 그 예이다. 이후의 유적들로는 새로이 복원된 오스만 목욕탕, 모스크, 캐러밴 숙소, 영국이 위임 통치할 때 사용되었던 가장 커다란 감옥을 들 수 있다.

아크레는 동부 지중해의 주요 해상 중심지 중 하나였으며 십자군이 세운 왕국의 최대의 도시였다. 웅장하고 잘 보존되어 있는 십자군 도시 덕분에 이곳은 이스라엘에서 가장 흥미로운 역사 유적지 중 하나이며, 아크레는 2001년 유네스코 세계문화유산 목록에 올랐다. **EP**

수태 고지 교회

이스라엘, 나사렛 | Church of the Annunciation

성모 마리아가 어린 시절을 보낸 집

로마 가톨릭 전승에 따르면, 수태 고지 교회는 대천사 가브리엘이 예수의 어머니 마리아를 찾아와 신의 아들을 낳게 될 거라고 말했던 장소라고 한다. 이 교회는 성모 마리아가 어린 시절에 살았던 집이라고 한다.

이 장소에 건설되었던 여러 채의 교회는 파괴되었다. 세 번째 교회는 12세기 초에 갈릴리 공 탄크레드에 의해 건축되었으며, 1263년까지 서 있다가 이집트 술탄인 바이바르스에 의해 파괴되었다. 프란체스코회 수사들이 1730년 이 부지에 새로운 교회를 지었는데, 이는 1955년 오늘날의 교회를 짓기 위해 철거되었으며 교회는 1969년 축성되었다. 최근의 '수태 고지 교회' 건물은 이탈리아 건축가 조반니 무치오에 의해 설계되었는데, 그는 이 지역에 깃든 역사적인 요소들을 유지하면서 로마 교회가 지닌 다양한 성격을 나타내기를 바랐다. 교회의 옆벽은 두 층으로 나뉘어 있는데, 남아 있는 오래된 교회 벽 위에 새로이 쌓았기 때문이다. 중앙 출입구는 바이바르스가 파괴하지 못했던 유일한 부분인 '수태 고지의 돌집'으로 이어지는데, 바로 성모 마리아가 수태 고지를 받았다고 하는 장소이다.

스테인드글라스 창문과 성경에 나오는 장면들을 나타낸 오래된 모자이크로 장식된 이 교회는 전 세계의 예술가들이 남긴 매우 다양한 작품들을 간직하고 있다. 이곳은 고고학적으로 매우 중요한 장소이기도 하다. 1955년 행해진 발굴 작업은 연결망을 이룬 동굴들과 기름 짜는 기계, 주거지, 물탱크, 곡식 창고 등을 발굴해 냈는데, 이러한 유물 중 일부는 교회에서 볼 수 있다. 수태 고지 교회는 로마 가톨릭 교회법에 따라 소(小)바실리카라는 지위를 누리고 있다. 그러나 그리스 정교의 전승에서는 마리아가 나사렛에 있는 우물에서 물을 긷고 있을 때 가브리엘 천사가 찾아왔다고 하여, 수태 고지 교회 대신 성 가브리엘의 교회에서 마리아의 잉태를 기념한다. **RR**

셉포리스

이스라엘, 나사렛 부근 | Sepphoris

갈릴리의 행정과 지식의 수도

이스라엘 북부의 갈릴리에서 역사적으로 가장 중요한 도시인 셉포리스(혹은 '지포리')는 많은 전투가 벌어진 현장이었음에도 아이러니하게 '평화의 도시'로 알려졌다. 기원전 38년 헤롯왕이 이 도시를 지배하게 되었으나, 이후 로마인들이 이를 점령해 완전히 파괴해 버렸다. 헤롯의 아들인 헤롯 안티파스가 이후에 도시를 재건했는데, 이는 현재 중요한 고고학 유적지이다. 셉포리스는 언덕 꼭대기 높은 곳의 전략적인 위치에 있으며, 주위를 둘러싼 땅이 내려다보이는 훌륭한 경치를 감상할 수 있다.

유태인들과 기독교도들이 모두 경배했던 셉포리스-갈릴리의 행정과 지식의 수도-는, 서기(西紀) 초의 걸출한 랍비들과 유태인 학자들('산헤드린')이 유태교 법

> "이 도시의 이름이 지포리가 된 것은
> 이 도시가 마치 새(치포르(tsipor))처럼
> 산꼭대기에 내려앉아 있기 때문이다."
>
> 바빌로니아 탈무드

전인 '미슈나'와 구약 성경에 대한 설명을 집대성해 놓은 '탈무드' 집필을 끝냈던 장소로 믿어진다. 탈무드에는 이 도시에 대한 언급이 여러 차례 나온다. 5세기에 갈릴리의 수도는 기독교 주교 관구 소재지가 되었다.

20세기의 본격적인 발굴 작업 이후, 1992년 셉포리스 국립공원이 문을 열었다. 길을 따라 가면 이 지역에 연속적으로 세워졌던 도시들이 남긴 유적들을 볼 수 있다. 이 중에는 로마의 극장, 비잔틴 주택, 5세기의 시나고그, 그리고 십자군이 세운 요새가 있다. 이 도시에는 아름다운 모자이크가 많은데, 가장 뛰어난 작품은 나일강을 따라 일어났던 사건들을 보여 준다. 셉포리스에는 또한 성모 마리아의 부모인 안나와 요아킴에게 경의를 바치는 의미로 건설된 교회와 감시탑도 있다. **RR**

메기도

이스라엘, 메기도 | Megiddo

성경 속에 등장하는 가장 중요한 유적지 중 하나이자 고고학적인 보물창고

메기도는 이스라엘에서 가장 중요한 성경 속 장소 중 하나이다. 일부 성경 해석에 따르면 메기도에서 아마겟돈, 즉 세계의 종말에 도래하게 될 선과 악의 최후의 결전이 벌어질 것이라고도 한다. 메기도는 북부 가나안 지역에 세워진 최초의 도시들 중 하나였다. 따라서 이 도시는 오랜 시간에 걸쳐 이루어졌던 엄청난 문화적, 정치적, 역사적 변동을 몸소 보여 주는 곳이다. 기원전 4천 년에서 2천 년까지 이곳은 세계에서 가장 강력한 중심지들 중 하나가 되었으며, 오늘날에는 뛰어난 고고학적 유물이자 이미 흘러가 버린 시대를 입증해 주는 증거물로 남아 있다.

메기도가 중요한 유적으로 인정받는 데에는 역사적, 신학적, 지리학적인 모든 이유가 혼합되어 있다. 지리학적으로 이 도시는 언덕 꼭대기에 위치하고 있는데, 고대 건물로 이루어진 여러 대에 이은 촌락이 20겹 이상 층층이 쌓인 위편에 서 있다. 언덕은 고대에 이집트와 아시리아 사이의 중요한 무역로였던, 카르멜 봉우리를 통해 난 길의 초엽에 전략적으로 위치하고 있다. 이 도시는 길을 감시하는 역할을 했던 것이다. 이러한 전략적인 위치 때문에 메기도에서는 여러 해에 걸쳐 셀 수 없이 많은 전투가 벌어져 왔고, 도시의 임자는 계속해서 바뀌었다.

오늘날 메기도를 방문하는 이들은 마을의 유적을 감상할 수 있으며, 옆에 서 있는 훌륭한 박물관을 방문해 볼 수도 있다. 박물관에는 흥미로운 전시물들이 많으며, 메기도의 역사를 이야기해 주는 비디오 프로그램도 있다. 이곳은 고대의 유물들로 유명한데, 후기 청동기 시대까지 거슬러 올라가는 거대한 가나안 관문 등이 그 예이다. 나사렛 산맥과 빌보아 산의 장엄한 경치를 구경할 수 있는 거다란 전망대와 54㎡의 넓이에 걸쳐 있는 오래된 모자이크도 있는데, 이 모자이크는 감옥 아래에서 발견되었다. 메기도의 역사적인 중요성을 알아차릴 수 있는 방문객들이라면 값진 수확을 거두게 된다. **RR**

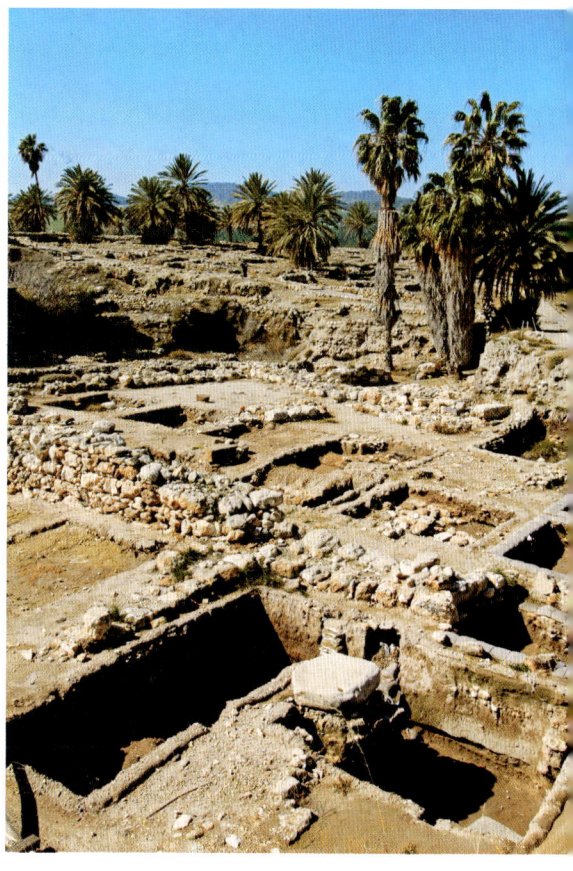

"왕들이 와서 싸울 때에 기니안 왕들이 므깃도(메기도) 물 가 다아낙에서 싸웠으나…"

사사기 5장 19절

바하이 사당 이스라엘, 하이파 | Bahai Shrin

바하이교의 중심지

하이파에서 가장 눈부신 건물은 바하이교를 창시했으며 바하이교 예언자 바하울라가 올 것을 예고한 바브에게 바치는 기념관이다. 금으로 된 돔 지붕이 달린 이 거대한 건물은 도시를 지배하고 있으며 1850년 바브가 순교당한 일을 기념하는데, 그의 유해는 1890년 바하울라가 그를 위해 정해 놓은 장소에 묻힐 수 있게 되기까지 이 사당 안에 숨겨진 채 보관되어 있었다.

하이파는 바하이교의 세계적인 본산지이며, 사당의 건축 양식은 모든 종교의 통합을 가르치는 세계 종교라는 정신을 반영하고 있다. 바하이 신앙에 따르면, 모세, 예수, 마호메트 같은 신이 보낸 사자들은 당대의 사회적 필요성에 부합하는 비슷한 메시지를 전달하기 위해

> "우리가 바라는 것은 세계의 행복일 뿐이다 … 모든 국가가 하나의 종교 안에 일치되는 것."
>
> 바하이교의 예언자, 바하울라

역사 전반에 걸쳐 파견되었다고 한다. 그렇기 때문에 이 사당에는 로마 기둥, 그리스 코린트식 기둥머리, 동양적인 아치 등 서양과 동양의 양식이 뒤섞여 있다.

1만 2천 개의 금박을 입힌 타일로 제작된 돔이 이탈리아식으로 재단한 키암포 석재로 지은 마우솔레움 위에 놓여 있으며, 로제 바베노 화강암으로 된 기둥이 있는 사당 외관의 사치스러운 장식은 소박한 내부와 강한 대조를 이룬다. 무덤 자체는 두 개의 작은 방으로 이루어져 있다. 하나는 카펫이 깔린 단순한 기도실이며, 다른 방에 사당이 있다. 사당 밖에는 1919년에 조경한 화려한 '페르시아 정원들'이 있는데, 완벽한 상태로 가꿔지는 식물들 사이에는 돌로 만든 공작과 독수리들이 있다. 매년 수천 명의 바하이 신도들은 사당을 참배하기 위해 하이파를 방문한다. **RR**

엘리야의 동굴 이스라엘, 하이파 | Elijah's Cave

세계적인 3개 종교의 성지

이스라엘 북부의 카르멜 산 기슭 언덕에 웅크리고 있는 이 동굴은 유태인, 기독교도, 이슬람교도들이 같은 자리에 모여 예배드리는 광경을 볼 수 있는 이스라엘에서 극히 드문 장소 중 한 곳이다. 엘리야는 전통적으로 사막과 산 속에 고립되어 동굴 속에 숨어 지냈던 '격노의 예언자'라 간주된다. 이 동굴은 예언자 엘리야가 당시의 왕과 여왕이었던 아합과 이세벨의 우상 숭배를 비난하고 그들을 피해 몸을 숨겼던 장소라고 한다. 동굴은 또한 엘리야가 이후에 종교 연구를 위한 학교를 세운 장소라고 여겨지기도 한다.

1950년대에 발굴을 통해 모습을 드러낸 이 동굴에는 작은 제단이 있으며, 그의 영향을 받은 기독교 수도회가 지은 카르멜회 수도원이 동굴을 내려다보고 있다. 기독교도들은 예수와 그 가족이 헤롯왕을 피해 이집트로 갔다가 돌아오는 길에 피난처로 삼았던 동굴도 이것이라고 믿는다. 이슬람교도들에게 엘리야는 영혼의 새로움을 상징하는 녹색의 예언자이며, 팔레스타인이 영국 위임 통치를 받을 때 이곳은 '와크프 엘-하드라'(초록색)라고 불렸다. 유태인들은 엘리야를 '수호천사'로 보며 유태 전설에 따르면 고난의 순간에는 이 예언자가 나타난다고 한다. 엘리야는 죽은 것이 아니라 유월절 기간에 불의 전차를 타고 천당으로 갔다고 믿기 때문에, 유월절 세데르(유태인 가족이 유월절을 기념하기 위해 지키는 종교적 식사) 동안에는 상징적으로 문을 열어 엘리야를 가정으로 초대한다.

엘리야의 동굴에서 내다보면 산맥이 줄지어 서 있는 훌륭한 경치가 눈에 들어오는데, 동굴까지 올라오기 위해 엘리야가 겪어야 했을 힘든 상황을 직접 목격해 보는 기회라 할 수 있다. 수천 명의 순례자들이 이 동굴에 치유의 힘이 있다고 믿으며, 이곳에서는 1년 내내 빈번하게 순례 행사와 대규모의 화려한 행사들이 열린다. 동굴 벽은 이곳을 방문했던 수많은 순례자들이 남긴 수천 개의 낙서로 뒤덮여 있는데, 그 일부는 5세기부터 유래하는 것이다. **RR**

카이사레아 이스라엘, 카이사레아 팔라이스티나 | Caesarea

팔레스타인의 눈부신 항구이자 유태인 반란의 장소

고대 카이사레아 유적지는 하피아와 텔아비브 중간 정도 지점, 지중해 해변에 자리 잡고 있다. 처음에는 시돈의 왕 이름을 따 '스트라토의 탑'이라 불리는 페니키아 항구였는데, 헤롯 대왕이 기원전 22년에서 기원전 10년까지 카이사레아를 팔레스타인에서 가장 웅장한 도시 중 하나로 탈바꿈시켰으며, 로마 황제 아우구스투스 카이사르를 기리는 의미에서 이름을 붙였다. 호화로운 공공 건물로 명성이 높았던 카이사레아는 서기 6세기에 로마의 속주 유대 지역의 수도가 되었으며, 로마인들이 유태인 반란을 진압했던 서기 70년에는 팔레스타인의 수도가 되었다. 639년부터 13세기까지 이 도시의 지배권은 십자군과 무슬림 사이를 오갔다. 1251년, 제6차 십자군 원정 때, 프랑스 왕 루이 9세가 이 도시에 요새를 쌓아 방어했다. 이 십자군 도시는 결국 1265년에 맘루크 왕조의 술탄인 이집트의 바이바르스에 의해 정복당하고 파괴되었다.

로마 시대 카이사레아의 유적으로는 잘 보존되어 있으며 높이가 높고 길이가 20km에 달하는 수도교, 복원된 로마 극장, 로마 세계에서 가장 큰 것 중 하나인 히포드롬(경마와 전차 경주가 벌어졌던 그리스, 로마의 원형 경기장), 아우구스투스에게 바친 사원, 그리고 호화로운 저택 한 채가 있는데, 이 도시의 넓이는 66헥타르에 달했다. 헤롯 대왕은 기원전 21년 동부 지중해에서 가장 큰 웅장한 심해 항구를 건축하기도 했으며, 아우구스투스 황제를 기리는 의미에서 이를 '세바스토스'라 이름 지었다(아우구스투스에 해당하는 그리스어가 '세바스테'이기 때문이다). 이 고대 항구는 현재 해수면 아래로 몇 피트 내려가 있다. 4세기에, 카이사레아는 기독교로 개종했으며 기독교 로마 제국의 중심지가 되었다. 이후의 유적들로는 비잔틴 양식의 교회, 십자군이 세운 요새, 13세기에 세워진 요새 성벽 등이 있다.

로마, 비잔틴, 아랍, 십자군의 유적이 있는 카이사레아는 이스라엘의 관광 명소 중 하나이다. 인상적인 고고학적 유적과 복잡한 역사로 인해, 이스라엘에서 가장 흥미로운 고고학 유적지라 하기에 손색이 없다. **EP**

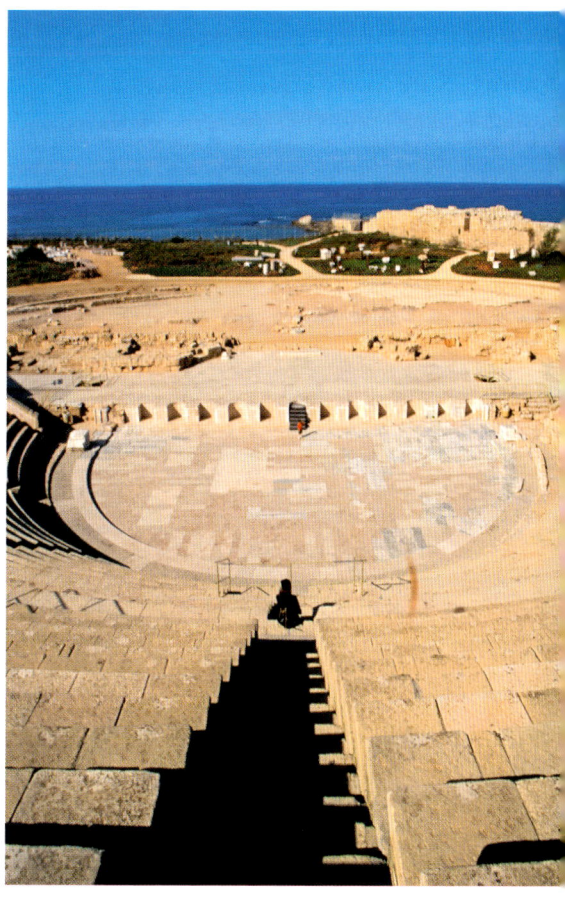

"이 도시와 항구의 호화로움을 상상하기란 불가능에 가깝다."

역사가, 존 J. 루소와 라미 아라브

마사다 이스라엘, 마사다 | Masada

유태인 역사 속에서 가장 극적인 에피소드 중 하나를 상징하는 곳

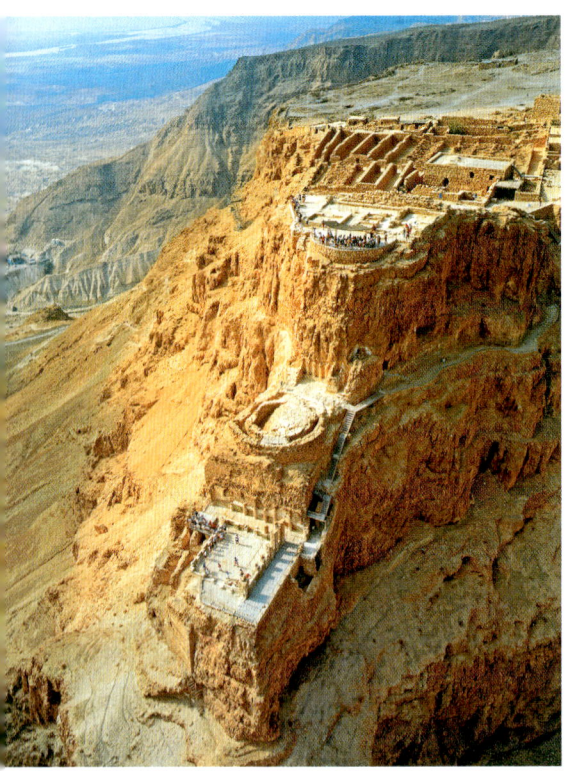

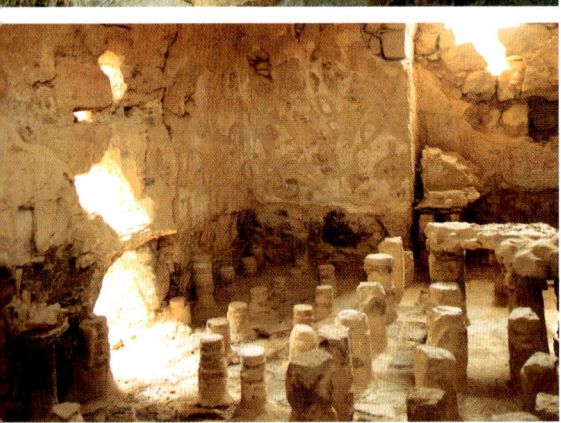

사해가 내려다보이는 높은 고원에 위치하고 있는 마사다는 기원전 37년 유대의 헤롯 대왕이 지은 요새화된 궁전이다. 헤롯이 죽은 이후 로마 주둔군이 마사다를 차지했으나, 이곳은 로마 통치에 대항하여 반란을 일으키고 66년에 예루살렘에서 도망쳐 온 유태인 열심당원('시카리')의 피난처가 되었다. 73년, 유태인 반란 최후의 보루인 마사다를 점령하기 위해 로마 제10군단이 파견되었으며, 그 결과 900명 이상의 열심당원들이 죽었다. 이들은 항복을 앞두고 집단 자살을 택했던 것이다.

사해의 서쪽 해안에 위치한 마사다는 고원의 서쪽 끝에 자리하고 있다. 이 고원의 길이는 304m, 가장 넓은 곳의 너비가 608m로, 해발 고도 396m의 높이로 솟아 있다. 절벽 위를 내려다보고 서 있는 이 궁전은 사해와 유대 사막이 보이는 훌륭한 경치를 지니고 있다. 헤롯 대왕이 산꼭대기 서쪽 면에 자신의 궁전을 짓기 시작했을 때, 이곳에는 이미 기원전 100년에 지어진 건물이 있었다. 마사다는 호화로운 저택으로, 암반 북쪽 끝에는 높이가 낮아지는 세 개의 테라스가 있었고, 로마 양식의 목욕탕, 창고, 주택, 방어탑이 있는 성벽, 그리고 시나고그(이스라엘에서 가장 오래된 것이다)가 있었다. 헤롯의 가장 뛰어난 건축 계획은 요새에서 필요한 물을 댈 수 있도록 지은 진보적인 물 공급 체계였다. 각각의 용적이 4,000m²인 열두 개의 저수지가 바위 속에 파여 있다.

오늘날 마사다는 인기 있는 관광 명소이다. 예루살렘의 히브리 대학교에서 1960년대 초에 이 지역에서 발굴 작업을 행했다. 마사다 궁전은 이스라엘의 국가적인 성소이며 2001년 유네스코 세계문화유산으로 선포되었다. **EP**

◪ 가파른 절벽이 헤롯 대왕이 지은 마사다의 은신처를 고원 꼭대기로부터 오는 공격에서 막아 주었다.

◪ 목욕탕의 따뜻한 욕탕의 잔해. 말뚝으로 바닥을 들어 올려 난방로에서 나오는 뜨거운 공기가 순환하도록 했다.

벤-구리온의 집 이스라엘, 네게브, 스데 보케르 | Ben-Gurion House

이스라엘이라는 국가의 최초 지도자였던 이의 황량한 집

이스라엘 최초의 총리였던 데이비드 벤-구리온(1886~1973)은 이스라엘의 사막에 정착하여 경작하면서 그곳을 번영시키고자 깊이 궁리했다. 1963년 은퇴하면서, 그는 거처를 이스라엘 남부에 있는 네게브 사막의 키부츠(집단 공동체)로 영구히 옮겼다. 그는 1973년 사망할 때까지 이곳에 머물렀으며, 키부츠의 부지에 아내 파울라와 나란히 묻혔다.

이 집은 현재 키부츠의 다른 모든 이들과 똑같은 방식으로 대접받기를 고집했던 시오니스트 지도자에게 경의를 표하는 박물관이 되었다. 박물관 주변의 키부츠는 세월이 지남에 따라 그 모습이 상당히 많이 변했지만, 벤-구리온의 집만은 1973년 대부분 그가 사망했을 때의 모습 그대로 남아 있다. 전시물들은 러시아에서 보낸 어린 시절부터 시오니스트 지도자로 일어나기까지 그의 생애에 관하여, 그리고 1948년 이스라엘이라는 국가가 수립되기까지 그가 맡았던 핵심적인 역할에 대해 말해 준다. 벤-구리온이 네게브 지역에 깊은 애착을 갖고 있었음을 보여 주는 전시물들도 있다. 주변의 사막 지형의 웅장한 경치를 감상할 수 있는 가파른 바위 표면에 위치했으며 그림 같은 정원에 서 있는 소박한 하얀 묘석이 평화로운 땅에 있는 벤-구리온과 그의 아내의 무덤임을 알려 준다.

벤-구리온은 말년을 자신이 완벽하다고 생각했던 환경 속에서 보냈다. 1954년 뉴욕 타임스 매거진에 실린 기사에서 그는 다음과 같이 썼다. "단순한 시민이자 노동자로서 누리는 이러한 삶은, 이 삶을 누리는 당사자에게 뿐 아니라 아마 그의 나라에도 이익이 될 것이다. 무엇보다도 총리는 단 한 사람만이 될 수 있지만, 사막에 꽃이 피도록 하려는 이들에게는 수백, 수천, 수백만 명이 함께 할 수 있는 여유가 있다." **EP**

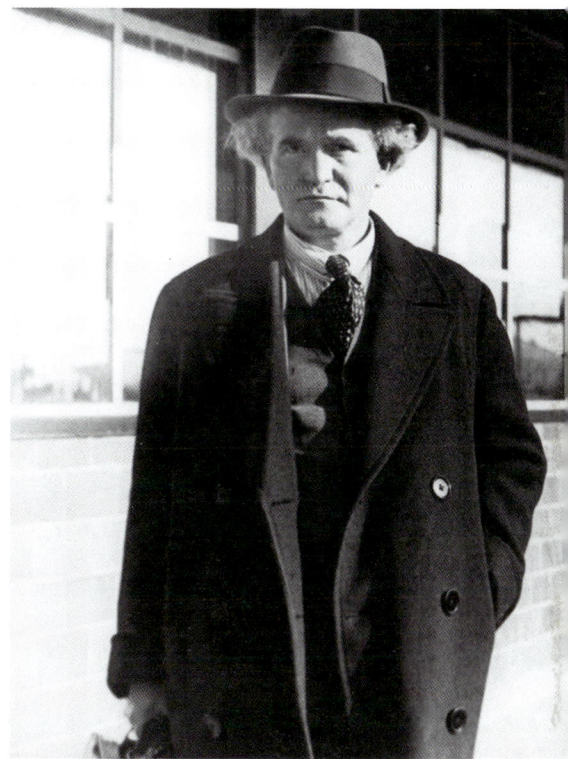

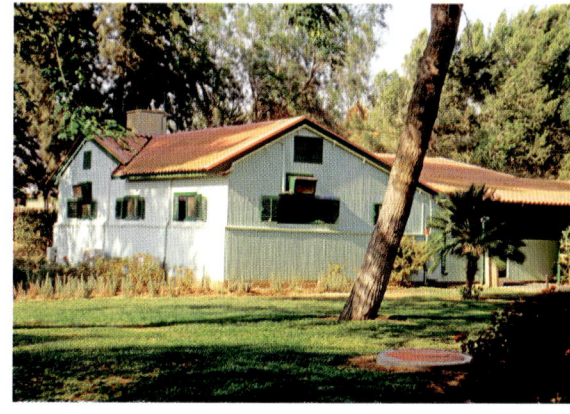

◩ 뛰어난 정치적 경력을 마친 후에, 이스라엘의 지도자는 스데 보케르에 있는 집의 서재에서 자신의 회고록을 썼다.

◩ 벤-구리온의 집은 키부츠에 있는 다른 주택들과 같이 수수한 조립식 가옥이었다.

성녀 막달라 마리아 교회

예루살렘 | Church of St. Mary Magdalene

독특한 러시아 정교 교회

크렘린 스타일의 러시아 건축 양식으로 지은 성녀 막달라 마리아의 교회는 독특한 랜드 마크이다. 차르 알렉산데르 3세의 명으로 지어진, 황금으로 된 일곱 개의 빛나는 양파 모양 돔은 올리브 산에서 눈에 띠는 모습으로 자리잡고 있다. 이 교회는 차르 알렉산드르의 어머니 마리아 알렉산드로브나 황후를 기리는 의미로 건축되었다.

차르의 제수(弟嫂)인 엘리자베타 대공 부인은 러시아 화가인 세르게이 이바노프에게 성녀 막달라 마리아의 생애를 나타내는 연작 벽화를 그려 달라고 주문했다. 엘리자베타 대공 부인은 1905년 남편을 여의고 수녀가 되어 모스크바에 수녀원을 세웠다. 러시아 혁명이 일어난

> "마리아 막달레나는 제자들에게 가서 '제가 주님을 뵈었습니다.' 하면서, 예수님께서 자기에게 하신 이 말씀을 전하였다."
>
> 요한복음 20장 16절~18절

이후, 1918년에 볼셰비키 파가 그녀를 광산 갱도에 던져 놓고 죽게 내버려두었으며, 그녀의 유해는 동료인 바르바라 수녀의 유해와 함께 성녀 막달라 마리아 교회에 안치되었다. 이 교회에는 1969년에 사망한, 영국 에든버러 공작인 필립 공의 어머니 그리스의 앨리스 공주의 유해도 있다. 그녀의 유해는 1988년 교회 지하 납골당으로 옮겨져 엘리자베타 대공 부인 가까이에 묻히고 싶다는 그녀의 소망은 이루어졌다. 앨리스 공주는 자선 사업을 통해 엘리자베타를 닮으려고 노력해 왔다.

이 교회는 예수가 십자가에 못 박히기 전 마지막 밤을 보냈다고 여겨지는 겟세마네 정원 안에 위치한다. 오늘날도 활발한 활동이 이루어지는 교회로, 성녀 막달라 마리아 수녀원에서 매일 예배드리는 곳이다. **RR**

성모 승천 교회

예루살렘 | Church of the Assumption

성모 마리아의 무덤

기독교도들과 이슬람교도가 모두 경배하는 성모 승천 교회('성모 마리아의 무덤'이라고도 알려져 있다)는 예루살렘 키드론 골짜기에 있는 올리브 산 중턱에 위치하고 있다. 무덤의 역사는 1세기까지 거슬러 올라가며, 이 자리에는 여러 채의 교회가 지어졌다가 파괴되곤 했는데, 최초의 교회는 5세기 초반에 지어졌던 것으로 추정된다.

주변의 바위를 깎아내어 그 속에 세운 작은 사각형 예배당이 성모 마리아의 무덤으로 추정되는 장소를 표시해 준다. 같은 곳에 있었던 것으로 추측되는 다른 무덤들로는 마리아의 부모인 요아킴과 안나, 십자군 여왕인 멜리센데(1161년 사망), 그리고 마리아의 남편 요셉의 무덤이 있다.

교회 안에는 서로 다른 시대에 서로 다른 나라에서 온 특징들이 함께 모여 있다. 건축 양식은 비잔틴과 십자군 정복 시대의 것이며, 제단들은 그리스, 아르메니아, 에티오피아에서 왔다. 교회의 파사드는 예루살렘에서 십자군 건축 양식을 보여 주는 가장 오래된 본보기 중 하나이며, 11세기에 건축되었다.

40개의 계단을 내려가면 비잔틴 교회의 흔적이 나온다. 메카 방향을 향하고 있는 '미라브'(기도용 벽감)는 이 장소가 지닌 이슬람교적인 중요성을 나타낸다. 이슬람교도들은 마호메트가 메디나에서 예루살렘으로 돌아오던 밤길에 성모 마리아의 무덤에서 빛을 보았다고 믿는다. 매년 8월 15일이면 - 이 날짜는 로마 가톨릭에서 '축복받은 성모 마리아의 승천 축일'로 기념하는 날이기도 하다 - 그리스인들과 아르마니아인들은 교회 안에서 축제를 열어 성모 승천을 축하한다.

이곳에 정말로 마리아의 유해가 묻혀 있는지에 대해서는 약간의 논란이 있지만, 이곳을 찾는 수천 명의 방문자들은 이곳이 정말로 예수 어머니의 무덤이었다고 믿으며, 이 교회는 천국으로 승천한 마리아를 기념하는 성당이자 기념관이 되었다. **RR**

바위의 돔

예루살렘에서 가장 유명한 랜드 마크 중 하나

아랍어로는 쿱밧 아스-사크라라고 하는 '바위의 돔'은 우마이야 왕조 치세에, 685년부터 705년까지 통치했던 무슬림 세계의 일곱 번째 칼리프 압드 알-말리크 이븐 마르완의 후원을 입어 건축되었다. 691년에 완공된 이 건물은 또한 '오마르의 모스크'라 알려져 있기노 하다. 사실 모스크는 아니지만, 공공 예배를 위해 세워진 최초의 기념비적인 무슬림 건물이었다.

이곳의 위치는 이슬람교도에게 종교적인 중요성을 지니고 있는데, 코란에 따르면 예언자 마호메트가 대천사 가브리엘과 함께 메카에서 예루살렘으로 달아났으며 천국으로 가기 위해 이 바위로 갔다고 하기 때문이다. 동시에, 기독교도와 유태인은 이 돔이 하느님이 아브라함의 믿음을 시험하기 위해 아들인 이삭을 제물로 바칠 것을 요구했던 바위 위에 지어졌다고 믿는다. 돔의 자리에는 종교적인 의미외에 정치적인 중요성도 있다. 원래 헤롯 대왕의 두 번째 유태인 성전이 있었는데, 이는 70년에 로마인에 의해 파괴되었다. 바로 이 자리에 바위의 돔을 지음으로써, 칼리프 압드 알-말리크는 현존하는 다른 유일신 종교에 비해 이슬람이 우월함을 상징적으로 강조했다. 팔각형 건물 내부에 푸른색을 배경으로 한 황금 글씨로 그의 메시지가 다섯 차례나 명백하게 쓰여 있다. "la sharika lahu."("신에게는 벗이 없다.")

네 곳의 기본 방위를 향해 네 개의 관문이 나 있다. 사용된 소재와 기법은 매우 정교하다. 치장 벽토, 테세라(모자이크 세공을 위해 정육면체나 다른 모양으로 깎은 돌이나 유리 등의 재료), 조각 등이 사용되었다. 나무로 된 높은 목통과 돔을 받치고 있는 원통형 건물은 목재 골조 위에 납으로 덮여 있다. 돔은 금속을 댄 나무로 만든 이중 외형으로 이루어져 있으며, 마무리로 금이 입혀졌다. 시리아-비잔틴 양식의 팔각형 설계, 모자이크의 풍성함, 파사드의 오스만 타일 작품과 대조를 이루는 돔, 이 모두가 잘 어울린다. '바위의 돔'은 이슬람교도의 야망을 표현하는 강력한 선언으로 남아 있다. **SJ**

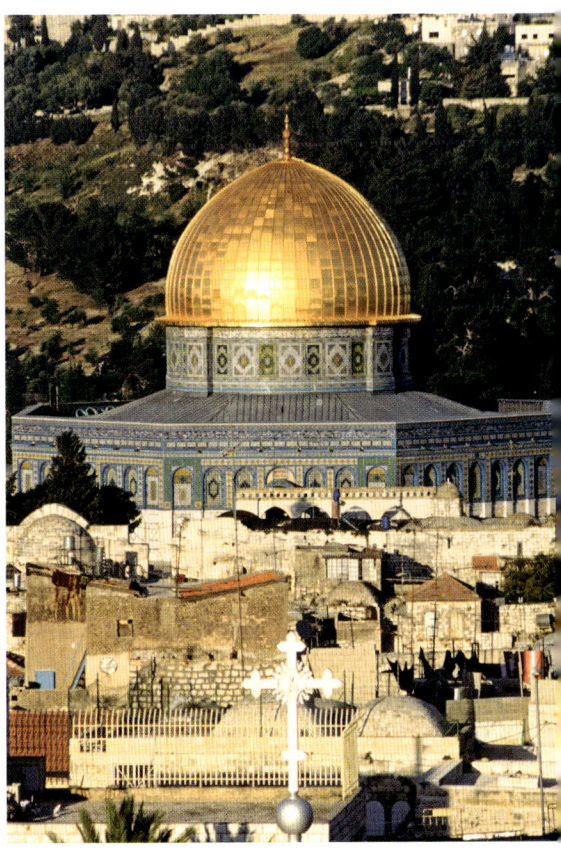

"그는 무슬림들에게 유일하고도 세계의 경이로움이 될 모스크를 지어 주려고 노력했다."

중세 무슬림 학자, 샴스 알-딘 알-막디시

다윗의 도시 예루살렘 | City of David

전설적인 이스라엘 왕 다윗의 수도였던 도시의 흔적

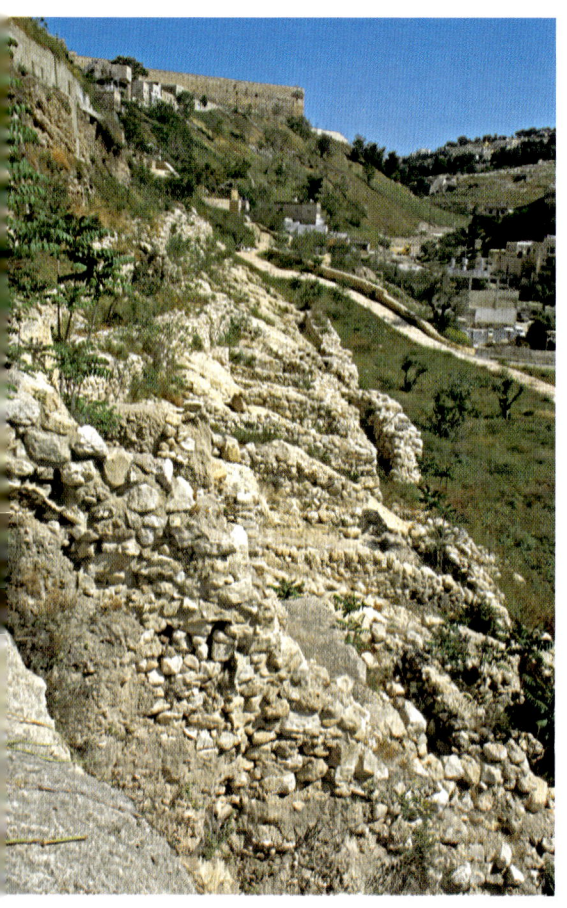

"다윗이 그 산성에 살았으므로 무리가 다윗 성이라 불렀다."

역대상 11장 7절

다윗의 도시('언덕'이라는 의미의 '오펠'이라 불리기도 한다)는 예루살렘에서 최초로 사람이 거주했던 지역이었다. 이곳은 남쪽으로는 키드론 계곡과 북쪽으로는 티로페온 계곡 사이에 있는, 옛 시가지 남서쪽의 폭 좁은 벼랑 위에 있다. 이곳은 방어하기 좋았을 뿐 아니라, 언덕 남쪽 기슭의 기혼 샘에서 깨끗한 물을 공급받을 수 있었다.

인류 활동 최초의 증거로는 초기 청동기 시대의 도기들이 있다(기원전 3천년). 이후에 이 도시는 이집트의 파라오 아크나톤과 서아시아의 통치자들이 주고받았던, 기원전 2천 년 중반의 점토판으로 된 서한인 '아마르나 서한'에 등장한다. 성경의 사무엘서는 다윗을 오펠을 다스린 최초의 이스라엘인 왕이라고 기록하는데, '다윗의 도시'라는 지명은 여기서 나왔다. 다윗 왕은 이스라엘 왕국의 부족들을 통합하기 위해 새로운 수도를 세웠다. 전사이자 음악가, 시인으로 추앙받는 다윗은 전통적으로 시편의 저자로 간주된다.

오늘날 남아 있는 '다윗의 도시'의 얼마 안 되는 유적들 중에는 둥근 성벽의 잔해와, 산등성이의 가파른 사면에 집을 지을 수 있도록 돌과 자갈로 만든 단의 흔적이 있다. 다윗의 도시 아래에서는 흥미진진한 고고학적 유적들이 발굴되었다. 이 대부분은 '워렌의 수직굴'과 '히스키야의 터널' 등 물 공급과 관련 있는 유적이다. 여러 개의 터널 덕분에 이 도시의 주민들은 도시 성벽 밖에 놓여 있는 샘으로부터 안전하게 물을 얻을 수 있었다. 다른 유적들로는 '마름돌로 지은 집'과 '아히엘의 집', 거칠게 다듬은 석회암 벽돌과 깔끔한 마름돌로 지은 철기 시대의 건물 등이 있다.

바빌로니아인들은 기원전 587년 다윗의 도시를 파괴했으며 불타 버린 나무 대들보의 흔적이 남아 있는데, 어떤 것은 모티프 장식이 새겨져 있다. 크게 확장된 도시 예루살렘의 일부였던 이곳에는 이 시대 이후에도 계속해서 사람이 살았으나, 고고학적인 흔적은 매우 적다. **RF**

🏛 ◉ 성묘 교회 예루살렘 | Church of the Holy Sepulchre

많은 기독교도들이 예수가 십자가에 못 박혀 묻힌 장소로 경배하는 곳

이 교회는 기독교도들의 세계적인 주요 성소 중 하나로, 예루살렘 옛 시가지 북서쪽 구역에 위치하고 있다. 고대의 역사가들은 이곳이 흙으로 덮였으며 꼭대기에 비너스 신전이 세워지게 된 과정에 대해 설명하고 있는데, 아마 하드리아누스의 예루살렘 재건 작업의 일부였을 것이다. 325년에서 326년경 콘스탄디누스 1세 황제는 이교도 신전들을 헐어 버리게 했으며 서로 연결된 세 채의 교회가 지어졌다. 바실리카인 '마르티리움'(순교자 기념 성당), 전설 속의 '골고다의 바위'를 둘러싸고 건축된 '트리포티코'라는 이름의 야외 홀, 그리고 예수가 묻혔던 장소라고 하는 '아나스타시스'('부활')라는 원형 야외 건물로, 아나스타시스는 5세기에 돔 지붕으로 덮였다.

이곳은 4세기부터 중요한 순례지였다. 최초의 교회는 614년 페르시아의 침입으로 파괴되었다. 이집트의 통치자가 재건된 교회를 1009년에 또다시 무너뜨렸으며, 무덤은 완전히 파괴되었다. 십자군이 교회를 다시 지었으며, 이는 오늘날 볼 수 있는 교회 모습의 기초가 되었다. 로툰다와 이디큘(무덤을 모신 자그마한 건물)은 1809년에서 1810년에 걸쳐 오스만 바로크 양식으로 재건되었다. 현재의 돔 지붕은 1870년에 제작된 것이다.

기독교의 서로 다른 종파에서 숭배하는 종교 유적이므로, 교회를 맡고 있는 다양한 출신의 사람들 간에서는 이따금 분쟁이 일어난다. 교회의 중요한 부분들은 그리스 정교, 아르메니아 사도 교회, 로마 가톨릭 교회가 차지하고 있으며, 콥트 정교, 에티오피아 정교, 시리아 정교는 덜 중요한 부분들을 맡았다. 2002년, 교회의 지붕에 자리 잡고 있던 콥트 회 수도사가 합의된 자리를 떠나 의자를 그늘 속으로 옮기자, 싸움이 터져 열한 명이 병원 신세를 지게 되었다.

이곳이 정말로 그리스도가 묻혔던 장소인지 그 진위 여부에 대해서는 논란이 있지만, 이 교회는 '십자가의 길'의 마지막에 위치하는 가장 성스러운 종착역이다. 예루살렘의 일부로, 이 교회는 1982년 유네스코의 '위험에 처한 세계문화유산' 목록에 올랐다. **AP**

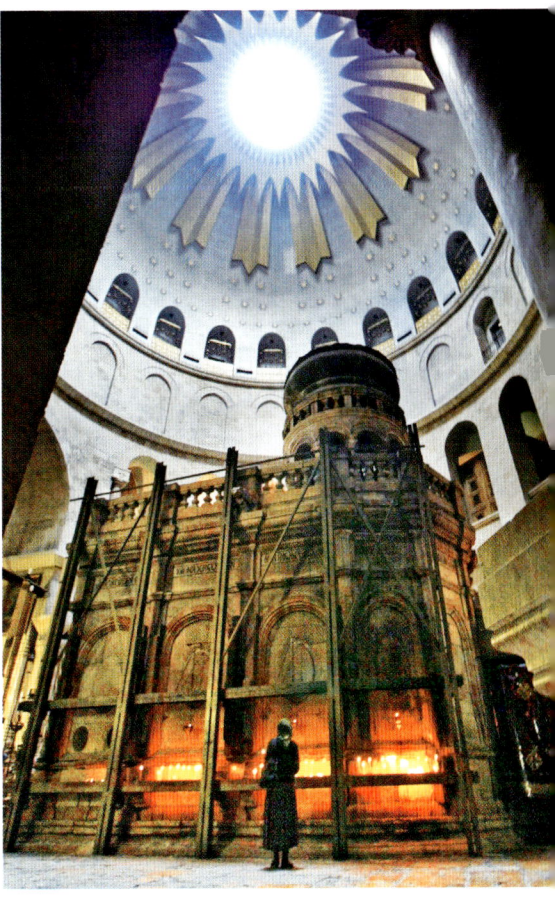

"이곳이 그 무덤인지 불명확함에도 이곳만큼 유력하게 예수의 무덤이라고 할 수 있는 다른 장소는 없다."

예루살렘의 전 시립 고고학자, 단 바하트

🏛️ ◎ 예루살렘 성벽 예루살렘 | Jerusalem Ramparts

고대 도시의 웅장한 요새 설비

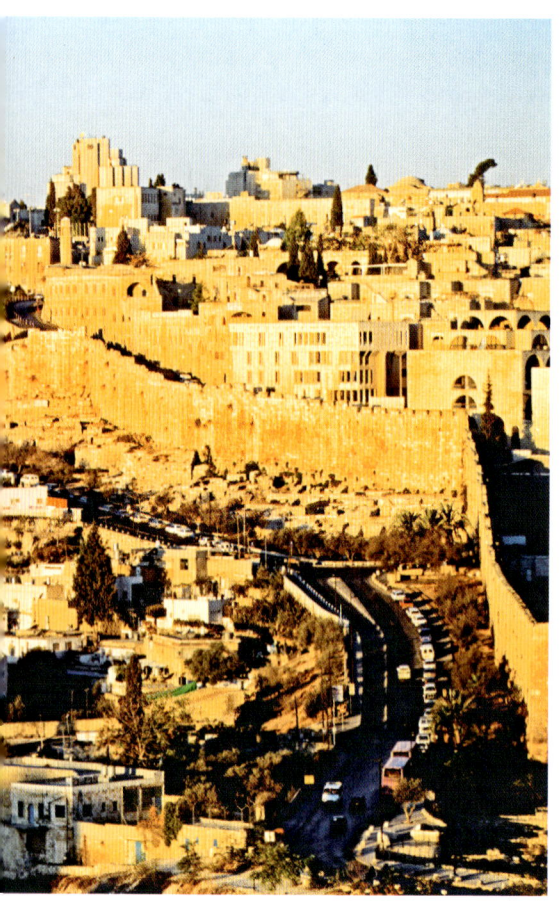

"그 명성이 세계의 한쪽 끝에서 다른 한쪽까지 달했던 도시."

탈무드

예루살렘 성벽은 예루살렘의 옛 시가지를 둘러싸고 있는 성벽이다. 옛 시가지의 넓이는 겨우 1㎢이지만, 그 안에는 통곡의 벽, '바위의 돔'이 있는 '성전의 산'을 둘러싼 둑, 성묘(聖廟) 등 중요한 역사적 랜드 마크가 있다. 옛 시가지를 둘러싸고 있는 현대의 성벽은 '화려한 황제'라 알려진 16세기의 오스만 통치자 술탄 쉴레이만 1세에 의해 건축되었다.

오스만인은 13세기 중반부터 이 도시를 다스렸던 이집트 맘루크 왕조로부터 1517년에 예루살렘을 빼앗았다. 타타르 군대가 쳐들어 와 도시의 방어 시설을 부수고 기독교 지배자로부터 예루살렘을 빼앗았던 1244년 이래로, 이 도시에는 성벽이 없었다. 1535년부터 1538년까지 쉴레이만은 옛 시가지 주변에 새로운 성벽을 쌓 았는데, 이따금 솔로몬 왕 시대에 건축된 것으로 추정되는 오래된 성벽의 자리와 맞물리기도 했다. 성벽 체계의 길이는 4㎞이다. 성벽 외에도, 역사적인 관문 여러 개가 아직 남아 있다. 열한 개의 출입구 중 다섯 개가 쉴레이만 1세 때의 것으로, 다마스쿠스 문, 사자의 문, 분뇨(糞尿)의 문, 시온 문, 야파 문이다. 문은 말을 타고 관문을 거쳐 공격하는 이들을 막을 수 있도록 각도가 급하게 되어 있다. 지금까지 남아 있는 가장 오래된 입구는 '황금의 문'으로, 로마인들이 6세기에 건축한 것이다. 유태인 전승에서는 메시아가 이 문을 통해 예루살렘으로 들어올 것이라 믿는다. 쉴레이만 1세는 1541년에 황금의 문을 봉인해 버렸는데, 이는 메시아의 도래를 막기 위해 선수를 친 것이라고 하며, 문은 아직도 닫힌 채 남아 있다. 최근에 새로 지어진 입구 '새로운 문'은 1887년에 건축되었다.

'화려한 황제' 쉴레이만의 통치 속에서 예루살렘은 평화를 누렸고 번영했으며, 모든 종교에게 관용을 베풀었다. 재건된 성벽은 쉴레이만의 통치가 이 도시에 어떻게 안정을 가져다주었는지 잘 보여 준다. 이 성벽은 세계에서 가장 역사적인 유적 중 몇 개를 둘러싸고 있으며, 옛 예루살렘의 풍요롭고 역사적인 과거로 들어가는 관문이다. **JF**

🏛 ◎ 예루살렘 성채 예루살렘 | Jerusalem Citadel

예루살렘을 상징하는 불후의 랜드 마크 중 하나

예루살렘 성채는 2천 년이 넘는 세월 동안 요새로 사용되었다. 성채는 서쪽 언덕에 위치하고 있는데, 이곳은 도시를 방어하는 데에 가장 취약한 지점이었으므로 여러 대에 걸쳐 예루살렘의 통치자들은 이 지점에 방어 시설을 지었다. 이 성채는 예루살렘의 역사 속에서 핵심적인 역할을 맡아 왔으며, 오늘날에는 이 도시의 랜드 미그이자 상징물로 남아 있다.

예루살렘 성채는 '다윗의 탑'이라고도 알려져 있지만, 사실 이 건축물과 성경의 다윗 왕 사이에는 아무런 관련이 없다. 성채는 제1차 성전 시대에, 기원전 960년에서 586년까지 최초로 세워졌다. 기원전 1세기에 하스몬 왕조 하에서 작업이 계속되었는데, 그들은 이 지역을 요새화했다. 기원전 37년에서 34년까지, 헤롯 대왕이 성채를 더욱 발전시켰다. 그는 세 개의 튼튼한 탑을 새로 지었는데, 그 중 하나(파사엘 탑)만이 아직도 서 있으며 북서쪽 성벽의 일부를 형성하고 있다(비잔틴 시대의 기독교 순례자들은 이 탑을 '다윗의 탑'이라고 잘못 알았다). 서기 70년, 로마 군사들이 성채를 차지해 그 이후로도 계속해서 지배했으며, 4세기에 이 성채는 수도사 공동체의 소유가 되었다. 탑은 638년에 그 소유주가 또 바뀌었으며 무슬림 공동체의 손에 들어갔지만, 이들도 결국 1099년 십자군에 의해 쫓겨났다. 16세기에 오스만 튀르크가 예루살렘을 이집트 마믈루크 왕조로부터 빼앗아 성채를 오늘날의 모습으로 개조했다. 오스만 튀르크인들은 요새 수비군을 위해 모스크를 하나 지었는데, 이 모스크에 있는 훌륭한 미나레트가 '다윗의 탑'이라 알려지게 되었다. 세월의 흐름에 따라, 성채의 지배권은 한 종교에서 다른 종교로 넘나들어 왔다. 1967년의 아랍–이스라엘 전쟁 이후, 성채는 그 종교적인 중요성을 잃었으며 문화유산의 중심지가 되었다.

오늘날 성채 안에는 예루살렘 역사박물관이 있다. 최근의 복원된 성채 곳곳에 전시물이 흩어져 있으며, 여러 개의 탑 안에 있는 방은 각각 예루살렘의 4천 년이라는 세월을 간직한 치열했던 역사를 말해 주고 있다. **KH**

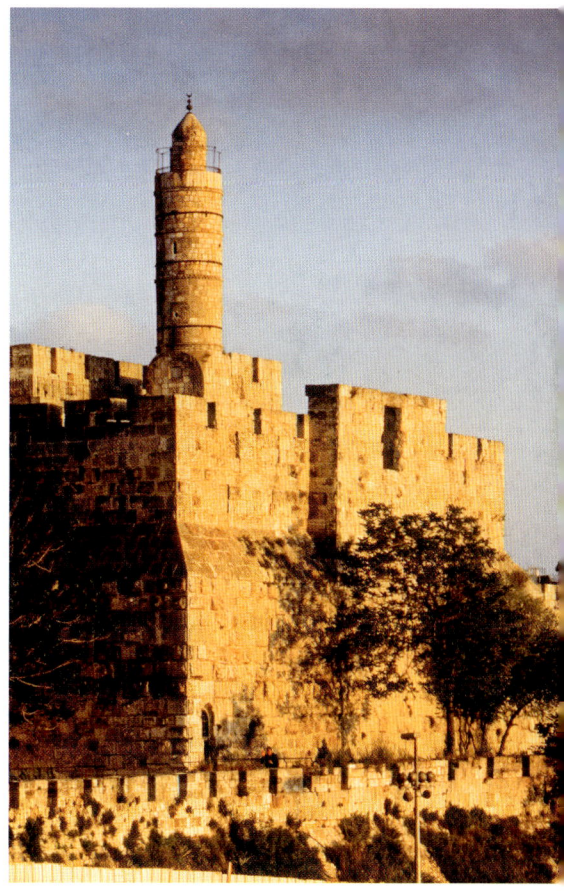

"예루살렘의 풍경은 전 세계의 역사이다. 그 이상으로, 이는 지상과 천상의 역사이다."

전 영국 수상, 벤자민 디즈레일리

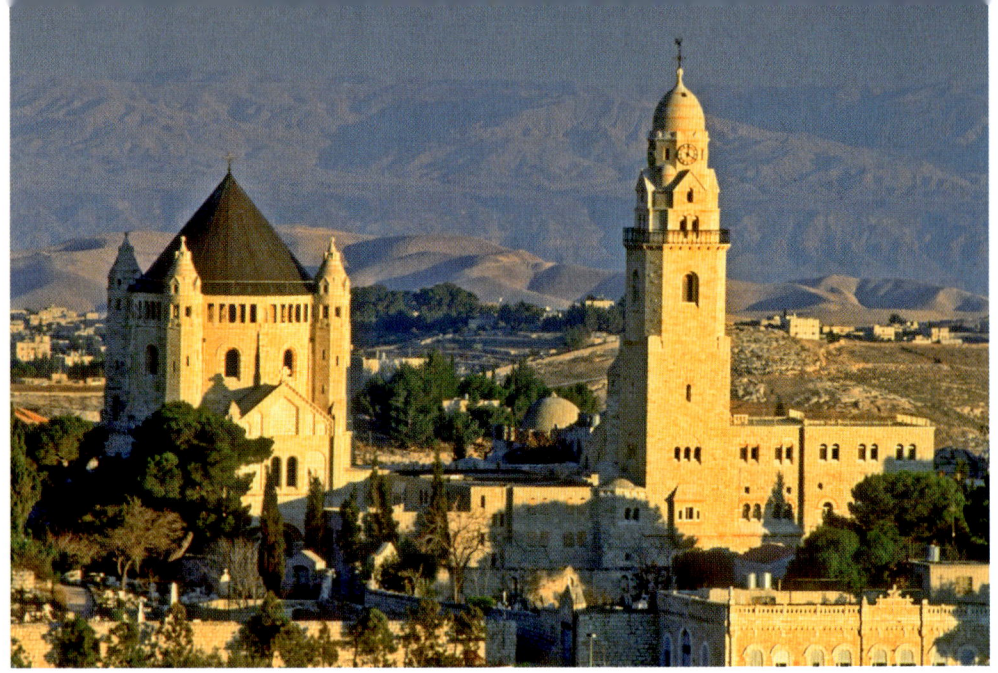

성모 영면 교회 예루살렘 | Dormition Church

예수의 어머니 마리아가 '깊은 잠에 든' 장소

로마 가톨릭 교도들이 성모 마리아가 마지막 깊은 잠에 든 장소라고 믿고 있는 곳에 서 있는 성모 영면 교회는 1901년에서 1901년에 걸쳐 독일 가톨릭교도들을 위해 건설되었으며, 독일 베네딕트 수도회 소유이다. 투르크의 술탄이 1989년 카이저 빌헬름 2세가 예루살렘을 방문했을 때 부지를 선사했다. 이 뛰어난 랜드 마크는 예루살렘 옛 시가지 남쪽, 시온 산에 위치하고 있다.

로마네스크 양식으로 지어진 이 교회는 요새를 닮았으며, 돔 지붕이 달린 시계탑 하나가 높이 솟아 있고 지붕은 회색의 원뿔형이며, 네 개의 작은 뾰족탑이 솟아 있다. 독일 서부에 있는 샤를마뉴의 아헨 대성당을 모사한 이 디자인은 쾰른의 대주교 관구 소속 건축가였던 하인리히 레나르트의 설계에 기초한 것이다. 이 교회에서 가장 많은 사람을 이끄는 볼거리는 '성모 영면 예배당'으로, 이 안에는 실물 크기의 잠든 마리아상이 놓여 있다. 조각상 위에 있는 돔에는 그리스도가 성경에 나오는 여인들인 하와, 사라, 미리암, 에스더, 야엘, 유딧에게 둘러싸인 채 마리아의 영혼을 받아드는 모자이크가 있다.

모자이크는 이 교회에서 가장 놀라운 특징 중 하나이다. 세 개의 원이 서로 교차하는 모습을 나타낸, 중앙 예배당에 있는 모자이크 바닥은 성 삼위일체를 상징하며 예언자 다니엘, 이사야, 예레미야, 에스겔과 열두 사도의 이름을 포함하여, 기독교 신앙에 대한 찬사가 주변을 둘러싸고 있다. 이 모자이크는 다시 열두 개의 별자리 기호에 둘러싸여 있다. 이 교회는 '최후의 만찬의 방'과 다윗의 무덤을 비롯하여 여러 중요한 기독교 유적지와 나란히 서 있는데, 지금은 다윗이 묻힌 장소는 거기가 아니라는 의견이 다수이다.

1948년과 1967년 예루살렘을 두고 벌어진 전투로 인해 교회는 손상을 입었고 건물 일부는 아직도 복원되지 않았다. 2년에 한 번, 이 교회에서는 기독교─무슬림─유태교 사이의 대화가 이루어지는 데에 공헌한 이들에게 '시온 산 상'을 수여한다. **RR**

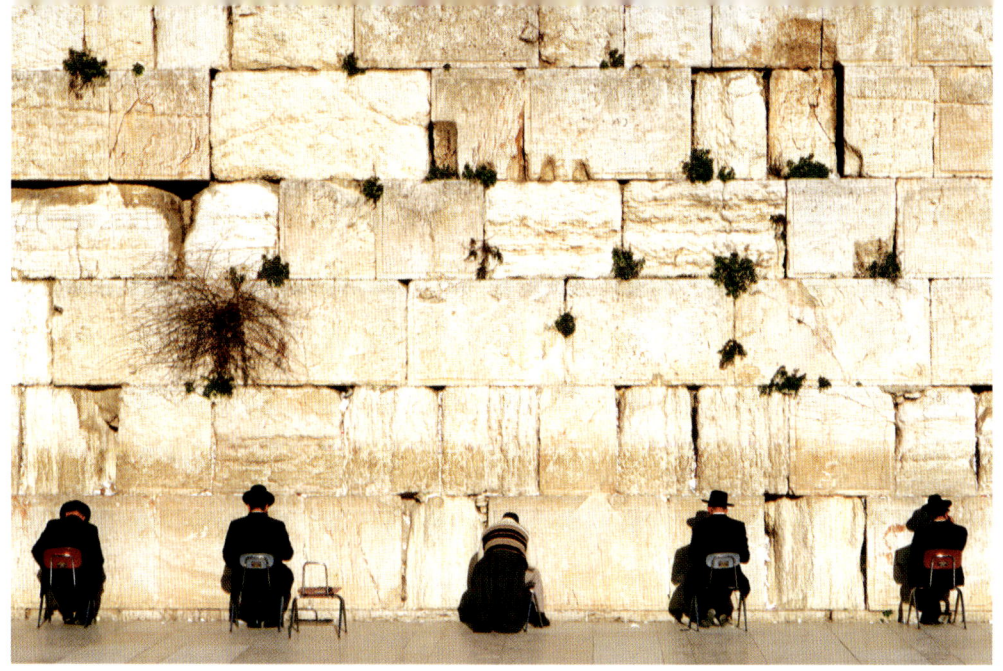

🏛 ◎ 서쪽 성벽 예루살렘 | Western Wall

유태교에서 가장 거룩하게 여기는 기도의 장소

서쪽 성벽(통곡의 벽)은 서기 70년 티투스 황제의 군인들이 파괴해 버린 제2차 유태인 성전에서 유일하게 남아 있는 부분이다. 옹벽(흙이 무너져 내리지 않도록 막는 구실을 하는 벽)인 이 벽은 '성전의 산'을 둘러싼 벽의 일부이다. 이 벽이 남게 된 원인을 설명하는 문헌은 다양하다. 일설에서는 하느님이 유태인들을 위해 이 부분만은 살려 두었다고 한다. 다른 설에 따르면 티투스가 로마가 유대를 처부순 일을 상기시키는 뼈아픈 기념물로 남겨 두었다고 한다. 오늘날에는 유태인들이 소망이나 기도를 적은 종잇조각을 벽의 갈라진 틈에 밀어 넣는 관습이 있다. 어떤 문헌에 따르면 근처에 있는 '바위의 돔'이 성전 시대에 지성소가 있던 자리를 덮고 있다고 하며, 대부분의 유태 교리에서는 천국의 문이 바로 그 위에 있다고 한다. 유태인들은 종교법에 의해 이 지역에 들어가지 못하도록 금지된다.

유태인 여성이 이 벽에서 기도하는 데에는 제한이 있다. '성벽의 여인들'이라는 단체는 이곳에서 여성이 탈리트(유태인 남성들이 예배 때 두르는 기도용 어깨걸이)를 입고 토라를 낭송하며 큰 소리로 기도할 수 있는 권리를 보장받기 위해 20여년 동안 법정 투쟁을 벌어 왔다.

이곳은 이슬람교에게도 크게 중요하다. 이슬람교도들은 마호메트가 그를 메카에서 예루살렘으로 데려온 날개 달린 말을 서쪽 성벽에 묶어 두었다고 믿는다. 그러자 천사가 그를 데려가 모세, 예수, 엘리야와 만나게 해주었고, 이곳에서 그는 인간이 죽은 이후에 기다리고 있는 운명을 보았다는 이야기이다. 벽 위로 모습을 비추고 있는 '바위의 돔' 사당이 이 사건을 기념하고 있다. 이슬람, 유태교, 기독교 종교 유적들이 나란히 서 있다는 사실야말로 예루살렘 옛 시가지를 방문하는 일이 어째서 그렇게 매혹적인 경험인지를 설명해 준다. 서쪽 성벽은 건축학적인 면에서는 그리 특별할 것 없지만, 신앙심 깊은 유태인들이 벽 아래, 금빛으로 빛나는 무슬림 시원을 머리 위에 가까이 둔 채 열렬하게 기도를 올리는 모습은 상당히 매혹적이다. **AP**

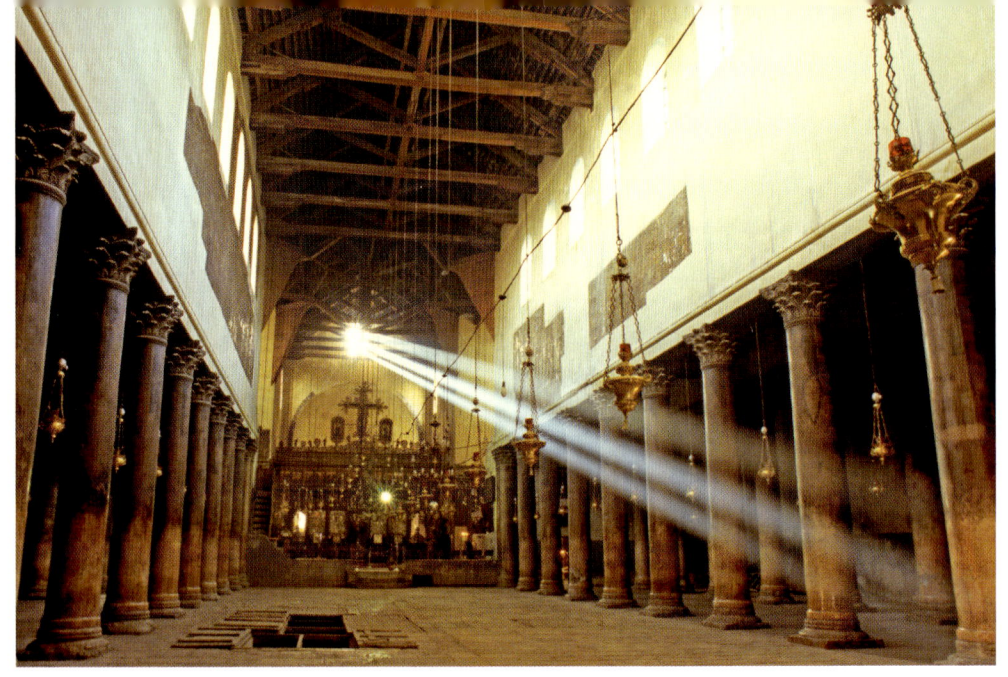

예수 탄생 바실리카 웨스트 뱅크, 베들레헴 | Basilica of the Nativity

예수가 태어났다는 곳이자 성지에서 가장 오래된 교회

예수 탄생 바실리카는 마리아와 요셉이 몸을 쉴 곳을 찾아 마구간으로 들어가 구유에서 아기 예수를 낳았다는, 매년 수천 명의 어린 학생들이 성탄극에서 재현해 보이는 장면이 이루어진 장소에 서 있다.

　　이 바실리카는 지금도 예배 목적으로 사용되는 성지에서 가장 오래된 교회이다. 비잔틴 제국의 황제 콘스탄티누스의 어머니인 성녀 헬레나에 의해 326년 지어진 이후, 교회는 여러 차례의 수리를 겪어 왔다. 현재 건물의 토대는 비잔틴 황제 유스티니아누스 통치기에 세워졌으며, 12세기에 십자군이 회랑과 수도원을 덧붙였다. 단순한 내부에는 지역에서 나는 돌을 깎아 만든, 단일한 돌덩이로 이루어진 원기둥이 네 줄로 늘어서 있으며, 하얀 대리석으로 만든 기둥 44개가 서 있다. 열두 사도들을 그린 프레스코화와 모자이크의 흔적은 예전에 이 교회의 내부가 대단히 훌륭했음을 보여 주는 증거이다. 건물 안에는 그리스도의 탄생에 바치는 기념물이 매우 많은데, 예수의 할례를 기념하는 제단과 천사로부터 마리아와 아기 예수를 데리고 헤롯왕을 피해 이집트로 달아나라는 말을 들었던 성 요셉에게 바치는 예배당이 거기에 포함된다.

　　1852년에 로마 가톨릭, 아르메니아 정교와 그리스 정교는 각각 교회의 부분을 나누어 관리하게 되었다. 삼면으로 된 건물은 각각의 종파를 상징하는 세 개의 수도원의 높은 담장으로 둘러싸여 있다. 북동쪽에는 프란체스코 수도원과 성녀 카타리나의 교회, 남동쪽에는 아르메니아 수도원과 그리스 정교 수도원이 있다. 그리스인들은 전승에 따르면 예수가 태어났다고 하는 장소인 '예수 탄생 동굴'을 맡고 있다. 하얀 대리석 안에 들어 있는 열네 개의 가지가 달린 커다란 은빛별이 예수가 태어난 장소를 표시해 준다. 별 주변에서 타오르는 등불들은 세 개의 공동체를 상징한다. 크리스마스이브가 되면, 수천 명의 군중들이 교회 앞에 있는 '구유의 광장'에 모여 자정 미사를 앞두고 캐럴을 부른다. **RR**

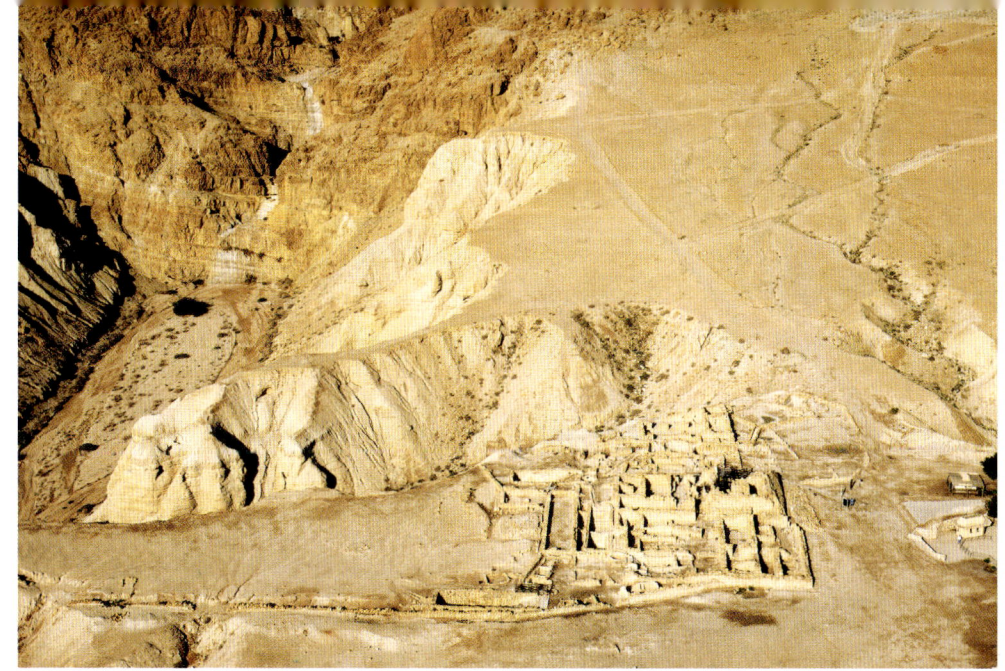

쿰란 웨스트 뱅크 | Qumran

사해 사본이 비밀리에 숨겨져 있던 곳

웨스트 뱅크의 사해 북서쪽 해안에 있는 쿰란은 사해 사본이 비밀리에 숨겨져 있던 곳과 가장 가까운 주거지로 유명하다. 처음 일곱 개의 두루마리는 1947년 두 명의 베두인 목동들에 의해 우연히 발견되었다. 그들은 메마른 강바닥이 드러난 와디 쿰란 골짜기의 가파른 절벽에 있는 동굴에서 뜻밖에도 두루마리를 보관하고 있는 도자기 단지들을 발견했던 것이다. 이후 10년에 걸쳐 근처의 동굴들 안에서 대략 900개의 두루마리가 발견되었으며, 어떤 학자들은 메마른 동굴이 예전에 이 주거지의 도서관으로 사용되었으리라고 추정한다. 사해 사본이 중요한 까닭은, 이 두루마리들이 고대 이스라엘의 서로 다른 유태 분파와 교리에 따른 종교적인 믿음과 관습을 설명하는 내용을 담고 있었기 때문이었다.

　두루마리들의 경로를 추적하고 그 중요성을 분석하는 데에 얽힌 음모는 고대의 필사본 그 자체의 내용만큼이나 흥미진진했다. 처음에는 학자 E. L. 수케닉이 세 개의 두루마리를 히브리 대학에서 샀다. 나머지 네 개는 미국으로 빼돌려졌으며, 후에 신문에 팔겠다는 광고가 나왔다. 수케닉의 아들 이가엘 야딘은 그것들을 입수해 이스라엘로 되돌려 놓았으며, 지금은 사해 사본 보관실에서 면밀하게 측정되는 대기 환경 속에 보관되어 있다.

　고고학자들은 쿰란의 마을이 기원전 134년에서 104년 사이에 요한 히르카누스 통치 시대에 지어졌다고 추정한다. 티투스 황제가 서기 68년 파괴해 버리기까지 이곳에는 여러 시기에 걸쳐 사람이 살았다. 묘지를 비롯해 회합실과 복잡한 저수지 등 현재 남아 있는 유적들로 미루어 보아 쿰란은 에세네 교파의 거주지였던 것 같다. 이곳이 로마의 요새였다거나 호화로운 저택이었다는 설을 제시하는 등 여러 학자들의 의견이 불일치하지만, 대부분의 고고학자들은 쿰란이 중요한 종교적 주거지였다는 사실에 동의를 표한다. **KH**

히샴의 궁전 웨스트 뱅크 | Hisham's Palace

우마이야 왕조의 호화로운 궁전

8세기 우마이야 왕조의 유물인 히샴의 궁전(아랍어로는 '키르바트 알-마프자르')은 고대 예리코의 유적인 텔 에스-술탄에서 북쪽으로 5km 떨어진 곳에 있다. 이 궁전은 알-왈리드 이븐 알-야지드가 지은 것으로 여겨지나, 그의 삼촌 칼리프 알-히샴 이븐 압드 알-말리크의 이름을 따 히샴의 궁전이라 이름 지어졌다. 사냥 별장으로 지어진 이 궁전은 화려하게 장식된 건축 양식과 사치스럽게 단장된 모습을 뽐낸다. 그러나 칼리프 자리에 오른 알-야지드가 권력을 쥔 지 1년 후인 744년에 암살당하자, 궁전은 미완의 상태로 남게 되었다.

이곳은 8세기의 특권 계층이 어떻게 살았는지를 잘 보여 준다. 로마식 목욕탕을 모델로 삼은 이 궁전에는 커다란 저택, 목욕탕, 수영장, 연회장, 두 개의 모스크가 있다. 물을 데우기 위해 지하에 복잡하게 얽힌 파이프를 두었던 흔적이 남아 있다. 궁전은 원래 중앙 안뜰을 중심으로 설계된 2층짜리 사각형 건물이었으나, 749년 이 지역을 덮친 대지진으로 크게 손상되었다.

현재는 복원되고 새로이 치장 벽토로 꾸며진 이 궁전은 이슬람 예술과 건축술을 보여 주는 보기 드물게 빼어난 예이다. 대리석처럼 보이도록 제작된 치장 벽토는 실용적인 목적에다 장식적인 목적을 위해 이 지역에서 최초로 사용된 것이었다. 조각이 새겨진 회반죽 진품의 일부는 현재 예루살렘 박물관에 소장되어 있다. 궁전의 훌륭한 모자이크는 원래 위치대로 복원되었다. 북서쪽 코너에 있는 작은 방에 위치한 가장 유명한 모자이크는 '생명의 나무'를 형상화한 커다란 과일나무 아래에서 풀을 뜯고 있는 가젤들을 나타낸 것으로, 사자가 가젤들 중 한 마리를 공격하고 있다.

천장이 둥글며 목욕탕에 들어가기 전의 대기실로 사용되었던, 넓이 30㎡의 홀은 바닥이 모자이크로 덮여 있는데, 이는 오래된 모자이크를 보여 주는 세계에서 가장 큰 규모의 예이다. 이곳에는 또한 궁전의 기념비적인 현관의 문틀에 붙어 있었던 돌로 조각된 예리코의 별도 전시되어 있다. **RR**

예리코 웨스트 뱅크 | Jericho

세계 최초의 주거지 중 하나

텔 에스-술탄이라고도 불리는 예리코는 세계 최초의 도시라 불려 왔으며, 도시의 구성 조건이 정확히 무엇인지에 대해 전문가들의 의견은 엇갈릴 수 있지만, 약 1만 1천 년 동안 이 장소에는 계속해서 사람이 살았다. 이곳은 또한 예루살렘 다음으로 가장 많이 발굴된 유적지이기도 하다. 발굴 작업은 1868년 찰스 워렌에 의해 최초로 이루어졌으나, 보다 유명한 예리코 발굴은 1952년부터 1958년에 걸쳐 케이틀린 케넌에 의해 행해졌고, 오늘날 우리가 예리코에 대해 알고 있는 대부분의 사실은 이때에 정립된 것이다.

> "믿음으로 칠 일 동안 여리고를 도니 성이 무너졌으며…"

히브리서 11장 30절

텔-에스 술탄 최초의 주거 흔적은 중석기 시대의 것으로, 원형 주거지와 여러 구의 시신이 묻힌 매장터이다. 신석기 시대에, 예리코는 성벽에 둘러싸인 약 4헥타르 넓이의 주거지로 확장되었다. 거주자들은 흙바닥에 진흙 벽돌로 만든 집에 살았다. 이러한 건축물들이 풍화되어 층층이 쌓여 '텔', 즉 언덕을 이룬 것이다. 발굴 작업의 결과, 예리코에서는 독특한 장례 의식이 행해졌다는 증거를 발견했다. 해골의 다른 부분으로부터 두개골을 분리하여 회반죽으로 덮고 눈에는 조개껍질을 박아 두었던 것이다.

예리코에 대한 문서 기록 중에 유일하게 남아 있는 것은 단단히 요새로 무장하고 있던 도시가 무너졌다는 성경의 언급뿐이다. 예리코(여리고) 성벽이 무너져 여호수아가 이끄는 이스라엘인들은 가나안 사람들을 정복했다는 것이다. 예리코에는 무너져 내린 성벽의 자취가 있는데, 이는 지진으로 인해 무너졌던 것으로 보인다. 그러나 성경의 연대기가 예리코의 고고학적 증거와 일치하는지에 대해서는 전문가들의 의견이 분분하다. **RF**

아슈르 이라크, 칼라트 샤르카트 부근 | Assur

티그리스 강 유역의 고대 메소포타미아 도시

1831년 영국인 여행자 클로디어스 리치에 의해 발견되기까지, 아슈르는 파묻힌 채 알려지지 않은 도시였다. 이 도시의 설계와 건물에 대해 우리가 알고 있는 대부분은 20세기 초의 발굴 작업으로 발견된 기원전 7세기의 점토판에서 나온 것이다.

바그다드에서 북쪽으로 280km 떨어진 바위 언덕에 있는 아슈르는 도시를 지은 사람들이 아슈르 신의 집이라 생각했던 장소를 내려다보고 있다. 그 신의 이름이자 도시 이름을 따라 아시리아인이라 불렸던 이들은 아마 수메르 출신이었을 것이다. 그들은 기원전 2500년에 아슈르를 세웠는데, 그보다 천 년 전부터 사람이 살았던 곳이다. 아슈르는 아나톨리아와의 무역 중심지로 발전하며 주로 주석과 양모를 거래했다. 발굴된 점토판에 따르면 4km 길이의 요새 성벽이 도시를 둘러싸고 있었다고 한다. 성벽 안에는 세 개의 왕궁과 34개의 신전, 웅장하고 널찍한 공공 공간과 주택이 있었으며, 비좁고 낙후된 동네도 있었다.

아슈르는 기원전 1천년 초반에 왕이 거주하는 지역이라는 기능을 잃게 되었지만, 기원전 614년 메디아인이 도시를 파괴해 버리기 전까지 왕들이 묻히는 장소였다. 이후 점차적으로 사람들이 다시 터를 잡고 건물을 새로 지었으나, 기원전 3세기에 페르시아 사산 왕조의 사람들이 또다시 도시를 황폐화시켰다. 아슈르 유적지는 오늘날에도 여전히 경배 받고 있다. 이 도시를 찾는 이들은 가장 먼저 아시리아의 중요한 신인 아슈르에게 바쳐진, 벽돌로 쌓은 커다란 직사각형의 층진 건축물 '지구라트'의 모습에 사로잡힌다. 오늘에 이르기까지 34개의 신전이 발견되었으며, 궁전 한 채는 최근에 재건축되었다. 그러나 도시의 미래는 불투명하다. 북부 메소포타미아에 절실하게 필요한 물 공급을 위해 티그리스 강에 댐을 설치하자는 계획이 있어서, 그렇게 되면 이곳은 물에 잠기게 된다. 현재 계획은 일시 중지되었으나, 여전히 물 공급 문제가 남아 있다. 이 때문에 아슈르 유적지는 유네스코의 '위험에 처한 세계문화유산' 목록에 포함되었다. **FR**

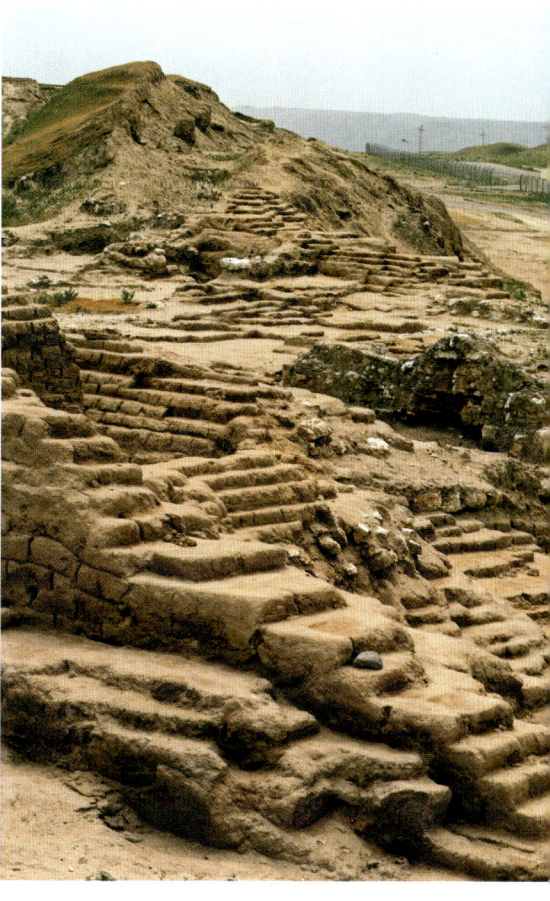

"아슈르는 기록에 남아 있는 가장 유명하고 오래된 무역 중심지이다."

고고학자, 존 러셀

페트라 요르단, 페트라 | Petra

지금은 조각이 새겨진 건물들로 유명해진, 오랫동안 잊혔던 전설의 도시

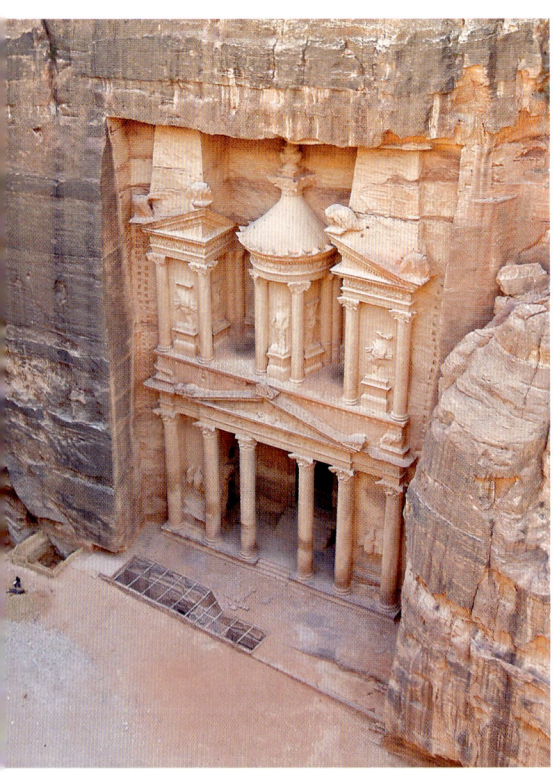

"…그러나 최초로 그들을 바라보았던 새벽의 먼동이 아직 가시지 않은 듯 장밋빛으로 붉은…"

존 윌리엄 버건, 「페트라」(1845년)

⊞ 바람에 실려 오는 모래를 피하여, 보물 창고는 페트라에 있는 다른 많은 기념물들보다 월등하게 보호받고 있다.

⊟ 수백 년이라는 세월 동안, 페트라를 찾은 여행자들은 보물 창고의 모습을 처음으로 본 극적인 순간에 압도되어 왔다.

사막에 있는 좁은 협곡('알−시크', 즉 '협곡'이라 불린다) 사이를 누비며, 가파른 바위벽의 절경 사이의 오래된 길을 따라 가면 페트라가 나온다. 서구 세계에서 수백 년 동안이나 잊혀 있던 이 도시는 1812년 스위스 탐험가 요한 루트비히 부르크하르트가 재발견했다. 이 도시의 기원은 불분명하며, 아라비아에서 시리아로 가는 캐러밴 루트를 장악했던 아랍 나바테아인의 수도로 번영을 누렸던 기원전 300년경부터의 역사는 좀 더 잘 알려져 있다. 페트라는 기원전 1세기 중반 로마의 지배를 받았으나, 서기 106년 아라비아 페트라이아라는 속주의 일부가 되기 이전까지는 자율권을 누렸다. 무역로가 바뀌고 강력한 지진이 일어나 페트라를 쇠락하게 했으나, 그럼에도 이 도시는 비잔틴 시대까지 주교 관구가 위치한 곳이었고, 십자군이 세운 요새 체계도 페트라를 포함하고 있었다.

페트라는 와디 무사(모세의 골짜기)를 따라 위치하고 있으며, 기둥이 늘어선 중앙 도로의 양쪽 끝으로부터 건물들이 골짜기 안으로까지 널리 퍼져 있다. 이 도시는 커다란 극장, 웅장한 신전들, 그리고 기독교 시대의 교회들을 뽐냈다. 고도로 발달한 수력 체계가 빗물을 저장하고 운반해 주었다. 그러나 페트라 제일의 매력은 바위를 깎아 만든 훌륭한 건축물들이다. 태곳적의 사암 바위 층에는 수백 개의 기념비적인 건축물이 조각되어 있으며, 연한 노란색에서 붉은색, 진한 갈색까지 이르는 그 색채에 매료된 시인 존 윌리엄 버건은 페트라를 "세월의 절반만큼 오래된 장밋빛 붉은색의 도시"라 묘사했다. 수도원(앗−데이르)과 왕릉도 훌륭하지만, 가장 뛰어난 건축물은 헬레니즘 양식으로 산을 깎아 만든 나바테아 무덤인 '보물 창고'(알−카즈네)이다. 전설에 따르면 꼭대기에 보물 저장소가 숨겨져 있으며, 오랫동안 베두인들은 황금의 벼락을 맞을 수 있지 않을까 하는 헛된 희망을 품고 열렬히 그 꼭대기를 뒤졌다. 페트라에 있는 대부분의 건축물 조각의 상세한 부분은 수백 년이라는 세월에 걸친 풍상에 시달려 깎여 나갔으며, 미래를 위해 인공 사암 제작품을 이용해 남아 있는 부분을 보존하고 있다. **MC**

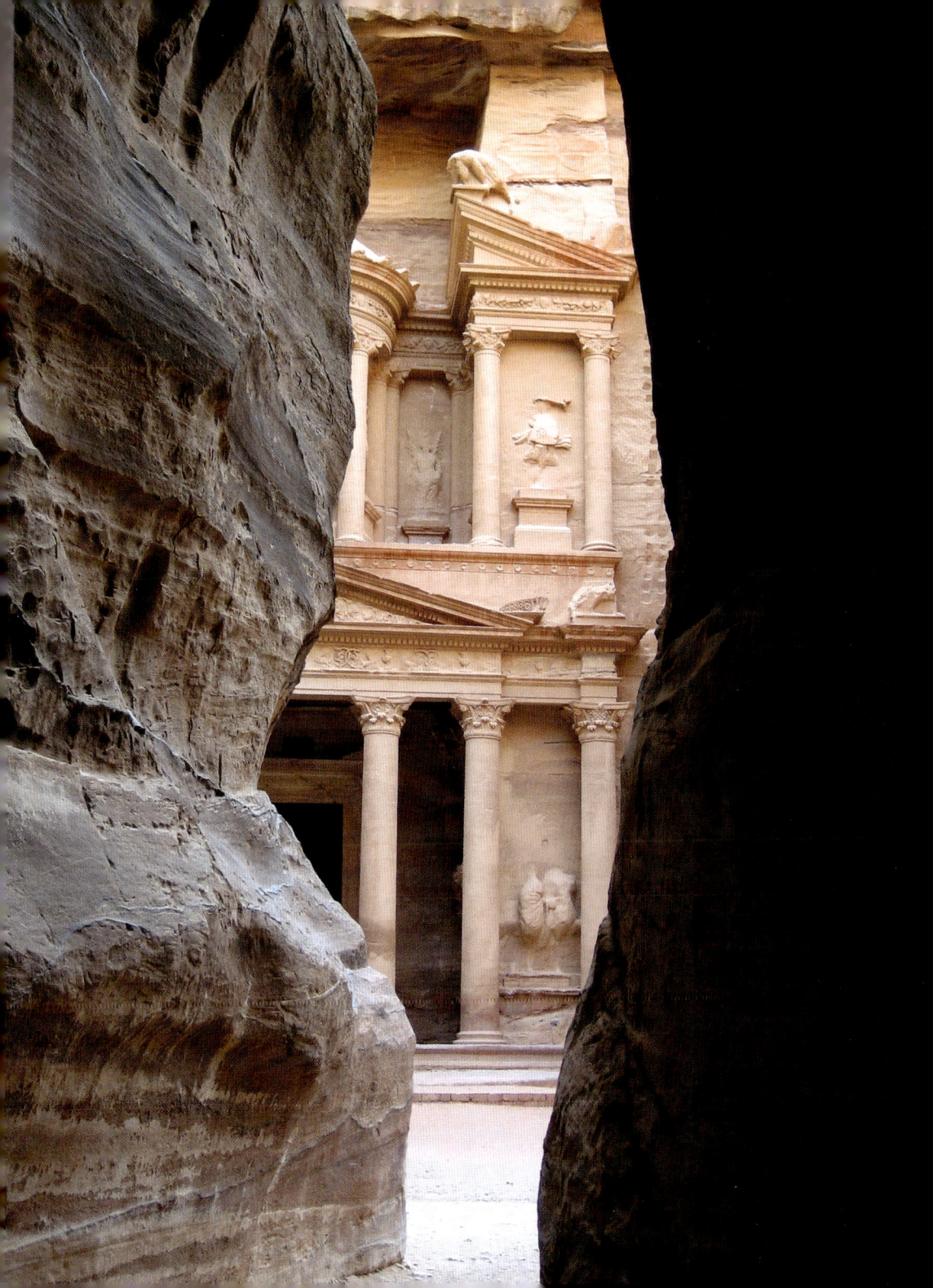

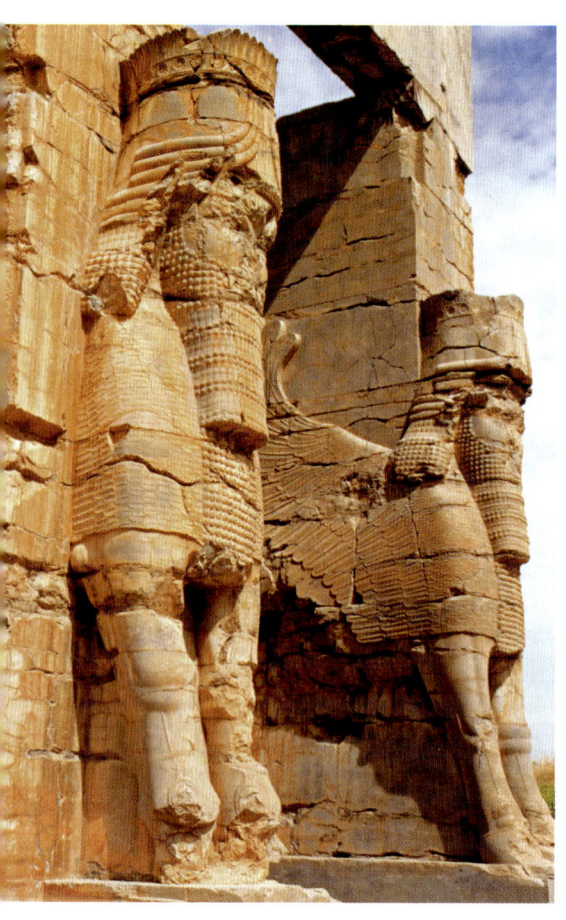

페르세폴리스 이란, 시라즈 근처 | Persepolis

페르시아 제국의 영광스러운 고대 도시

거대한 성벽과 '자비의 산'이라 불리는 덩치 큰 산에 둘러싸인 육중한 단구(段丘) 위에 흩어져 있는 이 궁전 복합체는 부강한 아카메네스 제국의 의식용 수도였다. 아카메네스 왕조는 고대 페르시아(현재의 이란)의 권력 있는 왕조였으며, 그들이 이 자리에 창조해 낸 건물들은 아카메네스 왕조가 이룬 예술적 위업의 절정이라 평가된다. 궁전 복합체의 건축은 다리우스 1세 왕이 즉위했을 때 (그는 기원전 522년부터 기원전 486년까지 통치했다) 시작된 것으로 보이며, 뒤를 이은 크세르크세스와 아르타크세르크세스 1세 때까지 지속되었다.

페르세폴리스는 고립된 산악 지대에 위치하고 있었기 때문에 대부분 봄과 여름에만 머무르는 궁전이 되었으며, 황실 행정은 바빌론과 같은 다른 도시에서 이루어졌다. 그러나 이곳은 페르시아의 매우 중요한 수도로, 매년 대규모로 공물을 바치는 축제가 열렸다. 따라서 건물들도 상당히 공을 들이고 신경을 써서 화려하게 장식되었다. 이러한 건축물들은 고대 메소포타미아인들이 지은 세련된 건물에서 영감을 얻은 것으로, 근처 산에서 캐온 진회색 석재를 이용해 거대한 규모로 건축되었다. 대칭을 이루게 설계된 장려한 궁전들, 단구의 서쪽 편으로 올라가게 되어 있는 거대한 이중 계단, 커다란 알현실, 보물 창고, 그리고 하렘 건물 등이 그러한 건물이었다. 페르세폴리스는 육중한 기둥들과 아름다운 부조 조각으로 유명하다. 금과 은으로 된 판, 그리고 돌에 새겨진 여러 가지 기록과 비문들이 발견되어, 페르시아 제국의 넓이와 페르세폴리스의 건설에 대한 정보를 제공해 주었다. 페르세폴리스 가까이에는 다양하고 인상적인 왕릉들이 있다.

기원전 330년, 알렉산드로스 대왕이 왕실 중심지인 이 도시를 약탈하고 점령하였으며, 보물 창고를 싹 털어가고 크세르크세스의 궁전에 불을 질렀다. 페르세폴리스는 알렉산드로스의 마케도니아 제국의 한 속주의 수도가 되었으나, 그후부터 쇠락해 갔다. **AK**

> "알렉산드로스는 이 도시를 …아시아의 도시들 중에서 가장 가증스럽다고 묘사했으며, 자신의 병사들에게 넘겨주어 마음껏 약탈하도록 했다."
>
> 그리스 역사가, 디오도루스 시쿨루스

🏛 ◎ 이맘 모스크 이란, 이스파한 | Imam Mosque

페르시아 건축의 장엄한 걸작

이맘 광장과 광장을 둘러싸고 있는 건물들은 "이스파한은 세계의 반이다"라는 페르시아 속담에 장엄하게 들어맞는 대상이다. 사파비 왕조의 강력한 샤(Shah)였던 아바스 1세의 명을 받아 건축되었으며, 그의 후계자 샤 아바스 2세에 의해 확장되고 보완된 이맘 광장(1979년 전까지 알려졌던 대로 '샤 광장'이라 부르기도 한다)은 이스파한에서 가장 주목할 만한 장소였다. 이 광장은 사파비 왕조의 정신적이고 속세적인 권력을 반영하여 건축학적으로나 상징적으로나 완벽한 모습으로 디자인되었다.

직사각형의 광장 네 면은 모두 다 회랑이 있는 2층짜리 아케이드와 접하고 있다. 서쪽 면에는 화려하게 장식된 있는 '알리 카푸 궁전'이 있는데, 이는 사파비 왕실이 지닌 우아함을 반영하고 있다. 이 궁전 반대편에는 이슬람 건축 양식을 보여 주는 세계에서 가장 눈부신 본보기 중 하나인 '셰이크 로트폴라흐 모스크'가 있다. 그러나 광장 남쪽을 지배하고 서 있는 것은 걸작 이맘 모스크로, 이 모스크는 이맘 광장과 이스파한 시의 하늘을 배경으로 솟아 있다. 이맘 모스크는 18년 동안 건축되었으며, 샤 아바스 1세의 말년이 가까웠던 1629년에 완성되었는데, 이후에 내부에 가해진 사소한 증축 사항은 샤가 의도했던 목적의 통합성을 손상시켰다. 네 개의 이완(한쪽 면이 열려 있는 원통형 둥근 천장의 홀) 표면을 덮고 있는 일곱 가지 색채의 타일 작품은 눈부시게 호화롭다. 건축가들은 신의 얼굴과 마주한 겸손함을 표현하기 위해 타일 작품의 대칭성 속에 약간의 어긋남을 포함시켰다.

광장의 북쪽에는 공공 바자(페르시아의 공공 시장)로 통하는 입구가 트여 있으며, 이 바자는 오늘날의 도시에서도 주요 시장 중 하나이다. 동쪽의 더 작은 바자는 수로 이란 관광객의 전유물이다. 처음에는 폴로 경기의 문으로 디자인되었던 이 광장(아직도 광장 양끝에는 장식적인 골 기둥이 서 있다)은 이스파한 대중 생활의 심장부이며, 태양이 마법과 같은 광채로 건물들을 감싸고 피크닉을 나온 이란인 가족들이 방문객들을 기꺼이 초대하는 황혼녘에 방문해야 그 진가를 느낄 수 있다. **IS**

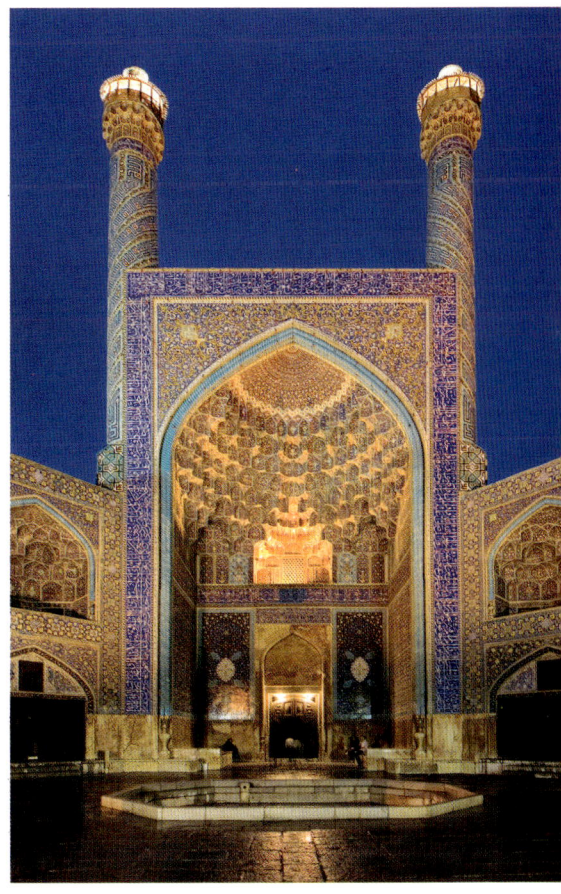

> "동굴 같은 모스크 안으로 첫 걸음을 내딛는 순간은, 관광객들이 살고 죽을 만한 그러한 순간 중 하나이다."
>
> 작가, 스티븐 킨저

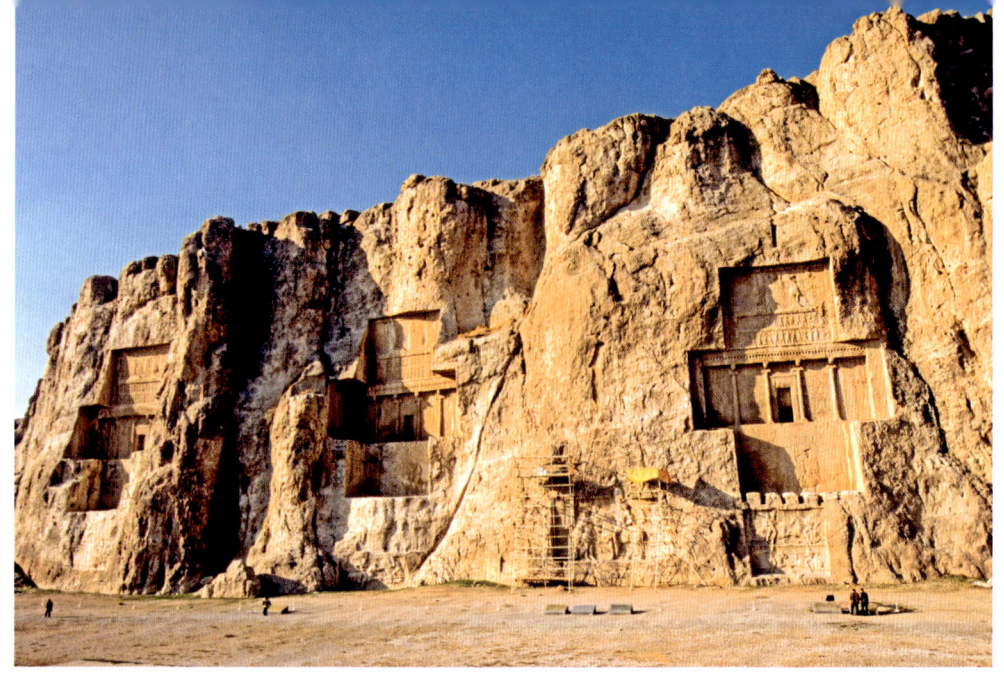

나크시-에 로스탐 이란, 시라즈 근처 | Naqsh-e Rostam

바위를 깎아 만든 아카메네스 제국의 무덤들

나크시-에 로스탐의 수수께끼 같은 무덤들과 바위에 새긴 부조들은, 현대 페르시아어로 된 그 이름을 페르시아의 영웅 로스탐에 얽힌 중세의 전설에서 얻었다. 7세기에 아랍 군대가 페르시아에 이슬람교를 들여왔으며, 이때 많은 이교(異敎) 기념물들이 파괴되었다. 이후에 페르시아 학자들은 이 부조들이 이슬람의 영웅 로스탐을 나타낸 것이라 추측하여 보존해 두었다.

현재는 가파른 절벽 표면에 바위를 깎아 만들어진 무덤을 둘러싼 부조들이 왕에게 바쳐진 이 기념물들의 최초와 마지막 단계들을 나타낸다는 사실이 알려져 있다. 절벽 왼쪽 면에 있는 부분적으로 파손된 인물의 형상은 엘람의 사제 왕을 나타낸다. 엘람인들은 기원전 2천 년 후반에 남서부 이란을 근거지로 하는 강력한 초기 국가를 다스렸다. 기념물의 두 번째 단계는 이후에 사산 왕조적인 요소들이 발전해 나가게 되는 기초적인 구조물을 제공한다. 키루스 대왕이 일구어낸 강력한 아카메네스 제국의 성장 덕분에 그의 후계자 다리우스 1세는 페르세폴리스에 그의 훌륭한 궁전을 지을 수 있었다. 아카메네스의 왕들은 예언자 조로아스터를 높이 숭상했다. 아카메네스 왕조의 한 시기에 절벽 아래쪽에 기묘한 입방체 건축물이 지어졌는데, 이는 이후에 조로아스터와 결부되었다. 이 건물의 목적은 아직도 알 수 없다.

페르시아어를 사용하고 조로아스터를 굳게 신봉하는 사산 왕조가 세력을 떨치면서, 이 지역도 확장되었다. 바위에 새겨진 일곱 개의 부조들은 사산 왕조의 통치자들이 조로아스터교의 선(善)의 전령 아후라 마즈다에게 왕의 징표를 수여받는 장면을 나타낸다. 아르다시르 1세의 최초 수여식 장면은 또한 '이란'이라는 이름의 사용이 처음으로 기록되어 있는 비문을 포함하고 있다. 페르시아 사산 왕조의 국가가 이슬람교를 믿는 아랍 군대에 의해 전복당하면서, 이 장려한 유적지에 있는 도상에 대한 지식은 사라져 민간전승 속에서나 찾아볼 수 있게 되었다. **IS**

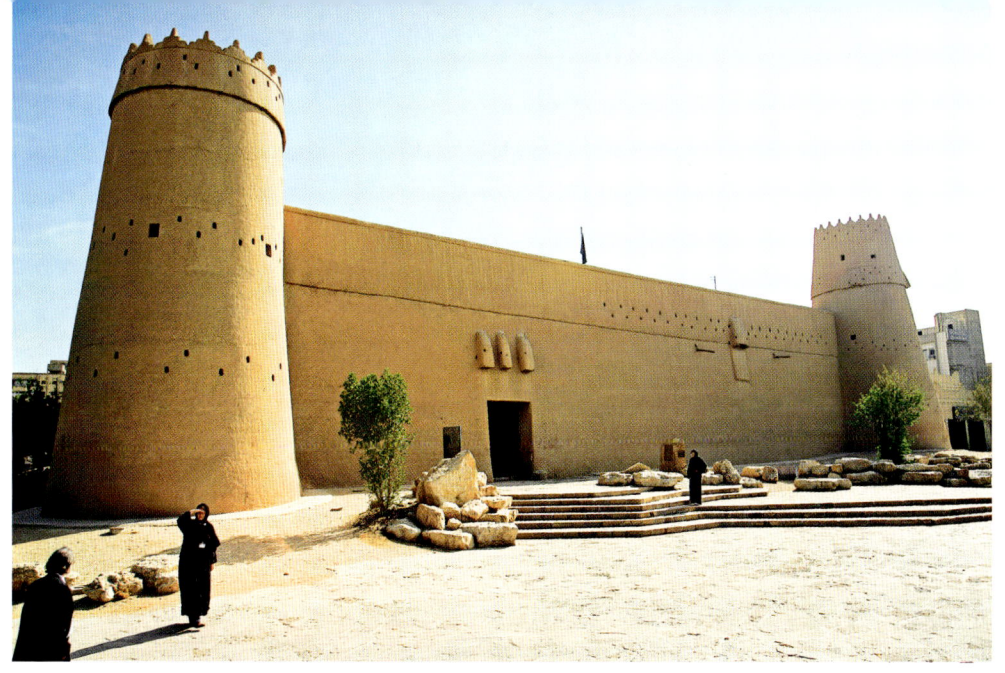

마스막 요새 사우디아라비아, 리야드 | Masmak Fortress

근대 사우디아라비아 왕국 설립의 국가적 상징물

중앙 사우디아라비아의 한복판에 '정원과 나무들이 있는 장소'라는 의미의 수도 도시 리야드가 있다. 리야드는 사우디아라비아의 넓고 메마른 지대 안에 있는 작지만 비옥한 오아시스로, 원래 여러 개의 물줄기가 흘렀지만 지금은 말라 버렸다. 리야드는 현재 넓고 번영하는 현대적 도시이지만 — 이 도시는 현대 유리, 철강, 콘크리트 건축의 판테온이다 — 옛 시가지 구역이 아직도 남아 있으며, 육중한 마스막 요새를 찾아볼 수 있는 곳도 바로 이곳이다.

요새 설비를 갖춘 이 아름다운 건축물은 1865년경 돌로 된 토대 위에 점토와 진흙 벽돌을 사용한 전통적인 형태로 축조되었다. 두껍고 절대로 뚫을 수 없을 것처럼 보이는 외벽 안에는 성이 있으며, 모스크 하나와 우물이 있고, 벽 주변을 따라 네 개의 원형 감시탑이 서 있다. 이 건물은 사우디아라비아의 대부분의 땅과 비슷한 색채인 부드러운 분홍빛 도는 오렌지색을 띠고 있어, 저문 햇빛 속에 물들면 광채를 발한다. 마스막 요새는 사우디아라비아의 역사 속의 중심적인 건물이며, 국민들이 가장

숭배하는 건물 중 하나가 되었다.

마스막 요새는 통치 세력인 알 사우드 가문이 경쟁자인 알 라시디 가문에 의해 권력에서 쫓겨나기 이전까지 거주했던 곳이다. 1902년 1월 15일, 젊은 이븐 사우드는 고작 40명의 부하를 거느리고 영웅적으로 요새를 습격하는 데에 성공하여 가문의 본거지와 권력을 되찾았다. 단 한 번의 이러한 역사적인 사건이 불씨가 되어 유혈이 낭자한 권력 투쟁과 전투가 길게 이어졌고, 결국 알 사우드 족은 아라비아 반도 전체의 세력을 통합하였으며 이븐 사우드는 스스로를 사우디아라비아의 왕으로 선포했다.

마스막 요새는 사우디아라비아에 있어 커다란 민족적 중요성과 자긍심의 상징이며, 1995년 이 건물은 박물관이 되어 전통 의복과 공예품들을 소장하고 있다. 최근에 크게 수리되고 새단장한 이 요새는 문화적으로 대단히 흥미로운 장소이다. **TP**

무라바 궁전 사우디아라비아, 리야드 | Murabba Palace

이븐 사우드 왕의 우아한 궁전

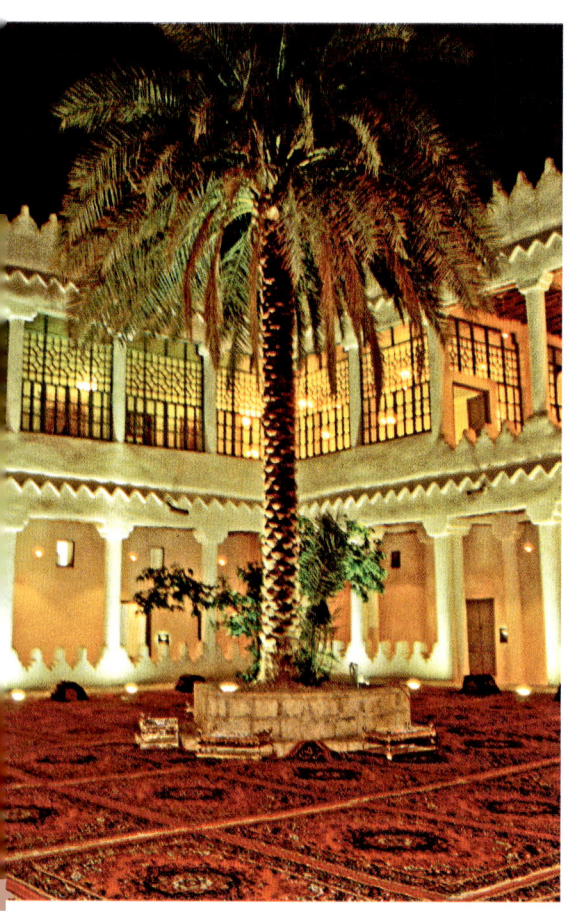

"우리가 보고 있던 것은 도시가 아니라
왕의 새로운 궁전으로 … 당시는 건설
중이었다."

식민 행정관의 아내, 바이올렛 딕슨(1937)

오래된 도시 리야드는 본래 진흙 벽돌과 점토로 쌓은 요새 성벽 안에 건설되었으며, 성벽에는 도시 중심부로 통하는 아홉 개의 문이 있었다. 도시의 건물들도 역시 전통적인 진흙과 점토를 이용해 건축되었으며, 좁고 굽이치는 거리 양쪽으로 나란히 서 있었다. 오늘날 성벽과 관문은 사라져 버렸고 옛 건물들 대신 현대적인 건축물들이 들어섰다. 리야드는 세계에서 가장 빠른 속도로 성장해 나가는 도시 중 하나인 것이다. 이러한 대규모 성장은 이븐 사우드가 1902년 영웅적으로 이 도시를 손에 넣은 이후 천천히 시작되었으나, 건설 작업은 1932년 사우디아라비아 왕국의 성립과 더불어 가속화되었다.

광대하고 사치스러운 무라바 궁전은 1936년 이븐 사우드 왕에 의해 그의 집이자 정부 청사 역할을 하도록 건설되었다. 궁전은 오래된 성벽 북쪽에 지어졌으며, 너무나 넓고 장대한 나머지 종종 그 자체가 사우디아라비아의 수도라고 오인받는다고 한다. 이븐 사우드 왕은 1953년 사망할 때까지 이 궁전을 사용했고, 따라서 궁전은 사우디아라비아의 역사 속에서 중요한 자리를 차지하고 있다.

최근에 무라바 궁전과 주변의 역사적인 건축물들은 대규모 개조와 보수 작업의 대상이 되었으며, 이 지역은 '압둘 아지즈 왕 역사 센터'가 되었다. 이 대단한 프로젝트의 결과로 무라바 궁전 지역 안에는 교육적, 문화적, 종교적 시설들이 탄생했으며, 소규모 궁전들처럼 파괴된 건축물들은 진흙 벽돌로 지어진 원래의 형태로 복원되었다. 근처에는 눈에 띄는 이 도시의 랜드 마크인 '리야드 워터 타워'와 이븐 사우드 왕의 후계자가 건설했으며 그 붉은 색깔 때문에 '알-함라'(붉은 건물이라는 의미)라는 이름이 붙은 궁전이 있다.

무라바 궁전과 '압둘 아지즈 왕 역사 센터'의 다른 특색들과 더불어 사우디아라비아 역사 속에서 중심적인 중요성을 지니고 있으며, 신중한 보호 작업은 역사 속의 이러한 단편이 앞으로도 사라지지 않을 것임을 보장해 준다. **TP**

디라이야 고도시 사우디아라비아, 리야드 부근 | Old Dir'aiyah

사우디아라비아를 통치하는 가문 알 사우드 가의 옛 수도이자 조상 전례의 고장

디라이야 고도시의 유령 같은 유적은 고동치는 도시 리야드로부터 그리 멀리 떨어지지 않은 곳, 초목이 우거진 지역이 드문드문 흩어져 있는 와디 하니파 언저리를 따라, 중앙 사우디아라비아의 변화무쌍한 사막의 풍경을 배경으로 솟아 있다. 이곳에는 종려나무들이 무성하고, 녹색의 땅들은 이 나라 한복판의 광활하고 노란 지역과 사우디아라비아에서 가장 유명한 고고학 유적인 디라이야의 인적 없는 거리를 불어가는 날카롭고 찌르는 듯한 사막의 바람으로부터 반가운 휴식처가 되어 준다.

이 도시의 유래는 알 사우드 가문의 마네아 알-메리디가 와디 하니파 지역으로 옮겨와 정착지를 짓기 시작했던 15세기로 거슬러 올라간다. 이 작은 시작으로부터 디라이야라는 도시가 탄생했고, 강력한 알 사우드 가문이 계속해서 머무르면서 도시는 성장과 번영을 거듭했다.

1744년 디라이야는 사우디 국가의 최초 수도가 되었다. 이 기간 동안 이븐 사우드 공과 셰이크 이븐 압드 알 와하브(그는 본래의 이슬람으로 회귀하자고 주장하는 무슬림 근본주의의 한 분파를 지지했다)는 공고한 연대를 맺었으며 사우디 국가가 기반으로 삼아 통치하고 세력을 키우게 되는 선례를 확립했다. 디라이야는 1818년 오스만 지도자 이브라힘 파샤와 벌였던 전투에서 사실상 파괴되었으며, 이후 수도는 근처의 리야드로 이전되었고, 디라이야는 점차 유령 도시가 되어 갔다.

디라이야에서는 역사적인 건물들을 보존하기 위해 광범위한 복원 작업이 진행되었으며, 진흙과 어도비 벽돌로 지은 전통적인 건축물들의 몇 가지 뛰어난 예가 아직 남아 있다. 거대한 사이드 빈 사우드 궁전, 살와 궁전, 이맘 무함마드 빈 사우드 궁전, 사아드 모스크, 영빈관, 그리고 투라이프 목욕탕 등이 그 예에 속한다. 이곳은 사우디아라비아라는 국가가 태동하게 된 열쇠를 쥐고 있는 장소이며, 그러한 만큼 아마 이 나라에서 근본적으로 가장 중요한 유적지일 것이다. **TP**

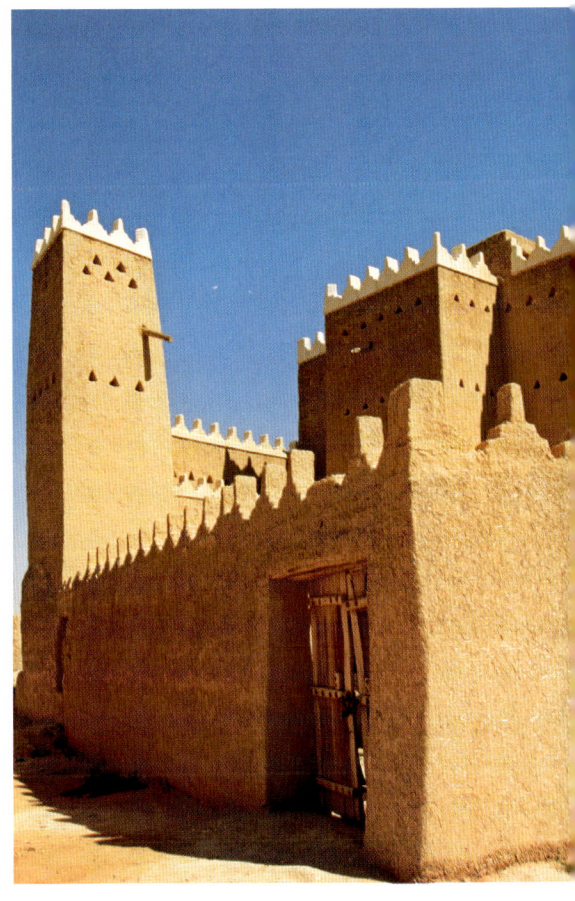

"이븐 사우드는 불굴의 땅 아라비아에 서조차 보기 드문 육체적 인내력을 지닌 인물이었다는 찬사를 받는다."

여행가이자 작가, 거트루드 벨

마다인 살레 사우디아라비아, 알-울라 부근 | Mada'in Saleh

나바테아 문명의 독특한 자취

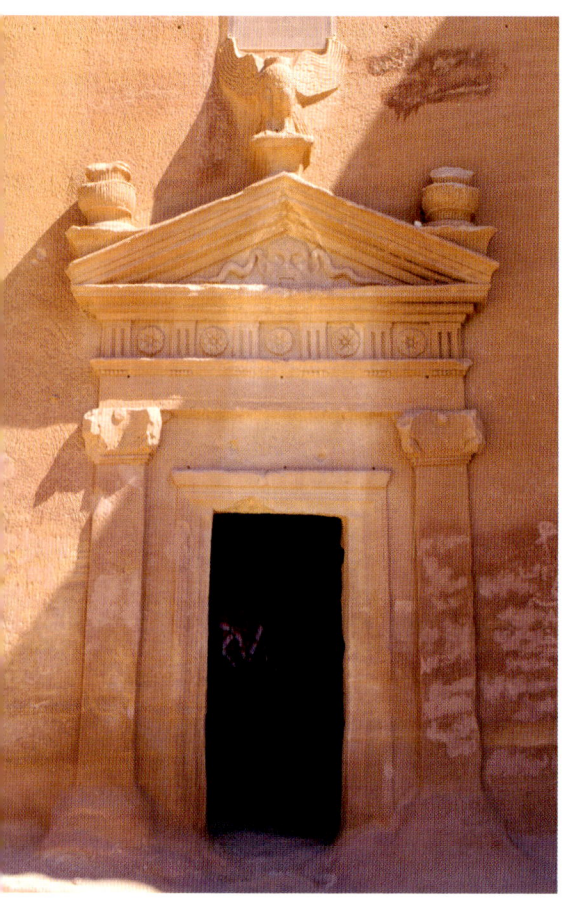

"나바테아인들은 두드러지게 자유를
사랑하는 이들이었으며, 사막으로 피
해 이를 요새로 이용했다."

그리스 역사가, 디오도루스 시쿨루스

마다인 살레의 이 뛰어난 유적은 사우디아라비아 북서부의 광활하고 거친 사막 땅, 고도시 알-울라로부터 북동쪽으로 약 22km 떨어진 지점에서 찾아 볼 수 있다. 보통의 모래사막과 달리, 이곳의 붉은 황토색 땅은 산을 이루곤 하며, 군데군데 육중한 바위 암반이 돌출해 있다. 이러한 암반 위에 나바테아인들의 무덤이 있으며, 이러한 무덤들 때문에 이 지역은 고고학적으로도 역사적으로도 무척 중요한 곳이다.

나바테아 문명의 기원은 불분명하지만, 이들이 요르단 남부와 아라비아 북부에 살았고 그곳을 지배했던 중요한 고대의 상인들이었으며 페트라를 수도로 삼았다는 사실만은 알려져 있다. 그들은 이 지역 전역에 그물망처럼 얽힌 무역로를 개발했으며, 그러한 무역로를 따라 마다인 살레와 같은 중간 휴게소가 건설되었다. 나바테아인들은 건축학적인 기술, 건물에 비문을 새겨 넣는다는 점, 그리고 고도로 발달한 미학적 취향으로 명성이 높았다. 코란에 언급되기도 했던 마다인 살레의 역사가 나바테아인들 이전까지, 어쩌면 기원전 6세기까지 거슬러 올라간다는 증거가 있으나 지금까지 남아 있는 것은 기원전 2세기에서 서기 2세기의 무덤들이다. 나바테아인들은 주변의 바위투성이 산 표면에 기념비적이고 장식이 풍부한 건축물인 무덤들을 지었고, 이러한 무덤들은 매우 넓은 지역에 산재한다. 현존하는 132개의 무덤들은 지금까지 남아 있는 가장 중요한 나바테아 문명의 대표작이며, 그 규모가 놀랄 만하다. 어떤 무덤의 파사드는 높이가 무려 20m에 달한다.

무덤과 종교적 건물들 옆에서는 진흙 벽돌로 지은 가정용 주거지가 발굴되었으며, 물을 저장하고 공급하는 나바테아인들의 고도로 세련된 체계를 보여 주는 증거도 나왔다. 이곳의 또 다른 자랑거리는 1900년대 초반 오스만 시기에 건설되었으며 역사적인 헤자즈 철도에 사용되었던, 주의 깊게 보존되어 있는 철도역이다. **TP**

나세프의 집 사우디아라비아, 제다 | Naseef House

아랍 세계에서 가장 큰 상업 중심지 중 하나인 제다에 있는 사치스러운 저택

제다의 역사는 2500년도 넘게 펼쳐져 있는데, 그 옛날 이곳은 어촌으로서 처음 마을이 되었다. 이곳은 서부 사우디아라비아의 홍해를 따라 위치하고 있으며 인도와 극동, 지중해 연안 사이를 오가는 상인들이 멈춰 쉬어 가는 중요한 장소가 되었다. 이 도시의 크고 아름다운 자연 항에는 근처의 성지 메카로 가는 순례자들을 실은 배들도 종종 나타났다. 옛 제다('발라'라고도 한다)는 성벽이 세워지고 요새화된 도시였으며, 이후 그 성벽은 사라졌지만 가장 오래된 주택 중 하나인 나세프의 집을 찾을 수 있는 곳은 바로 이곳이다. 이 지역은 튀르크 양식의 주택들로 유명하다.

부유한 지역 상인이자 사업가였던 오마르 나세프는 1872년 자신의 대가족을 위해 이 집을 지었다. 따라서 이 집은 네 개의 층에 100개 이상의 방이 흩어져 있는 상당한 규모의 주택이다. 이 집은 또한 여러 해 동안 제다에서 가장 높은 건물이기도 했으며, 이러한 특권을 더욱 강조하기 위해 이 도시에 단 한 그루밖에 없는 나무 옆에 지어졌다. 지금은 물론 나무가 많지만 말이다. 집의 토대와 벽은 근처의 바다에서 구해온 산호로, 내부의 바닥은 나무로, 그리고 내부 장식 대부분은 정교하게 조각한 나무 세공으로 이루어졌다. 외부에는 대부분의 오래된 건물에서 볼 수 있는 전통적인 목조 격자 창문덮개가 달려 있다. 1924년 이븐 사우드 왕이 제다를 차지하여 사우디아라비아의 일부로 통합시켰다. 왕은 1925년 이 지역을 방문했을 때 나세프의 집에 초대받아 머물렀었는데, 이 또한 이 집의 역사적인 가치를 높여 준다.

세월이 흐르면서 제다는 급속하게 성장했으며, 오래된 건물들을 잃게 되는 일이 없도록 1999년에는 '제다 역사 지구 보존 부서'가 창립되었다. 나세프의 집은 완벽하게 복원된 최초의 건물 중 하나였으며, 이후 박물관이 되었다. 이 집은 제다에서 가장 잘 보존되어 있고 가장 중요한 유서 깊은 건물 중 하나이다. **TP**

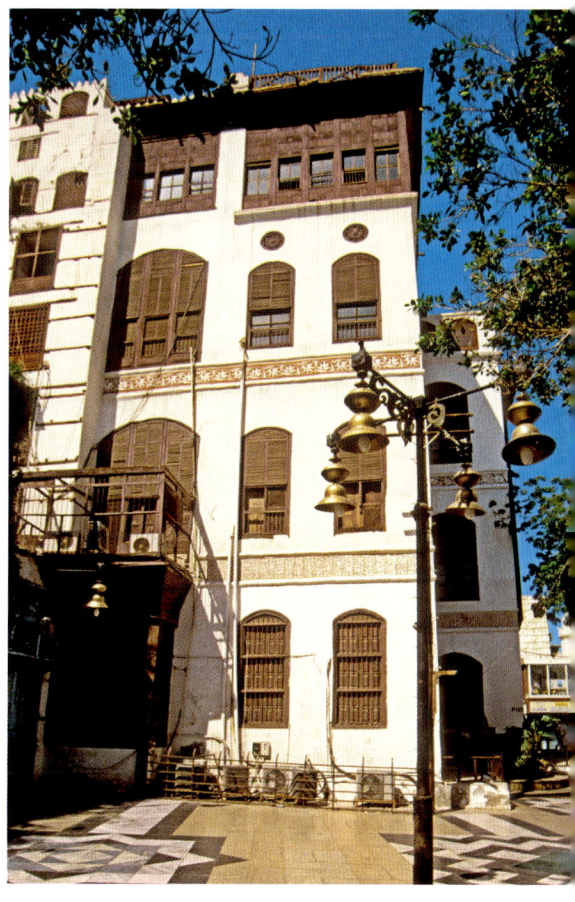

"이라비인나이드 천일 야화를 느낄 수 있는 가장 가까운 장소는 발라 … 즉 옛 제다의 일부분이다."

여행 작가, M. 아흐메드 나구르

하발라흐의 공중 마을

사우디아라비아, 아브하 부근 | Hanging Village of Habalah

숨겨져 있는 뛰어난 마을

사우디아라비아의 아브하 남서쪽에는 깊숙한 낭떠러지, 높이 솟은 산맥, 그리고 내려가다 보면 빛나는 홍해의 물이 나오는, 표면이 고르지 못한 거대한 화강암 계단으로 이어지는 울퉁불퉁한 바위 표면 등의 보기 드문 절경이 펼쳐 있다. 친근하지는 않지만 아름다운 이 지역에 식물이 풍부하게 자란 자그마한 지대들이 흩어져 있고, 그곳에서는 용감한 나무들이 바위 표면에 달라붙어 있다. 이 장엄하고 감히 꿰뚫을 수 없는 야성의 자연 속 깊은 곳에 작고 인적이 끊긴 하발라흐, 즉 '공중 마을'이 숨어 있다.

이 작은 마을은 첫눈에 보아서는 거의 눈치 챌 수 없으며, 위아래로 높이가 180m나 되는 깎아지른 듯한 바위벽이 우뚝 솟아 있는 가파른 산지에 마치 시소를 탄 듯 아래로 반쯤 기울어져 있다. 집들은 오스만인들의 무서운 공격을 피하려 했던 토착민들이 약 350년 전 바위와 돌을 이용해 그 안에 지었다. 본래 이 마을에 닿으려면 줄사다리를 이용하는 수밖에 없었으며('하발'이라는 말을 해석하면 대략 '줄사다리') 무척 잘 숨겨져 있었기 때문에 마을 사람들은 잡히지 않고 무사할 수 있었다. 그들은 바위 표면에 계단식 밭을 일구어 커피와 과일 등 작물을 키우고 양과 염소를 기르며, 자급자족의 삶을 영위해 나갔다. 오늘날 계단식 밭의 자취가 남아 있으며, 겉으로 보기에는 불모의 땅으로 보이지만 마을 주민들에게 물을 공급해 주었던 천연 샘물 덕분에 놀랍게도 제법 무성하게 남아 있다. 마을에서는 매장이 행해졌으며, 시체는 바위 표면에 뚫은 구멍 안에 안치한 후 돌로 구멍을 채웠다. 하발라흐에는 1980년대까지 사람이 살았으나, 그 무렵 주민들은 더 살기 편한 장소의 정착지로 떠나 버렸다.

이 놀라운 장소에 지금은 케이블카를 이용해 갈 수 있는데, 이는 사우디아라비아에 설치된 최초의 케이블카다. 건물의 일부는 부분적으로 복원되었으며, 마을은 본래 모습 그대로이면서 감탄을 자아내는 본질이 아직도 깃들어 있다. **TP**

무스카트 도시 성벽

오만, 무스카트 | Muscat Town Walls

포르투갈 제국의 옛 성채

포르투갈인들이 세운 견고한 돌 성벽은 무스카트 시를 서쪽으로 둘러싸고 있으며, 내륙에서 오는 공격으로부터 도시를 보호하고 있다. 성벽에는 문이 세 개뿐이다. 보행자와 당나귀들이 다니는 '밥 사기르'(작은 문), 수레와 말이 다니는 중앙 문 '밥 카비르'(큰 문), 그리고 무스카트와 무트라흐 사이를 오가도록 허가를 받은 더 큰 교통수단들만이 이용하는 밥 마타이브이다. 한때는 서로 다른 종족들이 문을 지키는 책임을 맡았다. 무스카트는 주민들에게 야간 통행을 금했으며, 미리 20분 전에 메라니 요새에서 경고의 북 소리와 세 발의 포성이 울리고 해가 진 뒤에는 '밥 카비르'가 닫혔다.

> "오만의 험난한 역사 대부분은 그 건축물의 돌과 치장 벽토, 그리고 진흙 벽돌 안에 쓰여 있다."
>
> 작가, 린 테오 시마르스키

무스카트는 전략적인 지휘소로 이상적인 장소였다. 천연의 항구는 뾰족한 바위로 둘러싸여 있었으며, 걸어서 갈 수 있는 몇 개의 통로는 망루에서 철저하게 감시했다. 무스카트로 통하는 최초의 도로는 1929년, 영국군이 산을 뚫어 1차선 도로를 냈을 때 놓였다.

유럽이 바스쿠 다 가마에 의해 1498년 인도를 발견한 이후, 포르투갈인들은 유럽과 인도 간의 무역로를 지배하게 되었다. 오만은 포르투갈 제국의 근거지가 되었으며 무스카트는 그 주요 항구 구실을 했다. 포르투갈인들은 식민지를 간접적인 방법으로 다스리는 편이긴 했지만, 전략적인 방어를 지역 세력에만 맡겨둘 수는 없는 노릇이었다. 따라서 무스카트의 오래된 도시 성채와 같은 요새 설비가 생겼으며, 이들은 오늘날 16세기에 포르투갈이 걸프 지역을 지배했음을 상기시켜 주는 유적으로 남아 있다. **EH**

🏛 ◎ 시밤

예멘, 세이윤 부근 | Shibam

16세기의 사막 '마천루' 도시

독특한 형태의 건축으로 인해 20세기 초의 여행자들로부터 '사막의 맨해튼'이라 묘사되었던 예멘의 도시 시밤은, 영화 〈스타워즈〉에 등장하는 공상과학소설 도시처럼 중앙 예멘의 광활한 와디 하드라마우트의 바닥에서 솟아오른 모습이다. 5층에서 9층 높이까지 솟은 진흙 벽돌로 지은 높은 집들은 서로 너무나 조밀하게 붙어 있어, 주민들은 지붕에서 지붕으로 연결된 고가 통로를 따라 친지를 방문할 수 있을 정도였다.

시밤의 16세기 성벽은 500채 이상의 주택을 감싸고 있으며, 약 7천 명의 주민들을 보호하고 있다. 주택의 벽은 위로 올라갈수록 점점 얇아져 그 두께가 바닥에서는 1m이고 꼭대기에서는 0.3m도 안 될 정도이며, 진흙과 잘게 썬 밀짚의 회반죽으로 덮여 있다. 건물 꼭대기와 바닥에는 방수제 구실을 하는 하얀 석회 반죽이 칠해져 있고(게다가 눈길을 사로잡는 장식이 되기도 한다) 훌륭한 균형미를 보이는 아름답게 조각된 나무 창문과 문들이 남아 있다. 전통적으로 지상 층과 1층(우리나라의 2층에 해당)에는 동물과 식료품 가게가 들어섰고, 2층은 유흥을 위한 장소였으며, 3층 위부터는 여성과 어린이들을 위한 장소였다.

거리가 기하학적으로 설계되어 있고 건물이 탑처럼 높이 솟아 있는 까닭은-가장 높은 건물은 거리를 기준으로 30m나 된다-1532년경의 홍수 이후 땅이 부족했기 때문이라고 여겨진다. 그 시대 이후로 주택들은 전략적인 위치에 배치되었으며 가장 높은 곳에서는 서로 다닥다닥 붙게 되었다. 오늘날에는 대추야자 숲이 도시 성벽을 삼면에서 둘러싸고 있으며, 남쪽으로는 모래가 드러난 와디-고대의 캐러밴 무역상들이 쉬어 가곤 했던 곳-의 바닥이 놓여 있다.

유네스코에 의해 수직 건축의 원칙에 입각한 도시 설계를 보여 주는 가장 오래되고 뛰어난 예로 간주되어 시밤의 오래된 '마천루' 도시는 1982년 세계문화유산으로 지정되었다. **JB**

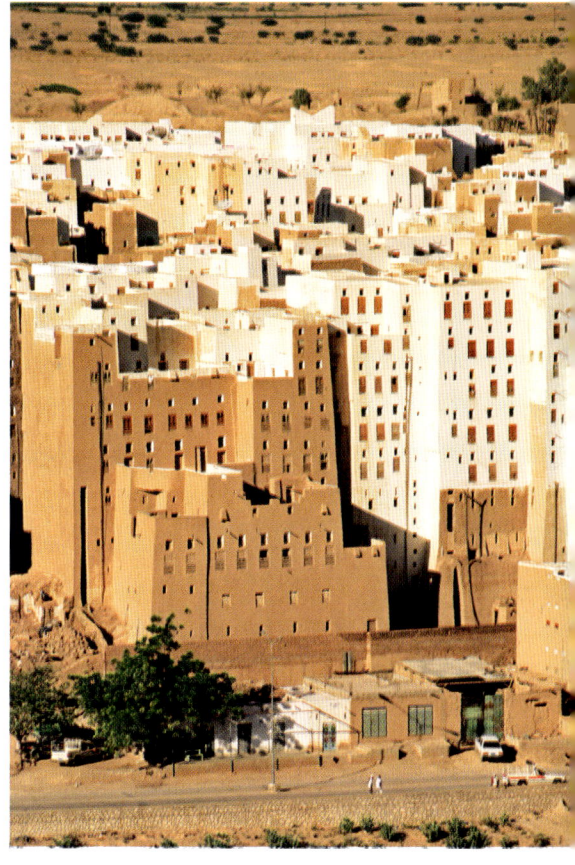

"낮은 절벽이 골짜기 중간으로 헤매나 들어온 듯 … 마치 거대한 그림붓에 의한 듯 하얀 색이 묻어 있다."

여행가이자 작가, 프레야 스타크

옛 마리브 예멘, 마리브 | Old Marib

전설적인 시바의 여왕과 관련이 있는 고대 사바의 도시

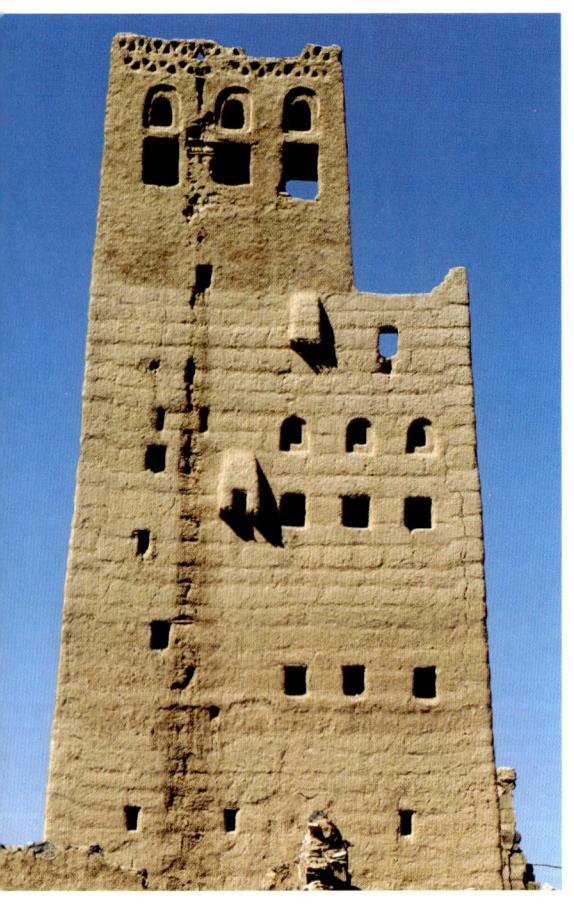

"시바의 역사는 수수께끼로 남아 있다.
그녀는 권력의 여인 … 국가들의 창립
자였다."

역사가, 마이클 우드

고대 도시 마리브는 한때 사바 제국(성서에 등장하는 '시바')의 수도였으며, 사바 제국이 축적한 엄청난 부는 그 성문으로 들어오는 향(香)을 운반하는 캐러밴들에게 부과한 세금에서 온 것이었다. 비문을 통해 이 도시가 기원전 8세기부터 번영했다는 것을 알 수 있는데, 도시가 세워진 것은 그보다 몇 세기 이전이었을 확률이 높다. 오늘날 이 도시의 흥밋거리는 주로 고고학적인 면인데, 이 오래된 도시는 폐허가 되어 진흙 벽돌로 지은 우아한 탑들이 부서져 도로 흙이 되어 가고 있기 때문이다.

마리브에서 가장 유명한 장소는 그 남쪽과 동쪽 교외에 있다. 바로 두 개의 튼튼한 댐(오래된 것과 새로운 것)과 전설적인 시바 여왕의 신전들이다. 기원전 750년에서 600년경 와디 아드하나흐를 가로질러 축조된 원래의 마리브 댐은 거대했다. 길이 719m 이상, 너비 60m, 높이 35m였던 이 댐은, 몬순 때 3만 명에서 5만 명의 사람들을 부양하기에 충분한 빗물을 가둬 두었다. 진흙 벽으로 이루어진 이 댐은 500년이라는 세월에 이르는 여러 단계에 걸쳐 사바인들과 정복자인 힘야르 족에 의해 건설되었다. 지속적으로 보수를 했음에도 종종 이 댐에는 금이 갔으며, 댐이 마침내 대재앙을 일으키며 파괴된 일은 코란에도 나온다. 물을 공급받을 방도가 없었으므로 5만 명의 주민들은 이 지역을 떠나야만 했다.

바란의 알마카흐 신전(이 지역에서는 '아르쉬 빌키스, 즉 '시바 여왕의 옥좌'라 알려져 있다)과 마흐람 빌키스(달의 신의 신전)의 고고학적 유적은 수수께끼에 싸여 있다. 전자는 기원전 10세기, 후자는 기원전 12세기의 것이다. 지속적인 발굴 작업이 이루어지고 있는 마흐람 빌키스는 아라비아에서 가장 크고 웅장한 이슬람 전 시대의 신전 중 하나이다. 여덟 개의 돌기둥이 신전 앞에 서 있으며, 기둥으로 둘러싸인 홀 뒤에는 비문이 새겨진 석회암 벽이 있는데, 대부분이 아직도 모래 밑에 파묻혀 있다. 슬프게도 전승 속의 시바의 신비로운 여왕과 관련이 있다는 증거는 아직 나오지 않았다. **JB**

아덴 저수지 예멘, 아덴 | Aden Tanks

남부 아라비아 토목 공학의 경이

아덴 시의 산이 많은 크레이터 지역의 바위 속에 파낸, 육중하고 석고로 되어 있으며 시멘트로 주위를 두른 깊은 구멍인 아덴 저수지들은 사뭇 미스터리하다. 이 저수지들은 주변의 언덕에서 나온 쓸모없는 잡다한 것들과 흙으로 몇 겹이나 덮여 숨겨져 있다가, 1854년 당시 예멘의 부지사였던 플레이페어 중위(이후에 램버트 경이 된다)에 의해 발견되었다. 플레이페어는 영국 정부에서 자금을 얻어 이곳을 말끔히 치우도록 했다. 오늘날 낮은 곳에 있는 원형 저수지에는 그의 이름이 붙어 있다.

이 저수지들은 점점 낮아지는 위치에 배열된 못들이 도랑을 통해 서로 연결된 구조로, 급경사의 계단을 통해 접근할 수 있다. 이 지역에서는 타왈라 저수지라 부르는 이 저수지들은 빗물 저장을 위해 건설되었는데, 가끔 기온이 섭씨 38도를 넘을 정도인 습한 항구에서는 없어서는 안 되는 것이다. 토목 공학이 이룬 뛰어난 위업이라 인정받는 이 저수지는 모두 18개가 있으며, 4천 2백만 리터의 물을 보관할 수 있다. 원래의 53개 저수지가 얼마나 많은 물을 담을 수 있었는지는 추정해볼 수 있을 뿐이다.

확실히 알려진 것은 아니지만, 이 저수지들은 서기 1세기에 힘야르인들에 의해 만들어졌던 것으로 믿어진다. 이들은 강력한 셈 계통의 부족으로 고기를 잡고 농사를 지었으며 무역도 했는데, 사람들이 몹시 탐내던 유향(乳香)과 몰약의 나무진을 수출했다. 저수지의 물로 미루어 보아, 비가 매우 간헐적으로만 내려도 이들은 작물에 물을 대줄 수 있었을 것이다. 저수지들은 엄청난 용적을 지니고 있어 돌발적인 홍수를 막아 주기도 했다. 그러나 명확한 기원을 알려 줄 다른 유물들은 아직 전혀 발견되지 않았다. 여러 세대에 걸쳐 관리되고 사용되어 왔던 이 저수지들은 이후 버려졌으며, 청소를 맡았던 19세기의 엔지니어들이 최상의 노력을 기울였음에도 결코 다시 사용할 수는 없었다.

2천 년이나 된 이 경이로운 물 보관 시설은 사화산 봉우리 아래의 바위투성이 협곡에 있으며, 봉우리 위에는 아덴 항구가 있다. **JB**

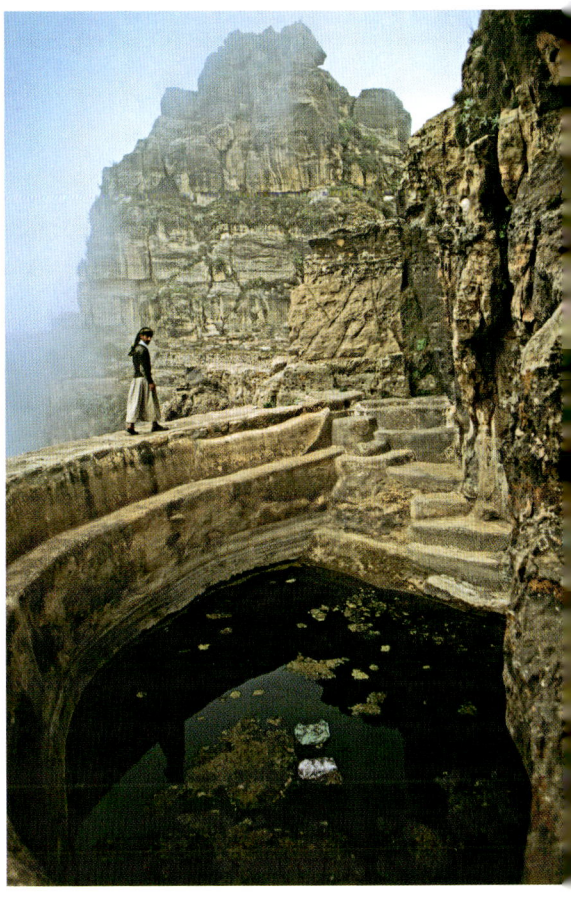

"평화로운 시대에는 아덴에 머물 아덴 저수지를 보지 않고 가는 여행객들은 극히 드물다…"

R. A. B. 해밀턴, 『지리학 저널』(1943년 3월)

갈리폴리 터키, 갈리폴리 반도 | Gallipoli

제1차 세계대전 때의 유명한 작전 수행지

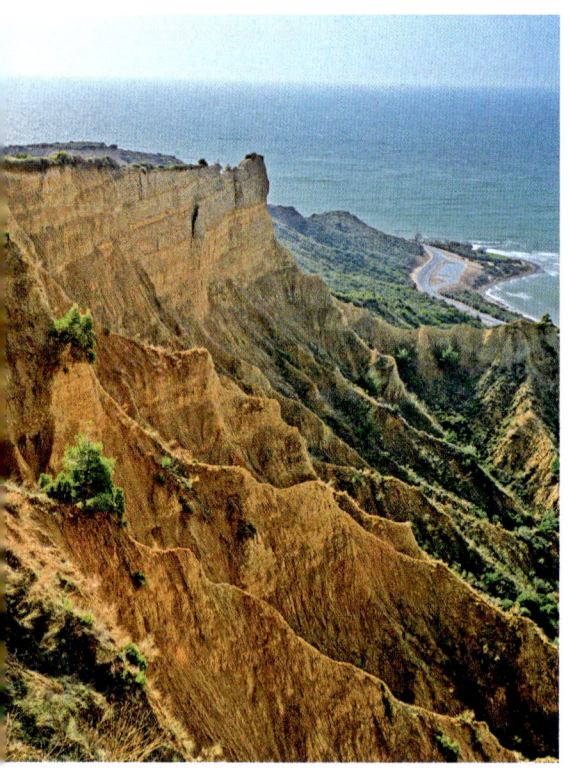

"터키 군을 무찌르고 … 승리를 이룩하려고 했던 우리의 최후의 노력은 끔찍하고 커다란 손실을 입은 대실패였다."

영국 전쟁 특파원, 엘리스 애쉬미드-바틀렛

⊞ 앤잭 포구 쪽으로, '넥'이라는 이름의 좁은 산마루를 내려다보고 있는 갈리폴리 전투지.

⊞ 오스트레일리아 군인이 부상당한 동료를 들쳐 메고 앤잭 포구의 야전 병원으로 향하고 있다.

제1차 세계대전 초기에, 플랑드르 서부 전선의 참호 교착 상태를 타개하고 러시아로 보급로를 놓기 위해 한 가지 계획이 전개되었다. 영국과 프랑스는 오스트리아와 독일의 주 동맹국인 오스만 제국을 공격하기로 결심했다. 이 계획은 다르다넬스 해협을 따라 위치하고 있는 터키 군을 습격하여 논의된 바대로 오스만 제국을 전쟁에서 몰아낼 수 있도록 이스탄불 진군을 준비하려는 것이었다. 영국-프랑스의 해군 소함대가 다르다넬스를 공격해 뚫고 가려는 최초의 시도에서 실패하자, 갈리폴리 반도를 확보하기 위해 육해군 공동의 상륙 작전이 제안되었다.

영국, 오스트레일리아, 뉴질랜드, 프랑스 군으로 구성된 대규모 연합군 세력은 1915년 4월 25일 헬레스 곶와 가바 테페에 상륙했고, 전진의 발판을 삼기는 했으나, 터키 군의 반격으로 더 이상의 진전은 없었다. 8월에는 수블라 만(灣)에서도 상륙이 이루어졌으나 역시 거의 전진하지 못했고, 전투는 수렁에 빠져 난폭한 참호전의 양상을 띠었다. 연합군 사령관인 이안 해밀턴 장군은 더 많은 병력을 요청했으나 그 요구는 거절되었고, 10월에는 그를 대신하여 먼로 장군이 사령관을 맡게 되었으며, 먼로는 철수할 것을 권했다. 연합군은 1916년 1월 9일에 완전히 철수했다. 연합군에서도 오스만 제국에서도 엄청난 사상자가 발생해 양측에서 사망, 부상, 실종된 이들이 거의 40만 명에 이르렀다.

갈리폴리 반도의 황량한 땅은 현대의 여행자들이 당시 연합군이 겪었던 악몽을 생생하게 그려볼 수 있다. 터키 군은 고지를 점한 채로 해안에 가까스로 붙어 있는 연합군을 내려다볼 수 있는 상황이었다. 이곳은 연합군 측 국가의 방문객 뿐만 아니라, 이 전투로 큰 승리를 거둔 터키인에게도 유명한 장소다. 오스트레일리아와 뉴질랜드 군사들이 머물렀던 주 기지는 '앤잭 포구'(Anzac : Australia and New Zealand Allied Corps, 오스트레일리아-뉴질랜드 연합군의 약칭)라 알려졌으며, 사람들이 자주 찾는다. 이 전투지에는 여러 개의 군사 묘지와 박물관이 그대로 보존되어 있는 참호가 있다. **AG**

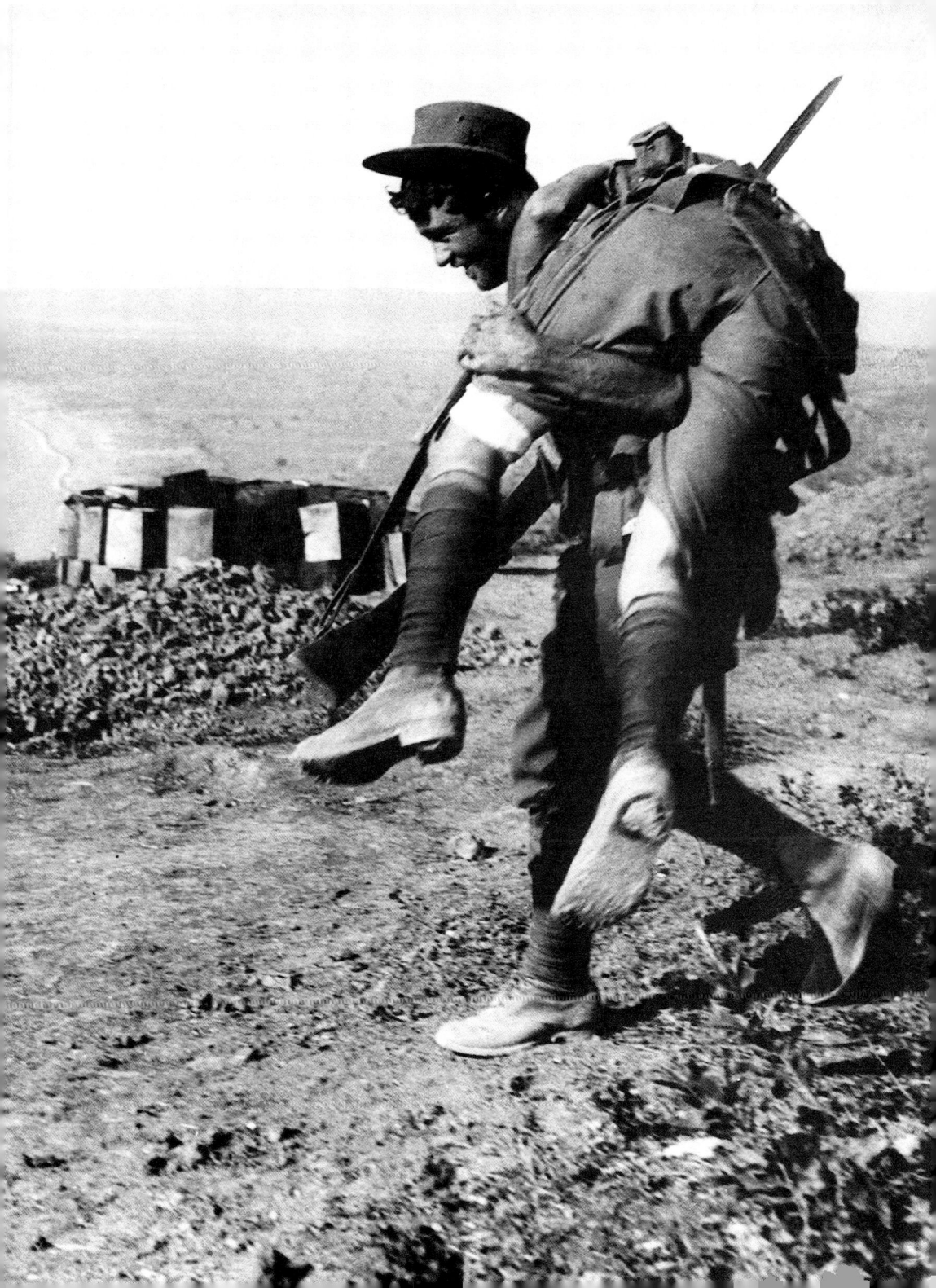

트로이 유적 <small>터키, 히사를리크 | Ruins of Troy</small>

호메로스의 『일리아드』에서 묘사된 전설적인 도시이자 싸움터

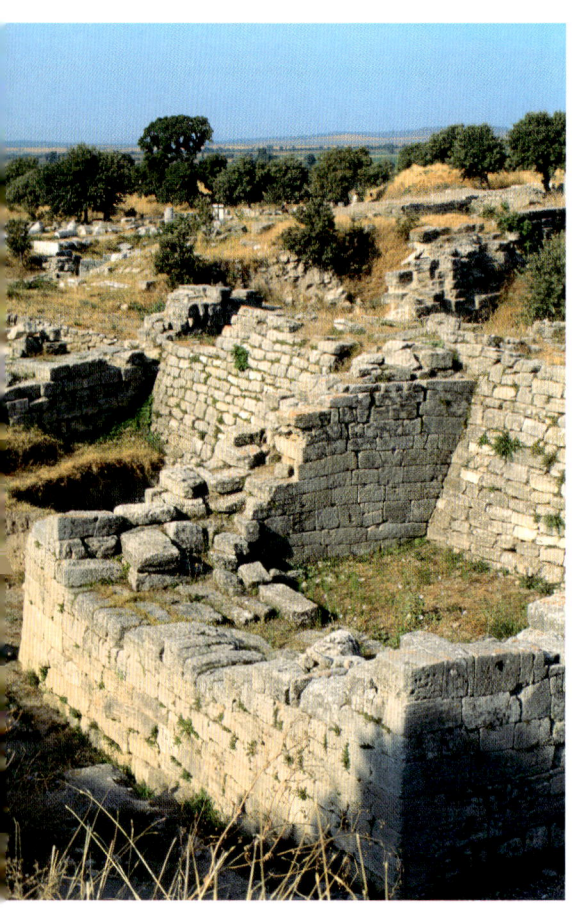

"그 날이 오리라, 그 대단한 복수의 날이 트로이의 오만한 영광이 먼지 속에 쓰러지게 될 날이."

호메로스, 『일리아드』(알렉산더 포프의 번역, 1720)

트로이는 고대 세계에서 가장 대단한 도시 중 하나였다. 이 도시는 유럽과 아시아 간의 무역로에서 핵심적인 지점을 차지하고 있어 엄청나게 부유하고 강력해질 수 있었다. 또한 그리스 문화 속에서도 중요한 역할을 담당했는데, 호메로스의 걸작 『일리아드』의 중심 테마가 다름 아닌 트로이 전쟁이었기 때문이다. 따라서 19세기의 고고학자들에게 고전 문헌들을 기초로 하여 트로이를 찾는 일은 무엇보다도 커다란 포상이라 할 수 있었다.

트로이에 대한 탐사에서 결국 승리를 거둔 이는 독일 고고학자 하인리히 슐리만이었다. 1870년 그는 터키와 유럽의 국경을 기준으로 아시아 쪽에 놓여 있는 다르다넬스 근처, 히사를리크의 흙무덤에서 발굴 작업을 시작했다. 이곳은 예상했던 것보다 더 규모가 큰 복합체로 밝혀졌다. 점차 이 지점에서 적어도 아홉 차례의 개별적인 시기에 걸쳐 정착지가 형성되어 왔다는 사실이 명백해졌다. 다시 말해, 트로이는 파괴되었다가 여러 차례 재건되었던 것이다. 가장 초기의 정착지(현재 '트로이 1'이라 불린다)는 청동기 시대(기원전 3800년경)의 성채였다. '트로이 9'유적이 마지막으로 버려졌던 로마 시대까지, 다른 요새들이 그 뒤를 이었다.

역사가들에게 가장 우선적이었던 점은 호메로스의 트로이를 찾는 일, 트로이 전쟁의 전설이 실제 사건을 기초로 한 것이었는지를 밝혀내는 일이었다. 이는 아직도 논란이 분분하지만, 대부분의 전문가들은 '트로이 7a'가 가장 유력한 후보자라고 믿는다. '트로이 7a'가 파괴되었던 시기(기원전 1260년)는 고대 그리스인들이 트로이 전쟁이 일어났다고 믿는 시기와 대략적으로 일치한다. 더욱 의미심장한 것은, 거리와 개인 주택 안에서 유골의 흔적이 발견된 것으로 보아 이 도시가 폭력적인 종말을 맞이했던 듯하다는 점이다. 유감스럽게도 이 층은 슐리만 자신이 더 아래쪽 발굴 작업을 지속하느라 부분적으로 훼손해 버렸다. 이 광대하고 복잡한 유적들은 방문객들에게 공개되어 있으며, 이 유적지에는 박물관이 있다. 앞으로도 더 많은 것을 발굴해낼 가능성이 많다. **IZ**

쉴레이마니예 모스크 터키, 이스탄불 | Süleymaniye Mosque

언덕 꼭대기의 모스크 복합체이자 이스탄불의 랜드 마크

쉴레이마니예 모스크는 술탄 쉴레이만 1세('화려한 황제' 쉴레이만, 1494~1566)의 명을 받들어 세워졌으며 그의 이름이 붙은 웅장한 건축물이다. 당대 가장 위대한 건축가들 중 하나였으며, 거의 28년 동안 쉴레이만의 책임 건축자를 맡았던 미나르 시난이 이 모스크를 설계했다. 건축 기간 동안, 한 번에 최대 2,000명에 이르는 인부들이 건물을 짓기 위해 고용되었다. 쉴레이만 1세는 자신의 새로운 모스크가 비잔틴 시대에 지어진 하기아 소피아 성당의 웅장함과 맞수가 되게 할 생각이었다. 쉴레이마니예 모스크는 하기아 소피아보다 작지만, 더 우아한 건축물이라고 할 만하다. 이 건물의 길이는 59m, 너비는 58m이다. 중앙 돔의 높이는 53m, 직경은 27m이다. 모스크에는 네 개의 미나레트가 있으며, 중앙 돔으로부터 층층이 낮은 위치에 여러 개의 돔이 있다.

이 복합체 안에는 목욕탕, 병원, 가난한 이들에게 먹을 것을 주는 공공 부엌, 여러 개의 마드라사(코란 학교) 등 다른 건물들이 있었다. 모스크 뒤편에 있는 정원에는 쉴레이만 1세와 그의 아내 록셀라나를 비롯롯한 유명한 인물들의 무덤을 보관하고 있는 두 개의 마우솔레움이 있다. 술탄 쉴레이만 2세와 술탄 아메드 2세의 무덤도 있다.

1660년 모스크는 화재로 손상되었으며 술탄 메메드 4세에 의해 바로크 양식으로 복구되었는데, 이는 원래의 건물에 상당한 피해를 입혔다. 19세기에 이 모스크는 다시 원래의 모습으로 돌아갔으나, 제1차 세계대전 동안 또다시 손상을 입었다. 안뜰이 무기 저장고로 사용되었을 때 탄약고에 불이 붙어 또 한 차례 커다란 화재가 일어났던 것이다. 1956년이 되어서야 다시 복원되었다.

쉴레이마니예 모스크는 오스만 세국의 술탄 중 가장 위대하다고 할 만한 이에게 바치는 웅장한 기념물이며, 오스만 제국 전성기 때의 건축술의 우아함과 세련미를 보여 주는 뛰어난 본보기이다. 이 모스크는 술탄들이 이스탄불에 지은 이후의 모든 모스크의 건축학적인 모델이 되었다. **JF**

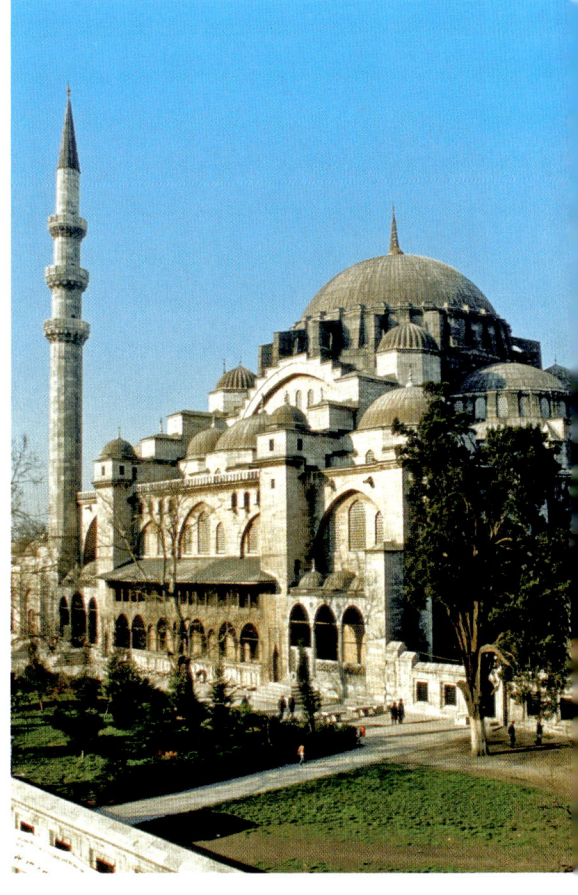

"그의 인생 동안 마치 별들처럼, 그 또한 많은 경이를 창조해 냈도다."

시난의 무덤에 새겨진 비문

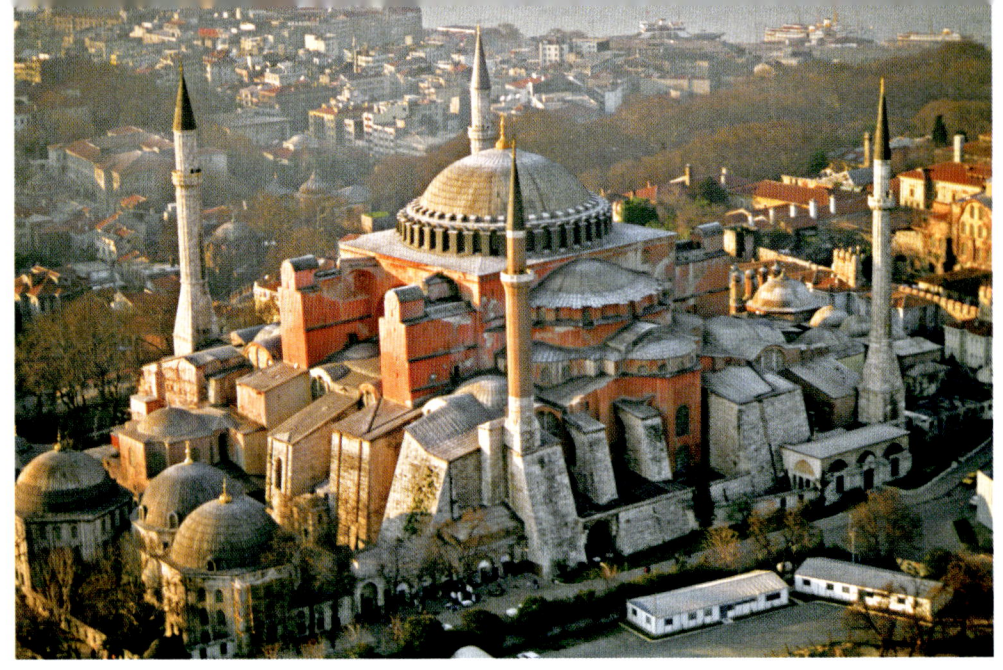

🏛 ◎ 하기아 소피아 터키, 이스탄불 | Hagia Sophia

예전에는 기독교 바실리카와 무슬림 모스크였던 아름다운 비잔틴 건물

훌륭한 돔 지붕이 달린 거대한 바실리카 하기아 소피아('신성한 지혜')는 비잔틴 건축이 정점에 달한 영광스러운 건물 중 하나이다. 그 외관은 이 지역에서 일어난 역사적 변동의 긴 역사를 반영하고 있다. 이 건물은 초기 기독교 교회에서 동방 정교회 교회가 되었으며, 이 지역을 정복한 오스만 튀르크에 의해 1453년에는 중요한 모스크가 되었다. 하기아 소피아는 1930년대에 박물관이 되었다.

4세기에서 6세기 사이에 이 자리에는 이미 두 채의 커다란 교회가 서 있다가 사라졌으며, 6세기에 비잔틴 제국의 황제 유스티니아누스 1세가 세 번째 교회의 건축을 감독했다. 바로 이 교회가 현재 건물의 기초가 되었다. 교회는 그의 제국 수도인 콘스탄티노플에 걸맞은 자랑거리가 되었다. 수백 년이라는 세월이 흐르면서 돔이 한 차례 이상 무너지는 등 여러 가지 문제가 일어나 다양한 수준의 재건 작업을 해야만 했다. 이러한 사건들 중 일부가 기초적인 설계 오류 때문이었다고는 해도, 그 무엇도 이 건물이 지닌 믿을 수 없을 정도의 비전, 대담함,

그 규모를 깎아내릴 수는 없다. 높이가 55m 이상이며 직경이 30m가 넘는 육중한 중앙 돔은, 마치 네이브 위에 둥실 떠 있는 듯하다는 찬탄을 받는다. 이러한 효과는 부분적으로 돔의 아랫부분에 수많은 작은 창문들을 내어 내부를 마법과 같은 빛으로 가득 채우게 함으로써 얻어낸 것이다. 또한 우산처럼 여러 개의 살로 이루어진 돔의 디자인과, 돔이 전형적인 직사각형 모양이 아닌 돌로 만든 거대한 네 개의 삼각형 위에 얹혀 있다는 사실도 떠 있는 듯한 효과를 자아내는 데에 일조한다. 돔의 무게는 육중한 돌기둥으로 전달되기 전에 먼저 이 삼각형 구조물에 실리게 된다.

오늘날의 방문객은 기독교 시대에 남겨진 채색된 대리석과 호화로운 모자이크와 더불어 이슬람의 미나레트와 비문도 볼 수 있다. 지금도 계속되는 보수 작업은 상당히 까다로운데, 이슬람교도들이 '우상 숭배적인' 모자이크를 뒤덮어 버렸으며 이를 도로 벗겨 내려면 그 위에 남겨진 작품이 손상될 위험이 있기 때문이다. **AK**

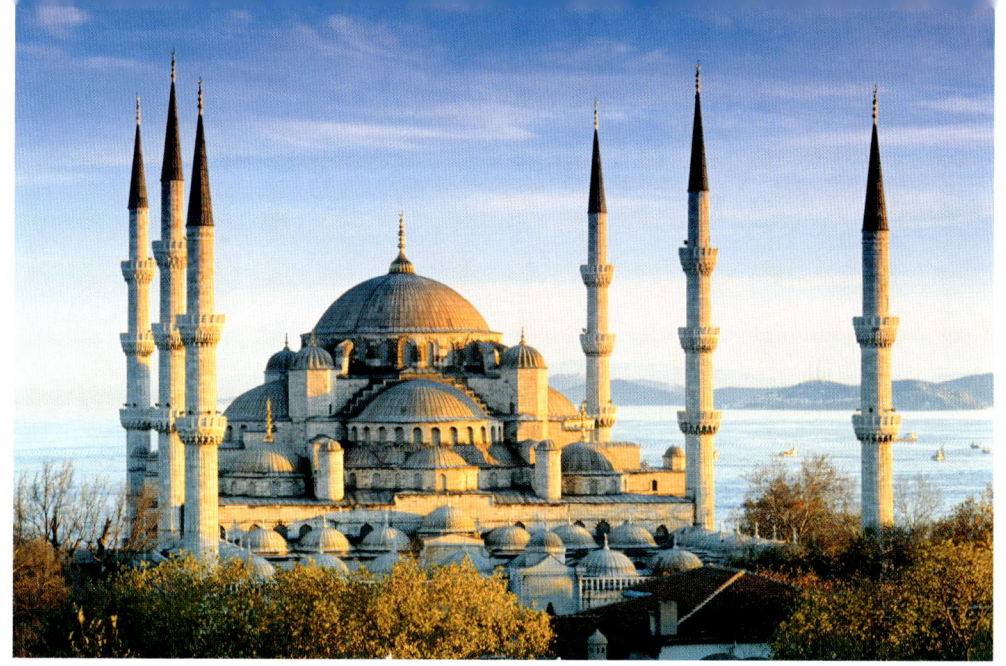

🏛 ◎ 푸른 모스크 터키, 이스탄불 | Blue Mosque

오스만 제국의 건축학적 능력을 보여 주는 뛰어난 실례

푸른 모스크는 오스만 제국이 세운 가장 장려한 건축물 중 하나이며, 여섯 개의 미나레트와 여러 개의 돔과 세미돔(반원형 돔)은 아직도 이스탄불 구시가지의 하늘을 당당히 지배하고 있다. 이 건물은 내부의 색채 때문에 푸른 모스크라고 알려지게 되었지만, 사실 정식 이름은 '술탄 아메드 모스크'이다. 이는 건축을 명한 술탄 아메드 1세의 이름을 딴 것이다.

푸른 모스크는 오스만인들이 1453년 비잔틴으로부터 빼앗은 이스탄불의 예전 중심지에 1609년에서 1616년까지 세워졌다. 이 모스크는 예전에는 정교 교회였다가 모스크가 되어 버린 웅장한 하기아 소피아에서 정확하게 맞은편에 있다. 아메드 1세는 일부러 이런 장소를 선정한 것이었다. 그는 오스만 제국의 건축가들과 건축 장인들이 기독교의 선임자들과 필적할 만한 솜씨를 지니고 있다는 것을 보이기 바랐던 것이다. 결국 푸른 모스크의 돔은 하기아 소피아의 돔만큼 크지는 않게 되었지만, 푸른 모스크의 건축가 세데프하르 메흐메트 아가는 건물

의 구조의 완벽한 균형미로써 그러한 점을 벌충하려 했다. 조각된 대리석 민바르(설교단)는 모스크 안 어느 곳에 있어도 이맘(이슬람교도 공동체의 우두머리, 혹은 모스크에서 예배를 인도하는 자)의 말소리를 들을 수 있는 위치에 놓여 있다. 모스크의 중앙 돔은 직경 33m이며, 높이는 43m이다. 내부에는 꽃, 나무, 추상적인 패턴으로 화려하게 장식된, 이즈니크에서 가져온 2만 개가 넘는 수공예 도자기 타일들이 늘어서 있다. 200개 이상의 스테인드글라스 창문을 통해 일광이 내부로 넘쳐든다. 아메드 1세는 모스크가 완성된 지 얼마 되지 않아 죽었으며, 모스크 벽 바로 외부에 있는 마우솔레움에 묻혔다.

푸른 모스크에서는 1만 명 이상이 예배를 드릴 수 있으며, 수백 명의 무슬림들이 여전히 이 장소에서 하루 다섯 차례씩 매일 기도를 올리고, 금요일이나 무슬림 축제 기간 중에는 더 많은 이들이 찾는다. 예배를 드리지 않는 사람은 북쪽 현관으로 들어가야 하는데 서쪽 현관이 가장 눈부시게 장식되어 있다. **JF**

돌마바흐체 궁전 터키, 이스탄불 | Dolmabahçe Sarayı

보스포루스 해협 근처에 사치스럽게 단장한 궁전

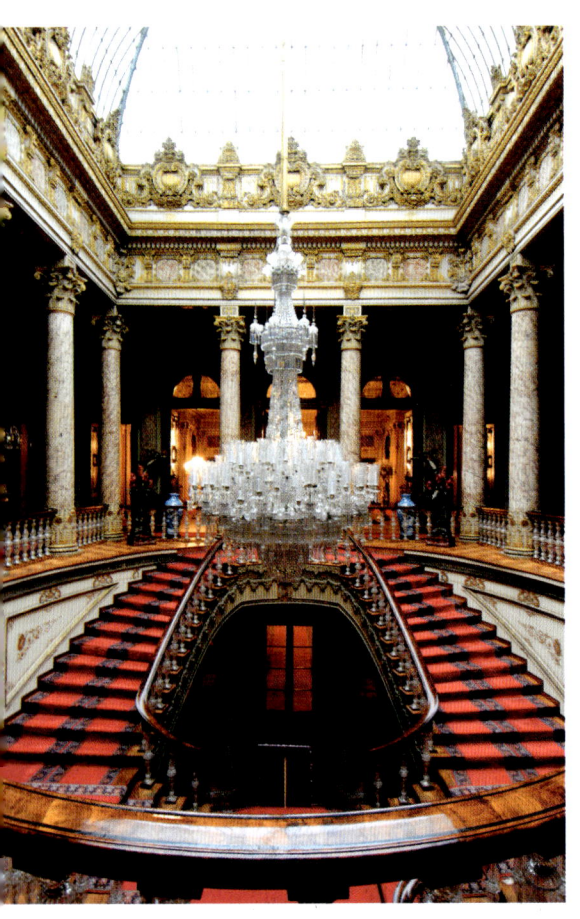

"우리의 삶과 생활을 지배하는 법들은 시간이 흐름에 따라 변화하고, 발전하고, 새로워져야 한다."

터키 정치가, 무스타파 케말 아타튀르크

이스탄불을 근대화하고자 하는 노력에서, 술탄 아브뒬메시드 2세는 1842년에서 1853년에 걸쳐 황금 35t에 해당하는 5백만 오스만 황금 파운드라는 비용을 들여 이스탄불 최초의 유럽 스타일 궁전인 돌마바흐체 궁전을 지었다. 궁전은 보스포루스 해협 옆 목조로 된 옛 오스만 궁전과 황실 정원이 있던 부지에 세워졌다('돌마바흐체'는 '가득찬 정원'이라는 의미이다). 술탄은 그의 백성들 대부분이 기본적인 생활필수품도 없이 허덕이는데도 궁전을 단장하는 데에 비용을 아끼지 않았다. 궁전은 보스포루스 해협에서 보아야 가장 잘 감상할 수 있다.

돌마바흐체 궁전은 세 개의 구역으로 나뉘어 있다. '마베인-이 휘마윤' 혹은 '셀람리크'(남성들의 구역), '무아예데 살로누'(의식용 홀), 그리고 '하렘-이 휘마윤'(하렘, 즉 술탄의 가족이 거주하는 구역)이다. 궁전 안에는 285개의 방, 43개의 홀, 6개의 '하맘', 즉 목욕탕(중앙 하맘 하나는 순수하게 설화 석고로만 되어 있다), 그리고 68개의 화장실이 있다. 내부 장식에는 약 14t의 금과 6t의 금이 사용되었다. 이중 말발굽 모양을 한 크리스털 계단은 바카라 크리스털, 청동, 마호가니로 제작되었다. 알현실이 딸린 널찍한 무도회장에는 무게가 4t도 더 나가는 보헤미아 크리스털 샹들리에가 걸려 있다. 이 샹들리에에는 빅토리아 여왕이 선사한 것으로, 높이가 36m인 돔에 매달려 있다. 위층 특별석은 오케스트라와 외교 사절단만을 위한 자리였다. 이 궁전은 또한 유럽 도자기와 헤레케 황실 공방에서 궁전을 위해 제작한 헤레케 카펫을 다수 소장하고 있다.

터키 공화국의 창립자이자 초대 대통령인 무스타파 케말 아타튀르크는 이스탄불을 방문하면 돌마바흐체 궁전에 머무르곤 했으며, 1938년 11월 19일 오전 9시 5분에 이곳에서 사망했다. 그의 유해는 앙카라로 옮겨가기 전에 시민들이 마지막으로 경의를 표할 수 있도록 정장을 갖춘 채 공개되었으며, 궁전 안의 모든 시계는 아직까지도 그가 죽은 시간을 나타낸 채로 멎어 있다. **LL**

🏛 ◈ 히포드롬 터키, 이스탄불 | Hippodrome

아직도 역사적인 유적들이 흩어져 있는, 로마 히포드롬 자리에 있는 공원

서기 3세기, 로마의 황제 셉티미우스 세베루스가 통치하던 시대에 지방 도시인 비잔티움에 세워진 히포드롬 - 전차 경주에 사용되던 경기장 - 은 동로마 제국의 스포츠와 사교 생활의 중심지가 되었다. 서기 324년, 콘스탄티누스 황제는 수도를 로마에서 비잔티움으로 이전했으며, 콘스탄티노플이라는 새 이름을 붙였다. 그가 실시한 계획 중 하나는 히포드롬을 보수하는 것이었다. 경기장은 450m×130m 넓이에 10만 명을 수용할 수 있는 규모로 확장되었다. 콘스탄티누스와 그의 후계자들은 제국 곳곳에서 가져온 작품들로 이곳의 중요성을 높였으며, 그 일부는 아직도 남아 있다. 이곳은 현재 공원이 되었다.

콘스탄티누스의 명에 따라, 기원전 479년 그리스가 페르시아를 무찌르고 거둔 승리를 축하하는 의미를 지닌 '플라타이아의 트라이포드'가 델포이에 있는 아폴론 신전으로부터 이곳으로 옮겨져 왔다. 거대한 원기둥이 세 개의 뱀 머리로 황금으로 된 가마솥을 떠받들고 있는 형상이었는데, 이 가마솥은 1204년 제4차 십자군 원정 때 사라져 버렸고, 짧은 '뱀 모양 기둥'만이 남아 있다. 서기 390년, 테오도시우스 황제는 기원전 1490년경에 세워진 오벨리스크를 룩소르의 카르나크 신전으로부터 히포드롬으로 가져왔으며, 그 꼭대기 부분은 아직도 남아 있다. 또 다른 오벨리스크 하나는 뼈대 부분이 남아 있다. 원래는 청동판으로 덮여 있었는데, 청동판은 지금 베네치아의 성 마르코 바실리카 꼭대기에 서 있는 네 마리의 청동 말과 함께 제4차 십자군 원정 때 약탈당했다.

히포드롬은 비잔틴 제국 시대 내내 중요한 지점으로 남아 있었다. 전차 경주에는 어마어마한 금액의 돈이 걸렸고, 경쟁은 종종 정치와 종교 영역으로까지 넘어가 소동이 일어나곤 했다. 1204년 콘스탄티노플의 약탈 이후 히포드롬은 사용되지 않고 버려지게 되었다. 1451년 이 도시를 탈환해 수도로 삼은 오스만 튀르크인들은 전차 경주에 전혀 관심이 없었던 것이다. 그러나 이 장소에 새로운 건물이 들어서지는 않았으며, 터키어 이름인 '앗 메이다니'는 '말 광장'이라는 의미이다. **LL**

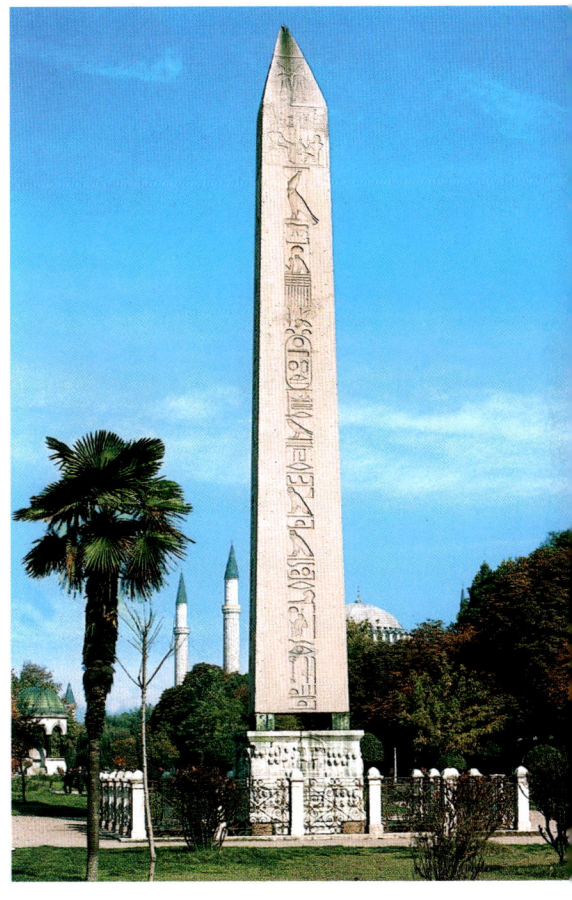

"이곳은 콘스탄티노플에 이올리는 아이디어를 형상화한 모습의 기념물들이 모이는 중심지였다."

예술사가, 새러 구베르터 바셋

토프카피 궁전

터키, 이스탄불 | Topkapı Sarayı

술탄들이 거주했던 복잡하고 광대한 궁전

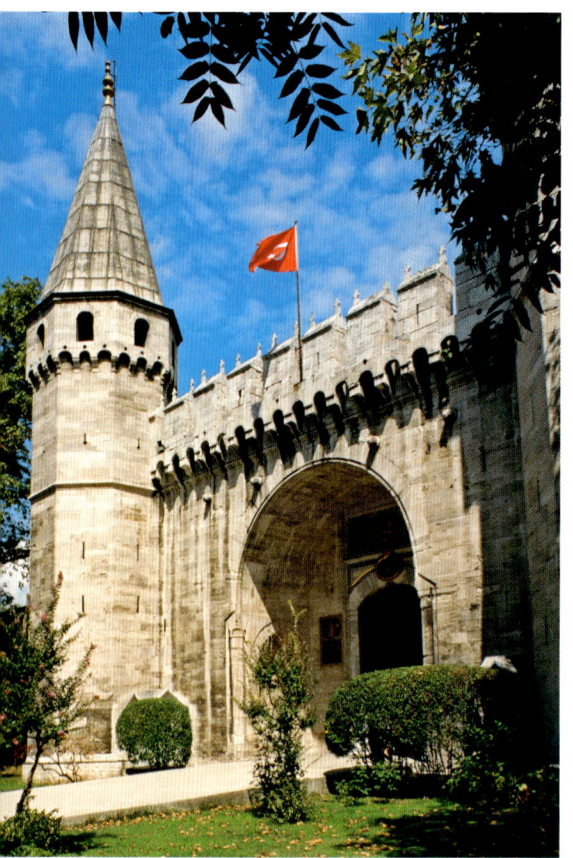

"…고르지 못하고, 비대칭적이고 중심
축이 없으며, 기념비적이지 않은 균형."

토프카이에 대한 초기 유럽인 방문객의 묘사

권력이 정점에 도달했던 16세기에, 오스만 제국은 도나우 강에서 페르시아 만까지, 카스피 해에서 오늘날의 모로코까지 뻗어 나갔다. 그 한복판에 이스탄불이 있었고, 이스탄불의 한복판에는 술탄의 궁전이자 오스만 제국 정부가 있는 토프카피 궁전이 있었다.

1453년 콘스탄티노플을 차지해 이스탄불이라 새로 이름 지었던 메메트 2세가 토프카피를 세웠고, 이 궁전은 이후 400년 동안 새로이 단장되고 증축되어 갔다. 1924년에 이곳은 박물관이 되었다. 이곳은 각각 권력의 본산으로 하나씩 가까워져 가는 발걸음을 상징하는, 관문으로 서로 연결된 여러 개의 안뜰을 중심으로 한 오리엔탈 양식에 따라 배열되어 있다. 최초의 안뜰은 무역상, 방문객, 탄원자들로 떠들썩한 곳이었겠지만, 총애를 받는 몇 안 되는 이들만이 네 번째 안뜰까지 뚫고 들어와 파빌리온과 튤립 정원을 즐길 수 있었다. 두 번째 안뜰에 있는 광장은 '디반 살로누'로, 이곳에서 술탄의 평의원들이 국정을 논했다. 그 너머로는 알현실과 국고가 있었다. 이곳에는 현재 오스만 술탄들이 누렸던 거짓말처럼 엄청난 부의 일부가 전시되어 있다. 황금 접시들이 아무렇게나 쌓여 있고, 거대한 에메랄드들과 세계에서 가장 큰 다이아몬드 중 하나도 있으며, 그리고 가장 유명한, 보석으로 장식된 토프카피 단검이 있다.

술탄 통치의 이러한 공적인 면 뒤에는 사적인 하렘이 있다. 때때로 하렘의 여인들은 하렘의 격자 뒤에서 엄청난 권력을 휘둘렀다. 약 400개의 방으로 된 이 미로는 여인들만의 공간이 아니라 술탄과 그의 가족들, 하인들, 환관으로 이루어진 호위병들이 머무르는 개인적인 장소이기도 했다. 호화로운 주택들 이외에도 하렘의 어두운 일면을 반영하는 지역들도 몇 있다. 엿듣는 이들로부터 사생활을 지키기 위한 분수의 방, 왕위에 오르려는 큰 기대를 품을지 모르는 모든 남자 친척들이 머무르는 '우리'라는 구역이 그러한 예이다. 음모와 계략이 난무하는 토프카피의 명성에는 충분한 근거가 있었던 것이다. **CB**

아니

터키, 아니 | Ani

아르메니아인들이 건설한 중세 도시

터키의 주변부, 아르메니아와의 국경에는 아니라는 이름의 흥미로운 도시가 있다. 이곳은 퇴락해 가는 중세의 도시로, 오랜 옛날에 사람들은 떠났으나 그 잔해만은 아직도 서 있다. 아니의 역사에 대해서는 논란이 많지만, 두 가지 사실만은 명확하다. 아니는 한때 중세 아르메니아 왕국의 수도였으나 지금은 사람이 살지 않고 폐허로 남아 있다. 그 번영이 정점에 올랐을 때, 이 대도시에는 10만~20만 명에 이르는 주민들이 살았으며 콘스탄티노플, 바그다드, 카이로와 필적할 만한 도시였다. 그 호화로움과 우아함으로 명성이 드높아 '1001개의 교회가 있는 도시'라 불리기도 했으나, 오늘날은 대부분 잊혀 버렸다.

아니는 서기 5세기에 『아르메니아 연대기』에서 처음으로 언급된다. 이 도시는 언덕 꼭대기에 지어진 강력한 요새로 묘사된다. 세월이 흐르면서 아니의 소유주는 여러 차례 바뀌었으며 서로 다른 여러 지배자의 손에 들어갔다. 역사가들은 아니가 그 전성기에 도달했던 것은 989년부터 1020년까지, 가기크 1세의 통치 시기였다고 믿는다. 이 도시가 점차 쇠퇴의 길로 접어든 것은 몽골인들이 이 도시를 차지해 약탈했던 1236년부터였으며, 그 이후 아니는 점점 더 쇠퇴하였고, 1319년 일어난 지진으로 인해 이 도시는 마침내 완전히 버림받게 되었다. 오늘날 이 지역은 카르스 조약의 결과로 터키의 지배를 받고 있다. 그러나 아니의 진짜 소유권이 어디에 있는가를 두고 분쟁이 오늘날까지도 지속되고 있다.

아니는 역사적, 문화적, 종교적 흥밋거리가 풍부한 매혹적인 장소이다. 과거에는 터키와 아르메니아 간의 분쟁이 이곳의 유적을 위협했지만, 오늘날은 자유롭게 아니를 방문하여 성당과 성채, 교회, 모스크, 예배당, 목욕탕, 여러 채의 궁전의 토대 등 무수하게 많은 유적을 감상할 수 있다. 이러한 건물의 아름다움은 시간과 변화의 물결 속에서도 굳건하게 버텨왔다는 점 속에서 찾을 수 있다. 아니의 건물들은 중세 세계가 이룩해 낸, 구조적으로 가장 발달하고 창조적으로 건축된 결과물이다. **KH**

아니트카비르

터키, 앙카라 | Anıtkabir

터키 초대 대통령의 마우솔레움

아니트카비르는 터키 공화국의 창립자이자 초대 대통령인 무스타파 케말 아타튀르크(1881~1938)가 잠들어 있는 곳이다. 터키의 수도를 내려다보는 언덕에 세워진 이 건물은 엄숙하고 꾸밈없는 모습으로 서 있는데, 넓은 모지이그 안뜰, 그 내부가 금박으로 덮여 있는 마우솔레움만은 예외이다. 국가의 통합성을 상징하는 의미에서 건축 자재는 터키의 서로 다른 여러 지역에서 가져왔다.

마우솔레움은 늘어선 계단을 통해 연이어 서 있는 상징적인 조각상들과 두 개의 사각형 정자를 거쳐 접근하게 되어 있는데, 한 정자는 무덤의 모형과 그 건축 과정의 사진을 담고 있다. 히타이트 양식을 모델로 삼은 스물네 마리의 돌사자들이 양쪽으로 늘어서 있는 대로를

> "가정의 평화는 나라의 평화이다. 나라의 평화는 세계의 평화이다."
>
> 터키 정치가, 무스타파 케말 아타튀르크

걸어가면 주랑 안뜰이 나오는데, 이 안뜰의 길이는 130m이고 너비는 84m로, 1만 5천 명의 사람들이 들어올 수 있다. 벽에 새겨진 금빛 비문들은 공화국 탄생 10주년을 기념하는 아타튀르크의 연설에서 따 온 인용문들이다. 커다란 청동 문은 홀을 향해 나 있고, 홀 안에는 무게가 40t에 육박하며 단일한 대리석 덩어리를 깎아 만든 거대한 비석이 있다. 아타튀르크는 이 상징적인 비석 바로 아래에 누워 있다. 정교하게 조각된 그의 대리석 관은 메카를 가리키며 놓여 있다.

아니트카비르는 단순한 무덤 그 이상이다. 안뜰의 동쪽 면에 있는 박물관에는 아타튀르크의 일생과 관련된 기념물과 다양한 소지품들이 상설 전시되어 있어, 현대 터키의 아버지가 오늘날까지도 이 나라에 계속 끼치고 있는 영향력을 강조한다. **LL**

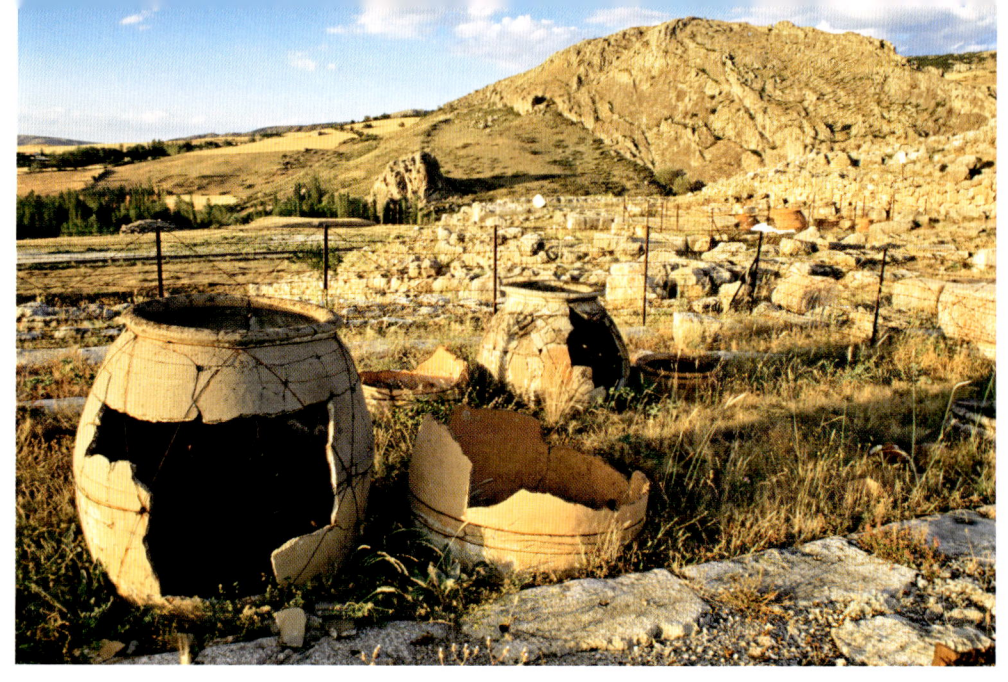

🏛 ◎ 하투샤 고고학 유적지 터키, 보가즈쾨이 | Hattusha Archeological Site

고대 히타이트 도시의 흔적

히타이트인들은 고대 세계의 커다란 세력 중 하나였다. 이들은 기세등등하게 바빌론을 정복하고, 트로이에 그늘을 드리우고, 이집트인과 아시리아인들의 제국에 필적할 만한 제국을 세웠다. 이들의 문명이 남긴 유적 중 눈으로 볼 수 있는 것은 그 이웃 국가들의 유적에 비해 적은 편이지만, 하투샤(현재의 보가즈쾨이)에 있는 그들의 수도 터전은 히타이트가 이룩했던 업적을 약간이나마 알수 있게 해 준다.

하투샤는 오늘날의 터키에 속하는 아나톨리아, 앙카라에서 동쪽으로 145km 정도 떨어진 곳에 위치하고 있다. 이곳에 처음으로 사람이 거주했던 것은 기원전 3천 년이었지만, 히타이트 족이 이 지역에 도달한 것은 기원전 1700년경인 듯하다. 기원전 1650년부터 1620년까지 통치했던 하투실리 1세의 이름('하투샤 출신의 사람'이라는 의미)은 이곳의 중요성을 확인시켜 준다. 하투샤는 기원전 1190년경 파괴될 때까지 히타이트인들의 주요 본거지였다. 이후에는 프리지아인들과 갈라티아인들이 이곳을 차지했지만, 예전에 누렸던 중요성을 다시는 되찾지 못했다.

그 진정한 중요성이 알려진 것은 20세기에 후고 빙클러(1906년부터)와 쿠르트 비텔(1932년부터)이라는 두 독일 고고학자가 발굴한 이후부터였다. 이때의 발굴 작업으로 35헥타르 이상 펼쳐져 있는 이 도시의 규모가 밝혀졌으며, 뒤이어 히타이트인들에 대한 귀중한 정보가 새겨져 있는 1만 점 가량의 점토판이 발견되었다. 새겨진 글귀 중 하나는 평화 조약으로, 지금껏 알려진 가장 오래된 견본 중 하나이다. 고고학자들은 적어도 일곱 개의 사원을 발견했는데, 그중 가장 큰 사원에는 날씨의 신인 하티와 태양의 여신 아린나를 섬기는 성소가 있었다. 가장 인상적인 유적은 도시로 들어가는 관문에 있다. 히타이트인들의 조각 솜씨는 빼어났으며, 중앙 문 양옆에 있는 수호 정령들의 당당한 형상을 조각하는 데에는 특별한 공을 들였다. 이중에는 사자, 스핑크스, 전사들을 새긴 거대한 부조들도 있다. **IZ**

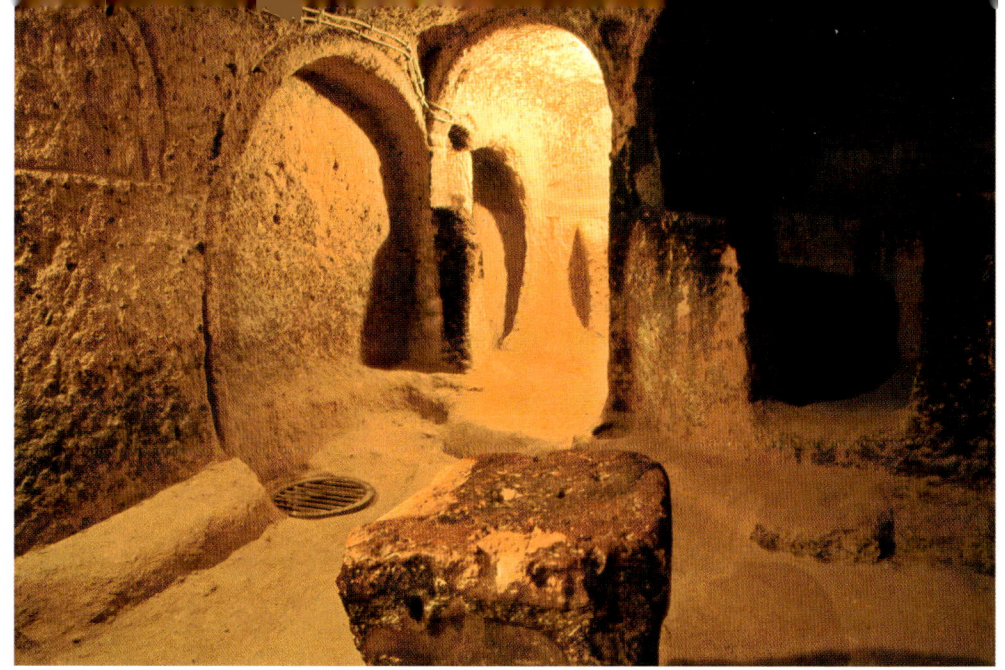

🏛️ ◎ 데린쿠유 터키, 데린쿠유 | Derinkuyu

종합적으로 필요 시설을 완비한 지하 도시

중앙 아나톨리아의 카파도키아에 있는 황량한 평원 아래에는 이 지역의 특징인 부드러운 화산암 속에 파서 세운, 완전한 도시들이 숨겨져 있다. 이들 중 가장 잘 알려진 것이 데린쿠유인데, 이 도시에는 2만 명에서 3만 명의 사람들이 살 수 있었을 것으로 추정된다.

최초의 터널과 동굴들은 4천 년이나 그 전에 처음으로 파였던 듯하며, 기원전 700년에는 그 안에 많은 이들이 자리를 잡았던 것이 분명하다. 이 지역의 기름진 화산성 토양에서 경작을 하기 위해 왔던 정착민들은 혹독한 날씨를 피해 기꺼이 지하로 들어가 보호를 받았다. 그리고 계속해서 쳐들어오는 적들로 인해, 노출된 위쪽 땅이 여러 차례 히타이트와 트라키아인, 기독교도와 무슬림의 싸움터가 되면서 지하에서의 생활은 점점 더 영구적인 방편이 되어 갔을 것이다.

'깊은 우물'이라는 의미를 지닌 데린쿠유는 8층까지 내려가며, 아마 더 깊은 층들이 있을 것이다(아직 완전히 발굴해 낸 것이 아니다). 방대하게 얽힌 이 통로들은 지하를 파서 만든, 어떤 것은 독방 같고 어떤 것은 동굴처럼 깊은 수천 개의 '방들을 연결해 준다. 이러한 방들은 기초적인 생활 설비만을 제공했던 것이 아니라 교회, 학교, 공동 부엌, 회의 장소, 심지어 마구간과 포도주 제조 구역까지 갖추고 있어 진정한 의미의 자급자족 공동체가 되었다. 복잡한 환기 갱도 시스템이 있어 공기를 호흡하기에 알맞은 상태로 유지해 주었다. 도시 안에는 비밀 터널, 탈출로, 중앙의 구멍에 막대기를 밀어 넣으면 터널 입구 앞에서 굴릴 수 있게 된 크고 둥근 '문들' 등 다양한 방어 시설이 포함되어 있었다. 일단 문이 제자리에 닫혀 있으면 그때는 구멍을 화살 쏘는 틈새로 이용할 수 있었다.

데린쿠유와 카파도키아의 다른 지하 도시-지금까지 40개 이상이 발견되었다-의 삶의 방식이 결국 너무 제한적이라 여겨졌으므로, 이 헐거인 공동체들은 좀 더 평범한 도시를 찾아 멀리 흩어져 버렸다. **CB**

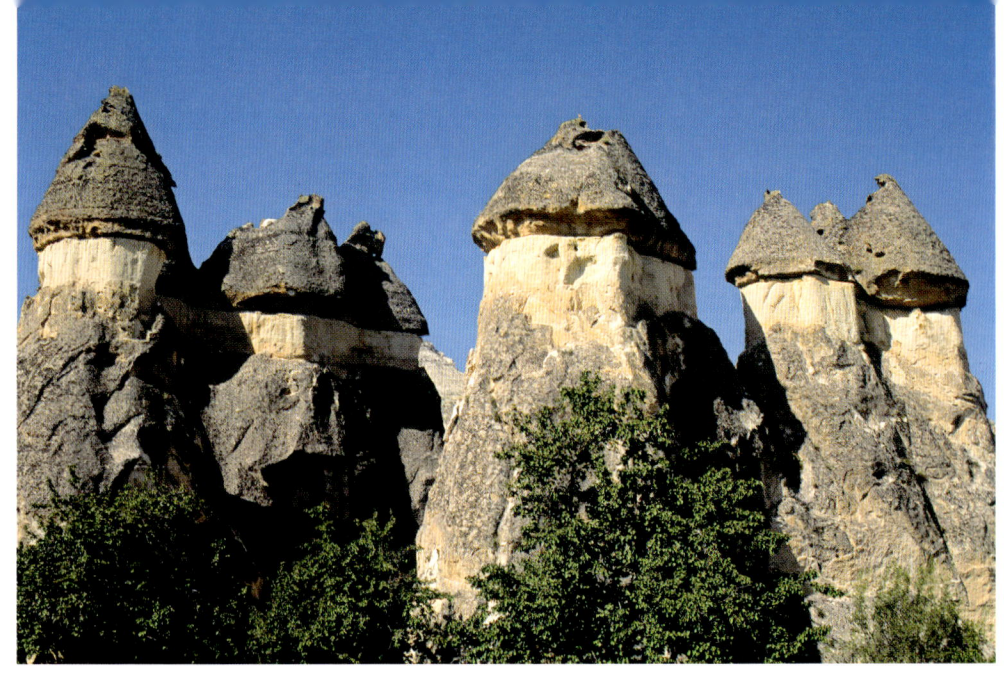

괴레메 터키, 괴레메 | Göreme

자연적으로 형성된 조각품 같은 암석 안을 파서 지은 주거지와 교회들이 있는 마법 같은 골짜기

괴레메 골짜기 안으로 걸어 들어가는 일은 꼬마 요정들의 땅이나 톨킨의 소설 속 한 장면으로 들어가는 듯한 경험이다. 꼭대기에 돌로 된 뚜껑이 달린 원뿔형 집들은 평범한 주택이라기보다는 버섯과 뒤섞인 석순을 닮았지만, 문과 창문까지 달려 있다. 이 놀라운 정경은 수천 년에 걸친 침식의 결과물이다. 에르키예스 산(고대의 아르게우스 산)에서 솟아나온 분출물들이 쌓여 깊은 층의 응회암, 즉 화산재가 암축되어 형성된 부드러운 암석이 되었다. 이 응회암이 풍화되면서 현무암 등 좀 더 단단한 암석 덩어리가 있는 곳은 침식 속도가 느렸으므로, 여러 개의 남근 모양 바위 봉우리가 형성되었다.

아나톨리아에는 일찍이 기독교가 전파되었고(성 바울은 이 지역을 지나 여행했다), 카파도키아는 외딴 지역이었으므로 은둔자의 고독을 찾는 이들, 이후에는 박해를 피해 달아난 이들을 이끌었다. 여러 개의 마을이 성장해 가면서, 주민들이 부드러운 암석 안을 파내 만든 기본적인 방들도 발전을 거듭해 보다 종합적인 거주지이자 예배의 장소가 되었다. 카파도키아 전역에서는 1천 개 이상의 바위 교회가 발견되었으며, 주택과 교회들이 집중되어 있는 괴레메 근처의 '요정의 굴뚝'이라는 장소는 야외 박물관으로 지정되었다. 빛에 노출되지 않았으며, 최근까지는 방문객도 없었기 때문에 그림이 그려진 암석 교회 내부는 놀라우리만치 훌륭하게 보존되어 있다. 성화를 그리는 것이 금지되었던 성상 파괴 논쟁(726~843) 시기의 몇몇 교회에는 주로 붉은 황토색을 사용한 기하학적 디자인이 나타나 있는 반면, 10세기와 11세기의 교회들은 성인과 성경에 나오는 장면들로 생동감이 넘친다. 가장 큰 교회 중 하나인 '토칼리 킬리세'는 풍부한 푸른 빛으로 빛나며, 굽이치는 계단 끝에 있는 '카란리크 킬리세'('어두운 교회')는 특히 보존이 잘 되어 있다. 교회들이 주로 몰려 있는 곳에서 조금 떨어진 곳에 있는 '사키 킬리세'에는 특별한 매력이 있다. 이 교회에 그려진 성경의 인물들은 성지가 아닌 괴레메 고유의 요정 나라 같은 풍경 속을 거니는 모습으로 묘사되어 있는 것이다. **CB**

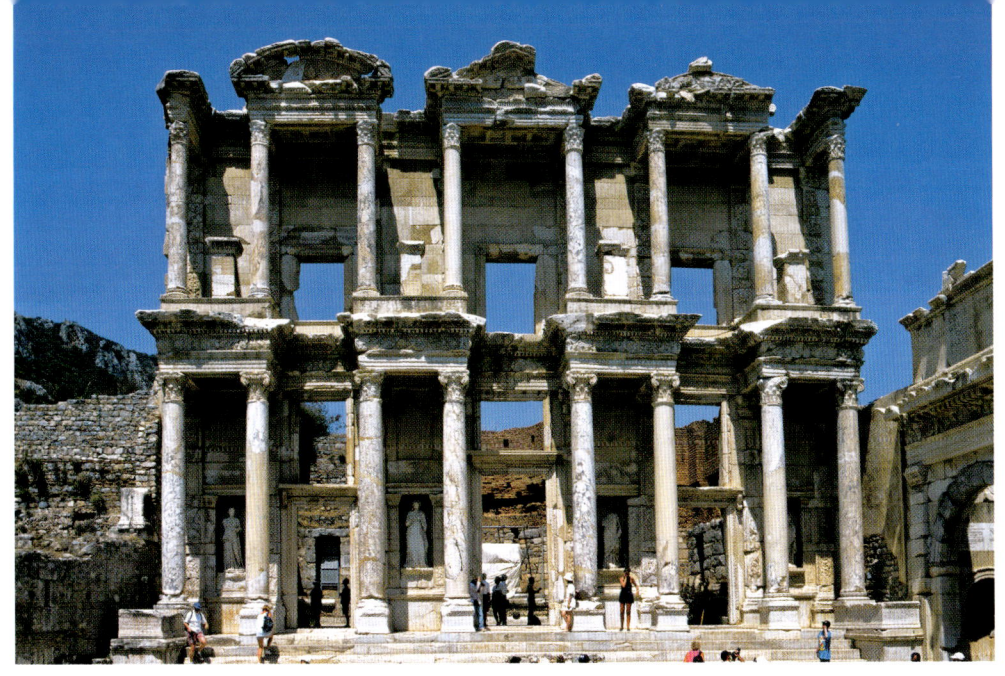

켈수스 도서관 터키, 셀추크 부근 | Celsus Library

위풍당당하며 아름다운 모습으로 복원된 도서관과 무덤

장엄한 켈수스 도서관은 고대 에페소스(터키어로는 에페스)가 남긴 숨 막힐 정도로 뛰어난 유적들 중에서도 견본으로 내세울 만하다. 에페소스는 서로 다른 고대 문명들이 연이어 발전해 왔던 장소이다. 로마인들이 이곳을 정복하여 광대한 로마 제국의 일부로 만들고 아우구스투스 황제의 아시아 속주의 수도로 삼기 전까지, 이 도시는 이오니아 그리스의 주요 중심지였다. 이 위풍당당한 도서관은 로마 시대, 그중에서도 기념비적인 건물을 지은 방대한 건축 계획으로 명성이 높은 트라야누스 황제가 다스렸던 서기 2세기의 유적이다.

도서관은 본래 로마의 원로원 의원이자 아시아 주의 총독이었으며 대단한 애서가였던 켈수스 폴레마이아누스의 웅장한 무덤과 도서관이 통합된 형태로, 그의 아들 율리우스 아퀼리아에 의해 지어졌다. 납골당은 1층 아래에 있으며, 대리석으로 된 무덤 안에 납으로 된 유골함이 담겨 있다. 이 건물이 곧 도서관으로서 용도를 찾게 되자, 고대 세계 전역에서 걸출한 학자들이 이곳으로 모

여들어 1만 2천 권에서 1만 5천 권에 달하는 두루마리들을 연구했다. 동쪽을 바라보고 있는 열람실에는 아침 햇살이 가장 잘 들었으며, 지하의 터널은 아마 술 마시는 소굴이나 매춘굴이었을 듯한 맞은편의 건물로 연결되어 있었다.

가장 이목을 끄는 부분은 도서관의 파사드로, 이는 현대에 와서 원래의 모습 그대로 노련하게 재건축한 것이다. 중앙 입구는 양쪽에 있는 다른 입구들보다 더 크다. 그 결과 건물이 실제 크기보다 훨씬 더 커 보이는 효과를 자아낸다. 첫 번째 층의 기둥들 위에는 두 번째 층의 기둥들이 있고, 아마 세 번째 층도 있었을 것이다.

3세기 들어 고트 족의 침입으로 이 도시는 고전기 과거에 도달했던 절정의 웅장함에서 쇠퇴하기 시작했으며, 비잔틴 제국의 영토 일부가 되었음에도 이러한 쇠퇴는 중세 후기까지 지속되었다. 1800년대에 에페소스에서 대규모 발굴 작업이 이루어졌으며, 오늘날 이곳은 인기 있는 관광 명소이다. **AK**

카이세리 성채 터키, 카이세리 | Kayseri Citadel

핵심적인 고대 도시에 지어진 요새 설비

고대 도시 카이세리 위로 모습을 드리운 채 서 있는 위압적인 검은 현무암 성채의 유적은, 6세기에 로마의 황제 유스티니아누스에 의해 처음으로 축조되었다. 이후 13세기에 셀주크 술탄 알라에딘 케이쿠바드 1세가 이를 재건했고, 15세기에 오스만 술탄 '정복자' 메메트가 더 많은 보수 작업을 했다. 학문과 상업의 주요 중심지인 이곳을 보호하기 위해 방대한 성벽망의 일부를 구축했던, 한때는 강력했던 이 도시의 방어 시설 중에 유일하게 남아 있는 부분은 이 유적뿐이다.

카이세리는 광활한 평지의 한복판에 위치하는데 그곳은 만년설로 덮인 사화산 에르키예스가 지배한다. 지금은 이 지방의 주요 도시인 이곳의 중요성은, 적어도 기원전 3천 년, 히타이트인과 아시리아인들의 시대였을 때부터 지속되어 왔는데, 당시에는 지중해, 에게 해, 흑해로부터 오는 무역로가 모두 이곳에서 만났다. 원래 '마자카'라 불렸던 이 도시는 카파도키아 왕국의 수도였다. 서기 17년에 로마의 속주가 되면서 이 도시는 '카이사레아 카파도키아이'라는 새 이름으로 불리게 되었다.

기록에 따르면 5세기 첫 무렵, 주민들은 항상 약탈자들의 습격에 대한 공포에 떨며 지냈다고 하는데, 화산암인 검은 현무암을 이용해 성채를 지은 것은 유스티니아누스 황제의 통치 시대에 들어서였다. 오늘날 볼 수 있는 부분은 주로 셀주크인들이 재건축한 것이다. 셀주크 투르크인들은 1084년 카이사레아를 정복하여 '카이세리'라 새로이 이름 붙였다. 도시는 다시 한 번 중심지가 되어 알라에딘 케이쿠바드 1세의 통치기에 전성기를 맞았으며, 국경이 확립되고 많은 도로와 다리가 건설된 것도 이때이다. 유스티니아누스 황제가 지은 성벽을 강화하기로 결심한 술탄은 비잔틴 시대의 토대를 중심으로 건축을 진행했으며, 19개의 탑을 더 세우고 두께가 3m에 가까운 내부 성벽을 세웠다. 오늘날 800년에 가까운 세월이 흘렀음에도 카이세리가 지닌 상업적 중요성이라는 테마만은 계속되어 이 성채는 상점가가 되었다. **LL**

아폴론 신전 터키, 디딤 | Apollo Temple

고대 그리스의 신탁

디디마(오늘날의 디딤)에 있는 아폴론 신전과 신탁을 방문하는 이들은 오늘날의 터키 서쪽 해안에 있는 이오니아의 그리스 도시 밀레토스로부터 이어진, 조각상이 늘어서 있는 '성스러운 길'을 통해 왔다. 그리스인들이 이오니아에 오기 전 이곳에는 성스러운 샘을 숭배하는 신앙이 있었던 것이 명백하나, 가장 오래된 신전은 기원전 8세기에 건축되었다. 신전 본래 건물의 벽과 우물, 그리고 제단이 남아 있다. 이 신전은 기원전 560년경 증축되었으며, 널리 명성을 떨쳤다. 기원전 494년 이 신전은 페르시아인들에 의해 파괴되었고, 신성한 아폴론 조각상은 도난당했다. 조각상은 기원전 300년에 되돌아왔으며, 새로운 신전을 건축하는 작업이 시작되었다. 완성되었더라면 118m에 60m 규모인 이 신전은 그리스 세계에서 가장 큰 신전이 되었을 것이다.

> "신전은 초기 예술 작품들로 이루어진 가장 값나가는 봉헌물들로 장식되어 있다."
>
> 스트라보, 『지리학』(서기 23)

새로운 신전은 이오니아 양식으로 지어졌으며, 각각의 높이가 19.5m나 되고 총 120개에 이르는 두 줄의 원기둥으로 둘러싸여 있었다. 신전으로 향하는 열네 단의 계단 꼭대기는 글자 그대로 '돌의 숲'이라 할 만했는데, 원기둥이 네 개씩 세 줄로 늘어서 현관, 즉 '프로나오스'를 이루고 있었기 때문이다. 그 내부는 '켈라'(안실)였고, 켈라 안에는 성스러운 샘과 아폴론의 성상이 담긴 자그마한 신전, 즉 '나이스코스'가 있었다. 이곳으로부터 계단 하나가 신탁의 방으로 이어졌고, 신탁의 방에서는 여사제가 물에서 나오는 증기를 들이마시며 순례자들의 질문에 답해 주었다. 알렉산드로스 대왕은 디디마의 신탁에서 자신이 페르시아인들을 무찌르게 될 거라는 예언을 들었다고 한다. **RF**

메블라나 테케 터키, 코니아 | Mevlana Tekke

소용돌이치며 춤추는 데르비시들의 무덤이자 본산지

신비주의 수피 교파의 철학자, 시인이자 신학자이며, 메블라나라는 이름으로도 알려진 잘랄 알-딘 무함마드 알-루미(1207~1273)의 무덤은, 새로 수립된 터키 공화국이 종교적 극단주의에 대해 실시한 강력한 단속의 일부로 1925년에 이 교파가 폐지되기까지 '소용돌이치며 춤추는 데르비시'들의 본부였던 장소 한가운데에 있다. 메블라나 테케 복합체에는 많은 무덤과 묘지들 이외에도, 모스크, '세마'라는 이름의 빙빙 도는 의식이 행해졌던 의식홀(테케), 데르비시와 그 손님들을 위해 음식을 준비하던 부엌들, 그리고 숙박용 독방들이 있었다.

한때는 성벽으로 둘러싸인 동쪽의 도시 코니아에 딸린 셀주크 왕궁의 장미 정원이었던 이 땅은 1228년 메블라나의 아버지인 신학자 발크의 바하에딘 벨레드에게 주어졌고, 바로 이 장소에 아버지와 아들 둘 다 묻혀 있다. 메블라나의 후계자들이 그의 가르침에 의거하여 의식에 따른 암송과 춤을 통해 신성과의 합일에 도달하려고 하는 데르비시 교파를 창립하고 발전시켜 나간 것도 바로 이곳이었다. 메블라나가 묻힌 곳에 세워진 최초의 무덤은 돔이 달린 단순한 건물로 그의 사후 얼마 안 되어 세워졌지만, 그의 가르침이 지닌 영향력이 커져가면서 1397년에 이 돔 대신 오늘날 볼 수 있는 모습의 터키옥 타일로 덮고 원뿔 모양 꼭대기를 지닌 열여섯 면이 난 화려한 건물이 들어섰다. 모스크와 의식홀은 이후 오스만 술탄들에 의해 증축되었다.

오늘날에는 몸을 정화하는 분수와 여러 개의 자그마한 무덤들이 있는 매력적인 정원이 은으로 된 문을 거쳐 중앙 묘실로 이어진다. 메블라나의 대리석 관은 그의 아버지의 관과 마찬가지로, 한쪽 끝에 커다란 상징적인 터번이 둘린 채 황금으로 자수가 놓인 벨벳 수의에 싸여 높은 단 위에 눈에 띄는 모습으로 놓여 있다. 터키에서 가장 중요한 이슬람 사당인 메블라나의 무덤은 1927년에 부지 전체가 박물관으로 재분류되었음에도, 매년 수천 명의 순례자들을 계속 이끌고 있다. **LL**

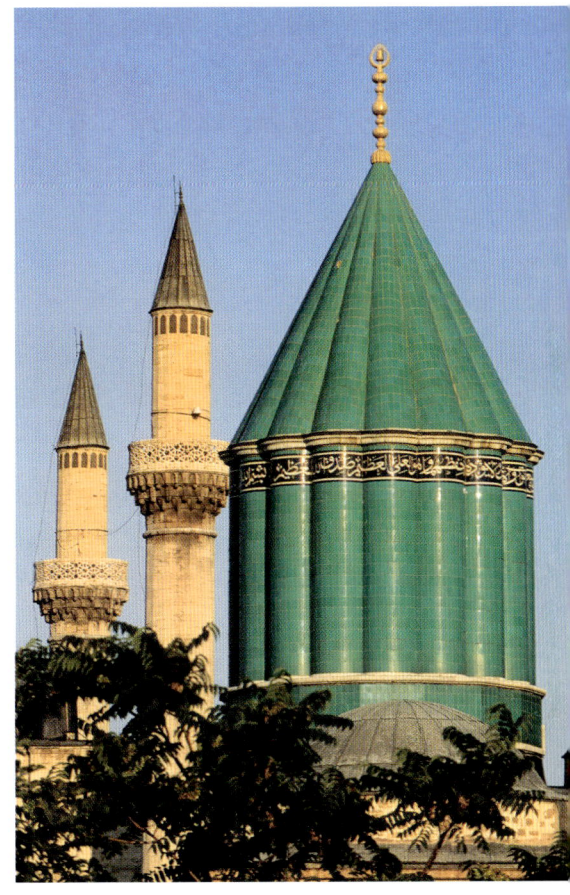

"그릇된 행동과 옳은 행동에 대한 생각 저 너머에 들판이 있다. 나는 그곳에서 그대를 만나리라."

수피교 신비주의자, 잘랄 알-딘 무함마드 알-루미

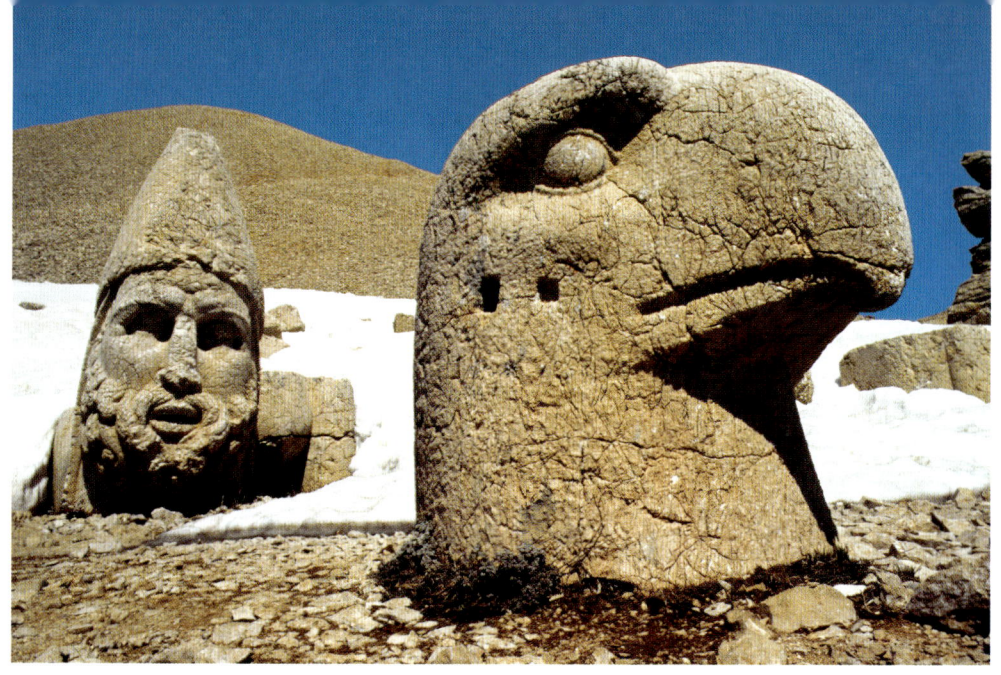

🏛 ◎ 넴루트 다이 석상 터키, 아디야만 부근 | Nemrut Dağ Statues

안티오코스 1세의 능묘로, 그리스와 페르시아 신들의 조각상이 있는 곳

1987년 넴루트 다이 세계문화유산으로 지정된, 아나톨리아 남서부의 넴루트 다이 산에 있는 콤마게네 왕국 안티오코스 1세의 기원전 1세기 능묘는 헬레니즘 시대의 가장 야심찬 건축물 중 하나이다.

알렉산드로스 대왕의 왕국이 무너진 이후 세워진, 시리아 북부와 유프라테스 강 유역의 왕국인 콤마게네는 그 지리학적인 위치와 통치자들의 혈통 덕분에 페르시아와 마케도니아 두 나라와 모두 교역이 있었다(안티오코스는 다리우스 대제와 셀레우코스 니카토르 1세가 자신의 조상이라 간주했다). 이 유적지가 그토록 흥미로운 것은 문화 간의 이러한 혼합 때문이다. 안티오코스는 인부들을 시켜 산꼭대기의 바위 언덕에 있는 여러 개의 신전들 사이에 50m 높이의 무덤을 짓게 했다. 이 무덤 안에 그의 유해가 들어 있는지 아닌지는 명확하지 않다. 동쪽 언덕에 서 있는 대략 9m 높이의 어마어마하게 큰 앉아 있는 석상들 다섯 개의 정체는 각각 아폴론-미트라, 티케(콤마게네의 다산의 여신), 제우스-오로마스데스, 안티오코스 자신, 그리고 헤라클레스-아르타그네스로 밝혀졌다. 서쪽 언덕에 서 있는 조각상들도 똑같은 그리스와 페르시아의 신들을 나타낸 것이며 얕은 부조도 새겨져 있다. 두 언덕의 조각상 머리들은 모두 바닥에 떨어져 있으나-이 지역에는 지진이 자주 일어났다-그 머리만 해도 높이가 2m 이상이다. 서쪽 언덕에는 사자가 새겨진 석판의 배경에 열아홉 개의 별들과 행성 목성, 수성, 화성이 배열되어 있는데, 이로 미루어 아마 건설이 시작된 날짜일 수 있는 기원전 62년 7월 7일이라는 날짜를 가늠할 수 있다.

이 지역 외부에서는 아무도 이 유적지에 대해 모르고 있다가, 1881년 오스만 측량단이 우연히 외딴 곳에 있는 이 산꼭대기와 그 조각상들과 마주쳤다. 본격적인 고고학적 조사는 1953년에서야 시작되었고, 이때 독일과 미국 조사단이 과학적 조사에 착수했다. **LL**

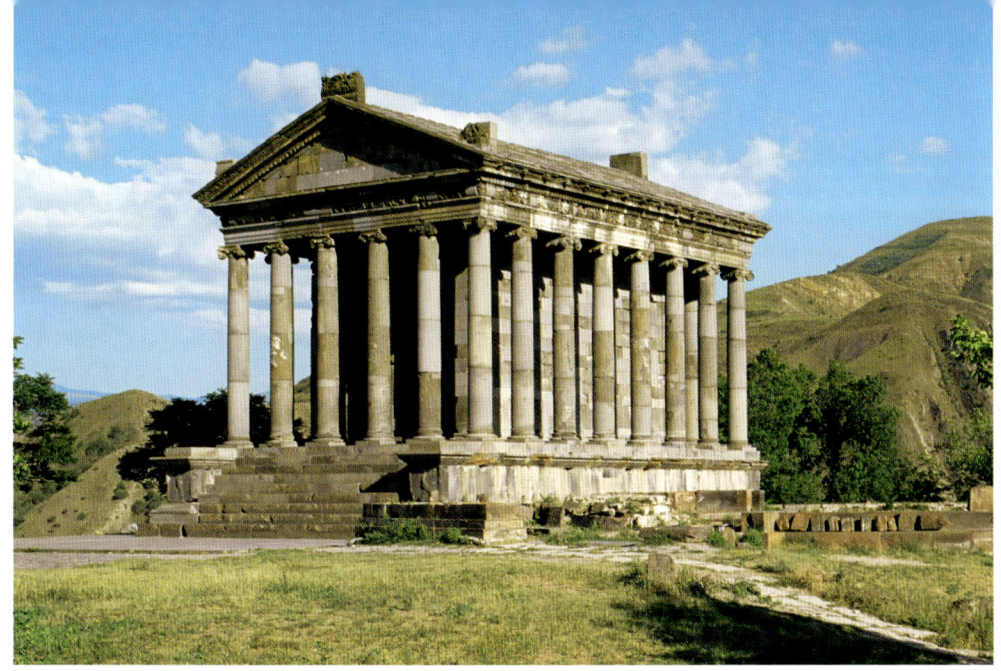

태양신 신전 아르메니아, 가르니 | Temple of the Sun God

전략적인 언덕 꼭대기에 위치한 재건축된 미트라 신전

이 신전은 기원전 3000년까지 거슬러 올라가는데 먼 옛날 아르메니아 부족 왕들이 기지로 사용했던 듯한 언덕 꼭대기에 있는, 가장 잘 보존된 건물이다. 이 신전은 미트라에게 바치는 성소로 지어졌다. 미트라는 태양과 결부되었던 동부 지중해 연안의 신으로, 로마인들은 이 신을 군사적인 종교 숭배의 중심으로 열렬하게 받아들였다. 신전은 기원전 1세기에 건축되었다는 것이 일반적인 설이며, 로마를 여행했으며 네로 황제로부터 돈과 정치적 지지를 둘 다 얻었던 아르메니아의 왕 트리다테스 1세에 의해 건축되었다고 한다. 그러나 이 신전이 다른 아르메니아 왕의 무덤으로 세워졌으며, 앞선 이론보다 약간 늦은 시기인 서기 175년경에 건축되었다는 다른 설도 있다.

그 원래 목적이 무엇이었든, 이 건물은 아르메니아 장인들이 전통적인 그리스-로마식 신전 디자인을 변형해 받아들이 방식을 보여 주는 뛰어난 예이다. 대리석 대신 현무암을 사용했으며, 로마 제국 안의 이 지역과 전통적으로 결부되어 왔던 포도와 석류 등의 장식적인 요소를 풍부하게 사용했고, 더 오래된 로마 전시기의 황소와 사자의 모티프들도 들어가 있다.

이 신전은 방대한 규모의 복합체의 일부분에 불과하다. 원래는 이 지역의 존재의 이유라 할 만큼 중요했던 요새의 잔해도 남아 있다. 요새는 훗날 궁전으로 개조되었다. 그리스 신화의 인물들을 나타낸 정교한 모자이크로 치장된 로마 시대 목욕탕의 유적들도 볼 수 있으며, 아르메니아가 301년 기독교를 국교로 채택한 얼마 후에 지어진 여러 교회들의 흔적도 남아 있다. 슬프게도 이 지역에 있는 건물들은 1679년에 일어난 지진으로 거의 완전히 파괴되어 버렸다. 다만 소비에트 당국이 1970년대에 실행했던 재건축 프로그램 덕분에 이 신전만은 복구되어 비교적 양호한 상태에 놓여 있다. **AS**

에크미아신 대성당

아르메니아, 에크미아신 | Echmiatsin Cathedral

아르메니아 교회의 중심지로, 그 디자인은 이후에 지어진 교회에 지대한 영향을 끼쳤다

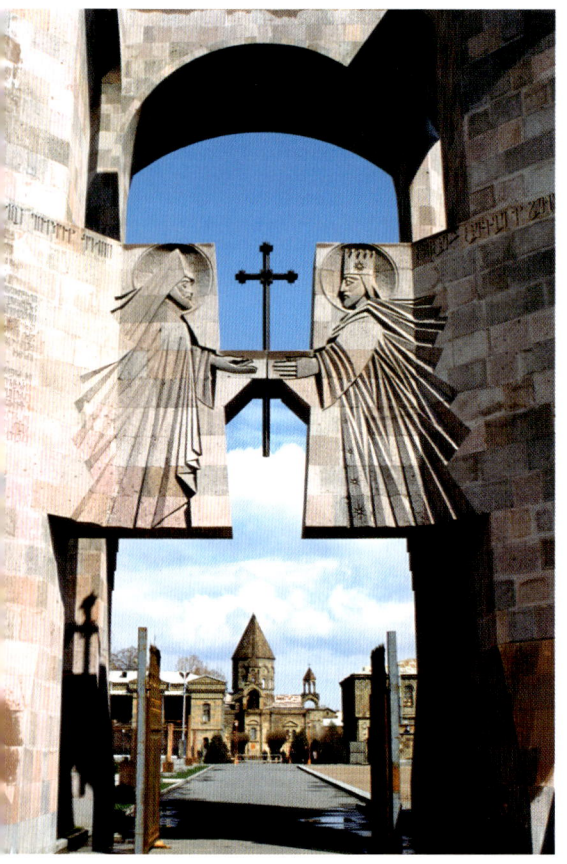

"나는 황금으로 된 토대가 내 눈에 보였던 그 장소에 하느님께 바치는 성당을 짓기로 했다…"

'계몽자' 그레고리우스, 자신의 계시에 대해 말하며

현재 에크미아신 대성당이 차지하고 있는 자리에는 기원전 500년부터 예배의 장소가 있었다. 1950년대에 실시된 발굴 작업 동안, 주 제단이 그리스 사냥의 여신 아르테미스에게 바친 것으로 추정되는 훨씬 오래된 신전 위에 지어졌다는 사실이 발견되었던 것이다. 이 성당은 '카톨리코스'-아르메니아 사도교회의 수장-가 머무르는 자리이며, 아르메니아가 기독교를 공식 국교로 받아들인 최초의 국가가 된 지 2년 후인 303년에, 최초의 카톨리코스인 '계몽자' 그레고리우스에 의해 세워졌다. 교회의 설법에 따르면, 그레고리우스는 성스러운 계시를 받았는데, 그리스도가 천국에서 내려와 황금으로 된 망치로 땅을 쳐 성당을 지을 장소를 표했다고 한다. 성당의 이름은 이 사건에서 유래한 것이다. '에크미아신'은 번역하자면 '독생자가 내려오신 장소'라는 의미이다. 교회에 있는 성물 중 하나는 십자가에 매달린 그리스도의 옆구리를 찔렀던 창이라고 한다.

원래의 성당은 원통형 둥근 천장의 바실리카였으나, 이는 5세기와 6세기에 재건되어 십자가형 교회가 되었는데 네 개의 육중한 기둥이 중앙 돔을 떠받든 구조이다. 18세기에 다양한 종탑과 네 개의 작은 돔이 증축되었음에도 교회는 대부분 원래의 나무로 된 큐폴라가 돌로 교체되었던 618년의 모습 그대로이다. 이 디자인이 매우 커다란 영향을 끼쳐 돔이 달린 십자형 교회는 모두 결국 에크미아신 성당에서 유래한 것이다.

'에크미아신의 대성당과 교회와 츠바르트노츠의 고고학 유적지'라는 이름으로, 이 성당은 주변의 몇몇 건물들과 더불어-성 흐립시메 교회(618), 성 가야네 교회(630), 츠바르트노츠 고고학 유적지-2000년 유네스코 세계문화유산이 되었다. **AS**

바르드지아 동굴 도시

그루지야, 아스핀드자 | Vardzia Cave City

산허리를 파내어 지은 도시

그루지야의 외딴 시골 땅에, 소(小)카프카스 산맥의 육중한 절벽 표면을 파서 만든 복잡한 구멍들로 이루어진 벌집 같은 형상이 무크바리 강변으로부터 웅장한 모습으로 솟아올라 있다. 이는 12세기에 이곳에 형성된 광대한 동굴 도시가 깊으로 드러나 보이는 흔적이다. 외부적인 모습만으로도 충분히 장관이지만, 바위투성이 표면 뒤에 숨겨진 도시의 야망과 구조에는 비교할 것이 못 된다.

무슬림 투르크인의 침입이 항상 골칫거리였을 때, 그루지야의 기독교 왕 기오르기 3세는 터키와 아르메니아 궁경 가까운 곳에 있는 바르드지아를 군사 요새로 삼고자 계획했다. '바르드지아'라는 이름은 기오르기 왕의 딸인 타마르가 동굴 안에서 길을 잃었을 때 사람들에게 자신의 위치를 알리고자 외쳤던 말에서 유래했다고 한다. 기오르기가 1184년 죽자, 타마르가 이 계획을 이어받아 바르드지아를 요새화된 수도원으로 변모시켰다. 여왕이 된 그녀는 그루지야가 강력하고 문화적으로 융성했던 위대한 시기를 다스렸으며, 바르드지아는 그녀의 미래상을 표출하는 데 잘 어울리는 장소가 되었다. 바르드지아는 그 동굴 건축으로 알려진 가장 뛰어난 장소였다.

전성기에 다다랐을 때 이 도시는 기적적인 창조물로 여겨졌으며, 열세 단에 이르는 수천 개의 방은 5만 명의 사람을 수용할 수 있었다. 이 안에 연회장, 마구간, 도서관, 빵집, 목욕탕, 와인 저장고, 그리고 웅장한 주 교회가 있었는데, 이 교회의 북쪽 벽에는 타마르와 그녀의 아버지를 그린 유명한 프레스코화가 있다. 정교한 관개 체계가 물을 공급해 주었고 경작 중인 계단식 밭에도 물을 주었다. 1200년대 후반에 지진이 일어나 도시 일부가 파괴되었고, 겉으로 드러난 출구는 한때 보이지 않게 가려졌으며, 1500년대에는 페르시아인들이 침략해 약탈을 일삼아 이 도시의 멸망을 가속화했다. 수백 년의 세월이 흐르면서 상당히 도달하기 힘든 곳에 있는 이 유저지는 거의 눈에 띄지 않은 채 감춰져 있었으나, 복구 작업을 위한 최근의 노력과 홍보로 인기가 상당히 높아졌다. **AK**

스탈린 출생지

그루지야, 고리 | Stalin's Birthplace

옛 소비에트 독재자의 출생지

산업화된 도시 고리를 그저 흘끗 둘러보기만 해도, 이곳이 이오시프 스탈린(1879~1953) – 소비에트 독재자이자 아마 1920년에서 1950년대까지 세계에서 가장 강력했다고 할 수 있는 사나이 – 이 태어나고 성장한 장소라는 사실을 알 수 있을 것이다. 스딜린 광장으로 향하는 스딜린 대로가 고리 한복판을 가로지르며, 스탈린 광장에는 옛 소비에트 연방 국가에 남은 최후의 스탈린 동상 중 하나가 아직도 서 있다. 근처에는 스탈린 박물관이 있고, 도시 중심부 언저리에는 스탈린 공원이 있다.

> "적이 무장 해제를 한다면, 좋은 일이다. 만일 무장 해제를 거부한다면, 우리가 직접 무장 해제시킬 것이다."
>
> 소비에트 독재자, 이오시프 스탈린

스탈린의 냉혹한 정치는 1920년대 초반부터 1953년 그가 사망할 때까지 그루지야가 속해 있었던 옛 소비에트 연방을 지배했다. 그러나 그의 시작은 보잘것없었다. 그는 그루지야가 러시아 차르 제국의 일부였을 때, 가난한 구두 수선공의 아들로 이오셉 주가슈빌리라는 이름으로 태어났다. 그가 태어나고 어린 시절의 몇 년을 보냈던 집은 돌로 된 차양으로 보존된 채 고리 중앙에 서 있다. 이 집 옆에는 1950년대에 지어졌으며 그의 일생을 이야기해 줄 수 있도록 선택된 물품들을 소장하고 있는 스탈린 박물관이 있다. 박물관 밖에는 스탈린이 1940년대부터 계속해서 전용으로 사용했던, 단단히 장갑판을 댄 객차가 있다. 그는 이 열차를 타고 처칠과 루즈벨트가 참석한 제2차 세계대전 이후 얄타 회담에 참석하러 갔었다.

스탈린은 1888년부터 1894년까지 고리의 신학교에 다니다가 트빌리시의 신학대학으로 공부하러 갔고, 비밀리에 공산주의 문헌을 읽으며 시간을 보내다가 1899년 쫓겨나 길고도 파란 많은 정치 인생을 시작했다. **AK**

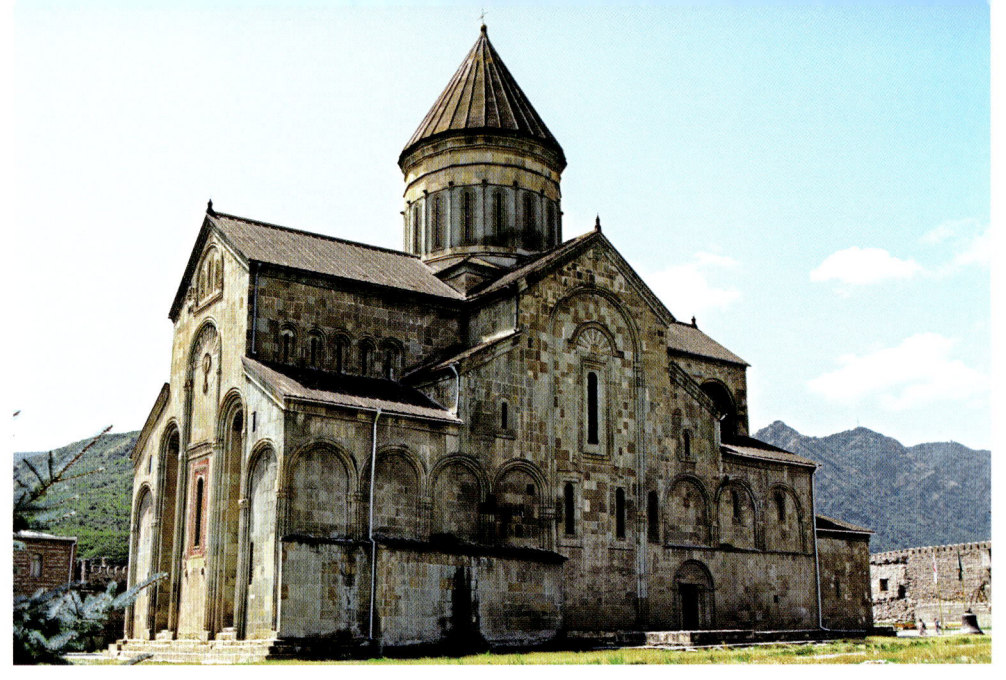

스베티츠호벨리 대성당 그루지야, 므츠헤타 | Svetitskhoveli Cathedral

풍요로운 역사를 간직한 중세의 교회로, 그루지야에서 가장 중요한 곳

스베티츠호벨리 대성당은 그루지야의 카톨리코스(그루지야 정교의 지도자)가 거주하는 곳이며, 1010년부터 건축되었다. 이 자리에는 그루지야가 317년 기독교를 받아들인 얼마 후에 건축된 옛 교회가 있었다.

전설에 따르면, 이 성당은 그리스도가 십자가에 못 박혔을 때 입고 있던 로브를 보관하고 있다고 한다. 그리스도가 십자가형에 처해졌을 다시 예수살렘에 있던 한 그루지야 사람이 처형을 주관한 로마 백부장으로부터 이 로브를 사서 그루지야로 가져온 것이 명백하다. 그는 옷을 가지고 고국으로 돌아온 뒤 누이를 만났는데, 그녀는 이 신성한 옷을 붙들자마자 죽고 말았다. 그녀가 옷을 너무나 단단히 쥐고 있었으므로 옷은 그녀와 함께 묻힐 수밖에 없었다. 여인의 무덤에서는 신비한 삼나무가 자라났으며, 성 니노에 의해 미리안 3세 왕이 기독교로 개종했을 때, 왕은 나무를 베어 일곱 개의 기둥을 만들어 이 자리에 새로 짓게 될 교회의 토대로 삼으라고 명했다. 일곱 번째 기둥은 기적적이게도 공중으로 솟구쳐 올라 성

니노가 하룻밤 내내 돌아와 달라고 기도했을 때에야 땅으로 내려왔는데, 이후 그 기둥에서는 어떠한 질병도 치료할 수 있는 신비한 액체가 솟아나왔다. '스베티츠호벨리'는 '생명을 주는 기둥'이라는 의미이다.

그루지야가 페르시아, 무슬림 아랍, 오스만 튀르크, 마지막으로는 예카테리나 대제 치하의 러시아에게 정복당하고 유린당하면서 성당은 적의 침략으로 여러 차례 약탈당했으며, 침입자 중에는 전설적인 티무르의 군대도 있었다. 따라서 현재의 건물은 여러 세기에 걸쳐 계속 보수 작업을 해 온 결과물이다. 그러나 교회 외벽에 있는, 끌을 쥐고 있으며 몸 없이 조각된 팔과 손의 모습과 다음과 같은 비문으로, 최초 건축가의 존재가 아직도 드리워져 있다. "신의 종, 아르수기제의 손. 그의 죄를 용서하소서." **AS**

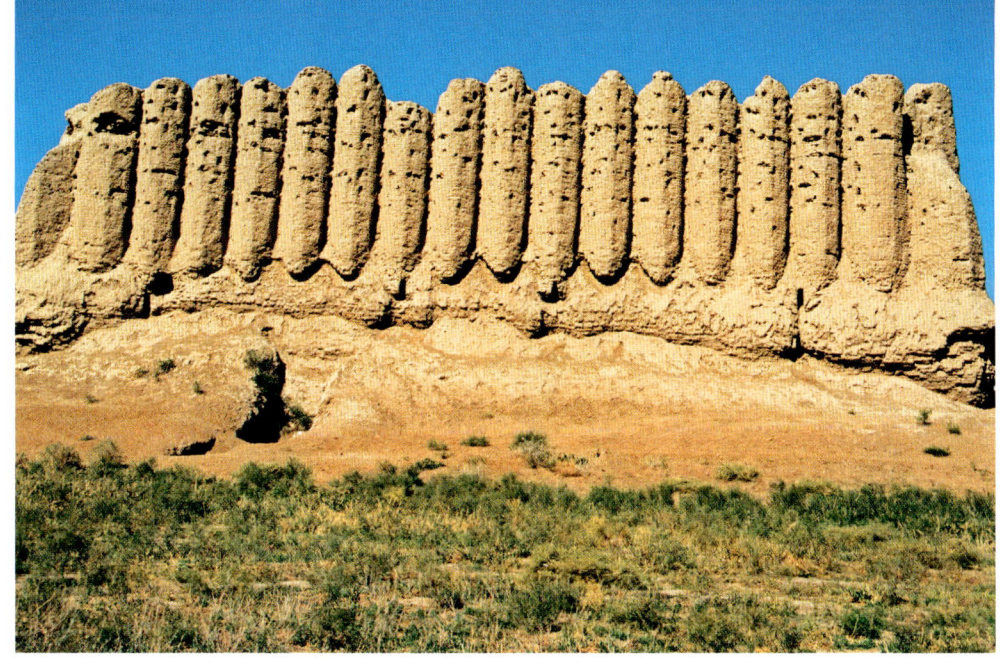

🏛 ◎ 메르브 투르크메니스탄, 메르브 | Merv

실크로드 위의 고대 도시

예전에는 중앙아시아의 오아시스 도시였던 메르브는, 지금은 투르크메니스탄이 된 곳에 버려진 채 서 있다. 이 도시는 실크로드, 즉 중국을 아라비아와 지중해 연안 유럽과 연결해 주었던 서로 교차하는 여러 개의 동서양 간 무역로 위에 서 있었다. 실크로드는 선사 시대부터 존재했으며, 이 길을 따라 무역량이 증가하면서 메르브의 중요성도 커져 갔다. 고고학적인 조사에 의해 메르브는 분명 기원전 3천 년 전부터 번영하는 도시였다는 이론이 수립되었으나, 이 도시의 역사는 과거로 보다 더 깊숙하게 들어갈지도 모른다.

세월의 흐름에 따라 이란, 그리스, 터키, 중앙아시아 출신의 서로 다른 여러 지배자들이 메르브를 다스려 왔다. 이 도시의 역사는 길고도 복잡하다. 서기 813년부터 818년까지, 칼리프 알-마문이 메르브에 잠시 머무르면서 이곳을 무슬림 세계의 실질적인 수도로 삼았던 짧은 시기가 있었다. 이후 1145년에서 1153년까지 메르브는 한동안 20만 명의 인구가 거주하는 세계에서 가장 큰

도시로 여겨졌다. 1221년 몽골인들의 공격으로 도시의 인구가 급감했고 이때부터 메르브의 쇠퇴가 지속되었다. 1794년에는 약 10만 명에 달했던 전체 주민이 보크하라의 에미르에 의해 다른 곳으로 옮겨졌다. 도시의 쇠락은 계속되었고 메르브의 주인이 계속 바뀐 끝에, 1883년 러시아인들이 이곳에 거주하게 되었다.

러시아인들이 메르브에 거주하게 되었다는 것은 고대 유적 발굴 작업이 일찍이 1890년부터 시작되었다는 사실을 의미한다. 그 이후로 여러 팀의 고고학자들이 수차례의 발굴 작업을 행해 왔다. 메르브 정착지는 현재 39km² 이상의 넓이에 걸쳐 있다. 이곳에는 또한 다양한 종류의 성채, 모스크, 거주 구역 등이 뒤섞여 있다. 이러한 유적들은 중앙아시아의 대도시였던 메르브의 변화무쌍한 문화와 지리, 정치에 대해 방대한 정보를 제공해 준다. **KH**

구르-에미르 우즈베키스탄, 사마르칸트 | Gur-Emir

안팎이 모두 정교하게 치장된, 티무르의 능묘

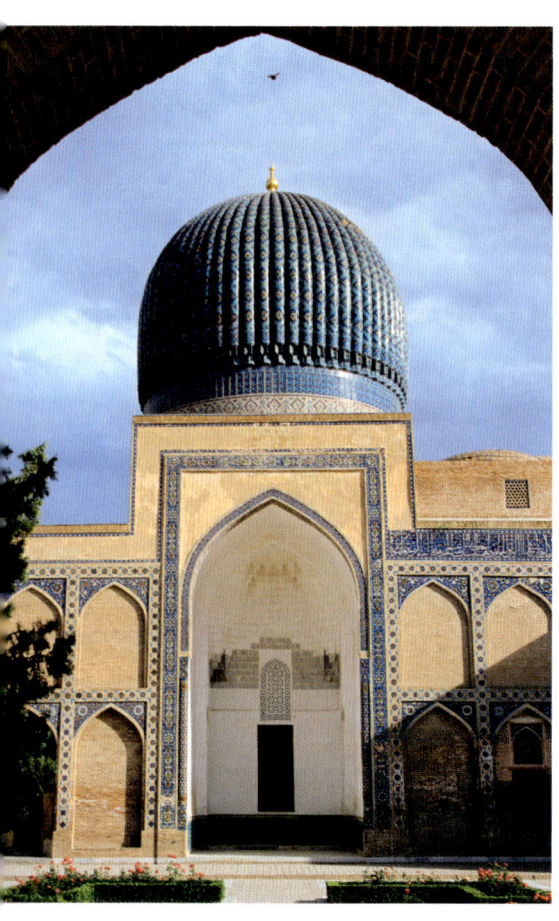

"나의 평온함을 어지럽히는 자는 누구
든 … 피할 수 없는 징벌과 고통을 받
게 될 것이다."

티무르의 무덤에 새겨진 비문

절름발이 티무르(Timur the Lame)-이 이름은 태멀레
인 혹은 탬벌레인이라 변형되어 영어 사용자들에게 알려
져 있다-는 자신보다 한 세대 앞서 칭기즈 칸이 이룩했
던 몽골 제국을 재창조하고자 했으며, 중국의 명나라 황
제와 전투를 벌이던 중 1405년에 사망하기 전까지 결국
은 서쪽으로는 오늘날의 터키로부터 동쪽으로는 중국과
의 국경까지 이르는 영토를 지배하게 되었다. 그는 죽기
2년 전에야 자신의 손자이자 상속자 무함마드 술탄을 위
한 능묘로 삼기 위해 구르-에미르(왕의 무덤)를 짓기 시
작했으나, 결국 자신이 그 안에 묻히게 되었다. 티무르는
무함마드, 두 번째 손자인 울루그 베그, 아들인 샤 루크
와 미란 샤, 그리고 스승 미르 사이드 바라카와 나란히
묻혔다.

능묘는 약간 앞서서 지어진 종교적인 복합체를 이
루던 건물 유적들로 둘러싸여 있다. 화려한 장식으로 풍
성하게 치장된 비교적 단순한 설계는 타지마할을 비롯한
후기 무굴 제국의 무덤에 영향을 주었다. 가장 지속적인
인상을 남기는 것은 바로 그 장식이다. 복잡한 기하학적
패턴으로 배열된 수천 개의 푸른색과 하얀색 타일들이
단일한 돔의 깊은 청록색과 잘 어울리며 건물 외관을 뒤
덮고 있으며, 정교한 그림과 금을 입힌 주조물들이 내부
를 지배하고 있다. 능묘 중앙에 있는 독립된 방에는 묘석
들이 서 있는데, 이 묘석들은 바닥 아래 지하 납골당에
유해가 안치되어 있는 장소를 표시한다. 티무르의 무덤
은 대리석으로 된 그의 친지와 스승의 묘석과는 뚜렷하
게 구분된다. 진한 녹색 옥으로 된 판이 그의 무덤 자리
를 표시해 주는데, 이 옥은 몽골의 황금 군단이 약탈해
오기 전에는 중국 황제의 궁전에 서 있던 것으로 추정된
다. 무덤에는 티무르의 휴식을 방해하는 이는 누구든 저
주한다는 비문이 새겨져 있다. 가장 최근에 이러한 짓을
저지른 이들은 티무르 생전의 모습을 재구성해 보기 위
해 그의 유해를 꺼낸 소비에트 고고학자 팀이었는데, 몇
달 후 나치 군대가 러시아를 침공했다. **AS**

수피교 시인을 기리기 위해 창조된, 중세 이슬람 건축을 보여 주는 훌륭한 예

푸른 타일이 덮인 육중한 돔은 작은 건물들로 이루어진 복합체 위에 둥실 떠 있는데, 중세 티무르 제국의 건축 양식을 보여 주는 가장 완벽한 예라 할 수 있다. 티무르의 통치 기간 중 1389년부터 1405년 사이에 고대의 야시(오늘날의 투르키스탄)라는 도시에 건축된 이 건물은 미완성 상태로 남아 있다.

이 능묘는 티무르가 코자 아메드 야사위의 무덤을 보다 훌륭하게 만들기 위해 짓게 한 것이다. 명성이 자자한 수피교 신비주의자였던 야사위는 1103년에 태어나 생의 대부분을 근처의 도시 투르키스탄에서 살았으며, 1166년경 죽었다. 야사위는 자신의 심오한 영적 메시지를 시라는 매개를 통해 전달하는 재능이 있었다. 깊이 공감하여 듣고 있자면 겉으로 보기에는 단순한 단어가 깊은 의미를 실어다 주었다. 중요한 점은 그가 고전어인 아랍어가 아닌 지방 투르크 방언을 사용해 글을 썼으며, 따라서 모든 이들이 그의 시를 이해할 수 있었다는 점이다. 야사위는 야사우이아라는 수피교 신비주의 교파를 창시했으며, 이들은 그의 재능을 중세 이슬람 세계 전역에 전파했다. 그의 무덤이 있는 곳은 중요한 순례지가 되었다. 야사위의 능묘를 세 차례 다녀오면 메카로 한 차례 순례를 다녀오는 것과 맞먹는다고 여겨졌다.

티무르가 예전의 단순한 무덤을 헐어 버리고 오늘날 우리가 보는 장대하고도 미완성으로 남은 기념비적 건물을 짓게 한 것은 바로 야사위의 명성 때문이었다. 능묘를 이루는 복합체의 주건물 위에는 훌륭한 녹색과 금색 타일로 뒤덮인, 중앙아시아에서 가장 커다란 돔이 얹혀 있다. 굉장히 멋을 부려 쓴 글귀와 우아한 기하학적 패턴이 복잡하게 뒤섞여 벽을 호화롭게 꾸며 준다. 주건물의 파사드는 티무르가 사망했을 당시 마무리되지 못한 상태였으며, 벽에서는 원래의 지지용 비계가 아직도 툭 튀어나와 있는 채 있다. 다행히도 이후의 왕조들은 티무르가 계획했던 능묘를 완성할 만한 재력도, 그에 대한 흥미도 없었으므로 이 능묘는 이슬람 시대 중앙아시아의 건축학적 유산을 보여 주는 빛나는 예로 남아 있다. IS

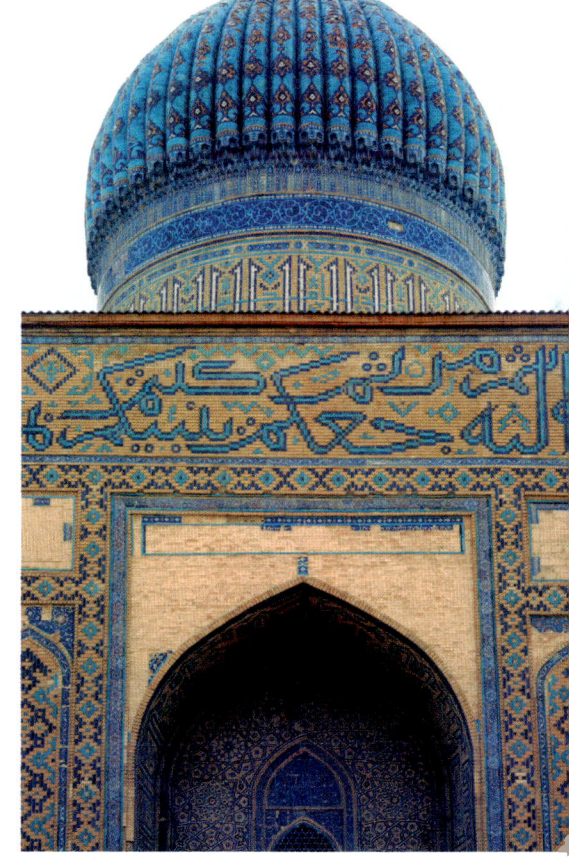

"우리에 대해 알고 싶다면, 우리의 건물들을 살펴보라."

티무르의 건물 중 하나에 새겨진 비문

그 장식으로 명성이 높은, 이슬람 건축의 화려한 본보기

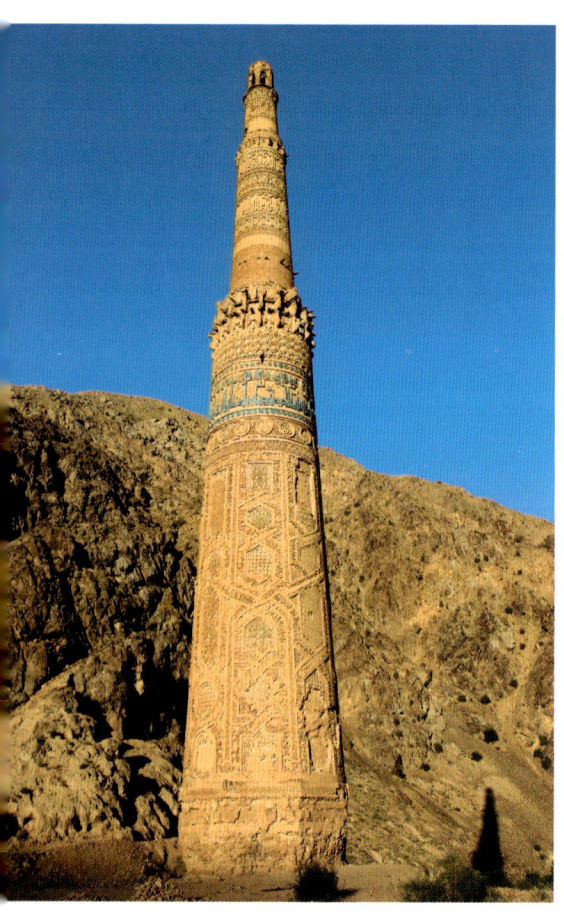

"이 유적이 주는 강한 인상은, 높이 치솟은 산 사이의 깊은 … 계곡이라는 매우 극적인 배경에 자리하고 있다는 사실 덕택에 더욱 두드러진다." 유네스코

수수께끼에 싸인 얌의 미나레트는 중앙 아프가니스탄 고지의 하리 루드 강 계곡에 홀로 외로이 서 있으며, 공식적으로는 1957년에 프랑스 고고학자 앙드레 마리크에 의해 '발견'되었다. 접근이 어려운 외딴 곳에 서 있는 미나레트의 위치와, 최근 아프가니스탄이 겪어 왔던 파란 많은 역사 때문에 이 지역에 대한 연구에는 어려움이 많았다. 1960년대와 1970년대에 이루어진 제한적인 작업은 이 기념비 전체를 장식하고 있는 우아하고도 복잡한 쿠파 서체로 쓰인 비문을 성공적으로 해석해 냈다. 미나레트는 불에 구운 연한 색의 흙벽돌로 건축되었으며, 63m 높이의 3분의 2지점에 있는, 터키옥과 청금석으로 된 글귀가 새겨진 둥근 부분만 제외하고는 채색해서 장식하지 않았다. 이 둥근 부분은 '미리암 수르야'라 알려진 코란의 63번째 수르야(시문)의 핵심적인 글귀이다. 이 수르야는 마리아가 예수의 어머니의 지위에 있다는 사실을 나타내며, 미나레트를 지은 구르 왕조 사람들의 세계주의적인 본성을 확증해 준다. 이 유적에 새겨진 관련 구절이 손상되었기 때문에, 미나레트의 건축 시기에 대한 논의에는 어려움이 많다.

구르 왕조는 12세기 초에 산지가 많은 아프가니스탄 중심 지대에서 갑자기 등장해서 급속도로 국가를 세웠는데, 그 영토는 중앙 이란에서 인도의 벵골 만까지 뻗어나갔다. 그리 오래 지속되지 못했던 이 제국은 몽골 족의 습격으로 멸망했고, 1221년이 되자 구르 국은 역사 속에서 그저 한 줄로 언급되고 지나갈 정도가 되었다.

최근의 고고학적인 작업은 아프가니스탄 산지에 있는 많은 현대 도시들처럼, 이 부근에는 두 개의 강 계곡과 주변 산의 가파른 경사면을 따라 도시 중심자가 널리 자리 잡고 있었다는 사실을 확증해 주었다. 이처럼 널리 퍼져 있었던 건물들은 중세의 탑과 성벽 체계에 의해 보호되었다. 히브리인 묘지와 이와 관련이 있는 유태인 상인들의 묘석들을 찾아내면서 확신은 더욱 깊어졌다. 얌의 미나레트는 2002년 아프가니스탄 최초의 세계문화유산으로 선정되었다. **IS**

탁실라 파키스탄, 탁실라 | Taxila

불교 학문의 고대 중심지이자 동부 펀자브 지방의 수도

탁실라는 현재의 파키스탄과 아프가니스탄 지역에서 번영했던 고대 왕국 간다라 문명에 의해 세워졌다. 기원전 5세기부터 서기 2세기까지, 이곳은 불교 학문의 중심지로서 예술, 철학, 종교, 문화에 대해 배울 수 있다는 명성이 자자한 장소였다. 중요한 두 개의 강인 인더스 강과 히다스페스 강 사이, 그리고 여러 개의 중요한 무역로 위에 위치하고 있어 탁실라에는 독특한 고고학 유적이 많으며 1980년에는 유네스코 세계문화유산으로 등재되었다.

탁실라에는 페르시아, 그리스, 중앙아시아 주민들의 흔적이 남아 있다. 기원전 4세기에 알렉산드로스 대왕이 이곳에 왔으며, 전설에 따르면 암비 왕과 세력을 합하여 근처의 포루스 왕과 맞서 싸웠다고 한다. 알렉산드로스 대왕이 준 도움에 대한 보답으로, 암비 왕은 그에게 군사와 코끼리 군단을 제공해 주었다. 알렉산드로스는 매우 극적인 승리를 거두며 포루스 왕을 제패했는데, 두 사람은 이후에는 친구이자 동맹이 된다. 알렉산드로스 대왕이 자취를 남긴 백 년 후, 유명한 불교 왕인 아소카 왕이 이 지역을 정복했다. 인도의 군주였던 아소카는 불교로 개종하기 전까지는 잔혹한 행동으로 악명이 높았는데, 전설에 따르면 개종한 이후 그의 행실은 놀라우리만치 돌변해 훌륭하고 덕망 높은 군주가 되었다고 한다.

이러한 격변의 역사에도 탁실라는 위대한 학문 중심지로서 명성을 계속 이어갔으며, 학자들은 이곳에서 공부하기 위해 지중해 연안과 중국처럼 멀리 떨어진 곳으로부터도 찾아왔다. 고고학적 유적으로는 불교의 사리탑, 수도원, 그리고 숨 막힐 정도로 훌륭한 간다라 조각품들이 있다. 탁실라의 기원은 아마, 지금껏 남아 있는 훌륭한 조각상들에서 가장 잘 엿볼 수 있을 것이다. 그중 하나는 크고 위풍당당한 부처의 조각상으로, 일반적으로 묘사되는 눈을 감고 얼굴에 평온함을 떠올린 모습과는 달리 확실한 시선으로 방문객들을 반겨 맞이하고 있다. 이 고대의 부처상은 눈을 크게 뜨고 있으며 보는 이들에게 직접적으로 도전해 오는 듯하다. **LH**

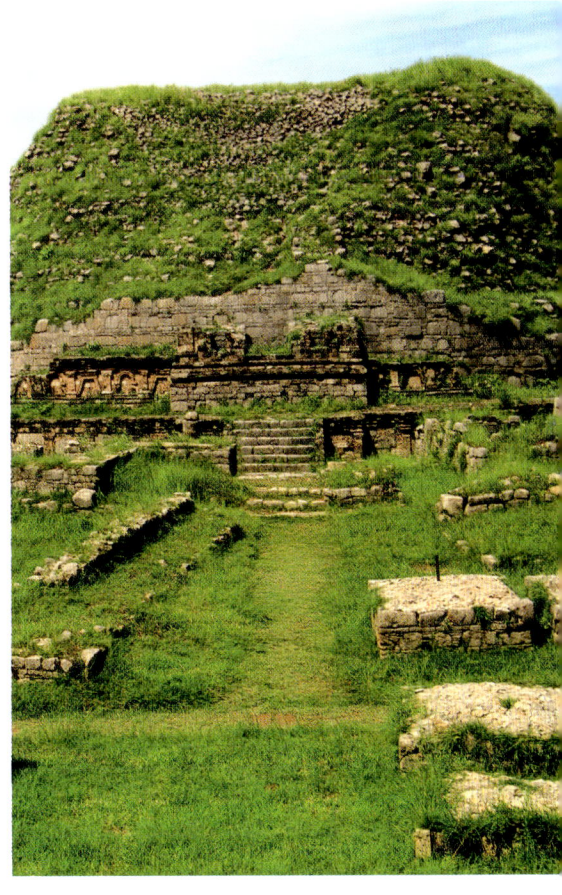

"만일 탁실라의 '기둥이 있는 홀'이 정말로 신전이라면, … 그것은 지금껏 알려진 가장 오래된 힌두교 사원이다."

역사가, 조나 렌더링

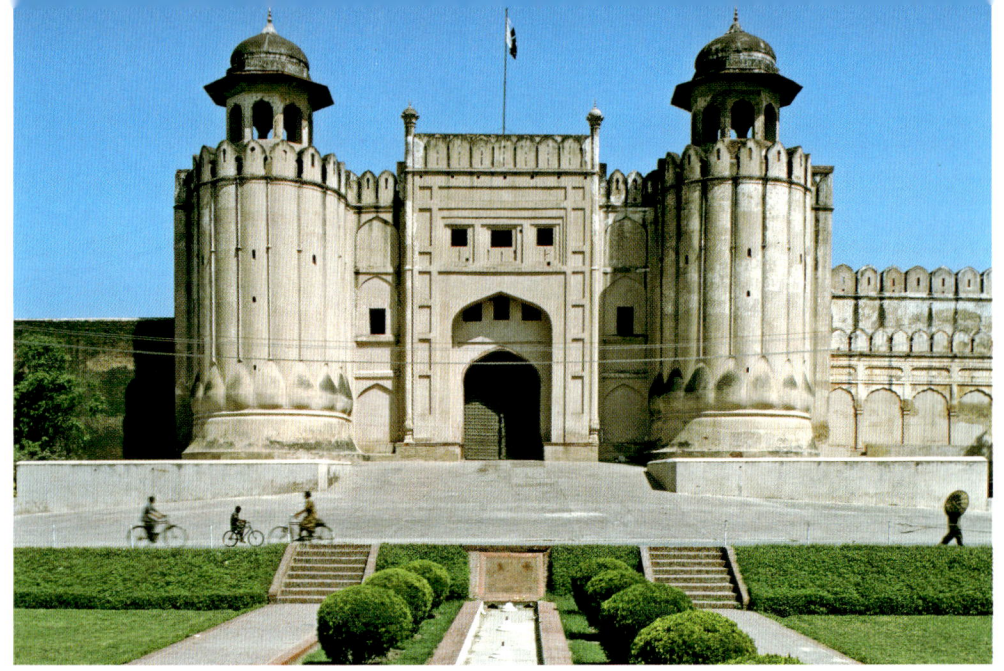

🏛️ ◈ 라호르 요새 파키스탄, 라호르 | Lahore Fort

사치스러운 궁전과 모스크들이 있는, 전략적으로 중요한 요새 복합체

16세기에 라호르는 무굴 제국에 정복당했으며, 악바르 대제 하에서 이 도시는 아그라 다음가는 제2의 도시가 되었다. 이곳에 건설된 요새는 무굴 제국에서 가장 훌륭한 요새 중 하나이며, 인도 아대륙(亞大陸) 전역에 상당한 영향을 끼쳤다. 이 요새는 아그라에 있는 유명한 '붉은 요새'보다는 작지만, 비슷한 설계로 되어 있다. 라호르 요새의 디자인은 지역 인도 건축과 페르시아 건축의 영향을 동시에 받은 것이다. 건축 작업은 1580년대에 시작되었으나, 요새는 여러 세기에 걸쳐 증축되고 확장되어 왔다. 악바르의 통치 때 세워진 가장 오래된 부분은 붉은 사암으로 지어졌다. 악바르는 또한 오늘날 유명해진 성벽과 열두 개의 성문을 짓기도 했다. 그는 1568년 궁정을 라호르로 옮겼으며 14년 동안 이곳을 정부 소재지로 삼았다.

요새는 서로 분리된 두 개의 구역으로 나뉜다. 거주 구역과 행정 구역이다. 이 구역들은 사적인 거주 공간, 웅장한 모스크, 행정과 군사 지역, 공공 구역, 정원, 안뜰 등으로 구성되어 있다. 위풍당당한 성문은 왕실 코끼리들의 행렬이 수월하게 지나갈 수 있을 만큼 널찍하다.

이후에 지어진 건물들은 수입해 온 대리석이며 페르시아 도기 같은 값비싼 자재들을 사용하였으므로, 악바르가 지은 부분보다 더 장식적이다. 가장 유명한 방은 '크리스털 궁' 혹은 '거울의 홀'이라고도 알려진, 샤 자한을 위해 건축된 '시시 마할'로, 이 방의 벽과 천장은 수천 개의 작고 채색된 거울로 뒤덮여 있다. 근처에는 대리석으로 지은 아름다운 나울라카 파빌리온이 있다. 한낮의 태양으로부터 휴식을 찾을 수 있는 시원한 장소인 이곳은, 하렘이 들어서는 유명한 장소가 되었다. 무굴 제국이 멸망한 이후, 1841년 라호르 요새는 포위 공격을 받아 심하게 파괴되었다. 20세기에 복구 작업이 시작되었으며 이 요새는 1981년 유네스코 세계문화유산 목록에 올랐다. **LH**

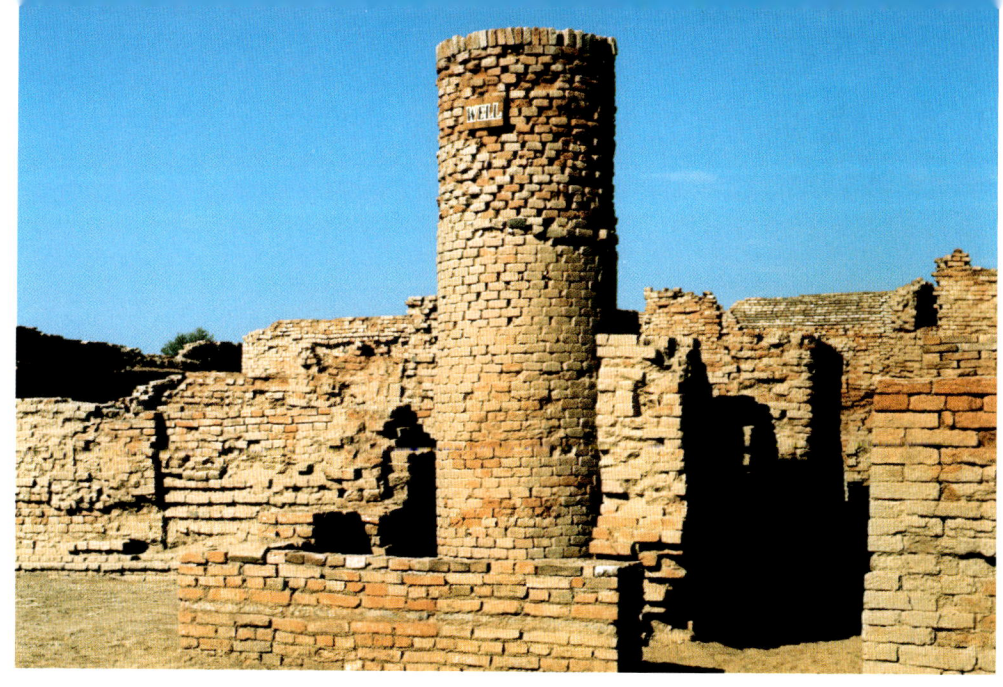

모헨조-다로 파키스탄, 인더스 계곡 | Mohenjo-daro

능률적인 도시 계획을 보여 주는 오래된 예

모헨조-다로는 고대 인더스 강 유역 문명권에서 가장 중요한 도시 중 하나였다. 인더스 문명은 기원전 2600년에서 기원전 1900년 사이에 꽃피었던 믿기 어려울 만큼 세련된 도시 문명으로, 1920년대에 들어서야 밝혀지게 되었다. 인더스 강 삼각주에 위치한 모헨조-다로('죽은 자의 흙무덤'이라는 의미로 이 도시는 여러 개의 흙무덤으로 이루어져 있다)는 아마 제대로 계획해 세운 최초의 도시들 중 하나일 것이다. 하라파 시(북쪽에 있다) 같은, 인더스 문명의 다른 위대한 중심지들처럼 모헨조-다로 역시 격자형 설계에 따라 구획된 도시로, 열십자로 교차하는 넓은 대로들에 의해 서로 구분된 사각형 구역들이 만들어졌다. 더 작은 골목길에는 집집마다 개별적인 목욕탕과 화장실용 물 공급 체계를 완비한 개인 주택들이 있었으며, 도시 전체가 그 당시 세계의 어느 곳보다도 훌륭하며 뛰어난 기술이 배수 체계를 이용했다.

1922년에 최초로 발굴되었으며 오늘날에는 일반인 방문이 허용된 이 도시의 유적은, 3만 5천 명 이상의 주민들이 살았던 삶이 어떠했는지 느껴볼 수 있게 해 준다. 전반적인 설계를 확연히 알아볼 수 있으며, 방어탑과 요새 설비, 주도로와 높은 담이 쳐진 골목길들, 주택, 안뜰, 우물, 위편이 덮여 있는 길거리 배수 시설들과 지금까지 남아 있는 건물들을 짓는 데 주재료로 사용되었던 굽지 않은 벽돌들도 모두 뚜렷하게 알아볼 수 있다.

고고학적인 증거에 따라 이 도시는 두 개의 큰 지역으로 나뉘었다. '성채'와 '아래쪽 도시'이다('아래쪽 도시'의 대부분은 아직 발굴이 되지 않았다). 고고학자들은 성채가 정부와 행정의 중심지였을 거라고 믿는데, 이곳에서 발견된 중요한 건물로는 커다란 공공 목욕탕이었다고 짐작되는 건물, 회의장, 일부 설에 따르면 곡물 창고라고 여겨지는 건물 하나가 있다. 찬탄할 만한 또 다른 유적은 이곳에 위풍당당하게 우뚝 솟아 있는 서기 200년경의 인상적인 불교 사리탑이다. 이는 인더스 강 유역 문명이 사라져 버린 오랜 후에도 사람이 거주했다는 증거이다. **AK**

자한기르 황제의 무덤

파키스탄, 라호르 부근 | Tomb of the Emperor Jahangir

기인(奇人)이었던 군주에게 바친 사치스러운 무덤

라호르 교외에는 무굴 제국의 황제 자한기르(1569~1627)의 웅장한 무덤이 있다. 이는 많은 황제들이 한때 누렸던 권력과 부, 특권을 매우 잘 보여 주는 뛰어난 건축물이다. 자한기르의 아들인 샤 자한이 사망한 아버지의 범상치 않은 일생을 추모하기 위해 이 무덤을 짓게 했다.

누루딘 자한기르라는 이름으로 태어난 이 황제는 인생에서 수많은 굴곡을 겪었던 매혹적인 사나이였다. 서른 살의 나이로 그는 이미 자신의 친아버지인 왕을 상대로 반란을 일으켰으며, 서른여섯에는 아버지 뒤를 이어 왕위에 올랐다. 통치를 시작할 무렵 그는 백성들 사이에서 인기가 높았으나, 겨우 일 년이 지나자 왕위를 요구하고 드는 친아들을 물리쳐야 할 상황에 빠졌다. 성공적으로 왕위를 지켜낸 후 자한기르는 아들을 옥에 가두기로 결심했고 나중에는 눈까지 멀게 한다. 그러나 여러 해가 지나자 그는 양심의 가책을 견딜 수 없어 최고의 의사들을 고용해 아들의 시력을 되돌리려 노력한다. 이러한 극적인 사건 이외에도, 자한기르는 열두 번이나 결혼했으며 알코올중독자였고 왕권을 놓쳤다는 점 등으로 기억에 남아 있다. 따라서 터무니없이 사치스럽고 연극적인 영묘는 이 별난 군주를 기념하기에 썩 어울리는 셈이다.

영묘는 높은 벽으로 둘러싸인 매혹적인 정원 안에 위치하고 있다. 이 벽은 섬세한 무늬로 장식되어 있으며 30m 높이의 거대한 미나레트 네 개와 석재와 벽돌로 이루어진 두 개의 육중한 출입문이 벽에 나 있다. 무덤의 외부는 꽃무늬와 코란의 구절을 나타낸 눈부신 모자이크로 덮여 한층 아름다워 보인다. 내부에는 하얀 대리석 석관이 있는데, 관 옆쪽은 더 많은 모자이크로 정교하게 꾸며져 있다. 이 무덤은 그 섬세한 특징으로 인해 지금껏 세워진 가장 훌륭한 고대 무덤 중 하나라 할 수 있다. **KH**

황금 사원

인도, 암리차르 | Golden Temple

시크교 역사에서 가장 신성한 유적

암리차르는 시크교 역사와 문화의 중심지이며, 황금 사원은 시크교의 가장 중요한 종교 유적이다. 16세기 초에 최초의 구루(힌두교, 불교, 시크교 등 종교에서의 '스승') 나나크가 이곳에서 시크교를 새로 창설했고, 그의 뒤를 이은 구루들, 특히 아르잔 아래에서 시크교의 성스러운 경전 『아디 그란트』가 편찬되었으며, 이 경전을 소장하기 위해 최초의 사원이 세워졌다. 오늘날 이 황금 사원은 모든 시크교도들에게 중요한 순례지이다.

3층으로 된 대리석 사원은 18세기에 지어졌으며 후기 무굴 건축 양식의 영향을 많이 받았다. 주랑, 뾰족탑, 벽감, 발코니, 난간, 뒤집힌 연꽃 모양의 중앙 돔은 모두 그 당시에 지어진 모스크와 궁전들의 전형적인 요소

> "아주 오래 전부터, 이곳은 떠도는 탁발승과 현인들이 명상에 잠기는 은둔처였다."
>
> 인류학자, 마틴 그레이

이다. 신전에는 단 하나의 현관만 있는 것이 아니라, 네 방향 모든 곳을 향해 문과 발코니가 열려 있으며, 이는 다른 것을 받아들인다는 시크교의 중요성을 상징한다. 외부의 위쪽 두 층에는 금박이 입혀져 있다. 내부는 상감 세공을 한 대리석, 조각을 새긴 목 공예품, 상아 모자이크, 부조를 새긴 금과 은, 그리고 벽화로 장식되어 있다. 사원은 대리석이 깔린 포장도로를 지나 도달하게 되는데, '암리타 사로바르', 즉 '신주(神酒)의 연못'이라는 이름의 커다란 사각형 저수지 한복판에 서 있으며, 그 주변에는 사무실, 저장고, 식당, 부엌, 손님용 숙소, 감시탑 등이 있다. 북쪽 입구에는 또한 훌륭한 시계탑이 있으며 서쪽에는 시크교 최고 위원회의 본부인 돔이 달린 건물 '아칼 타크트'가 있다. **LL**

자마 마스지드

인도, 뭄바이 | Jama Masjid

인도에서 가장 큰 모스크

자마 마스지드, 즉 '금요일 모스크'를 짓는 데에는 5천 명이 넘는 건축 인부와 장인들이 동원되었다. 이 모스크는 '마스지드-이-자하누마', 즉 '세계의 경관이 내려다보이는 모스크'라고도 알려져 있다. 인도에서 가장 큰 모스크이자 17세기의 무굴 제국 황제 샤 자한이 아들 아우랑제브에 의해 옥에 갇히기 전에 세운 최후의 거대한 건물인 이 모스크는 천연 바위 암반 위에 서 있으며 뭄바이 시를 지배하고 있다.

이 모스크에는 세 개의 거대한 관문, 네 각도에 세워진 탑, 하얀 띠 모양으로 대리석이 상감된 붉은 사암으로 지어진 39m 높이의 미나레트 두 개가 있다. 모스크에 접근하려면 한 줄로 이어진 널찍한 계단을 통해 관문을 지나 중앙에 수반과 분수가 있는 커다란 안뜰에 이르게 된다. 동쪽 관문은 오직 황제가 행차할 때만, 이후에는 총독이 지나갈 때만 열렸다. 육중한 문짝에는 황동으로 된 아라베스크 무늬가 입혀져 있다. 서쪽 편에 있는 기도용 홀에는 세 개의 돔이 얹혀 있는데, 흰색과 검은색 대리석 띠무늬가 번갈아 가며 이 돔들을 장식하고, 꼭대기 부분은 금으로 덮여 있다. 이 양옆으로 미나레트들이 서 있다. 돔이 솟아 있는 파사드는 기둥에 의해 열한 개의 구획으로 나뉘어 있으며, 파사드 위의 하얀 대리석 판에는 검은 대리석으로 이 건물의 역사를 말해 주고 샤 자한의 통치와 덕성을 찬양하는 글귀가 상감되어 있다.

기도용 홀의 바닥은 검은색과 흰색 대리석으로 이슬람교도의 기도용 매트를 흉내 내어 만들었는데, 가느다란 검은 경계선이 899명의 예배자들이 들어설 수 있도록 공간을 나누고 있다. 마땅히 현재의 이맘은 샤 자한이 1656년 7월 23일 이 모스크를 개관하면서 지명했던 이맘의 직계 후손이다. **LL**

↗ 남쪽을 향해 본 모습으로, 꼭대기에 금이 씌워진 돔들과 이 모스크에 딸린 두 개의 미나레트 중 하나가 보인다.

↘ 인도의 무슬림들이 기도를 올리기 위해 2만 5천 명을 수용할 수 있는 이 모스크의 중앙 안뜰에 모여 있다.

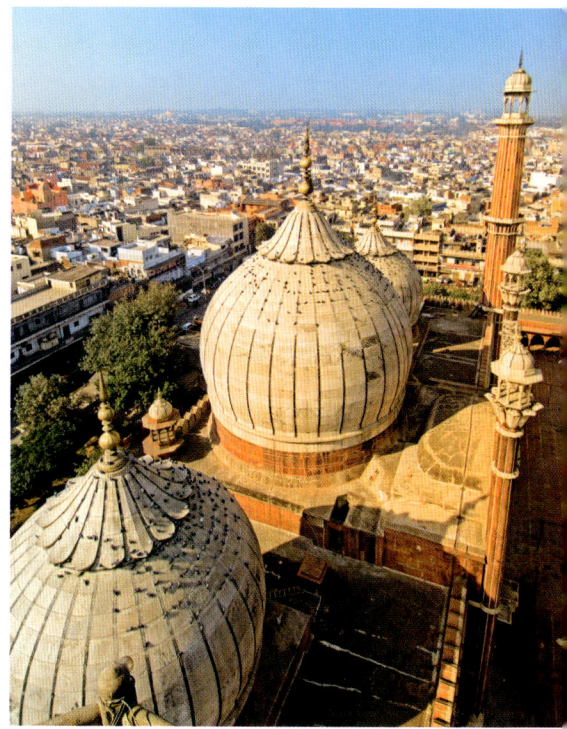

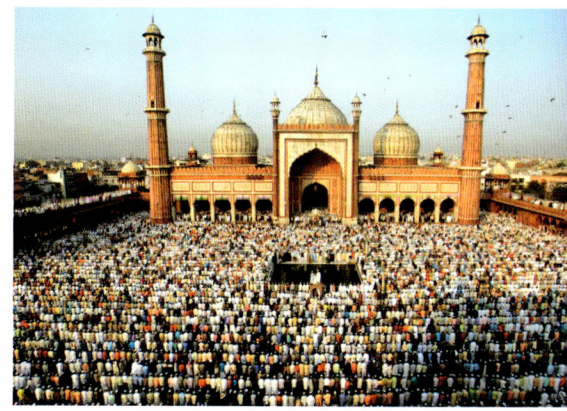

붉은 요새

인도, 뭄바이 | Red Fort

무굴 건축 양식의 창조성과 솜씨를 반영하는 건물 복합체

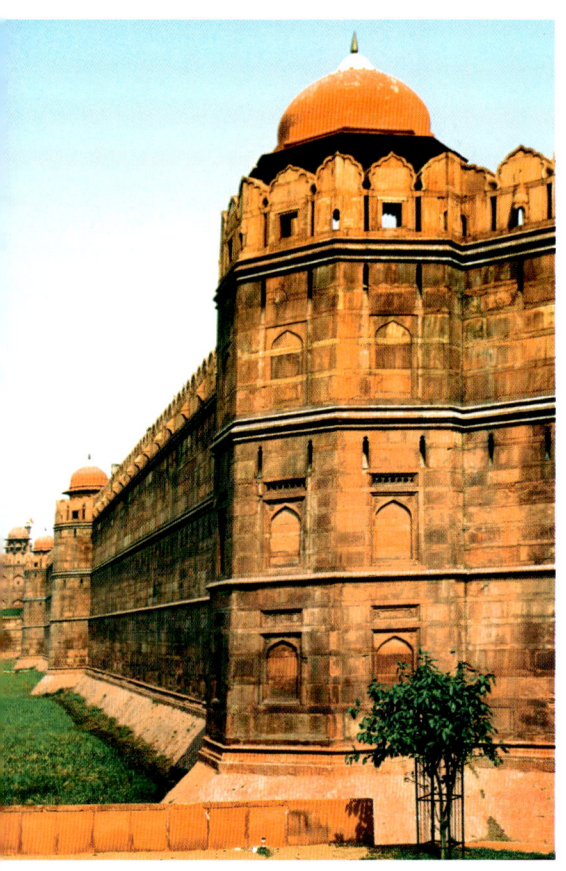

> "궁전에 새겨진 2행 시구 중 하나에는 이렇게 쓰여 있다. '만일 지상에 낙원이 있다면, 바로 이곳이다, 바로 이곳이다.'" 유네스코

저무는 햇빛 속에서 마치 타오르는 것처럼 보이는 따뜻한 붉은색 사암 성벽 때문에 붉은 요새라는 이름을 얻은 이 웅장한 복합체는 야심찬 건축 계획에 열성을 보였던 무굴 황제 샤 자한에 의해 지어졌다. 타지마할을 구상했던 것 역시 샤 자한이었으며, 붉은 요새는 무굴 건축을 보여 주는 또 다른 눈부신 본보기이다. 이 요새를 이곳에 형성한 새로운 도시 샤자하나바드 안에 있는 샤의 개인적인 요새 속 파라다이스로 삼고자 하는 것이 샤 자한의 생각이었다. 길이가 2.4km에 달하는 요새의 높은 성벽 안에는, 호화로운 궁전과 저택들, 왕실 목욕탕, 샤가 개인적인 관객들을 상대로 혹은 대중을 상대로 연설을 하던 파빌리온, 분수가 물줄기를 솟구치는 평온한 조경된 정원 등 온갖 종류의 건물들이 안전하게 들어서 있었다. 근처의 야무나 강에서 물줄기를 끌어와 만든 넓은 해자가 요새를 둘러싸고 있었다(지금은 말라 버렸다).

오늘날 육중한 '라호르 문'을 통해 이 요새로 들어가면, '차타 초크'라 불리는 원통형 지붕이 달린 기념품 상점 아케이드가 나온다. 한때 이곳은 판매중인 장신구와 페르시아 카펫을 보고 감탄하며 수다를 떨던 궁정 여인들로 가득 찼었다. 이곳에서부터는 쉽게 요새 안의 다른 건물들로 접근할 수 있다. 대리석으로 지은 목욕탕과 예쁜 '진주 모스크', 디완-이-카스의 개인 파빌리온 등은 가장 주목해야 할 장소이다. 이 파빌리온의 전설적인 '공작 옥좌'-보석이 아로새겨지고 꼬리를 부채처럼 활짝 편 두 마리의 공작새 모양의 옥좌-는 오래 전부터 잃어버린 상태이지만, 인상적인 장식들이 남아 있다. 요새 내부에서는 가리비 모양의 예쁜 아치와 '피에트라 두라'(돌로 만든 장식 모자이크에 쓰이는 경도와 내구성이 좋은 돌) 상감 세공을 볼 수 있어 강력한 무굴 건축의 특성을 보인다. 요새 안에 있던 보물들 대부분은 사라졌지만 인도인들에게는 역사의 울림을 들려주는 장소이다. 따라서 이 요새는 수상의 독립기념일 연설이나 공화국의 날 퍼레이드 같은 연례행사를 여는 핵심적인 장소이다. **AK**

쿠트브 미나르 단지

인도, 뭄바이 | Qutb Minar Complex

세계에서 가장 높은 벽돌 미나레트로 역사적인 건물들에 둘러싸여 있다

집합적으로 '쿠트브 미나르'라 불리는 이 흥미로운 건물 단지는 인도 땅에 이슬람교가 도달했으며 인도 문화의 방향과 형태에 급진적인 변화가 찾아왔음을 나타내 준다. 주요부의 미나레트는 건축적인 면에서 '얌의 미나레트'를 연상시키지만, 그보다 높은 73m의 높이로 서 있다. 쿠트브 미나르는 구르 왕조의 술탄 기야트 알−딘에 의해 힌두교도들을 상대로 그가 거둔 승리를 기념하기 위해 투르크 노예 출신 장군에게 맡겨졌다. 처음에 인도 정복은 구르 국이 빠르게 성장하는 데 원동력이 되었으며, 구르의 도시들은 공물과 전리품으로 부유해졌다.

구르의 술탄은 이러한 부유한 영토와 왕권을 위협할 경쟁자가 되는 친척들이 아닌, 그에게 개인적인 충성을 바친 신뢰하는 전사 노예들에게 맡겼다. 노예 군사들은 북부 초원 지대에서 가족들을 불러와, 오늘날 델리가 된 지역에 작지만 강력한 이슬람 공동체가 형성되었다. 1221~1222년까지 구르 국이 멸망하자 노예 장군들은 주인 없는 몸이 되었고, 이들은 잽싸게 스스로를 델리의 술탄이라 선언했다. 이들은 인도 최초의 이슬람 왕조이며, 이후에 번성한 무굴 제국이 성립되는 기초가 되었다.

쿠트브 미나르는 이슬람교 건축물을 장식하는 부차적인 요소로 힌두교의 건축 양식을 차용하여 통합해 넣는 관습을 계속해 나갔다. 이곳에서 볼 수 있는 그 예 중 하나는, 비하르의 힌두교나 자이나교 사원에서 가져온 것이 분명한 7m 높이의 유명한 '철 기둥'이다. 이 작품에서 가장 흥미로운 면모는 사용된 철이 놀라울 정도의 순도(純度)를 지니고 있다는 점이다. 98퍼센트라는 이러한 순도는, 한때는 당시의 기술로써는 도저히 얻어내기 불가능하다고 생각되었던 수치이나. 주요 선물 복합체에는 처음에 세워진 이후에도 다양한 종류의 건물들이 새로이 증축되어 확장되었다. 이에 속하는 왕릉과 마드라사(코란 학교)들은 스스로의 통치를 이슬람 전통의 도래와 일치시키려고 열망했던 노예 왕조의 술탄들과 이후 무굴 제국의 군주들에 의해 세워진 것이다. **IS**

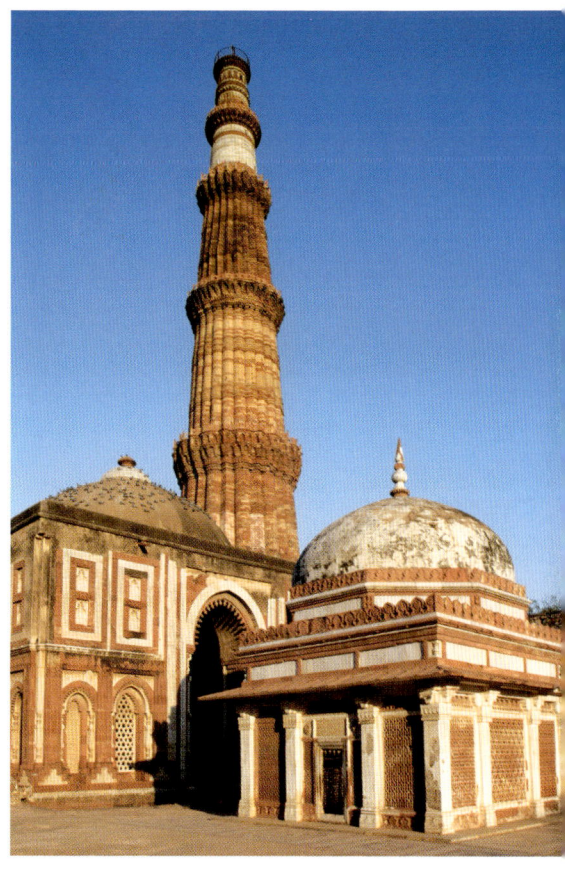

"유감스럽게도 공장 굴뚝을 연상시키는 면모가 있다. 흰 연기가 … 솟아나도 엉뚱하지 않을 정도이다."

역사가, 존 키이

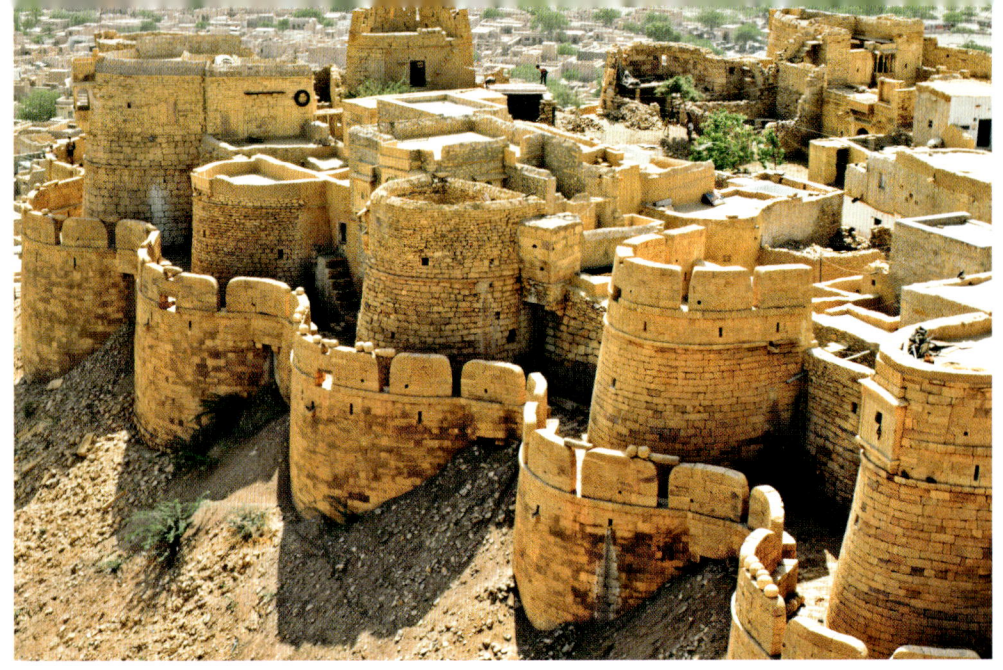

자이살메르 요새 인도, 자이살메르 | Jaisalmer Fort

결정적인 무역로에 전략적으로 위치한 요새

라자스탄 주에 있는 거대한 요새 도시 자이살메르는, 몇 세기 동안 인더스 계곡과 북부의 비옥한 평원 사이에서 천연의 장벽 역할을 해 준 타르 사막(글자 그대로 하면 '죽음의 거주지'라는 의미)의 모래 위에 솟아 있다. 1156년 자이살 공에 의해 세워진 이 도시는 라지푸트 부족 중에서도 가장 세력이 크고 공포의 대상이었던 바티 라지푸트 족이 방어에 취약한 로드루바로부터 이곳으로 옮겨온 이후 그들의 새로운 수도가 되었다. 중세에 자이살메르는 인도에서 이집트, 아라비아, 페르시아, 아프리카, 유럽으로 이어진 융성한 무역로를 부지런히 오가는 낙타 행렬들의 중심지로 성장했으며, 사막을 가로질러 북부 인도로 가는 길 또한 지배하게 되었다.

그 색깔 때문에 '소나르 킬라', 즉 '황금의 요새'라고도 불리는 이 요새는 트리쿠타 언덕의 약 76m 높이에 서 있다. 요새는 높이가 9m이며 총안이 설치된 웅장한 사암 성벽으로 둘러싸여 있고, 99개의 능보가 방비를 더욱 튼튼히 해 주었다(이중 92개는 1633년에서 1647년 사이에 대포대 용도로 지어졌다). 짓기 시작할 때부터 요새 안에 여러 개의 우물을 갖추도록 하여 안정적으로 물이 공급되도록 했으며, 따라서 많은 인구가 요새 안에서 머무를 수 있었다. 오늘날조차 오래된 도시의 한 구역에 사는 시민들은 이 요새 안에 살고 있다.

인도에서 가장 외떨어진 장소 중 하나인 이 도시는 유럽의 영향을 받지 않은 라지푸트와 이슬람 건축 양식이 혼합되어 이루어졌다. 요새의 기념비적인 관문 안에는 왕궁들이 있는데, 그 일부는 풍부한 디테일을 지닌 벽화와 유리 모자이크로 장식되어 있다. 자이나교 사원들을 비롯해 수많은 맨션들도 있으며, 귀족과 상인들이 소유했던 '하벨리'라 불리는 저택들도 있는데 돌로 된 섬세하게 조각된 파사드와 발코니를 지니고 있다. 상당한 수의 훌륭한 건물들과, 특히 돌 조각에서 드러나는 그 건축 솜씨의 뛰어난 우수성은 한때 이곳에 집중되었던 부와 권력을 증언해 준다. **LL**

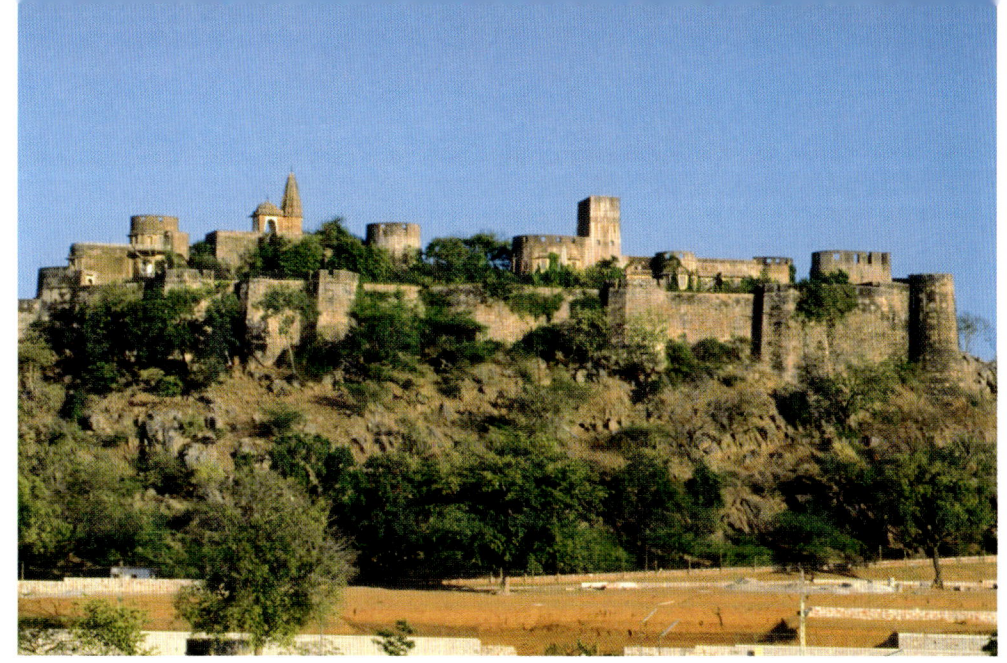

호랑이 요새 인도, 자이푸르 | Tiger Fort

자이푸르를 지키기 위한 둥근 방어벽의 일부

1727년 사와이 자이 싱 2세는 아메르에 있는 자신의 요새를 떠나 라자스탄 주의 전설적인 분홍빛 도시 자이푸르를 세웠다. 7년 후 그는 북서쪽으로 6km가량 떨어져 있는 울퉁불퉁한 아라발리 언덕의 한 봉우리에 장대한 '호랑이 요새', 즉 '나하르가르 요새'를 건설했다. 아메르와 자이가르에 있는 요새들에 이 요새까지 더해지자 왕의 새로운 도시를 지키는 둥근 방어벽이 완성되었다. 자이푸르 시는 무굴 제국이나 다른 라지푸트 왕국으로부터 단 한 번도 공격당한 일이 없었지만, 1857년 일어난 세포이 항쟁 때 호랑이 요새는 이 근방의 폭도들이 일으킨 폭력 사태로부터 도망쳐 온 유럽인들에게 피난처가 되었다. 이후 이 요새는 1868년에 확장되었으며, 1880년대에는 사와이 마도 싱이 개조해 왕실 식구를 위한 여름 별장으로 삼았다. 마하라자('위대한 왕'이라는 의미로, 인도의 중요한 토후국 통치자를 가리킴)의 아홉 명의 아내는 각각 안뜰의 세 모서리를 따라 지어진 훌륭한 솜씨의 프레스코화와 치장 벽토로 꾸며진 2층짜리 별채를 소유했다.

마하라자의 개인 별채는 안뜰의 네 번째 모서리에 지어졌다. 건물의 양식은 유럽적인 요소가 가미된 인도 양식이었다. 건물들은 마하라자가 아내들 중 누구를 방문할 때에도 다른 아내들이 알 수 없도록 배치되어 있었다.

전설에 따르면 이 장소에는 오랜 옛날에 죽은 나하르 싱이라는 군주의 망령이 떠돌았다고 한다. 요새가 건설되는 동안 망령은 매일 나타나 그 때까지 지어진 부분을 부수어 버렸다. 그래서 기도를 올렸고, 요새를 '나하르가르'라 이름 짓겠다는 제안을 듣자 다행히 망령은 노여움을 풀었다고 한다. **LL**

> "아메르는 이보다 더 여성적인 우아함을 지니고 있으며, 나하르가르는 남성적인 아름다움에 흠뻑 젖어 있다."
>
> 여행 작가, 프리티 샤르마

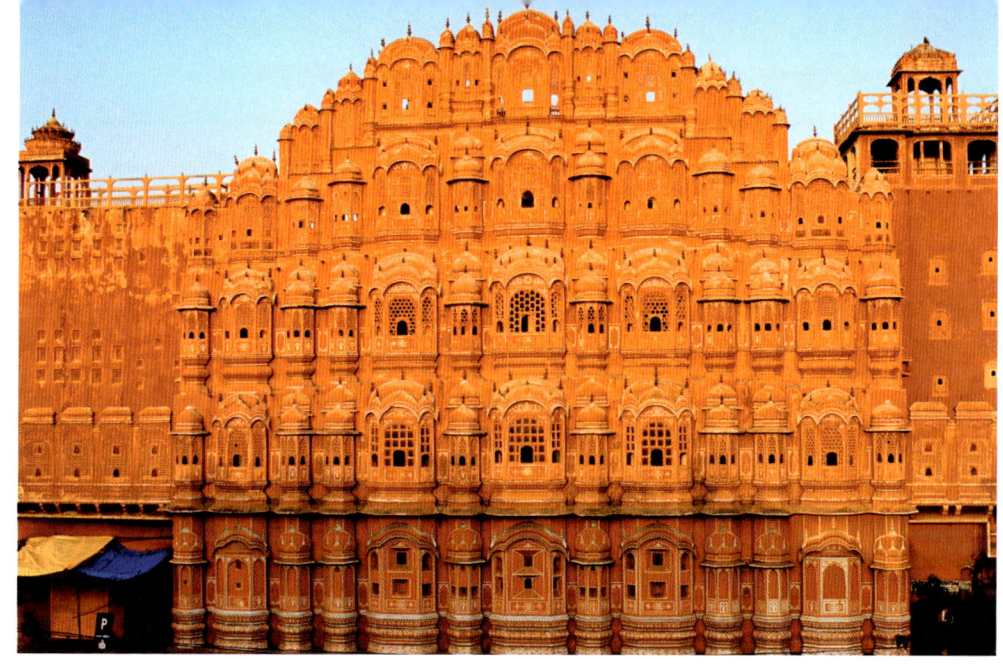

바람의 궁전 인도, 자이푸르 | Palace of the Winds

이 도시에서 가장 독특하고, 복잡하고, 눈길을 사로잡는 파사드

'바람의 궁전', 즉 '하와 마할'은 왕실의 여성들이 푸르다(베일 등으로 얼굴과 몸을 가리고, 주택에도 장막이나 담을 설치해 여성이 외부인의 눈에 띄지 않게 하던 관습)를 매우 엄격하게 준수하던 1799년 마하라자 사와이 프라탑 싱을 위해 지어졌다. 주 왕궁을 증축한 이곳은, 여성들이 눈에 뜨이지 않으면서도 바깥의 거리에서 일어나는 일상적인 생활을 관찰할 수 있도록 건축되었다.

이 궁전은 15m 높이로 서 있는 좌우대칭의 다섯 층짜리 파사드 덕택에 벌집 모양으로 구멍이 난 커다란 병풍처럼 보인다. 자이푸르의 많은 건물에서 전형적으로 볼 수 있는 붉은색과 분홍색 사암으로 지어졌으며, 하얀색 경계선과 회칠을 해 그려진 모티프들이 건물에 윤곽을 부여해 준다. 건물 정면에는 935개의 호화롭고 자그마한 창문들이 거대한 곡선을 그리며 배열되어 있다. 각각의 창문에는 아름답게 조각된 돌출된 발코니와, 코니스가 달려 있는 뛰어난 아치 모양 지붕이 있다. 창문들은 회반죽으로 된 격자 세공에 의해 일부분이 막혀 있어 거

의 엿보는 구멍처럼 좁게 열려 있으며, 그 뒤편의 자그마한 방들에 꼭 필요한 공기의 흐름이 지속적으로 통하도록 해 주었다. 건물의 꼭대기 세 층은 방 하나의 넓이에 불과하다. 서쪽에 아치형 현관이 있으며 이 현관은 삼 면이 2층짜리 건물로 둘러싸인 안뜰을 향해 열려 있다. 동쪽인 네 번째 면에 바로 이 건물이 독보적인 높이로 솟아 있는 것이다. 흥미롭게도 건물 안에는 위층으로 올라가기 위한 계단이 없으며, 경사로만 있다. 내부의 방들과 공공 구역에 장식이 없다는 점은 외관과 강력한 대조를 이루며, 이 궁전이 거주의 목적을 위해 설계된 것이 아니라는 점이 명백해진다.

사와이 프라탑 싱은 힌두교의 신 크리슈나를 몹시 헌신적으로 숭배했으며, 이 궁전을 그에게 바치기도 했다. 또한 이 건물의 파사드는 크리슈나 신이 쓰는 왕관, 즉 '무쿠트'를 닮도록 디자인되었다고 한다. '바람의 궁전'은 해질녘의 황금빛 광선속에서 볼 때 제대로 감상할 수 있다. **LL**

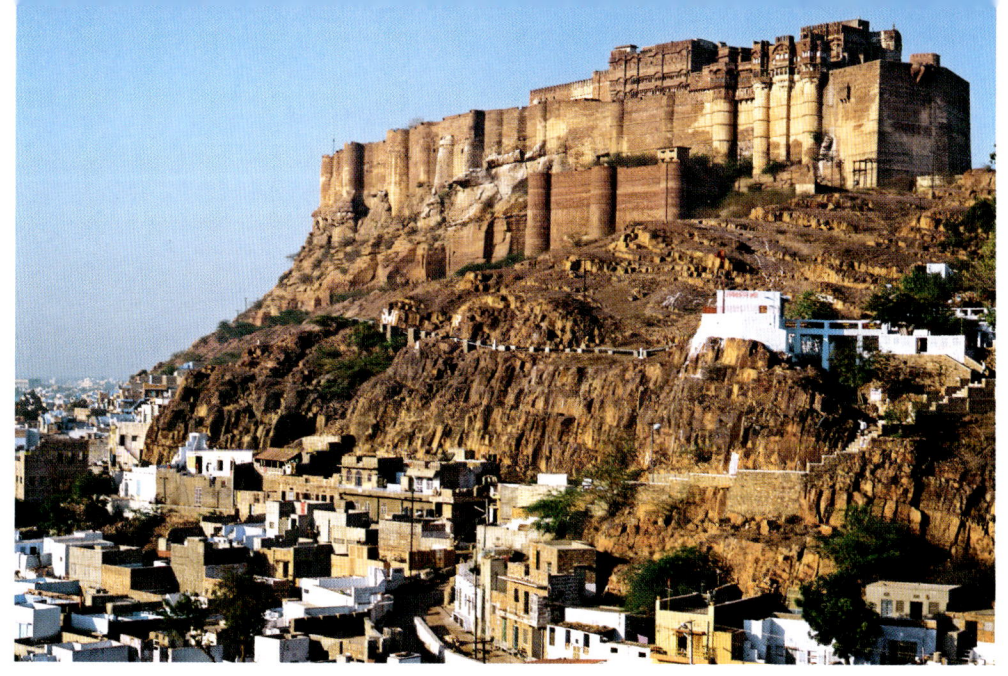

메헤랑가르 요새 인도, 조드푸르 | Meherangarh Fort

그 주변 지역을 온통 지배하고 있는, 진정으로 강력한 요새

1459년, 마르와르의 열다섯 번째 라토르 군주인 라오 조다는 수도를 만도르에서 보다 더 방어가 수월한 곳으로 옮겨야겠다고 결심했다. 9km 남쪽으로 떨어진 새로운 도시에 요새를 세우는 작업이 즉시 시작되었으며, 이 도시는 그의 이름을 따 '조드푸르'가 된다.

인도에서 가장 큰 요새 중 하나인 메헤랑가르 요새는, 주변 지역을 온통 지배하고 있는 인적 없는 타르 사막 위에 122m 높이로 솟아 있는 사암 언덕 지대에 서 있다. 요새의 당당한 성벽은 36m 높이로 솟아 있으며, 곳곳은 너비가 20m에 달하고, 101개의 능보가 중간에 서 있다. 일곱 개의 성문이 있는데, 첫 번째 관문에 박혀 있는 대못늘은 코끼리를 이용한 공격을 막아내기 위한 것이다. 이 거대한 요새 설비 안에는 여러 개의 아름다운 궁전들이 있으며, 이들은 그 정교하게 조각된 석조 세공, 선조(線條) 세공을 한 아름다운 사암 창문들, 꼭 필요한 그늘을 제공해 주는 널찍하며 서로 교차되는 안뜰들로 명성이 높다. 특히 모티 마할(진주 궁전)과 풀 마할(꽃 궁전)의 천장과 벽에는 훌륭한 솜씨로 그림이 그려져 있으며, 시시 마할(거울의 홀)은 그 이름에서 알 수 있듯이 훌륭한 상감 세공과 거울로 장식되어 있다. 이 요새에 살았던 최후의 군주는 19세기의 마하라자 타카트 싱이었다. 그는 전통 양식과 유럽 양식을 혼합한 웅장한 새 주거지인 타카트 빌라를 지었다. 이 저택의 벽과 나무로 된 천장 들보에 그려진 그림들은 종교적인 장면으로부터 라토르의 산돼지 사냥 경기에 이르기까지 그 주제가 매우 다양하며, 작품들은 여전히 훌륭한 상태를 보인다.

메헤랑가르 요새에는 이제 더 이상 아무도 살지 않지만, 이 요새는 여전히 조드푸르의 마하라자의 소유이다. 궁전들 안에는 현재 무굴 예술작품, 민속 악기, 터번, 갑옷, 코끼리 가마, 세밀화, 가구, 의복 등의 컬렉션을 전시하는 여러 개의 갤러리가 들어섰다. **LL**

우다이푸르 도시 궁전

인도, 우다이푸르 | Udaipur City Palace

라자스탄 주에서 가장 넓은 궁전 단지

피촐라 호수가 내려다보이는 산등성이에 웅장하게 서 있는 아름답고 새하얀 우다이푸르 도시 궁전은 시소디아 씨족의 마하라자 우다이 싱에 의해 처음 지어졌으며, 그 뒤를 이은 군주들에 의해 증축되어 현재의 모습이 되었다. 이 성은 한때 메와르 우다이푸르라는 라지푸트 왕국의 수도였던 장소에 있는 인상적인 중심물이다.

궁전은 화강암과 대리석으로 지어졌으며 요새화된 성벽에 둘러싸여 있었고, 그 안의 건물, 공중 정원, 팔각형 탑, 분수, 발코니 등에는 중세 유럽과 중국의 건축 양식이 녹아들어가 있다. 발코니에서는 호수 건너편의 '호수 궁전'이 바라다보였는데, 이는 도시 내에서 우다이푸르 궁전과 호화로움을 겨루는 유일한 라이벌이었다. 대부분의 방들은 아름다운 그림, 복잡한 유리 세공, 거울 타일, 화사한 색채의 유약으로 꾸며져 있다. 궁전의 주요 부분은 다양한 예술 작품과 공예품을 전시하고 있는 박물관이 되었는데, 무기 수집품과 그 악명 높은 두 갈래난 검의 견본 등도 볼 수 있다.

초록이 우거진 아라발리 산맥의 언덕들로 둘러싸인 우다이푸르 시는 다채로운 라자스탄 주가 지닌 보석 중 하나이며, 이 유적지는 라자스탄에서 가장 넓은 궁전 단지이다. 이곳은 매혹적인 역사 속에 잠긴 굉장히 로맨틱한 배경이다. 방문객들은 과거의 왕들이 그 밑에서 금은과 비교해 몸무게를 달고 무게만큼의 금을 가난한 이들에게 나누어 주었던, 여덟 개의 구부러진 대리석 아치를 직접 볼 수 있다. 한 가지 흥미로운 전설에 의하면, 이 도시를 세운 마하라자 우다이 싱이 어느 날 사냥을 하고 있다가 호수가 내려다보이는 언덕에서 명상에 잠겨 있는 신성한 이를 만나 그에게 축복을 받았는데, 그가 이곳에 궁전을 지으라고 조언했다고 한다. 서양의 대중문화로 인해 불멸의 존재가 된 이 도시는 영화 〈옥토퍼시〉에 배경으로 나왔기 때문에 제임스 본드 팬들이 자주 찾는 장소이기도 하다. 타지마할처럼 우다이푸르도 인도 땅에서 반드시 보아야 할 역사 유적에 속한다. **AP**

사바르마티 아슈람

인도, 아마다바드 | Sabarmati Ashram

간디가 이끈 독립운동의 중심지

남아프리카 공화국에서 인도로 돌아온 모한다스 간디는 1915년 5월 25일 스물다섯 명의 제자들과 함께 아바르마티 아슈람을 세웠다. 1917년 7월 이 모임은 사바르마티 강 근처의 새로운 터로 옮겨 갔으며, 결국 영국으로부터 독립을 이끌어 낸 비폭력 운동이 태어났다.

> "대지는 모든 이의 필요를 채워줄 만큼 주지만, 모든 이의 탐욕을 채워 주기엔 충분치 않다."
>
> 정치가, 마하트마 간디

간디는 아슈람을 '종교적인 정신으로 사는 공동생활'이라 정의했는데, 이때의 종교적이라는 의미는 가장 광범위한 뜻으로 쓰였다. 부과된 규칙 중 어떤 규칙들(진실할 것, 비폭력적일 것, 순결할 것)은 보편적으로 적용 가능한 것이었으며, 인도 사회에서만 특수하게 볼 수 있는 규칙들(육체적인 노동을 할 것, 불가촉천민이라는 신분 제도를 근절할 것, 두려움 없는 태도를 실천할 것)도 있었다.

1930년 3월 12일, 간디는 사바르마티를 떠나 서사시적인 '단디 소금 행진'을 시작했다. 이는 영국인들이 부과한 소금세에 항의하는 460km 여정의 행진이었다. 당국의 눈에 시민 불복종으로 비친 그의 활동으로 인해 간디는 여러 차례 투옥되었다. 지금은 '위대한 영혼'이라는 의미의 '마하트마'라 알려진 간디는 소금 행진을 시작하기 전에 인도가 독립을 얻기 전까지는 결코 사바르마티로 돌아오지 않겠다고 말했다. 슬프게도, 인도는 1947년 8월 15일에 독립을 얻었지만 그는 1948년 1월 30일에 암살당해 다시는 아슈람을 보지 못한 채 눈을 감았다. 현재 사바르마티에는 마하트마의 생애에 대한 박물관이 있으며 그가 살았던 오두막집인 '히르다이 쿤지' 역시 보존되어 있다. **LL**

카주라호 사원들

인도, 카주라호 | Khajuraho Temples

에로틱한 조각으로 가장 잘 알려진, 더없이 훌륭한 여러 개의 사원들

찬델라 왕조(950~1050) 동안 창조된 건축물들은 힌두교 사원 건축의 절정이라 평가된다. 카주라호에 있는 사원들 중 여러 개는 힌두교의 파괴의 신이자 찬델라 군주들이 가장 숭상했던 신인 시바에게 바쳐진 것이다. 그러나 찬델라 왕조는 힌두교의 다른 분파는 물론 자이나교와 불교 등, 서로 다른 신앙 체계를 너그럽게 받아들였다. 카주라호에 사원이 지어진 다른 신들로는 힌두교의 신인 최고신 브라마, 최고신 비슈누, 태양신 수르야 데브, 여신인 칼리, 그리고 자이나교 최초의 '티르탕카라', 즉 성인인 아디나타 등이 있다.

이곳의 사원들은 2.4m 높이의 남근을 포함한 에로틱한 조각과 조각상들과 가장 물의를 빚어내는, 인간과 동물 간의 성행위를 나타낸 조각 장면들로 인해 유명해졌다. 에로틱한 조각으로 장식된 가장 명성 높은 사원들은 힌두교의 라크슈마나, 칸다리야 마하데바, 둘라데오, 데비 자가담비, 그리고 자이나교의 파르수바나트 신전들이다. '미투나스', 즉 사랑을 나누는 커플들과 '나이카스', 즉 여주인공들은 관능적이고 요가 동작 같으며 에로틱한 포즈를 취한 모습으로 묘사된다. 종교학자들은 이러한 조각품들이 영적이고 신성하다고 여기는 파와 불경스럽다고 여기는 파로 나뉜다.

카주라호의 사원들은 샤스트라(힌두교의 학술적 경전)의 전통에 따라 지어졌다. 이들은 보통 대좌(臺座) 위에 건설되었으며, 입구 현관, 홀, 대형 홀, 전실, 그리고 중앙에 탑이 있는 구조로 이루어졌다. 중앙 탑 안에는 내부 성소가 있으며, 이 안의 사당, 즉 '가르바그리하'('자궁의 방'이라는 의미) 안에는 성상이 모셔져 있었다. 세월의 흐름과 풍상으로 인해 이 지역은 손상되었고, 원래 이곳에 건축되었던 85개 사원 중 고작 22개만이 남아서 있을 뿐이다. 1986년, 카주라호의 사원들은 유네스코 세계문화유산으로 추가되었다. **SJ**

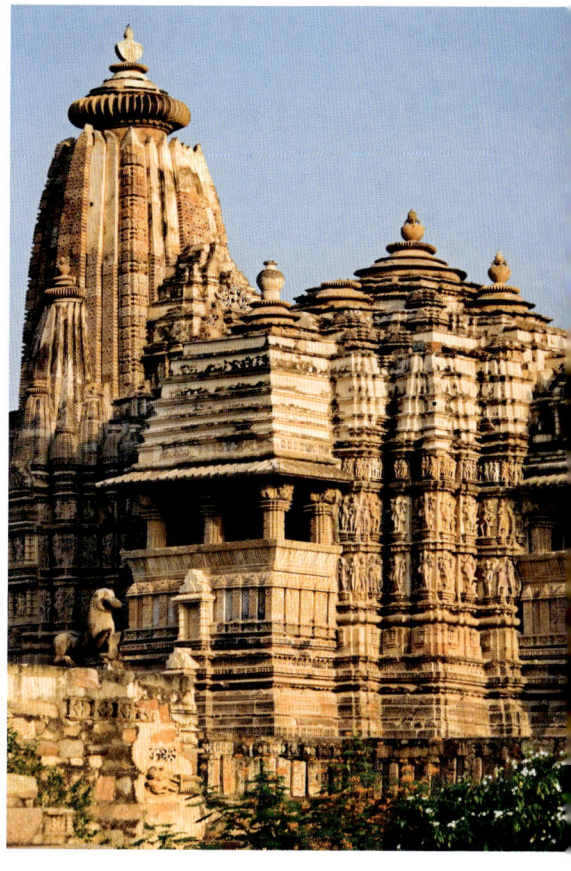

"카주라호의 사원들은 … 건축과 조각 간의 정확한 균형을 이루고 있다."

유네스코

만 싱 궁전 인도, 괄리오르 | Man Singh Palace

왕실의 사치를 드러내기 위해 지어진 호화로운 궁전

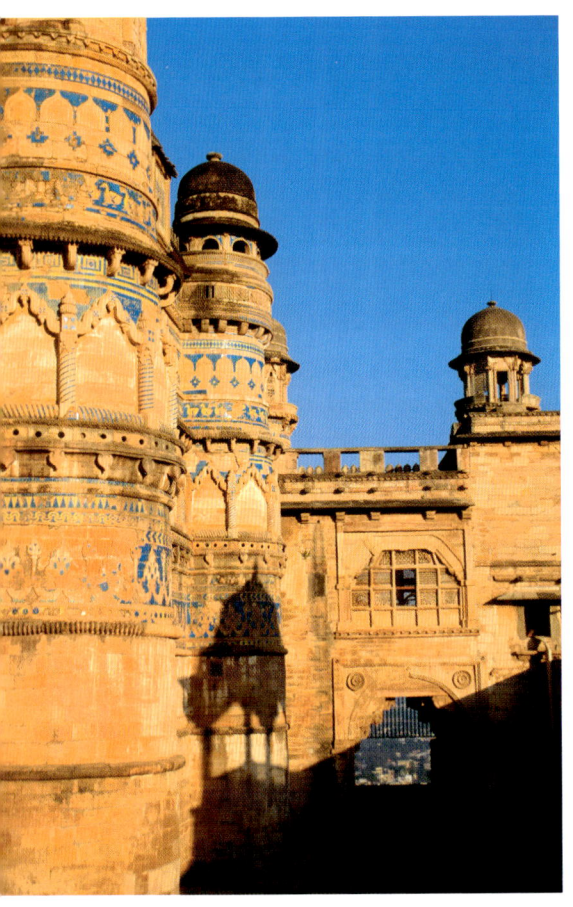

15세기에, 당시 통치하던 라지푸트 씨족인 토마르 족은 괄리오르에 높이 10m, 길이 3km의 성벽으로 둘러싸인 거대한 요새를 지었다. 무굴 황제 바부르에 의해 '인도의 요새 가운데 진주'라는 찬사를 들었던 이 요새는 주변 지역을 완전히 지배하고 있다. 안에는 여섯 채의 궁전을 비롯한 수많은 훌륭한 건물들이 있는데, 이 궁전 중 가장 인상적인 것이 바로 만 싱 궁전이다.

외벽을 장식하고 있는 도자기 모자이크의 풍성한 아름다움으로 '치트 만디르', 즉 '그림 그려진 궁전'이라고도 알려진 이 궁전은 라자 만 싱(그는 1486년부터 1516년까지 통치했다)에 의해 지상 2층과 지하 2층의 구조로 지어졌다. 남쪽 파사드에는 격자 세공이 된 흙벽으로 연결된 세 개의 둥근 탑이 있으며 화려하게 장식되어 있다. 에메랄드빛 녹색의 패널 사이 여기저기에는 머리 사이에 연꽃을 들고 꼬리가 뒤엉켜 꽃병 모양을 만들고 있는 악어가 흩어져 있다. 유약을 바른 타일과 푸른색, 녹색, 금색의 모자이크에는 사람, 코끼리, 호랑이, 공작새, 나무들이 그려 있다. 깎아지른 듯한 사암 벽을 이루고 있는 동쪽 파사드 중간 중간에는 돔이 달린 큐폴라가 얹혀 있는 다섯 개의 둥근 탑이 있으며, 밝은 푸른색 타일로 뒤덮인 섬세하게 조각된 흙벽으로 서로 연결되어 있다. 궁전으로 들어가면 여러 개의 방이 두 개의 안뜰을 둘러싸고 있다. 방의 내부 장식은 소박한 편이지만, 몇 개의 방 천장은 공들여 세공되었다. 천장과 문, 창문에 달린 철제 고리들은 어린이용 침대를 걸고 휘장을 치는 데에 이용되었는데, 이 휘장 뒤에서 궁전의 여인들은 괄리오르 음악가의 연주를 들었다. 지하에 있는 둥근 방에서는 왕실의 죄수들이 고문을 받고 죽임을 당했다. 아메드나가르 최후의 술탄은 1600년 이곳에서 죽었으며, 아우랑제브 황제의 동생 무라드 역시 1661년 이곳에서 죽었다.

괄리오르 요새는 파란만장하고 사건으로 가득 찬 과거를 보내 왔으며, 여러 소유주의 손을 거쳐 왔다. 1857년 세포이 항쟁 때 이 요새는 격렬한 싸움을 목격했으며, 궁전은 1881년 상당 부분 보수되었다. **LL**

> "만 싱이 이 궁전을 지었을 때, 그는 성급하게도 여덟 명의 아내면 족할 것이라 생각했다."

저널리스트, 스탠리 스튜어트

아그라 요새 인도, 아그라 | Agra Fort

무굴 제국의 뛰어난 요새이자 광대한 복합 건물

1558년 무굴 황제 악바르는 자신의 사령부를 델리에서 아그라로 옮겼으며, 아그라는 무굴 제국의 새로운 수도가 되었다. 그는 야무나 강이 꺾어지는 전략적인 위치에 자기 권력의 상징이 될 만한 웅대한 요새를 지으라고 명했다. 건설은 1565년 시작해 1571년에 끝났다. 건물을 짓는 데 사용된 붉은 사암 덕분에 요새는 곧 '붉은 요새'라는 별명을 얻었다. 아그라 요새는 무굴 건축 양식의 아름답고 완벽한 본보기이며, 악바르 황제 시기부터 남아 있는 가장 오래된 유적 중 하나이다. 악바르 황제 때에 이 강력한 요새의 주목적은 군사적인 건물로 쓰이는 것이었으나 그의 손자 샤 자한이 통치할 무렵 요새는 황제의 광대한 궁정을 수용하기 충분할 정도로 커다란 호화스러운 황실 거처가 되어 있었다.

이 기념비적인 요새의 아름다움과 엄청난 규모는 보는 이에게 깊은 인상을 남긴다. 요새의 벽은 여러 채의 건물들을 둘러싸고 있는데, 그림처럼 아름다운 자한기르와 악바르의 궁전들도 거기에 속한다. 이 궁전들은 이슬람교 천국의 상징적인 관념을 모사한 것으로, 안뜰을 가로질러 물이 흐른다. 요새 안에는 사적인 구역과 공적인 구역이 있으며, 두 개의 훌륭한 모스크, 수많은 기도용 홀들, 훌륭한 솜씨로 단장된 방들, 그리고 여인들의 구역이 있는 격리된 공간인 '제나나' 등으로 이루어져 있다.

이 요새는 강물이 그리는 곡선을 이어가는 반원형 모양의 비대칭적인 설계에 따라 배치되어 있으며, 세 개의 주 관문이 있다. 물의 문, 악바르의 문, 델리 문이 그것이다. 20m 높이로 솟은 이중 방어벽이 구내를 둘러싸 광범위한 방어 시설이 되었다. 힌두와 무굴 양식이 혼합된 요새의 장식은 독특한 분위기를 발산한다. 신화적인 생물들, 파빌리온, 무굴 양식의 둥근 아치, 들보, 평평한 지붕, 성벽, 대리석 장식물, 테라스 등이 모두 건축 양식 안에 조화롭게 통합되어 있어 아그라 요새가 인도에서 가장 매혹적인 고대 유적이라 불리는 데에 일조한다. **SJ**

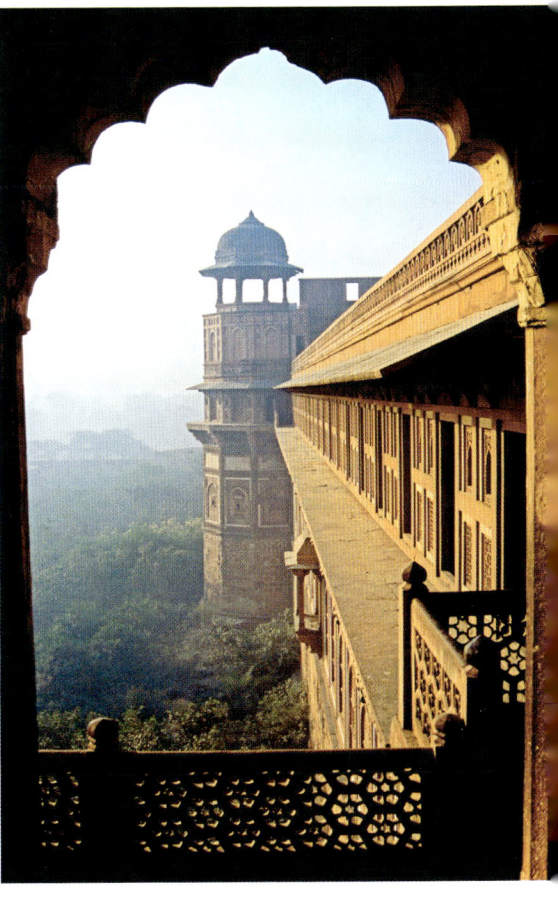

"아그라는 물이 흐르는 정원으로 가득 차 있으며, 이 물은 … 벽옥과 대리석으로 된 저수지로 흘러들어간다."

17세기의 의사, 니콜라오 마누키

타지마할 인도, 아그라 | Taj Mahal

인도에서 가장 유명한 이 건물은 황제 샤 자한의 사랑이 이룬 노고였다

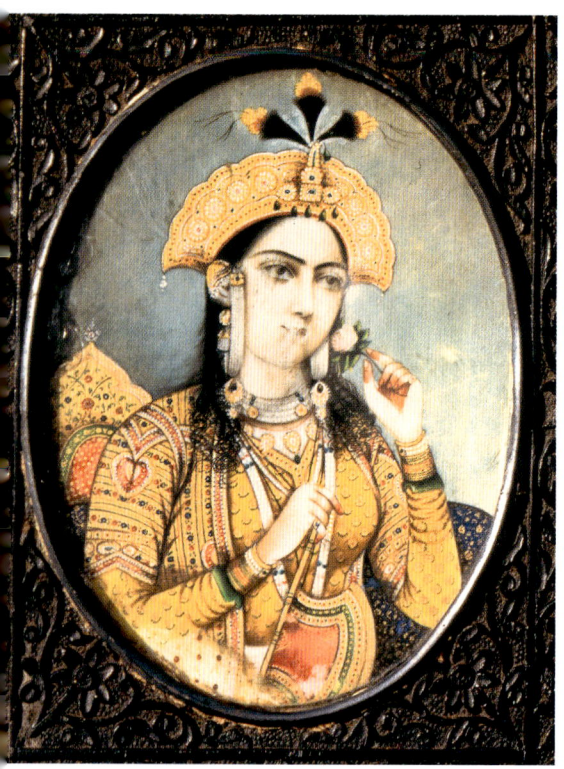

"타지마할은 시간의 뺨에 맺혀 있는 고독한 눈물 같다."

시인, 라빈드라나트 타고르

ⓟ 인도의 황제 샤 자한은 사진 속의 인물이자 자신이 가장 사랑하는 아내 뭄타즈 마할을 위해 타지마할을 지었다.

ⓡ 더 큰 규모의 복합체에 속해 있는 일부에 불과하지만, 새하얀 이 능묘는 타지에서 가장 유명한 부분이다.

타지마할은 세계에서 가장 자주 사진에 등장하는 유적 중 하나이며, 어지간히 시니컬한 사람이 아니고서야 이곳의 아름다움에 감동을 느끼지 않을 수는 없다. 2만 명이라는 엄청난 노동력과 20년이라는 세월을 들인 끝에 세계의 진정한 경이이자, 인도 문화를 집대성해 보여주는 견본, 그리고 가장 사랑하는 아내에게 바치는 한 남자의 애정 표시인 타지마할이 창조됐다. 이 남자는 인도 무굴 제국의 황제 샤 자한이었다. 그는 20년을 함께 보냈으나 아이를 낳다가 죽은 사랑하는 아내 뭄타즈 마할을 위한 영묘를 짓기 위해 호화로운 타지마할을 구상해 냈다.

방문객은 앞으로 보게 될 보물을 암시해 주는 웅장한 관문을 통해 건물에 다가가게 된다. 여기에 새겨진 한 글귀는 낙원으로 오는 충실한 신도를 반긴다는 내용이다. 돔 지붕이 달린 능묘의 본관은 화려한 정원의 맨 끝에 서 있으며, 중앙에 조성된 물길 위에 그 모습을 아름답게 비추고 있다. 새하얀 대리석으로 이루어진 당당한 장관인 이 건물은 그 뒤로 펼쳐진 하늘을 배경으로 떠 있는 것처럼 보인다. 이는 의도적인 효과이다.

낮 동안 햇빛을 받으면 눈이 멀어 버릴 듯이 새하얀 대리석은 해질녘이면 붉은 빛으로 빛나며 달빛을 받으면 푸르게 보인다. 거의 똑같은 모양의 네 면, 높이가 73m나 되는 거대한 중앙 돔, 모서리에 위치한 네 개의 작은 돔, 주변을 둘러싸고 있는 미나레트, 이 모두가 조화로운 균형을 이루며 한 편의 수필을 방불케 한다. 능묘의 벽은 '피에트라 두라'-청금석과 자수정 등의 보석으로 만든 놀라우리만치 정교한 장식-로 꾸며져 반짝거리고, 중앙 돔의 특수한 음향 효과로 인해 모든 음악적 선율은 다섯 번씩 메아리친다. 내부에는 샤와 그의 아내의 모조 무덤이 있으며, 그 아래에 진짜 무덤이 묻혀 있다.

타지마할은 인도, 페르시아, 이슬람의 영향이 뒤섞인 무굴 예술을 보여 주는 가장 훌륭한 예라 할 수 있다. 다른 볼 만한 것으로는 쌍둥이 모스크 건물들(능묘 양쪽에 대칭을 이루며 위치하고 있다), 아름다운 정원들, 박물관이 있다. **AK**

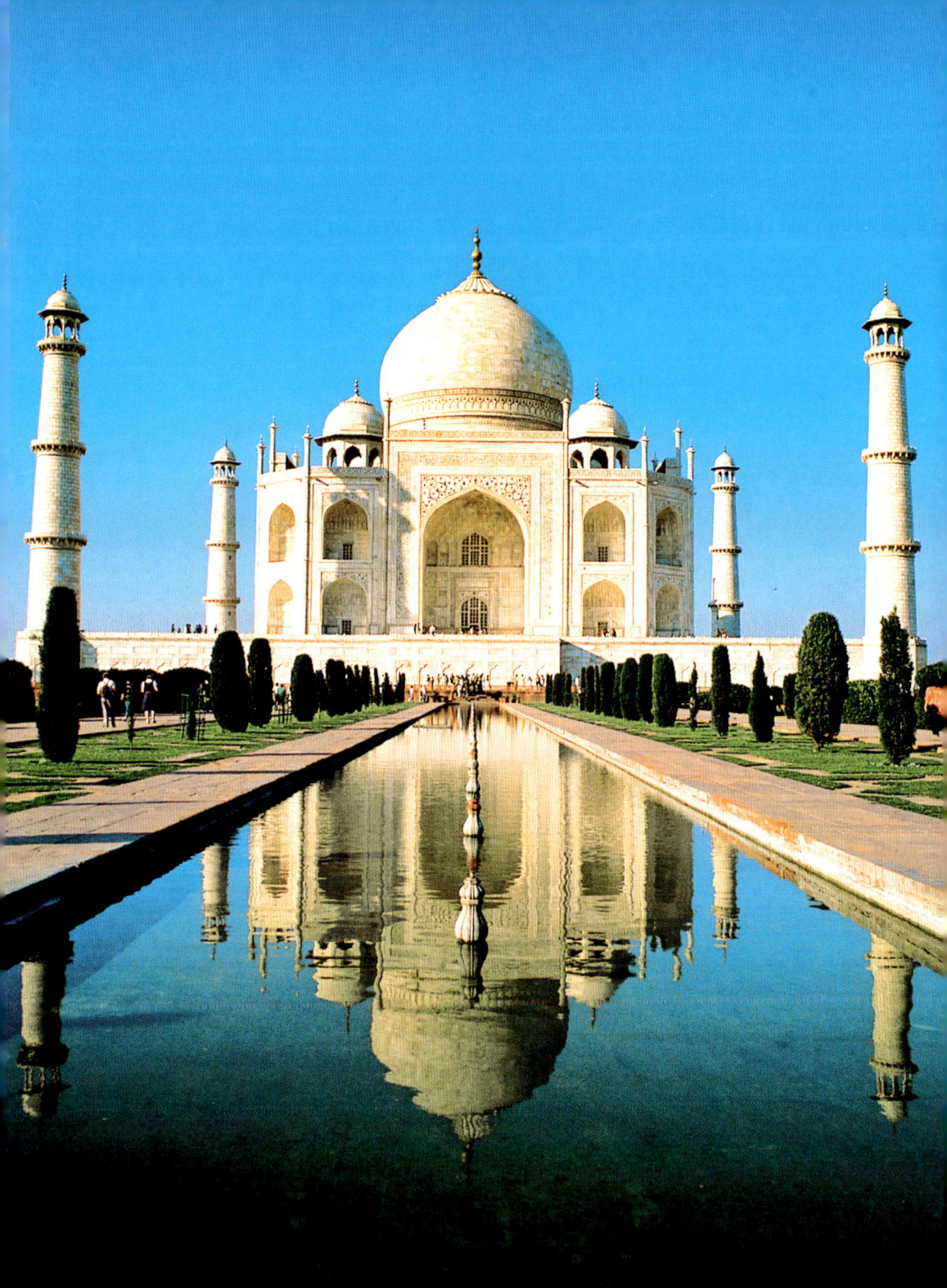

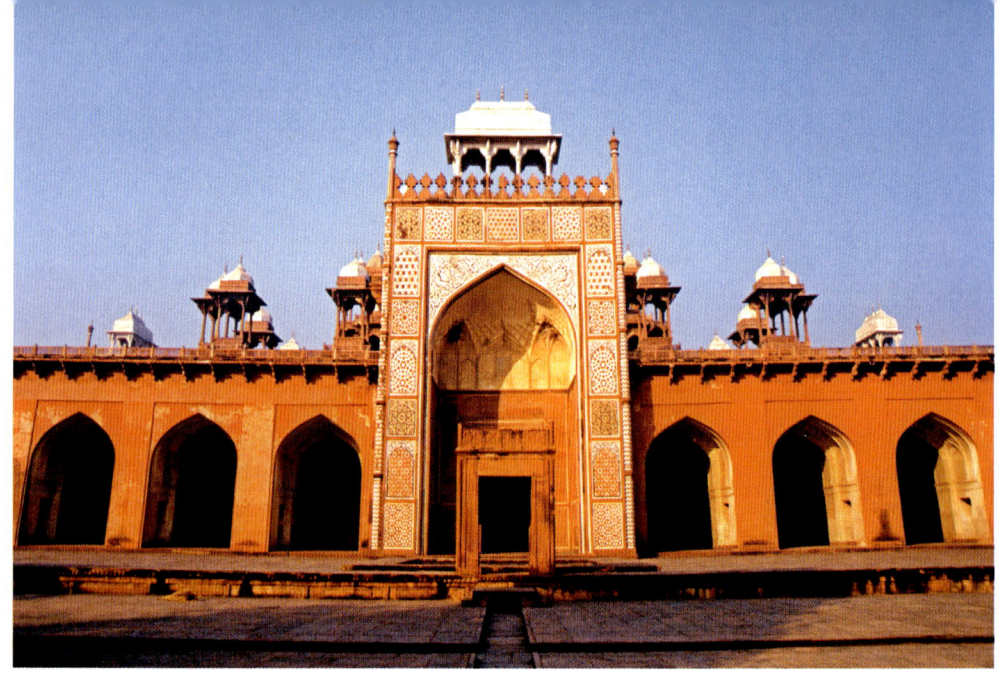

악바르 황제의 능묘 인도, 아그라 부근 | Emperor Akbar's Mausoleum

황제에게 바쳐진 위엄 있는 기념관

악바르(1542~1605)는 아버지 후마윤을 이어 왕위에 올랐을 때 겨우 열네 살이었다. 그는 글을 읽을 줄 몰랐으나 이러한 결함을 채우기 위해 예술을 후원했다. 그는 야심차고 호기심이 많고 전설과 모험 이야기에 관심이 많았으며, 대부분의 시간을 사냥을 하며 보냈다.

이 황제는 '악바르나마'를 이어 갔다. 악바르나마는 궁정에서 보낸 황제의 일상을 묘사하고 굉장히 생생한 삽화를 그려 넣은, 진정 역사적인 증거 자료이다. 삽화 속에는 황제가 짓게 했던 건축물들 역시 그려져 있다. 그의 통치기부터 유래하는 건축학적 전망에는 무굴 제국의 전통과 함께 이란과 인도의 요소들이 혼합되어 있다.

능묘는 악바르 자신이 공들여 만든 것이었으나, 그의 아들 자한기르가 1613년에 건물을 완공했다. 이 건물은 두 부분으로 구성되어 있다. 가장 인상적인 부분은 아마 능묘로 들어가는 거다란 문일 것이다. 이 지방의 붉은 사암과 하얀 대리석을 병치시킨 시도는 새로운 것이며, 건축물에 완성미를 부여하는 네 개의 미나레트는 전형적인 이슬람 양식이다. 중앙 아치의 내부는 미랍(이슬람교에서 설교자가 회중 앞에 서는, 벽 중앙에 움푹 들어가 비어있는 공간) 형태로 되어 있다. 양옆에는 그 모양을 흉내 낸 두 개의 다른 아치들이 놓여 있다. 마지막 테라스 안에는 단일한 대리석 덩어리를 조각하여 알라의 99가지 속성을 조각한 세노타프가 놓여 있다. 불행하게도 장례실은 1761년 자트(인도의 농민 카스트)들이 저지른 신성모독으로 훼손되었다. 이 방은 지금 비어 있지만, 능묘만은 아직도 아크바르의 부와 권력을 상징하고 있다. **SJ**

> "군주는 항상 정복을 목적으로 삼아야 한다. 그의 이웃들이 무기를 들고 그에게 달려드는 일이 없도록."
>
> 악바르 황제

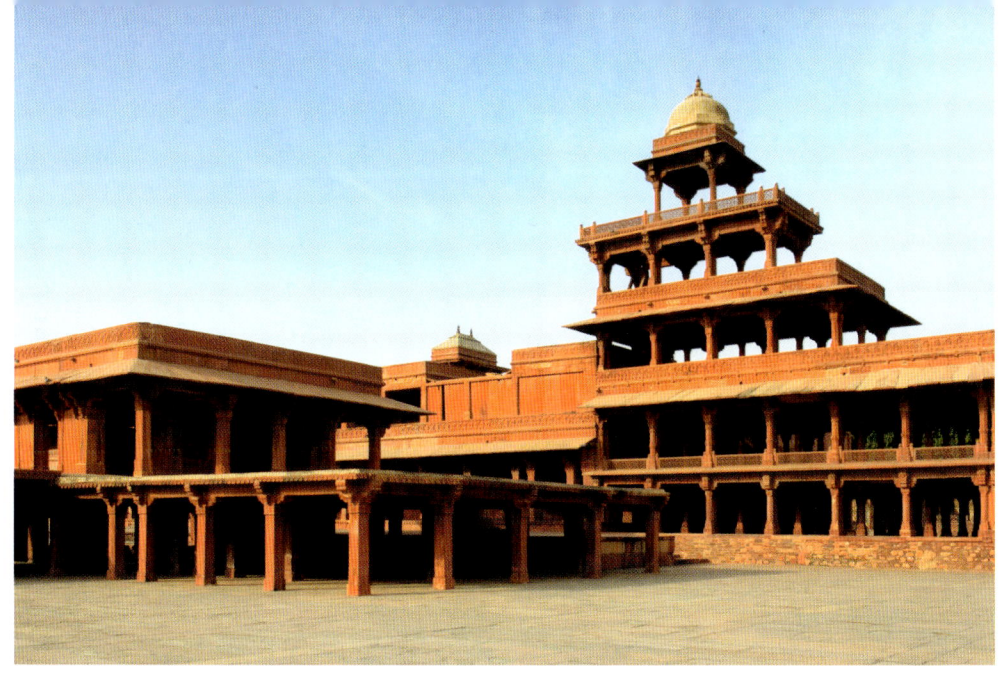

🏛 ◎ 파테푸르 시크리 인도, 아그라 부근 | Fatehpur Sikri

한때 무굴 제국의 수도이자 종교적 관용의 중심지였던 곳

파테푸르 시크리('승리의 도시')라는 이름이 말해 주듯, 이곳은 전쟁의 승리를 기념하는 장소이다. 이 도시는 무굴 황제 악바르가 구자라트 주 아마다바드의 술탄을 무찌르고 거둔 승리를 찬양하기 위해 세워졌다. 악바르는 또한 아그라에 '붉은 요새'를 짓기도 했으며, 이 두 곳 사이에는 지름길이 놓였다. 악바르가 파테푸르 시크리로 옮겨와 1571년부터 1585년까지 새로운 수도로 삼았던 것은, 붉은 요새가 건축되던 동안이었다.

악바르는 무슬림이었지만, 백성들이 자신과 같은 종교를 따르도록 강요하지는 않았다. 뛰어나게 관용적인 군주였던 그는 파테푸르 시크리에 '예배의 집'이라 알려진 장소를 세웠다. 이곳에는 서로 다른 종교의 대표자들이 모여 신학에 대해 토론하고 논쟁을 주고받았다. 악바르는 이 도시의 기념비적인 건물들을 설계할 때에도 똑같은 관용 정신을 발휘했으며, 그 결과 파테푸르 시크리의 건축에는 힌두교, 불교, 자이나교, 기독교, 이슬람교의 장식과 기법들이 조화롭게 혼합되어 있다. 이 도시의

유적 중에는 악바르가 중앙 계단의 연단에 서서 군중에게 연설을 했던 '디완-이-카스'와 인도에서 가장 커다란 집회용 모스크이며 호화롭게 꾸며진 '자마 마스지드'가 있다. 웅장한 두 개의 성문은 파테푸르 시크리의 자랑거리이다. '바드샤히 문'과 '불란드 문'이다. 불란드 문에는 열세 개의 난간, 즉 '차트리스'가 얹혀 있어 인상적이다.

파테푸르 시크리를 지으면서 악바르는 그의 조언자가 되어 주었던 성인 살림 치슈티에게 경의를 표하기 원했다. 살림 치슈티가 1572년에 죽자 악바르는 도시 안에 웅장한 영묘를 지으라고 명했다. 파테푸르 시크리의 대부분의 건축물들은 붉은 사암으로 되어 있지만, 살림 치슈티의 무덤만은 그의 거룩함을 강조하고, 황제를 정신적으로 이끌어 준 것을 기리기 위해 하얀 대리석으로 되어 있다. 파테푸르 시크리는 1986년 유네스코 세계문화유산 지구가 되었다. **SJ**

비슈와나트 사원 인도, 바라나시 | Vishwanath Temple

힌두교 예배의 중심지

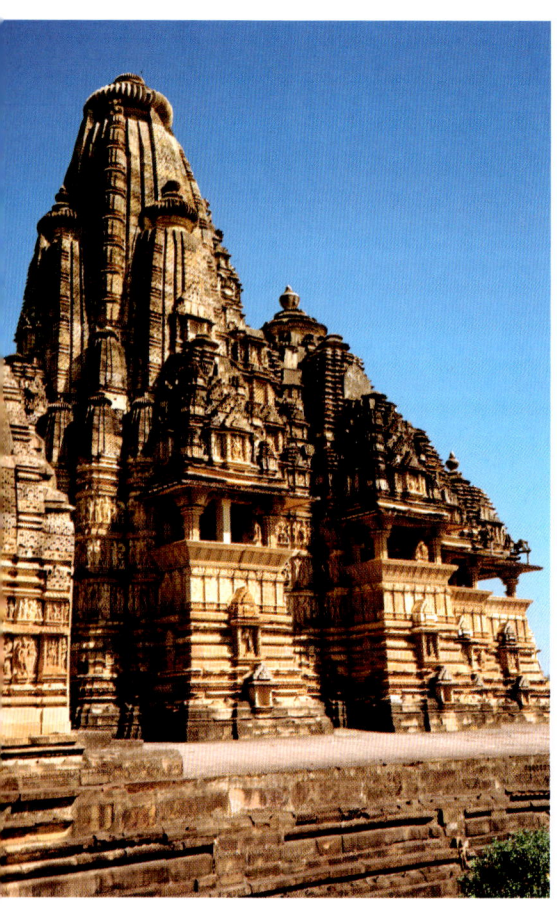

"나는 물고기 중의 상어요, 강들 중의
갠지스이다."

『바가바드 기타』 (기원전 3세기경)

힌두교 성지인 바라나시의 갠지스 강 서쪽에 서 있는 비슈와나트 사원은 인도에서 가장 중요한 사원 중 하나이다. 이 사원은 비슈와나트 혹은 비슈웨슈와라라는 형태로, 이곳에서 수백 년 동안이나 숭배의 대상이었던 '세계의 지배자' 시바 신에게 바친 것이다. 힌두교 순례자들은 경의를 표하기 위해 이곳으로 몰려든다.

이 사원에는 여러 가지 옛날 형태가 있었다. 1585년 무굴 황제 악바르에 의해 최초의 대규모 재건축이 허가받았지만, 그의 손자 아우랑제브가 1699년 근처에 지을 새로운 모스크에 쓸 자재를 얻기 위해 이를 허물라고 명령했다. 첨탑과 돔에 입히는 데 사용된 금 때문에 '황금 사원'이라는 이름으로 잘 알려져 있는 현재의 모습은, 18세기에 인도르의 마하라니(마하라자의 부인)인 아힐랴바이 홀카르에 의해 지어진 것으로 추정된다.

기둥, 들보, 벽은 훌륭한 솜씨로 새긴 장식으로 꾸며져 있다. 사원의 내부는 벽 뒤에 감춰져 있으며 힌두교도들만 들어갈 수 있는데, 여러 개의 작은 링감(시바 신을 형상화하는 독특한 모습의 남근상)이 모여 있다. 이 한가운데에 숭배의 주된 대상물이 놓여 있다. 이는 높이가 0.6m이고 둘레가 0.9m인 매끄러운 검은 돌로 된 것으로, 은으로 된 받침대 위에 자랑스럽게 우뚝 서 있다. 안뜰에는 링감과 여신의 이미지가 있는 소규모 사당들이 여러 개 있다. 북쪽에 있는 야외 주랑 건물 안에는 '즈나나 바피', 즉 '지혜의 우물'이 있는데, 이 우물의 물은 액체의 형상을 띠고 있는 깨달음이라 널리 믿어진다.

힌두 철학에 따르면, 비슈나와트 사원을 방문하고 갠지스 강에서 몸을 씻는 일은 모크샤, 즉 해탈로 이르는 중요한 단계이다. 따라서 인도 전역에 있는 헌신적인 신자들은 적어도 일생에 한 번은 바라나시를 방문하려고 노력을 기울인다. **LL**

러크나우 주재관 관저 인도, 러크나우 | Lucknow Residency

폐허로 남은 이 건물은 러크나우 포위 공격을 기념하는 국가 유적이다

식민 기간 내내, 영국은 인도의 주에서 정부 대표자 역할을 하도록 '주재관'이라는 관리들을 임명해 파견했다. 아요디아의 나와브(인도의 이슬람 귀족이나 지체 높은 이에게 붙이는 존칭)였던 사다트 알리 칸이 지은 러크나우 주재관 관저는, 1857년에서 1858년에 걸쳐 영국의 식민 당국에 대항히여 일이났던 일련의 무징 봉기 동안 서사시적인 사건인 러크나우 포위 공격과 구출이 일어났던 초점이 되었다.

아요디아는 1856년 영국에 의해 병합되었는데, 이로 인해 영국은 상당한 원성을 샀다. 1857년, 수도인 러크나우에 있는 주재관 관저 부지를 요새화하자는 결정이 내려졌다. 판무관 헨리 로렌스는 1,500명의 병력을 지니고 있었는데, 이들 중 반은 충성스러운 세포이(영국군의 명을 따르는 인도 용병)였고, 지켜야 할 민간인들의 수도 이와 동일했다. 7월 1일 강력한 반란군이 공격을 해 왔으며 로렌스는 사흘 후 죽었다. 수비군은 급하게 요새화된 관저가 주변에서 폭격당하는 무시무시한 상황 속에서 수적으로 다섯 배나 많은 적들을 상대로 버텼다. 모든 건물의 용도가 바뀌었다. 재무부 건물은 무기고, 연회장은 병원, 지하에 지어진 방이 있는 커다란 단층 건물인 닥터 페어의 집은 여성과 아이들이 피신하는 장소가 되었다. 헨리 해브록이 이끄는 원군이 9월 25일 간신히 길을 뚫고 도달했으나, 내부에 갇힌 이들을 대피시킬 수는 없었다. 대신, 이들은 갇혀 있는 수비군과 합류해 도움을 기다렸다. 마침내 11월 16일 콜린 캠벨이 이끄는 병력이 관저로 향하는 길을 막고 있던 벽으로 둘러싸인 인클로저인 세쿤드라 바그를 습격했다.

지금은 국가 유적이지만 한때는 우아했던 주재관 관저는 1857년의 사건들을 기념하는 박물관 역할을 하고 있으며, 관저의 원래 모습 모형, 오래된 사진, 그림, 당시의 무기 등을 갖추고 있다. 건물은 전투의 흔적이 새겨진 그대로 남아 있으며, 무너져 내린 탑은 포위 공격 마지막 날과 똑같은 모습이다. **LL**

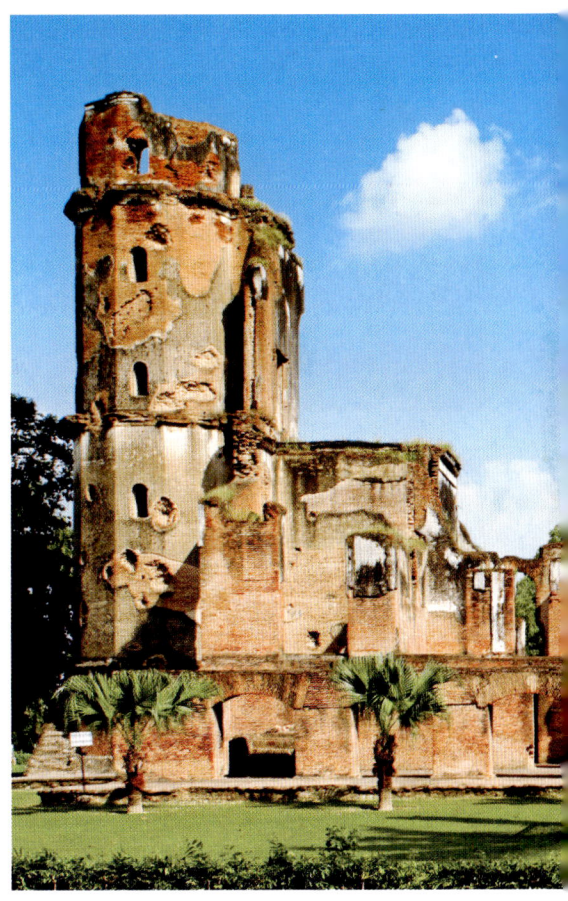

"내 무덤에는 이 밀만 적어 주오. 어기 자신의 본분을 다하려 노력했던 헨리 로렌스가 누워 있도다."

헨리 로렌스의 묘석애 적힌 비문

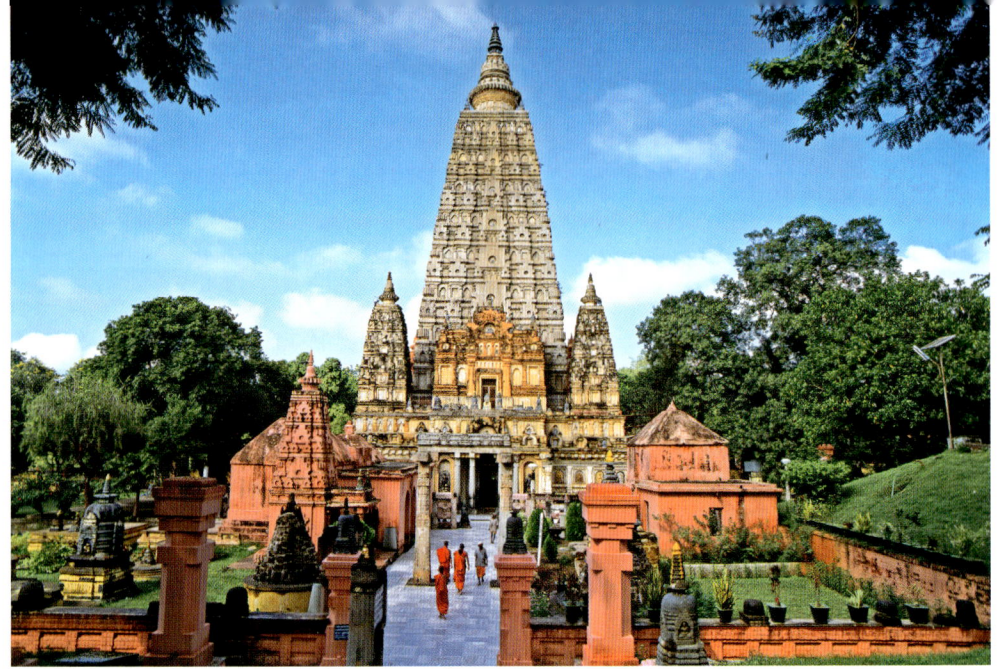

🏛 ◈ 마하보디 사원 인도, 부다 가야 | Mahabodhi Temple

불교의 네 군데 중요한 성지 중 하나

붓다는 죽기 전 자신의 제자들에게 그의 삶에서 중대한 사건들이 일어났던 중요한 장소 네 곳을 기억하라고 명했다. 이 장소들 중 하나가 부다 가야이다. 다른 종교와 마찬가지로, 불교에서도 지형학적인 요소가 한 자리를 차지하고 있다. 실제로 특정한 연대와 지리학적인 위치에 따라 한 장소가 순례지가 될 수 있는 것이다. 부다 가야가 바로 이러한 경우에 속하며, 붓다 석가모니가 다이아몬드 옥좌에 앉아 보리수나무, 혹은 신성한 무화과나무 밑의 땅에 손을 댄 자세로 깨달음에 도달했다고 여겨진다.

나무를 숭배하는 것은 불교에만 있는 일이 아니다. 나무 숭배는 인더스 강 문명 이래로 민속적 관습이었다. 이후 붓다의 삶에서 일어나는 모든 사건들은 서로 다른 종류의 나무가 있는 곳에서 일어난다. 부다 가야의 사원 서쪽 코너에는 다이아몬드 옥좌와 재현해 놓은 이 신성한 나무가 있다. 마하보디 사원이 지어진 연대에 대해서는 여러 가지 설이 있으나, 5세기에서 6세기 사이에 세워졌다고 추정된다. 19세기에 영국인들이 이 사원을 재건했다.

사원은 해가 떠오르는 방향인 동쪽을 향하고 있다. 순례자들이 빙 돌며 순회하는, 사원으로 이어지는 궤도는 2세기의 슝가 왕조 때부터 유래하는 것으로 추정된다. 원래 붓다의 일생을 묘사한 장식은 사람의 모습으로 표현되었던 것이 아니다. 대신 사리탑, 바퀴, 빈 옥좌, 왕이 쓰는 우산 등 불교적인 상징들이 이 사원이 위대한 주인에게 바쳐졌음을 의미하기 위해 사용되었다. 그러나 성상 예술의 시기가 부상하면서 이러한 부조들은 인간의 모습을 한 붓다의 성상으로 바뀌었으며 붓다는 인간화한 모습으로 그려지게 되었다. 6세기에 이처럼 다양한 붓다의 성상들은 벽감 안에 소중히 모셔졌으며 자그마한 사리탑들이 굉장히 많이 들어서게 되었다. **SJ**

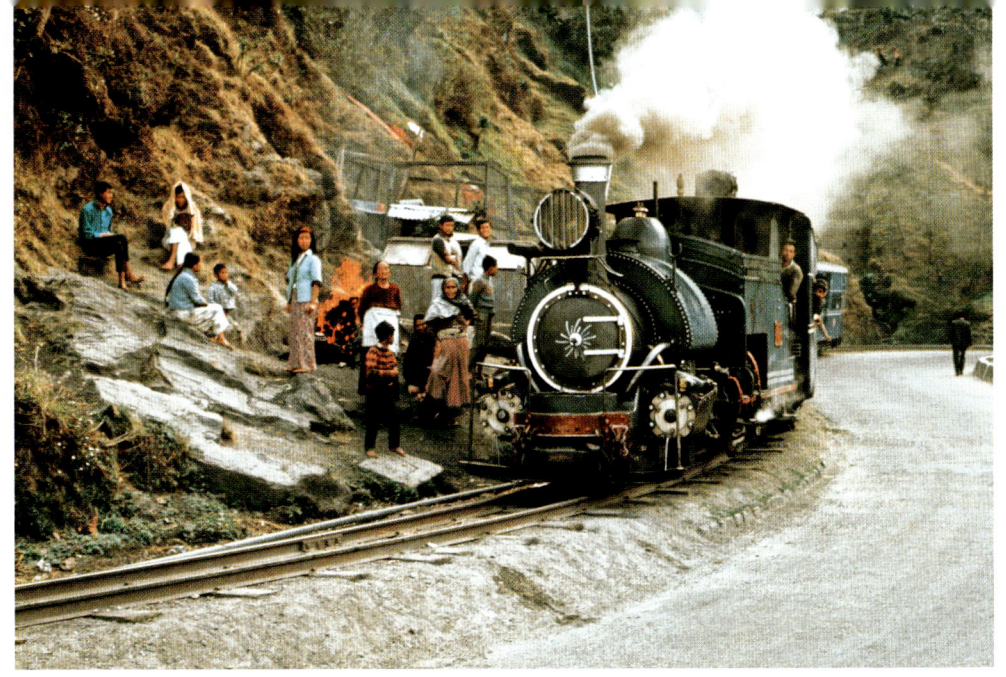

🏛️ ◎ 히말라야 산악 철도 인도, 다르질링 | Himalayan Mountain Railway

산악 지역을 개척한 놀라운 토목 공학의 위업

2,200m 높이에 있는 다르질링은 그 경관의 수려함과 눈 덮인 동부 히말라야 산맥이 보이는 아찔한 경관으로 명성이 높다. 19세기에 이곳은 인도에서 가장 유명한 힐 스테이션(정부 관리가 거주했던 인도 구릉의 피서용 주둔지) 중 하나로, 벵골 주의 정부가 여름철 본부로 사용하는 곳이었으나 캘커타로부터 오는 철도는 히말라야 산 아래쪽의 실리구리까지만 도달할 뿐이었고, 그후로는 짐마차 길을 따라 여행을 계속해야만 했다.

1878년 이스턴 벵골 철도회사의 대리인 프랭클린 프리스테이지는 정부에 실리구리에서 다르질링까지 증기전차 선로를 건설하자는 제의를 했고, 실행 가능성을 타진해 본 결과 1879년 그의 제안은 채택되었다. 그 해에 캘커타의 질랜드 아르부스낫 사에서 건설 작업을 시작했고, 1881년 7월 4일 다르질링 히말라야 철도가 공식적으로 개통되었다. '장난감 기차'라는 별명이 붙은 61cm의 협궤 철도는 처음에는 도로를 그대로 따라 놓았으나, 경사도가 너무 급한 곳이 몇 군데 있다는 사실이 밝혀져

1882년에는 네 군데의 루프와 리버스 구간이 추가되었다. 처음에 사용되던 객차는 캔버스 천으로 된 지붕이 있고 좌석으로는 두 개의 나무 벤치가 있는 네 바퀴 달린 작은 차량이었는데, 이후에는 교체되었다. 마찬가지로, 고작 7t의 무게밖에 끌 수 없던 최초의 엔진도 다섯 배까지 많은 무게를 끌 수 있는 강한 것으로 대체되었다.

여러 해에 걸쳐 일어난 산사태와 지진으로 손상을 입었음에도 오늘날까지 운행하고 있는 이 승객용 철도는, 바위투성이 산악 지대에 효율적인 철도 연계로를 놓는다는 어려움을 대담하고 창의적인 토목 공학적 방법으로 해결해 낸 뛰어난 본보기이다. 이미 세계문화유산에 등재되었던 다르질링 히말라야 철도는 현재 유네스코에서 정한 '인도의 산악 철도 세계문화유산'의 일부이기도 하다. **LL**

다크쉬네스와르 칼리 사원

인도, 콜카타 | Dakshineswar Kali Temple

라마크리슈나는 종교적 화합을 장려했다

위엄 있는 다크쉬네스와르 사원은 갠지스 강의 지류인 후글리 강 동쪽 편에 자리하고 있다. 이 사원에서 섬기는 신은 칼리 여신의 한 면인 바바타리니이지만, 힌두교와 다른 종교의 신도들이 순례하러 오는 장소이기도 한데, 그 큰 이유는 이 사원이 19세기에 30년 동안 이곳의 사제로 있었던 라마크리슈나 파라마한사와 관계가 있기 때문이다.

전설에 따르면, 1847년 라니 라스마니라는 이름의 부유한 과부가 '신성한 어머니'를 참배하기 위하여 배를 타고 캘커타에서 신성한 도시 바라나스로 여행하려고 준비하고 있었다. 그녀가 길을 떠나기로 준비한 전날 밤, 신성한 어머니는 칼리 여신의 모습으로 그녀의 꿈속에 나타나, 바라나스까지 여행할 필요는 없다고 말했다. 대신 갠지스 강변에 아름다운 사원을 세우고 여신의 조각상을 모신 후, 그곳에서 예배를 올릴 수 있도록 준비하라는 이야기를 했다. 이 말에 깊이 감동한 라스마니는 10헥타르 넓이의 땅을 구입했으며 즉각 신전을 짓기 시작했다. 그 결과로 지어진, 한 변의 길이가 14m인 정사각형 넓이에 30m 이상으로 솟아 있는 사원 복합체 한가운데에는 아홉 개의 뾰족탑이 있는 칼리 여신의 사원이 있으며, 시바와 라다-크리슈나에게 바치는 열두 개의 다른 사원들도 있다. 라스마니는 사원들을 짓는 데에 상당한 재산을 쏟아 부었으며, 그러고도 돈을 더 들여 1855년 5월 31일 사원 봉헌 예식을 열었다. 최초의 사제인 람쿠마르가 그 해에 사망하자, 그의 동생인 라마크리슈나 파라마한사가 사제의 임무를 이어받았다.

세속적인 일의 본성은 덧없다는 것을 굳게 믿었던, 중요한 힌두교 종교적 스승이자 19세기 벵골 문예 부흥의 영향력 있는 인물이기도 했던 그는 모든 종교의 화합을 강조했다. 그의 사상들의 인기가 계속되고 있다는 증거로, 시바 사원들 맨 끝 뒤편, 안뜰의 북서쪽 모서리에 있는 그의 방은 이곳의 여러 개 사원들 중에서도 가장 많은 이들이 찾는 것을 알 수 있다. **LL**

빅토리아 기념관

인도, 콜카타 | Victoria Memorial

인도의 영국 통치에 대한 기념관

빅토리아 기념관은 커즌 경에 의해 빅토리아 여왕에게 걸맞은 기념관으로 구상되었다. 그는 이 계획을 위해 인도 내에서 기금을 모았으며 당대 최고의 영국 건축가들 중 한 사람에게 의뢰를 맡겼다. 기나긴 건축 작업을 마치고 건물은 1921년 12월 28일 공식적으로 개관했다.

25헥타르 넓이의 드넓은 정원 한가운데에 자리 잡은 위풍당당한 하얀 대리석 건물인 빅토리아 기념관은 이 도시의 심장부를 지배하고 있다. 건축학적인 면모에서, 이 건물은 당대 영국의 도시적인 고전주의를 반영하고 있는 듯하지만, 계획적으로 동양적인 면모가 반영되어 있기도 하다. 대리석은 타지마할을 건축하는 데 사용된 것과 같은 조드푸르의 마크라나 채석장에서 가져온 것이며, 코너의 돔들은 희미하게 무굴 양식을 풍긴다. 이

> "건물을 지읍시다. 위엄 있고 … 장엄하여, 캘커타에 새로 오는 모든 이들이 돌아보게 될 그런 건물을."
>
> 인도 총독(1899~1905), 커즌 경

러한 전체적인 구성 꼭대기에 4.8m 높이의 청동으로 된 승리의 여신상이 당당하게 서 있다. 이 조각상은 진짜 풍향계는 아니지만 바람이 충분히 세게 불 때면 회전하곤 한다. 기념관의 옆면은 야외 주랑으로 이어져 있으며, 에드워드 7세를 기념하는 개선문 양식의 아치를 통해 접근하게 되어 있는 남쪽 현관에는 커즌 경의 동상이 서 있다. 현관홀에는 왕실 인물들의 청동으로 만든 흉상과 대리석 동상이 서 있고, 벽은 빅토리아 여왕의 일생을 그린 벽화와 대영 제국 황제로서 선언했던 그녀의 선언문에서 발췌한 글귀들로 장식되어 있다. 내부의 방들은 그림, 조각품, 공예품, 서적, 필사본 등, 모두 왕실과 대영제국과 관련이 있는 중요한 컬렉션들을 전시하고 있다. **LL**

태양 사원

인도, 코나라크 | Sun Temple

황폐해진 상태에 있음에도 이 사원은 태양신의 전차를 형상화한 장려한 유적이다

코나라크는 태양신 수르야에게 바치는 13세기의 힌두교 사원으로 힌두교 오리사 건축 양식의 정점이며, 조각술에서 보이는 혁신적인 면모와 조각품의 우수성 측면에서 독보적인 유적이다. 문헌학적 증거에 따르면, 동(東)강가 왕조의 나라심하 왕(1238~1264년까지 통치)이 사원의 건축을 명했다고 한다. 코나라크의 부조에는 속세적인 사건 역시 묘사되어 있으므로, 이러한 이론은 사실에 가깝다고 볼 수 있다. 사원은 나라심하가 무슬림을 상대로 군사적인 승리를 거둔 일을 기념하기 위해 세워졌을 수도 있다. 이러한 식으로 왕은 마치 자신이 신에 의해 임명되었다는 듯 자신의 통치권을 합법화했던 것이다.

코나라크는 세 구역이 한 줄로 이어진 구조로 이루어져 있다. 사원 본관이 현관홀과 기도실과 연결되어 있으며, 이 앞쪽에 본관과는 분리된 채 기둥이 늘어선 댄스홀이 있다. 열두 쌍의 커다란 바퀴가 서로 연결되어 있는 사원과 현관홀의 외관을 장식하고 있다. 이 두 건물과 바퀴는 모두 합쳐서 수르야의 전차를 형상화하고 있는 것이다. 달리고 있는 일곱 마리의 말 조각상이 수레를 끌고 있었으나, 지금은 단 한 마리만이 잘 보존된 상태로 남아 있다. 바퀴 사이에는 벽기둥에 의해 서로 분리된, 사랑을 나누는 연인, 춤추는 소녀, 요정 모양의 두 줄로 된 프리즈가 낮은 돋을새김으로 새겨져 사원을 장식하고 있다. 에로틱한 조각이 종교적인 사원에서 어떤 기능을 하는지는 불명확하나, 이러한 것을 길조로 여겼으며 사악한 기운을 막기 위한 목적이었다고 추측해 볼 수 있다.

힌두교의 다른 많은 사원들처럼, 이 사원도 그 거룩함을 강조하기 위해 대좌 위에 세워져 땅에서 높이 올라와 있다. 69m 높이까지 닿았던, 사원 본관의 지붕과 상부 구조물은 지금은 존재하지 않는다. 19세기에 무너져 버렸던 것이다. 현관홀에는 피라미드 꼴의 지붕 구조물이 아직도 남아 있지만, 19세기에 이 건물마저 무너져 버리는 일을 방지하기 위해 건물 안을 돌과 모래로 완전히 채워 버렸기 때문에 안으로 들어갈 수가 없다. **SJ**

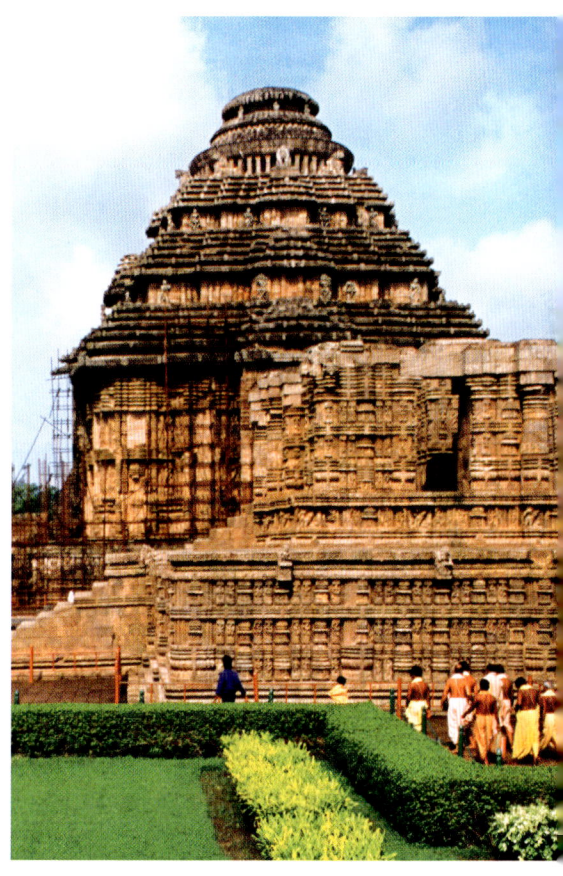

"가장 거대한 건물들 중 하나 … 쇠퇴한 모습에 있음에도 압도적인 웅장함을 보여 주는 건물."

로널드 세이 백작, 『인도 : 조감도』(1931)

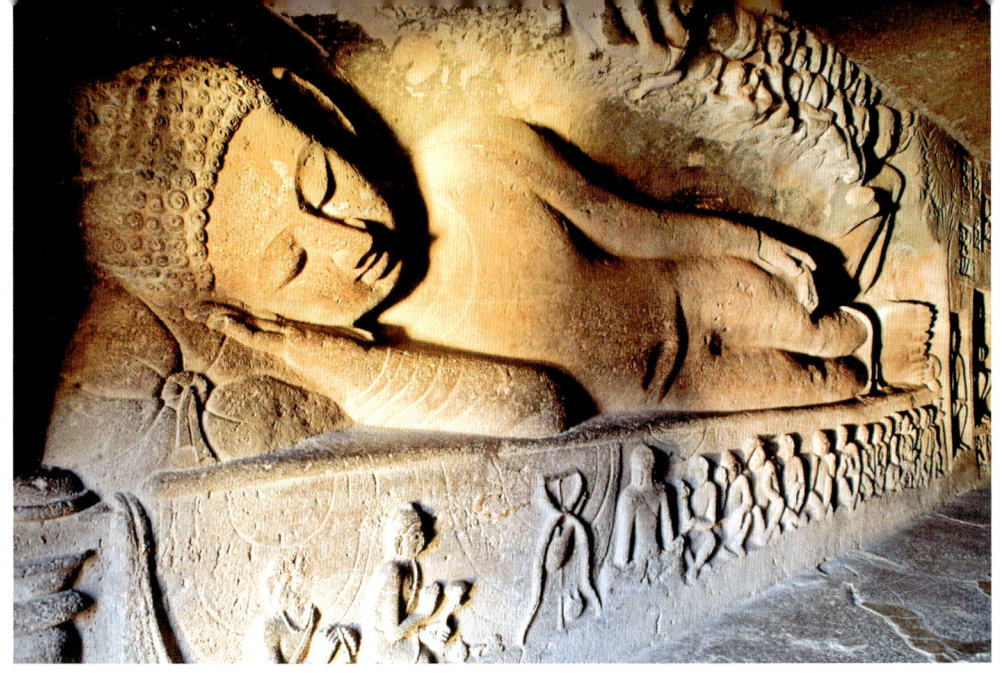

아잔타 석굴 인도, 잘가온 부근 | Ajanta Caves

이 동굴에는 불교 예술의 걸작인 그림과 조각품들이 있다

기원전 1세기 혹은 2세기에, 서부 인도의 마하라슈트라 지역에 있는 아잔타에는 동굴들이 나타나기 시작했다. 이 동굴들은 암석을 깎아 인위적으로 만든 것이며, 기도용 홀인 '차이트야'와 수도 생활을 하는 독방인 '비하라'로 나뉘어 있었다. 당시 이미 불교 세계에서 지대한 중요성을 지니고 있었던 이 동굴들은 서기 3세기와 4세기에 이 지역이 중요한 무역로의 일부가 되면서 더욱 두드러진 장소로 성장해 나갔다. 엄청난 수의 순례자, 상인, 장인, 숙련공들이 이 무역로를 따라 여행했으며, 아잔타는 새로운 사상과 소식을 주고받는 장소가 되어 불교를 인도 아대륙 너머로 전파시키는 데 한 몫을 했다.

아잔타의 석굴 유적은 1819년 사냥 여행을 나왔던 두 명의 영국 군인들에 의해 재발견되었다. 동굴들은 몇 세기 동안 세상으로부터 잊혀 있었으며, 놀라우리만치 잘 보존되어 있었다. 아잔타의 그림, 조각품, 프레스코화의 양식에서는 두 가지 서로 구분되는 단계가 나타난다. 초기 단계는 기원전 200년경부터이며 후기 단계는 굽타 왕조(서기 4세기부터 6세기까지)의 고전주의 시대부터이다. 아잔타는 힌두교 왕실의 후원을 입고 있었지만, 이 유적지만은 마하야나 불교를 고수해 부처와 보살을 나타낸 거대한 조각들이 매우 많이 있다.

아름다운 벽화에는 세속적이고 역사적인 사건 역시 그려져 있으며, 화가들이 사실주의를 표상하려 애썼던 시도가 뚜렷하게 나타나 있다. 사람들을 나타낸 조각과 그림들에는 고전주의 굽타 미술의 관례가 나타나 있다. 인간의 육체를 선으로 나타낸 점, 가느다란 허리, 길고 검은 머리카락, 이상화된 여성의 몸매, 도톰한 입술, 늘씬한 코, 연꽃 같은 눈이 그렇다. 아잔타를 방문하는 일은 결코 잊지 못할 경험이다. 암석 속에 파인 동굴에는 무언가를 깊이 느끼게 하는 바가 깃들어 있으며, 방문객들을 문화적일 뿐 아니라 정신적인 여정으로 이끌어 가기 위해 디자인된 듯하다. **SJ**

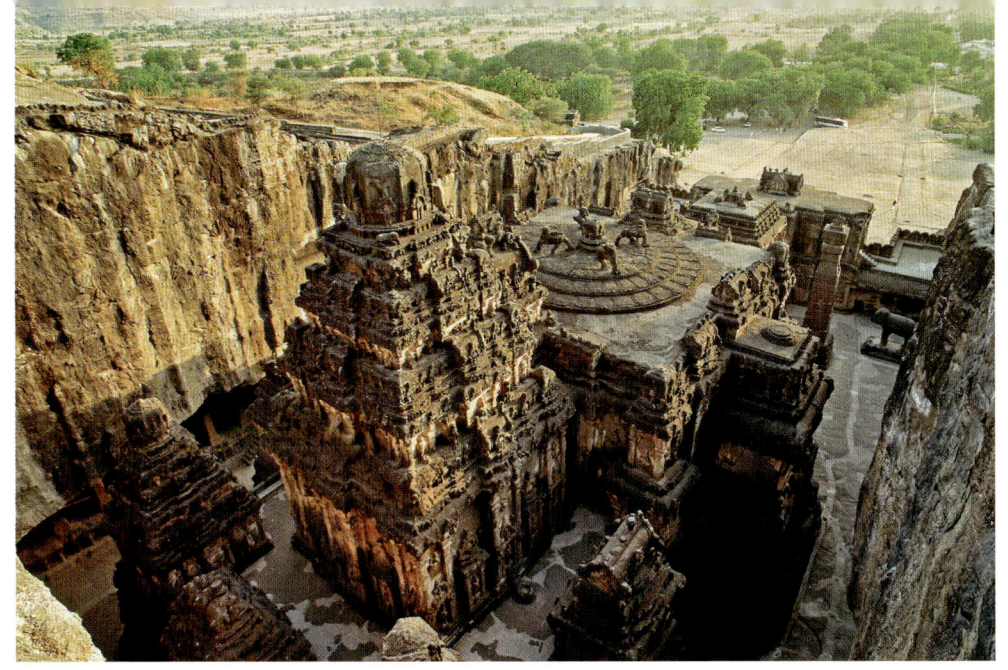

엘로라 석굴 인도, 아우랑가바드 부근 | Ellora Caves

이 유적은 고대 인도 문명의 종교적 관용을 보여 주는 예이다

데칸 고원에 형성된 엘로라 석굴들은 중앙 데칸 지역에 있는 다른 동굴들과 건축학적으로 유사한 구석이 있다. 이 유적지는 불교, 힌두교, 자이나교에 바치는 서른네 채의 사원과 수도원들도 있다. 불교와 자이나교 수도원들은 여러 층으로 건축된 경향을 보이며, 기도용 홀과 수도자들이 거주하는 독방으로 나뉘어 있다. 불교의 동굴들은 바위를 깎아 조각한 부처, 보살, 어머니 여신, 음악가, 요정, 수호자의 형상들, 동물들 등으로 장식되어 있다. 성상들을 채색하기 위해서 회반죽과 천연 염료가 사용되었다. 가장 인상적인 건축물 중 하나인 '동굴 10'은 말발굽 모양으로 배열되어 있으며, 그 안에는 사리탑 안에 앉은 자세로 모셔져 있는 거대한 부처가 있는 곳으로 이어지는 기둥이 있는 홀이 있다.

9세기에 다섯 채의 자이나교 사원이 건축되었는데, 그중 하나가 웅장한 '초타 카일라쉬 사원'(동굴 16)으로, 이는 세계에서 가장 큰 석굴 사원이다. 인도에서 자이나교 건축을 보여 주는 가장 훌륭한 예 중 하나인 '인드라의 집회실'(동굴 32)에는 앉아 있는 모습의 자이나교 스승인 마하비라 티르탕카라의 조각상이 보존되어 있다.

힌두교의 동굴들은 천장이 더 높으며 장식과 성화의 종류가 더욱 다양하다는 점에서 자이나교나 불교 동굴들과 차이점을 보인다. 8세기에 지어진 힌두교의 카일라사나타 사원은 카일라샤 산(시바 신과 파르바티 여신이 사는 곳)을 본 딴 것이다. 6세기의 라메슈바라 석굴 사원에서는 악마 라바나가 시바와 파르바티의 화를 돋우기 위해 카일라샤 산을 흔들고 있는 모습의 부조를 볼 수 있다. 엘로라 석굴은 세 개의 서로 다른 종교를 위해 만들어졌지만, 장식의 스타일이나 건축 구조, 세 종교의 유적에서 보이는 상징주의는 비슷하다. 이 동굴들은 명상의 장소 역할을 했으며 이 세 개의 종교가 전파되도록 도왔다. 이미지야말로 사상을 전파하는 최고의 방식이었으며, 이론의 여지는 있으나 지금도 그러한 셈이다. **SJ**

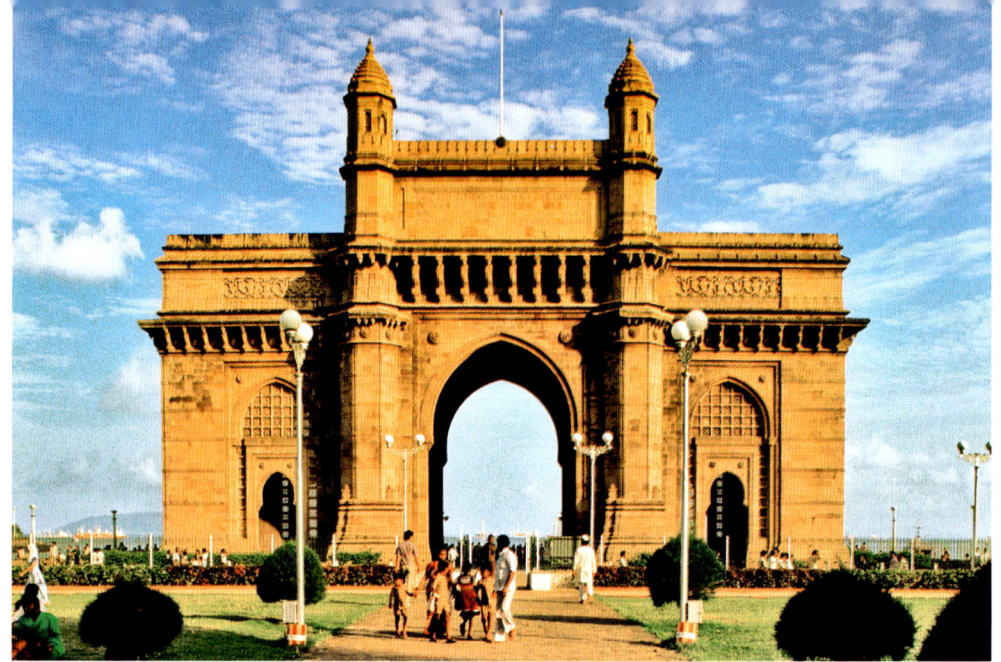

인도의 문 인도, 뭄바이 | Gateway of India

묘바이의 가장 유명한 기념물

아라비아 해가 내려다보이는 아폴로 번더에 위치한 '인도의 문'은 1911년 조지 5세와 메리 여왕의 방문을 기념하기 위해 세워졌다. 두 부부는 인도의 황제와 황후로서 대관식을 올린 일을 기념하기 위해 델리에서 열리는 접견 행사에 참석하러 가던 길이었다.

건축가 조지 위텟의 디자인이 1914년 8월 최종 승인을 받게 되자 봄베이(뭄바이의 옛 이름)의 총독 조지 시든햄 클라크 경에 의해 1913년 3월 31일에 주춧돌이 놓였다. 1915년에서 1919년까지 항구 앞쪽의 바다였던 부분이 간척되어 새로운 땅이 되었는데, 바로 이곳이 '인도의 문과 새로운 방파제가 세워질 장소였다. 이듬해에 토대가 완공되었고 건축은 1924년에 끝났다. 꿀 색깔을 띤 현무암으로 지어진 이 문은 전형적인 개선문 형태를 하고 있으나, 건축학적으로는 16세기 구자라트 건축물을 모델로 삼은 인도-사라센 양식을 띠고 있다. 이러한 무굴 제국의 양식은 옛 군주들과의 연관성을 시사해 영국 식민 통치의 합법성을 알리기 위해 의식적으로 반영한 것이었다. 복잡한 격자 세공이 벽면을 장식하며, 네 개의 작은 탑이 직경 15m에 26m의 높이로 솟아 있는 웅장한 중앙 돔을 둘러싸고 있다. 도시 주관의 환영회를 열기 위해 곁방과 홀들이 증축되었다. 이 건물은 1924년 12월 4일, 인도의 총독인 레딩 백작에 의해 공식적으로 개관되었다.

한 세대도 지나기 전에 대영 제국의 이 거대한 상징물은 또한 비문(碑文)이 되어 버렸다. 1947년 인도가 독립한 이후 마지막 차례로 인도를 떠났던 영국 연대인 '서머셋 경(輕)보병대 제 1대대'가 1948년 2월 28일 고국을 향한 항해를 시작하기 전 마지막으로 이 문 밑을 지나갔던 것이다. 오늘날 이 문은 영국에서 가장 인기 있는 관광 명소이다. **LL**

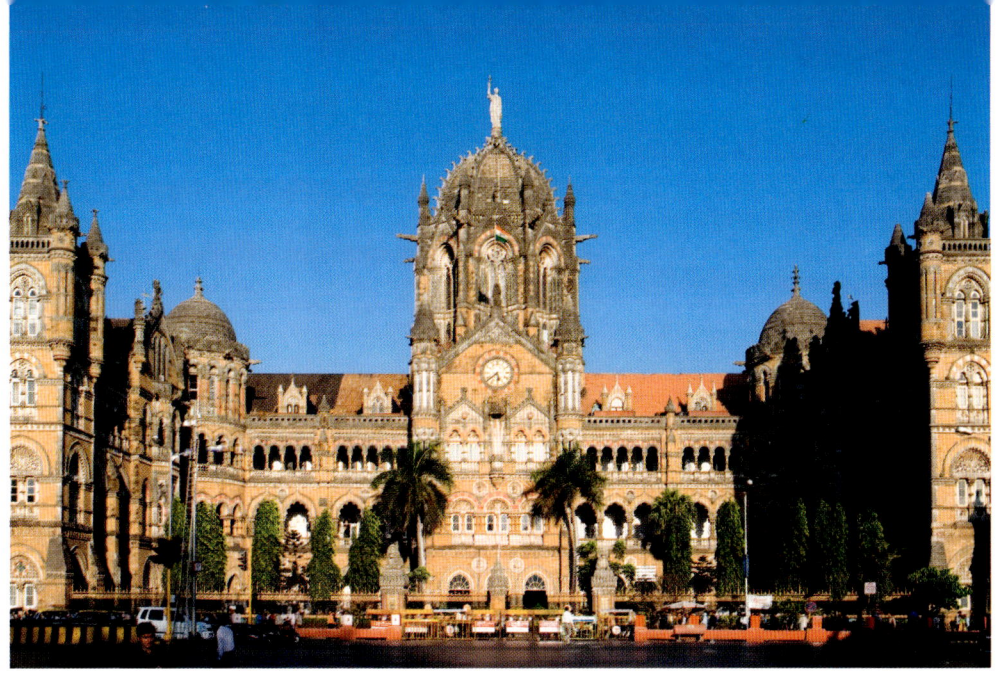

🏛 ◎ 차트라파티 시바지 터미널 인도, 뭄바이 | Chhatrapati Shivaji Terminus

이 독특하고 화려한 건물에는 인도와 영국 건축 양식이 뚜렷하게 보인다

봄베이, 즉 현대의 뭄바이에 있는 이 거대한 차트라파티 시바지 터미널은 많은 방문객들에게 거대한 대도시로 들어선다는 첫인상을 선사해 주지만, 어느 모로 보나 결코 전형적인 인도 건축물이라고는 할 수 없다. 그 거대한 규모와 야망을 이해하려면, 이 호화로운 건물이 100년 이상 대영 제국을 이루는 가장 중요한 국가였던 인도의 중심점이었다는 사실을 파악해야만 한다. 터미널을 지은 영국인 건축가 프레더릭 윌리엄스 스티븐스는 영감을 얻기 위해 여러 달 동안 유럽을 돌아다녔는데, 유럽 대륙에 있는 많은 역과 유사성을 보이는 것은 그저 우연의 일치만은 아니다. 그러나 이탈리아 고딕 부흥 건축 양식은 인도 전통적인 돔, 작은 탑, 뾰족한 아치들과 강력하게 혼합되어 19세기에 이 나라가 서양으로 통하는 관문 역할을 했던 봄베이의 역할을 정확하게 나타내 주는 퓨전 양식이 창조되었으며, 새로이 경제가 부상하고 있고 급성장하고 있는 이 나라의 다른 도시들에 못지않은 빠른 속도로 현재의 뭄바이가 서구화되면서 터미널은 지금도 그

러한 역할을 계속해 나가고 있다. 장식적인 선로며 목조 세공, 타일, 계단 난간 이외의 다른 장식 요소들은 대부분 봄베이 예술 학교 학생들의 작품이다.

　대영 제국 시대에 파생된 지명이며 도시명을 인도식 이름으로 바꾸는 현재의 국가적 방침이 있음에도, 차트라파티 시바지 터미널은 여전히 '빅토리아 테르미누스'의 약인인 V. T라는 명칭으로 자주 불린다. 이 역은 뭄바이의 통근자가 몰려드는 주요 중추이며, 러시아워 때에는 도시의 카오스적이면서도 역동적인 분위기를 고스란히 보여 준다. 교외 지구에서 도심의 직장을 찾아 몰려오는 승객으로 열차 안은 꽉 차 있고, 심지어 짐 선반에까지 앉아서 온다. 남녀 객차가 따로 분리되어 있다는 사실이 옛날 관습으로 퇴보하는 것처럼 보일지 모르지만, 동료 승객 간의 친밀한 관계는 런던이나 도쿄의 지하철에서 목격할 수 있는 그 이상이다. 대영 제국이 가장 위대한 시기에 도달했을 때의 건축학적인 스냅 사진을 찍고 싶다면 이 터미널을 방문해 볼 것을 권한다. **AP**

쿠트브 샤히 왕릉

인도, 골콘다 부근 | Qutb Shahi Tombs

한 왕조의 거의 모든 술탄들이 다 안장되어 있는 왕릉들

골콘다는 13세기와 14세기에 유명한 요새이자 상업 중심지였다. 이곳은 일찍이 1292부터 마르코 폴로에 의해 번성하는 도시로 묘사된 바 있으나, 이 도시가 한 왕조의 수도가 된 것은 16세기 쿠트브 샤히 왕조의 부상과 함께였다.

왕릉들은 요새 북서쪽에 있는 조경된 정원에 위치하고 있으며, 망명 중에 사망한 두 왕을 제외하면 쿠트브 샤히 왕조 전체가 이곳에 묻혔다. 각 무덤은 당사자인 술탄이 생전에 몸소 감독하는 가운데 건축되었다. 이슬람 장례 건축물의 양식이 뚜렷하게 나타난다. 각각의 무덤은 입방체 위에 양파 모양 돔이 얹혀 있고 모서리에 장식된 미나레트가 서 있는 구조로 되어 있으며, 화려하게 장식된 아케이드가 주변을 둘러싸고 있다. 큰 무덤들 중 다수가 2층으로 되어 있다. 이 지역에서 나는 화강암과 회반죽으로 이루어진 무덤들은 일렬로 늘어선 계단을 통해 올라가야 하는 높이 올린 단 위에 서 있으며, 본래는 코란에서 발췌한 문구가 새겨져 있는 유약을 바른 녹색과 터키옥색 타일로 덮여 있었다. 이곳에 묻힌 최초의 술탄 이브라힘 쿨리 쿠트브 샤(1512년부터 1543년까지 통치했다)는 아흔 살의 나이에 아들에게 살해당했다. 그의 검은 색 묘석에는 훌륭한 솜씨의 페르시아 서체로 비문이 새겨져 있다.

가장 호화로운 18m 높이의 돔까지 포함하면 높이가 55m나 되는 무덤은 하이데라바드 왕국을 세운 무함마드 쿨리 쿠트브 샤의 무덤이다. 한때 이 무덤 내부는 카펫, 샹들리에, 은으로 된 막대 위에 두른 벨벳 휘장 등으로 화려하게 장식되어 있었다. 술탄들의 대리석 관 위에는 황금 첨탑이 놓여 지위가 낮은 왕가의 다른 인물들의 무덤과 구분을 두었다. 쿠트브 샤히 왕조 시대에 이곳의 수많은 왕릉들은 그야말로 엄청난 숭배의 대상이었는데, 이곳으로 몸을 숨기는 범죄자들은 자동적으로 면죄될 정도였다. **LL**

차르미나르

인도, 하이데라바드 | Charminar

그 규모와 아름다움이 독보적인 유적

1591년 무함마드 쿨리 쿠트브 샤가 지은 차르미나르는 인도 남부 하이데라바드의 한복판에 위치한 뛰어난 기념물이다. 원래 목적은 맹위를 떨쳤던 역병이 물러간 일을 축하하기 위한 것이었으나, 오늘날에는 이 도시에서 가장 중요한 랜드 마크 중 하나가 되었다. 전설에 따르면 쿨리 쿠트브 샤는 기도를 드리며 했던 약속의 결과물로 차르미나르를 건설했다고 한다. 그는 당시 이 도시를 덮쳤던 역병이 끝나기만 한다면, 자신이 서 있는 자리에 모스크를 짓겠다고 맹세했다는 것이다. 역병이 물러나자 황제는 자신의 맹세를 지켜 모스크를 지었다. 모스크는 네 개의 독특한 미나레트 덕분에 '차르미나르'('네 개의 미나레트가 있는 모스크'라는 의미)라는 이름을 얻게 되었다.

차르미나르는 그 너비와 높이가 모두 굉장한, 눈부

> "이 미나레트들은 이슬람 최초의 네 명의 칼리프들을 상징하는 것일 수 있으나 꼭 단언할 수만은 없다."
>
> 역사가, 미르 모아잠 후사인

시계 화려한 정사각형 건물이다. 사실 규모가 너무나 크기 때문에 주변의 도시를 온통 지배하고 있을 정도이다. 네 측면의 너비가 20m이며, 이 각각의 면 안에는 너비가 11m이고 높이가 20m인 거대한 아치들이 서 있다. 새겨진 조각의 세밀함은 경이적이다. 화강암과 석회 반죽은 어찌나 섬세하게 세공되었는지 레이스를 보는 느낌이 들 정도로 마무리되어 있으며, 건물 모서리에서 튀어나와 있는 네 개의 미나레트는 이러한 솜씨를 보여 주는 최상의 예이다. 미나레트는 아름다움 그 자체이며 48m의 높이로, 보는 이로 하여금 그 광대함에 경외감을 느끼게 한다. 차르미나르의 건축학적인 이모저모와 예술적으로 혼합되어 있는 카지아 양식에서 이슬람 건축까지 이르는 다양한 양식들은 글자 그대로 넋을 잃을 지경이다. **KH**

🏛 ◉ 봄 지저스 교회

인도, 올드 고아 | Church of Bom Jesus

바로크 건축 양식의 뛰어난 예인 이 건물에는 성 프란시스코 하비에르의 유골이 있다

옛 포르투갈 식민지 고아의 원래 수도였던 올드 고아는 한때 그 규모와 명성이 리스본과 경쟁할 정도였으나, 지금은 그저 한낱 마을 크기에 지나지 않는다. 이곳은 인도 최초의 기독교 식민지였으며 1565년에는 20만 명이라는 원기 왕성한 인구를 자랑했다. 그러나 17세기에 말라리아와 콜레라 전염병이 이 도시에 참혹한 피해를 끼쳐 당시 많은 이들이 이곳을 떠났고, 따라서 1775년 즈음 인구는 고작 1500명 수준으로 줄어들었다.

거대한 '봄 지저스(선량한 예수) 교회는 '성 프란시스코 하비에르 교회'라는 이름으로도 불리는데, 1542년부터 고아에서 활동했던 성인 프란시스코 하비에르가 이곳에 묻혀 있기 때문이다. 1594년에 세워져 1605년에 축성된 이 교회는 인도에서 르네상스 바로크 건축 양식을 보여 주는 뛰어난 예이다. 십자가 형태를 지닌 이 교회는 이오니아, 도리스, 코린트, 그리고 복합 양식(이오니아 양식과 코린트 양식이 합쳐진 절충 양식)으로 이루어져 있다. 세 개의 우아한 현관 위에는 세 개의 커다란 직사각형 창문이 나 있고, 그 위에는 또 세 개의 자그마한 원형 창문, 마지막으로 화려하게 조각을 새겨 넣은 중앙 박공지붕이 맨 위에 얹혀 있다. 성 프란시스코 하비에르-그는 예수회의 창립자인 성 이그나티우스 로욜라의 제자였다-의 예배당과 무덤은 트랜셉트의 남쪽 면에 위치한다. 화려한 무덤은 토스카나의 대공 코시모 3세의 선물이었다. 조반니 바티스타 포기니가 조각한 이 무덤은 완성되기까지 10년이 걸렸으며 1698년 자리에 세워졌다. 성 프란시스코의 유골이 담겨 있는 은으로 된 상자는 이탈리아와 인도 예술이 혼합된 뛰어난 작품이다. 성인이 죽은 지 일 년 후 그의 유해가 이곳으로 옮겨 왔을 때, 유해는 '마치 묻혔던 바로 그날처럼 깨끗했다'고 한다. 성 프란시스코는 기적적인 치유력을 지녔다고 믿어지며, 매 10년마다(다음번에는 2014년으로 예정되어 있다) 그의 기일인 12월 2일이면 충실한 신도들 앞에 그의 유해가 전시되기 때문에 먼 곳에서부터 순례자들이 찾아온다. LL

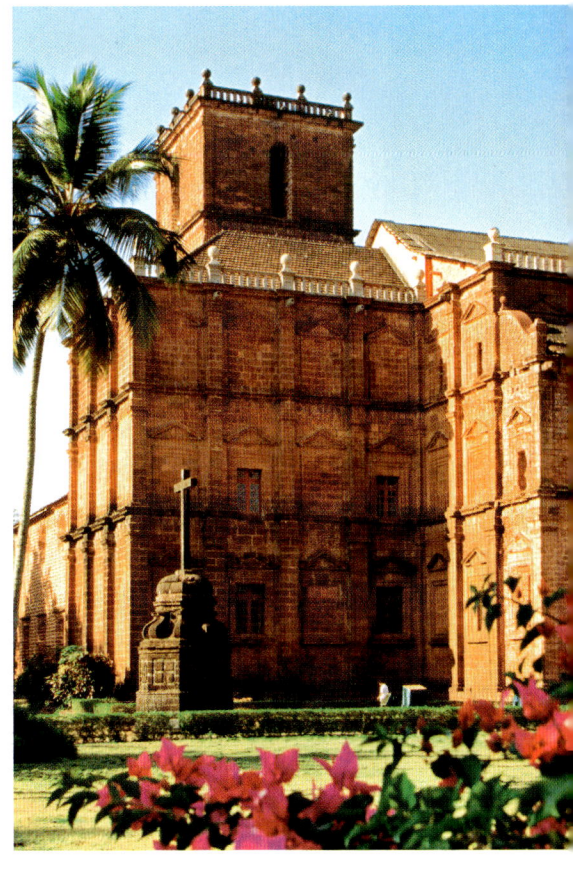

"우리가 일하게 하소서 … 우리가 하는 일은 아무것도 없으며 하느님이 모든 것을 하신다는 진심에서 우러난 확신을 지니고 말입니다."

예수회의 창립자. 성 이그나티우스 로욜라

비자야나가라

인도, 함피 | Vijayanagara

폐허가 된 이 도시는 한때 번영을 누렸고 경탄의 대상이었던 힌두교 수도였다

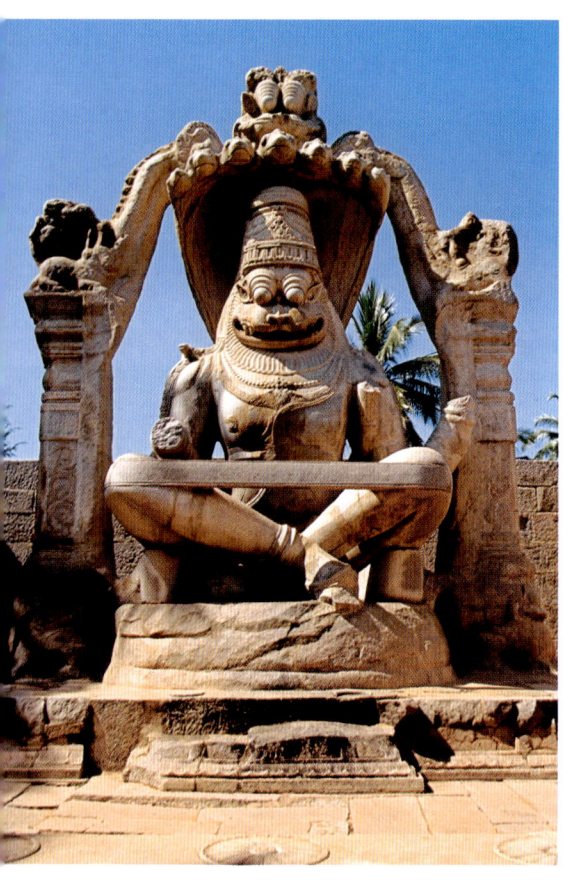

"이 도시에서 당신은, 매우 발달한 무역 덕분에 모든 민족 출신의 사람들을 발견하게 될 것이다."

16세기의 여행가, 도밍고 파에즈

14세기부터 16세기 동안, 함피 근처에 있는 퉁가바드라 강 남쪽의 지금은 폐허가 된 도시 비자야나가라('승리의 도시')는 데칸 지방에서 가장 크고 강성한 힌두교 수도였다. 1443년 이 도시를 방문했던 페르시아의 대사 압두르-라자크는 세계 어느 곳에도 비자야나가라와 비견할 만한 곳은 존재하지 않는다고 단언했다. 문화가 꽃피고 국제적인 환경 속에서 무슬림과 유럽인들도 환영을 받았으나, 1565년 이 도시는 여섯 달이라는 기간 내에 데칸의 무슬림 술탄 네 명이 이끄는 세력에 의해 침략당하고 약탈당해 이후 버려진 도시가 되었다.

비자야나가라 도시 유적지는 25km² 이상의 넓이로 퍼져 있으나, 대부분의 유적들은 두 개의 구분되는 지역에 모여 있다. 사원, 고푸라(힌두교 건축에서 사원으로 들어가는 출입문), 가트(종교적인 의식의 일부로 물에 들어가 몸을 씻을 수 있도록 강둑으로 내려가게 만든 계단) 등이 있는 '신성한 중심지'는 함피 주변에 집중되어 있다. 남쪽, 둥글게 둘러쳐진 육중한 요새 방벽 안에는 궁전, 파빌리온, 코끼리 기르는 곳, 위병소, 더 많은 사원들이 있는 '왕의 중심지'가 있다. 이 두 중심지 사이로, 예전에 쓰였던 관개 수로의 일부를 형성했던 오래된 운하들이 흐른다. '왕의 중심지' 남쪽의 평원에는 도시의 교외 지구가 형성되어 있는데, 집중적인 방어 성벽 체계가 있었던 흔적이 남아 있다. 성문들은 도시 중심지로 들어오는 길을 따라 위치하고 있다.

이 유적지는 사라져 버린 비자야나가라 문명에 대해 그 어디서도 찾아볼 수 없는 증거물을 제시해 주는 역사적 중요성 때문에 1986년 세계문화유산으로 지정되었다. 이곳은 또한 원숭이 신 하누만의 왕국이 있었던 성스러운 장소로 간주된다. 산스크리트어로 된 서사시 「라마야나」에서 언급되는 상세한 장소들과 이곳이 동일시되기까지 할 정도로 전설적인 하누만의 왕국은 이곳과 연관이 있다고 믿어졌는데, 처음으로 이 도시를 설계하고 건설했던 이들은 이 점에 영향을 받았던 것 같다. **LL**

다리아 다울라트 바그

인도, 스리랑가파트남 | Daria Daulat Bagh

티푸 술탄이 가장 좋아했던 궁전

코베리 강에 있는 한 섬인 스리랑가파트남은, 18세기의 라자였던 하이다르 알리와 그의 아들로 '마이소르의 호랑이'라는 별명으로 알려진 티푸 술탄, 즉 술탄 파테 알리 티푸가 통치하던 시대에 마이소르의 수도였다. 두 술탄의 통치시기에 이들은 작은 주였던 마이소르를 인도에서 영국을 몰아내려는 노력에 전력을 기울인 커다란 무슬림 세력으로 탈바꿈시켰다.

다리아 다울라트 바그는 티푸 술탄이 지은 두 층짜리 여름 궁전이다. 이 궁전은 도시의 요새 동쪽 벽을 넘어선 곳에, 인도 전역에서 모아 온 식물들이 심겨진 조경된 정원 한복판에 자리하고 있다. 대부분이 티크 목재로 지어진 인도-이슬람 양식의 이 건물은 지상에서 1.5m 올라온 높이의 단 위에 서 있으며, 벽과 천장, 아치의 구석구석이 화려하고 섬세한 아라베스크 무늬로 덮여 있다. 중앙 홀은 티푸 술탄이 대사들과 손님들을 맞이했다고 하는 곳이다. 외벽에는 전투 장면과 초상화가 그려져 있으며, 기하학적인 디자인을 띠고 있는 잎사귀 달린 가지와 꽃무늬가 소용돌이를 그리며 내벽을 장식하고 있다. 복잡한 조각이 새겨진 성문으로부터 굼바즈 능묘까지, 사이프러스 나무가 늘어선 대로가 뻗어 있다. 궁전과 같은 시기에 세워진 굼바즈 능묘는 하이다르 알리와 티푸 술탄 두 사람을 위한 무덤이었다.

1799년 스리랑가파트남이 영국에 함락되자, 다리아 다울라트 바그는 이후 웰링턴 공작의 작위를 받는 아서 웰즐리 대령의 차지가 되었는데, 그는 궁전을 보수하라고 명했으며, 특히 외벽을 장식하고 있는 벽화들을 다시 채색하도록 했다. 이중에는 하이다르 알리가 1780년 9월 폴리토어에서 베일리 내닝을 상대로 거눈 승리를 묘사한, 생생하고도 있는 그대로 그려진 작품도 있었는데, 이후 이 그림 위에는 회칠을 해서 덮어 버렸다. 궁전은 티푸 술탄의 개인 소지품들을 모은 작은 규모의 컬렉션과, 유럽 미술 작품과 페르시아 필사본들을 소장하고 있는 박물관으로 개조되었다. **LL**

마이소르 궁전

인도, 마이소르 | Palace of Mysore

동화 같은 궁전이자 공식적인 왕의 거처

남부 인도의 마이소르 시에는 많은 수의 궁전들이 있지만, 사람들이 '마이소르의 궁전'이라 말할 때 일컫는 것은 왕관에 박힌 보석이라고 할 만큼 단연 빼어난 암바 빌라스이다. 3층 높이에 광활한 넓이를 자랑하며, 회색 화강암으로 된 인도-사라센 양식의 이 건물 위에는 금이 씌워진 돔이 달린 5층짜리 탑이 있지만, 서양인들의 눈에 가장 놀라워 보일 만한 점은 초록이 우거진 정원에서 행복하게 풀을 뜯고 있는 소들과 궁전 부지의 일부를 구성하는 열두 개의 힌두교 신전들일 것이다. 마이소르의 주민들에게 힌두교도는 지배적이고, 성스럽게 여겨지는 소들은 심지어 왕궁의 잔디밭에서도 자유롭게 돌아다닐 수 있다. 이 땅의 역사는 옛 마이소르 왕국의 왕가인 우데야르 왕조와 밀접한 연관이 있다. 이 가문은 1399년부터 이 지역을 다스리기 시작해 당시 처음으로 마이소르에 있는 궁전에서 살았으며, 이 도시는 1799년 왕국의 수도가 되었다.

> "벽이나 천장에서 장식되지 않은 부분을 찾아보기가 곤란할 것이다."
>
> 프로머스 리뷰

현재의 부지에 서 있는 궁전이 처음으로 문서상에 언급된 것은 1638년이었다. 1793년 티푸 술탄이 새로운 도시 나자르바드를 지을 자리를 내기 위해 궁전을 헐어 버렸다고 하며, 그는 오래된 건물 대신 목조 건물을 세웠다. 그러나 이 궁전은 1897년 결혼식 축제를 열던 중 화재로 전소되어 버렸다. 당시의 섭정 여왕은 영국계 인도인 건축가 헨리 어윈에게 새로운 궁전의 설계를 맡겼으며, 건축 작업은 1912년에 마무리되었다. 1947년 인도가 독립한 이후 궁전은 국가의 소유가 되었으나, 일부는 옛 마하라자들의 후손들에게 주어졌다. **CK**

브리하디스바라 사원

인도, 탄조르 | Brihadisvara Temple

졸라 제국의 건축학적, 예술적 기법을 보여 주는 뛰어난 본보기

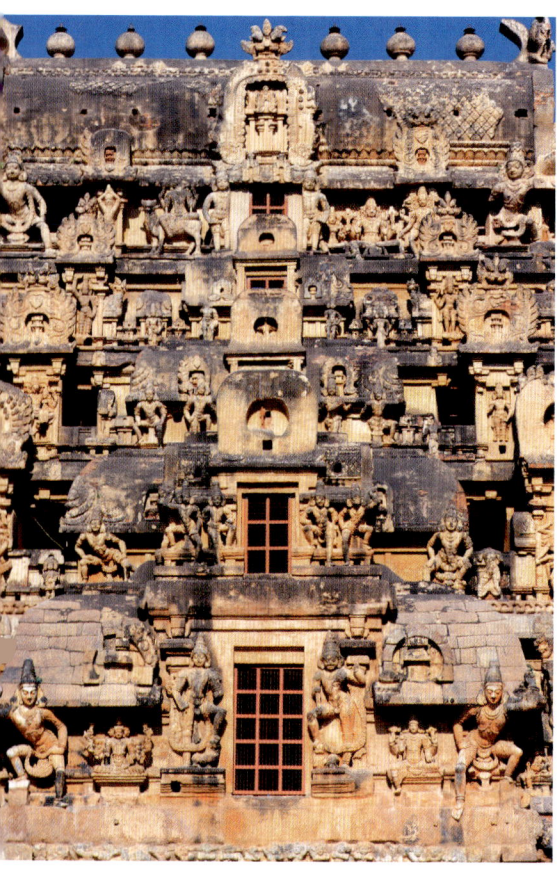

"조각가에게는 꿈, 역사가에게는 금광,
… 사회학자에게는 특종, 화가에게는
환희, 모든 것이 한 유적 안에 있다."

작가, B. 벤카타라만

타밀어로는 탄자부르라고 하는 탄조르 시는 9세기부터 13세기에 걸쳐 인도 남부를 지배했던 졸라 왕조 군주들 하에서 유명해지게 되었는데, 이곳은 졸라 왕조가 수도로 삼았던 곳들 중 하나였다. 브리하디스바라 사원의 토대는 왕인 라자라자 1세에 의해 직접 놓였으며, 이 사원은 당시에 이룬 가장 훌륭한 건축학적 업적이라 널리 간주되고 있다.

이 힌두교 사원은 다른 작은 사당들도 서 있는 넓은 직사각형 안뜰 가운데에 서 있다. 동쪽 편으로부터 두 개의 고푸라, 즉 둥근 지붕이 달린 피라미드 모양 관문을 통해 들어가게 되어 있다. 위쪽 층에는 졸라 조각품들이 남아 있으며, 낮은 층에 있는 부조들은 이 지역에서 섬기는 주신인 시바 신의 일생에 일어난 여러 가지 다른 에피소드를 보여 준다. 사원의 주탑인 '비마나'는 위로 올라갈수록 작아지는 열세 개의 층으로 이루어져 있으며 65m라는 대단한 높이까지 솟아 있다. 각 면에 있는 벽 중앙에는 문이 나 있으며, 문 양옆으로 곤봉을 들고 있는 거대한 수호자의 형상들이 서 있다. 벽감에는 신을 나타낸 성상들이 모셔져 있는데, 대부분은 시바 신이지만 전부 그렇지는 않다. 합쳐서 무게가 약 80톤이나 나가는 두 개의 육중한 화강암 덩어리가 팔각형의 돔을 닮은 지붕을 이루고 있으며, '비마나'의 벽에는 사원의 기원과 건축 과정에 관한 정보, 그리고 라자라자와 그의 가족들이 내놓은 기부금의 상세 내역이 새겨져 있다. 왕이 내린 선물 중 가장 뛰어난 것은 지금도 탑 맨 꼭대기에서 볼 수 있는 금이 입혀진 꼭대기 장식이었다. 비마나 안에는 시바를 의미하는 3.6m 높이의 거대한 링감이 원형 대좌 위에 얹힌 채 모셔져 있으며, 시바 신을 나타낸 조각과 그림들이 벽과 천장을 장식하고 있다.

브리하디스바라 사원은 다라수람에 있는 강가이콘다촐리스바람 신전과 아이라바테스바라 신전과 더불어, '촐라 왕조의 대사원들'이라는 이름으로 1987년 유네스코 세계문화유산 목록에 등재되었다. **LL**

미나크쉬 암만 사원

인도, 마두라이 | Meenakshi Amman Temple

미나크쉬와 순다레스와라의 사원

힌두교 전설에 따르면, 시바 신은 순다레스와라라는 형상을 띠고 마두라이로 내려와 파르바티 여신의 인간의 모습으로 나타난, 판디아 왕조 군주의 딸인 미나크쉬와 결혼했다고 한다. 미나크쉬 암만 사원은 이들의 결합에 바친 사원이다.

거대한 신전은 높은 담으로 둘러싸여 있으며 높이 솟은 구푸라, 즉 탑을 통해 들어가게 되어 있다. 내부에는 주랑이 있고, 기둥이 늘어선 '만다파'라고 하는 홀들(일부는 상점, 저장고, 마구간으로 사용되었다), 성스러운 못, 작은 사당들이 있으며, 그 중앙에 순다레스와라와 미나크쉬에게 바치는 두 개의 주 사원이 있다. 이곳의 구푸라는 인도에서도 가장 정교하게 장식된 것들 중 하나이다. 밝은 색으로 채색되어 있는 구푸라는 신들의 모습, 천상의 존재들, 괴물 가면, 수호신들, 동물에 올라탄 모습 등을 그린 그림으로 완전히 뒤덮여 있다. 열두 개 중 가장 큰 남쪽 구푸라의 높이는 50m가 넘는다. 신전 단지 안에는 웅장한 '아야람 카알 만다파'(천 개의 기둥의 홀)가 있는데, 실제로는 985개의 기둥이 있으며, 기둥에는 신들, 여성 음악가들, 청중들의 모습이 조각되어 있다. 신도들이 성스러운 물에서 몸을 씻을 수 있는 커다란 연못인 '포타마라이 쿨람'(황금 백합의 못)은 주랑으로 둘러싸여 있는데, 주랑의 벽은 시바가 만두라이에서 행했던 기적들을 묘사해 놓은 벽화로 장식되었다. 서쪽 담에 나 있는 문은 미나크쉬 사원으로 이어진다. 이 사원은 독립된 인클로저 안에 서 있는데, 안에는 여러 개의 보조 사원과 침실이 있다. 매일 밤, 순다레스와라의 성상을 순다레스와라 사원으로부터 이 침실로 가져온다.

이 사원에서는 지금도 예배가 이루어진다. 황금으로 만든 미나크쉬와 순다레스와라의 상이 매주 그네 위에 앉혀지며, 성가의 노랫소리가 울려 퍼진다. 매년 열리는 테파 축제때는 이들의 성상을 뗏목 위에 얹어 물 위에서 앞뒤로 밀고 당긴다. 매년 차이트라 달(4월과 5월)이면 여신의 결혼 축제가 12일 동안 성대하게 열린다. **LL**

셀룰러 제일

인도, 안다만 제도, 포트 블레어 | Cellular Jail

정치범들을 고문하던 현장

포트 블레어는 1789년 이곳에 식민지를 세우려다 실패한 영국 동인도 회사의 아치볼드 블레어 중위의 이름을 따 명명되었다. 영국은 1858년에 들어서야 이곳을 다시 점령하게 되었는데, 이번에는 세포이 항쟁의 여파로 범죄자 식민지로 삼기 위해서였다. 인도인 반란사들은 본토로부터 수송되어 – 본토는 서쪽으로 1,370km나 떨어져 있었다 – 자신들이 갇히게 될 감옥을 짓기 위해 땅을 고르는 일을 한 후, 지어진 감옥 안에 투옥되었다. 인도에서 해방 운동의 물결이 계속 성장하면서 영국은 새로운 감옥을 지을 필요가 있다고 결정했고, 19세기 말 점점 더 늘어나는 정치범들을 수용하기 위해 커다란 원형 건물을 건축하는 작업이 시작되었다.

> "셀룰러 제일은 자유의 투사들에게 가해졌던 고문을 지켜본 말없는 목격자로 서 있었다."
>
> 저널리스트, 온카르 싱

'셀룰러 제일'은 도시 북동쪽에 있는 작은 언덕 위에서 바다를 내려다보고 있다. 원래는 암갈색 벽돌로 지어진 일곱 개 동으로 구성되어 있었는데, 그중 세 개만이 남아 있고 나머지는 제2차 세계대전 동안 일본인들에 의해 파괴되었다. 건물들은 중앙에 있는 작은 탑들이 달린 감시탑을 중심으로 마치 바퀴살처럼 뻗어 나온 모양이다. 각각의 높이는 3층이었으며, 아래쪽 세 층에는 감방들이 있었고 네 번째 층에는 감시탑이 있었다. 총 698개의 감방이 있었고, 죄수들은 각각 독방 감금에 처해졌다. 종종 처형이 이루어졌으며 이는 감방 전체에서 잘 보이는 곳에서 일어났다.

1945년까지 계속 운영되었던 이 감옥은 1979년 국가 유적으로 선포되었다. 2004년의 지진해일로 이 감옥의 건물도 약간 손상을 입었다. **LL**

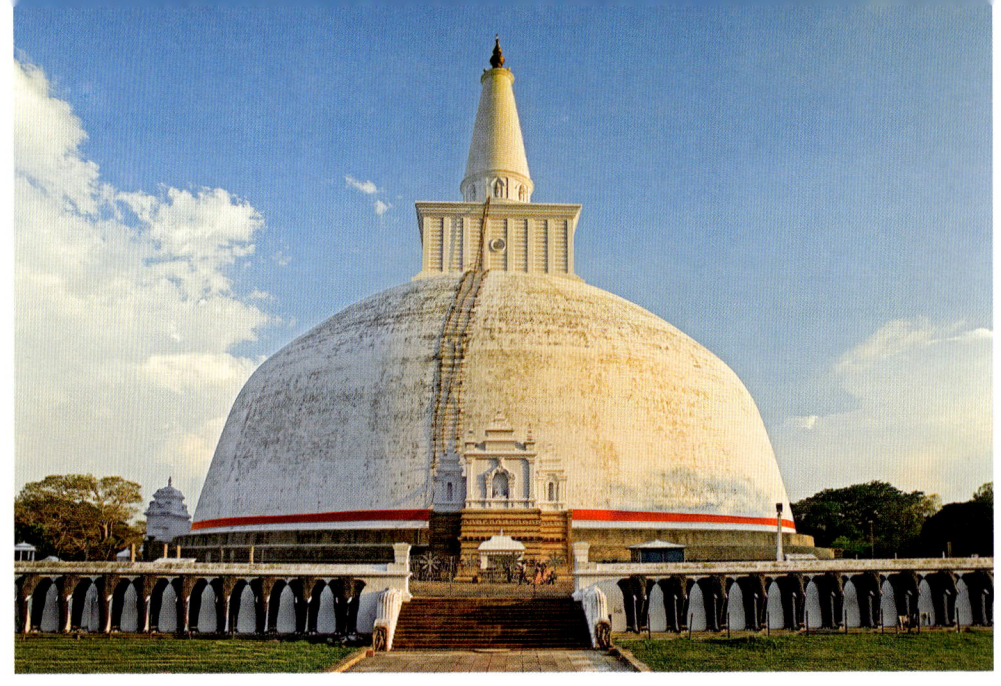

아누라다푸라 신성 도시 스리랑카, 아누라다푸라 | Sacred City of Anuradhapura

기원전 5세기까지 거슬러 올라가는 고대의 수도 도시

기원전 5세기에 세워진 아누라다푸라는 스리랑카(옛 이름은 실론)의 웅장한 수도로 성장하여 약 1,400년 동안 수도의 지위를 누렸다.

번영하는 왕실 중심지였던 아누라다푸라는 불교의 중요한 유물이라 믿어졌던 물건을 보관하게 되면서 종교적인 의미에서도 전성기에 이르게 되었다. 바로 부다가야(인도의 비하르 주)에 있으며 그 아래에서 고타마 붓다가 '깨달음을' 얻었다고 하는 보리수나무에서 꺾었다는 나뭇가지이다. 기원전 3세기에 뛰어난 불교 승려였던 상가미타가 이 가지를 아누라다푸라로 가져왔다. 오늘날, 한때는 번영했던 도시의 유적들 사이에서 자라고 있는 오래된 무화과 고목은 이 거룩한 나뭇가지에서 자란 것이라고 한다.

고대 아누라다푸라의 왕들은 예술적으로 꽃피었던 시대를 다스렸으며, 훌륭한 조각품, 궁전, 수도원, 사원, 아름다운 정원, 웅장한 '다고바' 등을 짓게 했다. 다고바란 둥근 모양의 사리탑, 다시 말해 대부분 성인의 유골을 모시기 위해 짓는 불교의 사당을 말한다. 아누라다푸라에 있는 다고바들은 햇볕에 구운 벽돌로 지어졌다.

아누라다푸라는 넓은 지역에 걸쳐 전파되어 아시아의 이 지역에서 주요 세력으로 성장한 세련된 문화의 중심지가 되었다. 11세기에 이 도시는 남부 인도로부터 침략당했으므로, 수도는 다른 곳으로 옮겨졌고 정글이 서서히 아누라다푸라를 삼키기 시작했다. 1800년대에 이 도시는 재발견되었고, 그후 불교 순례자들이 이곳으로 몰려들기 시작했다. 보존 작업도 그 이후부터 지금까지 지속되고 있으며, 오늘날 아누라다푸라는 스리랑카의 고대 유적 중 가장 유명한 곳이다. 아누라다푸라에는 주요 간선 도로변에 위치한 현대 도시도 있다. 1900년대에 구시가지의 보존을 돕기 위해 새로운 도시의 일부가 다른 곳으로 이전되었으며, 이곳의 유적들은 세계의 주요 고고학 유적지 중 하나로 남아 있다. **AK**

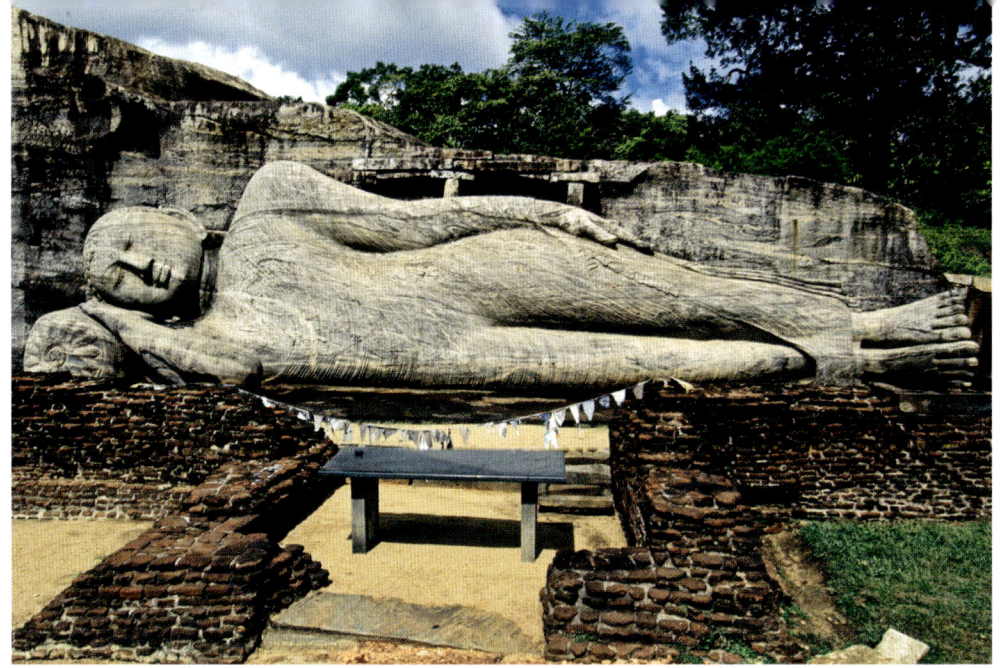

갈 비하라 스리랑카, 폴로나루와 | Gal Vihara

한때 진정한 종교적 화합의 장소였던 왕국

스리랑카에서 가장 훌륭하다고 할 수 있을지도 모를 폴로나루와의 거대 석불들은, 전쟁으로 얼룩진 한 왕국에 서로 으르렁대던 파벌 간에 맺어진 종교적인 화합과 적어도 잠시 동안의 평화가 찾아왔던 시기를 상징한다.

1153년 신할라 족의 왕위에 오르게 된 파라크라마 바후는 통치 첫 10년 동안 적들을 진압하느라 여념이 없었으나, 이후에는 자신의 수도인 폴로나루와를 풍요롭게 만드는 일에 전력할 수 있었다. 이 도시 주변에 세워진 다양한 종교 유적 단지들 중 하나가 '북부 수도원'이라고도 불리는 갈 비하라이다. 벽돌과 목재로 지어진 담은 오래 전에 사라져 버렸지만, 51m 길이의 단일한 화강암 바위의 남쪽 면을 조각해 만들어 낸 아름다운 불상은 남아 있다. 화강암 안을 파내어 만든 포치 같은 모양의 사당 안에 가장 자그마한 부처가 모셔져 있으며, 사당 왼쪽에는 탄트라의 상징물들과 함께 앉아 있는 모습의 커다란 좌불이 있다. 그러나 가장 주목할 만한 것은 아마 오른쪽에 조각되어 있는 형상들일 것이다. 7m 높이로 서 있는

엄숙한 모습의 상은 이곳의 불상들 중에서 가장 오래된 것이다. 팔짱을 끼고 있는 독특한 자세로 미루어 고고학자들은 이 조각상을 붓다의 가장 가까운 제자였던 아난다 테라라고 여겼으나, 지금은 갈 비하라에 있는 모든 조각들이 일생의 서로 다른 시기에 도달한 붓다의 모습을 나타낸 것이라 여겨진다. 맨 오른쪽에 있는, 최후의 모습이자 가장 거대한 불상의 길이는 14m이다. 이는 열반에 들어 가장 평온하게 누워 있는 붓다를 나타낸다.

서 있는 부처 옆에 새겨져 있는 긴 비문에는 서로 다른 불교 교파들을 통합하기 위해 파라크라마 바후가 기울였던 노력과, 그가 종교적인 관례를 행할 때 지키도록 선포했던 행동 규범들이 기록되어 있다. 그의 통치 밑에서 폴로나루와는 번영을 누렸으나, 이후 더 남쪽에 있는 안전한 땅을 찾아가게 되면서 이 도시는 버려지게 되었다. 19세기 후반 영국 고고학 위원회의 H. C. P. 벨이 스리랑카의 잊힌 왕국들을 재발견하기 시작하기 전까지 폴로나루와는 정글 속에 묻혀 있었다. **CB**

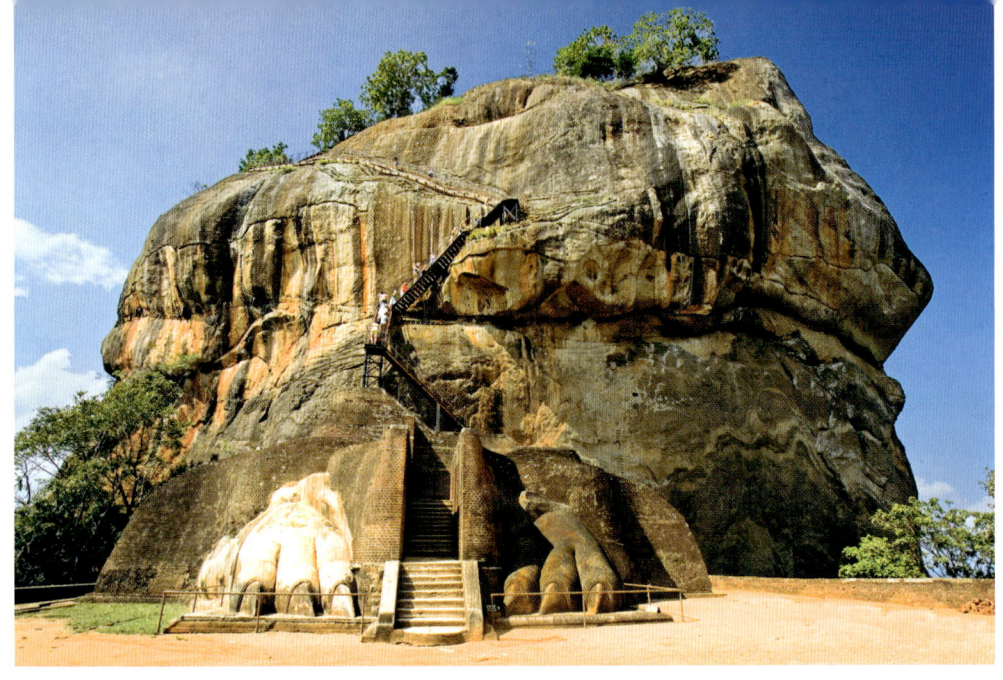

시기리야 스리랑카, 시기리야 | Sigiriya

카시야파 왕의 성 유적과 함께 있는 불교 고고학 유적지

시기리야, 즉 '사자의 암석'은 매혹적인 고고학 유적으로, 그 중심부에 있는 입방체 형태의 바위 언덕이 이곳을 온통 지배하고 있다. 화산의 폭발로 생성된 이 바위 언덕의 높이는 370m로, 네 면이 다 깎아지른 듯한 수직이다. 꼭대기 부분의 평평한 표면 넓이는 1.4헥타르에 이른다.

시기리야는 4세기의 불교 수도원이었으며, 주위에 조성된 단지는 한 세기 이후에 카시야파 왕이 세운 도시일 것이라 여겨진다. 이 유적지와 정글 사이에는 정원들이 있어 서로 분리되어 있는데, 진흙으로 된 해자가 정원 가장자리 경계선을 긋고 있다. 바위 언덕 꼭대기에는 카시야파 왕이 요새 삼아, 혹은 유희용 궁전 삼아 지은 성의 유적이 남아 있다. 이 성의 저수지 유적이 남아 있어 오늘날에도 볼 수 있다. 왕이 죽은 후, 건물들은 예전처럼 수도원으로 되돌아갔으나 16세기에 접어들었을 때는 쓰이지 않게 되었다.

암벽 한쪽 면을 깎아 만든 테라스에는 '거울의 벽'이라 알려져 있는 길이 140m, 높이 40m의 벽이 있다. 이 벽의 벽토 위에는 머리에 꽃을 장식한 500명의 아름다운 여인들을 나타낸 프레스코화 스무 점이 그려져 있다. 과거에는 최대 500점의 프레스코화가 있었던 듯하나, 세월이 흐르면서 사라져 버렸다. 다양한 색으로 채색된 벽화들은 수백 년이라는 세월에 걸쳐 수백 명의 사람들에게 영감을 주어 그들이 쓴 사랑시가 벽에 남아 있다.

테라스 위에는 폭이 좁고 철로 만든 나선형 계단이 돌로 된 사자의 두 앞발 사이에 놓여 있다. 이 두 앞발은 '사자의 문'에서 남아 있는 유일한 부분인데, 원래는 사자의 머리도 달려 있었다. 방문객들은 아마 크게 벌어진 사자의 입을 통해 성 안으로 들어갔던 것 같다. 계단을 통해 관광객들은 꼭대기까지 올라갈 수 있으며, 주변의 평원들 너머로 몇 마일이나 멀리 펼쳐져 있는 경치를 즐길 수 있다. 계단은 몹시 좁아서 한 계단에 한 발만 겨우 올려놓을 수 있을 정도이다. 힘들여 올라가는 일과 높은 곳을 즐기지 않는다면 각별히 유의해야 할 점이다. **CK**

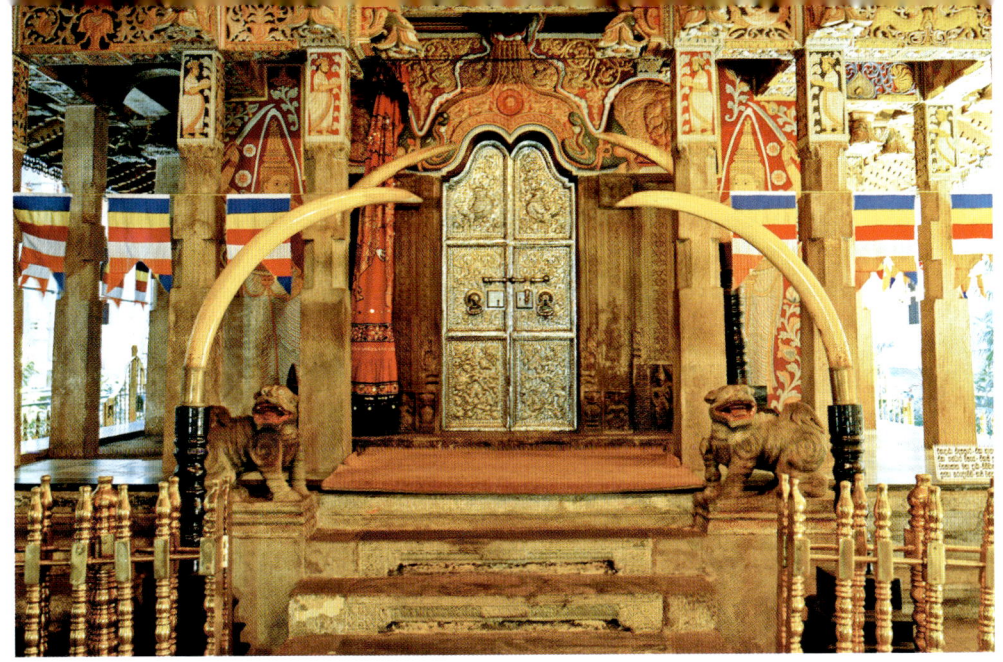

🏛 ◈ 불치사 스리랑카, 캔디 | Temple of the Tooth

스리랑카에서 가장 귀중한 불교 유물을 보관하고 있는 사당

'스리 달라다 말리가와', 즉 '불치사'(佛齒寺)는 스리랑카에서 가장 중요한 불교 사당이다. 붓다 싯다르타 고타마의 이 하나를 간직하고 있다고 하는 이곳은 전 세계로부터 불교도들이 순례하러 오는 장소이다. 그러나 진짜 이는 1650년 고아의 대주교가 불살라 버렸고, 지금 캔디에 보관되어 있는 것은 가짜라는 주장도 있다. 붓다의 이는 2층짜리 내부 사당에 모셔져 있으며 사당은 경배의 의미로 바친 꽃들, 특히 연꽃들로 가득하다. 공기 중에는 짙은 향 냄새가 가득하다. 이는 순금으로 된 연꽃 위에 놓여 있는데, 연꽃은 몇 겹으로 된 보석 박힌 황금 상자들 속에 들어 있고 상자는 옥좌 위에 놓여 있으며, 대중 앞에 신보이는 일은 매우 드물다. 매일 서녁, 사당에 들어가 붓다의 이에 경의를 표하기 위해 불교 신자들이 줄을 선다.

전설에 따르면 붓다가 죽었을 때 그의 유해는 인도의 쿠시나라에서 화장되었다고 한다. 타지 않고 남은 송곳니는 백단향 장작더미가 타고 남은 재에서 거두어져 브라흐마다테 왕에게 바쳐졌다. 이 성물을 소유하는 자는 누구든 인도를 다스릴 수 있는 신이 내린 권리를 갖게 된다는 전승이 생겨났으며, 당연하게도 성물을 서로 차지하기 위해 전쟁이 벌어졌다. 인도의 왕들 중 성물을 소유했던 마지막 왕은 칼링가 왕국의 구하시바 왕이었는데, 스리랑카의 왕 키르티 스리 메가반나의 통치시대이던 371년, 성물은 몰래 스리랑카로 밀반출되었고 그는 이것을 모셔두기 위해 사원을 지었다. 성물은 섬 이곳저곳을 돌아다니며 여러 곳에 머문 끝에 마지막으로 캔디에 오게 되었다.

캔디의 신전은 1600년경 비말라다르마수리야 1세 통치 때에 시어졌으며, 18세기에 틀어 키르티 스리 라사싱헤 왕 때 재건되었다. 이 유적지에는 붓다의 이의 역사와 관련 있는 문서와 사진들을 소장한 '스리 달라 박물관'이 있으며, 1803년 스리 위크라마 라자싱헤 왕이 지은 '파티리푸와'라는 팔각탑은 종려나무 잎사귀로 제작된 중요한 필사본들을 보관하는 박물관으로 사용된다. **CK**

랄바그 요새

방글라데시, 다카 | Lalbagh Fort

미완성 대작이자 슬픈 비석

다카는 방글라데시에서 급성장하는 수도이며, 세계에서 인구 밀도가 가장 높은 도시 중 하나이다. 생기 있고 열광적으로 돌아가는 이 도시의 생활상은 다카에 있는 보배 중 하나인 랄바그 요새, 혹은 아우랑가바드 요새에 깃든 정적이고 고요한 아름다움과 날카로운 대조를 이룬다.

랄바그 요새는 결코 완성되지 못했으며 세월이 흐름에 따라 황폐해져 버렸지만 신중한 발굴과 복원 작업으로 원래 설계된 대부분의 모습을 밝혀냈으며, 남아 있는 부분은 보존되었다. 이 사치스러운 요새 복합체는 1678년 건설되기 시작했으며, 높은 방어벽, 긴 요새 성벽, 내부에 있는 화려하게 장식된 건물들을 지켜 줄 호화로운 관문들로 둘러싸인 넓은 직사각형 부지가 될 계획이었다. 아우랑제브 황제의 아들 무함마드 아잠 왕자가 1688년에 이 요새를 건축하도록 명했다. 다카에서 계속되던 건축 작업이 15개월에 접어들었을 무렵, 왕자는 황제를 도우라는 명을 받아 떠났으며, 총독 나와브 샤이스타 칸(1664~1688년까지 통치했던, 무굴 제국에서 파견한 벵골 총독)이 뒤를 이었다. 샤이스타 칸이 몹시 사랑했던 딸로 무함마드 아잠과 약혼 중이었던 비비 파리가 갑자기 사망했으며, 요새 건설 계획은 중단되었다. 이후 비비 파리를 위한 무덤이 지어졌고, 이 무덤은 남아 있는 요새 구조물 중에서도 가장 잘 보존되어 있고 가장 인상적인 모습이다. 비비 파리의 무덤은 두 개의 다른 훌륭한 건물 근처에 있다. 모스크와, 샤이스타 칸의 웅장한 저택이었던 듯한 기념비적인 건물인 접견실과 랄바그 함만(이슬람 양식의 공공 목욕탕)이다. 요새 건물이 지닌 아름다움도 경탄할 만하지만, 이외에도 굉장히 복잡한 수로 체계가 갖추어져 있다. 뜨거운 물과 찬물을 실어 나르고 난방 시스템 구실을 하며, 오물을 버리는 하수관과 배수관 시설이 완비되어 있는 것이다.

지금은 박물관이 된 이 요새는 다카가 과거에 겪었던 파란로운 역사로 물들어 있으며, 이 도시에서 가장 훌륭한 건물들이 하나로 모여 있는 장소이다. **TP**

분홍색 궁전

방글라데시, 다카 | Pink Palace

다카 최초의 나와브의 거처

방글라데시의 수도인 이국적인 도시 다카는, 무굴 제국 황제가 보낸 벵골 총독 소재지로 1608년 공식적으로 설립되었다. 이 도시는 부리강가 강 유역을 따라 성장해 갔으며, 다카의 무역과 상업 이익은 급속히 늘어났다. 그 한복판에 '분홍색 궁전'(아산 만질)이 있으며, 궁전의 정원들은 부리강가 강의 물 쪽으로 기울어져 내려간 곳에 있다.

분홍색 궁전은 수도에서도 가장 장대한 건물 중 하나이다. 크와자 알리물라라는 사업가가 1830년 프랑스의 무역회사로부터 이 건물을 사들여 자신의 집으로 삼았다. 그의 아들 크와자 압둘 가니가 1859년에서 1872년에 걸쳐 저택을 완전히 재건축하여 현재 보이는 으리으리한 외관을 탄생시켰다. 압둘 가니는 탁월한 전략가이자 자선가였는데, 1857년 세포이 항쟁 때 영국 통치의 편에 섰던 결과로 명예 지사의 자리에 오르게 되었다. 1875년 그는 다카의 '나와브'(지도자)가 되었는데, 이후 나와브라

> "웨딩 케이크처럼 분홍색을 띤 건물, 아산 만질 ⋯ 탐험해 볼 시간이 더 있었으면 하는 바람이 들게 하는."
>
> 마이클 팔린, 『히말라야』(2004)

는 호칭은 세습되었다. 나와브의 통치 기간 내내, 분홍색 궁전은 정치 운동이 일어나는 중심지가 되었으며, 동벵골의 무슬림 세력이 부상하여 1906년에 창설된 '전 인도 무슬림 동맹'도 이곳에서 시작되었다. 1952년 동벵골 토지 취득 법령 시행 이후, 나와브와 궁전이 누렸던 부유함도 끝났으며 건물은 거의 폐허가 되었다.

1985년 방글라데시 정부가 복구 작업을 시작했으며, 옛 궁전은 나와브들의 시대에 제작된 유물들을 전시하는 23개의 갤러리가 있는 박물관이 되었다. **TP**

🏛️ ◎ 하누만 도카

네팔, 카트만두 | Hanuman Dhoka

여러 세기에 걸쳐 형성된 건물과 유적들이 있는, 카트만두의 오래된 왕궁

산악 지대에 걸쳐 있는 작은 나라 네팔은 남쪽, 동쪽, 서쪽 국경은 인도와, 북쪽은 티베트와 맞닿아 있다. 수도인 카트만두는 이 나라에서 가장 비옥하고 도시화된 지역인 카트만두 계곡에 위치한다. 이곳은 역사적인 중요성이 대단히 큰 장소이며 문학적으로 풍요로운 네팔의 과거를 반영하는 오래된 건물과 유적들이 많다.

카트만두 시의 중심에 하누만 도카('하누만의 문', 하누만은 원숭이 신이다)가 있다. 하누만 도카는 사원, 안뜰, 궁전 건물들로 이루어진 절충주의적인 종합 단지로, 말라와 샤 왕조의 '오래된 왕궁'을 형성하고 있다. 이곳은 여러 세기에 걸쳐 계속 지어져 온 건물들이 모여 있는 매혹적인 장소이다. 사료에 따르면 7세기부터 이곳에 왕궁이 서 있었다고 하지만, 현재 보는 것과 같은 복합적인 건물들은 16세기에서 20세기 초에 걸쳐 대부분 형성되었다. 방대한 건축 작업 대부분을 주관했고 궁전을 설계한 것은 특히 17세기의 프라탑 말라 왕이었다. 수많은 사원, 안뜰, 정원을 비롯하여 '순다리 초크', '나살 초크'(대관식이 열리던 곳)와 반다르칼 왕립 정원 등은 그의 치세 때 조성되었다. 프라탑 말라는 또한 중앙 현관 앞에 비슈바루파('모든 형상을 다 갖춘 이')와 하누만의 성상을 새겨 신성하게 모셨고, 나살 초크에는 판차무키('다섯 개의 얼굴을 지닌') 하누만의 사원을 세웠다. 왕궁은 왕가가 거주하는 장소였을 뿐 아니라, 행정 부서가 위치하고 예식을 거행하며 사원들이 서 있는 장소이기도 했다. 1830년의 문서에 의하면 이곳에는 35개 이상의 안뜰이 있었으나, 지금도 여전히 장관이기는 하지만, 상당히 많은 부분이 사라져 버린데다 도시 개발에 잠식당할 위기에 처해 있다.

하누만 도카는 카트만두 계곡에 있는 많은 다른 유적과 건물들과 더불어 1979년 세계문화유산으로 지정되었다. **TP**

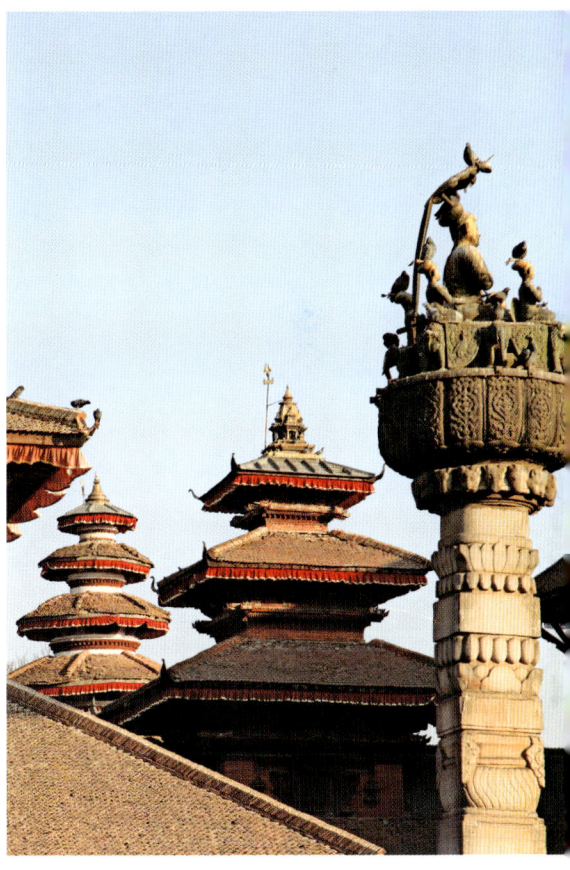

"스리 라마이 엄전을 찬양하는 노래가 울려 퍼지는 곳마다 … 하누만은 헌신과 기쁨의 눈물을 흘린다."

발미키, 『라마야나』(기원전 3세기경)

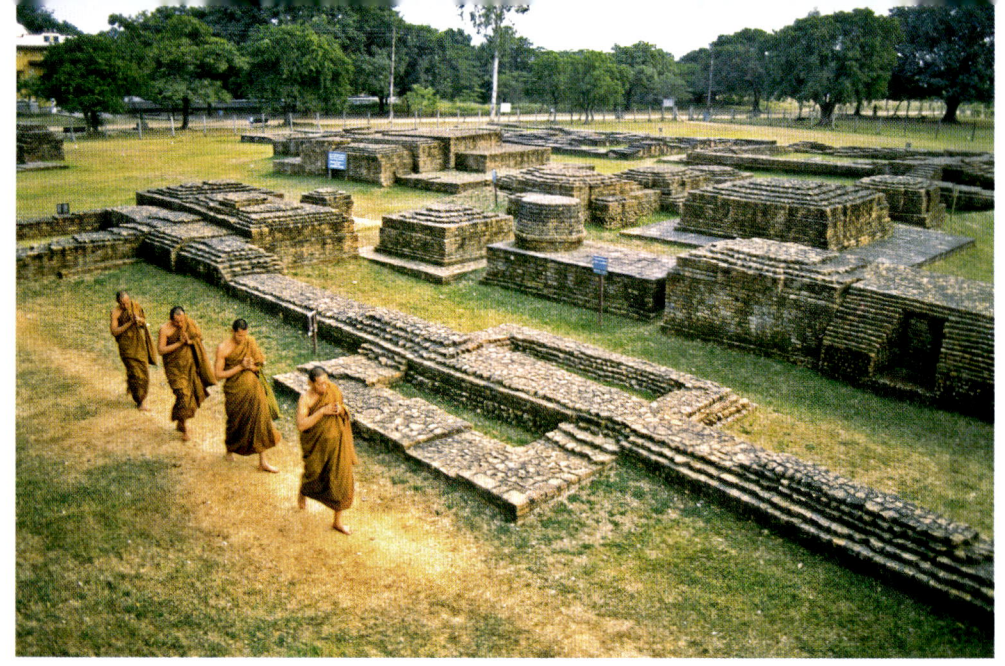

🏛 ◎ 룸비니 네팔, 룸비니 | Lumbini

붓다의 출생지로 그의 어머니 마야 부인에게 바친 사원이 있는 곳

룸비니는 네팔에서 가장 유명한 순례지였다. 이곳에는 불교 수도원 하나와 중국, 일본, 스리랑카, 미얀마, 베트남 등 세계 각지에서 온 불교도들이 세운 사원들이 많이 있지만, 룸비니의 고대 유적은 이러한 사원들보다 훨씬 더 먼 과거를 회상하게 해 준다.

'룸비니'라는 이름은 오래 전부터 붓다가 태어난 곳의 지명이라 알려져 왔지만, 세월이 흐르고 정치적이고 지리적인 국경이 변화하면서 이 도시는 망각 속에 빠져들었으며, 그 정확한 위치는 몇 세기 동안이나 미지로 남아 있었다. 이 도시는 19세기 말에 재발견되었다. 독일인 고고학자 알로이스 퓌러 박사가 돌기둥에 새겨진 고대 비문을 해독해 냈던 것이다. 돌기둥에는 이곳이 붓다의 출생지였으며 기원전 3세기의 불교도 황제 아소카가 이곳을 방문했었다고 쓰여 있었다. 아소카 황제는 붓다를 찬양하고 자신의 방문을 기념하는 의미에서 기둥을 세웠던 것이다. 아소카는 또한 붓다의 자비를 기리는 의미에서 룸비니 시에 세금을 면제한다는 칙령을 내리기도 했다.

기둥에서 그리 멀지 않은 곳에는 평화로운 신성한 연못인 푸스카르니가 있는데, 붓다의 어머니 마야 부인이 출산 전에 몸을 씻었고 태어난 아기를 처음으로 씻겼다고 하는 곳이다. 이 부근, 붓다의 어머니에게 바쳐진 고대 사원 유적의 토대 깊은 안쪽에는 기념 석비가 있어 마야 부인이 아들인 붓다를 낳았던 정확한 장소라고 알려진 곳을 표시하고 있다. **LH**

"우리의 전 존재는 우리가 생각해온 바의 결과물이다. 정신이야말로 전부다."

고타마 싯다르타 붓다

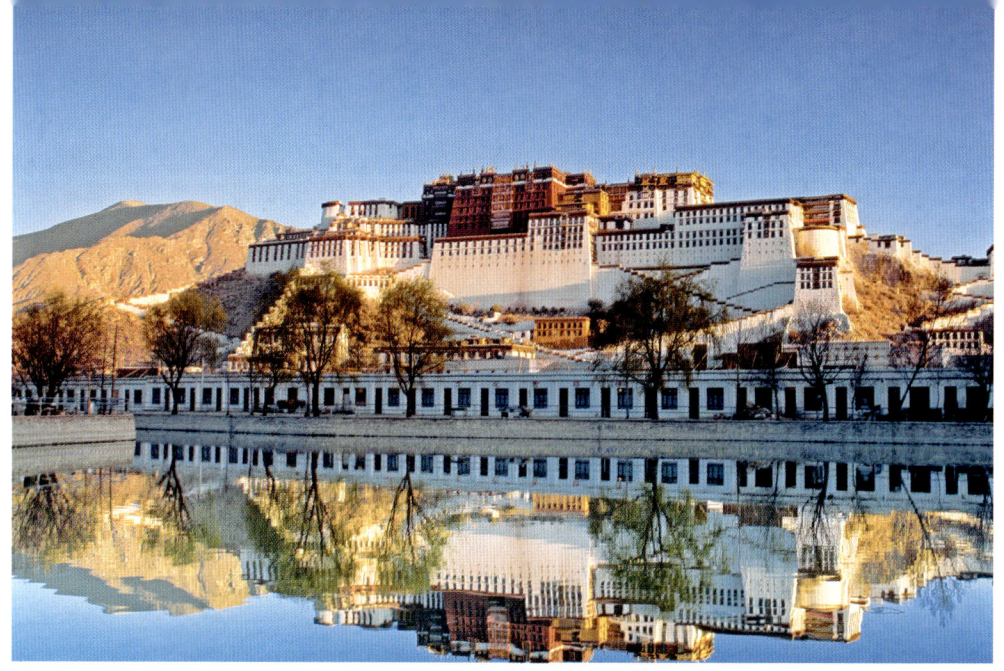

포탈라 궁전 중국, 티베트, 라사 | Potala Palace

언덕 꼭대기에 있는 수도원, 요새, 궁전 – 달라이 라마의 집

최초의 포탈라 궁전은 7세기에 세워진 훌륭한 건물이었다. 전쟁과 풍상으로 인해(벼락이 떨어져 큰 피해를 입은 적도 있다) 오래된 궁전은 폐허가 되었으며, 따라서 제5대 달라이 라마인 나왕 롭상 갸초는 원래 궁전의 토대 위에 새로운 궁전을 짓도록 명했다. 제5대 달라이 라마와 그가 이끄는 겔룩파 교단은 티베트에서 가장 중요한 종교 세력이 되었으며, 여러 야심찬 건축 계획을 후원했다.

포탈라 궁전은 천 개의 방이 있는 수도원이자 요새이며 궁전이다. 이 궁전을 짓는 데에는 7천 명이 넘는 인부들이 힘을 썼으며, 그 중 약 1,500명의 장인들은 뛰어난 솜씨의 장식을 맡았다. 궁전은 아래쪽의 계곡으로부터 130m 높이로 솟아 있는 언덕 꼭대기에 지어졌는데, 이는 부분적으로는 방어가 목적이기도 했고 부분적으로는 이 높이까지 힘들여 올라올 수 있는 진정으로 충실한 신자들만을 받아들이겠다는 의미였다. 제5대 달라이 라마와 그의 후계자들은 이 궁전에서 살았으며 이곳에서 나라 행정을 맡아보았다. 달라이 라마가 초대 왕인 송첸 감포의 궁전에 종교적 건물을 세운 것은, 불교가 정치적인 권력보다 우월한 위치를 점하였음을 보이고자 하는 의도였다. 게다가 포탈라 산은 불교 신화에 따르면 보리살타 아발로키테슈바라(관세음 보살)가 살았다고 하는 장소이기도 했다. 따라서 이 궁전은 종교적으로도 세속적으로도 중요성을 지니고 있는 셈이다. 제5대 달라이 라마가 서거한 후, 궁전은 그의 영묘를 두기 위해 크게 증축되었다.

포탈라 궁전은 하얀 돌로 건축되었으며 검은색으로 테두리를 두른 창문이 나 있는데, 달라이 라마의 영묘를 포함해 새로 지어진 부분은 붉은색이며 황금과 다른 귀중한 재료들을 이용해 호화롭게 꾸며져 있다. 이 궁전의 거주 구역은 사치스럽고 아름다우며, 여러 대에 걸친 달라이 라마들이 일하고, 연구하고, 휴식을 취해 왔던 평화로운 장소이다. 다만 진정한 휴식은 언젠가 이들이 티베트로 돌아갈 날에나 이루어질 듯하다. **SJ**

모가오 석굴 중국, 둔황 부근 | Mogao Caves

천 년도 더 된 희귀한 보물들이 발견된 고고학 유적지

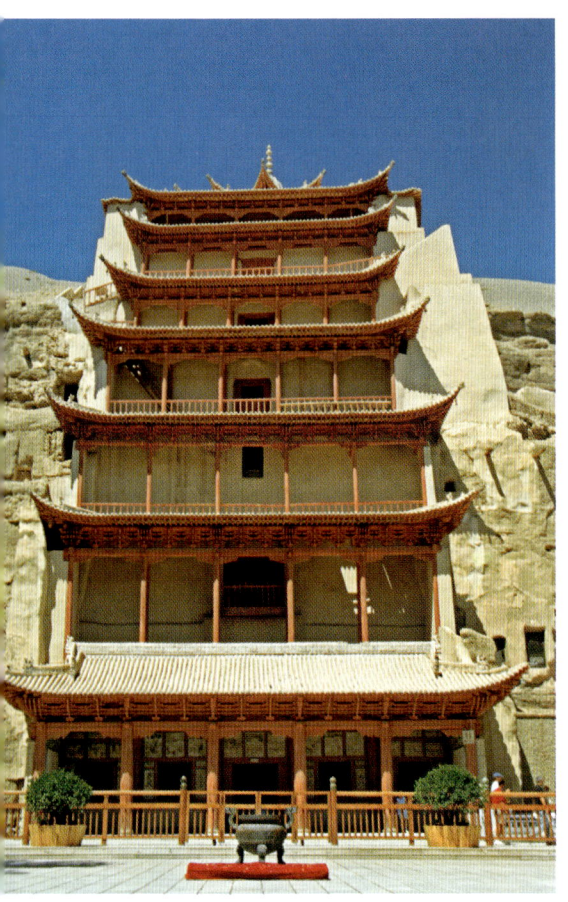

"종교, 언어, 예술, 과일, 도구, 제국, 그리고 전염병, 이 모든 것이 실크로드를 따라 유라시아를 횡단했다."

고고학자, 오렐 스타인 경

천 개의 불상이 있다고 해서 '천불동'(千佛洞)이라고도 불리는 모가오 석굴에는 불교 역사의 천 년이 압축되어 있다. 고대 실크로드에 있는 이 유적지는 여러 해 동안 여행객, 상인, 방랑하는 승려, 순례자들 사이에서 유명한 휴식처였던 둔황 오아시스 근처에 있다. 동굴의 역사는 4세기까지 거슬러 올라간다.

광활한 실크로드를 따라 운반되었던 것은 그저 값비싼 사치품들만은 아니었다. 불교 역시 불교 예술과 건축과 함께 대륙을 건너는 상인들을 따라 인도에서 중국으로 전파되었던 것이다. 동굴들은 여행자들의 쉼터, 명상할 수 있는 독방, 예술가들의 전시회장 역할을 했다. 모가오 석굴에서 찾아볼 수 있는 성상 예술은 인도 불교에서 영감을 얻었지만, 불교가 새로운 예술 터전으로 옮겨감에 따라 양식적인 요소도 변화를 겪었다.

동굴에 있는 풍요로운 예술적 보배들은 벽화, 점토 조형물, 엄청난 가치를 지니고 있는 필사본 등이다. 불교 사회는 예술적인 후원을 장려했으며, 당나라(618~906)의 황제들은 이 동굴에 특별한 재정적 후원을 해서 예술가들이 이곳에서 작업하도록 장려했다. 두 개의 거대한 불상과 벽화들은 이 무렵에 제작된 것이다. 국가적인 후원을 입은 결과, 동굴에 있는 그림들은 중국 군주들이 공훈을 세우는 모습 등 종교와 관련 없는 세속적인 주제들도 다루고 있다.

침략자들이 가해온 위협에도 모가오 석굴의 문화적 유산은 기적적으로 살아남았는데, 이는 필사본들을 감추어 두었던 승려들과 이 지역을 지켰던 티베트인들 덕택이었다. 1907년 도교의 도사 왕 위안루가 고고학자 오렐 스타인 경에게 천 년 전에 봉인되어 그 전까지 감춰져 있던 '도서관 동굴'(藏經洞)을 공개했다. 이 동굴 안에는 훌륭하게 보존되어 있던 고서, 비단 휘장, 그림, 희귀한 직물 등 천 점, 그리고 호탄어, 티베트어, 중국어, 산스크리트어, 위구르어로 된 비종교적인 문서 총 5만 건이 소장되어 있었다. **SJ**

캉시 황제의 '피서 산장'

캉시 황제는 1703년 베이징보다 더 시원한 장소를 찾아 여름 별궁을 지었다. 피서산장(避暑山莊)이라는 중국 명칭은 '여름의 더위를 피하는 산의 별장'이라는 의미이다. 캉시는 이 별장에서 무척 많은 시간을 보냈기 때문에, 제홀(청더의 원래 지명)에 서른여섯 군데의 아름다운 명소를 포고하기도 했다. 그의 손자인 치엔룽 황제 역시 이 장소를 몹시 마음에 들어 하여 또 다른 서른여섯 군데의 명소를 포고하고, 대규모 증축 작업을 주관했다. 1792년 건축이 완성되었을 때, 이 별장은 베이징의 여름 별궁보다 두 배나 큰 규모가 되어 있었다.

권력이란 황제가 가는 곳에 머무르는 법이므로 청더는 제2의 수도 역할을 하게 되었다. 정사는 이곳에서 다루어졌고 외국 사절과 부족 우두머리들도 이곳에서 황제를 접견했다. 공식적인 국가 업무는 향기로운 중국 활엽수인 남목으로 지어진, '소박함과 성실함의 전당'이라는 의미의 단보징청뎬에서 이루어졌다. 10km 길이로 뻗은 담장이 궁전을 둘러싸고 있으며, 내부의 부지는 정원, 호수, 평탄한 토지 구역으로 나뉘어 있다. 호수 구역에는 둑길과 다리가 놓여 물이 갈라져 있는데, 이는 항저우의 풍경을 연상시킨다. 평탄한 토지 구역에 있는 넓은 초원은 몽골 땅을 닮았는데, 승마를 하는 데 사용되었다. 궁전 부지의 북쪽과 동쪽에는 사찰들이 있다. 여덟 개의 외부 사찰들은 1750~1780년까지 중국 소수 민족 간의 단결을 상징하기 위해 세워졌다. 이 사찰들은 각 소수 민족의 건축 양식 요소를 반영하고 있다. 가장 큰 푸투오종쳉 사당은 라사의 포탈라 궁전을 모델삼은 것이다.

이 별장이 예전에 누렸던 찬란함의 일부는 전쟁의 피해를 입었지만, 궁전 단지의 대부분과 주변의 사찰들은 온전한 상태를 유지하고 있다. 이 궁전은 청나라 황제들이 가장 좋아했던 장소이자 정치적으로 역사적인 사건들이 일어났던 배경으로, 중국 청나라 역사 속에서 중요한 자리를 차지하고 있다. **MA**

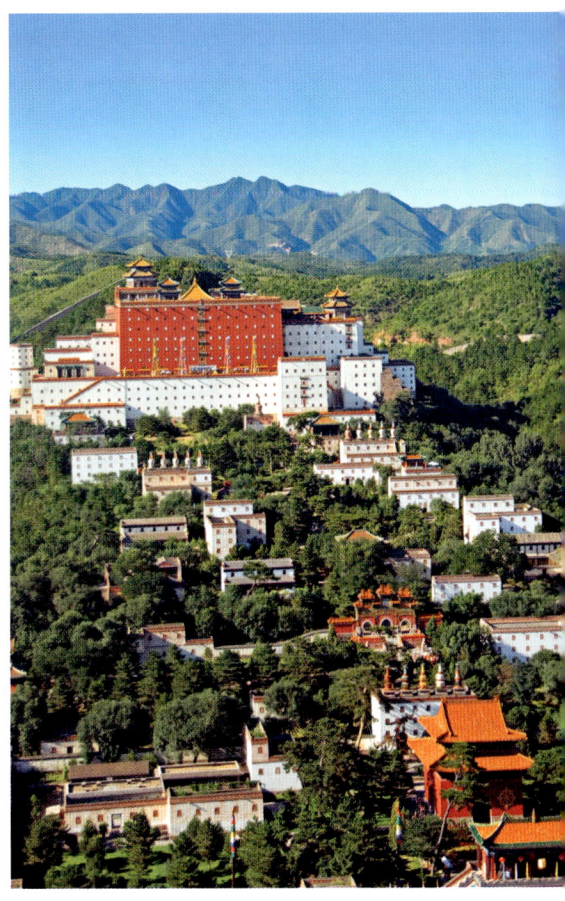

"이 궁전은 중국 봉건 사회가 발달한 최종적인 모습을 보여 주는 역사의 진기한 발자취이다."

유네스코

세계에서 가장 긴 인공 건축물로, 가장 오래된 부분은 기원전 221년에 축조되었다

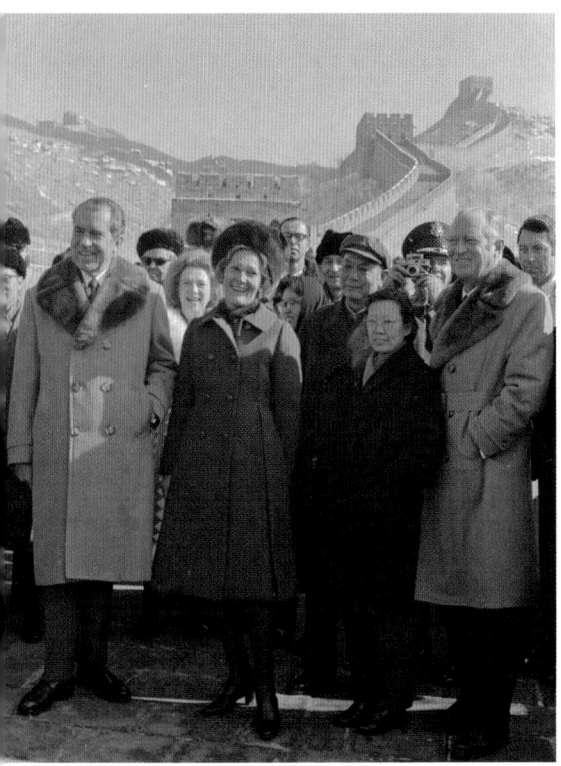

"만리장성에 올라가 보지 않았다면 진 정한 대장부가 아니다."

혁명 시도자이자 정치가, 마오쩌둥

만리장성은 흔히 알고 있는 것처럼 정말로 우주에서도 보이는 것은 아니지만, 전 세계에서 가장 대단한 건축물 중 하나이다. 세계에서 가장 긴 인공 건축물인 이 성은, 동쪽의 로프 누르에서 서쪽의 산하이관까지 중국 북부 를 따라 약 6,350km나 뻗어 있다.

기원전 221년, 중국이 최초로 통일되었을 때 새로 운 진 왕조의 황제는 북쪽에서 흉노족의 침략으로부터 자신의 영토를 지키기 위해 성벽을 축조하라 명했다. 이 때의 성벽에 대해서는 알려진 바가 거의 없으며, 아주 적 은 사료만이 남아 있다.

그 다음으로 가장 대규모였던 축조 단계는 명나라 때로, 15세기 후반이었다. 명나라 황제들은 호전적인 이 웃 몽골 족을 막기 위해 성벽을 건설하기로 결심했던 것 이다. 성벽이 놓이는 지역에 따라 그곳에서 구할 수 있는 자재에 따라 건축 기법은 다양하지만, 벽돌과 석재를 혼 합한 구조가 가장 흔하다. 성벽을 따라 일정한 간격을 두 고 망루가 세워졌으며, 매우 정교한 통신 체계 덕분에 적 군의 움직임을 감시할 수 있었고, 성벽 그 자체도 지원군 이 그 위로 달려올 수 있을 만큼 충분히 넓어 잠시도 지 체하지 않고 적군의 침략을 막을 수 있었다. 성벽에 배치 되는 주둔군들을 수용하기 위해 큰 요새와 병영 또한 지 어졌다.

중국이 결국 북쪽의 만주족에게 정벌당해 1644년 부터 청나라 왕조가 형성되면서, 벽은 사용되지 않고 방 치되었다. 청나라의 영토는 만리장성보다 더 북쪽으로 뻗어나갔으므로 이러한 방어벽은 거의 필요가 없어졌던 것이다. 성벽의 일부는 잘 보존되어 있지만, 대부분은 풍 상에 침식당하고 지역 주민들이 건축 자재로 쓰기 위해 뜯어간 끝에 현재 매우 열악한 상태이다. **AG**

⊡ 만리장성은 중국 제일의 상징물이므로 닉슨 대통령도 1972 년 중국을 방문했을 때 당연히 이곳에 들렀다.

⊡ 베이징에서 130km 북쪽에 있는 방치된 상태의 시마타이 구역 성벽은 수려한 경관을 따라 서 있다.

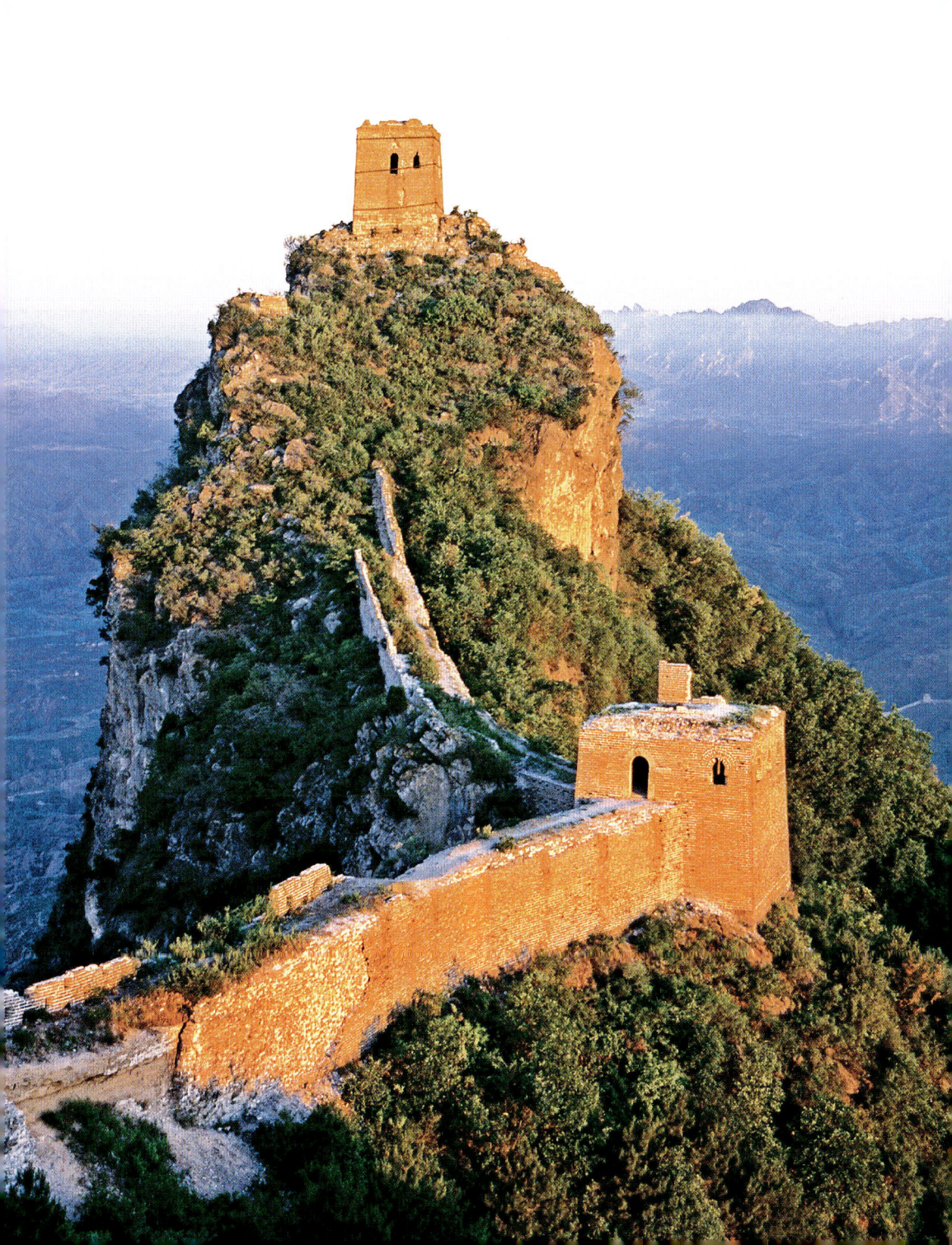

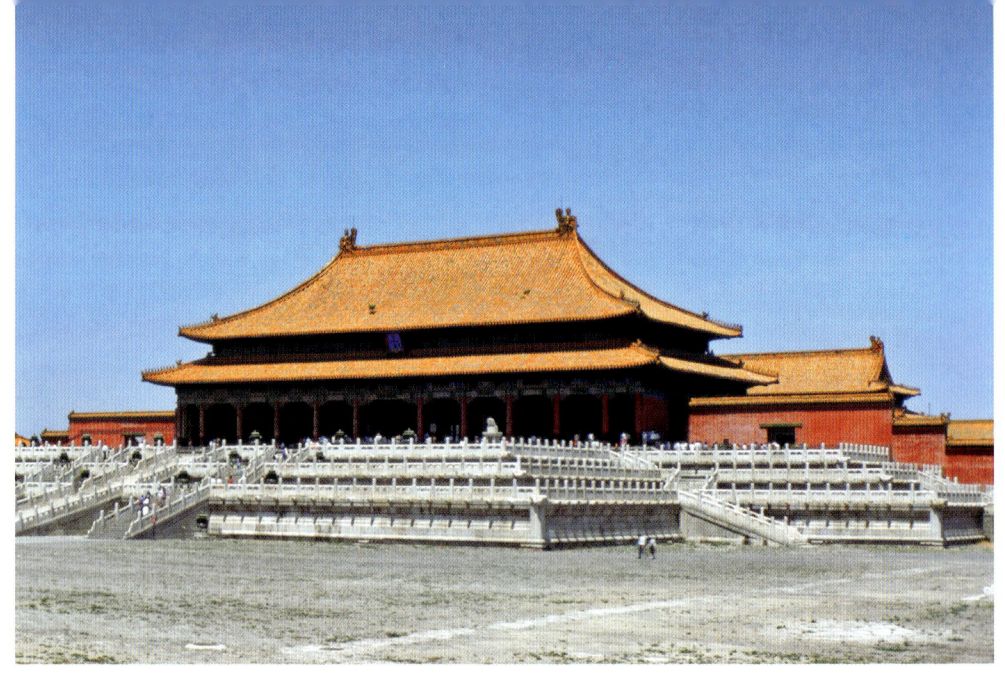

만주 황제궁 중국, 선양 | Manchu Imperial Palace

만주국 황제들의 거처

소규모 자금성이라 할 수 있는 이 도시는 만주의 황제들이 정부 소재지로 지은 것이다. 1624년 누르하치 치세에 건축이 시작되었고 그의 아들 아바하이 때 완성되었다. 만주족의 세력이 뻗어나가, 중국을 정복하고 청나라 (1644~1911)의 토대를 닦게 된 것은 바로 이곳에서였다.

이곳은 동로(東路), 중로(中路), 서로(西路)의 세 구역으로 나뉘어 있다. 동로를 지배하고 있는 건물은 황제가 칙령을 발포하고 승리를 거둔 장군들과 접견했던 '중대한 정사의 궁전', 즉 대정전(大政殿)이다. 중로는 권력의 중심지로 아바하이가 궁신들과 회의를 열던 장소였으며, 이 궁전에서 가장 중요한 장소였다. 아바하이와 그의 첩들은 칭닝궁에서 침소에 들었다. 중로를 마무리하는 건물은 봉황루(鳳凰樓)로, 3층 높이의 이 탑은 건설 당시 성경(선양의 옛 이름, 만주어로는 '무크덴')에서 가장 높은 건물이었다.

치엔롱 황제는 자신의 치세 때 서로를 증축했다. 주 건물인 '웬수 관'에는 고전 서책들이 소장되어 있었으며 황제들은 이곳을 도서실로 이용했다. 이 건물에는 공연을 즐길 수 있는 무대도 있다. 궁전의 전체적인 규모를 보자면, 60,000㎡에 이르는 땅 위에 건물 70채가 있고, 방의 개수는 300개 이상이다. 건축학적인 면에서는 만주 양식과 중국 다른 지역의 양식이 혼합되어 있다. 치엔롱은 건물에 한족과 몽골 족의 양식을 부가했다. 붉은 벽돌로 된 높은 벽에 둘러싸인 건물들은 대부분 석재와 벽돌로 지어졌으며, 화려하게 채색된 기와로 지붕이 덮여 있다.

만주족이 청나라를 세운 이후 수도는 베이징으로 이전되었다. 그러나 이 궁전은 조상 전래의 권력 기반이었으므로 중요성을 유지해 나갔고, 청나라 황제들도 계속해서 이곳을 보수했다. 만주 황제궁은 중국에서 두 번째로 잘 보존되어 있는 궁전 유적이자, 소수 민족이 세운 건물에 속하는 드문 유적이기도 한다. **MA**

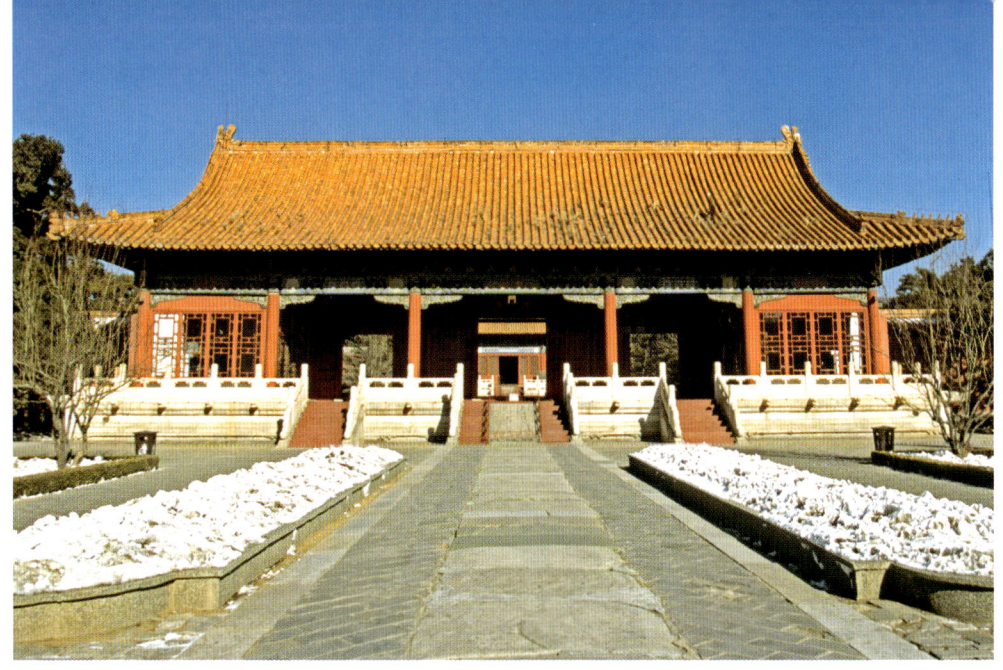

명나라 황릉 중국, 베이징 | Ming Tombs

중국의 가장 위대한 황제들 몇 명이 묻혀 있는 웅장한 묘실들

1402년, 주디 황제(연호는 영락제(永樂帝))는 조카 주윤 웬으로부터 왕위를 찬탈했다. 따라서 주디는 명나라의 세 번째 황제가 되었으며 수도를 난징에서 자신이 다스리던 도시 베이징으로 옮겼다. 1407년 아내인 서 황후가 죽자, 주디는 점쟁이를 시켜 황실에 걸맞은 무덤을 지을 만한 장소를 알아보도록 했다. 선택된 장소는 3면이 옌산산으로 둘러싸여 있어 풍수적으로도 좋고, 군사적으로 방어하기에도 좋았다. 1409년에 건축이 시작되었고, 결국 16명의 명나라 황제 중 13명이 이 자리에 묻히게 되는데 마지막 무덤은 1644년의 것이다.

황릉 터의 넓이는 40km²이다. 무덤에 따라 규모와 웅장함의 정도는 차이가 있지만, 모두 똑같이 기본적인 설계를 따르고 있다. 각각의 능묘는 벽으로 둘러싸여 있으며, '뛰어난 은혜의 문'을 통해 들어가게 되어 있다. 이 문은 서거한 황제의 후손들이 제사를 올리는 '뛰어난 은혜의 전당'으로 통한다. 건물들은 대부분 명조 때 귀하게 여겼던 남목으로 지어졌다. 이 건물 뒤에 황제와 황후들이 잠들어 있는 벽에 둘러싸인 능들이 있으며, 능 앞에는 '영혼의 탑'이 있다. 이 작은 건물에는 황제가 생전에 쌓은 공덕을 새겨 놓은 석비가 있다. 단지 주변에는 제사를 맡아 보는 관리들이 거주하는 구역이 있었다. 건축에 사용된 벽돌은 무게가 약 25kg이나 나갔으며, 장수를 뜻하는 '수'(壽)라는 글자가 새겨져 있다. 무덤의 규모는 부분적으로는 황제 자신이 지었는지 그 후손들이 지었는지 여부에 따라 서로 다양하다.

황릉에 가려면 동물과 관리들의 모습을 조각해 놓은 석상이 늘어선 기나긴 신성한 길을 거쳐야 한다. 오늘날 황릉들 중 세 개만 공개되어 있다. 이중 주디의 무덤이 가장 웅장하며, 정릉(定陵)은 그 안으로 들어가 볼 수 있다. **MA**

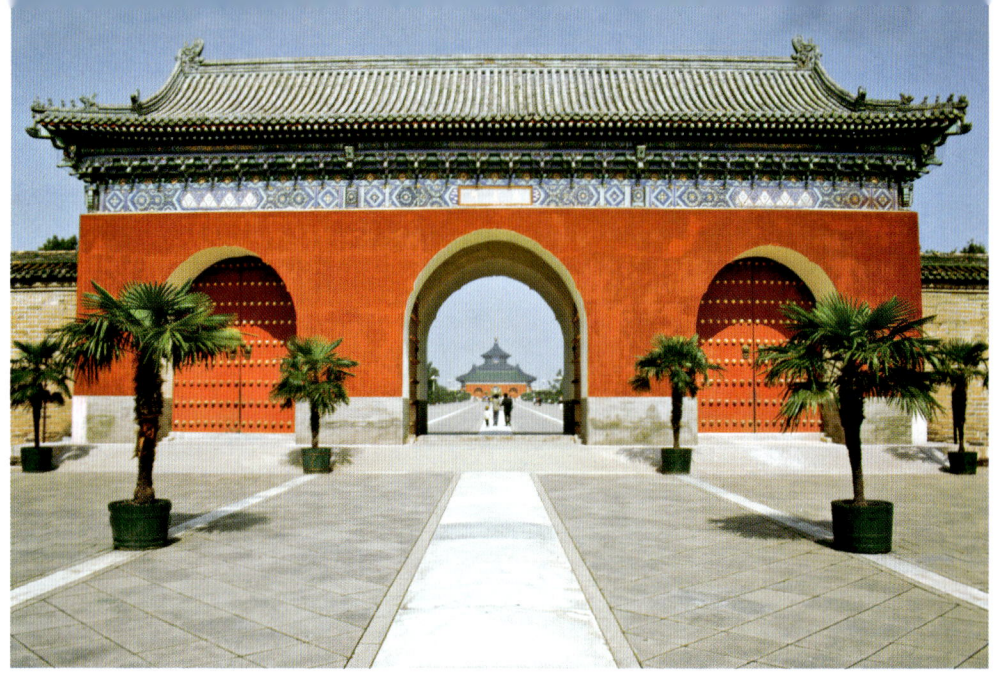

🏛️ ◎ 천단 중국, 베이징 | Temple of Heaven

고대 중국 신앙에 따라 세계를 상징적으로 형상화해 놓은 곳

가장 유명한 베이징의 상징 중 하나인 '천지단'(天地壇)은 1402년부터 1424년까지 통치했던 주디 황제(영락제) 때에 세워졌다. 16세기에 지아징 황제 때에 이름이 짧게 '천단'이라 줄어들었다. 이 제단은 하늘에 제사를 올리던 곳이었다.

천단은 북에서 남으로 뻗은 축을 기준으로 배치되어 있다. 터의 남쪽 끝은 땅을 상징하는 사각형 모양이고, 북쪽 끝은 반원형이며 남쪽 끝보다 높이 올라와 있는데, 하늘을 상징한다. 1530년에 건축되었고 1740년에 재건된 원형 제단은 흰 대리석으로 되어 있고, 세 단으로 층이 진 구조이다. 동짓날이면 명나라와 청나라의 황제들은 이곳에서 하늘에 제사를 올렸다. '천상의 황제의 둥근 지붕 건물'이라는 의미의 황궁우(皇穹宇)를 둘러싸고 있는 벽은 메아리 벽으로, 이곳에서는 속삭이는 소리도 65m까지 전달된다. 황궁우는 제단과 같은 시기에 건축되었는데, 그 디자인은 '풍년을 비는 제사의 전', 즉 기년전(祈年殿)과 유사하며, 황제의 조상들의 위패를 모셔 놓는 곳이었다. 이 위패들은 동짓날 제례를 올리는 데 사용되었다. 기년전은 의식을 열 때 매우 중요한 역할을 수행하는 건물로 부지 전체를 지배하고 있다. 3단으로 된 대리석 단상 위에 자리하고 있으며, 스물여덟 개의 기둥이 건물을 지탱하고 있다. 네 개의 기둥으로 이루어진 맨 안쪽의 원은 계절을, 중간의 열두 개 기둥의 원은 일 년의 열두 개월을, 나머지 열두 개 기둥은 시진(時辰)을 상징한다(시진은 시간의 단위로, 하루는 열두 개의 시진으로 나뉜다).

1998년 세계문화유산에 등재된 천단은, 세계에서 가장 위대한 문명 중 하나가 발전해 오는 데에 지대한 중요성을 지녔던 우주관을 분명하고도 생생하게 보여 주는, 건축과 조경 디자인의 걸작이다. 천단의 상징적인 배치와 설계는 여러 세기에 걸쳐 극동 지방의 건축 양식과 설계 방식에 깊은 영향을 주었다. **MA**

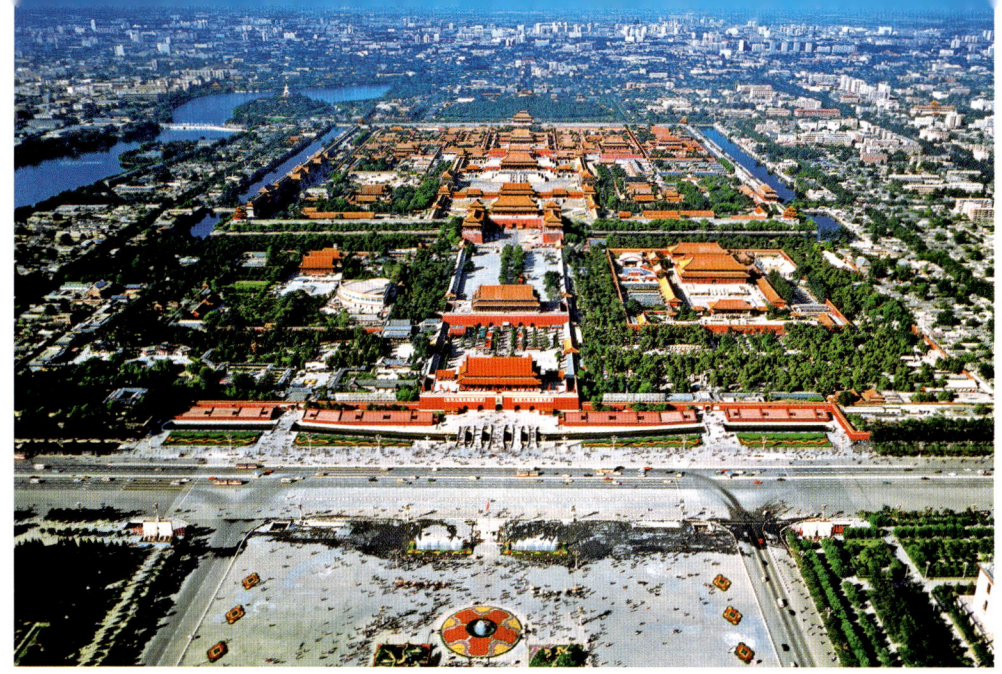

자금성 중국, 베이징 | Forbidden City

명조와 청조의 궁전 단지로 1407년부터 있어 왔다

명조와 청조의 황제 궁전인 자금성의 건축은 1407년에 시작되었으며, 20만 명이라는 엄청난 사람들이 고생한 끝에 14년이 걸려 완공되었다. 황제의 권력과 위엄을 상징하기 위해 설계된 자금성은, 천제(天帝)의 거처와 동등한 지상의 등가물이라 여겨졌다. 자금성이라는 이름은 황제의 허가 없이는 그 누구도 안으로 들어오거나 나갈 수 없다는 사실을 의미한다.

직사각형 모양의 건물 단지는 - 각 변에 주 성문이 나 있다 - 깊이 6m의 해자와 높이 10m의 벽에 둘러싸여 있다. 총 넓이가 약 72헥타르에 이르는 자금성 안에는 약 800채의 건물과 8,880개의 방이 있는데, 방의 개수가 좀 더 그럴싸한 숫자인 9999개라고 나와 있는 자료들도 있다. 이 건물들 중에 다섯 채의 커다란 전당과 열일곱 채의 궁전이 있었다. 자금성은 두 지역으로 구분되었다. 남쪽 구역, 즉 '전조'(前朝)는 황제가 매일의 정무를 보는 곳이었고, 황제와 그 가족이 거주하는 곳은 북쪽 구역, 즉 '내정'(內廷)이었다. 건물의 소재로는 목재가 지배적으로 쓰였다. 자금성 안에는 오래된 목조 건물들이 세계에서 가장 큰 규모로 모여 있으며, 지붕은 전통적인 왕의 색깔인 노란색으로 칠해졌다.

1644년 명나라 뒤를 이어 들어선 청나라의 열 명의 황제들은 자금성을 정부 소재지로 삼았다. 1912년, 신해혁명에 뒤이어 중국의 마지막 황제인 푸이가 퇴위했고, 자금성은 결국 박물관이 되었으며 많은 보배와 진기한 물품들을 전시하게 되었다(유물들의 일부는 국공내전(國共內戰) 동안 대만으로 옮겨졌다). 중국 공산당의 정책이 완화되면서 자금성은 중국인과 외국인 관광객 모두가 찾는 주요 명소가 되었다. **AG**

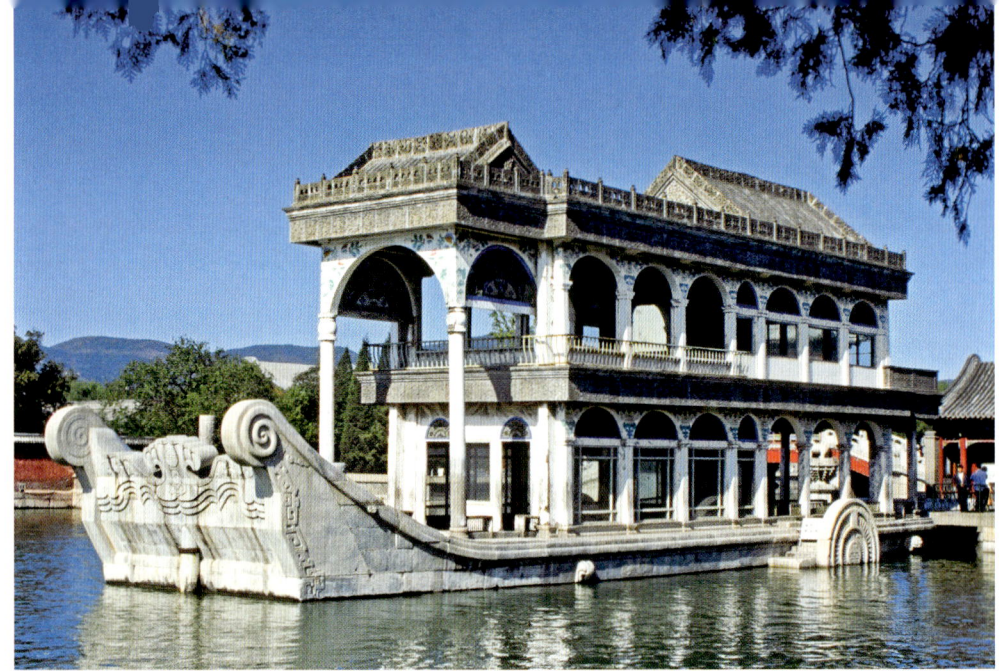

🏛 ◉ **여름 궁전** 중국, 베이징 | Summer Palace

중국 조경 정원 설계의 걸작

여름 궁전을 건축하는 첫 단계는 1750년 만주 왕조의 제 5대 황제 치엔롱 황제에 의해, 어머니를 위한 선물이자 자금성의 더위와 소란스러움을 피해 황실이 머무를 수 있는 여름 별장으로 시작되었다.

　　여름 궁전과 이에 부속된 건물들은 언덕 위의 숲 속에 지어졌으며, 냇물을 막아 만든 세 개의 호수 사이사이에 예술적으로 배치되었다. 설계사들이 잡았던 중심 테마는 중국의 서로 다른 지방의 건축 양식과 정원 양식을 하나로 통합하려는 목표였다. 예를 들어 여름 궁전 남쪽에 있는 호수는 항저우 지역에 있는 유명한 서호(西湖)를 본떠 재창조한 것이다. '조화로운 이익의 정원'은 중국 남부에서 볼 수 있는 전형적인 수상 도시를 기초로 삼았다. '장수의 언덕'에는 티베트 양식의 건물들이 세워졌고, '쑤저우 거리'에는 전형적인 중국 양식의 상점들이 늘어섰다. 궁전 단지 전체는 세 구역으로 나뉘어 있었다. 공무를 집행하는 행정 구역, 황제와 황실이 머무르는 거주 구역, 그리고 호수와 정원들로 이루어진 풍치 구역이다.

물과 땅, 건물이 조화롭게 어우러져, 고요한 아름다움을 자아낸다.

　　여름 궁전은 1860년과 1902년에 있었던 유럽의 침략으로 파괴되었다. 두 차례 다 궁전은 서태후에 의해 재건되었으며, 많은 중국인들에게 이 궁전은 외국의 야만적인 행위에 맞서는 민족적 문화적 저항의 상징이 되었다. 1911년 혁명이 일어나고 새로이 공화국이 들어서면서 여름 궁전은 대중에게 공개되었으며, 1924년부터는 베이징 시민들을 위한 공원이 되었다. 유네스코는 1998년 여름 궁전을 세계문화유산으로 지정했다. **AG**

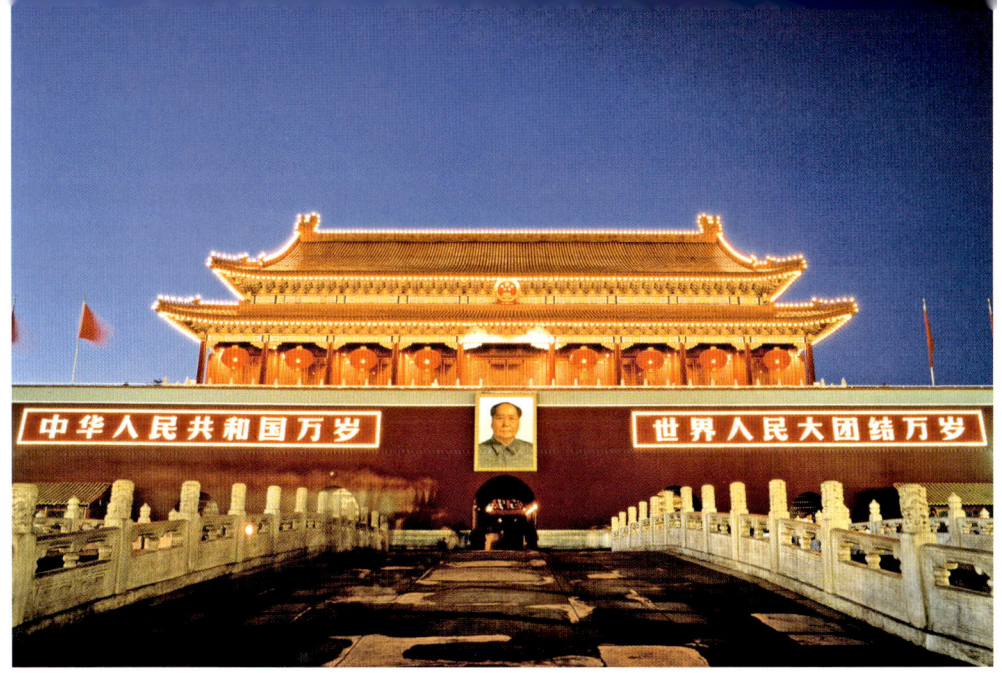

천안문 중국, 베이징 | Tiananmen

자금성으로 들어가는 입구 중 하나이며, 중요한 정치적 사건의 현장이었던 곳

'천상의 평화의 문'이라는 의미의 천안문(天安門)은 베이징의 자금성으로 들어가는 네 개의 주 관문 중 하나이며, 광대한 천안문 광장은 이 문에서 이름을 얻었다. 이 광장은 북쪽에서 남쪽으로 880m, 동쪽에서 서쪽으로 500m의 넓이로 뻗어 있어, 세계에서 가장 넓은 도시 광장이다.

천안문의 건축은 1417년 명나라의 자금성 건축의 일부로 시작되었는데, 오늘날 우리가 알고 있는 대략적인 모습을 갖추게 된 것은 1699년의 개조 작업 때였다. 20세기까지 천안문 앞의 구역에는 정부 관청들이 들어서 있었으며, 이 지역은 1902년 의화단 운동(義和團運動)으로 피해를 입어 비워지게 되었다. 1950년대 초에 중화문(中華門)을 헐고 그 주변에 형성되었던 좁은 거리들을 없애면서 공지는 더욱 넓어졌다. 마오쩌둥 시대에 광장 주변에 여러 채의 중요한 건물들이 세워졌다. 인민대회당(人民大會堂), 국립 박물관, 마오쩌둥 기념관 등으로, 기념관에는 1976년 사망한 '위대한 키잡이' 마오쩌둥의 방

부 처리된 유해가 안치되어 있다.

천안문 광장은 그곳을 배경으로 하여 일어난 정치적 사건들로 유명해졌으며, 심지어 악명 높은 장소가 되었다. 1949년 10월 1일, 마오쩌둥이 천안문 광장에서 중화 인민 공화국의 탄생을 선언했으며, 이후 광장은 공산주의의 특징이라 할 수 있는 집단적인 친정부 집회와 퍼레이드가 벌어지는 장소가 되었다. 좀 더 최근으로 와서는 이 광장에서 저항 시위, 특히 민주화 운동이 일어나게 되었다. 이러한 시위는 1989년에 정점을 이루었고, 결국 당국에서는 무자비한 폭력을 가해 시위대를 진압하였다. 한 자료에 따르면 당시 충돌로 인해 사망한 시위자의 수가 186명이었다고 한다. **AG**

🏛 ◎ 공룡 뼈 언덕 중국, 저우커우뎬 | Dragon Bone Hill

호모 에렉투스의 초기 견본인 북경 원인을 발견한 장소

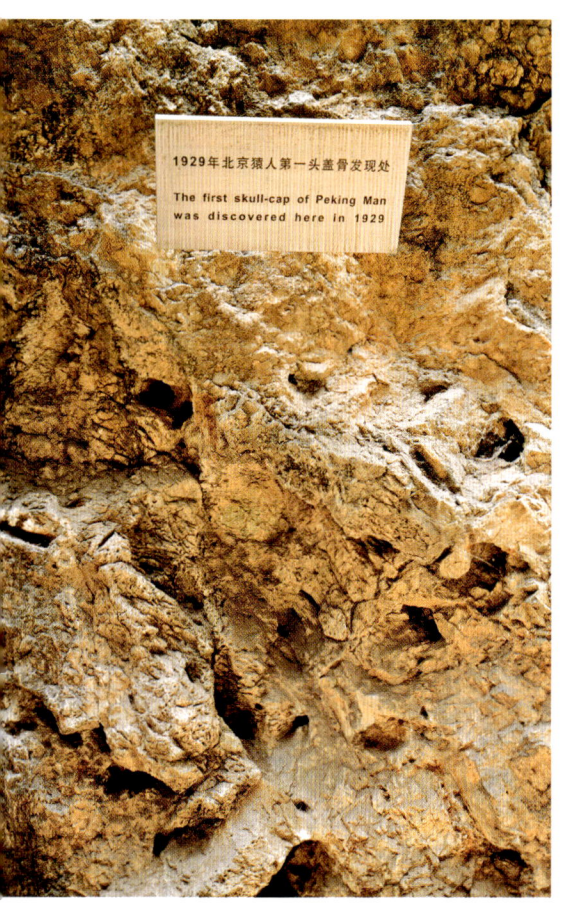

"그 발견은 전 세계적으로 평범한
 사람들의 호기심에까지 불을 지폈으며
 '북경 원인'은 친숙한 단어가 되었다."

저널리스트, 셰일라 멜빈, 페이 원중의 발견에 대하여

'공룡 뼈 언덕'은 20세기 들어 발견된 가장 중요한 인류의 흔적의 현장이다. 1921년, 스웨덴 지질학자이자 고고학자인 요한 군나르 안데르손은 오스트리아 화석학자 오토 츠단스키와 이곳에서 협동 작업을 하던 중 인간의 것으로 보이는 두 개의 치아를 발견했다. 1926년 안데르손은 초기 인류의 치아를 발견한 일을 발표했고, 그토록 오랜 옛날 아시아에 인류가 살았다는 사실을 알지 못했던 과학계는 충격에 휩싸였다. 발견된 화석은 '시난토로푸스 페키네시스'라는 이름의 새로운 속(屬)이자 종(種)이 되었다. 이후 이는 '호모 에렉투스 페키네시스'라 재분류되었다. 1929년, 지질학자 페이 원중이 거의 완벽한 두개골 상부를 발견하면서 발견된 화석에 대한 의심은 가라앉았다. 두개골은 또한 현생 인류가 유인원에서 직립 인류 단계를 거쳐 진화해 왔다는 사실을 증명해 주었다.

공룡 뼈 언덕에서는 제2차 세계대전이 일어나기까지 발굴 작업이 계속되어 많은 두개골을 발견해 냈다. 그러나 중국이 일본에 점령당해 있던 동안 유골을 미국으로 보내던 과정에서 모든 것이 알 수 없는 경로로 인해 사라져 버렸으며 아직까지 나타나지 않았다. 이후의 발굴 작업은 성과가 거의 없다가, 1966년 두개골 뼈 조각들이 발견되어 상부 두개골과 조립해 볼 수 있게 되었다. 화석들이 발견되었던 동굴은 50m의 깊이까지 퇴적물로 가득 차 있었다. 과학자들은 이 퇴적층을 열일곱 개의 층으로 나누었으며, 북경 원인은 지층 10시대(약 50만 년 전)부터 지층 3시대(약 23만 년 전)까지 살았던 듯하다. 다른 동굴들을 조사한 결과 초기 호모 사피엔스 화석들도 발견되었다. 이 유적지에서는 많은 도구도 발견되어 이 초기 인류들의 생활상이 어땠는지 밝혀 준다.

1987년 세계문화유산으로 지정된 '공룡 뼈 언덕'은 인류 생활의 진화적인 길목에 놓여 있는 중요한 유적이다. 발굴 작업은 계속되고 있으며 더 많은 화석 유적이 발견되었다. **MA**

태산의 사찰들 중국, 타이안 | Mount Taishan Temples

중국에서 가장 성스러운 봉우리로, 순례자와 여행자들을 이끄는 곳

태산은 전설과 문화 속에 잠겨 있는 산이다. 판구(盤古 : 도교의 천지 창조 설화에 나오는 최초의 인간)의 창조 신화에 따르면, 판구가 죽자 그의 머리가 태산이 되었다고 한다. 도교에서 가장 중요하게 여기는 5대 산 중 하나인 이 산은 불교에서도 중요한 위치를 차지하고 있다. 수천 년이라는 세월 동안 태산은 중국에서 가장 신성한 봉우리였으며, 고대 중국의 황제들은 이를 천제의 아들로 여겼다. 새로 자리에 오른 황제가 처음으로 하는 일 중 하나는 태산에 올라가 천상과 지상에 선조들을 위한 기도를 드리는 일이었다. 기원전 6세기 공자가 태산에 올랐을 때, 그는 "세상은 작다"고 언명했다. 천 년 후, 마오쩌둥은 단언했다. "동쪽은 붉다."

태산의 높이는 해발 1,546m이며, 22채의 사찰, 97개의 옛터, 819개의 비석, 그리고 절벽과 바위에 새겨진 비문 1,018개가 있다. 가장 높은 곳에는 옛사람들이 세상의 통치자라 믿었던 옥황상제의 옥황정(玉皇頂)이 있다. 옥황정 앞에는 글자가 없는 비석인 무자비(無字碑)가 서 있는데, 제안된 비문이 황제의 마음에 차지 않아 텅 빈 채로 남았다고 한다. 가장 크고 완벽한 건물은 진나라 때 처음으로 지어진, 태산의 산신전 대묘(岱廟)이다. 출산과 새벽을 상징하는 도교의 여신 벽하원군(碧霞元君)에게 바쳐진 '푸른 구름의 사찰' 역시 많은 이들이 찾는 장소이다. 산으로 이르는 6,660개의 돌계단은 고대에 만들어진 것이다.

현대 중국 철학자인 궈 모뤄는 태산을 '중국 문화의 부분적인 축소판'이라 일컬었다. 고대 중국의 문명과 신앙을 상징하는 중요성으로 태산은 1987년 세계문화유산 목록에 등재되었다. 태산 정상에 오르면 100세까지 살 수 있다는 믿음을 안고 수많은 이들이 산길을 오르고 있다. 태산은 구름에 싸여 있을 때가 많지만, 등반객 중 많은 이들은 구름 위로 일출을 보려는 희망을 품는다.

MA

"떨어진 잎은 뿌리로 돌아간다는 중국 성어는 … 모든 혼백이 사후에 태산으로 돌아 올 거라는 의미이다."

유네스코

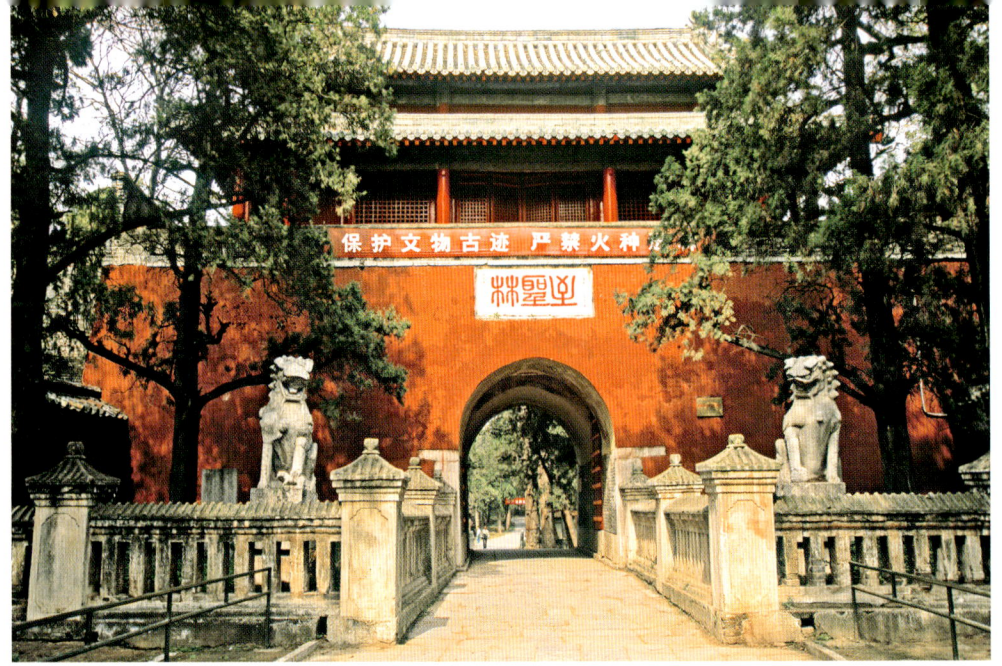

공자 사원 중국, 취푸 | Confucius Temple

큰 영향력을 발휘한 중국 철학자에게 바친 정통 사원 단지

공부자(孔夫子)의 전설적인 출생지 취푸에 있는 원조 사원의 역사는 이 철학자가 죽은 지 1년 후인 기원전 478년으로 거슬러 올라간다. 공자의 명성이 널리 퍼지면서 사원 단지도 커져 갔고, 오늘날 이곳은 중국에서 가장 넓은 3대 대규모 고대 건축물 단지 중 하나이다.

오늘날 보이는 모습 대부분은 명나라와 청나라 때 형성되었다. 북에서 남으로 뻗은 축을 기준으로 세워진 이 사원은 왕궁의 구조를 본떠 설계되었으며, 아홉 개의 안뜰로 나뉘어 있다. 주 건물은 세 개의 전(殿)과 각(閣) 하나, 제단 하나, 세 개의 조상 사당으로 이루어져 있다. '학자들의 성좌 건물'이라는 의미의 규문각(奎文閣)은 진나라 때 세워졌다. 규문각은 2층짜리 목조 건물로 꼭대기 층에는 황제들이 하사한 책들이 보관되어 있다.

1층은 황제들이 제사를 드릴 때 쓰던 물품들을 보관하는 곳이다. 대성문(大成門) 바로 뒤에는 공자가 제자들을 가르쳤던 '살구의 단'이 있다. 이 너머에 있는 건물들 중 하나는 중국에서 가장 큰 오래된 전(殿) 중 하나

인 대성전(大成殿)으로, 공자와 다른 학자들이 제사를 드리던 곳이었다. 다른 두 지역은 가문의 참배를 올리는 곳이다.

취푸에 있는 원조 공자 사원과 더불어 다른 많은 사원들도 지어졌다. 이들은 2천 년이 넘도록 중국 황제들의 후원을 얻었으며, 황제들은 최고 솜씨의 예술가와 장인들이 공자와 그의 업적에 바친 건물들을 짓고 재건하며 주변을 조경할 수 있도록 해 주었다.

공자는 동양은 물론이고 유럽과 서양에까지 그 철학과 정치적 주의에 공헌을 남겼으며, 이는 현대 사상과 정부가 발전하는 데에 있어 가장 심원한 요소들 중 하나였다. 이러한 이유로 취푸의 공자 사원은 공자의 무덤이 있는 묘지와 공자 가문의 집과 함께 1994년 유네스코 세계문화유산으로 등재되었다. **MA**

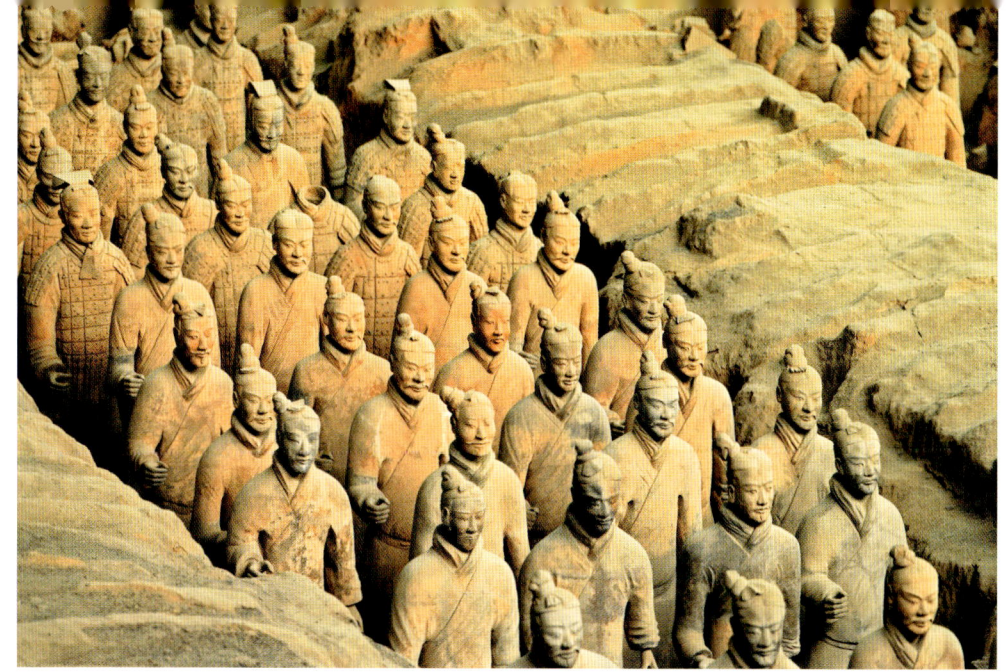

진시황릉 중국, 시안 | Mausoleum of the First Qin Emperor

최초로 중국을 통일한 황제와 그가 거느린 무수한 토병들이 묻혀 있는 곳

중국 최초의 황제(기원전 260~210) 진시황(秦始皇)은 중국을 단일한 정치 통합체로 통일했다. 그는 영토 전역에 문자와 도량형, 화폐를 표준화했으며, 그의 재위 기간에는 도로와 요새, 대규모 방어벽이 축조되었다. 그러나 황제가 명했던 가장 웅장하고 과대한 성향의 건축 계획은 자신이 묻힐 방대한 무덤을 지으라는 것이었다. 고대부터 중국 사람들은 사후 세계를 믿어 왔으며 선조들을 섬겨 왔다. 황제나 고관들의 무덤은 속세의 삶을 모사해서 설계되었다. 일상생활의 용품들, 조상 숭배를 위한 청동 식기들, 악기, 아내들, 때때로는 궁궐의 신하들이 황제가 안전한 길을 갈 수 있도록 함께 묻히는 경우도 있었다.

기원전 2세기의 역사가 사마천의 기록에 따르면, 진시황릉은 세상의 축소판이었다고 한다. 8천 명의 실물 크기 병사들(말을 타고 있는 것들도 있다)로 이루어진 유명한 테라코타 군대는 인간의 모습을 본떠 만든 것으로, 황제의 묘를 지키기 위해 진짜 창과 칼을 들고 있다. 각각의 병사들이 저마다 독특한 표정을 하고 있어 개별화가 돋보이는 사실주의적인 인상을 자아낸다. 병사들의 무기와 의복, 머리 모양은 옆에 있는 병사와 각자 서로 다르기 때문에 더 진짜처럼 보인다. 이 광대한 테라코타 군대는 중국 최초의 황제가 지녔던 절대적인 권력과 거대한 야망을 증언해 준다. **SJ**

"진시황릉은 이제껏 창조되었던 가장 완전하고 아름다운 예술 작품 중 하나이다."

저널리스트, 조나단 존스

큰 기러기 탑 중국, 시안 | Big Goose Pagoda

대자은사 근처에 있는 탑으로, 현장이 번역한 불교 경전을 소장한 곳

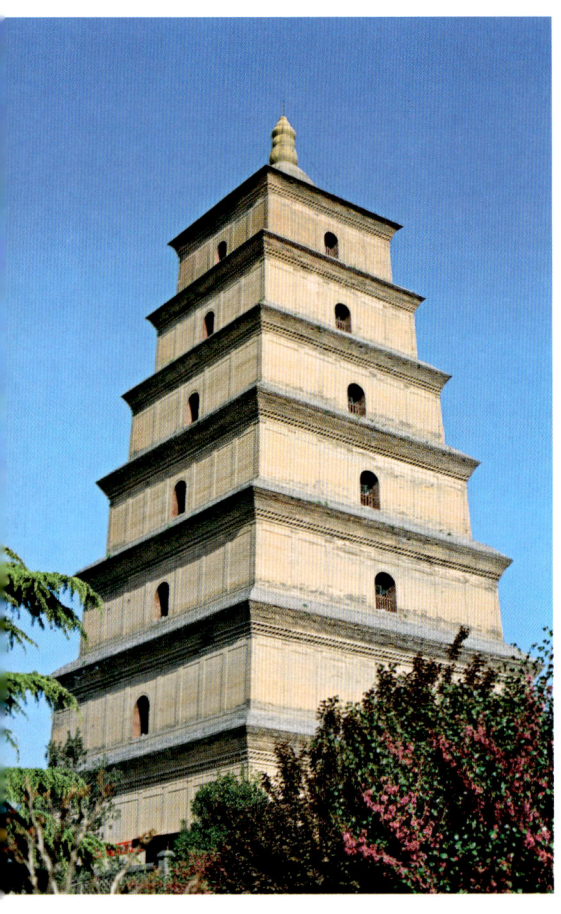

"…사나운 불꽃 한가운데서도 황금 연
꽃은 심기리라…"

오승은, 『원숭이』(아서 웨일리의 1942년 번역)

불교는 소아시아를 거쳐 지중해 연안과 중국을 연결해
주었던 고대의 무역로인 실크로드를 따라 중국에 들어왔
다. 옛 장안(시안)은 이 길의 동쪽 종착역이며, 불교는 이
도시의 발전에 큰 영향을 끼쳤다. 7세기에, 승려 현장은
너무나 형편없이 번역된 불교 경전에 실망한 나머지 인도
로 여행을 떠나 훼손되지 않은 산스크리트어 문헌을 가
져와 자신이 직접 새로이 번역해 내겠다고 결심했다. 다
른 나라로 여행하는 것이 금지되어 있었으므로 그는 변
장을 하고 몰래 중국을 빠져나갔으며, 17년 후인 645년
다양한 경전들을 가지고 돌아왔다.

몇 년이 지나 648년경, 가오종 황제는 '어머니의 커
다란 은혜의 절'을 지었고, 현장은 이 절의 초대 주지가
되었다. '큰 기러기 탑(大雁塔)'은 현장이 도움을 받아 가
며 번역해 낸 1335권의 경전들을 소장하기 위해 652년
이 절 경내에 지어졌다. 탑은 원래 다섯 층 높이였으며(약
60m) 노란 벽돌을 이용해 단순하면서도 인도의 영향을
받은 사각뿔 모양으로 지어졌다. 704년 두 층이 더 올려
져 총 높이는 64.5m가 되었다. 절의 벽에는 중국화가 얀
리벤이 조각한 부처가 있다.

중요한 국가 유적으로 보호받아 왔기 때문에 큰 기
러기 탑은 잘 보존되어 있다. 오늘날 이 유적지는 세 부
분으로 나눌 수 있다. 탑과 절, 그리고 탑의 북쪽 광장이
다. 절 앞에는 중국 불교의 역사뿐 아니라 문학에서도 중
추적인 역할을 해냈던 현장의 조각상이 서 있다. 그의 책
『대당서역기』(646)는 중앙아시아 국가들에 대한 생생한
당대의 기록을 제공해 주었다. 현장의 이야기는 이후에
오승은의 소설적인 작품 『서유기』(1590년대)를 통해 불멸
의 존재가 되었다. 서구에서는 종종 '원숭이'로 통하는
작품이다. **MA**

명나라 도시 성벽 중국, 난징 | Ming City Wall

흙으로 쌓은 외벽과 함께 14세기에 벽돌로 축조된 잘 보존되어 있는 도시 성벽

난징 시의 성벽 축조 작업은 1366년 원나라 말기에 주 유안장의 반란 세력 기지를 지키기 위해 시작되었다. 그가 몽골 족을 물리치고 1368년 명나라를 세우자, 난징은 수도가 되었다. 성벽은 1386년에야 완공되었는데, 현재 세계에서 가장 커다란 도시 성벽이다.

33.7km의 길이로 뻗어 있으며 높이는 14~21m에 달하는 이 성벽 안에는 13,616개의 흉벽과 200개의 요새가 있다. 건축물은 원래 내벽과 외벽의 두 부분으로 되어 있었다(외벽은 단지 흙을 쌓아 만들었다). 내벽의 토대를 단단히 하기 위해 커다란 화강암이나 석회암 판을 놓았다. 그 위에는 벽돌과 흙을 쌓아 벽을 지었다. 중국의 다른 많은 건설 계획에서도 그렇지만, 각각의 벽돌에는 우수한 품질을 보장하기 위해 제작자의 정보가 새겨져 있었다. 이 벽돌들은 양쯔 강과 대운하를 따라 운반되었다. 석회수와 쌀로 쑨 끈끈한 풀을 이용해 벽돌을 서로 접합했고, 성벽을 축조하는 데에는 약 20만 명의 인부의 노동력이 들어갔다. 시안에 있는 것과 같은 전 시기의 성벽과 달리, 난징의 성벽은 대칭적인 형태로 지어진 것이 아니라 방어를 더 철저히 하기 위해 땅의 지형에 따라 형태가 달라졌다. 처음에는 열세 개의 성문이 있었으며, 그중 가장 큰 것은 종후아 문('보물의 문'이라고도 불린다)이다. 이 성문은 917년에 세워졌으며 이후 보강되어 성벽의 일부로 통합되었다. 지금은 종후아 문과 히핑 문만이 남아 있다.

성벽은 상당히 많이 손상되었다. 태평 천국 운동(太平天國運動) 때 방어 시설로 사용되었으며, 20세기에 일본이 이곳을 점령했을 때 벽의 일부를 파괴했다. 오늘날에는 건축물의 약 19km 부분만이 보존되어 있다. 도시를 눌러싼 성벽은 중국 문화의 중요한 일부분이며, 난징의 성벽은 가장 훌륭한 예이다. **MA**

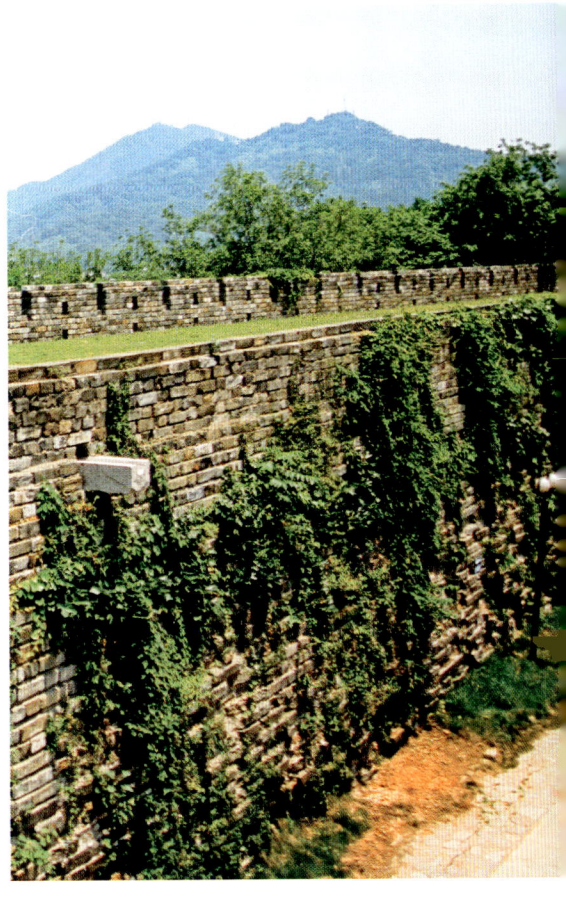

"높은 성벽을 짓고, 식량을 저장하며, 너무 서둘러 그대 스스로를 왕이라 칭하지 말라."

주 유안장의 추종자, 주 셍

순 얏센의 능묘 중국, 난징 | Sun Yatsen Mausoleum

중국 공화국의 '아버지'의 능묘

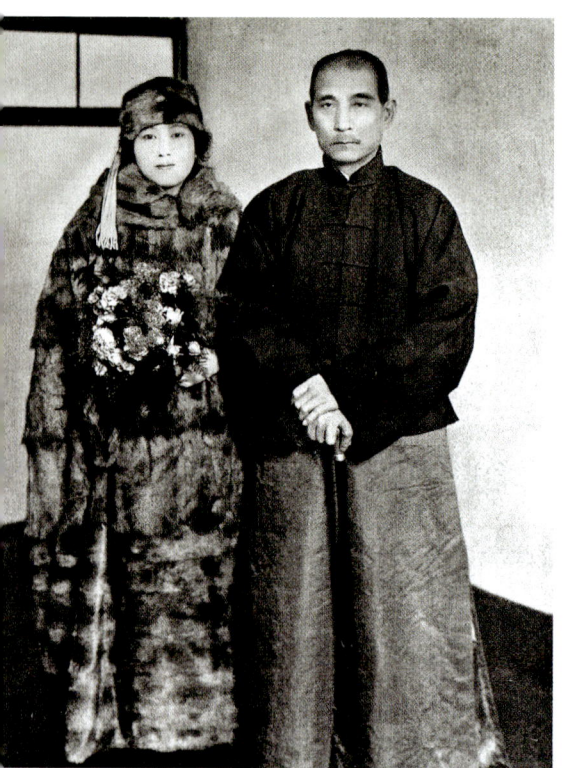

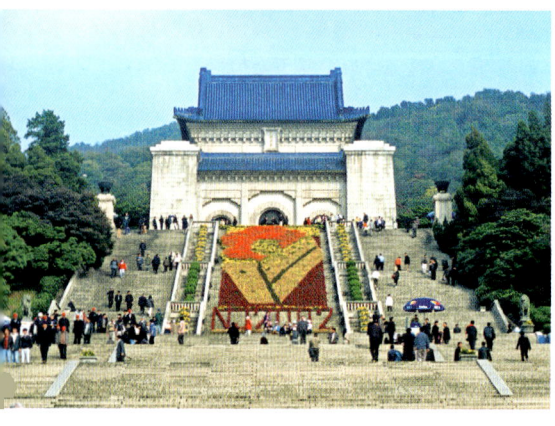

순 얏센(1866~1925, '순 얏센'은 호이며, 쑨원으로도 알려져 있다)은 중국과 대만 두 곳의 국민들로부터 모두 현대 중국의 아버지라 여겨지는 인물이다. 군주 정치에 반대했던 그는 1895년 공화국 봉기가 실패로 돌아간 이후 젊은 날의 대부분을 망명지에서 보냈다. 1911년 순 얏센은 중국을 공화국으로 선포했다. 1925년 그가 사망했을 때 공화국은 안정과는 거리가 먼 상태였다. 나라 전반이 통제 불능 상태였고 민족주의자(국민당)와 공산당의 갈등은 점점 커져 갔다. 그는 난징에 묻히기를 바랐으나, 아마 그를 기리기 위해 그렇게 거창한 능묘가 지어질 거라는 생각은 못했을 것이다. '자주색 산'이라는 의미의 쯔진 산(紫金山)에 위치하게 될 그의 무덤을 위해 40가지가 넘는 설계안이 제출되었다. 선발된 루 안지의 설계안은 고전적인 중국 무덤 설계를 현대적으로 재해석했다.

묘는 공중에서 보면 마치 종처럼 보이며, 그 디자인과 규모가 황제들의 무덤과 비슷하다. 소나무와 전나무가 늘어선 통로를 지나면 구리로 된 문이 있고, 세 개의 아치가 있는 격식에 찬 출입구가 나온다. 이 뒤에는 대리석으로 된 건물이 서 있으며 그 안에는 9m 높이의 석주가 있다. 이곳으로부터 가파른 계단이 산 위로 놓여 커다란 기념관으로 이어지는데, 기념관 안에는 앉아 있는 모습의 순 얏센 동상이 있으며, 천장에는 타일로 공화국 국기가 그려져 있다. 북쪽에는 우묵한 부분에 대리석으로 만든 석관이 있는 둥근 방이 있고, 석관 뚜껑에는 누워 있는 순 얏센의 모습이 조각되어 있다.

2005년, 당시 타이완의 야당인 국민당 당수였던 리엔 찬의 중국 방문이라는 이정표적인 일이 있었으며, 방문 당시 그는 능묘를 찾아왔다. 민족주의자들과 공산주의자들을 위대한 지도자를 향한 존경의 마음을 통해 하나로 단결시켰던 곳이 바로 이 유적지이다. **MA**

🖾 1924년 베이징 여행 때, 두 번째 아내인 숭 칭링과 함께 사진에 찍힌 순 얏센 선생.

🖾 능묘의 관문을 지나면서부터 방문객들은 더 큰 본관까지 많은 계단을 올라야 한다.

러산의 거대 불상 중국, 러산 | Giant Buddha of Leshan

세계에서 가장 큰 불상으로, 불교가 중국에 처음으로 정착했던 곳

높이 71m의 러산의 부처는 세계에서 가장 큰 불상이다. 정확히 말하자면 이 부처는 미륵보살(彌勒菩薩), 즉 미래에 올 부처의 모습이다. 불상은 민 강, 칭이 강, 다두 강이 합류하는 지점에 위치하고 있는데, 이 부근에서는 수많은 사고가 일어나곤 했다. 713년 하이 퉁이라는 승려가 강을 돌보아 달라는 의미에서 부처상을 조각하기 시작했으며, 이 작업이 완전히 끝나기까지는 90년이라는 세월이 걸렸다. 완성된 불상은 거대했다. 손가락 길이가 3m이며 양 어깨의 넓이는 28m로, 농구장 크기이다. 길이가 7m나 되는, 나무를 깎아 만들고 진흙을 씌운 두 귀는 고대 토목 공학 기술의 경이라고나 할 방법으로 조각상에 부착되었다. 원래는 13층의 나무 구조물이 불상을 보호해 주고 있었지만 명나라 초 전쟁으로 인해 구조물이 파괴되어 버렸다.

불상은 확실히 강 때문에 사람들이 생명을 잃는 일을 막아 주었지만, 이는 조각하면서 깎아낸 바위들이 강바닥을 메웠던 덕택이었다. 오늘날에는 침식 작용이 불상을 괴롭히고 있다. 조각상 표면 일부에서는 식물과 버섯류가 자라나며, 산성비로 인해 코가 까맣게 변해 버렸다. 보수 작업이 진행 중이며, 지역 정부는 더 이상 불상이 파괴되는 일을 막기 위해 노력을 기울이고 있다.

1996년, 어메이 산과 함께 세계문화유산으로 등재된 러산의 거대 불상은 굉장한 문화적 중요성을 지니고 있다고 여겨진다. 바로 이곳이 중국 땅에 불교가 최초로 정착하여 동방 전역으로 널리 퍼진 곳이기 때문이다. 실제로 중국 최초의 불교 사찰은 서기 1세기에 이 지역에 세워졌던 것이다. 한편, 이곳은 인간이 이루어 낸 요소들이 통합되어 있는 천혜의 아름다움을 지닌 장소이기도 하다. MA

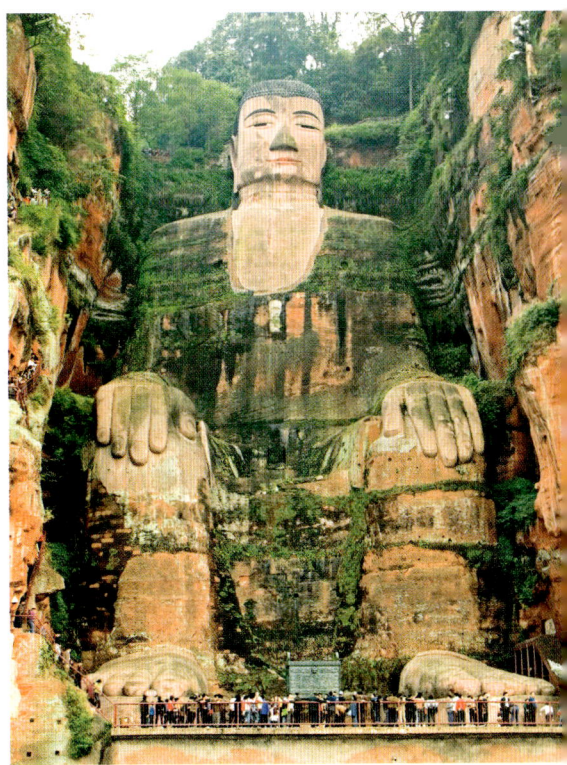

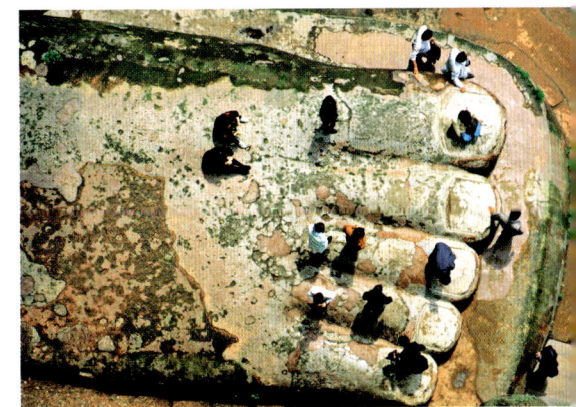

▷ 불상의 위쪽 부분을 자세히 보고 싶은 방문객들을 위해 불상 오른쪽에 계단이 마련되어 있다.

▷ 위에서 본 모습으로, 방문객들이 돌로 된 불상의 거대한 발 위를 돌아다니고 있다.

마오쩌둥 생가 중국, 샤오샨 | Family Home of Mao Zedong

중화 인민 공화국 초대 대통령의 출생지이자 생가

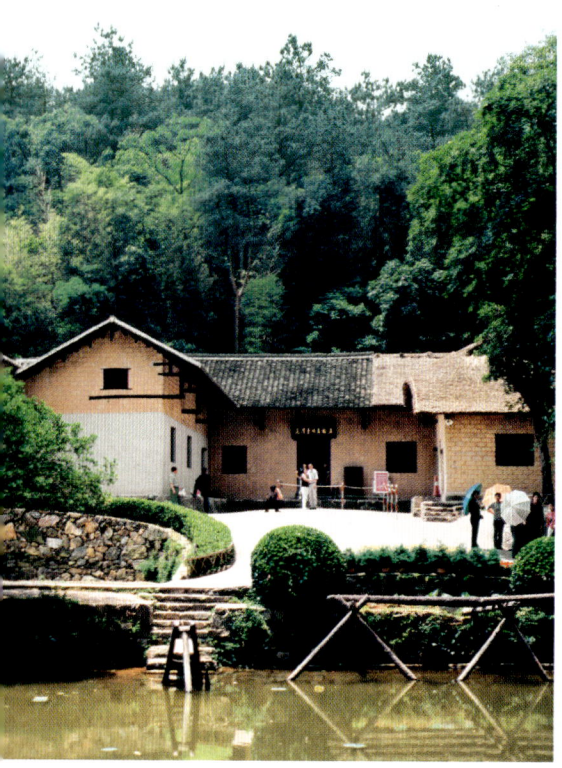

"우리는 우리의 적이 반대하는 것은 무엇이든 지지할 것이며, 적이 지지하는 것은 무엇이든 반대할 것이다."

혁명 지도자이자 정치가, 마오쩌둥

⚐ 마오의 생전에 그의 출생지는 인기 있는 순례지였으며, 오늘날 이곳에 대한 중국인들의 관심도 이전보다 덜하지 않다.

⚑ 새로운 체제를 여러 해 동안 감독했다는 점에서 마오쩌둥은 특출한 혁명 지도자였다.

1945년부터 1976년 사망할 때까지 중국 공산당의 지도자였으며 중화 인민 공화국(1949년 창립)의 초대 대통령이었던 마오쩌둥은, 비록 논쟁의 여지는 있으나 중국 역사 속에서 대단히 중요한 인물로 남아 있다. 이야기는 1893년 12월 26일 그의 출생에서 시작된다. 그는 주의 수도 창사에서 남서쪽으로 130km 가량 떨어진 작은 마을, 샤오산에서 태어났다.

마오의 아버지인 이 창은 성실하고 검약적인 인물이었다. 군 복무를 마친 뒤 그는 가문의 빚을 청산하고 약간의 땅을 살 수 있었으며, 돼지를 기르고 쌀을 도정해 팔았다. 그는 셈을 충분히 할 정도로 글을 읽고 쓸 줄도 알았다. 곧 그는 마을 제일의 부자가 되었다. 마오쩌둥의 가족은 벽과 바닥이 노란색 흙벽돌로 되었고 초가지붕이 얹힌 키다란 건물 한 채의 방 여섯 개에서 살았다. 마오의 출생지는 샤오산이지만, 실상 그가 유년기의 대부분을 보낸 곳은 그의 어머니의 마을이었다. 여덟 살이 되자 그는 학업을 시작하기 위해 샤오산으로 돌아왔으며, 서당에서 유교 경전들을 배우기도 했다. 그는 교사들과 충돌을 일으켜 네 군데의 학교를 전전했으며, 그 지경에 이르자 마오의 아버지는 교육비를 보태 주기를 중단했고 그는 일을 찾아야만 했다. 열네 살에 나이에 마오는 루오라는 이름의 여인과 결혼하게 되었다. 1910년 아내가 죽자 마오는 샤오산을 떠나겠다고 주장했다. 그는 외갓집 근처의 학교로 갔으며, 이후에는 주 수도인 창사로 가서 정치 이력을 시작했다.

오늘날 이 마을은 버스와 철도를 통해 창사와 연결되어 있어 마오가 자라던 시기에 샤오산이 얼마나 외딴 곳이었는지 상상하기가 힘들다. 그 무렵, 숲이 우거진 언덕에는 호랑이와 표범들이 살고 있었다. 지금은 마오쩌둥 순례 코스에 있는 유명한 명소가 되었으며, 그의 생가는 대중에게 공개되었고, 그의 생애와 혁명 활동들을 기념하는 전시장이 있다. **MA**

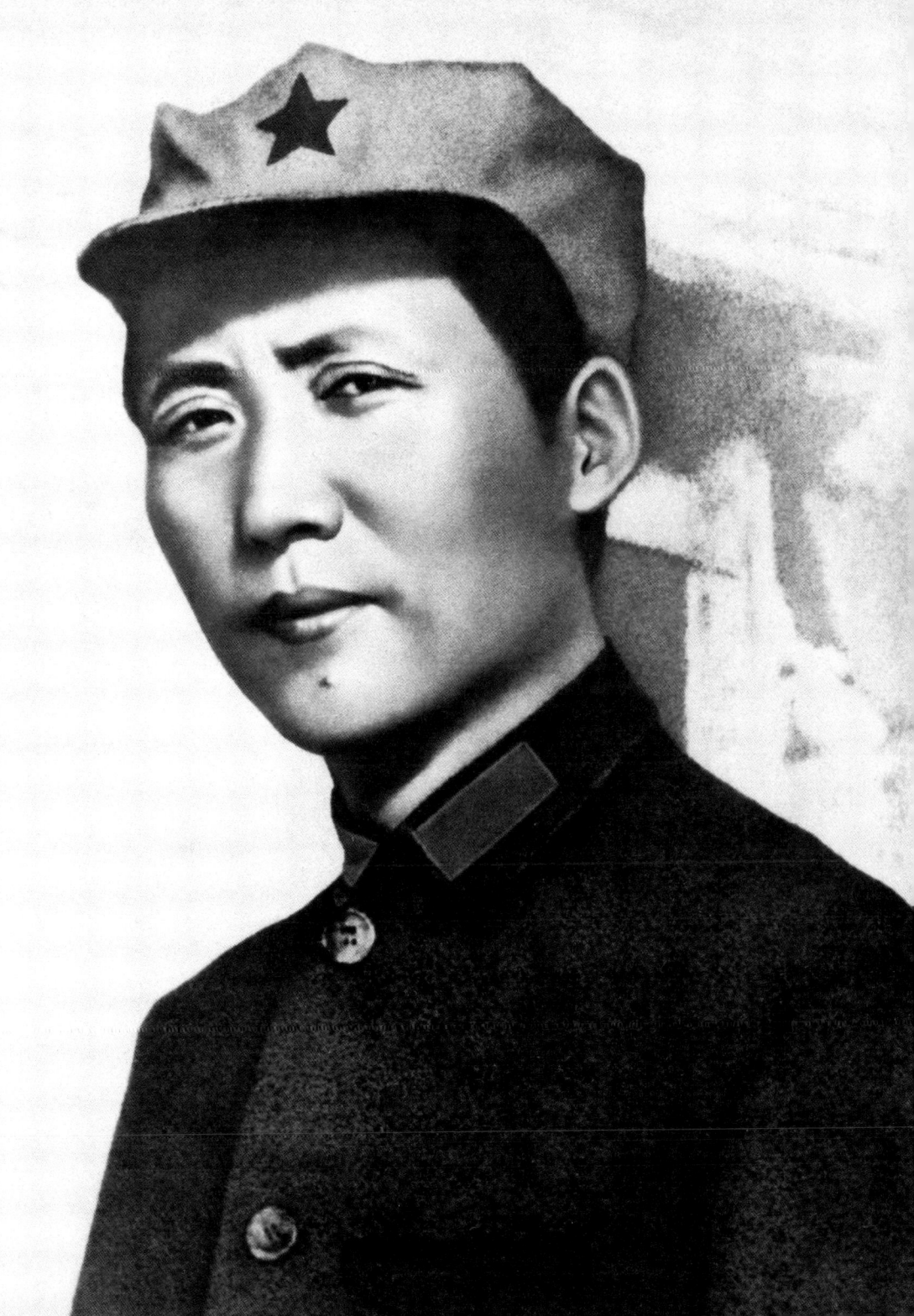

종묘 사당 대한민국, 서울 | Jongmyo Shrine

지금도 계속해서 제례가 열리는, 같은 목적의 건물 중 가장 오래된 유교 사당

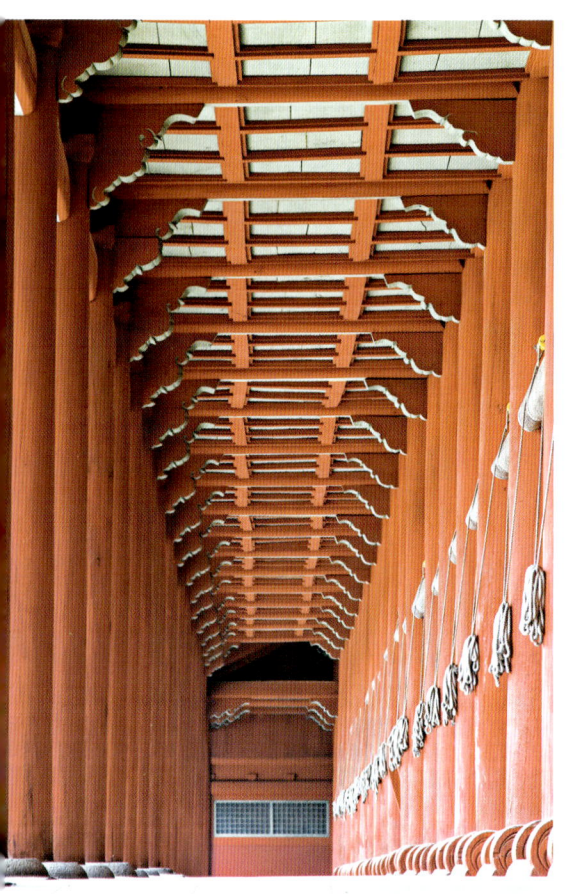

"배운 바를 복습하고 또 새로이 배운다면, 스승이 될 만하다."

철학자, 공자

서울의 종묘 사당은 현존하는 같은 목적의 사당들 중 가장 오래된 유교 사당이다. 종묘의 독특한 점은 음악, 노래, 춤으로 이루어진 제례를 아직도 계속해서 열고 있다는 점이다. 이러한 제례는 최초의 사당이 지어졌던 1394년에 처음으로 공연되었던 것이다. 14세기부터 지어진 다른 사당들도 존재하지만, 조선 왕조 때 지어진 것들만이 온전한 모습으로 남아 있다.

1300년대 후반, 태조가 서거한 왕과 왕비들의 신주(神主)를 모실 사당으로 삼기 위해 종묘를 짓도록 명했다. 이 건물의 목적은 방문객들을 위한 것이 아니었으므로, 건축가들은 과도한 장식의 사용을 삼가라는 지시를 받았다. 건물에서 가장 귀중한 부분은 옛 왕들이 모셔져 있는 신주들이었다. 엄숙함과 존엄함을 드높이기 위해 바닥을 트고 맨바닥으로 두었다. 1394년 사당이 지어졌을 때 이 건물은 아시아에서 가장 긴 건물로 여겨졌으며, 어쩌면 가장 길었을지도 모른다. 그런데도 세종 때에 들어 건물은 더 길게 증축되었다. 임진왜란(1592~1598)이 일어나자 종묘는 일본 침략군에 의해 1592년 불타 버렸으나, 신주만은 모두 무사했고 1601년에는 신주를 모시기 위해 새로운 건물이 지어졌다.

새로 지어진 사당의 대담한 구조와 간소한 인상은 빼어나다. 건물은 균형이 잘 잡혀 있고, 소박하지만 건물 바깥쪽 가장자리를 두르고 있는 폭넓은 나무 기둥과 같은 단순한 요소들에서 웅장함과 장엄함이 물씬 풍긴다. 사당의 내부는 똑같은 모양을 한 열아홉 개의 방으로 이루어져 있으며, 각 방에는 옛 왕실의 가르침이 새겨진 신주가 모셔져 있다. 종묘 사당은 한국의 국보로 지정되었을 뿐 아니라, 지금까지 보존되어 온 가장 오래되고 진정한 의미의 유교적 왕실 사당으로 1995년에는 유네스코 세계문화유산으로 지정되기도 했다. **KH**

곤지키 당 일본, 히라이즈미 | Konjiki-dō

금박으로 완전히 뒤덮인 오래된 절의 일부분

헤이안 시대(794~1185)에 히라이즈미는 지배 가문인 후지와라 일족의 본거지였으며, 문화적, 정치적, 경제적인 면에서 수도인 교토와 맞먹을 정도였다. 곤지키 당(金色堂)은 12세기에 일본 북서부 히라이즈미에 지어진 추손사라는 원래 절에서 남아 있는 두 개의 건물 중 하나이다. 곤지키 당은 불교 관련 건물 중 자지만 특별한 건물인데, 그 이유는 이곳에 기요히라, 모토히라, 히데히라라는 세 대에 걸친 오슈 후지와라 가문 사람들의 미라가 있는 삼중 제단이 있기 때문이다. 미라는 17세기까지 일본 주류 문화에는 없던 풍습이었으며, 따라서 몇몇 학자들은 기요히라가 시신을 미라화(化)하는 전통을 행했던 에미시 가문과 관련이 있다고 주장했다. 건물에 그려진 혼합된 성상화 때문에 곤지키 당은 아미타 여래의 전당이거나 능묘 둘 중 하나일 거라 간주되어 왔다.

　약 30년이라는 기간에 걸쳐 곤지키 당(金色堂)은 완전히—피라미드 꼴의 지붕만 제외하고—안팎이 금박으로 덮였다. 금이 입혀지지 않은 부분에는 자개 상감, 섬세한 금속 세공, 옻칠 작업으로 이루어진 모티프들이 표면을 꾸미고 있다. 이 지방 전설에 따르면, 곤지키 당이 발하는 광채가 눈에 비치면 히라이즈미의 기타카미 강에 있는 연어들도 깜짝 놀랐다고 하여, 이 건물은 '히카리 당'(빛나는 전당)이라는 유명한 별칭을 얻었다. 1689년 이곳을 방문한 유명한 하이쿠 시인 마쓰오 바쇼는 이곳을 히카리 당이라 부르면서 곤지키 당에 대한 하이쿠를 남겼다. 불교에서 신성한 물질로 여기는 금은 한때 히라이즈미에서 났던 천연 자원이기도 했다. 곤지키 당은 오슈 후지와라 가문의 부의 상징인 동시에 불교의 극락을 나타낸 것이기도 했다.

　1962년에서 1968년에 걸쳐 일본 정부의 후원 아래 곤지키 당은 완전히 복원되었으며, 지금은 1965년에 세운 보호용 콘크리트 구조물이 건물을 보호해 주고 있다. 곤지키 당은 일본의 국보이다. **FN**

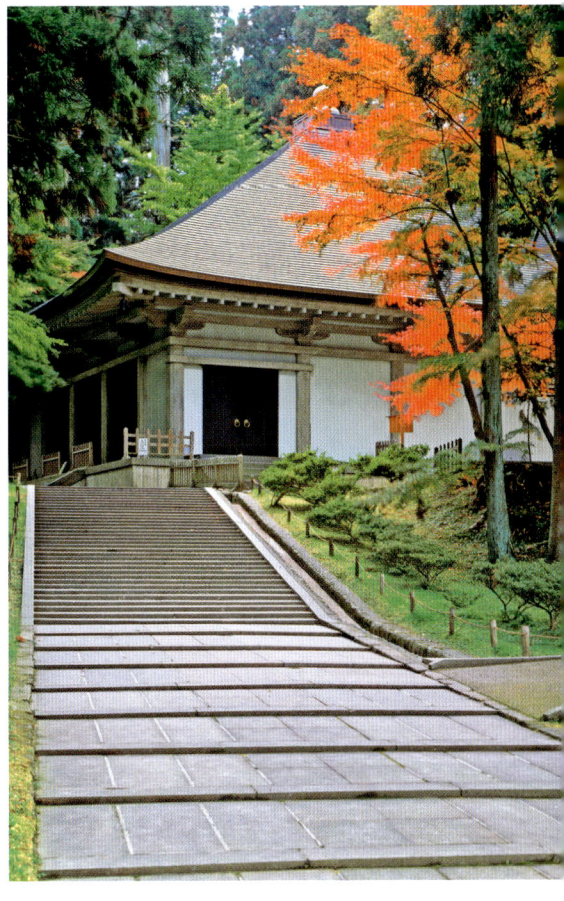

"오월의 기나긴 비조차 / 건드리지 않고 두었구나 / 어두운 그늘에서 빛나고 있는 / 이 금으로 된 사원을"

마쓰오 바쇼, 먼 북쪽으로 가는 오솔길(1689)

도쿠가와 이에야스 능묘 _{일본, 닛코} | Mausoleum of Tokugawa Ieyasu

도쿠가와 쇼군 시대의 창시자에게 바쳐진 신도 사당

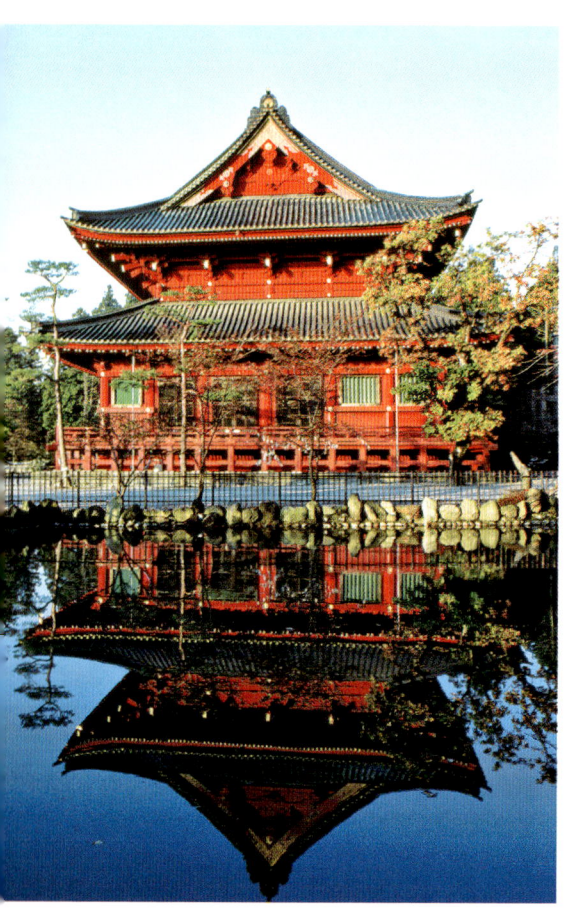

"인생에서 강력하고 남자다운 사람이
란, 인내력이라는 말의 의미를 이해하
는 사람이다."

도쿠가와 쇼군 시대의 창립자, 도쿠가와 이에야스

깊은 숲 한가운데에 산으로 둘러싸여 있는 도쇼 궁의 신도(神道) 사당은, 250년이 넘는 세월 동안 일본을 지배했던 도쿠가와 쇼군 시대의 창립자 도쿠가와 이에야스(1543~1616)를 신으로 모시기 위해 닛코에 세워졌다. 이에야스는 사후에 황실로부터 '동쪽을 밝히는 위대한 화신'이라는 의미의 도쇼 다이곤겐이라는 칭호를 얻었다. 황실에서는 이세의 신궁에서 경배하는 황실 가문의 조상신이며 신화 속의 태양의 여신인 아마테라스와 그를 교의적으로 연관지은 것이다.

이에야스 사후 1주년에, 처음에는 시즈오카의 구노 산에 매장되었던 그의 유해는 1617년 그의 아들 히데타다가 지은 도쇼 궁으로 이장되었다. 도쇼 궁의 현재 모습은 이에야스의 손자 이에미쓰가 주관해서 이에야스 사후 20주년에 맞추어 마무리한 대규모 재건 작업 덕분에 갖춰진 것이다. 이세에서는 신도의 정기적인 부흥과 정화 의식에 따라 20년에 한 번씩 사당을 새로 지었는데, 이에미쓰의 계획은 이러한 의식을 반영한 것이었다.

도쇼 궁 단지는 불교적인 요소도 약간 포함하고 있지만, 신도의 성격이 지배적이다. 가장 주목할 만한 건물은 화려하게 치장되고 다채로운 '요메이 문', 즉 '태양의 밝음의 문'으로, 이 문은 사당의 신성한 경내에 서 있다. 이는 또한 '히구라시노 문'이라는 이름으로도 알려져 있는데, '사람들이 해가 질 때까지 싫증낼 줄 모르고 경탄하는 문'이라는 의미이다. 신화 속 존재들을 새긴 500점이 넘는 조각들과 더불어, 중국 약초와 식물의 이미지가 문의 거의 모든 표면을 뒤덮고 있다. 모든 그림이 그려지는 과정을 가노 단유라는 화가가 주관했는데, 그는 자신의 화파에 속한 제자들은 물론 라이벌인 하세가와 화파에 속한 이들까지도 감독을 맡았다. 도쇼 궁에 있는 많은 건물과 유물들은 - 1999년 세계문화유산 목록에 올랐는데 - 일본의 국보이며 중요한 문화적 자산이다. **FN**

야스쿠니 신사 일본, 도쿄 | Yasukuni-jinja

1853년 이래로 일본 황제를 위해 싸우다 죽은 모든 이들을 추모하는 사당

일본에 있는 다른 신도 사당에서와 마찬가지로, 야스쿠니 신사에서는 주신(가미)을 기리는 의식이 열린다. 그러나 야스쿠니 신사의 독특한 점은 이 사당이 일반적인 신도의 신들이 아니라 1853년 이래로 황제를 위해 싸우다 죽은 이들의 영혼에 바쳐졌다는 점이다. 약 250만 명의 영혼이 목록에 올라 있으며, 제2차 세계대전 때의 A급 전범들의 이름도 다수 있는데 이는 1979년 비밀리에 목록에 등재된 것이다. 1872년 개관했으며 전쟁 때 쓰던 많은 차량, 탱크, 무기류를 소장하고 있는 군사 박물관도 있다. 일본의 고위 정치가가 방문할 때마다, 야스쿠니 신사는 언론의 상당한 주목을 받으며, 이웃한 아시아 국가들에게서는 항의가 빗발친다. 어떤 이들은 이 박물관이 일본의 영광스러운 군사적 전통의 상징이라고 본다. 다른 이들은 잔혹하고 억압적인 과거를 상징한다고 간주한다.

신사는 본래 1869년 황궁에서 그리 멀지 않은 도쿄의 구단 언덕에 세워졌는데, 이후 보신 전쟁(1868~1869)으로 이어진 1853년의 반란 때 메이지 황제를 위해 목숨을 바친 군사들을 추모하는 의미가 있었다. 처음에는 도쿄 쇼콘샤('성스러운 혼들이 부름 받은 사당')이라 불렸으나, 1879년 메이지 황제에 의해 야스쿠니 신사('평화로운 나라의 사당')로 개칭되었다. 제2차 세계대전이 끝난 후, 일본에 들어선 미 점령군 때문에 신사와 국가 간의 관계가 엄격해졌는데, 이는 새로운 일본 헌법하에서 국가와 종교를 분리한다는 원칙에 의거한 것이었다.

야스쿠니 신사 단지에 있는 건물들 중에서 주 성소, 전쟁 박물관, 그리고 '친레이샤'(鎭靈社, 국적에 관계없이 모든 전사자들에게 바치는 '영혼을 달래는 사당')가 가장 중요하다. 야스쿠니 신사는 의식이 거행되는 장소일 뿐 아니라 개인적이고 집단적인 추모의 장소이다. 동시에, 여러 차례 전쟁에서 보인 일본의 역할에 대한 역사적 의미와 그 해석에 관한 논쟁이 진행되는 장소이기도 하다. **FN**

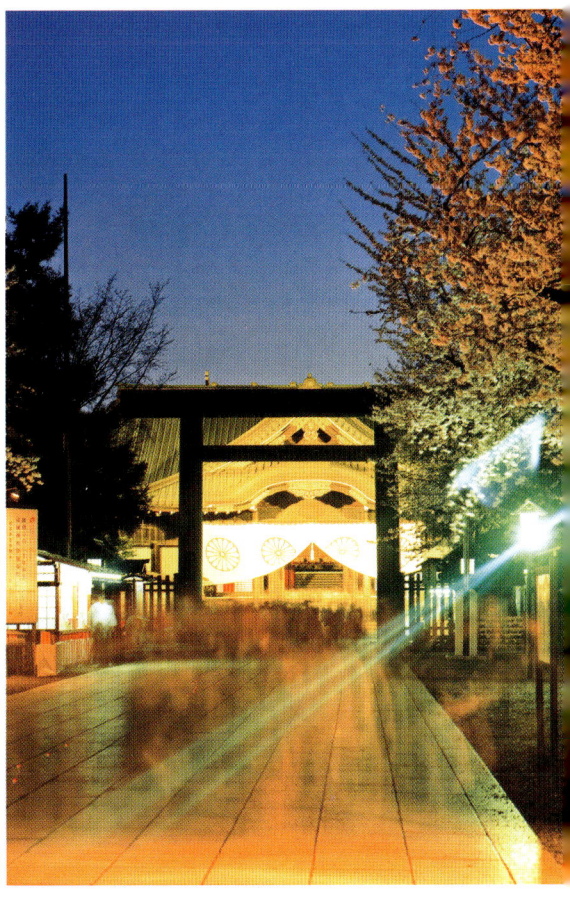

"…황제는 그저 상징일 뿐이다 … 그의 위치는 국민들의 의지에서 나온다…"

일본 헌법

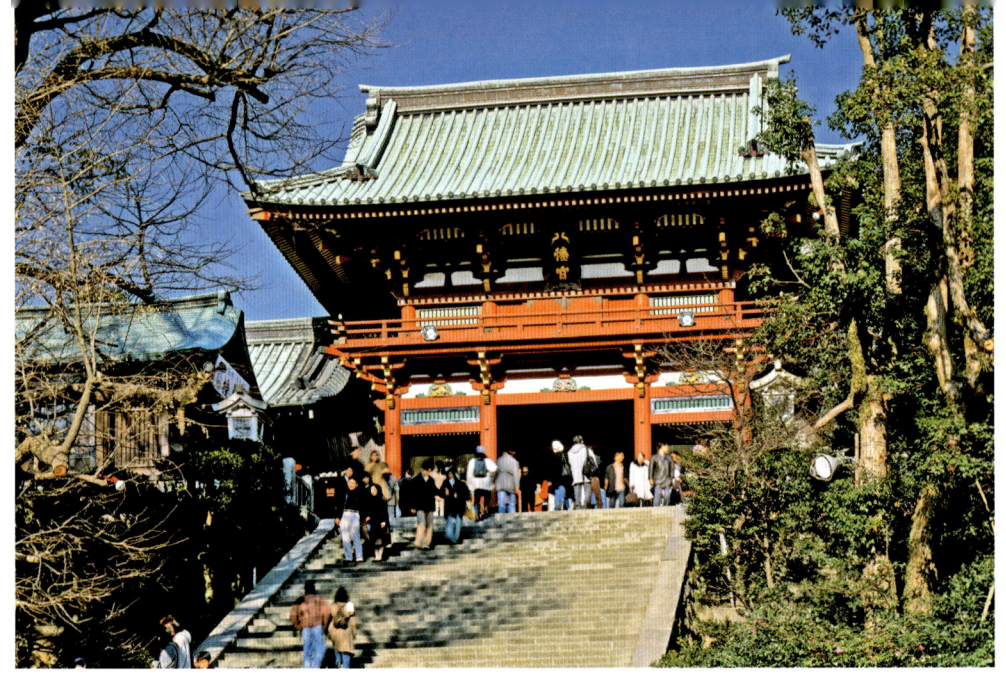

츠루가오카 하치만 궁 일본, 가마쿠라 | Tsurugaoka Hachiman-gū

신도의 전쟁신인 하치만에게 바치는, 가마쿠라에서 가장 중요한 사당

츠루가오카 하치만 궁은 미나모토 요리토모가 세운 가마쿠라 쇼군 시대(1185~1333)의 수호 사당이었다. 이 사당은 전사들을 수호하는 신도의 신 하치만과 고대의 황제 오진, 그의 어머니 진구 황후, 그리고 여신 히메가미에게 바쳐졌다. 미나모토 노 요리요시가 미나모토 가문의 수호신인 하치만을 모시기 위해, 교토에 있는 아와시미즈 하치만 궁의 분관 삼아 1063년 유이가하마 해안 근처에 처음으로 사당을 지었다. 사당은 가마쿠라의 초대 쇼군 요리토모에 의해 1180년 현재의 위치로 옮겨졌다. 1191년 화재로 인해 붕괴되었으나, 즉시 재건되었고 이후에 사당 단지는 증축되었다. 1828년에 지어진 현재의 본당은 제11대 가마쿠라 쇼군 이에나리에 의해 지어졌으며, 그 건축 양식은 에도 시대 건축 양식을 대표한다.

츠루가오카 하치만 궁은 신도 사당이지만, 도쿠가와 쇼군 시대에 지어진 불교 건축물도 많았다. 이 두 가지 종교 요소는 밀접하게 연관되어 있었으며, 하치만을 포함한 신도의 몇몇 신은 불교 신의 화신으로 간주되었다. 츠루가오카 하치만 궁에는 1868년 메이지 유신 때까지 신도와 불교의 건물들이 혼합되어 있었는데, 메이지 유신 때 정부에서 두 종교를 분리해 신도를 국교로 삼았다. 분리 정책에 뒤따른 폭력적인 반 불교 탄압으로 불교 건물 대부분이 파괴되어 버렸다.

가마쿠라에서 가장 중요한 사당인 츠루가오카 하치만 궁에서는 1년 내내 다양한 행사가 열린다. 새해가 되면 2백만 명 이상의 인파가 몰리며, 덕택에 이 사당은 일본에서 가장 방문자가 많은 사당에 속한다. 사당으로 가는 길에서는 일 년에 두 차례 '야부사메'라고 하는 말을 타고 벌이는 궁술 행사가 열린다. **FN**

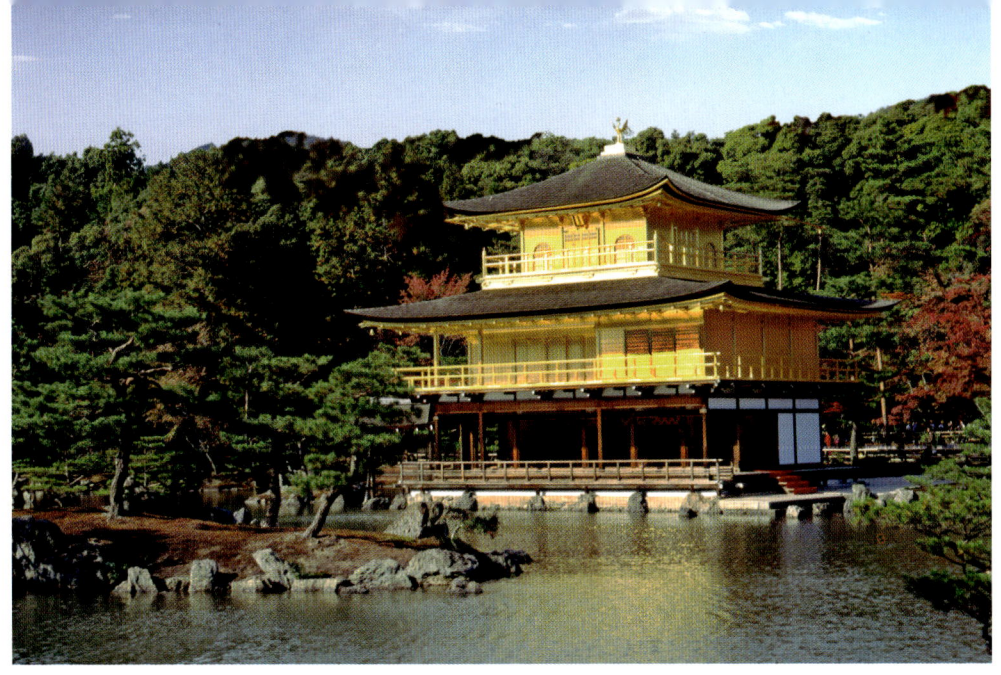

🏛 ◎ 킨카쿠 사 일본, 교토 | Kinkaku-ji

14세기의 원조 황금 누각의 복각본이 있는 별장 단지

장려한 황금 누각 때문에 킨카쿠 사(金閣寺)라는 이름으로 널리 알려진 로쿠온 사는 아시카가 쇼군들이 지배했던 무로마치 시대(1338~1573)의 건축 양식을 보여 주는 가장 훌륭한 예 중 하나이다. 전에는 귀족인 사이온지 가문의 소유였던 절과 별장은, 제3대 아시카가 쇼군 요시미츠에 의해 '기타야마 도노(북쪽 산의 궁전)라는 호화로운 별장 단지의 일부가 되면서 개조되었다. 이 별장 단지는 정치뿐 아니라, 중국의 명나라 문화의 영향을 강하게 받았던 기타야마 문화의 중심지가 되었다. 1420년 제4대 아시카가 쇼군 요시모치에 의해 별장은 린자이 학파의 선종(禪宗) 사찰이 되었으며, 요시모치의 사후명을 따라 '로쿠온'(사슴 공원)이라 불리게 되었다. 이 사찰은 쇼고쿠 사의 분관이며, 무소 소세키가 그 명예 설립자이다. 15세기의 오닌 전쟁 – 결국 전국적인 전쟁(1467~1477)으로 번져나간 두 세력 가문 사이의 분쟁 – 때 건물의 대부분은 타 버렸다.

유약이 발리고 순금으로 덮인 3층짜리 황금 누각은 널따란 교코 지('거울 연못') 가에 서 있다. 각각의 층이 서로 다른 양식을 자랑하며, 관세음보살상과 아미타 삼존불상을 소장하고 있다. 황금 누각 – 제2차 세계대전 때 미군 폭격대가 공격하지 않고 놓아 둔 덕에 원래의 요시미츠 별장 단지에서 유일하게 살아남은 부분 – 은 1950년 한 젊은 승려가 충동적으로 지른 불에 의해 타 버렸다. 이 사건은 여러 작가들의 주의를 끌었는데, 그중 미시마 유키오의 작품 『금각사』(1956)는 여러 편의 영화로 제작되었다. 1955년 다시 제작된 현재의 황금 누각은 원본을 거의 완벽하게 복원시켰다. 킨카쿠 사와 황금 누각은 교토 고도시의 세계문화유산으로 지정되었다. **FN**

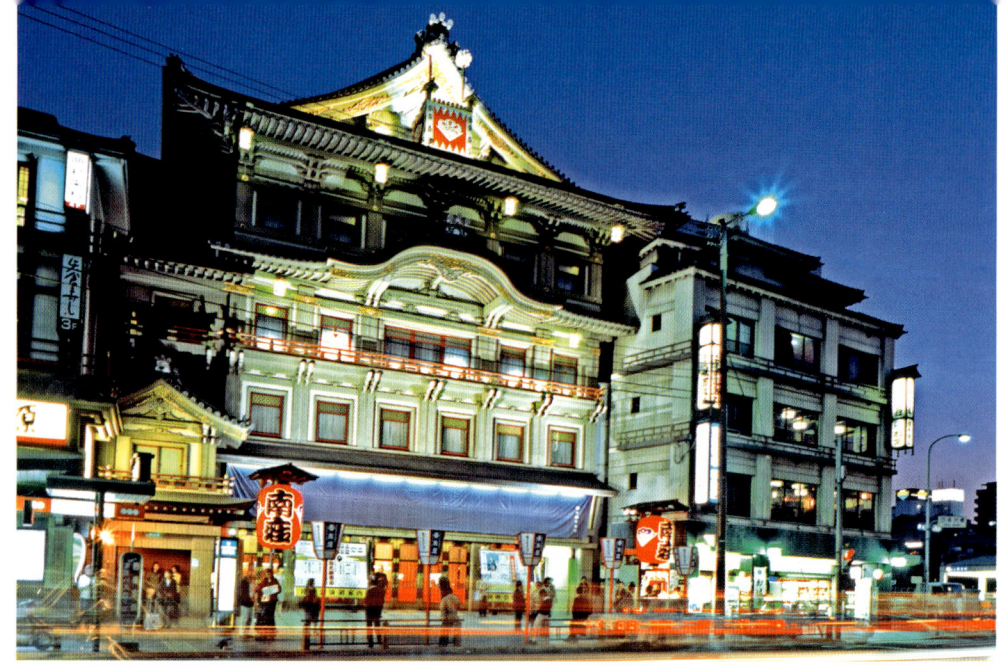

미나미 좌 일본, 교토 | Minami-za

1929년에 세워진 일본 최초의 가부키 극장

양식화된 드라마, 화려한 의상과 분장으로 잘 알려진 가부키는 에도 시대(1603~1868)에 발전한 일본 전통극의 한 형태이며, 당시의 서민들 사이에서 가장 인기 있던 여흥이었다. 가부키는 오늘날에도 여전히 인기를 얻고 있으며, 가부키가 탄생한 시절에 지어진 일본 최초의 가부키 극장인 미나미 좌와 같은 극장에서 지속적으로 정기 상연된다.

가부키는 1603년, 이즈모 사당에서 일하는 전직 무녀였던 듯한 여성 순회 공연자 오쿠니에 의해 교토의 가모가와 강변에서 상연되던 춤과 희극에서 파생되어 나왔다고 한다. 오쿠니의 극단과 이를 따라하는 이들의 의미심장한 춤, 무희들이 매춘에 연결되었기 때문에 도쿠가와 쇼군들은 1629년 풍기 문란을 막기 위해 여성들을 가부키에서 배제했다. 처음에는 오직 여성들만이 공연했던 가부키는 그 이후로-드물게 예외는 있었지만-성인 남성들만의 공연이 되었다. 원래의 가부키 '극장'이란 것은 그저 강변에 주변보다 높게 단을 올리고 단순한 울타리를 둘러서 막아 둔 것뿐이었다. 쇼군들이 공연 면허를 발행하기 시작한 이후에는 제대로 된 상설 극장이 건축되었다. 시라나미세에 의해 모모야마 문화의 정교한 양식으로 설계된 현재의 미나미 좌는 1929년에 세워진 콘크리트 건물이다. 이 건물은 1991년에 대대적으로 보수되었으며 일본의 유형 문화재로 지정되었다.

매년 11월에서 12월까지 열리는, 백 년의 전통을 지닌 〈가오미세 코교〉('얼굴 보이기')라는 공연은 미나미 좌의 하이라이트로 인기 있는 배우들이 무대에 총출연한다. 이 행사 전에 극장은 '마나키'라는 이름의 노송나무 표찰로 장식되는데, 이 표찰에는 독특한 간테이류 서예체로 가부키 배우들의 이름이 적혀 있다. **FN**

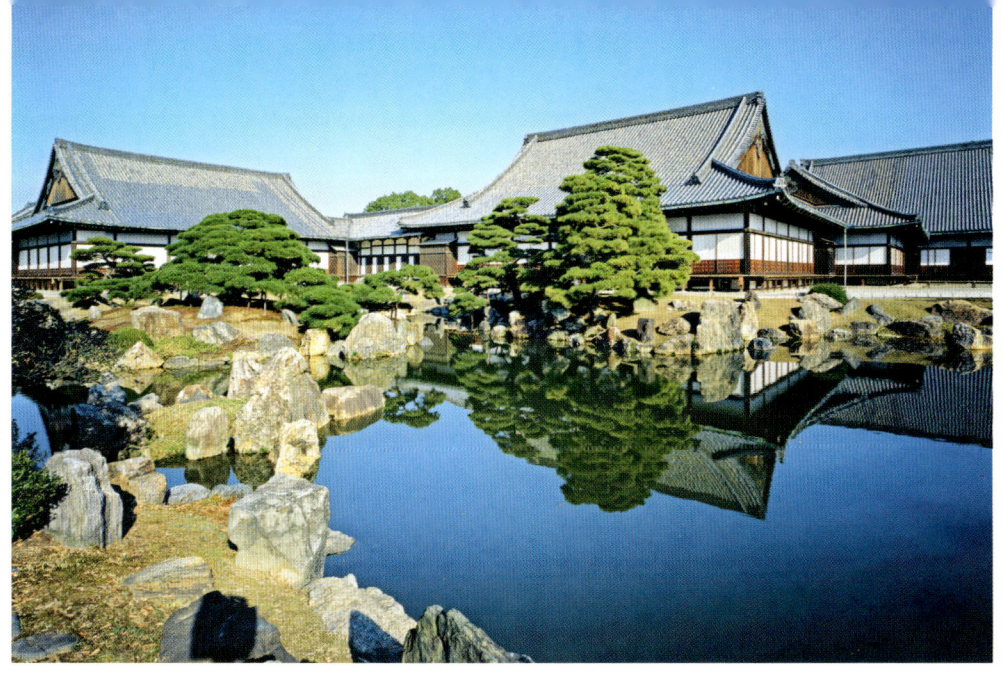

니조 성 일본, 교토 | Nijō-jō

화려하게 장식된 도쿠가와 쇼군들의 거처

호화롭게 꾸며진 니조 성은 16세기 도쿠가와 이에야스가 세운 도쿠가와 쇼군 시대의 권위의 상징이었다. 1603년, 세키가하라 전투 - 100년 이상 일본에서 계속되어 온 끊임없는 전쟁을 종식시킨 결정적인 전투였다 - 에서 승리를 거둔 후, 이에야스가 황제로부터 쇼군의 칭호를 받자, 니조 성은 이에야스의 공식 교토 거처로 건축되었다. 공식적으로는 성이라 불리지만 니조 성은 으리으리한 성이라기보다는 요새화된 궁전에 가까웠으며, 일본 서부에서 쇼군 정치의 사령부 구실을 했다. 건축 양식과 화려한 장식을 통해 보란 듯이 부와 권력을 과시하는 것은 명확한 정치적 언명이었으며, 이는 교토 황실 귀족들이 지닌 세련된 취향과는 딴판이었다. 마시막 노쿠가와 쇼군이 1867년 니조 성에서 주권을 황제에게 반납하자, 성 역시 황실 기관으로 넘어가 1884년에는 '니조 별궁'이라 개칭되었다.

니조 성은 제3대 도쿠가와 쇼군 이에미츠에 의해 증축되어 현재의 규모가 되었으며, '혼마루'와 '니노마루'라는 이름의 개별 궁전이 있는 두 개의 복합체로 이루어진 크고 정교한 단지이다. 두 궁전에는 각각 많은 수의 건물과 정원들이 딸려 있다. 혼마루 궁전의 원래 건물들은 1750년 화재로 소실되었고, 현재의 건축물은 1893년 교토의 황궁에서 옮겨온 것이다. 니노마루 궁전은 세 개의 섬과 3단 폭포가 있는 니노마루 정원 안의 호수를 따라 비스듬한 형세로 배치되어 있다. 이 궁전들이 지닌 독특한 특징 중 하나는 복도에 있는 '나이팅게일 마루'인데, 이 마루는 침입자가 들어와 그 위를 걸으면 새소리처럼 삐걱대도록 건축되었다. 니조 성에 있는 미닫이문과 벽의 대부분에는 유명한 가노 학파의 화가들이 그림을 그렸다. 니조 성은 '교토 고도시의 유적들'로 세계문화유산에 포함되어 있다. **FN**

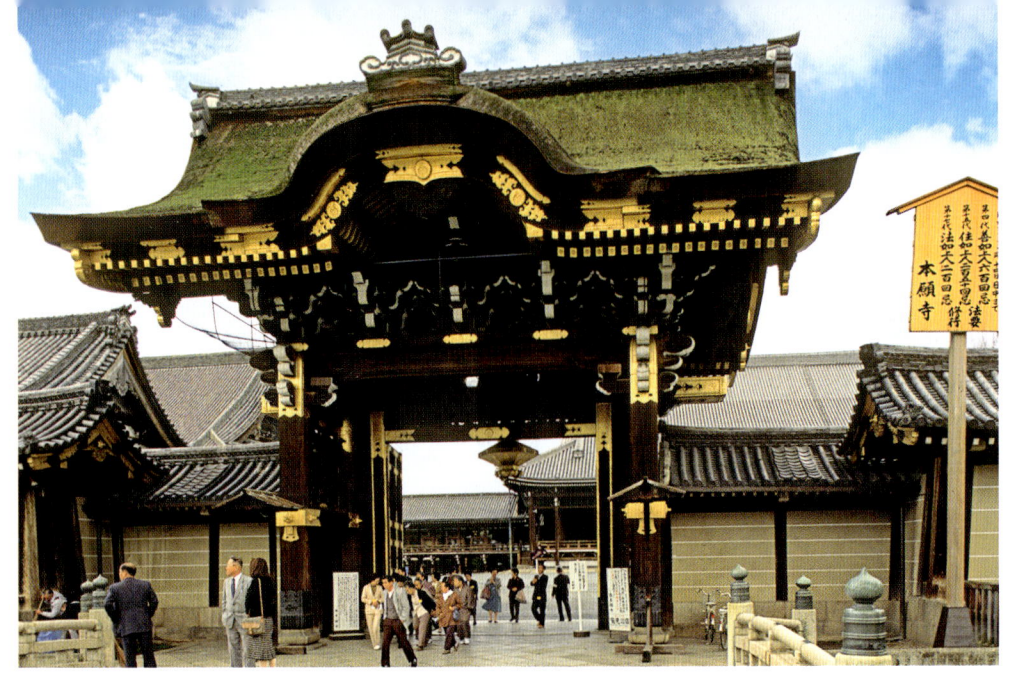

니시혼간사 일본, 교토 | Nishi-Hongan-ji

신 불교의 본산 역할을 하는 교토의 두 사찰 중 하나

혼간사(공식 명칭은 조도 신슈 혼간사(淨土眞宗 本願寺))는 정토진종(신불교)의 혼간사 종파의 본산으로, 이웃하고 있는 히가시(동쪽) 혼간사와 구분하기 위해 흔히 니시(서쪽) 혼간사라 알려져 있다. 13세기에 신란(親鸞)이 창설한 신불교는 가장 널리 믿는 불교 교파 중 하나이다. 혼간사란 '최초 서원(誓願)의 사찰'이라는 의미인데, 여기서 서원이란 신불교 경전에 나오는 깨달음을 얻어 중생을 제도하겠다는 아미타 부처의 서원을 가리킨다.

혼간사는 1272년 교토의 오타니에 딸 카쿠신니에 의해 지어진 신란의 능묘에서 기원했다. 1312년 능묘는 사찰이 되었고, 처음에는 '센주사'라 불렸으나 이후 1321년에 혼간사로 이름이 바뀌었다. 여러 차례 터가 바뀐 끝에 혼간사는 1591년 교토의 현재 위치에 정착하게 되었는데, 봉건 군주 도요토미 히데요시가 땅을 하사해 준 덕택이었다. 15세기에 제8대 주지 렌뇨 때 혼간사의 세력은 크게 확장되었다. 신불교의 신도들이 봉건제에 반대해 일으키는 봉기가 심각해져 가자, 봉건 영주 오다 노부나가는 당시 오사카의 이시야마를 기지로 하고 있던—이곳에 신도들의 요새가 있었던 것이다—혼간사를 파괴해 버리려 했으며, 그 결과 11년에 걸쳐 포위 공격을 펼쳤다. 혼간사는 불태워졌고 노부나가는 현재 오사카 성이 서 있는 자리에 성을 지을 계획을 세웠다. 1602년 혼간사는 도쿠가와 쇼군 이에야스에 의해 니시혼간사와 히가시혼간사 둘로 나뉘었다.

경내의 목조 건물 대부분은 16세기에서 18세기에 세워진 것이다. 이중 훌륭한 '창립자의 전당'과 불상이 있는 '아미타 부처의 전당'은 특히 주목할 만하다. 혼간사에는 또한 일본에 현존하는 가장 오래된 노(能)의 무대가 있으며, 커다란 다실과 정원들도 있다. **FN**

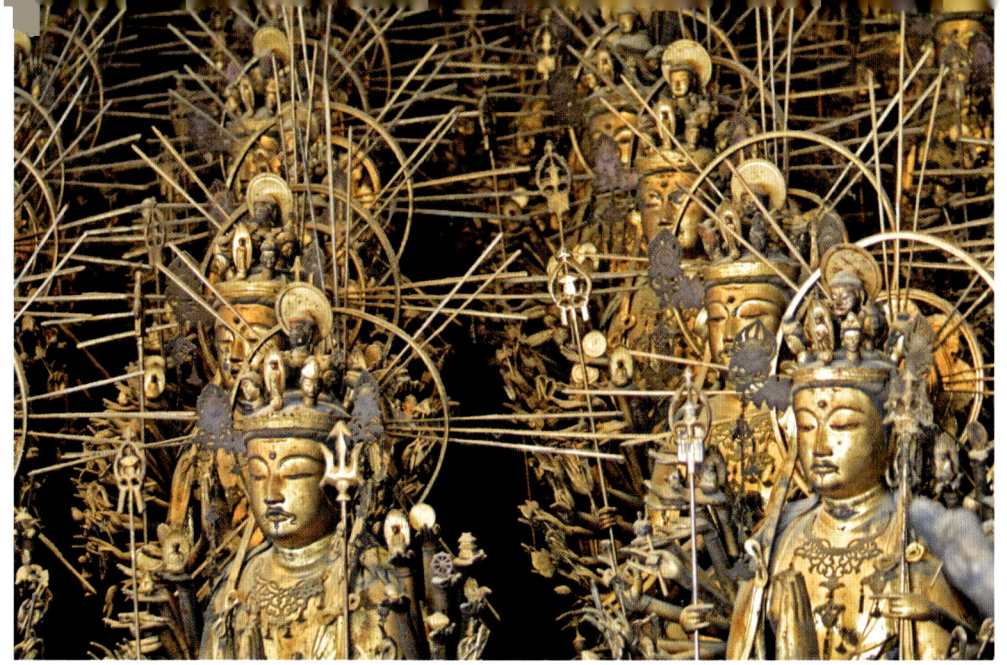

산주산겐 당 일본, 교토 | Sanjūsangen-dō

금으로 된 천수관음상이 1001개나 있는 사찰

산주산겐 당이라는 이름으로 잘 알려진, 122m 길이의 렌게오 인(蓮華王院) 사찰 본당은 일본에서 가장 긴 목조 건물로, 12세기에 은퇴한 고시라카와 천황의 명에 의해 지어졌다. 산주산겐 당이란 '33개의 칸으로 이루어진 건물'이라는 의미인데, 건물은 정확히 그 이름대로이다. 산주산겐 당에서 숭배하는 불교의 자비의 신인 관음은 도움을 청하는 이의 상황에 어울리는 서른세 가지 모습으로 나타난다고 한다. 현재의 전당은 1249년 화재로 전소한 원래의 전당을 충실하게 재건한 것으로, 1266년 건축되었으며 일본 국보로 지정되어 있다.

11세기 말에서 12세기 초까지, 일본은 내부 갈등으로 분열되었다. 낭시의 귀속들은 병화를 찾으려는 시도에서 교토에 많은 사찰들을 지었으며, 어떤 사찰들은 불교 성상들을 모셔 두는 구실을 했다. 산주산겐 당은 그 당시부터 유일하게 남아 있는 보관소이다. 전당 안에는 천수관음의 황금상이 1,001개나 늘어서 있는 인상적인 광경이 펼쳐진다(사실 각각의 관음의 팔은 40개씩이

지만, 한 팔로 스물다섯 개의 세상을 구한다고 한다). 가마쿠라의 조각가 단케이의 작품인 열한 개의 얼굴을 지닌 1.8m 크기의 주 관음이 전당 중앙에 서 있으며, 양옆으로 같은 관음을 나타낸 좀 작은 실물 크기 관음상이 500개씩 늘어서 있다. 관음 주변에는 28개의 수호신 상들이 서 있다.

산주산겐 당은 에도 시대(1603~1868) 이래로 매년 열리어 오던 궁술 시합인 도시야로 유명하다. 또 다른 연례행사 하나는 '버드나무 의식'인데, 두통을 예방하거나 고치기 위해 버드나무 가지로 참석자들을 건드리는 의식이다. 산주산겐 당은 물러난 천황 고-시라카와와 밀접한 관련이 있었던, 불교 텐다이 종(天台宗)의 묘호-인 사찰에 속한다. **FN**

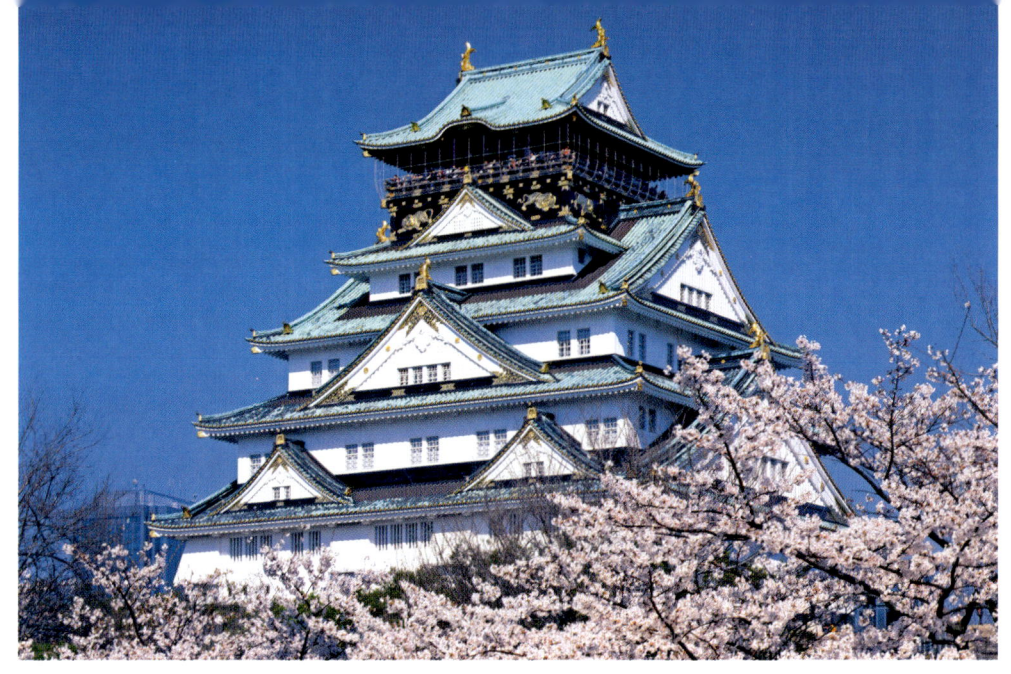

오사카 성 일본, 오사카 | Osaka-jō

도요토미 영주들이 지었던, 재건된 성채

오늘날 우리가 보는 오사카 성의 당당한 주탑은 16세기의 원래 건물을 20세기에 복원한 것이며, 이 또한 21세기에 들어 한 차례 보수된 것이다. 400년이 넘는 세월 동안 오사카 성은 여러 차례의 변모를 겪었으며, 이는 건축적인 면만이 아니라 정치적인 면도 마찬가지였다. 무엇보다도 오사카 성에는 두 가지 버전이 있다. 도요토미 오사카 성과 도쿠가와 오사카 성이 그것이다.

1583년, 봉건 군주 도요토미 히데요시는 옛 이시야마 혼간사가 서 있던 부지에 권력의 상징으로 오사카 성을 건축하기 시작했다. 이 성은 오다 노부나가의 아즈치 성을 모델로 삼았지만, 보다 더 웅장한 규모에 금으로 덮여 번쩍였다. 이 성은 히데요시가 일본 통일 원정을 나가는 데에 본거지 역할을 했다. 히데요시가 죽고 나자, 도쿠가와 이에야스가 세력을 일으켜 1603년 쇼군 정치를 열었다. 도쿠가와가 이끄는 세력은 오사카에서 '오사카 포위 공격'이라 알려진 일련의 전투를 통해 도요토미 가문을 공격했고, 도요토미 가문과 그 성을 멸망시켜 버

렸다. 1620년 제2대 도쿠가와 쇼군 히데타다 하에서 오사카 성의 재건축이 시작되었으며, 이는 먼젓번 건물의 화려함을 능가했다. 그러나 새로 쌓은 주탑은 1665년 벼락을 맞았고, 1931년 복원 작업이 이루어질 때까지 성은 탑이 없는 채였다. 현재의 돌로 된 성벽은 쇼군 시대의 것으로, 쇼군들이 소유하고 있었던 가장 정교한 건축 기법을 보여 준다.

결국 1868년 메이지 유신으로 이어졌던 내전 동안 성의 대부분은 전소해 버렸고, 도쿠가와 시대도 막을 내렸다. 이후에 오사카 성의 동쪽 편에 무기 공장이 지어졌으며, 제2차 세계대전 동안 이곳은 집중 폭격의 표적이 되고 말았다. 당시의 피해는 콘크리트를 이용해 복구했으며, 오늘날 성 안에 있는 박물관에서는 도요토미 히데요시의 생애와 성의 역사에 대한 자료를 볼 수 있다. **FN**

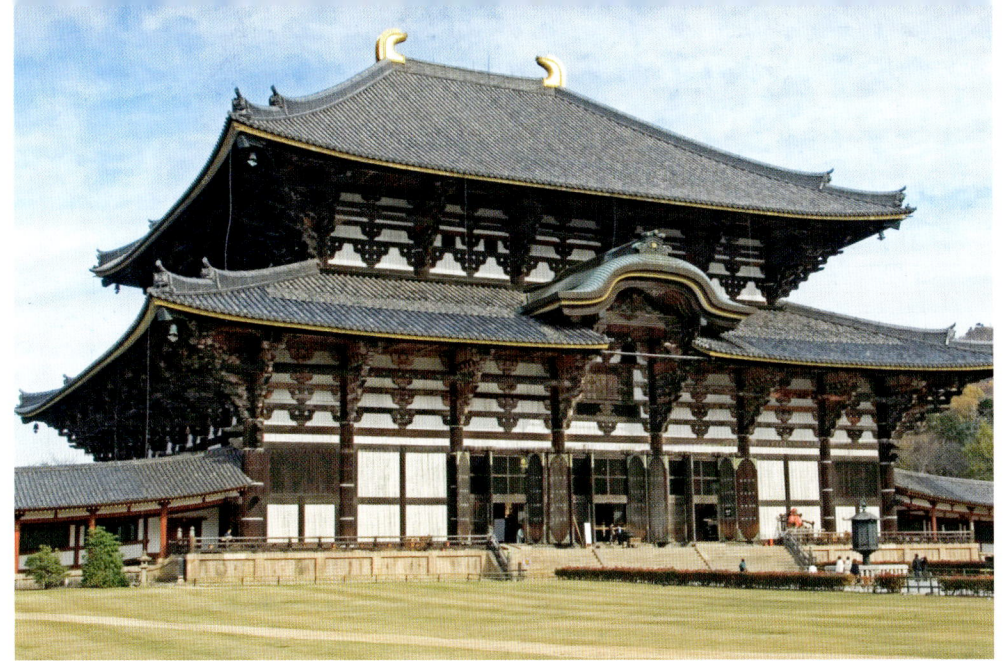

다이부츠덴 일본, 나라 | Daibutsuden

나라의 대불이 있는 절

다이부츠덴(大佛殿)이라는 이름으로 널리 알려진 도다이(東大) 사의 금당은 대불(大佛)의 거대한 상을 두기 위해 지어졌다. 나라는 8세기의 대부분에 걸쳐 일본의 수도였으며, 도다이 사는 국가 불교의 중심지 구실을 했다. 758년 지어진 원래의 목조 건물은 현재의 다이부츠덴보다 훨씬 더 웅대한 규모였다.

금당 안에는 청동으로 만든, 화엄종에서 가장 신성시하는 비로자나불(毘盧遮那佛)의 불상이 서 있다. 16m 크기의 이 불상은 고대 세계에서 제작된 가장 큰 청동 주물이라 여겨졌다. 이는 많은 불상을 제작했던 당나라의 측천무후의 건축 계획을 따르려는, 8세기의 쇼무 황세의 의식석인 노력에 의해 만들어진 것이었다. 752년에는 인도의 승려 보디세나의 주관 하에, 불상을 완성한 후에 여는 공식 행사인 '개안식'이 열렸으며, 수천 명의 승려들이 참석했다. 다이부츠덴의 건축은 이 행사 후에 시작되었다.

1180년에 불에 타 버렸던 원래의 불당은 1185년 재건되었다. 새로운 건물 역시 1567년 내란 중에 일어난 화재로 무너졌으며, 갈 곳 없어진 부처의 머리는 1610년 폭파되어 버렸다. 대불은 1692년에야 수리되었고, 불당이 재건된 것은 - 같은 부지에 세 번째로 다시 지어지는 셈이었다 - 1709년이었다. 도다이 사는 1998년 유네스코 세계문화유산으로 지정되었다. **FN**

> "이 도시의 역사 유적들은 8세기 나라의 생활을 생생하게 보여 준다."
>
> 유네스코

이츠쿠시마 신사 <small>일본, 이츠쿠시마 섬 | Itsukushima-jinja</small>

자연과, 바다의 세 여신을 숭배하는 신도 사당

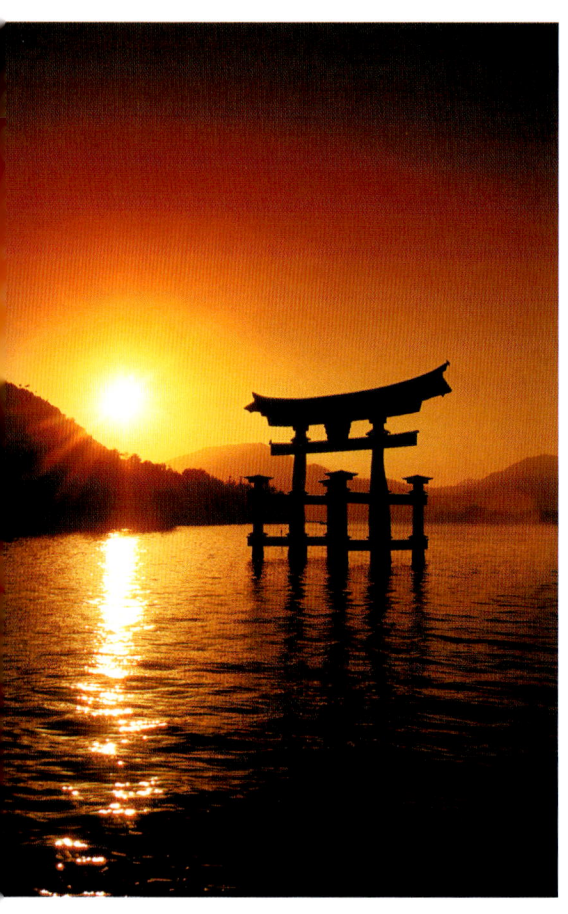

"벚꽃 잎이
나무 밑의
국과 생선회 접시에 떨어져 내리네."

바쇼, 이츠쿠시마 신사에 대한 하이쿠(1815)

세토 내해(內海)에 있는 이츠쿠시마 섬('미야지마', 즉 '사당의 섬'이라는 이름으로 더욱 유명하다)은 고대 이래로 신도 신앙의 성지였던 곳이다. 섬의 이름이 붙은 사당인 이츠쿠시마 신사는 593년 사에키 노 구라모토에 의해 처음 세워진 것으로 추정된다. 1168년 강력한 세력의 장군 다이라 노 기요모리가 최초로 지은 사당 본관은 13세기에 지어진 현대 건물의 토대가 되었다. 화재와 자연 재해로 인해 낡고 손상되어 재건축과 보수를 거듭하였음에도 신사는 헤이안 시대(794~1185)의 신덴 즈쿠리 양식으로 지어진 원래의 모습을 그대로 간직하고 있다. 현재의 신당은 16세기의 것이며 노(能) 무대는 17세기에 세워졌다.

자연과, 신도에서 섬기는 세 바다 여신을 숭상하기 위해 설계된 신사는 산이 늘어선 아름다운 자연의 배경을 뒤로 한 채 바다 가운데에 서 있다. 이츠쿠시마 신사는 신도의 사당이지만, 바다 위에 사당을 짓는다는 생각은 용신이 산다는 신화 속의 바다 밑 궁전인 용궁에서 영감을 얻었거나 혹은 불교 정토종 신앙이 발현된 것으로 볼 수 있다. 이츠쿠시마 섬에 있는 미센 산의 짙은 초록색 처녀림 앞에 서 있는, 16m 높이의 주홍색 '오도리이' 기둥문의 장려한 모습은 1643년 학자 하야시 라잔에 의해 일본 3대 비경으로 꼽혔다(나머지 둘은 마쓰시마 만과 아마노하시다테이다). 밀물 때면 사원은 마치 물 위에 떠 있는 것처럼 보여 경관에 극적인 요소가 더해진다. 안쪽 주 사당 단지에는 37개의 건축물이 있으며 외부 사당에는 해변에 맞닿은 18개의 건물이 있다.

인간의 창조력과 자연의 아름다움이 훌륭하게 조화를 이룬, 그 무엇과도 비길 수 없는 생생한 아름다움을 지닌 작품이기 때문에 유네스코는 1996년 이츠쿠시마 신도 사당을 세계문화유산으로 지정했다. **FN**

원자 폭탄 돔 일본, 히로시마 | A-Bomb Dome

1945년 원자 폭탄 투하 이후 히로시마에 서 있는 유일한 건물

1945년 8월 6일 오전 8시 15분, 미군 B-29 폭격기 에놀라 게이는 히로시마 시에 세계 최초의 원자 폭탄을 떨어뜨렸다. '리틀 보이'라는 별명의 이 폭탄은 거의 14만 명의 사람들을 죽였다. '원자 폭탄 돔', 즉 '겐바쿠 돔'이라는 이름으로 알려진 히로시마 평화 기념관은 평화를 향한 희망의 상징이자 핵폭탄의 참상의 목격자로서 그 자리에 서 있다.

이 건물은 원래 1915년에 히로시마 시립 상업 전시관으로 세워졌다. 체코의 건축가 얀 렛트르가 디자인한 이 건물은 분리파와 신바로크 양식이 혼합된 3층짜리 벽돌 건물이었다. 제2차 세계대전 동안 이 건물은 정부와 무역 관청들을 두는 데 사용되었다. 핵폭발의 중심점은 건물에서 남서쪽으로 고작 160m 떨어진 곳에 있었다. 폭탄은 거의 건물 바로 위에서 폭발했으며, 충격파가 건물 중심을 향해 똑바로 내려왔기 때문에 벽의 일부와 철로 된 골조는 살아남을 수 있었다. 건물의 잔해는 원자 폭탄 돔이라 알려지게 되었고, 핵폭발의 직접적인 후폭풍 한가운데에 있었기 때문에 그대로 보존되었다. 많은 논란을 거친 후, 히로시마 시에서는 1966년 이 돔을 영구히 보존하기로 결정했으며, 현재 이 건물은 히로시마 평화 기념 공원의 일부이다. 공원은 단게 겐조에 의해 설계되었으며, 평화 기념 박물관을 비롯한 많은 기념관들이 있다. 매년 8월 6일이면 히로시마 시에서는 원자 폭탄의 희생자들을 추모하기 위해 공원에 있는 추모 기념비 앞에서 평화 기념행사를 연다.

중국과 미국에서 유보하자는 의견을 표했음에도, 유네스코는 1996년 이 돔을 세계문화유산으로 지정했다. 또한 유네스코는 이 건물이 인류가 지금까지 창조해 낸 가장 파괴적인 힘을 증명하는 적나라하고 강력한 상징이자, 세계평화를 위한 희망과 모든 핵무기의 최종적인 제거를 염원하고 있다고 설명했다. **FN**

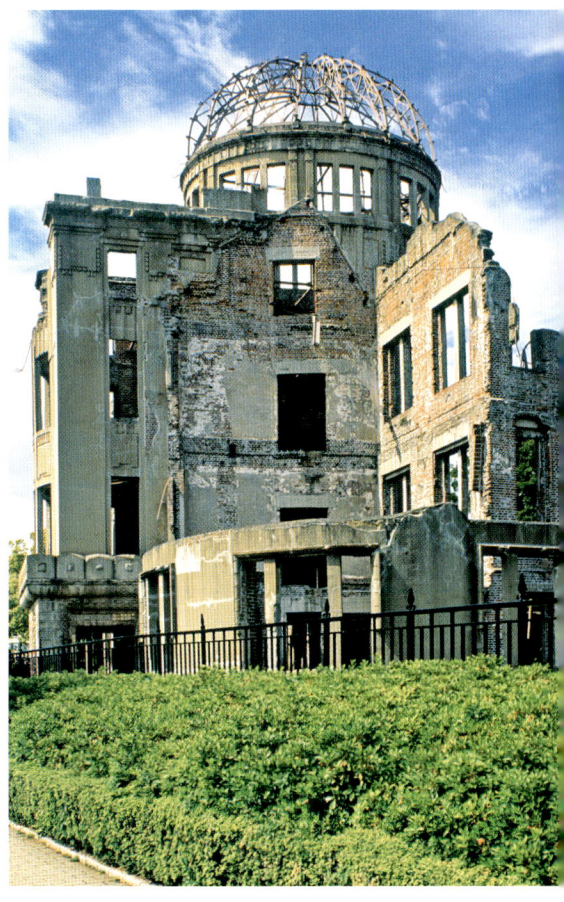

"히로시마에는 온전한 건물이 하나가 있다 … 예전에는 … 31만의 인구를 지녔던 도시인데."

히로시마를 최초로 방문한 연합군 기자, 윌프리드 버쳇

🏛 ◉ 수코타이 역사 공원 태국, 치앙마이 부근 | Sukhothai Historical Park

시암 왕국의 문화적 유산으로 풍성한 곳

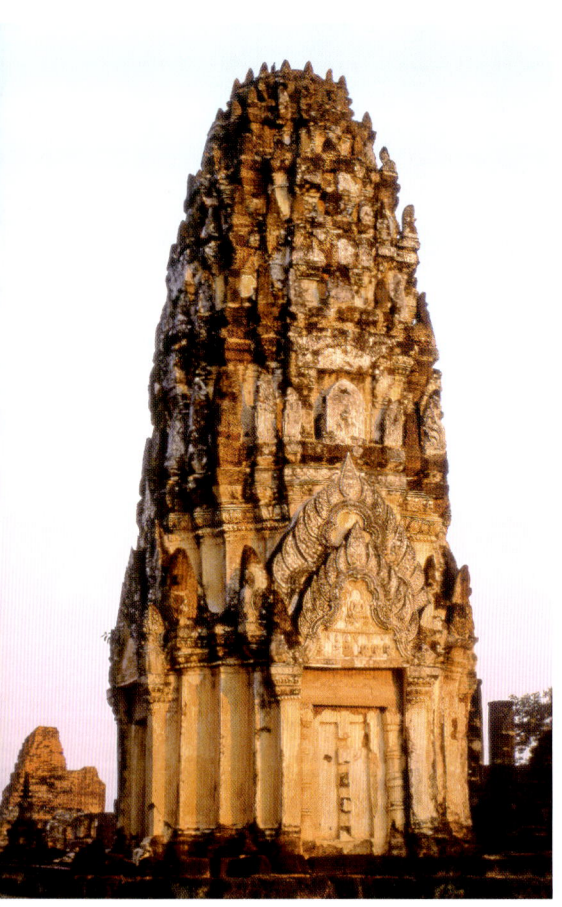

"수코타이는 불교의 힘에 대한 경이적이고 기념비적인 표현물이 되었다."

저널리스트, 엘리자베스 해리스

수코타이는 최초의 타이 족 왕국이었다. 수코타이라는 똑같은 이름의 왕국 제일의 도시는 스리 인드라디트야가 점령자인 크메르인들로부터 이 지역을 독립으로 이끈 후 1238년에 세운 것이다. 이 도시는 왕과 그의 백성들이 거둔 승리를 찬양하고, 다시는 크메르 족에게 지배당하지 않겠다는 그의 비전을 상징하기 위해 세워졌다. 오늘날 이 고대 도시의 유적은 200개 이상의 유서 깊은 건물을 지닌 엄청난 넓이의 역사 공원이 되었다.

수코타이의 건축 양식에는 불교 예술과 이교적인 요소, 크메르, 스리랑카 건축 양식의 요소들이 혼합되어 있다. 이 유적지에는 왕궁, 스리 인드라디트야가 짓도록 하였으며 이에 못지않을 만큼 웅장한 와트 마하타트, 즉 '위대한 유물의 사원'을 포함해 상당히 많은 수의 사원과 궁전들이 있다. 이 사원은 벽돌과 크메르 라테라이트로 지어졌으며, 이 지방의 라테라이트로 장식되어 있다. 와트 마하타트의 기둥으로 이루어진 불당 안에는 전통적인 '부미스파르사 무드라' 자세(앉아 있는 상태로 오른손은 땅을 짚고 왼손은 손바닥이 위로 오게 하여 무릎 위에 놓은 모습)를 취한 웅장한 불상이 모셔져 있다. 대부분 테라바다 불교에 바쳐진 다른 사원들은 라테라이트를 사용해 건축되었으며 치장 벽토로 덮여 있다. '연꽃 봉우리' 모양의 사리탑은 이 사원들의 전형적인 특징인데, 아래쪽이 넓고 위쪽으로 올라갈수록 뾰족한 모양으로 좁아지는 형태 때문에 이러한 이름이 붙었다.

수코타이는 태국에서 가장 중요한 역사 유적지 중 하나이다. 비단 그 방대한 규모 때문만이 아니라 — 이곳을 둘러싸기 위해서는 해자 두 개와 세 개의 담이 필요했다 — 결코 흉내 낼 수 없는 그 유산 때문이다. 이 고대 도시는 종교적, 예술적, 사회적으로 독특한 역사를 지니고 있는 오늘날의 태국이 된 옛 왕국에 대한 살아 있는 기억인 것이다. 1977년 유네스코에 의해 국제적인 캠페인이 벌어졌고, 1988년에는 70㎢ 넓이의 구역이 역사 공원으로 선포되었다. '수코타이의 역사 도시 및 관련된 역사 도시들은 1911년 유네스코 세계문화유산이 되었다. **SJ**

칸차나부리 전쟁 묘지 태국, 칸차나부리 | Kanchanaburi War Cemeteries

악명 높은 '죽음의 철도'를 짓느라 희생된 수천 명에게 바쳐진 기념관

칸차나부리는 방콕에서 서쪽으로 130km 떨어진 태국의 푸르게 우거진 자연 속에 자리 잡고 있으며, 제2차 세계 대전 때의 일로 가장 유명하다. 1941년부터 1943년에 걸쳐 일본군은 415km 길이의 '죽음의 철도'를 건설했다. 철도의 목적은 방콕과 버마(현재의 미얀마)의 랑군을 연결하여, 해상 운송 수단에 대한 의존도를 낮추려는 것이었다. 정글로 뒤덮인 산악 지대에 철도를 놓기 위해서, 일본은 20만 명의 아시아인들과 6만 9천 명의 연합군 전쟁 포로들에게 강제 노역을 시켰다. 1943년 10월 철도가 완공되었을 무렵, 강제 징집된 10만 명의 아시아인과 1만 6천 명의 전쟁 포로가 작업 중 숨진 것으로 추정된다.

이 도시에는 현재 칸차나부리 전쟁 묘지('돈−락 전쟁 묘지'라고도 알려져 있다), 총−카이 공동묘지, 그리고 제스 전쟁 박물관이 있다. 칸차나부리 전쟁 묘지에는 철도를 건설하는 동안 일본군이 강요한 잔혹하고 열악한 상황 속에서 생명을 잃었던 6,982명의 영국, 오스트레일리아, 네덜란드 전쟁 포로들이 묻혀 있다. 고요한 정원에는 묘석들이 여러 줄로 늘어서 있다. 총−카이 공동묘지는 포로수용소가 서 있던 부지 중 하나에 조성되었는데, 규모는 더 작지만 둘 중 더 격식을 갖추고 있다. 1,740개의 묘석 중 대부분은 이곳에 묻힌 무명용사들을 추모하는 기념비이다.

제스 전쟁 박물관은 전쟁 포로들이 살았던 수수한 대나무 오두막을 똑같이 만들어 놓은 것으로, 제스(JEATH)라는 이름은 철도 건설에 연루되었던 국가명의 첫 알파벳을 딴 것이다. 일본, 영국, 오스트레일리아, 태국, 네덜란드(Japan, England, Australia, Thailand, Holland)이다. 이 박물관은 철로를 놓는 데 쓰였던 삽 같은 물품, 사진, 그림, 의류 등의 개인적인 기념품을 소장하고 있는데, 이러한 물건들은 전쟁 포로들의 궁핍했던 사정을 통렬한 방식으로 느끼도록 해 준다. 이 도시에는 어떤 대가를 치르더라도 철로를 놓고자 했던 일본군의 무자비한 계획이 남긴 상처가 남아 있다. **CK**

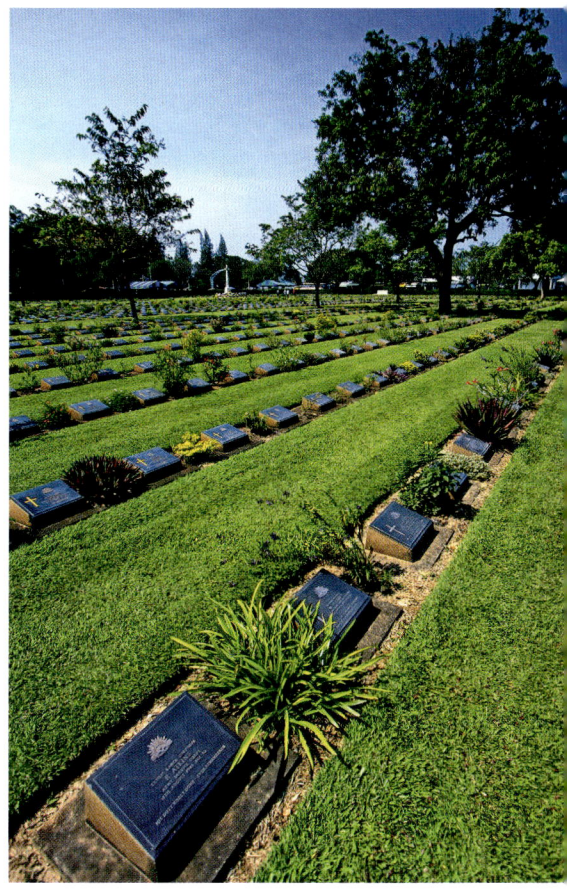

"우리는 혹사당했고, 굶주렸으며, 끝없는 정신적 육체적 학대에 시달렸다."

전쟁 포로, 조지 더피

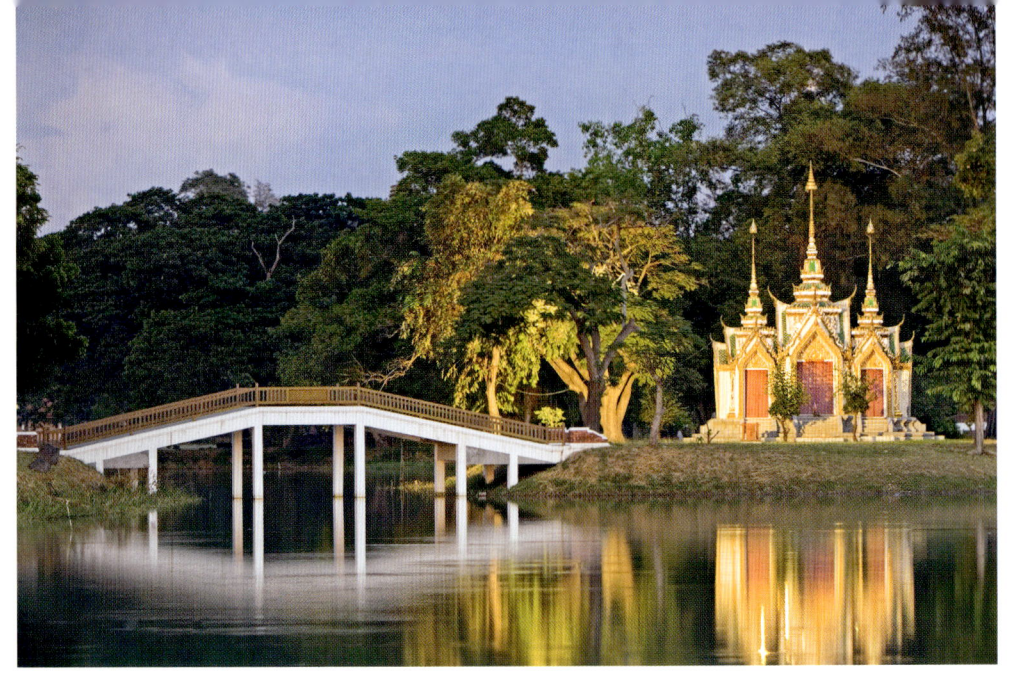

🏛 ◎ 아유타야 태국, 방콕 부근 | Ayutthaya

종교적 관용과 예술적 표현이 보장되었던, 한때 번성했던 도시

라마티보디 왕이 통치하던 14세기에, 아유타야는 당시의 시암 왕국의 공식적인 수도가 되었다. 옛 수도인 수코타이는 이후 100년간은 독립된 개별적인 주로 존재를 이어나갔으나, 천천히 아유타야 왕국에 흡수되었다. 14세기부터 18세기까지 아유타야는 그 전성기를 맞았으며, 이 도시는 아시아에서 가장 부유한 도시 중 하나가 되었다.

라마티보디는 테라바다 불교를 자기 나라의 공식 종교로 삼았으나 다른 신앙에 대해 계속해서 관용을 보였으며, 모든 지역과 종교에서 예술적인 표현을 하도록 권장했다. 아유타야에는 수코타이 시기에 인기 있었던 양식인 몬과 크메르 예술과 건축 양식이, 아유타야 지역 특유의 새로운 양식과 조화롭게 혼합된 예가 많다. 스리랑카의 건축 또한 이곳의 건물들에 영향을 주었는데, 라마티보디 2세, 그의 형, 그의 아버지가 안장된 세 개의 무덤인 '와트 프라 스리 삼페트'가 바로 그러한 예이다. 아유타야에 있는 가장 오래된 사원은 '와트 부다이 스바르야'이다.

16세기 중반, 이웃의 버마가 아유타야를 침략해서 잠시 동안 이 왕국을 정복했다. 그러나 아유타야의 왕인 나레수안이 코끼리를 타고 극적인 결투를 벌여 버마의 황태자에게 치명적인 상처를 입힌 후, 버마인들은 쫓겨났다. 1760년대에 버마는 아유타야를 또다시 공격했다. 1767년 이 도시는 약탈당했으며 많은 수의 건물들이 파괴되었다. 이 위대한 시기의 고고학 유적은 여전히 남아 있으나, 한때는 웅장했던 이 도시를 진정으로 완전히 파악해 낼 수는 없다. 그러나 방문해 볼 만한 훌륭한 사원과 궁전 유적들이 많이 있다. 이 지역은 1970년대에 국립 공원으로 지정되었으며, 태국 예술의 발전에 있어서 중요한 시기를 대표하는 유적지이기 때문에, 1991년에는 유네스코 세계문화유산 목록에 올라갔다. **SJ**

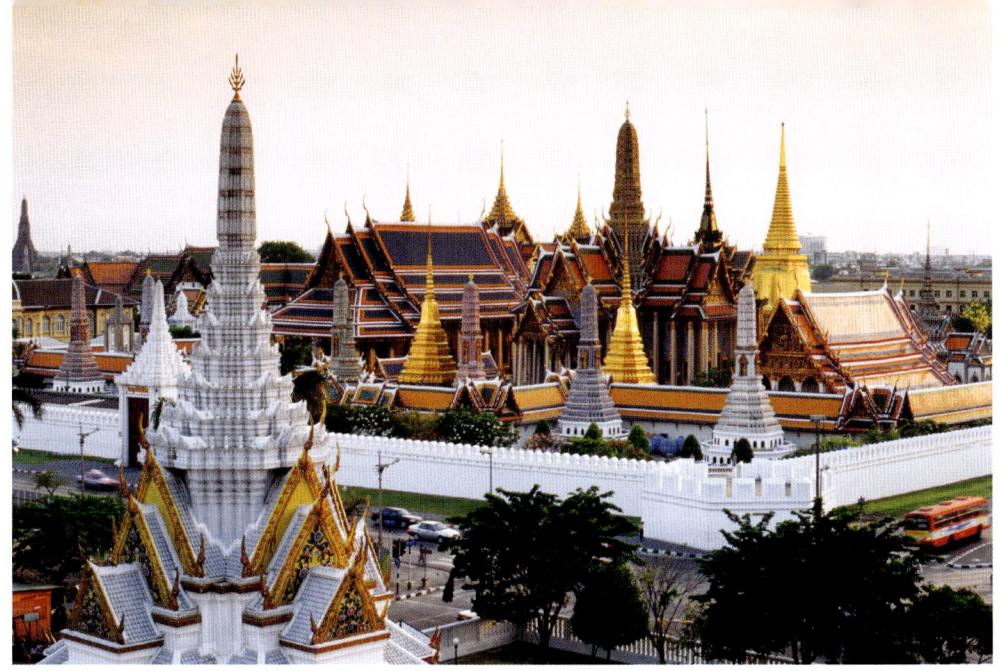

대궁전 태국, 방콕 | Grand Palace

이 눈부시게 화려한 궁전은 한때 왕실 공식 거처였다

독특한 양식에 비스듬하고 여러 겹으로 된 지붕들이-어떤 것들은 모퉁이에 가루다(힌두교의 라마 신이 타고 다니는 반인 반조)가 조각되어 있고 탑과 사리탑들도 있다-방콕에서 가장 인기 있는 관광 명소이자 태국 왕가의 주요한 건축학적 상징인 방콕 대궁전을 찾는 이들을 반겨 준다.

대궁전은 성벽에 둘러싸인 도시 안의 또 다른 도시이다. 넓이는 21,840㎡이며 총 길이가 1,900m에 달하는 네 개의 성벽에 둘러싸여 있다. 이 벽 안에는 1782년 라마 1세가 방콕을 세웠을 때로 거슬러 올라가는 100개가 넘는 화려하게 채색된 건물들, 황금으로 된 첨탑, 반짝이는 모자이크 등이 있다. 부지 안에 들어가면 처음으로 보게 되는 것이 '에메랄드 불상의 사원', 즉 '왓 프라 깨우'이다. 이는 태국에서 가장 신성한 사원이다. 내부에는 자그마한 에메랄드 불상이 있는데, 사실은 비취로 만들어진 것이며 유리 상자 안에 든 채 너무나 높은 곳에 놓여 있어 세부적인 면을 감상하기는 쉽지 않다.

주목할 만한 번쩍이는 지붕만 예외로 하면, 궁전은 식민지풍의 빅토리아 건축 양식을 상당히 많이 따르고 있는데, 특히 발코니와 기둥 부분이 그렇다. 라마 4세의 아들의 가정교사이자 〈왕과 나〉의 여주인공인 안나가 이 궁전에 살았다. 왕궁 건물 가운데 라마 4세가 지은 '보로마비만 홀'이 있는데, 그 이후의 모든 왕들이 통치 기간 동안 적어도 한 번씩은 이곳에 거주했다. '아마린 비니차이 홀'에는 유럽과 태국 건축 양식이 흥미롭게 혼합되어 있으며, 번쩍이는 황금 옥좌가 있는 유럽 풍의 굉장히 넓은 응접실(외국 대사들을 위한 것)이 있다. 이 건물에는 방문객들이 들어가 볼 수 있지만, 다른 부분은 출입이 금지되어 있다.

궁전 전체가 오점 하나 없이 말끔하고 정돈되어 있으며, 아마 이 때문이겠지만, 마치 테마 파크에 들어왔다고 생각하기가 쉽다. 수란스러운 관광객들, 코끼리 조각상들, 위엄 있는 제복을 입은 라자 풍의 궁정 근위병들이 현실 속 같지 않은 광채를 더해 준다. **JH**

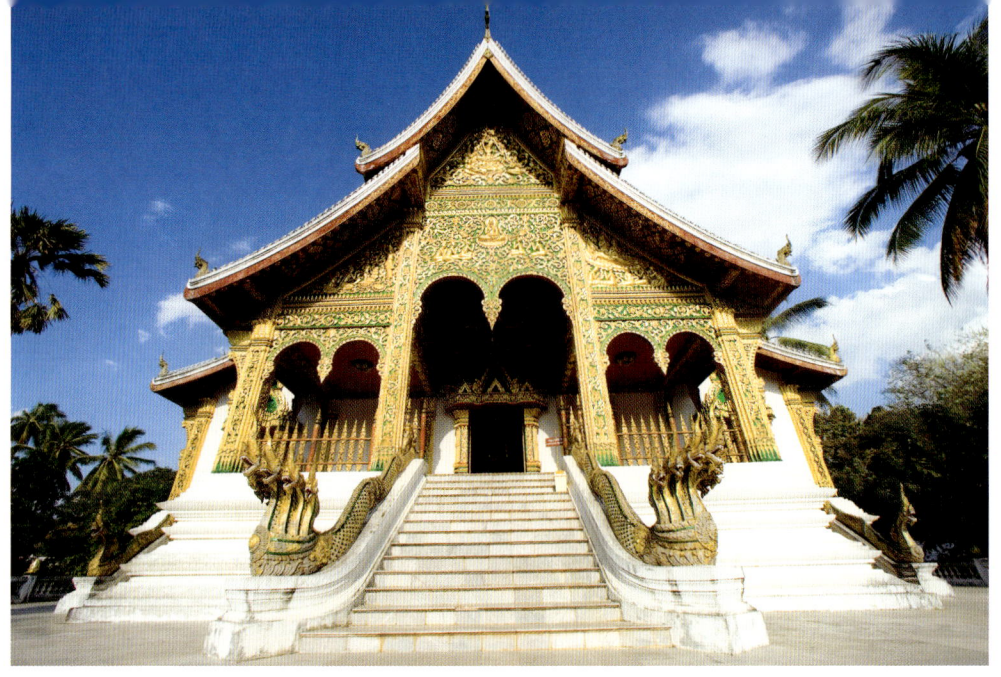

🏛 ◈ 루앙프라방 라오스, 루앙프라방 | Luang Prabang

이 도시는 전통 양식과 유럽 건축 양식의 훌륭한 퓨전을 보여 준다

오늘날 라오스의 수도인 비엔티안에서 북쪽으로 426km 가량 떨어진 곳에, 같은 이름의 독립 왕국의 옛 수도였으며 1975년 공산주의 혁명 이전까지 왕실 거처였던 루앙프라방이 있다. 한 세기 이전 프랑스가 라오스를 병합했을 때, 루앙프라방은 왕실 거처로 인정받았으며, 곧 이 도시와 주의 통치자는 프랑스 보호령인 라오스의 명색뿐인 지도자와 동의어가 되었다. 라오스가 독립을 얻자, 왕은 라오스 왕국의 지배자가 되었다.

루앙프라방에는 수십 개의 사원과 성소들이 있으며, 가장 큰 밀집 지역은 구시가지에 있다. 1560년에 지어졌으며 색깔 있는 유리와 금으로 호화롭게 치장된 시엥 통은 아마 가장 아름다운 건물일 것이다. 방문객들은 옛 왕궁이자 지금은 박물관이 된 하우 캄을 방문해 볼 수도 있다. 도시 중심부 가까이에 있으며 주변의 사원과 언덕들이 잘 내려다보이는 푸시 산에서는 훌륭한 광경을 즐길 수 있다.

보트를 타고 도착하는 오늘날의 방문객들은 옛날에 무역을 하기 위해, 혹은 전투에 참가하기 위해 왔던 이들과 같은 경험을 해 보는 셈이다. 사원의 황금 돔이 드리워진 나뭇가지를 뚫고 솟아오른 모습을 즐길 수 있으므로, 보트는 이곳에 도착할 수 있는 가장 멋진 방법일지도 모른다. 정글로 뒤덮인 산맥에 둘러싸이고 메콩 강과 그 지류인 칸 강이 합류하는 지점에 있는 루앙프라방은 가장 잘 보존되어 있는 동남아시아라 하겠다. 우거진 원시 처녀림(이 주변의 숲에는 아직도 호랑이가 어슬렁거리며 정기적으로 새로운 종이 발견된다), 완벽한 상태로 보존된 건물들. 오래된 사원과 식민지풍 건물들이 뒤섞인 모습이 뚜렷한 거리들, 그리고 분주한 현대와는 전혀 동떨어져 보이는 느긋한 일상의 속도는 여러 씨족과 지배자들이 정복과 탈환을 계속해 온 라오스의 역사와 비교해 볼 때 한층 더 비현실적으로 느껴진다. **AP**

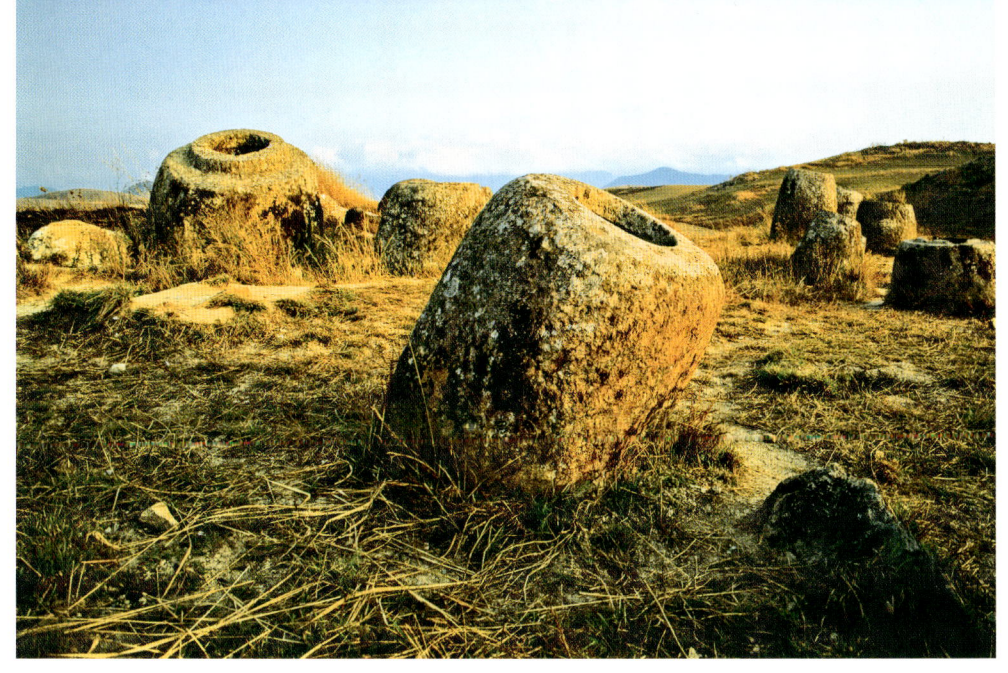

항아리 평야 라오스, 샹코앙 고원 | Plain of Jars

항아리들의 목적과 역사는 아직도 고고학자들에게 수수께끼로 남아 있다

라오스의 항아리 평야가 어째서, 언제, 왜 생겨났는가는 오늘날까지 논의가 분분한 세 가지 중요한 의문점이다. 항아리 평야는 광대하게 넓은 지역에 펼쳐져 있으며, 400군데의 각 구역에 있는 항아리들은 그 크기와 배열 방식이 다양하다. 많은 고고학자들과 인류학자들이 이 항아리들은 본래 고대의 몬-크메르 족에 의해 장례용 단지로 사용되었으며 기원전 500년에서 서기 800년 사이에 만들어졌다는 학설을 세웠다. 이러한 이론들은 1930년대에 이 지역에서 매우 철저한 발굴 작업을 행했던 프랑스 고고학자 마들렌 콜라니에 의해 한층 설득력을 얻는다. 그는 항아리들과 가까운 곳에서 동굴들을 발견했으며, 동굴 내부에서는 인간의 유골과 두 개의 거대한 굴뚝을 찾아냈다. 그녀는 이 굴뚝들이 인간의 유해를 화장하는 데 쓰인 가마였다는 결론을 내려 항아리들이 그 재를 담는 단지라는 설을 제시한다.

대안적인 가설은 이 항아리들이 여행객들이 식량을 저장하거나 몬순 때의 빗물을 모으는 데에 쓰였다는 설이다. 항아리가 있는 지역에 옛날에는 거인족이 살았다는 라오스 전설도 있다. 쿤 청이라는 왕이 이 종족을 지배했는데, 그는 특히 오래 지속되었던 한 전투에서 승리를 거둔 후 이를 축하하기 위해 항아리들을 이용해 쌀로 빚은 술을 마시기로 결심했고, 자신의 서사시적인 축하연을 기념하는 의미로 항아리들을 놓아두었다는 것이다.

항아리들은 태국에서 라오스를 거쳐 인도 북부까지 이르는 넓은 지역에 걸쳐 분포되어 있다. 이것들은 줄을 이루며 놓여 있는데, 아마 고대의 무역로를 따라 놓인 것일지도 모른다. 항아리들은 대부분 사암으로 만들어졌으며 크기는 최대 3m, 무게는 최대 13t까지 이르며 다양하다. 지금도 이 경이적인 항아리들을 볼 수는 있지만, 매우 주의를 기울여야 한다. 비밀 전쟁(1962~1975) 동안 미국이 퍼부은 폭격의 결과로 항아리 평원은 언제 폭발할지 모르는 폭탄들로 뒤덮여 있기 때문이다. 운이 좋아 이 역사적인 유적을 방문할 수 있다면, 숙련된 가이드를 동반해야 한다. **KH**

이 중앙 사원은 캄보디아의 자부심이며 이 나라 국기에도 등장한다

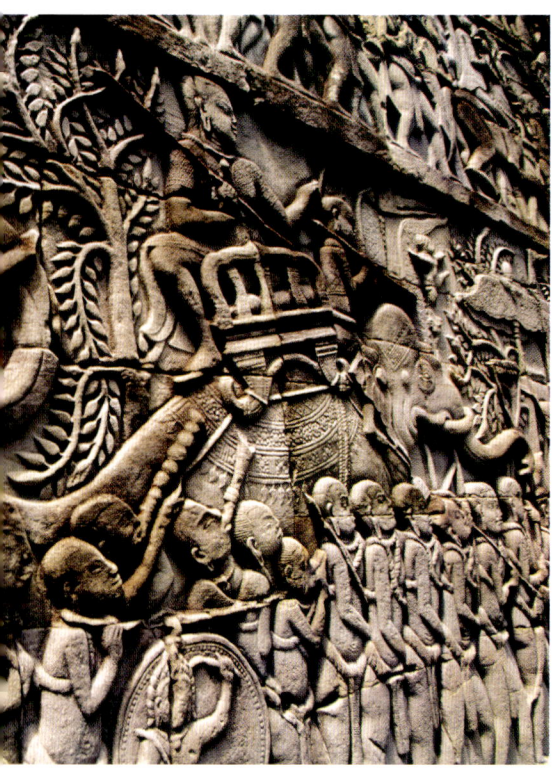

"앙코르 와트는 그리스나 로마가 우리에게 남긴 그 어떤 것보다도 더 위대하다."

탐험가, 앙리 무오

⊞ 앙코르 와트 북쪽에 있는 바욘 사원에 새겨진 정교한 프리즈 중 하나에 묘사된, 전장으로 진군하는 크메르 군대.

⊞ 신들의 거주지를 상징하는 앙코르 와트의 탑들이 바다를 상징하는 해자에 반사된다.

앙코르는 전 세계에서 가장 아름다운 사원 중 하나로 명성이 높으며, 이곳을 방문하는 일은 깊이 감동하지 않을 수 없는 경험이다. 이 지역에는 서로 정도는 다르지만 보수해야 할 필요가 있는 상태의 신전들이 천 개가 넘게 있는데, 그중 가장 장엄하며 분명 가장 유명한 사원이 바로 앙코르 와트이다.

크메르 제국의 왕 야소바르만 1세는 890년경 앙코르 사원 단지를 짓기 시작했다. 이 단지의 심장부는 195km²의 넓이에 걸쳐 있다. 대략 오늘날의 로스앤젤레스 크기에 가까운 3,000km²이라는 경이적인 넓이에 달하는 중세 세계 최대 규모의 도시 개발 지역이 이 중앙 지역을 둘러싸고 있었던 것으로 추정된다. 이 문명은 13세기와 14세기에 급속도로 쇠퇴했으며, 1431년 앙코르는 결국 타이의 침략자들에게 약탈당했다. 점차 숲이 사원 단지를 집어삼켰으며, 19세기 말에 이르러서야 프랑스 탐험가들에 의해 재발견되었다.

사원 단지의 중심적인 볼거리는 단연 앙코르 와트이다. 앙코르 와트는 1113년에서 1150년에 걸쳐 수르야바르만 2세에 의해 국가 사원으로 지어졌는데, 그는 이를 자신의 조상들과 비슈누 신에게 바쳤다. 이 사원은 다섯 개의 탑 건물, 즉 '프라삿'이 3층으로 된 피라미드를 이루는 모습으로 배치되어 있다. 이 탑들은 힌두교 우주관의 중심이며 신화적인 힌두교 신들의 거주지인 메루산의 다섯 개 봉우리를 상징한다. 외부 회랑에는 762m의 길이로 뻗어 있는, 이야기를 표현한 인상적인 낮은 부조가 새겨져 있다. 이 놀라운 예술 작품은 신성한 문헌인 『마하바라타』에 나오는 전투 장면, 유명한 힌두교 신화인 '우유 바다 젓기'의 장면, 비슈누가 악마를 물리치고 승리하는 장면, 수르야바르만 2세 때의 일상생활 등을 묘사하고 있다. 사원의 박공벽에는 천상의 무녀 '아프사라스'의 조각이 200개 이상 새겨져 있는데 이들은 악령을 쫓는 수호자 역할을 한다. **SJ**

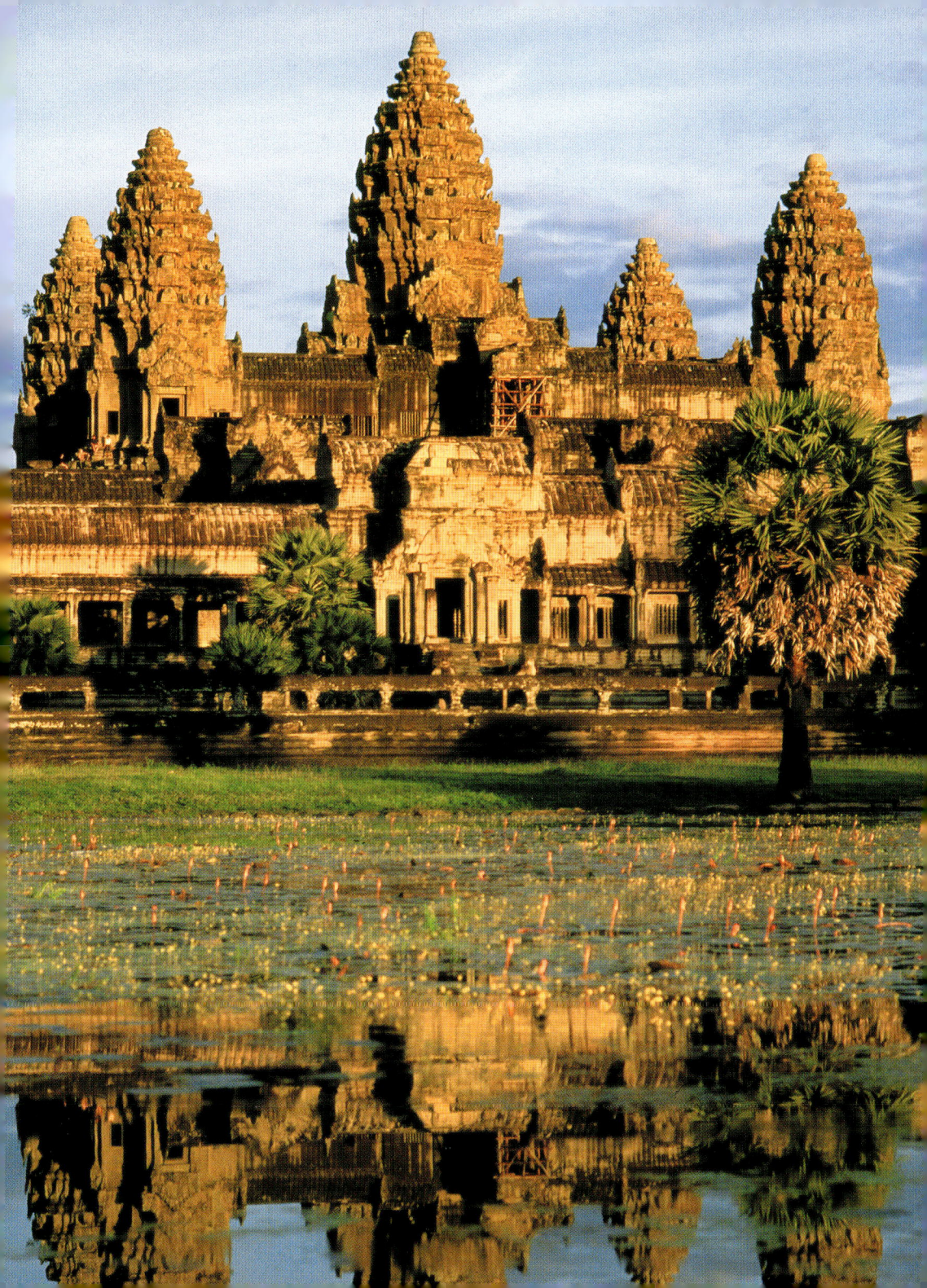

킬링 필드 위령탑 캄보디아, 프놈펜 부근 | Killing Fields Memorial

크메르 루주에 의해 무자비하게 학살당하고 아무렇게나 매장된 이들에게 바쳐진 추모비

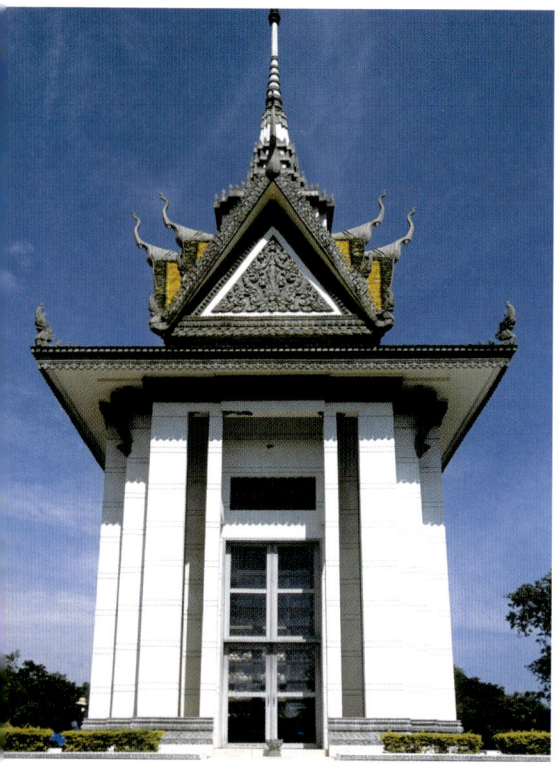

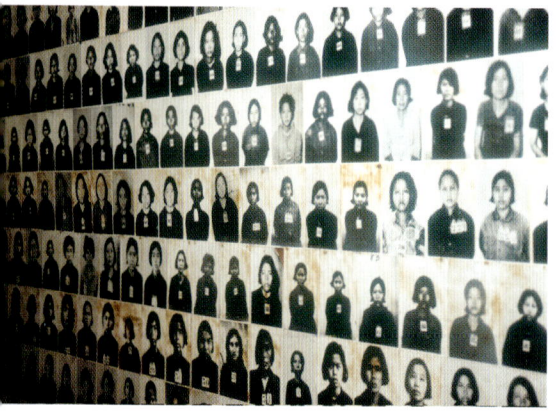

이곳, 예전에는 과수원이었던 청 아익에, 매년 10만 명 이상의 방문객들이 찾는 킬링 필드 위령탑이 있다. 이들은 캄보디아에서 가장 유명한 유적지 중 하나를 보고, 크메르 루주의 잔혹한 정권 아래에서 죽어간 이들에게 추모의 뜻을 표하기 위해 전 세계로부터 찾아온다.

캄보디아의 미래에 대해 토지를 균등하게 분배해야 한다는 새로운 비전을 지녔던 캄보디아 공산주의자들인 크메르 루주는 1975년 정권을 잡았다. 이때부터 베트남에 패하게 되는 1979년까지, 크메르 루주는 약 1백 70만 명의 사람들을 죽였다. 대부분의 희생자들은 폴 포트라는 이름을 몰랐다. 그들의 박해자는 '앙카', 즉 '조직'이라는 이름 뒤에 숨어 있었다. 킬링 필드는 크메르 루주 정권이 희생자들을 죽이고 묻었던 장소였다. 청 아익에서는 약 1만 7천 명의 사람들이 죽임을 당했다. 프놈펜을 벗어나 구불구불하게 이어지는 울퉁불퉁한 길을 가다 보면 3층 높이의 위령탑과 마주하게 된다. 내부에는 8천 개 이상의 두개골이 연령과 성별로 나뉘어 쌓여 있다. 희생자들은 '투올 슬렝'이라 알려진 '재교육 캠프'에서 심문을 당한 후 청 아익으로 끌려와 살해당했다. 위령탑 뒤에는 집단 무덤―위에 쌓인 흙과 풀로 뒤범벅이 된 뼈 구덩이들이 있다. 주변은 논으로 둘러싸여 있다. 평화롭고 조용하지만, 나치 강제수용소처럼 한때는 상상할 수도 없는 끔찍한 일이 일어나는 장소였다.

불교 국가인 캄보디아에서 많은 이들은 전시된 두개골들을 내려야 한다고 믿는다. 육신이 소각되지 않으면 영혼이 자유로워질 수 없기 때문이다. 그럼에도, 다시는 그러한 일이 되풀이되지 않도록 과거에 일어났던 일을 기억하는 것이 더 중요하다는 믿음 때문에 박물관은 계속 남아 있다. **OR**

◪ 청 아익 킬링 필드에서 발견된 두개골들은 대량 학살의 증거로 이 위령탑에 간직되어 있다.

◩ 프놈펜의 투올 슬렝 대량 학살 박물관에 폴 포트에게 희생된 사람들의 사진이 전시되어 있다.

호아 로 감옥 베트남, 하노이 | Hoa Lo Prison

재소자들은 열악한 환경 속에 수용되었으며 종종 고문을 당했다

베트남의 프랑스 식민 지배자들이 건설한 호아 로 감옥은 대부분 정치범들을 수용하는 데에 사용되었다. 프랑스인들이 '메종 상트랄'라고 불렀던 이 감옥은, 전에는 '호아 로'(화로)라는 가지고 다닐 수 있는 흙 난로를 제조하는 데에 쓰였던 길 위에 지어졌다. 북 베트남이 독립한 후, 이 감옥은 베트남 전쟁 동안 미군 전쟁 포로들(대부분 공군)을 수용하는 데에 사용되었다.

감옥은 두터운 노란색 돌로 지은 건물들 안에 있었다. 입구임을 알리는 위압적인 검은 문은 지역 주민들로부터 '괴물의 입'이라는 별명을 얻었다. 감옥의 벽 뒤에서는 처음에는 프랑스인들의 손으로, 그 뒤에는 베트남인들의 손으로 죄수들에 대한 고문과 학대가 자행되었다. 1913년에는 615명의 죄수들이 있었으나, 1953년이 되자 죄수들의 수는 2천 명 이상으로 불어났다. 이들 대부분은 베트민(프랑스 지배 아래에서 베트남의 독립 투쟁을 이끈 조직)의 일원들이었으며, 뜰에 설치된 기요틴이 정기적으로 목을 잘랐다. 공산당의 전 서기장 도 무오이 역시 예전에 수감되었던 적이 있었는데, 그는 1945년 100명의 다른 재소자들과 더불어 하수도를 통해 탈옥했다. 미군 전쟁 포로들은 1964년부터 수감되기 시작했고, 감옥은 1973년까지 쓰였다. 감옥은 '하노이 힐튼'이라는 별명을 얻었고, 아마 가장 유명한 재소자는 미국 상원위원 존 맥케인이었을 것이다. 간수들은 재소자들을 침대에 족쇄로 묶었으며, 제네바 협약을 어기고 고문과 학대를 가했다.

1993년 싱가포르 사업가들이 하노이 타워를 짓기 위해 감옥 대부분을 헐어 버렸다. 오늘날 남아 있는 부분은, 프랑스 지배 하에서 베트남인들이 고통 받았던 상황에 대부분 초점을 맞춘 박물관이 되었다. **MA**

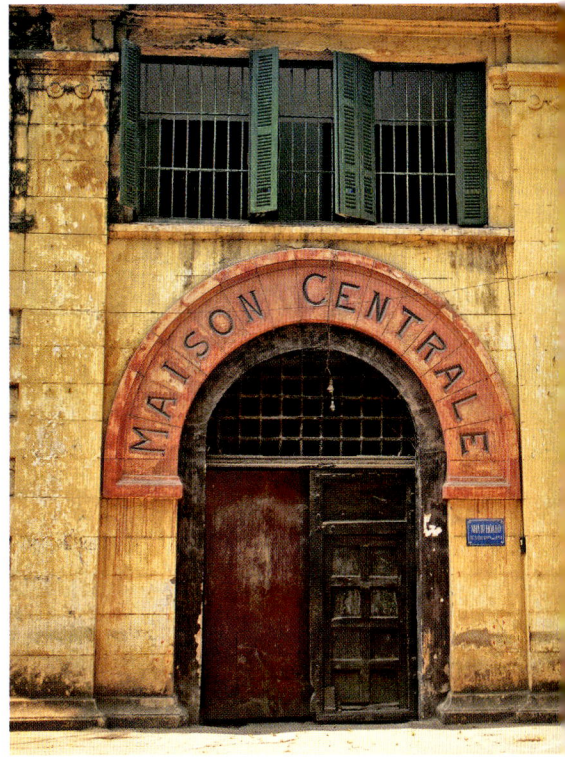

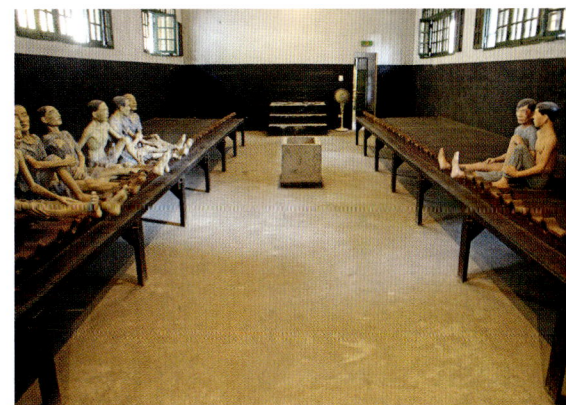

◪ 감옥의 검은 문 위에 있는 보기 흉한 붉은색 아치에서 아마 '괴물의 입'이라는 별명이 나왔던 듯하다.

◪ 밀랍으로 만든 죄수들의 모형이 이 악명 높은 감옥에서 재소자들이 침대에 족쇄로 묶여 있던 모습을 보여 준다.

호치민 영묘 베트남, 하노이 | Mausoleum of Ho Chi Minh

우상에 가까운 정치적 인물에게 바친 단순한 기념관

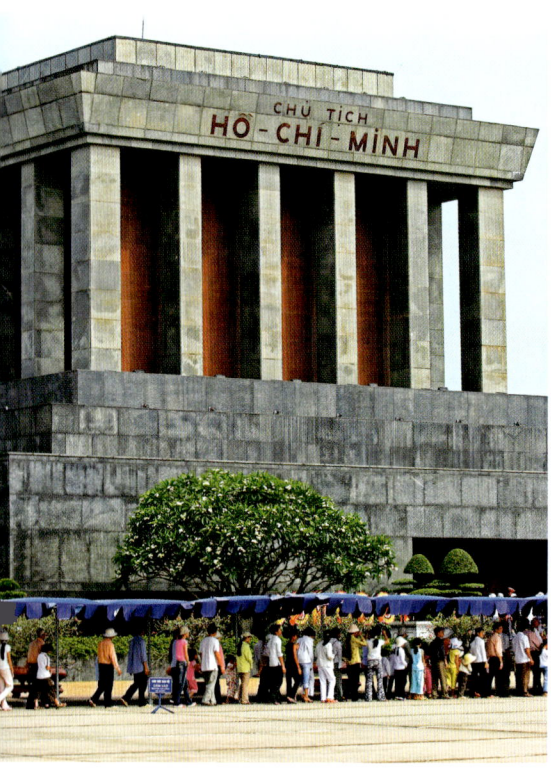

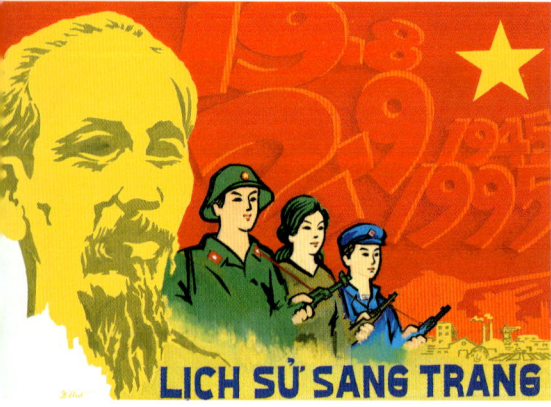

응우엔 탓 탄이라는 이름으로 1890년 출생한 호치민('빛을 밝히는 이'라는 의미)은 하나의 전설이다. 여행가, 애국자, 혁명가, 군인, 지도자였던 그는 베트남 공산당을 창당했을 뿐 아니라 프랑스 공산당의 초기 당원이기도 했었다. 제2차 세계대전 동안 베트민 단체와 함께 일본에 대한 저항 운동을 이끌었던 그는, 일본이 항복함으로 생긴 힘의 공백을 잘 이용했다. 1945년 9월, 중앙 하노이에 모인 50만 명의 군중들에게 그는 베트남의 독립을 선포했다. 프랑스는 이러한 결정을 받아들이지 않고, 1946년 지배권을 되찾으려 시도했다. 이는 베트민과 프랑스 사이의 전쟁으로 이어졌으며, 결국 1954년 베트남은 분열되었다. 호치민은 북 베트남의 대통령이 되었고 1969년 베트남 전쟁 중에 사망했다.

거의 우상이라 할 만한 그의 지위를 고려하여, 당 간부들은 그의 유해를 방부 처리하고 그가 독립을 선언했던 자리에 영묘를 짓자는 결정을 내렸다. 베트남에서 나는 고유의 자재들로 지어진 3층짜리 건물이 설계되어 세워졌다. 단순한 튜닉과 샌들을 갖춰 입은 그의 유해는 유리관에 안치되었으며, 관은 기둥들로 둥글게 둘러싸여 있고 꼭대기에 '추 티츠(대통령) 호치민'이라는 글자가 쓰인 회색에 정육면체 모양을 한 땅딸막한 건물 안에 들어 있다. 로비에는 다음과 같은 글귀가 있다. "독립과 자유보다 더 소중한 것은 없다." 영묘는 넓은 퍼레이드 터 앞에 서 있는데, 이곳에서는 군대 사열식이 열린다.

오늘날, 이 영묘는 호치민을 기리는 베트남 행사의 초점이다. 근처에는 호치민 박물관과 그의 옛 집도 있는데, 이는 대나무 기둥에 목재를 이용한 단 두 개의 방으로 이루어진 전통적인 양식의 소박한 집이다. **MA**

⌧ 회색 화강암과 붉은 대리석으로 지은 이 영묘는 혁명 지도자 호치민의 방부 처리된 유해를 전시하고 있다.

⌧ 이 그림에서는 군사 지도자로 묘사된 호치민은, "나를 고취시킨 것은 공산주의가 아니라 애국주의였다"라고 말했다.

황제의 무덤들 베트남, 후에 | Imperial Tombs

황제의 개성을 반영하도록 지은 호화로운 여러 개의 무덤들

베트남인들에게 무덤은 매우 중요하다. 무덤의 배치가 혼이 영혼의 세계로 떠나는 여행에 영향을 준다고 믿기 때문이다. 또한 죽은 자들에게 올리는 형식을 갖춘 제의가 산 자들의 운명에 영향을 준다는 믿음도 있다. 그러므로 후에 교외의 향수(후옹) 강 유역에 있는 베트남 황제의 무덤들이 이토록 공들여 세워진 것도 놀랄 만한 일이 아니다. 이 무덤들은 왕조가 앞으로 성공할 수 있느냐에 큰 영향력을 행사했으니 말이다.

이 유적지는 두 가지 기능을 했다. 무덤인 동시에 황제가 손님들을 대접하는 제2의 왕궁이기도 했다. 따라서 무덤을 건축하는 일은 무덤 주인인 황제가 살아 있을 때 시작되었으며, 황제의 취향과 개성이 반영되었다. 예를 들어 지아 롱의 무덤은 단순하면서 웅장한 스타일인 반면, 가장 정교한 무덤 중 하나인 투 둑의 무덤에서는 데카당트라는 그의 명성이 풍겨난다. 그의 통치기에 프랑스의 지배가 점점 강해지면서 군주의 권력은 쇠퇴했고, 통치 말기로 갈수록 그는 점점 더 많은 시간을 무덤에 쏟아 붓게 되었다. 그의 유해와 보물들은 이곳이 아닌 비밀 장소에 묻혀 있다. 카이 딘의 무덤은 대부분이 프랑스의 영향을 받아 콘크리트를 이용해 지어졌으며, 초기의 무덤들에서 보이는 조화로움이 없다.

황제의 무덤들과 후에 성채는 1993년 '후에 유적지'의 일부로 유네스코 세계문화유산이 되었다. 이 유적들은 역사의 중요한 시기에 걸쳐 있다. 1800년대 중반 베트남이 프랑스에 주권을 잃고, 지배 가문이 식민 군주의 허수아비로 전락했던 시기를 포함해서 말이다. **MA**

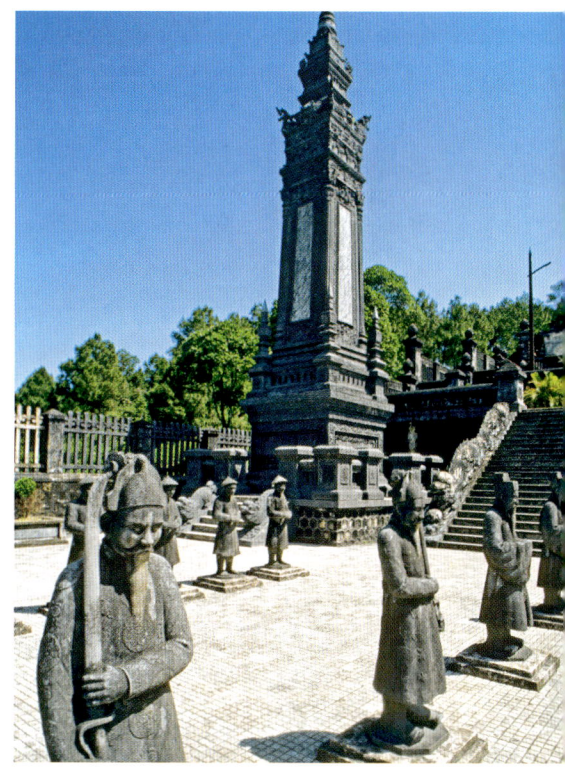

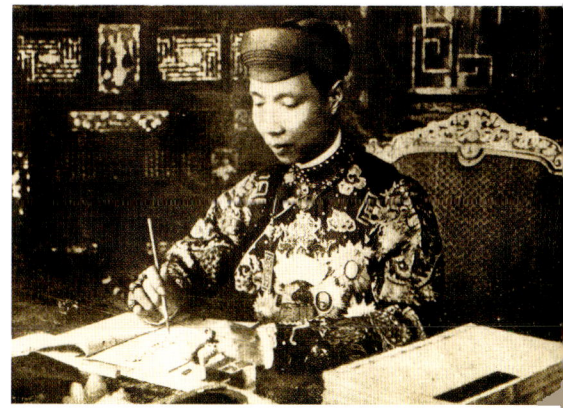

◪ 1925년 사망한 카이 딘의 무덤은 궁중 관리들과 군인, 말들의 조각상을 자랑한다.

◪ 황제 카이 딘은 자신의 터무니없이 화려한 무덤에 드는 비용을 지불하기 위해 베트남의 농민들에게 세금을 물리자는 프랑스의 계획에 찬성했다.

코레히도르 섬 필리핀, 마닐라 만 | Corregidor Island

일본군이 미군을 상대로 전략적인 승리를 거둔 현장

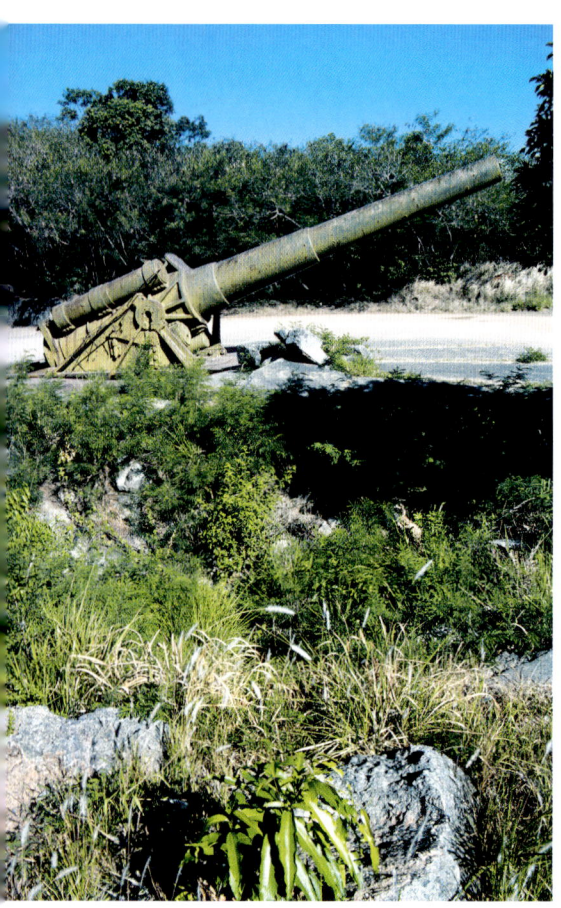

코레히도르는 전략적으로 지극히 중요한 마닐라 만으로 들어가는 입구를 지키던, 요새화된 중요한 섬이었다. 20세기 초, 필리핀이 미국의 지배를 받을 때, 미국 육군은 바타안 반도에서 루손의 본섬까지 3.2km에 걸쳐 올챙이 모양을 한 이 섬에 대규모 건축 작업을 실시했다. 중포대가 설치되었을 뿐 아니라 코레히도르 섬에는 복잡한 터널이 그물처럼 파였는데, 행정 사령부, 여러 개의 육군 병영, 지하 병원, 그리고 1만 명이 최대 여섯 달까지 버티기에 충분한 물과 식량을 저장한 저장고를 갖추고 있었다.

1941년 12월 일본인들이 루손을 침공하자, 미국과 필리핀 군대는 바타안 반도로 후퇴했다. 코레히도르는 중포와 공중 폭격을 받게 되었지만, 미군의 위치가 정말로 위태로워진 것은 1942년 4월 9일 바타안의 방어군이 항복했을 때였다. 그러자 일본군은 전 화력을 코레히도르 섬으로 돌렸다. 코레히도르의 대포들은 멀리 있는 해상 목표물을 맞히는 데에 사용되던 것이었으므로, 몇 대의 중박격포를 제외하고는 바타안에 있는 일본 육군을 상대로 사용하기에는 한계가 있었다. 섬은 초토화되어 항복했고, 5월 5일 일본군 상륙 부대가 섬에 도착했을 때에는 조직적인 저항이라고는 거의 없었다. 일본군이 터널망으로 진입하기 시작하자, 미군 사령관 조나단 웨인라이트 중장은 항복하는 수밖에 별다른 도리가 없다고 판단하여 필리핀에서 저항하는 것을 멈추었다.

오늘날의 코레히도르 섬은 엉망이 된 군사 시설들이 전투 직후의 모습 그대로 남아 있는 역사 유적지이다. 이곳은 인기 있는 관광지가 되었으며, 전쟁을 겪어야 했을 뿐 아니라 일본군 포로로 잡혀 3년 이상을 고생해야 했던 살아남은 노병들에게는 반추의 장소가 되었다. **AG**

"우리는 끔찍한 폭격을 당하고 있다. 우리가 오랫동안 버틸 수 있다고 기대하는 것은 불합리하다."

조나단 웨인라이트 중장

인트라무로스 필리핀, 마닐라 | Intramuros

마닐라에서 가장 오래된 구역은 스페인이 필리핀 제도를 점령했을 때 발전했다

인트라무로스는 300년 이상 필리핀에서 스페인 지배의 중심지였다. 성벽 안에 있는 이 도시는 요새 시설로 둘러싸여 있는 주택과 교회, 학교들로 이루어져 있다. 도시의 이름은 '성벽 안쪽'을 의미하는 라틴어 '인트라 무로스(intra muros)에서 유래했다.

인트라무로스는 파시그 강과 마닐라 만에 있는 전략적으로 중요한 위치를 점하고 있으며, 스페인 통치를 받기 전에 이 도시는 토착민 우두머리들과 말레이인 무슬림들의 권력의 중심지였다. 1570년, 스페인인들이 마닐라 만에 도착했으며, 일 년간의 전쟁 이후에는 토착민 지배자들과 평화 협정을 맺었다. 스페인 총독 로페스 데 레가스피는 이 도시를 필리핀 제도의 스페인 통치 중심지로 선포했다. 1573년에 지어지기 시작했으며 중세의 성채 건물을 토대로 삼아 세워진 이 성벽은 64헥타르의 지역을 감싸고 있으며, 두께가 8m에 높이는 22m에 달한다. 단지 내에는 총독의 궁전, 마닐라 대성당, 여러 개의 종교 학교와 대학 등 중요한 건물들이 많이 있었다. 제2차 세계대전 동안, 인트라무로스는 일본 점령군의 기지로 사용되었다. 마닐라 전투(1945) 때 인트라무로스는 거의 모든 부분이 파괴되었다. 성벽 안에서 멀쩡하게 남은 유일한 건물은 산 아구스틴 교회(1587~1606년 건축)였다. 성벽에 있던 주 요새들 중 하나인 산티아고 요새(1571년 처음 세워짐) 역시 살아남았으며, 스페인 통치에 대한 박물관으로 사용된다. 이 박물관에는 처형되기 전에 이 요새에 갇혔던 필리핀 민족주의자 영웅인 호세 리살을 기리는 사당도 있다.

1980년대에, 인트라무로스 지역은 복원되었고 마닐라의 다른 지역에 비해 비교적 현대화의 영향을 입지 않은 모습으로 남아 있다. 마닐라 대부분 지역과는 달리 인트라무로스는 아직 스페인 점령 시대에 설계된 면모들을 간직하고 있다. 급속한 변화의 물결이 마닐라와 필리핀 전역을 휩쓸고 있음에도, 인트라무로스만은 필리핀을 지배했던 스페인 통치시기를 고스란히 드러내고 있다. **JF**

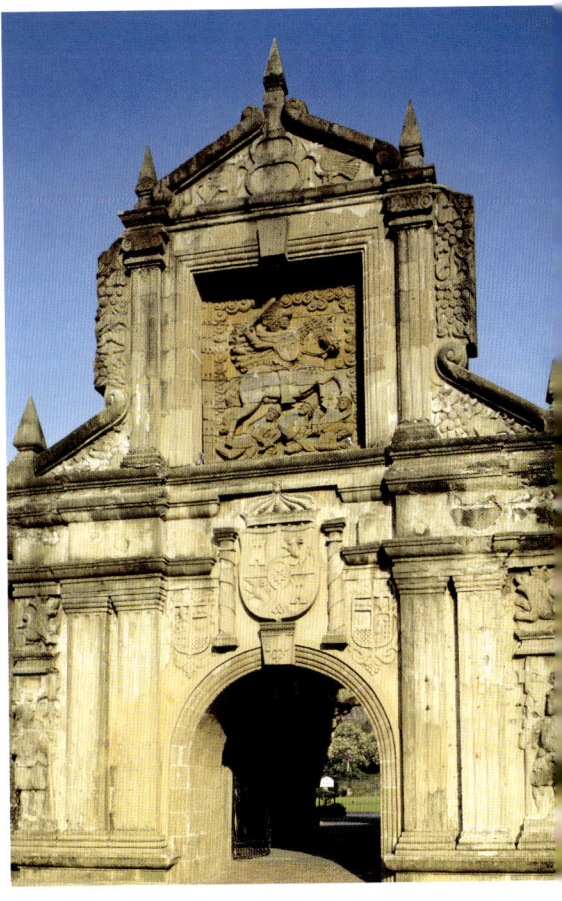

"…중국인과 필리핀인 장인들에 의한 유럽 바로크 양식의 재해석."

유네스코, 산 아구스틴 교회의 건축 양식에 대하여

말라카낭 궁전

필리핀, 마닐라 | Malacanang Palace

필리핀 국가 수장들의 탈 식민시대 거처

다른 많은 궁전들과 마찬가지로, 말라카낭 역시 강력한 상징물이 되기까지는 여러 세기에 걸친 극적인 정치적 변화의 풍상을 입어 왔다. 필리핀의 수도 마닐라의 한복판에 위치한 이 궁전은 이 나라의 국가 수장들의 거처였던 오랜 역사를 지니고 있으며, 아마 마르코스 정권의 옛 거처로 가장 잘 알려져 있을 것이다. 1965년부터 1986년까지 필리핀의 대통령이었던 독재자 페르난도 마르코스는 아내인 이멜다와 함께 이곳에서 호사스러운 생활을 누렸다. 그의 반대파이자 뒤를 이어 대통령이 된 코라손 아키노는 매우 상징적이게도 궁전 그 자체가 아닌 영빈관에 자리를 잡았다.

　주 건물은 스페인 식민지 양식으로 지어진 우아하고 인상적인 저택으로, 파시그 강 북쪽 변을 따라 그림 같은 모습으로 서 있다. 처음에는 스페인과 미국 식민 총독이 19세기와 20세기 초에 이 저택에 거주했다. 이후에는 1940년대에 이 나라가 독립을 얻은 이후부터 통치를 시작한 필리핀 대통령들의 공식 관저가 되었다.

　계속적인 증축과 보수 공사를 통해, 궁전은 18세기에 돈 루이스 로차라는 한 스페인 귀족의 개인 여름 별장으로 지어졌을 때보다 상당히 많이 변화했다. 외부에는 그늘진 안뜰, 아치, 발코니, 창문 격자 등 장식이 풍부한 전형적인 스페인 특성들이 보인다. 내부에서 볼 만한 부분들로는 – 많은 부분이 마르코스 살던 때 치장되었다 – 윤기 나는 나무로 된 웅장한 중앙 계단과 아름다운 음악실을 들 수 있다. 1980년대 중반 시민들이 궁전을 습격했을 때 전 세계적인 이목이 집중되었던 악명 높은 구두 수집품을 비롯한 마르코스 부부의 개인 소지품들은 더 이상은 전시되어 있지 않다. 궁전 단지 안에는 영빈관과 정부 청사(특히 1920년대에 지은 웅장한 행정 청사) 등 다른 건물들도 있으며, 현재 궁전은 과거 지배자들에 대해 이야기해 주는 박물관이 되었다. **AK**

래플스 호텔

싱가포르 | Raffles Hotel

세계에서 가장 유명한 호텔 중 하나

1887년 처음 문을 열었을 때 이 으리으리한 옛 건물에는 방이 열 개뿐이었으나, 지금은 103개의 스위트 룸, 18개의 특등실, 18개의 레스토랑과 바를 자랑하고 있으며, 많은 상점, 극장, 온천까지 갖추고 있다. 이 호텔은 오랫동안 우아함과 화려한 매력의 대명사였으며, 여러 해에 걸쳐 유명 인사들이 묵어 왔고 많은 영화에 배경으로 등장했다.

> "신의 섭리가 나를 … 방은 열악했으나 반대로 음식은 훌륭한 래플스 호텔로 이끌었다."
>
> 작가, 러디어드 키플링

　래플스 호텔은 네 명의 아르메니아 형제에 의해 설립되었다. 아르사크, 아비에트, 티그란, 마틴 사르키라는 이름이었다. 사르키 형제는 1819년 싱가포르에 영국 정착촌을 세웠던 스탬포드 래플스 경의 이름을 따 호텔을 명명했다. 원래는 방갈로를 개조한 것에 지나지 않았으나 호텔은 곧 확장되었고, 1899년에는 훌륭한 신르네상스 양식의 건물이 건축되었다. 래플스 호텔은 훌륭한 품질의 음식과 칵테일로 빠르게 명성을 얻었다. 가장 유명한 칵테일은 '싱가포르 슬링'으로 이는 1910년경 호텔 전속 바텐더가 만든 것이다. 조셉 콘래드와 러디어드 키플링은 호텔을 찬양했던 많은 작가 중 최초에 속하는 이들이다. 서머셋 모옴과 노엘 카워드 경이 머물렀던 1920년대와 1930년대에 호텔의 명성은 그야말로 절정에 달했다.

　다른 호텔처럼 래플스 호텔의 운명도 세월 흐름에 따라 큰 변화를 겪었다. 대공황때는 문을 닫아야 했고, 제2차 세계대전 때는 일본군에 점령당했고, 이후에는 전쟁 포로를 위한 임시 수용소가 되었다. 이러한 어려움에도 호텔은 곧 예전의 영광을 되찾았는데, 특히 1989년에서 1991년까지의 대규모 재단장이 계기가 됐다. **IZ**

보로부두르

인도네시아, 마겔랑 부근 | Borobudur

유명한 불교 사원이자 순례지

보로부두르 사원은 샤일렌드라 왕조 때 수십 년에 걸쳐 세워졌으며, 힌두교도와 불교도들 모두가 건축에 참여했다. 8세기 후반 건축을 시작한 원래의 건설자들은 힌두교도였으나, 830년경 건물이 완성될 무렵 이 지역의 주요 종교는 불교로 바뀐 상태였다. 사원의 구조는 3단으로 된 아홉 개의 층으로 되어 있다. 정사각형 토대 위에는 위로 갈수록 작아지는 단이 계단형 피라미드 모양으로 놓여 있고, 그 위에 다섯 개의 원형 단이 있으며, 이 원형 단 위에는 앉아 있는 불상들이 모셔져 있는 72개의 구멍 뚫린 사리탑들이 서 있다. 벽과 난간의 부조에는 고타마 붓다의 일생을 나타낸 조각들이 새겨져 있다.

다른 사리탑과 마찬가지로 보로부두르도 세계의 중심을 의미하는 '악시스 문디'라는 이름의 중앙 축을 중심으로 구성되어 있다. 보로부두르가 상징하는 주된 바는 건축물이 세 부분으로 나뉘어 있다는 데에서 오는데, 이는 불교에서 말하는 세 가지 존재의 영역을 나타낸다. 사리탑의 토대는 욕망의 세계를, 중간 부분은 형태의 세계를, 위쪽의 둥근 층은 인간이 속세의 모든 번뇌를 떨쳐 버리는 신성한 영역을 상징한다. 보로부두르 사원의 높이는 35m에 달한다. 이 높이와 사원의 디자인은-방문객들은 이리저리 이어진 바람이 잘 통하는 회랑과 햇빛 가득한 테라스를 거쳐 한참을 돌아 올라가야 한다-열반을 향해 승천하는 붓다의 여행을 형상화한 것이다.

11세기에 보로부두르는 완전히 잊혔으며, 19세기에 들어서야 네덜란드 식민주의자들에 의해 재발견되었다. 1970년대에 유네스코의 도움을 얻어 이 유적은 복원되었으며, 1991년에는 유네스코 세계문화유산 목록에 올랐다. 보로부두르는 불교 유산이 남긴 제일가는 유적이며, 자바 섬에서 독특한 불교 예술의 앙상블을 이루고 있기 때문이다. **SJ**

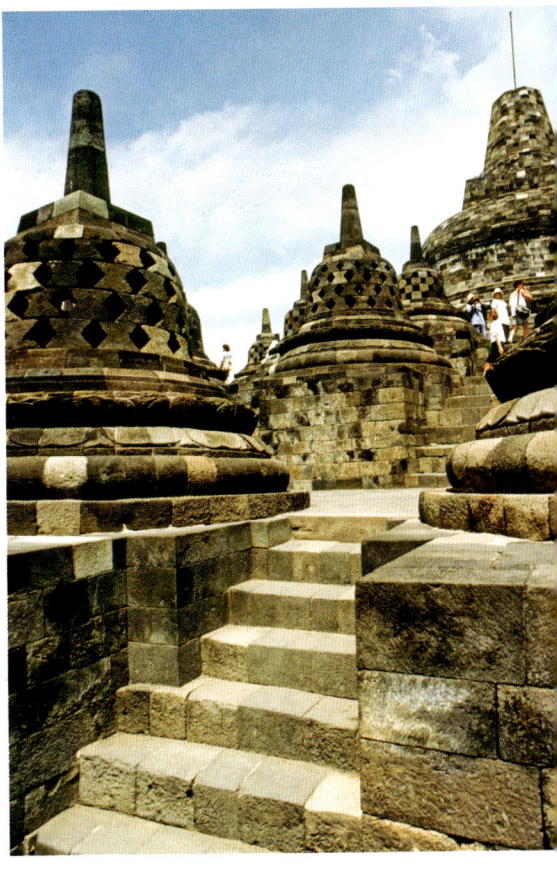

"보로부두르의 오래된 역사적인 역할은 배움과 헌신과 수양의 장소였다고 요약할 수 있다."

고고학자, R. 소크모노 교수

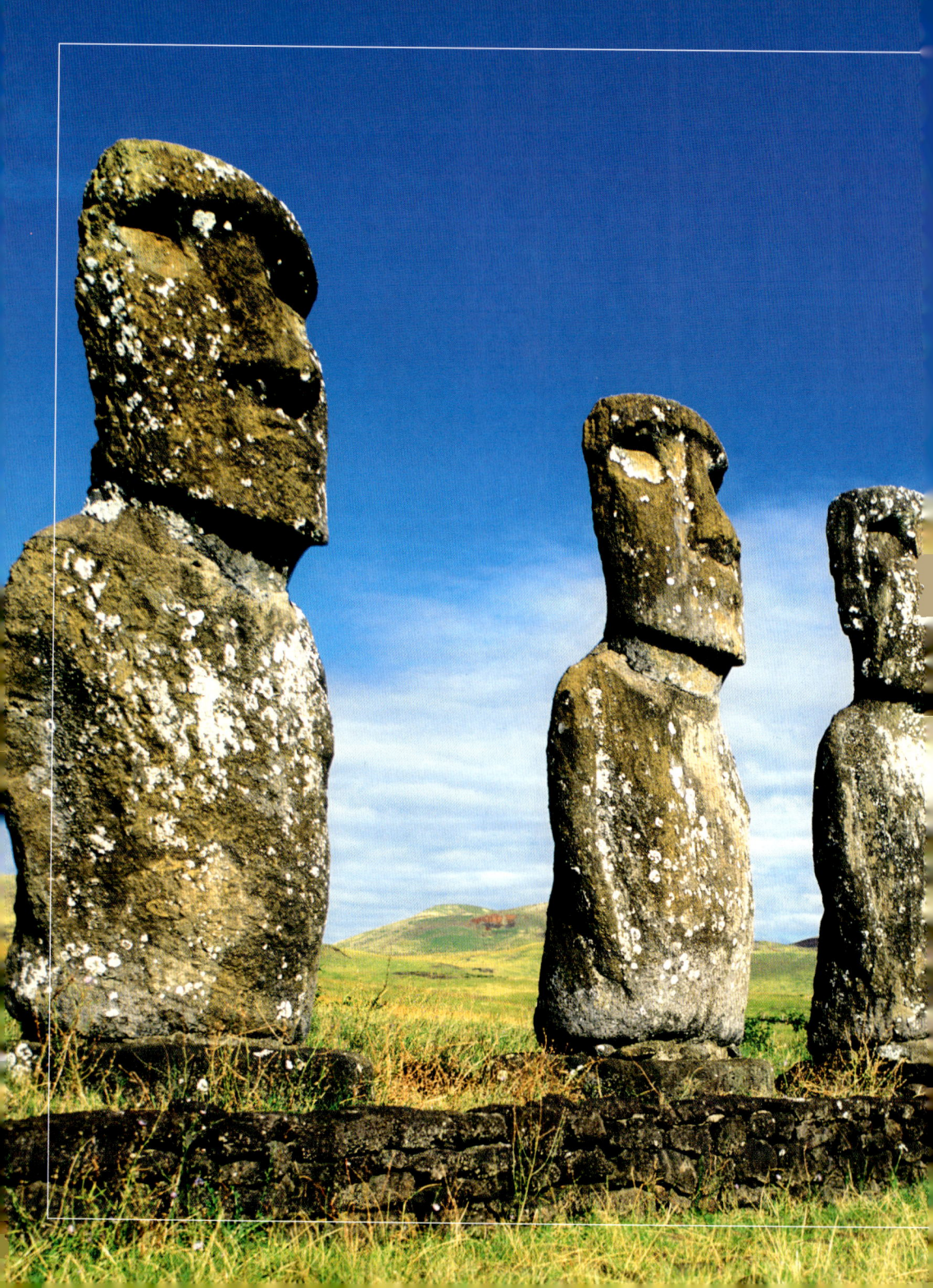

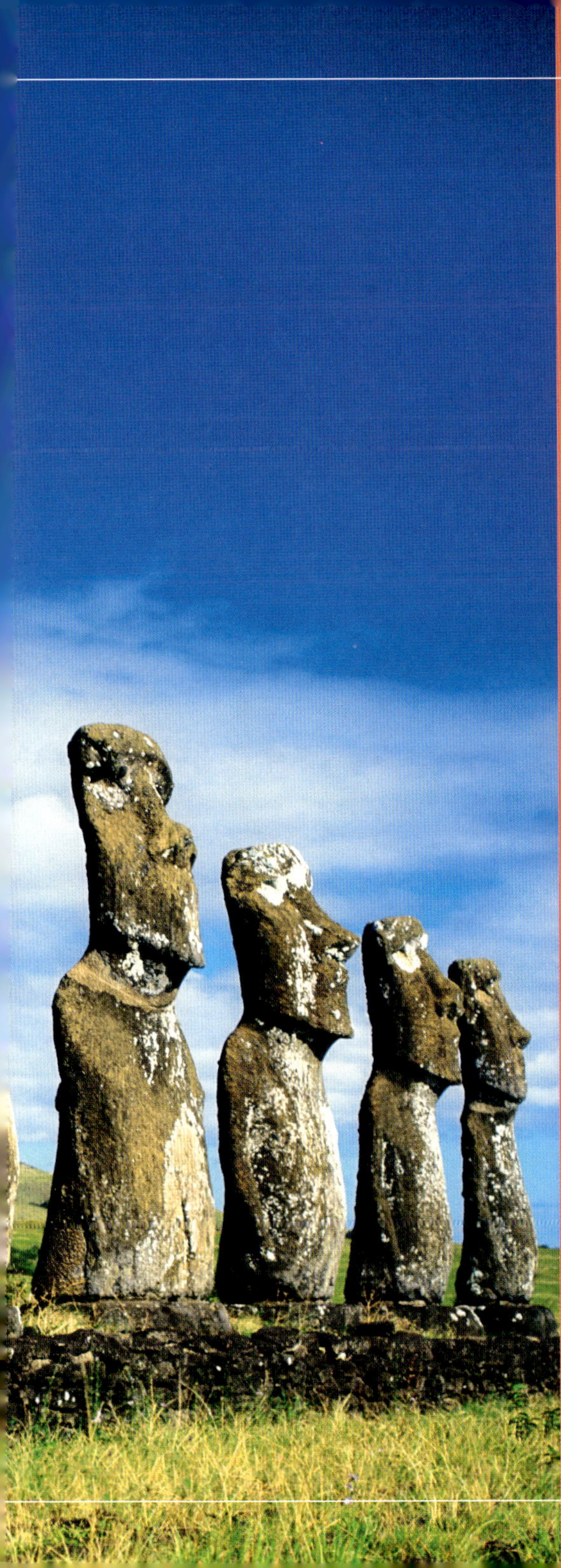

오스트레일리아 원주민들은 약 4만 년 전에
오스트레일리아에 도착했다. 카카두 국립공원
같은 유적지에는 암석 벽화가 남아 있다.
뉴질랜드의 루아페카페카 파는 유럽 식민지에
대항했던 마오리 족의 저항 운동을 기념하고
있다. 오늘날의 오스트레일리아는 처음에는
영국의 범죄자 식민지였으며, 역사 유적지 중
다수가 근본적으로 식민지의 성격을 하고 있다.
한편, 태평양 제도에는 오래 전에 사라진
토착 문명의 흔적이 남아 있는데, 난 만돌의
인공섬들과 라파 누이의 모아이 석상이
그 예이다.

오세아니아

◁ 라파 누이의 모아이의 기원은
서기 1000년에서 1500년
사이이며, 우두머리들을
나타낸 듯하다.

퍼스 조폐국

오스트레일리아, 퍼스 | Perth Mint

동전과 금괴가 잔뜩 쏟아져 나오던 곳

서(西)오스트레일리아가 아직 영국 식민지이던 시절, 소브린 금화와 반 소브린 금화(통용되던 동전 중 가장 가치가 높은 화폐)는 런던의 왕립 조폐국에서 제작되었다. 그러나 이 금화들을 만드는 금은, 다른 곳에서도 물론이지만 주로 서오스트레일리아에서 왔으며, 따라서 이 지역에서 생산되는 금을 정제하여 금화로 주조하기 위해 퍼스에 조폐국 분관을 열자는 결정이 내려졌다.

퍼스 조폐국은 1889년에 문을 열었으며, 1931년 소브린 금화의 통용이 중단되기까지 1억 6백만 개 이상의 소브린 금화와 거의 73만 5천 개의 반 소브린 금화를 쏟아냈다. 1940년 조폐국에서는 오스트리아의 은화와 동화를 생산하기 시작했으며, 1966년 도입된 십진법에 따른 화폐들도 만들어 냈는데 생산이 결국 중단된 것은 1973년이었다. 이상하게도 조폐국은 계속 영국 소유로 남아 있다가 1970년에서야 서오스트레일리아 정부로 넘어갔다. 오늘날 이 조폐국은 오스트레일리아 금협회의 소유이며 고품질의 백금, 금, 은 동전들과 수집가와 투자가들을 위한 프루프 세트를 제작해 낸다.

조폐국의 주춧돌은 서오스트레일리아 최초의 수상인 존 포레스트 경에 의해 놓였으며, 건물은 1899년에 문을 열었다. 퍼스에 있는 다른 훌륭한 건물들을 짓는 데 주요한 역할을 했던 조지 템플 풀에 의해 신로마네스크 양식으로 디자인된 이 건물은 3층짜리 중앙탑과, 호화로운 주랑을 통해 위쪽의 베란다와 연결된 두 개의 2층짜리 윙을 지니고 있었다. 벽의 노르스름한 석회석은 붉은 타일 지붕과 하얀 목조 세공과 대조를 이룬다. 조폐국에는 동전, 금괴, 황금을 채취해 정제하는 과정을 보여주는 전시물들이 있는 박물관이 있으며, '멜팅 하우스'에서는 한 시간마다 녹여진 금을 붓는 모습을 볼 수 있다. 이곳에서는 세계에서 가장 큰 규모의 금괴 컬렉션도 볼 수 있는데, 어떤 것들은 독특한 모양으로 만들어졌다. 2003년에는 최초의 조폐국 옆에 새로운 생산 시설이 문을 열었다. **SA**

프리맨틀 감옥

오스트레일리아, 프리맨틀 | Fremantle Prison

죄수 유산의 중요한 유적지

영국의 스완 리버 식민지는 1829년 세워졌으며, 처음에는 자유인 정착민들을 끌어 모으는 편을 선호해 죄수 노동력을 거절했다. 1831년 약 천 명가량의 정착민들이 도착했으나, 적대적인 기후 환경과 이보다 더 적대적이었던 애버리진(오스트레일리아 원주민)들을 상대로 살아남고자 고군분투하다 보니 1850년에는 새 식민지를 돕기 위해 영국에서 온 최초의 죄수들을 받아들이게 되었다. 이들이 처음으로 했던 일 중 하나는 오래된 구치소 대신 새 감옥을 짓는 일이었는데, 이 건물은 오늘날 프리맨틀에 서 있는 가장 오래된 건물이 되었다. 1852년 작업이 시작되었고 최초의 죄수들은 1855년 투옥되었다.

> "9,501명의 죄수들이 산 채로
> 서오스트레일리아 땅에 발을 들였던
> 것으로 여겨진다."
>
> 역사가, 질리언 오마라

중앙의 감방으로 들어가는 입구 건물은 당당한 건축물로, 박공지붕이 달린 우아한 파사드에는 VR(Victoria Regina-빅토리아 여왕)이라는 약자와 왕관, 그리고 건축 날짜가 금빛 부조로 새겨져 있다. 감옥에는 커다란 경계 담벽, 감시소 탑, 예배당, 병원, 그리고 특히 음침한 모습의 감방 건물이 있는데, 어떤 방에는 재소자들이 그린 벽화가 있다. 1888년 처형실이 지어졌으며, 이 식민지에서 사형을 집행할 수 있는 유일한 합법적 장소가 되었다. 1964년 연쇄 살인마 에릭 에드거 쿡은 여기서 교수형에 처해진 마지막 죄수가 되었다.

영국의 죄수 관리 당국은 1886년 감옥을 식민 정부에게 내주었으며, 감옥은 1991년까지 계속해서 죄수들을 수용하는 데 쓰였다. 이 건물은 복원되어 지금은 일반에 공개되어 있다. **SA**

카카두 국립공원

오스트레일리아, 노던 주 | Kakadu National Park

고대 문명의 예술 작품과 생활양식을 기록하는 고고학적 발견물

카카두 국립공원은 노던 주의 맨 끝, 다윈 시에서 동쪽으로 120km 떨어진 곳에 있다. 이 공원은 문화적이고 자연사적인 가치를 인정받아 유네스코 세계문화유산이 된 오스트레일리아의 네 군데 유적지 중 하나이다. 19,804km² 넓이의 공원은 1931년 이후 세 단계를 거쳐 유네스코 목록에 올랐다. 국립공원 책임자와, 자신들의 땅을 정부에 빌려주고 있는 옛날부터 땅의 소유자인 애버리진 비니니/뭉구이 족이 공동으로 공원을 관리한다.

이 공원에는 적어도 5천 개 이상의 애버리진 예술 유적지가 있는데 - 어떤 것들은 2만 년도 더 되었으며 정신적인 중요성이 크다 - 방문객들은 뛰어난 예술 작품의 본보기들에 접근해볼 수 있다. 관리인 동반이 필요한 다양한 활동들과 미니니/뭉구이 족이 운영하며 점점 그 수가 늘어나는 문화 기반 사업들을 통해 현대의 비니니/뭉구이 문화를 체험해 볼 수도 있다. 카카두는 여섯 군데의 중요한 서식지들을 보호하고 있다. 해안에 있는 맹그로브 숲과 조석 대지, 민물 범람원과 습지대, 사바나 숲지, 몬순 우림 지역, 아넘 랜드 고원의 바위 지대와 남쪽 언덕들과 산등성이가 그에 해당한다. 이 공원은 또한 커다란 열대 지방 강인 사우스 앨리게이터 강을 완전히 포함하고 있다. 높이가 30~300m에 이르는 사암 절벽이 카카두를 가로질러 200km나 뻗어 있으며, 숲지와 바위 지대를 나누는 웅장한 방어선을 이룬다. 이 절벽의 협곡과 외부 단층은 카카두에서 가장 유명한 자연 요소이다.

카카두에는 굉장히 다양한 종류의 동물군과 식물군이 분포한다. 포유류가 60종 이상, 새가 289종 이상 - 오스트레일리아 전체 새 종류의 4분의 1 이상이다 - 개구리 25종, 민물고기 55종, 그리고 1만 종 이상의 곤충들이 있다. 카카두에는 132종의 파충류도 있다. 하구 악어(크로코딜루스 포로수스)는 이들 중 아마 가장 사나운 종류일 것이다. **PS**

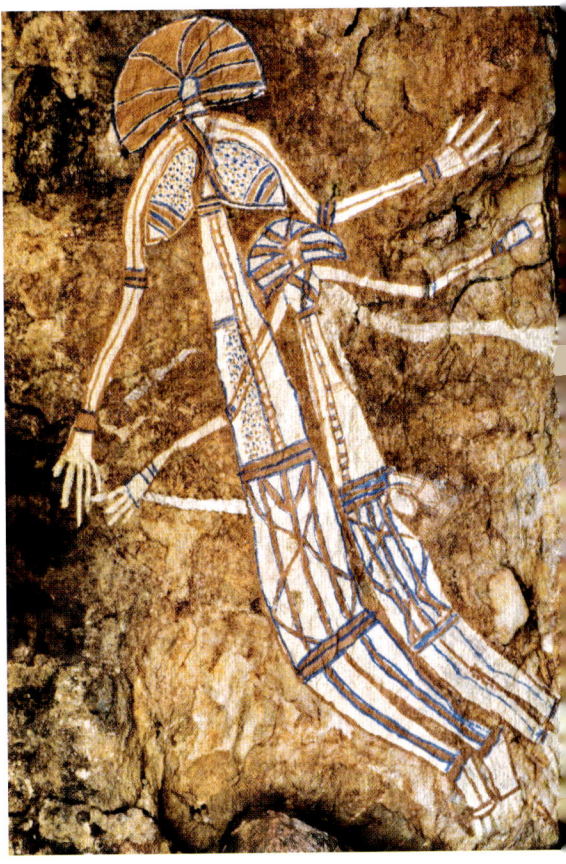

"고고학적이고 민속학적으로 독특한 이 보호 지역에는 … 4만 년 동안 인간이 살아 왔다."

유네스코

브로큰힐 오스트레일리아, 브로큰힐 | Broken Hill

이곳에서 채취된 광석 매장량은 세계에서 가장 큰 규모였다

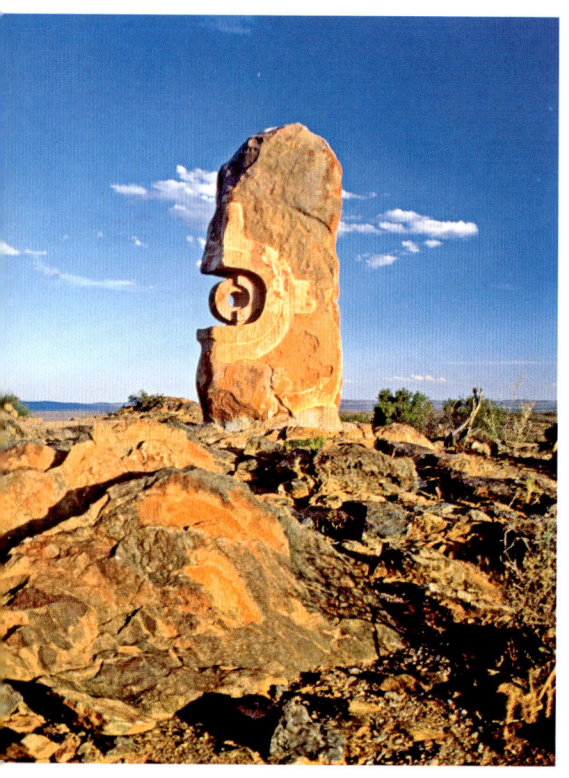

"내가 보기에, 예술과 광산업이 브로큰 힐에서 만났다는 것은 흥미로운 패러 독스이다."

예술가, 브론웬 스탠들리-우드로프

🏛 이 작품은 조각가들이 브로큰힐에서 받은 인상을 나타낸, 도시 북쪽에 전시되어 있는 열두 개의 조각품 중 하나이다.

▷ 1900년경 브로큰힐은 급속도로 발전하는 신흥 도시로 수천 명의 광부들을 이끌었다.

뉴사우스웨일즈 주의 광활하고 붉은 미개척 황야를 가로질러 차를 달리다 보면 먼 곳에서 거대한 광재 더미가 모습을 드러낸다. 브로큰힐은 북동쪽에 있다. 브로큰힐로 진입하는 길은 매혹적이지는 않지만, 이 도시는 여러 해 동안 오스트레일리아에서 가장 크고 번영했던 광산 도시 중 하나였기에 그 기원에 걸맞은 풍경이라 할 수 있다.

브로큰힐은 1883년 독일 태생의 국경 지방 목동 찰스 래습이 주석이 묻혔다고 믿던 '부러진 언덕'(broken hill)의 16헥타르 넓이의 땅을 임대로 얻었을 때 세워졌다. 사실 이 언덕은 '광맥선'으로, 7km에 걸쳐 납, 은, 아연 광석이 띠를 이루며 묻혀 있었다. 일곱 명으로 이루어진 합동 기업이 '브로큰 힐 소유 회사'(BHP)를 창립하여 1939년까지 이 언덕에서 채광 작업을 했다. 산출량은 훨씬 줄었지만, 채광은 오늘날까지도 계속되고 있다. 바닥나 버린 델프라츠 광산은 현재 광산 박물관이 되었다. 이곳을 방문하면 열네 명의 다른 이들과 함께 철로 된 승강기에 들어가 언덕 안으로 지하 130m 깊이까지 내려간다. 그 다음에는 전직 광부의 전문적인 가이드를 받으며 좁고 낮은 갱도를 누비며 광석 암반을 관찰하고 아직도 작동하고 있는 몇 가지 채광 기계를 볼 수 있다.

도시 그 자체는 황야에 있는 녹색 오아시스이다. 널따란 길로 구역이 나뉘어 격자 모양으로 설계된 이 도시는 훌륭한 시립 건물들을 많이 지닌 놀라우리만치 우아한 도시이다. 커다란 3층 건물로, 전형적인 주철로 만든 지붕 달린 발코니에 둘러싸여 있는 '팰리스 호텔'에는 소유주가 그린 많은 화려한 벽화가 있으며, 〈사막의 여왕, 프리실라의 모험〉이라는 영화에 등장하여 유명해졌다. 교외에는 1891년 아프가니스탄과 인도의 낙타 몰이꾼들이 세운 붉은색 주석 건물인 오스트레일리아 최초의 모스크가 서 있다. 최근에 이 도시는 전직 광부였던 프로 하트가 세운 예술인 그룹 '브러쉬멘 오브 더 부쉬' 덕택에 예술의 중심지로 새로이 부상했다. 하트의 갤러리는 이 도시에 있는 많은 미술관 중 하나이며, 도시에서 6km 떨어진 언덕에는 조각 공원이 조성되었다. **SA**

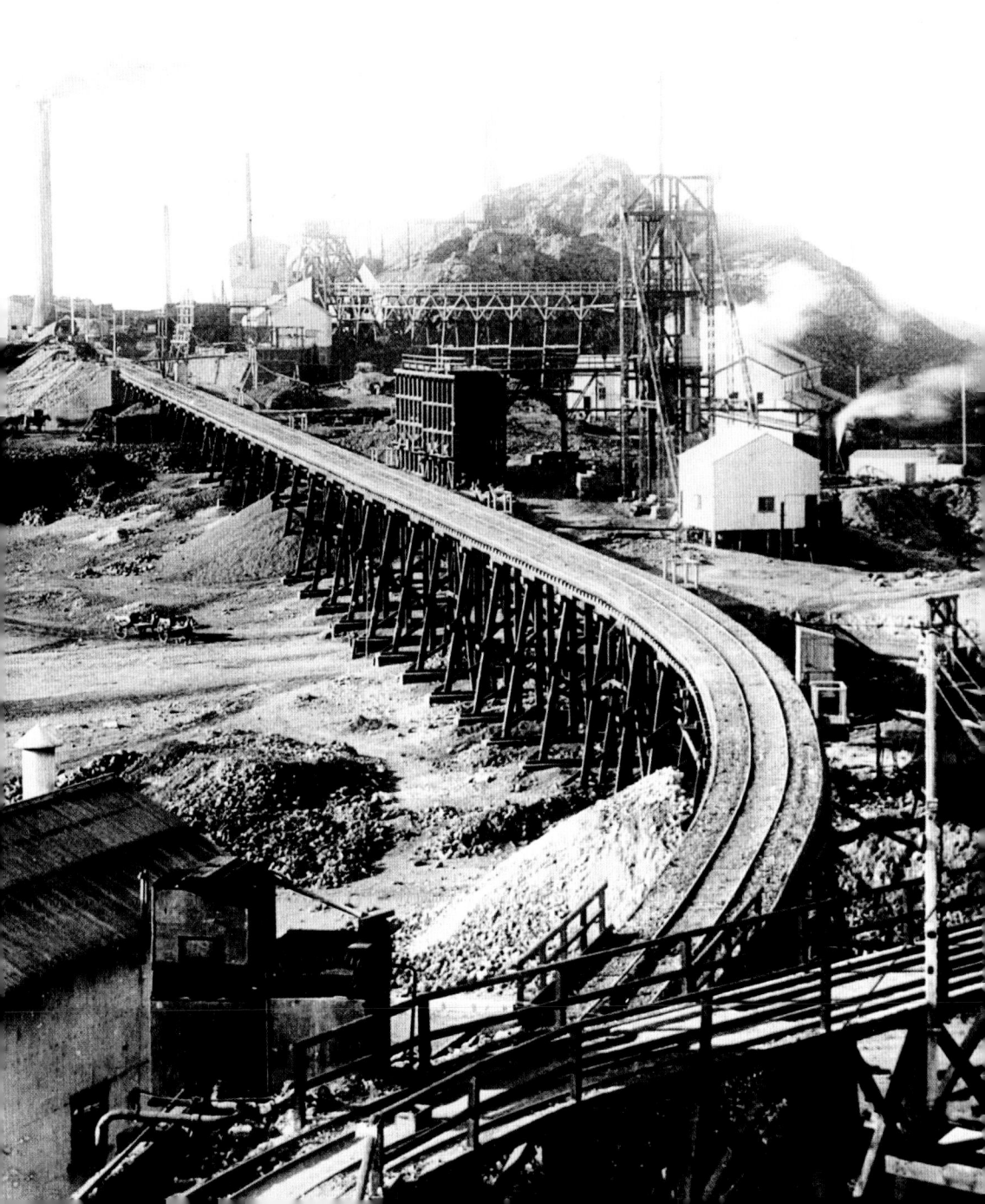

제임스 크레이그 호

오스트레일리아, 시드니 | James Craig

철제 범선의 우수한 본보기

2001년 2월의 어느 아름답고 화창한 날, 시드니 하버는 대단한 광경을 지켜보았다. 거의 80년 만에 처음으로 대형 범선인 제임스 크레이그 호가 스물한 개의 돛을 전부 올린 채, 예전에 무척 아름다운 배였으며 지금도 아름답다는 사실을 보였던 것이다.

　　제임스 크레이그 호는 원래 '클랜 매클러드' 호라는 이름이었으며 1874년 영국의 선덜랜드에서 진수되었다. 처녀항해의 목적지는 페루였고 이후 26년 동안 전 세계의 무역로를 항해했으며, 케이프 혼을 스물세 차례나 돌았다. 1901년 오클랜드의 J. J. 크레이그가 배를 사들여 태즈먼 해를 건너는 일반 무역선으로 사용했다. 1905년에 새 이름을 얻은 이 배는 증기선과 경쟁이 점점 치열해지는 바람에 1911년에는 사용이 중단되었다. 이후에는 장비가 모두 풀린 채 뉴기니에서 코프라 열매를 싣는 저장소로 쓰였다. 제1차 세계대전으로 많은 화물선이 침몰하면서, 제임스 크레이그 호는 활기를 되찾게 되었으며, 의장(艤裝)을 장착하기 위해 시드니로 예인되어 갔다. 그러나 1925년 태즈메이니아의 리세시 만에서 석탄 저장소로 쓰였다. 1932년에는 폭풍우의 와중에 정박이 풀려 버려졌다가 해안으로 밀려 올라왔다. 이후 그대로 남아 있다가, 1932년 시드니 선박 유적 협회의 자원 봉사자들에 의해 다시 물에 띄워져 일시적인 수리를 위해 호바트로 예인되었다. 1981년 완벽한 수리를 위해 시드니로 예인되어 왔고, 1997년 재진수되었으며, 2001년에는 다시 한번 완전히 가동 가능한 배가 되었다.

　　제임스 크레이크 호는 영국에서 석탄, 소금, 면제품, 기계류를 싣고 희망봉을 돌아 급속하게 발전하는 오스트레일리아에 도달해 케이프 혼을 거쳐 양모와 원자재를 싣고 돌아왔던 철제 범선의 훌륭한 예 중 하나이다. 기술 용어로 이 배는 바크, 즉 돛대가 세 개 달린 범선으로, 두 개의 앞 돛대는 가로돛을 달고 뒤쪽 돛대에는 앞뒤로 펼쳐진 삼각돛들을 단다. 오늘날 이 아름다운 대형 범선은 주말에 승객들을 싣고 크루즈 항해를 한다. **SA**

하이드 파크 병영

오스트레일리아, 시드니 | Hyde Park Barracks

오스트레일리아 죄수 역사의 흔적

시드니의 하이드 파크 병영은 그 기원이 강제 노동에 의해 출발한 이 나라의 역사를 요약해서 보여 주는 곳이다. 위조범인 전과자가 설계했고 죄수 노역에 의해 지어진 이 병영은, 길고 힘든 하루의 노동을 마친 후 머무를 수 있는 자신들만의 구역을 찾아야 했던 600명의 죄수들을 수용하기 위해 설계되었다.

> "한 식민지가 모국에서 이토록 멀리
> 떨어진 채, 차지한 땅에 대해 이토록
> 무지한 채 세워진 적도 없었다."
>
> 로버트 휴즈, 『치명적 해안』(1988)

　　오스트레일리아는 화폐를 통해 위조범에게 경의를 바친 적이 있었던 유일한 나라이다. 최근까지 10달러 지폐에는 프랜시스 그린웨이가 나와 있었던 것이다. 그린웨이는 영국에서 유죄 선고를 받아 1814년 오스트레일리아로 이송되었다. 그는 1816년 총독 라클랜 맥콰리에 의해 시립 건축가로 임명되었고, 1819년에는 왕의 특별사면을 받았으며 40채 이상의 건물을 지었다. 하이드 파크 병영은 아마 그의 가장 훌륭한 작품일 것이다. 이 건물은 시드니에서 가장 우아한 거리 중 한 곳으로부터 물러난 곳에 자리하고 있으며, 방어벽과 난간에 둘러싸여 있다. 3층 높이의 이 건물은 균형이 잘 잡혀 있으며 지역 사암을 이용해 조지 왕조풍으로 지어졌다. 꼭대기 층은 1820년대에 죄수들이 머무르는 구역으로 재건되었는데, 모조 해먹까지 갖춘 완벽한 모습이다. 1층에 있는 그린웨이 갤러리에서는 역사와 문화에 대한 임시 전시회를 열며, 다른 방은 이 지역을 고고학적으로 발굴하여 찾아낸 물품들과, 죄수 역사와 관련이 있는 그림, 공예품, 모형 등을 전시하고 있다. 컴퓨터 단말기가 있어 인터넷 접속을 통해 죄수들의 다양한 신상과 불운한 역사에 대한 정보를 볼 수도 있다. **SA**

시드니 하버 브리지

오스트레일리아, 시드니 | Sydney Harbour Bridge

세계에서 가장 유명한 다리 중 하나이자 시드니 시의 사랑받는 아이콘

의심할 여지없이 시드니 하버 브리지는 세계에서 가장 유명하고 인상적인 다리 중 하나이며, 시드니 시와 자신이 놓여 있는 항구의 풍경을 지배하며 딱 알맞은 상징이 되어 주고 있다. 이 다리는 1932년 시드니 도심과 북쪽 해안을 연결하는 도로이자 철도, 보행자 도로로 개통되었으며, 오늘날에는 새천년, 2000년 올림픽, 매년 새해를 기념하여 불꽃놀이 행사가 열리는 눈부신 장소라는 또 다른 역할을 얻었다. 2007년 3월 18일에는 이 다리의 개통 75주년 기념 불꽃놀이의 무대가 되기도 했다.

시드니 하버 브리지는 길이 503m, 너비 49m에 정점이 134m 높이로 솟아 있는 단일 구간 강철 아치교로 이루어져 있다. 더운 날이면 강철이 팽창하기 때문에 높이는 최대 180mm까지 늘어난다. 중간 구간에서는 물 위로 49m 높은 곳에 있는 갑판 위로, 8차선으로 된 도로-두 차선은 전에는 전차 선로였다-두 개의 철로, 보행자 도로, 자전거 도로가 나 있다. 다리를 건설하는 데에 쓰인 39,000t의 강철 대부분은 영국 미들즈브러에서 공수한 것이지만, 1,400명의 건설 인력은 모두 오스트레일리아인이었다. 대공황이 이 나라에 타격을 입혔을 때, 다리 건설 사업은 몹시 절박했던 고용처가 되어 주었다. 양쪽 끝에 서 있는 두 개의 탑을 세우는 데 쓰인 콘크리트와 화강암은 모두 근처 지역에서 가져온 것이다. 다리의 총 중량은 52,800t이며, 손으로 박은 6백만 개의 리벳에 의해 조립되어 있다.

다리가 개통한 후, 통행하는 차들은 건축 대부금을 갚을 때까지 6펜스라는 초기 요금을 통행료로 지불해야 했다. 대부금은 1988년 완전히 상환되었으며, 통행료는 지금 다리의 유지 비용과 시드니 하버 터널을 신설하는 비용으로 들어간다. 다리는 강철로 만들어졌기 때문에 정기적으로 재도색해 주어야 하는데, 한 번 칠할 때마다 30,000ℓ의 페인트가 소요된다. 시드니 하버 브리지는 일반인에게 열려 있지만, 위쪽 아치로 걸어서 건너려면 아찔한 높이를 각오해야 한다. **SA**

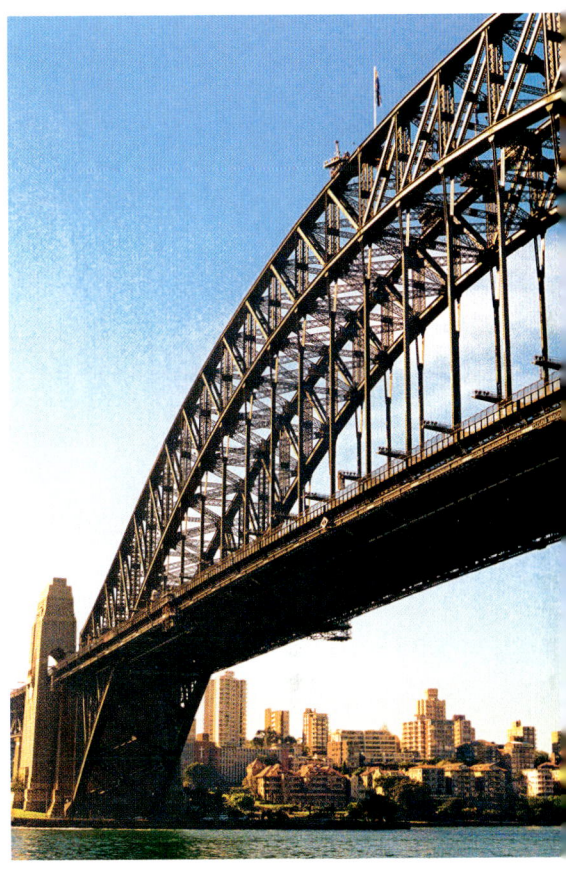

"이 다리는 결코 시대에 뒤처지지도, 낡아가지도 않을 것이다-당대의 건축물이 모든 시대를 아우르는 건축물이 되었다." 뉴사우스웨일스 주 주지사, 마리 바서

보타니 베이 오스트레일리아, 시드니 | Botany Bay

쿡 선장이 오스트레일리아 땅에 첫발을 내디뎠던 역사적인 장소

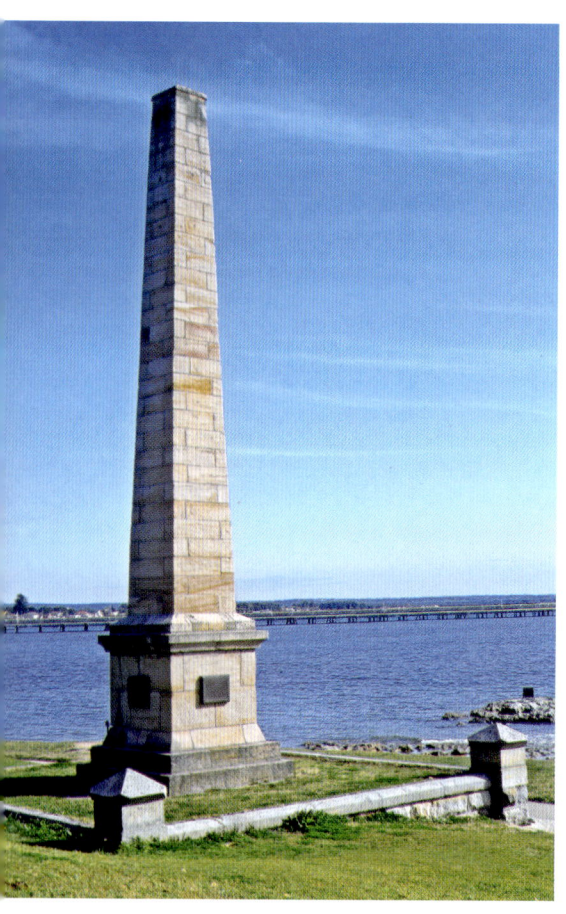

"현대 오스트레일리아의 상징적인 탄생
지이므로, 커넬 반도는 마땅히 기념되
어야 한다."

정치가, 이안 캠벨

1776년 5월 6일의 항해 일지에 영국 탐험가 제임스 쿡 선장은 이렇게 썼다. "이 지역에서는 이런 종류의 물고기가 굉장히 많이 발견되기 때문에 나는 이곳에 '스팅레이즈 하버'(가오리 항구)라는 이름을 붙였다." 이후 이 항해 일지를 바탕삼아 일기를 쓰면서, 그는 마음을 바꿨다. "이 지역에서는 … 식물이 굉장히 많이 발견되기 때문에 나는 이곳에 '보타니 베이'(식물의 만(灣))라는 이름을 붙였다." 쿡 선장이 오스트레일리아에 첫발을 내디뎠으며, 18년 후 아서 필립 선장이 제1함대를 이끌고 유형지를 찾으러 떠났던 장소를 우리는 바로 '보타니 베이'라는 이 이름으로 알고 있다. 그러나 필립은 이 만의 모래가 많고 메마른 땅이 자신의 목적과는 맞지 않는다고 생각해, 며칠 후 북쪽의 포트 잭슨과 시드니 코브로 향했다. 이렇게 자리를 옮겼음에도 최초의 유형지는 여러 해 동안 '보타니 베이'라 알려졌다.

이 역사적인 만은 시드니 남쪽 교외에 있다. 오늘날에는 시드니 공항(킹스포트 스미스 공항), 롱 베이의 엄중 경비 교도소, 포트 보타니의 컨테이너 터미널, 석유 정제소, 하수 배출구 등이 이곳을 지배하고 있다. 그러나 아직도 남아 있는 조용한 모래 해변, 주변의 늪지대, 맑은 물 등은 쿡 선장과 HMS 인디버 호의 선원들이 오스트레일리아에서 처음으로 보았던 모습이 어땠는지, 그리고 이후에 11척의 제1함대에 승선하고 있던 732명의 죄수들과 22명의 그 자녀들, 619명의 군인과 선원들을 맞이했던 풍경이 어땠는지를 알려 준다.

보타니 베이 남동쪽, 커넬 반도 가까이에 있는 붉은 색 부표는 쿡 선장이 1770년 4월 29일 처음으로 닻을 내렸던 장소를 표시한다. 그가 상륙한 지점에는 기념관이 서 있는데, 이 기념관은 태평양에서 만으로 들어오는 좁은 입구의 양쪽 편을 차지한 '보타니 베이 국립공원'의 남쪽 끝에 있다. 북쪽 해안에는 시드니에서 가장 오래된 애버리진 정착지이며 현재 국립공원의 일부인 '라 페루즈'가 있다. 이 공원 안에는 30개 이상의 다른 애버리진 유적들이 있다. **SA**

멜버른 크리켓 구장 오스트레일리아, 멜버른 | Melbourne Cricket Ground

오스트리아와 영국의 첫 크리켓 결승전이 이 구장에서 열렸다

오스트레일리아는 스포츠에 열광한 나라로 익히 알려져 있으며, 애칭으로 MCG라 알려진 멜버른 크리켓 구장보다 더 유명한 스포츠 구장은 없다. 최초의 건물은 거의 남아 있는 구석이 없지만, 이 구장은 오스트레일리아에서 스포츠 역사를 나타낸다.

멜버른 크리켓 클럽(MCC)은 1838년 창설되었으며, 오스트레일리아 최초의 증기 철도를 놓기 위해 옛 구장을 비워 줘야만 했을 때 1853년, 오늘날 이 클럽이 서 있는 땅을 얻게 되었다. 1876년의 스탠드는—이미 오래 전에 사라졌으나—방향을 바꿀 수 있어 관객들은 여름이면 구장에서 벌어지는 크리켓을, 겨울이면 공원에서 열리는 축구 경기를 관전할 수 있었다. 지금은 역사적인 선수용 스탠드만 남아 있는데, 세월의 흐름에 따라 재개발과 확장을 거듭해 왔기 때문이다. 가장 최근 들어서는 2006 영연방 경기 대회를 개최하기 위해 증축되었다. 현재 이 구장은 10만 명 이상의 관객들을 수용할 수 있다.

MCC는 오스트레일리아 크리켓에서 중심적인 역할을 도맡아 왔다. 빅토리아 주 최초의 크리켓 클럽이었으며 1856년에는 뉴사우스웨일스와 빅토리아 주 간의 첫 매치를 주최하기도 했기 때문이다. 1862년 MCC는 영국 팀을 상대로 한 첫 매치를 주최했으며, 가장 유명한 경기는 1877년 최초로 열린 오스트레일리아와 영국 간의 국제 우승 결승전 첫 게임으로, 45런 차로 오스트레일리아가 승리했다. 두 번째 매치에서는 영국이 4위켓 차로 이겨, 시리즈를 무승부로 마무리했다. 이 클럽은 또한 1971년의 최초의 하루짜리 국제 크리켓 매치와 1992년 월드컵 크리켓 결승전을 개최했다. 크리켓 말고도 이 구장에서는 많은 다른 스포츠 경기가 열린다. MCC는 1859년 오스트레일리아 방식 풋볼의 규칙 초안을 작성하는 데에 관여했으며 수많은 축구 경기를 개최했다. 경기장은 또한 1956년 멜버른 올림픽 경기의 중심지이기도 했다. 교황 요한 바오로 2세는 1986년 멜버른을 방문했을 때 이곳에서 미사를 올렸으며, 이 움푹 팬 구장에서는 수많은 락 밴드가 공연을 열었다. **SA**

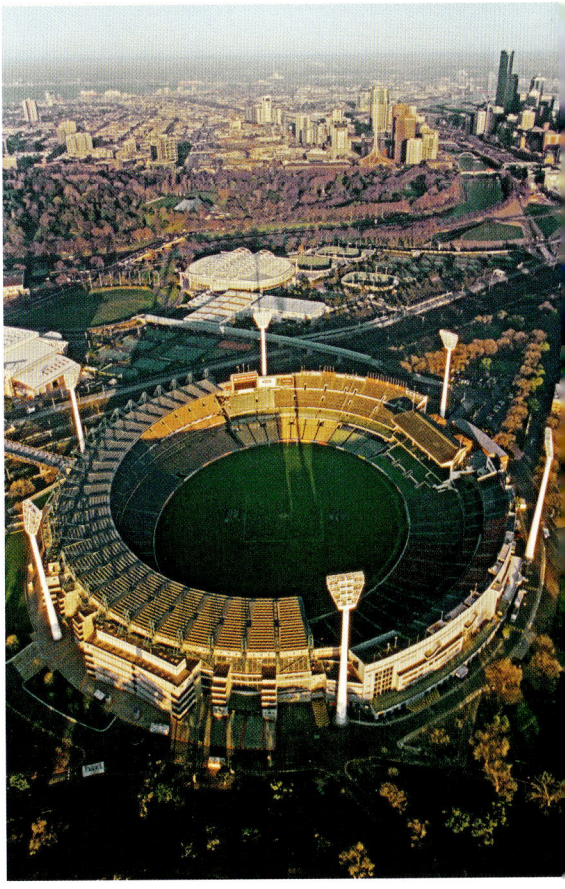

"영국—오스트레일리아 크리켓의 첫 볼을 투구한 것은 퍼레이드 호텔의 소유주 빌리 캐핀이었다."

저널리스트, 개리 허친슨

옛 멜버른 감옥

오스트레일리아, 멜버른 | Old Melbourne Jail

빅토리아 주에서 현존하는 가장 오래된 감옥이며 수많은 이들이 처형당한 장소

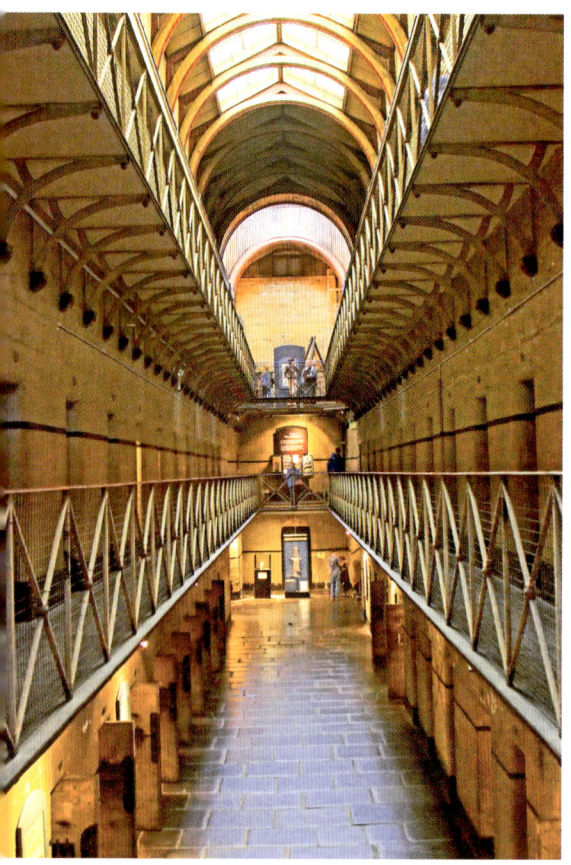

"나는 네드 켈리다! 나는 무법자고, 내 명령에 따라야만 한다. 시끄럽게 굴지 말고, 경보기를 울리지 말라."

네드 켈리, 은행을 털었을 때 내렸던 명령

1835년 세워졌고 1837년 영국 수상의 이름을 따 이름 지어진 멜버른 시는 그 규모가 급속도로 성장했는데, 특히 1851년 근처의 밸러랫에서 금이 발견된 이후부터는 더욱 그랬다. 인구가 늘어나면서 범죄 또한 늘어났고, 시립 감옥을 지을 필요가 생겼다.

최초의 감옥은 1839년에서 1840년에 걸쳐 건축되었으나 결국 규모가 너무 작게 되었다. 1841년에서 1844년에 걸쳐 더 커다란 새로운 감옥이 사암을 이용해 지어졌다. 이 감옥마저도 충분치가 않자, 1852년 청회색 사암으로 지어지고 별도의 경계벽과 감시탑을 갖추었으며 영국 런던 북부의 펜턴빌 형무소를 모델로 삼은 거대한 새로운 건물이 증축되어 12년 후에 완공되었다. 1880년에서 1924년 사이에 이 감옥은 점차 낡아 갔으며, 원래의 사암 건물을 포함해 건물의 일부는 헐려 버렸다. 주변을 둘러싼 청회색 사암 벽과 감시탑의 돌은 근처의 세인트 킬다와 햄프턴에 방파제를 짓는 데 사용되었다. 멜버른 감옥은 1929년 마침내 문을 닫았으나 이후에도 경찰 마구간과 저장 창고로 이용되었고, 제2차 세계대전 중에는 탈영병 수용소로 이용되었다.

최초의 135명 사형수들은 이 감옥에서 1845년에 처형되었다. 그중에는 유명한 산적 네드 켈리가 있는데, 그의 데스마스크와 그가 교수형을 당했던 들보는 전시되어 있다. 그의 어머니는 경찰의 머리를 내려친 죄로 당시 감옥에 있었으며, 따라서 아들을 방문할 수 있었다. 이곳에서 처형된 이들 중에는 적은 사례비를 받고 아기들을 입양하여 살해하고 뒤뜰에 파묻었던 마사 노르라는 여인도 있다. 감방에 전시되어 있는 데스마스크들은 골상학─인간의 성격을 그 두개골의 크기와 모양과 결부시켜 연구했던 학문─이 범죄 행위에 대한 실마리를 쥐고 있다고 믿었던 19세기에 제작되었다. 죄수들이 아홉 갈래 끈이 달린 채찍으로 책형을 당했던 삼각 형틀도 전시되어 있다. **SA**

폴리 우드사이드 호

오스트레일리아, 멜버른 | Polly Woodside

바다의 우아한 노부인

1884년 북아일랜드 벨파스트에서 진수된 폴리 우드사이드 호는 세 개의 돛대가 있는 철로 된 선체의 범선이다. 범선치고는 상당히 늦은 시기, 이미 증기선이 오래된 세 돛대 범선이 설 곳을 빠르게 빼앗아 가고 있던 시기에 진수되었지만, 폴리 우드사이드 호는 영국에서 칠레까지 석탄을 나르고 아르헨티나에서 질산염 혹은 밀을 싣고 돌아왔다. 1897년까지 이 배는 케이프 혼을 열여섯 차례나 돌았으며 1901년에서 1904년까지는 세계 일주 항해를 두 차례나 했다. 1904년 폴리 우드사이드 호는 뉴질랜드 소유주들에게 팔려 마오리 족 단어인 '로나'라는 새 이름을 얻었다. 로나 호는 오스트레일리아와 뉴질랜드 간의 태즈만 해를 항해했으며, 태평양을 건너는 항해도 여러 차례 했다. 1924년 배는 애들레이드 기선 회사에

> "폴리 우드사이드 호는 가장 중요한 역사적 선박 중 하나인 것만은 아니다. 이 배는 아이콘이라 할 만큼 특별하다…"

정치가, 저스틴 매든

팔려 물 위에 떠 있는 석탄 저장소로 멜버른 항구에서 기선을 정비하는 데 사용되었으며, 목재, 시멘트, 곡물 같은 화물을 운반하기도 했다. 제2차 세계대전 중에는 오스트레일리아 해군에게 징발되어 뉴기니에서 미국과 오스트레일리아 선박을 정비하는 데 쓰이다가 다시 오스트레일리아 바다로 돌아왔다. 로나 호는 1962년 최종적으로 은퇴했는데, 이 무렵에는 오스트레일리아에서 아직도 항해용으로 쓰이는 유일한 원상 무역용 범선이었다.

이 배를 보존해야 한다는 캠페인이 일어나, 오스트레일리아 내셔널 트러스트에서는 1968년 1센트로 배를 사들였다. 이후 완벽하게 복원되어 1978년에는 대중 앞에 공개되었다. 지금 이 배는 야라 강에 있는 오래된 '듀크 앤드 오르' 건선거에 영구적으로 정박되어 있다. SA

구국회 의사당

오스트레일리아, 캔버라 | Old Parliament House

어려움이 많았던 시대에 의회가 위치했던 곳

1901년 오스트레일리아 연방이 탄생했을 때, 연방 정부는 새로운 국가를 위해 새로운 정부 청사를 세워야겠다고 결정했다. 1908년 캔버라가 적당한 장소로 선발되었다. 미국 건축가 월터 벌리 그리핀이 새로운 건물을 짓기 위한 국제 공모전에서 입상했고, 캠프 힐에 웅장한 국회 의사당을 짓기로 계획했다. 그러나 제1차 세계대전이 일어나 프로젝트는 미루어졌고, 전쟁이 끝나자 그리핀의 건물이 들어설 부지 아래쪽에 단 50년 정도만 국회 의사당으로 사용할 임시 건물을 짓자는 결정이 내려졌다. 첫 삽을 뜬 것은 1923년 8월 28일이었고, 건물은 요크 공작-미래의 조지 6세-에 의해 1927년 5월 9일에 개관되었다.

그리핀은 장식적이고 사람의 눈길을 끄는 건물을 설계했지만, 새 건축가인 오스트레일리아인 존 스미스 머독의 디자인은 당시의 많은 정부 건물에서 흔했던 '장식을 배제한 고전주의 양식'의 수수한 건물이었다. 소박하고 기능적인 이 건물은 창문과 천창, 채광구에서 들어오는 자연광으로 가득 차 있으며, 베란다와 주랑이 많다. 지배적으로 보이는 수평으로 뻗은 윤곽과 단순하고 기하학적인 외관은 기하학적인 패턴으로 장식되고 표면이 단조로운 내부 디자인과 잘 어울린다. 건물의 모든 요소들은, 가구와 설비들까지 포함해서 머독의 상세한 지시에 따라 디자인되었다. 주요한 방으로는 방을 지배하고 있는 조지 5세의 동상 덕분에 이름을 얻은 '왕의 홀', 하원 의회실과 상원 의회실, 그리고 1974년 증축된 수상 관저를 들 수 있다.

국회 의사당이 처음 문을 열었을 때, 약 300명의 시립들이 건물을 이용했다. 그러나 1980년대가 되자 이 건물은 최대 4천 명에 달하는 인원을 수용하기 위해 애쓰는 지경이었다. 따라서 새로운 국회 의사당의 건설이 맡겨져 맨 처음 세우기로 했던 언덕 위에 지어졌다. SA

오스트레일리아 국립 전쟁 기념관

오스트레일리아, 캔버라 | Australian National War Memorial

전사자들을 위한 오스트레일리아의 영원한 국가적 사당

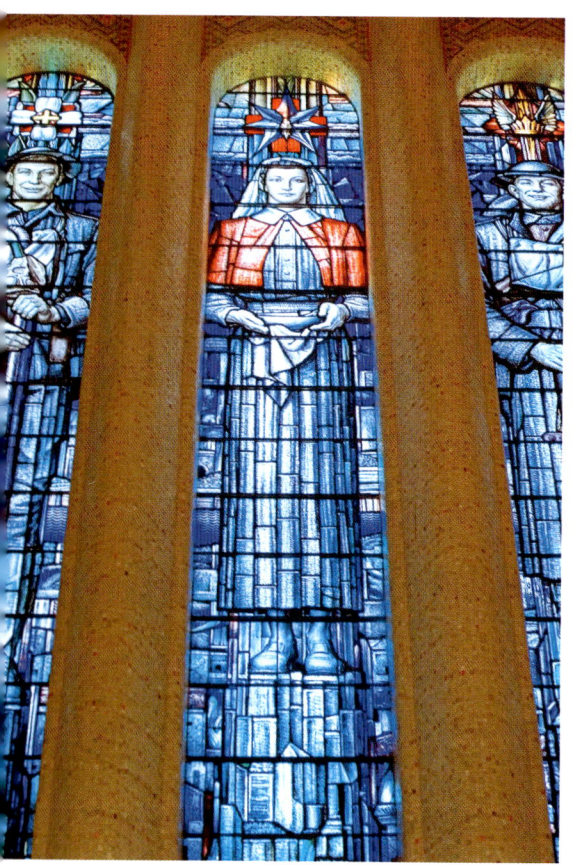

"앤잭(ANZAC)은 정당한 대의에서 나
온 무모할 정도의 용기와 … 결코 패배
를 인정하지 않을 인내력을 상징했다."

저널리스트이자 역사가, 찰스 빈

조국을 위해 싸우다 전사한 군인들을 위한 오스트레일리아의 국가 기념관은 수도인 캔버라에 있다. 이 기념관은 마찬가지로 위풍당당하게 서 있는 국회 의사당을 마주하고 서 있다. 전쟁 기념관은 또한 국립 군사 역사박물관이기도 하다.

이후에 오스트레일리아의 공식적인 제1차 세계대전 역사 편찬자가 되는 찰스 빈이, 1916년 프랑스에서 싸우는 오스트레일리아 군인들을 주시하고 있던 중에 기념관에 대한 착상을 떠올렸다. 독일을 상대로 한 전쟁에서 오스트레일리아는 영국과 연합했으며, 1915년 터키의 갈리폴리 전투 때 오스트레일리아 군대에서는 비율로는 굉장히 많은 사상자가 나왔다. 1927년 기념관 설계를 위해 열린 건축 공모전에서는 수상자가 나오지 않았으나, 시드니 건축가였던 두 명의 뛰어난 참가자가 공동 설계를 해달라는 제안을 받았다.

기념관에 가려면 오스트레일리아가 참전했던 모든 전쟁에 바쳐진 추모비들이 늘어서 있는 '앤잭 퍼레이드' 거리를 통하게 되어 있다. 건물 안으로 들어서면 방문객들은 전쟁에서 사망한 10만 2,600명의 오스트레일리아인들의 이름이 모두 열거되어 있는 청동 패널인 '명예의 명부'를 지나치게 된다. '숙고의 연못'과 타오르는 성화가 엄숙한 분위기를 자아낸다. 연못 옆에 심겨진 로즈메리 관목은 기억을 상징한다. 계단을 올라가면 중앙 홀인 '추모의 전당'이 나오는데, 제2차 세계대전의 노병들을 나타낸 6백만 개의 조각으로 이루어진 거대한 모자이크가 있다. 푸른색 스테인드글라스 창문이 제1차 세계대전의 노병들을 추모하며, 바닥에 있는 붉은색 대리석 판 아래에는 공식 전쟁 무덤인 무명용사들의 무덤이 있다. 중앙 홀 양쪽으로는 양차 세계대전에 대한 전시장이 있다.

사람들은 오스트레일리아라는 국가의 탄생을 1901년의 독립된 연방 국가로서 형성된 때가 아니라 갈리폴리 전투의 참사가 있었던 날부터 따진다. 매년 4월 25일, '앤잭 데이'에는 전사자들을 추도한다. **SA**

캐스케이드 양조장

오스트레일리아, 호바트 | Cascade Brewery

이 나라에서 가장 오래 전부터 운영하고 있는 양조장

덥고 건조한 나라인 오스트레일리아는 훌륭한 맥주로 얻은 명성을 키워 왔으며, 맥주 산업은 계속적인 공급을 보장할 수 있는 규모가 크고 이윤이 많은 산업이다. 그러나 1832년에 세워진 이 나라에서 가장 오래된 양조장은 서늘한 기후의 섬이자 주인 태즈메이니아에 있다.

캐스케이드 양조장은 엔지니어링과 건축, 법학을 공부한 프랑스 배경의 영국인 피터 디그레이브스에 의해 설립되었다. 아내와 여덟 명의 자녀들을 거느린 채, 그는 1821년 영국을 떠나 성공을 꿈꾸며 당시 태즈메이니아의 이름이었던 '반 디멘스 랜드'로 향했다. 그러나 그가 빌렸던 배는 손상을 입었고 디그레이브스는 영국으로 돌아가야만 했다. 고국에서 그는 빚쟁이들과 싸움에 휘말렸고 지불하지 않은 빚 때문에 잠시 동안 투옥되기까지 했다. 마침내 1824년 그는 섬에 도착하여 곧 제재소 하나를 세웠다. 그러나 그의 과거는 재빠르게 그의 뒷덜미를 붙들었고, 1826년 그는 영국에서 빚을 청산하지 않았다는 이유로 감옥에 처넣어졌다. 1831년 풀려났을 때 성공하고자 하는 그의 의지는 그 어느 때보다도 강력했다.

1832년 디그레이브스는 제재소 옆에 새로운 양조장을 세웠다. 이 건물은 훌륭한 7층짜리 화강암 탑으로, 현관에 서 있는 돌기둥들 위에는 모조 맥주통이 얹혀 있다. 양조장에서 쓸 신선한 물은 근처의 웰링턴 산에서 흘러나오는데, 이는 그의 맥주가 성공을 거두는 데 큰 공헌을 했다. 그가 제조한 맥주는 본토의 경쟁자들보다 훨씬 뛰어나다고 여겨졌던 것이다. 캐스케이드는 지방에서 키운 보리로 맥아를 직접 제조해 고유한 맥아 제조 기술을 구사하는데, 이는 오스트레일리아 양조장 중에서는 유일하며 전 세계의 상고깅 중에서도 심징히 드문 특징이다. 흑맥주와 계절별 맥주를 만드는 맥아는 본토에서 들여온다. 오스트레일리아에서 가장 오래된 제조 기업인 캐스케이드 양조장은 이제 더 이상 가족 운영 기업이 아니다. 1883년에 주식회사가 되었으며, 오늘날은 '포스터즈 그룹' 사의 일부가 되었다. **SA**

포트 아서 역사 유적지

오스트레일리아, 포트 아서 | Port Arthur Historic Site

중범죄자들을 위한 가혹한 유형 식민지

포트 아서는 1830년, 영국에서 온 죄수들 중 뉴사우스웨일즈나 반 디멘스 랜드에서 중대한 재범을 저지른 이들을 두기 위한 유형 식민지로 세워졌다. 이 사람들은 더 이상 갱생의 여지가 없는 인간들로 간주되었으며, 아마 대영 제국의 비슷한 유형지 중 가장 혹독한 시설이었을 이곳에서 노예처럼 노동하는 형벌에 처해졌다.

최초의 150명 죄수들은 이 지역에서 목재 산업을 발전시켰으나, 점차 포트 아서는 선박 건조, 벽돌 제조, 구두 제작, 밀 재배, 제분업 시설을 갖춘 자급자족의 산업 단지로 변해 갔다. 1844년 건축되었을 때에는 오스트레일리아에서 가장 큰 건물이었던 4층짜리 밀가루 제분소는 1850년대에 감옥으로 개조되었으며 공동 숙소와

> "책형은 일상의 수단이 되고, 탈옥 미수에 대가로 100번의 채찍질은 일반적인 처벌이었다."
>
> 저널리스트, 래리 리베라

독방에 거의 500명의 죄수들을 수감했다. 이곳에서 최대 50명의 죄수들은 완벽히 격리되어 감각을 잃어갔는데, 이러한 방식이 '도덕적 개선'을 촉진시킨다는 믿음에 의한 것이었다. 이 재소자들은 항상 이름이 아닌 번호로 지칭되었다. 이 자리에 있는 건물 가운데에는 병원 하나와 정신병을 앓는 100명 이상의 죄수들을 수감한 수용소(이후에는 시청이 되었으며 지금은 박물관과 카페가 되었다), 빈민자 공동 식당, 그리고 1836년에 세워졌으나 모든 종파의 교인들이 사용했기 때문에 축성을 받지 않은 교회가 있었다.

본토의 죄수들을 포트 아서로 수송하는 일은 1853년에 중지되었으나, 감옥은 1877년까지 운영을 계속했다. 이 무렵에는 1만 2천 명 이상이 이곳을 거쳐 간 후였다. **SA**

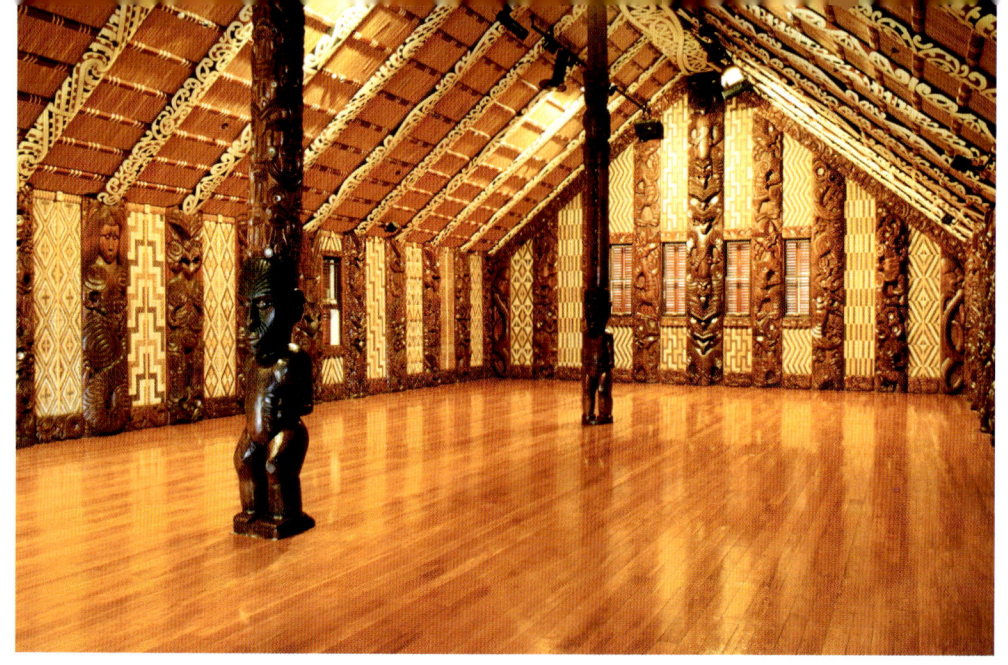

와이탕기 마라에 뉴질랜드, 와이탕기 | Waitangi Marae

마오리 족장들이 영국 정부와의 '와이탕기 조약'에 서명했던 회의장

뉴질랜드는 1769년 제임스 쿡 선장에 의해 발견되었으며 1820년대 이후로 점점 더 많은 정착민들을 이끌어 왔다. 필사적으로 토지를 찾는 영국 이민자들로부터 토착민 마오리인들을 보호하기 위해서, 그리고 프랑스가 이 지역에서 노리는 이권을 좌절시키기 위해서, 영국 정부는 대표자들에게 될 수 있는 대로 많은 수의 마오리 족장들과 더불어 뉴질랜드를 공식적으로 대영 제국에 합병한다는 조약을 체결하도록 명했다. 이 협약은 영국 시민권을 제공하고 마오리인들은 자신들이 가진 땅의 소유권을 원하는 만큼 언제까지나 보유할 수 있다고 보장해 주었으며, 그 대신 마오리 족이 파는 땅을 구입할 수 있는 권리는 정부에만 독점적으로 있다는 것이 조건이었다.

공식 서명은 1840년 노스 섬의 '베이 오브 아일랜즈'에 있는 와이탕기 마라에(회의의 장소)에서 이루어졌고 약 40명의 족장들이 서명했는데, 이후에는 '마라에'까지 여행해 올 수 없는 다른 족장들의 서명을 받기 위해 뉴질랜드 전역을 돌기까지 했다. 이후에 식민지 정부들

이 이를 무시하기는 했어도 와이탕기 조약은 현재 뉴질랜드의 창립 문서로 간주되며, 헌법의 중요성에 대한 사안들을 논할 때 재판장들이 종종 인용하곤 한다.

뉴질랜드의 국경일(와이탕기 날)은 2월에 있으며, 매년 정부의 고위 대표자들은 기념식에 참석하기 위해 마라에를 찾는다. 조약의 조항이 남용되었다고 느끼는 데에서 비롯된 마오리 족의 많은 역사적인 불만이 여러 차례의 재판을 통해 조정되었음에도, 많은 경우 와이탕기 날이 되면 마라에는 과거 마오리 족에 대한 대우에 항의하는 격렬한 정치 투쟁의 중심점이 되곤 한다. 최근에는 상황이 훨씬 더 복잡해져, 공공 연설은 남성만이 할 수 있다고 정해 놓은 마오리 조약안을 지지하는 사람들에 의해 수상인 헬렌 클라크가 마라에에서 연설할 수 있는 권리마저 도전받고 있는 실정이다. **AS**

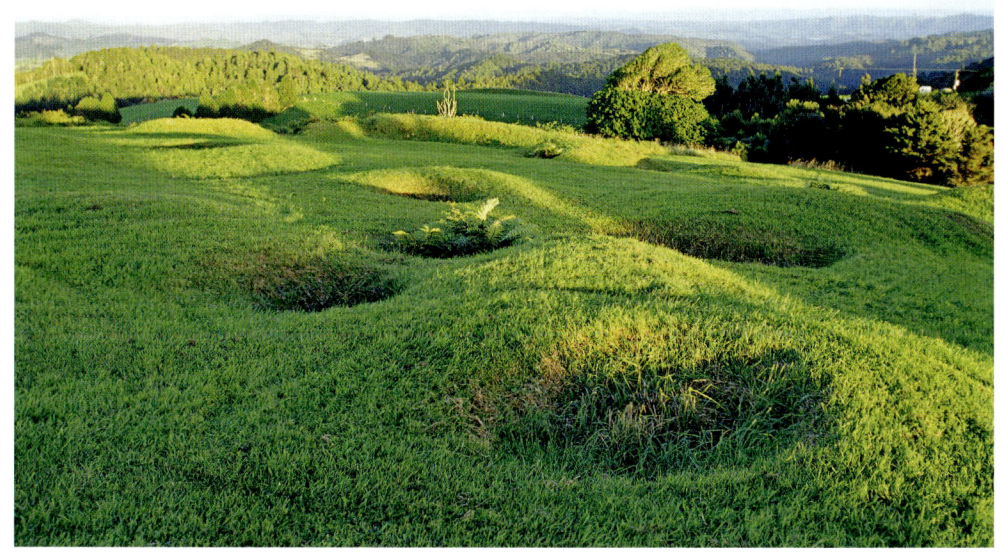

루아페카페카 파 뉴질랜드, 황거레이 부근 | Ruapekapeka Pa

마오리 족들이 영국 군대에 전면적인 도전을 해왔던 곳

19세기 중반에 뉴질랜드는 30년 동안 토착민 마오리인들과 새로운 식민 정부 사이에 벌어진 연이은 전쟁들을 겪어 왔다. 정착민들이 빠른 속도로 밀어닥치면서 땅에 대한 수요도 늘었고, 마오리 부족들은 자신들이 점차 스스로의 영토를 침범당하고 있다는 사실을 느꼈다. 뉴질랜드 북쪽 끝에 있는 루아페카페카 파는 지역 마오리 부족과 정부군 간의 마지막 교전이 일어났던 장소 중 하나이다.

'파'란 보통 마을과 연관이 있으며, 전통적으로 높은 대지에 위치하고 있고 나무로 된 울짱으로 둘러싸인 요새화된 지역을 말한다. 유럽인들이 상륙하기 이전 같은 마오리 적들을 상대로는 효율적이었던 '파'는, 영국군의 화기와 대포를 상대로는 고전을 겪었다. 지역 족장인 테 루키 카위티에게는 자신의 땅으로 쳐들어오는 영국군을 맞이하기까지 여러 달의 준비할 시간이 있었다. 그는 파의 경계선 둘레로 복잡하게 연결된 참호, 대포 엄호용 참호, 터널을 팠는데, 그 윤곽은 오늘날에도 볼 수 있다.

덕분에 그의 전사들은 계속해서 엄호된 상태로 숨은 채로 적에게 포화를 퍼부을 수 있었다. 사실 카위티는 제 1차 세계대전의 참호전을 70년이나 앞서 실행한 셈이며, 그의 혁신적인 방어 전략은 이후 30년 동안 이 나라 전역에서 마오리 족 반란이 일어나는 동안 모방되고 발전되었다. 영국군 사령관은 결국 간신히 파의 벽을 돌파하고 방어 진지를 포위할 수 있었지만, 수비군들은 파의 빈터를 둘러싸고 있는 우거진 수풀 속으로 탈출했다. 영국 군인들은 마오리 족을 추격했다가는 잠복 공격을 당할 거라는 사실을 알았기에 파를 불태우는 것만으로 만족해야 했다.

이후에는 카위티와 영국 총독 조지 그레이 경 사이에 평화 협정이 맺어졌다. 카위티는 이렇게 말했다고 한다. "Mehe mea kua mutukoe."(당신이 충분히 가졌다면, 나도 충분히 가졌다) 그레이는 답했다. "Kuamutk ahoe."(나는 충분히 가졌다) **AS**

맨션 하우스 뉴질랜드, 카와우 섬 | Mansion House

식민지 뉴질랜드의 가장 중요한 유명 인사 중 한 명이 거주했던 집

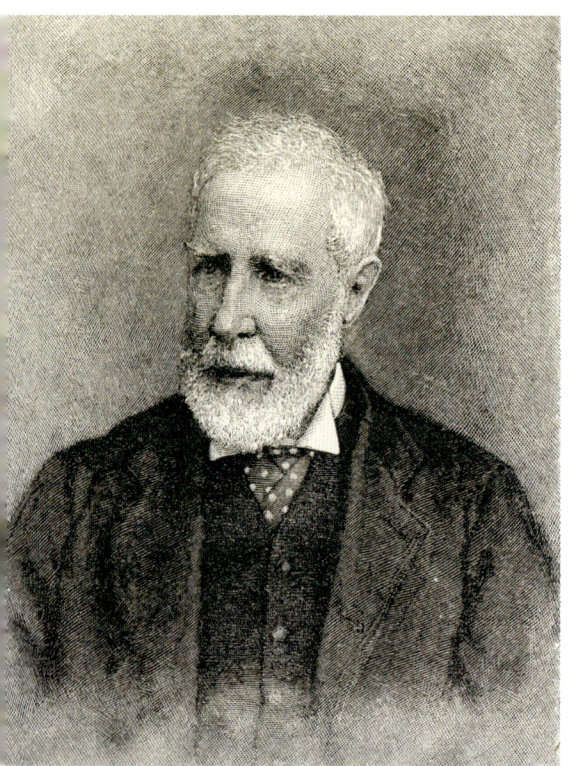

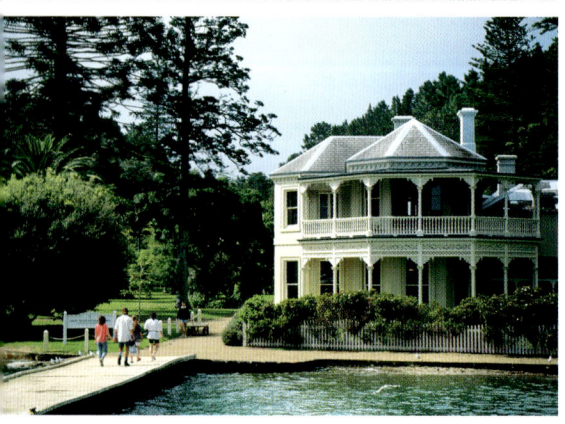

조지 그레이 경은 뉴질랜드에서 가장 영향력 있는 식민지 총독 중 하나로, 영국인 정착촌이 급성장하고 뉴질랜드 원주민인 마오리인들이 일으키는 불안한 상태가 점점 늘어가던 1840년대 후반과 1860년대 후반 사이에 개별적으로 두 차례나 총독으로 재직했다. 당시의 수도이던 오클랜드 바로 북쪽, 하우라키 만에 있는 카와우 섬을 샀던 1862년에 그는 총독으로 있었다.

맨션 하우스는 전에는 이 섬에 있는 구리 광산을 관리하던 감독관의 저택이었으나, 그레이는 일류 건축가 프레더릭 대처 경을 고용해, 원래는 열 개였던 방에 스무 개 정도의 방을 증축하고, 오늘날 보이는 위풍당당한 모습으로 변모시켰다. 이 집은 아직도 이 섬 고유의 카우리 나무로 만든 아름다운 목재 벽판을 지니고 있으며, 그 나름대로도 인상적인 건물이다. 그러나 집만큼이나 주변을 둘러싸고 있는 정원도 주목할 만하다. 그레이는 이 정원 지대를 동물과 식물 보호 구역으로 개조했던 것이다. 찰스 다윈과 정기적으로 편지를 주고받는 사이였던 그레이는, 이 섬에 방대한 종류의 침엽수 컬렉션을 비롯한 다양한 이국 식물들을 들여왔을 뿐 아니라, 왈라비, 원숭이, 얼룩말, 쿠카부라(오스트레일리아 산 물총새의 일종), 공작새, 주머니쥐 등을 데려왔다. 이는 새로 유입된 종들이 낯선 기후에 어떻게 적응하는지 보려는 실험의 일환이었다. 불행히도, 오늘날까지도 이 섬에 살고 있는 왈라비와 주머니쥐들은 지나치게 잘 적응한 나머지 이 섬의 고유한 조류 생태계를 해치는 주요 골칫거리가 되어 버렸다. 뉴질랜드의 비공식 상징인 키위 새도 피해를 입고 있다.

그레이는 이 소유지를 팔았으며, 한동안 개인 소유로 있던 이후 이곳은 1967년에 공공 자산이 되었다. **AS**

⬕ 조지 그레이 경은 1845년부터 1853년까지, 그리고 1861년부터 1868년까지 뉴질랜드의 총독으로 있었으며 좋은 평을 받았다.

⬔ 맨션 하우스는 그레이가 정치 이력 후반에 접어들어 뉴질랜드의 하원 의원과 총리를 지냈던 때의 거처이다.

로토루아 뉴질랜드, 로토루아 | Rotorua

지구열학적인 활동과 마오리 문화를 기반으로 하는 주요 관광 중심지

로토루아에서 처음으로 느끼게 되는 것은 그 냄새이다. 이 지역은 화산산 지대이며, 부글부글 끓어오르는 진흙 못과 간헐천은 공기 중에 유황의 톡 쏘는 냄새를 더한다. 땅 표면 바로 아래에서는 환태평양 화산대의 원동력이 되는 텍토닉 플레이트(판 모양으로 움직이는 지각의 표층)가 삐걱대며 움직이고 있으며, 관광 명소기 되는 동시에 이들을 모두 파멸시켜 버릴 위험을 내포하고 있기도 하다. 이러한 위험이 드러난 가장 유명한 예가 '핑크 앤드 화이트 테라스'였다. '세계의 여덟 번째 불가사의'라 알려졌던 이 거대한 천연 단구는 전 세계에서 수천 명의 관광객을 이끌었으나, 1886년 근처의 타라웨라 화산이 폭발하면서 하룻밤 새에 파괴되어 버렸던 것이다.

토착민 마오리 주민들은 이곳이 매력적인 온천 관광지가 되기 오래 전부터 이러한 지구열학적 활동을 잘 이용해 왔다. 지역 부족인 테 아라와 족은 1800년대 후반에 들어 점점 늘어나는 유럽 이주민들을 불쾌하게 여기기에 이르렀고, 여러 차례의 접전이 일어났다. 현재 이 지역 마오리 주민들은 그들의 풍요로운 문화가 훌륭하게 보존되도록 애쓰는 동시에 자신의 유산을 현대 관광객에게 이롭도록 개발하고 있다. 아름다운 호수, 뜨거운 못, 마오리 조각 등을 보기 위해 관광객들이 수천 명씩 몰려온다. 그러나 표면 아래에서는 부글대며 끓고 있는 긴장이 아직 남아 있다. 작가 앨런 더프는 자신의 책(나중에는 영화화되어 성공을 거두었다) 『전사의 후예』(1990)에서 이러한 긴장을 훌륭하게 담아냈다. 더프는 이 도시에서 성장했으며, 그의 소설 속 배경은 '두 호수', 즉 '로토루아'라는 이름을 영어로 해석한 지명이다.

역사가 오래되지 않은 이 나라에서, 로토루아는 뉴질랜드의 풍부한 토착민 역사, 지리, 그리고 경이로운 자연의 아름다움을 회상시켜 주는 상징이다. **PH**

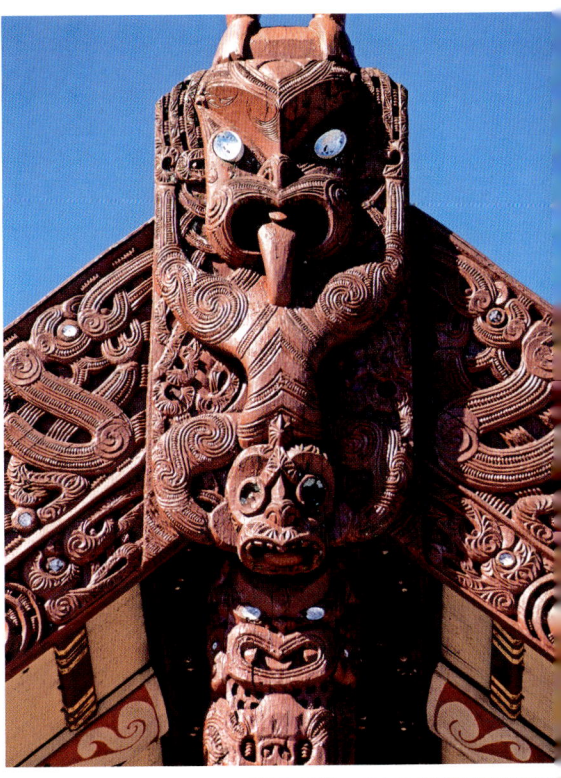

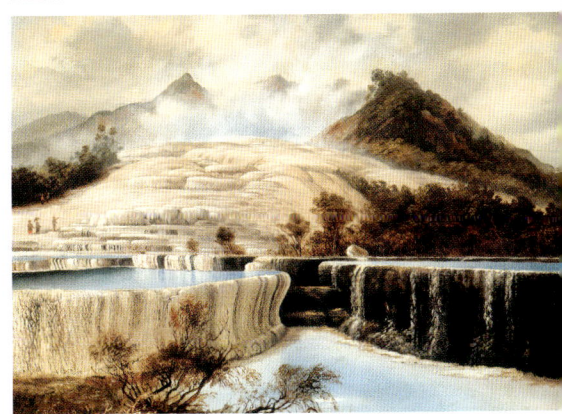

↗ '마라에'(회의장 건물) 에 새겨진 전통적인 마오리 조각. 양식화된 이 형상들은 마오리 족의 조상들을 나타낸다.

→ 찰스 블룸필드의 「더 화이트 테라스」(1885). 이 테라스는 높이 30m에 너비 240m였다.

올드 세인트 폴 성당

뉴질랜드, 웰링턴 | Old St. Paul's Cathedral

이 도시 최초의 영국 국교회 성당

영국 국교회 성당을 짓는 작업은 웰링턴이 뉴질랜드의 수도가 된 이듬해인 1865년에 시작되었다. 이 교회는 1866년에 축성 받았으나, 19세기 말이 되자 벌써 신도수에 비해 너무 작아졌다. 결국 1954년 새로운 성당을 짓는 작업이 시작되었다. 세인트 폴 성당의 교회법적인 기능이 1964년 새로 지어진 성당으로 옮겨지면서, 오래된 성당의 미래는 걱정거리가 되었다. 오랜 논의를 거쳐 오래된 세인트 폴 대성당은 헐릴 운명에서 벗어나 1967년 정부에 매각되었다.

건물의 구조는 순전히 이 지역 고유의 목재들로만 이루어졌다. 리무, 토타라, 마타이, 카우리 목재이다. 성당은 1861년부터 1864년까지 손돈 교구의 교구 목사였던 프레더릭 대처에 의해 초기 영국 고딕 양식으로 설계되었다. 첨탑이 짧은 것은 웰링턴 시의 명물인 거센 바람 때문이다. 남쪽 트랜셉트(1868), 북쪽 트랜셉트(1874), 성단소와 작은 트랜셉트들(1876)은 처음 건물에 증축된 부분이다. 내부 장식은 웰링턴의 초기 역사를 보여 주며, 스테인드글라스 창문에는 옛 교구민들을 찬양하는 내용과 성경에 나오는 장면들이 나와 있다. 천장에는 영국 해군의 백색 군함기, 뉴질랜드 상선대의 붉은 상선기, 미국 성조기와 해병대 제2사단의 깃발이 걸려 있다. 최초로 쓰였던 오르간(1877)과 종 세트(1867)는 새로 지은 성당으로 옮겨졌으며 이후 다른 것으로 대체되었다.

오늘날 올드 세인트 폴 성당은 뉴질랜드 역사 유적 트러스트의 관리를 받고 있으며, '올드 세인트 폴의 친구들 협회'의 지원을 받는다. 아직도 축성 받은 상태인 이 성당은 새로운 성당에서 한 블록 떨어진 곳에 있으며, 결혼식을 비롯한 다른 행사를 열거나 콘서트와 문화 행사를 여는 데 쓰인다. 이 성당은 식민지풍 고딕 부흥 건축 양식의 훌륭한 예로 남아 있다. **MA**

콜로니얼 코티지

뉴질랜드, 웰링턴 | Colonial Cottage

웰링턴에서 가장 오래된 것으로 감정된 건물

주의 깊게 보존되어 있는 이 건물은 1858년 영국에서 막 도착한 목수 윌리엄 월리스에 의해 지어졌으며, 웰링턴의 식민지풍 건축 양식의 전형을 보여 준다. 지진이 발생했을 때 부상과 인명 피해를 최소화하기 위해 목재로 집을 지으라는 당시의 권장 사항에 따라, 이 코티지는 거의 전적으로 목재를 이용해 지어졌다. 집이 지어진 지 채 10년도 지나지 않아 대규모 지진이 발생해 벽돌로 지어진 많은 초기 건물들을 파괴해 버렸을 뿐 아니라, 상당한 양의 땅이 바다로부터 솟아오르게 하였다. 목재 건축에 의존해야 했던 것은 웰링턴의 지형적 특성 때문이기도 했다. 월리스처럼 많은 정착민들은 웰링턴의 많은 언덕을 고려하지 않은 채 그려진 측량 지도만 보고 영국을 떠나기 전

> "이 집은 주로 카우리 목재로 지어졌으며, 급한 경사가 진 지붕이 달린 방 네 개짜리 상자 모양 건물로 시작되었다."
>
> 건축가이자 문화재 보호자, 이안 바우만

에 미리 땅을 구입했던 것이다. 그 결과 월리스는 아마 자신에게 주어진 땅이 상당히 경사져 있어, 무거운 자재를 이용해 건물을 짓기에는 적합하지 않다는 사실을 깨달았을 것이다. 이처럼 목조 건축에 의존하는 경향은 개인 주택을 넘어 공공건물에까지 적용되었다. 구정부 청사는 아직도 남반구에서 가장 커다란 목조 건물이라는 위치를 차지하고 있다.

콜로니얼 코티지는 두 층으로 되어 있다. 지상 층에는 부엌, 육아실, 응접실, 주 침실이 있으며, 별도로 지어진 창고가 있고, 위층에는 두 개의 작은 침실이 있다. 이 집은 가구, 벽지, 각종 설비가 제자리에 남은 채 마치 월리스 가족이 지금도 살고 있는 것처럼 보존되어 있다. **AS**

캐서린 맨스필드의 출생지

뉴질랜드, 웰링턴 | Katherine Mansfield's Birthplace

캐서린 맨스필드는 이 집에서 보낸 어린 시절에서 많은 영감을 얻었다

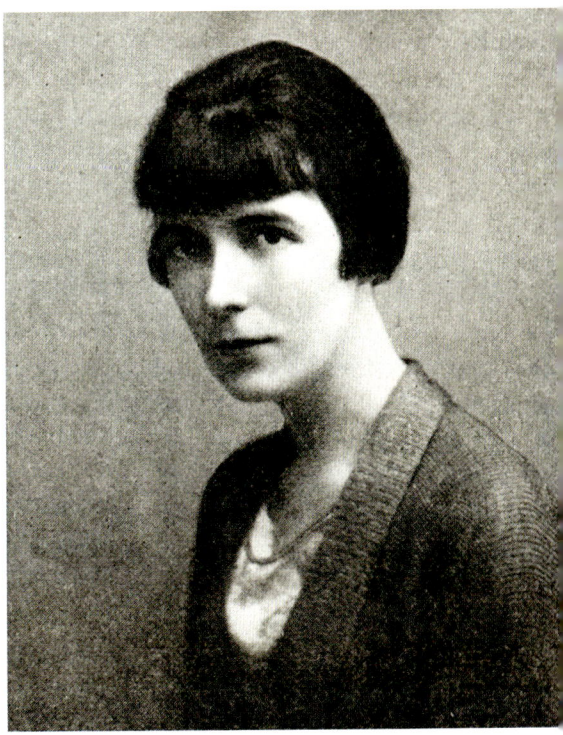

1888년 10월, 웰링턴의 교외 손돈에서 가장 영향력 있는 모더니스트 단편 소설 작가 중 한 사람인 캐서린 맨스필드가 태어났다.

손돈은 1850년대와 1860년대에 웰링턴 시 최초의 징칙촌들 중 하나이었다. 그러나 1880년대 초의 경제 불황 때문에 작가의 아버지인 해럴드 보샹이 지은 이 집은 비교적 소박한 편이다. 집은 사각형으로 나무로 된 비막이 판자와 물결 모양으로 구불구불한 철 지붕이 있고, 창문 둘레에는 석조 세공을 흉내 낸 나무 조각이 새겨져 있다. 그러나 특별히 흥미로운 부분은 바로 정원이다. 보샹 가족이 살았을 때에 어떤 모습이었는지 전달해 주기 위해, 정원에는 1880년대와 1890년대에 웰링턴에서 구할 수 있었을 만한 식물만 골라 다시 심었다. 맨스필드의 말을 빌면, 정원은 "자그마한 사각형으로 모든 면에 꽃밭이 있었다. 한쪽 면에서는 온통 커다란 덤불을 이룬 칼라가 그 풍성한 아름다움을 발산하고, 다른 편에는 어린이들이 '할머니의 바늘꽃이'라고 불렀던 무성한 덤불뿐이었다."

웰링턴 안에서 여러 차례 거처를 옮긴 후, 맨스필드는 런던에서 작가의 이력을 쌓기 위해 1908년 뉴질랜드를 완전히 떠났다. 그러나 뉴질랜드에 대한 향수가 점점 더 커져 갔고, 그녀는 아버지에게 이런 편지를 썼다. "오래 살면 살수록, 나는 더 많이 뉴질랜드로 돌아갑니다. 역사가 오래되지 않은 나라란, 추억하기 위해 시간이 좀 걸리긴 하지만 진정한 유산입니다. 그러나 뉴질랜드는 내 뼈 속에 박혀 있습니다." 그러므로 그녀의 가장 잘 알려진 단편들 중 일부가 식민지 시대 웰링턴에서 보낸 유년 시절에 대한 기록이라는 것은 어쩌면 당연한 일일 것이다. 그녀는 1923년 1월 프랑스에서 죽어 다시는 뉴질랜드로 돌아오지 못할 운명이었다. **AS**

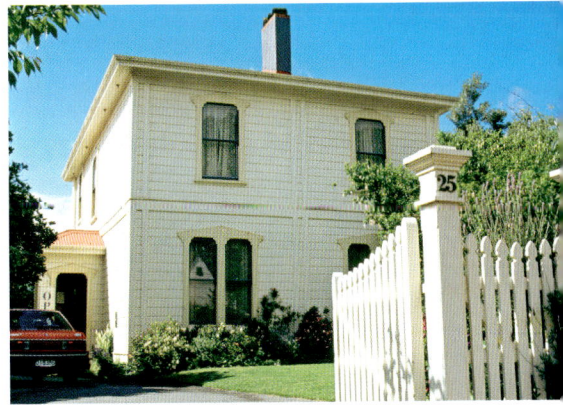

▷ 캐서린 맨스필드의 본명은 케이틀린 맨스필드 보샹이었다. 그녀는 1911년부터 필명을 썼다.

▣ 웰링턴에서 보낸 맨스필드의 유년 시절은 외로웠지만, 그녀의 후기 작품에는 종종 옛집이 나온다.

캔터베리 성당 뉴질랜드, 크라이스트처치 | Canterbury Cathedral

이 도시의 유명한 대성당은 영국인에 의해 설계되었으며 이 지역에서 나는 자재들로 지어졌다

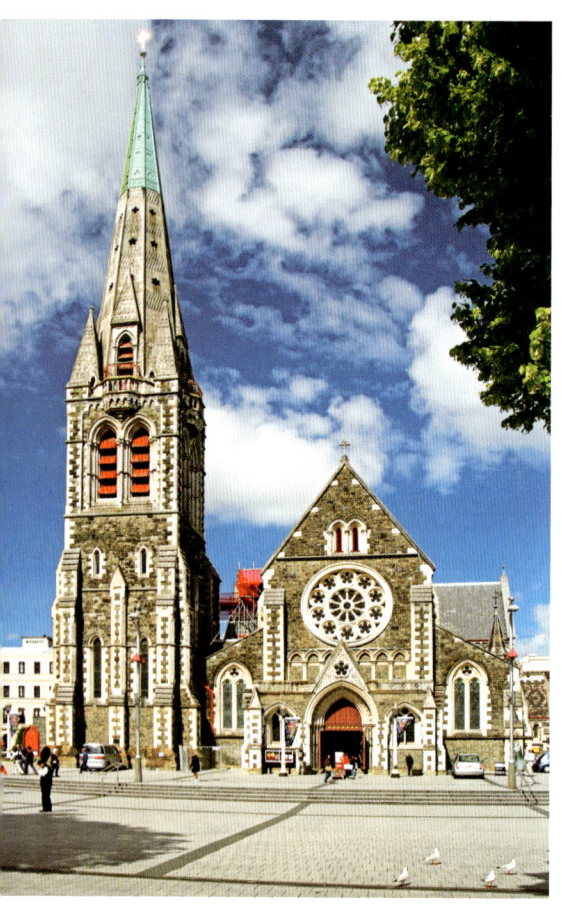

"스콧 경은 빅토리아 시대 영국의 노먼 포스터였다. 항상 분주하고, 상습적인 여행가였으며…"

저널리스트, 조나단 글랜시

크라이스트처치는 칙허를 얻어 1856년 7월 공식 위치를 인가받은 뉴질랜드 최초의 도시였다. 이곳은 뉴질랜드의 도시들 중 가장 영국다운 곳으로 널리 간주되며, 1850년 리틀턴 항구에 도착한 영국인 정착민들은 항상 '고국'의 자그마한 일부가 되려고 노력해 왔다. 이들은 자신들의 정착촌에 옥스퍼드 대학의 칼리지 중 하나에서 따 온 이름을 붙였고, 셰익스피어를 기리는 뜻에서 이 도시의 강을 에이번 강이라 이름 지었으며, 성당을 중심으로 도시를 세우는 영국식 전통을 새 식민지에 이식했다. 크라이스트처치가 이처럼 모국과 강력한 유대를 맺고 있다는 사실을 고려해 보면, 성당을 짓기로 했을 때 정착민들이 영국 신고딕 부흥 양식의 탁월한 건축가인 조지 길버트 스콧에게 부탁했던 것은 놀랄 만한 일도 아닐 것이다. 그는 런던의 국회 의사당을 짓는 데 공헌한 인물로 더 잘 알려져 있다. 설계도가 마련되자 1864년 성당의 주춧돌이 놓였지만, 자금 부족으로 곧 중단된 채 10년이 흘렀다. 소설가 앤터니 트롤럽은 1872년 크라이스트처치를 방문했는데, 이 성당의 '솔직하고 격조 높은 아이디어'를 찬양한 반면 결국 이는 '실패에 대한 중대한 기록'이 되었다고 결론지었다. 이 도시 전체를 자신의 건물로 수놓은 건축가 벤자민 마운트포트가 길버트 스콧의 설계도를 이어받았고, 마침내 1881년 네이브가 완성되었다. 그러나 트랜셉트, 성단소, 성소가 완성되기까지는 23년이나 더 걸렸다. 성단의 이 구역들은 1904년에야 문을 열었다.

내부를 보면, 이 건물에는 캔터베리 지역에서 나는 석재와 근처의 뱅크스 반도를 뒤덮기 위해 조성되었던 숲에서 가져온 목재─주로 마타이와 토투라─가 혼합되어 있다. 토속적인 건축 자재를 이용했음에도, 이 성당과 주변의 도시는 성장해 나가는 대영 제국의 영국적인 상징물이 되도록 건설되었다는 사실을 무시하기란 불가능하다. **AS**

라나크 성 뉴질랜드, 더니든 | Larnach Castle

뉴질랜드의 유일한 성을 짓는 데에는 비용이 아낌없이 들어갔다

라나크 성의 건축은 1871년에 시작되었으며, 200명의 장인에 의해 3년간의 작업이 끝나자 라나크 가족이 성에 입주했다. 그러나 내부 장식이 완성되기까지는 12년이 더 걸렸다. 오스트레일리아에서 태어난 윌리엄 라나크는 남오스트레일리아의 금광 지대에서 은행업으로 경력을 쌓기 시작해 나중에는 뉴질랜드 더니든에 위치한 오타고 은행 지점장이 되었다. 수완이 탁월한 사업가였던 그는 자존심 또한 대단했다. 아들 로널드와 함께 차를 타고 오타고 반도의 고지대를 돌아다니면서 그는 웅장한 가족 저택이 들어서면 가장 잘 어울릴 장소를 찾았다.

라나크 성은 그의 첫 아내 엘리자를 위해 고딕 부흥 양식과 식민지 양식의 혼합으로 지었다. 건축 자재와 가구를 고르는 데에 그는 비용을 전혀 아끼지 않았다. 전 세계에서 고용한 장인들과 더불어 이탈리아에서는 대리석이, 영국에서는 타일이, 베네치아와 프랑스에서는 유리가, 웨일스에서는 점판암이 실려 왔다. 사용된 목재에는 뉴질랜드 산 나무도, 이국적인 종류의 나무도 있었다. 욕아실에는 1t짜리 대리석 욕조가 들어섰는데, 이는 헤르쿨라네움 유적지에서 발견된 욕조를 본 딴 것이었다. 1886년, 윌리엄이 가장 귀여워했던 딸인 케이트의 스물한 번째 생일 선물로 성에는 무도회장이 새로 지어졌다. 불행히도 그녀는 생일을 맞은 지 얼마 지나지 않아 죽었고, 이 무도회장에는 그녀의 유령이 나온다고 한다. 라나크가 정치가가 되자, 성은 뉴질랜드의 유명 인사들을 접대하게 되었다.

1898년 윌리엄 라나크는 국회 건물에서 권총으로 자살했다. 유효한 유언장을 남기지 않았으므로, 가족 간에 다툼이 일어났고 결국 성은 팔리게 되었다. 정신병원과 제2차 세계대전 때의 군인 숙사로 이용되면서 성은 심각하게 수리가 필요한 지경이 되었다. 1967년 바커 가에서 성을 사들여 복원에 착수했으며 대중에게 공개했다. 라나크 성은 오늘날 더니든에서 가장 인기 있는 관광 명소 중 하나이며, 뉴질랜드의 유일한 성으로 누렸던 과거의 명성을 다시 한 번 발산하고 있다. **MA**

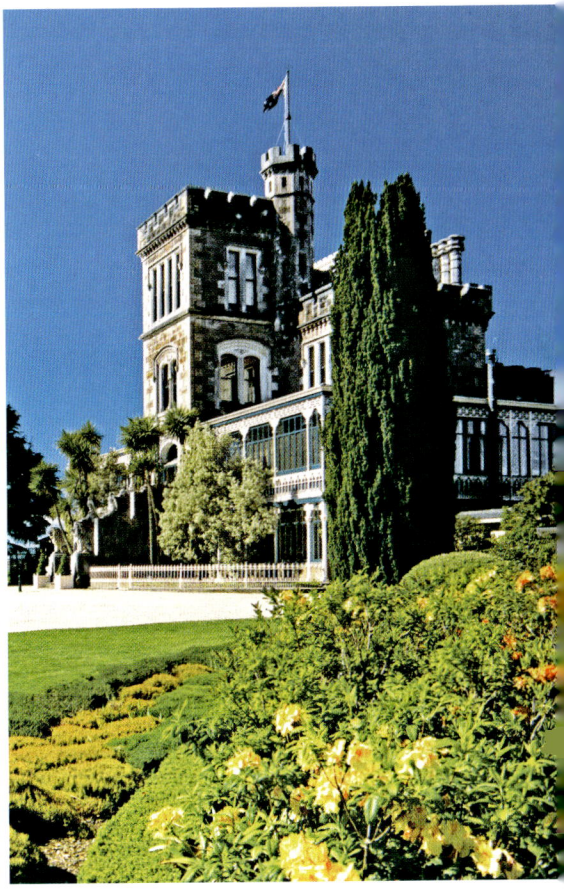

"맨 위의 두 층은 천장이 내려앉았고, 배선 시설은 사라져 버렸고, 이곳은 마치 체처럼 물이 샜다…"

성 소유주, 마거릿 바커

로버트 루이스 스티븐슨의 무덤 사모아, 바에아 산 | Grave of Robert Louis Stevenson

스티븐슨과 그의 아내의 무덤은 전에 살던 집 근처의 경치 좋은 장소를 차지하고 있다

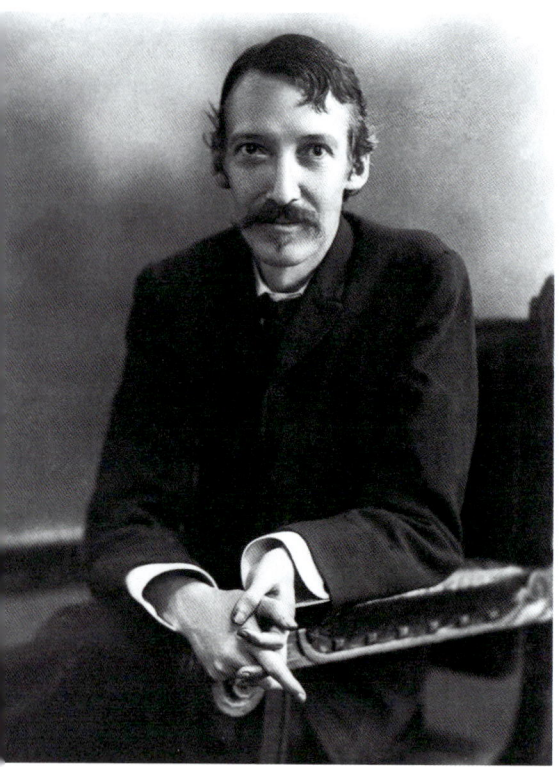

『보물섬』, 『납치』, 『지킬 박사와 하이드 씨』의 작가인 로버트 루이스 스티븐슨(1850~1894)은 스코틀랜드가 낳은 위대한 작가들 중 하나이다. 그는 자신이 태어난 땅에 열정적인 애정을 품었지만, 지구 반대편에 있는 자신의 최후의 집에 대해서도 마찬가지의 애착을 갖게 되었다. 사모아에 있는 그의 무덤은 그의 후기 업적에 썩 어울리는 존경의 표시였다.

스티븐슨은 그의 허약한 체질에 도움을 줄 보다 따뜻한 기후를 찾아 1888년 마지막으로 영국을 떠났다. 결국 그는 아내와 함께 사모아 제도에서 가장 큰 섬인 우폴루에 정착했고, 자신들이 살 커다란 집을 지어 '바일리마'(다섯 개의 물)라는 이름으로 불렀다. 스티븐슨은 고국에서 기념품들을 가져왔지만-빅토리아 여왕이 선사한 테이블보, 월터 스콧 경의 소유였던 설탕 그릇-이 새로운 환경에도 열렬한 흥미를 느꼈다. 『썰물』 같은 후기 소설에서, 그는 유럽의 남태평양 식민지화가 가져온 파괴적인 영향들에 대해 매우 비판적인 어조를 드러냈다.

한편, 사모아인들도 역시 그들의 '투시탈라'(이야기꾼)를 좋아하게 되었다. 1894년 겨울 그가 급작스레 사망하자 사모아인들은 스티븐슨을 집으로부터 바에아 산 정상 근처에 있는 그의 무덤 터까지 운반해 갔다. 후에 그들은 무덤으로 가는 길이 수월해지도록 '사랑하는 마음의 길'을 놓기도 했다. 무덤은 태평양과 스티븐슨의 옛 집이 내려다보이는 그림과 같이 아름다운 장소에 있다. 그의 시 중 하나에서 따 온 비문이 새겨져 있다. 그의 아내인 패니 역시 여기 묻혀 있다. 그녀는 말년을 미국에서 보내기 위해 사모아를 떠났으나, 1914년 사망한 후 그녀의 유골은 우폴루로 운반되어 왔다. 무덤에는 그녀의 사모아어 이름인 '아올렐레'가 새겨진 청동 현판이 있다. **IZ**

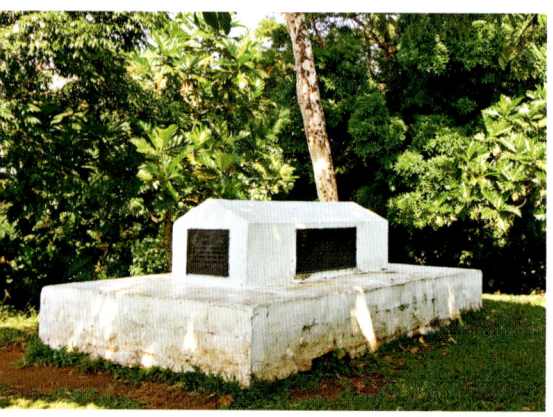

⊠ 좋지 않은 건강 상태는 시인, 소설가, 모험가로 일생을 보낸 스티븐슨을 어린 시설부터 끈질기게 괴롭혔다.

⊠ 스티븐슨의 비문은 이렇다. "열망하던 이곳에 그가 누워 있노라 / 선원이 집에 왔네, 바다로부터 집에 왔네…"

난 마돌 미크로네시아, 폰페이 섬 | Nan Madol

거석 문명의 건축학적 위업이 남아 있는 장대한 유적지

'태평양의 베네치아'는 난 마돌을 묘사하는 데 자주 사용되는 표현이다. 이는 정치적이고 문화적으로 풍부한 역사를 지닌 이 도시의 매력을 가리킨다. 난 마돌과 베네치아가 둘 다 복잡하게 얽힌 운하와 수로를 기반으로 삼고 있다는 점에서 이는 적당한 비유이다. 그러나 난 마돌은 베네치아와는 달리 그 역사가 겨우 서기 1세기나 2세기까지 거슬러 올라갈 뿐이다. 게다가 난 마돌은 서로 교차하는 운하를 파내어 인공적으로 만든 여러 개의 작은 섬을 중심으로 세워졌지만, 베네치아는 천연적으로 형성된 지역에 세워졌다. 베네치아와 더욱 더 대조되는 면은, 난 마돌에는 더 이상 아무도 살지 않는다는 점이다. 여기에는 여러 가지 이유가 있을 수 있지만, 가장 주요한 이유는 이 섬들의 특권층 지배자들이 백성들을 시켜 신선한 물과 식량을 가져오도록 했다는 점이다. 상황이 바뀌어 공급이 끊어지자, 인공 섬에서 사는 일이 불가능해졌다. 오늘날 난 마돌은 주의 깊게 보존된 역사 유적지이다.

발굴 작업을 통해 먼 옛날 기원전 200년까지의 유물들이 발견되었으나, 난 마돌이 세워진 정확한 연대는 여전히 불명확하다. 고고학적인 흔적에 의해 난 마돌이 특히 1세기와 2세기의 사우델레우르 왕조 시대에는 정치적이고 종교적인 탁월한 중심지였다는 설이 세워졌다. 그러나 이러한 성공은 일시적이었고, 사우델레우르 왕조가 최후를 맞은 후 점차적인 쇠퇴가 시작되었던 것이다.

아마 가장 인상적인 부분들은, 북동쪽 지역에 58개의 작은 섬으로 이루어진 복잡한 네트워크 전체에 펼쳐져 있는 매장터 구역과 거대한 무덤이 5~8m 높이의 벽으로 둘러싸여 있는 '왕의 매장터'일 것이다. 난 마돌의 넓이는 18km²에 달하며, 앞으로도 새로운 것을 발견하게 될 가능성이 무궁무진하다. **KH**

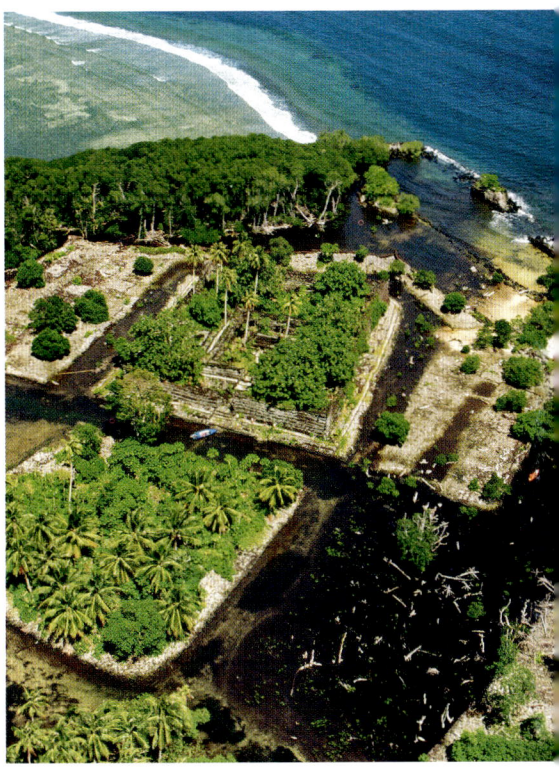

▣ 어떤 이론은 난 마돌이 우두머리들이 왕에게 따라오는 면밀한 감시를 받으며 살았던 '태평양의 베르사유'였다고 주장한다.

▣ 왕의 매장터를 둘러싸고 있는 웅장한 검은 현무암 벽은 아마 12세기나 13세기에 세워진 듯하다.

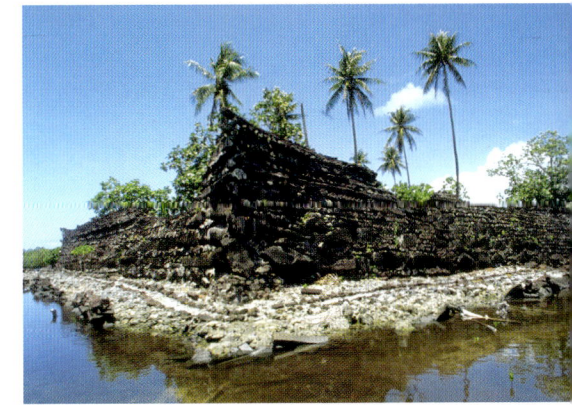

🏛 ◉ 라파 누이 국립공원 <small>이스터 섬 / 칠레, 라파 누이</small> | Rapa Nui National Park

세계적으로 유명한 독특한 석상들이 있는 유적지로, 석상을 세운 목적은 아직도 고고학자들을 곤혹스럽게 한다

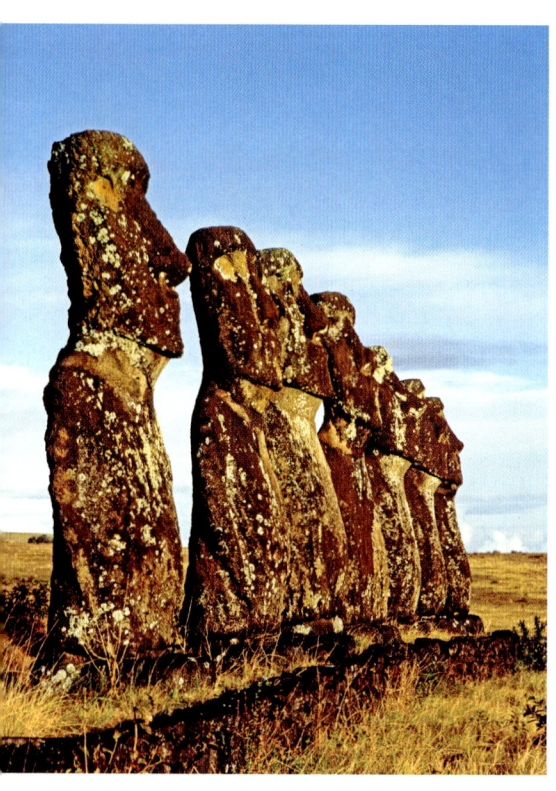

"…기념비적인 조각과 건축을 남긴, 강력하고, 상상력이 풍부하고, 독창적인 전통" 유네스코

⊞ 바다를 향해 등을 돌리고 있는 일렬로 늘어선 일곱 개의 모아이는 불침번을 계속 서고 있다. 어떤 모아이는 천 년이나 된 오래된 것이다.

⊞ 라노 라라쿠에 반쯤 완성된 모아이가 부분적으로 파묻힌 채 놓여 있다. 이 섬에 있는 석상의 반 정도가 이 채석장에서 발견된다.

이스터 섬은 지구에서 가장 외딴 곳에 있는 고고학 유적 중 하나로 가장 가까운 이웃(핏케언 섬)조차 1,600km 이상 떨어진 곳에 있는 것이다. 이러한 고립은 오늘날 알려져 있는 가장 독특한 문명 중 하나를 창조해 내는 데 도움을 주었다. 그러나 우리가 알고 있는 바는 극히 드물며, 이 작고 오래된 공동체는 미스터리에 감싸여 있는 셈이다. 이 색다른 섬은 오래 전부터 고고학자들과 미스터리 광들을 똑같이 매혹해 왔다.

'라파 누이'라는 이름으로도 알려져 있는 폴리네시아의 이 작은 섬은 1722년에 유럽인들에게 발견되었다. 야콥 로게벤이라는 네덜란드 선원이 부활절(이스터) 일요일에 섬에 상륙했다. 스페인은 1770년 이 섬에 대한 소유권을 주장했지만, 이는 한 번도 공식적으로 인정되지 않았다. 1774년 쿡 선장이 섬에 도착해 이 경이로운 섬에 대해 더 자세한 이야기를 유럽에 전해 주었고, 그 결과 탐험가와 고고학자가 섬을 찾아와 수많은 유물들을 가져가 버렸다. 이것들은 현재 세계 곳곳의 박물관에 서 있다. 1888년부터 이스터 섬은 칠레의 일부로 간주되었다.

이스터 섬은 '모아이'라는 이름의 독특한 석상들로 유명해졌는데, 가장 오래된 모아이는 서기 1000년 정도의 것이다. 모아이는 토착민들의 조상을 기념하기 위해 제작되었으며, 종교적이고 전통적인 의식에서 매우 중요한 부분을 차지했을 것이라 여겨진다. 이후에 다른 종교가 옛 신앙을 대체하게 되었고, 기독교가 이 섬에 들어오자 석상 대부분을 깨부수거나 그렇지 않더라도 넘어뜨려 버리는 파괴적인 결과를 가져왔다. 서 있는 상태의 석상은 크기가 최대 9m까지 달하며 굉장히 넓다. 이들이 어떻게 창조되었고 섬 주변에서 어떻게 운반되어 왔는지는 미스터리로 남아 있다. 원래의 섬 주민들의 정착, 문화, 사회상에 대한 완전한 이야기와 인구가 급격하게 감소했던 이유로 추정되는 내전 발생에 대한 정황 역시 마찬가지로 미스터리이다. 많은 석상이 부서져 돌 더미 수준이 되었기 때문에 이들의 정확한 개수는 알 수 없으나, 추산치를 잡자면 800~1,000개 정도이다. **LH**

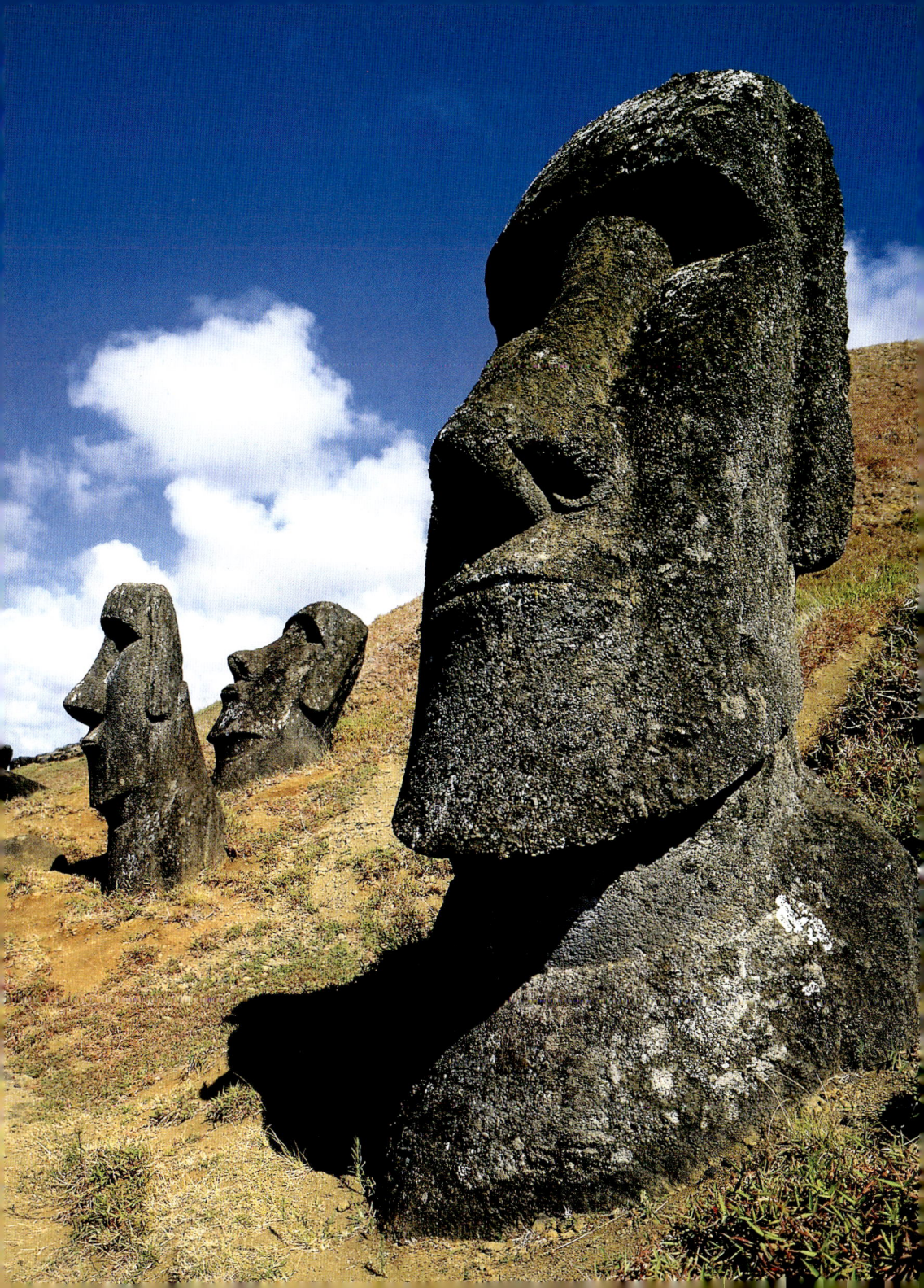

Royal Monastery of Santa María de Guadalupe (1993)
Santa María de Guadalupe 569
Santiago de Compostela (Old Town) (1985)
Catedral del Apostol 537
University and Historic Precinct of Alcalá
de Henares (1998)
Universidad de Alcalá de Henares 563
Vizcaya Bridge (2006)
Vizcaya Bridge 541
Works of Antoni Gaudí (1984/2005)
La Sagrada Familia 548
Palau Güell 550

Sri Lanka
Ancient City of Polonnaruwa (1982)
Gal Vihara 859
Ancient City of Sigiriya (1982)
Sigiriya 860
Sacred City of Anuradhapura (1982)
Sacred City of Anuradhapura 858
Sacred City of Kandy (1988)
Temple of the Tooth 861

Suriname
Historic Inner City of Paramaibo (2002)
Fort Zeelandia 152

Sweden
Birka and Hovgården (1993)
Birka Viking Settlement 196
Hanseatic Town of Visby (1995)
Visby 201
Mining Area of the Great Copper Mountain
in Falun (2001)
Great Copper Mountain 194
Royal Domain of Drottningholm (1991)
Drottningholm 198

Syrian Arab Republic
Ancient City of Aleppo (1986)
Aleppo Citadel 758
Ancient City of Bosra (1980)
Roman Theater and Citadel 764
Ancient City of Damascus (1979)
Azem Palace 762
Great Mosque 763
Crac des Chevaliers and Qal'at Salah El-Din (2006)
Crac des Chevaliers 760
Site of Palmyra (1980)
Palmyra 761

Thailand
Historic City of Ayutthaya (1991)
Ayutthaya 902
Historic Town of Sukhothai and Associated
Historic Towns (1991)
Sukhothai Historical Park 900

Tunisia
Punic Town of Kerkuane and its
Necropolis (1985/1986)
Kerkuane Punic Town 697
Site of Carthage (1979)
Carthage 696

Turkey
Archeological Site of Troy (1998)
Ruins of Troy 800

Göreme National Park and the Rock Sites
of Cappadocia (1985)
Derinkuyu 809
Göreme 810
Hattusha, the Hittite Capital (1986)
Hattusha Archeological Site 808
Historic Areas of Istanbul (1985)
Blue Mosque 803
Dolmabahçe Sarayi 804
Hagia Sophia 802
Hippodrome 805
Süleymaniye Mosque 801
Topkapı Sarayı 806
Nemrut Dağ (1987)
Nemrut Dağ Statues 814

Turkmenistan
Ancient Merv State Historical and Cultural Park (1999)
Merv 819

Uganda
Tombs of Buganda Kings at Kasubi (2001)
Buganda Royal Tombs 738

Ukraine
Kiev, St. Sophia Cathedral and Related Monastic Buildings,
Kiev-Pechersk Lavra (1990, 2005)
Cathedral of St. Sophia 688
Monastery of the Caves 687

Uruguay
Historic Quarter of the City of Colonia del Sacramento (1995)
Colonia del Sacramento 174

USA
Cahokia Mounds State Historic Site (1982)
Cahokia Mounds 42
La Fortaleza and San Juan National Historic Site
in Puerto Rico (1983)
Iglesia de San José 144
Mesa Verde National Park (1978)
Mesa Verde 88
Monticello and the University of Virginia
in Charlottesville (1987)
Monticello 44
Statue of Liberty (1984)
Statue of Liberty 68

Uzbekistan
Itchan Kala (1990)
Tash Hauli Palace
Samarkand, Crossroads of Cultures (2001)
Gur-Emir 820

Vietnam
Complex of Hué Monuments (1993)
Imperial Tombs 911

Wales
Blaenavon Industrial Landscape (2000)
Big Pit 257
Castles and Town Walls of King Edward in Gwynedd (1986)
Caernarfon Castle 253

Yemen
Old Walled City of Shibam (1982)
Shibam 795

Zimbabwe
Great Zimbabwe National Monument (1986)
Great Zimbabwe 740

본문수록 역사유적 인덱스

필자소개

사이먼 애덤스(SA)는 브리스틀에서 태어났으며 런던과 브리스틀 대학에서 수학했다. 그는 어린이용 참고서적의 편집자로 일하다가 20년 전 전업작가가 되었다. 그 이후로, 그는 많은 여행서적과 역사서적을 포함하여 60권 이상의 책을 집필해 왔다.

마크 앤드루스(MA)는 국제적으로 출간되는 작가이자 사진가로 여행, 문화, 비즈니스, 음식과 음료 등의 주제를 다룬다. 그는 여러 해 동안 아시아 전역을 여행했고 아시아에 살았으며 현재는 상하이에 거주하고 있다.

캐럴라인 볼(CB)은 프리랜서로 일하는 출판 편집인이자 작가이며 이따금 번역을 하기도 한다. 예술, 골동품, 디자인에서 역사, 정원 조경, 건강에까지 이르는 다양한 주제들을 다루고 있다. 아시아와 유럽의 광범위한 지역에 걸친 여행을 통해 많은 역사 유적들을 방문한 경험이 있다.

피터 볼(PB)은 전시 복무 이후 1948년까지 영국 점령 구역과 베를린에 남아 있을 당시 처음으로 뤼베크를 알게 되었다. 이후에는 극동과 라틴아메리카 지역으로 부대 배정을 받아 경험을 쌓았으며, 은퇴한 이후 15년 동안 연대 배속 공문서 보관 담당으로 일했다.

조 본(JB)은 문학 석사 학위를 지니고 있으며, 영국 켄트 주 출신의 고고학자이자 저널리스트이다. 그녀는 지오그래피컬 지(왕립 지리학회 발간지)의 부편집자를 역임했으며, 여행, 관광, 전 세계의 지정학(地政學)을 주제로 글을 써 왔다.

캐서린 보일(KB)은 예술사에서 최우등 학위를 받고 브리스틀 대학을 졸업했다. 이후 그녀는 영국의 세계유산기금에서 프로젝트 어시스턴트로 일해 왔다.

루시 케이브(LC)는 유럽 대부분의 지역과 미국, 중동의 몇몇 지역을 탐험한 경험이 있다. 그녀는 자신이 방문한 곳의 사람들, 언어, 문화, 역사에 적극적인 관심을 보인다.

스티븐 케이브(SC)는 유럽과 미국, 중동을 널리 여행했으며 언젠가 전 세계를 여행할 계획을 품고 있다. 독서, 럭비, 조정, 항해에도 열정을 불태우고 있다.

리처드 카벤디쉬(RC)는 풍부한 착상의 역사가이며 영국 역사 유산에 대한 권위자이다. 그는 『선사 시대 영국에 대한 가이드북』의 저자이며, 히스토릭 투데이 지에 매월 정기적으로 칼럼을 연재중이고, 최근에 영국의 왕과 여왕에 관한 책 집필을 마친 바 있다. 여러 해 동안 아웃 오브 타운 지의 편집을 맡아 왔다. 영국, 덴마크, 캐나다, 미국, 오스트레일리아 등지에서 강연을 하고 방송에 출연했다.

모니카 코틀레티(MC)는 중세 고고학자로 그녀의 전문 영역은 건축 고고학과 중세의 장례 풍습이다. 이탈리아 파도바 대학에서 2년간 연구원으로 재직했으며, 현재 유니버시티 칼리지 런던에서 박사 학위를 마무리하는 중이다.

아만다 엘스턴-듀(AED)는 뉴욕 대학에서 역사와 영어학을 공부하고 졸업한 나이 지긋한 학생이다. 그녀는 출판계에서 교열 편집자이자 사설 담당자로 일했으며, 현재 아들이 다니는 학교 교지의 보조 편집자이자 숙제 도우미로 활동하고 있다.

팀 에번스(TE)는 영국 미들랜드 주와 ITN(독립 텔레비전 뉴스)의 신문 담당으로 일했다. 현재 Skymovies.com의 영화 리뷰를 맡고 있으며, 남는 시간이면 스페인과 포르투갈의 유서 깊은 지역들을 탐험하는 일을 즐긴다.

레이첼 펜텀(RF)은 유니버시티 칼리지 런던의 고고학 재단에 있는 박사 과정 학생이다. 청동기 시대와 초기 철기 시대 에게 문명의 극동 물질문명의 소비와 수용을 연구한다.

제이컵 필드(JF)는 옥스퍼드 대학에서 역사를 전공했다. 현재 뉴캐슬 대학에서 '런던 대화재에 대한 대중의 반응'을 주제로 박사 학위를 마치는 중이다.

아드리안 길버트(AG)는 군사적이고 역사적인 주제들을 전문으로 다루는 작가이자 편집 컨설턴트이다. 가디언 지와 선데이 타임스를 비롯하여 다양한 출판물에 글을 실어 왔다. 최근 저서로 『전쟁 포로 : 1939년부터 1945년까지, 유럽의 연합군 포로들』이 있다.

렉 그랜트(RG)는 다양한 범위에 걸친 역사적인 주제로 20권 이상의 책을 집필해왔다. 저서로 『베를린 장벽의 성립과 붕괴』, 『비행 : 항공술 100년』, 『눈으로 보는 1900년대부터 오늘날까지의 영국 역사』, 『암살들』, 『군인 : 눈으로 보는 전사들의 역사』 등이 있다.

필립 홀(PH)은 뉴질랜드 출생으로, 뉴질랜드에서 영문학 학위와 법학 석사 학위를 취득했다. 현재 런던에서 거주하고 일하고 있으며 다양한 주제에 관해 글을 쓰고 있다.

제임스 해리슨(JH)은 세계에서 가장 넓은 나라들을 방문했다. 바로 러시아와 캐나다이다. 그는 러시아 국영 관광국에 의해 러시아 방문이 자유로워지기 이전인, 페레스트로이카 개혁 정책 이전에 러시아를 방문했었다.(당시로서 쉬운 기회는 아니었다)캐나다에서 그를 고생시킨 유일한 점은 (그의 친가는 새스캐처원 초원 출신이다) 바로 정신을 무디게 하는 광활한 넓이였다.

루신다 혹슬리(LH)는 예술사가이자 전기 작가, 연설가이며 수상 경력에 빛나는 여행기 작가이다. 그녀는 문학과 예술사 석사 학위를 소지하고 있으며 런던 찰스 디킨스 박물관의 후원자이다. 라파엘 전(前)파에 대한 책을 여러 권 집필했으며 19세기 화가 케이트 페루기니에 대한 세계적인 전문가이기도 하다.

린다 헤인즈(LHay)는 네 자녀와 네 손주를 두고 있다. 서리 주 언덕에 남편과 함께 살며 자신만의 사업을 꾸려가고 있다. 그녀는 루마니아에 매혹되어 있으며, 루마니아 어린이들을 위해 건설 프로젝트를 수행하는 지역 자선 단체와 더불어 정기적으로 루마니아를 방문한다.

엘리자베스 혼(EH)은 거의 30년 동안 교육 출판 업체에서 일해 왔으며 현재는 컨설턴트이다. 다국적 출판 기업에서 고위 관리직을 맡은 바 있으며, 두 차례나 자신만의 회사를 세워 키워 왔다.

카타리나 호록스(KH)는 런던에 거주하며 영국계 스웨덴 작가이자 논평자이다. 그녀의 작품은 『아트 리뷰』와 『시치 온라인 매거진』등의 웹사이트와 잡지를 통해 널리 출간되었다. 그녀는 『현대 스칸디나비아 문화 백과사전』에 글을 실었으며 현재 스웨덴 정부 간행물에 글을 싣고 있다.

상드린 요세프사다(SJ)는 벨기에 출신으로, 2006년 SOAS(동양학과 아프리카학 학교)에서 예술사와 고고학 학사 학위를 받고 졸업했다. 전공은 인도 예술이며, '인도 예술에서 에로티시즘의 반응과 기능성, 카주라호에서 발리우드까지'라는 주제의 최종 독립 연구 프로젝트를 마쳤다.

앤 케이(AK)는 예술과 관련된 주제를 전문으로 하는 프리랜서 작가이자 편집자이다. 잡지와 서적 출판사에서 역사, 예술사, 문학과 관련된 다양한 프로젝트에 참여해 왔다.

캐럴 킹(CK)은 서섹스 대학에서 영문학을, 런던 세인트 마틴 예술 학교에서 미술을 공부한 프리랜서 작가이자 편집자이다. 이 책을 통해 여행의 경험들을 공유할 수 있게 되어 행복해하는 바이다.

로라 랭커스터(LaL)는 유니버시티 칼리지 런던에서 현대 문학 석사 학위를 취득했다. 영화와 텔레비전 대본 작가이며 프리랜서 저널리스트이기도 하다. 현재 역사 소설을 집필중이다.

리즐리 레벤(LL)은 고고학자로서 경력을 쌓아 왔으나 지난 20년간은 프리랜서 서적 편집자이자 작가로 일해 왔다. 여행 경험이 많으며 터키와 인도를 여러 달 동안

여행했다.

로빈 엘람 무수메시(RM)는 영어와 역사학 학사 학위, 영문학 석사 학위 소지자이다. 서로 다른 많은 주제에 대해 읽고 글쓰기, 이국적인 장소로 여행하기, 맛있는 음식 먹기, 친구와 가족들과 시간을 보내기를 좋아한다.

살바토레 무수메시(SM)는 하트포드 트리니티 칼리지에서 석사 학위를, 런던 대학의 퀸 메리에서 연구 석사 학위를 취득했다. 현재 '14세기 피렌체 지방의 산타 트리니타 수도원의 요리법과 물실 문화'를 주제로 박사 학위를 끝마치는 중이다.

후유비 나카무라(FN)는 일본의 시각과 물질문화를 전공으로 하는 인류학자다. 현재 그녀는 오스트레일리아 국립대학의 인문학 연구소에서 박사 후 과정 연구원으로 있으며 옥스퍼드 대학에서 박사학위를 취득했다.

엘리자베스 팜버그(EP)는 유니버시티 칼리지 런던에서 로마 시대 북아프리카 고고학을 주제로 박사 과정을 밟고 있다. 뉴욕, 베네치아, 파리, 런던 등지의 박물관에서 일해 왔으며, 북아프리카와 근동의 고고학 탐사에 자주 참여한다.

아심 파운(AP)은 맨체스터, 브라이튼, LSE(런던 대학교 사회 과학 대학)에서 수학했으며 런던에 거주하고 있다. 문화재 보존 작업을 하는 비영리 기구와 정부에서 일한 경력이 있으며, 현재 런던에서 기업들을 상대로 '윤리적 투자가'(ethical investment provider : 기업관, 사회적 견해 등을 참작한 투자 – 옮긴이)에 대한 연구를 수행하고 있다. 최근에는 월간 라이프스타일 잡지와 주간 산업 뉴스레터에 글을 실어 왔다.

탐신 피커랠(TP)은 예술사를 공부한 이후 이탈리아에서 학업을 계속하고 있다. 세계 곳곳을 방대하게 여행해 왔으며, 틈틈이 시간을 쪼개어 예술과 역사, 말에 대한 글을 쓰고 있다. 최근 저작으로는 『말』, 『예술에 나타난 말의 모습 3만 년』, 『반 고흐』, 『인상주의자들』, 『터너』, 『휘슬러』, 『모네』, 『비밀의 영국』, 『찰스 레니 매킨토시』

등이 있으며, 『죽기 전에 꼭 봐야 할 명화 1001점』의 집필진이기도 하다.

오스카 리켓(OR)은 런던 출신의 프리랜서 작가이자 배우이다. 아르헨티나의 역사와 문화, 20세기 미국 문학, 동유럽 음악 등 다양한 주제에 관해 글을 써 왔다.

프랭크 리터(FR)는 건축, 정원 조경, 시각 예술을 전문으로 다루는 프리랜서 편집자이자 작가이다. '1001 가지' 시리즈에서는 최근에 『1001곳의 정원』과 『1001가지 빌딩』에 참여했다.

레이첼 라우즈(RR)는 가족과 함께 런던에 살고 있으며, 이제 막 저널리스트로 활동을 시작했다. 맨체스터 대학에서 정치학과 국제 통상을 전공했으며, 런던 시립 대학에서 저널리즘을 공부했다.

토비아스 셀린(TS)은 스웨덴 출생으로 기계 공학과 과학 철학을 공부했다. 현재 런던에서 편집자로 활동하고 있다.

이안 셰어러(IS)는 유니버시티 칼리지 런던의 고고학 연구소 응용 고고학 센터에서 일하는 고고학자이다. 그는 아프가니스탄, 보스니아, 중앙아시아, 이란, 이스라엘/팔레스타인 등지에서 광범위한 연구를 수행한 경력이 있으며, 분쟁 지역과 이슬람 세계의 전문가이다.

앤드루 스미스(AS)는 뉴질랜드인으로 캠브리지 대학에서 영어학을 공부했다. 2006년 18세기와 낭만주의 문학을 주제로 연구 석사를 마쳤으며, 현재 런던에서 일하고 있다.

폴 스타일스(PS)는 오스트레일리아 카카두 국립공원의 관광과 방문자 안내 서비스 매니저이다.

이안 자크젝(IZ)은 런던에 거주하는 프리랜서 작가이다. 던디 출신으로 옥스퍼드의 워드햄 칼리지와 코톨드 예술 재단에서 강의를 했다. 『콜린스 빅 북 오브 아트』와 『걸작들』 등의 책에 글을 실어 왔다.

사진 출처

Library Ltd/Alamy **436** ©JUPITERIMAGES/Agence Images/Alamy **437** (t) ©The Art Archive/Corbis **437** (b) ©Harrieta171 **438** ©akg-images **439** ©Paul Cooper/Rex Features **440** ©Jose Fuste Raga/Corbis **441** ©Richard Klune/Corbis **442** (t) ©akg-images **442** (b) ©akg-images **443** (t) ©akg-images **443** (b) ©akg-images **444** ©Wolfgang Kaehler/CORBIS **445** ©mediacolor's/Alamy **446** ©Bildarchiv Monheim/Arcaid **447** ©Michael Jenner/Robert Harding Picture Library Ltd **449** ©Jim Zuckerman/CORBIS **450** ©fotoLibra **451** ©akg-images/Erich Lessing **452** (t) ©Cephas Picture Library/Alamy **452** (b) ©AFP/Getty Images **453** (t) ©akg-images **453** (b) ©akg-images/Marion Kalter **454** ©akg-images/Erich Lessing **455** ©JTB Photo Communications, Inc./Alamy **457** ©Marcel Malherbe/Arcaid **458** ©Paul Almasy/CORBIS **459** ©Photolibrary Group **461** (t) ©UPPA/Photoshot **461** (b) ©Mondadori Electa/Arcaid **463** ©Mondadori Electa/Arcaid **464** ©De Agostini/Photoshot **465** ©**1990**. Photo Scala, Florence **466** ©Photolibrary Group **467** ©Photolibrary Group **468** ©Photolibrary Group **469** ©CuboImages/Robert Harding **471** ©akg-images/Cameraphoto **472** ©De Agostini/Photolibrary Group **473** ©De Agostini/Photoshot **474** ©Chris Baker/fotoLibra **475** ©Photolibrary Group **476** ©Guido Baviera/Grand Tour/Corbis **477** ©akgimages/Cameraphoto **478** ©Steve Allen Travel Photography/Alamy **480** ©Will Pryce/Thames & Hudson/Arcaid **482** ©akg-images/Heiner Heine **483** ©**1990**. Photo Scala, Florence **484** (t) ©akgimages **484** (b) ©akg-images/Alfons Rath **485** (t) ©**1990**. Photo Scala, Florence **485** (b) De Agostini/Photolibrary Group **486** ©Guido Mannucci/The Bridgeman Art Library **487** ©Photolibrary Group **488** ©De Agostini/Photoshot **489** ©akg-images/Rabatti-Domingie **490** ©akg-images/Rabatti-Domingie **491** ©World Illustrated/Photoshot **492** ©akg-images **493** ©akg-images/Orsi Battaglini **494** ©Rob Wyatt/fotoLibra **495** ©Ascanio Orlandini/fotoLibra **496** ©akg-images/Rabatti-Domingie **497** ©Ronnie Barretto/fotoLibra **498** ©Photolibrary Group **499** ©Mondadori Electa/Arcaid **500** ©Macduff Everton/CORBIS **503** ©Macduff Everton/CORBIS **504** ©Gianni Dagli Orti/CORBIS **505** ©World Illustrated/Photoshot **506** (t) ©Private Collection/The Bridgeman Art Library **506** (b) ©Hervé Champollion/akg-images **507** (t) ©akg-images/Andrea Jemolo **507** (b) ©akg-images/Erich Lessing **508** ©Photolibrary Group **509** ©akg-images/Pirozzi **510** ©Russell Kord/Alamy **511** ©Aris Mihich/Tips Images **512** ©Jaroslav Kolarik/fotoLibra **513** ©Mondadori Electa/Arcaid **514** ©Mondadori Electa/Arcaid **515** ©Travel Library/Rex Features **516** ©**1990**. Photo Scala, Florence **517** ©Arcaid **518** ©Mondadori Electa/Arcaid **519** ©Jaroslav Kolarik/fotoLibra **520** ©Simon Harris/Robert Harding/Photo Library Group **521** ©Mondadori Electa/Arcaid **522** ©Simon Reddy/Alamy **523** ©Nedra Weswater/Robert Harding **524** ©Hervé Champollion/akg-images **526** ©De Agostini/Photolibrary Group **527** ©Photolibrary Group **528** ©Roger Ressmeyer/CORBIS **529** ©Jim Zuckerman/Corbis **531** ©**2003**. Photo Scala, Florence/Fotografica Foglia **532** ©Wolfgang Kaehler/CORBIS **533** ©imagebroker/Alamy **534** ©Andrew Holt/Alamy **535** ©Travel Library/Robert Harding **536** ©Alan Copson/JAI/Corbis **537** ©akg-images/Gilles Mermet **538** ©akg-images/Joseph Martin **539** ©Jason Ingram/Alamy **540** ©akg-images **541** ©Mark Baynes/Alamy **542** ©Bildarchiv Monheim GmbH/Alamy **545** ©Arcaid **547** ©ART on FILE/CORBIS **548** ©akg-images/ullstein bild **549** ©Arcaid **550** ©Bildarchiv Monheim/Arcaid **551** ©Hemis/Alamy **552** ©Photolibarary Group **553** ©Jean Dominique DALLET/Alamy **554** ©Ruggero Vanni/CORBIS **555** ©Mark Boulton/Alamy **556** ©SAS/Alamy **557** ©Photolibarary Group **558** ©akg-images/Bildarchiv Monheim **559** ©Franz- Marc Frei/CORBIS **560** ©Tips Images **561** ©Michael Thornton/Design Pics/Corbis **563** ©Kevin George/Alamy **564** ©Rick Barrentine/Corbis **565** ©Franz-Marc Frei/CORBIS **566** ©Kevin George/Alamy **567** ©Photolibrary Group **569** ©Adam Woolfitt/CORBIS **570** (t) ©**2007** The Metropolitan Museum of Art/Art Resource/Scala **570** (b) ©Photolibrary Group **571** (t) ©akg-images **571** (b) ©Bildarchiv Monheim **572** ©Arcaid **574** ©Marco Cristofori/Corbis **577** ©Photoshot **579** ©Julio Donoso/CORBIS SYGMA **580** ©World Pictures/Photoshot **581** ©Glen Allison/Alamy **582** ©Bettmann/CORBIS **584** ©Mark Alexander/Alamy **585** ©Photolibrary Group **586** ©Marion Kaplan/Alamy **587** ©Ivo, Panaramio **589** ©Macduff Everton/CORBIS **590** ©Ludovic Maisant/CORBIS **591** ©Tibor Bognar/Alamy **593** ©UNESCO/Marta Antones Alves **594** ©CW Images/Alamy **595** ©Hervé Champollion/akg-images **596** ©Philippe Giraud/Good Look/Corbis **597** ©akgimages/Rainer Hackenberg **598** ©Photoshot **599** ©Hulton-Deutsch Collection/CORBIS **600** (t) ©akg-images **600** (b) ©Hideo Kurihara/Alamy **601** (t) ©akg-images **601** (b) ©Hideo Kurihara/Alamy **603** ©Pegaz/Alamy **604** ©De Agostini/Photolibrary Group **605** ©Hans Winke/Alamy **606** ©De Agostini/Photolibrary Group **607** ©Jon Arnold Images/Alamy **608** ©Profimedia International s.r.o./Alamy **610** ©fotoLibra **611** ©Nathan Benn/CORBIS **612** ©Photolibrary Group **613** ©Anthony Vodak/Robert Harding **615** ©Profimedia International s.r.o./Alamy **616** ©Photolibrary Group **617** ©Marcel Malherbe/Arcaid **618** ©Photolibrary Group **620** ©Dallas and John Heaton/Free Agents Limited/Corbis **621** ©Christopher J. Hall; Eye Ubiquitous/CORBIS **622** ©PCL/Alamy **624** ©allOver photography/Alamy **625** ©Image Register **044**/Alamy **626** ©Carmen Redondo/CORBIS **627** ©SCPhotos/Alamy **628** ©IML Image Group Ltd/Alamy **629** ©Brian Hoffman/Alamy **630** ©superclic/Alamy **631** ©Peter M. Wilson/Alamy **632** ©John Heseltine/CORBIS **633** ©Anthony Cassidy/JAI/Corbis **634** ©ALIKI SAPOUNTZI/aliki image library/Alamy **636** ©akg-images **638** ©akg-images **639** ©Guy Vanderelst/Getty **640** ©Ben Ramos/Alamy **642** ©Guido Alberto Rossi/Tips Images **644** ©Sean Burke/Alamy **645** ©ALIKI SAPOUNTZI/aliki image library/Alamy **646** ©Vanni Archive/CORBIS **647** ©MedioImages/Corbis **648** ©www.vittorebuzzi.it/Alamy **649** ©Bildarchiv Monheim GmbH/Alamy **650** ©Kalpana Kartik/Alamy **652** ©Peter M. Wilson/Alamy **653** ©Jacek Baczkiewicz/Alamy **654** ©Egmont Strigl/Alamy **655** ©Pat Behnke/Alamy **657** ©DIOMEDIA/Alamy **658** ©DIOMEDIA/Alamy **660** ©DIOMEDIA/Alamy **661** ©Matjaz Tancic/Alamy **662** ©akg-images **663** ©graham lawrence/Alamy **664** ©akg-images **665** ©Serge Bogomyako/Alamy **666** ©UNESCO/Lydia Ivanova **667** ©Bildarchiv Monheim/Arcaid **668** ©Steve Raymer/CORBIS **669** ©Terence Waeland/Alamy **670** ©Mary Evans Picture Library/Photolibrary Group **671** ©Richard Klune/Corbis **672** ©Arcaid **673** ©akg-images/ullstein bild **674** ©Photolibrary Group **675** ©TASS/Photoshot **676** ©akg-images/Volker Kreidler **677** ©Enzo&Paolo Ragazzini/CORBIS **678** ©Peter Titmuss/Alamy **680** ©Bettmann/CORBIS **681** ©David Clapp/Arcaid **682** ©Demetrio Carrasco/JAI/Corbis **683** ©De Agostini/Photolibrary Group **684** ©Photoshot **687** ©Oleksiy Maksymenko/Alamy **688** ©GeoMuse/Alamy **690-691** ©Jim Zuckerman/Alamy **692** ©imagebroker/Alamy **693** ©Jon Arnold Images/Alamy **694** ©Ken Welsh/Alamy **695** ©Doug McKinlay **696** ©Michael Klinec/Alamy **697** ©akg-images **698** ©akg-images/Gérard Degeorge **699** ©Wolfgang Kaehler/Corbis **700** ©Frank Lukasseck/Corbis **701** ©MIKE NELSON/epa/Corbis **703** ©Bernard O'Kane/Alamy **704** ©wael hamdan/Alamy **705** ©Gordon Sinclair/Alamy **706** ©Guido Alberto Rossi/Tips Images **707** ©Archivo Iconografico, S.A./CORBIS **708** (t) ©Hulton-Deutsch Collection/CORBIS **708** (b) ©Michele Burgess/Corbis **709** (t) ©Liam White/Alamy **709** (b) ©Elvele Images/Alamy **710** ©Bernard O'Kane/Alamy **711** ©Bob Krist/Corbis **712** ©akg-images **713** ©JLImages/Alamy **714** ©Roger Wood/CORBIS **715** ©Ariadne Van Zandbergen/Alamy **716** ©bygonetimes/Alamy **717** ©Glen Allison/Alamy **718** ©akg-images **719** ©Joan Wakelin/Alamy **720** ©Time & Life Pictures/Getty Images **721** ©akg-images/Erich Lessing **722** ©SCPhotos/Alamy **723** ©Jon Arnold Images/Alamy **724** ©Robert Harding Picture Library Ltd/Alamy **725** ©ImageGap/Alamy **726** ©World Religions Photo Library/Alamy **727** ©TOPFOTO **728** ©Robert Preston/Alamy **729** ©CHRIS LEWINGTON/Alamy **730** ©Merilyn Thorold/The Bridgeman Art Library **731** ©Bob Krist/Corbis **732** ©Alberto Vascon **733** ©**2007** Barry Williams **734** ©Ariadne Van Zandbergen/Alamy **735** ©David Wall/Alamy **736** ©Louise Batalla Duran/Alamy **738** ©Carol Beckwith/Angela Fisher **740** ©Brian Atkinson/Alamy **741** ©Brian Atkinson/Alamy **743** ©Bildarchiv Monheim GmbH/Alamy **744** ©Reuters/CORBIS **746** ©RAJESH JANTILAL/AFP/Getty Images **747** ©Bettmann/CORBIS **748** ©Peter Titmuss/Alamy **749** ©Ian Junor **750** ©Hoberman Collection UK/Alamy **752-753** ©Robert Harding Picture Library Ltd/Alamy **754** ©christian kober/Alamy **755** ©Carmen Redondo/CORBIS **756** ©face to face Bildagentur GmbH/Alamy **757** ©Carmen Redondo/CORBIS **758** ©Photolibrary Group **760** ©Robert Harding Picture Library Ltd/Alamy **761** ©José Fuste Raga/zefa/Corbis **762** ©Gunnar Envall **763** ©akg-images/Jean-Louis Nou **764** ©Photolibrary Group **765** ©Atlantide Phototravel/Corbis **767** ©Eddie Gerald/Alamy **769** ©Israel images/Alamy **770** (t) ©Israel images/Alamy **770** (b) ©Roger Cracknell/Alamy **771** (t) Bildarchiv Pisarek/akg-images **771** (b) ©Israel images/Alamy **773** ©Jon Arnold/JAI/Corbis **774** ©Israel images/Alamy **775** ©Carmen Redondo/CORBIS **776** ©Hemis/Alamy **777** ©Jon Arnold/JAI/Corbis **778** ©Richard T. Nowitz/CORBIS **779** ©Annie Griffiths Belt/CORBIS **780** ©Remi Benali/Corbis **781** ©Richard T. Nowitz/CORBIS **783** ©Nik Wheeler/CORBIS **784** ©Gunnar Envall **785** ©Gunnar Envall **786** ©Danita Delimont/Alamy **787** ©Michele Falzone/JAI/Corbis **788** ©EmmePi Travel/Alamy **789** ©Photoshot **790** ©Photoshot **791** ©Wolfgang Kaehler/CORBIS **792** ©Wolfgang Kaehler/Alamy **793** ©Sylvia Cordaiy Photo Library Ltd/Alamy **795** ©Wolfgang Kaehler/CORBIS **796** ©Edward North/Alamy **797** ©Herve Collart/Sygma/Corbis **798** ©BRIAN HARRIS/Alamy **799** ©CORBIS **800** ©Wolfgang Kaehler/CORBIS **801** ©Tips Images **802** ©Paul H. Kuiper/CORBIS **803** ©Peter Adams Photography/Alamy **804** ©Alex Segre/Alamy **805** ©INTERFOTO Pressebildagentur/Alamy **806** ©Craig Lovell/CORBIS **808** ©Robert Harding Picture Library Ltd/Alamy **809** ©Dave Bartruff/CORBIS **810** ©Photolibary Group **811** ©Photolibary Group **813** ©Photolibary Group **814** ©Adam Woolfitt/CORBIS **815** ©Photolibary Group **816** ©Richard Wareham Fotografie/Alamy **818** ©Peter Arnold, Inc./Alamy **819** ©Robert Harding Picture Library Ltd/Alamy **820** ©Ludovic Maisant/CORBIS **821** ©Bernard O'Kane/Alamy **822** ©Jane Sweeney/Robert Harding World Imagery/Corbis **823** ©Tibor Bognar/Corbis **824** ©Robert Holmes/CORBIS **825** ©Trip/Alamy **827** (t) ©Blaine Harrington III/Corbis **827** (b) ©B Mathur/Reuters/Corbis **828** ©Ladi Kirn/Alamy **829** ©Steven Vidler/Eurasia Press/Corbis **830** ©David Cumming; Eye Ubiquitous/CORBIS **831** ©Sheldan Collins/CORBIS **832** ©WoodyStock/Alamy **833** ©Michael Freeman/CORBIS **835** ©Steve Allen Travel Photography/Alamy **836** ©Steve Davey Photography/Alamy **837** ©TNT MAGAZINE/Alamy **838** ©SCPhotos/Alamy **839** ©akg-images/Jean-Louis Nou **840** ©Robert Preston/Alamy **841** ©Nikreates/Alamy **842** ©Neil McAllister/Alamy **843** ©Dinodia Images/Alamy **844** ©Photolibrary Group **845** ©POPPERFOTO/Alamy **847** ©Fabienne Fossez/Alamy **848** ©Lindsay Hebberd/CORBIS **849** ©Lindsay Hebberd/CORBIS **850** ©G P Bowater/Alamy **851** ©Greg Balfour Evans/Alamy **853** ©Neil McAllister/Alamy **854** ©Fiona Jeffrey/Alamy **856** ©JTB Photo Communications, Inc./Alamy **858** ©Jose Fuste Raga/Corbis **859** ©Pierre Vauthey/CORBIS SYGMA **860** ©Jose Fuste Raga/Corbis **861** ©THE TRAVEL LIBRARY/Rex Features **863** ©Earl & Nazima Kowall/CORBIS **864** ©Alison Wright/CORBIS **865** ©Galen Rowell/CORBIS **866** ©Keren Su/CORBIS **867** ©Liu Xiaoyang/Alamy **868** ©Bettmann/CORBIS **869** ©Liu Liqun/CORBIS **870** ©Joseph Sohm/Visions of America/Corbis **871** ©STOCKFOLIO/Alamy **872** ©Patrick Field; Eye Ubiquitous/CORBIS **873** ©Photolibrary Group **874** ©JIAN CHEN/Rex Features **875** ©Photolibrary Group **876** ©JTB Photo Communications, Inc./Alamy **877** ©JTB Photo Communications, Inc./Alamy **878** ©Demetrio Carrasco/JAI/Corbis **879** ©Steve Allen Travel Photography/Alamy **880** ©Jon Arnold Images/Alamy **881** ©Dennis Cox/Alamy **882** (t) ©POPPERFOTO/Alamy **882** (b) AA World Travel Library/Alamy **883** (t) fenix rising/Alamy **883** (b) ©Dennis Cox/Alamy **884** ©JTB Photo Communications, Inc./Alamy **885** ©Bettmann/CORBIS **886** ©Ian Trower/Alamy **887** ©JTB Photo Communications, Inc./Alamy **888** ©Ric Ergenbright/CORBIS **889** ©Photolibrary Group **890** ©Photolibrary Group **891** ©Charles Bowman/Alamy **892** ©Photolibrary Group **893** ©Archivo Iconografico, S.A./CORBIS **894** ©G P Bowater/Alamy **895** ©Dbimages/Alamy **896** ©Photolibrary **897** ©VisualJapan/Alamy **898** ©Blaine Harrington III/Corbis **899** ©Demetrio Carrasco/JAI/Corbis **900** ©Tibor Bognar/Alamy **901** ©Photolibrary Group **902** ©Russell Young/JAI/Corbis **903** ©Kevin R. Morris/CORBIS **904** ©Jose Fuste Raga/Corbis **905** ©ImageState/Alamy **906** ©Glen Allison/Alamy **907** ©Rolf Richardson/Alamy **908** (t) ©Bert de Ruiter/Alamy **908** (b) Tony Cliff/Alamy **909** (t) ©Nik Wheeler/CORBIS **909** (b) ©Tony Roddam/Alamy **910** (t) ©Andrew Woodley/Alamy **910** (b) ©Private Collection, Giraudon/The Bridgeman Art Library **911** (t) ©Tibor Bognar/Alamy **911** (b) ©The Art Archive/Private Collection MD **912** ©James Davis Photography/Alamy **913** ©Photolibrary Group **915** ©Neil McAllister/Alamy **916-917** ©Russell Kord/Alamy **919** ©Charles & Josette Lenars/CORBIS **920** ©Peter Netley/Alamy **921** ©POPPERFOTO/Alamy **923** ©Formcourt (Form Advertising)/Alamy **924** ©Jim Winkley; Eye Ubiquitous/CORBIS **925** ©Bill Bachman/Alamy **926** ©David Wall/Alamy **928** ©Chris Howarth/Alamy **930** ©Munichslide/Alamy **931** ©Nature's Pic Images **932** (t) ©Mary Evans Picture Library/Alamy **932** (b) AA World Travel Library/Alamy **933** (t) ©Wolfgang Kaehler/Alamy **933** (b) ©Sotheby's/akg-images **935** (t) ©Lebrecht Music and Arts Photo Library/Alamy **935** (b) ©AA World Travel Library/Alamy **936** ©Pauline Walton/Alamy **937** ©Arco Images/Alamy **938** (t) ©Bettmann/CORBIS **938** (b) ©Maximilian Weinzierl/Alamy **939** (t) ©Nik Wheeler/CORBIS **939** (b) ©Douglas Peebles/CORBIS **940** ©Donald Nausbaum/Alamy **941** ©Robert Harding Picture Library Ltd/Alamy

Acknowledgments

Quintessence would like to thank Alexandra Capello, Gina Doubleday, and Vesna Vujicic-Lugassy at the UNESCO World Heritage Centre for their invaluable guidance and support during the creation of this book.

If you have any enquiries you would like to address to the organization, please contact:

World Heritage Centre
UNESCO
7, Place de Fontenoy
75007 Paris
France

Tel: ++ 33 1 45 68 15 71
Fax: ++ 33 1 45 68 55 70
Email: wh-info@unesco.org
http://whc.unesco.org

Quintessence would also like to thank the following individuals for their assistance in producing the book:

Additional photography: Dr. Antonio de la Cova, Gunnar Envall, Stefan Selin

Editorial consultancy: Ivo Juan Rodríguez Barthe, Andrea Espinosa, Alberto Vascon

Editing: Becky Gee, Carol King, Irene Lyford, Jane Simmonds

Editorial Assistance: Georg Sponholz

Index: Kay Ollerenshaw

Picture research: Helena Baser, Andrea Sadler

Proof-reading: Richard Rosenfeld

Quintessence would also like to thank the following picture libraries and, in particular, the individuals named for their assistance in tracking down the many hundreds of fantastic images to be found in the book:

Alamy
Princy Jose, Nicola Lewis, Mili Elsa, Naadiya Rasheed, Pramod Raveendran, Sajin Salim

AKG Images
Sonia Marion Harder

Arcaid
Gavin Jackson

Art Directors
Helene Rogers

Bridgeman Art Library
Georgina French, Aimee Rendell

Corbis
Giovanni D'Angelico, Ben Ghirardani, John Moelwyn-Hughes, Adriano Palumbo, Marcus Pantazis

Getty
Hayley Newman

Fotolibra
Gwyn Headley, Yvonne Seeley

Nature's Pic Images
Rob Suisted

Photolibrary
Tim Kantoch, Lorel Ward

Photoshot
David Brenes, Selina Chooramun, Colin Finlay, Tim Harris

Picture Desk
Stefanie Dedek

Rex Features
Stephen Atkinson

Robert Harding World Imagery
Andrew Mitchell

Scala Picture Library
Elvira Allocati, Veneta Bullen

Tips Images
Kate Wyras

UNESCO Photobank
Niamh Burke